Competitive Inhibitor
Uncompetitive Inhibitor
Mixed Inhibitor
Lineweaver-Burk Equation

Chapter 8 Nucleotides and Nucleic Acids

UPDATED Molecular Structure Tutorial:
Nucleotides

NEW Simulations:
Nucleotide Structure
DNA/RNA Structure
Sanger Sequencing
Polymerase Chain Reaction

NEW *Nature* Article with Assessment:
LAMP: Adapting PCR for Use in the Field

Animated Biochemical Techniques:
Dideoxy Sequencing of DNA
Polymerase Chain Reaction

Chapter 9 DNA-Based Information Technologies

UPDATED Molecular Structure Tutorial:
Restriction Endonucleases

NEW Simulation:
CRISPR

NEW *Nature* Articles with Assessment:
Assessing Untargeted DNA Cleavage by CRISPR/Cas9
Genome Dynamics during Experimental Evolution

Animated Biochemical Techniques:
Plasmid Cloning
Reporter Constructs
Synthesizing an Oligonucleotide Array
Screening an Oligonucleotide Array for Patterns of Gene Expression
Yeast Two-Hybrid Systems

Chapter 11 Biological Membranes and Transport

Living Graphs:
Free-Energy Change for Transport (graph)
Free-Energy Change for Transport (equation)
Free-Energy Change for Transport of an Ion

Chapter 12 Biosignaling

UPDATED Molecular Structure Tutorial:
Trimeric G Proteins

Chapter 13 Bioenergetics and Biochemical Reaction Types

Living Graphs:
Free-Energy Change
Free-Energy of Hydrolysis of ATP (graph)
Free-Energy of Hydrolysis of ATP (equation)

Chapter 14 Glycolysis, Gluconeogenesis, and the Pentose Phosphate Pathway

NEW Interactive Metabolic Map:
Glycolysis

NEW Case Study:
Sudden Onset—Introduction to Metabolism

UPDATED Animated Mechanism Figures:
Phosphohexose Isomerase Mechanism
The Class I Aldolase Mechanism
Glyceraldehyde 3-Phosphate Dehydrogenase Mechanism
Phosphoglycerate Mutase Mechanism
Alcohol Dehydrogenase Mechanism
Pyruvate Decarboxylase Mechanism

Chapter 16 The Citric Acid Cycle

NEW Interactive Metabolic Map:
The citric acid cycle

NEW Case Study:
An Unexplained Death—Carbohydrate Metabolism

UPDATED Animated Mechanism Figures:
Citrate Synthase Mechanism
Isocitrate Dehydrogenase Mechanism
Pyruvate Carboxylase Mechanism

Chapter 17 Fatty Acid Catabolism

NEW Interactive Metabolic Map:
β-Oxidation

NEW Case Study:
A Day at the Beach—Lipid Metabolism

UPDATED Animated Mechanism Figure:

Fatty Acyl-CoA Synthetase Mechanism

Chapter 18 Amino Acid Oxidation and the Production of Urea

UPDATED Animated Mechanism Figures:

Pyridoxal Phosphate Reaction Mechanisms (3)
Carbamoyl Phosphate Synthetase Mechanism
Argininosuccinate Synthetase Mechanism
Serine Dehydratase Mechanism
Serine Hydroxymethyltransferase Mechanism
Glycine Cleavage Enzyme Mechanism

Chapter 19 Oxidative Phosphorylation

Living Graph:

Free-Energy Change for Transport of an Ion

Chapter 20 Photosynthesis and Carbohydrate Synthesis in Plants

UPDATED Molecular Structure Tutorial:

Bacteriorhodopsin

UPDATED Animated Mechanism Figure:

Rubisco Mechanism

Chapter 22 Biosynthesis of Amino Acids, Nucleotides, and Related Molecules

UPDATED Animated Mechanism Figures:

Tryptophan Synthase Mechanism
Thymidylate Synthase Mechanism

Chapter 23 Hormonal Regulation and Integration of Mammalian Metabolism

NEW Case Study:

A Runner's Experiment—Integration of Metabolism (Chs 14–18)

Chapter 24 Genes and Chromosomes

Animation:

Three-Dimensional Packaging of Nuclear Chromosomes

Chapter 25 DNA Metabolism

UPDATED Molecular Structure Tutorial:

Restriction Endonucleases

NEW Simulations:

DNA Replication
DNA Polymerase
Mutation and Repair

NEW *Nature* Article with Assessment:

Looking at DNA Polymerase III Up Close

Animations:

Nucleotide Polymerization by DNA Polymerase
DNA Synthesis

Chapter 26 RNA Metabolism

UPDATED Molecular Structure Tutorial:

Hammerhead Ribozyme

NEW Simulations:

Transcription
mRNA Processing

NEW Animated Mechanism Figure:

RNA Polymerase

NEW *Nature* Article with Assessment:

Alternative RNA Cleavage and Polyadenylation

Animations:

mRNA Splicing
Life Cycle of an mRNA

Chapter 27 Protein Metabolism

NEW Simulation:

Translation

NEW *Nature* Article with Assessment:

Expanding the Genetic Code in the Laboratory

Chapter 28 Regulation of Gene Expression

UPDATED Molecular Structure Tutorial:

Lac Repressor

レーニンジャー・ネルソン・コックス

新生化学［下］

—生化学と分子生物学の基本原理—

—第7版—

京都大学名誉教授
立命館大学総合科学技術研究機構上席研究員　川嵜敏祐　監修

京都大学大学院薬学研究科教授　中山和久　編集

東京　廣川書店　発行

訳者一覧（五十音順）

浅井知浩	静岡県立大学薬学部教授	Chap. 19
今川正良	名古屋市立大学特任教授	Chap. 23
植野洋志	龍谷大学農学部教授	Chap. 18
奥　直人	帝京大学薬学部教授	Chap. 19
三原久明	立命館大学生命科学部教授	Chap. 22
菅原一幸	北海道大学名誉教授	Chap. 27
鈴木　隆	静岡県立大学薬学部教授	Chap. 21
谷本啓司	筑波大学生命環境系教授	Chap. 28
中山和久	京都大学大学院薬学研究科教授	Chap. 16, Chap. 17, 用語解説
二木史朗	京都大学化学研究所教授	Chap. 24
西澤幹雄	立命館大学生命科学部教授	Chap. 26
松永　司	金沢大学医薬保健研究域薬学系教授	Chap. 25
山本憲二	京都大学名誉教授 石川県立大学名誉教授	Chap. 20

レーニンジャーの　新 生 化 学〔下〕—第 7 版—

編集　中山和久（なかやまかずひさ）

2019 年 5 月 20 日　初 版 発 行 ⓒ

発行所　株式会社　**廣川書店**

〒 113-0033　東京都文京区本郷 3 丁目 27 番 14 号
電話　03(3815)3651　FAX　03(3815)3650

Lehninger Principles of Biochemistry, 7/e
First published in the United States by W.H.Freeman and Company

Lehninger

Principles of Biochemistry

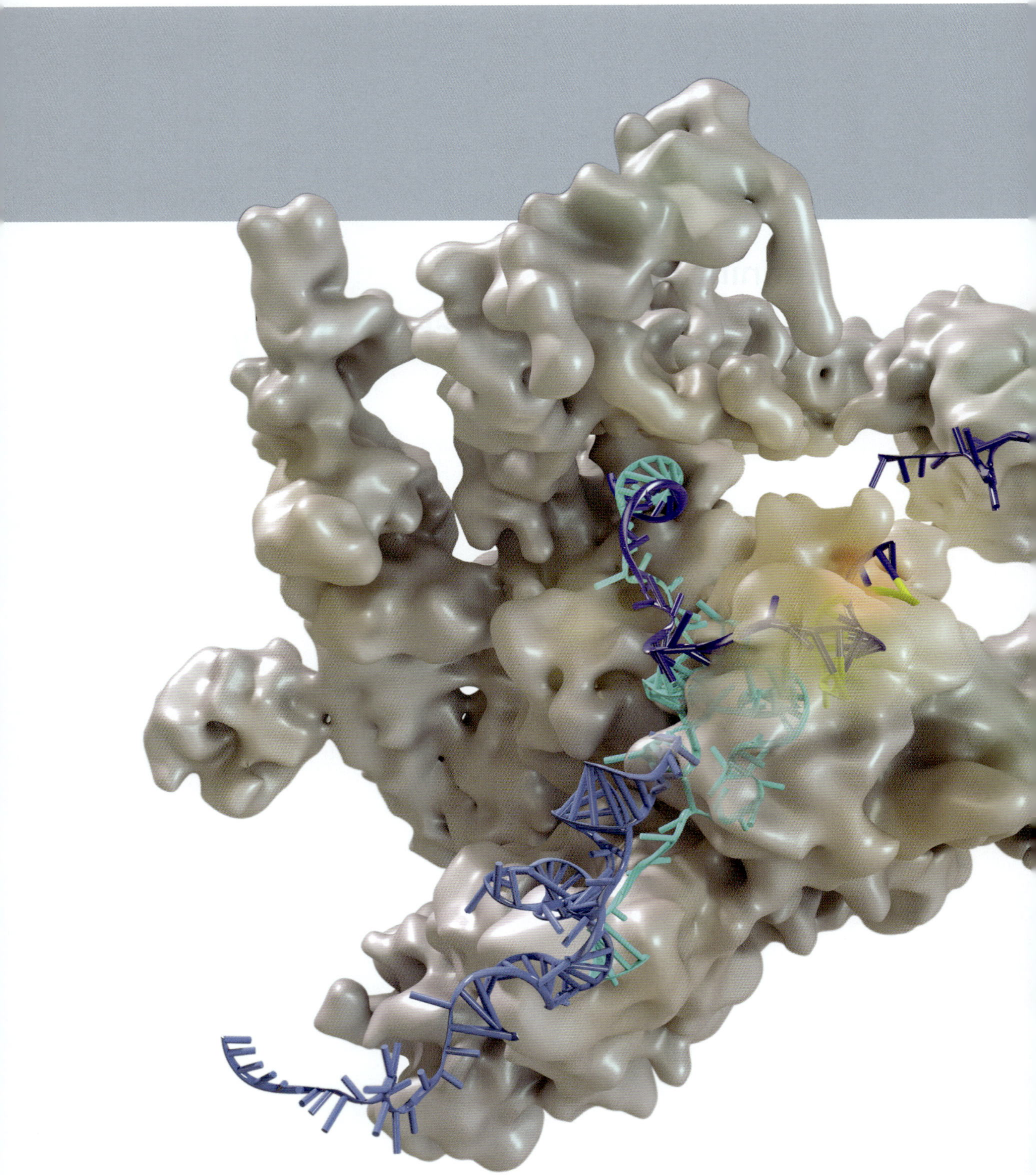

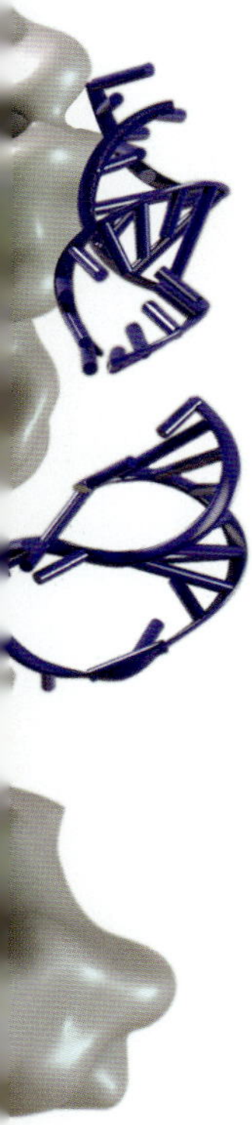

Lehninger Principles of Biochemistry

SEVENTH EDITION

David L. Nelson

Professor Emeritus of Biochemistry
University of Wisconsin–Madison

Michael M. Cox

Professor of Biochemistry
University of Wisconsin–Madison

w.h.freeman
Macmillan Learning
New York

Vice President, STEM:	Ben Roberts
Senior Acquisitions Editor:	Lauren Schultz
Senior Developmental Editor:	Susan Moran
Assistant Editor:	Shannon Moloney
Marketing Manager:	Maureen Rachford
Marketing Assistant:	Cate McCaffery
Director of Media and Assessment:	Amanda Nietzel
Media Editor:	Lori Stover
Director of Content (Sapling Learning):	Clairissa Simmons
Lead Content Developer, Biochemistry (Sapling Learning):	Richard Widstrom
Content Development Manager for Chemistry (Sapling Learning):	Stacy Benson
Visual Development Editor (Media):	Emiko Paul
Director, Content Management Enhancement:	Tracey Kuehn
Managing Editor:	Lisa Kinne
Senior Project Editor:	Liz Geller
Copyeditor:	Linda Strange
Photo Editor:	Christine Buese
Photo Researcher:	Roger Feldman
Text and Cover Design:	Blake Logan
Illustration Coordinator:	Janice Donnola
Illustrations:	H. Adam Steinberg
Molecular Graphics:	H. Adam Steinberg
Production Manager:	Susan Wein
Composition:	Aptara, Inc.
Printing and Binding:	RR Donnelley
Front Cover Image:	H. Adam Steinberg and Quade Paul
Back Cover Photo:	Yigong Shi

Front cover: An active spliceosome from the yeast *Schizosaccharomyces pombe*. The structure, determined by cryo-electron microscopy, captures a molecular moment when the splicing reaction is nearing completion. It includes the snRNAs U2, U5, and U6, a spliced intron lariat, and many associated proteins. Structure determined by Yigong Shi and colleagues, Tsinghua University, Beijing, China (PDB ID 3JB9, C. Yan et al., *Science* 349:1182, 2015). *Back cover:* Randomly deposited individual spliceosome particles, viewed by electron microscopy. The structure on the front cover was obtained by computationally finding the orientations that are superposable, to reduce the noise and strengthen the signal—the structure of the spliceosome. Photo courtesy of Yigong Shi.

Library of Congress Control Number: 2016943661

North American Edition

ISBN-13: 978-1-4641-2611-6
ISBN-10: 1-4641-2611-9

Printed in the United States of America

First printing

W. H. Freeman and Company
One New York Plaza
Suite 4500
New York, NY 10004-1562
www.macmillanlearning.com

International Edition
Macmillan Higher Education
Houndmills, Basingstoke
RG21 6XS, England
www.macmillanhighered.com/international

私たちの先生に捧ぐ

Paul R. Burton
Albert Finholt
William P. Jencks
Eugene P. Kennedy
Homer Knoss
Arthur Kornberg
I. Robert Lehman
Earl K. Nelson
Wesley A. Pearson
David E. Sheppard
Harold B. White

著者紹介

デービッド・ネルソン　David L. Nelson

ミネソタ州フェアモント生まれ．1964年にセントオラフ大学において化学・生物学の学士号を取得後，スタンフォード大学医学部においてArthur Kornbergの指導のもとで博士号を取得．その後，ハーバード大学医学部において，アルバート・レーニンジャーの初めての大学院生のひとりであったEugene P. Kennedyのもとで，ポストドクトラルフェローとして研究に従事．1971年にウィスコンシン大学マディソン校に着任し，1982年に生化学の正教授に就任した．8年間にわたってウィスコンシン大学マディソン校の生物学教育センター長を務め，2013年に名誉教授になった．

ネルソンは，原生動物のゾウリムシ *Paramecium* の繊毛運動とエキソサイトーシスを調節するシグナル伝達に着目して研究を行った．ネルソンは，教育者として，そして研究指導者として卓越した記録を残している．43年の間，生命科学の上級生化学コースの学部生を対象として，マイケル・コックスとともに生化学全般にわたる詳細な講義を行った．また彼は，看護学生対象の生化学の講義，そして生体膜の構造と機能，および分子神経生物学に関する大学院講義を行った．彼は，ウィスコンシン大学からDreyfus Teacher-Scholar AwardやAtwood Distinguished Professorship，Unterkofler Excellence in Teaching Awardなどの卓越した教育法に対する賞を受賞している．ネルソンは，1991～1992年にかけてスペルマン大学で化学・生物学の客員教授を務めた．ネルソンが二つ目に愛しているのは歴史であり，学部生に対して生化学の歴史を教えており，彼が設立して館長を務めているマディソン科学博物館で展示するために，骨董品の化学器具を蒐集している．

マイケル・コックス　Michael M. Cox

デラウェア州ウィルミントン生まれ．初めての生化学の講義の際に『レーニンジャーの生化学』の初版に大きな影響を受けて生物学に魅了され，その後に生化学を職業とする道に進んだ．1974年にデラウェア大学を卒業後，ブランダイス大学に移ってWilliam P. Jencksのもとで博士号を取得．その後1979年にスタンフォードのI. Robert Lehmanのもとでポストドクトラルフェローとして研究に従事．1983年にウィスコンシン大学マディソン校に着任し，1992年に生化学の正教授に就任．

コックスの学位論文の研究は，酵素触媒反応のモデルとしての一般酸塩基触媒に関するものであった．スタンフォードでは，コックスは遺伝的組換えに関与する酵素についての研究をはじめた．特にRecAタンパク質に着目し，現在でも使われている精製法やアッセイ法を考案し，DNA分枝点移動の過程を解明した．遺伝的組換えに関与する酵素の探究は，現在でも彼の研究の中心テーマである．

コックスは，ウィスコンシンにおいて大きくて活発な研究チームを統括し，DNA中の二本鎖切断の組換えDNA修復の酵素学，トポロジー，およびエネルギー論に関する研究を行っている．特に，細菌のRecAタンパク質，組換えDNA修復において補助的な役割を果たすさまざまなタンパク質，電離放射線に対する極端な耐性の分子基盤，細菌における新たな表現型の指向性進化，およびこのような研究のすべてのバイオテクノロジーへの応用に着目している．

30年以上にわたって，コックスは学部生に対して生化学の講義を行い，DNAの構造とトポロジー，

David L. Nelson（左）と **Michael M. Cox**
［出典：Robin Davies, UW–Madison Biochemistry MediaLab.］

タンパク質と DNA の相互作用，組換えの生化学に関する大学院講義を行ってきた．また最近では，大学院の 1 年次生に対する専門家の責任に関する新たな課程を構築するとともに，有能な生化学の学部生を大学の経歴の早期に研究室に配属させる体系的なプログラムの確立に携わっている．コックスは，彼の教育と研究の両方に関して，Dreyfus Teacher–Scholar Award や 1989 年の Eli Lilly Award in Biological Chemistry，およびウィスコンシン大学から 2009 年の Regents Teaching Excellence Award などの賞を受賞している．彼はまた，学部生の生化学教育に関する新たな国家レベルのガイドラインを確立しようと活発に活動している．彼の趣味は，ウィスコンシンの 18 エーカーの農地を樹木園に変えること，ワイン蒐集，および研究棟設計の補佐である．

科学の本質について

この21世紀において，典型的な科学教育は，科学の哲学的側面について説明せずにしばしば通り過ぎたり，定義を単純化しすぎたりしている．科学の世界で将来身を立てようと思う人にとって，**科学**，**科学者**，**科学的手法**という用語についてもう一度熟考することは役に立つかもしれない．

科学は，自然界についての思考法であり，そのような思考に由来する情報や理論の総和である．科学の力と成功は，試される概念，すなわち観察され，測定され，再現される自然現象や，予見する価値のある理論に関する情報に基づく直接的な流れに由来する．科学の進歩は，あまり説明されることはないが，新たな取組みにとって極めて重要な基本的な前提に基づいている．すなわち，宇宙に存在する力や現象を支配する法則は不変であるという前提である．Jacques Monodは，彼のノーベル賞受賞講演で，この基本的前提について「客観性の仮定」と述べている．したがって，自然界は調査の過程（すなわち科学的手法）を適用することによって理解することができる．科学は，われわれをだますような宇宙ではうまくいくことはなかった．客観性の仮定のほかに，科学には自然界について侵されることのない仮定はない．有用な科学的概念とは，(1) 再現性よく実証されてきた概念，あるいは実証可能な概念であり，(2) 新たな現象を正確に予想するために利用可能な概念であり，そして (3) 自然界または宇宙に着目したものである．

科学的概念には多くの形式がある．このような形式について述べるために科学者が用いる用語は，非科学者が用いる用語とはまったく異なる意味を持つ．仮説 hypothesisとは，一つ以上の観察結果に対する合理的で検証可能な説明を与える概念や仮定であるが，実験的に完全には実証されていないかもしれないものである．科学理論 scientific theoryは直感よりもはるかに確実なもので，ある程度実証されており，実験の観察結果全体に対する説明を与える概念である．理論は検証可能であり，組合せも可能なので，さらなる進歩や新展開の基盤である．科学理論が繰り返し検証され，多くの点で有効であると確認されると，事実として受け入れられる．

ある重要な意味で，科学や科学的概念を構成するものは，他の科学者によって査読された科学論文で発表されているかどうかによって定義される．2014年後半の時点で，世界中で約34,500の査読される科学専門誌に，毎年約250万もの論文が発表される．科学論文とは，あらゆる人類の生得権である情報に関する報酬である．

科学者とは，自然界を理解するために科学的手法を厳密に適用する人々である．ただ単に高度な科学的訓練を積んだだけで科学者になれるわけではないし，そのような訓練を積んでいなければ重要な科学的貢献をできないわけでもない．科学者は，新たな発見にとって必要ならば，どのような概念にでも喜んで挑戦するにちがいない．科学者が受け入れる概念は，測定可能で再現性のある観察結果に基づくはずである．また，科学者はこのような観察結果を正直に報告しなければならない．

科学的手法とは，科学的な発見をもたらす道筋のすべてである．仮説と実験 hypothesis and experimentの過程では，科学者は仮説について吟味し，それを実験的に証明しようとする．生化学者が毎日行う方法の多くは，このようにして見出されたものである．James WatsonとFrancis Crickによって解明されたDNAの構造は，塩基対形成がポリヌクレオチド合成における情報転移の基盤であるという仮説をもたらした．この仮説は，DNA ポリメラーゼや RNA ポリメラーゼの発見のきっかけになった．

Watson と Crick は，モデルの構築と計算 model building and calculation の過程を経て，彼らの DNA 構造をつくり上げた．モデルの構築と計算の際には他の科学者によるデータが利用されたが、実際の実験は行われなかった．多くの大胆な科学者たちは，その発見への道筋で探索と観察 exploration and observation の過程を適用してきた．発見の歴史的航海（とりわけ Charles Darwin の 1831 年のビーグル号の航海）はこの地球の地図を作成し，居住者の目録を作り，世界を眺める私たちの目を変えるために役立った．現代の科学者は，深海探査や他の惑星探査のロケットを打ち上げる際に同様の道筋に従う．仮説と実験に類似する過程として，仮説と演繹 hypothesis and deduction がある．Crick は，メッセンジャー RNA の情報をタンパク質へと翻訳するのを促進するアダプター分子が存在するにちがいないと推測した．このアダプター仮説は，Mahlon Hoagland と Paul Zamecnik による転移 RNA の発見へとつながった．

発見へのすべての道筋が計画的であるとは限らない．セレンディピティー（思いがけない幸運）serendipity が役割を果たすことはよくある．1928 年の Alexander Fleming によるペニシリンの発見や，1980 年代前半の Thomas Cech による RNA 触媒の発見は，ともに偶然であった（彼らはそのような発見を活かすように備えていたが）．インスピレーション inspiration は重要な進歩をもたらすこともできる．今ではバイオテクノロジーの中心的手法であるポリメラーゼ連鎖反応（PCR）は，Kary Mullis が 1983 年に北カリフォルニアに旅行した際にインスピレーションがひらめいた後に開発したものであった．

科学的発見へのこのように多くの道筋はまったく異なるように見えるが，それらにはいくつかの重要な共通点がある．すなわち，このような発見への道筋は自然界に集中しており，再現性のある観察と実験 reproducible observation and/or experiment に基づいている．このような努力に由来する概念，洞察，および実験事実は，世界のどこでも科学者が試験して再現することが可能である．これらすべては，他の科学者が新しい仮説をたてたり，新たな発見をしたりするために利用される．私たちの宇宙を理解するためには重労働が必要である．それと同時に，自然界の一部を理解することは，つらいというよりもエキサイティングで潜在的価値があり，ときには後世に受け継がれる人類の努力にほかならない．

序　　文

細胞レベルと生物体レベルで，分子過程に関する新たな見方をもたらす技術がますます強固になるのに伴って，生化学は急速に進歩しつづけ，新たな驚きと新たな難題をもたらしている．本書の表紙の画像は，真核細胞内で最も大きな分子装置の一つであり，現代の構造解析が明らかにしつつある装置である活性型のスプライソソームを示している．スプライソソームは，生命を分子構造のレベルで理解する現在の例である．この画像は，極めて複雑な一連の反応のスナップショットであり，以前よりも良い解像度である．しかし，細胞内では，この反応は，空間的，そして時間的に多くの他の複雑な過程につながる多くのステップの一つに過ぎない．このような過程は未解明であり，最終的には本書の将来の版で述べられるものである．『レーニンジャーの新生化学 Lehninger Principles of Biochemistry』の第7版の目標は，バランスをとること，すなわち，本書に対して学生のみなさんが呆然とすることなく，新しくエキサイティングな発見を含めることである．ある進歩を含めるかどうかの主要な基準は，その新発見が生化学の重要な基本原理 principles of biochemistry について解説するために役立つかどうかである．

本書の改訂ごとに，私たちはレーニンジャーの原著を古典ならしめるように，その質を維持しようと常に心がけてきた．すなわち，学生のみなさんに対して，難しい概念を明快に細心の注意をはらって説明し，今日の生化学が理解され実行されている方法について伝えることである．私たちは30年間本書を共に執筆し，生化学の導入教育を行ってきた．私たちがウィスコンシン大学マディソン校で長年にわたって教えてきた数千人もの学生のみなさんは，生化学のよりわかりやすい教授法についての尽きることないアイデアの源であるとともに，私たちを啓発して鼓舞してくれた．私たちは，この『レーニンジャー』第7版が生化学を今まさに学ぶ学生のみなさんを啓発し，そのすべてが私たちと同じように生化学を愛するように鼓舞することを希望する．

「新」最先端の科学

本改訂版における新たな話題や大幅に改訂された話題には次のようなものがある．

- 合成細胞，および疾患ゲノミクス（Chap. 1）
- 天然変性タンパク質領域（Chap. 4），およびシグナル伝達におけるそれらの重要性（Chap. 12）
- 前定常状態にある酵素の速度論（Chap. 6）
- ゲノムアノテーション（Chap. 9）
- CRISPR によるゲノム編集（Chap. 9）
- メンブレントラフィックと膜のダイナミクス（Chap. 11）
- NADH の付加的な役割（Chap. 13）
- セルロースシンターゼ複合体（Chap. 20）
- 炎症収束性メディエーター（Chap. 21）
- ペプチドホルモン：インクレチンと血糖；イリシンと運動（Chap. 23）
- 染色体テリトリー（Chap. 24）

- 真核生物の DNA 複製の新たにわかった詳細（Chap. 25）
- キャップ・スナッチング；スプライソソームの構造（Chap. 26）
- リボソーム解放機構；RNA 編集の最新情報（Chap. 27）
- 非コード RNA の新たな役割（Chap. 26，Chap. 28）
- RNA 認識モチーフ（Chap. 28）

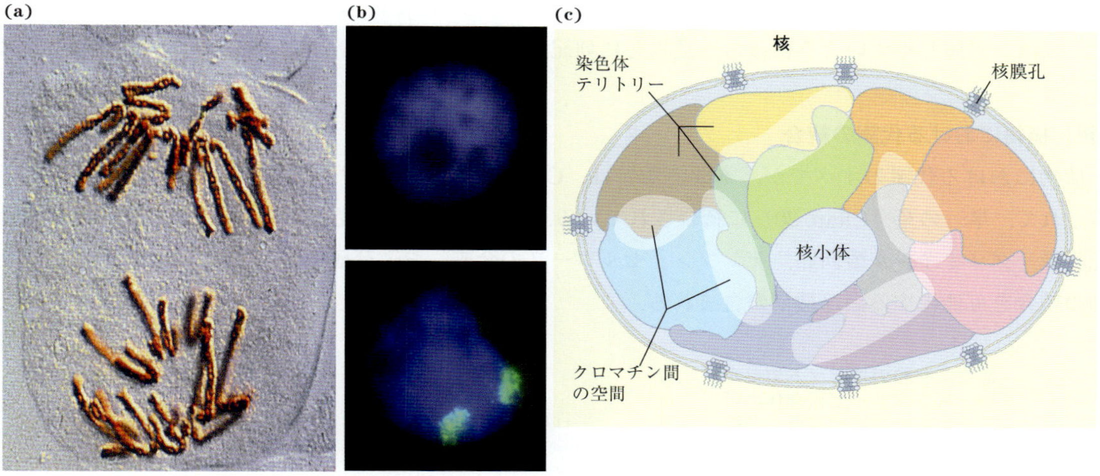

真核生物の核における染色体の組織化
出典：(a) Pr. G. Gime ´ nez-Marti ´ n/Science Source.
(b) Karen Meaburn and Tom Misteli/National Cancer Institute.

「新」ツールと技術

システム生物学の新たなツールは，生化学の理解を変えつづけている．このようなツールには，新たな実験法や，研究者にとって必須となってきた大規模公共データベースが含まれる．『レーニンジャーの新生化学』の本改訂版では，新たに次のようなものが加わった．

- 次世代 DNA シークエンシングには，今ではイオン半導体シークエンシング（Ion Torrent），および一分子リアルタイム（SMRT）シークエンシングのプラットフォームが含まれる．本文の考察では，古典的なサンガー配列決定法についても注目する（Chap. 8）．
- CRISPR によるゲノム編集は，ゲノミクスの考察における多くの最新情報の一つである（Chap. 9）．
- LIPID MAPS データベースと脂質の分類系

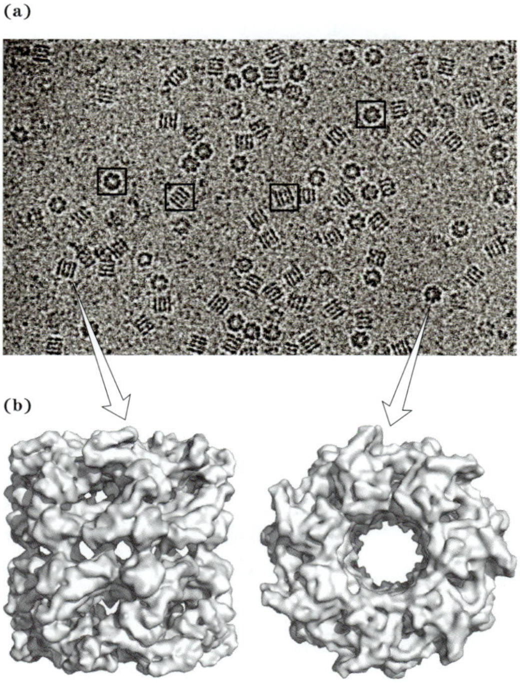

単粒子クライオ電子顕微鏡法によって決定されたシャペロンタンパク質 GroEL の構造
出典：© Alberto Bartesaghi, PhD.

は，リピドミクスの考察に含まれる（Chap. 10）.
- クライオ電子顕微鏡法は，新たな Box で説明される（Chap. 19）.
- ある時期にどの遺伝子が翻訳されているのかを決定するリボソームプロファイリング，および多くの関連する技術は，ディープ DNA シークエンシングの多用途性と強力さを説明するために含まれる（Chap. 27）.
- 本文中で述べる NCBI，PDB，SCOP2，KEGG，および BLAST などのオンライン・データリソースは，参照しやすいように後ろの見返しに列記してある.

「新」植物における代謝の統合

植物における代謝のすべてが，本改訂版では，Chap. 19 の酸化的リン酸化についての考察からは分離されて，単一の章（Chap. 20）に統合されている．Chap. 20 には，光駆動性の ATP 合成，炭素固定，光呼吸，グリオキシル酸回路，デンプンとセルロースの合成，および植物体全体にわたるこのような活動の統合を可能にする調節機構が含まれる.

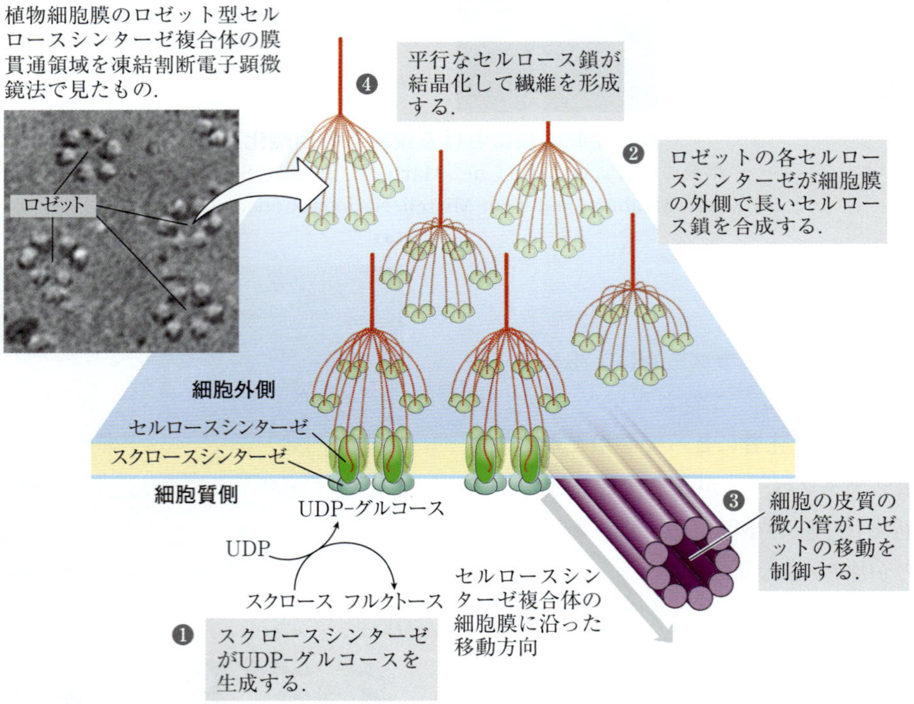

セルロース合成の一つのモデル

電子顕微鏡写真；© Courtesy Dr. Candace H. Haigler, North Carolina State University and Dr. Mark Grimson, Texas Tech University.

医学への新たな適用

このアイコンは，本書全体にわたって医学的に特に興味深い題材を表すために用いられる．教師としての私たちの目標は，学生のみなさんに生化学を知ってもらい，より健全な生活やより健全な地球であることとの関連性を理解してもらうことである．多くの節で，病気の分子機構に関してわかっていることについて精査してある．本改訂版で新たに取り入れたり改訂したりした医学的話題には次のようなものがある．

- **「改訂」** ラクターゼとラクトース不耐症（Chap. 7）
- **「新」** ギラン・バレー症候群とガングリオシド（Chap. 10）
- **「新」** ビタミン A 欠乏による疾患を防ぐためのゴールデンライスプロジェクト（Chap. 10）
- **「改訂」** 多剤耐性輸送体と臨床医学におけるその重要性（Chap. 11）
- **「新」** 嚢胞性繊維症とその治療に関する洞察（Chap. 11）
- **「改訂」** 大腸がんの多段階進行（Chap. 12）
- **「新」** ミトコンドリア病を診断するためのアシルカルニチンの新生児スクリーニング（Chap. 17）
- **「新」** ミトコンドリア病，ミトコンドリア移植，および「three-parent baby」（Chap. 19）
- **「改訂」** コレステロール代謝，粥状動脈硬化と動脈硬化巣の形成（Chap. 21）
- **「改訂」** シトクロム P-450 と薬物相互作用（Chap. 21）
- **「改訂」** 脳におけるアンモニア毒性（Chap. 22）
- **「新」** 内分泌かく乱物質としての異物（Chap. 23）

特別なテーマ：代謝の統合，肥満，および糖尿病

肥満とそれに関連する医学的な症状である循環器疾患や糖尿病などは，産業化世界で急速に蔓延しつつあるので，本改訂版全体にわたって肥満と健康の間の生化学的関係についての新たな題材を取り入れてある．糖尿病に注目することによって，代謝やその制御に関するテーマを章全体にわたって統合する．代謝，肥満および糖尿病の相互作用を強調する話題のいくつかには次のようなものがある．

- 未治療の糖尿病におけるアシドーシス（Chap. 2）
- 膵臓におけるタンパク質のフォールディングの欠陥，アミロイドの蓄積，および糖尿病（Chap. 4）
- **「改訂」** 血糖，および糖尿病の診断と治療における糖化ヘモグロビン（Box 7-1）
- 終末糖化産物（AGE）：進行性糖尿病の病態における役割（Box 7-1）
- 二つの型の糖尿病におけるグルコース輸送と水輸送の欠陥（Box 11-1）
- **「新」** Na^+-グルコース輸送体と 2 型

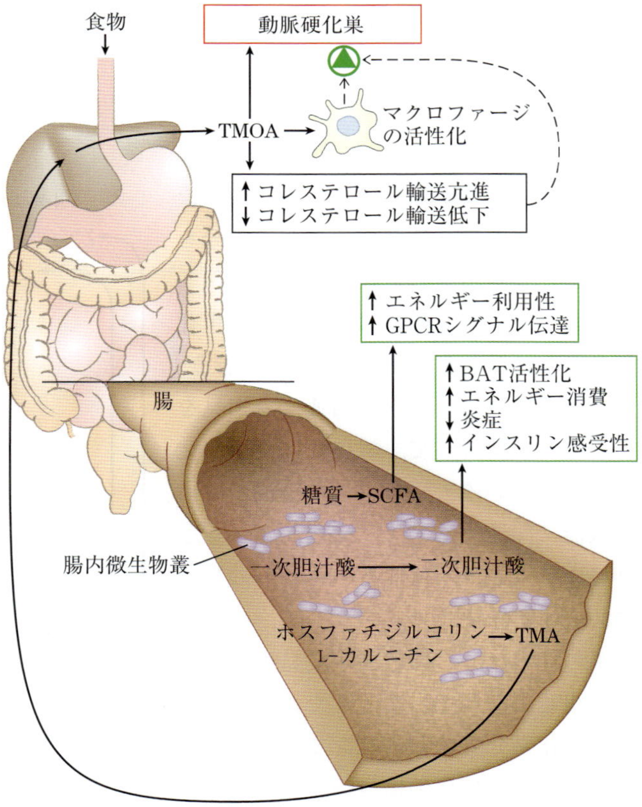

腸内微生物代謝の健康に及ぼす影響

糖尿病の治療におけるグリフロジンの利用（Chap. 11）
- 1型糖尿病におけるグルコースの取込みの欠陥（Chap. 14）
- MODY：まれな型の糖尿病（Box 15-3）
- 糖尿病や飢餓におけるケトン体の過剰生産（Chap. 17）
- **「新」** アミノ酸の分解：2型糖尿病に寄与するメチルグリオキサール（Chap. 18）
- 膵臓β細胞のミトコンドリアの欠陥に起因するまれな型の糖尿病（Chap. 19）
- 2型糖尿病においてチアゾリジンジオンにより促進されるグリセロール新生（Chap. 21）
- 高血糖に対抗するインスリンの役割（Chap. 23）
- 血中グルコースの変化に応答する膵臓β細胞によるインスリン分泌（Chap. 23）
- インスリンはどのようにして発見され，精製されたのか（Box 23-1）
- **「新」** 消化管，筋肉，および脂肪組織からのホルモン入力の統合における視床下部の AMP 活性化プロテインキナーゼ（Chap. 23）
- **「改訂」** 細胞増殖の調節における mTORC1 の役割（Chap. 23）
- **「新」** 熱産生組織としての褐色脂肪とベージュ脂肪（Chap. 23）
- **「新」** 運動，およびイリシン放出と体重減少の刺激（Chap. 23）
- **「新」** グレリン，$PYY_{3\text{-}36}$，およびカンナビノイドによる影響を受ける短期間の摂食行動（Chap. 23）
- **「新」** エネルギー代謝と脂肪生成における消化管の共生微生物の役割（Chap. 23）
- 2型糖尿病における組織のインスリン感受性（Chap. 23）
- **「改訂」** 食餌，運動，薬物治療，および手術による2型糖尿病の治療（Chap. 23）

特別なテーマ：進化

線虫の発生過程について研究したり，生物種間でどこが保存されているのかを決定して酵素の活性部位の重要な部分を同定したり，ヒトの遺伝病の原因遺伝子を探索したりする際にはいつでも，生化学者はこれらを進化理論に基づいて行う．資金運用団体は，ヒトに関連する知見を得ることを期待して，線虫に関する研究を支援している．酵素の活性部位において機能に関連するアミノ酸残基が保存されていることは，地球上のすべての生物に共通する歴史を反映している．疾患遺伝子の探索は，しばしば系統発生学における複雑な問題である．したがって，進化は生化学分野の基本概念である．進化的な観点から生化学について考察する多くの領域のうちのいくつかには次のよう

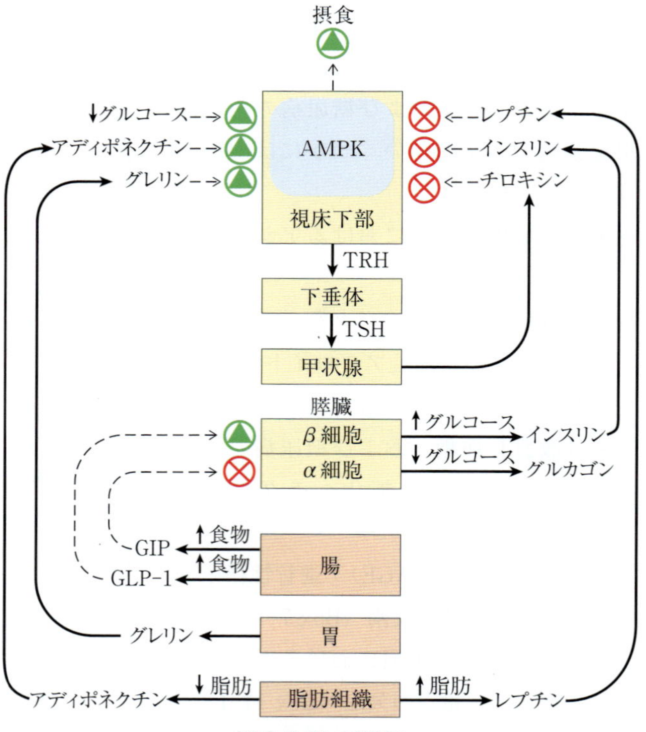

摂食行動の調節

なものがある.

- 進化を可能にする遺伝的な指令の変化（Chap. 1）
- 化学進化における生体分子の起源（Chap. 1）
- 最初の遺伝子および触媒としての RNA，または RNA 前駆体（Chap. 1，Chap. 26）
- 生物進化の年表（Chap. 1）
- 初期の細胞における無機燃料の利用（Chap. 1）
- 単純な細胞からの真核生物の進化（細胞内共生説）（Chap. 1，Chap. 19，Chap. 20）
- タンパク質の配列と進化系統樹（Chap. 3）
- タンパク質の構造比較における進化理論の役割（Chap. 4）
- 細菌における抗生物質耐性の進化（Chap. 6）
- アデニンヌクレオチドが多くの補酵素の成分であることの進化的な説明（Chap. 8）
- 比較ゲノミクスとヒトの進化（Chap. 9）
- ネアンデルタール人の祖先を理解するためのゲノミクスの利用（Box 9–3）
- V 型 ATP アーゼと F 型 ATP アーゼの間の進化的な関係（Chap. 11）
- GPCR 系の普遍的な特徴（Chap. 12）
- β 酸化酵素の進化的分岐（Chap. 17）
- 酸素発生型光合成の進化（Chap. 20）
- 「新」プランクトミセス門の細菌における核などの細胞小器官の存在（Box 22–1）
- 免疫系の進化におけるトランスポゾンの役割（Chap. 25）
- トランスポゾン，レトロウイルス，およびイントロンに共通する進化の起源（Chap. 26）
- RNA ワールド仮説に関する統合された考察（Chap. 26）
- 遺伝暗号の自然変異：規則を証明する例外（Box 27–1）
- 遺伝暗号の自然界での拡張と実験的な拡張（Box 27–2）
- 発生と種分化における調節遺伝子（Box 28–1）

生化学教育におけるレーニンジャーの顕著な特徴

生化学に初めて出会う学生のみなさんは，生化学について学ぶ際にしばしば次の 2 点を理解するのが難しい．一つは定量的な問題に対する取組み方であり，もう一つは有機化学で学んだことを生化学の理解のために利用する方法である．また，学生のみなさんは，しばしば述べられてはいない慣習のある複雑な言語を学ばなければならない．学生のみなさんがこのような問題に対処しやすいように，次のような副教材を提供する．

化学的論理の重要視

- Sec 13.2 の**化学的な論理と共通の生化学反応**では，すべての代謝反応の基盤となる共通の生化学反応のタイプについて考察することによって，学生のみなさんが有機化学を生化学に結びつけやすくしてある．
- **化学的論理に関する図**では，反応機構の保存について強調し，学習しやすくなるような反応パターンについて図解してある．化学的論理の図は，解糖（図 14–3），クエン酸回路（図 16–7），脂肪酸の酸化（図 17-9）などの中心的な代謝経路のそれぞれに関して用意してある．

- **機構図**は，学生のみなさんが反応過程を理解しやすいように，段階的に記述してある．これらの図では，最初に出てくる酵素反応機構図（キモトリプシン，図 6-23）で紹介して詳しく説明する慣例を用いている．
- **発展学習用文献**　学生や講師のみなさんは，各章の「発展学習用文献 Further Reading」のリストで，本文中の話題についてさらに理解を深めることができる．このリストについては，www.macmillanlearning.com/LehningerBiochemistry7e，および「レーニンジャー」のプラットフォームの Sapling Plus を介して入手可能である．各章のリストでは，利用者が生化学の歴史と現状の両方について理解を深めるのに役立つ総説，古典的論文，および研究論文を引用してある．

明瞭なアート

- 古典的な図のわかりやすい描写は，このような図を解釈して学習しやすくする．
- 分子構造は，本書のためだけに作製されたものであり，本書内で一貫した形状や色が使われている．
- 番号と注釈をつけたステップのある図は，複雑な過程について説明するのに役立つ．
- 要約図は，学生のみなさんが細部について学習しながら，全体像を心にとどめておくのに役立つ．

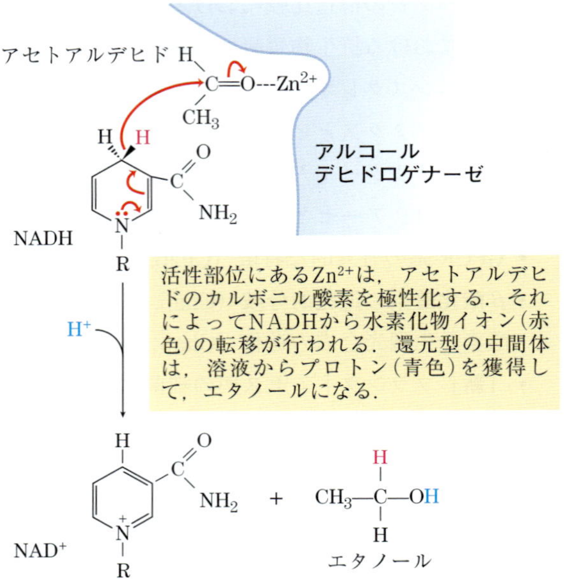

アルコールデヒドロゲナーゼの反応機構

問題解決ツール

- **本文中に挿入された例題**は，最も難しい式のいくつかについて練習することによって，学生のみなさんの定量的な問題の解決スキルの向上に役立つ．
- **600 以上の章末問題**は，学生のみなさんが学んできたことをさらに練習するための機会になる．
- **データ解析問題**（各章末に一つずつ；マサチューセッツ大学ボストン校の Brian White の貢献による）は，学生のみなさんが学んできたことを組み合わせて，

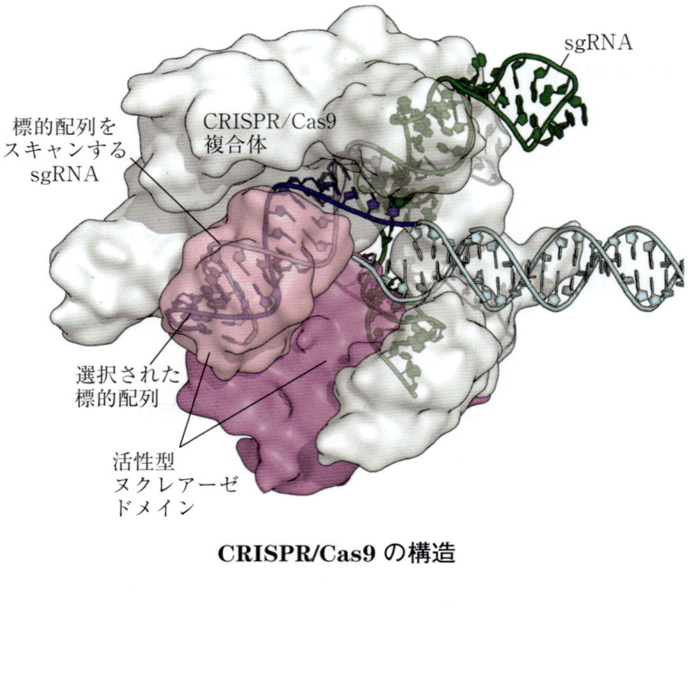

CRISPR/Cas9 の構造

その知識を研究文献中のデータの解釈に応用することを奨励する.

重要な約束事

生化学的な各題材や生化学の文献を理解するために必要な「約束事」の多くを本文中にちりばめて強調してある. このような**重要な約束事**には, 述べられることなしに学生のみなさんが理解すべき多くの仮定や慣例についての明快な説明が含まれる（例えば, ペプチドの配列はアミノ末端からカルボキシ末端に向かって左から右に書かれることや, 核酸の配列は5′末端から3′末端に向かって左から右に書かれること）.

補助媒体と付録

『レーニンジャーの新生化学』の本改訂版に関しては，大量のオンライン学習ツールを徹底的に改訂して更新した．特に，これらのツールは，はじめて包括的なオンライン自習システムの提供を可能にする定評あるプラットフォームに移行してある．

「新」SaplingPlus for Lehninger

この包括的で絶対的なオンライン版のティーチング・学習プラットフォームには，e-Book，すべての講師用と学生用のリソース，講師が出す課題と採点簿の機能性を取り込んである．

「新」学生用リソース in SaplingPlus for Lehninger

学生のみなさんは，生化学の基本原理の理解を深め，問題解決能力を向上させるために考案された補助媒体の提供を受ける．

「新」オンライン自習システム

SaplingPlus for Lehninger は，学生のみなさんが生化学の基本原理の理解を深め，問題解決能力を向上させるために考案された補助媒体である．

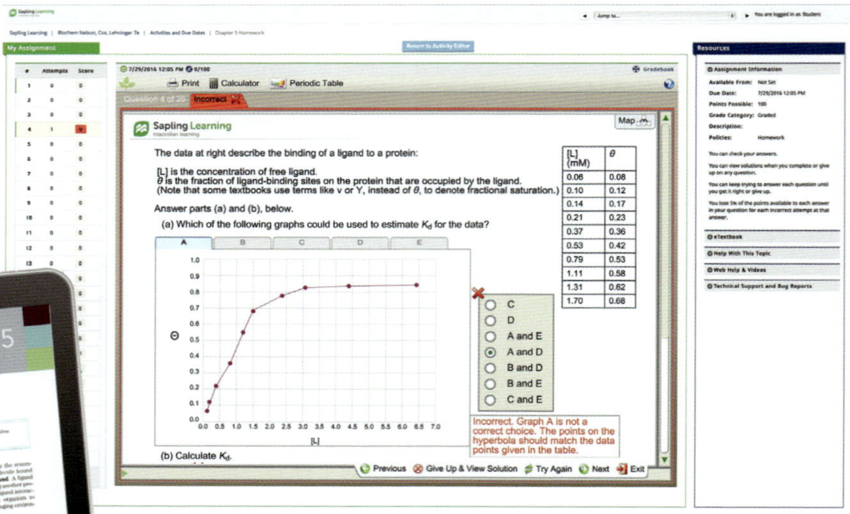

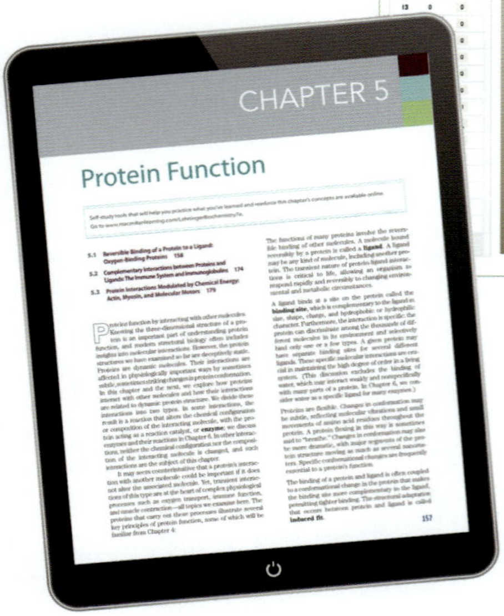

e-Book

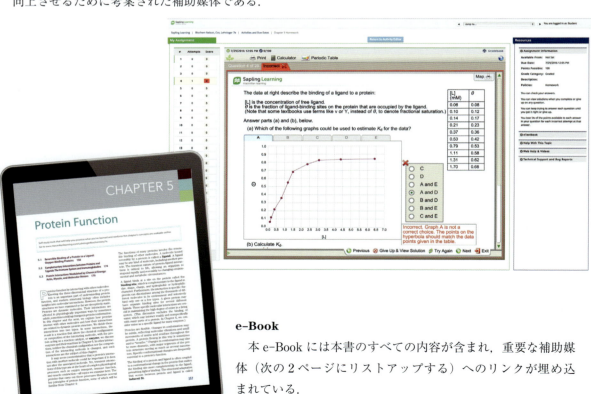

本 e-Book には本書のすべての内容が含まれ，重要な補助媒体（次の2ページにリストアップする）へのリンクが埋め込まれている．

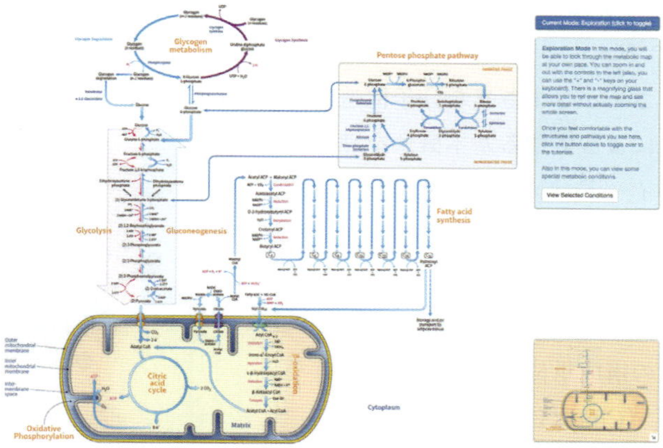

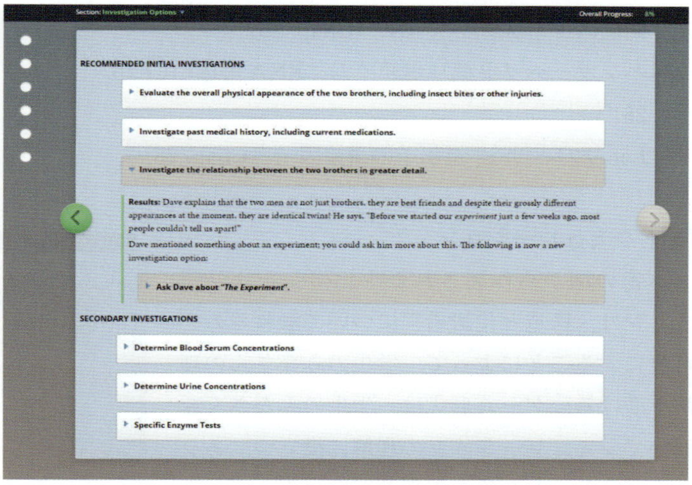

「新」双方向型代謝マップ

双方向型代謝マップは，学生のみなさんを導いて，最も一般的な代謝経路（解糖系，クエン酸回路，およびβ酸化）を理解できるようにする．学生のみなさんは，マップに入っていって，マップの概観と詳細の間を行き来し，代謝経路の全体像の関連と詳細とを統合することができる．チュートリアルは，学生のみなさんを導いて，経路について理解できるようにし，学習成果を達成することができる．その過程にある概念チェック問題によって，理解を確認することができる．

「新」ケーススタディー

Justin Hines（ラファイエット大学）によるいくつかのオンライン・ケーススタディーのそれぞれは，学生のみなさんを生化学の神秘へと導き，解答を探すのに伴って，どのような研究を完了するのかを決めることができる．最終評価は，学生のみなさんが各ケーススタディーを十分に成し遂げて、理解するのを確実にする．

- ありそうな話：酵素阻害
- ビーチでの一日：脂質代謝
- 突然の始まり：代謝への入門
- 説明できない死：糖質代謝
- ランナーの実験：代謝の統合
- 有毒なアルコール：酵素機能

より多くのケーススタディーが，本改訂版全体を通じて加えられるであろう．

「改訂」分子構造チュートリアル

この第7版では，このチュートリアルはJSmol用に改訂され，学生のみなさんがさまざまな分子構造について深く探究することによって知る基本概念を理解できるように，目的別フィードバック評価を含む．

- タンパク質の構築様式（Chap. 3）
- 酸素結合タンパク質（Chap. 5）
- 主要組織適合抗原（MHC）分子（Chap. 5）
- ヌクレオチド：核酸の構成単位（Chap. 8）
- 三量体Gタンパク質（Chap. 12）
- バクテリオロドプシン（Chap. 20）
- 制限エンドヌクレアーゼ（Chap. 25）
- ハンマーヘッド型リボザイム：RNA酵素（Chap. 26）
- Lacリプレッサー：遺伝子の調節因子（Chap. 28）

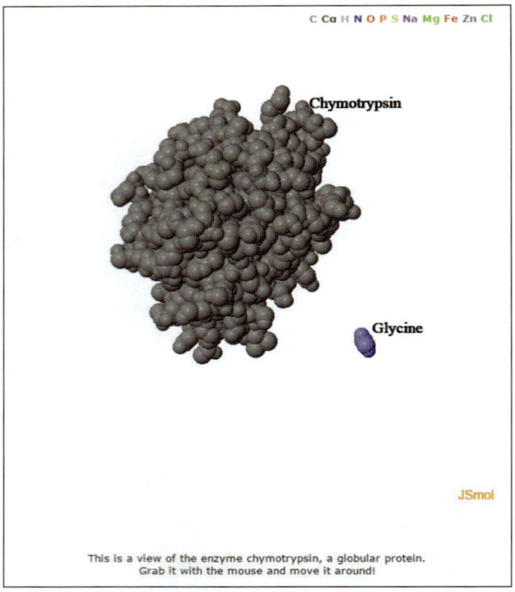

「新」シミュレーション

本書の図から作製された生化学シミュレーションは，構造と代謝過程について触れるのを可能にすることによって，学生のみなさんの理解を助ける．ゲーム形式は，学生のみなさんを導いてシミュレーションの理解に役立つ．各シミュレーションの後の選択肢問題によって，学生が各話題について十分に理解しているのかどうかを講師のみなさんが評価することができる．

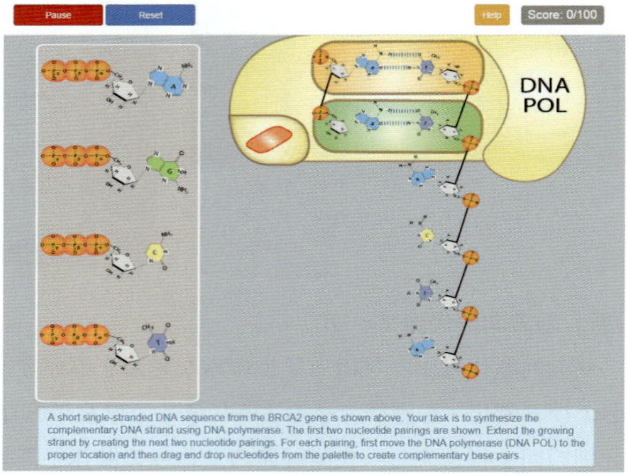

- ヌクレオチド構造
- DNA/RNA構造
- PCR
- サンガー配列決定法
- DNA複製
- 突然変異と修復
- mRNAプロセシング
- CRISPR
- DNAポリメラーゼ
- 転写
- 翻訳

「改訂」酵素反応機構のアニメーション

本書の多くの反応機構図については，目的別フィードバック評価を伴うアニメーションとして利用可能である．これらのアニメーションは，学生のみなさんが自分のペースで重要な反応機構について学ぶのに役立つ．

Living Graphs と反応式

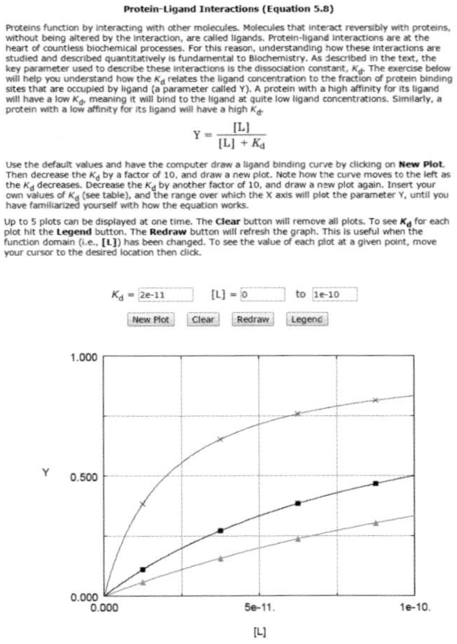

これらは，学生のみなさんが本書中の反応式について調べる直観的な方法を提供し，オンラインでの自習のための問題解決ツールとして役立つ．

- ヘンダーソン・ハッセルバルヒの式（式 2-9）
- 弱酸の滴定曲線（式 2-17）
- ミオグロビンの結合曲線（式 5-11）
- 協同的リガンド結合（式 5-14）
- ヒルの式（式 5-16）
- タンパク質－リガンド相互作用（式 5-8）
- 競合阻害剤（式 6-28）
- ラインウイーバー・バークの式（Box 6-1）
- ミカエリス・メンテンの式（式 6-9）
- 混合型阻害剤（式 6-30）
- 不競合阻害剤（式 6-29）
- 輸送に関する自由エネルギーの式（式 11-3）
- 輸送に関する自由エネルギーのグラフ（式 11-3）
- 自由エネルギー変化（式 13-4）
- ATP の加水分解に関する自由エネルギーの式（例題 13-2）
- ATP の加水分解に関する自由エネルギーのグラフ（例題 13-2）
- イオン輸送に関する自由エネルギー（式 11-4，式 19-8）

「新」評価つき Nature 誌論文

Nature 誌からの六つの論文が利用可能であり，学生のみなさんが主要論文を読むようにひきつけ，批判的思考を奨励するための自動的な評価を伴っている．また，講義やオンラインでの反転授業やアクティブラーニングで利用するのに適した自由回答質問も含んでいる．

生化学的手法のアニメーション

九つのアニメーションは，最も一般的に用いられる研究手法のいくつかの原理について解説している．

問題解決ビデオ

ユタ州立大学の Scott Ensign によって制作された問題解決ビデオは，オンラインで学生のみなさんの問題解決の手助けをする．二つの部分から成るアプローチによって，各 10 分のビデオは，学生のみなさんが伝統的にマスターするのに苦労する話題の重要な問題についてカバーしている．Ensign 博士はまず有効であることがわかっている問題解決法について述べ，次に明快で簡潔なステップを踏んでその方法を問題に応用している．学生のみなさんは，解答だけでなく，その背後にある理由をしっかりと理解するまで，どのステップでも自由に停止させ，巻き戻し，再確認することができる．このようにして問題に取り組むことは，学生のみなさんが他の教科書の問題や試験問題に答える際に，鍵になる解決法をよりうまく，より確実に応用できるように考案されている．

学生用リソース：『レーニンジャーの新生化学』の『絶対的，究極の手引き』

Marcy Osgood（ニューメキシコ大学医学部）と Karen Ocorr（サンフォード・バーナム医学研究所）による『レーニンジャーの新生化学（第 7 版）』の『絶対的，究極の手引き；学習の手引きと解答マニュアル』；1-4641-8797-5

『絶対的，究極の手引き』は革新的な学習の手引きと信頼できる解答マニュアルを便利な一冊にまとめたものである．徹底的に授業で試されており，学習の手引きには章ごとに以下のものが含まれる．

- **主要概念**：章全体にわたるロードマップ．
- **要点復習**：それまでの章の要点を繰り返す問題．
- **考察問題**：節ごとに設定されている．個人による復習，学習グループ，あるいはクラス討論用に考案されている．
- **自己テスト**：「この用語を知ってる？」，クロスワードパズル，多項選択式で，事実応用型の問題，そして学生のみなさんに新しい知識を新しい方向で応用するように尋ねる問題とその解答．

講師用リソース

講師には，テキスト，講義のプレゼンテーション，個々の講義スタイルを支援するようにそれぞれ開発された包括的なティーチングツールが提供される．講師用リソースのすべては www.MacmillanLearning.com でレーニンジャーのための Sapling Plus，および目録ページからダウンロードして利用可能である．

問題集

編集可能な Microsoft Word および Diploma のフォーマットの包括的問題集は，章あたりで 30 ～ 50 の新たな多項選択式問題，および短い記述式問題を合わせて，全部で 100 以上の問題を含む．各問題は，Bloom の分類レベル，および難易度によってクラス分けされている．

講義スライド

編集可能な講義スライドは，この改訂版で更新され，最適化された図と文章を含む内容になっている．

クリッカー・クエスチョン

これらの動的多項選択式問題は，iClicker や他の授業用応答システムと一緒に利用可能である．クリッカー・クエスチョンは，教室でのアクティブラーニングを促進し，講師に対して学生の誤解に関する情報をもたらすように作成されている。

最適化された図のファイル

最適化されたファイルは，テキスト中のあらゆる図，写真，および表に関して利用可能である．これらは，色を際立たせ，解像度を上げ，フォントを大きくしてある．これらのファイルが，JPEG として入手可能であるか，あるいは各章に関して前もって PowerPoint のフォーマットに前処理してある．

謝　辞

本書は制作チームの努力の賜物であり，制作過程のあらゆるステップで私たちを支えてくれたW. H. Freeman and Company社の優れたスタッフなしではあり得なかった．Susan Moran（編集責任者），およびLauren Schultz（出版責任者）は，本版の改訂プランを補助し，多くの助言を与え，私たちを励ましてスケジュール通りに作業できるように（常にうまくいったわけではないが）努力してくれた．有能なプロジェクト編集者Liz Gellerは，私たちが締め切りをいつも守らないのをとても忍耐強く待ってくれた．デザインマネージャーのBlake Loganには，本書のデザインにおける彼女の芸術性に感謝する．写真編集責任者のRoger Feldmanと写真編集者のChristine Bueseには，写真の配置やそれらの利用許諾を得る際の助けに感謝し，Shannon Moloneyには，何回もの編集の調整と運営の補助に感謝する．また，メディア編集者のLori Stover，メディアとその評価の編集者のAmanda Nietzel，シニア教育技術アドバイザーのElaine Paluckiには，本書を補うためにますます重要になりつつある補助媒体の監督に感謝する．また，販売責任者のMaureen Rechfordには、販売とマーケッティングの調整に感謝する．また，Kate Parkerには，以前の版での彼女に貢献が本版でも明白であることに感謝する．マディソンにおいて，Brook Soltvedtはこれまでの版すべての第一線の編集者であり，かつ批評家であった．彼女は，原稿を最初に眺め，原稿や図の改訂を助け，内容や命名の本書内での統一を確認し，私たちの仕事を促してくれる最初の人物である．また，本書の一つの版を除くすべて（初版を含む）の原稿編集に携わってくれたLinda Strangeの巧みな編集は，本書が明快であることから明らかである．彼女は，その科学的な基準と文章に関する基準とともに，私たちを激励し，鼓舞してくれた．ニューメキシコ州立大学にいるShelley Lusettiは，以前の三つの版でも行ってくれたように，校正原稿の本文のあらゆる単語を読み，多数の誤りを見つけ，本書を改善するための多くの提案をしてくれた．本版で用いられている新たなアートと分子のグラフィックスは，Art for ScienceのAdam Steinbergによって制作された．彼は，しばしば図をよりよく，よりわかりやすいものにするための提案をしてくれた．チーム内にBrook, Linda, Shelley, Adamのような才能あふれるパートナーを得たことは本当に幸運であったと思う．

また，各章末の新しいデータ解析問題を作成してくれたマサチューセッツ大学ボストン校のBrian Whiteにも深謝したい．

多くの他の研究者たちが，コメント，提案，批評などによって，この第7版を仕上げるのを助けてくれた．彼らすべてに対して深い謝意を表したい．

Rebecca Alexander, *Wake Forest University*
Richard Amasino, *University of Wisconsin–Madison*
Mary Anderson, *Texas Woman's University*
Steve Asmus, *Centre College*
Kenneth Balazovich, *University of Michigan*
Rob Barber, *University of Wisconsin–Parkside*
David Bartley, *Adrian College*
Johannes Bauer, *Southern Methodist University*
John Bellizzi, *University of Toledo*
Chris Berndsen, *James Madison University*
James Blankenship, *Cornell University*
Kristopher Blee, *California State University, Chico*
William Boadi, *Tennessee State University*
Sandra Bonetti, *Colorado State University–Pueblo*

Rebecca Bozym, *La Roche College*
Mark Brandt, *Rose-Hulman Institute of Technology*
Ronald Brosemer, *Washington State University*
Donald Burden, *Middle Tennessee State University*
Samuel Butcher, *University of Wisconsin–Madison*
Jeffrey Butikofer, *Upper Iowa University*
Colleen Byron, *Ripon College*
Patricia Canaan, *Oklahoma State University*
Kevin Cannon, *Pennsylvania State Abington College*
Weiguo Cao, *Clemson University*
David Casso, *San Francisco State University*
Brad Chazotte, *Campbell University College of Pharmacy & Health Sciences*
Brooke Christian, *Appalachian State University*
Jeff Cohlberg, *California State University, Long Beach*
Kathryn Cole, *Christopher Newport University*
Jeannie Collins, *University of Southern Indiana*
Megen Culpepper, *Appalachian State University*
Tomas T. Ding, *North Carolina Central University*
Cassidy Dobson, *St. Cloud State University*
Justin Donato, *University of St. Thomas*
Dan Edwards, *California State University, Chico*
Shawn Ellerbroek, *Wartburg College*
Donald Elmore, *Wellesley College*
Ludeman Eng, *Virginia Tech*
Scott Ensign, *Utah State University*
Megan Erb, *George Mason University*
Brent Feske, *Armstrong State University*
Emily Fisher, *Johns Hopkins University*
Marcello Forconi, *College of Charleston*
Wilson Francisco, *Arizona State University*
Amy Gehring, *Williams College*
Jack Goldsmith, *University of South Carolina*
Donna Gosnell, *Valdosta State University*
Lawrence Gracz, *MCPHS University*
Steffen Graether, *University of Guelph*
Michael Griffi n, *Chapman University*
Marilena Hall, *Stonehill College*
Prudence Hall, *Hiram College*
Marc Harrold, *Duquesne University*
Mary Hatcher-Skeers, *Scripps College*
Pam Hay, *Davidson College*
Robin Haynes, *Harvard University Extension School*
Deborah Heyl-Clegg, *Eastern Michigan University*
Julie Himmelberger, *DeSales University*
Justin Hines, *Lafayette College*
Charles Hoogstraten, *Michigan State University*
Lori Isom, *University of Central Arkansas*
Roberts Jackie, *DePauw University*
Blythe Janowiak, *Mulligan Saint Louis University*
Constance Jeffery, *University of Illinois at Chicago*
Gerwald Jogl, *Brown University*
Kelly Johanson, *Xavier University of Louisiana*
Jerry Johnson, *University of Houston–Downtown*
Warren Johnson, *University of Wisconsin–Green Bay*
David Josephy, *University of Guelph*
Douglas Julin, *University of Maryland*
Jason Kahn, *University of Maryland*
Marina Kazakevich, *University of Massachusetts Dartmouth*
Mark Kearley, *Florida State University*
Michael Keck, *Keuka College*
Sung-Kun Kim, *Baylor University*
Janet Kirkley, *Knox College*
Robert Kiss, *McGill University*
Michael Koelle, *Yale University*
Dmitry Kolpashchikov, *University of Central Florida*
Andrey Krasilnikov, *Pennsylvania State University*
Amanda Krzysiak, *Bellarmine University*
Terrance Kubiseski, *York University*
Maria Kuhn, *Madonna University*
Min-Hao Kuo, *Michigan State University*
Charles Lauhon, *University of Wisconsin*
Paul Laybourn, *Colorado State University*
Scott Lefl er, *Arizona State University*
Brian Lemon, *Brigham Young University–Idaho*
Aime Levesque, *University of Hartford*
Randy Lewis, *Utah State University*
Hong Li, *Florida State University*
Pan Li, *University at Albany, SUNY*
Brendan Looyenga, *Calvin College*
Argelia Lorence, *Arkansas State University*
John Makemson, *Florida International University*
Francis Mann, *Winona State University*
Steven Mansoorabadi, *Auburn University*
Lorraine Marsh, *Long Island University*
Tiffany Mathews, *Pennsylvania State University*
Douglas McAbee, *California State University, Long Beach*
Diana McGill, *Northern Kentucky University*
Karen McPherson, *Delaware Valley College*
Michael Mendenhall, *University of Kentucky*
Larry Miller, *Westminster College*
Rakesh Mogul, *California State Polytechnic University,*

Pomona
Judy Moore, *Lenoir-Rhyne University*
Trevor Moraes, *University of Toronto*
Graham Moran, *University of Wisconsin–Milwaukee*
Tami Mysliwiec, *Penn State Berks*
Jeffry Nichols, *Worcester State University*
Brent Nielsen, *Brigham Young University*
James Ntambi, *University of Wisconsin–Madison*
Edith Osborne, *Angelo State University*
Pamela Osenkowski, *Loyola University Chicago*
Gopal Periyannan, *Eastern Illinois University*
Michael Pikaart, *Hope College*
Deborah Polayes, *George Mason University*
Gary Powell, *Clemson University*
Gerry Prody, *Western Washington University*
Elizabeth Prusak, *Bishop's University*
Ramin Radfar, *Wofford College*
Gregory Raner, *University of North Carolina at Greensboro*
Madeline Rasche, *California State University, Fullerton*
Kevin Redding, *Arizona State University*
Cruz-Aguado Reyniel, *Douglas College*
Lisa Rezende, *University of Arizona*
John Richardson, *Austin College*
Jim Roesser, *Virginia Commonwealth University*
Douglas Root, *University of North Texas*
Gillian Rudd, *Georgia Gwinnett College*
Theresa Salerno, *Minnesota State University, Mankato*
Brian Sato, *University of California, Irvine*
Jamie Scaglione, *Carroll University*
Ingeborg Schmidt-Krey, *Georgia Institute of Technology*
Kimberly Schultz, *University of Maryland, Baltimore County*
Jason Schwans, *California State University, Long Beach*
Rhonda Scott, *Southern Adventist University*
Allan Scruggs, *Arizona State University*
Michael Sehorn, *Clemson University*
Edward Senkbei, *Salisbury University*
Amanda Sevcik, *Baylor University*
Robert Shaw, *Texas Tech University*
Nicholas Silvaggi, *University of Wisconsin–Milwaukee*
Jennifer Sniegowski, *Arizona State University Downtown Phoenix Campus*
Narasimha Sreerama, *Colorado State University*
Andrea Stadler, *St. Joseph's College*
Scott Stagg, *Florida State University*
Boris Steipe, *University of Toronto*
Alejandra Stenger, *University of Illinois at Urbana-Champaign*
Steven Theg, *University of California, Davis*
Jeremy Thorner, *University of California, Berkeley*
Kathryn Tifft, *Johns Hopkins University*
Michael Trakselis, *Baylor University*
Bruce Trieselmann, *Durham College*
C.-P. David Tu, *Pennsylvania State University*
Xuemin Wang, *University of Missouri*
Yuqi Wang, *Saint Louis University*
Paul Weber, *Briar Cliff University*
Rodney Weilbaecher, *Southern Illinois University School of Medicine*
Emily Westover, *Brandeis University*
Susan White, *Bryn Mawr College*
Enoka Wijekoon, *University of Guelph*
Kandatege Wimalasena, *Wichita State University*
Adrienne Wright, *University of Alberta*
Chuan Xiao, *University of Texas at El Paso*
Laura Zapanta, *University of Pittsburgh*
Brent Znosko, *Saint Louis University*

その他にも多くの方々が本書の製作に特別の労力を払ってくださったが，スペースの制約のために名前をあげることができない．その代わりに，これらの方々の支援のもとに完成した本書に対して私たちの心からの謝意を表したい．もちろん，本書に事実や強調に関して誤りがあれば，それらはすべて私たちの責任である．

また，多くのコメントや提案をしてくれたウィスコンシン大学マディソン校の学生のみなさんに特に感謝したい．本書に何か不適切な点があれば，遠慮なく知らせていただきたい．研究室管理と教科書執筆のバランスを保つように支援してくれた過去および現在の私たちの研究グループの学生やスタッフたち，忠告や批評をしてくれたウィスコンシン大学マディソン校生化学部門の同僚たち，さらには本書の改善方法を指摘していただいた学生や講師の方々に感謝したい．私たちは，本書の読者が将来の版のために意見しつづけてくれることを希望する．

最後に，私たちが本書の執筆に専念するのをこの上ない思いやりで見守り，常に激励してくれた私たちの妻（Brook と Beth）や家族たちに深い感謝の気持ちを伝えたい．

2016 年 6 月

David L. Nelson
Michael M. Cox
ウィスコンシン州マディソン

目　次

Chap. 19 酸化的リン酸化 …………………………………………………… 1017

Chap. 20　植物における光合成と糖質の合成 ……………………………… 0081

上巻主要目次

16 クエン酸回路

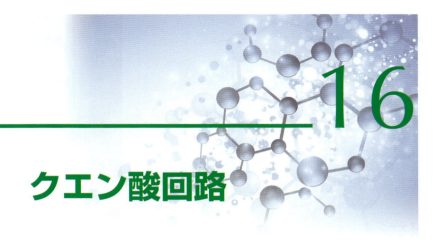

これまでに学習してきた内容について確認したり，本章の概念について理解を深めたりするための自習用ツールはオンラインで利用可能である（www.macmillanlearning.com/LehningerBiochemistry7e）．

Chap.14 で見たように，ある種の細胞は酸素の非存在下でグルコースを分解する発酵によってエネルギー（ATP）を獲得する．好気的条件下で生育し，有機燃料を酸化して二酸化炭素と水にするほとんどの真核細胞や多くの細菌では，解糖はグルコースの完全酸化の第一ステージにすぎない．解糖で生成したピルビン酸は，還元されて乳酸やエタノールあるいは他の発酵産物になるのではなく，さらに酸化されて H_2O と CO_2 になる．異化のこの好気的段階を**呼吸** respiration という．生理的あるいは巨視的により広い意味では，呼吸は多細胞生物の O_2 摂取と CO_2 放出のことをいう．しかし，生化学者や細胞生物学者は，細胞が O_2 を消費して CO_2 を生成する分子過程（より正確にいうと**細胞呼吸** cellular respiration の過程）の狭い意味で呼吸という用語を用いる．

細胞の呼吸は三つの主要なステージにより行われる（図 16-1）．ステージ 1 では，グルコース，脂肪酸，ある種のアミノ酸などの有機燃料分子が酸化されて，アセチル補酵素 A（アセチル CoA）のアセチル基の形態で 2 炭素断片になる．ステージ 2 では，アセチル基がクエン酸回路で酸化されて CO_2 になり，多量の酸化エネルギーが還元型電子伝達体の NADH や $FADH_2$ に保存される．呼吸のステージ 3 では，これらの還元型補酵素自体が酸化され，プロトン（H^+）と電子を放出する．この電子は，呼吸鎖という一連の電子伝達分子を経て O_2 に転移され，結果的に水（H_2O）が生成する．この電子伝達の過程で，酸化還元反応により利用できる多量のエネルギーは，酸化的リン酸化 oxidative phosphorylation（Chap. 19）という過程によって ATP の形態で保存される．呼吸は解糖よりも複雑であり，シアノバクテリアによる光合成の進化に起因する大気中の酸素濃度の上昇のずっと後に進化したと考えられている．Chap. 1 で考察したように，酸素レベルの上昇は進化の歴史における転機であった．

まずピルビン酸のアセチル基への変換について，次に**トリカルボン酸（TCA）回路** tricarboxylic acid cycle や**クレブス回路** Krebs cycle（その発見者 Hans Krebs にちなむ）とも呼ばれる**クエン酸回路** citric acid cycle へのアセチル基の導入について考察する．次に，クエン酸回路の反応，および反応を触媒する酵素について考察す

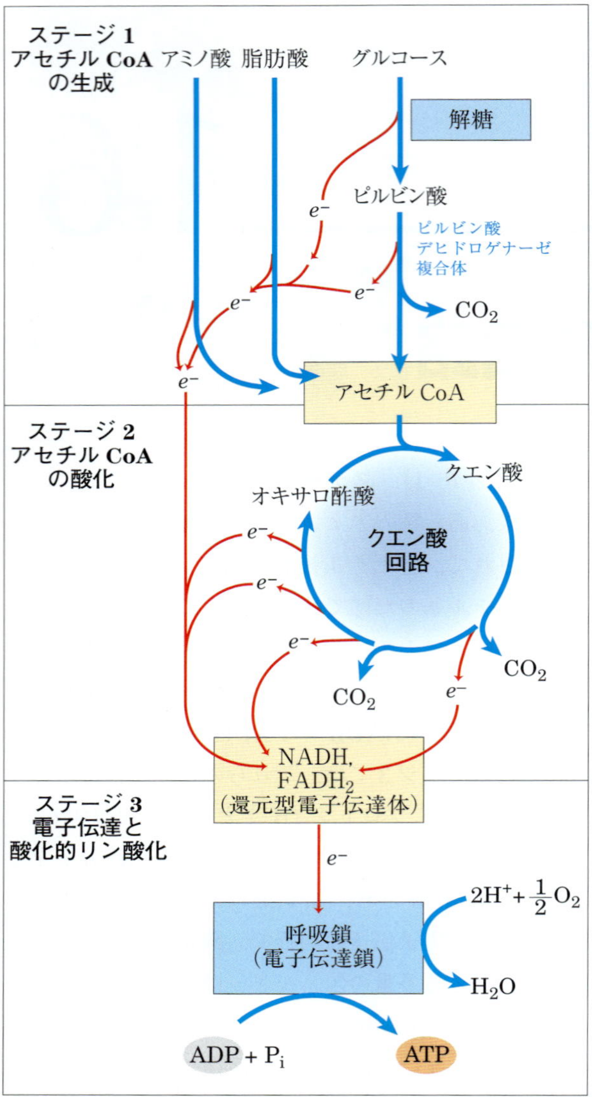

図 16-1 細胞呼吸の三つのステージにおけるタンパク質，脂肪，糖質の異化

ステージ 1：脂肪酸，グルコース，ある種のアミノ酸の酸化によってアセチル CoA が生成する．

ステージ 2：クエン酸回路でのアセチル基の酸化には，電子を抜き取る四つのステップがある．

ステージ 3：NADH や $FADH_2$ によって運ばれた電子は，ミトコンドリアの電子伝達体（細菌では，細胞膜に結合している電子伝達体）の連鎖，すなわち呼吸鎖に送り込まれ，最終的に O_2 を H_2O に還元する．この電子の流れによって ATP 生成が推進される．

Hans Krebs
(1900–1981)
[出典：Keystone Pictures USA/Alamy.]

る．クエン酸回路の中間体は生合成の前駆体としても利用されるので，これらの中間体の補充方法についても考えてみる．クエン酸回路は代謝の中心であって，分解経路や同化経路と相互に関連しており，他の経路と協調して厳密な調節を受ける．

16.1 アセチル CoA（活性酢酸）の生成

好気性生物では，グルコースや他の糖，脂肪酸およびほとんどのアミノ酸は，クエン酸回路と呼吸鎖を経て，最終的に CO_2 と H_2O へと酸化される．クエン酸回路に入る前に，糖や脂肪酸の炭素骨格はアセチル CoA のアセチル基に変換される．アセチル CoA は，クエン酸回路に投入される燃料物質の大部分を占める．多くのアミノ酸の炭素も酢酸としてクエン酸回路に入る．しかし，アミノ酸のなかには分解されてコハク酸やリンゴ酸などの他の回路中間体になるものもある．

サイトゾルでの解糖によって生成するピルビン酸は，糖質，脂肪，およびタンパク質の代謝の中心である．ミトコンドリアに入ったピルビン酸は，クエン酸回路で酸化されてエネルギーを生じるか，またはアセチル CoA に変換されたのちに脂肪酸やステロールの合成の出発材料になる．ピルビン酸の第三の運命は，アミノ酸合成の前駆体である（Chap. 22）．**好気的解糖** aerobic glycolysis

においては，ピルビン酸は，たとえ酸素が利用可能であったとしても，クエン酸回路でさらに酸化を受けることはない．その代わりに，ピルビン酸はサイトゾルで単に還元されて乳酸になり，解糖による持続的な ATP 産生にとって必要な NAD^+ を再生する．

多くのタイプのがんでは，グルコースはサイトゾルで好気的解糖を受けて，副生成物として乳酸を生じさせる（ワールブルク効果；Box 14-1 参照）．ピルビン酸のミトコンドリアへの進入（およびその後の酸化）は腫瘍では遅いので，ピルビン酸がミトコンドリアに入る機構は極めて興味深い．ミトコンドリアのマトリックスに入るために，ピルビン酸はまずミトコンドリア外膜の大きな穴を通過し，その後でピルビン酸特異的な受動輸送体である**ミトコンドリアピルビン酸キャリヤー** mitochondria pyruvate carrier（**MPC**）を介して内膜を横切る．MPC は二つの遺伝子（*MPC1* と *MPC2*）によってコードされ，これらの遺伝子はグリオーマ（脳のグリア細胞の腫瘍）などのがんでは高い確率（80%）で変異している．このような変異は，クエン酸回路で酸化を受けるピルビン酸の割合を低下させる．この低下によって，ワールブルク効果を原理的には説明できる．■

正常細胞（非腫瘍細胞）では，ミトコンドリアマトリックスのピルビン酸は，**ピルビン酸デヒドロゲナーゼ（PDH）複合体** pyruvate dehydrogenase (PDH) complex によって酸化されてアセチル CoA と CO_2 になる．この高度に組織化された酵素（3 種類の酵素のそれぞれが複数コピーから成る）は，すべての真核細胞のミトコンドリア，および細菌のサイトゾルに存在する．

この酵素複合体を注意深く調べることによって，いくつかの点で成果が得られる．PDH 複合体は非常によく研究された重要な多酵素複合体である．この多酵素複合体では，基質が最終生成物に変換される際に，一連の化学中間体は酵素分子に結合したままである．5 種類の補因子（そのうち 4 種類がビタミン由来）がこの反応機構に関与している．この酵素複合体の調節は，共有結合性の修飾とアロステリック機構の組合せによって，代謝ステップを通る流束 flux がどのようにして厳密に調節されるのかも説明している．PDH 複合体は二つの他の重要な酵素複合体，すなわちクエン酸回路の α-ケトグルタル酸デヒドロゲナーゼ，および数種類のアミノ酸の酸化経路に関与する分枝鎖 α-ケト酸デヒドロゲナーゼの原型でもある（図 18-28 参照）．これら 3 種類の複合体のタンパク質構造，補因子要求性，および反応機構は極めて類似しているので，これらが進化的に共通の起源に由来することは明らかである．すなわち，これらはパラログである．

ピルビン酸は酸化されてアセチル CoA と CO_2 になる

ピルビン酸デヒドロゲナーゼ複合体によって触媒される反応全体は**酸化的脱炭酸** oxidative decarboxylation である．この不可逆的酸化過程では，ピルビン酸からカルボキシ基が CO_2 分子として取り除かれ，残った 2 個の炭素はアセチル CoA のアセチル基になる（図 16-2）．この反応で生じる NADH は，呼吸鎖に水素化物イオン（$:H^-$）

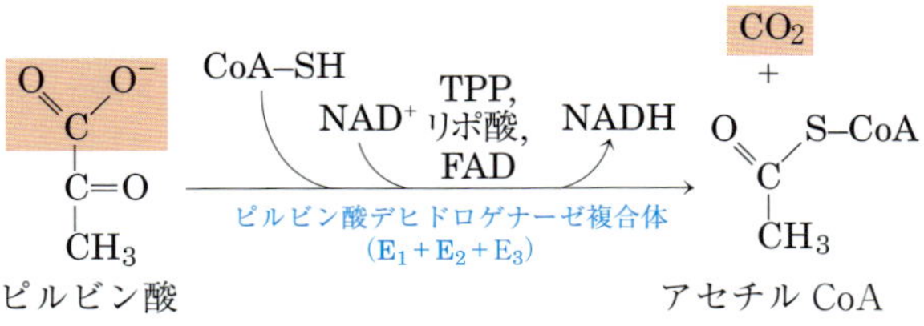

$\Delta G'^{\circ} = -33.4$ kJ/mol

図 16-2　ピルビン酸デヒドロゲナーゼ複合体によって触媒される全体の反応

この反応に関与する 5 種類の補酵素と，この酵素複合体を形成する 3 種類の酵素については本文中に述べてある．

を供給し（図 16-1），呼吸鎖を介して 2 個の電子が酸素に伝達される．一方，嫌気性細菌の場合には，2 個の電子は硝酸や硫酸のような別の電子受容体に渡される．NADH から酸素への電子の伝達によって，一対の電子あたり最終的に 2.5 分子の ATP が生成する．PDH 複合体反応の不可逆性は同位体標識実験によって証明された．すなわち，この複合体は放射性標識した CO_2 をアセチル CoA に再結合させて，カルボキシ基が標識されたピルビン酸を生成することはない．

ピルビン酸デヒドロゲナーゼ複合体は 5 種類の補酵素を利用する

脱水素と脱炭酸によってピルビン酸がアセチル CoA のアセチル基に変換される反応（図 16-2）には，3 種類の酵素と 5 種類の補酵素（補欠分子族）が必要である．これらの補酵素は，チアミンピロリン酸（TPP），フラビンアデニンジヌクレオチド（FAD），補酵素 A（CoA，-SH 基の役割を強調するためには CoA-SH で表される），ニコチンアミドアデニンジヌクレオチド（NAD），およびリポ酸である．ヒトの栄養に必要な 4 種類のビタミン，すなわち TPP のチアミン thiamine，FAD のリボフラビン riboflavin，NAD のナイアシン niacin，CoA のパントテン酸 pantothenate がこの系の極めて重要な成分である．電子伝達体としての FAD や NAD の役割についてはすでに述べており（Chap. 13），ピルビン酸デカルボキシラーゼの補酵素としての TPP についても見てきた（図 14-15 参照）．

補酵素 A coenzyme A（CoA；図 16-3）は，多くの代謝反応におけるアシル基運搬体として重要な役割を果たす反応性チオール（-SH）基を有する．アシル基はチオール基に共有結合し，**チオエステル** thioester を形成する．その加水分解の標準自由エネルギー変化は比較的大きいので（図 13-16，図 13-17 参照），チオエステルは高いアシル基転移ポテンシャルをもち，そのアシル基の種々の受容体分子への供与は起こりやすい反応である．したがって，補酵素 A に結合しているアシル基は，官能基転移のために「活性化」されているとみなしてよい．

PDH 複合体の第五の補因子である**リポ酸**

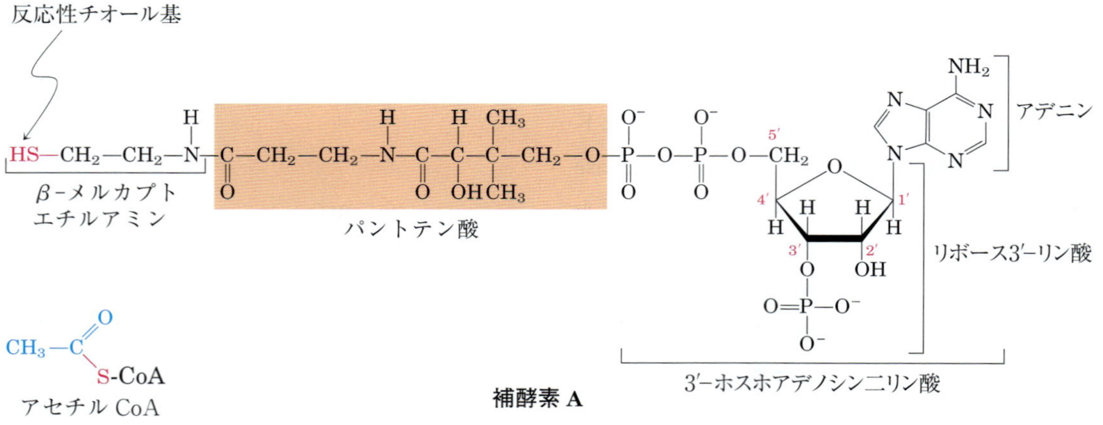

図 16-3 補酵素 A（CoA）

パントテン酸のヒドロキシ基は修飾 ADP 部分にリン酸エステル結合しており，カルボキシ基は β-メルカプトエチルアミンにアミド結合している．ADP 部分の 3′位のヒドロキシ基には，遊離の ADP には存在しないホスホリル基がある．メルカプトエチルアミンの -SH 基はアセチル補酵素 A（アセチル CoA；図左下）において，酢酸とチオエステルを形成する．

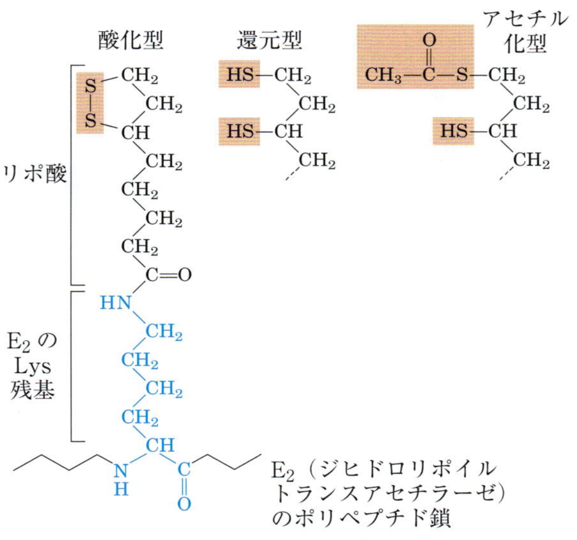

図16-4　リジン残基とアミド結合しているリポ酸

リポイルリジル部分はジヒドロリポイルトランスアセチラーゼ（PDH 複合体の E_2）の補欠分子族である．リポイル基は酸化型（ジスルフィド）と還元型（ジチオール）で存在し，水素とアセチル基（または他のアシル基）の両方の運搬体として機能する．

lipoate（図 16-4）は，可逆的に酸化されてジスルフィド結合（-S-S-）になる 2 個のチオール基をもつ．これは，タンパク質中の 2 個の Cys 残基間のジスルフィド結合と似ている．このように，リポ酸は酸化還元反応を行うことができるので，電子（水素）運搬体としても，アシル基運搬体としても機能することができる（後述）．

ピルビン酸デヒドロゲナーゼ複合体は三つの異なる酵素から成る

PDH 複合体は 3 種類の酵素，すなわち**ピルビン酸デヒドロゲナーゼ** pyruvate dehydrogenase（E_1），**ジヒドロリポイルトランスアセチラーゼ** dihydrolipoyl transacetylase（E_2），および**ジヒドロリポイルデヒドロゲナーゼ** dihydrolipoyl dehydrogenase（E_3）から成り，それぞれ複数のコピーが複合体内に存在する．各酵素のコピー数，すなわち複合体の大きさは生物種ごとに異なる．哺乳類から単離された PDH 複合体は直径約 50 nm で，完全なリボソームの 5 倍以上のサイズであり，電子顕微鏡で可視化するのに十分な大きさである（図 16-5(a)）．ウシの酵素では，E_2 の同一の 60 コピーが直径約 25 nm の五角形の十二面体（コア）を形成している（図 16-5(b)）（ちなみに，大腸菌の酵素のコアは 24 コピーの E_2 を含む）．E_2 は補欠分子族であるリポ酸の連結点であり，リポ酸は Lys 残基の ε-アミノ基とアミド結合している（図 16-4）．E_2 には機能的に異なる三つのドメインがある（図 16-5(c)）．すなわち，アミノ末端側にあるリポイル化 Lys 残基を含むリポイルドメイン，中央にある E_1 および E_3 結合ドメイン，内部のコアにあるアシルトランスフェラーゼ活性部位をもつアシルトランスフェラーゼドメインである．酵母の PDH 複合体にはリポ酸が結合しているリポイルドメインが一つあるが，哺乳類の複合体には二つ，大腸菌の複合体には三つある（図 16-5(c)）．E_2 の各ドメインはリンカーで隔てられている．このリンカーは 20 〜 30 アミノ酸残基から成り，アラニンとプロリンを多く含み，荷電性の残基が点在している．これらのリンカーは伸張したかたちをとる傾向があり，三つのドメインを離しておくために役立つ．

E_1 の活性部位には TPP が結合しており，E_3 の活性部位には FAD が結合している．また，後述するように，2 種類の調節タンパク質（プロテインキナーゼとホスホプロテインホスファターゼ）もこの複合体の一部である．この基本的な E_1-E_2-E_3 構造は進化の過程で保存されており，クエン酸回路での α-ケトグルタル酸の酸化（後述）やバリン，イソロイシン，ロイシンなどの分枝鎖アミノ酸の分解により生じる α-ケト酸の酸化（図 18-28 参照）などの多くの類似の代謝反応で見られる．ある特定の生物種では，PDH の E_3 は，他の二つの酵素複合体の E_3 と同一である．リポ酸は，E_2 の Lys 側鎖の末端に結合することによって，長くて柔軟性のある腕（アーム）を形成する．こ

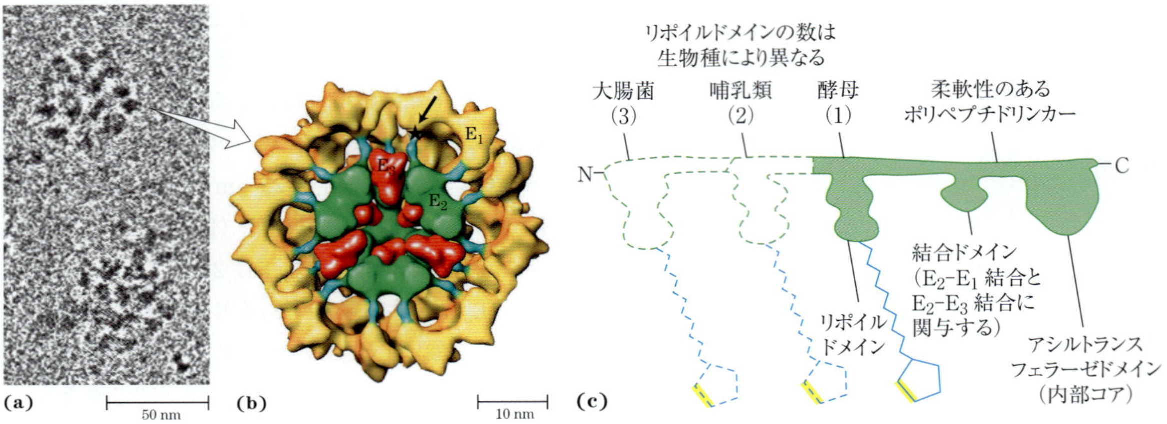

図 16-5 ピルビン酸デヒドロゲナーゼ複合体

(a) ウシ腎臓から単離されたPDH複合体のクライオ電子顕微鏡写真．クライオ電子顕微鏡法では，生物試料は極低温で観察される．そのために，脱水，固定，染色の通常の処理過程により引き起こされる人為的な変化が避けられる（Box 19-1 参照）．**(b)** PDH複合体のサブユニット構造を示す三次元像．E_1：ピルビン酸デヒドロゲナーゼ，E_2：ジヒドロリポイルトランスアセチラーゼ，E_3：ジヒドロリポイルデヒドロゲナーゼ．この像は **(a)** のような多数の像を解析し，個々のサブユニットの結晶学的研究成果を合わせて再構成されたものである．コア（緑色）は60分子のE_2から成り，20個の三量体が五角形の十二面体を形成するように配置されている．E_2のリポイルドメイン（青色）は外側に突き出て，E_2のコアの上に配置されたE_1分子（黄色）の活性部位に接触している．いくつかのE_3サブユニット（赤色）もコアに結合しており，E_2の旋回アームはそれらの活性部位に届くことができる．★印はリポイル基がE_2のリポイルドメインに結合する部位を示している．構造をより明瞭にするために，正面から複合体の約半分を切り取ってある．**(c)** E_3は短いポリペプチド鎖で連結された次の3種類のドメインから成る．触媒作用のあるアシルトランスフェラーゼドメイン，E_2のE_1およびE_3への結合に関与する結合ドメイン，1個以上のリポイルドメイン（ドメインの数は生物種に依存する）．［出典：(a) Richard N. Trelease の厚意による．(b) Z. Hong Zhou, Director, Electron Imaging Center for NanoMachines（EICN）の厚意による.］

のアームは，E_1の活性部位からE_2およびE_3の活性部位に，おそらく5 nm以上もの距離を動くことができる．

基質チャネリングの際に，中間体が酵素表面から離れることはない

ピルビン酸デヒドロゲナーゼ複合体がどのようにしてピルビン酸の脱炭酸および脱水素における五つの連続反応を行うのかを，図16-6に模式的に示す．ステップ❶は，ピルビン酸デカルボキシラーゼによって触媒される反応（図14-15(c)参照）と本質的に同じである．すなわち，ピルビン酸のC-1位はCO_2として放出され，アルデヒドの酸化状態であるC-2位はヒドロキシエチル基としてTPPに結合する．この最初のステップは最も遅い反応であり，反応全体を律速している．また，PDH複合体がその基質特異性を発揮するところでもある．ステップ❷で，ヒドロキシエチル基はカルボン酸（酢酸）へと酸化される．この反応で取り除かれる2個の電子は，E_2のリポイル基の -S-S- を還元して2個のチオール(-SH)基にする．この酸化還元反応で生成するアセチル基は，まずリポイル -SH 基の一つにエステル結合し，次いでCoAにエステル転移されてアセチルCoAになる（ステップ❸）．このように，酸化のエネルギーによって酢酸の高エネルギーチオエステルの形成が推進される．PDH複合体によっ

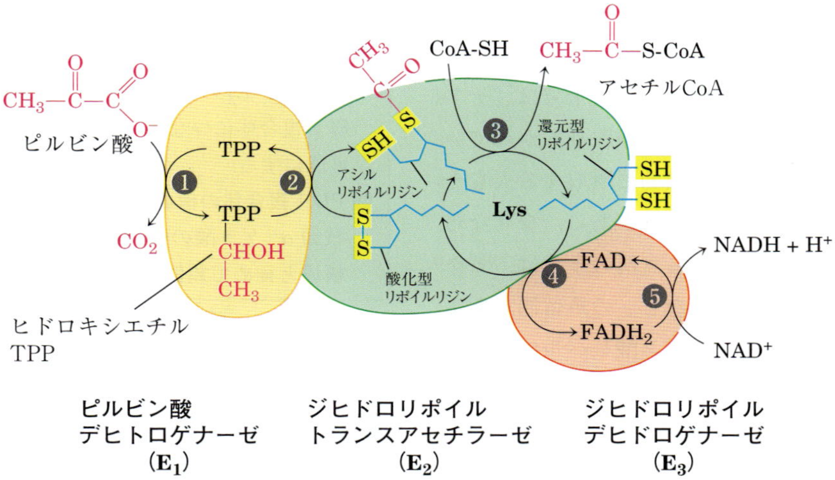

図 16-6　PDH 複合体によるピルビン酸のアセチル CoA への酸化的脱炭酸

ピルビン酸の運命を赤色で示す．ステップ❶で，ピルビン酸はピルビン酸デヒドロゲナーゼ（E_1）の結合型チアミンピロリン酸（TPP）と反応し，脱炭酸されてヒドロキシエチル誘導体になる（図 14-15 参照）．ピルビン酸デヒドロゲナーゼはまた，ステップ❷，すなわち TPP からコア酵素であるジヒドロリポイルトランスアセチラーゼ（E_2）の酸化型リポイルリジル基への電子 2 個とアセチル基の転移を行い，還元型リポイル基のアセチルチオエステルを形成する．ステップ❸はエステル転移反応であり，CoA の -SH 基が E_2 の -SH 基と置換してアセチル CoA と完全還元型（ジチオール型）リポイル基を生じる．ステップ❹では，E_2 の還元型リポイル基から E_3 の補欠分子族である FAD への 2 個の水素原子の転移をジヒドロリポイルデヒドロゲナーゼ（E_3）が促進し，E_2 の酸化型リポイルリジル基を再生する．ステップ❺では，E_3 の還元型 $FADH_2$ が水素化物イオンを NAD^+ に転移し，NADH を生成する．このようにして，この酵素複合体は再び触媒回路で使われる（サブユニットの色は図 16-5(b) のサブユニットの色に対応している）．

て触媒される残りの反応（ステップ❹と❺での E_3 による反応）は，E_2 のリポイル基の酸化型（ジスルフィド型）を再生し，酵素複合体を新たな酸化反応に向けて準備するために必要な電子の転移である．ピルビン酸に由来するヒドロキシエチル基から取り去られた電子は，FAD を介して NAD^+ に渡される．

PDH 複合体の反応機構の中心は E_2 の旋回するリポイルリジル基のアームであり，これは E_1 からピルビン酸由来の 2 個の電子とアセチル基を受け取り，E_3 に渡す．これらすべての酵素と補酵素は一体となっており，中間体は酵素複合体の表面から離れて拡散することなく速やかに反応することが可能である．図 16-6 に示す五つの連続反応の流れは，**基質チャネリング** substrate channeling の一例である．多段階の反応系列における中間体はこの複合体から決して離れることはなく，E_2 の基質の局所濃度は極めて高く保たれる．そのために，このチャネリングは，活性化アセチル基がこれを基質とする他の酵素によって利用されるのを防いでいる．活性部位間での基質チャネリングと類似の機構は，補因子としてリポ酸，ビオチンあるいは CoA 様部分をもついくつかの酵素でも見られる．

PDH 複合体サブユニットの遺伝子の変異や食餌からのチアミンの欠乏が深刻な結果をもたらす可能性があることは当然予想される．チアミン欠乏動物は，ピルビン酸を正常に酸化することができない．このことは脳にとって特に重大である．脳は通常，ピルビン酸の酸化を必然的に含む経路を介するグルコースの好気的酸化によって，すべてのエネルギーを獲得している．チアミン欠乏症である脚気 beriberi は，神経機能の喪失を特徴とする．この病気は白米（精白米）を主食とする人々に主として起こる．白米では，チアミンの大部分を含む外皮（糠）が取り除かれている．大量のアルコールを習慣的に摂取する人もチアミン欠乏症を発症する可能性がある．なぜならば，そのような人が摂取する食餌の多くは，ビタミンを含まない「カロリーなし」の蒸留酒であるからである．高い血中ピルビン酸レベルは，しばしばこれらの原因の一つによるピルビン酸酸化の欠如の指標になる．■

まとめ

16.1 アセチル CoA（活性酢酸）の生成

- 解糖の生成物であるピルビン酸は，ミトコンドリアピルビン酸キャリヤーによってミトコンドリアマトリックス内に輸送される．
- ピルビン酸は，ピルビン酸デヒドロゲナーゼ複合体によって，クエン酸回路の出発物質であるアセチル CoA に変換される．
- PDH 複合体は次の3種類の酵素の多数のコピーから成る．ピルビン酸デヒドロゲナーゼ，E_1（TPP が補因子として結合している）；ジヒドロリポイルトランスアセチラーゼ，E_2（共有結合しているリポイル基をもつ）；ジヒドロリポイルデヒドロゲナーゼ，E_3（補因子として FAD と NAD をもつ）．
- E_1 は，まずピルビン酸の脱炭酸を触媒してヒドロキシエチル-TPP を生成する．次いで，ヒドロキシルエチル基のアセチル基への酸化を触媒する．この酸化で生じる電子は，E_2 に結合しているリポ酸のジスルフィドを還元し，アセチル基は還元型リポ酸の一つの -SH 基とチオエステル結合する．
- E_2 は補酵素 A へのアセチル基の転移を触媒し，アセチル CoA を生成する．
- E_3 はリポ酸のジスルフィド型（酸化型）の再生を触媒する．電子はまず FAD に渡され，次いで NAD^+ に渡される．
- リポイルリジンの長いアームは，E_1 の活性部位から E_2，E_3 の活性部位へと旋回し，中間体を酵素複合体につなぎとめて基質チャネリングを可能にする．
- PDH 複合体の構成は，α-ケトグルタル酸や分枝鎖 α-ケト酸の酸化を触媒する酵素複合体の構成と極めて類似している．

16.2 クエン酸回路の反応

アセチル CoA が酸化を受ける過程についてこれからたどっていく．この化学的変換はクエン酸回路で行われる．この回路は私たちが本書で初めて出合う循環経路である（図 16-7）．この回路の回転を開始するにあたって，アセチル CoA はそのアセチル基を四炭素化合物のオキサロ酢酸に与えて，六炭素化合物のクエン酸を生成する．次に，クエン酸は同じく六炭素分子のイソクエン酸に変換される．イソクエン酸は CO_2 の喪失を伴って脱水素され，五炭素化合物の α-ケトグルタル酸（2-オキソグルタル酸ともいう）になる．α-ケトグルタル酸は第二の CO_2 分子を失って，最終的に四炭素化合物のコハク酸になる．コハク酸は三つのステップを経て四炭素のオキサロ酢酸に酵素的に変換される．このようにして次のアセチル CoA 分子と反応するオキサロ酢酸が準備される．回路が 1 回転するごとに，アセチル基 1 個（炭素 2 個）がアセチル CoA として取り込まれ，2 分子の CO_2 が放出される．すなわち，1 分子のオキサロ酢酸がクエン酸を生成するために利用され，1 分子のオキサロ酢酸が再生される．オキサロ酢酸の正味の消費はなく，理論的には 1 分子のオキサロ酢酸は無限にアセチル基を酸化することができる．実際に，細胞内に存在するオキサロ酢酸の濃

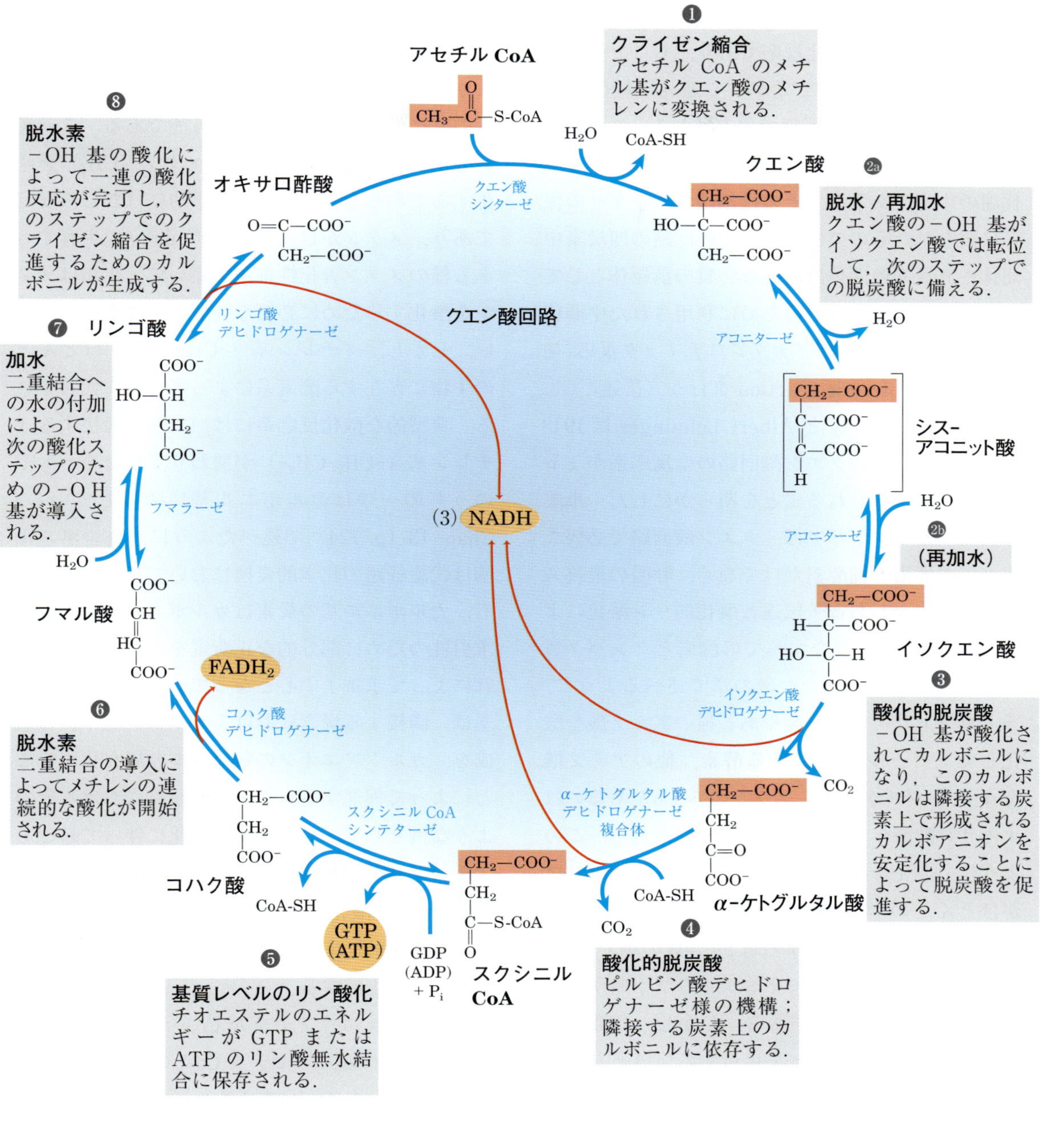

図 16-7 クエン酸回路の反応

桃色に網かけした炭素原子は，この回路の最初の 1 回転でアセチル CoA の酢酸部分に由来するものである．これらの炭素は最初の 1 回転では CO_2 としては放出されない．コハク酸とフマル酸は対称分子なので，C-1 および C-2 位は C-4 および C-3 位と区別できない．そのため，クエン酸とフマル酸では，酢酸に由来する 2 炭素基はもはや特定することができないことに注意しよう．各反応ステップに付した番号は p. 897-907 の本文中の見出し番号に対応する．赤色の矢印は，FAD や NAD^+ への電子の転移とそれに伴う $FADH_2$ や NADH + H^+ の生成によってエネルギーが保存されるところを示す．ステップ ❶，❸，❹ は細胞内では実質的に不可逆的であり，他のすべてのステップは可逆的である．ステップ ❺ の生成物であるヌクレオシド三リン酸は，スクシニル CoA シンテターゼのどのアイソザイムが触媒であるかに依存して ATP または GTP である．

度は極めて低い．クエン酸回路の8ステップのうちの4ステップが酸化反応であり，そこでの酸化のエネルギーは極めて効率よく還元型補酵素のNADHと$FADH_2$の形態で保存される．

前述のように，クエン酸回路はエネルギー産生代謝の中心であるが，その役割はエネルギーの保存に限られたものではない．この回路の四炭素中間体や五炭素中間体は広範な物質の前駆体として利用される．この目的のために利用された中間体を補うために，細胞はアナプレロティック反応（補充反応）anaplerotic reactionを行う（後述）．

Eugene KennedyとAlbert Lehningerは1948年に，真核生物のクエン酸回路の全反応系がミトコンドリアで行われることを明らかにした．単離されたミトコンドリアは，クエン酸回路で必要なすべての酵素と補酵素だけでなく，呼吸の最終ステージ，すなわち電子伝達と酸化的リン酸化によるATP合成に必要なすべての酵素とタンパク質を含むことがわかった．後の章で述べるように，ミトコンドリアは脂肪酸やある種のアミノ酸を酸化してアセチルCoAにする酵素，他のアミノ酸をα-ケトグルタル酸，スクシニルCoAあるいはオキサロ酢酸へと酸化分解する酵素も含む．このように，非光合成真核生物では，ミトコンドリアがほとんどのエネルギー産生のための酸化反応，およびこの反応と共役するATP合成の場である．光合成真核生物では，ミトコンドリアが暗所でのATP産生の主要な場である．しかし，昼間は葉緑体がATPのほとんどを生産する．ほとんどの細菌では，クエン酸回路の酵素はサイトゾルに存在し，細胞膜がATP合成においてミトコンドリア内膜と類似の役割を演じる（Chap. 19）．

クエン酸回路の一連の反応は化学的な道理にかなっている

糖質，脂肪およびタンパク質の分解によって生じるアセチルCoAは，最大のポテンシャルエネルギーがこれらの燃料分子から取り出されるとすれば，CO_2へと完全に酸化されなければならない．しかし，酢酸（あるいはアセチルCoA）のCO_2への直接酸化は生化学的に不可能である．この炭素2個の酸の脱炭酸はCO_2とメタン（CH_4）を産生するであろう．メタンは化学的にはむしろ安定であり，メタンが豊富なニッチnicheで生育するある種のメタン資化性細菌を除いて，生物はメタンを酸化するために必要な補酵素や酵素をもたない．しかし，メチレン基（$-CH_2-$）は，ほとんどの生物に存在する酵素系によって容易に代謝される．典型的な酸化反応系には，二つの隣接するメチレン基（$-CH_2-CH_2-$）が関わり，少なくともそのうちの一つはカルボニル基に隣接している．Chap. 13（p. 724）で述べたように，カルボニル基は代謝経路の化学的変換において特に重要である．カルボニル基の炭素はカルボニル酸素の電子求引性のために部分的な正荷電を有しており，それによって求電子中心となっている．カルボニル基は，隣接する炭素におけるカルボアニオンの形成を，カルボアニオンの負荷電を非局在化することによって促進する．クエン酸回路におけるそのような例として，コハク酸の酸化に伴って起こるメチレン基の酸化がある（図16-7のステップ❻～❽）．この酸化によって，メチレン基やメタンよりも化学的反応性に富む（オキサロ酢酸の）カルボニルが生成する．

簡潔にいえば，アセチルCoAが効率的に酸化されるとすれば，アセチルCoAのメチル基は何かに結びつかなくてはならない．クエン酸回路の最初のステップは，アセチルCoAのオキサロ酢酸との縮合によって非反応性のメチル基の問題を巧妙に解決している．オキサロ酢酸のカルボニルは求電子中心として作用し，クライゼン縮合Claisen condensation（p. 725）においてアセチルCoAのメチル炭素による攻撃を受けて，クエン酸が生成する（図16-7のステップ❶）．酢酸のメチル基はクエン酸のメチレンに変換される．

次に，このトリカルボン酸は2個の炭素をCO_2として取り除く一連の酸化を容易に受ける．炭素間結合の開裂あるいは形成を行うすべてのステップ（ステップ❶，❸，❹）は適切に配置されたカルボニル基に依存していることに注目しよう．すべての代謝経路の場合と同様に，クエン酸回路の一連の反応ステップ，すなわちエネルギー保存性の酸化を含むステップや酸化に必要な前段階などの各ステップは，化学的論理に従っており，酸化や酸化的脱炭酸を促進するように官能基を配置している．この回路のステップについて学ぶ際には，各ステップの化学的原理を心に留めておこう．それによって，この過程の理解と記憶が容易になるであろう．

クエン酸回路は8ステップから成る

クエン酸回路の八つの連続反応ステップを見ていくにあたって，アセチルCoAとオキサロ酢酸から生成するクエン酸が酸化されてCO_2を産生し，この酸化のエネルギーが還元型補酵素のNADHと$FADH_2$に保存される際に起こる化学的変換に特に重点を置くことにする．

❶ クエン酸の生成　クエン酸回路の最初の反応は，アセチルCoAと**オキサロ酢酸** oxaloacetateの縮合による**クエン酸** citrateの生成であり，**クエン酸シンターゼ** citrate synthaseによって触媒される．

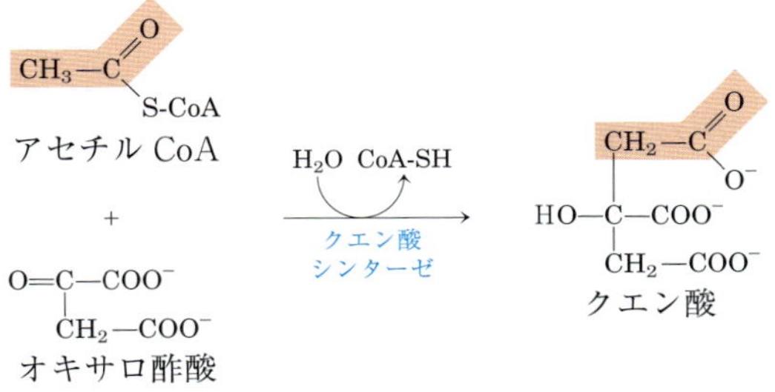

$\Delta G'^{\circ} = -32.2$ kJ/mol

この反応で，アセチル基のメチル炭素はオキサロ酢酸のカルボニル基（C-2位）に連結される．シトロイルCoA citroyl-CoAは，酵素の活性部位で形成される一過性の中間体である（図16-9参照）．この中間体は速やかに加水分解され，遊離のCoAとクエン酸として酵素の活性部位から離れる．この高エネルギーチオエステル中間体の加水分解は，正反応を著しく発エルゴン的にする．前述のように，オキサロ酢酸の濃度が通常は極めて低いので，クエン酸シンターゼ反応の大きな負の標準自由エネルギー変化は，クエン酸回路の作動にとって不可欠である．この反応で遊離するCoAは，PDH複合体による別のピルビン酸分子の酸化的脱炭酸において再利用される．

ミトコンドリアのクエン酸シンターゼは結晶化され，基質や阻害剤の存在下あるいは非存在下でのX線解析によって可視化されている（図16-8）．このホモ二量体酵素の各サブユニットは，二つのドメインをもつ単一ポリペプチドである．一方のドメインは大きくて堅固であるが，もう一方は小さくて柔軟性のある構造であり，活性部位はこれら二つのドメインの間にある．この酵素に最初に結合する基質のオキサロ酢酸は，柔軟性のある方のドメインの大きなコンホメーション変化を引き起こし，第二の基質であるアセチルCoAの結合部位を作り出す．シトロイルCoAがこの酵素の活性部位で生成すると，別のコンホメーション変化がチオエステルの加水分解を引き起こし，CoA-SHを遊離させる．基質およびその後の反応中間体に対するこの酵素の誘導適合 induced fitは，アセチルCoAのチオエステル結合の時期尚早で非生産的な開裂の可能性を減らす．この酵素の反応は，反応速度論的研究に基づけば定序二基質反応機構（図6-13参照）である．クエン酸シンターゼによって触媒される反応は，チオエステル（アセチルCoA）とケトン（オキサロ酢酸）を含み（図16-9），本質的にはクライゼン縮合（p. 725）である．

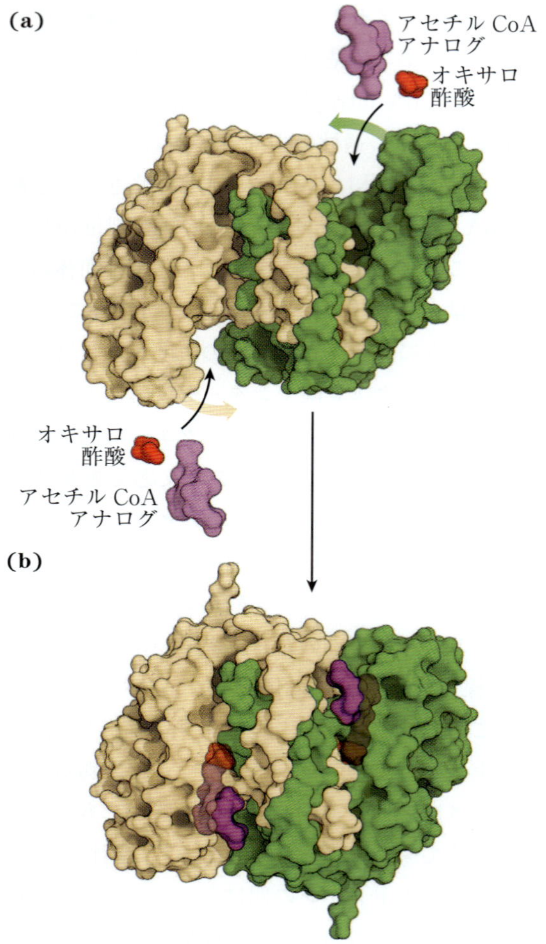

図 16-8 クエン酸シンターゼの構造

各サブユニットの柔軟性のあるドメインでは，オキサロ酢酸の結合によってコンホメーションが大きく変化し，アセチル CoA の結合部位が形成される．**(a)** 酵素単独の開放型，**(b)** オキサロ酢酸およびアセチル CoA の安定アナログ（カルボキシメチル CoA）と結合している閉鎖型の酵素．この図では，一方のサブユニットを黄褐色，もう一方を緑色で示す．［出典：(a) PDB ID 5CSC, D.-I. Liao et al., *Biochemistry*, **30**: 6131, 1991. (b) PDB ID 5CTS に基づく，M. Karpusas et al., *Biochemistry*, **29**: 2213, 1990.］

❷ シス-アコニット酸を経由するイソクエン酸の生成　**アコニターゼ** aconitase（正式には**アコニット酸ヒドラターゼ** aconitate hydratase）は，クエン酸の**イソクエン酸** isocitrate への可逆的な変換を触媒する．この際に，トリカルボン酸である**シス-アコニット酸** *cis*-aconitate の中間体形成を経るが，通常シス-アコニット酸は酵素の活性部位から解離することはない．アコニターゼは，酵素に結合しているシス-アコニット酸の二重結合に H_2O を二つの異なる方向，すなわち一つはクエン酸を，もう一つはイソクエン酸を産生する方向に可逆的に付加することができる．

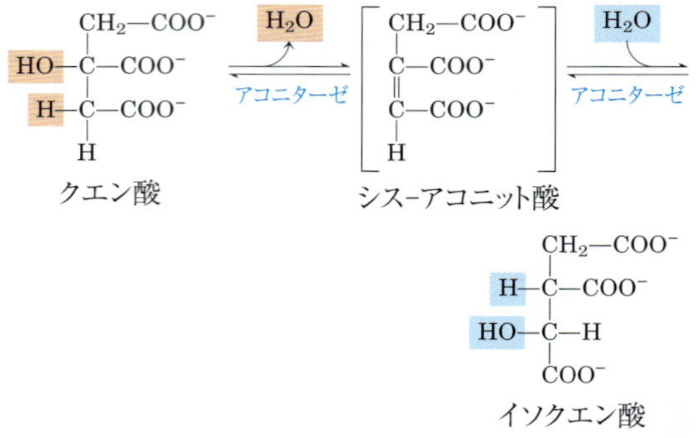

$\Delta G'^{\circ}$ = 13.3 kJ/mol

pH 7.4 で 25 ℃の平衡混合物は 10% 未満のイソクエン酸を含むが，細胞内ではイソクエン酸がこの回路の次のステップで直ちに消費され，定常状態でのその濃度は低くなるので，反応は右方向に引っ張られる．アコニターゼは**鉄-硫黄中心** iron-sulfur center（図 16-10）を含む．これは，活性部位での基質との結合および H_2O の触媒的な付加と除去の両方に働く．鉄が涸渇している細胞では，アコニターゼは鉄-硫黄中心を失い，鉄ホメオスタシスの調節における新たな役割を獲得する．アコニターゼは，別の役割を「副業 moonlight」とすることが知られている多くの**二重機能酵素** moonlighting enzyme の一つである（Box 16-1）．

❸ イソクエン酸の α-ケトグルタル酸と CO_2 への酸化　次のステップで，**イソクエン酸デヒドロゲナーゼ** isocitrate dehydrogenase は，イソクエン酸の酸化的脱炭酸を触媒して **α-ケトグルタル酸** α-ketoglutarate（訳者注：2-オキソグルタル酸 2-oxoglutarate ともいう）を生成する（図 16-

11）．この活性部位にある Mn^{2+} は，中間体オキサロコハク酸のカルボニル基と相互作用する．オキサロコハク酸は一時的に形成されるが，脱炭酸によって α-ケトグルタル酸に変換されるまでは酵素の結合部位から離れることはない．Mn^{2+} はまた，脱炭酸で一過性に生成するエノール中間体を安定化する．

イソクエン酸デヒドロゲナーゼにはすべての細

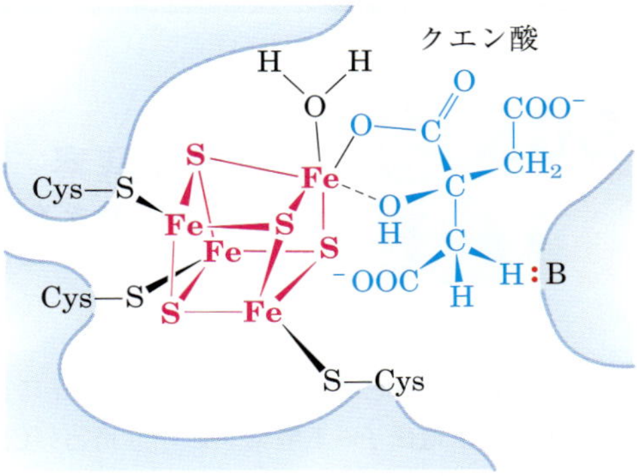

図 16-10　アコニターゼの鉄-硫黄中心

鉄-硫黄中心を赤色で，クエン酸分子を青色で示す．酵素の 3 個の Cys 残基は 3 個の鉄原子と結合している．第四の鉄はクエン酸のカルボキシ基の一つと結合し，クエン酸のヒドロキシ基とも非共有結合的に相互作用している（破線で示す結合）．酵素の塩基性残基（ :B）は，活性部位にクエン酸を配置するのを助ける．鉄-硫黄中心は基質の結合と触媒の両方に作用する．鉄-硫黄タンパク質の一般的な特性については，Chap. 19 で考察する（図 19-5 参照）．

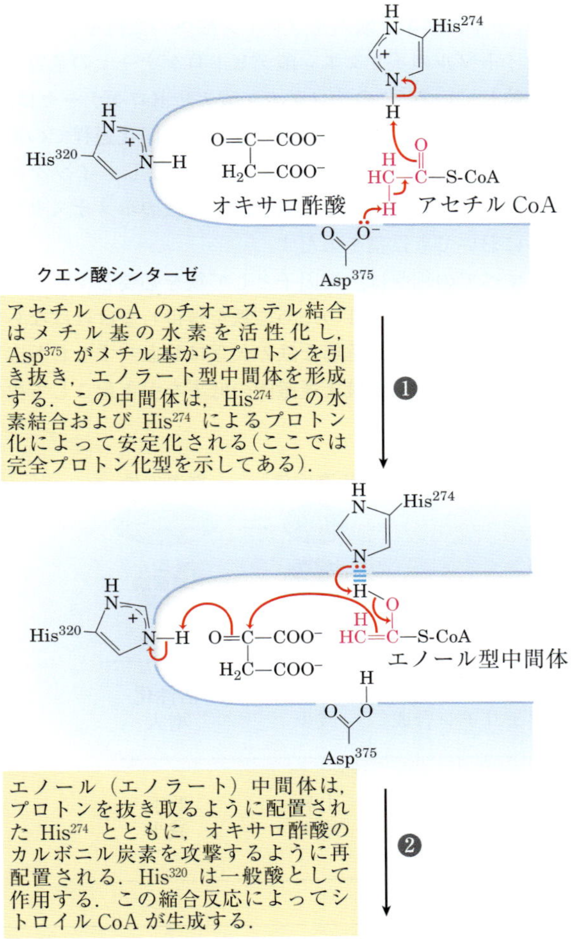

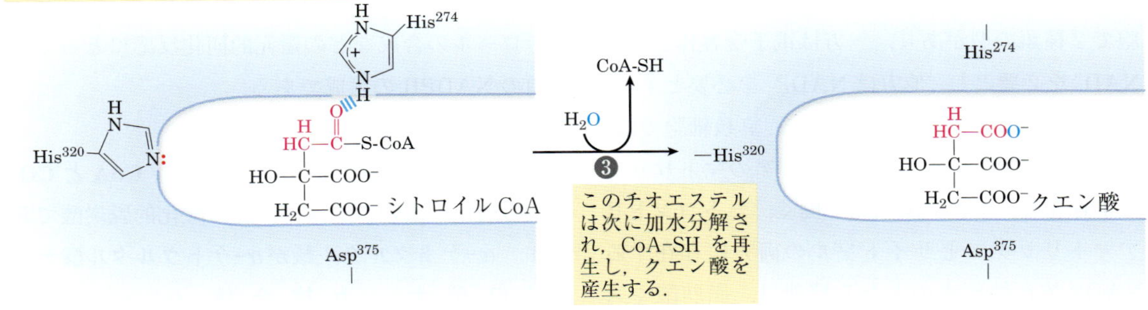

機構図 16-9　クエン酸シンターゼ

哺乳類のクエン酸シンターゼ反応では，まずオキサロ酢酸が厳密な定序反応で結合する．この結合はアセチル CoA の結合部位を開くコンホメーション変化を引き起こす．オキサロ酢酸は，その二つのカルボキシ基と正に荷電している 2 個のアルギニン残基（ここでは示していない）の間の相互作用によって，クエン酸シンターゼの活性部位内で特定の方向に向いている．［出典：S. J. Remington, *Curr. Opin. Struct. Biol.*, **2**: 730, 1992 の情報．］

BOX 16-1 二重機能酵素

二つ以上の働きをするタンパク質

1940年にGeorge BeadleとEdward Tatumによって提唱された「1遺伝子－1酵素」という格言（Chap. 24参照）は，各タンパク質の役割は一つだけという一般に支持された仮定があったので，20世紀の大半は問題なく通用していた．しかし，近年になって，この単純な公式に対する多くの顕著な例外が発見された．すなわち，単一遺伝子によってコードされる単一タンパク質が，細胞内では二つ以上の働きをする**二重機能** moonlightingを有する場合がある．アコニターゼはこのようなタンパク質の一つであり，酵素として，そしてタンパク質合成の調節因子として機能する．

真核細胞にはアコニターゼのアイソザイムが二つある．ミトコンドリアのアイソザイムは，クエン酸回路においてクエン酸をイソクエン酸に変換する．サイトゾルのアイソザイムは二つの異なる機能をもっている．一つはクエン酸のイソクエン酸への変換を触媒し，サイトゾルのイソクエン酸デヒドロゲナーゼの基質を供給している．このイソクエン酸デヒドロゲナーゼは，サイトゾルにおける脂肪酸合成や他の同化過程での還元力となるNADPHを生成する．しかし，イソクエン酸デヒドロゲナーゼは細胞内での鉄のホメオスタシスにおいても役割を果たす．

すべての細胞は，補因子として鉄を必要とする多くのタンパク質の活性のために鉄を獲得しなければならない．ヒトでは，重篤な鉄の欠乏は貧血，すなわち赤血球の供給不足と酸素運搬能の低下を引き起こして生

図1

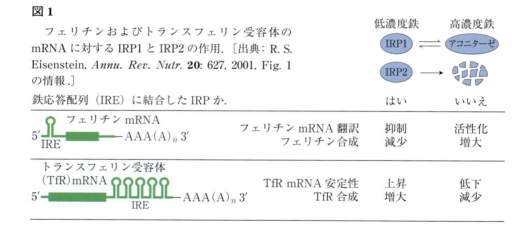

フェリチンおよびトランスフェリン受容体のmRNAに対するIRP1とIRP2の作用．［出典：R. S. Eisenstein, *Annu. Rev. Nutr.* **20**: 627, 2001, Fig. 1の情報.］

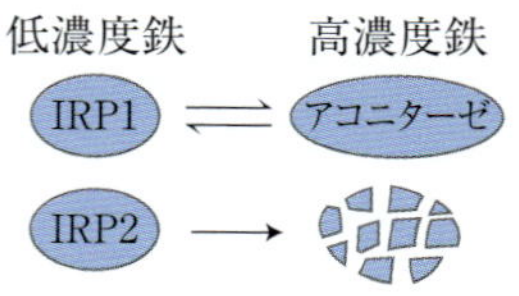

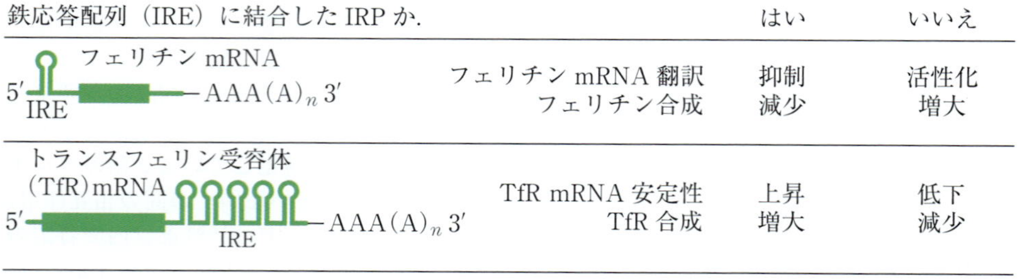

胞で2種類の型があり，一方は電子受容体としてNAD^+を必要とし，他方は$NADP^+$を必要とする．全体の反応はどちらも同じである．真核細胞では，NAD依存性酵素がミトコンドリアのマトリックスに存在し，クエン酸回路で働く．ミトコンドリアマトリックスとサイトゾルの両方に存在するNADP依存性酵素の主たる機能は，脂肪酸やステロールの合成などの還元的同化反応にとって必須のNADPHの生成である．

❹ α-ケトグルタル酸のスクシニルCoAとCO_2への酸化　次のステップは別の酸化的脱炭酸であり，α-ケトグルタル酸が**α-ケトグルタル酸デヒドロゲナーゼ複合体** α-ketoglutarate

命を脅かす．鉄が多すぎるのも有害である．すなわち血色素症（ヘモクロマトーシス hemochromatosis）や他の疾患で鉄が肝臓に蓄積し，肝臓に障害を与える．食餌から摂取した鉄は，**トランスフェリン** transferrin というタンパク質によって血中を運搬され，**トランスフェリン受容体** transferrin receptor を介するエンドサイトーシスを経て細胞内に取り込まれる．細胞内にいったん入ると，鉄はヘム，シトクロム，Fe-S タンパク質，その他の鉄依存性タンパク質などで利用され，過剰の鉄は**フェリチン** ferritin というタンパク質に結合して貯蔵される．したがって，トランスフェリン，トランスフェリン受容体，フェリチンの濃度は細胞内の鉄ホメオスタシスにとって非常に重要である．これら 3 種類のタンパク質の合成は，鉄の利用能に応じて調節される．そして，アコニターゼは，その二つ目の機能を介して，重要な調節的役割を演じている．

アコニターゼは，その活性部位に必須の Fe-S クラスターを有する（図 16-10 参照）．細胞の鉄が枯渇すると，この Fe-S クラスターは崩壊し，アコニターゼ活性を失う．しかし，その結果として生成するアポ酵素（Fe-S クラスターを欠くアポアコニターゼ）は第二の活性を獲得する．すなわち，トランスフェリン受容体やフェリチンの mRNA の特定配列に結合する能力であり，タンパク合成を翻訳レベルで調節する．2 種類の**鉄調節タンパク質** iron regulatory protein（**IRP1** と **IRP2**）が鉄代謝の調節因子として別々に発見された．IRP1 はサイトゾルのアポアコニターゼと同一であり，IRP2 は構造や機能の点で IRP1 とよく似ていることが判明した．しかし，IRP2 は，IRP1 とは異なって，酵素的に活性なアコニターゼに変換されることはない．IRP1 と IRP2 はともに，鉄の動員や取込みに影響を及ぼすフェリチンとトランスフェリン

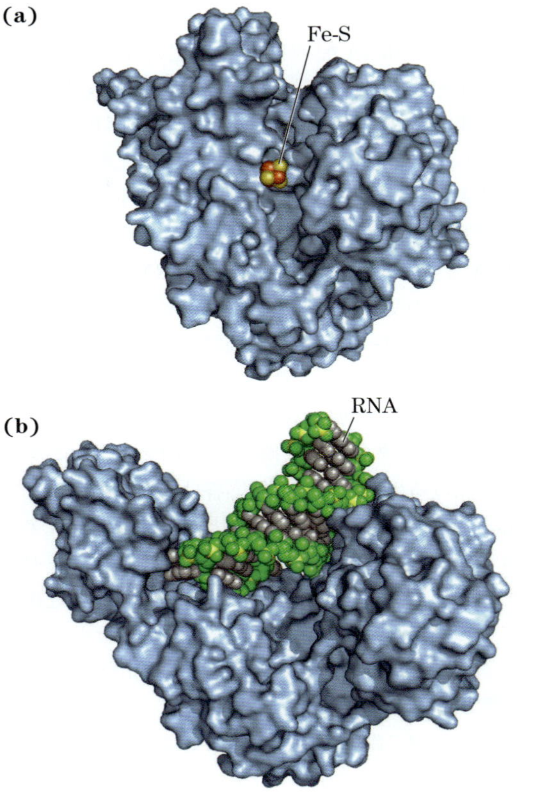

図 2

二つの異なる機能をもつサイトゾルのアコニターゼ/IRP1 の二つの型．**(a)** アコニターゼでは，二つの主要な突出部が接近し，Fe-S クラスターは埋没している．Fe-S クラスターを示すためにこの部分を透明にしてある．**(b)** IRP1 では，突出部は完全に開いており，基質である mRNA ヘアピンの結合部位は露出している．［出典：(a) PDB ID 2B3Y，J. Dupuy, et al., *Structure* **14**: 129, 2006.（b）PDB ID 2IPY，W. E. Walden et al., *Science* **314**: 1903, 2006.］

---

dehydrogenase complex（2-オキソグルタル酸デヒドロゲナーゼ複合体 2-oxoglutarate dehydrogenase complex ともいう）の作用によって**スクシニル CoA** succinyl-CoA と CO_2 に変換される．NAD^+ が電子受容体となり，CoA がスクシニル基の運搬体となる．α-ケトグルタル酸の酸化のエネルギーは，スクシニル CoA のチオエステル結合に保存される．

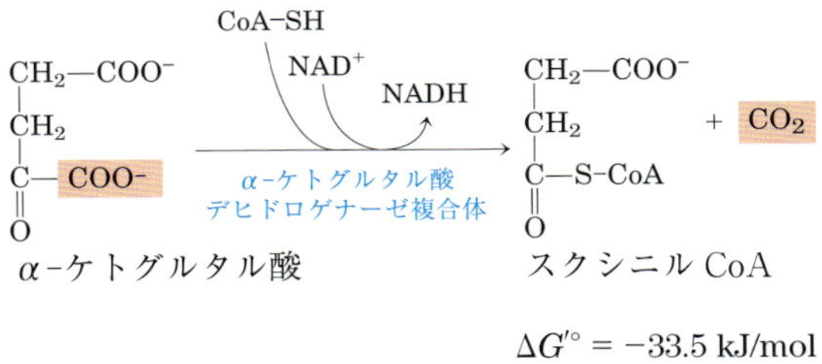

$\Delta G'^{\circ} = -33.5$ kJ/mol

受容体をコードするmRNAの領域に結合する．この結合領域のmRNA配列は**鉄応答配列** iron response element（**IRE**）と呼ばれるヘアピン構造（p. 416）の一部であり，mRNAの5′末端と3′末端に存在する（図1）．フェリチンmRNAの5′非翻訳IRE配列にIRPが結合すると，フェリチン合成を阻害する．トランスフェリン受容体の3′非翻訳IRE配列にIRPが結合すると，mRNAを安定化して分解を防ぎ，mRNA分子あたりでより多くの受容体タンパク質のコピーの合成を可能にする．したがって，鉄欠乏細胞において，鉄の取込みはより効率的になり，鉄の貯蔵（フェリチンへの結合）は減少する．細胞の鉄濃度が正常レベルに戻ると，IRP1はアコニターゼに変換され，IRP2はタンパク質分解を受けるので，低濃度鉄応答は終結する．

酵素的に活性なアコニターゼと副業的な調節性アポアコニターゼは構造が異なる．活性型アコニターゼとしてのタンパク質はFe-Sクラスターの周囲に近接する二つの突出部lobeをもっており，IRP1としてのタンパク質では二つの突出部は開いて，mRNA結合部位が露出する（図2）．

第二の役割で副業を行う（あるいは，そのように信じられている）酵素が次々と明らかになっているが，アコニターゼはまさにそのような酵素の一つである．解糖酵素の多くが，このグループに含まれる．ピルビン酸キナーゼは，核内で甲状腺ホルモンに応答する遺伝子の転写を調節する．グリセルアルデヒド3-リン酸デヒドロゲナーゼは，損傷DNAを修復するウラシルDNAグリコシラーゼとして，またヒストンH2B転写の調節因子としての副業を果たす．脊椎動物の水晶体にあるクリスタリンは，ホスホグリセリン酸キナーゼ，トリオースリン酸イソメラーゼ，乳酸デヒドロゲナーゼを含む数種の二重機能解糖酵素である．この現象は，遺伝子共有 gene sharingと呼ばれることもある．異なる機能を有する二つの異なるタンパク質が，単一の遺伝子によってコードされる．BeadleとTatumの「1遺伝子-1酵素」の格言は，科学における他の多くの説と同様に，ほぼ正しいに過ぎない．

最近まで，二つ以上の機能を有するタンパク質のほとんどが思いがけない発見であった．関連のない二つの問題をそれぞれ研究していた二つのグループの研究者は，「彼らが扱っていた」タンパク質が類似の性質をもつことを発見し，慎重にそれらを比較し，そしてこれらが同一であることを見出した．注釈付きタンパク質やDNA配列データベースの拡大に伴って，今や研究者は検討の一つとして，同じ配列をもつが機能の異なる他のタンパク質のデータベースを検索することによって，二重機能タンパク質を意識的に探すことができる．このことはまた，データベースにおいては所定の機能をもつと注釈の付いたタンパク質が必ずしもその機能だけをもつものではないことを意味する．また，既知の機能をもつタンパク質が突然変異によって不活性化され，この生じた変異体がその機能には関係がない表現型を示すというような不可解な実験結果は，タンパク質の二重機能で説明されるのかもしれない．

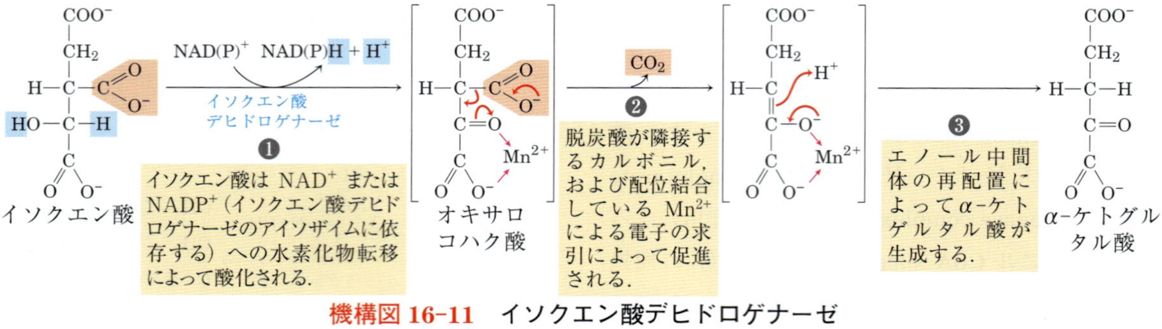
イソクエン酸
$NAD(P)^+$　$NAD(P)H + H^+$
イソクエン酸デヒドロゲナーゼ
❶
イソクエン酸はNAD^+または$NADP^+$（イソクエン酸デヒドロゲナーゼのアイソザイムに依存する）への水素化物転移によって酸化される．
オキサロコハク酸
Mn^{2+}
CO_2
❷
脱炭酸が隣接するカルボニル，および配位結合しているMn^{2+}による電子の求引によって促進される．
H^+
❸
エノール中間体の再配置によってα-ケトグルタル酸が生成する．
α-ケトグルタル酸

機構図 16-11　イソクエン酸デヒドロゲナーゼ

この反応では，基質であるイソクエン酸は酸化的脱炭酸によって炭素1個を失う．NAD^+と$NADP^+$が関与する水素化物転移反応の詳細については図14-14を参照．

この反応は，前述のピルビン酸デヒドロゲナーゼ反応や分枝鎖アミノ酸の分解に関与する一連の反応と実質的に同じである（図 16-12）．α-ケトグルタル酸デヒドロゲナーゼ複合体の構造や機能は PDH 複合体と極めて似ている．この複合体は PDH 複合体の E_1，E_2，E_3 と相同な三つの酵素を含むだけでなく，酵素に結合している TPP，結合型リポ酸，FAD，NAD，補酵素 A も含んでいる．両複合体は確かに進化的に共通の起源から派生している．この二つの複合体の E_1 成分は構造的に類似しているが，アミノ酸配列は異なり，結合特異性はもちろん異なる．すなわち，PDH 複合体の E_1 はピルビン酸と結合し，α-ケトグルタル酸デヒドロゲナーゼ複合体の E_1 は α-ケトグルタル酸と結合する．両複合体の E_2 成分も酷似しており，両者とも共有結合しているリポイル部分を有する．E_3 サブユニットは二つの酵素複合体で同一である．分枝鎖 α-ケト酸を分解する複合体は，同じ 5 種類の補因子を利用して同じ一連の反応を触媒する．これは図 1-34 で述べたように，遺伝子重複とその後の**分岐進化** divergent evolution の明確な例である．例えば，もしも PDH 複合体が最初に進化したとすれば，E_1 と E_2 をコードする遺伝子の重複によって，時が経つにつれて変異することが可能な「余剰コピー」がもたらされたのかもしれない．変異によって，酸化的脱炭酸に関して同じ機構を利用するが，選択において有利な新たな基質特異性（α-ケトグルタル酸）を有する酵素が最終的に生じた．E_3 の基質（還元型リポ酸）はこれらの関連する酵素複合体で同じなので，これらの酵素は同じ E_3 サブユニットを利用可能である．

❺ スクシニル CoA のコハク酸への変換　スクシニル CoA はアセチル CoA と同様に，加水分解の大きな負の標準自由エネルギー変化（$\Delta G'^{\circ} \approx -36$ kJ/mol）をもつチオエステル結合を有する．クエン酸回路の次のステップにおいて，この結合の開裂によって遊離するエネルギーが，GTP や ATP のリン酸無水結合の形成に利用される．この反応の正味の $\Delta G'^{\circ}$ は，わずか -2.9 kJ/mol である．**コハク酸** succinate は次のような過程で生

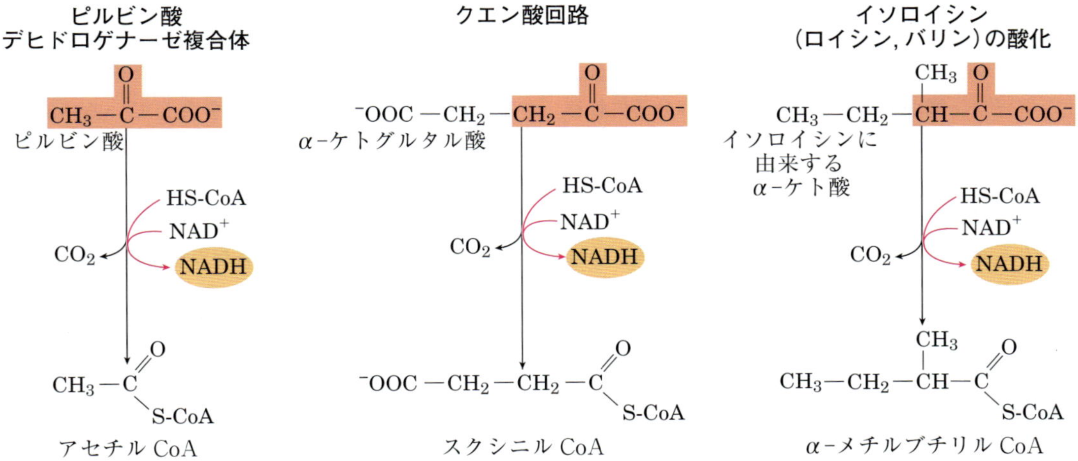

図 16-12　保存されている酸化的脱炭酸機構

ここに示す経路は，同じ 5 種類の補因子（チアミンピロリン酸，補酵素 A，リポ酸，FAD，および NAD^+）を利用し，よく似た多酵素複合体によって触媒される．また，ピルビン酸（ピルビン酸デヒドロゲナーゼ複合体による），α-ケトグルタル酸（クエン酸回路での），およびイソロイシン（図に示してある），ロイシン，バリンの 3 種類の分枝鎖アミノ酸の炭素骨格の酸化的脱炭酸を行う酵素的機構は同じである．グリシンデカルボキシラーゼによって触媒される第 4 の反応にも極めてよく似た機構が関与する（図 20-49 参照）．

BOX 16-2 シンターゼとシンテターゼ，リガーゼとリアーゼ，キナーゼとホスファターゼとホスホリラーゼ 名称がまぎらわしい！

クエン酸シンターゼは，縮合反応を触媒する多くの酵素の一つであり，前駆体よりも化学的に複雑な生成物を産生する．**シンターゼ** synthase は，エネルギー源としてヌクレオシド三リン酸（ATP，GTP など）を必要としない縮合反応を触媒する．**シンテターゼ** synthetase は，合成反応のエネルギー源として ATP や別のヌクレオシド三リン酸を利用する縮合を触媒する．スクシニル CoA シンテターゼはそのような酵素である．**リガーゼ** ligase（ラテン語の *ligare* に由来し，「互いに結びつける」の意）は，ATP や別のエネルギー源を利用して二つの原子を結びつける縮合反応を触媒する酵素である（したがって，シンテターゼはリガーゼである）．例えば，DNA リガーゼは，ATP や NAD^+ から供給されるエネルギーを用いて DNA 分子の切断部位をつなげ，遺伝子工学で DNA 断片を連結するために広く利用されている．リガーゼを**リアーゼ** lyase と混同してはならない．リアーゼは電気的転位を伴う開裂反応（逆は付加反応）を触媒する酵素である．PDH 複合体はピルビン酸から CO_2 を酸化的に切り取るので，リアーゼの大きなクラスに属する．

キナーゼ kinase という名称は，ATP のようなヌクレオシド三リン酸からホスホリル基を受容分子に転移する酵素につけられる．受容分子には，糖（ヘキソキナーゼやグルコキナーゼなど），タンパク質（グリコーゲンホスホリラーゼキナーゼなど），他のヌクレオチド（ヌクレオシド二リン酸キナーゼなど），あるいはオキサロ酢酸のような代謝中間体（PEP カルボキシキナーゼなど）などがある．キナーゼによって触媒される反応はリン酸化 phosphorylation である．一方，加リン酸分解 phosphorolysis は置換反応であり，リン酸が攻撃種となって結合の開裂点で共有結合する．このような反応は**ホスホリラーゼ** phosphorylase によって触媒される．例えば，グリコーゲンホスホリラーゼはグリコーゲンの加リン酸分解を触媒し，グルコース 1-リン酸を生成する．リン酸エステルからのホスホリル基の除去である脱リン酸化 dephosphorylation は，水を攻撃種として**ホスファターゼ** phosphatase によって触媒される．フルクトースビスホスファターゼ-1 は，糖新生でフルクトース 1,6-ビスリン酸をフルクトース 6-リン酸に変換し，ホスホリラーゼ *a* ホスファターゼはリン酸化されたグリコーゲンホスホリラーゼのホスホセリンからホスホリル基を除去する．やれやれ，なんてまぎらわしいのでしょう！

不幸にも，これらの酵素タイプの表記は重複しており，多くの酵素が通常二つ以上の名称で呼ばれる．例えば，スクシニル CoA シンテターゼはコハク酸チオキナーゼとも呼ばれる．この酵素はクエン酸回路ではシンテターゼであるとともに，スクシニル CoA の合成方向に作用するときはキナーゼである．これは酵素の命名における別の混乱のもとになっている．酵素は，例えば A が B に変換される反応の測定で発見されるかもしれない．そうすると，その酵素はその反応によって命名される．しかし，その酵素は細胞内で主として B を A に変換していることがその後の研究で示されるかもしれない．この酵素の代謝的役割は逆反応で命名したほうがより適切に表現できるが，通常は最初に命名された名前が使われ続ける．解糖酵素であるピルビン酸キナーゼはこの状況を表している（p. 782）．生化学を初めて学ぶみなさんにとって，命名法が二重の状態にあることは当惑させられる．国際委員会は酵素の命名法を系統化するために思い切った努力を行った（この体系を簡単にまとめた表6-3を参照）．しかし，系統名はあまりにも長すぎて面倒であり，生化学の話の中ではあまり用いられない．

本書では，生化学者が最も一般的に用いている酵素名を用いることとし，広く用いられている名称が二つ以上ある場合にはそれを示すようにした．酵素命名法の最新情報に関しては，「国際生化学・分子生物学連合の命名法委員会の勧告 the recommendations of the Nomenclature Committee of the International Union of Biochemistry and Molecular Biology」を参照（www.chem.qmul.ac.uk/iubmb/nomenclature）．

成する．

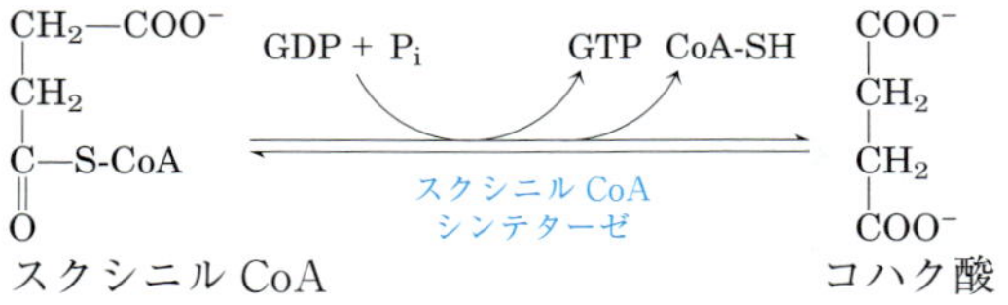

$$\Delta G'^{\circ} = -2.9\ \mathrm{kJ/mol}$$

この可逆反応を触媒する酵素は**スクシニル CoA シンテターゼ** succinyl-CoA synthetase あるいは**コハク酸チオキナーゼ** succinic thiokinase と呼ばれる．この両方の名称は，この反応にヌクレオシド三リン酸が関与することを示唆する (Box 16-2)．

このエネルギー保存反応には中間ステップがあり，そこでは酵素分子自体が活性部位の His 残基でリン酸化される（図 16-13(a)）．このホスホリル基は大きな官能基転移ポテンシャルを有し，ADP（または GDP）に転移されて ATP（または GTP）を生成する．動物細胞にはスクシニル CoA シンテターゼの 2 種類のアイソザイムがあり，一方は ADP に特異的であり，他方は GDP に特異的である．この酵素には α と β の二つのサブユニットがあり，α サブユニット（分子量 32,000）は Ⓟ-His 残基 (His^{246}) と CoA の結合部位をもち，β サブユニット（分子量 42,000）は ADP と GDP のどちらかに対する特異性を与える．活性部位は両サブユニットの界面にある．スクシニル CoA シンテターゼの結晶構造から，二

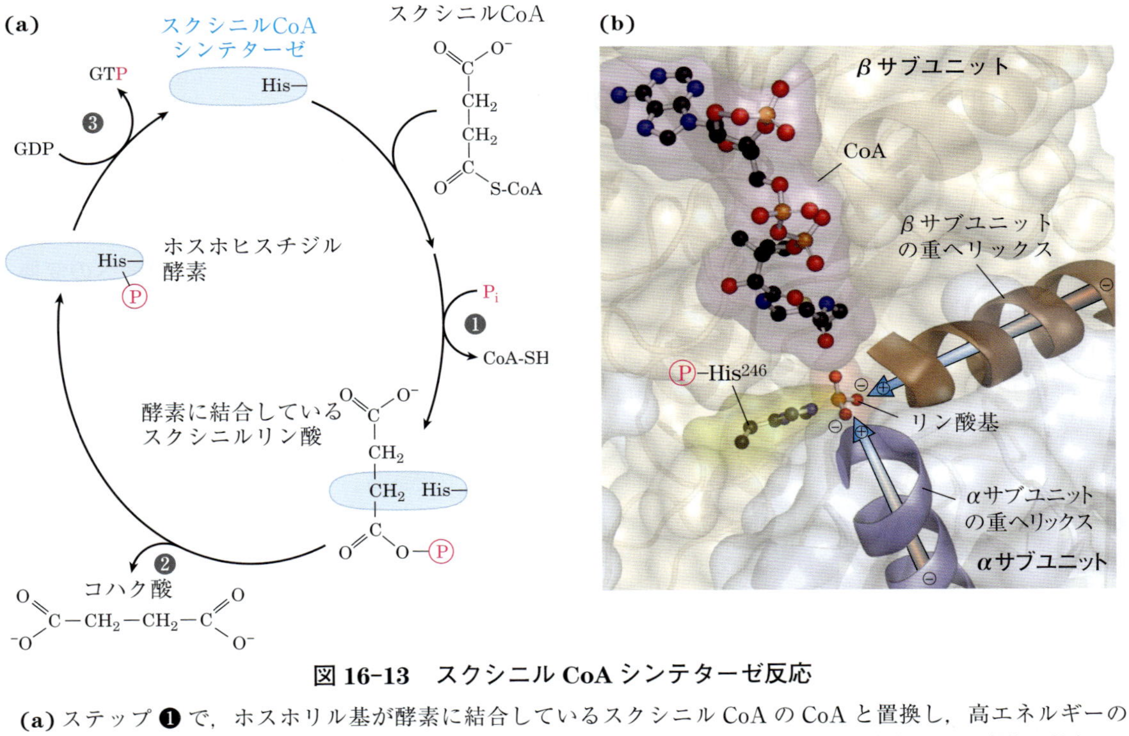

図 16-13　スクシニル CoA シンテターゼ反応

(a) ステップ ❶ で，ホスホリル基が酵素に結合しているスクシニル CoA の CoA と置換し，高エネルギーのアシルリン酸を形成する．ステップ ❷ で，スクシニルリン酸はそのホスホリル基を酵素の His 残基に供与し，高エネルギーのホスホヒスチジル酵素を形成する．ステップ ❸ で，ホスホリル基は His 残基から GDP（または ADP）の末端リン酸基に転移され，GTP（または ATP）を生成する．**(b)** 大腸菌スクシニル CoA シンテターゼの活性部位．この活性部位は α サブユニット（青色）と β サブユニット（褐色）のそれぞれの一部を含む．重ヘリックス（青色，褐色）は，α 鎖の Ⓟ-His^{246} のリン酸基の近傍にヘリックス双極子の部分的な正電荷を配置させることによって，ホスホヒスチジル酵素を安定化する．細菌と哺乳類の酵素は類似するアミノ酸配列と三次元構造をもつ．［出典：PDB ID 1SCU に基づく，W. T. Wolodko et al., *J. Biol. Chem.* **269**: 10, 883, 1994.］

つの「重へリックス power helix」（各サブユニットに一つ）が向かい合い，その電気双極子は部分的正荷電を負に荷電しているⓅ-His 残基に接近させ（図 16-13(b)），リン酸化酵素中間体を安定化することが明らかになった（K^+チャネルのヘリックス双極子が，K^+の安定化において同様の役割をすることを思い出そう；図 11-45 参照）．

α-ケトグルタル酸の酸化的脱炭酸によって遊離し，スクシニル CoA に保存されたエネルギーによる ATP（または GTP）の生成は，基質レベルのリン酸化であり，ホスホグリセリン酸キナーゼとピルビン酸キナーゼによって触媒される解糖反応における ATP の合成と似ている（図 14-2 参照）．スクシニル CoA シンテターゼにより生成する GTP は，**ヌクレオシド二リン酸キナーゼ** nucleoside diphosphate kinase（p. 743）によって触媒される可逆反応において，その末端ホスホリル基を ADP に与えて ATP を生成することができる．

$$\text{GTP} + \text{ADP} \rightleftharpoons \text{GDP} + \text{ATP} \qquad \Delta G'^{\circ} = 0\ \text{kJ/mol}$$

このように，スクシニル CoA シンテターゼのどちらのアイソザイムの作用の最終結果も，ATP としてのエネルギー保存である．ヌクレオシド二リン酸キナーゼ反応での自由エネルギー変化はなく，ATP と GTP はエネルギー的に等価である．

❻ コハク酸のフマル酸への酸化 スクシニル CoA から生成したコハク酸は，フラビンタンパク質である**コハク酸デヒドロゲナーゼ** succinate dehydrogenase によって**フマル酸** fumarate へと酸化される．

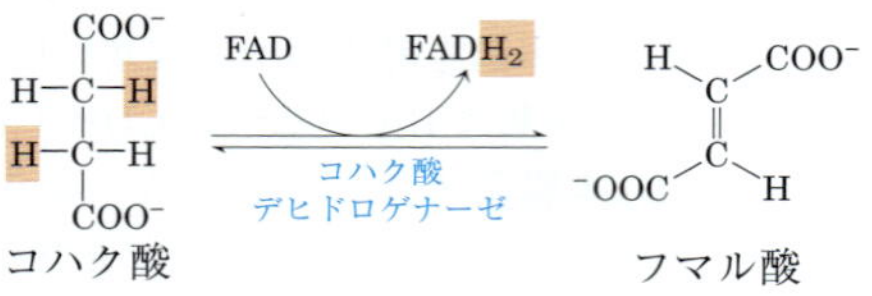

$\Delta G'^{\circ} = 0$ kJ/mol

コハク酸デヒドロゲナーゼは，真核生物ではミトコンドリア内膜の，細菌では細胞膜の内在性膜タンパク質である．この酵素は 3 種類の異なる鉄-硫黄クラスター，および共有結合している 1 分子の FAD を含む（図 19-9 参照）．電子はミトコンドリア内膜（細菌では細胞膜）の電子伝達鎖に入る前に，コハク酸から FAD へ，そして鉄-硫黄中心へと受け渡される．コハク酸からこれらの伝達体を経て最終の電子受容分子である O_2 への電子の流れは，一対の電子あたり約 1.5 分子の ATP の合成と共役している（呼吸共役リン酸化）．マロン酸 malonate はコハク酸のアナログであり，細胞には通常存在しないが，コハク酸デヒドロゲナーゼの強力な競合阻害物質であり，実験の際にミトコンドリアに添加するとクエン酸回路の活性を遮断する．

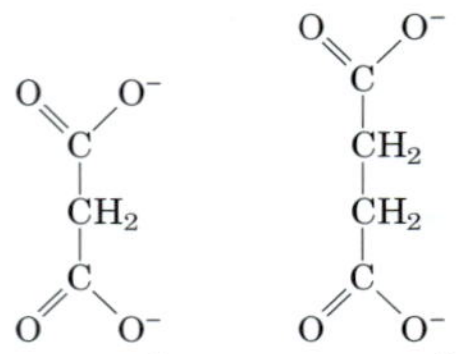

マロン酸　コハク酸

❼ フマル酸への加水によるリンゴ酸への変換 フマル酸の **L-リンゴ酸** L-malate への可逆的加水 hydration は，**フマラーゼ** fumarase（正式には**フマル酸ヒドラターゼ** fumarate hydratase）によって触媒される．この反応の遷移状態はカルボアニオンである．

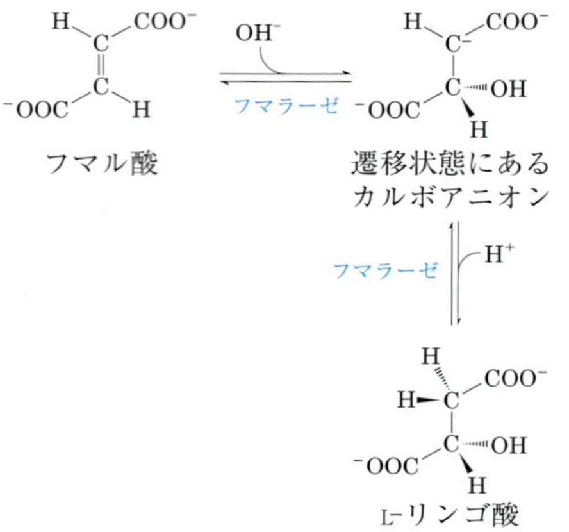

$\Delta G'^{\circ} = -3.8$ kJ/mol

この酵素は厳密な立体特異性を有し，フマル酸のトランス型二重結合への加水を触媒するが，マレイン酸のシス型二重結合には作用しない．逆反応（L-リンゴ酸からフマル酸）でも，フマラーゼは同じ立体特異性を示し，D-リンゴ酸は基質にはならない．

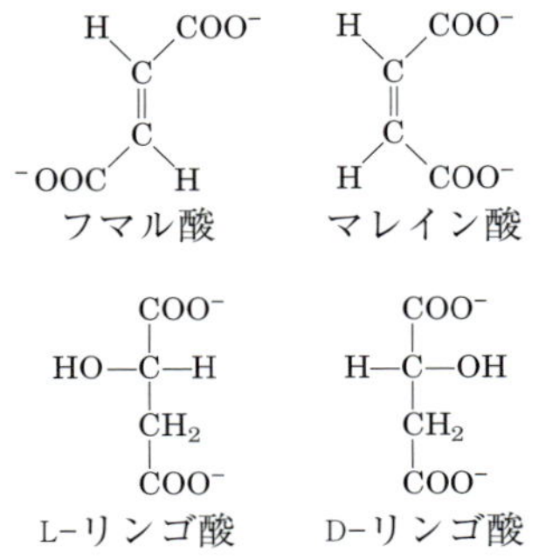

❽ リンゴ酸のオキサロ酢酸への酸化　クエン酸回路の最終反応では，NAD 依存性 **L-リンゴ酸デヒドロゲナーゼ** L-malate dehydrogenase が NAD^+ の NADH への還元に共役して L-リンゴ酸のオキサロ酢酸への酸化を触媒する．

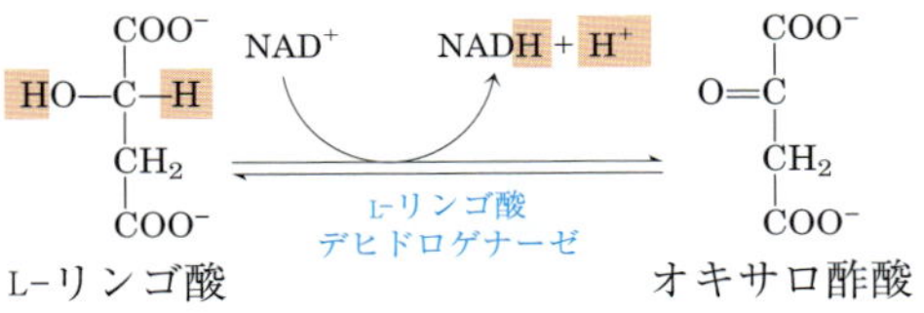

$\Delta G'^{\circ} = 29.7$ kJ/mol

この反応の平衡は標準的な熱力学的条件下では左方向に著しく傾いている．しかし，無損傷の細胞では，オキサロ酢酸は強い発エルゴン的なクエン酸シンターゼ反応で絶えず取り除かれている（図 16-7 のステップ❷）．このことが細胞内のオキサロ酢酸濃度を極めて低く保っており（$< 10^{-6}$ M），リンゴ酸デヒドロゲナーゼ反応をオキサロ酢酸生成の方向に引っ張る．

クエン酸回路の個々の反応は，初めは細かく刻んだ筋肉組織を用いた *in vitro* の実験でわかってきたが，その経路や調節は *in vivo* の実験で広範に研究されてきた．^{14}C 放射性標識した前駆体を用いることによって，クエン酸回路を経由する個々の炭素原子の運命を追跡することができる．しかし，^{14}C を用いた最も初期の実験のいくつかは予期しない結果をもたらし，クエン酸回路の経路と機構についての重大な論争を呼び起こした．実際に，これらの実験は，当初クエン酸は生成される最初のトリカルボン酸ではないことを示しているように思われた．Box 16-3 で，クエン酸回路の研究史におけるこのエピソードの詳細を紹介する．この回路を通る代謝の流束は，今では ^{13}C で標識した前駆体と全身 NMR スペクトル法を用いることによって生組織中でモニターすることができる．NMR のシグナルは ^{13}C を含む化合物に特異的なので，生化学者は回路の各中間体やこれらの中間体に由来する化合物への前駆体炭素の移動を追跡することができる．この手法は，クエン酸回路の調節や解糖などの他の代謝経路との相互関連の研究において極めて有望である．

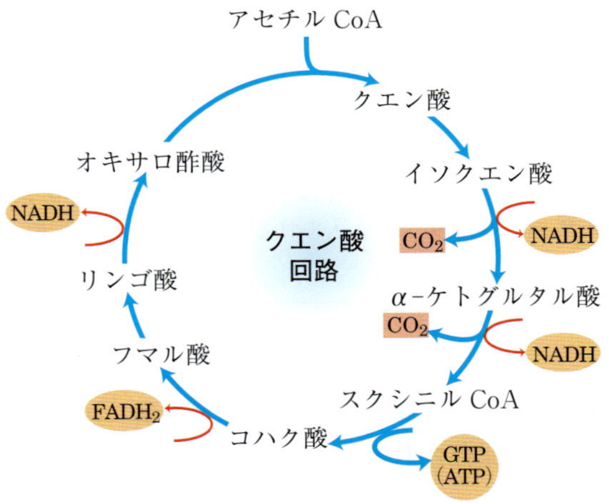

図 16-14　クエン酸回路 1 回転の生成物

クエン酸回路の 1 回転で，3 分子の NADH，1 分子の $FADH_2$，1 分子の GTP（または ATP），2 分子の CO_2 が，酸化的脱炭酸反応で放出される．この図や，次に出てくるいくつかの図では，回路のすべての反応が一方向のみに進行しているように示されているが，ほとんどの反応は可逆的であることに留意せよ（図 16-7 参照）．

BOX 16-3 クエン酸
非対称に反応する対称性分子

約60年前に重炭素同位体 ^{13}C や放射性炭素同位体 ^{11}C および ^{14}C に富む化合物が利用可能になると，それらはクエン酸回路を経由する炭素原子の経路の追跡のためにすぐに利用されるようになった．このような実験の一つがクエン酸の役割についての論争を引き起こした．カルボキシ基を標識した酢酸（[1-^{14}C] 酢酸）が動物組織標品と好気的にインキュベートされた．酢酸は動物組織で酵素的にアセチル CoA に変換され，この反応回路におけるアセチル基の標識カルボキシ炭素の経路を追跡することができた．インキュベーション後の組織から α-ケトグルタル酸が単離され，同位体炭素の位置を確定するために既知の化学反応により分解された．

非標識オキサロ酢酸とカルボキシ基が標識された酢酸の縮合によって，二つの一級カルボキシ基のうちの一つが標識されたクエン酸が生成すると予想された．クエン酸は対称性分子であり，その二つの末端カルボキシ基は化学的には区別できない．したがって，標識クエン酸分子の半分は α-カルボキシ基が標識された α-ケトグルタル酸になり，残りの半分は γ-カルボキ

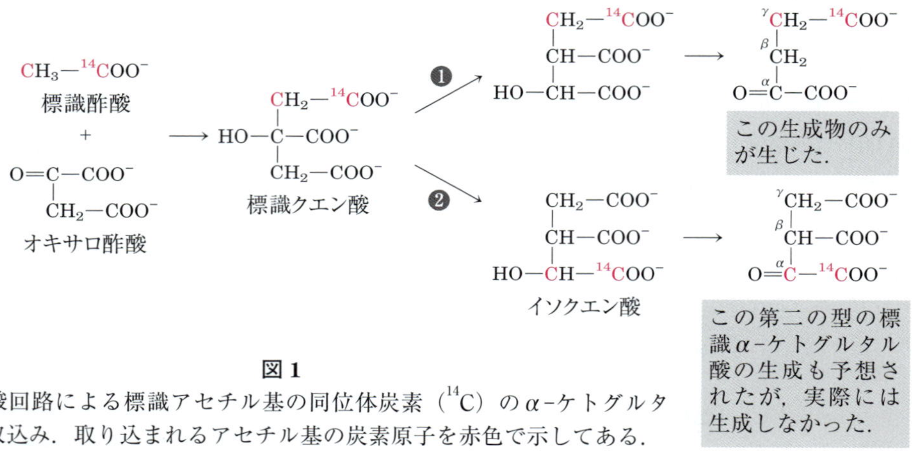

図 1
クエン酸回路による標識アセチル基の同位体炭素（^{14}C）の α-ケトグルタル酸への取込み．取り込まれるアセチル基の炭素原子を赤色で示してある．

クエン酸回路での酸化のエネルギーは効率的に保存される

ここまでは，クエン酸回路の完全な1回転について見てきた(図16-14)．2炭素のアセチル基は，オキサロ酢酸と結合することによってこの回路に入る．2個の炭素原子は，イソクエン酸と α-ケトグルタル酸の酸化の際に CO_2 としてこの回路から出ていく．これらの酸化によって放出されるエネルギーは，3分子の NAD^+ と1分子の FAD の還元および1分子の ATP または GTP の産生によって保存される．この回路の最後で，1分子のオキサロ酢酸が再生される．CO_2 として放出される2個の炭素原子は，アセチル基として取り込まれた2個の炭素原子と同じではないことに注意しよう．アセチル基の炭素が CO_2 として放出されるためには，この回路がもう1回転する必要がある（図16-7）．

クエン酸回路は1回転あたり（スクシニル

シ基が標識されたα-ケトグルタル酸になると思われていた．すなわち，単離されるα-ケトグルタル酸は2種類の標識分子の混合物であると思われていた（図1，経路❶および❷）．この予想に反して，組織懸濁液から単離された標識α-ケトグルタル酸はγ-カルボキシ基にのみ^{14}Cを含んでいた（図1，経路❶）．研究者たちは，クエン酸（あるいは他の対称性分子）は酢酸からα-ケトグルタル酸への経路において中間体とはなり得ないと結論した．むしろ，非対称性のトリカルボン酸，おそらくはシス-アコニット酸かイソクエン酸が，酢酸とオキサロ酢酸の縮合で生じる最初の生成物に違いないと考えた．

しかし，1948年にAlexander Ogstonは，クエン酸にキラル中心（図1-21参照）はないが，もしもそれに作用する酵素が非対称な活性部位をもつのならば，非対称的に反応することができると指摘した．彼はアコニターゼの活性部位にはクエン酸が結合する三つの点があり，クエン酸はこれらの結合点で特異的に3点結合しなければならないことを示唆した．図2に示すように，クエン酸のこの3点への結合は一方向からのみ起こり，これは一つの型の標識α-ケトグルタル酸のみが生成することを説明する．クエン酸のような有機分子はキラル中心をもたないが，非対称活性部位と非対称的に反応することができ，このような分子を現在では**プロキラル分子** prochiral moleculeと呼ぶ．

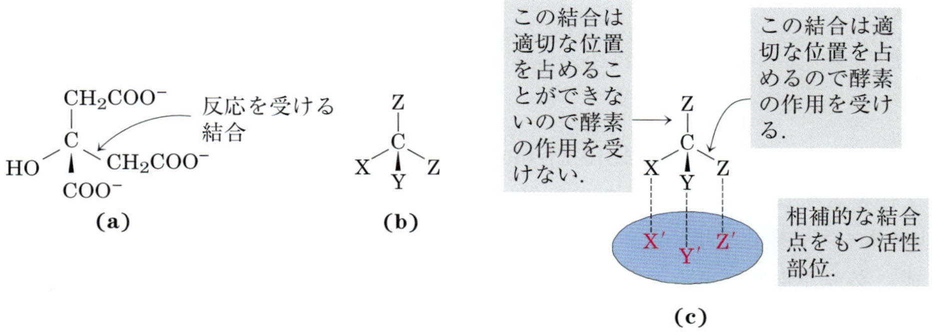

図2　クエン酸のプロキラル性

(a) クエン酸の構造．**(b)** クエン酸の略式表記：X＝−OH；Y＝−COO^-；Z＝−CH_2COO^-．**(c)** アコニターゼの結合部位へのクエン酸の正しい相補的結合．クエン酸の三つの特定の官能基が結合部位の3点に正しく結合できるのは，一つの場合のみである．その結果，二つの−CH_2COO^-基の一方だけがアコニターゼに結合する．

CoAのコハク酸への変換で）ATPを1分子だけ直接生成するが，この回路の四つの酸化ステップはNADHと$FADH_2$を経て呼吸鎖に電子を大量に流入させ，結果的に酸化的リン酸化の過程で多数のATP分子を生じさせる．

解糖において，グルコース1分子からピルビン酸2分子の生成によって，2 ATPと2 NADHが生じることをChap. 14で見てきた．酸化的リン酸化（Chap. 19）で，NADHからO_2への2個の電子の移動によって約2.5分子のATPが生成し，$FADH_2$からO_2への2個の電子の移動によって約1.5分子のATPが生じる．この化学量論から，グルコースの完全酸化により生じるATPの総量を計算することができる．2個のピルビン酸分子がピルビン酸デヒドロゲナーゼ複合体とクエン酸回路を経て6分子のCO_2に酸化され，電子が酸化的リン酸化を経てO_2に伝達されるとき，グルコース1分子あたり32分子ものATPが得られる（表16-1）．概数で，これは32 × 30.5 kJ/mol = 976 kJ/mol，あるいはグルコースの完全酸化

表 16-1 解糖，ピルビン酸デヒドロゲナーゼ複合体反応，クエン酸回路および酸化的リン酸化を経るグルコースの好気的酸化による補酵素の還元と ATP の生成の化学量論

反応	直接生成する ATP または還元型補酵素の数	最終的に生成する ATP の数[a]
グルコース ⟶ グルコース 6-リン酸	−1 ATP	−1
フルクトース 6-リン酸 ⟶ フルクトース 1,6-ビスリン酸	−1 ATP	−1
2 グリセルアルデヒド 3-リン酸 ⟶ 2 1,3-ビスホスホグリセリン酸	2 NADH	3 または 5[b]
2 1,3-ビスホスホグリセリン酸 ⟶ 2 3-ホスホグリセリン酸	2 ATP	2
2 ホスホエノールピルビン酸 ⟶ 2 ピルビン酸	2 ATP	2
2 ピルビン酸 ⟶ 2 アセチル CoA	2 NADH	5
2 イソクエン酸 ⟶ 2 α-ケトグルタル酸	2 NADH	5
2 α-ケトグルタル酸 ⟶ 2 スクシニル CoA	2 NADH	5
2 スクシニル CoA ⟶ 2 コハク酸	2 ATP（または 2 GTP）	2
2 コハク酸 ⟶ 2 フマル酸	2 $FADH_2$	3
2 リンゴ酸 ⟶ 2 オキサロ酢酸	2 NADH	5
全体		30 〜 32

[a] これは，1 分子の NADH あたり 2.5 分子の ATP，1 分子の $FADH_2$ あたり 1.5 分子の ATP として計算してある．マイナスの値は消費を表す．

[b] この数値は 3 か 5 のどちらかであり，サイトゾルからミトコンドリアのマトリックスへの NADH 当量のシャトルに用いられる機構に依存する．図 19-30 および図 19-31 を参照．

で得られる理論最大エネルギー約 2,840 kJ/mol の 34％の保存を意味している．これらの計算には標準自由エネルギー変化を用いた．細胞内での ATP の生成に必要な実際の自由エネルギーで補正すると（例題 13-2，p. 716 参照），この過程での計算上の保存効率は 65％近くになる．

酢酸の酸化はなぜこれほど複雑なのか

単純な 2 炭素アセチル基の CO_2 への酸化の 8 ステップから成る回路は，不必要なほどに厄介であり，最も効率的であるという生物学的原理とは一致しないように思われる．しかし，クエン酸回路の役割は酢酸の酸化だけではない．この経路は中間代謝のハブ hub である．多くの異化過程の 4 炭素および 5 炭素の最終生成物は，代謝燃料としてこの回路に流れ込む．例えば，タンパク質が分解されると，オキサロ酢酸と α-ケトグルタル酸がそれぞれアスパラギン酸とグルタミン酸から生成する．ある代謝条件下では，中間体はこの回路を出て，種々の生合成経路の前駆体として利用される．

他のすべての代謝経路と同様に，クエン酸回路は進化の産物であり，この進化の多くは好気性生物が出現する前に生じたものである．それは必ずしも酢酸から CO_2 への最短経路を意味するものではなく，進化を通じて最も精選された利点が賦与された経路である．初期の嫌気性生物は，おそらく直線的な生合成過程でクエン酸回路の反応の一部を利用していたのであろう．事実，現存するある種の嫌気性微生物は，エネルギー源としてではなく，生合成前駆体の供給源として不完全クエン酸回路を利用している（図 16-15）．このような生物は，クエン酸回路の最初の三反応を利用して α-ケトグルタル酸をつくる．しかし，α-ケトグルタル酸デヒドロゲナーゼを欠いているので，クエン酸回路の完全な反応系を遂行することはできない．また，これらの微生物は，オキサロ酢酸のスクシニル CoA への可逆的な変換を触媒する 4 種類の酵素をもっており，クエン酸回路を経由する「通常」（酸化的）の方向とは逆方向の流れで，

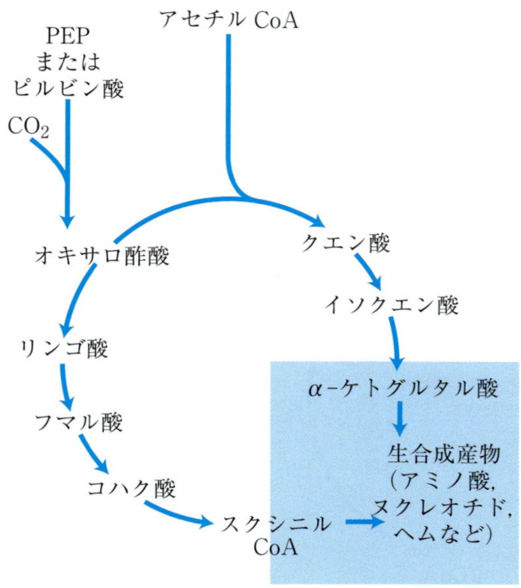

図 16-15　嫌気性細菌の不完全クエン酸回路で産生される生合成前駆体

これらの嫌気性生物は α-ケトグルタル酸デヒドロゲナーゼを欠損しており，そのために完全なクエン酸回路を行うことができない．α-ケトグルタル酸とスクシニル CoA は種々の生合成経路の前駆体として利用される（クエン酸回路の「通常」の方向の反応については図 16-14 を参照）．

リンゴ酸，フマル酸，コハク酸，スクシニル CoA をオキサロ酢酸からつくることができる．この経路は，イソクエン酸の酸化により生成した NADH を，オキサロ酢酸のコハク酸への還元に伴って NAD^+へと再生する発酵である．

水から O_2 を産生するシアノバクテリアの進化に伴って，地球の大気では酸素が豊富になり，生物は選択圧のもとで好気的代謝を発達させた．これまでに見てきたように，好気的代謝は嫌気的な発酵よりもはるかに効率的である．

クエン酸回路の構成成分は重要な生合成中間体である

好気性生物では，クエン酸回路は**両方向性代謝経路** amphibolic pathway であり，異化と同化の両方の過程で機能する．この回路は，糖質，脂肪酸，アミノ酸の酸化的異化における役割に加えて，嫌気的な原始生物において同じ目的で機能している反応を介して，多くの生合成経路の前駆体をも供給する（図 16-16）．例えば，α-ケトグルタル酸とオキサロ酢酸は，単純なアミノ基転移によってアスパラギン酸とグルタミン酸の前駆体になる（Chap. 22）．オキサロ酢酸と α-ケトグルタル酸の炭素は，アスパラギン酸とグルタミン酸を介して，プリンヌクレオチドやピリミジンヌクレオチドの合成に加えて，他のアミノ酸の構築にも利用される．スクシニル CoA はヘム基のポルフィリン環の合成の中心的な中間体である．このヘムは，酸素運搬体（ヘモグロビンやミオグロビン）や電子伝達体（シトクロム）として機能する（図 22-25 参照）．また，ある種の生物で産生されるクエン酸は，商業的に多様な目的に利用される．オキサロ酢酸は糖新生でグルコースに変換されることがある（図 15-13 参照）．

クエン酸回路に入る酢酸分子の炭素原子が 8 ステップ後にオキサロ酢酸に見られるとすれば，クエン酸回路は酢酸からオキサロ酢酸を生成し，このオキサロ酢酸はグルコースを合成するために利用可能であると思えるかもしれない．しかし，クエン酸回路の化学量論は，酢酸からオキサロ酢酸への正味の変換はないことを示している．2 炭素単位がアセチル CoA として回路に入るごとに，2 個の炭素が CO_2 として回路を離れる．脊椎動物以外の多くの生物，および維管束植物では，**グリオキシル酸回路** glyoxylate cycle という別の反応経路が，酢酸を糖質へと変換する機構として機能する．グリオキシル酸回路は，クエン酸回路の二つの脱炭酸ステップ（図 20-55）を迂回する変法であり，2 分子の酢酸を 1 分子のオキサロ酢酸へと変換する（図 20-55 参照）．このように，植物や多くの単純な生物は脂肪酸からグルコースを合成できるが，脊椎動物はできない．

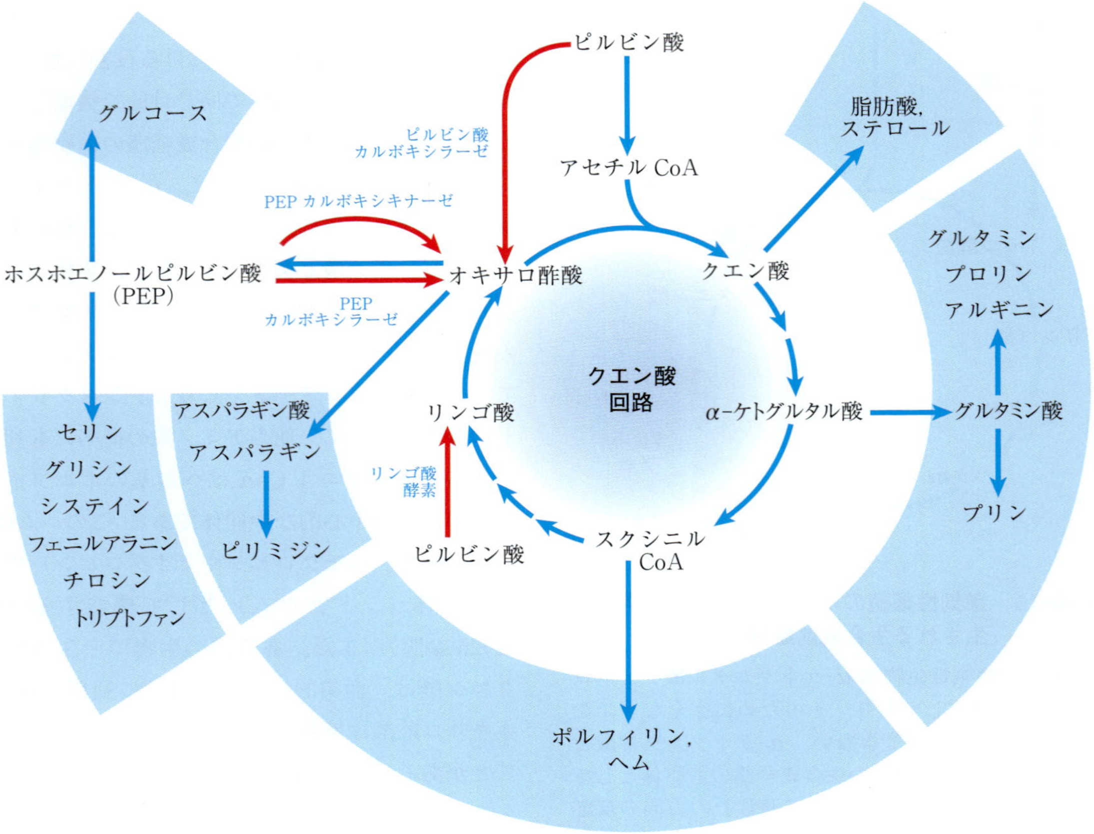

図 16-16 同化におけるクエン酸回路の役割

クエン酸回路の中間体は，多くの生合成経路の前駆体として引き抜かれていく．赤色で示す反応は四つのアナプレロティック反応であり，枯渇した回路の中間体を補充する（表 16-2 参照）．

アナプレロティック反応はクエン酸回路の中間体を補給する

クエン酸回路の中間体が生合成前駆体として使われて回路から取り除かれると，その中間体は**アナプレロティック反応（補充反応）** anaplerotic reaction によって補充される（図 16-16, 表 16-2）．通常の状況下では，回路の中間体が他の経路に移る反応と中間体が補充される反応は動的平衡にある．その結果，クエン酸回路の中間体の濃度はほぼ一定に保たれている．

表 16-2 に最も一般的なアナプレロティック反応を示す．種々の組織や生物において，これらすべての反応は，ピルビン酸かホスホエノールピルビン酸をオキサロ酢酸かリンゴ酸に変換する．哺乳類の肝臓や腎臓で最も重要なアナプレロティック反応は，オキサロ酢酸を生成するための CO_2 によるピルビン酸の可逆的カルボキシ化であり，これは**ピルビン酸カルボキシラーゼ** pyruvate carboxylase によって触媒される．クエン酸回路でオキサロ酢酸や他の中間体が欠乏すると，より多くのオキサロ酢酸を生成するためにピルビン酸はカルボキシ化される．ピルビン酸へのカルボキシ基の酵素的付加はエネルギーを必要とし，そのエネルギーは ATP によって供給される．ピルビン酸へのカルボキシ基の付加に必要な自由エネルギーは，ATP から得られる自由エネルギーとほ

表 16-2　アナプレロティック反応

反　応	組織 / 生物
ピルビン酸 + HCO_3^- + ATP ⇌(ピルビン酸カルボキシラーゼ) オキサロ酢酸 + ADP + P_i	肝臓，腎臓
ホスホエノールピルビン酸 + CO_2 + GDP ⇌(PEP カルボキシキナーゼ) オキサロ酢酸 + GTP	心臓，骨格筋
ホスホエノールピルビン酸 + HCO_3^- →(PEP カルボキシラーゼ) オキサロ酢酸 + P_i	高等植物，酵母，細菌
ピルビン酸 + HCO_3^- + NAD(P)H ⇌(リンゴ酸酵素) リンゴ酸 + $NAD(P)^+$	真核生物と細菌に広く分布する

ぼ等しい．

ピルビン酸カルボキシラーゼは調節酵素であり，正のアロステリック調節因子であるアセチル CoA が存在しないと事実上不活性である．クエン酸回路の燃料であるアセチル CoA が過剰に存在すると，より多くのオキサロ酢酸を生成するためにピルビン酸カルボキシラーゼ反応が促進され，クエン酸シンターゼ反応でより多くのアセチル CoA が利用されるようになる．

表 16-2 に示す他のアナプレロティック反応も，クエン酸回路の活性を支えるために十分な中間体濃度を維持するように調節される．例えば，ホスホエノールピルビン酸（PEP）カルボキシラーゼは，解糖の中間体であるフルクトース 1,6- ビスリン酸によって活性化される．フルクトース 1,6- ビスリン酸は，クエン酸回路の速度が遅すぎるために解糖によって生じたピルビン酸のすべてを処理できないときに蓄積する．

ピルビン酸カルボキシラーゼのビオチンは CO_2 基を運搬する

ピルビン酸カルボキシラーゼ反応には，この酵素の補欠分子族であるビタミンの一種**ビオチン** biotin が必要である（図 16-17）．ビオチンは多くのカルボキシラーゼ反応において重要な役割を果たす．ビオチンは，最も酸化されたかたちの 1 炭素基である CO_2 の特異的運搬体である（還元型の 1 炭素基の転移は，Chap. 18 で述べるように別の補因子，特にテトラヒドロ葉酸と *S*-アデノシルメチオニンによって媒介される）．カルボキシ基は，ATP を消費して，酵素に結合しているビオチンに CO_2 を連結する反応によって活性化される．次にこの「活性化」CO_2 はカルボキシ化反応で受容分子（この場合にはピルビン酸）に渡される．

ピルビン酸カルボキシラーゼは四つの同一サブユニットから成り，各サブユニットは酵素活性部位の特定の Lys 残基の ε-アミノ基にアミド結合を介して共有結合しているビオチン分子を含む．ピルビン酸のカルボキシ化は 2 ステップで進行する（図 16-17）．まず，HCO_3^- に由来するカルボキシ基がビオチンに結合し，次にこのカルボキシ基がピルビン酸に転移され，オキサロ酢酸を生成する．この 2 ステップの反応は別々の活性部位で起こる．ビオチンの長くて柔軟なアームは，活性化したカルボキシ基を（四量体のうちの一つの単量体にある）第一の活性部位から（隣接する単量体の）第二の活性部位に移す．このアームは，PDH 複合体の E_2 の長いリポイルリジンのアーム（図 16-6）や脂肪酸合成に関与するアシルキャリヤータンパク質の CoA 様部分の長いアーム（図 21-5 参照）とほぼ同じ働きをしている．これらについて図 16-18 で比較する．リポ酸，ビオチンおよびパントテン酸は，すべて同じ輸送体を介して細胞内に取り込まれ，類似の反応でタンパク質

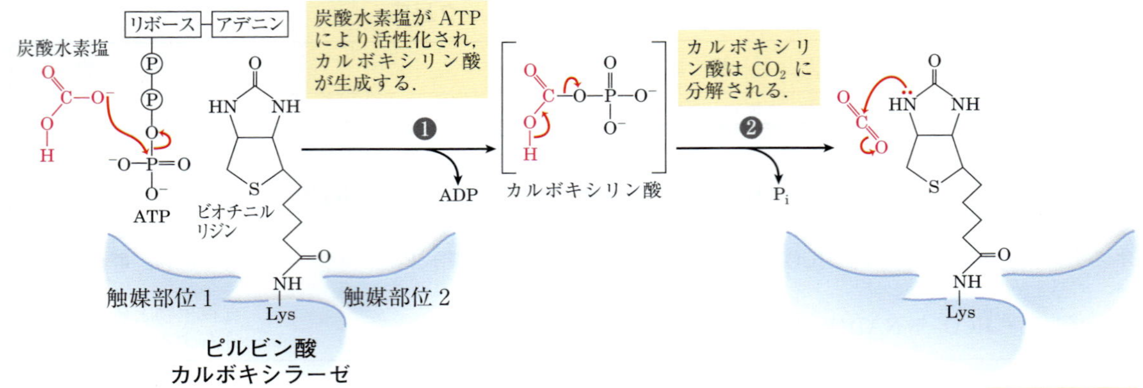

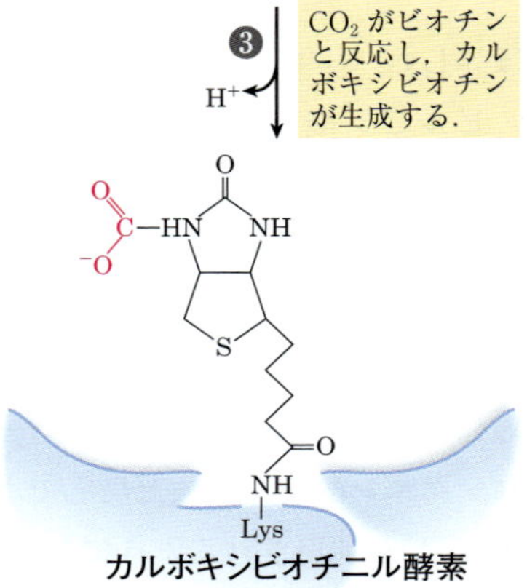

機構図 16-17 ピルビン酸カルボキシラーゼによって触媒される反応におけるビオチンの役割

ビオチンは Lys 残基の ε-アミノ基とのアミド結合を介して酵素に結合し，ビオチニル酵素を形成している．ビオチンを介するカルボキシ化反応は二つの段階を経て起こり，ピルビン酸カルボキシラーゼ反応で例証されるように，これらの段階は一般には酵素の別々の活性部位で触媒される．第一段階（ステップ❶～❸）では，炭酸水素塩がより活性な CO_2 に変換され，ビオチンのカルボキシ化に利用される．ビオチンは，CO_2 を四量体酵素のある活性部位から隣接する単量体にある別の活性部位に移動させる運搬体として作用する（ステップ❹）．第二段階（ステップ❺～❼）では，この 2 番目の活性部位で触媒され，CO_2 はピルビン酸と反応してオキサロ酢酸になる．

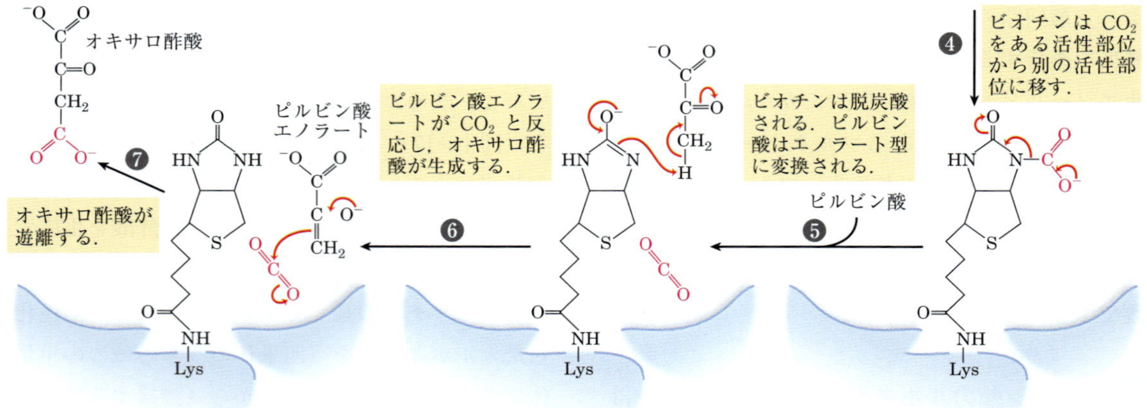

に共有結合し，結合した反応中間体を酵素複合体のある活性部位から別の活性部位に，酵素から解離させることなく移動させるような柔軟なアームを形成している．すなわち，これらはすべて基質チャネリングに関与する．

ビオチンはヒトの食餌で摂る必要のあるビタミンである．ビオチンは多くの食物に豊富に含まれ，腸内細菌によっても合成される．ビオチン欠乏症はまれではあるが，大量の生卵を摂取したときに起こりうる．卵白は**アビジン** avidin（分子量 70,000）というタンパク質を大量に含有し，これがビオチンと強固に結合して腸での吸収を妨げ

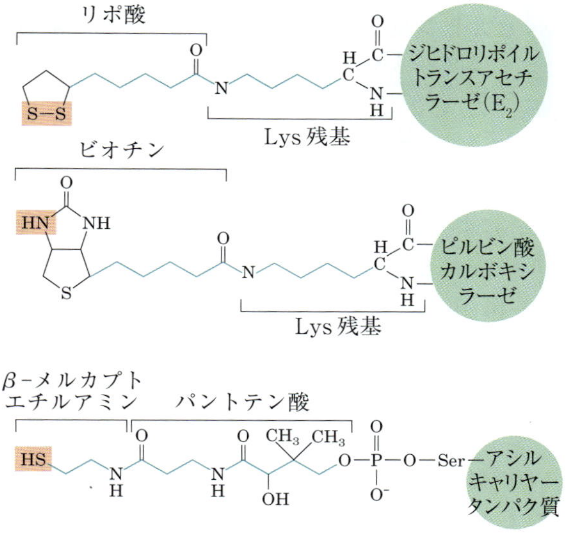

図 16-18　生物学的つなぎ縄

補因子のリポ酸，ビオチン，およびβ-メルカプトエチルアミンとパントテン酸の結合体は，酵素に共有結合して長い柔軟性のあるアーム（青色）を形成し，中間体をある活性部位から次の活性部位に移動させるつなぎ縄 tether として作用する．淡赤色で網かけした官能基は，活性中間体のつなぎ縄への付着部位である．

る．卵白のアビジンは雛の胚にとっての防御機構であって，細菌の増殖を阻止しているのかもしれない．卵を料理すると，アビジンは他のすべての卵白タンパク質とともに変性する（そのために不活性化される）．精製したアビジンは，生化学や細胞生物学での有用な試薬である．共有結合しているビオチンを含むタンパク質（実験的につくられたものや *in vivo* で産生されたもの）は，アビジンに対するビオチンの強力な親和性に基づくアフィニティークロマトグラフィー（図 3-17(c) 参照）によって回収可能である．このタンパク質は過剰の遊離ビオチンによってカラムから溶出される．アビジンに対するビオチンの非常に高い親和性は，二つの構造を固定することのできる分子接着剤としても実験室で利用される（図 19-27 参照）．

まとめ

16.2　クエン酸回路の反応

- クエン酸回路（クレブス回路，TCA 回路）はほぼ普遍的な中心的異化経路である．この回路で，糖質，脂質およびタンパク質の分解で生じた化合物は CO_2 へと酸化され，その過程で生じる酸化エネルギーの大部分は，電子伝達体の $FADH_2$ や NADH に一時的に保存される．好気的代謝では，これらの電子は O_2 に伝達され，電子の流れのエネルギーは ATP として捕捉される．
- アセチル CoA はクエン酸回路（真核生物ではミトコンドリア，細菌ではサイトゾルに存在する）に入る．クエン酸シンターゼがアセチル CoA とオキサロ酢酸の縮合を触媒し，クエン酸を生成する．
- 二つの脱炭酸反応を含む七つの連続反応によって，クエン酸回路はクエン酸をオキサロ酢酸に変換し，2 分子の CO_2 を放出する．この経路は循環しており，中間体が使い果たされることはない．この回路で消費されたオキサロ酢酸は再生される．
- クエン酸回路で各アセチル CoA が酸化されることにより得られるエネルギーは，3 分子の NADH，1 分子の $FADH_2$ および 1 分子のヌクレオシド三リン酸（ATP か GTP のどちらか）である．
- アセチル CoA のほかにも，クエン酸回路の四炭素または五炭素中間体を生じる化合物（例えばアミノ酸の分解産物）は，この回路で酸化することができる．
- クエン酸回路は両方向性であり，異化と同化の両方の過程で機能する．この回路の中間体を抜き出して，種々の生合成産物の出発物質として利用することができる．
- 脊椎動物は，酢酸からも，アセチル CoA を生じる脂肪酸からもグルコースを合成することはできない．
- 中間体がクエン酸回路から他の経路に流れていくと，三炭素化合物のカルボキシ化によって四炭素中間体が産生されるいくつかのアナプレロティック反応によって中間体は補充される．これらの反応は，ピルビン酸カルボキシラーゼ，PEP カルボキシキナーゼ，PEP カルボキシラーゼ，およびリンゴ酸酵素によって触媒される．

- カルボキシ化を触媒する酵素は，通常はビオチンを用いて CO_2 を活性化して，ピルビン酸やホスホエノールピルビン酸のような受容分子に転移する．

16.3 クエン酸回路の調節

Chap. 15 で見てきたように，代謝経路の重要な酵素のアロステリック因子や共有結合性修飾による調節は，中間体の無駄な過剰生産を避けながら，細胞を定常状態に維持するために必要な速度での中間体の生成を保証する．ピルビン酸からクエン酸回路へ，そして回路を通る炭素原子の流れは，少なくとも三つのレベルで厳密な調節を受ける．すなわち，ミトコンドリアピルビン酸キャリヤー（MPC）によるピルビン酸のミトコンドリア内への輸送，クエン酸回路の出発物質であるアセチル CoA へのピルビン酸の変換（ピルビン酸デヒドロゲナーゼ複合体反応），およびクエン酸回路へのアセチル CoA の導入（クエン酸シンターゼ反応）のレベルである．アセチル CoA は PDH 複合体反応以外の経路によっても産生される．ほとんどの細胞は，脂肪酸やある種のアミノ酸の酸化でアセチル CoA を産生する．このように，他の経路からの中間体を利用できることは，ピルビン酸の酸化やクエン酸回路の調節にとって重要である．この回路はイソクエン酸デヒドロゲナーゼ反応と α-ケトグルタル酸デヒドロゲナーゼ反応でも調節される．

ピルビン酸デヒドロゲナーゼ複合体によるアセチル CoA の生成は，アロステリック機構や共有結合機構によって調節される

哺乳類の PDH 複合体は，ATP およびこの複合体によって触媒される反応の生成物であるアセチル CoA と NADH によって強力に阻害される（図 16-19）．ピルビン酸酸化のアロステリック阻害は，長鎖脂肪酸を利用可能なときに大いに増強される．酢酸がクエン酸回路にほとんど流入しないときに蓄積する AMP，CoA および NAD^+ は，PDH 複合体をアロステリックに活性化する．このように，この酵素活性は，脂肪酸やアセチル CoA のかたちで代謝燃料が十分に利用可能なときや，細胞の［ATP］/［ADP］比や［NADH］/［NAD^+］比が大きいときに止められ，エネルギー需要が大きく，細胞がクエン酸回路へのアセチル CoA の大量の流入を必要とするときに再び亢進される．

哺乳類では，このようなアロステリック調節機構は，第二レベルの調節，すなわちタンパク質の共有結合性修飾によって補完される．PDH 複合体は，E_1 の 2 個のサブユニットの一方の特定の Ser 残基の可逆的リン酸化によって阻害される．前述のように，哺乳類の PDH 複合体は，酵素 E_1，E_2，E_3 に加えて，二つの調節タンパク質を含む．これらの調節タンパク質の唯一の目的は，複合体の活性を調節することである．ピルビン酸デヒドロゲナーゼキナーゼは E_1 をリン酸化して不活性化し，特異的なホスホプロテインホスファターゼがホスホリル基を加水分解によって取り除き，E_1 を活性化する．このキナーゼは ATP によってアロステリックに活性化される．すなわち，ATP 濃度が高いとき（十分なエネルギーの供給を反映する），PDH 複合体は E_1 のリン酸化によって不活性化される．ATP 濃度が下がるとキナーゼ活性は低下し，ホスファターゼの作用によって E_1 からホスホリル基が取り除かれ，複合体が活

性化される.

単純な化合物であるジクロロ酢酸は，実験条件下でピルビン酸デヒドロゲナーゼキナーゼを阻害して, PDH 複合体の阻害を解除する．これによって，クエン酸回路を介するピルビン酸の酸化が促進され，腫瘍細胞における代謝を好気的解糖から逸らすために利用できるかもしれない．

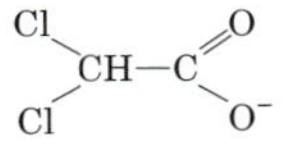

ジクロロ酢酸

クエン酸回路は三つの発エルゴンステップによって調節される

クエン酸回路を通る代謝物の流れは厳密な調節下にある．三つの要因がこの回路を通る流束 flux を支配する．すなわち，基質の利用度，蓄積する生成物による阻害，クエン酸回路のはじめの数ステップを触媒する酵素のアロステリックなフィードバック阻害である．

クエン酸回路の三つの強い発エルゴンステップ（クエン酸シンターゼ，イソクエン酸デヒドロゲナーゼおよびα-ケトグルタル酸デヒドロゲナーゼによって触媒されるステップ（図 16-19））のそれぞれは，ある状況下で律速段階となりうる．クエン酸シンターゼの基質（アセチル CoA とオキサロ酢酸）の利用度は細胞の代謝状態とともに変化し，ときにはクエン酸の生成速度を制限する．イソクエン酸やα-ケトグルタル酸の酸化によって生じる NADH はある種の条件下で蓄積し，[NADH]/[NAD^+] 比が大きくなると，両デヒドロゲナーゼ反応は質量作用によって著しく阻害さ

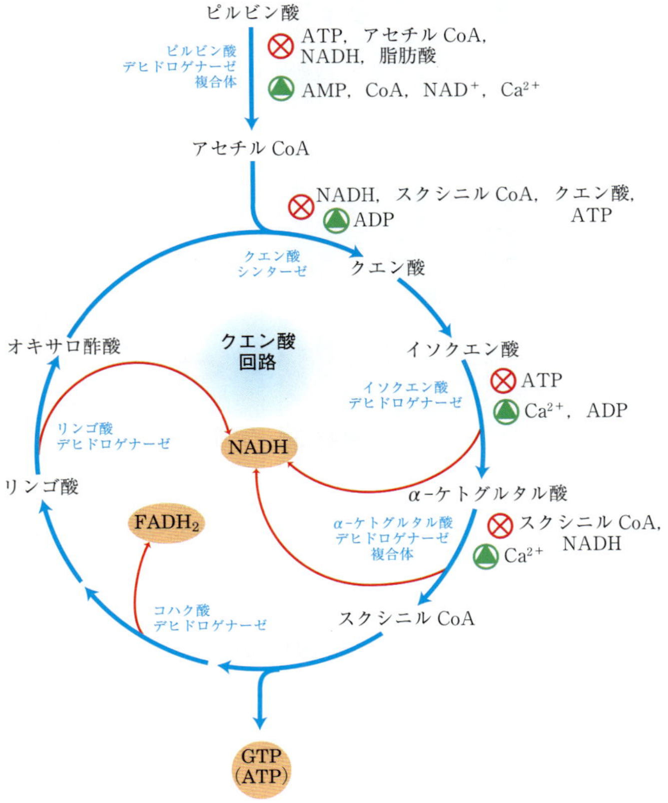

図 16-19　哺乳類における PDH 複合体の代謝物のクエン酸回路を通る流れの調節

PDH 複合体は，エネルギーが十分な代謝状態を示唆する[ATP]/[ADP]比, [NADH]/[NAD^+] 比，および [アセチル CoA]/[CoA] 比が大きいときにアロステリック阻害される. これらの比のすべてはエネルギー的に十分な状態を示唆する．これらの比が減少すると, ピルビン酸酸化のアロステリックな活性化が起こる．クエン酸回路を通る流れの速さは，クエン酸シンターゼの基質であるオキサロ酢酸とアセチル CoA の利用度，あるいは NADH への変換によって枯渇する NAD^+ の利用度によって制限される．NAD^+ の減少は 3 種類の NAD 依存性酸化ステップを減速させる．スクシニル CoA，クエン酸，ATP によるフィードバック阻害は，初期ステップを阻害してクエン酸回路を遅くする．筋肉組織では，Ca^{2+} は筋収縮を促進し，ここに示すようにエネルギー産生代謝を促進して筋収縮で消費された ATP を補う．

れる．同様に，リンゴ酸デヒドロゲナーゼ反応は細胞内では本質的には平衡状態（すなわち基質律速）にあり，[NADH]/[NAD^+] 比が大きいときにはオキサロ酢酸の濃度は低く，クエン酸回路の最初のステップは遅くなる．生成物の蓄積によって，この回路の三つの律速段階のすべてが阻害される．スクシニル CoA は α-ケトグルタル酸デヒドロゲナーゼ（およびクエン酸シンターゼ）を阻害し，クエン酸はクエン酸シンターゼを阻害し，最終生成物の ATP はクエン酸シンターゼとイソクエン酸デヒドロゲナーゼの両方を阻害する．ATP によるクエン酸シンターゼの阻害は，この酵素のアロステリック活性化因子である ADP によって解除される．脊椎動物の筋肉では，筋収縮や ATP 需要増大のシグナルである Ca^{2+} が，PDH 複合体だけでなく，イソクエン酸デヒドロゲナーゼと α-ケトグルタル酸デヒドロゲナーゼも活性化する．要するに，クエン酸回路の基質や中間体の濃度は，この経路を通る流束を ATP や NADH の濃度が最適になるように調節する．

通常の条件下では，解糖とクエン酸回路の速度は連動している．グルコースは，アセチル CoA のアセチル基を代謝燃料としてクエン酸回路に供給するのに必要なだけピルビン酸に代謝される．ピルビン酸，乳酸，アセチル CoA は，通常は定常状態の濃度に維持される．解糖の速度はクエン酸回路の速度と釣り合っているが，これは解糖と呼吸の両方のグルコース酸化に共通の成分である ATP と NADH の高い濃度による阻害だけでなく，クエン酸の濃度による阻害によっても維持される．クエン酸回路の最初のステップの生成物であるクエン酸は，解糖系のホスホフルクトキナーゼ-1 の重要なアロステリック阻害因子でもある（図 15-16 参照）．

多酵素複合体を介する基質チャネリングはクエン酸回路で行われるであろう

クエン酸回路の酵素は，一般にミトコンドリアマトリックスの可溶性成分（膜に結合しているコハク酸デヒドロゲナーゼを除く）として説明されている．しかし，これらの酵素がミトコンドリア内で多酵素複合体として存在することを示唆する証拠が増えつつある．酵素学の古典的な研究方法，すなわち破砕細胞の抽出液から個々のタンパク質を精製するという研究方法が，クエン酸回路の酵素の解明に用いられて大きな成果をあげてきた．しかし，細胞破砕による第一の問題は細胞内の高次の組織化のレベルで起こる．この高次の組織化は，タンパク質間，あるいは膜，微小管，マイクロフィラメントなどの構造成分と酵素との間の非

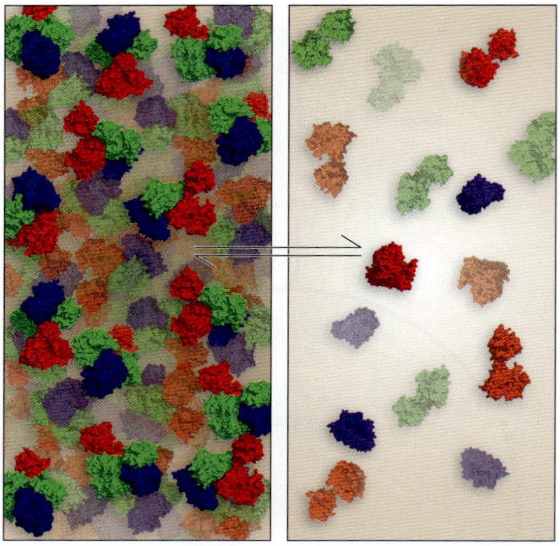

サイトゾルでは，酵素1，2，3の濃度が高いことはそれらが会合するのに都合がよい．

破砕細胞の抽出液では，緩衝液での希釈によって酵素1，2，3の濃度は低下し，それらが解離しやすくなる．

図16-20

この図で示す 3 種類の酵素（赤色，青色，緑色）から成る複合体のように，非共有結合性のタンパク質複合体を含む溶液を希釈すると，複合体はその構成成分へと解離しやすい．

共有結合的な可逆的相互作用によって構築されている．細胞が破砕されると，酵素を含むその内容物は 100 倍あるいは 1,000 倍にも希釈される（図 16-20）．

種々の実験的証拠から，細胞においては，多酵素複合体がある酵素反応の生成物を経路内の次の酵素に効率よく受け渡すことが示唆されている．このような複合体を**メタボロン** metabolon という．クエン酸回路のある種の酵素群は超分子複合体として一緒に単離され，あるいはミトコンドリア内膜に会合したかたちで見いだされ，さらにはミトコンドリアマトリックス内を溶液中の個々のタンパク質で予想されるよりもゆっくりと拡散していく．他の代謝経路では，多酵素複合体を介する基質チャネリングの存在の有力な証拠があり，多くの酵素は中間体を受け渡す高度に組織化された複合体として細胞内で機能すると考えられる．Chap. 22 で，アミノ酸とヌクレオチドの生合成について考察する際に，チャネリングの他の例が出てくる．

クエン酸回路の酵素の変異ががんを引き起こす

クエン酸回路のような経路の調節機構に大きな代謝的混乱が起こると，結果的に重篤な疾患になることがある．クエン酸回路の酵素の変異はヒトや他の哺乳類では極めてまれではあるが，実際に起これば深刻である．フマラーゼ遺伝子の遺伝的欠損は平滑筋の腫瘍（平滑筋腫）や腎腫瘍を引き起こす．コハク酸デヒドロゲナーゼの変異は，副腎の腫瘍（クロム親和性細胞腫）を引き起こす．これらの変異をもつ培養細胞において，フマル酸（フマラーゼ変異の場合）や，程度は小さいながらコハク酸（コハク酸デヒドロゲナーゼ変異の場合）が蓄積し，この蓄積が低酸素誘導転写因子 HIF-1α を誘導する（Box 14-1 参照）．腫瘍形成の機構は偽低酸素状態の結果なのかもしれない．このような変異をもつ細胞では，通常は HIF-1α による調節を受ける遺伝子がアップレギュレーション up-regulation される．フマラーゼ遺伝子やコハク酸デヒドロゲナーゼ遺伝子の変異の影響は，これらががん抑制遺伝子であることの特徴を表している（p. 691 参照）．このようにして蓄積する代謝物（フマル酸とコハク酸）は，腫瘍細胞の増殖を有利にすることができるので，がん代謝物 oncometabolite と呼ばれる．

クエン酸回路の中間体とがんとの間の別の顕著な関連は多くのグリア細胞腫（グリオーマ）で見られ，NADPH 依存性イソクエン酸デヒドロゲナーゼに異常な遺伝的欠損がある．その変異酵素は正常な活性（イソクエン酸の α-ケトグルタル

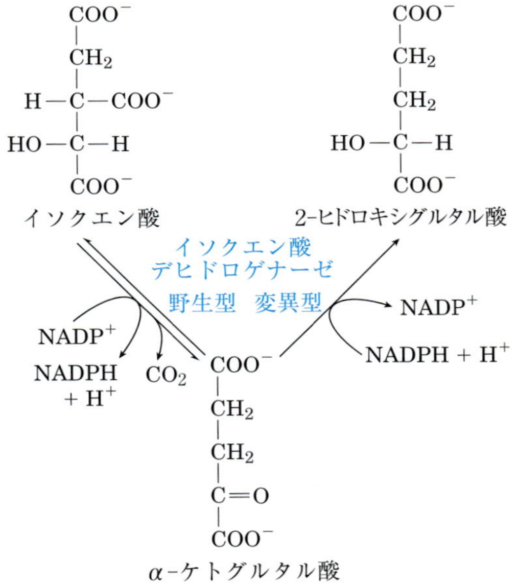

図16-21　変異イソクエン酸デヒドロゲナーゼは新たな活性を獲得する

野生型イソクエン酸デヒドロゲナーゼはイソクエン酸の α-ケトグルタル酸への変換を触媒するが，イソクエン酸の結合部位が変化するような変異型イソクエン酸デヒドロゲナーゼは正常な酵素活性を失い，α-ケトグルタル酸を 2-ヒドロキシグルタル酸に変換する新たな活性を獲得する．この生成物の蓄積によってヒストンデメチラーゼが阻害され，遺伝子調節の変化や，脳のグリア細胞腫の誘導が起こる．

酸への変換）を失っているが，新たな活性を獲得している．すなわち，その新たな活性によってα-ケトグルタル酸が2-ヒドロキシグルタル酸に変換されて（図16-21），腫瘍細胞に蓄積する．α-ケトグルタル酸とFe^{3+}は，核DNAをまとめるヒストンのArg残基とLys残基からメチル基を取り除くことによって遺伝子発現を変化させるヒストンデメチラーゼ histone demethylase ファミリーの必須の補因子である．2-ヒドロキシグルタル酸は，ヒストンデメチラーゼへの結合に関してα-ケトグルタル酸と競合することによってその活性を阻害する．次に，ヒストンデメチラーゼの阻害によって正常な遺伝子調節が妨げられ，グリア細胞の無制限の増殖が起こる．補因子としてα-ケトグルタル酸とFe^{3+}を利用する60以上ものデヒドロゲナーゼから成るファミリーも，2-ヒドロキシグルタル酸によって競合阻害される．これらの酵素の一つ以上を阻害すると細胞分裂の正常な調節が妨げられ，腫瘍が生じる．■

まとめ

16.3 クエン酸回路の調節

- クエン酸回路全体の速度は，ピルビン酸のアセチルCoAへの変換速度，およびクエン酸シンターゼ，イソクエン酸デヒドロゲナーゼ，α-ケトグルタル酸デヒドロゲナーゼを通る流束によって制御される．これらの流束は，基質と生成物の濃度によってほぼ決定される．最終生成物であるATPとNADHは阻害的に作用し，基質のNAD^+とADPは促進的に作用する．
- クエン酸回路のために必要なアセチルCoAのPDH複合体による産生は，代謝エネルギーが十分にあることを合図する代謝物（ATP，アセチルCoA, NADH, 脂肪酸）によってアロステリック阻害され，エネルギー供給の減少を示唆する代謝物（AMP，NAD^+，CoA）によって促進される．
- 経路における連続する反応の酵素の複合体は，酵素間での基質チャネリングを可能にする．

重要用語

太字で示す用語については，巻末用語解説で定義する．

アナプレロティック反応（補充反応）anaplerotic reaction 912
アビジン avidin 914
α-ケトグルタル酸デヒドロゲナーゼ複合体 α-ketoglutarate dehydrogenase complex 900
基質チャネリング substrate channeling 893
キナーゼ kinase 904
クエン酸回路 citric acid cycle 887
グリオキシル酸回路 glyoxylate cycle 911
クレブス回路 Krebs cycle 887
呼吸 respiration 887
細胞呼吸 cellular respiration 887
酸化的脱炭酸 oxidative decarboxylation 889
シンターゼ synthase 904
シンテターゼ synthetase 904
チオエステル thioester 890
鉄-硫黄中心 iron-sulfur center 898
トリカルボン酸（TCA）回路 tricarboxylic acidcycle 887
二重機能酵素 moonlighting enzyme 898
ヌクレオシド二リン酸キナーゼ nucleoside diphosphate kinase 906
ビオチン biotin 913
ピルビン酸デヒドロゲナーゼ（PDH）複合体 pyruvate dehydrogenase（PDH）complex 889
プロキラル分子 prochiral molecule 909
ホスファターゼ phosphatase 904
ホスホリラーゼ phosphorylase 904
ミトコンドリアピルビン酸キャリヤー mitochondrial pyruvate carrier（MPC） 889
メタボロン metabolon 919
リアーゼ lyase 904
リガーゼ ligase 904
リポ酸 lipoate 890

両方向性代謝経路 amphibolic pathway　911

問　題

1 クエン酸回路のバランスシート

クエン酸回路には次の八つの酵素がある．クエン酸シンターゼ，アコニターゼ，イソクエン酸デヒドロゲナーゼ，α-ケトグルタル酸デヒドロゲナーゼ，スクシニルCoAシンテターゼ，コハク酸デヒドロゲナーゼ，フマラーゼ，リンゴ酸デヒドロゲナーゼ．

(a) 各酵素によって触媒される反応の収支式を記せ．

(b) 各酵素反応に必要な補因子を挙げよ．

(c) 各酵素は次のどのタイプの反応を触媒するか．縮合（炭素－炭素結合の形成），脱水（水の喪失），加水（水の付加），脱炭酸（CO_2の喪失），酸化還元，基質レベルのリン酸化，異性化．

(d) アセチルCoAのCO_2への異化に関する正味の反応収支式を記せ．

2 解糖とクエン酸回路の正味の反応式

解糖とクエン酸回路によるグルコース1分子の代謝に関わる正味の生化学反応式を，すべての補因子を含めて記述せよ．

3 酸化反応と還元反応の識別

多くの生物の生化学的戦略の一つは，有機化合物のCO_2とH_2Oへの段階的酸化と，このようにして産生されたエネルギーの大部分をATPのかたちで保存することである．代謝の酸化還元過程を識別できることは重要である．有機分子の還元は二重結合の水素化（式1），あるいは開裂を伴う単結合の水素化（式2）によって起こる．逆に，酸化は脱水素化によって起こる．生化学的酸化還元反応では，補酵素のNADおよびFADが適切な酵素の存在下で有機分子を脱水素化あるいは水素化する．

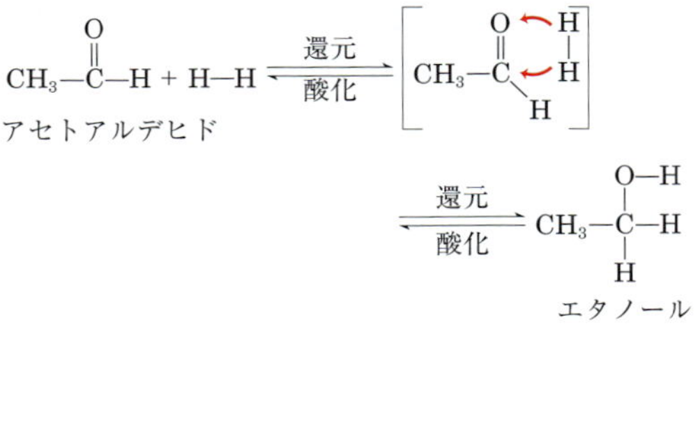

(1)

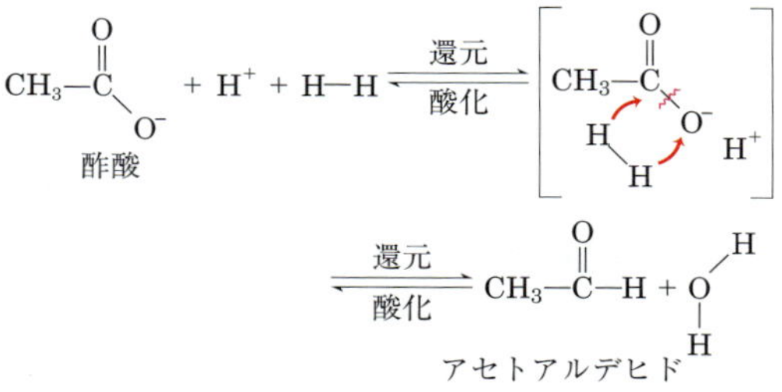

(2)

次の(a)～(h)の各代謝変換では，酸化と還元のどちらが起こっているか．H－Hの挿入による各変換の収支，およびH_2Oが必要なのはどこかを記述せよ．

(a) 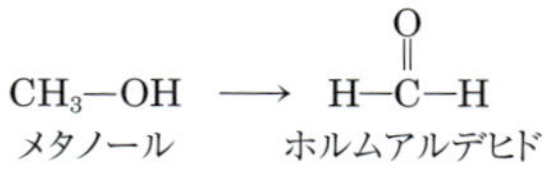

(b) 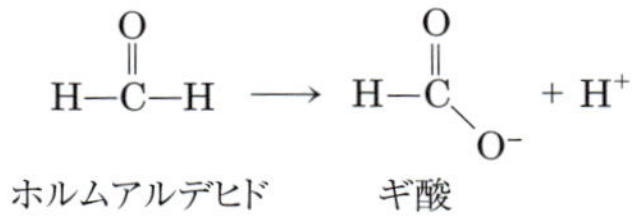

(c) 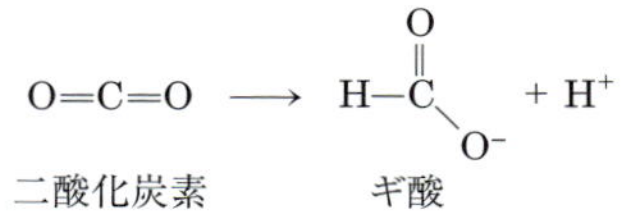

(d) 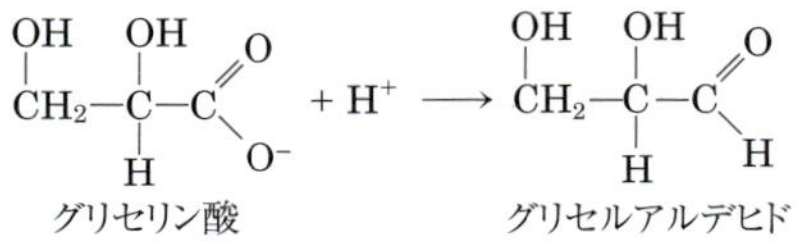

(e) 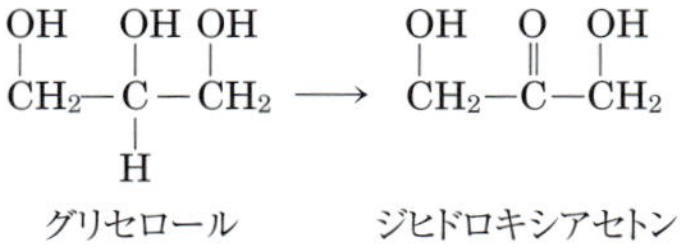

(f) 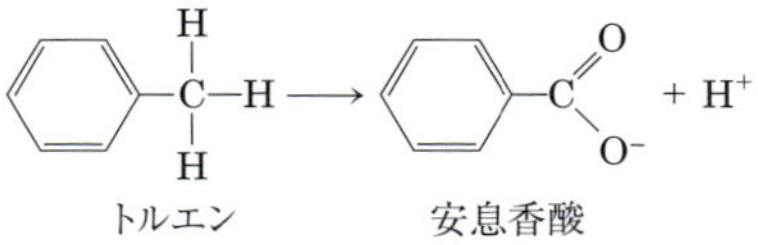

(g) 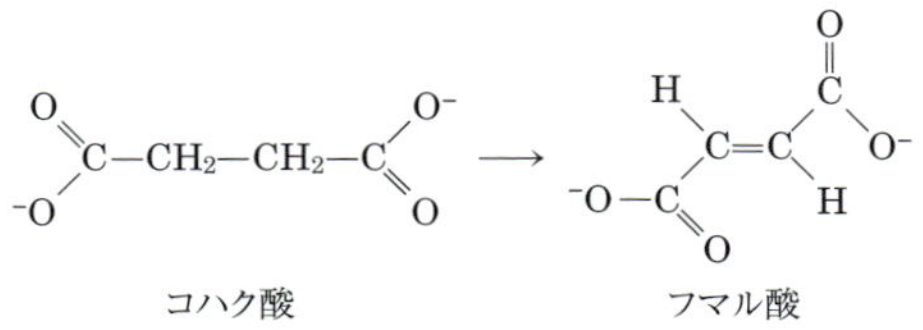

(h) 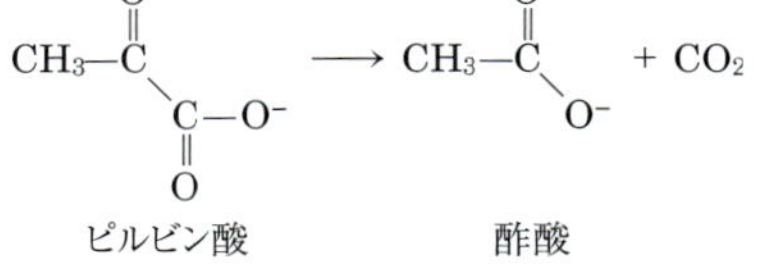

4 エネルギーの放出と炭素の酸化状態の関係

真核細胞は，グルコース（$C_6H_{12}O_6$）とヘキサン酸（$C_6H_{14}O_2$）を細胞呼吸の燃料として利用することができる．これらの構造式に基づいて，どちらの物質がCO_2とH_2Oへの完全燃焼で1 gあたりでより多くのエネルギーを放出するか．

5 可逆的酸化還元運搬体としてのニコチンアミド補酵素

ニコチンアミド補酵素（図13-24参照）は，適切なデヒドロゲナーゼの存在下で特定の基質と可逆的酸化還元反応を行うことができる．これらの反応において，NADH + H^+は問題3で述べたように，水素供給源として働く．この補酵素が酸化されるときには，基質は同時に還元されなければならない．

$$\underset{\text{酸化型}}{\text{基質}} + \underset{\text{還元型}}{\text{NADH}} + H^+ \rightleftharpoons \underset{\text{還元型}}{\text{生成物}} + \underset{\text{酸化型}}{\text{NAD}^+}$$

以下に示す（a）～（f）の各反応に関して，基質は酸化されたのか還元されたのか，それとも酸化状態は変化しないのか（問題3を参照）を決定せよ．もしも酸化還元の変化が起こっているのならば，NAD^+，NADH，H^+およびH_2Oの必要量を含めた反応の収支を記述せよ．この設問の目的は酸化還元補酵素が代謝反応でどのようなときに必要であるのかを知ることである．

(a)
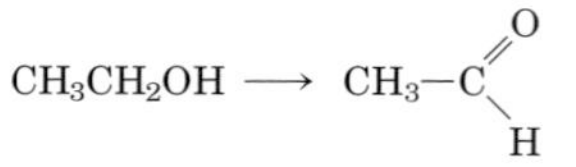
エタノール　アセトアルデヒド

(b)
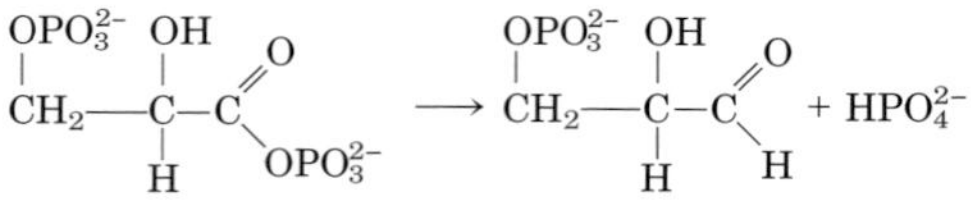
1,3-ビスホスホグリセリン酸　グリセルアルデヒド3-リン酸

(c)
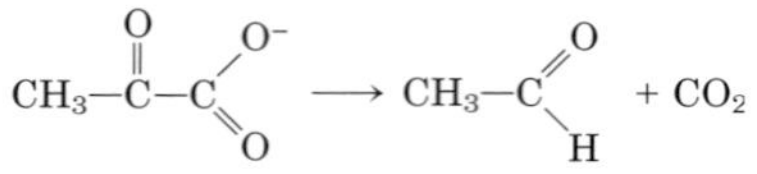
ピルビン酸　アセトアルデヒド

(d)
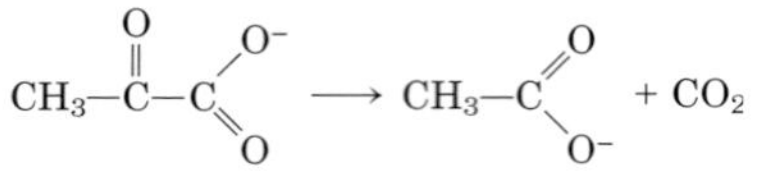
ピルビン酸　酢酸

(e)
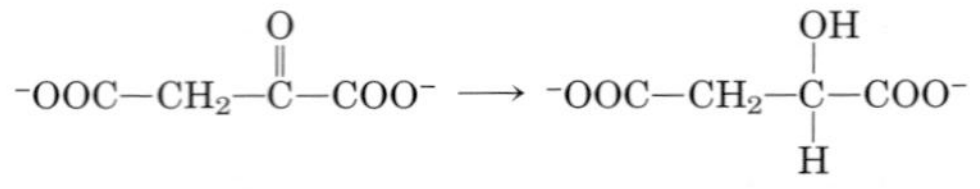
オキサロ酢酸　リンゴ酸

(f)
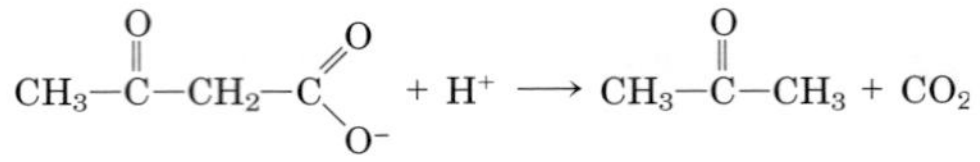
アセト酢酸　アセトン

6 ピルビン酸デヒドロゲナーゼの補因子と機構

ピルビン酸デヒドロゲナーゼ複合体によって触媒される反応に関与する各補因子の役割を述べよ．

7 チアミン欠乏

チアミン欠乏食を摂る人の血中ピルビン酸濃度は比較的高い．このことを生化学的に説明せよ．

8 イソクエン酸デヒドロゲナーゼ反応

イソクエン酸のα-ケトグルタル酸への変換に関する化学反応の様式は何か．この反応に関わる補因子の名称と役割を述べよ．クエン酸回路の他のどの反応がこれと同じタイプか．

9 オキサロ酢酸とリンゴ酸による酸素消費の促進

1930年代の初期に，Albert Szent-Györgyiは，細かく刻んだハトの胸筋の懸濁液に少量のオキサロ酢酸またはリンゴ酸を添加すると，この標品の酸素消費を促進するという興味深い観察結果について報告した．驚いたことに，消費された酸素量は，添加されたオキサロ酢酸またはリンゴ酸の完全酸化（CO_2とH_2Oへの酸化）に必要な量より約7倍も多かった．オキサロ酢酸またはリンゴ酸の添加がなぜ酸素消費を促進したのか．消費された酸素量が添加したオキサロ酢酸またはリンゴ酸を完全酸化するのに必要な量よりもはるかに多かったのはなぜか．

10 ミトコンドリアでのオキサロ酢酸の生成

クエン酸回路の最後の反応で，リンゴ酸は脱水素されて，この回路にアセチルCoAを取り入れるために必要なオキサロ酢酸を再生する．

$$\text{L-リンゴ酸} + NAD^+ \longrightarrow \text{オキサロ酢酸} + NADH + H^+$$

$$\Delta G'^{\circ} = 30.0\ kJ/mol$$

(a) 25 ℃でのこの反応の平衡定数を計算せよ．

(b) $\Delta G'^{\circ}$ は標準 pH を 7 と仮定しているので，(a) で計算した平衡定数は次式で表される．

$$K'_{eq} = \frac{[\text{オキサロ酢酸}][NADH]}{[\text{L-リンゴ酸}][NAD^+]}$$

ラット肝臓ミトコンドリアの L-リンゴ酸の測定濃度は $[NAD^+]/[NADH]$ が 10 のとき，約 0.20 mM である．このミトコンドリアの pH 7 でのオキサロ酢酸の濃度を計算せよ．

(c) ミトコンドリアのオキサロ酢酸濃度を量的に判断するために，ラット肝臓ミトコンドリア 1 個中のオキサロ酢酸の分子数を計算せよ．ラット肝臓ミトコンドリアは直径 2.0 μm の球状であると仮定せよ．

11　クエン酸回路に関係する補因子

マトリックスの可溶性酵素をすべて含み，すべての低分子量性補因子を透析によって失ったミトコンドリア抽出物を調製したと仮定せよ．この標品がアセチル CoA を CO_2 に酸化するためには，この抽出物に何を加えなければならないか．

12　リボフラビン欠乏

リボフラビンの欠乏は，クエン酸回路の機能にどのように影響するのかについて説明せよ．

13　オキサロ酢酸のプール

クエン酸回路の活性に利用できるオキサロ酢酸のプールを減少させる要因は何か．オキサロ酢酸プールはどのようにして補充されるのか．

14　クエン酸回路から生じるエネルギー

スクシニル CoA シンテターゼによって触媒される反応は，高エネルギー化合物である GTP を産生する．GTP に含まれる自由エネルギーは，どのようにして細胞の ATP プールに取り込まれるのか．

15　単離ミトコンドリアでの呼吸研究

細胞呼吸は，単離ミトコンドリアの種々の条件下での酸素消費を測定することによって研究することができる．もしも燃料にピルビン酸を利用して活発に呼吸しているミトコンドリアに 0.01 M マロン酸ナトリウムを添加すると，呼吸はすぐに停止して代謝中間体が蓄積する．

(a) この中間体の構造は何か．

(b) 中間体はなぜ蓄積するのかについて説明せよ．

(c) なぜ酸素消費が停止するのかについて説明せよ．

(d) マロン酸を除去する以外に，この呼吸阻害を回復させる方法について説明せよ．

16　単離ミトコンドリアでの標識研究

有機化合物の代謝経路は，放射性標識した基質を用い，その標識の行方を追跡することによってしばしば明らかになってきた．

(a) 単離したミトコンドリアの懸濁液に添加したグルコースが，CO_2 と H_2O に代謝されるかどうかをどのようにして決めることができるのか．

(b) [3-^{14}C] ピルビン酸（メチル基の位置で標識されている）をミトコンドリアに添加したと仮定する．クエン酸回路が 1 回転したのち，^{14}C の位置はオキサロ酢酸のどこか．この経路を通る ^{14}C 標識を追跡することによって説明せよ．[3-^{14}C] ピルビン酸のすべてを CO_2 として放出するために必要な回路の回転数はいくらか．

17　糖新生における CO_2 の経路

糖新生の最初の迂回経路，すなわちピルビン酸のホスホエノールピルビン酸（PEP）への変換において，ピルビン酸はピルビン酸カルボキシラーゼによってカルボキシ化されてオキサロ酢酸になる．次に，このオキサロ酢酸は PEP カルボキシキナーゼによって脱炭酸されて PEP になる（Chap. 14）．付加された CO_2 は直ちに失われるので，トレーサー実験で $^{14}CO_2$ の ^{14}C が PEP，グルコース，あるいは糖新生の中間体に取り込まれないと予想できるかもしれない．しかし，研究者たちは，ラット肝臓標品が $^{14}CO_2$ の存在下でグルコースを合成する際に，^{14}C が徐々に PEP に現れ，最終的にはグルコースの C-3 位や C-4 位に現れてくることを観察している．^{14}C 標識はどのようにして PEP やグルコースに取り込まれるのか（ヒント：$^{14}CO_2$ 存在下での糖新生の際に，クエン酸回路の四炭素中間体のいくつかも標識される).

18　[1-^{14}C] グルコースの異化

活発に呼吸している細菌の培養液を [1-^{14}C] グルコースと短時間インキュベートし，解糖とクエン酸回路の中間体を単離する．次に示す各中間体において，^{14}C はどこにあるか．これらの経路を標識グルコースが最初に通過する際の ^{14}C の最初の取込みのみを考慮せよ．

(a) フルクトース 1,6-ビスリン酸
(b) グリセルアルデヒド 3-リン酸
(c) ホスホエノールピルビン酸
(d) アセチル CoA
(e) クエン酸
(f) α-ケトグルタル酸
(g) オキサロ酢酸

19　ビタミンであるチアミンの役割

チアミン欠乏に起因する疾患である脚気を患っている人は，ピルビン酸や α-ケトグルタル酸の血中濃度が上昇しており，特にグルコースを多く含む食餌を摂った後に高くなる．この影響はチアミン欠乏とどのように関係があるのか．

20　クエン酸回路によるオキサロ酢酸の合成

オキサロ酢酸は，L-リンゴ酸の NAD^+ 依存的酸化反応によってクエン酸回路の最終ステップで生成する．アセチル CoA からのオキサロ酢酸の正味の合成は，クエン酸回路の中間体を使い果たすことなく，この回路の酵素と補因子のみを使って起こりうるのかどうかについて説明せよ．クエン酸回路から（生合成反応へと）失われていくオキサロ酢酸は，どのようにして補充されるのか．

21　オキサロ酢酸の欠乏

哺乳類の肝臓は，出発物質としてオキサロ酢酸を利用して糖新生を行うことができる（Chap. 14）．クエン酸回路の作動は，糖新生へのオキサロ酢酸の大量使用によって影響を受けるのかどうかについて説明せよ．

22　殺鼠剤フルオロ酢酸の作用様式

ネズミ退治用に市販されているフルオロ酢酸は，南アフリカ産植物によっても産生される．フルオロ酢酸は細胞内に入ったのち，酢酸チオキナーゼという酵素によって触媒される反応でフルオロアセチル CoA に変換される．

$$\mathrm{F{-}CH_2COO^- + CoA{-}SH + ATP \longrightarrow F{-}CH_2\overset{\displaystyle O}{\overset{\|}{C}}{-}S{-}CoA + AMP + PP_i}$$

フルオロ酢酸の毒性は，無損傷の単離ラット心臓を用いた実験によって研究された．心臓を 0.22 mM フルオロ酢酸で灌流すると，グルコースの取込みと解糖の速度は低下し，グルコース 6-リン酸とフルクトース 6-リン酸が蓄積した．クエン酸回路の中間体の濃度を測定すると，正常値の 10 倍以上の高濃度を示したクエン酸を除いては，中間体の濃度は正常値以下であった．

(a) クエン酸回路の阻害はどこで起こっているのか．何がクエン酸を蓄積させ，他の中間体を枯渇させるのか．
(b) フルオロアセチル CoA は，クエン酸回路で酵素的に変換される．フルオロ酢酸代謝の最終生成物の構造は何か．それはなぜクエン酸回路を阻害するのか．その阻害はどのようにして回復されるのか．
(c) 心臓灌流実験で，グルコース取込みや解糖がなぜ低下するのか．ヘキソース一リン酸はなぜ蓄積するのか．
(d) フルオロ酢酸は，なぜ致命的な毒物なのか．

23　ワイン醸造での L-リンゴ酸の合成

ある種のワインの酸味は高濃度の L-リンゴ酸による．溶存 CO_2(HCO_3^-) の存在する嫌気的条件下で，酵母はどのようにしてグルコースから L-リンゴ酸を合成するのか．それを示す反応式を記述せよ．この発酵の全体の反応は，ニコチンアミド補酵素やクエン酸回路の中間体を消費することはないことに注意せよ．

24　α-ケトグルタル酸の正味の合成

α-ケトグルタル酸は数種のアミノ酸の生合成において中心的な役割を果たす．ピルビン酸からの α-ケトグルタル酸の正味の合成を行う一連の酵素反応を記述せよ．この一連の反応式にはクエン酸回路の他の中間体の正味の消費が含まれてはなら

ない．全体の反応式を書き，各反応物の供給源を明らかにせよ．

25 両方向性代謝経路

クエン酸回路が両方向性の代謝経路といわれることは何を意味しているか．例をあげて説明せよ．

26 ピルビン酸デヒドロゲナーゼ複合体の調節

動物組織では，ピルビン酸のアセチル CoA への変換速度は，活性型リン酸化 PDH 複合体の不活性型非リン酸化 PDH 複合体に対する比によって調節される．PDH 複合体を含むウサギ筋肉ミトコンドリア標品が次の処理を施されると，この反応の速度はどのようになるのかを決定せよ．(a) ピルビン酸デヒドロゲナーゼキナーゼ，ATP および NADH，(b) ピルビン酸デヒドロゲナーゼホスファターゼと Ca^{2+}，(c) マロン酸．

27 クエン酸の工業的合成

クエン酸は清涼飲料水，フルーツジュース，その他の多くの食品の香味料として利用される．世界的にはクエン酸の市場は年に数億ドルである．工業的大量生産にはクロコウジカビ *Aspergillus niger* が用いられ，注意深く管理された条件下でスクロースに作用させる．

(a) クエン酸の収率は，グラフに示すように培地中の $FeCl_3$ の濃度に大きく依存する．Fe^{3+} の濃度が最適値 0.5 mg/L 以上か以下であるときに，なぜ収率が低下するのか．

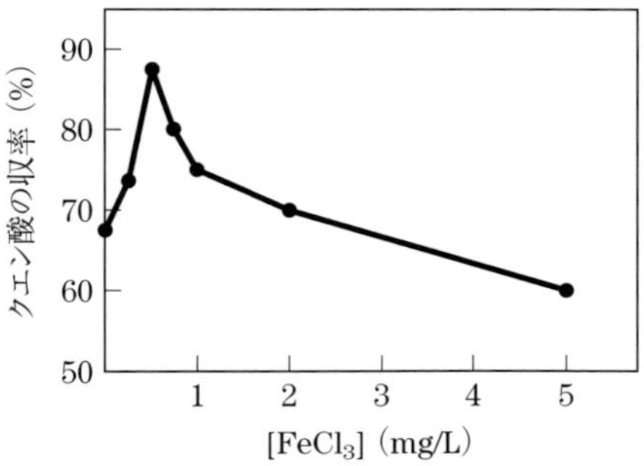

(b) クロコウジカビが，スクロースからクエン酸を合成する一連の反応を示せ．また，全体の反応式を示せ．

(c) この大量生産過程では培地に通気する必要があるか．すなわち，この過程は発酵かそれとも好気的過程かについて説明せよ．

28 クエン酸シンターゼの調節

飽和量のオキサロ酢酸の存在下で，ブタ心臓のクエン酸シンターゼの活性は，次のグラフに示すようにアセチル CoA 濃度に依存するシグモイド曲線を示す．スクシニル CoA を添加すると曲線は右にシフトし，シグモイド状態がより顕著になる．

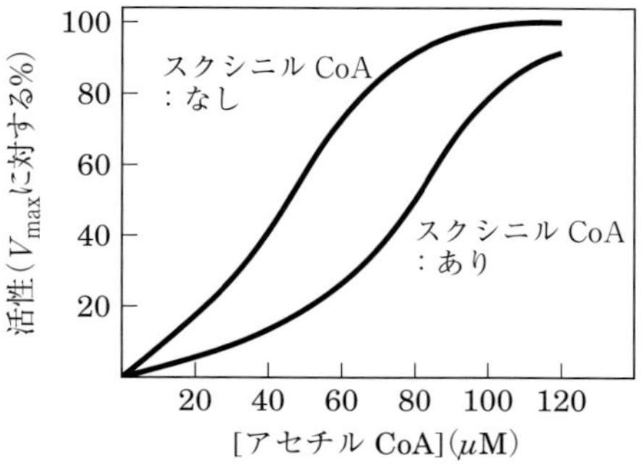

このような観察結果に基づいて，スクシニル CoA がクエン酸シンターゼの活性をどのように調節するのかについて説明せよ（ヒント：図 6-35 参照）．スクシニル CoA がクエン酸回路の調節の適切なシグナルであるのはなぜか．クエン酸シンターゼの調節は，どのようにしてブタ心臓の細胞呼吸の速度を制御するのか．

29 ピルビン酸カルボキシラーゼの調節

ピルビン酸カルボキシラーゼによるピルビン酸のカルボキシ化は，正のアロステリック調節因子であるアセチル CoA が存在しなければ，極めて低速でしか起こらない．もしも脂肪酸（トリアシルグリセロール）に富み，糖質（グルコース）の少ない食餌を摂ったならば，この調節がどのようにしてグルコースの CO_2 と H_2O への酸化を遮断し，脂肪酸から生じたアセチル CoA の酸化を増大させるのかについて説明せよ．

30 呼吸とクエン酸回路の関係

酸素はクエン酸回路に直接には関与しないが，この回路は O_2 が存在するときにのみ作動する．それはなぜか．

31 クエン酸回路に対する [NADH]/[NAD^+] の影響

ミトコンドリアマトリックスでの [NADH]/[NAD^+] 比の急激な上昇に応じて，クエン酸回路の作動はどのようになると予想されるか．それはなぜか．

32 細胞内でのクエン酸シンターゼ反応の熱力学

クエン酸は，クエン酸シンターゼによって触媒されるアセチル CoA とオキサロ酢酸の縮合によって生成する．

$$\text{オキサロ酢酸} + \text{アセチル CoA} + H_2O \rightleftharpoons \text{クエン酸} + \text{CoA} + H^+$$

pH 7.0，25 ℃におけるラット心筋ミトコンドリアでは，反応物および生成物の濃度は次の通りである．オキサロ酢酸，1 μM；アセチル CoA，1 μM；クエン酸，220 μM；CoA，65 μM．クエン酸シンターゼ反応の標準自由エネルギー変化は −32.2 kJ/mol である．ラット心臓の細胞内でのクエン酸シンターゼ反応を介する代謝物の流れの方向について説明せよ．

33 ピルビン酸デヒドロゲナーゼ複合体の反応

ピルビン酸の酸化的脱炭酸の二つのステップ（図 16-6 のステップ❹と❺）には，ピルビン酸の三つの炭素のいずれも関与しないが，これらのステップは PDH 複合体の作動には必須である．その理由を説明せよ．

34 クエン酸回路の変異

ヒトの病気には，遺伝的変異によって酵素活性が欠損している場合が多くある．しかし，クエン酸回路の酵素の一つを欠損している場合は極めてまれである．それはなぜか．

データ解析問題

35 クエン酸回路はどのようにして確立されたのか

クエン酸回路の詳細な生化学は，10 年以上かけて数名の研究者によって決定された．1937 年の論文で，Krebs と Johnson は，この回路についての初めての記述の中で，彼らの研究と他の研究者の研究についてまとめた．

これらの研究者たちが用いた研究方法は，現代生化学の方法とはかけ離れていた．放射性トレーサーは 1940 年代まで一般には利用できなかったので，Krebs や他の研究者はこの経路を解明するために非トレーサー法を用いなければならなかった．彼らは，ハト胸筋の新鮮標品を用いて，密閉フラスコ中の緩衝液に細かく切り刻んだ筋肉を懸濁し，種々の条件下で消費される酸素の容量（μL の単位で）を測定することによって，酸素消費量を決定した．彼らは夾雑タンパク質を除くために酸処理した試料で基質（中間体）の量を測定し，種々の有機小分子の量を分析した．Krebs らが，解糖系のような直線的経路とは対照的なクエン酸回路を提唱するに至った二つの重要な観察結果は次の実験でなされた．

実験 I．細かく刻んだ筋肉 460 mg を 3 mL の緩衝液中で，40 ℃，150 分間インキュベートした．クエン酸を添加すると，添加しない場合に比べて O_2 消費量は 893 μL 増大した．彼らは他の炭素含有化合物の呼吸で消費される O_2 量に基づいて，この添加したクエン酸量の完全呼吸での予想される O_2 消費はわずか 302 μL であると計算した．

実験 II．細かく刻んだ筋肉 460 mg を 3 mL の緩衝液中でクエン酸，1-ホスホグリセロール（グリセロール 1-リン酸：これは細胞呼吸によって容易に酸化されることが知られている），あるいはクエン酸と 1-ホスホグリセロールの両方とともに 40℃，140 分間インキュベートしたときの O_2 消費を測定した．測定結果は次の表のとおりである．

試料	添加された基質	吸収された O_2 量（μL）
1	なし	342
2	0.3 mL 0.2 M 1-ホスホグリセロール	757
3	0.15 mL 0.02 M クエン酸	431
4	0.3 mL 0.2 M 1-ホスホグリセロールと 0.15 mL 0.02 M クエン酸	1,385

(a) なぜ O_2 消費が細胞呼吸の良い指標になるのか．

(b) なぜ試料 1（基質が補充されていない筋肉組織）が酸素を消費するのか．

(c) 試料 2 および 3 の結果に基づいて，1-ホスホグリセロールとクエン酸はこの系における細胞呼吸の基質になると結論することができるのか．その理由を説明せよ．

(d) Krebs らは，クエン酸が「触媒」であること，すなわち筋肉組織標品が 1-ホスホグリセロールをより完全に代謝するのをクエン酸が手助けすることを立証するためにこれらの実験結果を用いた．この主張を行うためには，これらのデータをどのように利用すればよいか．

(e) Krebs らはさらに，クエン酸はこれらの反応で単に消費されるのではなく，再生されなければならないと主張した．したがって，これらの反応は直線経路よりはむしろ回路でなければならない．どのようにしてこのような主張をすればよいか．

他の研究者は，ヒ酸（AsO_4^{3-}）が α-ケトグルタル酸デヒドロゲナーゼを阻害し，マロン酸がコハク酸デヒドロゲナーゼを阻害することを見出していた．

(f) Krebs らは，ヒ酸とクエン酸で処理した筋肉組織標品は，酸素存在下でのみクエン酸を消費し，このような条件下では酸素が消費されることを見出した．図 16-7 の経路に基づいて，この実験ではクエン酸は何に変換されたのか．また，なぜこの標品が酸素を消費したのか．

彼らの論文において，Krebs と Johnson はさらに次の点について報告している．(1) ヒ酸の存在下で，5.48 mmol のクエン酸が 5.07 mmol の α-ケトグルタル酸に変換された．(2) マロン酸の存在下で，クエン酸は大量のコハク酸と少量の α-ケトグルタル酸に定量的に変換された．(3) 酸素非存在下でオキサロ酢酸を添加すると，大量のクエン酸が生成し，クエン酸の量はグルコースの添加によっても増大した．他の研究者は，同様の筋肉組織標品で次の経路を見出した．

コハク酸 ⟶ フマル酸 ⟶ リンゴ酸 ⟶
オキサロ酢酸 ⟶ ピルビン酸

(g) この問題で示したデータのみに基づいて，クエン酸回路における中間体の順序を示せ．また，これを図 16-7 と比較し，その違いを説明せよ．

(h) クエン酸が α-ケトグルタル酸へ定量的に変換されることがなぜ重要なのか．

Krebs と Johnson の論文は，この回路からなくなった多くの化合物についてのデータも含んでおり，未解決で残された唯一の化合物はオキサロ酢酸と反応してクエン酸を生成する分子だけであった．

参考文献

Krebs, H.A. and W.A. Johnson. 1937. The role of citric acid in intermediate metabolism in animal tissues. *Enzymologia* **4**: 148–156. Reprinted in *FEBS Lett.* **117**(Suppl.): K2–K10, 1980.

発展学習のための情報は次のサイトで利用可能である（www.macmillanlearning.com/LehningerBiochemistry7e）．

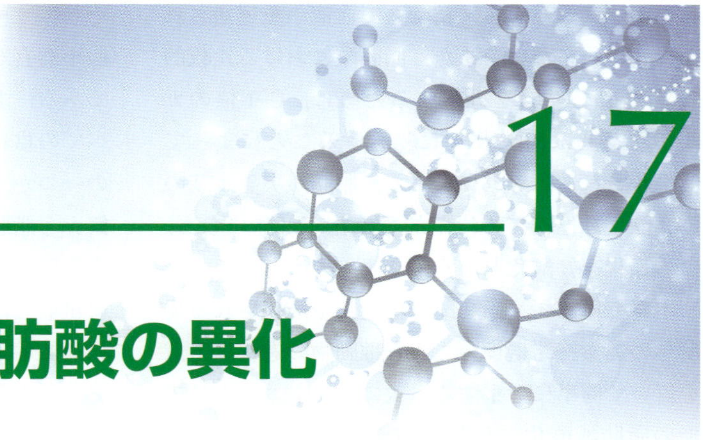

17 脂肪酸の異化

これまでに学習してきた内容について確認したり，本章の概念について理解を深めたりするための自習用ツールはオンラインで利用可能である（www.macmillanlearning.com/LehningerBiochemistry7e）.

長鎖脂肪酸のアセチル CoA への酸化は，多くの生物や組織における主要なエネルギー産生経路である．例えば，哺乳類の心臓や肝臓では，脂肪酸の酸化によって，すべて生理的な環境下で必要なエネルギーの 80％までもが供給される．酸化の過程で脂肪酸から取り去られた電子は，呼吸鎖を通って ATP 合成を駆動する．脂肪酸から生成したアセチル CoA は，クエン酸回路で CO_2 へと完全に酸化され，エネルギーがさらに保存される．ある種の生物や組織では，アセチル CoA は別の代謝運命をたどる．肝臓では，アセチル CoA はケトン体に変換されることがある．ケトン体は，グルコースが利用できないときに脳や他の組織へと運ばれる水溶性の代謝燃料である．維管束植物では，アセチル CoA は主として生合成の前駆体として使われ，燃料として使われるのは二次的にすぎない．脂肪酸の酸化の生物学的な役割は生物ごとに異なるが，その機構は本質的に同じである．脂肪酸がアセチル CoA に変換される **β 酸化** *β oxidation* という 4 ステップの繰返し過程が，本章の主題である．

Chap. 10 では，貯蔵燃料として特に適しているトリアシルグリセロール（トリグリセリドまたは中性脂肪ともいう）の性質について述べた．それらを構成する脂肪酸の長いアルキル鎖は本質的には炭化水素であり，その高度に還元された構造には，同じ重量の糖質やタンパク質の 2 倍以上の完全酸化エネルギー（約 38 kJ/g）が含まれている．この利点は，水に対する脂質の極端な不溶性から生じる．細胞のトリアシルグリセロールは脂肪滴中に凝集しており，サイトゾルの浸透圧モル濃度を上昇させず，水和もされない（これとは対照的に，貯蔵多糖では水和水が貯蔵分子の全重量の 3 分の 2 を占める）．トリアシルグリセロールは化学的には比較的不活性なので，他の細胞成分と望ましくない化学反応を起こすおそれがなく，細胞内に大量に貯蔵することができる．

しかし，トリアシルグリセロールを優れた貯蔵物質とする性質は，燃料としての役割においては問題がある．水に不溶性なので，摂取されたトリアシルグリセロールは，腸で水溶性の酵素によって消化される前に乳化されなければならない．そして腸で吸収されたり，貯蔵組織から動員されたりするトリアシルグリセロールは，その不溶性を打ち消すタンパク質に結合して血液中を運搬されなければならない．また，脂肪酸における比較的安定なC–C結合を分解するために，C–1位のカルボキシ基は補酵素Aに結合することによって活性化される．それによって，脂肪酸アシル基のC–3位（β位）での段階的な酸化が可能になる．この過程をβ酸化という．

本章ではまず，脂肪酸の供給源や酸化される場所への運搬経路について，脊椎動物の過程に重点を置いて簡単に考察する．次に，ミトコンドリアでの脂肪酸酸化の化学的ステップについて述べる．脂肪酸の CO_2 と H_2O への完全酸化は三つのステージで行われる．すなわち，長鎖脂肪酸の2炭素断片（アセチルCoAの型で）への酸化（β酸化），クエン酸回路でのアセチルCoAの CO_2 への酸化（Chap. 16），還元型電子伝達体からミトコンドリア呼吸鎖への電子伝達（Chap. 19）である．本章では，これらのうちの最初のステージに焦点を当てる．偶数個の炭素原子をもつ完全飽和脂肪酸がアセチルCoAに分解される単純な場合のβ酸化についてまず考え，次に不飽和脂肪酸や奇数個の炭素をもつ脂肪酸の分解に必要な特別な変換について簡単に概観する．その後に，特殊な細胞小器官（ペルオキシソームやグリオキシソーム）でのβ酸化のバリエーションと，脂肪酸異化の特殊な経路であるω酸化とα酸化について考察する．最後に，脊椎動物でのβ酸化により生じるアセチルCoAの別の代謝運命，すなわち肝臓でのケトン体の生成について述べる．

17.1 脂肪の消化，動員および運搬

細胞は次の四つの供給源から脂肪酸を得ることができる．すなわち，食餌から摂取した脂肪，脂肪滴として細胞に貯蔵されている脂肪，別の器官に運搬するために特定の器官で合成された脂肪，そしてオートファジー autophagy（細胞自体の細胞小器官を分解する過程）によって得られる脂肪である．ある種の生物はさまざまな状況で四つすべての供給源を利用し，別の生物はこれらのうちの一つか二つを利用する．例えば，脊椎動物は食餌から脂肪を獲得し，特殊な組織（脂肪細胞から成る脂肪組織）に貯蔵された脂肪を動員し，過剰に摂取した糖質を肝臓で脂肪に変換して他の組織に運搬する．絶食時には，オートファジーによって脂質を利用することができる．平均的に，先進国の人々の1日のエネルギー所要量の40％以上は食餌のトリアシルグリセロールによって供給される（ただし，ほとんどの栄養指針では，脂肪からの1日のカロリー摂取は30％以下であることを推奨している）．トリアシルグリセロールは，いくつかの器官，特に肝臓，心臓，休止時の骨格筋のエネルギー所要量の半分以上を供給する．貯蔵トリアシルグリセロールは，冬眠中の動物や渡り鳥にとっては実質的に唯一のエネルギー源である．原生生物は食物連鎖の下位の生物を摂取することによって脂肪を得ており，脂肪をサイトゾルの脂肪滴として貯蔵している生物もいる．維管束植物は，発芽の際に種子に貯蔵された脂肪を動員するが，それ以外にエネルギーを脂肪に依存することはない．

食餌からの脂肪は小腸で吸収される

脊椎動物では，摂取されたトリアシルグリセロールは，腸壁から吸収される前に，不溶性の大きな脂肪粒子から細かく分散した微細なミセルに変換されなければならない．この可溶化はタウロコール酸 taurocholic acid（p. 534）のような胆汁酸塩によって行われる．タウロコール酸は肝臓でコレステロールから合成され，胆嚢において貯蔵され，脂肪性食物を摂取すると小腸に放出される．胆汁酸塩は両親媒性化合物であり，生物学的

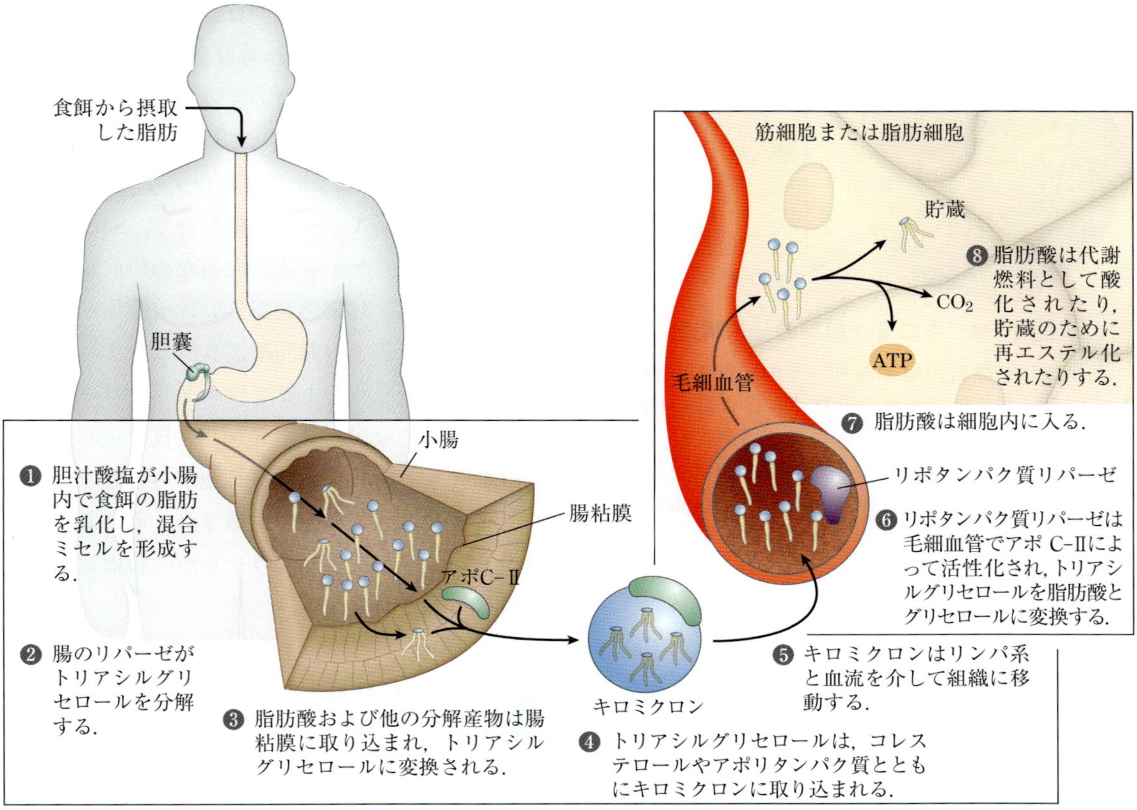

図 17-1　脊椎動物における食餌性脂質の処理過程

食餌性脂質の消化と吸収は小腸で行われる．トリアシルグリセロールから遊離した脂肪酸はリポタンパク質粒子中に包み込まれて筋肉や脂肪組織に運ばれる．八つのステップについては本文中で述べる．

な界面活性剤として作用し，食餌脂肪を胆汁酸塩とトリアシルグリセロールの混合ミセルに変換する（図 17-1，ステップ ❶）．ミセルの形成は，腸内で水溶性リパーゼの作用を受けやすい脂質分子を著しく増加させる．リパーゼの作用によってトリアシルグリセロールはモノアシルグリセロール（モノグリセリド）とジアシルグリセロール（ジグリセリド），遊離脂肪酸，およびグリセロールに変換される（ステップ ❷）．リパーゼ作用により生じるこれらの生成物は，腸の表面（腸粘膜）に並ぶ上皮細胞内に拡散して入り（ステップ ❸），そこでトリアシルグリセロールに再変換され，食餌性コレステロールと特定のタンパク質とともに**キロミクロン** chylomicron というリポタンパク質の凝集体内に包み込まれる（図 17-2；図 17-1，ステップ ❹も参照）．

アポリポタンパク質 apolipoprotein は血中の脂質結合タンパク質であり，トリアシルグリセロール，リン脂質，コレステロール，コレステロールエステルの臓器間の運搬に関与する．アポリポタンパク質（「アポ apo」は「引き離した detached」または「切り離した separate」の意味であり，脂質と結合していないタンパク質を意味する）は，脂質と結合していくつかのクラスの**リポタンパク質** lipoprotein の粒子を形成する．これらの粒子は，疎水性の脂質をコア（芯）に，親水性のタンパク質の側鎖と脂質の頭部を表面に有する球状の凝集体である．脂質とタンパク質の種々の組合せによって，密度の異なる粒子が形成される．これらはキロミクロンや超低密度リポタンパク質

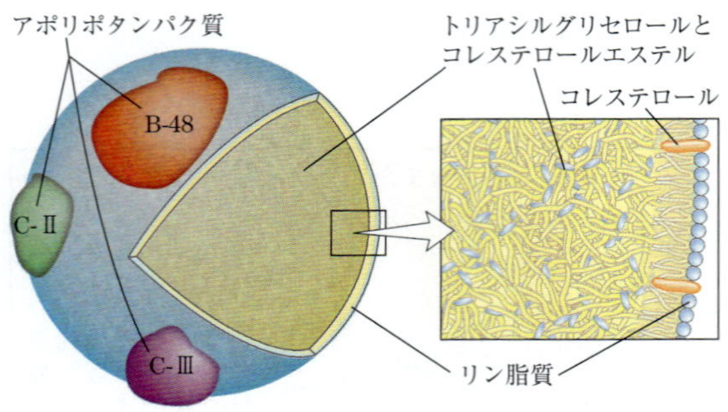

図 17-2 キロミクロンの分子構造

表面はリン脂質の層であり，その頭部が水相に面している．トリアシルグリセロールは質量の 80% 以上を占め，内部（黄色部分）に隔離されている．表面から突き出ているいくつかのアポリポタンパク質（B-48，C-II，C-III）はキロミクロンの内容物の取込みや代謝のシグナルとして機能する．キロミクロンの直径は約 100 ～ 500 nm である．

（VLDL）から超高密度リポタンパク質（VHDL）まで多岐にわたり，超遠心によって分離することができる．これらのリポタンパク質粒子の構造と脂質運搬における役割については Chap. 21 で詳しく述べる．

リポタンパク質のタンパク質部分は，細胞表面の受容体によって認識される．腸からの脂質の取込みの場合には，アポリポタンパク質 C-II（アポ C-II）を含むキロミクロンは腸粘膜からリンパ系に移行し，そこから血中に入って筋肉や脂肪組織に運ばれる（図 17-1，ステップ ❺）．これらの組織の毛細血管で，細胞外酵素の**リポタンパク質リパーゼ** lipoprotein lipase がアポ C-II によって活性化され，トリアシルグリセロールを脂肪酸とグリセロールに加水分解する（ステップ ❻）．この加水分解産物は標的組織の細胞の細胞膜に存在する特異的な輸送体によって取り込まれる（ステップ ❼）．筋肉では，脂肪酸は酸化されてエネルギーになり，脂肪組織では，トリアシルグリセロールとして貯蔵するために再びエステル化される（ステップ ❽）．

トリアシルグリセロールの大部分は取り除かれているが，コレステロールとアポリポタンパク質がまだ残っているキロミクロンの残部（レムナント remnant）は，血中から肝臓に移行する．そこでアポリポタンパク質の受容体依存性エンドサイトーシスによって取り込まれる．この経路で肝臓内に取り込まれたトリアシルグリセロールは，酸化されてエネルギーを供給したり，Sec. 17.3 で述べるように，ケトン体合成のための前駆体を供給したりする．代謝燃料あるいは前駆体としてすぐに必要な量以上の脂肪酸が食餌に含まれていると，肝臓はそれらをトリアシルグリセロールに変換し，特異的なアポリポタンパク質で包み込んで VLDL にする．VLDL は肝細胞から分泌され，血中を通って脂肪組織へと運搬され，そこで取り除かれたトリアシルグリセロールが脂肪細胞内の脂肪滴に貯蔵される．

ホルモンは貯蔵トリアシルグリセロールの動員の引き金となる

中性脂肪は脂肪細胞（および副腎皮質，卵巣，精巣のステロイド合成細胞）に**脂肪滴** lipid droplet のかたちで貯蔵される．脂質滴は単層のリン脂質によって取り囲まれたトリアシルグリセロールとステロールエステルのコアをもっている．この脂肪滴の表面は**ペリリピン** perilipin により覆われている．ペリリピンは脂肪滴への接触を制限するタンパク質のファミリーであり，不必要なときの脂質の動員を防いでいる．ホルモンが代謝エネルギーの必要性を知らせると，脂肪組織に貯蔵されているトリアシルグリセロールが動員され（貯蔵部位から引き出され），脂肪酸がエネルギー産生のために酸化される組織（骨格筋，心臓，腎皮質）へと運ばれる．低血糖や「闘争か逃走 fight-or-flight」の状況に応答して分泌されるエピネフリンやグルカゴンのようなホルモンは，脂肪細胞の細胞膜にある酵素アデニル酸シクラーゼを活性化し（図 17-3），細胞内セカンドメッセンジャーのサイクリック AMP（cAMP；図 12-4

参照）を生成する．cAMP 依存性プロテインキナーゼ（PKA）は，トリアシルグリセロール，ジアシルグリセロール，およびモノアシルグリセロールに作用して脂肪酸とグリセロールを遊離する 3 種類のサイトゾルに存在するリパーゼが脂肪滴で作用を開始するための引き金となる．

このようにして遊離した脂肪酸（**遊離脂肪酸** free fatty acid，**FFA**）は脂肪細胞から血中に送られ，そこで血中タンパク質の**血清アルブミン** serum albumin と結合する（図 17-3）．総血清タンパク質の約半分を占めるこのタンパク質（分子量 66,000）は，タンパク質単量体あたり 10 分子もの脂肪酸を非共有結合的に結合する．この可溶性タンパク質に結合することによって，本来は不溶性の脂肪酸は骨格筋，心臓，腎皮質などの組織に運ばれる．これらの標的組織において，脂肪酸

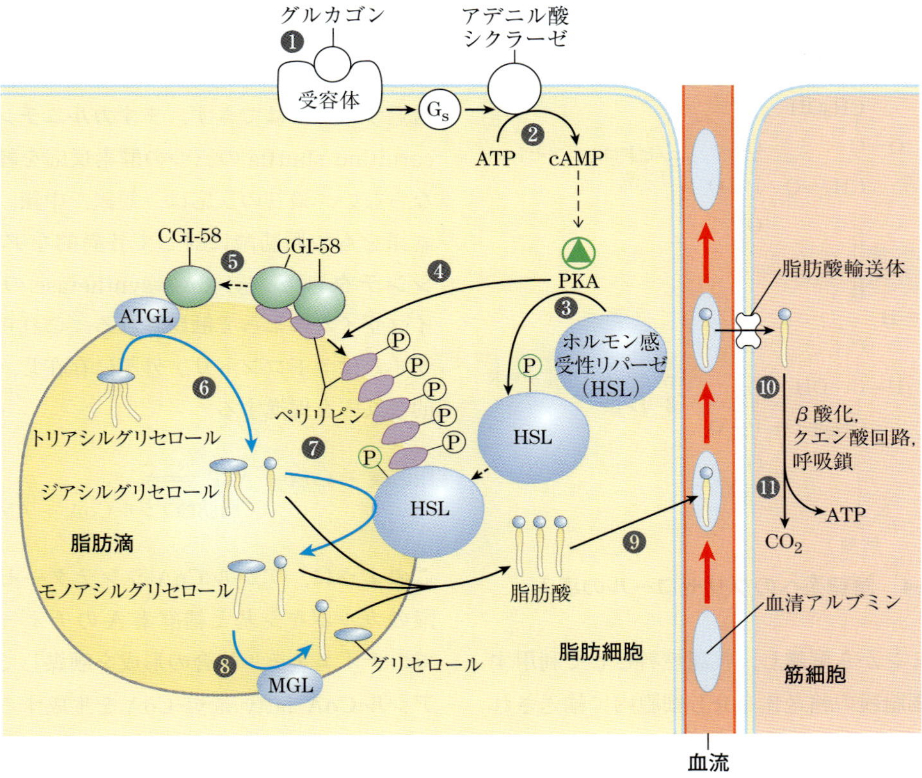

図 17-3　脂肪細胞に貯蔵されているトリアシルグリセロールの動員

血中グルコースレベルが低いときにグルカゴンの放出が起こると，❶このホルモンは脂肪細胞の膜にある受容体に結合し，❷ G タンパク質を介してアデニル酸シクラーゼを活性化して cAMP の産生を引き起こす．cAMP は PKA を活性化し，PKA は❸ホルモン感受性リパーゼ（HSL）および脂肪滴の表面にある❹ペリリピン分子をリン酸化する．ペリリピンのリン酸化は❺ペリリピンからの CGI-58 タンパク質の解離を引き起こす．そして，CGI-58 は脂肪組織トリアシルグリセロールリパーゼ（ATGL）と会合し，ATGL を脂肪滴の表面にリクルートし，リパーゼの活性を促進する．❻活性化した ATGL はトリアシルグリセロールをジアシルグリセロールに変換する．リン酸化したペリリピンはリン酸化 HSL と会合して HSL を脂肪滴の表面に接近させ，❼ HSL がジアシルグリセロールをモノアシルグリセロールに変換する．❽第 3 のリパーゼであるモノアシルグリセロールリパーゼ（MGL）はモノアシルグリセロールを加水分解する．❾脂肪酸は脂肪細胞から放出され，血清アルブミンに結合して血中を運搬される．これらの脂肪酸はアルブミンから解離して，❿特異的な脂肪酸輸送体を介して筋細胞に入る．⓫筋細胞において，脂肪酸は CO_2 へと酸化され，酸化のエネルギーは ATP に保存される．この ATP は筋収縮や筋細胞内での他のエネルギー要求性代謝にエネルギーを供給する．

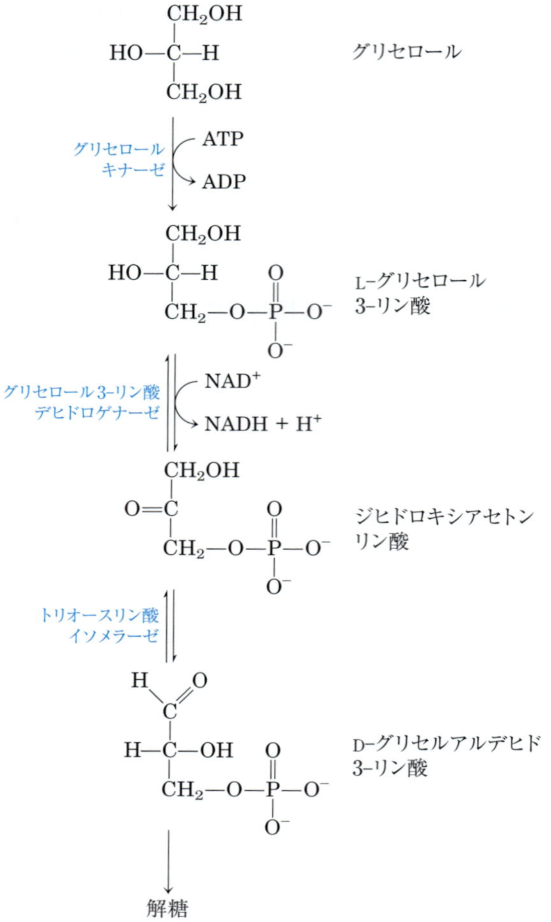

図 17-4　解糖系へのグリセロールの導入

はアルブミンから解離し，代謝燃料として利用するために細胞膜の輸送体を介し細胞内に輸送される．

トリアシルグリセロールの生物学的に利用可能なエネルギーの約 95％は三つの長鎖脂肪酸にあり，5％だけがグリセロール部分から得られる．リパーゼの作用によって遊離するグリセロールは**グリセロールキナーゼ** glycerol kinase によってリン酸化され（図 17-4），生じたグリセロール 3-リン酸はジヒドロキシアセトンリン酸へと酸化される．解糖酵素トリオースリン酸イソメラーゼは，この化合物をグリセルアルデヒド 3-リン酸に変換し，これは解糖によって酸化される．

脂肪酸は活性化されてミトコンドリアに輸送される

動物細胞における脂肪酸酸化の酵素は，1948 年に Eugene P. Kennedy と Albert Lehninger によって立証されたように，ミトコンドリアのマトリックスに局在している．鎖長が炭素数 12 以下の脂肪酸は膜の輸送体を介さずにミトコンドリア内に入る．食餌で得られる遊離脂肪酸や脂肪組織から放出された遊離脂肪酸の大部分を占める炭素数 14 以上の脂肪酸は，ミトコンドリア膜を直接透過することはできず，まず**カルニチンシャトル** carnitine shuttle の三つの酵素反応を経なければならない．最初の反応は，短鎖，中鎖，長鎖の炭素鎖をもつ脂肪酸に対して特異的な**アシル CoA シンテターゼ** acyl-CoA synthetase の一群のアイソザイムによって触媒される．これらのアイソザイムはミトコンドリア外膜に存在し，次の一般的な反応を促進する．

$$\text{脂肪酸} + \text{CoA} + \text{ATP} \rightleftharpoons \text{脂肪酸アシル CoA} + \text{AMP} + \text{PP}_i$$

このように，アシル CoA シンテターゼは，脂肪酸のカルボキシ基と補酵素 A のチオール基の間でのチオエステル結合の形成を触媒して，**脂肪酸アシル CoA** fatty acyl-CoA を生成する．それと同時に，ATP を AMP と PPi に開裂させる（Chap. 13 でこの反応について述べている．そこでは，ATP のリン酸無水結合の開裂により遊離する自由エネルギーが，どのようにして高エネルギー化合物の生成と共役しているのかについて説明してある；p. 740）．この反応は，脂肪酸アシルアデニル酸中間体を含む 2 ステップで進行する（図 17-5）．

脂肪酸アシル CoA は，アセチル CoA と同様に高エネルギー化合物であり，その遊離脂肪酸と CoA への加水分解は大きな負の標準自由エネルギー変化（$\Delta G'^\circ = -31$ kJ/mol）をもつ．脂肪

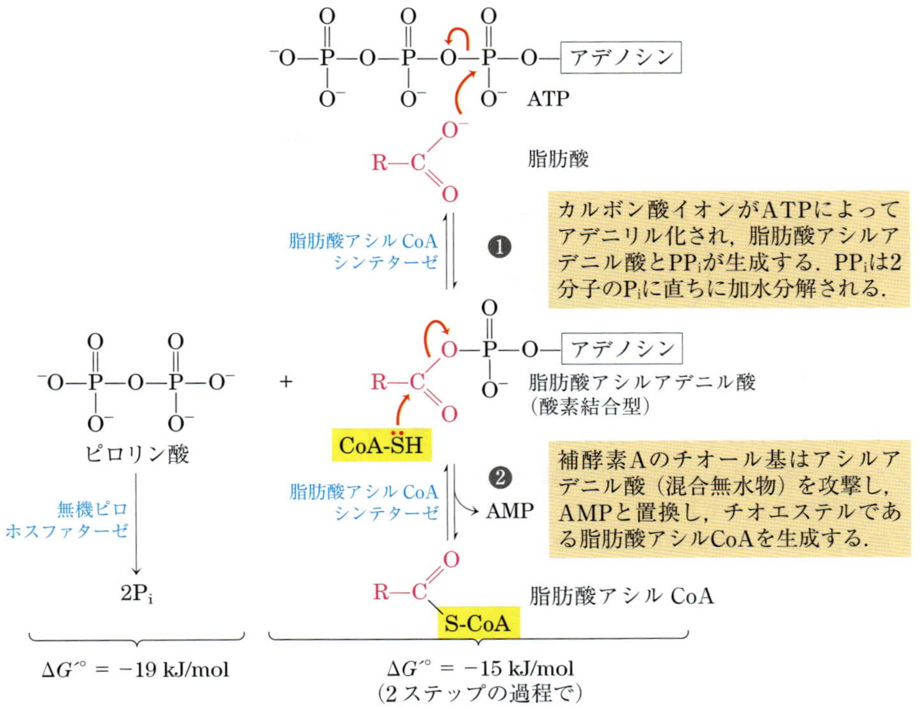

機構図 17-5　脂肪酸の脂肪酸アシル CoA への変換による活性化

この変換は脂肪酸アシル CoA シンテターゼと無機ピロホスファターゼによって触媒される．脂肪酸アシル CoA 誘導体の生成は 2 ステップで起こる．反応全体は極めて発エルゴン的である．

酸アシル CoA の生成は，ATP の二つの高エネルギー結合の加水分解によってさらに進行しやすくなる．この活性化反応で生成するピロリン酸は，無機ピロホスファターゼによって直ちに加水分解され（図 17-5 の左側），先行する活性化反応を脂肪酸アシル CoA 生成の方向に引っ張る．反応全体は次の通りである．

$$\text{脂肪酸} + \text{CoA} + \text{ATP} \longrightarrow \text{脂肪酸アシル CoA} + \text{AMP} + 2P_i \quad (17\text{-}1)$$
$$\Delta G'^{\circ} = -34 \text{ kJ/mol}$$

ミトコンドリア外膜のサイトゾル側で生成した脂肪酸アシル CoA エステルは，ミトコンドリア内に輸送されて ATP 産生のために酸化されるか，あるいはサイトゾルでの膜脂質の合成に利用される．ミトコンドリアでの酸化に用いられる脂肪酸は，**カルニチン** carnitine のヒドロキシ基に一時的に結合して脂肪酸アシルカルニチンになる．これはカルニチンシャトルの第二の反応である．

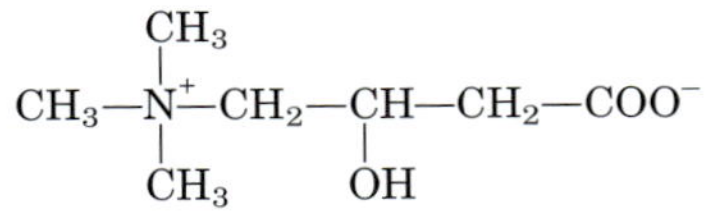

カルニチン

このエステル転移反応は，外膜にある**カルニチンアシルトランスフェラーゼ 1** carnitine acyltransferase 1（**カルニチンパルミトイルトランスフェラーゼ 1** carnitine palmitoyltransferase 1, **CPT1** ともいう）によって触媒される（図 17-6）．アシル CoA は外膜を透過する際にカルニチンエステルに変換される．この脂肪酸アシルカルニチンエステルは，膜間腔を拡散していき，ミトコンドリア内膜の**アシルカルニチン/カルニチン共輸送体** acyl-carnitine/carnitine cotransporter を介する受動輸送によってマトリックス内に入

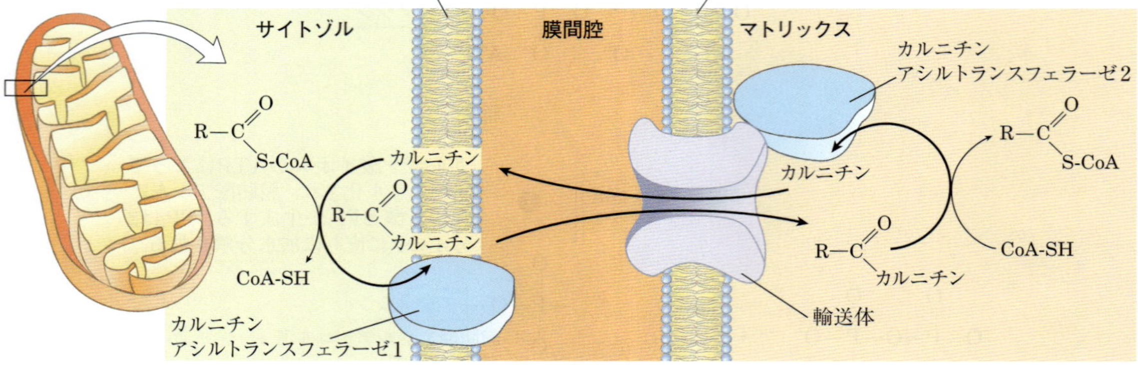

図 17-6 アシルカルニチン/カルニチン輸送体を介するミトコンドリアへの脂肪酸の移行

脂肪酸アシルカルニチンがミトコンドリア外膜あるいは膜間腔で生成された後，内膜を通る受動輸送によってマトリックス内に移行する．マトリックスで，アシル基はミトコンドリアの補酵素 A に移され，遊離したカルニチンは同じ輸送体を介して膜間腔に戻る．カルニチンアシルトランスフェラーゼ 1 は脂肪酸合成の最初の中間体であるマロニル CoA（図 21-2 参照）によって阻害される．この阻害によって，脂肪酸の合成と分解が同時に起こるのを防ぐことができる．

る．この共輸送体は，1 分子の脂肪酸アシルカルニチンがマトリックス内に入るのに伴って，1 分子のカルニチンをマトリックスから膜間腔へと移行させる．

カルニチンシャトルの第三ステップ，すなわち最終ステップでは，脂肪酸アシル基は**カルニチンアシルトランスフェラーゼ 2** carnitine acyltransferase 2（**CPT2** ともいう）によってカルニチンからミトコンドリア内の補酵素 A に酵素的に転移される．このアイソザイムはミトコンドリア内膜の内面に局在しており，脂肪酸アシル CoA を再生し，マトリックス内に遊離のカルニチンとともに放出する（図 17-6）．

ミトコンドリアへの脂肪酸輸送の 3 ステップの過程，すなわち CoA のエステル化，カルニチンへのエステル転移とそれに続く輸送，CoA に戻るエステル転移は，補酵素 A プールと脂肪酸アシル CoA プールの二つの別々のプールを結びつけている．すなわち，これらのプールの一方はサイトゾルにあり，他方はミトコンドリアにある．ミトコンドリアマトリックスの補酵素 A は，ほとんどがピルビン酸，脂肪酸，ある種のアミノ酸の酸化的分解に利用されるのに対して，サイトゾルの補酵素 A は脂肪酸の生合成に利用される（図 21-10 参照）．サイトゾルプールの脂肪酸アシル CoA は，そこで膜脂質の合成に利用されるか，あるいは酸化と ATP 産生のためにミトコンドリアマトリックスへと輸送される．カルニチンエステルへの変換によって，脂肪酸アシル部分は酸化される運命になる．

カルニチンによって媒介されるミトコンドリア内への移行過程は，ミトコンドリアでの脂肪酸酸化の律速段階であり，後に考察するように，脂肪酸酸化の制御点である．いったんミトコンドリア内に入ると，脂肪酸アシル CoA はマトリックスにある一群の酵素の作用を受ける．

まとめ

17.1 脂肪の消化，動員および運搬

- トリアシルグリセロールの脂肪酸は，動物における酸化的エネルギーの大きな部分を供給する．食餌で摂取したトリアシルグリセロールは

小腸内で胆汁酸塩によって乳化され，腸のリパーゼによって加水分解され，腸管上皮細胞によって吸収され，トリアシルグリセロールに再変換される．次に，特定のアポリポタンパク質と結合してキロミクロンを形成する．

- キロミクロンはトリアシルグリセロールを組織に運び，そこではリポタンパク質リパーゼが遊離脂肪酸を遊離させて細胞内に入れる．脂肪組織に貯蔵されているトリアシルグリセロールは，ホルモン感受性トリアシルグリセロールリパーゼによって動員される．遊離した脂肪酸は血清アルブミンに結合して血中を運搬され，代謝燃料として脂肪酸を利用する心臓，骨格筋および他の組織に至る．
- 脂肪酸はいったん細胞内に入ると，ミトコンドリア外膜で脂肪酸アシル CoA チオエステルに変換されて活性化される．脂肪酸アシル CoA は酸化されるためにカルニチンシャトルを介する 3 ステップによってミトコンドリアに入る．

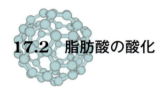

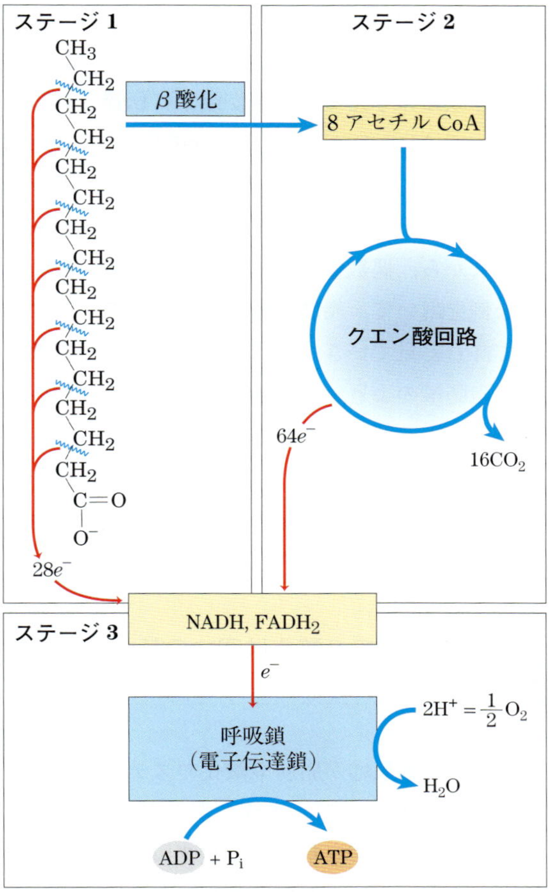

図 17–7　脂肪酸酸化の各ステージ

ステージ 1：長鎖脂肪酸は酸化され，アセチル基がアセチル CoA として生じる．この過程を β 酸化という．ステージ 2：アセチル基はクエン酸回路を経て CO_2 へと酸化される．ステージ 3：ステージ 1 およびステージ 2 の酸化により生じた電子は，ミトコンドリアの呼吸鎖を介して O_2 に渡され，酸化的リン酸化による ATP 合成のエネルギーを供給する．

17.2　脂肪酸の酸化

前述のように，ミトコンドリアでの脂肪酸酸化は三つのステージで行われる（図 17–7）．ステージ 1 の β 酸化では，脂肪酸アシル鎖のカルボキシ末端からアセチル CoA として 2 炭素単位ずつが酸化的に次々に切り離されていく．例えば，炭素 16 個のパルミチン酸（pH 7 でパルミチン酸イオン）はこの酸化経路を 7 回通過し，通過ごとに 2 個の炭素をアセチル CoA として失う．7 回転した後には，パルミチン酸の最後の 2 個の炭素（もとの C–15 位と C–16 位）はアセチル CoA として残される．全体として，パルミチン酸の 16 炭素鎖はアセチル CoA 分子の 2 炭素から成る 8 個のアセチル基に変換される．各アセチル CoA の生成には，デヒドロゲナーゼによる脂肪酸アシル部分からの 4 個の水素原子（二対の電子と 4 個の H^+）の除去が必要である．

脂肪酸の酸化のステージ 2 では，アセチル CoA のアセチル基がクエン酸回路で CO_2 にまで酸化される．この過程もミトコンドリアのマトリックスで行われる．このように，脂肪酸から生成したアセチル CoA は，解糖とピルビン酸の酸化を経てグルコースから生じたアセチル CoA とともに酸化の最終共通経路に入る（図 16–1 参照）．脂肪酸酸化のはじめの二つのステージでは，還元型電子伝達体であるNADHと$FADH_2$が生成する．これらは，ステージ3で電子をミトコンドリアの呼吸鎖に与える．電子が酸素に伝達されるのに伴ってADPのATPへのリン酸化が起こる（図17-7）．このようにして，脂肪酸の酸化によって遊離するエネルギーはATPとして保存される．

これから，偶数個の炭素をもつ飽和脂肪酸の単純な例を用いて，脂肪酸酸化の第一ステージについて詳しく見ていき，次に不飽和脂肪酸や奇数炭素鎖脂肪酸のようにもう少し複雑な場合について見ていく．それから，脂肪酸酸化の調節，ミトコンドリア以外の細胞小器官におけるβ酸化，そして最後にα酸化とω酸化のようなあまり一般的ではない脂肪酸の異化様式についても考察する．

飽和脂肪酸のβ酸化は四つの基本ステップから成る

四つの酵素反応が脂肪酸酸化のステージ1を構成する（図17-8(a)）．まず，脂肪酸アシルCoAの脱水素によってα炭素とβ炭素（C-2位とC-3位）の間に二重結合が形成され，**トランス-Δ^2-エノイルCoA** *trans*-Δ^2-enoyl-CoAが生成する（記号Δ^2は二重結合の位置を表す．脂肪酸の命名法について復習するとよい．p. 519）．天然の不飽和脂肪酸の二重結合は通常はシス配置であるが，この新たにできた二重結合はトランス配置であることに注意しよう．この違いの意義については後で考察する．

この最初のステップは，**アシルCoAデヒドロゲナーゼ** acyl-CoA dehydrogenaseの3種類のアイソザイムによって触媒される．各アイソザイムは脂肪酸のある範囲の長さのアシル鎖に対して特異的である．超長鎖アシルCoAデヒドロゲナーゼ（VLCAD）は炭素数が12～18の脂肪酸に，中鎖アシルCoAデヒドロゲナーゼ（MCAD）は炭素数が4～14の脂肪酸に，短鎖アシルCoAデヒドロゲナーゼ（SCAD）は炭素数が4～8の脂

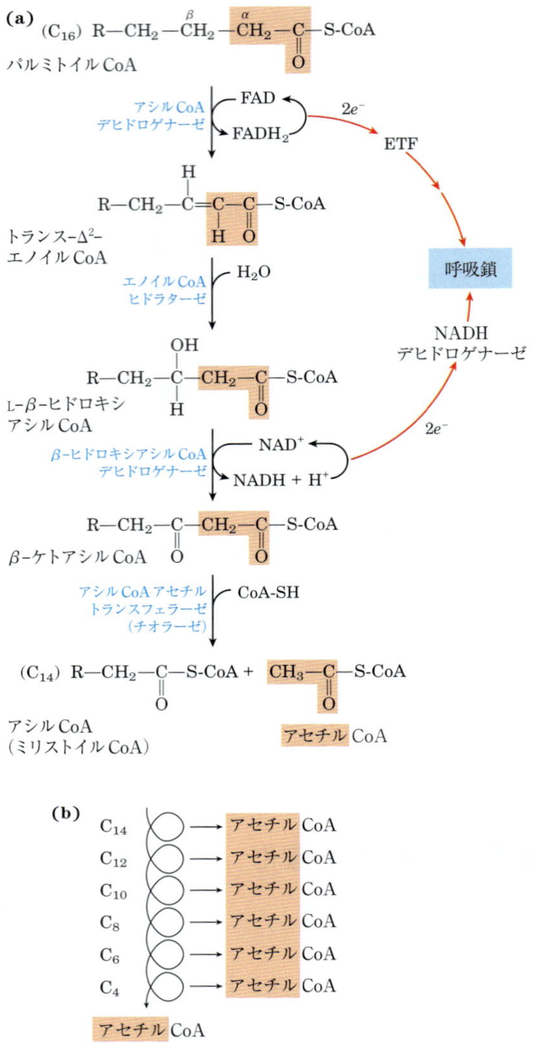

図 17-8 β酸化経路

(a) 連続する四つのステップを1回通過するごとに，一つのアセチル基（淡赤色の網かけ）がアセチルCoAとして脂肪酸アシル鎖のカルボキシ末端から切り離される．この例では，パルミチン酸（C_{16}）がパルミトイルCoAとして経路に入る．最初の酸化に由来する電子は，まずフラビンタンパク質ETFを経由し，次に第二のフラビンタンパク質を経由して呼吸鎖に受け渡される．2番目の酸化に由来する電子は，NADHデヒドロゲナーゼを（図19-15参照）を介して呼吸鎖に入る．**(b)** この経路をさらに6回通過すると，7分子のアセチルCoAが生成し，7番目のアセチルCoAは16個の炭素鎖の最後の2個の炭素原子から生じる．全部で8分子のアセチルCoAが生成する．アセチルCoAはクエン酸回路で酸化され，より多くの電子を呼吸鎖に供給する．

肪酸に作用する．VLCAD はミトコンドリア内膜に，MCAD と SCAD はマトリックスに存在する．三つのアイソザイムはすべて，強固に結合しているFAD（図 13–27 参照）を補欠分子族としてもつフラビンタンパク質である．脂肪酸アシル CoA から取り去られた電子は FAD に転移され，この還元型デヒドロゲナーゼはすぐにその電子をミトコンドリア呼吸鎖の電子伝達体，**電子伝達フラビンタンパク質** electron-transferring flavoprotein（**ETF**）に供与する（図 19–15 参照）．アシル CoA デヒドロゲナーゼによって触媒される酸化は，クエン酸回路でのコハク酸の脱水素反応（p. 906）と類似している．両反応の酵素ともにミトコンドリア内膜に結合しており，二重結合はカルボン酸の α 炭素と β 炭素の間に導入される．FAD は電子受容体であり，反応に由来する電子は呼吸鎖に入り，最終的には O_2 に伝達される．これにともなって，一対の電子あたり約 1.5 分子の ATP が合成される．

β 酸化回路の第二ステップ（図 17–8 (a)）では，水がトランス-Δ^2-エノイル CoA の二重結合に付加され，**β-ヒドロキシアシル CoA（3-ヒドロキシアシル CoA）** β-hydroxyacyl-CoA（3-hydroxyacyl-CoA）の L 型立体異性体が生成する．**エノイル CoA ヒドラターゼ** enoyl-CoA hydratase によって触媒されるこの反応は，H_2O が α-β 二重結合に付加されるクエン酸回路のフマラーゼ反応（p. 906）と形式的に似ている．

第三ステップでは，**β-ヒドロキシアシル CoA デヒドロゲナーゼ** β-hydroxyacyl-CoA dehydrogenase の作用によって L-β-ヒドロキシアシル CoA が脱水素され，**β-ケトアシル CoA** β-ketoacyl-CoA が生じる．この反応では NAD^+ が電子受容体である．この酵素はヒドロキシアシル CoA の L 型立体異性体に完全に特異的である．この反応で生成する NADH は，その電子を呼吸鎖の電子伝達体である **NADH デヒドロゲナーゼ** NADH dehydrogenase に供与し，さらに電子が O_2 に伝達されるのに伴って ADP から ATP が生成する．β-ヒドロキシアシル CoA デヒドロゲナーゼによって触媒される反応は，クエン酸回路のリンゴ酸デヒドロゲナーゼ反応（p. 907）によく似ている．

β 酸化回路の最後の第四ステップは，一般には**チオラーゼ** thiolase とも呼ばれる**アシル CoA アセチルトランスフェラーゼ** acyl-CoA acetyltransferase によって触媒される．この酵素は遊離の補酵素 A 分子と β-ケトアシル CoA の反応を行い，もとの脂肪酸のカルボキシ末端の 2 炭素単位をアセチル CoA として切り離す．もう一方の生成物は炭素 2 個分が短くなった新たな脂肪酸の補酵素 A チオエステルである（図 17–8 (a)）．この反応は，β-ケトアシル CoA が補酵素 A のチオール基と反応することによって開裂されるので，加水分解過程との類似でチオリシス thiolysis（チオール開裂）と呼ばれる．チオラーゼの反応はクライゼン縮合の逆である（図 13–4 参照）．

この四つのステップの反応系列の後半の 3 ステップは，脂肪酸アシル鎖の長さに依存して作用する 2 組の酵素のどちらかによって触媒される．炭素数 12 以上の脂肪酸アシル鎖に関しては，反応はミトコンドリア内膜に会合している多酵素複合体である**三機能性タンパク質** trifunctional protein（**TFP**）によって触媒される．TFP はサブユニット構造が $\alpha_4\beta_4$ のヘテロ八量体である．各 α サブユニットはエノイル CoA ヒドラターゼと β-ヒドロキシアシル CoA デヒドロゲナーゼの二つの活性をもっており，β サブユニットはチオラーゼ活性をもっている．三つの酵素の強固な会合によって，酵素表面から中間体を放散させることなくある活性部位から次の活性部位への効率的な基質チャネリングが可能になる．TFP が脂肪酸アシル鎖を 12 以下の炭素数に縮めると，マトリックスに存在する四つの可溶性酵素が 1 組になってさらに酸化を触媒する．

前述のように，脂肪酸のメチレン基（$-CH_2-$）

の間の単結合は比較的安定である．このβ酸化の反応系列は，このような結合を不安定にして開裂するための優れた機構である．β酸化の最初の三つの反応はあまり安定ではない C–C 結合をつくり出し，そこではα炭素（C-2 位）は二つのカルボニル炭素に結合している（β-ケトアシル CoA 中間体）．β炭素（C-3 位）のケトン基は，チオラーゼによって触媒される補酵素 A の –SH 基による求核攻撃の良い標的となる．α水素の酸性度とこの水素の離脱により生じるカルボアニオンの共鳴安定化によって，末端の $-CH_2-CO-S-CoA$ が良い脱離基となり，α-β 結合の開裂が促進される．

脂肪酸酸化のこれら四つのステップとほぼ同じ反応系列をクエン酸回路のコハク酸とオキサロ酢酸の間の反応ステップ（図 16-7 参照）においてすでに見てきた．ほぼ同じ反応系列は分枝鎖アミノ酸（イソロイシン，ロイシン，バリン）が代謝燃料として酸化される経路においても起こる（図 18-28 参照）．図 17-9 はこれら三つの反応系列の共通の特徴を示している．このことは，ほぼ間違いなく遺伝子の重複，および重複した遺伝子の産物である酵素における新たな特異性の進化の機構が保存されている例である．

β酸化の四つのステップはアセチル CoA と ATP を生成するために繰り返される

β酸化の反応系列を 1 回通過するごとに，1 分子のアセチル CoA，二対の電子，4 個のプロトン（H^+）が長鎖脂肪酸アシル CoA から取り除かれ，

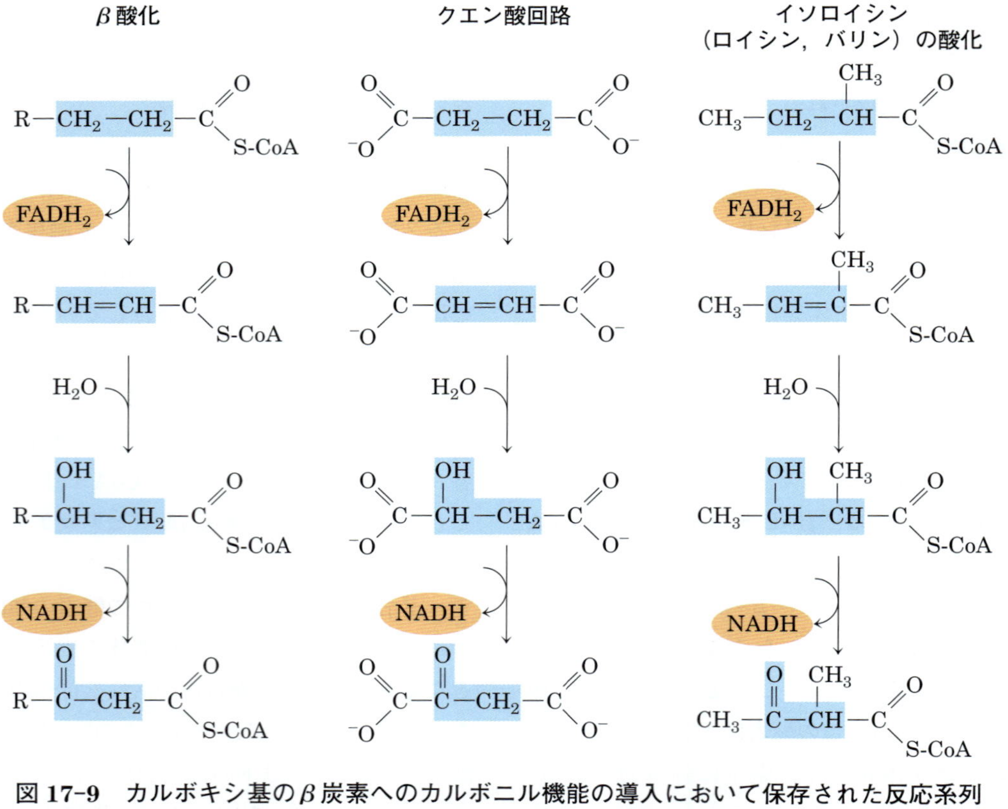

図 17-9 カルボキシ基のβ炭素へのカルボニル機能の導入において保存された反応系列

脂肪酸アシル CoA のβ酸化経路，クエン酸回路におけるコハク酸からオキサロ酢酸への経路，およびイソロイシン，ロイシン，バリンの脱アミノ化炭素骨格が代謝燃料として酸化される経路は，すべてが同じ反応系列を利用する．

アシル基は2炭素原子分だけ短くなる．パルミチン酸を例にすると，補酵素Aエステルで始まるβ酸化を1回通過する際の反応式は次の通りである．

パルミトイルCoA + CoA + FAD + NAD^+ + H_2O ⟶ ミリストイルCoA + アセチルCoA + $FADH_2$ + NADH + H^+ (17-2)

一つのアセチルCoA単位がパルミトイルCoAから除かれると，短くなった脂肪酸（上記の例では炭素数14個のミリスチン酸）の補酵素Aチオエステルが残る．今度はミリストイルCoAが次のβ酸化の過程に入り，最初の場合と正確に同じように，四つのステップから成る酸化反応を経て第二のアセチルCoA分子と炭素数12個のラウリン酸の補酵素AチオエステルであるラウロイルCoAが生成する．要するに，1分子のパルミトイルCoAが8分子のアセチルCoAに酸化されるためには，β酸化の反応系列を7回通過する必要がある（図17-8(b)）．全体の反応式は次のようになる．

パルミトイルCoA + 7CoA + 7FAD + $7NAD^+$ + $7H_2O$ ⟶ 8アセチルCoA + $7FADH_2$ + 7NADH + $7H^+$ (17-3)

脂肪酸の酸化により生じる$FADH_2$各1分子は，呼吸鎖のETFに一対の電子を与え，この電子対がO_2に伝達される際に約1.5分子のATPが生成する．同様に，生成するNADH各1分子は一対の電子をミトコンドリアのNADHデヒドロゲナーゼに渡し，次に各電子対はO_2に伝達されて約2.5分子のATPが生成する．このように，β酸化反応系列の1回通過で取り除かれる2炭素単位ごとに，4分子のATPが生成する．この過程では水も産生されることに注意しよう．NADHや$FADH_2$からO_2への電子伝達は，1電子対あたり1分子のH_2O（「代謝水metabolic water」という）を生成する．NADHによるO_2の還元は，1分子のNADHあたり1個のH^+を次の反応式に従って消費する．

$$\mathrm{NADH} + \mathrm{H^+} + \frac{1}{2}\mathrm{O_2} \longrightarrow \mathrm{NAD^+} + \mathrm{H_2O}$$

冬眠中の動物は，飲まず食わずでいる長期間の生存に必須な代謝エネルギー，熱および水のすべてを脂肪酸の酸化によって得る（Box 17-1）．ラクダは，背中のこぶに貯蔵した脂肪の酸化によって，自然環境では十分には得られない水分を補給している．

パルミトイルCoAの8分子のアセチルCoAへの酸化と，その後の電子伝達および酸化的リン酸を含む全体の反応式は次の通りである．

パルミトイルCoA + 7CoA + $7O_2$ + $28P_i$ + 28ADP ⟶ 8アセチルCoA + 28ATP + $7H_2O$ (17-4)

アセチルCoAはクエン酸回路でさらに酸化される

脂肪酸の酸化によって生じたアセチルCoAは，クエン酸回路によってCO_2とH_2Oへと酸化される．パルミトイルCoAの酸化のステージ2と，ステージ3の共役リン酸化を合わせたバランスシートは次式で表される．

8アセチルCoA + $16O_2$ + $80P_i$ + 80ADP ⟶ 8CoA + 80ATP + $16CO_2$ + $16H_2O$ (17-5)

式17-4と式17-5を合わせると，パルミトイルCoAを二酸化炭素と水に完全酸化する全体の反応式が得られる．

パルミトイルCoA + $23O_2$ + $108P_i$ + 108ADP ⟶ CoA + 108ATP + $16CO_2$ + $23H_2O$ (17-6)

表17-1には，パルミトイルCoAの酸化の連続ステップにおけるNADH，$FADH_2$，ATPの収量をまとめてある．パルミチン酸をパルミトイルCoAへと活性化する際にはATPの二つのリン酸

BOX 17-1 冬の長い眠り
冬眠中の脂肪の酸化

多くの動物は，冬眠中，移動期間中，さらには厳密な代謝調節を必要とする状況下では，エネルギーを貯蔵脂肪に依存する．脂肪代謝の最も顕著な調節の一つは，冬眠中の灰色グマで見られる．この動物は7か月もの期間にわたって睡眠状態のままでいる．他のほとんどの冬眠動物とは異なり，クマは体温を正常（非冬眠状態）のレベル（約40℃）に近い約31℃に維持する．クマは冬眠の間に1日約25,000 kJ(6,000 kcal/日)を消費するが，数か月間摂食や飲水，排尿や排便を一度もしない．心拍数は毎分90から毎分8にまで低下し，呼吸は毎分6～10回から毎分約1回にまで低下する．Chap. 19で述べるように，ミトコンドリアの電子伝達はATP産生から脱共役される．その結果，代謝燃料の酸化により得られるエネルギーのすべてが熱として発散され，はるかに低い大気温に接していても，体温は正常の近くに維持される．

冬眠中の灰色グマは，体脂肪を唯一の燃料として利用することが実験的に示されている．体温の維持，アミノ酸やタンパク質の合成，膜輸送のようなエネルギーを必要とする他の活動のための十分なエネルギーは，脂肪の酸化によってつくられる．また，本文で述べるように，脂肪の酸化によって大量の水が放出され，呼吸によって失われた水を補給する．トリアシルグリセロールの分解によって生成するグリセロールは，糖新生によって血中グルコースへと変換される．アミノ酸の分解によって生成する尿素は，腎臓で再吸収されて再利用される．すなわち，そのアミノ基はからだのタンパク質を維持するための新たなアミノ酸の合成に再利用される．

クマは長い眠りにつく準備として，大量の体脂肪を蓄える．成熟した灰色グマは，晩春から夏にかけて1日約38,000 kJを消費する．しかし，冬に近づくと，1日20時間も食べ続け，1日84,000 kJもの食餌を摂る．この摂食の亢進は，ホルモン分泌の季節変動によるものである．この肥満時期の莫大な糖質の摂取によって，大量のトリアシルグリセロールがつくられる．クマは，最大体重の15～40%を失った後に冬眠から抜け出す．

クマの冬の眠りは，非活動状態 torpor と呼ばれることもあり，体温が高い時期と低い時期を交互にむかえる一群の小動物の冬眠 hibernation 行動とは重要な点で異なる．このような小動物では，冬眠期間の大部分に関して，体温は0℃付近の大気温に近づくが，目を覚ましている短期間はほぼ冬眠前の体温になる．このような期間では，動物たちは食べ，飲み，そして排便する．例えば，ホッキョクジリス（*Urocitellus parryii*）の場合には，体温（冬眠前には37℃）は，冬眠期間は0℃にまで低下し，呼吸数は冬眠前の10%未満になる．

冬眠機構の研究は，ヒトの医療に関する重要な問題についての洞察をもたらすかもしれない．例えば，移植のために提供された臓器の代謝を低下させれば，臓器の生存期間を延ばすことになるかもしれない．そして，もしもヒトが宇宙空間への長旅をするとなれば，非活動様の状態の誘導は，宇宙空間の長旅の単調さを和らげ，食料や酸素などの飛行用の物資の温存につながるかもしれない．

カナダのMcNeil川付近で冬眠用の巣をつくる灰色グマ［出典：Stouffer Productions/Animals Animals.］

表 17-1　1分子のパルミトイル CoA の CO_2 と H_2O への酸化の際の ATP の収率

酵素が触媒する酸化ステップ	生成する NADH または $FADH_2$ 数	最終的に生成する ATP 数[a]
β 酸化		
アシル CoA デヒドロゲナーゼ	7 $FADH_2$	10.5
β-ヒドロキシアシル CoA デヒドロゲナーゼ	7 NADH	17.5
クエン酸回路		
イソクエン酸デヒドロゲナーゼ	8 NADH	20
α-ケトグルタル酸デヒドロゲナーゼ	8 NADH	20
スクシニル CoA シンテターゼ		8[b]
コハク酸デヒドロゲナーゼ	8 $FADH_2$	12
リンゴ酸デヒドロゲナーゼ	8 NADH	20
合　計		108

[a] ミトコンドリアの酸化的リン酸化は，1分子の $FADH_2$ の酸化で 1.5 分子の ATP，1分子の NADH の酸化で 2.5 分子の ATP を生成すると仮定して計算した．
[b] このステップで直接生成する GTP は，ヌクレオシド二リン酸キナーゼ反応によって ATP に成る（p. 743）．

無水結合の開裂が起こるので（図 17-5），脂肪酸活性化のエネルギーコストは 2 分子の ATP に相当し，パルミチン酸 1 分子あたりの正味のエネルギー獲得は 106 分子の ATP となる．パルミチン酸の CO_2 と H_2O への酸化の標準自由エネルギー変化は約 9,800 kJ/mol である．標準状態では，ATP のリン酸結合エネルギーとして回収されるエネルギーは，最大理論値の約 33％に相当する 106 × 30.5 kJ/mol = 3,230 kJ/mol である．しかし，自由エネルギー変化を細胞内での反応物と生成物の実際の濃度から計算すると（例題 13-2，p. 716 参照），自由エネルギーの回収率は 60％以上であり，そのエネルギー保存は極めて効率的である．

不飽和脂肪酸の酸化にはさらに二つの反応が必要である

これまで述べてきた脂肪酸酸化の反応系列は，飽和脂肪酸（すなわち，炭素鎖には単結合だけが存在する）の場合の典型的なものである．しかし，動物や植物のトリアシルグリセロールやリン脂質中の脂肪酸のほとんどは不飽和であり，一つ以上の二重結合を有する．これらの結合はシス配置であり，エノイル CoA ヒドラターゼの作用を受けない．この酵素は β 酸化の際に生成する Δ^2-エノイル CoA のトランス型二重結合への H_2O の付加を触媒する酵素である．二つの補助的な酵素，イソメラーゼとレダクターゼが，一般的な不飽和脂肪酸の β 酸化には必要となる．これらの補助反応について二つの例を用いて説明する．

オレイン酸は豊富に存在する炭素数 18 の一価不飽和脂肪酸であり，C-9 位と C-10 位の間にシス型二重結合（Δ^9 と表示）を有する．酸化の第一ステップで，オレイン酸はオレオイル CoA に変換され，飽和脂肪酸と同様にカルニチンシャトルを介してミトコンドリアのマトリックス内に運ばれる（図 17-6）．次に，オレオイル CoA は脂肪酸酸化反応の回路を 3 回通過し，3 分子のアセチル CoA と炭素数 12 の Δ^3 不飽和脂肪酸の補酵素 A エステルであるシス-Δ^3-ドデセノイル CoA になる（図 17-10）．この生成物はトランス型二重結合のみに作用するエノイル CoA ヒドラターゼの基質とはならない．補助酵素の **Δ^3, Δ^2-エノイル CoA イソメラーゼ** Δ^3, Δ^2-enoyl-CoA isomerase は，シス-Δ^3-エノイル CoA をトランス-Δ^2-エノイル CoA に異性化し，これはエノイル CoA ヒドラターゼによって，対応する L-β-ヒドロキシアシル CoA（トランス-Δ^2-ドデセノイル CoA）に変換される．この中間体は，その後β酸化の残りの酵素の作用を受け，アセチル CoA と炭素数 10 の飽和脂肪酸の補酵素 A エステル，すなわちデカノイル CoA になる．デカノイル CoA はβ酸化経路をさらに 4 回通過し，さらに 5 分子のアセチル CoA が生じる．全体として，9 分子のアセチル CoA が炭素数 18 のオレイン酸 1 分子から生成する．

多価不飽和脂肪酸，例えばシス-Δ^9，シス-Δ^{12} 配置をもつ炭素数 18 のリノール酸の酸化には，別の補助酵素（レダクターゼ）が必要である（図 17-11）．リノレオイル CoA は，β酸化経路を 3 回通過して 3 分子のアセチル CoA とシス-Δ^3，シス-Δ^6 配置をもつ炭素数 12 の不飽和脂肪酸の補酵素 A エステルになる．この中間体はその二重結合の位置と配置（トランスではなく，シスである）が不適切なので，β酸化経路の酵素で利用されることはない．しかし，図 17-11 に示すように，エノイル CoA イソメラーゼと **2, 4-ジエノイル CoA レダクターゼ** 2,4-dienoyl-CoA reductase の共同作用によって，この中間体はβ酸化経路に入り，分解されて 6 個のアセチル CoA になることのできる中間体に変換される．その結果，全体としてリノール酸は 9 分子のアセチル CoA に変換される．

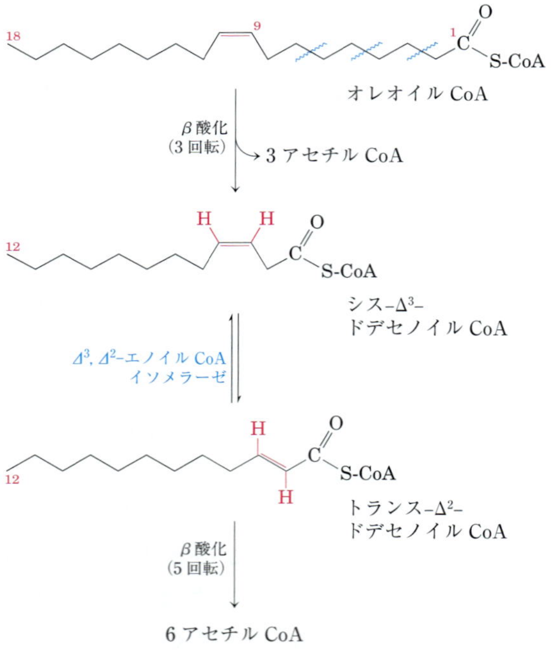

図 17-10 一価不飽和脂肪酸の酸化

ここではオレオイル CoA（Δ^9）としてのオレイン酸を例にする．酸化には補助的な酵素のエノイル CoA イソメラーゼが必要である．この酵素は二重結合を再配置し，シス異性体をβ酸化の中間体であるトランス異性体に変換する．

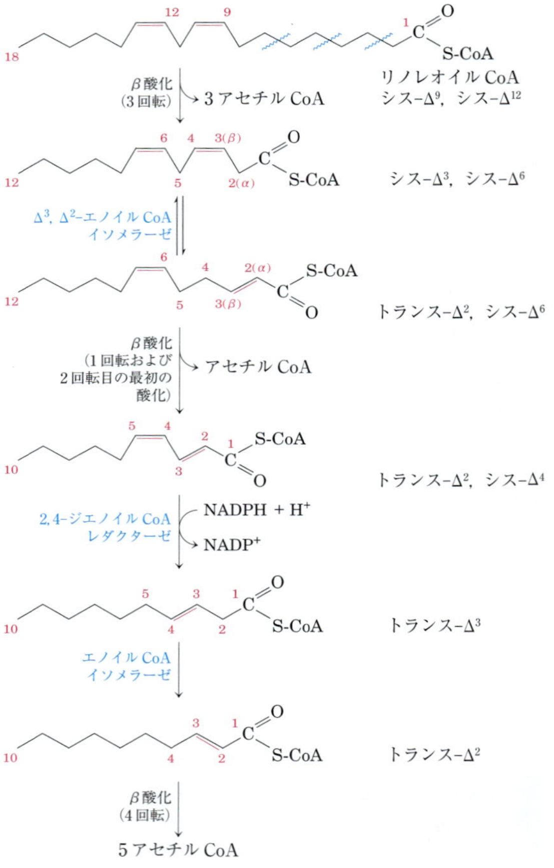

図 17-11 多価不飽和脂肪酸の酸化

ここではリノレオイル CoA（$\Delta^{9,12}$）としてのリノール酸を例にする．酸化にはエノイル CoA イソメラーゼの他に，第二の補助酵素として NADPH 依存性 2,4-ジエノイル CoA レダクターゼを必要とする．これら二つの酵素の共同作用によって，トランス-Δ^2，シス-Δ^4-ジエノイル CoA 中間体はβ酸化に必要な基質であるトランス-Δ^2-エノイル CoA に変換される．

奇数個の炭素をもつ脂肪酸の完全酸化には三つの特別な反応が必要である

天然に存在するほとんどの脂質は偶数個の炭素原子をもつ脂肪酸を含有するが，奇数個の炭素原子をもつ脂肪酸が，多くの植物やある種の海洋生物の脂質に一般的に見られる．ウシや他の反芻動物は，第一胃での糖質の発酵の際に三炭素化合物の**プロピオン酸** propionate (CH_3-CH_2-COO^-) を大量に生成する．プロピオン酸は吸収されて血中に移行し，肝臓や他の組織で酸化される．

奇数個の炭素をもつ長鎖脂肪酸は，偶数個の脂肪酸と同じ経路で，炭素鎖のカルボキシ末端から酸化される．しかし，β酸化経路の最後の過程の基質は，炭素数5個の脂肪酸をもつ脂肪酸アシル CoA である．これが酸化分解されたときの生成物はアセチル CoA と**プロピオニル CoA** propionyl-CoA である．アセチル CoA はもちろんクエン酸回路で酸化されるが，プロピオニル CoA は三つの酵素が関与する別の経路に入る．

プロピオニル CoA はまず，補因子としてビオチンを含む**プロピオニル CoA カルボキシラーゼ** propionyl-CoA carboxylase によってカルボキシ化され，**メチルマロニル CoA** methylmalonyl-CoA の D 型立体異性体になる（図 17-12）．この酵素反応において，ピルビン酸カルボキシラーゼ反応（図 16-17 参照）と同様に，CO_2（またはその水和型イオン，HCO_3^-）は基質（この場合はプロピオン酸部分）に転移する前にビオチンに結合して活性化される．カルボキシビオチン中間体の形成はエネルギーを必要とし，このエネルギーは ATP によって供給される．このようにして生成した D-メチルマロニル CoA は，**メチルマロニル CoA エピメラーゼ** methylmalonyl-CoA epimerase によってその L 型立体異性体に酵素的にエピマー化される（図 17-12）．その後，L-メチルマロニル CoA は分子内転位し，クエン酸回路に入ることのできるスクシニル CoA になる．この転位は**メチルマロニル CoA ムターゼ** methylmalonyl-CoA mutase によって触媒される．この酵素は補酵素としてビタミン B_{12}（コバラミン）に由来する **5′-デオキシアデノシルコバラミン** 5′-deoxyadenosylcobalamin（別名：**補酵素 B_{12}** coenzyme B_{12}）を必要とする．この注目すべき交換反応での補酵素 B_{12} の役割については，Box 17-2 で述べる．

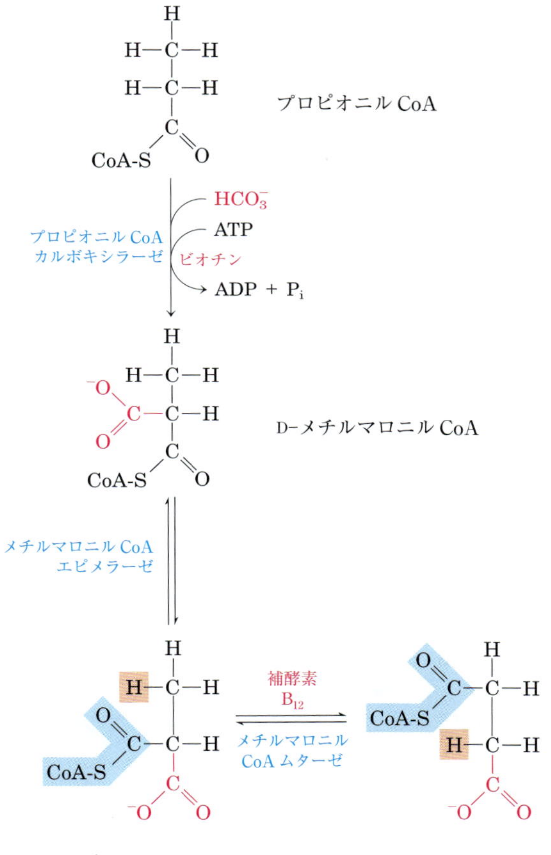

図 17-12　奇数個の炭素をもつ脂肪酸のβ酸化により産生されるプロピオニル CoA の酸化

この経路には，プロピオニル CoA の D-メチルマロニル CoA へのカルボキシ化と D-メチルマロニル CoA のスクシニル CoA への変換が関与する．この変換には D-メチルマロニル CoA の L-型へのエピマー化が必要であり，隣接する炭素原子の置換基が位置を交換するという珍しい反応を伴う（Box 17-2 参照）．

BOX 17-2　補酵素 B_{12}　複雑な問題の根本的な解決

メチルマロニル CoA ムターゼ反応（図 17-12 参照）において，プロピオン酸の C-2 位に結合している -CO-S-CoA 基は，同じプロピオン酸の C-3 位の水素原子と置換する（図 1(a)）．補酵素 B_{12} はこの反応の補因子であり，このタイプの反応を触媒するほぼすべての酵素の補因子でもある（図 1(b)）．これらの補酵素 B_{12} 依存性反応の過程は，生物学では非常にまれな酵素反応に属するものであり，アルキル基あるいは置換されたアルキル基（X）を，隣接する炭素上の水素原子と交換する．ただし，この交換される水素原子が溶媒である H_2O の水素原子と混ざり合うことはない．水素原子が溶媒中の大過剰の水素原子と混ざり合うことなく，二つの炭素間をどのようにして移動すること

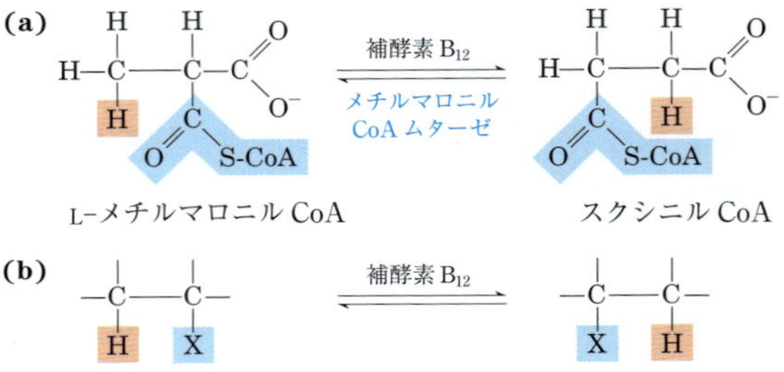

図 1

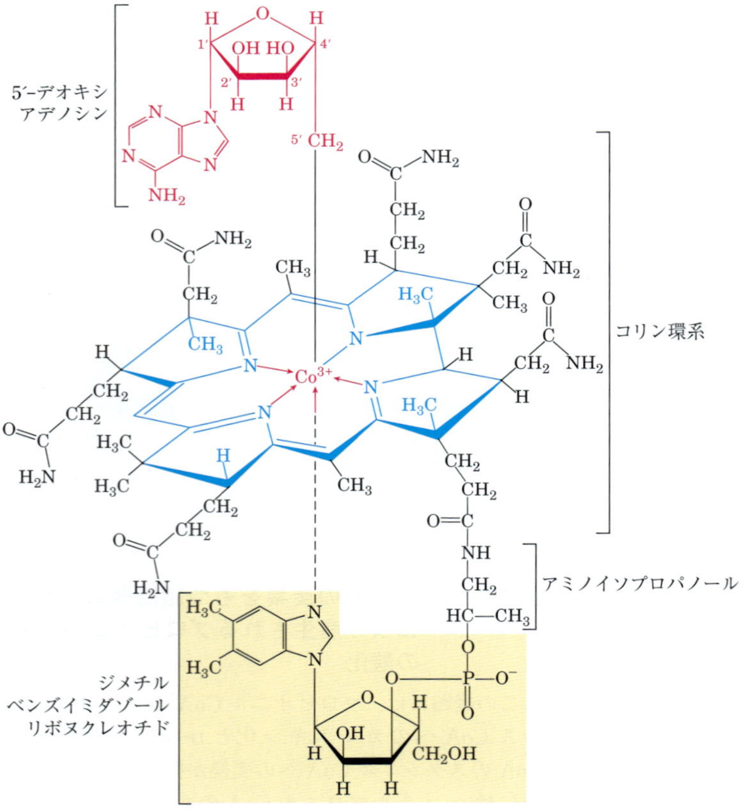

図 2

Dorothy Crowfoot Hodgkin
(1910–1994)
［出典：Bettmann/Corbis.］

ができるのだろうか.

補酵素 B_{12} はビタミン B_{12} の補因子型であり，これは複雑な有機分子であるだけでなく，必須微量元素のコバルトを含む点で，すべてのビタミンの中でもユニークなものである．コバルト（Co^{3+} として）が配位結合しているビタミン B_{12} の複雑な**コリン環系** corrin ring system（図 2 の青色部分）は，化学的にはヘムやヘムタンパク質のポルフィリン環系 porphyrin ring system と関連がある（図 5-1 参照）．コバルトの第五配位子は，ジメチルベンズイミダゾールリボヌクレオチド（黄色の網かけ部分）で占められており，その 3-リン酸基でアミノイソプロパノールを介してコリン環の側鎖に共有結合している．この複雑な補因子は，ATP から三リン酸が開裂する二つの既知反応のうちの一つによって生成する（図 3）．ちなみに，もう一つの反応は，ATP とメチオニンからの *S*-アデノシルメチオニンの生成である（図 18-18 参照）．

通常単離されるビタミン B_{12} は，コバルトの第六配位子に結合しているシアノ基（精製中に除かれる）を含むので**シアノコバラミン** cyanocobalamin と呼ばれる．メチルマロニル CoA ムターゼの補因子である **5′-デオキシアデノシルコバラミン** 5′-deoxyadenosylcobalamin では，シアノ基は **5′-デオキシアデノシル基** 5′-deoxyadenosyl group（図 2 の赤色部分）で置換されており，C-5′ 位を介してコバルトに共有結合している．この補因子の三次元構造は，X 線結晶構造解析によって 1956 年に Dorothy Crowfoot Hodgkin によって決定された．

補酵素 B_{12} がどのようにして水素の交換を触媒するのかを理解する鍵は，コバルトとデオキシアデノシル基の C-5′ 位との間の共有結合の性質にある（図 2）．これは比較的弱い結合であり，この Co-C 結合を開裂するためには，この化合物に可視光を照射するだけ十分である（植物にビタミン B_{12} が存在しないのは，おそらくこの著しい光不安定性による）．この開裂によって，5′-デオキシアデノシルラジカルと Co^{2+} 型のビタミン B_{12} が生成する．5′-デオキシアデノシルコバラミンの化学的な役割はこのようにフリーラジカルを生成することにあり，図 4 に示すような一連の変換を開始させる．これはメチルマロニル CoA ムターゼによって触媒される反応や他の多くの補酵素 B_{12} 依存的転位反応の推定反応機構である．この推定機構において，移動する水素原子は決して遊離の状態では存在せず，周囲の水分子の水素と交換することはない．

ビタミン B_{12} 欠乏は重篤な疾患を引き起こす．このビタミンは植物や動物ではつくられず，数種類の微生物でのみ合成される．健常人はこれを極微量，1 日あたり約 3 μg を必要とする．重篤な疾患である**悪性貧血** pernicious anemia は，腸内細菌によって合成されたり肉の消化で得られたりするビタミン B_{12} が腸から効率よく吸収されないことに起因する．この病気の患者は，ビタミン B_{12} の吸収に必須の糖タンパク質である**内因子** intrinsic factor を十分量産生することができない．悪性貧血の病理は，赤血球産生の減少，ヘモグロビン量の低下，中枢神経系の重症進行性障害などを含む．ビタミン B_{12} の大量投与は，少なくともいくつかの症例ではこれらの症状を軽減する．■

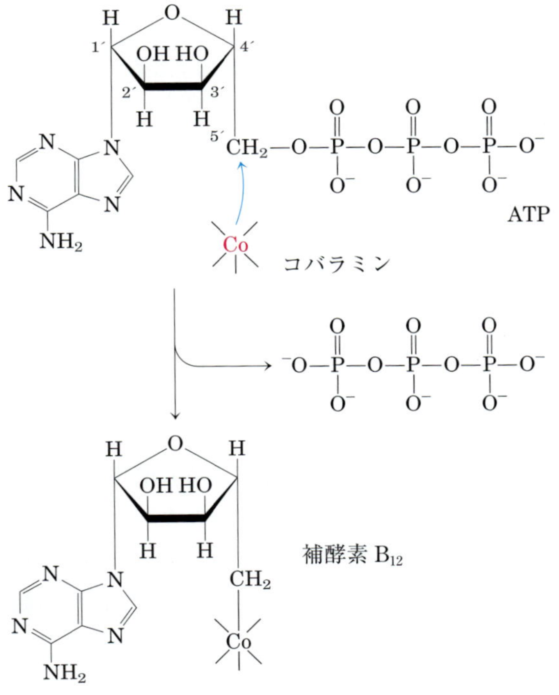

図 3

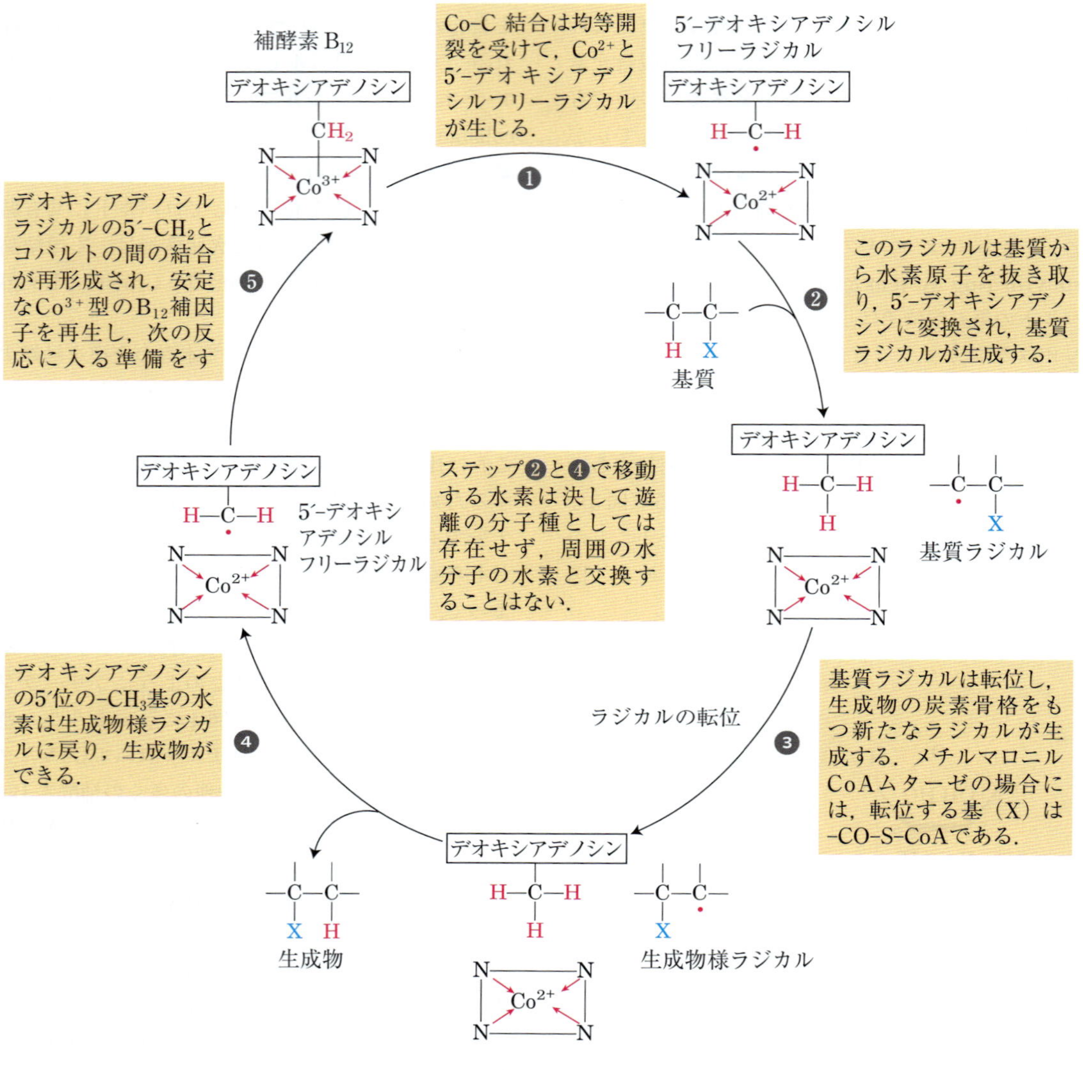

機構図 4

脂肪酸酸化は厳密に調節される

脂肪酸の酸化は貴重な燃料を消費するので，その生物にエネルギーの必要性が生じたときにのみ，その酸化が起こるように調節される．肝臓では，サイトゾルで生成する脂肪酸アシル CoA を利用するために，次の二つの主要な経路がある．(1) ミトコンドリアの酵素によるβ酸化，(2) サイトゾルの酵素によるトリアシルグリセロールとリン脂質への変換．どちらの経路をとるかは，長鎖脂肪酸アシル CoA のミトコンドリア内への輸送速度に依存する．脂肪酸アシル基がサイトゾルの脂肪酸アシル CoA としてミトコンドリアマトリックスに運ばれる 3 ステップの過程（カルニチンシャトル）（図 17-6）が，脂肪酸酸化の律速であり，重要な調節点である．脂肪酸アシル基は，いったんミトコンドリア内に入ると，アセチル CoA へと酸化されるようになる．

サイトゾルにおけるアセチル CoA からの長鎖脂肪酸の生合成の最初の中間体である**マロニル CoA** malonyl-CoA（図 21-2 参照）の濃度は，動物が糖質を十分に供給されるときは常に上昇する．酸化されたり，グリコーゲンとして貯蔵されたりすることのない過剰のグルコースは，サイトゾルで脂肪酸に変換され，トリアシルグリセロールとして貯蔵される．肝臓に燃料としてグルコースが十分に供給され，過剰のグルコースからトリアシルグリセロールが活発につくられているときには，マロニル CoA によるカルニチンアシルトランスフェラーゼ 1 の阻害によって，脂肪酸の酸化は確実に阻止される（図 17-13）．

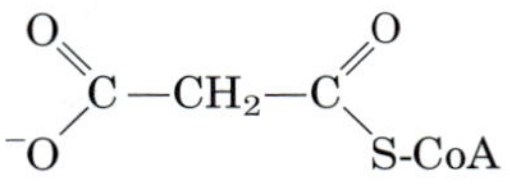

マロニル CoA

β 酸化の酵素のうちの二つも，エネルギー充足のシグナルとなる代謝物によって調節を受ける．[NADH]/[NAD^+] 比が大きいときに，β-ヒドロキシアシル CoA デヒドロゲナーゼは阻害される．さらに，チオラーゼは高濃度のアセチル CoA によって阻害される．

Chap. 15 から，活発な筋収縮期や絶食中では，ATP 濃度の低下と AMP 濃度の上昇が AMPK

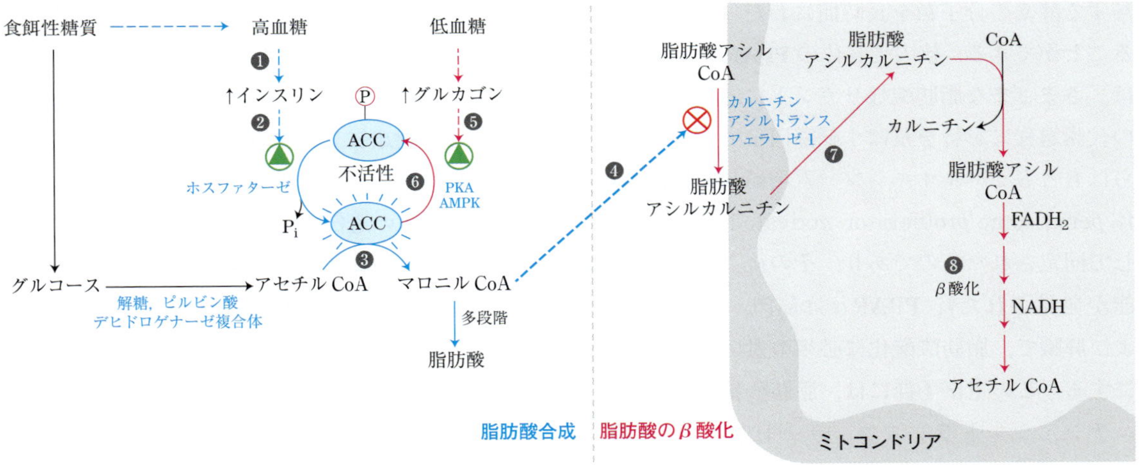

図 17-13　脂肪酸の合成と分解の協調的調節

食餌によって糖質だけが代謝燃料として供給されると，脂肪酸の β 酸化は不要となって抑制される．脂肪酸代謝を協調的に保つためには二つの酵素が鍵となる．一つはアセチル CoA カルボキシラーゼ（ACC）であり，これは脂肪酸合成の最初の酵素である（図 21-1 参照）．もう一つの酵素はカルニチンアシルトランスフェラーゼ 1 であり，これは β 酸化のために脂肪酸がミトコンドリアマトリックス内に移行するのを制限している（図 17-6 参照）．高糖質食の摂取は血糖値を上昇させ，❶ インスリン放出を引き起こす．❷ インスリン依存的なプロテインホスファターゼが ACC を脱リン酸化して活性化する．❸ ACC はマロニル CoA（脂肪酸合成の最初の中間体）の生成を触媒する．❹ マロニル CoA はカルニチンアシルトランスフェラーゼ 1 を阻害し，それによってミトコンドリアマトリックス内への脂肪酸の流入を阻止する．食間で血糖値が低下すると，❺ グルカゴンが放出されて cAMP 依存性プロテインキナーゼ（PKA）を活性化する．❻ PKA は ACC をリン酸化して不活性化する．AMP 濃度が上昇すると，AMPK もまた ACC をリン酸化して不活性化する．マロニル CoA 濃度は低下し，脂肪酸のミトコンドリアマトリックス内への流入の抑制は緩和される．❼ 脂肪酸はミトコンドリアマトリックス内に入り，❽ 主要な燃料となる．グルカゴンは脂肪組織において脂肪酸の動員も引き起こすので，脂肪酸の血中への供給は上昇し始める．

（AMP 活性化プロテインキナーゼ）を活性化することを思い出そう．AMPK は，マロニル CoA 合成を触媒するアセチル CoA カルボキシラーゼを含む数種の標的酵素をリン酸化する．このリン酸化，すなわちアセチル CoA カルボキシラーゼの阻害はマロニル CoA の濃度を低下させ，ミトコンドリアへの脂肪酸アシルカルニチンの輸送の阻害を緩和し（図 17-13），ATP 供給を補充するための β 酸化を可能にする．

転写因子は脂質の異化のためにタンパク質合成を調節する

既存の酵素の活性を調節するさまざまな短時間の調節機構に加えて，転写調節は脂肪酸酸化に関与する酵素の分子数を長時間にわたって変化させることができる．核内受容体の **PPAR** ファミリーは，さまざまな脂肪酸様リガンドに応答して多くの代謝過程に影響を及ぼす転写因子である（これらはもともとペルオキシソーム増殖剤応答性受容体 *p*eroxisome *p*roliferator-*a*ctivated *r*eceptor として同定されたものであり，その後より広範な機能が発見された）．PPAR α は筋肉，脂肪組織および肝臓で，脂肪酸酸化に必須の遺伝子群をオンにする．この遺伝子群には，脂肪酸輸送体，カルニチンアシルトランスフェラーゼ 1 と 2，短鎖，中鎖，長鎖，超長鎖アシル基に対する脂肪酸アシル CoA デヒドロゲナーゼ，および関連酵素の遺伝子が含まれる．この応答は，食間の絶食時や長期間の飢餓条件下のような，脂肪の異化によるエネルギー需要が高まったときに起こる．低血糖に応答して放出されるグルカゴンは，cAMP と転写因子 CREB を介して作用し，脂質異化のための特定の遺伝子をオンにする．

脂肪酸酸化に関与する酵素の発現の大きな変化を伴う別の状況として，心臓における胎児性代謝から新生児代謝への変化がある．胎児の心筋における主要な代謝燃料はグルコースと乳酸であるが，新生児の心臓では脂肪酸が主要な燃料である．この変化の時期に，PPAR α が活性化され，次に脂肪酸代謝に必須の遺伝子を活性化する．Chap. 23 で述べるように，PPAR ファミリーの他の二つの転写因子も，特定の時期に特定の組織の酵素の総量（したがって代謝活性）の調整において極めて重要な役割を果たす（図 23-43 参照）．

休息時や運動中の脂肪酸酸化の主要な部位は骨格筋と心筋である．持久力のトレーニングは筋肉内の PPAR α の発現を増大させ，脂肪酸酸化酵素のレベルを上昇させ，筋肉の酸化能を高める．

脂肪酸アシル CoA デヒドロゲナーゼの遺伝的欠損は重篤な疾患を引き起こす

貯蔵トリアシルグリセロールは，典型的な筋収縮の主要エネルギー源である．トリアシルグリセロールに由来する脂肪酸を酸化できないことは，健康にとって深刻な結果をもたらす．米国や北ヨーロッパの住民に最も一般的に見られる脂肪酸異化の遺伝的欠損は，前述した**中鎖アシル CoA デヒドロゲナーゼ** medium-chain acyl-CoA dehydrogenase（**MCAD**）をコードする遺伝子の変異によるものである．北ヨーロッパ人の間では，保因者（二つの相同染色体のうちの一つにこの劣性変異をもつ人）の頻度は約 40 人に 1 人であり，約 1 万人に 1 人がこの病気になる．すなわち，この病気の人は 2 コピーの変異 MCAD 対立遺伝子をもち，炭素数 6 ～ 12 の脂肪酸を酸化することができない．このような疾患は肝臓への脂肪の蓄積，オクタン酸（8:0）の高血中濃度，低血糖，傾眠，嘔吐，昏睡を含む症候群の反復性発症を特徴とする．個々の患者は各発症の間では何の症状も示さないが，発症すると極めて重篤である．この病気の死亡率は乳幼児期では 25 ～ 60% である．もしもこの遺伝的欠損が生後すぐに発見されれば，その幼児は低脂肪-高糖質食を始めることができる．からだに脂肪をエネルギーとして蓄積するのを予防するために，食餌の間隔を長くすることを避けるなどを含めた早期発見と食餌の注意深い管理によって，これらの遺伝的欠損者の予後は良好となる．

新生児において可能性のある脂肪酸酸化の代謝欠陥をスクリーニングするために，少量の血液試料でアシルカルニチンの血中レベルが測定される．脂肪酸酸化がうまくいかないときには，アシルカルニチンがミトコンドリアに蓄積し，サイトゾル，そして血中へと運び出される．この血中のアシルカルニチンは，タンデム質量分析によって検出可能である（p. 139）．

脂肪酸の輸送や酸化に遺伝的欠損のある 20 以上の疾患が報告されているが，これらのほとんどは MCAD の欠損例よりもはるかに少ない．最も重篤な疾患の一つは，三機能性タンパク質（TFP）の長鎖 β-ヒドロキシアシル CoA デヒドロゲナーゼ活性の欠損により生じる．他の疾患には，TFP の三つのすべての活性に影響し，重篤な心疾患や骨格筋異常を引き起こす α サブユニットまたは β サブユニットの欠損が含まれる．■

ペルオキシソームも β 酸化を行う

動物細胞における脂肪酸酸化の主要部位はミトコンドリアマトリックスであるが，ある種の細胞では他のコンパートメントにも，ミトコンドリアと同じではないがよく似た経路で脂肪酸をアセチル CoA に酸化することができる酵素群が含まれる．植物細胞では，β 酸化の主要部位はミトコンドリアではなく，ペルオキシソームである．

ペルオキシソーム peroxisome は，動物細胞と植物細胞の両方に存在する細胞小器官であり，そこでの脂肪酸 β 酸化の中間体は補酵素 A 誘導体であり，その反応過程はミトコンドリアと同様に次の四つのステップから成る（図 17-14）．(1) 脱水素，(2) 形成された二重結合への水の付加，(3) β-ヒドロキシアシル CoA のケトンへの酸化，(4) 補酵素 A によるチオール開裂（同じ反応は，発芽中の種子にのみ見られる細胞小器官であるグリオキシソームでも起こる）．

ペルオキシソームとミトコンドリアでの経路の違いは，第一ステップの化学過程にある（図 17-14）．ペルオキシソームでは，二重結合を導入するフラビンタンパク質のアシル CoA オキシダーゼが電子を O_2 に直接渡し，H_2O_2 を生成する（このために「ペルオキシソーム」と名づけられた）．この強力で傷害性のオキシダント（酸化体）oxidant は**カタラーゼ** catalase によってすぐに H_2O と O_2 に分解される．一方，ミトコンドリアでは，最初の酸化ステップで除かれた電子は，呼吸鎖を通って O_2 に受け渡されて H_2O を生成する．なお，この過程は ATP 合成を伴う．ペルオキシソームでは，脂肪酸分解の最初の酸化段階で放出されるエネルギーは ATP として保存されるのではなく，熱として散逸される．

哺乳類におけるミトコンドリアとペルオキシソームでの β 酸化の 2 番目の重要な相違点は，脂肪酸アシル CoA に対する特異性にある．ペルオキシソーム系は，ヘキサコサン酸（26：0）のような超長鎖脂肪酸およびフィタン酸やプリスタン酸のような分枝鎖脂肪酸（図 17-17 参照）に対する作用がずっと強い．これらの微量脂肪酸は，毎日摂取する乳製品，反芻動物の脂肪，食肉，魚などの摂取によって得られる．ペルオキシソームにおけるこれらの異化には，この細胞小器官に特有のいくつかの補助的な酵素が関与する．これらの化合物を酸化できないことは，いくつかの重篤なヒトの遺伝性疾患に関係している．**ツェルベーガー症候群** Zellweger syndrome の患者はペルオキシソームを形成できず，そのためにこの細胞小器官に特有のすべての代謝を欠いている．**X 染色体性副腎白質ジストロフィー** X-linked adrenoleukodystrophy（**XALD**）では，ペルオキシソームは超長鎖脂肪酸の酸化を行わないが，こ

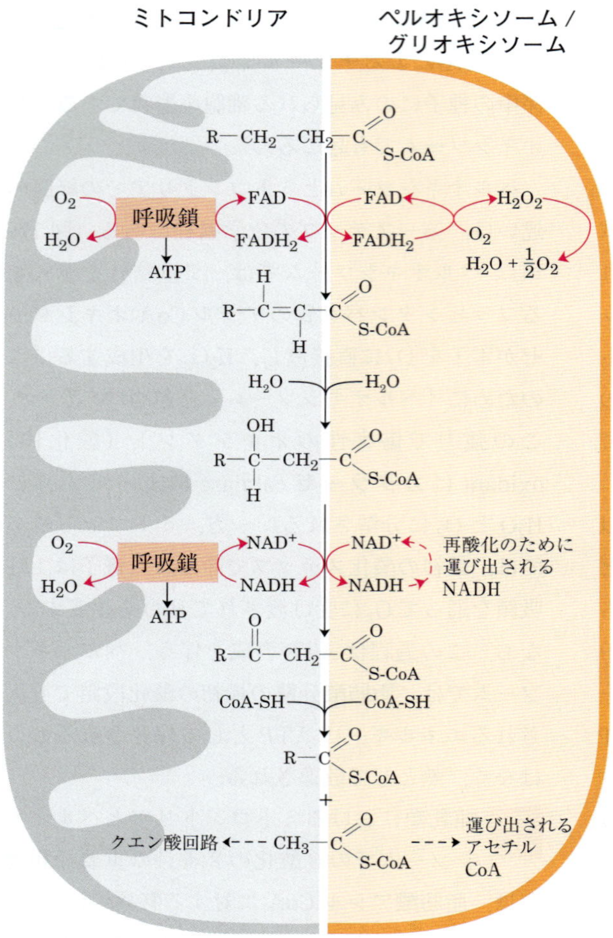

図 17-14 ミトコンドリアでの β 酸化とペルオキシソームやグリオキシソームでの β 酸化の比較

ペルオキシソーム/グリオキシソーム系はミトコンドリア系と次の三点で異なる．(1) ペルオキシソーム系は超長鎖脂肪酸に対する選択性を示す．(2) 酸化の第一ステップで，電子は O_2 に直接渡されて H_2O_2 を生成する．(3) 酸化の第二ステップで生成した NADH は，ペルオキシソームやグリオキシソームでは再酸化されず，還元当量がサイトゾルに運び出され，最終的にはミトコンドリアに入る．ペルオキシソームやグリオキシソームで生成するアセチル CoA も運び出され，グリオキシソーム（発芽種子にのみ見られる細胞小器官）に由来する酢酸は生合成前駆体として役立つ（図 20-55 参照）．ミトコンドリアで生成するアセチル CoA はクエン酸回路でさらに酸化される．

れは明らかにペルオキシソーム膜にこれら脂肪酸に対する機能的な輸送体がないためである．これら両方の欠損では，血中への超長鎖脂肪酸，特に 26 : 0 の蓄積が起こる．10 歳までの男児が XALD に冒され，数年以内に失明し，行動障害を起こして死に至る．■

哺乳類では，食餌中の脂肪濃度が高いと肝臓のペルオキシソームでの β 酸化を行う酵素の合成が高まる．肝臓のペルオキシソームはクエン酸回路の酵素を含まず，アセチル CoA の CO_2 への酸化を触媒することはできない．その代わりに，長鎖脂肪酸や分枝鎖脂肪酸が，ペルオキシソームにおいてヘキサノイル CoA のような短鎖脂肪酸生成物へと異化される．このような生成物はミトコンドリアに送られ，そこで完全に酸化される．Chap. 20 で見るように，植物の発芽中の種子は，脊椎動物には存在しない代謝経路（グリオキシル酸回路）を用いてペルオキシソームで産生されるアセチル CoA から，糖質や他の多くの代謝物を合成することができる．

異なる細胞小器官の β 酸化酵素は進化の過程で分かれてきた

ミトコンドリアの β 酸化反応は，ペルオキシソームやグリオキシソームの β 酸化と本質的に同じであるが，酵素（アイソザイム）はこれら二つのタイプの細胞小器官の間で著しく異なる．この相違は，グラム陰性細菌とグラム陽性細菌の分離が起こった極めて初期の時点の進化的な分岐を反映しているようである（図 1-7 参照）．

ミトコンドリアでは，短鎖脂肪酸アシル CoA に対して作用する四つの β 酸化酵素は別々の可溶性タンパク質であり，グラム陽性細菌の同類の酵素と構造が似ている（図 17-15(a)）．グラム陰性細菌は三つの可溶性サブユニットに四つの活性をもっている（図 17-15(b)）．長鎖脂肪酸に作用する真核生物の酵素系，すなわち三機能性タンパク質（TFP）は，膜に結合している二つのサブユニットに三つの酵素活性をもっている（図 17-15(c)）．しかし，植物のペルオキシソームやグリオキシソームの β 酸化酵素はタンパク質複合体を形成し，その一つは単一ポリペプチド鎖上に四つの酵素活性を含んでいる（図 17-15(d)）．最初の酵素のアシル CoA オキシダーゼは単一のポリペプチド鎖である．**多機能性タンパク質** multifunctional protein（**MFP**）は不飽和脂肪酸の酸化に必要な二つの補助的な活性（D-3-ヒドロキシアシル CoA エピメラーゼと Δ^3, Δ^2-エノイル CoA イソメラーゼ）だけでなく，第二および第三の酵素活性（エノイル CoA ヒドラターゼとヒドロキシアシル CoA デヒドロゲナーゼ）も含んでいる．第四の酵素のチオラーゼは別の可溶性ポリペプチドである．

脂肪酸合成において β 酸化とは本質的に逆の反応を触媒する酵素が，原核生物と真核生物とでは異なる構成であることは興味深い．細菌では，脂肪酸合成に必要な七つの酵素は別々のポリペプチドであるが，哺乳類では七つの酵素活性のすべてが単一の巨大なポリペプチド鎖の一部である（図 21-3(a)参照）．単一ポリペプチド鎖に同一経路のいくつかの酵素活性をもつことの一つの利点は，機能的に協調しなければならない酵素の合成を調節する上での問題が解消されることである．すなわち，単一遺伝子の発現調節によって，経路上の全酵素の活性部位を同じ数だけつくり出すことが保証される．各酵素活性が別々のポリペプチド上にあるときには，すべての遺伝子産物の合成を調整するための何らかの機構が必要となる．同じポリペプチド上にいくつかの酵素活性があることの欠点は，ポリペプチド鎖がより長くなり，その合成の際に誤りが生じる可能性が大きくなることである．ポリペプチド鎖の一つの間違ったアミノ酸がそのポリペプチド鎖上のすべての酵素活性を役に立たなくするかもしれない．多くの生物種におけるこれらタンパク質の遺伝子構造の比較は，進化における戦略の選択理由の解明に役立つかもしれない．

脂肪酸の ω 酸化は小胞体で行われる

脂肪酸のカルボキシ末端に酵素が作用するミトコンドリアでの β 酸化は，動物細胞における脂肪酸のとりわけ重要な異化代謝であるが，脊椎動物を含むある種の生物には別経路がある．その経路は，カルボキシ基から最も離れた炭素である ω 炭素の酸化が関与する．**ω 酸化** ω oxidation に特有の酵素は肝臓や腎臓の小胞体に局在しており，炭素原子数が10か12の脂肪酸が良い基質となる．哺乳類における ω 酸化は一般に脂肪酸分解の副経路であるが，β 酸化に欠陥（例えば，突然変異やカルニチン欠損症）があるときにはより重要になる．

第一ステップでは，ω 炭素にヒドロキシ基が導入される（図 17-16）．このヒドロキシ基の酸素は，シトクロム P450 と電子供与体 NADPH が関与する複雑な反応における分子状酸素（O_2）に由来する．このタイプの反応は，Box 21-1 で述べる**混合機能オキシゲナーゼ** mixed-function oxygenase によって触媒される．さらに二つの酵素が ω 炭素に作用する．**アルコールデヒドロゲナーゼ** alcohol dehydrogenase はヒドロキシ基をアルデヒドに酸化し，**アルデヒドデヒドロゲナー**

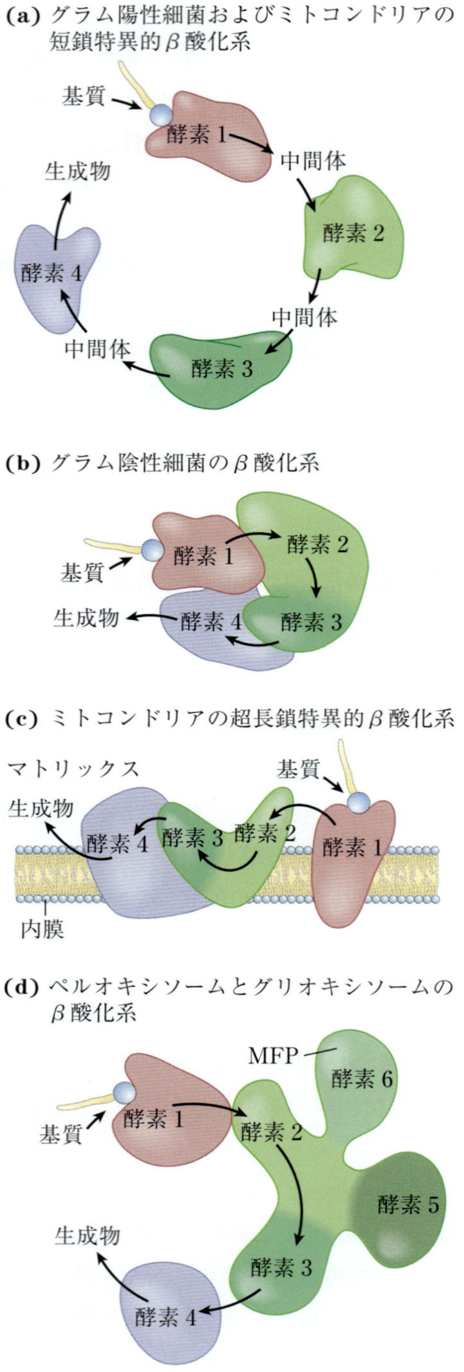

酵素 1　アシル CoA デヒドロゲナーゼ
酵素 2　エノイル CoA ヒドラターゼ
酵素 3　L-β-ヒドロキシアシル CoA デヒドロゲナーゼ
酵素 4　チオラーゼ
酵素 5　D-3-ヒドロキシアシル CoA エピメラーゼ
酵素 6　Δ^3, Δ^2-エノイル CoA イソメラーゼ

図 17-15　β酸化の酵素

グラム陽性細菌，グラム陰性細菌，ミトコンドリア，ペルオキシソームおよびグリオキシソームにおけるβ酸化に関与する酵素のサブユニット構造の違いを示す．**(a)** グラム陽性細菌の四つの酵素は，ミトコンドリアの短鎖脂肪酸に特異的な系の酵素と同様に，別々に存在して可溶性である．**(b)** グラム陰性細菌では，四つの酵素活性は三つのポリペプチド鎖上に存在し，酵素 2 と酵素 3 は単一ポリペプチド鎖上にある．**(c)** ミトコンドリアの超長鎖脂肪酸に特異的な系も三つのポリペプチドで構成されており，その一つは酵素 2 と酵素 3 の活性を含む．この場合には，β酸化の酵素系はミトコンドリア内膜に結合している．**(d)** 植物のペルオキシソームとグリオキシソームのβ酸化系では，酵素 1 と酵素 4 は別々のポリペプチドであるが，酵素 2 と酵素 3，および二つの補助酵素（酵素 5 および酵素 6）は単一ポリペプチド鎖の一部である．すなわち多機能性タンパク質（MFP）に存在する．

ゼ aldehyde dehydrogenase はアルデヒド基をカルボン酸に酸化し，各末端にカルボキシ基をもつ脂肪酸を生成する．この時点では，どちらかの末端に補酵素 A が結合することができ，この分子はミトコンドリアに入って通常の経路でβ酸化を受けることができる．この経路では，アセチル CoA と，12，10，8，6，および 4 炭素から成るジカルボン酸が放出される．4 炭素酸（コハク酸）

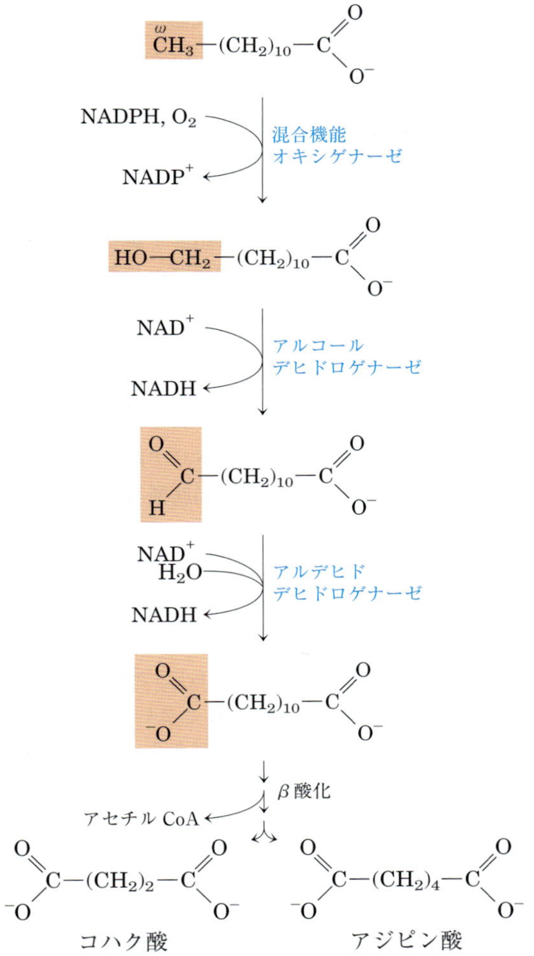

図 17-16 小胞体における脂肪酸の ω 酸化

β 酸化のこの別経路は，α 炭素から最も離れた炭素（ω 炭素）の酸化で始まる．基質は通常は中鎖脂肪酸（ここではラウリン酸を示す）である．この経路は一般に脂肪酸の酸化的異化の主要ルートではない．

は，クエン酸回路に入り，代謝燃料として酸化を受ける．

フィタン酸はペルオキシソームで α 酸化される

メチル基の分枝がある長鎖脂肪酸であるフィタン酸 phytanic acid は，クロロフィルのフィトール側鎖に由来する（図 20-8 参照）．

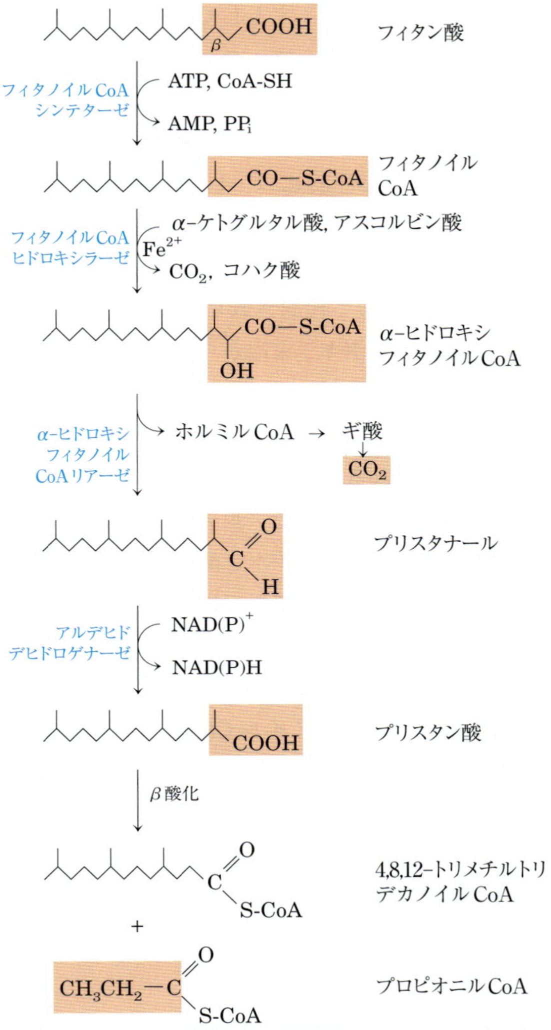

図 17-17 ペルオキシソームにおける分枝鎖脂肪酸（フィタン酸）の α 酸化

フィタン酸は β 炭素にメチル置換基を有するので β 酸化を受けない．ここに示す酵素の共同作用によって，フィタン酸のカルボキシ基の炭素が取り除かれ，プリスタン酸になる．プリスタン酸の β 炭素は置換されていないので β 酸化を受ける．プリスタン酸の β 酸化では，アセチル CoA ではなくてプロピオニル CoA が生成することに注意しよう．プロピオニル CoA は図 17-12 のようにしてさらに異化される（プリスタナールを産生する反応の詳細についてはまだ異論がある）．

この脂肪酸の β 炭素にはメチル基が存在するので，β ケト中間体の生成が妨げられ，β 酸化が不可能になる．ヒトは，主として乳製品や反芻動物の脂肪などの食餌からフィタン酸を得る．反芻動物の第一胃に棲息する微生物は，植物のクロロフィルを消化することによってフィタン酸を産生する．典型的な洋食には，1日あたり50～100 mgのフィタン酸が含まれる．

フィタン酸は，ペルオキシソームで**α酸化** α oxidationによって代謝される．α酸化では，カルボン酸のカルボキシ末端から一炭素が取り除かれる（図17-17）．フィタノイルCoAは分子状酸素が関与する反応において，そのα炭素がまずヒドロキシ化される．この生成物は，脱炭酸されて炭素1個分が短くなったアルデヒドになり，次に酸化されて対応するカルボン酸になる．このカルボン酸はβ炭素に置換基をもはやもっていないので，さらにβ酸化されてアセチルCoAを産生し，次に連続する酸化サイクルでプロピオニルCoAを産生する．フィタノイルCoAヒドロキシラーゼの遺伝的欠損に起因する**レフサム病** Refsum diseaseでは，非常に高い血中レベルのフィタン酸の蓄積が起こり，わかっていない機構によって失明や難聴などの重篤な神経病理学的問題が起こる．■

まとめ

17.2 脂肪酸の酸化

- β酸化のステージ1では，次の四つの反応によって，飽和脂肪酸アシルCoAのカルボキシ末端からアセチルCoA単位が一つずつ切り離されていく．(1) FAD依存性アシルCoAデヒドロゲナーゼによるα炭素とβ炭素（C-2位およびC-3位）の脱水素，(2) 生成したトランス-Δ^2-二重結合へのエノイルCoAヒドラターゼによる水の付加，(3) 生成したL-β-ヒドロキシアシルCoAのNAD依存性β-ヒドロキシアシルCoAデヒドロゲナーゼによる脱水素，(4) 生成したβ-ケトアシルCoAのチオラーゼによるCoA要求性開裂．これらの反応によって，アセチルCoAと炭素2個分が短くなった脂肪酸アシルCoAが生成する．短くなった脂肪酸アシルCoAはこの反応系列に再び入っていく．
- 脂肪酸の酸化のステージ2では，アセチルCoAはクエン酸回路でCO_2へと酸化される．脂肪酸の酸化によって得られる自由エネルギーの理論収量の大部分は，この酸化経路の最終ステージである酸化的リン酸化によってATPとして回収される．
- 脂肪酸合成の初期の中間体であるマロニルCoAは，カルニチンアシルトランスフェラーゼ1を阻害し，脂肪酸のミトコンドリア内への移入を阻止する．これによって，脂肪酸合成が行われている間の脂肪酸分解を防ぐことができる．
- 中鎖アシルCoAデヒドロゲナーゼの遺伝的欠損は，β酸化系の他の成分の変異と同様に，ヒトに重篤な疾患をもたらす．
- 不飽和脂肪酸の酸化には，さらに二つの酵素（エノイルCoAイソメラーゼと2,4-ジエノイルCoAレダクターゼ）が必要である．奇数炭素の脂肪酸はβ酸化経路で酸化され，アセチルCoAと1分子のプロピオニルCoAを生成する．このプロピオニルCoAはカルボキシ化されてメチルマロニルCoAになり，さらにメチルマロニルCoAムターゼによって触媒される反応により異性化されてスクシニルCoAになる．この酵素は補酵素B_{12}を必要とする．
- 植物や動物のペルオキシソームおよび植物のグリオキシソームは，ミトコンドリアの経路と類似する四つのステップでβ酸化を行う．しかし，最初の酸化ステップで電子がO_2に直接伝達され，H_2O_2が生成する．動物組織のペルオキシソームは，超長鎖脂肪酸と分枝鎖脂肪酸の酸化に特化している．
- 小胞体で起こるω酸化は，ジカルボン酸の脂肪酸アシル中間体を産生する．この中間体は両末端でβ酸化を受け，コハク酸のような鎖長の短いジカルボン酸を生成する．
- α酸化の反応は，フィタン酸のような分枝鎖脂肪酸を，β酸化を受けてアセチルCoAやプロピオニルCoAを生じさせる生成物へと変換する．

17.3　ケトン体

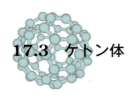

ヒトや他のほとんどの哺乳類では，脂肪酸の酸化によって肝臓でつくられたアセチル CoA は，クエン酸回路に入っていくか（図 17-7 のステージ 2），あるいは**アセトン** acetone，**アセト酢酸** acetoacetate，**D-β-ヒドロキシ酪酸** D-β-hydroxybutyrate のような「ケトン体 ketone body」に変換されて，他の組織へと運ばれる（「体 body」という用語は歴史的な産物である．ケトン体は血液や尿に溶けるのであって，粒子ではない．また，これらのすべてがケトンというわけではない）．

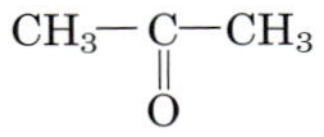

アセトン

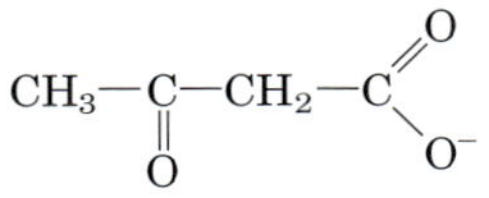

アセト酢酸

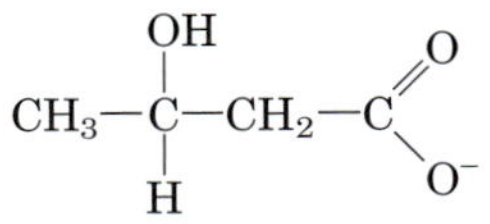

D-β-ヒドロキシ酪酸

他のケトン体よりも少量しか生成されないアセトンは揮散する．アセト酢酸と D-β-ヒドロキシ酪酸は血液によって肝臓以外の組織（肝外組織）に運ばれ，そこでアセチル CoA に変換されてクエン酸回路で酸化され，骨格筋，心筋，腎皮質などの組織で必要なエネルギーの多くを供給する．代謝燃料としてグルコースを優先的に利用する脳は，グルコースを利用できない飢餓状態ではアセト酢酸や D-β-ヒドロキシ酪酸を利用するように順応することができる．このような状況で，脳は脂肪酸を代謝燃料として利用することはできない．なぜならば，脂肪酸は血液脳関門を通過できないからである．ケトン体の生成と肝臓から肝外組織への運搬は，アセチル CoA がクエン酸回路で酸化されなくなったときに，肝臓での脂肪酸の持続的な酸化を可能にする．

肝臓で生成したケトン体は代謝燃料として他の器官に運搬される

肝臓で起こるアセト酢酸の生成の第一ステップ（図 17-18）は，チオラーゼによって触媒される 2 分子のアセチル CoA の酵素的な縮合であり，これは β 酸化の最終ステップの単なる逆反応である．次に，アセトアセチル CoA は別のアセチル CoA 分子と縮合し，**β-ヒドロキシ-β-メチルグルタリル CoA** β-hydroxy-β-methylglutaryl-CoA（**HMG-CoA**）が生じる．これは遊離のアセト酢酸とアセチル CoA とに開裂される．アセト酢酸は，ミトコンドリアの酵素である D-β-ヒドロキシ酪酸デヒドロゲナーゼによって D-β-ヒドロキシ酪酸へと可逆的に還元される．この酵素は D 型立体異性体に特異的であり，L-β-ヒドロキシアシル CoA には作用せず，β 酸化経路の L-β-ヒドロキシアシル CoA デヒドロゲナーゼとは異なる．脂肪酸の分解と合成の際の基質として β-ヒドロキシアシル CoA を利用する 2 種類の酵素の立体特異性が異なることは，細胞が β-ヒドロキシアシル CoA の別々のプールを分解と合成に充当するために維持できることを意味する．

健常人では，アセトンはアセト酢酸から自発的に，あるいは**アセト酢酸デカルボキシラーゼ** acetoacetate decarboxylase の作用によって容易に脱炭酸されて，ごく少量生成する（図 17-18）．未治療の糖尿病患者は大量のアセト酢酸を産生するので，その血液は有毒なアセトンを多量に含む．アセトンは揮発性であり，呼気に特有の匂いを与えるので，糖尿病の診断に役立つこともある．■

肝外組織では，D-β-ヒドロキシ酪酸は D-β-ヒドロキシ酪酸デヒドロゲナーゼによって酸化さ

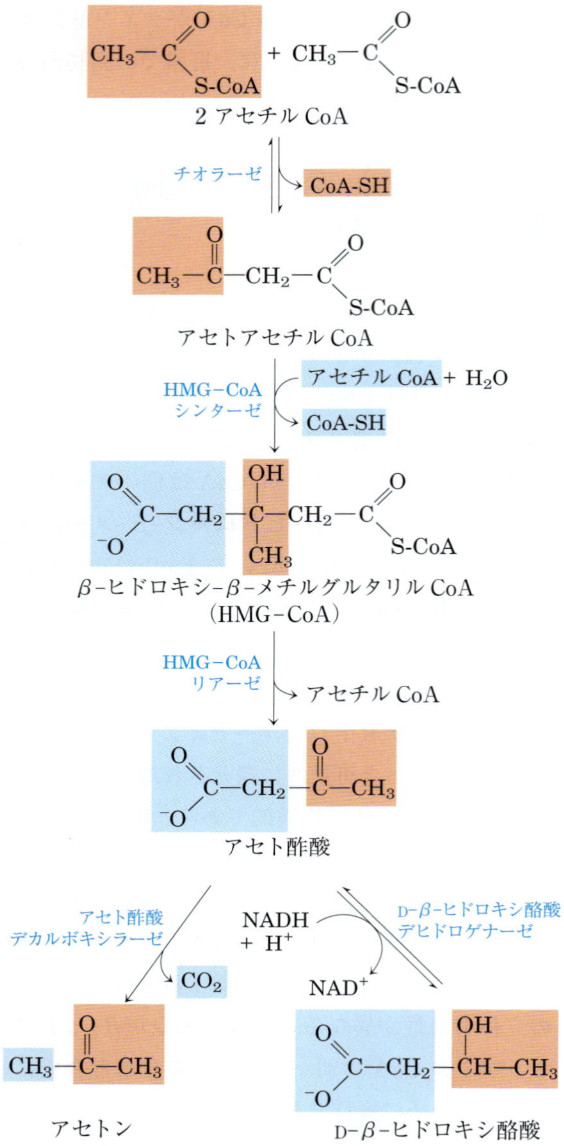

図 17-18 アセチル CoA からのケトン体の生成

健康で栄養状態の良好な人におけるケトン体の生成は比較的遅い．アセチル CoA が（例えば，飢餓や未治療の糖尿病で）蓄積すると，チオラーゼが 2 分子のアセチル CoA の縮合を触媒し，3 種類のケトン体の親化合物であるアセトアセチル CoA を生成する．このケトン体の生成反応は肝臓ミトコンドリアのマトリックスで起こる．六炭素化合物の β-ヒドロキシ-β-メチルグルタリル CoA（HMG-CoA）はステロール生合成の中間体でもあるが，その経路で HMG-CoA を生成する酵素はサイトゾルに存在する．HMG-CoA リアーゼはミトコンドリアマトリックスにのみ存在する．

れてアセト酢酸になる（図 17-19）．アセト酢酸は，**β-ケトアシル CoA トランスフェラーゼ** β-ketoacyl-CoA transferase（チオホラーゼ thiophorase ともいう）によって触媒される反応において，クエン酸回路（図 16-7 参照）の中間体であるスクシニル CoA からの CoA の転移を受けて，補酵素 A エステルへと活性化される．次に，アセトアセチル CoA はチオラーゼによって開裂され，2 分子のアセチル CoA が生じる．このアセチル CoA はクエン酸回路に入る．このように，ケトン体は β-ケトアシル CoA トランスフェラーゼを欠く肝臓以外のすべての組織で代謝燃料として利

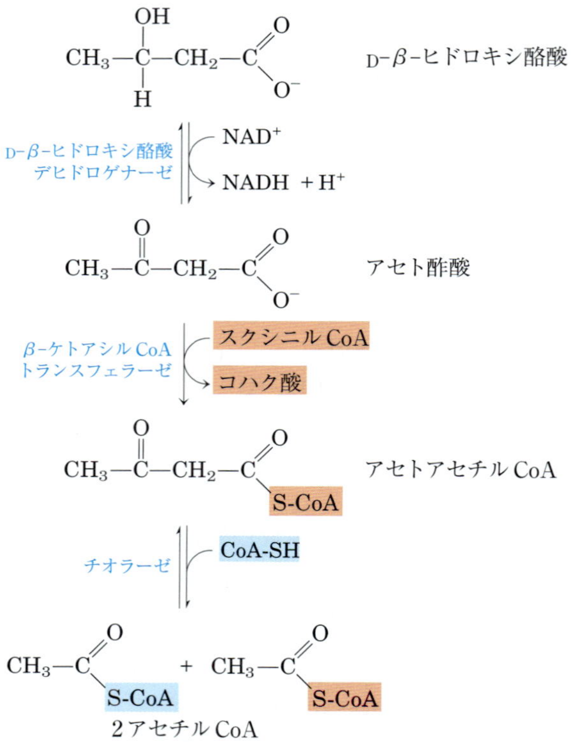

図 17-19 代謝燃料としての D-β-ヒドロキシ酪酸

肝臓で合成された D-β-ヒドロキシ酪酸は血中に入って他の組織に運ばれる．そこでは 3 ステップの反応によってアセチル CoA に変換される．まずアセト酢酸に酸化され，スクシニル CoA からの補酵素 A により活性化され，次にチオラーゼにより開裂される．このようにして生成したアセチル CoA はエネルギー産生に利用される．

用される．したがって，肝臓は他の組織のためのケトン体の生産者であるが，消費者ではない．

肝臓によるケトン体の生成と移送は，アセチル CoA の最小限の酸化を伴って，脂肪酸の持続的な酸化を可能にする．例えば，クエン酸回路の中間体が糖新生によるグルコース合成に利用されているとき，クエン酸回路の中間体の酸化は遅く，アセチル CoA の酸化も遅くなる．さらに，肝臓は補酵素 A を限られた量しか含まず，そのほとんどがアセチル CoA になっている場合には，遊離の補酵素 A が不足するために β 酸化は遅くなる．ケトン体の生成と移送によって補酵素 A が遊離し，持続的な脂肪酸酸化が可能になる．

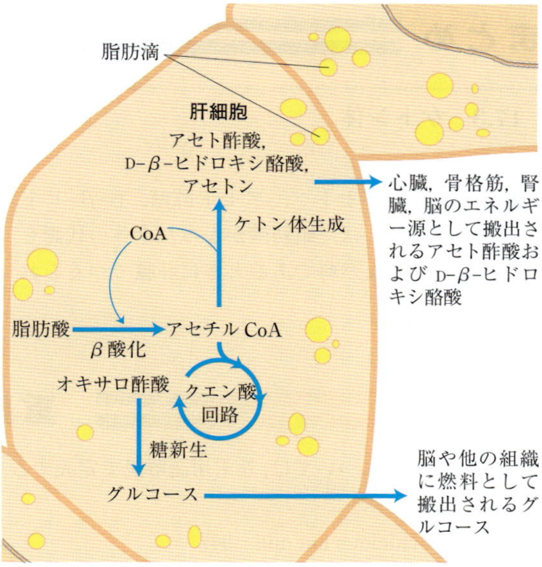

図 17-20　ケトン体の生成と肝臓からの移送
糖新生を促進する状態（未治療の糖尿病，摂食の著しい減少）はオキサロ酢酸を抜き取ることによってクエン酸回路を減速し，アセチル CoA のアセト酢酸への変換を促進する．遊離した CoA は脂肪酸の β 酸化を継続させる．

ケトン体は糖尿病や飢餓状態で過剰生産される

飢餓状態や未治療の糖尿病では，肝臓でケトン体の過剰生産が起こり，健康状態に対していくつかの悪影響を及ぼす．飢餓状態では，糖新生によってクエン酸回路の中間体が枯渇し，アセチル CoA はケトン体生成に向けられる（図 17-20）．未治療の糖尿病において，インスリンのレベルが十分でないとき，肝外組織は代謝燃料として，あるいは脂肪への変換のために，グルコースを血中から効率よく取り込むことができない．このような状況では，マロニル CoA（肝臓における脂肪酸合成の出発物質；図 21-1 参照）のレベルは低下し，カルニチンアシルトランスフェラーゼ 1 の阻害は解除される．そして，脂肪酸はアセチル CoA に分解されるためにミトコンドリアに入る．クエン酸回路の中間体は糖新生の基質として利用するために抜き取られるので，このアセチル CoA はクエン酸回路を通過することはできない．結果的に蓄積するアセチル CoA は，肝外組織のケトン体酸化能を超える量のケトン体の産生，およびそれらの血中への放出を促進する．アセト酢酸や D-β-ヒドロキシ酪酸の血中濃度の上昇によって血液の pH が低下し，**アシドーシス** acidosis として知られている状態を引き起こす．極端なアシドーシスは昏睡を引き起こし，死に至ることもある．未治療糖尿病患者の血中や尿中のケトン体は，異常なレベルに達することもある．血中の濃度は 90 mg/100 mL（正常値 < 3 mg/100 mL），尿中排泄量は 5,000 mg/24 時間（正常値 ≦ 125 mg/24 時間）に達する．この状態を**ケトーシス** ketosis といい，アシドーシスを伴う場合には**ケトアシドーシス** ketoacidosis という．

超低カロリー食を摂っている人は，脂肪組織に貯蔵された脂肪を主要なエネルギー源として利用しており，血液や尿のケトン体のレベルは上昇している．ケトン体のレベルは，ケトアシドーシスの危険を避けるために監視されるべきである．■

まとめ

17.3 ケトン体

■ケトン体（アセトン，アセト酢酸，D-β-ヒドロキシ酪酸）は，脂肪酸がからだ全体の代謝を支える主要な燃料であるときに肝臓でつくられる．アセト酢酸とD-β-ヒドロキシ酪酸は脳を含む肝外組織の燃料分子となり，アセチルCoAへと酸化されてクエン酸回路に入る．

■未治療の糖尿病や極端な低カロリー食を摂る人におけるケトン体の過剰生産は，アシドーシスやケトーシス，あるいはその両方（ケトアシドーシス）を引き起こす．

重要用語

太字で示す用語については，巻末用語解説で定義する．

悪性貧血 pernicious anemia　947
アシドーシス acidosis　959
アシルカルニチン/カルニチン共輸送体 acyl-carnitine/carnitine cotransporter　935
アポリポタンパク質 apolipoprotein　931
α酸化 α oxidation　956
ω酸化 ω oxidation　953
カルニチンアシルトランスフェラーゼ1 carnitine acyltransferase 1　935
カルニチンアシルトランスフェラーゼ2 carnitine acyltransferase 2　936
カルニチンシャトル carnitine shuttle　934
キロミクロン chylomicron　931
血清アルブミン serum albumin　933
ケトアシドーシス ketoacidosis　959
ケトーシス ketosis　959
混合機能オキシゲナーゼ mixed-function oxygenase　953
三機能性タンパク質 trifunctional protein（TFP）939
多機能性タンパク質 multifunctional protein（MFP）953
中鎖アシルCoAデヒドロゲナーゼ medium-chain acyl-CoA dehydrogenase（MCAD）950
内因子 intrinsic factor　947
PPAR（ペルオキシソーム増殖剤応答性受容体 peroxisome proliferator-activated receptor）　950
β酸化 β oxidation　929
ペリリピン perilipin　932
補酵素 B_{12} coenzyme B_{12}　945
マロニルCoA malonyl-CoA　949
メチルマロニルCoAムターゼ methylmalonyl-CoA mutase　945
遊離脂肪酸 free fatty acid（FFA）　933
リポタンパク質 lipoprotein　931

問題

1 トリアシルグリセロールのエネルギー
炭素あたりを基準にすると，生物学的に利用できるエネルギーはトリアシルグリセロール中のどこに最も多く存在するか．すなわち，脂肪酸部分かそれともグリセロール部分か．トリアシルグリセロールの化学構造に関する知識をもとに答えよ．

2 脂肪組織における代謝燃料の貯蔵
炭化水素様の脂肪酸をもつトリアシルグリセロールは，主要栄養素のうちでエネルギー含有量が最も多い．

(a) 70 kgの成人体重の15%がトリアシルグリセロールであるとすれば，トリアシルグリセロールとして貯蔵される利用可能な全燃料をキロジュールとキロカロリーの両方で計算せよ．ただし，1.00 kcal = 4.18 kJとする．

(b) 基礎エネルギー所要量が約8,400 kJ/日（2,000 kcal/日）であるとすると，トリアシルグリセロールとして貯蔵された脂肪酸の酸化が唯一のエネルギー源であるならば，この人はどのくらいの期間生存可能か．

(c) このような飢餓状態では，1日あたり何ポンドの体重減少が見られるか（1 lb = 0.454 kg）．

3 **脂肪酸酸化経路とクエン酸回路に共通の反応ステップ**

細胞は，類似の代謝変換に対して同じ酵素反応様式をしばしば利用する．例えば，ピルビン酸のアセチル CoA への酸化と α-ケトグルタル酸のスクシニル CoA への酸化は別々の酵素によって触媒されるが，よく似ている．脂肪酸の酸化のステージⅠは，クエン酸回路の反応系列と極めて類似する反応系列で行われる．式を用いて，二つの経路の類似する反応系列を示せ．

4 **β 酸化：何回転か**

活性化オレイン酸，18 : 1（Δ^9），の完全酸化に必要な β 酸化の回転数はいくらか．

5 **アシル CoA シンテターゼ反応の化学**

脂肪酸はアシル CoA シンテターゼにより触媒される可逆反応によって，その補酵素 A エステルに変換される．

$$R{-}COO^- + ATP + CoA \rightleftharpoons R{-}\overset{\overset{\displaystyle O}{\|}}{C}{-}CoA + AMP + PP_i$$

(a) この反応の酵素結合中間体は，脂肪酸とアデノシン一リン酸（AMP）の混合無水物，すなわちアシル AMP であることがわかっている．

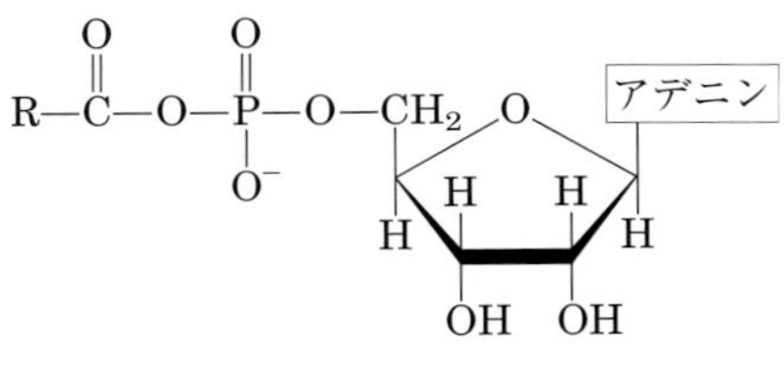

アシル CoA シンテターゼにより触媒される反応の二つのステップに対応する式を書け．

(b) アシル CoA シンテターゼ反応は可逆的であり，平衡定数はほぼ1である．この反応がどのようにして脂肪酸アシル CoA の生成に有利に働くようになるのか．

6 **オレイン酸酸化の中間体**

オレイン酸，18 : 1（Δ^9），が β 酸化を3回経て形成される部分酸化脂肪酸アシル基の構造は何か．この中間体が引き続いて酸化される次の2ステップはどのようなものか．

7 **奇数炭素鎖脂肪酸の β 酸化**

炭素数11の直鎖飽和脂肪酸の β 酸化の直接の生成物は何か．

8 **トリチウム標識されたパルミチン酸の酸化**

パルミチン酸1 μmol あたり 2.48×10^8 cpm の比放射能をもつようにトリチウム（^{3}H）で均一に標識されたパルミチン酸をミトコンドリア標品に加え，それを酸化してアセチル CoA にする．アセチル CoA を単離し，酢酸に加水分解する．単離した酢酸の比放射能は 1.00×10^7 cpm/μmol である．この結果は β 酸化経路に合致するのかどうかについて説明せよ．取り除かれたトリチウムは最終的には何になるのか．

9 **β 酸化の区画化**

遊離のパルミチン酸は，ミトコンドリアで酸化される前に，サイトゾルで活性化されて補酵素 A 誘導体（パルミトイル CoA）になる．パルミチン酸と［^{14}C］補酵素 A を肝臓のホモジェネートに加えると，サイトゾル画分から単離したパルミトイル CoA は放射活性をもつが，ミトコンドリア画分から単離したものは放射活性をもたない．その理由を説明せよ．

10 **比較生化学：トリにおけるエネルギー産生経路**

さまざまな ATP 産生経路の相対的な重要性の一つの目安は，これら経路の特定の酵素の V_{max} である．ハトとキジの胸筋（飛行で用いる胸の筋肉）の酵素の V_{max} を次に示す．

酵　素	V_{max}（μmol 基質 /min/g 組織）	
	ハト	キジ
ヘキソキナーゼ	3.0	2.3
グリコーゲンホスホリラーゼ	18.0	120.0
ホスホフルクトキナーゼ-1	24.0	143.0
クエン酸シンターゼ	100.0	15.0
トリアシルグリセロールリパーゼ	0.07	0.01

(a) これらのトリの胸筋での ATP 生成におけるグリコーゲン代謝と脂肪代謝の相対的重要性について考察せよ.

(b) この 2 種類のトリでの酸素消費を比較せよ.

(c) 表のデータから判断して，どちらのトリが長距離を飛べるか．またその答えの根拠を示せ.

(d) これらの特定の酵素が比較のためになぜ選ばれたのか．トリオースリン酸イソメラーゼとリンゴ酸デヒドロゲナーゼの活性が同様に比較のためのよい基準になるのかどうかについて説明せよ.

11 変異カルニチンアシルトランスフェラーゼ

筋肉のカルニチンアシルトランスフェラーゼ 1 が，マロニル CoA に対する親和性を失っているが，触媒活性は失っていないような変異を受けると，代謝様式にどのような変化が生じるか.

12 カルニチン欠乏症の影響

進行性筋力低下や有痛性筋肉けいれんを特徴とする症状になった患者がいる．これらの症状は，絶食，運動，高脂肪食によって悪化する．患者の筋肉試料のホモジェネートは，添加したオレイン酸を健常人の筋肉試料の対照ホモジェネートよりもゆっくりと酸化する．カルニチンを患者の筋肉ホモジェネートに加えると，オレイン酸の酸化速度は対照ホモジェネートと同じになる．患者はカルニチン欠乏症と診断された.

(a) カルニチンの添加によって，患者の筋肉ホモジェネートでのオレイン酸の酸化速度が上昇したのはなぜか.

(b) なぜ患者の症状が絶食，運動，高脂肪食で悪化したのか.

(c) この患者で筋肉のカルニチンが欠乏する可能性のある理由を二つ挙げよ.

13 水の供給源としての脂肪酸

言い伝えとは違って，ラクダのこぶは水を蓄えてはおらず，実際には大量の脂肪沈積物からできている．この脂肪沈積物がどのようにして水の供給源となりうるのか．ラクダが 1 kg の脂肪から生成できる水の量（リットルで）を計算せよ．単純化するために，脂肪はすべてトリパルミトイルグリセロールから成ると仮定せよ.

14 微生物の栄養源としての石油

Nocardia 属や *Pseudomonas* 属のある種の微生物は，炭化水素が唯一の栄養源であるような環境でも生育できる．このような細菌は，オクタンのような直鎖脂肪族炭化水素を酸化してそれに対応するカルボン酸に変換する.

$$CH_3(CH_2)_6CH_3 + NAD^+ + O_2 \rightleftharpoons CH_3(CH_2)_6COOH + NADH + H^+$$

流出した石油をきれいに除去するために，これらの細菌がどのようにして利用されるのか．この除去過程の効率を制限する要因は何か.

15 直鎖脂肪酸のフェニル誘導体の代謝

末端にフェニル基をもつ直鎖脂肪酸で飼育されたウサギの尿から結晶性の代謝物が単離された.

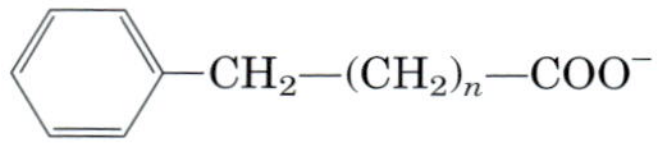

水溶液中の代謝物 302 mg は，0.100 M NaOH 22.2 mL によって完全に中和された.

(a) この代謝物のおよその分子量と構造を示せ.

(b) この直鎖脂肪酸が含むメチレン基（$-CH_2-$）は偶数個か奇数個か（すなわち，n は偶数か奇数か）について説明せよ.

16 未治療の糖尿病における脂肪酸の酸化

肝臓における β 酸化により産生されるアセチル CoA がクエン酸回路の能力を超えた場合に，過剰のアセチル CoA はケトン体（アセトン，アセト酢酸，D-β-ヒドロキシ酪酸）になる．この状態は重症の未治療の糖尿病で見られるが，これは患者の組織がグルコースを利用できず，その代わりに大量の脂肪酸を酸化するためである．アセチル CoA に毒性はないが，ミトコンドリアはアセチル CoA をケトン体に変換しなければならない．もしもアセチル CoA がケトン体に変換されなければ，どのような問題が生じるか．このケトン体への変換はどのようにしてこの問題を解決するのか.

17　糖質を含まない高脂肪食の結末

糖質をほとんどあるいは全く含まないクジラやアザラシの皮下脂肪を食べて生きていかなければならないと仮定する.

(a) エネルギーとして脂肪を利用する際に，糖質の欠如はどのような影響を及ぼすか.

(b) もしも食餌に糖質が全く含まれないとすると，炭素数が偶数個と奇数個のどちらの脂肪酸を食べるほうがよいのか説明せよ.

18　食餌中の偶数炭素鎖脂肪酸と奇数炭素鎖脂肪酸

研究室での実験において，二つのグループのラットが2種類の異なる脂肪酸を唯一の炭素源として1か月間飼育された．第一のグループはヘプタン酸（7:0）が与えられ，第二のグループはオクタン酸（8:0）が与えられた．実験後に，二つのグループの間には著しい差が見られた．第一のグループのラットは健康で，体重も増加した．ところが，第二のグループのラットは衰弱し，筋肉量が減った結果として体重が減少した．この差の生化学的な根拠は何か.

19　摂取したω-フルオロオレイン酸の代謝的結末

シエラレオネに生育する灌木，*Dichapetalum toxicarium* は温血動物に対して強い毒性を示すω-フルオロオレイン酸を産生する.

$$F-CH_2-(CH_2)_7-\overset{H}{\overset{|}{C}}=\overset{H}{\overset{|}{C}}-(CH_2)_7-COO^-$$

ω-フルオロオレイン酸

この物質は矢毒として用いられ，この植物の実を粉末にしたものは，ときには殺鼠剤として使われる（したがって，この植物の一般名はネコイラズである）．なぜこの物質はそのように毒性が強いのか（ヒント：Chap. 16，問題22を参照）.

20　変異アセチル CoA カルボキシラーゼ

AMPK によって通常はリン酸化される Ser 残基が Ala 残基に置換されたアセチル CoA カルボキシラーゼの変異は，脂質代謝にどのような重大な結果をもたらすか．同じ Ser 残基が Asp に置換されると，どのようなことが起こるか（ヒント：図17-13参照）.

21　脂肪細胞に対する PDE 阻害薬の影響

エピネフリンに対する脂肪細胞の応答は，cAMP ホスホジエステラーゼ（PDE）阻害薬の添加によってどのような影響を受けるか（ヒント：図12-4参照）.

22　電子受容体としての FAD の役割

アシル CoA デヒドロゲナーゼは補欠分子族として酵素結合型 FAD を利用して，脂肪酸アシル CoA のα炭素とβ炭素の脱水素を行う．電子受容体として NAD^+ よりも FAD を利用する利点は何か．酵素-FAD/$FADH_2$（$E'^\circ = -0.219$ V）および NAD^+/NADH（$E'^\circ = -0.320$ V）の半反応の標準還元電位の点から説明せよ.

23　アラキジン酸のβ酸化

アラキジン酸（表10-1参照）をアセチル CoA に完全に酸化するためには，脂肪酸酸化のサイクルを何回転する必要があるか.

24　標識されたプロピオン酸の代謝運命

［3-^{14}C］プロピオン酸（メチル基に ^{14}C がある）を肝臓のホモジェネートに加えると，^{14}C 標識されたオキサロ酢酸が速やかに生成する．プロピオン酸がオキサロ酢酸に変換される経路の流れ図を描き，オキサロ酢酸中の ^{14}C の位置を示せ.

25　フィタン酸代謝

^{14}C で均一に標識されたフィタン酸をマウスに食べさせると，数分のうちにクエン酸回路の中間体であるリンゴ酸に放射活性が検出される．これを説明できる代謝経路を描け．リンゴ酸のどの炭素原子に ^{14}C 標識が含まれるか.

26　β酸化により生成する H_2O の供給源

パルミトイル CoA の二酸化炭素と水への完全酸化は次の全体反応式で表される.

$$\text{パルミトイル CoA} + 23O_2 + 108P_i + 108ADP \longrightarrow CoA + 16CO_2 + 108ATP + 23H_2O$$

水は次の反応でも生じる．

$$ADP + P_i \longrightarrow ATP + H_2O$$

しかし，この水は全体反応の生成物には含まれない．この理由を説明せよ．

27 コバルトの生物学的重要性

ウシ，シカ，ヒツジ，および他の反芻動物では，摂取した植物の細菌による発酵によって大量のプロピオン酸が第一胃内で生成する．このプロピオン酸は次の経路を経て，これらの動物の主要なグルコース供給源となる．プロピオン酸→オキサロ酢酸→グルコース．世界のある地域，とりわけオーストラリアでは，反芻動物がときとして食欲減退と発育遅延を伴う貧血症状を示す．この症状はプロピオン酸のオキサロ酢酸への変換能がないことに起因し，土壌中のコバルト濃度が極めて低く，そのために植物中のコバルト濃度が低いことによって生じるコバルト欠乏によるものである．この理由を説明せよ．

28 冬眠中の脂肪消失

クマは7か月にも及ぶ冬眠期間中に1日あたり約 25×10^6 J を消費する．生命を維持するために必要なエネルギーは脂肪酸の酸化から得られる．7か月後には体重 (kg) はどのくらい減少しているか．冬眠中，ケトーシスはどのようにして最小限に抑えられているのか（脂肪の酸化によって 38 kJ/g が生じると仮定せよ）．

データ解析問題

29 トランス型脂質の β 酸化

トランス二重結合をもつ不飽和脂質は，一般に「トランス脂質」と呼ばれる．食餌性トランス脂質の健康への影響については多くの議論がある．健康に対するトランス型脂肪酸代謝の影響についての研究で，Yu ら（2004）は，トランス型脂肪酸はシス型異性体とは異なる過程をたどることを示した．彼らは3種類の関連する炭素数18の脂肪酸を用いて，同じ分子サイズの脂肪酸のシス型とトランス型の間での β 酸化の違いを調べた．

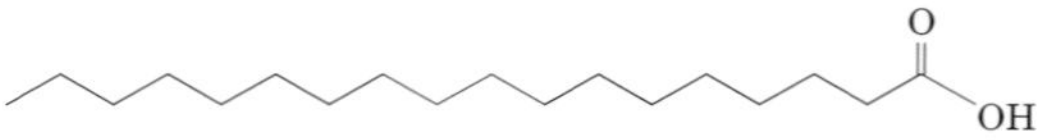

ステアリン酸
（オクタデセン酸）

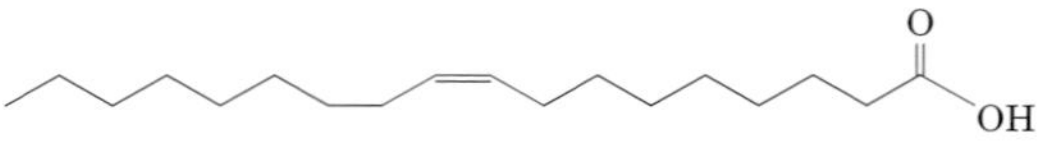

オレイン酸
（シス-Δ^9-オクタデセン酸）

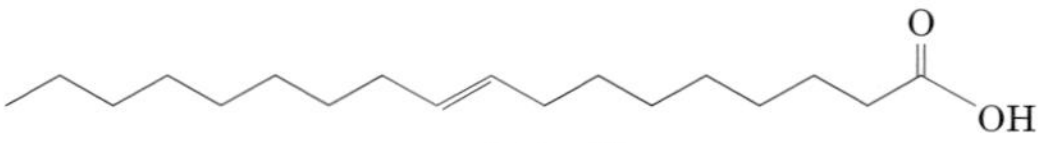

エライジン酸
（トランス-Δ^9-オクタデセン酸）

各脂肪酸の補酵素A誘導体をラット肝臓ミトコンドリアと5分間インキュベートし，各反応液中に残存する CoA 誘導体を HPLC（高速液体クロマトグラフィー）によって分離した．三つの実験に関して次に示すような別々のクロマトグラムが得られた．

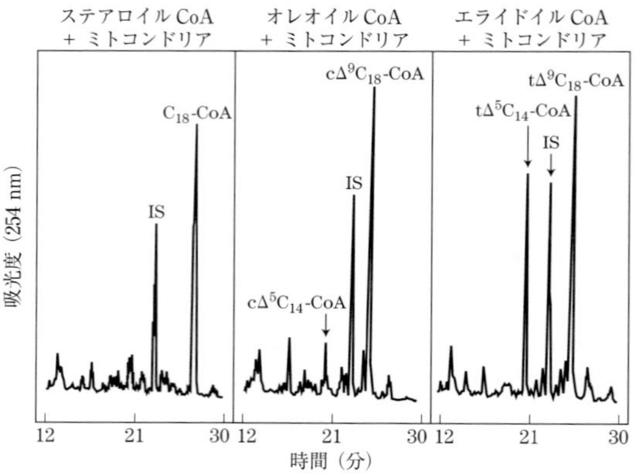

この図で，IS は反応後に分子マーカーとして反応液に加えられた内標準物質（ペンタデカノイル CoA）を示す．CoA 誘導体は次のように略記してある：ステアロイル CoA，C_{18}-CoA；シス-Δ^5-テトラデセノイル CoA，cΔ^5C_{14}-CoA；オレオイル CoA，cΔ^9C_{18}-CoA；トランス-Δ^5-テトラデセノイル CoA，tΔ^5C_{14}-CoA；エライドイル CoA，tΔ^9C_{18}-CoA．

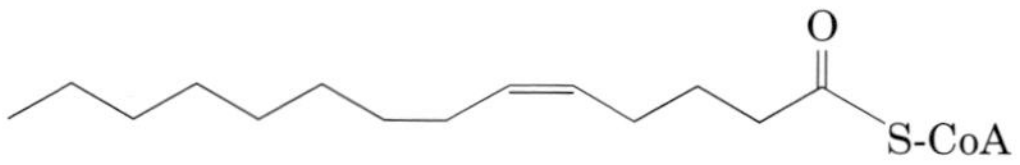

シス-Δ^5-テトラデセノイル CoA

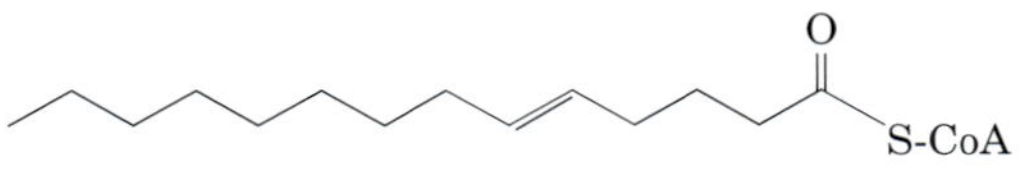

トランス-Δ^5-テトラデセノイル CoA

(a) Yu らは，これらの実験において，なぜ遊離脂肪酸ではなく CoA 誘導体を用いる必要があったのか．

(b) ステアロイル CoA との反応において，低分子量 CoA 誘導体が見られなかったのはなぜか．

(c) オレオイル CoA とエライドイル CoA が変換されて，シス-Δ^5-テトラデセノイル CoA とトランス-Δ^5-テトラデセノイル CoA になるためにはそれぞれ何回転の β 酸化が必要か．

Yu らは，酵素アシル CoA デヒドロゲナーゼの二つのタイプ，すなわち長鎖アシル CoA デヒドロゲナーゼ（LCAD）と超長鎖アシル CoA デヒドロゲナーゼ（VLCAD）の速度論的パラメーターを測定した．彼らは，3 種類の脂肪酸の CoA 誘導体，テトラデカノイル CoA（C_{14}-CoA），シス-Δ^5-テトラデセノイル CoA（$c\Delta^5C_{14}$-CoA）およびトランス-Δ^5-テトラデセノイル CoA（$t\Delta^5C_{14}$-CoA）を用いた．その結果を次に示す（速度論的パラメーターの定義については Chap. 6 を参照）．

	LCAD			VLCAD		
	C_{14}-CoA	$c\Delta^5C_{14}$-CoA	$t\Delta^5C_{14}$-CoA	C_{14}-CoA	$c\Delta^5C_{14}$-CoA	$t\Delta^5C_{14}$-CoA
V_{max}	3.3	3.0	2.9	1.4	0.32	0.88
K_m	0.41	0.40	1.6	0.57	0.44	0.97
k_{cat}	9.9	8.9	8.5	2.0	0.42	1.12
k_{cat}/K_m	24	22	5	4	1	1

(d) LCAD に関しては，シス型とトランス型の基質に対する K_m は劇的に異なる．基質分子の構造の点から，この測定結果に対する妥当な説明を行え（ヒント：図 10-1 を参照してよい）．

(e) LCAD 反応または VLCAD 反応（または両反応）がこの経路の律速段階でありさえすれば，二つの酵素の速度論的パラメーターはこれらの脂肪酸が別々に処理されることと関連してくる．この仮定を支持する証拠は何か．

(f) ラット肝臓ミトコンドリアとステアロイル CoA，オレオイル CoA およびエライドイル CoA とのインキュベーションで見られる CoA 誘導体のレベルの違いを，この速度論的パラメーターの違いからどのように説明するか．

Yu らは，ラット肝臓ミトコンドリアのチオエステラーゼの基質特異性について調べた．この酵素はアシル CoA を加水分解して CoA と遊離脂肪酸にする．この酵素は，C_{14}-CoA チオエステルに対して，C_{18}-CoA チオエステルの約 2 倍の活性を示した．

(g) 別の研究で，遊離脂肪酸は膜を通過できることが示唆されている．Yu らは，彼らの実験で，エライドイル CoA とインキュベートしたミトコンドリアの外側（すなわち，まわりの反応液中）にトランス-Δ^5-テトラデセン酸を見出した．このミトコンドリア外のトランス-Δ^5-テトラデセン酸をもたらす経路について述べよ．この変換を触媒する酵素，およびさまざまな変換が細胞内のどこで起こるのかについて必ず示せ．

(h) 大衆紙で，「トランス脂質はあなたの細胞で分解はされないが，その代わりにあなたの体に蓄積する」としばしば言われている．この記事は，どのような点で正しく，どのような点で単純化し過ぎているか．

参考文献

Yu, W., X. Liang, R. Ensenauer, J. Vockley, L. Sweetman, and H. Schultz, 2004. Leaky β-oxidation of a *trans*-fatty acid. *J. Biol. Chem.* **279**: 52,160–52,167.

発展学習のための情報は次のサイトで利用可能である（www.macmillanlearning.com/LehningerBiochemistry7e）．

18

アミノ酸の酸化と尿素の生成

これまでに学習してきた内容について確認したり，本章の概念について理解を深めたりするための自習用ツールはオンラインで利用可能である（www.macmillanlearning.com/LehningerBiochemistry7e）.

酸化分解されて重要な代謝エネルギー源となる生体分子の最後のクラスとして，ここではアミノ酸について取り上げる．食餌タンパク質由来であれ，組織タンパク質由来であれ，アミノ酸から得られる代謝エネルギーの割合は，生物種や代謝環境によって大きく異なる．肉食動物は主としてタンパク質を消費して，エネルギーのほとんどをアミノ酸から得なければならないのに対して，草食動物ではエネルギー需要に対するアミノ酸の寄与はごくわずかである．ほとんどの微生物は，代謝状況が必要とするときにアミノ酸を外界から取り入れて，代謝燃料として利用することができる．しかし，植物の場合には，アミノ酸の酸化でエネルギーを得ることは，たとえあったとしてもまれである．通常は，光合成によって CO_2 と H_2O からつくられる糖質が植物の唯一のエネルギー源である．植物組織中のアミノ酸の濃度は厳密な調節を受けており，植物の生育に必要なタンパク質，核酸，およびその他の分子を生合成するために必要な量しか存在しない．植物においてもアミノ酸の異化は実際に起こるが，その目的は代謝中間体を産生して他の生合成経路に供給することである．

動物において，次の三つの異なる代謝状況でアミノ酸は酸化分解される．

1. 細胞のタンパク質が正常に生合成され，分解される際（タンパク質の代謝回転；Chap. 27）には，タンパク質分解によって生じたアミノ酸で，新たなタンパク質の合成に不要なものは酸化分解される．
2. タンパク質に富む食餌によって摂取されたアミノ酸が，生体のタンパク質合成に必要な量を超えると，その過剰分は異化される．すなわち，アミノ酸が貯蔵されることはない．
3. 飢餓状態，あるいは未治療の糖尿病の際に，糖質が不足するとき，あるいは正常に利用できないときに，細胞のタンパク質が代謝燃料として使われる．

これらすべての代謝条件において，アミノ酸はアミノ基を失って，アミノ酸の「炭素骨格」である α-ケト酸になる．α-ケト酸はさらに CO_2 と H_2O にまで酸化されるか，あるいは（こちらのほうが重要である場合が多い)3または4炭素単位となって，糖新生によってグルコースにまで変換され，脳や骨格筋などの組織における代謝燃料となる．

アミノ酸の異化経路はほとんどの生物でよく似ている．脊椎動物におけるアミノ酸の異化が研究の上では最も注目されているので，本章では脊椎動物における異化経路に的を絞って話を進める．糖質や脂肪酸の異化と同様に，アミノ酸の分解過程も中心的異化経路であるクエン酸回路に集結する．すなわち，ほとんどのアミノ酸の炭素骨格がこの回路に入っていく．このアミノ酸分解の反応経路が脂肪酸の異化経路のステップと極めてよく似ている場合もある（図 17–9 参照）．

アミノ酸の分解経路と，これまでに述べてきた他の異化経路との間には重要な相違点がある．それは，あらゆるアミノ酸がアミノ基をもっているので，アミノ酸の分解経路には，α–アミノ基が炭素骨格から切り離されて別のアミノ基代謝経路に入るという重要なステップが含まれることである（図 18–1）．そこで本章では，まずアミノ基の代謝と窒素の排泄，次にアミノ酸由来の炭素骨格がどのように代謝されるのかについて学び，この過程で各経路がどのように相互に連結されているのかを見ることにする．

18.1 アミノ基の代謝運命

窒素（N_2）は大気中に大量に存在するが，極めて不活性なので，ほとんどの生化学反応では利用できない．N_2 を生物が利用できる NH_3 のような化合物に変換することができるのはほんの少数の微生物に限られるので（Chap. 22），生物系においてアミノ基は注意深く節約して使われている．

脊椎動物におけるアンモニアとアミノ基の異化経路の概要を図 18–2(a) に示す．食餌タンパク質由来のアミノ酸が，ほとんどのアミノ基の供給源である．大部分のアミノ酸は肝臓で代謝され，

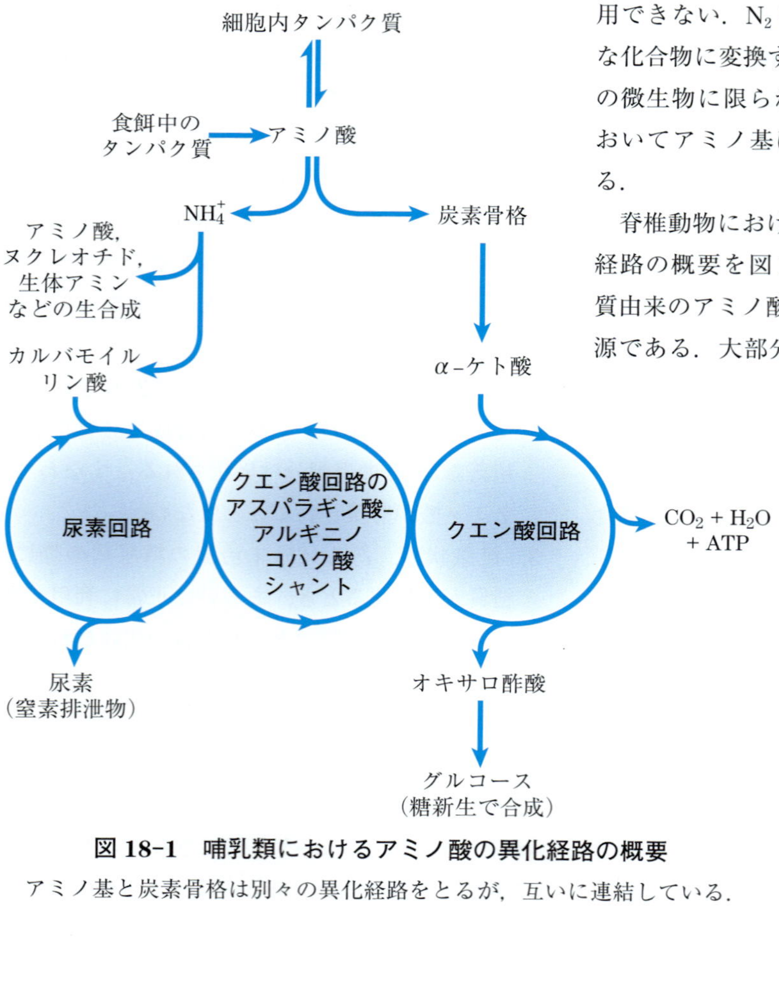

図 18–1 哺乳類におけるアミノ酸の異化経路の概要

アミノ基と炭素骨格は別々の異化経路をとるが，互いに連結している．

この過程で生じるアンモニアの一部はリサイクルされて種々の生合成経路で利用される．過剰のアンモニアは，そのまま排泄されるか，あるいは尿素か尿酸に変換されて排泄されるが，これは生物種によって異なる（図 18-2(b)）．肝臓以外の組織で生じる過剰のアンモニアは，後述するようにアミノ基のかたちで肝臓に運ばれ，そこで排泄型に変換される．

窒素代謝において，グルタミン酸，グルタミン，アラニン，アスパラギン酸の 4 種類のアミノ酸が中心的な役割を果たす．これら 4 種のアミノ酸が窒素代謝において特別であるのは、進化の過程でたまたまそうなったのではなく，これらのアミノ酸がクエン酸回路の中間体へと最も容易に変換されるからである．すなわち，グルタミン酸とグルタミンは α-ケトグルタル酸に，アラニンはピルビン酸に，そしてアスパラギン酸はオキサロ酢酸に変換される．グルタミン酸とグルタミンは，窒

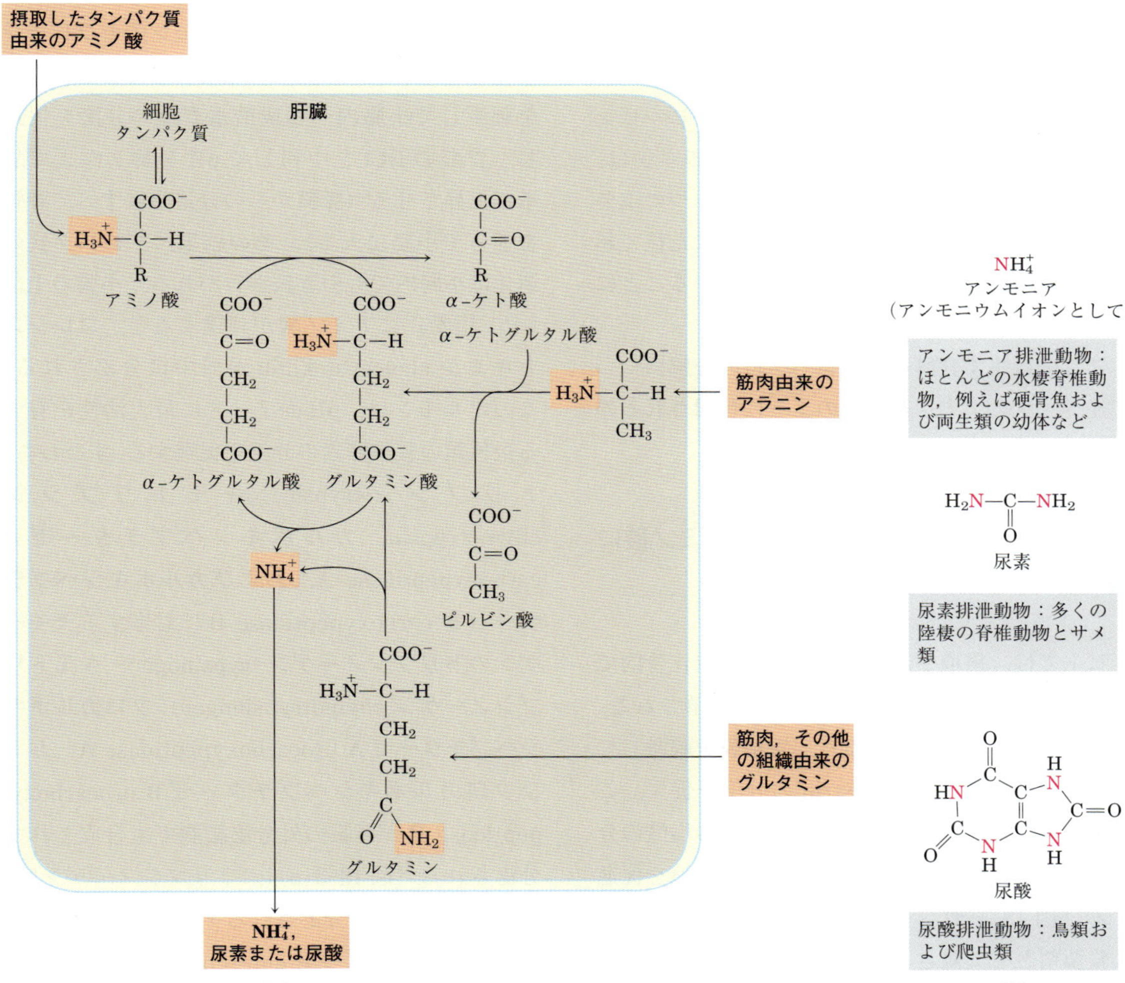

(a)　　(b)

図 18-2　アミノ基の異化

(a) 脊椎動物の肝臓におけるアミノ基（淡赤色の網かけ部分）の異化経路の概要．**(b)** 窒素の排泄型．過剰な NH_4^+ は，アンモニア（微生物や硬骨魚），尿素（ほとんどの陸棲脊椎動物）または尿酸（鳥類や陸棲爬虫類）として排泄される．尿素や尿酸の炭素原子は高度に酸化されていることに注目しよう．すなわち，生物は利用可能な酸化エネルギーのほとんどを抽出した後にのみ，炭素を廃棄する．

素代謝において，アミノ基の共通の集結点としてとりわけ重要である．すなわち，肝細胞のサイトゾルで，ほとんどのアミノ酸のアミノ基はまずα-ケトグルタル酸に転移されてグルタミン酸が生成する．このグルタミン酸はミトコンドリアに入り，そこでアミノ基を遊離してNH_4^+を生成する．一方，肝臓以外のほとんどの組織で生じる過剰のアンモニアは，グルタミンのアミド窒素に変換され，肝臓に運ばれて肝細胞のミトコンドリアに入る．したがって，ほとんどの組織において，グルタミンまたはグルタミン酸，あるいはその両方が，他のアミノ酸よりも高濃度で存在している．

骨格筋では，過剰なアミノ基は通常はピルビン酸に転移されてアラニンが生成する．アラニンは，肝臓へアミノ基を移送するためのもう一つの重要な分子である．アミノ基が肝臓に送られた後で起こる代謝過程でアスパラギン酸が活躍することについては，Sec. 18.2 で学ぶことにする．

ここではまず食餌中のタンパク質の分解について述べ，次にアミノ基がどのように代謝されるのかについて述べる．

食餌中のタンパク質は酵素的にアミノ酸にまで分解される

ヒトでは，摂取されたタンパク質は消化管内でその構成単位であるアミノ酸にまで分解される．食餌タンパク質が胃に入ると，胃粘膜を刺激してホルモンの**ガストリン** gastrin の分泌を促す．このホルモンは，次に胃腺の壁細胞からの塩酸の分泌や，主細胞からのペプシノーゲンの分泌を促進する（図 18-3(a)）．酸性の胃液（pH 1.0 ～ 2.5）は殺菌剤として働き，ほとんどの細菌や他の外来細胞を死滅させる．また変性剤としても働き，球状タンパク質をほどいて，分子内のペプチド結合が酵素による加水分解を受けやすくする．**ペプシノーゲン** pepsinogen（分子量 40,554）は不活性型の前駆体，すなわちチモーゲン zymogen（p. 328）であり，低 pH でのみ起こる自己触媒作用による切断（ペプシノーゲン自体による切断）を受けて活性型のペプシン pepsin（分子量 34,614）に変換される．胃の中で，ペプシンは摂取されたタンパク質の Leu 残基と芳香族アミノ酸残基（Phe，Trp および Tyr）のアミノ末端側のペプチド結合を加水分解し（表 3-6 参照），長いポリペプチド鎖を切断して小さなペプチドの混合物にする．

酸性の胃内容物が小腸に入ると，その pH の低さが引き金となって消化管ホルモンの**セクレチン** secretin が血中に分泌される．セクレチンは膵臓を刺激して小腸内への炭酸水素塩の分泌を促進し，胃酸の HCl を中和して pH を約 7 にまで急激に上昇させる（膵臓からの分泌物はすべて膵管を通って小腸に入る）．その結果，タンパク質の消化は小腸内でも引き続き行われる．小腸の上部（十二指腸）にアミノ酸が到達すると，**コレシストキニン** cholecystokinin が血中に分泌される．このホルモンは，pH が 7 ～ 8 に最大活性を有する数種類の膵臓酵素の分泌を促進する．すなわち，**トリプシン** trypsin，**キモトリプシン** chymotrypsin，**カルボキシペプチダーゼ A** carboxypeptidase A，および**カルボキシペプチダーゼ B** carboxypeptidase B に対応するチモーゲンの**トリプシノーゲン** trypsinogen，**キモトリプシノーゲン** chymotrypsinogen，**プロカルボキシペプチダーゼ A** procarboxypeptidase A，および**プロカルボキシペプチダーゼ B** procarboxypeptidase B が膵臓の外分泌細胞で生合成されて分泌される（図 18-3(b)）．トリプシノーゲンは，小腸細胞によって分泌されるタンパク分解酵素の**エンテロペプチダーゼ** enteropeptidase によって活性型のトリプシンに変換される．そして，活性化されたトリプシンがさらにトリプシノーゲンのトリプシンへの変換を触媒する（図 6-39 参照）．このトリプシンは，キモトリプシノーゲンやプロカルボキシペプチダーゼおよびプロエラスターゼも活性化する．

消化管が活性型の消化酵素を得るために，なぜこのように手の込んだ機構が必要なのか．それは，これらの消化酵素を不活性な前駆体として生合成することによって，タンパク質の分解という破壊的な攻撃から外分泌細胞を保護するためである．さらに膵臓は，**膵臓トリプシンインヒビター** pancreatic trypsin inhibitor（p. 329）という特異的な阻害タンパク質を産生することによって，自己消化からこの臓器を保護している．すなわち，タンパク質分解による活性化経路におけるトリプシンの重要な役割を考えると，トリプシンの阻害によって膵臓細胞内で早すぎる活性型分解酵素の生成が効果的に妨げられる．

トリプシンとキモトリプシンは，胃内でペプシンの作用によって生じたペプチドをさらに加水分解する．ペプシン，トリプシン，キモトリプシンは異なるアミノ酸特異性を有するので（表 3-6 参照），この段階のタンパク質の消化は非常に効率良く行われる．生成した短いペプチドは，小腸でさらに他のペプチダーゼによって完全に消化される．そのうち，カルボキシペプチダーゼ A と B はともに亜鉛含有酵素であり，ペプチドのカルボキシ末端からアミノ酸残基を順次切除していく．一方，**アミノペプチダーゼ** aminopeptidase は，短いペプチドのアミノ末端のアミノ酸残基を順次

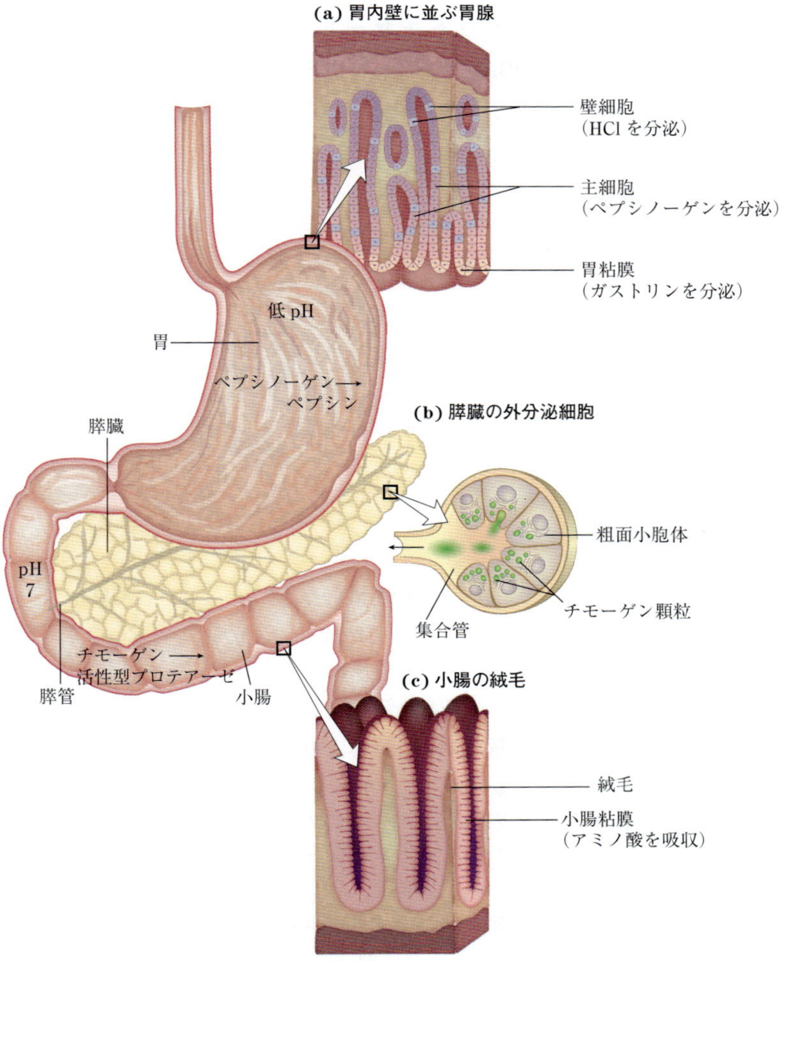

図 18-3　ヒトの消化管（胃腸管）部位

(a) 胃腺の壁細胞と主細胞は，ガストリンに応答して特有の物質を分泌する．ペプシンは，胃内でのタンパク質分解を開始する．**(b)** 膵臓の外分泌細胞の細胞質は粗面小胞体により完全に満たされており，そこでは多くの消化酵素のチモーゲンが生合成される．チモーゲンはチモーゲン顆粒と呼ばれる膜で囲まれた輸送顆粒の中に濃縮されており，外分泌細胞が刺激を受けると，チモーゲン顆粒の膜が細胞膜と融合し，チモーゲンがエキソサイトーシスによって集合管の内腔へと放出される．集合管は最終的に膵管に導かれ，小腸に通じる．**(c)** 小腸においては，アミノ酸は絨毛の上皮細胞層（小腸粘膜）から吸収され，毛細血管内に入る．小腸中での脂質の加水分解産物も小腸粘膜によって吸収された後，リンパ系に入ることを思い出そう（図 17-1 参照）．

加水分解していく．このようにして生成した遊離アミノ酸の混合物は，小腸の内壁に並ぶ上皮細胞内に取り込まれ（図 18-3(c)），そこを通って小腸絨毛内の毛細血管に入り，肝臓にまで運ばれる．ヒトでは，動物由来の球状タンパク質のほとんどが消化管でほぼ完全にアミノ酸にまで加水分解されるが，ケラチンのような繊維状タンパク質のなかには部分的にしか消化されないものもある．また，植物性食品のタンパク質のなかには，消化できないセルロースの外皮によって保護されているために分解されにくいものもある．

急性膵炎 acute pancreatitis は，膵臓の分泌液が小腸に入る経路が障害を受けて引き起こされる病気である．そのために，タンパク質分解酵素のチモーゲンが膵臓細胞の内部で早すぎる活性型への変換を受け，膵臓組織そのものが攻撃される．これによって，激しい痛みと致命的な臓器障害が起こる．■

ピリドキサールリン酸はα-ケトグルタル酸へのα-アミノ基の転移に関与する

ほとんどのL-アミノ酸は，いったん肝臓に到達すると，異化経路の最初のステップとしてα-アミノ基が除去される．この反応は**アミノトランスフェラーゼ** aminotransferase あるいは**トランスアミナーゼ** transaminase と呼ばれる酵素によって触媒される．このような**アミノ基転移** transamination では，アミノ酸のα-アミノ基はα-ケトグルタル酸のα炭素原子に転移され，そのアミノ酸に対応するα-ケト酸のアナログが残る（図 18-4）．この反応においてα-アミノ酸が脱アミノ化されるとともに，α-ケトグルタル酸がアミノ化されるので，実質的な脱アミノ化（すなわちアミノ基の喪失）は起こらない．このアミノ基転移反応のおかげで，多くの異なる種類のアミノ酸からアミノ基を集め，L-グルタミン酸のかたちに集約することができる．そして，生合成経路や窒素老廃物の除去を行う排泄経路において，このグルタミン酸がアミノ基供与体として働く．

細胞にはタイプの異なるアミノトランスフェラーゼが存在する．それらの多くはα-ケトグルタル酸を特異的なアミノ基受容体とするが，アミノ基供与体であるL-アミノ酸に対する特異性は異なる．そして，そのアミノ基供与体の種類に応じて，例えばアラニンアミノトランスフェラーゼやアスパラギン酸アミノトランスフェラーゼのように命名される．アミノトランスフェラーゼによって触媒される反応は，その平衡定数が約 1.0（$\Delta G'^{\circ} \approx 0$ kJ/mol）であり，完全に可逆的である．

すべてのアミノトランスフェラーゼは同じ補欠分子族をもち，同じ反応機構で働く．その補欠分子族はピリドキシン（ビタミン B_6）の補酵素型の**ピリドキサールリン酸** pyridoxal phosphate (**PLP**) である．ピリドキサールリン酸については，グリコーゲンホスホリラーゼ反応の補酵素として Chap. 15 においても触れたが，そこでの役割は

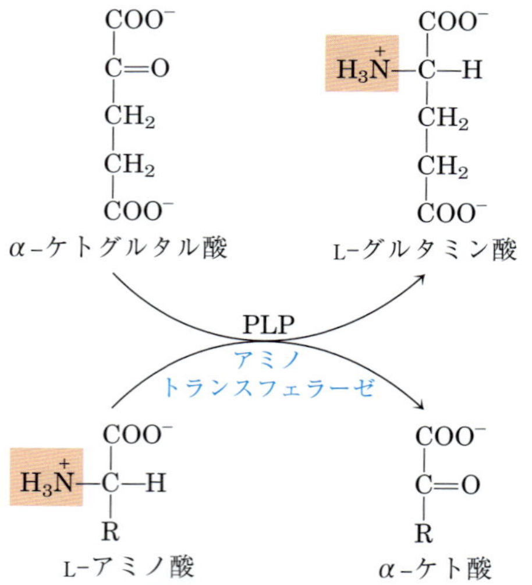

図 18-4 酵素より触媒されるアミノ基転移
多くのアミノトランスフェラーゼ反応では，α-ケトグルタル酸がアミノ基受容体である．すべてのアミノトランスフェラーゼは，補因子としてピリドキサールリン酸（PLP）を必要とする．ここではアミノ基がα-ケトグルタル酸に転移される方向を示しているが，この反応は逆方向にも容易に進行する．

ピリドキサールリン酸の通常の補酵素作用を代表するものとはいえない．すなわち，ピリドキサールリン酸の細胞内での主要な役割は，アミノ基をもつ分子の代謝である．

ピリドキサールリン酸は，アミノトランスフェラーゼの活性部位でアミノ基の中間運搬体として働く．すなわち，アルデヒド型のピリドキサールリン酸とアミン型のピリドキサミンリン酸との間の可逆的な相互変換が起こり，ピリドキサールリン酸がアミノ基を受け取って，ピリドキサミンリン酸がそのアミノ基をα-ケト酸に供与する（図18-5(a)）．ピリドキサールリン酸は，通常はその酵素の活性部位において，Lys 残基のε-アミノ基とのアルジミン aldimine（シッフ塩基）結合を介して共有結合している（図 18-5(b)，(d)）．

ピリドキサールリン酸は，アミノ酸のα，βおよびγ炭素（C-2 位から C-4 位）でのさまざまな反応に関与する．α炭素での反応（図 18-6）

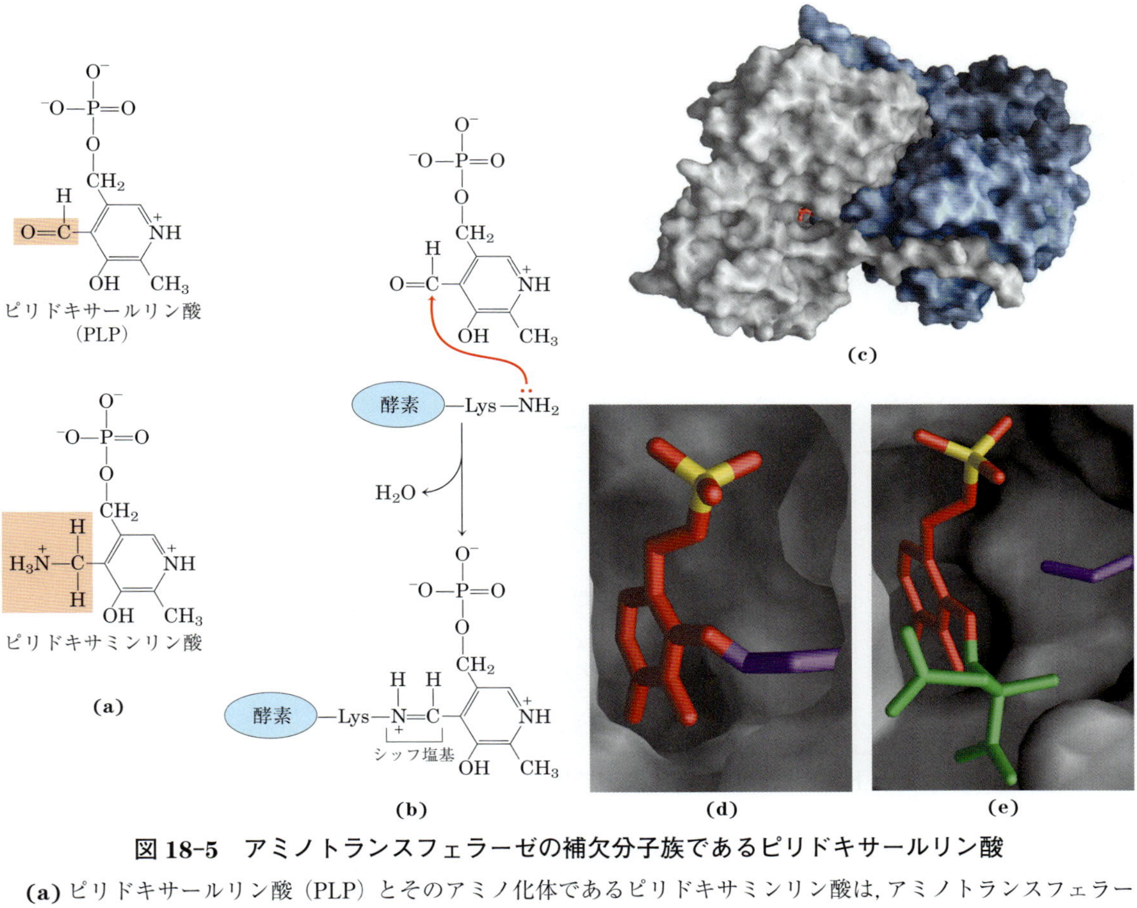

図 18-5　アミノトランスフェラーゼの補欠分子族であるピリドキサールリン酸

(a) ピリドキサールリン酸（PLP）とそのアミノ化体であるピリドキサミンリン酸は，アミノトランスフェラーゼに強固に結合している補酵素である．淡赤色の網かけ部分は官能基を示す．**(b)** ピリドキサールリン酸は，非共有結合性相互作用および活性部位の Lys 残基とのシッフ塩基（アルジミン）の形成によって酵素に結合している．一級アミンとカルボニル基でシッフ塩基が形成されるステップについては図14-6で詳細に示してある．**(c)** PLP（赤色）は，二量体酵素であるアスパラギン酸アミノトランスフェラーゼ（典型的なアミノトランスフェラーゼ）の二つの活性部位のうちの一つに結合している．**(d)** 活性部位の拡大図．PLP（赤色，リンは黄色）は Lys^{258} の側鎖（紫色）とアルジミン結合をしている．**(e)** 別の角度から見た活性部位の拡大図．PLP は基質アナログの 2-メチルアスパラギン酸（緑色）とシッフ塩基を介して結合している．［出典：(c, d, e) PDB ID 1AJS, S. Rhee et al., *J. Biol. Chem.* **272**: 17, 293, 1997.］

には，アミノ基転移以外にラセミ化（L-アミノ酸とD-アミノ酸の相互変換）と脱炭酸反応がある．ピリドキサールリン酸は，これらの反応のいずれにおいても化学的に同じ役割を果たす．すなわち，基質のα炭素との結合が開裂して，プロトンまたはカルボキシ基が除去される．その際に，α炭素上に残った電子対は極めて不安定なカルボアニオンになるが，ピリドキサールリン酸はこの中間体を共鳴安定化する（図18-6，挿入図）．すなわち，ピリドキサールリン酸の高度に共役した構造（電

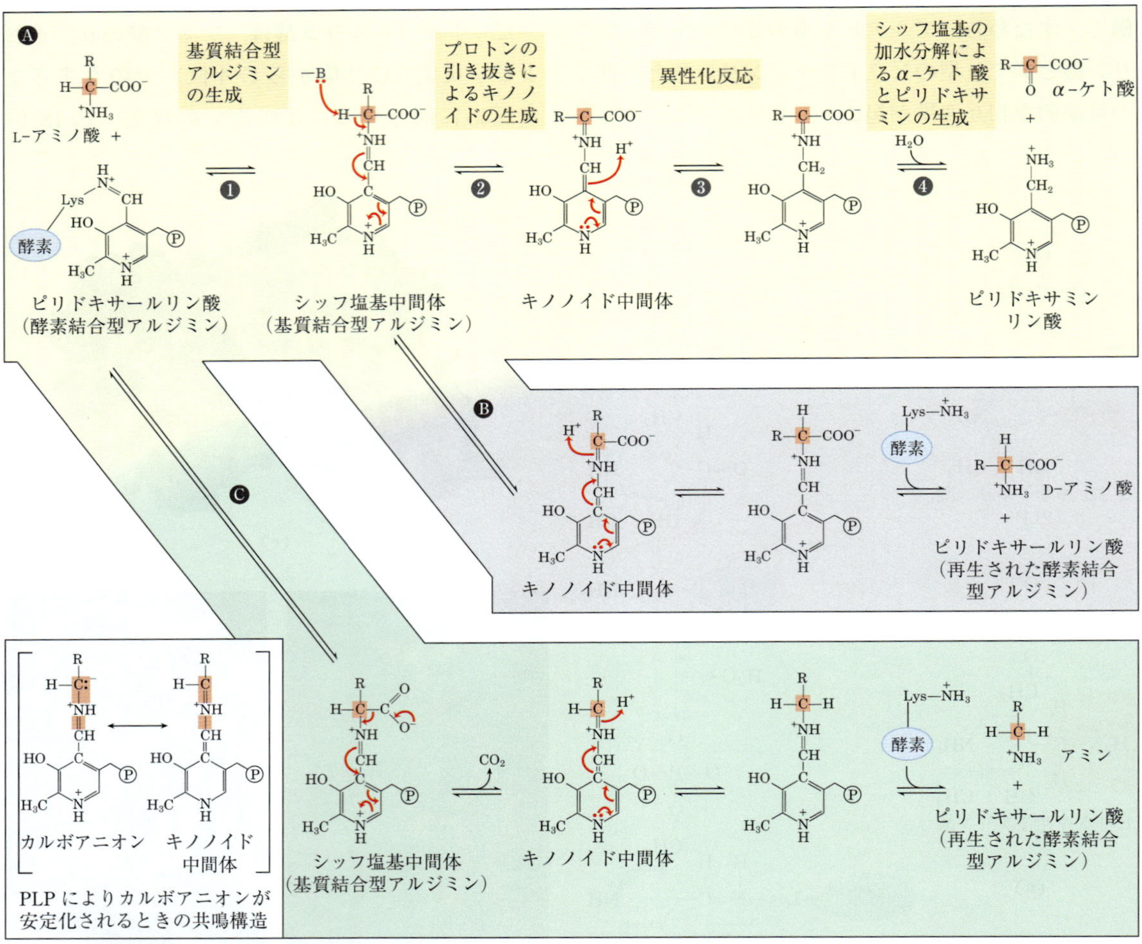

機構図18-6 ピリドキサールリン酸によって促進されるα炭素でのアミノ酸の変換反応の例

ピリドキサールリン酸は，通常はシッフ塩基を介して酵素と結合しており，このかたちのシッフ塩基は酵素結合型アルジミンとも呼ばれる．この活性型PLPはアミノ基転移によって容易に基質アミノ酸のα-アミノ基と新たなシッフ塩基（基質結合型アルジミン）を形成する（図18-5(b)，(d)参照）．この基質結合型アルジミンのたどる三つの異なる経路，すなわち，Ⓐアミノ基転移反応，Ⓑラセミ化反応，およびⒸ脱炭酸反応を示す．PLPとアミノ酸との間に形成されたシッフ塩基はピリジン環と共役し，α-炭素上で不安定なカルボアニオンが生成しないように電子対を非局在化させる「電子シンク」として作用する（挿入図）．これら三つのタイプの反応すべてにキノノイド中間体が関与する．アミノ基転移の経路（Ⓐ）は，本章で述べる経路では特に重要である．黄色の網かけの経路（左から右への反応）は，アミノトランスフェラーゼによって触媒される反応全体のほんの一部を示しているにすぎない．すなわち，この過程は第二のα-ケト酸が，先に離れていったケト酸に置き換わり，逆の経路（右から左への反応）をたどって新たなアミノ酸へと変換されることによって完了する．また，ピリドキサールリン酸はある種のアミノ酸のβ，γ炭素における反応にも関与する（図中には示さない）．

子シンク electron sink）のおかげで，負電荷の非局在化が可能になる．

アミノトランスフェラーゼ（図 18-5）は，2 分子間のピンポン反応（図 6-13(b)，(d)参照）を触媒する酵素の代表例である．この反応では，第一の基質が反応し，その生成物が活性部位から遊離して初めて第二の基質が結合できる．すなわち，まず活性部位に結合したアミノ酸は，そのアミノ基をピリドキサールリン酸に供与し，それ自体は α-ケト酸として遊離する．次に，第二の基質である α-ケト酸が結合し，ピリドキサミンリン酸からアミノ基を受け取り，アミノ酸となって離れていく．

グルタミン酸は肝臓でそのアミノ基をアンモニアとして放出する

前述のように，α-アミノ酸の多くに由来するアミノ基が，L-グルタミン酸分子のアミノ基として肝臓に集められる．このようなアミノ基は，次にグルタミン酸から除去されて排泄される必要がある．そのために，肝細胞内では，グルタミン酸はサイトゾルからミトコンドリアに運ばれ，そこで **L-グルタミン酸デヒドロゲナーゼ** L-glutamate dehydrogenase（分子量 330,000）による**酸化的脱アミノ化** oxidative deamination を受ける．哺乳類では，この酵素はミトコンドリアのマトリックスに存在する．この酵素は，還元当量の受容体として NAD^+ と $NADP^+$ のどちらも利用することができる唯一の酵素である（図 18-7）．

アミノトランスフェラーゼとグルタミン酸デヒドロゲナーゼとを組み合わせた反応は，**脱アミノ転移反応** transdeamination と呼ばれる．また，脱アミノ転移経路を迂回し，直接酸化的脱アミノ化を受けるアミノ酸も少数存在する．なお，このような脱アミノ化の過程によって生じる NH_4^+ の代謝運命については Sec. 18.2 で詳述する．グルタミン酸の脱アミノ化により生成する α-ケトグルタル酸は，クエン酸回路やグルコース合成に使われる．

グルタミン酸デヒドロゲナーゼは，炭素の代謝経路と窒素の代謝経路が交わる重要な点で機能を発揮する．この酵素は 6 個の同一サブユニットから成るアロステリック酵素であり，多様なアロステリックモジュレーターによってその活性が影響を受ける．これらのうちで最もよく研究されているのは，正のモジュレーターの ADP と負のモジュレーターの GTP であるが，その調節パターンの代謝上の意義は詳しくはわかっていない．GTP のアロステリック結合部位を変化させるような変異や，グルタミン酸デヒドロゲナーゼの恒常的な活性化を引き起こすような突然変異は，高インス

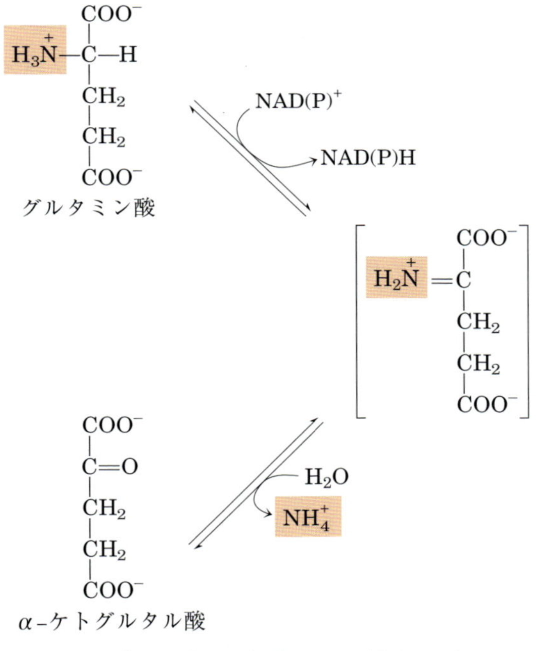

図 18-7　グルタミン酸デヒドロゲナーゼによって触媒される反応

哺乳類の肝臓のグルタミン酸デヒドロゲナーゼは，補因子として NAD^+ と $NADP^+$ のどちらも利用できるという変わった能力を有する．植物や微生物のグルタミン酸デヒドロゲナーゼの場合には，通常どちらか一方に特異的である．哺乳類の酵素は GTP と ADP によってアロステリック調節を受ける．

リン-高アンモニア症候群 hyperinsulinism-hyperammonemia syndrome という遺伝性疾患を引き起こす．この病気の特徴は，血流中のアンモニアのレベルの上昇と，それに付随する低血糖である．

グルタミンは血流中でアンモニアを運搬する

アンモニアは動物組織にとって極めて有毒である（この毒性の理由については後で考察する）ので，その血中レベルは厳密な制御を受ける．脳をはじめとする多くの組織では，ヌクレオチドの分解のように遊離のアンモニアを生成する経路が存在する．ほとんどの動物では，肝外組織で生成する遊離アンモニアの大部分は，無毒の化合物に変換されたのちに血流中に排出され，肝臓や腎臓へと運搬される．グルタミン酸は細胞内ではアミノ基の代謝において極めて重要であるが，アミノ基の運搬機能に関しては L-グルタミンがその機能を代行する．すなわち，組織で生成した遊離のアンモニアは，**グルタミンシンテターゼ** glutamine synthetase の作用によってグルタミン酸と結合してグルタミンになる．この反応は ATP を必要とし，2 ステップで進行する（図 18-8）．すなわち，最初にグルタミン酸と ATP が反応して ADP と γ-グルタミルリン酸中間体が生成し，次にその中間体がアンモニアと反応してグルタミンと無機リン酸になる．グルタミンはアンモニアを無毒な状態で運搬するためのものであり，その血中濃度は，一般に他のアミノ酸に比べてはるかに高い．また，グルタミンはさまざまな生合成反応においてもアミノ基の供給源として働く．グルタミンシンテターゼはすべての生物に存在し，常に代謝において中心的な役割を果たしている．微生物では，この酵素は，固定化された窒素が生物系へ移行する際の重要な入口として役立つ（代謝におけるグルタミンとグルタミンシンテターゼの役割については，Chap. 22 でさらに考察する）．

ほとんどの陸棲動物において，生合成に必要な量を超えて過剰となったグルタミンは，血中を経て，腸，肝臓および腎臓に運ばれて処理される．これらの組織において，ミトコンドリア内で**グルタミナーゼ** glutaminase という酵素によりグルタミンはグルタミン酸と NH_4^+ に変換され，アミド窒素がアンモニウムイオンとして放出される（図 18-8）．そして，腸や腎臓で生成した NH_4^+ は血中

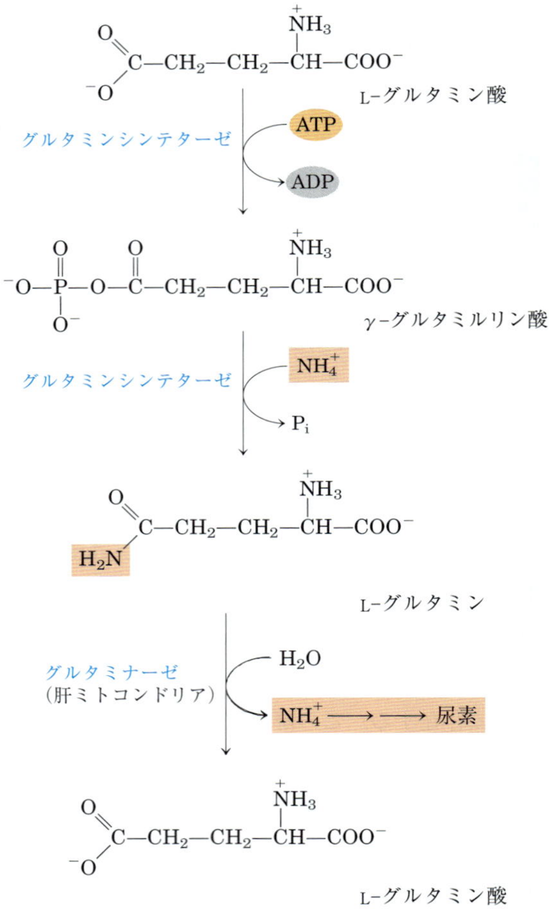

図 18-8 グルタミンのかたちでのアンモニアの運搬

組織で過剰になったアンモニアは，グルタミンシンテターゼ反応によってグルタミン酸と結合してグルタミンとなる．このグルタミンは血流中を運搬されたのち，肝臓に取り込まれ，グルタミナーゼによってその NH_4^+ が遊離される．

を経て肝臓に運ばれる．肝臓では，すべての組織由来のアンモニアが尿素合成によって処理される．このグルタミナーゼ反応によって生成するグルタミン酸の一部は，さらに肝臓でグルタミン酸デヒドロゲナーゼによって処理されて，アンモニアを遊離するとともに代謝燃料用の炭素骨格となる．しかし，ほとんどのグルタミン酸は，アミノ酸の生合成や他の経路で必要なアミノ基転移反応の基質として使われる（Chap. 22）．

代謝性アシドーシス（p. 959）の際には，腎臓でのグルタミンの処理量が増大する．生成した過剰の NH_4^+ のすべてが血中に放出されたり尿素に変換されたりするわけではなく，その一部は直接尿中に排泄される．すなわち，腎臓では，NH_4^+ は代謝によって生じる酸と塩を形成することによって，これらの塩の尿中への排泄を促進する．また，クエン酸回路における α-ケトグルタル酸の脱炭酸反応により生じる炭酸水素塩も，血漿中での緩衝剤として機能する．これらの事実を考え合わせると，腎臓におけるグルタミン代謝のこのような効果は，アシドーシスを打ち消す傾向がある．■

アラニンはアンモニアを骨格筋から肝臓へと運ぶ

グルコース–アラニン回路 glucose–alanine cycle という経路を介して，アラニンも無毒なかたちでアミノ基を肝臓へ運ぶ特別な役割を果たす（図 18-9）．アミノ酸をエネルギー源として分解する筋肉やある種の他の組織では，アミノ基はアミノ基転移によってグルタミン酸として集められる（図 18-2(a)）．グルタミン酸は，前述のように肝臓へと運搬するためにグルタミンに変換されるか，あるいは**アラニンアミノトランスフェラーゼ** alanine aminotransferase の作用によって，その α-アミノ基がピルビン酸に転移される．筋肉ではこのピルビン酸は解糖の産物として容易に得ることができる（図 18-9）．このようにして生成したアラニンは血中に入り，肝臓へと運ばれる．肝細胞のサイトゾルで，アラニンのアミノ基はアラニンアミノトランスフェラーゼによって α-ケトグルタル酸に転移され，ピルビン酸とグルタミン酸が生成する．次にグルタミン酸はミトコンドリアに入り，そこでグルタミン酸デヒドロゲナーゼの作用によって NH_4^+ を遊離するか（図 18-7），あるいは後述のようにオキサロ酢酸へとアミノ基が転移されて，尿素合成のもう一つの窒素供与体であるアスパラギン酸になる．

アンモニアを骨格筋から肝臓に運ぶためのアラニンの利用は，生体が本来もっている節約機構の

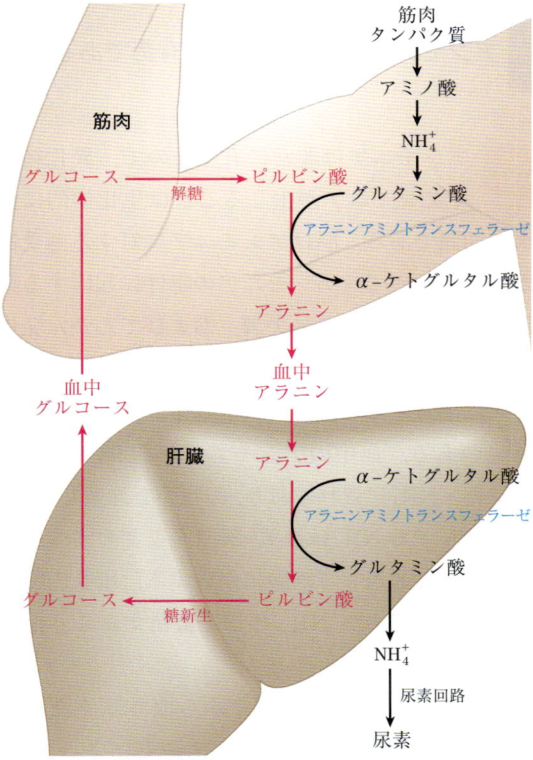

図 18-9　グルコース–アラニン回路

アラニンは，アンモニアおよびピルビン酸の炭素骨格を骨格筋から肝臓へ運ぶ運搬体として働く．運ばれたアンモニアは排泄されるが，ピルビン酸はグルコースの産生に利用され，このグルコースは筋肉へと戻される．

一例である．すなわち，激しく収縮している骨格筋は嫌気的な状態にあるので，タンパク質分解によってアンモニアを生成するのに加えて，解糖によってピルビン酸と乳酸も生成する．したがって，これらの生成物は肝臓に運ばれる必要があり，そこでピルビン酸と乳酸はグルコースに再生されて筋肉に送り返されるとともに，アンモニアは尿素に変換されて排泄される．このグルコース-アラニン回路は，コリ回路（Box 14-2，図 23-21 参照）と連携してこの処理を成し遂げる．このように，糖新生のためのエネルギーに関しては，筋肉よりもむしろ肝臓に負荷が課せられるので，筋肉では利用可能なすべての ATP を筋収縮にあてることができる．

アンモニアは動物にとって有毒である

アンモニアは非常に有毒なので，異化経路でアンモニアが生じることは生化学的に重大な問題である．脳はアンモニアに対する感受性が特に高いので，アンモニアの毒性に起因する損傷は，認知障害，運動失調，およびてんかん発作の原因となる．極端な場合には，脳の腫張によって死に至る．この毒性の分子基盤は徐々に解明されつつある．血中のアンモニアの約 98％はプロトン化（NH_4^+）されており，細胞膜を通過しない．少量存在する NH_3 は血液-脳関門などのすべての膜を容易に通過して細胞に侵入する．細胞内ではプロトン化されて NH_4^+ として蓄積することができる．

アンモニアをサイトゾルから取り除くためには，グルタミン酸デヒドロゲナーゼによって α-ケトグルタル酸を還元的にアミノ化してグルタミン酸に変換し（前述の反応の逆反応；図 18-7），グルタミンシンテターゼによってグルタミン酸をグルタミンに変換する必要がある．脳内では，ニューロンに栄養を補給したり，これを保護して絶縁したりする神経系の星状の細胞であるアストロサイト astrocyte のみがグルタミンシンテターゼを発現している．グルタミン酸とその誘導体である γ-アミノ酪酸（GABA；図 22-31 参照）は重要な神経伝達物質である．アンモニアに対する脳の感受性の一部は，グルタミンシンテターゼ反応によるグルタミン酸の枯渇を反映しているかもしれない．しかし，グルタミンシンテターゼ活性は，過剰のアンモニアを処理するには不十分であり，アンモニアの毒性を十分に説明できるわけでもない．

NH_4^+ 濃度が上昇すると，アストロサイトの膜を隔てる K^+ の恒常性を維持する許容量が変化する．NH_4^+ は，Na^+K^+ATPase を通る K^+ の細胞内への輸送と競合し，結果的に細胞外の K^+ 濃度が上昇する．細胞外の過剰な K^+ は，**Na^+–K^+–2Cl^- 共輸送体 1** Na^+–K^+–2Cl^- cotransporter 1（**NKCC1**）を通ってニューロン内に入る．その際に，Na^+ と 2Cl^- も同時に入る．ニューロン内の過剰な Cl^- は，神経伝達物質の GABA が $GABA_A$ 受容体と相互作用する際の応答を変化させ，異常な脱分極や神経活動の上昇をもたらす．これによって，アンモニア毒性にしばしば起因する神経筋協調運動障害やけいれんをおそらく説明できる．もしも細胞外の NH_4^+ 濃度が上昇したままであれば，アストロサイトのイオンチャネルとアクアポリンチャンネルに混乱が生じ，細胞が膨潤し，致死的な脳の浮腫が起こる．■

以上でアミノ基代謝についての考察を終えるが，今まで述べてきたように，過剰のアンモニアが肝細胞のミトコンドリアに蓄積する経路がいくつか存在することに注目しよう（図 18-2）．ここからは，このアンモニアの代謝運命について考えることにする．

まとめ

18.1　アミノ基の代謝運命

- ヒトは酸化エネルギーの一部をアミノ酸の異化によって得ている．このアミノ酸の供給源は，細胞タンパク質の正常な分解（すなわちリサイクル），摂取したタンパク質の分解，さらには飢餓状態や未治療糖尿病の際に，他の燃料源の代用としてのからだのタンパク質の分解などである．
- プロテアーゼは，摂取されたタンパク質を胃と小腸で分解する．ほとんどのプロテアーゼは，最初は不活性なチモーゲンとして合成される．
- アミノ酸の異化の初期段階で行われるのは，炭素骨格からのアミノ基の分離である．ほとんどの場合に，アミノ基は α-ケトグルタル酸に転移されてグルタミン酸になる．このアミノ基転移反応には，補酵素としてピリドキサールリン酸が必要である．
- グルタミン酸は肝臓のミトコンドリアに運ばれ，そこでグルタミン酸デヒドロゲナーゼによりアミノ基がアンモニウムイオン（NH_4^+）として放出される．他の組織で生成したアンモニアは，グルタミンのアミド窒素として肝臓に運ばれる．骨格筋の場合にはアラニンのアミノ基として運ばれる．
- 肝臓でアラニンの脱アミノ化によって生成するピルビン酸はグルコースに変換され，グルコース-アラニン回路の一部として，再び筋肉に送り返される．

18.2　窒素排泄と尿素回路

アミノ基は，新たなアミノ酸や他の含窒素化合物の合成に再利用されない場合には，単一の排泄最終産物に変換される（図 18-10）．例えば，硬骨魚のような水棲動物のほとんどは，アミノ窒素をアンモニアとして排泄する**アンモニア排出** ammonotelic 動物である．この場合，毒性のアンモニアは単にまわりの水で薄められるだけである．一方，陸棲動物の場合には，その毒性や水の喪失を最小限にするような窒素排泄経路が必要である．ほとんどの陸棲動物は，アミノ窒素を尿素のかたちで排泄する**尿素排出** ureotelic 動物である．また，鳥類や爬虫類は，アミノ窒素を尿酸として排泄する**尿酸排出** uricotelic 動物である（尿酸の合成経路を図 22-48 に示す）．植物は実質的にはすべてのアミノ基を再利用するので，稀な状況下でのみ窒素を排泄する．

尿素排出生物では，肝細胞のミトコンドリアに蓄えられているアンモニアは，**尿素回路** urea cycle で尿素に変換される．この経路は 1932 年に Hans Krebs（彼は後にクエン酸回路も発見した）と，研究に協力していた医学生の Kurt Henseleit によって発見された．尿素の産生はほぼ例外なく肝臓でのみ起こり，肝臓に運ばれてくるアンモニアのほとんどの行き着く先が尿素である．そして尿素は血流に入って腎臓に移行し，尿中に排泄される．ここからは尿素の生成を中心に考察する．

尿素はアンモニアから 5 ステップの酵素反応を経て産生される

尿素回路は肝細胞のミトコンドリア内で始まるが，その後のステップのうちの三つはサイトゾルで起こる．すなわち，この回路は細胞内の二つのコンパートメントにまたがっている（図 18-10）．尿素回路に入る最初のアミノ基は，ミトコンドリアマトリックス内のアンモニアに由来し，この NH_4^+ のほとんどは前節で述べた経路によって生じる．また，腸内細菌によるアミノ酸の酸化によって生じるアンモニアも，腸から門脈を経て肝臓に入る．肝臓のミトコンドリア内で生成した NH_4^+ は，その起源にかかわらず，ミトコンドリアの呼

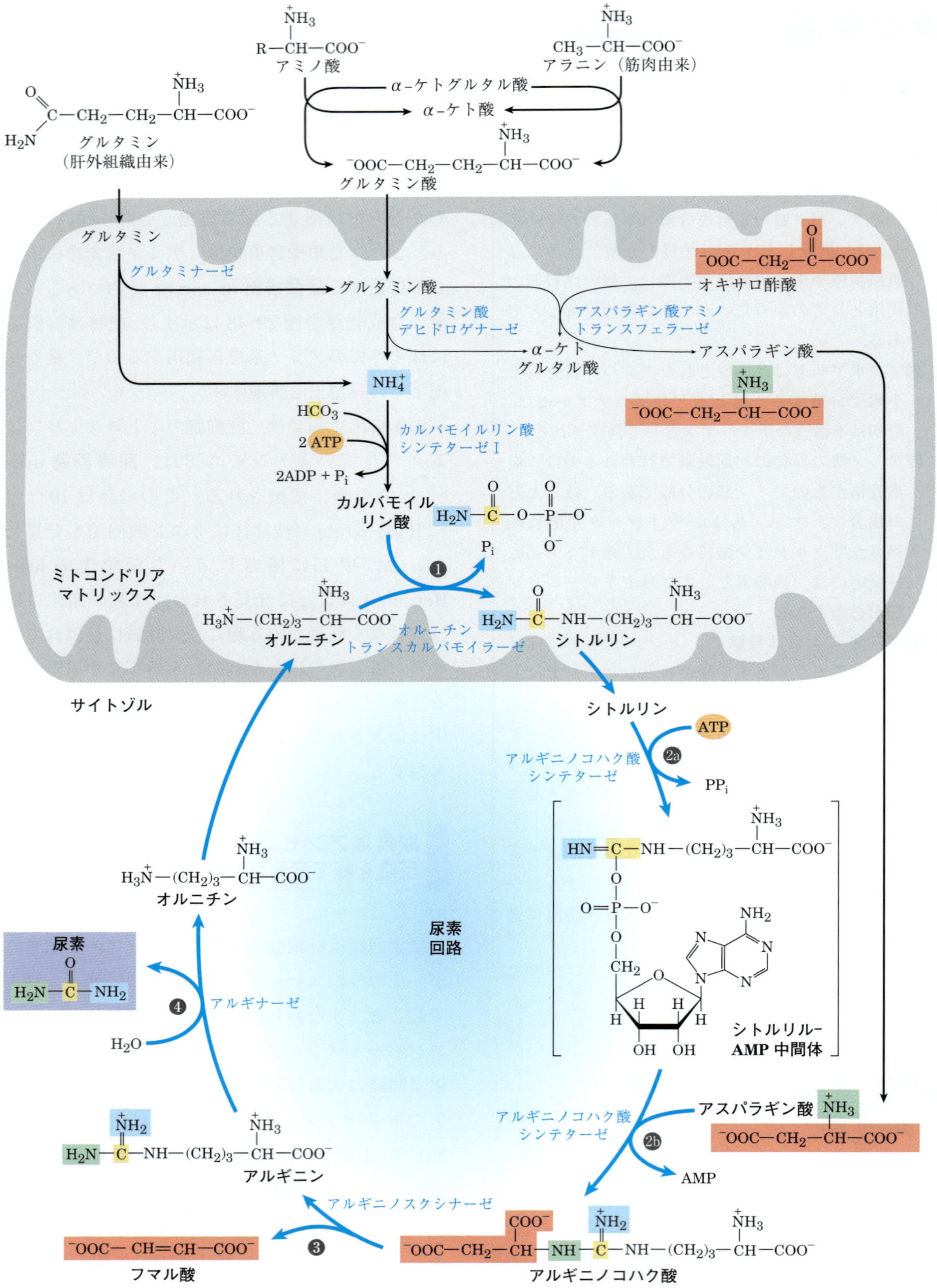
アミノ酸
アラニン（筋肉由来）
α-ケトグルタル酸
α-ケト酸
グルタミン酸
グルタミン（肝外組織由来）
グルタミン
グルタミナーゼ
グルタミン酸
オキサロ酢酸
グルタミン酸デヒドロゲナーゼ
アスパラギン酸アミノトランスフェラーゼ
α-ケトグルタル酸
アスパラギン酸
NH_4^+
HCO_3^-
2 ATP
2ADP + P_i
カルバモイルリン酸シンテターゼI
カルバモイルリン酸
P_i
ミトコンドリアマトリックス
オルニチン
オルニチントランスカルバモイラーゼ
シトルリン
サイトゾル
シトルリン
ATP
アルギニノコハク酸シンテターゼ
PP_i
シトルリル-AMP中間体
尿素回路
尿素
オルニチン
アルギナーゼ
H_2O
アスパラギン酸
アルギニノコハク酸シンテターゼ
AMP
アルギニン
アルギニノスクシナーゼ
フマル酸
アルギニノコハク酸

吸により生じたCO_2（HCO_3^-として）とともにマトリックス内で速やかにカルバモイルリン酸 carbamoyl phosphateの生成に利用される（図18–11(a)；図18–10も参照）．このATP依存性反応は，調節酵素である**カルバモイルリン酸シンテターゼⅠ** carbamoyl phosphate synthetase Ⅰによって触媒される（後述）．このミトコンドリア型酵素は，ピリミジンの生合成において別の機能を果たすサイトゾル型（Ⅱ型）の酵素とは異なる（Chap. 22）．

次に，このカルバモイルリン酸は，活性化カルバモイル基の供与体として尿素回路へと入っていく．この回路は四つの酵素反応ステップのみから成る．まず，カルバモイルリン酸のカルバモイル基がオルニチン ornithineに供与され，シトルリン citrullineが生成してP_iが遊離する（図18–10，ステップ ❶）．この反応は**オルニチントランスカルバモイラーゼ** ornithine transcarbamoylaseによって触媒される．オルニチンは，タンパク質に見られる20種類の標準アミノ酸のうちの一つではないが，窒素代謝においては重要な中間体であり，Chap. 22で述べる5ステップから成る経路でグルタミン酸から合成される．オルニチンは，尿素回路が1回転するごとに原材料を受け取るという点で，クエン酸回路におけるオキサロ酢酸と似た役割を果たす．尿素回路の最初のステップで生成したシトルリンは，ミトコンドリアからサイトゾルへと移行する．

次の二つのステップでは2番目のアミノ基が導入される．その供給源は，ミトコンドリア内でアミノ基転移によって生成し，サイトゾルに輸送されたアスパラギン酸である．すなわち，アスパラギン酸のアミノ基とシトルリンのウレイド（カルボニル）基が縮合し，アルギニノコハク酸が生成する（図18–10のステップ ❷）．サイトゾルの**アルギニノコハク酸シンテターゼ** argininosuccinate synthetaseによって触媒されるこの反応はATPを必要とし，シトルリル–AMP中間体を経て進行する（図18–11(b)）．このアルギニノコハク酸は**アルギニノスクシナーゼ** argininosuccinaseにより開裂され，遊離のアルギニンとフマル酸になる（図18–10のステップ ❸）．フマル酸はリンゴ酸に変換されてからミトコンドリアに入り，クエン酸回路中間体のプールとして働く．この反応は，尿素回路で唯一の可逆ステップである．尿素回路の最後の反応（ステップ ❹）では，サイトゾル酵素の**アルギナーゼ** arginaseがアルギニンを開裂して，**尿素** ureaとオルニチンが生成する．オルニチンはミトコンドリア内へと輸送され，尿素回路の次の回転を開始させる．

Chap. 16で述べたように，多くの代謝経路の酵素はメタボロン metabolonとしてクラスターを形成しており（p. 919），一つの酵素反応の生成物はその経路の次の酵素に直接導入される（チャネリングされる）．尿素回路では，ミトコンドリアとサイトゾルの酵素はこのような仕組みで

図18–10　尿素回路と回路へのアミノ基の導入反応

これらの反応を触媒する酵素（酵素名を本文中に示す）は，ミトコンドリアマトリックスとサイトゾルとにまたがって分布している．アミノ基の一つはマトリックス内で合成されるカルバモイルリン酸として，もう一つはアスパラギン酸として尿素回路に導入される．このアスパラギン酸も，マトリックス内でアスパラギン酸アミノトランスフェラーゼによって触媒されるオキサロ酢酸とグルタミン酸のアミノ基転移によって合成される．尿素回路は次の四つのステップから成る．❶ オルニチンとカルバモイルリン酸からのシトルリンの合成（1番目のアミノ基の導入）．シトルリンはサイトゾルに移行する．❷ シトルリル–AMP中間体を経るアルギニノコハク酸の合成（2番目のアミノ基の導入）．❸ アルギニノコハク酸からのアルギニンの合成．この反応でフマル酸が遊離し，クエン酸回路に入る．❹ 尿素の生成．この反応でオルニチンが再生される．NH_4^+が肝細胞のミトコンドリアマトリックスに到達する経路についてはSec. 18.1で考察した．

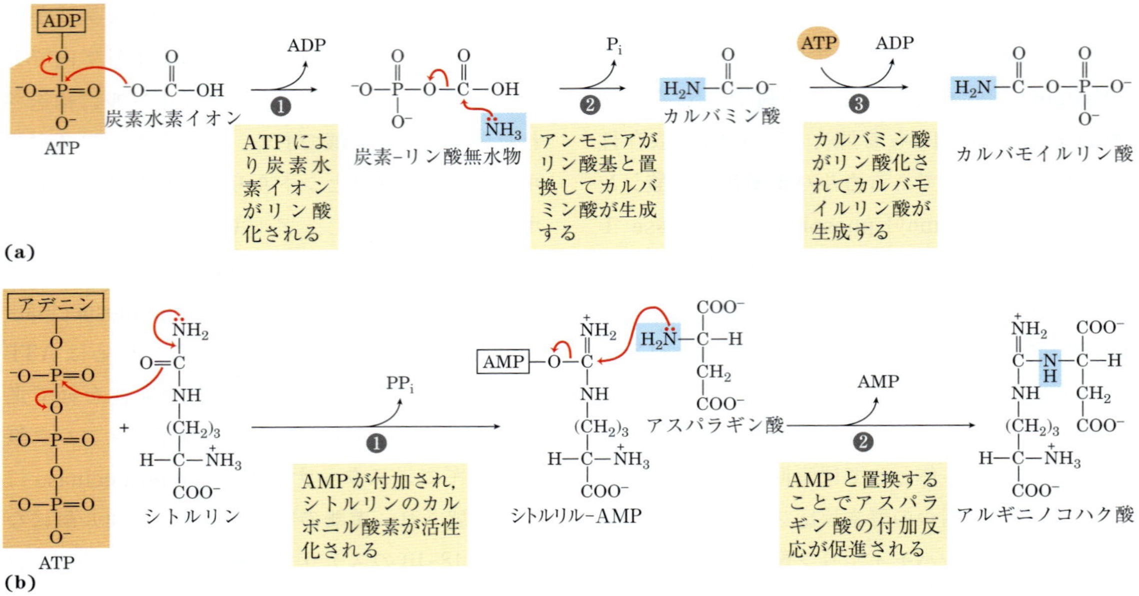

機構図 18–11　尿素合成における窒素の取込み反応

尿素への窒素の取込みには，ATP を必要とする二つの反応が関与する．**(a)** カルバモイルリン酸シンテターゼ I によって触媒される反応で，1 番目の窒素がアンモニアから入ってくる．そして 1 分子のカルバモイルリン酸をつくるために，2 分子の ATP の末端ホスホリル基が使われる．すなわち，この反応には二つの活性化ステップが存在する（❶ と ❸）．**(b)** アルギニノコハク酸シンテターゼによって触媒される反応で，2 番目の窒素がアスパラギン酸から入ってくる．ステップ ❶ の反応でシトルリンのウレイド酸素が活性化されることによって，アスパラギン酸が付加されるステップ ❷ の反応の準備が整う．

クラスターを形成しているようである．すなわち，ミトコンドリアから排出されたシトルリンは，サイトゾルにある通常の代謝物プールで希釈されることなく，アルギニノコハク酸シンテターゼの活性部位に直接渡される．このような酵素間のチャネリングは，さらにアルギニノコハク酸，アルギニン，オルニチンへと続く．尿素だけは，サイトゾル中の通常の代謝物プールへと遊離される．

クエン酸回路と尿素回路は連携できる

アルギニノスクシナーゼ反応で生成するフマル酸はクエン酸回路の中間体でもある．したがって，尿素回路とクエン酸回路は原理的には相互に連結されており，これらを一緒にした過程を「クレブス二重回路 Krebs bicycle」と呼ぶこともある（図 18–12）．しかし，各回路は独立して作動することが可能であり，両回路の連携はミトコンドリアとサイトゾルの間での特定の代謝中間体の輸送に依存している．ミトコンドリア内膜に存在する主要な輸送体にはリンゴ酸–α–ケトグルタル酸輸送体，グルタミン酸–アスパラギン酸輸送体，グルタミン酸–OH^-輸送体などがある．これらの輸送体が連動すると，ミトコンドリアマトリックス内へのリンゴ酸とグルタミン酸の流入，およびサイトゾルへのアスパラギン酸と α–ケトグルタル酸の流出が促進される．

クエン酸回路の酵素には，フマラーゼ（フマル酸ヒドラターゼ）やリンゴ酸デヒドロゲナーゼ（p. 907）のようにサイトゾルにもアイソザイムが存在するものがある．したがって，サイトゾルでの

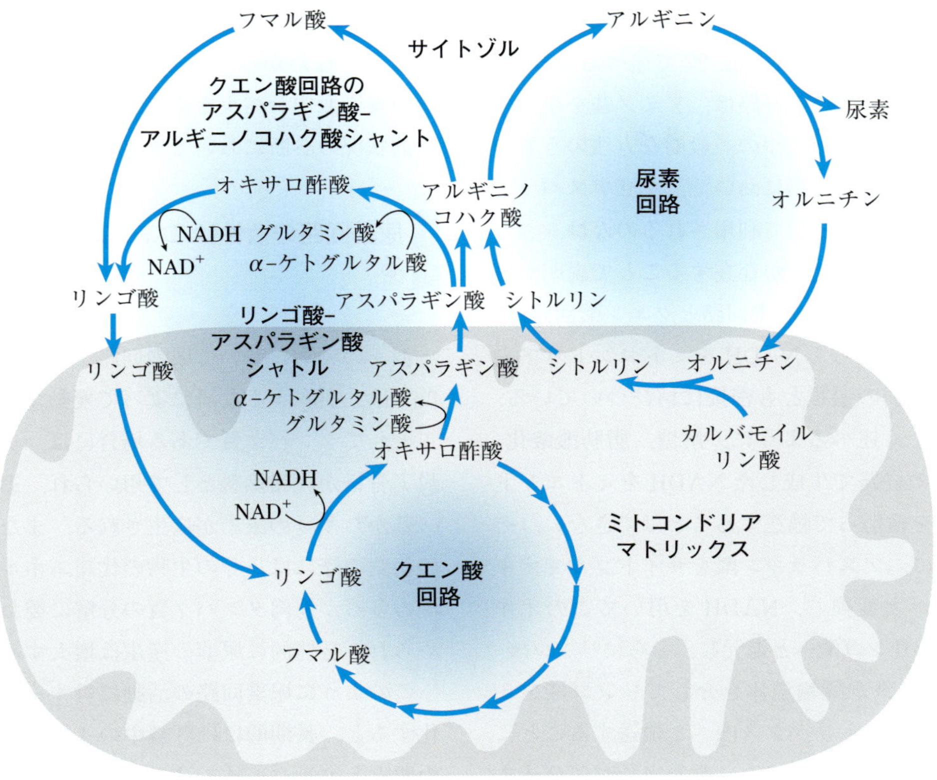

図 18–12　尿素回路とクエン酸回路の連携

この相互連絡する回路は「クレブス二重回路」と呼ばれている．クエン酸回路と尿素回路を連結する経路はアスパラギン酸–アルギニノコハク酸シャントとして知られる．これらによって，アミノ酸のアミノ基と炭素骨格の処理が効果的に連結される．この相互連絡は極めて複雑である．例えば，クエン酸回路の酵素には，フマラーゼやリンゴ酸デヒドロゲナーゼなどのように，サイトゾルとミトコンドリアの両方にアイソザイムをもつものがある．したがって，サイトゾルで生成したフマル酸は，それが尿素回路，プリン生合成，あるいは他の経路のいずれに由来していても，サイトゾルのリンゴ酸に変換可能である．このリンゴ酸は，サイトゾルでも利用されるし，ミトコンドリア内に輸送されてクエン酸回路にも入る．これらの過程は，ミトコンドリア内に還元当量を運び込む一連の反応であるリンゴ酸–アスパラギン酸シャトル（図 19–31 も参照）によってさらに複雑にからみ合う．これらの異なる回路や過程の働きは，ミトコンドリア内膜に存在する限られた数の輸送体に依存している．

アルギニン合成の際に生じるフマル酸をミトコンドリアのマトリックスに直接戻すような輸送体は存在しない．しかし，フマル酸はサイトゾルにおいてリンゴ酸に変換可能なので，フマル酸とリンゴ酸はサイトゾルでさらに代謝されることも，リンゴ酸はミトコンドリアに輸送されてクエン酸回路に利用されることもある．また，ミトコンドリアでオキサロ酢酸とグルタミン酸の間のアミノ基転移によって生じるアスパラギン酸は，サイトゾルへと輸送され，そこで尿素回路中のアルギニノコハク酸シンテターゼ反応の窒素供与体として働くことができる．これらの反応で形成されるのが**アスパラギン酸–アルギニノコハク酸シャント** aspartate–argininosuccinate shunt であり，アミノ酸のアミノ基，およびアミノ酸の炭素骨格が処理される別々の経路の間を代謝的に連結する．

尿素回路においてアスパラギン酸を窒素供与体として利用することは，2 番目のアミノ基を尿素に導入する手段としてはいくぶん複雑に見えるかもしれない．しかし，Chap. 22 で述べるように，窒素導入のためのこの経路は，アミノ基を生体分子に導入するための二つの一般的な方法のうちの一つである．尿素回路において，なぜアスパラギン酸が窒素供与体として利用されるのかは，さらに別の経路間相互連携が存在することで説明が可能である．すなわち，尿素回路とクエン酸回路は，還元当量のかたちでNADHをミトコンドリア内に運び込む別の過程とも密接に結びついている．次章で詳しく述べるように，解糖，脂肪酸酸化，および他の経路で生成したNADHをミトコンドリア内膜を横切って輸送することはできない．その代わりに，アスパラギン酸をサイトゾルでオキサロ酢酸へと変換し，NADHを用いてこのオキサロ酢酸をリンゴ酸へと還元し，さらにリンゴ酸–α–ケトグルタル酸輸送体を介してリンゴ酸をミトコンドリアマトリックス内へと輸送することによって，ミトコンドリア内に還元当量が運び込まれる．リンゴ酸がいったんミトコンドリア内に入ると，オキサロ酢酸への再変換が可能なので，その際にNADHが生成する．このオキサロ酢酸はマトリックス内でアスパラギン酸に変換され，アスパラギン酸–グルタミン酸輸送体によってミトコンドリア外に運び出される．このリンゴ酸–アスパラギン酸シャトルは，ミトコンドリアにNADHを供給するための別の回路をつくり上げている（図 18–12，および図 19–31 参照）．

これらの過程では，サイトゾルにおけるグルタミン酸とアスパラギン酸の濃度バランスが保たれる必要がある．これらの重要なアミノ酸の間でアミノ基を転移する酵素がアスパラギン酸アミノトランスフェラーゼ aspartate amino-transferase（AST）である（グルタミン酸–オキサロ酢酸トランスアミナーゼ glutamate-oxaloacetate transaminase（GOT）ともいう）．この酵素は肝細胞や他の組織において最も活性の高い酵素の一つであり，組織の損傷が起こると，容易に測定できるこの酵素は他の酵素とともに血中に漏れ出してくる．したがって，ASTをはじめとする肝臓の酵素の血中レベルを測定することは，様々な医学的状況の診断において重要である（Box 18–1）．

尿素回路の活性は二つのレベルで調節される

個々の動物において尿素回路を通る窒素の流束 flux は，摂取する食餌によって変動する．食餌が主としてタンパク質である場合には，アミノ酸の炭素骨格が代謝燃料として用いられ，過剰のアミノ基から多量の尿素が産生される．また，長期間の絶食の際には，その生物の代謝エネルギー供給源の多くが筋肉タンパク質の分解に委ねられはじめられ，必然的に尿素の産生は増大する．

このように尿素回路の活動に対する要求性が変化すると，長期的には肝臓中の4種類の尿素回路の酵素とカルバモイルリン酸シンテターゼIの合成速度の調節によって対応される．これら五つの酵素すべての合成速度は，絶食中の動物や高タンパク質食を摂取している動物中のほうが，糖質と脂肪を主とする食餌を十分に摂取している動物中よりも大きい．無タンパク質食を摂取している動物では，尿素回路の酵素のレベルは低い．

より短期的には，尿素回路の流束の調整は少なくとも一つの鍵となる酵素のアロステリック調節によって行われる．すなわちこの経路の最初の酵素であるカルバモイルリン酸シンテターゼIは，***N*–アセチルグルタミン酸** *N*-acetylglutamate によってアロステリックな活性化を受ける．この *N*–アセチルグルタミン酸は，***N*–アセチルグルタミン酸シンターゼ** *N*-acetylglutamate synthase によって，アセチルCoAとグルタミン酸から合成される（図 18–13）．*N*–アセチルグルタミン酸シンターゼは，植物や微生物においてはグルタミン酸から新たにアルギニンを合成する経路の最初のステップを触媒するが（図 22–12 参照），哺乳

BOX 18-1　医 学　組織障害の検査

血清中の特定の酵素活性を測定することによって，病態に関する貴重な診断情報を得ることができる．

アラニンアミノトランスフェラーゼ（ALT と略す．グルタミン酸–ピルビン酸トランスアミナーゼ，GPT ともいう）とアスパラギン酸アミノトランスフェラーゼ（AST と略す．グルタミン酸–オキサロ酢酸トランスアミナーゼ，GOT ともいう）は，心臓発作，薬物中毒，感染症などによって引き起こされる心臓および肝臓の障害の診断の際に重要である．心臓発作が起こると，これらのアミノトランスフェラーゼをはじめとするさまざまな酵素が損傷を受けた心筋細胞から血流中に漏れ出すので，これら 2 種類のアミノトランスフェラーゼの血清中濃度を SGPT テストおよび SGOT テスト（S は血清 serum を示す）によって測定し，さらにもう一つ**クレアチンキナーゼ** creatine kinase の血清中濃度を SCK テストにより測定することによって，損傷の重症度についての情報を得ることができる．クレアチンキナーゼは，心臓発作が起こると最初に血中に出てくる酵素であり，血中からの消失も速やかである．GOT はその次に現れ，GPT がその後に続く．乳酸デヒドロゲナーゼもまた，損傷されたり酸素欠乏となったりした心筋から漏れ出る．

SGOT および SGPT テストは四塩化炭素，クロロホルムおよび他の工業用有機溶媒に暴露された人が肝障害を被っているかどうかを決定することができるので，産業医学の観点からも重要である．これらの溶媒によって肝臓が変性すると，損傷した肝細胞から血中へさまざまな酵素が漏出する．アミノトランスフェラーゼは，肝臓での活性が非常に高く，損傷を受けた肝細胞から漏出する代表的なタンパク質の一つなので，このような化学薬品に暴露された人の健康状態をモニターするのには極めて有用である．そして，その血中の活性はごく微量でも検出可能である．

類の肝臓に存在する酵素は純粋に調節のためだけに機能する（哺乳類はグルタミン酸をアルギニンに変換するために必要な他の酵素を欠いている）．定常状態の *N*–アセチルグルタミン酸レベルは，グルタミン酸とアセチル CoA（ともに *N*–アセチルグルタミン酸シンターゼの基質である）の濃度，およびアルギニン（*N*–アセチルグルタミン酸シンターゼの活性化因子，したがって尿素回路の活性化因子でもある）の濃度によって決定される．

経路間の相互連絡は尿素合成に費やされるエネルギーコストを減らす

尿素回路だけについて考えると，尿素 1 分子の合成には四つの高エネルギーリン酸基が必要である（図 18-10）．2 分子の ATP がカルバモイルリン酸をつくるために，1 分子の ATP がアルギニノコハク酸をつくるために必要である．そして後者の反応では ATP はピロリン酸開裂を受けて，AMP とともに PP_i が生じ，この PP_i がさらに二つの P_i に加水分解される．したがって，尿素回路の全反応式は次のようになる．

$$2NH_4^+ + HCO_3^- + 3ATP^{4-} + H_2O \longrightarrow \text{尿素} + 2ADP^{3-} + 4P_i^{2-} + AMP^{2-} + 2H^+$$

しかし，この見かけ上のコストは，上で詳述した経路間の連携によって代償される．すなわち，尿素回路で生成したフマル酸はリンゴ酸に変換され，それがミトコンドリア内に輸送される（図 18-12）．そしてミトコンドリアのマトリックス内で起こるリンゴ酸デヒドロゲナーゼ反応により NADH が生成する．各 NADH 分子はミトコンド

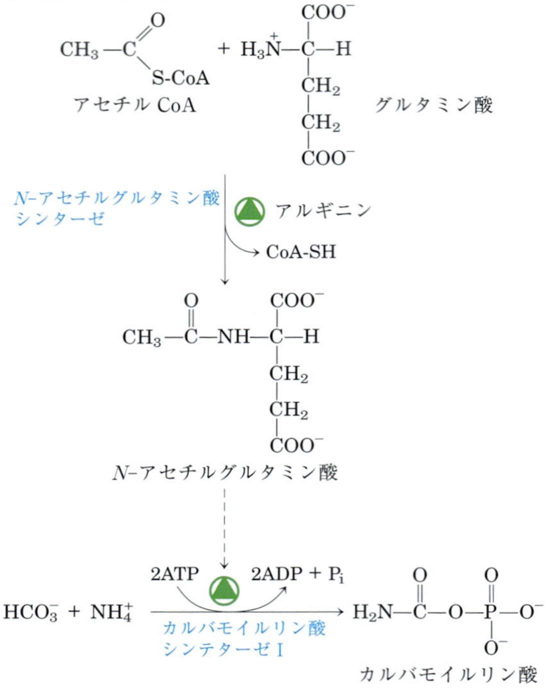

図 18-13 *N*-アセチルグルタミン酸の合成とカルバモイルリン酸シンテターゼ I の活性化

リアでの呼吸（Chap. 19）によって 2.5 分子の ATP をつくることができるので，尿素合成全体にかかるエネルギーコストを大幅に減らすことになるのである．

尿素回路の遺伝的欠損は生命をおびやかす

尿素合成に関与する酵素のいずれかが遺伝的に欠損している人は，タンパク質に富む食餌を許容できない．タンパク質合成の 1 日最少必要量よりも余分に摂取されたアミノ酸は，肝臓で脱アミノ化されてアンモニアが生成する．しかし，このような患者では，遊離のアンモニアが尿素に変換されずにそのまま血中に放出される．すでに述べたように，アンモニアは強い毒性を示す．尿素回路の酵素の欠損によって高アンモニア血症になったり，欠損する酵素に依存して 1 種類以上の尿素回路中間体が蓄積したりする．ほとんどの尿素回路のステップは不可逆なので，血中や尿中に高濃度で存在している回路中間体をつきとめれば，どの酵素の活性が欠如しているのかを同定することが可能な場合が多い．このように，尿素回路に欠陥がある人において，アミノ酸の分解は重篤な健康障害をもたらすことがあるが，タンパク質を含まない食餌は治療の選択肢にはならない．ヒトは，20 種類の標準アミノ酸のうちの半数を生合成することができないので，これらの**必須アミノ酸** essential amino acid（表 18-1）を食餌によって供給されなければならないからである．

尿素回路に欠陥がある人に対する治療にはさまざまな方法がある．例えば，食餌に安息香酸やフェニル酪酸などの芳香族酸を注意深く添加することによって，血中のアンモニアレベルを低く抑えることが可能である．安息香酸はベンゾイル CoA に変換され，グリシンと結合して馬尿酸 hippurate を生成する（図 18-14，左）．この反応で消費されるグリシンは再生されなければならず，その際のグリシンシンターゼ反応でアンモニアが取り込まれる．一方，フェニル酪酸は，β 酸化によってフェニル酢酸になり，さらにフェニルアセチル CoA に変換された後に，グルタミンと

表 18-1 ヒトとアルビノラットの必須アミノ酸と非必須アミノ酸

非必須アミノ酸	条件によっては必須のアミノ酸[a]	必須アミノ酸
アラニン	アルギニン	ヒスチジン
アスパラギン	システイン	イソロイシン
アスパラギン酸	グルタミン	ロイシン
グルタミン酸	グリシン	リジン
セリン	プロリン	メチオニン
	チロシン	フェニルアラニン
		トレオニン
		トリプトファン
		バリン

[a] 幼若期および成長期の動物ではある程度必要．また病気のときに必要なこともある．

結合してフェニルアセチルグルタミンになる（図 18-14，右）．この際のグルタミンの消失が，グルタミンシンテターゼ反応によるグルタミンのさらなる合成（式 22-1 参照）の引き金となり，アンモニアが取り込まれる．馬尿酸もフェニルアセチルグルタミンも無毒な化合物であり，尿中に排泄される．図 18-14 に示す経路は，通常の代謝ではあまり貢献していないが，芳香族酸が摂取されるときには重要になる．

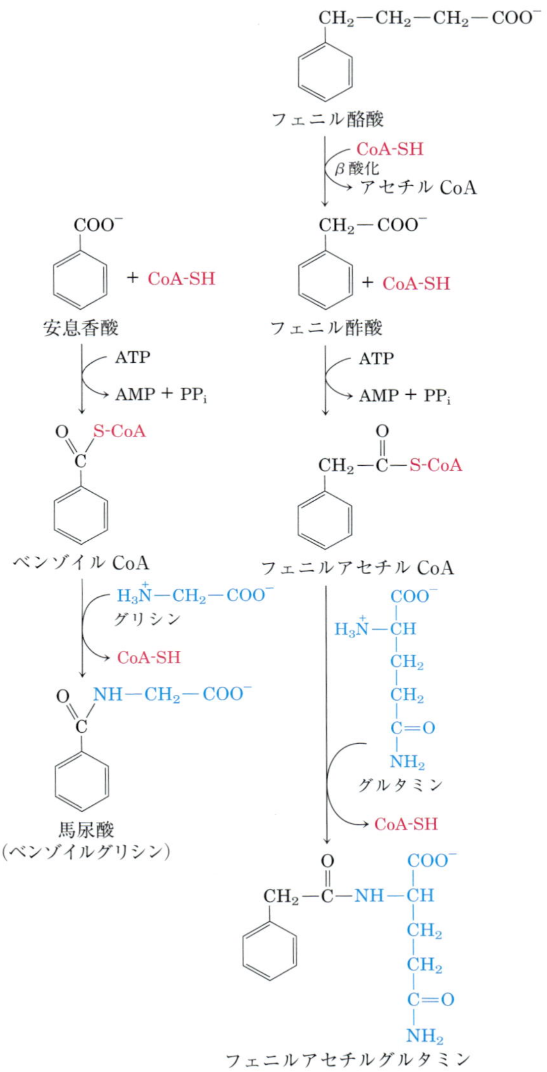

図 18-14　尿素回路酵素の欠損症に対する治療

芳香族酸である安息香酸およびフェニル酪酸は，食餌に投与すると代謝されてそれぞれグリシンおよびグルタミンと結合する．生成物は尿中に排泄される．それに続いて，これら中間体のプールを補充するためにグリシンとグルタミンが合成されるので，血中からアンモニアが除去される．

他の治療法は，特定の酵素欠損に対してより特異的なものである．例えば，*N*-アセチルグルタミン酸シンターゼの欠損によって，カルバモイルリン酸シンテターゼ I の生理的な活性化因子が欠乏する（図 18-13）．この状態は，カルバモイルグルタミン酸の投与によって治療することができる．カルバモイルグルタミン酸は *N*-アセチルグルタミン酸のアナログであり，カルバモイルリン酸シンテターゼ I を活性化することができる．

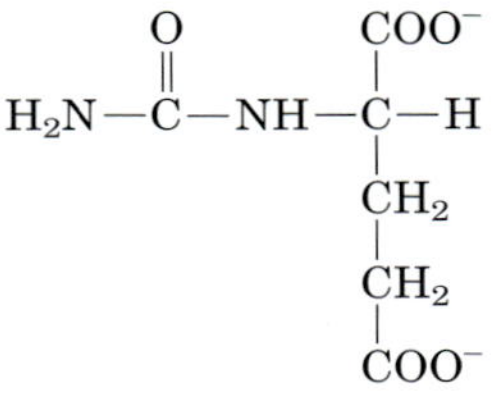

カルバモイルグルタミン酸

また，食餌にアルギニンを補充することは，オルニチントランスカルバモイラーゼ，アルギニノコハク酸シンテターゼ，そしてアルギニノスクシナーゼの欠損の治療に有効である．これらの治療法の多くは，厳密な食餌のコントロールと，必須アミノ酸の補充を必要とする．一方，アルギナーゼ欠損症というまれな症例では，アルギニンはこの欠損酵素の基質なので食餌から排除しなければならない．■

まとめ

18.2 窒素排泄と尿素回路

- アンモニアは動物組織に対して強い毒性を示す．尿素回路において，アンモニアはまずカルバモイルリン酸のかたちでオルニチンと結合して，シトルリンが形成される．次に2番目のアミノ基がアスパラギン酸からシトルリンに転移され，アルギニン，すなわち尿素の中間前駆体が生成する．このアルギニンがアルギナーゼによって加水分解されて，尿素とオルニチンが生成する．このように，オルニチンは回路が1回転するごとに再生される．
- 尿素回路では，結果的にオキサロ酢酸のフマル酸への正味の変換が起こる．両者はともにクエン酸回路の中間体なので，尿素回路とクエン酸回路は互いに連携している．
- 尿素回路の活性は，酵素合成のレベルの調節，およびカルバモイルリン酸の生成を触媒する酵素のアロステリック調節を受ける．

18.3 アミノ酸の分解経路

アミノ酸の異化は，解糖や脂肪酸の酸化ほどには活発ではなく，ヒトの体内でのエネルギー産生に対して通常は10～15%の寄与にすぎない．これらの異化経路を通る流束は，特定のアミノ酸の生合成過程の需要とそのアミノ酸がどの程度供給可能かの間のバランスに依存して大きく変動する．20種類のアミノ酸の異化経路はたった6種類の主要代謝産物に収束し，それらはすべてクエン酸回路に入る（図18-15）．その後，炭素骨格は，糖新生やケトン体生成に分岐するか，あるいは完全に酸化されてCO_2とH_2Oになる．

7種類のアミノ酸の炭素骨格の全部あるいは一部が分解されて，最終的にアセチルCoAになる．また，5種類のアミノ酸がα-ケトグルタル酸に，4種類がスクシニルCoAに，2種類がフマル酸に，そして別の2種類がオキサロ酢酸に変換される．さらに，6種類のアミノ酸の炭素骨格の全部あるいは一部がピルビン酸に変換され，ピルビン酸はさらにアセチルCoAまたはオキサロ酢酸へと変換される．20種類のアミノ酸の個々の代謝経路について流れ図でまとめるが，各アミノ酸は特定の導入点に導かれ，そこからクエン酸回路に入る．この流れ図では，クエン酸回路に入る炭素原子は色づけして示す．その際に，2回以上出てくるアミノ酸はその炭素骨格の異なる部分が異なる代謝運命をたどることに注意しよう．なおここでは，アミノ酸の異化のあらゆる経路のあらゆるステップについて取り上げるのではなく，特に注目すべき反応機構や医学的に重要性の高い酵素反応に限定して詳しく述べる．

アミノ酸にはグルコースに変換されるものと，ケトン体に変換されるものがある

フェニルアラニン，チロシン，イソロイシン，ロイシン，トリプトファン，トレオニンおよびリジンの7種類のアミノ酸は，完全分解あるいは部分分解されてアセトアセチルCoAやアセチルCoAになり，肝臓でケトン体を生成することができる．すなわち，アセトアセチルCoAはアセト酢酸に変換され，さらにはアセトンやβ-ヒドロキシ酪酸に変換される（図17-18参照）．これらを**ケト原性** ketogenic アミノ酸という（図18-15）．これらがケトン体となりうることは，未治療の糖尿病の際に，肝臓で脂肪酸とケト原性アミノ酸の両方から大量のケトン体が生成することからも明らかである．

分解されてピルビン酸やα-ケトグルタル酸，スクシニルCoA，フマル酸，オキサロ酢酸になるアミノ酸は，Chap. 14やChap. 15で述べた経

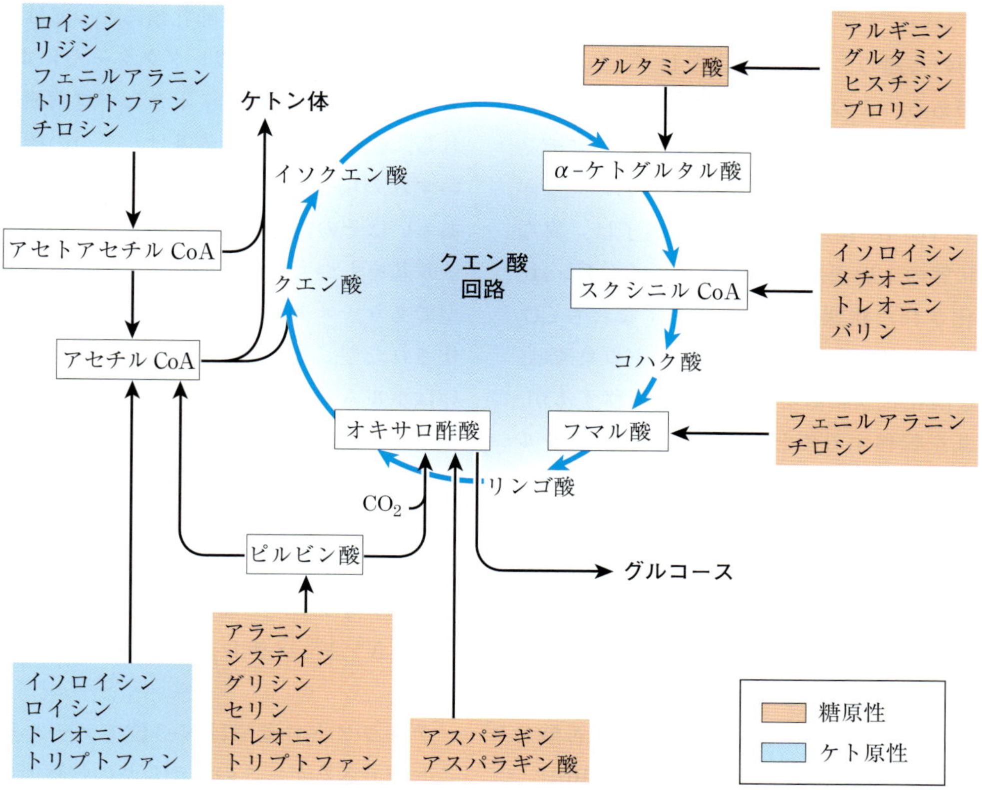

図 18-15　アミノ酸異化経路の概要

アミノ酸は，その主要な最終分解産物の種類に応じて分類される．複数回出てくるアミノ酸もあるが，それは分解される炭素骨格の部分に応じて，異なる最終産物が生じるためである．この図では，脊椎動物において最も重要な異化経路を示しているが，動物種によってはわずかに異なることがある．例えば，トレオニンは少なくとも二つの異なる経路で分解され（図 18-19, 図 18-27 参照），どの経路が重要かは生物の種類やその代謝条件によって変わる．糖原性およびケト原性アミノ酸の区別も図中で色分けして示してあるが，糖原性でもありケト原性でもあるアミノ酸が 5 種類存在することに注意しよう．分解されてピルビン酸になるアミノ酸は潜在的にケト原性でもある．したがって，完全にケト原性と呼べるアミノ酸はロイシンとリジンの 2 種類のみである．

路を通ってグルコースやグリコーゲンへと変換される．これらを**糖原性** glucogenic アミノ酸という．ケト原性アミノ酸と糖原性アミノ酸との区別はあまり厳密ではなく，トリプトファン，フェニルアラニン，チロシン，トレオニンおよびイソロイシンの 5 種類はケト原性でもあるし，糖原性でもある．アミノ酸の異化は，高タンパク質食を摂取した場合や飢餓状態に置かれた動物が生存するために特に重要である．タンパク質中によく見られるロイシンは，厳密なケト原性アミノ酸であり，ロイシンの分解は飢餓状態で起こるケトーシスに大きく寄与する．

アミノ酸の異化には，酵素の補因子のいくつかが重要な役割を果たす

アミノ酸の異化経路では，多様で興味深い化学的再構築が起こっている．これらの経路について学習する際には，反応の種類を示し，その反応に関与する酵素の補因子について紹介することから始めるのが役に立つ．私たちは重要な反応の一つとしてピリドキサールリン酸要求性のアミノ基転

移反応についてすでに学んだ．アミノ酸の異化において別の共通のタイプの反応として，1 炭素転移反応がある．このタイプの転移反応には通常，ビオチン，テトラヒドロ葉酸あるいは *S*–アデノシルメチオニンの 3 種類の補因子のうちの一つが関与する（図 18–16）．これらの補因子は，異なる酸化状態の 1 炭素基を転移する．ビオチンは，最も酸化された状態にある炭素，すなわち CO_2 を転移する（図 14–19 参照）．テトラヒドロ葉酸は，中間的な酸化状態にある 1 炭素基を転移するが，メチル基を転移することもある．*S*–アデノシルメチオニンは，炭素として最も還元された状態であるメチル基を転移する．後者二つの補因子は，アミノ酸やヌクレオチドの代謝においては特に重要である．

細菌で合成される**テトラヒドロ葉酸** tetrahydrofolate（**H_4 葉酸** H_4 folate）は，プテリン誘導体（6–メチルプテリン），*p*–アミノ安息香酸およびグルタミン酸の部分から成る（図 18–16）．

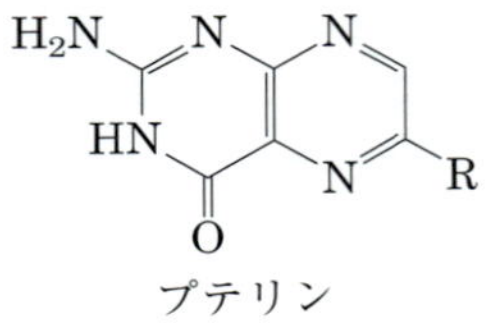

プテリン

その酸化型の葉酸は，哺乳類にとってはビタミンであり，ジヒドロ葉酸レダクターゼによって，2 ステップの反応を経てテトラヒドロ葉酸に変換される．転移される 1 炭素基は，三つの酸化状態のいずれの場合にも，その N–5 位または N–10 位，あるいはその両方に結合する．これらのうち，メチル基をもつものがこの補因子の最も還元された型であり，メチレン基をもつものがそれよりも酸化された型，そしてメテニル基，ホルミル基あるいはホルムイミノ基をもつものが最も酸化された型である（図 18–17）．テトラヒドロ葉酸のほとんどの型は相互変換が可能であり，多様な代謝反応において 1 炭素単位の供与体として働く．テトラヒドロ葉酸の 1 炭素単位の主要な供給源は，セリンのグリシンへの変換の際に除去される炭素であり，N^5, N^{10}–メチレンテトラヒドロ葉酸が生成する．

テトラヒドロ葉酸は N–5 位でメチル基を運ぶことができるが，このメチル基の転移能はほとんどの生合成反応にとっては不十分である．生物学的なメチル基転移反応の補因子としては，***S*–アデノシルメチオニン** *S*-adenosylmethionine（**adoMet**）のほうが適している．これは**メチオニンアデノシルトランスフェラーゼ** methionine adenosyl transferase の作用によって，ATP と

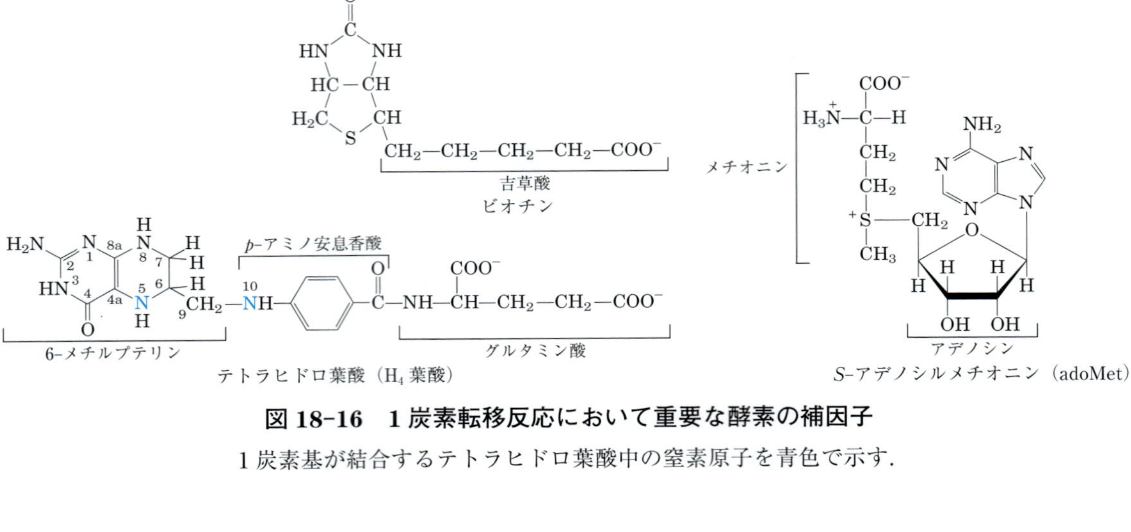

図 18–16　1 炭素転移反応において重要な酵素の補因子

1 炭素基が結合するテトラヒドロ葉酸中の窒素原子を青色で示す．

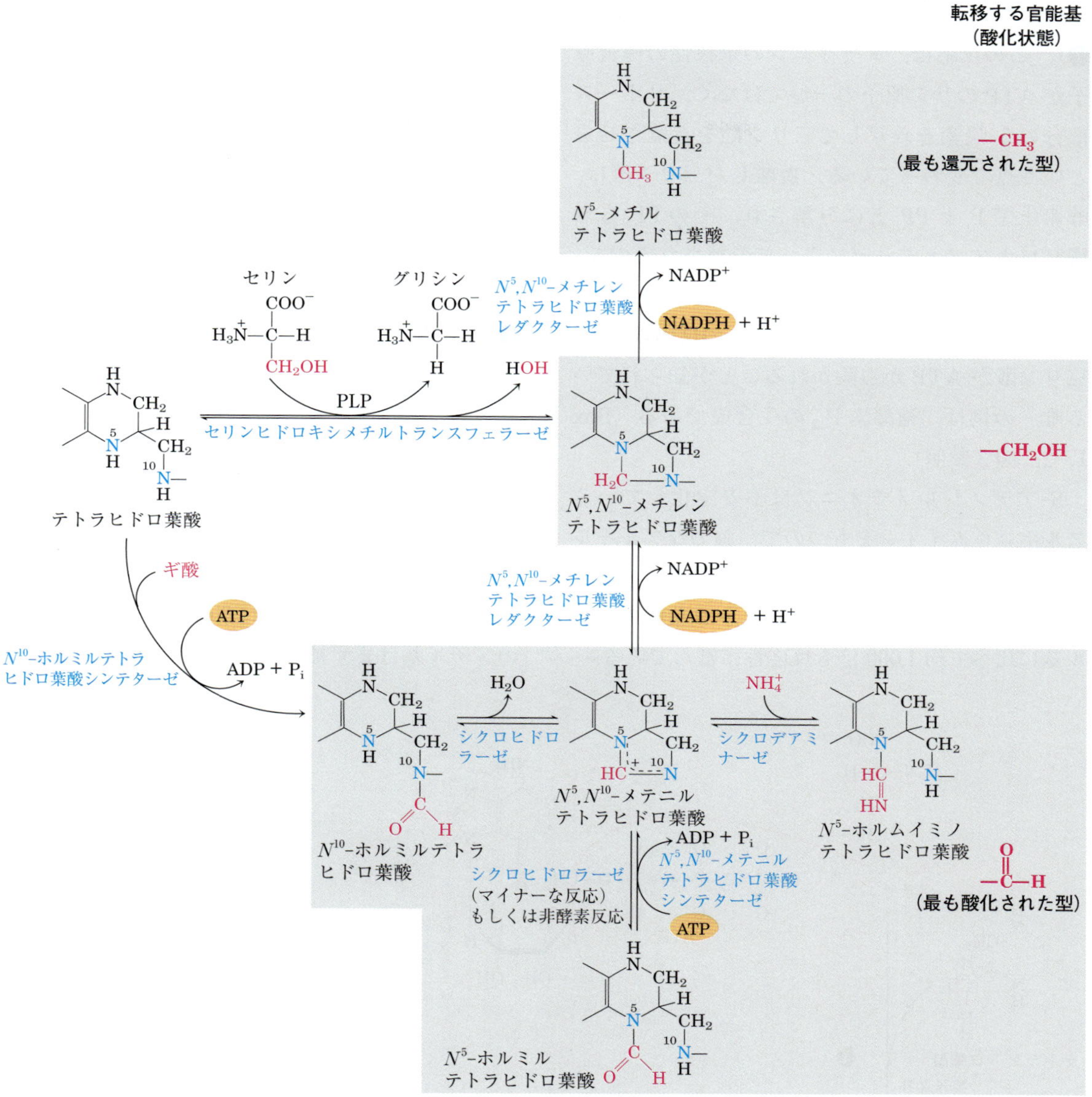

図 18–17 テトラヒドロ葉酸上での 1 炭素単位の変換

異なる分子種をその酸化状態に応じてグループ分けし，最も還元された型を上に，最も酸化された型を下に配置してある．灰色の同じ枠内に示す分子種はすべて同じ酸化状態である．N^5, N^{10}-メチレンテトラヒドロ葉酸の N^5-メチルテトラヒドロ葉酸への変換は，事実上は不可逆である．酵素によるホルミル基の転移では，プリン合成（図 22-35 参照）や細菌のホルミルメチオニンの合成（Chap. 27）の場合と同様に，通常は N^5-ホルミルテトラヒドロ葉酸ではなく N^{10}-ホルミルテトラヒドロ葉酸が用いられる．なぜならば，N^5-ホルミルテトラヒドロ葉酸はかなり安定であり，ホルミル基供与体としての能力は劣っているからである．N^5-ホルミルテトラヒドロ葉酸は，シクロヒドロラーゼ反応のマイナーな副産物であるが，非酵素的に生成することもある．この N^5-ホルミルテトラヒドロ葉酸から N^5, N^{10}-メテニルテトラヒドロ葉酸への変換には ATP が必要であり，これがないと平衡が不利になる．また，図 18-26 に示す経路で，N^5-ホルムイミノテトラヒドロ葉酸はヒスチジンに由来することに注意しよう．

メチオニンから合成される（図 18-18，ステップ ❶）．この反応は，メチオニンの求核性の硫黄原子が ATP のリン原子の一つではなく，リボース部分の 5′ 炭素を攻撃して三リン酸を遊離させるという点で変わっている．遊離した三リン酸は，酵素上で P_i と PP_i とに分解され，その PP_i も無機ピロホスファターゼによって分解されるので，この反応では二つの高エネルギーリン酸結合を含めた三つの結合の開裂が起こる．この反応以外に，三リン酸が ATP から除かれることが知られている唯一の例は，補酵素 B_{12} の生合成である（Box 17-2，図 3 参照）．

S-アデノシルメチオニンは不安定化しているスルホニウムイオンをもつので，強力なアルキル化剤であり，そのメチル基は求核基による攻撃を受けやすく，N^5-メチルテトラヒドロ葉酸のメチル基に比べて約 1,000 倍も反応性に富んでいる．

S-アデノシルメチオニンからメチル基が受容分子に転移されると，***S*-アデノシルホモシステイン** *S*-adenosylhomocysteine となり（図 18-18，ステップ ❷），次にホモシステインとアデノシンとに分解される（ステップ ❸）．さらにメチオニンシンターゼ methionine synthase により触媒される反応で，このホモシステインにメチル基が転移されると，メチオニンが再生する（ステップ ❹）．このメチオニンは *S*-アデノシルメチオニンに再変換されて，活性化メチル基の回路が完結する．

細菌類に共通に存在するメチオニンシンターゼには，メチル基供与体として N^5-メチルテトラヒドロ葉酸を用いるものがある．また，一部の細菌類や哺乳類に存在する別のメチオニンシンターゼも N^5-メチルテトラヒドロ葉酸を利用するが，そのメチル基はまず補酵素 B_{12} の誘導体であるコバ

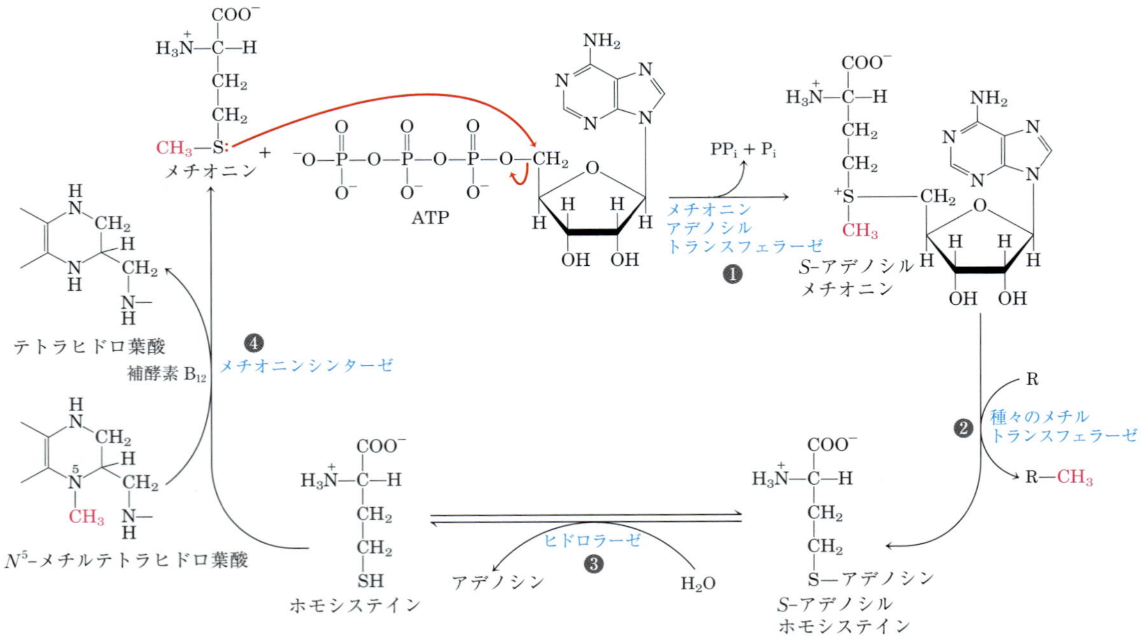

図 18-18 活性化メチル回路におけるメチオニンと *S*-アデノシルメチオニンの合成

各反応のステップを本文中に記す．メチオニンシンターゼ反応（ステップ ❹）において，メチル基はコバラミンに転移されてメチルコバラミンになり，これが次にメチオニン生成反応のメチル基供与体となる．*S*-アデノシルメチオニンは，正に荷電している硫黄（すなわち，スルホニウムイオン）を有するので，いくつかの生合成反応において強力なメチル化剤として働く．メチル基の受容体（ステップ ❷）を R で表す．

ラミンに転移されてメチルコバラミンとなり，それがメチオニン生成反応のメチル基供与体として働く．この反応と L-メチルマロニル CoA をスクシニル CoA に変換する反応（Box 17-2，図 1(a) 参照）だけが，哺乳類において知られている補酵素 B_{12} 依存性反応である．

これらの代謝経路において，ビタミン B_{12} と葉酸には密接な関連がある．ビタミン B_{12} 欠乏症である**悪性貧血** pernicious anemia は，このビタミンの小腸からの吸収経路に欠陥のある患者（Box 17-2 参照）や，（B_{12} は植物には存在しないので）厳格な菜食主義者にしか見られないまれな病気である．ビタミン B_{12} の必要量はごくわずかであり，肝臓が通常貯蔵している B_{12} 量で 3～5 年はもつので，この病気は徐々に進行する．症状は貧血だけでなく，さまざまな神経障害を伴う．

この貧血の原因は，メチオニンシンターゼ反応にまでさかのぼることができる．上述のように，メチルコバラミンのメチル基は N^5-メチルテトラヒドロ葉酸に由来するが，これが哺乳類において N^5-メチルテトラヒドロ葉酸を用いる唯一の反応である．そして，テトラヒドロ葉酸の N^5, N^{10}-メチレン型を N^5-メチル型に変換する反応は不可逆である（図 18-17）．したがって，メチルコバラミン合成のために補酵素 B_{12} を利用できなければ，葉酸代謝物は N^5-メチル型としてトラップされてしまう．このビタミン B_{12} 欠乏による貧血を**巨赤芽球性貧血** megaloblastic anemia と呼ぶ．これは，成熟赤血球の産生が低下し，未成熟な前駆細胞である**巨赤芽球** megaloblast が骨髄中に現れることを徴候とする．そして血中の赤血球は，より数の少ない**大赤血球** macrocyte という異常に大きな赤血球と徐々に置き換わる．この赤血球の発達の欠陥は，DNA 合成用のチミジンヌクレオチドをつくる際に必要な N^5, N^{10}-メチレンテトラヒドロ葉酸の枯渇に直接起因する（Chap. 22 参照）．また，葉酸が欠乏した場合にも，すべての型のテトラヒドロ葉酸が枯渇するので，ほぼ同じ理由で貧血になる．この貧血の症状はビタミン B_{12} か葉酸の投与によって軽減される．

しかし，葉酸を補うだけで悪性貧血を治療するのは危険である．なぜならば，B_{12} の欠乏による神経症状は進行するからである．すなわち，このような症状は，メチオニンシンターゼの欠陥ではなく，メチルマロニル CoA ムターゼ（Box 17-2 および図 17-12 参照）の障害によって，異常な奇数鎖脂肪酸が神経細胞膜に蓄積することに起因するからである．したがって，葉酸欠乏に伴う貧血の場合にも，少なくともその貧血の代謝上の原因が明白になるまでは，葉酸とビタミン B_{12} の両方を投与して治療することが多い．B_{12} 欠乏に伴う神経症状は不可逆的な場合もあるので，その早期診断が重要である．

葉酸の欠乏によって，メチオニンシンターゼが機能するために必要な N^5-メチルテトラヒドロ葉酸の利用能も低下する．その結果，血中のホモシステインのレベルが上昇し，心臓病，高血圧，脳卒中が起こりやすい状態になる．心臓病の全症例の 10％は，ホモシステインのレベルの上昇に起因すると考えられる．この状態は葉酸の補充によって治療される．■

テトラヒドロビオプテリン tetrahydrobiopterin はアミノ酸の異化における別の補因子であり，その構造はテトラヒドロ葉酸のプテリン部分と類似しているが，1 炭素転移反応には関与せず，酸化反応に関与する．その作用様式については，フェニルアラニンの分解に関する考察の際に述べる（図 18-24 参照）．

6 種類のアミノ酸が分解されてピルビン酸になる

6 種類のアミノ酸の炭素骨格は，その全体または一部がピルビン酸に変換される．ピルビン酸はアセチル CoA に変換され，最終的にクエン酸回路を経て酸化されるか，またはオキサロ酢酸を経て糖新生に入っていく．この 6 種類のアミノ酸はアラニン，トリプトファン，システイン，セリン，グリシンおよびトレオニンである（図 18-19）．**アラニン** alanine は α-ケトグルタル酸にアミノ基を転移して直接ピルビン酸になり，**トリプトファン** tryptophan はその側鎖が切断されてアラニンになってからピルビン酸になる．**システイン** cysteine は，硫黄原子の除去とアミノ基転移の 2 ステップを経てピルビン酸になる．**セリン** serine は，セリンデヒドラターゼによってピルビン酸に変換される．セリンの β-ヒドロキシ基と α-アミノ基の両方が，このピリドキサールリン酸（PLP）依存性の単一の反応によって除去される（図

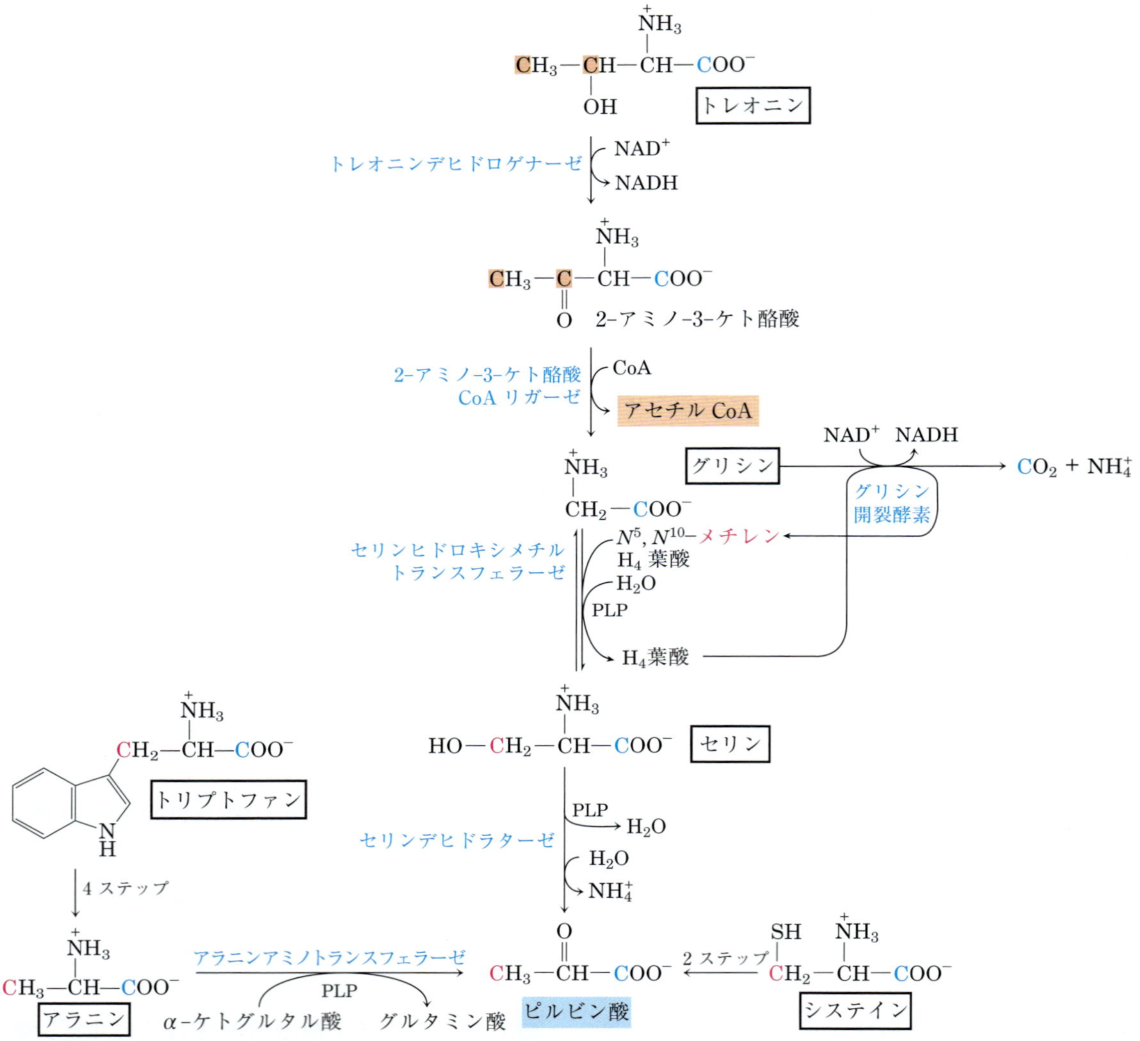

図 18-19　アラニン，グリシン，セリン，システイン，トリプトファンおよびトレオニンの異化経路

トリプトファンのインドール基の運命については図 18-21 に示す．セリンとグリシンの反応のほとんどの詳細については図 18-20 に示す．トレオニンの分解に関してここで示す経路は，トレオニンの異化全体の約 3 分の 1 程度しか寄与しない（別経路については図 18-27 を参照）．システインが分解されてピルビン酸に至る経路はいくつかある．システインの硫黄にはいくつかの代謝運命があるが，そのうちの一つを図 22-17 に示す．この図および以後の図の炭素原子は，そのたどる運命を追跡する必要があるので，色づけして示してある．

18-20(a))．

グリシン glycine は三つの経路で分解されるが，そのうちの一つだけがピルビン酸になる．ヒドロキシメチル基が酵素的に付加されることによって，グリシンはセリンに変換される（図 18-19，図 18-20(b)）．この反応は**セリンヒドロキシメチルトランスフェラーゼ** serine hydroxymethyl transferase によって触媒され，補酵素としてテトラヒドロ葉酸とピリドキサールリン酸を必要とする．このセリンは前述のようにピルビン酸に変換される．2 番目は動物で主に見られる経路であり，グリシンは酸化的な開裂を受けて CO_2，NH_4^+，およびメチレン（$-CH_2-$）基となる（図 18-19，図 18-20(c)）．この可逆反応は**グリシン開裂酵素** glycine cleavage enzyme（グリシンシンターゼともいう）によって触媒され，メチレン基を受け取るためにテトラヒドロ葉酸を必要とする．この酸化的開裂経路では，グリシンの 2 個の炭素原子はクエン酸回路には入らず，1 個は CO_2 として失われ，もう 1 個は N^5, N^{10}-メチレンテトラヒドロ葉酸（図 18-17）のメチレン基となり，特定の生合成経路における 1 炭素基供与体として働く．

この第二のグリシン分解経路は，哺乳類においてはとりわけ重要であると思われる．例えば，ヒトでグリシン開裂酵素の活性に重大な欠陥があると，非ケトーシス型高グリシン血症として知られる症状になる．この症状は，血清中のグリシンのレベルの上昇によって重篤な精神障害が生じ，幼年期の極めて初期に死に至るという特徴がある．グリシンは抑制性神経伝達物質なので，高レベルで存在するとこの病気の神経症状を引き起こすのかもしれない．おそらくは，より重要なこととして，高レベルのグリシンは 2-アミノ-3-ケト酪酸 2-amino-3-ketobutyrate のレベルを上昇させる．この化合物は，ミトコンドリアにおいてトレオニンの分解時に生じる不安定な中間産物である（図 18-19）．2-アミノ-3-ケト酪酸は自発的に脱炭酸して，有毒な代謝物であるアミノアセトンになる．アミノアセトンは容易に代謝されて，タンパク質や DNA を修飾する分子であり，極めて反応性の高い**メチルグリオキサール** methylglyoxal になる．

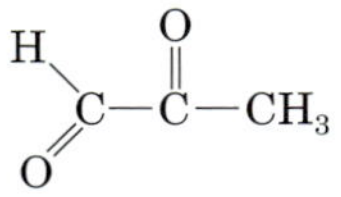

メチルグリオキサール

メチルグリオキサールは，糖代謝の副生成物でもあり，2 型糖尿病の進行に関連がある（Box 7-1）．

ヒトではアミノ酸代謝に関わる多くの遺伝的欠損が同定されている（表 18-2）．そのうちのいくつかについては本章で後述する．■

グリシン分解の 3 番目の（最後の）経路では，キラル分子ではないグリシンは，D-アミノ酸オキシダーゼの基質となってグリオキシル酸 glyoxylate に変換される．グリオキシル酸は肝臓の乳酸デヒドロゲナーゼの基質にもなるので（p. 795），次の NAD^+ 依存性の反応により酸化されてシュウ酸 oxalate になる．

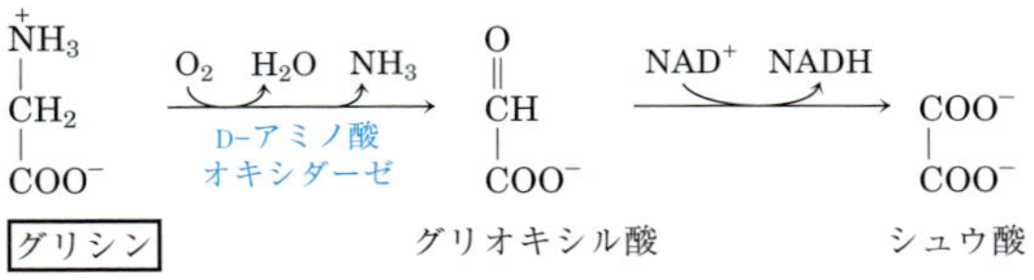

腎臓に高レベルで存在する D-アミノ酸オキシダーゼの主要な役割は，細菌の細胞壁や調理した食材に由来する D-アミノ酸（高熱によりタンパク質中の L-アミノ酸が自然にラセミ化を起こすため）を摂取した際の解毒であると考えられる．また，シュウ酸は食物で摂取するにせよ腎臓で酵素的に生成するにせよ，医学的見地からは要注意である．すなわち，シュウ酸カルシウムの結晶は腎臓結石の 75%を占める．■

トレオニン threonine には二つの重要な分解経路があり，その一つがグリシンを経てピルビン酸

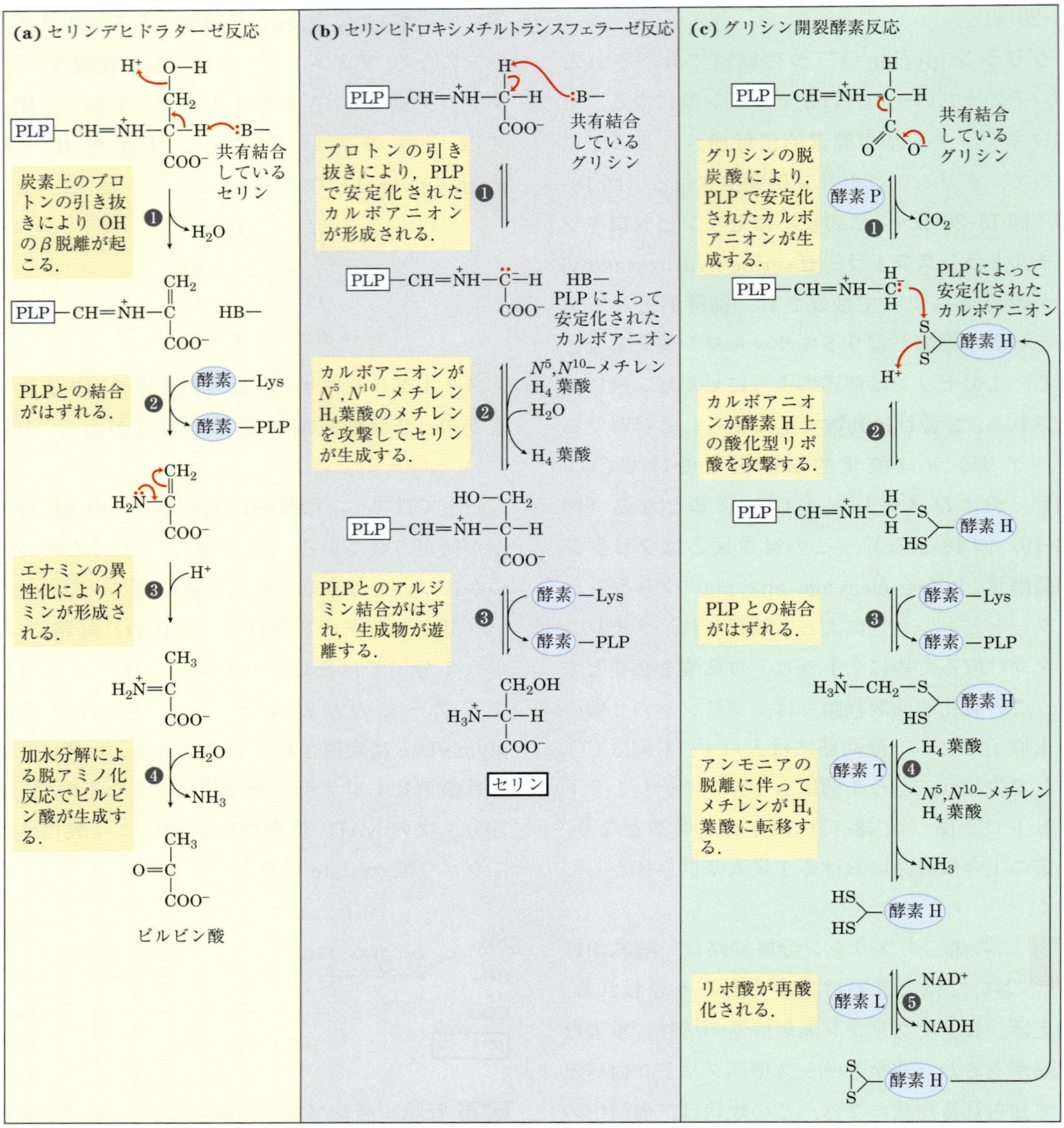

機構図 18-20 セリンおよびグリシンの代謝における補因子のピリドキサールリン酸とテトラヒドロ葉酸の相互関係

各反応の最初のステップ（図には示していない）は，酵素に結合している PLP と，基質のセリン **(a)** または グリシン **(b, c)** との間の共有イミン結合の形成である．**(a)** セリンデヒドラターゼ反応では，PLP によって触媒される水の脱離（ステップ❶）によりピルビン酸への経路の反応が開始される．**(b)** セリンヒドロキシメチルトランスフェラーゼ反応では，PLP によって安定化されたカルボアニオン（ステップ❶の生成物）が，N^5, N^{10}-メチレンテトラヒドロ葉酸からメチレン基（$-CH_2-OH$ として）を可逆的に転移してセリンを生成する際の重要な中間体になる．**(c)** グリシン開裂酵素は，P，H，T，L の構成成分から成る多酵素複合体である．その反応全体は可逆的であり，グリシンが CO_2 と NH_4^+ にまで変換され，グリシンの 2 番目の炭素はテトラヒドロ葉酸に取り込まれて，N^5, N^{10}-メチレンテトラヒドロ葉酸が生成する．これらすべての反応の重要なステップで，ピリドキサールリン酸はアミノ酸の α 炭素を活性化する．テトラヒドロ葉酸は，そのうち二つの反応において 1 炭素単位を運ぶ（図 18-6，図 18-17 参照）．

表 18-2　アミノ酸の異化に影響を及ぼすヒトの遺伝性疾患

疾患名	発症数（出生10万人あたり）	欠損過程	欠損酵素	症状およびその結果
色素欠乏症（白子）	＜3	チロシンからのメラニン合成	チロシン 3-モノオキシゲナーゼ（チロシナーゼ）	色素欠乏；白髪，白色皮膚
アルカプトン尿症	＜0.4	チロシンの分解	ホモゲンチジン酸 1,2-ジオキシゲナーゼ	黒色尿；遅発性関節炎
アルギニン血症	＜0.5	尿素合成	アルギナーゼ	精神発達遅滞
アルギニノコハク酸血症	＜1.5	尿素合成	アルギニノスクシナーゼ	嘔吐；けいれん
カルバモイルリン酸シンテターゼⅠ欠損症	＜0.5	尿素合成	カルバモイルリン酸シンテターゼⅠ	嗜眠；けいれん；早期死亡
ホモシスチン尿症	＜0.5	メチオニンの分解	シスタチオン β-シンターゼ	骨発育不良；精神発達遅滞
メープルシロップ尿症（分枝鎖ケト酸尿症）	＜0.4	イソロイシン，ロイシンおよびバリンの分解	分枝鎖 α-ケト酸デヒドロゲナーゼ複合体	嘔吐；けいれん；精神発達遅滞；早期死亡
メチルマロン酸血症	＜0.5	プロピオニル CoA からスクシニル CoA への変換	メチルマロニル CoA ムターゼ	嘔吐；けいれん；精神発達遅滞；早期死亡
フェニルケトン尿症	＜8	フェニルアラニンからチロシンへの変換	フェニルアラニンヒドロキシラーゼ	新生児嘔吐；精神発達遅滞

に向かう経路である（図 18-19）．グリシンへの変換は 2 ステップで起こり，まずトレオニンはトレオニンデヒドロゲナーゼの作用によって 2-アミノ-3-ケト酪酸に変換される．この経路は，胚性幹細胞のように急速に分裂するいくつかのクラスのヒトの細胞において重要である．この経路で生じるグリシンは，主にグリシン開裂酵素によって分解される（図 18-19）．このようにして生成される N^5,N^{10}-メチレンテトラヒドロ葉酸（図 18-20(c)）は，Chap. 22 で述べる経路を介して DNA 複製の際に用いられるヌクレオチドの合成に必要である．しかし，ほとんどのヒトの組織においては，相対的にはあまり重要ではない経路であり，トレオニンの異化の 10 ～ 30％に寄与するにすぎない．他の哺乳類ではもっと重要である．ほとんどのヒト組織における主要な経路は，本章で後述するようにスクシニル CoA に向かうものである．

実験的には，セリンヒドロキシメチルトランスフェラーゼは，1 ステップの反応でトレオニンをグリシンとアセトアルデヒドに変換できるが，これは哺乳類におけるトレオニン分解の重要な経路ではない．

7 種類のアミノ酸が分解されてアセチル CoA になる

トリプトファン tryptophan，**リジン** lysine，**フェニルアラニン** phenylalanine，**チロシン** tyrosine，**ロイシン** leucine，**イソロイシン** isoleucine および**トレオニン** threonine の 7 種類のアミノ酸は，その炭素骨格の一部からアセチル CoA とアセトアセチル CoA を生じる．アセトアセチル CoA はさらにアセチル CoA に変換される（図 18-21）．ロイシン，リジンおよびトリプトファンの分解経路の最終ステップには，脂肪酸酸化のステップに類似するものがある（図 17-9 参照）．トレオニン（図 18-21 には示していない）も，図 18-19 に示

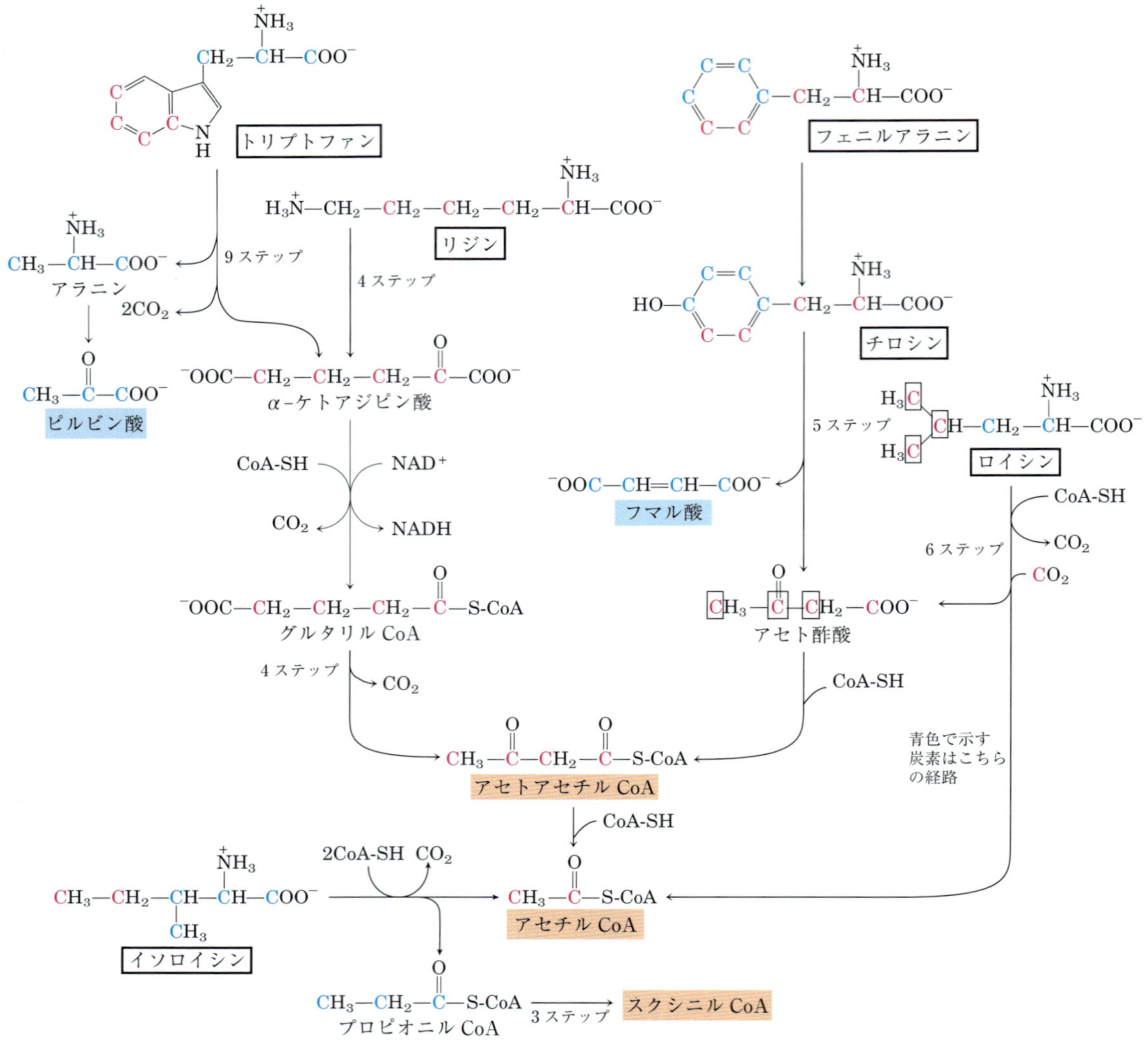

図 18-21 トリプトファン，リジン，フェニルアラニン，チロシン，ロイシンおよびイソロイシンの異化経路

これらのアミノ酸では，その炭素の一部（赤色で示す）がアセチル CoA になる．トリプトファン，フェニルアラニン，チロシンおよびイソロイシンの炭素の一部（青色で示す）は，ピルビン酸やクエン酸回路の中間体にもなる．フェニルアラニンの経路については，図 18-23 でさらに詳しく示す．この図では，窒素原子がどうなるかについては示していないが，ほとんどの場合にそれらはα-ケトグルタル酸に転移されてグルタミン酸になる．

したマイナーな経路を経ればアセチル CoA を生じる．

これら 7 種類のアミノ酸のうちの二つの分解経路は特筆すべきである．トリプトファンの分解は，動物組織におけるアミノ酸の異化経路のうちで最も複雑である．トリプトファンの一部（炭素原子中の 4 個）は，アセトアセチル CoA 経由でアセチル CoA になる．また，トリプトファンの異化経路の中間体には，動物における NAD や NADP の前駆体であるニコチン酸，脊椎動物の神経伝達物質であるセロトニン，さらには植物の成長因子であるインドール酢酸などの重要な生体分子（図 18-22）の生合成前駆体になるものがある．これらの生合成経路のいくつかについては Chap. 22

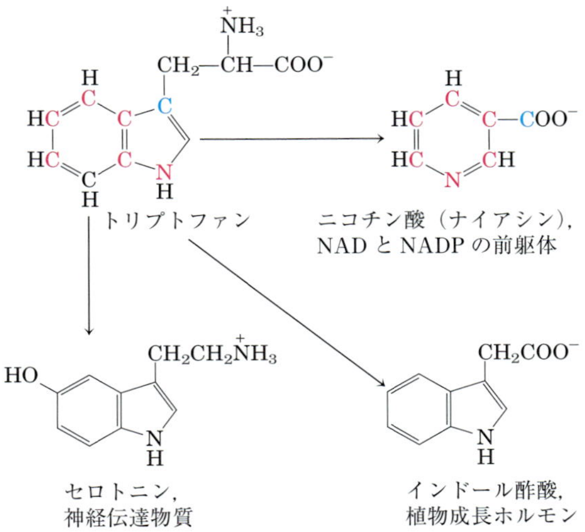

図 18-22　前駆体としてのトリプトファン

トリプトファンの芳香環からニコチン酸（ナイアシン），インドール酢酸およびセロトニンが生じる．ニコチン酸は，その芳香環原子の起源を示すために原子に色をつけてある．

でさらに詳しく述べる（図 22-30, 図 22-31 参照）．

フェニルアラニンの分解は，後述するように，この代謝経路の酵素の遺伝的欠損がいくつかのヒトの遺伝性疾患を引き起こすことから注目に値する（図 18-23）．フェニルアラニンとその酸化体であるチロシン（ともに 9 個の炭素から成る）は分解されて二つの断片となり，これらの断片はいずれもクエン酸回路に入る．すなわち，9 個の炭素原子のうちの 4 個は遊離のアセト酢酸になり，それがアセトアセチル CoA を経てアセチル CoA になる．別の炭素 4 個の断片はフマル酸になる．すなわち，これら 2 種類のアミノ酸の 9 個の炭素原子のうち，8 個はクエン酸回路に入り，残りの 1 個は CO_2 として失われる．フェニルアラニンはヒドロキシ化されてチロシンとなったのち，神経伝達物質のドーパミンおよび副腎髄質によって分泌されるホルモンのエピネフリンとノルエピネフリンの前駆体にもなる（図 22-31 参照）．また，皮膚や毛髪の黒色色素であるメラニンもチロシンに由来する．

フェニルアラニンの異化経路に遺伝的欠損をもつ人々がいる

多くのアミノ酸が神経伝達物質またはその前駆体，もしくは神経伝達物質のアンタゴニストなので，アミノ酸代謝の遺伝的欠損が神経発達障害や知的障害を引き起こすことがあるのは驚くにはあたらない．そのような疾患のほとんどの場合に，特定の代謝中間体が蓄積する．例えば，フェニルアラニン異化経路の最初の酵素の**フェニルアラニンヒドロキシラーゼ** phenylalanine hydroxylase（図 18-23）の遺伝的欠損は**フェニルケトン尿症** phenylketonuria（**PKU**）を引き起こす．フェニルアラニンの血中レベルの上昇（高フェニルアラニン血症）の原因として最も多いのがこの PKU である．

このフェニルアラニンヒドロキシラーゼ（フェニルアラニン-4-モノオキシゲナーゼともいう）は，一般に**混合機能オキシゲナーゼ** mixed-function oxygenase と呼ばれるクラスの酵素の一つである（Box 21-1 参照）．これらの酵素は，いずれも O_2 のうちの 1 個の酸素原子で基質のヒドロキシ化を行うと同時に，もう一方の酸素原子を H_2O に還元する反応を触媒する．フェニルアラニンヒドロキシラーゼは補因子としてテトラヒドロビオプテリンを必要とするが，このテトラヒドロビオプテリンは電子を NADPH から O_2 に移し，それ自体はその過程でジヒドロビオプテリンに酸化される（図 18-24）．ジヒドロビオプテリンはその後，**ジヒドロビオプテリンレダクターゼ** dihydrobiopterin reductase という酵素による NADPH 依存性の反応によって還元される．

PKU の患者では，正常な状態ではほとんど使われていないフェニルアラニンの第二の代謝経路が作動する．この経路では，フェニルアラニンはピルビン酸とアミノ基転移を行い，**フェニルピルビン酸** phenylpyruvate（図 18-25）になる．そして，フェニルアラニンとフェニルピルビン酸は

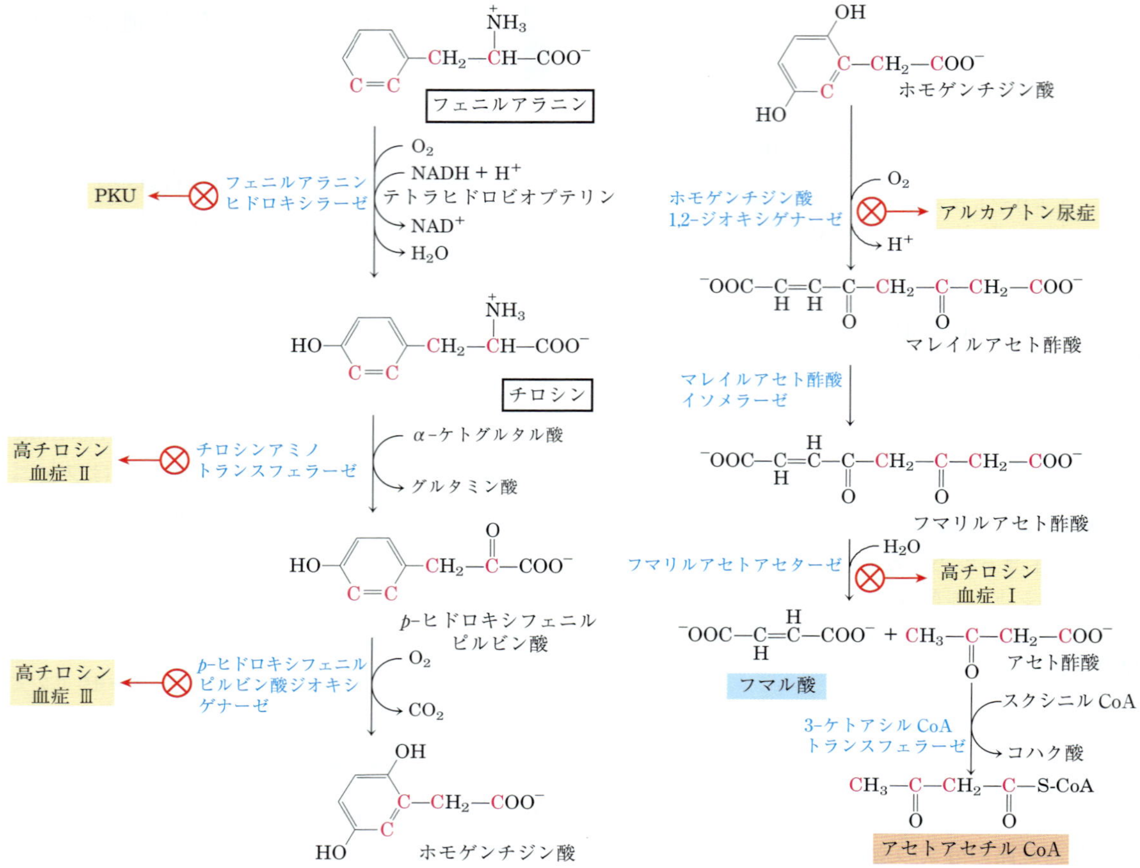

図 18-23 フェニルアラニンとチロシンの異化経路

ヒトではこれらのアミノ酸は，通常はアセトアセチル CoA とフマル酸に変換される．この経路の多くの酵素に遺伝的欠損があると，ヒトの遺伝性疾患（黄色の網かけ）になる．

血液および組織中に蓄積し，尿中に排泄される．これが「フェニルケトン尿症」という病名の由来である．フェニルピルビン酸の大部分はそのまま尿中に排泄されるよりも，脱炭酸されてフェニル酢酸になるか，還元されてフェニル乳酸になる．フェニル酢酸により尿が特有の匂いを発することから，昔からこれを利用して看護師は幼児の PKU を見つけてきた．発達の早期にフェニルアラニンやその代謝物が蓄積すると，脳の正常な発達が障害され，重篤な知的障害を引き起こす．これはおそらく，血液脳関門 blood-brain barrier の通過に際して，過剰のフェニルアラニンが他のアミノ酸と競合するために，脳にとって必要な代謝物が欠乏することが原因と考えられる．

フェニルケトン尿症は，ヒトの先天性代謝異常症として最初に発見された疾患の一つである．この病気の症状が幼児の早期に確認できれば，厳密な食事制限によって精神発達の遅滞を防ぐことができる．その場合の食餌には，タンパク質合成に必要なだけの量のフェニルアラニンとチロシンしか含まれていないことが必要であり，タンパク質に富む食餌の摂取は避けなければならない．ミルクのカゼインのような天然のタンパク質の場合には，少なくとも小児期の間は，まずこれを加水分解した後，フェニルアラニンの大部分を除去して適切な量としたものを使用する必要がある．人工

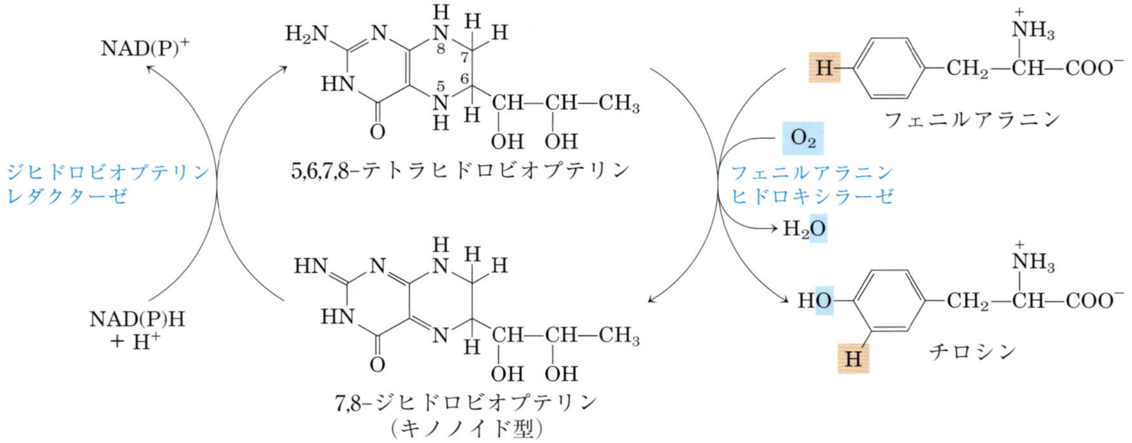

図 18–24　フェニルアラニンヒドロキシラーゼ反応におけるテトラビオプテリンの役割

この反応において，淡赤色に網かけした H 原子は C–4 位から C–3 位へ直接転位される．この特性はアメリカの国立衛生研究所 National Institutes of Health（NIH）で発見されたので，NIH シフトと呼ばれる．

甘味料のアスパルテームはアスパラギン酸とフェニルアラニンメチルエステルのジペプチドなので（図 1–25（b）参照），アスパルテームで甘味をつけた食品にはフェニルアラニンの食事制限をしている人向けの警告が記載されている．食事制限を人生を通じて完璧に守り通すことは困難なので，神経障害の症状を完全には避けられないこともしばしばある．そこで，フェニルアラニンアンモニアリアーゼという酵素を経口投与，あるいは皮下注射することによって，あまり完全ではない食事制限によって取り込まれたタンパク質由来のフェニルアラニンを分解する新たな治療法が開発されつつある．植物，微生物，そして多くの酵母や菌類由来のフェニルアラニンアンモニアリアーゼは，一般にフラボノイド flavonoid などのポリフェノール化合物の生合成に関与する．この酵素はフェニルアラニンを分解して，無害な代謝物であるトランスケイ皮酸とアンモニアにする．ここで生じる少量のアンモニアは有毒ではない．

フェニルケトン尿症は，テトラヒドロビオプテリンの再生を触媒する酵素の欠損によっても起こる（図 18–24）．この場合の対処法は，フェニルアラニンとチロシンの摂取を制限する食事療法よ

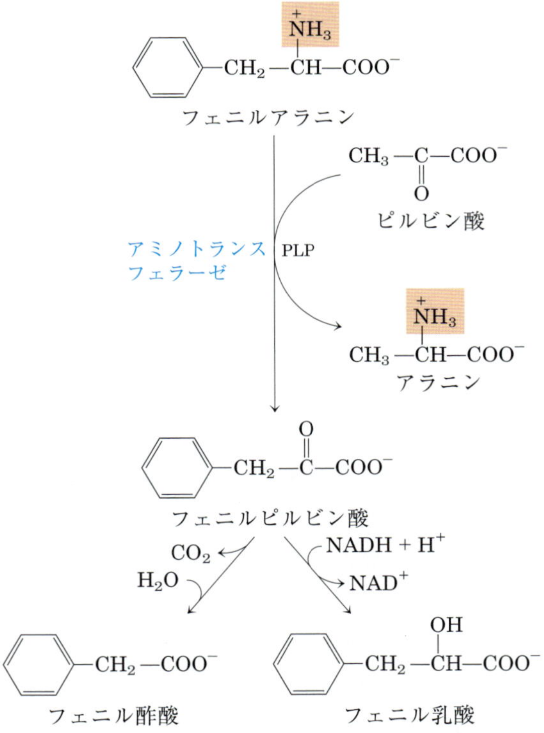

図 18–25　フェニルケトン尿症におけるフェニルアラニンの異化の別経路

PKU においては，フェニルピルビン酸が組織，血液，尿に蓄積する．尿にはフェニル酢酸とフェニル乳酸も含まれることがある．

りも複雑である．すなわち，テトラヒドロビオプテリンは，L-3,4-ジヒドロキシフェニルアラニン（L-dopa，神経伝達物質ノルエピネフリンの前駆体）と5-ヒドロキシトリプトファン（神経伝達物質セロトニンの前駆体）の合成にも必要である．したがって，このタイプのフェニルケトン尿症ではテトラヒドロビオプテリンと一緒にこれらの前駆体も食餌から摂取しなければならない．

新生児期に遺伝性疾患をスクリーニングすることは，費用対効果が非常に大きく，特にPKUの場合はそうである．この検査（もはや尿の匂いに頼る必要はない）は比較的安価であり，幼児期でのPKU（新生児10万人あたり8～10人）の発見と早期の治療によって，その後の健康管理のコストを年間数百万ドルも節約することができる．そして，さらに重要なのは，この簡単な検査で早期発見ができることによって避けられる精神的外傷は計り知れないほど大きいことである．

フェニルアラニン異化の別の遺伝性疾患に**アルカプトン尿症** alkaptonuria があり，これは**ホモゲンチジン酸ジオキシゲナーゼ** homogentisate dioxygenase という酵素の欠損による（図18-23）．この疾患では多量にホモゲンチジン酸が排泄され，それが酸化されて尿が黒く変色するが，顕著な症状は現れず，PKUほど深刻にはならない．アルカプトン尿症の患者は，関節炎の一種を発症しやすい．アルカプトン尿症は科学史的にも意義深い．1900年代初期に，Archibald Garrod はこの病気が遺伝することを発見し，さらにその原因が単一の酵素の欠損であることを突き止めた．そのことは，彼が遺伝的素因と酵素との関連を最初に示した研究者であることを意味する．そして，この発見は結果的には遺伝子とその情報の発現経路に関する現在の知見（Part IIIで述べる）につながる大きな進展と位置づけられる．■

5種類のアミノ酸がα-ケトグルタル酸に変換される

プロリン，グルタミン酸，グルタミン，アルギニンおよびヒスチジンの5種類のアミノ酸の炭素骨格は，α-ケトグルタル酸としてクエン酸回路に入る（図18-26）．**プロリン** proline，**グルタミン酸** glutamate および**グルタミン** glutamine は5個の炭素骨格から成る．プロリンの環状構造は，カルボキシ基から最も離れた炭素が酸化されてシッフ塩基を形成し，さらにそのシッフ塩基が加水分解されて直鎖状セミアルデヒドであるグルタミン酸γ-セミアルデヒドとなることによって開環する．この中間体は，同じ炭素がさらに酸化されてグルタミン酸になる．グルタミンも，グルタミナーゼの作用，あるいはアミド窒素を他の受容体に供与する酵素反応によってグルタミン酸に変換される．そしてグルタミン酸は，アミノ基転移反応または脱アミノ反応によってα-ケトグルタル酸になる．

アルギニン arginine と**ヒスチジン** histidine は，5個の隣接する炭素原子と，窒素原子を介して結合している6番目の炭素原子を有する．したがって，これらのアミノ酸のグルタミン酸への異化経路は，プロリンやグルタミンからの経路よりもわずかに複雑である（図18-26）．アルギニンは，尿素回路で5炭素化合物のオルニチンに変換され（図18-10），このオルニチンがアミノ基転移されてグルタミン酸γ-セミアルデヒドになる．ヒスチジンはいくつかのステップを経て5炭素化合物のグルタミン酸に変換されるが，その際に余分な炭素はテトラヒドロ葉酸を補因子とするステップで除去される．

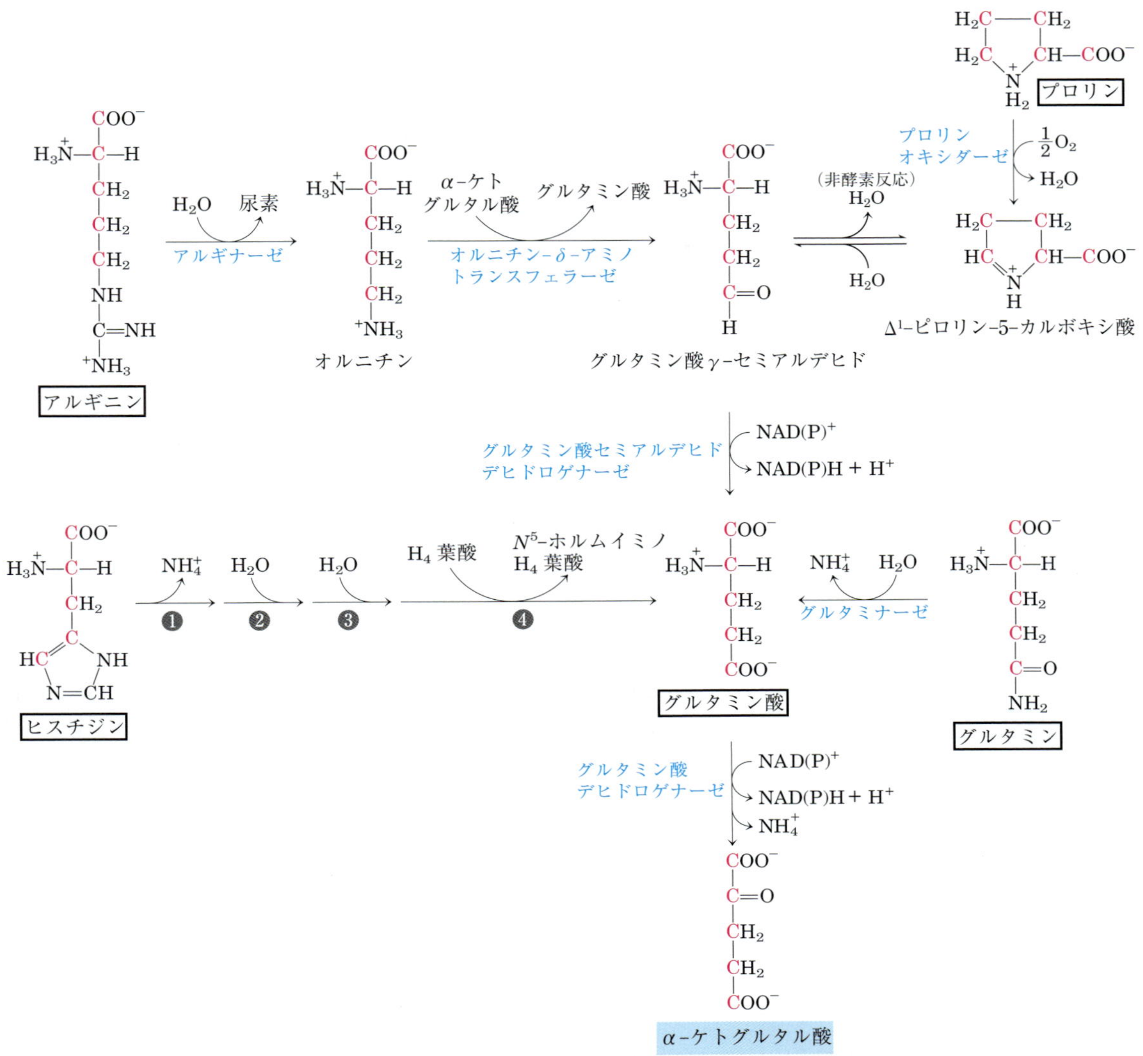

図 18-26　アルギニン，ヒスチジン，グルタミン酸，グルタミンおよびプロリンの異化経路

これらのアミノ酸はα-ケトグルタル酸に変換される．ヒスチジンの代謝経路において，番号をつけた各ステップは，それぞれ❶ヒスチジンアンモニアリアーゼ，❷ウロカニン酸ヒドラターゼ，❸イミダゾロンプロピオナーゼ，❹グルタミン酸ホルムイミノトランスフェラーゼによって触媒される．

4 種類のアミノ酸がスクシニル CoA に変換される

メチオニン，イソロイシン，トレオニン，バリンは，その炭素骨格が分解されて，クエン酸回路の代謝中間体であるスクシニル CoA になる（図 18-27）．**メチオニン** methionine は，*S*-アデノシルメチオニンを介していくつかの適切な受容体のどれかにメチル基を供与するとともに，残りの 4 個の炭素原子のうちの 3 個は，スクシニル CoA の前駆体であるプロピオニル CoA のプロピオン酸部分へと変換される．**イソロイシン** isoleucine はアミノ基転移を受け，その結果生じるα-ケト酸は酸化的に脱炭酸される．残りの 5 炭素骨格化合物は，さらに酸化されて，アセチル CoA とプロピオニル CoA になる．**バリン** valine はアミノ

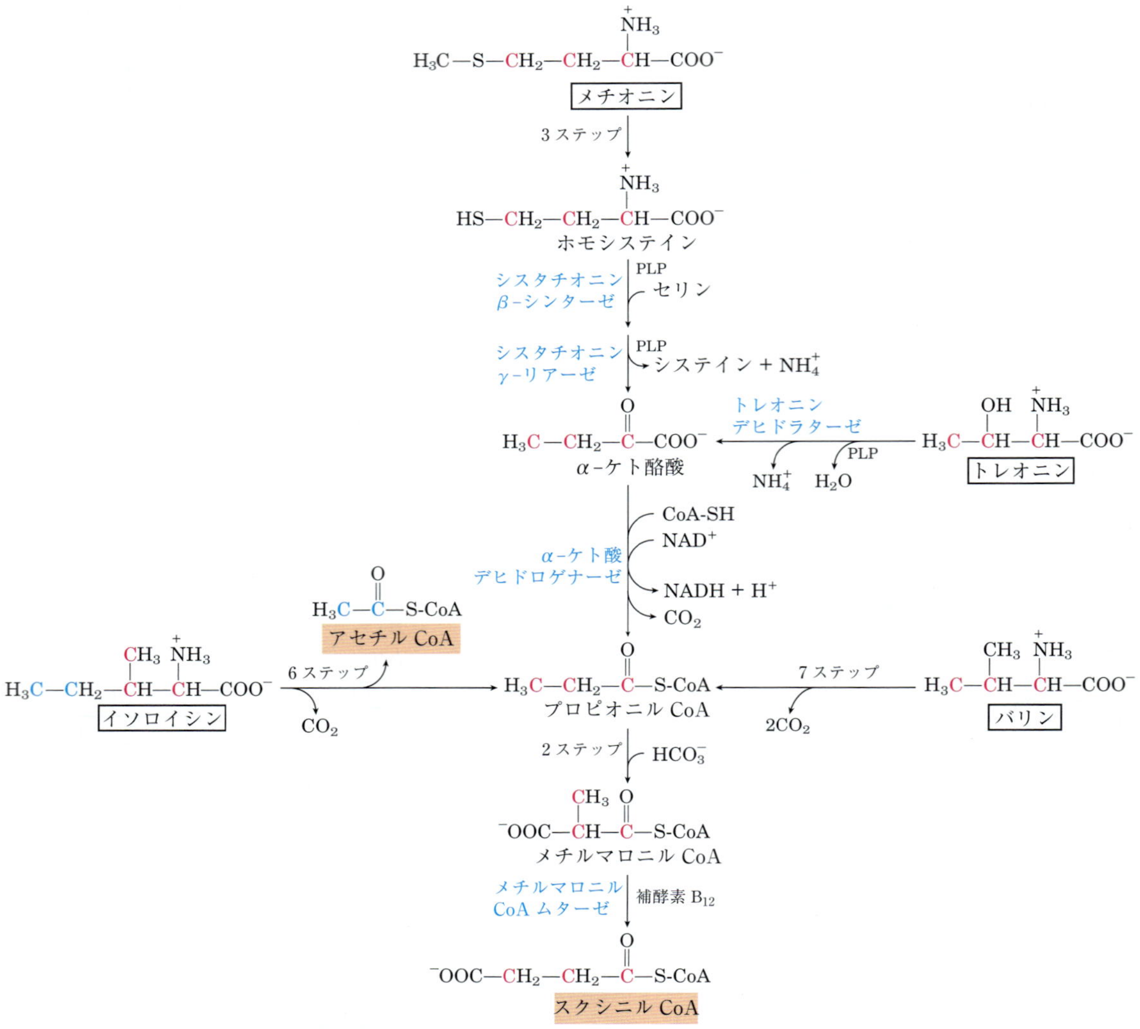

図 18-27 メチオニン，イソロイシン，トレオニンおよびバリンの異化経路

これらのアミノ酸はスクシニル CoA に変換される．イソロイシンの炭素原子のうち 2 個はアセチル CoA にもなる（図 18-21 参照）．ここに示すトレオニンの分解経路はヒトで見られるものであり，他の生物における分解経路は図 18-19 に示してある．メチオニンからホモシステインへの経路の詳細については図 18-18 で，ホモシステインからα-ケト酸への変換については図 22-16 で，プロピオニル CoA からスクシニル CoA への変換については図 17-12 で述べる．

基転移と脱炭酸を受け，残りの 4 炭素化合物は一連の酸化反応を経てプロピオニル CoA へと変換される．このバリンとイソロイシンの分解経路には脂肪酸の分解経路（図 17-9 参照）とよく似たステップがある．ヒトの組織では，**トレオニン** threonine も 2 ステップの反応を経てプロピオニル CoA に変換されるが，これがヒトにおけるトレオニン分解の主経路である（別経路については図 18-19 を参照）．最初のステップの機構はセリンデヒドラターゼの反応機構と類似しており，トレオニンデヒドラターゼとセリンデヒドラターゼは実際には同じ酵素かもしれない．

これらの 3 種類のアミノ酸から生じるプロピオニル CoA は，Chap. 17 で述べた経路に沿ってスクシニル CoA へと変換される．すなわち，カルボキシ化によってメチルマロニル CoA となり，さらにメチルマロニル CoA がエピマー化され，そして補酵素 B_{12} 依存性のメチルマロニル CoA ムターゼによってスクシニル CoA へと変換される（図 17-12 参照）．メチルマロン酸血症と呼ばれるまれな遺伝病は，このメチルマロニル CoA ムターゼの欠損により起こるもので，重篤な代謝異常を伴う（表 18-2，Box 18-2）．

肝臓では分枝鎖アミノ酸の分解は起こらない

アミノ酸の異化の多くは肝臓で行われるが，分枝している側鎖をもつ 3 種類のアミノ酸（ロイシン，イソロイシン，バリン）の場合には，主として筋肉，脂肪組織，腎臓および脳でエネルギー源として酸化される．これらの肝外組織には，肝臓にはないアミノトランスフェラーゼが存在し，3 種類すべての分枝鎖アミノ酸に作用して，それぞれに対応する α-ケト酸を産生する（図 18-28）．次に，**分枝鎖 α-ケト酸デヒドロゲナーゼ複合体** branched-chain α-keto acid dehydrogenase complex がこれら 3 種類の α-ケト酸の酸化的脱炭酸を触媒し，カルボキシ基を CO_2 として放出してアシル CoA 誘導体を産生する．この反応は，Chap. 16 で述べた他の二つの酸化的脱炭酸反応，すなわち，ピルビン酸デヒドロゲナーゼ複合体（図 16-6 参照）によるピルビン酸からアセチル CoA への酸化，および α-ケトグルタル酸デヒドロゲナーゼ複合体（p. 900）による α-ケトグルタル酸からスクシニル CoA への酸化と形式的に類似

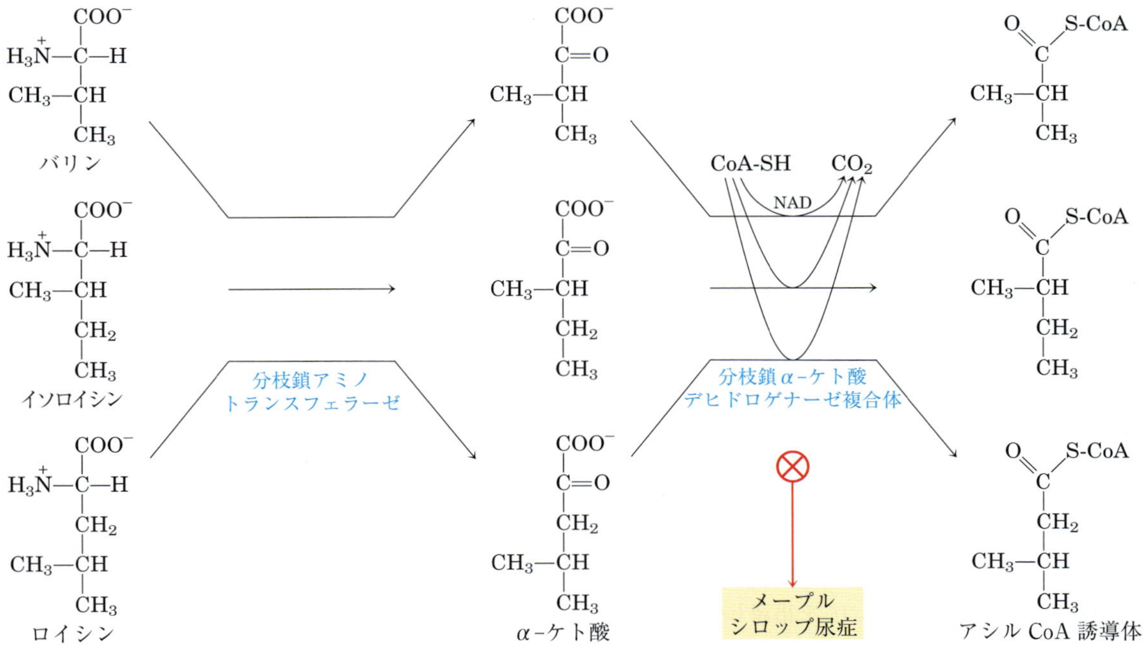

図 18-28　バリン，イソロイシンおよびロイシンの 3 種類の分枝鎖アミノ酸の異化経路

これら 3 種類すべての異化経路は肝外組織に存在し，ここに示すように最初の二つのステップは同じ酵素を用いる．分枝鎖 α-ケト酸デヒドロゲナーゼ複合体は，ピルビン酸デヒドロゲナーゼ複合体や α-ケトグルタル酸デヒドロゲナーゼ複合体と類似しており，五つの同じ補因子を必要とする（この図に示していないものもある）．メープルシロップ尿症患者ではこの酵素が欠損している．

BOX 18-2 医 学 科学捜査が殺人事件のミステリーを解決する

ときには,「事実は小説よりも奇なり」ということが起こるものである. あるいは, 少なくともテレビ映画程度に奇妙なことくらいは起きてしまうのである. 例えば, Patricia Stallings 夫人の場合がそうである. 彼女は自分の幼い息子を殺した容疑で終身刑を宣告されたが, 忍耐強い 3 人の研究者の医学捜査のおかげで, のちに無実であることが判明したのである.

話は, 1989 年の夏に Stallings 夫人が, 生後 3 か月の息子の Ryan 君をセントルイスの Cardinal Glennon 子供病院の救急室に連れてきたときから始まった. その子供の呼吸は苦しそうで, 嘔吐を抑えられず, 腹痛を訴えていた. 毒物学者でもある主治医によると, その子供は不凍液の成分であるエチレングリコールによる中毒症状を示唆しており, その結論は検査会社のラボにおける分析によっても確認された.

その子供は回復後, 保育室に入れられ, Stallings 夫人と夫の David は医師の監督下に息子に会うことが許された. しかし, Stallings 夫人がほんの少しの間だけ息子と 2 人だけでいた後に息子の病状が悪化して死亡したため, 彼女は第一級殺人の容疑で拘留されてしまった. その時点では, 検査会社と病院のラボはともにその息子の血液中から多量のエチレングリコールを検出するとともに, Stallings 夫人が見舞いに行った際に息子に飲ませた哺乳瓶からも痕跡程度のエチレングリコールを検出したため, 証拠は決定的なもののように思われた.

しかし, Stallings 夫人は自分では気づかずに, 非常に価値のある「実験」を行っていたことになる. すなわち, 拘留中に彼女は自身が妊娠していることを知ったのである. そして, 1990 年 2 月に彼女は 2 番目の息子, David Stallings Jr. を出産した. しかし, その子供はすぐに保育室に入れられたにもかかわらず, 2 週間もたたないうちに, Ryan 君と同じような症状を示し始めたのである. そして, ついに, David 君はメチルマロン酸血症 methylmalonic acidemia (MMA) と呼ばれるまれな代謝性疾患であると診断された. MMA はアミノ酸代謝の劣性遺伝病で, 新生児の約 48,000 人に 1 人の割合で起こり, エチレングリコール中毒とほぼ同じ症状を示す.

Stallings 夫人が 2 番目の息子に毒物を与えることはまず不可能であったにもかかわらず, ミズーリ州検察局は, この新たな展開を気にも留めず, とにかく彼女の裁判を続行した. 裁判所は 2 番目の息子の MMA の診断書を証拠として採用しようとはせず, 1991 年 1 月に Stallings 夫人は毒物による殺人の罪で終身刑を宣告された.

しかし, Stallings 夫人にとって幸いなことに, セントルイス大学の生化学・分子生物学部長 William Sly 教授と同大学代謝分析研究室主任 James Shoemaker 博士が, テレビのニュースでこのことを知って彼女の事例に興味を抱いた. そして, Shoemaker 博士が Ryan 君の血液を自ら分析したところ, エチレングリコールは検出されなかった. そこで, 彼と Sly 教授はエール大学医学部の Piero Rinaldo 博士に連絡をとった. 彼は代謝性疾患の専門家で, 彼の研究室には血液試料による MMA 診断のための装置が整っていたからである.

Rinaldo 博士が Ryan 君の血清を分析したところ, 高濃度のメチルマロン酸が検出された. この化合物は分枝鎖アミノ酸のイソロイシンとバリンの分解産物であり, MMA 患者はこの化合物を次の代謝産物に変換する酵素を欠いているために体内に蓄積する (図 1). そして特筆すべきことに, その子供の血液および尿に, この病気に起因する別の代謝産物であるケトン類が多量に含まれていたと彼が述べている. Shoemaker 博士と同様に, 彼もその子供の体液試料からエチレングリコールを検出することはなかった. なお, 哺乳瓶は不思議なことになくなっており, 分析できなかった. このようにして, Rinaldo 博士は自分の分析結果から, Ryan 君が MMA で死亡したことを確信するに至った. しかし, その子供の血液中にエチレングリコールが検出されたという最初の二つのラボの結果をどのように

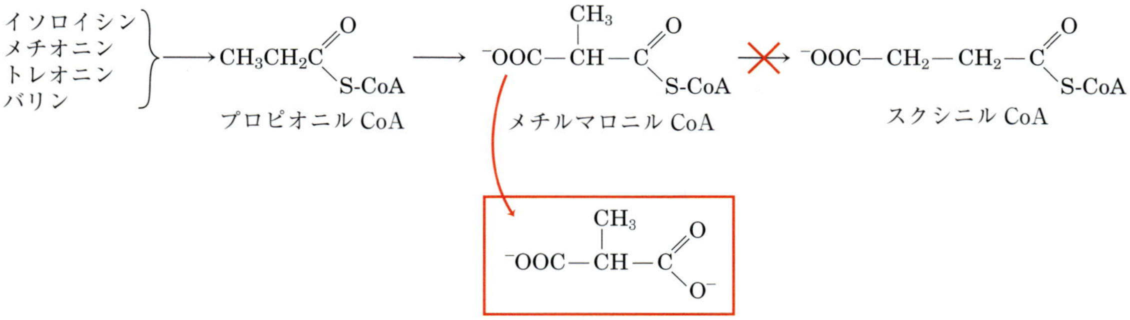

メチルマロン酸が組織，血中，尿に蓄積する．

図 1

メチルマロニル CoA ムターゼを不活性化する変異（赤×で示す）を有する子供は，イソロイシン，メチオニン，トレオニン，バリンを正常には分解できない．そのために，メチルマロン酸が胎児期に蓄積して，エチレングリコール中毒と似た症状を呈し，命にかかわることがある．

説明すればよいのだろうか．両方ともに間違うことなどありうるのだろうか．

しかし，検査部の報告書を入手して Rinaldo 博士が見たものは「ぞっとする代物」だったと彼は述べている．1 番目のラボの報告書には，分析パターンがエチレングリコール入り既知試料のパターンと一致しなかったにもかかわらず，「Ryan Stallings の血液試料にはエチレングリコールが含まれていた」と記載されていた．「これは単に結果の解釈に問題ありというようなことでは済まされない．彼らの分析の質は到底容認できないほどひどいものであった」と Rinaldo 博士は述べている．それでは 2 番目のラボはどうであったのか．Rinaldo 博士によると，このラボでは Ryan 君の血液中に異常な成分を検出してはいるが，それを単に「エチレングリコールと推定」しているだけであった．哺乳瓶の試料には，何ら異常な物質は存在していなかったと Rinaldo 博士は述べているが，そのラボはこの試料にもエチレングリコールがあったと主張していた．

Rinaldo 博士は彼の知見をこの事件の検察官である George McElroy 氏に提出し，その翌日には，検察官が記者会見して，「私はもう検査ラボのデータなど信用しない」と語った．そして，McElroy 氏は，Ryan Stallings 君が結局は MMA で死亡したものと結論し，1991 年 9 月 20 日に Patricia Stallings 夫人に対する容疑をすべて棄却したのである．

している．実際に，これらの 3 種類の酵素複合体はすべて構造が類似しており，反応機構も本質的に同じである．すなわち，五つの補因子（チアミンピロリン酸，FAD，NAD，リポ酸，補酵素 A）が関与し，各複合体中の三つのタンパク質はそれぞれが類似する反応を触媒する．これは，ある一つの反応を触媒するために進化してきた酵素装置が遺伝子重複によって「借用」され，さらにそれが他の経路での類似反応を触媒するように進化したことを明白に示す例である．

ラットを用いた実験から，分枝鎖 α-ケト酸デヒドロゲナーゼ複合体は，食餌中の分枝鎖アミノ酸の含量に応答する共有結合性修飾による調節を受けることが示された．すなわち，食餌から供給される分枝鎖アミノ酸が少量しかない場合，あるいは過剰には摂取されていない場合には，この酵素複合体はプロテインキナーゼによるリン酸化を受けて不活性化される．一方，食餌に過剰量の分枝鎖アミノ酸を添加すると，この酵素は脱リン酸化されて活性化される．ピルビン酸デヒドロゲナーゼ複合体もリン酸化と脱リン酸化により同様の調節を受けることを思い出そう（p. 916）．

比較的まれな遺伝病では，3 種類の分枝鎖 α-ケト酸（およびそれらの前駆体アミノ酸，特にロイシン）が血中に蓄積し，尿中に「漏出」する．尿が α-ケト酸による特徴的な匂いを放つことから**メープルシロップ尿症** maple syrup urine disease と呼ばれるこの疾患は，分枝鎖 α-ケト酸デヒドロゲナーゼ複合体の欠損に起因する．治療しなければ脳の発達に異常が生じて精神発達遅滞を引き起こし，幼児期の早いうちに死に至る．この疾患に対処するためには，厳密な食事制限を行って，バリン，イソロイシンおよびロイシンの摂取量を，正常に成長するための必要最少量にとどめなければならない．■

アスパラギンとアスパラギン酸は分解されてオキサロ酢酸になる

アスパラギン asparagine と**アスパラギン酸** aspartate の炭素骨格は，最終的に哺乳類ではリンゴ酸として，細菌ではオキサロ酢酸としてクエン酸回路に入る．すなわち，アスパラギンは**アスパラギナーゼ** asparaginase による加水分解を受けてアスパラギン酸になり，これが α-ケトグルタル酸との間でアミノ基転移を受けて，グルタミン酸とオキサロ酢酸が生成する（図 18-29）．オキサロ酢酸はサイトゾルでリンゴ酸に変換されたのち，リンゴ酸-α-ケトグルタル酸輸送体を介してミトコンドリアマトリックスに輸送される．細菌では，アミノ基転移反応で生成したオキサロ酢酸はクエン酸回路で直接利用される．

これまでに，20 種類の標準アミノ酸がその窒素原子を失った後に，脱水素や脱炭酸，さらには他の反応による分解を受け，それらの炭素骨格の一部がクエン酸回路に入ることのできる 6 種類の

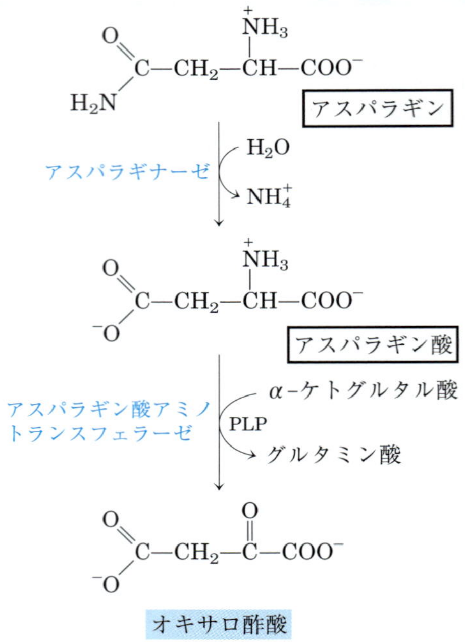

図 18-29 アスパラギンおよびアスパラギン酸の異化経路
両アミノ酸はオキサロ酢酸に変換される．

基本代謝産物の型に変換される過程について学んできた．これらの炭素骨格のうち，分解されてアセチル CoA に変換される部分は，完全に酸化されて二酸化炭素と水になり，それに伴って酸化的リン酸化による ATP の産生が起こる．

糖質や脂質の場合のように，アミノ酸の分解においても，最終的にはクエン酸回路の働きによって還元当量（NADH および $FADH_2$）が産生される．このような異化過程についてこれまで概観してきたが，それは次章における呼吸に関する考察をもって完結する．すなわち，好気性生物においては，呼吸によってこのような還元当量が最終的な酸化・エネルギー産生過程の燃料となる．

まとめ

18.3　アミノ酸の分解経路

- アミノ酸は，そのアミノ基が除去された後，炭素骨格が酸化されてクエン酸回路に入ることのできる化合物になり，最終的には CO_2 と H_2O へと酸化される．これらの経路の反応には，1 炭素転移反応におけるテトラヒドロ葉酸や *S*-アデノシルメチオニン，およびフェニルアラニンヒドロキシラーゼによるフェニルアラニンの酸化に関与するテトラヒドロビオプテリンのようないくつかの補因子が必要である．
- それぞれの最終分解産物に応じて，ケトン体に変換されるアミノ酸やグルコースに変換されるアミノ酸，またはその両方に変換されるアミノ酸がある．このように，アミノ酸の分解は，統合されて中間代謝へと導かれ，アミノ酸が代謝エネルギーの供給源として重要な位置を占めるような条件において，生物の生存にとって極めて重要な役割を演じている．
- アミノ酸の炭素骨格は，5 種類の代謝中間体，すなわちアセチル CoA，α-ケトグルタル酸，スクシニル CoA，フマル酸およびオキサロ酢酸を介してクエン酸回路に入る．また，分解されてピルビン酸になるアミノ酸があり，そのピルビン酸はアセチル CoA あるいはオキサロ酢酸に変換される．
- ピルビン酸を生成するアミノ酸は，アラニン，システイン，グリシン，セリン，トレオニン，およびトリプトファンである．ロイシン，リジン，フェニルアラニンおよびトリプトファンは，アセトアセチル CoA を経てアセチル CoA になる．イソロイシン，ロイシン，トレオニンおよびトリプトファンからも直接アセチル CoA が生成する．
- アルギニン，グルタミン酸，グルタミン，ヒスチジンおよびプロリンからはα-ケトグルタル酸が生成し，イソロイシン，メチオニン，トレオニンおよびバリンからはスクシニル CoA が生成する．フェニルアラニンとチロシンの 4 炭素原子からはフマル酸が生成し，アスパラギンとアスパラギン酸からはオキサロ酢酸が生成する．
- 分枝鎖アミノ酸（イソロイシン，ロイシンおよびバリン）は，他のアミノ酸とは異なり，肝外組織でのみ分解される．
- 重篤なヒトの病気のいくつかは，アミノ酸の異化経路の酵素の遺伝的欠損に起因する．

重要用語

太字で示す用語については，巻末用語解説で定義する．

アミノ基転移 transamination　972
アミノトランスフェラーゼ aminotransferase　972
アルカプトン尿症 alkaptonuria　1002
アンモニア排出 ammonotelic　979
***S*-アデノシルメチオニン *S*-adenosylmethionine（adoMet）**　990
L-グルタミン酸デヒドロゲナーゼ L-glutamate dehydrogenase　975
グルコース-アラニン回路 glucose-alanine cycle　977
グルタミナーゼ glutaminase　976
グルタミンシンテターゼ glutamine synthetase　976
クレアチンキナーゼ creatine kinase　985
ケト原性 ketogenic　988
混合機能オキシゲナーゼ mixed-function oxygenase　999
酸化的脱アミノ化 oxidative deamination　975
テトラヒドロビオプテリン tetrahydrobiopterin　993
テトラヒドロ葉酸 tetrahydrofolate　990
糖原性 glucogenic　989
トランスアミナーゼ transaminase　972
尿酸排出 uricotelic　979
尿素 urea　981
尿素回路 urea cycle　979
尿素排出 ureotelic　979

必須アミノ酸 essential amino acid 986
ピリドキサールリン酸 pyridoxal phosphate（PLP） 972
フェニルケトン尿症 phenylketonuria（PKU） 999
メープルシロップ尿症 maple syrup urine disease 1008

問　題

1 アミノ酸のアミノ基転移反応の生成物

次の各アミノ酸がα-ケトグルタル酸にアミノ基を転移したときに生じるα-ケト酸の名称と構造を記述せよ．

(a) アスパラギン酸　(b) グルタミン酸
(c) アラニン　(d) フェニルアラニン

2 アラニンアミノトランスフェラーゼの活性測定

アラニンアミノトランスフェラーゼの活性（反応速度）は，通常は精製した乳酸デヒドロゲナーゼと NADH を反応系に過剰に加えて測定する．このとき，アラニンの消失速度は分光光度計で測定した NADH の消失速度に等しい．この測定法の仕組みを説明せよ．

3 血液中のアラニンとグルタミン

正常なヒトの血漿には，からだのタンパク質の合成に必要なすべてのアミノ酸が含まれるが，その濃度は一様ではない．特にアラニンとグルタミンは，他のどのアミノ酸よりもはるかに高濃度で存在する．その理由を推察せよ．

4 アミノ窒素の分布

食餌がアラニンに富み，アスパラギン酸に乏しい場合に，アスパラギン酸欠乏症の徴候が現れるのかどうかについて説明せよ．

5 代謝エネルギー源としての乳酸とアラニン：窒素除去のコスト

乳酸とアラニンの 3 個の炭素の酸化状態は同一であり，動物はどちらの炭素源も代謝燃料として利用できる．窒素を尿素のかたちで排泄する際のコストを含めるとして，乳酸とアラニンが CO_2 と H_2O に完全に酸化された場合の ATP の正味の収量（基質 1 mol あたり生成する ATP の mol 数）を比較せよ．

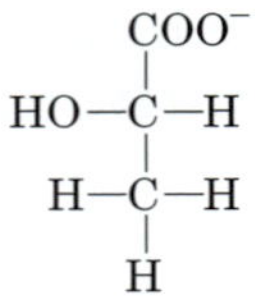
乳酸

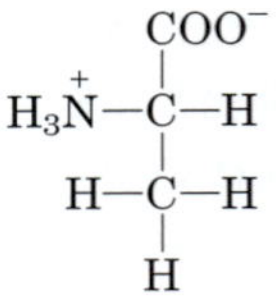
アラニン

6 アルギニン欠乏食によって生じるアンモニアの毒性

数年前に行われた研究によると，一夜絶食させたネコに，全アミノ酸を含む完全飼料からアルギニンのみを除いたものを 1 回与えたところ，2 時間以内に血中アンモニア濃度が正常値の 18 μg/L から 140 μg/L にまで上昇し，ネコはアンモニア中毒の症状を示した．しかし，完全アミノ酸飼料，あるいはアルギニンの代わりにオルニチンを含むアミノ酸飼料を与えた対照群のネコは，異常な臨床症状を示さなかった．

(a) この実験での絶食の意味は何か．
(b) 実験群のネコでアンモニアのレベルが上昇した原因は何か．なぜアルギニンの欠乏でアンモニアの毒性が出てきたのか．また，アルギニンはネコにとって必須アノミ酸なのかどうかについて，理由をあげて説明せよ．
(c) なぜオルニチンはアルギニンの代用になるのか．

7 グルタミン酸の酸化

2 mol のグルタミン酸が酸化され，2 mol のα-ケトグルタル酸と 1 mol の尿素が生じる反応について，一連の反応収支式と全体の正味の反応式を示せ．

8 アミノ基転移と尿素回路

アスパラギン酸アミノトランスフェラーゼは，哺乳類の肝臓のすべてのアミノトランスフェラーゼの中で最も活性が高い．その理由を説明せよ．

9 流動タンパク質食による症例

数年前に，あるダイエット療法が減量を目的として派手に推奨されたが，これは毎日「流動タンパク質（ゼラチン加水分解物のスープ）」，水，およびビタミン混合物を摂取するというもので，その他の食物や飲料の摂取は避けられていた．このダイエットを実施した人たちの体重は最初の1週間で4.5～6.4 kg（10～14ポンド）減少した．

(a) この方法に異論を唱える人たちは，体重減少の大部分は水であり，正常食に戻すとたちまちもとの体重に戻ると主張した．この反対論の生化学的根拠について説明せよ．

(b) 何人かの人がこのダイエットで死亡した．このダイエット療法が本質的にもっている危険性とは何か．また彼らはどのようにして死に至ったのか．

10 ケト原性アミノ酸

厳密にケト原性であるアミノ酸はどれか．

11 アミノ酸代謝の遺伝的欠損：病歴

2歳の子供が病院に連れて来られ，母親はその子供がしばしば嘔吐し，特に食後にそれが著しいと訴えた．子供の体重とからだの発育は標準以下で，頭髪は黒くはあったが白髪が混じっていた．子供の尿試料に塩化第二鉄（$FeCl_3$）を加えると，フェニルピルビン酸に特有の緑色を呈した．その尿試料を定量分析したところ，次表のような結果が得られた．

物　質	濃度（mM）	
	患者の尿	正常人の尿
フェニルアラニン	7.0	0.01
フェニルピルビン酸	4.8	0
フェニル乳酸	10.3	0

(a) この子供はどの酵素が欠損しているのかを推定し，その治療法を提案せよ．

(b) なぜ尿中にフェニルアラニンが多量に出現したのか．

(c) フェニルピルビン酸とフェニル乳酸は何に由来するのか．また，フェニルアラニンの濃度が上昇すると，なぜ（正常では機能しない）この経路が働き出すのか．

(d) なぜこの子供の頭髪に白髪が混じるのか．

12 アミノ酸の異化におけるコバラミンの役割

悪性貧血はビタミンB_{12}の吸収障害によって引き起こされる．この障害はアミノ酸の異化にどのような影響を及ぼすのか．また，すべてのアミノ酸が同じように影響を受けるのか（ヒント：Box 17-2参照）．

13 菜食主義者用の食餌

菜食主義者用の食餌を摂ることよって，多量の抗酸化物質と冠動脈疾患の防止に有効な組成の脂質を得ることができる．しかし，これにはある種の問題が伴う可能性がある．純粋菜食主義者（厳格な菜食主義者で動物性食品を一切摂らない）群，乳菜食主義者（酪農製品も摂る菜食主義者）群，および雑食者（肉を含め，さまざまな食餌を摂取する）群から成る多数のボランティアを被験者として，それぞれの食餌を数年間続けてもらったのちに血液試料を採取した．血中のホモシステインとメチルマロン酸のレベルは，純粋菜食主義者群では高く，乳菜食主義者群ではそれよりやや低く，雑食者群ではずっと低かった．この理由を説明せよ．

14 悪性貧血

ビタミンB_{12}欠乏症は，いくつかのまれな遺伝性疾患のせいでも起こることがある．これらの疾患では，B_{12}が豊富な肉や酪農製品を含む通常の食事を摂っていてもB_{12}量の低下が起こる．この病態は食餌によるB_{12}の補給では治療することができない．その理由を説明せよ．

15 ピリドキサールリン酸反応の機構

トレオニンをα-ケトグルタル酸とアンモニアに変換する反応を触媒する酵素，トレオニンデヒドラターゼによってトレオニンは分解される．この酵素はPLPを補因子として利用する．図18-6に示す機構に基づいて，この反応の機構を推定せよ．なお，この反応ではトレオニンのβ炭素上で脱離が起こることに注意せよ．

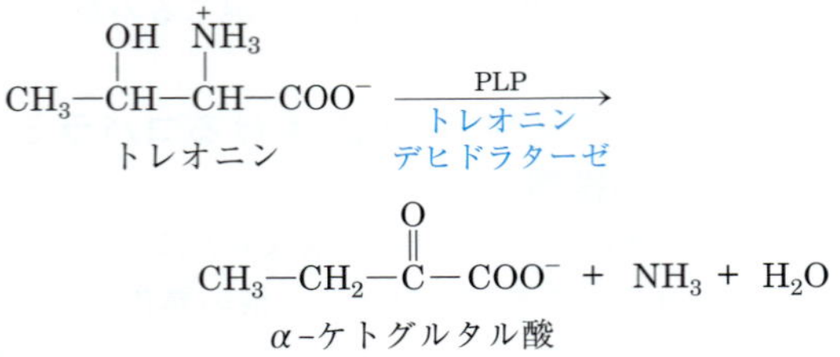

16 グルタミン酸代謝における炭素と窒素の経路

[2-^{14}C, ^{15}N] グルタミン酸がラット肝臓で酸化的分解を受けるとき，次の代謝物のどの原子に各同位元素が入るのかを示せ.

(a) 尿素　(b) コハク酸

(c) アルギニン　(d) シトルリン

(e) オルニチン　(f) アスパラギン酸

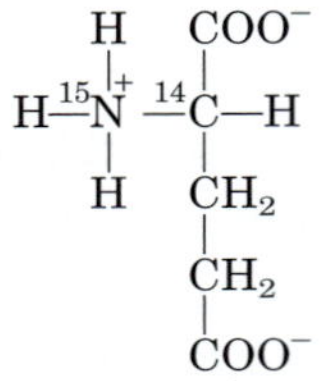

標識されたグルタミン酸

17 イソロイシンの異化反応の化学的特徴

イソロイシンは 6 ステップの反応を経て分解され，プロピオニル CoA とアセチル CoA になる.

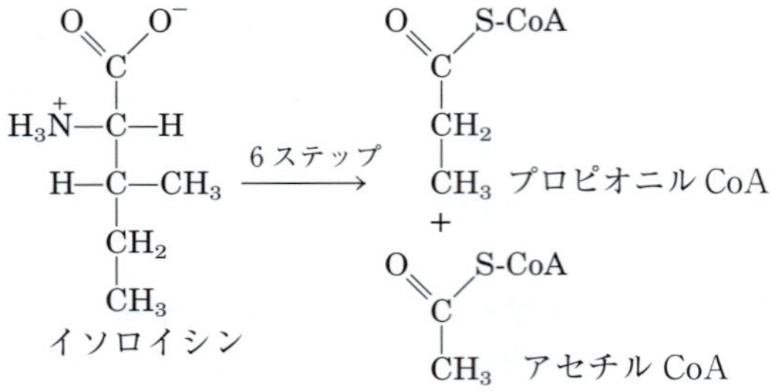

(a) イソロイシンの分解経路には，クエン酸回路や脂肪酸の β 酸化におけるものと類似する化学反応過程が含まれる．以下に示すイソロイシン分解の代謝中間体（I～V）は正しい順序にはなっていない．クエン酸回路と β 酸化経路に関する知識を用いて，イソロイシンの分解におけるこれらの中間体を正しい代謝の順序に並べ替えよ.

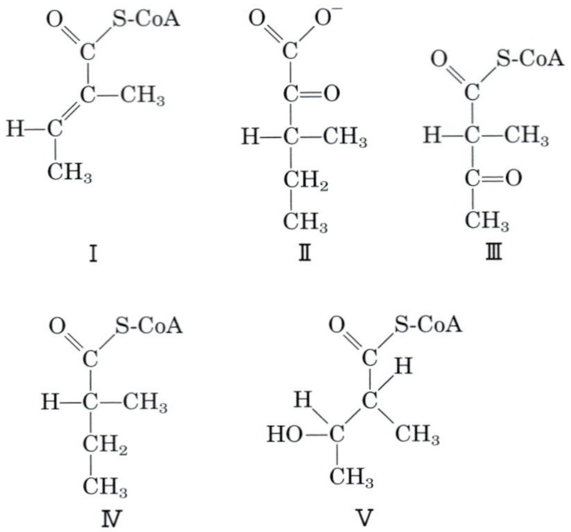

(b) それらの各ステップについて，化学反応過程を示し，クエン酸回路または β 酸化経路における類似の反応例があればそれをあげ，必要な補因子を示せ.

18 グリシン代謝におけるピリドキサールリン酸の役割

セリンヒドロキシメチルトランスフェラーゼは，補因子としてピリドキサールリン酸を必要とする．この酵素によって触媒されるセリンの分解方向（グリシンの生成）の反応の機構を提案せよ（ヒント：図 18-19 および図 18-20(b)参照).

19 アミノ酸と脂肪酸の分解経路の類似性

ロイシンの炭素骨格は，クエン酸回路および脂肪酸の β 酸化によく似た一連の反応によって分解される．以下の (a) ～ (f) までの各反応について，そのタイプを示し，クエン酸回路あるいは β 酸化経路における類似の反応例があればそれをあげ，必要な補因子を示せ.

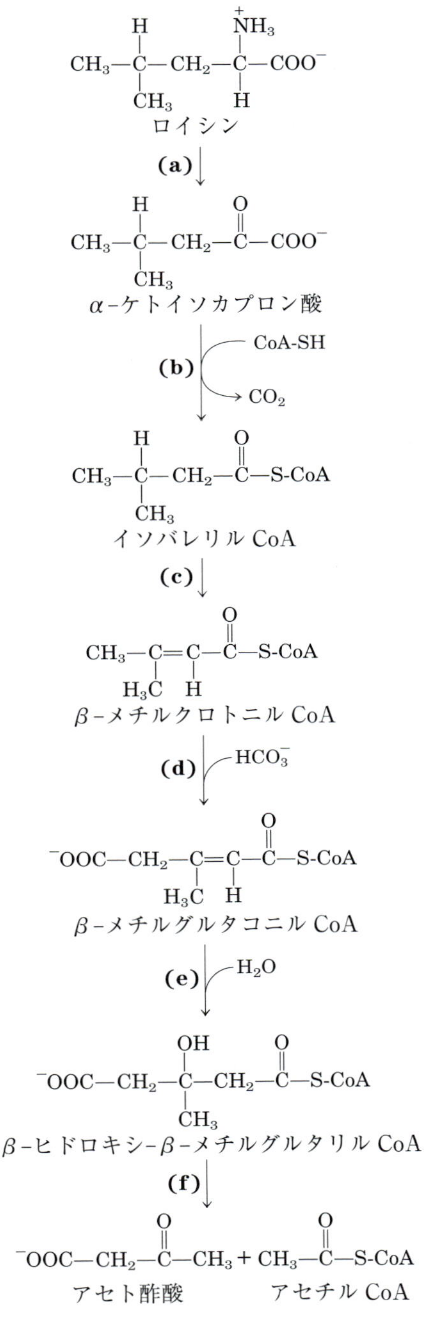

20　遺伝病に対する治療

メープルシロップ尿症の進行を止めるために必要な厳密な食事制限を生涯を通じて守ることは困難であり，患者は神経症状を引き起こす代謝制御の低下を経験するだろう．このような場合に，治療として適切なドナーからの臓器移植を必要とすることがある．臓器移植にはかなりのリスクを伴うが，成功した場合には，患者の代謝異常を大きく改善し，食事制限の必要性を低減することができる．このような効果を得るためにはどの臓器を移植すればよいか．また，なぜその臓器なのか．

データ解析問題

21　メープルシロップ尿症

分枝鎖アミノ酸の分解経路と，メープルシロップ尿症の原因となる生化学的欠陥の部位を図18–28に示す．この病気における欠陥の解明を最終的にもたらした発見は，1950年代の終わりと1960年代の始めに発表された三つの論文に記載されている．この問題では，最初の臨床所見の段階からその生化学的機構が提示されるまでの歴史をたどってみる．

1954年に，Menkes，Hurust および Craig が，すべて同じ症状の経過をたどって死んだ4人の兄弟姉妹の症例について報告した．この4症例すべてにおいて，母親の妊娠および出産の状況は正常であり，また生後3～5日までは子供達の状態も正常であった．しかし，その後すぐに子供達はけいれんを起こすようになり，生後11日から3か月の間に死亡した．検死の結果，すべての症例で脳に顕著な腫脹が認められた．また子供達の尿は生後3日目あたりから，強い「メープルシロップ」様の異臭を放ち始めていた．

1959年には，Menkesはさらに6人の子供の症例のデータを集めて報告した．その子供達もすべて，前述と同様の症状を呈し，生後15日から20か月の間に死亡した．そのうちの1症例において，Menkesは幼児が生存していた最後の数か月間の尿試料を得ることができた．そして彼は，ケト化合物と反応すると着色沈殿を形成する2,4-ジニトロフェニルヒドラジンでその尿を処理することによって，次の3種類のα-ケト酸が異常に多く存在することを見出した．

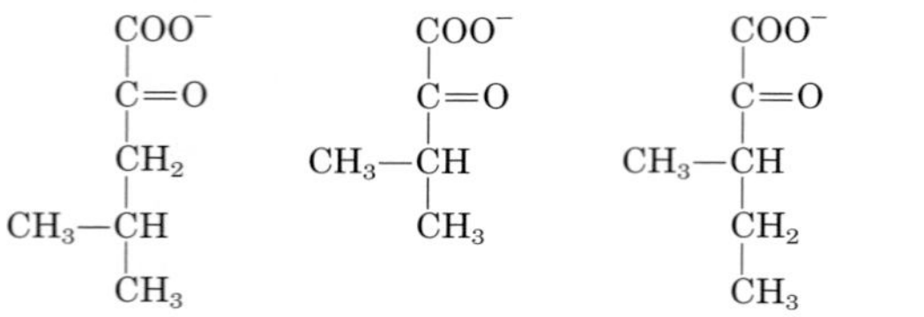

α-ケト イソカプロン酸　α-ケト イソ吉草酸　α-ケト-β-メチル-n-吉草酸

(a) これらのα-ケト酸はアミノ酸の脱アミノ化により生成する．上記の各α-ケト酸について，由来するアミノ酸の構造式と名称を記せ．

1960年には，Dancis，Levitz および Westall がさらにデータを収集し，図18-28に示す生化学的欠陥の存在を提唱するに至った．彼らは，その1症例として，生後4か月で初めて尿がメープルシロップ臭を呈した患者について調べている．その子供は生後10か月（1956年3月）に発熱のために入院したが，著しい運動能力発達の遅滞を示していた．彼が生後20か月（1957年1月）に再入院した時には，過去のメープルシロップ尿症の症例に見られるような退行性の神経症状を呈していることがわかった．そしてその後すぐに彼は死亡した．彼の血液と尿の分析結果を，各成分の正常値とともに次の表に示す．

(b) この表には，タンパク質中には通常は存在しないタウリンというアミノ酸が含まれている．タウリンは，細胞障害の副生成物としてしばしば産生される．その構造を次に示す．

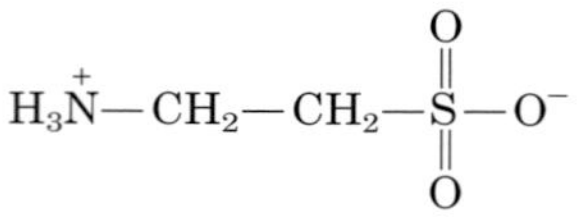

この構造，および本章の情報に基づいて，タウリンの前駆体として最もふさわしいアミノ酸は何か．その理由を説明せよ．

(c) 表に示す正常値と比べて，1957年1月の患者の血中で有意なレベルの上昇が見られるアミノ酸はどれか．また，患者の尿中で上昇したのはどのアミノ酸か．

Dancis らは，彼らの結果，および図18-28に

アミノ酸	尿中濃度（mg/24時間）			血漿中濃度（mg/moL）	
	健常者	患者		健常者	患者
		1956年3月	1957年1月		1957年1月
アラニン	5～15	0.2	0.4	3.0～4.8	0.6
アスパラギン＋グルタミン	5～15	0.4	0	3.0～5.0	2.0
アスパラギン酸	1～2	0.2	1.5	0.1～0.2	0.04
アルギニン	1.5～3	0.3	0.7	0.8～1.4	0.8
システイン	2～4	0.5	0.3	1.0～1.5	0
グルタミン酸	1.5～3	0.7	1.6	1.0～1.5	0.9
グリシン	20～40	4.6	20.7	1.0～2.0	1.5
ヒスチジン	8～15	0.3	4.7	1.0～1.7	0.7
イソロイシン	2～5	2.0	13.5	0.8～1.5	2.2
ロイシン	3～8	2.7	39.4	1.7～2.4	14.5
リジン	2～12	1.6	4.3	1.5～2.7	1.1
メチオニン	2～5	1.4	1.4	0.3～0.6	2.7
オルニチン	1～2	0	1.3	0.6～0.8	0.5
フェニルアラニン	2～4	0.4	2.6	1.0～1.7	0.8
プロリン	2～4	0.5	0.3	1.5～3.0	0.9
セリン	5～15	1.2	0	1.3～2.2	0.9
タウリン	1～10	0.2	18.7	0.9～1.8	0.4
トレオニン	5～10	0.6	0	1.2～1.6	0.3
トリプトファン	3～8	0.9	2.3	測定せず	0
チロシン	4～8	0.3	3.7	1.5～2.3	0.7
バリン	2～4	1.6	15.4	2.0～3.0	13.1

示した経路についての知見に基づいて，「この病気の原因となる主要な遮断部位は，分枝鎖アミノ酸の分解代謝経路であると考えるのが最も妥当であるが，それが疑いなく確立されたと言えるわけではない」と結論している．

(d) ここに示されたデータは，この結論をどのように支持するか．

(e) ここに示されたデータで，メープルシロップ尿症に関するこのモデルに合致しないものはどれか．また，矛盾するように見えるこれらのデータをどのように説明したらよいのか．

(f) この結論をより確かなものにするためには，どのようなデータを集める必要があるか．

参考文献

Dancis, J., M. Levitz, and R. Westall. 1960. Maple syrup urine disease: branched-chain ketoaciduria. *Pediatrics* **25**: 72–79.

Menkes, J. H. 1959. Maple syrup disease: isolation and identification of organic acids in the urine. *Pediatrics* **23**: 348–353.

Menkes, J. H., P. L. Hurst, and J. M. Craig. 1954. A new syndrome: progressive familial infantile cerebral dysfunction associated with an unusual urinary substance. *Pediatrics* **14**: 462–466.

発展学習のための情報は次のサイトで利用可能である（www.macmillianlearning.com/LehningerBiochemistry7e）．

19

酸化的リン酸化

これまでに学習してきた内容について確認したり，本章の概念について理解を深めたりするための自習用ツールはオンラインで利用可能である（www.macmillanlearning.com/LehningerBiochemistry7e）.

酸化的リン酸化は，好気性生物におけるエネルギー産生代謝（異化）の頂点といえるものである．糖質，脂肪，およびアミノ酸の分解におけるすべての酸化ステップが，この細胞呼吸の最終段階に集束し，そこで酸化エネルギーが ATP 合成を駆動する．ほとんどの環境下で非光合成生物によって合成される ATP の大部分は，酸化的リン酸化によって生じる．真核生物では，酸化的リン酸化はミトコンドリアで起こり，ミトコンドリア膜に埋め込まれた巨大なタンパク質複合体が関与する．ミトコンドリアにおける ATP 合成経路は，20 世紀のほとんどにおいて生化学者に対して問題提起し，そして魅了してきた．

ミトコンドリアにおける ATP 合成についての私たちの現在の理解は，1961 年に Peter Mitchell によって提唱された学説に基づいている．これは生物学的酸化反応から得られるエネルギーを，膜を隔てるプロトン濃度の差として保存するという説である．この**化学浸透圧説** chemiosmotic theory は，20 世紀の生物学を統括する偉大な原理の一つとして受け入れられている．この説によって，酸化的リン酸化や植物における光リン酸化の過程と，膜を横切る能動輸送や細菌の鞭毛運動のように見かけ上は異なるエネルギー変換を理解することができる．

酸化的リン酸化の機構は三つの明確な構成要素から成る（図 19-1）．(1) 電子は，電子供与体（酸化され得る基質）から一連の膜結合型の電子伝達体を介して，大きな還元電位を有する最終電子受容体（分子状酸素，O_2）へと流れる．(2) この「下り坂」の（発エルゴン的な）電子の流れによって供与される自由エネルギーが，プロトン非透過性の膜を横切る「上り坂」のプロトン輸送に共役することによって，代謝燃料酸化の自由エネルギーを膜を隔てる電気化学ポテンシャルとして保存する（p. 584）．(3) 特定のタンパク質チャネルを介して濃度勾配に従って膜を横切るプロトンの流れが，ATP 合成のための自由エネルギーを供給する．この ATP 合成は，プロトンの流れを ADP

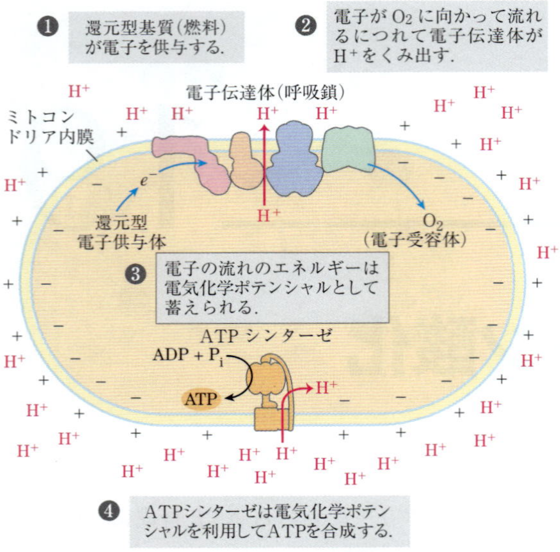

図 19-1 ミトコンドリアにおける ATP 合成のための化学浸透圧機構

酸素の大きな還元電位と，ミトコンドリアで酸化されるさまざまな還元型基質（燃料）の比較的低い還元電位によって駆動され，電子が連鎖する膜結合型伝達体（呼吸鎖）を通って自発的に移動する．電子の流れは，プロトンと正電荷の膜を横切る移動によって電気化学的ポテンシャルをつくり出す．この電気化学ポテンシャルが，膜結合型酵素である ATP シンターゼによる ATP 合成を駆動する．ATP シンターゼは，ミトコンドリアと葉緑体において，そして細菌や古細菌においても基本的に類似している．

のリン酸化に共役させる膜タンパク質複合体（ATP シンターゼ）によって触媒される．

本章ではまず，ミトコンドリアにおける電子伝達鎖（呼吸鎖）の構成成分，およびこれら成分のミトコンドリア内膜での大きな機能的複合体への組織化，これらの複合体を通る電子の流れの経路，そしてこの流れに伴うプロトンの移動について述べる．次に，「回転触媒作用」によってプロトン流のエネルギーを ATP に捕捉する注目すべき酵素複合体について考察する．そして酸化的リン酸化と，代謝燃料を酸化する多くの異化代謝経路とを連動させる調節機構について考察する．

ミトコンドリアにおける代謝は細胞や生体の機能にとって重要なので，ミトコンドリアの機能障害は重篤な疾患の原因となる．ミトコンドリアは神経と筋肉の機能において中心的役割を果たし，全身のエネルギー代謝と体重の調節においても重要である．ヒトの神経変性疾患は，がんや糖尿病，肥満とともにミトコンドリア機能障害に起因する可能性がある．また，老化説の一つは，健全なミトコンドリアが徐々に失われることに基づいている．ATP 産生だけがミトコンドリアの重要な機能ではない．この細胞小器官は，熱産生，ステロイド合成およびアポトーシス（プログラム細胞死）においても働いている．ミトコンドリアのこのように多様で重要な役割の発見は，この細胞小器官に関する現在の生化学的研究を活気づけている．ミトコンドリアのこのように多様な機能と，ヒトにおけるミトコンドリア機能不全がもたらす結果について考察する．

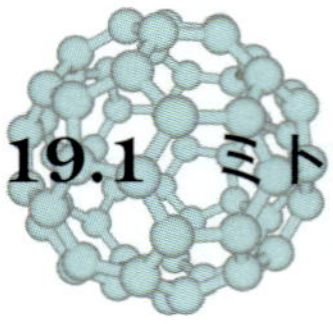

19.1 ミトコンドリアにおける呼吸鎖

1948 年に Eugene Kennedy と Albert Lehninger によってなされたミトコンドリアが真核生物における酸化的リン酸化の場であるという発見は，生物学的エネルギー変換に関する酵素学的研究の始まりであった．ミトコンドリアは，グラム陰性細菌と同様に二つの膜を有する（図 19-2 (a)）．ミトコンドリアの外膜は小分子（分子量＜5,000）やイオンに対しては十分に透過性であり，これらはポリン porin という内在性膜タンパク質ファミリーによって形成される膜貫通型チャネルを通って自由に移動する．内膜はプロトン（H^+）を含むほとんどの小分子やイオンに対して非透過性であり，特定の分子種だけが特異的な輸送体（トランスポーター）を介して透過する．呼吸鎖の構成成分や ATP シンターゼは内膜に存在する．

内膜で囲まれた空間にあたるミトコンドリアの

Albert L. Lehninger
(1917-1986)
［出典：Alan Mason chesney Medial Archives of the Johns Hopkins Medical Institutions.］

マトリックスは，ピルビン酸デヒドロゲナーゼ複合体や，クエン酸回路，脂肪酸β酸化経路，アミノ酸酸化経路などの種々の酵素を含む．これらは，サイトゾルで起こる解糖を除けば，代謝燃料の酸化経路のすべてである．このミトコンドリア内膜の選択的透過性によって，サイトゾルの代謝経路の中間体や酵素は，マトリックスで進行する代謝過程の中間体や酵素から隔離される．しかし，特異的な輸送体がピルビン酸，脂肪酸，アミノ酸とそのα-ケト酸誘導体をマトリックス内に運び込み，クエン酸回路の装置に供給する．ADP と P_i は特異的にマトリックスに運び込まれ，一方で新たに合成された ATP が運び出される．哺乳類のミトコンドリアには，現在のところ約 1,100 種のタンパク質の存在がわかっており，そのうちの少なくとも 300 種については機能が不明である．

図 19-2(a) では豆のような形でミトコンドリアを表しているが，これは細胞の薄い切片を電子顕微鏡で観察した初期の研究に部分的に基づいており，単純化しすぎである．連続切片からの再構築，あるいは共焦点顕微鏡観察によって得られる三次元の画像によって，ミトコンドリアのサイズや形は著しく変化に富んでいることがわかる．生細胞をミトコンドリア特異的な蛍光色素で染色すると，多様な形をした多数のミトコンドリアが核の周りに集まっているのがわかる（図 19-2(b)）．

好気的代謝に大きく依存する組織（例：脳，骨格筋，心筋，眼）は，細胞あたり数百から数千のミトコンドリアを含んでいる．そして一般に，高い代謝活性をもつ細胞のミトコンドリアでは，密に詰まったクリステをより多く含んでいる（図 19-2(c，d)）．細胞の増殖や分裂の際に，ミトコンドリアは細菌のように分裂する．またある状況下では，個々のミトコンドリアが融合してより大きく拡張した構造を形成する．電子伝達阻害剤の存在下や電子伝達体の変異などのストレスがかかるような状況は，ミトコンドリアの分裂や，時には**マイトファジー** mitophagy（ミトコンドリアの分解，および遊離するアミノ酸，核酸，脂質の再利用の機構）の引き金となる．ストレスが解除されると，短くて小さなミトコンドリアが融合して細長い管状の細胞小器官となる．

電子は普遍的な電子受容体に集められる

酸化的リン酸化は，**呼吸鎖** respiratory chain という電子伝達体の連鎖への電子の導入から始まる．これらの電子のほとんどは，異化代謝経路から電子を獲得して，ニコチンアミドヌクレオチド（NAD^+ または $NADP^+$）あるいはフラビンヌクレオチド（FMN または FAD）のような普遍的な電子受容体に集めるデヒドロゲナーゼの働きによって生じる（図 13-24，図 13-27 参照）．

ニコチンアミドヌクレオチド依存性デヒドロゲナーゼ nicotinamide nucleotide-linked dehydrogenase は，次の一般式で表される可逆反応を触媒する．

$$\text{還元型基質} + NAD^+ \rightleftharpoons \text{酸化型基質} + NADH + H^+$$

$$\text{還元型基質} + NADP^+ \rightleftharpoons \text{酸化型基質} + NADPH + H^+$$

異化で機能するほとんどのデヒドロゲナーゼは，電子受容体として NAD^+ を特異的に用いる（表 19-1）．あるものはサイトゾルに，あるものはミトコンドリアに存在するが，ミトコンドリア型とサイトゾル型のアイソザイムをもつものもある．

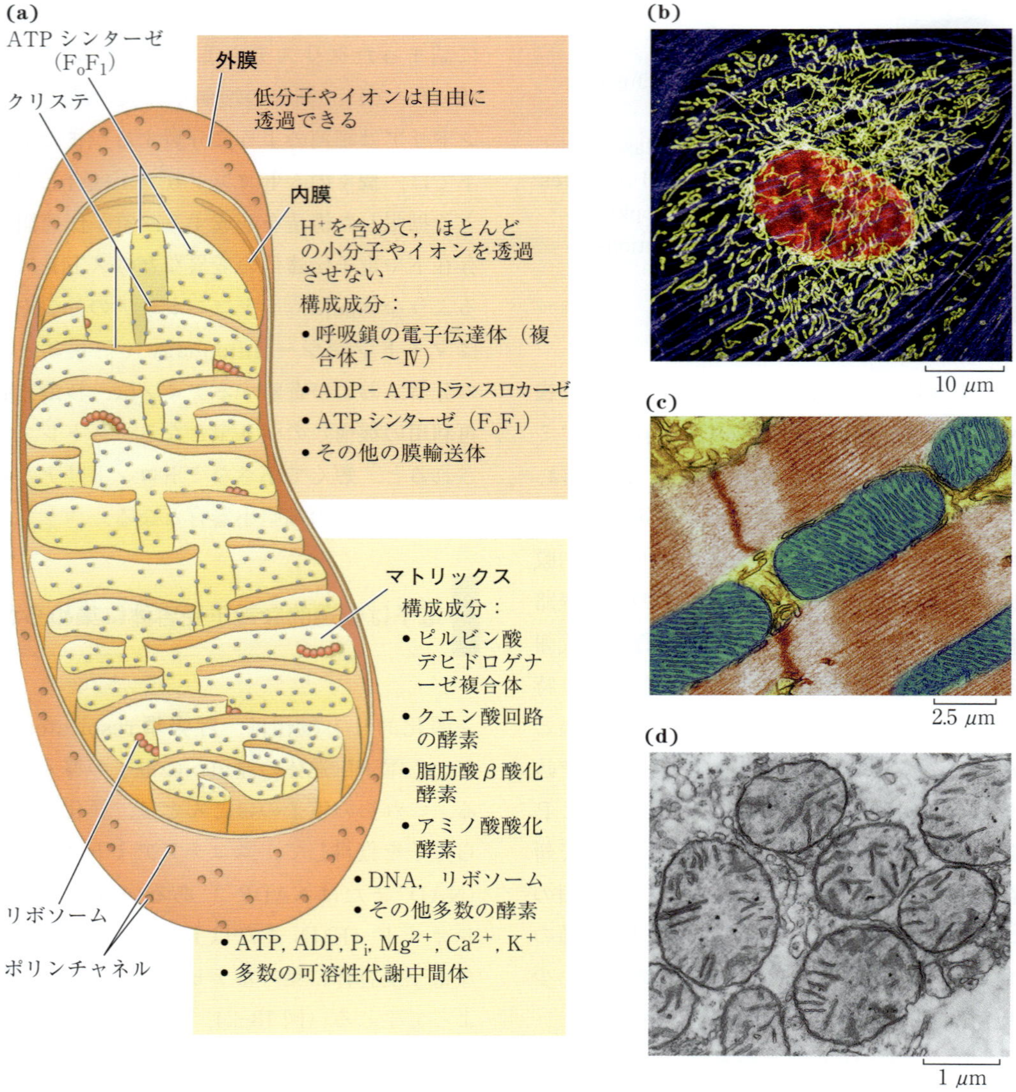

図 19-2 ミトコンドリアの生化学的解剖図

(a) 外膜には孔があり，タンパク質は透過できないが，小分子やイオンは外膜を透過できる．内膜の入り組んだ構造であるクリステは，表面積を極めて大きくする．肝のミトコンドリア１個の内膜には，10,000 セット以上もの電子伝達系（呼吸鎖）と ATP シンターゼ分子が存在し，膜表面全体に分布している．**(b)** 典型的な動物細胞には，数百あるいは数千ものミトコンドリアがある．ここに示すウシ肺動脈血管内皮細胞は，アクチン（青色），DNA（赤色），およびミトコンドリア（黄色）に対する蛍光プローブを用いて染色したものである．ミトコンドリアの長さがさまざまであることに注目しよう．**(c)** 心筋のミトコンドリア（擬似カラー化したこの電子顕微鏡写真では青色）は，クリステがさらに豊富で著しく大きな内膜表面積を有しており，呼吸鎖のセットを肝臓のミトコンドリア **(d)** に比べて３倍以上も含む．筋肉や肝臓のミトコンドリアは，細菌とほぼ同じサイズ（1 ～ 10 μm の長さ）である．無脊椎動物，植物，真核微生物のミトコンドリアはここに示すものと似ているが，サイズ，形，および内膜の入組みの程度が著しく異なる．［出典：(b) Talley Lambert/Science Source. (c) Thomas Deerinck, NCMIR/Science Source. (d) Biophoto Associates/Science Source.］

NAD 依存性デヒドロゲナーゼは基質から 2 個の水素原子を除去する．それらのうちの一方は水素化物（ヒドリド）hydride イオン（$:H^-$）として NAD^+ に転移され，他方は H^+ として溶液中に放出される（図 13-24 参照）．NADH と NADPH は，デヒドロゲナーゼと可逆的に会合する水溶性の電子伝達体である．NADH は，異化反応に由来する電子を，後述するように呼吸鎖への入口にあたる NADH デヒドロゲナーゼ複合体へと運搬する．NADPH は，通常は電子を同化反応へと供給する．細胞は，異なる酸化還元電位を有する NADPH と NADH を別個のプールとして維持している．これは，[還元型]/[酸化型] の比率を NADPH では比較的高く，NADH では比較的低く保つことによって行われる．NADH と NADPH はどちらもミトコンドリア内膜を通過できないが，後述するように間接的に行き来することができる．

フラビンタンパク質 flavoprotein は，しばしば強固に共有結合しているフラビンヌクレオチド（FMN または FAD（図 13-27 参照））を含む．酸化型フラビンヌクレオチドは，電子 1 個を受け取ってセミキノン型になるか，または 2 個を受け取って $FADH_2$ や $FMNH_2$ の型となる．フラビンタンパク質の還元電位は酸化される化合物よりも高いので，電子伝達が起こる．還元電位は，特定の化学種が酸化還元反応において電子を受容しやすいかどうかの定量的尺度であることを思い出そう（p. 749）．NAD や NADP の場合とは異なり，フラビンヌクレオチドの標準還元電位は会合しているタンパク質に依存する．タンパク質の官能基との局所的な相互作用がフラビン環の電子軌道を歪め，酸化型と還元型の相対的な安定性を変化させる．したがって，実際に意味のある標準還元電位は，単離された FAD や FMN の還元電位ではなく，各フラビンタンパク質に固有のものである．フラビンヌクレオチドは電子伝達反応における反応物や生成物としてではなく，フラビンタンパク質の活性部位の一部と見なすべきである．フラビンタンパク質は 1 電子伝達と 2 電子伝達のどちらにも関与できるので，脱水素反応のように 2 個の電子が供与される反応と，（後述するようなキノンのヒドロキノンへの還元の場合のように）電子が 1 個だけ受け取られる反応の中間体として働くことができる．

表 19-1　NADP(P)H 依存性デヒドロゲナーゼによって触媒される重要反応の例

反　応[a]	局　在[b]
NAD 依存性	
α-ケトグルタル酸 + CoA + NAD^+ ⇌ スクシニル CoA + CO_2 + NADH + H^+	M
L-リンゴ酸 + NAD^+ ⇌ オキサロ酢酸 + NADH + H^+	M, C
ピルビン酸 + CoA + NAD^+ ⇌ アセチル CoA + CO_2 + NADH + H^+	M
グリセルアルデヒド 3-リン酸 + P_i + NAD^+ ⇌ 1,3-ビスホスホグリセリン酸 + NADH + H^+	C
乳酸 + NAD^+ ⇌ ピルビン酸 + NADH + H^+	C
β-ヒドロキシアシル CoA + NAD^+ ⇌ β-ケトアシル CoA + NADH + H^+	M
NADP 依存性	
グルコース 6-リン酸 + $NADP^+$ ⇌ 6-ホスホグルコン酸 + NADPH + H^+	C
L-マレイン酸 + $NADP^+$ ⇌ ピルビン酸 + CO_2 + NADPH + H^+	C
NAD または NADP 依存性	
L-グルタミン酸 + H_2O + $NAD(P)^+$ ⇌ α-ケトグルタル酸 + NH_4^+ + NAD(P)H	M
イソクエン酸 + $NAD(P)^+$ ⇌ α-ケトグルタル酸 + CO_2 + NAD(P)H + H^+	M, C

[a] これらの反応と酵素については Chap. 14 ～ 18 で考察されている．
[b] M はミトコンドリアを，C はサイトゾルを表す．

電子は一連の膜結合型伝達体を介して移動する

ミトコンドリアの呼吸鎖は一連の電子伝達体から成り，それらのほとんどは1個または2個の電子を授受できる補欠分子族を有する内在性膜タンパク質である．酸化的リン酸化における電子伝達には三つのタイプがある．(1) Fe^{3+} の Fe^{2+} への還元の場合のような電子の直接転移，(2) 水素原子（$H^+ + e^-$）としての転移，(3) 2個の電子を運ぶ水素化物イオン（$:H^-$）としての転移である．**還元当量** reducing equivalent という用語が，酸化還元反応において転移される1個の電子当量を表すために用いられる．

NAD とフラビンタンパク質に加えて，呼吸鎖では他に三つのタイプの電子伝達分子が機能する．すなわち，ユビキノンという疎水性のキノンと，二つの異なるタイプの鉄含有タンパク質（シトクロムと鉄-硫黄タンパク質）である．**ユビキノン** ubiquinone（**補酵素 Q** coenzyme Q，あるいは単に **Q** という）は，脂溶性のベンゾキノンであり，長いイソプレノイド側鎖を有する（図19-3）．ユビキノンは1個の電子を受け取ってセミキノンラジカル（•QH）になるか，あるいは2個の電子を受け取ってユビキノール（QH_2）になる．また，フラビンタンパク質のような電子伝達体と同様に，2電子供与体と1電子受容体との間の接点で働くこともできる．ユビキノンは小分子で疎水性なので，ミトコンドリア内膜の脂質二重層内を自由に拡散し，この膜内に存在する移動性がより低い他の電子伝達体の間で還元当量を往復輸送することができる．さらに，ユビキノンは電子とプロトンの両方を運ぶので，電子の流れとプロトン移動の共役において中心的な役割を果たす．

シトクロム cytochrome は，鉄を含むヘム型補欠分子族をもつタンパク質であり（図19-4(a)），特徴的な強い可視光吸収を示す．ミトコンドリアには，*a*，*b*，*c* と名づけられた三つのクラスのシトクロムがあるが，これらは吸光スペクトルの違いによって区別される．各タイプのシトクロムは，還元状態（Fe^{2+}）で可視領域に3本の吸収帯を有する（図19-4(b)）．最長波長の吸収帯は，*a* 型シトクロムで600 nm 付近，*b* 型で560 nm 付近，*c* 型で550 nm 付近である．一つの型に属する近縁のシトクロムを区別するために，シトクロム b_{562} のように，厳密な吸収極大が命名に用いられることがある．

a 型と *b* 型のシトクロムのヘム基は，会合タンパク質に強固に結合しているが共有結合ではないのに対して，*c* 型シトクロムのヘムは Cys 残基を介して共有結合している（図19-4）．フラビンタンパク質の場合と同様に，シトクロムのヘムにおける鉄の標準還元電位はタンパク質の側鎖との相互作用に強く依存しており，シトクロムごとに異なる．*a* 型と *b* 型のシトクロム，および *c* 型のいくつかはミトコンドリア内膜の内在性タンパク質

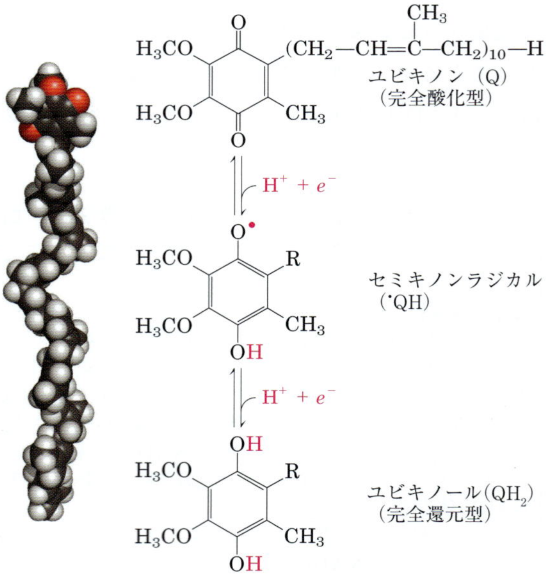

図19-3　ユビキノン（Q，または補酵素 Q）

ユビキノンの完全還元には2個の電子と2個のプロトンが必要であり，セミキノンラジカル中間体を介する2ステップで起こる．

である．際立った例外の一つが可溶性のシトクロム *c* であり，ミトコンドリア内膜の外表面に静電相互作用によって会合している．

鉄-硫黄タンパク質 iron-sulfur protein では，鉄はヘムのかたちで存在するのではなく，無機の硫黄原子またはタンパク質中の Cys 残基の硫黄原子と会合しているか，あるいはその両方と会合するかたちで存在する．これらの鉄-硫黄（Fe-S）中心は，1 個の鉄原子が四つの Cys の SH 基と配位結合している単純な構造から，2 個または 4 個の鉄原子を有するより複雑な Fe-S 中心のようなタイプまでさまざまである（図 19-5）．**リスケ鉄-硫黄タンパク質** Rieske iron-sulfur protein（発見者 John S. Rieske にちなんで命名された）はこの種のタンパク質の変型であり，1 個の鉄原子が二つの Cys 残基ではなく二つの His 残基に配位

(a)

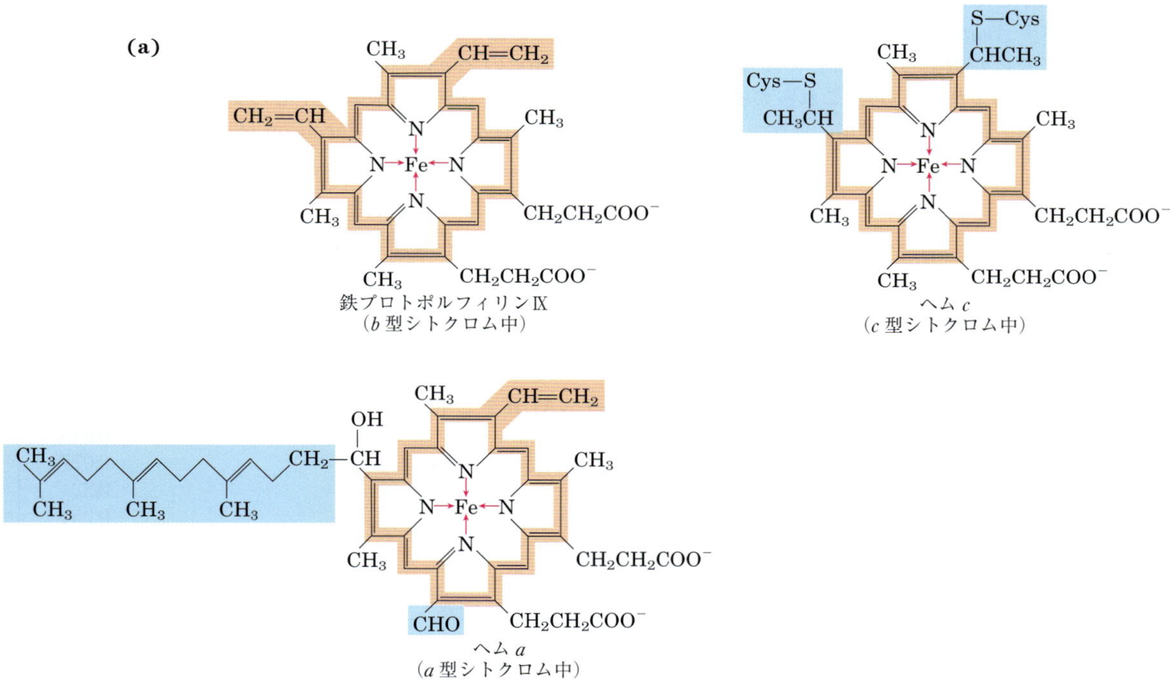

(b)

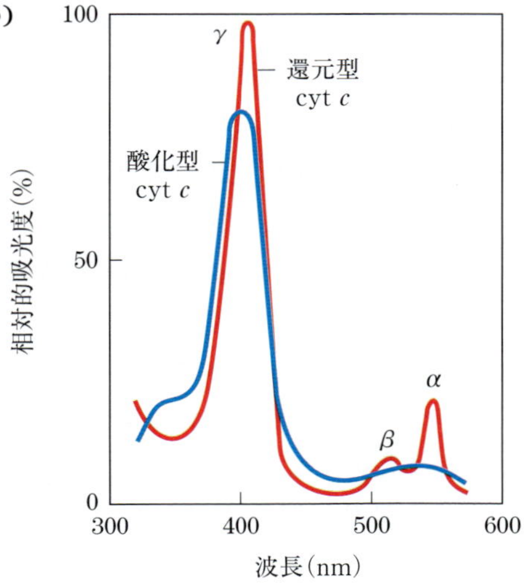

図 19-4　シトクロムの補欠分子族

(a) 各補欠分子族は，ポルフィリンという含窒素五員環 4 個が環状になった構造から成る．4 個の窒素原子は中央の Fe イオン（Fe^{2+} または Fe^{3+}）に配位結合している．鉄プロトポルフィリンIXは，*b* 型シトクロム，およびヘモグロビンやミオグロビンに見られる（図 4-17 参照）．ヘム *c* は 2 個の Cys 残基へのチオエーテル結合を介してシトクロム *c* タンパク質に共有結合している．*a* 型シトクロムに見られるヘム *a* では，五員環の一つに長いイソプレノイド側鎖が結合している．ポルフィリン環に存在する共役二重結合系（淡赤色の網かけ）は，可視光の波長をもつ光子によって比較的簡単に励起される非局在性の π 電子をもつ．このことが，ヘム（および関連する化合物）によって可視領域の光が強く吸収される原因である．**(b)** シトクロム *c*（cyt *c*）の酸化型（青色）と還元型（赤色）の吸収スペクトル．還元型は特徴的な α，β，および γ バンドを示す．

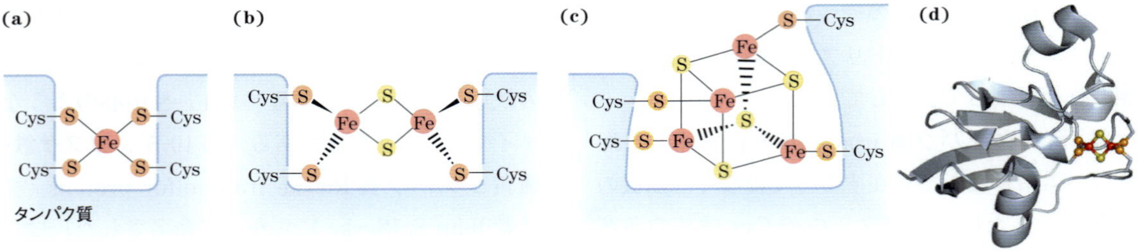

図 19-5 鉄-硫黄中心

鉄-硫黄タンパク質の Fe-S 中心は，**(a)** に示すように 1 個の Fe イオンが四つの Cys 残基の S 原子に囲まれているような単純なものかもしれない（赤色は Fe，黄色は無機硫黄，橙色は Cys の S を表す）．他の中心には，無機の S 原子と Cys の S 原子を含む 2Fe-2S 中心 **(b)** や，4Fe-4S 中心 **(c)** をもつものがある．シアノバクテリアのアナベナ *Anabaena* 7120 のフェレドキシン **(d)** は，1 個の 2Fe-2S 中心をもっている（これらの命名では無機の S 原子だけが数えられることに注意しよう．例えば，(b) の 2Fe-2S 中心の場合，各 Fe イオンは実際は 4 個の S 原子で囲まれている）．これらの中心における鉄の厳密な標準還元電位は，中心のタイプ，および会合しているタンパク質との相互作用に依存する．［出典：(d) PDB ID 1FRD, B. L. Jacobson et al., *Biochemistry* **32**: 6788, 1993.］

表 19-2 呼吸鎖や関連する電子伝達体の標準還元電位

酸化還元反応（半反応）	E'°(V)
$2H^+ + 2e^- \longrightarrow H_2$	− 0.414
$NAD^+ + H^+ + 2e^- \longrightarrow NADH$	− 0.320
$NADP^+ + H^+ + 2e^- \longrightarrow NADPH$	− 0.324
NADH デヒドロゲナーゼ（FMN）$+ 2H^+ + 2e^- \longrightarrow$ NADH デヒドロゲナーゼ（$FMNH_2$）	− 0.30
ユビキノン $+ 2H^+ + 2e^- \longrightarrow$ ユビキノール	0.045
シトクロム b（Fe^{3+}）$+ e^- \longrightarrow$ シトクロム b（Fe^{2+}）	0.077
シトクロム c_1（Fe^{3+}）$+ e^- \longrightarrow$ シトクロム c_1（Fe^{2+}）	0.22
シトクロム c（Fe^{3+}）$+ e^- \longrightarrow$ シトクロム c（Fe^{2+}）	0.254
シトクロム a（Fe^{3+}）$+ e^- \longrightarrow$ シトクロム a（Fe^{2+}）	0.29
シトクロム a_3（Fe^{3+}）$+ e^- \longrightarrow$ シトクロム a_3（Fe^{2+}）	0.35
$\frac{1}{2}O_2 + 2H^+ + 2e^- \longrightarrow H_2O$	0.817

結合している．すべての鉄-硫黄タンパク質は 1 個の電子の伝達に関与し，その際に鉄-硫黄クラスターにある鉄原子 1 個が酸化されたり還元されたりする．ミトコンドリアにおける電子伝達には，少なくとも 8 種類の Fe-S タンパク質が関与する．Fe-S タンパク質の還元電位は，タンパク質内での鉄の置かれた微細環境に依存して，−0.65 ～ +0.45 V とさまざまである．

ミトコンドリアの呼吸鎖によって触媒される反応全体では，電子は NADH，コハク酸，またはいくつかの他の一次電子供与体から，フラビンタンパク質，ユビキノン，鉄-硫黄タンパク質，シトクロムを経て，最終的に O_2 へと移動する．これらの伝達体が作動する順序を決定するために用いられる方法を検証することは，同じ一般的方法が葉緑体などの他の電子伝達鎖の研究に用いられてきたので，有意義である（図 20-16 参照）．

まず，個々の電子伝達体の標準還元電位が実験的に決定された（表 19-2）．電子は低い E'° 値の伝達体から高い E'° 値の伝達体に向かって自発的に流れる傾向があるので，伝達体は還元電位が増すような順序で作動すると予想される．この方法で推定される伝達体の順番は，NADH → Q → シトクロム b → シトクロム c_1 → シトクロム c → シ

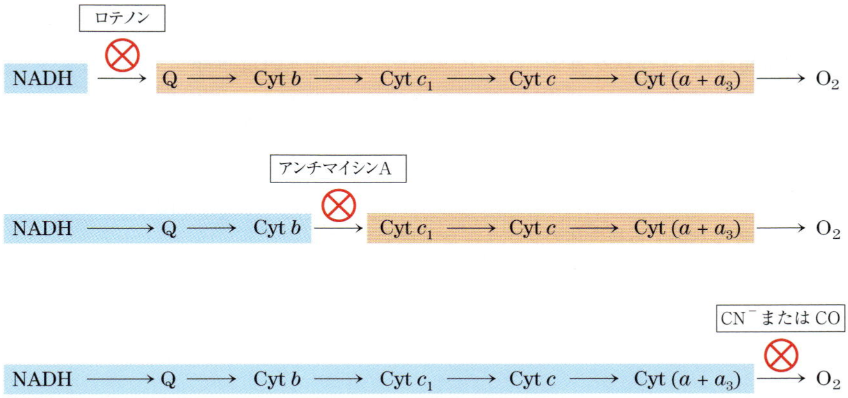

図 19-6　電子伝達体の順序決定法

この方法では，各伝達体の酸化状態に対する電子伝達阻害薬の作用を測定する．電子供与体とO_2の存在下では，各阻害薬は伝達体に特徴的な酸化型/還元型パターンをもたらす．阻害点の前の伝達体は還元状態になり（青色の網かけ），阻害点の後の伝達体は酸化状態になる（淡赤色の網かけ）．

トクロム a →シトクロム a_3 → O_2 である．しかし，この標準還元電位の順序は，還元型や酸化型の濃度に依存している細胞の状況における実際の還元電位の順序と必ずしも同じではないことに注意しよう（式 13-5，p. 750）．電子伝達体の順列を決定する第二の方法では，電子の供与源は加えるが電子受容体は加えない（無 O_2 状態）という方法で伝達鎖全体を実験的に還元しておく．その系に O_2 を急激に導入すると，各電子伝達体が酸化される速度（分光学的に測定される）によって，これらの伝達体が働く順序が明らかになる．伝達鎖の最後に位置する O_2 に最も近い伝達体が最初に電子を渡し，最後から 2 番目の伝達体が次に酸化され，以下順に続くことになる．このような実験によって，標準還元電位から推定される順序が確認された．

最終的な確認として，この伝達鎖を介する電子の流れを阻害する薬物が，各伝達体の酸化状態の測定と組み合わせて用いられた．O_2 と電子供与体の存在下では，阻害ステップの前で機能する伝達体は完全に還元されるが，このステップの後で機能する伝達体は完全に酸化される（図 19-6）．伝達鎖の異なるステップで阻害する数種類の阻害薬を利用することによって，研究者は伝達鎖全体の順列を確定した．それは前の二つの方法から推定されたものと同じである．

電子伝達体は多酵素複合体の中で機能する

呼吸鎖の電子伝達体は，膜に埋め込まれた超分子複合体を構成しており，これらは物理的に分離可能である．ミトコンドリア内膜を界面活性剤で温和に処理すると，それぞれが呼吸鎖の一部の電子伝達を触媒できる四つの特定の電子伝達複合体に分けることができる（表 19-3；図 19-7）．複合体ⅠとⅡは，NADH（複合体Ⅰ）とコハク酸（複合体Ⅱ）という二つの異なる電子供与体からユビキノンへの電子伝達を触媒する．複合体Ⅲは，還元型ユビキノンからシトクロム c に電子を伝達する．複合体Ⅳは，シトクロム c から O_2 に電子を伝達して，この電子伝達鎖を完了させる．

ここでミトコンドリアの呼吸鎖を構成する複合体のそれぞれについて，構造や機能を詳しく見ることにしよう．

表 19-3 ミトコンドリア電子伝達鎖のタンパク質成分

酵素複合体/タンパク質	分子量（kDa）	サブユニット数[a]	補欠分子族
I NADH デヒドロゲナーゼ	850	45 (14)	FMN，Fe-S
II コハク酸デヒドロゲナーゼ	140	4	FAD，Fe-S
III ユビキノン：シトクロム *c* オキシドレダクターゼ[b]	250	11	ヘム，Fe-S
シトクロム *c*[c]	13	1	ヘム
IV シトクロムオキシダーゼ[b]	160	13 (3～4)	ヘム；Cu_A，Cu_B

[a] かっこ内の数は細菌における対応する複合体のサブユニット数である．
[b] 分子量とサブユニットのデータは，単量体型のものである．
[c] シトクロム *c* は酵素複合体の一部ではなく，複合体 III と IV の間を自由に動く可溶性タンパク質である．

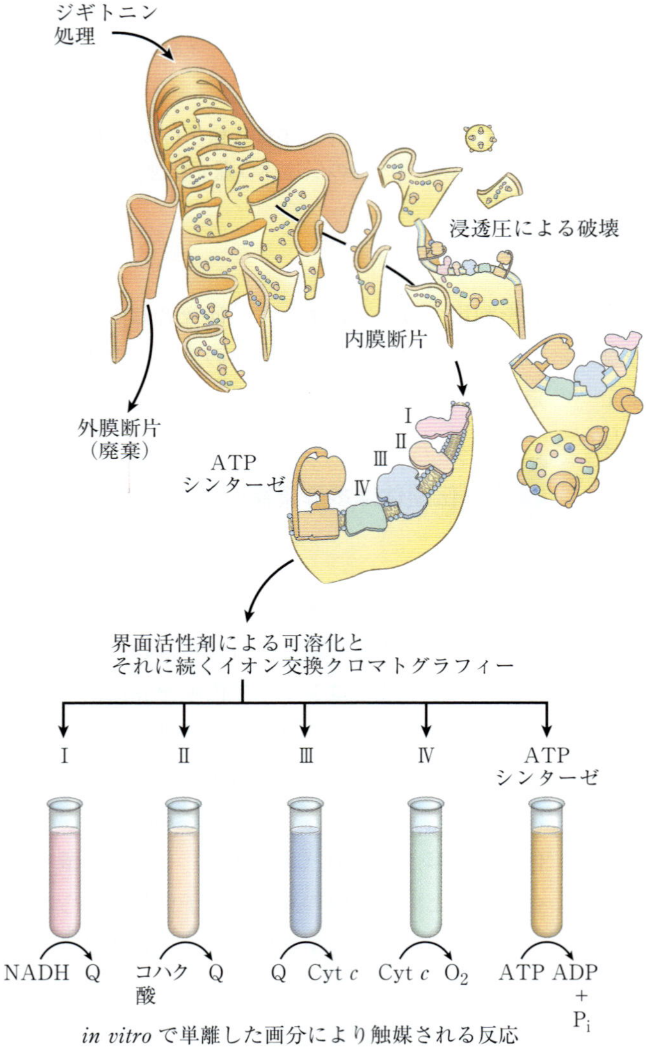

図 19-7 呼吸鎖の機能的複合体の分離

最初にミトコンドリアの外膜を界面活性剤のジギトニン処理によって除去する．次に，ミトコンドリアの内膜を浸透圧処理によって破壊して内膜断片を得たのち，その断片を第二の界面活性剤中で温和に可溶化する．このようにして得られる内膜タンパク質の混合物を，イオン交換クロマトグラフィーによって，それぞれ固有のタンパク質成分（表 19-3 参照）から成る呼吸鎖のいくつかの複合体（I～IV）と，酵素 ATP シンターゼ（複合体 V と呼ばれることもある）に分画する．単離した複合体 I～IV は，ここに示すような電子供与体（NADH とコハク酸），中間の伝達体（Q とシトクロム *c*），および O_2 の間の電子伝達を触媒する．単離した ATP シンターゼは，*in vitro* では ATP 合成活性を示さず，ATP 加水分解（ATP アーゼ）活性のみをもつ．

複合体 I：NADH からユビキノンへ 哺乳類では**複合体 I** Complex I（**NADH：ユビキノンオキシドレダクターゼ** NADH：ubiquinone oxidoreductase，または **NADH デヒドロゲナーゼ** NADH dehydrogenase ともいう）は，FMN を含有するフラビンタンパク質，および少なくとも 8 個の鉄-硫黄中心を含む 45 の異なるポリペプチド鎖から成る大きな酵素である．複合体 I は L

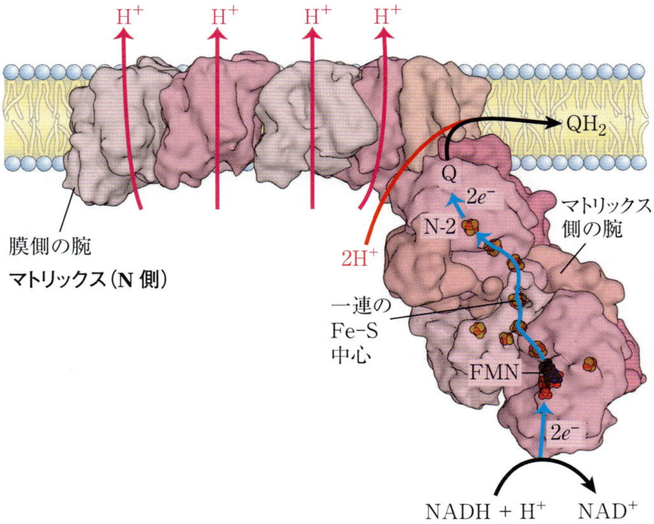

図 19-8　複合体 I（NADH：ユビキノン オキシドレダクターゼ）の構造

複合体 I（ここには高度好熱菌 *Thermus thermophilus* 由来の複合体 I の結晶構造を示す）は，NADH から FMN への水素化物イオンの転移を触媒する．2 個の電子が FMN から一連の Fe-S 中心を経由して，この複合体のマトリックス側腕部に位置する Fe-S 中心 N-2 に移動する．膜内腕部での N-2 からユビキノンへの電子伝達によって QH_2 が形成され，この QH_2 が脂質二重層内へと拡散する．この電子伝達によって，一対の電子あたり 4 個のプロトンのマトリックスからの排出が促進される．プロトンの流出は，ミトコンドリア内膜を挟む電気化学ポテンシャル（N 側が負，P 側が正）を生み出す．複合体 I において電子伝達とプロトンの転移が共役する詳細な機構はまだわかっていないが，三つの膜サブユニットは既知の Na^+-H^+ 交換輸送体と構造的に関連があり，プロトン移動の経路は両者で似ているかもしれない．四つ目のプロトン経路は，Q 結合部位に近接する膜内在性サブユニットを介すると想定される．Q が還元されたときに，膜内腕部の表面に沿った長いヘリックス（この図では見えない）が，四つすべてのプロトンポンプの活動を連動させている可能性がある．［出典：PDB ID 4HEA, R. Baradaran et al., *Nature* **494**: 443, 2013.］

字型をしていて，L 字の一方のアーム（腕）は内膜に埋め込まれており，他方はマトリックスへと伸びている．細菌や他の生物の複合体 I に関する比較研究から，膜アームの 7 個のポリペプチドとマトリックスアームの 7 個のポリペプチドは，種を超えて保存され，必須であることが示されている（図 19-8）．

複合体 I は同時進行して必然的に共役する二つの過程を触媒する．すなわち，(1) 次式に示す NADH からの水素化物イオンとマトリックスからのプロトンのユビキノンへの発エルゴン的転移，

$$\mathrm{NADH} + \mathrm{H}^+ + \mathrm{Q} \longrightarrow \mathrm{NAD}^+ + \mathrm{QH}_2 \quad (19\text{-}1)$$

および (2) 4 個のプロトンのマトリックスから膜間腔への吸エルゴン的輸送である．この過程で，プロトンは膜を挟むプロトン勾配に逆らって移動する．したがって，複合体 I は電子伝達のエネルギーによって駆動するプロトンポンプであり，これが触媒する反応は**ベクトル性** vectorial である．すなわち，このポンプはある区画（マトリックス．この区画はプロトンの減少に伴って負に帯電する）から別の区画（膜間腔，この区画は正に帯電するようになる）へと，特定の方向にプロトンを移動させる．この過程がベクトル性であることを強調するために，全体の反応をプロトンの所在を示す下つき文字をつけて書き表すことがしばしばある．P は内膜の正に帯電する側（膜間腔）を示し，N は負の側（マトリックス）を示す．

$$\mathrm{NADH} + 5\mathrm{H}_\mathrm{N}^+ + \mathrm{Q} \longrightarrow \mathrm{NAD}^+ + \mathrm{QH}_2 + 4\mathrm{H}_\mathrm{P}^+ \quad (19\text{-}2)$$

アミタール amytal（バルビツール酸系薬物），ロテノン rotenone（殺虫剤として一般に使われる植物性物質），および抗生物質ピエリシジン A piericidin A は，複合体 I の Fe-S 中心からユビキノンへの電子の流れを阻害し（表 19-4），それによって酸化的リン酸化の全過程を遮断する．

表 19-4 酸化的リン酸化を阻害する試薬

阻害のタイプ	化合物[a]	標的/作用様式
電子伝達阻害	シアン化物 一酸化炭素	シトクロムオキシダーゼの阻害
	アンチマイシン A	シトクロム b から c_1 への電子伝達の遮断
	ミクソチアゾール ロテノン アミタール ピエリシジン A	Fe-S 中心からユビキノンへの電子伝達の阻害
ATP シンターゼの阻害	オーロバーチン	F_1 の阻害
	オリゴマイシン ベンツリシジン	F_o の阻害
	DCCD	F_o を介するプロトンの流れ
電子伝達とリン酸化の脱共役	FCCP DNP	疎水性プロトン輸送担体
	バリノマイシン	K^+ イオノホア
	サーモゲニン	褐色脂肪組織のミトコンドリア内膜におけるプロトン伝導孔の形成
ATP-ADP 交換阻害	アトラクチロシド	アデニンヌクレオチドトランスロカーゼの阻害

[a]DCCD，ジシクロヘキシルカルボジイミド；FCCP，シアニド-*p*-トリフルオロメトキシフェニルヒドラゾン；DNP，2,4-ジニトロフェノール．

膜アームの 7 個の内在性膜タンパク質サブユニットのうちの三つは Na^+-H^+ 対向輸送体と関連があり，3 個のプロトンのくみ出しを担うと考えられる．膜アームの四つ目のサブユニット（Q 結合部位に最も近い）は，おそらく 4 個目のプロトンのくみ出しを担っている（図 19-8）．

プロトンのくみ出しに共役するユビキノンの還元はどのように起こるのだろうか．Q の還元はプロトンのくみ出しが起こる複合体 I の膜アームからは遠く離れたところで起こるので，共役は明らかに間接的である．おそらく，Q の還元が複合体 I 内で遠距離のコンホメーション変化を誘導する．結晶学的研究から得られた複合体 I の高分解能の全体像は一つの可能な共役機構を示唆している．すなわち，膜アームに沿って存在する長いヘリックスが，アームを介してアロステリック変化を伝える可能性である．4 個のプロトンのすべてが同時にくみ出されることによって，強力な発エルゴン反応（Q の還元）からのエネルギーがより細かく分散されるようである．これは，生物が採用する一般的な戦略である．

複合体 II：コハク酸からユビキノンへ Chap. 16 で，私たちはクエン酸回路で唯一の膜結合酵素である**コハク酸デヒドロゲナーゼ** succinate dehydrogenase という名称で**複合体 II** Complex II に出会っている（p. 906）．複合体 II は，ある部位でのコハク酸酸化と，約 40 Å 離れた別の部位でのユビキノンの還元とを共役させる．複合体 II は，複合体 I よりも小さくて単純であるが，2 種類の補欠分子族を合わせて 5 個，および四つの異なるタンパク質サブユニットを含んでいる（図 19-9）．サブユニット C と D は，それぞれ 3 本の膜貫通ヘリックスをもつ内在性膜タンパク質である．これらのサブユニットはヘム b，および複合体 II が触媒する反応で最後に電子を受け取るユビキノンに対する結合部位を有する．サブユニット A と B はマトリックスに突き出し，FAD を結合している 3 個の 2Fe-2S 中心と基質のコハク酸に対する結合部位を含む．コハク酸結合部位から FAD に渡り，次に Fe-S 中心を経て Q 結合部位へ至る電子伝達の全行程は長いが，個々の段階の電子伝達の距離は，迅速な電子伝達が可能な約 11 Å を超えることはない（図 19-9）．複合体 II を介する電子伝達は内膜を横切るプロトンのくみ出しを伴わないが，コハク酸酸化により生成する

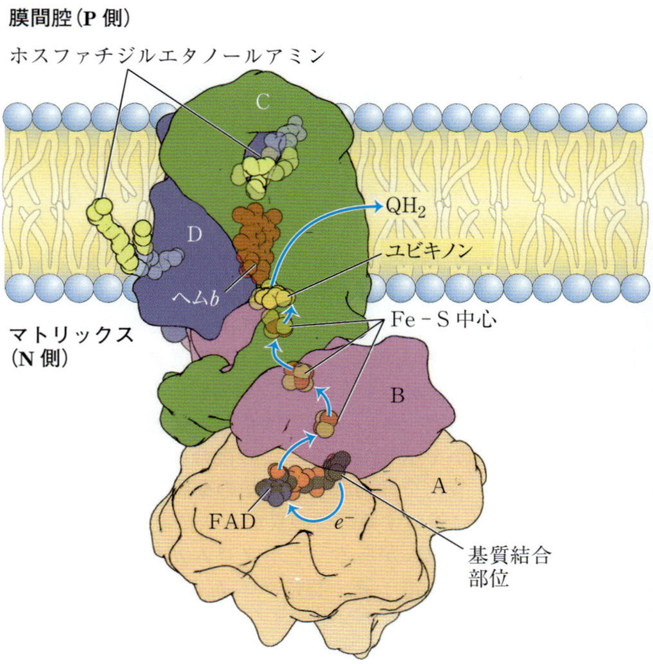

図 19-9　複合体Ⅱ（コハク酸デヒドロゲナーゼ）の構造

この複合体（ブタ由来）は，二つの膜貫通サブユニット（C と D）およびマトリックス側に伸びるサブユニット（A と B）から成る．サブユニット A にある FAD の直後にはコハク酸結合部位がある．サブユニット B には 3 組の Fe-S 中心があり，ユビキノンはサブユニット B に結合し，ヘム *b* はサブユニット C と D の間に挟まれている．2 分子のホスファチジルエタノールアミンは，サブユニット D に強固に結合しているので，結晶構造中にはっきりと現れている．電子の動き（青色の矢印）はコハク酸から FAD へ，そして三つの Fe-S 中心を通ってユビキノンへと至る．ヘム *b* は電子伝達の主経路上にはないが，経路をはずれた電子による活性酸素種（ROS）の生成を妨げている．［出典：PDB ID 1ZOY, F. Sun et al., *Cell* **121**: 1043, 2005.］

QH_2 はプロトン輸送を駆動する複合体Ⅲによって利用される．複合体Ⅱはクエン酸回路で機能するので，複合体Ⅱの活性に影響を及ぼす酸化型 Q の利用性などの因子は，クエン酸回路とミトコンドリアの電子伝達を連動させるのに役立つ．

複合体Ⅱのヘム *b* は電子伝達の直接の道筋にはないようであるが，その代わりに伝達鎖から電子が漏れ出す頻度を下げるために役立っているかもしれない．電子が「漏れ」出してコハク酸から分子状酸素へわたると，**活性酸素種** reactive oxygen species（**ROS**）である過酸化水素（H_2O_2）や**スーパーオキシドラジカル** superoxide radical（$\bullet O_2^-$）が産生される（後述）．複合体Ⅱサブユニットのヘム *b* またはユビキノン結合部位に近い部位に点突然変異を有する人は，遺伝性傍神経節腫 paraganglioma になる．この疾患は，通常は血中 O_2 レベルの感知器官である頸動脈小体にできる頭部や頸部の良性腫瘍が特徴である．これらの変異によって，コハク酸酸化の過程で ROS の過剰生産が起こり，おそらくは組織に大きな損傷が引き起こされる．複合体Ⅱのコハク酸結合領域に影響を及ぼす変異は，中枢神経系に退行性の変化を引き起こすことがある．そして，ある種の変異は副腎髄質腫瘍と関連がある．■

複合体Ⅲ：ユビキノンからシトクロム *c* へ　還元型ユビキノン（ユビキノール，QH_2）からの電子は，最終的な電子受容体である O_2 に到達する前に，ミトコンドリア内膜にある二つのさらに大きなタンパク質複合体を通過する．**複合体Ⅲ** Complex Ⅲ（**シトクロム bc_1 複合体** cytochrome bc_1 complex あるいは**ユビキノン：シトクロム *c* オキシドレダクターゼ** ubiquinone：cytochrome *c* oxidoreductase ともいう）は，ユビキノールからシトクロム *c* への電子伝達とマトリックスから膜間腔へのプロトンのベクトル性輸送を共役させる．複合体Ⅲの機能単位は二量体である（図 19-10）．各単量体は，この複合体の働きの中心となる三つのタンパク質から成る．すなわち，シトクロム *b*，シトクロム c_1，およびリスケ鉄-硫黄タンパク質である（脊椎動物の複合体Ⅲに会合して

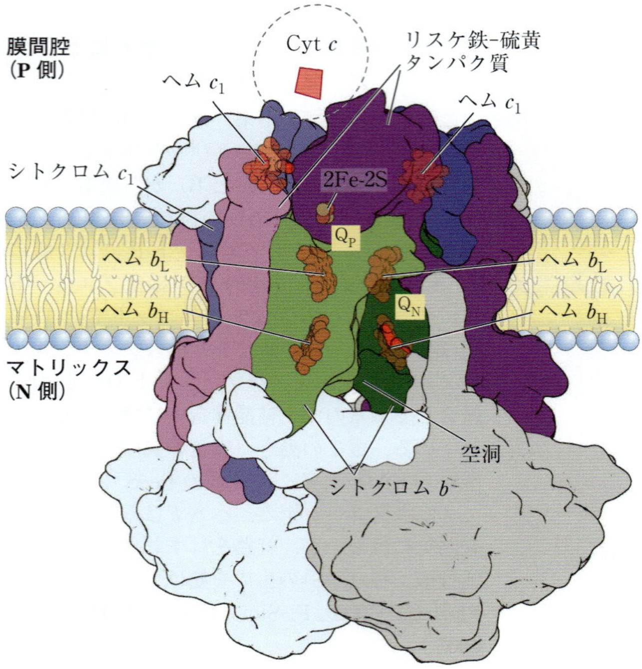

図 19-10 複合体III(シトクロム bc_1 複合体)の構造

この複合体(ウシ由来)は，それぞれが 11 個の異なるサブユニットから成る同一の単量体単位の二量体である．各単量体単位の機能的な中心部は三つのサブユニットから成る．すなわち，2 個のヘム(b_H と b_L)が結合しているシトクロム b(緑色)，2Fe-2S 中心を有するリスケ鉄-硫黄タンパク質(紫色)，シトクロム c_1(青色)である．この複合体の模式図は，どのようにしてシトクロム c_1 とリスケ鉄-硫黄タンパク質が P 側表面から突き出して，膜間腔のシトクロム c(機能的複合体の一部ではない)と相互作用できるのかを示している．この複合体には，酸化的リン酸化を抑制する 2 種類の薬物に対する阻害部位に対応する二つの異なるユビキノン結合部位，Q_N と Q_P がある．シトクロム b からシトクロム c_1 への電子流，特にヘム b_H から Q への電子流を遮断するアンチマイシン A は，この膜の N(マトリックス)側のヘム b_H に近い Q_N に結合する．QH_2 からリスケ鉄-硫黄タンパク質への電子流を阻止するミクソチアゾールは，P 側にある 2Fe-2S 中心とヘム b_L に近い Q_P に結合する．この二量体構造は複合体IIIの機能にとって必須である．単量体の間の境界面は，それぞれが一方の単量体からの Q_P 部位と他方からの Q_N 部位を含む二つの空洞を形成する．ユビキノン中間体の移動は，これらの隠れた空洞内で起こる．

複合体IIIは二つの異なるコンホメーションで結晶化する(ここには示していない)．一つの結晶では，リスケ Fe-S 中心はその電子受容体であるシトクロム c_1 のヘムに近いが，シトクロム b や電子を受け取る QH_2 結合部位からは比較的離れている．もう一つの結晶では，Fe-S 中心がシトクロム c_1 から遠ざかり，シトクロム b のほうに動いている．リスケタンパク質は，初めは還元され，次に酸化されるにつれて，これら二つのコンホメーションの間で変動すると思われる．[出典：PDB ID 1BGY, S. Iwata et al., *Science* **281**: 64, 1998.]

いるいくつかの他のタンパク質は，分類学上の「門」を越えては保存されてはおらず，おそらく補助的な役割を果たしているにすぎない)．2 個のシトクロム b 単量体は膜の中ほどにある空洞を囲んでいる．ユビキノンは，この空洞を介して膜のマトリックス側(一方の単量体の Q_N 部位)から膜間腔(他方の単量体の Q_P 部位)へと自由に移動して，ミトコンドリア内膜を横切る電子とプロトンの輸送を行う．

エネルギーの保存における Q の役割を説明するために，Mitchell は「Q サイクル Q cycle」を提唱した(図 19-11)．電子が QH_2 から複合体IIIを通って移動するにつれて，QH_2 は膜の片側(Q_P)へのプロトンの放出を伴って酸化される．それと同時にもう一方の側(Q_N)では，Q が還元されプロトンが取り込まれる．したがって，一つの触媒部位での生成物が第二の部位での基質になったり，その逆になったりする．Q サイクルにおける酸化還元反応の正味の反応式は次のようになる．

$$QH_2 + 2\,\text{cyt}\,c\,(\text{酸化型}) + 2H^+_N \longrightarrow Q + 2\,\text{cyt}\,c\,(\text{還元型}) + 4H^+_P \quad (19\text{-}3)$$

この Q サイクルは，電子 2 個の伝達体であるユビキノール(ユビキノンの還元型)と電子 1 個の

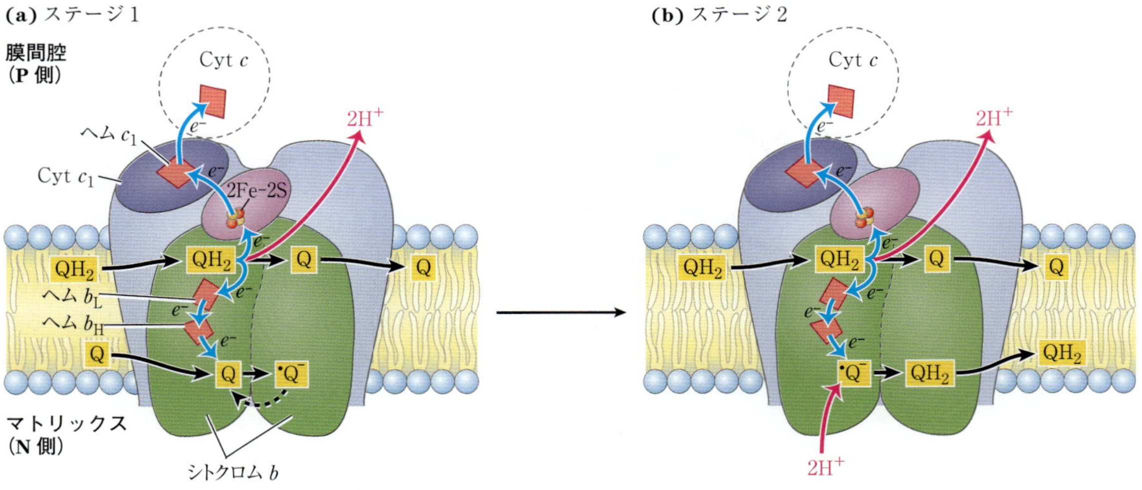

QH_2 + Q + cyt *c*（酸化型）⟶ Q + $^{\bullet}Q^-$ + $2H_P^+$ + cyt *c*（還元型）

QH_2 + $^{\bullet}Q^-$ + $2H_N^+$ + cyt *c*（酸化型）⟶ Q + $2H_P^+$ + QH_2 + cyt *c*（還元型）

正味の反応式：QH_2 + 2 cyt *c*（酸化型）+ $2H_N^+$ ⟶ Q + 2 cyt *c*（還元型）+ $4H_P^+$

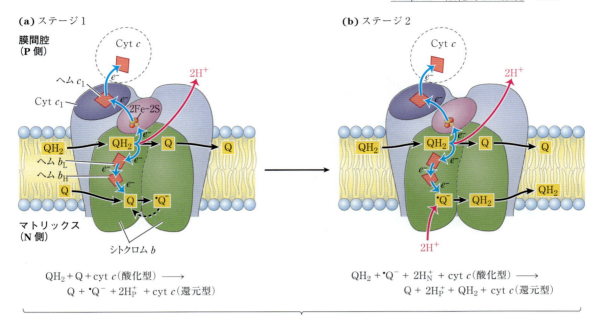

図 19–11　Q サイクルの二つのステージ

複合体Ⅲを通過する電子の経路を青色の矢印で示す．いろいろな型のユビキノンの動きを黒色の矢印で示す．**(a)** ステージ 1 では，N 側の Q が還元されてセミキノンラジカルになり，このセミキノンラジカルはもう 1 個の電子を受け入れるためにもとの場所にもどる．**(b)** ステージ 2 では，セミキノンラジカルは QH_2 に変換される．一方，膜の P 側では 2 分子の QH_2 が Q に酸化され，1 分子の Q あたり 2 個のプロトン（全部で 4 個のプロトン）を膜間腔に放出する．各 QH_2 が（リスケ Fe-S 中心経由で）電子 1 個をシトクロム c_1 に渡し，また電子 1 個を（シトクロム *b* 経由で）N 側近傍の Q に渡し，これを 2 ステップで還元して QH_2 にする．この還元も，マトリックス（N 側）から取り込んだプロトンを Q あたり 2 個消費する．還元型シトクロム c_1 は，一度に 1 個の電子をシトクロム *c* に受け渡し，次にシトクロム *c* は複合体Ⅲから解離して，電子を複合体Ⅳに伝達する．各サイクルで，Q_N 部位で Q が一つ分還元されるのに伴って，Q_P 部位で QH_2 が二つ分酸化される．このとき，2 個のプロトンがマトリックス側で消費され，4 個のプロトンが膜間腔側に放出される．

伝達体（シトクロム *b* のヘム b_L と b_H，シトクロム c_1，およびシトクロム *c*）との間の切替えを調整し，その結果，複合体Ⅲを通ってシトクロム *c* に伝達される電子一対（2 個）あたり 2 個のプロトンを N 側から取り込み，4 個のプロトンを P 側に遊離する．P 側に遊離される 2 個のプロトンは起電性であり，他の 2 個は P 側のシトクロム *c* に伝達される二つの電荷（電子）と釣り合うので電気的に中性である．呼吸鎖のこの部分を通る電子の経路は複雑であるが，この伝達の正味の効果は単純である．すなわち，QH_2 が Q に酸化されて 2 分子のシトクロム *c* が還元され，プロトンがミトコンドリア内膜の P 側から N 側に移動する．

シトクロム *c* は，膜間腔に存在する可溶性タンパク質であり，内膜の P 側に可逆的に会合する．その単一のヘムが複合体Ⅲから 1 個の電子を受け取ると，シトクロム *c* は複合体Ⅳへと移動し，この酵素の二核性銅中心に電子を供与する．

複合体Ⅳ：シトクロム *c* から O_2 へ　呼吸鎖の最終ステップである**複合体Ⅳ** Complex Ⅳ（**シトクロムオキシダーゼ** cytochrome oxidase ともいう）は，シトクロム *c* から分子状酸素に電子を伝達して H_2O へと還元する．複合体Ⅳはミトコンドリ

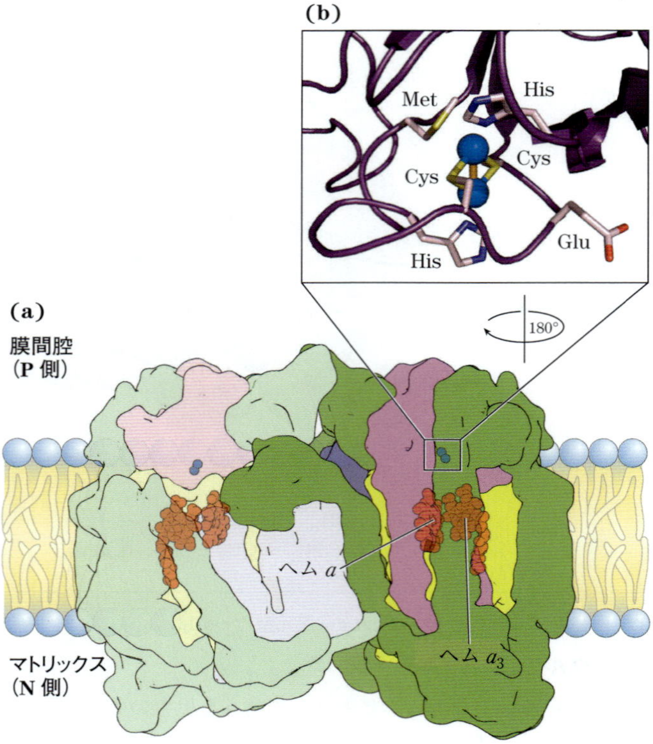

図 19-12 複合体IV(シトクロムオキシダーゼ)の構造

(a) この複合体(ウシ由来)は,二量体構造を形成する同一の単量体中に 13 のサブユニットを有する.サブユニットI(黄色)は 2 個のヘム基(a と a_3, 赤色)と 1 個の銅イオン Cu_B(この図では見えない)を有する.ヘム a_3 と Cu_B は,二核性の Fe-Cu 中心を形成する.サブユニットII(紫色)は二核性中心に存在する 2 個の Cys 残基の −SH 基と複合体を形成している 2 個の Cu イオン(Cu_A)を含む.これは鉄-硫黄タンパク質の 2Fe-2S 中心に似ている.この二核性中心とシトクロム c 結合部位は,内膜の P 側で(膜間腔に)突き出ているサブユニットIIのドメインに存在する.サブユニットIII(青色)は,サブユニットIIを介するプロトンの迅速な移動にとって不可欠である.哺乳類の複合体IVの他の 10 個のサブユニット(緑色)の役割はあまりわかっていないが,そのうちのいくつかは複合体の組立て,または安定化に寄与する.**(b)** Cu_A の二核性中心.2 個の Cu イオン(青色の球体)は同等に電子を共有する.この中心の還元時にはこれらは形式上 $Cu^{1+}Cu^{1+}$ という電荷をもち,酸化時には $Cu^{1.5+}Cu^{1.5+}$ となる.Cu イオンのまわりのリガンドとして 6 個のアミノ酸残基(1 個の Glu,1 個の Met,2 個の His,2 個の Cys)がある.[出典:PDB ID 1OCC, T. Tsukihara et al., *Science* **272**: 1136, 1996.]

ア内膜の大きな二量体の酵素であり,各単量体は 13 個のサブユニットから成り,分子量 204,000 である.細菌の酵素は,単量体あたり 3 個または 4 個のサブユニットだけのはるかに単純な構成であるが,それでもなお電子伝達とプロトンのくみ出しの両方を触媒できる.ミトコンドリアの複合体と細菌の複合体の比較から,これら 3 個のサブユニットは進化の過程で保存され,多細胞生物における他の 10 個のサブユニットは複合体の組立てと安定性に寄与するかもしれない(図 19-12).

複合体IVのサブユニットIIは,鉄-硫黄タンパク質の 2Fe-2S 中心に似ている二核性中心(Cu_A;図 19-12(b))にある 2 個の Cys 残基の -SH 基と複合体を形成する 2 個の銅イオンを含有する.サブユニットIは,a および a_3 という 2 個のヘム基と,別の銅イオン(Cu_B)を含有する.ヘム a_3 と Cu_B は第二の二核性中心を形成し,電子をヘム a から受け取り,ヘム a_3 に結合している O_2 に渡す.サブユニットIIIの詳しい役割はわかっていないが,その存在は複合体IVの機能にとって不可欠である.

複合体IVを通る電子伝達は,シトクロム c から Cu_A 中心へ,次にヘム a へ,さらにヘム a_3-Cu_B 中心へ,最終的に O_2 へという経路をたどる(図 19-13).2 個の電子がこの複合体を通過するごとに,この酵素は 1/2 O_2 の $2H_2O$ への変換の際にマトリックス(N 側)からの「基質」である H^+ を 2 個消費する.この酵素は,この酸化還元反応のエネルギーを利用して,通過する各電子対あたり 2 個のプロトンを膜間腔(P 側)にくみ出し,複合体IとIIIを通る酸化還元駆動性のプロトン輸送によって生じた電気化学ポテンシャルに追加す

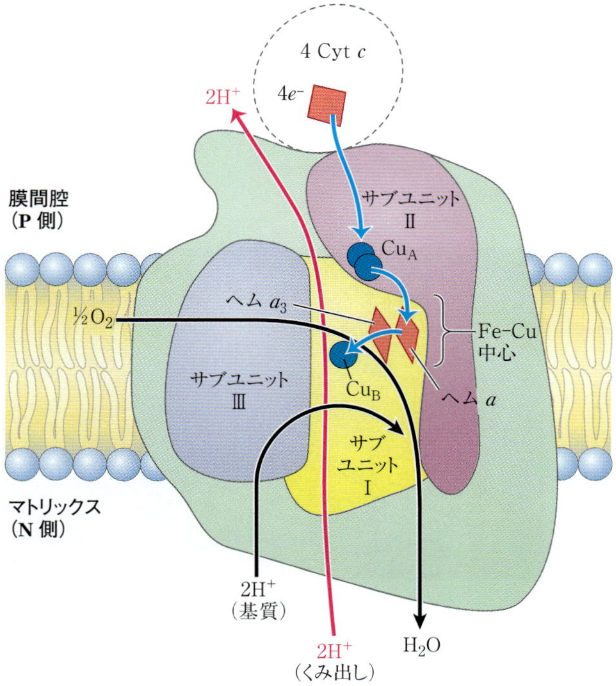

図 19–13　複合体Ⅳを通る電子の経路

わかりやすくするために，二量体であるウシ複合体 IV の単量体のみを示してある．電子の流れにとって重要な三つのタンパク質は，サブユニットⅠ，Ⅱ，Ⅲである．大きな緑色の構造体には，二量体の複合体の各単量体あたりで，他に 10 種類のタンパク質が含まれる．複合体Ⅳを通る電子の伝達は，2 個の還元型シトクロム *c*（図の上方）のそれぞれから二核性中心 Cu_A への 1 個の電子の供給によって始まる．ここから，電子はヘム *a* を通って Fe–Cu 中心（ヘム a_3 と Cu_B）に至る．酸素はヘム a_3 と結合し．Fe–Cu 中心からの 2 個の電子によってペルオキシ誘導体（O_2^{2-}；ここでは示さない）に還元される．シトクロム *c*（図の上方）からさらに 2 個の電子が供与されると（全部で 4 個の電子），マトリックスからの 4 個の「基質」プロトンが消費されるのに伴って，O_2^{2-} は 2 分子の水へと変換される．それと同時に，あまりわかっていない機構によって，複合体Ⅳを通る 2 対の電子ごとに，マトリックスから 2 個のプロトンがくみ出される．O_2 から $2H_2O$ への還元には，4 個（すなわち 2 対）の電子が必要であることに注意しよう．

る．複合体Ⅳによって触媒される全体の反応は次のようになる．

$$2\,\text{cyt}\,c\ (\text{還元型}) + 4H_N^+ + \frac{1}{2}O_2 \longrightarrow 2\,\text{cyt}\,c\ (\text{酸化型}) + 2H_P^+ + H_2O \quad (19\text{–}4)$$

この 1/2 O_2 の 2 電子還元には，QH_2 の酸化が必要であり，そのために NADH かコハク酸の酸化が必要である．

複合体Ⅳでは，O_2 が電子を一度に 1 個だけ運ぶ酸化還元中心で還元される．通常は，不完全に還元された酸素中間体は，水へと完全に変換されるまでは複合体に強固に結合したままであるが，酸素中間体のごく一部は複合体から逃れる．これらの中間体は活性酸素種 reactive oxygene species であり，後述の防御機構によって除かれないかぎり，細胞成分を傷害することがある．

ミトコンドリアの複合体は会合してレスピラソームを形成する

実験室では四つの電子伝達複合体を分離することができるが，無損傷のミトコンドリアでは，内膜において呼吸複合体どうしが強固に会合して，**レスピラソーム** respirasome，すなわち二つ以上の異なる電子伝達複合体の機能的な連結体を形成している．例えば，ミトコンドリア膜から温和な条件で複合体Ⅲを抽出すると複合体Ⅰが会合しており，これは温和な電気泳動でも会合したままである．複合体Ⅲと複合体Ⅳの純粋な会合体も同様に単離でき，強力な手段である単粒子クライオ電子顕微鏡法（Box 19–1）で観察すると，両方の複合体の既知の結晶構造に合ったサイズと外形の規則的な超複合体が現れる（図 19–14）．一連の呼吸複合体を通る電子の流れの動力学は，二つの極端に異なる場合，すなわち複合体間で強固に会

BOX 19-1 研究法

単粒子クライオ電子顕微鏡法による巨大分子複合体の三次元構造解析

ミトコンドリアの酸化的リン酸化のように極めて複雑な過程を理解するためには，その過程に関与するタンパク質の詳細な分子構造を知ることが大いに役立つ．しかし，呼吸鎖複合体やATPシンターゼのような巨大分子複合体の分子構造を決定することは難しい場合が多い．内在性膜タンパク質は，脂質環境からいったん取り除かれると，結晶化しなくなる場合が多いので，X線回析によって構造を決定することはできない．原理的には，100から300 Åの直径をもつ個々の物体は，電子顕微鏡法（EM）で可視化することができる．実際には，高強度の電子線は，高分解能の像が得られる前に試料にダメージを与えることが多い．**クライオ電子顕微鏡法** cryo-electron microscopyでは，対象とする構造を数多く含む試料を急速に凍結し，電子顕微鏡を用いて二次元観察する際に凍結したたままにすることによって，電子線による試料のダメージを著しく低減できる．また，高感度で低ノイズの電子直接検出器の開発も，試料の電子線への曝露を短時間にすることができることから，重要な改良であった．

精製したミトコンドリア複合体のような粒子を顕微鏡用のグリッド上にランダムに載せ，クライオ電子顕微鏡を用いて可視化する．クライオ電子顕微鏡によって得られるランダムに配向している何万もの別個の複合体の二次元構造を三次元の合成像へと変換するための強力なアルゴリズムと組み合わせることによって，X線結晶解析で得られるのに匹敵するレベルで分子構造の決定が可能な場合がある（図1）．順調に行く場合には，解析対象となる物体の選択，各物体の個別の

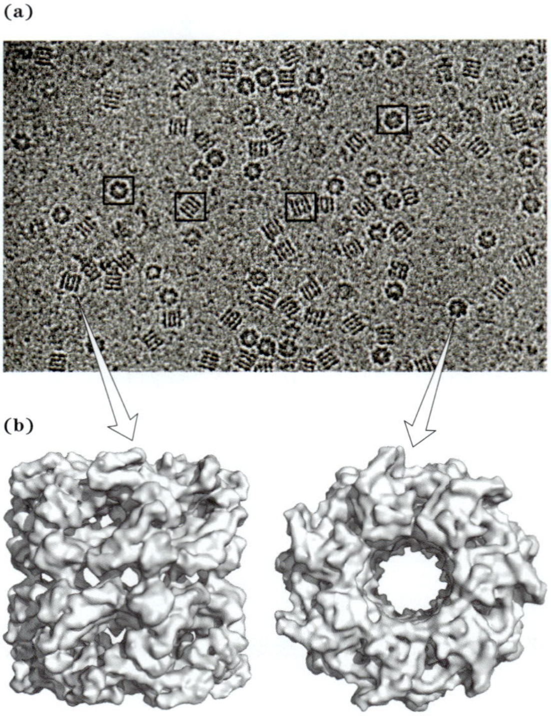

図1 単粒子クライオ電子顕微鏡法によって決定されたシャペロンタンパク質 GroEL の構造

(a) 多数の GroEL 粒子の電子顕微鏡像．**(b)** 電子顕微鏡像の解析による三次元構造を横から見たものと上から見たもの．［出典：(a) ©Alberto Bartesaghi, PhD. (b) PDB ID 3E76, P. D. Kaiser et al., *Acta Crystallogr.* **65**: 967, 2009.］

合している場合と会合していない場合では大きく異なるであろう．(1) 複合体が強固に会合していれば，実質的に連続して電子が伝達される．そして (2) 複合体が別々に機能すると，電子はそれらの間をユビキノンとシトクロム c によって運ばれることになる．動力学的な実験結果は，電子伝達が連続して起こるレスピラソームモデルを支持する．

ミトコンドリア内膜に特に豊富に存在する脂質であるカルジオリピン（図10-8，図11-2参照）は，レスピラソームの完全な状態の維持にとって重要かもしれない．この脂質を界面活性剤処理により

画像化，および膨大な数の二次元像から三次元構造を得るための計算などの繰返しの部分については，自動化することが可能である．大きな複合体を構成する個々のタンパク質の構造が X 線結晶解析（図 19-25 参照）によってわかっていれば，クライオ電子顕微鏡法で得た構造を確認するために，原子モデルを複合体の輪郭に当てはめることができる．EMDataBank（emdatabank.org）は，データバンクに登録され，EMD 受入コードが割り当てられた電子顕微鏡構造マップにアクセスするための一元化されたリソースである．

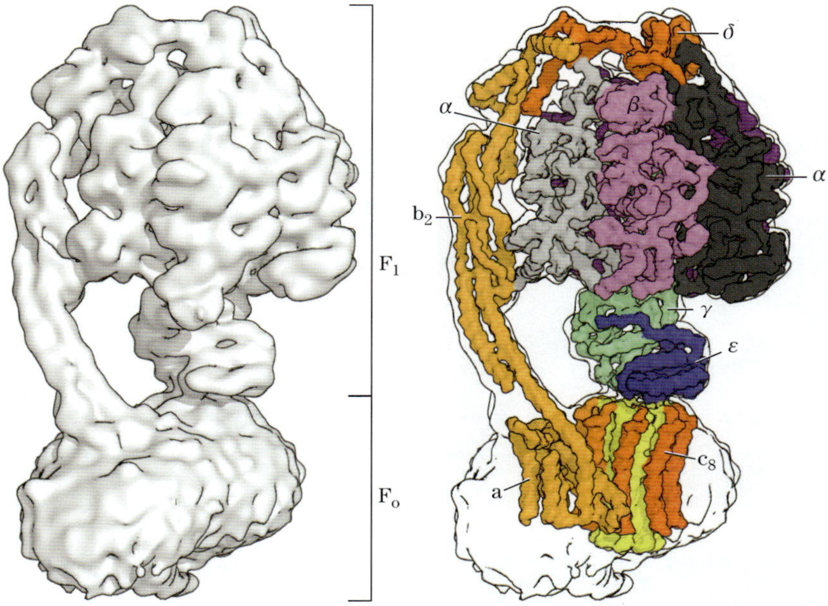

図 2

(a) 単粒子クライオ電子顕微鏡法によって得られたウシ ATP シンターゼの三次元構造．この方法は，複合体の膜に埋め込まれた部分にある a サブユニットや b サブユニットの構造に関して，X 線結晶解析で得られるよりも多くのことを明らかにした．左下の構造は，サブユニット a，およびサブユニット b の伸びている部分，そして F_o に会合している他のいくつかの小さなタンパク質を含む．このような構造は，結晶構造では見えていない．**(b)** X 線結晶構造と一致する原子モデルを，クライオ電子顕微鏡法に由来する構造にあてはめることができる．これによって，ATP シンターゼの全体構造に関して，はるかに改善された像を得ることができる．［出典：(a) EMD-3164 および (b) PDB ID 5ARA, A. Zhou et al., *eLife* **4**: e10180, 2015.］

除いた場合や，カルジオリピンを欠損する酵母の変異株では，ミトコンドリアの電子伝達に欠陥が生じ，呼吸複合体間の親和性が失われる．電子伝達における役割が明らかではない複合体中「補助的な」タンパク質のいくつかが，レスピラソーム全体を保つために役立っているかもしれない．

ユビキノンを介して呼吸鎖に電子を提供する他の経路

いくつかの他の電子伝達反応系が，ミトコンドリア内膜でユビキノンを還元することができる（図 19-15）．フラビンタンパク質の**アシル CoA**

デヒドロゲナーゼ acyl-CoA dehydrogenase（図17-8 参照）によって触媒される脂肪酸アシル CoA の β 酸化の第一ステップでは，電子が基質からこのデヒドロゲナーゼの FAD へと伝達され，次に電子伝達フラビンタンパク質 electron-transferring flavoprotein（ETF）へと伝達される．ETF はその電子を **ETF：ユビキノンオキシドレダクターゼ** ETF：ubiquinone oxidoreductase に電子を渡す．この酵素は，ミトコンドリア内膜で Q を還元して QH_2 にする．一方，グリセロール 3-リン酸は，トリアシルグリセロールの分解によって放出されたグリセロールから，あるいは解糖系のジヒドロキシアセトンリン酸の還元によって生成され，**グリセロール 3-リン酸デヒドロゲナーゼ** glycerol 3-phosphate dehydrogenase によって酸化される（図 17-4 参照）．この酵素は，ミトコンドリア内膜の外表面に位置するフラビンタンパク質である．この反応の電子受容体は QH_2 であり，生成した QH_2 は膜の QH_2 プールに入る．還元当量をサイトゾルの NADH からミトコンドリアマトリックス内へと移行させる際にグリセ

(a)

(b)

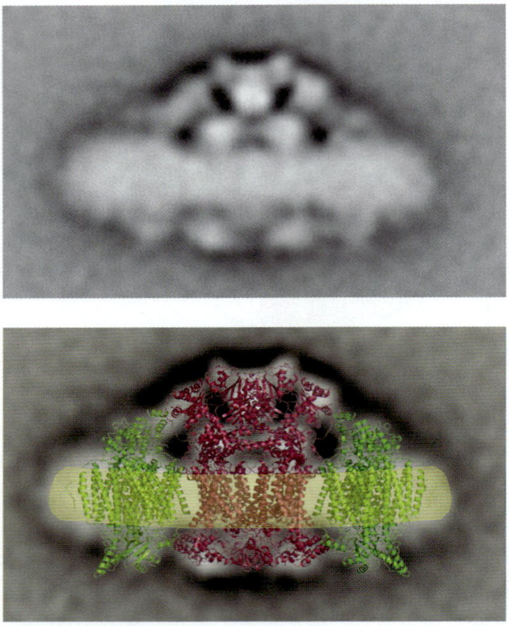

図 19-14　複合体Ⅲ とⅣ から成るレスピラソーム

(a) 酵母から精製された複合体Ⅲ とⅣ を含む超分子複合体を，急速凍結後に電子顕微鏡で可視化した．数百の画像の電子密度を平均化してこの合成像が得られた（Box 19-1 参照）．**(b)** 一つの複合体Ⅲ（赤色；酵母由来）と二つの複合体Ⅳ（緑色；ウシ心臓由来）の X 線解析により得られる構造は，電子密度マップに重ね合わせることができ，レスピラソームにおけるこれらの複合体の可能な相互作用様式を示唆する．この図は二重層平面（黄色）に埋め込んである．［出典：Egbert Boekema の厚意による．］

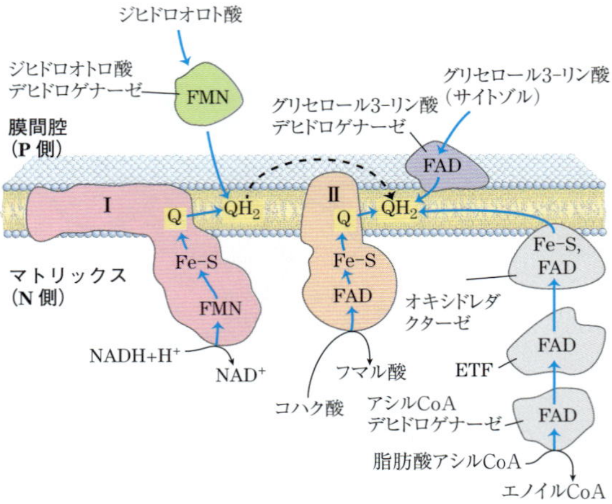

図 19-15　呼吸鎖におけるユビキノンへの電子伝達経路

マトリックスの NADH に由来する電子は，フラビンタンパク質（NADH デヒドロゲナーゼ）の FMN を通って，（複合体Ⅰ中の）一連の Fe-S 中心を経由して Q に受け渡される．クエン酸回路におけるコハク酸の酸化によって生じた電子は，（複合体Ⅱの）複数の Fe-S 中心をもつフラビンタンパク質を通って Q に受け渡される．脂肪酸の β 酸化の最初の酵素であるアシル CoA デヒドロゲナーゼは，電子を電子伝達フラビンタンパク質（ETF）へと転移し，その電子は ETF から ETF：ユビキノンオキシドレダクターゼを経て Q に受け渡される．ピリミジンヌクレオチドの生合成経路（図 22-38 参照）の中間体であるジヒドロオロト酸は，フラビンタンパク質（ジヒドロオロト酸デヒドロゲナーゼ）を介して 2 個の電子を Q に供給する．そして，サイトゾルでの解糖の中間体であるグリセロール 3-リン酸は，ミトコンドリア内膜の外表面にあるフラビンタンパク質（グリセロール 3-リン酸デヒドロゲナーゼ）に電子を供給し，電子はそこから Q へと受け渡される．

ロール 3-リン酸デヒドロゲナーゼが果たす重要な役割については，Sec. 19.2 で述べる（図 19-32 参照）．ピリミジン合成で働く**ジヒドロオロト酸デヒドロゲナーゼ** dihydroorotate dehydrogenase（図 22-38 参照）もミトコンドリア内膜の外側にあり，呼吸鎖の Q へと電子を供与する．還元された QH_2 はその電子を複合体Ⅲを介して，最終的に O_2 へと渡す．

電子伝達のエネルギーはプロトン勾配として効率良く保存される

NADH から呼吸鎖を経て分子状酸素に至る 2 個の電子の伝達は次のようにまとめられる．

$$NADH + H^+ + \tfrac{1}{2}O_2 \longrightarrow NAD^+ + H_2O \quad (19\text{-}5)$$

この正味の反応は極めて発エルゴン的である．NAD^+/NADH という酸化還元対の E'° は −0.320 V，O_2/H_2O 対の E'° は 0.816 V である．したがって，この反応に関する $\Delta E'^\circ$ は 1.14 V であり，標準自由エネルギー変化（式 13-7 参照，p. 751）は次のようになる．

$$\begin{aligned}\Delta G'^\circ &= -nF\,\Delta E'^\circ \\ &= -2(96.5\ \text{kJ/V·mol})(1.14\ \text{V}) \\ &= -220\ \text{kJ/mol (NADH 当たり)}\end{aligned} \quad (19\text{-}6)$$

この標準自由エネルギー変化は，NADH と NAD^+ が等濃度（1 M）であるという仮定に基づく．活発に呼吸しているミトコンドリアでは，多くのデヒドロゲナーゼの作用によって，実際の[NADH]/[NAD^+]比は 1 以上に保たれており，式 19-5 に示した反応の真の自由エネルギー変化は −220 kJ/mol よりも実際には大きい（さらに負である）．コハク酸の酸化について同様の計算をすると（フマル酸/コハク酸の E'° は 0.031 V である），コハク酸から O_2 への電子伝達での標準自由エネルギー変化は約 −150 kJ/mol であり，上記の値より小さいが，それでも負ではある．

このエネルギーの多くが，マトリックスからのプロトンのくみ出しに使われる．一対の電子が O_2 に伝達されるごとに，複合体Ⅰにより 4 個，複合体Ⅲにより 4 個，複合体Ⅳにより 2 個のプロトンがくみ出される（図 19-16）．この過程をベクトル性の式で表すと次のようになる．

$$NADH + 11H^+_N + \tfrac{1}{2}O_2 \longrightarrow NAD^+ + 10H^+_P + H_2O \quad (19\text{-}7)$$

電子伝達のエネルギーの大部分が，プロトン濃度差と電荷の分離に由来する電気化学エネルギーとして一時的に保存される．このような勾配に蓄えられた**プロトン駆動力** proton-motive force と呼ばれるエネルギーには，二つの成分がある．(1) 膜によって隔てられた二つの領域の化学種（H^+）の濃度差に基づく化学ポテンシャルエネルギー，および (2) 対イオンのない状態でプロトンが膜を横切って移動する際の電荷の分離に起因する電気ポテンシャルエネルギーである（図 19-17）．

Chap. 11 で見たように，イオンポンプによる電気化学的勾配の形成による自由エネルギー変化は次式で表される．

$$\Delta G = RT\ln(C_2/C_1) + ZF\,\Delta\psi \quad (19\text{-}8)$$

ここで C_2 と C_1 は二つの領域でのイオンの濃度であり（$C_2 > C_1$），Z はその電荷の絶対値（プロトンでは 1），$\Delta\psi$ はボルトの単位で測定される膜内外の電位差である．

プロトンの場合は，

$$\begin{aligned}\ln(C_2/C_1) &= 2.3(\log[H^+]_P - \log[H^+]_N) \\ &= 2.3(pH_N - pH_P) = 2.3\,\Delta pH\end{aligned}$$

であり，式 19-8 は次のように変換される．

$$\Delta G = 2.3RT\,\Delta pH + F\Delta\psi \quad (19\text{-}9)$$

活発に呼吸しているミトコンドリアでは，$\Delta\psi$ の測定値は 0.15 〜 0.20 V であり，マトリックスの pH は膜間腔の pH よりも約 0.75 単位ほどアルカ

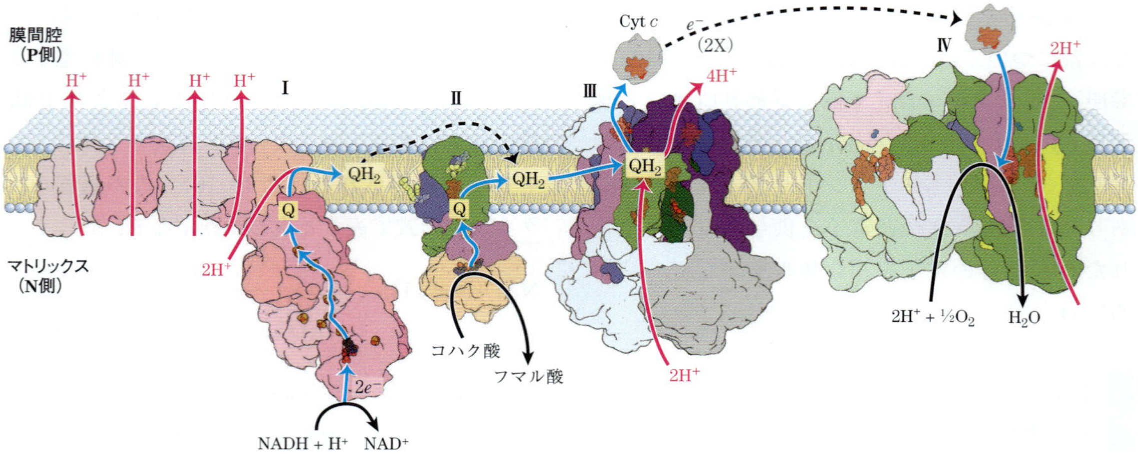

図 19-16 呼吸鎖の四つの複合体を通る電子とプロトンの流れのまとめ

電子は，複合体 I と II を経て Q に至る（図 19-15 に示したように，他のいくつかの経路もある）．還元型 Q（QH_2）は電子とプロトンの可動性伝達体として働く．QH_2 は複合体 III に電子を渡し，複合体 III は電子を別の可動性伝達体であるシトクロム *c* に渡す．次に，複合体 IV は還元型シトクロム *c* からの電子を O_2 に渡す．複合体 I，III，IV を介する電子の流れは，マトリックスから膜間腔へのプロトンの流れを伴う．ウシの心臓では，複合体 I：II：III：IV のおよその比は，1.1：1.3：3.0：6.7 である．破線は，内膜平面での Q の拡散，およびシトクロム *c* が膜間腔を通る拡散を示す．［出典：複合体 I，PDB ID 4HEA, R. Baradaran et al., *Nature* **494**: 443, 2013；複合体 II，PDB ID 1ZOY, F. Sun et al., *Cell* **121**: 1043, 2005；複合体 III，PDB ID 1BGY, S. Iwata et al., *Science* **281**: 64, 1998；シトクロム *c*，PDB ID 1HRC, G. W. Bushnell et al., *J. Mol. Biol.* **214**: 585, 1990；複合体 IV，PDB ID 1OCC, T. Tsukihara et al., *Science* **272**: 1136, 1996.］

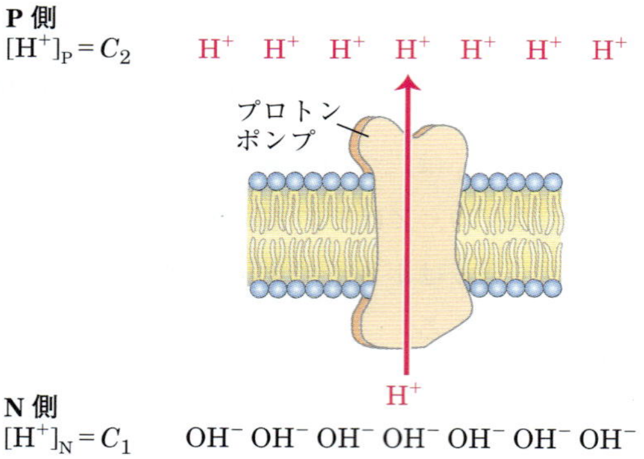

$$\Delta G = RT\ln(C_2/C_1) + ZF\Delta\psi$$
$$= 2.3RT\,\Delta pH + F\Delta\psi$$

図 19-17 プロトン駆動力

ミトコンドリア内膜は，二つの異なる［H^+］のコンパートメントをつくり出し，膜を隔てる化学的濃度の差（ΔpH）および電荷分布の差（Δψ）が生じる．これらの差の正味の効果がプロトン駆動力（ΔG）であり，これは図に示すように計算することができる．より詳しい説明は本文にある．

り性である．

例題 19-1 電子伝達のエネルギー論

呼吸鎖を介して NADH から酸素にまで一対の電子が伝達される際に，ミトコンドリア内膜を横切るプロトン勾配として保存されるエネルギーの量を計算せよ．体温（37℃）における Δψ を 0.15 V，pH 差を 0.75 単位であると仮定せよ．

解答：式 19-9 で 1 mol のプロトンが内膜を横切って移動する際の自由エネルギー変化が与えられる．この式に定数 *R* と *F* の値，*T*（310 K），および ΔpH（0.75 単位）と Δψ（0.15 V）の実測値を代入すると，ΔG = 19 kJ/mol となる．NADH から O_2 への 2 個の電子の伝達は 10 個のプロトンのくみ出しを伴う（式 19-7）ので，1 mol の NADH の酸化によって放出される 220 kJ のうちの約 190 kJ がプロトン勾配として保存されることになる．

プロトンが電気化学的勾配に従って自発的に流れるとき，エネルギーが仕事をするために利用可能になる．ミトコンドリア，葉緑体，好気性細菌においては，プロトン勾配の電気化学的エネルギーは ADP と P_i からの ATP 合成を駆動する．プロトン勾配の電気化学ポテンシャルによる ATP 合成のエネルギー論と化学量論については，Sec. 19.2 で再び述べる．

酸化的リン酸化の過程で活性酸素種が生成する

ミトコンドリアにおける酸素の還元過程のいくつかのステップで，反応性が高いために細胞を傷害するフリーラジカルが産生される可能性がある．QH_2 から複合体Ⅲへ，また複合体ⅠとⅡから QH_2 への電子の受け渡しには，中間体として $^\bullet Q^-$ ラジカルが関与する．確率は低いが，$^\bullet Q^-$ は次の反応で O_2 に 1 個の電子を渡すことがある．

$$O_2 + e^- \longrightarrow {}^\bullet O_2^-$$

このようにして生成したスーパーオキシドフリーラジカルは高い反応性を有する．またこの生成がさらに反応性の高いヒドロキシフリーラジカル $^\bullet OH$ の産生をもたらす（図 19-18）．

これらの活性酸素種（ROS）は，酵素，膜脂質，核酸に反応してこれらを損傷し，大破壊をもたらすことがある．活発に呼吸しているミトコンドリアでは，呼吸に使われる O_2 の 0.2% から 2% もの O_2 が $^\bullet O_2^-$ になる．この量のフリーラジカルは，ただちに処理されない限り致死効果をもたらすのに十分である．呼吸鎖を通る電子の流れを遅らせる因子は，おそらく Q サイクルで生じる $^\bullet O_2^-$ の寿命を延ばすことによって，スーパーオキシドの生成を増大させる．次の二つの条件が揃うと ROS が生じやすい．(1) ミトコンドリアが（ADP

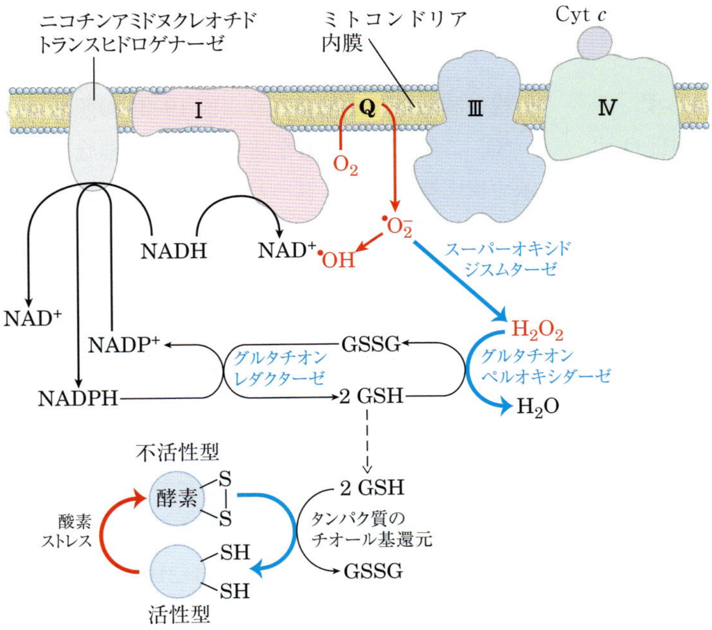

図 19-18　ミトコンドリアにおける ROS の生成と ROS に対する防御機構

呼吸鎖への電子の流入速度と呼吸鎖を通る電子伝達の速度が不均衡であると，き，部分的に還元されたユビキノンラジカル（$^\bullet Q^-$）が O_2 に電子を供与するにつれて，複合体ⅠとⅢのレベルでスーパーオキシドラジカル（$^\bullet O_2^-$）の産生が上昇する．スーパーオキシドは，4Fe-4S タンパク質のアコニターゼ（図示していない）に作用して，Fe^{2+} を放出させる．Fe^{2+} の存在下で，フェントン反応によって高反応性のヒドロキシフリーラジカル（$^\bullet OH$）が生成する．スーパーオキシドの傷害作用から細胞を守る反応を青色で示す．還元型グルタチオン（GSH；図 22-29 参照）が，過酸化水素（H_2O_2）と酸素や他のタンパク質の酸化された Cys 残基（-S-S-）の還元のために電子を供与する．そして NADPH を用いる還元によって，酸化型グルタチオン（GSSG）から GSH が再生される．

BOX 19-2　高温異臭性植物と代替呼吸経路

多くの開花植物は，昆虫の天然にある食物源や潜在的な産卵場所に似た匂いのする分子を発散することによって，花粉を運ぶ昆虫を引きつける．通常は動物の糞や腐肉を餌にして産卵するハエや甲虫によって受粉する植物は，ときには腐ったような匂いのする化合物を利用してこのような昆虫を引きつける．

異臭のする一群の植物に，ホテイカズラ，オランダカイウ，ザゼンソウなどのサトイモ科植物がある．これらの植物には，直立した構造にぎっしりとつまった小さな花，肉穂花序 spadix がついており，これは変形した葉，仏炎包 spathe に囲まれている．この肉穂花序が腐った肉や糞の匂いを放つ．受粉の前には，この肉穂花序は熱をもち，周囲の温度より 20 ～ 40 ℃も高い種もある．熱産生は匂い分子の蒸発を助け，発散を増す．また，腐った肉や糞はこれらを食べて分解する微生物の高い代謝活性のために通常は暖かいので，熱自体も昆虫を引きつけるかもしれない．雪がまだ地面を覆っている晩冬や早春に花を咲かせるザゼンソウ eastern skunk cabbage（図 1）の場合，熱産生によって肉穂花序が雪を貫いて成長するのが可能になる．

図 1　ザゼンソウ

［出典：Colin Purrington.］

ザゼンソウはどのようにして肉穂花序を暖めるのだろうか．植物，菌類，単細胞真核生物のミトコンドリアは，動物のミトコンドリアと本質的に同じ呼吸鎖を有するが，代替呼吸経路も有する．QH_2 オキシダー

か O_2 がないために）ATP を産生しておらず，そのために大きなプロトン駆動力と高い QH_2/Q 比を有するとき，および (2) マトリックスの $NADH/NAD^+$ 比が高いときである．このような状況では，ミトコンドリアは酸化ストレスにさらされる．すなわち，呼吸鎖に入って利用可能な電子が，酸素にすぐに受け渡すことができる電子よりも多くなる．電子供与体（NADH）の供給が電子受容体の供給とほぼ同じであるときは，酸化ストレスはより少なく，ROS の産生は抑えられる．ROS の過剰産生は明らかに有害ではあるが，低レベルの ROS は酸素の供給不足（低酸素状態）を反映して代謝調節を引き起こすシグナルとして細胞に利用されるであろう（図 19-34 参照）．

${}^\bullet O_2^-$ による酸化傷害を防ぐために，細胞は次に示す反応を触媒する**スーパーオキシドジスムターゼ** superoxide dismutase をもっている．

$$2{}^\bullet O_2^- + 2H^+ \longrightarrow H_2O_2 + O_2$$

この反応で生成する過酸化水素（H_2O_2）は，**グルタチオンペルオキシダーゼ** glutathione peroxidase によって無害化される（図 19-18）．グルタチオンレダクターゼ glutathione reductase は，ミトコンドリアのニコチンアミドヌクレオチドトランスヒドロゲナーゼ，あるいはサイトゾルのペントースリン酸経路（図 14-21 参照）によって産生される NADPH からの電子を用いて，グゼが，複合体Ⅲと Ⅳの二つのプロトン輸送ステップを迂回して，電子をユビキノンのプールから O_2 に直接伝達する（図 2）．本来は ATP として保存されるはずのエネルギーが熱として放出される．植物のミトコンドリアは，複合体Ⅰの阻害薬ロテノン（表 19-4 参照）に非感受性の代替 NADH デヒドロゲナーゼも有する．このデヒドロゲナーゼは，複合体Ⅰとそれに会合するプロトンポンプを迂回して，電子をマトリックスの NADH からユビキノンに直接伝達する．また，植物のミトコンドリアは，やはり複合体Ⅰを迂回して，膜間腔の NADPH または NADH からユビキノンに電子を伝達するさらに別の NADH デヒドロゲナーゼを内膜の外表面に有する．したがって，電子がこの代替呼吸経路に入って，ロテノン非感受性 NADH デヒドロゲナーゼ，外表面性 NADH デヒドロゲナーゼ，あるいはコハク酸デヒドロゲナーゼ（複合体Ⅱ）を通り，シアン化物抵抗性代替オキシダーゼを経て O_2 に渡ると，エネルギーは ATP として保存されることなく熱として放出される．ザゼンソウは，この熱を利用して雪を溶かし，悪臭物を産生し，甲虫やハエを引きつけることができる．

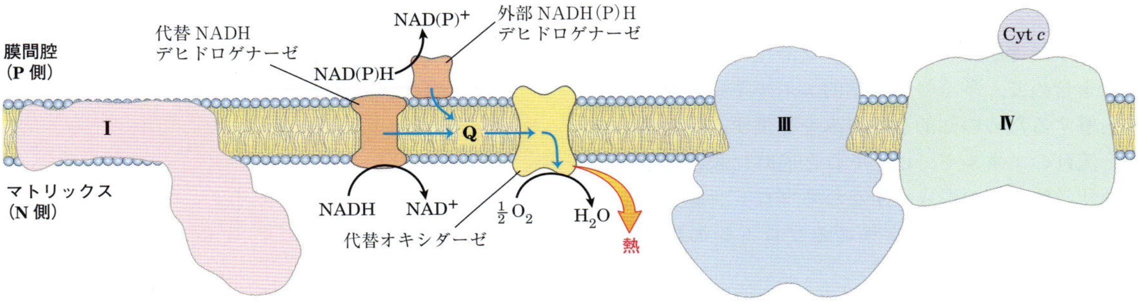

図 2　植物ミトコンドリア内膜の電子伝達体

電子は動物ミトコンドリアと同様に複合体Ⅰ，Ⅲ，Ⅳを流れるか，または青色の矢印で示すように植物に特異的な代替伝達体を通る経路を流れることができる．

ルタチオンペルオキシダーゼ反応によって生成する酸化型グルタチオン（GSSG）を還元型（GSH）にして再生する．還元型グルタチオンは，タンパク質のスルフヒドリル基を還元状態に保ち，酸化ストレスによる有害作用を防ぐためにも役立つ．

植物のミトコンドリアには NADH を酸化する別の機構がある

植物のミトコンドリアは，弱い光の下や暗時に，非光合成生物によって用いられるのとよく似た機構によって，細胞に ATP を供給する．明時には，ミトコンドリアの NADH の主な供給源は，光呼吸 photorespiration として知られる過程によって産生されるグリシンがセリンに変換される反応である（図 20-48 参照）．

$$2\,\text{グリシン} + NAD^+ \longrightarrow \text{セリン} + CO_2 + NH_3 + NADH + H^+$$

Chap. 20 に述べる理由によって，植物は ATP 産生のために NADH を必要としないときでさえも，この反応を行わなければならない．不必要な NADH から NAD^+ を再生するために，植物（および菌類や原生生物の一部）のミトコンドリアは，複合体Ⅲ，Ⅳおよびプロトンポンプを迂回して，NADH から電子をユビキノンへ，そしてユビキノンから O_2 へと直接伝達する．この過程において，NADH のエネルギーは熱として消費されるが，この熱は植物にとって有益なこともある（Box 19-2）．シアン化物抵抗性の NADH 酸化が，植物に特有の電子伝達経路の特徴である．シトクロムオキシダーゼ（複合体IV）とは異なり，この代替的 QH_2 オキシダーゼはシアン化物によって阻害されない．

まとめ

19.1 ミトコンドリアにおける呼吸鎖

- 化学浸透圧説は，酸化的リン酸化や光リン酸化を含めて，多くの生物学的エネルギー変換を理解するための知的な骨組みを提供する．電子の流れのエネルギーは，それと同時に起こる電気化学的勾配の形成，すなわちプロトン駆動力を生みだすような膜を横切るプロトンの排出によって保存される．
- ミトコンドリアでは，NAD 依存性デヒドロゲナーゼの作用によって基質（α-ケトグルタル酸やマレイン酸など）から取り出された水素化物イオンが，呼吸鎖に電子を供給し，この鎖を介して電子が O_2 に伝達されて H_2O にまで還元する．
- NADH からの還元当量は一連の Fe-S 中心経由でユビキノンに伝達され，さらにユビキノンは複合体IIIの最初の伝達体であるシトクロム b に電子を伝達する．この複合体において，電子は 2 種類の b 型シトクロムとシトクロム c_1 を経由して，Fe-S 中心に移動する．この Fe-S 中心は，電子を一度に 1 個ずつシトクロム c 経由で複合体IV（シトクロムオキシダーゼ）に伝達する．この銅含有酵素はシトクロム a と a_3 も含み，電子を蓄積して次に O_2 に受け渡して H_2O に還元する．
- 電子の一部は，この伝達鎖に別経路を経由して入る．コハク酸は，フラビンタンパク質を含むコハク酸デヒドロゲナーゼ（複合体II）によって酸化される．この複合体は電子を数個の Fe-S 中心を介してユビキノンに伝達する．脂肪酸の酸化に由来する電子は，電子伝達フラビンタンパク質を経由してユビキノンに移動する．グリセロール 3-リン酸やジヒドロオロト酸の酸化も，QH_2 のレベルで呼吸鎖に電子を送り込む．
- ミトコンドリアで産生される潜在的に有害な活性酸素種は，スーパーオキシドジスムターゼやグルタチンペルオキシダーゼなどの一連の防御タンパク質によって不活性化される．低レベルの活性酸素種は，ミトコンドリアの酸化的リン酸化を他の代謝経路と連動させるためのシグナルとなる．
- 植物，真菌，単細胞真核生物は，典型的な電子伝達経路に加えて，過剰の NADH を NAD^+ へと再生する代替脱共役経路を有する．

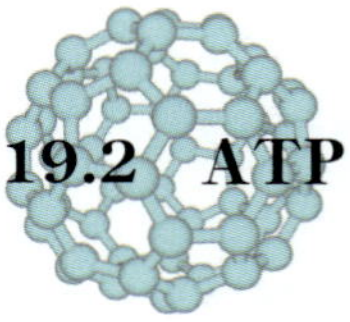

19.2 ATP 合成

プロトンの濃度勾配はどのようにして ATP に変換されるのだろうか．これまでに述べたように，約 50 kJ を必要とする 1 mol の ATP 生成（p. 716）を推進するために十分な電子対「モル」あたりの自由エネルギー（約 190 kJ）が，電子伝達によって放出され，プロトン駆動力によって保存される．したがって，ミトコンドリアの酸化的リン酸化は，熱力学的には何の問題もない．しかし，プロトンの流れとリン酸化を共役させる化学機構は何であろうか．

化学浸透圧モデルにおいては，酸化とリン酸化は必ず共役する

Peter Mitchell により提唱された**化学浸透圧モデル** chemiosmotic model は，この機構に関するパラダイムである．このモデル（図 19-19）によれば，ミトコンドリア内膜を隔てるプロトン濃度

Peter Mitchell
(1920–1992)
[出典：AP Photo.]

差と電荷の分離に由来する電気化学的エネルギー，すなわちプロトン駆動力は，プロトンが **ATP シンターゼ** ATP synthase のプロトン孔を通ってマトリックスに受動的に戻る際に，ATP 合成を駆動するのである．プロトン駆動力の重要な役割を強調するために，ATP 合成の反応式は次のように書かれることがある．

$$\mathrm{ADP} + \mathrm{P_i} + n\mathrm{H_P^+} \longrightarrow \mathrm{ATP} + \mathrm{H_2O} + n\mathrm{H_N^+} \quad (19\text{–}10)$$

Mitchell は，化学反応と輸送過程が同時にかかわる酵素反応を記述するために「化学浸透圧」という用語を用いた．この全過程は,「化学浸透圧共役」と呼ばれることもある．ここでの「共役」とは，ミトコンドリアでの ATP 合成と呼吸鎖を通る電子の流れとの絶対的な結びつきのことを指しており，二つの過程のどちらも他方がなければ進行できない．共役の経過の実態は図 19–20 に示すとおりである．単離したミトコンドリアを ADP，P_i，およびコハク酸のように酸化可能な基質を含む緩衝液に懸濁すると，容易に測定可能な三つの過程が起こる．すなわち，(1) 基質の酸化（コハク酸からフマル酸の生成），(2) O_2 の消費，そして (3) ATP の合成である．酸素消費と ATP 合成は，ADP，P_i に加えて，酸化可能な基質（この場合はコハク酸）の存在にも依存する．

ミトコンドリアにおいて基質酸化が ATP 合成を駆動するので，電子伝達の阻害薬が ATP 合成を阻害する（図 19–20 (a)）．逆もまた真である．すなわち，ATP 合成の阻害は無損傷のミトコンドリアにおける電子伝達を遮断する．単離したミ

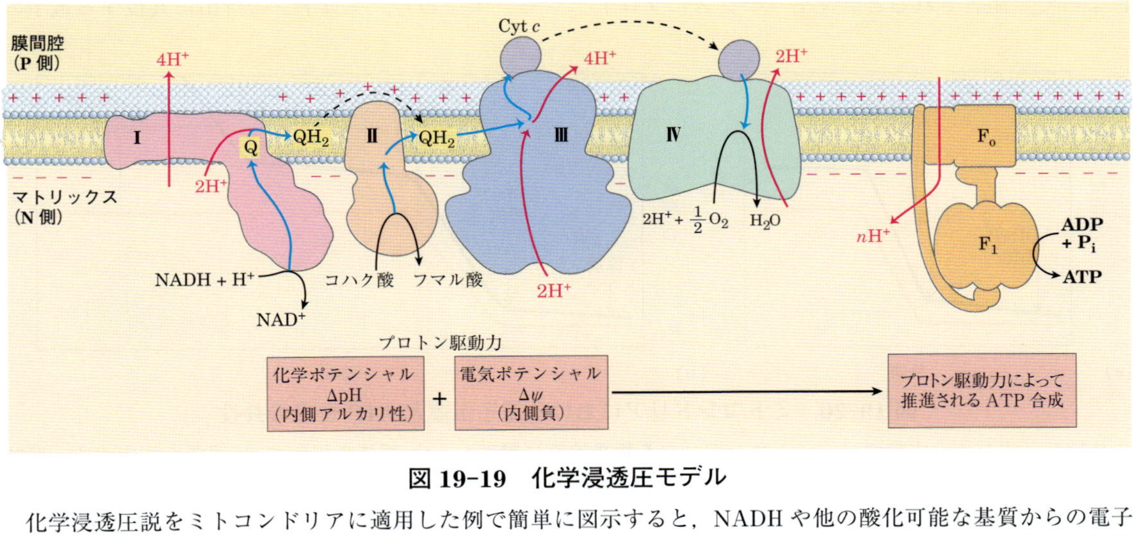

図 19–19　化学浸透圧モデル

化学浸透圧説をミトコンドリアに適用した例で簡単に図示すると，NADH や他の酸化可能な基質からの電子は，内膜に非対称的に配置される伝達体の鎖を通過する．電子の流れは膜を横切るプロトンの移動を伴い，化学的勾配（ΔpH）と電気的勾配（Δψ）の両方をつくり出す．両者が合わさってプロトン駆動力を生み出す．ミトコンドリア内膜はプロトンを透過させない．プロトンはプロトン特異的チャネル（F_o）を通ってのみマトリックスに再流入することができる．プロトンをマトリックスに戻らせようとするプロトン駆動力が，F_o に会合している F_1 複合体による ATP 合成のエネルギーを供給する．

トコンドリアに O_2 と酸化可能な基質とを供給するが，ADP を供給しないときには（図 19-20(b)），ATP 合成は起こらず，O_2 への電子伝達も進行しない．Henry Lardy は，ミトコンドリア機能の探索に抗生物質を利用した先駆者であり，ミトコンドリアの ATP シンターゼに結合する有毒な抗生物質のオリゴマイシン oligomycin やベンツリシジン venturicidin を用いて酸化とリン酸化の共役を立証した．これらの化合物は，ATP 合成と伝達体の連鎖を経由する O_2 への電子伝達の両方に対する強力な阻害薬である（図 19-20(b)）．オリゴマイシンは ATP シンターゼ自体とは相互作用するが，電子伝達体とは直接は相互作用しないことが知られているので，電子伝達と ATP 合成が強制的に共役していることがわかる．したがって，どちらの反応も他方が起こらなければ起こらない．

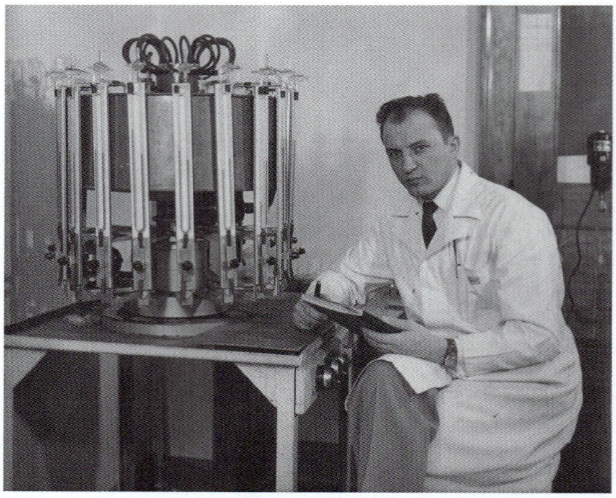

Henry Lardy（1917-2010）
［出典：© Courtesy D. L. Nelson.］

化学浸透圧説は，ミトコンドリアにおける電子伝達の ATP 合成依存性を明快に説明する．ATP シンターゼのプロトンチャネルを通るマトリックスへのプロトンの流れが（例えばオリゴマイシンによって）阻害されると，マトリックスにプロトンが戻る経路はなくなり，呼吸鎖の活性により働くプロトンの持続的な排出は，大きなプロトン勾配を生じさせる．プロトン駆動力は，この勾配に逆らってマトリックスの外にプロトンをくみ出そうとするコスト（自由エネルギー）が，NADH から O_2 までの電子伝達によって放出されるエネルギーと等しくなるか，または上回るまで蓄積する．この時点で，電子の流れは停止するはずである．すなわち，プロトンの排出に共役する電子の

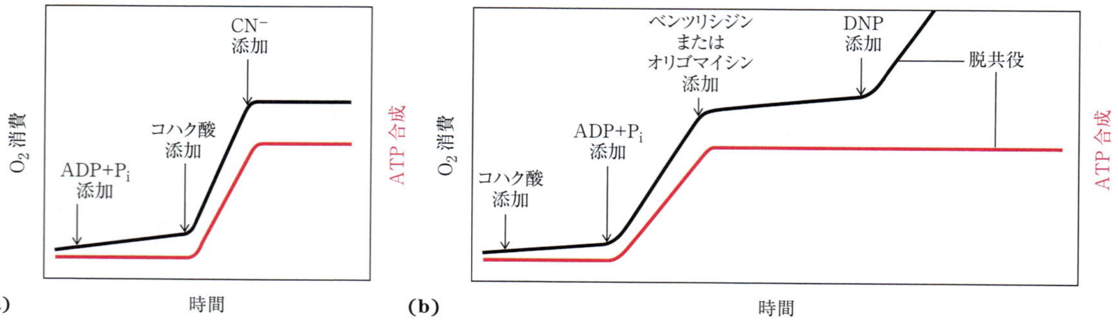

図 19-20 ミトコンドリアにおける電子伝達と ATP 合成の共役

共役を示すための実験では，ミトコンドリアを緩衝溶液に懸濁し，O_2 電極を用いて O_2 消費を測定する．経時的に試料を採取し，ATP 存在量を測定する．**(a)** ADP と P_i のみを添加した場合は，呼吸（O_2 消費，黒色）と ATP 合成（赤色）のどちらにもほとんど，あるいは全く増大は見られない．そこにコハク酸を添加すると，呼吸が直ちに始まり，ATP が合成される．シトクロムオキシダーゼと O_2 の間の電子伝達を遮断するシアン化物（CN^-）の添加は呼吸と ATP 合成の両方を阻害する．**(b)** コハク酸を供給したミトコンドリアは，ADP と P_i を添加したときにだけ呼吸し，ATP を合成する．その後で ATP シンターゼ阻害薬のベンツリシジンまたはオリゴマイシンを添加すると，ATP 合成と呼吸の両方が遮断される．ジニトロフェノール（DNP）は ATP 合成のない状態で呼吸を継続させる脱共役剤である．

流れの過程全体の自由エネルギー変化はゼロになり，系は平衡になる．

しかし，ある条件や試薬によって，酸化をリン酸化から脱共役させることができる．無損傷のミトコンドリアを界面活性剤や物理的剪断力を用いる処理によって破壊すると，結果的に生じる膜断片は依然としてコハク酸や NADH から O_2 への電子伝達を触媒するが，ATP 合成はこの呼吸に共役することはない．ある種の化合物は，ミトコンドリアの構造を壊すことなく脱共役を引き起こす．化学的脱共役剤 uncoupler としては，2,4-ジニトロフェノール（DNP）やカルボニルシアニド-*p*-トリフルオロメトキシフェニルヒドラゾン（FCCP）などがある（表 19-4；図 19-21）．これらは疎水性の弱酸であり，ミトコンドリアの膜を横切って容易に拡散する．プロトン化された型でミトコンドリアに入った後に，これらの化合物はプロトンを放出してプロトン勾配を消失させる．共鳴による安定化によってプロトン放出後の陰イオン型の脱共役剤の電荷は非局在化するので，これらの化合物は膜を横切って戻るのに十分なほど疎水性である．戻った化合物はそこで再びプロトンを捕捉して，この過程を繰り返すことができる．バリノマイシン valinomycin などのイオノホア ionophore（図 11-42 参照）は，無機イオンを容易に膜透過させる．イオノホアは，ミトコンドリアの膜を隔てる電気化学的勾配を形成させる電気的な力を消失させることによって，電子伝達と酸化的リン酸化を脱共役させる．

化学浸透圧説の予測では，ミトコンドリアでの ATP 合成における電子伝達の役割は，単にプロトン駆動力の電気化学ポテンシャルを産生するためにプロトンポンプを動かすことなので，人工的につくったプロトン勾配は ATP 合成を推進する電子伝達の代わりになるはずである．このことは実験によって確認されている（図 19-22）．内膜を隔ててプロトン濃度が異なり，電荷が分離するように操作されたミトコンドリアは，酸化可能な基質の非存在下でも ATP を合成する．すなわち，プロトン駆動力だけで ATP 合成が推進される．

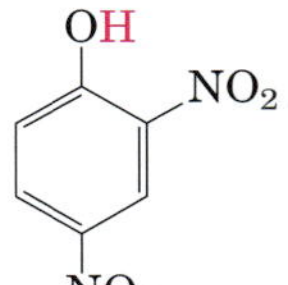

2,4-ジニトロフェノール
（DNP）

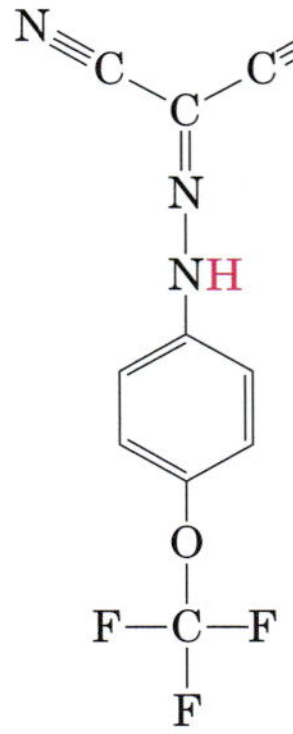

カルボニルシアニド-*p*-トリフルオロメトキシフェニルヒドラゾン
（FCCP）

図 19-21　酸化的リン酸化に対する二つの脱共役化合物

DNP，FCCP はともに解離性のプロトン（赤色）をもち，極めて疎水性である．これらはミトコンドリア内膜を横切ってプロトンを輸送することによってプロトン勾配を消失させる．両方ともに光リン酸化も脱共役する．

ATP シンターゼには F_o と F_1 の二つの機能的ドメインがある

ミトコンドリアの ATP シンターゼ ATP synthase は，構造や機構に関して葉緑体（Chap. 20 参照）や細菌の ATP シンターゼに似ている F 型 ATP アーゼ（図 11-37(b)参照）である．ミトコンドリア内膜にあるこの大きな酵素複合体は，内膜の P 側から N 側へのプロトンの流れによって駆動され，ADP と P_i からの ATP 合成を触媒する（式 19-10）．複合体 V とも呼ばれる ATP シンターゼは，二つの異なる構成要素から成る．表在性膜タンパク質の F_1 と内在性膜タンパク質の F_o である（F_o の *o* は，オリゴマイシン *o*ligomycin 感受性を表す）．F_1 は，酸化的リン酸化に必須であることが明らかにされた初めての構成成分であり，1960 年代初期に Efraim Racker

らによって同定され，精製された．

ミトコンドリア内膜から調製した膜小胞は，電子伝達に共役するATP合成を行う．この小胞から温和な条件でF_1を抽出すると，残った小胞は無傷の呼吸鎖とATPシンターゼのF_o部分を含んでいる．この小胞はNADHからO_2への電子伝達を触媒できるが，プロトン勾配を形成できない．F_oはプロトン透過孔をもち，プロトンが電子伝達によってくみ出されると，すぐにこの孔を通って漏れ出してしまう．プロトン勾配なしではF_1を欠如する小胞はATPを合成できない．単離したF_1はATPの加水分解（合成の逆反応）を触媒するので，当初は**F_1 ATPアーゼ** F_1 ATPaseと呼ばれた．精製したF_1調製品を，F_1を取り除いた後の小胞に戻してやると，F_1はF_oと再会合してプロトン孔を塞ぎ，電子伝達とATP合成を共役させるこの膜のもつ能力が回復する．

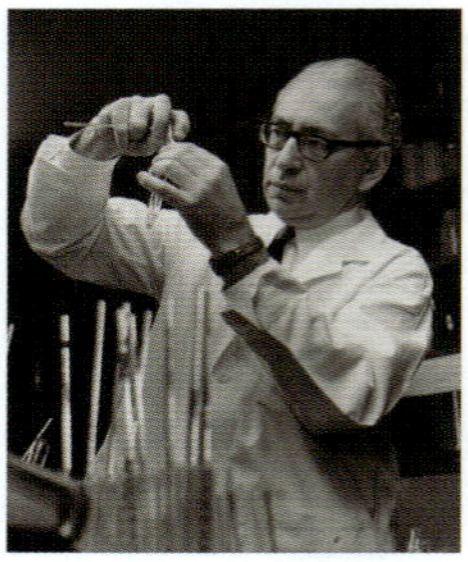

Efraim Racker (1913–1991)
［出典：Division of Rare and Manuscript Collections, Cornell University Library.］

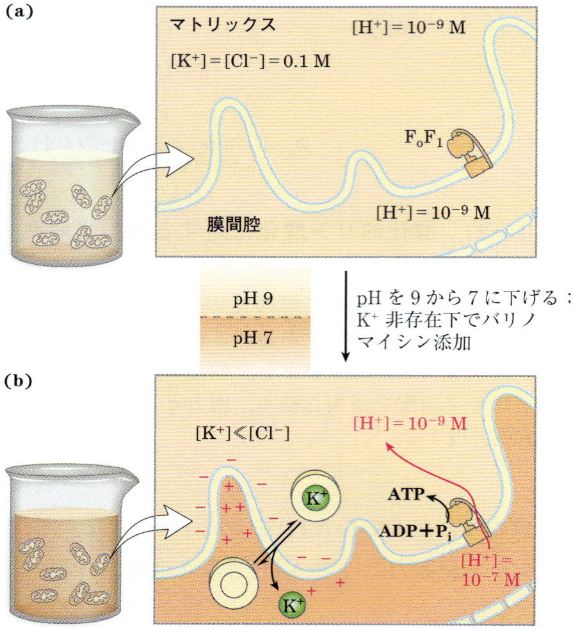

図 19-22 ATP合成におけるプロトン勾配の役割の証明

人工的に形成された電気化学的勾配が，電子供与体としての酸化可能な基質が存在しなくても，ATP合成を推進することができる．この2ステップの実験では，**(a)** 単離したミトコンドリアをまず0.1 M KClを含むpH 9の緩衝液中でインキュベートする．緩衝液とKClはゆっくりとミトコンドリア内にしみ込み，ついにはマトリックスと周囲の溶液は平衡状態になる．酸化されるべき基質は存在しない．**(b)** ミトコンドリアをpH 9の緩衝液から分離し，バリノマイシンを含むがKClを含まないpH 7の緩衝液に再懸濁する．この緩衝液への置換は，ミトコンドリア内膜を挟んでpHで2の差を生じさせる．バリノマイシンによって，対イオンがないままでK^+の濃度勾配に従って起こるK^+の外向きの流れは，膜を挟む電荷の不均衡（マトリックスが負になる）をもたらす．pHの差によってもたらされる化学ポテンシャルと，電荷の分離により生じる電気ポテンシャルの和が，酸化可能な基質の非存在下でも起こるATP合成を支えるのに十分なほど大きいプロトン駆動力である．

ATPはADPと比べてF_1表面で安定化されている

精製したF_1を用いた同位体交換実験によって，この酵素の触媒機構に関する驚くべき事実が明らかになる．この酵素の表面では，$ADP + P_i \rightleftharpoons ATP + H_2O$という反応は全く可逆的であり，ATP合成の自由エネルギー変化はゼロに近い．^{18}Oで標識した水の存在下でATPがF_1によって加水分解される（ATP合成の逆）際に，生成するP_iは^{18}O原子を含んでいる．F_1によって触媒されるATPの加水分解により生じるP_i中の^{18}O含量を注意深く測定すると，そのP_iは1個ではなく，3または4個の^{18}O原子を含んでいる（図19-23）．このことは，ATP中の末端のピロリン酸結合は，P_iが酵素表面から離れる前に切断と再形成を繰り返すことを示唆する．P_iは酵素の結合部位で自由に動き回るので，各加水分解の際には P_i の 4 か所のうちの 1 か所にランダムに ^{18}O が入る．この交換反応は，エネルギーをもたない（プロトン勾配の存在しない）F_oF_1 複合体や単離した F_1 で起こり，エネルギーの投入を必要としない．

ATP の合成と加水分解の初速度の速度論解析によって，この酵素上での ATP 合成の$\Delta G'^\circ$ はゼロに近いという結論が確認される．加水分解速度（$k_1 = 10\ s^{-1}$）と合成速度（$k_{-1} = 24\ s^{-1}$）の測定値から計算されるこの反応の平衡定数は次の通りである．

$$\text{酵素-ATP} \rightleftharpoons \text{酵素-(ADP + P}_i\text{)}$$

$$K'_{eq} = \frac{k_{-1}}{k_1} = \frac{24\ s^{-1}}{10\ s^{-1}} = 2.4$$

この K'_{eq} から，計算される見かけの$\Delta G'^\circ$ はゼロに近い．この値は，溶液中の遊離の（すなわち，酵素表面にはない）ATP の加水分解に関する約 10^5 という K'_{eq}（$\Delta G'^\circ = -30.5$ kJ/mol）とは大きく異なる．

何がこの大きな差をもたらすのだろうか．ATP シンターゼは，ATP をつくるコストと釣り合うために十分なエネルギーを放出し，ATP とずっと強固に結合することによって，ADP + P_i に比べて ATP を安定化する．この結合定数を注意深く測定すると，F_oF_1 は非常に高い親和性（$K_d \leq 10^{-12}$ M）で ATP と結合し，ADP との親和性はずっと低い（$K_d \approx 10^{-5}$ M）ことがわかる．この K_d の差が，結合エネルギーにおける約 40 kJ/mol という差に対応し，この結合エネルギーが生成物である ATP の形成に向けて平衡を動かす．

プロトン勾配が酵素表面からの ATP の解離を推進する

ATP シンターゼは ATP と ADP + P_i を平衡化するが，プロトン勾配が存在しない状態では，

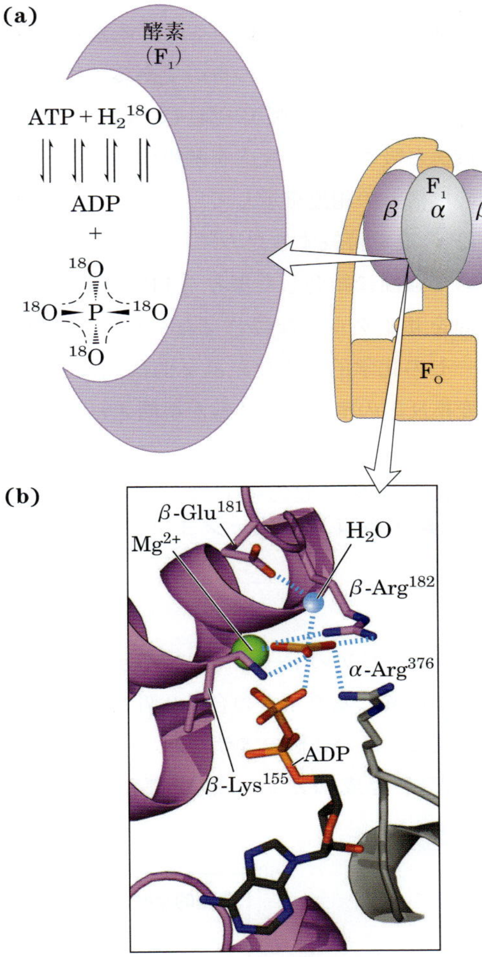

図 19-23　F_1 の触媒機構

(a) ^{18}O 交換実験．ミトコンドリア膜から可溶化した F_1 を ^{18}O で標識した水の存在下で ATP とインキュベートする．経時的にその溶液から試料を採取し，ATP の加水分解により生じた P_i への ^{18}O の取込みを分析する．数分以内には P_i は 3 個または 4 個の ^{18}O 原子を含み，インキュベーション中に ATP 加水分解と ATP 合成が数回起こったことが示される．**(b)** ATP 加水分解時または合成時の ATP シンターゼの遷移状態複合体．α サブユニットを灰色で，β は紫色で示す．正荷電残基の β-Arg^{182} と α-Arg^{376} は，5 価のリン酸中間体の二つの酸素に配位結合しており，β-Lys^{155} は 3 番目の酸素と相互作用し，Mg^{2+}（緑色の球）が中間体をさらに安定化する．青色の球は脱離基（H_2O）を示す．これらの相互作用によって，活性部位における ATP と ADP + P_i が平衡になっている．［出典：(b) PDB ID 1BMF, J. P. Abrahams et al., *Nature* **370**: 621, 1994.］

新たに合成されたATPは酵素表面から解離しない．表面で生成したATPをこの酵素から解離させるのはプロトン勾配そのものである．この過程に関する反応座標図（図19-24）は，ATPシンターゼの機構と吸エルゴン反応を触媒する他の多くの酵素の機構との相違を示している．

ATP合成を持続するために，この酵素はATPに極めて強固に結合した型とATPを解離させる型の間をサイクルしなければならない．ATPシンターゼの化学的および結晶学的研究によって，この変換反応の構造的な基盤が解明されている．

ATPシンターゼの各βサブユニットは三つの異なるコンホメーションをとることができる

ミトコンドリアのF_1は，$\alpha_3\beta_3\gamma\delta\varepsilon$という組成の，5種類の異なるタイプの合計9個のサブユニットから成る．この3個のβサブユニットのそれぞれが，ATP合成のための触媒部位を有する．John E. WalkerらによるF_1構造の結晶学的決定によって，この酵素の触媒機構の説明にとって極めて有用で詳細な構造が明らかになった．F_1の取っ手状部分は，ミカンを輪切りにしたように交互に並ぶαサブユニットとβサブユニットから成る縦8 nm，横10 nmのややつぶれた球体である（図19-25(a)～(c)）．F_1結晶構造の柄部分を形成するポリペプチドは，非対称な配置をとっている．その構造には，F_1構造を貫いている軸のような単一のγサブユニットから成る一つのドメイン，およびβ-空 β-emptyと名づけられた3個のβサブユニットのうちの一つと主として会合しているγサブユニットの別のドメインがある（図19-25(b)）．3個のβサブユニットのアミノ酸配列は同一であるが，そのコンホメーションは異なる．その理由の一つは，γサブユニットが3個のうちの1個だけと会合するからである．

βサブユニット間のコンホメーションの違いは，ATP/ADP結合部位の違いにつながる．研究者たちが，このタンパク質をADPとApp(NH)

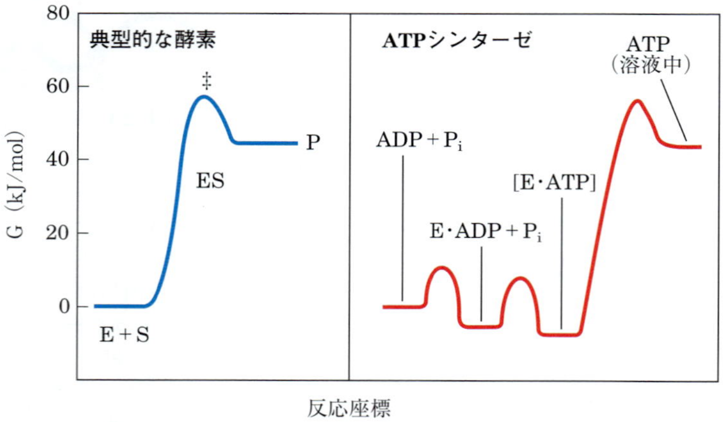

図19-24 ATPシンターゼと典型的な酵素の反応座標図

典型的な酵素触媒反応（左）では，基質と生成物の間の遷移状態（‡）への到達が，乗り越えるべき主要なエネルギー障壁である．ATPシンターゼによって触媒される反応（右）においては，ATPの生成ではなく，酵素からのATPの解離が主なエネルギー障壁である．水溶液中でのADPとP_iからのATP生成のための自由エネルギー変化は大きな正の値である．しかし，酵素表面では，酵素へのATPの極めて強固な結合が，酵素に結合するATPの自由エネルギーをADP + P_iの自由エネルギーに近いものとするのに十分な結合エネルギーを提供しており，反応は容易に可逆的である．平衡定数はほぼ1である．ATPの解離に必要な自由エネルギーは，プロトン駆動力によって提供される．

John E. Walker
［出典：© Findlay Kember/Associated Press.］

p（F_1 の ATP アーゼ活性によって加水分解されない ATP の構造アナログ）の存在下で結晶化すると，3 個の β サブユニットのうちで一つの結合部位は App(NH)p で埋まり，第二のサブユニットは ADP で埋まるのに対して，第三のものは空位であった．これらに対応する β サブユニットのコンホメーションは，β-ATP，β-ADP，β-空と名づけられている（図 19-25(b)）．3 個のサブユニット間のヌクレオチド結合性の相違は，この複合体の機構にとって重要である．

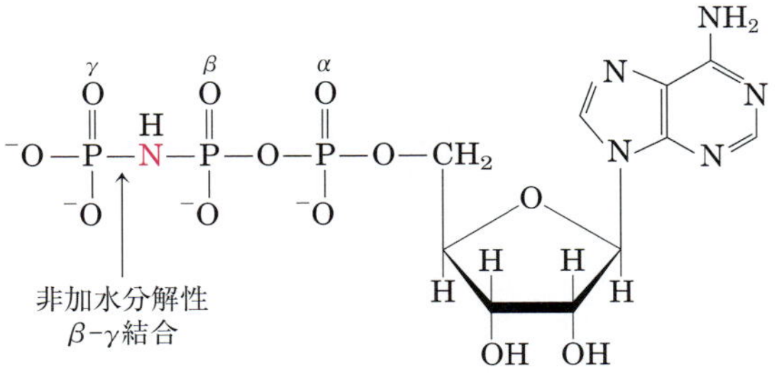

App(NH)p（β,γ-イミドアデノシン5′-三リン酸）

プロトン孔を形成する F_o 複合体は，a，b，c の 3 種類のサブユニットによって ab_2c_n の割合で構成されている（n は 8 ～ 15 の範囲であり，生物種に依存する）．サブユニット c は，小さな（分子量 8,000）疎水性のポリペプチドであり，大部分を占める 2 本の膜貫通ヘリックスと，膜のマトリックス側から伸びた小さなループから成る．酵母 F_oF_1 の結晶構造は 10 個の c サブユニットをもち，それぞれは 2 本の膜貫通ヘリックスが膜平面に対してほぼ垂直な形で二つの同心円状に配置されている．内側の円は各 c サブユニットのアミノ末端側のヘリックスから成る．一方，直径約 55 Å の外側の円はカルボキシ末端側のヘリックスから成る．このcリングのcサブユニットは，膜に対して垂直な軸のまわりを一つの単位として回転する．F_1 の ε サブユニットと γ サブユニットは，F_1 の底（膜）側から突き出た脚部と足部を形成し，c サブユニット環上にしっかりと立っている．a サブユニットは膜を貫通する数個の疎水性ヘリックスから成り，c リングの c サブユニットの一つと密に会合している．模式図（図 19-25(a)）は，ウシの F_1，酵母の F_oF_1，および絶対嫌気性細菌 *Ilyobacter tartaricus* の c リングの構造情報を組み合わせたものである．

回転触媒作用が ATP 合成の交代結合機構の鍵である

F_oF_1 によって触媒される反応の速度論と結合に関する研究に基づいて，Paul Boyer は，F_1 の三つの活性部位が ATP 合成を触媒しながら回転するという**回転触媒作用** rotational catalysis 機構を提唱した（図 19-26）．まず周辺の溶液に由来する ADP と P_i と結合している β-ADP コンホメーションをもった β サブユニットから始めてみよう．このサブユニットはコンホメーションを変えると，ATP と強固に結合して安定化する β-ATP 型になり，酵素表面で ADP + P_i は ATP と容易に平衡状態になる．最後には，このサブユニットは ATP との親和性が著しく低い β-空型のコンホメーションに変わり，新たに合成された ATP は酵素表面から離れる．さらに，このサブユニットが β-ADP 型に戻り，ADP と P_i が結合すると次回の反応が始まる．

この機構の中心となるコンホメーション変化は，ATP シンターゼの F_o 部分を通って流れるプロトンによって駆動される．F_o の「孔」を通過するプロトン流は，c サブユニットの円筒とそれ

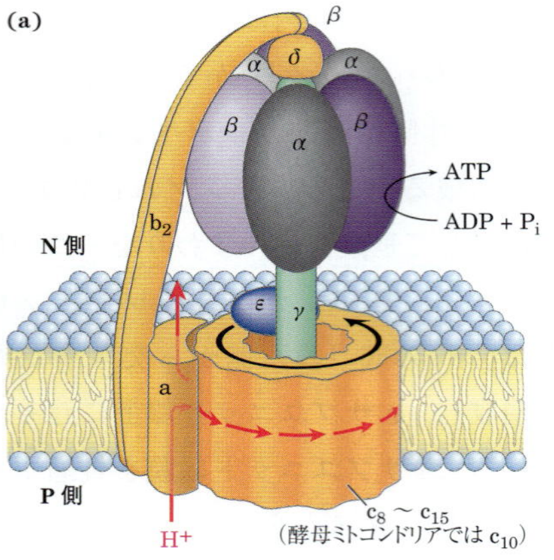

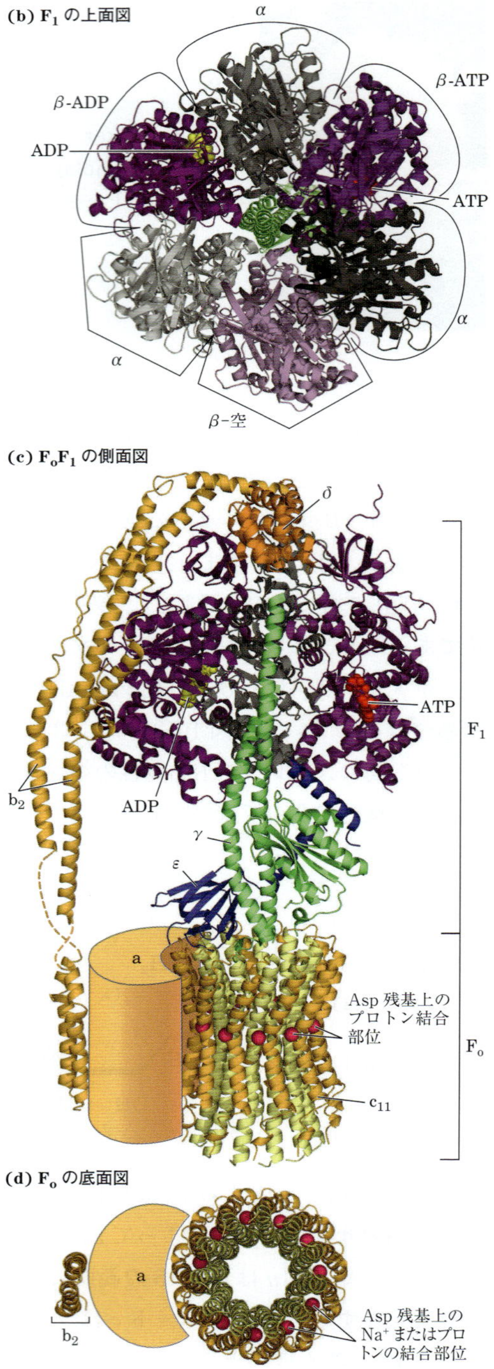

図 19-25　ミトコンドリアの ATP シンターゼ複合体

(a) F_oF_1 複合体の模式図．**(b)** F_1 を上方（つまり，膜の N 側）から見た図．三つの β サブユニット（紫色），三つの α サブユニット（灰色）と，中心軸（γ サブユニット，緑色）を示す．各 β サブユニットは，隣接する α サブユニットとの境界近くに触媒活性にとって必須のヌクレオチド結合部位を有する．単一の γ サブユニットは，三つの αβ 対のうちの一つと主に会合し，三つの β サブユニットのそれぞれについて，ヌクレオチド結合部位がわずかに異なるコンホメーションをとるようにする．結晶化した酵素において，一つのサブユニット（β-ADP）は結合部位で ADP（黄色）と結合し，次のサブユニット（β-ATP）は ATP（赤色）と結合し，3 番目のサブユニット（β-空）はヌクレオチドと結合していない．**(c)** 側面から見た（膜面上に存在する）酵素の全体像．F_1 では，三つの α サブユニットと三つの β サブユニットが，γ サブユニット（緑色）の中心軸のまわりにミカンの房のように配置されている（γ サブユニットと，β サブユニット上の ATP および ADP の結合部位を示すために，二つの α サブユニットと一つの β サブユニットは取り除いてある）．δ サブユニットは ATP シンターゼにオリゴマイシン感受性をもたらし，ε サブユニットはある状況下では ATP アーゼ活性を阻害するように働くかもしれない．F_o は，一つの a サブユニットと二つの b サブユニットから成り，それらは F_oF_1 複合体を膜に固定し，α サブユニットと β サブユニットを特定の位置に保つ固定子として働く．F_o は，このほかにも小さな同一のタンパク質である c サブユニット 8 ～ 15 個（種によって異なる）から成る c リングを含む．c リングと a サブユニットが相互作用して，膜を横切るプロトンの通路を提供する．F_o の各 c サブユニットは膜の中ほど近くに極めて重要な Asp 残基を有し，ATP シンターゼの触媒サイクルにおいて，この Asp 残基がプロトン化されたり，脱プロトン化されたりする．この図では，構造がよくわかっている *Ilyobacter tartaricus* の Na^+-ATP アーゼの相同な c_{11} リング（11 個の c サブユニットから成る）を示してある．F_oF_1 複合体のプロトン結合部位に対応する Na^+ 結合部位は，結合している Na^+（赤色の球）とともに示してある．**(d)** 膜に対して垂直方向から見た F_o．（c）と同様に，赤色の球は Asp 残基上の Na^+ またはプロトンの結合部位を表す．［出典：F_1, PDB ID 1BMF, J. P. Abrahams et al., *Nature* **370**: 621, 1994. PDB ID 1JNV, A. C. Hausrath et al., *J. Biol. Chem.* **276**: 47, 227, 2001. PDB ID 2A7U, S. Wilkens et al., *Biochemistry* **44**: 11, 786, 2005. PDB ID 2CLY, V. Kane Dickson et al., *EMBO J.* **25**: 2911, 2006. F_o, PDB ID 1B9U, O. Dmitriev et al., *J. Biol. Chem.* **274**: 15, 598, 1999. c リング，PDB ID 1YCE, T. Meier et al., *Science* **308**: 659, 2005.］

Paul Boyer
［出典：Lacy Atkins/Associated Press/AP Images.］

に付着しているγサブユニットを，膜平面に垂直なγの長軸のまわりに回転させる．このγサブユニットは，b_2とδサブユニットによって膜表面に対して動かないように固定されている$\alpha_3\beta_3$回転楕円面の中心を貫通している（図 19-25(a)）．γは 120° 回転するごとに異なるβサブユニットに接することになり，この接触によってそのβサブユニットがβ-空型コンホメーションになる．

これら 3 個のβサブユニットは相互作用しており，1 個がβ-空型コンホメーションをとると，一方の側に隣接しているサブユニットはβ-ADP 型を，反対側に隣接しているほうはβ-ATP 型をとらなければならない．このように，γサブユニットが完全に 1 回転するごとに，各βサブユニットは三つの可能なコンホメーションのすべてをとるとともに，回転ごとに 3 個の ATP が合成されて酵素表面から遊離する．

この**交代結合モデル** binding-change model から，γサブユニットは，F_oF_1が ATP を合成しているときにはある方向に回転し，この酵素が ATP を加水分解しているときにはその逆方向に回転することが予想される．この ATP 加水分解に伴う回転という予想は，吉田賢右 Masasuke Yoshida と木下一彦 Kazuhiko Kinoshita, Jr. の研究室において，巧妙な実験によって確認された．ATP が加水分解されるにつれて，γに付着させ

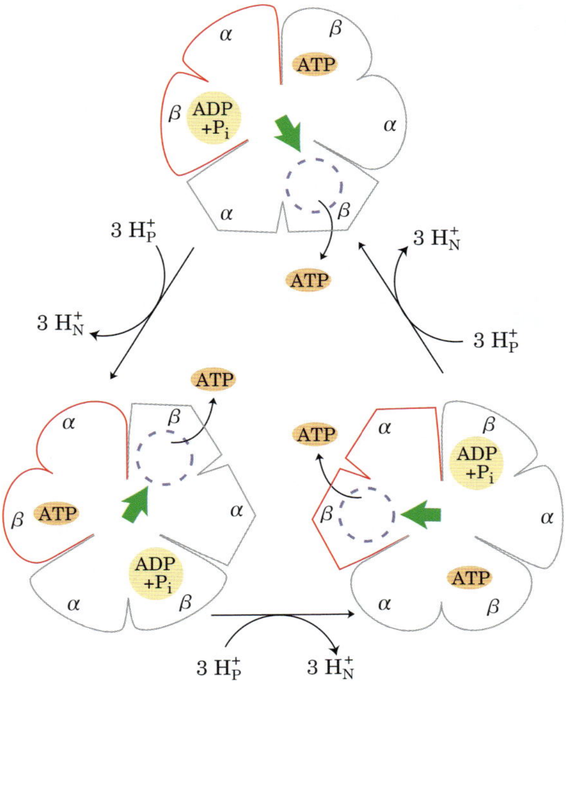

図 19-26　ATP シンターゼに関する交代結合モデル

F_1複合体は，一対のαサブユニットとβサブユニットに対応して，等価ではない 3 か所のアデニンヌクレオチド結合部位を有する．どの瞬間においても，これらの部位の一つはβ-ATP 型コンホメーション（ATP と強固に結合する）を，次はβ-ADP 型コンホメーション（弱い結合）を，3 番目はβ-空型コンホメーション（結合が非常に弱い）をとっている．N 側から見たこの図では，プロトン駆動力が中心軸であるγサブユニットの緑色の矢印で示すような回転を引き起こし，各$\alpha\beta$サブユニット対と順次接する．これによって，β-ATP 部位がβ-空型コンホメーションに変換して ATP が解離したり，β-ADP 部位がβ-ATP 型コンホメーションに変換して，結合している ADP + P_iの ATP 生成に向けた縮合を促進したり，さらにβ-空部位がβ-ADP 部位に変わって，溶液から入ってくる ADP とP_iとゆるく結合したりするなどの協同性のコンホメーション変化が起こる．実験的な知見に基づくこのモデルでは，三つの触媒部位の少なくとも二つが活性を交代し合う必要がある．すなわち，ADP とP_iが他方に結合するまでは，ATP はある部位から解離できない．図 19-27 で示す実験のように，ATP シンターゼが ATP アーゼとして作用しているときには，回転方向が逆になることに注意しよう．

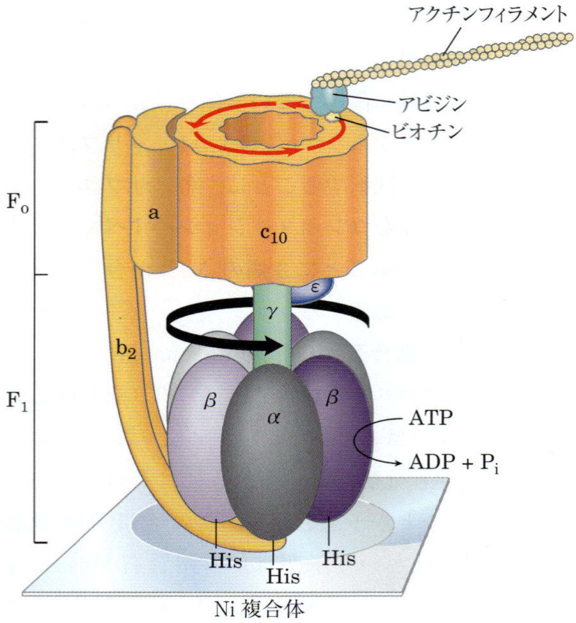

図 19-27　実験的に示された F_o と γ の回転

遺伝的操作により連続する His 残基を含むようにした F_1 は，Ni 複合体を塗布したスライドガラスに強固に付着する．一方，F_o の c サブユニットには，ビオチンが共有結合してある．さらに，ビオチンに非常に強固に結合するタンパク質のアビジンは，蛍光物質で標識したアクチンの長いフィラメントに共有結合してある．ビオチンとアビジンとの結合によって，アクチンフィラメントは c サブユニットに付着する．F_1 の ATP アーゼ活性の基質として ATP を加えると，標識フィラメントが連続して一方向に回転するのが見られ，c サブユニットをもつ F_o 円筒の回転が証明される．別の実験では，蛍光アクチンフィラメントを直接 γ サブユニットに付着させた．一連の蛍光顕微鏡写真（左から右へ）は 133 ミリ秒間隔でのアクチンフィラメントの位置を示している．フィラメントが回転するにつれて，11 フレームごとに不連続に移動することに注意しよう．おそらく，円筒と中心軸は一つにまとまって動くのであろう．［出典：模式図，Y. Sambongi et al., *Science* **286**: 1722, 1999 の情報．顕微鏡写真，Ryohei Yasuda と Kazuhiko Kinoshita の厚意による．R. Yasuda et al., *Cell* **93**: 1117, 1998. ©Elsevier.］

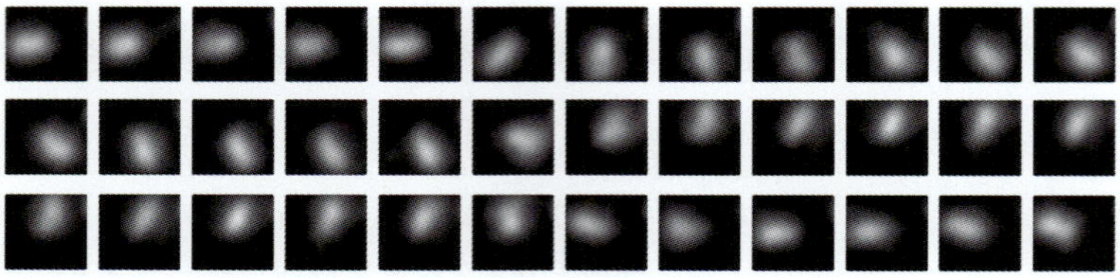

た細長い蛍光性アクチンポリマーが，スライドガラス上に固定した $\alpha_3\beta_3$ に対して動くことを利用して，単一の F_1 分子中の γ の回転を顕微鏡観察によって検出した（この実験では，ATP が合成されているときの回転が逆方向になるという予想を調べることはできなかった．ATP 合成を駆動するプロトン勾配がないからである）．F_oF_1 複合体全体（F_1 だけでなく）を同様の実験に用いると，c サブユニットでできた輪全体が γ とともに回転した（図 19-27）．この「軸 shaft」は，予想された方向にぐるっと 360° 回転した．ただし，その回転は滑らかではなく，120° ずつの三つのステップに分かれて起こった．1 個の F_1 分子による ATP 加水分解についての既知の速度，およびアクチンポリマーが長いための摩擦抵抗から計算すると，化学エネルギーの運動への変換に関するこの機構の効率は 100％に近い．「素敵な分子機械だ！」とは，Boyer の言葉である．

F_o 複合体を介するプロトン流がどのようにして回転運動を生み出すのか？

F_o 複合体において，プロトン流と回転運動がどのようにして共役するのかについて説明する適切なモデルを図 19-28 に示す．F_o の個々のサブユニットは，中心部の芯のまわりにリング状に配置されている．この芯部位はおそらく膜脂質で満たされている．各 c サブユニットにおいて，重要な Asp（または Glu）残基が膜の中央付近に位置している．プロトンは，a サブユニットと c サブユニットにより形成される通路を通って膜透過する．a サブユニットは，P 側（膜間腔側）から膜の中央，すなわち隣接する c サブユニットの Asp 残基の近傍までのプロトン半チャネルを有する．プロトンは，P 側（プロトン濃度が比較的高い側）から拡散して半チャネルを通過し，Asp 残基に結合する．Asp 残基のカルボキシ基の負電荷がなくなるので，それまでは Asp 残基と結合していた正荷電の Arg 残基が移動する．この Arg 残基は横に振れ，リング内の隣接する c サブユニットの Asp 残基と相互作用し，その Asp 残基のプロトンと置き換わる．このプロトンは，第二の半チャネルを通ってプロトン濃度が比較的低い N 側へと出ていく．これによって，マトリックスの外側から内側への 1 プロトン当量の移動が完了する．そして，新たなプロトンがサイトゾル側から半チャネルに入り，前述の c サブユニットの隣にある c サブユニットの Asp 残基にまで移動し，Arg 残基に置き換わって Asp 残基をプロトン化する．この Arg 残基が，そのまた隣の c サブユニットのプロトンと置き換わる．同様にこの過程が繰り返し進んでいく．c リングの回転運動は，熱運動（ブラウン運動）の結果であり，膜を隔てるプロトンの大きな濃度差によって一方向性に起こる．c リングを完全に 1 回転させるために輸送されるべきプロトン数は，リング内の c サブユニットの数に等しい．原子間力顕微鏡（Box 19-3）や X 線回折を用いた c リングの研究から，c サブユニット数は生物種によって異なることが示されている（図 19-29）．ウシのミトコンドリアでは

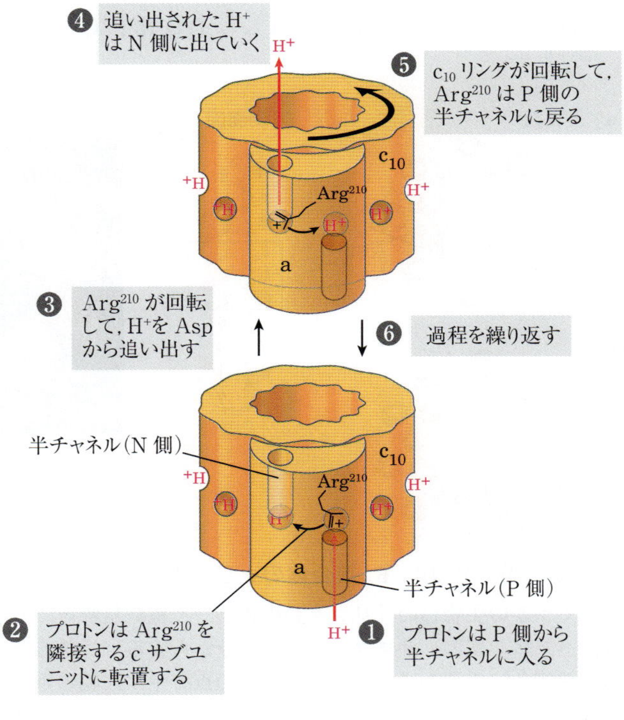

図 19-28　プロトンが駆動する c リングの回転モデル

ATP シンターゼ（図 19-25(a) 参照）の F_o 複合体 a サブユニットには，プロトンに対する二つの親水性半チャネルがあり，一方は P 側から膜中央まで通じ，もう一方は膜中央から N 側（マトリックス）に通じている．F_o の各 c サブユニット（酵母では 10 個）は，中心部の芯のまわりにリング状に配置されている．各 c サブユニットには，膜を横切る中央あたりに重要な Asp 残基があり，この Asp 残基がプロトン（図中の赤字の H^+）の受け渡しを行う．a サブユニットには正電荷をもつ Arg の側鎖があり，隣接する c サブユニットにある Asp 残基の負電荷のカルボキシ基と静電的に相互作用する．この c サブユニットはまず，P 側（プロトン濃度が相対的に高い側）から半チャネルに入ったプロトンが Asp 残基に遭遇してプロトン化するように位置する．このプロトン化によって，Asp 残基の Arg 残基との相互作用は弱まる．Arg 側鎖は，次の c サブユニットのプロトン化されている Asp 残基に向かって回転し，新たな静電的 Arg–Asp 相互作用の形成に伴ってカルボキシ基のプロトンを追い出す．追い出されたプロトンは a サブユニットの第二の半チャネルを通って N 側へと放出される．脱プロトン化された Asp を有する c サブユニットは，Arg–Asp 対が P 側の半チャネルに面するように動く（c リングが回転する）．そして次のサイクルが始まってプロトンが入り，Asp がプロトン化され，Arg が移動してプロトンが放出される．リングの回転は熱力学的運動（ブラウン運動）によって起こる．リングは，効率良く段階的に回る．プロトン勾配の向きがプロトン流の方向を規定し，c リングを基本的に一方向にのみ回転させる．［出典：PDB ID 1OHH, E. Cabezon et al., *Nature Struct. Biol.* **10**: 744, 2003.］

この数は 8 であり，酵母ミトコンドリアや大腸菌では 10 である．c サブユニットの数は，シアノバクテリアの *Spirulina platensis* の 15 まで広範である．無損傷のミトコンドリアにおける回転速度は，1 分間あたり約 6,000 回（1 秒あたり 100 回転）と見積もられている．

化学浸透圧型の共役では O_2 消費と ATP 合成の間の非整数的化学量論が成り立つ

酸化的リン酸化に関する化学浸透圧モデルが一般に受け入れられるまでは，全体の反応式は次のようなものであろうと考えられていた．

$$x\mathrm{ADP} + x\mathrm{P_i} + \tfrac{1}{2}\mathrm{O_2} + \mathrm{H^+} + \mathrm{NADH} \longrightarrow x\mathrm{ATP} + \mathrm{H_2O} + \mathrm{NAD^+} \quad (19\text{-}11)$$

この反応式では，x の値（しばしば **P/O 比** P/O ratio や **P/2e^- 比** P/2e^- ratio と呼ばれる）は常に整数である．無損傷のミトコンドリアをコハク酸や NADH などの酸化可能な基質を含む溶液に懸濁して O_2 を供給すれば，ATP 合成と O_2 の減少が容易に測定できる．原理的には，消費される 1/2 O_2 あたり合成される ATP の数，すなわち P/O 比は，これら二つの測定から得られるはずである．ほとんどの実験においては，P/O（1/2 O_2 に対しての ATP）比について，NADH が電子供与体であるときには 2 ～ 3 の間の値となり，コハク酸が供与体であるときには 1 ～ 2 の間の値となった．P/O が整数値でなければならないという仮定に立って，ほとんどの実験者は P/O 比は NADH については 3，コハク酸については 2 であるべきであるとし，このような値は長年にわたって研究論文や教科書に掲載されていた．

電子伝達と ATP 合成の共役に関する化学浸透

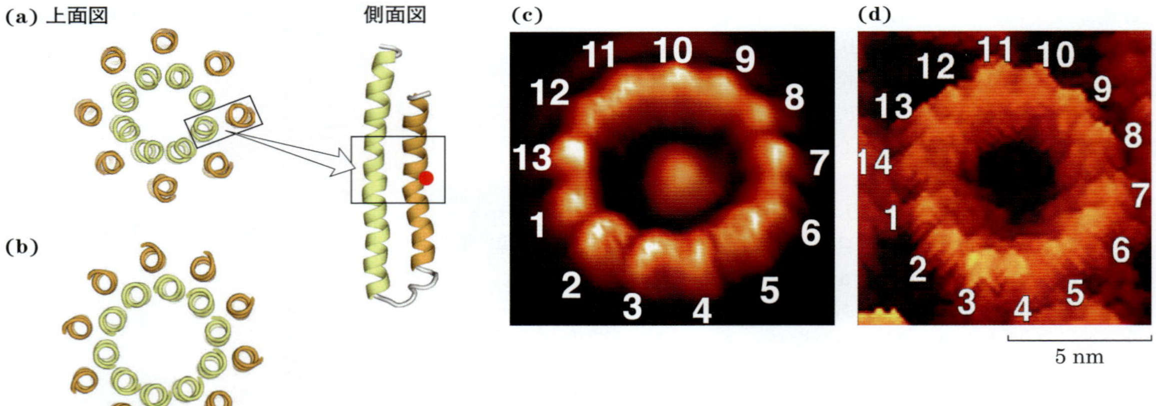

図 19-29　F_o 複合体の c リングを構成する c サブユニットの数の生物種による違い

いくつかの生物種の c リングの構造が，X 線結晶解析によって決定されている．内側のリングの各ヘリックスは，ヘアピン状の c サブユニットの半分から成る．外側のリングのヘリックスはもう半分のヘアピン構造から成る．決定的に重要な Asp^{61} 残基を赤色の点で示す．膜の垂直方向から c リングを見ると，c サブユニットの数がわかる．**(a)** のウシミトコンドリアの c リングは 8 個，**(b)** の酵母ミトコンドリアの c リングは 10 個の c サブユニットから成ることがわかる．**(c)** 好熱細菌 *Bacillus* 種 TA2.A1（13 個）および **(d)** ホウレンソウ（14 個）の c リングは，原子間力顕微鏡（Box 19-3 参照）を用いて可視化されたものである．図 19-28 に示すモデルによれば，c リングの c サブユニット数の違いによって，呼吸鎖を通って伝達される一対の電子あたりの ATP 産生の比の違いが生じる（すなわち P/O 比が異なる）．［出典：(a) PDB ID 1OHH, E. Cabezon et al., *Nature Struct. Biol.* **10**: 744, 2003.（c）D. Matthies et al., *J. Mol. Biol.* **388**: 611, 2009.（d）H. Seelert et al., *Nature* **405**: **418**, 2000. Macmillan Publishers Ltd. の許可を得て転載．］

BOX 19-3

研究法
膜タンパク質を可視化するための原子間力顕微鏡法

原子間力顕微鏡法 atomic force microscopy (**AFM**) では，自由に動くカンチレバー cantilever に取り付けた顕微鏡プローブの鋭い先端部が，膜のようなでこぼこした表面を走査する（図 1）．プローブが試料中の山や谷に遭遇すると，先端部と試料の間の静電相互作用とファンデルワールス相互作用がプローブを上下動（z 軸方向）させる力を生み出す．カンチレバーで反射したレーザー光が，わずか 1 Å ほどの動きを検出する．ある型の原子間力顕微鏡では，力を一定に保つように試料台を上下させるフィードバック回路によって，プローブにかかる力が（ピコ・ニュートンの単位で，標準力に相対して）一定に保たれる．x 軸と y 軸方向（膜平面）に対して一連の走査を行うことによって，原子のスケールに近い分解能（垂直方向には 0.1 nm，水平方向には 0.5 ～ 1.0 nm）で，表面の三次元輪郭図を作成することができる．

うまくいけば，AFM は F_o 複合体の c サブユニット（図 19-29(c)，(d)）のように単一の膜タンパク質分子の研究に利用できる．

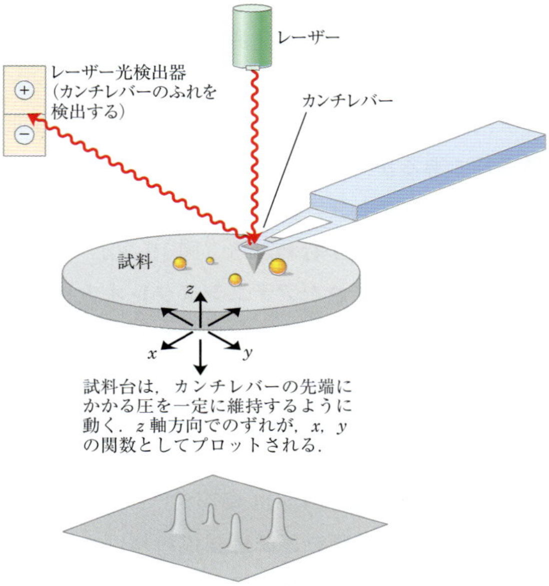

図 1　原子間力顕微鏡法の原理

圧パラダイムの導入以来，P/O 比が整数である理論的必要性はなくなった．それによって，化学量論 stoichiometry に関連する疑問は次のようになった．1 個の NADH から O_2 への電子伝達によって何個のプロトンがくみ出されるのか．また 1 個の ATP を合成するために何個のプロトンが F_oF_1 複合体を通って流入しなければならないのか．プロトンの流れの測定は技術的に複雑である．つまり，ミトコンドリアの緩衝能，内膜を通るプロトンの非生産的な漏出，ミトコンドリア内膜を通る基質の輸送の駆動（後述）などの，ATP 合成以外の機能へのプロトンの利用を考慮しなければならない．一対の電子あたりでくみ出されるプロトン数の常識的な値は，NADH については 10，ユビキノンのレベルで電子を呼吸鎖に導入するコハク酸については 6 である．1 分子の ATP を合成するために必要なプロトン数について最も広く受け入れられている実験値は 4 であり，そのうちの一つは P_i，ATP，ADP のミトコンドリア膜を介する輸送の際に使われる（後述）．1 分子の NADH あたり 10 個のプロトンがくみ出され，1 個の ATP 合成のために 4 個のプロトンが流入しなければならないとすれば，プロトンに基づく P/O 比は電子供与体が NADH の場合には 2.5，コハク酸の場合には 1.5（6/4）である．しかし，例題 19-2 で見るように，ATP シンターゼによる ATP 合成のプロトン化学量論は，F_o の c サブユニットの数に依存する．その数は生物種に依存し

て 8 ～ 15 の範囲である．

プロトン駆動力は能動輸送にエネルギーを供給する

ミトコンドリアにおけるプロトン勾配の主要な役割は ATP 合成に対するエネルギー供給であるが，プロトン駆動力は酸化的リン酸化にとって必須ないくつかの輸送過程も駆動する．ミトコンドリア内膜は荷電している分子種に対して通常は非透過性であるが，二つの特異的な輸送系が働いて ADP と P_i のマトリックスへの搬入と ATP のサイトゾルへの搬出が行われる（図 19-30）．

内膜に組み込まれた**アデニンヌクレオチドトランスロカーゼ** adenine nucleotide translocase は，膜間腔で ADP^{3-} と結合し，同時にくみ出される ATP^{4-} 分子と交換するように，この ADP^{3-} をマトリックス内に輸送する（ATP と ADP のイオン化型については図 13-11 参照）．この対向輸送体は，3 個の負電荷を運び込む代わりに 4 個の負電荷を運び出すので，マトリックス内を正味で負に帯電させるような膜内外の電気化学的勾配によって促進される．すなわち，プロトン駆動力が ATP-ADP 交換を推進する．アデニンヌクレオチドトランスロカーゼは，ある種のアザミによって産生される有毒配糖体アトラクチロシド atractyloside によって特異的に阻害される．もしも ADP をミトコンドリアに搬入し，ATP をミトコンドリアから搬出する輸送が阻害されれば，サイトゾルの ATP は ADP から再生できないので，アトラクチロシドの毒性が説明される．

酸化的リン酸化に必須な第二の膜輸送系は，1 個の $H_2PO_4^-$ と 1 個の H^+ のマトリックス内への共輸送を促進する**リン酸トランスロカーゼ** phosphate translocase である．この輸送過程もまた膜内外のプロトン勾配によって促進される（図 19-30）．この過程は内膜の P 側から N 側への 1 個のプロトンの移動を必要とし，電子伝達のエネルギーの一部を消費することに注意しよう．ATP シンターゼと両トランスロカーゼから成る複合体，**ATP シンタソーム** ATP synthasome は，界面活性剤による温和な分離によってミトコンドリアから単離できる．このことは，これら 3 種類のタンパク質の機能が極めて厳密に統合されていることを示唆する．

ATP と ADP は，ミトコンドリア外膜を電位依存性陰イオンチャネル voltage-dependent

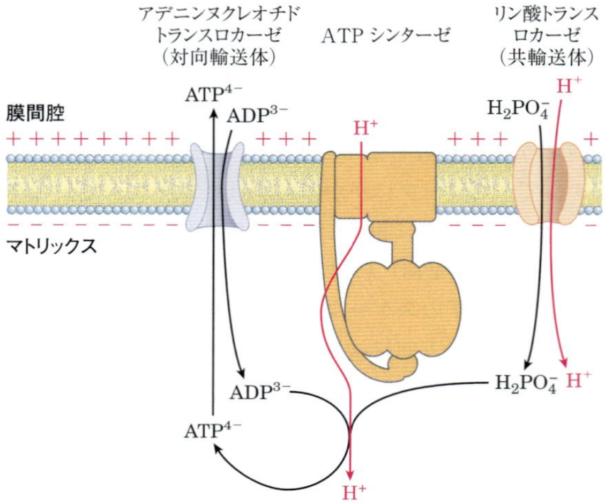

図 19-30 アデニンヌクレオチドトランスロカーゼとリン酸トランスロカーゼ

ミトコンドリア内膜の輸送系は，ADP と P_i をマトリックスに，新たに合成された ATP をサイトゾルに輸送する．アデニンヌクレオチドトランスロカーゼは対向輸送体であり，同じタンパク質が ADP をマトリックス内に，ATP をマトリックス外に移動させる．この ATP^{4-} と ADP^{3-} を置き換える作用は，正味で 1 個の負電荷が流出することになり，内膜を隔てる電荷の差（外側が正）によって促進される．pH 7 においては，P_i は HPO_4^{2-} および $H_2PO_4^-$ の両方として存在し，リン酸トランスロカーゼは $H_2PO_4^-$ のほうに特異的である．$H_2PO_4^-$ と H^+ との共輸送の場合は正味の電荷の流れはないが，マトリックス内のプロトン濃度が比較的低いほうが，H^+ の内向きの移動に好都合である．このように，プロトン駆動力は，ATP 合成へのエネルギー供給と，基質（ADP と P_i）のミトコンドリアのマトリックス内への輸送と生成物（ATP）のマトリックス外への輸送の両面に働く．これら三つの輸送機構は一つの膜結合型複合体（ATP シンタソーム）として単離できる．

anion channel（VDAC）を介して通過する．VDACは，19の鎖から成るβバレル（図11-11参照）であり，サイトゾルと膜間腔をつなぐ約27 Åの開口部をもつ．各VDACは，開口時に1秒あたり10^5分子のATPを移動させることができる．その名のとおり，開口部は電位によって開閉し，条件によってはATPを通過させない．

例題 19-2　ATP産生の化学量論：cリングのサイズの影響

(a) もしもウシのミトコンドリアにあるATPシンターゼのcリングが8個のcサブユニットから成るとすると，酸化されるNADHあたりの生成するATPの予想される割合はいくらか．(b) ATPシンターゼのcサブユニットが10個である酵母ミトコンドリアに関する予想値はいくらか．(c) $FADH_2$から呼吸鎖に入る電子について対応する値はいくらか．

解答：(a) これはNADHあたり産生されるATP量を求める問題である．問い方を変えれば「P/O比を計算せよ，あるいは式19-11の*x*を求めよ」となる．cリングが8個のcサブユニットから成るとすれば，1回転で8個のプロトンがマトリックスへと輸送され，3分子のATPがつくられる．しかし，この合成のためには，3分子のリン酸（P_i）のマトリックスへの搬入が必要であり，1分子のP_iの輸送には1個のプロトンを必要とするので，必要な総数にプロトン3個が加わる．これによって，全代価は（11プロトン）/(3 ATP) = 3.7プロトン/ATPとなる．NADHから伝達される一対の電子あたりでくみ出されるプロトン数の一般的に合意された値は10である（図19-17）．したがって，1分子のNADHの酸化によって（10プロトン）/(3.7プロトン/ATP) = 2.7 ATPが産生される．

(b) cリングが10個のcサブユニットから成るとすれば，1回転で10個のプロトンがマトリックスへと輸送され，3分子のATPがつくられる．3 P_iのマトリックスへの輸送のための3個のプロトンを加えた全代価は（13プロトン）/(3 ATP) = 4.3プロトン/ATPとなる．したがって，1分子のNADHの酸化によって（10プロトン）/(4.3プロトン/ATP) = 2.3 ATPが産生される．

(c) 電子が$FADH_2$からユビキノンを経て呼吸鎖に入る際には，ATP合成の駆動には6個のプロトンしか利用できない．したがって，ウシのミトコンドリアに関する計算は，$FADH_2$からの一対の電子あたり(6プロトン)/(3.7プロトン/ATP) = 1.6 ATPに変わる．酵母ミトコンドリアに関する計算値は，$FADH_2$からの一対の電子あたり(6プロトン) / (4.3プロトン /ATP) = 1.4 ATPとなる．

上記の*x*またはP/O比の計算値は，2.5 ATP/NADHおよび1.5 ATP/$FADH_2$という実測値を含む一定の範囲を規定する．そこで，本書全体を通じてこれらの値を用いる．

シャトル系はサイトゾルのNADHを酸化するためにミトコンドリア内に間接的に運び込む

動物細胞のミトコンドリア内膜のNADHデヒドロゲナーゼは，マトリックス内のNADHの電子をマトリックス内からだけ受け取ることができる．内膜はNADHを透過させないので，サイトゾルでの解糖によって生成するNADHは，どのようにして呼吸鎖を介してO_2によってNAD^+に再酸化されるのだろうか．特別なシャトル（往復輸送）系が，間接的なルートによって還元当量をサイトゾルのNADHからミトコンドリア内に運び込む．肝臓，腎臓および心臓のミトコンドリアで機能する最も活発なNADHシャトルは，**リンゴ酸-アスパラギン酸シャトル** malate-aspartate

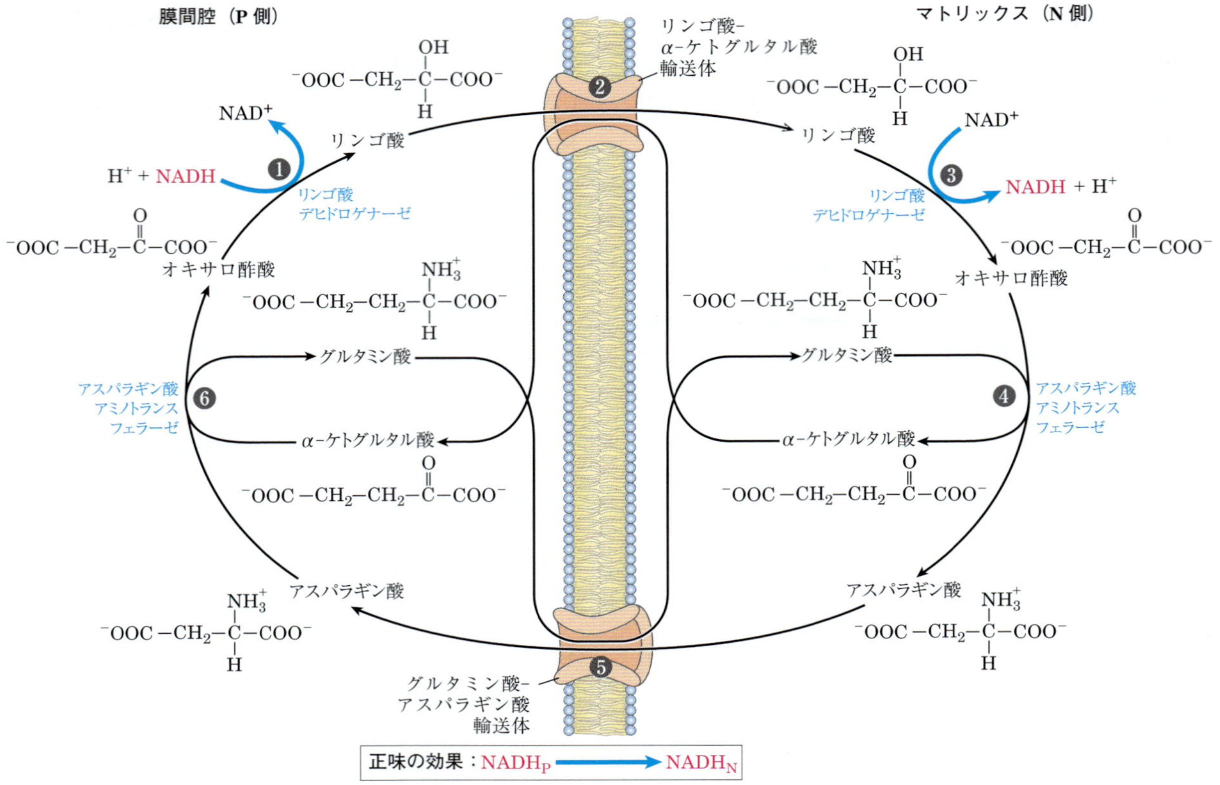

図 19-31 リンゴ酸-アスパラギン酸シャトル

サイトゾル NADH から還元当量をミトコンドリアのマトリックス内に運び込むこのシャトルは，肝臓，腎臓，心臓で利用される．❶ サイトゾルの NADH は，外膜の開口部（ポリン）を通って膜間腔に入り，2 個の還元当量をオキサロ酢酸に渡してリンゴ酸を生成する．❷ リンゴ酸は，リンゴ酸-α-ケトグルタル酸輸送体を通って内膜を透過する．❸ マトリックスにおいて，リンゴ酸は 2 個の還元当量を NAD^+ に渡し，結果として生じる NADH は呼吸鎖で酸化される．リンゴ酸から生じたオキサロ酢酸は，サイトゾルに直接移行することはできない．❹ オキサロ酢酸はまずアミノ基転移によってアスパラギン酸に変わり，❺ アスパラギン酸は，グルタミン酸-アスパラギン酸輸送体を介してサイトゾルに出ることができる．❻ オキサロ酢酸はサイトゾルで再生され，この回路が完了する．そして，同じ反応で生成したグルタミン酸は，グルタミン酸-アスパラギン酸輸送体を通ってマトリックスに入る．

shuttle である（図 19-31）．サイトゾル NADH の還元当量は，まずサイトゾルのリンゴ酸デヒドロゲナーゼの触媒によって，サイトゾルのオキサロ酢酸に転移されてリンゴ酸を生成する．このようにして生成したリンゴ酸は，リンゴ酸-α-ケトグルタル酸輸送体を介して内膜を通過する．マトリックス内で，この還元当量はマトリックスのリンゴ酸デヒドロゲナーゼの作用によってマトリックスの NAD^+ に渡されて NADH を産生し，この NADH は内膜の呼吸鎖に直接電子を渡す．この電子対が O_2 にまで渡されると，約 2.5 分子の ATP が産生される．このシャトルの次のサイクルが始まるためには，アミノ基転移反応と膜の輸送体の活性によってサイトゾルのオキサロ酢酸が再生されなければならない．

骨格筋や脳は，別の NADH シャトル，**グリセロール 3-リン酸シャトル** glycerol 3-phosphate shuttle を利用する（図 19-32）．このシャトルは，還元当量を NADH からグリセロール 3-リン酸デヒドロゲナーゼの FAD を介してユビキノン，す

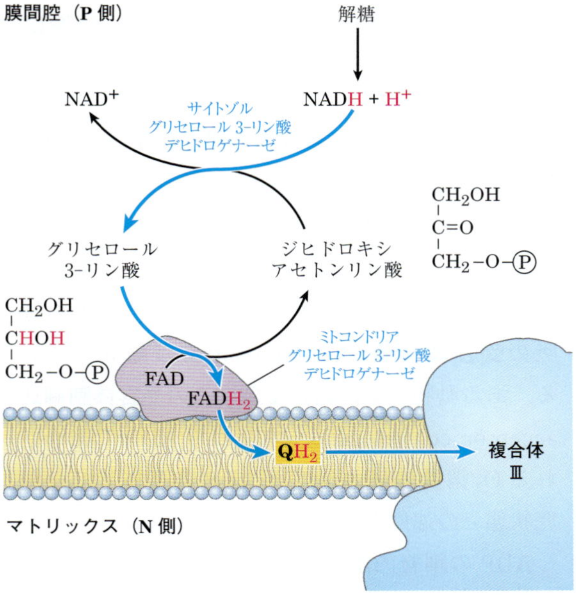

図 19-32　グリセロール 3-リン酸シャトル

このシャトルは，サイトゾルから呼吸鎖に還元当量を移動させる別の方法であり，骨格筋や脳で作動する．サイトゾルのグリセロール 3-リン酸デヒドロゲナーゼによって触媒される反応で，ジヒドロキシアセトンリン酸が NADH から二つの還元当量を受け取る．内膜の外表面に結合しているグリセロール 3-リン酸デヒドロゲナーゼのアイソザイムが，膜間腔で 2 個の還元当量をグリセロール 3-リン酸からユビキノンに伝達する．このシャトルには，膜輸送系が関与しないことに注意しよう．

なわち複合体Ⅰではなく複合体Ⅲに渡す点で，リンゴ酸-アスパラギン酸シャトルとは異なる（図 19-15）．これによって，電子対あたりでは 1.5 分子の ATP を合成するために十分なだけのエネルギーを供給する．

植物のミトコンドリアには，サイトゾル NADH からの電子をユビキノンのレベルで直接呼吸鎖に渡すことができる外側を向いた NADH デヒドロゲナーゼがある．この経路は，複合体Ⅰの NADH デヒドロゲナーゼとそれに関連するプロトン移動を迂回するので，サイトゾル NADH からの ATP 産生量はマトリックスで生成する NADH に由来する ATP の産生量よりも少ない（Box 19-2）．

まとめ

19.2　ATP 合成

- 複合体Ⅰ，Ⅲ，Ⅳを経由する電子の流れは，結果としてミトコンドリア内膜を横切ってプロトンをくみ出し，膜間腔に比べてマトリックスを相対的にアルカリ性にする．このプロトン勾配が，内膜の ATP シンターゼ（F_oF_1 複合体）による ADP と P_i からの ATP 合成のためのエネルギー（プロトン駆動力）を供給する．
- ATP シンターゼは「回転触媒作用」を行う．この際の F_o 経由のプロトンの流れが，F_1 における 3 か所のヌクレオチド結合部位のそれぞれを，（ADP + P_i）結合型，ATP 結合型，空型の順にコンホメーションを変化させる．
- この酵素上での ATP 生成は，エネルギーをほとんど必要としない．プロトン駆動力の役割は，シンターゼ上の結合部位から ATP を押し出すことである．
- H_2O へと還元される 1/2 O_2 あたりの ATP 合成の比（P/O 比）は，電子が複合体Ⅰで呼吸鎖に入るときには約 2.5，電子がユビキノンから入るときには 1.5 である．この比は生物種によって異なり，F_o 複合体の c サブユニットの数に依存している．
- プロトン勾配として保存されたエネルギーは，膜を横切る上り坂の溶質輸送を駆動できる．
- ミトコンドリア内膜は NADH や NAD^+ を透過させないが，NADH 当量はサイトゾルからマトリックスに二つのシャトル系のどちらかによって移動する．リンゴ酸-アスパラギン酸シャトルにより移動した NADH 当量は，複合体Ⅰで呼吸鎖に入り，2.5 の P/O 比をもたらす．グリセロール 3-リン酸シャトルでは NADH 当量はユビキノンで入り，1.5 の P/O 比を与える．

19.3 酸化的リン酸化の調節

酸化的リン酸化によって，好気性細胞におけるATPのほとんどが産生される．グルコース1分子のCO_2への完全酸化によって，30または32個のATPが産生される（表19-5）．これに対して，嫌気的条件下での解糖（乳酸発酵）は，グルコース1分子あたり2個のATPを産生するだけである．酸化的リン酸化の進化が異化代謝のエネルギー効率の著しい上昇をもたらしたことは明白である．パルミチン酸（16：0）の補酵素A誘導体のCO_2への完全酸化もミトコンドリアマトリックスで起こるが，この場合には1分子のパルミトイルCoAあたりで108個のATPが産生される（表17-1参照）．各アミノ酸の酸化によるATP産生についても同様の計算が成り立つ（Chap. 18）．酸化的リン酸化を伴うO_2への電子伝達という結果に至る好気的酸化経路が，異化代謝におけるATP産生の大半を占めている．したがって，著しく変動する細胞のATP需要に見合うように酸化的リン酸化によるATP産生を調節することは，絶対的に必須である．

酸化的リン酸化は細胞のエネルギー需要によって調節される

ミトコンドリアにおける呼吸（O_2消費）の速度は厳密に調節される．すなわち，この速度は一般にリン酸化の基質であるADPの供給によって制限される．P_iの受容体であるADP（図19-20(b)）の供給に対するO_2消費速度の依存，すなわち呼吸の**受容体制御** acceptor control は際立っている．ある動物組織においては，この**受容体制御比** acceptor control ratio，すなわちADPで誘導されるO_2消費の最大速度とADP非存在下での基底状態での速度との比は少なくとも10である．

ADPの細胞内濃度は，細胞のエネルギー状態の尺度の一つである．関連する別の尺度はATP-ADP系の**質量作用比** mass-action ratio，すなわち［ATP］/（［ADP］［P_i］）である．通常はこの比は極めて大きく，ATP-ADP系はほぼ完全にリン酸化されている．あるエネルギー要求性の過程（例：タンパク質合成）の速度が上昇すると，ATPのADPとP_iへの分解速度が高まり，この質量作用比が低下する．酸化的リン酸化のために利用可能なADPが増えるとともに呼吸速度は上昇し，ATPの再生を引き起こす．この現象は，質量作用比が通常の高いレベルに回復するまで持続し，その時点で呼吸が再び遅くなる．ほとんどの組織において，細胞の燃料が酸化される速度は，たとえエネルギー需要が極端に変動している場合

表19-5 グルコースの完全酸化によるATPの産生

過　程	直接の産物	最終ATP産生
解糖	2 NADH（サイトゾル）	3または5[a]
	2 ATP	2
ピルビン酸の酸化（グルコース1分子あたり2個）	2 NADH（ミトコンドリアマトリックス）	5
クエン酸回路でのアセチルCoAの酸化（グルコース1分子あたり2個）	6 NADH（ミトコンドリアマトリックス）	15
	2 $FADH_2$	3
	2 ATPまたは2 GTP	2
グルコース1分子あたりの産生合計		30または32

[a] リンゴ酸-アスパラギン酸シャトルがミトコンドリア内への還元当量の輸送に利用されると，5 ATPが産生される．グリセロール3-リン酸シャトルが利用されると，3 ATPが産生される．

であっても，[ATP]/([ADP][P_i]) 比がほんのわずかしか変動しないように高い感受性と厳密さで調節される．簡潔に言えば，ATP はエネルギー要求性の細胞活動で消費されるのと同じくらいの速さで産生される．

低酸素では阻害タンパク質が ATP の加水分解を防止する

ATP シンターゼが，ATP 合成の逆反応を触媒する ATP 駆動性のプロトンポンプであることはすでに見てきた（図 11-37 参照）．心臓発作や脳卒中などにおいて細胞が虚血（酸素欠乏）状態になると，酸素への電子伝達が減速してプロトンの排出が停止し，プロトン駆動力は即座に崩壊する．このような状態では ATP シンターゼが逆方向に作動し，プロトンの排出のために触媒系でつくられた ATP を加水分解し，ATP レベルの極端な低下を引き起こす．これを防ぐのが，同時に 2 分子の ATP シンターゼに結合して ATP アーゼ活性を阻害する（84 アミノ酸の）低分子量阻害タンパク質 IF_1 である（図 19-33）．IF_1 は pH 6.5 以下で形成される二量体でのみ阻害性を示す．酸素が欠乏した細胞では，主要な ATP 源が解糖になり，生成したピルビン酸または乳酸がサイトゾルとミトコンドリアマトリックスの pH を低下させる．これが IF_1 の二量体化を進め，ATP シンターゼの ATP アーゼ活性を阻害して ATP の無駄な加水分解を防ぐ．好気的代謝が回復すると，ピルビン酸の産生が遅くなってサイトゾルの pH が上がり，IF_1 二量体が不安定化して ATP シンターゼの阻害が解除される．IF_1 は天然変性タンパク質 intrinsically disordered protein であり（p. 193），ATP シンターゼと相互作用することによってのみ適切なコンホメーションをとる．

低酸素は ROS 産生といくつかの適応応答を引き起こす

低酸素状態の細胞では，ミトコンドリアマトリックスにおける代謝燃料の酸化による電子の導入と分子状酸素への電子伝達との間に不均衡が生じ，活性酸素種の産生が増大する．グルタチオンペルオキシダーゼ系（図 19-18）に加えて，細胞には他に ROS に対する 2 系統の防衛線がある（図 19-34）．一つは，アセチル CoA をクエン酸回路（Chap. 16）に導入する酵素であるピルビン酸デヒドロゲナーゼ（PDH）の調節である．低酸素状態では，PDH キナーゼがミトコンドリアの PDH をリン酸化して不活性化し，クエン酸回路から呼吸鎖への $FADH_2$ と NADH の導入を遅らせる．第二の ROS 産生阻害の手段は，COX4-1 という複合体Ⅳの一つのサブユニットを，低酸素状態により適した COX4-2 という別のサブユニッ

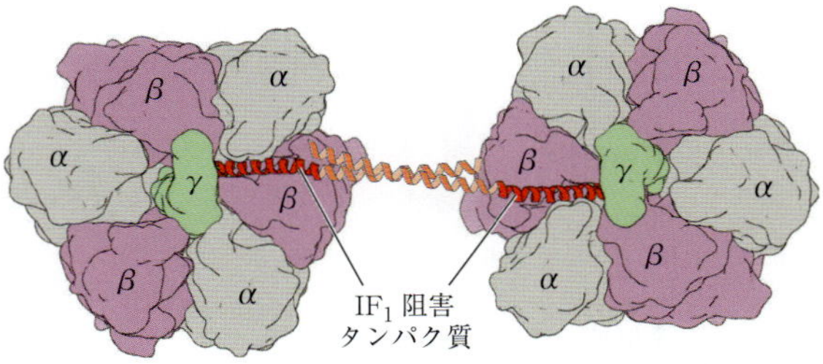

図 19-33　調節タンパク質 IF_1 と複合体を形成するウシ F_1-ATP アーゼの構造

図 19-25(c) で示したように，P 側から見た二つの F_1 分子を示す．阻害タンパク質 IF_1（赤色）は二リン酸（ADP）コンホメーションの α サブユニットと β サブユニット（α-ADP と β-ADP）との界面に結合し，二つの F_1 複合体を固定することによって ATP の加水分解（合成も）を阻害する（F_1 の結晶において解析できなかった IF_1 の一部は，単離した IF_1 の結晶構造を参考にして淡赤色で示してある）．この複合体は，解糖により ATP を産生している細胞に特徴的なサイトゾルの低い pH でのみ安定である．好気的代謝が回復すると，サイトゾル pH が上がり，阻害タンパク質が不安定化して ATP 合成が活性化する．［出典：PDB ID 1OHH に基づく．E. Cabezon et al., *Nature Struct. Biol.* **10**: 744, 2003.］

トに置き換えることである．COX4-1 を有する複合体Ⅳの触媒活性は通常の酸素濃度での呼吸に最適であるが，低酸素状態では COX4-2 を有する複合体Ⅳが最適に作動する．

PDH 活性と複合体Ⅳの COX4-2 含量の変化は，ともに低酸素誘導因子 HIF-1 によって媒介される．低酸素細胞において HIF-1（別の天然変性タンパク質の例）が蓄積して転写因子として作用し，PDH キナーゼ，COX4-2，および COX4-1 を分解するプロテアーゼの合成の引き金となる．HIF-1 は，O_2 のホメオスタシス（恒常性）のマスター調節因子である．HIF-1 はまた，グルコース輸送やワールブルグ効果 Warburg effect（ATP 産生を，酸素が十分に存在していてもミトコンドリア呼吸ではなく解糖に依存する現象）をもたらす解糖酵素を変化させることを思い出そう（Box 14-1 参照）．

防御タンパク質の一つに影響を及ぼすような遺伝的変異のため，あるいは ROS 産生が極めて高速な状態のために，これらの ROS 処理機構が不十分であるとき，ミトコンドリアの機能が損なわれる．ミトコンドリアの傷害は，加齢，心不全，糖尿病のまれな症例（後述）や，神経系に影響を及ぼすいくつかの母性遺伝病に関与すると考えられる．■

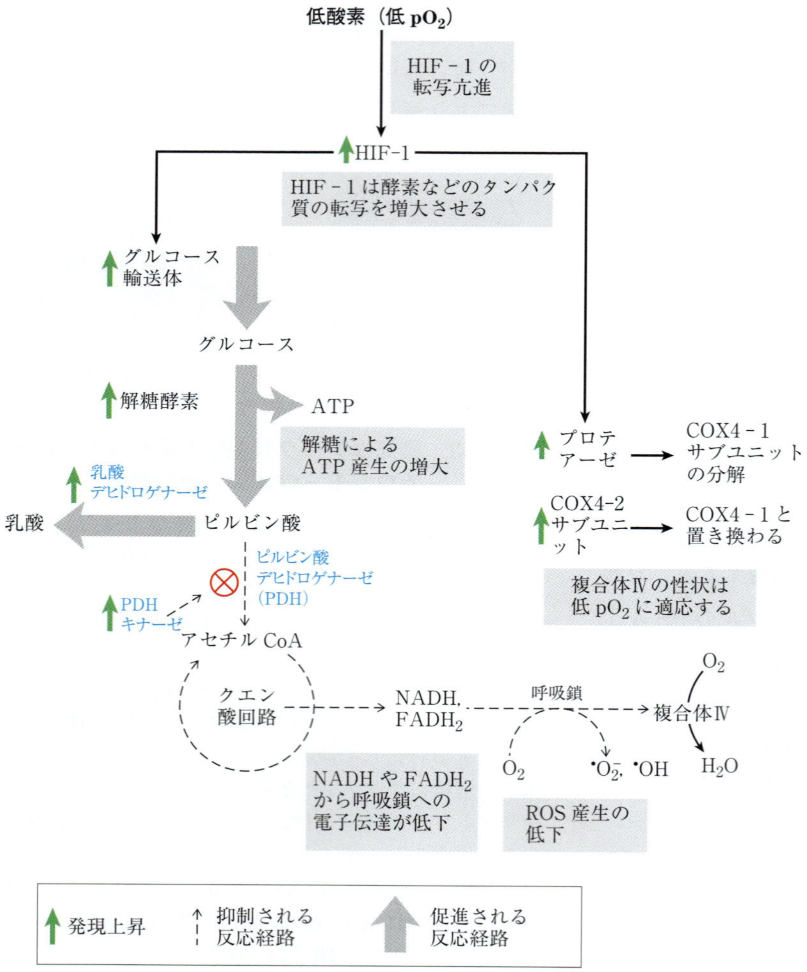

図 19-34 ROS 産生を低下させる低酸素誘導因子（HIF-1）による遺伝子発現の調節

低酸素条件下では，HIF-1 が多量に合成されて転写因子として働き，グルコース輸送体，解糖酵素，ピルビン酸デヒドロゲナーゼキナーゼ（PDH キナーゼ），乳酸デヒドロゲナーゼ，シトクロムオキシダーゼサブユニット COX4-1 を分解するプロテアーゼ，そしてシトクロムオキシダーゼサブユニット COX4-2 の合成を高める．これらの変化は，NADH と $FADH_2$ の供給を減らし，複合体Ⅳのシトクロムオキシダーゼを効率化することによって，ROS の生成に対抗する．［出典：D. A. Harris, *Bioenergetics at a Glance*, p. 36, Blackwell Science, 1995 の情報．］

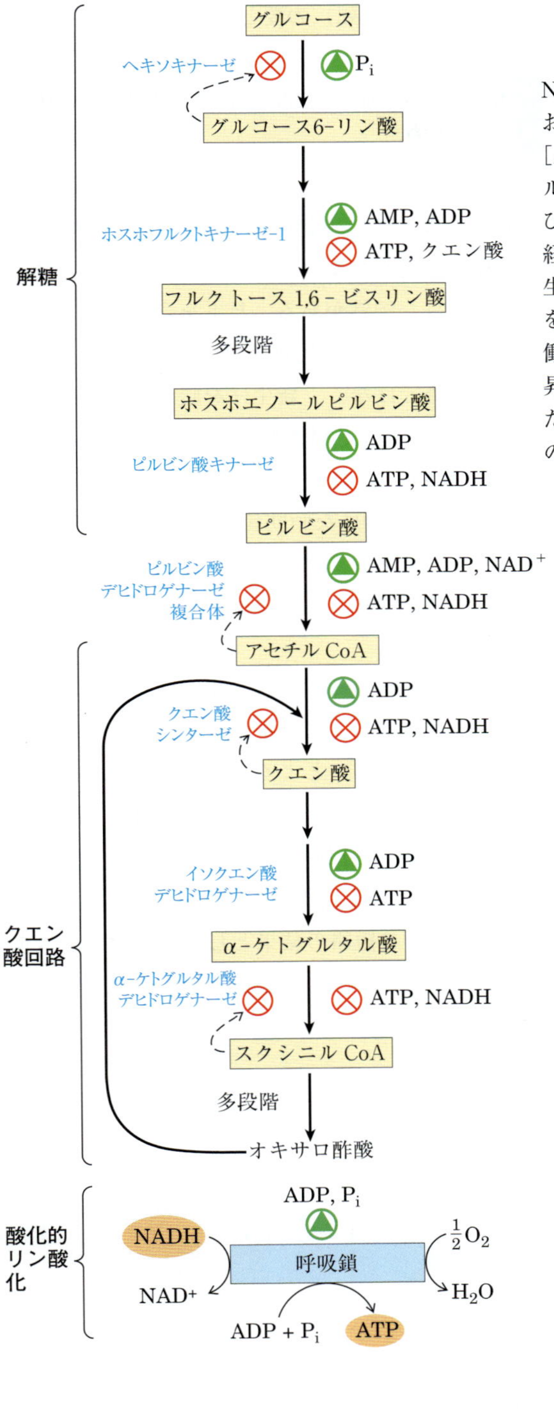

図 19-35　ATP 産生経路の調節

本図は，ATP，ADP，AMP の相対濃度，および NADH による解糖，ピルビン酸の酸化，クエン酸回路，および酸化的リン酸化の協調的な調節を示している．高い［ATP］（または低い［ADP］と［AMP］）は，解糖，ピルビン酸の酸化，クエン酸回路を介する酢酸の酸化，および酸化的リン酸化の速度の低下をもたらす．これら四つの経路はすべて，ATP の利用が増して，ADP，AMP，P_i の生成が高まると促進される．解糖系とクエン酸回路の両方を阻害するクエン酸の作用が，アデニンヌクレオチド系の働きを強める．さらに，NADH とアセチル CoA の濃度上昇もピルビン酸のアセチル CoA への酸化を阻害する．また，[NADH]/[NAD^+] 比が高い場合には，クエン酸回路のデヒドロゲナーゼ反応は阻害される（図 16-19 参照）．

ATP 産生経路は協調的に調節される

主要な異化代謝経路は重複する協調的な調節機構を有し，それらが ATP や生合成前駆体の産生のために経済的かつ自律的な方法で協同して機能するのを可能にする．ATP と ADP の相対濃度は，電子伝達や酸化的リン酸化の速度だけでなく，クエン酸回路，ピルビン酸の酸化，および解糖の速度も制御する（図 19-35）．ATP の消費が高まるときはいつでも，電子伝達と酸化的リン酸化の速度は上昇する．それと同時に，クエン酸回路を介するピルビン酸の酸化の速度も上昇し，呼吸鎖への電子の流入を増す．これらの変動は，次に解糖速度の上昇を引き起こし，ピルビン酸生成速度を上昇させることができる．ADP の ATP への変換によって ADP 濃度が低下すると，受容体制御によって電子伝達が減速し，酸化的リン酸化も遅くなる．ATP は解糖酵素のホスホフルクトキナーゼ-1（図 15-16 参照）とピルビン酸デヒドロゲナーゼ（図 16-19 参照）のアロステリック阻害物質なので，解糖とクエン酸回路も遅くなる．

ホスホフルクトキナーゼ-1 は，ATP だけでなくクエン酸回路の最初の中間体であるクエン酸によっても阻害される．この回路が「空回り」するとクエン酸はミトコンドリア内に蓄積し，次にサイトゾルに溢れ出す．サイトゾルにおいてATPとクエン酸の両方の濃度が高くなると，それらは個々の作用の和よりも大きなホスホフルクトキナーゼ-1の協調的アロステリック阻害を引き起こし，解糖を減速させる．

まとめ

19.3　酸化的リン酸化の調節

- 酸化的リン酸化は細胞のエネルギー需要によって調節される．細胞内ADP濃度と質量作用比[ATP]/([ADP][P_i])は細胞エネルギー状態の尺度である．
- 低酸素（酸素欠乏）状態の細胞では，ある阻害タンパク質がATPシンターゼの逆向き作動によるATP加水分解を阻害し，ATP濃度の極端な低下を防ぐ．
- HIF-1が媒介する低酸素への適応応答によって，呼吸鎖への電子伝達が遅くなり，低酸素状態で効率的に働くように複合体IVが修飾される．
- ATPとADPの濃度は，呼吸，解糖とクエン酸回路が連動する制御系によって，呼吸鎖を通る電子伝達速度を調節する．

19.4　熱産生，ステロイド合成，アポトーシスにおけるミトコンドリアの役割

ATP産生はミトコンドリアの中心的役割であるが，この細胞小器官は他にも機能があり，それらの機能は特定の組織や特別な環境下では極めて重要である．脂肪組織ではミトコンドリアは熱を産生し，低温環境から臓器を守る．副腎や生殖腺では，ミトコンドリアはステロイドホルモンの合成の場である．また，ほとんどのあるいはすべての組織において，ミトコンドリアがアポトーシス（プログラム細胞死）の要として働く．

褐色脂肪の脱共役性ミトコンドリアは熱を産生する

前述のように，細胞へのATP供給が適切であると呼吸が遅くなるという一般則に関して，極めて示唆に富む例外がある．ヒトを含むほとんどの哺乳類の新生仔は，代謝燃料の酸化がATPを産生するためではなく，新生仔を暖かく保つ熱を産生するために働く**褐色脂肪組織** brown adipose tissue（**BAT**，p. 1322）というタイプの脂肪組織を有する．この特殊な脂肪組織が褐色であるのは，多数のミトコンドリアが存在し，強い可視光吸収性のヘム基を含むシトクロムが高濃度で存在するためである．

褐色脂肪細胞のミトコンドリアは，内膜に特殊なタンパク質があることを除けば，他の哺乳類細胞のミトコンドリアとよく似ている．**脱共役タンパク質1** uncoupling protein 1（**UCP1**）は，プロトンがF_oF_1複合体を通らずにマトリックスに戻るような経路を提供する（図19-36）．このようなプロトンの短絡の結果として，酸化のエネルギーはATP生成によっては保存されず，熱とし

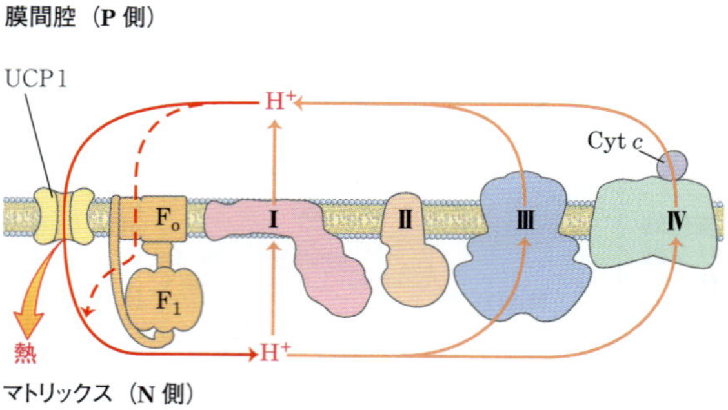

図19-36　脱共役性ミトコンドリアによる熱産生
褐色脂肪組織のミトコンドリアの脱共役タンパク質（UCP1）は，プロトンがミトコンドリアのマトリックスに再流入するための別ルートを提供することによって，プロトンのくみ出しにより保存されたエネルギーを熱として発散させる．

て発散されて新生仔の体温の維持に寄与する（図23-16 参照）．冬眠動物も長い冬眠期間中の熱産生を褐色脂肪の脱共役性ミトコンドリアに依存する（Box 17-1 参照）．UCP1 の役割については，Chap. 23 で体重調節について考察する際にまた触れる（p. 1346 ～ 1349）．

ミトコンドリアの P-450 モノオキシゲナーゼはステロイドのヒドロキシ化を触媒する

ミトコンドリアは，性ホルモン，グルココルチコイド，ミネラルコルチコイド，ビタミン D ホルモンなどのステロイドホルモンを産生する生合成反応の場である．これらの化合物は，**シトクロム P-450** cytochrome P-450 ファミリー（Box 21-1 参照）の酵素によって触媒される一連のヒドロキシ化反応によって，コレステロールや関連するステロールから合成される．シトクロム P-450 のすべてがヘム基を有する（このヘム基が 450 nm の吸収をもつことがこのファミリーの名前の由来である）．このヒドロキシ化反応では，分子状酸素の 1 原子が基質に導入され，2 個目の酸素原子は還元されて H_2O になる．したがって，シトクロム P-450 酵素はモノオキシゲナーゼに分類される．

$$R{-}H + O_2 + NADPH + H^+ \longrightarrow R{-}OH + H_2O + NADP^+$$

この反応では，2 種の物質（NADPH と R-H）が酸化される．

ミトコンドリアで機能する P-450 酵素は数十種類あるが，いずれもマトリックス側に触媒部位を向けてミトコンドリア内膜に存在する．ステロイド産生細胞にはステロイド合成に特化したミトコンドリアが詰まっており，他の組織のミトコンドリアよりも一般に大きく，内膜が高度に入り組んでいる（図 19-37）．

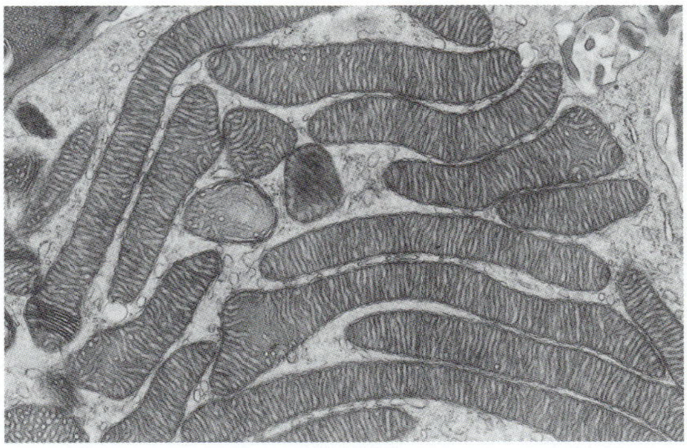

図 19-37　ステロイド合成に特化した副腎のミトコンドリア

副腎切片の電子顕微鏡写真に見られるように，ミトコンドリアは豊富に存在し，内膜の P-450 酵素に対して広い膜面を提供するようにクリステが発達している．［出典：Don Fawcett/Science Source.］

ミトコンドリア P-450 系を流れる電子の経路は複雑であり，電子を NADPH から P-450 のヘムへと伝達するフラビンタンパク質と鉄-硫黄タンパク質を含む（図 19-38）．すべての P-450 酵素は，O_2 と相互作用するヘム，および特異性を与える基質結合部位を有する．

肝細胞の小胞体には，P-450 酵素の別の大きなファミリーが存在する．これらの酵素はミトコンドリアの P-450 と類似の反応を触媒するが，基質は多様な疎水性化合物であり，その多くは天然には存在せず，工業的に合成された**生体異物** xenobiotics である．小胞体の P-450 酵素は広範で重複する基質特異性を示す．疎水性化合物は，ヒドロキシ化によって水溶性が増し，腎臓から尿中への排泄が可能になる．このような P-450 オキシゲナーゼの基質のなかには，一般的に使用される多くの医薬品が含まれる．P-450 酵素による代謝が，医薬品の血中滞留時間や治療効果を制限する．個人によって，小胞体 P-450 の遺伝的な違いや，飲酒履歴などにより誘導される P-450 酵素の量的な違いなどがある．原理的には，個人の遺伝子や履歴により治療薬の用量が決められるべきであるが，実際には個人に合った投薬は

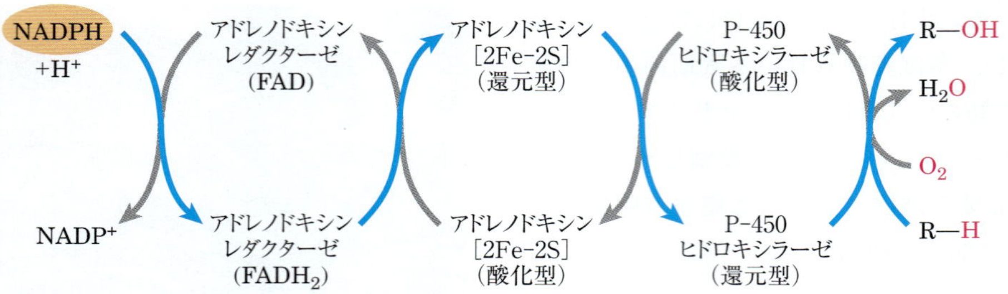

図 19-38 副腎ミトコンドリアのシトクロム P-450 反応における電子流の経路

2 個の電子が NADH から FAD 含有フラビンタンパク質であるアドレノドキシンレダクターゼに渡り，小さな可溶性 2Fe-2S タンパク質のアドレノドキシンに 1 度に 1 個ずつ電子が送られる．アドレノドキシンはシトクロム P-450 であるヒドロキシラーゼに 1 個ずつ電子を渡し，この酵素は直接 O_2 と基質（R-H）に相互作用して，産物として H_2O と R-OH が生成する．

経済的にまだ容易ではない．しかし，いずれそうなるであろう．■

ミトコンドリアはアポトーシスの始動において主要な役割を果たす

アポトーシス apoptosis は，**プログラム細胞死** programmed cell death ともいい，生物にとって有利な個々の細胞死（例：正常な胚発生の過程で起こるもの）の過程であり，生物は細胞の分子成分（アミノ酸，ヌクレオチドなど）を節約して利用する．アポトーシスは，細胞膜受容体に対して作用する外界からのシグナル，あるいは DNA 損傷，ウイルス感染，ROS の蓄積による酸化ストレスや，熱ショックなどのストレスのような細胞内刺激によって誘起される．

ミトコンドリアはアポトーシスの誘起の際に重要な役割を果たす．ストレス因子が細胞死のシグナルをもたらすと，初期の時点でミトコンドリア外膜の透過性が亢進し，膜間腔からサイトゾルにシトクロム *c* が漏出する（図 19-39）．この透過性亢進は，外膜にある複数のサブユニットから成る**透過性遷移孔複合体** permeability transition pore complex（**PTPC**）の開口によって起こる．その開閉は，アポトーシスを刺激したり抑制したりするいくつかのタンパク質による影響を受ける．シトクロム *c* がサイトゾルに放出されると，単量体タンパク質 **Apaf-1**（**アポトーシスプロテアーゼ活性化因子1** apoptosis protease activating factor-1）と相互作用し，7 分子の Apaf-1 と 7 分子のシトクロム *c* から成る**アポトソーム** apoptosome を形成する．アポトソームは，プロテアーゼ前駆体のプロカスパーゼ 9 を活性化してカスパーゼ 9 にするための基盤となる．カスパーゼ 9 は，アポトーシスに関わる**カスパーゼ** caspase という高い特異性のプロテアーゼファミリーの一員である．これらのプロテアーゼは，いずれも活性部位に重要な *Cys* 残基を有し，タンパク質の *Asp* 残基のカルボキシ末端側のみを切断するので，「c-asp-ase」と呼ばれる．カスパーゼ 9 は，一つのカスパーゼが第二のカスパーゼを活性化し，次に第二のカスパーゼが第三のカスパーゼを活性化するというようなタンパク分解活性化カスケードを開始させる（図 12-40 参照）．アポトーシスにおけるシトクロム *c* の役割は，一つのタンパク質が細胞内で全く異なる二つの役割を演じる「二重機能タンパク質 moonlighting protein」の明白な例であることに注目しよう（Box 16-1 参照）．

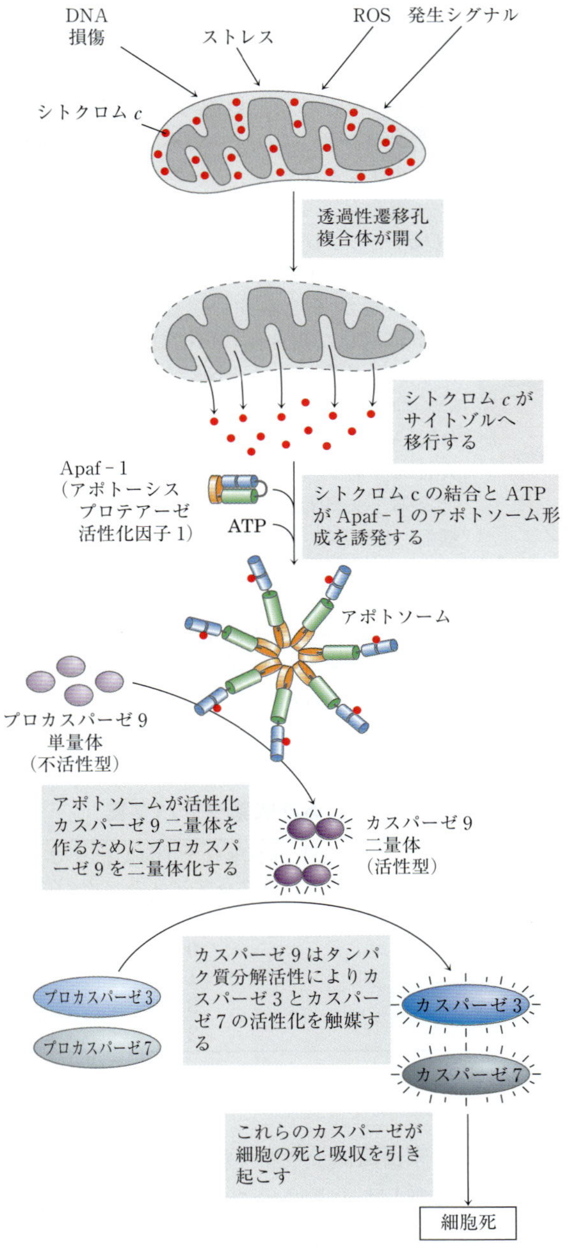

図 19-39　アポトーシスにおけるシトクロム *c* の役割

シトクロム *c* は小さな可溶性のミトコンドリアタンパク質であり，膜間腔に局在し，呼吸において複合体Ⅲと複合体Ⅳの間で電子伝達を行う．全く異なる役割として，ここで示すようにカスパーゼというプロテアーゼファミリーの活性化を誘発することによって，アポトーシスの引き金として働く．［出典：S. J. Riedl and G. S. Salvesen, *Nature Rev. Mol. Cell Biol.* **8**: 409, 2007, Fig. 3 の情報．］

まとめ

19.4　熱産生，ステロイド合成，アポトーシスにおけるミトコンドリアの役割

- 新生仔の褐色脂肪組織では，電子伝達が ATP 合成と共役せず，燃料酸化のエネルギーは熱として放散される．冬眠する動物は，凍りつかないようにするためにこの手段を使う．
- ステロイド産生組織（副腎，生殖腺，肝臓，腎臓）におけるステロイドホルモン合成のヒドロキシ化反応のステップは，特化されたミトコンドリアで起こる．
- サイトゾルに放出されたミトコンドリアのシトクロム *c* は，アポトーシスに関与するプロテアーゼの一つであるカスパーゼ 9 の活性化を担う．

19.5　ミトコンドリア遺伝子：その起源と変異の影響

ミトコンドリアは固有のゲノム，すなわち環状の二本鎖 DNA（mt DNA）分子を含んでいる．このゲノム約 5 コピーが，典型的な細胞にある数百あるいは数千のミトコンドリアのそれぞれに存在する．ヒトのミトコンドリア染色体（図 19-40）は 37 の遺伝子（16,569 bp）を含み，そのうちの 13 遺伝子は呼吸鎖タンパク質のサブユニット（表 19-6）をコードし，残りはミトコンドリアのタンパク質合成装置に必須の rRNA と tRNA をコードしている．これら 13 のサブユニットタンパク質を合成するために，ミトコンドリアは固有のリボソームをもっており，それらは細胞質にあるリボソームとは明確に異なる．ミトコンドリアタンパク質の大部分（約 1,100 種類）は核遺伝子によってコードされ，細胞質のリボソームで合成されてミトコンドリア内に運び込まれて組み立てられる（Chap. 27）．

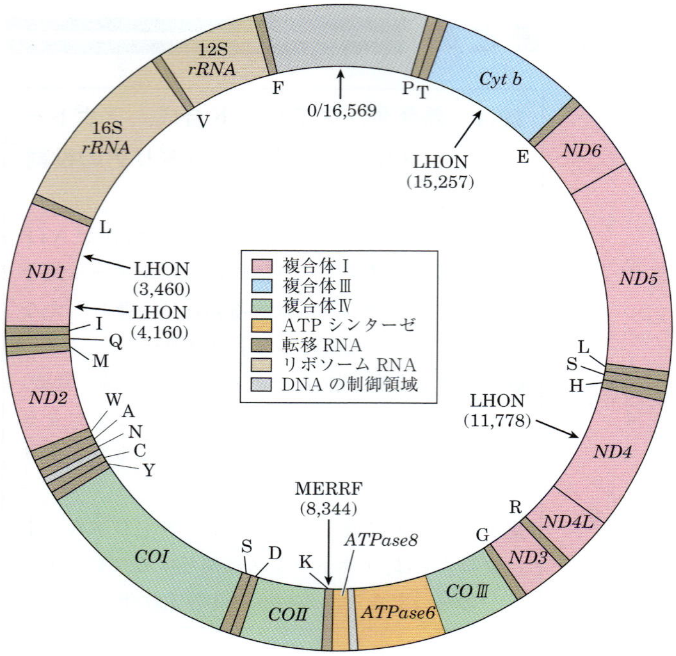

図 19-40 ミトコンドリア遺伝子と変異

ヒトのミトコンドリア DNA のマップ．複合体 I，すなわち NADH デヒドロゲナーゼのタンパク質（*ND1* ～ *ND6*），複合体 III のシトクロム *b*（*Cyt b*），シトクロムオキシダーゼ（複合体 IV）のサブユニット（*CO I* ～ *CO III*），および ATP シンターゼの二つのサブユニット（*ATPase6* と *ATPase8*）をコードする遺伝子を示す．遺伝子の色は，図 19-7 に示した複合体の色に対応する．そのほかに，リボソーム RNA（*rRNA*）およびいくつかのミトコンドリア特有の転移 RNA（tRNA）の遺伝子も含まれる．tRNA の特異性は，各アミノ酸の一文字コードで示してある．矢印は，レーベル遺伝性視神経萎縮症（LHON）と赤色ぼろ繊維・ミオクローヌスてんかん（MERRF）を引き起こす変異の部位を示す．かっこ内の数字は，変化したヌクレオチドの位置を示す（ヌクレオチド 1 が環の最頂点にあり，反時計回りに番号が振られている）．［出典：M. A. Morris, *J. Clin. Neuroophthalmol.* **10**: 159, 1990 の情報．］

表 19-6 ヒトにおいてミトコンドリア遺伝子によってコードされる呼吸鎖タンパク質

複合体	サブユニットの総数	ミトコンドリア DNA によりコードされるサブユニットの数
I NADH デヒドロゲナーゼ	45	7
II コハク酸デヒドロゲナーゼ	4	0
III ユビキノン：シトクロム *c* オキシドレダクターゼ	11	1
IV シトクロムオキシダーゼ	13	3
V ATP シンターゼ	8	2

ミトコンドリアは細胞内共生した細菌が起源である

ミトコンドリアの DNA，リボソーム，tRNA の存在は，ミトコンドリアの細胞内共生起源説（図 1-40 参照），すなわち呼吸共役性 ATP 合成などの好気的代謝が可能な最初の生物は細菌であったという説を支持する．（発酵による）嫌気性生命体であった原始真核生物は，そのサイトゾル内で生存する細菌との共生関係を樹立したとき，酸化的リン酸化を行う能力を獲得した．長期間にわたる進化と，細菌遺伝子の多くが「宿主」真核生物の核へと移行したのちに，この細胞内共生細菌はついにはミトコンドリアになった．

この仮説では，初期の独立した生物体であった細菌が，酸化的リン酸化のための酵素機構をもっていたと推定している．そしてその細菌の現存する子孫は，現在の真核生物のものに酷似した呼吸鎖をもっているはずであると予測している．その通りである．好気性細菌は，サイトゾルの ADP のリン酸化に共役して，基質から O_2 への NAD 依存的電子伝達を行う．このデヒドロゲナーゼは細菌のサイトゾルに存在し，呼吸鎖は細胞膜に局在する．これらの電子伝達体は，O_2 への電子伝達に伴って，細胞膜を横切ってプロトンを外向きに輸送する．大腸菌のような細菌は，細胞膜に F_oF_1 複合体をもち，F_1 部分はサイトゾルに突き出し，F_o のプロトンチャネルを経由してプロトンが細胞内に戻るのに伴って，ADP と P_i からの ATP 合成を触媒する．

呼吸に共役して細菌細胞膜を横切るプロトンの排出も，他の活動に駆動力を提供する．ある種の細菌の輸送系は，プロトンとの共輸送によって，濃度勾配に逆らう細胞外栄養物（例：ラクトース）の取込みを行う（図 11-39 参照）．細菌の鞭毛の回転性運動は，ATP によってではなく，呼吸に共役するプロトンのくみ出しによって生じる膜を隔てる電気化学ポテンシャルによって直接動かされる分子回転モーター，「プロトンタービン」によってもたらされる（図 19-41）．化学浸透圧機構は，真核生物の出現よりもずっと前に発達したようである．

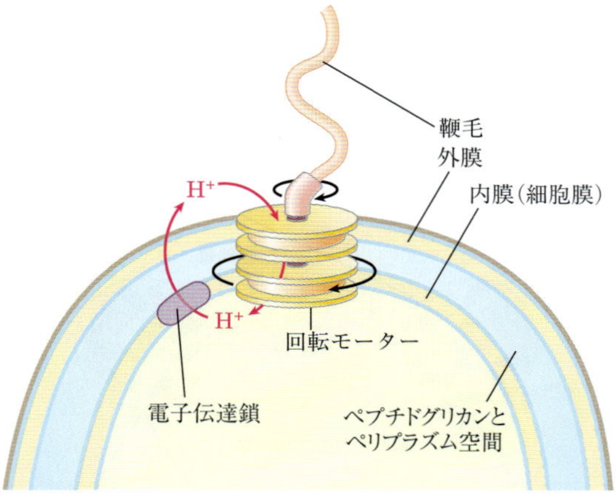

図 19-41　プロトン駆動力による細菌鞭毛の回転

鞭毛基部の軸とリングが，「プロトンタービン」と呼ばれる回転モーターを構成している．電子伝達によって排出されたプロトンがこの「タービン」を経由して細胞に戻り，鞭毛軸の回転を引き起こす．この運動は，ATP の加水分解がエネルギー源である筋肉の運動や真核生物の鞭毛や繊毛の運動とは基本的に異なる．

ミトコンドリア DNA の変異は生物の生涯を通して蓄積する

呼吸鎖は細胞における活性酸素種の主要な発生源なので，ミトコンドリアのゲノムなどの内容物は ROS に最も頻繁に曝されて傷害を受ける．さらにミトコンドリア DNA の複製系は，複製中に起こる間違いを直し，DNA 損傷を修復する効率が核内の複製系に比べて劣る．これらの要因の結果として，ミトコンドリア DNA の欠陥が時間とともに蓄積する．このように欠陥が徐々に蓄積することが，老化の「徴候」の多く（例えば，骨格筋や心筋の筋力が徐々に低下する）の主原因であるというのが，老化理論の一つである．

ミトコンドリアの独特な遺伝様式によって，ミトコンドリア DNA の変異の効果は，個々の細胞間や個々の生物個体間で変動する．典型的な細胞は数百～数千のミトコンドリアを有し，それぞれが独自のゲノムを多コピーもっている（図 19-2 (b)）．動物は，基本的にすべてのミトコンドリアを雌親から受け継ぐ．卵は大きく，10^5 ～ 10^6 個のミトコンドリアを含んでいるが，精子ははるかに小さく，ほんの少数（おそらくは 100 ～ 1,000 個）のミトコンドリアしか含んでいない．さらに，受精卵には，受精する精子由来のミトコンドリアを分解する積極的な機構が存在する．受精直後に，母方のファゴゾームが精子の進入部位に向かって移動し，精子のミトコンドリアを貪食して分解してしまう．

卵母細胞のもととなる雌の生殖細胞のミトコンドリアゲノムの一つに損傷が起こり，その結果としてその生殖細胞は主に野生型の遺伝子を含むミトコンドリアをもつが，一つのミトコンドリアだけが変異遺伝子をもつと仮定しよう．卵母細胞の成熟過程で，この生殖細胞とその子孫が繰り返し分裂するにつれて，欠陥ミトコンドリアは複製し，その子孫であるすべての欠陥ミトコンドリアが娘

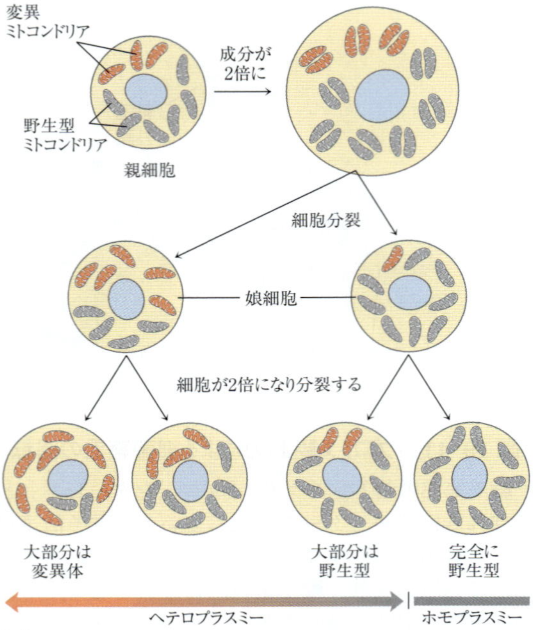

(a)

(b)

図 19-42 ミトコンドリアゲノムのヘテロプラスミー

(a) 成熟卵細胞が受精してできる二倍体細胞（接合子）のすべてのミトコンドリアは母親に由来し，精子には全く由来しない．母親のミトコンドリアのある割合が変異遺伝子をもつとすると，次に起こる細胞分裂時にミトコンドリアのランダムな分布が起こり，ある娘細胞はほとんど変異ミトコンドリアを有し，あるものはほとんど野生型のミトコンドリアを有し，またあるものはその中間となる．このようにして，娘細胞はさまざまな程度のヘテロプラスミーとなる．**(b)** 程度の異なるヘテロプラスミーは異なる細胞表現型を生み出す．このヒト筋肉組織の切片はシトクロムオキシダーゼに欠陥のある個人のものである．細胞は野生型細胞が青色に，変異シトクロムオキシダーゼをもつ細胞が茶色になるように染色してある．この顕微鏡写真が示すように，同じ組織の異なる細胞が，ミトコンドリア変異によって異なる程度で影響を受ける．［出典：(b) Rob Taylor の厚意による．R. W. Taylor and D. M. Turnbull, *Nature Rev. Genet.* **6**: 389, 2005, Fig. 2a から許可を得て転載.］

細胞にランダムに分布する．結局，成熟卵細胞は欠陥ミトコンドリアを異なる比率で含むことになる．一つの卵細胞が受精して胚発生で何度も分裂を繰り返すと，欠陥ミトコンドリアの比率は体細胞間で異なる（図 19-42(a)）．この**ヘテロプラスミー** heteroplasmy では，重篤度が異なる変異表現型となる（あらゆる細胞のあらゆるミトコンドリアゲノムが同一である**ホモプラスミー** homoplasmy とは対照的である）．大部分が野生型のミトコンドリアを含む細胞（そして組織）は，基本的に正常な野生型の表現型となる．一方，ヘテロプラスミー細胞は中間の表現型となり，あるものはほぼ正常，変異ミトコンドリアの比率が高いものは異常となる（図 19-42(b)）．もしも異常表現型が特定の疾患（後述）と関連があるのならば，同じミトコンドリア変異をもつ個人は，欠陥ミトコンドリアの数と分布に依存して異なる重篤度で病気の症状を呈するであろう．

ミトコンドリアゲノムの変異は疾患の原因となる

約 5,000 人に 1 人は，ミトコンドリアのタンパク質に，ATP 産生能力を低下させ，病気を誘発するような変異を有する．このような病気の数が増えつつあるのは，ミトコンドリア遺伝子の変異に起因する（図 19-43）．ニューロン，骨格筋や心筋の筋細胞，膵臓の β 細胞などのいくつかの組織や細胞種は，他に比べて ATP 産生の低下を許容できないので，ミトコンドリアタンパク質の変異による影響を受けやすい．

ミトコンドリア脳筋症 mitochondrial encephalomyopathies として知られる一群の遺伝病では，主として脳と骨格筋が冒される．これらの疾患は，常に母親からの遺伝である．なぜならば，上述のように，発生する胚のミトコンドリアはすべて卵に由来するからである．**レーベル遺伝性視神経症** Leber hereditary optic neuropathy（**LHON**）というまれな疾患では，視神経を含めた中枢神経系が冒され，成人初期に両側性失明を引き起こす．ミトコンドリア遺伝子 *ND4*（図 19-40）の単一の塩基の変化が，複合体 I の一つのポリペプチド中の Arg 残基を His 残基に変化させる．その結果，ミトコンドリアに NADH からユビキノンへの電子伝達の部分的欠陥が生じる．このようなミトコンドリアは，コハク酸からの電子伝達によって若干の ATP 産生は可能であるが，視神経などのニューロンの非常に活発な代謝を支えるために十分な量の ATP を供給することはできない．複合体Ⅲの構成成分の一つであるシトクロム *b* に対するミトコンドリア遺伝子の単一塩基の変化も LHON を引き起こす．このことは，この疾患の病因が複合体 I からの電子伝達の欠陥に限定されるものではなく，ミトコンドリア機能の全般的低下によることを示唆する．

ATP シンターゼのプロトン孔に影響を及ぼす *ATP6* の変異は，呼吸鎖は無傷のままで ATP の合成速度を低下させる．NADH からの持続的な電子供給による酸化ストレスは，ROS 産生を増大させ，ROS によるミトコンドリアの傷害が悪循環をもたらす．この変異遺伝子をもつ人の半分が生後数日から数か月で亡くなる．

赤色ぼろ線維・ミオクローヌスてんかん症候群 myoclonic epilepsy with ragged-red fiber syndrome（**MERRF**）は，リジン特異的な tRNA（$tRNA^{Lys}$）をコードするミトコンドリア遺伝子の変異によって引き起こされる．この疾患は，制御不能な筋肉のけいれんが特徴であり，これはミトコンドリアの tRNA を用いて合成されるいくつかのタンパク質の産生不全の結果である．MERRF 患者の骨格筋繊維には，準結晶性構造物を含有する異常な型のミトコンドリアが見られることがある（図 19-44）．ミトコンドリア遺伝子の他の変異は，ミトコンドリア性筋疾患の特徴である進行性の筋力低下や，肥大性心筋症における心筋の肥大と悪化の病因と考えられる．

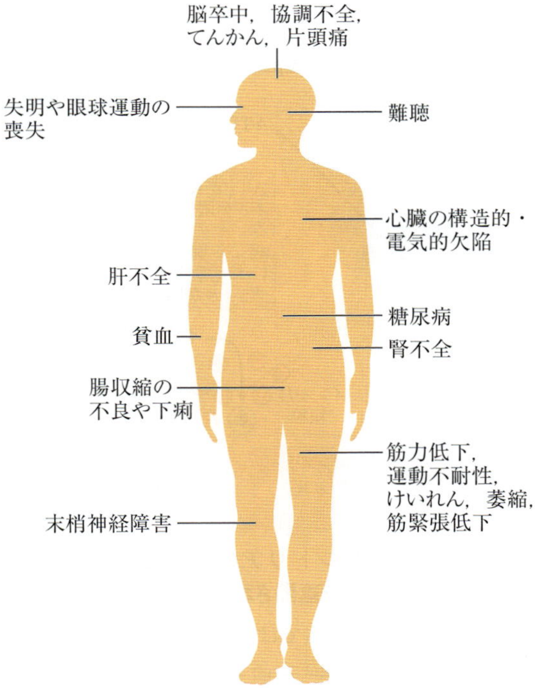

図 19-43　ミトコンドリア病を引き起こす変異

ミトコンドリアのタンパク質をコードする遺伝子の変異は，多くの臓器や臓器系に影響を及ぼす疾患を誘発することがある．［出典：S. B. Vafai and V. K. Mootha, *Nature* **491**: 374, 2012 の情報.］

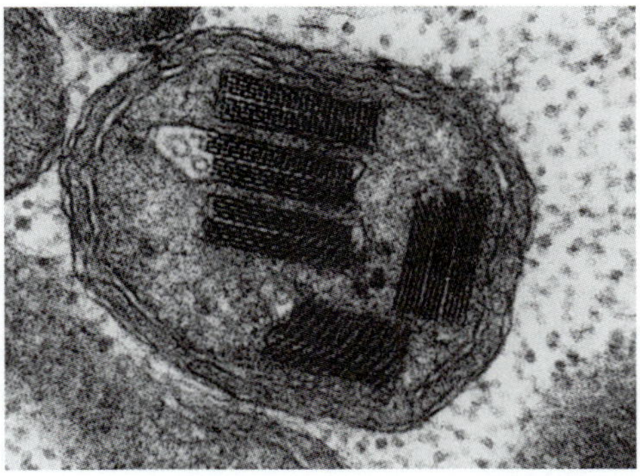

図 19-44　MERRF ミトコンドリアが含有する準結晶性封入物

MERRF 患者の筋肉由来の異常なミトコンドリアの電子顕微鏡写真．変異ミトコンドリアで散見される準結晶性タンパク質の封入物を示している．［出典：D. Wallace et al., *Cell* **55**: 601, 1988. ©Elsevier.］

もしも妊娠を望む女性が病的なミトコンドリア遺伝子をもっているとわかれば，ミトコンドリア移植の技術によって変異遺伝子が子孫に受け継がれるのを回避することができる．妊娠を望む女性の核の遺伝子を，健常なミトコンドリアをもつドナーの除核した卵に顕微鏡下で移植し，その卵を *in vitro* で受精させ，その結果生じる胚を母親の子宮に移植する．このような方法や類似の方法（ミトコンドリア置換法，いわゆる「three-parent baby」法）は，2015 年にイギリスで承認され，激しい議論が交わされるような倫理的な問題を生み出した．

ミトコンドリア病は，ミトコンドリアタンパク質をコードする約 1,100 の核遺伝子のいずれかの変異に起因することもある．例えば，核によってコードされる複合体IVのタンパク質の一つである COX6B1 の変異によって，深刻な脳の発達障害や心筋壁の肥厚が起こる．他の核遺伝子も，ミトコンドリアの複合体の組立てにとって必須のタンパク質をコードする．これらの遺伝子の変異もまた深刻なミトコンドリア病を引き起こす．■

膵臓 β 細胞ミトコンドリアの損傷が珍しい型の糖尿病の原因となることがある

膵臓 β 細胞からのインスリンの放出を調節する機構には，細胞内の ATP 濃度が重要である．血糖値が上昇すると，β 細胞はグルコースを取り込んで，解糖とクエン酸回路によって酸化し，ATP 濃度が閾値を越える（図 19-45）．ATP 濃度が閾値を越えると，細胞膜上の ATP 依存性 K^+ チャネルが閉じ，膜が脱分極し，インスリンの放出が起こる（図 23-28 参照）．酸化的リン酸化に欠陥をもつ膵臓 β 細胞では，ATP 濃度がこの閾値以上には上がらず，インスリンがうまく放出されないことによって糖尿病になる．例えば，β 細胞に存在するヘキソキナーゼIVアイソザイム（グルコキナーゼ）の遺伝子の欠損によって，MODY2（Box 15-3 参照）というまれな型の糖尿病になる．グルコキナーゼ活性が低いために閾値以上の濃度の ATP が産生されず，インスリン分泌が遮断される．ミトコンドリアの $tRNA^{Lys}$ 遺伝子あるいは $tRNA^{Leu}$ 遺伝子の変異によっても，ミトコンドリアの ATP 産生が損なわれ，この損傷を有する人に 2 型糖尿病がよく起こる（この症例は糖尿病全体から見れば割合は少ない）．

ROS に対するミトコンドリア防御機構の一部であるニコチンアミドヌクレオチドトランスヒドロゲナーゼ（図 19-18）が遺伝的に欠損すると，ROS の蓄積がミトコンドリアを傷害し，ATP 産

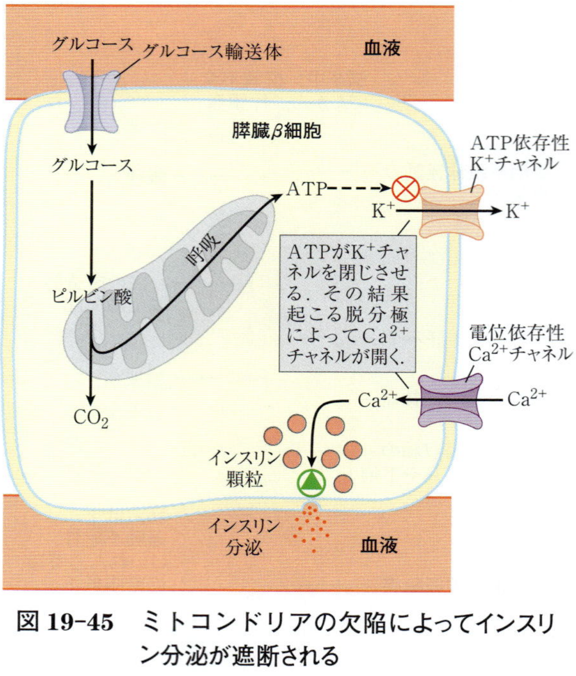

図 19-45 ミトコンドリアの欠陥によってインスリン分泌が遮断される

ここに示す正常状態では，血糖値が上昇すると β 細胞における ATP 産生が高まる．ATP は K^+ チャネルを遮断することによって細胞膜を脱分極させて，電位依存性 Ca^{2+} チャネルを開口させる．その結果，流入する Ca^{2+} がインスリンを含む分泌小胞のエキソサイトーシスの引き金となり，インスリンが放出される．β 細胞の酸化的リン酸化に欠陥があると，ATP はこの過程を起こすために十分な濃度にはならず，インスリンは放出されない．

生を遅らせ，β細胞からのインスリンの放出を遮断する（図 19-45）．ミトコンドリア DNA の損傷などの ROS による傷害は，他の疾患の原因となる可能性もある．ROS による傷害が，老化のほかに，アルツハイマー病，パーキンソン病，ハンチントン病や，心不全に関与することを示す証拠がある．■

まとめ

19.5　ミトコンドリア遺伝子：その起源と変異の影響

- ヒトのミトコンドリアタンパク質の一部（13 種類のタンパク質）は，ミトコンドリアゲノムにコードされており，ミトコンドリア内で合成される．約 1,100 種類のタンパク質は核遺伝子にコードされ，合成後にミトコンドリア内に運び込まれる．
- ミトコンドリアは，好気性細菌が原始真核生物に入り，細胞内共生関係を樹立したものに由来する．
- ミトコンドリアゲノムの変異は生物の生涯にわたって蓄積する．呼吸鎖の構成成分，ATP シンターゼ，ROS の消去系をコードする核，またはミトコンドリアの遺伝子，そして tRNA 遺伝子までもが変異を起こすことによって，しばしば筋肉，心臓，膵臓β細胞や脳に最も深刻な影響を及ぼす多様な疾患の原因となる．
- ミトコンドリア病を誘発するような変異がない卵をつくり出すために，ある女性のミトコンドリアと別の女性の核遺伝子を組み合わせることが可能である．

重要用語

太字で示す用語については，巻末用語解説で定義する．

アポトーシス　apoptosis　1066
アポトソーム　apoptosome　1066
ATP シンターゼ　ATP synthase　1043
NADH デヒドロゲナーゼ　NADH dehydrogenase　1026
F_1 ATP アーゼ　F_1 ATPase　1046
回転触媒作用　rotational catalysis　1049
化学浸透圧説　chemiosmotic theory　1017
カスパーゼ　caspase　1066
褐色脂肪組織　brown adipose tissue (BAT)　1064
活性酸素種　reactive oxygen species (ROS)　1029
還元当量　reducing equivalent　1022
Q サイクル　Q cycle　1030
クライオ電子顕微鏡法　cryo-electron microscopy　1034
グリセロール 3-リン酸シャトル　glycerol 3-phosphate shuttle　1058
交代結合モデル　binding-change model　1051
呼吸鎖　respiratory chain　1019
コハク酸デヒドロゲナーゼ　succinate dehydrogenase　1028
質量作用比（Q）　mass-action ratio　1060
シトクロム　cytochrome　1022
シトクロムオキシダーゼ　cytochrome oxidase　1031
シトクロム bc_1 複合体　cytochrome bc_1 complex　1029
シトクロム P-450　cytochrome P-450　1065
受容体制御　acceptor control　1060
スーパーオキシドラジカル　superoxide radical（$\cdot O_2^-$）　1029
生体異物　xenobiotics　1065
脱共役タンパク質 1　uncoupling protein 1 (UCP1)　1064
鉄-硫黄タンパク質　iron-sulfur protein　1023
P/O 比　P/O ratio　1054
P/2e^-比　P/2e^- ratio　1054
複合体Ⅰ　Complex Ⅰ　1026
複合体Ⅱ　Complex Ⅱ　1028
複合体Ⅲ　Complex Ⅲ　1029
複合体Ⅳ　Complex Ⅳ　1031

問題

1 酸化還元反応

ミトコンドリア呼吸鎖の NADH デヒドロゲナーゼ複合体，すなわち複合体 I は，次に示す一連の酸化還元反応を促進する．これらの反応で，Fe^{3+} と Fe^{2+} は鉄-硫黄中心における鉄を表し，Q はユビキノン，QH_2 はユビキノール，E は酵素である．

(1) $NADH + H^+ + E\text{-}FMN \longrightarrow NAD^+ + E\text{-}FMNH_2$
(2) $E\text{-}FMNH_2 + 2Fe^{3+} \longrightarrow E\text{-}FMN + 2Fe^{2+} + 2H^+$
(3) $2Fe^{2+} + 2H^+ + Q \longrightarrow 2Fe^{3+} + QH_2$

合計：$NADH + H^+ + Q \longrightarrow NAD^+ + QH_2$

複合体 I によって触媒されるこれら三つの反応のそれぞれについて，(a) 〜 (e) は何であるかを述べよ．(a) 電子供与体，(b) 電子受容体，(c) 共役酸化還元対，(d) 還元剤，(e) 酸化剤．

2 ユビキノンのすべての部分が機能を有する

電子伝達では，ユビキノンのキノン部分だけが酸化還元を受け，イソプレノイド側鎖は変化せずに残っている．この側鎖の機能は何か．

3 コハク酸の酸化では NAD^+ ではなく FAD が利用される

解糖やクエン酸回路では，すべてのデヒドロゲナーゼは電子受容体として NAD^+（NAD^+/NADH についての $E'° = -0.32$ V）を利用するが，例外的にコハク酸デヒドロゲナーゼは共有結合している FAD（この酵素における FAD/$FADH_2$ の $E'° = 0.050$ V）を利用する．コハク酸の脱水素反応においては，なぜ NAD^+ よりも FAD のほうが電子受容体として適切なのだろうか．その理由を，フマル酸／コハク酸の $E'°$ 値（$E'° = 0.031$ V）や，上記の NAD^+/NADH，およびコハク酸デヒドロゲナーゼの FAD/$FADH_2$ に関する $E'°$ 値に基づいて述べよ．

4 呼吸鎖における電子伝達体の還元度

呼吸鎖における各電子伝達体の還元度は，ミトコンドリアの状態によって決定される．例えば，NADH や O_2 が豊富である場合には，伝達体の定常状態での還元度は，電子が基質から O_2 に移動するにつれて低下する．電子伝達が遮断されると，遮断点の前の伝達体はより還元され，遮断点の後の伝達体はより酸化される（図 19-6 参照）．次の各条件下でのユビキノン，シトクロム b, c_1, c および $a + a_3$ の酸化状態を予想せよ．

(a) NADH と O_2 は豊富であるが，シアン化物を添加
(b) NADH は豊富であるが，O_2 が枯渇
(c) O_2 は豊富であるが，NADH が枯渇
(d) NADH，O_2 ともに豊富

5 電子伝達に対するロテノンおよびアンチマイシン A の効果

植物由来の有毒天然物ロテノンは，昆虫や魚のミトコンドリアの NADH デヒドロゲナーゼを強力に阻害する．有毒な抗生物質アンチマイシン A は，ユビキノールの酸化を強力に阻害する．

(a) なぜロテノン摂取がある種の昆虫や魚にとって致命的であるのかについて説明せよ．
(b) アンチマイシン A がなぜ毒物であるのかについて説明せよ．
(c) ロテノンとアンチマイシン A が，電子伝達鎖における各作用部位を遮断することに関して等しく有効であるとしたら，どちらのほうがより強力な毒物だろうか．またその理由を説明せよ．

6 酸化的リン酸化の脱共役剤

通常のミトコンドリアでは，電子伝達速度はATPの需要と厳密に共役している．したがって，ATPの利用速度が比較的遅い場合には，電子伝達の速度も遅い．逆に，ATP需要が増えると，電子伝達速度も増す．このように厳密に共役する条件下では，P/O比として知られる消費される酸素1原子あたりの産生ATP分子数は，NADHが電子供与体であるときには約2.5である．

(a) 電子伝達速度およびP/O比に対する比較的低濃度および比較的高濃度の脱共役剤の影響を予測せよ．

(b) 脱共役剤の摂取は，甚だしい発汗や体温上昇を引き起こす．分子レベルでこの現象について説明せよ．脱共役剤の存在下では，P/O比に関してどのような変化が起こるか．

(c) 脱共役剤2,4-ジニトロフェノールは，かつては体重減少薬として処方された．この薬物は，原理的にはどのように体重減少の助けとして役立つのだろうか．脱共役剤の使用後に死亡する例があったので，このような薬が処方されることはなくなった．どのような理由で脱共役剤の摂取が死につながったのか．

7 酸化的リン酸化に対するバリノマイシンの効果

抗生物質バリノマイシン（図11-42参照）を，活発に呼吸しているミトコンドリアに添加すると，いくつかのことが起こる．すなわち，ATPの産生は低下し，O_2消費速度は上昇し，熱が放散され，ミトコンドリア内膜を隔てるpH勾配が増大する．バリノマイシンは脱共役剤として作用するのか，それとも酸化的リン酸化の阻害剤として作用するのか．これらの実験の観察結果を，ミトコンドリア内膜を横切ってK^+を輸送するというこの抗生物質の能力に基づいて説明せよ．

8 細胞のADP濃度がATP生成を制御する

ATPの合成にはADPとP_iの両方が必要であるが，この合成速度は主にADP濃度に依存し，P_iには依存しない．それはなぜか．

9 電子伝達のための超分子複合体の利点

ミトコンドリアの複合体Ⅰ～Ⅳは巨大な超分子複合体の一部であるという証拠が増えつつある．この四つの複合体をすべて含む超分子複合体の利点は何か．

10 1個のミトコンドリア内にプロトンはいくつあるのか

電子伝達によって，ミトコンドリアマトリックスから外液側にプロトンが移行され，内膜を挟んで内側よりも外側のほうが酸性であるようなpH勾配がつくり出される．プロトンが拡散してマトリックス側に戻ろうとする傾向が，ATPシンターゼによるATP合成の駆動力である．pH 7.4の溶液中に懸濁したミトコンドリアによる酸化的リン酸化の際に，マトリックスpHの測定値は7.7であった．

(a) このような条件下での外液中とマトリックス内の［H^+］を計算せよ．

(b)［H^+］の外側：内側比とは何か．この濃度差に本来備っているエネルギーについて述べよ（ヒント：式11-4，p. 594参照）．

(c)マトリックス内部のコンパートメントが直径1.5 μmの球体であると仮定して，呼吸している肝ミトコンドリアにおけるプロトン数を計算せよ．

(d) これらのデータからみて，ATPを産生するためにpH勾配のみで十分か．

(e) もしそうでないのならば，ATP合成に必要なエネルギーはどのようにして生じるのかを述べよ．

11 ラット心筋におけるATPの代謝回転速度

好気的に活動しているラット心筋は，必要なATPの90%以上を酸化的リン酸化によって補充する．グルコースを燃料源とする場合に，この組織は1 gあたり10 μmol/分の速度でO_2を消費する．

(a) 心筋がグルコースを消費し，ATPを産生する速度を計算せよ．

(b) 心筋組織での平衡状態におけるATP濃度が5.0 μmol/g組織であるとして，この細胞内ATPプールを完全に回転させるために必要な時間（秒）を計算せよ．この結果は，ATP産生の厳密な調節の必要性について，何を示しているか（注意：筋組織の大部分は水なので，濃度は組織gあた

りの μmol で表してある).

12 昆虫の飛翔筋における ATP 分解速度

ハエの一種 *Lucilia sericata* における ATP 産生は，そのほぼすべてが酸化的リン酸化によるものである．飛翔中には，体重（g）あたり 187 mL/h の O_2 が，飛翔筋 1 g あたり 7.0 μmol の ATP 濃度を維持するために必要である．飛翔筋がこのハエの体重の 20％を占めると仮定して，飛翔筋の ATP プールが回転する速度を計算せよ．酸化的リン酸化がない場合に，ATP の蓄えはどのくらいの時間持続するだろうか．還元当量がグリセロール 3-リン酸シャトルによって輸送され，また O_2 は 25 ℃，101.3 kPa（1 気圧）においてであると仮定せよ．

13 血中の高いアラニン値は酸化的リン酸化の欠陥に関連する

酸化的リン酸化に遺伝的欠陥をもつほとんどの患者では，血液中のアラニン濃度が比較的高い．この生化学的状況について説明せよ．

14 クエン酸回路成分の局在性

イソクエン酸デヒドロゲナーゼはミトコンドリアにだけ見られるが，リンゴ酸デヒドロゲナーゼはサイトゾルとミトコンドリアの両方に見られる．サイトゾルのリンゴ酸デヒドロゲナーゼの役割は何か．

15 膜を横切る還元当量の移動

好気的条件下では，ミトコンドリア外の NADH は，ミトコンドリアの電子伝達鎖によって酸化されなければならない．ミトコンドリアとすべてのサイトゾル酵素を含むラット肝細胞標品を想定せよ．[4-^{3}H] NADH を添加すると，放射活性はすぐにミトコンドリアマトリックスに現れる．しかし [7-^{14}C] NADH を導入すると，放射活性はマトリックスには現れない．これらの観察結果がミトコンドリア外 NADH の電子伝達鎖による酸化について示していることは何か．

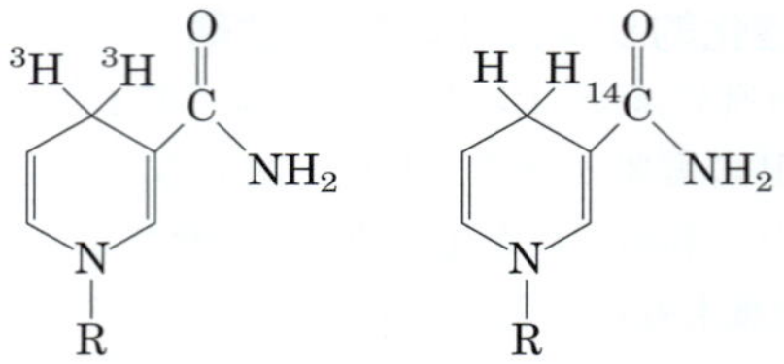

[4-^{3}H]NADH　　[7-^{14}C]NADH

16 NAD プールとデヒドロゲナーゼ活性

ピルビン酸デヒドロゲナーゼとグリセルアルデヒド 3-リン酸デヒドロゲナーゼは，どちらも電子受容体として NAD^+ を利用するが，この二つの酵素が同じ細胞内 NAD プールに関して競合することはない．その理由について説明せよ．

17 リンゴ酸-α-ケトグルタル酸輸送系

ミトコンドリア内膜を横切るリンゴ酸と α-ケトグルタル酸の輸送系（図 19-31 参照）は，*n*-ブチルマロン酸によって阻害される．グルコースだけを燃料として利用する腎細胞の好気的懸濁液に *n*-ブチルマロン酸を添加したと想定し，この阻害薬の（a）解糖，（b）酸素消費，（c）乳酸産生，（d）ATP 合成への影響を予測せよ．

18 ミトコンドリアにおける呼吸に要する時間

（a）ADP 濃度の上昇と（b）pO_2 の低下によって引き起こされる呼吸速度の調整に要する時間を比べよ．またこの違いの原因は何か．

19 パスツール効果

グルコースを高速で消費している細胞の嫌気的懸濁液に O_2 を加えると，添加した O_2 が利用されるにつれて，グルコース消費速度は劇的に低下し，乳酸の蓄積は停止する．1860 年代に Louis Pasteur によって最初に観察されたこの効果は，好気的と嫌気的両面でグルコースを異化することができるほとんどの細胞に見られる特徴である．

(a) O_2 の添加後になぜ乳酸の蓄積が停止するのか．

(b) O_2 の存在は，なぜグルコース消費速度を低下させるのか．

(c) O_2 消費の開始は，どのようにしてグルコース消費速度を遅くするのか．特定の酵素の観点から説明せよ．

20　呼吸欠損酵母変異株とエタノール生産

呼吸欠損の酵母変異株（p^-;「petites（小柄）」）は，突然変異誘発物質処理によって野生型親株からつくることができる．この変異株はシトクロムオキシダーゼを欠き，この欠損は代謝活動に顕著な影響を及ぼす．顕著な効果の一つは，O_2 によって発酵が抑制されないことである．すなわち，この変異株にはパスツール効果（問題 19 参照）が欠けている．いくつかの企業が，これらの変異株を使って材木のチップを発酵させてエネルギー用のエタノールを生産することに大きな関心をもっている．エタノールの大量生産に野生型の酵母よりも，このような変異株を利用するほうが有利である理由を説明せよ．シトクロムオキシダーゼの欠如は，なぜパスツール効果を失わせるのか．

21　ミトコンドリア病とがん

ある種のミトコンドリアタンパク質をコードする遺伝子の変異によって，いくつかのタイプのがんの発症率が高くなる．ミトコンドリアの欠陥が，どのようにしてがんを誘発するのか．

22　ミトコンドリア病の多様な重篤度

ミトコンドリアゲノムの特異的欠損に起因する疾患の患者は，軽度から重篤なものまで，多様な症状を呈する．この理由について説明せよ．

23　ミトコンドリアの欠陥に起因する糖尿病

グルコキナーゼ（ヘキソキナーゼⅣ）は膵臓 β 細胞におけるグルコース代謝に必須である．グルコキナーゼ遺伝子の 2 コピーともに欠陥があるヒトは重篤な新生児糖尿病を呈するが，遺伝子の一方のコピーにのみ欠陥をもつヒトは，ずっと温和な病状（成人発症若年型糖尿病，MODY2）である．β 細胞の生物学的状況の違いについて説明せよ．

24　ミトコンドリア複合体Ⅱの変異の影響

複合体Ⅱのコハク酸デヒドロゲナーゼ遺伝子の一塩基変異は，中腸類癌腫に関係する．この結果を説明する機構を考えよ．

データ解析問題

25　ATP シンターゼの活性の中核をなすタンパク質の同定

呼吸鎖のステップや ATP シンターゼの機構に関して私たちが知っていることの大部分は，その経路をさまざまな阻害剤や脱共役剤（表 19-4 参照），および細菌の変異株を用いて分断することによってもたらされた．この問題では，ATP シンターゼの F_o 部分の c サブユニットとして知られるようになった成分を同定するために，Robert Fillingame がジシクロヘキシルカボジイミド（DCCD）と DCCD 耐性の大腸菌変異株をどのように利用したのかを見ていくことにする．

DCCD は，Asp 残基と Glu 残基の側鎖のカルボキシ基と反応する．活発に呼吸をしている無損傷のミトコンドリアの懸濁液に DCCD を添加すると，O_2 消費によって測定される電子の伝達速度と ATP の産生速度が劇的に低下する．もしもそこに 2,4-ジニトロフェノール（DNP）溶液を添加すると，O_2 消費は正常に戻り，ATP 産生は阻害されたままになる．

(a) 阻害を受けたミトコンドリアに対する DNP の効果を説明せよ．

(b) どの過程が DCCD によって直接影響を受けたのか．電子伝達か，それとも ATP 合成か．

大腸菌は，哺乳類と著しく似た機構を介して酸化的リン酸化を行う．そして大腸菌は，哺乳類の細胞よりも変異株の選別をやりやすい．好気的に増殖している大腸菌の野生株（AN180 株）の培養液に DCCD を添加すると，時間依存的，そして用量依存的にさらなる増殖は阻止される．

Fillingame は，DCCD 耐性の大腸菌変異株（RF-7）を選別した．この変異株に関しては，好気的な増殖は，DCCD の存在下でもほんのわずかにしか低下しない．次に，彼はこの変異株の DCCD 耐性を示す成分が ATP シンターゼであることを証明する必要があった．彼は，野生株および RF-7 株から膜画分を単離し，DCCD 存在下，および非存在下で ATP アーゼ活性を測定した．彼は野生株の膜画分の ATP アーゼ活性は時間依存的，そして用量依存的に阻害されるが，RF-7 株の膜画分の ATP アーゼ活性は阻害されないことを見出した．

(c) Fillingame は，なぜ ATP シンターゼの代わりに ATP アーゼ活性を測定したのか.

(d) DCCD 結合タンパク質は，変異株 RF-7 にはないのか，それとも変化しただけなのか.

Fillingame は，DCCD 感受性タンパク質が膜内在性なのか，それとも ATP アーゼ活性を含む画分に可溶化されるのか知りたかった．彼は，完全な膜をジチオトレイトールで処理することによって，野生型細胞と RF-7 変異株の両方から，「分離膜（表在性タンパク質を取り除いた膜）」画分，および「可溶性 ATP アーゼ」画分を調製した．彼は，完全な膜，分離膜，および野生株あるいは RF-7 変異株由来の分離膜と可溶性画分を混合した再構成系について，ATP アーゼ活性を測定した．完全な膜および再構成系では，すべてについて ATP アーゼ活性があった．分離膜画分には ATP アーゼ活性はほとんどなかった．Fillingame は，再構成系のすべての組合せが同様の ATP アーゼ活性を有することを立証したのちに，DCCD を添加して，どの組合せが阻害されるのかを調べた.

(e) もしも DCCD 結合タンパク質が分離膜にあったとすれば，どのような結果になると予測されるか．もしも可溶性画分にあったとすれば，どのような結果になると予測されるか.

結果は明瞭であった．野生型細胞由来の分離膜に関しては，再構成に用いた可溶性画分の由来には関係なく，ATP アーゼは DCCD に対して感受性であった．変異株由来の分離膜に関しては，再構成した ATP アーゼは DCCD に対して非感受性であった．したがって，DCCD 感受性は，分離膜画分にあるタンパク質によるものであり，ジチオトレイトールを用いて可溶化した画分にあるタンパク質によるものではない.

DCCD 感受性のタンパク質を同定するために，Fillingame は野生型大腸菌（AN180）と RF-7 大腸菌の完全な膜を ^{14}C 標識 DCCD で処理した後に，SDS-PAGE によってタンパク質を分離した．彼はゲルを下部から上部まで薄くスライス状にして切り出し，各スライスの ^{14}C 含量を求め，2 mm のゲルスライスあたりの dpm（1 分あたりの崩壊数）として測定し，ゲルに流したタンパク質量で補正した．ゲル内の移動距離は，2 mm にスライス番号を乗じたものに等しい．その結果を次のようにプロットした．矢印は，分子量マーカーとして用いたシトクロム *c* を，I と II は対象となるピークを，BPB（ブロモフェノールブルー）はゲル内を移動する試料よりも前の位置を示す追跡色素である．各試料由来の数多くのタンパク質が[^{14}C]DCCD によって標識された.

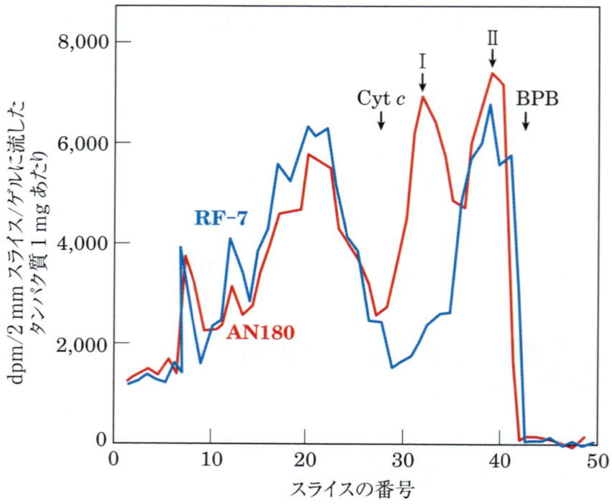

(f) Fillingame は，どの標識タンパク質が対象タンパク質なのかについてどのようにして知ったのか.

(g) 前述のように調製した「分離膜」を用いて，[^{14}C] DCCD による実験を繰り返したときに，彼は同じタンパク質が野生型の画分において特異的に標識されることを見出した．このステップはなぜ必要だったのか.

(h) 対象タンパク質は，分子量が約 9 kDa であり，非極性の溶媒（クロロホルム/メタノール）に容易に溶けることが明らかになった．Fillingame は，このタンパク質の構造，局在，およびトポロジーについてどのようにして推定できたのか.

(i) Fillingame は，後の研究で，このタンパク質中で DCCD と反応するアミノ酸残基が Asp^{61} であることを見出した．大腸菌の変異株において，Ala^{21} が Ser 残基に置換されているこのタンパク質は，野生型よりも DCCD による阻害に関してはるかに感受性が低かった．この観察結果について，どのような説明が可能か.

(j) DCCD によって阻害されるこのタンパク質に関する広範な研究によって，このタンパク質が細菌，植物，および動物の F_oF_1 ATP シンターゼの中心部であることが明らかになった．このタンパク質の酸化的リン酸化における役割は何か．

参考文献

Fillingame, R. H. 1975. Identification of the dicyclohexylcarbodiimide-reactive protein component of the adenosine 5′-triphosphate energy-transducing system of *Escherichia coli*. *J. Bacteriol.* **124**: 870–883.

発展学習のための情報は次のサイトで利用可能である（www.macmillanlearning.com/LehningerBiochemistry7e）.

20

植物における光合成と糖質の合成

これまでに学習してきた内容について確認したり，本章の概念について理解を深めたりするための自習用ツールはオンラインで利用可能である（www.macmillanlearning.com/LehningerBiochemistry7e）.

ここからは，細胞内の代謝の別の側面に話題を変える．PART Ⅱのこれまでの章では，主要な代謝燃料である糖質，脂肪酸，アミノ酸がどのようにして分解され，収束性の異化経路をたどってクエン酸回路に入り，呼吸鎖に電子を供給し，酸化的リン酸化による ATP 合成を駆動するのかについて述べてきた．本章では，酸素への光駆動性の電子の流れと共役する ATP 合成，そして次に同化経路に話を転じる．同化経路では，単純な前駆体分子から細胞成分を合成するために，ATP と NADH または NADPH の形態の化学エネルギーが利用される．同化経路は一般に酸化的ではなく還元的である．異化と同化は動的定常状態で同時進行するので，細胞成分のエネルギー産生性の分解は，生細胞の複雑な秩序をつくり出して維持する生合成過程と均衡がとれている．

光合成生物による太陽光エネルギーの捕捉と，還元型の有機化合物の化学エネルギーへの変換が，地球上のほぼすべての生物エネルギーと有機性の前駆体の究極の供給源である．およそ 25 億年前の酸素発生型光合成への進化，およびそれに続く大気中の酸素濃度の上昇は，私たちが継承している代謝の全体像を形づくった．生物圏において，光合成生物と従属栄養生物は均衡のとれた平衡状態で生存している（図 20-1）．光合成生物は太陽光エネルギーを捕えて ATP と NADPH を産生し，これらを CO_2 と H_2O から糖質や他の有機化合物をつくるエネルギー源として利用するのと同時に，大気中に O_2 を放出する．

$$CO_2 + H_2O \xrightarrow{\text{光}} (CH_2O) + O_2$$

好気性従属栄養生物（例えばヒトや暗期の植物）は，このようにしてつくられた O_2 を利用して，これらのエネルギーに富む有機性光合成産物を CO_2 と H_2O に分解して ATP を産生する．この CO_2 は大気中に戻り，光合成生物によって再び利用される．このように，太陽光エネルギーは生物

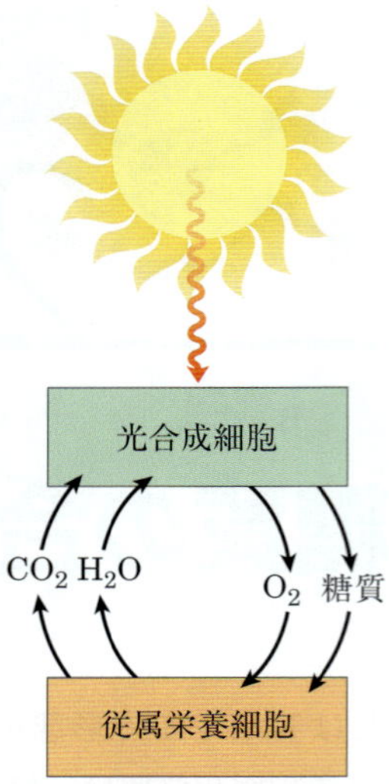

図 20-1 すべての生物の究極のエネルギー源としての太陽光エネルギー

光合成生物は太陽光エネルギーを用いてグルコースや他の有機化合物を産生し，従属栄養細胞はそれらをエネルギーや炭素源として利用する．

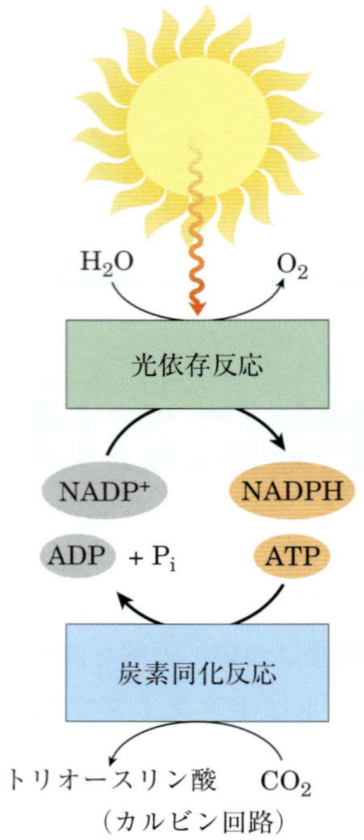

図 20-2 光合成の光依存反応は太陽光のエネルギーを使って，エネルギーに富む NADPH と ATP を産生する

NADPH と ATP は炭素同化反応で使われる．炭素同化反応は明所でも暗所でも起こり，CO_2 を還元してトリオースやさらにトリオースに由来するもっと複雑な化合物（グルコースやスクロース）を産生する．

圏を介する CO_2 と O_2 の連続的循環の推進力を供給する一方で，非光合成生物が依存するグルコースのような還元性基質（燃料）を供給する．

本章ではまず，二つの過程を含む**光合成** photosynthesis について述べる．すなわち，太陽光が ATP と NADH の合成のためのエネルギーを供給する**光依存反応** light-dependent reaction，および ATP と NADPH が CO_2 を還元し，カルビン回路として知られる一連の反応を経てトリオースリン酸を生成するために利用される**炭素同化反応** carbon-assimilation reaction（または**炭素固定反応** carbon-fixation reaction）である（図 20-2）．光呼吸は CO_2 固定の際に起こる非生産的な副反応であり，ある種の植物がこの副反応を回避することのできるいくつかの方法について考える．次に，カルビン回路で生成するトリオースのスクロース（糖の運搬のため）への変換，および動物細胞によるグリコーゲン合成に利用されるのと類似の機構によるデンプン（エネルギーの貯蔵のため）への変換について考察する．次に，植物細胞壁のセルロースの合成について述べる．最後に，糖質の代謝がどのようにして植物細胞内や植物体全体で統合されるのかについて考察する．

20.1 光の吸収

光リン酸化 photophosphorylation の過程は，一連の電子伝達体を介する電子の流れがプロトンのくみ出しと共役して ATP 合成を導くプロトン駆動力を生み出す点で，酸化的リン酸化（Chap. 19）に似ている．酸化的リン酸化では，電子供与体は NADH であり，最終的な電子受容体は O_2 であり，H_2O を生じさせる．光リン酸化では電子は逆方向に流れる．すなわち，H_2O が電子供与体であり，NADPH が生成する．このように吸エルゴン的な過程はどのようにして可能なのだろうか．

H_2O は弱い電子供与体であり，その標準還元電位は 0.816 V である．それに対して，優れた電子受容体である NADH の標準還元電位は − 0.320 V である．光リン酸化では，優れた電子供与体と優れた電子受容体をつくり出すために，光のかたちでのエネルギーの投入が必要である．光リン酸化では，電子は電子供与体から，シトクロム，キノン，鉄–硫黄タンパク質などの一連の膜結合型電子伝達体を通って流れる．一方，プロトンは，電気化学ポテンシャルをつくり出すために膜を横切ってくみ出される．電子伝達とプロトンのくみ出しは，構造や機能の点でミトコンドリアの複合体Ⅲに似ている膜複合体によって触媒される．このようにして形成される電気化学ポテンシャルが，ミトコンドリアや細菌のものと極めて類似する膜結合性 ATP シンターゼ複合体によって触媒される ADP と P_i からの ATP の合成の駆動力である．この過程は図 20–3 にまとめてある．

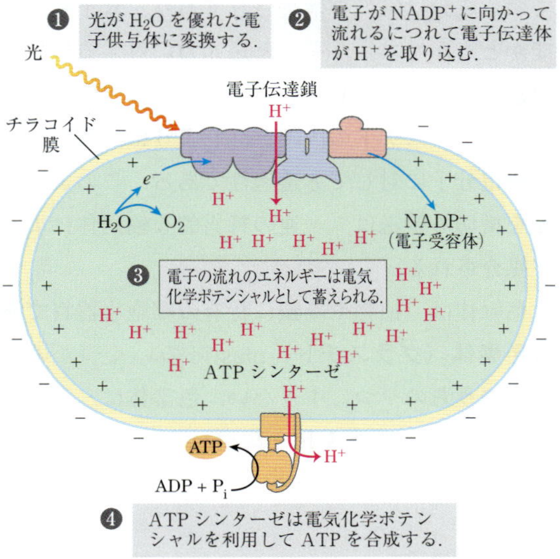

図 20–3　葉緑体における ATP 合成のための化学浸透圧機構

一連の膜結合型伝達体を介する電子の移動は，緑色色素のクロロフィルによって吸収された光子エネルギーによって駆動される．電子の流れは，プロトンと正電荷の膜を横切る移動によって電気化学的ポテンシャルをつくり出す．この電気化学ポテンシャルが，膜結合型酵素である ATP シンターゼによる ATP 合成を駆動する．ATP シンターゼは，ミトコンドリアの酵素と構造や機構が基本的に類似している．図 19–1 と比較すると，ミトコンドリアと葉緑体における化学浸透圧による ATP 合成についての多くの類似点と重要な相違点が示される．

葉緑体は植物において光駆動性の電子の流れと光合成が起こる場所である

光合成を行う真核細胞では，光依存反応と炭素同化反応の両方が**葉緑体**（クロロプラスト）chloroplast で起こる（図 20–4）．葉緑体は，形はさまざまで，通常は直径数 μm の細胞小器官である．ミトコンドリアと同様に，葉緑体は小分子やイオンが透過できる外膜と，内部のコンパートメントを取り囲む内膜の二つの膜で囲まれている．このコンパートメントは，葉緑体中の**ストロマ** stroma と呼ばれ，ミトコンドリアのマトリックスに類似している．ストロマは，炭素同化反応に必要な酵素のほとんどを含む水相である．ストロマ全体にわたって，高度に入り組んだ一連の内膜が存在し，これはミトコンドリアのクリステ cristae に似ている．これらの膜は形態的には連続しており，単一の区画（内腔）を形成している．この複雑な膜組織は，**チラコイド** thylakoid という平板状の袋を形成している．**グラナチラコイド** granal thylakoid は層状に積み重なった小さな袋であり，それらにはグラナの層のまわりを平板状でらせん状に囲む**ストロマチラコイド** stromal thylakoid が連結している．光依存性反応と ATP 合成を行う酵素の複合体と光合成色素は，一般に**ラメラ** lamellae と呼ばれるチラコイド膜に埋め込まれている．膜組織，およびそこに埋め込まれている成分は常に再構築されており，光を利用可能かどうかやエネルギーと還元力に対する植物の要求の変化に適応している．葉緑体の内膜は，すべてのプラスチドの内膜と同じように，極性分子や荷電分子に対して非透過性である．このような膜を横切る輸送は，一連の特異的な輸送体によって媒介される．

葉緑体は，植物や藻類に特有の細胞小器官である**色素体（プラスチド）** plastid のいくつかのタイプのうちの一つにすぎない．色素体は，二重の膜で囲まれ，**プラストーム** plastome という小さなゲノムを含む自己再生能を有する細胞小器官である．プラストームは色素体自体のタンパク質のいくつかをコードする．しかし，色素体に存在するほとんどのタンパク質は核の遺伝子にコードされており，他の核遺伝子と同様に転写されて翻訳された後に，色素体内に運び込まれる．色素体は2分裂によって増殖し，プラストーム（単一の環状 DNA 分子）を複製し，そのプラストームによってコードされているタンパク質の合成にはそれ自体の酵素やリボソームを用いる．**アミロプラスト** amyloplast は無色の色素体（すなわち，葉緑体に見られるクロロフィルや他の色素を欠いている）であり，葉緑体のチラコイド膜のような内部の膜をもたず，デンプンが豊富な植物組織ではデンプン粒で満たされている（図 20-5）．葉緑体は，その内部の膜やクロロフィルが欠落することによって**プロプラスチド（原色素体）** proplastid に変換されることがあり，プロプラスチドはアミロプラストとの相互変換が可能である（図 20-6）．さらに，アミロプラストとプロプラスチドの両方とも葉緑体になることができる．これらの色素体のタイプの相対的な量は，植物組織のタイプや光

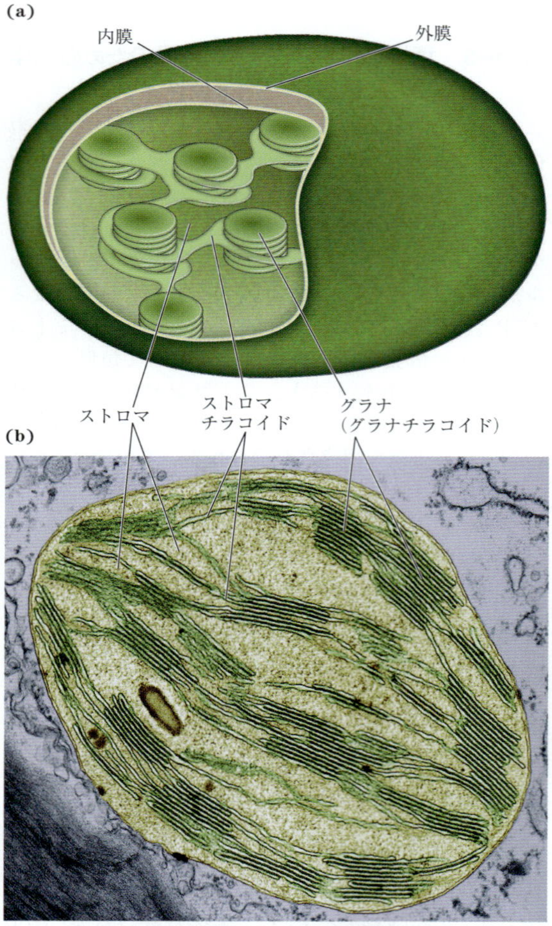

図 20-4 葉緑体の構造

(a) 模式図．**(b)** チラコイド膜の高度に組織だった構造を示す高拡大電子顕微鏡写真．［出典：(b) Biophoto Associates/Science Source.］

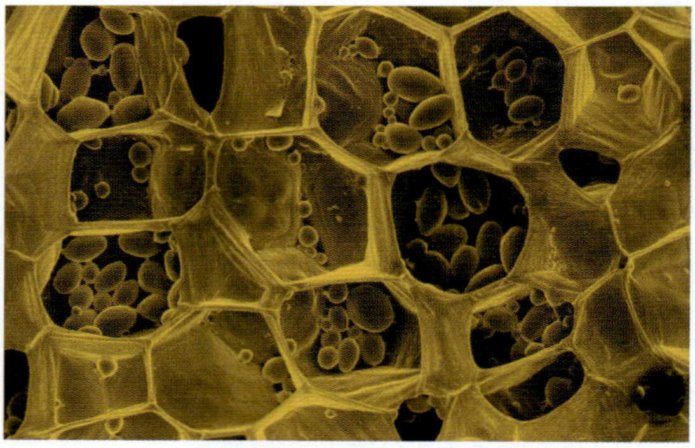

図 20-5 デンプンで満たされているアミロプラスト

このジャガイモのスライスの着色された透過型電子顕微鏡写真は，デンプン粒を貯蔵する細胞小器官のアミロプラストにより細胞が満たされていることを示している．このさまざまな組織にあるデンプン粒の直径は 1 〜 100 μm の範囲にある．［出典：Dr. Jeremy Burgess/Science Source.］

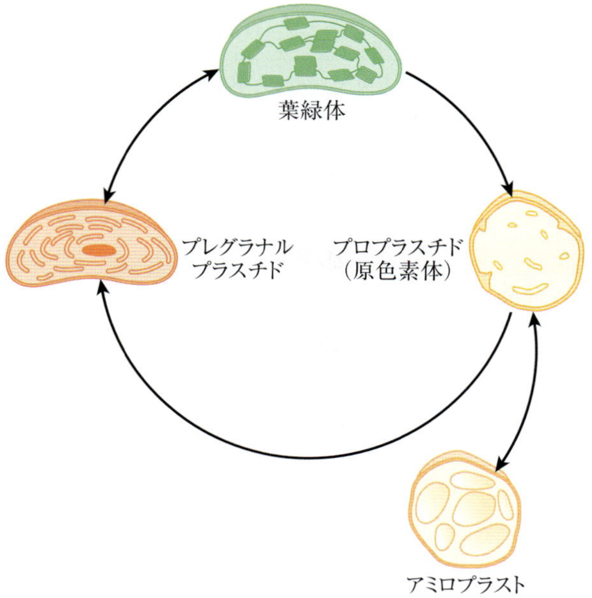

図 20-6　色素体：その起源と相互変換性
すべてのタイプの色素体（プラスチド）は二重の膜で仕切られており，いくつかの色素体（特に成熟した葉緑体）は多数の内膜を有する．内膜は消失したり（成熟した葉緑体がプロプラスチドになる際に），再合成されたり（プロプラスチドがプレグラナルプラスチドへ，そして成熟した葉緑体になる際に）する．根のような非光合成組織のプロプラスチドはデンプンを多量に含むアミロプラストになる．すべての植物細胞は色素体をもっており，これらの細胞小器官は光合成部位であるだけでなく，必須アミノ酸，チアミン，ピリドキサールリン酸，フラビン，ビタミン A，C，E，K の合成などの他の過程が行われる部位でもある．

照射の強度に依存する．緑色葉の細胞には葉緑体が豊富であるのに対して，ジャガイモの塊茎のようにデンプンを多量に貯蔵する非光合成組織ではアミロプラストが多い．

1937 年に Robert Hill は，葉緑体を含む葉の抽出物に光を照射すると，それは（1）O_2 を発生し，（2）溶液中に添加した非生物性の電子受容体を還元するという次のような**ヒル反応** Hill reaction を見いだした．

$$2H_2O + 2A \xrightarrow{光} 2AH_2 + O_2$$

ここで，A は人工電子受容体，すなわち**ヒル試薬** Hill reagent である．ヒル試薬の一つである 2,6-ジクロロフェノールインドフェノールという色素の酸化型（A）は青く，還元型（AH_2）は無色であり，反応を観察しやすくする．

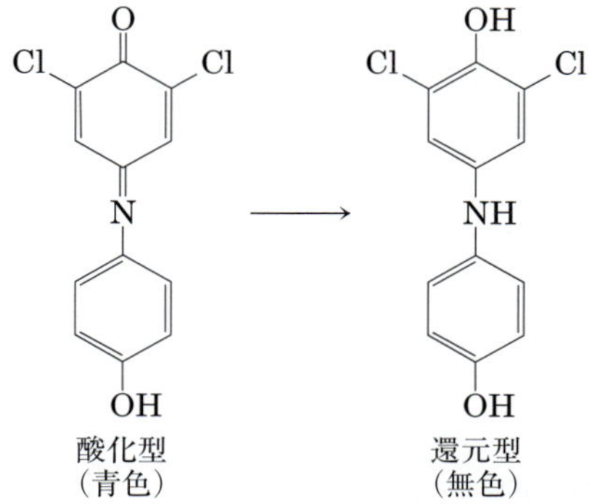

2,6-ジクロロフェノールインドフェノール

葉の抽出物にこの色素を添加して光を照射すると，青い色素は無色になり，O_2 が発生した．暗所では，O_2 の発生も色素の還元も起こらなかった．これが，吸収された光エネルギーが H_2O から電子受容体への電子の流れを起こすという最初の証拠になった．さらに，Hill はこのような条件下では CO_2 がこの反応に必要ではなく，安定な型へと還元されることもないことを見いだし，O_2 の発生と CO_2 の還元が分離された．数年後に，Severo Ochoa は $NADP^+$ が葉緑体における生物学的電子受容体であり，次の反応式のように働くことを示した．

$$2H_2O + 2NADP^+ \xrightarrow{光} 2NADPH + 2H^+ + O_2$$

この光化学反応を理解するためには，分子構造に対する光吸収の影響というより一般的な問題についてまず考えなければならない．

可視光線は，紫色～赤色にわたる波長 400 ～ 700 nm の電磁波であり，これは電磁波スペクトルの狭い領域を占めるだけである（図 20-7）．**光子** photon（光量子）1 個のエネルギーは，この

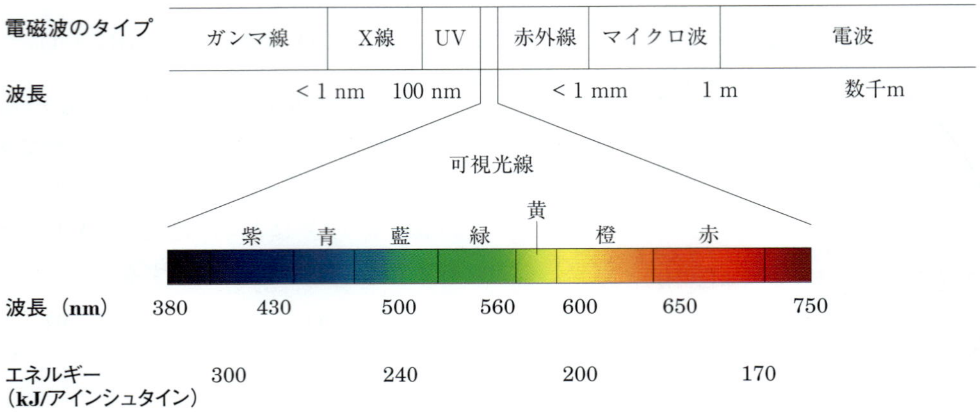

図 20-7 電磁波

電磁波スペクトル，および可視領域における光子のエネルギー．1 アインシュタインは，6.022×10^{23} 光子である．

スペクトルの紫色端のほうが赤色端よりも大きい．波長が短いほど（振動数が大きいほど）エネルギーは大きい．可視光線の 1 光子のエネルギー E は次のプランクの式から求められる．

$$E = h\nu = hc/\lambda$$

ここで，h はプランク定数（6.626×10^{-34} J·s），ν は光の振動数（回 /s），c は光の速度（3.00×10^8 m/s），λ は波長（m）を表す．可視光線の 1 光子のエネルギーは，赤色の 150 kJ/ アインシュタインから紫色の約 300 kJ/ アインシュタインの範囲である．

例題 20-1 1 光子のエネルギー

維管束植物が光合成に使う光の波長は約 700 nm である．この波長の光の光子 1 mol（1 アインシュタイン）のエネルギーを計算し，1 mol の ATP の合成に必要なエネルギーと比べよ．

解答：1 光子のエネルギーはプランクの式から求められる．700×10^{-9} m の波長では，1 光子のエネルギーは次のようになる．

$$\begin{aligned} E &= hc/\lambda \\ &= \frac{[(6.626 \times 10^{-34}\ \mathrm{J \cdot s})(3.00 \times 10^{8}\ \mathrm{m/s})]}{(7.00 \times 10^{-7}\ \mathrm{m})} \\ &= 2.84 \times 10^{-19}\ \mathrm{J} \end{aligned}$$

1 アインシュタインの光はアボガドロ数（6.022×10^{23}）の光子から成るので，700 nm の光子の 1 アインシュタインは次式で与えられる．

$$\begin{aligned} &(2.84 \times 10^{-19}\ \mathrm{J}/\text{光子})(6.022 \times 10^{23}\ \text{光子}/\text{アインシュタイン}) \\ &\quad = 17.1 \times 10^{4}\ \mathrm{J}/\text{アインシュタイン} \\ &\quad = 171\ \mathrm{kJ}/\text{アインシュタイン} \end{aligned}$$

したがって，赤色光の光子 1「mol」は，ADP と P_i から 1 mol の ATP を産生するために必要なエネルギー（30.5 kJ/mol）の約 5 倍のエネルギーを有する．

光子 1 個が吸収されると，吸収する分子（発色団）の電子は高いエネルギー準位に引き上げられる．この反応は全か無か all-or-nothing の事象であり，吸収されるためには，光子は電子の転移エネルギーに完全に一致する量のエネルギー（**1 量子** quantum）をもっていなければならない．光子を吸収した分子は**励起状態** excited state にあるが，この状態は一般に不安定である．より高エネルギーの軌道にまで引き上げられた電子は，通常はより低エネルギーの軌道に迅速に戻る．すなわち，吸収した量子を光や熱として与えたり，化学的な仕事に利用したりして，励起された分子は安定な**基底状態** ground state にまで減衰する．励起された分子の減衰に伴って放射される光（**蛍光** fluorescence という）は，吸収された光よりも常に長波長（低エネルギー）である（Box 12-2 参照）．光合成において重要な減衰の別の様式では，励起された分子から隣接する分子へ励起エネルギーが直接移動する．光子が光エネルギーの量子であるのとちょうど同じように，励起された分子から別の分子に渡されるエネルギーの量子は**励起子** exciton であり，励起子の移動過程は**励起子移動** exciton transfer と呼ばれる．

クロロフィルが光合成のための光エネルギーを吸収する

チラコイド膜で最も重要な吸光色素は，多環性で平面構造をした緑色の色素**クロロフィル** chlorophyll である．この構造は，Fe^{2+} の代わりに Mg^{2+} が中央部を占めていることを除けば，ヘモグロビン（図 5-1 参照）のプロトポルフィリンに似ている（図 20-8(a)）．クロロフィルの 4 個の内側を向いた窒素原子は，Mg^{2+} と配位結合している．すべてのクロロフィルは環Ⅳのカルボキシ基にエステル結合している長い**フィトール** phytol 側鎖を有する．またヘムには存在しない 5 番目の五員環をもっている．

Mg^{2+} を取り囲む五員環の複素環は，単結合と二重結合が交互に存在する伸びたポリエン polyene 構造を有する．このようなポリエンは，スペクトルの可視領域において強い特徴的な吸収を示す（図 20-9）．すなわち，クロロフィルは異常なほど高いモル吸収係数を有するので（Box 3-1 参照），光合成の際に可視光線を吸収するために格別に適している．

葉緑体は，常にクロロフィル *a* とクロロフィル *b* の両方をもっている（図 20-8 (a)）．両方とも緑色であるが，これらの吸光スペクトルはかなり異なっており（図 20-9），可視領域の吸光範囲を相互に補うことができる．ほとんどの植物はクロロフィル *b* の約 2 倍量のクロロフィル *a* を含有する．藻類や光合成細菌は，植物のものとはわずかに異なるクロロフィルを含む．

シアノバクテリアや紅藻類は，集光性色素としてフィコエリトロビリンやフィコシアノビリンなどの**フィコビリン** phycobilin を利用している（図 20-8(b)）．これらの開環型テトラピロールは，クロロフィルに見られる伸びたポリエン系をもっているが環状構造や中心部の Mg^{2+} はない．フィコビリンは，特異的な結合タンパク質に共有結合して**フィコビリタンパク質** phycobiliprotein を形成している．このタンパク質は，これらの微生物において主要な集光性構造を構成するフィコビリソーム phycobilisome という高度に組織だった複合体中で会合している．

補助色素が吸光領域を拡げる

クロロフィルに加えて，チラコイド膜はカロテノイドという二次的吸光色素（**補助色素** accessory pigment）を含有している．**カロテノイド** carotenoid は黄色か赤色，または紫色である．最も重要なのは，赤橙色のイソプレノイド化合物，**β-カロテン** β-carotene と，黄色カロテノイドの**ルテイン** lutein（図 20-8(c)，(d)）である．カロテノイド色素は，クロロフィルによっては吸収されない波長の光を吸収する補助的な光受容体である（図 20-9）．これらのカロテノイドはまた，電子を受容する系の能力を越えるような強い光を受けた場合に生じる反応性の高い酸素（一重項酸素）から反応の下流の成分を保護する．

異なる色の光についての光合成促進効率の測定

(a)

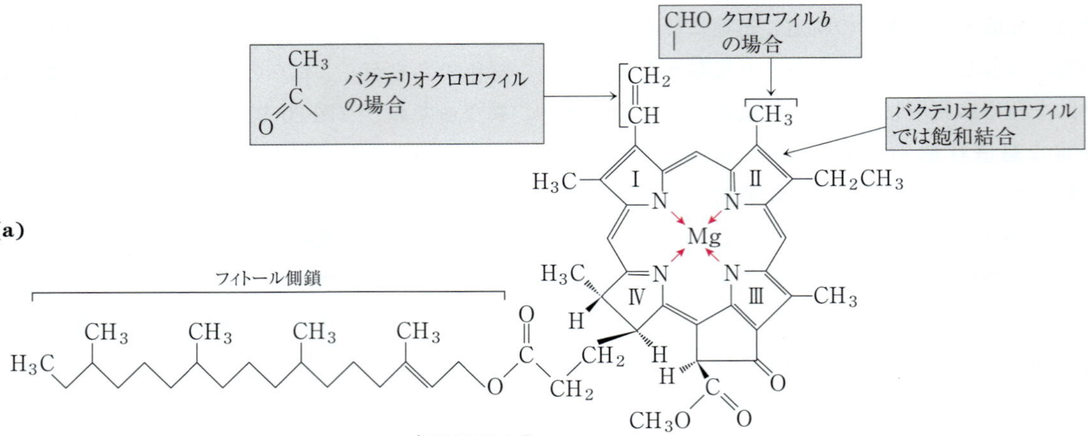

クロロフィルa

(b)

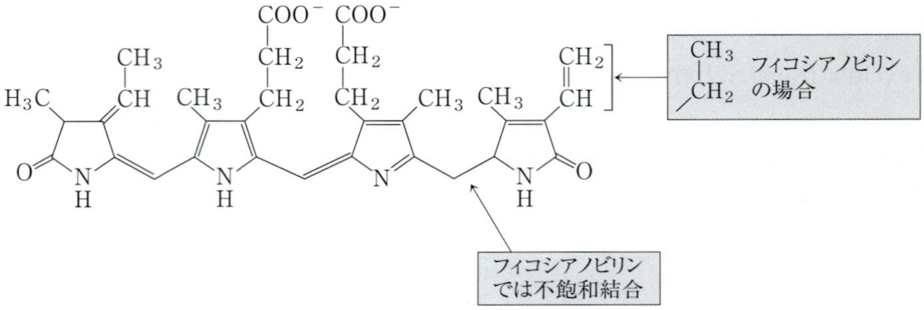

フィコエリトロビリン

(c)

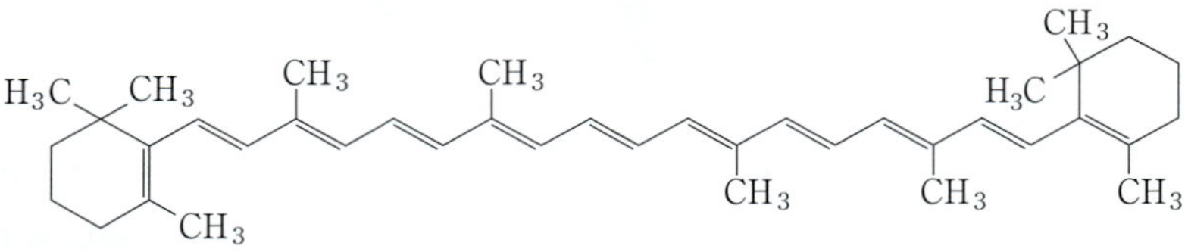

β-カロテン

(d)

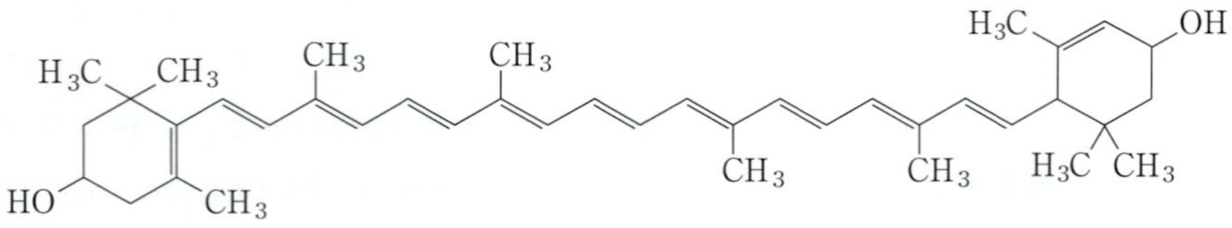

ルテイン（キサントフィル）

図 20-8 一次的および二次的な光感受性色素

(a) クロロフィルaとb，およびバクテリオクロロフィルは，光エネルギーの捕集において主要な役割を担っている．**(b)** フィコエリトロビリンとフィコシアノビリン（フィコビリン）はシアノバクテリアや紅藻類のアンテナ色素である．**(c)** β-カロテン（カロテノイドの一種）と，**(d)** ルテイン（キサントフィルの一種）は，植物における補助色素である．これらの分子内の共役系（単結合と二重結合を交互にもつもの）は，可視光線の吸収に大きく寄与する．

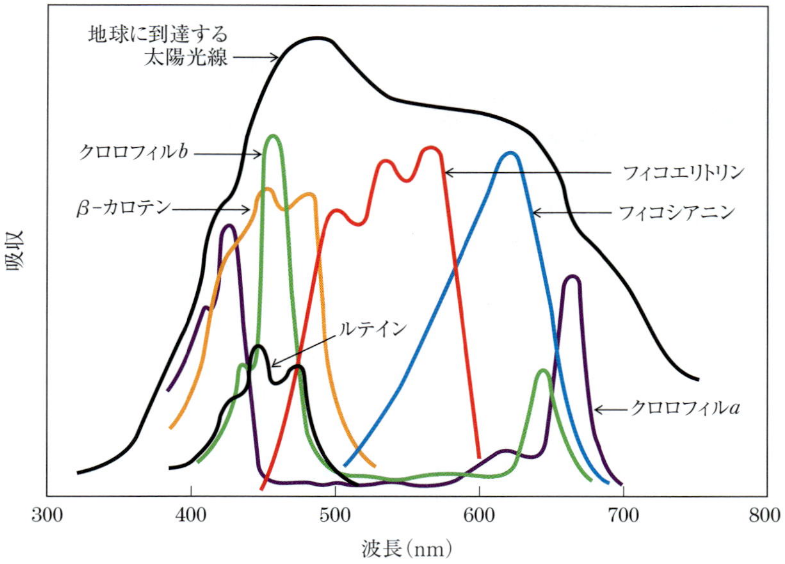

図 20-9　光感受性色素による可視光線の吸収

植物が緑色なのは，その色素がスペクトルの赤色と青色の領域の光を吸収し，主として緑色光を反射するからである．これらの色素の吸収スペクトルと地球表面に到達する太陽光のスペクトルを比べてみよう．クロロフィル（a と b）と補助色素の組合せによって，植物は太陽光から利用できるエネルギーのほとんどを集めることができる．クロロフィルと補助色素の相対的な存在量は，特定の植物種に特有の性質である．これらの色素の割合の変化は，光合成生物の色の多様性の原因になっている．すなわち，ハリモミの針葉の深い青緑色から，カエデの葉の鮮やかな緑色，ある種の多細胞性藻類や園芸家に好まれる観葉植物の葉の赤色，茶色，紫色まである．

実験から，**作用スペクトル** action spectrum（図 20-10）がわかる．作用スペクトルは光の生物学的効果において主要な役割を果たす色素を同定するためにしばしば有用である．他の植物によって利用されないスペクトル領域内の光を捕えることによって，ある光合成生物は特異的な生態学的ニッチに棲息することが可能である．例えば，紅藻類やシアノバクテリアに存在するフィコビリンは，520 ～ 630 nm の範囲の光を吸収する（図 20-9）．これらの生物は，この能力によって上部の水中に棲息する他の生物の色素や水自体が短波長や長波長の光を吸収してしまった残りのニッチでも棲息できる．

クロロフィルは励起子移動によって吸収されたエネルギーを反応中心に集中させる

チラコイドや細菌の膜に存在する吸光色素は，**光化学系** photosystem という機能的な順序で配置されている．例えばホウレンソウの葉緑体では，各光化学系が約 200 分子のクロロフィルと約 50 分子のカロテノイドを含む．光化学系の全色素分子が光子を吸収することはできるが，**光化学反応中心** photochemical reaction center に会合している少数のクロロフィル分子だけが，光を化学エネルギーに変換するように特化している．光化学系の他の色素分子は**アンテナ分子** antenna molecule として働く．これらの分子は光エネルギーを吸収し，それを迅速かつ高効率で反応中心に伝達する（図 20-11）．いくつかの分子は反応中心のまわりにあるコア複合体の一部であり，他

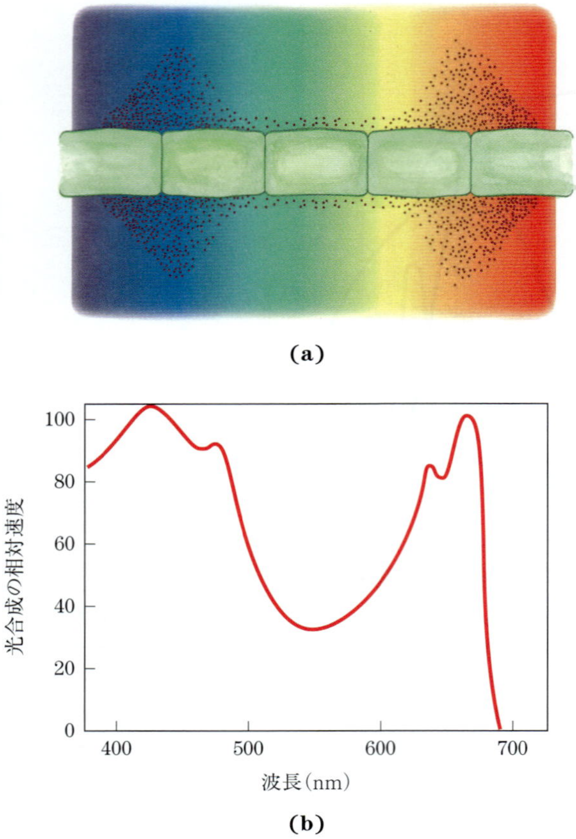

図 20-10 光合成の作用スペクトルを決定する二つの方法

(a) 光合成を行うために最も有効な光の波長を決定するために，1882 年に T. W. Engelmann が行った古典的実験の結果．Engelmann は，繊維状の光合成藻類の細胞を顕微鏡のスライドガラス上に置き，プリズムの光を照射した．その結果，繊維の一部の細胞は主に青色光を，別の細胞は黄色光を，また別のものは赤色光を吸収した．どの藻細胞が最も活発に光合成を行ったのかを決定するために，O_2 濃度が高い部分のほうに移動することがわかっている細菌も一緒に顕微鏡のスライドガラスにのせた．光を一定期間当てた後の細菌の分布から，光合成によって産生された O_2 のレベルが最も高いのは，紫色と赤色の光を照射した部分であることが示された．**(b)** O_2 産生の測定に新技術（酸素電極）を用いた類似の実験の結果．ここに示すように，作用スペクトルは，一定数であるが，異なる波長の光子の照射に対しての光合成の相対速度を記したものである．このような作用スペクトルは，（図 20-9 のような）吸収スペクトルと比較することによって，どの色素がエネルギーを光合成に導くのかを示唆するために有用である．

の分子はコア複合体の周辺で**集光性複合体** light-harvesting complex（LHC）を形成している．クロロフィルと他の色素は特異的な結合タンパク質に会合している．これらのタンパク質は，発色団をお互いに，他のタンパク質に，そして膜に対して固定する，例えば，三量体型の集光性複合体 LHC II（図 20-12）の各単量体は，7 分子のクロロフィル *a* と 5 分子のクロロフィル *b*，および 2 分子のルテインを含む．

集光性複合体内のクロロフィル分子や他のクロロフィル結合タンパク質は，遊離のクロロフィルとは微妙に異なる吸光特性をもつ．単離したクロロフィル分子を *in vitro* で光によって励起すると，吸収されたエネルギーはすぐに蛍光や熱として放出されるが，無傷の葉においてクロロフィルが可視光線によって励起されると（図 20-13，ステップ ❶），蛍光はほとんど観察されない．その代わりに，励起されたアンテナクロロフィルは，隣接するクロロフィル分子にエネルギーを直接転移し，この分子が励起される一方で，最初の分子は基底状態に戻る（ステップ ❷）．このエネルギーの転移，すなわち励起子移動は，3 番目，4 番目，またその隣へと，光化学反応中心のクロロフィル *a* 分子の特別ペア special pair が励起されるまで進行する（ステップ ❸）．この励起されたクロロフィル分子では，電子がより高エネルギーの軌道に引き上げられる．次に，この電子は電子伝達鎖の一部である近くの電子受容体に移り，空の軌道をもった反応中心クロロフィルを残す（「電子空孔」，図 20-13 では＋で示す）（ステップ ❹）．この経過で，電子受容体は負電荷を得る．反応中心のクロロフィルで失われた電子は，隣接する電子供与体分子からの電子によって置換され（ステップ ❺），この供与体は正に荷電するようになる．このようにして，光による励起は電荷の分離を引き起こし，酸化還元鎖を開始させる．

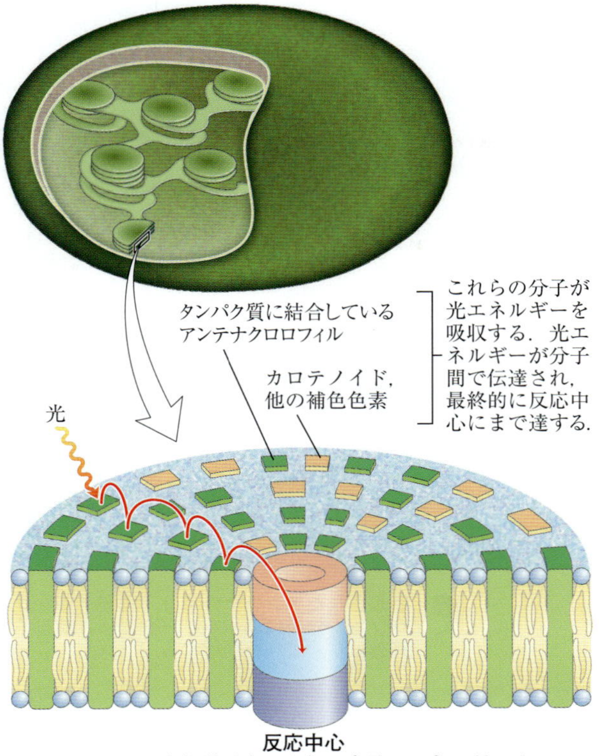

図 20-11　チラコイド膜における光化学系の構成

光化学系は，光反応中心を囲む数百のアンテナクロロフィルと補助色素とともに，チラコイド膜に隙間なく詰め込まれている．アンテナクロロフィルのどれかによる光子の吸収が起こると，励起子移動によって反応中心が励起される（赤色矢印）．シトクロム b_6f 複合体や ATP シンターゼもチラコイド膜に埋め込まれている（図 20-21 参照）．

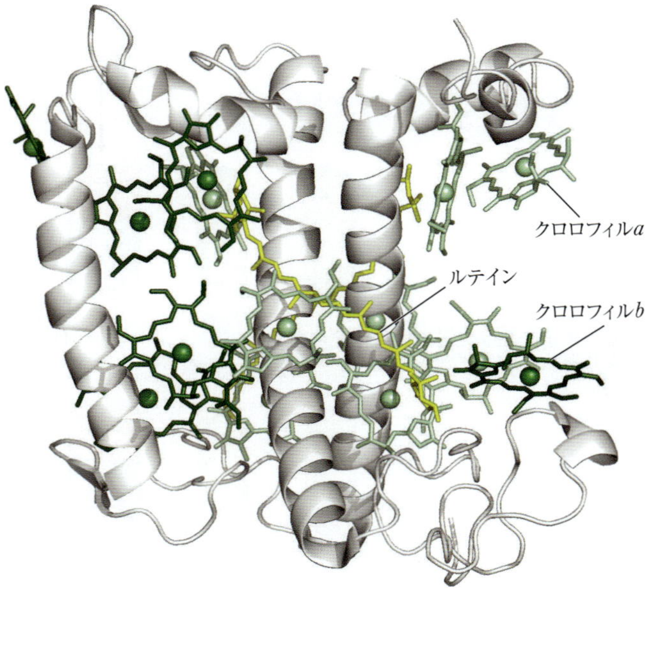

図 20-12　集光性複合体 LHC Ⅱ

機能単位は，36 分子のクロロフィルと 6 分子のルテインから成る LHC 三量体である．ここに示すのは膜平面で見た単量体であり，膜を貫いている 3 本の α ヘリックス部分と，7 分子のクロロフィル *a*（淡緑色），5 分子のクロロフィル *b*（濃緑色），内部の横支柱形成する 2 分子の補助色素ルテイン（黄色）が見える．［出典：PDB ID 2BHW, J. Standfuss et al. *EMBO J.* **24**: 919, 2005.］

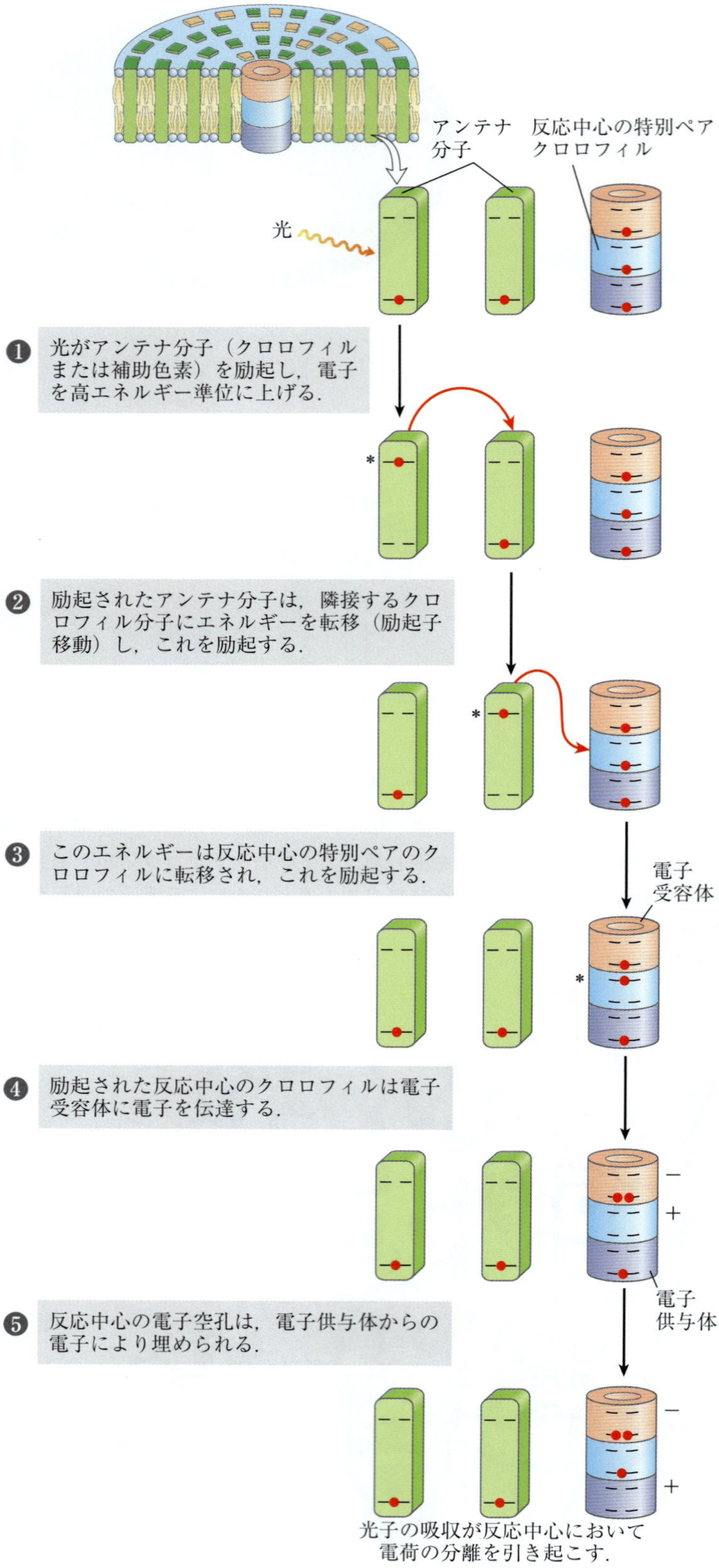

図 20-13 励起子移動と電子伝達

この一般化された模式図は，吸収された光子からのエネルギーが，反応中心において電荷の分離に変換される過程を示す．各ステップについては本文中で述べる．ステップ❶は，励起子が反応中心のクロロフィルの特別ペアに達するまで，連続するアンテナ分子の間で繰り返されることに注意しよう．アステリスク（*）は，アンテナ分子の励起状態を表す．

まとめ

20.1　光の吸収

- 光合成は藻類や植物の葉緑体で行われる．葉緑体は，二重の膜で囲まれ，光合成装置を含むチラコイド膜の複雑な系が詰まった構造である．
- 光合成の光依存性反応は，光の吸収に直接的に依存するものである．その結果起こる光化学反応は，H_2O から電子を受け取り，電子は一連の膜結合伝達体を介して移動させ，NADPH と ATP を生じさせる．
- 可視光の光子は，光化学反応を起こすのに十分なエネルギーを有し，光合成生物において ATP 合成を誘起する．
- クロロフィル分子は，光化学反応中心の周りに並んでいる集光性複合体でタンパク質と会合している．
- 植物では，光子の吸収がクロロフィル分子や他の（補助）色素を励起し，これらがチラコイド膜にある反応中心にエネルギーを集中させる．反応中心では，光励起により電荷の分離が起こり，強い電子供与体（還元剤）と強い電子受容体ができる．

20.2　光化学反応の中心

光合成の光駆動性反応の部位や性質を明らかにすることは挑戦的な問題であった．その理由の一つは光合成装置の不溶性であった．すなわち，中心的な役割を果たすのは内在性膜タンパク質であり，ほとんどの膜タンパク質と同様に，可溶化して精製することが困難である．一つの重要な知見は 1952 年にもたらされた．すなわち Louis Duysens は，紅色細菌 *Rhodospirillum rubrum* の光合成膜に特定の波長（870 nm）の光を短時間照射すると，この波長の光の吸収に一時的低下が起こること，つまりある色素が 870 nm の光によって「脱色」されることを発見した．Bessel Kok と Horst Witt によるその後の研究によって，680 nm と 700 nm の光によって植物葉緑体の色素が同様に脱色されることが示された．さらに，非生物的な電子受容体である $[Fe(CN)_6]^{3-}$（フェリシアン化塩）の添加が，光照射なしでこれらの波長で脱色を引き起こした．これらの発見は，色素の脱色が光化学反応中心からの電子の喪失のためであることを示していた．これらの色素は，最大脱色波長に因んで，P870，P680，P700 と名づけられた．これらは後に反応中心におけるクロロフィル分子の「特別ペア special pair」であることがわかり，しばしば $(Chl)_2$ と記載される．

光合成細菌は二つのタイプの反応中心を有する

光合成細菌は，二つのタイプの一般的な光反応中心のうちの一つを含む比較的単純な光変換機構を有する．紅色細菌に見られる一つ目のタイプは，**フェオフィチン** pheophytin（中心の Mg^{2+} を欠くクロロフィル）を通じてキノンに電子を渡す．緑色硫黄細菌に存在するもう一つのタイプは，キノンを通じて鉄–硫黄中心に電子を伝達する．シアノバクテリアと植物は，各タイプの一つずつから成り，直列で働く二つの光化学系（PS I，PS II）を有する．細菌とシアノバクテリアの光変換機構についての生化学的および生物物理学的研究によって，反応中心に関する多くの分子レベルでの詳細が明らかになり，より複雑な植物の光変換系の原型として役立っている．

フェオフィチン–キノン反応中心（II 型反応中心）

紅色細菌の光合成装置は，三つの基本モジュールから成る（図 20–14 (a)）．すなわち，単一の反応中心（P870），ミトコンドリアの電子伝達鎖の複合体 III に似たシトクロム bc_1 電子伝達複合体，ミトコンドリアのものと似たATPシンターゼである．光照射によって，電子はフェオフィチンとキノンを通ってシトクロム bc_1 複合体へと移動する．この複合体を通過したのち，電子はシトクロム c_2 を通って反応中心に戻るように流れ，照射前の状態が回復する．光駆動性のこの循環的な電子の流れは，シトクロム bc_1 複合体によるプロトンのくみ上げのエネルギーを供給する．結果として生じるプロトン勾配によって，ATPシンターゼがミトコンドリアの場合と全く同じようにATPを産生する（図19-26参照）．

X線結晶解析から推定された紅色細菌（*Rhodopseudomonas viridis* と *Rhodobacter sphaeroides*）の反応中心の三次元構造によって，フェオフィチン-キノン反応中心での光変換がどのように起こるのかが明らかになった．*R. viridis* の反応中心（図20-15（a））は，4個のポリペプチドサブユニットと，二対のバクテリオクロロフィル，一対のフェオフィチン，2個のキノン，1個の非ヘム鉄，会合している c 型シトクロム中の4個のヘムである．

図20-15(b)に示す極めて迅速な電子伝達の順序は，光変換を引き起こすための瞬間的なフラッ

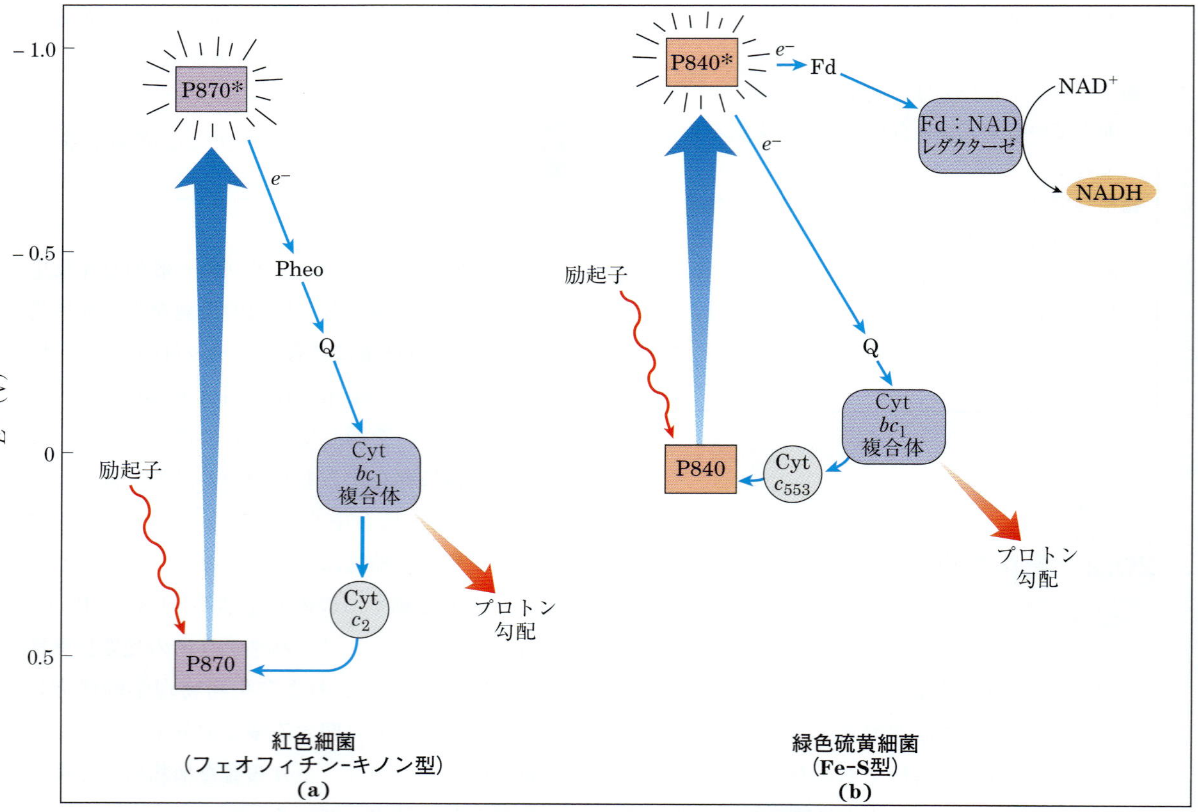

図20-14 紅色細菌と緑色硫黄細菌における光合成装置の機能モジュール

(a) 紅色細菌では，光エネルギーは，電子を反応中心P870からフェオフィチン（Pheo），キノン（Q），シトクロム bc_1 複合体を経て，さらにシトクロム c_2 を通って反応中心に戻すように動かす．シトクロム bc_1 複合体を通る電子の流れは，プロトンのくみ出しを引き起こし，ATP合成を駆動する電気化学ポテンシャルを生み出す．**(b)** 緑色硫黄細菌には，P840の励起によって動く電子に関して二つの経路がある．循環的経路では，電子はキノンを通ってシトクロム bc_1 複合体に渡り，シトクロム c_{553} を経て反応中心に戻る．非循環的経路では，反応中心から鉄-硫黄タンパク質フェレドキシン（Fd）を経て，NAD^+ に至る．この反応はフェレドキシン：NADレダクターゼによって触媒される．

シュ光と数種類の伝達体を通る電子の流れを追跡するためのさまざまな分光計測技術を用いて，細菌のフェオフィチン－キノン中心を物理学的に研究することによって推定されている．一対のバクテリオクロロフィル *a* 分子（$(Chl)_2$ と表される「特別ペア」）が，この細菌の反応中心における最初の光化学の場である P870 を構成している．反応中心を取り囲む多数のアンテナクロロフィル分子の一つによって吸収された光子のエネルギーは，励起子移動によって P870 に達する．結合軌道が重なるほどに近接しているこれら 2 個のバクテリオクロロフィル分子が励起子を吸収すると，光子エネルギーに等価な量だけ P870 の酸化還元電位がシフトし，この特別ペアを強力な電子供与体に変換する．この P870 が電子を供与し，これが隣接するクロロフィル単量体を通ってフェオフィチ

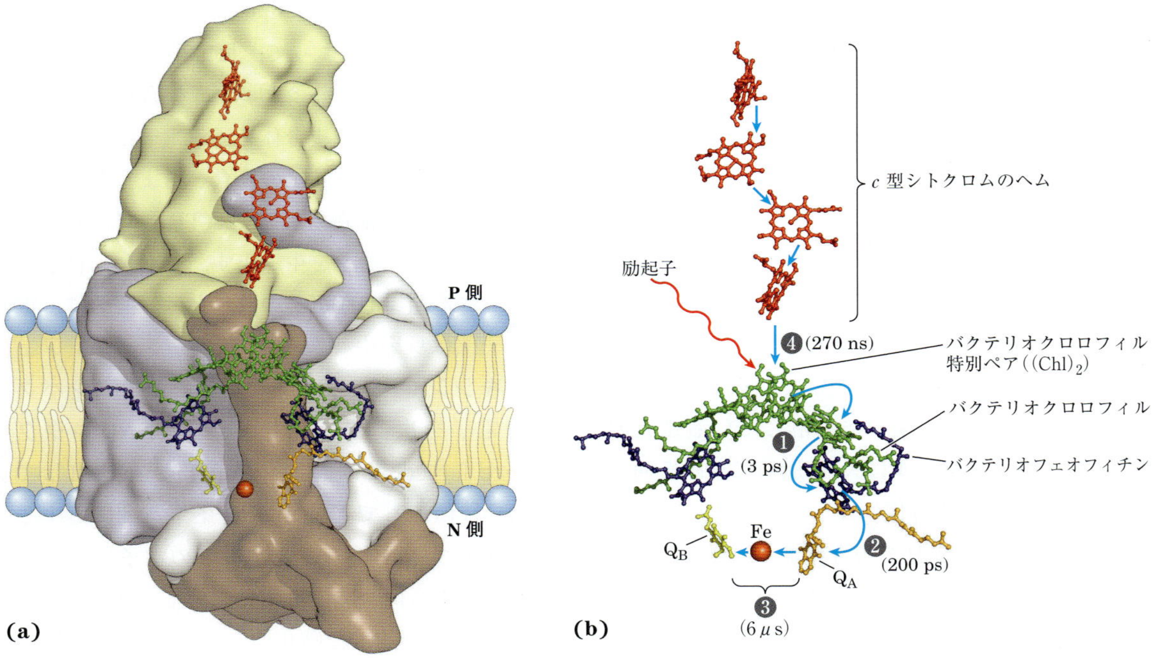

図 20-15　紅色細菌 *Rhodopseudomonas viridis* の光化学反応中心

(a) この系には四つの構成成分がある．全部で 11 の膜貫通ヘリックス領域をもつ三つのサブユニット，H，M，L（それぞれ茶色，薄紫色，白色）と，膜表面で複合体と会合している第四のタンパク質，シトクロム *c*（黄色）である．サブユニット L と M は対をなす膜貫通タンパク質であり，一緒になって長軸のまわりにほぼ左右対称な円筒構造を形成している．光化学反応に関与する補欠分子族をはめ込んだ球棒構造のモデル図の（a）は表面を表し，(b) は別々に分けたものを示す．L と M 鎖に結合しているのは二対のバクテリオクロロフィル分子（緑色）で，この二対の一方（「特別ペア」$(Chl)_2$）は P870 であり，光吸収後の最初の光化学変換の場である．さらにこの系に加わっているのが一対のフェオフィチン *a*（Pheo *a*）分子（青色），やはり左右対称に配置されたメナキノン（Q_A）とユビキノン（Q_B）（橙色と黄色）の 2 個のキノン，このキノンの間の対称軸近くに位置する単一の非ヘム鉄（赤色）である．図の最上部に示すのは，反応中心の *c* 型シトクロムに会合している四つのヘム基（赤色）である．**(b)** バクテリオクロロフィルの特別ペアの励起に際して起こる連鎖反応の経過が，かっこ内に電子伝達の時間の尺度で示してある．❶ 励起された特別ペアは，バクテリオクロロフィル単量体を介してフェオフィチンに電子を伝達し，❷ そこから電子は強固に結合しているメナキノン Q_A へと迅速に移動する．❸ このキノンは，電子を非ヘム鉄経由でずっとゆっくりと拡散するユビキノン Q_B に伝達する．この間に，❹ 特別ペアにおける「電子空孔」は，シトクロム *c* のヘムからの電子によって占められる．［出典：PDB ID 1PRC, J. Diesenhofer et al., *J. Mol. Biol.* **246**: 429, 1995.］

ン（Pheo）に渡る．この過程で，1 個は正に荷電し（特別ペアの P870），もう 1 個は負に荷電した（フェオフィチン）2 個のラジカルが生じる．

$$\text{P870} + 1\,\text{励起子} \longrightarrow \text{P870}^* \qquad (\text{励起})$$
$$\text{P870}^* + \text{Pheo} \longrightarrow {}^\bullet\text{P870}^+ + {}^\bullet\text{Pheo}^- \qquad (\text{電荷の分離})$$

このフェオフィチンラジカルは，次に強固に結合しているキノン分子（Q_A）にその電子を渡し，これをセミキノンラジカルに変換する．このラジカルはゆるく結合している第二のキノン（Q_B）に直ちにその余分な電子を供与する．このような 2 回の電子伝達によって，Q_B はその完全還元型 Q_BH_2 に変換され，膜二重層内を自由に拡散して反応中心から離れる．

$$2{}^\bullet\text{Pheo}^- + 2\text{H}^+ + \text{Q}_\text{B} \longrightarrow 2{}^\bullet\text{Pheo} + \text{Q}_\text{B}\text{H}_2 \qquad (\text{キノンの還元})$$

もともとは P870 を励起した光子エネルギーのある部分を，化学結合として担っているこのヒドロキノン（Q_BH_2）は，膜中に溶解している還元型キノン（QH_2）のプールに入り，脂質二重層を通ってシトクロム bc_1 複合体のほうへと移動する．

相同なミトコンドリア複合体Ⅲと同様に，紅色細菌のシトクロム bc_1 複合体は電子をキノール供与体（QH_2）から電子受容体に伝達し，この電子伝達エネルギーを膜を横切るプロトンのくみ出しに利用してプロトン駆動力を生み出す．この複合体における電子の通路は，ミトコンドリア複合体Ⅲの通路に極めて似ており，プロトンが膜の一方の側で消費され，他方で放出される Q サイクル（図 19-11 参照）が関与すると考えられる．紅色細菌における究極の電子受容体は，電子を喪失した P870，すなわち ${}^\bullet$P870$^+$である．電子はシトクロム bc_1 複合体から可溶性 c 型シトクロム（シトクロム c_2）を経て P870 へと移動する（図 20-14(a)）．このようにして電子伝達過程はサイクルを完了し，反応中心は脱色前の状態に戻り，アンテナクロロフィルからの次の励起子の吸収に備える．

この系の顕著な特徴は，反応する物質が反応のために正しい配向性で接近して集まり，すべての化学反応が固相で起こることである．その結果，一連の反応が極めて迅速に効率よく起こる．

Fe-S 反応中心（Ⅰ型反応中心） 緑色硫黄細菌における光合成には，紅色細菌の場合と同じ三つのモジュールが関与するが，その経過はいくつかの点で異なり，付加的な酵素反応も関与する（図 20-14(b)）．励起によって，反応中心からキノン伝達体を経由してシトクロム bc_1 複合体への電子伝達が起こる．この複合体を通る電子伝達は，紅色細菌やミトコンドリアの場合とちょうど同じように，プロトン輸送を促して ATP 合成に利用されるプロトン駆動力を生み出す．しかし，紅色細菌における循環的な電子の流れとは対照的に，電子の一部は反応中心から鉄-硫黄タンパク質**フェレドキシン** ferredoxin に流れる．このタンパク質は電子を次に**フェレドキシン：NAD レダクターゼ** ferredoxin：NAD reductase を経由して NAD^+に伝達して NADH を産生する．反応中心に由来して NAD^+を還元するこの電子は，緑色硫黄細菌を特徴づける反応において，H_2S を元素 S，そして SO_4^{2-}へと酸化することによって補充される．細菌によるこの H_2S の酸化は，酸素を生産する植物による H_2O の酸化と化学的に相同な反応である．

速度論的要因と熱力学的要因が内的変換によるエネルギー浪費を防ぐ

反応中心の複合体構成は，光合成過程の効率が進化的に選択された産物である．原理的に，励起状態 P870*は，内的変換によって基底状態にまで減衰する可能性がある．内的変換は，吸収された光子エネルギーが熱（分子運動）に変換されるような極めて迅速な反応（10 ピコ秒，1 ps = 10^{-12} s）

である．反応中心は，内的変換に起因する効率の低下を防ぐように構成されている．反応中心のタンパク質は，バクテリオクロロフィル bacteriochlorophyll，バクテリオフェオフィチン bacteriopheophytin，キノンなどを互いの相対的配向性を固定するように保持している．これが反応の高効率と迅速さの説明であり，偶然の衝突やランダムな拡散に依存することはない．アンテナクロロフィルから反応中心の特別ペアへの励起子移動は，90％以上の効率で 100 ps（ピコ秒）以内に完了する．P870 の励起から 3 ps 以内に，フェオフィチンは電子を受け取って負に荷電したラジカルになり，その後 200 ps 以内に電子はキノン Q_B に到達する（図 20-15(b)）．この電子伝達反応は単に速いだけでなく，熱力学的に「下り坂」であり，励起された特別ペア P870* は非常に優れた電子供与体（$E'^{\circ}=-1$ V）であり，それに続く各電子伝達は実質的に負の値がより小さな E'° の受容体に進む．したがって，この過程に関する標準自由エネルギー変化は大きな負の値である．Chap. 13 の $\Delta G'^{\circ}=-n\Delta E'^{\circ}$ という式を思い出そう．ここで，$\Delta E'^{\circ}$ は二つの半反応の標準酸化還元電位の差である．

(1) $P870^{*} \longrightarrow {}^{\bullet}P870^{+} + e^{-} \quad E'^{\circ} = -1.0\ V$

(2) $Q + 2H^{+} + 2e^{-} \longrightarrow QH_2 \quad E'^{\circ} = -0.045\ V$

したがって

$$\Delta E'^{\circ} = -0.045\ V - (-1.0\ V) \approx 0.95\ V$$

および

$$\Delta G'^{\circ} = -2(96.5\ kJ/V\cdot mol)(0.95\ V) = -180 kJ/mol$$

速い速度論と有利な熱力学的性質が，この過程を実質上不可逆で高効率にしている．過程全体のエネルギー効率（QH_2 に保存された光子エネルギーの百分率）は 30％以上であり，残りのエネルギーは熱とエントロピーとして放散される．

植物では二つの反応中心が直列で働く

現存するシアノバクテリア，藻類および維管束植物の光合成装置は，一中心型の細菌の系よりも複雑であり，二つの単純な細菌型光化学反応中心の組合せを経て進化したようである．葉緑体のチラコイド膜は 2 種類の異なる光化学系をもち，それぞれが固有の型の光化学反応中心と一群のアンテナ分子を有する．この二つの系は，別個で相補的な機能を有する（図 20-16）．**光化学系Ⅱ** photosystem Ⅱ（**PSⅡ**）は，ほぼ等量のクロロフィル *a* と *b* を含む（紅色細菌の単一型光化学系に似た）フェオフィチン-キノン型の系である．反応中心における特別ペアの P680 の励起は，シトクロム b_6f 複合体を通って電子を動かし，同時にチラコイド膜を横切るプロトンの移動を引き起こす．**光化学系Ⅰ** photosystem Ⅰ（**PSⅠ**）は，構造的にも機能的にも緑色硫黄細菌のⅠ型反応中心に関連がある．この系は P700 という反応中心をもち，クロロフィル *b* に対してクロロフィル *a* の比率が高い．励起された P700 は，電子を一連の伝達体を介して Fe-S タンパク質フェレドキシンに，さらに $NADP^+$ に伝達して NADPH を産生する．1 個のホウレンソウ葉緑体のチラコイド膜は，各光化学系を数百ももっている．

植物におけるこれら二つの反応中心は，光によって駆動される H_2O から $NADP^+$ への電子の移動の触媒として直列で働く．電子はこれら二つの光化学系の間を可溶性タンパク質**プラストシアニン** plastocyanin によって運ばれる．PSⅡから PSⅠを経て $NADP^+$ に移動する電子を補充するために，（緑色硫黄細菌が H_2S を酸化するように）シアノバクテリアや植物は H_2O を酸化して O_2 を産生する（図 20-16，左下）．この過程は，紅色細菌や緑色硫黄細菌での酸素非発生型光合成と区別するために，**酸素発生型光合成** oxygenic photosynthesis と呼ばれる．植物，藻類，シアノ

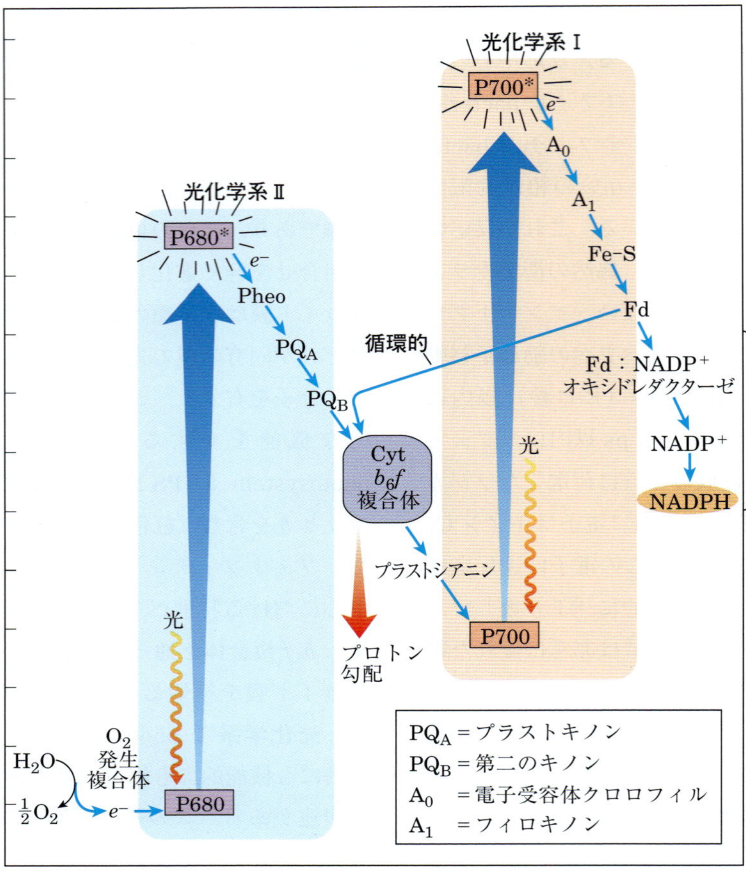

図 20-16 葉緑体における光化学系 I とⅡの統合

この「Z 機構」は，非循環的光合成における H_2O（左下）から $NADP^+$（右上）への電子伝達の経路を示す．各電子伝達体の縦軸の位置は標準還元電位を反映している．H_2O に由来する電子のエネルギーを，$NADP^+$ の NADPH への還元に必要なエネルギー準位にまで高めるためには，各電子を PS I と PSⅡで吸収した光子によって 2 回「押し上げ」なければならない（太い矢印）．各光化学系で，1 個の電子ごとに 1 個の光子が必要である．励起後に，この高エネルギー電子は伝達体の鎖を通って，「坂を下るように」流れる．水開裂反応の間とシトクロム b_6f 複合体を介する電子伝達の間に，チラコイド膜を横切ってプロトンが移動し，ATP 生成に不可欠なプロトン勾配を形成する．電子の別経路は，循環的電子伝達であり，電子は $NADP^+$ を NADPH に還元する代わりに，フェレドキシンからシトクロム b_6f 複合体に戻る．循環的経路は非循環的経路に比べて ATP の産生が多く，NADPH 産生は少ない．

バクテリアを通じて，O_2 を発生するすべての光合成細胞は，PS I と PSⅡの両方を含有する．一つの光化学系だけをもつ生物は，O_2 を発生しない．全体の形からしばしば **Z 機構** Z scheme と呼ばれる図 20-16 の図式は，二つの光化学系の間の電子の流れる経路と光依存反応におけるエネルギー関係の概要を示すものである．すなわち，この Z 機構は，次の反応式に沿って電子が H_2O から $NADP^+$ に流れる全ルートを表している．

$$2H_2O + 2NADP^+ + 8\ 光子 \longrightarrow O_2 + 2NADPH + 2H^+$$

吸収された光子 2 個（各光化学系で 1 個ずつ）ごとに，1 個の電子が H_2O から $NADP^+$ に伝達される．1 分子の O_2 生成のためには，2 分子の H_2O から 2 分子の $NADP^+$ への 4 個の電子の伝達が必要であり，各光化学系で 4 個ずつ合計 8 個の光子の吸収が必要である．

光化学系 II　PS II は二量体である（図 20-17）．各単量体は 19 のタンパク質から成る巨大な複合体であり，P680 反応中心タンパク質 D1 と D2 のコア複合体，二つのクロロフィル結合タンパク質 CP43 と CP47，そしてカロテノイドや非ヘム鉄，Mn_4CaO_5 の無機複合体などの関連する発色団を含む．PS II のタンパク質のうちの 16 個は膜貫通領域を有するが，三つのタンパク質は Mn_4CaO_5 複合体を安定化する内腔側の表在性タンパク質である．PS II を取り囲んで，補助的なクロロフィル結合タンパク質と集光性複合体がある．光子がこれらのアンテナ分子のどれかによって吸収されると，生じた励起子は反応中心に到達するまで色素から色素へと極めて迅速に移動し，クロロフィル *a* 分子の特別ペア $(\text{Chl } a)_2$ である P680 を励起して光化学反応を開始する（図 20-18）．

PS II における光化学反応の詳細な機構は，いくつかの重要なものを加えれば紅色細菌の光化学系の機構と本質的に似ている．PS II の P680 の励起によって生じた P680* は優れた電子供与体であり（図 20-19），ピコ秒以内に電子をフェオフィチンに伝達して負に荷電（•Pheo⁻）させる．電子を失った P680* は，ラジカルカチオンの $P680^+$ に変換される．•Pheo⁻ はその余分な電子をタンパク質に結合している**プラストキノン** plastoquinone，$\mathbf{PQ_A}$（または Q_A）に迅速に伝達し，PQ_A は次に電子を別のもっとゆるく結合しているプラストキノン，PQ_B（または Q_B）に伝達する．このような伝達が 2 回あって PQ_B が 2 個の電子を PQ_A から受け取り，溶媒である水から 2 個のプロトンを受け取ると，PQ_B は完全に還元されたキノール型，PQ_BH_2 となる．PS II において光によって開始される反応全体は，次の通りである．

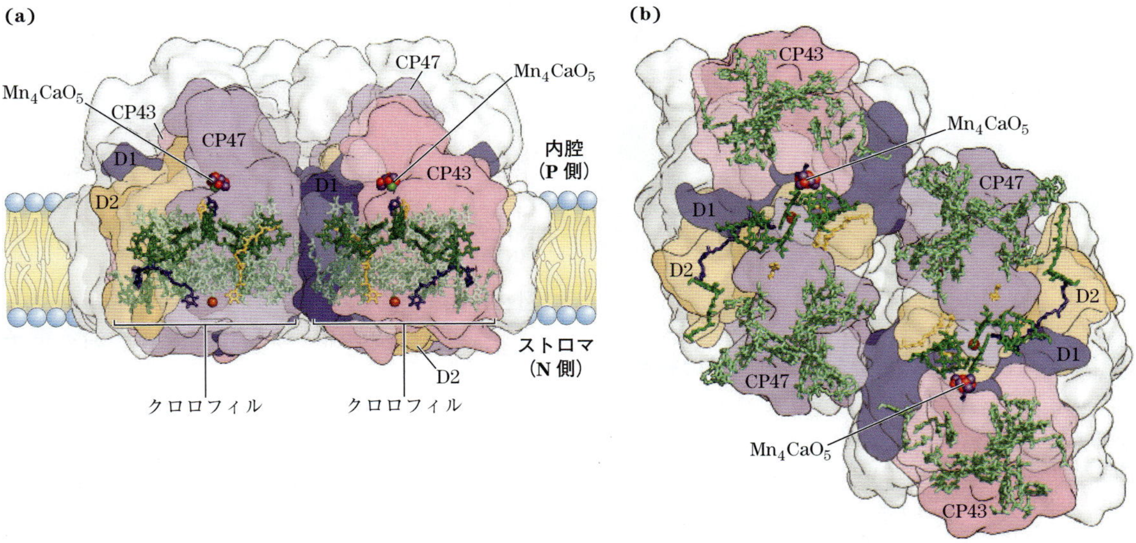

図 20-17　シアノバクテリア *Thermosynechoccus vulcanus* の光化学系 II の構造

X 線結晶解析によって決定されたこの構造は，**(a)** 膜の平面と **(b)** チラコイド内腔（P 側）から見たものである．巨大な複合体は二量体であり，各単量体が反応中心を有する．CP43 と CP47 はクロロフィル結合タンパク質であり，コアアンテナを形成し，PS II の反応中心のタンパク質 D1 と D2 に直接に会合している．各 PS II 単量体は 35 個のクロロフィルと 2 個のフェオフィチン，11 個の β-カロテン，2 個のプラストキノン，1 個の *b* 型のシトクロム，1 個の *c* 型シトクロム，1 個の非ヘム鉄と 1 個の Mn_4CaO_5 複合体を含む．［出典：PDB ID 3WU2, Y. Umena et al., *Nature* **473**: 55, 2011.］

$$4\ \mathrm{P680} + 4\ \mathrm{H}^+ + 2\ \mathrm{PQ_B} + 4\ \text{光子} \longrightarrow 4\ \mathrm{P680}^+ + 2\mathrm{PQ_BH_2} \quad (20\text{-}1)$$

最終的に，PQ_BH_2 の電子は，シトクロム b_6f 複合体を経て伝達される（図 20-16）．後述するように，P680 から最初に取り除かれた電子は，水の酸化で得られる電子によって置換される．プラストキノンの結合部位が植物を殺す多数の市販除草剤の作用点であり，シトクロム b_6f 複合体経由の電子伝達を阻害して光合成による ATP 産生を妨げる．

光化学系Ⅰ　PSⅠとそのアンテナ分子は，少なくとも 16 のタンパク質から成る超分子複合体の一部であり，反応中心の周辺に配置されている 4 個のクロロフィル結合タンパク質を含む（図 20-20）．この複合体には 35 のいくつかのタイプのカロテノイド，3 個の 4Fe-4S クラスター，2 個のフィロキノンが含まれる．反応中心の電子伝達体はアンテナクロロフィルと強固に会合している．

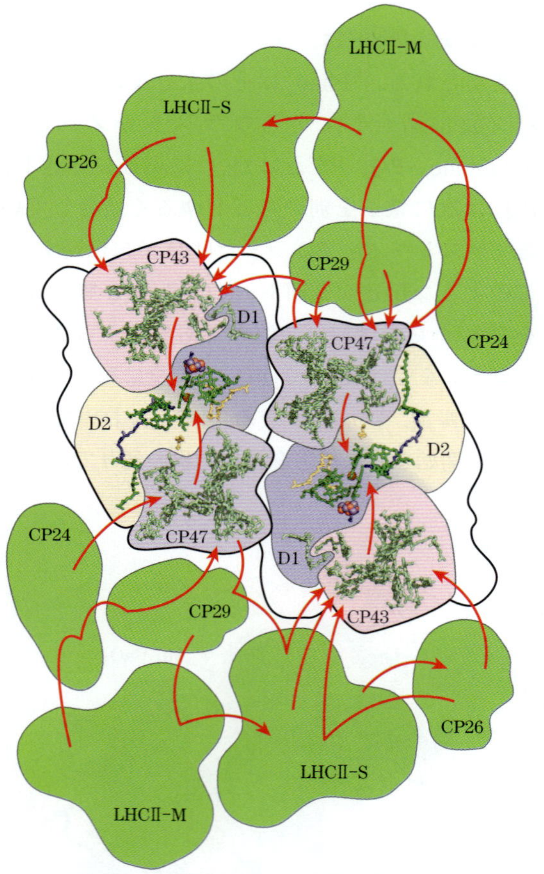

図 20-18　光化学系Ⅱを通る励起子の経路

反応中心は，多くのクロロフィルや他の色素分子をそれぞれ含むいくつかのアンテナ複合体によって囲まれ，ゆるく会合している．CP43 と CP47 はコアアンテナを形成し，CP26，CP29，CP24 と三量体の集光性複合体である LHCⅡ-M と LHCⅡ-S は外側のアンテナを形成している．1 個の光子がこれら多数のアンテナクロロフィルのうちの一つを励起すると，生じた励起子は膜貫通型タンパク質 D1 と D2 の反応中心のクロロフィルの特別ペアである P680 に到達するまで，クロロフィルからクロロフィルへと移動する（赤い矢印）．［出典：PDB ID 3WU2, Y. Umena et al., *Nature* **473**: 55, 2011.］

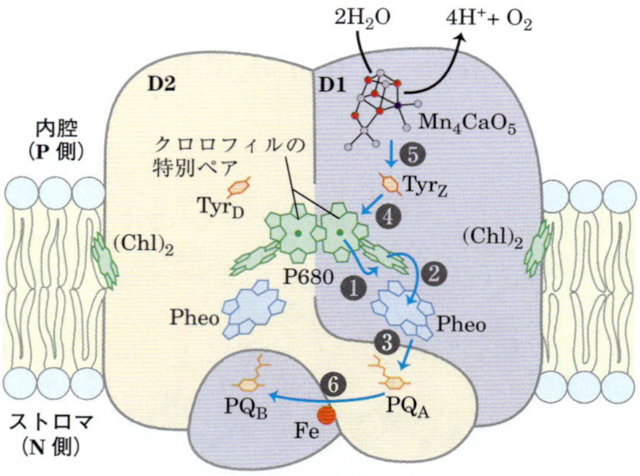

図 20-19　シアノバクテリア *Synechococcus elongatus* の光化学系Ⅱを通る電子の流れ

ここに示すコア複合体の単量体は，それぞれ補因子群をもった二つの主要な膜貫通タンパク質 D1 と D2 を有する．二つのサブユニットはほぼ対称であるが，電子の流れは二つの分枝の一方のみ，すなわち右側（D1）上の補因子を介して起こる．矢印は，水分解酵素の Mn_4CaO_5 イオンクラスターからプラストキノン PQ_B へ至る電子の流れの経路を示す．光化学反応はステップ番号で示す順に起こる．ここで示す補因子の位置と，図 20-15 で示した細菌の光反応中心の位置との間に高い類似性があることに注目しよう．Tyr 残基の役割と Mn_4CaO_5 クラスターの詳細な構造については後述する（図 20-24(b) 参照）．

その結果として，アンテナクロロフィルから反応中心への励起子移動は迅速で効率的である．

反応中心 P700（図 20-20(c)）における PS Ⅰの励起に続く光化学的反応は，PS Ⅱにおける反応と形式的に似ている．励起された反応中心 P700* は，A_0 と表される受容体（クロロフィル *a* 分子，機能的に PS Ⅱのフェオフィチンに類似する）に電子を与え，A_0^- と $P700^+$ が生じる．ここでもまた，励起によって光化学反応中心における電荷の分離が起こる．$P700^+$ は強力な酸化剤であり，可溶性の銅含有電子伝達タンパク質のプラストシアニンから迅速に電子を獲得する．A_0^- は極めて強力な還元剤であり，伝達体の鎖を経て $NADP^+$ に電子を伝達する（図 20-16，右側）．**フィロキノン** phylloquinone（$\mathbf{Q_K}$）が電子を受け取り，それを PS Ⅰ中の 3 個の Fe-S 中心経由で鉄-硫黄タンパク質に伝達する．ここから電子は，チラコイド膜とゆるく会合している別の鉄-硫黄タンパク質フェレドキシン（Fd）に移動する．フェレドキシンは，1 電子の酸化還元反応を受ける 2Fe-2S 中心（図 19-5 参照）を含むことを思い出そう．

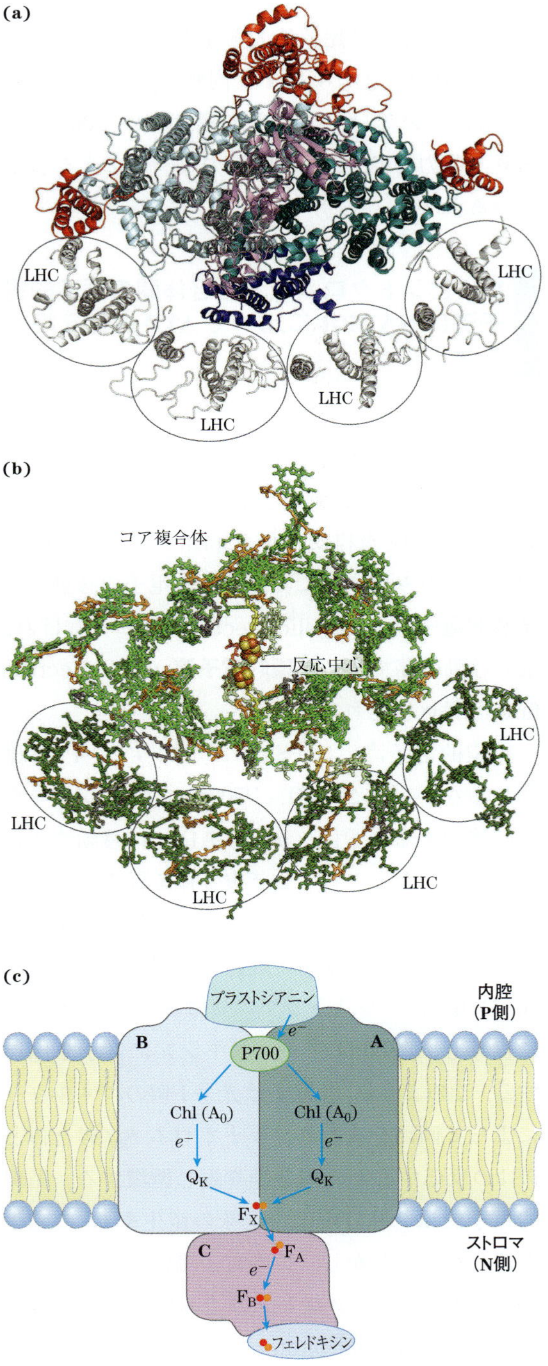

図 20-20　植物の光化学系 I の構造とその系を通る電子の流れ

光化学系 I は対称的な三量体である．ここに示す **(a)** と **(b)** は，エンドウ豆 *Pisum sativum* の光化学系 I の一つの単量体をストロマ側から見たものである．**(a)** 反応中心と集光性複合体のタンパク質のサブユニット．**(b)** 発色団．コア複合体のクロロフィル分子を淡緑色，LHC I のクロロフィル分子を濃緑色，集光性複合体と反応中心の間の溝を繋ぐクロロフィルを黄緑色で示してある．脂質は灰色，カロテノイドは橙色である．**(c)** 膜の平面から見た PS I を通る電子の経路（青色の矢印）．クロロフィルの特別ペアである P700 が光子または励起子によって励起されると，その還元力は急激に低下し，優れた電子供与体になる．次に，P700 は電子を隣接しているクロロフィル（A_0 という）を介してフィロキノン（Q_K）に渡す．還元された Q_K は，2 個の電子を一度に 1 個ずつ膜の N 側に近い Fe-S 中心（F_X）に渡すことによって再酸化される．F_X から電子はさらに 2 つの Fe-S 中心（F_A と F_B）を介してストロマ中のフェレドキシンへと移動する．フェレドキシンは，次に電子を $NADP^+$（示していない）に供与して還元し，葉緑体で光子エネルギーを捕捉する型の一つである NADPH に還元する．［出典：(a, b) PDB ID 4RKU, Y. Mazor et al.］

この鎖の第四の電子伝達体は，**フェレドキシン：$NADP^+$ オキシドレダクターゼ** ferredoxin：$NADP^+$oxidoreductase というフラビンタンパク質であり，電子を還元型フェレドキシン（Fd_{red}）から $NADP^+$ に伝達する．

$$2Fd_{red} + 2H^+ + NADP^+ \longrightarrow 2Fd_{ox} + NADPH + H^+$$

この酵素は，緑色硫黄細菌のフェレドキシン：NAD レダクターゼに似ている（図 20-14(b)）．

シトクロム b_6f 複合体が光化学系 II と光化学系 I を連結する

PS II における P680 の励起の結果としてプラストキノールに一時的に蓄えられた電子は，シトクロム b_6f 複合体と可溶性タンパク質プラストシアニンを経由して，PSI の P700 に伝達される（図 20-16，中央）．ミトコンドリアの複合体 III と同様に，シトクロム b_6f 複合体（図 20-21）は，b_H と b_L と名づけられた 2 個のヘム基をもつ b 型シトクロム，1 個のリスケ鉄-硫黄タンパク質（分子量 20,000），およびシトクロム f（f は「葉」を意味するラテン語の *frons* 由来）を含有する．電子は PQ_BH_2 からシトクロム b_6f 複合体を経てシトクロム f に，さらにプラストシアニンに，そして最終的に $P700^+$ に流れてこれを還元する．

ミトコンドリアの複合体 III と同様に，シトクロム b_6f は，可動性で脂溶性の 2 電子伝達体である還元型キノン（ミトコンドリアでは Q，葉緑体では PQ_B）から，1 個の電子を伝達する水溶性タンパク質（ミトコンドリアではシトクロム c，葉緑体ではプラストシアニン）に電子を伝達する．ミトコンドリアと同様に，この複合体の機能には，電子を一度に 1 個ずつ PQ_BH_2 からシトクロム b_6 に伝達する Q サイクル（図 19-11 参照）がかかわる．このサイクルの結果として，プロトンがストロマのコンパートメントからチラコイド内腔へと膜を横切ってくみ出される．シトクロム b_6f 複合体を介して伝達される各電子対あたり 4 個までのプロトンが内腔に入る．その結果，電子が PS II から PS I に渡るのに伴って，チラコイド膜を挟んでプロトン勾配が形成される．扁平なチラコイド内腔の容積は小さいので，少数のプロトン流入でも内腔の pH に比較的大きな影響がある．ストロマ（pH 8）とチラコイド内腔（pH 5）の間の pH 測定値の差は，プロトン濃度差が 1,000 倍であり，強力な ATP 合成駆動力であることを表している．

PS I とシトクロム b_6f 複合体間の循環的電子流は NADPH に比べて ATP 産生を増大させる

水から NADP への電子の直線的な流れは，ATP 合成の駆動に利用されるプロトン勾配と還元的な生合成過程において利用される NADPH の両方を生み出す．この直線的な電子の移動は**非循環的電子流** noncyclic electron flow と呼ばれ，別の移動経路である**循環的電子流** cyclic electron flow とは区別される．

循環的電子流には PS I のみが関与し，PS II は関与しない（図 20-16）．P700 からフェレドキシンに移動する電子は，次に $NADP^+$ に移動するのではなく，シトクロム b_6f 複合体を経由してプラストシアニンに戻るように移動する．この電子の経路は，緑色硫黄細菌の経路に類似している（図 20-14(b)）．プラストシアニンは次に電子を P700 に供与し，P700 はフェレドキシンに電子を伝達する．このように，各電子は光子 1 個のエネルギーによって回路をまわり，シトクロム b_6f 複合体と PS I の反応中心との間を繰り返し循環する．循環的電子流は，NADPH の正味の産生や O_2 の発生を伴わない．しかし，この電子流は，シトクロム b_6f 複合体によるプロトンのくみ出しと，**循環的光リン酸化** cyclic photophosphorylation と称さ

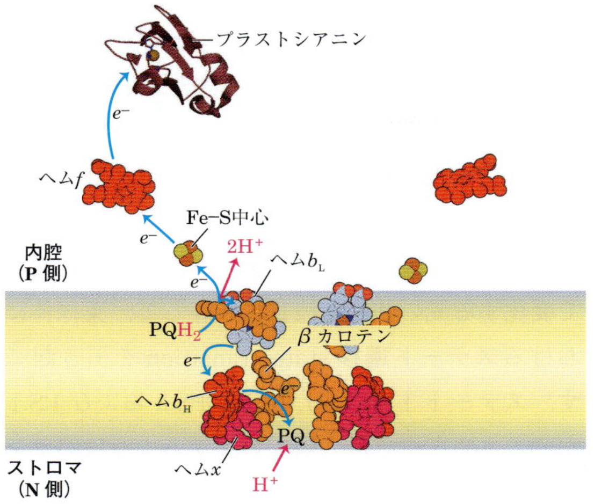

(a)

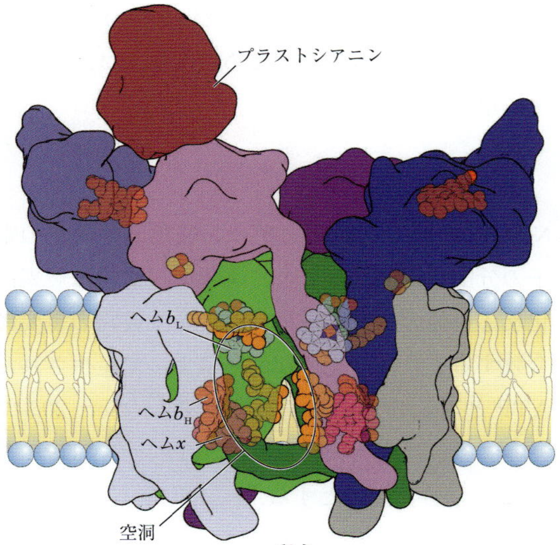

(b)

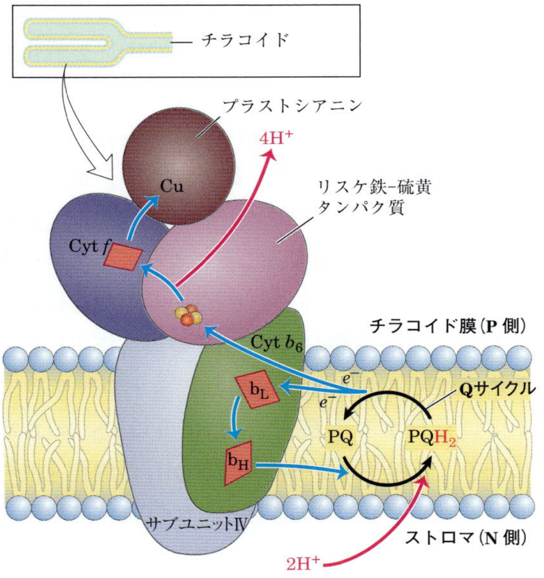

(c)

図 20–21　シトクロム b_6f 複合体を通る電子とプロトンの流れ

(a) この複合体の結晶構造から，電子伝達体の位置がわかる．補因子には，シトクロム b（ヘム b_H と b_L，あるいは膜二重層の N および P 側に隣接しているので，それぞれヘム b_N と b_P とも呼ばれる）のヘム，シトクロム f のヘム（ヘム f）に加えて，ヘム b_H 近傍に第四のヘム（ヘム x）があり，機能の不明な β カロテンもある．また，二重層の P 側の近くの PQH_2 部位と N 側の近くの PQ 部位の二つの部位でプラストキノンが結合している．リスケタンパク質の Fe–S 中心は二重層の P 側のすぐ外側にあり，ヘム f 部位はチラコイド内腔に大きく突き出たタンパク質ドメイン上にある．電子の経路は，二つの単量体のうちの一つについて示してあるが，二量体の両方の伝達体が電子をプラストシアニンに伝達する．**(b)** シトクロム b_6f 複合体は PQH_2 部位と PQ 部位を連結する空洞をつくり出すように配置されている二量体である（図 19–10 にあるミトコンドリア複合体IIIのシトクロム bc_1 の構造と比較しよう）．この空洞によって，プラストキノンは酸化部位と還元部位との間を動くことができる．**(c)** PS IIで産生されたプラストキノール（PQH_2）は，ミトコンドリアの複合体IIIにおける Q サイクルと同様に，一連のステップを経てシトクロム b_6f 複合体によって酸化される（図 19–11 参照）．PQH_2 からの電子 1 個はリスケタンパク質の Fe–S 中心に，もう 1 個はシトクロム b_6 のヘム b_L に伝達される．正味の効果は，PQH_2 から可溶性タンパク質プラストシアニンへの電子の移動であり，プラストシアニンは電子を PS I に伝達する．［出典：(a, b) PDB ID 1VF5, G. Kurisu et al., *Science* **302**: 1009, 2003; PDB ID 2Q5B, Y. S. Bukhman-DeRuyter et al.］

れるADPのATPへのリン酸化を伴う．循環的電子流と光リン酸化をまとめた全体式は，次のように単純である．

$$ADP + P_i \xrightarrow{\text{光}} ATP + H_2O$$

$NADP^+$の還元と循環的光リン酸化との間での電子の分配を調節することによって，植物は炭素同化反応や他の生合成過程における生成物の需要に合致するように，光依存反応によって産生されるATPとNADPHの比率を調整する．Sec. 20.5で見るように，炭素同化反応はATPとNADPHを3：2の割合で必要とする．

この電子伝達経路の調節は，光の色（波長）や量（強度）の変化に対する短期的順応（以下で詳しく述べる）の一部である．

ステート遷移が二つの光化学系間のLHCIIの分布を変える

植物は1日のうちに，あるいは1シーズンの間に，大きく変動する強度と波長の光に曝される．植物はその生育パターンをいくぶん変えることはできるが，根こそぎ移動したり，光照射を最大限に利用するように移動したりすることはできない．その代わり，光の条件変化に適応するように細胞の機構を発達させてきた．PS I（P700）の励起に必要なエネルギーは，PS II（P680）の励起に必要なエネルギーよりも小さい（長い波長の光のエネルギーは小さい）．もしもPS IとPS IIが物理的に隣接していたとすれば，PS IIのアンテナ系から生じる励起子はPS Iの反応中心に移行し，PS IIは慢性的に励起されないままで，二極中心系の作動を妨げていたであろう．この励起子供給の不均衡は，チラコイド膜におけるPS IとPS IIの分離によって防止される（図20-22）．PS IIは，グラナチラコイドの固く並んでいる膜の重積部分にほとんどが局在する．会合している集光性複合体（LHC II）が，グラナでの隣接する膜の強固な会合を仲介する．PS IとATPシンターゼ複合体は，ストロマチラコイドの膜の非重積部分にほとんど局在し，両方ともにそこでADPや$NADP^+$などのストロマの内容物に接している．シトクロムb_6f複合体は，主としてグラナチラコイドに存在する．

LHC IIとPS IおよびPS IIとの会合は，短期間で変化する光の強度と波長に依存して，葉緑体における**ステート遷移** state transition を引き起こす．ステート1では，LHC II，PS IIおよびPS Iが光エネルギーを最大限に捕捉するようにバランスを取っている．LHC IIの重要なThr残基がリン酸化されず，LCH IIはPS IIと会合する．PS IIによって吸収されやすい強い光か青色光の下では，PS Iがプラストキノール（PQH_2）を酸化するよりも速く，PS IIがプラストキノンをPQH_2に還元する．その結果蓄積するPQH_2は，LHC IIのThr残基をリン酸化するプロテインキナーゼを活性化する．このキナーゼは，LHC II上のThr残基をリン酸化することによって，ステート2への遷移を誘発する（図20-23）．リン酸化によってLHC IIと重積膜およびPS IIの相互作用は弱められ，LHC IIの一部は解離してストロマチラコイドに移行する．そこで，LHC IIはPS Iのために光子（励起子）を捕捉してPQH_2の酸化速度を上げ，PS IとPS IIの電子の流れの間の不均衡を逆転させる．光があまり強くない場合（より赤色光の多い日陰で）には，PS IIが産生するよりも速くPS IはPQH_2を酸化し，結果として起こるPQ濃度の上昇がLHC IIの脱リン酸化を引き起こして，リン酸化の効果を逆転させる．LHC II局在のステート遷移と循環的光リン酸化から非循環的光リン酸化への遷移は協調的に調節される．電子の流れはステート1では主として非循環的であり，ステート2では主として循環的である．

光が強すぎるために，PS IIとPS Iを合わせた活性が光子の供給に見合うだけの速さでATPやNADPHを合成できない場合には，傷害を与える

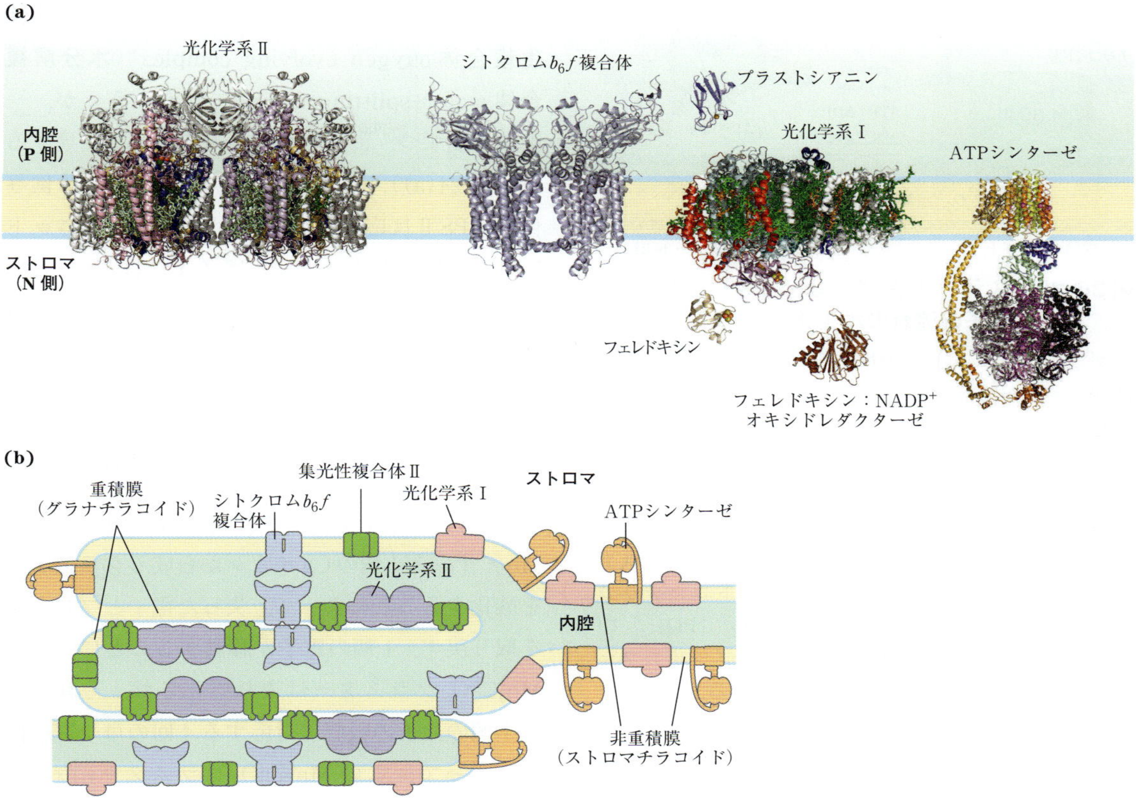

図 20-22　チラコイド膜における PS I と PS II の局在

(a) 維管束植物や藻類の光合成装置の複合体と可溶性タンパク質の構造が，同じスケールで描かれている．またウシの ATP シンターゼも示してある．**(b)** 集光性複合体 LHC II と ATP シンターゼは，チラコイド膜の重積領域（数枚の膜が密に接するグラナチラコイド）と非重積領域（ストロマチラコイド）の両方に局在し，ストロマの ADP と $NADP^+$ に対して容易に作用する．光化学系 II はほとんど重積領域に存在し，光化学系 I はほとんど非重積ストロマ領域に存在する．LHC II は，重積したチラコイド膜をまとめる「接着剤」である（図 20-23 参照）．［出典：(a) PS II：PDB ID 3WU2, Y. Umena et al., *Nature* **473**: 55, 2011; cyt b_6f 複合体：PDB ID 2E74, E. Yamashita et al., *J. Mol. Biol.* **370**: 39, 2007; プラストシアニン：PDB ID 1AG6, Y. Xue et al., *Protein Sci.* **7**: 2099, 1998; PS I：PDB ID 4RKU, Y. Mazor et al.; フェレドキシン：PDB ID 1A70, C. Binda et al., *Acta Crystallogr. D Biol. Crystallogr.* **54**: 1353, 1998; フェレドキシン：NADP レダクターゼ：PDB ID 1QG0, Z. Deng et al., *Nature Struct. Biol.* **6**: 847, 1999; ATP シンターゼ：PDB ID 5ARA, A. Zhou et al., *eLife* **4**: e10180, 2015.］

活性化酸素種（ROS）を励起子がつくり出すようになる前に，LHC II のカロテノイドが励起子を吸収し，励起したクロロフィルを極めて迅速に消光させる．効率的な集光性の状態からエネルギー消費状態に変化させる引き金は，内腔の pH の低下であるが，この遷移の詳しい機構はわかっていない．

水は酸素発生複合体によって分解する

植物の（酸素発生型の）光合成において，NADPH に伝達される電子の究極の供給源は水である．電子をフェオフィチンに伝達した後で，PS II の $P680^+$ は，別の光子を捕捉する準備として，基底状態に戻るために電子を獲得しなければ

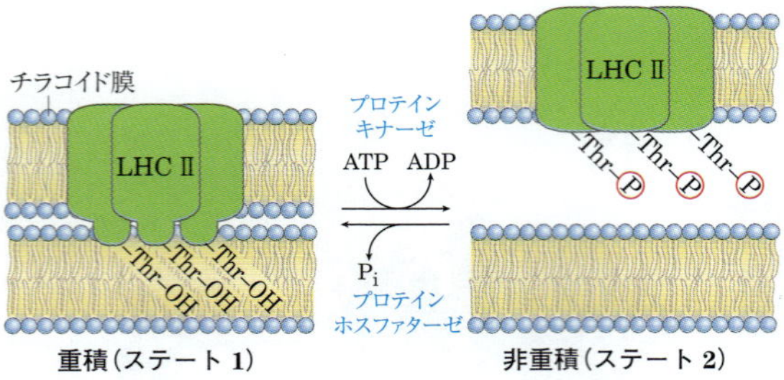

図 20-23 ステート遷移によるPS I とPS II の電子の流れの均衡化

グラナチラコイドの1枚の膜にあるLHC IIの疎水性ドメインが隣接する膜に入り込み，2枚の膜を密着させる（ステート1）．プラストキノール（図には示していない）の蓄積によって，LHC IIの疎水性ドメインにあるThr残基をリン酸化するプロテインキナーゼが活性化される．このリン酸化によって，隣接するチラコイド膜に対するLHC IIの親和性が低下し，重積グラナチラコイドを非重積ストロマチラコイド（ステート2）へと変換する．[PQ]/[PQH_2] の比が増大したときには，特異的なプロテインホスファターゼがこの調節性リン酸化を逆転させる．

ならない．原理的に，必要な電子はどのような種類の有機化合物あるいは無機化合物に由来するものでもよい．この目的のために，光合成細菌は特定の生態学的ニッチでの入手可能性に依存して，さまざまな電子供与体（酢酸，コハク酸，リンゴ酸，硫化物など）を利用する．約30億年前，原始光合成細菌（現存するシアノバクテリアの祖先）の進化によって，いつでも入手可能な電子供与体（すなわち水）から電子を得ることができる光化学系がつくり上げられた．この過程で，次のように2分子の水が分解し，4個の電子，4個のプロトン，そして分子状酸素が生成する．

$$2H_2O \longrightarrow 4H^+ + 4e^- + O_2$$

可視光線の1個の光子は，水の結合を切断するのに十分なエネルギーをもたないので，この光分解反応には4個の光子が必要である．

水から抽出された4個の電子は，$P680^+$に直接移動することはない．これは，$P680^+$が一度に1個の電子しか受け取ることができないからである．その代わりに，優れた分子装置である**酸素発生複合体** oxygen-evolving complex（**水分解複合体** water-splitting complex ともいう）が，一度に1個ずつ，計4個の電子を $P680^+$に伝達する（図 20-24(a)）．この $P680^+$への直接の電子供与体は，PS II 反応中心のタンパク質サブユニット D1 中の Tyr 残基（しばしば Z または Tyr_Z という記号で表される）である．この Tyr 残基は，1個のプロトンと1個の電子の両方を失い，電気的に中性の Tyr フリーラジカル（•Tyr）が生じる．

$$4\ P680^+ + 4Tyr \longrightarrow 4\ P680 + 4\ {}^{\bullet}Tyr \quad (20\text{-}2)$$

この Tyr ラジカルは，水分解複合体内の4個の Mn イオンと1個の Ca イオンから成るクラスターを酸化することによって，失った電子とプロトンを取り戻す．1個の電子が移動するごとに，この Mn_4CaO_5 クラスターはより酸化され，それぞれが1個の光子の吸収に対応する4回の単一電子伝達によって，この Mn_4CaO_5 クラスターに+4の電荷を生じさせる（図 20-24）．

$$4\ {}^{\bullet}Tyr + [Mn_4CaO_5]^0 \longrightarrow 4\ Tyr + [Mn_4CaO_5]^{4+} \quad (20\text{-}3)$$

この状態で，Mn_4CaO_5 クラスターは一対の水分子から4個の電子を得て，$4\ H^+$ と O_2 を放出する．

$$[Mn_4CaO_5]^{4+} + 2\ H_2O \longrightarrow [Mn_4CaO_5]^0 + 4H^+ + O_2 \quad (20\text{-}4)$$

この反応で産生される4個のプロトンがチラコイド内腔に取り込まれるので，この酸素発生複合体は電子伝達によって駆動されるプロトンポンプとして働く．これまでの式 20-1（p. 1100）～20-4 までをまとめると，次式のようになる．

$$2H_2O + 2PQ_B + 4\text{光子} \longrightarrow O_2 + 2PQ_BH_2 \quad (20\text{-}5)$$

酸素発生複合体の詳細な構造は，高分解能のX線結晶解析よって得られている．金属クラスターはいす形をとっている（図 20-24(b)）．いすの座

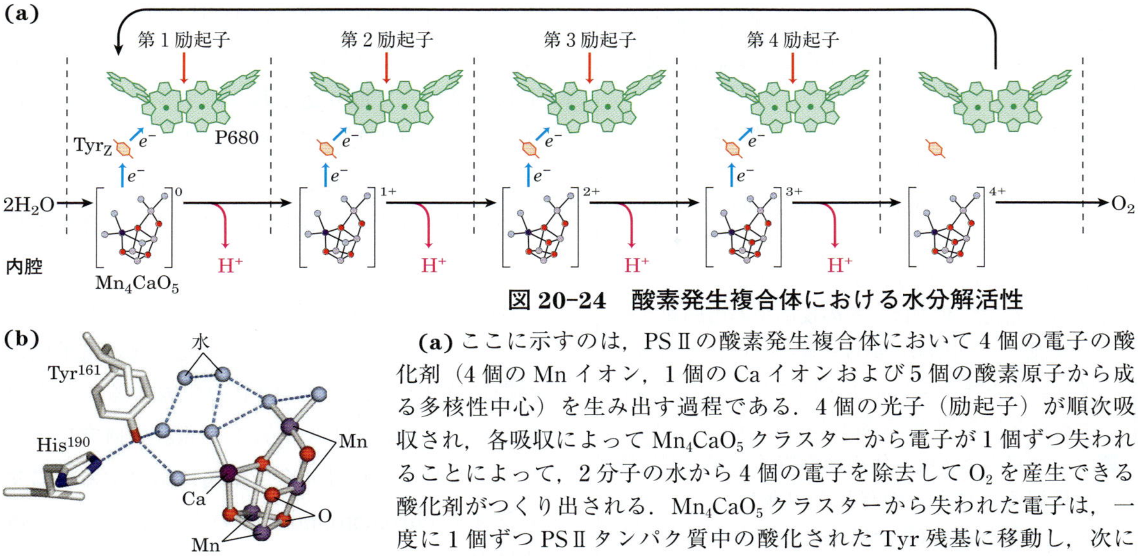

図 20-24　酸素発生複合体における水分解活性

(a) ここに示すのは，PS II の酸素発生複合体において 4 個の電子の酸化剤（4 個の Mn イオン，1 個の Ca イオンおよび 5 個の酸素原子から成る多核性中心）を生み出す過程である．4 個の光子（励起子）が順次吸収され，各吸収によって Mn_4CaO_5 クラスターから電子が 1 個ずつ失われることによって，2 分子の水から 4 個の電子を除去して O_2 を産生できる酸化剤がつくり出される．Mn_4CaO_5 クラスターから失われた電子は，一度に 1 個ずつ PS II タンパク質中の酸化された Tyr 残基に移動し，次に $P680^+$ に移行する．**(b)** X 線結晶解析によって得られた酸素発生複合体の金属中心．水の酸化に寄与することが知られている Tyr^{161} は，水分子ネットワーク（Mn_4CaO_5 クラスターと直接接触するものを含む）と水素結合している．これは，生物圏において最も重要な反応の一つが起こる部位である．［出典：(b) PDB ID 3WU2, Y. Umena et al., *Nature* **473**: 55, 2011.］

部と脚部は 3 個の Mn イオン，1 個の Ca イオン，および 4 個の O 原子から成り，第四の Mn ともう一つの O 原子がいすの背もたれ部分を形成している．4 個の水分子も結晶構造中に見られ，それらのうちの 2 個は Mn イオンの一つと結合し，他の 2 個は Ca イオンと結合している．これらの水分子のうちの 1 個（またはそれ以上）が，酸化されて O_2 を生成する可能性がある．この金属クラスターはチラコイド膜内腔側に存在するいくつかの表在性膜タンパク質に会合しており，これがクラスターを安定化すると考えられる．水と PS II 反応中心の間を電子が移動する際に通る Tyr 残基（Z で表す）は，水素結合による水分子のネットワークに繋がっている．このネットワークには，Mn_4CaO_5 クラスターに結合している 4 分子の水が含まれる．Mn_4CaO_5 クラスターによる水の酸化の詳細な機構はわかっていないが，精力的な研究が行われている．この反応は地球上の生命の中心であり，新たな生物無機化学がかかわるのかもしれない．多金属中心の構造決定は，いくつかの妥当で検証できる仮説を示唆している．引き続き注目しよう．

まとめ

20.2　光化学反応の中心

- 細菌は単一の光化学反応中心をもつ．紅色細菌の反応中心はフェオフィチン-キノン型，緑色硫黄細菌のものは Fe-S 型である．
- 紅色細菌における反応中心の構造研究から，クロロフィル分子の励起された特別ペア（P870）からフェオフィチンを経てキノンに至る光駆動性の電子の流れについての情報が得られている．電子はキノンからシトクロム bc_1 複合体経由でクロロフィルの特別ペアに戻るように移動する．
- 緑色硫黄細菌の別経路では，電子は還元されたキノンから NAD^+ に渡される．

- シアノバクテリアと植物には，直列に並ぶPSⅠとPSⅡの二つの異なる光化学反応中心がある．
- 植物の光化学系Ⅱの反応中心では，クロロフィルの特別ペア（P680）が，電子をプラストキノンに伝達し，P680から失われた電子はH_2Oからの電子によって補充される（他の生物では，H_2O以外の電子供与体が用いられる）．
- 植物の光化学系Ⅰは，その反応中心の励起された特別ペア（P700）から一連の伝達体を経由してフェレドキシンに電子を伝達し，このフェレドキシンは$NADP^+$を還元してNADPHにする．
- シトクロムb_6f複合体を通る電子流が，細胞膜を横切るプロトンの移動を促進し，ATPシンターゼによるATP合成のためのエネルギーを供給するプロトン駆動力を生み出す．水を分解する活性も，プロトンをストロマからチラコイド内腔に移動させてプロトン勾配に貢献する．
- 光化学系を通る非循環的な電子流がNADPHとATPを産生する．循環的電子流はATPのみを産生し，NADPHとATPの産生比率を変動させる．
- グラナチラコイドとストロマチラコイドとの間のPSⅠとPSⅡの分布は変動し，光強度によって間接的に制御される．これによって，効率的なエネルギー獲得のためのPSⅠとPSⅡの間での励起子の分配が最適化される．
- 光駆動性のH_2Oの分解は，Mn_4CaO_5を含有するタンパク質複合体によって触媒され，O_2を発生させる．還元されたプラストキノンは，電子をシトクロムb_6f複合体に伝達し，そこから電子はプラストシアニンに，次にP700に移動して，光による励起の際に失われた電子を補充する．

20.3 光リン酸化によるATP合成

植物における二つの光化学系の活性が共同して，水から$NADP^+$に電子を動かし，吸収された光エネルギーの一部をNADPHとして保存する（図20-16）．それと同時に，プロトンがチラコイド膜を横切って取り込まれ，エネルギーは電気化学ポテンシャルとして保存される．ここで，このプロトン勾配が，光依存性反応によるもう一つのエネルギー保存性生成物であるATPの合成を推進する過程に目を向けよう．

1954年に，Daniel Arnonらは，光照射したホウレンソウの葉緑体において，光合成の電子伝達の際にADPとP_iからATPが生成することを発見した．この発見はAlbert Frenkelの研究によって支持された．彼は光合成細菌に由来する**クロマトフォア** chromatophoreという色素を含む膜構造において，光依存性のATP産生を検出した．研究者らは，これらの生物の光合成系によって捕えられた光エネルギーのある部分が，光リン酸化の過程においてATPのリン酸エステル結合エネルギーに変換されると結論した．

プロトン勾配が電子流とリン酸化を共役させる

葉緑体での光合成系の電子伝達と光リン酸化のいくつかの特性は，プロトン勾配がミトコンドリアでの酸化的リン酸化の場合と同じ役割を果たすことを示している．(1) 反応中心，電子伝達体，およびATP産生酵素は，プロトン不透過性の膜（チラコイド膜）に局在し，この膜は光リン酸化を行うためには無傷でなければならない．(2) チラコイド膜を横切るプロトン移動を促進するような試薬によって，光リン酸化は電子流と脱共役される．(3) 光リン酸化は，ミトコンドリアのATPシンターゼによるADPとP_iからのATP産生を阻害するベンツリシジンや類似する試薬によって阻害される．(4) ATP合成は，チラコイド膜の外表面に位置するCF_oCF_1複合体によって触媒されるが，この複合体はミトコンドリアのF_oF_1複合体と構造，機能ともに極めて似ている．

Daniel Arnon
(1910–1994)
［出典：Reinhard Bachofen.］

André Jagendorf
［出典：Professor André Jagendorfの厚意による.］

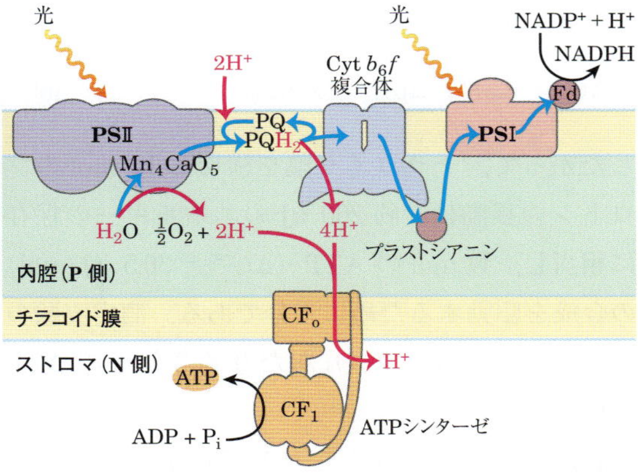

図 20–25　光リン酸化の際のプロトンと電子の巡回路

電子（青色矢印）は，H_2O から PSⅡ，中間の伝達体鎖，PSⅠを経由して，最終的に $NADP^+$ に移動する．プロトン（赤色矢印）は，PSⅡと PSⅠに共役する伝達体を通る電子流によってチラコイド内腔に取り込まれ，ATP シンターゼの CF_o により形成されるプロトンチャネルを通ってストロマに再び戻る．CF_1 サブユニットは ATP 合成を触媒する．

PSⅡと PSⅠの間を連結する伝達体の鎖における電子伝達分子は，チラコイド膜において非対称的に配向している．その結果，光で誘起される電子流は，ストロマ側からチラコイド内腔へと膜を横切るプロトンの正味の移動をもたらす（図 20–25）．1966 年に，André Jagendorf は，チラコイド膜を挟む pH 勾配（外側がアルカリ性）が，ATP 産生の駆動力を供給できることを示した．彼の初期の観察結果が，Mitchell の化学的浸透圧説を支持する最も重要な実験的証拠の一部を提供した．

Jagendorf が葉緑体を暗所下，pH 4 の緩衝液中でインキュベートしたところ，緩衝液は徐々にチラコイドの内腔に浸透し，内部の pH を低下させた．彼は暗所でこの葉緑体の懸濁液に ADP と P_i を添加し，次に外側の溶液の pH を急激に 8 に上げ，膜内外の大きな pH 勾配を瞬時につくり出した．プロトンがチラコイドから外液に移動するにつれて，ADP と P_i から ATP が産生された．ATP の産生が暗所で（光からのエネルギーの注入なしに）起こったので，この実験は，膜を隔てる pH 勾配が高エネルギー状態であり，ミトコンドリアでの酸化的リン酸化と同様に，この状態が電子伝達に由来するエネルギーの ATP の化学エネルギーへの変換を媒介できることを示した．

光リン酸化の化学量論の概略は確立されている

植物葉緑体において電子が水から $NADP^+$ に移動する際に，4 個の電子の移動（すなわち，1 分子の O_2 産生）あたりで約 12 個の H^+ がストロマからチラコイド内腔へと移動する．これらのプロトンのうちの 4 個は酸素発生複合体によって動かされ，最大 8 個までがシトクロム b_6f 複合体によって動かされる．測定される結果は，チラコイド膜を挟む 1,000 倍ものプロトン濃度差（$\Delta pH = 3$）である．プロトン勾配に蓄積されるエネルギー（電気化学ポテンシャル）には，二つの要素があることを思い出そう．すなわち，プロトン濃度差（ΔpH）と電荷の分離による電気ポテンシャル（$\Delta\psi$）である．葉緑体では ΔpH が主要な要素であり，対イオンの動きが電気ポテンシャルのほとんどを消失させるように見える．光照射された葉緑体においてプロトン勾配に蓄積されるエネルギーは，プロトン1 molあたり次のようになる．

$$\Delta G = 2.3RT\,\Delta pH + ZF\Delta\psi = -17\ \mathrm{kJ/mol}$$

したがって，チラコイド膜を横切る12 molのプロトンの移動は，約200 kJのエネルギーの保存に相当し，数molのATP（$\Delta G'^{\circ} = 30.5$ kJ/mol）の合成を駆動するために十分である．測定実験の結果では，発生するO_2あたり約3分子のATPが生成する．

4個の電子をH_2OからNADPHまで動かすためには，少なくとも8個の光子が吸収されなければならない（各反応中心で各電子あたり1個の光子）．可視光線の光子8個のエネルギーは，3分子のATPの合成のためには十分すぎる．

ATP合成は植物の光合成における唯一のエネルギー保存反応ではない．電子伝達の最後に産生されるNADPHもまた，エネルギーに富んでいる．非循環的光リン酸化（この用語については後で説明する）全体の反応式は次のようになる．

$$2H_2O + 8\,光子 + 2NADP^+ + \sim 3ADP^+ + \sim 3P_i \longrightarrow O_2 + \sim 3ATP + 2NADPH \quad (20\text{-}6)$$

葉緑体のATPシンターゼはミトコンドリアの酵素と類似している

葉緑体においてATP合成を触媒する酵素は，CF_oとCF_1（*C*は葉緑体chloroplastにあることを示す）の二つの機能的要素からなる大きな複合体である．CF_oは，数個の内在性膜タンパク質からなる膜貫通型プロトン孔であり，ミトコンドリアのF_oと相同である．CF_1は，ミトコンドリアのF_1にサブユニット構成，構造，機能が極めて類似する表在性膜タンパク質複合体である．

葉緑体切片の電子顕微鏡写真は，チラコイド膜の外側（ストロマ側またはN側）表面にドアのノブのように突き出ているATPシンターゼ複合体の存在を示している．この複合体はミトコンドリア内膜の内側（マトリックス側またはN側）表面に突き出ているように見えるATPシンターゼ複合体に対応する．このように，ATPシンターゼの配向性とプロトンくみ出しの方向との関係は，葉緑体とミトコンドリアで同じである．どちらの場合にも，ATPシンターゼのF_1部分は膜のよりアルカリ性（N）側に位置し，その膜を通っ

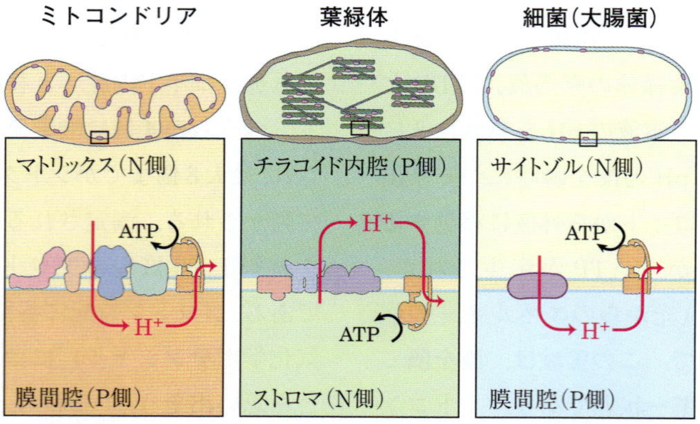

図20-26　ATPシンターゼの配向性はプロトン勾配に関して相対的に同じである

葉緑体でのプロトンのくみ出し方向は，見かけ上はミトコンドリアや細菌の場合とは逆のように思えるかもしれない．ミトコンドリアや細菌では，プロトンは細胞小器官や細胞からくみ出され，F_1は膜の内側にある．植物の葉緑体では，プロトンはチラコイド内腔に取り込まれ，CF_1はチラコイド膜の外側にある．しかし，プロトン勾配からATPへの全く同じエネルギー変換機構が，三つすべての場合に起こっている．ATPはミトコンドリアマトリックス，葉緑体ストロマ，細菌サイトゾルで合成される．

てプロトンは濃度勾配に従って流れることになる．F_1 に対するプロトンの流れの相対的方向は両者で同じで，P から N である（図 20-26）．

葉緑体の ATP シンターゼの機構は，ミトコンドリアの酵素の場合と本質的に同じであると信じられている．すなわち，この酵素の表面で ADP と P_i が容易に縮合して ATP を産生するが，酵素に結合している ATP の遊離にはプロトン駆動力が必要である．回転触媒は，ATP の合成，ATP の遊離，および ADP + P_i の結合の三つの状態にある ATP シンターゼの三つの β サブユニットのそれぞれに順次携わる（図 19-26，図 19-27 参照）．

ホウレンソウに含まれる葉緑体 ATP シンターゼでは，F_o 複合体が 14 個の c サブユニットから成り，電子の移動により形成される ATP の比率は，c サブユニットをそれぞれ 8 個，10 個，10 個有するウシ，酵母，大腸菌の F_o 複合体よりも小さいと予想される（図 19-29 参照）．

まとめ

20.3　光リン酸化による ATP 合成

- 植物では，水分解反応とシトクロム b_6f 複合体を経由する電子流の両方に伴って，チラコイド膜を横切るプロトンの取り込みが起こる．このようにして形成されたプロトン駆動力が，ミトコンドリアの F_oF_1 複合体によく似た CF_oCF_1 複合体による ATP 合成を推進する．
- CF_oCF_1 の触媒機構は，ミトコンドリアや細菌の ATP シンターゼに酷似している．プロトン勾配によって駆動される物理的回転に伴って，三つのコンホメーションをサイクルする部位で ATP 合成が起こる．すなわち，ATP に対して高親和性，（ADP + P_i）高親和性，そして両方のヌクレオチドに低親和性のコンホメーションである．

20.4　酸素発生型光合成の進化

約 25 億年前，地球上に酸素発生型光合成が出現したことは，生物圏の進化にとって重大なできごとであった．それまでは，地球の大気はメタンと CO_2，N_2 から成っていて，地球には実質的に分子状酸素はなく，生物体を太陽の UV 照射から守るオゾン層もなかった．酸素発生型光合成によって，還元型の生合成反応による有機物産生を推進するために，ほぼ限りなく供給される還元剤（H_2O）を利用できるようになった．その進化した機構によって，生物は有機基質からの高エネルギー電子伝達における最終電子受容体として O_2 を利用できるようになった．この酸化エネルギーを使って代謝が支えられる．現存する維管束植物の複雑な光合成装置は一連の進化の極致であり，直近の進化は，真核細胞によるシアノバクテリア細胞内共生体の獲得であった．

葉緑体は古代光合成細菌から進化した

現存する生物中の葉緑体はいくつかの点でミトコンドリアに似ており，ミトコンドリアの出現と同じ機構，すなわち細胞内共生によって生まれたと思われる．ミトコンドリアと同じように，葉緑体は固有の DNA とタンパク質合成装置をもっている．葉緑体タンパク質のポリペプチドのあるものは，葉緑体の遺伝子によってコードされ，葉緑体内で合成されるが，他のタンパク質は核の遺伝子によってコードされ，葉緑体外で合成されて運び込まれる（Chap. 27）．植物細胞が成長して分裂するときには，葉緑体は分裂によって新たな葉緑体を生み出す．その際に，葉緑体の DNA は複製されて娘葉緑体に分配される．現存するシアノバクテリアにおける光の捕捉，電子の流れ，

ATP合成の装置や機構は，多くの点で植物の葉緑体のものと似ている．これらの観察結果によって，現存する植物細胞の進化上の先祖が光合成シアノバクテリアを取り込んで，それらと安定な細胞内共生関係を確立した原始的真核細胞であるという仮説は，現在では広く受け入れられている（図1-40参照）．

地球上の光合成活動の少なくとも半分は，藻類，他の光合成真核生物，および光合成細菌によって行われている．シアノバクテリアは，直列に並んだPS IIとPS Iをもち，そのPS IIは植物のものに似た会合型水分解活性を有する．しかし，光合成細菌の他のグループは単一の反応中心をもち，H_2Oを分解したりO_2を発生したりすることはない．その多くがO_2不耐性の絶対嫌気性生物であり，電子供与体としてH_2O以外の化合物を利用しなければならない．ある種の光合成細菌は，電子（そして水素）供与体として無機化合物を利用する．例えば，緑色硫黄細菌は硫化水素を利用する．

$$2H_2S + CO_2 \xrightarrow{\text{光}} (CH_2O) + H_2O + 2S$$

これらの細菌は，分子状O_2を産生する代わりに，H_2Sの酸化産物として硫黄元素を産生する（これらの細菌はさらにSを酸化してSO_4^{2-}にする）．他の光合成細菌は，電子供与体として乳酸などの有機化合物を利用する．

$$2\,\text{乳酸} + CO_2 \xrightarrow{\text{光}} (CH_2O) + H_2O + 2\,\text{ピルビン酸}$$

植物と細菌における光合成の基本的な類似性は，利用する電子供与体の違いにもかかわらず，光合成の反応式を次のようにより一般的な式で表すと明らかになる．

$$2H_2D + CO_2 \xrightarrow{\text{光}} (CH_2O) + H_2O + 2D$$

ここで，H_2Dは電子（水素）供与体を，Dはその酸化型を表す．H_2Dは，生物種によって水，硫化水素，乳酸あるいは他の有機化合物でよい．光合成能を最初に発達させた細菌は，電子源としてH_2Sを利用した可能性が最も高い．

現存するシアノバクテリアの古代の近縁生物は，PS II様の電子経路をもつ紅色細菌とPS I様の電子経路をもつ緑色硫黄細菌の2系統の光合成細菌から，遺伝物質が組み合わさって生まれたのであろう．二つの独立する光化学系をもつ細菌は，ある一連の条件下ではそのうちの一方が，他の条件下ではもう一方が使われたのかもしれない．時の経過とともに，二つの光化学系を同時使用するための連結機構が進化し，PS II様の系が現存するシアノバクテリアに見られる水分解能を獲得した．

現存するシアノバクテリアは，ミトコンドリアも葉緑体ももっていないが，酸化的リン酸化または光リン酸化によってATPを合成できる．両過程のための酵素装置は，高度に入り組んだ細胞膜に存在する（図20-27）．三つのタンパク質成分が両過程で機能する．このことは，両過程が共通の進化的起源を有することの証拠である（図20-28）．まず，プロトンをくみ出すシトクロムb_6f複合体は，光合成ではプラストキノンからシトクロムc_6に電子を伝達し，酸化的リン酸化ではミトコンドリアのシトクロムbc_1の役割のようにユビキノンからシトクロムc_6に電子を伝達する．二つ目に，ミトコンドリアのシトクロムcと相同なシトクロムc_6は，シアノバクテリアでは複合体IIIから複合体IVに電子を伝達するとともに，植物のプラストシアニンの働きのようにシトクロムb_6f複合体からPS Iに電子を伝達することも可能である．このように，シアノバクテリアのシトクロムb_6f複合体とミトコンドリアのシトクロムbc_1複合体の間，およびシアノバクテリアのシトクロムc_6と植物のプラストシアニンとの間に機能的な相同性が見られる．第三の保存された成分はATPシンターゼであり，シアノバクテリアにおける酸化的リン酸化と光リン酸化，および光合成真核生物のミトコンドリアにおける酸化的リン

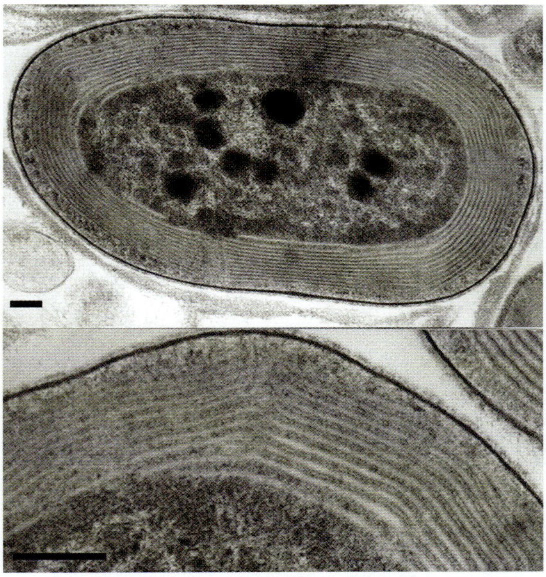

図 20-27　シアノバクテリアの光合成膜

透過型電子顕微鏡で見たシアノバクテリアの切片では，重層した内膜が細胞の全容積の半分を満たしている．広範な膜系は，光合成装置のすべてを含む広い表面積を提供して，維管束植物のチラコイドと同じ役割を担っている．(Bar = 100 nm)［出典：S. R. Miller et al., *Proc. Natl. Acad. Sci. USA* **102**: 850, 2005, Fig. 2. © 2005 National Academy of Sciences.］

酸化と葉緑体における光リン酸化で機能する．この酵素の構造と際立った機能は，進化の過程でしっかりと保存されてきた．

好塩性細菌では，単一のタンパク質が光を吸収して ATP 合成を駆動するためのプロトンをくみ出す

現存する古細菌のあるものでは，光エネルギーを電気化学的勾配に変換するための全く異なる機構が進化してきた．好塩性（halophilic「塩を好む」）古細菌 *Halobacterium salinarum*（一般的に好塩菌と呼ばれる）は，蒸発による水分喪失によって 4 M を超えるような高塩濃度の鹹水沼や塩水湖（例：グレートソルトレークや死海）にのみ棲息する．事実，これらの細菌は 3 M 以下の NaCl 濃

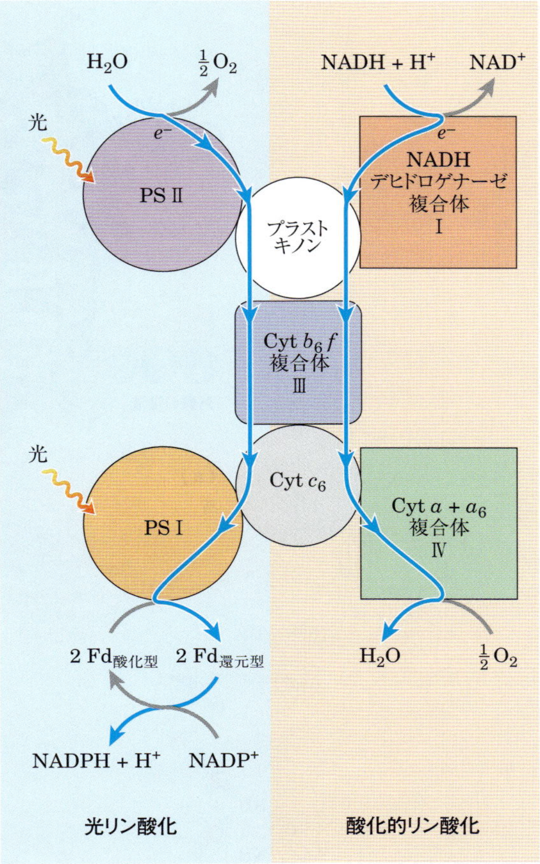

(a)　(b)

図 20-28　シアノバクテリアにおけるシトクロム b_6f 複合体とシトクロム c_6 の二重の役割は進化的起源を反映する

シアノバクテリアは，シトクロム b_6f 複合体，シトクロム c_6 およびプラストキノンを酸化的リン酸化と光リン酸化の両方に利用する．**(a)** 光リン酸化においては，電子は水から $NADP^+$ に（青色矢印）流れる．**(b)** 酸化的リン酸化においては，電子は NADH から O_2 に流れる．両過程とも膜を横切るプロトンの移動を伴い，Q 回路により達成される．

度では生育できない．これらの生物は好気性であり，通常は有機性の燃料分子の酸化に O_2 を用いる．しかし，鹹水沼では O_2 の溶解度が低過ぎるので，時には酸化代謝は代替エネルギー源としての太陽光により補われなければならない．

H. salinarum の細胞膜には，吸光性色素**バク**

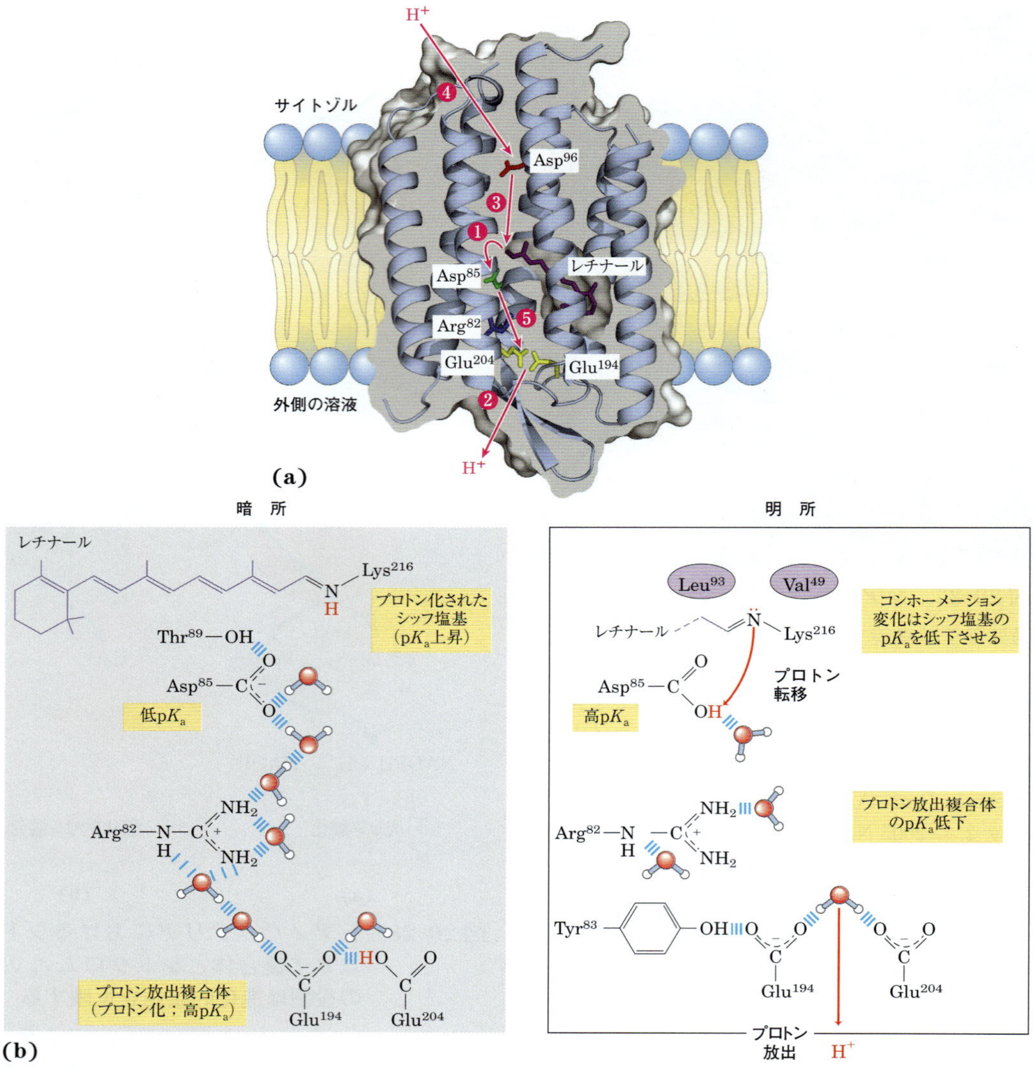

図 20-29　好塩性古細菌の光駆動性プロトンポンプに関する異なる機構は独自に進化した

(a) *Halobacterium halobium* のバクテリオロドプシン（分子量 26,000）は，7 本の膜貫通 α ヘリックスをもつ．発色団の全トランスレチナール（紫色）は，膜深部で Lys 残基の ε-アミノ基にシッフ塩基型共有結合をしている．このタンパク質を通じて見られるのが，一連の Asp および Glu 残基と，それらと密に会合している一連の水分子であり，これらが協同して膜を横切るプロトンの通路（赤色矢印）を構成する．ステップ ❶～❺ は，次に述べるプロトンの動きを示す．**(b)** 暗所（左側）では，シッフ塩基はプロトン化されている．光照射（右側）によって，レチナールは光異性化し，タンパク質のコンホメーションに微妙な変化が起こり，シッフ塩基と隣接するアミノ酸残基との間の距離が変化する．これらの近隣のアミノ酸（Leu^{93} と Val^{49}）との相互作用は，プロトン化したシッフ塩基の pK_a を低下させ，この塩基はそのプロトンを近くの Asp^{85} のカルボキシ基に受け渡す（(a)のステップ ❶）．これがタンパク質内部での水分子間の一連の協調的なプロトンホップ（図 2-14 参照）を開始させ，このホップは細胞外表面近くの Glu^{194} と Glu^{204} が共有しているプロトンの放出 ❷ で終わる（Tyr^{83} はプロトン放出を促進する Glu^{194} と水素結合を形成する）．❸ このシッフ塩基は，Asp^{96} からプロトンを再び獲得し，❹ 次にこの Asp^{96} はサイトゾルからプロトンを得る．❺ 最終的には，Asp^{85} はそのプロトンを放し，これは Glu^{204}–Glu^{194} 対の再プロトン化につながる．ここで，この系は次のプロトンのくみ出しができる状態になる．［出典：(a) PDB ID 1C8R, H. Luecke et al., *Science* **286**: 255, 1999. (b) R.B. Gennis and T. G. Ebrey, *Science* **286**: 252, 1999 の情報.］

テリオロドプシン bacteriorhodopsin が斑点状に存在する．この色素は，集光性補欠分子族としてレチナール retinal（ビタミン A のアルデヒド誘導体；図 10-20 参照）を含む．細胞が光照射を受けると，バクテリオロドプシンに結合している全トランスレチナールは光子を吸収し，光異性化を受けて 13-シスレチナールになり，このタンパク質にコンホメーション変化を起こさせる．全トランスレチナールへの復帰は，細胞膜を通って外側へ向かうプロトンの動きを伴う．たった 247 個のアミノ酸残基から成るバクテリオロドプシンは，知られているもののうちで最も単純な光駆動性プロトンポンプである．暗所と照射後のバクテリオロドプシンの三次元構造の相違が，一連の協調的なプロトン「ホップ」によって，プロトンが膜を横切って効率よく移動する経路を示唆する（図 20-29 (a)）．発色団のレチナールは，Lys 残基の ε-アミノ基にシッフ塩基型の結合をしている．暗所では，このシッフ塩基の窒素がプロトン化される．明所では，レチナールの光異性化がこのアミノ基の pK_a を低下させ，プロトンを隣接する Asp 残基へと放出する．これによって一連のプロトンホップが起こり，最終的には膜の外表面へのプロトンの放出が起こる（図 20-29(b)）．

膜を隔てる電気化学ポテンシャルは，ミトコンドリアや葉緑体の酵素に酷似している膜 ATP シンターゼ複合体を経由してプロトンを細胞内に戻すように働く．このように，好塩菌は O_2 が制限されているときに，酸化的リン酸化によって合成される ATP を補充するために光を利用することができる．しかし，好塩菌は O_2 を発生することも $NADP^+$ の光還元を行うこともない．つまり，この光変換装置は，シアノバクテリアや植物の機構よりもずっと単純である．それでもなお，この単純なタンパク質によって利用されるプロトンのくみ出し機構は，もっと複雑な他の多くのイオンポンプの原型であるかもしれない．

まとめ

20.4　酸素発生型光合成の進化

- 現存するシアノバクテリアは，二つの光化学系を獲得した古代生物に由来する．その一つのタイプは現存の紅色細菌に見られ，もう一つは緑色硫黄細菌に見られる．
- 多くの光合成微生物は，光合成のための電子を水からではなく，H_2S のような供与体から得る．
- 直列に並ぶ光化学系と酸素を大気中に放出する水分解活性をもつシアノバクテリアは，約 25 億年前に地球上に出現した．
- 葉緑体は，ミトコンドリアのように，初期の真核細胞に細胞内共生した細菌から進化した．細菌，シアノバクテリア，ミトコンドリア，および葉緑体の ATP シンターゼは，共通の進化的起源と共通する酵素機構を有する．
- 現存する古細菌では，光エネルギーをプロトン勾配に変換するために，レチナールを集光性色素とする全く異なる機構が進化してきた．

20.5　炭素同化反応

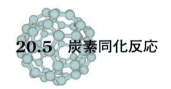

光合成生物は，光依存的な光合成反応で産生された ATP と NADPH を用いて，生物体を構成する数千もの成分のすべてを合成する．これは化学従属栄養生物（ヒトなど）には見られず，光独立栄養生物（図 1-6 参照）で進化してきた特定の酵素の能力や代謝経路によって可能である．植物（および他の独立栄養生物）は，大気中の CO_2 を還元してトリオースにし，そのトリオースを前駆体として利用して，セルロースやデンプン，脂質やタンパク質，そして植物細胞の多くの他の有機化合物を合成する（図 20-30）．このような合成能を欠いているので，ヒトや他の動物は生命にとって必須の還元型燃料や有機前駆体を供給する光合

成生物に依存している．

緑色植物は，葉緑体内に CO_2 を単純な（還元された）有機化合物へと変換する独特の酵素装置をもっており，この過程を **CO_2 同化** CO_2 assimilation という．この過程は **CO_2 固定** CO_2 fixation または**炭素固定** carbon fixation とも呼ばれるが，これらの用語は CO_2 が三炭素（C3）有機化合物である 3-ホスホグリセリン酸に取り込まれる（固定される）特別な反応を表すものなので，ここでは使わない．光合成によるこの単純な生成物は，動物組織と同様の代謝経路によって合成される糖や多糖，あるいはそれらに由来する代謝物を含むより複雑な生体分子の前駆体である．CO_2 は，その重要な中間体が常に再生される循環経路を経て同化される．この経路は 1950 年代初めに，Melvin Calvin, Andrew Benson および James A. Bassham によって解明され，しばしば**カルビン回路** Calvin cycle，あるいは多分もっと記述的に**光合成炭素還元回路** photosynthetic carbon-reduction cycle と呼ばれる．

Melvin Calvin
(1911－1997)
[出典：Ted Spiegel/Corois.]

植物細胞における糖質代謝は，動物細胞や非光合成微生物の場合よりも複雑である．解糖や糖新生のような普遍的経路に加えて，植物は CO_2 をトリオースリン酸へと還元する独特な反応経路や，これに関連する還元的ペントースリン酸経路を有する．これらすべての経路は，エネルギー生産とデンプンやスクロース合成に炭素をうまく分配するために協調して調節されなければならない．後述するように，ここで重要な酵素は，(1) 光化学系 I からの電子の流れによるジスルフィド結合の還元と，(2) 光照射による pH と Mg^{2+} 濃度の変化によって調節される．また，植物の糖質代謝を別の側面から見ると，(3) 一つ以上の代謝中間体による典型的なアロステリック調節や，(4) 共有結合性修飾（リン酸化）によって制御される酵素も存在することがわかる．

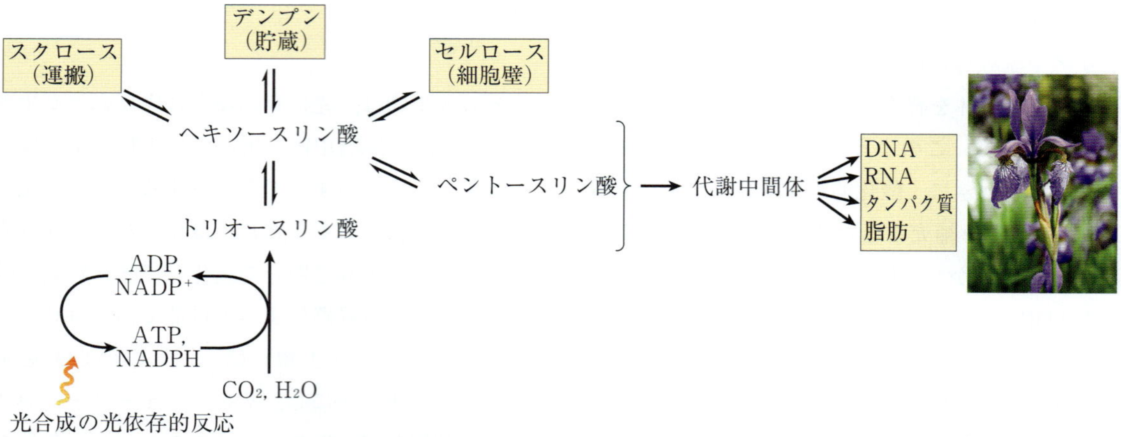

図 20-30 植物における CO_2 のバイオマスへの同化

ATP や NADPH の光駆動性合成が，CO_2 を固定してトリオースにするためのエネルギーと還元力を供給する．植物細胞では，このトリオースからすべての炭素含有化合物が合成される．[出典：写真，Brzostowska/Shutterstock.]

二酸化炭素の同化は 3 段階で進む

CO_2 を同化して生体分子にするステージ 1（図 20-31）は炭素固定反応である．CO_2 は五つの炭素をもつ受容体分子**リブロース 1,5-ビスリン酸** ribulose 1,5-bisphosphate と縮合して，2 分子の **3-ホスホグリセリン酸** 3-phosphoglycerate になる．ステージ 2 では，3-ホスホグリセリン酸は還元されてトリオースリン酸になる．全体として，3 分子の CO_2 が 3 分子のリブロース 1,5-ビスリン酸に固定され，ジヒドロキシアセトンリン酸と平衡状態になり，6 分子のグリセルアルデヒド 3-リン酸(炭素 18 個)が生成する．ステージ 3 では，6 分子のトリオースリン酸のうち 5 分子（炭素 15 個）が初発物質であるリブロース 1,5-ビスリン酸 3 分子(炭素 15 個)を再生するために使われる．光合成の正味の産物であるトリオースリン酸の 6 番目の分子が，代謝燃料や構成成分となるためのヘキソース，非光合成組織へ運搬するためのスクロース，あるいは貯蔵のためのデンプンなどの合成に用いられる．このように，全体の過程は回路を形成し，CO_2 はトリオースリン酸やヘキソースリン酸へと絶えず変換される．フルクトース 6-リン酸は CO_2 同化のステージ 3 における重要な中間体であり，リブロース 1,5-ビスリン酸の再生とデンプン合成のどちらへ進むかの分岐点にある．ヘキソースリン酸からペントースビスリン酸への変換経路には，動物細胞における**ペントースリン酸経路** pentose phosphate pathway（図 14-23 参照）の非酸化的段階であるペントースリン酸からヘキソースリン酸への変換と同じ反応の多くがかかわる．光合成による CO_2 の同化では，ペントースリン酸経路と本質的に同じ一連の反応

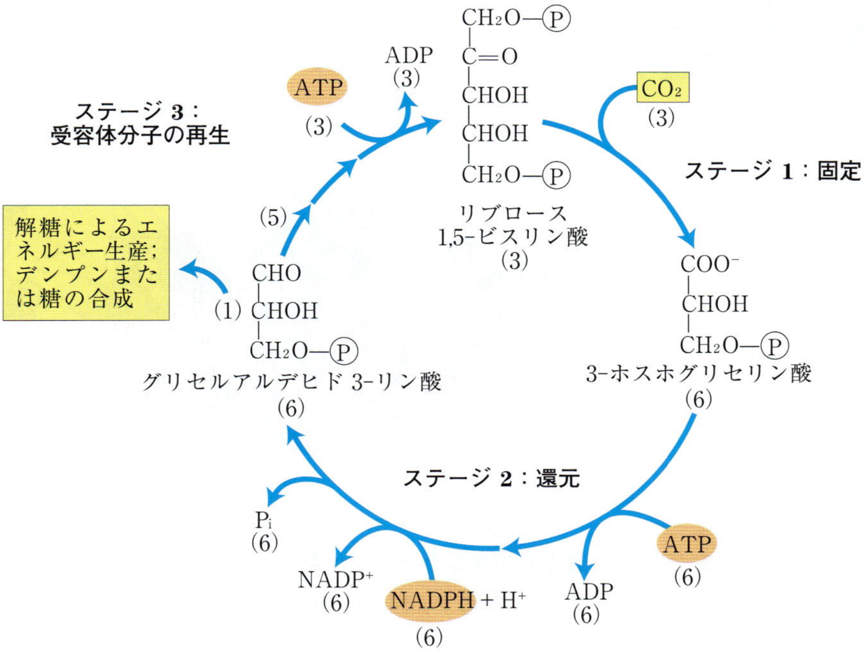

図 20-31　光合成生物における CO_2 同化の三つのステージ

三つの重要な中間体を化学量論的に見ると（括弧内の数字），カルビン回路，すなわち光合成炭素還元回路内に出入りする炭素原子の流れがはっきりとわかる．ここに示すように，1 分子のグリセルアルデヒド 3-リン酸の正味の合成のために 3 分子の CO_2 が固定される．

が逆向きに進み，ヘキソースリン酸をペントースリン酸に変換する．この**還元的ペントースリン酸回路** reductive pentose phosphate cycle には酸化経路と同じ酵素と，この還元的回路を不可逆にする数種類の別の酵素が用いられる．この経路の 13 の酵素のすべてが葉緑体のストロマに存在する．

ステージ 1：3-ホスホグリセリン酸への CO_2 の固定　光合成生物における CO_2 同化機構の本質に関する重要な手がかりが得られたのは 1940 年代後半であった．Calvin らは，放射性二酸化炭素（$^{14}CO_2$）の存在下で，緑藻の懸濁液にほんの数秒間光照射したのち，すばやく細胞を死滅させてその内容物を抽出し，標識された炭素が最初に現れる代謝産物をクロマトグラフィー法によって

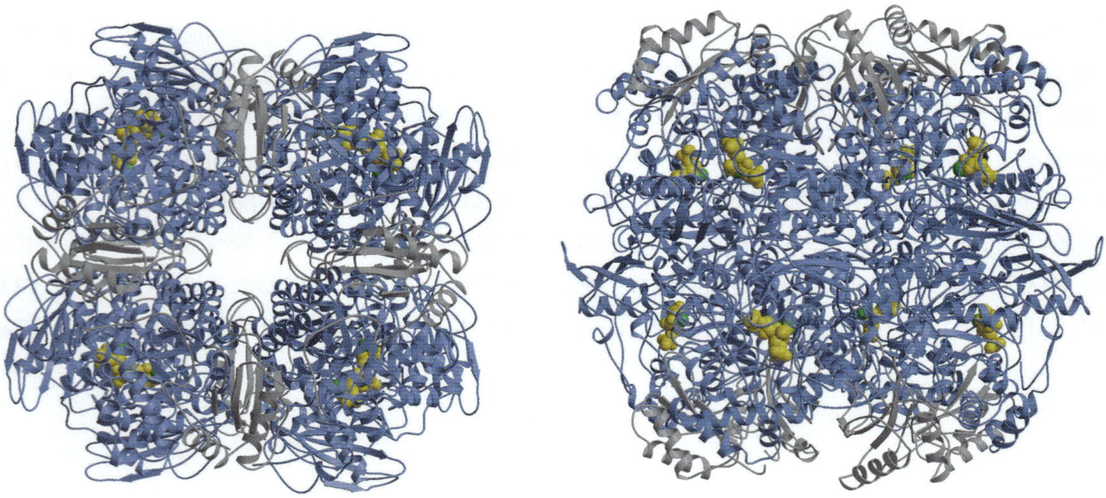

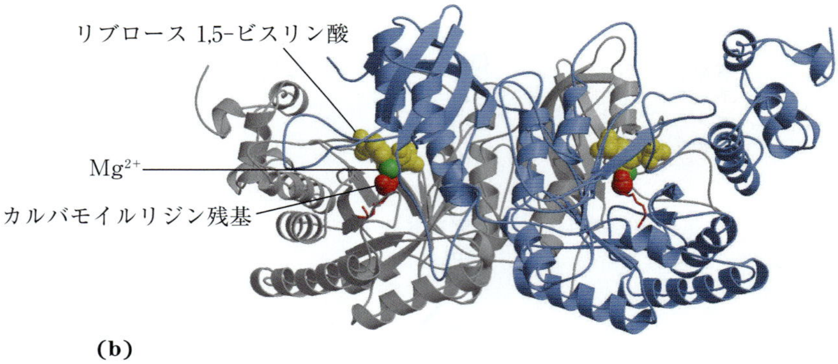

図 20-32　リブロース 1,5-ビスリン酸カルボキシラーゼ / オキシゲナーゼ（ルビスコ）の構造

(a) ホウレンソウ由来のⅠ型ルビスコのリボンモデルの上面図と側面図．この酵素は 8 個の大サブユニット（青色）と 8 個の小サブユニット（灰色）から成り，強固にパッキングされて分子量 500,000 以上の構造を形成する．ルビスコは葉緑体のストロマ中に約 250 mg/mL の濃度で存在し，活性部位は驚くほど高濃度（約 4 mM）で存在することになる．八つの基質結合部位のそれぞれに結合している遷移状態アナログ（2-カルボキシアラビニトールビスリン酸）を黄色で，Mg^{2+} を緑色で示す．**(b)** 細菌 *Rhodospirillum rubrum* 由来のⅡ型ルビスコのリボンモデル．同一のサブユニットを灰色と青色で示す．［出典：(a) PDB ID 8RUC, I. Andersson, *J. Mol. Biol.* **259**: 160, 1996. (b) PDB ID 9RUB, T. Lundqvist and G. Schneider, *J. Biol. Chem.* **266**: 12, 604, 1991.］

調べた．標識された最初の化合物は3-ホスホグリセリン酸であり，^{14}C は主にカルボキシ基の炭素原子に取り込まれていた．これらの実験は，3-ホスホグリセリン酸が光合成における初期の中間体であることを強く示唆する．この三炭素化合物が最初の中間体である多くの植物は，**C_3 植物** C_3 plant と呼ばれ，後述する C_4 植物と対比される．

CO_2 の有機化合物への取込みを触媒する酵素は，**リブロース 1,5-ビスリン酸カルボキシラーゼ/オキシゲナーゼ** ribulose 1,5-bisphosphate carboxylase/oxygenase であり，短縮して**ルビスコ** rubisco と呼ばれる．ルビスコは，カルボキシラーゼとして，五炭糖のリブロース 1,5- ビスリン酸への CO_2 の共有結合を触媒するとともに，不安定な六炭素中間体を開裂して 2 分子の 3- ホスホグリセリン酸を生じさせる．そのうちの 1 分子は，カルボキシ基に CO_2 として導入された炭素を有する（図 20-31）．この酵素のオキシゲナーゼとしての活性については Sec. 20.6 で考察する．

ルビスコには二つの異なる型がある．I 型は維管束植物や藻類，シアノバクテリアに見られ，II 型はある種の光合成細菌に限定される．植物のルビスコは，CO_2 からバイオマスを生産する重要な酵素であり，複雑な I 型構造を有する（図 20-32 (a)）．I 型酵素は，それぞれに活性部位を含む 8 個の同一の大サブユニット（分子量 53,000；プラストーム plastome にコードされている）と，機能未知の 8 個の同一の小サブユニット（分子量 14,000；核ゲノムにコードされている）から成る．光合成細菌の II 型ルビスコの構造はより単純であり，植物の酵素の大サブユニットと多くの点で類似する二つのサブユニットから成る（図 20-32 (b)）．この類似性は，葉緑体の起源についての細胞内共生説と一致する（p. 52）．植物の酵素は極端に分子活性が低く，25 ℃でルビスコ 1 分子あたり毎秒 3 分子の CO_2 しか固定できない．したがって，高速で CO_2 を固定するためには，植物は多量の酵素を必要とする．実際に，葉緑体中の可溶性タンパク質のほぼ 50% はルビスコであり，おそらく生物圏において最も豊富に存在する酵素の一つである．

植物ルビスコに関して提唱されている反応機構の中核をなすのは，Mg^{2+} と結合している Lys 残基のカルバモイル化側鎖である．Mg^{2+} は活性部位に反応物を引き寄せて正しく配向させるとともに（図 20-33），CO_2 分子を極性化する．この CO_2 分子は，酵素上で形成された五炭素エンジオラート enediolate 反応中間体による求核攻撃を受ける（図 20-34）．その結果生じる六炭素中間体は，開裂して 2 分子の 3- ホスホグリセリン酸になる．

ルビスコは，光合成による CO_2 同化の第一ス

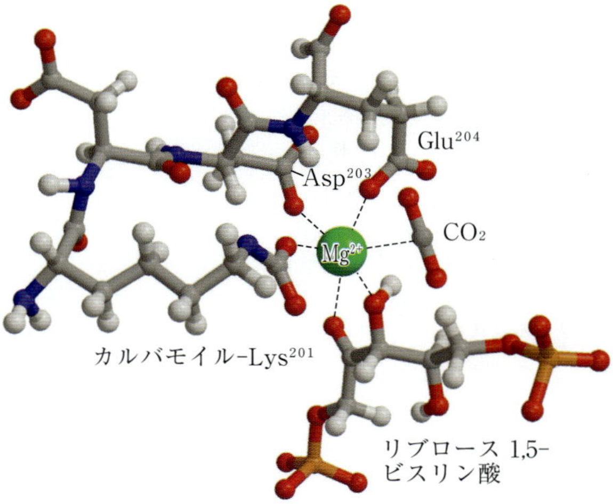

図 20-33　ルビスコの活性中心において Mg^{2+} が果たす中心的役割

Mg^{2+} は，六つの酸素原子と配位結合してほぼ八面体の複合体を形成する．すなわち，Lys^{201} 上のカルバミン酸の一つの酸素原子，Glu^{204} と Asp^{203} のカルボキシ基の二つ，基質であるリブロース 1,5- ビスリン酸の C-2 位と C-3 位の二つ，そしてもう一つの基質 CO_2 の一つの酸素原子である．本結晶構造では，CO_2 結合部位を水分子が占めている．この図では，CO_2 分子がその部分にモデルとして示されている（アミノ酸残基の番号は，ホウレンソウ由来の酵素に対応する）．［出典：PDB ID 1RXO, T. C. Taylor and I. Andersson, *J. Mol. Biol.* **265**: 432, 1997 に基づく．］

テップを触媒する酵素として，調節の主要な標的となる．この酵素は Lys^{201} の ε-アミノ基がカルバモイル化されない限り不活性である（図 20-35）．リブロース 1,5- ビスリン酸は，活性部位に強固に結合して酵素を「閉じた」コンホメーションに固定し，Lys^{201} に近づくことができないようにすることによって，カルバモイル化を阻害する．**ルビスコ活性化酵素** rubisco activase は，ATP 依存的にリブロース 1,5- ビスリン酸の遊離を促進することによってこの阻害に打ち勝つ．すなわ

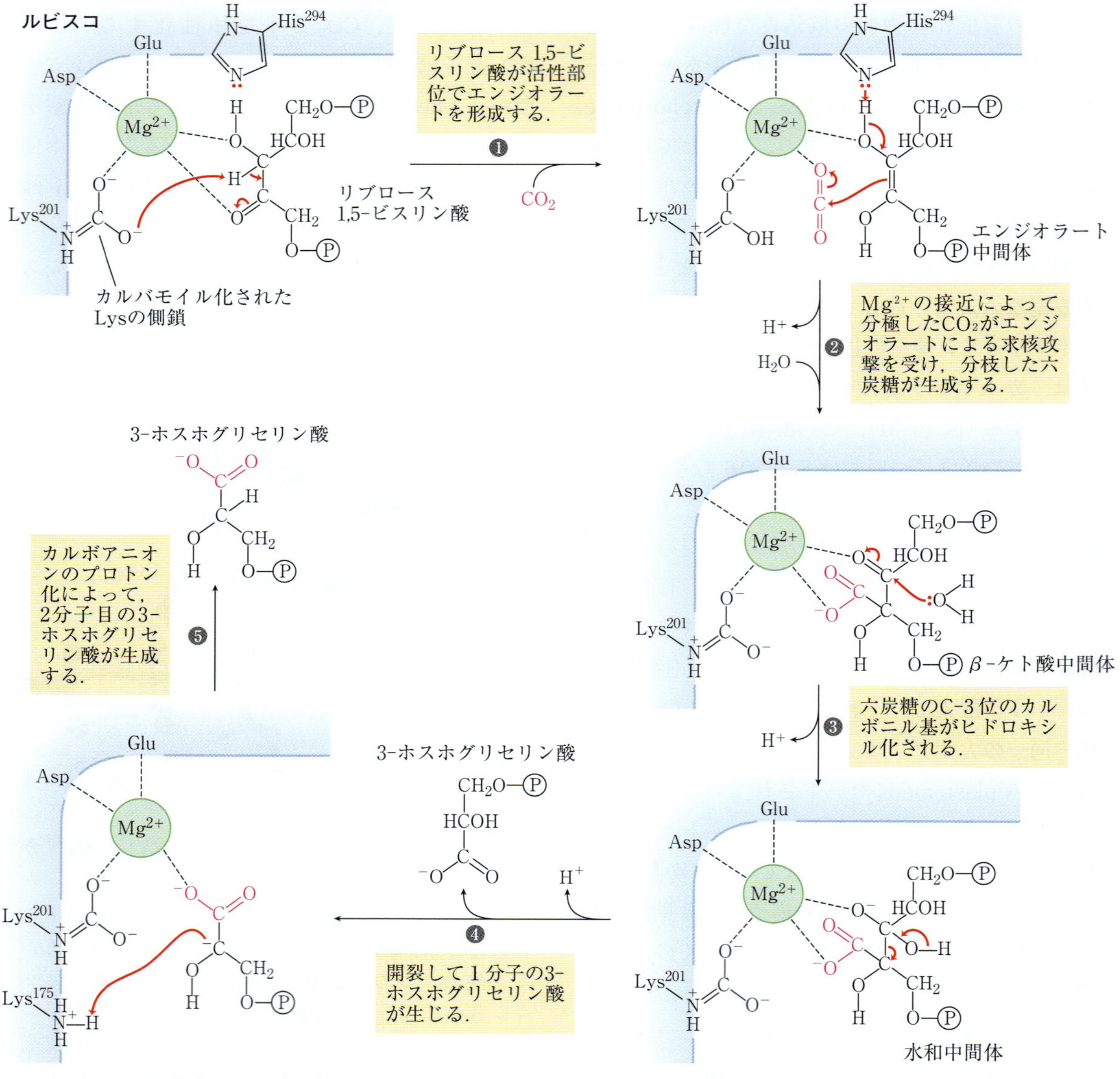

機構図 20-34 CO_2 同化のステージ 1：ルビスコのカルボキシラーゼ活性

CO_2 固定反応は，リブロース 1,5- ビスリン酸カルボキシラーゼ/オキシゲナーゼによって触媒される．反応全体では，1 分子の CO_2 と 1 分子のリブロース 1,5- ビスリン酸の組合せから，2 分子の 3- ホスホグリセリン酸が生成し，そのうちの 1 分子が CO_2（赤色）由来の炭素原子を含む．Lys^{201}，Lys^{175}，His^{294} が関与するプロトンの転移（ここでは示されていない）がこの過程のさらにいくつかのステップで起こる．

ち，Lys のアミノ基は CO_2 により非酵素的にカルバモイル化を受け，さらに Mg^{2+} が結合してルビスコが活性化される．ある生物種のルビスコ活性化酵素は，図 20-46 に示した機構と同様の酸化還元機構を介して光による活性化を受ける．

別の調節機構には，「夜行性阻害剤」と呼ばれる 2- カルボキシアラビニトール 1- リン酸が関与する．この化合物は，ルビスコ反応（図 20-34）における β - ケト酸中間体と類似の構造をもつ天然の遷移状態アナログであり（p. 301），ある種の植物において暗所で合成され，カルバモイル化ルビスコの強力な阻害剤となる．この化合物が光の再照射によって壊されたり，ルビスコ活性化酵素によって排除されたりすると，ルビスコが活性化される．

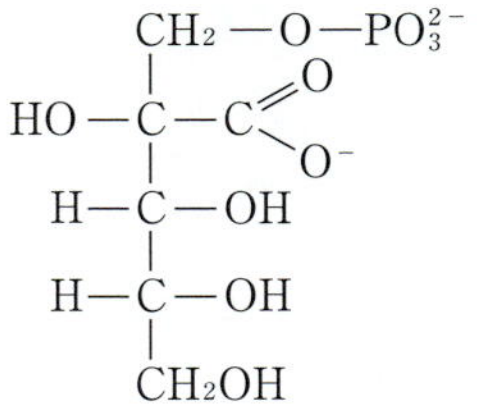

2-カルボキシアラビニトール 1-リン酸

ステージ 2：3-ホスホグリセリン酸のグリセルアルデヒド 3-リン酸への変換　ステージ 1 で生成した 3- ホスホグリセリン酸は，一つの例外を除いて，解糖の対応するステップとは全く逆の 2 ステップの反応を経てグリセルアルデヒド 3- リン酸へと変換される．その例外とは，1,3- ビスホスホグリセリン酸の還元反応におけるヌクレオチド補因子が NADH ではなく NADPH であることである（図 20-36）．葉緑体のストロマは，ホスホグリセリン酸ムターゼを除くすべての解糖酵素を含んでいる．これらのストロマ酵素とサイトゾル酵素はアイソザイムであり，両酵素群は同じ反応を触媒するが，異なる遺伝子の産物である．

ステージ 2 の最初のステップで，ストロマの **3-**

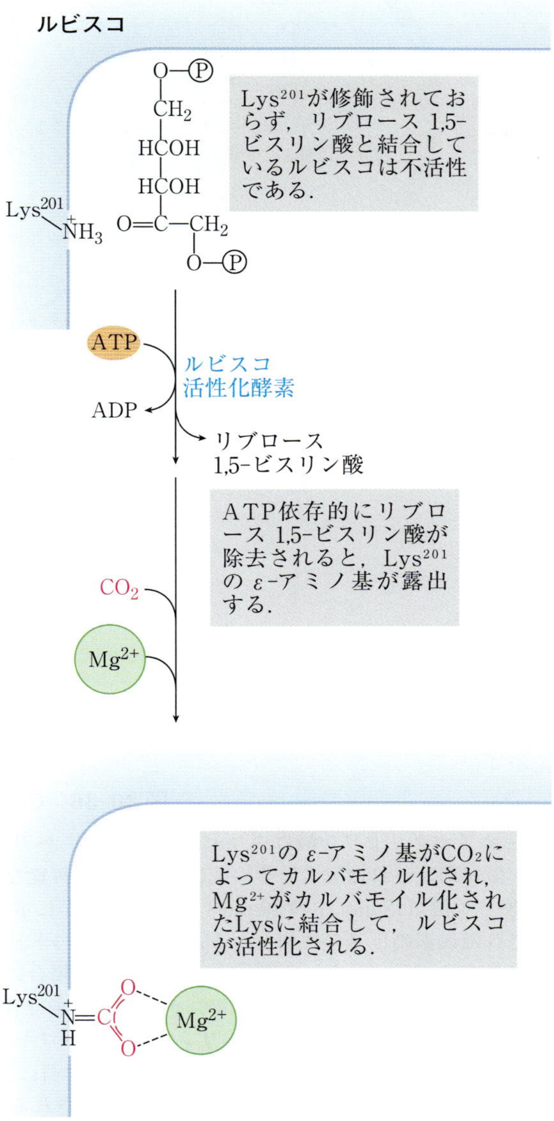

図 20-35　ルビスコの Lys^{201} のカルバモイル化におけるルビスコ活性化酵素の役割

基質であるリブロース 1,5- ビスリン酸が活性部位に結合すると，Lys^{201} には接近できない．ルビスコ活性化酵素は，ATP の加水分解に伴って，結合しているリブロース 1,5- ビスリン酸を活性部位から排除し，Lys^{201} を露出させる．この Lys 残基は，おそらく非酵素的な反応によって CO_2 によりカルバモイル化される．負電荷を有するカルバモイル化 Lys 残基に Mg^{2+} が引きつけられて結合し，酵素が活性化される．

ホスホグリセリン酸キナーゼ 3-phosphoglycerate kinase が ATP のホスホリル基を 3- ホスホグリセリン酸へ転移して，1,3- ビスホスホグリセリン酸が生成する．次に，**グリセルアルデヒド 3-リン酸デヒドロゲナーゼ** glyceraldehyde 3-phosphate dehydrogenase の葉緑体特異的なアイソザイムが，NADPH を電子供与体として触媒する還元反応によって，グリセルアルデヒド 3- リン酸と P_i を生成する．葉緑体のストロマ中の NADPH と ATP が高濃度であれば，この対をな

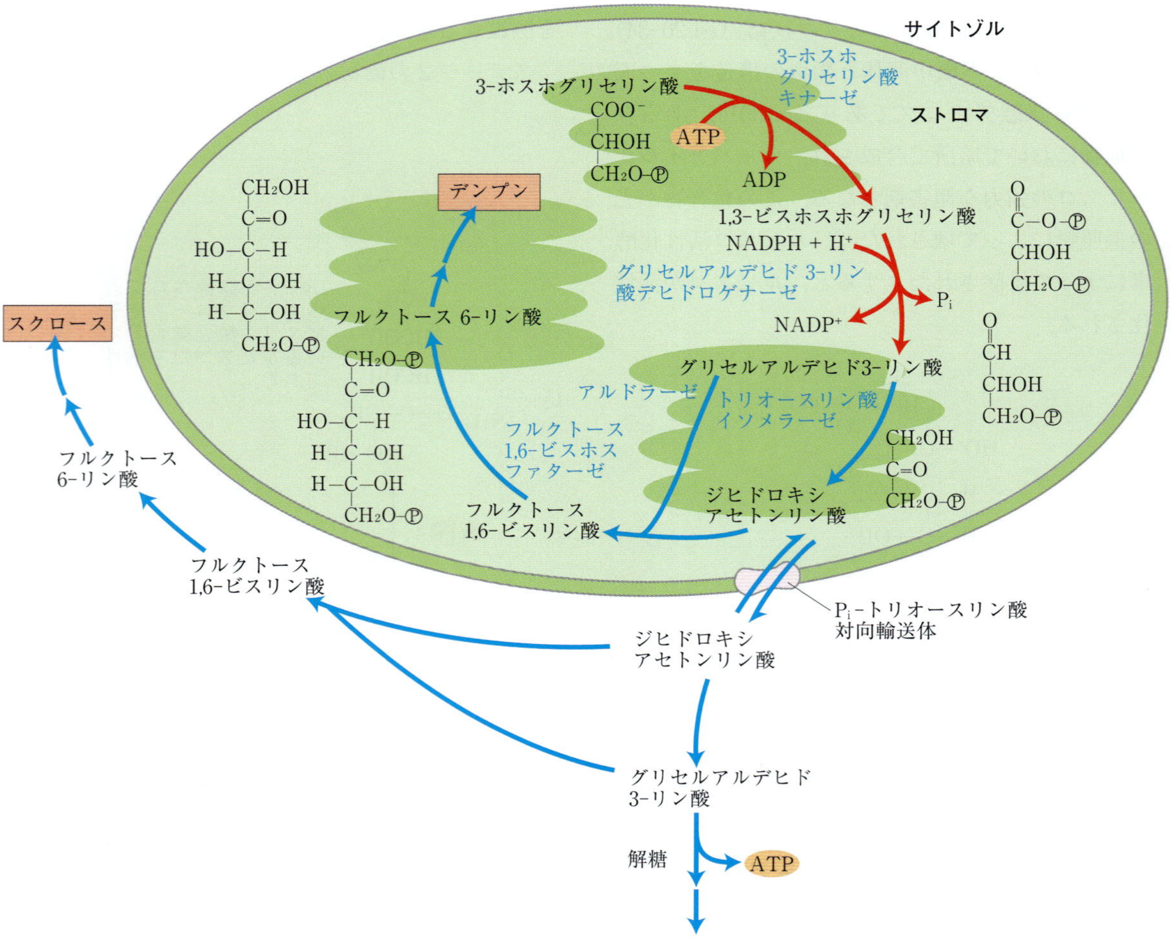

図 20-36 CO_2 同化のステージ 2

3- ホスホグリセリン酸はグリセルアルデヒド 3- リン酸へと変換される（赤色矢印）．グリセルアルデヒド 3-リン酸に固定された炭素はその後にいくつかの可能な経路をたどる（青色矢印）．ほとんどのグリセルアルデヒド 3-リン酸（12 mol 中の 10 mol）は，図 20-37 に示すように 6 mol のペントースリン酸へと再生される．固定化された炭素の正味の増加となる余剰の 2 mol のトリオースリン酸は運搬のためにスクロースに変換されるか，葉緑体内にデンプンとして貯蔵される．後者の場合には，グリセルアルデヒド 3- リン酸はジヒドロキシアセトンリン酸とストロマ内で縮合して，デンプンの前駆体であるフルクトース 1,6- ビスリン酸が生成する．別の場合には，グリセルアルデヒド 3- リン酸はジヒドロキシアセトンリン酸に変換され，特異的な輸送体を介して葉緑体を離れ（図 20-42 参照），サイトゾル内で解糖により分解されてエネルギーを供給するか，フルクトース 6-リン酸を経てスクロースを生成するために利用される．

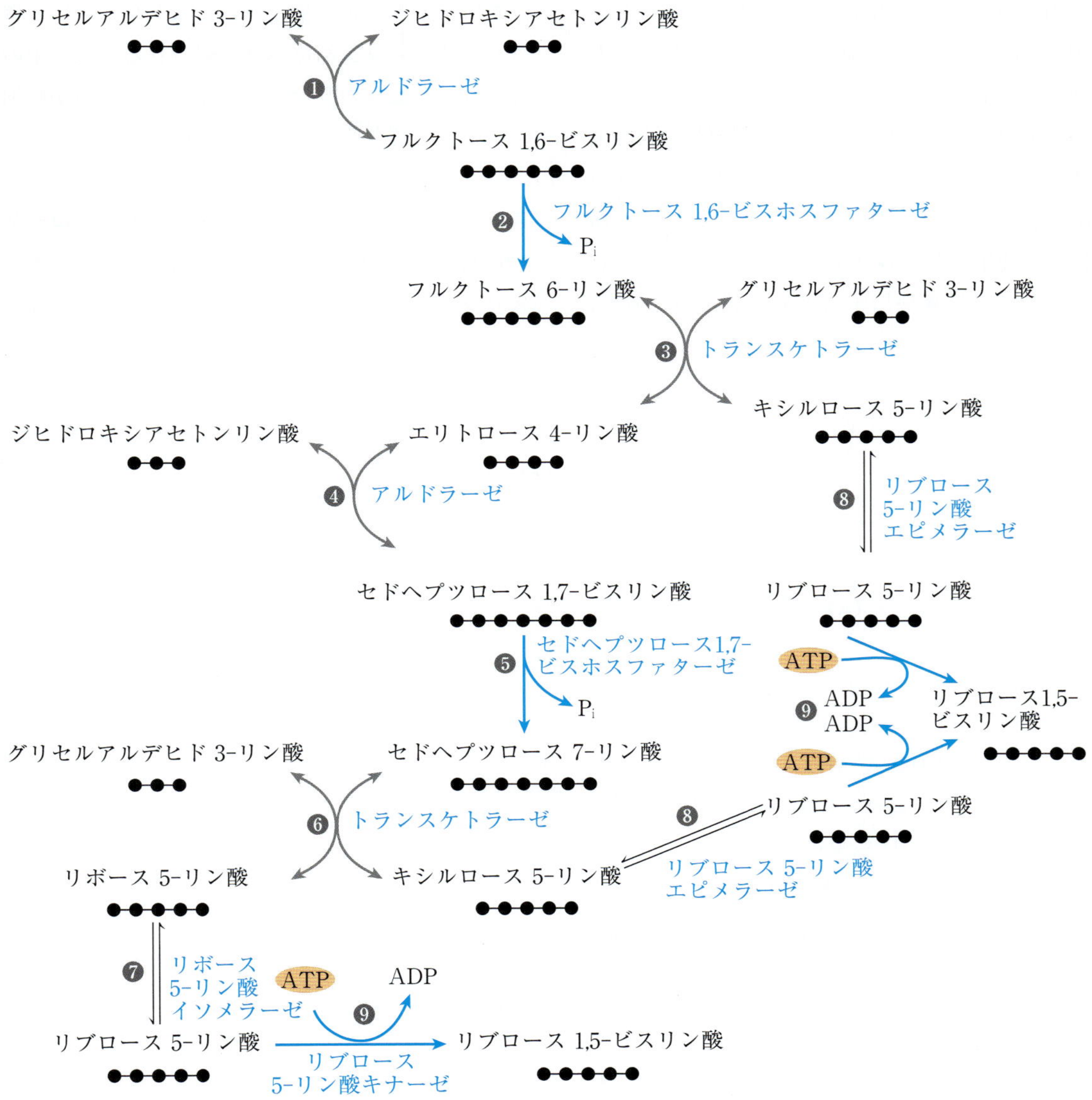

図 20-37　CO_2 同化のステージ 3

トリオースリン酸とペントースリン酸の相互変換の概略図を示す．黒丸は各化合物の炭素数を表す．初発物質はグリセルアルデヒド 3- リン酸とジヒドロキシアセトンリン酸である．ステップ❶と❹のアルドラーゼ，ステップ❸と❻のトランスケトラーゼによって触媒される反応によりペントースリン酸が生成し，次にリブロース 1,5-ビスリン酸へと変換される．この際のペントースリン酸は，リボース 5- リン酸の場合にはリボース 5- リン酸イソメラーゼ（❼）によって，キシルロース 5- リン酸の場合にはリブロース 5- リン酸エピメラーゼ（❽）によって変換される．ステップ❾では，リブロース 5- リン酸がリン酸化されてリブロース 1,5- ビスリン酸が再生される．青色矢印で示すステップは発エルゴン的であり，過程全体を不可逆的にする．すなわち，ステップ❷のフルクトース 1,6- ビスホスファターゼ，ステップ❺のセドヘプツロース 1,7- ビスホスファターゼ，そしてステップ❾のリブロース 5- リン酸キナーゼによる反応である．

す熱力学的に不利な反応がグリセルアルデヒド 3-リン酸の生成方向に進行する．さらに，トリオースリン酸イソメラーゼがグリセルアルデヒド 3-リン酸とジヒドロキシアセトンリン酸を相互変換する．このようにして生成したトリオースリン酸のほとんどは，リブロース 1,5-ビスリン酸の再生に使用され，残りが葉緑体内でデンプンに変換されて，将来使用するために貯蔵されるか，直ちにサイトゾルへ輸送されてスクロースに変換され，植物の成長部位へと運搬される．成長中の葉では，かなりの割合のトリオースリン酸が解糖によって分解されてエネルギーを供給する．

ステージ 3：トリオースリン酸からのリブロース 1,5-ビスリン酸の再生 CO_2 を同化してトリオースリン酸にする最初の反応で，リブロース 1,5-

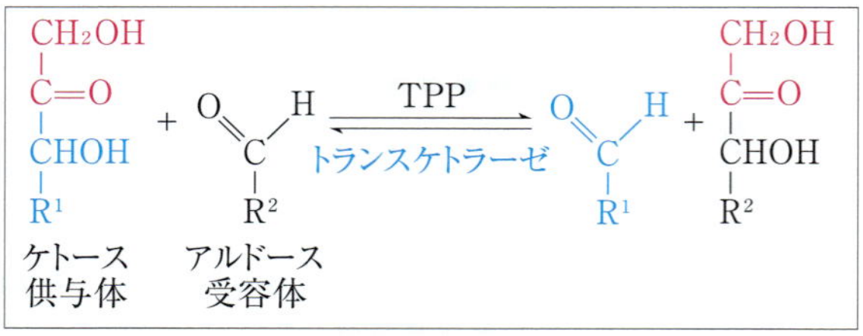

(a)

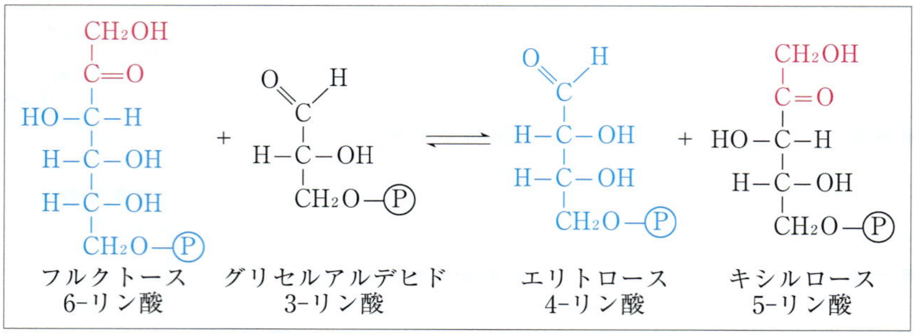

(b)

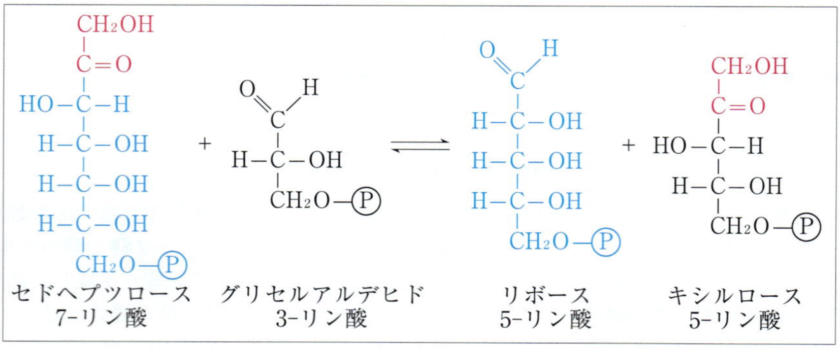

(c)

図 20-38 カルビン回路でトランスケトラーゼにより触媒される反応

(a) トランスケトラーゼにより触媒される一般的な反応．酵素に結合している TPP 上に一時的に転移される二炭素基が，供与体であるケトースから受容体であるアルドースへ転移される．**(b)** ヘキソースとトリオースから四炭糖と五炭糖への変換（図 20-37 のステップ❸）．**(c)** 七炭糖と三炭糖から 2 個のペントースへの変換（図 20-37 のステップ❻）．

ビスリン酸が消費される．そして，CO_2 が糖質へと固定され続けるためには，リブロース 1,5- ビスリン酸が常に再生されなければならない．この再生は，ステージ 1 やステージ 2 とともに，図 20-31 で示すような循環経路を形成する一連の反応（図 20-37）によって行われる．すなわち，最初の同化反応の生成物（3- ホスホグリセリン酸）がいくつかの変換を受けて，リブロース 1,5- ビスリン酸が再生される．この経路の中間体には，三, 四, 五, 六, 七炭糖が含まれる．次に説明するすべての反応ステップの数字を図 20-37 に示す．

ステップ❶と❹は同じ酵素，**アルドラーゼ** aldolase によって触媒される．アルドラーゼは，まずグリセルアルデヒド 3- リン酸とジヒドロキシアセトンリン酸との可逆的縮合反応を触媒し，フルクトース 1,6- ビスリン酸を産生する（ステップ❶）．この反応生成物は，ステップ❷でフルクトース 1,6- ビスホスファターゼ（FBP アーゼ-1）によってフルクトース 6- リン酸と P_i へと開裂される．この反応は強い発エルゴン反応であり，事実上不可逆である．ステップ❸はチアミンピロリン酸（TPP）（図 14-15(a) 参照）を補欠分子族として含み，Mg^{2+} 要求性の**トランスケトラーゼ** transketolase によって触媒される．トランスケトラーゼは，ケトースリン酸供与体であるフルクトース 6- リン酸から，2 炭素のケトール基（CH₂OH-CO-）をアルドースリン酸受容体であるグリセルアルデヒド 3- リン酸へ可逆的に転移し（図 20-38(a)，(b)），ペントースであるキシルロース 5- リン酸とテトロースであるエリト

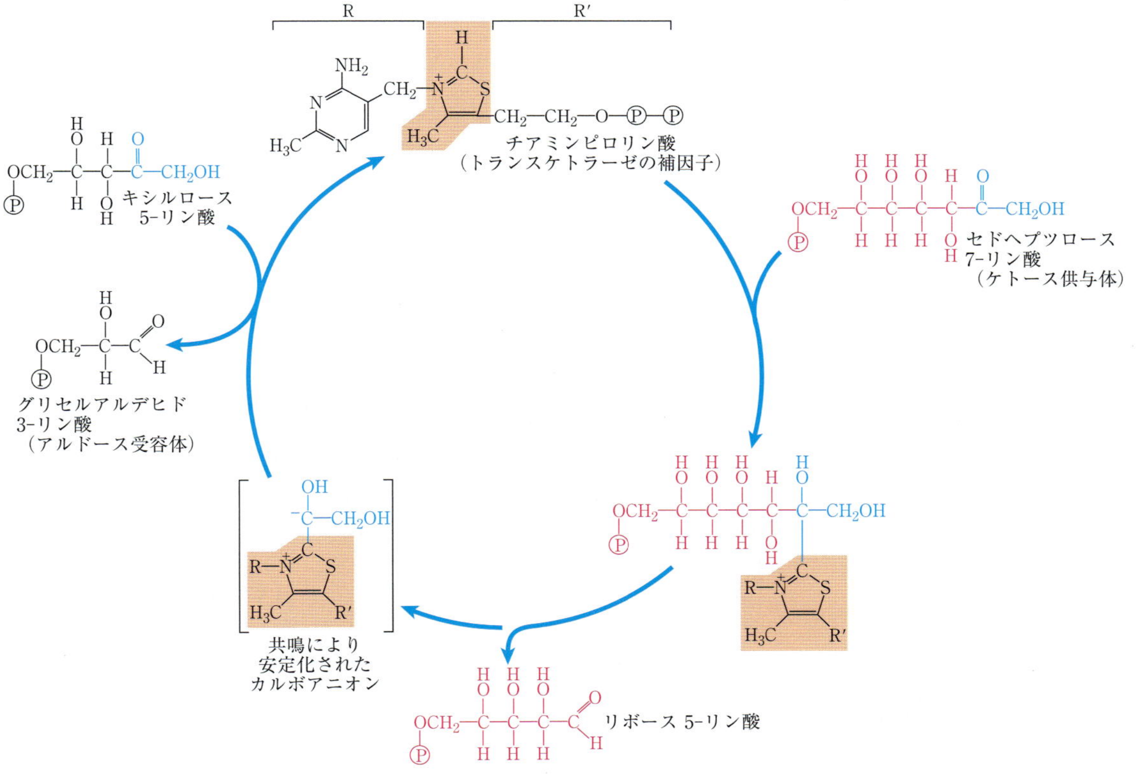

図 20-39　トランスケトラーゼの補因子としての TPP

トランスケトラーゼは，セドヘプツロース 7- リン酸からグリセルアルデヒド 3- リン酸へと二炭素基を転移し，2 個のペントースリン酸を生成する（図 20-37 のステップ❻）．チアミンピロリン酸は二炭素単位の一過性の運搬体や反応を促進するための電子シンク（図 14-15 参照）として役立つ．

ロース 4- リン酸を生成する．ステップ❹では，アルドラーゼが再び作用して，エリトロース 4-リン酸をジヒドロキシアセトンリン酸と縮合させて，7 炭素の**セドヘプツロース 1,7-ビスリン酸** sedoheptulose 1,7-bisphosphate を生成する．次に，本経路における二つ目の不可逆反応，つまり色素体に特有の酵素であるセドヘプツロース 1,7-ビスホスファターゼによるセドヘプツロース 7-リン酸への変換が起こる（ステップ❺）．再度トランスケトラーゼが作用し（ステップ❻），セドヘプツロース 7- リン酸とグリセルアルデヒド 3-リン酸を 2 分子のペントースリン酸へと変換する（図 20-38(c)）．図 20-39 では，本ステップで 2 炭素の断片が一時的にトランスケトラーゼの補因子 TPP 上に転移された後に，ステップ❻で 3 炭素のグリセルアルデヒド 3- リン酸と縮合する様子を示す．

トランスケトラーゼ反応で生じたペントースリン酸（リボース 5- リン酸とキシルロース 5- リン酸）は**リブロース 5-リン酸** ribulose 5-phosphate へと変換され（ステップ❼と❽），これは本回路の最終反応（ステップ❾）において，リブロース 5- リン酸キナーゼによってリン酸化されてリブロース 1,5- ビスリン酸になる（図 20-40）．この反応では，ATP のリン酸無水結合がリブロース 1,5- ビスリン酸のリン酸エステルへと変換されるので，本回路における三つ目の極めて発エルゴン的な反応である．

CO_2 からの 1 分子のトリオースリン酸の合成には 6 分子の NADPH と 9 分子の ATP が必要である

カルビン回路が 3 回転すると，正味の結果とし

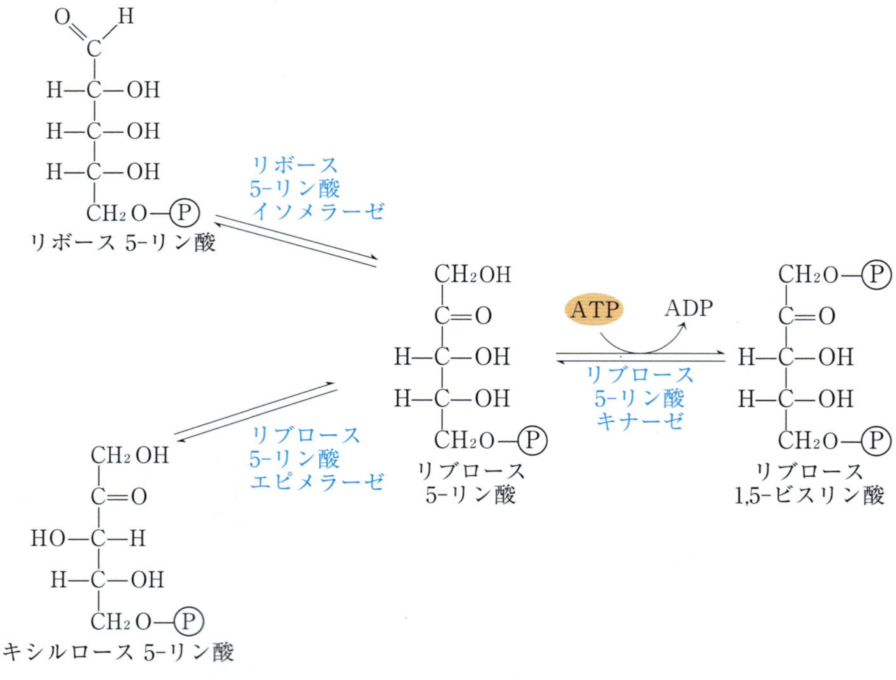

図 20-40 リブロース 1,5-ビスリン酸の再生

カルビン回路の初発物質であるリブロース 1,5- ビスリン酸は，回路内で産生される二つのペントースリン酸から再生される．この経路にはイソメラーゼとエピメラーゼの作用が関与し，その後に ATP をリン酸基供与体とするキナーゼによってリン酸化が行われる（図 20-37 のステップ❼，❽，❾）．

て3分子のCO_2と1分子のリン酸が1分子のトリオースリン酸へと変換される．リブロース1,5-ビスリン酸の再生を伴うCO_2からトリオースリン酸への全経路の化学量論的関係を図20-41に示す．3分子のリブロース1,5-ビスリン酸（全炭素数15）が3分子のCO_2（炭素数3）と縮合して，6分子の3-ホスホグリセリン酸（炭素数18）が生成する．これら6分子の3-ホスホグリセリン酸は，6分子のグリセルアルデヒド3-リン酸（ジヒドロキシアセトンリン酸と平衡関係にある）へと還元される．この際に，6分子のATP（1,3-ビスホスホグリセリン酸の合成において）と6分子のNADPH（1,3-ビスホスホグリセリン酸のグリセルアルデヒド3-リン酸への還元において）が消費される．葉緑体に存在するグリセルアルデヒド3-リン酸デヒドロゲナーゼのアイソザイムは，NADPHを電子伝達体として利用し，通常は1,3-ビスホスホグリセリン酸を還元する方向に作用する．サイトゾルのアイソザイムは，動物や他の真核生物の解糖酵素と同様にNADを利用し，暗所では解糖で作用してグリセルアルデヒド3-リン酸の酸化を行う．グリセルアルデヒド3-リン酸デヒドロゲナーゼの両アイソザイムともに，すべての酵素と同様に双方向の反応を触媒する．

炭素同化経路における正味の生成物は1分子のグリセルアルデヒド3-リン酸である．それ以外の5個のトリオースリン酸分子（炭素数15）は，図20-37に示した❶～❾のステップで3分子のリブロース1,5-ビスリン酸（炭素数15）へと再変換される．この変換の最終ステップでは，1分子のリブロース1,5-ビスリン酸につき1分子のATP，すなわち全部で3分子のATPが必要である．まとめると，光合成によるCO_2の同化によってトリオースリン酸1分子を生産するためには，6分子のNADPHと9分子のATPが必要である．

NADPHとATPは，光依存的な光合成反応によって，カルビン回路で消費されるのとほぼ同じ比率（2：3）で産生される．1分子のトリオースリン酸が産生される際には，9分子のATPがADPとリン酸に変換され，P_iとして放出された

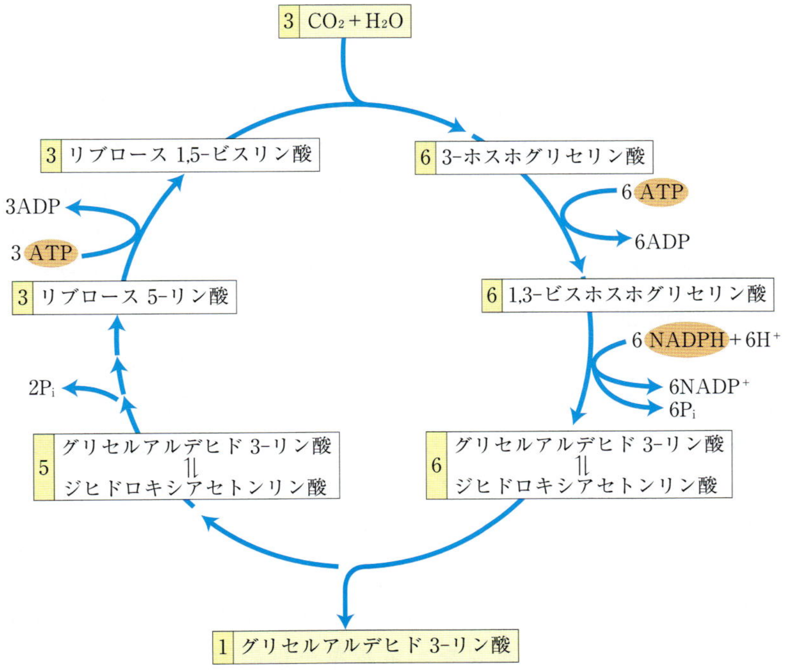

図20-41　化学量論的に見たカルビン回路におけるCO_2同化

3分子のCO_2が固定されるごとに，1分子のトリオースリン酸（グリセルアルデヒド3-リン酸）が生成し，9分子のATPと6分子のNADPHが消費される．

8分子のリン酸は，8分子のADPと結合してATPを再生する．9番目のリン酸はトリオースリン酸そのものへ取り込まれる．9番目のADPをATPに変換するためには，後述するように，1分子のP_iがサイトゾルから取り込まれなければならない．

暗所では，光リン酸化によるATPとNADPHの産生，およびCO_2のトリオースリン酸への取込み（以前は暗反応と呼ばれた）が停止する．この光合成の「暗反応」という用語は，$NADP^+$への電子伝達反応やATP合成などの一義的primaryに光によって起こる反応と区別するために名づけられた．実際には，暗反応は暗所では有意な速度では起こらないので，炭素同化反応と呼ぶほうがふさわしい．本節の後で，明所で炭素同化を起こさせ，暗所で止める調節機構について述べる．

葉緑体のストロマには，CO_2同化により産生されたトリオースリン酸（グリセルアルデヒド3-リン酸およびジヒドロキシアセトンリン酸）をデンプンに変換するために必要なすべての酵素が含まれる．デンプンは葉緑体内に不溶性の顆粒として一時的に貯えられる．すなわち，アルドラーゼはトリオースリン酸を縮合させてフルクトース1,6-ビスリン酸を生成し，フルクトース1,6-ビスホスファターゼによってフルクトース6-リン酸となり，次にホスホヘキソースイソメラーゼによりグルコース6-リン酸に変換され，さらにホスホグルコムターゼがデンプン合成の初発物質であるグルコース1-リン酸を生成する（Sec. 20.7参照）．

ルビスコ，セドヘプツロース1,7-ビスホスファターゼ，そしてリブロース5-リン酸キナーゼによって触媒される反応を除くカルビン回路のすべての反応は，動物組織においても起こる．動物はこれら三つの酵素を欠いているので，CO_2のグルコースへの正味の変換を行うことができない．

輸送系によって，葉緑体からトリオースリン酸が排出されてリン酸が取り込まれる

葉緑体内膜は，フルクトース6-リン酸，グルコース6-リン酸，およびフルクトース1,6-ビスリン酸などのほとんどのリン酸化化合物に対して非透過性である．しかし，葉緑体には，P_iとトリオースリン酸（ジヒドロキシアセトンリン酸と3-ホスホグリセリン酸のどちらか）を1対1で交換する特異的な対向輸送体がある（図20-42；図20-36も参照）．この対向輸送体はP_iを葉緑体内へと移動させると同時に，トリオースリン酸をサイトゾルへと移動させる．葉緑体内に取り込まれたP_iは光リン酸化に利用され，サイトゾルへ移動したトリオースリン酸はスクロースの合成に利用される．スクロースのかたちで固定化された炭素は，植物の離れた組織に運搬される．

サイトゾルにおけるスクロース合成と葉緑体におけるデンプン合成は，光合成に由来する余剰のトリオースリン酸を「収穫する」ための主要な経路である．スクロース合成（後述）では，スクロースの生成に必要な4分子のトリオースリン酸から4分子のP_iが遊離する．トリオースリン酸1分子が葉緑体から排出されるごとに1分子のP_iが葉緑体内に輸送され，前述したようにATP再生のための9番目のP_iとして利用される．もしもこの交換が遮断されると，葉緑体内の利用可能なP_iがトリオースリン酸合成によって速やかに枯渇し，ATP合成が遅延して，CO_2のデンプンへの同化が抑制される．

このP_i-トリオースリン酸対向輸送系はもう一つの機能を有する．サイトゾルで行われるさまざまな合成反応やエネルギー要求性反応のためには，ATPや還元当量が必要である．これらの必要物質は，その量は不明なもののミトコンドリアによってまかなわれるが，光反応中に葉緑体のストロマ内で生成されるATPとNADPHが2番目に重要なエネルギー供給源である．しかし，

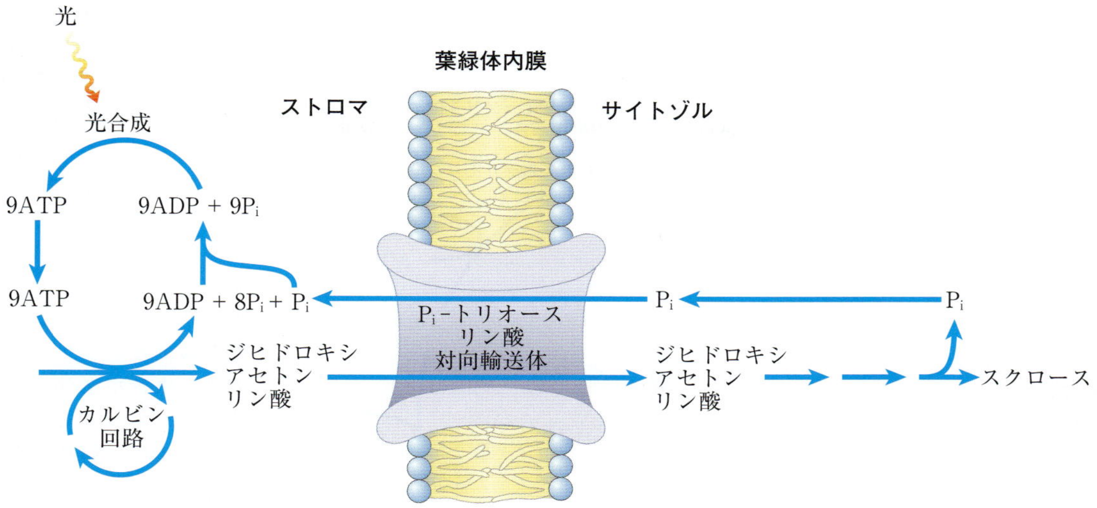

図 20-42　葉緑体内膜の P_i-トリオースリン酸対向輸送系

この輸送体は，サイトゾルの P_i とストロマのジヒドロキシアセトンリン酸の交換を促進する．光合成における炭素同化の産物はこのようにしてサイトゾルへと輸送され，スクロースの生合成の出発点となる．そして，光リン酸化に必要な P_i はストロマへと移行する．これと同じ対向輸送体は 3- ホスホグリセリン酸も輸送することができ，ATP や還元当量の排出において間接的に働いている（図 20-43 参照）．

ATP も NADPH も葉緑体膜を透過できない．P_i-トリオースリン酸対向輸送系は ATP と等価な物質と還元当量を葉緑体からサイトゾルへ間接的に移動させる作用がある（図 20-43）．ストロマで産生されたジヒドロキシアセトンリン酸はサイトゾルへと運ばれ，そこで解糖酵素によって 3- ホスホグリセリン酸に変換されて，ATP と NADH が産生される．3- ホスホグリセリン酸は再び葉緑体内に入って回路が完了する．

カルビン回路の四つの酵素は光によって間接的に活性化される

CO_2 の還元的同化には多量の ATP と NADPH が必要であり，それらのストロマ内の濃度は葉緑体が光照射されると上昇する（図 20-44）．光によってプロトンがチラコイド膜を透過する輸送が誘導されて，ストロマの pH が約 7 から約 8 に上昇するのに伴って，Mg^{2+} がチラコイド区画からストロマへと流れて，Mg^{2+} 濃度が 1 ～ 3 mM から 3 ～ 6 mM に上昇する．ストロマのいくつかの酵素は，このような光によって誘導される条件，すなわち ATP や NADPH が供給されるような条件を利用するように進化してきており，アルカリ性条件下や高 Mg^{2+} 濃度で高い活性を示す．例えば，カルバモイルリジンの形成によるルビスコの活性化は，アルカリ pH でより速やかに進み，ストロマ内の Mg^{2+} 濃度が高くなると，酵素の活性型 Mg^{2+} 複合体の形成が有利になる．フルクトース 1,6- ビスホスファターゼは Mg^{2+} を必要とし，しかも pH に厳密に依存する（図 20-45）．葉緑体の光照射の過程で pH および Mg^{2+} 濃度が上昇すると，その活性は 100 倍以上も上昇する．

カルビン回路の四つの酵素は，光による特殊な調節を受ける．リブロース 5- リン酸キナーゼ，フルクトース 1,6- ビスホスファターゼ，セドヘプツロース 1,7- ビスホスファターゼ，およびグリセルアルデヒド 3- リン酸デヒドロゲナーゼは，

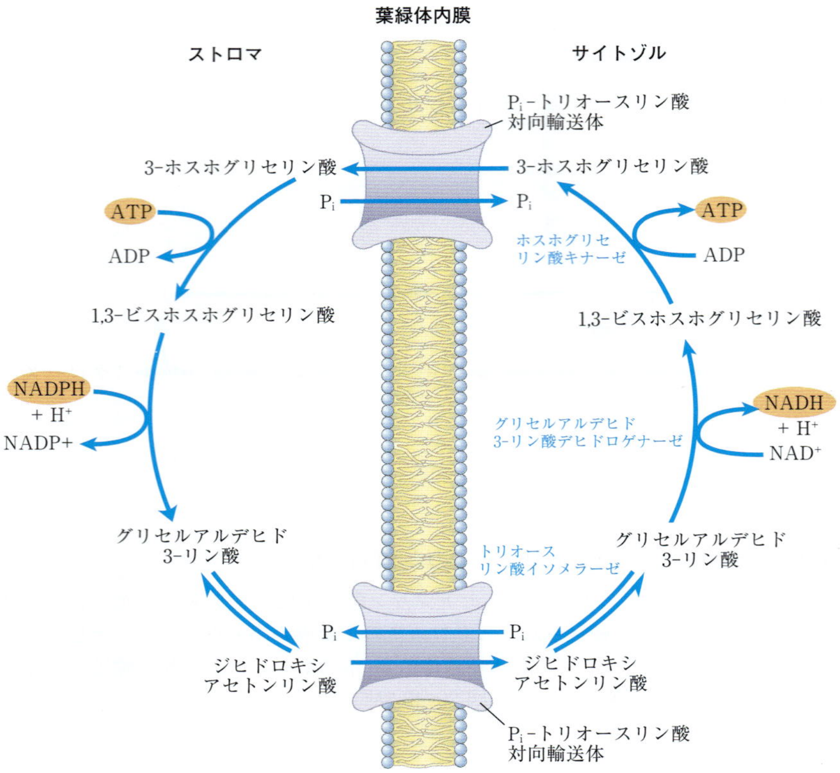

図 20-43 ATP と還元当量の輸送において P_i-トリオースリン酸対向輸送体が果たす役割

ジヒドロキシアセトンリン酸は葉緑体を離れ，サイトゾル中でグリセルアルデヒド 3-リン酸へと変換される．サイトゾルのグリセルアルデヒド 3-リン酸デヒドロゲナーゼおよびホスホグリセリン酸キナーゼの反応によって，NADH，ATP および 3-ホスホグリセリン酸が産生される．3-ホスホグリセリン酸は葉緑体内へ再び入ってジヒドロキシアセトンリン酸へと還元されて，ATP と還元当量（NAD(P)H）を葉緑体からサイトゾルへと効率的に移行させる回路が完了する．

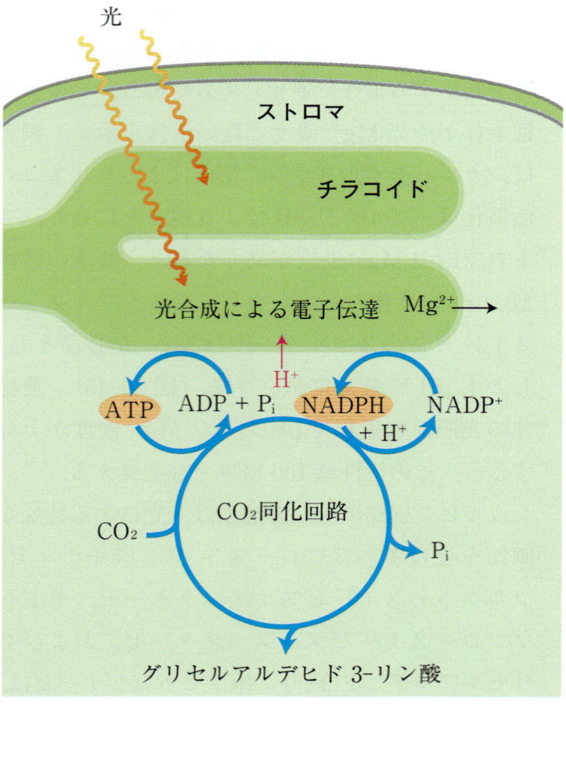

図 20-44 ATP と NADPH の供給源

光依存性反応により産生される ATP と NADPH は，CO_2 の還元にとって必須の基質である．ATP と NADPH を生成する光合成反応は，ストロマからチラコイドへのプロトン（赤色）の移動を伴い，ストロマ内をアルカリ性の状態にする．Mg^{2+} はチラコイドからストロマへと移動し，ストロマ内の Mg^{2+} 濃度を上昇させる．

その触媒活性にとって重要な二つのCys残基間のジスルフィド結合が光誘導性の還元を受けることによって活性化される．これらのCys残基がジスルフィド結合して酸化されていると，酵素は不活性である．これは暗所での通常の状態である．光照射を受けると，光化学系Iからフェレドキシンへと電子が流れ（図20-16参照），フェレドキシンは**チオレドキシン** thioredoxin という小さくて，可溶性で，ジスルフィド結合を含むタンパク質へと電子を受け渡す（図20-46）．この反応は**フェレドキシン-チオレドキシンレダクターゼ** ferredoxin-thioredoxin reductase によって触媒される．還元型チオレドキシンは，光で活性化される酵素に電子を供与して，そのジスルフィド結合を還元する．この還元性の開裂反応は，酵素活性を上昇させるコンホメーション変化を伴う．暗くなると，四つの酵素のCys残基が再酸化されてジスルフィド結合を形成し，酵素は不活性化されるので，ATPがCO_2同化において消費されることはない．その代わりに，日中に合成されて貯蔵されたデンプンが夜間に分解されて解糖に供給

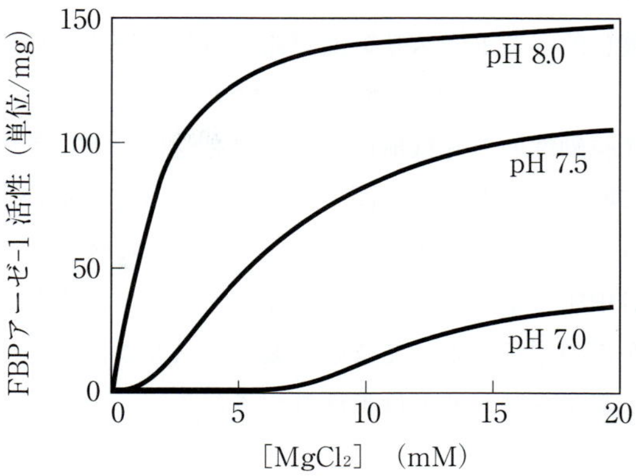

図20-45　葉緑体のフルクトース1,6-ビスホスファターゼの活性化

光によって，あるいは光照射によってストロマ内のpHおよびMg^{2+}濃度が高まると，還元型のフルクトース1,6-ビスホスファターゼ（FBPアーゼ-1）が活性化される．［出典：B. Halliwell, *Chloroplast Metabolism: The Structure and Function of Chloroplasts in Green Leaf Cells*, p. 97, Clarendon Press, 1984の情報．］

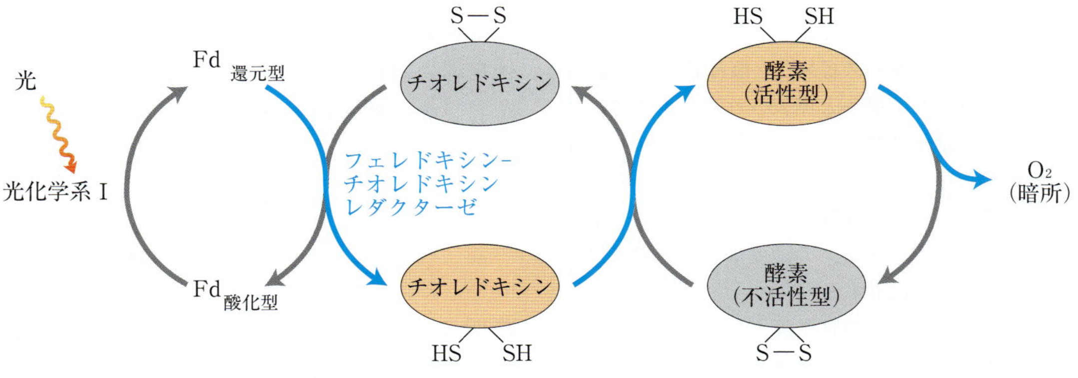

図20-46　カルビン回路のいくつかの酵素の光による活性化

光による活性化は，チオレドキシンというジスルフィド結合を含む小さなタンパク質を介して起こる．明所では，チオレドキシンは光化学系Iからフェレドキシン（Fd）を通じて移動する電子によって還元される（青色矢印）．次に，還元されたチオレドキシンは，セドヘプツロース1,7-ビスホスファターゼ，フルクトース1,6-ビスホスファターゼ，リブロース5-リン酸キナーゼ，およびグリセルアルデヒド3-リン酸デヒドロゲナーゼなどの各酵素の重要なジスルフィド結合を還元することによって，これらの酵素を活性化する．暗所では，-SH基は再酸化されてジスルフィド結合を形成し，これらの酵素は不活性化される．

される．

酸化的ペントースリン酸経路の最初の酵素であるグルコース 6-リン酸デヒドロゲナーゼも，この光駆動性の還元機構による調節を受けるが，その方向は逆である．昼間，光合成によって多量の NADPH が産生されているときは，この酵素は NADPH の生産には必要ではない．フェレドキシンからの電子によってこの重要なジスルフィド結合が還元され，酵素は不活性化される．

まとめ

20.5 炭素同化反応

- 真核生物の光合成は葉緑体内で起こる．CO_2 同化反応（カルビン回路）では，ATP と NADPH を利用して CO_2 が還元され，トリオースリン酸が生成する．これらの反応は 3 段階で起こる．すなわち，ルビスコによって触媒される CO_2 の固定反応自体，生成された 3-ホスホグリセリン酸のグリセルアルデヒド 3-リン酸への還元，トリオースリン酸からのリブロース 1,5-ビスリン酸の再生である．
- ルビスコは CO_2 をリブロース 1,5-ビスリン酸に縮合させて不安定なヘキソースビスリン酸を産生し，このヘキソースビスリン酸は 2 分子の 3-ホスホグリセリン酸へと開裂される．ルビスコはルビスコ活性化酵素により触媒される共有結合性修飾（Lys^{201} のカルバモイル化）を受けて活性化され，天然の遷移状態アナログにより阻害される．このアナログの濃度は，暗所では上昇し，明所では低下する．
- ストロマに存在する解糖系酵素のアイソザイムは，3-ホスホグリセリン酸をグリセルアルデヒド 3-リン酸へと還元する．各分子の還元には，1 分子の ATP と 1 分子の NADPH が必要である．
- トランスケトラーゼやアルドラーゼなどのストロマの酵素は，トリオースリン酸の炭素骨格を再編成させて，炭素数 3，4，5，6，および 7 個の代謝中間体を産生し，最終的にペントースリン酸を生じさせる．そのペントースリン酸はリブロース 5-リン酸に変換され，さらにリン酸化されてリブロース 1,5-ビスリン酸になり，カルビン回路が完了する．
- 3 分子の CO_2 を固定して 1 分子のトリオースリン酸に変換するためには 9 分子の ATP と 6 分子の NADPH が必要であり，これらは光合成の光依存性反応によって供給される．
- 葉緑体内膜の対向輸送体は，サイトゾルの P_i とストロマでの CO_2 同化によって産生される 3-ホスホグリセリン酸またはジヒドロキシアセトンリン酸との交換輸送を行う．サイトゾルにおけるジヒドロキシアセトンリン酸の酸化によって ATP と NADH が産生され，ATP や還元当量を葉緑体からサイトゾルへと移動させる．
- カルビン回路の四つの酵素は光によって間接的に活性化され，暗所では不活性である．その結果，ヘキソース合成は，暗所ではエネルギー供給が必要な解糖とは競合しない．

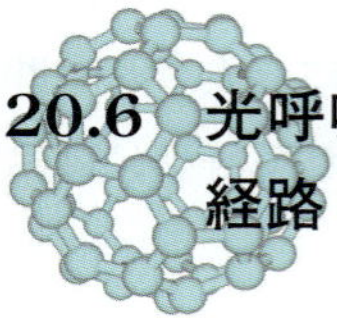

20.6 光呼吸，および C_4 経路と CAM 経路

これまで見てきたように，光合成細胞は光駆動性反応の過程で（H_2O の分解によって）O_2 を産生し，光非依存的な過程では CO_2 を利用する．すなわち，光合成の際の気体の正味の変化は CO_2 の取込みと O_2 の放出である．

$$CO_2 + H_2O \longrightarrow O_2 + (CH_2O)$$

暗所において，植物は**ミトコンドリア呼吸** mitochondrial respiration，つまり基質の CO_2 への酸化と O_2 の H_2O への変換も行う．また植物には，ミトコンドリア呼吸と同様に O_2 を消費して CO_2 を生産する別の過程が存在しており，その過程は光合成と同様に光によって駆動される．この過程，すなわち**光呼吸** photorespiration は，代償の大きな光合成の副反応であり，ルビスコの特異性が欠如している結果として起こる．本節では，この副反応およびその副反応が代謝へ及ぼす結果を最小限に抑えるために植物が講じる方策について述べる．

光呼吸はルビスコのオキシゲナーゼ活性に起因する

ルビスコは，基質としてのCO_2に対して厳密に特異的なわけではない．分子状酸素（O_2）は活性部位でCO_2と競合する．3～4回の代謝回転ごとに1回程度は，ルビスコがO_2とリブロース1,5-ビスリン酸との縮合を触媒し，3-ホスホグリセリン酸と代謝には無用な**2-ホスホグリコール酸** 2-phosphoglycolate を産生する（図20-47）．本酵素の正式名称であるリブロース1,5-ビスリン酸カルボキシラーゼ/オキシゲナーゼが示すように，これはオキシゲナーゼ活性である．O_2との反応は炭素を固定しないばかりか，細胞にとって負担となるようである．すなわち，2-ホスホグリコール酸からの（以下に概略を示す経路による）炭素の回収は，相当量の細胞エネルギーを消費し，前もって固定しておいたCO_2を放出することになる．

酸素との反応が植物にとって有害であるのならば，なぜルビスコはCO_2とO_2をうまく識別できない活性部位を保持するように進化したのか．おそらく，この進化の大部分は，約25億年前，光合成生物によるO_2の産生が大気中の酸素量を増大させ始める以前に起こったのであろう．それ以前は，ルビスコにCO_2とO_2を識別させるほどの選択圧はなかった．ルビスコのCO_2に対するK_mは約9 μMであり，O_2に対するK_mは約350 μMである．現代の大気には約20％のO_2が含まれているが，CO_2はたった0.04％であり，室温で空気と平衡化している水溶液は約250 μMのO_2と11 μMのCO_2を含む．この濃度では，ルビスコによってかなりのO_2の「固定」が起こり，かなりのエネルギー浪費となる．O_2とCO_2の溶解度の温度依存性を考えると，高温では溶液中のCO_2に対するO_2の比率は増大する．さらに，ルビスコのCO_2に対する親和性は温度の上昇とともに低下するので，浪費的なオキシゲナーゼ反応を触媒する傾向がさらに強まる．そして，CO_2が同化反応で消費されるにつれて，葉の空間においても

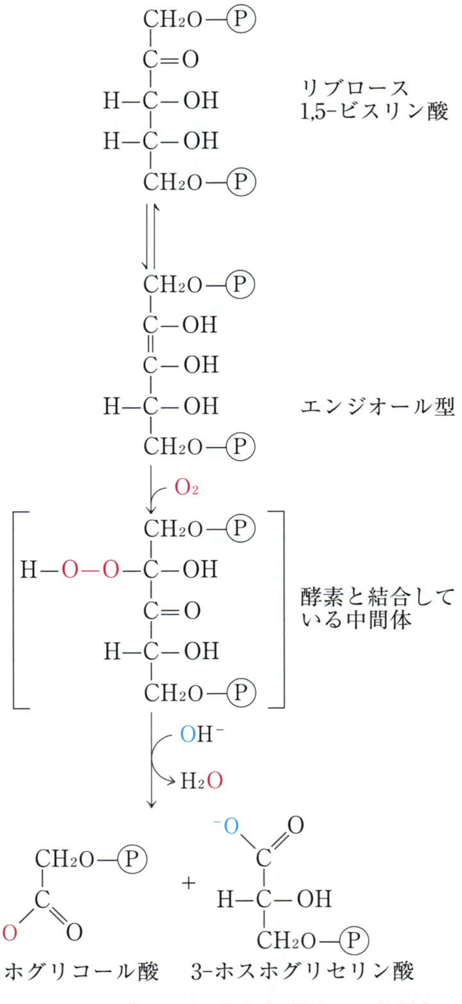

図20-47 ルビスコのオキシゲナーゼ活性

ルビスコはCO_2よりむしろO_2をリブロース1,5-ビスリン酸へと取り込むことができる．このようにして生じた不安定な中間体は，2-ホスホグリコール酸（図20-48に示すように再生される）と3-ホスホグリセリン酸へと開裂する．3-ホスホグリセリン酸は再びカルビン回路へと入る．

O_2 の CO_2 に対する比率が上昇し，さらにオキシゲナーゼ反応が進みやすくなる．

ホスホグリコール酸の再生処理は高価である

グリコール酸経路 glycolate pathway は，2 分子の 2- ホスホグリコール酸を 1 分子のセリン（三炭素化合物）と 1 分子の CO_2 に変換する（図 20-48）．葉緑体において，2- ホスホグリコール酸はホスファターゼによってグリコール酸に変換され，ペルオキシソームへと輸送される．そこで，グリコール酸は分子状酸素によって酸化され，生じたアルデヒド（グリオキシル酸）はアミノ基転

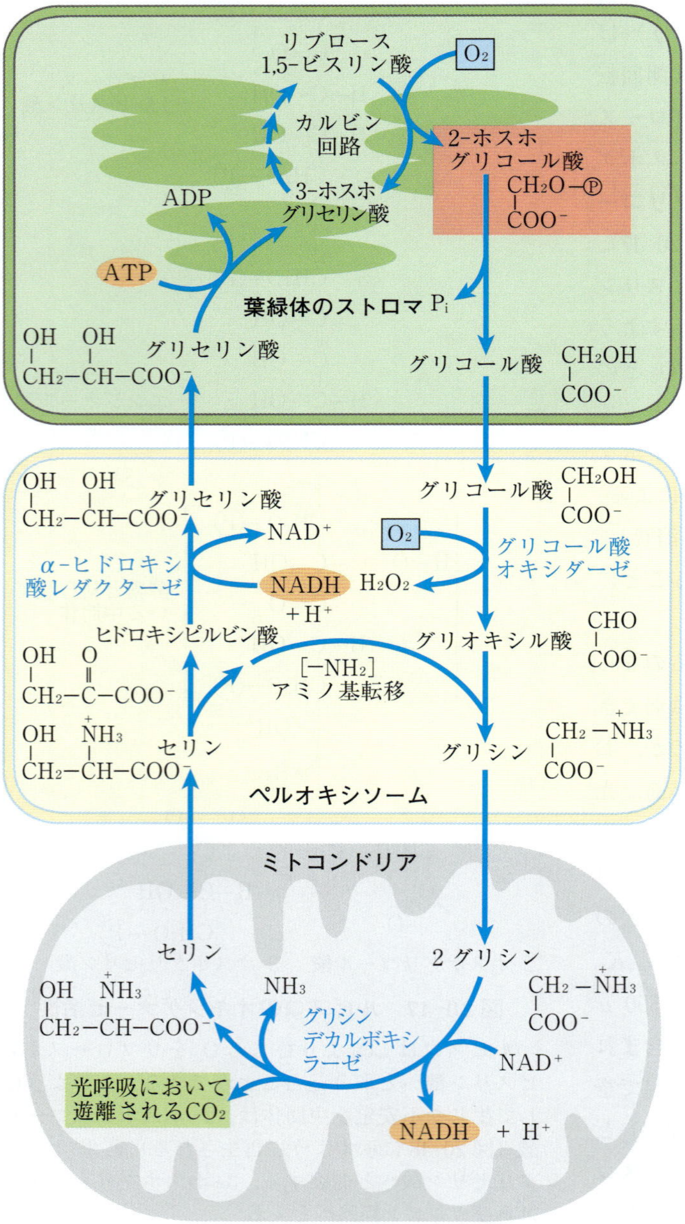

図 20-48 グリコール酸経路

2- ホスホグリコール酸（淡赤色の網かけ）をセリンへ，そして最終的には 3- ホスホグリセリン酸へと変換することによって再利用するこの経路には，三つの細胞内コンパートメントが関与する．葉緑体で 2- ホスホグリコール酸の脱リン酸化によって生じたグリコール酸は，ペルオキシソーム内でグリオキシル酸へと酸化され，さらにアミノ基が転移されてグリシンとなる．ミトコンドリアではグリシン 2 分子が縮合してセリンを生じるとともに，光呼吸（緑色の網かけ）の際に CO_2 が遊離する．この反応は C_3 植物のミトコンドリアに極めて高濃度で存在する酵素であるグリシンデカルボキシラーゼによって触媒される（本文参照）．セリンはペルオキシソーム内でヒドロキシピルビン酸，そしてグリセリン酸へと変換される．グリセリン酸は再び葉緑体に入ってリン酸化され，カルビン回路に入っていく．酸素（青色の網かけ）は光呼吸の際に二つのステップで消費される．

移を受けてグリシンになる．グリコール酸の酸化の際に副生成物として生じる過酸化水素は，ペルオキシソームに存在するペルオキシダーゼによって無害化される．グリシンはペルオキシソームからミトコンドリアマトリックスへと移行し，グリシンデカルボキシラーゼ複合体による酸化的脱炭酸を受ける．この酵素複合体は，私たちがすでに見てきたピルビン酸デヒドロゲナーゼ複合体やα-ケトグルタル酸デヒドロゲナーゼ複合体（Chap. 16）のようなミトコンドリアに存在する酵素複合体と類似する構造や機構を有する．**グリシンデカルボキシラーゼ複合体** glycine decarboxylase complex は，グリシンを酸化して CO_2 と NH_3 にすると同時に NAD^+ を NADH に還元し，グリシンの残りの炭素を補因子テトラヒドロ葉酸に転移する（図 20-49）．次に，テトラヒドロ葉酸に移された一炭素単位が，セリンヒドロキシメチルトランスフェラーゼによって二つ目のグリシンに転移され，セリンが生成する．グリシンデカルボキシラーゼ複合体とセリンヒドロキシメチルトランスフェラーゼによって触媒される正味の反応は次のようになる．

$$\text{2 グリシン} + NAD^+ + H_2O \longrightarrow \text{セリン} + CO_2 + NH_3 + NADH + H^+$$

生じたセリンはヒドロキシピルビン酸，グリセリン酸，最終的には 3-ホスホグリセリン酸へと変換され，リブロース 1,5-ビスリン酸の再生に利用されて，代償の大きな長い回路が完結する（図 20-48）．

強い太陽光の下では，グリコール酸サルベージ経路を通る流束は非常に大きく，クエン酸回路の全酸化過程によって通常生じる CO_2 の約 5 倍以上の量の CO_2 を産出する．この大きな流束を生じさせるために，ミトコンドリアには膨大な量のグリシンデカルボキシラーゼ複合体が含まれる．この複合体を構成する四つのタンパク質は，エンドウマメやホウレンソウの葉のミトコンドリアマトリックスでは，全タンパク質の半分を占める．ジャガイモの塊茎のような植物の非光合成部位では，ミトコンドリアはグリシンデカルボキシラーゼ複合体を極めて低濃度でしか含まない．

ルビスコのオキシゲナーゼとグリコール酸サルベージ経路を合わせた活性は，O_2 を消費して CO_2 を産生することになる．したがって，この過程は光呼吸 photorespiration と呼ばれる．しかし，ミトコンドリア呼吸と対比されないような名称，**酸化的光合成炭素回路** oxidative photosynthetic carbon cycle，あるいは **C_2 回路** C_2 cycle のほうが妥当である．ミトコンドリアにおける呼吸とは違い，光呼吸はエネルギーを保存するわけではなく，実際には正味のバイオマス形成を 50％ほど阻害しているかもしれない．この効率の悪さが，特に温暖な気候で進化してきた植物に，その炭素同化過程での進化的な適応を引き起こした．このように明らかなルビスコの効率の悪さ，すなわちバイオマス生産を抑制するような影響は，「より効率的な」ルビスコを遺伝子操作によってつくり出すための努力を促したが，その目標はまだ手の届くところまでには来ていない（Box 20-1）．

C_4 植物における CO_2 固定とルビスコの活性は場所的に分離している

熱帯で育つ多くの植物（そしてトウモロコシやサトウキビ，モロコシのような熱帯原産の温帯性作物）では，浪費的な光呼吸の問題を克服する機構が進化してきた．CO_2 を三炭素化合物の 3-ホスホグリセリン酸へ固定する前にいくつかのステップがあり，そのうちの一つでは CO_2 が固定されて一時的に四炭素化合物になる．この過程を利用する植物を **C_4 植物** C_4 plant と呼び，この同化過程を **C_4 代謝** C_4 metabolism あるいは **C_4 経路** C_4 pathway と呼ぶ．これに対して，これまでに述べてきたような炭素同化経路を利用する植物，すなわち最初のステップでリブロース 1,5-

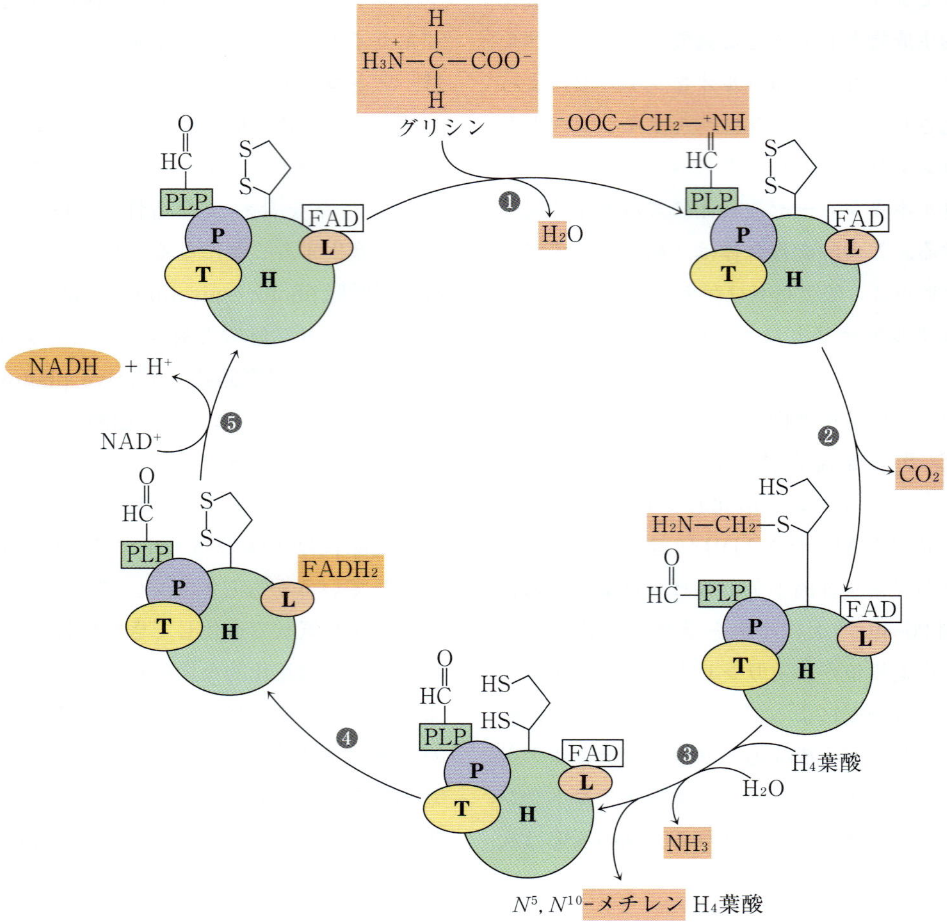

図 20-49 グリシンデカルボキシラーゼ系

植物ミトコンドリアに存在するグリシンデカルボキシラーゼは，化学量論的には $P_4H_{27}T_9L_2$ である 4 種類のサブユニットの複合体である．H タンパク質は，可逆的酸化を受ける共有結合しているリポ酸残基を有する．ステップ❶では，ピリドキサールリン酸（PLP）とグリシンの間でシッフ塩基が形成され，P タンパク質（結合している PLP にちなんで命名された）によって触媒される．ステップ❷では，P タンパク質がグリシンの酸化的脱炭酸を触媒して CO_2 を遊離する．残りのメチルアミン基は還元型リポ酸の –SH 基の一方に結合する．ステップ❸では T タンパク質（テトラヒドロ葉酸，すなわち H_4 葉酸を補因子として利用する）は，メチルアミン部分から NH_3 を遊離し，炭素一つをもつ残りの断片をテトラヒドロ葉酸に転移して N^5, N^{10}– メチレンテトラヒドロ葉酸を生成する．ステップ❹では，L タンパク質がリポ酸の二つの –SH 基を酸化してジスルフィド結合にして，ステップ❺で電子を FAD を介して NAD^+ に伝達し，回路が完了する．この過程で生じた N^5, N^{10}– メチレンテトラヒドロ葉酸は，セリンヒドロキシメチルトランスフェラーゼによってグリシン 1 分子をセリンに変換するために用いられ，T タンパク質によって触媒される反応に不可欠なテトラヒドロ葉酸を再生する．グリシンデカルボキシラーゼの L サブユニットは，ピルビン酸デヒドロゲナーゼや α– ケトグルタル酸デヒドロゲナーゼのジヒドロリポ酸デヒドロゲナーゼ（E_3）サブユニットと同一である（図 16-6 参照）．

ビスリン酸と CO_2 から 3-ホスホグリセリン酸をつくる植物は C_3 植物と呼ばれる．

光の強度が強く高温のもとで成長する C_4 植物には，いくつかの重要な特徴がある．すなわち，光合成速度が速いこと，成長速度が速いこと，光呼吸速度が遅いこと，水分損失速度が遅いこと，そして特殊な葉の構造をもつことである．C_4 植物の葉における光合成には 2 種類の細胞，すなわち葉肉細胞 mesophyll cell と維管束鞘細胞 bundle-sheath cell が関与する（図 20-50(a)）．C_4 植物には三つの異なる代謝経路があり，これらは 1960 年代に Marshall Hatch と Rodger Slack によって解明された（図 20-50(b)）．

熱帯起源の植物では，$^{14}CO_2$ が固定される最初の中間体は四炭素化合物のオキサロ酢酸である．葉肉細胞のサイトゾルで起こるこの反応は，**ホスホエノールピルビン酸カルボキシラーゼ** phosphoenolpyruvate carboxylase によって触媒され，その基質は CO_2 ではなく HCO_3^- である．このようにして生成したオキサロ酢酸は，NADPH を消費してリンゴ酸へと還元されるか（図 20-50(b) に示すように），アミノ基転移によってアスパラギン酸に変換される．

$$\text{オキサロ酢酸} + \alpha\text{-アミノ酸} \longrightarrow \text{L-アスパラギン酸} + \alpha\text{-ケト酸}$$

葉肉細胞で生じたリンゴ酸やアスパラギン酸は，原形質連絡 plasmodesma を通して隣接する維管束鞘細胞へ移される．原形質連絡とは，二つの植

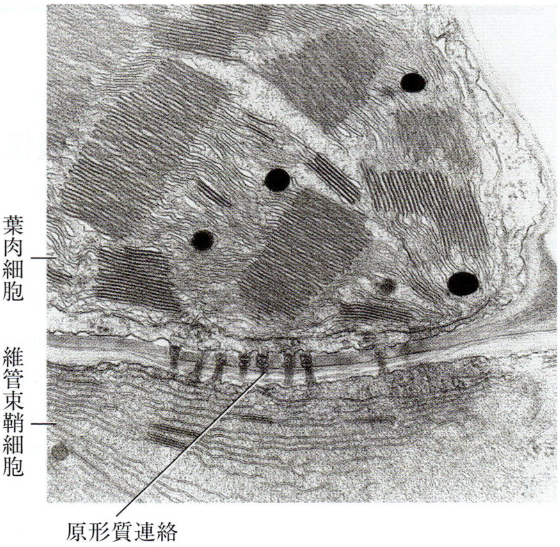

(a)

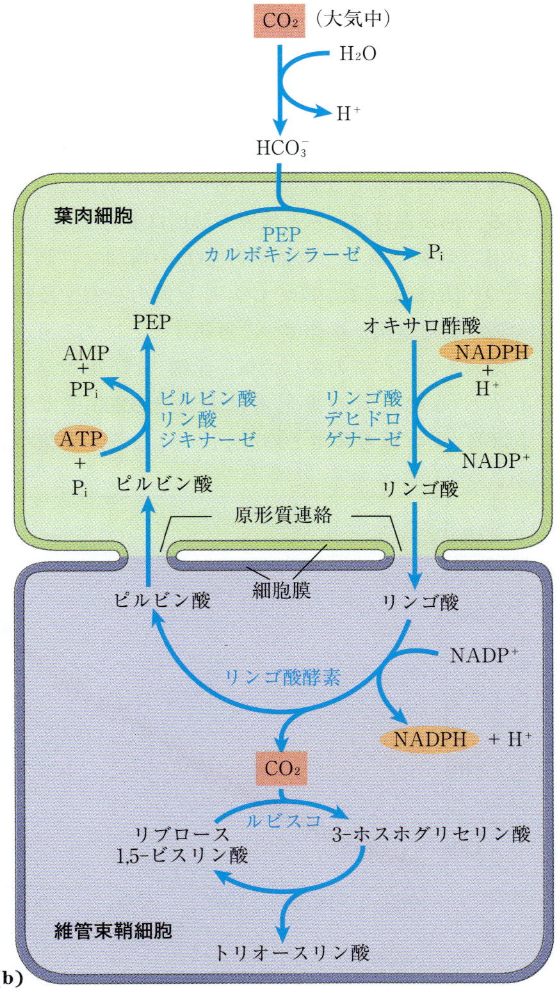

(b)

図 20-50　C_4 植物における炭素同化

葉肉細胞と維管束鞘細胞が関与する C_4 経路は，熱帯原産の植物では優勢である．**(a)** 隣接する葉肉細胞と維管束鞘細胞の葉緑体を示す電子顕微鏡写真．維管束鞘細胞はデンプン顆粒を含む．二つの細胞をつなぐ原形質連絡が観察される．**(b)** 四炭素中間体を介して起こる CO_2 同化の C_4 経路．［出典：(a) Dr. Ray Evert, University of Wisconsin-Madison, Department of Botany.］

BOX 20-1 光合成生物の遺伝子操作は光合成の効率を上げられるか

世界的に急を要する三つの問題が，植物を遺伝子操作して太陽光をバイオマスへと効率よく変換する可能性に真剣に目を向けさせることになった．すなわち，大気中の CO_2 レベルの増加が地球の気候変動に及ぼす「温室効果 greenhouse effect」，エネルギーを生み出す石油の供給の縮小，そして世界の人口増加に対するためのより多くのより良質な食糧の必要性である．

地球の大気中の CO_2 濃度は，過去 50 年間にわたって着実に上昇してきた（図 1）．これは，エネルギーのための化石燃料の利用，および農耕地として利用するために熱帯林を伐採したり燃やしたりすることによる複合的な影響である．大気中の CO_2 が増加すると，大気は地表から放射された熱をより多く吸収し，さらに地表に向かって（実際にはあらゆる方向に）再放射する．熱が保持されると地表の温度は上昇する．これが温室効果である．大気中の CO_2 の増加を抑制する一つの方法は，より高い CO_2 捕捉能力を有する植物や微生物を遺伝子操作でつくり出すことであろう．

地球上のすべての系（大気，土壌，バイオマス）に存在する総炭素の推定量はおよそ 3,200 ギガトン (GT)，すなわち 3 兆 2,000 億トンになる．大気中には別に 760 GT の CO_2 が含まれている．

これらの地球上の蓄積場所（図 2）を介する炭素の流れは，ほとんどが植物の光合成活動と微生物の分解活動によるものである．植物は毎年およそ 123 GT の炭素を固定し，そのおよそ半分を呼吸に伴って直ちに大気中に放出する．残りの大部分は朽ちた植物に対する微生物の作用によって徐々に大気中に放出されるが，バイオマスは数十年から数千年の間，森林の植物や樹木の中に捕捉されている．人為的な炭素の流れ，すなわちヒトの活動によって大気中に放出される CO_2 の量は年に 9 GT であり，すべてのバイオマスに比較すると小さいが，自然のバランスを大気中で CO_2 が増大する方向に傾けるには十分である．北アメリカの森林には毎年 0.7 GT の CO_2 が捕捉され，その量は化石燃料からの毎年の地球規模での CO_2 生成量のおよそ 10 分の 1 に当たると見積もられている．明らかに，森林の保護や植林は CO_2 を大気中に戻す流れを制限するための有効な方法である．

大気中の CO_2 の増加を制限する第二の方法は，内燃機関での化石燃料に代わるエタノール源として再生可能なバイオマスを利用することである．バイオマスは，一方では減少する化石燃料に代わる必要性も叫ばれている．このことは，化石燃料から CO_2 の大気中のプールに至る炭素の一方向の動きを減少させ，エタノールから CO_2 へ，さらにバイオマスに戻す CO_2 の循環経路に置き換えることである．トウモロコシや小麦，干し草を発酵して燃料の

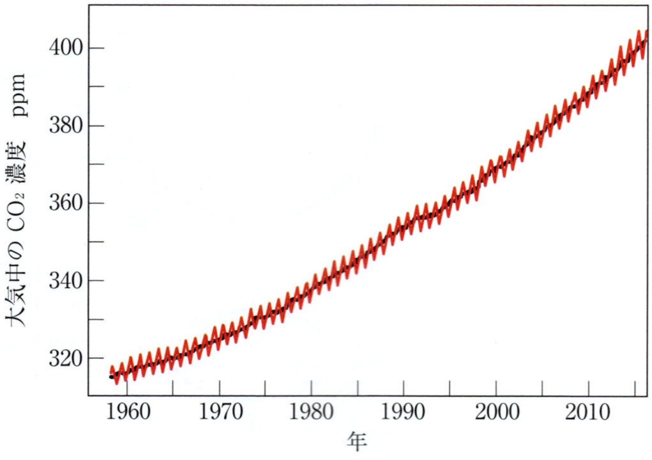

図 1 ハワイのマウナロア観測所で計測された大気中の CO_2 濃度

［出典：National Oceanic and Atmospheric Administration and Scripps Institution of Oceanography CO_2 Program のデータ.］

ためのエタノールにする場合には，より効率よい光合成によってもたらされるバイオマス生産のあらゆる増大は，それに対応する化石燃料の使用の減少になるはずである．

最終的には，土地面積あたり，あるいは仕事の時間あたりでより多くの食糧を生産するために作物を操作することは，ヒトの栄養摂取を世界的に改善できることになるであろう．

原理的には，このような目標は，O_2との無駄な反応を触媒しないルビスコを開発すること，ルビスコの分子活性を増大させること，あるいは炭素固定経路におけるルビスコや他の酵素のレベルを上げることによって達成されるかもしれない．これまでに述べてきたように，ルビスコは極端に効率の悪い酵素であり，25℃での分子活性は毎秒3でしかない．ほとんどの酵素の分子活性は数桁も大きい．また，ルビスコはO_2との無駄な反応をも触媒し，それがCO_2の固定とバイオマスの生産の効率をさらに低下させる．もしもルビスコを遺伝子操作して，分子活性を大きくするか，あるいはO_2に比較してCO_2に対してより選択的であるようにできれば，その効果はバイオマスの光合成生産を増大させ，それによってCO_2の捕捉を増大させ，非化石燃料の生産を増大させ，栄養摂取が改善されるのではないか．

Chap. 15では，代謝経路に関する伝統的なとらえ方として，どのような経路でもステップの一つが最も遅く，それが経路を通る物質の流れの制限要因となると述べた．しかし，経路中の「律速」酵素を多量に産生するように細胞あるいは生物体を操作する果敢な努力は，しばしば落胆するような結果になっている．すなわち，そのような生物は，しばしばその経路の流束の変化をほとんど，あるいは全く示さない．カルビン回路はその適切な例の一つである．遺伝子操作によって植物細胞内のルビスコの量を増大させても，CO_2の糖質への変換の速度にはほとんどあるいは全く効果がない．同様に，光によって調節されることが知られており，カルビン回路の調節において重要な役割を果たすと考えられる酵素（フルクトース1,6-ビスホスファターゼ，3-ホスホグリセリン酸キナーゼ，およびグリセルアルデヒド3-リン酸デヒドロゲナーゼ）のレベルを変化させても，光合成の速度の有意な改善はほとんどあるいは全く見られない．しかし，調節を受ける酵素とは考えられないセドヘプツロース1,7-ビスホスファターゼのレベルを変化させると，光合成に対して有意な影響を及ぼす．代謝制御解析（Sec. 15.2）はこのような結果が期待されなくもないことを示唆している．すなわち，生物体においては，ひとつのステップでのあらゆる変化が他のステップの変化を補償するので，代謝経路は一つ以上のステップによって制限される可能性がある．流束制御係数flux control coefficient（Box 15-1参照）を注意深く決定すると，経路内のどの酵素が遺伝子操作の対象となるのかを正確に示すのに役立つ．明らかに，遺伝子操作を扱う研究者と代謝制御について解析する研究者は，一緒にこのような問題に取り組む必要がある．

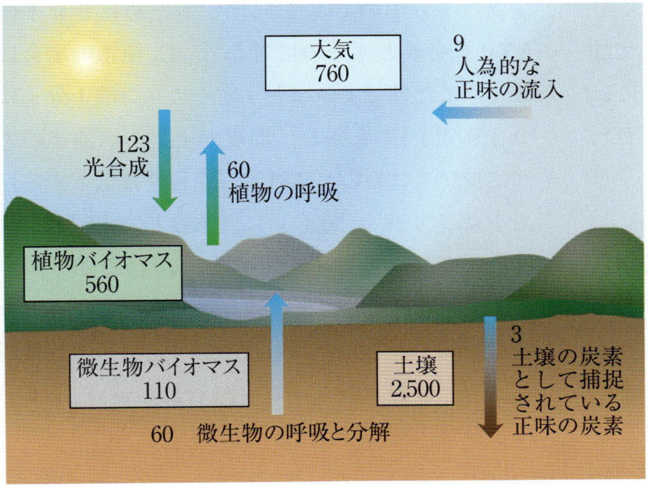

図2　地球上の炭素循環

炭素蓄積量（囲み）はギガトン（GT）で示されており，炭素の流れ（矢印）はGT/年で示されている．動物のバイオマスは0.5 GT以下なので，ここでは無視してある．［出典：C. Jansson et al., *BioScience* **60**: 683, 2010, Fig. 1の情報.］

物細胞をつなぐタンパク質で裏打ちされたチャネルであり，細胞間における代謝物や微小なタンパク質の通路となる．維管束鞘細胞に移動したリンゴ酸は，**リンゴ酸酵素** malic enzyme によって酸化的脱炭酸を受けてピルビン酸と CO_2 になり，$NADP^+$ を還元する．アスパラギン酸を CO_2 の運搬体として用いる植物では，維管束鞘細胞に移動したアスパラギン酸はアミノ基転移によってオキサロ酢酸になり，さらに還元されてリンゴ酸になり，リンゴ酸酵素あるいはホスホエノールピルビン酸（PEP）カルボキシキナーゼによって CO_2 が遊離される．放射性標識実験によれば，維管束鞘細胞で遊離される CO_2 は，葉肉細胞でもともとオキサロ酢酸に固定された CO_2 と同じである．この CO_2 は，次にルビスコによって，C_3 植物で起こるのと全く同じ反応，すなわち 3- ホスホグリセリン酸の C-1 位への CO_2 の取込み反応によって再び固定される．

維管束鞘細胞におけるリンゴ酸の脱炭酸によって生じるピルビン酸は，葉肉細胞へと戻されて，そこで，**ピルビン酸リン酸ジキナーゼ** pyruvate phosphate dikinase によって触媒される珍しい反応によって PEP へと変換される（図 20-50(b)）．この酵素は，1 分子の ATP によって二つの異なる分子が同時にリン酸化されるのでジキナーゼと呼ばれる．すなわち，ピルビン酸は PEP に，リン酸はピロリン酸になる．ピロリン酸は続いて加水分解されてリン酸になり，PEP の再生には ATP の二つの高エネルギーリン酸基が利用される．この PEP は，葉肉細胞内で別の CO_2 分子を受け取ることができる．

葉肉細胞の PEP カルボキシラーゼは，HCO_3^- に対して高い親和性を示す（水溶液中の CO_2 と比べても HCO_3^- に親和性があり，ルビスコよりも効率よく CO_2 を固定することができる）．また PEP カルボキシラーゼは，ルビスコとは異なり O_2 を基質としないので，CO_2 と O_2 は競合しない．すなわち，PEP カルボキシラーゼ反応は，リンゴ酸として CO_2 を固定して濃縮するために役立つ．維管束鞘細胞内でのリンゴ酸からの CO_2 の遊離によって，ルビスコが最大に近い速度で機能でき，そのオキシゲナーゼ活性を抑えるために十分なほどの CO_2 が局所的に高濃度で産生される．

維管束鞘細胞で CO_2 がいったん 3- ホスホグリセリン酸に固定されると，カルビン回路の他の反応が前述と全く同じように起こる．このように C_4 植物においては，葉肉細胞が C_4 経路によって CO_2 の同化を行い，維管束鞘細胞は C_3 経路によってデンプンやスクロースを合成する．

C_4 経路の三つの酵素は光による調節を受け，太陽光の下でより活性化される．リンゴ酸デヒドロゲナーゼは，図 20-46 に示したようにチオレドキシン依存性の還元機構によって活性化される．PEP カルボキシラーゼは Ser 残基のリン酸化によって活性化される．ピルビン酸リン酸ジキナーゼは脱リン酸化によって活性化される．後者二つの場合には，リン酸化や脱リン酸化に光が影響を及ぼす詳細な機構についてはわかっていない．

C_4 植物における CO_2 の同化経路では，C_3 植物の場合よりも大きなエネルギー消費を伴う．C_4 経路において 1 分子の CO_2 を同化するためには，ATP の二つのリン酸無水結合を使って 1 分子の PEP が再生されなければならない．つまり，C_4 植物は 1 分子の CO_2 を同化するために 5 分子の ATP を必要とするのに対して，C_3 植物の場合には 3 分子だけでよい（トリオースリン酸 1 分子につき 9 分子）．しかし，温度が上昇し（前述のようにルビスコの CO_2 に対する親和性は低下する），ある点（約 28 ～ 30 ℃）に達すると，光呼吸を避けることにより効率が上昇し，C_4 経路でのエネルギー消費を十分以上に補うことになる．経験を積んだ園芸家ならだれもが証言するように，夏期には，C_4 植物（例：メヒシバ crabgrass）はほとんどの C_3 植物よりも速く成長する．

CAM 植物では CO_2 の捕捉とルビスコの作用が時間を隔てて行われる

非常に高温で非常に乾燥した環境を原産とするサボテンやパイナップルなどの多肉植物は，光合成による CO_2 固定を別の形態で行うことによって，葉の組織に CO_2 と O_2 が入る小孔（気孔）から水蒸気が失われるのを防ぐ．C_4 植物のように最初の CO_2 の捕捉とルビスコによる CO_2 固定の場所を分けるかわりに，多肉植物はこれら二つのことを時間を分けて行う．夜になって気温が下がり，湿度が上がると，気孔が開いて CO_2 が取り込まれ，PEP カルボキシラーゼによってオキサロ酢酸へと固定される．オキサロ酢酸は還元されてリンゴ酸になり，液胞に貯蔵される．これは，リンゴ酸の解離によって生じる pH の低下から，サイトゾルや色素体の酵素を保護するためである．日中は，気孔を閉じることによって昼間の高温に起因する水分の損失を防ぎ，夜間にリンゴ酸へと捕捉しておいた CO_2 を NADP 共役型リンゴ酸酵素によって遊離させる．この CO_2 はルビスコとカルビン回路の酵素の作用によって固定される．この方法による CO_2 固定は，ベンケイソウ Crassulaceae 科の多年生顕花植物のベンケイソウで最初に発見されたので crassulaceae acid metabolism と呼ばれ，このような植物は **CAM 植物** CAM plant と呼ばれる．

まとめ

20.6　光呼吸，および C_4 経路と CAM 経路

- ルビスコが基質として CO_2 ではなく O_2 を利用する際に生じる 2- ホスホグリコール酸は，酸素依存的な経路で処理される．その結果，O_2 消費が増大する．これが光呼吸，正確には酸化的光合成炭素回路または C_2 回路である．2-ホスホグリコール酸は，葉緑体のストロマ，ペルオキシソーム，およびミトコンドリアに存在する酵素が関与する経路を介して，グリオキシル酸，グリシン，そしてセリンへと変換される．
- C_4 植物では，炭素同化経路が光呼吸を最小限に抑える．CO_2 はまず葉肉細胞で固定されて四炭素化合物になり，維管束鞘細胞へ移動後に高濃度の CO_2 として遊離される．遊離された CO_2 はルビスコにより固定され，カルビン回路の他の反応は C_3 植物と同様に起こる．
- CAM 植物では，CO_2 は暗所で固定されてリンゴ酸になり，日光が当たるまで液胞に貯蔵される．日光が当たると気孔は閉じられ（水分損失を最小限にする），貯蔵されたリンゴ酸はルビスコに対する CO_2 の供給源となる．

20.7　デンプン，スクロースとセルロースの生合成

明るい光の下で光合成が活発な際には，植物の葉が生産する糖質（トリオースリン酸として）の量は，エネルギーを産生したり前駆体を合成したりするために必要な量よりも多い．余分な糖質はスクロースに変換されて植物の他の器官に運搬され，代謝燃料として使われるか貯蔵される．ほとんどの植物ではデンプンが主要な貯蔵形態であるが，テンサイやサトウキビのような一部の植物ではスクロースが主要な貯蔵形態である．スクロースとデンプンの合成は異なる細胞内コンパートメント（それぞれサイトゾルと色素体）で行われるが，このような過程は光量の変化や光合成速度の変化に応答するさまざまな調節機構によって統合されている．スクロースやデンプンの合成は，植物だけでなくヒトにとっても重要である．すなわち，デンプンは世界中でヒトの食事のカロリーの 80％以上を供している．

ADP-グルコースは植物の色素体におけるデンプン合成と細菌におけるグリコーゲン合成の基質である

デンプンは，グリコーゲンと同様に（α1→4）結合しているD-グルコースの高分子ポリマーである．デンプンは，光合成による安定な最終生成物の一つとして一時的な貯蔵のために葉緑体で合成され，長期的な貯蔵用としては種子，根，および塊茎（地下茎）などの植物の非光合成器官のアミロプラストで合成される．

デンプン合成におけるグルコースの活性化機構は，グリコーゲン合成機構と類似している．活性化された**糖ヌクレオチド** nucleotide sugar は，この場合には **ADP-グルコース** ADP-glucose であり，グルコース1-リン酸とATPの縮合によって産生される．この反応は色素体に存在する無機ピロホスファターゼによって実質的には不可逆になる（図15-31）．**デンプンシンターゼ** starch synthase は，ADP-グルコースのグルコース残基を既存のデンプン分子へと転移する．グリコーゲン合成の場合（図15-32参照）と同様に，単量体のグルコース単位は，ほぼ確実に伸長しつつあるポリマーの非還元末端に付加される．

デンプンのうちで，アミロース amylose には枝分かれはないが，アミロペクチン amylopectin には多数の（α1→6）結合の枝分かれがある（図7-13参照）．葉緑体には，グリコーゲンの分枝酵素に類似する分枝酵素が含まれており（図15-33参照），本酵素によってアミロペクチンの（α1→6）の分枝が導入される．ADP-グルコースの合成の際に生成する PP_i の無機ピロホスファターゼによる加水分解を考慮すると，グルコース1-リン酸からデンプン合成への全反応は，以下の通りである．

$$\text{デンプン}_n + \text{グルコース 1-リン酸} + \text{ATP} \longrightarrow \text{デンプン}_{n+1} + \text{ADP} + 2\text{P}_i$$

$$\Delta G'^\circ = -50\ \text{kJ/mol}$$

後述するように，デンプン合成はADP-グルコース合成のレベルで調節される．

多くのタイプの細菌は，動物のグリコーゲンシンターゼによって触媒される反応と類似する反応によって合成されるグリコーゲン（基本的に多数の枝分かれをもつデンプン）のかたちで糖質を蓄える．細菌は植物の色素体と同様に，活性化型グルコースとしてADP-グルコースを用いるが，動物細胞はUDP-グルコースを用いる．色素体と細菌における代謝の類似性は，細胞小器官の起源に関する細胞内共生説とやはり矛盾しない（図1-40参照）．

UDP-グルコースは葉の細胞のサイトゾルにおけるスクロース合成の基質である

植物において CO_2 固定によって生じるトリオースリン酸の大部分は，スクロース（図20-51）またはデンプンに変換される．進化の過程で，スクロースは炭素の運搬型として選択されたのだろう．なぜならば，スクロースはグルコースのアノマー炭素C-1とフルクトースのアノマー炭素C-2の間の珍しい結合を有するからである．この結合は，アミラーゼや他の一般的な糖質分解酵素によっては加水分解されず，さらにスクロース分子のアノマー炭素が利用できないので，グルコースのように非酵素的にアミノ酸やタンパク質と反応することはない．

スクロースはサイトゾルで合成される．まず，葉緑体から搬出されたジヒドロキシアセトンリン酸とグリセルアルデヒド3-リン酸の二つのトリオースリン酸が，アルドラーゼの触媒によって縮合してフルクトース1,6-ビスリン酸になったのち，フルクトース1,6-ビスホスファターゼによっ

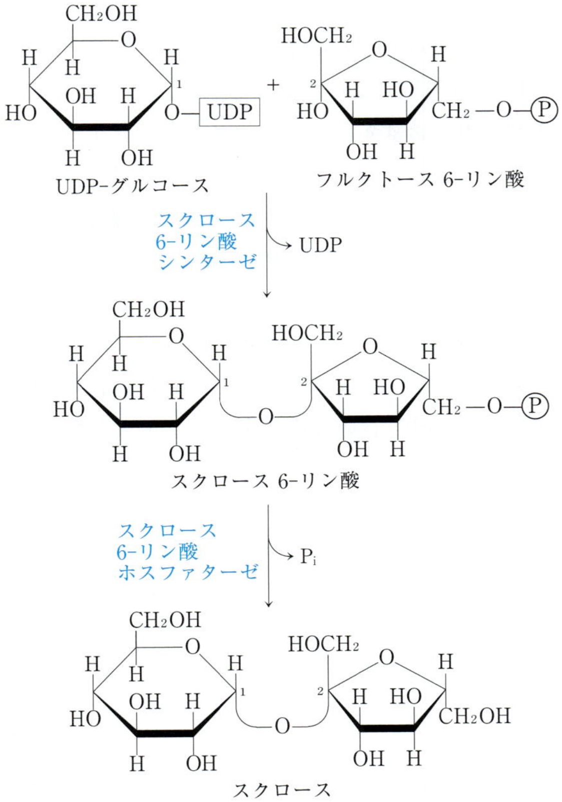

図 20-51　スクロース合成

スクロースは UDP- グルコースとフルクトース 6-リン酸から合成されるが，それらは植物細胞のサイトゾルで図 15-31 と図 20-36 で示した経路によってトリオースリン酸から合成される．ほとんどの植物種のスクロース 6- リン酸シンターゼはグルコース 6-リン酸と P_i によってアロステリック調節を受ける．

て加水分解されて，フルクトース 6- リン酸が生じる．次に，**スクロース 6- リン酸シンターゼ** sucrose 6-phosphate synthase が，フルクトース 6- リン酸と **UDP-グルコース** UDP-glucose との反応を触媒して，**スクロース 6-リン酸** sucrose 6-phosphate が生成する（図 20-51）．最後に，**スクロース 6-リン酸ホスファターゼ** sucrose 6-phosphate phosphatase がリン酸基を除去することによって，他の組織への運搬が可能なスクロースが生成する．スクロース 6- リン酸シンターゼによる触媒反応は低エネルギーの過程（$\Delta G'^\circ$ = − 5.7 kJ/mol）であるが，スクロース 6- リン酸からスクロースへの加水分解は十分に発エルゴン的（$\Delta G'^\circ$ = − 16.5 kJ/mol）なので，スクロース合成反応の全体は実質的に不可逆である．スクロース合成は調節を受け，後述するようにデンプン合成と厳密に協調している．

植物細胞と動物細胞の間で顕著な違いの一つは，植物細胞のサイトゾルには無機ピロホスファターゼがないことである．この酵素は次の反応を触媒する．

$$PP_i + H_2O \longrightarrow 2P_i \qquad \Delta G'^\circ = -19.2 \text{ kJ/mol}$$

PP_i を遊離する多くの生合成反応に関しては，ピロホスファターゼ活性がその反応過程をエネルギー的により有利にするので，それらの反応を不可逆的にする傾向にある．植物では，この酵素は色素体には存在するがサイトゾルにはない．その結果, 葉の細胞のサイトゾルにはかなりの濃度(約 0.3 mM）の PP_i が含まれる．この濃度では，UDP- グルコースピロホスホリラーゼ（図 15-31 参照）に触媒されるような反応が容易に可逆的になる．Chap. 14（p. 776）で述べたように，植物のホスホフルクトキナーゼのサイトゾル型アイソザイムは，ホスホリル基供与体として ATP ではなくて PP_i を利用することを思い出そう．

トリオースリン酸のスクロースやデンプンへの変換は厳密な調節を受ける

これまで述べてきたように，明るい太陽光の下でカルビン回路によって産生されたトリオースリン酸は，デンプンとして葉緑体内に一時的に蓄えられるか，スクロースに変換されて植物の非光合成器官へと搬出されるか，もしくはこの両方の運命をたどる．これら二つの過程の間のバランスは厳密に調節されており，両過程は炭素固定の速度と連動しなければならない．カルビン回路で産生される 6 個のトリオースリン酸のうち 5 個は，リブロース 1,5- ビスリン酸へと再生されなければならない（図 20-41）．もしも 6 個のトリオースリン酸のうち 2 個以上がスクロースやデンプンをつくるために回路から取り出されてしまうと，カルビン回路は減速するか停止するだろう．しかし，トリオースリン酸からデンプンやスクロースへの変換が不十分であると，リン酸がすべてつぎ込まれて，カルビン回路の作動にとって不可欠な P_i が葉緑体内で欠乏してしまう．

トリオースリン酸からスクロースへの流れは，フルクトース 1,6- ビスホスファターゼ（FBP アーゼ-1）の活性と，その作用を効果的に逆行させる酵素である PP_i 依存性ホスホフルクトキナーゼ（PP-PFK-1）によって調節される．したがって，これらの酵素は光合成により生成するトリオースリン酸の運命を決定する重要なポイントである．両酵素とも**フルクトース 2,6-ビスリン酸** fructose 2,6-bisphosphate（**F26BP**）によって調節を受ける．F26BP は FBP アーゼ-1 を阻害し，PP-PFK-1 を活性化する．維管束植物では，F26BP の濃度は光合成の速度とは逆の変化を示す（図 20-52）．F26BP 合成を担うホスホフルクトキナー

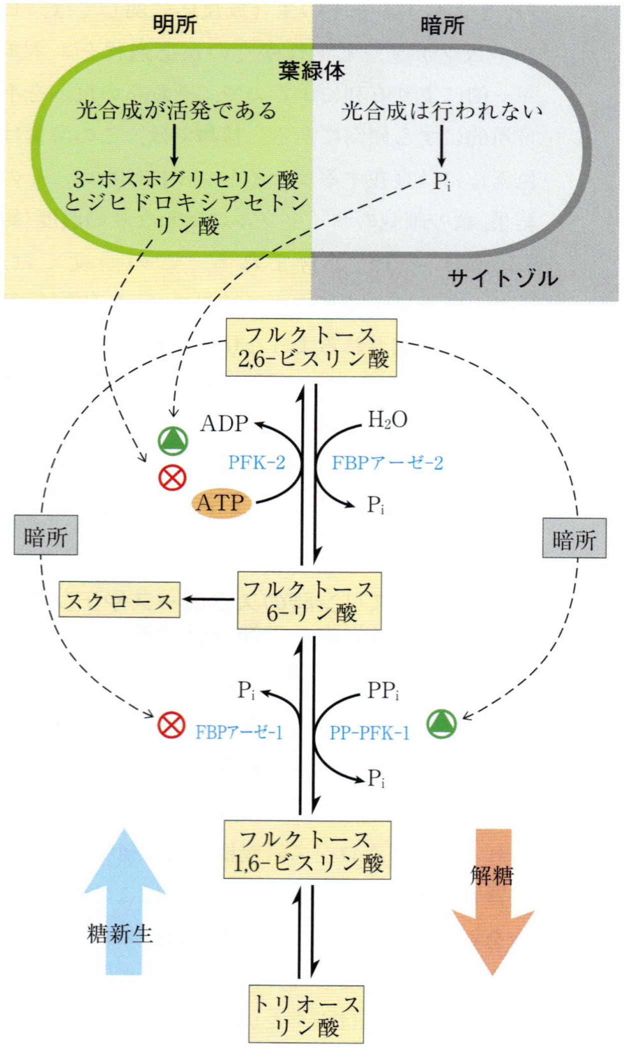

図 20-52　スクロース合成の調節因子としてのフルクトース 2,6-ビスリン酸

アロステリック調節因子であるフルクトース 2,6- ビスリン酸の植物細胞内の濃度は，光合成による炭素同化の産物および P_i によって調節される．CO_2 同化によって生じるジヒドロキシアセトンリン酸や 3- ホスホグリセリン酸が，調節因子のフルクトース 2,6- ビスリン酸を合成する酵素であるホスホフルクトキナーゼ-2（PFK-2）を阻害するのに対して，P_i は PFK-2 を活性化する．したがって，フルクトース 2,6- ビスリン酸の濃度は光合成の速度に反比例する．暗所では，フルクトース 2,6- ビスリン酸の濃度が上昇して，解糖酵素の PP_i 依存性ホスホフルクトキナーゼ-1（PP-PFK-1）が活性化される一方で，糖新生酵素のフルクトース 1,6- ビスホスファターゼ（FBP アーゼ-1）が阻害される．光合成が（明所で）活発なときには，フルクトース 2,6- ビスリン酸の濃度は低下し，フルクトース 6- リン酸やスクロースの合成が優先的に起こる．

ゼ-2は，ジヒドロキシアセトンリン酸や3-ホスホグリセリン酸によって阻害され，フルクトース6-リン酸やP_iによって活性化される．光合成が活発な間は，ジヒドロキシアセトンリン酸が産生されてP_iが消費される．その結果，PFK-2は阻害されてF26BPの濃度は低下し，トリオースリン酸からフルクトース6-リン酸へ，そしてスクロース合成への流束が大きくなる．この調節系によって，カルビン回路により産生されるトリオースリン酸のレベルが，回路を動かし続けるために必要なトリオースリン酸のレベルを越えたときに，スクロース合成が起こる．

スクロース合成はスクロース6-リン酸シンターゼのレベルでも調節される．この酵素はグルコース6-リン酸によってアロステリックに活性化され，P_iによって阻害される．さらに，この酵素はリン酸化と脱リン酸化による調節も受け，プロテインキナーゼによって酵素上の特定のSer残基がリン酸化されると不活性化され，ホスファターゼによってリン酸基が取り除かれると不活性化が解除される（図20-53）．グルコース6-リン酸によるキナーゼの阻害，およびP_iによるホスファターゼの阻害は，スクロース合成に対するこれら二つの化合物の影響を高めることになる．へ

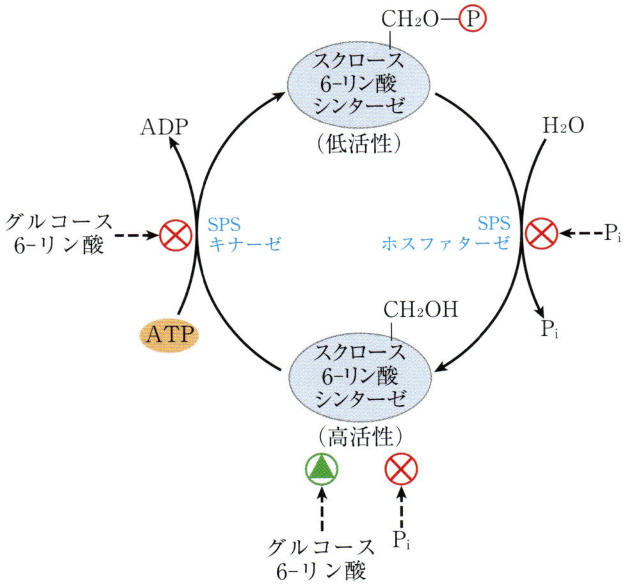

図20-53 リン酸化によるスクロースリン酸シンターゼの調節

スクロースリン酸シンターゼ（SPS）に特異的なプロテインキナーゼ（SPSキナーゼ）が，SPS中のSer残基をリン酸化すると，SPSは不活性化される．この活性阻害は，特異的なホスファターゼ（SPSホスファターゼ）によって解除される．グルコース6-リン酸はSPSキナーゼをアロステリックに阻害するとともに，SPSをアロステリックに活性化する．P_iはSPSホスファターゼを阻害し，SPSも直接阻害する．したがって，光合成が活性になってグルコース6-リン酸の濃度が高くなると，SPSが活性化されてスクロースリン酸を生産する．光合成によるADPからATPへの変換が遅いとP_i濃度が高くなり，スクロースリン酸の合成は阻害される．

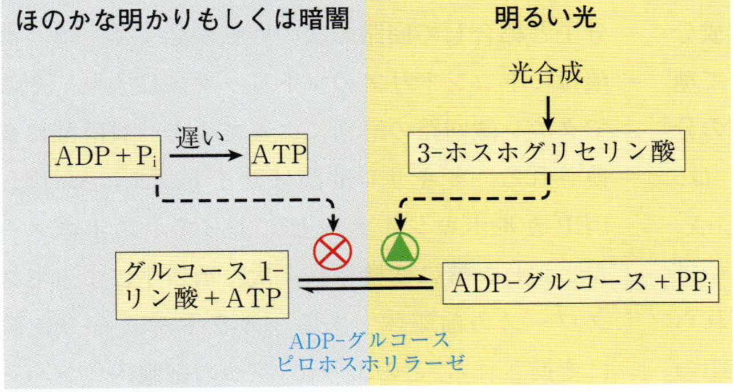

図20-54 3-ホスホグリセリン酸とP_iによるADP-グルコースピロホスホリラーゼの調節

デンプン合成の前駆体を産生する酵素であるADP-グルコースピロホスホリラーゼは，デンプン産生の律速となる．この酵素は3-ホスホグリセリン酸（3-PGA）によってアロステリックに活性化され，P_iによって阻害される．実質的には，[3-PGA]/[P_i]比によってデンプン合成がこのステップで制御されており，この比は光合成速度の上昇に伴って増大する．

キソースリン酸が豊富な場合には，スクロース6-リン酸シンターゼはグルコース6-リン酸により活性化され，P_i濃度が上昇すると（光合成速度が遅い場合のように）スクロース合成は遅くなる．光合成が活発な間は，トリオースリン酸はフルクトース6-リン酸に変換され，ホスホヘキソースイソメラーゼによってグルコース6-リン酸と速やかに平衡化する．その平衡はグルコース6-リン酸のほうに大きく傾いているので，フルクトース6-リン酸が蓄積すると直ちにグルコース6-リン酸のレベルが上昇し，スクロース合成が促進される．

デンプン合成の鍵となる調節酵素は，**ADP-グルコースピロホスホリラーゼ** ADP-glucose pyrophosphorylase である（図20-54）．この酵素は光合成が活発なときに蓄積する3-ホスホグリセリン酸によって活性化され，ADPとP_iの光駆動による縮合が低下したときに蓄積するP_iによって阻害される．スクロースの合成が遅くなると，CO_2固定によって産生される3-ホスホグリセリン酸が蓄積し，この酵素を活性化してデンプン合成を促進する．

発芽中の種子において，グリオキシル酸回路と糖新生によりグルコースが生成する

多くの植物は，種子中に脂質（種子油）やタンパク質を貯蔵しておき，光合成能が発達する前の発芽の際にエネルギー源として，あるいは生合成前駆体としてこれらを利用する．貯蔵された成分は，いくつかの経路が合わさった作用によって糖質に変換される．貯蔵された種子タンパク質の分解に由来する糖原性アミノ酸（表14-4参照）は，アミノ基転移や酸化によって，スクシニルCoA，ピルビン酸，オキサロ酢酸，フマル酸，あるいはα-ケトグルタル酸（Chap. 18）になる．これらはすべて糖新生の良い初発物質である．発芽中の種子での活発な糖新生によってグルコースが供給され，スクロース，多糖，そしてヘキソースに由来する多くの代謝物が合成される．植物の実生では，スクロースが初期の成長に必要な多くの化学エネルギーを供給する．

種子中に貯蔵されたトリアシルグリセロールも発芽中の植物のための燃料を供給する．それらは加水分解されて遊離脂肪酸になり，種子の発芽中に発達する**グリオキシソーム** glyoxysome という特殊なペルオキシソームでβ酸化されてアセチルCoAになる（図17-14参照）．種子油から生じるアセチルCoAは**グリオキシル酸回路** glyoxylate cycle に入り（図20-55），酢酸の正味の変換が起こり，コハク酸やクエン酸回路の他の四炭素中間体になる．

$$2\ \text{アセチルCoA} + NAD^+ + 2H_2O \longrightarrow \text{コハク酸} + 2CoA + NADH + H^+$$

グリオキシル酸回路において，アセチルCoAはオキサロ酢酸と縮合してクエン酸になり，クエン酸はクエン酸回路とまさに同じくイソクエン酸に変換される．しかし，次のステップはイソクエン酸デヒドロゲナーゼによるイソクエン酸の分解ではなく，**イソクエン酸リアーゼ** isocitrate lyase によるイソクエン酸の開裂である．この開裂によってコハク酸と**グリオキシル酸** glyoxylate が生成する．次に，グリオキシル酸は，**リンゴ酸シンターゼ** malate synthase により触媒される反応によって二つ目のアセチルCoA分子と縮合してリンゴ酸が生成する．このリンゴ酸は，次に酸化されてオキサロ酢酸になり，別のアセチルCoA分子と縮合して回路の次の回転が始まる．コハク酸はミトコンドリアのマトリックスに入り，そこでクエン酸回路の酵素によってオキサロ酢酸に変換される．オキサロ酢酸はサイトゾルに移行し，PEPカルボキシキナーゼによってホスホエノールピルビン酸に変換され，次に糖新生によってスクロースの前駆体であるフルクトース6-リン酸に変換される．このように，三つの細胞内コンパートメント（グリオキシソーム，ミトコンドリア，

そしてサイトゾル）で行われる一連の反応は，貯蔵された脂質からフルクトース 6-リン酸あるいはスクロースを生成するために統合される．

クエン酸回路とグリオキシル酸回路に共通の酵素には二つのアイソザイムがある．一方はミトコンドリアに特異的であり，もう一方はグリオキシソームに特異的である．グリオキシル酸回路と β 酸化の酵素をミトコンドリアのクエン酸回路の酵素から物理的に分離すると，アセチル CoA がさらに酸化されて CO_2 になるのを防ぐことができる．グリオキシル酸回路の各回転によって 2 分子のアセチル-CoA が消費されて，1 分子のコハク酸が生成する．このコハク酸は生合成のために利用可能である．貯蔵されているトリアシルグリセロールの加水分解によってもグリセロール 3-リン酸が生成し，ジヒドロキシアセトンリン酸に酸化されたのちに糖新生経路に入ることができる（図 14-17 参照）．

Chap. 14 で述べたように，動物細胞は 3 炭素および 4 炭素の前駆体から糖新生を行うことはできるが，アセチル CoA のアセチル基の 2 個の炭素からは糖新生を行うことはできない．ピルビン酸デヒドロゲナーゼ反応は実質的に不可逆（Sec. 16.1 参照）であり，動物はグリオキシル酸回路に特異的な酵素（イソクエン酸リアーゼやリンゴ酸

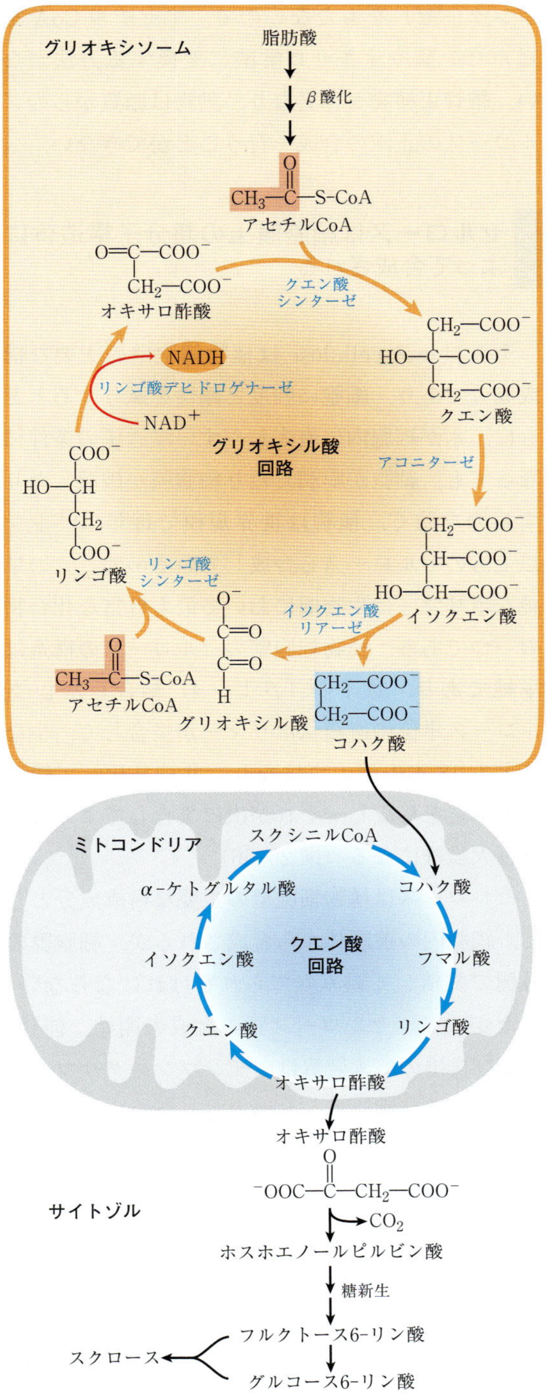

図 20-55　発芽種子中に貯蔵された脂肪酸のグリオキシル酸回路を介するスクロースへの変換

この経路は，グリオキシソームという特殊なペルオキシソーム内で始まる．グリオキシル酸回路のクエン酸シンターゼやアコニターゼ，リンゴ酸デヒドロゲナーゼはクエン酸回路の酵素のアイソザイムである．一方，イソクエン酸リアーゼとリンゴ酸シンターゼはグリオキシル酸回路に特有の酵素である．二つのアセチル基（淡赤色の網掛け）が回路に入り，4 個の炭素がコハク酸（青色の網掛け）として回路から出て行くことに注目しよう．コハク酸はミトコンドリアへと運ばれ，そこでクエン酸回路の酵素によってオキサロ酢酸に変換される．オキサロ酢酸はサイトゾルに入り，糖新生の出発物質として，あるいは植物中の炭素輸送体であるスクロースの合成の初発物質として役立つ．グリオキシル酸回路は，Hans Krebs の研究室で Hans Kornberg と Neil Madsen によって解明された．

シンターゼ）をもたないので，アセチル CoA をピルビン酸やオキサロ酢酸に変換する方法がない．維管束植物とは異なり，動物は脂質からのグルコースの正味の合成を行うことができない．

セルロースは細胞膜上の超分子構造体によって合成される

セルロース cellulose は植物細胞壁の主要な構成成分であり，細胞に強度と剛性を賦与するとともに，水が細胞内に流入しやすい浸透圧の条件になっても，細胞が膨潤したり細胞膜が破裂したりするのを防ぐ．植物は世界規模で毎年 10^{11} トン以上ものセルロースを合成しているので，この単純なポリマーは生物圏において最も豊富な化合物の一つである．植物細胞壁のセルロースの構造は単純であり，数千の（β1→4）結合したD-グルコース単位の直鎖状ポリマーが集合して，少なくとも 18 本の鎖の束になり，共結晶化して微小繊維構造を形成し，それが次に集合してより大きな巨大繊維になる（図 20-56）．

セルロースは植物細胞壁の主要な構成成分として，細胞内の前駆体から合成されるが，細胞膜の外側で蓄積して組み立てられなければならない．したがって，セルロース鎖の合成の開始，伸長，および排出の酵素装置は，デンプンやグリコーゲン（これらは細胞外へと搬出されない）の合成に必要な装置に比べると複雑である．

セルロース鎖を組み立てる複雑な酵素装置は細胞膜を貫通しており，基質の UDP-グルコースと結合するように位置してセルロース鎖を伸ばしていく細胞質側の部分と，外側に伸びており，セルロース分子を細胞外空間に押し出す部分から成る．凍結割断電子顕微鏡法で見ると，**ロゼット** rosette とも呼ばれるセルロース合成複合体は，直径およそ 30 nm の正六角形に配置している六つの大きな粒子から成ることがわかる（図 20-57(a)）．**セルロースシンターゼ** cellulose synthase の触媒サブユニットを含むいくつかのタンパク質がこの構造を形成している．セルロース合成を理解するための最近の進展の多くは，遺伝学的解析が特に容易で，その全ゲノム配列が決定されている植物のシロイヌナズナ *Arabidopsis thaliana* における遺伝学的および分子遺伝学的研究に基づいている．この小さな顕花植物は，遺伝学的解析を特に行いやすい．植物のセルロースシンターゼの構造は，X 線結晶解析によって決定されている細菌の *Rhodobacter sphaeroides* の酵素と類似している（図 20-57(b)）．

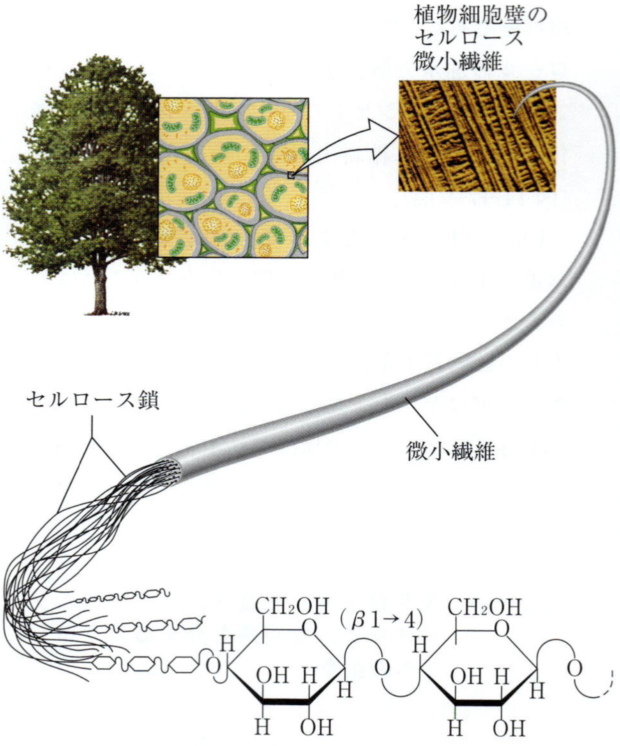

図 20-56 セルロースの構造

植物細胞壁の一部は，セルロース微小繊維（セルロース分子が隣り合って配置された準結晶）から成る．いくつかの微小繊維が集まって巨大なセルロース繊維を形成し，走査型電子顕微鏡では直径 5 ～ 12 nm の巨大繊維として観察される．それらは異なる方向性によって区別できるいくつかの層を成して細胞表層に固着している．［出典：電子顕微鏡写真；Biophoto Associates/Science Source.］

セルロース合成の作業仮説の一つでは，セルロース鎖の合成は細胞膜の細胞質側にあるセルロースシンターゼにすでに結合している「プライマー」のグルコースに，UDP-グルコースからグルコース残基が転移して，二糖を形成することから始まる．グルコース残基がさらに付加されて鎖が伸長するにつれて，セルロース鎖はセルロースシンターゼの膜貫通ヘリックスによって形成されたチャンネルを通って押し出される．さらに細胞膜の外側表面で隣接したセルロースシンターゼ分子から伸びる鎖が会合してセルロースの微細繊維を形成する．6 個から 8 個以上のグルコース単位のポリマーは水に不溶性であり，微細繊維の結晶化を促進する．セルロースのポリマーには決まった長さはない．すなわち，合成は極めて連続的に進行し，ポリマーのなかには 15,000 グルコース単位の長さのものまである．

セルロース合成に用いられる UDP-グルコースは，光合成の際に生じるスクロースから，スクロースシンターゼ（逆反応に対する名称）が触媒する反応によって生じる（図 20-57 のステップ❶）．

$$\text{スクロース} + \text{UDP} \longrightarrow \text{UDP-グルコース} + \text{フルクトース}$$

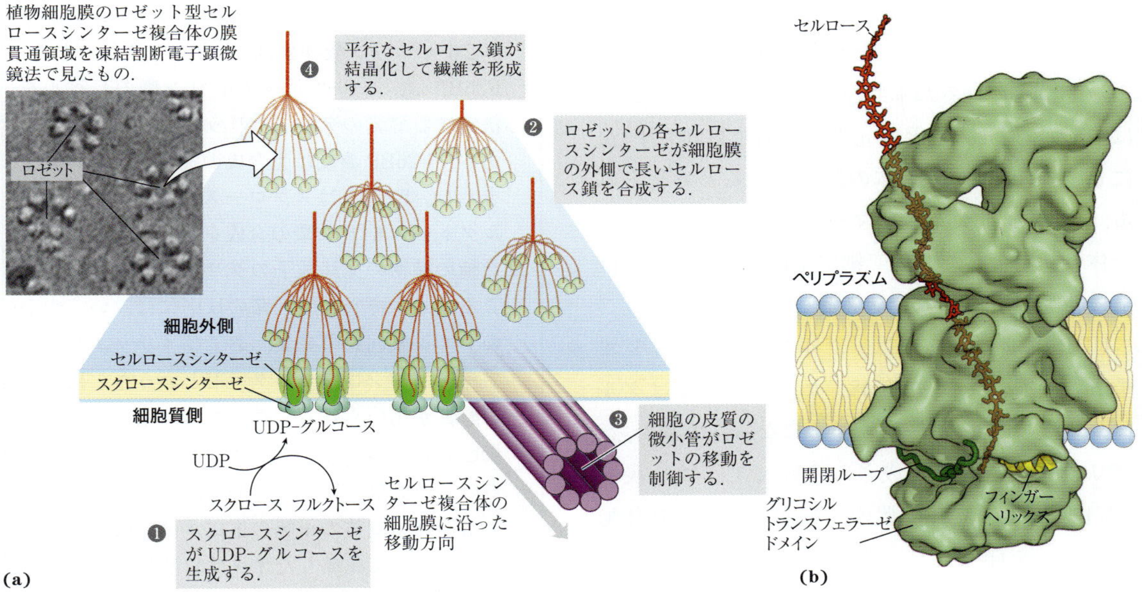

図 20-57　セルロース合成の一つのモデル

(a) シロイヌナズナと他の維管束植物の遺伝学的研究と生化学的研究を組み合わせたものに基づく模式図. **(b)** 細菌 *Rhodobacter sphaeroides* 由来のセルロースシンターゼの構造．このタンパク質の膜貫通部分は，細胞膜の内側表面でのグルコース残基の付加によってセルロース鎖が伸長するにつれてペリプラズムへと押し出されて伸びていくセルロースポリマー（赤色）が通るチャネルを提供する．触媒作用が行われる際に，酵素は二つの構造の間を推移する．UDP-グルコースが結合すると開閉ループ部分は基質結合部位へと移動し，次に UDP が放出されるように移動する．フィンガーヘリックスは伸長しつつあるポリマー末端のグルコース残基に接触し，新たなグルコース残基が付加されると，この新たな末端のグルコースに接触するように移動する．グリコシルトランスフェラーゼドメインは，細胞質へと伸長して，そこで基質の UDP-グルコースと結合する．［出典：(a) 電子顕微鏡写真；© Dr. Candace H. Haigler, North Carolina State University and Dr. Mark Grimson, Texas Tech University の厚意による．(b) PDB ID 5EJZ, J. L. W. Morgan et al., *Nature* **531**: 329, 2016. セルロース鎖をモデルに組み込んだもの.］

膜結合型のスクロースシンターゼは，セルロースを合成するためにUDP-グルコースの濃度を局在的に高めるのかも知れない．

ロゼットの六つの粒子のそれぞれは3個のセルロースシンターゼ分子を含んでいるようであり，各セルロースシンターゼが単一のセルロース鎖を合成する（ステップ❷）．この過程を触媒する巨大な酵素複合体は，細胞膜の直下にある細胞質皮層の微小管に沿って移動する（ステップ❸）．これらの微小管は植物の生長軸とは垂直なので，セルロースの微小繊維は生長方向とは直角に存在する．セルロース合成複合体の動きはキネシンのような分子モーターによるものではなく，重合反応の際に放出されるエネルギーによって駆動されると考えられる．

一つのロゼット型のセルロース合成複合体によってつくられる基本的なセルロースの微小繊維は，その非還元末端と還元末端を同じ方向（平行）にして並んでいる18本の鎖から成ると考えられる．18本の別々のポリマーは細胞の外側表面で合体し，重合した直後で細胞壁に組み込まれる直前に結晶化する（ステップ❹）．

UDP-グルコースでは，グルコースはヌクレオチドにα結合しているが，セルロースではグルコース残基は（β1→4）結合になる．すなわち，グリコシド結合が形成される際にアノマー炭素（C-1位）での立体配置の反転が起こる．立体配置の反転を伴うグリコシルトランスフェラーゼは，一般に一次置換機構を利用すると考えられる．すなわち，受容体分子が糖供与体（この場合にはUDP-グルコース）のアノマー炭素に求核攻撃する．

まとめ

20.7 デンプン，スクロースとセルロースの生合成

- 葉緑体やアミロプラストに存在するデンプンシンターゼは，ADP-グルコースによって供与されるグルコース1残基を，伸長しつつあるポリマー鎖のおそらくは非還元末端に付加する反応を触媒する．アミロペクチンに見られる分枝は，別の酵素によって導入される．
- スクロースは，サイトゾルにおいてUDP-グルコースとフルクトース1-リン酸から2ステップで合成される．
- トリオースリン酸がスクロース合成とデンプン合成のどちらに分配されるのかは，フルクトース2,6-ビスリン酸(F26BP)によって調節される．F26BPは，フルクトース6-リン酸のレベルを決定する酵素のアロステリックエフェクターである．F26BP濃度は光合成の速度とは逆の変化を示し，F26BPはスクロースの前駆体であるフルクトース6-リン酸の合成を阻害する．
- 数種の植物の発芽種子のグリオキシソームで起こるグリオキシル酸回路の反応には，いくつかのクエン酸回路の酵素，およびイソクエン酸リアーゼとリンゴ酸シンターゼというさらに二つの酵素が用いられる．クエン酸回路の二つの脱炭酸のステップを迂回して，アセチルCoAからのコハク酸，オキサロ酢酸，および他のクエン酸回路中間体の正味の生成が可能になる．このようにして生成したオキサロ酢酸は，糖新生を経てグルコース（最終的にスクロース）の合成に利用可能である．
- 植物細胞におけるセルロース合成は細胞膜にあるロゼット型のセルロースシンターゼ複合体で起こる．この複合体には，複数コピーのセルロースシンターゼが含まれる．この酵素は，細胞質ドメインにグリコシルトランスフェラーゼ活性を有し，伸長しつつあるセルロース鎖が押し出される膜貫通チャネルを形成する．グルコース単位は，UDP-グルコースから伸長しつつある鎖の非還元末端に転移される．各ロゼットは，

18 本の別々の鎖を同時に平行して生成する．セルロース鎖は，結晶化して細胞壁に組み込まれる微小繊維になる．細胞膜皮層の微小管は伸長しつつある微小繊維の向きを決める．

20.8 植物における糖質代謝の統合

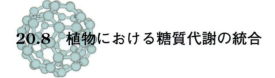

典型的な植物細胞における糖質代謝は，典型的な動物細胞の糖質代謝よりもいくつかの点で複雑である．植物細胞は動物細胞と同じ過程（解糖，クエン酸回路および酸化的リン酸化）でエネルギーを生み出す．糖新生によって 3 炭素あるいは 4 炭素の化合物からヘキソースを産生し，NADPH の産生（酸化的ペントースリン酸経路）を伴ってヘキソースリン酸をペントースリン酸へと酸化し，（$\alpha 1 \rightarrow 4$）結合したグルコースのポリマー（デンプン）を産生し，またそれを分解してヘキソースを産生する．しかし，動物細胞と共通のこれらの糖質変換に加えて，光合成能をもつ植物細胞は CO_2 を固定して有機化合物にすることができ（ルビスコ反応），固定した産物を利用してトリオース，ヘキソース，そしてペントースを産生し（カルビン回路），脂肪酸分解によって生じたアセチル CoA を四炭素化合物に変換し（グリオキシル酸回路），その四炭素化合物をヘキソースに変換すること（糖新生）ができる．このような植物細胞に特有の過程は，動物細胞では見られないいくつかのコンパートメントで隔離して行われる．すなわち，グリオキシソームではグリオキシル酸回路，葉緑体ではカルビン回路，アミロプラストではデンプン合成，そして液胞では有機酸の貯蔵が行われる．これらのさまざまなコンパートメントで行われる事象を統合するためには，生成物をある細胞小器官から別の細胞小器官へ，あるいはサイトゾルへと運ぶための特異的な輸送体が各細胞小器官の膜に存在する必要がある．

共通の中間体のプールは異なる細胞小器官内の経路を結びつける

これまでは植物細胞における代謝変換を個々の経路の観点から述べてきたが，これらの経路は完全に連動しているので，経路間で共有され，かつ可逆反応によって容易に変換可能な代謝中間体のプールを考慮する必要がある（図 20-58）．そのような**代謝物プール** metabolite pool の一つは，グルコース 1-リン酸やグルコース 6-リン酸，フ

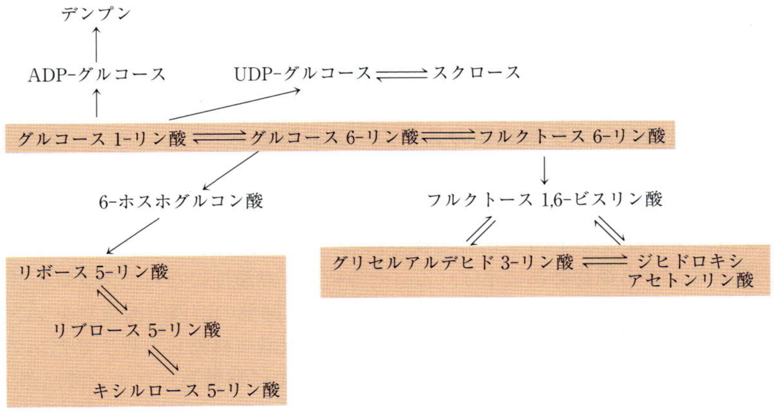

図 20-58 ヘキソースリン酸，ペントースリン酸，およびトリオースリン酸のプール

各プール内の化合物は，小さな標準自由エネルギー変化の反応で容易に相互変換が可能である．プールのある成分が一時的に枯渇しても，それを補充するように新たな平衡が速やかに達成される．細胞内コンパートメント間の糖リン酸の移動は限定的であり，細胞小器官の膜には特異的な輸送体が存在しているはずである．

ルクトース 6–リン酸などのヘキソースリン酸であり，二つ目はリボース 5–リン酸，リブロース 5–リン酸，キシルロース 5–リン酸などのペントース 5–リン酸であり，三つ目はジヒドロキシアセトンリン酸やグリセルアルデヒド 3–リン酸などのトリオースリン酸である．このようなプールを通る代謝中間体の流れは，植物の環境変化に応じてその大きさや方向が変化し，組織のタイプによっても異なる．各細胞小器官の膜に存在する輸送体がある特定の化合物を内外へ輸送しており，これらの輸送体の調節が，おそらく代謝中間体のプールが混合する程度に影響を及ぼす．

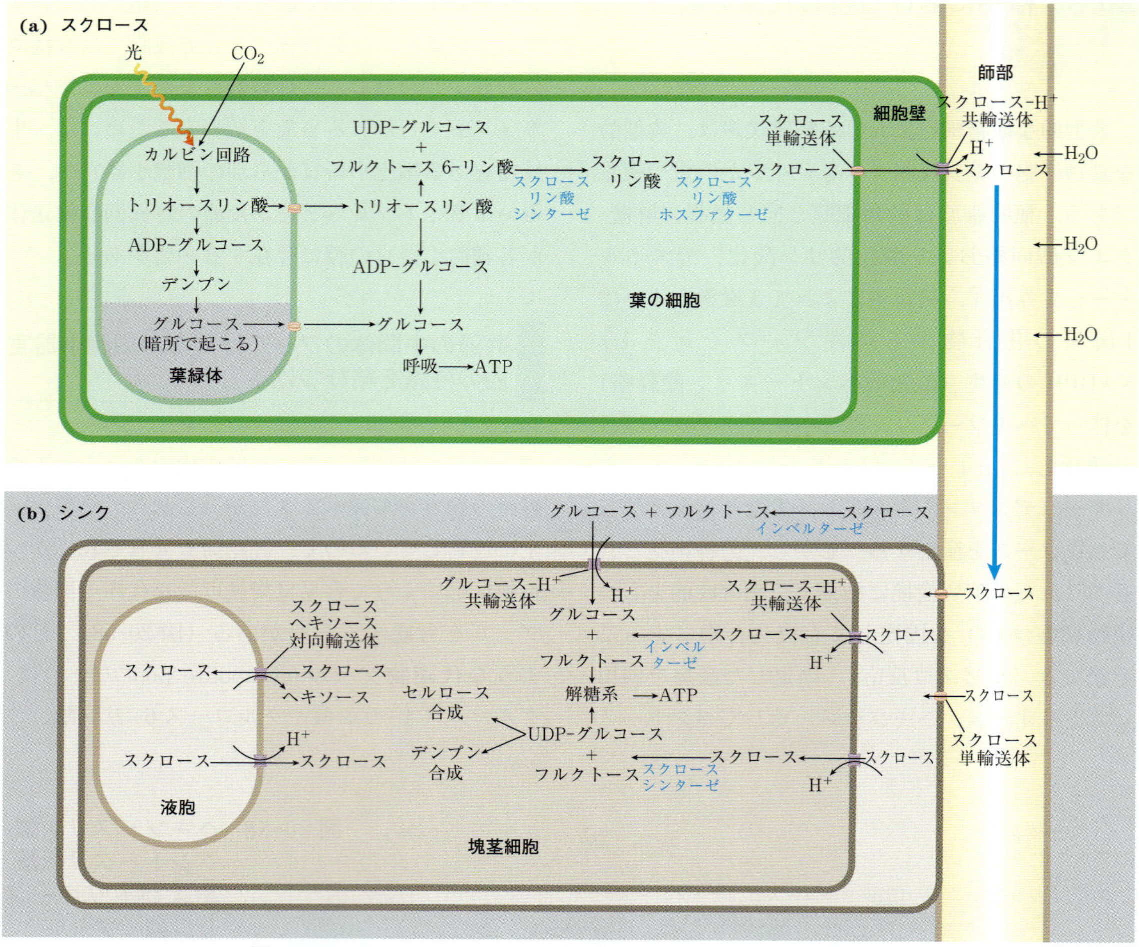

図 20–59 ソース組織とシンク組織間のスクロースの移動

(a) 日中は，光合成植物の葉（ソース組織）は，CO_2 を葉緑体中のカルビン回路を介してトリオースリン酸に固定する．トリオースリン酸の一部はデンプンを合成するために葉緑体中で使われ，残りは細胞質へ運ばれ，そこで糖新生を経てフルクトース 6–リン酸とグルコース 1–リン酸に変換される．UDP–グルコースとフルクトースから生合成されたスクロースは葉の葉肉細胞から植物師部に運ばれる．その結果，高濃度になったスクロースは，浸透圧によって水を師部に取り込ませる．結果的に上昇した膨圧（p. 76）は，師部の溶液（樹液）をシンク組織（鱗茎，塊茎，根）に向かって押し出す．**(b)** スクロースは師部からシンク組織に移動し，そこでデンプンまたは細胞壁のセルロースに変換されたり，非光合成組織に ATP を供給するために解糖系，クエン酸回路，そして酸化的リン酸化の燃料として利用されたりする．細胞膜や細胞間のコンパートメントを通過する糖の輸送は，プロトン勾配と共役するいくつかの共輸送体や対向輸送体によって触媒される．

太陽光が照射されている間に，カルビン回路によって光合成を行う葉の組織内（「ソース」組織）で産生されたトリオースリン酸は，葉緑体から出てサイトゾルのヘキソースリン酸プールへと移動する．そこで，スクロースに変換されて，植物師部を経て非光合成組織（「シンク」組織）に運搬される（図 20-59）．根，塊茎や鱗茎のようなシンク組織では，スクロースはデンプンに変換されて貯蔵されるか，または解糖を経てエネルギー源として利用される．成長中の植物では，ヘキソースリン酸は細胞壁の合成のために中間体プールから取り出される．夜間には，デンプンは解糖と酸化的リン酸化によって代謝され，ソース組織とシンク組織の両方にエネルギーを供給する．

まとめ

20.8 植物における糖質代謝の統合

- 植物における糖質代謝の個々の経路は広範に重なり合っており，ヘキソースリン酸やペントースリン酸，トリオースリン酸を含む代謝中間体のプールを共有している．葉緑体，ミトコンドリア，およびアミロプラストの膜上にある輸送体が，細胞小器官の間の糖リン酸の輸送を仲介する．葉の中にある中間体プールを通る代謝物の流れは，昼夜でその方向が変わる．
- 光合成組織（ソース組織）で生成するスクロースは，植物師部を経て根や塊茎などの非光合成組織（シンク組織）へと輸送される．

重要用語

太字で示す用語については，巻末用語解説で定義する．

アミロプラスト　amyloplast　1084
アルドラーゼ　aldolase　1125
イソクエン酸リアーゼ　isocitrate lyase　1146
ADP-グルコース　ADP-glucose　1142
ADP-グルコースピロホスホリラーゼ　ADP-glucose pyrophosphorylase　1146
カルビン回路　Calvin cycle　1116
カロテノイド　carotenoid　1087
還元的ペントースリン酸回路　reductive pentose phosphate cycle　1118
基底状態　ground state　1087
グリオキシソーム　glyoxysome　1146
グリオキシル酸　glyoxylate　1146
グリオキシル酸回路　glyoxylate cycle　1146
グリコール酸経路　glycolate pathway　1134
クロマトフォア　chromatophore　1108
クロロフィル　chlorophyll　1087
蛍光　fluorescence　1087
光化学系　photosystem　1089
光化学系 I　photosystem I（PS I）　1097
光化学系 II　photosystem II（PS II）　1097
光化学反応中心　photochemical reaction center　1089
光合成　photosynthesis　1082
光呼吸　photorespiration　1132
光子　photon　1085
光リン酸化　photophosphorylation　1082
作用スペクトル　action spectrum　1089
酸化的光合成炭素回路（C_2 回路）　oxidative photosynthetic carbon cycle（C_2 cycle）　1135
酸素発生型光合成　oxygenic photosynthesis　1098
酸素発生複合体　oxygen-evolving complex　1106
3-ホスホグリセリン酸　3-phosphoglycerate　1117
色素体（プラスチド）　plastid　1084
C_3 植物　C_3 plant　1119
C_4 経路　C_4 pathway　1135
C_4 植物　C_4 plant　1135
CAM 植物　CAM plant　1141
集光性複合体　light-harvesting complex（LHC）　1090
循環的光リン酸化　cyclic photophosphorylation　1102
循環的電子流　cyclic electron flow　1102
スクロース 6-リン酸シンターゼ　sucrose 6-

phosphate synthase　1143
ステート遷移　state transition　1104
ストロマ　stroma　1083
Z 機構　Z scheme　1098
セドヘプツロース 1,7-ビスリン酸　sedoheptulose 1,7-bisphosphate　1126
セルロースシンターゼ　cellulose synthase　1148
代謝物プール　metabolite pool　1151
炭素固定反応　carbon-fixation reaction　1082
炭素同化反応　carbon-assimilation reaction　1082
チオレドキシン　thioredoxin　1131
チラコイド　thylakoid　1083
デンプンシンターゼ　starch synthase　1142
糖ヌクレオチド　nucleotide sugar　1142
トランスケトラーゼ　transketolase　1125
2-ホスホグリコール酸　2-phosphoglycolate　1133
バクテリオロドプシン　bacteriorhodopsin　1113
光依存反応　light-dependent reaction　1082
非循環的電子流　noncyclic electron flow　1102
ヒル反応　Hill reaction　1085
ピルビン酸リン酸ジキナーゼ　pyruvate phosphate dikinase　1140
フェオフィチン　pheophytin　1093
フェレドキシン　ferredoxin　1096
フェレドキシン：NAD レダクターゼ　ferredoxin: NAD reductase　1096
フェレドキシン-チオレドキシンレダクターゼ　ferredoxin-thioredoxin reductase　1131
プラストキノン　plastoquinone（PQ_A）　1099
プラストシアニン　plastocyanin　1097
フルクトース 2,6-ビスリン酸　fructose 2,6-bisphosphate（F26BP）　1144
β-カロテン　β-carotene　1087
ペントースリン酸経路　pentose phosphate pathway　1118
補助色素　accessory pigment　1087
ホスホエノールピルビン酸カルボキシラーゼ　phosphoenolpyruvate carboxylase　1137
水分解複合体　water-splitting complex　1106
UDP-グルコース　UDP-glucose　1143
葉緑体 chloroplast　1083
ラメラ　lamellae　1083
リブロース 1,5-ビスリン酸　ribulose 1,5-bisphosphate　1117
リブロース 1,5-ビスリン酸カルボキシラーゼ/オキシゲナーゼ（ルビスコ）　ribulose 1,5-bisphosphate carboxylase/oxygenase（rubisco）　1119
リブロース 5-リン酸　ribulose 5-phosphate　1126
量子　quantum　1086
リンゴ酸酵素　malic enzyme　1140
リンゴ酸シンターゼ　malate synthase　1146
ルビスコ活性化酵素　rubisco activase　1120
励起子　exciton　1087
励起子移動　exciton transfer　1087
励起状態　excited state　1086

問　題

1　異なる波長での光の光化学的効率

O_2 産生によって測定される緑色植物の光合成速度は，波長 700 nm の光で照射したときよりも 680 nm の光で照射したときのほうが大きい．しかし，680 nm の光と 700 nm の光を組み合わせて照射した場合の光合成速度は，これら二つの波長の光の一方だけの場合よりも大きい．この現象を説明せよ．

2　光合成に関するバランスシート

1804 年に，Theodore de Saussure は，植物によって産生された酸素と乾燥有機物の総重量が，光合成中に消費された二酸化炭素重量よりも大きいことを観察した．この余分の重量は何に由来するか．

3　ある種の光合成細菌における H_2S の役割

光照射した紅色硫黄細菌は，H_2O と $^{14}CO_2$ の存在下で光合成を行うが，これは H_2S が添加され，O_2 が存在しない場合にのみである．[^{14}C] 糖質の生成により測定される光合成の進行中に，H_2S は硫黄元素に変換され，O_2 は発生しない．H_2S の硫黄への変換の役割は何か．また，なぜ O_2 は発生しないのか．

4　光吸収による光化学系Iの還元力の亢進

光化学系Iが700 nmの赤色光を吸収すると，P700の標準還元電位は0.40 Vから約−1.2 Vに変化する．吸収された光のどのような部分が，還元力として捕捉されるのか．

5　光化学系Iと光化学系IIを通る電子流

フェオフィチンを通る電子通過の阻害剤が，(a) 光化学系IIおよび (b) 光化学系Iを介する電子流にどのように影響するのかを予測して，その理由を説明せよ．

6　暗所でのATPの限定的合成

研究室の実験で，ホウレンソウ葉緑体をADPとP_iの存在しない状態で光照射した後，光を消してADPとP_iを添加する．すると，暗所でATPが短時間合成される．この結果を説明せよ．

7　除草剤DCMUの作用様式

葉緑体を強力な除草剤である3-(3,4-ジクロロフェニル)-1,1-ジメチル尿素（DCMU，またはジウロン diuron）で処理すると，O_2発生や光リン酸化は停止する．外からの電子受容体またはヒル試薬の添加によって酸素の発生は回復するが，光リン酸化は回復できない．DCMUは，どのようにして雑草を殺すのか．図20-16に示した模式図において，この除草剤の阻害作用部位を示して説明せよ．

8　酸素発生に及ぼすベンツリシジンの作用

ベンツリシジンは葉緑体ATPシンターゼの強力な阻害剤であり，この酵素のCF_oと相互作用して，CF_oCF_1複合体を介するプロトンの通過を阻害する．十分に照射した葉緑体懸濁液における酸素発生に対して，ベンツリシジンはどのように影響するのか．もしも2,4-ジニトロフェノール（DNP）のような脱共役剤の存在下で実験を行ったら，答えは変わるのか．

9　光リン酸化の生体エネルギー論

単離したホウレンソウ葉緑体におけるATP，ADP，P_iの定常状態の濃度は，pH 7.0で十分に光照射した条件下で，それぞれ120.0，6.0，700.0 μMである．

(a) このような条件下での1 molのATPの合成に必要な自由エネルギーはどのくらいか．

(b) ATP合成のためのエネルギーは，葉緑体においては光により誘起される電子伝達によって供給される．このような条件下でATPを合成するために（一対の電子を伝達する間に）必要な最小の電位降下はどのくらいか（必要ならばp. 751の式13-7を参照せよ）．

10　酸化還元反応に関する光エネルギー

H_2Sを酸化し，その電子をNAD^+に伝達するような新しい光合成微生物を単離したと仮定する．どんな波長の光が，標準状態でNAD^+を還元するために十分なエネルギーをH_2Sに供給するだろうか．光化学反応の効率は100％と仮定し，E'°値はH_2Sについては−243 mV，NAD^+については−320 mVを使うこと．光波長のエネルギー当量については，図20-7を参照．

11　水分解反応に関する平衡定数

補酵素$NADP^+$は，次式のように葉緑体における最終的な電子受容体である．

$$2H_2O + 2NADP^+ \longrightarrow 2NADPH + 2H^+ + O_2$$

この反応に関して，25 ℃における平衡定数を計算するためにChap. 19（表19-2）の情報を利用せよ（K'_{eq}と$\Delta G'^\circ$との間の関係については，p. 717で考察されている）．葉緑体は，この不利な平衡をどのようにして克服できるのか．

12　光変換のエネルギー論

光合成中に，O_2分子が生成されるごとに，8個（各光化学系で4個）の光子が吸収されなければならない．

$$2H_2O + 2NADP^+ + 8\,光子 \longrightarrow 2NADPH + 2H^+ + O_2$$

これらの光子が700 nmの波長（赤色）をもち，光エネルギーの吸収と利用の効率が100％であると仮定して，この過程に関する自由エネルギー変化を計算せよ．

13 ヒル試薬への電子伝達

単離したホウレンソウ葉緑体は，フェリシアン化カリウム（ヒル試薬）の存在下で光照射を受けると，次式のようにO_2を発生する．

$$2H_2O + 4Fe^{3+} \longrightarrow O_2 + 4H^+ + 4Fe^{2+}$$

この式で，Fe^{3+}はフェリシアン化物，Fe^{2+}はフェロシアン化物を表す．この過程でNADPHは産生されるか．また，その理由を説明せよ．

14 クロロフィル分子はどのくらいの頻度で光子を吸収するのか

ホウレンソウの葉のクロロフィル*a*（分子量892）量は，約20 $\mu g/cm^2$（葉）である．正午の太陽光の下（平均エネルギー5.4 J/cm^2・分）では，この葉は照射量の約50%を吸収する．クロロフィル1分子は，どのくらいの頻度で光子を吸収するのか．励起されたクロロフィル分子の*in vivo*での平均寿命が1ナノ秒であるとすれば，一度に励起されるクロロフィル分子の割合はどのくらいか．

15 電子流に対する単色光の効果

光合成における電子伝達の際に，電子伝達体がどの程度まで酸化されたり還元されたりするのかは，しばしば分光光度計によって直接観察することができる．葉緑体を700 nmの光で照射すると，シトクロム*f*，プラストシアニン，プラストキノンは酸化される．しかし，葉緑体を680 nmの光で照射すると，これらの電子伝達体は還元される．その理由について説明せよ．

16 循環的光リン酸化の機能

葉緑体中の［NADPH］/［$NADP^+$］比が大きいときは，光リン酸化は主として循環的である（図20-16参照）．循環的光リン酸化の際にO_2は発生するか．NADPHは産生されるか．また，その理由を説明せよ．さらに，循環的光リン酸化の主要な機能は何か．

17 細胞小器官における代謝の隔離

植物細胞にとって，代謝中間体を共有するさまざまな一連の反応が別々の細胞小器官で行われることの利点は何か．

18 光合成の段階

緑藻の懸濁液をCO_2の非存在下で光照射したのち，暗所で$^{14}CO_2$とインキュベートすると，$^{14}CO_2$は短時間だけ［^{14}C］グルコースへと変換される．CO_2同化過程に関するこの観察結果の意義は何か．また，このことは光合成の光依存反応とどのように関連しているか．なぜ，$^{14}CO_2$の［^{14}C］グルコースへの変換は短時間後に停止するのか．

19 CO_2の同化における主要な中間体の同定

Calvinらは，光合成による炭素同化反応について研究するために，単細胞緑藻のクロレラ*Chlorella*を利用した．彼らは，緑藻の懸濁液を光照射して$^{14}CO_2$とともにインキュベートし，2組の条件のもとで，XとYという二つの化合物に現れる^{14}Cを経時的に追跡した．カルビン回路に関する知識に基づいてXとYを特定せよ．

(a) 光照射しながらクロレラを非標識のCO_2とともに培養し，次に光を消して$^{14}CO_2$を添加した（次のグラフにおける垂直の点線）．このような条件下で，Xは^{14}Cで最初に標識された化合物であり，化合物Yは標識されなかった．

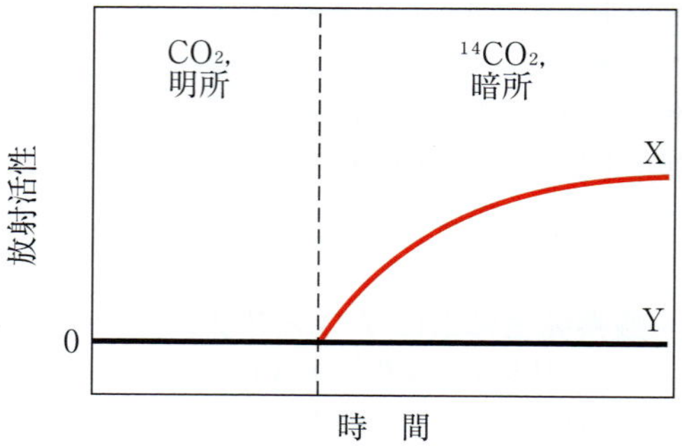

(b) 光照射しながらクロレラを$^{14}CO_2$とともに培養し，すべての$^{14}CO_2$が消失するまで照射を続けた（次のグラフにおける垂直の点線）．このような条件下で，Xは速やかに標識されたが時間とともに放射活性を失ったのに対して，Yは時間とともにより強い放射活性を示すようになった．

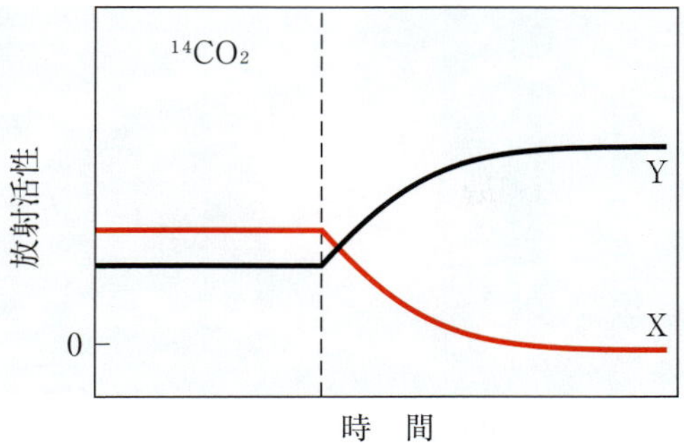

20 カルビン回路の調節

ヨード酢酸はタンパク質中の Cys 残基の遊離の -SH 基と不可逆的に反応する．カルビン回路中のどの酵素がヨード酢酸によって阻害されるのか予想し，その理由を説明せよ．

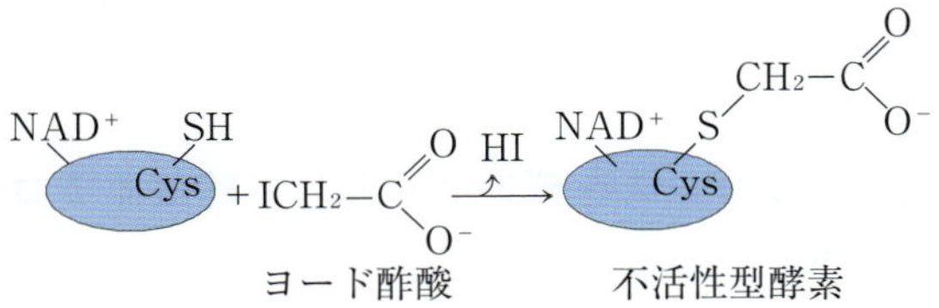

21 還元的ペントースリン酸経路と酸化的ペントースリン酸経路の比較

還元的ペントースリン酸経路では，酸化的ペントースリン酸経路の場合と同一のいくつかの中間体が生じる（Chap. 14）．各経路は，それが活性化している細胞においてどのような役割を果たしているのか．

22 光呼吸とミトコンドリア呼吸

酸化的光合成炭素回路（C_2 回路），いわゆる光呼吸を，ATP 合成を駆動するミトコンドリア呼吸と比較せよ．両過程ともに呼吸と言われるのはなぜか．これらの過程は細胞内のどこで，どのような状況下で起こるのか．各過程における電子の流路は何か．

23 セドヘプツロース 1,7-ビスホスファターゼの役割

(a) ヒト肝細胞，および (b) 緑色植物の葉細胞においてセドヘプツロース 1,7-ビスホスファターゼが欠損すると，細胞および生物体にはどのような影響があるか．

24 トウモロコシにおける CO_2 同化の経路

トウモロコシを $^{14}CO_2$ の存在下で光照射すると，約 1 秒後には葉に取り込まれた全放射活性の 90％以上がリンゴ酸，アスパラギン酸およびオキサロ酢酸の C-4 位に検出される．60 秒後以降にのみ，3-ホスホグリセリン酸の C-1 位に ^{14}C が出現する．その理由を説明せよ．

25 CAM 植物の同定

$^{14}CO_2$ および生化学の研究室にある典型的な道具のすべてがあるとして，ある植物が典型的な C_4 植物なのか，それとも CAM 植物なのかを決定するために，簡単な実験をどのように考案すればよいか．

26 リンゴ酸酵素の化学：テーマの多様性

C_4 植物の維管束鞘細胞に見られるリンゴ酸酵素は，クエン酸回路の反応に相当する反応を行う．他に類似の反応はあるか．その理由を説明せよ．

27 C_3 植物と C_4 植物の違い

Atriplex 属植物には C_3 型の種も C_4 型の種も含まれる．次のグラフのデータ（種 1 は黒色，種 2 は赤色の曲線）から，どちらが C_3 植物で，どちらが C_4 植物であるかを特定せよ．三つのグラフすべてのデータについて分子的用語を用いて説明し，その根拠を示せ．

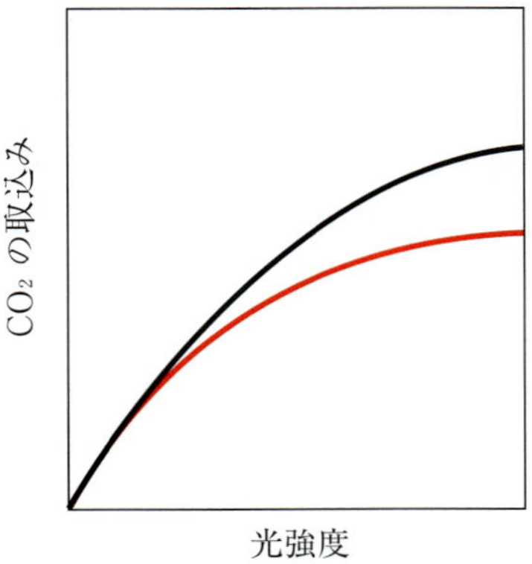

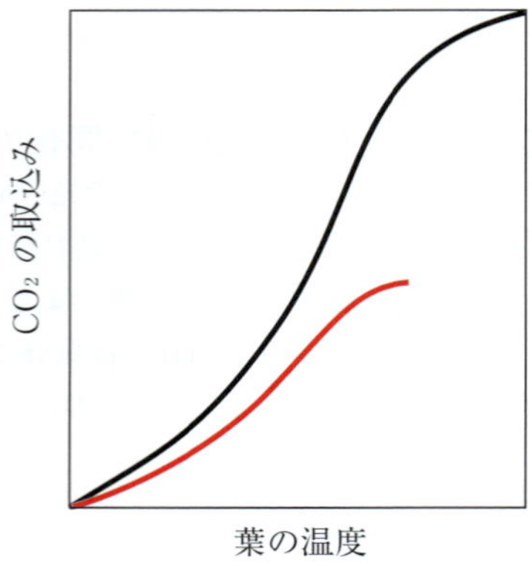

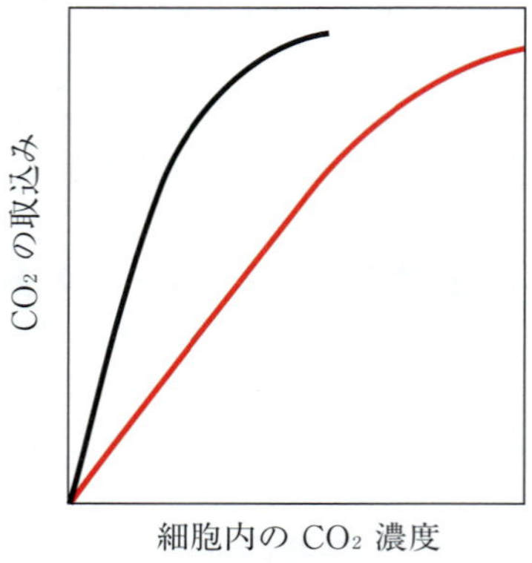

28 単一細胞内での C_4 経路

典型的な C_4 植物においては，ある細胞で最初の CO_2 の捕捉が起こり，カルビン回路の反応は別の細胞で起こる（図 20-50 参照）. Voznesenskaya らは，中央アジアの半砂漠地帯の塩分の多い窪地に生える植物 *Bienertia cycloptera* について，C_4 植物の生化学的な性質を示すが，典型的な C_4 植物とは違って，CO_2 固定の反応を二つの細胞に分けて行わないと記述している．PEP カルボキシラーゼとルビスコが同一細胞に存在しているが，その細胞には局在性の異なる二つのタイプの葉緑体が存在する．一つは，比較的グラナチラコイドに乏しく，細胞の周縁部に局在している．もう一つのより典型的な葉緑体は，細胞の中心にかたまっていて，大きな液胞によって周縁部の葉緑体から分離されている．また，周縁部と中央部のサイトゾルをつなぐ橋のような構造が液胞を通過している．*B. cycloptera* の細胞の顕微鏡写真を次に示し，周縁部の葉緑体を矢印で示す．

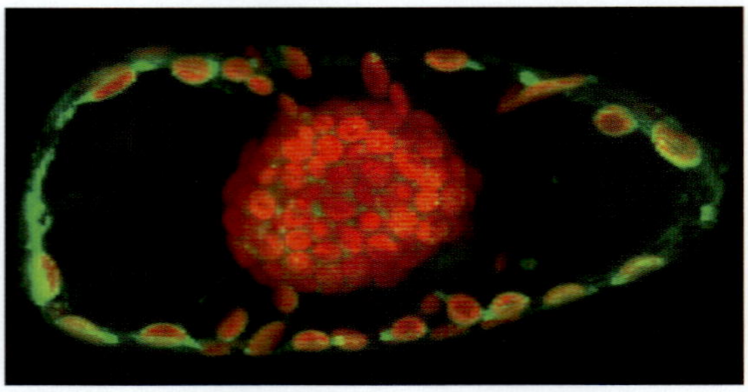

［出典：Gerald Edwards, School of Biological Sciences, Washington State University の厚意による．］

この植物において，(a) PEP カルボキシラーゼ，(b) ルビスコ，および (c) デンプン顆粒が見られるとすればどの部分か．このような C_4 細胞における CO_2 固定のモデルを考えて説明せよ．

［出典：E. V. Voznesenskaya et al., *Plant J.* **31**: 649, 2002 の情報．］

29 グルコースをデンプンとして貯蔵するコスト

サイトゾルのグルコース 6-リン酸 1 分子をデンプンに変換し，再びグルコース 6-リン酸へ戻す一連のステップおよびコストを計算するための正味の反応を，ATP 分子数を考慮して記述せよ．グルコース 6-リン酸を完全に CO_2 と H_2O へと異化することで得られる ATP の最大数のうち，どのくらいの部分をこのコストが占めるか．

30 無機ピロホスファターゼ

無機ピロホスファターゼは，細胞内で無機ピロリン酸を生じさせる多くの生合成反応を実質的に不可逆にする．すなわち，この酵素は PP_i 濃度を極めて低く保つことによって，これらの生合成反応を PP_i 生成の方向へと「引っぱる」．葉緑体における ADP-グルコースの合成は，このような反応の一つである．しかし，植物サイトゾルでの PP_i の産生を伴う UDP-グルコースの合成は *in vivo* では容易に可逆的である．これら二つの事実に関してどのように折り合いをつけたらよいか．

31 デンプンとスクロースの合成の調節

スクロース合成はサイトゾルで起こり，デンプン合成は葉緑体のストロマで起こる．それにもかかわらず両過程は複雑にバランスがとられている．これらの反応は，どのような因子によって (a) デンプン合成へ，あるいは (b) スクロース合成へと切り替えられるのか．

32 スクロース合成の調節

光合成の際に産生されるトリオースリン酸からのスクロース合成の調節において，3-ホスホグリセリン酸と P_i が重要な役割を果たす（図 20-52 参照）．これら二つの調節因子の濃度が光合成の速度を反映する理由について説明せよ．

33 スクロースと虫歯

世界中でヒトに最も蔓延している感染症が虫歯であり，これは酸を産生する種々の微生物が歯のエナメル質でコロニーを形成してそれを破壊していくことに起因する．これらの微生物は，多くの（α1→3）分枝点を有する（α1→6）結合型グルコースのポリマーから成るデキストランの水不溶性のネットワーク（いわゆる歯垢）を生成し，その中で棲息している．デキストランの重合には食餌由来のスクロースが必要であり，その反応は細菌の酵素デキストラン-スクロースグルコシルトランスフェラーゼによって触媒される．

(a) デキストラン重合のための全反応を記述せよ．

(b) 食餌由来のスクロースは，歯垢形成に必要な基質を供与することに加えて，どのようにして口腔に棲息する細菌に多量の代謝エネルギー源を供給するのか．

34 クエン酸回路とグリオキシル酸回路の分離

クエン酸回路とグリオキシル酸回路の両方を有する大腸菌などの微生物では，イソクエン酸をどちらの経路で利用するのかは何が決定するのか．

データ解析問題

35 光リン酸化：発見，却下，再発見

1930 年代から 1940 年代にかけて，研究者は光合成機構の理解に向けて前進し始めた．その当時，解糖と細胞呼吸における「エネルギーに富むリン酸結合」（今日の「ATP」）の役割がやっとわかり始めた．光合成機構，特に光の役割について多くの理論があった．問題は，「主要な光化学過程」と呼ばれるもの，すなわち，捕捉された光からのエネルギーが光合成細胞で産生するものが正確に何であるのかに絞られた．面白いことに，現在の光合成モデルの重要な部分が最初に提唱されたが，却下されて数年間無視された．そして，このモデルは最終的に復活して受け入れられた．

1944 年，Emerson，Stauffer と Umbreit は，光合成における光エネルギーの機能が「エネルギーに富むリン酸結合」（Emerson らの論文の p. 107）の形成であると提唱した．彼らのモデル（以下では「エマーソンモデル」と称する）では，CO_2 の固定と還元を駆動するのに必要な自由エネルギーは，クロロフィルを含むタンパク質によって光が吸収された結果生じる「エネルギーに富むリン酸結合」（すなわち ATP）から得られるとしている．

このモデルは，1945 年に Rabinowitch によりあからさまに拒絶された．Emerson らの発見をまとめた後，Rabinowitch は次のように述べた．「より肯定的な証拠が出るまでは，エネルギーの考えに由来するこの仮説に対して，より説得力がある論争を考えるべきだ．光合成は卓越したエネルギー蓄積の問題である．赤色光ですら約 43 kcal/ アインシュタインの光量子をたった 10 kcal/mol の「リン酸量子」に変換することによって，どんな良いことがあるのか．これはエネルギーの蓄積よりも消失に向かう明らかに間違った方向への出発である」（p. 228）．この論争で，修飾された形にせよ，このモデルが正しいとわかる 1950 年代まで，他の証拠とともにエマーソンモデルは放棄された．

次の (a) ～ (d) に示す Emerson らの論文から得られる各情報に関して，次の三つの問いに答えよ．

1. 光エネルギーが ATP 産生のためにクロロフィルによって直接利用され，この ATP が CO_2 の固定と還元を駆動するエネルギーを提供するというエマーソンモデルを，この情報はどのように支持するのか．
2. Rabinowitch は，光エネルギーが還元性化合物をつくるためにクロロフィルで直接利用されるという彼のモデル（そして当時の他のほとんどのモデル）に基づいて，この情報をどのように

説明するのか．Rabinowitch は，「理論的には，光の吸収によって励起された分子に含まれるすべての電子のエネルギーが，酸化-還元には利用できないはずである」（p. 152）と記述している．このモデルによれば，還元物質は次に CO_2 の還元と固定に使われる．これらの反応のエネルギーは還元反応から遊離する多量の自由エネルギーでまかなえる．

3. 光合成に関する現在の理解からこの情報はどのように説明されるか．

(a) クロロフィルは，リン酸化と脱リン酸化を触媒する多くの酵素の必須の補因子として知られる Mg^{2+} を含む．

(b) 光合成細胞から単離された粗製の「クロロフィルタンパク質」はリン酸化活性を示した．

(c)「クロロフィルタンパク質」のリン酸化活性は光によって阻害された．

(d) 光合成細胞中のいくつかの異なるリン酸化化合物（Emerson らは関与する特定の化合物の同定までには至らなかったが）の量が，光照射によって劇的に変化した．

Emerson と Rabinowitch のモデルはいずれも部分的に正しく，部分的に間違っている．

(e) 二つのモデルが現在の光合成モデルにどのように関係するのかについて説明せよ．

エマーソンモデルを否定する際に，Rabinowitch はさらに続けて，「弱い光で，8 個や 10 個の光量子が 1 分子の二酸化炭素を還元するために十分である事実を考えれば，リン酸保存理論の問題点は明白である．もしも各量子が 1 分子の高エネルギーリン酸分子をつくるのならば，蓄積するエネルギーはたった 80 ～ 100 kcal/ アインシュタインであり，光合成には少なくとも 112 kcal/mol（不可逆的な部分反応の損失を考えればそれ以上）が必要である．」と言っている（p. 228）．

(f) 1 分子の CO_2 還元あたり 8 ～ 10 光子という Rabinowitch の値は，現在受け入れられている値と比べてどうか．

(g) 光合成に関する現在の知識に基づいて，Rabinowitch の議論にどう反論するか．

参考文献

Emerson, R. L., J. F. Stauffer, and W. W. Umbreit. 1944. Relationships between phosphorylation and photosynthesis in *Chlorella. Am. J. Botany* **31**:107–120.

Rabinowitch, E. I. 1945. *Photosynthesis and Related Processes*, Interscience Publishers, New York.

発展学習のための情報は次のサイトで利用可能である（www.macmillanlearning.com/LehningerBiochemistry7e）．

21

脂質の生合成

これまでに学習してきた内容について確認したり，本章の概念について理解を深めたりするための自習用ツールはオンラインで利用可能である（www.macmillanlearning.com/LehningerBiochemistry7e）.

脂質は細胞においてさまざまな役割を果たしており，そのような役割のなかにはごく最近見出されたものもある．脂質はほとんどの生物において貯蔵エネルギーの主要な形態であり，細胞の膜の主要な構成成分でもある．また，色素（レチナール，カロテン），補因子（ビタミン K），界面活性剤（胆汁酸塩），運搬体（ドリコール），ホルモン（ビタミン D 誘導体，性ホルモン），細胞外や細胞内のメッセンジャー（エイコサノイドおよびホスファチジルイノシトール誘導体），および膜タンパク質のアンカー（共有結合している脂肪酸，プレニル基およびホスファチジルイノシトール）として，特定の脂質が役立っている．したがって，多様な脂質を生合成する能力はすべての生物にとって必須である．本章では，細胞に存在する最も一般的な脂質の生合成経路について，酢酸のような水溶性の前駆体から水に不溶性の生成物へと組み立てられる方法とともに述べる．他の生合成経路と同様に，これら一連の反応は吸エルゴン的で還元的である．これらの反応は代謝エネルギー源として ATP を利用し，還元剤としては還元型の電子伝達体（通常は NADPH）を利用する．

はじめに，トリアシルグリセロールとリン脂質の主成分である脂肪酸の生合成について述べる．次に，脂肪酸がトリアシルグリセロールや膜を構成する単純なリン脂質へと組み立てられる経路について述べる．最後に，膜の構成成分であり，胆汁酸，性ホルモンおよび副腎皮質ホルモンのようなステロイドの前駆体であるコレステロールの生合成について述べる．

21.1　脂肪酸とエイコサノイドの生合成

脂肪酸の酸化が，2 炭素単位（アセチル CoA）の連続的な酸化的脱離によって起こること（図 17-8 参照）が発見されてから，生化学者は脂肪酸の生合成は酸化と同じ酵素反応ステップの単なる逆で進行すると考えた．しかし，彼らがのちに発見することになったように，脂肪酸の生合成と分解は異なる経路で起こり，異なる一群の酵素によって触媒され，細胞内の異なる部位で起こる．しかも，脂肪酸の生合成に必要な三炭素中間体の**マロニル CoA** malonyl-CoA は，分解経路には関与しない．

脂肪酸合成経路とその調節は注目を集めてい

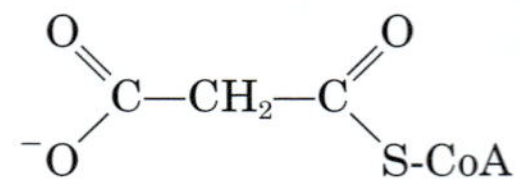

マロニル CoA

る．本節の最後には，長鎖脂肪酸，不飽和脂肪酸およびエイコサノイド誘導体の生合成について述べる．

マロニル CoA はアセチル CoA と炭酸水素イオンから合成される

アセチル CoA からのマロニル CoA の生成は不可逆的な過程であり，**アセチル CoA カルボキシラーゼ** acetyl-CoA carboxylase によって触媒される．細菌のアセチル CoA カルボキシラーゼは三つの別個のポリペプチドのサブユニットから成る（図 21-1）が，動物細胞ではこの三つの活性のすべてが単一の多機能ポリペプチドに組み込まれている．植物細胞には両方のタイプのアセチル CoA カルボキシラーゼがある．すべての場合において，アセチル CoA カルボキシラーゼは補欠分子族としてビオチンをもっており，ビオチンはこの酵素分子を構成する三つのポリペプチド（またはドメイン）のうちの一つに存在する Lys 残基の ε-アミノ基にアミド結合で共有結合している．この酵素が触媒する 2 ステップの反応は，ピルビン酸カルボキシラーゼ（図 16-17 参照）やプ

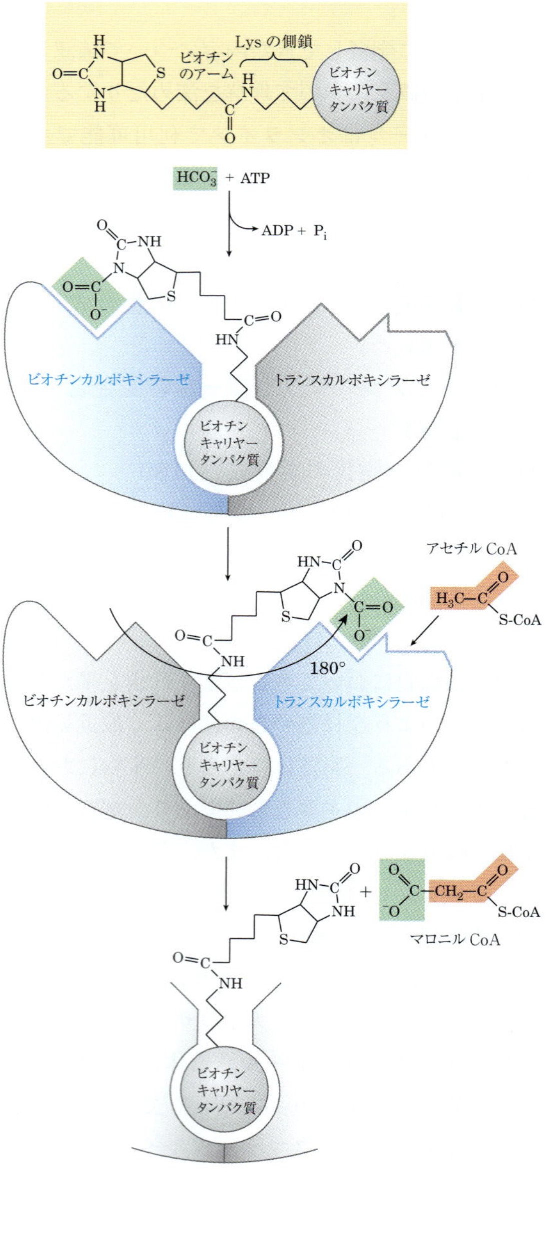

図 21-1 アセチル CoA カルボキシラーゼの反応

アセチル CoA カルボキシラーゼには三つの機能領域がある．すなわち，ビオチンキャリヤータンパク質（灰色），ビオチンカルボキシラーゼ（ATP 依存性反応により CO_2 をビオチン環の窒素に付加することによって活性化する）（図 16-17 参照），およびトランスカルボキシラーゼ（活性化された CO_2（緑色の網かけ）をビオチンからアセチル CoA に転移してマロニル CoA をつくる）である．ビオチンキャリヤータンパク質の一部と柔軟性に富む長いビオチンアームは，回転して活性化された CO_2 をビオチンカルボキシラーゼ領域からトランスカルボキシラーゼの活性部位へと運ぶ．各ステップにおける活性酵素を青色で示す．

ロピオニルCoAカルボキシラーゼ(図17-12参照)のような他のビオチン依存性カルボキシ化反応と極めて似ている．ATP依存性反応において，まず炭酸水素イオン（HCO_3^-）由来のカルボキシ基がビオチンに転移される．ビオチン基は一過性のCO_2運搬体であり，次のステップでCO_2をアセチルCoAに転移して,マロニルCoAを生成する．

脂肪酸合成は一連の繰返し反応で進行する

すべての生物において,脂肪酸の長い炭素鎖は,**脂肪酸合成酵素** fatty acid synthase と総称される系によって触媒される4ステップの繰返し反応によって組み立てられる（図21-2）．この一連の4ステップ反応によって産生される飽和アシル基は，活性化されたマロニル基との次の縮合反応の基質になる．このサイクルを1回まわるごとに，脂肪酸アシル鎖は2炭素分ずつ長くなる．

この還元的同化反応における電子伝達補因子と活性化基は，両方ともに酸化的異化反応の場合とは異なる．β酸化の場合は，NAD^+とFADが電子受容体になり，活性化基は補酵素Aのチオール（-SH）基であること（図17-8参照）を思い出そう．これに対して，合成系での還元剤はNADPHであり，活性化基は以下に述べるように酵素に結合している二つの異なる-SH基である．

図21-2　伸長しつつある脂肪酸アシル鎖への2炭素単位の付加：4ステップ反応

マロニル基とアセチル基（あるいは長いアシル基）は，それぞれ脂肪酸合成酵素（本文中で後述する多酵素系）にチオエステル結合して活性化される．❶活性化アシル基（アセチルCoA由来のアセチル基が最初のアシル基である）とマロニルCoA由来の二つの炭素が縮合し，マロニル基からCO_2が脱離して，アシル鎖が2炭素分伸長する．この反応の最初のステップの機構は，縮合の促進における脱炭酸の役割をよく表している．この縮合反応によって生じたβ-ケト体は，次にβ酸化反応とほぼ同じ三つのステップの逆反応によって還元される．❷β-ケト基は還元されてアルコールになる．❸H_2Oが脱離して二重結合が生じる．❹二重結合が還元されて対応する飽和脂肪酸アシル基になる．

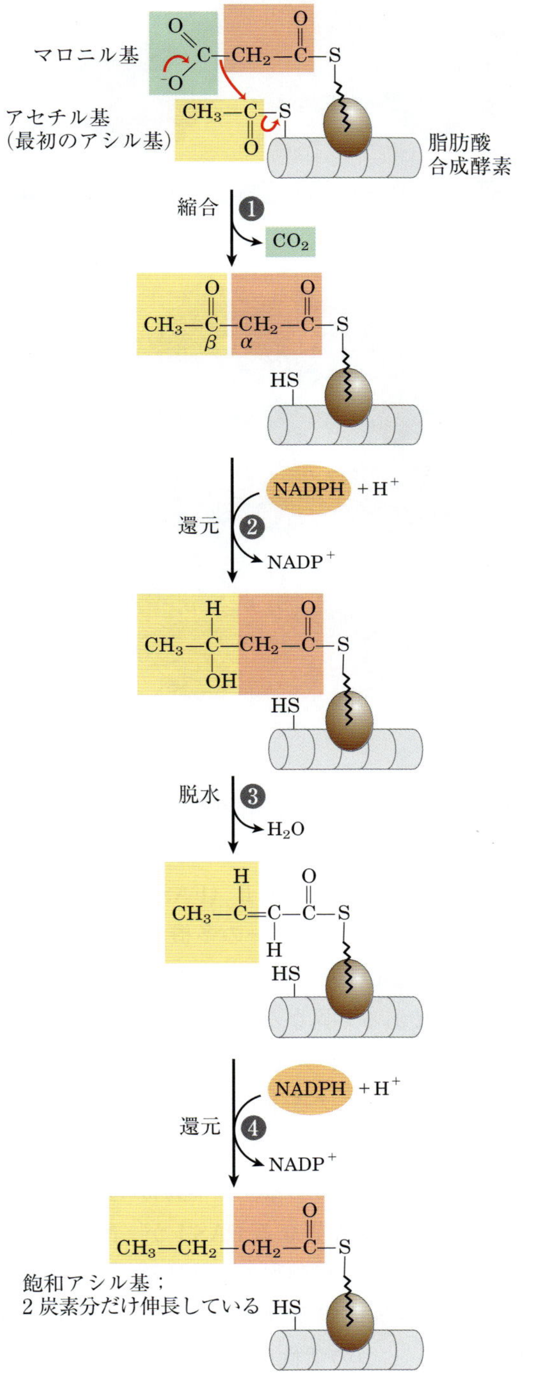

脂肪酸合成酵素には二つの主要なバリアント

(a)

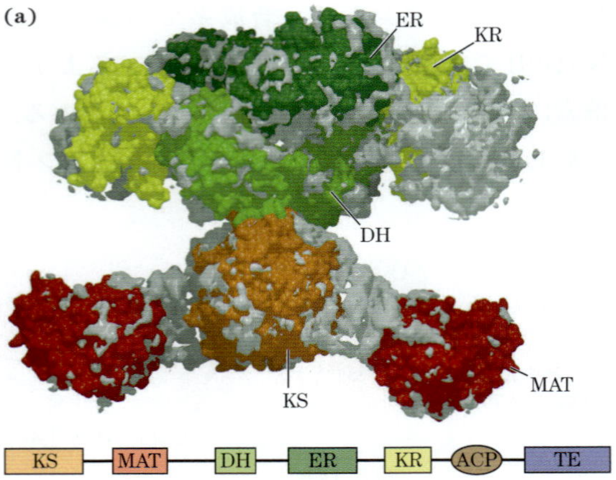

(b)

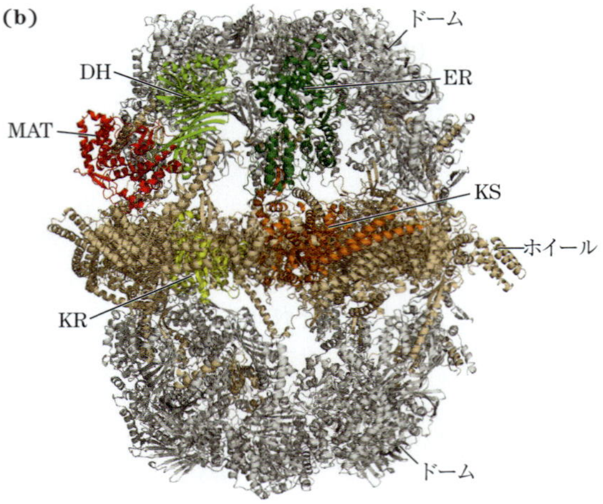

図 21-3 脂肪酸合成酵素Ⅰ型系の構造

(a) 哺乳類（ブタ）の酵素系，および **(b)** 菌類の酵素系の低解像度の構造を示す．**(a)** 哺乳類の酵素系の活性部位のすべては，単一の大きなポリペプチド鎖内の異なるドメインに位置する．異なる酵素活性とは，β-ケトアシル ACP シンターゼ（KS），マロニル/アセチル CoA-ACP トランスフェラーゼ（MAT），β-ヒドロキシアシル ACP デヒドラターゼ（DH），エノイル ACP レダクターゼ（ER），および β-ケトアシル ACP レダクターゼ（KR）である．ACP はアシルキャリヤータンパク質である．ポリペプチド鎖内のドメインの直線的な配置を構造の下に示す．7 番目のドメインは，合成完了時にパルミチン酸の産物を ACP から遊離させるチオエステラーゼ（TE）である．ACP ドメインと TE ドメインは結晶中では不規則なので，構造中には示されていない．**(b)** 菌類 *Thermomyces lanuginosus* に由来する FASⅠの構造において，同じ活性部位は，一緒に機能する二つの多機能ポリペプチド鎖に分かれている．各ポリペプチド鎖がヘテロ 12 量体複合体中に 6 コピーずつ見られる．KS や KR の活性部位に加えて ACP を含む六つの α サブユニットのホイール構造は，複合体の中央に見られる．ホイールでは，三つのサブユニットが一つの面上に見られ，別の三つはもう一つの面上に見られる．ホイールのどちらの側にも，β サブユニット（哺乳類の酵素中にある MAT に類似する活性部位を有する二つのドメインに加えて，ER と DH の活性部位を含む）の三量体から成るドーム構造がある．各サブユニットのドメインは，(a) に示す哺乳類の酵素の活性部位の色に従って色づけしてある．［出典：(a) 二量体構造は PDB ID 2CF2 に基づく．T. Maier et al., *Science* **311**: 1258, 2006. (b) PDB ID 2UV9，2UVA，2UVB および 2UVC に基づく．S. Jennie et al., *Science* **316**: 254, 2007.］

（変種）variant がある．脊椎動物や菌類に見られる脂肪酸合成酵素Ⅰ（FASⅠ）と，植物や細菌に見られる脂肪酸合成酵素Ⅱ（FASⅡ）である．脊椎動物の FASⅠは，単一の多機能ポリペプチド鎖（分子量 240,000）から成る．哺乳類の FASⅠはその原型である．異なる反応に対する七つの活性部位は，別々のドメインにある（図 21-3(a)）．哺乳類のポリペプチドはホモ二量体（分子量 480,000）であるが，二つのサブユニットは独立して機能するようである．脊椎動物の脂肪酸合成酵素とはいくぶん異なる FASⅠが，酵母や他の菌類で見られ，脊椎動物の系とは異なる構成を有する二つの多機能ポリペプチドから成る（図 21-3(b)）．七つの活性部位のうちの三つは α サブユニット上に存在し，四つの活性部位は β サブユニット上に存在する．

FASⅠによる脂肪酸合成によって単一の脂肪酸が生成し，中間体は遊離しない．鎖長が 16 個の炭素に達すると，生成物（パルミチン酸，16:0；表 10-1 参照）はサイクルから離れる．パルミチン酸の C-16 位と C-15 位の炭素は，反応系開始時にこの系の進行に直接用いられたアセチル CoA のメチル炭素原子とカルボキシ炭素原子に由来する（図 21-4）．アシル鎖の残りの炭素原子

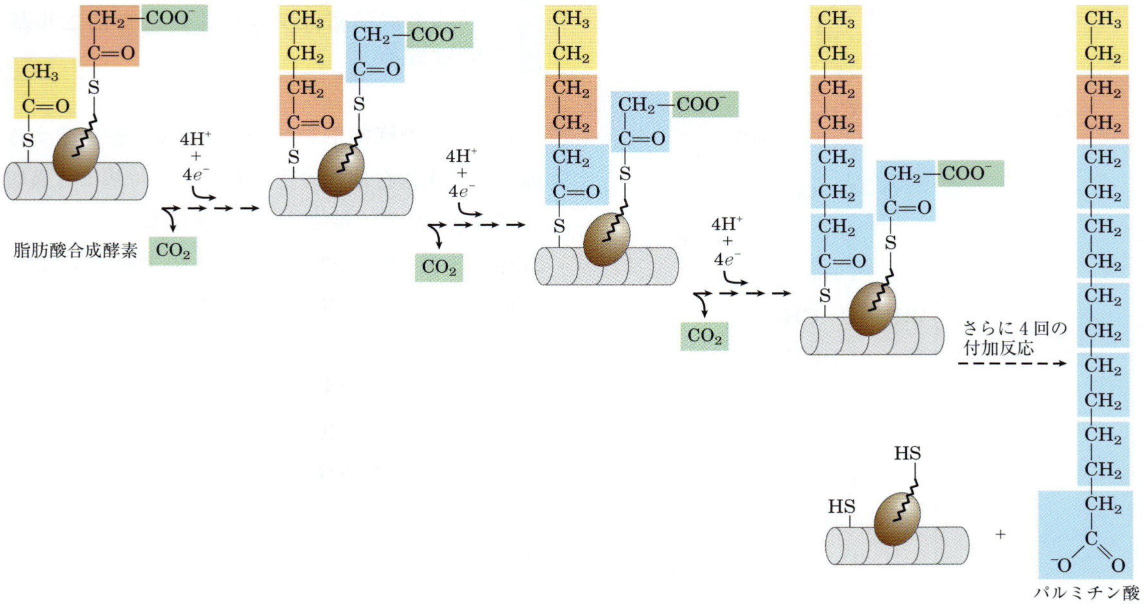

図 21-4　パルミチン酸合成の全過程

脂肪酸アシル鎖は，各ステップで CO_2 を失いながら，活性化されたマロン酸によって供与される2炭素単位を受け取って伸長する．最初のアセチル基由来の炭素は黄色の網かけ，マロニル基の C-1 位と C-2 位は淡赤色の網かけ，CO_2 として脱離する炭素は緑色の網かけで示してある．2個の炭素が付加されたのち，還元されて炭素数が4，6，8と2個ずつ増えた飽和脂肪酸が合成される．最終生成物はパルミチン酸（16：0）である．

はマロニル CoA を経由するアセチル CoA 由来の炭素原子である．

植物や細菌の FAS II は分離系をとっており，脂肪酸合成の各ステップは，自由に拡散可能な別個の酵素によって触媒される．中間代謝物も拡散可能であり，他の代謝経路（リポ酸合成など）に利用されることもある．FAS I とは異なり，FAS II は不飽和脂肪酸や分枝脂肪酸，ヒドロキシ脂肪酸だけでなく，さまざまな長さの飽和脂肪酸を含む多様な生成物をつくりだす．FAS II の酵素系は，脊椎動物のミトコンドリアにも見られる．次に，哺乳類の FAS I に重点をおいて考察する．

哺乳類の脂肪酸合成酵素は多数の活性部位を有する

哺乳類の FAS I における複数のドメインが，別個ではあるが関連する酵素として機能する．各酵素の活性部位は，大きなポリペプチド鎖の独立したドメインに見られる．脂肪酸合成の過程全体にわたって，中間体は酵素複合体上の二つのチオール基の一方にチオエステルとして共有結合したままである．結合部位の一つは，合成酵素ドメインのうちの一つ（β-ケトアシル ACP シンターゼ；KS）中の Cys 残基の -SH 基であり，もう一つは同じポリペプチド鎖の別のドメインにあるアシルキャリヤータンパク質の -SH 基である．チオエステルの加水分解は極めて発エルゴン的であり，放出されるエネルギーは脂肪酸合成の二つの反応（図 21-6 中の❶と❺）を熱力学的に進行しやすくする．

アシルキャリヤータンパク質 acyl carrier protein（**ACP**）は，脂肪酸合成反応全体を統合するシャトル分子である．大腸菌の ACP は補欠分子族として **4′-ホスホパンテテイン** 4′-

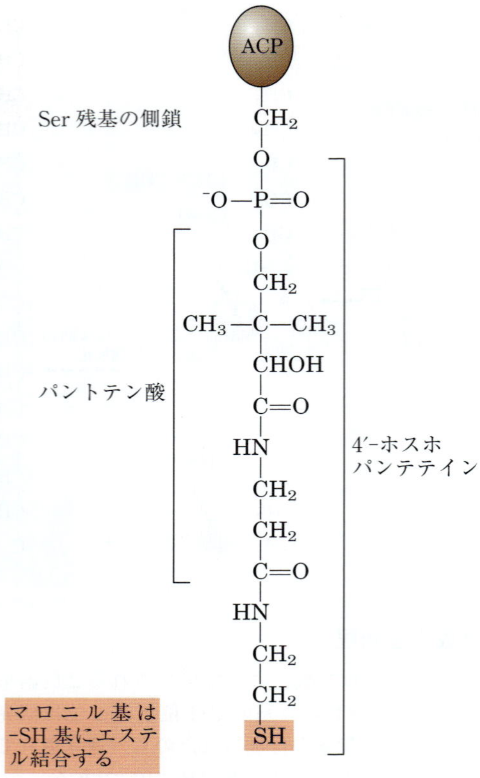

図 21-5 アシルキャリヤータンパク質（ACP）

補欠分子族は 4′-ホスホパンテテインであり，ACP の Ser 残基のヒドロキシ基に共有結合している．ホスホパンテテインは，ビタミン B 群の一つであるパントテン酸を含む．パントテン酸は補酵素 A 分子内にも存在する．その -SH 基は，脂肪酸合成の際にマロニル基の導入部位である．

phosphopantetheine（図 21-5；図 8-41 の補酵素 A のパントテン酸と β-メルカプトエチルアミン部分と比較しよう）を含む小さなタンパク質（分子量 8,860）である．大腸菌 ACP の 4′-ホスホパンテテインは，伸長しつつある脂肪酸アシル鎖を脂肪酸合成酵素複合体につなぎ止めて，反応中間体を酵素上の一つの活性部位から次の部位へと運搬するための柔軟性に富むアームとして機能するようである．哺乳類の ACP は類似する機能と同じ補欠分子族を有するが，すでに学んだように，ずっと大きな多機能ポリペプチドのドメインとして組み込まれている．

脂肪酸合成酵素はアセチル基とマロニル基を受け取る

脂肪酸鎖を構築するための縮合反応が開始する前に，酵素複合体上の二つのチオール基には適切なアシル基が付加されなければならない（図 21-6 の上）．まず，アセチル CoA のアセチル基が，多機能ポリペプチドの**マロニル/アセチル CoA-ACP トランスフェラーゼ** malonyl/acetyl-CoA-ACP transferase（MAT）ドメインにより触媒される反応によって ACP に転移する．このアセチル基は，次に **β-ケトアシル ACP シンターゼ** β-ketoacyl-ACP synthase（KS）の Cys 残基の -SH 基に転移される．2 番目の反応では，マロニル/アセチル CoA-ACP トランスフェラーゼによって，マロニル CoA のマロニル基が ACP の -SH 基に転移される．これらの活性基が付加された合成酵素複合体において，アセチル基とマロニル基はアシル鎖の伸長のために活性化される．この過程の最初の 4 ステップについて以下に詳しく述べる．すべてのステップ番号は図 21-6 に示してある．

ステップ ❶ 縮合 脂肪酸鎖が形成される最初の反応は，活性化されたアセチル基とマロニル基がクライゼン縮合し，ホスホパンテテイン phosphopantetheine の -SH 基を介して ACP に結合しているアセトアセチル基（**アセトアセチル ACP** acetoacetyl-ACP）を形成することであり，同時に CO_2 が 1 分子生成する．この反応は β-ケトアシル ACP シンターゼ β-ketoacyl-ACP synthase によって触媒され，アセチル基はこの酵素の Cys 残基の -SH 基から，ACP の -SH 基に結合しているマロニル基へと転移され，新たなアセトアセチル基のメチル末端側の 2 炭素単位になる．

この反応で生成する CO_2 の炭素原子は，はじめにアセチル CoA カルボキシラーゼによる反応（図 21-1）で HCO_3^- からマロニル CoA へ取り込

図 21-6　脂肪酸合成の際の一連の反応

哺乳類の FAS I 複合体を模式的に示す．触媒ドメインは図 21-3 と同じ色づけにしてある．大きなポリペプチド鎖の各ドメインは，複合体中の六つのサブユニットのうちの一つを表し，大きくて密集しているS字型に配置されている．アシルキャリヤータンパク質（ACP）は，図 21-3 の結晶構造では像が見えていないが，KS ドメインに結合している．ACP のホスホパンテテインのアームは SH 基を末端にもつ．最初のパネル以降では，色づけしてある酵素が次のステップで作用するものである．図 21-4 にあるように，最初のアセチル基は黄色に，マロン酸の C-1 位と C-2 位は淡赤色で，CO_2 として遊離する炭素は緑色の網かけで示してある．ステップ ❶～❹ については本文中で述べる．

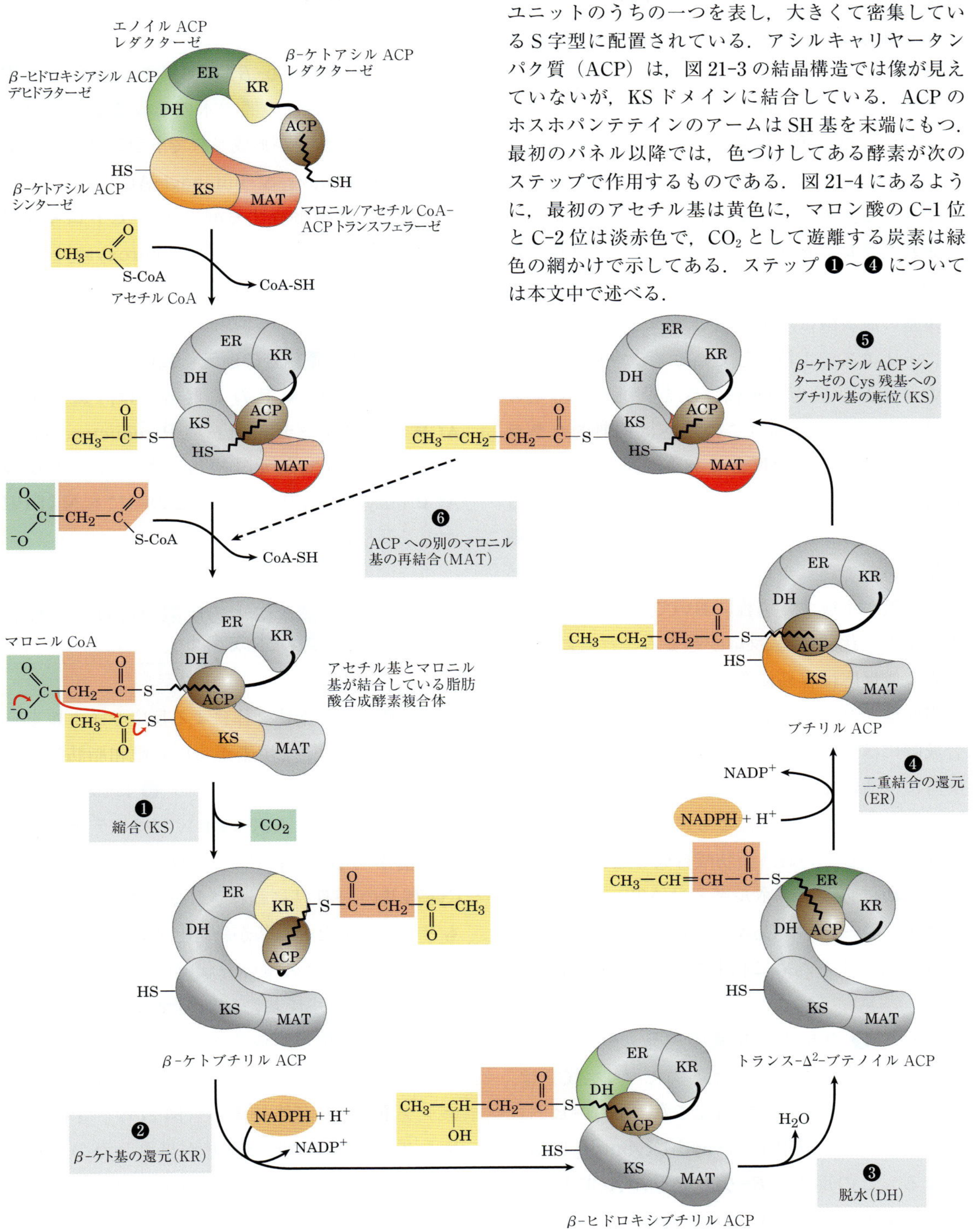

まれた炭素原子と同じである．このように，CO_2 は脂肪酸合成の過程において一時的に共有結合しているだけで，2 炭素単位が付加されるごとに取り除かれる．

なぜ細胞はアセチル基からマロニル基を合成するためにわざわざ CO_2 を付加し，アセトアセチル基を合成する際にははずしてしまうのか．アセチル基ではなく活性化されたマロニル基を用いることによって，この縮合反応は熱力学的に起こりやすくなる．カルボニル炭素とカルボキシ炭素に挟まれたマロニル基のメチレン炭素（C-2 位）が有効な求核基となる．縮合のステップでは，マロニル基の脱炭酸は，β-ケトアシル ACP シンターゼにチオエステル結合しているアシル基に対するこのメチレン炭素の求核攻撃を促進し，酵素の -SH 基と置き換わる（この反応は古典的なクライゼンエステル縮合反応である；図 13-4 参照）．縮合反応とマロニル基の脱炭酸反応とが共役するので，反応全体はかなり発エルゴン的になる．糖新生において，ピルビン酸からホスホエノールピルビン酸が生成する過程においても同様に一連のカルボキシ化-脱炭酸反応が起こることによって，その生成反応は容易に進行する（図 14-18 参照）．

脂肪酸の合成と分解は逆反応であるが，脂肪酸合成時には活性化されたマロニル基を使用し，分解時には活性化されたアセチル基を使用することによって，細胞は両反応ともにエネルギー的に起こりやすくしている．脂肪酸合成を進行しやすくするために必要なエネルギーは ATP によって供給され，アセチル CoA と HCO_3^- からマロニル CoA を合成するために利用される（図 21-1）．

ステップ❷ カルボニル基の還元　縮合反応ステップで形成されたアセトアセチル ACP は，C-3 位のカルボニル基が還元されて D-β-ヒドロキシブチリル ACP D-β-hydroxybutyryl-ACP になる．この反応は**β-ケトアシル ACP レダクターゼ** β-ketoacyl-ACP reductase（KR）によって触媒され，電子供与体は NADPH である．D-β-ヒドロキシブチリル基は，脂肪酸酸化の L-β-ヒドロキシアシル中間体（図 17-8 参照）と同じ立体異性体ではないことに注意しよう．

ステップ❸ 脱水　D-β-ヒドロキシブチル ACP の C-2 位と C-3 位の間で水の構成要素の脱離が起こり，二重結合が形成されて**トランス-Δ^2-ブテノイル ACP** *trans*-Δ^2-butenoyl-ACP ができる．この脱水反応を触媒する酵素は**β-ヒドロキシアシル ACP デヒドラターゼ** β-hydroxyacyl-ACP dehydratase（DH）である．

ステップ❹ 二重結合の還元　最後に，トランス-Δ^2-ブテノイル ACP の二重結合は，**エノイル ACP レダクターゼ** enoyl-ACP reductase（ER）の作用によって還元（飽和）されて**ブチリル ACP** butyryl-ACP になる．この際にも NADPH が電子供与体になる．

脂肪酸合成酵素による反応が繰り返されてパルミチン酸が生成する

脂肪酸合成酵素複合体による反応サイクルを一回り完了すると，4 炭素から成る飽和脂肪酸アシル ACP が生成する．ステップ❺において，このブチリル基は，ACP のホスホパンテテインの -SH 基から β-ケトアシル ACP シンターゼの Cys 残基の -SH 基に転移される．この -SH 基は，もともとはアセチル基が結合していた部位である（図 21-6）．ACP の空いた状態になったホスホパンテテインの -SH 基には別のマロニル基が結合し，四つの反応から成る次のサイクルが始まり，さらに二つ以上の炭素がアシル基に付加して（ステップ❻），鎖が伸長する（図 21-7）．1 回目のサイクルの際にアセチル基が果たしたのと同様に，ブチリル基がマロニル ACP の 2 個の炭素と結合して CO_2 を放出させることによって縮合が

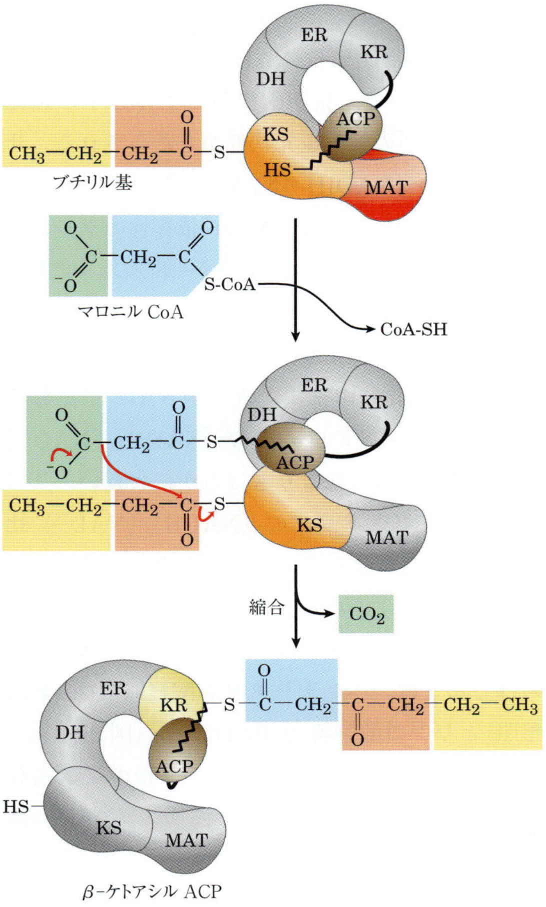

図 21-7　脂肪酸合成の 2 回目のサイクルのはじまり

ブチリル基が Cys の -SH 基に結合している．次に，マロニル基がホスホパンテテインの -SH 基に結合する．縮合反応では，Cys の -SH 基に結合しているブチリル基全体がマロニル残基のカルボキシ基と置き換わり，カルボシキ基は CO_2（緑色）として失われる．このステップは図 21-6 に示したステップ ❶ と似ている．このようにして生成した 6 炭素から成る β-ケトアシル基は，マロニル CoA 由来の四つの炭素と，脂肪酸合成反応を開始させたアセチル CoA 由来の二つの炭素から成る．次に，この β-ケトアシル基は，図 21-6 に示したステップ ❷ から ❹ を経てサイクルをまわる．

起こる．この縮合による生成物は，6 炭素から成るアシル基であり，ホスホパンテテインの -SH 基に共有結合している．その β-ケト基は，はじめのサイクルの場合と同様に，合成サイクルの次の三つのステップで還元されて，6 炭素から成る飽和アシル基になる．

縮合と還元が 7 サイクル繰り返されると，16 個の炭素から成る飽和パルミトイル基が ACP に結合したままで生成する．理由はよくわかっていないが，合成酵素複合体による鎖の伸長は通常はこの点で止まり，多機能タンパク質中の加水分解活性（チオエステラーゼ thioesterase；TE）によってパルミチン酸が ACP から遊離する．

アセチル CoA からパルミチン酸が生成するまでの全反応は，二つの部分に分けて考えることができる．まず，7 分子のマロニル CoA の生成である．

$$\text{7 アセチル CoA} + 7CO_2 + 7ATP \longrightarrow \text{7 マロニル CoA} + 7ADP + 7P_i \qquad (21\text{-}1)$$

次に，7 回の縮合と還元のサイクルである．

$$\text{アセチル CoA} + \text{7 マロニル CoA} + 14NADPH + 14H^+ \longrightarrow \text{パルミチン酸} + 7CO_2 + 8CoA + 14NADP^+ + 6H_2O \qquad (21\text{-}2)$$

水分子のうちの一つは酵素にチオエステル結合しているパルミチン酸を加水分解するために利用されるので，正味では 6 分子の水が生成することに注意しよう．全過程をまとめると，次のようになる（反応式 21-1 と 21-2 の和）．

$$\text{8 アセチル CoA} + 7ATP + 14NADPH + 14H^+ \longrightarrow \text{パルミチン酸} + 8CoA + 7ADP + 7P_i + 14NADP^+ + 6H_2O \qquad (21\text{-}3)$$

このように，パルミチン酸のような脂肪酸の全合成には，アセチル CoA と二つの形態の化学エネルギー，すなわち ATP の官能基転移ポテンシャルと NADPH の還元力が必要である．この ATP は CO_2 をアセチル CoA に付加してマロニル CoA をつくるために必要であり，NADPH 分子は合成過程で生じる β-ケト基と二重結合を還元するために必要である．

非光合成真核生物では，アセチル CoA はミトコンドリアで産生され，サイトゾルへと輸送されなければならないので，脂肪酸合成のためにさらにエネルギーを必要とする．この余分なステップでは，1分子のアセチル CoA の輸送のために2分子の ATP が使われるので，2炭素単位あたり3分子の ATP にまで脂肪酸合成のためのエネルギーコストが増大する．

脂肪酸合成は，多くの生物ではサイトゾルで起こる過程であるが，植物では葉緑体で起こる

ほとんどの高等真核生物では，脂肪酸合成酵素複合体は，ヌクレオチド，アミノ酸およびグルコースの生合成酵素と同様に，サイトゾルにしか存在しない（図 21-8）．このような酵素の局在によって，その多くの過程がミトコンドリアのマトリックス内で起こる脂肪酸の分解反応から，合成過程は隔離される．したがって，同化（一般に還元反応）における電子伝達補因子と異化（一般に酸化反応）における補因子は，同じように隔離されている．

通常，NADPH は同化反応の電子伝達体であり，NAD^+は異化反応で機能する．肝細胞では，サイトゾルの［NADPH］/［$NADP^+$］比は非常に大きい（約 75）ので，脂肪酸や他の生体分子の還元的合成のための強い還元状態がもたらされる．サイトゾルの［NADH］/［NAD^+］比はずっと小さい（約 8×10^{-4}）ので，NAD^+依存性のグルコースの酸化的異化は，同じコンパートメントで脂肪酸合成と同時に起こりうる．ミトコンドリア内では，脂肪酸，アミノ酸，ピルビン酸およびアセチル CoA の酸化に由来する電子が NAD^+に流れるので，ミトコンドリア内の［NADH］/［NAD^+］比はサイトゾルの比よりもはるかに大きい．このようにミトコンドリアの［NADH］/［NAD^+］比が大きいことによって，呼吸鎖を介する酸素の還元が起こりやすくなる．

肝細胞と脂肪細胞では，サイトゾルの NADPH のほとんどは，ペントースリン酸経路（図 14-22 参照）と**リンゴ酸酵素** malic enzyme（図 21-9(a)）によって産生される．なお，C_4 植物の炭素同化経路において働く NADP 依存性リンゴ酸酵素（図

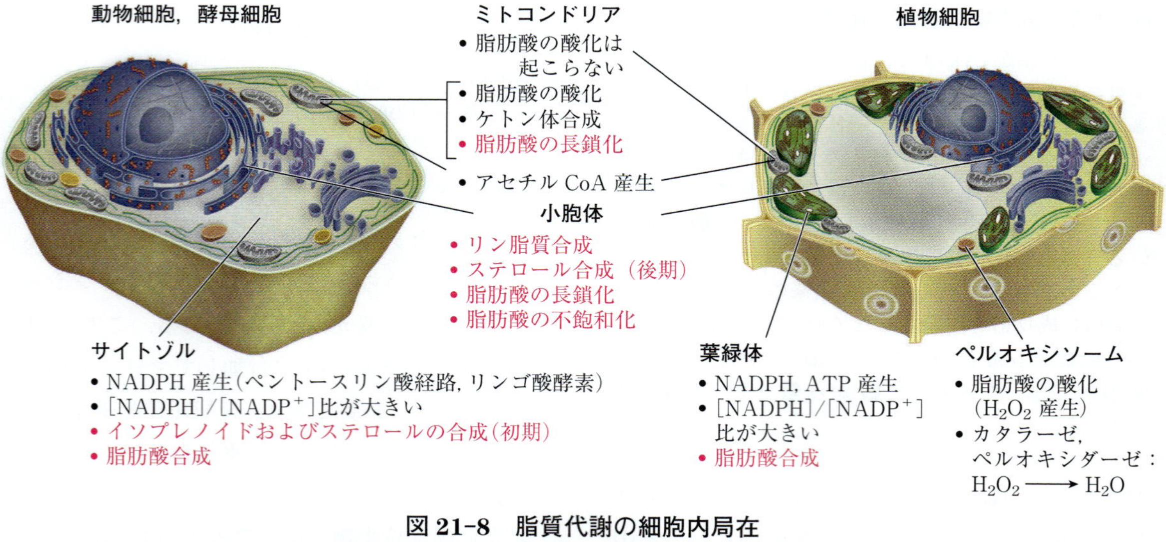

図 21-8　脂質代謝の細胞内局在

酵母と動物の細胞において脂質代謝が起こる区画は，高等植物細胞の場合とは異なる．脂肪酸合成は，還元的生合成に NADPH を利用できるコンパートメント（すなわち，［NADPH］/［$NADP^+$］比が大きい場所）で行われる．これは，動物や酵母ではサイトゾルであり，植物では葉緑体である．赤字で示す過程については本章で述べる．

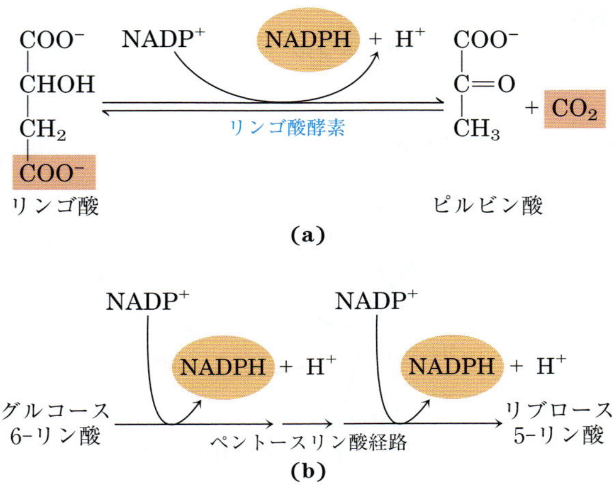

図 21-9　NADPH の産生

(a) リンゴ酸酵素および **(b)** ペントースリン酸経路による NADPH 産生の二つの経路.

20-50 参照）は, 機能的に関連はない. 図 21-9(a) に示す反応で産生されるピルビン酸は, 再びミトコンドリア内に入る. 肝細胞や授乳中の動物の乳腺では, 脂肪酸合成に必要な NADPH は主としてペントースリン酸経路によって供給される（図 21-9(b)).

植物の光合成細胞では, 脂肪酸合成はサイトゾルではなく, 葉緑体のストロマで行われる（図 21-8). NADPH は光合成の明反応によって葉緑体内で合成されるので, 葉緑体内での脂肪酸合成は理にかなっている.

$$H_2O + NADP^+ \xrightarrow{光} \tfrac{1}{2}O_2 + NADPH + H^+$$

酢酸はクエン酸としてミトコンドリア外に出る

非光合成真核生物では, 脂肪酸合成に使用されるアセチル CoA のほぼすべては, ミトコンドリア内でのピルビン酸の酸化やアミノ酸の炭素骨格の異化によって産生される. 動物では, 脂肪酸の酸化経路と合成経路は以下に述べるように相反的に調節されるので, 脂肪酸の酸化によって生じるアセチル CoA は, 脂肪酸生合成に利用されるアセチル CoA の供給源ではない.

ミトコンドリア内膜はアセチル CoA に対して非透過性なので, 間接的なシャトル機構がアセチル基当量を内膜を横切って移動させる（図 21-10). ミトコンドリア内のアセチル CoA は, まずクエン酸回路の **クエン酸シンターゼ** citrate synthase（図 16-9 参照）によってオキサロ酢酸と反応してクエン酸になる. そしてクエン酸は, **クエン酸輸送体** citrate transporter を介してミトコンドリア内膜を通過する. サイトゾルでは, **クエン酸リアーゼ** citrate lyase による ATP 依存性反応によって, クエン酸が開裂してアセチル CoA とオキサロ酢酸が再生される. ミトコンドリア内膜にオキサロ酢酸輸送体がないので, オキサロ酢酸はミトコンドリアマトリックスに直接は戻ることができない. その代わりに, オキサロ酢酸はサイトゾルのリンゴ酸デヒドロゲナーゼにより還元されてリンゴ酸になり, リンゴ酸-α-ケトグルタル酸輸送体を通ってミトコンドリアマトリックス内にクエン酸の代わりに戻ってくる. マトリックス内ではリンゴ酸は再酸化されてオキサロ酢酸になり, シャトル機構が完了する. しかし, サイトゾルで産生されたリンゴ酸のほとんどは, リンゴ酸酵素の活性を介してサイトゾルでの NADPH 産生に利用される（図 21-9(a)). 生じたピルビン酸はピルビン酸輸送体によってミトコンドリア内に輸送され（図 21-10), マトリックス内のピルビン酸カルボキシラーゼによって再びオキサロ酢酸に変換される. 脂肪酸合成のために運ばれるアセチル CoA 分子ごとに, このサイクルによって（クエン酸リアーゼとピルビン酸カルボキシラーゼによって）2 分子の ATP が消費される. アセチル CoA 産生のためにクエン酸が開裂したのちに, リンゴ酸酵素によって残りの 4 個の炭素がピルビン酸と CO_2 に変換され, 脂肪酸合成に必要な NADPH の約半分を産生する. 必

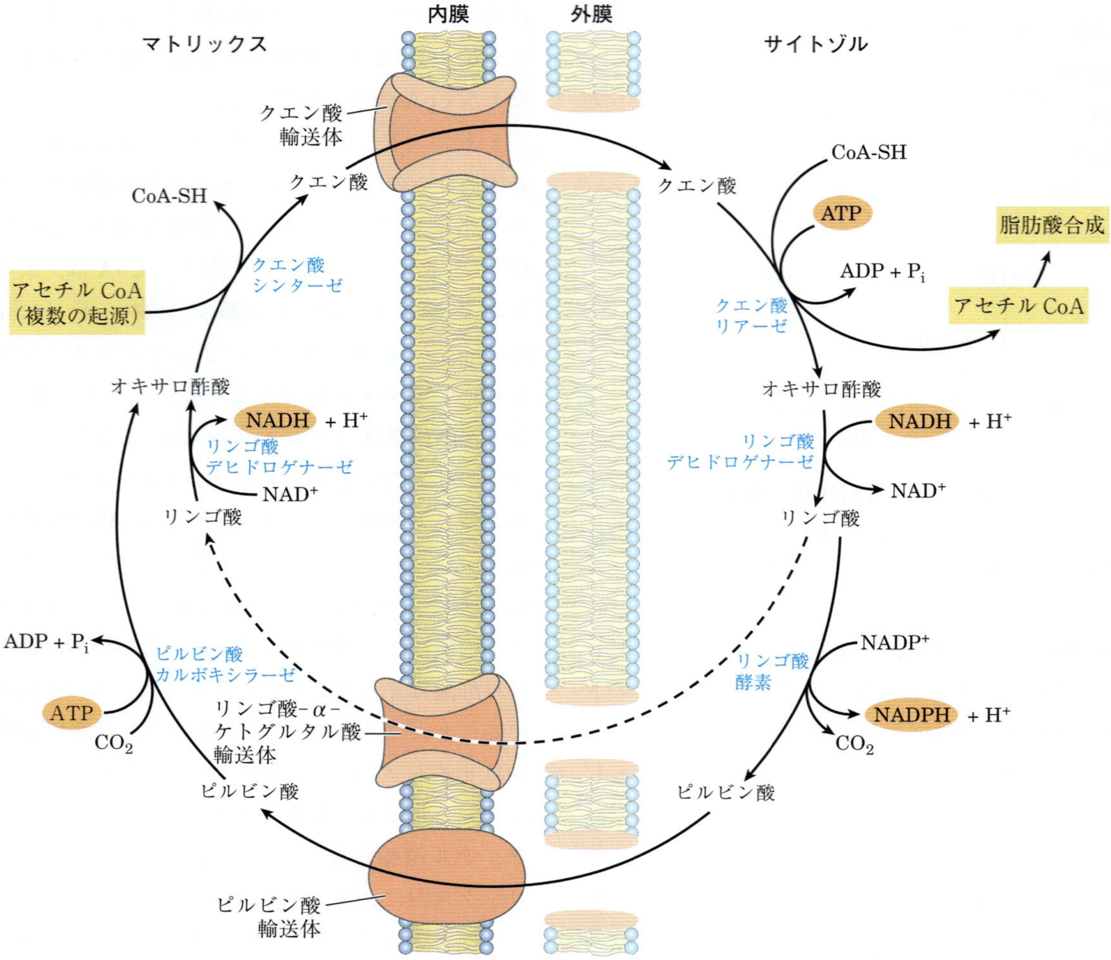

図 21-10　アセチル基をミトコンドリアからサイトゾルへと転移するシャトル機構

シャトル機構に関与するすべての化合物はミトコンドリア外膜を自由に通過できる．ミトコンドリアマトリックス内で行われるアミノ酸異化反応によって生じたり，サイトゾルで行われる解糖でグルコースから生じたりするピルビン酸は，マトリックス内でアセチル CoA に変換される．アセチル基はクエン酸としてミトコンドリア外に出る．サイトゾルでは，アセチル基はアセチル CoA として脂肪酸合成に使われる．オキサロ酢酸はリンゴ酸へと還元されてミトコンドリアマトリックスに戻り，オキサロ酢酸に再変換される．一方，サイトゾルのリンゴ酸は，主として NADPH を産生するためにリンゴ酸酵素により酸化される．この反応で産生されたピルビン酸は，ミトコンドリアのマトリックスに戻る．

要な NADPH の残りはペントースリン酸経路によって供給される．

脂肪酸の生合成は厳密な調節を受ける

細胞や生物体にエネルギー需要に見合う以上の代謝燃料がある場合には，その過剰分は一般に脂肪酸に変換されてトリアシルグリセロールのような脂質として蓄えられる．アセチル CoA カルボキシラーゼによって触媒される反応は脂肪酸生合成の律速段階であり，この酵素が調節の重要な位置を占める．脊椎動物では，脂肪酸合成の主要生成物であるパルミトイル CoA はアセチル CoA カルボキシラーゼのフィードバック阻害物質であり，クエン酸は V_{max} を上昇させるアロステリック活性化物質である（図 21-11(a)）．クエン酸は，代謝燃料を消費（酸化）する方向から脂肪酸として燃料を貯蔵する方向へと細胞の代謝を転換するうえで中心的な役割を果たす．ミトコンドリア内のアセチル CoA と ATP の濃度が上昇すると，クエン酸はミトコンドリア外に運び出されて，サイトゾルのアセチル CoA の前駆体にもなるし，アセチル CoA カルボキシラーゼを活性化するアロステリックなシグナルにもなる．それと同時に，クエン酸はホスホフルクトキナーゼ-1（図 15-16 参照）の活性を阻害し，解糖を通る炭素の流れを低下させる．

アセチル CoA カルボキシラーゼは，共有結合性修飾による調節も受ける．ホルモンのグルカゴンやエピネフリンによって誘発されるリン酸化を受けると，アセチル CoA カルボキシラーゼは不活性化され，クエン酸による活性化に対する感受性が低下し，それによって脂肪酸合成は減速する．活性型（脱リン酸化型）のアセチル CoA カルボキシラーゼは，重合して長いフィラメントを形成する（図 21-11（b））．リン酸化に伴って単量体のサブユニットへと解離し，活性は失われる．

植物および細菌のアセチル CoA カルボキシラーゼは，クエン酸やリン酸化-脱リン酸化のサイクルによる調節を受けない．その代わりに，植物の酵素は光が当たると起こるストロマ中の pH や Mg^{2+} 濃度の上昇によって活性化される（図 20-44 参照）．細菌はエネルギー貯蔵体としてトリアシルグリセロールを用いない．大腸菌における脂肪酸合成の主要な役割は膜脂質の前駆体を提供することである．この脂肪酸合成過程の調節は複雑であり，細胞増殖と膜の形成とを連動させるグアニンヌクレオチド（ppGpp など）が用いられる（図 8-42 参照）．

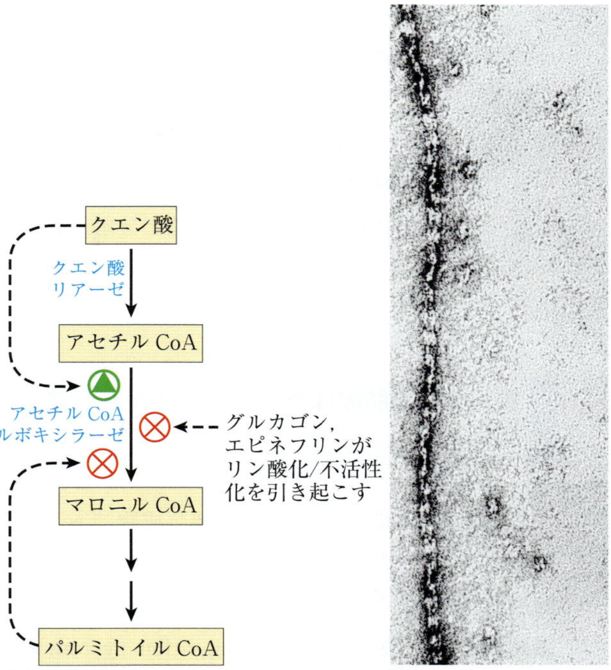

(a)　**(b)**

図 21-11　脂肪酸合成の調節

(a) 脊椎動物の細胞では，アロステリック調節とホルモン依存性の共有結合性修飾が，前駆体からのマロニル CoA の合成に影響を及ぼす．植物では光照射に伴って上昇する［Mg^{2+}］と pH によって，アセチル CoA カルボキシラーゼが活性化される（ここには示していない）．**(b)** ニワトリの肝細胞由来アセチル CoA カルボキシラーゼのフィラメント（活性型で脱リン酸化されている）の電子顕微鏡写真．［出典：James M. Ntambi, Ph. D. Professor of Biochemistry, Steenbock Professor of Nutritional Sciences, University of Wisconsin-Madison の厚意による．］

酵素活性が短時間の調節を受けるだけでなく，脂肪酸合成経路は遺伝子発現のレベルでも調節される．例えば，もしもある種の多価不飽和脂肪酸を動物が過剰に摂取すると，肝臓の脂質合成に関与するさまざまな酵素をコードする遺伝子の発現は抑制される．この遺伝子調節は，Chap. 23 でより詳細に述べる PPAR という核内受容体タンパク質のファミリーによって媒介される（図 23-43 参照）．

もしも脂肪酸合成と β 酸化が同時に進行すれば，二つの過程は無益回路を形成し，エネルギーを浪費する．すでに述べたように，β 酸化は，カルニチンアシルトランスフェラーゼⅠを阻害するマロニル CoA によって遮断される（図 17-13 参照）．したがって，脂肪酸合成の際には，最初の中間体であるマロニル CoA の産生は，ミトコンドリア内膜の輸送系のレベルで β 酸化を遮断してしまう．この制御機構は，合成経路と分解経路が異なる細胞内コンパートメントに分離されている別の利点を表している．

長鎖飽和脂肪酸はパルミチン酸から合成される

動物細胞の脂肪酸合成系の主要生成物であるパルミチン酸は，他の長鎖脂肪酸の前駆体である（図 21-12）．滑面小胞体とミトコンドリアに存在する**脂肪酸長鎖化系** fatty acid elongation system の作用によって，パルミチン酸は長鎖化してステアリン酸（18：0）になり，アセチル基が付加することによってさらに長鎖の飽和脂肪酸になる．小胞体の長鎖化系の活性は高く，16 個の炭素鎖のパルミトイル CoA を 2 炭素分伸長させてステアロイル CoA にする．この長鎖化反応ではパルミチン酸合成の場合とは異なる酵素系が利用され，ACP ではなく補酵素 A が反応のアシル基の運搬体であるが，小胞体での長鎖化機構はパルミチン酸合成機構と類似している．すなわち，マロニル CoA から 2 個の炭素が供与され，続いて還元，脱水，さらに還元が起こり，18 個の炭素から成る飽和型のステアロイル CoA になる．

伸長経路の二つの重要な生成物は，オメガ 6 脂肪酸のリノール酸とオメガ 3 脂肪酸の α-リノレン酸である（これらの脂肪酸の別の命名法については Chap. 10 参照）．これらは，不飽和脂肪酸誘導体の大規模なファミリー（オメガ 6 ファミリーとオメガ 3 ファミリー）の前駆体である．ヒトはリノール酸と α-リノレン酸を合成することができないので，それらを食餌から摂取しなければならない．食餌中のオメガ 6 脂肪酸とオメガ 3 脂肪

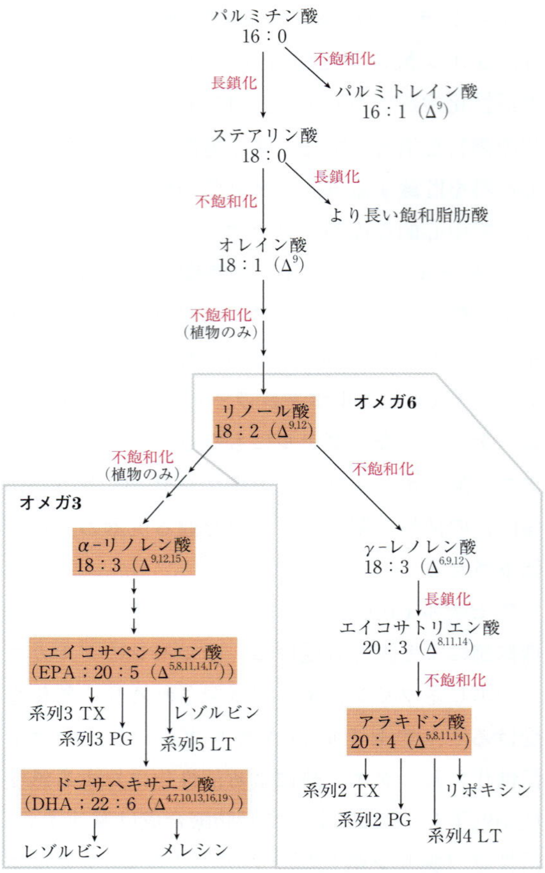

図 21-12　不飽和脂肪酸とその誘導体の合成経路

パルミチン酸は，ステアリン酸やさらに長鎖の飽和脂肪酸の前駆体であり，パルミトレイン酸やオレイン酸のような一価不飽和脂肪酸の前駆体でもある．哺乳類はオレイン酸をリノール酸や α-リノレン酸（淡赤色の網かけ）に変換することができないので，これらの脂肪酸は必須脂肪酸として食餌から摂取しなければならない．リノール酸から他の多価不飽和脂肪酸やエイコサノイドへの変換の概略も示してある．不飽和脂肪酸は，表 10-1 のように，炭素数，および二重結合の数と位置で記号表記してある．リノール酸と α-リノレン酸は，それぞれ重要なオメガ 6 脂肪酸とオメガ 3 脂肪酸である．これらの脂肪酸は，シグナル伝達分子として作用する．二文字の略号は，プロスタグランジン prostaglandin（PG），トロンボキサン thromboxane（TX），ロイコトリエン leukotriene（LT）などのエイコサノイド eicosanoid を表す．特定のクラスの不飽和脂肪酸は，二重結合の数によってさらに系列というサブクラスに分類される．例えば系列 2 の TX は，炭化水素鎖中に二重結合が二つあるトロンボキサンである．

酸の比率が高すぎると，心血管疾患を引き起こすことがある．この比の重要性は，複雑な生理作用を同じように有するオメガ 6 ファミリーとオメガ 3 ファミリー（図 21-12）の多数のシグナル伝達分子を反映しているのかもしれない．これらの不飽和脂肪酸誘導体のうちのいくつかについて次に述べる．

脂肪酸の不飽和化には混合機能オキシダーゼが必要である

パルミチン酸とステアリン酸は，動物組織に最も一般的に存在する二つの一価不飽和脂肪酸，すなわちパルミトレイン酸 16：1（Δ^9）とオレイン酸 18：1（Δ^9）の前駆体である．これらの一価不飽和脂肪酸は，C-9 位と C-10 位の間に単一のシス二重結合を有する（表 10-1 参照）．脂肪酸鎖への二重結合の導入は**混合機能オキシダーゼ** mixed-function oxidase（Box 21-1）の一つである**脂肪酸アシル CoA デサチュラーゼ** fatty acyl-CoA desaturase（図 21-13）により触媒される酸化反応によって行われる．この酵素によって，二つの異なる基質，すなわち脂肪酸と NADH あるいは NADPH が同時に二つの電子による酸化を受ける．電子の流れる経路にはシトクロム（シトクロム b_5）とフラビンタンパク質（シトクロム b_5 レダクターゼ）が含まれ，これらは脂肪酸アシル CoA デサチュラーゼと同様に滑面小胞体に存在する．植物では，オレイン酸は葉緑体のストロマに存在する**ステアロイル ACP デサチュラーゼ** stearoyl-ACP desaturase（**SCD**）によって産生され，その際には還元型フェレドキシンが電子供与体として使われる．

動物の SCD（マウスによる研究）は，肥満の進展，およびしばしば肥満を伴い，Ⅱ型糖尿病の発症に先行するインスリン抵抗性において重要な役割を果たす．マウスは 4 種類のアイソザイム（SCD1 ～ SCD4）を有し，これらのうちで SCD1 が最もよくわかっている．SCD1 の合成は，食物由来の飽和脂肪酸によって，また脂質の合成酵素の転写を活性化する 2 種類の脂質代謝調節タンパク質（SREBP と LXR）の作用によって誘導される（Sec. 21.4 で述べる）．変異型 SCD1 をもつマウスは，食餌によって誘導される肥満に対して抵抗性であり，正常な SCD1 をもつマウスが肥満や糖尿病を起こすような条件下でも糖尿病を発症しない．

哺乳類の肝細胞は脂肪酸のΔ^9位に二重結合を容易に導入することができるが，脂肪酸の C-10 位と末端のメチル基との間にさらに二重結合を導入することはできない．したがって，前述のように，哺乳類はオメガ 6 脂肪酸ファミリーの前駆体

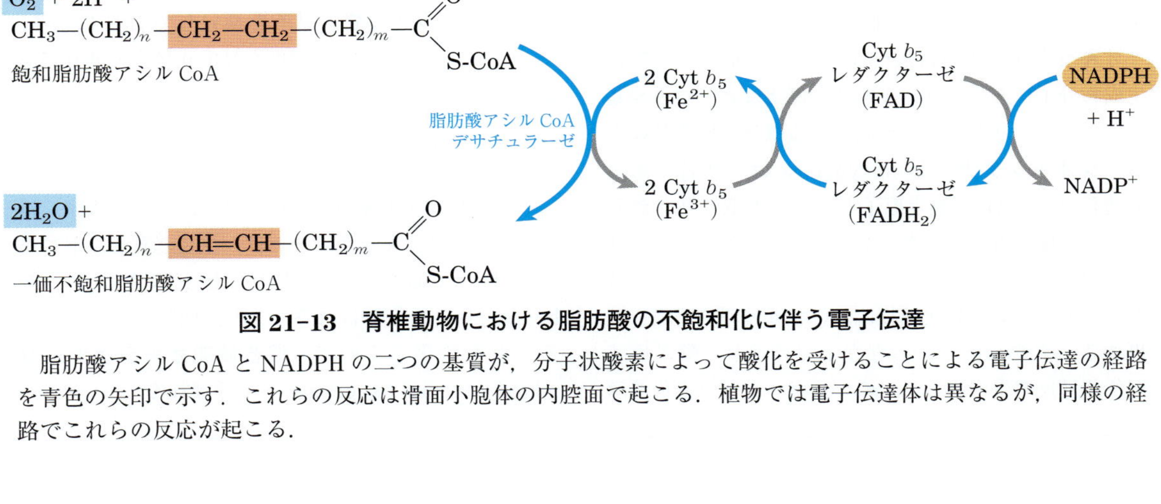

図 21-13　脊椎動物における脂肪酸の不飽和化に伴う電子伝達

脂肪酸アシル CoA と NADPH の二つの基質が，分子状酸素によって酸化を受けることによる電子伝達の経路を青色の矢印で示す．これらの反応は滑面小胞体の内腔面で起こる．植物では電子伝達体は異なるが，同様の経路でこれらの反応が起こる．

BOX 21-1 医学

オキシダーゼ，オキシゲナーゼ，シトクロム P-450，および薬物の過剰投与

本章では，分子状酸素が関与する酸化還元反応を行ういくつかの酵素が登場する．脂肪酸のアシル鎖に二重結合を導入するステアロイル CoA デサチュラーゼ（SCD）（図 21-13 参照）も，そのような酵素の一つである．

この一般的なタイプの反応を触媒する酵素の命名は，混乱を招くことがある．**オキシダーゼ** oxidase は，分子状酸素が電子受容体になるが，酸化された反応生成物には酸素原子は取り込まれない酸化反応を触媒する酵素の一般名である（しかし，後述するようにこの「規則」には例外がある）．ペルオキシソームにおいて，脂肪酸を酸化する過程で脂肪酸アシル CoA に二重結合を導入する酵素（図 17-14 参照）は，このタイプのオキシダーゼである．別の例はミトコンドリア呼吸鎖のシトクロムオキシダーゼ（図 19-13 参照）である．前者の場合には H_2O に二つの電子が転移されて過酸化水素 H_2O_2 が産生され，後者の場合には二つの電子が 1/2 O_2 を H_2O にする．すべてではないが，多くのオキシダーゼはフラビンタンパク質である．**混合機能オキシダーゼ** mixed function oxidase は二つの異なる基質を同時に酸化する．この場合にも，分子酸素の酸素原子は酸化生成物には見られない．混合機能オキシダーゼは，脂肪酸不飽和化（脂肪酸アシル-CoA デサチュラーゼ；図 21-13 参照），およびプラスマローゲン合成の最終ステップ（図 21-30 参照）で作用する．

オキシゲナーゼ oxygenase は，酸素原子が実際に生成物分子に直接取り込まれて，例えばヒドロキシ基やカルボキシ基が新たに形成される酸化反応を触媒する．**ジオキシゲナーゼ** dioxygenase は，基質である有機化合物に O_2 の酸素原子が両方とも取り込まれる反応を触媒する．ジオキシゲナーゼの一例としてトリプトファン 2,3-ジオキシゲナーゼがある．この酵素はトリプトファンの異化過程において五員環の開環を触媒する．この反応を $^{18}O_2$ 存在下で行うと，酸素原子同位体は反応生成物の二つのカルボニル基（赤色で示す）に取り込まれる．

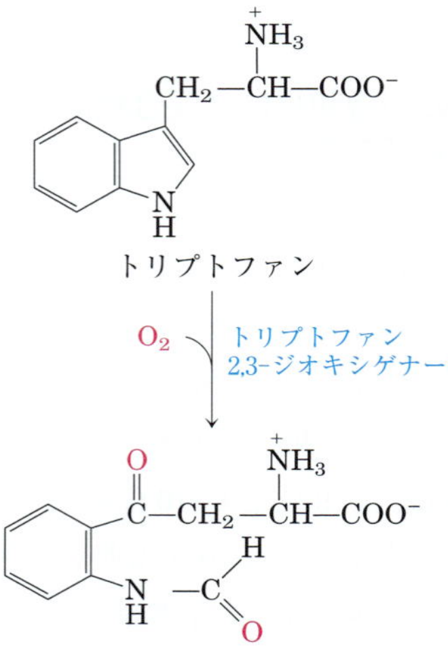

モノオキシゲナーゼ monooxygenase は，より一般的で複雑な作用を行うが，O_2 の 2 個の酸素原子の一方だけが有機化合物の基質に取り込まれ，他方は還元されて H_2O になる反応を触媒する．一例はスクアレンモノオキシゲナーゼである（図 21-37 参照）．モノオキシゲナーゼは，O_2 の二つの酸素原子の還元剤として二つの基質を必要とする．主要な基質は 2 個の酸素原子のうちの 1 個を受け取り，補助基質は水素原子を供給して残りの酸素原子を還元して H_2O にする．モノオキシゲナーゼの一般的な反応式は次の通りである．

$$AH + BH_2 + O{-}O \longrightarrow A{-}OH + B + H_2O$$

ここで AH は主要基質を，BH_2 は補助基質を表す．ほとんどのモノオキシゲナーゼは，主要基質をヒドロキシ化する反応を触媒するので**ヒドロキシラーゼ** hydroxylase とも呼ばれる．また，同時に二つの異なる基質を酸化するので，**混合機能オキシゲナーゼ** mixed-function oxygenase とも呼ばれる．

モノオキシゲナーゼは，補助基質の性質によっていくつかのクラスに分けられる．モノオキシゲナーゼには，補助基質として還元型フラビンヌクレオチド（$FMNH_2$ あるいは $FADH_2$）を用いるものや，NADH あるいは NADPH を用いるものがある．さらには α-ケトグルタル酸を補助基質として用いるものもある．フェニルアラニンのフェニル環をヒドロキシ化してチロシンにする酵素もモノオキシゲナーゼであるが，これはテトラヒドロビオプテリンを補助基質として利用する（図 18-23 参照；ヒトの遺伝病のフェニルケトン尿症ではこの酵素に欠陥がある）．

最も数が多く，しかも最も複雑なモノオキシゲナーゼ反応は，**シトクロム P-450** cytochrome P-450 というタイプのヘムタンパク質によるものである．ミトコンドリアのシトクロムオキシダーゼのように，シトクロム P-450 のドメイン構造をもつ酵素は O_2 と反応し，一酸化炭素と結合することができる．ただし，還元型のシトクロム P-450 の一酸化炭素との複合体は 450 nm の光を強く吸収する（したがって，P-450 と名づけられた）ので，シトクロムオキシダーゼとは区別できる．

シトクロム P-450 はヒドロキシ化反応を触媒し，O_2 の一つの酸素原子を使って有機化合物の基質である RH をヒドロキシ化して R-OH にする．もう一つの酸素原子は還元されて H_2O になるが，その場合に NADH あるいは NADPH から供給される還元当量は，鉄-硫黄タンパク質によって P-450 へと供給される．シトクロム P-450 の作用の簡単な概要を図 1 に示す．

シトクロム P-450 を含むタンパク質の大きな一つのファミリーには，おおきく二つのタイプがある．すなわち，一般的な酵素と同様に，単一の基質に対して高い特異性を有するタイプ，および概して疎水性ではあるが多様な基質を受け入れることができる自在な結合部位を有するタイプである．例えば，副腎皮質では，特定のシトクロム P-450 がステロイドのヒドロキシ化を行って副腎皮質ホルモンを産生する（図 21-49 参照）．ステロイドホルモンやエイコサノイドの生合成経路において極めて特異的な基質に対して作用する数十種類ものシトクロム P-450 が存在する（図 2）．基質特異性の低いシトクロム P-450 は，バルビツール酸 barbiturate や他の生体異物 xenobiotic（生体にとって外来の物質）などの多種類の薬物（特に疎水性で比較的不溶性のもの）をヒドロキシ化する際に重要である．環境性発がん物質のベンゾ[*a*]ピレン benzo[*a*] pyren（タバコの煙に存在する）は，解毒の過程でシトクロム P-450 依存性のヒドロキシ化を受ける（訳者注：ベンゾ[*a*]ピレンなどの化合物の場合には，シトクロム P-450 によるエポキシ化を受けることによって，発がん性を獲得することが知られている．このように，シトクロム P-450 などによる代謝によって，もとの化合物にはなかった薬理作用や毒性が現れることを代謝活性化 metabolic activation という）．このように生体異物がヒドロキシ化されると，しばしばそのヒドロキシ基にグルクロン酸 glucuronic acid のような極性化合物が付加され，さらに水溶性が増し，尿中へ排泄されやすくなる．ヒドロキシ化（そしてグルクロン酸抱合 glucuronidation）はほとんどの薬物を不活化する．そして，この不活性化の速度は，投与された一定量の薬物が血中おいて治療有効濃度をどのくらいの期間保つのかを決定する．

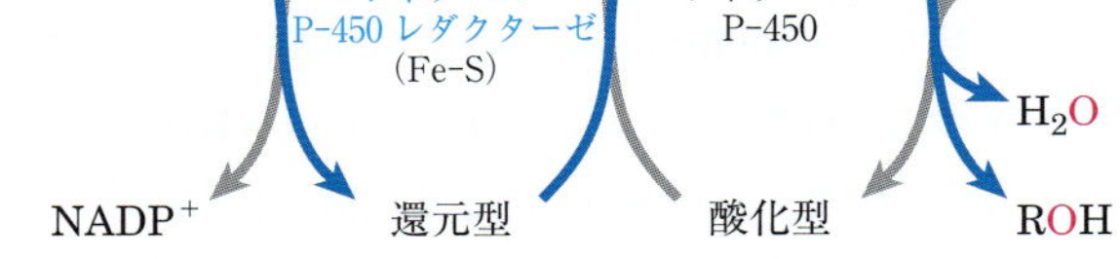

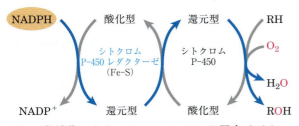

図 1　単純化したシトクロム P-450 の反応サイクル

遺伝形質の違いによって，そして過去において基質に暴露されることによって高レベルのシトクロム P-450 酵素の生合成を誘導できるようになることによって，薬物代謝酵素のレベルは個人によって異なる．あるシトクロム P-450 はエタノールとバルビツール酸系の薬物を代謝することができる．長期間にわたる深酒はそのシトクロム P-450 の合成を誘導する．したがって，バルビツール酸は不活性化されて，速やかに排除されるので，同じ治療効果を得るためには多量に必要となる．もしもある個人が通常量よりも多いバルビツール酸を服用し，かつアルコールも飲めば，限られた量の代謝酵素に関してアルコールとバルビツール酸が競合し，それらは両方ともにゆっくりと排除さ

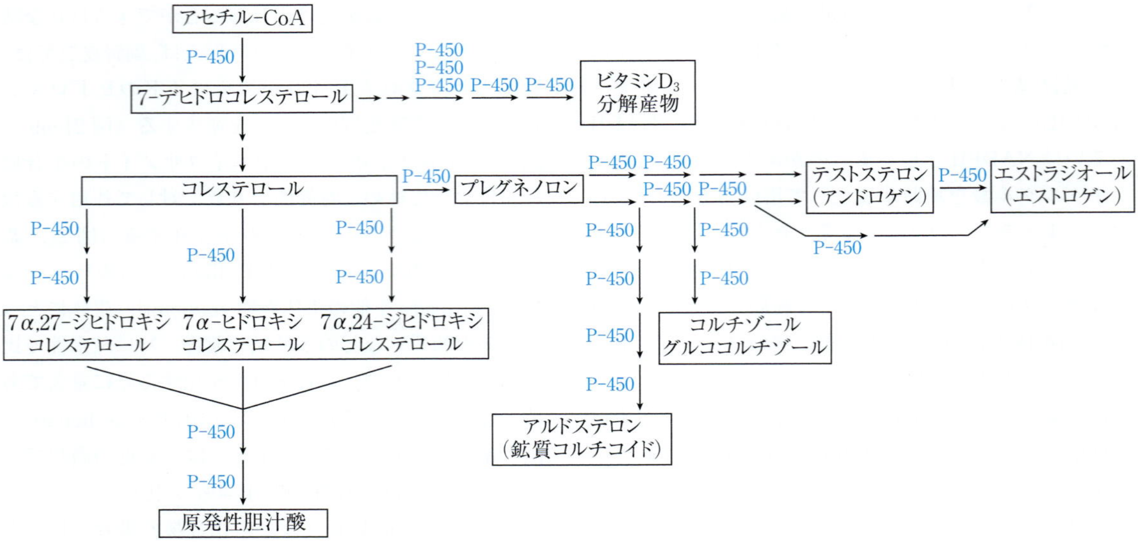

図 2 ステロール生合成経路

シトクロム P-450 を必要とするステップを示す.

れることになる．その結果，これら二つの中枢神経系抑制物質が高レベルになって，死を招くことがある．同様の問題は，ある個人がたまたま同じシトクロム P-450 によって不活性化される二つの薬物を同時に摂取したときに起こる．各薬物は不活性化を遅らせることによって，互いの有効量を上昇させることになる．したがって，飲酒，喫煙あるいは環境汚染物質への暴露の経歴に加えて，患者に関する処方薬，一般用医薬品およびサプリメントのすべてに関して，医師や薬剤師が知っておくことは必須である.

であるリノール酸 18：2（$\Delta^{9,12}$）もオメガ 3 脂肪酸ファミリーの前駆体である α-リノレン酸 18：3（$\Delta^{9,12,15}$）も合成することはできない．しかし植物はこれらを両方ともに合成できる．Δ^{12} と Δ^{15} の位置に二重結合を形成する植物のデサチュラーゼは，小胞体と葉緑体に存在する．小胞体の酵素は遊離脂肪酸には作用しないが，グリセロールに少なくとも一つのオレイン酸を含むリン脂質のホスファチジルコリンには作用することができる（図 21-14）．植物と細菌は，ともに低温下でも膜の流動性を確保するために多価不飽和脂肪酸を合成しなければならない.

リノール酸と α-リノレン酸は他の生成物の前駆体なので，哺乳類にとって**必須脂肪酸** essential fatty acid であり，哺乳類はこれらの脂肪酸を植物から食餌として摂取しなければならない．リノール酸はいったん摂取されると，他の多価不飽和脂肪酸，特に γ-リノレン酸，エイコサトリエン酸および**アラキドン酸** arachidonate（**エイコサテトラエン酸** eicosatetraenoate）に変換されるが，これらの脂肪酸はすべてリノール酸からしか合成されない（図 21-12）．同様に，α-リノレン酸は二つの重要な誘導体である**エイコサペンタエン酸** eicosapentaenoic acid（**EPA**）と**ドコサヘキサエン酸** docosahexaenoic acid（**DHA**）に変換される．アラキドン酸 20：4（$\Delta^{5,8,11,14}$），EPA 20:5($\Delta^{5,8,11,14,17}$) および DHA 22:6($\Delta^{4,7,10,13,16,19}$) は，重要な調節機能をもつ脂質であるさまざまな

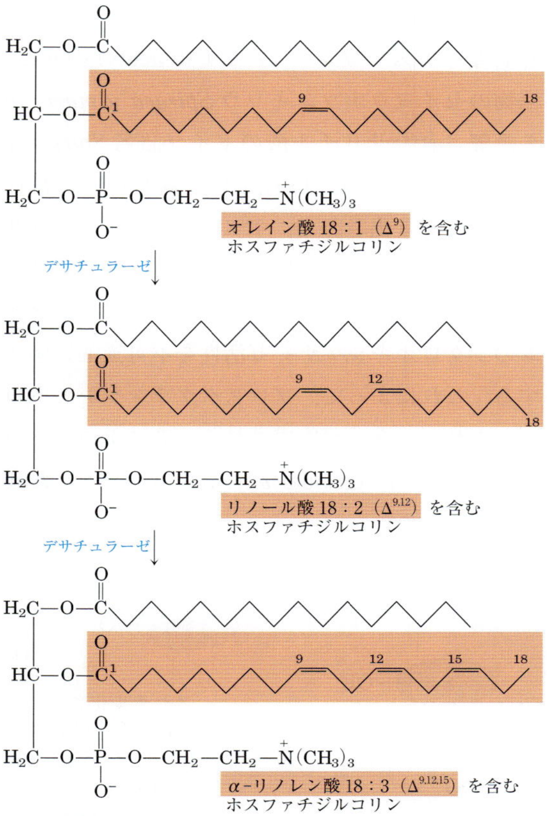

図 21-14　植物のデサチュラーゼの作用

植物のデサチュラーゼは，ホスファチジルコリンに結合しているオレイン酸を酸化して多価不飽和脂肪酸にする．産生された多価不飽和脂肪酸には，加水分解されてホスファチジルコリンから遊離するものがある．

クラスのエイコサノイド eicosanoid にとって必須の前駆体である．炭素数が 20 と 22 の脂肪酸は，p. 1174 に記した反応と類似する脂肪酸の長鎖化反応によってリノール酸（および α-リノレン酸）から合成される．

エイコサノイドは炭素数 20 と 22 の多価不飽和脂肪酸から合成される

エイコサノイドは，短距離メッセンジャーとして機能する極めて強力な生物学的シグナル分子のファミリーであり，それらを産生する細胞の周辺組織に影響を与える．

ホルモンや他の刺激に応答して，ほとんどの哺乳類細胞に存在しているホスホリパーゼ A_2 が膜リン脂質に作用し，グリセロールの C-2 位からアラキドン酸を遊離させる．次に，アラキドン酸は滑面小胞体に存在する酵素によって**プロスタグランジン** prostaglandin に変換される．最初に，他の多くのプロスタグランジンやトロンボキサンの直接の前駆体であるプロスタグランジン H_2（PGH_2）が産生される（図 21-15(a)）．PGH_2 を生じさせる二つの反応は，二機能酵素である**プロスタグランジン H_2 シンターゼ** prostaglandin H_2 synthase，いわゆる**シクロオキシゲナーゼ** cyclooxygenase（**COX**）によって触媒される．最初の反応では，シクロオキシゲナーゼ活性によって分子状酸素がアラキドン酸に取り込まれて PGG_2 が産生される．第二のステップは COX のペルオキシダーゼ活性によって触媒されて PGG_2 が PGH_2 に変換される．

重要な約束：五員環部分に異なる官能基を有するプロスタグランジンは，A, B, C, D, E, F, G, H および R のように異なる文字で表記される．PGH_2 や PGG_2 のように文字のあとの下付きの数字は二重結合の数を示す．二つの二重結合を有するプロスタグランジンは，全てがアラキドン酸に由来し，系列 2 のプロスタグランジンと呼ばれる．三つの二重結合を有するものは EPA に由来し，系列 3 と呼ばれる（図 21-12）．以下に述べるエイコサノイドの他のクラスについても，同様の命名様式が用いられる．■

系列 2 のプロスタグランジンは，炎症，疼痛，腫脹，血管拡張などのストレスや傷害に対する即時応答において重要な役割を果たす．系列 3 のプロスタグランジンは，一般にゆっくりと作用し，通常は系列 2 のプロスタグランジンに関連する応答を緩和する．

哺乳類には，プロスタグランジン H_2 シンターゼの二つのアイソザイム（COX-1 と COX-2）がある．これらの酵素は異なる機能を有するが，アミノ酸配列は極めて似ており（60 ～ 65% の配列相同性），両方の触媒活性中心での反応機構は類似している．COX-1 は，胃粘液のムチンの分泌を調節するプロスタグランジンの合成に関係しており，COX-2 は，炎症，痛み，発熱を媒介するプロスタグランジンの合成に関与する．

痛みは COX-2 を阻害することによって緩和される．この目的のために広く市販された最初の薬はアスピリン aspirin（アセチルサリチル酸 acetylsalicylate，図 21-15(b)）であった．有名な「アスピリン」（アセチル acetyl の *a* と，植物のセイヨウナツユキソウ *Spiraea ulmaria* から調製されたサリチル酸のドイツ語名 *Spirsaüre* の *spir* に由来）は，1899 年に登場しバイエル社によって売り出された．アスピリンは，Ser 残基をアセチル化して各 COX アイソザイムの活性部位を遮断することによって，両 COX アイソザイムのシクロオキシゲナーゼ活性を不可逆的に阻害する．これによって，プロスタグランジンとトロンボキサンの合成が阻害される．非ステロイド抗炎症薬 *n*on-*s*teroidal *a*nti-*i*nflammatory *d*rug

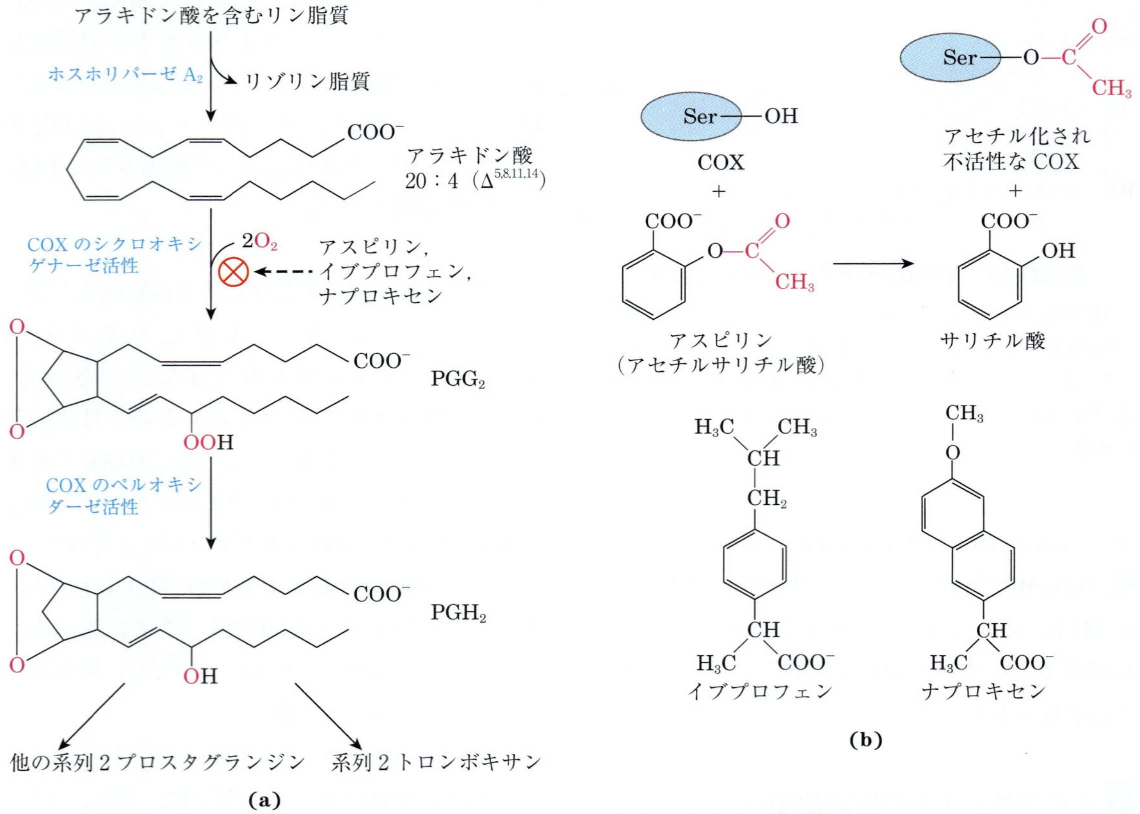

図 21-15 アラキドン酸からプロスタグランジンとトロンボキサンへの「サイクリック」経路

(a) ホスホリパーゼ A_2 の作用によってリン脂質からアラキドン酸が遊離すると，COX（プロスタグランジン H_2 シンターゼともいう）のシクロオキシゲナーゼ活性とペルオキシダーゼ活性によって，アラキドン酸はプロスタグランジンとトロンボキサンの前駆体である PGH_2 に変換される．**(b)** アスピリンは酵素活性に不可欠な Ser 残基をアセチル化することによって最初の反応を阻害する．イブプロフェンとナプロキセンも同じステップを阻害するが，その阻害機構は，基質あるいは反応中間体とこれらの化合物の構造が似ているためであろう．

（NSAID；図 21-15(b)）として広く使用されている別の薬物であるイブプロフェン ibuprofen も，両方のアイソザイムを阻害する．しかし，COX-1 の阻害は，胃の炎症やさらに重篤な障害などの好ましくない副作用を引き起こす．1990 年代に，COX-2 に対して高い特異性を有する NSAID 化合物が，ひどい痛みに対する進んだ治療法として開発された．これらの治療薬のうちロフェコキシブ（Vioxx），バルデコキシブ（Bextra），セレコキシブ（Celebrex）の三つは，世界的に広く使用が承認された．Vioxx と Brextra は，当初は成功と見なされていたが，現場からの報告や臨床研究によって，これらの薬物が心臓発作や脳卒中のリスクの増大と関連付けられたために市場から撤退された．Celebrex はまだ市場に出回っているが，慎重に使用されている．これらの薬物に関する問題の詳細な理由はまだはっきりとはしていない．しかし，新たなシグナル伝達を担うエイコサノイドや新たな作用様式を明らかにする研究は続いている．高度な COX-2 阻害薬の問題は注意を要する．私たちはこれらのシグナル伝達が絡み合う相互作用の複雑さをますます認識しており，特定の成分を薬剤で標的化することの結果を完全に予測することはできない．

血小板 platelet（トロンボサイト thrombocyte）中に存在する**トロンボキサンシンターゼ** thromboxane synthase は，PGH_2 をトロンボキサン A_2 に変換する．トロンボキサン A_2 はさらに系列 2 の他の**トロンボキサン** thromboxane へと代謝される（図 21-15(a)）．系列 2 のトロンボキサンは血管収縮，および血液凝固の初期ステップである血小板凝集を引き起こす．低用量のアスピリンを常用すると，トロンボキサンの産生が抑えられて，心臓発作や脳卒中になる確率が低下する．■

トロンボキサンはプロスタグランジンと同様に，5 個または 6 個の原子から成る環状構造をもつので，アラキドン酸が系列 2 のプロスタグランジンとトロンボキサンに変換される経路を「サイクリック cyclic」経路と呼び，アラキドン酸から直鎖状の化合物の**ロイコトリエン** leukotriene（図 21-16）への合成経路，すなわち「リニア linear」経路とは区別される．ロイコトリエン合成は，分子状酸素をアラキドン酸へ取り込む反応を触媒するいくつかのリポキシゲナーゼ lipoxygenase によって行われる．これらの酵素はシトクロム P-450 ファミリーの混合機能オキシダーゼ（Box 21-1 参照）であり，白血球，心臓，脳，肺および脾臓に見られる．リポキシゲナーゼによって導入されるペルオキシド基の位置が異なるさまざまなロイコトリエンがある．アラキドン酸からのリニア経路は，サイクリック経路とは違ってアスピ

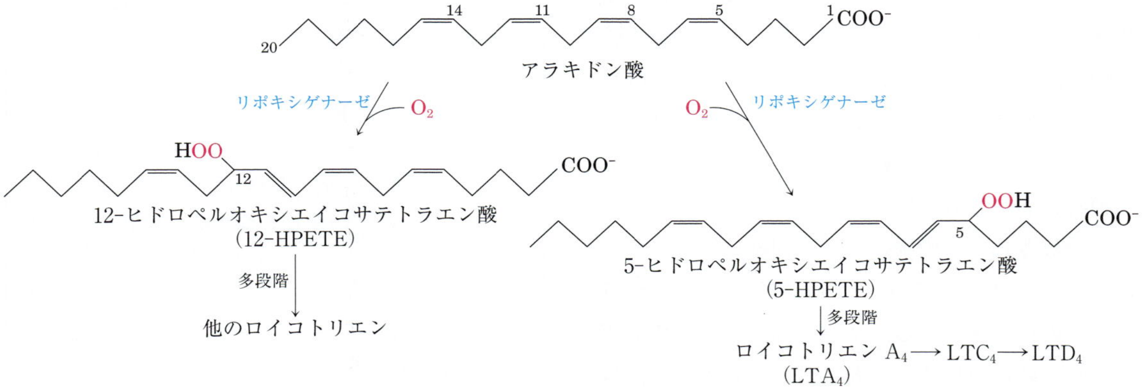

図 21-16　アラキドン酸からロイコトリエンへの「リニア」経路

リンや他のNSAIDによる阻害は受けない.

病原性生物,および大気汚染やタバコの煙のような刺激物は,それらにさらされた組織において炎症応答を引き起こす.炎症応答は,開始と収束の2相から成る.オメガ6ファミリーのエイコサノイドは,白血球を動員して,血管透過性を増大させ,免疫系細胞の走化性や遊走を刺激する開始期において重要である.組織損傷の原因がうまく治まるにつれて炎症は収束し,組織は正常状態に戻らなければならない.炎症の収束は,いくつかのクラスのシグナル伝達分子(特に重要なのがロイコトリエンやプロスタグランジン類)によって促進される.オメガ3ファミリーに属する多くのエイコサノイド(系列3のプロスタグランジンやトロンボキサンなど)は抗炎症性であるが,その分類は絶対的なものではない.すなわち,個々のエイコサノイドは,ある組織では炎症性であり,別の組織では抗炎症性である.炎症の収束期には,最近発見された**特異的炎症収束性メディエーター** specialized pro-resolving mediator (**SPM**) という一群のエイコサノイドが使われる.最初に発見されたSPMファミリーはリポキシン lipoxin であり,より最近になってレゾルビン resolvin,プロテクチン protectin,マレシン maresin が発見された.すべてのSPMは必須脂肪酸に由来する(図21-12).これらは,異なる標的細胞や組織に対してさまざまな様式で影響を及ぼす.これらの作用の総和は,壊死組織片,微生物,および死細胞の除去の促進,血管の完全性の回復,および組織の再生である.またSPMは,痛みや発熱を軽減させることから,創薬の標的として極めて興味深い. ■

植物においても,脂肪酸から重要なシグナル分子が合成される.動物の場合と同様に,シグナル伝達開始の重要なステップは,特定のホスホリパーゼの活性化である.植物の場合には,ホスホリパーゼの作用により遊離される基質の脂肪酸は α-リノレン酸である.次に,リポキシゲナーゼはリノレン酸をジャスモン酸 jasmonate へと変換する経路の最初のステップを触媒する.ジャスモン酸は,昆虫に対する防御,病原性の菌類に対する抵抗性,および花粉の成熟における特異的なシグナル伝達分子としての役割を果たす物質である.またジャスモン酸は,種子の発芽,根の成長および果実や種子の発達にも影響を及ぼす.

まとめ

21.1 脂肪酸とエイコサノイドの生合成

- 長鎖飽和脂肪酸は,サイトゾルに存在する六つの酵素活性とアシルキャリヤータンパク質(ACP)から成る系によってアセチルCoAから合成される.脂肪酸合成酵素には二つのタイプがある.脊椎動物や菌類に見られるFAS I は多機能ポリペプチドである.FAS II は細菌や植物に見られ,機能が分離している合成系である.両方のタイプともに,脂肪酸のアシル中間体を運搬する機能をもつ二つのタイプの -SH 基(一つは ACP のホスホパンテテインの -SH 基,もう一つは β-ケトアシル ACP シンターゼの Cys 残基の -SH 基)を有する.
- アセチルCoA(シャトル機構によりミトコンドリア外に運び出される)と CO_2 から合成されるマロニルCoAがACPに結合して生成するマロニルACPは,Cys残基の -SH 基に結合しているアセチル基と縮合し,CO_2 を放出してアセトアセチルACPになる.次に還元されて D-β-ヒドロキシ誘導体になり,脱水されてトランス-Δ^2-不飽和アシルACPになり,さらに還元されてブチリルACPになる.両方の還元反応ともNADPHが電子供与体になる.脂肪酸合成はマロニルCoAの生成のレベルで調節される.
- マロニルACPが伸長しつつある脂肪酸鎖のカルボキシ末端にさらに6回順次反応し,脂肪酸合成酵素による反応の最終生成物であるパルミトイルACPが生成する.そして加水分解によってパルミチン酸が遊離する.
- パルミチン酸が長鎖化すると炭素数18のステ

アリン酸になる．パルミチン酸とステアリン酸は混合機能オキシダーゼの作用によって不飽和化され，それぞれパルミトレイン酸とオレイン酸になる．

- 哺乳類はリノール酸とα-リノレン酸を合成できないので，植物から摂取しなければならない．哺乳類は外来のリノール酸をアラキドン酸へと変換する．アラキドン酸は極めて強力なシグナル分子のエイコサノイド（プロスタグランジン，トロンボキサン，ロイコトリエン，そして特異的炎症収束性メディエーター）ファミリーの親化合物である．プロスタグランジンとトロンボキサンの合成は，プロスタグランジンH_2シンターゼのシクロオキシゲナーゼ活性に対して作用するNSAIDによって阻害される．

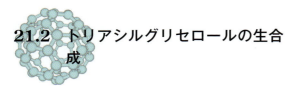

21.2　トリアシルグリセロールの生合成

生物が生合成したり摂取したりする脂肪酸の大部分は，代謝エネルギーの貯蔵のためにトリアシルグリセロールに取り込まれるか，あるいは膜の成分であるリン脂質に取り込まれるかのどちらかの代謝運命をたどる．どちらの運命をたどるのかは，その時点の生物の要求性に依存する．成長が著しい場合には，新たな膜の合成のために膜リン脂質の産生が必要である．しかし，十分に食物が供給され，しかも活発な成長をしていないときには，ほとんどの脂肪酸は貯蔵脂肪へと取り込まれる．貯蔵脂質への経路と膜リン脂質への経路は，どちらも同じ物質から出発する．すなわち，グリセロールの脂肪酸アシルエステルがまず合成される．ここでは，トリアシルグリセロールへの経路とその調節，およびグリセロール新生過程におけるグリセロール 3-リン酸の生成について述べる．

トリアシルグリセロールとグリセロリン脂質は同じ前駆体から合成される

動物は多量のトリアシルグリセロールを合成して貯蔵し，必要なときに燃料として利用する（Box 17-1 参照）．ヒトは肝臓と筋肉にわずか数百グラムのグリコーゲンしか蓄えられず，その量はからだのエネルギー需要の 12 時間分にしかならない．一方，平均的な体格をした体重 70 kg の男性が貯蔵しているトリアシルグリセロールの全量は約 15 kg もあり，12 週間分もの基礎エネルギーを供給できる（表 23-6 参照）．トリアシルグリセロールは貯蔵栄養素の中で最もエネルギー含量が大きく，38 kJ/g 以上である．グリコーゲンとして貯蔵できる生物の許容量を超えて糖質が摂取されると，その過剰分はトリアシルグリセロールに変換されて脂肪組織に貯蔵される．トリアシルグリセロールは植物においてもエネルギーの豊富な燃料として生合成され，主として果実，木の実や種子に貯蔵される．

動物組織において，トリアシルグリセロールの生合成とホスファチジルエタノールアミンのようなグリセロリン脂質の生合成は，二つの前駆体（脂肪酸アシル CoA と L-グリセロール 3-リン酸）が共通であり，いくつかの生合成ステップも共通である．グリセロール 3-リン酸の大部分は解糖中間体のジヒドロキシアセトンリン酸（DHAP）に由来し，サイトゾルの NAD 依存性**グリセロール 3-リン酸デヒドロゲナーゼ** glycerol 3-phosphate dehydrogenase の作用によって合成される．また，肝臓や腎臓で**グリセロールキナーゼ** glycerol kinase（図 21-17）の作用によって，グリセロールから少量のグリセロール 3-リン酸が合成される．トリアシルグリセロールのもう一つの前駆体はアシル CoA であり，**アシル CoA シンテターゼ** acyl-CoA synthetase によって脂肪酸から合成される．この酵素は，脂肪酸がβ酸化される際に脂肪酸を活性化する酵素と同じである（図

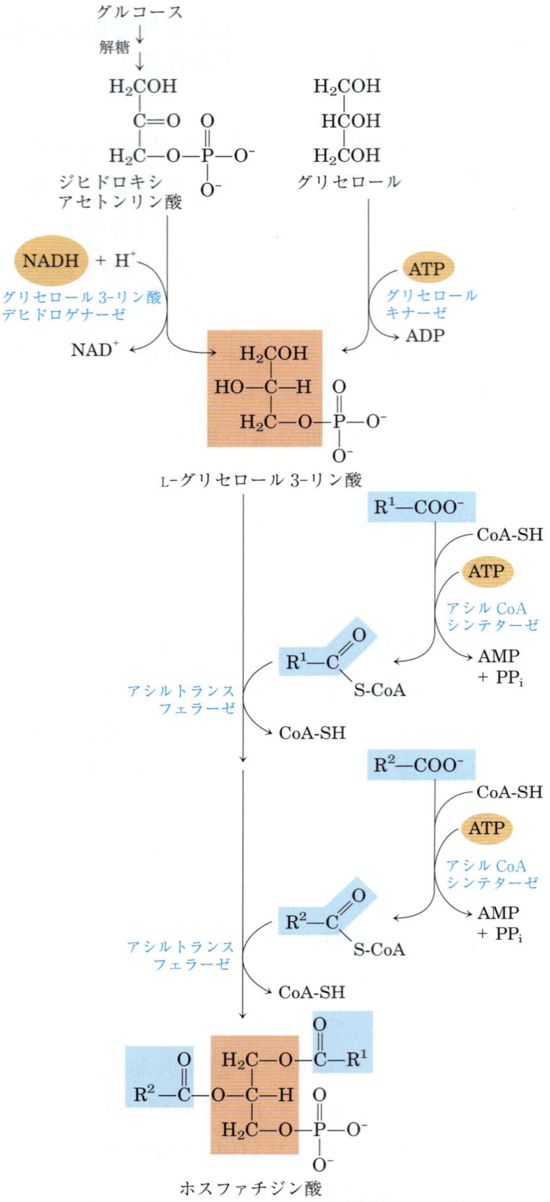

図 21-17 ホスファチジン酸の生合成

脂肪酸アシル基は，脂肪酸アシル CoA を形成することによって活性化され，ここに示す二つの経路のどちらかで合成される L-グリセロール 3-リン酸に転移されてエステル結合を形成する．ホスファチジン酸のグリセロール分子の C-2 位（L）は，立体化学的に正しく示してある（一つのエステル化された脂肪酸アシル基をもつ中間生成物はリゾホスファチジン酸である）．これ以降の図（および図 21-14）においてスペースを節約するために，グリセロリン脂質の両方の脂肪酸アシル基は，右側に出るようにして示す．

17-5 参照）．

トリアシルグリセロール生合成の最初のステージでは，L-グリセロール 3-リン酸の二つのヒドロキシ基が 2 分子のアシル CoA によりアシル化され，一般に**ホスファチジン酸** phosphatidic acid あるいはホスファチデート phosphatidate と呼ばれる**ジアシルグリセロール 3-リン酸** diacylglycerol 3-phosphate になる（図 21-17）．ホスファチジン酸は細胞内でほんのわずかしか存在しないが，脂質生合成の重要な中間体であり，トリアシルグリセロールやグリセロリン脂質に変換される．トリアシルグリセロールへの経路では，ホスファチジン酸は**ホスファチジン酸ホスファターゼ**

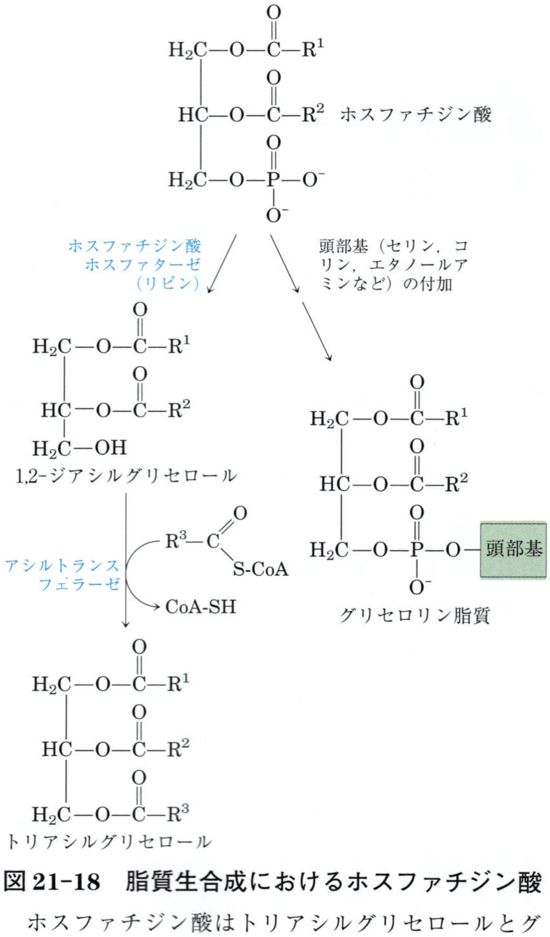

図 21-18 脂質生合成におけるホスファチジン酸

ホスファチジン酸はトリアシルグリセロールとグリセロリン脂質の前駆体である．リン脂質の生合成で頭部基が付加する機構については本節で後述する．

phosphatidic acid phosphatase（リピン lipin ともいう）によって加水分解されて 1,2-ジアシルグリセロールになる（図 21-18）．ジアシルグリセロールに三つ目のアシル CoA がエステル転移すると，トリアシルグリセロールになる．

動物におけるトリアシルグリセロールの生合成はホルモンによって調節される

ヒトの体脂肪量は，カロリー摂取の変動に伴って短時間のわずかな変動はあるが，長期間で見ると比較的一定している．しかし，エネルギー需要を超えて糖質，脂肪あるいはタンパク質を摂取すると，余った分はエネルギーを取り出すことが可能なトリアシルグリセロールとして貯蔵されるので，からだは絶食期間に耐えることができる．

トリアシルグリセロールの生合成と分解は，その時点での前駆体になる物質の量やエネルギー需要に応じて調節される．トリアシルグリセロールの生合成速度はいくつかのホルモンの作用によって大きく変化する．例えば，インスリンは糖質からトリアシルグリセロールへの変換を促進する（図 21-19）．重篤な糖尿病患者はインスリンの分泌や作用に欠陥があるので，グルコースを適切に利用できないだけでなく，糖質やアミノ酸から脂肪酸を合成できない．糖尿病を治療しなければ，その患者の脂肪酸の酸化速度やケトン体の合成速度が上昇し（Chap. 17），その結果体重が減少する．■

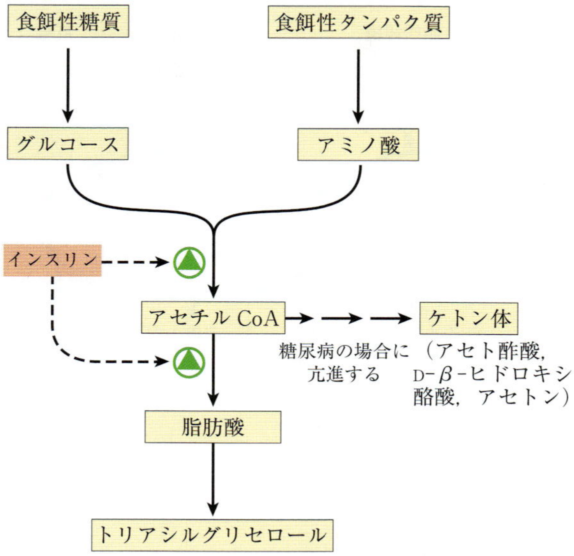

図 21-19 インスリンによるトリアシルグリセロール生合成の調節

インスリンは食餌から摂取した糖質とタンパク質の脂肪への変換を促進する．未治療の糖尿病患者は，インスリンが欠乏しているかインスリンに非感受性である．これによって脂肪酸合成は低下し，糖質やタンパク質の異化に由来するアセチル CoA はケトン体産生に使われてしまう．重篤なケトーシス患者は，アセトン臭がするので酩酊状態と間違われることがある（p. 1344 参照）．

脂肪分解によって遊離する全脂肪酸の約 75％は，燃料として利用されるのではなく，再エステル化されてトリアシルグリセロールになることは，トリアシルグリセロールの生合成と分解のバランスに影響を与える別の要因である．この割合は，絶食状態になってエネルギー代謝が糖質の利用から脂肪酸の酸化に変わっても維持される．この脂肪酸の再利用の一部は，血中に放出される前の再エステル化として脂肪組織で起こる．別の一部は，遊離脂肪酸が肝臓に運搬されてトリアシルグリセロールに取り込まれた後に，再び血中に出て（血中の脂質運搬については Sec. 21.4 で考察する），細胞外のリポタンパク質リパーゼによって脂肪酸が遊離した後に，脂肪組織に取り込まれるという体内循環を介して起こる（図 21-20；図 17-1 も参照）．脂肪組織と肝臓を結ぶ**トリアシルグリセロール回路** triacylglycerol cycle の流束 flux は，他の燃料が利用可能な場合や脂肪組織からの脂肪酸の遊離が限られている場合には極めて小さいが，前述したように再エステル化する脂肪酸の割合はどのような代謝状態であっても 75％でほぼ一定に保たれる．このように血中の脂肪酸レベルは，脂肪組織と肝臓での脂肪酸の遊離速度と，トリアシルグリセロールの合成と分解のバラ

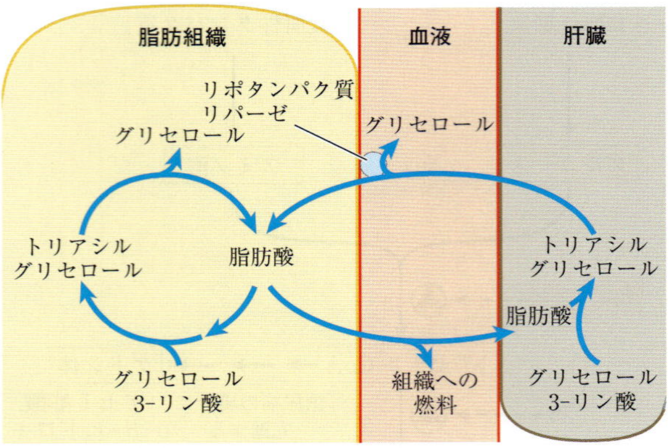

図 21-20 トリアシルグリセロール回路

哺乳類では，飢餓時にトリアシルグリセロール分子はトリアシルグリセロール回路で分解されて再合成される．脂肪組織でトリアシルグリセロールが分解されて遊離する脂肪酸の一部は血中に入り，残りはトリアシルグリセロールの再合成に使われる．血中に放出された脂肪酸の一部はエネルギーとして利用され（例：筋肉），一部は肝臓に取り込まれてトリアシルグリセロールの合成に使われる．肝臓で合成されたトリアシルグリセロールは血中を運搬されて脂肪組織に戻る．そこで脂肪酸が細胞外のリポタンパク質リパーゼによって遊離し，脂肪細胞に取り込まれて再エステル化されてトリアシルグリセロールになる．

ンスの両方を反映している．

エネルギー需要を満たすために脂肪酸の動員が必要なときには，ホルモンのグルカゴンやエピネフリンが脂肪組織からの脂肪酸の放出を刺激する（図 17-3，図 17-13 参照）．これらのホルモンシグナルは，同時に肝臓での解糖を抑制して糖新生を促進する（脳にグルコースを供給する；Chap. 23 で詳述する）．放出された脂肪酸は筋肉などのさまざまな組織に取り込まれ，酸化されてエネルギーを供給する．肝臓に取り込まれた脂肪酸の多くは，酸化されずにトリアシルグリセロールへと再生されて脂肪組織に戻る．

見かけ上は無益なトリアシルグリセロール回路（「無益な」基質回路については Chap. 15 で考察）の機能についてはよくわかっていない．しかし，どのようにしてこの回路が二つの別個の臓器の代謝を介して維持され，協調して調節されているのかがわかるにつれて，ある可能性が明らかになった．例えば，トリアシルグリセロール回路に余分な容量がある（脂肪酸は燃料として酸化されるよりもトリアシルグリセロールに再変換される）ことは，絶食時に血流中でエネルギーを貯蔵していることになり，「闘争-逃走応答 fight or flight response」のような緊急時には貯蔵されているトリアシルグリセロールよりも速やかに動員される．

飢餓時でさえも脂肪組織でトリアシルグリセロールが常に再生しているので，二つ目の疑問が生じる．この過程に必要なグリセロール 3-リン酸はどこから来るのか．前述のように，このような状況ではグルカゴンやエピネフリンの作用によって解糖は抑制されるので，DHAP はほとんど利用できない．また，脂肪組織にはグリセロールキナーゼ（図 21-17）がないので，脂肪分解によって遊離するグリセロールは直接グリセロール 3-リン酸になることはできない．それではどのようにして十分量のグリセロール 3-リン酸が産生されるのか．その答えは 30 年以上前に発見され，最近まで注目されていなかった経路，すなわちトリアシルグリセロール回路に深く関係し，広い意味で脂肪酸と糖質の代謝のバランスに関係する経路の中にある．

脂肪組織はグリセロール新生によってグリセロール 3-リン酸を産生する

グリセロール新生 glyceroneogenesis は糖新生の省略型であり，ピルビン酸が DHAP に変換される（図 14-17 参照）．次に，DHAP がサイトゾルの NAD 共役型グリセロール 3-リン酸デヒドロゲナーゼ（図 21-21）によってグリセロール 3-リン酸に変換される．グリセロール 3-リン酸はその後トリアシルグリセロール合成に利用される．1960 年代に Lea Reshef，Richard Hanson および John Ballard は，Eleazar Shafrir らと同時期にグリセロール新生経路を発見した．彼らはグルコースが合成されない脂肪組織に糖新生に関与する二つの酵素，すなわちピルビン酸カルボキシラーゼとホスホエノールピルビン酸（PEP）カルボキシキナーゼが存在することに興味をもった．長い間注目されなかったが，後述のように，グリセロール新生と 2 型糖尿病との関係が証明されたことによって，この経路が再認識されるようになった．

グリセロール新生には複数の役割がある．脂肪組織では，遊離脂肪酸の再エステル化と連動して

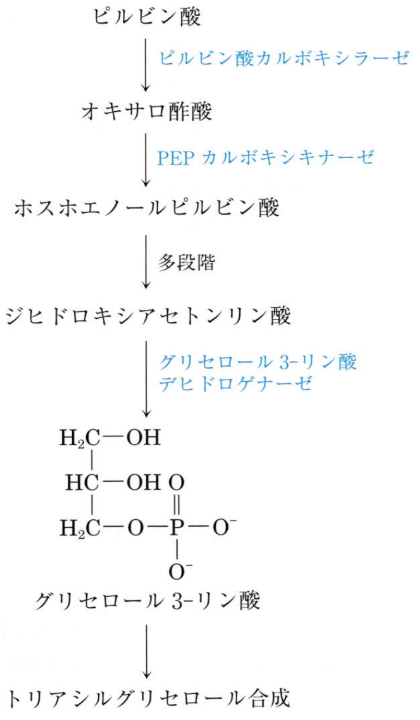

図 21-21　グリセロール新生

この経路は本質的に糖新生経路の省略型であり，ピルビン酸がジヒドロキシアセトンリン酸（DHAP）になり，次に DHAP がグリセロール 3-リン酸になり，これがトリアシルグリセロールの合成に使われる．

いるグリセロール新生は，血中への脂肪酸の放出速度を制御する．褐色脂肪組織では，遊離脂肪酸が熱産生に利用されるためにミトコンドリアに運ばれる割合をこの経路が制御しているのかもしれない．また，絶食中の人では，肝臓でのグリセロール新生だけでも，65% もの脂肪酸がトリアシルグリセロールに再エステル化されるために十分な量のグリセロール 3-リン酸の合成に役立っている．

肝臓と脂肪組織の間でトリアシルグリセロール回路を通る流束は，大部分が PEP カルボキシキナーゼの活性によって制御される．この酵素は糖新生とグリセロール新生の両方の速度を制限する．コルチゾール cortisol（コレステロール由来のステロイド；図 21-48 参照）やデキサメタゾン dexamethazone（合成グルココルチコイド）のようなグルココルチコイドホルモンは，肝臓と脂肪組織では PEP カルボキシキナーゼのレベルを逆方向に調節する．これらのステロイドホルモンはグルココルチコイド受容体を介して作用し，肝臓において PEP カルボキシキナーゼの遺伝子発現を上昇させることによって糖新生とグリセロール新生を促進する（図 21-22）．

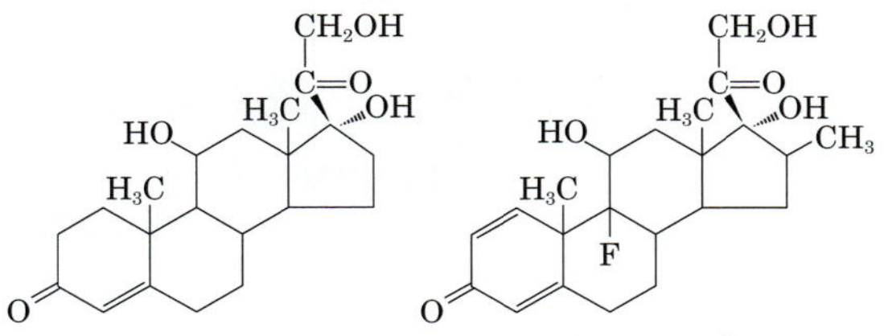

コルチゾール　　デキサメタゾン

肝臓でグリセロール新生が亢進すると，トリアシルグリセロールの合成が亢進して血中へ遊離されるようになる．それと同時に，グルココルチコイドは脂肪組織で PEP カルボキシキナーゼの遺伝子発現を抑制する．これによって脂肪組織でグリセロール新生が低下し，結果的に脂肪酸の再生が低下して，遊離脂肪酸がさらに血中に放出される．このように肝臓と脂肪組織でのグリセロール

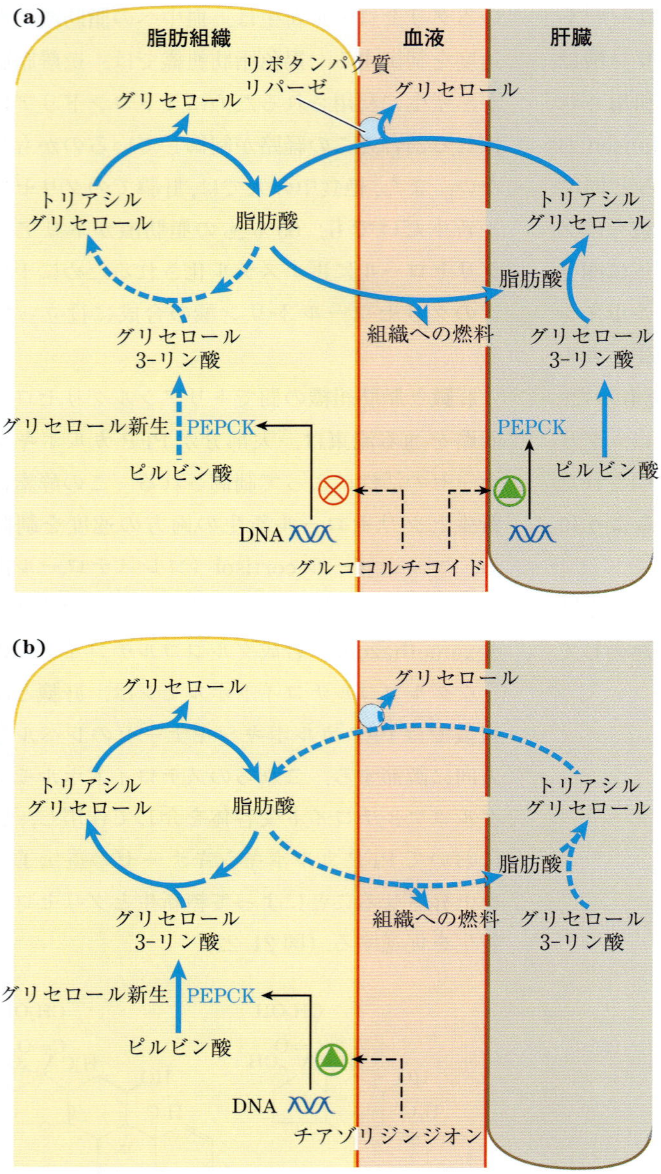

図 21-22 グリセロール新生の調節

(a) グルココルチコイドホルモンは肝臓においてグリセロール新生と糖新生を亢進させるが，脂肪組織ではグリセロール新生を抑制する（二つの組織で PEP カルボキシキナーゼ（PEPCK）遺伝子の発現を反対に調節することにより）ので，トリアシルグリセロール回路を通る流束は上昇する．脂肪組織でトリアシルグリセロールの分解により遊離するグリセロールは，血中に放出され，肝臓に運ばれて大部分はグルコースになるが，一部はグリセロールキナーゼによってグリセロール 3-リン酸に変換される．**(b)** チアゾリジンジオンと呼ばれる薬物は，2 型糖尿病患者の治療に現在使われている．この病気では，血中の高レベルの遊離脂肪酸が筋肉におけるグルコースの利用を阻害してインスリン抵抗性を高める．チアゾリジンジオンはペルオキシソーム増殖剤応答性受容体 γ（PPAR γ）という核内受容体を活性化し，これが活性化されると PEP カルボキシキナーゼの活性を誘導する．チアゾリジンジオンは脂肪組織でグリセロール新生を高めることによってトリアシルグリセロールの再合成を亢進させ，血中の遊離脂肪酸の量を低下させることによって治療効果を示す．

新生の調節は，脂質代謝を反対方向に進むようにする．すなわち，脂肪組織でグリセロール新生速度が小さいと脂肪酸の放出が再生よりも多くなり，肝臓でグリセロール新生速度が大きいとトリアシルグリセロールの合成と輸送が亢進する．したがって，全体で見るとトリアシルグリセロール回路を通る流束は増大する．グルココルチコイドが存在しなければ，PEP カルボキシキナーゼの発現が脂肪組織で上昇して肝臓では低下するので，この回路を通る流束は低下する．

チアゾリジンジオンはグリセロール新生を増大させることによって 2 型糖尿病を治療する

前述のように，グリセロール新生が最近注目されるようになったのは，この経路が糖尿病と関係があるからである．血中の遊離脂肪酸レベルが高いと，筋肉でのグルコースの利用が妨げられ，インスリン抵抗性を高めて2型糖尿病を引き起こす．**チアゾリジンジオン** thiazolidinedione という新しいクラスの薬物は，血中を循環する脂肪酸のレベルを低下させ，インスリンに対する感受性を高めることが示された．チアゾリジンジオンは脂肪組織では PEP カルボキシキナーゼの誘導を促進し（図 21-22），グリセロール新生の前駆体の産生を増大させる．チアゾリジンジオンの治療効果の少なくとも一部はグリセロール新生の亢進により，それによって脂肪組織におけるトリアシルグリセロールの再合成を高めて，脂肪組織から血中への遊離脂肪酸の放出を低下させる．■

まとめ

21.2　トリアシルグリセロールの生合成

- 2分子の脂肪酸アシル CoA とグリセロール 3-リン酸とが反応してホスファチジン酸が生成し，これは脱リン酸化されてジアシルグリセロールになり，第三の脂肪酸アシル CoA によってアシル化されてトリアシルグリセロールが生成する．
- トリアシルグリセロールの合成と分解はホルモンによる調節を受ける．
- トリアシルグリセロール分子の動員と再生によって，トリアシルグリセロール回路が形成される．トリアシルグリセロールは飢餓時にも遊離脂肪酸とグリセロール 3-リン酸から再合成される．グリセロール 3-リン酸の前駆体であるジヒドロキシアセトンリン酸は，グリセロール新生によるピルビン酸に由来する．

21.3　膜リン脂質の生合成

Chap. 10 では，膜リン脂質の二つの主要なクラスであるグリセロリン脂質とスフィンゴ脂質について紹介した．すなわち，グリセロールやスフィンゴシンの基本骨格に種々の脂肪酸や頭部の極性基が結合することによって，多種多様なリン脂質が合成される（図 10-8，図 10-12 参照）．すべての生合成経路は，2，3の基本パターンに従う．一般に，単純な前駆体からのリン脂質の組立てには，(1) 骨格になる分子（グリセロールまたはスフィンゴシン）の合成，(2) エステル結合またはアミド結合を介する骨格への脂肪酸の付加，(3) ホスホジエステル結合を介する骨格への親水性頭部基の付加，そしてある場合には (4) 最終リン脂質産物になるための頭部基の変化あるいは交換が必要である．

真核細胞では，リン脂質の生合成は主として滑面小胞体およびミトコンドリア内膜の表面で行われる．新たに合成されたリン脂質の一部はそこに留まるが，大部分のリン脂質は細胞内の他の部位へ移行する．水に不溶性のリン脂質が合成された部位から機能する部位へ移行する過程については十分にはわかっていないが，近年明らかになってきたいくつかの機構について考察する．

リン脂質の頭部基を付加するために細胞には二つの機構が存在する

グリセロリン脂質の生合成の最初のステップは，トリアシルグリセロールの生合成経路と共通である（図 21-17）．すなわち，二つの脂肪酸アシル基が L-グリセロール 3-リン酸の C-1 位と C-2 位にエステル結合し，ホスファチジン酸が形成される．一般に（必ずしもそうではないが），

C-1 位は飽和脂肪酸，C-2 位は不飽和脂肪酸である．ホスファチジン酸生合成の第二の経路は，特異的なキナーゼによるジアシルグリセロールのリン酸化である．

グリセロリン脂質の極性頭部基は，ホスホジエステル結合している．すなわち，二つのアルコール性ヒドロキシ基（一つは極性頭部のヒドロキシ基で，もう一つはグリセロールの C-3 位のヒドロキシ基）はリン酸とそれぞれエステル結合を形成する（図 21-23）．グリセロリン脂質の生合成過程で，グリセロールまたは極性基に由来するどちらかのヒドロキシ基がヌクレオチドのシチジン二リン酸（CDP）に結合して活性化される．次にもう一つのヒドロキシ基が求核攻撃することによって，シチジン一リン酸（CMP）が置換される（図 21-24）．CDP がジアシルグリセロールのヒドロキシ基に付加すると，活性化されたホスファチジン酸である **CDP-ジアシルグリセロール** CDP-diacylglycerol になる（第一機構）．また，CDP は極性頭部のヒドロキシ基にも付加する（第二機構）．真核細胞は両方の機構によりグリセロリン脂質を合成するが，細菌には第一機構しかない．脂質の生合成におけるシチジンヌクレオチドの重要性は，1960 年代の初期に Eugene P. Kennedy によって明らかにされた．そして，この経路は一般にケネディー経路と呼ばれる．

Eugene P. Kennedy
(1919-2011)
［出典：EPK 家族の厚意による.］

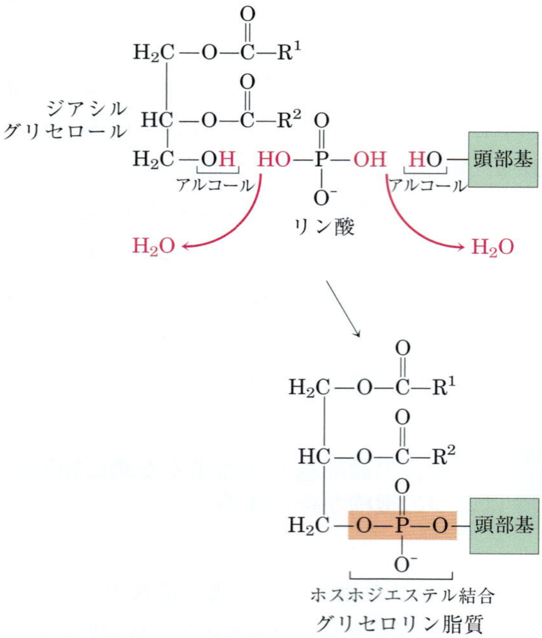

図 21-23 頭部基の結合

リン酸が二つのアルコールと縮合し，2 分子の H_2O が除去されてホスホジエステル結合（淡赤色の網かけ）が形成されることによって，リン脂質の頭部基がジアシルグリセロールに付加する．

大腸菌におけるリン脂質の合成には CDP-ジアシルグリセロールが使われる

頭部基が付加する第一機構は，大腸菌におけるホスファチジルセリン，ホスファチジルエタノールアミンおよびホスファチジルグリセロールの生合成研究によって明らかにされた．ジアシルグリセロールは，ホスファチジン酸が CTP と縮合してピロリン酸が脱離し，CDP-ジアシルグリセロールになることによって活性化される（図 21-25）．セリンのヒドロキシ基あるいはグリセロール 3-リン酸の C-1 位のヒドロキシ基による求核攻撃によって CMP が置換され，それぞれ**ホスファチジルセリン** phosphatidylserine あるいはホスファチジルグリセロール 3-リン酸が産生される．ホスファチジルグリセロール 3-リン酸は，さらにリン酸モノエステルが切断されることによって P_i が遊離し，**ホスファチジルグリセロール** phosphatidylglycerol になる．

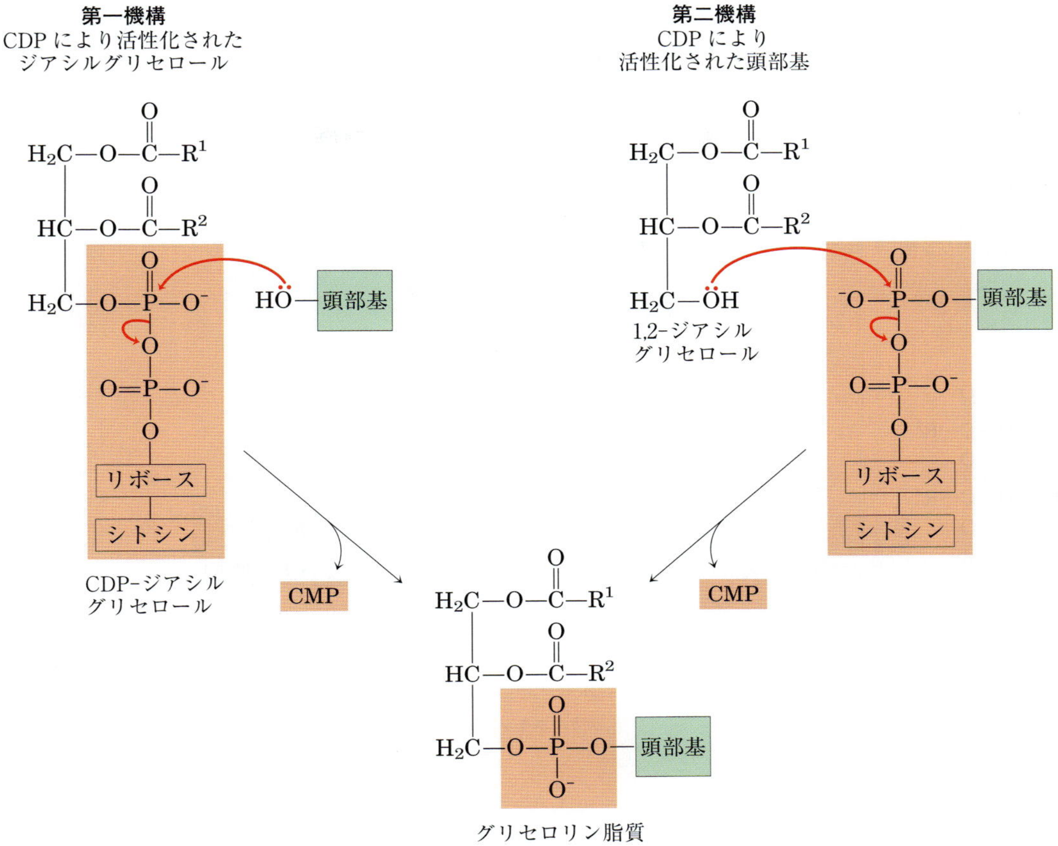

図 21-24　リン脂質のホスホジエステル結合形成における二つの機構
どちらの場合にも，ホスホジエステル結合のリン酸基は CDP から供給される．

細菌では，ホスファチジルセリンとホスファチジルグリセロールはともに他の膜脂質の前駆体になる（図 21-25）．ホスファチジルセリンのセリン部分がホスファチジルセリンデカルボキシラーゼの触媒により脱炭酸されると**ホスファチジルエタノールアミン** phosphatidylethanolamine になる．大腸菌では，2 分子のホスファチジルグリセロールが縮合してグリセロールが一つ脱離することによって，**カルジオリピン** cardiolipin が生成する．カルジオリピンでは，二つのジアシルグリセロールが共通の頭部基を介して連結されている．

真核生物は CDP-ジアシルグリセロールから陰イオン性リン脂質を合成する

真核生物におけるホスファチジルグリセロール，カルジオリピンおよびホスファチジルイノシトール（すべて陰イオン性リン脂質である．図 10-8 参照）は，細菌のリン脂質合成と同じ機構によって合成される．ホスファチジルグリセロールの合成は，細菌の場合と全く同じである．真核生物におけるカルジオリピンの合成は大腸菌の場合とわずかに異なる．ホスファチジルグリセロールが CDP-ジアシルグリセロールと縮合し（図 21-26），大腸菌の場合のようにもう一つのホスファチジルグリセロール分子と縮合（図 21-25）

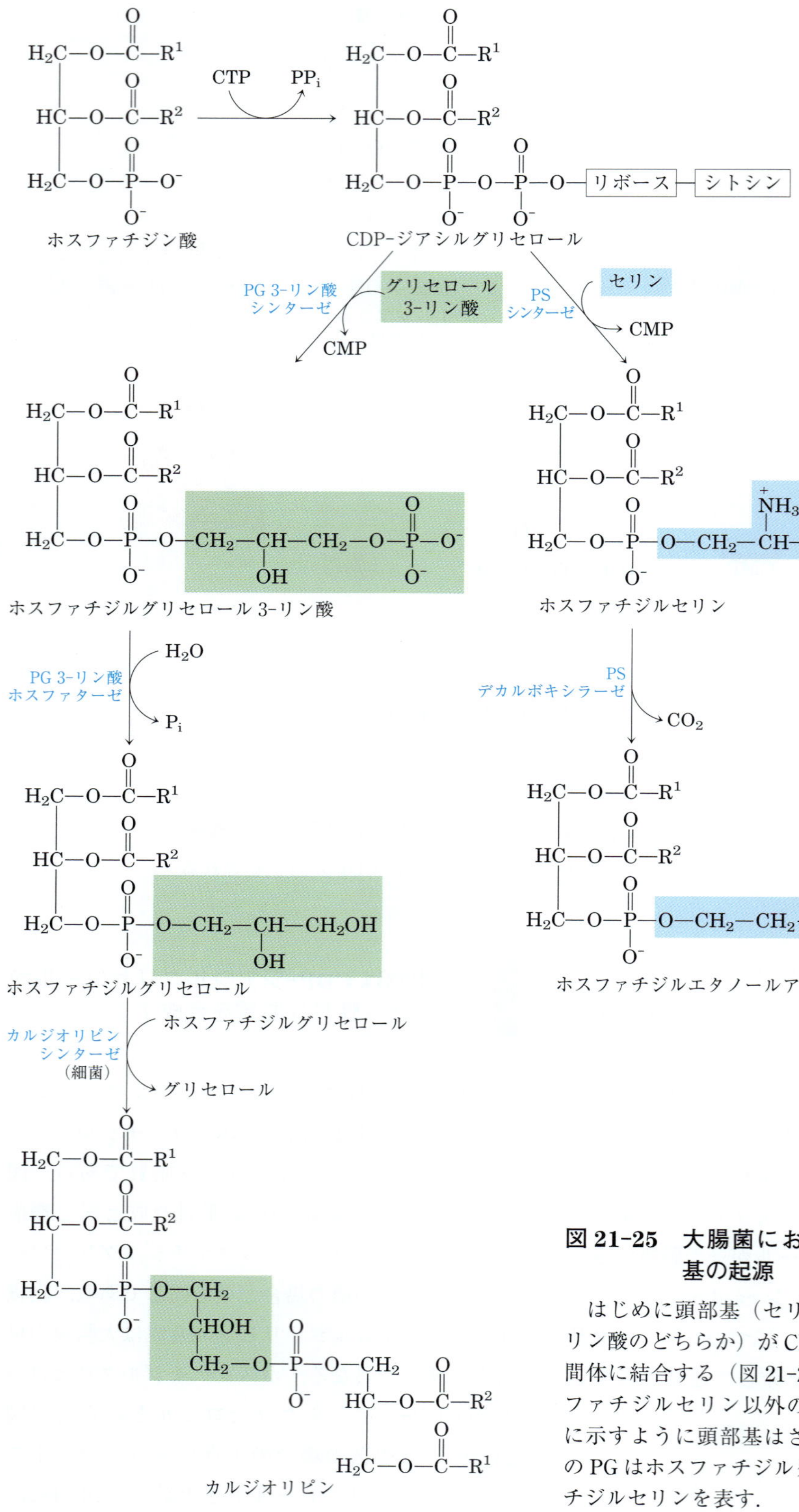

図 21-25 大腸菌におけるリン脂質の極性頭部基の起源

はじめに頭部基（セリンあるいはグリセロール 3-リン酸のどちらか）が CDP-ジアシルグリセロール中間体に結合する（図 21-24 に示した第一機構）．ホスファチジルセリン以外のリン脂質に関しては，ここに示すように頭部基はさらに修飾される．酵素名中の PG はホスファチジルグリセロール，PS はホスファチジルセリンを表す．

するのではない．

ホスファチジルイノシトールは，CDP-ジアシルグリセロールとイノシトールが縮合して合成される（図 21-26）．次に，特異的な**ホスファチジルイノシトールキナーゼ** phosphatidylinositol kinase がホスファチジルイノシトールをリン酸化して，リン酸化誘導体に変換する．細胞膜に存在するホスファチジルイノシトールとそのリン酸化誘導体は，真核生物のシグナル伝達において重要な役割を果たす（図 12-10，図 12-11，図 12-20 参照）．

真核生物におけるホスファチジルセリン，ホスファチジルエタノールアミンおよびホスファチジルコリンの生合成経路は互いに関連がある

酵母では，細菌と同様に，ホスファチジルセリンは CDP-ジアシルグリセロールとセリンとの縮合によって合成され，ホスファチジルエタノールアミンはホスファチジルセリンからホスファチジルセリンデカルボキシラーゼにより触媒される反応によって合成される（図 21-27）．ホスファチジルエタノールアミンは，そのアミノ基に三つのメチル基が付加することによって**ホスファチジル**

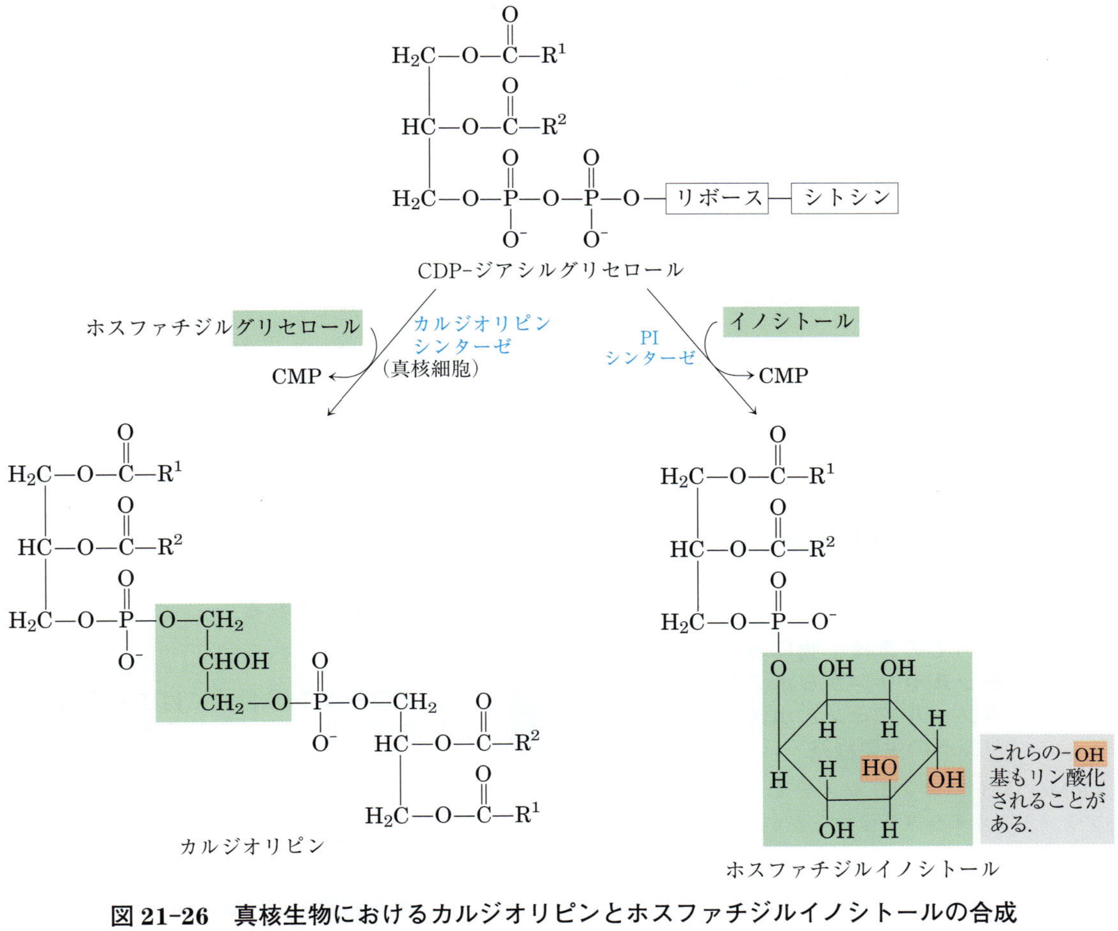

図 21-26　真核生物におけるカルジオリピンとホスファチジルイノシトールの合成

これらのグリセロリン脂質は，図 21-24 に示す第一機構によって合成される．ホスファチジルグリセロールは細菌の場合と同様の機構で合成される（図 21-25 参照）．PI はホスファチジルイノシトールを表す．

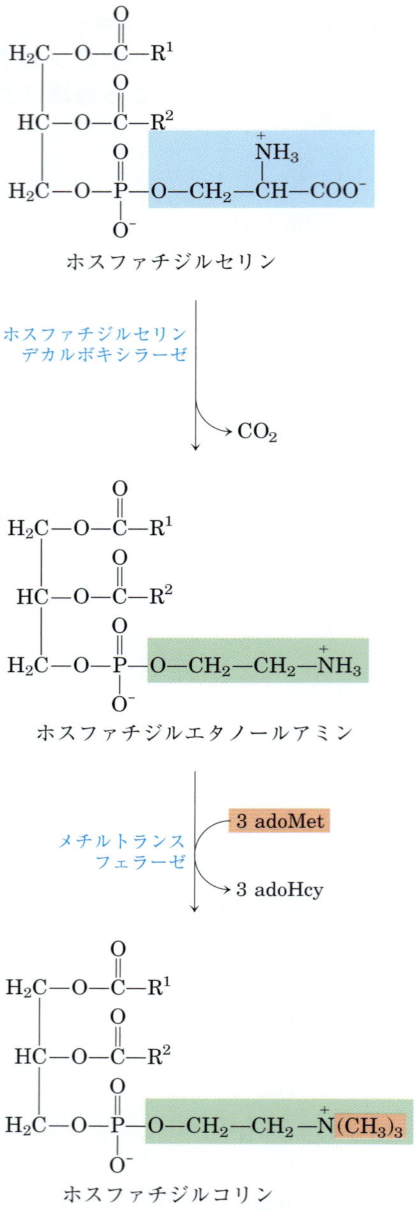

図 21-27 すべての真核生物におけるホスファチジルセリンからホスファチジルエタノールアミンとホスファチジルコリンへの主要経路

adoMet は *S*-アデノシルメチオニン，adoHcy は *S*-アデノシルホモシステインを表す.

コリン phosphatidylcholine（レシチン lecithin）に変換される．三つすべてのメチル化反応のメチル基供与体は *S*-アデノシルメチオニンである（図 18-18 参照）．酵母におけるホスファチジルコリンとホスファチジルエタノールアミンへの経路の概要を図 21-28 に示す．これらの経路は，すべての真核細胞において，ホスファチジルエタノールアミンとホスファチジルコリンの主要な供給源である．

哺乳類では，ホスファチジルセリンは CDP-ジアシルグリセロールからは合成されない．その代わりに，小胞体におけるホスファチジルエタノールアミンまたはホスファチジルコリンの頭部基の交換反応によって合成される（図 21-29(a)）．哺乳類におけるホスファチジルエタノールアミンとホスファチジルコリンの合成は，図 21-24 に示す第二機構，すなわち頭部基のリン酸化と活性化の後に，ジアシルグリセロールと縮合することによって起こる．例えば，コリンはリン酸化されたのちに，CTP と縮合して CDP-コリンになり再利用（「サルベージ」）される．CDP-コリンにはジアシルグリセロールが付加して CMP が脱離し，ホスファチジルコリンが産生される（図 21-29(b)）．類似するサルベージ経路によって，食餌から摂取したエタノールアミンはホスファチジルエタノールアミンに変換される．肝臓では，前述した *S*-アデノシルメチオニンを使ってホスファチジルエタノールアミンのメチル化が行われ，ホスファチジルコリンが合成される．しかし，他のすべての組織では，ホスファチジルコリンはジアシルグリセロールと CDP-コリンとの縮合反応によってのみ産生される．

プラスマローゲンの合成にはエーテル結合した脂肪酸アルコールの産生が必要である

プラスマローゲン plasmalogen や**血小板活性化因子** platelet-activating factor（図 10-9 参照）などのエーテル脂質の生合成経路では，エステル結合している脂肪酸アシル基が長鎖アルコールに置き換わってエーテル結合を形成する必要がある

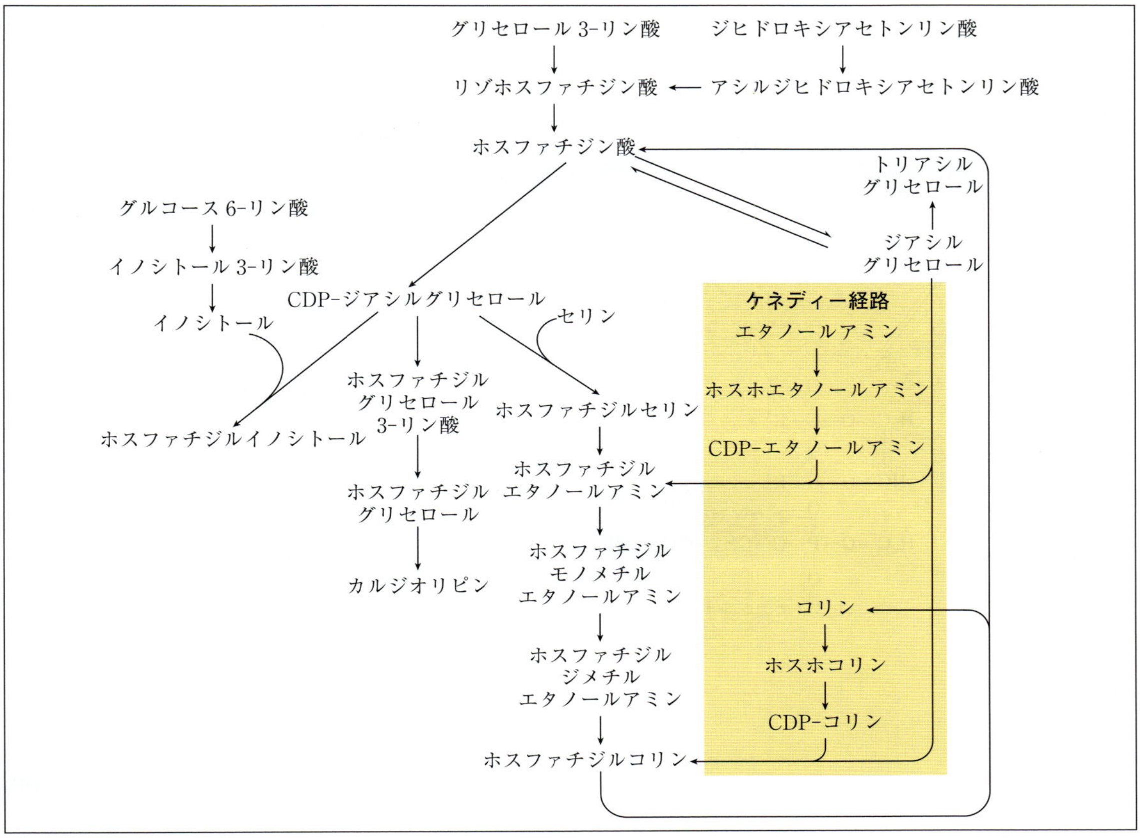

図 21-28　真核生物（酵母）における主なリン脂質とトリアシルグリセロールの合成経路の概要

ホスファチジン酸は，脂肪酸アシル CoA から供与される二つの脂肪酸アシル基がグリセロール 3-リン酸にアシル基転移することによって合成される．ホスファチジン酸ホスファターゼ（リピン）は，ホスファチジン酸をジアシルグリセロールに変換する．ジアシルグリセロールは，ホスファチジルエタノールアミンやホスファチジルコリンを合成するために，ケネディー経路において CDP で活性化した頭部基（エタノールアミンあるいはコリン）と縮合する．あるいは，ホスファチジン酸が CDP の付加によって活性化されたのち，CDP 部分が頭部基アルコール（イノシトール，グリセロール 3-リン酸あるいはセリン）と縮合することによって置換されて，ホスファチジルイノシトール，ホスファチジルグリセロールあるいはホスファチジルセリンが合成される．ホスファチジルセリンの脱炭酸反応によってホスファチジルエタノールアミンが生成し，さらにホスファチジルエタノールアミンのメチル化によってホスファチジルコリンが生成する．哺乳類におけるホスファチジルエタノールアミン，ホスファチジルセリンおよびホスファチジルコリンを相互変換する頭部基交換反応は，ここには示されていない（図 21-29(a)参照）．リゾホスファチジン酸は，ホスファチジン酸の二つの脂肪酸アシル基のうちの一つを欠いたものである．［出典：G. M. Carman and G. -S. Han, *Annu. Rev. Biochem.* **80**: 859, 2011, Fig. 2 の情報.］

（図 21-30）．次に頭部が付加するが，その機構は一般的なエステル結合しているリン脂質に頭部が付加する機構と基本的に同じである．最後に，脂肪酸の不飽和化と同様な機構によって，プラスマローゲンに特徴的な二重結合（図 21-30 で青色の網かけ部分）が混合機能オキシダーゼの作用によって導入される（図 21-13）．ペルオキシソームがプラスマローゲン合成の主要部位である．

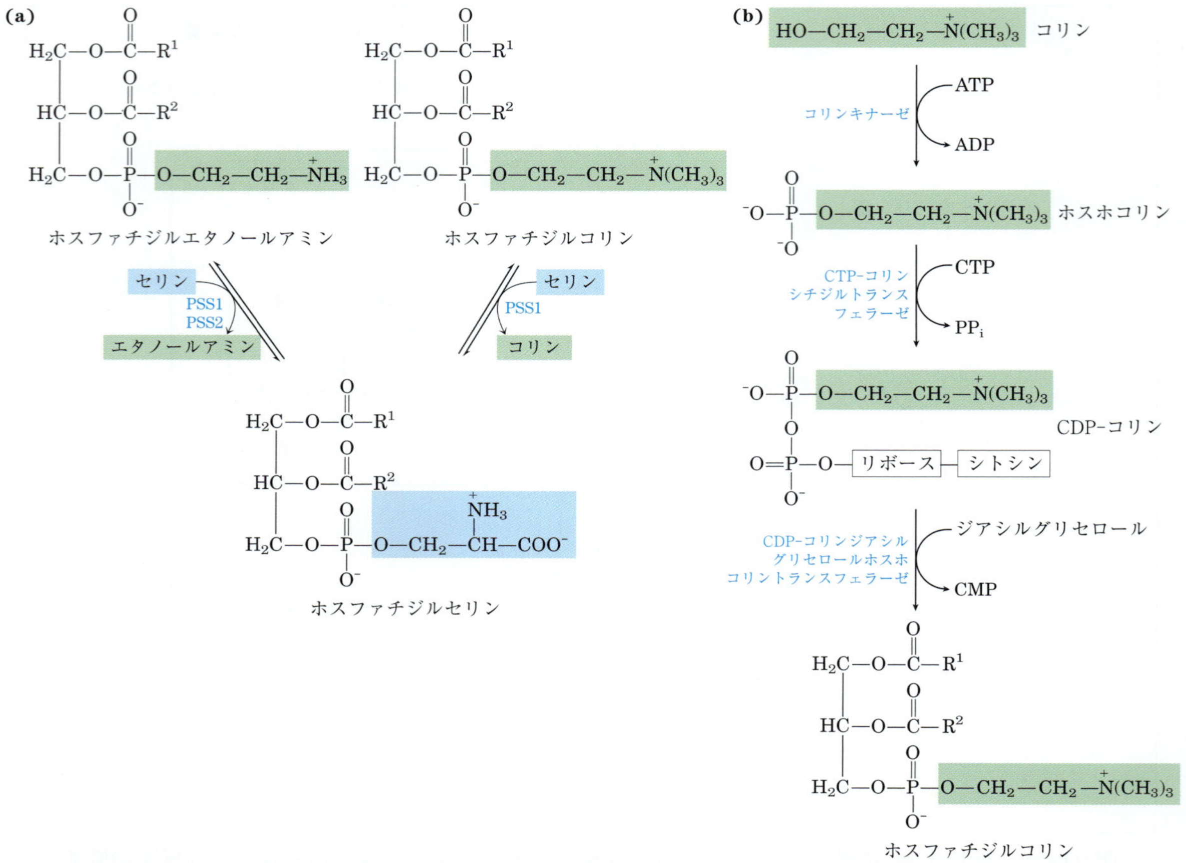

図 21-29 哺乳類におけるホスファチジルセリンとホスファチジルコリンの合成経路

(a) ホスファチジルセリンは，ホスファチジルセリンシンターゼ 1（PSS1）あるいはホスファチジルセリンシンターゼ 2（PSS2）によって促進される Ca^{2+} 依存性の頭部基交換反応によって合成される．PSS1 は，ホスファチジルエタノールアミンまたはホスファチジルコリンのどちらかを基質として利用できる．**(b)** ホスファチジルコリン合成に関してここに示すのと同じ機構（図 21-24 の第二機構）は，ホスファチジルエタノールアミン合成におけるエタノールアミンのサルベージ経路としても利用される．

スフィンゴ脂質とグリセロリン脂質の合成は，前駆体と合成機構の一部を共有している

スフィンゴ脂質は次の四つのステージを経て生合成される．(1) パルミトイル CoA とセリンから炭素数 18 のアミンである**スフィンガニン** sphinganine の合成，(2) 脂肪酸のアミド結合による ***N*-アシルスフィンガニン** *N*-acylsphinganine の合成，(3) スフィンガニン部分の不飽和化による ***N*-アシルスフィンゴシン** *N*-acylsphingosine（セラミド ceramide）の合成，(4) 頭部基の付加による**セレブロシド** cerebroside や**スフィンゴミエリン** sphingomyelin などのスフィンゴ脂質の合成（図 21-31）．この経路の最初の数ステップは小胞体で起こるのに対して，第 4 ステージの頭部基の付加はゴルジ体で起こる．この経路はグリセロリン脂質の合成経路といくつかの特徴を共有する．すなわち，NADPH が還元力を供給し，脂肪酸は活性化された CoA 誘導体として導入される．セレブロシドの合成では，糖は活性化されたヌクレオチド誘導体として導入される．スフィン

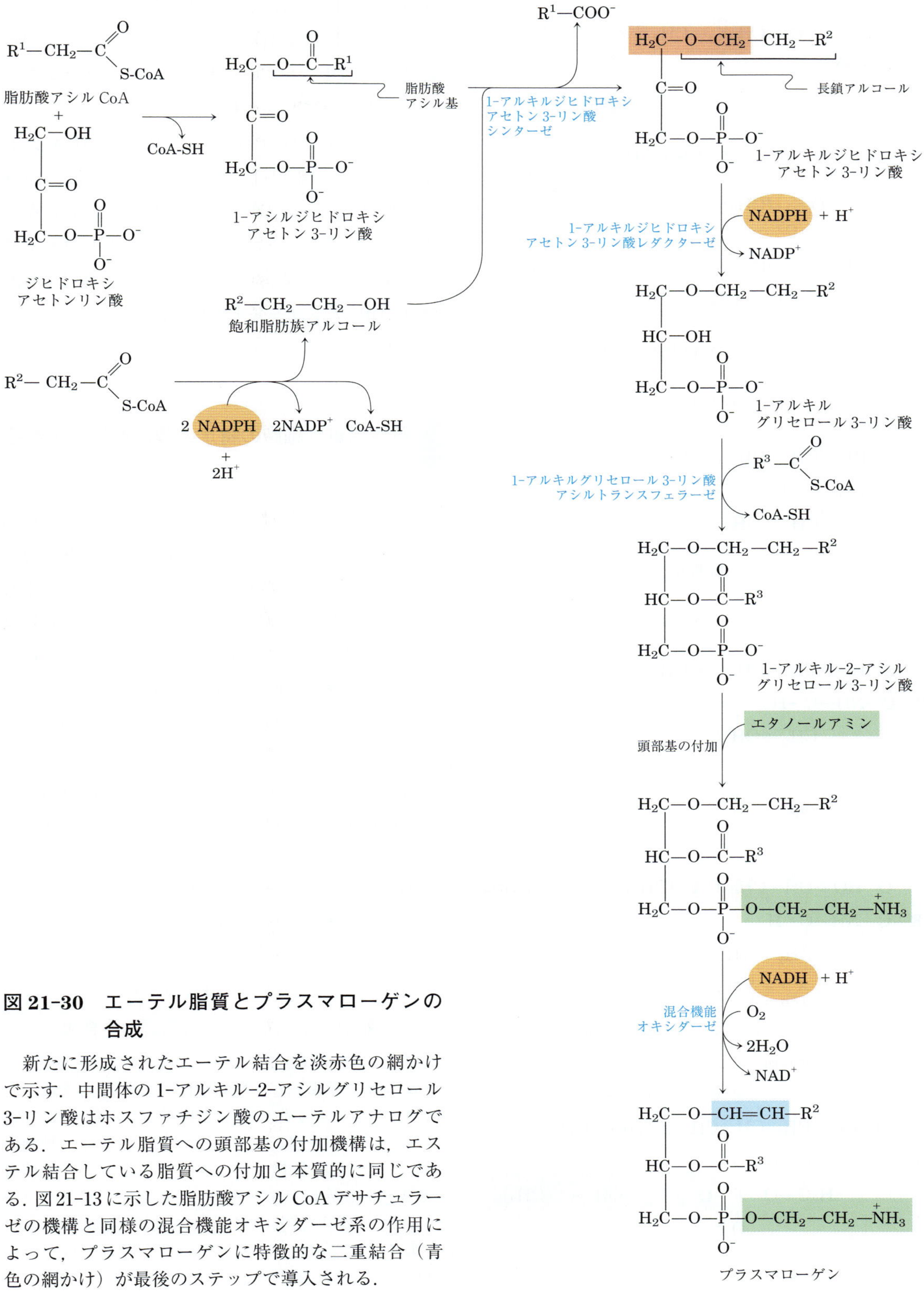

図 21-30　エーテル脂質とプラスマローゲンの合成

新たに形成されたエーテル結合を淡赤色の網かけで示す．中間体の 1-アルキル-2-アシルグリセロール 3-リン酸はホスファチジン酸のエーテルアナログである．エーテル脂質への頭部基の付加機構は，エステル結合している脂質への付加と本質的に同じである．図 21-13 に示した脂肪酸アシル CoA デサチュラーゼの機構と同様の混合機能オキシダーゼ系の作用によって，プラスマローゲンに特徴的な二重結合（青色の網かけ）が最後のステップで導入される．

ゴ脂質の合成における頭部の付加反応にはいくつかの新たな特徴がある．スフィンゴミエリンの合成では，CDP-コリンではなくホスファチジルコリンがホスホコリンの供与体になる．

糖脂質のセレブロシドと**ガングリオシド** ganglioside（図 10-12 参照）の場合には，頭部基の糖はスフィンゴシンの C-1 位のヒドロキシ基にホスホジエステル結合ではなくグリコシド結合を介して直接付加される．糖の供与体は UDP-糖（UDP-グルコースまたは UDP-ガラクトース）である．

極性脂質は細胞の特定の膜に取り込まれる

グリセロリン脂質，スフィンゴ脂質および糖脂質などの極性脂質は，滑面小胞体で合成されたのちに，細胞の特定の膜に特有の比率で取り込まれるが，その機構はまだわかっていない．膜脂質は水に不溶性なので，合成部位（小胞体）から挿入される部位まで，単純に拡散することはできない．その代わりに，合成された脂質は小胞体からゴルジ体へと輸送され，そこでさらに修飾を受ける．その後，膜脂質はゴルジ体から出芽する膜小胞に乗って移動し，標的となる膜に融合する．スフィ

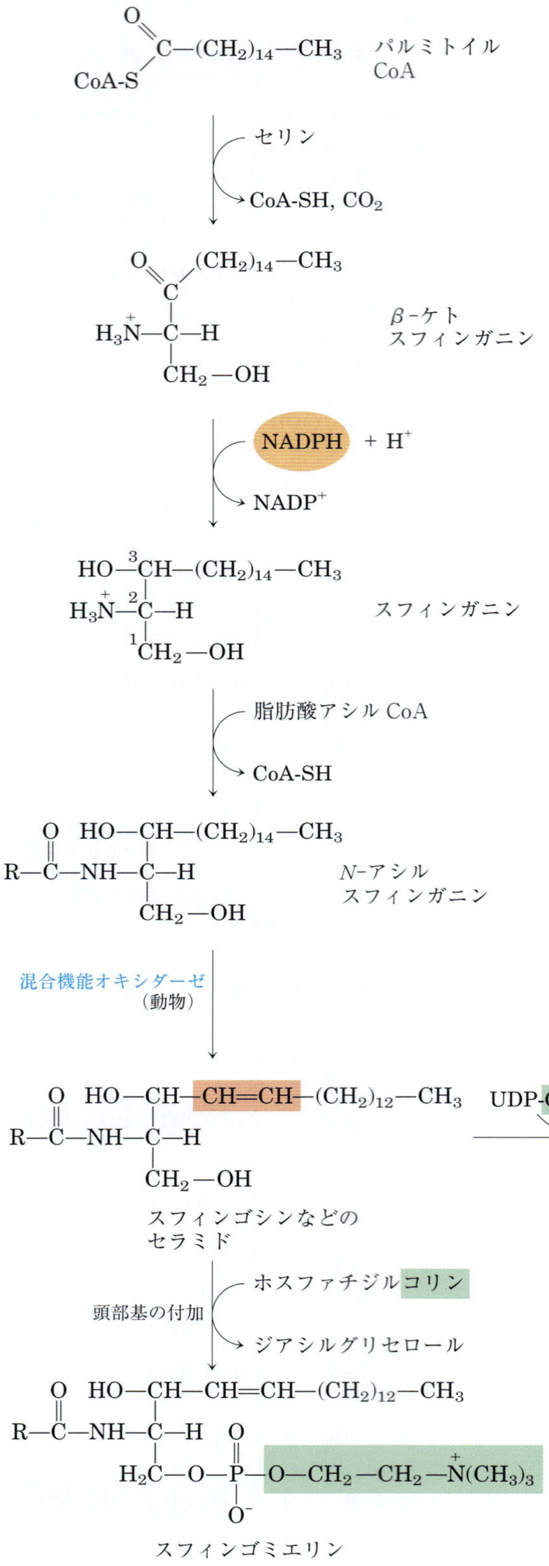

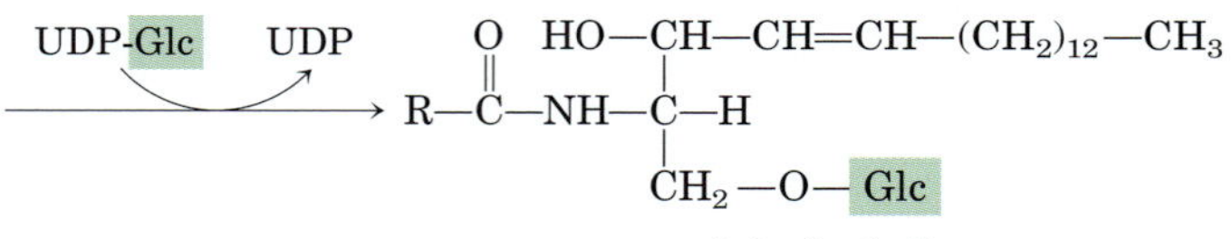

図 21-31 スフィンゴ脂質の生合成

パルミトイル CoA とセリンが縮合（β-ケトスフィンガニンの形成）し，NADPH により還元されるとスフィンガニンが生成し，これがアシル化されて *N*-アシルスフィンガニン（セラミド）になる．動物の場合には，混合機能オキシダーゼによって二重結合（淡赤色の網かけ）が形成されたのちに，ホスファチジルコリンの頭部基が最後に付加されてスフィンゴミエリンになったり，グルコースが付加されてセレブロシドになったりする．

ンゴ脂質輸送タンパク質がセラミドを小胞体からスフィンゴミエリン合成の場であるゴルジ体へと運ぶ．また，リン脂質やステロールと結合するタンパク質がサイトゾルに存在し，脂質を細胞の膜と膜の間で運搬する．これらの機構によって，細胞小器官の膜に特有の脂質組成が成り立っている（図 11-2 参照）．

まとめ

21.3　膜リン脂質の生合成

- ジアシルグリセロールはグリセロリン脂質の主要な前駆体である．
- 細菌では，ホスファチジルセリンはセリンとCDP-ジアシルグリセロールの縮合によって合成され，ホスファチジルセリンが脱炭酸されるとホスファチジルエタノールアミンになる．ホスファチジルグリセロールは，CDP-ジアシルグリセロールとグリセロール 3-リン酸が縮合したのちに，モノエステル結合しているリン酸が除去されて合成される．
- 酵母は，ホスファチジルセリン，ホスファチジルエタノールアミンおよびホスファチジルグリセロールを細菌と同様の経路で合成し，ホスファチジルエタノールアミンをメチル化してホスファチジルコリンを合成する．
- 哺乳類細胞の合成経路のいくつかは細菌の経路と似ているが，ホスファチジルコリンとホスファチジルエタノールアミンの合成経路はいくぶん異なる．頭部基のアルコール（コリンまたはエタノールアミン）は CDP 誘導体になって活性化されたのちに，ジアシルグリセロールと縮合する．ホスファチジルセリンはホスファチジルエタノールアミンからのみ合成される．
- プラスマローゲンの特徴的な二重結合は，混合機能オキシダーゼによって導入される．スフィンゴ脂質の頭部基は独特の機構によって付加される．
- 生合成されたリン脂質は，輸送小胞あるいは特異的な輸送タンパク質によって細胞内の目的地へと移行する．

21.4　コレステロール，ステロイド，イソプレノイドの生合成，調節および輸送

ヒトにおいて，血中の高レベルのコレステロールと心血管系疾患の発症率の間には高い相関があるので，コレステロールは疑いなく最もよく知られている脂質である．しかし，細胞の膜成分であることや，ステロイドホルモンや胆汁酸の前駆体としてのコレステロールの重要な役割についてはあまり話題にならない．コレステロールはヒトを含む多くの動物にとって必須の分子である．しかし，哺乳類では，コレステロールはすべての細胞で単純な前駆体から合成できるので，食餌から摂取する必要はない．

この 27 個の炭素から成る化合物の構造を見ると，その生合成経路は複雑に思えるが，その炭素原子のすべては単純な前駆体である酢酸によって供給される．酢酸からコレステロールへの経路において不可欠な中間体である**イソプレン** isoprene 単位は，他の多くの天然脂質の前駆体でもあり，イソプレン単位が重合する機構はこれらすべての経路で同様である．

$$CH_2{=}C(CH_3){-}CH{=}CH_2$$

イソプレン

はじめに，酢酸からコレステロールが生合成される経路における主要なステップについて述べ，次に血中コレステロールの運搬，細胞によるコレステロールの取込み，それから正常なヒトおよびコレステロールの取込みや運搬に欠陥があるヒトのコレステロール合成調節について考察する．また，胆汁酸やステロイドホルモンなどのコレステロール由来の他の成分について述べる．最後に，

コレステロール合成経路のはじめのステップを共有するイソプレン単位由来の多くの化合物の生合成経路について概略を述べ，生合成におけるイソプレン縮合の極めて多彩な役割について述べる．

コレステロールはアセチル CoA から四つのステージを経て合成される

長鎖脂肪酸と同様に，コレステロールはアセチル CoA から合成されるが，組立て経路は両者で全く異なる．初期の実験で，メチル基の炭素あるいはカルボキシ基の炭素を ^{14}C で標識した酢酸を動物に投与し，二つのグループの動物から単離したコレステロールの放射性標識パターン（図 21-32）から，コレステロール生合成の酵素反応ステップを理解する手がかりが得られた．

コレステロールは，図 21-33 に示すように四つのステージを経て合成される．❶ 3 個の酢酸単位の縮合による 6 炭素から成る中間体メバロン酸の合成，❷ メバロン酸の活性化イソプレン単位への変換，❸ 5 個の炭素から成るイソプレン単位が六つ重合することによる 30 個の炭素から成る線状のスクアレンの生成，最後に，❹ スクアレンの環状化によるステロイド骨格の四つの環の形成．そして，さらに一連の変化（酸化やメチル基の除去あるいは移動）が起こり，コレステロールが生成する．

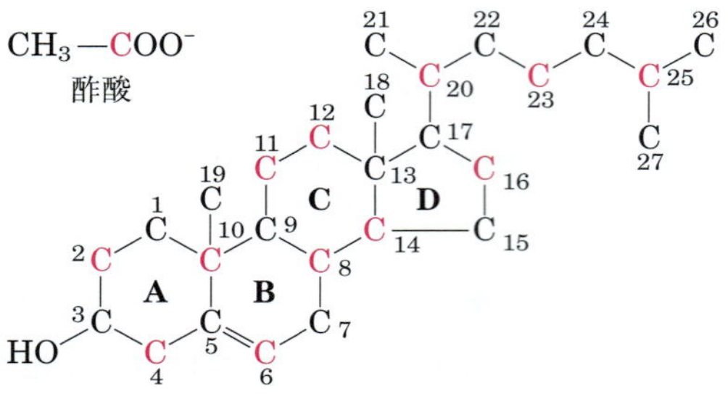

図 21-32 コレステロールの炭素原子の起源

これらの炭素の起源は，メチル基の炭素（黒色）あるいはカルボキシ基の炭素（赤色）を放射性標識した酢酸を使ったトレーサー実験の結果から推定される．コレステロールの融合環系の個々の環は A ～ D と表示してある．

ステージ ❶ 酢酸からのメバロン酸の合成 コレステロール生合成の第一ステージでは，中間体の**メバロン酸** mevalonate が合成される（図 21-34）．2 分子のアセチル CoA が縮合してアセトアセチル CoA になり，これに第三のアセチル CoA

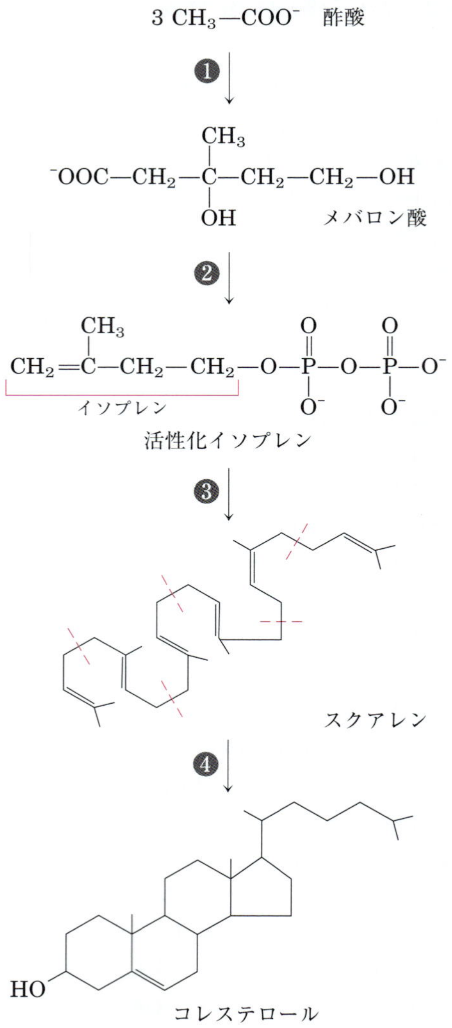

図 21-33 コレステロール生合成のまとめ

本文で述べる四つのステージを示す．スクアレン中のイソプレン単位は赤色の点線で区切ってある．

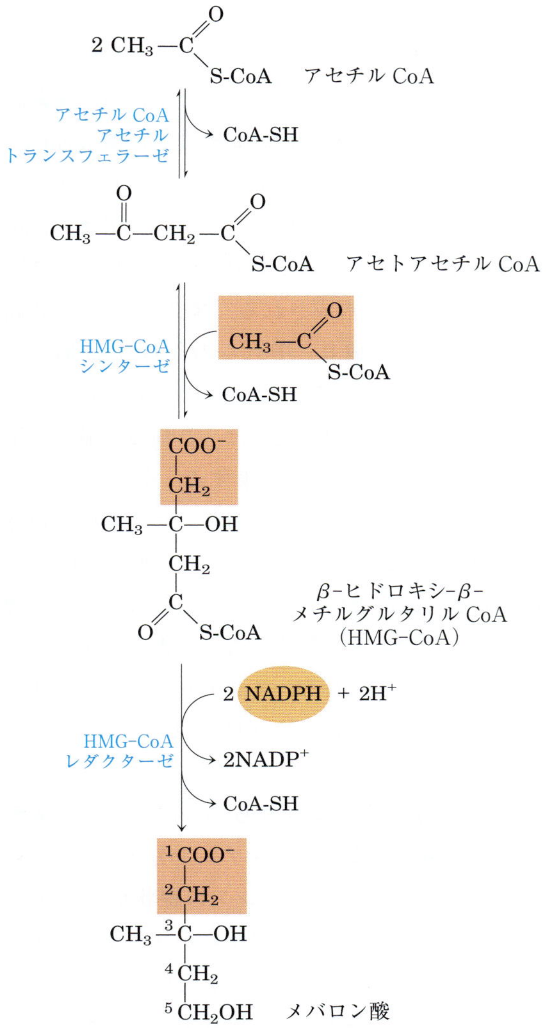

図 21-34　アセチル CoA からのメバロン酸の合成
メバロン酸中のアセチル CoA 由来の C-1 位と C-2 位を淡赤色の網かけで示す.

分子が縮合して 6 個の炭素から成る **β-ヒドロキシ-β-メチルグルタリル CoA** β-hydroxy-β-methylglutaryl-CoA（**HMG-CoA**）ができる．これら二つの反応は，それぞれ**アセチル CoA アセチルトランスフェラーゼ** acetyl-CoA acetyl transferase と **HMG-CoA シンターゼ** HMG-CoA synthase によって触媒される．この経路におけるサイトゾルの HMG-CoA シンターゼは，ケトン体合成における HMG-CoA の合成を触媒するミトコンドリアのアイソザイムとは異なる（図 17-18 参照）.

3 番目の反応は，コレステロール合成を方向づける律速段階である．すなわち HMG-CoA が還元されてメバロン酸になる反応で，2 分子の NADPH のそれぞれが二つの電子を供与する．この反応は，滑面小胞体の内在性膜タンパク質の **HMG-CoA レダクターゼ** HMG-CoA reductase によって触媒され，後述するようにコレステロール合成経路の主要な調節点である.

ステージ ❷ メバロン酸から 2 種類の活性化イソプレンへの変換　次のステージでは，3 分子の ATP から三つのリン酸基がメバロン酸に転移される（図 21-35）．中間体の 3-ホスホ-5-ピロホスホメバロン酸の C-3 位のヒドロキシ基に付加しているリン酸は良い脱離基であり，次の反応ステップでこのリン酸基と隣接するカルボキシ基が脱離し，炭素数 5 で二重結合を有する**Δ^3-イソペンテニルピロリン酸** Δ^3-isopentenyl pyrophosphate が生成する．これは，コレステロール生合成の中心となる 2 種類の活性化イソプレンのうちの一つである．Δ^3-イソペンテニルピロリン酸が異性化されて，第二の活性化イソプレンの**ジメチルアリルピロリン酸** dimethylallyl pyrophosphate になる．植物細胞の細胞質におけるイソペンテニルピロリン酸も，ここに述べた経路で合成される．しかし，多くの細菌や植物の葉緑体ではメバロン酸に依存しない経路で合成される．この別経路は動物にはないので，新しい抗菌薬の開発にとって魅力的な標的である.

ステージ ❸ 六つの活性化イソプレン単位の縮合によるスクアレンの生成　イソペンテニルピロリン酸とジメチルアリルピロリン酸が頭部と尾部 head-to-tail で縮合してピロリン酸が 1 分子はずれ，10 個の炭素から成る鎖の**ゲラニルピロリン酸** geranyl pyrophosphate ができる（図 21-36）

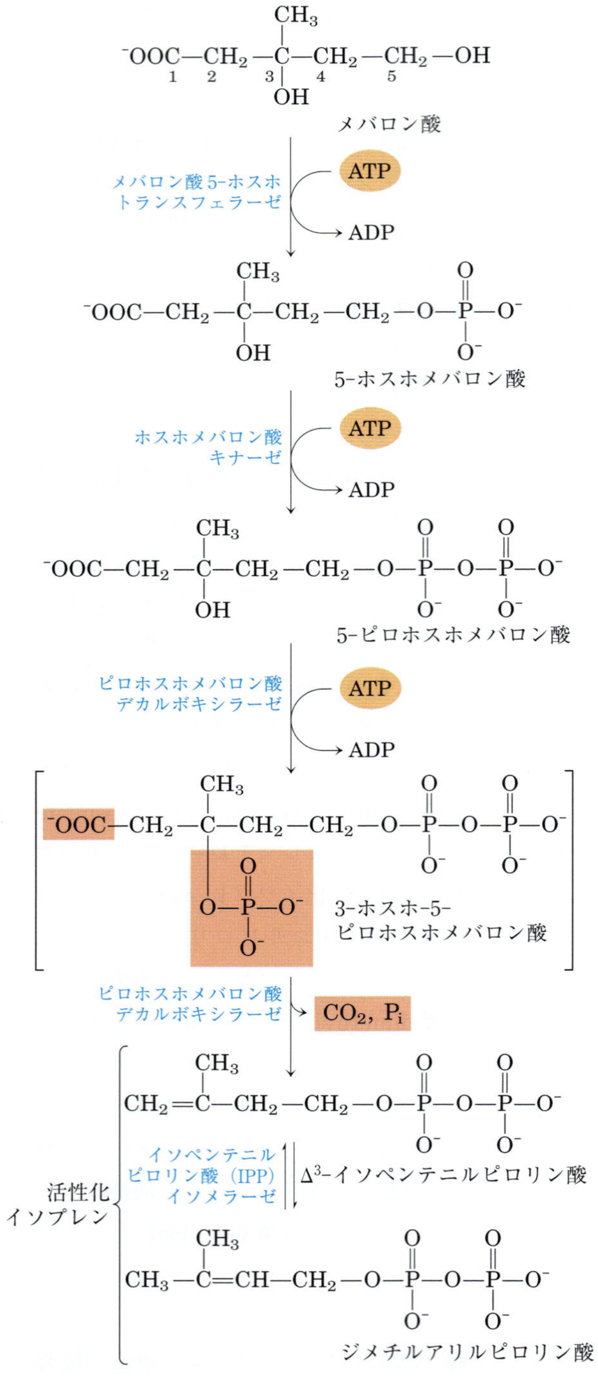

図 21-35 メバロン酸から活性化イソプレン単位への変換

六つの活性化イソプレン単位が縮合してスクアレンになる（図 21-36 参照）. 3-ホスホ-5-ホスホメバロン酸の脱離基を淡赤色の網かけで示す. [ ] 内の中間体は仮定上のものである.

（「head」とはピロリン酸が結合している末端である）. ゲラニルピロリン酸はイソペンテニルピロリン酸と再び頭部と尾部の縮合を行い, 炭素数 15 の中間体の**ファルネシルピロリン酸** farnesyl pyrophosphate になる. 最後に, 2 分子のファルネシルピロリン酸が頭部どうしで head-to-head 結合して, 両方のピロリン酸基が脱離して**スクアレン** squalene が形成される. スクアレンは 30 個の炭素原子から成り, それらのうちの 24 個は主鎖に, 6 個はメチル基の分枝として存在する.

これらの中間体の一般名は, これらが最初に単離されたものの名前に由来する. ゲラニオール geraniol はバラ油の成分であり, ゼラニウムの芳香がする. また, ファルネソール farnesol は Farnese acacia という木の花にある芳香性化合物である. 植物由来の多くの天然の香水はイソプレン単位から合成される. スクアレンは最初にサメ（*Squalus* 属）の肝臓から単離された.

ステージ ❹ スクアレンから四つの環をもつステロイド骨格への変換 スクアレン分子を図 21-37 のように表すと, スクアレンの線状構造とステロールの環状構造との関連がわかりやすい. すべてのステロールは四つの融合した環（ステロイド骨格）をもち, C-3 位にヒドロキシ基をもつアルコールであることから,「ステロール sterol」という名称である. **スクアレンモノオキシゲナーゼ** squalene monooxygenase は, スクアレン鎖の末端に O_2 由来の酸素原子を 1 個付加してエポキシドを生成する. この酵素は混合機能オキシダーゼの一つであり, NADPH が O_2 の残りの酸素原子を還元して H_2O にする. 生成物の**スクアレン 2,3-エポキシド** squalene 2,3-epoxide 中の二重結合は, 線状のスクアレン 2,3-エポキシドが協調反応によって環状構造に変換されやすいような位置にある. 動物細胞では, この環化によって**ラノステロール** lanosterol が生成する. この化合物はステロイド骨格の特徴である四つの環を含み, いくつ

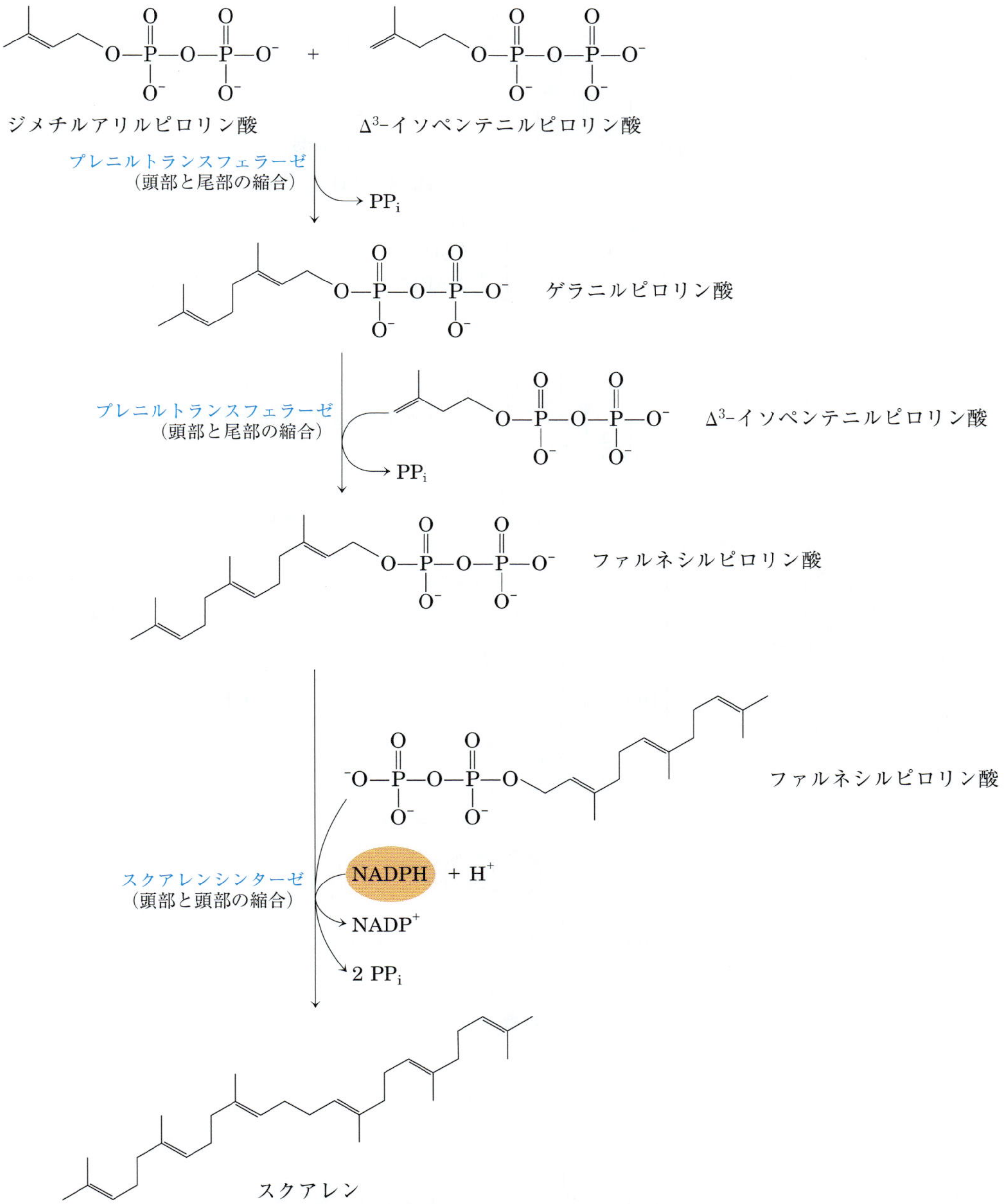

図 21–36　スクアレン合成

炭素数 30 から成るこの化合物の構造は，活性化イソプレン単位（炭素数 5）の連続する縮合反応により生じる．

かのメチル基の移動や脱離を含む一連の約 20 の反応を経て，最終的にコレステロールに変換される．この極めて複雑なコレステロールの生合成経路の解明は，1950 年代後半に Konrad Bloch, Feodor Lynen, John Cornforth および George Popják によってなされた．

コレステロールは動物細胞に特有のステロールであるが，植物，菌類および原生生物は，スクアレン 2,3–エポキシドまでは同じ合成経路を利用して，極めて類似するステロールを合成する．スクアレン 2,3–エポキシドが合成された後に経路は分岐して，多くの植物ではスチグマステロール

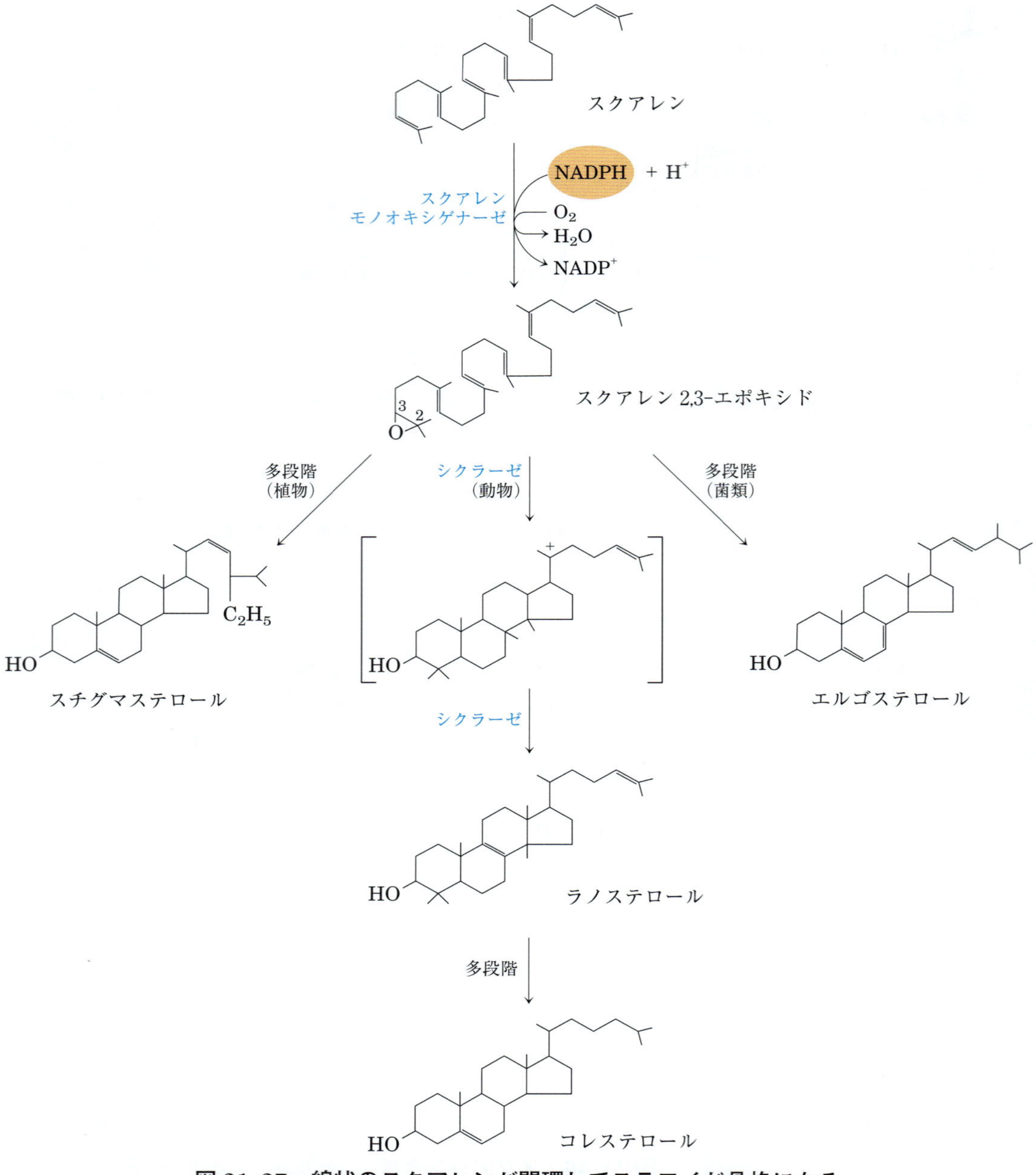

図 21-37　線状のスクアレンが閉環してステロイド骨格になる

この一連の反応の最初のステップは混合機能オキシゲナーゼによって触媒され，NADPH がスクアレンとともに基質になる．生成物はエポキシドであり，このエポキシドは次のステップで環化してステロイド骨格になる．これらの反応の最終生成物は動物細胞ではコレステロールであるが，他の生物ではここに示すようにわずかに異なるステロールが生成する．

stigmasterol，菌類ではエルゴステロール ergosterol などの他のステロールが合成される（図 21-37）．

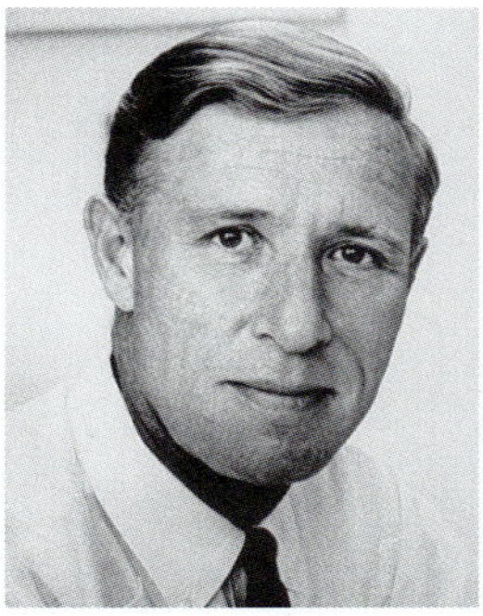

Konrad Bloch
(1912–2000)
［出典：AP/Wide World Photos.］

Feodor Lynen
(1911–1979)
［出典：AP/Wide World Photos.］

John Cornforth
［出典：Bettman/Corbis.］

George Popják
(1914–1998)
［出典：Professor George Joseph Popják, MD, DSc, FRS *Arterioscler. Thromb. Vasc. Biol.* **19**: 830, 1999. © 1999 Wolters Kluwer Health.］

例題 21–1　スクアレン合成のエネルギーコスト

アセチル CoA からスクアレンを合成するためのエネルギーコストは，合成されるスクアレン 1 分子あたりの ATP 数にしていくらになるか．

解答：アセチル CoA からスクアレンへの経路では，メバロン酸をスクアレンの前駆体である活性化イソプレンへと変換するステップにおいてのみ ATP が消費される．スクアレンの構築に必要な 6 分子の活性化イソプレンのそれぞれを合成するために，3 分子の ATP が利用される．したがって，全エネルギーコストは 18 分子の ATP である．

コレステロールはいくつかの運命をたどる

脊椎動物におけるコレステロールの合成の大部分は肝臓で行われる．合成されたコレステロールのうちの少量は肝細胞の膜に取り込まれるが，大部分は肝臓を出て，胆汁酸，胆汁のコレステロール，あるいはコレステロールエステルのいずれかになる（図 21–38）．25–ヒドロキシコレステロールのような少量のオキシステロールは，肝臓で合成されて，コレステロール合成の調節因子として働く（後述）．他の臓器では，コレステロールはステロイドホルモン（例；副腎皮質や性腺；図 10–18 参照）やビタミン D ホルモン（例；肝臓や腎臓；図 10–19 参照）に変換される．このようなホルモンは，核内受容体タンパク質を介して作用する極めて強力な生物学的シグナル分子である．

肝臓から運び出されるコレステロール由来の 3 種類の化合物のうちの一つである**胆汁酸** bile acid は，胆汁の主要成分である．胆汁は，胆嚢に貯蔵されたのち，脂肪を含む食事の消化を助けるために小腸内へと排出される．胆汁酸とその塩は比較的親水性のコレステロール誘導体であり，小腸において脂肪の大きな粒子を小さなミセルに変換して，消化のためのリパーゼが作用しやすくする乳化剤として働く（図 17–1 参照）．また，胆汁は極めて少量のコレステロール（胆汁コレステロール）も含有する．

コレステロールエステル cholesteryl ester は，肝臓で**アシル CoA–コレステロールアシルトランスフェラーゼ** acyl-CoA-cholesterol acyl transferase（**ACAT**）の作用を介して生成する．この酵素は脂肪酸アシル CoA の脂肪酸をコレス

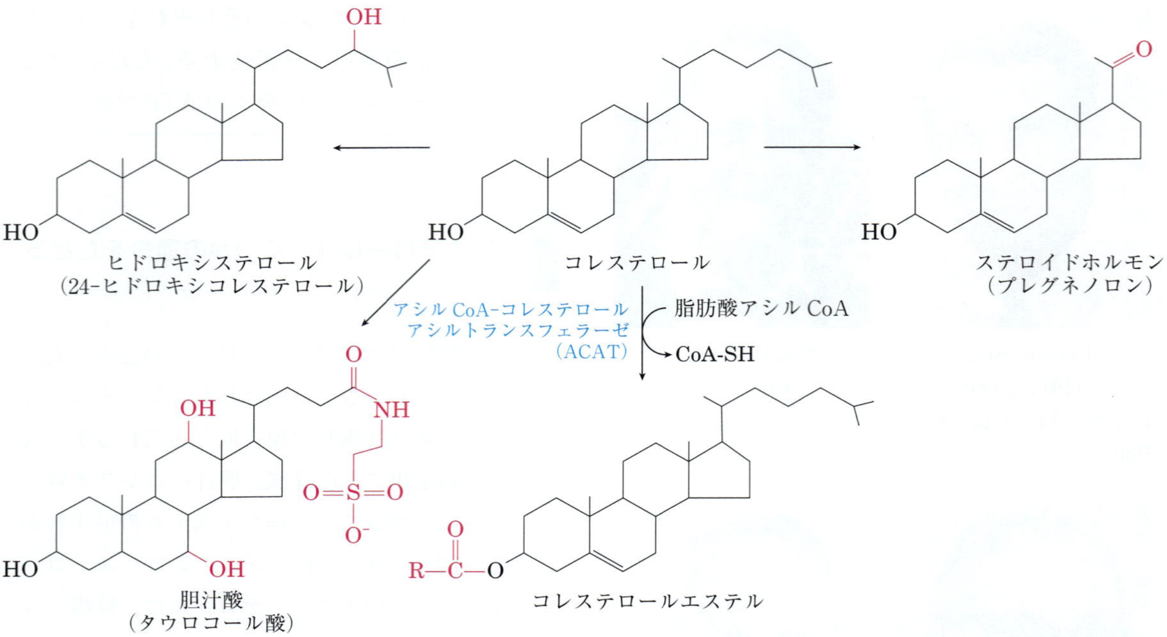

図 21-38 コレステロールの代謝経路

コレステロール構造の修飾を赤色で示す．コレステロールは，エステル化されるとより疎水性になり，貯蔵や運搬に適するようになる．他の修飾はいずれも疎水性を低下させる．

テロールのヒドロキシ基に転移し（図 21-38），コレステロールをより疎水性の形態に変換して，コレステロールが膜内へ挿入されるのを防ぐ．コレステロールエステルは，分泌されるリポタンパク質粒子内に入ってコレステロールを必要とする他の組織へ運搬されるか，肝臓の脂肪滴 lipid droplet 中に貯蔵される．

コレステロールや他の脂質は血漿リポタンパク質によって運搬される

コレステロールとコレステロールエステルは，トリアシルグリセロールやリン脂質と同様に実質的に水に不溶性である．しかし，これらの脂質は合成された組織から，それらを貯蔵したり消費したりする組織へと移動しなければならない．これらの脂質は，**血漿リポタンパク質** plasma lipoprotein として血流中を運搬される．血漿リポタンパク質とは，**アポリポタンパク質** apolipoprotein という特異的な運搬タンパク質に，リン脂質，コレステロール，コレステロールエステルおよびトリアシルグリセロールが多様な組合せで結合している高分子複合体である．

アポリポタンパク質（「アポ」とは脂質が含まれていない形態のタンパク質を表す）は，脂質と結合していくつかのクラスのリポタンパク質粒子，すなわち疎水性の脂質が中心部に，親水性アミノ酸側鎖が表面に存在する球形の集合体を形成する（図 21-39(a)）．脂質とタンパク質の組合せの違いによって，キロミクロンから高密度リポタンパク質までの異なる密度の粒子が産生される．これらの粒子は超遠心で分離可能であり（表 21-1），電子顕微鏡で可視化することができる（図 21-39(b)）．

各クラスのリポタンパク質には特有の機能があり，それは合成される場所，脂質の組成，およびアポリポタンパク質の含量によって決まる．ヒト血漿中のリポタンパク質には少なくとも 10 種類

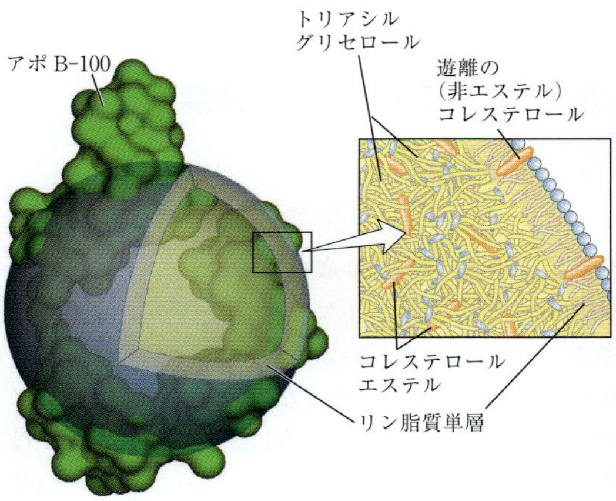

(a)

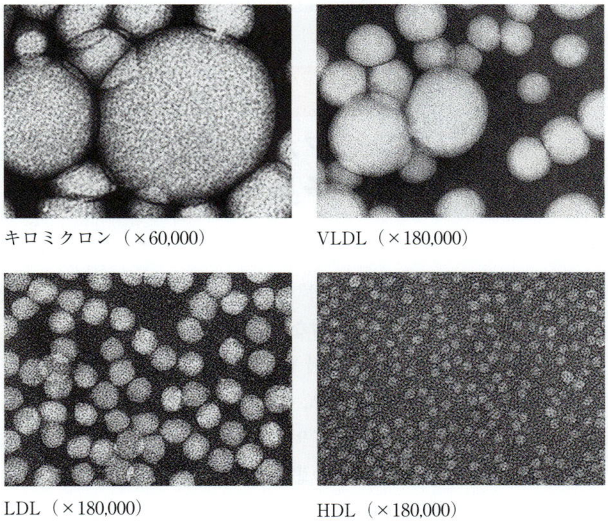

(b)

図 21-39　リポタンパク質

(a) 低密度リポタンパク質（LDL）の構造．アポリポタンパク質 B-100（アポ B-100）は 4,636 アミノ酸残基（分子量 512,000）から成り，単一のポリペプチド鎖から成る既知のタンパク質のうちで最も大きなものの一つである．LDL の一つの粒子は，約 1,500 分子のコレステロールエステルから成るコアを含み，さらに約 500 分子以上のコレステロール，約 800 分子のリン脂質，および 1 分子のアポ B-100 から成る殻によって取り囲まれている．**(b)** 電子顕微鏡（ネガティブ染色）で観た四つのクラスのリポタンパク質．左上，キロミクロン（直径 50 ～ 200 nm）；右上，VLDL（28 ～ 70 nm），左下，LDL（20 ～ 25 nm）；HDL（8 ～ 11 nm）．粒子のサイズはこれらの試料に関して測定されたものであり，調製の違いでかなり異なる．リポタンパク質の性質については表 21-1 を参照．［出典：(a) ApoB-100 のモデルは，A. Johs et al., *J. Biol. Chem.* **281**: 19, 732, 2006 のデータに基づく．(b) Robert Hamilton, Jr., PhD.］

のアポリポタンパク質が存在し（表 21-2），それらはサイズ，特異的抗体との反応性，およびリポタンパク質中での特徴的な分布などによって区分できる．これらのタンパク質成分は，リポタンパク質を特定の組織へ向かわせたり，リポタンパク質に作用する酵素を活性化したりするシグナルとして機能する．アポリポタンパク質は病気とも関連がある．Box 21-2 では，アポ E とアルツハイマー病との関係について述べる．図 21-40 に哺乳類におけるリポタンパク質の形態と運搬の概要を示す．この後の考察にあるステップの番号は，この図の番号のことである．

表 21-1　主要なヒト血漿リポタンパク質とその性質

リポタンパク質	密度 (g/mL)	組成（重量%）				
		タンパク質	リン脂質	遊離コレステロール	コレステロールエステル	トリアシルグリセロール
キロミクロン	＜ 1.006	2	9	1	3	85
VLDL	0.95 ～ 1.006	10	18	7	12	50
LDL	1.006 ～ 1.063	23	20	8	37	10
HDL	1.063 ～ 1.210	55	24	2	15	4

出典：D. Kritchevsky, *Nutr. Int.* **2**: 290, 1986 のデータ．

BOX 21-2 医 学
アポEの対立遺伝子はアルツハイマー病の発症を予見する

ヒトの集団では，アポリポタンパク質Eをコードする遺伝子には三つの一般的なバリアント，すなわち対立遺伝子 allele がある．最も一般的なアポE対立遺伝子は *APOE3* で約 78％を占める．*APOE4* と *APOE2* はそれぞれ 15％と 7％である．*APOE4* 対立遺伝子はアルツハイマー病の患者に特に共通して見られるので，この疾患になるかどうかをかなりの確率で予見できる．すなわち，*APOE4* 対立遺伝子を受け継いでいる人は，年をとってからアルツハイマー病になるリスクが高い．*APOE4* 対立遺伝子に関してホモ接合型の人のアルツハイマー病になるリスクは 16 倍も高く，アルツハイマー病を発症する平均年齢は 70 歳よりも少し若い．一方，*APOE3* の二つのコピーを遺伝で受け継いでいる人の場合には，アルツハイマー病を発症する平均年齢は 90 歳を超える．

アポE-4 とアルツハイマー病との関係に関する分子基盤についてはまだわかっていない．また，アポE-4 がアルツハイマー病の主な原因と思われているアミロイド繊維の成長にどのように影響を及ぼすのかは不明である（図 4-32 参照）が，ニューロンの細胞骨格構造の安定化におけるアポEの役割が注目されている．アポE-2 とアポE-3 はニューロンの微小管に会合している特定のタンパク質に結合するのに対して，アポE-4 は結合しない．このことがニューロンの死を促進するのかもしれない．どのような機構が証明されるにしろ，このような結果によって，アポリポタンパク質の生物学的機能に関する理解がさらに深まるであろう．

表 21-2 ヒト血漿リポタンパク質のアポリポタンパク質

アポリポタンパク質	ポリペプチドの分子量	存在するリポタンパク質	機能（既知の場合のみ）
アポ A-Ⅰ	28,100	HDL	LCAT の活性化；ABC 輸送体との相互作用
アポ A-Ⅱ	17,400	HDL	LCAT の阻害
アポ A-Ⅳ	44,500	キロミクロン，HDL	LCAT の活性化；コレステロールの運搬/クリアランス
アポ B-48	242,000	キロミクロン	コレステロールの運搬/クリアランス
アポ B-100	512,000	VLDL，LDL	LDL 受容体との結合
アポ C-Ⅰ	7,000	VLDL，HDL	
アポ C-Ⅱ	9,000	キロミクロン，VLDL，HDL	リポタンパク質リパーゼの活性化
アポ C-Ⅲ	9,000	キロミクロン，VLDL，HDL	リポタンパク質リパーゼの阻害
アポ D	32,500	HDL	
アポ E	34,200	キロミクロン，VLDL，HDL	VLDL とキロミクロンレムナントのクリアランス開始
アポ H	50,000	おそらく VLDL は，カルジオリピンなどのリン脂質に結合	凝固，脂質代謝，アポトーシス，炎症における役割

出典：D. E. Vance & J. E. Vance（eds）*Biochemistry of Lipids and Membranes*, 5th edn, Elsevier Science Publising, 2008 の情報．

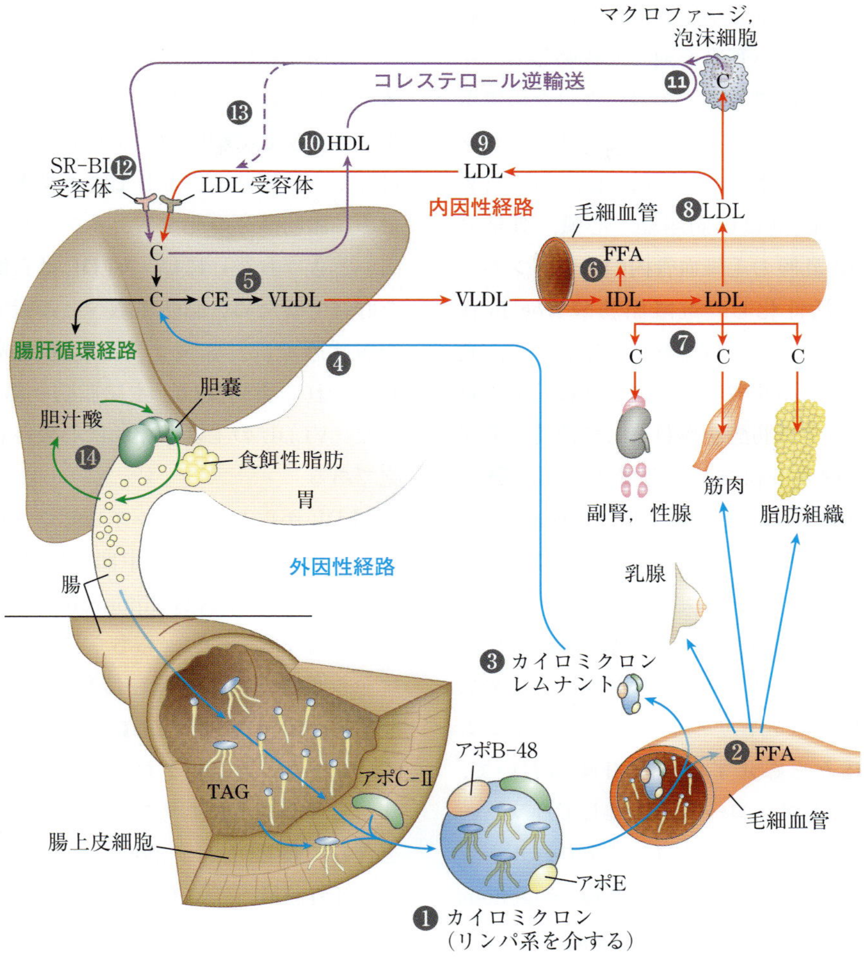

図 21-40 リポタンパク質と脂質の運搬

脂質は，リポタンパク質として血流中を運搬される．リパタンパク質は異なる機能を有し，タンパク質や脂質の組成が異なるので，密度の異なるいくつかのバリアントとして存在する（表 21-1，表 21-2 参照）．ステップ番号については本文中で述べる．外因性経路（青色矢印）において，食餌由来の脂質はキロミクロンに取り込まれる．キロミクロンに含まれるトリアシルグリセロール（TAG）の多くは，脂肪組織や筋肉組織の毛細血管を通過する際にリポタンパク質リパーゼの作用を受け，遊離した脂肪酸はこれらの組織に取り込まれる．キロミクロンのレムナント（タンパク質とコレステロールを多く含む）は肝臓によって取り込まれる．肝臓によって産生される胆汁酸塩は，食餌で取り込まれた脂肪の分散を促進したのちに，腸肝循環経路によって再吸収される（緑色矢印）．内因性の経路（赤色矢印）において，肝臓で合成された脂質やまとめられた脂質は，VLDL によって末梢組織へと運ばれる．VLDL から脂質の抽出（アポリポタンパク質の一部も失われる）によって，VLDL の一部は徐々に LDL に変換される．LDL は，コレステロールを肝外組織に運搬するか，肝臓に戻す．肝外組織の過剰なコレステロールは，コレステロール逆輸送経路（紫色矢印）で HDL として肝臓へと戻される．C，コレステロール；CE，コレステロールエステル．

キロミクロン chylomicron については，食餌性トリアシルグリセロールの腸管から他の組織への移行に関連して Chap. 17 で考察した．キロミクロンはリポタンパク質のうちで最も大きく，トリアシルグリセロールを多く含み，密度は最も小さい（図 17-2 参照）．❶ キロミクロンは小腸の内壁に並ぶ腸上皮細胞の小胞体で食物由来の脂肪から合成され，リンパ管系を通って移動して，左鎖骨下静脈から血流に入る．キロミクロンのアポリポタンパク質には，アポ B-48（キロミクロンに特徴的），アポ E およびアポ C-Ⅱがある（表 21-2）．❷アポ C-Ⅱは脂肪組織，心臓，骨格筋および授乳中の乳腺の毛細血管内のリポタンパク質リパーゼを活性化し，遊離脂肪酸 free fatty acid（FFA）をこれらの組織へと供給する．食餌から摂取された脂肪酸は，このようにしてキロミクロンによって脂肪酸を燃料として消費する組織あるいは貯蔵する組織へと運搬される．❸キロミクロンの残りの部分（レムナント remnant；大部分のトリアシルグリセロールはなくなっているが，コレステロール，アポ E およびアポ B-48 を含んでいる）は血流を介して肝臓に運ばれる．肝臓の受容体は，キロミクロンのレムナントのアポ E に結合し，エンドサイトーシスによるレムナントの取込みを媒介する．❹肝臓において，レムナントはコレステロールを遊離してリソソームで分解される．食餌由来のコレステロールが肝臓に運ばれる経路は，**外因性経路** exogenous pathway である（図 21-40 の青色矢印）．

燃料や他の分子の前駆体として直ちに必要な量を超える脂肪酸やコレステロールが食餌中に含まれていると，それらは❺肝臓でトリアシルグリセロールやコレステロールエステルに変換され，特定のアポリポタンパク質とともに**超低密度リポタンパク質** very-low-density lipoprotein（**VLDL**）になる．食餌中の過剰な糖質も肝臓でトリアシルグリセロールに変換され，VLDL となって血中に出ていく．VLDL には，トリアシルグリセロールやコレステロールエステルのほかに，アポ B-100，アポ C-Ⅰ，アポ C-Ⅱ，アポ C-Ⅲおよびアポ E が含まれる（表 21-2）．VLDL は肝臓から血液を介して筋肉や脂肪組織へと運ばれる．❻これらの組織の毛細血管において，アポ C-Ⅱがリポタンパク質リパーゼを活性化し，VLDL 中のトリアシルグリセロールから脂肪酸を遊離させる．脂肪細胞は，このようにして遊離された脂肪酸を取り込んで，それらをトリアシルグリセロールに再変換して細胞内の脂肪滴に蓄える．これに対して，筋細胞は主としてエネルギーを供給するために脂肪酸を酸化する．インスリンのレベルが高いとき（食後）には，VLDL は食餌由来の脂質を貯蔵するために脂肪組織へと運搬する．食間の空腹状態では，肝臓で VLDL を生成するために利用される脂肪酸は，主に脂肪組織に由来する．また，VLDL の主要な標的は心臓や骨格筋の筋細胞である．

VLDL からトリアシルグリセロールが失われると VLDL レムナント（中間密度リポタンパク質 intermediate density lipoprotein，IDL とも呼ばれる）になる．IDL からさらにトリアシルグリセロールが除かれると**低密度リポタンパク質** low-density lipoprotein（**LDL**）になる．LDL はコレステロールとコレステロールエステルが豊富であり，主要なアポリポタンパク質としてアポ B-100 を含む．❼LDL は，筋肉，副腎や脂肪組織のような肝外組織へとコレステロールを運搬する．これらの組織には，アポ B-100 を認識して，コレステロールとコレステロールエステルの取込みを媒介する細胞膜 LDL 受容体が存在する．❽LDL は，マクロファージへもコレステロールを供給し，マクロファージを泡沫細胞 foam cell へと変化させることがある（図 21-46 参照）．❾末梢の組織や細胞で取り込まれなかった LDL は，肝臓にまで戻り，肝細胞膜の **LDL 受容体** LDL receptor を介して取り込まれる．この経路によって肝細胞内に入ったコレステロールは，細胞の膜に取り込まれ，胆汁酸に変換されるか，あるいは細胞質の脂肪滴で貯蔵されるために ACAT（図 21-38）によって再エステル化される．このように肝臓での VLDL の形成から LDL が肝臓に戻るまでの経路は，コレステロールの代謝と運搬のための**内因性経路** endogenous pathway である（図 21-40 の赤色矢印）．血液中のLDLから十分量のコレステロールが利用可能なときには，コレステロールの合成速度を下げることによって細胞内での過剰なコレステロールの蓄積が防がれる．この調節機構については後述する．さらに，細胞によるLDLの取込みについて考察した後に，図21-40やリポタンパク質の他の輸送経路について再検討する．

コレステロールエステルは受容体依存性エンドサイトーシスによって細胞内に入る

血流中の各LDL粒子はアポB-100を含んでいる．アポB-100は，コレステロールを取り込む必要がある細胞の表面に存在する特異的受容体タンパク質のLDL受容体によって認識される．図21-41に示す細胞のように，❶LDL受容体が小胞体で合成されて，ゴルジ体で修飾を受けた後に細胞膜に運ばれる．細胞膜で，これらの血漿リポタンパク質はアポB-100と結合できるようになる．❷LDLがLDL受容体に結合するとエンドサイトーシスが開始され，❸LDLとその受容体は細胞内のエンドソームに移行する．❹エンドソーム膜の受容体を含む部分が出芽して細胞表面へと返送され，再びLDLを取り込むようになる．❺LDLを含むエンドソームはリソソームと融合し，❻リソソーム内の酵素がコレステロールエステルを加水分解し，遊離したコレステロールと脂肪酸はサイトゾルに放出される．LDLのアポB-100は分解されてアミノ酸になってサイトゾルに放出される．アポB-100はVLDLにも存在するが，その受容体結合ドメインはLDL受容体との結合には利用できない．しかし，VLDLがLDLに変換されるとアポB-100の受容体結合ドメインが表面に露出する．

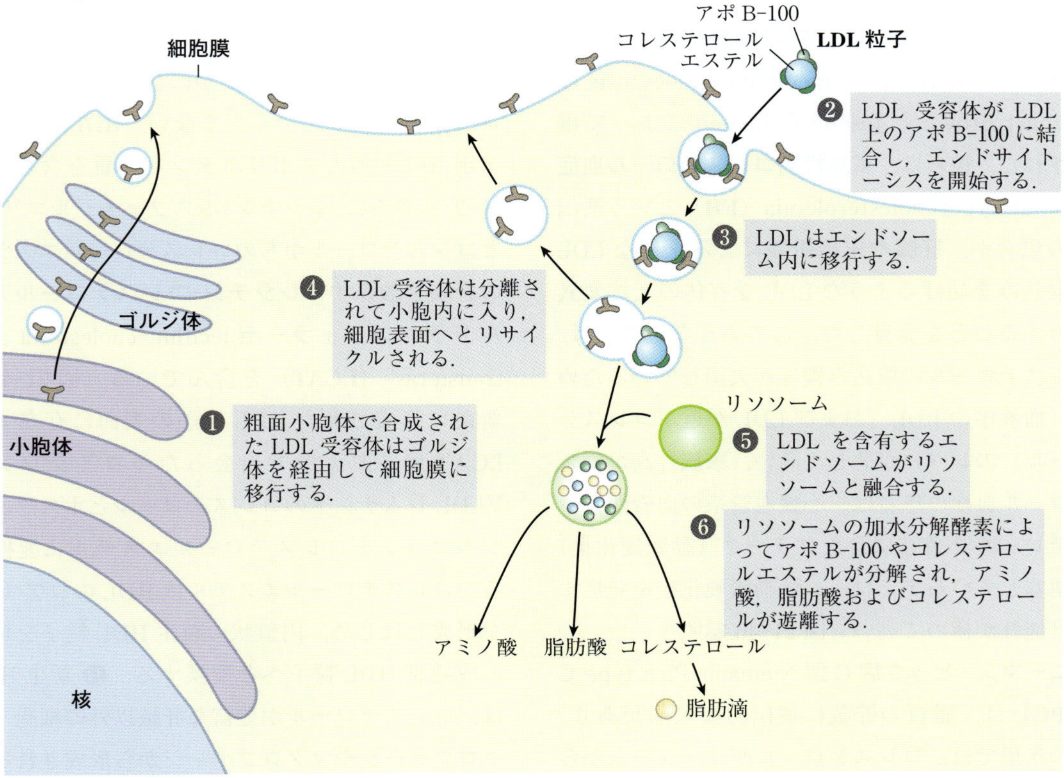

図21-41　受容体依存性エンドサイトーシスによるコレステロールの取込み

Michael Brown と Joseph Goldstein
[出典：Mei-Chun Jau. Michael Brown and Joseph Goldstein, University of Texas Southwestern Medical Center の厚意による.]

血中におけるコレステロールの運搬経路と標的組織における**受容体依存性エンドサイトーシス** receptor-mediated endocytosis は Michael Brown と Joseph Goldstein によって解明された．彼らは，**家族性高コレステロール血症** familial hypercholesterolemia（**FH**）という遺伝病の患者が，肝臓や末梢組織による正常な LDL の取込みを妨げるような LDL 受容体の突然変異を有することを発見した．このような患者では，コレステロールの取込み機能が欠損しているために，血液中の LDL（および LDL が運ぶコレステロール）のレベルが著しく高い．家族性高コレステロール血症の患者は，心臓血管系の血管がコレステロールを豊富に含むプラーク（動脈硬化巣）で閉塞しているアテローム性動脈硬化症を発症する可能性が極めて高い（図 21-46 参照）．

ニーマン・ピック病 C 型 Niemann-Pick type-C（**NPC**）は，脂質の貯蔵に遺伝的な欠陥があり，この疾患では，コレステロールがリソソームから輸送されず，その代わりに肝臓，脳および肺のリソソームに蓄積して，早期死亡を引き起こす．NPC は，コレステロールをリソソームからサイトゾルへと運び出して，そこでさらに代謝するために必要な二つの遺伝子，*NPC1* または *NPC2*，のどちらか一方の変異の結果である．*NPC1* はリソソームの膜貫通タンパク質をコードし，*NPC2* は可溶性タンパク質をコードしている．これらのタンパク質は，コレステロールをリソソームからサイトゾルへと運び出し，そこでさらにプロセシング（加工）したり，代謝したりするために協同して働く．■

HDL はコレステロール逆輸送を行う

リポタンパク質の 4 番目のタイプである**高密度リポタンパク質** high-density lipoprotein（**HDL**）は肝臓や小腸に由来するタンパク質に富む小さな粒子である（❿，ここにあげるすべてのステップ番号については図 21-40 を参照）．HDL は，コレステロールをほんのわずかに含むが，コレステロールエステルを全く含まない．HDL は，主にアポ A-I と他のアポリポタンパク質を含む（表 21-2）．さらに，レシチン（ホスファチジルコリン）とコレステロールからのコレステロールエステルの合成を触媒する**レシチン-コレステロールアシルトランスフェラーゼ** lecithin-cholesterol acyl transferase（**LCAT**）を含んでいる（図 21-42）．新たに形成された HDL 粒子の表面に存在する LCAT は，血流中で出会ったキロミクロンと VLDL レムナントのコレステロールとホスファチジルコリンをコレステロールエステルに変換する．コレステロールエステルは HDL のコア（芯）を形成しはじめ，円盤状の新生 HDL 粒子を球状の成熟型 HDL 粒子へと変換する．⓫ 新生 HDL は，コレステロールが豊富な肝臓以外の細胞（マクロファージやマクロファージから形成される泡沫細胞；後述）からコレステロールを抜き取る．

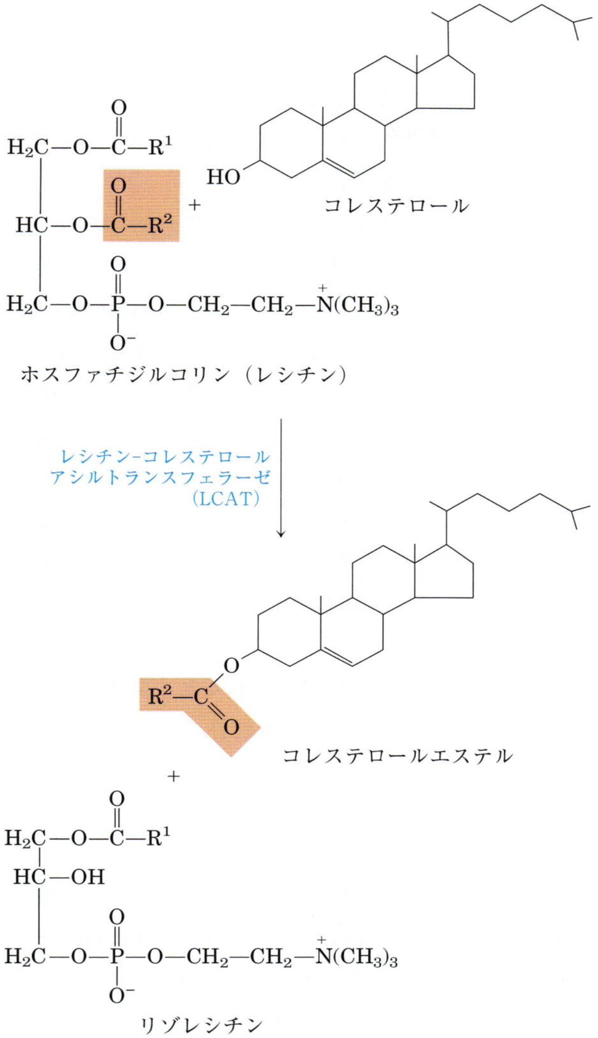

図 21-42　レシチン-コレステロールアシルトランスフェラーゼ（LCAT）により触媒される反応

この酵素は HDL の表面に存在し，HDL 成分のアポ A-I によって活性化される．コレステロールエステルが新生 HDL の内部に蓄積し，HDL は成熟する．

⓬ 成熟型 HDL は次に肝臓に戻り，スカベンジャー受容体の SR-BI を介してコレステロールが取り出される．⓭ HDL 中のコレステロールエステルの一部は，コレステロールエステル転移タンパク質によって LDL に転移されることもある．この HDL の回路は**コレステロール逆輸送** reverse cholesterol transport と呼ばれる（図 21-40 の紫色矢印）．このコレステロールの多くは肝臓のペルオキシソーム内に隔離された酵素によって胆汁酸塩に変換される．胆汁酸塩は胆嚢に貯蔵され，食餌が摂取されると腸内に排出される．胆汁酸塩は腸で再吸収され⓮，肝臓へと再循環される．このような肝臓と腸の間での物質の循環を**腸肝循環** enterohepatic circulation（図 21-40 の緑色矢印）という．

肝臓や他の組織に存在する SR-BI 受容体を介するステロールの回収機構には，LDL の取込みの際に利用されるようなエンドサイトーシスは関与しない．その代わりに，HDL が肝臓や副腎のようなステロイド産生組織の細胞膜に存在する SR-BI 受容体に結合すると，この受容体は HDL 中のコレステロールや他の脂質を部分的であるが選択的に細胞内へと移行させる．コレステロールが少なくなった HDL は，後述するように，受容体から離れて血流中を再循環し，キロミクロンや VLDL のレムナントあるいはコレステロールを過剰に含む細胞からより多くの脂質を抽出する．

コレステロールの生合成と輸送はいくつかのレベルで調節される

コレステロール合成は，複雑でエネルギー的に高価な過程である．過剰なコレステロールは代謝燃料として利用するために異化されることはないので，排泄される必要がある．したがって，食餌からの摂取を補うためにコレステロール合成を調節することは，生物にとって明らかに有益である．哺乳類では，コレステロール産生は細胞内のコレステロールの濃度，ATP の供給，およびホルモンのグルカゴンやインスリンによって調節される．コレステロールの合成にいたる経路に入るための重要なステップ（しかも主要な調節部位である）は，HMG-CoA レダクターゼによって触媒される HMG-CoA のメバロン酸への変換である

(図 21-34).

既存の HMG-CoA レダクターゼの活性の短期的な調節は，共有結合性修飾，すなわち高濃度の AMP（ATP 濃度が低い状態）を感知する AMP 活性化プロテインキナーゼ AMP-activated protein kinase（AMPK）によるリン酸化よって行われる．したがって，ATP レベルが低下すると，コレステロール合成が遅くなり，ATP 産生のための異化経路が刺激される（図 21-43）．脂質と糖質の代謝の包括的調節を媒介するホルモンは HMG-CoA レダクターゼに対しても作用する．すなわち，グルカゴンは HMG-CoA レダクターゼのリン酸化（不活化）を促進し，インスリンは

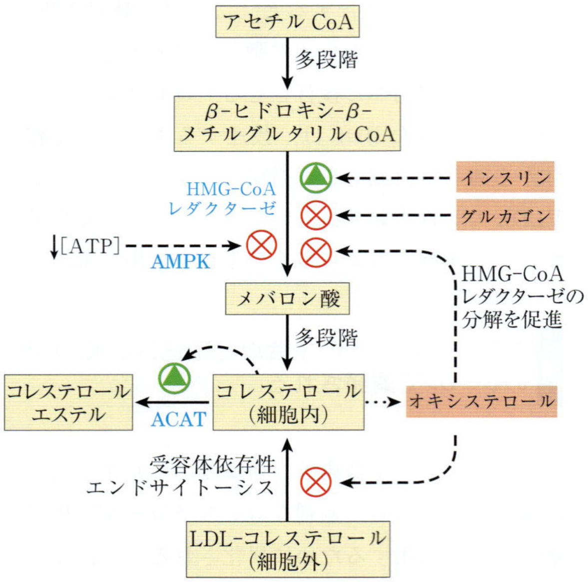

図 21-43 コレステロール生合成の調節が合成と食餌由来コレステロールやエネルギー状態とのバランスを保つ

インスリンは HMG-CoA レダクターゼの脱リン酸化（活性化）を促進し，グルカゴンはリン酸化（不活性化）を促進する．また，AMP 濃度に比べて ATP 濃度が低いときに AMP 活性化プロテインキナーゼ（AMPK）が活性化されると，HMG-CoA レダクターゼをリン酸化して不活性化する．コレステロールの代謝物であるオキシステロール（例：24(*S*)-ヒドロキシコレステロール）は，HMG-CoA レダクターゼのタンパク質分解を促進する．

脱リン酸化を促進することによって，HMG-CoA レダクターゼを活性化してコレステロール合成を促す．このような共有結合性修飾による調節機構は，この酵素の合成や分解に影響を及ぼすような調節機構ほど重要ではないだろう．

長期的には，HMG-CoA レダクターゼの分子数が，細胞内のコレステロール濃度に応答して増減する．コレステロールに応答する HMG-CoA レダクターゼの合成の調節は，この酵素の遺伝子の精巧な転写調節系によって行われる（図 21-44）．この遺伝子，およびコレステロールや不飽和脂肪酸の取込みと合成を媒介する酵素をコードする 20 以上もの他の遺伝子は，**ステロール調節配列結合タンパク質** sterol regulatory element-binding protein（**SREBP**）というタンパク質の小さなファミリーによる制御を受ける．これらのタンパク質は，新たに合成されると小胞体の膜に埋め込まれる．SREBP の可溶性アミノ末端調節ドメインだけが，Chap. 28 に考察する機構によって転写アクチベーターとして機能する．コレステロールとオキシステロールのレベルが高いときには，SREBP は，**SREBP 切断活性化タンパク質** SREBP cleavage-activating protein（**SCAP**）という別のタンパク質と複合体を形成して小胞体に保持される．そして SCAP は，**Insig**（*ins*ulin-*i*nduced *g*ene protein）という第三の膜タンパク質と相互作用することによって小胞体膜に固定される（図 21-44(a)）．SCAP と Insig は，ステロールのセンサーとして機能する．ステロールのレベルが高いときには，Insig-SCAP-SREBP 複合体は小胞体膜に保持される．細胞内のステロールレベルが低下する（図 21-44(b)）と，SCAP-SREBP 複合体は分泌過程に関与するタンパク質によってゴルジ体へと運ばれる．ゴルジ体では，SREBP は二つの異なるプロテアーゼによる切断を受けて，調節性断片が遊離される．この断片は核内に入り，HMG-CoA レダクターゼ，LDL 受容体タンパク質，および脂質合成に必要な多数の

他のタンパク質をコードする標的遺伝子を活性化する．ステロールのレベルが十分に上昇すると，SREBP のアミノ末端ドメインのタンパク分解による遊離は再び遮断され，既存の活性のあるドメインはプロテアソーム proteasome によって分解され，標的遺伝子の転写は速やかに遮断される．

長期的には，HMG-CoA レダクターゼのレベルは，この酵素自体のタンパク質分解によっても調節される．細胞のコレステロールレベルが高いと Insig によって感知され，Insig が HMG-CoA レダクターゼへのユビキチン分子の付加を引き起こす．ユビキチン化を受けた HMG-CoA レダクターゼはプロテアソームによって分解される（図 27-50 参照）．

肝臓 X 受容体 Liver X receptor（**LXR**）は，オキシステロール（高いコレステロール濃度を反映する）により活性化される核内転写因子であり，脂肪酸，ステロールおよびグルコースの代謝を統合する．LXRα は主に肝臓，脂肪組織，マクロファージで発現しており，LXRβ はすべての組織で発現している．LXR がリガンドであるオキシステロールに結合すると，別のタイプの核内受容体である**レチノイド X 受容体** retinoid X receptor（**RXR**）とヘテロ二量体を形成する．そして，この LXR-RXR 二量体は，次のような一群の遺伝子の転写を活性化する（図 21-45）．これらの遺伝子には，アセチル CoA カルボキシラーゼ（脂肪酸合成の最初の酵素），脂肪酸合成酵素，ステロールの胆汁酸への変換に必要なシトクロム P-450 酵素 CYP7A1，コレステロールの輸送に関与するアポタンパク質（アポ C-Ⅰ，アポ C-Ⅱ，アポ D およびアポ E），コレステロール逆輸送に必要な ATP 結合カセット（ABC）輸送体 ABCA1 と ABCG1（後述），筋肉と脂肪組織においてインスリン刺激に応答するグルコース輸送体 GLUT4，および SREBP1C という SREBP などがある．このように，転写調節因子の LXR と SREBP は連携して機能し，コレステロールのホ

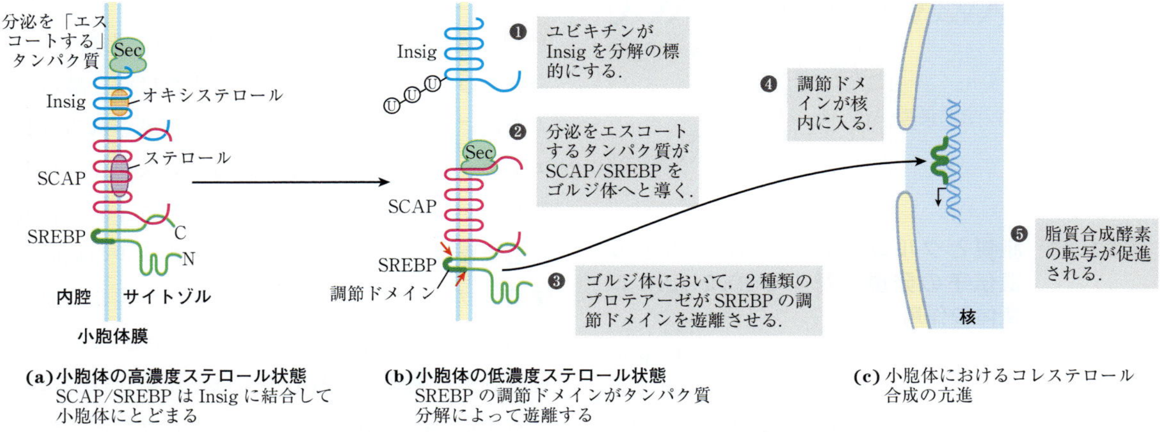

図 21-44　SREBP によるコレステロール生合成の調節

ステロール調節配列結合タンパク質（SREBP，緑色；N と C はタンパク質のアミノ末端とカルボキシ末端を表す）は，合成されたときには小胞体膜に埋め込まれ，SREBP 切断活性化タンパク質（SCAP，赤色）と複合体を形成している．SCAP は，この状態では Insig（青色）と結合している．**(a)** SCAP と Insig に結合していると，SREBP は不活性である．**(b)** ステロールのレベルが低下すると，SCAP と Insig 上のステロール結合部位にステロールが結合しなくなり，SREBP と SCAP の複合体がゴルジ体に移行し，SREBP が限定切断されて（赤色矢印）調節ドメインが生じる．この調節ドメイン **(c)** は，核内に移行して，ステロールにより調節を受ける遺伝子の転写を亢進させる．Insig はいくつかのユビキチン分子の付加を受けると分解されるようになる．［出典：R. Raghow et al., *Trends Endocrinol. Metab.* **19**: 65, 2008, Fig. 2 の情報．］

メオスタシスを達成して維持する．SREBP は細胞のコレステロールレベルが低いことよって活性化され，LXR はコレステロールレベルが高いことによって活性化される．

LXR による調節はファルネソイド X 受容体 farnesoid X receptor（FXR）の活性によって補完される．FXR は RXR とヘテロ二量体を形成し，しばしば LXR-RXR と逆の効果を示す．ファルネソールはこの受容体のリガンドであるが，FXR は主に胆汁酸に対して応答する．高レベルの胆汁酸は有毒である．主に腸管，肝臓，腎臓および副腎に発現する FXR は，複数の遺伝子の発現を増大または低下させることによって，胆汁酸のレベルの調節に必須である．例えば，LXR は，ステロールからの胆汁酸の生成を促進するシトクロム P-450 酵素 CYP7A1 の転写を活性化する．胆汁酸のレベルが高い場合には，FXR は CYP7A1 の転写を抑制する．

最終的に，他の二つの調節機構が細胞のコレステロールレベルに影響を及ぼす．(1) 細胞内のコレステロール濃度が高くなると ACAT が活性化され，ACAT はコレステロールを貯蔵のためにエステル化する．(2) 細胞のコレステロールレベルが高くなると，SREBP を介して LDL 受容体をコードする遺伝子の転写が抑制されて受容体の合成が低下し，血中からのコレステロールの取込みが低下する．

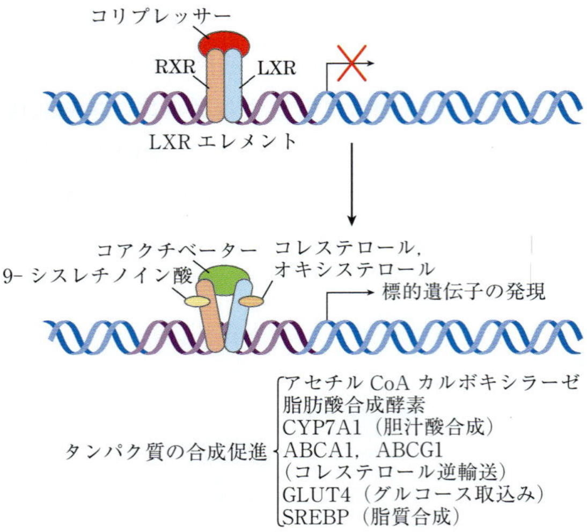

図 21-45 脂質とグルコースの代謝に関与する遺伝子の発現に対する RXR-LXR 二量体の作用

リガンドが存在しない状態では，RXR と LXR の二量体はコリプレッサーと結合しており，LXR エレメント（LXRE）を有する遺伝子の転写が妨げられる．各リガンド（RXR には 9-シスレチノイン酸，LXR にはコレステロールまたはオキシステロール）が存在すると，二量体はコリプレッサーから解離して，コアクチベータータンパク質と結合する．この複合体は LXR エレメントに結合し，そのエレメントを有する遺伝子の発現を誘導する．遺伝子発現の調節については，Chap. 28 でさらに詳しく考察する．［出典：A. C. Calkin and P. Tontonoz, *Nature Rev. Mol. Cell Bioi.* **13**: 213, 2012, Fig.1 の情報.］

コレステロール代謝の調節不全は心血管疾患を誘発する

これまで述べたように，コレステロールは動物細胞によって異化されることはない．余分なコレステロールは，排泄または胆汁酸塩への変換によってのみ除去される．合成されるコレステロールと食餌から得られるコレステロールとの総和が，膜，胆汁酸塩およびステロイドの合成に必要な量を超えると，コレステロールの病的な沈着（プラーク/粥状動脈硬化巣）が起こり血管閉塞（**粥状動脈硬化症** atherosclerosis）になる．冠状動脈の閉塞による心不全は，産業化社会における死亡原因の第 1 位である．粥状動脈硬化症は高レベルの血中コレステロール，特に高レベルの LDL 結合型コレステロール（いわゆる「悪玉コレステロール」）と相関があり，血中の HDL コレステロール（「善玉コレステロール」）のレベルと動脈硬化との間には負の相関がある．血管における動脈硬化巣の形成は，酸化された脂肪酸アシル基を一部に含む LDL が，動脈の内側を覆う内皮細胞の細胞外マトリックスに接着して蓄積することによって始まる（図 21-46）．免疫細胞（単球）がこのように LDL が蓄積している領域に引き寄せられて，マクロファージへと分化し，酸化型 LDL とそこに含まれるコレステロールを取り込む．マクロファージはステロールの取込みを制限することはできず，コレステロールエステルと遊離コレステロールの蓄積が増大するのに伴って，**泡沫細胞** foam cells になる（顕微鏡下で泡沫状に見える）．泡沫細胞とその細胞膜に遊離コレステロールが過剰に蓄積するにつれて，アポトーシスが起こる．長い時間を経て，細胞外マトリックス成分，平滑筋組織由来の瘢痕組織 scar tissue，泡沫細胞のレムナントから成るプラークが徐々に大きくなるにつれて，動脈が次第に閉塞する．時にはプラークが形成部位から剥がれ，血流を介して脳や心臓の動脈の狭窄部位へ運ばれ，脳卒中や心臓発作を引き起こす．

家族性高コレステロール血症 familial hypercholesterolemia という遺伝性疾患では，血中のコレステロールレベルが極端に高く，幼年期に重篤な粥状動脈硬化症を発症する．このような患者では LDL 受容体に欠陥があり，LDL によって運搬されるコレステロールを受容体依存的に取り込むことができない．したがって，コレステロールは血中から排除されずに泡沫細胞に蓄積し，粥状動脈硬化巣の形成に寄与する．細胞外のコレステロールが細胞内に入って細胞のコレステロール合成を調節することができないので（図 21-44），血中コレステロールレベルが高いにもかかわらず，内因性のコレステロール合成は持続する．**スタチン** statin というクラスの薬物（天然資源から単離されたものと製薬企業によって合成されたものがある）が，家族性高コレステロール血症や他の疾患によって引き起こされる血清コレステロールレベルの上昇を伴う患者の治療に使用されている．スタチンはメバロン酸と構造が似ており（Box 21-3），HMG-CoA レダクターゼに対する競合阻害薬である．

血清コレステロールレベルを制御する別の方法

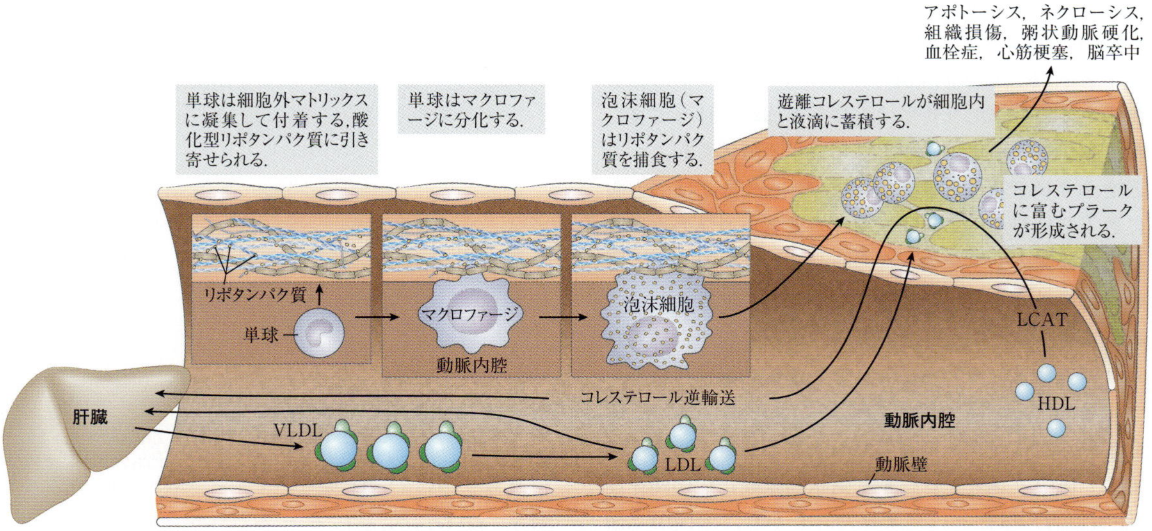

図 21-46　粥状動脈硬化巣の形成

食餌に由来する過剰な脂質は，動脈壁に蓄積する．この過程は，単球の泡沫細胞への変換と，硬化巣への泡沫細胞の取込みによって促進される．この蓄積の一部は，HDL とコレステロールの逆輸送によって抑制される．LCAT の反応については，図 21-42 に示す．

BOX 21-3 医 学
脂質仮説とスタチンの開発

冠動脈心疾患は，先進国の死亡原因の第1位である．心臓に血液を運ぶ冠状動脈は，粥状動脈硬化巣（コレステロール，繊維状タンパク質，カルシウム沈着，血小板，細胞片を含む）と呼ばれる脂肪沈着物の形成のために狭窄する．動脈閉塞（粥状動脈硬化症）と血中コレステロールレベルの関連を明らかにすることは，20世紀の研究課題の一つであり，有効なコレステロール低下薬を開発することによってのみ解決されるという論争を引き起こしていた．フラミンガム心疾患研究 Flamingham Heart Study は，心血管疾患と相関する因子の同定を目的として1948年に開始され，今日まで続いている長期研究である．マサチューセッツ州のフラミンガム市から参加した約5,000人について，定期的な健康診断と生活習慣についての問診調査が実施された．2002年までには，第3世代もこの研究に参加した．この歴史的研究によって，喫煙，肥満，運動不足，糖尿病，高血圧，高血中コレステロールなどの心血管疾患の危険因子が同定された．

1913年にロシアのサンクトペテルブルクの実験病理学者 N. N. Anitschkov は，コレステロールに富む食餌を与えられたウサギは，ヒトの加齢に伴って見られる粥状動脈硬化巣に極めて類似する障害を起こすことを示す研究成果を発表した．Anitschkov は，さらに数十年にわたって研究を続け，著名な西洋の専門誌にその研究成果を発表した．それにもかかわらず，この研究成果は，粥状動脈硬化症が単なる加齢の結果であり，防ぐことができないというすでに広く受け入れられていた見解のために，ヒトの粥状動脈硬化症のモデルとして受け入れられなかった．1960年代に，研究者が治療（介入）が有効であることを広く唱えるまでに，血中コレステロールと粥状動脈硬化症の関連性（脂質仮説）は徐々に高まった．しかし，米国国立衛生研究所（NIH）によるコレステロール低下の大規模な研究の成果（Coronary Primary Prevention Trial 心筋梗塞の一次予防試験）が1984年に発表されるまでは，この論争は続いた．この研究は，血中コレステロールレベルの低下の結果として，心臓発作や脳卒中が統計的に有意に減少することを決定的に示した．この研究には，コレステロールを制御するためにコレスチラミン cholestyramine という胆汁酸結合樹脂が利用された．この実験結果は，さらに有効な治療を探索するきっかけになった．論争は，1980年代後半と1990年代にスタチンが開発されるまで続いた．

東京の三共株式会社で働いていた遠藤章 Akira Endo 博士は，最初のスタチンを発見し，1976年にその成果を発表した．遠藤は，長い間コレステロール代謝に興味をもっており，新しい抗生物質のためにその当時スクリーニングされていた菌類が，コレステロール合成の阻害物質も含むかもしれないと推測した．数年にわたって陽性の結果が見つかるまでに，遠藤は6,000株以上の培養菌類をスクリーニングした．その結果見つかった化合物はコンパクチン compactin と命名された（図1）．最終的に，その化合物はイヌとサルにおいてコレステロールレベルを下げる効果があることが判明した．テキサス大学南西医学センターの

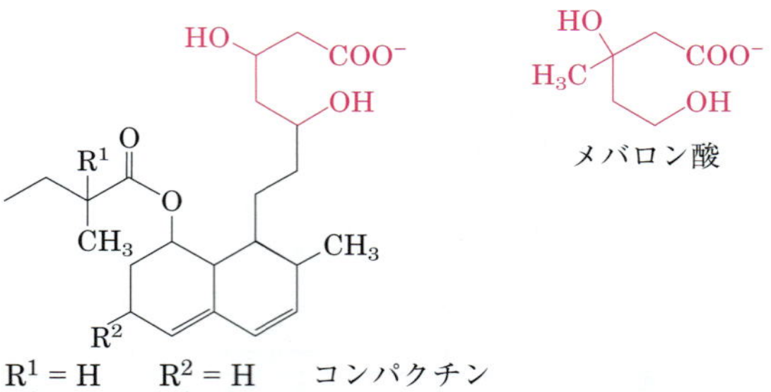

$R^1 = H$ $R^2 = H$ コンパクチン
$R^1 = CH_3$ $R^2 = CH_3$ シンバスタチン（Zocor）
$R^1 = H$ $R^2 = OH$ プラバスタチン（Pravachol）
$R^1 = H$ $R^2 = CH_3$ ロバスタチン（Mevacor）

図1 HMG-CoA レダクターゼの阻害薬としてのスタチン

HMG-CoA レダクターゼを阻害する4種類の医薬品（スタチン）とメバロン酸の構造の比較．

Michael Brown と Joseph Goldstein はこの研究成果に注目した．Brown と Goldstein は遠藤とともに研究を開始し，彼の結果を確かめた．初期の限定的な臨床治験における劇的な結果によって，いくつかの製薬企業がスタチンの探索に加わることになった．Alfred Alberts と P. Roy Vagelos に率いられたメルクのチームは，培養菌類のスクリーニングを開始し，ちょうど18株をスクリーニングした後に陽性の結果を見出した．この新たなスタチンは最終的にロバスタチン lovastatin と命名された（図1）．コンパクチンが極めて高濃度でイヌに発がん性を示すといった噂は，1980年のスタチン開発のための競争にコンパクチンを出場できなくさせたが，家族性高コレステロール血症の患者への恩恵はすでに明白であった．世界中の専門家と米国食品医薬品局（FDA）との度重なる協議のあと，メルクはロバスタチンの開発を注意深く進めた．20年を超える広範な試験は，ロバスタチンやその後に出てきた次世代のスタチンに発がん性はないことを明らかにした．

スタチンはメバロン酸の構造を部分的に模倣することによって HMG-CoA レダクターゼを阻害し（図1），コレステロール合成を抑制する．LDL 受容体の対立遺伝子の一方に欠陥のある高コレステロール血症患者をロバスタチンで治療すると，血清コレステロール濃度は30％程度も低下する．胆汁酸に結合して小腸からの再吸収を妨げる食用樹脂と併用すると，スタチンはさらに効果的である．

スタチンは，血清コレステロールレベルを低下させるために現在最も繁用されている薬である．副作用は薬に常につきまとうが，スタチンの場合には副作用の多くが有益である．スタチンは血流を改善し，粥状動脈硬化巣の安定性を高め（したがって，粥状動脈硬化巣は破裂せず，血流を遮断しない），血小板凝集を低下させ，血管の炎症を減らす．これらの作用のいくつかは，はじめてスタチンを服用した患者のコレステロールレベルが低下する前に起こるので，スタチンによるイソプレノイド合成の二次的阻害に関連があるのかもしれない．スタチンのすべての作用が有益なわけではない．少数の患者は，通常は他のコレステロール低減薬と併用中に，筋肉痛や筋肉のひどい衰弱を経験する．他の副作用についても，そのほとんどはまれなものであるが，きちんとした長期間のリストが記録された．しかし，大多数の患者にとって，スタチンによる冠動脈心疾患に伴うリスクの減少は劇的なものである．すべての薬物療法と同様に，スタチンは医師の指示のもとでのみ使用されるべきである．

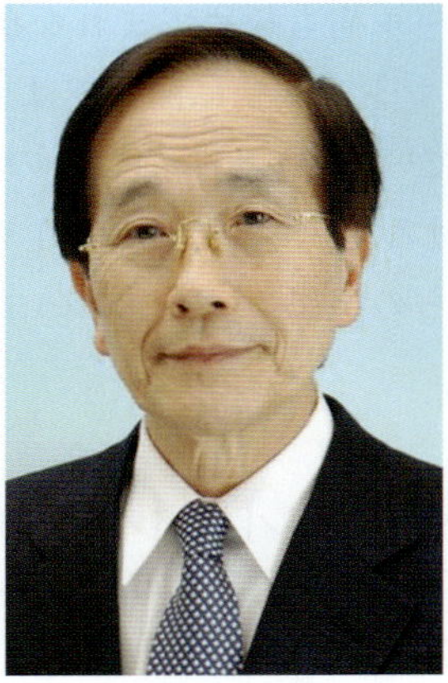

遠藤　章
［出典：Akira Endo, Ph. D. の厚意による.］

Alfred Alberts
［出典：Merck Archives, Merck & Co. Inc. 2016.］

P. Roy Vagelos
［出典：P. Roy Vagelos の厚意による.］

は，コレステロールの吸収を低下させ，排泄を促進する全体的な効果を有するLXRを活性化することである．これはエゼチミブ ezetimibe という薬物の作用様式である．LXRの活性化によって，肝臓による脂肪酸とトリアシルグリセロールの産生を増大させるSREBP1Cも活性化するので，腸管のLXRのみを標的とする新たなクラスの薬物が開発中である．■

HDLによるコレステロール逆輸送は粥状動脈硬化巣の形成と粥状動脈硬化症を抑制する

HDLは，コレステロール逆輸送経路において極めて重要な役割を果たし（図21-47），泡沫細胞形成に起因する悪影響を低減する．コレステロールが少なくなったHDLは，肝外組織（プラークを形成しつつある泡沫細胞を含む）に蓄えられたコレステロールを取り込み，肝臓へと運ぶ．

細胞からのコレステロールの排出には輸送体が必要である．ヒトゲノムには，48のATP結合カセット（ABC）型の輸送体がコードされており，それらの約半数が脂質輸送を促進する．そのうちの二つは細胞からのコレステロールの排出に関与する．この過程において，アポA-Iがコレステロールの豊富な細胞において，ABC輸送体のABCA1と相互作用する．ABCA1はコレステロールを細胞内部から細胞膜の外表面へと輸送する．そこでは，脂質を含まないかほとんど含まないアポA-Iがコレステロールを取り込んで肝臓へと輸送する．別のABC輸送体のABCG1は成熟型のHDLと相互作用し，細胞からHDLへのコレステロールの移行を促進する．この排出過程は，心血管疾患の患者の血管で形成される泡沫細胞からのコレステロール逆輸送にとって特に重要である．

家族性HDL欠損症 familial HDL deficiency においては，HDLレベルは極めて低く，

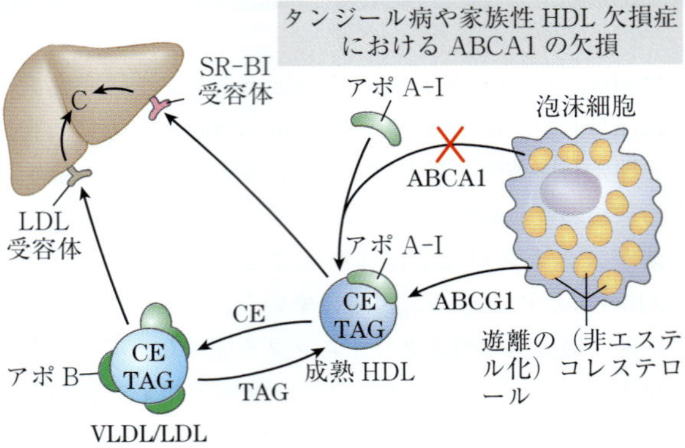

図21-47 コレステロール逆輸送

アポA-IとHDLが，ABCA1とABCG1の関与によって，末梢細胞から過剰なコレステロール（C）を取り込み，肝臓に戻す．タンジール病や家族性HDL欠損症のように遺伝的にABCA1を欠損する人では，コレステロール逆輸送の不全によって重篤で早期の心血管疾患を発症する．CE，コレステロールエステル；TAG，トリアシルグリセロール．［出典：A. R. Tall et al., *Cell Metab.* **7**: 365, 2008, Fig. 1の情報.］

タンジール病 Tangier disease においては，HDLはほぼ検出できない（図21-47）．どちらの遺伝性疾患もABCA1タンパク質の突然変異の結果である．コレステロールが少ないHDLのアポA-Iは，ABCA1タンパク質を欠く細胞からコレステロールを取り込むことができず，血中から速やかに除去されて壊されてしまう．家族性HDL欠乏症もタンジール病も極めてまれな疾患である（世界中で，タンジール病に関しては100家族未満しか知られていない）が，血漿中のHDLレベルの調節におけるABCA1とABCG1タンパク質の役割がこれらの疾患の存在によって確立された．■

ステロイドホルモンはコレステロールの側鎖の切断と酸化によって合成される

ヒトのすべてのステロイドホルモンはコレステロールに由来する（図21-48）．副腎皮質では二つのクラスのステロイドホルモンが合成される．

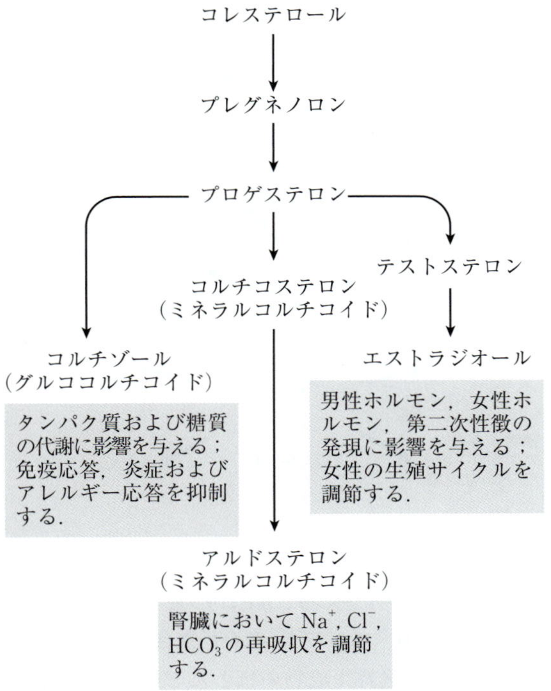

図 21-48　コレステロールに由来するステロイドホルモン

これらの化合物の構造のいくつかについては図10-18に示してある．

一つは**ミネラルコルチコイド** mineralocorticoid であり，腎臓での無機イオン（Na^+，Cl^- および HCO_3^-）の再吸収を制御する．もう一つは**グルココルチコイド** glucocorticoid であり，糖新生を調節したり炎症応答を抑制したりする．性ホルモンは男性と女性の生殖器および胎盤で産生される．**プロゲステロン** progesterone は女性の生殖サイクルを調節し，**アンドロゲン** androgen（例：**テストステロン** testosterone）と**エストロゲン** estrogen（例：エストラジオール estradiol）は

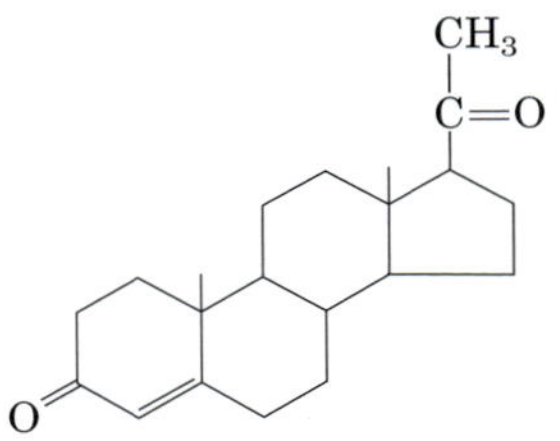

プロゲステロン

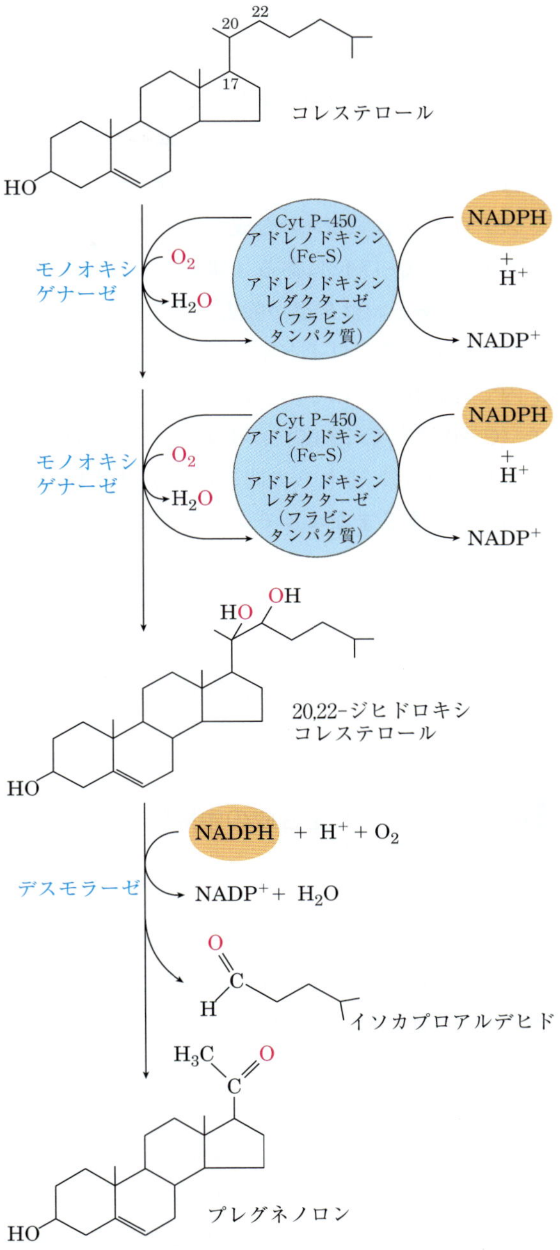

図 21-49　ステロイドホルモン合成における側鎖の切断

隣り合う炭素をヒドロキシ化するモノオキシゲナーゼ系において，シトクロム P-450 は電子伝達体として機能する．また，この過程には，電子伝達タンパク質としてアドレノドキシンとアドレノドキシンレダクターゼが必要である．この側鎖切断系はステロイドの産生が活発な副腎皮質のミトコンドリアで見られる．プレグネノロンは，他のすべてのステロイドホルモンの前駆体である（図 21-48 参照）．

それぞれ男性および女性の第二次性徴の発現に影響を及ぼす．ステロイドホルモンは極めて低濃度で有効なので，比較的少量しか合成されない．胆汁酸塩と比較すると，ステロイドホルモンの合成では少量のコレステロールしか消費されない．

ステロイドホルモンの合成では，コレステロールのD環のC-17位にある「側鎖」の炭素原子のいくつか，あるいは全部が除去される必要がある．側鎖の除去はステロイド産生組織のミトコンドリア内で行われる．はじめに側鎖の隣り合う炭素原子（C-20位とC-22位）がそれぞれヒドロキシ化されたのちに，それらの間の結合が開裂する（図21-49）．さまざまなホルモンの合成には酸素原子の導入が必要である．ステロイド生合成におけるすべてのヒドロキシ化反応および酸素添加反応は，NADPH，O_2およびミトコンドリアのシトクロムP-450を利用する混合機能オキシダーゼ（Box 21-1参照）によって触媒される．

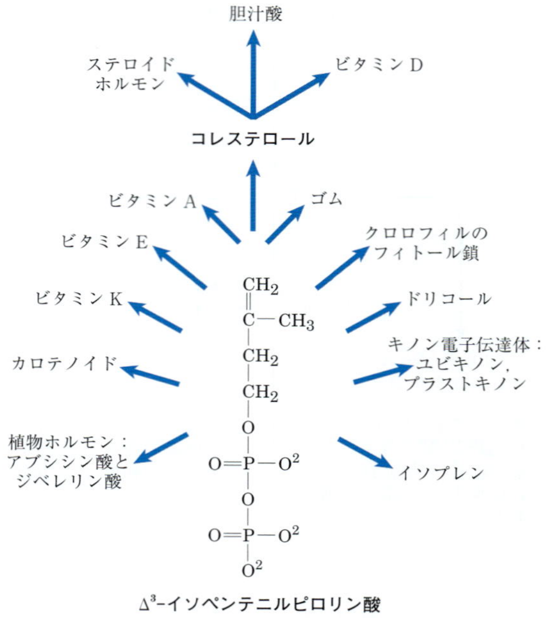

図21-50　イソプレノイド生合成の概観

ここに示す最終生成物のほとんどの構造はChap. 10に示してある．

コレステロール生合成の中間体は多くの異なる運命をたどる

イソペンテニルピロリン酸は，コレステロール生合成の中間体としての役割に加えて，極めて多様な生理機能を有する多種類の生体分子の活性化前駆体でもある（図21-50）．これらの生体分子には，ビタミンA，EおよびK，カロテンやクロロフィルのフィトール鎖などの植物色素，天然ゴム，多くの精油（レモン油，ユーカリ油，ジャコウなどの芳香成分），昆虫の変態を制御する幼若ホルモン，複雑な多糖の合成において脂溶性担体として機能するドリコール，およびミトコンドリアや葉緑体における電子伝達体のユビキノンやプラストキノンなどが含まれる．これらの分子はイソプレノイドと総称される．20,000種類以上のイソプレノイド分子が自然界で発見されており，毎年，数百種の新たなイソプレノイドが報告される．

プレニル化 prenylation（イソプレノイドの共有結合，図27-36参照）は，哺乳類においてタンパク質が細胞の膜の内側表面にアンカーするための共通する機構である（図11-13参照）．イソプレノイドが結合しているタンパク質において，結合している脂質は炭素数15のファルネシル基か，炭素数20のゲラニルゲラニル基である．二つのタイプの脂質を付加する酵素は異なり，プレニル化反応でどのタイプの脂質が付加するのかによって，そのタンパク質がどの膜に結合するのか決まる可能性がある．タンパク質のプレニル化は，コレステロール合成経路で生成するイソプレン誘導体の重要な役割の一つである．

まとめ

21.4　コレステロール，ステロイド，イソプレノイドの生合成，調節および輸送

- コレステロールは，アセチル CoA から出発し，中間体のβ-ヒドロキシ-β-メチルグルタリル CoA，メバロン酸，そして二つの活性化イソプレン（ジメチルアリルピロリン酸とイソペンテニルピロリン酸）を経る一連の複雑な反応によって合成される．イソプレン単位が縮合することによって環状構造のないスクアレンが合成され，これが環化してステロイドの環状構造と側鎖が形成される．
- コレステロールとコレステロールエステルは血漿リポタンパク質として血液中を運搬される．VLDL はコレステロール，コレステロールエステルおよびトリアシルグリセロールを肝臓から他の組織へと運搬し，そこでトリアシルグリセロールはリポタンパク質リパーゼによって分解され，VLDL は LDL に変換される．コレステロールとそのエステル体を豊富に含む LDL は，受容体依存性エンドサイトーシスによって細胞内に取り込まれる．その際に，LDL のアポリポタンパク質 B-100 が細胞膜受容体によって認識される．
- コレステロールの合成と輸送は，ホルモン，細胞のコレステロール含有量とエネルギーレベル（AMP 濃度）による複雑な調節を受ける．HMG-CoA レダクターゼはアロステリック調節と共有結合性修飾による調節を受ける．さらに，合成と分解の両方の速度は，Insig，SCAP および SREBP の三つのタンパク質の複合体によって制御される．これらは，コレステロールレベルを感知して，HMG-CoA レダクターゼの合成や分解を引き起こす．細胞あたりのステロール受容体数は，コレステロール含量によっても調節される．
- 摂取する食餌の状況やコレステロール代謝の遺伝的欠陥によって，粥状動脈硬化症や心臓疾患になりやすくなる．HDL は，コレステロール逆輸送において，末梢組織からコレステロールを取り除き，肝臓へと運搬する．HDL は泡沫細胞のコレステロール含量を減らすことによって粥状動脈硬化症を防ぐ．
- ステロイドホルモン（グルココルチコイド，ミネラルコルチコイドおよび性ホルモン）は，コレステロールの側鎖が変化し，ステロイド環系に酸素原子が導入されて合成される．メバロン酸からは，イソペンテニルピロリン酸とジメチルアリルピロリン酸の縮合を経て，コレステロールのほかにも多種多様なイソプレノイド化合物が合成される．
- ある種のタンパク質はプレニル化されて細胞の膜に会合する．プレニル化は，そのタンパク質が生物活性を発揮するために不可欠である．

重要用語

太字で示す用語については，巻末用語解説で定義する．

アシルキャリヤータンパク質 acyl carrier protein（ACP）　1165
アセチル CoA カルボキシラーゼ acetyl-CoA carboxylase　1162
アポリポタンパク質 apolipoprotein　1206
イソプレン isoprene　1199
Insig（insulin-induced gene protein）　1214
HMG-CoA シンターゼ HMG-CoA synthase　1201
HMG-CoA レダクターゼ HMG-CoA reductase　1201
SREBP 切断活性化タンパク質 SREBP cleavage-activating protein（SCAP）　1214
LDL 受容体 LDL receptor　1210
外因性経路 exogenous pathway　1210
カルジオリピン cardiolipin　1191
ガングリオシド ganglioside　1198
肝臓 X 受容体 liver X receptor（LXR）　1215
キロミクロン chylomicron　1209
グリセロール 3-リン酸デヒドロゲナーゼ glycerol

3-phosphate dehydrogenase 1183
グリセロール新生 glyceroneogenesis 1186
血小板活性化因子 platelet-activating factor 1194
高密度リポタンパク質 high-density lipoprotein (HDL) 1212
コレステロールエステル cholesteryl ester 1205
コレステロール逆輸送 reverse cholesterol transport 1213
混合機能オキシゲナーゼ mixed-function oxygenase 1176
混合機能オキシダーゼ mixed-function oxidase 1175
シクロオキシゲナーゼ cyclooxygenase (COX) 1179
シトクロム P-450 cytochrome P-450 1177
脂肪酸アシル CoA デサチュラーゼ fatty acyl-CoA desaturase 1175
脂肪酸合成酵素 fatty acid synthase 1163
粥状動脈硬化症 atherosclerosis 1216
受容体依存性エンドサイトーシス receptor-mediated endocytosis 1212
スクアレン squalene 1202
スタチン statin 1217
ステアロイル ACP デサチュラーゼ stearoyl-ACP desaturase (SCD) 1175
ステロール調節配列結合タンパク質 sterol regulatory element-binding protein (SREBP) 1214
スフィンゴミエリン sphingomyelin 1196
セレブロシド cerebroside 1196
胆汁酸 bile acid 1205
チアゾリジンジオン thiazolidinedione 1189
腸肝循環 enterohepatic circulation 1213
超低密度リポタンパク質 very-low-density lipoprotein (VLDL) 1210
低密度リポタンパク質 low-density lipoprotein (LDL) 1210
特異的炎症収束性メディエーター specialized pro-resolving mediators (SPM) 1182
トリアシルグリセロール回路 triacylglycerol cycle 1185
トロンボキサン thromboxane 1181
トロンボキサンシンターゼ thromboxane synthase 1181
内因性経路 endogenous pathway 1210
必須脂肪酸 essential fatty acid 1178
ファルネソイド X 受容体 farnesoid X receptor (FXR) 1216
プラスマローゲン plasmalogen 1194
プロスタグランジン prostaglandin 1179
プロスタグランジン H_2 シンターゼ prostaglandin H_2 synthase 1179
β-ヒドロキシ-β-メチルグルタリル CoA β-hydroxy-β-methylglutaryl-CoA (HMG-CoA) 1201
泡沫細胞 foam cell 1217
ホスファチジルエタノールアミン phosphatidylethanolamine 1191
ホスファチジルグリセロール phosphatidylglycerol 1190
ホスファチジルコリン phosphatidylcholine 1193
ホスファチジルセリン phosphatidylserine 1190
マロニル CoA malonyl-CoA 1162
メバロン酸 mevalonate 1200
リポキシン lipoxin 1182
レチノイド X 受容体 retinoid X receptor (RXR) 1215
ロイコトリエン leukotriene 1181

問題

1 脂肪酸合成における炭素の由来

脂肪酸生合成に関する知識に基づき，次の実験結果について説明せよ．

(a) 均一に標識された [^{14}C] アセチル CoA を肝臓の可溶性画分に添加すると，^{14}C で均一に標識されたパルミチン酸が合成される．

(b) しかし，均一に標識された微量の [^{14}C] アセチル CoA を過剰の非標識マロニル CoA の存在下で肝臓の可溶性画分に添加すると，C-15 位および C-16 位のみが ^{14}C で標識されたパルミチン酸が合成される．

2 グルコースからの脂肪酸の合成

多量のスクロースを摂取すると，必要なカロリーを超える量のグルコースとフルクトースは，トリアシルグリセロール合成のために脂肪酸へと変換される．この脂肪酸合成は，アセチル CoA，ATP および NADPH を消費する．これらの物質はグルコースからどのようにして合成されるのか．

3　脂肪酸合成の正味の反応式

ラットの肝臓において，ミトコンドリアのアセチル CoA，サイトゾルの NADPH，ATP および CO_2 から出発して，パルミチン酸が生合成される正味の反応式を書け．

4　脂肪酸合成における水素の由来

添加したアセチル CoA とマロニル CoA から脂肪酸を合成するために必要なすべての酵素と補因子を含む試料があるとする．

(a) ［2-^{2}H］アセチル CoA（水素の重い同位体である重水素で標識）と非標識マロニル CoA を基質として添加すると，いくつの重水素原子がパルミチン酸 1 分子に取り込まれるか．また，標識される部位はどこかについて説明せよ．

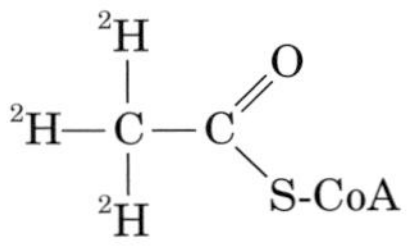

(b) 標識されていないアセチル CoA と［2-^{2}H］マロニル CoA を基質として添加すると，いくつの重水素原子がパルミチン酸 1 分子に取り込まれるか．また，標識される部位はどこかについて説明せよ．

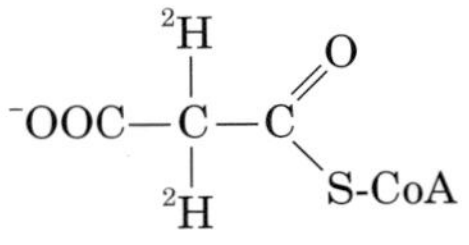

5　*β*-ケトアシル ACP シンターゼのエネルギー論

β-ケトアシル ACP シンターゼによって触媒される縮合反応（図 21-6 参照）において，2 炭素単位と 3 炭素単位とが結合して CO_2 が遊離することによって 4 炭素単位が合成される．単に二つの 2 炭素単位どうしが結合して 4 炭素単位になる場合に比べて，熱力学的な利点は何か．

6　アセチル CoA カルボキシラーゼの調節

アセチル CoA カルボキシラーゼによる反応は，脂肪酸の生合成における主要な調節点である．この酵素の性質を次に示す．

(a) クエン酸またはイソクエン酸を添加すると，酵素の V_{max} は 10 倍にもなる．

(b) この酵素は相互変換できる二つの型をとり，それらの酵素活性は著しく異なる．

プロトマー(不活性型) $\rightleftharpoons$ フィラメント状ポリマー(活性型)

クエン酸およびイソクエン酸は，フィラメント状の酵素に優先的に結合するのに対して，パルミトイル CoA は，プロトマーに優先的に結合する．

このような性質は，脂肪酸合成におけるアセチル CoA カルボキシラーゼの調節性の役割とどのように一致するのかについて説明せよ．

7　シャトル機構によるアセチル基のミトコンドリア内膜の透過

ミトコンドリア内でのピルビン酸の酸化的脱炭酸によって生成するアセチル CoA のアセチル基は，図 21-10 に示すようなシャトル機構によってサイトゾルへと移行する．

(a) 1 個のアセチル基のミトコンドリアからサイトゾルへの移行に関する全体の反応式を書け．

(b) 1 個のアセチル基がサイトゾルへ移行するために必要な ATP の数はいくつか．

(c) Chap. 17 では，脂肪酸が *β* 酸化される際の脂肪酸アシル CoA のサイトゾルからミトコンドリアへの移行におけるアシル基のシャトル機構について述べた(図 17-6 参照)．このシャトルによって，ミトコンドリア内の CoA とサイトゾルの CoA のプールは分離される．アセチル基のシャトルにおいても CoA の働きはアシル基の場合と同じかどうかについて説明せよ．

8　デサチュラーゼの酸素要求性

Δ^9 位にシス型の二重結合をもつ一般的な不飽和脂肪酸であるパルミトレイン酸の生合成（図 21-12 参照）では，前駆体としてパルミチン酸が使われる．

このパルミトレイン酸の合成は厳密に嫌気的な条件で進行するかどうかについて説明せよ.

9 **トリアシルグリセロール合成のエネルギーコスト**

グリセロールとパルミチン酸からトリパルミトイルグリセロール（トリパルミチン）が生合成される反応の正味の反応式を使って，トリパルミチン1分子の生成に何分子のATPが必要かを示せ.

10 **脂肪組織におけるトリアシルグリセロールの代謝回転**

[^{14}C] グルコースを栄養バランスのとれた飼料に添加して成熟ラットを飼育すると，貯蔵されているトリアシルグリセロールの全量は変化しないが，トリアシルグリセロールは^{14}Cで標識されるようになる．この現象について説明せよ.

11 **ホスファチジルコリン合成のエネルギーコスト**

オレイン酸，パルミチン酸，ジヒドロキシアセトンリン酸およびコリンからサルベージ経路によってホスファチジルコリンが生合成される反応を順番に書いたうえで，正味の反応式を書け．これらの前駆体から出発して，ホスファチジルコリンがサルベージ経路で合成される際のコスト（ATP数）はいくらか.

12 **ホスファチジルコリン合成のサルベージ経路**

メチオニン欠乏食で若いラットを飼育する場合に，飼料中にコリンを添加しないとラットは成長しない．その理由について説明せよ.

13 **イソペンテニルピロリン酸の合成**

コレステロールを合成しているラットの肝臓ホモジネート中に [2-^{14}C]アセチルCoAを添加すると，イソプレン単位の活性化体であるΔ^3-イソペンテニルピロリン酸のどの位置が^{14}Cで標識されるか.

14 **脂質合成における活性化供与体**

複雑な脂質の合成において，活性化供与体から適切な官能基が転移されることによって構成成分が組み立てられる．例えば，アセチル基の活性化供与体はアセチルCoAである．次の各官能基について，活性化供与体の名称を書け．(a) リン酸基，(b) D-グルコシル基，(c) ホスホエタノールアミン，(d) D-ガラクトシル基，(e) 脂肪酸アシル基，(f) メチル基，(g) 脂肪酸生合成における2炭素基，(h) Δ^3-イソペンテニル基.

15 **食餌に含まれる脂肪の重要性**

若いラットに全く脂肪を含まない食餌を与えると，成長が遅く，鱗屑状皮膚炎になり，脱毛し，やがて死亡する．しかし，このような症状はリノール酸あるいは植物由来の物質を餌に混ぜることによって防ぐことができる．リノール酸はなぜ必須脂肪酸なのか．なぜ植物由来の物質でもよいのか.

16 **コレステロール生合成の調節**

ヒトはコレステロールを食餌から摂取できるし，体内で新たに合成することもできる．低コレステロール食を摂っている成人は，一般に1日に600 mgのコレステロールを肝臓で合成する．もしも食餌中のコレステロール量が多いと，新たに合成されるコレステロール量は激減する．この調節はどのようにして行われるのか.

17 **スタチンによる血清コレステロールレベルの低減**

スタチンによる薬物治療を受けている患者は，一般に血清コレステロールの劇的な低下を示す．しかし，細胞内に存在するHMG-CoAレダクターゼの量は増大する．この効果について説明せよ.

18 **コレステロール生合成におけるチオエステルの役割**

アセチルCoAからメバロン酸の合成経路について詳しく述べた図21-34に示す三つの反応のそれぞれについて反応機構を記せ.

19 **スタチンによる治療の潜在的な副作用**

臨床治験によっては，まだ有益性と副作用についての明確な結論が報告されていないが，医師がスタチン治療の患者に対して補酵素 Q の摂取を勧める場合がある．この推奨の理由を示せ．

データ解析問題

20　イソプレノイドを大量生産する大腸菌の作製技術

天然に存在するイソプレノイドは極めて多様であり，そのなかのいくつかは医学的に，あるいは商業的に重要であり，工業生産されている．*in vitro* での酵素による合成法など生産方法は，高価で，生産性が低い．1999 年に Wang, Oh と Liao は，商業的に重要なイソプレノイドであるアスタキサンチン astaxanthin を大量生産するために，容易に増える大腸菌を操作する実験について報告した．

アスタキサンチンは，海藻類によって産生される赤橙色のカロテノイド色素（抗酸化物質）である．海藻を食べるエビ，ロブスターやある種の魚は，摂取したアスタキサンチンから橙色を得ている．アスタキサンチンは 8 個のイソプレン単位から成る．その分子式は $C_{40}H_{52}O_4$ である．

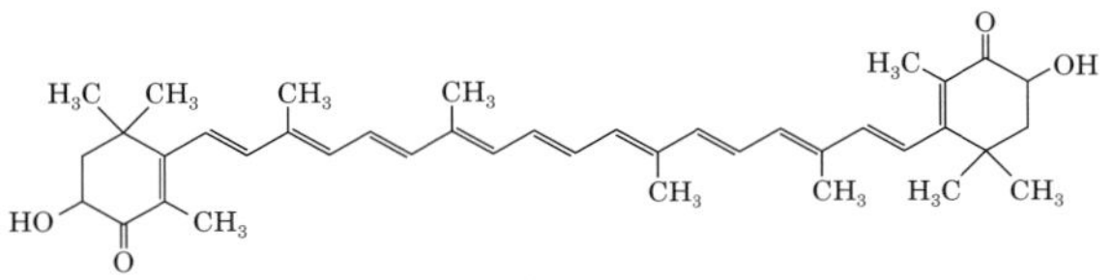

アスタキサンチン

(a) アスタキサンチン分子内の八つのイソプレン単位を囲め．ヒント：目印として突き出しているメチル基を使え．

アスタキサンチンは，次のページに示すΔ^3-イソペンテニルピロリン酸（IPP）から始まる経路によって合成される．ステップ❶と❷は図 21-36 に示してあり，IPP イソメラーゼによって触媒される反応は図 21-35 に示してある．

(b) 経路のステップ❹において，2 分子のゲラニルゲラニルピロリン酸が連結されてフィトエンになる．この反応は頭部どうしの連結か，それとも頭部と尾部の連結か（詳細については図 21-36 を参照）．

(c) ステップ❺の化学変換について簡単に述べよ．

(d) コレステロール合成（図 21-37）には，O_2 による酸化反応を必要とする環状化反応（閉環）が含まれる．アスタキサンチン合成経路におけるステップ❻の環化反応は，基質（リコペン）の正味の酸化は必要であるか．その理由について説明せよ．

大腸菌は多種類のイソプレノイドを大量に生産しないし，アスタキサンチンを合成しないが，少量の IPP, DMAPP, ゲラニルピロリン酸，ファルネシルピロリン酸，およびゲラニルゲラニルピロリン酸を合成することが知られている．Wang らは，遺伝子の過剰発現が可能なプラスミドに，アスタキサンチン合成に必要な酵素をコードする大腸菌の遺伝子のいくつかをクローン化した．これらの遺伝子には，IPP イソメラーゼをコードする *idi*，およびステップ❶と❷を触媒するプレニルトランスフェラーゼをコードする *ispA* が含まれていた．

完全なアスタキサンチン合成経路をもつ大腸菌を作製するために，Wang らは，大腸菌内で過剰発現が可能なプラスミドに，他の細菌に由来するいくつかの遺伝子をクローン化した．これらの遺伝子には，ステップ❸を触媒する酵素をコードする *Erwinia uredovora* 由来の *crtE*，およびステップ❹，❺，❻，❼および❽のそれぞれの酵素をコードする *Agrobacterium aurantiacum* 由来の *crtB*, *crtI*, *crtY*, *crtZ*, および *crtW* 遺伝子が含まれていた．

この研究者らは，また *Archaeoglobus fulgidus* から *gps* 遺伝子をクローン化し，この遺伝子を大腸菌で過剰発現させ，遺伝子産物を抽出した．この抽出物を［^{14}C]IPP と DMAPP，ゲラニルピロリン酸，あるいはファルネシルピロリン酸と反応させると，いずれの場合にも ^{14}C 標識されたゲラニルゲラニルピロリン酸のみが生成した．

(e) これらのデータに基づけば，合成経路におけるどのステップが *gps* 遺伝子によってコードさ

株	過剰発現される遺伝子	橙色	アスタキサンチン収量（μg/g 乾燥重量）
1	*crtBIZYW,*	−	ND
2	*crtBIZYW, ispA*	−	ND
3	*crtBIZYW, idi*	−	ND
4	*crtBIZYW, idi, ispA*	−	ND
5	*crtBIZYW, crtE*	+	32.8
6	*crtBIZYW, crtE, ispA*	+	35.3
7	*crtBIZYW, crtE, idi*	++	234.1
8	*crtBIZYW, crtE, idi, ispA*	+++	390.3
9	*crtBIZYW, gps*	+	35.6
10	*crtBIZYW, gps, idi*	+++	1,418.8

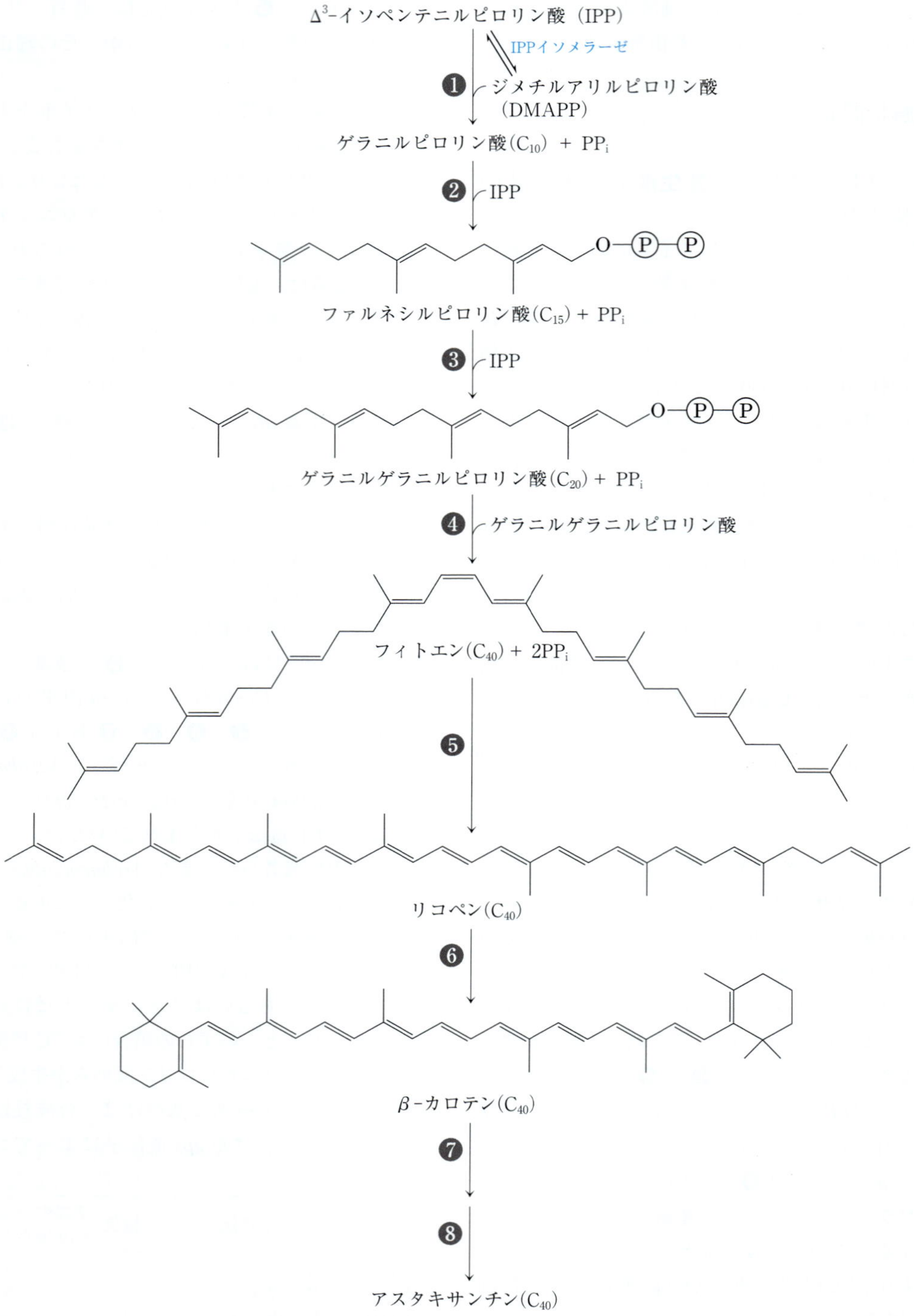

れる酵素によって触媒されるか．その理由を説明せよ．

Wang らは，次に種々の遺伝子を過剰発現するいくつかの大腸菌株を作製し，コロニーの橙色（大腸菌野生株は灰色がかった白色である）とアスタキサンチン産生量（その橙色）を測定した．その結果を前の表に示す（ND は未決定を表す）．

(f) 菌株 1 ～ 4 の結果と菌株 5 ～ 8 の結果を比較し

て，野生型大腸菌のアスタキサンチン合成経路におけるステップ❸を触媒する酵素の発現レベルに関してどのように結論できるか．その理由について説明せよ．

(g) 上記のデータに基づけば，IPP イソメラーゼと *idi* 遺伝子によりコードされる酵素のどちらがこの合成経路の律速酵素であるか．その理由について説明せよ．

(h) アスタキサンチンに由来する橙色の測定から，*crtBIZYW*，*gps*，および *crtE* 遺伝子を過剰発現している株のなかで，低濃度（+），中濃度（++）あるいは高濃度（+++）のアスタキサンチンを産生する菌株を予想せよ．またその理由について説明せよ．

参考文献

Wang, C.-W., M.-K. Oh, and J. C. Liao. 1999. Engineered isoprenoid pathway enhances astaxanthin production in *Escherichia coli. Biotechnol. Bioeng.* **62**: 235–241.

発展学習のための情報は次のサイトで利用可能である（www.macmillanlearning.com/LehningerBiochemistry7e）．

22

アミノ酸，ヌクレオチドおよび関連分子の生合成

これまでに学習してきた内容について確認したり，本章の概念について理解を深めたりするための自習用ツールはオンラインで利用可能である（www.macmillanlearning.com/LehningerBiochemistry7e）.

生物系における量での貢献という点では，窒素は炭素，水素，酸素の次に位置する．この窒素のほとんどは，アミノ酸とヌクレオチドの形態で結合している．Chap. 18 ではアミノ酸の異化について述べたが，本章では他のすべての含窒素化合物の代謝について扱う．

アミノ酸の生合成経路とヌクレオチドの生合成経路を一緒に考察するのには，それなりの理由がある．すなわち，どちらのクラスの分子ともに窒素を含む（つまり共通の生物学的な材料に由来する）だけでなく，二つの経路がいくつかの重要な中間体を共有し，広範囲にわたって相互に関連しているからである．ある種のアミノ酸，あるいはアミノ酸の一部分は，プリンやピリミジンの構造に取り込まれる．ある場合には，プリン環の一部はアミノ酸（ヒスチジン）に取り込まれる．また，これら二つの経路は多くの化学反応を共有しており，特に窒素や炭素 1 個から成る官能基の転移が関与する反応が重要である．

ここで述べる経路を理解することは，生化学を学びはじめたばかりの学生にとっては脅威であろう．だが，一見複雑そうに見えるとしても，化学的な内容そのものは複雑ではなく，多くの場合に化学自体はよくわかっている．問題は単に関与するステップの数が極めて多いことと，中間体が多様なことである．これらの経路を理解するためには，すでに考察してきた代謝の原理や，重要な中間体や前駆体，共通の反応系に焦点をあてるのが最良の方法である．生物系で見られるとりわけ珍しい化学的変換のいくつかがこれらの経路で起こるので，関連する化学にざっと目を通すだけでも役に立つ．例えば，モリブデン，セレン，バナジウムのような金属の生物系における珍しい利用例が，これらの経路で見られる．このような努力は，特に医学や獣医学の学生に実際に役立つこともある．ヒトや動物の遺伝病の多くは，アミノ酸およびヌクレオチド代謝に関与する酵素が一つ以上欠けているために起こる．感染症に対抗するために一般的に用いられる多くの医薬品やがんの化学療法で用いられる最も重要な薬物の多くはこれらの経路の酵素の阻害薬である．

含窒素化合物の生合成において，とりわけ重要なのは調節である．各アミノ酸やヌクレオチドは

比較的少量だけ必要なので，これらの経路のほとんどを通る代謝の流れは，動物組織における糖質や脂肪の生合成の流れほどには大きくない．しかし，タンパク質合成や核酸合成のためには，異なるアミノ酸やヌクレオチドが適切な割合で，正しい時期につくられなければならないので，それらの生合成経路は正確に調節され，互いに連動しなければならない．また，アミノ酸とヌクレオチドは荷電分子なので，それらのレベルは細胞内の電気化学的なバランスを維持するように調節されなければならない．これまでの章で考察したように，代謝経路は特定の酵素の活性や量の変化によって制御される．本章で述べる経路のあるものは，酵素活性の調節が最もよく理解されている例である．細胞内の異なる酵素の量の制御（すなわち酵素の合成と分解の制御）についてはChap. 28で議論する．

22.1　窒素代謝の概観

アミノ酸とヌクレオチドの生合成経路は，窒素を必要とするという共通点をもつ．しかし，自然環境には水溶性で生物学的に有用な窒素化合物はほとんどないので，ほとんどの生物はアンモニア，アミノ酸，ヌクレオチドを極めて経済的に利用している．実際に，タンパク質や核酸の代謝回転の際に生じる遊離のアミノ酸，プリン，ピリミジンは，しばしば回収されて再利用される．そこでまず，環境からの窒素が生物系に取り込まれる経路について述べることにする．

窒素循環は生物学的に利用できる窒素のプールを維持する

地球の大気の5分の4を分子状窒素（N_2）が占めるが，ごく限られた生物種だけがこの大気中の窒素を生物にとって有用な形態に変換できる．生物圏では，異なる生物種の代謝過程が相互依存的に機能して，巨大な**窒素循環** nitrogen cycle（図22-1）の中で生物学的に利用可能な窒素を回収して再利用する．窒素循環の第一ステップでは，窒素固定細菌による大気中の**窒素固定** nitrogen fixation（還元）によってアンモニア（NH_3またははNH_4^+）が生じる．ほとんどの生物はアンモニアを利用できるが，アンモニアを亜硝酸（NO_2^-），最終的には硝酸（NO_3^-）へと酸化することによってエネルギーを獲得する土壌細菌が豊富に存在する．その活性は強いので，土壌に取り込まれたアンモニアのほぼすべてが酸化されて硝酸になる．この過程は**硝化** nitrification と呼ばれる．植物や多くの細菌は，硝酸および亜硝酸を取り込んで，硝酸レダクターゼおよび亜硝酸レダクターゼの作用によって，アンモニアへと容易に還元することができる．このアンモニアは，植物によってアミノ酸中に取り込まれる．その後，動物は，タンパク質をつくるためのアミノ酸源として植物を利用する．生物が死ぬと，そのタンパク質は微生物に

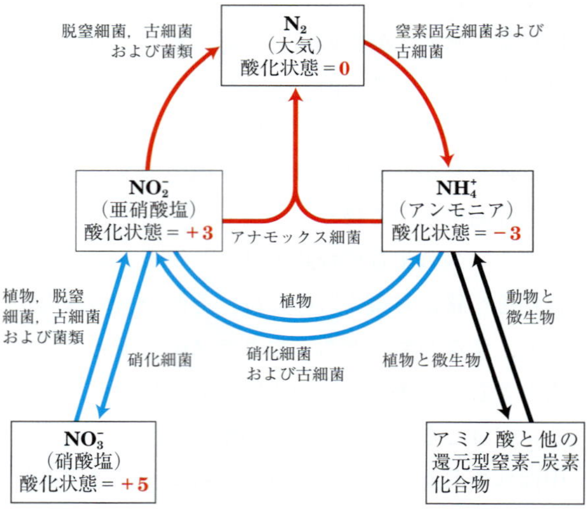

図22-1　窒素循環

生物圏で毎年固定される窒素の総量は10^{11} kgを超える．赤色矢印で示す反応は，ほぼ嫌気的，または完全な嫌気的環境下で起こる．

よって分解され，アンモニアとなって土に帰る．ここで，硝化細菌はアンモニアを亜硝酸と硝酸に再変換する．嫌気的条件下で硝酸および亜硝酸をN_2へと還元する細菌によって，固定窒素と大気中の窒素の間のバランスが保たれている．この過程は**脱窒** denitrification と呼ばれる（図 22-1）．このような土壌細菌は，ATP の合成に利用される膜を隔てるプロトン勾配を生じる（酸化的リン酸化のような）一連の反応において，最終的な電子受容体としてO_2ではなくNO_3^-またはNO_2^-を用いる．

窒素循環は，嫌気的アンモニア酸化，すなわち**アナモックス** anammox（図 22-1）というアンモニアと硝酸をN_2に変換する過程を促進する一群の細菌によって短絡される．生物圏におけるNH_3からN_2への変換の 50 ～ 70% もが，1980 年代になって初めて見つかったこの経路を通して起こるかもしれない．アナモックスを促進する絶対嫌気性生物は，それ自体で興味をそそるとともに，廃棄物処理問題に対するいくつかの有効な解決策をもたらしている（Box 22-1）．

では，微生物，植物，および植物を食べる動物に取り込まれるアンモニアが生成される過程について見ていこう．

維管束植物，藻類，微生物によって産生されるNH_4^+の 90% 以上は，2 ステップの過程である硝酸同化に由来する．まず，NO_3^-が**硝酸レダクターゼ** nitrate reductase によってNO_2^-へ還元され，次にNO_2^-は**亜硝酸レダクターゼ** nitrite reductase によって触媒される 6 電子転移反応でNH_4^+へと還元される（図 22-2）．いずれの反応にも私たちが今までに遭遇したことのない一連の電子伝達体と補因子がかかわっている．硝酸レダクターゼは大きな可溶性タンパク質である（分子量 220,000）．その酵素内では，NADH によって供与される 1 対の電子がシステインの -SH 基，FAD，シトクローム（cyt b_{557}）を通り，その後モリブデンを含む奇抜な補因子へと流れて，基質のNO_3^-をNO_2^-へと還元する．

植物の亜硝酸レダクターゼは葉緑体内に存在し，フェレドキシン（光合成の光依存的反応で還元される．Sec. 20.2 参照）から電子を受け取る．フェレドキシンによって一度に 1 個ずつ供与される 6 個の電子は，酵素の 4Fe-4S 中心，そして奇抜なヘム様分子（シロヘム siroheme）を通った後にNO_2^-をNH_4^+へと還元する（図 22-2）．非光合成微生物では，NADPH がこの反応のための電子を提供する．

ヒトの活動が，地球全体の窒素バランス，およびそのバランスによって支えられている生物圏のすべての生命に対してつきつけている難題は，増えつづけている．主に肥料として農業で使用される固定窒素は，今では自然の過程がもたらすのと同程度の量のアンモニアや他の活性窒素種を生物圏に提供しており，工業活動が活性窒素を大気中にさらに放出している．農業排水や工業汚染物質の悪影響を制御することは，増加する人口に対する食料供給を拡大しようとする継続的な活動の重要な要素として残るであろう．

窒素はニトロゲナーゼ複合体の酵素によって固定される

必須栄養素である固定窒素の利用能は，原始生物圏の大きさを制限していたかもしれない．原始の細胞が大気の窒素を固定する能力を獲得するにつれて，生物圏は拡大した．生物学的窒素固定についての証拠は，30 億年以上も前の堆積岩で見つかっている．

今日の生物圏では，ごく一部の細菌と古細菌のみが大気中のN_2を固定できる．これらのジアゾ栄養生物 diazotroph と呼ばれる生物には，土壌，淡水，海水中に生息するシアノバクテリア，メタン生成古細菌（H_2とCO_2をメタンに変換することによってエネルギーと炭素を獲得する絶対嫌気性菌），アゾトバクター *Azotobacter* のような他

BOX 22-1 目立たないが豊富な独特のライフスタイル

私たちのように空気で息をする生物は，嫌気的環境下で生育する細菌や古細菌を見過ごしやすい．生化学の入門教科書ではめったに取り上げられないが，これらの生物は地球上のバイオマスの多くを構成しており，生物圏における炭素と窒素のバランスに対するそれらの寄与は全種類の生物にとって不可欠である．

これまでの章で詳しく述べたように，生物系を維持するために使われるエネルギーは，膜を隔てるプロトン勾配の発生に依存する．還元型基質に由来する電子は膜の電子伝達体に利用され，一連の電子伝達を介して最終電子受容体に到達する．この過程の副生成物として，膜の一方の側にプロトンが放出され，膜を隔てるプロトン勾配が生じる．プロトン勾配はATPを合成するためやエネルギー要求性の他の過程を駆動するために利用される．すべての真核生物にとって，還元型基質は一般に糖質（グルコースまたはピルビン酸）あるいは脂肪酸であり，電子受容体は酸素である．

多くの細菌と古細菌ははるかに多様な能力を有する．海や淡水の堆積物のような嫌気的環境では，生命戦略は驚くほど多様である．ほとんどの利用可能な酸化還元対は，ある特殊化した生物や生物群にとってエネルギー源となる．例えば，多くの無機栄養細菌（無機栄養生物 lithotroph は無機エネルギー源を用いる化学栄養生物 chemotroph である；図1-6参照）は，水素分子を用いてNAD^+を還元するヒドロゲナーゼを有する．

$$H_2 + NAD^+ \xrightarrow{\text{ヒドロゲナーゼ}} NADH + H^+$$

NADHは，ATP合成に必要なプロトン勾配を生成するさまざまな膜結合型電子受容体への電子の供給源である．他の無機栄養生物は硫黄化合物（H_2S，元素状硫黄またはチオ硫酸）あるいは二価鉄を酸化する．メタン生成菌 methanogen という広範に存在する一群の古細菌は，そのすべてが絶対嫌気性菌であり，CO_2をメタンに還元することによってエネルギーを引き出す．これは，嫌気性生物が生存するために行っていることのうちのほんのわずかな例にすぎない．それらの代謝経路は，私たち自身の絶対好気的代謝の世界では知られていない興味深い反応や高度に特殊化した補因子に満ちている．これらの生物の研究は実際に役に立つことがある．それはまた，分子状酸素がない大気における初期地球上の生命の起源についての手がかりを与えるだろう．

窒素循環は特殊な細菌に依存する．二つの群の硝化細菌が存在する．すなわち，アンモニアを亜硝酸へと酸化する群と，生成した亜硝酸を硝酸へと酸化する群である（図22-1参照）．硝酸は，酸素を除けば最も優れた生物学的電子受容体であり，極めて多くの細菌や古細菌が硝酸および亜硝酸を窒素に変換する脱窒を触媒することができる．そして，この窒素は，窒素固定細菌によってアンモニアへと再変換される．アンモニアは下水や家畜廃水の主要な汚染源であり，肥料製造および精油の副生成物である．廃水処理施設は，一般に硝化細菌と脱窒細菌の群集を利用してアンモニア廃水を大気の窒素に変換している．その工程は高価であ

の自由生活性の土壌細菌，およびマメ科植物の根粒中に**共生生物** symbiont として生息する窒素固定細菌が含まれる．アンモニアは窒素固定の最初の重要な生成物であり，すべての生物によって直接，あるいは亜硝酸，硝酸，アミノ酸など他の可溶性化合物に変換されたのちに利用される．

窒素のアンモニアへの還元は発エルゴン反応である．

$$N_2 + 3H_2 \longrightarrow 2NH_3 \qquad \Delta G'^{\circ} = -33.5\ \mathrm{kJ/mol}$$

しかし，その結合エネルギーが930 kJ/molであるN≡N三重結合は極めて安定である．したがっ

り，有機炭素や酸素の投入を必要とする．

1960 年代と 1970 年代に，亜硝酸を電子受容体として用いて，アンモニアが窒素へと嫌気的に酸化される可能性を示すいくつかの論文が文献に現れ，この過程はアナモックスと呼ばれた．これらの報告は，アナモックスを促進する細菌がオランダのデルフトにある廃水処理系で 1980 年代中頃に発見されるまではほとんど注目されなかった．Gijs Kuenen と Mike Jetten によって率いられたオランダの微生物学者チームはこれら細菌の研究を開始し，それらはすぐに特異な細菌の門であるプランクトミセス門 Planctomycetes に属するものとして同定された．いくつかの驚くべきことがそのあとに続いた．

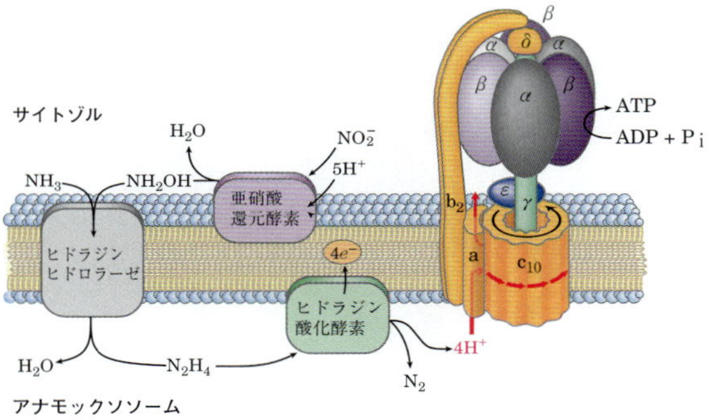

図 1　アナモックス反応

アンモニアとヒドロキシルアミンは，ヒドラジンヒドロラーゼ hydrazine hydrolase によってヒドラジンと H_2O に変換される．ヒドラジンは，ヒドラジン酸化酵素によって酸化されて，N_2 とプロトンが生成する．プロトンは，ATP 合成のためのプロトン勾配を生じさせる．アナモックソソーム外面において，プロトンは亜硝酸還元酵素によって利用され，ヒドロキシルアミンを生成してサイクルが完結する．アナモックス酵素のすべてはアナモックソソーム膜に埋め込まれている．［出典：L. A. van Niftrik et al., *FEMS Microbiol. Lett.* **233**: 10, 2004, Fig. 4 の情報.］

アナモックス過程の基礎となる生化学は徐々に解明された（図 1）．ロケット燃料として使用され，極めて反応性の高い分子のヒドラジン（N_2H_4）が予想外の中間体であった．小分子として，ヒドラジンは非常に毒性が強いと同時に収容しにくい．ヒドラジンは典型的なリン脂質膜を横切って容易に拡散する．アナモックス細菌は，ヒドラジンを**アナモックソソーム** anammoxosome という特殊な細胞小器官に隔離することによってこの問題を解決している．この細胞小器官の膜は，それまでの生物学では見られたことのなかった**ラダラン** ladderane という脂質から成る（図 2）．ラダランの融合しているシクロブタン環は強固に積み重なって非常に目の詰まった障壁を形成し，ヒドラジンの放出を著しく遅くする．シクロブタン環は歪んでおり，合成しにくい．これらの脂質を合成する細菌の機構はまだわかっていない．

アナモックソソームは驚くべき発見であった．細菌の細胞は一般にコンパートメントをもたず，膜で囲まれた核の欠如は真核生物と細菌の主要な区別としてよくもち出される．細菌におけるある種の細胞小器官の存在はそれだけで十分に興味深いが，細菌学者らはプランクトミセス門が核を有することも見出した．すなわち，その染色体 DNA は膜内に含まれている（図 3）．プランクトミセス門は多数の属をもつ細菌の系統であり，それらのうち三つの属はアナモックス反応を行うことが知られている．この細胞内器官の発見は，プランクトミセス門の起源や真核生物の核の進化をたどるための研究をさらに促した．この群のさらなる研究は，進化生物学の重要な目標，すなわち，私たちの惑星上の LUCA（全生物の共通祖先 the Last Universal Common Ancestor）と親愛を込めて呼ばれる生物の

て，窒素固定には極めて大きな活性化エネルギーが必要であり，大気中の窒素は通常の条件では化学的にほぼ不活性である．アンモニアは工業的にはハーバー法（この方法を発明した Fritz Haber の名前にちなむ）によって合成される．この方法では，必要な活性化エネルギーを得るために，温度が 400 ～ 500 ℃，窒素と水素の圧力が数万 kPa（数百気圧）という条件が用いられる．

生物学的窒素固定は，生物学的な温度で窒素分圧が 0.8 気圧という条件で起こらなければならない．少なくとも部分的には ATP の結合と加水分解によって，この活性化の高い障壁が乗り越えら

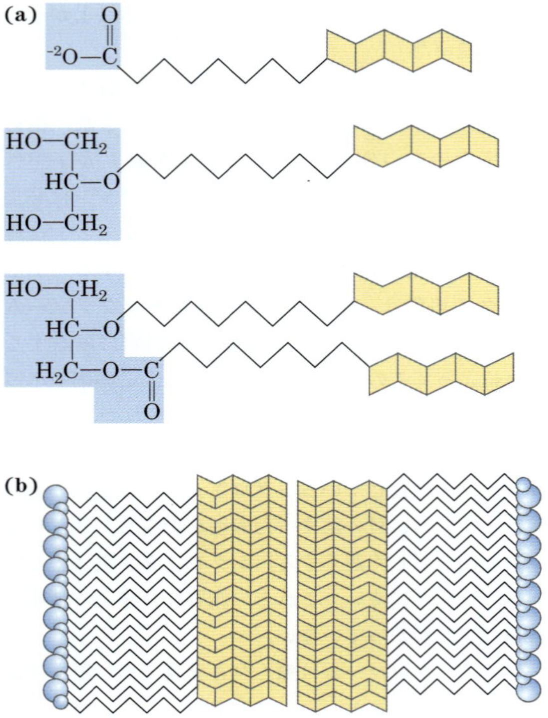

図 2

(a) アナモックソソーム膜のラダラン脂質．不安定な融合シクロブタン環構造の合成機構は不明である．**(b)** ラダランは積み重なって，極めて密集した非透過性の疎水性膜構造を形成し，アナモックス反応において生産されるヒドラジンの隔離を可能にする．［出典：L. A. van Niftrik et al., *FEMS Microbiol. Lett.* **233**: 10, 2004, Fig. 3 からの情報．］

記述に，私たちを最終的に連れて行くかもしれない．

ここしばらくの間，アナモックス細菌は廃水処理を大きく推進しており，アンモニア除去のコストを90％も削減し（従来の脱窒段階は完全に排除され，硝化に伴う曝気コストは安くなっている），汚染副生成物の放出を低減している．明らかに，生物圏の細菌による支えにさらに精通すれば，21 世紀の環境問題を取り扱う際に大いに役立つであろう．

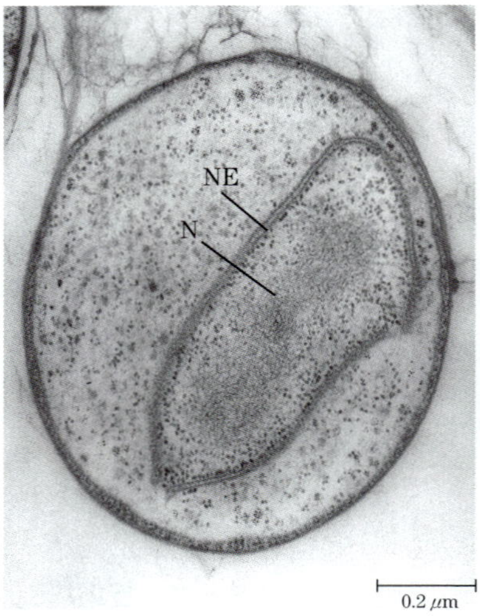

図 3

Gemmate obscuriglobus の断面の透過型電子顕微鏡写真．核内 DNA（N）とそれを囲む核膜（NE）を示す．*Gemmata* 属（プランクトミセス門）の細菌はアナモックス反応を促進しない．［出典：R. Lindsay et al., *Arch. Microbiol.* **175**: 413, 2001, Fig. 6a, John Fuerst より提供．© Springer-Verlag, 2001.］

れる．全体の反応は次のようになる．

$$N_2 + 10H^+ + 8e^- + 16ATP \longrightarrow 2NH_4^+ + 16ADP + 16P_i + H_2$$

生物学的窒素固定は**ニトロゲナーゼ複合体** nitrogenase complex という高度に保存されたタンパク質複合体によって行われ，その中心的な構成要素は**ジニトロゲナーゼレダクターゼ** dinitrogenase reductase と**ジニトロゲナーゼ** dinitrogenase である（図 22-3(a)）．ジニトロゲナーゼレダクターゼ（分子量 60,000）は，二つの同一サブユニットの二量体であり，サブユニット間に結合している単一の 4Fe-4S 酸化還元中心をもち（図 19-5 参照），1 電子によって酸化または還元される．また 2 か所の ATP/ADP 結合部位（サブユニットごとに 1 か所）を有する．ジニトロゲナーゼは $\alpha_2\beta_2$ 四量体（分子量 240,000）であり，電子を伝達する二つの Fe 含有補因子をもつ．そ

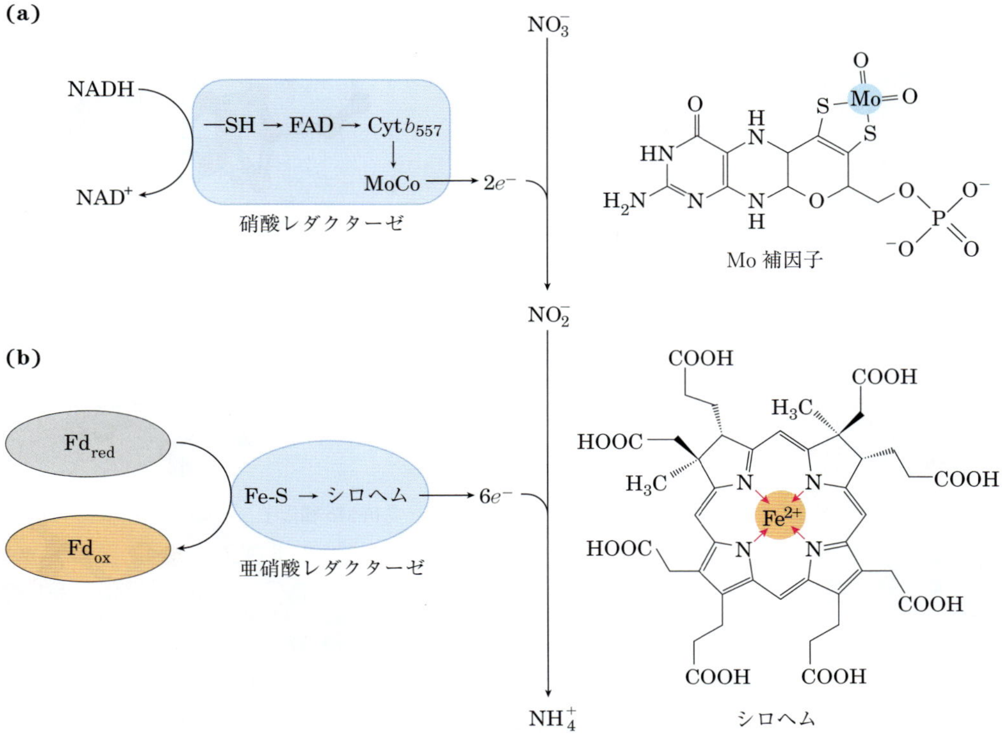

図 22-2　硝酸レダクターゼと亜硝酸レダクターゼによる硝酸同化

(a) 植物と細菌の硝酸レダクターゼは NO_3^- から NO_2^- への 2 電子還元を触媒する．この反応では，奇抜な Mo 含有補因子が中心的な役割を果たす．NADH は電子供与体である．**(b)** 亜硝酸レダクターゼは硝酸レダクターゼ反応の生成物を 6 電子と 8 プロトンを移動する過程で NH_4^+ に変換する．ここでは，シロヘムの金属中心が電子を運び，シロヘムのカルボキシ基がプロトンを供与しているようである．最初の電子供給源は還元型フェレドキシンである．

の一つである **P クラスター** P cluster は，1 対の 4Fe-4S 中心をもち，硫黄原子を共有して 8Fe-7S 中心を形成する．ジニトロゲナーゼの第二の補因子の **FeMo 補因子** FeMo cofactor は，その FeS クラスターの中心が，7 個の Fe 原子，9 個の無機 S 原子，1 個の Cys 側鎖，1 個の炭素原子から成る奇抜な構造をもつ．モリブデン原子もその補因子の成分であり，3 個の無機 S 原子，1 個の His 側鎖，および FeMo 補因子の内在性成分であるホモクエン酸分子からの 2 個の酸素原子を含む配位子に結合する．また，モリブデンではなくバナジウムを含むタイプのニトロゲナーゼも存在し，両方のタイプの酵素をつくる細菌もいる．バナジウム含有酵素は，特定の条件下では主要な窒素固定系であるかもしれない．*Azotobacter vinelandii* のバナジウムニトロゲナーゼは，一酸化炭素（CO）のエチレン（C_2H_4），エタン，およびプロパンへの還元を触媒するという注目すべき能力を有する．

窒素固定は高度な還元状態にあるジニトロゲナーゼによって行われ，8 個の電子を必要とする．そのうちの 6 個は N_2 の還元に，2 個は 1 分子の H_2 を生成するために必要である．H_2 の生成は反応機構において必要な過程であるが，窒素固定過程における生物学的役割はわかっていない．

ジニトロゲナーゼはジニトロゲナーゼレダクターゼから伝達される電子によって還元される（図 22-4）．ジニトロゲナーゼ四量体にはレダク

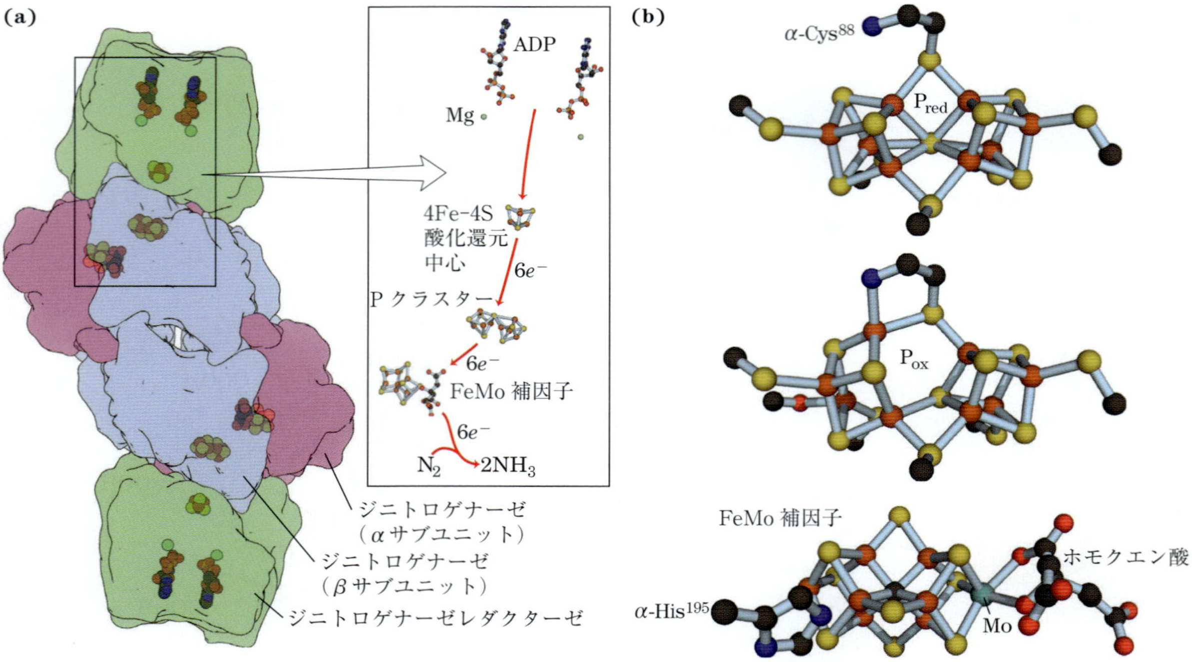

図 22-3 ニトロゲナーゼ複合体の酵素と補因子

(a) ホロ酵素は，それぞれが 4Fe-4S 酸化還元中心と二つの ATP に対する結合部位を有する二つの同一のジニトロゲナーゼレダクターゼ分子（緑色），およびそれぞれが P クラスター（Fe-S 中心）と FeMo 補因子を有する二つの同一のジニトロゲナーゼヘテロ二量体（紫色と青色）から成る．この構造では，結晶をより安定にするために ADP が ATP 部位に結合している．**(b)** 電子伝達補因子．P クラスターを還元型（上段）と酸化型（中段）で示してある．FeMo 補因子（下段）は 1 個の Mo 原子をもち，そこには三つの S 配位子，一つの His 配位子，およびホモクエン酸分子からの二つの酸素配位子が結合している． Mo 原子がバナジウム原子に置き換わっている生物もある（Fe を橙色で，S を黄色で示してある）．［出典：(a) PDB ID 1N2C, H. Schindelin et al., *Nature* **387**: 370, 1997. (b) P_{red}: PDB ID 3MIN および P_{ox}: PDB ID 2MIN, J. W. Peters et al., *Biochemistry* **36**: 1181, 197；FeMo 補因子：PDB ID 1M1N, O. Einsle et al., *Science* **297**: 1696, 2002.］

ターゼとの結合部位が 2 か所あり，必要な 8 個の電子はレダクターゼからジニトロゲナーゼに一度に 1 個ずつ伝達される．その結果，還元されたレダクターゼはジニトロゲナーゼと結合して電子を 1 個伝達し，その後酸化されたレダクターゼはジニトロゲナーゼから解離してサイクルを繰り返す．各サイクルでは，レダクターゼ二量体あたり 2 分子の ATP の加水分解が必要である．ジニトロゲナーゼレダクターゼの還元に必要な電子の直接の供給源は場合によって異なり，還元型**フェレドキシン** ferredoxin（Sec. 20.2 参照），還元型フラボドキシン flavodoxin，あるいは他の供給源がその役割を果たす．少なくともある一つの生物種では，フェレドキシンを還元する最終的な電子の供給源はピルビン酸である（図 22-4）．

この過程における ATP の役割はいくぶん変わっている．ATP は，一つ以上のリン酸無水結合の加水分解によって化学エネルギーを供給できるだけでなく，活性化エネルギーを低下させる非共有結合性相互作用によって結合エネルギーを供給できることを思い出そう（p. 276）．ジニトロゲナーゼレダクターゼによって行われる反応では，ATP の結合と加水分解はともにタンパク質のコンホメーション変化を引き起こして，窒素固定の

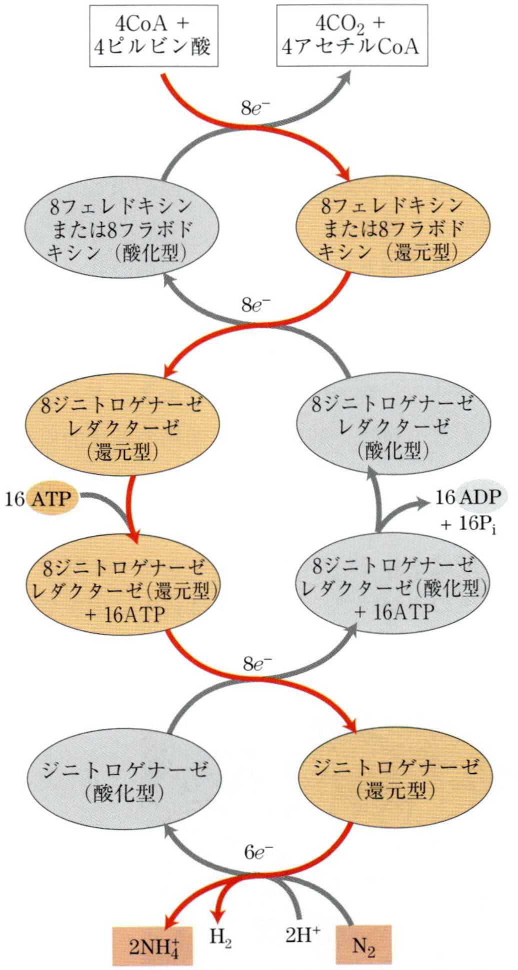

図 22-4　ニトロゲナーゼ複合体による窒素固定における電子の経路

電子はピルビル酸からフェレドキシン（またはフラボドキシン）とジニトロゲナーゼレダクターゼを経由してジニトロゲナーゼに伝達される．ジニトロゲナーゼは，ジニトロゲナーゼレダクターゼによって一度に電子 1 個ずつ還元される．1 分子の N_2 の固定には，少なくとも 6 個の電子が必要である．嫌気性生物による窒素固定に必ず伴う過程において，$2H^+$ を還元して H_2 にするためにさらに 2 個の電子が使われるので，1 分子の N_2 あたり合計 8 個の電子が必要である．ジニトロゲナーゼレダクターゼとジニトロゲナーゼタンパク質のサブユニットの構造と金属補因子については，本文および図 22-3 で述べる．

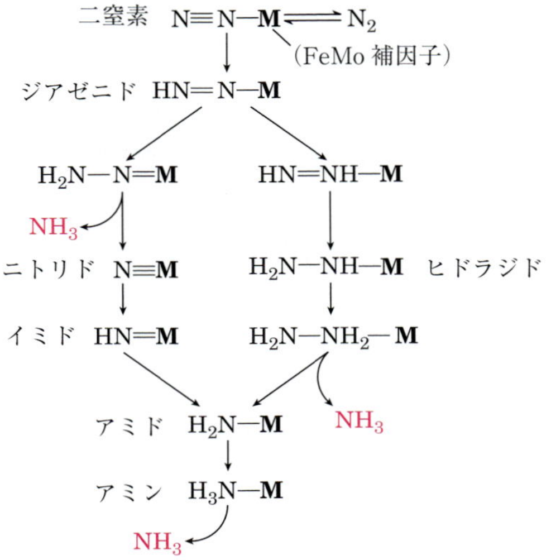

図 22-5　N_2 還元に関与する中間体に関する二つの合理的な仮説

両シナリオにおいて，FeMo 補因子（ここでは **M** と略す）は中心的な役割を果たし，N_2 の窒素原子のうち一つと直接結合し，一連の還元ステップを通じて結合したままである．［出典：L. C. Seefeldt et al., *Annu. Rev. Biochem.* **78**: 701, 2009, Fig. 9 の情報.］

高い活性化エネルギー障壁を乗り越えるのを助ける．2 分子の ATP がレダクターゼに結合すると，このタンパク質の還元電位（E'°）は -300 mV から -420 mV にまで変化する．これは電子をジニトロゲナーゼを介して N_2 に伝達するために必要な還元力の増大であり，半反応である $N_2 + 6H^+ + 6e^- \rightarrow 2NH_3$ の標準還元電位は -0.34 V である．1 個の電子がジニトロゲナーゼへと実際に伝達される直前に，2 分子の ATP が加水分解される．

ATP の結合と加水分解はニトロゲナーゼレダクターゼの二つの領域のコンホメーションを変化させる．これらの領域は，生物学的シグナル伝達に関わる GTP 結合タンパク質のスイッチ 1 領域とスイッチ 2 領域と構造的に相同である（Box 12-1 参照）．ATP の結合は，レダクターゼの 4Fe-4S 中心をジニトロゲナーゼの P クラスターに（18 Å 離れた位置から 14 Å の位置まで）近づけるようなコンホメーション変化を引き起こし，これによってレダクターゼとジニトロゲナーゼの間の電子伝達が促進される．P クラスターから FeMo 補因子への電子伝達の詳細や 8 個の電子がニトロゲナーゼによって蓄積される方法はわかっておらず，反応の中間体もはっきりとはわかっていない．Mo 原子が中心的な役割を担う二つの合理的な仮説が試されている（図 22-5）．

ニトロゲナーゼ複合体は，酸素が存在すると非常に不安定である．レダクターゼは，空気中で 30 秒の半減期で不活性化される．ジニトロゲナーゼの空気中での半減期はたった 10 分しかない．窒素を固定する自由生活性の細菌は，多様な方法でこの問題に対処する．あるものは嫌気的にのみ生き，あるものは酸素が存在するときにニトロゲナーゼの合成を抑える．*A. vinelandii* のような好気性細菌のあるものは，電子伝達を部分的に ATP 合成から脱共役して，酸素が細胞内に入るとすぐに燃焼するようにしている（Box 19-2 参照）．窒素を固定する際には，これらの細菌の培地は，酸素を除こうとする努力の結果として実際に温度が上昇する．

マメ科植物と根粒の窒素固定細菌の共生関係は（図 22-6），ニトロゲナーゼ複合体のエネルギー要求性と酸素に対する不安定性の両方をうまく処理している．窒素固定に必要なエネルギーは，おそらくこの植物と細菌の共生関係の進化的原動力だったであろう．根粒中の細菌は，植物が用意してくれる豊富な糖質とクエン酸回路の中間体の形態で貯蔵されている膨大なエネルギーを利用できる．このおかげで，根粒細菌は自由に生きている類縁の細菌が土壌中の通常の条件下で固定できる

(a)

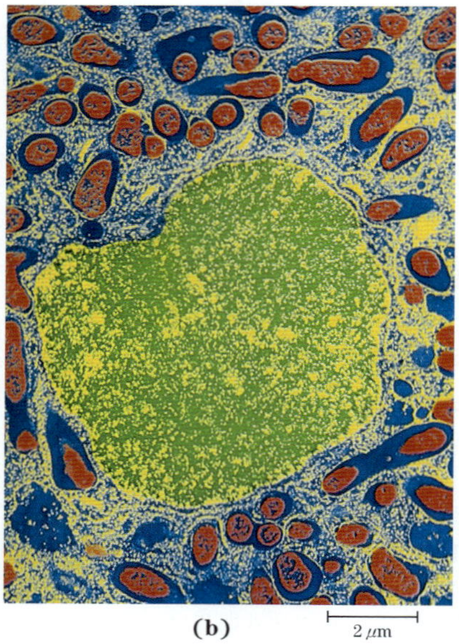

(b)

図 22-6　窒素固定根粒

(a) 窒素固定細菌 *Rhizobium leguminosarum* を含むエンドウマメ（*Pisum sativum*）の根粒．根粒はレグヘモグロビンの存在により桃色を呈する．このヘムタンパク質は，ニトロゲナーゼを強力に阻害する酸素に対して極めて高い結合親和性をもつ．**(b)** マメの根粒の切片の電子顕微鏡写真を人工的に色づけしたもの．共生している窒素固定細菌（バクテロイド，赤色）は，ペリバクテロイド膜（青色）によって囲まれて根粒の細胞中で生息している．バクテロイドはニトロゲナーゼ複合体を生産し，大気中の窒素（N_2）をアンモニウムイオン（NH_4^+）に変換する．バクテロイドがなければ植物は N_2 を利用できない（細胞核を黄色/緑色で示す．植物の細胞に通常見られる他の細胞小器官が，根粒細菌に感染した根の細胞のこの写真では見られない）．［出典：(a, b) Jeremy Burgess/Science Source.］

数百倍もの窒素を固定できる．酸素毒性の問題を解決するために，根粒中の細菌は**レグヘモグロビン** leghemoglobin という酸素結合性ヘムタンパク質の溶液に浸っている．このタンパク質は植物によってつくられるが，ヘム部分は細菌によってつくられるかもしれない．レグヘモグロビンは酸素が窒素固定を妨害しないようにすべての有効な酸素と結合し，細菌の電子伝達系に酸素を効率よく供給する．植物にとっての利点は，もちろん，還元された窒素を容易に利用できることである．実際に，共生細菌は，一般に共生相手が必要とするよりもはるかに多量の NH_3 を生産し，過剰の NH_3 は土壌中に放出される．植物と細菌の共生関係が効率的であることは，マメ科植物によってもたらされる土壌窒素の濃縮からも明らかである．この土壌中の NH_3 の濃縮は輪作の基礎である．輪作では，土壌から固定窒素を抽出する非マメ科植物（例：トウモロコシ）の植えつけと，アルファルファ，マメ，クローバーなどのマメ科植物の植えつけを 2，3 年おきに交互に行う．

窒素固定はエネルギー的に高価である．すなわち，16 個の ATP と 8 個の電子対からたった 2 個の NH_3 しか生じない．したがって，必要な時だけ NH_3 が生産されるようにその過程が厳密な調節を受けることは驚くにはあたらない．低[ATP] の指標となる高[ADP] はニトロゲナーゼを強力に阻害する．NH_4^+ は約 20 種類もの窒素固定（*nif*）遺伝子の発現を抑制し，効果的にその経路を閉鎖する．また，ある種のジアゾ栄養生物では，周囲環境における NH_4^+ の利用可能性に応答して窒素固定を制御するために，ニトロゲナーゼの共有結合性修飾も利用される．例えば，*Rhodospirillum* では，NADH からの ADP リボシル基がニトロゲナーゼレダクターゼの特定の Arg 残基に転移されると窒素固定は停止する．これは，私たちがコレラや百日咳の毒素による G タンパク質阻害の例で見たのと同じ共有結合性修飾である（Box 12-1 参照）．

極めて現実的な重要性のために，窒素固定は集中的な研究課題である．肥料として用いるアンモニアの工業的な生産には，大量かつ高価なエネルギーの投入が必要である．そこで窒素を固定できる組換え生物，あるいはトランスジェニック生物を開発する努力が続けられている．原理的には，組換え DNA 技術（Chap. 9）を利用して，窒素固定酵素をコードする DNA が非窒素固定細菌や植物に導入可能である．しかし，このような遺伝子だけでは十分ではない．約 20 の遺伝子が細菌のニトロゲナーゼ活性に必須であり，それらのうち多くは補因子の合成，集合，および挿入のために必要である．また，酵素をその新たな環境下で酸素による破壊から保護する課題もある．これらすべてあわせると，新たな窒素固定植物を操作して作製するのは手強い難題である．これらの努力が成功するかどうかは，ニトロゲナーゼをつくる細胞内の酸素毒性の問題を克服できるかどうかにかかっている．

アンモニアはグルタミン酸とグルタミンを経由して生体分子に取り込まれる

NH_4^+ の形態の還元型窒素は，まずアミノ酸に，次に他の窒素含有生体分子へと同化される．2 種類のアミノ酸，すなわち**グルタミン酸** glutamate と**グルタミン** glutamine は重要な導入点である．これら二つのアミノ酸が，アミノ酸酸化におけるアンモニアとアミノ基の異化においても中心的役割を果たすことを思い出そう（Chap. 18）．他のほとんどのアミノ酸のアミノ基は，グルタミン酸からのアミノ基転移反応（図 18-4 に示した反応の逆反応）によって導入される．グルタミンのアミド窒素は，広範な生合成反応のアミノ基の供給源である．ほとんどの細胞種や高等生物の細胞外液中には，これらのアミノ酸のどちらか，あるいは両方が他のアミノ酸よりも高濃度で存在しており，その濃度は時には 1 桁以上も高い．大腸菌の細胞では，グルタミン酸の必要量が極めて大きく，グルタミン酸はサイトゾルの主要な溶質の一つである．その濃度は，細胞の窒素需要に応答するだけでなく，サイトゾルと細胞外液との間の浸透圧バランスを保つために調節される．

グルタミン酸とグルタミンの生合成経路は単純であり，そのすべてあるいは一部のステップはほとんどの生物に共通である．NH_4^+をグルタミン酸へと同化するための最も重要な経路には二つの反応が必要である．まず，**グルタミンシンテターゼ** glutamine synthetase が，グルタミン酸と NH_4^+ からグルタミンを生成する反応を触媒する．この反応は，酵素と結合している γ-グルタミルリン酸を中間体として，2 ステップで進行する（図 18-8 参照）．

(1)　グルタミン酸 + ATP ⟶ γ-グルタミルリン酸 + ADP

(2)　γ-グルタミルリン酸 + NH_4^+ ⟶ グルタミン + P_i + H^+

合計：グルタミン酸 + NH_4^+ + ATP ⟶ グルタミン + ADP + P_i + H^+　(22–1)

グルタミンシンテターゼはすべての生物に見られる．細菌におけるNH_4^+同化に関する重要性だけでなく，グルタミンシンテターゼは哺乳類のアミノ酸代謝においても中心的な役割を果たす．すなわち，血中を運搬するために，毒性のある遊離のNH_4^+をグルタミンに変換する（Chap. 18）．

細菌や植物では，グルタミン酸は**グルタミン酸シンターゼ** glutamate synthase が触媒する反応によってグルタミンから生成する（この酵素の別名はグルタミン酸：オキソグルタル酸アミノトランスフェラーゼであり，その頭字語である GOGAT でも知られている）．この酵素は，グルタミンを窒素供与体として用いて，クエン酸回路の中間体である α-ケトグルタル酸の還元的アミノ化を触媒する．

α-ケトグルタル酸 + グルタミン + NADPH + H^+ ⟶ 2 グルタミン酸 + $NADP^+$　(22–2)

グルタミンシンテターゼ（式 22-1）とグルタミン酸シンターゼ（式 22-2）の全反応は次のように表される．

α-ケトグルタル酸 + NH_4^+ + NADPH + ATP ⟶ グルタミン酸 + $NADP^+$ + ADP + P_i

グルタミン酸シンターゼは動物には存在しない．その代わりに，グルタミン酸はアミノ酸の異化の際の α-ケトグルタル酸へのアミノ基転移のような過程によって高濃度に保たれる．

グルタミン酸はまた，わずかではあるが別の経路でも生成する．これは α-ケトグルタル酸とNH_4^+から 1 ステップでグルタミン酸を生成する反応であり，すべての生物に存在するグルタミン酸デヒドロゲナーゼ glutamate dehydrogenase によって触媒される．必要な還元力は NADPH によって供給される．

α-ケトグルタル酸 + NH_4^+ + NADPH ⟶ グルタミン酸 + $NADP^+$ + H_2O

この反応についてはアミノ酸の異化の際に学んだ（図 18-7 参照）．真核細胞では，グルタミン酸デヒドロゲナーゼはミトコンドリアのマトリックスに存在する．この反応の平衡は反応物側に傾いており，NH_4^+ に対する K_m は極めて大きい（約 1 mM）．この反応はアミノ酸や他の代謝物へのNH_4^+の同化に適度に寄与するだけである（これとは逆に（図 18-10 参照），グルタミン酸デヒドロゲナーゼの反応は尿素回路におけるNH_4^+の供給源の一つであることを思い出そう）．グルタミン酸のレベルに十分に寄与するくらいのグルタミン酸デヒドロゲナーゼに必要なNH_4^+濃度は，NH_3 が土壌に加えられるか，実験室で高濃度の NH_3 の存在下で生物を生育させる場合にしか見られない．一般に，土壌細菌と植物は前述の二つの酵素反応経路（式 22-1，式 22-2）に依存している．

グルタミンシンテターゼは窒素代謝の主要な調節点である

事実上すべての生物において，グルタミンシンテターゼの活性は調節を受ける．還元型窒素の導入点として代謝上の中心的な役割を果たすことを考えれば当然である．大腸菌のような腸内細菌では，この調節は極めて複雑である．I 型酵素（細菌由来）は分子量 50,000 の 12 個の同一サブユニットから成り（図 22-7），アロステリック調節と共有結合性修飾による調節の両方を受ける（真核生物やある種の細菌の II 型酵素は 10 個の同一サブユニットから成る）．アラニン，グリシン，そしてグルタミン代謝の少なくとも六つの最終生成物は，この酵素のアロステリック阻害物質である（図 22-8）．各阻害物質は単独では部分的な阻害を引き起こすにすぎないが，複数の阻害物質の効果は単なる足し算以上であり，八つすべてが一緒に働くと，酵素は活動を事実上停止する．これは累積性フィードバック阻害の一例である．この制御機構によって，グルタミンのレベルは直接的な代謝必要量に見合うように常に調整される．

アロステリック調節に加えて，酵素の活性部位の近くに位置する Tyr^{397} のアデニリル化（AMP の付加）による阻害がある（図 22-9）．この共有結合性修飾は，酵素のアロステリック阻害物質に対する感受性を高め，酵素活性はより多くのサブユニットがアデニリル化されるのに伴って低下する．アデニリル化も脱アデニリル化も**アデニリルトランスフェラーゼ** adenylyltransferase によって促進される（図 22-9 中の AT）．この反応はグルタミン，α-ケトグルタル酸，ATP，P_i のレベルに応答する複雑な酵素カスケードの一部であ

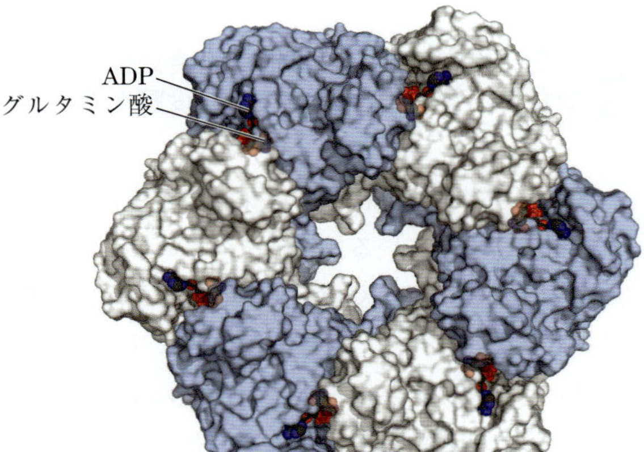

図 22-7　細菌由来 I 型グルタミンシンテターゼのサブユニット構造

この図は 12 個の同一サブユニットのうち 6 個を示す．2 層目の 6 サブユニットは見えているサブユニットの直下にある．12 個のサブユニットのそれぞれが一つの活性部位をもつ．ATP からグルタミン酸のカルボキシ基側鎖へのホスホリル基転移に好都合な配向となるように，ATP とグルタミン酸が活性部位に結合する．この結晶構造では ADP が ATP 結合部位を占めている．［出典：PDB ID 2GLS, M. M. Yamashita et al., *J. Biol. Chem.* **264**: 17, 681, 1989.］

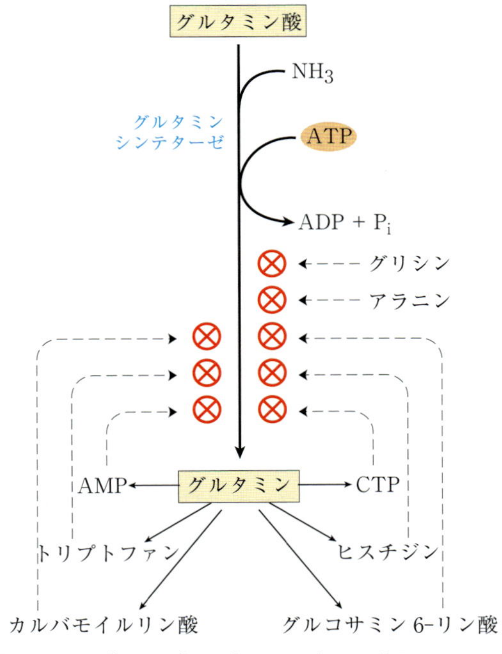

図 22-8　グルタミンシンテターゼのアロステリック調節

グルタミン代謝の六つの最終生成物によって，グルタミンシンテターゼは累積的に調節される．アラニンとグリシンは，おそらく細胞内でのアミノ酸代謝の全般的状態の指標になっている．

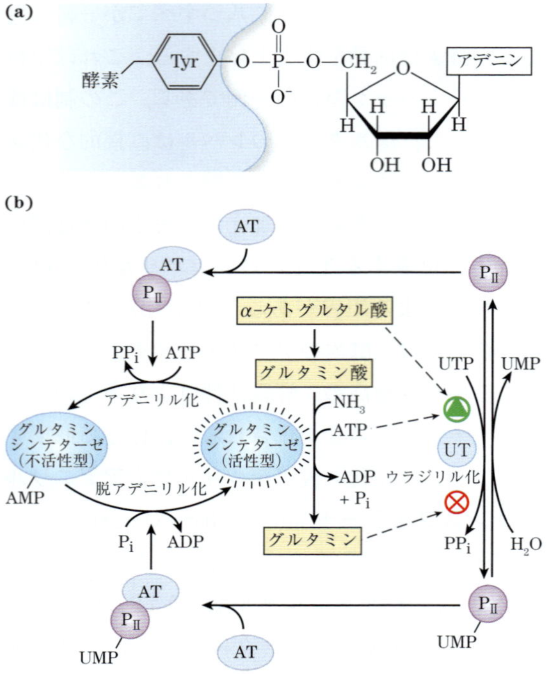

図 22-9 グルタミンシンテターゼの第二レベルの調節：共有結合性の修飾

(a) アデニリル化された Tyr 残基．**(b)** グルタミンシンテターゼのアデニリル化（不活性化）にいたるカスケード．AT はアデニリルトランスフェラーゼを，UT はウリジリルトランスフェラーゼを表す．P_{II} は調節タンパク質であり，それ自体がウリジリル化によって調節される．このカスケードの詳細については，本文中で考察する．

る．アデニリルトランスフェラーゼの活性は P_{II} という調節タンパク質との結合によって調整される．一方，P_{II} の活性は，Tyr 残基の共有結合性修飾（ウリジリル化）によって調節される．アデニリルトランスフェラーゼとウリジリル化 P_{II}（P_{II}-UMP）との複合体は，グルタミンシンテターゼの脱アデニリル化を促進するのに対して，脱ウリジリル化 P_{II} との複合体はグルタミンシンテターゼのアデニリル化を促進する．P_{II} のウリジリル化と脱ウリジリル化は，どちらも単一の酵素**ウリジリルトランスフェラーゼ** uridylyl-transferase によって行われる．ウリジリル化は，ウリジリルトランスフェラーゼへのグルタミンと P_i の結合によって阻害され，P_{II} への α-ケトグルタル酸と ATP の結合によって促進される．

調節はこれだけではない．ウリジリル化 P_{II} は，さらにグルタミンシンテターゼをコードする遺伝子の転写を活性化して，この酵素の細胞内濃度を高める．逆に脱ウリジリル化 P_{II} はグルタミンシンテターゼ遺伝子の転写を低下させる．すなわち，P_{II} が遺伝子の調節に関わる別のタンパク質とも相互作用することが，このような機構に関与する（Chap. 28 で述べるタイプの機構）．この複雑な制御系の正味の結果として，グルタミンシンテターゼ活性は，グルタミンのレベルが高いときには低下し，グルタミンのレベルが低くて α-ケトグルタル酸と ATP（グルタミンシンテターゼ反応の基質）が利用可能なときには上昇する．この多段階の調節によって，グルタミンの合成が細胞の需要に見合うような高感度の応答が可能になる．

アミノ酸やヌクレオチドの生合成にはいくつかのクラスの反応が特別な役割を果たす

本章で述べる経路には，興味深いさまざまな化学転位が含まれている．経路そのものについて議論する前に，そのいくつかの例を繰り返して，特に注意を喚起しよう．それらは (1) ピリドキサールリン酸を含む酵素によって促進されるアミノ基転移反応と他の転位，(2) 補因子としてテトラヒドロ葉酸（通常は，$-CHO$ と $-CH_2OH$ の酸化レベルで）または *S*-アデノシルメチオニン（$-CH_3$ 酸化レベルで）を用いる 1 炭素基の転移，および (3) グルタミンのアミド窒素に由来するアミノ基の転移である．ピリドキサールリン酸（PLP），テトラヒドロ葉酸（H_4 葉酸），および *S*-アデノシルメチオニン（adoMet）については，Chap. 18 で詳しく述べた（図 18-6，図 18-17，図 18-18 参照）．ここでは，グルタミンのアミド窒素を含むアミノ基転移に注目する．

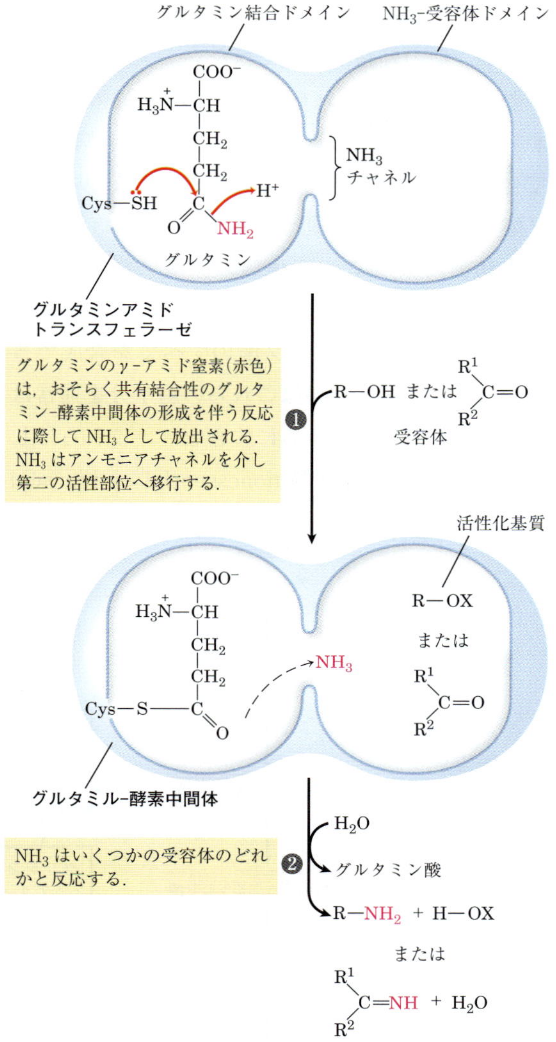

機構図 22-10　グルタミンアミドトランスフェラーゼの推定される反応機構

各酵素は二つのドメインを有する．グルタミン結合ドメインは，活性に必要な Cys 残基を含めて，これらの酵素の多くに保存されている多数の構造要素をもっている．NH_3 受容体（第二基質）ドメインは，酵素により異なる．二つのタイプのアミノ受容体が示されている．X は ATP に由来するホスホリル基のような活性残基を表し，NH_3 による R-OH のヒドロキシ基の置換を促進する．

グルタミンをアミノ基の生理学的に主要な供給源として用いる生合成反応は，少なくとも 10 種類以上知られている．これらのほとんどは，本章で概要を示す経路で起こるものである．これらの反応を触媒する酵素を一括して**グルタミンアミドトランスフェラーゼ** glutamine amidotransferase と呼ぶ．これらのすべてが二つの構造ドメインを有する．一つのドメインはグルタミンと結合し，もう一つはアミノ基受容体として働く第二の基質と結合する（図 22-10）．この反応で，グルタミン結合ドメイン内に保存されている Cys 残基は求核基として働き，グルタミンのアミド結合を切断して共有結合性のグルタミル－酵素中間体を形成させると考えられる．この反応で生じる NH_3 は，遊離されずに「アンモニアチャネル」を介して第二の活性部位へと転移され，そこで第二の基質と反応してアミノ化生成物が生じる．この共有結合性中間体は，加水分解されて遊離酵素とグルタミン酸になる．第二の基質が活性化されなければならない場合には，一般的な方法は ATP を用いてアシルリン酸中間体を生成することである（図 22-10 中の R-OX．X はホスホリル基）．酵素グルタミナーゼも同様な作用機構をもつが，第二の基質として H_2O を用いて，NH_4^+ とグルタミン酸を生じさせる（図 18-8 参照）．

まとめ

22.1　窒素代謝の概観

■地球の大気の 80 % を占める分子状窒素は，還元されるまではほとんどの生物にとって利用できない．大気中の N_2 の固定は，ある種の土壌細菌やマメ科植物の根粒に存在する共生細菌で起こる．

■土壌細菌と維管束植物では，硝酸レダクターゼと亜硝酸レダクターゼの一連の作用によって NO_3^- が NH_3 へと変換される．生じた NH_3 は同化されて含窒素化合物になる．

- 細菌の窒素固定によるアンモニアの生成，土壌生物によるアンモニアの硝酸への硝化，高等植物による硝酸のアンモニアへの変換，すべての生物によるアンモニアからのアミノ酸の合成，脱窒土壌細菌による硝酸および亜硝酸の N_2 への変換が窒素循環を構成する．アナモックス細菌は，硝酸を電子受容体として用いてアンモニアを嫌気的に酸化して窒素にする．
- N_2 の NH_3 としての固定は，ニトロゲナーゼ複合体によって行われる．この反応は ATP と還元力の大きな投入を必要とする．ニトロゲナーゼ複合体は，O_2 の存在下では極めて不安定であり，NH_3 の供給による制御を受ける．
- 生物系では，還元された窒素はまずアミノ酸に取り込まれ，次にヌクレオチドなどの種々の他の生体分子に取り込まれる．鍵となる導入点はアミノ酸のグルタミン酸である．グルタミン酸とグルタミンは広範な生合成反応における窒素供与体である．グルタミン酸からのグルタミンの生成を触媒するグルタミンシンテターゼは，窒素代謝の鍵となる調節酵素である．
- アミノ酸とヌクレオチドの生合成経路は，生物学的補因子としてピリドキサールリン酸，テトラヒドロ葉酸，*S*-アデノシルメチオニンを繰り返し用いる．ピリドキサールリン酸は，グルタミン酸が関与するアミノ基転移反応や他の多くのアミノ酸変換に必要である．1 炭素転移には，*S*-アデノシルメチオニンやテトラヒドロ葉酸が必要である．グルタミンアミドトランスフェラーゼはグルタミンに由来する窒素を取り込む反応を触媒する．

22.2 アミノ酸の生合成

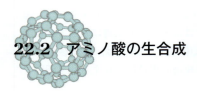

すべてのアミノ酸は，解糖，クエン酸回路，あるいはペントースリン酸経路の中間体に由来する（図 22-11）．窒素は，これらの生合成経路にグルタミン酸とグルタミン経由で入る．ある経路は単純だが，他の経路は単純ではない．アミノ酸のうちの 10 種類は，それらが由来する共通の代謝物から 1 ステップ，あるいは数ステップの酵素反応で合成される．芳香族アミノ酸のような他のアミノ酸の生合成経路は複雑である．

生物種によって，20 種類の標準アミノ酸を合成する能力に大きな違いがある．ほとんどの細菌や植物は 20 種類のアミノ酸のすべてを合成できるのに対して，哺乳類はこれらの約半分を通常は単純な経路で合成できるにすぎない．これらはしばしば**非必須アミノ酸** nonessential amino acid

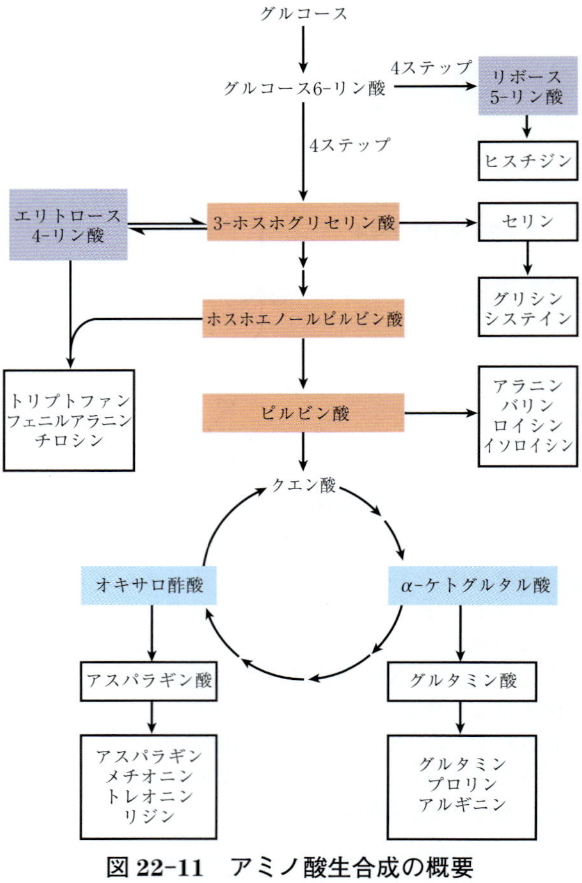

図 22-11 アミノ酸生合成の概要

前駆体の炭素骨格は次の三つの代謝経路に由来する．すなわち，解糖（淡赤色の網かけ），クエン酸回路（青色の網かけ），ペントースリン酸経路（紫色の網かけ）である．

と呼ばれる（表 18-1 参照）．しかし，この呼び方はいくぶん誤解を招きやすい．なぜならば，本来の生合成経路が，最適な成長や健康を支えるのに十分なだけのこれらアミノ酸を供給しないことがよくあるからである．残りの**必須アミノ酸** essential amino acid は，ほとんどの動物では合成されず，食物から摂らなければならない．特にことわらない限り，次に示す 20 種類の標準アミノ酸の経路は細菌で見られるものである．

アミノ酸生合成経路を整理する良い方法は，これらを各アミノ酸の代謝前駆体に応じて六つのグループに分けることである（表 22-1）．この方法は，次に示す経路の詳細な説明に用いられる．これら六つの前駆体に加えて，アミノ酸やヌクレオチドの合成のいくつかの経路の注目すべき中間体として **5-ホスホリボシル-1-ピロリン酸** 5-phosphoribosyl-1-pyrophosphate（**PRPP**）がある．

表 22-1　代謝前駆体に基づくアミノ酸生合成の分類

α-ケトグルタル酸	**ピルビン酸**
グルタミン酸	アラニン
グルタミン	バリン[a]
プロリン	ロイシン[a]
アルギニン	イソロイシン[a]
3-ホスホグリセリン酸	**ホスホエノールピルビン酸とエリトロース 4-リン酸**
セリン	トリプトファン[a]
グリシン	フェニルアラニン[a]
システイン	チロシン[b]
オキサロ酢酸	**リボース 5-リン酸**
アスパラギン酸	ヒスチジン[a]
アスパラギン	
メチオニン[a]	
トレオニン[a]	
リジン[a]	

[a] 哺乳類の必須アミノ酸．
[b] 哺乳類ではフェニルアラニンからつくられる．

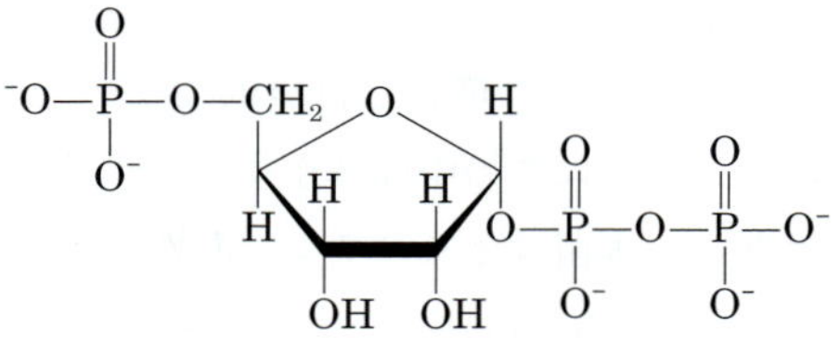

PRPP は，**リボースリン酸ピロホスホキナーゼ** ribose phosphate pyrophosphokinase により触媒される反応によって，ペントースリン酸経路で生じるリボース 5-リン酸（図 14-22 参照）から合成される．

リボース 5-リン酸 + ATP ⟶
　　　5-ホスホリボシル-1-ピロリン酸 + AMP

この酵素は，PRPP が前駆体となるような多くの生体分子によってアロステリック調節を受ける．

α-ケトグルタル酸からグルタミン酸，グルタミン，プロリン，アルギニンが生じる

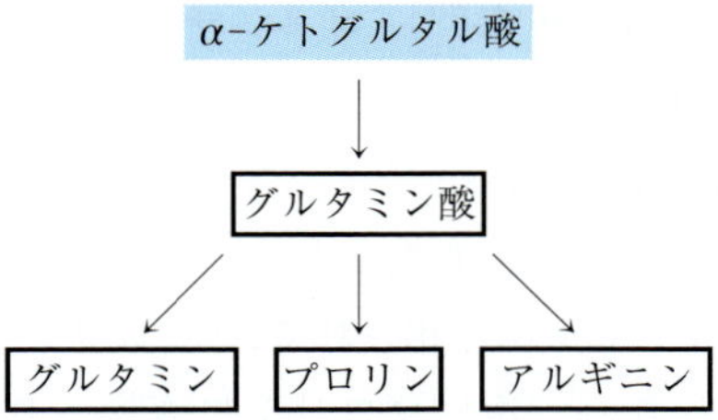

グルタミン酸 glutamate と**グルタミン** glutamine の生合成についてはすでに述べた．**プロリン** proline は，グルタミン酸の環化誘導体である（図 22-12）．プロリン合成の最初のステップで，ATP がグルタミン酸の γ-カルボキシ基と反応してアシルリン酸が生じ，これが NADPH または NADH によって還元されてグルタミン酸 γ-セミアルデヒドになる．この中間体は自発的に速やかに環化され，さらに還元されてプロリンになる．

動物では，**アルギニン** arginine は，グルタミン酸からオルニチンと尿素回路を経由して合成される（Chap. 18）．原理的には，オルニチンはアミノ基転移によってグルタミン酸 γ-セミアルデ

ヒドからも合成できるが，プロリン経路に存在するセミアルデヒドの環化は自発的な反応であり，オルニチン合成にこの中間体が十分に供給されることはない．細菌はオルニチン（したがってアルギニン）の新規 de novo 生合成経路をもっている．この経路はプロリン経路のいくつかのステップと並行しているが，グルタミン酸 γ－セミアルデヒドの自発的な環化の問題を避けるためにさらに二つのステップがある（図 22-12）．最初のステップで，グルタミン酸の α-アミノ基はアセチル CoA を必要とするアセチル化反応によって保護され，アミノ基転移ステップの後でアセチル基が取り除かれてオルニチンが生じる．

プロリンとアルギニンへの経路は，哺乳類の場合にはいくぶん異なる．プロリンは図 22-12 に示す経路によって合成されるが，食餌や組織由来のタンパク質から得られるアルギニンからも生成される．尿素回路の酵素アルギナーゼ arginase は，アルギニンをオルニチンと尿素に変換する（図 18-10，図 18-26 参照）．オルニチンは，酵素**オルニチン δ-アミノトランスフェラーゼ** ornithine δ-aminotransferase によってグルタミン酸 γ－セミアルデヒドに変換される（図 22-13）．このセミアルデヒドは環化されて Δ^1-ピロリン-5-カルボン酸になり，次にプロリンに変換される（図 22-12）．図 22-12 に示すアルギニン合成経路は哺乳類には存在しない．食餌の摂取やタンパク質の代謝回転に由来するアルギニンがタンパク質合成にとって不十分である場合には，オルニチン δ-アミノトランスフェラーゼ反応がオルニチン生成の方向に働き，オルニチンは尿素回路でシトルリン citrulline やアルギニンに変換される．

セリン，グリシン，システインは 3-ホスホグリセリン酸に由来する

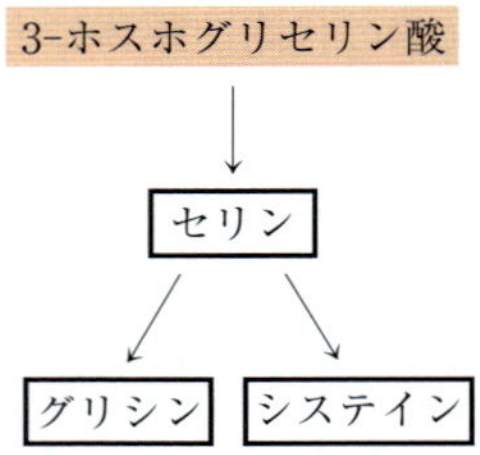

セリン serine の主要な生成経路は，すべての生物で同じである（図 22-14）．最初のステップでは，3-ホスホグリセリン酸のヒドロキシ基がデヒドロゲナーゼ（NAD^+を用いる）によって酸化され，3-ホスホヒドロキシピルビン酸が生成する．グルタミン酸からのアミノ基転移によって，3-ホスホセリンが生じ，これはホスホセリンホスファターゼによって加水分解されて遊離のセリンになる．

セリン（炭素数 3）は**グリシン** glycine（炭素

図 22-12　細菌におけるグルタミン酸からのプロリンとアルギニンの生合成

プロリンの5個の炭素原子のすべてはグルタミン酸に由来する．多くの生物では，グルタミン酸デヒドロゲナーゼは例外的に NADH と NADPH のどちらも補因子とする．これらの経路の他の酵素も同じかもしれない．プロリン経路におけるグルタミン酸 γ-セミアルデヒドは Δ^1-ピロリン-5-カルボン酸（P5C）へと速やかに可逆的に環化される（非酵素的）が，その平衡は P5C 生成のほうにかたよっている．オルニチン/アルギニン経路では，最初のステップでグルタミン酸の α-アミノ基はアセチル化され，アミノ基転移の後にアセチル基が除去されることによって環化が避けられる．ある種の細菌はアルギナーゼを欠き，完全な尿素回路をもっていないが，シトルリンとアルギニノコハク酸を中間体として，哺乳類の尿素回路に類似するステップでオルニチンからアルギニンを合成することができる（図 18-10 参照）．

この図だけでなく，本章に出てくる他の図でも，矢印は経路の最終生成物に向かって付けているものであって，個々のステップが可逆的かどうかは考慮していない．例えば，*N*-アセチルグルタミン酸デヒドロゲナーゼによって触媒されるアルギニン生合成経路のステップは，解糖のグリセルアルデヒド 3-リン酸デヒドロゲナーゼ反応（図 14-8 参照）と化学的に類似しており，容易に可逆的である．

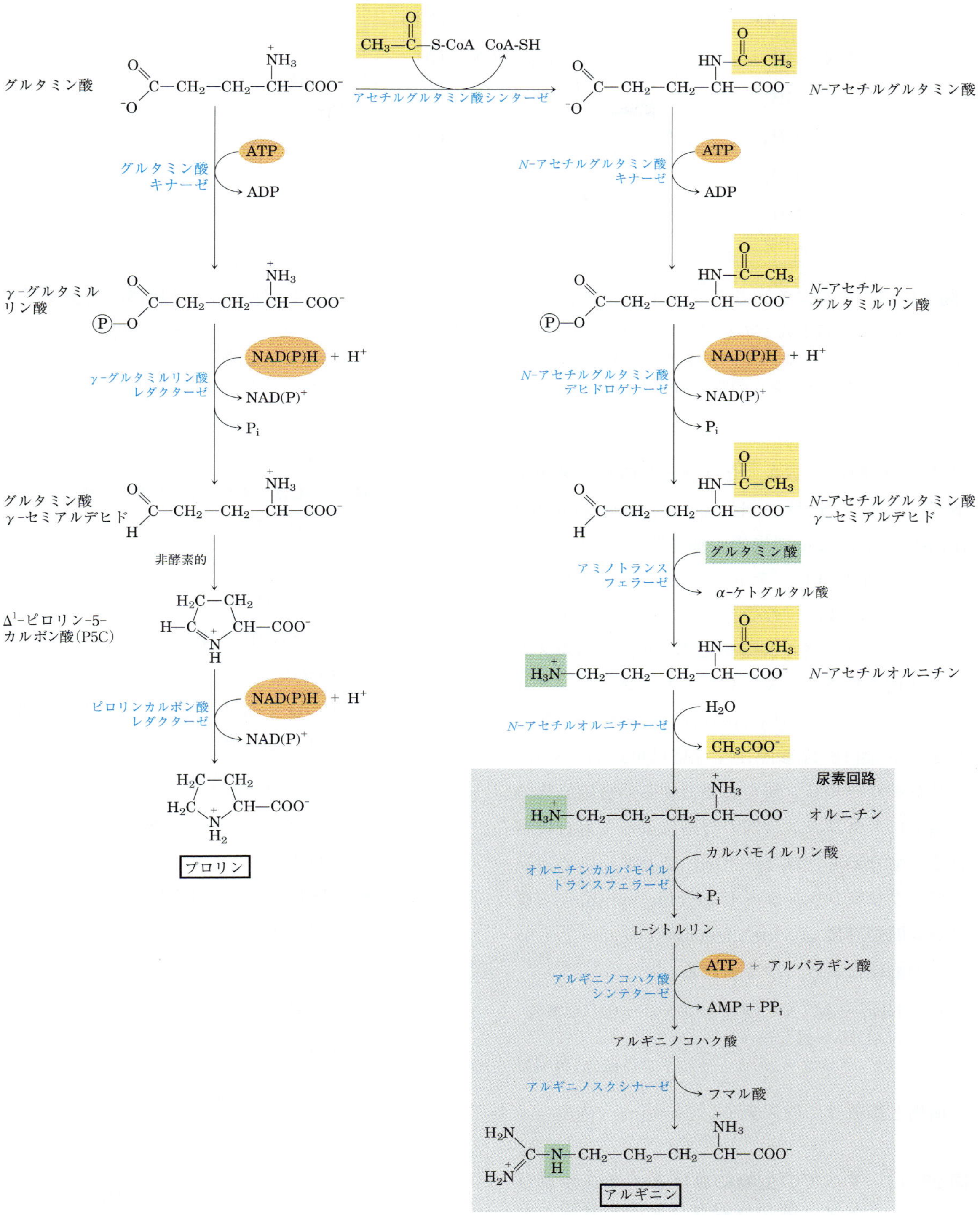
グルタミン酸
アセチルグルタミン酸シンターゼ
CoA-SH
N-アセチルグルタミン酸
グルタミン酸
キナーゼ
ATP
ADP
N-アセチルグルタミン酸
キナーゼ
γ-グルタミル
リン酸
N-アセチル-γ-
グルタミルリン酸
γ-グルタミルリン酸
レダクターゼ
NAD(P)H
NAD(P)+
N-アセチルグルタミン酸
デヒドロゲナーゼ
グルタミン酸
γ-セミアルデヒド
N-アセチルグルタミン酸
γ-セミアルデヒド
非酵素的
アミノトランス
フェラーゼ
グルタミン酸
α-ケトグルタル酸
Δ1-ピロリン-5-
カルボン酸(P5C)
N-アセチルオルニチン
ピロリンカルボン酸
レダクターゼ
N-アセチルオルニチナーゼ
尿素回路
オルニチン
プロリン
オルニチンカルバモイル
トランスフェラーゼ
カルバモイルリン酸
L-シトルリン
アルギニノコハク酸
シンテターゼ
アルパラギン酸
アルギニノコハク酸
アルギニノスクシナーゼ
フマル酸
アルギニン

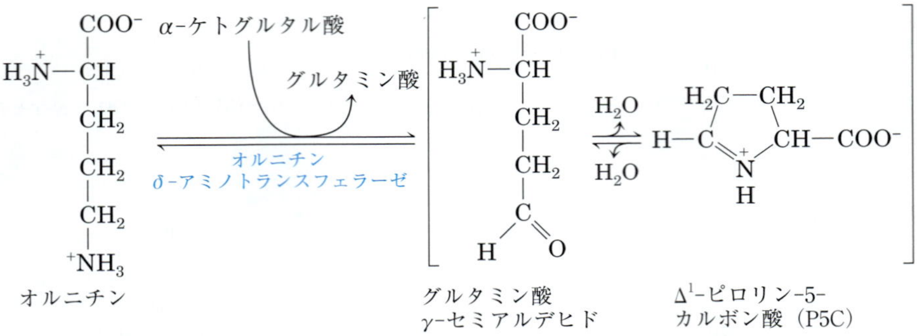

図 22-13 オルニチン δ-アミノトランスフェラーゼ反応：哺乳類のプロリンへいたる経路のステップ

この酵素は，ほとんどの組織のミトコンドリアマトリックス内に存在する．その平衡は P5C 生成にかたよっているが，アルギニンのレベルがタンパク質合成に不十分な場合には，この逆反応は哺乳類におけるオルニチン（したがってアルギニン）の唯一の合成経路である．

数 2）の前駆体であり，**セリンヒドロキシメチルトランスフェラーゼ** serine hydroxymethyl transferase によって炭素 1 個を失ってグリシンになる（図 22-14）．テトラヒドロ葉酸はセリンの β 炭素（C-3 位）の受容体となる．この炭素はテトラヒドロ葉酸の N-5 位と N-10 位の間のメチレン架橋を形成し，N^5, N^{10}-メチレンテトラヒドロ葉酸 N^5, N^{10}-methylenetetrahydrofolate を生じさせる（図 18-17 参照）．全反応は可逆的であり，ピリドキサールリン酸を必要とする．脊椎動物の肝臓では，グリシンは別の経路によっても合成される．すなわち，図 18-20(c) に示す反応の逆反応で，**グリシンシンターゼ** glycine synthase（**グリシン開裂酵素** glycine cleavage enzyme ともいう）の触媒によってつくられる．

$CO_2 + NH_4^+ + N^5,N^{10}$-メチレンテトラヒドロ葉酸 $+ NADH + H^+ \longrightarrow$
グリシン + テトラヒドロ葉酸 + NAD^+

植物と細菌は，**システイン** cysteine（後述のメ

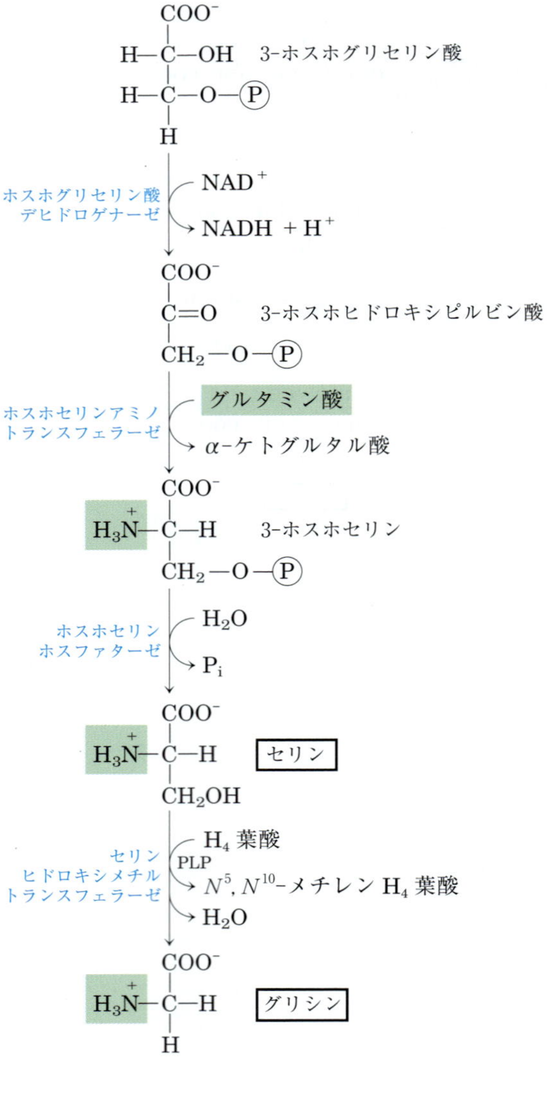

図 22-14 すべての生物における 3-ホスホグリセリン酸からのセリンの生合成とセリンからのグリシンの生合成

グリシンは，メチル基供与体として N^5, N^{10}-メチレンテトラヒドロ葉酸を用いるグリシンシンターゼの働きで，CO_2 と NH_4^+ からもつくられる（本文参照）．

チオニンも）の合成に必要な還元型硫黄を環境中の硫酸から生成する（図 22-15 の右側に示す経路）．硫酸は 2 ステップで活性化され，3′-ホスホアデノシン 5′-ホスホ硫酸 3′-phosphoadenosine 5′-phosphosulfate（PAPS）になる．PAPS は 8 電子還元を受けてスルフィド sulfide になる．このスルフィドは，次に 2 ステップでセリンからシステインを生成するために利用される．哺乳類では，システインは二つのアミノ酸からつくられる．メチオニンは硫黄原子を供給し，セリンは炭素骨格を提供する．メチオニンはまず *S*-アデノシルメチオニンに変換される（図 18-18 参照）．そのメチル基は数多くの受容体のどれかに転移され，*S*-アデノシルホモシステイン（adoHcy）が生成する．この脱メチル化生成物は加水分解されて遊離のホモシステインとなる．ホモシステインは**シスタチオニン β-シンターゼ** cystathionine β-synthase によって触媒されてセリンと反応し，シスタチオニンになる（図 22-16）．最後に，PLP 要求性酵素**シスタチオニン γ-リアーゼ** cystathionine γ-lyase が，アンモニアの脱離とシスタチオニンの開裂を触媒し，遊離のシステインを生成する．

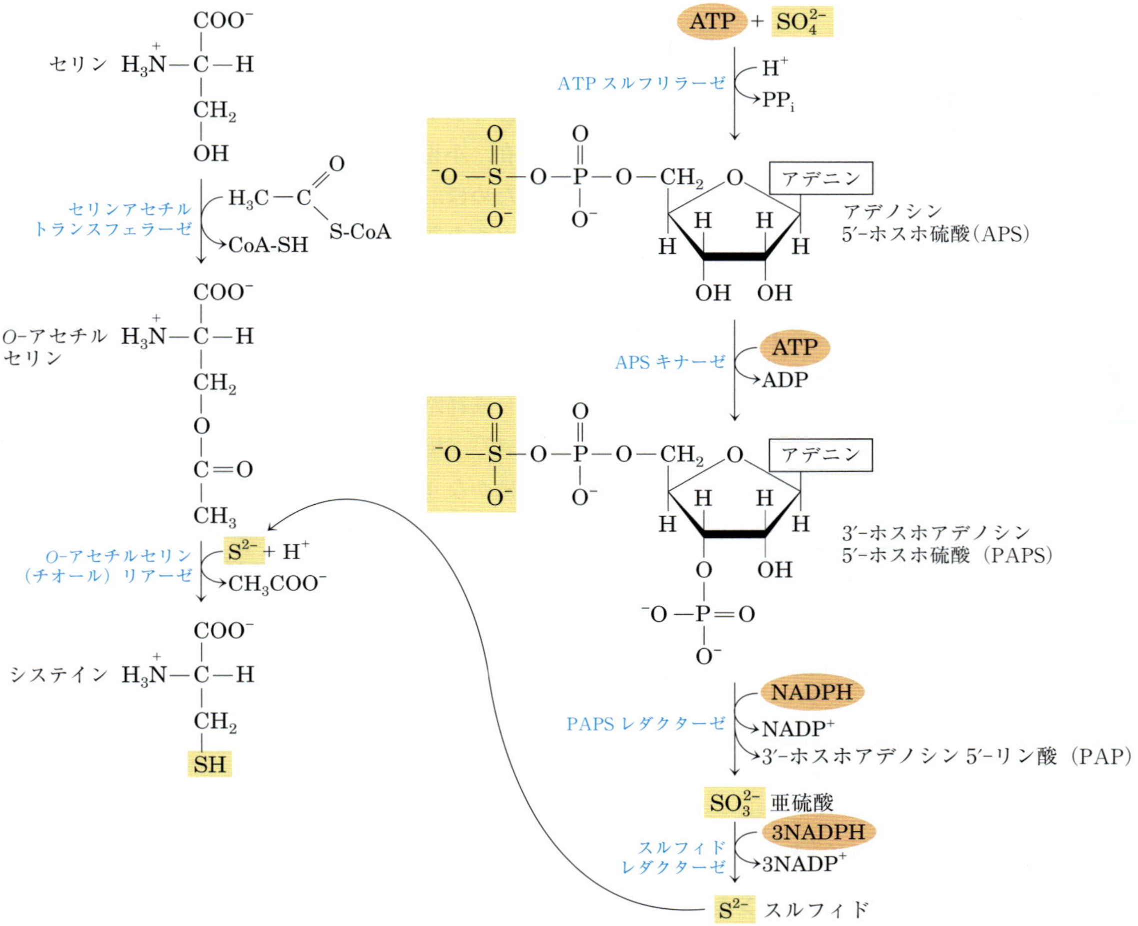

図 22-15　細菌と植物におけるセリンからのシステインの生合成

還元型硫黄の起源は経路の右側に示してある．

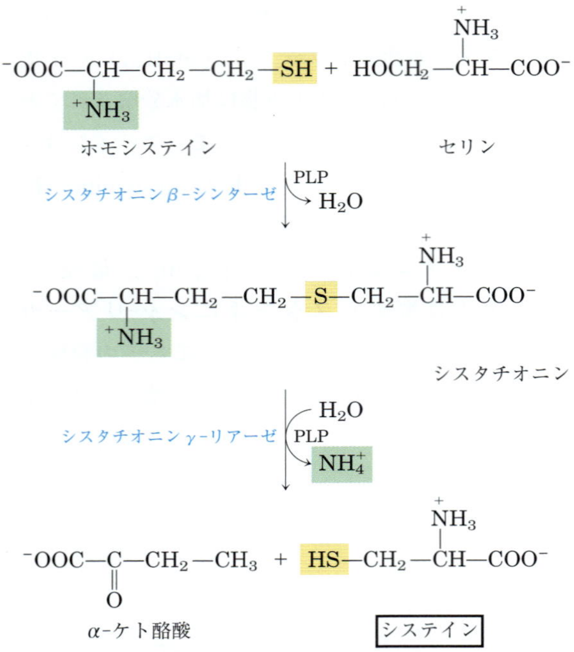

図 22-16 哺乳類におけるホモシステインとセリンからのシステインの生合成

ホスシステインはメチオニンからつくられる（本文参照）.

3 種類の非必須アミノ酸と 6 種類の必須アミノ酸がオキサロ酢酸とピルビン酸から合成される

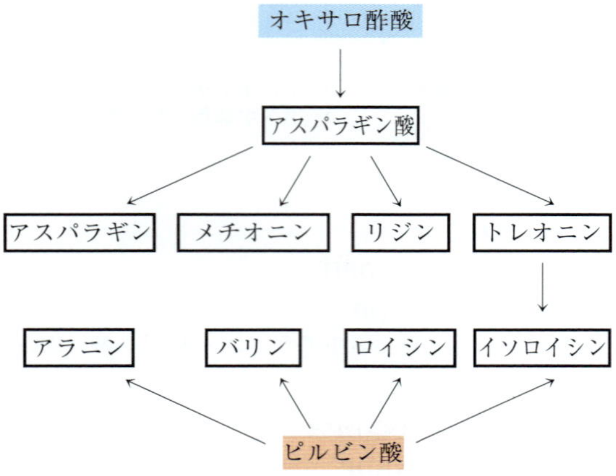

アラニン alanine と**アスパラギン酸** aspartate は，グルタミン酸からのアミノ基転移によってそれぞれピルビン酸とオキサロ酢酸から合成される．**アスパラギン** asparagine は，グルタミンが NH_4^+ の供与体となってアスパラギン酸のアミド化によって合成される．これらは非必須アミノ酸であり，このように単純な生合成経路はすべての生物に見られる．

完全にはわかっていない理由で，小児急性リンパ性白血病（ALL）に存在する悪性リンパ球は増殖のために血清アスパラギンを要求する．ALL の化学療法では，血清アスパラギンを減少させるように機能する酵素である細菌由来の L-アスパラギナーゼとともに投与される．併用治療は小児 ALL の症例において 95% を超える緩解率を示す（L-アスパラギナーゼ処置のみでは症例の 40 ～ 60% の緩解を示す）．しかし，アスパラギナーゼ処置にはいくらかの有害な副作用があり，緩解した患者の約 10% は結局薬物療法に耐性を示す腫瘍を伴って再発する. 研究者たちは，現在，小児 ALL に対するこれら治療効果を高めるために，ヒトのアスパラギン酸シンテターゼの阻害薬を開発している．■

メチオニン，トレオニン，リジン，イソロイシン，バリン，ロイシンは必須アミノ酸であり，ヒトはこれらを合成できない．これらのアミノ酸の生合成経路は複雑であり，互いに関連している（図 22-17）．場合によっては，細菌，菌類，植物の経路はかなり異なっている．

アスパラギン酸から**メチオニン** methionine，**トレオニン** threonine，**リジン** lysine が生じる．分岐点は三つの経路すべての中間体であるアスパラギン酸 β-セミアルデヒド，およびトレオニンとメチオニンの前駆体であるホモセリンのところにある．トレオニンは，イソロイシンの前駆体の一つである．**バリン** valine と**イソロイシン** isoleucine の経路は四つの酵素を共有している（図 22-17，ステップ ⓲～㉑）．次の経路によって，ピルビン酸からバリンとイソロイシンが生成する．その経路は，ピルビン酸の 2 個の炭素が，ヒドロキシエチルチアミンピロリン酸のかたちで

（図 14-15(b) 参照）別のピルビン酸分子（バリン経路），またはα-ケト酪酸（イソロイシン経路）と縮合することによって始まる．α-ケト酪酸はピリドキサールリン酸を必要とする反応によってトレオニンから生じる（図 22-17，ステップ⓱）．バリン経路の中間体であるα-ケトイソ吉草酸は，**ロイシン** leucine に至る 4 ステップの分枝経路の出発点である（図 22-17，ステップ㉒〜㉕）．

コリスミ酸はトリプトファン，フェニルアラニン，チロシンの合成において鍵となる中間体である

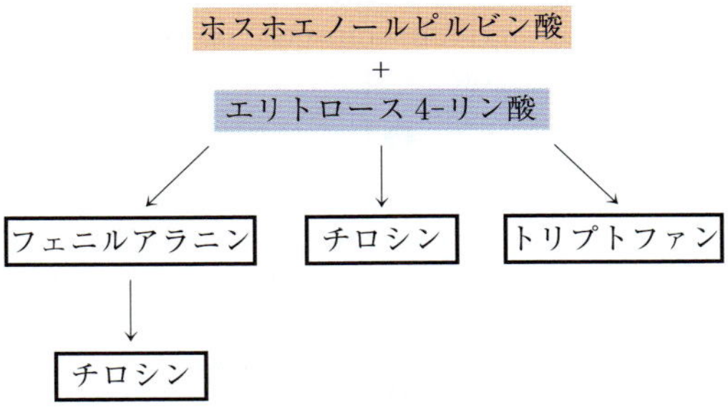

ベンゼン環は極めて安定であるが，芳香環は環境中では容易に手に入れることはできない．細菌，菌類や植物に存在するトリプトファン，フェニルアラニン，チロシンへの分岐経路が，芳香環が生物学的に形成される主要なルートである．その過程は，脂肪族の前駆体が閉環し，二重結合が段階的に導入されることによって進行する．最初の 4 ステップでシキミ酸 shikimate が生成する．この 7 個の炭素から成る分子はエリトロース 4-リン酸とホスホエノールピルビン酸に由来する（図 22-18）．シキミ酸はさらに 3 ステップを経てコリスミ酸 chorismate に変換されるが，この過程には別のホスホエノールピルビン酸分子に由来するさらに 3 個の炭素の付加が含まれる．コリスミ酸は経路の最初の分岐点であり，そこから一方はトリプトファンに，他方はフェニルアラニンとチロシンに導かれる．

トリプトファン tryptophan への分岐路（図 22-19）では，コリスミ酸はまずアントラニル酸 anthranilate に変換される．この反応では，グルタミンが供与する窒素がインドール環の一部となる．次にアントラニル酸は PRPP と縮合する．トリプトファンのインドール環は，アントラニル酸の環の炭素とアミノ基に PRPP 由来の 2 個の炭素が加わることによって形成される．この経路の最終反応は**トリプトファンシンターゼ** tryptophan synthase によって触媒される．この酵素は二つのαサブユニットと一つのβ_2ユニットに解離する$\alpha_2\beta_2$サブユニット構造を有し，全体の反応の異なる部分をそれぞれが触媒する．

インドール-3-グリセロールリン酸 $\xrightarrow[\alpha\text{サブユニット}]{}$ インドール＋グリセルアルデヒド 3-リン酸

インドール＋セリン $\xrightarrow[\beta_2\text{サブユニット}]{}$ トリプトファン＋H_2O

上記の反応の 2 番目の部分はピリドキサールリン酸を必要とする（図 22-20）．最初の反応で生成するインドールは，トリプトファンシンターゼからは遊離せず，チャネルを通ってαサブユニットの活性部位からβサブユニットの活性部位へと移行し，そこでセリンと PLP に由来するシッフ塩基中間体と縮合する．この種の中間体チャネリングは，コリスミ酸からトリプトファンへの経路全体の特徴である．トリプトファンへの経路の異なるステップ（時には連続したステップではない）を触媒する酵素の活性部位は，ある種の菌類や細菌では単一のポリペプチド上に存在するが，他の生物種では別々のタンパク質である．さらに，これら酵素のうちのいくつかの活性には，その経路の他の酵素との非共有結合性の会合が必要である．これらの観察結果は，細菌および真核生物いずれの場合にも，この経路のすべての酵素が大きな多酵素複合体の成分であることを示唆する．酵素を伝統的な生化学的手法を用いて単離すると，このような複合体は一般には本来の状態に保たれ

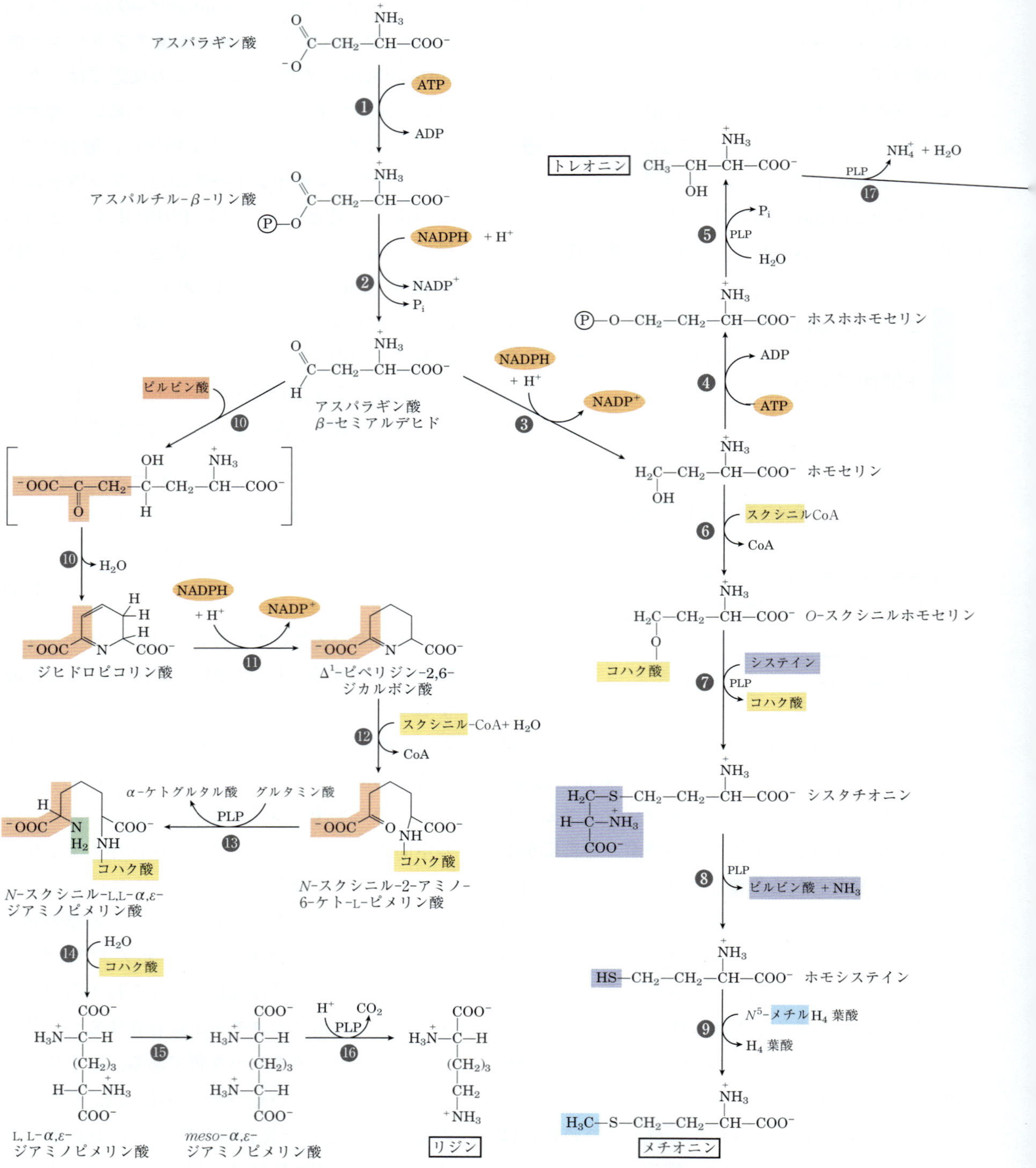

図 22-17 細菌におけるオキサロ酢酸とピルビン酸からの 6 種類の必須アミノ酸（メチオニン，トレオニン，リジン，イソロイシン，バリン，ロイシン）の生合成

多段階経路に関与する酵素名は枠内にまとめて示してある．ステップ⓮の生成物 L, L-α, ε-ジアミノピメリン酸は対称的であることに注意．リジン分子のどちらの末端でも反応が引き続いて起こりうるので，ピルビン酸からの炭素原子（およびグルタミン酸由来のアミノ基）はこの段階以降は追跡不能である．

1. アスパルトキナーゼ
2. アスパラギン酸β-セミアルデヒドデヒドロゲナーゼ
3. ホモセリンデヒドロゲナーゼ
4. ホモセリンキナーゼ
5. トレオニンシンターゼ
6. ホモセリンアシルトランスフェラーゼ
7. シスタチオニンγ-シンターゼ
8. シスタチオニンβ-リアーゼ
9. メチオニンシンターゼ
10. ジヒドロピコリン酸シンターゼ
11. Δ^1-ピペリジン-2,6-ジカルボン酸デヒドロゲナーゼ
12. *N*-スクシニル-2-アミノ-6-ケトピメリン酸シンターゼ
13. スクシニルジアミノピメリン酸アミノトランスフェラーゼ
14. スクシニルジアミノピメリン酸デスクシニラーゼ
15. ジアミノピメリン酸エピメラーゼ
16. ジアミノピメリン酸デカルボキシラーゼ
17. トレオニンデヒドラターゼ（セリンデヒドラターゼ）
18. アセト乳酸シンターゼ
19. アセトヒドロキシ酸イソメロレダクターゼ
20. ジヒドロキシ酸デヒドラターゼ
21. バリンアミノトランスフェラーゼ
22. α-イソプロピルリンゴ酸シンターゼ
23. イソプロピルリンゴ酸イソメラーゼ
24. β-イソプロピルリンゴ酸デヒドロゲナーゼ
25. ロイシンアミノトランスフェラーゼ

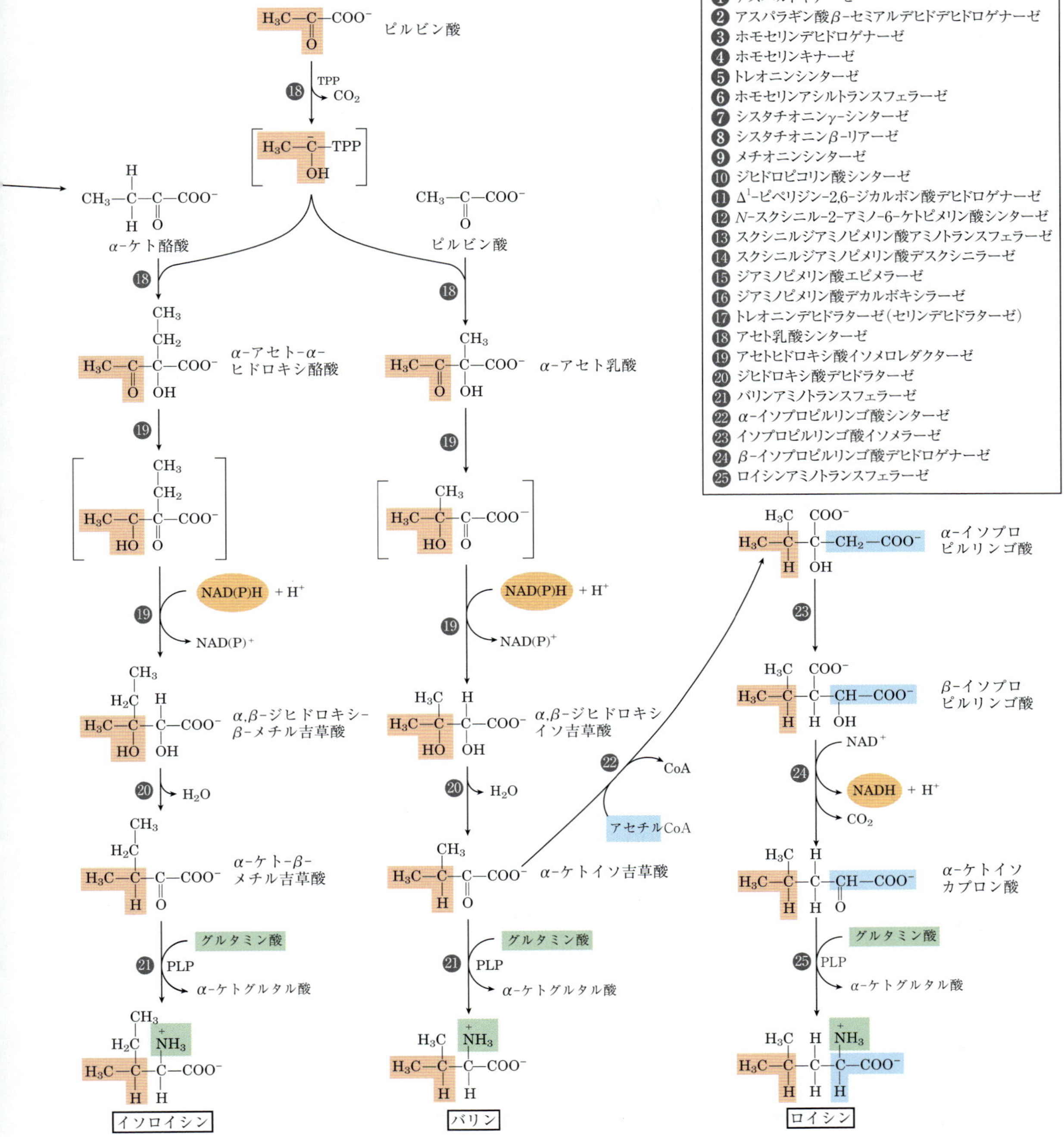

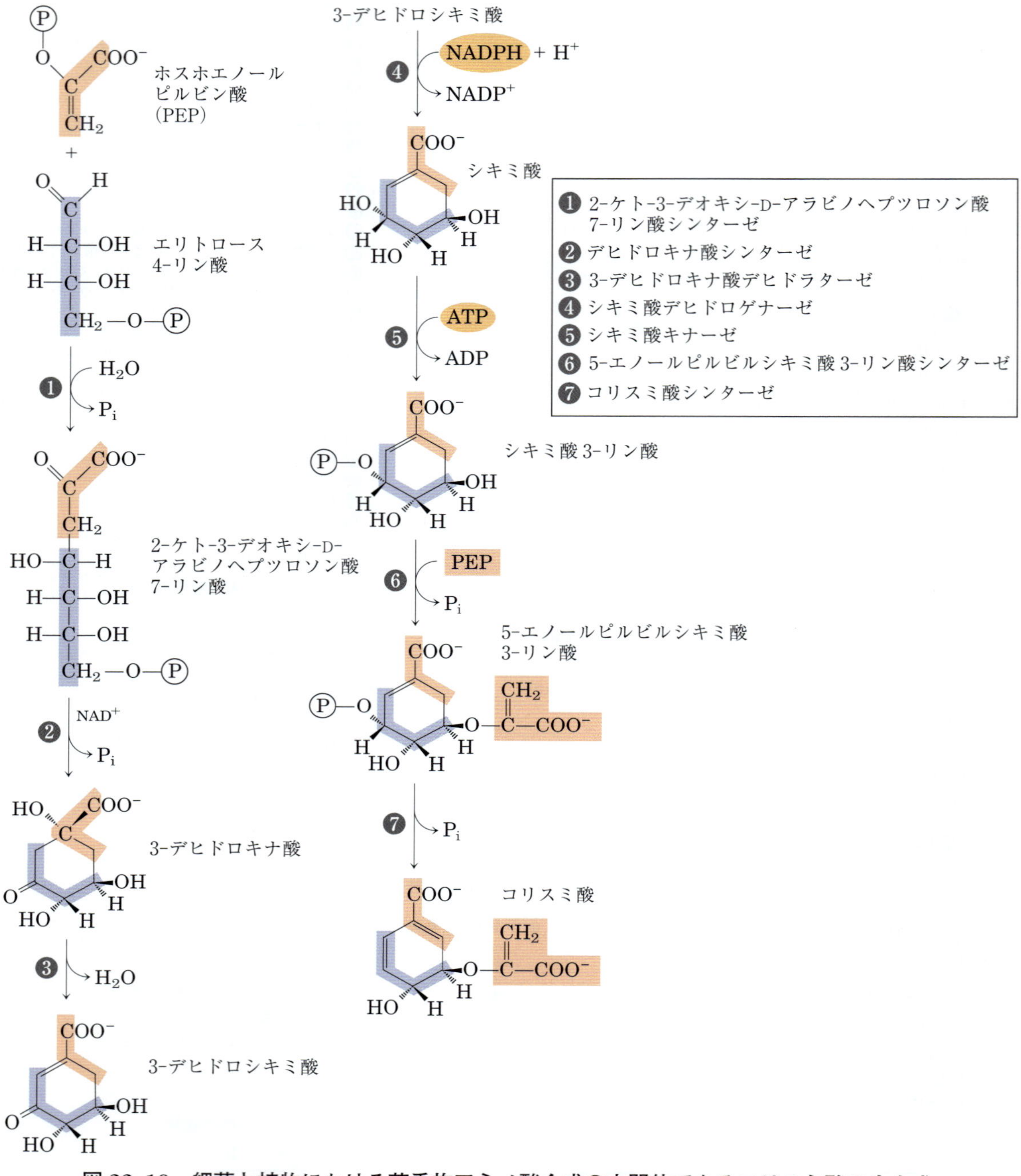

図 22-18 細菌と植物における芳香族アミノ酸合成の中間体であるコリスミ酸の生合成

すべての炭素原子はエリトロース 4-リン酸（薄紫色の網かけ）またはピルビン酸（淡赤色の網かけ）に由来する．ステップ❷で補因子として必要な NAD^+ は，変化せずにそのまま放出される点に注意しよう．この NAD^+ は，反応中に一時的に NADH に還元され，酸化型の反応中間体が形成されるのかもしれない．ステップ❻はこの酵素の競合阻害剤グリホサート glyphosate（$^-COO-CH_2-NH-CH_2-PO_3^{2-}$；除草剤 Roundup の活性成分）によって阻害される．この除草剤はこの生合成経路をもたない哺乳類に対しては相対的に無毒性である．中間体であるキナ酸とシキミ酸は，これらを蓄積することがわかった植物にちなんで命名された．

ないが，多酵素複合体の存在を示す証拠がこの経路や他の多くの代謝経路に関して蓄積しつつある（Sec. 16.3 参照）．

植物と細菌では，**フェニルアラニン** phenylalanine と**チロシン** tyrosine はトリプトファンの場合よりもずっと単純な経路でコリスミ酸から合成される（図 22-21）．プレフェン酸 prephenate が共通の中間体であり，両方ともに最終ステップはグルタミン酸からのアミノ基転移である．

動物では，チロシンは**フェニルアラニンヒドロキシラーゼ** phenylalanine hydroxylase によるフェニル基の C-4 位のヒドロキシ化によって，フェニルアラニンから直接つくられる（図 18-23，図 18-24 参照）．このような理由から，チロシンは条件つきの必須アミノ酸とみなされたり，必須アミノ酸のフェニルアラニンから合成できるので非必須アミノ酸とみなされたりする．

ヒスチジン生合成にはプリン生合成の前駆体が利用される

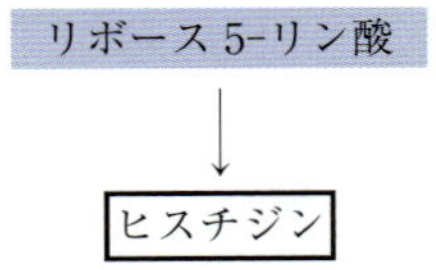

すべての植物および細菌における**ヒスチジン** histidine の生合成経路は，いくつかの点で他のアミノ酸の生合成経路とは異なる．ヒスチジンは三つの前駆体に由来する（図 22-22）．すなわち，PRPP は 5 個の炭素に寄与し，ATP のプリン環は 1 個の窒素と 1 個の炭素に寄与し，グルタミンは第二の環の窒素を供給する．その生合成の鍵と

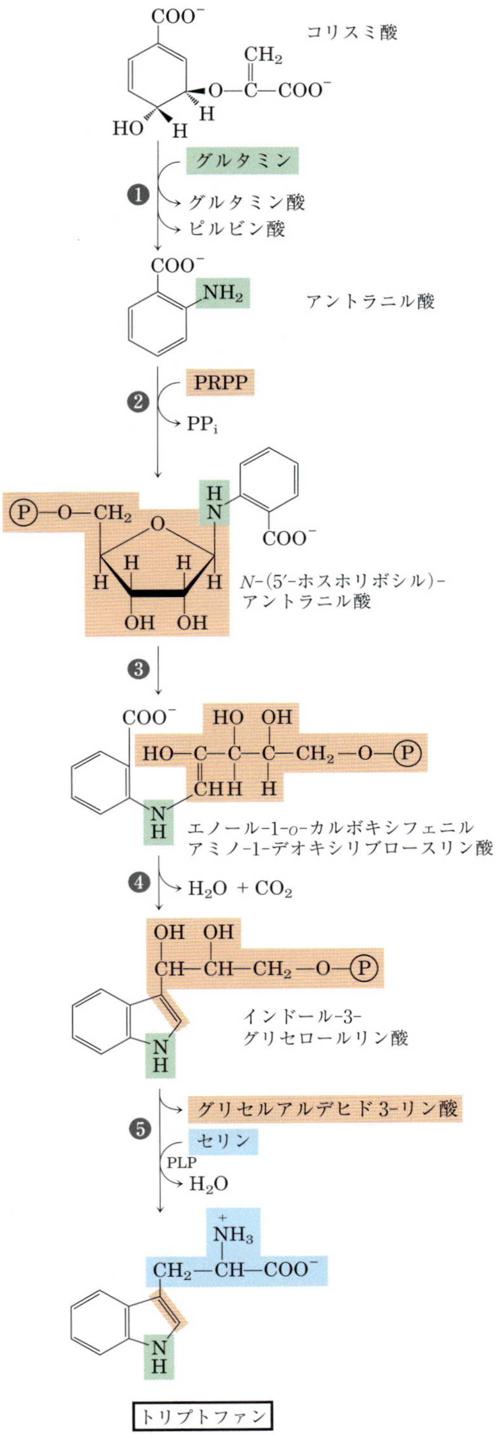

❶ アントラニル酸シンターゼ
❷ アントラニル酸ホスホリボシルトランスフェラーゼ
❸ *N*-(5′-ホスホリボシル)-アントラニル酸イソメラーゼ
❹ インドール-3-グリセロールリン酸シンターゼ
❺ トリプトファンシンターゼ

図 22-19　細菌と植物におけるコリスミ酸からのトリプトファンの生合成

大腸菌では，ステップ ❶ と ❷ を触媒する酵素は，アントラニル酸シンターゼと呼ばれる単一の複合体のサブユニットである．

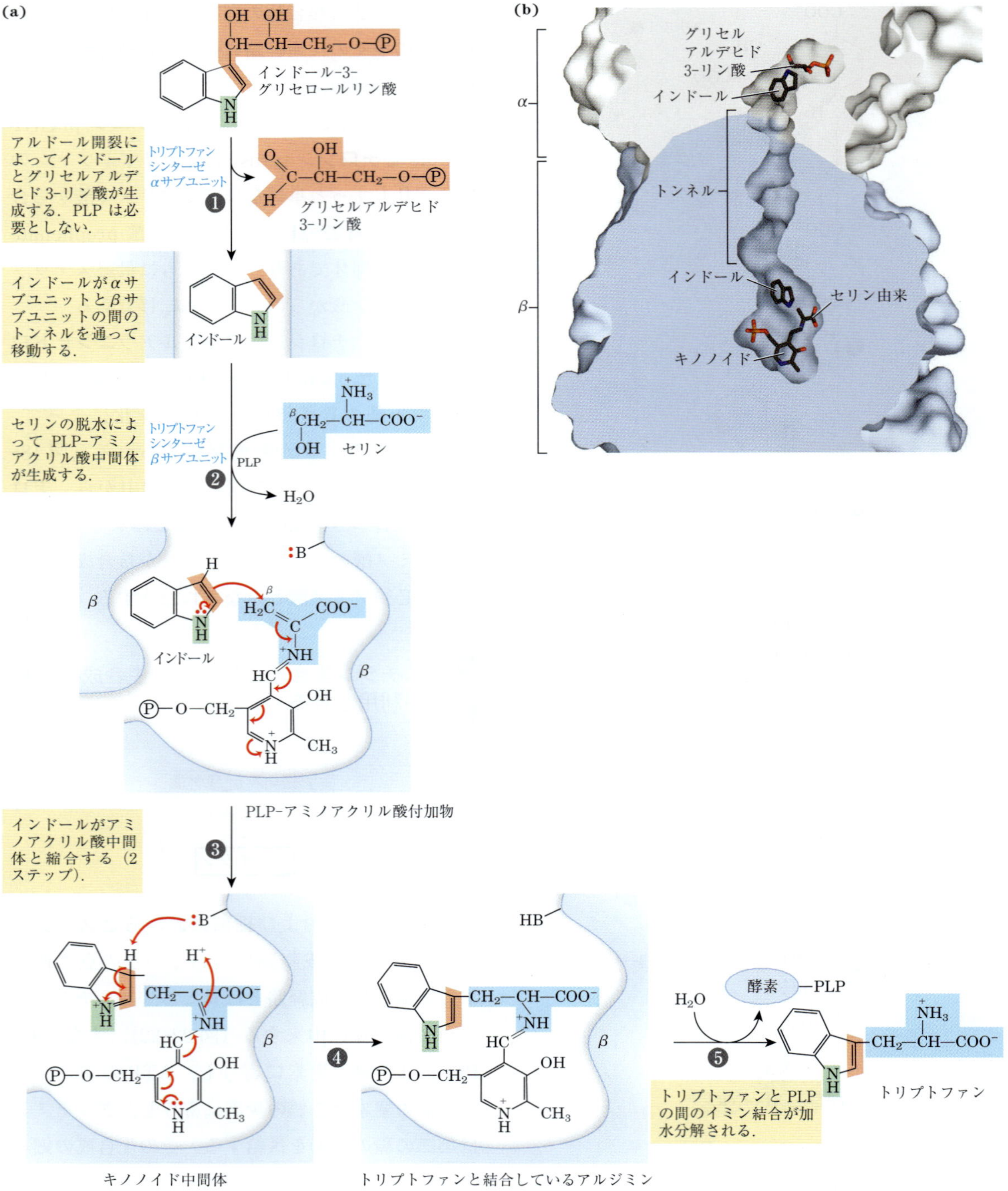

機構図 22-20 トリプトファンシンターゼ反応

(a) この酵素は，いくつかのタイプの化学転位を伴う多段階反応を触媒する．PLP によって促進されるこのような変換はアミノ酸のβ炭素（C-3 位）で起こり，図 18-6 で示したα炭素の反応とは対照的である．すなわち，セリンのβ炭素インドール環系に結合する．**(b)** αサブユニット（白色）上で生成したインドールは，トンネルを通ってβサブユニット（青色）へと移動していき，そこでセリンの部分と縮合する．［出典：(b) PDB ID 1KFJ, V. Kulik et al., *J. Mol. Biol.* **324**: 677, 2002.］

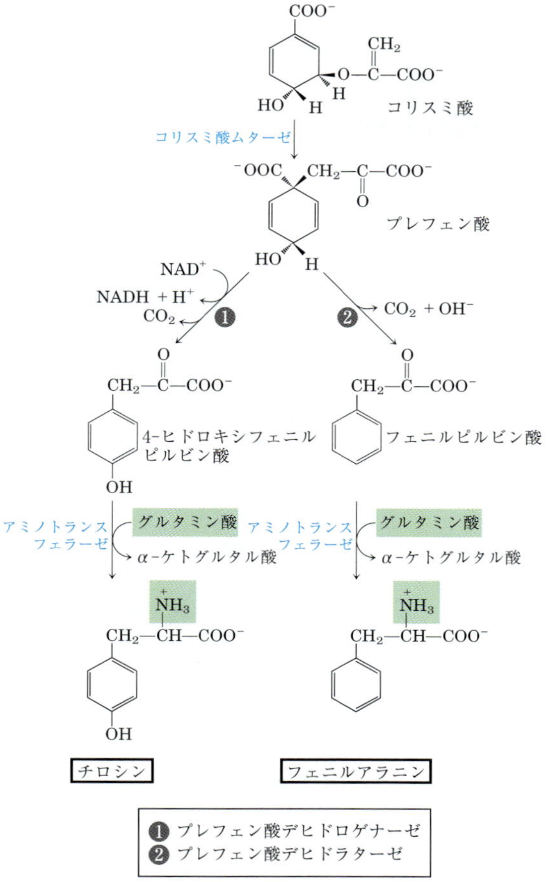

図 22-21　細菌と植物におけるコリスミ酸からのフェニルアラニンとチロシンの生合成

コリスミ酸のプレフェン酸への変換は，クライゼン転位の珍しい生物学的例である．

なるステップは，ATP と PRPP の縮合（プリン環の N-1 位が PRPP のリボースの活性化された C-1 位に結合する）（図 22-22，ステップ❶），プリン環の開環（最終的にリボースに結合しているアデニンの N-1 位と C-2 位が離れる）（ステップ❸），およびイミダゾール環の形成（この反応ではグルタミンが窒素を供与する）（ステップ❺）である．ATP を高エネルギー補因子としてではなく代謝物として利用するのは珍しいが，プリン生合成経路とうまく連動しているので無駄にはならない．N-1 位と C-2 位の転移の後に遊離する ATP の残部は，5-アミノイミダゾール-4-カルボキサミドリボヌクレオチド 5-aminoimidazole-4-carboxamide ribonucleotide（AICAR）である．これはプリン生合成の中間体であり（図 22-35 参照），速やかに ATP へと再生される．

アミノ酸の生合成はアロステリック調節を受ける

Chap. 15 で詳述したように，代謝経路を通る流束 flux の制御は，しばしばその経路の複数の酵素の活性を反映する．アミノ酸合成の場合には，調節の一部は経路の最終生成物による最初の反応のフィードバック阻害を介して起こる．この最初の反応は，しばしばその経路を通る流束全体の制御において重要な役割を果たすアロステリック酵素によって触媒される．その一例として，図 22-23 にはトレオニンからのイソロイシンの合成（図 22-17 に詳述）のアロステリック調節を示す．最終生成物のイソロイシンは，この経路の最初の反応のアロステリック阻害物質である．細菌では，アミノ酸合成のこのようなアロステリック調節は，細胞の需要に対する経路の活性の時々刻々の調整に寄与する．

個々の酵素のアロステリック調節はかなり複雑なことがある．その例として，大腸菌のグルタミンシンテターゼ活性に対して働く注目すべき一連のアロステリック調節がある（図 22-8）．グルタミンに由来する六つの生成物が，グルタミンシンテターゼ活性の負のフィードバックモジュレーターとして作用する．これらおよび他のモジュレーターの全体の効果は相加的以上のものである．このような調節を**協奏的阻害** concerted inhibition という．

さらに多くの機構がアミノ酸生合成経路の調節に寄与する．20 種類の標準アミノ酸はタンパク質合成のために適正な比率でつくられなければならないので，細胞は個々のアミノ酸の合成速度を

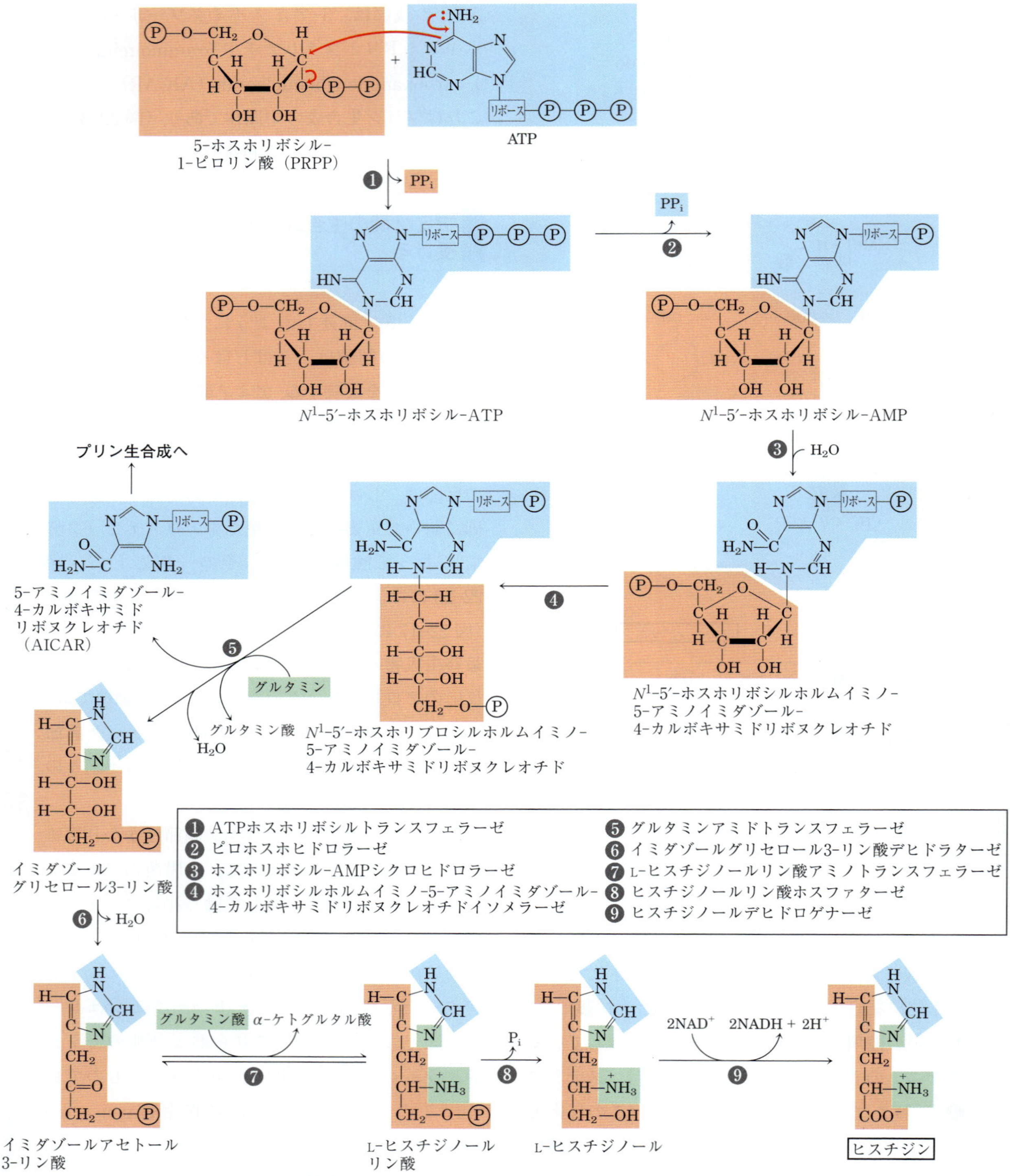

図 22-22 細菌と植物におけるヒスチジンの生合成

PRPP と ATP に由来する原子をそれぞれ淡赤色と青色の網かけで示す．ヒスチジンの 2 個の窒素はグルタミンとグルタミン酸（緑色）に由来する．ステップ❺の後で残った ATP の誘導体（AICAR）はプリン生合成（図 22-35 のステップ❾参照）の中間体なので，ATP は速やかに再生される．

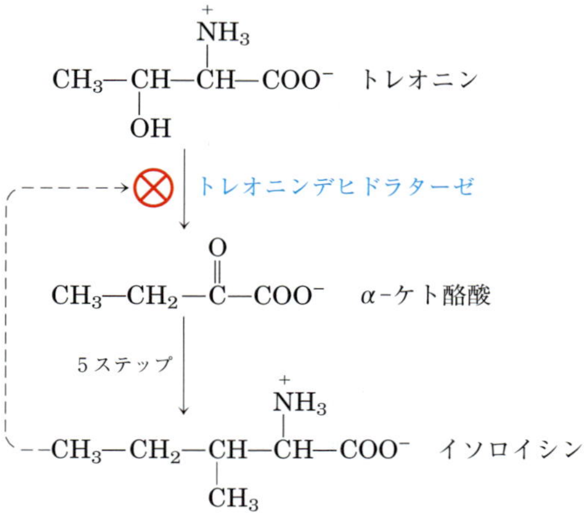

図 22-23　イソロイシン生合成のアロステリック調節

トレオニンからイソロイシンへの経路の最初の反応は，最終生成物のイソロイシンによって阻害される．これはアロステリックなフィードバック阻害として発見された最初の例の一つである．α-ケト酪酸からイソロイシンまでのステップは図 22-17 のステップ⓲～㉑に対応する（⓳は 2 段階反応なので五つのステップから成る）．

制御するだけでなく，それらの生成を協調させる方法を発達させてきた．このような協調は，増殖の速い細菌の細胞において特によく発達している．図 22-24 は，大腸菌細胞がリジン，メチオニン，トレオニン，イソロイシン（すべてアスパラギン酸からつくられる）の合成をどのようにして協調させるのかを示している．この経路では，いくつかの重要な阻害様式が明白である．アスパラギン酸からアスパルチル-β-リン酸へのステップは，三つのアイソザイムによって触媒されるが，各アイソザイムは異なるモジュレーターによって独立に制御される．このような**酵素の多重性** enzyme multiplicity は，同じ経路の他の生成物が必要なときに，一つの生合成の最終生成物がその経路の鍵となる重要なステップを遮断するのを防いでいる．アスパラギン酸β-セミアルデヒドからホモセリンへのステップや，トレオニンから α-ケト酪酸へのステップ（図 22-17 において詳述）も，二重の独立に制御されるアイソザイムによって触媒される．アスパラギン酸をアスパルチル-β-リン酸へ変換するアイソザイムの一つは，二つの異なるモジュレーター（リジンとイソロイシン）によってアロステリック阻害を受けるが，その作用は相加的以上のものである．これは協奏的阻害の別の例である．アスパラギン酸からイソ

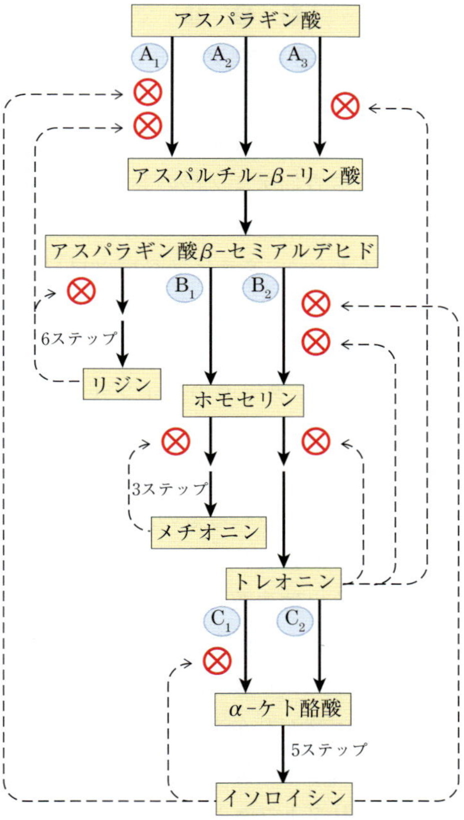

図 22-24　大腸菌におけるアスパラギン酸由来のいくつかのアミノ酸の生合成の連動する調節機構

3 種類の酵素（A，B，C）には二つあるいは三つのアイソザイムがあり，下つきの数字で表してある．各場合において，アイソザイムの一つ（A_2，B_1，C_2）はアロステリック調節を受けない．これらのアイソザイムは，合成される酵素量を変化させることによって調節される（Chap. 28）．アイソザイム A_2 と B_1 の合成は，メチオニンのレベルが高いときには抑制される．またアイソザイム C_2 の合成は，イソロイシンのレベルが高いときは抑制される．酵素 A はアスパルトキナーゼ，B はホモセリンデヒドロゲナーゼ，C はトレオニンデヒドラターゼである．

ロイシンへの経路は，複数の重複する負のフィードバック阻害を受ける．例えば，イソロイシンは上記のようにトレオニンのα-ケト酪酸への変換を阻害し，トレオニンは自らの生成を次の三つの部位で阻害する．すなわち，ホモセリンからのステップ，アスパラギン酸β-セミアルデヒドからのステップ，アスパラギン酸からのステップ（図22-17のステップ❹，❸，❶）である．この全体の調節機構は**逐次的フィードバック阻害** sequential feedback inhibition と呼ばれる．

芳香族アミノ酸の生合成経路でもよく似た阻害様式がある．芳香族アミノ酸の共通の中間体であるコリスミ酸の生成経路の最初のステップは，2-ケト-3-デオキシ-D-アラビノヘプツロソン酸7-リン酸（DAHP）シンターゼによって触媒される（図22-18の❶）．ほとんどの微生物や植物は，三つのDAHPシンターゼのアイソザイムを有する．すなわち，フェニルアラニンによってアロステリックにフィードバック阻害されるものと，チロシンによって阻害されるもの，そしてトリプトファンによって阻害されるものである．これらは，どれか一つあるいは複数の芳香族アミノ酸が細胞内で必要になると，系が全体としてうまく機能するために役立つ．コリスミ酸で経路が分岐した後にも，さらに調節が存在する．例えば，トリプトファンへの分岐経路の最初の2ステップを触媒する酵素は，トリプトファンによるアロステリック阻害を受ける．

まとめ

22.2　アミノ酸の生合成

- 植物と細菌は，20種類の標準アミノ酸をすべて合成する．哺乳類はこのうちのおよそ半分を合成することができるが，他のアミノ酸（必須アミノ酸）は食餌から摂取する必要がある．
- 非必須アミノ酸のうち，グルタミン酸はα-ケトグルタル酸の還元的アミノ化によって生成され，グルタミン，プロリン，アルギニンの前駆体となる．アラニンとアスパラギン酸（およびアスパラギン）は，それぞれピルビン酸とオキサロ酢酸からアミノ基転移によって生成する．セリンの炭素鎖は3-ホスホグリセリン酸に由来する．セリンはグリシンの前駆体であり，そのβ-炭素原子はテトラヒドロ葉酸に転移される．微生物では，システインはセリンと環境中の硫酸の還元によって生成されるスルフィドからつくられる．哺乳類では，システインは*S*-アデノシルメチオニンとシスタチオニンを必要とする一連の反応によって，メチオニンとセリンから生成する．
- 必須アミノ酸のうちで，芳香族アミノ酸（フェニルアラニン，チロシン，トリプトファン）は，コリスミ酸が重要な分岐点となる経路によってつくられる．ホスホリボシルピロリン酸は，トリプトファンとヒスチジンの前駆体である．ヒスチジンへの経路は，プリン合成経路と相互に連結されている．チロシンは必須アミノ酸であるフェニルアラニンのヒドロキシ化によってつくられるので，条件つきの必須アミノ酸とみなされる．他の必須アミノ酸の生合成経路は複雑である．
- アミノ酸の生合成経路は，最終生成物によるアロステリック阻害を受ける．調節酵素は，通常は反応系の最初にある．さまざまな合成経路の調節は協調している．

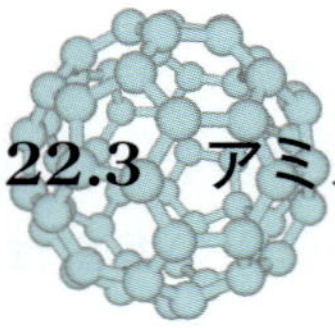

22.3　アミノ酸に由来する分子

アミノ酸はタンパク質の構築単位としての役割のほかに，ホルモン，補酵素，ヌクレオチド，アルカロイド，細胞壁ポリマー，ポルフィリン，抗生物質，色素，神経伝達物質を含む多くの特殊な生体分子の前駆体でもある．ここでは，多くのアミノ酸誘導体への経路について述べる．

グリシンはポルフィリンの前駆体である

最初の例として，グリシンが主要な前駆体であるポルフィリン porphyrin の生合成を取り上げる．なぜならば，ヘモグロビンやシトクロムのようなヘムタンパク質中のポルフィリン核は極めて重要な役割を果たすからである．ポルフィリンは，モノピロール誘導体の**ポルホビリノーゲン** porphobilinogen 4 分子から構築され，ポルホビリノーゲン自体は 2 分子の δ-アミノレブリン酸 δ-aminolevulinate に由来する．δ-アミノレブリン酸は主に二つの経路で合成される．高等真核生物では（図 22-25(a)），グリシンが最初のステップでスクシニル CoA と反応して α-アミノ-β-ケトアジピン酸を生成する．これが次に脱炭酸して δ-アミノレブリン酸になる．植物，藻類，そしてほとんどの細菌では，δ-アミノレブリン酸はグルタミン酸から合成される（図 22-25(b)）．グルタミン酸は，まずグルタミル-tRNA^{Glu} へとエステル化され（Chap. 27，転移 RNA のトピック参照），そのグルタミン酸部分は NADPH によってグルタミン酸-1-セミアルデヒドに還元されるとともに，tRNA から切り離される．その後，グルタミン酸-1-セミアルデヒドはアミノトランスフェラーゼによって δ-アミノレブリン酸に変換される．

すべての生物において，2 分子の δ-アミノレブリン酸が縮合してポルホビリノーゲンが生成し，さらに一連の複雑な酵素反応を経て，4 分子のポルホビリノーゲンが一緒になって**プロトポルフィリン** protoporphyrin が生成する（図 22-26）．プロトポルフィリンが組み立てられた後に，フェロケラターゼ ferrochelatase によって触媒さ

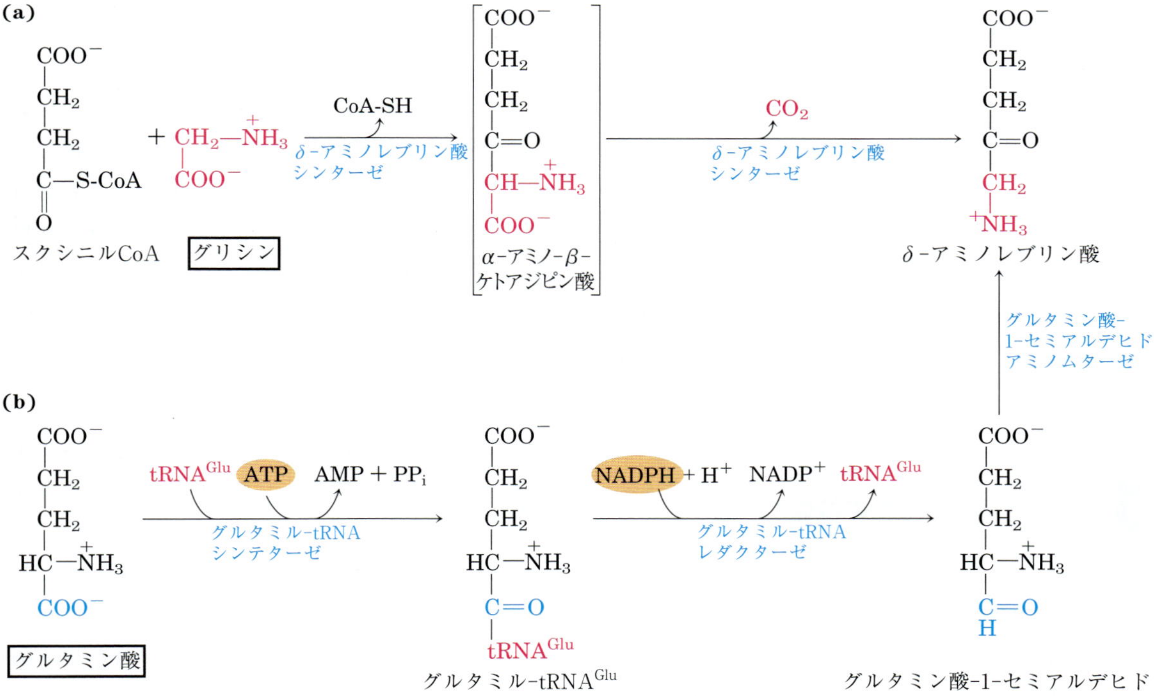

図 22-25　δ-アミノレブリン酸の生合成

(a) 哺乳類を含むほとんどの動物では，δ-アミノレブリン酸はグリシンとスクシニル CoA から合成される．グリシンに由来する原子を赤字で示す．**(b)** 細菌と植物では，δ-アミノレブリン酸の前駆体はグルタミン酸である．

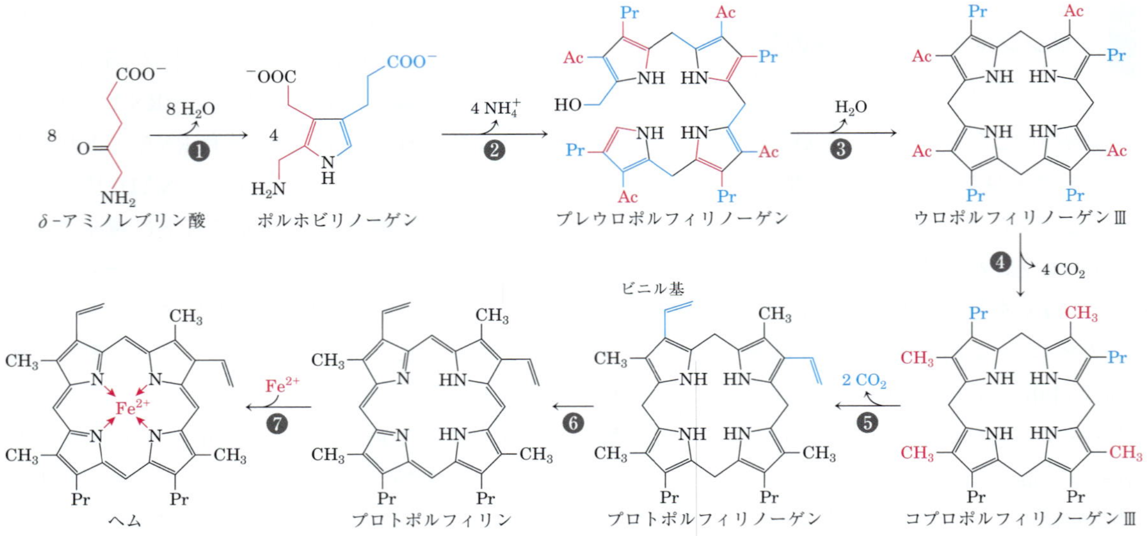

1 ポルホビリノーゲンシンターゼ
2 ウロポルフィリノーゲンシンターゼ
3 ウロポルフィリノーゲンⅢコシンターゼ
4 ウロポルフィリノーゲンデカルボキシラーゼ
5 コプロポルフィリノーゲンオキシダーゼ
6 プロトポルフィリノーゲンオキシダーゼ
7 フェロケラターゼ

図 22-26 δ-アミノレブリン酸からのヘムの生合成

Ac はアセチル基（$-CH_2COO^-$），Pr はプロピオニル基（$-CH_2CH_2COO^-$）を表す．

れるステップで鉄原子が取り込まれる．高等真核生物では，ポルフィリン生合成はヘムによって調節されるが，ヘムはポルフィリン合成の初期段階のフィードバック阻害物質として作用する．ヒトでは，ポルフィリン生合成の遺伝的欠損によってその経路の中間体の蓄積が起こり，**ポルフィリン症** porphyria と総称されるさまざまな疾患の原因となる（Box 22-2）．

ヘムの分解には複数の機能がある

脾臓で赤血球が死ぬと遊離するヘモグロビンの鉄-ポルフィリン（ヘム）基は，分解されて遊離の Fe^{3+}，および最終的に**ビリルビン** bilirubin になる．この経路は，コレステロールに由来する胆汁酸塩混合液中に存在する色素の提供も行う（図 21-38 参照）．

2 ステップから成る経路の第一ステップでは，ヘムがヘムオキシゲナーゼ heme oxygenase の触媒によってビリベルジン biliverdin，すなわち直鎖状（開環した）のテトラピロール誘導体に変換される（図 22-27）．そのほかに Fe^{2+} と CO も生成する．Fe^{2+} は直ちにフェリチンと結合する．CO はヘモグロビンと結合する毒であるが（Box 5-1 参照），まわりに一酸化炭素が存在しなくても，1 個体あたりおよそ 1% のヘムが，ヘムオキシゲナーゼの作用で生成した CO と複合体を形成している．

次のステップで，ビリベルジンはビリベルジンレダクターゼ biliverdin reductase によってビリルビンに変換される．この反応は，おなじみの in situ 実験によって色の変化として観察することができる．打撲傷を負うと，傷ついた赤血球から出てきたヘモグロビンによって黒ないしは紫色になる．時間とともに，その色はビリベルジンの

BOX 22-2

医　学
イギリス国王と吸血鬼について

ポルフィリン症は一群の遺伝病であり，グリシンからポルフィリンへの生合成経路にある酵素の欠損に起因し，赤血球，体液，肝臓に特定のポルフィリン前駆体が蓄積する．最も一般的に見られるのは急性間欠性ポルフィリン症である．ほとんどの罹患者はヘテロ接合体であり，通常は無症状である．これは，単一コピーの正常遺伝子が酵素機能を十分なレベルに保つからである．しかし，まだよくわかっていないある種の栄養因子や環境因子によってδ-アミノレブリン酸やポルホビリノーゲンが蓄積すると，急性腹痛や神経機能不全が起こる．アメリカ独立革命時のイギリス国王であったジョージ三世には，いくつかの明白な精神錯乱の逸話が知られており，この教養高い人物の記録に汚点を残すことになった．ジョージ三世はその症状から見て，急性間欠性ポルフィリン症にかかっていたと思われる．

比較的まれなポルフィリン症の一つに，プロトポルフィリン前駆体の異常な異性体であるウロポルフィリノーゲンⅠが蓄積するものがある．この化合物は尿を赤く染め，紫外線下で歯に強い蛍光を生じさせ，皮膚を日光過敏にする．このポルフィリン症患者の多くはヘム合成が不十分なために，しばしば貧血になる．この遺伝性疾患によって，民間に伝わる吸血鬼の伝説が生まれたのかもしれない．

ほとんどのポルフィリン症の症状は，食事を変えたり，ヘムまたはヘム誘導体を投与したりすることによって，今日では容易に制御することができる．

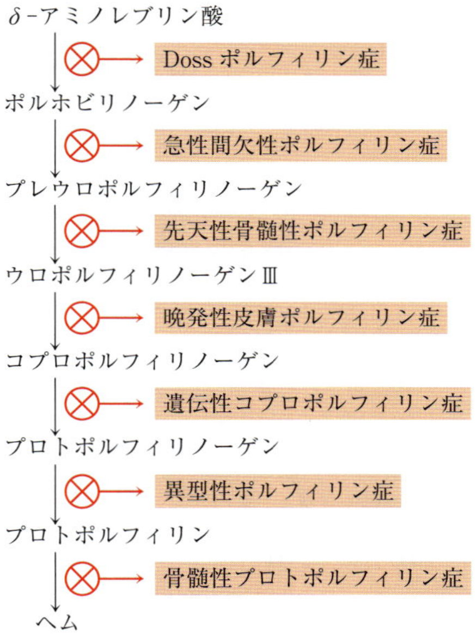

緑色へ，そしてビリルビンの黄色へと変化する．ビリルビンはほぼ不溶性なので，血清アルブミンと複合体を形成して血流中を移動する．ビリルビンは，肝臓で胆汁色素であるビリルビンジグルクロニド bilirubin diglucuronide に変換される．このグルクロニドは十分に水溶性なので，他の胆汁成分とともに小腸に分泌され，そこで微生物の酵素によってさらにウロビリノーゲン urobilinogen をはじめとするいくつかの化合物に変換される．ウロビリノーゲンの一部は再吸収されて血液に入り，腎臓に送られて尿の黄色のもとであるウロビリン urobilin に変換される（図 22-27）．小腸に残ったウロビリノーゲンは，別の微生物酵素の作用によってステルコビリン stercobilin（図 22-27）に変換され，大便の赤褐色のもとになる．

肝機能が障害されたり，胆汁分泌が閉塞されたりすると，ビリルビンが肝臓から血中に漏れ出て，皮膚や眼球が黄色になる黄疸 jaundice と呼ばれる症状を呈する．黄疸の場合に，血中のビリルビン濃度を測定できれば，そのもととなる肝臓病の

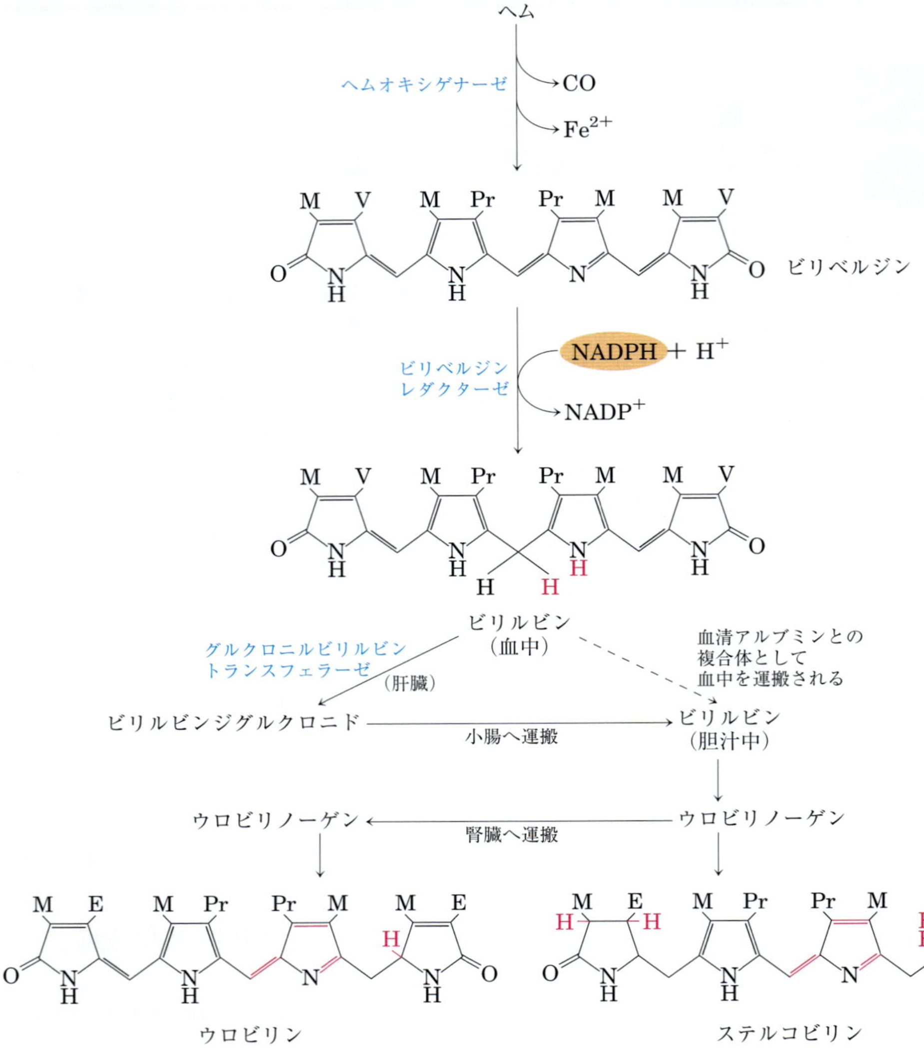

図 22-27 ビリルビンとその分解産物

M はメチル基，V はビニル基，Pr はプロピオニル基，E はエチル基を表す．構造を比較しやすいように，立体化学的に正しいコンホメーションではなく，直鎖状の構造式で示してある．

診断に役立つかもしれない．グルクロニルビリルビントランスフェラーゼが不十分なためにビリルビンを代謝できないことによって，新生児は黄疸を発症する場合がある．過剰のビリルビンを減らすための伝統的な治療法では，蛍光灯にさらして，ビリルビンをより可溶性で容易に排泄される化合物に光化学変換する．

これらのヘム分解経路は，細胞を酸化障害から守り，ある種の細胞機能の調節において重要な役割を果たす．ヘムオキシゲナーゼの作用によって生成する CO は高濃度では有毒であるが，ヘム分解の際に生じるごく低濃度では調節性の機能やシグナル伝達にかかわるようである．後述する一酸化窒素に比べると弱いが，CO には血管拡張作用がある．低レベルの CO には神経伝達の調節作用もある．哺乳類の組織では，ビリルビンは最も豊富な抗酸化物質であり，血清中の抗酸化活性のほとんどはビリルビンが担っている．ビリルビンの保護作用は，新生児の脳の発育にとって特に重要である．黄疸に伴う細胞毒性は，可溶化するために必要な血清アルブミンよりもビリルビンの濃度が高くなるために起こるのであろう．

ヘム分解物にはこのように多様な生理作用があるので，分解経路は主に最初のステップで調節を受ける．ヒトには少なくとも 3 種類のヘムオキシゲナーゼ（HO）のアイソザイムがある．HO-1 は高度な調節を受けており，ずり応力，血管新生（無秩序な血管の発達），低酸素，高酸素，熱ショック，紫外線照射，過酸化水素，その他多くの代謝不全などを含む広範なストレス条件下でその遺伝子の発現が誘導される．HO-2 は主として脳や精巣で恒常的に発現している．第三のアイソザイムの HO-3 は，触媒活性はもたないが，酸素の感知において役割を果たすようである．■

アミノ酸はクレアチンやグルタチオンの前駆体である

クレアチン creatine に由来する**ホスホクレアチン** phosphocreatine は，骨格筋における重要なエネルギーの緩衝物質である（Box 23-2 参照）．クレアチンはグリシンとアルギニンから合成されるが（図 22-28），その際にメチオニンが *S*-アデノシルメチオニンの形でメチル基供与体として関与する．

グルタチオン glutathione（**GSH**）は植物，動物，ある種の細菌にしばしば高レベルで存在し，酸化還元の緩衝物質と考えることができる．グルタチオンはグリシン，グルタミン酸，システインに由来する（図 22-29）．グルタミン酸の γ-カルボキシ基は，まず ATP によって活性化されてアシルリン酸中間体になり，次にシステインの α-アミノ基による攻撃を受ける．第二の縮合反応では，活性化されてアシルリン酸になったシステインの α-カルボキシ基がグリシンと反応する．グルタチオンの酸化型（GSSG）は，ジスルフィド結合している 2 分子のグルタチオンを含み，この分子の酸化還元の過程で生成する．

グルタチオンはタンパク質のスルフヒドリル基（SH 基）を還元状態に保ち，ヘムの鉄を 2 価鉄（第一鉄；Fe^{2+}）に維持し，またデオキシリボヌクレオチド合成におけるグルタレドキシン glutaredoxin に対する還元剤の役割を果たす（図 22-41 参照）．その酸化還元作用は，好気的条件下での正常な生育や代謝の過程で生成する毒性のある過酸化物の除去にも用いられる．

$$2\,\text{GSH} + \text{R—O—O—H} \longrightarrow \text{GSSG} + \text{H}_2\text{O} + \text{R—OH}$$

この反応は**グルタチオンペルオキシダーゼ** glutathione peroxidase によって触媒されるが，この注目すべき酵素は，その活性に不可欠なセレノシステイン（図 3-8(a) 参照）のかたちで共有結合しているセレン（Se）原子を含有している．

D-アミノ酸は主に細菌中に見られる

D-アミノ酸は通常タンパク質中には存在しないが，細菌の細胞壁やペプチド性抗生物質の構造中で特別な機能を果たす．細菌のペプチドグリカン（図 6-30 参照）は，D-アラニンと D-グルタミン酸を含む．D-アミノ酸はアミノ酸ラセマーゼの作用によって L 型異性体から直接生じるが，この酵素は補因子としてピリドキサールリン酸を用いる（図 18-6 参照）．アミノ酸のラセミ化は，細菌の代謝にとって極めて重要であり，アラニンラセマーゼのような酵素は薬物の主要な標的となる．このような薬物の一つの **L-フルオロアラニン** L-fluoroalanine は，抗菌薬として試験されている．また，**サイクロセリン** cycloserine は結核の治療に用いられる．しかし，これらの阻害薬はどちらもヒトのある種の PLP 要求性酵素にも作用するので，好ましくない潜在

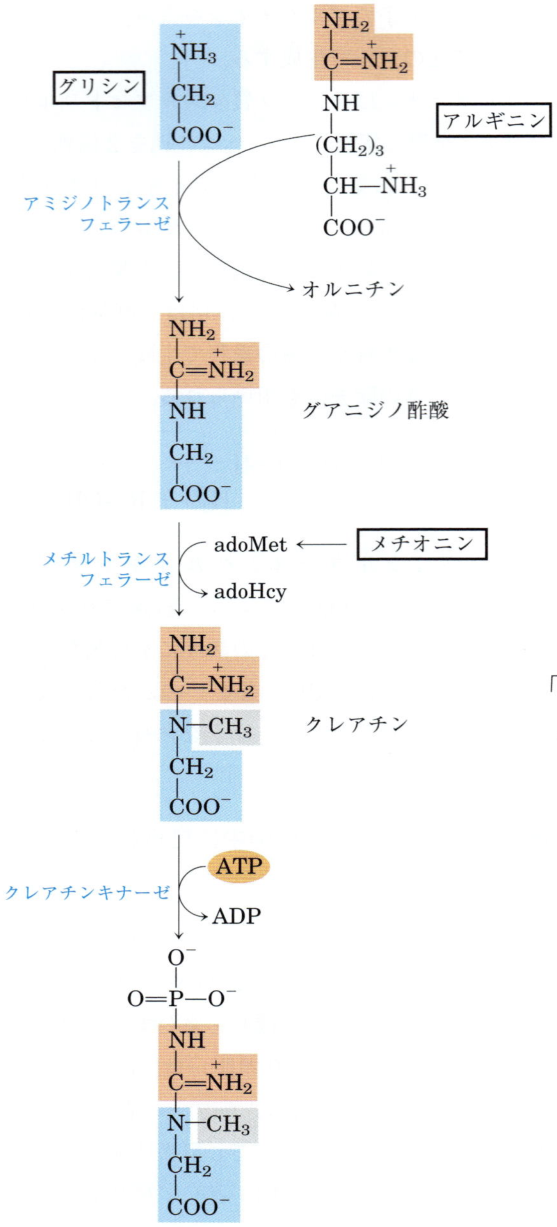

ホスホクレアチン

図 22-28 クレアチンとホスホクレアチンの生合成

クレアチンはグリシン，アルギニン，メチオニンの三つのアミノ酸からつくられる．この経路から，窒素を含む他の生体分子の前駆体として，アミノ酸が幅広く使われていることがわかる．

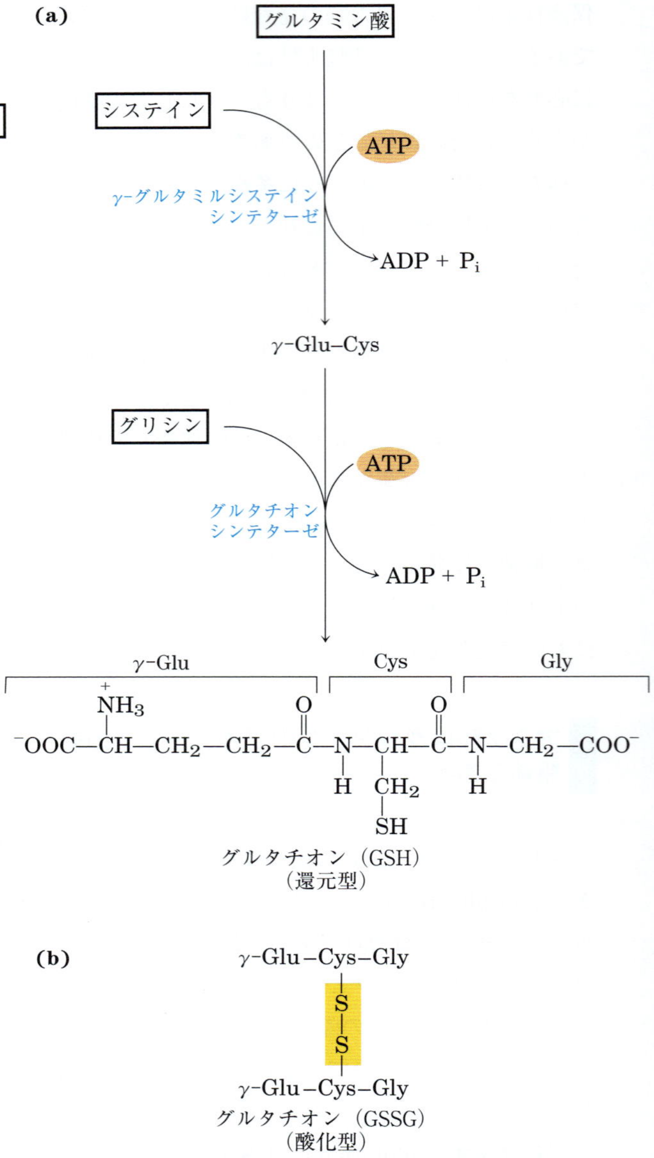

図 22-29 グルタチオンの代謝

(a) グルタチオンの生合成．**(b)** 酸化型のグルタチオン．

的副作用もある．■

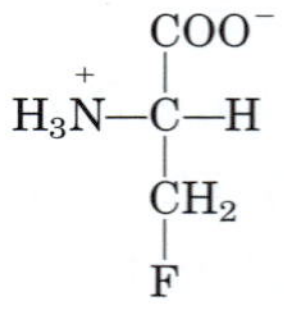
L-フルオロアラニン

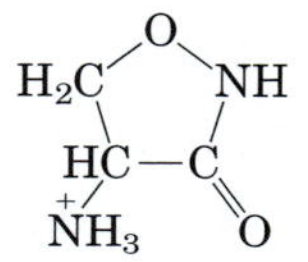
サイクロセリン

芳香族アミノ酸は多くの植物性物質の前駆体である

フェニルアラニン，チロシン，トリプトファンは植物中でさまざまな重要化合物に変換される．強固なポリマーの**リグニン** lignin はフェニルアラニンとチロシンに由来し，植物組織中にセルロースについで豊富に存在する．リグニンポリマーの構造は複雑でよくわかっていない．トリプトファンは，植物成長ホルモンであるインドール-3-酢酸，すなわち**オーキシン** auxin（図 22-30(a)）の前駆体でもある．オーキシンは植物の多様な生物学的過程の調節に関与する．

フェニルアラニンとチロシンは，商業価値のある多くの天然物のもとにもなる．例えば，ワインの酸化を防止するタンニン，強力な生理作用をもつモルヒネのようなアルカロイド，ケイヒ油（図 22-30(b)），ニクズク，チョウジ，バニラ，トウガラシなどの産物の芳香成分である．

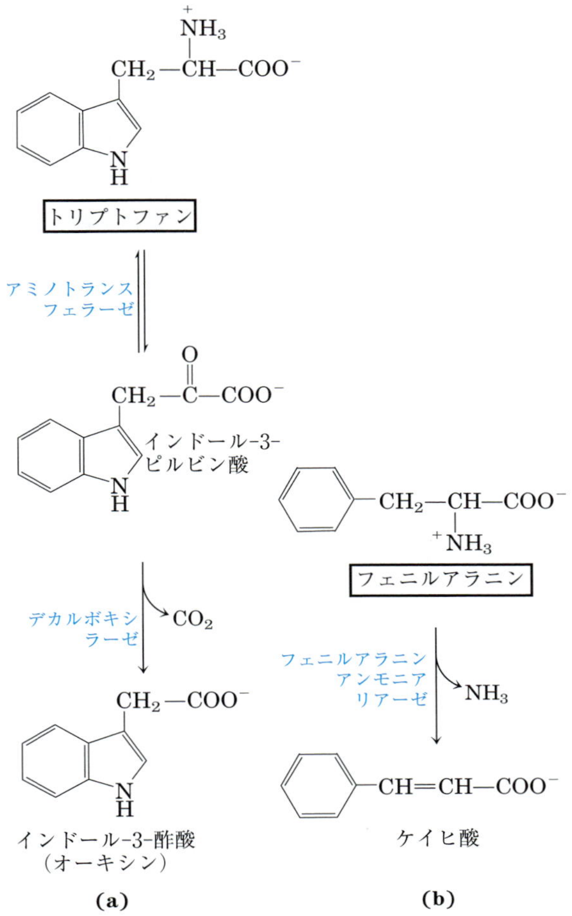

図 22-30　アミノ酸から生合成される二つの植物物質

(a) インドール-3-酢酸（オーキシン）と **(b)** ケイヒ酸（シナモンの芳香）．

生体アミンはアミノ酸の脱炭酸によって生成する

多くの重要な神経伝達物質は，単純な経路でアミノ酸から誘導される一級アミンまたは二級アミンである．さらに，DNA と複合体を形成するポリアミンは，尿素回路の成分であるアミノ酸のオルニチンから誘導される．これらの経路の多くに共通する特徴はアミノ酸の脱炭酸反応であり，これは別の PLP 要求性反応である（図 18-6 参照）．

いくつかの神経伝達物質の合成を図 22-31 に示す．チロシンは，**ドーパミン** dopamine，**ノルエピネフリン** norepinephrine，**エピネフリン** epinephrine を含むカテコールアミンのファミリーのもとになる．カテコールアミンのレベルは，(他の現象のうち）血圧の変化と関係がある．神経疾患であるパーキンソン病は，ドーパミンの生産不足と関連があり，伝統的に L-ドーパ L-dopa の投与によって治療されてきた．脳におけるドーパミンの過剰生産は，統合失調症のような精神疾患と関連があるかもしれない．

グルタミン酸の脱炭酸によって，抑制性神経伝達物質の **γ-アミノ酪酸** γ-aminobutyrate（**GABA**）が生成する．その生産不足はてんかん発作と関連がある．GABA のアナログはてんかんや高血圧症の治療に用いられる．GABA のレベルは，GABA 分解酵素である GABA アミノトランスフェラーゼの阻害薬を投与しても増大する．別の重要な神経伝達物質の**セロトニン** serotonin は，トリプトファンから2ステップの経路で誘導される．

ヒスチジンが脱炭酸されると，動物組織に存在する強力な血管拡張物質である**ヒスタミン** histamine になる．ヒスタミンは大量に遊離されるとアレルギー応答を引き起こし，また胃酸分泌を促進する．ヒスタミンの合成あるいは作用を妨げるように考案された薬物が次々とつくられている．その顕著な例として，ヒスタミン受容体アンタゴニストの**シメチジン** cimetidine（タガメット Tagamet）がある．

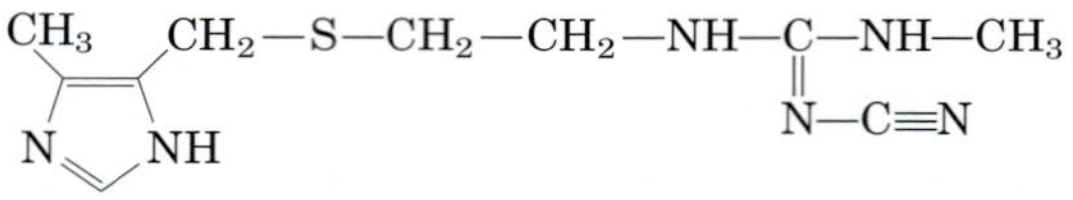

シメチジンはヒスタミンの構造アナログであり，胃酸分泌を抑制することによって胃潰瘍や十二指腸潰瘍の治癒を促進する．

DNA のパッケージングに関与する**スペルミン** spermine や**スペルミジン** spermidine のようなポリアミン polyamine は，図 22-32 に示す経路によってメチオニンとオルニチンから誘導される．その第一ステップは，アルギニンの前駆体であるオルニチンの脱炭酸である（図 22-12）．**オルニチンデカルボキシラーゼ** ornithine decarboxylase

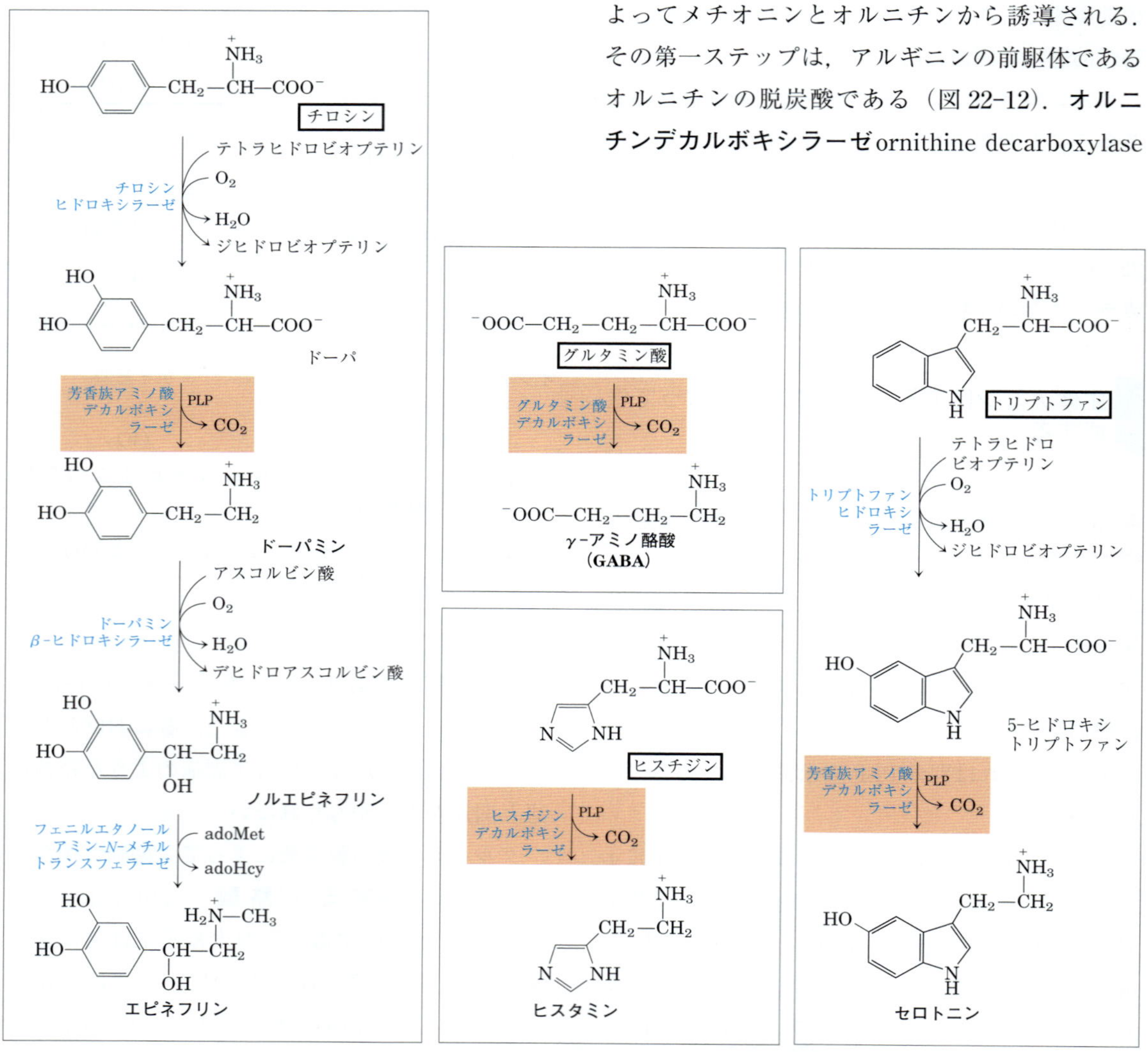

図 22-31 アミノ酸から生合成される神経伝達物質

鍵となる生合成ステップはいずれの場合でも同じである：PLP 依存性脱炭酸反応（淡赤色の網かけ）．

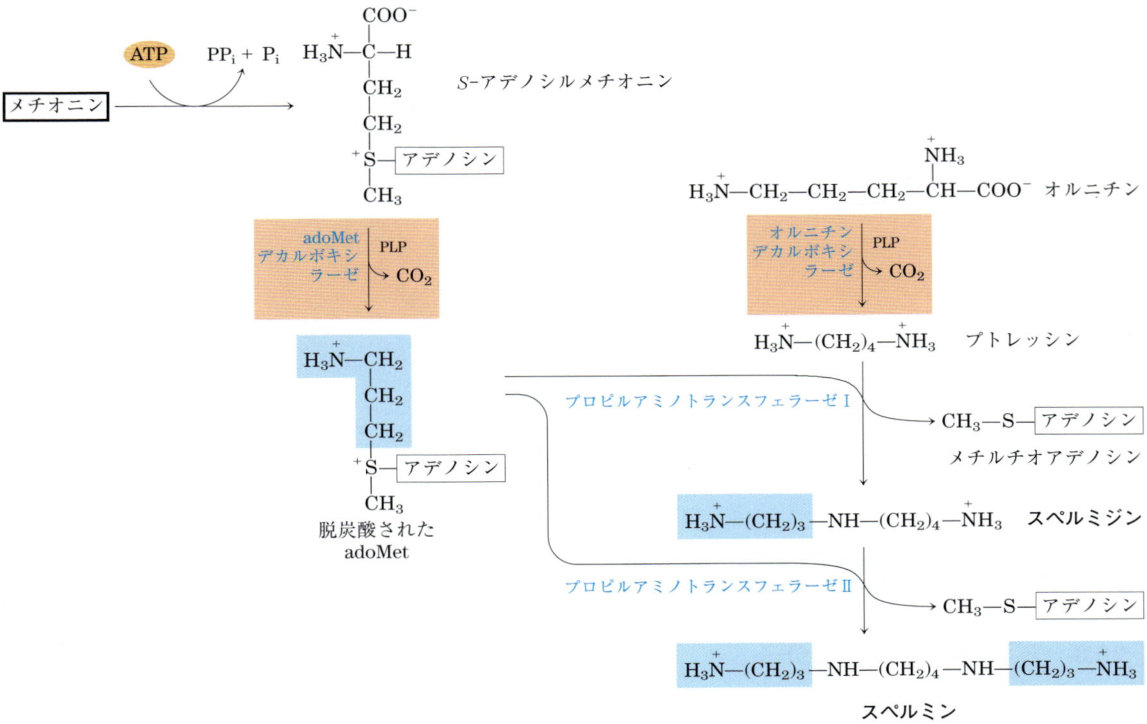

図 22-32　スペルミジンとスペルミンの生合成

PLP 依存性脱炭酸のステップを淡赤色の網かけで示す．これらの反応で，脱炭酸された形の *S*-アデノシルメチオニンは，プロピルアミノ基（青色の網かけ）の供給源となる．

は PLP 要求性酵素であり，治療薬として用いられるいくつかの強力な阻害物質の標的である（Box 6-3 参照）．■

アルギニンは一酸化窒素の生物学的合成の前駆体である

1980 年代の半ばに，以前からスモッグの成分として知られていた一酸化窒素（NO）が，重要な生物学的メッセンジャーとして機能するという驚くべき発見がなされた．この単純な気体状物質は速やかに膜を透過して拡散するが，その高い反応性のために合成部位から半径約 1 mm 範囲までしか拡散することができない．ヒトでは，NO は神経伝達，血液凝固，血圧制御などの多様な生理学的過程で役割を演じている．その作用様式については Chap. 12 で述べた（Sec. 12.5 参照）．

一酸化窒素は，一酸化窒素シンターゼ nitric oxide synthase によって触媒される NADPH 依存性の反応によって，アルギニンから合成される（図 22-33）．この酵素は構造的に NADPH シトクロム P-450 レダクターゼに類似する二量体酵素である（Box 21-1 参照）．この反応は 5 電子酸化であり，酵素の各サブユニットは，FMN，FAD，テトラヒドロビオプテリン，Fe^{3+} ヘムの 4 種類の補因子を各 1 分子ずつ含む．NO は不安定な分子なので蓄積されることはない．その合成は，一酸化窒素シンターゼが Ca^{2+}-カルモジュリンと相互作用することによって促進される（図 12-12 参照）．

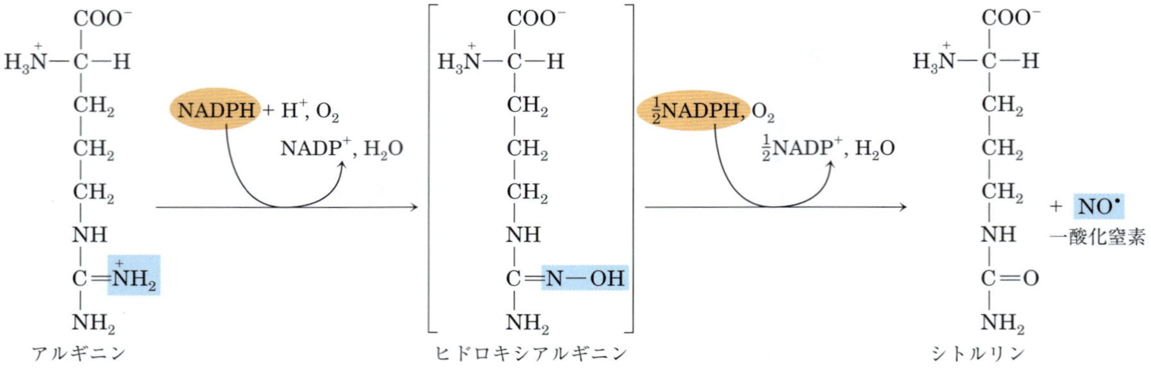

図 22-33 一酸化窒素の生合成

両方のステップともに，一酸化窒素シンターゼによって触媒される．NO の窒素は，アルギニンのグアニジノ基に由来する．

まとめ

22.3 アミノ酸に由来する分子

- 多くの重要な生体分子はアミノ酸に由来する．グリシンはポルフィリンの前駆体である．鉄－ポルフィリン（ヘム）が分解されると，いくつかの生理機能を有するビリルビンが生じ，そしてさらに胆汁色素へと変換される．
- グリシンとアルギニンは，クレアチンやエネルギー貯蔵物質であるホスホクレアチンに変換される．3 種類のアミノ酸から形成されるグルタチオンは，重要な細胞内還元物質である．
- 細菌は，ピリドキサールリン酸を必要とするラセミ化反応によって，L-アミノ酸から D-アミノ酸を合成する．D-アミノ酸は，細菌の細胞壁やある種の抗生物質に含まれる．
- 植物は多くの物質を芳香族アミノ酸からつくる．いくつかのアミノ酸の PLP 依存性脱炭酸によって，神経伝達物質などの重要な生体アミンが生成する．
- アルギニンは生物学的メッセンジャーである一酸化窒素の前駆体である．

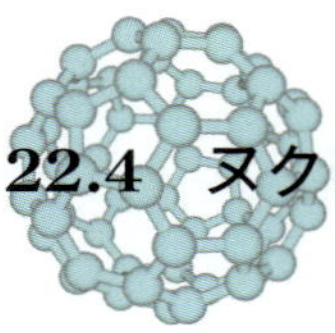

22.4 ヌクレオチドの生合成と分解

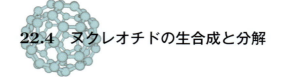

Chap. 8 で述べたように，ヌクレオチドはすべての細胞でさまざまな重要機能を果たす．まず，それらは DNA や RNA の前駆体である．第二に，それらは ATP，そしてある程度は GTP の役割のように，重要な化学エネルギー担体である．第三に，それらは NAD，FAD，*S*-アデノシルメチオニン，補酵素 A のような補因子の成分であり，UDP-グルコース，CDP-ジアシルグリセロールのような活性化生合成中間体の成分でもある．また，cAMP や cGMP などは，細胞のセカンドメッセンジャーである．

ヌクレオチドへ至る経路には二つのタイプがある．すなわち，**de novo 経路**（新規合成経路）de novo pathway と**サルベージ経路**（再利用経路）salvage pathway である．ヌクレオチドの de novo 合成は，それらの代謝前駆体であるアミノ酸，リボース 5-リン酸，CO_2，および NH_3 から始まる．サルベージ経路では，核酸の分解によって放出された遊離の塩基やヌクレオシドが再利用される．両タイプの経路ともに細胞代謝において重要なので，本節では両方について考察する．

プリンおよびピリミジンの生合成の de novo 経路は，すべての生物でほぼ同じであると思われる．注目すべきは，遊離塩基のグアニン，アデニン，チミン，シチジン，ウラシルはこれらの経路の中間体ではないことである．すなわち，予想とは異なり，まず塩基が合成されてからリボースに結合するのではない．プリン環構造は，全過程を通じて，一度に 1 個か数個の原子がリボースに結合することによって組み立てられる．ピリミジン環は**オロト酸** orotate として合成され，リボースリン酸に結合し，次に核酸合成に必要な通常のピリミジンヌクレオチドに変換される．遊離の塩基は de novo 経路の中間体ではないけれども，サルベージ経路のあるものでは中間体である．

いくつかの重要な前駆体が，ピリミジンとプリンの合成の de novo 経路で共用される．ホスホリボシルピロリン酸（PRPP）は両経路にとって重要であり，これらの経路ではリボースの構造は生成物のヌクレオチド中に残る．これとは対照的なのが，前述したトリプトファンとヒスチジンの生合成経路における PRPP の運命である．両経路ともにアミノ酸は重要な前駆体である．すなわち，プリンの場合にはグリシン，ピリミジンの場合にはアスパラギン酸が重要である．グルタミンはアミノ基の最も重要な供給源であり，de novo 経路では五つの異なるステップでその役割を果たす．アスパラギン酸はプリン経路の二つのステップでアミノ基の供給源として用いられる．

さらに，もう二つの特徴について述べる必要がある．まず，特にプリンの de novo 経路の場合には，酵素が細胞内で大きな多酵素複合体として存在することである．これは代謝の考察で繰り返されるテーマである．第二に，細胞内のヌクレオチドプール（ATP を除く）は極めて小さく，細胞の DNA を合成するために必要な量のおそらく 1% 以下にすぎないことである．したがって，細胞は核酸合成の間にヌクレオチド合成を継続しなければならず，ある場合には，ヌクレオチドの合成が DNA 複製や転写の速度を制限することもある．分裂中の細胞ではこれらの過程は重要なので，ヌクレオチド合成を阻害する薬物は医学において特に重要になっている．

ここでは，プリンおよびピリミジンヌクレオチドの生合成経路とその調節，デオキシヌクレオチドの生成，プリンおよびピリミジンの尿酸や尿素への分解について検討する．そして最後に，ヌクレオチド合成に影響を及ぼす化学療法剤について考察する．

プリンヌクレオチドの de novo 合成は PRPP から始まる

核酸の母体となる二つのプリンヌクレオチドは，アデノシン 5′-一リン酸（AMP；アデニル酸）とグアノシン 5′-一リン酸（GMP；グアニル酸）である．これらのヌクレオチドには，プリン塩基としてそれぞれアデニン，グアニンが含まれている．図 22-34 にはプリン環系の炭素原子と窒素原子の起源が示されている．これは鳥類での同位体トレーサー実験によって John M. Buchanan によって決定されたものである．プリン生合成の詳細な経路は，1950 年代に主として Buchanan と G. Robert Greenberg によって研究された．

この経路の最初のステップでは，グルタミンから供与されるアミノ基が PRPP の C-1 位に結合

John M. Buchanan
(1917-2007)
［出典：MIT 博物館の厚意による.］

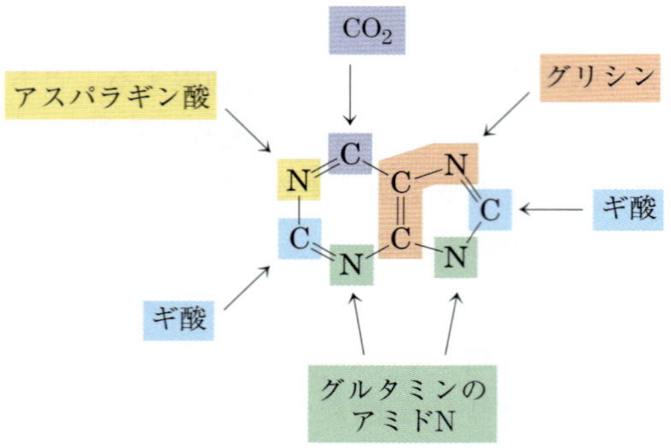

図 22-34　プリン環の原子の起源

この情報は ^{14}C- または ^{15}N- 標識前駆体を用いた同位体実験によって得られた．ギ酸は N^{10}-ホルミルテトラヒドロ葉酸のかたちで供給される．

する（図 22-35）．その結果生成する **5-ホスホリボシルアミン** 5-phosphoribosylamine は極めて不安定であり，pH 7.5 における半減期は 30 秒である．次に，プリン環がこの構造の上で順次組み立てられる．ここで述べる経路はすべての生物で同一であるが，高等真核生物では後述するように一つのステップが他の生物とは異なる．

2 番目のステップは，グリシンからの 3 原子の付加である（図 22-35，ステップ ❷）．この縮合反応では，グリシンのカルボキシ基をアシルリン酸のかたちで活性化するために ATP が消費される．この付加されたグリシンのアミノ基は，次に N^{10}-ホルミルテトラヒドロ葉酸によってホルミル化される（ステップ ❸）．そしてグルタミンによって窒素が供与され（ステップ ❹），次に脱水と閉環が起こり，プリン核の五員環であるイミダゾール環が 5-アミノイミダゾールリボヌクレオチド 5-aminoimidazole ribonucleotide（AIR）として生成する（ステップ ❺）．

この時点で，プリン構造の第二の環に必要な 6 個の原子のうちの 3 個が導入されている．この過程を完成するために，カルボキシ基がまず付加される（ステップ ❻）．このカルボキシ化はビオチンを必要とせず，その代わり水溶液中に通常存在する炭酸水素イオンを利用する点で珍しい．カルボキシ基が環外のアミノ基から転位してイミダゾール環の 4 位へと移動する（ステップ ❼）．ステップ ❻ と ❼ は細菌と菌類でのみ見られる．ヒトを含む高等真核生物では，ステップ ❺ の 5-アミノイミダゾールリボヌクレオチド生成物は直接カルボキシ化されてカルボキシアミノイミダゾールリボヌクレオチドに変換される．この点が，2 段階（ステップ ❻a）で進む他の生物の場合と異なる．AIR カルボキシラーゼがこの反応を触媒する．

次に，アスパラギン酸が 2 ステップの反応でアミノ基を供与する（ステップ ❽ と ❾）．すなわち，アミド結合の形成が起こったのちに，アスパラギン酸の炭素骨格がフマル酸として脱離する（アスパラギン酸は尿素回路の二つのステップで類似する役割を演じていることを思い起こそう，図 18-10 参照）．最後の炭素は，N^{10}-ホルミルテトラヒドロ葉酸によって供与され（ステップ ❿），第二の環が閉環してプリン核の第二の融合環が完成する（ステップ ⓫）．完全なプリン環をもつ最初の中間体は**イノシン酸** inosinate（**IMP**）である．

トリプトファンやヒスチジンの生合成経路と同様に，IMP 合成の酵素は細胞内で大きな多酵素複合体として組織化されているようである．繰返すが，単一のポリペプチド上にいくつかの機能が存在し，そのうちいくつかはこの経路の非連続的

図 22-35　プリンヌクレオチドの de novo 合成：イノシン酸（IMP）のプリン環の構築

プリン環への各付加は，図 22-34 に対応して網かけしてある．ステップ ❷ 以降，R は 5-ホスホ-D-リボシル基を表し，その上でプリン環が組み立てられる．5-ホスホリボシルアミンの生成（ステップ ❶）は，プリン合成の導入ステップである．ステップ ❾ の生成物は AICAR であり，これはヒスチジン生合成の際に遊離する ATP の残部である（図 22-22，ステップ ❺ 参照）．この経路の酵素の命名を簡単にするため，ほとんどの中間体を略号にしてある．ステップ ❻a は AIR から CAIR に至る別経路であり，高等真核生物に見られる．

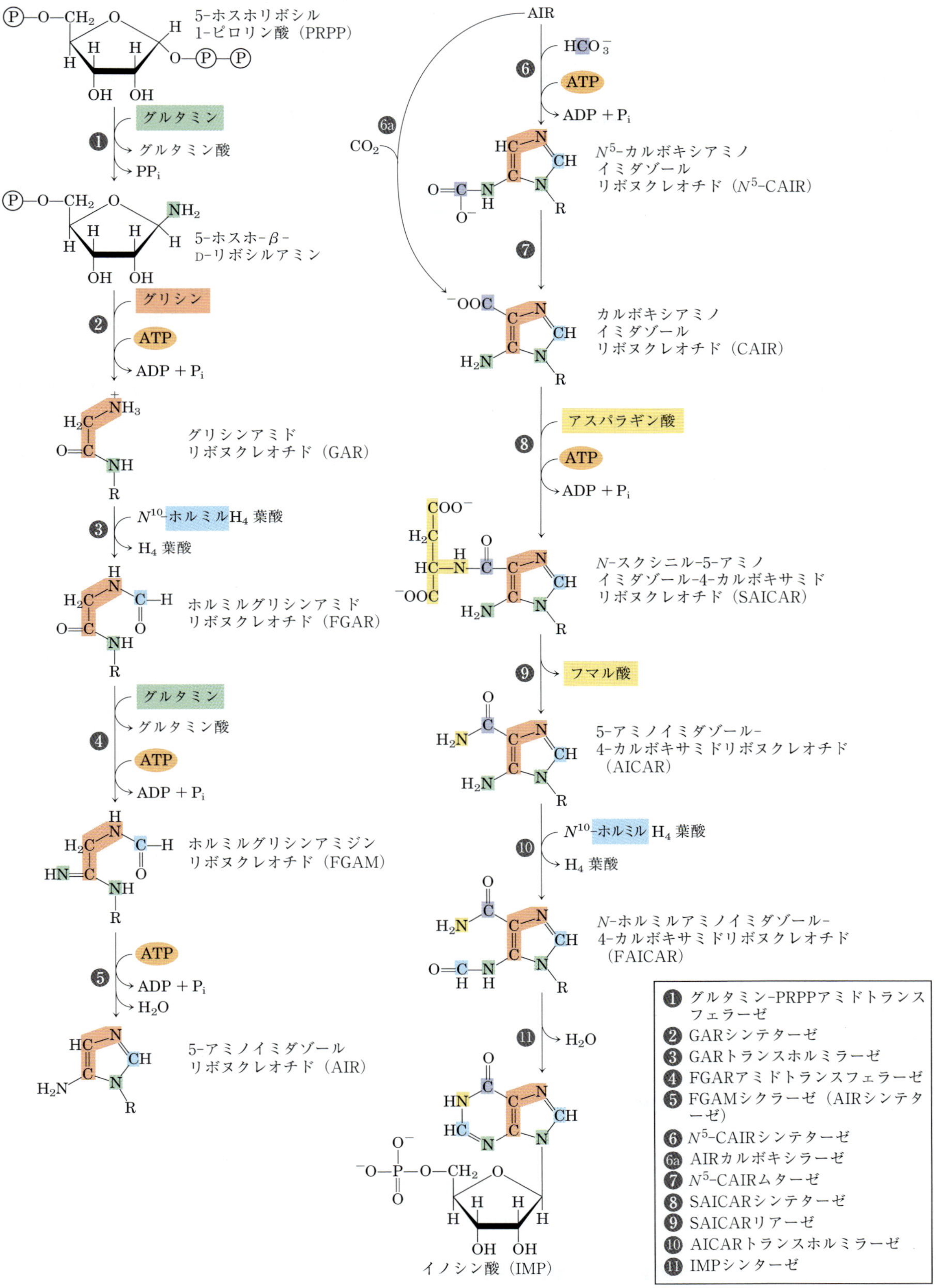
5-ホスホリボシル
1-ピロリン酸（PRPP）
グルタミン
グルタミン酸
PP_i
5-ホスホ-β-
D-リボシルアミン
グリシン
ATP
ADP＋P_i
グリシンアミド
リボヌクレオチド（GAR）
N^{10}-ホルミルH_4葉酸
H_4葉酸
ホルミルグリシンアミド
リボヌクレオチド（FGAR）
グルタミン
グルタミン酸
ATP
ADP＋P_i
ホルミルグリシンアミジン
リボヌクレオチド（FGAM）
ATP
ADP＋P_i
H_2O
5-アミノイミダゾール
リボヌクレオチド（AIR）
AIR
HCO_3^-
ATP
ADP＋P_i
CO_2
N^5-カルボキシアミノ
イミダゾール
リボヌクレオチド（N^5-CAIR）
カルボキシアミノ
イミダゾール
リボヌクレオチド（CAIR）
アスパラギン酸
ATP
ADP＋P_i
N-スクシニル-5-アミノ
イミダゾール-4-カルボキサミド
リボヌクレオチド（SAICAR）
フマル酸
5-アミノイミダゾール-
4-カルボキサミドリボヌクレオチド
（AICAR）
N^{10}-ホルミルH_4葉酸
H_4葉酸
N-ホルミルアミノイミダゾール-
4-カルボキサミドリボヌクレオチド
（FAICAR）
H_2O
イノシン酸（IMP）
❶ グルタミン-PRPPアミドトランスフェラーゼ
❷ GARシンテターゼ
❸ GARトランスホルミラーゼ
❹ FGARアミドトランスフェラーゼ
❺ FGAMシクラーゼ（AIRシンテターゼ）
❻ N^5-CAIRシンテターゼ
6a AIRカルボキシラーゼ
❼ N^5-CAIRムターゼ
❽ SAICARシンテターゼ
❾ SAICARリアーゼ
❿ AICARトランスホルミラーゼ
⓫ IMPシンターゼ

なステップを触媒することを示す証拠がある．酵母からショウジョウバエ，トリに至るまでの真核細胞においては，図 22-35 のステップ❶，❸，❺はこのような多機能タンパク質によって触媒される．また別の多機能タンパク質がステップ⓾と⓫を触媒する．ヒトでは，一つの多機能酵素が AIR カルボキシラーゼと SAICAR シンテターゼ活性を併せもっている（ステップ6aと❽）．細菌では，これらの活性は別々のタンパク質に存在するが，大きな非共有結合性複合体として細胞内に存在するのかもしれない．これらの複合体による一つの酵素から次の酵素への反応中間体のチャネリングは，5-ホスホリボシルアミンのように不安定な中間体に関しては特に重要であると思われる．

イノシン酸からアデニル酸への変換（図 22-36）には，アスパラギン酸由来のアミノ基の導入が必要である．この変換は，プリン環の N-1 位の導入に利用された反応（図 22-35，ステップ❽と❾）と類似する二つの反応によって行われる．重要な相違は，ATP ではなく GTP が，アデニロコハク酸 adenylosuccinate の合成の際の高エネルギーリン酸の供給源として利用されることである．グアニル酸は，イノシン酸の C-2 位の NAD^+ 要求性の酸化と，それに続くグルタミン由来のアミノ基の付加によって生成する．この最後のステップで，ATP は AMP と PP_i へと分解される（図 22-36）．

プリンヌクレオチドの生合成はフィードバック阻害によって調節される

プリンヌクレオチドの de novo 合成全体の反応速度，および二つの最終生成物であるアデニル酸とグアニル酸の相対的な割合は，三つの主要なフィードバック機構が協調して調節する（図 22-37）．最初の調節機構は，プリン合成に特異的な第一の反応，すなわちアミノ基を PRPP に転移して 5-ホスホリボシルアミンを生成する反応で働く．この反応は，アロステリック酵素のグルタミン-PRPP アミドトランスフェラーゼによって触媒され，最終生成物の IMP，AMP，GMP によって阻害される．AMP と GMP はこの協奏的阻害において相乗的に作用する．このように，AMP か GMP が過剰に蓄積すると，PRPP からの生合成の最初のステップが部分的に阻害される．

後の段階で働く第二の制御機構では，細胞内の過剰の GMP が IMP デヒドロゲナーゼによるイ

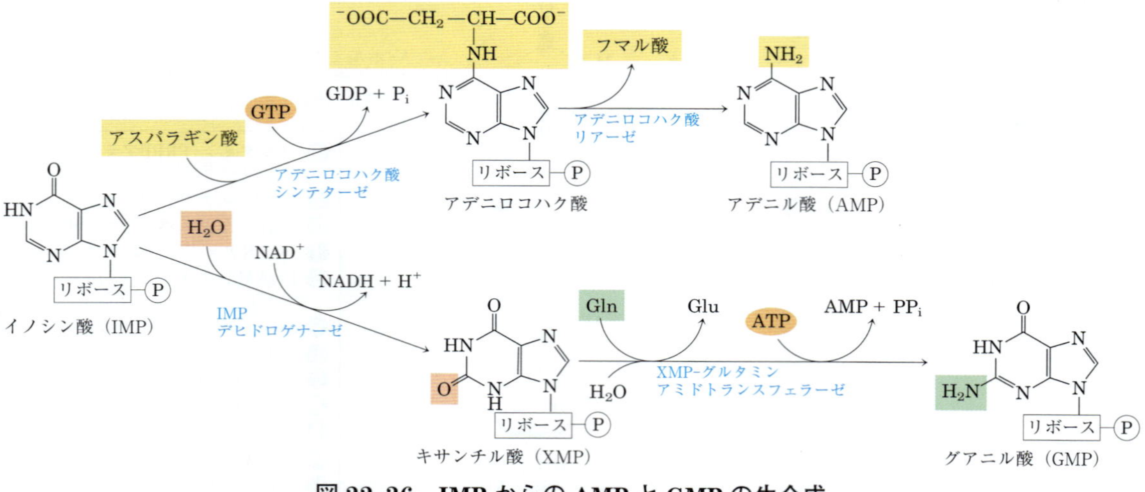

図 22-36 IMP からの AMP と GMP の生合成

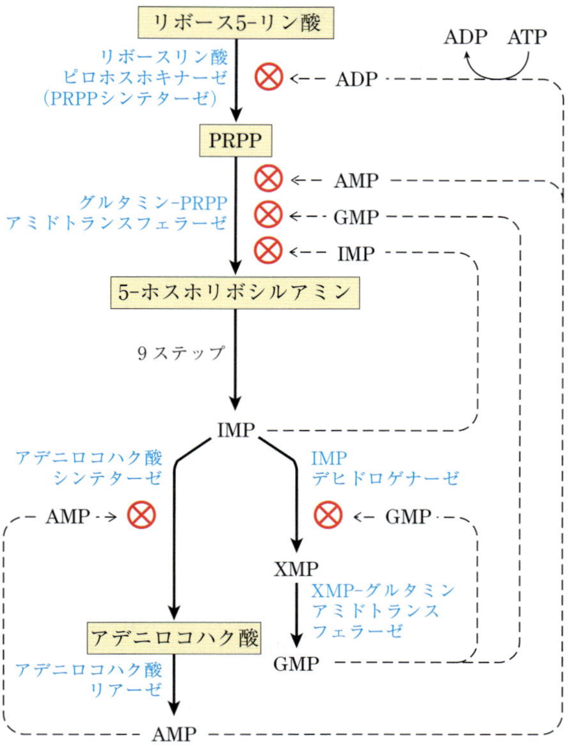

図 22-37　大腸菌におけるアデニンヌクレオチドとグアニンヌクレオチドの生合成の調節機構

これらの経路の調節は他の生物では異なる．

ノシン酸からのキサンチル酸 xanthylate（XMP）の生成を阻害し，AMP の生成には影響しない．逆に，アデニル酸の蓄積はアデニロコハク酸シンテターゼによるアデニロコハク酸の生成を阻害し，GMP の生合成には影響しない．両方の生成物が十分量存在するときには，IMP 量が高まり，経路のより前のステップを阻害する．これは，**逐次フィードバック阻害** sequential feedback inhibition という調節戦略の別の例である．第三の機構では，IMP からの GMP の生成に ATP が必要であるのに対して，IMP の AMP への変換には GTP が必要であり（図 22-36），この二つのリボヌクレオチドの合成のバランスをとるように逆の組合せになっている．

最後の制御機構は，リボースリン酸ピロホスホキナーゼのアロステリック調節による PRPP 合成の阻害である．PRPP を開始点とする他の経路の代謝物に加えて，この酵素は ADP と GDP によっても阻害される．

ピリミジンヌクレオチドはアスパラギン酸，PRPP，カルバモイルリン酸からつくられる

通常のピリミジンリボヌクレオチドは，シチジン 5′-一リン酸（CMP；シチジル酸）とウリジン 5′-一リン酸（UMP；ウリジル酸）であり，ピリミジンとしてそれぞれシトシンとウラシルを含む．ピリミジンヌクレオチドの de novo 生合成（図 22-38）は，プリンヌクレオチド合成とはいくぶん異なる様式で進行する．六員環のピリミジンがまずつくられ，次にリボース 5-リン酸に付加される．この反応過程で必要なのがカルバモイルリン酸であり，これは尿素回路の中間体でもある．しかし，動物では，尿素合成に必要なカルバモイルリン酸はカルバモイルリン酸シンテターゼ I によってミトコンドリア内でつくられるのに対して，ピリミジン生合成に必要なカルバモイルリン酸は別の酵素である**カルバモイルリン酸シンテターゼ II** carbamoyl phosphate synthetase II によってサイトゾルでつくられる．細菌では，単一の酵素がアルギニンとピリミジンの合成に必要なカルバモイルリン酸を供給する．この細菌の酵素は，三つの別個の活性部位をもっており，これらの部位はほぼ 100 Å の間隔でチャネルに沿って配置されている（図 22-39）．細菌のカルバモイルリン酸シンテターゼは，不安定な反応中間体の活性部位間のチャネリングを鮮明に示している．

カルバモイルリン酸は，ピリミジン生合成の最初のステップでアスパラギン酸と反応して *N*-カルバモイルアスパラギン酸を生成する（図 22-38）．この反応は**アスパラギン酸トランスカルバモイラーゼ** aspartate transcarbamoylase によっ

て触媒される．細菌では，このステップは高度な調節を受けており，細菌のアスパラギン酸トランスカルバモイラーゼは最もよく研究されたアロステリック酵素の一つである（後述）．*N*-カルバモイルアスパラギン酸からの水の除去，すなわち**ジヒドロオロターゼ** dihydroorotase により触媒される反応によって，ピリミジン環は閉環して L-ジヒドロオロト酸が生じる．この化合物が酸化されて，ピリミジン誘導体のオロト酸になる．この反応では NAD^+ が最終的な電子受容体である．真核生物では，この経路の最初の三つの酵素，すなわちカルバモイルリン酸シンテターゼII，アスパラギン酸トランスカルバモイラーゼおよびジヒドロオロターゼは単一の三機能タンパク質の一部である．頭文字をとって CAD と呼ばれるこのタンパク質は，三つの同一のポリペプチド鎖（それぞれの分子量は 230,000）を含んでおり，それぞれが三つの反応すべてに対する活性部位を有する．このことは，大きな多酵素複合体がこの経路を支配していることを示唆する．

いったんオロト酸が生成すると，PRPP から供与されるリボース 5-リン酸側鎖がオロト酸に結合して，オロチジル酸が生じる（図 22-38）．オロチジル酸は次に脱炭酸してウリジル酸になり，さらにリン酸化されて UTP になる．CTP は**シチジル酸シンテターゼ** cytidylate synthetase の作用によって UTP から生成する．この反応はアシ

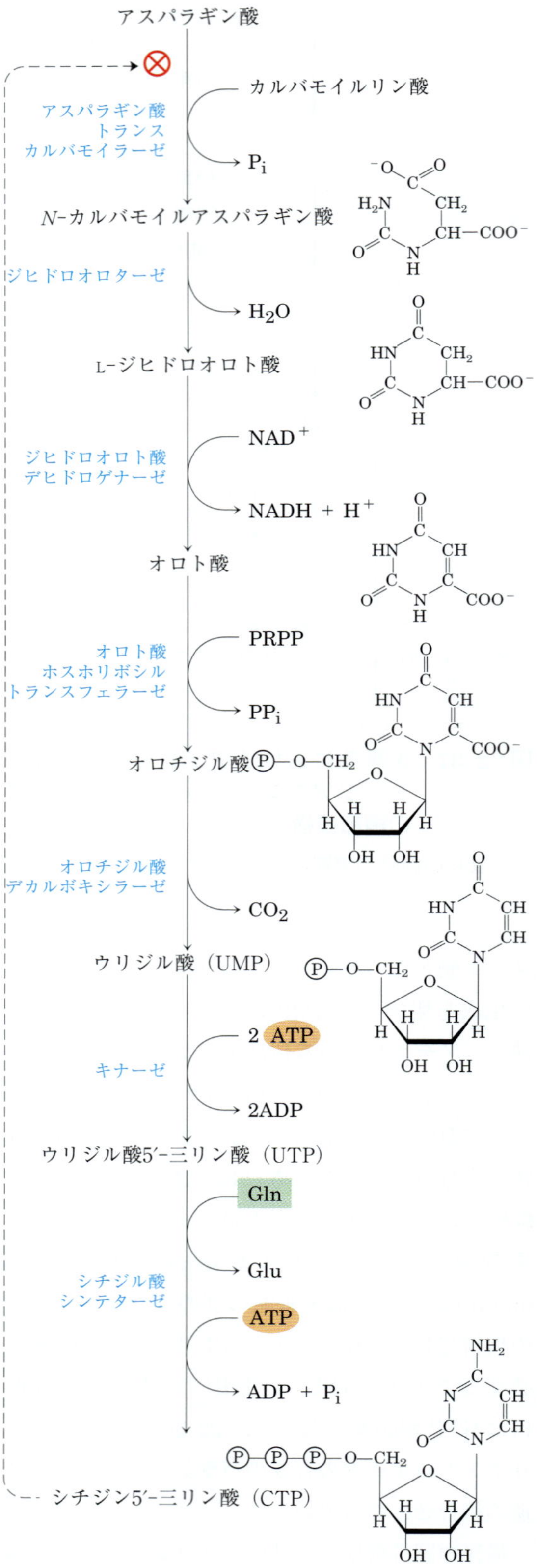

図 22-38 ピリミジンヌクレオチドの de novo 合成：オロチジル酸を経由する UTP と CTP の生合成

ピリミジンはカルバモイルリン酸とアスパラギン酸から組み立てられる．次に，オロト酸ホスホリボシルトランスフェラーゼによって，完成したピリミジン環にリボース 5-リン酸が付加される．この経路の最初のステップ（ここでは示されていない．図 18-11(a)参照）は，CO_2 と NH_4^+ からのカルバモイルリン酸の合成である．真核生物では，この最初のステップはカルバモイルリン酸シンテターゼIIによって触媒される．

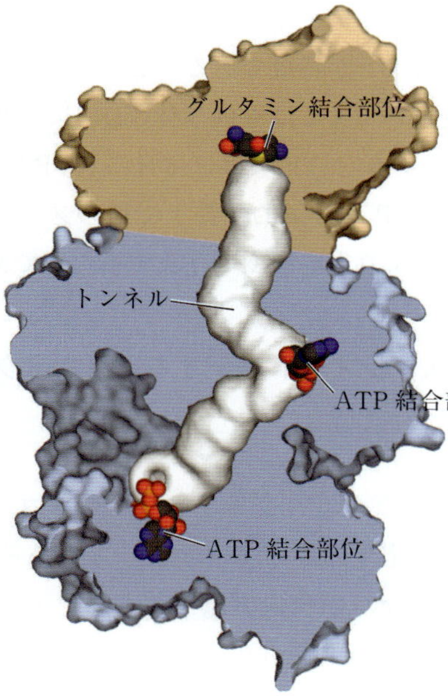

図 22-39　細菌のカルバモイルリン酸シンテターゼにおける中間体のチャネリング

本酵素（およびそのミトコンドリアの対応する酵素）によって触媒される反応は図 18-11(a) で説明してある．小サブユニットと大サブユニットをそれぞれ黄褐色と青色で示す．活性部位間のトンネルの長さはほぼ 100 Å であり，白色で示す．この反応では，グルタミン分子は小サブユニットに結合し，そのアミド窒素はグルタミンアミドトランスフェラーゼ型反応において NH_4^+ として供与される．この NH_4^+ はトンネルに入り，第二の活性部位に移され，そこでの ATP 要求性反応によって炭酸水素イオンと結合する．次に，カルバミン酸はトンネルに再び入り，第三の活性部位に到達し，そこで ATP によってリン酸化されてカルバモイルリン酸になる．本構造を解明するために，酵素はグルタミン結合部位に結合するオルニチンおよび ATP 結合部位に結合する ADP とともに結晶化された．[出典：PDB ID 1M6V に基づく，J. B. Thoden et al., *J. Biol. Chem.* **277**: 39, 722, 2002.]

ルリン酸中間体（1 分子の ATP を消費して）を経由する．窒素供与体は通常はグルタミンであるが，多くの生物種のシチジル酸シンテターゼは NH_4^+ を直接用いる．

ピリミジンヌクレオチド生合成はフィードバック阻害により調節される

細菌におけるピリミジンヌクレオチドの合成速度の調節の大部分は，反応経路の最初の反応を触媒する酵素，アスパラギン酸トランスカルバモイラーゼ（ATC アーゼ）を介して行われる．この酵素は，この反応経路の最終生成物である CTP によって阻害される(図 22-38)．細菌の ATC アーゼ分子は 6 個の触媒サブユニットと 6 個の調節サブユニットから成る（図 6-34 参照）．触媒サブユニットは基質分子と結合し，調節サブユニットはアロステリック阻害物質の CTP と結合する．ATC アーゼ分子全体は，そのサブユニットと同様に，活性型と不活性型の二つのコンホメーションをとる．CTP が調節サブユニットに結合していないときに酵素は最大活性になる．しかし，CTP が蓄積して調節サブユニットに結合するにつれて，ATC アーゼはコンホメーション変化を起こす．この変化は触媒サブユニットに伝えられ，触媒サブユニットは不活性型コンホメーションへと変化する．ATP が存在すると，CTP により引き起こされる変化は妨げられる．図 22-40 は ATC アーゼの活性に対するアロステリック調節因子の影響を示している．

ヌクレオシド一リン酸はヌクレオシド三リン酸に変換される

生合成に利用されるヌクレオチドは，通常はヌクレオシド三リン酸に変換される．この変換経路はすべての細胞に共通である．AMP の ADP へのリン酸化は**アデニル酸キナーゼ** adenylate kinase によって次の反応で行われる．

$$\mathrm{ATP + AMP \rightleftharpoons 2\,ADP}$$

このようにして生成した ADP は，解糖酵素や酸化的リン酸化によってリン酸化されて ATP にな

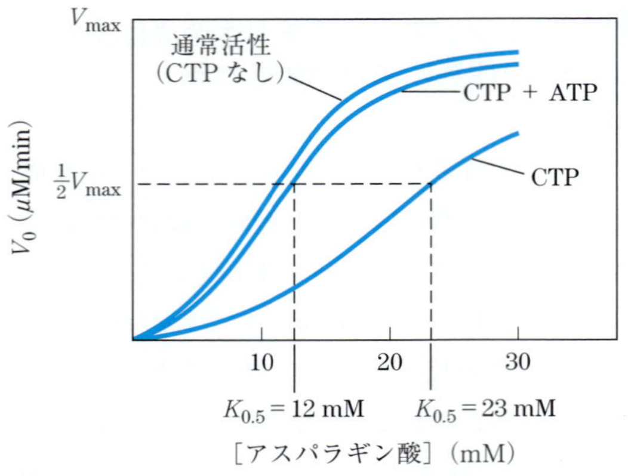

図 22-40 CTP および ATP によるアスパラギン酸トランスカルバモイラーゼのアロステリック調節

ATC アーゼのアロステリック阻害物質である CTP を 0.8 mM の濃度で添加すると，アスパラギン酸に対する $K_{0.5}$ は上昇し（下の曲線），それによってアスパラギン酸から *N*-カルバモイルアスパラギン酸への変換速度は低下する．0.6 mM の ATP の存在はこの CTP による阻害を完全に回復させる（中の曲線）．

る．

ATP は，**ヌクレオシド一リン酸キナーゼ** nucleoside monophosphate kinase という一群の酵素の作用によって，他のヌクレオシド二リン酸の生成にも関与する．これらの酵素は，一般には特定の塩基に対して特異的であるが，糖（リボースかデオキシリボース）については非特異的であり，次の反応を触媒する．

$$\text{ATP} + \text{NMP} \rightleftharpoons \text{ADP} + \text{NDP}$$

ADP を ATP へと再リン酸化する効率的な細胞系は，この反応を生成物の方向に進める傾向がある．

ヌクレオシド二リン酸は，次の反応を触媒する**ヌクレオシド二リン酸キナーゼ** nucleoside diphosphate kinase という普遍的な酵素の作用によってヌクレオシド三リン酸に変換される．

$$\text{NTP}_\text{D} + \text{NDP}_\text{A} \rightleftharpoons \text{NDP}_\text{D} + \text{NTP}_\text{A}$$

この酵素は，塩基（プリンかピリミジン）または糖（リボースかデオキシリボース）に対して非特異的であることが特徴である．この非特異性はリン酸の受容体（A）にも供与体（D）にも当てはまるが，供与体（NTP_D）はほぼ常に ATP である．これは，ATP が好気的条件下で他のヌクレオシド三リン酸よりも高濃度で存在するためである．

リボヌクレオチドはデオキシリボヌクレオチドの前駆体である

DNA の構築単位であるデオキシリボヌクレオチドは，対応するリボヌクレオチドからその D-リボース部分の 2′ 位炭素原子が直接還元されて，2′-デオキシ誘導体を生じる反応によってつくられる．例えば，アデノシン二リン酸（ADP）は還元されて 2′-デオキシアデノシン二リン酸（dADP）となり，GDP は還元されて dGDP になる．この反応は通常とはいくぶん異なり，還元が活性化されていない炭素で起こる．これに極めて類似する化学反応は知られていない．この反応は**リボヌクレオチドレダクターゼ** ribonucleotide reductase によって触媒される．この酵素は大腸菌でその性質が最もよく調べられており，その基質はリボヌクレオシド二リン酸である．

リボヌクレオシド二リン酸の D-リボース部分の 2′-デオキシ-D-リボースへの還元には 1 対の水素原子が必要であり，これは中間の水素運搬タンパク質**チオレドキシン** thioredoxin を介して NADPH によって供与される．この普遍的なタンパク質は，光合成（図 20-46 参照）や他の過程において類似の酸化還元の機能を担う．チオレドキシンは，NADPH からの水素原子をリボヌクレオシド二リン酸へと運ぶ何組かの -SH 基を有する．酸化型，すなわちジスルフィド型のチオレドキシンは，**チオレドキシンレダクターゼ** thioredoxin reductase によって触媒される反応で NADPH によって還元される（図 22-41）．次に還元型チオレドキシンは，リボヌクレオチドレダクターゼによって，ヌクレオシド二リン酸（NDP）をデオキシリボヌクレオシド二リン酸（dNDP）へと還元するために利用される．リボヌクレオチドレダクターゼに対する還元当量の第二の供給源はグルタチオン（GSH）である．グルタチオンは，**グルタレドキシン** glutaredoxin というチオレドキシンによく似たタンパク質に対する還元物質として作用する．そして，還元型グルタレドキシンは，その還元力をリボヌクレオチドレダクターゼに転移する（図 22-41）．

リボヌクレオチドレダクターゼの反応機構が，生化学的変換へのフリーラジカルの関与について最もよく解明された例であることは注目に値する．このようなことは，かつては生物系ではまれであると考えられていた．大腸菌やほとんどの真核生物の酵素は，二つの触媒サブユニット α_2 と二つのラジカル生成サブユニット β_2 から成る $\alpha_2\beta_2$ 二量体である（図 22-42）．各触媒サブユニットは，後述するように 2 種類の調節部位を有する．この酵素の二つの活性部位は，触媒サブユニット（α_2）とラジカル生成サブユニット（β_2）の間の界面に形成される．各活性部位では，一つの α サブユニットが活性に必要な二つのスルフヒドリル基を与え，β_2 サブユニットが安定なチロシルラジカルを与える．また，β_2 サブユニットは，Tyr^{122} ラジカルの生成や安定化の補因子となる二核の鉄（Fe^{3+}）を有する（図 22-42）．チロシルラジカルは活性部位からは離れすぎているので，活性部位と直接相互作用することはできないが，いくつかの芳香族アミノ酸が活性部位への長距離ラジカル伝達経路を形成する（図 22-42(c)）．リボヌクレオチドレダクターゼ反応の予想される機構を図 22-43 に示す．大腸菌では，前述のように，この反応に必要な還元当量の起源は，チオレドキシンとグルタレドキシンと思われる．

三つのクラスのリボヌクレオチドレダクターゼが報告されており，その既知の機構は一般に図 22-43 に示す通りである．しかし，活性部位ラジ

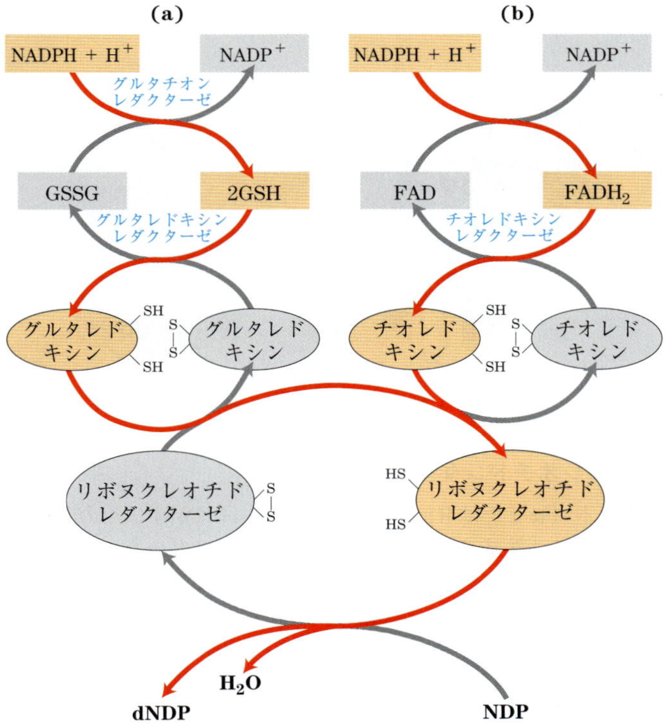

図 22-41　リボヌクレオチドレダクターゼによるリボヌクレオチドのデオキシリボヌクレオチドへの還元

電子が NADPH から **(a)** グルタレドキシンまたは **(b)** チオレドキシンを経由して酵素に伝達される（赤色の矢印）．グルタレドキシンレダクターゼのスルフヒドリル基は，結合している 2 分子のグルタチオン（GSH；GSSG は酸化型グルタチオン）によってもたらされる．チオレドキシンレダクターゼは補欠分子族として FAD をもつフラビン酵素である．

カルを供給する官能基の実体やそのラジカルを生成するために利用される補因子はクラスごとに異なる．大腸菌の酵素（クラスI）は，消滅したチロシルラジカルを再生するために酸素を必要とするので，好気的環境でのみ機能する．クラスIIの酵素は他の微生物にみられ，二核鉄中心ではなく，5′-デオキシアデノシルコバラミン（Box 17-2 参照）を有する．クラスIIIの酵素は，嫌気的環境で機能するように進化している．大腸菌は嫌気的に生育する際に，別個のクラスIIIのリボヌクレオチドレダクターゼを含有する．この酵素は鉄-硫黄クラスター（構造的にクラスI酵素の二核鉄中心とは異なる）をもち，その活性に NADPH と *S*-アデノシルメチオニンを必要とする．また，基質としてヌクレオシド二リン酸ではなくヌクレオシド三リン酸を利用する．異なるクラスのリボヌクレオチドレダクターゼが，異なる環境で DNA 前駆体を生成できるように進化したことは，ヌクレオチド代謝におけるこの反応の重要性を反映している．

大腸菌のリボヌクレオチドレダクターゼの調節は通常とは異なり，その活性だけでなく，基質特異性もエフェクター分子の結合によって調節される．各αサブユニットには二つのタイプの調節部位がある（図 22-42）．一つは酵素活性全体に影響を与え，酵素を活性化する ATP，あるいは不活性化する dATP のいずれかと結合する部位である．第二のタイプの部位は，そこに結合するエフェクター分子（ATP，dATP，dTTP，dGTP）に応じて基質特異性を変化させる（図 22-44）．ATP か dATP が結合すると，UDP と CDP の還元が有利になる．dTTP か dGTP が結合すると，それぞれ GDP と ADP の還元が促進される．この調節系は，DNA 合成の前駆体の均衡のとれたプールを準備するように設計されている．ATP はリボヌクレオチドの生合成や還元の一般的な活性化因子でもある．少量の dATP が存在すると，ピリミジンヌクレオチドの還元が亢進する．ピリ

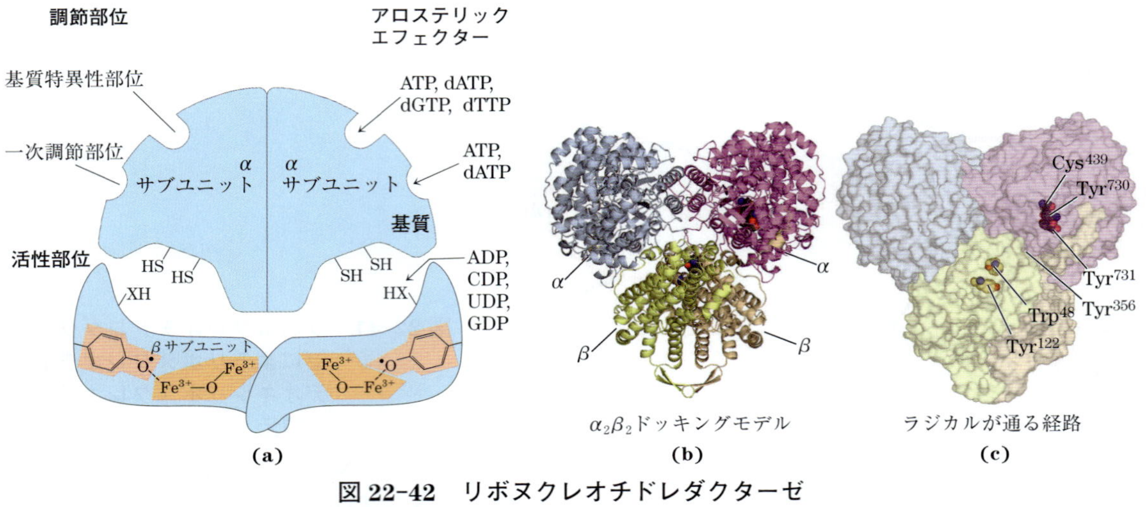

図 22-42 リボヌクレオチドレダクターゼ

(a) サブユニット構造の模式図．各触媒サブユニット（αまたは R1 という）は図 22-44 に示す二つの調節部位と反応機構の中核となる二つの Cys 残基をもつ．ラジカル生成サブユニット（βまたは R2 という）は極めて重要な Tyr^{122} 残基と二核の鉄中心をもつ．**(b)** $\alpha_2\beta_2$ の推定構造．**(c)** βサブユニットの Tyr^{122} を発して活性部位 Cys^{439} へといたるラジカル形成経路の推定図．これは，図 22-43 に示す機構にも使われている．数個の芳香族アミノ酸残基が，ラジカル発生点である Tyr^{122} からヌクレオチド基質が結合している活性部位へのラジカルの長距離移動に関与する．［出典：(a) L. Thelander and P. Reichard, *Annu. Rev. Biochem.* **48**: 133, 1979 の情報．(b, c) PDB ID 3UUS に基づく，N. Ando et al., *Proc. Natl. Acad. Sci. USA* **108**: 21, 46, 2011.］

ミジン dNTP の過剰供給は，高レベルの dTTP によってシグナルが送られ，GDP の還元が有利になるように特異性を変化させる．次に dGTP が高レベルになると，ADP を還元するように特異性が変化し，高レベルの dATP は酵素反応を停止させる．これらのエフェクターは，酵素を特異性の異なるいくつかの全く別のコンホメーションに誘導すると考えられる．

これらの調節効果は酵素の大きな構造的再配置を伴う（おそらくは，そのような調節効果は，酵素の再配置によって媒介される）．大腸菌酵素の活性型（$\alpha_2\beta_2$）が，アロステリック阻害物質の dATP の添加によって阻害されると，α_2 サブユニットと β_2 サブユニットが交互に配置されたリング状の $\alpha_4\beta_4$ 構造を形成する（図 22-45）．この変化した構造では，β から α に至るラジカル伝

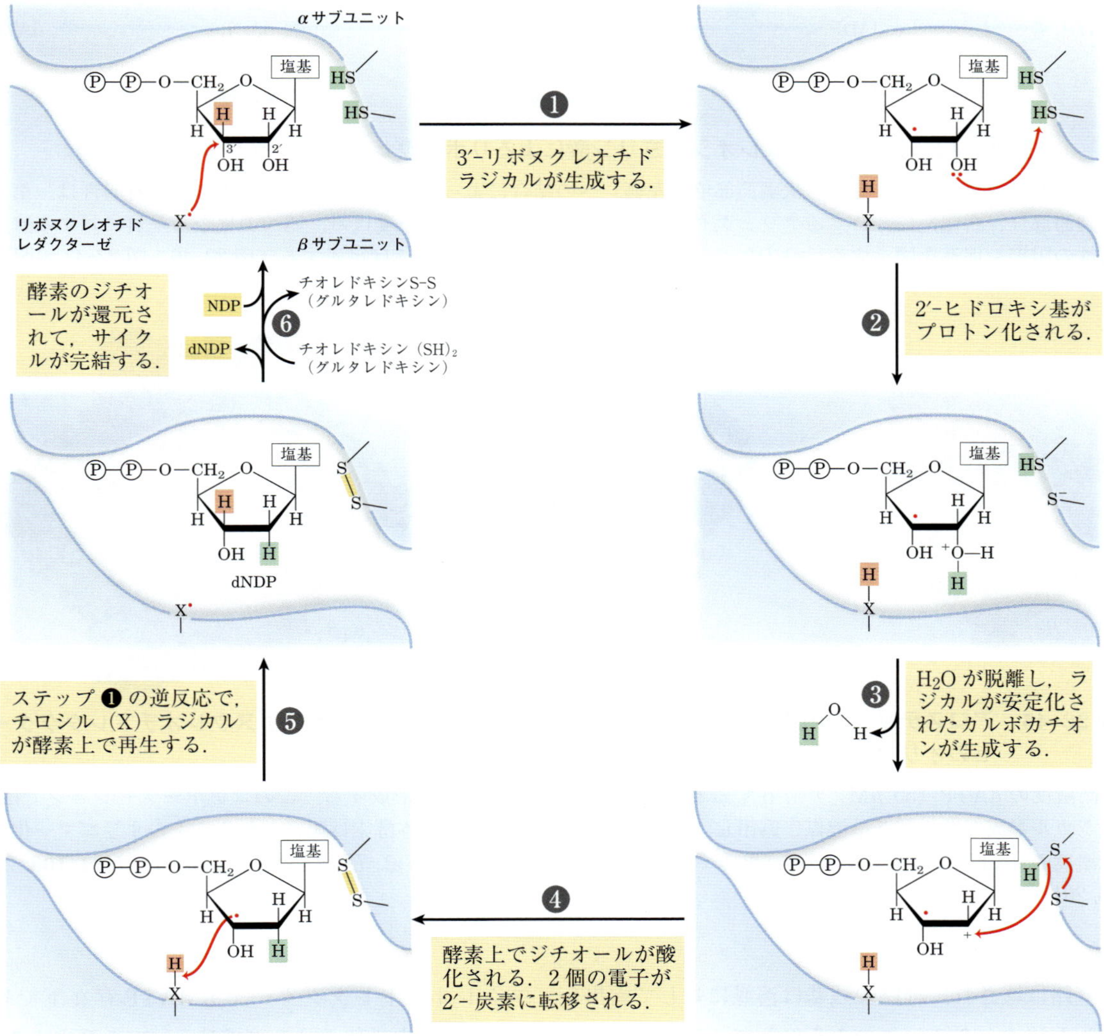

機構図 22-43　リボヌクレオチドレダクターゼの予想される反応機構

大腸菌およびほとんどの真核生物の酵素では，活性なチオール基は α サブユニット上にある．活性部位のラジカル（$-X^{\bullet}$）は β サブユニット上にあり，大腸菌の場合には Cys^{439} のチイル thiyl ラジカルと思われる（図 22-42 参照）．

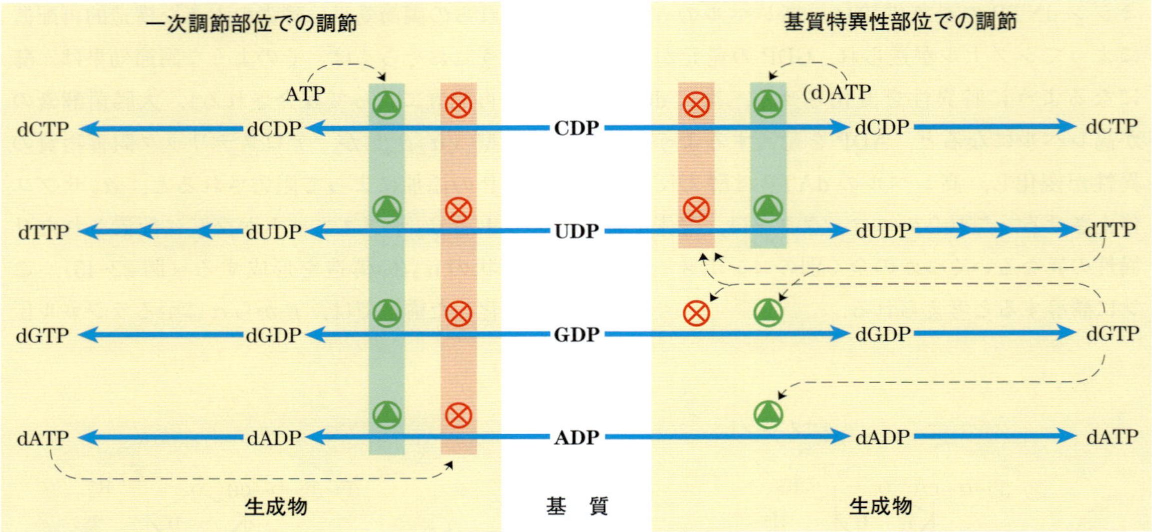

図 22-44　デオキシヌクレオシド三リン酸によるリボヌクレオチドレダクターゼの調節

この酵素の全体の活性は，一次調節部位（左側）への結合によって影響を受ける．酵素の基質特異性は，第二の調節部位（右側）に結合するエフェクター分子の性質によって影響を受ける．四つの異なる基質に対する酵素活性の阻害や促進を図示する．dUDP から dTTP にいたる経路については後述する（図 22-46，図 22-47 参照）．

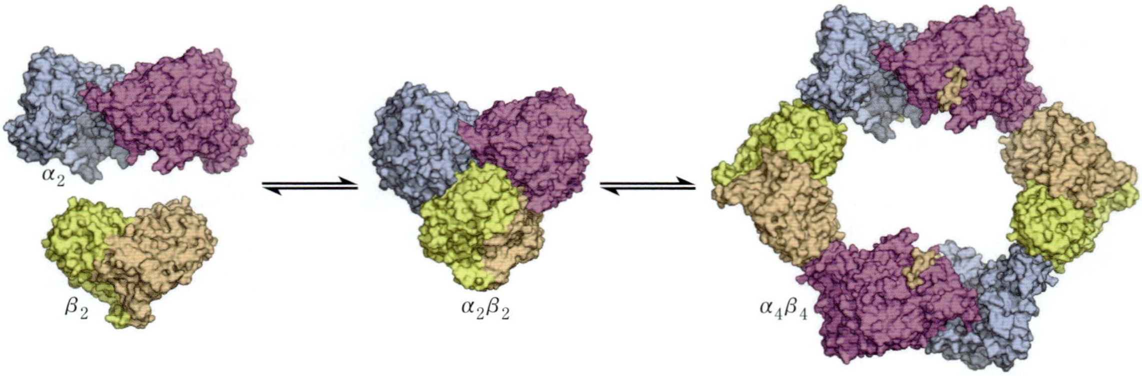

図 22-45　アロステリック阻害物質である dATP によって引き起こされるリボヌクレオチドレダクターゼのオリゴマー化

高濃度の dATP（50 μM）が存在すると，リング状の $\alpha_4\beta_4$ 構造を形成する．このコンホーメーションでは，ラジカル形成経路の残基は溶媒に露出し，ラジカル反応が遮断されて本酵素は阻害される．このオリゴマー化は低濃度の dATP では逆戻りする．［出典：PDB ID 3UUS, N. Ando et al., *Proc. Natl. Acad. Sci. USA* **108**: 21, 46, 2011.］

達経路は壊され，経路の残基は溶媒に対して露出された状態となる．このようにして，効果的にラジカル伝達が妨げられ，反応は抑制される．dATP レベルが低下すると，リング状の $\alpha_4\beta_4$ 構造はもとの活性型構造に戻る．また，酵母のリボヌクレオチドレダクターゼも dATP 存在下で多量体化し，六量体のリング構造 $\alpha_6\beta_6$ を形成する．

チミジル酸は dCDP と dUMP に由来する

DNA はウラシルではなくチミンを含み，チミンの de novo 経路にはデオキシリボヌクレオチドのみが関与する．チミジル酸（dTMP）の直接の前駆体は dUMP である．細菌では，dUMP への経路は dCTP の脱アミノ化または dUDP のリン酸化による dUTP の生成から始まる（図 22-46）．dUTP は dUTP アーゼによって dUMP に変換される．後者の反応は効率よく dUTP プールを低く維持し，DNA へのウリジル酸の取込みを阻止するために必要である．

dUMP の dTMP への変換は**チミジル酸シンターゼ** thymidylate synthase によって触媒される．この反応において，ヒドロキシメチル（$-CH_2OH$）の酸化レベルの 1 炭素単位が，N^5, N^{10}-メチレンテトラヒドロ葉酸から dUMP に転移され（図 18-17 参照），次にメチル基へと還元される（図 22-47）．この還元はテトラヒドロ葉酸のジヒドロ葉酸への酸化に伴って起こり，テトラヒドロ葉酸要求性の反応のなかでは特異なものである（この反応機構を図 22-53 で示す）．ジヒドロ葉酸は**ジヒドロ葉酸レダクターゼ** dihydrofolate reductase によってテトラヒドロ葉酸へと還元される．このテトラヒドロ葉酸の再生は，テトラヒドロ葉酸を要求する多くの反応過程に必須である．植物や少なくともある原生生物では，チミジル酸シンターゼとジヒドロ葉酸レダクターゼは単一の二機能タンパク質上に存在する．

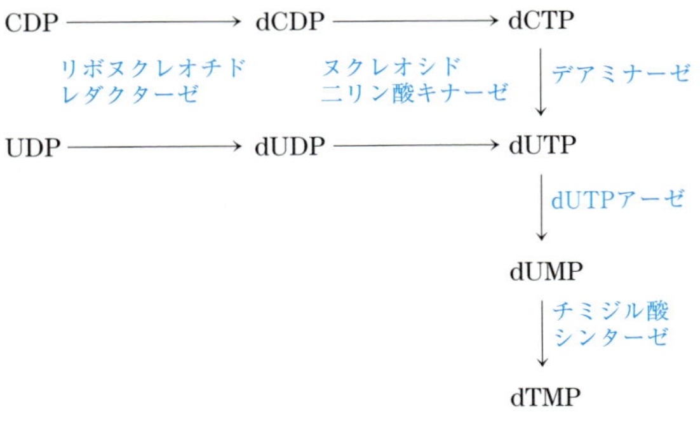

図 22-46　チミジル酸（dTMP）の生合成

これらの経路は，リボヌクレオチドレダクターゼによって触媒される反応から始まる．チミジル酸シンターゼ反応の詳細については図 22-47 に示す．

人口の約 10%（貧困社会の人々の場合には 50% までも）が葉酸欠乏である．欠乏が重度な場合の症状には，心臓病，がん，いくつかのタイプの脳機能障害などがある．これらの症状のうち少なくともいくつかは，チミジル酸合成が低下することによって，DNA にウラシルが異常に取り込まれることに起因する．ウラシルは DNA 修復経路（Chap. 25 で述べる）によって認識され，DNA から切除される．DNA 中にウラシルが高レベルに存在すると，核 DNA の機能や調節に大きな影響を及ぼすことのある DNA 鎖の切断が起こる．最終的には，観察されるような心臓や脳への影響だけではなく，がんにつながる突然変異も増大する．■

プリンとピリミジンの分解によってそれぞれ尿酸と尿素が生成する

プリンヌクレオチドは，**5′-ヌクレオチダーゼ** 5′-nucleotidase の作用によってリン酸が除かれる経路で分解される（図 22-48）．アデニル酸からアデノシンが生成し，次に**アデノシンデアミナーゼ** adenosine deaminase によって脱アミノ化されてイノシンになる．イノシンは加水分解されて，プリン塩基のヒポキサンチンと D-リボースになる．ヒポキサンチンは**キサンチンオキシダーゼ** xanthine oxidase によってキサンチン，次に尿酸へと順次酸化される．キサンチンオキシダーゼは，補欠分子族に 1 原子のモリブデンと四つの鉄-硫黄中心をもつフラビン酵素である．分子状酸素がこの複雑な反応の電子受容体である．

GMP の異化の場合も，最終生成物は尿酸である．GMP はまず加水分解されてグアノシンにな

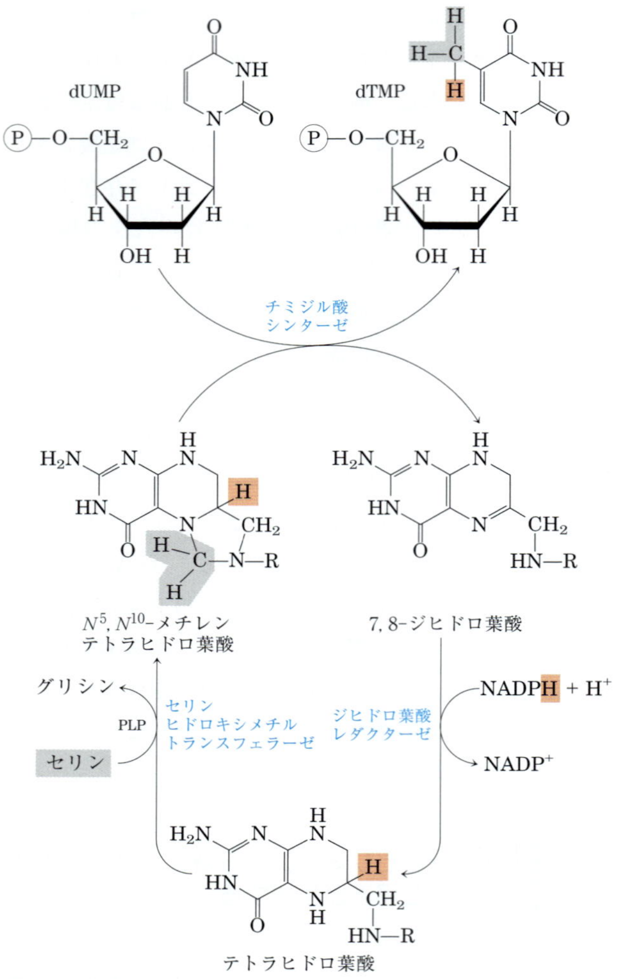

図 22-47 チミジル酸シンターゼとジヒドロ葉酸レダクターゼによって触媒される dUMP から dTMP への変換

テトラヒドロ葉酸の N^5, N^{10}-メチレン型の再生にはセリンヒドロキシメチルトランスフェラーゼが必要である．dTMP の合成において，付加される三つの水素のすべては，N^5, N^{10}-メチレンテトラヒドロ葉酸に由来する（淡赤色と灰色の網かけ）．

り，次に遊離のグアニンへと分解される．グアニンは加水分解によってアミノ基が除去されてキサンチンになり，さらにキサンチンオキシダーゼによって尿酸に変換される（図 22-48）．

尿酸は霊長類，鳥類，および他のいくつかの動物のプリンの異化における排泄性最終生成物である．健常な成人における尿酸の排泄速度は約 0.6 g/24 h であり，その一部は摂取したプリンに，別の一部は核酸のプリンヌクレオチドの代謝回転に由来する．しかし，ほとんどの哺乳類や多くの他の脊椎動物では，尿酸は**尿酸オキシダーゼ** urate oxidase の作用によって**アラントイン** allantoin へと分解される．他の生物では，この経路は図 22-48 に示すように，さらに延長される．

ピリミジンの分解経路は一般に NH_4^+ 生成に導かれ，尿素の合成を引き起こす．例えばチミンは，分解されてバリンの異化の中間体であるメチルマロニルセミアルデヒドになる（図 22-49）．これはさらにプロピオニル CoA およびメチルマロニル CoA を経由して，スクシニル CoA にまで分解される（図 18-27 参照）．

ヒトのプリン代謝の遺伝的な異常が発見されており，重篤な症状を示すものもある．例えば，**アデノシンデアミナーゼ欠損症** adenosine deaminase (**ADA**) deficiency は重篤な免疫不全症を引き起こし，T リンパ球と B リ

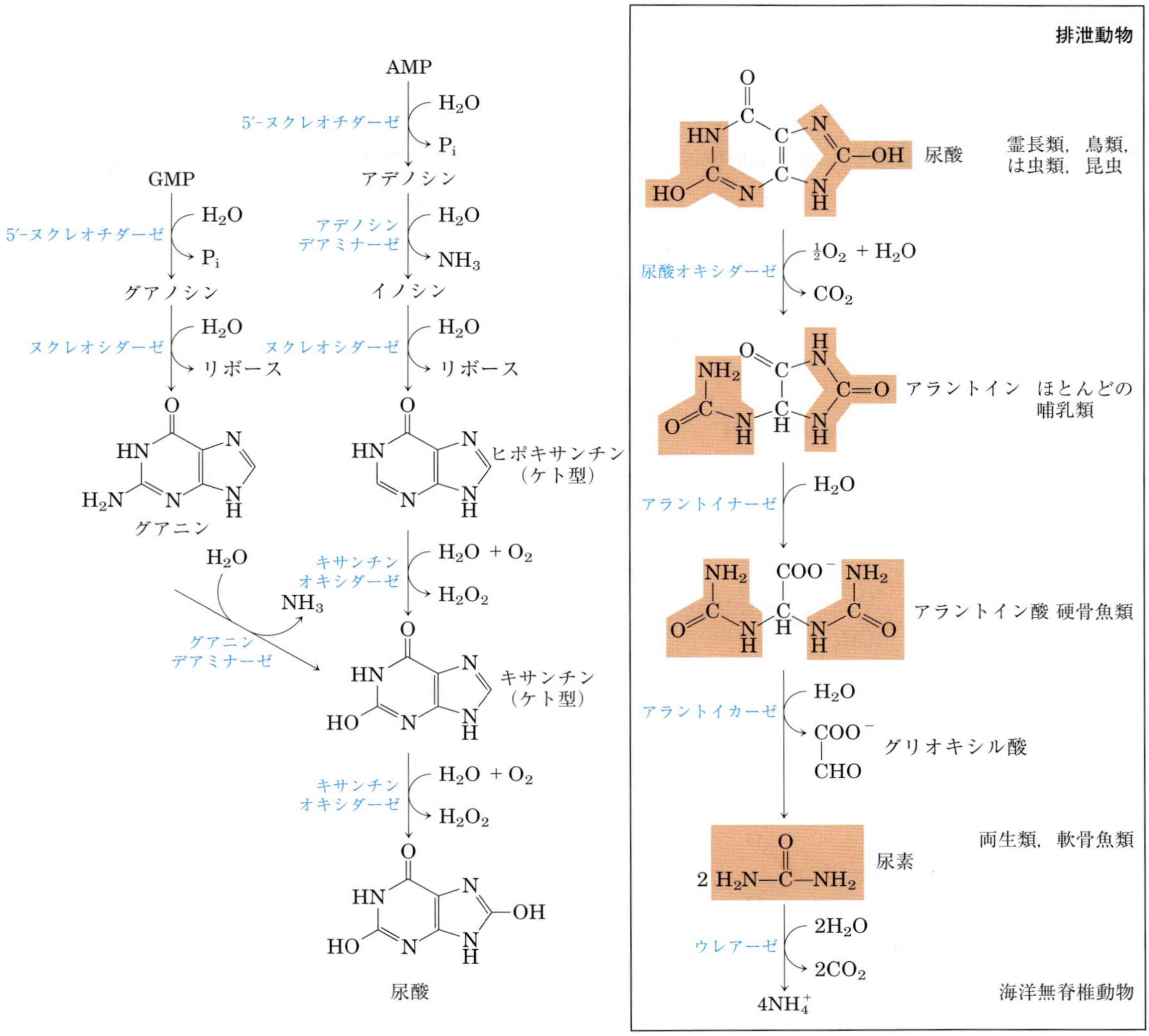

図 22-48　プリンヌクレオチドの異化

霊長類は，プリン分解由来の尿酸としてよりも，尿素回路（Chap. 18）を経て生成する尿素として，はるかに大量の窒素を排泄する．同様に，魚類は，ここに示す経路によって生成する尿素よりも，はるかに大量の窒素を NH_4^+ として排泄する．

ンパ球が正しく生育しない．ADA の欠損は，リボヌクレオチドレダクターゼの強力な阻害物質である dATP（図 22-44）の濃度を 100 倍も上昇させる．dATP が高レベルに存在すると，T リンパ球の他の dNTP 全般の欠乏を引き起こす．B リンパ球に対する毒性の基盤については，あまりわかっていない．ADA 欠損症患者は有効な免疫系を欠いており，治療されなければ生き延びることはできない．現在の療法には，B リンパ球と T リンパ球に成熟する造血幹細胞を置き換えるために，適合するドナーからの骨髄移植がある．しかし，移植患者は多様な認知的な問題や生理的な問題にしばしば苦しむ．毎週 1，2 回の活性型 ADA の筋肉内注射を必要とする酵素補充療法は効果的であるが，その治療効果は 8 ～ 10 年後にはしばしば低下し，悪性腫瘍などの合併症が起こる．多くの患者にとって，永続的に治癒するためには，骨髄細胞中の欠損遺伝子を機能する遺伝子で置き換える必要がある．ADA 欠損症は，ヒトの遺伝子治療治験の最初の標的の一つであった（1990 年）．初期の治験における混乱した結果は今や著しい成功へと変化し，遺伝子治療はこのような患者の免疫機能の長期的な回復への現実的な方針に急速になりつつある．■

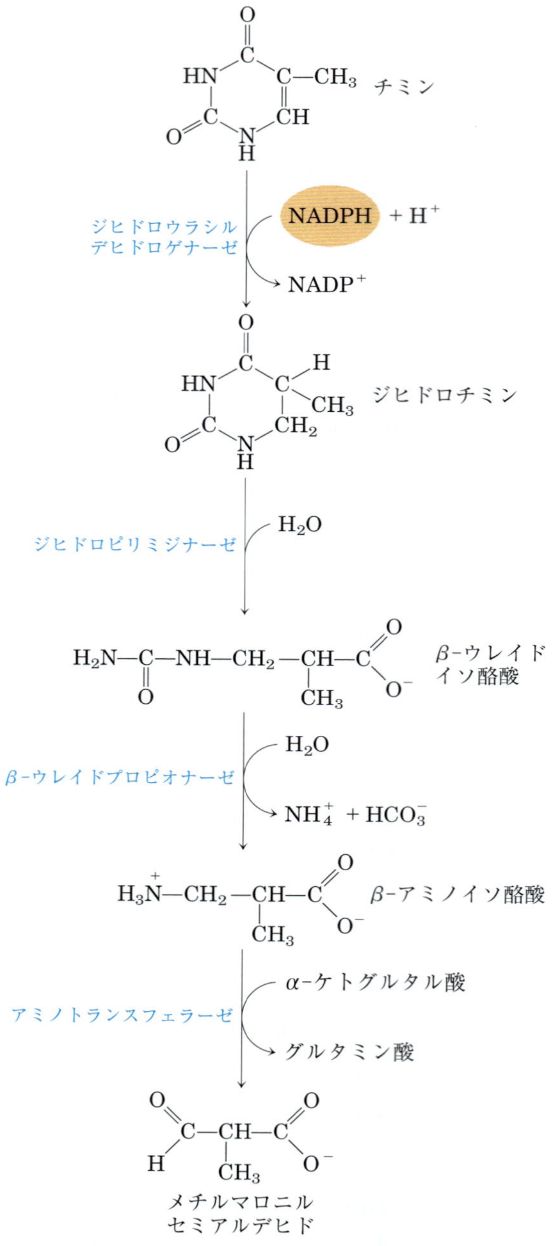

図 22-49 ピリミジンの異化

ここではチミンの経路を示す．メチルマロニルセミアルデヒドはさらに分解されてスクシニル CoA になる．

プリン塩基およびピリミジン塩基はサルベージ経路で再利用される

遊離のプリン塩基とピリミジン塩基は，ヌクレオチドの代謝的分解の際に細胞内で絶えず生成される．遊離のプリンはその大部分が回収され，ヌクレオチドをつくるために再利用される．この経路は，前に述べたプリンヌクレオチドの de novo 合成よりもはるかに単純である．主要なサルベージ経路の一つは，**アデノシンホスホリボシルトランスフェラーゼ** adenosine phosphoribosyltransferase によって触媒される単一の反応から成る．この経路では，遊離のアデニンは PRPP と反応して，対応するアデニンヌクレオチドが生成する．

$$\text{アデニン} + \text{PRPP} \longrightarrow \text{AMP} + \text{PP}_i$$

遊離のグアニンとヒポキサンチン（アデニンの脱アミノ化生成物，図 22-48 参照）は，**ヒポキサンチン-グアニンホスホリボシルトランスフェラーゼ** hypoxanthine-guanine phosphoribosyltransferase によって同じ経路で再利用される．ピリミジン塩基に対する類似のサルベージ経路が，微生物，そしておそらく哺乳類にも存在する．

ヒポキサンチン-グアニンホスホリボシルトランスフェラーゼ活性の遺伝的欠損は，もっぱら幼い少年にのみみられ，**レッシュ・ナイハン症候群** Lesch-Nyhan syndrome という一群の異常な症状を引き起こす．この遺伝性疾患の子供たちは 2 歳までに症状を呈し，協調運動がときどきうまくいかず，知的障害をもつ．さらに，この子供たちは過度に敵対心をもち，強迫感にとらわれて自虐的な傾向を示す．すなわち，この子供たちは自分の指，つま先，唇を噛み切ってしまう．

このレッシュ・ナイハン症候群の荒廃的な影響

はサルベージ経路の重要性を示している．ヒポキサンチンとグアニンは核酸の分解によって絶えず生じる．ヒポキサンチン-グアニンホスホリボシルトランスフェラーゼが欠損すると，PRPP レベルが上昇し，プリンが de novo 経路によって過剰生産される．その結果，尿酸が高レベルで産生され，組織に痛風様の損傷が起こる（後述）．脳は特にサルベージ経路に依存しており，このことがレッシュ・ナイハン症候群の子供で起こる中枢神経系の障害の原因であるかもしれない．この症候群はヒトの遺伝子治療の可能性のある別の対象である．■

尿酸の過剰産生は痛風を引き起こす

「贅沢」によるものと長い間誤って考えられていた痛風 gout は，血中や組織内の尿酸レベルの上昇によって引き起こされる関節病である．関節は，尿酸ナトリウムの結晶が異常沈着するために炎症を起こし，痛みや関節炎症状が現れる．過剰の尿酸は腎臓の尿細管にも沈着するので，腎臓も影響を受ける．痛風は主として男性に起こる．痛風の正確な原因はわからないが，しばしば尿酸排泄の低下と関連がある．ある場合には，プリン代謝に関連するどれかの酵素の遺伝的欠損が一因ではないかと考えられる．

痛風は食事療法と薬物療法の組合せによって効果的に治療される．肝臓や腺性臓器製品などのヌクレオチドや核酸に特に富む食品については，患者の食餌から除かれる．さらに，プリンの尿酸への変換を触媒する酵素のキサンチンオキシダーゼの阻害薬**アロプリノール** allopurinol（図 22-50）の使用は，症状の著しい改善をもたらす．アロプリノールはキサンチンオキシダーゼの基質となり，オキシプリノール（アロキサンチン）に変換される．オキシプリノールは，還元型キサンチンオキシダーゼの活性部位に強固に結合することに

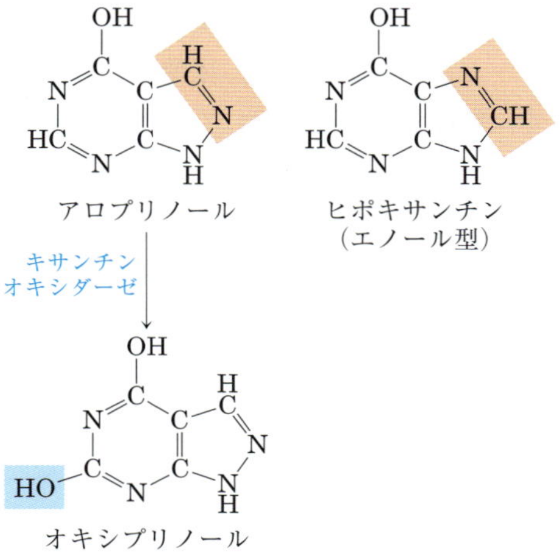

図 22-50　キサンチンオキシダーゼ阻害薬のアロプリノール

ヒポキサンチンはキサンチンオキシダーゼの通常の基質である．ヒポキサンチンの構造中のわずかな変更（淡赤色の網かけ）によって，医学的に有効な酵素阻害薬のアロプリノールになる．活性部位においてアロプリノールはオキシプリノールに変換される．オキシプリノールは強力な競合阻害薬であり，還元型酵素に強固に結合したままになる．

George Hitchings（1905-1998）と Gertrude Elion（1918-1999）
［出 典：Will and Deni Mcintyre/Science Source/Getty Images.］

よって，この酵素を不活性化する．キサンチンオキシダーゼが阻害されると，尿酸よりも水に溶けやすく，結晶沈着を起こしにくいキサンチンとヒポキサンチンがプリン代謝の排泄産物となる．アロプリノールは Gertrude Elion と George Hitchings によって開発された．彼らは性器ヘルペスや口腔ヘルペス患者の治療に用いられるアシクロビル acyclovir やがんの化学療法に用いる他のプリンアナログも開発した．■

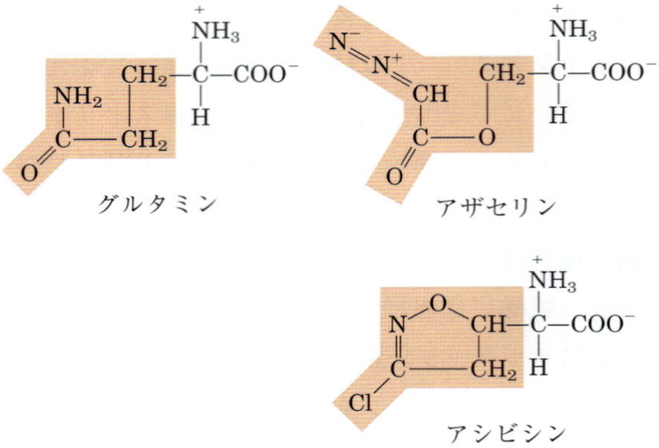

図 22-51　グルタミンアミドトランスフェラーゼ阻害薬のアザセリンとアシビシン

これらのグルタミンのアナログは，いくつかのアミノ酸やヌクレオチドの生合成経路を阻害する．

多くの化学療法薬はヌクレオチド生合成経路の酵素を標的にする

がん細胞の増殖は，ほとんどの正常組織の細胞の増殖と同じような制御を受けることはない．がん細胞は，DNA や RNA の前駆体としてのヌクレオチドに対する要求性が大きいので，ヌクレオチド生合成の阻害薬に対する感受性が正常細胞よりも一般に高い．がんや他の疾患に対する一群の重要な化学療法薬は，これらの経路

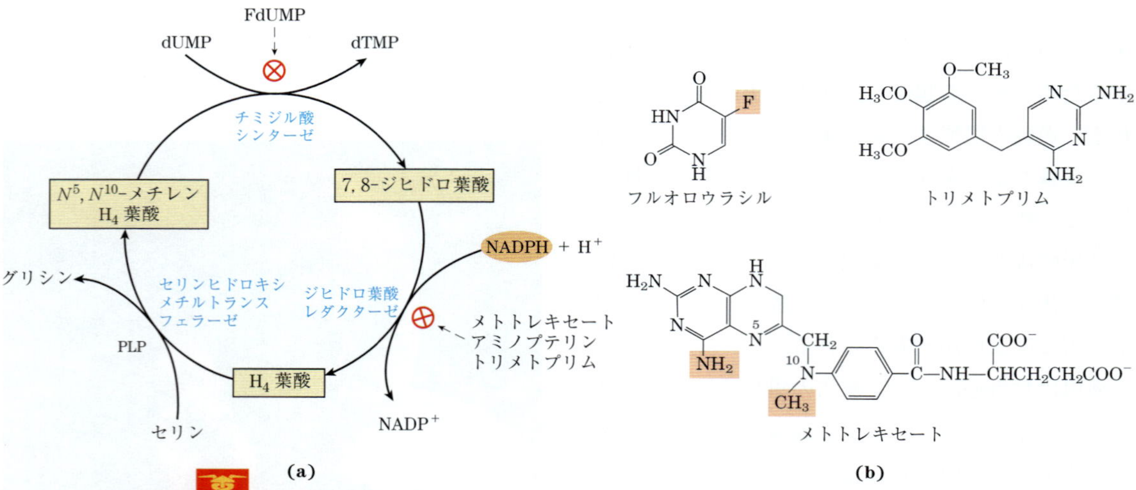

図 22-52　化学療法の標的としてのチミジル酸合成と葉酸代謝

(a) チミジル酸合成の際に，N^5, N^{10}-メチレンテトラヒドロ葉酸は 7, 8-ジヒドロ葉酸に変換される．N^5, N^{10}-メチレンテトラヒドロ葉酸は 2 ステップの反応で再生される（図 22-47 参照）．このサイクルはいくつかの化学療法薬の主要な標的である．**(b)** 重要な化学療法薬であるフルオロウラシルとメトトレキセート．フルオロウラシルは細胞内で FdUMP に変換され，チミジル酸シンターゼを阻害する．メトトレキセートはテトラヒドロ葉酸の構造アナログであり，ジヒドロ葉酸レダクターゼを阻害する．メトトレキセートの淡赤色の網かけをしたアミノ基とメチル基は，葉酸のカルボニル酸素およびプロトンをそれぞれ置換したものである（図 22-47 参照）．もう一つの重要な葉酸アナログであるアミノプテリンは，淡赤色の網をかけたメチル基を欠くことを除けばメトトレキセートと同じである．トリメトプリムは細菌のジヒドロ葉酸レダクターゼに強固に結合する阻害薬であり，抗菌薬として開発された．

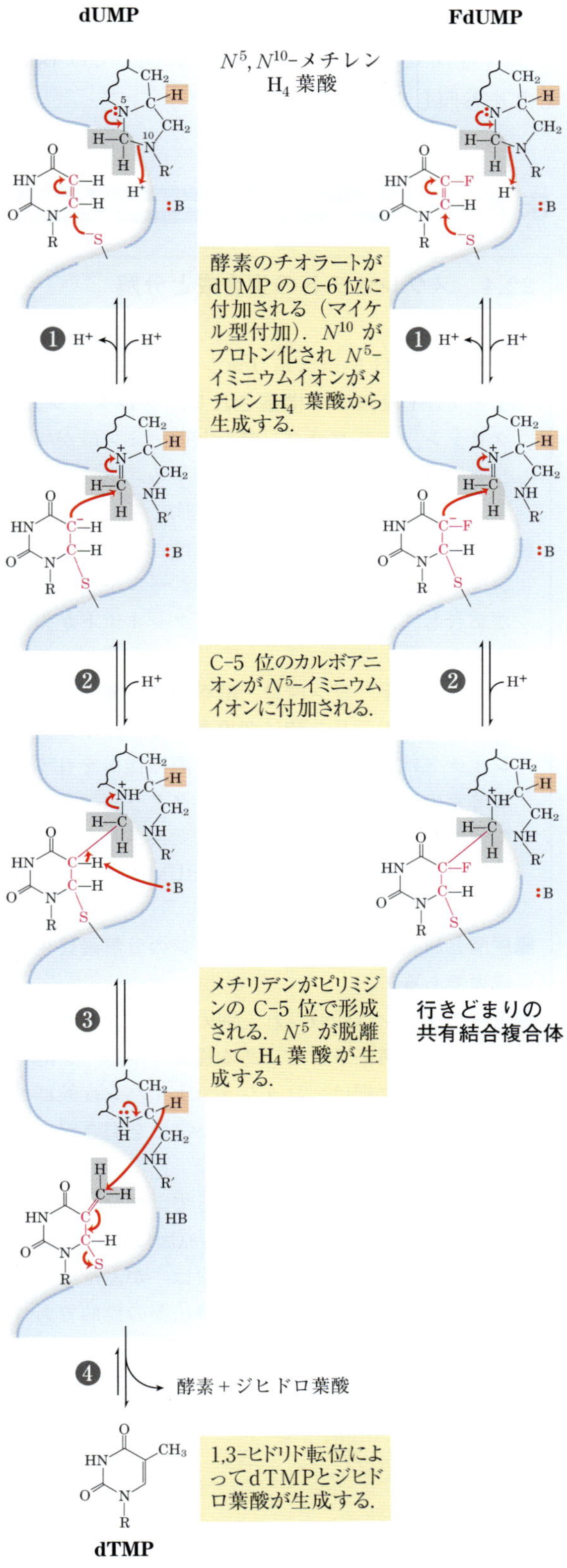

の一つ以上の酵素を阻害することによって作用する．がんの治療に実り多い方法を示し，これらの酵素がどのようにして作用するのかについての理解を深めるために，いくつかの優れた研究例について紹介する．

第一の例は，グルタミンアミドトランスフェラーゼを阻害する化合物に関するものである．グルタミンは，ヌクレオチド生合成の少なくとも六つの別個の反応における窒素供与体であることを思い出そう．グルタミンの結合部位と NH_4^+ が取り出される機構は，これらの酵素の多くにおいてよく似ている．これらの酵素のほとんどは，**アザセリン** azaserine や**アシビシン** acivicin（図 22–51）のようなグルタミンのアナログによって強力に阻害される．1950 年代に Buchanan によってその性質が調べられたアザセリンは，作用機構に基づく酵素不活性化薬の最初の例の一つである（自殺不活性化剤；p. 300 と Box 6–3 参照）．アシビシンはがん化学療法薬として有望である．

医薬品の他の有効な標的に，チミジル酸シンターゼとジヒドロ葉酸レダクターゼがある．これらの酵素は，細胞内におけるチミン合成の唯一の

機構図 22–53　dUMP の dTMP への変換機構と FdUMP による阻害

左側はチミジル酸シンターゼの通常の反応である．ステップ ❶ で酵素によってもたらされる求核性スルフヒドリル基，および反応に関与する dUMP の環の原子を赤色で示す．:B は，ステップ ❸ の後でプロトンを引き抜くための塩基として作用するアミノ酸側鎖を表す．N^5, N^{10}–メチレンテトラヒドロ葉酸のメチレン基に由来する水素を，灰色の網かけで示す．1, 3–ヒドリド転位（ステップ ❹）によって，テトラヒドロ葉酸の C-6 位からチミジンのメチル基への水素化物イオン（淡赤色の網かけ）が移動し，テトラヒドロ葉酸がジヒドロ葉酸へと酸化される．このヒドリド転位は，FdUMP が基質のときには遮断される（右側）．ステップ ❶ と ❷ は正常に進行するが，酵素とテトラヒドロ葉酸に共有結合している FdUMP をもつ安定な複合体が生じる．この複合体の形成は酵素を不活性化する．

経路を構成している（図 22-52）．チミジル酸シンターゼに作用する一つの阻害薬**フルオロウラシル** fluorouracil は重要な化学療法薬である．フルオロウラシル自体は酵素の阻害薬ではない．細胞内で，サルベージ経路によってデオキシヌクレオシド一リン酸である FdUMP に変換され，これが酵素に結合して不活性化する．FdUMP による阻害（図 22-53）は，作用機構に基づく酵素不活性化の古典的な例である．別の優れた化学療法薬である**メトトレキセート** methotrexate は，ジヒドロ葉酸レダクターゼの阻害薬である．この葉酸アナログは競合阻害薬として作用する．この酵素はジヒドロ葉酸より約 100 倍も高い親和性でメトトレキセートと結合する．**アミノプテリン** aminopterin も同様の作用を示す類似化合物である．

ヌクレオチド生合成阻害薬の医学的な有用性はがん治療に限らない．増殖の速いすべての細胞（細菌や原生生物など）が有力な標的である．Hitchings と Elion によって開発された**トリメトプリム** trimethoprim という抗菌薬は，哺乳類のジヒドロ葉酸レダクターゼに比べて細菌のものと約 100,000 倍強固に結合する．この抗菌薬は，細菌によって引き起こされるある種の尿路感染症や中耳感染症の治療に使われている．アフリカ睡眠病（アフリカトリパノソーマ症）の原因となるトリパノソーマのような寄生性原生生物は，ヌクレオチドの de novo 生合成の経路を欠いており，周囲の環境に由来するヌクレオチドを利用するサルベージ経路を使う能力を妨害する薬物に対して特に感受性が高い．アロプリノール（図 22-50）やいくつかの関連プリンアナログは，アフリカトリパノソーマ症や関連疾患の治療に有望である．代謝や酵素の作用機構に関する理解が深まることによって可能になると思われる，アフリカトリパノソーマ症撲滅のもう一つの治療法に関しては Box 6-3 を参照しよう．■

まとめ

22.4 ヌクレオチドの生合成と分解

- プリン環系は 5-ホスホリボシルアミンから始まって，1 段階ずつ構築される．グルタミン，グリシン，アスパラギン酸などのアミノ酸がプリンの窒素原子のすべてを供給する．二度の閉環ステップによってプリン核が形成される．
- ピリミジンはカルバモイルリン酸とアスパラギン酸から合成される．さらにリボース 5-リン酸が結合して，ピリミジンリボヌクレオチドが生成する．
- ヌクレオシド一リン酸は，酵素的リン酸化反応によってその三リン酸に変換される．リボヌクレオチドは，奇抜な反応機構と調節機構を有する酵素のリボヌクレオチドレダクターゼによってデオキシリボヌクレオチドに変換される．チミンヌクレオチドは dCDP と dUMP に由来する．
- 尿酸と尿素はプリンとピリミジンの分解最終生成物である．
- 遊離のプリンは回収され，別の経路でヌクレオチドへと再構築される．ある種のサルベージ酵素の遺伝的欠損は，レッシュ・ナイハン症候群や ADA 欠損症のような重篤な疾患を引き起こす．
- おそらく別の遺伝的欠損によって，関節への尿酸結晶の蓄積が起こり，痛風の原因になる．
- ヌクレオチド生合成経路の酵素は，がんや他の疾患の治療に用いられる化学療法薬の標的である．

重要用語

太字で示す用語については，巻末用語解説で定義する．

アザセリン azaserine　1291
アシビシン acivicin　1291
アスパラギン酸トランスカルバモイラーゼ aspartate transcarbamoylase　1277
アデノシンデアミナーゼ欠損症 adenosine deaminase（ADA）deficiency　1286
アナモックス anammox　1233
アミノプテリン aminopterin　1292
アロプリノール allopurinol　1289
イノシン酸 inosinate（IMP）　1274
エピネフリン epinephrine　1269
FeMo 補因子 FeMo cofactor　1237
オーキシン auxin　1269
オルニチンデカルボキシラーゼ ornithine decarboxylase　1270
カルバモイルリン酸シンテターゼⅡ carbamoyl phosphate synthetase Ⅱ　1277
γ-アミノ酪酸 γ-aminobutyrate（GABA）　1269
共生生物 symbiont　1234
グルタチオン glutathione（GSH）　1267
グルタミンアミドトランスフェラーゼ glutamine amidotransferase　1245
グルタミン酸シンターゼ glutamate synthase　1242
グルタミンシンテターゼ glutamine synthetase　1242
クレアチン creatine　1267
5-ホスホリボシル-1-ピロリン酸 5-phosphoribosyl-1-pyrophosphate（PRPP）　1247
サルベージ経路 salvage pathway　1272
ジヒドロ葉酸レダクターゼ dihydrofolate reductase　1285
シメチジン cimetidine　1270
スペルミジン spermidine　1270
スペルミン spermine　1270
セロトニン serotonin　1270
チオレドキシン thioredoxin　1280
窒素固定 nitrogen fixation　1232
窒素循環 nitrogen cycle　1232
チミジル酸シンターゼ thymidylate synthase　1285
de novo 経路 de novo pathway　1272
ドーパミン dopamine　1269
トリプトファンシンターゼ tryptophan synthase　1253
ニトロゲナーゼ複合体 nitrogenase complex　1236
ヌクレオシドーリン酸キナーゼ nucleoside monophosphate kinase　1280
ヌクレオシド二リン酸キナーゼ nucleoside diphosphate kinase　1280
ノルエピネフリン norepinephrine　1269
P クラスター P cluster　1237
ヒスタミン histamine　1270
ビリルビン bilirubin　1264
フルオロウラシル fluorouracil　1292
ホスホクレアチン phosphocreatine　1267
ポルフィリン porphyrin　1263
ポルフィリン症 porphyria　1264
メトトレキセート methotrexate　1292
リボヌクレオチドレダクターゼ ribonucleotide reductase　1280
レグヘモグロビン leghemoglobin　1241
レッシュ・ナイハン症候群 Lesch-Nyhan syndrome　1288

問　題

1　マメ科植物の根粒による ATP 消費

マメ科植物の根粒に存在する細菌は，植物によって産生される ATP の 20％以上を消費する．このような細菌がなぜこれほど多くの ATP を消費するのかについて理由を述べよ．

2　グルタミン酸デヒドロゲナーゼとタンパク質合成

細菌の *Methylophilus methylotrophus* はメタノールとアンモニアからタンパク質を合成する．組換え DNA 技術によって，大腸菌のグルタミン酸デヒドロゲナーゼ遺伝子を *M. methylotrophus* に導入すると，タンパク質の収量が改善された．この遺伝的操作によってタンパク質収量が増大したのはなぜか．

3　PLP 反応機構

ピリドキサールリン酸は，アミノ酸の α 炭素から1個または2個の炭素を除去する変換の触媒を助長することができる．酵素トレオニンシンターゼ（図 22-17 参照）は PLP 依存的なホスホホモセリンのトレオニンへの変換を促進する．この反応の機構を示せ．

4　アスパラギン酸のアスパラギンへの変換

ATP を消費してアスパラギン酸をアスパラギンに変換する経路には二つある．多くの細菌は，アンモニウムイオンを窒素供与体とするアスパラギンシンテターゼをもっている．哺乳類は，グルタミンを窒素供与体とするアスパラギンシンテターゼをもっている．後者の場合には，グルタミン合成のために余分な ATP を必要とする．なぜ哺乳類はこの経路を利用するのか．

5　グルコースからのアスパラギン酸の合成の反応式

グルコース，二酸化炭素，アンモニアからのアスパラギン酸（非必須アミノ酸）の合成に関する正味の反応式を書け．

6　白血病治療におけるアスパラギンシンテターゼ阻害薬

哺乳類のアスパラギンシンテターゼはグルタミン依存性アミドトランスフェラーゼである．白血病患者に対する化学療法で使用するためにヒトのアスパラギン酸シンテターゼの有効な阻害薬を同定する試みでは，アミノ末端のグルタミナーゼドメインではなく，カルボキシ末端のシンテターゼ活性部位が注目されてきた．なぜグルタミナーゼドメインは有効な薬の有望な標的ではないのかを説明せよ．

7　フェニルアラニンヒドロキシラーゼの欠損症と食餌

チロシンは通常は非必須アミノ酸であるが，フェニルアラニンヒドロキシラーゼを遺伝的に欠損する人では，正常な発育のために食餌中にチロシンが必要である．その理由を説明せよ．

8　1炭素転移反応の補因子

ほとんどの1炭素転移は，三つの補因子，すなわちビオチン，テトラヒドロ葉酸，*S*-アデノシルメチオニンのどれか一つによって促進される（Chap. 18）．*S*-アデノシルメチオニンは一般にメチル基供与体として利用される．N^5-メチルテトラヒドロ葉酸のメチル基転移能は，ほとんどの生合成反応にとって十分ではない．しかし，N^5-メチルテトラヒドロ葉酸をメチル基転移に利用する例がメチオニンシンターゼ反応によるメチオニンの生成（図 22-17，ステップ❾）で見られる．メチオニンは *S*-アデノシルメチオニンの直接の前駆体である（図 18-18 参照）．N^5-メチルテトラヒドロ葉酸のメチル基転移能は *S*-アデノシルメチオニンの 1,000 分の1であるにもかかわらず，*S*-アデノシルメチオニンのメチル基が N^5-メチルテトラヒドロ葉酸からどのようにして導かれるのかについて説明せよ．

9　アミノ酸生合成における協奏的調節

大腸菌のグルタミンシンテターゼは，グルタミン代謝の種々の生成物によって独立に調節される（図 22-8 参照）．この協奏的阻害において，酵素阻害の程度は各生成物による個々の阻害の合計よりも大きい．ヒスチジンに富む培地で生育する大腸菌にとって，協奏的阻害の利点は何か．

10　葉酸欠乏症と貧血の関係

最もありふれたビタミン欠乏症と考えられる葉酸欠乏症は，ヘモグロビン合成が損なわれて赤血球が正しく成熟しないタイプの貧血を引き起こす．ヘモグロビン合成と葉酸欠乏との間の代謝的関係は何か．

11　アミノ酸要求性細菌におけるヌクレオチド生合成

野生型大腸菌細胞は 20 種類すべての標準アミノ酸を合成することができる．しかし，アミノ酸要求株というある種の変異株は，特定のアミノ酸を合成することができないので，最適増殖のためには培地にそのアミノ酸を添加する必要がある．タンパク質合成における役割に加えて，ある種のアミノ酸は細胞の他の含窒素生成物の前駆体でもある．グリシン，グルタミン，アスパラギン酸をそれぞれ合成できない 3 種類のアミノ酸要求変異株を考えてみよう．各変異株に関して，タンパク質以外のどのような含窒素生成物の合成ができなくなるか．

12 ヌクレオチド生合成の阻害薬

(a) L-フルオロアラニンによるアラニンラセマーゼの阻害機構，(b) アザセリンによるグルタミンアミドトランスフェラーゼの阻害機構を示せ．

13 サルファ剤の作用様式

ある種の細菌は正常な増殖のために培地中に *p*-アミノ安息香酸を必要とする．この種の細菌の増殖は，最も初期に開発されたサルファ剤の一つであるスルファニルアミドの添加によって著しく阻害される．さらに，その存在下では 5-アミノイミダゾール-4-カルボキサミドリボヌクレオチド（AICAR，図 22-35 参照）が培地中に蓄積する．これらの効果は過剰の *p*-アミノ安息香酸の添加によって回復する．

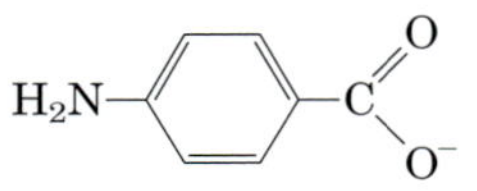

p-アミノ安息香酸

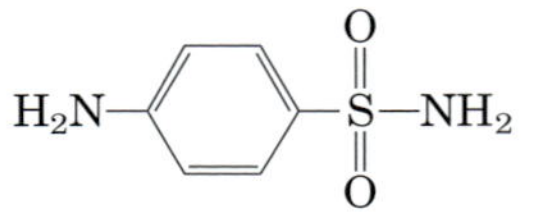

スルファニルアミド

(a) これらの細菌における *p*-アミノ安息香酸の役割は何か（ヒント：図 18-16 参照）．

(b) スルファニルアミドの存在下で，なぜ AICAR が蓄積するのか．

(c) 過剰の *p*-アミノ安息香酸の添加によって，阻害と蓄積が回復するのはなぜか．

14 ピリミジン生合成における炭素の経路

[^{14}C] で均一に標識された少量のコハク酸の存在下で培養した細胞から単離したオロト酸中の ^{14}C の分布を予測し，その理由を述べよ．

15 ヌクレオチドはエネルギー源として劣る

飢餓状態では，生物はエネルギー源としてタンパク質やアミノ酸を利用することがある．アミノ酸は脱アミノ化され，その炭素骨格は解糖経路およびクエン酸回路に入り，ATP のかたちでエネルギーを産生する．ヌクレオチドはエネルギー産生源として利用するために同じように分解されるわけではない．このことは細胞生理学上どのように説明されるか．またヌクレオチドのどのような構造がエネルギー源として劣るのかを推察せよ．

16 痛風の治療

キサンチンオキシダーゼの阻害薬であるアロプリノール（図 22-50 参照）は慢性の痛風の治療に用いられる．この治療の生化学的根拠について説明せよ．アロプリノールで治療した患者は，時として腎臓にキサンチン結石を起こす．しかし，腎障害の確率は痛風を治療しない場合よりもはるかに低い．次に示す尿への溶解度から，この観察結果を説明せよ．尿酸 0.15 g/L，キサンチン 0.05 g/L，ヒポキサンチン 1.4 g/L．

17 アザセリンによるヌクレオチド合成の阻害

アザセリン（図 22-51 参照）として知られているジアゾ化合物，*O*-(2-ジアゾアセチル)-L-セリンは，グルタミンアミドトランスフェラーゼの強力な阻害薬である．もしも増殖中の細胞がアザセリンで処理されると，ヌクレオチド生合成のどの中間体が蓄積するのかについて説明せよ．

データ解析問題

18 新規アミノ酸の合成経路を決定するための現代の分子技術の利用

本章で述べた生合成経路のほとんどは組換え DNA 技術やゲノミクスの発展より前に決定されたので，その技術は現在の研究者が使うものとは全く異なっていた．ここでは，新規アミノ酸である (2*S*)-4-アミノ-2-ヒドロキシ酪酸 (2*S*)-4-amino-2-hydroxybutyrate（AHBA）の合成経路を研究するための現代の分子技術利用の例を探ってみる．ここにあげる技術は本書の各所に記載されており，本問題はそれらがどのようにして包括的な研究に組み入れられるのかを示すことを意図している．

AHBAは，ブチロシン butirosin などのいくつかのアミノグリコシド系抗生物質の構成要素となるγ-アミノ酸である．AHBA残基の付加によって修飾された抗生物質は，細菌の抗生物質耐性酵素による失活に対してより高い抵抗性を示すことがよくある．結果的に，AHBAがどのように合成されて抗生物質に付加されるのかを理解することは医薬品の設計において有用である．

2005年に発表された論文中で，Liらは，どのようにしてグルタミン酸からAHBAに至る合成経路を決定したのかを記載している．

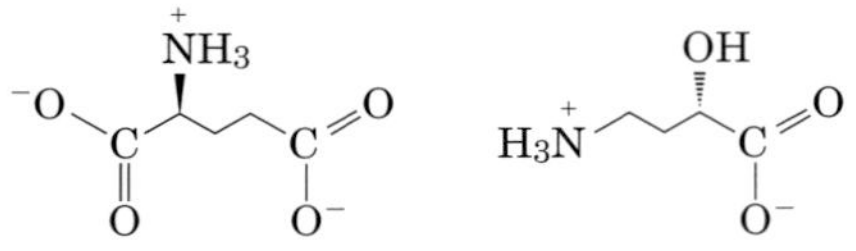

グルタミン酸　　AHBA

(a) グルタミン酸をAHBAに変換するために必要な化学的変化について簡潔に述べよ．この時点では，反応の順序については考慮しなくてよい．

Liらは，大量のブチロシンをつくる細菌である *Bacillus circulans* からブチロシン生合成遺伝子群をクローン化することから始めた．彼らは，経路に不可欠な五つの遺伝子，*btrI*，*btrJ*，*btrK*，*btrO* および *btrV* を同定した．そして彼らは，遺伝子の過剰発現を可能にする大腸菌プラスミドにこれらの遺伝子をクローン化し，精製を容易にするためにアミノ末端に「ヒスチジンタグ（Hisタグ）」を融合させたタンパク質を生産した（p. 475参照）．

BtrIタンパク質の推定アミノ酸配列は，既知のアシルキャリヤータンパク質と著しい相同性を示した（図21-5参照）．質量分析法を用いて，Liらは精製BtrIタンパク質（Hisタグを含む）の分子量が11,812であることを見出した．精製したBtrIを補酵素A，およびCoAを他のアシルキャリヤータンパク質に結合させる酵素とともにインキュベートしたところ，大部分を占める分子種の分子量は12,153であった．

(b) BtrIがCoA補欠分子族をもつアシルキャリヤータンパク質として機能しうることを主張するために，これらのデータをどのように使えばよいか．

標準的な用語を用いて，LiらはCoAを欠いているタンパク質をアポBtrI，CoAをもつタイプ（図21-5のように結合している）をホロBtrIと呼んだ．ホロBtrIをグルタミン，ATPおよび精製BtrJタンパク質とともにインキュベートすると，分子量12,153のホロBtrI分子種は，グルタミンとホロBtrIのチオエステルに相当する分子量12,281の分子種によって置換された．これらのデータに基づき，著者らは分子量12,281の分子種であるγ-グルタミル-*S*-BtrIに対して次の構造を提案した．

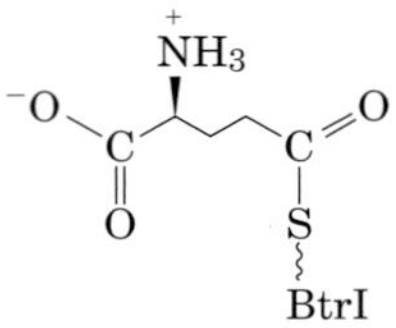

(c) ほかにどのような構造が上記データと一致するか．

(d) Liらは，合成過程のある時点においてα-カルボキシ基は除去されなければならないので，ここに示す構造（γ-グルタミル-*S*-BtrI）は確からしいと主張した．この主張の化学的論拠について説明せよ．（ヒント：図18-6の反応Cを参照）

BtrKタンパク質はPLP依存性アミノ酸デカルボキシラーゼと有意な相同性を示し，大腸菌から単離されたBtrKは強固に結合しているPLPをもつことがわかった．γ-グルタミル-*S*-BtrIを精製BtrKとともにインキュベートすると，分子量12,240の分子種が生成した．

(e) この分子種の最もありうる構造はどのようなものか．

(f) グルタミン酸とATPを精製BtrI，BtrJ，BtrKとともにインキュベートしたところ，研究者らは分子量12,370の分子種を見出した．この分子種の最もありうる構造はどのようなものか．ヒント：BtrJはATPを用いて求核基をγ-グルタミル化できることを思い出そう．

Liらは，BtrOがFMNを補因子として用いてアルカンをヒドロキシ化するモノオキシゲナーゼ酵素（Box 21-1参照）と相同であり，BtrVがNAD(P)Hオキシドレダクターゼと相同であることを見出した．遺伝子クラスター内の他の二つの遺伝子，*btrG* と *btrH* は，おそらくγ-グルタミル基を除去し，AHBAを標的となる抗生物質分子に結合させる酵素をコードする．

(g) これらのデータに基づき，AHBA の合成とその標的抗生物質への付加に関してもっともらしい経路を提案せよ．その際に，各ステップを触媒する酵素および他に必要な基質や補因子（ATP，NAD など）をすべて含めよ．

参考文献

Li, Y., N. M. Llewellyn, R. Giri, F. Huang, and J. B. Spencer. 2005. Biosynthesis of the unique amino acid side chain of butirosin: possible protective-group chemistry in an acyl carrier protein-mediated pathway. *Chem. Biol.* **12**: 665–675.

発展学習のための情報は次のサイトで利用可能である（www.macmillanlearning.com/LehnlngerBiochemistry7e）．

23

哺乳類の代謝のホルモンによる調節と統合

これまでに学習してきた内容について確認したり，本章の概念について理解を深めたりするための自習用ツールはオンラインで利用可能である（www.macmillanlearning.com/LehningerBiochemistry7e）.

Chap. 13 ～ Chap. 22 において，細菌や古細菌と真核細胞のほぼすべての細胞に共通する主要な代謝経路に重点を置いて，個々の細胞レベルでの代謝について考察してきた．細胞内の代謝過程が利用できる基質の種類，アロステリック機構，そして酵素のリン酸化や他の共有結合性修飾によって個々の酵素反応のレベルで調節される仕組みについて見てきた．

個々の代謝経路とその調節の意義を十分に評価するためには，生物体全体の観点で代謝経路について考えなければならない．多細胞生物の本質的な特徴は細胞の分化と分業である．ヒトのように複雑な生物の組織や器官が特殊な機能を果たすためには，特有の代謝燃料とその代謝パターンが必要である．ホルモンと神経のシグナルは，種々の組織の代謝活動を統合して協調させ，各器官に代謝の燃料や前駆体が最適になるように配分する．

本章では，哺乳類を中心にして，いくつかの主要な器官と組織の特殊な代謝と，生物体全体にわたる代謝の統合について見ていく．最初に，多様なホルモンとホルモンの作用機構について調べ，次にこれらの機構によって調節される組織特異的な機能について見ることにする．肝臓が担う中心的役割について強調しながら，種々の器官への栄養素の分配と器官の間での代謝の協同作用について論じる．ホルモンの統合作用について解説するために，筋肉，肝臓，脂肪組織における燃料代謝の協調において，インスリン，グルカゴン，エピネフリンが果たす相互作用について述べる．脂肪組織，筋肉，消化管，および脳において産生される他のホルモンも，代謝と行動の協調において重要な役割を果たす．ホルモンによる長期間にわたる体重の調節について，そして最後にメタボリックシンドロームと2型糖尿病の進行に関わる肥満の影響について考察する．

23.1 ホルモン：多様な機能のための多様な構造

ホルモン hormone は，小分子またはタンパク質であり，ある組織で産生され，血流中に放出され，そして他の臓器に運ばれて，そこで特異的な受容体を介して作用し，細胞活動の変化をもたらす．ここでは，NO のように局所的に隣接する細胞に対して作用する短寿命のシグナル分子についても考察する．ホルモンは，複数の組織や器官の代謝活動を協調させるように作用する．複雑な生物における事実上あらゆる過程が，一つ以上のホルモンによる調節を受ける．ほんの数例をあげると，血圧，血液量，電解質平衡の維持，胚発生，性分化，発生，生殖，空腹感，摂食行動，消化，代謝燃料の配分である．次にホルモンやホルモンと受容体との相互作用の検出と測定の方法について検討し，代表的なホルモンのタイプを選んで考察する．

哺乳類における代謝調節は，**神経内分泌系** neuroendocrine system によって行われる．一つの組織の個々の細胞は生体の状況の変化を感知して，同じ組織内の別の細胞あるいは異なる組織の他の細胞へ伝達される化学メッセンジャーを分泌して応答する．このメッセンジャーは，標的細胞の受容体分子に結合して変化を引き起こす．これらの化学メッセンジャーは，非常に短距離，または非常に長距離にわたって情報を伝達する．ニューロンのシグナル伝達（図 23-1(a)）では，化学メッセンジャーは，神経伝達物質（例；アセチルコリン）であり，ネットワーク内で連結している次のニューロンへとシナプス間隙 synaptic cleft を横切って移動するが，その移動距離は 1 μm の数分の 1 にすぎない．ホルモンのシグナル伝達では，メッセンジャーであるホルモンが，血流によって隣接する細胞，あるいは離れた器官や組織へと運ばれる．ホルモンは，標的細胞に出会うまでに 1 m 以上の距離を移動することもある（図 23-1(b)）．この解剖学的な違いを除けば，神経系と内分泌系の化学シグナル伝達機構はよく似ており，同じ分子が神経伝達物質としてもホルモンとしても働くことがある．例えば，エピネフリンとノルエピネフリンは脳のシナプスや平滑筋の

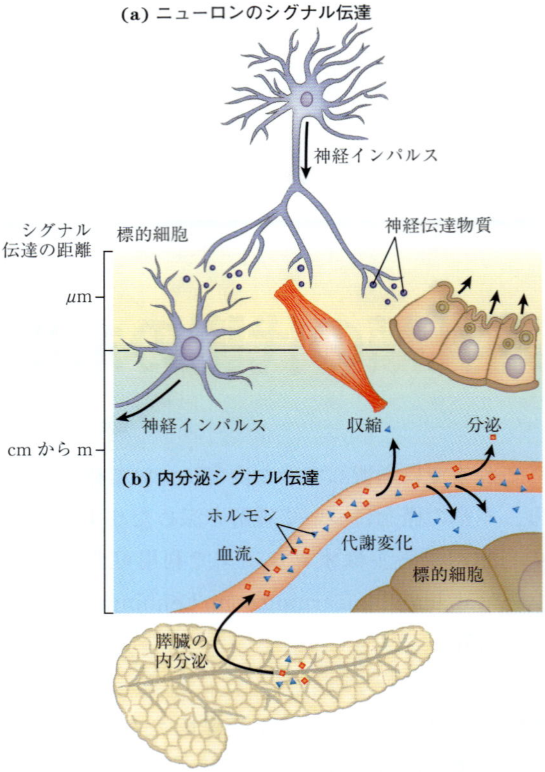

図 23-1 神経内分泌系によるシグナル伝達

(a) ニューロンのシグナル伝達では，電気シグナル（神経インパルス）があるニューロンの細胞体で発生し，軸索の先端に向かって長距離を極めて迅速に移動する．軸索の先端で神経伝達物質が放出され，標的細胞へと拡散していく．標的細胞（別のニューロン，筋細胞あるいは分泌細胞）は，神経伝達物質の放出部位から 1 μm 以下または数 μm しか離れていない．**(b)** 内分泌系のシグナル伝達系では，ホルモン（例；膵 β 細胞で産生されるインスリン）は血流中に分泌され，血流が分泌細胞から 1 m 以上も離れているからだ中の標的細胞へとホルモンを運ぶ．神経伝達物質とホルモンの両方とも，標的細胞上または細胞内の特異的受容体と相互作用して，応答を引き起こす．

神経筋接合部では神経伝達物質として働くとともに，肝臓や筋肉の燃料代謝を調節するホルモンとして働く．細胞のシグナル伝達について次に考察する際には，先のいくつかの章の燃料代謝の記述に沿ってホルモン作用に重点を置く．しかし，ここで述べる基本的な機構のほとんどは，神経伝達物質の作用にもあてはまる．

ホルモンの検出と精製にはバイオアッセイが必要である

どのようにしてホルモンは検出され，単離されるのか．最初に，研究者たちはある組織の生理学的過程が別の組織から発生するシグナルに依存することを見つける．例えば，インスリンは膵臓でつくられ，血中と尿のグルコース濃度に影響を及ぼす物質として最初に発見された（Box 23-1）．いったんそのようなホルモンの生理作用がわかると，そのホルモンを定量するバイオアッセイ bioassay が開発される．インスリンの場合には，そのアッセイは，膵臓の抽出物（インスリンの粗精製物）をインスリン欠乏実験動物に注射して，その結果生じる血中と尿中のグルコース濃度の変化を定量することであった．ホルモンを単離するために，目的のホルモンを含む抽出物を他の生体分子の精製に利用するのと同じ手法（溶媒による分画，クロマトグラフィー，電気泳動）を用いて分画する．そして，各画分のホルモン活性を測定する．いったん目的の物質が精製されれば，その化学組成と構造を決定することができる．

ホルモンの性質を調べるためのこの方法は単純なように思える．ホルモンは極めて強力であり，ごく微量しか産生されない．化学的性質を明らかにするために十分な量のホルモンを入手するためには，しばしば思い切った規模の生化学的単離が必要である．Andrew Schally と Roger Guillemin は，視床下部から甲状腺刺激ホルモン放出ホルモン thyrotropin-releasing hormone（TRH）をそれぞれ独自に精製して，その性質を明らかにした．Schally のグループは，ほぼ 200 万頭のヒツジから得た約 20 トンの視床下部を処理した．一方，Guillemin のグループは，約 100 万頭のブタの視床下部を抽出した．そして TRH がトリペプチド Glu-His-Pro の単純な誘導体（図 23-2）であることが判明した．いったんこのホルモンの構造がわかると，生理学や生化学の研究用に大量のホルモンが化学合成された．視床下部ホルモンの研究によって，1977 年に Schally と Guillemin は Rosalyn Yalow とともにノーベル生理学医学賞を受賞した．Yalow は，Solomon A. Berson と共同でペプチドホルモンに対する極めて高感度な**ラジオイムノアッセイ** radioimmunoassay（**RIA**）を開発して，ホルモン作用の研究に利用した．この技法は，微量のホルモンの迅速で，定量的で，かつ特異的な測定を可能にし，ホルモン研究に変革

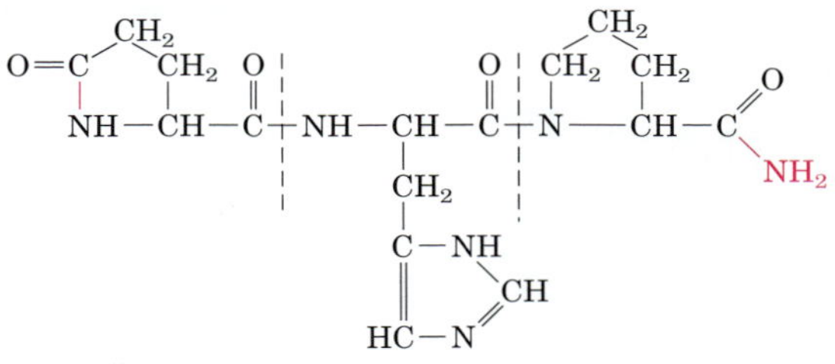

図 23-2　甲状腺刺激ホルモン放出ホルモン（TRH）の構造

思い切った努力によって視床下部の抽出物から精製された TRH は，トリペプチド Glu-His-Pro の誘導体であることが証明された．アミノ末端 Glu の側鎖のカルボキシ基がその残基の α-アミノ基とアミド（赤色の結合）を形成して，ピログルタミン酸になっている．また，カルボキシ末端の Pro のカルボキシ基はアミド（赤色の -NH$_2$）に変換されている．このような修飾は小さなペプチドホルモンに一般的である．分子量約 50,000 の代表的なタンパク質では，アミノ末端とカルボキシ末端の官能基の電荷のタンパク質の全電荷に対する寄与は比較的小さい．しかし，トリペプチドでは，これら二つの電荷はペプチドの性質を左右する．アミド誘導体の形成によって，このような電荷が取り除かれる．

BOX 23-1 医学
ホルモンはどのようにして発見されるのか
精製インスリンへの困難な道筋

1型（インスリン依存性）糖尿病の数百万人の患者たちは，極めて重要なホルモンであるインスリンを自らの膵臓β細胞が産生しないことの補償として，純粋なインスリンを毎日自分で注射する．インスリンの注射は糖尿病の治療法ではないが，そうしなければ死亡してしまう若い人たちが長くて豊かな生涯を送るのを可能にしている．偶然の観察から始まったインスリンの発見は，予期しない発見（セレンディピティー serendipity）と注意深い実験の組合せの例であり，このようにして他の多くのホルモンも発見されてきた．

1889年に，ストラスブール医科大学の若き助手 Oskar Minkowski と，ストラスブールの Hoppe-Seyler 研究所の Josef von Mering は，リパーゼを含むことが知られていた膵臓がイヌの脂肪消化にとって重要であるかどうかについて意見が一致しなかった．この問題を解決するために，彼らは脂肪消化に関する実験を始めた．イヌの膵臓を手術で摘出したところ，脂肪消化の実験を実行する前に，Minkowski はこのイヌが正常よりもはるかに多い尿を排泄すること（未治療の糖尿病と共通する症状）に気づいた．また，このイヌの尿は正常よりもはるかに高濃度のグルコースを含んでいた（糖尿病の別の症状）．これらの発見は，膵臓の何らかの産物の欠如が糖尿病を引き起こすことを示唆していた．

Minkowski は，膵臓摘出の影響を打ち消す（尿中や血中のグルコース濃度を低下させる）イヌの膵臓抽出物を調製しようとしたが，成功しなかった．今では，インスリンがタンパク質であって，膵臓には通常は小腸へ直接放出されて消化を助けるプロテアーゼ（トリプシン trypsin やキモトリプシン chymotrypsin など）が多量に含まれることがわかっている．Minkowski の膵臓抽出物中で，これらのプロテアーゼがインスリンを分解したことは疑いない．

大変な努力にもかかわらず，1921年の夏までは，この「抗糖尿病因子」の単離と同定に重要な進展はなかった．この夏に，トロント大学の J. J. R. MacLeod の研究室で研究していた若き科学者 Frederick G. Banting と学生助手の Charles Best がこの問題を取り上げた．そのときまでに，抗糖尿病因子の供給源として，膵臓中に一群の特殊な細胞（ランゲルハンス島；図 23-27 参照）の存在がいくつかの証拠により指摘さ

をもたらした．

ホルモンに特異的な抗体が，RIA，そして新しい同等法である**エンザイムイムノアッセイ** enzyme-linked immunosorbent assay（**ELISA**；図 5-26(b) 参照）の鍵である．ウサギ，マウス，またはニワトリに注射された精製ホルモンは，このホルモンに対して極めて高い親和性と特異性をもって結合する抗体を産生させる．このような抗体は精製され，RIA の場合は放射標識され，ELISA の場合は発色生成物をもたらす酵素によって標識される．次に，ホルモンを含む抽出液と標識抗体を反応させる．抽出液中のホルモンと結合している抗体の画分は，放射活性の測定あるいは比色法によって定量される．ホルモンに対する抗体の親和性は極めて高いので，このような方法によって試料中のピコグラム単位のホルモンを検出可能である．

ホルモンは特異的な高親和性の細胞受容体を介して作用する

Chap. 12 で述べたように，すべてのホルモン

れていた．その後，この因子はインスリン（ラテン語の *insula*,「島 island」に由来）と呼ばれるようになった．

タンパク質分解を注意深く防ぎながら，Banting と Best は（後で生化学者の J. B. Collip に助けられて），1921 年 12 月末に実験的に誘発したイヌの糖尿病の症状を治癒させる精製膵臓抽出物の調製に成功した．ほんの 1 か月後の 1922 年 1 月 25 日に，彼らの調製したインスリンが重篤な糖尿病の 14 歳の少年 Leonard Thompson に注射された．数日内に，Thompson 少年の尿中のケトン体とグルコースのレベルが劇的に低下して，抽出物がこの少年，そしてこの初期の調製品の投与を受けた他の重篤な症状の子供たちの命を救った（図 1）．1923 年に，Banting と MacLeod はインスリンの単離の研究でノーベル賞を受賞した．Banting は直ちにこの受賞を Best とともにしたいと発言し，MacLeod は彼の賞を Collip と分け合った．

1923 年までに，製薬会社はブタの膵臓から抽出したインスリンを世界中の数千人の患者に供給した．1980 年代の遺伝子操作技術の開発とともに，クローン化したヒトのインスリン遺伝子を微生物に導入し，この微生物を工業的規模で培養して，無限ともいえる量のヒトのインスリンを生産できるようになった．今では，糖尿病を患う一部の人たちはインスリンポンプを装着している．このポンプを用いると，食事や運動の際に変動するインスリンの必要量に見合うように，インスリン量を調整できる．将来，移植された膵臓組織が，健常な膵臓と同様に応答して，血糖の上昇時にのみインスリンを血流中に放出するインスリン源となると期待されている．

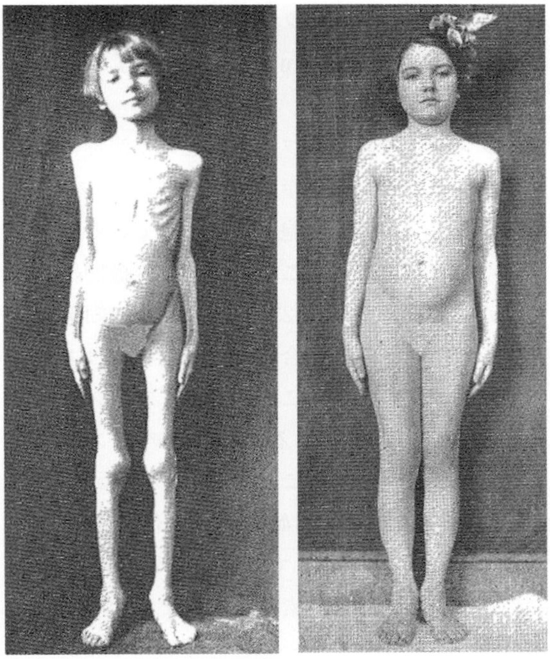

図 1

1 型糖尿病の女児．初期のインスリン製剤による治療を受ける前（左），および治療 3 か月後（右）．［出典：H. R. Geyelin et al., *J. Metabol. Res.* **2**: 767, 1922.］

はホルモン感受性の標的細胞に存在する極めて特異的な受容体を介して作用する．ホルモンはこの受容体に高い親和性で結合する．各細胞種はホルモン受容体の独自の組合せをもち，それによってホルモンに対する応答性の範囲が決まる．さらに，同じタイプの受容体をもつ二つの細胞種でも，ホルモン作用の細胞内標的が異なっており，同じホルモンに対する応答が異なることもある．ホルモン作用の特異性は，ホルモンと受容体の間の構造の相補性に起因する．この相互作用は極めて選択的であり，構造が似ているホルモンでも異なる受容体に優先的に結合する場合には，異なる作用を示すことがある．また，この相互作用の高い親和性のために，細胞は極めて低い濃度のホルモンに応答することができる．ホルモン調節の干渉を意図した薬物の設計では，薬物と天然のホルモンの相対的な特異性と親和性を知ることが不可欠である．

ホルモンと受容体の相互作用の細胞内での結果は，少なくとも次の四つの一般的なタイプに分けられる．(1) 一つ以上の酵素のアロステリック調節因子として働く cAMP, cGMP やイノシトールトリスリン酸のようなセカンドメッセンジャーの細胞内生成，(2) 細胞外のホルモンによる受容体チロシンキナーゼの活性化，(3) ホルモン依存性イオンチャネルの開閉に起因する膜電位の変化，(4) ステロイドまたはステロイド様分子が引き起こす核内受容体タンパク質を介する一つ以上の遺伝子の発現（DNA の mRNA への転写）レベルの変化（図 12-2 参照）.

インスリンやエピネフリンなどの水溶性のペプチドホルモンとアミンホルモン（例；インスリン，エピネフリン）は，細胞膜を貫通している細胞表面の受容体に結合することによって，標的細胞の外側から作用する（図 23-3）．受容体の細胞外ドメインにホルモンが結合すると，受容体はエフェクター分子が結合することによってアロステリック酵素に引き起こされるのと同様のコンホメーション変化を起こす．このコンホメーション変化が，ホルモン作用を開始させる．**代謝型受容体** metabotropic receptor では，そのような変化が受容体の下流にある酵素を活性化または不活性化する．一方，**イオンチャネル型受容体** ionotropic receptor では，細胞膜のイオンチャネルが開閉し，膜電位の変化（ΔV_m），または Ca^{2+} のようなイオンの濃度の変化を引き起こす．

ホルモンと受容体の複合体の形成によって，ホルモンの 1 分子が多数のセカンドメッセンジャー分子を生成する触媒を活性化する．したがって，受容体はシグナル伝達因子とシグナル増幅因子の両方として働く．そのシグナルは，ある触媒（プロテインキナーゼなど）が別の触媒（別のプロテインキナーゼなど）を活性化する一連のステップであるシグナル伝達カスケードによってさらに増幅され，最初のシグナルの極めて大きな増幅が起こる．この種のカスケードはエピネフリンによるグリコーゲンの合成と分解の調節で起こる（図 12-7 参照）．エピネフリンは受容体を介してアデニル酸シクラーゼを活性化する．この酵素が受容体に結合したホルモン 1 分子あたり多数の cAMP

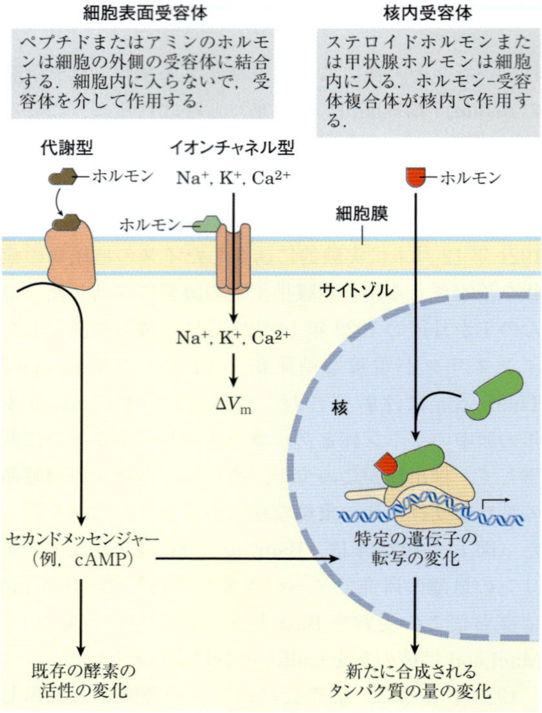

図 23-3 ホルモン作用の二つの一般的な機構

ペプチドホルモンとアミンホルモンはステロイドホルモンや甲状腺ホルモンよりも迅速に働く.

分子を産生する．次に，cAMP は cAMP 依存性プロテインキナーゼ（プロテインキナーゼ A）を活性化し，これがグリコーゲンホスホリラーゼ *b* を活性化するグリコーゲンホスホリラーゼ *b* キナーゼを活性化する．結局，シグナル増幅によって，エピネフリン 1 分子がグリコーゲンから数千～数百万分子ものグルコース 1-リン酸の産生を引き起こす．

ステロイド，レチノイド，甲状腺ホルモンなどの水に不溶性のホルモンは，標的細胞の細胞膜を容易に透過して，核内の受容体タンパク質に到達する（図 23-3）．すなわち，ホルモンと受容体の複合体そのものがメッセージを運び，DNA と相互作用して特定の遺伝子の発現を変化させ，細胞の酵素の全量を変化させることによって細胞内の代謝を変化させる（図 12-30 参照）．

細胞膜受容体を介して作用するホルモンは，一般に極めて迅速な生理学的または生化学的応答を引き起こす．エピネフリンが副腎髄質によって血液中に分泌されてからほんの数秒後に，骨格筋が応答してグリコーゲンの分解を加速する．これとは対照的に，甲状腺ホルモンや性（ステロイド）ホルモンでは，標的組織での応答が最大になるのには数時間あるいは数日さえもかかる．このような応答時間の違いは，異なる作用様式に対応する．一般に，速効性のホルモンはアロステリック機構または共有結合性修飾によって，細胞内にあらかじめ存在する一つ以上の酵素の活性の変化を誘導する．遅効性のホルモンは，一般に遺伝子の発現を変化させて，調節を受けるタンパク質の合成の増減（上向き調節 upregulation または下向き調節 downregulation）をもたらす．

ホルモンは化学的に多様である

哺乳類には，化学構造と作用様式によって区別されるいくつかの異なるクラスのホルモンがある（表 23-1）．ペプチド，カテコールアミン，エイコサノイドのホルモンは，細胞表面受容体を介して標的細胞の外側から作用する．ステロイド，ビタミン D，レチノイド，甲状腺ホルモンは，細胞内に入って核内受容体を介して作用する．気体である一酸化窒素も細胞内に入るが，サイトゾル酵素のグアニル酸シクラーゼを活性化する（図 12-23 参照）．

ホルモンは放出部位から標的組織に到達する経路によっても分類される．**内分泌** endocrine（ギリシャ語の「内部 within」を意味する *endon*，および「放出 release」を意味する *krinein* に由来）ホルモンは，血中に放出されて体じゅうの標的細胞へ運ばれる（インスリンやグルカゴンがその例）．**傍分泌** paracrine ホルモンは一つの細胞から細胞外空間に放出され，近傍の標的細胞へと拡散していく（エイコサノイドホルモンがこのタイプ）．**自己分泌** autocrine ホルモンは，ある細胞から放出され，その細胞自体の表面の受容体に結合して影響を及ぼす．

ホルモンシグナル伝達系をもつのは哺乳類に限らない．昆虫や線虫は高度に発達したホルモンによる調節系をもち，その基本的機構は哺乳類のものと似ている．植物も組織の活動を協調させるために，ホルモンのシグナルを用いる．

表 23-1　ホルモンのクラス

タイプ	例	合成経路	作用様式
ペプチド	インスリン，グルカゴン	プロホルモンのタンパク質分解によるプロセシング	細胞膜受容体；セカンドメッセンジャー
カテコールアミン	エピネフリン	チロシンより	
エイコサノイド	プロスタグランジン E_2	アラキドン酸（20：4 脂肪酸）より	
ステロイド	テストステロン	コレステロールより	核内受容体；転写調節
ビタミン D	カルシトリオール	コレステロールより	
レチノイド	レチノイン酸	ビタミン A より	
甲状腺ホルモン	トリヨードチロニン（T_3）	チログロブリン中の Tyr より	
一酸化窒素	一酸化窒素	アルギニン + O_2 より	サイトゾル受容体（グアニル酸シクラーゼ）とセカンドメッセンジャー（cGMP）

哺乳類のホルモンの構造の多様性と作用の範囲を説明するために，表 23-1 にあげる主要なクラスごとに代表例を取り上げて考えてみよう．

ペプチドホルモン　**ペプチドホルモン** peptide hormone はサイズが多様であり，3 個から 200 個以上のアミノ酸残基から成る．これらのホルモンには，膵臓ホルモンのインスリン，グルカゴン，ソマトスタチン somatostatin，副甲状腺ホルモン，カルシトニンや視床下部 hypothalamus と下垂体 pituitary のすべてのホルモン（後述）が含まれる．これらのホルモンは，リボソーム上で大きな前駆体タンパク質（プロホルモン prohormone）として合成されて，分泌小胞内に包み込まれ，タンパク質分解酵素による限定切断を受けて活性ペプチドになる．多くのペプチドホルモンでは，TRH のように末端残基が修飾されている（図 23-2）．

インスリン insulin は，二つのジスルフィド結合で連結された 2 本のポリペプチド鎖（A 鎖と B 鎖）から成る小さなタンパク質（分子量 5,800）である．インスリンは，不活性な一本鎖の前駆体のプレプロインスリン preproinsulin（図 23-4）として膵臓で合成される．この前駆体は，分泌小胞への移行を指令する「シグナル配列」をアミノ末端にもつ（シグナル配列については Chap. 27 で考察する；図 27-40 参照）．タンパク質分解によるシグナル配列の切除と，三つのジスルフィド結合の形成によってプロインスリンが生成して，膵臓の β 細胞内の分泌顆粒内（小胞体内で合成されたタンパク質を含む膜小胞）に貯蔵されるまでの過程で，特異的なプロテアーゼによる限定切断を受ける．このプロテアーゼは，2 か所でペプチド結合を切断し，成熟インスリン分子と C ペプチドを生成する．血糖値が十分に上昇してインスリン分泌の引き金が引かれると，分泌顆粒内の成熟インスリン分子と C ペプチドがエキソサイトーシスによって血中に放出される．三つすべての断片が生理的作用を有している．すなわち，インスリンはグルコースの取込みと脂肪合成を促進し，C ペプチドはさまざまな組織で G タンパク質共役受容体（GPCR）を介して，糖尿病性神経痛などの低インスリン合成による影響を軽減する．

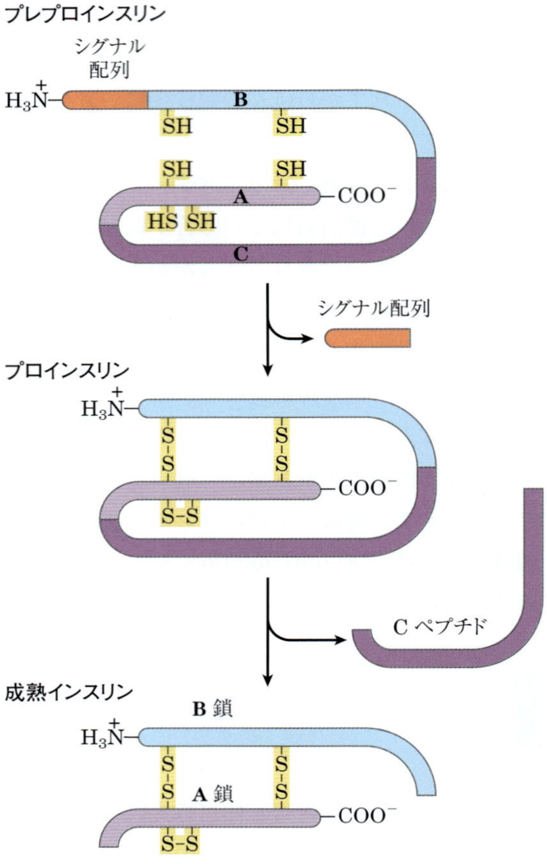

図 23-4　インスリン

成熟インスリンは，大きな前駆体のプレプロインスリンがタンパク質分解によるプロセシングを受けて生成する．プレプロインスリンのアミノ末端の 23 個のアミノ酸領域（シグナル配列）の切除と，三つのジスルフィド結合の形成によってプロインスリンが生じる．さらに，タンパク質分解によって C ペプチドがプロインスリンから切除され，A 鎖と B 鎖から成る成熟インスリンが生成する．ウシのインスリンのアミノ酸配列は図 3-24 に示してある．

プロホルモンタンパク質が特異的な切断を受けて，いくつかの活性型ホルモンが生じる場合がある．プロオピオメラノコルチン pro-opiomelanocortin（POMC）は顕著な例である．

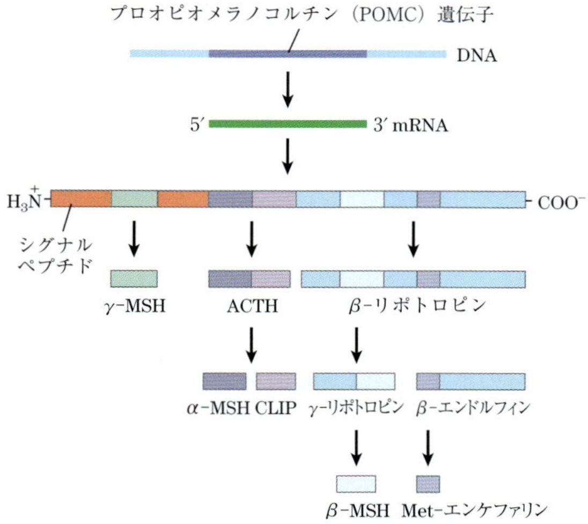

図 23-5　プロオピオメラノコルチン（POMC）のタンパク質分解によるプロセシング

POMC 遺伝子の最初の遺伝子産物は長いポリペプチドであり，これが特異的プロテアーゼによる一連の切断を受けて，ACTH（コルチコトロピン），β-と γ-リポトロピン，α-，β-と γ-MSH（メラニン細胞刺激ホルモンまたはメラノコルチン），CLIP（副腎皮質刺激ホルモン様中間ペプチド corticotropin-like intermediary peptide），β-エンドルフィン，Met-エンケファリンが生じる．切断点は Arg-Lys，Lys-Arg または Lys-Lys のような塩基性アミノ酸対である．

POMC 遺伝子は，少なくとも 9 種類の生物活性ペプチドが順次切り出されていく大きなポリペプチドをコードしている（図 23-5）．

分泌顆粒内のペプチドホルモンの濃度は極めて高いので，小胞内容物は事実上結晶化している．内容物がエキソサイトーシスによって放出される際に，大量のホルモンが急激に放出される．ペプチドを産生する内分泌腺を取り巻く毛細血管は窓状の開口（小径穴または「窓」がある）をもつので，ホルモン分子は容易に血流中に入り，他の場所の標的細胞へと運搬される．前述のように，すべてのペプチドホルモンは細胞膜の受容体に結合することによって作用する．ペプチドホルモンはサイトゾルでのセカンドメッセンジャーの生成を促し，セカンドメッセンジャーは細胞内酵素の活性を変化させて，細胞の代謝を変化させる．

カテコールアミンホルモン　水溶性化合物の**エピネフリン** epinephrine（**アドレナリン** adrenaline）と**ノルエピネフリン** norepinephrine（**ノルアドレナリン** noradrenaline）は**カテコールアミン** catecholamine であり，構造が類似する化合物のカテコールにちなんでこのように呼ばれる．これらはチロシンから合成される（図 22-31 参照）．

チロシン ⟶ L-ドーパ ⟶ ドーパミン ⟶
ノルエピネフリン ⟶ エピネフリン

脳や他の神経組織で産生されるカテコールアミンは神経伝達物質として機能する．しかし，エピネフリンとノルエピネフリンは副腎 adrenal gland によって合成されて分泌されるホルモンでもある．ペプチドホルモンと同様に，カテコールアミンは分泌顆粒内に高濃度に濃縮され，エキソサイトーシスによって放出される．また，細胞表面受容体を介して作用し，細胞内セカンドメッセンジャーを産生させる．カテコールアミンは，急性ストレスに対する極めて多様な生理学的応答を媒介する（表 23-7 参照）．

エイコサノイドホルモン　**エイコサノイドホルモン** eicosanoid hormone（プロスタグランジン，トロンボキサン，ロイコトリエン，およびリポキシン）は，炭素数 20 の多価不飽和脂肪酸のアラキドン酸（20：4（$\Delta^{5,8,11,14}$））およびエイコサペンタエン酸（EPA；20:5（$\Delta^{5,8,11,14,17}$））に由来する（図 21-12 参照）．

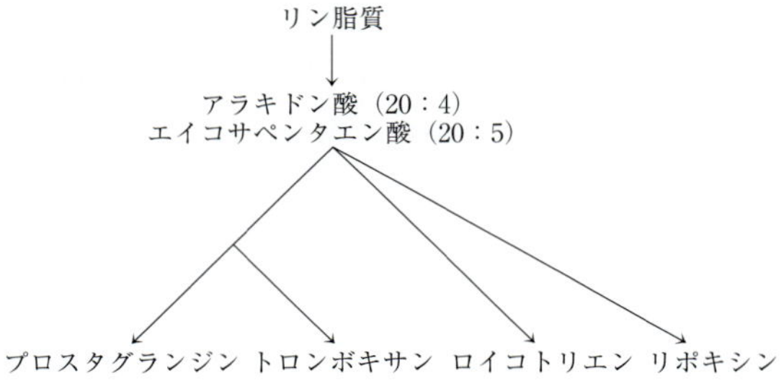

前述のホルモンとは異なり，これらのホルモンはあらかじめ合成されて貯蔵されているのではなく，必要なときにつくられる．プロスタグランジンとトロンボキサンを生成する経路の酵素は，哺乳類の組織に広く分布している．ほとんどの細胞がこれらのホルモンシグナル分子を産生し，多くの組織の細胞が特異的な細胞膜受容体を介してこれらの分子に応答する．エイコサノイドは傍分泌ホルモンであり，（主として血液中に分泌されるのではなく）細胞間質液中に分泌されて近傍の細胞に対して作用する．

ある種のプロスタグランジンは，腸や子宮などの平滑筋の収縮を促進する．したがって，医学的には分娩を誘発することができる．またこれらのホルモンは，いくつかの組織で痛みや炎症を媒介する．多くの抗炎症薬は，プロスタグランジン合成経路（図 21-15 参照）のステップを阻害することによって作用する．トロンボキサンは，血小板の機能を調節することによって血液凝固を調節する（図 6-41 参照）．ロイコトリエンの LTC_4 と LTD_4 は，細胞膜受容体を介して作用し，腸，肺，気道，気管の平滑筋の収縮を刺激する．これらの物質は，アナフィラキシー anaphylaxis のメディエーターである．アナフィラキシーは過剰な免疫応答であり，気道狭窄，心拍数の変化，急性循環不全，そしてときには死をもたらす．リポキシンは免疫機能に対して大きな影響を及ぼす短寿命のエイコサノイド誘導体であり，炎症収束物質として血中に現れる．■

ステロイドホルモン ステロイドホルモン steroid hormone（コルチコステロイド（副腎皮質）ホルモンや性ホルモン）は，いくつかの内分泌組織でコレステロールから合成される．

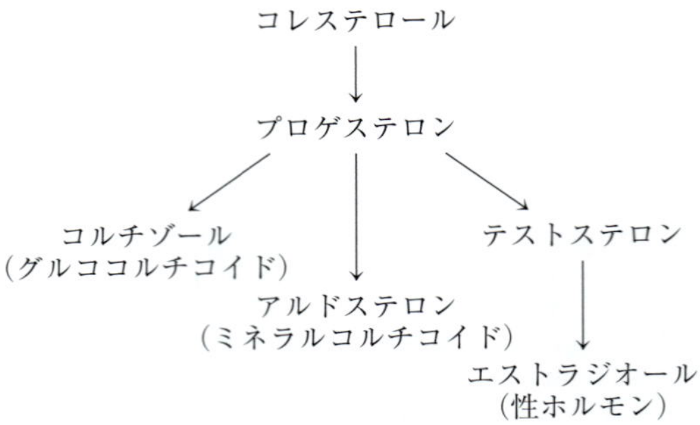

これらのホルモンは，輸送タンパク質に結合して血流を介して標的細胞へと運ばれる．50 種類以上のコルチコステロイド corticosteroid ホルモンは，副腎皮質において，コレステロールの D 環の側鎖を除去し，酸素を導入してケト基とヒドロキシ基を形成する反応によって産生される．これらの反応の多くは，シトクロム P-450 酵素によって触媒される（Box 21-1 参照）．コルチコステロイドは，その作用によって二つの一般的なタイプに分類される．コルチゾールのようなグルココルチコイド（糖質コルチコイド）glucocorticoid は，主として糖質代謝に影響を及ぼす．アルドステロン aldosterone のようなミネラルコルチコイド（鉱質コルチコイド）mineralocorticoid は，血液中の電解質（K^+, Na^+, Ca^{2+}, Cl^-）濃度を調節する．二つの性ホルモンであるアンドロゲン androgen（テストステロン testosterone など）とエストロゲン estrogen（エストラジオール estradiol など；図 10-18 参照）は精巣や卵巣で産生される．これらのホルモンは，性の発達，性行動，および他のさまざまな生殖機能と非生殖機能に影響を及ぼす．これらの合成にも，コレステロールの側鎖を切断して酸素原子を導入するシトクロム P-450 cytochrome P-450 酵素が必要である．

すべてのステロイドホルモンは，核内受容体を介して作用し，特定の遺伝子の発現レベルを変化させる（図 12-30 参照）．細胞膜に存在する受容体を介して，ステロイドホルモンがより即効性の作用を示すこともある．ヒトや他の動物は，「内分泌かく乱物質」という多くの外因性の化学物質にさらされている．これらには，PCB（ポリ塩化ビフェニル）のような環境汚染物質，殺虫剤，医薬品から，大豆製品のように植物製品に自然に存在するエストロゲンまで広く含まれる．内分泌かく乱物質のなかには，核内ステロイドホルモン受容体に結合してホルモン用作用を促進するものもあれば，受容体を遮断して，内因性ホルモンによる刺激を妨げたり，肝臓でのステロイドホルモンの通常の代謝を阻害したりするものもある．

ビタミンDホルモン vitamin D hormone　**カルシトリオール** calcitriol（1α, 25-ジヒドロキシコレカルシフェロール 1α, 25-dihydroxycholecalciferol）は，肝臓と腎臓においてヒドロキシ化を触媒する酵素によってビタミンDから産生される（図10-19(a) 参照）．ビタミンDは食餌から摂取するか，あるいは日光にさらされた皮膚で7-デヒドロコレステロール 7-dehydrocholesterol の光分解によって生じる．

7-デヒドロコレステロール
↓ 紫外線
ビタミン D_3
（コレカルシフェロール）
↓
25-ヒドロキシコレカルシフェロール
↓
1α, 25-ジヒドロキシコレカルシフェロール
（カルシトリオール）

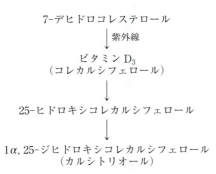

カルシトリオールは，副甲状腺ホルモンと協調して Ca^{2+} ホメオスタシスにおいて働き，血中の Ca^{2+} 濃度と骨での Ca^{2+} 沈着と動員のバランスを調節する．核内受容体を介して作用し，カルシトリオールは食餌中の Ca^{2+} の取込みに必須の小腸の Ca^{2+} 結合タンパク質の合成を促進する．食餌中のビタミンDが不足したり，カルシトリオールの生合成に欠陥があったりすると，骨が弱く，奇形になるくる病 rickets のような重篤な疾患になる（図10-19(b) 参照）．■

レチノイドホルモン　**レチノイドホルモン** retinoid hormone は，核内のレチノイド受容体を介して，細胞の増殖，生存および分化を調節する強力なホルモンである．プロホルモンのレチノール retinol は主に肝臓でβ-カロテンから合成され（図10-20 参照），多くの組織がレチノールをホルモンのレチノイン酸 retinoic acid（RA）に変換する．RAは核内で特異的受容体（RAR）に結合し，もう一つの核内タンパク質であるレチノイドX受容体（RXR）と二量体を形成し，RA応答性の遺伝子発現の程度を変える．

β-カロテン
↓
ビタミン A_1
（レチノール）
↓
レチノイン酸

すべての細胞種が少なくとも一つのタイプの核内レチノイド受容体をもつので，すべての組織がレチノイドの標的となる．成人では，角膜，皮膚，肺と気管の上皮，免疫系が主要な標的である．これらすべての標的組織では，細胞が継続的に置き換わっている．RAは増殖あるいは分化にとって必須なタンパク質の合成を調節する．過剰のビタミンA（レチノイドホルモン前駆体）は出生異常を引き起こす可能性があるので，重度の痤瘡（ニキビ）の治療薬として開発されたレチノイドクリームを妊婦は使用しないように勧告されている．■

甲状腺ホルモン　**甲状腺ホルモン** thyroid hormone の T_4（チロキシン thyroxine）と T_3（トリヨードチロニン triiodothyronine）は，前駆体タンパク質のチログロブリン thyroglobulin（分子量660,000）から合成される．甲状腺において，チログロブリンの最大で20個のTyr残基が酵素によってヨウ素化され，次に2個のヨードチロシン残基が縮合してチロキシンの前駆体を形成す

る．チロキシンは必要なときにタンパク質分解によって放出される．モノヨードチロシンがジヨードチロシンと縮合して T_3 が生成する．T_3 はタンパク質分解によって，活性型ホルモンとして放出される．

チログロブリン-Tyr
↓
チログロブリン-Tyr-I
（ヨウ素化 Tyr 残基）
↓ タンパク質分解
チロキシン（T_4），
トリヨードチロニン（T_3）

甲状腺ホルモンは核内受容体を介して作用し，特に肝臓と筋肉で異化作用の鍵となる酵素をコードする遺伝子の発現を増大させることによって，エネルギー産生代謝を促進する．チロキシン低産生は代謝を遅くして，うつ病の原因となることがある．食餌中のヨウ素不足によりチロキシンが低産生になると，甲状腺はより多くのチロキシンを産生しようと無益な試みをして肥大化する（図 23-6）．かつては甲状腺腫 goiter と呼ばれたこの状態は，海（新鮮な海産物のかたちでヨウ素を供給する）から遠く離れた地域や，土壌が低ヨウ素（低ヨウ素の植物を産生）の地域では一般的であった．ヨウ素を日常的に食卓塩に添加している地域では，甲状腺腫はほぼなくなった．

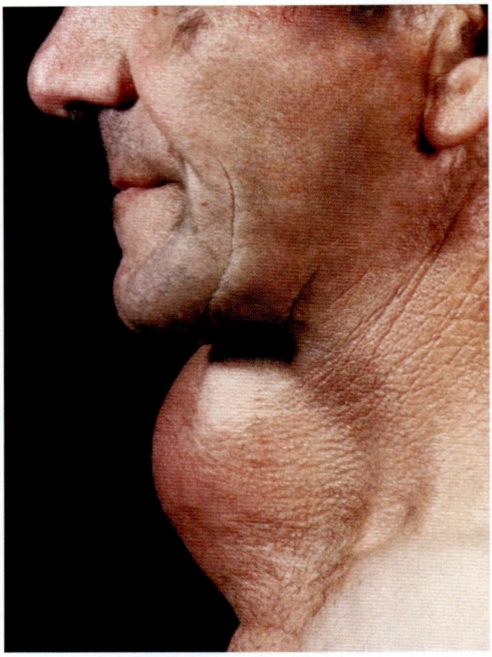

図 23-6　甲状腺腫

進行甲状腺腫の人．甲状腺腫は，ヨウ素欠乏時に甲状腺ホルモンをむやみに産生しようとして甲状腺が肥大化したものである．食餌中のヨウ化物塩は，まれな遺伝子欠損による場合を除いて，ほとんどの甲状腺腫の発症を抑える．ヒト遺伝性疾患のオンラインカタログである Online Mendelian Inheritance in Man（omim.org）は，甲状腺腫発症を引き起こすことがあるチログロブリン遺伝子の変異を含む多数の遺伝性疾患について記述している．［出典：Biophoto Associates/Science Source.］

一酸化窒素（NO$^\bullet$） **一酸化窒素** nitric oxide は比較的安定なフリーラジカルであり，**NO シンターゼ** NO synthase が触媒する反応によって分子状酸素とアルギニンのグアニジノ基の窒素から合成される（図 22-33 参照）．

$$\text{アルギニン} + 1\tfrac{1}{2}\text{NADPH} + 2\text{O}_2 \longrightarrow \text{NO}^\bullet + \text{シトルリン} + 2\text{H}_2\text{O} + 1\tfrac{1}{2}\text{NADP}^+$$

この酵素は，ニューロン，マクロファージ，肝細胞，平滑筋細胞，血管内皮細胞，腎上皮細胞などの多くの組織と細胞種に見られる．NO は放出部位の近傍で働き，標的細胞内に入ってサイトゾルの酵素グアニル酸シクラーゼを活性化する．この酵素は，セカンドメッセンジャーの cGMP の生成を触媒する（図 12-23 参照）．cGMP 依存性プロテインキナーゼは，重要なタンパク質をリン酸化し，それらの活性を変化させることによって NO の作用を媒介する．例えば，血管のまわりの平滑筋細胞における収縮タンパク質のリン酸化によって，平滑筋が弛緩し，血圧が低下する．

ホルモンの放出は「トップダウン」の階層的な神経シグナルとホルモンシグナルによって調節される

特定のホルモンのレベルの変化によって特定の細胞過程が調節されるが，いったい何が個々のホルモンのレベルを調節するのか．その答えを手短に述べると，中枢神経系が多くの内部あるいは外部の検出器からの入力（例；危険，空腹，摂食，血液組成，血圧などのシグナル）を受け取って，内分泌組織が適切なホルモンシグナル分子を産生するように調節する．より完全な答えを得るためには，人体のホルモン産生系と，それらの系の間の機能的相互関係について調べなければならない．

図 23-7 はヒトの主要な内分泌腺の解剖学上の所在を示す．また，図 23-8 は，ホルモンのシグナル伝達の階層での「指令の流れ」を表す．脳の小さな領域である**視床下部** hypothalamus（図 23-9）は，内分泌系の統合中枢であって，中枢神経系からのメッセージを受け取って統合する．これらのメッセージに応答して，視床下部は多数の調節ホルモン（放出因子）を産生する．これらのホルモンは，視床下部と下垂体を連結する特殊な血管とニューロンを通じて近傍の下垂体に直接受け渡される（図 23-9(b)）．下垂体は機能の異なる二つの部分から成る．**下垂体後葉** posterior pituitary には，視床下部に発する多数のニューロンの軸索終末がある．これらのニューロンは，短いペプチドホルモンのオキシトシン oxytocin とバソプレッシン vasopressin（図 23-10）を産生する．次に，これらのホルモンは，軸索を通って下垂体の神経終末へと移行して，そこで分泌顆粒中に貯蔵され，放出のシグナルを待つ．

下垂体前葉 anterior pituitary は，血液によって運ばれてきた視床下部ホルモンに応答して，**刺激ホルモン** tropic hormone（**トロピン** tropin ともいう，「順番 turn」を意味するギリシャ語の *tropos* に由来）を産生する．これらの比較的長いポリペプチドは，次の階層の内分泌腺（図 23-8）を活性化する．これらの内分泌腺には，副腎皮質，甲状腺，卵巣，そして精巣がある．これらの内分泌腺は，次に特異的なホルモンを分泌し，分泌されたホルモンは血流によって標的組織へと運ばれる．例えば，視床下部から分泌されたコルチコトロピン放出ホルモン corticotropin-releasing hormone は，下垂体前葉を刺激してコルチコトロピン corticotropin（ACTH）を放出させる．コルチコトロピンは血液を通って副腎皮質束状体に行き，コルチゾールの放出を引き起こす．このカスケードの最終ホルモンのコルチゾールは，多くのタイプの標的細胞に存在する受容体を介し作用して代謝を変化させる．肝細胞におけるコルチ

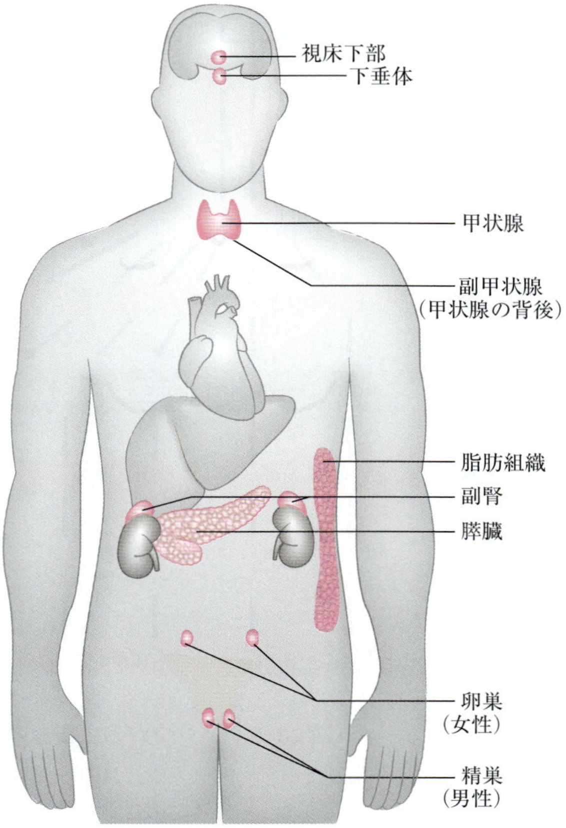

図 23-7　主要な内分泌腺
分泌腺を桃色で示す．

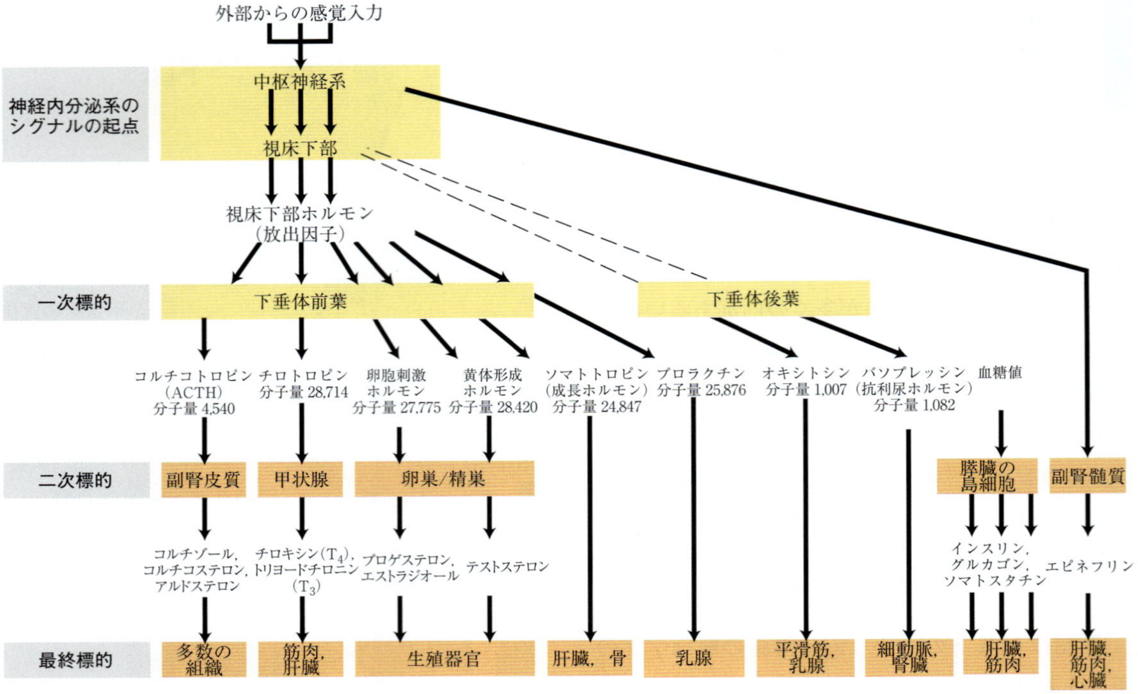

図 23-8 いくつかの主要な内分泌ホルモンとそれらの標的組織

中枢神経系で発生したシグナル（上段）は，一連の中継装置を経て最終標的組織（下段）へと伝達される．ここに示す系のほかに，胸腺，松果体や消化管の細胞群もホルモンを分泌する．破線は神経系によるつながりを表す．

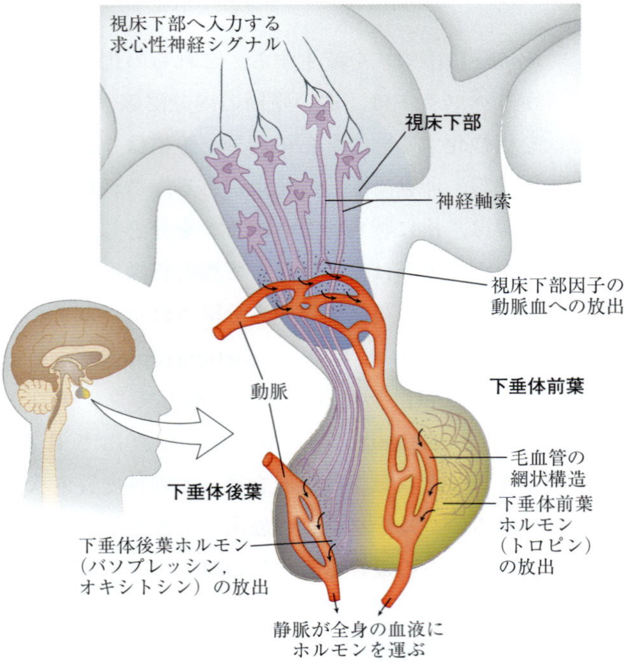

図 23-9 ホルモンシグナルの神経内分泌起源

視床下部と下垂体の位置，および視床下部-下垂体系の詳細．連結しているニューロンからくるシグナルが，視床下部を刺激して放出因子を血管内に分泌させる．この血管は，このホルモンを下垂体前葉にある毛細血管の網状組織へ直接運ぶ．それぞれの放出因子に応答して，下垂体前葉は適切なホルモンを一般の循環系に放出する．下垂体後葉ホルモンは，視床下部から出るニューロンで合成される．ホルモンは軸索を通って下垂体後葉にある神経終末へと輸送され，ニューロンのシグナルに応答して血液中に放出されるまで，分泌顆粒中に貯蔵される．

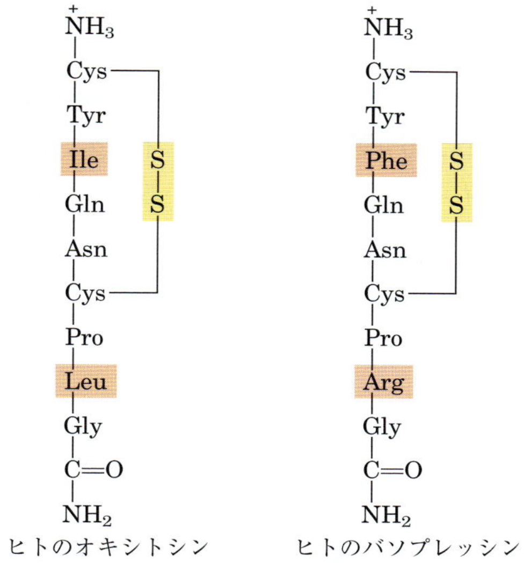

図 23-10　下垂体後葉の二つのホルモン

カルボキシ末端の残基は，両方ともにグリシンアミド -NH-CH_2-$CONH_2$（図 23-2 に示す，カルボキシ末端のアミド化は短いペプチドホルモンに共通している）である．これら二つのホルモンは，2 個の残基（淡赤色の網掛け）を除けばすべて同じであるが，著しく異なる生物作用を示す．オキシトシンは子宮と乳腺の平滑筋に対して作用して，分娩時の子宮収縮と授乳時の母乳の分泌を促進する．バソプレッシン（抗利尿ホルモンとも呼ばれる）は腎臓での水の再吸収を亢進させたり，血管の収縮を促進したりして血圧を上昇させる．

ゾールの作用の一つは，糖新生速度の亢進である．

コルチゾールやエピネフリンの放出を導くようなホルモンのカスケードによって，最初のシグナルは大きく増幅され，最終ホルモンの産生という出力の精巧な調整を行うことが可能になる（図 23-11）．カスケードの各レベルで，小さなシグナルが大きな応答を引き起こす．例えば，視床下部への最初の電気シグナルが，数ナノグラムのコルチコトロピン放出ホルモンの放出を引き起こす．このホルモンは，数マイクログラムの副腎皮質刺激ホルモンの放出を引き起こす．副腎皮質刺激ホルモンは副腎皮質に作用して，ミリグラム単位のコルチゾールを放出させる．総計すると，少なくとも 100 万倍の増幅となる．

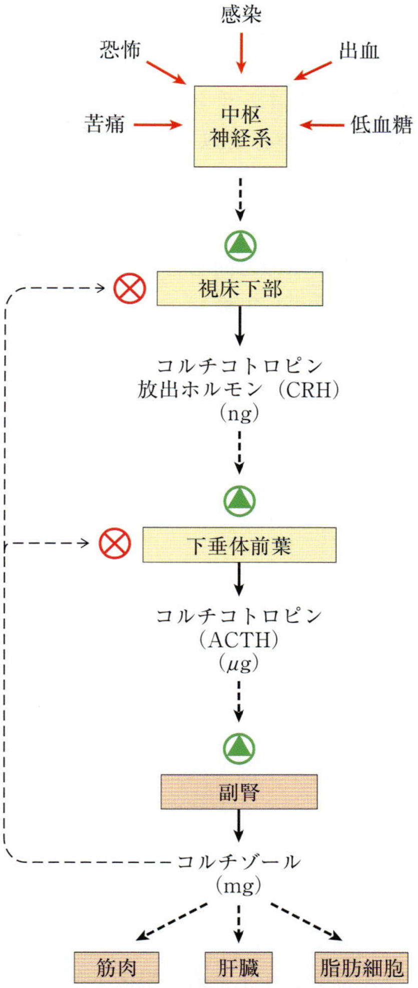

図 23-11　中枢神経系から視床下部への入力に伴って起こるホルモン放出のカスケード

黒色実線の矢印はホルモンの産生と放出を示す．黒色破線の矢印は標的組織に対するホルモン作用を示す．経路に沿った各内分泌組織において，すぐ上のレベルからの刺激が受け取られ，増幅され，伝達されて，カスケード内の次のホルモンの放出が誘導される．カスケードは，最終ホルモン（この場合にはコルチゾール）によるフィードバック抑制（細い破線の矢印）を介して，いくつかのレベルで敏感な調節を受ける．したがって，単一細胞内の生合成経路でのフィードバック阻害のように，生成物がそれ自体の産生を調節する．

ホルモンのカスケードの各レベルで，カスケードの前のステップがフィードバック抑制される可能性がある．最終ホルモンまたは中間のホルモンの一つのレベルが必要以上に上昇すると，カスケードの前のホルモンの放出が阻害される．このようなフィードバック機構によって，生合成経路の出力を制限するのと同じ目的が達成される（図23-11を図22-37と比較しよう）．必要な濃度に達するまでしか生成物は合成されない（もしくは放出されない）．

「ボトムアップ」のホルモンシステムは脳と他の組織にシグナルを送り返す

図23-8に示したホルモンシグナルのトップダウンの階層性に加えて，ホルモンのなかには消化管，筋肉，脂肪組織で産生され，視床下部に代謝の現状を伝えるものがある（図23-12）．これらのシグナルは視床下部で統合され，適切な神経応答，あるいはホルモン応答を誘発する．視床下部におけるAMP活性化プロテインキナーゼ AMP-activated protein kinase（AMPK）の酵素作用は，このような統合機構の一つである．AMPKはさまざまな入力をとりまとめ，視床下部において鍵となるタンパク質をリン酸化することによって情報を先に伝える．この機構への既知のホルモン入力は多数あり，間違いなく今後さらに見つかるはずである．

たとえば，**アディポカイン** adipokine は脂肪組織で産生されるペプチドホルモンであり，脂肪貯蔵量の妥当性に関するシグナルを送る．脂肪組織がトリアシルグリセロールを十分に貯留しているときに放出される**レプチン** leptin は，脳で作用して摂食行動を抑制する．一方，**アディポネクチン** adiponectin は貯蔵脂肪の枯渇のシグナルを送り，摂食を促進する．**グレリン** ghrelin は，胃が空のときに胃腸管で産生され，視床下部で作用して摂食行動を促進する．胃が満たされると，グレリンの放出は止まる．**インクレチン** incretin は，摂食後に消化管で産生されるペプチドホルモンであり，膵臓からのインスリンの分泌を増大させ，グルカゴンの分泌を低下させる．インクレチンのなかでもっともよく研究されているのは，**グルカゴン様ペプチド1** glucagon-like peptide-1（**GLP-1**）と**グルコース依存性インスリン分泌刺激ポリペプチド** glucose-dependent insulinotropic

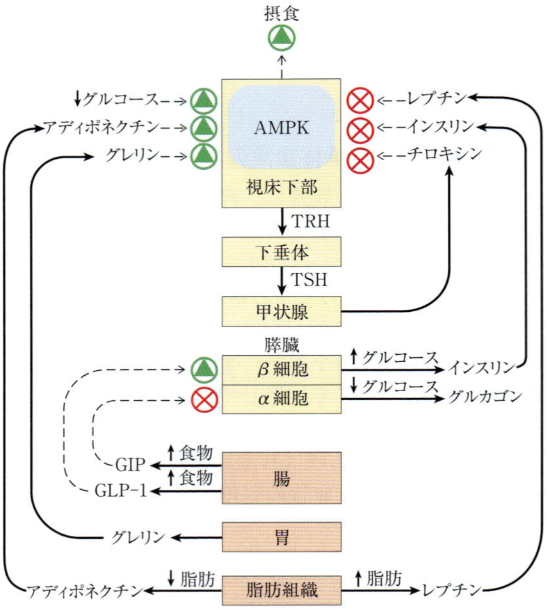

図23-12 組織と視床下部の間の二方向性の情報の流れによる摂食行動の調節

摂食とエネルギー産生が適度であるとき，胃，腸および脂肪組織から放出されるペプチドホルモンが，満腹シグナルを視床下部にフィードバックし，摂食行動を抑制する．他の組織特異的ペプチドホルモンは，貯蔵されたトリアシルグリセロールの供給が不十分であること，あるいは血糖値が低いことを知らせる．このようなシグナルのすべては，直接または間接的に視床下部のAMP活性化プロテインキナーゼ（AMPK）に対して影響を及ぼす．AMPKはこれらのシグナルを統合して，摂食行動と組織のエネルギー産生代謝に影響を及ぼす．神経は脳から他の組織へと電気的シグナルを伝え，情報回路を完全なものにして，ホメオスタシスを達成する（図示していない）．TRH，チロトロピン放出ホルモン；GLP-1，グルカゴン様ペプチド1；GIP，胃抑制ポリペプチド．

表 23-2　哺乳類の摂食行動と代謝燃料選択に対して作用するペプチドホルモン

ホルモン	産生部位	標的組織	作用
インスリン	膵臓 β 細胞	筋肉，脂肪組織，肝臓	グルコース取込み促進，グリコーゲンと脂肪の合成促進
グルカゴン	膵臓 α 細胞	肝臓，脂肪組織	糖新生促進，血中へのグルコース放出促進
レプチン	脂肪組織	視床下部	空腹感の抑制
アディポネクチン	脂肪組織	筋肉，肝臓など	異化促進
グレリン	胃，腸	脳	空腹シグナル
インクレチン：GLP-1，GIP	腸	膵臓	インスリン放出促進
NPY	視床下部，副腎	脳，自律神経系	摂食行動促進
$PYY_{3\text{-}36}$	腸	脳	満腹シグナル
イリシン	筋肉（運動後）	脂肪組織	白色脂肪組織をベージュ脂肪組織に変換

polypeptide（**GIP**）である．GIP は**胃抑制ポリペプチド** gastric inhibitory polypeptide ともいう．

ニューロペプチド Y Neuropeptide Y（**NPY**）は，中枢神経系（視床下部）と副腎で産生されるホルモンである．このホルモンの放出は摂食を促進し，不要な活動に対するエネルギー消費を低下させる．小腸で産生される**ペプチド YY** peptide YY（$\mathbf{PYY_{3\text{-}36}}$）は満腹のシグナルを伝える．NPY と $PYY_{3\text{-}36}$ は，G タンパク質共役受容体（GPCR）を介して作用する（Chap. 12 参照）．

イリシン irisin は運動後に筋肉で産生されるペプチドホルモンであり，白色脂肪組織を，エネルギーを熱として消費する褐色脂肪組織またはベージュ脂肪組織 beige adipose tissue に変換する（Sec. 23.2 参照）．

これらのホルモンのすべて，そしてさらに他のホルモンも，摂食行動や肥満の研究に用いられるラットやマウスにおいて，そしてヒトにおいても機能することがわかっている（表 23-2）．これらのホルモンについては，ヒトの体重調節について考察する際に再び触れる（Sec. 23.4）．

まとめ

23.1　ホルモン：多様な機能のための多様な構造

- ホルモンは，ある組織によって血中あるいは間質液中に分泌される化学メッセンジャーであり，他の細胞や組織の活動を調節するように働く．
- ラジオイムノアッセイと ELISA は，ホルモンの検出と定量のための極めて高感度の技術である．
- ペプチド，カテコールアミン，エイコサノイドのホルモンは，標的細胞膜上の特異的受容体に結合し，実際に細胞内には入らずに細胞内セカンドメッセンジャーのレベルを変化させる．
- ステロイド，ビタミン D，レチノイド，甲状腺ホルモンは標的細胞内に入り，特異的な核内受容体と相互作用することによって，遺伝子発現を変化させる．
- 触媒が触媒を活性化するように，ホルモンカスケードでは最初の刺激が数桁も，しかもしばしば極めて短時間（数秒）のうちに増幅される．
- いくつかのホルモンは，プロホルモンとして合成され，酵素による切断によって活性化される．インスリンなどのように，タンパク質の切断によって一つのホルモンが生成する場合もあれば，POMC などのように，複数の異なるホルモンが単一のプロホルモンの切断によって生じる場合もある．

- ホルモンは，脳と内分泌腺の間のトップダウンの階層的な相互作用による調節を受ける．神経インパルスは，視床下部を刺激して特定のホルモンを下垂体へと送り，このホルモンが刺激ホルモンの放出を刺激(あるいは抑制)する．次に，下垂体前葉ホルモンが他の内分泌腺（甲状腺，副腎，膵臓）を刺激して，それぞれに特有のホルモンを分泌させる．分泌されたホルモンは，次に特定の標的組織を刺激する．
- ペプチドホルモンは，ボトムアップシグナル伝達においても働く．脂肪組織，筋肉，胃腸管は，他の組織に対してや中枢神経系において作用するペプチドホルモンを放出する．

23.2 組織特異的代謝：分業

人体の各組織は，解剖学上の構造や代謝活動に反映される専門化した機能を有する（図 23-13）．骨格筋は随意運動を行う．脂肪組織は，保温に加えてからだ全体の代謝燃料として役立つ脂肪のかたちでエネルギーを貯蔵して供給する．脳では，細胞が細胞膜を横切ってイオンを出し入れし，電気シグナルを発生させる．肝臓は，代謝において加工と分配の中心的役割を担い，血流を介して他のすべての器官や組織に栄養素の適切な混合物を供給する．この肝臓の機能の中枢性は，他のすべ

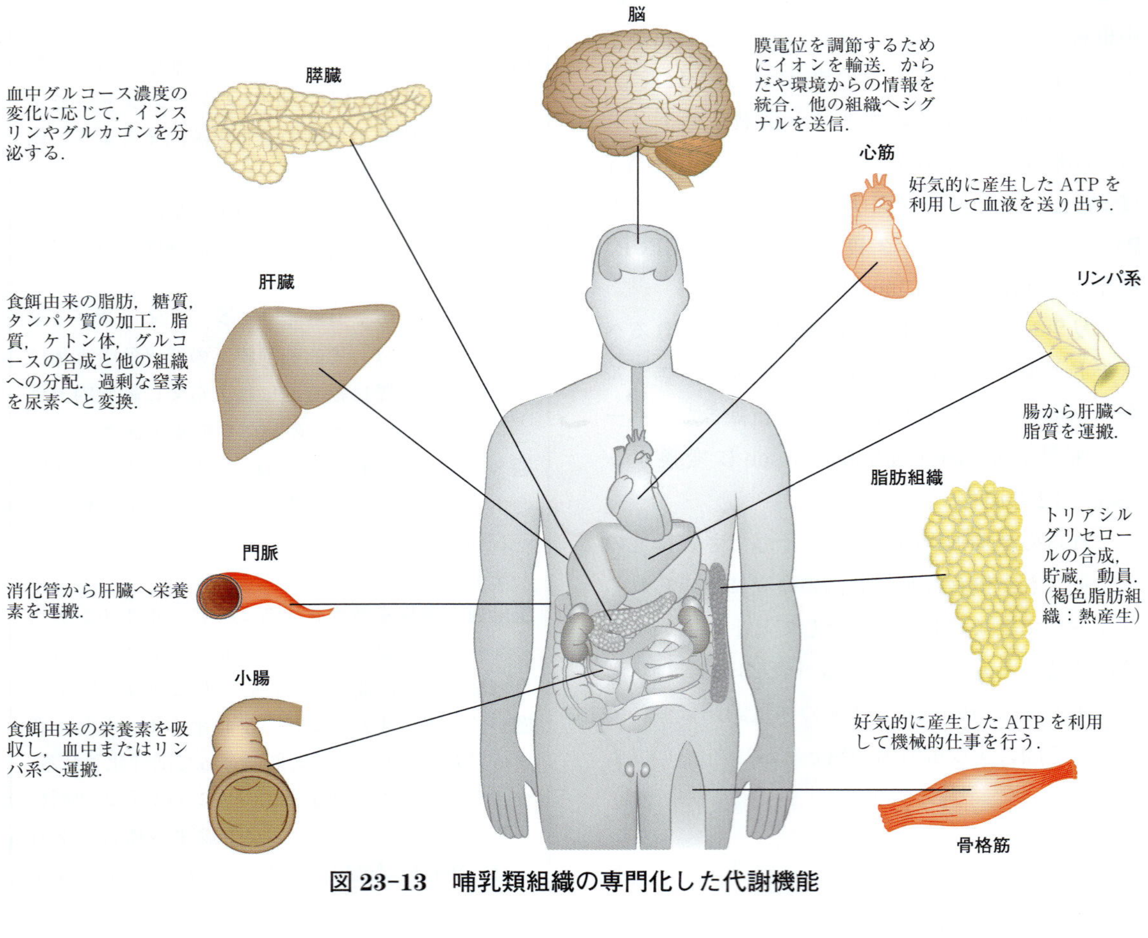

図 23-13 哺乳類組織の専門化した代謝機能

ての組織と器官を「肝外 extrahepatic」と総称することからもわかる．したがって，哺乳類の肝臓における糖質，アミノ酸，脂肪の変換について考慮しながら，代謝の分業に関する考察から始める．次に，脂肪組織，筋肉，脳と，他のすべての組織を互いに連結させる媒体である血液の主要な代謝機能について手短に述べる．

肝臓は栄養素を加工して分配する

哺乳類における消化の際には，三つの主要なクラスの栄養素（糖質，タンパク質，脂肪）は酵素による加水分解を受けて，単純な構成成分へと変換される．腸の内腔側に並ぶ上皮細胞は比較的小さな分子しか吸収しないので，この分解は不可欠である．腸での脂肪の消化によって遊離される脂肪酸とモノアシルグリセロールの多くは，上皮細胞内でトリアシルグリセロール（TAG）へと再び組み立てられる．

吸収された後で，ほとんどの糖とアミノ酸，一部の再構築された TAG は，小腸上皮細胞を通って毛細血管に入り，血流を介して肝臓へと運ばれる．残りの TAG は，リンパ系を経て脂肪組織に入る．門脈 portal vein（図 23-13）は消化器官から肝臓への直接経路であり，消化吸収された栄養素は門脈を介して最初に肝臓へ到達する．肝臓は 2 種類の主要な細胞から成る．クッパー細胞 Kupffer cell は食細胞であり，免疫機能において重要である．ここで最も興味深いのは**肝細胞** hepatocyte であり，食餌の栄養素を他の組織が必要とする代謝燃料と前駆物質に変換して，血液を介して送り出す．肝臓に供給される栄養素の種類と量は，食餌の内容，食事の間隔，その他のいくつかの要因によって決まる．肝外組織の要求する代謝燃料と前駆物質は器官ごとに異なり，個人の活動のレベルや全身の栄養状態とともに変動する．

このように変化する状況に対応するために，肝臓の代謝は著しい柔軟性を示す．例えば，食餌が高タンパク質性であると，肝細胞はアミノ酸の異化と糖新生に働く酵素を高レベルにする．このような酵素のレベルは，食餌が高糖質性に変わると数時間以内に低下しはじめ，糖質の代謝や脂肪の合成に必須の酵素の合成を増大させる．肝臓の酵素の代謝回転（すなわち，合成と分解の過程）は，筋肉のような他の組織における酵素の代謝回転に比べて 5 ～ 10 倍も速い．肝外組織も周囲の状況に応じて代謝を調整するが，これらの組織には肝臓ほど適応できるものはなく，生物体全体の代謝に影響を及ぼす組織もない．次に，血流から肝臓に入る糖，アミノ酸，脂質のたどる代謝運命について見てみよう．読者がここで述べる代謝変換を思い出すのに役立つように，表 23-3 にこれから述べる主要な経路と過程をあげ，各経路を詳細に表した既出の図の番号を示す．ここで，図 23-14 ～ 23-16 内に示すステップの番号を参照しながら，各経路の概要について述べる．

糖　肝細胞のグルコース輸送体（GLUT2）は，グルコースの速やかな受動拡散を可能にするので，肝細胞内のグルコース濃度は血液中の濃度とほぼ同じである．肝細胞内に入ったグルコースは，グルコキナーゼ glucokinase（ヘキソキナーゼⅣ hexokinase Ⅳ）によってリン酸化されてグルコース 6-リン酸になる．グルコキナーゼは他の細胞のヘキソキナーゼのアイソザイムよりもグルコースに対してはるかに高い K_m（10 mM）を示し，他のアイソザイムとは違ってその生成物であるグルコース 6-リン酸によって阻害されない（pp. 846 ～ 848）．グルコキナーゼを有する肝細胞は，細胞内のグルコース濃度が他のヘキソキナーゼに対して過剰になるほどに上昇しても，グルコースをリン酸化し続ける．グルコキナーゼの K_m が高いことは，グルコース濃度が低いときには肝細胞内でのグルコースのリン酸化を最小限にし，肝臓

表 23-3 既出の章で示した糖質，アミノ酸，脂肪の代謝経路

経 路	参照図
クエン酸回路：アセチル CoA → $2CO_2$	16-7
酸化的リン酸化：ATP 合成	19-19
糖質の異化	
グリコーゲン分解：グリコーゲン→グルコース 1-リン酸→血中のグルコース	15-27；15-28
ヘキソースの解糖への流入：フルクトース，マンノース，ガラクトース→グルコース 6-リン酸	14-11
解糖：グルコース→ピルビン酸	14-2
ピルビン酸デヒドロゲナーゼ反応：ピルビン酸→アセチル CoA	16-2
乳酸発酵：グルコース→乳酸＋ 2 ATP	14-4
ペントースリン酸経路：グルコース 6-リン酸→ペントースリン酸＋ NADPH	4-22
糖質の同化	
糖新生：クエン酸回路の中間体→グルコース	14-17
グルコース-アラニン回路：グルコース→ピルビン酸→アラニン→グルコース	18-9
グリコーゲン合成：グルコース 6-リン酸→グルコース 1-リン酸→グリコーゲン	15-32
アミノ酸とヌクレオチドの代謝	
アミノ酸分解：アミノ酸→アセチル CoA，クエン酸回路の中間体	18-15
アミノ酸合成	22-11
尿素回路：NH_3 →尿素	18-10
グルコース-アラニン回路：アラニン→グルコース	18-9
ヌクレオチド合成：アミノ酸→プリン，ピリミジン	22-35；22-38
ホルモンと神経伝達物質の合成	22-31
脂肪の異化	
脂肪酸の β 酸化：脂肪酸→アセチル CoA	17-8
ケトン体の酸化：β-ヒドロキシ酪酸→アセチル CoA → CO_2，クエン酸回路	17-19
脂肪の同化	
脂肪酸合成：アセチル CoA →脂肪酸	21-6
トリアシルグリセロール合成：アセチル CoA →脂肪酸→トリアシルグリセロール	21-17 ～ 21-19
ケトン体の生成：アセチル CoA →アセト酢酸，β-ヒドロキシ酪酸	17-18
コレステロールとコレステロールエステルの合成：アセチル CoA →コレステロール→コレステロールエステル	21-33 ～ 21-38
リン脂質合成：脂肪酸→リン脂質	21-17；21-23 ～ 21-28

での解糖によるグルコースの消費を防ぐのを保証する．これによってグルコースは他の組織に分配される．フルクトース，ガラクトース，マンノースもすべて小腸から吸収され，Chap. 14 で述べた酵素系によってグルコース 6-リン酸に変換される．グルコース 6-リン酸は肝臓における糖質代謝の岐路にあり，その時点での生体の代謝の需要に応じていくつかの主要な代謝経路（図 23-14）のうちのいずれかをとる．アロステリック調節を受けるさまざまな酵素の作用と，ホルモンによる酵素の合成や活性の調節によって，肝臓におけるグルコースの流れはこれらの経路のうちの一つ以上に向かう．

❶ グルコース 6-リン酸は，グルコース 6-ホスファターゼによって脱リン酸化されて遊離のグルコースになり（図 15-30 参照），血糖を補給するために運び出される．脳や他の組織に適度なエネルギーを供給するためには，血糖値を十分に高く（4 ～ 5 mM）維持する必要があるので，グルコース 6-リン酸の供給が限られているときには，こ

の搬出経路が優先される．❷ 血糖を直ちに補給する必要がないときには，グルコース 6-リン酸は肝臓のグリコーゲンに変換されるか，あるいは他のいくつかの代謝運命のうちの一つをたどる．解糖およびピルビン酸デヒドロゲナーゼの反応によって生成したアセチル CoA は，❸ クエン酸回路を経て酸化されて ATP を産生する．電子伝達と酸化的リン酸化によって ATP が産生される（しかし，通常は脂肪酸が肝細胞において ATP 産生に優先的に利用される代謝燃料である）．❹アセチル CoA は，TAG やリン脂質に取り込まれる脂肪酸や，コレステロール合成の前駆体としても役立つ．肝臓で合成された脂質の多くは，血中のリポタンパク質によって他の組織に運ばれる．あるいは，❺ グルコース 6-リン酸はペントースリン酸経路に入り，脂肪酸やコレステロールの生合成に必要な還元力（NADPH）とヌクレオチドの生合成の前駆体の D-リボース 5-リン酸になることもある．NADPH は，肝臓で代謝される多くの薬物や他の異物 xenobiotic の解毒や排除に不可欠な補因子でもある．

アミノ酸　肝臓に入ったアミノ酸は，いくつかの重要な代謝経路をたどる（図 23-15）．❶ アミノ酸はタンパク質合成の前駆体である（この過程については Chap. 27 で考察する）．肝臓はそれ自体のタンパク質を絶えず更新し，タンパク質は相対的に速い代謝回転をする（数時間から数日の平均半減期）．肝臓はほとんどの血漿タンパク質を生合成する場所でもある．一方，❷ アミノ酸は肝臓から血流を介して他の器官に行き，組織タンパ

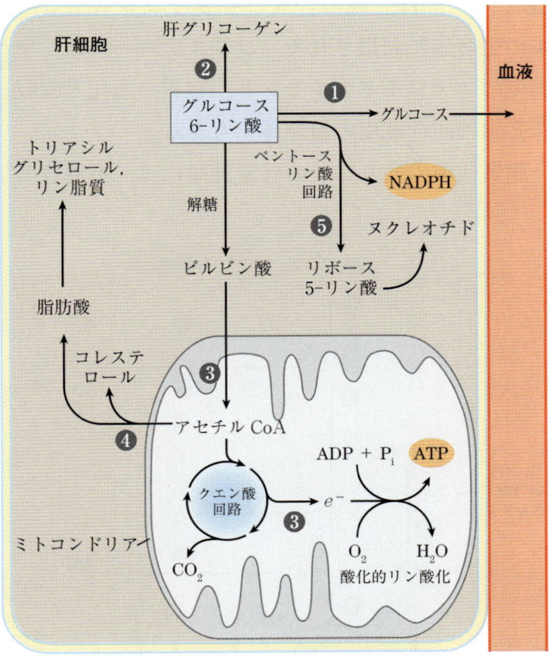

図 23-14　肝臓におけるグルコース 6-リン酸の代謝経路

この図，および図 23-15 と図 23-16 では，同化経路を上向きの矢印で，異化経路を下向きの矢印で，他の器官への供給を水平の矢印で示す．各図中の番号をつけた過程は本文中の記述に対応する．

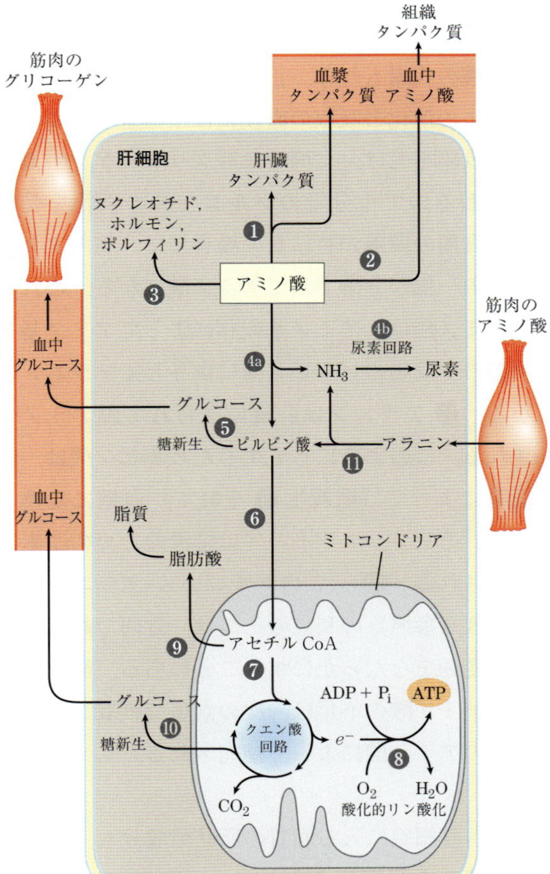

図 23-15　肝臓におけるアミノ酸の代謝

ク質の合成に使われる．❸ 他のアミノ酸は，肝臓と他の組織でのヌクレオチド，ホルモン，他の窒素化合物の生合成のための前駆体となる．

❹a 生合成の前駆体として必要のないアミノ酸は，アミノ基転移または脱アミノ化されて分解され，ピルビン酸やクエン酸回路の中間体になり，さまざまな代謝運命をたどる．❹b アミノ酸分解で遊離するアンモニアは，排泄のための尿素に変換される．❺ ピルビン酸は糖新生を経てグルコースやグリコーゲンに変換される．また，❻ ピルビン酸はアセチル CoA に変換されて，いくつかの代謝運命をたどる．❼ クエン酸回路による酸化と，❽ 酸化的リン酸化によって ATP を産生する．あるいは，❾ 脂質に変換されて貯蔵される．❿ クエン酸回路の中間体は糖新生によるグルコース合成に流用される．

肝臓は，他の組織から間欠的に送られてくるアミノ酸の代謝も行う．正常であれば，血液は食餌の糖質の消化と吸収の直後には十分量のグルコースの供給を受け，食間では肝グリコーゲンが血糖に変わるので十分量のグルコースの供給を受ける．食間の間隔が特に長い場合には，筋肉タンパク質の一部が分解されてアミノ酸になる．これらのアミノ酸は，アミノ基転移によってアミノ基を解糖の生成物のピルビン酸に供与してアラニンになる．⓫ アラニンは肝臓に送られて脱アミノ化される．このようにして生じたピルビン酸は，肝細胞によって（糖新生 ❺ を経て）血糖に変換される．そして，アンモニアは排泄のための尿素に変換される（❹b）．このグルコース-アラニン回路（図 18-9 参照）の利点の一つは，食間で起こる血糖の変動をなだらかにすることにある．筋肉で起こるアミノ酸の不足は，次の食事で摂取された食餌中のアミノ酸によって補充される．

脂質 肝細胞に入る脂質の脂肪酸成分も，いくつかの異なる代謝運命をたどる（図 23-16）．❶ 脂肪酸の一部は肝臓の脂質に変換される．❷ ほとんどの状況下では，脂肪酸は肝臓で酸化される主要な代謝燃料である．遊離脂肪酸は活性化され，酸化されアセチル CoA と NADH を生成する．❸ アセチル CoA はクエン酸回路を経てさらに酸化され，❹ 回路中での酸化は酸化的リン酸化による ATP 生成を推進する．❺ 肝臓が必要としない過剰のアセチル CoA は，アセト酢酸と β-ヒドロキシ酪酸に変換される．これらのケトン体は血液中を循環して他の組織に行き，クエン酸回路の燃料として利用される．ケトン体は脂肪酸とは異なり血液脳関門を通過でき，脳にエネルギー産生性酸化のためのアセチル CoA の材料を供給する．ケトン体はいくつかの肝外組織が必要とするエネルギーのかなりの部分を供給できる．長い絶食の際には，心臓で必要なエネルギーの 1/3，脳で必要なエネルギーの 60 ～ 70% までをも供給できる．❻ 脂肪酸（とグルコース）に由来するアセチル CoA の一部は，膜の合成に必要なコレステロールの生合成に利用される．コレステロールは，すべてのステロイドホルモンと，脂質の消化と吸収に必須の胆汁酸塩の前駆体でもある．

脂質代謝の残り二つの代謝運命には，不溶性の

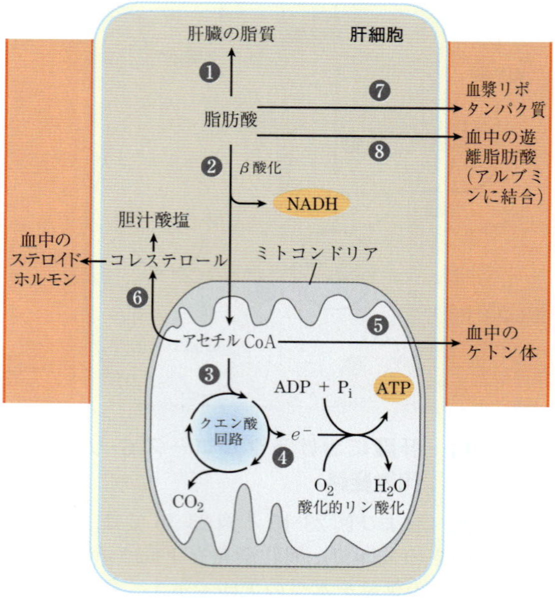

図 23-16 肝臓における脂肪酸の代謝

脂質を血中で運搬する特殊な機構を必要とする．❼脂肪酸は，血漿リポタンパク質のリン脂質とTAGに変換される．血漿リポタンパク質は，貯蔵するために脂質を脂肪組織に運搬する．❽遊離脂肪酸の一部は血清アルブミンに結合して，血液を介して心臓や骨格筋に運ばれる．これらの組織は遊離脂肪酸を取り込んで，主要な代謝燃料として酸化する．血清アルブミンは最も豊富に存在する血漿タンパク質である．1分子の血清アルブミンは10分子もの遊離脂肪酸と結合する．

このように，肝臓はからだの分配センターとして機能し，栄養素を適切な割合で他の器官へと搬出し，間欠性の食物摂取による代謝の変動をなだらかにし，過剰のアミノ基を腎臓で排泄するために尿素や他の産物へと加工する．鉄イオンやビタミンAなどの栄養素は肝臓に蓄えられる．肝臓は医薬品，食品添加物，保存料，食品としての価値がなく，有害になるおそれのある物質などの外来有機化合物の解毒にも働く．解毒には，比較的水に溶けにくい有機化合物のシトクロムP-450依存的なヒドロキシ化が関与し，化合物を十分に水溶性にして，分解されたり排泄されたりするようにする（Box 21-1参照）．

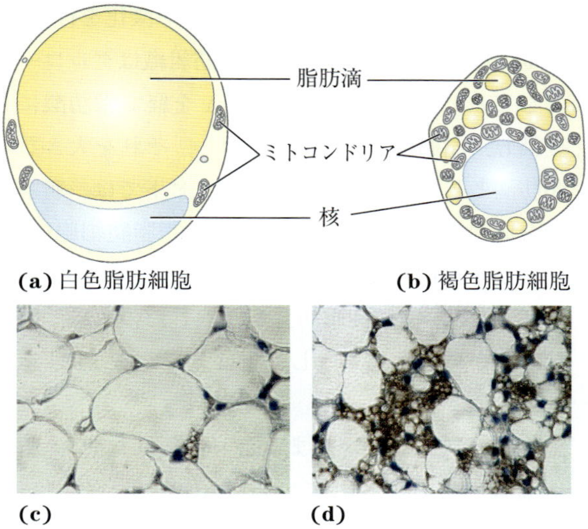

図 23-17　白色脂肪組織と褐色脂肪組織

マウスの **(a)** 白色脂肪組織（WAT）および **(b)** 褐色脂肪組織（BAT）に由来する典型的な脂肪細胞の概略図．白色脂肪細胞はより大きく，単一の巨大な脂肪滴を含む．この脂肪滴は，ミトコンドリアや核を細胞膜のほうに押しやる．褐色脂肪細胞では，ミトコンドリアがはるかに豊富であり，核は細胞の中心付近にあり，複数の小さな脂肪滴が存在する．下段は光学顕微鏡写真であり，**(c)** はWAT中の核を染色した脂肪細胞を，**(d)** は白色脂肪細胞と褐色脂肪細胞が混在した場所をUCP1に特異的な抗体で染色したものを示している．［出典：(c, d) Dr. Patrick Sealeの厚意による.］

脂肪組織は脂肪酸を貯蔵して供給する

脂肪組織には二つのタイプ，白色と褐色のものがあり（図23-17），異なる役割を果たす．まず，二つのうちでより豊富に存在するほうに注目しよう．**白色脂肪組織** white adipose tissue（**WAT**）は無定形であり，皮下，深部血管周辺や腹腔などの全身に分布している．WATを構成する**脂肪細胞** adipocyteは大きな（直径30～70 μm）球状の細胞であり，大部分が大きな単一の脂肪滴で満たされている．脂肪滴は細胞重量の約65％を占めており，ミトコンドリアと核は，脂肪滴と細胞膜の間の狭い空間に押しやられている（図23-17(a)，(c)）．脂肪滴は，TAGとステロールエステルを含み，頭部基がサイトゾルに面すように向いている単層のリン脂質によって覆われている．脂肪滴の表層には，ペリリピン perilipinやTAGの合成や分解に関わる酵素などの特異的タンパク質が会合している（図17-3参照）．通常，WATは健康な若い成人の体重の約15％を占める．脂肪細胞は活発な代謝を行っており，ホルモンの刺激に速やかに応答して肝臓，骨格筋，心臓の代謝的に連動している．

他の細胞種と同様に，脂肪細胞は解糖によって活発に代謝し，ピルビン酸と脂肪酸を酸化するためにクエン酸回路を用い，酸化的リン酸化を行う．多量の糖質の摂取の際には，脂肪組織はグルコースをピルビン酸やアセチル CoA を経て脂肪酸に変換し，脂肪酸を TAG に変換し，それを大きな脂肪滴として貯蔵する．しかし，ヒトでは，脂肪酸合成の大部分は肝細胞で起こる．脂肪細胞は，肝臓から VLDL として血液によって運ばれてくる TAG と，特に高脂肪食を摂取したのちに，腸管からキロミクロンとして運ばれてくる TAG を貯蔵する．

代謝燃料の需要が高まると（例えば食間），脂肪細胞内で貯蔵されている TAG がリパーゼによって加水分解され，遊離脂肪酸として放出される．遊離脂肪酸は，血流を介して骨格筋と心臓へ供給される．脂肪細胞からの脂肪酸の放出は，エピネフリンによって大きく促進される．エピネフリンは，ペリリピンの cAMP 依存的なリン酸化を促進し，それによってトリアシルグリセロール，ジアシルグリセロールおよびモノアシルグリセロールに対して特異的なリパーゼが脂肪滴にある TAG に近づきやすくなる（図 17-3 参照）．ホルモン感受性リパーゼ hormone-sensitive lipase もまたリン酸化によって刺激されるが，脂肪分解を亢進させる主要因ではない．インスリンは，このエピネフリンの作用を打ち消し，リパーゼの活性を低下させる．

脂肪組織における TAG の分解や合成は，基質回路を構成する．3 種のリパーゼによって遊離される脂肪酸の 70％までもが，脂肪細胞で再エステル化されて TAG が再構築される．Chap. 15 で述べたように，このような基質回路は，双方向性の経路を介する中間体の流れの速度や方向性の微妙な調節を可能にしていることを思い出そう．脂肪組織では，脂肪細胞のリパーゼによって遊離されるグリセロールは，TAG の合成には再利用できない．なぜならば，脂肪細胞にはグリセロールキナーゼがないからである．その代わりに，TAG 合成に必要なグリセロールリン酸は，サイトゾルの PEP カルボキシキナーゼの作用を必要とするグリセロール新生によってピルビン酸からつくられる（図 21-22 参照）．

代謝燃料の貯蔵場所としての中心的な役割に加えて，脂肪組織は内分泌器官としても重要な役割を果たし，ホルモンを産生して放出する．このホルモンはエネルギーの貯蔵量のシグナルを伝え，全身の脂肪と糖質の代謝を統合する．この機能については，Sec. 23.4 でホルモンによる体重の調節について考察する際に振り返る．

褐色脂肪組織とベージュ脂肪組織は熱を産生する

小さな脊椎動物と冬眠動物では，脂肪組織のうちで**褐色脂肪組織** brown adipose tissue（**BAT**）がかなりの割合を占める．褐色脂肪細胞の直径は白色脂肪細胞よりも小さく（20 ～ 40 μm），異なる形（多角形で，丸くない）である（図 23-17(b)，(d)）．褐色脂肪細胞は，白色脂肪細胞のように TAG を貯蔵しているが，単一の脂肪滴ではなく，複数のより小さな脂肪滴として貯蔵している．BAT 細胞は，WAT 細胞よりもミトコンドリアが豊富であり，毛細血管や神経の供給が多い．BAT を特徴的な褐色にするのは，ミトコンドリアのシトクロムと毛細血管のヘモグロビンである．褐色脂肪細胞の独特な特徴は，**脱共役タンパク質 1** uncoupling protein 1（**UCP1**）の産生である．UCP1 はサーモゲニン thermogenin ともいい（図 19-36 参照），BAT の主要な機能の一つ，すなわち**熱産生** thermogenesis に関与する．

褐色脂肪細胞では，脂肪滴に蓄えられた脂肪酸は，放出されるとミトコンドリアに入り，β酸化とクエン酸回路によって CO_2 へと完全に変換される．この過程で生成する還元型の $FADH_2$ と NADH は，呼吸鎖を介して電子を分子状酸素に伝達する．WAT では，電子伝達の際にミトコンドリアからくみ出されるプロトンは，ATP シンターゼを通ってマトリックスに戻り，電子伝達で生じたエネルギーがATP合成の際に保存される．BATでは，UCP1が，プロトンがATPシンターゼを迂回してマトリックスに再び入る別経路を提供する．プロトン勾配のエネルギーは熱として散逸し，周辺温度が比較的低いときでも，生体（特に神経系や内臓）を最適な温度に維持することができる．

ヒトの胎児では，繊維芽細胞である「前駆脂肪細胞」は，妊娠20週目にBATに分化し始め，出生時にはBATは全体重の1～5%を占める．褐色脂肪は，生命維持にとって重要な組織，例えば頭部への血管，主要な腹部血管，膵臓や副腎，腎臓などの内臓に存在し，新生児が周囲温度の低い環境にさらされたときに，これらの重要部位が冷えないように熱産生をする（図23-18）．

出生時にWATは発達し始め，BATは消失し始める．若い成人ではBATの蓄積量は大幅に減少し，男性では脂肪組織の3%程度から女性では7%程度になり，体重の0.1%以下になる．しかし，成人は，WATの細胞間に存在し，寒冷暴露やβ-アドレナリン作動性刺激によって褐色脂肪細胞によく似た細胞に変換される脂肪細胞を相当量もっている．これらの**ベージュ脂肪細胞** beige adipocyteは多数の脂肪滴を有し，白色脂肪細胞よりもミトコンドリアに富んでおり，UCP1を産生する．したがって，ベージュ脂肪細胞は，熱発生源として効率的に機能する．褐色脂肪細胞とベージュ脂肪細胞は，細胞自体が有する脂肪酸を酸化することによって熱を産生するが，血中から見合った量の脂肪酸とグルコースを取り込んで酸化する．実際に，PETスキャンによるBATの検出は，脂肪細胞における比較的高いグルコースの取込みと代謝の程度に依存している（図23-18(b)）．褐色細胞腫（副腎の腫瘍）をもつヒトでは，エピネフリンとノルエピネフリンが過剰生産される．これらのホルモンは，新生児とほぼ同様の分布を示すベージュ脂肪細胞の発生を促進する．温暖な環境や寒冷環境に対する適応の際や，WAT，BAT，ベージュ脂肪組織 beige adipose tissueの正常な分化の際に，核内転写因子PPARγ（本章の後半で述べる）が中心的な役割を果たす．前述のように，運動によって筋肉で産生されるペプチドホルモンのイリシンは，運動終了のずっと後でも代謝燃料を燃やしつづけるベージュ脂肪組織の発達の引き金となる．

筋肉は機械的仕事のためにATPを利用する

骨格筋の細胞（**筋細胞** myocyte）における代謝は，収縮のためのエネルギーの直接の供給源としてATPを産生するように特化している．さらに，骨格筋は必要に応じて間欠的な機械的仕事をするために適合している．時には，骨格筋は100 m走のように短時間に最大限の能力で仕事をしなければならない．別の場合には，マラソンや長時間の肉体労働のように長時間にわたる仕事が求められる．

筋肉組織には一般に二つの種類があり，それらは生理的な役割と代謝燃料の利用が異なる．**遅筋** slow-twitch muscleは赤色筋とも呼ばれ，収縮力は比較的弱いが，疲労に対する高い耐久性を備えている．赤色筋は，比較的ゆっくりではあるが安定した酸化的リン酸化の過程でATPを産生する．赤色筋にはミトコンドリアが極めて豊富である．また，緻密な血管のネットワークがあり，それらはATP産生に必須の酸素を運んでいる．**速筋** fast-twitch muscleは白色筋とも呼ばれ，赤色筋よりもミトコンドリアが少なく，血管もあまり供給されていないが，赤色筋よりも収縮力を発生しやすく，速く動くことができる．白色筋は疲労しやすい．なぜならば，活動時には，回復するよりも速くATPを消費するからである．赤色筋と白色筋の比率は，個人ごとに遺伝的要因によって異なるが，トレーニングによって速筋の耐久性

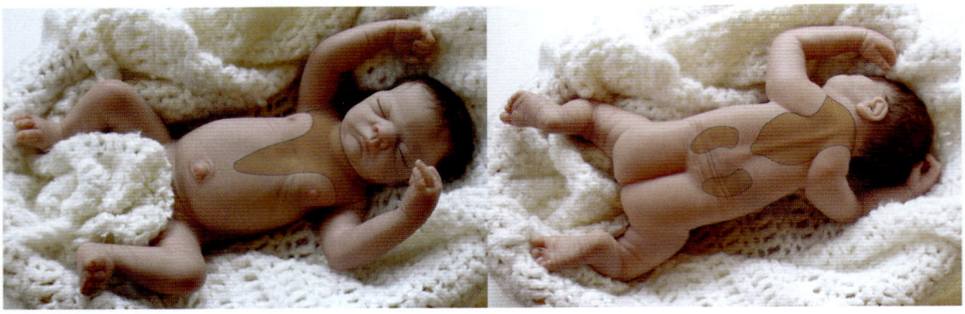

(a)

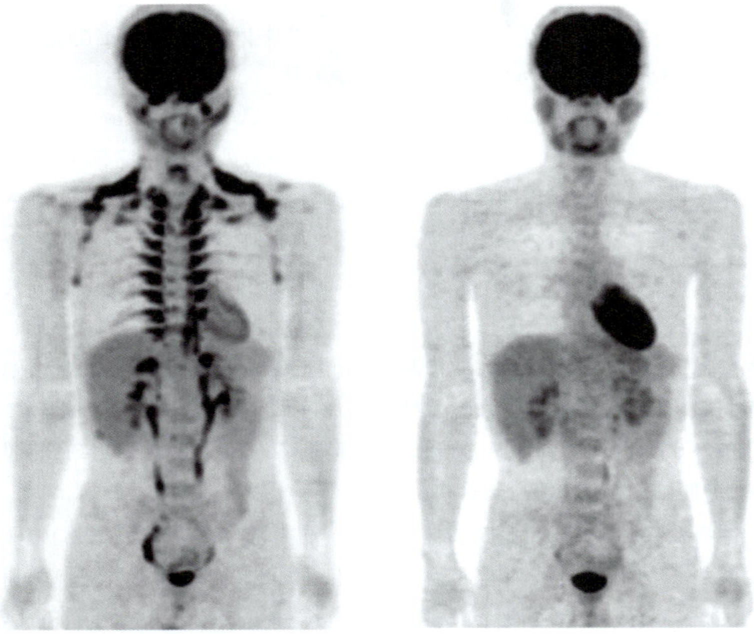

(b)

図 23-18 乳児および成人における褐色脂肪組織

(a) 出生時に，ヒトの乳児にはここに示すように分布する褐色脂肪が存在し，背椎，主要な血管および内臓を保護している．**(b)** 陽電子放射断層撮影法 positron emission tomography（PET）でスキャンすると，リアルタイムで生体内の代謝活性を示すことができる．PET スキャンによって，同位体標識したグルコースの体内での存在部位を正確に可視化することができる．陽電子を放出するグルコース類縁体の 2-[^{18}F]フルオロ-2-デオキシグルコース（FDG）を血中に投与する．短時間後に PET スキャンを行い，体内の各部位へのグルコース取込み量（代謝活性の尺度）を示すことができる．（左）12 時間の絶食後に 19℃の部屋で 1 時間過ごした 25 歳の健常男性の PET スキャン．なお，脚には氷をのせて，からだを十分に冷やした．1 時間後に［^{18}F]-FDG を投与し，さらに 1 時間の寒冷暴露を行った．その後，全身 PET スキャンを 24℃で行った．対照実験として，同一男性が 2 週間後に，寒冷暴露の代わりに 27℃で 2 時間過ごし，同じ PET スキャンを受けた（右）．脳と心臓に見られる顕著な標識は，グルコースの取込みが高速であることを示し，腎臓と膀胱の標識は FDG のクリアランス（排泄能）を示している．寒冷暴露後のスキャン（左）では，鎖骨上部の領域や椎骨に沿った BAT が，[^{18}F]-FDG によって標識されている．［出典：(a) Adam Steinberg. (b) Copyright Clearance Center, Inc. を介して American Diabetes Association の許可を得て転載．M. Saito et al., *Diabetes* **58**: 1526, 2009, Fig. 1 より．］

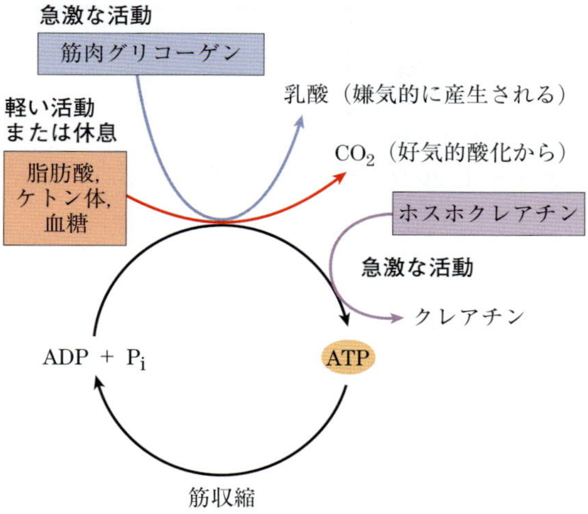

図 23-19　筋収縮のエネルギー源

急激な活動と軽い活動または休息の際の ATP 合成には，異なる燃料が使われる．ホスホクレアチンは迅速に ATP を供給できる．

は改善できる．

骨格筋は，筋肉活動の程度に依存して，代謝燃料として遊離脂肪酸，ケトン体またはグルコースを利用できる（図 23-19）．休止筋では，主要な燃料は脂肪組織からの遊離脂肪酸と肝臓からのケトン体である．これらの代謝燃料は酸化分解されてアセチル CoA になり，酸化的リン酸化による ATP 合成のエネルギーが最終的に産生される．適度に活動している筋肉は，脂肪酸とケトン体の他に血糖を利用する．グルコースはリン酸化され，解糖によって分解されてピルビン酸になる．ピルビン酸はアセチル CoA になってクエン酸回路で酸化され，酸化的リン酸化に寄与する．

最大限に活動している速筋では，ATP の需要が極めて大きいので，好気的呼吸のみで十分量の ATP を産生できるほど血液は迅速に O_2 と代謝燃料を筋肉に供給することはできない．このような状況では，貯蔵されている筋肉グリコーゲンが発酵によって分解されて乳酸になる（p. 772）．グリコーゲンは加リン酸分解され，グルコース 1-リン酸を経てグルコース 6-リン酸になる．通常はヘキソキナーゼ反応で使用されるはずの ATP を消費しないので，分解されるグルコースあたり 3 分子の ATP が生成する．このようにして，乳酸発酵は酸化的リン酸化を行うよりもより迅速に ATP 需要の増大に応答し，クエン酸回路と呼吸鎖を介する他の燃料の好気的酸化で産生される基礎 ATP 産生を補充する．血糖と筋肉グリコーゲンの筋肉活動のための代謝燃料としての利用は，エピネフリンの分泌によって著しく高まる．エピネフリンは，肝グリコーゲンからのグルコースの放出と，筋肉組織でのグリコーゲン分解の両方を刺激する（後でより詳しく考察するように，エピネフリンはいわゆる闘争-逃走応答を媒介する）．

骨格筋は比較的少量（骨格筋の全重量の約 1%）のグリコーゲンしか貯蔵していないので，全力で仕事をする際に利用できる解糖エネルギー量には限界がある．さらに，最大限に活動している筋肉における乳酸の蓄積とそれに伴う pH の低下は，筋肉の効率を低下させる．しかし，骨格筋は別の ATP 源としてホスホクレアチン phosphocreatine（10 ～ 30 mM）を含んでいる．ホスホクレアチンは，クレアチンキナーゼ creatine kinase 反応によって ADP から ATP を速やかに再生できる．

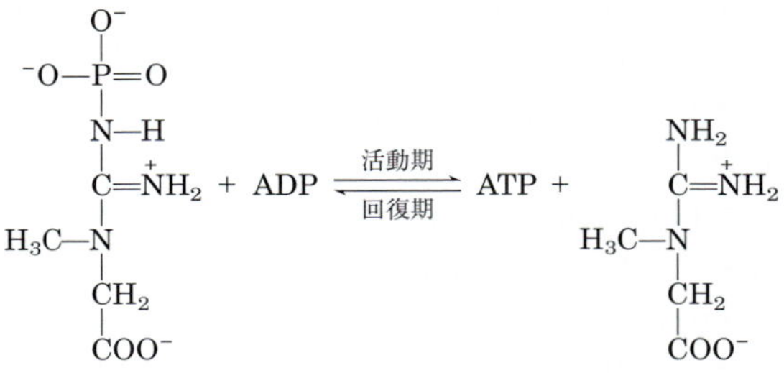

ホスホクレアチン　　　　クレアチン

活発な収縮と解糖の際には，この反応はもっぱら ATP 合成の方向に進行する．運動後の回復期には，同じ酵素が ATP を消費して，クレアチン creatine からホスホクレアチンを再合成する．筋肉には ATP とホスホクレアチンが比較的高レベルで存在するので，NMR 分光法によってこれらの化合物を非侵襲的に，リアルタイムで検出することができる（図 23-20）．クレアチンは，ミト

BOX 23-2 クレアチンとクレアチンキナーゼ
貴重な診断補助物でありボディービルダーの友である

主に骨格筋，心筋および脳のように，ATP の必要性が高くて変動するような動物組織には，数種類のクレアチンキナーゼのアイソザイムが存在する．サイトゾルのアイソザイム（cCK）は ATP を高度に利用する部位（例；筋原繊維や筋小胞体）に存在する．ATP を高度に利用している際に産生された ADP を ATP に戻すことによって，cCK は，質量作用によって ATP 利用酵素群を阻害する濃度にまで ADP が蓄積するのを防いでいる．クレアチンキナーゼの別のアイソザイムは，ミトコンドリアの内膜と外膜が接している部位に局在している．このミトコンドリア型アイソザイム（mCK）は，ミトコンドリアで生成した ATP 当量をサイトゾルの ATP 利用部位に運ぶのに役立っている（図 1）．したがって，ミトコンドリアから拡散してサイトゾルで ATP を利用できるようにする分子種はホスホクレアチンであり，ATP ではない．この mCK アイソザイムはミトコンドリア内膜でアデニンヌクレオチド輸送体とミトコンドリア外膜でポリン porin と共局在している．このことは，これら三つの成分がミトコンドリアで生成した ATP をサイトゾルへ輸送するように一緒に機能していることを示唆する．

ミトコンドリアのアイソザイムを欠損するノックアウトマウスでは，筋細胞がより多くのミトコンドリアを生成することによってこの欠損を補う．ミトコンドリアは，筋原繊維や筋小胞体のすぐそばに位置しており，ミトコンドリアの ATP のこれらの ATP 利用部位への速やかな拡散が可能になる．にもかかわらず，これらのマウスは走る能力が低下しており，エネルギー供給代謝のある面が失われていることを示している．

クレアチンとホスホクレアチンは，自発的に開裂してクレアチニン creatinine を生成する（図 2）．クレアチンを高レベルに維持するために，このようなクレアチンの減少は，主に肉（筋肉）や乳製品から得られ

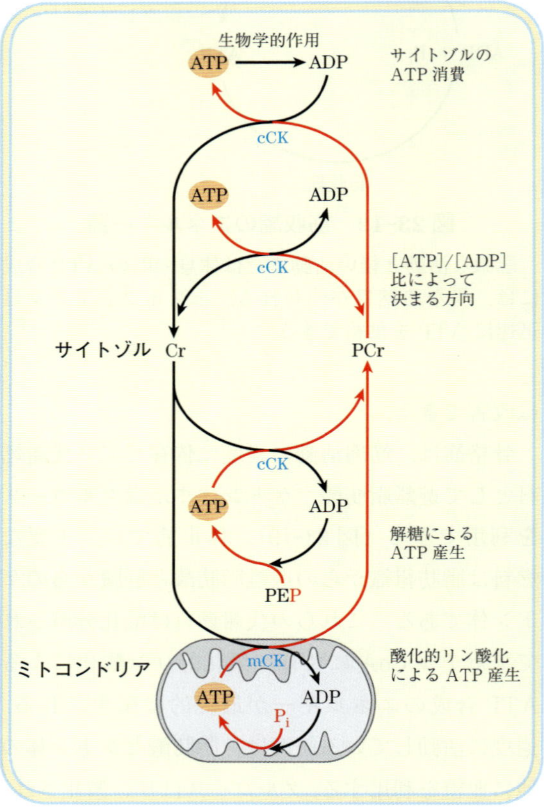

図 1

ミトコンドリアのクレアチンキナーゼ（mCK）は，ATP からクレアチン（Cr）にホスホリル基を転移してホスホクレアチン（PCr）を生成する．PCr は ATP 利用部位へと拡散していき，その部位でサイトゾルのクレアチンキナーゼ（cCK）がホスホリル基を ATP に戻す．cCK は解糖によって生じる ATP を利用して PCr を合成することもできる．ATP の需要がほとんどない期間では，ATP と PCr は ATP の需要が高い次の期間に備えて補充される．休止中の筋肉では，PCr 濃度は ATP 濃度の 3 ～ 5 倍であり，ATP 需要が突発的に高まる期間の ATP の急激な欠乏から細胞を守っている．［出典：U. Schlattner et al., *Biochim. Biophys. Acta* **1762**: 164, 2006, Fig. 1.］

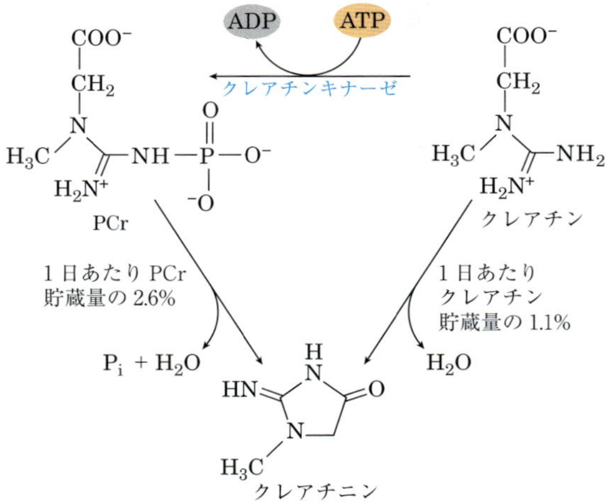

図 2

ホスホクレアチンまたはクレアチンからの自発的（非酵素的）なクレアチニンの生成は，1日あたりからだ全体の総クレアチンの数パーセントを消費する．消費されたクレアチンは生合成によって，あるいは食餌由来のクレアチンによって置き換えられる必要がある．

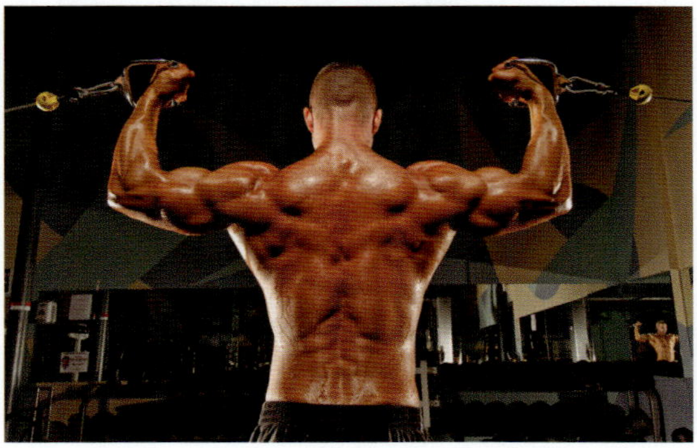

図 3

多くのボディービルダーは，サプリメントとしてクレアチンを摂取して，新たな筋肉組織でのホスホクレアチンを供給している．［出典：Steve Williams Photo/Getty Images.］

る食餌中のクレアチン，あるいは主に肝臓や腎臓においてグリシン，アルギニン，メチオニンから新たに合成されるクレアチンによって補われる必要がある（図 22-28 参照）．クレアチンの新たな合成は，これらのアミノ酸の主な消費過程であり，特に菜食主義者では植物がクレアチンを含まないので唯一のクレアチンの供給源となる．筋肉組織は，肝臓や腎臓によって排出されたクレアチンを，かなりの濃度勾配に逆らって血液から細胞内に取り込む特異的な系を有する．食餌中のクレアチンの効率的な取込みには，持続的な運動が必要である．運動しなければ，クレアチンの補給はほとんど意味がない．

心筋はクレアチンキナーゼの独特のアイソザイム（MB）を含んでいる．このアイソザイムは通常は血中には見られず，心筋梗塞によって損傷した心筋から放出された場合に血中に現れる．MB の血中レベルは心臓発作の 2 時間以内に上昇しはじめ，典型的な場合には 12 ～ 36 時間後にかけてピークに達し，3 ～ 5 日後には正常レベルに戻る．したがって，血中 MB アイソザイムの測定は心臓発作の確認診断となり，心臓発作が起きたおよその時期を示唆する．

クレアチンの合成や取込みに関与する酵素に先天的な欠陥をもつ子供は，重度の知的障害や発作に苦しむ．彼らは，NMR で測定すると脳のクレアチンレベルが極めて低い（図 23-20 参照）．クレアチンの補充によって脳のクレアチンとホスホクレアチンの濃度を上げると，症状に部分的な改善が見られる．

健康な腎臓では，クレアチンの分解により生じるクレアチニンは，血中から尿中へ効率よく排出される．腎機能に欠陥があると，血中のクレアチニンレベルは 0.8 ～ 1.4 mg/dL の正常範囲を超える．血中クレアチニンレベルの上昇は，糖尿病よる腎不全や，腎機能が一時的または永久に損なわれているような他の状態に関連がある．クレアチニンの腎クリアランスは，年齢，人種，および性別によってわずかに異なるので，このような要因を考慮した補正によって，腎機能の程度，すなわち**糸球体ろ過率** glomerular filtration rate（**GFR**）をより正確に捉えることができる．■

筋肉量を増やそうとしているボディービルダーは，クレアチンの必要度が高く，通常は 1 日あたり 20 g ものクレアチンの補充を数日間行い，その後はそれよりも少ない量を持続的に補充している．運動とクレアチンの補充を組み合わせて行うと，筋肉量が増大し（図 3），高負荷で短時間の活動のパフォーマンスが向上する．

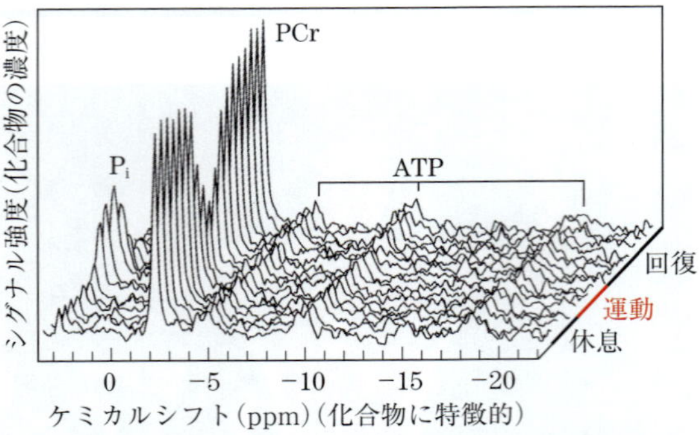

図 23-20 ホスホクレアチンは運動時に ATP 濃度の緩衝剤として働く

無機リン酸（P_i），ホスホクレアチン（PCr），および ATP（三つのリン酸のそれぞれが別々のシグナルを与える）を示す ^{31}P の核磁気共鳴スペクトルの「スタックプロット」．一連のプロットは，休息期，運動時，回復期の時間経過を表している．ATP のシグナルは運動時にほとんど変化せず，持続的な呼吸や貯蔵されているホスホクレアチン（運動時に減少する）によって高レベルに保たれることに注目しよう．休止筋肉による ATP の利用を異化による ATP 産生が上回る回復期には，貯蔵ホスホクレアチンが補充される．［出典：M. L. Blei, K. E. Conley, and M. J. Kushmerick, *J. Physiol.* **465**: 203 1993, Fig. 4 のデータ．］

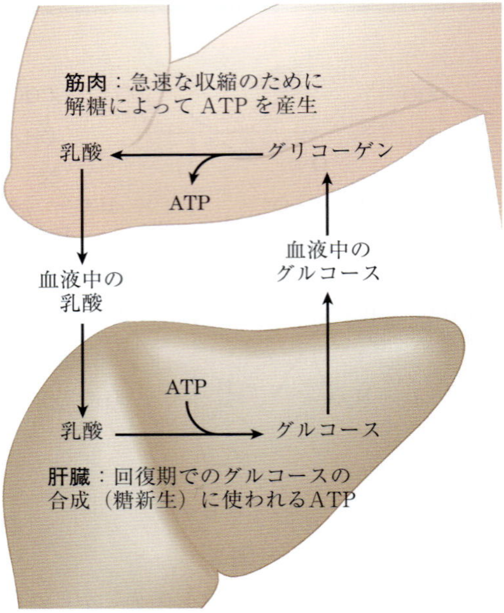

図 23-21 骨格筋と肝臓の代謝の協同：コリ回路

極めて活発に活動している筋肉は，そのエネルギー源としてグリコーゲンを使用し，解糖によって乳酸を生成する．回復期には，この乳酸の一部は肝臓に運ばれて，糖新生によってグルコースに変換される．このグルコースは，血液中に放出されて筋肉に戻り，貯蔵グリコーゲンを補充する．この全経路（グルコース→乳酸→グルコース）はコリ回路を構成する．

コンドリアから ATP を消費する細胞内部位へ ATP を運ぶ役割を果たしており，筋肉組織を新たに形成する際の制限因子になる（Box 23-2）．

激しい筋肉活動の後では，ヒトはしばらくの間激しく呼吸を続け，余剰の O_2 の多くを肝臓での酸化的リン酸化に使用する．産生された ATP は，血液を介して筋肉から運ばれてくる乳酸からの肝臓における糖新生に利用される．このようにして生成したグルコースは，筋肉に戻ってグリコーゲンを補充して，コリ回路（図 23-21；Box 15-4 も参照）が完結する．

活発に収縮する骨格筋は，ATP の化学エネルギーが収縮の機械的仕事と不完全に共役することによる副産物として熱を発生する．この熱産生は，周囲の温度が低いときにはうまく利用される．骨格筋は**振戦熱産生** shivering thermogenesis を行う．すなわち，熱を産生するが運動をほとんど行わないように迅速に繰り返し筋収縮することによって，体温を適切な 37℃ に維持するのを助ける．

心筋は絶えず規則正しいリズムで収縮と弛緩を繰り返す点で骨格筋とは異なり，いつでも完全に好気的な代謝を行う．ミトコンドリアは骨格筋よりも心筋でずっと豊富であり，心筋細胞の体積のほぼ半分を占める（図 23-22）．心臓はエネルギー源として主に遊離脂肪酸を用いるが，血液から取り込んだグルコースやケトン体もある程度利用する．これらの代謝燃料は好気的に酸化され，ATP を生成する．骨格筋と同様に，心筋は脂質やグリコーゲンを大量に貯蔵しているわけではない．少量のエネルギーがホスホクレアチンとして蓄えられており，その量は数秒間の収

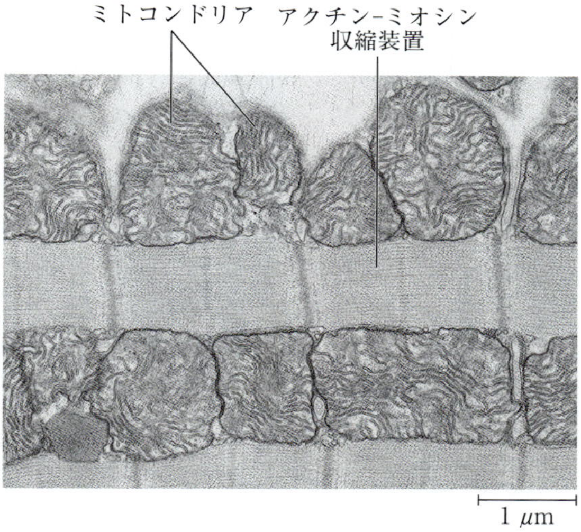

図 23-22　心筋の電子顕微鏡写真

心臓組織で豊富なミトコンドリア内で，ピルビン酸（グルコースから），脂肪酸，ケトン体が酸化されて，ATP 合成を促進する．この定常的な好気的代謝によって，ヒトの心臓は 6 L/分または 350 L/時の速度で，あるいは 70 年の生涯で 200 × 10^6 L の血液を送り出す．［出典：D. W. Fawcett/Science Source.］

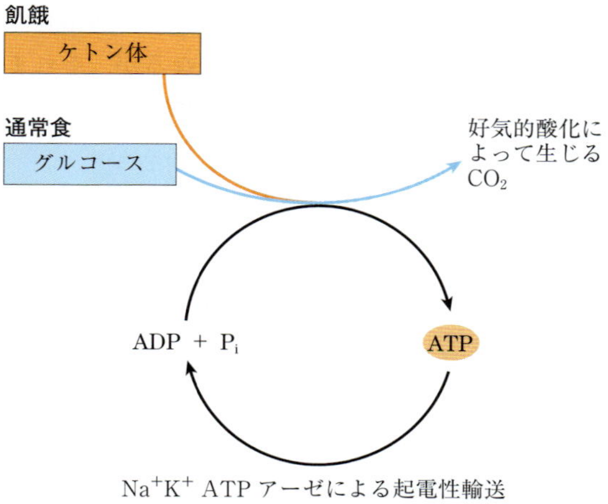

図 23-23　脳において ATP を供給する代謝燃料

脳で用いられるエネルギー源は栄養状態により変動する．飢餓時に利用されるケトン体は β-ヒドロキシ酪酸である．Na^+K^+ATP アーゼによる起電性の輸送は，ニューロン間の情報伝達に不可欠な膜電位を維持する．

縮には十分である．心臓は通常は好気的であり，エネルギーを酸化的リン酸化によって獲得するので，血管が脂質沈着（粥状動脈硬化症 atherosclerosis）または血栓（冠動脈血栓症 coronary thrombosis）によって閉塞すると，心筋の一部に O_2 が到達できなくなり，心筋のその領域が死ぬ．この過程は心筋梗塞 myocardial infarction，より一般的には心臓発作として知られる．■

脳は電気インパルスの伝導にエネルギーを使う

脳の代謝には，いくつかの点で顕著な特徴がある．成体の哺乳類の脳のニューロンは，通常はグルコースのみを代謝燃料として利用する（図 23-23）．ただし，脳内の他の主要な細胞であるアストロサイト（星状細胞）astrocyte は，脂肪酸を酸化することができる．総体重の約 2% を占める脳は極めて活発に呼吸代謝を行い（図 23-18），ニューロンで産生される ATP の 90% 以上が酸化的リン酸化に由来する．脳はかなり一定の速度で O_2 を消費し，その量は安静時に体内で消費される全 O_2 量の約 20% にもなる．脳はグリコーゲンをほとんど含まないので，血液からくるグルコースに絶えず依存している．もしも血中のグルコースが短時間でも臨界レベル以下に有意に低下すると，脳の機能に重大な，時には回復不能な変化が起こることもある．

脳のニューロンは，血液からの遊離脂肪酸や脂質を代謝燃料として直接利用することはできないが，必要に応じて肝臓で脂肪酸から生成する β-ヒドロキシ酪酸（ケトン体）の酸化によって必要エネルギーの 60% までも得ることができる．β-ヒドロキシ酪酸をアセチル CoA を経て酸化する脳の能力は，長時間の絶食や飢餓の際に，肝グリコーゲンが枯渇したときには重要になる．その理由は，脳がこの能力によってからだの脂肪をエネルギー源として利用できるからである．深刻な飢餓時には筋肉タンパク質が（肝臓での糖新生を介して）脳の最終のグルコース源になるが，それまではβ-ヒドロキシ酪酸のおかげで筋肉タンパク質を利用しないですむ．

ニューロンでは，細胞膜を隔てる電位の形成と維持にエネルギーが必要である．細胞膜は起電性の ATP 駆動型対向輸送体である Na^+K^+ATP アーゼを含む．この ATP アーゼは 2 個の K^+ をニューロン内に取り込み，3 個の Na^+ をくみ出す（図 11-36 参照）．その結果生じる膜電位は，ニューロンの一端から他端へ電気シグナル（活動電位 action potential）が伝わる際に一過性に変化する（図 12-29 参照）．活動電位は神経系の情報伝達の主要な機構なので，ニューロンにおける ATP の欠乏は神経シグナル伝達と連動するすべての活動に深刻な影響を及ぼす．

血液は酸素，代謝物およびホルモンを運搬する

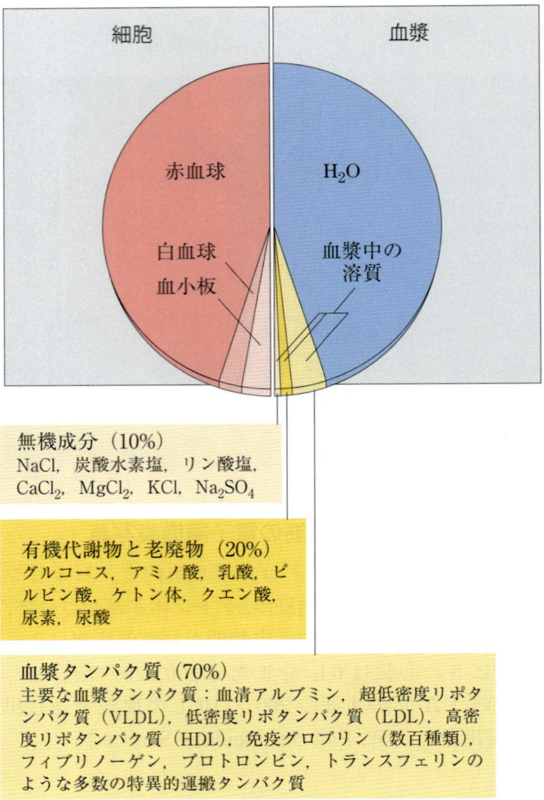

図 23-24 血液の組成（重量で）

全血液は遠心分離によって血漿と細胞に分離される．血漿の約 10%が溶質であり，その約 10%が無機塩，20%が小さな有機分子，70%が血漿タンパク質である．溶解している主要成分を示す．血液は他にも多くの物質を含むが，微量のものがほとんどである．これらの微量成分には，他の代謝物，酵素，ホルモン，ビタミン，微量元素，胆汁色素などがある．血漿中の成分の濃度の測定は，多くの疾患の診断と治療の際に重要である．

血液はすべての組織の間の代謝的相互作用を媒介する．血液は，小腸から肝臓へ，肝臓や脂肪組織から他の器官へ栄養素を運搬する．また血液は，老廃物を肝外組織から加工のために肝臓へ，そして排泄のために腎臓へと運搬する．酸素は血流を介して肺から組織へ運ばれ，組織の呼吸で生じた CO_2 は血流を介して肺に戻り，呼気として排出される．血液はある組織から別の組織へホルモンシグナル分子も運ぶ．シグナルの運搬体としての役割の点で，循環系は神経系に類似している．両方ともに異なる器官の活動を調節して統合する．

平均的な成人は 5 〜 6 L の血液を有する．この体積のおよそ半分が三つのタイプの血液細胞によって占められる（図 23-24）．すなわち，ヘモグロビン hemoglobin で満たされ，O_2 と CO_2 の運搬に特化している**赤血球** erythrocyte（red cell），数はずっと少ないが，感染を防ぐ免疫系 immune system において中心的役割を果たすいくつかのタイプの**白血球** leukocyte（white cell）（リンパ組織に見られる**リンパ球** lymphocyte を含む），そして血液凝固を媒介する**血小板** platelet（細胞の断片）である．血液の液体成分は**血漿** blood plasma であり，90%の水と 10%の溶質から成る．血漿中には，多くの種類のタンパク質，リポタンパク質，栄養素，代謝物，老廃物，無機イオン，ホルモンが溶解または懸濁している．血漿中の固型成分の 70%以上は**血漿タンパク質**

plasma protein であり，主要なものには免疫グロブリン immunoglobulin（循環する抗体），血清アルブミン，脂質の運搬に関与するアポリポタンパク質，鉄の運搬に働くトランスフェリン transferrin，フィブリノーゲン fibrinogen とプロトロンビン prothrombin のような血液凝固タンパク質がある．

血漿中のイオンと低分子量の溶質は固定された成分ではなく，血液とさまざまな組織の間を絶えず出入りしている．一般に，血液やサイトゾルの主な電解質である無機イオン（Na^+，K^+，Ca^{2+}）の食餌による摂取は，尿への排泄によって相殺される．消化管，血液，尿の間で血液成分の流入と流出が絶えず起こっているが，多くの血液成分はほぼ動的定常状態にあり，濃度はほとんど変化しない．Na^+，K^+，Ca^{2+} を食餌から摂取しても血漿中の濃度はほとんど変わらず，それぞれ 140, 5, 2.5 mM に近い値のままである．これらの値から有意にはずれると，重篤な疾患を発症したり，死を招いたりする．腎臓は不可欠な栄養素やイオンの喪失を防ぎながら，老廃物や過剰のイオンを血液から尿へと選択的にろ過して，イオンのバランスを維持するという特に重要な役割を担っている．

ヒトの赤血球は，分化の過程で核とミトコンドリアを失っているので，ATP の供給を解糖にのみ依存している．解糖により生じる乳酸は肝臓へと戻り，そこでの糖新生によってグルコースへと変換され，グリコーゲンとして貯蔵されるか，または末梢組織へと再循環される．赤血球は，血流中のグルコースを常に手に入れることができる．

血漿中のグルコース濃度は厳密な調節を受ける．脳には絶えずグルコースが必要なこと，および血糖を血液 100 mL あたり 60 ～ 90 mg の正常濃度（約 4.5 mM）の範囲内に維持する肝臓の役割についてはすでに述べた（赤血球は血液の体積のかなりの割合を占めるので，遠心分離によって赤血球を除いた上清，すなわち「血糖」を含む血漿の体積は小さくなる．血糖値を血漿グルコース濃度に変換するためには，血糖値を 1.14 倍すればよい）．ヒトで血糖が 40 mg/100 mL にまで低下（低血糖状態 hypoglycemic condition）すると，その人に不快感や精神錯乱が起こる（図 23-25）．さらに低下すると昏睡やけいれんが起こり，極端な低血糖になると死に至る．したがって，血中のグルコース濃度を正常に維持することは，生物にとって優先事項であり，この目的を達成するためにさまざまな調節機構が進化してきた．次節で述べるように，血糖の最も重要な調節因子として，ホルモンのインスリン，グルカゴン，エピネフリンがある．■

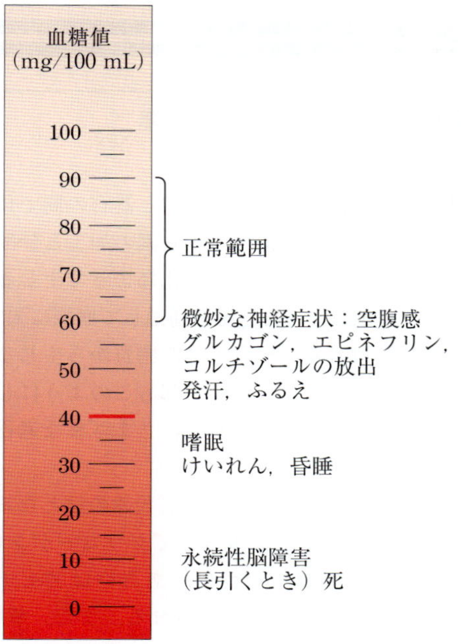

図 23-25　低血糖がヒトに及ぼす生理的影響

40 mg/100 mL 以下の血糖値は重篤な低血糖症である．

まとめ

23.2　組織特異的代謝：分業

- 哺乳類では，専門化した組織と器官の間で代謝の分業がある．肝臓は，栄養素の加工と分配の中心となる器官である．消化によって生じる糖とアミノ酸は，小腸上皮を通過して血液に入り，肝臓に運ばれる．摂取された脂質から生じるトリアシルグリセロールの一部もこのようにして肝臓に運ばれ，構成脂肪酸はさまざまな過程で利用される．
- グルコース 6-リン酸は，糖質代謝の鍵となる中間体である．これは重合してグリコーゲンに，脱リン酸化されて血糖に，あるいはアセチル CoA を経て脂肪酸に変換される．また，解糖，クエン酸回路，呼吸鎖によって酸化されて ATP を供給したり，ペントースリン酸経路に入ってペントースと NADPH を生成したりする．
- アミノ酸は，肝臓や血漿のタンパク質の合成に利用されたり，その炭素骨格が糖新生によってグルコースとグリコーゲンに変換されたりする．アミノ酸の脱アミノ化反応によって生じるアンモニアは，尿素に変換される．
- 肝臓は，脂肪酸を TAG，リン脂質，コレステロールおよびコレステロールエステルに変換する．これらは，脂肪組織での貯蔵のために血漿リポタンパク質として運搬される．また脂肪酸は，酸化されて ATP を生成したり，他の組織へと循環されるケトン体になったりする．
- 白色脂肪組織は，TAG を大量に貯蔵し，エピネフリンやグルカゴンに応答して血中にそれらを放出する．褐色脂肪組織は，脱共役されたミトコンドリアにおいて脂肪酸を酸化することによって，熱産生の機能に特化している．ベージュ脂肪組織は，寒冷暴露やエピネフリン刺激に応答して増える．褐色脂肪組織と同様に，ベージュ脂肪組織のミトコンドリアは脱共役タンパク質を有し，熱産生に特化している．
- 骨格筋は，機械的仕事のために ATP を産生して利用するように特化している．低度，または中程度の筋肉活動の際には，脂肪酸とグルコースの酸化が ATP の主な供給源である．激しい筋肉活動の際には，グリコーゲンが基本的な代謝燃料であり，乳酸発酵によって ATP を供給する．回復期には，筋肉でのグリコーゲンの補充に利用するために，乳酸は肝臓で糖新生によってグリコーゲンとグルコースに再変換される．ホスホクレアチンは，活発な収縮の際の ATP の直接の供給源である．
- 心筋は，脂肪酸を主要な代謝燃料として用いて，ATP のほぼすべてを酸化的リン酸化によって獲得する．
- 脳のニューロンは，代謝燃料としてグルコースと β-ヒドロキシ酪酸のみを利用する．特に後者は，絶食や飢餓の際に重要になる．脳はニューロンの膜電位の維持のために，ATP の大部分を Na^+ と K^+ の能動輸送に利用する．
- 血液は，栄養素，老廃物，ホルモンシグナル分子を組織や器官の間で運搬する．血液は，細胞（赤血球，白血球と血小板）および多くのタンパク質を含んで電解質に富む水（血漿）から成る．

23.3　燃料代謝のホルモンによる調節

血糖値をほぼ 4.5 mM に維持する分刻みの調整のために，インスリン，グルカゴン，エピネフリン，コルチゾールが協同して，多くの生体組織，特に肝臓，筋肉および脂肪組織の代謝過程に対して作用する．インスリンは，血糖が必要以上に高いときにこれらの組織にシグナルを送る．その結果として，余分なグルコースが血液から細胞内に取り込まれて，貯蔵物質のグリコーゲンやトリアシルグリセロールに変換される．グルカゴンは，血糖が低すぎるときにシグナルを送り，組織がこれに応答してグリコーゲンの分解と肝臓における糖新生を通じてグルコースの産生を行ったり，脂肪を酸化してグルコースの必要量を抑制したりする．エピネフリンは血液中に放出され，筋肉，肺および心臓を急激な活動に備えさせる．コルチゾールは，長期間のストレスにおける生体応答を媒介する．栄養十分状態，絶食，飢餓の三つの典型的な代謝状態を背景にして，これらのホルモンによる調節について考察し，グルコース代謝を制御するシグナル伝達経路の異常に起因する糖尿病における代謝との因果関係を調べる．

インスリンは高血糖に対抗する

細胞膜上の受容体を介して作用することによって（図 12-19，図 12-20 参照），インスリンは筋肉や脂肪組織によるグルコースの取込みを促進する（表 23-4）．グルコースはそこでグルコース 6-リン酸に変換される．肝臓では，インスリンはグリコーゲンシンターゼを活性化し，グリコーゲンホスホリラーゼを不活性化するので，グルコース 6-リン酸の多くはグリコーゲンのほうに流れる．

インスリンは，脂肪組織の脂肪として，過剰の燃料の貯蔵も促進する（図 23-26）．肝臓では，インスリンは解糖を介するグルコース 6-リン酸のピルビン酸への酸化と，ピルビン酸のアセチル CoA への酸化の両方を活性化する．エネルギー産生にとって不必要な過剰のアセチル CoA は，脂肪酸合成に利用され，生じた脂肪酸は，血漿リポタンパク質（VLDL；図 21-40 参照）の TAG として肝臓から脂肪組織に送り出される．インスリンは脂肪細胞を刺激して，VLDL の TAG から遊離される脂肪酸からの TAG の合成を促進する．結局のところ，このような脂肪酸は血液から肝臓によって取り込まれた過剰のグルコースに由来する．まとめると，インスリンの作用は過剰の血糖を肝臓と筋肉のグリコーゲンと脂肪組織の TAG という二つの貯蔵型に変換するために有利に働くことである．

インスリンは肝臓や筋肉に直接作用して糖質と脂質の代謝を変化させるだけでなく，後述するように，脳においても作用して，肝臓や筋肉に間接的にシグナルを送る．

膵臓 β 細胞は血糖の変化に応答してインスリンを分泌する

高糖質食の摂取後にグルコースが腸から血流に入ると，血糖が上昇して膵臓によるインスリンの分泌が亢進する（グルカゴンの分泌は低下する）．インスリンの放出は，主として膵臓に流入する血液中のグルコースのレベルによって調節される．ペプチドホルモンのインスリン，グルカゴンおよびソマトスタチンは，ランゲルハンス島 islet of Langerhans という特殊な膵臓細胞の集団（図 23-27）によって産生される．ランゲルハンス島

表 23-4　血糖に及ぼすインスリンの効果：細胞によるグルコースの取込みとトリアシルグリセロールやグリコーゲンとしての貯蔵

代謝に及ぼす効果	標的酵素
↑グルコースの取込み（筋肉，脂肪組織）	↑グルコース輸送体（GLUT4）
↑グルコースの取込み（肝臓）	↑グルコキナーゼ（発現上昇）
↑グリコーゲンの合成（肝臓，筋肉）	↑グリコーゲンシンターゼ
↓グリコーゲンの分解（肝臓，筋肉）	↓グリコーゲンホスホリラーゼ
↑解糖，アセチル CoA の産生（肝臓，筋肉）	↑ PFK-1（PFK-2 による） ↑ピルビン酸デヒドロゲナーゼ複合体
↑脂肪酸の合成（肝臓）	↑アセチル CoA カルボキシラーゼ
↑トリアシルグリセロールの合成（脂肪組織）	↑リポタンパク質リパーゼ

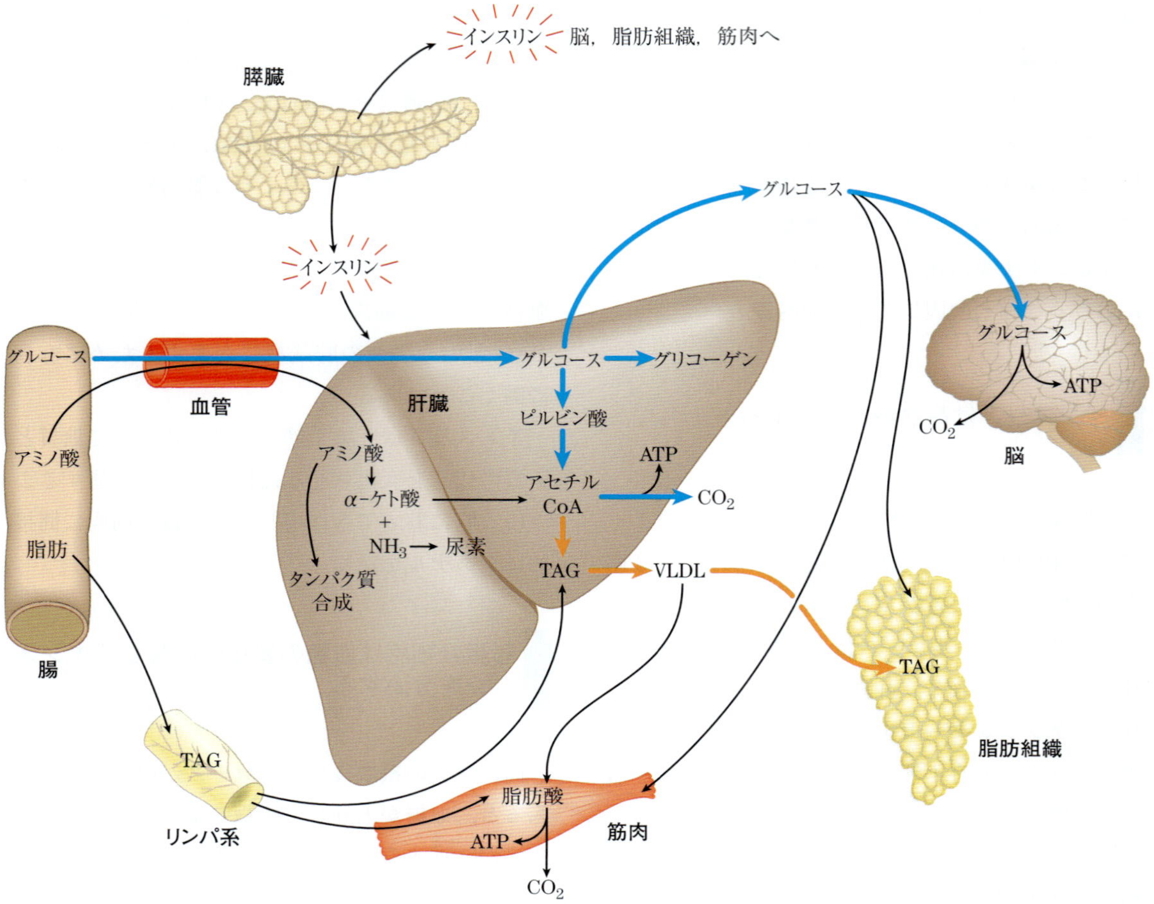

図 23-26　栄養十分な状態：肝臓での脂質合成

高カロリー食の摂取直後に，グルコース，脂肪酸およびアミノ酸は肝臓に入る．青色矢印はグルコースがたどる経路，橙色矢印は脂質がたどる経路を示す．高血糖に応答して放出されるインスリンは，組織によるグルコースの取込みを促進する．グルコースの一部はエネルギーが必要な脳に運搬されたり，脂肪組織や筋肉組織に運搬されたりする．肝臓では，余分なグルコースはアセチル CoA へと酸化され，脂肪組織や筋肉組織に運搬するためのトリアシルグリセロール合成に利用される．脂質合成に必要な NADPH は，ペントースリン酸経路においてグルコースを酸化することによって得られる．余分なアミノ酸はピルビン酸やアセチル CoA に変換され，これらも脂質合成に利用される．食餌中の脂肪は，腸からキロミクロンとしてリンパ系を経て，肝臓や筋肉，脂肪組織へと移行する．

の各細胞種は，単一のホルモンを産生する．すなわち，α 細胞はグルカゴンを，β 細胞はインスリンを，δ 細胞はソマトスタチンを産生する．

図 23-28 に示すように，血糖が上昇すると，❶ GLUT2 輸送体によってグルコースは β 細胞に取り込まれ，そこで直ちにグルコキナーゼによってグルコース 6-リン酸に変換されて解糖系に入る．グルコースの異化速度の上昇によって，❷ ATP 濃度が上昇し，細胞膜の **ATP 依存性 K^+ チャネル** ATP-gated K^+ channel が閉じる．❸ K^+ 流出の低下によって膜の脱分極が起こる（Sec. 12.7 にあるように，開口している K^+ チャネルを通って K^+ が流出すると膜が過分極し，K^+ チャネルが閉じると膜が効率よく脱分極することを思い出そう）．膜の脱分極によって，電位依存性 Ca^{2+} チャネルが開く．❹その結果起こるサイトゾルの Ca^{2+}

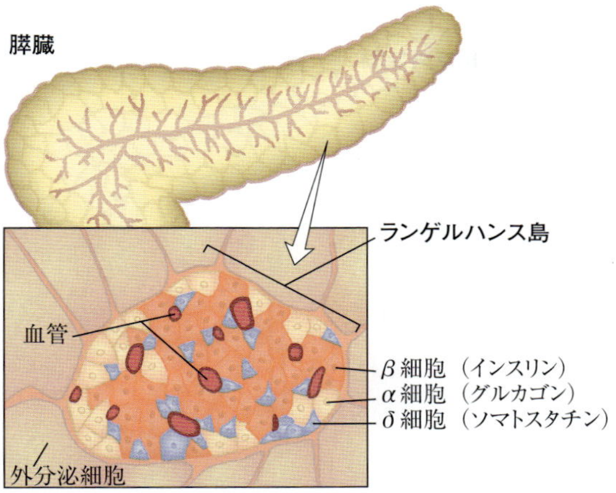

図 23-27　膵臓の内分泌系

チモーゲン型の消化酵素を分泌する外分泌細胞（図18-3(b) 参照）のほかに，膵臓にはランゲルハンス島という内分泌細胞のクラスターがある．この小島はα，β，δ細胞（A，B，D細胞ともいう）を含んでおり，各細胞種は特異的なペプチドホルモンを分泌する．

濃度の上昇は，❺エキソサイトーシスによるインスリン分泌の引き金となる．脳はエネルギー供給量と要求量の入力情報を統合し，副交感神経系からのシグナルはインスリンの放出を促進し，交感神経系からのシグナルは抑制する．単純なフィードバックの環が，ホルモンの放出を次のように制限する．すなわち，インスリンは，組織によるグルコースの取込みを促進して血糖を低下させる．β細胞がこの血糖の低下をグルコキナーゼ反応を介してグルコースの流入の低下として認識し，インスリン放出を減速または停止させる．このフィードバック調節によって，摂食による大きな変動があるにもかかわらず，血中グルコース濃度はほぼ一定に保たれる．

ATP依存性K^+チャネルの活性は，β細胞によるインスリン分泌の調節において中心的役割を担う．このチャネルは4個の同一のKir6.2サブユニットと4個の同一のSUR1サブユニットから成る八量体であり，細菌と他の真核細胞のK^+チャネルは同じ配置で構築されている（図11-45，図11-46参照）．4個のKir6.2サブユニットはK^+チャネルの周囲に円錐状の構造を形成しており，選択性フィルターとして機能し，ATP依存的な開口機構を実現している（図23-29）．ATP濃度が上昇する（血中グルコースの上昇を示唆する）と，K^+チャネルは閉じて細胞膜の脱分極が起こり，図23-28に示すようにインスリンの放出が引き起こされる．

スルホニル尿素薬 sulfonylurea drugは2型糖尿病の治療に用いられる経口薬であり，K^+チャネルのSUR1（スルホニル尿素受容体 *s*ulfonyl*u*rea *r*eceptor）サブユニットに結合することによって，K^+チャネルを閉じてインスリンの放出を促進する．このような薬物の第一世代薬（トルブタミドなど）は1950年代に開発された．第二世代薬にはグリブリド（Micronase），グリピジド（Glucotrol），グリメピリド（Amaryl）などがあり，第一世代薬よりも高い治療効果を示し，かつ副作用は少ない．スルホニル尿素部分は次の構造式で淡赤色に網かけしてある．

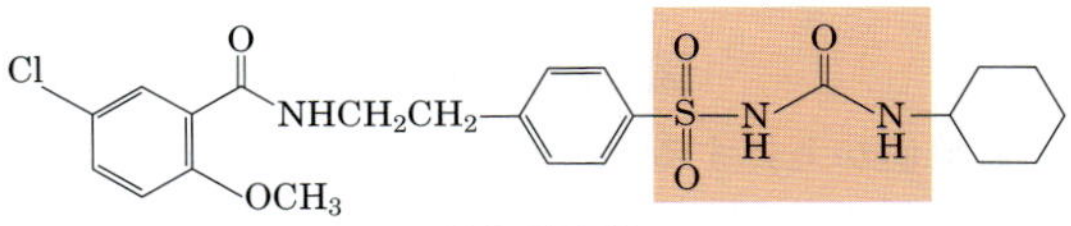

グリブリド

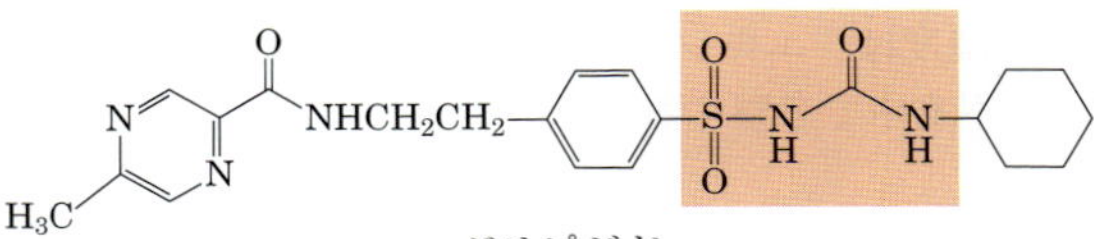

グリピジド

スルホニル尿素薬はインスリン注射と組み合わせて使われることもあるが，2型糖尿病の制御には単独でも十分である場合が多い．

β細胞のATP依存性K^+チャネルの突然変異は，幸運なことにめったには起こらない．K^+チャネルが常に開口した状態になるKir6.2の変異（図23-29(b) の赤色残基）は，インスリン療法が必要なほど深刻な高血糖症を伴う新生児糖尿病になる．Kir6.2サブユニットやSUR1サブユニットに別の変異（図23-29(b) の青色残基）が生じると，K^+チャネルは常に閉じた状態になり，インスリ

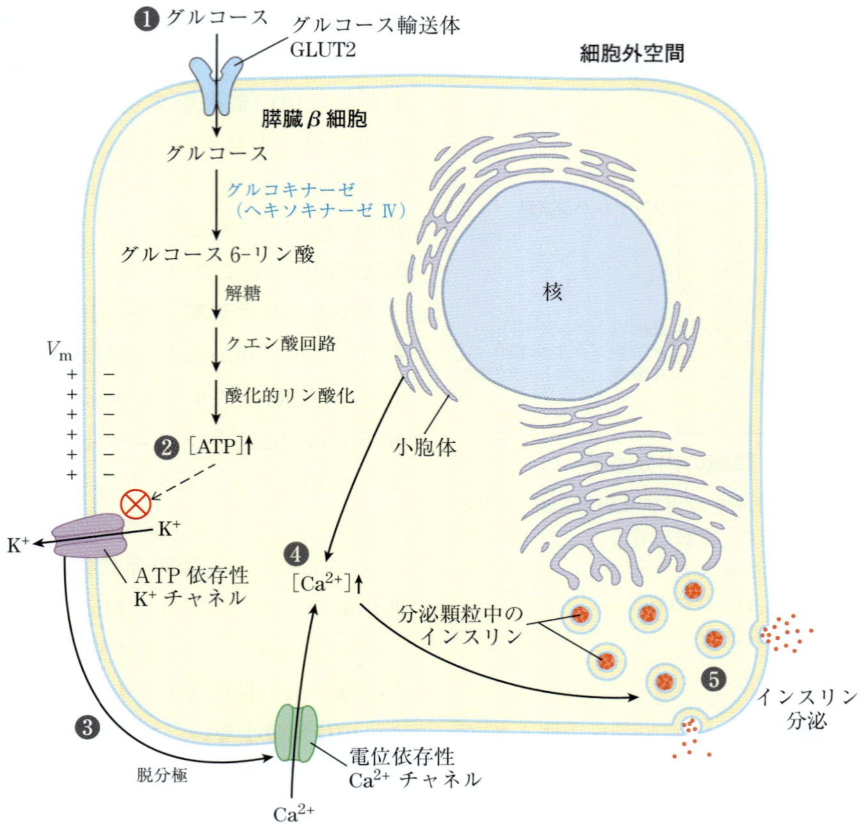

図 23-28　膵臓 β 細胞によるインスリン分泌のグルコースによる調節

血糖値が上昇すると，β 細胞内でのグルコース代謝が活性化されて細胞内 ATP 濃度を上昇させ，細胞膜の K^+ チャネルを閉じさせて細胞膜の脱分極を引き起こす．膜の脱分極に応答して，電位依存性 Ca^{2+} チャネルが開き，細胞内に Ca^{2+} を流入させる（Ca^{2+} は，サイトゾルの Ca^{2+} 濃度の上昇に応答して小胞体からも放出される）．Ca^{2+} 濃度は，エキソサイトーシスによってインスリン放出を引き起こすほど高くなる．数字で表す過程については本文中で考察する．

ンの持続的放出が起こる．もしも治療が行われなければ，このような変異をもつヒトは先天的な高インスリン血症（幼児性高インスリン血症）を発症する．過剰なインスリンが深刻な低血糖を引き起こし，脳に不可逆的な損傷をもたらす．有効な治療法の一つは，膵臓の一部を外科的に切除して，インスリン産生を低下させることである．■

グルカゴンは低血糖に対抗する

食餌による糖質の摂取後数時間で，血糖値は脳や他の組織によるグルコースの持続的酸化のためにわずかに低下する．血糖の低下は，**グルカゴン** glucagon の分泌を引き起こし，インスリンの放出を低下させる（図 23-30）．

グルカゴンはいくつかの経路によって血中グルコース濃度を上昇させる（表 23-5）．エピネフリンと同様に，グルカゴンは，グリコーゲンホスホリラーゼの活性化とグリコーゲンシンターゼの不活性化を介して，肝グリコーゲンの正味の分解を促進する．この二つの効果は，cAMP によって引き起こされる調節酵素のリン酸化の結果である．グルカゴンは，肝臓における解糖によるグル

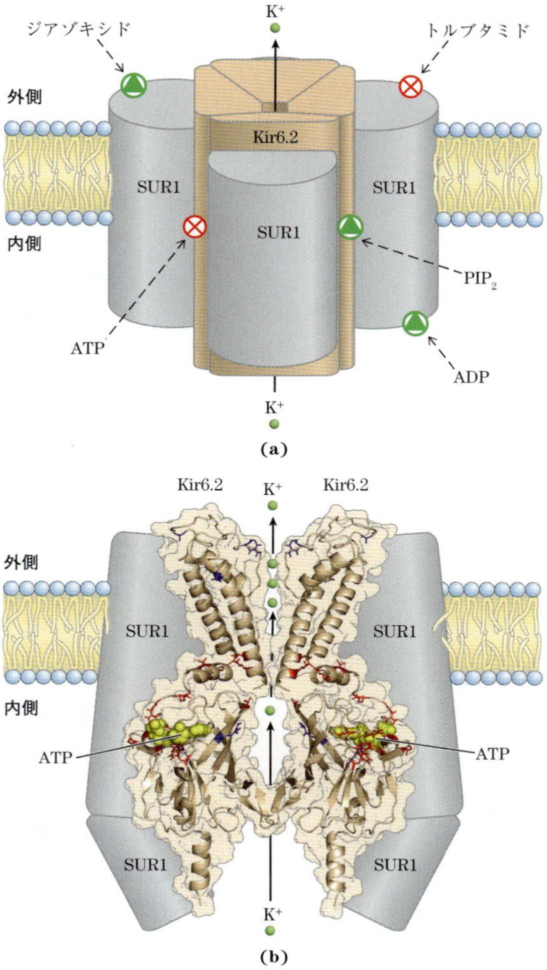

図 23-29　β 細胞の ATP 依存性 K^+ チャネル

(a) 膜平面内の ATP 依存性チャネルを横から見たもの．このチャネルは，4 個の同一の Kir6.2 サブユニットから成り，4 個の同一の SUR1（スルホニル尿素受容体）サブユニットに囲まれている． SUR1 サブユニットは，開口している状態のチャネルに結合しやすい ADP およびジアゾキシド薬に対する結合部位，閉鎖している状態のチャネルに結合しやすいスルホニル尿素薬のトルブタミドに対する結合部位を有する．Kir6.2 サブユニットは実際にチャネルを形成し，サイトゾル側には ATP とホスファチジルイノシトール 4,5-ビスリン酸 (PIP_2) に対する結合部位を有する．これらはそれぞれ閉鎖状態のチャネルと開口状態のチャネルに結合しやすい．**(b)** チャネルの Kir6.2 サブユニット部分を膜平面内の横から見たもの．明瞭にするために，二つの膜貫通ドメインと二つのサイトゾルドメインのみが示してある．3 個の K^+（緑色）が選択性フィルター領域に見える．特定のアミノ酸残基の変異（赤色で示す）は新生児の糖尿病を引き起こし，他の残基の変異（青色で示す）は乳児の高インスリン血症を引き起こす．この構造は，細菌の Kir チャネル（KirBac1.1）と別の Kir タンパク質（Kir3.1）のアミノ末端ドメインとカルボキシ末端ドメインの結晶構造上に，既知の Kir6.2 の配列をマッピングすることによって得られたものである．この構造を図 11-46 に示す電位依存性 K^+ チャネルの構造と比較しよう．［出典：(b) KirBac1.1: PDB ID 1P7B, A. Kuo et al., *Science* **300**: 1922, 2003; Kir3.1: PDB ID 1U4E, S. Pegan et al., *Nature Neurosci*. **8**: 279, 2005. 座標については Frances M. Ashcroft, Oxford University の厚意による．J. F. Antcliff et al., *EMBO J*. **24**: 229, 2005 で発表されたモデルを，S. Haider and M. S. P. Sanson が再構築したものを許可を得て使用.］

コースの分解を抑制し，糖新生によるグルコースの合成を促進する．両方の作用ともに，糖新生酵素のフルクトース 1,6-ビスホスファターゼ fructose 1,6-bisphosphatase（FBP アーゼ-1）のアロステリック阻害因子であるとともに，解糖酵素のホスホフルクトキナーゼ-1 の活性化因子であるフルクトース 2,6-ビスリン酸の濃度を低下させることに起因する．フルクトース 2,6-ビスリン酸の濃度は，cAMP 依存性のタンパク質リン酸化反応によって最終的に制御されることを思い出そう（図 15-19 参照）．グルカゴンは，cAMP 依存性リン酸化を促進することによって，解糖酵素のピルビン酸キナーゼも阻害し，ホスホエノールピルビン酸のピルビン酸への変換を遮断して，クエン酸回路を介するピルビン酸の酸化を抑制する．結果的に蓄積するホスホエノールピルビン酸は糖新生に利用される．この効果は，グルカゴンによる糖新生酵素の PEP カルボキシキナーゼの合成の刺激によって高められる．グルカゴンは，肝細胞におけるグリコーゲンの分解を促進し，解糖を抑制し，糖新生を促進することによって，肝臓からグルコースを血液中に送り出して，血糖値を正常レベルに戻す．

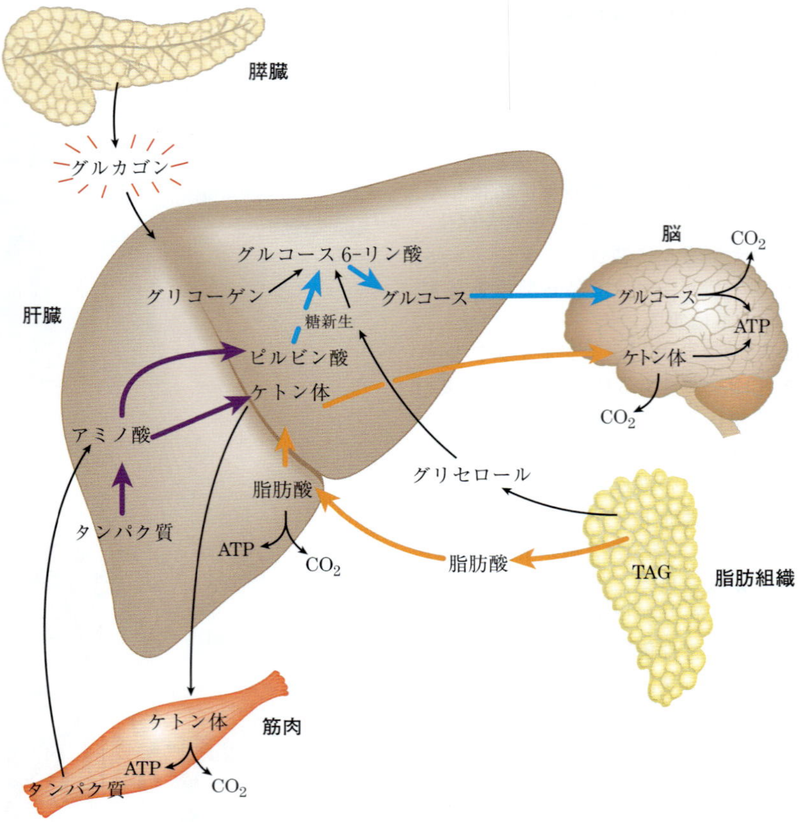

図 23-30 絶食状態：肝臓でのグルコース合成

食事をせずに数時間が経つと，肝臓は脳への主要なグルコース供給源となる．肝臓のグリコーゲンは分解されてグルコース 1-リン酸になり，これはグルコース 6-リン酸へ，さらに遊離のグルコースへと変換され，血流中に放出される．肝臓や筋肉におけるタンパク質の分解によって生じるアミノ酸や，脂肪組織の TAG の分解によって生じるグリセロールは，糖新生に利用される．肝臓は脂肪酸を主要な燃料として使い，余分なアセチル CoA はケトン体に変換されて他の組織へと運搬される．グルコースの供給が不足すると，脳は特にケトン体に依存する（図 23-23 参照）．青色矢印はグルコースがたどる経路を，橙色矢印は脂質がたどる経路を，紫色矢印はアミノ酸がたどる経路を示す．

グルカゴンの主要な標的は肝臓であるが，エピネフリンと同様に脂肪組織に対しても作用して，cAMP 依存的なペリリピンやホルモン感受性リパーゼのリン酸化を引き起こし，TAG の分解を活性化する．活性化したリパーゼは脂肪酸を遊離させて，代謝燃料として肝臓や他の組織へ送り出し，それによって脳がグルコースを利用できるようにする．したがって，グルカゴンの正味の効果は，肝臓によるグルコースの合成と血液中への放出を促進し，脂肪組織から脂肪酸を動員し，脳以外の組織がグルコースの代わりに脂肪酸を代謝燃料として利用できるようにすることである．このようなグルカゴンの効果のすべてが，cAMP 依存性のタンパク質リン酸化によって媒介される．

絶食や飢餓の際には，代謝は脳に燃料を供給するように変化する

健常な成人は三つのタイプの代謝燃料を蓄えている．すなわち，肝臓と少量であるが筋肉に貯蔵されるグリコーゲン，脂肪組織中の大量の TAG，代謝燃料の補給が必要なときに分解される組織タ

表 23-5 血糖に及ぼすグルカゴンの効果：肝臓によるグルコースの産生と放出

代謝に及ぼす効果	グルコース代謝に及ぼす効果	標的酵素
↑グリコーゲンの分解（肝臓）	グリコーゲン→グルコース	↑グリコーゲンホスホリラーゼ
↓グリコーゲンの合成（肝臓）	グリコーゲンとして貯蔵されるグルコースの減少	↓グリコーゲンシンターゼ
↓解糖（肝臓）	肝臓で燃料として利用されるグルコースの減少	↓ PFK-1
↑糖新生（肝臓）	アミノ酸 グリセロール }→グルコース オキサロ酢酸	↑ FBP アーゼ-2 ↓ピルビン酸キナーゼ ↑ PEP カルボキシキナーゼ
↑脂肪酸の動員（脂肪組織）	肝臓，筋肉で燃料として利用されるグルコースの減少	↑ホルモン感受性リパーゼ ↑ PKA（ペリリピン-Ⓟ）
↑ケトン体生成	脳のエネルギー源としてグルコースの代替物の供給	↓アセチル CoA カルボキシラーゼ

ンパク質である（表 23-6）．

食後 2 時間のうちに，血糖値はわずかに低下し，組織は肝臓のグリコーゲンから放出されるグルコースを受け取る．そのときには，TAG の合成はほとんど，あるいは全く起こらない．食後 4 時間までには，血糖値はさらに低下し，インスリン分泌は弱まり，グルカゴンの分泌が増大する．これらのホルモンのシグナルによって脂肪組織から TAG が動員され，筋肉と肝臓にとって主要な燃料となる．図 23-31 では長期にわたる絶食に対する応答について示す．❶脳にグルコースを供給するために，肝臓はある種のタンパク質（食物を摂取していない生物にとって最も消費しやすいタンパク質）を分解する．これらのタンパク質の非

表 23-6 普通体重（70 kg）の男子と肥満（140 kg）の男子の絶食開始時での利用可能な代謝燃料

燃料のタイプ	体重 (kg)	カロリー当量 (kcal（kJ）× 10^3)	推定生存期間 (月)[a]
70 kg の普通体重の男子			
トリアシルグリセロール（脂肪組織）	15	140（590）	
タンパク質（主に筋肉）	6	24（100）	
グリコーゲン（筋肉，肝臓）	0.23	0.90（3.8）	
循環する燃料（グルコース，脂肪酸，トリアシルグリセロールなど）	0.023	0.10（0.42）	
計		165（690）	3
140 kg の肥満男子			
トリアシルグリセロール（脂肪組織）	80	750（3,100）	
タンパク質（主に筋肉）	8	32（130）	
グリコーゲン（筋肉，肝臓）	0.23	0.92（3.8）	
循環する燃料	0.025	0.11（0.46）	
計		783（3,200）	14

[a] 生存期間は，基礎エネルギー消費量を 1,800 kcal/日と仮定して計算される．

必須アミノ酸は，アミノ基転移または脱アミノ化され（Chap. 18），❷生じた過剰のアミノ基は肝臓で尿素へと変換され，血流を介して腎臓に送られて尿中に排泄される．

肝臓では，またある程度の量は腎臓で，糖原性アミノ酸の炭素骨格はピルビン酸またはクエン酸回路の中間体に変換される．❸これらの中間体は（脂肪組織でTAGから生じるグリセロールと

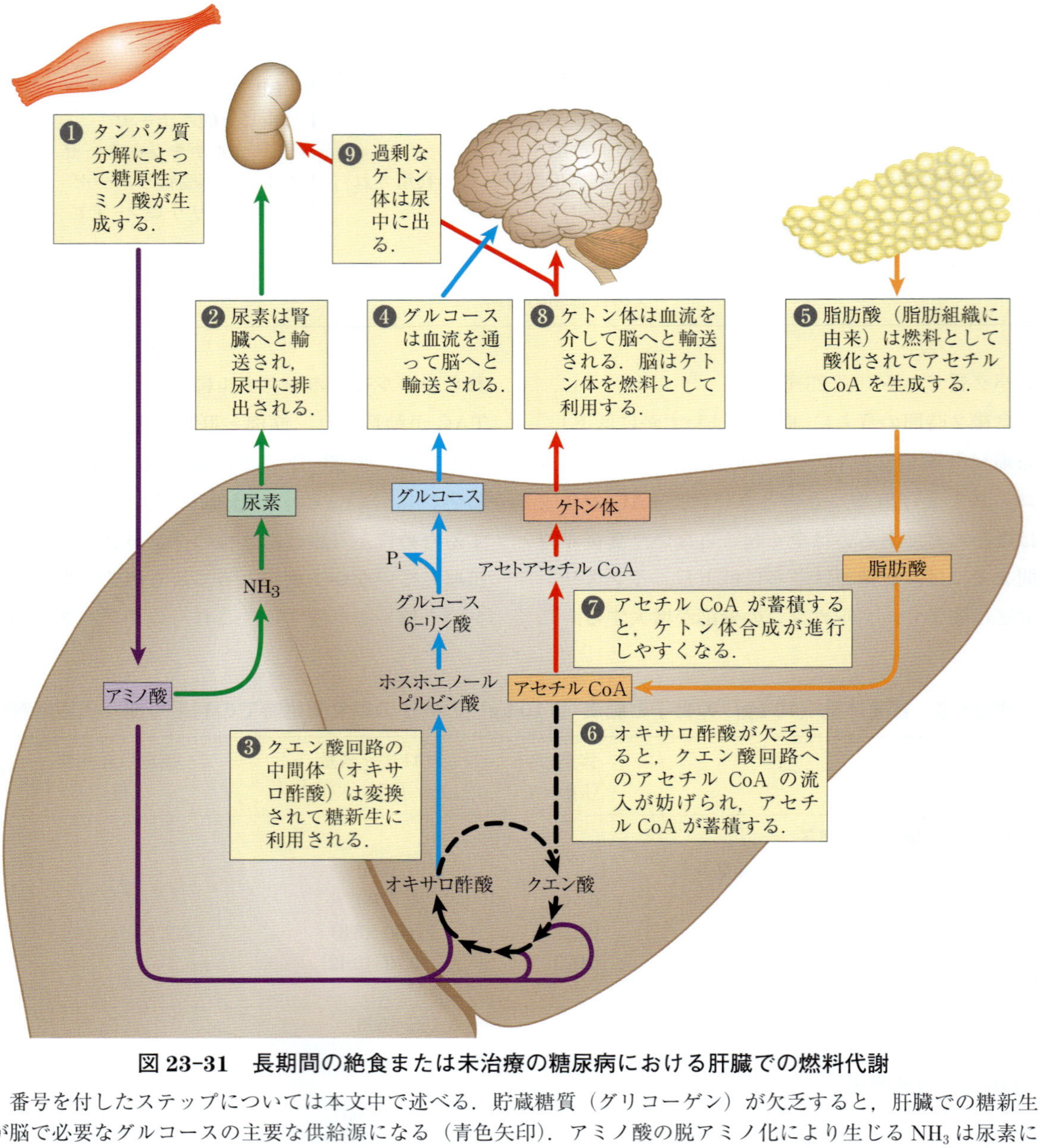

図 23-31 長期間の絶食または未治療の糖尿病における肝臓での燃料代謝

番号を付したステップについては本文中で述べる．貯蔵糖質（グリコーゲン）が欠乏すると，肝臓での糖新生が脳で必要なグルコースの主要な供給源になる（青色矢印）．アミノ酸の脱アミノ化により生じる NH_3 は尿素に変換されて排泄される（緑色矢印）．タンパク質の分解により生じた糖原性アミノ酸（紫色矢印）は，糖新生のための基質となり，グルコースは脳へと輸送される．脂肪組織に由来する脂肪酸は肝臓へと輸送され，酸化されてアセチル CoA になる（橙色矢印）．アセチル CoA は肝臓におけるケトン体生成の初発物質であり，脳へと輸送されてエネルギー源として貯蔵される（赤色矢印）．血中のケトン体濃度が，ケトンを再吸収する腎臓の能力を超えると，ケトン体は尿中に現れ始める．

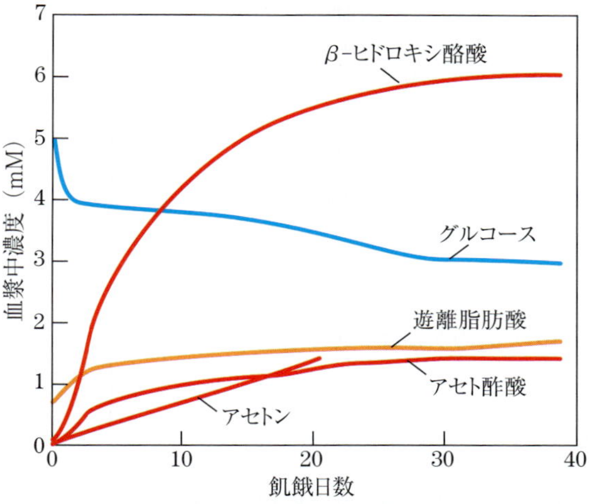

図 23-32　6 週間の飢餓の際の脂肪酸，グルコースおよびケトン体の血漿濃度

ホルモンによる血糖値の維持機構があるにもかかわらず，絶食後 2 日以内にグルコース濃度は低下しはじめる（青色）．絶食前にはほぼ検出できないレベルだったケトン体は，絶食後 2 ～ 4 日で劇的に増加する（赤色；β-ヒドロキシ酪酸が主要なケトン体である）．これらの水溶性ケトン（アセト酢酸とβ-ヒドロキシ酪酸）は，長期絶食時のエネルギー源としてグルコースを補完する．微量のケトン体成分であるアセトンは代謝されずに呼気へと排出される．血中の脂肪酸（橙色）の上昇は極めて小さい．しかし，脂肪酸は血液脳関門を通過できないので，この上昇は脳におけるエネルギー代謝には寄与しない．［出典：G.F. Cahill. Jr., *Annu. Rev. Nutr.* **26**: 1, 2006, Fig. 2 のデータ.］

同様に）肝臓における糖新生のための初発物質となり，❹ 産生されたグルコースが脳へと輸送される．❺ 脂肪組織から放出された脂肪酸は，肝臓で酸化されてアセチル CoA になるが，クエン酸回路の中間体が糖新生のために利用されると，オキサロ酢酸が枯渇し，❻ アセチル CoA のクエン酸回路への進入が抑制されて蓄積する．これによって，❼ 肝臓でアセトアセチル CoA とケトン体が生成しやすくなる．2, 3 日間の絶食の後では，グルコースの代わりにケトン体を利用する心臓，骨格筋，脳へとケトン体が肝臓から送り出される（図 23-31, ❽）ので，血中のケトン体レベルが上昇する（図 23-32）．

アセチル CoA はピルビン酸の代謝運命を決定する重要な調節因子であり，ピルビン酸デヒドロゲナーゼをアロステリックに阻害し，ピルビン酸カルボキシラーゼを刺激する．このようにして，アセチル CoA は，糖新生の最初のステップであるピルビン酸のオキサロ酢酸への変換を促進する一方で，ピルビン酸からの自らの産生を抑制する．

普通体重の成人の脂肪組織に貯蔵された TAG は，約 3 か月の基礎代謝率を維持するのに十分な代謝燃料を補給できる．著しく肥満した成人は，1 年間以上の絶食に耐えることができるほど十分な量の燃料を蓄えている（表 23-6）．脂肪の貯蔵が尽きると，必須タンパク質の分解が始まる．この分解のために心臓と肝臓の機能が損なわれ，長期間の飢餓により死に至る．貯蔵された脂肪は絶食や厳密なダイエットの際にも十分なエネルギー（カロリー）を供給できるが，ビタミンやミネラルを摂らなければならない．また，糖新生に利用される糖原性アミノ酸の十分量が食餌中に含まれることが必要である．したがって減量用の食餌は，一般にビタミン，ミネラル，およびアミノ酸またはタンパク質で強化されている．

エピネフリンは緊急活動のためにシグナルを送る

動物が活発な活動を要求されるストレスのかかった状況，例えば闘争または逃走のような極端な状況に直面すると，脳から出るニューロンのシグナルが，副腎髄質からのエピネフリンとノルエピネフリンの放出を引き起こす．この二つのホルモンは，気道を広げて O_2 の取込みを容易にしたり，心拍数と心収縮力を高めたり，血圧を上昇させたりして，組織への O_2 と代謝燃料の流れを促進する（表 23-7）．これが，「闘争-逃走 fight or flight」応答である．

エピネフリンは主に筋肉，脂肪組織，肝臓に対

表 23-7 エピネフリンが生理機能と代謝に及ぼす影響：活動のための準備

即時的効果	総体的効果
生理的	
↑心拍数 ↑血圧 ↑呼吸路の拡張	組織（筋肉）への O_2 の供給の増大
代謝的	
↑グリコーゲンの分解（筋肉，肝臓） ↓グリコーゲンの合成（筋肉，肝臓） ↑糖新生（肝臓）	燃料のためのグルコースの産生の増大
↑解糖（筋肉）	筋肉での ATP 産生の増大
↑脂肪酸の動員（脂肪組織）	燃料としての脂肪酸の利用の増大
↑グルカゴンの分泌 ↓インスリンの分泌	代謝に及ぼすエピネフリンの効果の増強

して作用する．このホルモンは，酵素タンパク質の cAMP 依存性のリン酸化によって，グリコーゲンホスホリラーゼを活性化し，グリコーゲンシンターゼを不活性化して，肝臓のグリコーゲンの血糖への変換を促進し，嫌気的な筋肉の仕事のための燃料を供給する．エピネフリンは，乳酸発酵によって筋肉のグリコーゲンの嫌気的分解も促進して，解糖による ATP 産生を刺激する．この解糖の亢進は，解糖の鍵となる酵素のホスホフルクトキナーゼ-1 の強力なアロステリック活性化因子であるフルクトース 2, 6-ビスリン酸の濃度を上昇させることによって達成される．また，ホルモン感受性リパーゼを cAMP 依存的リン酸化によって活性化し，脂肪滴の表面を覆うペリリピンを取り除くことによって，エピネフリンは脂肪組織の脂肪の動員も促進する（図 17-3 参照）．最後に，エピネフリンはグルカゴンの分泌を刺激し，インスリンの分泌を抑制して，燃料の動員を亢進させ，燃料の貯蔵を抑制する効果を増強する．

コルチゾールは低血糖などのストレスのシグナルを送る

さまざまなストレス因子（不安，恐怖，苦痛，出血，感染，低血糖，飢餓）は，副腎皮質からのグルココルチコイドの**コルチゾール** cortisol の放出を刺激する．コルチゾールは，筋肉，肝臓，脂肪組織に対して作用して，ストレスに耐えるための代謝燃料を生物体に供給する．コルチゾールは比較的遅効性のホルモンであり，標的細胞内で既存の酵素分子の活性を調節するのではなく，合成される酵素の種類と量を変化させることによって代謝を変化させる．

脂肪組織では，コルチゾールは貯蔵されている TAG からの脂肪酸の遊離を増大させる．脂肪酸は，燃料源として他の組織へと送り出され，グリセロールは肝臓で糖新生に利用される．コルチゾールは，非必須筋肉タンパク質の分解とアミノ酸の肝臓への輸送を刺激する．これらのアミノ酸は，肝臓で糖新生の前駆体として利用される．肝臓では，コルチゾールは PEP カルボキシキナーゼの合成を刺激することによって糖新生を亢進させる．グルカゴンも同じ作用を示すのに対して，インスリンは反対の作用を示す．このようにして産生されたグルコースは，グリコーゲンとして肝臓に貯蔵されたり，代謝燃料としてグルコースを必要とする組織に直ちに送り出されたりする．このような代謝変化の正味の効果は，血糖を正常レベルに戻し，一般にストレスと関連がある闘争-逃走応答をいつでも支えることができるようにグリコーゲンの貯蔵を増やすことにある．したがって，コルチゾールの効果はインスリンの効果と均衡を保つ．長期間のストレスの際には，コルチゾールの持続的放出によってその正の適応性が失われ，筋肉と骨を損傷し，内分泌と免疫機能を障害し始める．

クッシング病は，下垂体腫瘍によってコルチゾールが過剰分泌される病気である．腫瘍を外科的に取り除き，次に残存する腫瘍細胞を化学療法で殺すことによって治療される．アジソン病はコルチゾールの産生不足に起因し，ヒドロコルチゾン（コルチゾールの薬品名）の投与によって治療される．■

糖尿病はインスリンの産生または作用の欠陥に起因する

糖尿病 diabetes mellitus は，比較的一般的な疾患であり，アメリカ合衆国の約 9% の人で，また 65 歳以上ではほぼ 25% の人で，糖尿病またはその徴候を示すグルコース代謝のある程度の異常が認められる．この疾患には，臨床的に二つの主要なクラスがある．すなわち，**1 型糖尿病** type 1 diabetes（インスリン依存性糖尿病 insulin-dependent diabetes mellitus（IDDM）と呼ばれることもある），および **2 型糖尿病** type 2 diabetes（インスリン非依存性糖尿病 non-insulin-dependent diabetes mellitus（NIDDM）またはインスリン抵抗性糖尿病ともいう）である．

1 型糖尿病は一般に人生の早い時期に発症して，直ちに重症になる．この病気は，膵臓 β 細胞の不全によってインスリンを十分に産生できないことに起因する代謝異常なので，インスリン注射に対する応答が見られる．1 型糖尿病では，インスリンによる治療が必要であり，食餌の摂取とインスリン投与量との間のバランスを注意深く生涯にわたって管理する必要がある．1 型（および 2 型）糖尿病の特徴的な症状は，激しい渇きと頻尿（多尿症）であって，多量の水を摂取（口渇過度）するようになる．このような症状は，**糖尿** glucosuria として知られる尿への多量の糖の排泄のためである（「糖尿病 diabetes mellitus」とは「甘い尿の過度の排泄」を表す）．

2 型糖尿病は発症が遅く（高齢，肥満の患者に典型的），症状が軽く，初めは気づかないうちに進行することが多い．2 型糖尿病は，インスリンによる調節作用の欠陥に起因する疾病群である．インスリンは産生されるが，インスリン応答系のいずれかの機能に欠陥がある．これらの患者たちはインスリン抵抗性である．2 型糖尿病と肥満との関係（後述）は，活発でかつ将来的に有望な研究領域である．

いずれのタイプの糖尿病患者も，血液からグルコースを効率よく取り込むことができない．インスリンは，筋肉や脂肪組織で，GLUT4 グルコース輸送体の細胞膜への移行を引き起こすことを思い出そう（図 12-20 参照）．細胞でグルコースを利用できないときには，脂肪酸が主要な代謝燃料になり，糖尿病の別の特徴的な代謝変化，すなわち肝臓における過度ではあるが不完全な脂肪酸の酸化を引き起こす．β 酸化によって生じるアセチル CoA は，クエン酸回路において完全には酸化されない．なぜならば，β 酸化によって高まった [NADH]/[NAD^+] 比（NAD^+ を NADH に変換する三つのステップを参照）は，クエン酸回路を阻害するからである．アセチル CoA の蓄積はケトン体（アセト酢酸と β-ヒドロキシ酪酸）の過剰生産をもたらす．これらのケトン体は，肝外組織において，肝臓でつくられるのと同じ速度で利用されることはない．糖尿病患者の血液は，β-ヒドロキシ酪酸とアセト酢酸のほかに少量のアセトンを含んでいる．アセトンはアセト酢酸の自発的脱炭酸反応によって生じる．

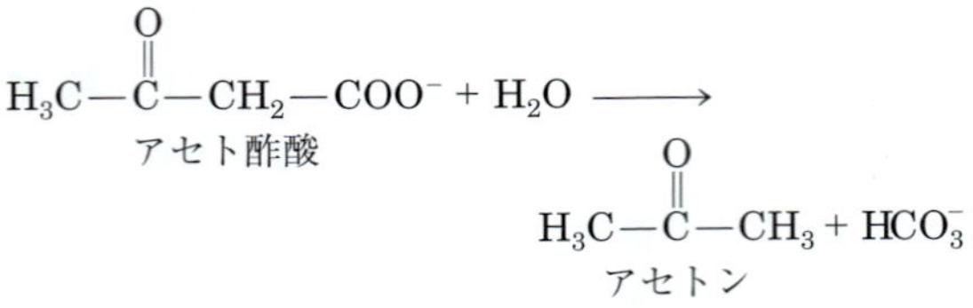

アセトンは揮発性で蒸発しやすいので，未治療の糖尿病では，時には息がエタノールと間違いやすい特徴的な臭気を帯びる．高血糖による精神錯乱を起こした糖尿病の人が，酒酔と誤診されることがある．この誤診は致命的になることもある．**ケトーシス** ketosis と呼ばれるケトン体の過剰産生によって，血液中（ケトン体血症 ketonemia）と尿中（ケトン尿症 ketonuria）のケトン体が極めて高濃度になる．

ケトン体はカルボン酸であり，イオン化してプロトンを放出する．未治療の糖尿病の場合には，このカルボン酸の生成が血液中の炭酸水素塩による緩衝能の限界を越えて，**アシドーシス** acidosis という血液 pH の低下を招く．あるいは，ケトーシスと合併した症状の**ケトアシドーシス** ketoacidosis と呼ばれる生命を脅かす状態になることもある．

血液と尿の試料の生化学的検査は，糖尿病の診断と治療に欠かせない．高感度診断基準は**グルコース負荷試験** glucose-tolerance test によって得られる．被験者は一夜絶食してから，1 杯の水に溶かした 100 g のグルコース試験液を飲む．試験液を飲む前と，その後数時間にわたって 30 分間隔で血液中のグルコース濃度を測定する．健常人はグルコースを容易に同化するので，血糖値はせいぜい約 9 ～ 10 mM までしか上昇せず，グルコースは尿には全く，あるいはほとんど現れない．糖尿病患者では，試験液のグルコースはわずかしか同化されないので，血糖値は劇的に上昇し，絶食時のレベルには極めてゆっくりとしか戻らない．血糖値が腎臓の閾値（約 10 mM）を超えて上昇するので，グルコースが尿中にも現れる．■

まとめ

23.3 燃料代謝のホルモンによる調節

- 血液中のグルコース濃度は，ホルモンによって調節される．食餌の摂取や激しい運動による血糖値の変動（正常では 70 ～ 100 mg/100 mL，または約 4.5 mM）は，いくつかの器官でホルモンによって引き起こされるさまざまな代謝の変化によって均衡が保たれる．
- 高血糖によってインスリンの放出が起こる．インスリンは，組織によるグルコースの取込みを促進し，グリコーゲンとトリアシルグリセロールとしての代謝燃料の貯蔵を促すと同時に，脂肪組織における脂肪酸の動員を抑制する．
- 低血糖によってグルカゴンの放出が起こる．グルカゴンは肝グリコーゲンからのグルコースの遊離を促進し，肝臓と筋肉の燃料代謝を脂肪酸の酸化にシフトさせて，脳で利用されるようにグルコースを節約する．長い絶食の際には，TAG が主要な代謝燃料になる．肝臓は脂肪酸をケトン体に変換して，脳を含む他の組織へと送り出す．
- エピネフリンは，グリコーゲンや他の前駆物質からグルコースを動員し，グルコースを血中に放出することによって，高まる活動に対してからだを準備させる．
- さまざまなストレス要因（低血糖を含む）に応答して放出されるコルチゾールは，肝臓におけるアミノ酸やグリセロールからの糖新生を刺激し，血糖を上昇させてインスリンの効果を相殺する．
- 糖尿病では，インスリンは産生されないか，あるいは組織によって認識されないかのいずれかであり，血液中のグルコースの取込みに欠陥がある．血糖値が高いとグルコースは排泄される．そのために，組織は代謝燃料を（ケトン体を生じる）脂肪酸に依存し，細胞のタンパク質を分解してグルコース合成のための糖原性アミノ酸を供給する．未治療の糖尿病患者の特徴は，血液中や尿中の高いグルコースレベルと，ケトン体の生成と排泄である．

23.4　肥満と体重調節

体格指数 body mass index（**BMI**）で判定すると，アメリカ合衆国の人口のうち，成人の35％が肥満であり，さらに35％が体重超過である．BMIは，体重 kg/(身長 m)^2 で計算され，25以下が正常，25～30が体重超過，30を超えると**肥満** obesity である．肥満は生命を脅かす．肥満では，2型糖尿病だけでなく，心臓発作，脳卒中，大腸がん，乳がん，前立腺がん，子宮体がんが発症する可能性が有意に上昇する．したがって，体重と脂肪組織での脂肪の貯蔵がどのようにして調節されるのかは非常に興味深い．■

まず，肥満は，食餌で摂取するカロリーが，からだの燃料消費活動で消費されるよりも多いことに起因する．からだは，食餌によるカロリーの過剰に次の三つの方法で対処する．(1) 過剰な代謝燃料を脂肪に変換し，脂肪組織に蓄える．(2) 過剰な燃料を付加的な運動で燃焼させる．(3) 脱共役したミトコンドリアで熱を生成すること（熱産生 thermogenesis）によって燃料を「廃棄する」．哺乳類では，一連の複雑なホルモンと神経のシグナルが，代謝燃料の取込みとエネルギーの消費の間のバランスを保ち，脂肪組織の量を適切なレベルに維持する．肥満に効率よく対処するには，正常時における種々の抑制とバランスがどのように機能するのか，そしてこれらの恒常性維持機構がどのようにして破綻するのかを理解する必要がある．

脂肪組織は重要な内分泌機能を有する

体重の恒常性を説明するための「肥満の負のフィードバック」モデルという初期の仮説では，

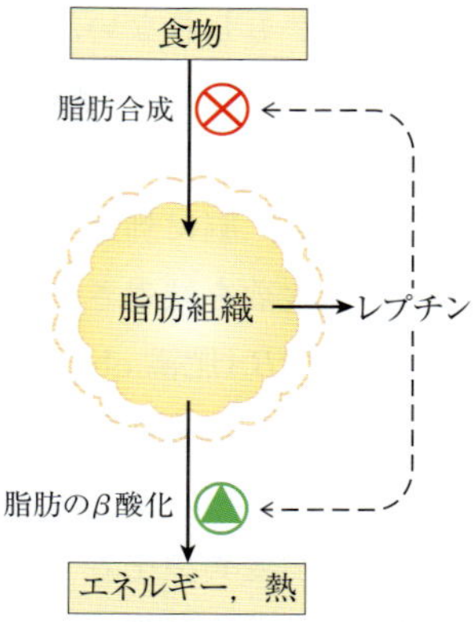

図 23-33　一定体重を維持するためのセットポイントモデル

脂肪組織の重量が増加する（破線の輪郭）と，放出されたレプチンが摂食と脂肪合成を抑制し，脂肪酸の酸化を促進する．脂肪組織の重量が減少する（実線の輪郭）と，レプチン産生が減少して，摂食の増大と脂肪酸の酸化の低下が起こりやすい．

体重がセットポイントとよばれるある値を超過すると，摂食行動を抑制するとともにエネルギー消費を増大させ，体重がそのセットポイントを下回ると摂食抑制が解除される機構が提案された（図23-33）．このモデルは，脂肪組織から発生するフィードバックシグナルが，摂食行動および代謝と運動を支配する脳の中枢に影響を及ぼすと予想している．このような因子の初めてのものであるレプチンが1994年に発見され，その後の研究によって脂肪組織は**アディポカイン** adipokine として知られるペプチドホルモンを産生する重要な内分泌器官であることが明らかになった．アディポカインは局所的に働く（自己分泌や傍分泌作用）か，あるいは全身性に働いて（内分泌作用），脂肪組織の貯蔵エネルギー（TAG）が適度であるかどうかについての情報を脳や他の組織に運ぶ．通常，アディポカインは代謝燃料の適切な貯蔵を再確立し，体重を維持するような燃料代謝と摂食行動の変化を引き起こす．アディポカインが過剰生産されたり産生不足であったりすると，その結果起こるさまざまな調節異常は生命を脅かすような疾患を引き起こすかもしれない.

レプチン leptin（「やせた thin」を意味するギリシャ語の *leptos* に由来）はアディポカイン（167 アミノ酸残基）であり，脳に到達すると視床下部の受容体に作用して食欲を減退させる．レプチンは実験用のマウスの *OB*（肥満 obese を意味する）という遺伝子の産物として最初に同定された．この遺伝子の二つの欠陥コピー（*ob/ob* 遺伝子型，小文字は遺伝子の突然変異型を表す）をもつマウスは，常に飢餓状態にある動物の行動と生理を示す．このマウスでは，血漿のコルチゾールのレベルが上昇し，無制限の食欲を示し，体温の維持ができず，発育が異常で，生殖できない．このように無制限の食欲の結果として，マウスは極端な肥満になり，正常マウスの体重の 3 倍にもなる（図 23-34）．また，糖尿病で見られるのと似た代謝障害を呈し，インスリン抵抗性を示す．レプチンを *ob/ob* マウスに注射すると，摂食量が減り，体重が減少し，運動性と熱産生が増大する．

DB（糖尿病 diabetic を意味する）で示される別のマウスの遺伝子も，食欲調節において役割を担っている．この遺伝子の二つの欠陥コピー（*db/db*）をもつマウスは肥満になり，糖尿病の症状を呈する．*DB* 遺伝子は**レプチン受容体** leptin receptor をコードする．レプチン受容体に欠陥があると，レプチンのシグナル伝達機能が失われる．

図 23-34 レプチン産生の欠損によって起こる肥満

これらのマウスはどちらも同じ月齢であり，*OB* 遺伝子に欠陥がある．右側のマウスは毎日精製レプチンの注射を受け，体重が 35 g である．左側のマウスはレプチンを投与されないで，より多量の餌を食べ，不活発であり，体重が 67 g である．［出典：The Rockefeller University/AP Photo.］

レプチン受容体は，主に摂食行動を調節することが知られている脳の領域（視床下部の**弓状核** arcuate nucleus のニューロン）に発現している（図 23-35(a)）．レプチンは，脂肪の貯蔵が十分であることのメッセージを運び，代謝燃料の摂取を低下させ，エネルギー消費を増大させる．視床下部におけるレプチンと受容体の相互作用は，食欲に影響を及ぼす脳の領域へのニューロンのシグナル分子の放出を変化させる．またレプチンは，交感神経系を刺激して血圧と心拍数を上昇させ，褐色脂肪細胞のミトコンドリアでの電子伝達を ATP 合成から脱共役させて熱産生を高める（図 23-35(b)）．脱共役タンパク質 UCP1 は，ミトコンドリアの内膜でチャネルを形成し，ATP シンターゼ複合体を介さずにミトコンドリアマトリックスにプロトンを再流入させることを思い出そう．これによって，ATP 合成を伴うことなく代謝燃料（褐色脂肪細胞の脂肪酸）の持続的酸化が可能になり，エネルギーが熱として放散され，食餌由来のカロリーや大量に貯蔵された脂肪が消費される．

レプチンは食欲抑制性ペプチドホルモン群の産生を促進する

弓状核では，2 種類のニューロンが燃料の摂取と代謝を制御する（図 23-36）．**食欲促進** orexigenic ニューロンは，**ニューロペプチド Y** neuropeptide Y（**NPY**）を産生して放出することによって摂食を促進する．NPY は，回路の次のニューロンに「食べろ！」というシグナルを脳へ伝えさせる．血液中のNPYレベルは飢餓時に上昇し，*ob/ob*マウスと*db/db*マウスの両方において高い．NPY濃度が高いことは，おそらく過食するこれらのマウスの肥満に寄与している．

弓状核の**食欲抑制** anorexigenic ニューロンは，ポリペプチド前駆体のプロオピオメラノコルチン pro-opiomelanocortin（POMC；図 23-5）に由来する **α-メラニン細胞刺激ホルモン** α-melanocyte-stimulating hormone（**α-MSH**；メラノコルチン melanocortin ともいう）の産生を促す．α-MSHの放出は，回路の次のニューロンに「食べるのを止めろ！」というシグナルを脳へ伝えさせる．

脂肪組織から放出されるレプチンの量は，脂肪細胞の数とサイズの両方に依存する．体重の減少によって脂肪組織量が減少すると，血液中のレプチンレベルは低下し，NPYの産生は増大し，図23-35に示す脂肪組織内の過程が逆行する．

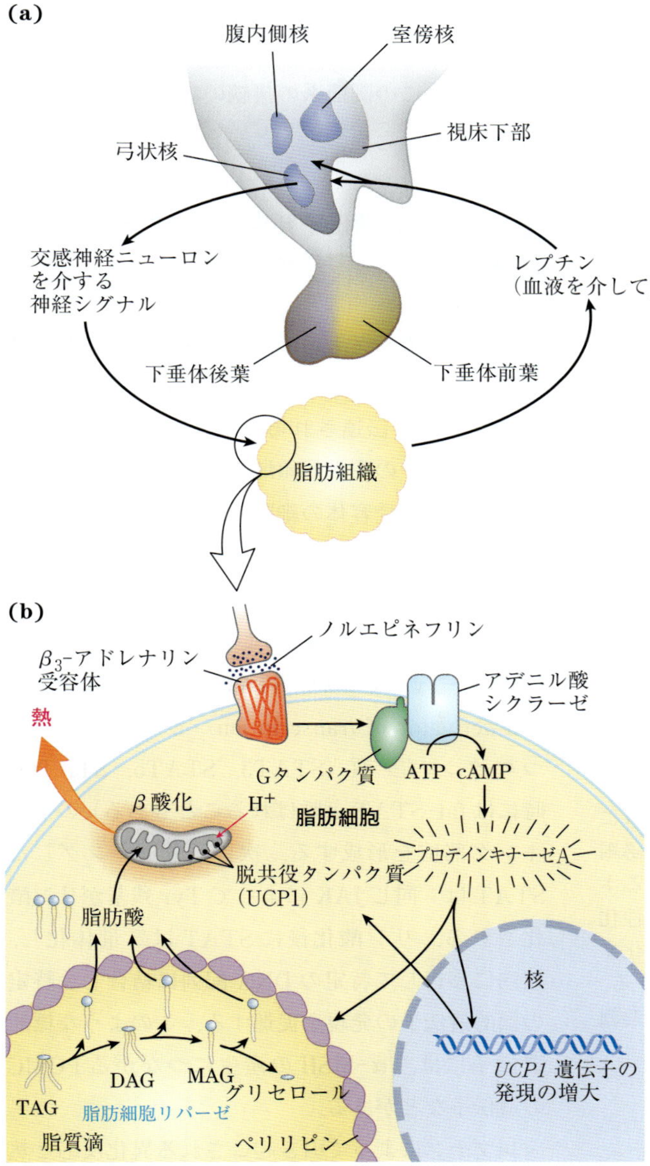

図 23-35　視床下部による摂食とエネルギー消費の調節

(a) 脂肪細胞との相互作用における視床下部の役割．視床下部は脂肪組織から入力（レプチン）を受け取り，神経シグナルとして脂肪細胞に対して応答する．**(b)** このシグナル（ノルエピネフリン）によって，プロテインキナーゼAが活性化される．プロテインキナーゼAは，TAGからの脂肪酸の動員とミトコンドリアでの脱共役的酸化を引き起こし，ATPではなく熱を産生する．DAG：ジアシルグリセロール；MAG：モノアシルグリセロール．

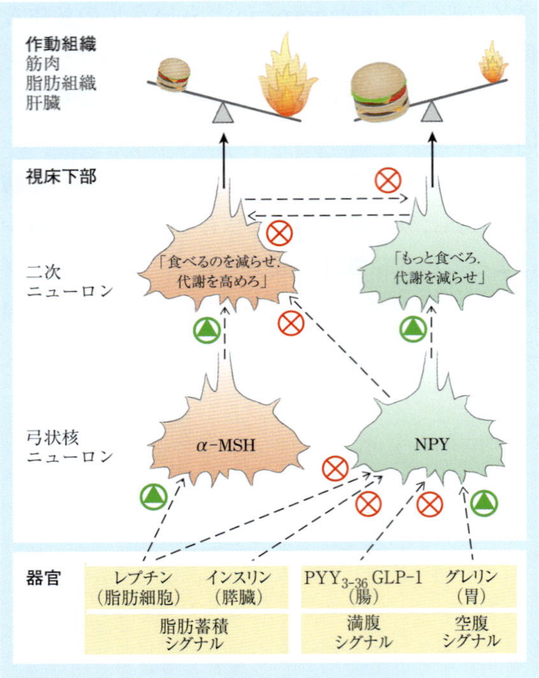

図 23-36 摂食を制御するホルモン

視床下部の弓状核において，2組の神経内分泌細胞がホルモンの入力を受け取り，筋肉，脂肪組織および肝臓への神経シグナルを中継する．レプチンとインスリンはそれぞれ脂肪組織と膵臓から体脂肪量に比例して放出される．これら二つのホルモンが食欲抑制神経内分泌細胞に対して作用して，α-メラニン細胞刺激ホルモン（α-MSH）の放出を誘導する．α-MSH は，視床下部の二次ニューロンにシグナルを伝達し，摂食量を減らし，燃料代謝を高めるようなシグナルの出力を促す．レプチンとインスリンは食欲促進神経内分泌細胞に対しても作用して，NPY の放出を抑制し，組織への「もっと食べろ」シグナルの送信を低下させる．本文で後に触れるように，胃のホルモンであるグレリンは，NPY 発現細胞を活性化することによって食欲を刺激する．結腸から分泌される PYY_{3-36} は，これらのニューロンを抑制し，それによって食欲を抑制する．二つタイプの神経内分泌細胞のそれぞれが，もう一方のタイプの細胞によるホルモン産生を抑制するので，食欲促進細胞を活性化するどのような刺激も，食欲抑制細胞を不活性化する．これによって，促進性入力の効果を増強する．逆に食欲抑制細胞を活性化する刺激は，食欲促進細胞を不活性化する．

cAMP のシグナルの減少に応答して，脱共役が低下して熱産生は遅くなり，代謝燃料を節約して脂肪の動員は遅くなる．さらなる食物の消費は，より効率的な代謝燃料の利用と組み合わさって，脂肪組織の貯蔵脂肪の補充をもたらし，系をもとのバランスに戻す．

レプチンは視床下部の神経回路の正常発達においても必須なようである．マウスでは，脳の初期発生における弓状核からの神経繊維の伸長は，レプチン非存在下では遅く，視床下部の食欲促進作用と（より低い程度に）食欲抑制作用の両方に影響を及ぼす．これらの回路の発達の際のレプチンレベルが，この調節系の接続の詳細を決定する可能性がある．

レプチンは遺伝子発現を調節するシグナル伝達カスケードを誘発する

レプチンのシグナルは，インターフェロンや増殖因子の受容体でも用いられる JAK-STAT 系の機構を介して伝達される（図 23-37）．レプチン受容体は単一の膜貫通領域をもち，レプチンが二つの単量体型受容体の細胞外ドメインに結合すると二量体になる．二つの単量体は両方とも，細胞内ドメインの1個のチロシン残基が **Janus キナーゼ** Janus kinase（**JAK**）によってリン酸化される．このⓅ-Tyr 残基が，**STAT**（*s*ignal *t*ransducer and *a*ctivator of *t*ranscription）と略称される三つのタンパク質（STAT3，STAT5，STAT6；時には fat-STAT と呼ばれることもある）のドッキング部位を形成する．次に，ドッキングした STAT は，同じ JAK によって Tyr 残基がリン酸化される．リン酸化後に STAT は二量体化し，核内に移行して特定の DNA 配列に結合し，特定の標的遺伝子の発現を促進する．このような標的遺伝子には，α-MSH の産生につながる POMC の遺伝子などがある．

レプチンによって引き起こされる異化反応と熱

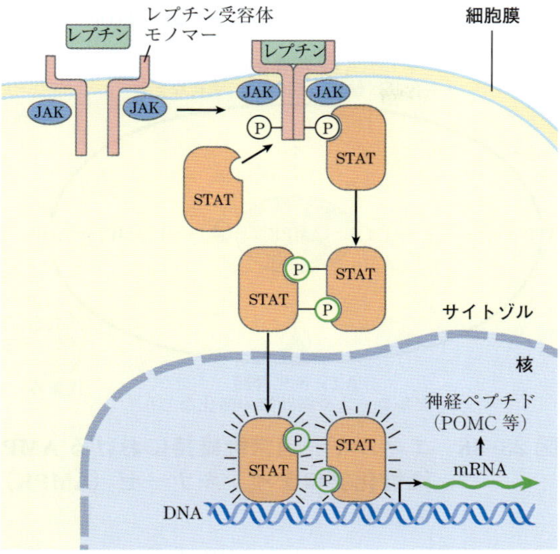

図 23-37 視床下部におけるレプチンシグナル伝達の JAK-STAT 機構

レプチンが結合すると，レプチン受容体は二量体化し，Janus キナーゼ（JAK）によって受容体のサイトゾルドメイン内の特定の Tyr 残基のリン酸化が起こる．STAT がリン酸化レプチン受容体に結合すると，JAK の別の活性によって STAT の Tyr 残基がリン酸化されるようになる．STAT は互いのⓅ-Tyr 残基に結合することにより二量体化して核内に入る．STAT は核内で DNA の特定の調節領域に結合して，特定の遺伝子の発現を変化させる．これらの遺伝子の産物が最終的に生物の摂食行動とエネルギー消費に影響を及ぼす．［出典：J. Auwerx and B. Staels, *Lancet* **351**: 737, 1998, Fig. 2 の情報.］

産生の亢進の一部は，褐色脂肪細胞とベージュ脂肪細胞におけるミトコンドリアの合成の増大のためである．レプチンは，交感神経系を介して弓状核のニューロンから脂肪組織や他の組織へのシナプス伝達を変化させて UCP1 の合成を促進する．結果的に，これらの組織におけるノルエピネフリンの放出が増大し，β_3-アドレナリン受容体を介して作用して，*UCP1* 遺伝子の転写を促進する．このようにして電子伝達を酸化的リン酸化から脱共役させることが，脂肪の消費と熱産生をもたらす（図 23-35）．

ヒトの肥満が不十分なレプチン産生の結果だとすれば，レプチン注射で治療できるのだろうか．実際にはレプチンの血中レベルは，通常は正常な体重の動物（ヒトを含めた）よりも肥満動物で高い（もちろん，レプチンをつくることのできない *ob/ob* 変異マウスを除く）．レプチン応答系のいくつかの下流因子が，肥満個体では欠損しているに違いないし，レプチン抵抗性に打ち勝つような努力（実際にはうまくいかない）の結果としてレプチンレベルの上昇が見られる．レプチン遺伝子（*OB*）が欠損している極端に肥満な人のごくまれな例では，レプチン注射は実際に劇的な体重減少をもたらす．しかし，大多数の肥満患者の *OB* 遺伝子には異常がない．臨床治験では，レプチン注射は実験室で *ob/ob* 肥満マウスで見られるような劇的な体重の減少効果はない．明らかに，ヒトの肥満のほとんどの場合には，レプチンに加えて一つ以上の別要因も関与している．

レプチン系は飢餓応答を調節するように進化してきたのかもしれない

レプチン系は体重制限のための手段ではなく，おそらく絶食と飢餓の際の動物の活動と代謝の調節のために進化したのであろう．栄養の欠乏によって引き起こされるレプチンレベルの低下は，図 23-35 の熱産生経路を逆行させ，代謝燃料の保存を可能にする．視床下部において低下したレプチンシグナルは，甲状腺ホルモン産生の低下（基礎代謝を減速），性ホルモン産生の低下（生殖を抑制）とグルココルチコイド産生の増大（生体の燃料発生源を動員）も引き起こす．エネルギー消費を最小限にし，内在性の貯蔵エネルギーの利用を最大にすることによって，レプチンにより媒介される応答は，深刻な栄養欠乏の時期での生存を可能にする．肝臓や筋肉において，レプチンは **AMP 活性化プロテインキナーゼ** AMP-activated protein kinase（**AMPK**）（以下参照）を活性化し，その作用を介して脂肪酸合成を抑制し，脂肪酸の酸化を促進することによって，エネルギー産生過程を起こりやすくする．

インスリンは弓状核において摂食とエネルギー保存の調節に関与する

インスリンの分泌は，脂肪の蓄積量と現状のエネルギーバランス（血糖値）の両者を反映する．インスリンは，さまざまな組織に対する内分泌作用に加えて，中枢神経系（視床下部）において摂食を抑制するように作用する（図 23-36）．弓状核の食欲促進ニューロンのインスリン受容体は NPY の放出を抑制し，食欲抑制ニューロンのインスリン受容体は α-MSH の産生を促進する．その結果，燃料の摂取が低下し，熱産生が増大する．Sec. 23.3 で考察した機構によって，インスリンは筋肉，肝臓，そして脂肪組織にもシグナルを送り，グルコースのアセチル CoA への変換を促進して脂肪酸合成の初発物質を供給する．

アディポネクチンは AMPK を介する作用によってインスリン感受性を亢進させる

アディポネクチン adiponectin はそのほとんどが脂肪組織で産生されるペプチドホルモンであり，他の器官をインスリンの作用に対して感作するアディポカインである．アディポネクチンは，血液中を循環して肝臓と筋肉における脂肪酸と糖質の代謝に対して強力な影響を及ぼす．アディポネクチンは，筋細胞による血液からの脂肪酸の取込みを促進し，筋肉における脂肪酸の β 酸化の速度を増大させる．また，アディポネクチンは，肝細胞での脂肪酸合成と糖新生を抑制し，筋肉と肝臓でのグルコースの取込みと異化を促進する．

アディポネクチンのこれらの作用は間接的であり，十分にはわかっていないが，AMPK が多くの作用を媒介することは明らかである．アディポネクチンは GPCR を介して作用し，AMPK のリン酸化と活性化を引き起こす．AMPK は，エネルギーを必要とする生合成からエネルギー産生へと代謝を移行させる必要性を伝える因子によって活性化されることを思い出そう（図 23-38，pp. 834 ～ 836 も参照）．AMPK は，活性化されると個々の細胞の代謝および脳を介して動物全体の代謝に対して重大な影響を及ぼす．

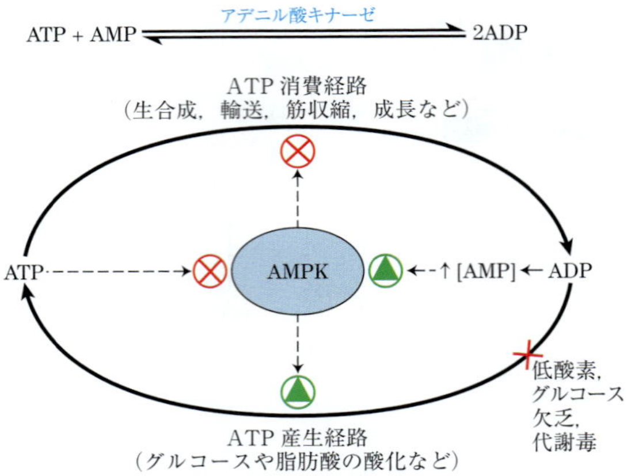

図 23-38 エネルギー恒常性維持における AMP 活性化プロテインキナーゼ（AMPK）の役割

合成反応により生成する ADP は，アデニル酸キナーゼによって ATP と AMP に変換される．AMP は AMPK を活性化する．AMPK は鍵となる酵素をリン酸化することによって，ATP 消費経路と ATP 産生経路を相互に調節する（図 23-39 参照）．異化反応による ATP 産生を抑えるような条件や試薬（低酸素，グルコース欠乏，代謝毒など）は，AMP 濃度を上昇させ，AMPK を活性化し，異化作用を促進する．ATP を消費するような細胞の活動や生物体の活動（筋収縮や成長）は，AMP 濃度を上昇させる．そして，ATP を補充するために異化反応を促進する．ATP 濃度が高いときに，ATP は AMP が AMPK に結合するのを阻害することによって，AMPK の活性を低下させて，異化作用を低下させる．

AMPK は代謝ストレスに応答して異化と同化を協調させる

AMPK は，代謝経路，生物の活動，および摂食行動の協調において中心的な役割を果たすこと

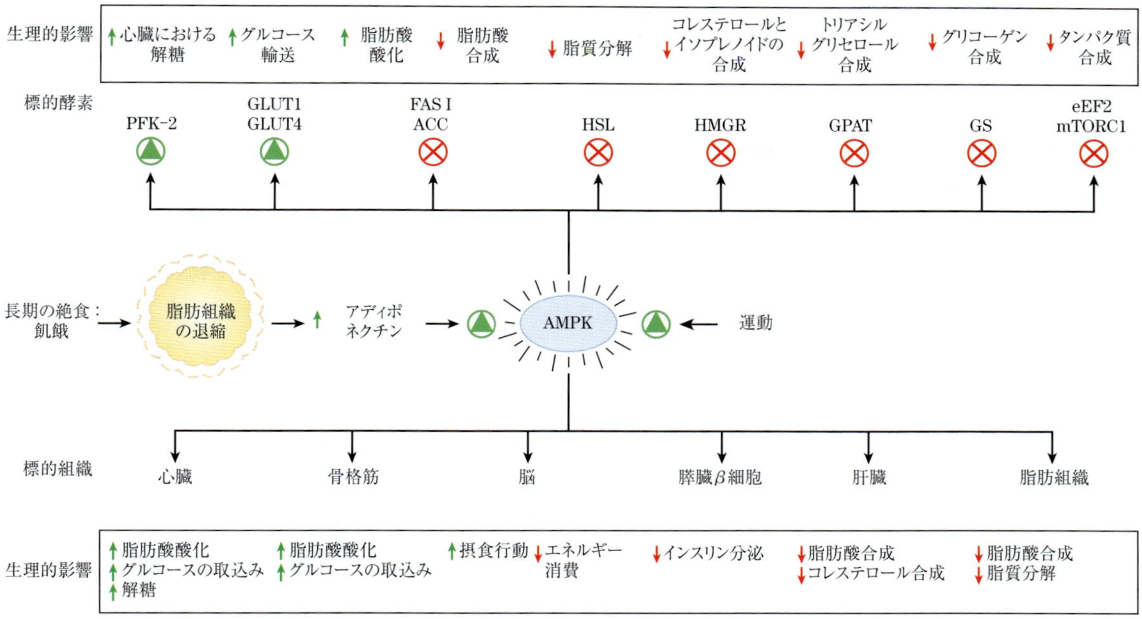

図 23-39　アディポネクチンの生成と AMPK を介する作用

長期の絶食あるいは飢餓によって，脂肪組織の貯蔵トリアシルグリセロールが減少する．これによってアディポネクチンが産生されて脂肪細胞から分泌される．アディポネクチンは，さまざまな細胞種や器官の細胞膜受容体を介して作用することによって，エネルギー消費過程を抑制し，エネルギー産生過程を促進する．アディポネクチンは脳では摂食行動を刺激し，エネルギーを消費する身体活動を抑制するように作用し，褐色脂肪における熱産生を抑制するように作用する．アディポネクチンは，その代謝効果の一部を AMPK を活性化することによって発揮する．AMPK は鍵となる代謝過程の特定の酵素をリン酸化することによって調節する（図 15-8 参照）．PFK-2，ホスホフルクトキナーゼ 2；GLUT1 および GLUT4，グルコース輸送体；FAS I，脂肪酸合成酵素 I；ACC，アセチル CoA カルボキシラーゼ；HSL，ホルモン感受性リパーゼ；HMGR，HMG-CoA レダクターゼ；GPAT，グリセロール-3-リン酸アシルトランスフェラーゼ；GS，グリコーゲンシンターゼ；eEF2，真核生物の伸長因子 2（タンパク質合成に必要；Chap. 27 参照）；mTORC1，哺乳類のラパマイシン標的タンパク質複合体（栄養物の利用性に基づいてタンパク質合成を調節するプロテインキナーゼ，図 23-41 参照）．チアゾリジンジオン系の薬物は，転写因子 PPARγ を活性化する（図 23-42 および図 23-43 参照）．PPARγ はアディポネクチン合成を刺激し，間接的に AMPK を活性化する．運動は ATP の ADP や AMP への変換を介して AMPK を活性化する．

がわかってきた（図 23-39）．この AMP 活性化プロテインキナーゼは，個々の細胞におけるエネルギーと栄養の状態を監視し，代謝恒常性の維持が必要なときに代謝をエネルギー産生へとシフトさせる．さらに，さまざまなホルモンシグナルに応答して，視床下部の AMPK は生物のからだ全体のエネルギーバランスを保つように作用する（図 23-12）．

AMPK は AMP 濃度に応答することによってエネルギーの状態を監視している．細胞内でのエネルギー消費反応の多くは，ATP を ADP または AMP に変換する．アデニル酸キナーゼは 2ADP → AMP + ATP の反応を触媒するので，AMP 濃度は細胞のエネルギー状態の感度よい基準となる（表 15-4 参照）．AMPK は AMP の結合によってアロステリックに活性化され，ATP は AMP の結合を妨げるので，AMPK は細胞のエネルギーが枯渇しているとき（AMP が高濃度のとき）に活性化され，エネルギーが十分なとき（ATP が高濃度，および［ATP］/［AMP］比が高いとき）に不活性化される．AMPK は生物のからだ全体のエネルギー需要に対して二次的調節を介して応答する．この酵素は，肝臓キナーゼ B1 liver kinase B1（LKB1）による Thr^{172} のリン酸化によって 100 倍活性化される．LKB1 自体はアディポネクチンなどの上流の成分による調節を受ける．リン酸化や AMP の結合によって活性化されると，AMPK はエネルギーの恒常性にとって重要な代謝経路の特定の酵素をリン酸化する．

AMPK が個々の細胞における ATP の枯渇を感知すると，脂質合成は抑制され，燃料としての脂質の利用が促進される．肝臓や白色脂肪組織において AMPK による調節を受ける酵素の一つは，アセチル CoA カルボキシラーゼである．この酵素は，脂肪酸合成にかかわる最初の中間体であるマロニル CoA を生成する．マロニル CoA は，脂肪酸をミトコンドリア内に輸送することによって β 酸化の過程を開始させるカルニチンアセチルトランスフェラーゼ 1 の強力な阻害物質である（図 17-6 参照）．アセチル CoA カルボキシラーゼをリン酸化し不活性化することによって，AMPK は脂肪酸合成を抑制する一方で，マロニル CoA による β 酸化の抑制を解除する（図 17-13 参照）．エネルギーを著しく消費するコレステロール合成も，HMG-CoA レダクターゼをリン酸化して不活性化する AMPK によって抑制される（図 21-34 参照）．同様に，AMPK は脂肪酸合成酵素と脂肪酸アシルトランスフェラーゼを阻害し，TAG の合成を効率よく遮断する．脂質代謝に対するこの効果に加えて，AMPK はグリコーゲン合成とタンパク質合成を抑制する（図 23-39）．酸素（低酸素）や血中グルコース（低血糖）の供給が不十分であることは，AMPK の活性化を引き起こす要因の一つである．

視床下部において，AMPK はからだ全体から多様なシグナルを受け取る位置にある（図 23-12）．グレリンやアディポネクチンのシグナルは，「胃が空」や「脂肪組織欠乏」という合図を送り，低血糖のように AMPK により仲介される視床下部のシグナルを引き出す．AMPK は摂食を促進し，エネルギー要求性の生合成過程を抑制する．前述のように，レプチンは脳に対して「脂肪組織は満杯である」というシグナルを送り，異化過程を抑制し，成長や生合成を促進する．

AMPK は，すべての真核生物においてヘテロ

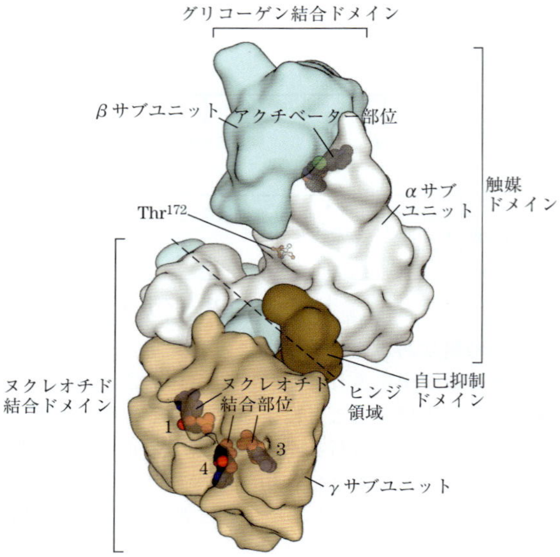

図 23-40 AMPK の構造

この酵素は二つの異なる部分から成るヘテロ三量体である．すなわち，触媒モジュール，および 4 か所のヌクレオチド結合部位をもつヌクレオチド結合モジュールである．これら二つのモジュールをつなぐヒンジ領域は自己抑制ドメインを含む．このドメインは，AMP が結合していないときには，基質結合部位を占めて酵素を不活性化する．AMP が結合すると，アロステリックな変化によって自己抑制ドメインを基質結合部位から引き離し，特異的な標的タンパク質の結合が可能なようにして酵素を活性化する．ATP がヌクレオチド結合部位に結合すると，ATP の二つの余分のリン酸がなぜかアロステリックな活性化を阻害する．リン酸化されると酵素を 100 倍活性化する Thr^{172} は，触媒モジュールとヌクレオチド結合モジュールの間の領域に位置する．触媒モジュール内のグリコーゲン結合ドメインは，おそらくグリコーゲン粒子への AMPK の結合を媒介し，グリコーゲンの合成と分解のバランスをとるように作用する．［出典：PDB ID 4CFE, B. Xiao et al., *Nature Commun.* **4**: 3017, 2013.］

三量体の複合体である（図 23-40）．哺乳類では，各サブユニットにいくつかのアイソフォームがあり，異なる遺伝子によってコードされている．三つのサブユニットによる少なくとも 12 種類の組合せがあり，そのうちのいくつかは一組織でのみ発現していることがわかっている．触媒モジュールは典型的なプロテインキナーゼドメインを有し，調節モジュールは触媒部位から少し離れたところに AMP が結合可能な部位を 4 か所有する．基質結合に関与する深い溝には Thr^{172} があり，この Thr がリン酸化されると，前述のように酵素が 100 倍活性化される．

リソソームの細胞質側の表面では，AMPK は細胞の活動に関する別の中心的な調節因子である mTORC1 というプロテインキナーゼと相互作用する．この複雑な酵素は，十分な栄養素と低分子量の基質が細胞の成長と増殖のために利用可能かどうかを判断する．この二つのプロテインキナーゼが合わさって，細胞の活動と運命に関連する主要な状況を制御する．

mTORC1 経路は細胞増殖を栄養とエネルギーの供給と協調させる

高度に保存された五つのサブユニットから成る Ser/Thr キナーゼの **mTORC1** は，豊富なエネルギーや栄養の供給を示唆する細胞内や細胞外のシグナル（高濃度の分枝鎖アミノ酸，インスリン，高い [ATP]/[AMP] 比）によって活性化される．栄養が十分なときには，mTORC1 の一つ以上の成分が複合体全体をリソソームの外表面に保持する．mTORC1 は，いったん活性化されるといくつかの転写因子をリン酸化し，リボソーム合成を増大させ，脂質合成やミトコンドリアの増殖にかかわる酵素をコードする遺伝子群の発現を上昇させる（図 23-41）．絶食によって mTORC1 は AMPK により不活性化され，肝臓や筋肉におけるタンパク質やグリコーゲンの分解の亢進，および脂肪組織における TAG の動員を引き起こす．過食による mTORC1 の急激な活性化は，肝臓や筋肉にだけでなく脂肪組織における TAG の過剰な蓄積も引き起こす．このように異常な TAG の

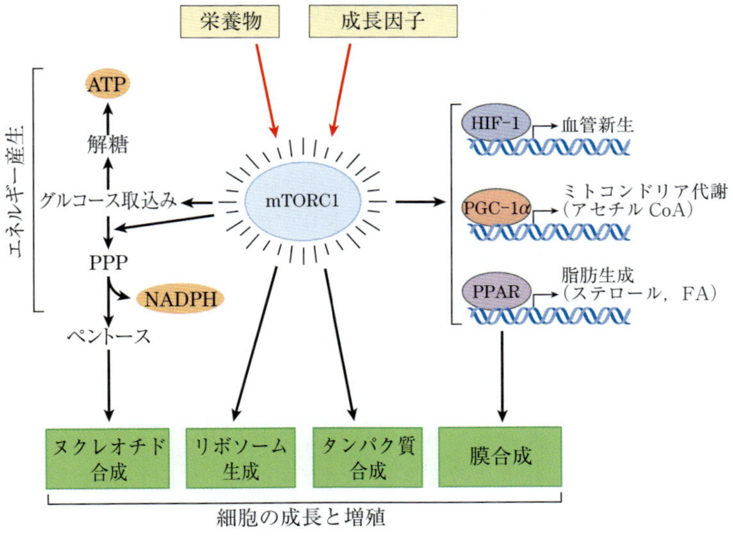

図 23-41　mTORC1 は，適切な栄養下での細胞の成長と増殖を刺激する

mTORC1 は，増殖因子や適切な栄養状態であることを知らせる代謝物によって活性化される Ser/Thr プロテインキナーゼである．鍵となる標的タンパク質をリン酸化することによって，mTORC1 は生合成のためのエネルギー（ATP と NADPH）産生を活性化し，タンパク質や脂質の合成を刺激する．その結果，細胞の成長と増殖が起こる．PPP, ペントースリン酸経路；HIF-1, 低酸素誘導因子；PGC-1 α, PPAR γ コアクチベーター-1 α；PPAR, ペルオキシソーム増殖剤応答性受容体；FA, 脂肪酸．［出典：J. L. Yecies and B. D. Manning, *J. Mol. Med.* **89**: 221, 2011, Fig. 2 の情報．］

蓄積は，インスリン非感受性や2型糖尿病に寄与するかもしれない（Sec. 23.5 参照）．mTORC1 の常時活性化をもたらすような変異は，一般にヒトのがんとの関連がある．

食餌は体重維持において中心的な役割を果たす遺伝子の発現を調節する

ペルオキシソーム増殖剤応答性受容体 peroxisome proliferator-activated receptor（**PPAR**）は，リガンドによって活性化される転写因子群に属するタンパク質であり，脂肪や糖質の代謝に関与する遺伝子の発現を変化させることによって，食餌性脂質の変動に対して応答する．この転写因子は，当初は名前のようにペルオキシソーム合成における役割が知られていた．PPAR の本来のリガンドは脂肪酸やその誘導体である．しかし，合成アゴニストとも結合し，実験室での遺伝子操作によっても活性化される．PPARα，PPARδ，PPARγ はこの核内受容体スーパーファミリーのメンバーであり，核内で別の核内受容体 RXR（レチノイド X 受容体 retinoid X receptor）とヘテロ二量体を形成することによって，PPAR の制御下にある遺伝子の近傍にある DNA の調節領域に結合し，これらの遺伝子の転写速度を変化させる（図 23-42）．

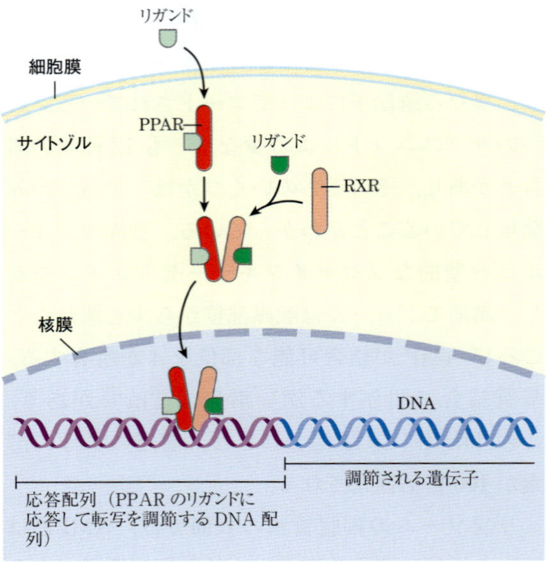

図 23-42　PPAR の作用様式

PPAR は転写因子であり，対応するリガンドと結合すると，核内受容体の RXR とヘテロ二量体を形成する．この二量体は DNA の特定の領域に結合して，その領域の遺伝子の転写を促進する．［出典：R. M. Evans et al., *Nature Med.* **10**: 355, 2004, Fig. 3 の情報.］

PPARγ は，脂肪組織（褐色，ベージュ，白色）などのいくつかの組織に発現しており，繊維芽細胞が脂肪細胞へと分化するために必要な遺伝子や，脂肪細胞における脂質の合成や貯蔵に必要なタンパク質をコードする遺伝子の発現をオンにする（図 23-43）．PPARγ は，2 型糖尿病治療に用いられるチアゾリジンジオン系の薬物によって活性化される（後述）．

PPARα は，肝臓，腎臓，心臓，骨格筋および褐色脂肪組織に発現している．この転写因子を活性化するリガンドには，エイコサノイド，遊離脂肪酸，およびフェノフィブラート（TriCor）やシプロフィブラートなどのフィブラート系と呼ばれる薬物が含まれる．これらの薬物は，HDL を増加させ，血中 TAG を低下させることから，冠動脈疾患の治療に用いられる．肝細胞の PPARα は，絶食時の脂肪酸の取込みやβ酸化，ケトン体の生成に必要な遺伝子の発現をオンにする．

PPARδ と **PPARβ** は，脂肪酸化の鍵となる調節因子であり，食餌性脂質の変動を感知することによって作用する．肝臓や筋肉では，PPARδ はβ酸化やミトコンドリアの脱共役を介するエネルギーの消費に関わるタンパク質をコードする少なくとも九つの遺伝子の転写促進に働く．高脂肪食を過剰摂取した正常マウスでは，大量の白色脂肪組織の蓄積が起こり，肝臓に脂肪滴が蓄積する．しかし，常に活性化した PPARδ をもつように遺伝的に改変されたマウスに対して同じ過食実験を行うと，この脂肪の蓄積は抑えられる．機能不全

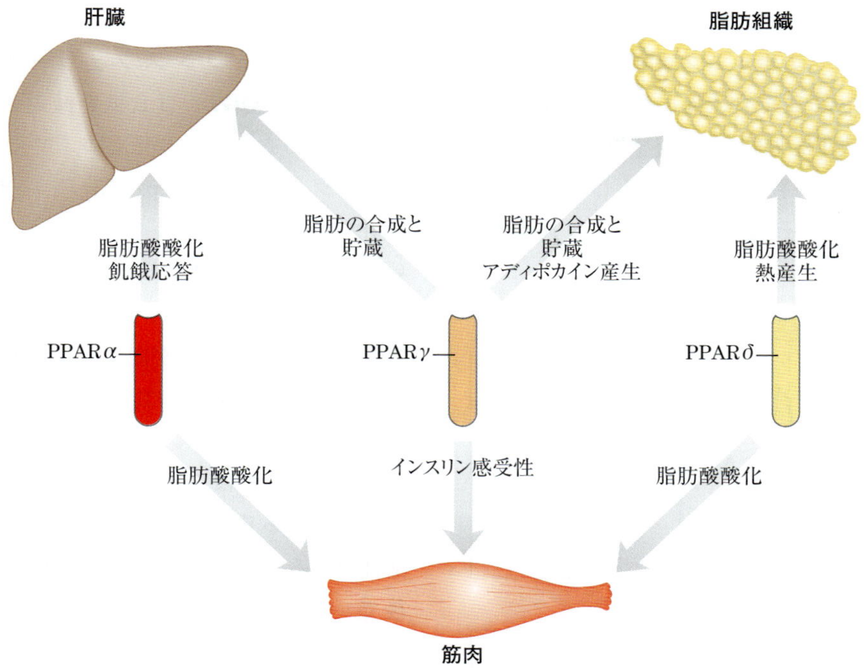

図 23-43　PPAR による代謝の統合

PPAR の三つのアイソフォームは，肝臓，筋肉，脂肪組織における遺伝子発現に対する統合効果を介して，脂質とグルコースの恒常性を調節する．PPARα と PPARδ（および極めて類似するアイソフォーム PPARβ）は脂質の利用を調節する．PPARγ は脂質の貯蔵とさまざまな組織のインスリン感受性を調節する．

のレプチン受容体をもつマウス（*db/db*）において，活性化した PPARδ は肥満の進行を抑制する．脱共役したミトコンドリアでの脂肪酸分解を促進することによって，PPARδ は脂肪の欠乏，体重の減少や熱産生を引き起こす．この観点から見れば，熱産生は保温と肥満に対する防衛の両方の意味をもつ．PPARδ が肥満治療の薬物の標的となりうることは明白である．

短期の摂食行動はグレリン，$\mathbf{PYY_{3\text{-}36}}$，カンナビノイドの影響を受ける

ペプチドホルモンの**グレリン** ghrelin は，胃の内壁に並ぶ細胞によって産生される．グレリンは，もともとは成長ホルモン放出の刺激因子（*ghre* は印欧祖語起源の「grow」を意味する）と考えられていたが，のちにレプチンやインスリンよりも短い時間の尺度（食間）で働く強力な食欲促進物質であることが示された．グレリン受容体は，脳下垂体（おそらく成長ホルモン分泌を媒介する）や視床下部（食欲に影響する）だけでなく，心筋や脂肪組織にも存在する．グレリンは GPCR を介して，ホルモン作用を媒介するセカンドメッセンジャーの IP_3 を産生する．グレリンの血中濃度は，一日中著しく変動し，食事の直前に頂点に達し，食後直ちに激減する（図 23-44）．グレリンをヒトに注射すると，直ちに強烈な空腹感が生じる．血中のグレリンレベルが極端に高いプラダー・ウィリ症候群 Prader-Willi syndrome の患者は，制御できない食欲によって極度の肥満になり，しばしば 30 歳前に死亡する．

$\mathbf{PYY_{3\text{-}36}}$ はペプチドホルモン（34 アミノ酸残基）であり，胃からの食物の流入に応答して小腸や結腸の内壁に並ぶ内分泌細胞によって分泌される．

血中 $PYY_{3\text{-}36}$ レベルは食後に上昇し，数時間は高いままである．このホルモンは血液を介して弓状核へと運ばれ，そこで食欲促進ニューロンに作用して NPY の放出を抑制し，空腹感を軽減する（図 23-36）．$PYY_{3\text{-}36}$ を注射されたヒトは空腹をほとんど感じず，およそ 12 時間にわたって通常より

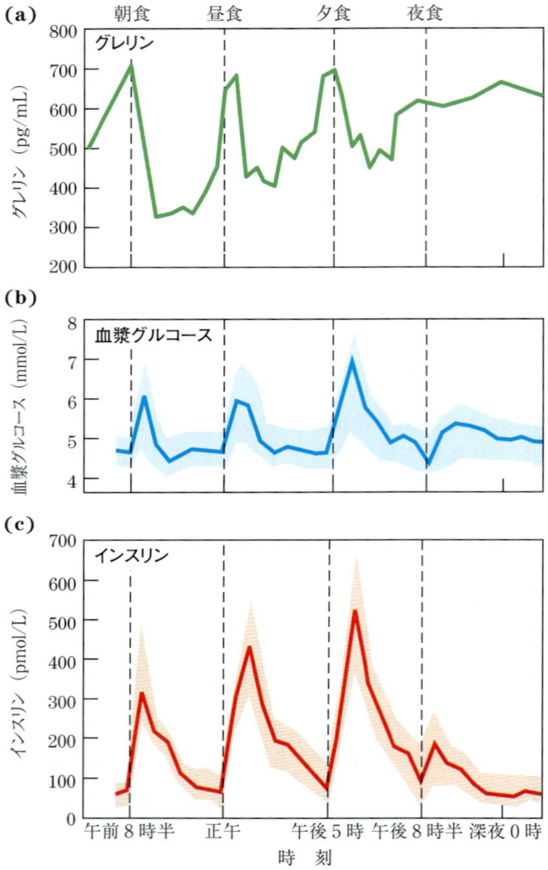

図 23-44　食事時間に関連するグルコース，グレリンおよびインスリンの血中濃度の変動

(a) グレリンの血漿中のレベルは空腹感と相関し，通常の食事の時間（午前 7 時の朝食，正午の昼食，午後 5 時半の夕食）の直前に急上昇し，食後急激に低下する．**(b)** 血漿グルコースは食後急激に上昇し，**(c)** 上昇した血中グルコースに応答して，インスリンレベルが速やかに上昇する．［出典：(a, c) D. E. Cummings et al., *Diabetes* **50**: 1714, 2001, Fig. 1 のデータ．(b) M. D. Feher and C. J. Bailey, *Br. J. Diabet. Vasc. Dis.* **4**: 39, 2004 のデータ．］

も減食する．

O-GlcNAc トランスフェラーゼ O-GlcNAc transferase（**OGT**）は食欲を減退させるように働く酵素である．この酵素は，アミノ糖の *N*-アセチルグルコサミン（p. 353）を糖ヌクレオチド UDP-GlcNAc からタンパク質の Ser 残基や Thr 残基のヒドロキシ基に転移させる．その標的には，視床下部の室傍核ニューロンのシナプスタンパク質が含まれる．OGT が阻害された実験マウスは，対照マウスのほぼ 2 倍食べ，2 週間で脂肪量は 3 倍になる．対照マウスの OGT 活性は，食物を摂取できるときには上昇するので，食物の利用性が室傍核にある重要なニューロンにおいて OGT を活性化する満腹状態のモデルになる．食事期間の後で，OGT によるシナプスタンパク質の翻訳後修飾が，「食べるのを止めろ！」というメッセージを送る行動の引き金となる．このメッセージがなければ，動物は 2 倍量を食べて肥満になる．

内在性カンナビノイド endocannabinoid（図 23-45）は，脳内の特異的受容体を介して作用し，神経系全体にわたって食欲を高め，食物（特に甘い食物や脂肪に富む食物）に対する感覚応答を亢進させ，気分を高揚させる脂質メッセンジャーである．食物が口内に入ると，神経シグナルが脳へと運ばれ，そこから迷走神経を通って腸へと情報が伝わり，腸は内在性カンナビノイドを産生して放出する．内在性カンナビノイドの受容体は，感覚ニューロンのイオンチャネルを制御する GPCR である．これによって，内在性カンナビノイドは膜電位を変化させて脳へとシグナルを送る．このようにして感知される味のよい食物は，その食物の摂取をさらに進める動機になる．脂肪（特にカロリーの高い）の味は，カンナビノイドの放出を引き起こし，消費をさらに効果的に誘発する．脊椎動物の種間でよく保存されたこの系は，おそらくは食物摂取を最大にして，飢餓から守るために進化してきた．哺乳類では，カンナビノイドの作用は脂肪量の増加を促進し，運動や熱産生による

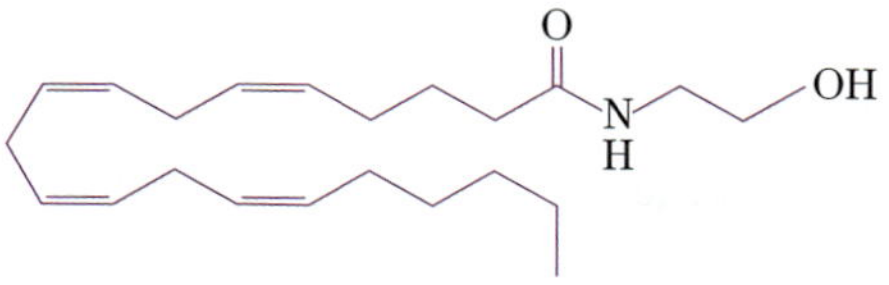

アナンダミド

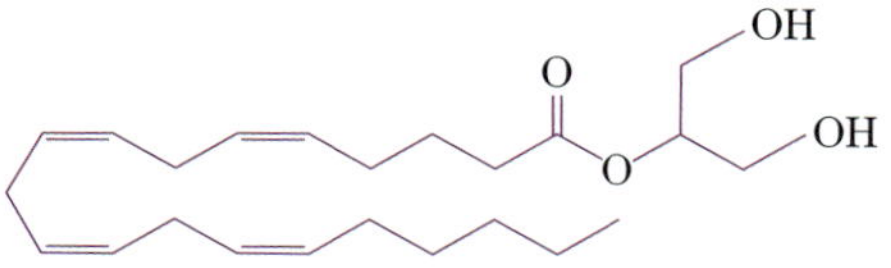

2-アラキドノイルグリセロール

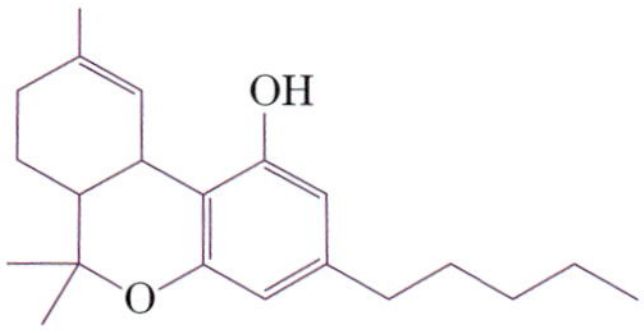

テトラヒドロカンナビノール（THC）

図 23-45　カンナビノイド

動物によって産生される 2 種類の内在性カンナビノイド，および向精神性の植物性産物であるマリファナのテトラヒドロカンナビノール（THC）．

エネルギーの喪失を抑制する．カンナビノイド受容体はまた，テトラヒドロカンナビノール tetrahydrocannabinol（図 23-45）の向精神作用を媒介する．テトラヒドロカンナビノールはマリファナの活性成分の一つであり，食欲（「空腹感」）を刺激する効果があることが以前からわかっていた．

腸内共生微生物はエネルギー代謝と脂肪生成に影響を及ぼす

成人は，腸に棲息する約 10^{14} 個の微生物の宿主である．これら微生物は，宿主の代謝，摂食行動，および体重に対して重大な影響を及ぼす多様な代謝物を産生する主要な内分泌器官として機能する．痩せた人と肥満の人は，腸内に異なる組合せの共生微生物を保有している．このような状況を調べることによって，腸内微生物が発酵生成物

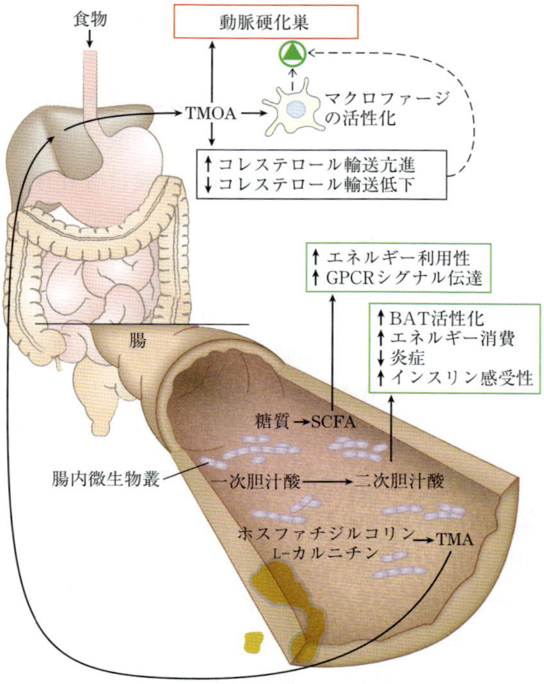

図 23-46　腸内微生物代謝の健康に及ぼす影響

大腸に生息する膨大な数で多様性を有する微生物（微生物叢）は，健康に対して良い影響と悪い影響の両方を及ぼすと考えられる代謝産物を生成する．例えば，微生物叢による一次胆汁酸の代謝によって，二次胆汁酸が生成する．これらは，核内受容体を介して作用して，宿主の褐色脂肪組織（BAT）における熱産生を促進し，エネルギー消費とインスリン感受性の両方を高める一方で，炎症を抑える．微生物叢による未消化の糖質の代謝によって，宿主の白色脂肪組織（WAT）を拡張させて，肥満を助長するようなシグナルとなる短鎖脂肪酸（SCFA）を生成する．微生物叢によって産生されたSCFAは，宿主が容易に代謝可能なエネルギー源にもなる．SCFAの一種のプロピオン酸は，肝臓における脂質生成を抑制し，血中コレステロールを低下させるので，健康にとって好ましい．一方，ホスファチジルコリンとL-カルニチンのトリメチルアミン（TMA）への代謝変換，および肝臓におけるトリメチルアミン-*N*-オキシド（TMAO）へのさらなる変換は，受容体を介してコレステロール輸送とマクロファージ活性を変化させる．ステロール輸送の変化とマクロファージ活性の増大は，動脈硬化巣の形成を引き起こす（図 21-46 参照）．個人がどのようにして微生物叢の健康なバランスを獲得してそれを維持するのかを理解することは，将来の大きな課題である．

として短鎖脂肪酸（酢酸，プロピオン酸，酪酸および乳酸）を放出することが発見された．これらは，血流に入って脂肪組織で代謝変化を引き起こす（図 23-46）．例えば，プロピオン酸は脂肪細胞などのいくつかの細胞種の細胞膜に存在する GPCR（GPR41 と GPR43）に対して作用することによって，WAT の拡張を引き起こす．これらの受容体は，前駆脂肪細胞の脂肪細胞への分化を誘導し，既存の脂肪細胞内の脂肪分解を抑制することによって WAT 量の増大，すなわち肥満をもたらす．腸内微生物は肝臓で合成される一次胆汁酸を，デオキシコール酸，リトコール酸のような二次胆汁酸に変換する．これらは血流に入り，GPCR とステロイド受容体を介して作用して，ベージュ脂肪細胞を活性化して UCP1 を産生し，エネルギー消費を増大させる．

このような発見は，腸内微生物叢の構成を変化させることによって肥満を予防する方法の可能性を提起する．これは，脂肪生成 adipogenesis を起きにくくする微生物種（**プロバイオティクス** probiotics）を腸に直接添加したり，腸内有益微生物を優勢にするような食餌栄養物（**プレバイオティクス** prebiotics）を添加したりすることによってなされるかもしれない．例えば，マウスでの実験は，動物では消化されないフルクトースのポリマー（フルクタン fructan）が，特定の微生物叢に対して有利に働くことを示している．このような微生物の組合せが存在すると，WAT や肝臓における脂肪貯蔵が減少し，肥満や肝臓での脂肪蓄積に付随するインスリン感受性の低下が起こらない（後述）．研究者が糞便を痩せたマウスから太ったマウスに移植することによって，新たな微生物叢が糞便を受け取ったマウスの腸内で確立し，その動物の体重が減少することがわかった．

腸管の内壁に存在する内分泌細胞は，食物摂取やエネルギー消費を調節するペプチド（食欲抑制性ペプチドの $PYY_{3\text{-}36}$ とグルカゴン様ペプチド 1（GLP-1），および食欲促進性ペプチドのグレリン）を分泌する．腸内細菌との相互作用や発酵生成物との相互作用は，これらのペプチドの遊離の引き金となるかもしれない．食餌や腸内共生微生物がエネルギー代謝や脂肪生成に対してどのような影響を及ぼすのかを理解することは，肥満の発生，メタボリックシンドローム，2 型糖尿病の理解の重要な鍵である．

摂食と代謝を制御するこの神経内分泌の精巧な連動系は，飢餓からの防御や逆効果の脂肪蓄積（極度の肥満）を解消するために進化したと思われる．ほとんどの人が減量を試みる際に直面する困難は，このような制御の顕著な有効性を証明している．

まとめ

23.4 肥満と体重調節

- 肥満は，アメリカ合衆国や他の先進国においてますますありふれたものになりつつある．肥満になると心血管系疾患や 2 型糖尿病などの生命を脅かす慢性の病気にかかりやすくなる．
- 脂肪組織はレプチンを産生する．レプチンは，摂食行動とエネルギー消費を調節して，適切な脂肪貯蔵を維持するように働くホルモンである．レプチンの産生と放出は，脂肪細胞の数やサイズとともに増大する．
- レプチンは，視床下部の弓状核にある受容体に作用して，α-MSH などの食欲抑制ペプチドの放出を引き起こす．これらのペプチドは，食事を抑制するように脳内で作用する．またレプチンは，脂肪細胞に対する交感神経系の作用を刺激して，ミトコンドリアの酸化的リン酸化の脱共役とそれに伴う熱産生を引き起こす．
- レプチンのシグナル伝達機構には，JAK-STAT 系のリン酸化が関与する．JAK によってリン酸化されると，STAT が核内 DNA の調節領域に結合できるようになり，代謝活性のレベルを調節して摂食行動を決定するタンパク質をコードする遺伝子の発現を変化させる．インスリンは弓状核の受容体に作用して，レプチンとよく似た結果をもたらす．

- ホルモンのアディポネクチンは，脂肪酸の取込みと酸化を促進し，脂肪酸合成を抑制する．また，筋肉や肝臓のインスリンに対する感受性を増大させる．アディポネクチンの作用は AMPK によって仲介される．AMPK はまた，AMP 濃度の上昇や運動によっても活性化される．
- グレリンは胃で産生されるホルモンであり，弓状核の食欲促進ニューロンに作用して，食前の空腹感をもたらす．腸のペプチドホルモンである $PYY_{3\text{-}36}$ は，同じ部位に作用して食後の空腹感を軽減する．内在性カンナビノイドは甘味または脂肪に富んだ食物の利用に呼応しその消費を促進する．
- 腸内共生微生物は，発酵生成物や二次胆汁酸を産生する．これらは体重を調節する腸内ホルモンの遊離に影響を与える．

23.5　肥満，メタボリックシンドロームおよび 2 型糖尿病

先進国のように食料供給が十分すぎる地域では，肥満や肥満に関連する 2 型糖尿病を患う人が急増している．今や全世界では 3 億人もの人々が糖尿病であり，世界的な肥満の増大にともなって，次の 10 年の間にも糖尿病は劇的に増加すると予想される．糖尿病の病状には，心血管疾患，腎不全，失明，神経障害，切断につながる四肢の治癒力低下がある．2014 年に糖尿病で亡くなった人は全世界でほぼ 400 万人にのぼり，この数は今後確実に増えると考えられる．2 型糖尿病やその肥満との関連を理解し，2 型糖尿病による障害を予防，あるいは回復させる対策を見出すことは明らかに不可欠である．

2 型糖尿病において組織はインスリン非感受性になる

2 型糖尿病 type 2 diabetes の特徴はインスリン抵抗性の進行である．インスリン抵抗性 insulin resistance とは，正常な健康状態では少量のインスリンがもたらす生物学的効果を発揮するために，より多くのインスリンを要する状態である．インスリン抵抗性の早期では，筋肉や肝臓のインスリン感受性が低下しても，それを克服するために十分なインスリンが膵臓 β 細胞から分泌される．しかし，やがて膵臓 β 細胞は機能不全に陥り，インスリンの欠乏によって血中グルコースの調節の不能が顕著になる．2 型糖尿病の前段階であるインスリン抵抗性の中期は，**メタボリックシンドローム** metabolic syndrome または**シンドローム X** syndrome X と呼ばれることがある．その特徴には，肥満（特に腹部周り），高血圧，血中脂質の異常（高 TAG，高 LDL，低 HDL），空腹時血中グルコース濃度のわずかな上昇，そしてグルコース負荷試験におけるグルコースのクリアランス能の低下がある．メタボリックシンドロームの人では，しばしば血中タンパク質の変化も見られる．このような変化は，異常な凝血（フィブリノーゲン濃度の上昇）や炎症（炎症応答にともなって一般に増大する C 反応性ペプチド濃度の上昇）に関連がある．アメリカ合衆国では，成人人口の約 27％がこれらのメタボリックシンドロームの徴候を示している．

メタボリックシンドロームの人を何が 2 型糖尿病になりやすくするのだろうか．いわゆる「脂肪毒性 lipid toxicity」仮説（図 23-47）によると，PPARγ は脂肪細胞に対して作用して，TAG を合成して貯蔵できる状態に保つ．脂肪細胞はインスリン感受性であり，レプチンを産生する．そして，レプチンは TAG の持続的な細胞内蓄積を引き起こす．しかし，肥満の人が過剰なカロリーを摂取すると，脂肪細胞は TAG で満たされ，脂肪

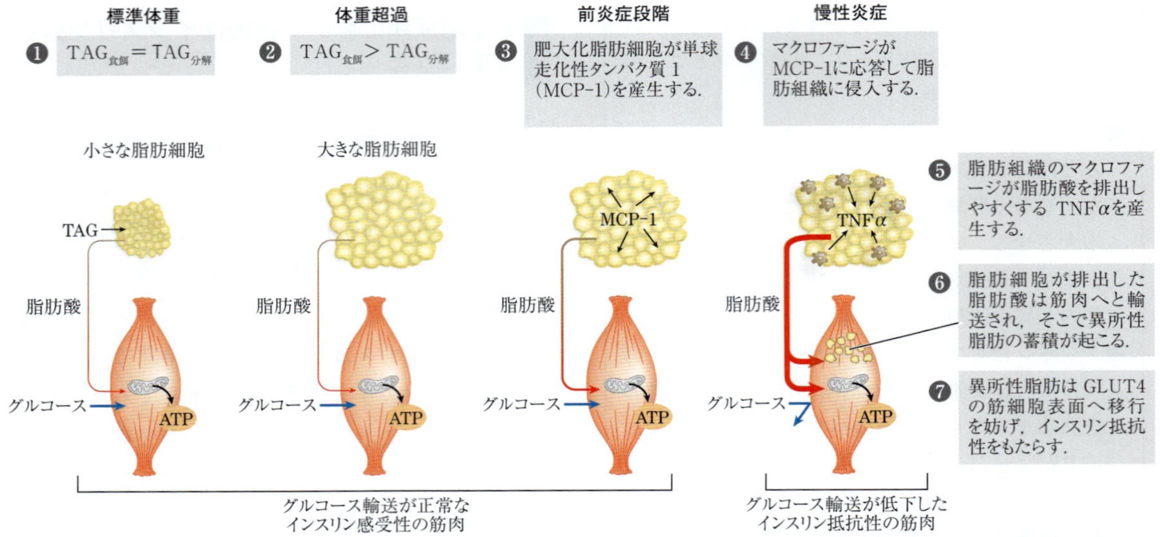

図 23-47 トリアシルグリセロールが過剰となった脂肪細胞は，脂肪組織で炎症を誘発し，筋肉における異所性脂肪の蓄積とインスリン抵抗性を引き起こす

標準体重の人では，食餌からのTAGの摂取は，エネルギー産生のためのTAGの酸化と同程度である．太り過ぎの人では，過剰なカロリー摂取によって脂肪細胞が肥大化し，TAGでふくれあがってそれ以上蓄積できなくなる．肥大化した脂肪細胞はMCP-1（単球走化性タンパク質1）を分泌し，マクロファージを引き寄せる．マクロファージは脂肪組織に侵入し，TNFα（腫瘍壊死因子α）を産生する．TNFαは脂質の分解と脂肪酸の血中への放出を引き起こす．脂肪酸は筋細胞内に入り，そこで小さな脂肪滴として蓄積する．筋肉におけるこの異所性脂肪の蓄積がインスリン抵抗性を引き起こす．おそらくは，インスリンシグナル伝達経路の構成要素のどれかを不活性化するような脂質活性化プロテインキナーゼを誘発することによると思われる．グルコース輸送体のGLUT4は，筋細胞の表面から細胞内移行して，筋細胞内へのグルコースの取込みが妨げられる．そして，筋細胞はインスリン抵抗性になる．筋細胞は血中グルコースを代謝燃料として利用できないので，脂肪酸が脂肪組織から動員されて主要な燃料になる．脂肪酸の筋肉への流入の増大は，異所性脂肪のさらなる蓄積を引き起こす．このようなインスリン抵抗性によって2型糖尿病を発症する人がいる．一方，異所性脂肪の蓄積に起因する有害な影響を遺伝的に受けにくい人や，異所性脂肪の蓄積にうまく対処するような遺伝的素因を備えていて糖尿病を発症しない人もいる．［出典：A. Guilherme et al., *Nat. Rev. Mol. Cell Biol.* **9**: 367, 2008, Fig. 1の情報．］

組織はTAGをさらには貯蔵できなくなる．脂質で満たされた脂肪組織は，マクロファージを引き寄せるタンパク質性因子を分泌する．マクロファージは組織に浸潤し，やがて脂肪組織重量の50%をも占めるようになる．マクロファージは炎症応答を誘発し，それによって脂肪細胞におけるTAGの蓄積を妨げ，血中へ遊離脂肪酸を放出しやすくする．このように過剰な脂肪酸は，肝臓や筋肉の細胞内に入り，そこでTAGに変換されて脂肪滴として蓄積する．この異所性脂肪 ectopic lipid（「場違い」を意味するギリシャ語の *ektopos* に由来）の蓄積が2型糖尿病の特徴である肝臓や筋肉のインスリン非感受性をもたらす．

この仮説によれば，脂肪酸やTAGの過剰な蓄積は肝臓や筋肉にとって有害である．異所性脂肪がもたらす負荷を処理する機構が遺伝的に十分には備わっておらず，2型糖尿病を発症させる細胞障害を受けやすい人もいる．おそらく，インスリン抵抗性には，代謝に対するインスリンの作用（タンパク質量の変化やシグナル伝達に関与する酵素と転写因子の活性を変化など）によって媒介される機構のいくつかの障害が含まれるのだろう．例えば，脂肪細胞におけるアディポネクチンの合成と血中のアディポネクチンレベルは，肥満では低下し，減量によって上昇する．

2型糖尿病患者のインスリン感受性を改善するのに有効な薬物のいくつかは，シグナル伝達経路の特定のタンパク質に作用することが知られている．その作用は脂肪毒性モデルと一致する．**チアゾリジンジオン** thiazolidinedione（2型糖尿病治療薬；図21-22参照）はPPARγに結合し，脂肪細胞に特異的な一群の遺伝子の発現をオンにし，前駆脂肪細胞の小脂肪細胞への分化を促進することによって，食餌からの脂肪酸の吸収とTAGの貯蔵に関する身体能力を高める．

2型糖尿病になりやすくする遺伝的要因は明らかに存在する．2型糖尿病患者の80%は肥満であるが，ほとんどの肥満者が2型糖尿病になるわけではない．本章で考察してきた調節機構の複雑さを考慮すると，糖尿病の遺伝学が，変異型遺伝子と，食餌や生活習慣を含む環境因子との相互作用がからんだ複雑なものであることは驚くべきことではない．少なくとも10個の遺伝子座が2型糖尿病と明らかに関連しており，これらの「糖尿病遺伝子」のどれかに変異が起こるだけで，2型糖尿病の発症頻度が相対的にやや増加する．例えば，PPARγの12番目のPro残基がAlaに置換している変異をもつ人は，2型糖尿病を発症するリスクがわずかであるが有意に高い．■

表23-8　2型糖尿病の治療

処置／治療	直接の標的	治療効果
体重減少	脂肪組織；TAG含量の低下	脂質負荷の低下；脂肪組織における脂質貯蔵能の増大；インスリン感受性の回復
運動	AMPK，[AMP]/[ATP] 比の上昇によって活性化される	体重減少を助ける（図23-39参照）
肥満外科手術	未知	体重減少，血糖の良好な調節
スルホニル尿素：グリピジド(Glucotrol)，グリブリド(Micronase)，グリメピリド(Amaryl)	膵臓β細胞；K^+チャネルが遮断される	膵臓によるインスリン分泌の促進（図23-28参照）
ビグアナイド：メトホルミン(Glucophage)	AMPK，活性化される	筋肉によるグルコース取込みの亢進；肝臓によるグルコース産生の低下
チアゾリジンジオン：トログリタゾン（Rezulin）[a]，ロシグリタゾン(Avandia)[b]，ピオグリタゾン(Actos)	PPARγ	肝臓，筋肉，脂肪組織におけるインスリン作用を増強する遺伝子の発現上昇；グルコース取込みの上昇；肝臓におけるグルコース合成の低下
GLP-1モジュレーター：エクセナチド（Byetta），シタグリプチン(Januvia)	グルカゴン様ペプチド-1，ジペプチジルペプチダーゼⅣ	膵臓によるインスリン分泌の促進

[a] 副作用が現れたため自主回収された．

[b] 心血管疾患のリスク増大が懸念されるので，他の治療では効果がない患者に限定して処方される．

2 型糖尿病は食餌と運動，服薬，そして外科的手術によって管理される

三つの要因が 2 型糖尿病患者の症状を改善させる．すなわち，食事制限，普段の運動，そしてインスリンの感受性や産生を増大させる薬である．食事制限（減量を伴う）は脂肪酸による全体的な負荷を軽減する．食餌の脂質組成は，PPAR や他の転写因子を介して，脂肪酸の酸化や脂肪の燃焼に関与するタンパク質をコードする遺伝子の発現に影響を及ぼす．アディポネクチンと同様に，運動は AMPK を活性化し，AMPK は代謝を脂肪の酸化のほうにシフトさせ，脂肪の合成を抑制する．

運動はカロリーを消費するので，直接体重減少に寄与する．運動はまた，筋肉から血中への**イリシン** irisin の放出も増やす．イリシンは WAT における UCP1 遺伝子の発現を上昇させ，ベージュ脂肪細胞の発達も促進するので，運動が終わった後でもエネルギーは熱産生に利用されつづける．

いくつかのクラスの薬物が 2 型糖尿病の治療に用いられる（表 23-8）．これらの一部については，本章の前半で考察した．スルホニル尿素は β 細胞の ATP 依存性 K^+ チャネルに作用してインスリン放出を促進する．メトホルミン（Glucophage）のようなビグアナイド biguanide は，AMPK を間接的に活性化する．ビグアナイドの直接的な標的はミトコンドリアの複合体 I である．複合体 I が阻害されると ATP 産生は低下し，AMPK を活性化する AMP 濃度が上昇する．AMPK はエネルギーを温存する代謝へのシフトの引き金となる．すなわち，グルコースの取込みと酸化を亢進させ，脂肪酸の動員と酸化を亢進させ，脂肪酸とステロールの合成を抑制する．すでに述べたよう

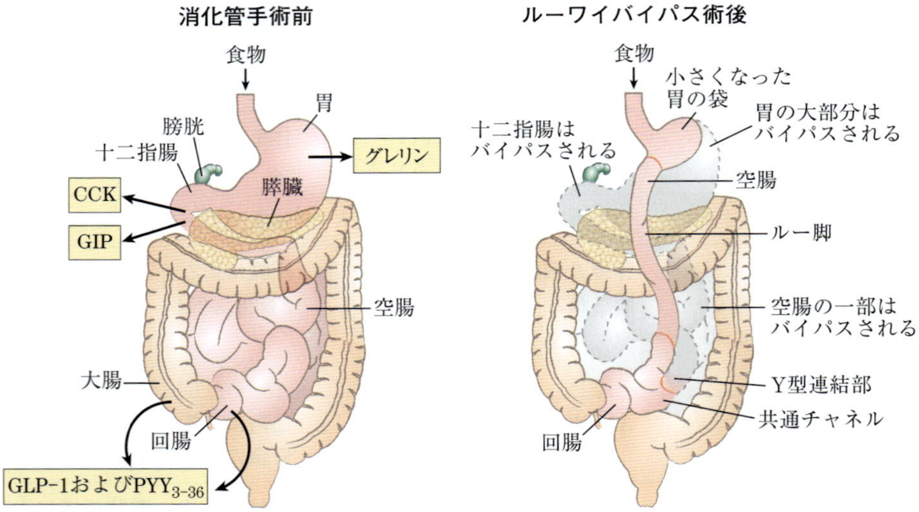

図 23-48 肥満外科手術

消化管系は，グレリン，コレシストキニン（CCK），GIP，$PYY_{3\text{-}36}$，GLP-1 などのペプチドホルモンを産生する．これらは，空腹や飽満などのエネルギー代謝の恒常性に影響を与える．ここには健常人の消化管（左図），およびルーワイ胃バイパス術後の消化管（右図）を示す．この外科手術では，胃の大部分と小腸（十二指腸）の上部が切除されて，バイパスされる．この手術によって，1 週間で 5 ポンド（約 2.3 kg）もの急激な体重減少が起こり，2 型糖尿病の人の血中グルコースの調節が良好になる．さらに新しい手術法（垂直スリーブ状胃切除術；図には示していない）でも同様の成果が得られている．これらの効果の生化学的な根拠や生理学的な根拠はあまりわかっていないが，おそらくは消化管を通る食物の経路変更に起因するペプチドホルモンのシグナル伝達の変化が関与する．

に，チアゾリジンジオンは，PPARγを介して血中のアディポネクチン濃度を高め，脂肪細胞の分化を促進し，それによってTAGの貯蔵能力を高める．

極度の肥満や2型糖尿病の場合には，重篤な肥満に対して最も効果的な体重減少処置によって糖尿病が緩和されたり，低血糖になったりする場合さえもある．この処置には，胃から小腸の上部（十二指腸）への食物の経路を変える肥満外科手術がある（図23-48）．ルーワイ胃バイパス術 Roux-en-Y gastric bypass（RYGBP，手術法を開発したスイス人外科医 César Roux にちなんで命名）において，胃は食道につながった小さな袋になり，小腸の中央部（空腸）が直接この袋につながる．食物はほとんどの胃と十二指腸をバイパスし，主に腸の「ルー脚」に行く．胃酸と消化酵素は，消化管のバイパスされた部分を通って共通管で食物に合流する．RYGBP手術を受けた人は，体重が劇的に減少するだけでなく，空腹感も低下する．顕著なことに，この手術により多くの場合に2型糖尿病も改善する．これらの効果は，消化管，脳，そして他の器官とのコミュニケーションが変化したことによるらしい．おそらく，小腸に分泌され，満腹シグナルを送り，摂食行動を抑制するGLP-1や$PYY_{3\text{-}36}$などのペプチドホルモンの種類と量が変化した結果と思われる．この問題に関する最終的な結論についてはここでは記さない．■

まとめ

23.5　肥満，メタボリックシンドロームおよび2型糖尿病

- 肥満，高血圧，血中脂質の上昇，インスリン抵抗性を含むメタボリックシンドロームは，しばしば2型糖尿病の前兆である．
- 2型糖尿病の特徴であるインスリン抵抗性は，脂肪組織で対応できないほどの脂質摂取に応答して，筋肉や肝臓に異常な量の脂肪が蓄積した結果かもしれない．
- 脂質合成酵素の発現は，厳密で複雑な調節を受ける．PPARは脂質代謝と脂肪細胞の分化に関与する多くの酵素の合成速度を決定する転写因子である．
- 2型糖尿病の効果的な治療方法には，運動，適切な食事制限，インスリン感受性やインスリン産生を増大させる薬物がある．消化管の外科的改変により体重は減少し，しばしば2型糖尿病が改善する．

重要用語

太字で示す用語については，巻末用語解説で定義する．

アシドーシス acidosis　1344
アディポカイン adipokine　1314
アディポネクチン adiponectin　1314
α-メラニン細胞刺激ホルモン α-melanocyte-stimulating hormone（α-MSH）　1347
1型糖尿病 type 1 diabetes　1343
一酸化窒素 nitric oxide（NO•）　1310
イオンチャネル型受容体 ionotropic receptor　1304
インスリン insulin　1306
エイコサノイドホルモン eicosanoid hormone　1307
AMP活性化プロテインキナーゼ AMP-activated protein kinase（AMPK）　1349
ATP依存性K^+チャネル ATP-gated K^+ channel　1334
mTORC1　1353
NOシンターゼ NO synthase　1310
エピネフリン epinephrine　1307
エンザイムイムノアッセイ enzyme-linked immunosorbent assay（ELISA）　1302
下垂体後葉 posterior pituitary　1311

下垂体前葉 anterior pituitary 1311
褐色脂肪組織 brown adipose tissue（BAT） 1322
カテコールアミン catecholamine 1307
肝細胞 hepatocyte 1317
弓状核 arcuate nucleus 1346
筋細胞 myocyte 1323
グルカゴン glucagon 1336
グルコース負荷試験 glucose-tolerance test 1344
グレリン ghrelin 1314
血漿 blood plasma 1330
血漿タンパク質 plasma protein 1330
血小板 platelet 1330
ケトアシドーシス ketoacidosis 1344
ケトーシス ketosis 1344
甲状腺ホルモン thyroid hormone 1309
コルチゾール cortisol 1342
刺激ホルモン（トロピン）tropic hormone（tropin） 1311
自己分泌 autocrine 1305
視床下部 hypothalamus 1311
脂肪細胞 adipocyte 1321
食欲促進 orexigenic 1346
食欲抑制 anorexigenic 1347
神経内分泌系 neuroendocrine system 1300
STAT（signal transducer and activator of transcription） 1348
ステロイドホルモン steroid hormone 1308
スルホニル尿素薬 sulfonylurea drug 1335
赤血球 erythrocyte 1330
体格指数 body mass index（BMI） 1345
代謝型受容体 metabotroric receptor 1304
脱共役タンパク質 1 uncoupling protein 1（UCP1） 1322
チアゾリジンジオン thiazolidinedione 1361
糖尿 glucosuria 1343
糖尿病 diabetes mellitus 1343
内在性カンナビノイド endocannabinoid 1356
内分泌 endocrine 1305
2 型糖尿病 type 2 diabetes 1343
ニューロペプチド Y neuropeptide Y（NPY） 1315
熱産生 thermogenesis 1322
ノルエピネフリン norepinephrine 1307
白色脂肪組織 white adipose tissue（WAT） 1321
白血球 leukocyte 1330
PPAR（ペルオキシソーム増殖剤応答性受容体） peroxisome proliferator-activated receptor 1354
$PYY_{3\text{-}36}$ 1355
ビタミン D ホルモン vitamin D hormone（calcitriol） 1309
プレバイオティクス prebiotics 1358
プロバイオティクス probioties 1358
ペプチドホルモン peptide hormone 1306
ベージュ脂肪組織 beige adipose tissue 1323
傍分泌 paracrine 1305
ホルモン hormone 1300
メタボリックシンドローム metabolic syndrome 1359
Janus キナーゼ JAK（Janus kinase） 1348
ラジオイムノアッセイ radioimmunoassay（RIA） 1301
リンパ球 lymphocyte 1330
レチノイドホルモン retinoid hormone 1309
レプチン leptin 1314

問 題

1 ペプチドホルモン活性

オキシトシンとバソプレシンのように，互いに構造が似ている二つのペプチドホルモンがどのようにして異なる効果を示すことができるのかについて説明せよ（図 23-10 参照）．

2 筋肉のエネルギー源としての ATP とホスホクレアチン

収縮中の骨格筋では，ATP 濃度はほぼ一定であるのに対して，ホスホクレアチン濃度は低下する．しかし，Robert Davies は，もしも筋肉をまず 1-フルオロ-2,4-ジニトロベンゼン（FDNB，p. 136）で処理すると，一連の収縮の間でホスホクレアチン濃度は変化しないが，ATP 濃度が急激に低下することを古典的な実験によって見出した．その理由を説明せよ．

3　脳におけるグルタミン酸の代謝

脳組織は，血液からグルタミン酸を取り込み，グルタミンに変換して血液中に放出する．この代謝変換の目的は何か．また，どのような機構で起こるのか．実は，脳内で産生されるグルタミンの量は，血液から脳に入るグルタミン酸の量よりも多い．この余分のグルタミンはどのような機構で生成するのか（ヒント：Chap. 18 のアミノ酸の異化を読み直すのがよい．NH_4^+ が脳に対して極めて有毒であることを思い出そう．）

4　飢餓状態での燃料としてのタンパク質

飢餓状態で筋肉のタンパク質が異化される際に，アミノ酸はどのように処理されるのか．

5　脂肪組織にはグリセロールキナーゼがない

グリセロール 3-リン酸は，TAG の生合成に必要である．TAG の合成と分解に特化している脂肪細胞は，次の反応を触媒するグリセロールキナーゼを欠いているので，グリセロールを直接利用できない．

$$\text{グリセロール} + \text{ATP} \longrightarrow \text{グリセロール 3-リン酸} + \text{ADP}$$

脂肪組織は，TAG 合成に必要なグリセロール 3-リン酸をどのようにして得るのか．

6　運動時の酸素消費

座って仕事をしている成人は，10 秒間に約 0.05 L の O_2 を消費する．100 m 競走の短距離選手は，10 秒間に約 1 L の O_2 を消費する．競走後の短距離選手は，激しいが次第に低下する速度で数分間呼吸を続け，座って仕事をしている人が消費する量に比較して 4 L の余分な O_2 を消費する．

(a) O_2 需要が短距離競走の間に劇的に増大するのはなぜか．

(b) 競走後でも O_2 需要が高いままなのはなぜか．

7　チアミン欠乏症と脳の機能

チアミン欠乏症の人は，反射の消失，不安状態，精神錯乱などの特徴的な神経症状を示す．なぜチアミンの欠乏が脳機能の変化として現れるのか．

8　ホルモンの力価

通常の状態では，ヒトの副腎髄質は，循環血液中の濃度を 10^{-10} M に維持するために十分な速度でエピネフリン（$C_9H_{13}NO_3$）を分泌する．この濃度のもつ意味を評価するために，1 g（茶さじで約 1 杯分）のエピネフリンをその血液中の濃度になるように深さ 2 m の円形水泳プールに溶解するとすれば，プールの直径は何 m になるのかを計算せよ．

9　血液中のホルモンレベルの調節

ほとんどのホルモンの血液中での半減期は比較的短い．例えば，放射性同位元素で標識したインスリンを動物に注射すると，30 分以内に半量が血液中から消失する．

(a) 循環しているホルモンが比較的速く不活性化するのはなぜか．

(b) この急速な不活性化を考えると，どのようにすれば循環しているホルモンの濃度を通常の状態で一定に維持することができるのか．

(c) 生体は循環しているホルモンの濃度をどのような機構で急激に変化させることができるのか．

10　水溶性ホルモンと脂溶性ホルモンの比較

ホルモンは，物理的性質に基づいて二つの群のどちらかに分類される．水によく溶けるが脂質には比較的溶けにくいもの（例；エピネフリン）と，比較的水に溶けにくいが脂質によく溶けるもの（例；ステロイドホルモン）である．細胞活動の調節因子として作用する際に，ほとんどの水溶性ホルモンは標的細胞内には入らない．一方，脂溶性ホルモンは標的細胞内に入り，最終的に核内で作用する．この二つのクラスのホルモンの溶解度，受容体の存在場所，作用様式の間にどのような関係があるか．

11　「闘争-逃走」の状況での筋肉と肝臓の代謝の相違

動物が「闘争-逃走」の状況に直面すると，エピネフリンの放出によって，肝臓，心臓および骨格筋でのグリコーゲン分解が促進される．肝臓でのグリコーゲン分解の最終生成物はグルコースである．一方，骨格筋での最終生成物はピルビン酸である．

(a) この二つの組織のグリコーゲン分解で異なる生成物が見られるのはなぜか．

(b) 闘争–逃走の状態で，生体がこのように特異的グリコーゲン分解経路をもつ利点は何か．

12　インスリンの過剰分泌：高インスリン症

膵臓のある種の悪性腫瘍では，β 細胞によるインスリンの過剰生産が起こる．この患者は，手足のふるえ，衰弱，疲労，発汗，空腹感の症状を呈する．

(a) 肝臓による糖質，アミノ酸，脂質の代謝に及ぼす高インスリン症の影響は何か．

(b) 観察された症状の原因は何か．もしもこの症状が持続すると，なぜ脳障害を招くのかを推定せよ．

13　甲状腺ホルモンによる熱産生

甲状腺ホルモンは，基礎代謝率の調節と密接な関係がある．過剰なチロキシンを投与された動物の肝臓組織では，O_2 消費速度が上昇し，熱産生が増大する．しかし，この組織の ATP 濃度は正常である．チロキシンの熱産生効果には，異なる考え方が提案されている．一つの考え方は，過剰のチロキシンがミトコンドリアでの酸化的リン酸化の脱共役を引き起こすことである．このような効果によって，上記の観察結果をどのように説明できるか．別の考え方では，熱産生はチロキシンで刺激された組織による ATP の利用速度が上昇することによると推定している．これは合理的な説明であるか．また，それはなぜか．

14　プロホルモンの機能

プロホルモンとしてホルモンが合成されることについて，どのような利点が考えられるか．

15　飢餓状態でのグルコース源

一般的な成人は，1 日あたり約 160 g のグルコースを消費し，そのうちの 120 g を脳で利用する．利用可能なグルコースの貯蔵量は，約 1 日分を賄うためには十分（循環しているグルコースが約 20 g，グリコーゲンが約 190 g）である．飢餓状態で貯蔵グルコースが欠乏してしまうと，からだはグルコースをどのようにして獲得するのか．

16　並体結合 *ob/ob* マウス

注意深い手術によって，2 匹のマウスの循環系を連結して両方のマウスに同じ血液を循環させることが可能である．このような**並体結合** parabiotic マウスでは，一方の動物が血液中に放出した生成物は，共有している循環系を介して他方の動物に移行する．どちらの動物もそれぞれ独自に餌を食べることができる．*OB* 遺伝子の両方のコピーとも欠損している *ob/ob* マウスと *OB* 遺伝子の二つのコピーが正常な正常 *OB/OB* マウスを並体結合させると，各マウスの体重にどのようなことが起こるか．

17　体格指数（BMI）の算出

体重が 260 ポンド（118 kg）の肥満の生化学の教授は身長が 5 フィート 8 インチ（173 cm）である．彼の体格指数（BMI）はいくらか．また，彼の BMI を 25（正常値）にするためには，どれだけ体重を落とさなければならないか．

18　インスリン分泌

カリウムイオノフォアのバリノマイシン（図 11-42 参照）が膵臓 β 細胞からのインスリンの分泌に与える影響について予想して説明せよ．

19　インスリン受容体欠損の効果

肝臓のインスリン受容体を特異的に欠損させたマウスの系統は，軽度の絶食時高血糖（血中グルコース濃度は 132 mg/dL；対照群では 101 mg/dL）を示し，摂食状態ではより顕著な高血糖（血中グルコース濃度は 363 mg/dL；対照群では 135 mg/dL）を示す．これらのマウスでは，肝臓におけるグルコース 6-リン酸のレベルが正常よりも高く，血中インスリンレベルも上昇している．このような観察結果について説明せよ．

20　薬物の安全性の判断

Avandia（ロシグリタゾン）には2型糖尿病の患者の血中グルコース濃度を低下させる効果があるが，広く使用されるようになって数年後に，この薬物の使用は心臓発作の危険性を高めるように思われた．それに呼応して，米国食品医薬品局（FDA）は，処方の条件を厳しく制限した．2年後に追加調査を行った後で，FDAはこの制限を外し，現在ではAvandiaは，アメリカ合衆国において特別な制限なしに処方可能になっている．他の多くの国は，完全に使用禁止にしている．この薬物の（副作用に関する適切な警告を添付することによって）市販を続けるべきか，あるいは市場から撤退するべきかの決定に関してあなたが責任ある立場にあるとすれば，その決定の際に何を重要視すべきか．

21　2型糖尿病の治療薬

アカルボース（Precose）やミグリトール（Glyset）のような2型糖尿病の治療に用いられる薬物は，小腸刷子縁に存在するα-グルコシダーゼを阻害する．この酵素はグリコーゲンやデンプンに由来するオリゴ糖を分解して単糖にする．このような薬物が，糖尿病患者に健康的な効果を与える機構について提案せよ．もしもあるとすれば，これらの薬物による副作用にはどのようなものが考えられるか．またその理由について説明せよ（ヒント：ラクトース不耐症についてはp. 792を読み返そう）．

データ解析問題

22　膵臓β細胞のスルホニル尿素受容体のクローニング

スルホニル尿素系の薬物であるグリブリド（p. 1335に示す）は，2型糖尿病の治療に用いられる．図23-28，図23-29に示したように，グリブリドはATP依存性K^+チャネルに結合してチャネルを閉じさせる．

(a) 図23-28に示した機構によると，グリブリドによる治療の結果として，膵臓β細胞によるインスリンの分泌は増大するか，それとも減少するか．その理由も説明せよ．

(b) グリブリドによる治療は，どのようにして2型糖尿病の症状の緩和に役立つか．

(c) グリブリドは1型糖尿病の治療薬として有用であると期待できるか．あなたの答えについて説明せよ．

Aguilar-Bryanら（1995）は，ATP依存性K^+チャネルの一部であるスルホニル尿素受容体（SUR）の遺伝子をハムスターからクローン化した．この研究チームは，彼らが単離した遺伝子が本当にSURをコードする遺伝子であることを確かめるために，非常に長い時間をかけた．ここでは，研究者たちが目的の遺伝子をクローン化したことをどのようにして証明することができたのかについて説明する．

最初のステップは純粋なSURタンパク質を得ることであった．グリブリドのような薬物はSURと極めて高い親和性（$K_d < 10$ nM）で結合すること，そしてSURは140～170 kDaの分子量をもつことがすでに知られていた．Aguilar-Bryanらは，細胞抽出液からタンパク質を精製する際のマーカーとして役立つ放射性標識をSURタンパク質に施すために，グリブリドの高親和性を利用した．まず，彼らは放射性ヨウ素（^{125}I）を用いて，放射性標識グリブリドの誘導体を作製した．

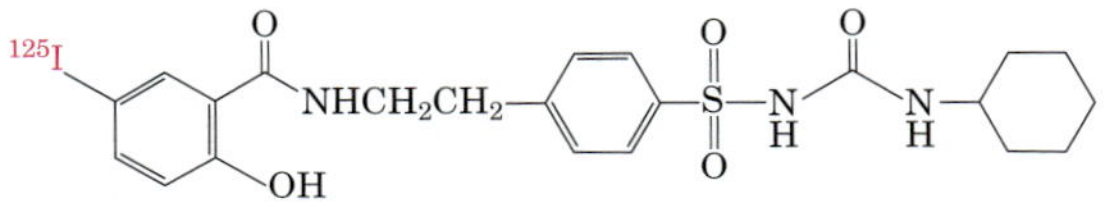

[^{125}I]5-ヨード-2-ヒドロキシグリブリド

(d) 準備実験として，^{125}I標識グリブリド誘導体（以下，[^{125}I] グリブリド）は，非標識のグリブリドと同じK_d値と結合特性を有することが示された．なぜこのことを証明する必要があったのか（これによって除外される別な可能性は何か）．

[^{125}I] グリブリドはSURと高い親和性で結合するが，標識薬物のかなりの量は精製過程でSURタンパク質からおそらく解離するであろう．この解離を防ぐために，[^{125}I] グリブリドをSURに共有結合で架橋しなければならなかった．共有結合による架橋には多くの方法があるが，Aguilar-BryanらはUVを利用した．芳香環をもつ分子が短波長のUVにさらされると励起状態になり，隣接する分子と容易に共有結合を形

成する．放射性標識グリブリドをSURタンパク質と架橋することによって，精製操作を通じてSURの存在を確かめるために，研究者たちは単に ^{125}I の放射活性を調べるだけで良かった．

研究チームは，SURを発現しているハムスターのHIT細胞に［^{125}I］グリブリドを処置してUVを当て，^{125}I標識された140 kDaのタンパク質を精製し，そのアミノ末端の25アミノ酸残基の領域の配列を決定した．彼らが同定した配列はPLAFCGTENHSAAYRVDQGVLNNGCであった．次に，研究者たちはこの配列の中の二つの短いペプチド，一つはPLAFCGTE，もう一つはHSAAYRVDQGVという配列に結合する抗体を作製し，これらの抗体が精製された ^{125}I標識された140 kDaのタンパク質に結合することを示した．

(e) この抗体結合実験を行う必要があったのはなぜか．

次に，研究者たちは上記の配列に基づいてPCRのプライマーを設計し，ハムスターのcDNAライブラリーから上記の配列を含むタンパク質をコードする遺伝子をクローン化した（生物工学的手法についてはChap. 9を参照）．クローン化された*SUR*の候補cDNAは，SURをもっていることがわかっている細胞で発現している適切な長さのmRNAとハイブリッドを形成した．*SUR*の候補cDNAは，SURを発現していない肝臓から単離されたどのサイズのmRNAに対してもハイブリッドを形成しなかった．

(f) この*SUR*の候補cDNAとmRNAのハイブリッド形成実験をなぜ行う必要があったのか．

最後に，クローン化された遺伝子を，通常は*SUR*遺伝子を発現していないCOS細胞に導入して発現させた．研究者たちは，これらの細胞を過剰量の非標識グリブリドの存在下または非存在下で［^{125}I］グリブリドと混合し，細胞をUVにさらすことによって，放射活性を有する140 kDaのタンパク質を検出した．彼らの結果を次表に示す．

実験	細胞種	添加されたSURの候補cDNA？	添加された過剰量の非標識グリブリド？	140 kDaタンパク質中の ^{125}I標識
1	HIT	No	No	+++
2	HIT	No	Yes	−
3	COS	No	No	−
4	COS	Yes	No	+++
5	COS	Yes	Yes	−

(g) 実験2において，^{125}I標識140 kDaタンパク質がなぜ検出されなかったのか．

(h) クローン化したcDNAがSURをコードしていることを主張するために，あなたはこの表の情報をどのように使えばよいか．

(i) クローン化した遺伝子が*SUR*遺伝子であることをより確実にするために，他にどのような情報を集めればよいか．

参考文献

Aguilar-Bryan, L., C. G. Nichols, S. W. Wechsler, J. P. Clement, Ⅳ, A. E. Boyd, Ⅲ, G. González, H. Herrera-Sosa, K. Nguy, J. Bryan, and D. A. Nelson. 1995. Cloning of the β cell high-affinity sulfonylurea receptor: a regulator of insulin secretion. *Science* **268**: 423-426.

発展学習のための情報は次のサイトで利用可能である（www.macmillanlearning.com/LehningerBiochemistry7e）．

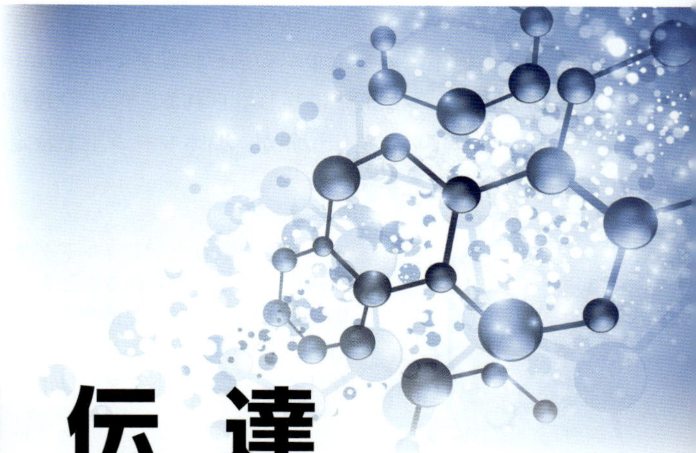

PART III

情 報 伝 達

本書の最終部分である Part Ⅲでは，生物の遺伝的永続性と進化という一見矛盾する現象の基礎にある生化学的機構について探ってみよう．遺伝性物質の分子的な性質とは何だろうか．遺伝情報はどのようにして，世代から世代へと極めて正確に伝えられるのか．進化の素材となる遺伝性物質のまれな変化は，どのようにして生じるのか．また，遺伝情報は細胞内でどのようにして最終的に驚くほどの多様性を示すタンパク質分子のアミノ酸配列にまで翻訳されるのか．

遺伝情報の伝達経路に関する今日の知識は，現代の生化学における遺伝学，物理学，化学という三つの異なる学問分野の収斂によるものである．これら三つの分野の寄与は，1953 年に James Watson と Francis Crick によって提唱された DNA の二重らせん構造の発見に要約される（図 8-13 参照）．遺伝学的理論は遺伝子による暗号化という概念の確立に寄与した．物理学は X 線解析による分子構造の決定を可能にした．化学は DNA の化学組成を明らかにした．ワトソン・クリックの仮説が大きな衝撃を与えたのは，それが多岐にわたる学問分野で得られた幅広い結果を説明できるからであった．

DNA の構造に関する理解が画期的に進んだ結果，必然的に DNA の機能についての疑問の解明へと進んだ．二重らせん構造それ自体が，DNA 構造がどのように複製され，その中に含まれている情報が次の世代に伝えられていくのかを明確に示していた．また，メッセンジャー RNA や転移 RNA の発見，さらには遺伝暗号の解読によって，DNA の情報がどのようにして機能的なタンパク質へと変換されるのかが明らかになった．

それ以外にもいくつかの大きな進展が加わって，遺伝情報の細胞内での利用に関する三つの主要な過程から成る分子生物学のセントラルドグマ（中心教義）central dogma が導き出された．最初の過程は複製 replication である．すなわち，親 DNA をコピーして，同一のヌクレオチド配列をもつ娘 DNA 分子をつくる段階である．第二の過程は転写 transcription であり，DNA 中の遺伝情報がコードされている部分が RNA へと正確に写し取られる．第三の過程は翻訳 translation であり，メッセンジャー RNA にコードされている遺伝情報が，リボソーム上で特定のアミノ酸配列から成るタンパク質へと翻訳される．

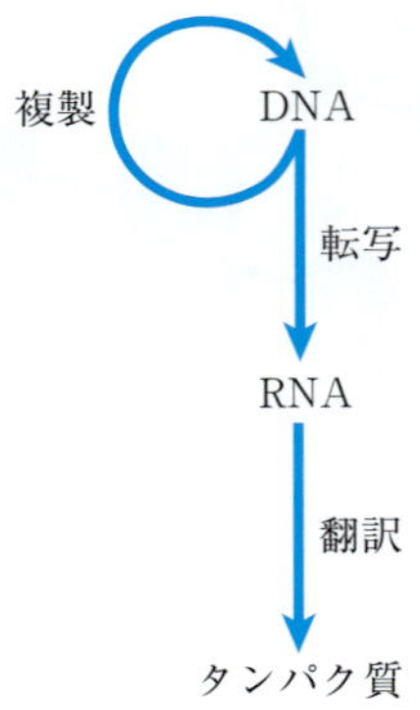

分子生物学のセントラルドグマ．遺伝情報の一般的な流れが，複製，転写，翻訳という過程を経て伝えられることを示している．ここで，「ドグマ（教義）」という用語は適切ではなく，ただ歴史的理由から今でも用いられている．セントラルドグマは Francis Crick により導入されたが，当時はこれを支持する証拠はほとんどなかった．しかし，今日では，この「ドグマ」は十分に確立された原理なのである．

Part Ⅲではこれら一連の過程について説明する．最初の Chap. 24 では染色体の構造，トポロジー，パッケージング，および遺伝子について述べる．Chap. 25 ～ Chap. 27 まではセントラルドグマの基礎をなす諸過程について詳しく述べる．そして最後に，調節機構に戻って，遺伝情報の発現がどのようにして制御されるのかについて述べる（Chap. 28）．

これらの章で主流となっているテーマは，情報を含む高分子の生合成には一層の複雑さが伴うことである．ヌクレオチドやアミノ酸の特定の配列を有する核酸やタンパク質を組み立てることは，生命そのものの根源である鋳型の忠実な発現にほかならない．DNA のホスホジエステル結合やタンパク質のペプチド結合の形成は，本書の Part Ⅱで述べたように，酵素的ツールや化学的ツールを多数もった工場である細胞にとっては，やさしい芸当と見られるかもしれない．しかし，分子情報について考慮するためには，代謝経路を調べることによって確立された様式や法則の枠組みをかなり拡張しなければならない．結合は，誤った配列が生じたり，それが永続したりすることのないように，情報を含む生体高分子の特定のサブユニットの間に形成されなければならない．この必要性は，生合成過程における熱力学，化学，酵素学に大きな影響を及ぼす．例えば，一つのペプチド結合を形成するためにはわずか 21 kJ/mol のエネルギーを必要とするだけであり，それに相当する反応を触媒する比較的簡単な酵素も知られている．しかし，ポリペプチド中の特定の位置の二つの特定のアミノ酸の間に結合をつくるためには，細胞は 200 種類以上の酵素，RNA 分子，特殊なタンパク質を利用しながら，約 125 kJ/mol の化学エネルギーを投入する．ペプチド結合の形成に関与する化学に変わりはないが，特定のアミノ酸の間にペプチド結合を確実に形成するために基本的な反応の上に付加的な過程が必要である．生物学的情報は高価である．

核酸とタンパク質の間の動的相互作用は，Part Ⅲのもう一つの中心テーマである．調節作用や触媒作用をもつ RNA 分子が核酸とタンパク質の間の経路（Chap. 26 および Chap. 27 で考察する）を理解する際に，次第に重要な位置を占めつつある．しかし，細胞内情報伝達経路を構成する過程のほとんどはタンパク質によって触媒され，調節される．酵素と他のタンパク質を理解することは，知的興味が満たされるだけでなく実用的である．なぜならば，それらは組換えDNA技術の基盤を形成するからである（Chap. 9で紹介）．

進化はここでも一つの非常に重要なテーマの一部である．Part Ⅲで概説される過程の多くは何十億年も遡ることが可能であり，全生物の共通祖先LUCA（last universal common ancestor）まで遡ることができるものもいくつかある．リボソームや翻訳装置のほとんど，そして転写機構のある部分は，この地球上のあらゆる生物に共通している．遺伝情報は一種の分子時計であり，種間の祖先の関係を定義するために役立つ．共通の情報伝達経路はヒトと地球上に現在生息する他のあらゆる生物種とを関連づける．このような経路を探ることによって，科学者は第一幕（地球上の生命のはじまりを告げるできごと）をゆっくりと上げることができる．

24

遺伝子と染色体

これまでに学習してきた内容について確認したり，本章の概念について理解を深めたりするための自習用ツールはオンラインで利用可能である（www.macmillanlearning.com/LehningerBiochemistry7e）．

DNA 分子のサイズは，それだけでも生物学上の興味深い問題を提起している．DNA 分子が，それが入っている細胞やウイルス粒子よりも一般的にはるかに長いとすれば（図 24-1），DNA 分子はいったいどのようにして細胞やウイルスのような入れ物に合わせて自らを詰め込んでいるのだろうか．この問題に答えるために，本章では Chap. 8 で述べた DNA の二次構造から一歩進んで，DNA を遺伝情報の貯蔵所である**染色体** chromosome に三次元的に詰め込むための並はずれて高度な機構へと話の焦点を移す．本章では，最初にウイルスや細胞の染色体を構成する成分について調べ，次にそれらのサイズやその構成について述べる．次に，DNA のトポロジーについて

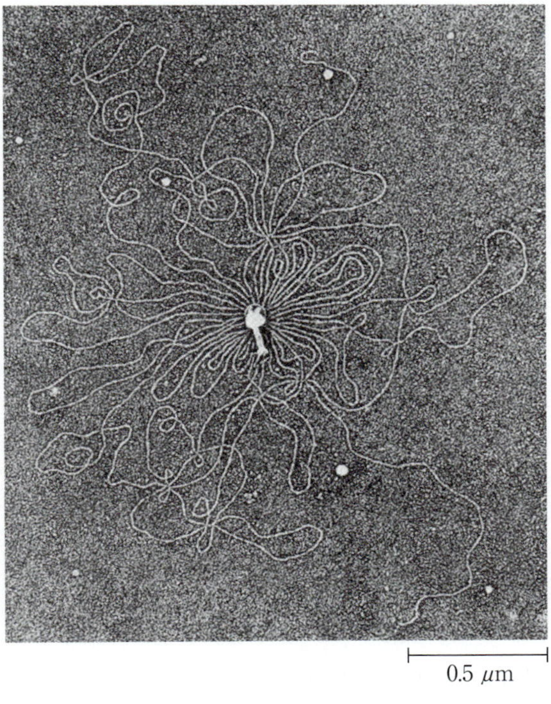

図 24-1　1 本の線状 DNA 分子によって囲まれたバクテリオファージ T2 のコートタンパク質

バクテリオファージ粒子を蒸留水にさらして破壊することによって，DNA を放出させ，水の表面にその DNA を伸展させたもの．無損傷の T2 バクテリオファージ粒子は頭部と細くなった尾部から成る．バクテリオファージは，この尾部によって細菌の細胞表面に結合する．この電子顕微鏡写真に示されたすべての DNA は，通常はファージの頭部に詰め込まれている．［出典：Elsevier の許可を得て転載．A. K. Kleinschmidt, et al. *Biochem. Biophys. Acta* **61**: 857, 864, 1962. Copyright Clearance Center, Inc. を介して許可済み．］

考え，DNA 分子のコイル形成とスーパーコイル形成について考察する．最後に，染色体をコンパクトな構造へとまとめているタンパク質と DNA の相互作用について考える．

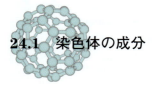

George W. Beadle
(1903–1989)
［出典：National Library of Medicine/Science Photo Library/Science Source.］

Edward L. Tatum
(1909–1975)
［出典：Corbis/UPI/Bettmann/Corbis.］

24.1 染色体の成分

細胞の DNA は遺伝子と遺伝子間領域を含んでおり，これらはいずれも生細胞にとって極めて重要な機能を有するのかもしれない．真核細胞のゲノムのようにゲノムが複雑になると，高度な染色体の組織化が必要である．このことは染色体の構造の特徴にも反映されている．ここではまず，染色体内の異なるタイプの DNA 配列と構造要素について考えてみよう．

遺伝子はポリペプチド鎖と RNA をコードする DNA の領域である

遺伝子に関する理解はこの 1 世紀で飛躍的に進歩してきた．一つの遺伝子とは，古典的な生物学的意味では，例えば眼の色のような一つの性質，すなわち**表現型** phenotype（目に見える性質）を決定し，またはこれに影響を及ぼす染色体の一部分と定義されていた．1940 年に，George Beadle と Edward Tatum によって，遺伝子に関する分子的な定義が提唱された．彼らはアカパンカビ *Neurospora crassa* の胞子に，DNA に損傷を与えて DNA 塩基配列に変化（**突然変異** mutation）を生じさせることが知られている X 線や他の試薬を作用させ，いくつかの変異株を得た．これらのうちにはある特定の酵素を欠いたものがあり，結果的にその代謝経路全体に欠陥が生じた．この観察によって，Beadle と Tatum は，一つの遺伝子とは一つの酵素を決定またはコードする遺伝性物質の領域であるとの結論に達した．すなわち，**1 遺伝子－1 酵素仮説** one gene-one enzyme hypothesis である．後に，この概念は **1 遺伝子－1 ポリペプチド** one gene-one polypeptide へと拡大された．なぜならば，多くの遺伝子は酵素ではないタンパク質，あるいは多サブユニットタンパク質の一つのポリペプチドをコードするからである．

遺伝子に関する今日の生化学的定義はより正確である．**遺伝子** gene とは，構造的あるいは触媒的な機能をもつポリペプチド鎖や RNA のような最終遺伝子産物の一次配列を決定する DNA のすべてである．DNA は，構造遺伝子以外に，純粋に調節機能をもつ領域や配列も含む．**調節配列** regulatory sequence は，遺伝子の開始および終結を示すシグナルであったり，遺伝子の転写に影響を与えたり，複製や組換えの開始点として機能したりする（Chap. 28）．遺伝子のなかには，異なる発現様式によって，単一の DNA 領域から複数の遺伝子産物を生じるものもある．この特別な転写や翻訳の機構については Chap. 26 ～ Chap. 28 で述べる．

タンパク質をコードする遺伝子全体の最小サイズを直接的に概算することができる．Chap. 27

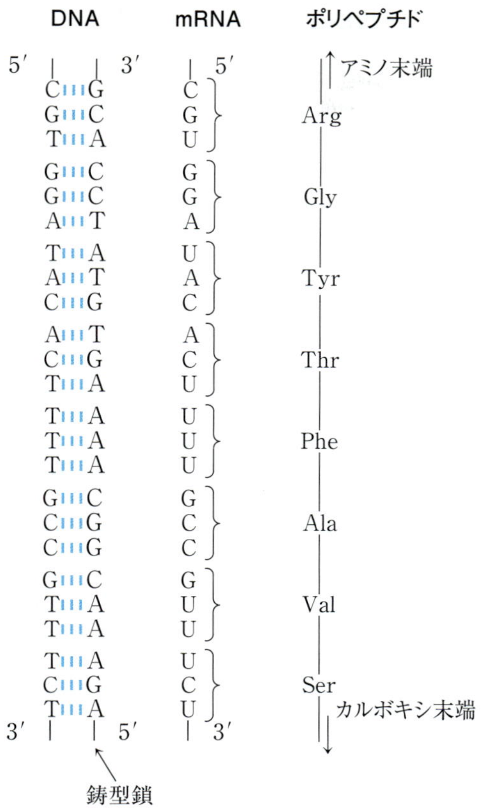

図 24-2　DNA と mRNA の翻訳ヌクレオチド配列とポリペプチド鎖のアミノ酸配列の相関性

DNA 中のヌクレオチドのトリプレット単位が，mRNA という中間体を介して，タンパク質中のアミノ酸配列を決定する．DNA 鎖の一方が mRNA 合成の鋳型として働く．mRNA は DNA 鎖のヌクレオチドトリプレットと相補的なヌクレオチドトリプレット（コドン）をもつ．ある種の細菌および多くの真核生物遺伝子では，翻訳配列は，非翻訳配列の領域（イントロン）によって寸断されている．

で詳しく述べるように，ポリペプチド鎖の各アミノ酸は，DNA の一本鎖の三つ連続するヌクレオチド配列によってコードされている（図 24-2）．このような「コドン」は，遺伝子がコードするポリペプチドのアミノ酸配列に対応する順序で並んでいる．350 個のアミノ酸残基から成るポリペプチド鎖（平均サイズ鎖）は DNA の 1,050 bp に相当する．真核生物の多くの遺伝子と細菌や古細菌のいくつかの遺伝子は，非コード DNA 領域によって中断されている．したがって，遺伝子は実際には単純計算よりもかなり長い．

1 本の染色体には，いくつの遺伝子が含まれているのか．大腸菌の染色体は，すでに完全にその配列が決定された細菌のゲノムの一つであり，4,639,675 bp から成る環状（完全な円ではなく端のないループという意味で）の DNA 分子である．これらの塩基対はタンパク質をコードする約 4,300 の遺伝子と構造的あるいは触媒的な RNA 分子をコードする 157 個の遺伝子を含んでいる．真核生物のなかでは，およそ 31 億塩基対のヒトゲノムは，24 個の互いに異なる染色体上に約 20,000 の遺伝子を含んでいる．

DNA 分子はそれを含む細胞やウイルス粒子よりもはるかに長い

染色体 DNA は，多くの場合に，それが含まれている細胞やウイルス粒子よりもはるかに長い（図 24-1，表 24-1）．これはどのような生物やウイルスにもあてはまる．

ウイルス virus　ウイルスは独立に生きている生物ではない．ウイルスは，増殖するために必要な過程の多くを実行するために宿主細胞の資源を利用する感染性の寄生体である．多くのウイルス粒子はしばしばタンパク質のコートに包まれたゲノム（通常は単一の RNA または DNA 分子）のみから成る．

ほぼすべての植物ウイルスと細菌ウイルス，および動物ウイルスのいくつかは RNA ゲノムを含む．これらのゲノムは特に小さい傾向にある．例えば，HIV のような哺乳類のレトロウイルスのゲノムのサイズは約 9,000 ヌクレオチドであり，バクテリオファージ Qβ のゲノムは 4,220 ヌクレオチドである．これらのウイルスは一本鎖の RNA ゲノムをもつ．

表 24-1 いくつかの細菌ウイルス（バクテリオファージ）の DNA とウイルス粒子のサイズ

ウイルス	ウイルス DNA のサイズ (bp)	ウイルス DNA の長さ (nm)	ウイルス粒子の長径 (nm)
φ X174	5,386	1,939	25
T7	39,936	14,377	78
λ（ラムダ）	48,502	17,460	190
T4	168,889	60,800	210

注：DNA の大きさのデータは複製型分子（二本鎖）に関するものである．輪郭の長さは各塩基対が 3.4 Å の長さを占めると仮定して計算してある（図 8-13 参照）．

DNA ウイルスのゲノムサイズは大きく異なる（表 24-1）．多くのウイルスの DNA は，少なくとも生活環のある期間では環状である．宿主細胞内でのウイルスの複製の期間には，ウイルス DNA は**複製型** replicative form と呼ばれる独特のタイプになる．例えば，多くの線状 DNA は環状になり，すべての一本鎖 DNA は二本鎖になる．大腸菌に感染するバクテリオファージ λ（ラムダ）は典型的な中型の DNA ウイルスである，大腸菌細胞内での複製型の λ DNA は環状二重らせんとなる．この二本鎖 DNA は 48,502 bp を含み，その長さは約 17.5 μm である．バクテリオファージ φ X174 はずっと小さな DNA ウイルスであり，その DNA はウイルス粒子内では環状一本鎖である．複製型の二本鎖 DNA には 5,386 bp が含まれる．ウイルスのゲノムは小さいにもかかわらず，DNA の輪郭の長さは，その DNA の入っているウイルス粒子の長径よりも一般に数百倍も長い（表 24-1）．

細菌 bacteria　1 個の大腸菌細胞は，バクテリオファージ λ 粒子の約 100 倍もの DNA を含んでいる．大腸菌の染色体は単一の二本鎖環状 DNA 分子である．そこには 4,641,652 bp が含まれ，輪郭の長さにして約 1.7 mm であり，この長さは大腸菌細胞の長さの約 850 倍である（図 24-3）．多くの細菌は，核様体に含まれる非常に大きな環状 DNA の染色体に加えて，1 個以上の小型の環状 DNA 分子をもち，それらは細菌のサイトゾル内に遊離状態で存在している．これらの染色体外の成分は**プラスミド** plasmid と呼ばれる（図 24-4，p. 1378 も参照）．ほとんどのプラスミドはわずか数千塩基対の長さであるが，なかには 400,000 bp 以上のものもある．プラスミドは遺伝情報を含み，複製して娘プラスミドをつくり，これが細胞分裂の際に娘細胞に入っていく．プラスミドは細菌だけでなく，酵母や他の菌類でも見つかっている．

多くの場合に，プラスミドは宿主細胞に何の利益ももたらさず，自己複製だけがその機能のように見える．しかし，いくつかのプラスミドは宿主細菌にとって有益な遺伝子を有する．例えば，いくつかのプラスミドは，宿主細菌を抗生物質に対して耐性化させる遺伝子をもつ．β-ラクタマーゼの酵素をつくる遺伝子をもつプラスミドは，ペニシリン penicillin，アンピシリン ampicillin，アモキシシリン amoxicillin のような β-ラクタム系抗生物質に対する耐性に寄与する（図 6-32 参照）．このようなプラスミドは，抗生物質耐性菌から，同種または異種の抗生物質感受性菌へと移ることがあり，そのプラスミド受容菌を抗生物質耐性にする．あるヒトの集団において抗生物質を多量に使用すると，強い選択圧として作用し，病原菌中に抗生物質耐性をコードするプラスミド（あるいは，後述するように同様な遺伝子を内部にもつトランスポゾン成分）を広めることになる．そこで，医師たちは，臨床上の明確な必要性が確認されないまま抗生物質を処方することは控えるようになった．同様の理由から，動物の餌に抗生物質を広範に使用することは規制されている．

真核生物 eukaryote　最も単純な真核生物の一種である酵母の細胞は，そのゲノム中に大腸菌細胞の 2.6 倍の DNA を含んでいる（表 24-2）．また，古典的遺伝学研究に用いられるショウジョウバエ *Drosophila* の細胞は，大腸菌細胞の 35 倍以上の DNA を含む．そしてヒトの細胞は，大腸菌のほぼ 700 倍の DNA を含む．多くの植物や両生類の細胞はさらに多くの DNA を含んでいる．真核細胞の遺伝物質は染色体中に配分されており，その二倍体（$2n$）の数は生物種によって異なる（表 24-2）．例えばヒトの体細胞は 46 本の染色体を有する（図 24-5）．真核生物細胞の各染色体は，図 24-5(a) に示すように，1 本の非常に大きな二本鎖 DNA 分子を含む．ヒト細胞の染色体には 24 本の異なるタイプがあり（22 対の常染色体，および X と Y の性染色体），その中の DNA 分子は長さにして 25 倍以上の差がある．真核生物の各染色体は，特異的な遺伝子セットをもつ．

ヒトゲノムの DNA 分子（22 対の常染色体，および X と Y）は，端と端をつないで並べると，約 1 m の長さになる．ほとんどのヒトの細胞は二倍体であり，各細胞は合計 2 m の DNA を含む．成人のからだの細胞数は約 10^{14} 個なので，ヒト 1 個体あたりの DNA の全長は約 2×10^{11} km となる．この値を地球の円周（4×10^4 km），または地球と太陽の間の距離（1.5×10^8 km）と比較すると，細胞内での DNA の高度な凝縮の必要性がはっきりとわかる．

真核細胞では，ミトコンドリア（図 24-6）や葉緑体のような細胞小器官にも DNA が含まれる．ミトコンドリア DNA（mtDNA）分子は，核の染色体に比べるとはるかに小さい．動物細胞の mtDNA は 20,000 bp 以下（ヒト mtDNA の場合には 16,569 bp）で，環状二本鎖である．各ミトコンドリアは一般に mtDNA 分子を 2 〜 10 コピーもっているが，細胞分化しつつある胚の特定の細胞では，数百コピーにもなる．少数の生物（例えばトリパノソーマ）では，各ミトコンドリアは数千コピーもの mtDNA をもっており，キネトプラストとして知られる複雑に連結したマトリックスを形成する．植物細胞の mtDNA のサイズは 200,000 〜 2,500,000 bp である．葉緑体 DNA（cpDNA）分子も環状二本鎖であり，120,000 〜 160,000 bp から成る．ミトコンドリアと葉緑体の DNA は，宿主細胞の細胞質に侵入してこれらの細胞小器官の前駆体となった古代細菌の染色体に進化の起源を有する（図 1-40 参照）．ミトコンドリア DNA はミトコンドリア tRNA と rRNA，そしていくつかのミトコンドリアタンパク質をコードしている．ミトコンドリアタンパク質の 95％以上は核 DNA によってコードされている．ミトコンドリアと葉緑体は，細胞が分裂するときに分裂する．これらの細胞小器官の分裂前と分裂時に，その DNA は複製され，娘 DNA 分子は娘ミトコンドリアや娘葉緑体内に入る．

真核生物の遺伝子と染色体は非常に複雑である

多くの種類の細菌は，1 細胞あたり 1 本の染色体しかもたず，ほぼすべての場合に，各染色体は各遺伝子を 1 コピーしか含んでいない．しかし極めてまれではあるが，rRNA の場合のように数回繰り返されている遺伝子もある．細菌の場合には，遺伝子と調節配列が DNA のほぼすべてを占めている．さらに，ほぼあらゆる遺伝子は，そのコードしているアミノ酸配列（または RNA 配列）と正確に同じ順序で並んでいる（図 24-2）．

真核生物 DNA の遺伝子構築は，構造的にも機能的にもずっと複雑である．真核生物の染色体構造の研究や，より最近では真核生物のゲノムの完全配列の決定によって，多くの驚くべきことがわ

図 24-3 細菌の細胞と DNA

大腸菌染色体の長さ（1.7 mm）を，典型的な大腸菌細胞の長さ（2 μm）と対比して線状で描写してある．

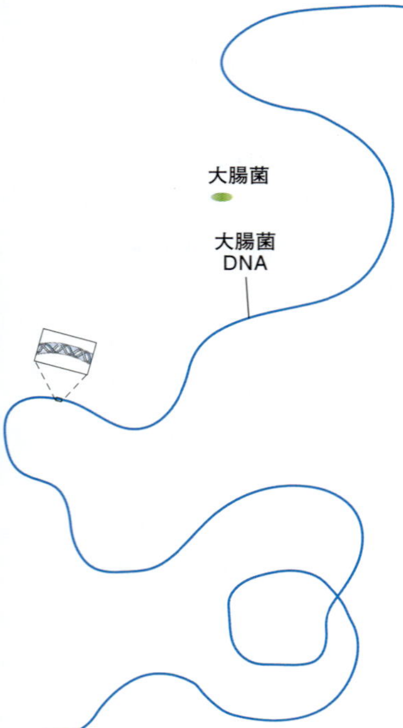

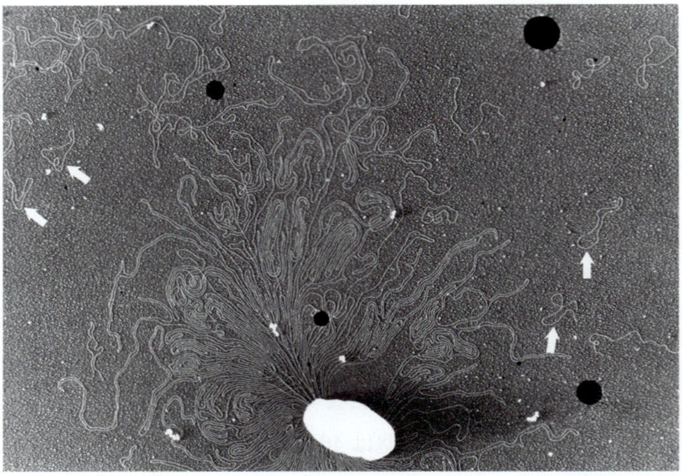

図 24-4 溶解した 1 個の大腸菌細胞由来の DNA

この電子顕微鏡写真中で，いくつかの小さな環状プラスミド DNA を白色矢印で示す．黒または白の斑点は調製の際のアーティファクトである．［出典：Huntington Potter, University of Colorado School of Medicine, and David Dressler, Balliole College, Oxford University.］

表 24-2 ゲノムに含まれる DNA，遺伝子，および染色体

	総 DNA (bp)	染色体数[a]	遺伝子のおよその数
Escherichia coli K12（大腸菌）	4,641,652	1	4,494[b]
Saccharomyces cerevisiae（出芽酵母）	12,157,105	16[c]	6,340[b]
Caenorhabditis elegans（線虫）	90,269,800	12[d]	23,000
Arabidopsis thaliana（シロイヌナズナ，植物）	119,186,200	10	33,000
Drosophila melanogaster（キイロショウジョウバエ）	120,367,260	18	20,000
Oryza sativa（イネ）	480,000,000	24	57,000
Mus musculus（マウス）	2,634,266,500	40	27,000
Homo sapiens（ヒト）	3,070,128,600	46	20,000

注：この情報は定期的に更新されている．最新情報に関しては，個々のゲノムプロジェクトに関する Web サイトを調べよ．

[a] ここにあげた酵母以外のすべての真核生物について二倍体の染色体数を示してある．

[b] RNA をコードする既知の遺伝子を含む．

[c] 一倍体の染色体数．野生型酵母は一般に 8 組（八倍体）以上の染色体をもつ．

[d] 二つの X 染色体を有する雌の染色体数．雄は一つの X をもつが Y をもたないので，全部で 11 染色体になる．

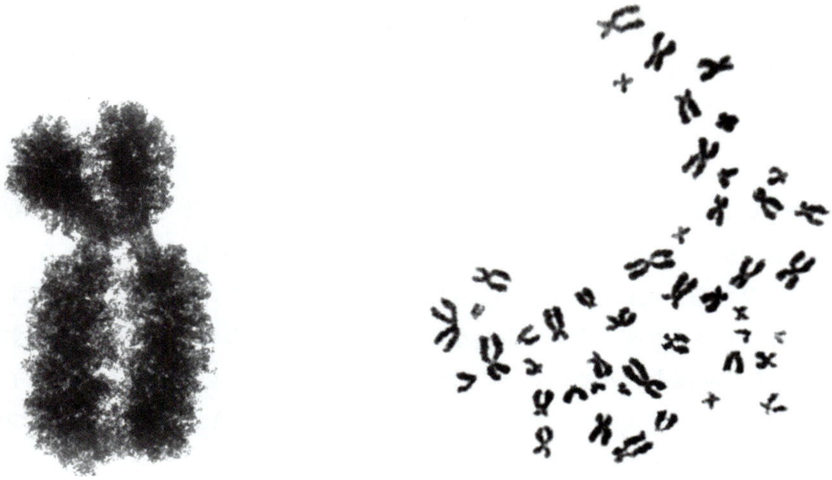

(a)　(b)

図 24-5　真核生物の染色体

(a) チャイニーズハムスター卵巣細胞から得られた一対の姉妹染色分体．真核生物の染色体では，有糸分裂の中期の複製後にはこの状態にある．**(b)** 著者の1人から採取した1個の白血球中に存在する全染色体．ヒトのあらゆる体細胞には46本の染色体がある．［出典：(a) Don W. Fawcett/Science Source. (b) © Michael M. Cox.］

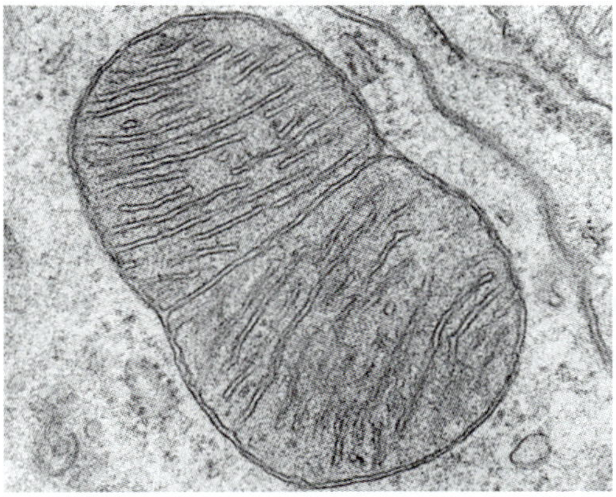

図 24-6　分裂中のミトコンドリア

いくつかのミトコンドリアタンパク質とRNAは，ミトコンドリアDNA（この写真では見えない）にコードされる．このミトコンドリアDNA（mtDNA）は，細胞分裂に先立ってミトコンドリアが分裂するごとに複製される．［出典：D. W. Fawcett/Science Source.］

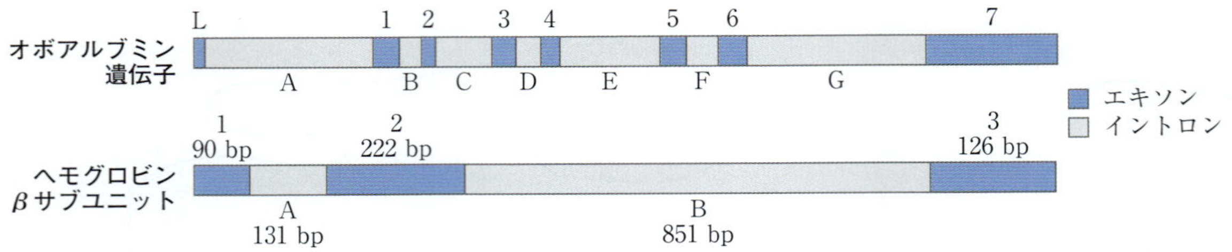

図 24-7 二つの真核生物遺伝子中のイントロン

オボアルブミン遺伝子は七つのイントロン（A～G）をもち，翻訳配列は八つのエキソン（L，1～7）に分かれる．ヘモグロビンのβサブユニット遺伝子は二つのイントロンと三つのエキソンをもつ．一つのイントロンはそれだけで遺伝子全体の塩基対の半分以上を含む．

かってきた．すべてではないにしても，真核生物の多くの遺伝子は，独特の，そして複雑な構造的特徴を有する．すなわち，遺伝子の塩基配列は，ポリペプチド産物のアミノ酸配列をコードしない一つ以上の DNA 介在領域を含んでいる．このように翻訳されない挿入部分によって，遺伝子のヌクレオチド配列とそれがコードするポリペプチドのアミノ酸配列の間にみられるはずの直接的な対応関係がとぎれる．このような遺伝子中の翻訳されない DNA 領域は**介在配列** intervening sequence または**イントロン** intron と呼ばれ，コードされる領域は**エキソン** exon と呼ばれる．細菌遺伝子にはイントロンを含むものはほとんどない．高等真核生物では，典型的な遺伝子はエキソン部分よりもイントロン部分をはるかに多く含んでいる．例えば，鳥類の卵タンパク質であるオボアルブミンの 1 本のポリペプチド鎖をコードする遺伝子の場合（図 24-7）には，イントロンの領域はエキソンの領域よりもずっと長く，七つのイントロン全体でその遺伝子 DNA の 85％を占める．筋肉タンパク質タイチン titin の遺伝子はイントロンのチャンピオンであり，178 のイントロンを有する．ヒストンの遺伝子にはイントロンがないようである．ほとんどの場合に，イントロンの機能ははっきりしない．全体では，ヒトの DNA の約 1.5％だけが「コードしている」DNA，すなわちエキソン DNA であり，タンパク質産物の配列情報を担っている．しかし，これよりもずっと大きなイントロン部分も計算に入れると，ヒトゲノムの 30％程度がタンパク質をコードする遺伝子から成る．その他のゲノム配列を理解するためには今後多くの研究が必要である．遺伝子として規定されていない DNA の多くは，いくつかの種類の反復配列から成る．これらのなかには，ヒトゲノム中の DNA のほぼ半分を占める分子寄生体である転移因子 transposable element（トランスポゾン transposon）（図 9-27，および Chap. 25 と Chap. 26 参照），および多くのタイプの機能性 RNA 分子をコードする遺伝子が含まれる．

ヒトゲノムのおよそ 3％は**高度反復配列** highly repetitive sequence から成り，**単純配列 DNA** simple sequence DNA あるいは**単純反復配列** simple sequence repeat（**SSR**）とも呼ばれる．一般に，10 bp 以下の短い配列は時には細胞あたり数百万回も繰り返される．単純配列 DNA は，**サテライト DNA** satellite DNA とも呼ばれる．なぜならば，塩基組成が独特なので，細胞内 DNA 断片を塩化セシウム密度勾配遠心にかけると，残りの DNA から分かれて「サテライト」バンドとして移動するからである．単純配列 DNA はタンパク質や RNA をコードしないと考えられる．高度反復 DNA の機能の重要性に関しては，少なくともいくつかの場合に関してわかっており，その多くは真核生物の染色体の二つの極めて

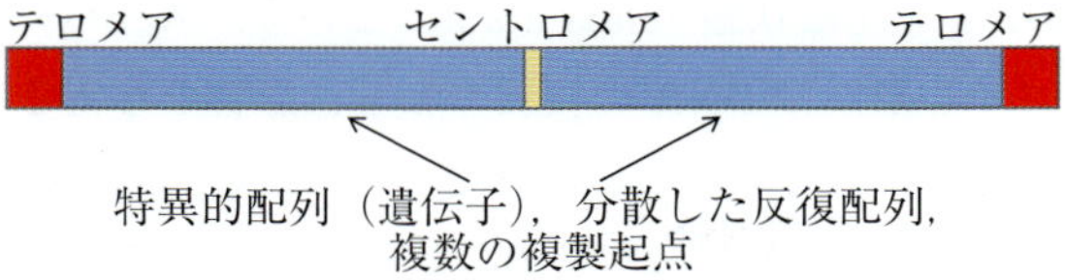

図 24-8　酵母染色体の重要な構成要素

重要な特徴であるセントロメアとテロメアと関連がある．

セントロメア centromere（図 24-8）は，有糸分裂の際に染色体を紡錘体につなぐタンパク質の付着点として働く DNA 配列である．この付着は，細胞分裂の際に染色体の対を娘細胞に均等に正しく分配するために不可欠である．出芽酵母 *Saccharomyces cerevisiae* の染色体のセントロメアはすでに単離され，研究されている．セントロメアの機能に不可欠な塩基配列は約 130 bp の長さであり，A = T 塩基対に極めて富んでいる．より高等な真核生物のセントロメア配列はこれよりもずっと長く，酵母の場合とは異なり，一般に 5 ～ 10 bp から成る一つまたは数個の塩基配列が同じ方向に数千コピーも繰り返された構造から成る．

テロメア telomere（ギリシャ語で *telos* は「終わり」を表す）は真核生物の直鎖状染色体の末端部分に位置し，染色体を安定化する働きがある．テロメアの末端には次に示すような何回もの反復配列が存在する．

$$(5')\,(T_x\,G_y)_n$$
$$(3')\,(A_x\,C_y)_n$$

ここで，x や y は 1 ～ 4 の間である（表 24-3）．テロメアの反復配列の数 n はほぼすべての単細胞真核生物では 20 ～ 100 の間にあり，哺乳類では一般に 1,500 以上である．線状 DNA 分子の末端は通常の細胞内複製の方法で複製することはできない（このことは細菌 DNA 分子が環状であることの理由の一つでもある）．テロメアの反復配列は，主にテロメラーゼという酵素によって真核生物染色体の末端に付加される（図 26-38 参照）．

表 24-3　テロメア配列

生物	テロメア反復配列
Homo sapiens（ヒト）	$(TTAGGG)_n$
Tetrahymena thermophila（繊毛原生動物）	$(TTGGGG)_n$
Saccharomyces cerevisiae（酵母）	$((TG)_{1-3}(TG)_{2-3})_n$
Arabidopsis thaliana（シロイヌナズナ）	$(TTTAGGG)_n$

真核生物染色体の構造的特徴のもつ機能的重要性をよく理解するために，人工染色体（Chap. 9）を構築する試みが行われた．人工的につくった適度に安定な線状染色体は，三つの要素のみ（すなわち，セントロメア，各末端のテロメア，そして DNA 複製の開始を可能にする配列）を必要とする．酵母人工染色体（YAC；図 9-6 参照）は，バイオテクノロジーの研究ツールとして開発された．同様に，ヒトの人工染色体（HAC）が，遺伝病の治療用に開発されつつある．これらは，欠失していたり，不完全であったりする遺伝子の産物を細胞内で置換すること，すなわち体細胞遺伝子治療への新たな方法論の開発へと最終的につながるかもしれない．

まとめ

24.1　染色体の成分

- 遺伝子は機能的なポリペプチドや RNA 分子の情報を含む染色体の領域である．染色体には，これらの遺伝子のほかに，複製や転写などの過程に関与するさまざまな調節配列が存在する．
- ゲノム DNA と RNA 分子は，一般にそれらを含むウイルス粒子や細胞よりも何桁も長い．
- 真核生物の細胞の多くの遺伝子は，イントロンという非翻訳配列によって分断されている（細菌や古細菌にはほとんどない）．イントロンによって分断される翻訳領域をエキソンという．
- ヒトのゲノム DNA の約 1.5% だけがタンパク質

をコードしている．たとえイントロンを含めたとしても，遺伝子として使われるのはヒトのゲノムDNAの3分の1にも満たない．残りの部分の多くはさまざまなタイプの反復配列から成る．トランスポゾンとして知られる核酸寄生体がヒトゲノムの約半分を占める．

- 真核生物の染色体には，特別な機能をもつ二つの重要な反復DNA配列がある．すなわち，有糸分裂の紡錘体の接着点であるセントロメア，および染色体の末端に位置するテロメアである．

24.2　DNAのスーパーコイル形成

これまで見てきたように，細胞のDNAは高度に凝縮されているので，高度に組織化された構造の存在が示唆される．このDNAのフォールディング機構は，DNAを詰め込むだけでなく，DNAに含まれる情報が読み取られるものでなくてはならない．したがって，複製や転写のような過程で読取りがどのようにして行われるのかを考える前に，DNAの構造の重要な特徴である**スーパーコイル形成** supercoilingについて学ぶ必要がある．

「スーパーコイル形成」という用語は，文字通りコイルがさらにコイルを巻くことを意味する．例えば，昔ながらの電話のコードは典型的なコイル状の線である．電話本体から受話器までのコードのねじれ具合を見ると，しばしば1回以上のスーパーコイル supercoilを含んでいる（図24-9）．DNAは二重らせんのかたちでコイル状になっており，DNAの二本鎖はいずれも一つの軸のまわりにコイルを形成している．この軸がさらにコイルを形成すると（図24-10），DNAスーパーコイルになる．これから詳しく述べるように，DNAのスーパーコイル形成は一般に構造的なひずみの表れである．逆に，軸にねじれがないDNAを**弛緩状態** relaxed stateという．スーパーコイル形成はDNAの複製や転写に影響を与えるとともに，これらの影響を受ける．このどちらの場合にも，DNA二本鎖の分離が必要である．二本鎖はらせん状にねじれあっているので，鎖の分離は複雑な過程である（図24-11）．

もしも多くの環状DNA分子が細胞から抽出され，タンパク質や他の細胞成分がない状態に単離精製された後でさえも，高度なスーパーコイルの状態のままであるというさらに別の事実がなければ，DNA分子が折りたたまれてスーパーコイルを形成して細胞内に密に詰め込まれていることは理にかなっており，おそらく取るに足らないこと

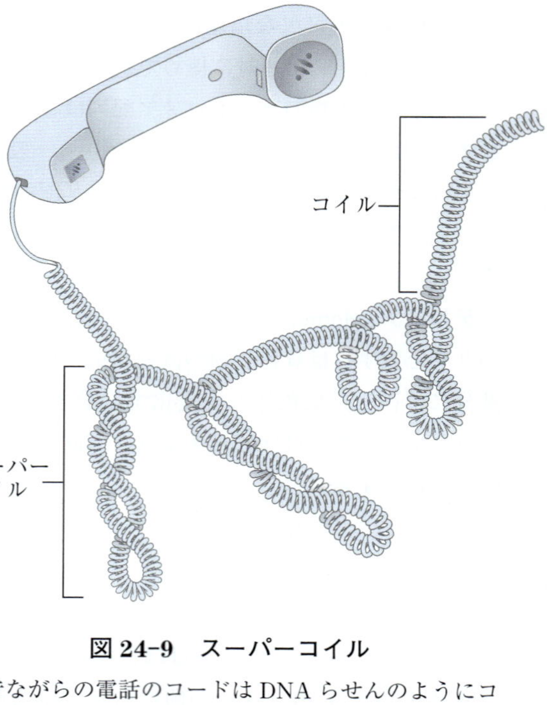

図24-9　スーパーコイル

昔ながらの電話のコードはDNAらせんのようにコイル状であり，らせん状のコードはさらにねじれてスーパーコイルになる．このたとえは言い得て妙である．というのは，Jerome Vinogradらが，実際電話のコードのねじれの実験によって，小さな環状DNAの多くの性質はスーパーコイル形成によって説明できるという事実に目を向けるようになったからである．彼らは，1965年に初めて，ウイルスの小さな環状DNAについてスーパーコイルを発見した．

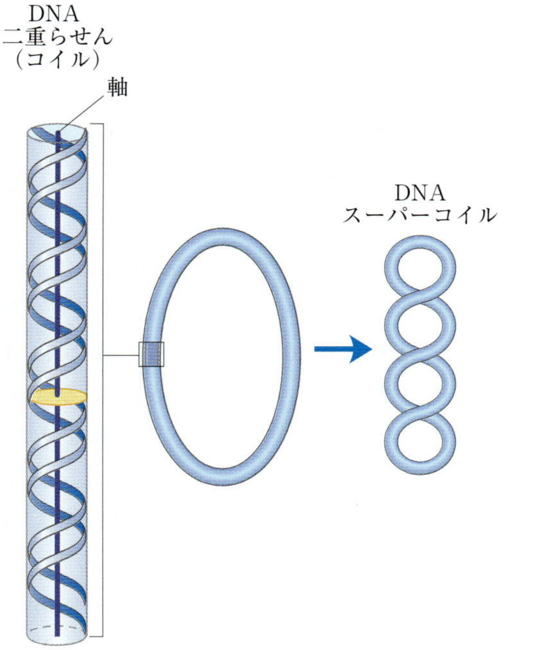

図 24-10　DNA のスーパーコイル形成

DNA 二重らせんの軸がコイルを巻くとき，それは新たならせん（超らせん）を形成する．DNA の超らせんは通常スーパーコイルと呼ばれる．

でさえあるだろう．このことは，スーパーコイル形成は DNA の三次構造に本来備わった性質であることを示す．スーパーコイル形成は細胞内のすべての DNA で起こり，しかも各細胞において厳密な調節を受ける．

スーパーコイル形成に関していくつかの性質が明らかになり，これらの研究から DNA の構造と機能に関する多くの知見が得られている．この研究は，**トポロジー** topology という一種の数学的概念，すなわち物体を連続的に変形させていっても変わらない性質の研究を利用したものである．DNA の連続的な変形には，熱運動，あるいはタンパク質や他の分子との相互作用によるコンホメーション変化が含まれる．一方，不連続な変形は DNA 鎖の切断を伴う．環状 DNA 分子の場合のトポロジー的な性質とは，切断が起こらないかぎり DNA 鎖の変形による影響を受けることのな

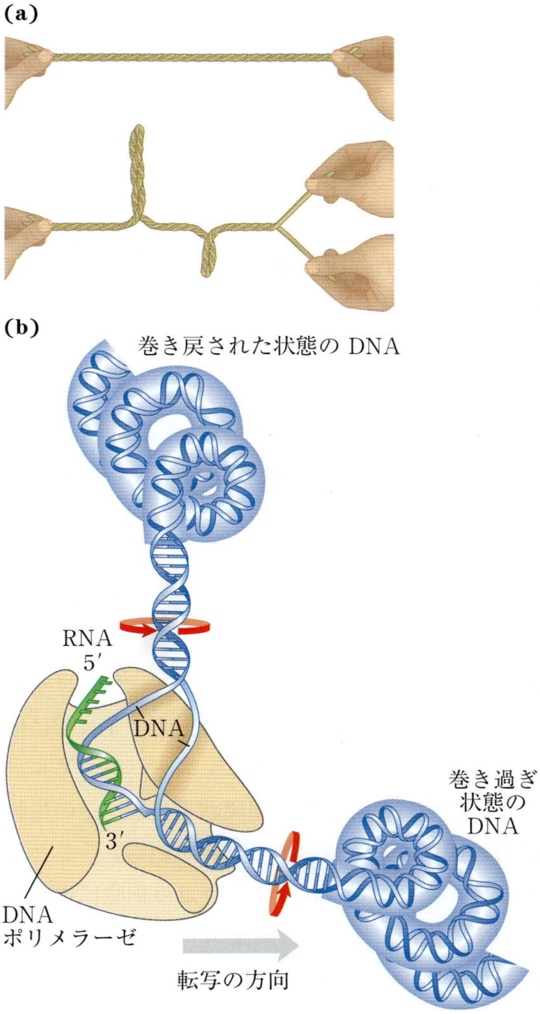

図 24-11　複製と転写の DNA スーパーコイル形成への影響

DNA は二重らせん構造をとっているので，鎖の分離の前に DNA が構造の制約を受けている（自由に回転できない）場合には，鎖の分離はひずみを高めてスーパーコイル形成を引き起こす．**(a)** 一般的な効果は，ゴムバンドの 2 本の鎖を互いのまわりにねじって二重らせんを形成することによって表すことができる．もしも一方の末端が固定されていれば，他方の末端において二つの鎖を引き離そうとすればねじれが生じる．**(b)** DNA 分子において，DNA ポリメラーゼや RNA ポリメラーゼ（この図で示す）が DNA に沿って進むと 2 本の鎖が分離する．結果として，DNA は酵素の前方（上流）では巻き過ぎの状態となり，その後方（下流）は巻き戻された状態になる．赤色矢印は巻方向を示す．

い性質である．トポロジー的な性質は，一方あるいは両方のDNAの主鎖の切断と再連結によってのみ変化する．

さて，スーパーコイル形成の基本的な性質と物理的な基盤について調べることにしよう．

ほとんどの細胞内DNAは巻き戻された状態にある

スーパーコイル形成を理解するために，プラスミドや小型ウイルスDNAのような小さな環状DNAの性質に焦点を当てなければならない．どちらの鎖も切断されていないDNAを**閉環状DNA** closed-circular DNAという．閉環状DNA分子が10.5 bpあたり1回転の二重らせんを形成するB型構造（ワトソン・クリック構造，図8-13参照）をとるとき，DNAはスーパーコイルではなく弛緩状態にある（図24-12）．DNAに構造的なひずみが加えられると，スーパーコイル形成が起こる．精製された閉環状DNAはその生物学的起源にかかわらず，弛緩状態になることはめったにない．さらに，ある特定の細胞に由来するDNAは，それに特徴的なスーパーコイル形成の程度をもつ．したがって，DNAの構造は細胞内の何らかの調節作用によってスーパーコイルを誘導するようなひずみを受けている．

ほぼあらゆる場合に，ひずみは閉環状二重らせんDNAの**巻戻し** underwindingによるものである．言い換えれば，DNAはB型構造から予測されるよりも少ないらせん回数をもつ．この巻戻しによる影響について図24-13にまとめて示す．弛緩状態にある環状DNAの84 bp領域は二重らせんを8回転をもつ．すなわち10.5 bpごとに1回転する．もしもこの回転の一つを取り除くと，B型DNAに見られる10.5 bpに1回ではなく，1回転あたり84 bp/7 = 約12.0 bpになる（図24-13(b)）．すると最も安定なDNAの形は崩れ，結果的にDNA分子は熱力学的なひずみを受ける．一般に，このようなひずみの多くはDNAの軸自体をコイル状にし，スーパーコイルの形成によって解消される（図24-13(c)；この84 bp領域におけるひずみのなかには，より大きなDNA分子のねじれていない構造内で，単に分散するだけの場合もある）．原理的には，ひずみは2本のDNA鎖を約10 bp以上分離することによっても解消される（図24-13(d)）．単離された閉環状DNAでは，巻戻しで生じたひずみは，通常は鎖の分離ではなくスーパーコイル形成によって解消される．それはDNA軸のねじれのほうが，塩基対を安定化させている水素結合を切断するよりもエネルギーが少なくてすむからである．しかし，これから述べるように，*in vivo*ではDNAの巻

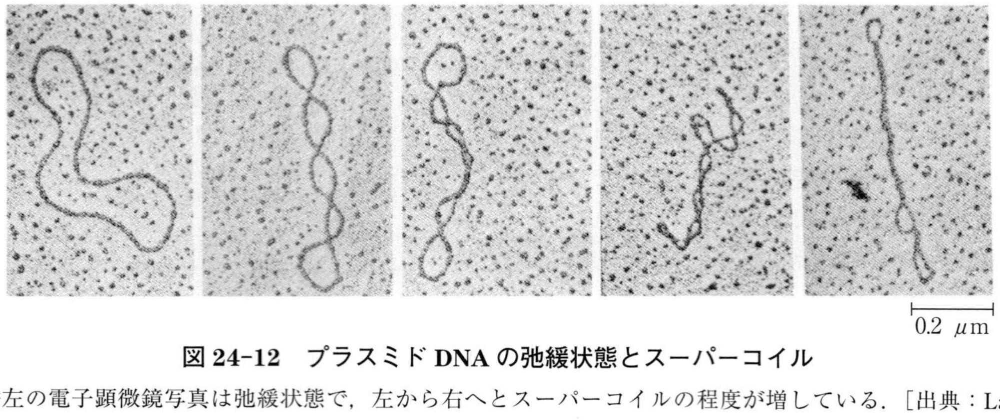

図24-12 プラスミドDNAの弛緩状態とスーパーコイル

一番左の電子顕微鏡写真は弛緩状態で，左から右へとスーパーコイルの程度が増している．［出典：Laurien Polder, A. Kornberg, *DNA Replication*, p. 29, W. H. Freeman, New York, 1980.］

戻しによってDNA鎖の分離が促進され，DNAに含まれる情報を利用しやすくなる．

あらゆる細胞は酵素反応の助けを借りてDNAを活発に巻き戻す（後述）．そして，その結果生じるひずんだ状態としてエネルギーを蓄えている．細胞はコイル形成によって凝縮を促進するために，DNAを巻き戻した状態に保っている．さらに，DNAの巻戻しは，その機能の一部として鎖の分離を伴う必要があるDNA代謝系の酵素にとっても重要である．

巻き戻された状態は，DNAが閉環状であるか，またはDNA鎖が互いにねじれないようにタンパク質が結合して安定化している場合のみ保たれる．もしもタンパク質が結合していない環状DNAの一方の鎖に切断が生じた場合には，その箇所でDNAが自由に回転し，巻き戻されたDNAは自然に弛緩状態へと戻る．しかし，閉環状DNA分子では，一時的にせよ1本のDNA鎖の切断がなければ，らせん回転数は変化できない．したがって，DNA中のらせん回転数は，スーパーコイル形成の状態を正確に記述できる．

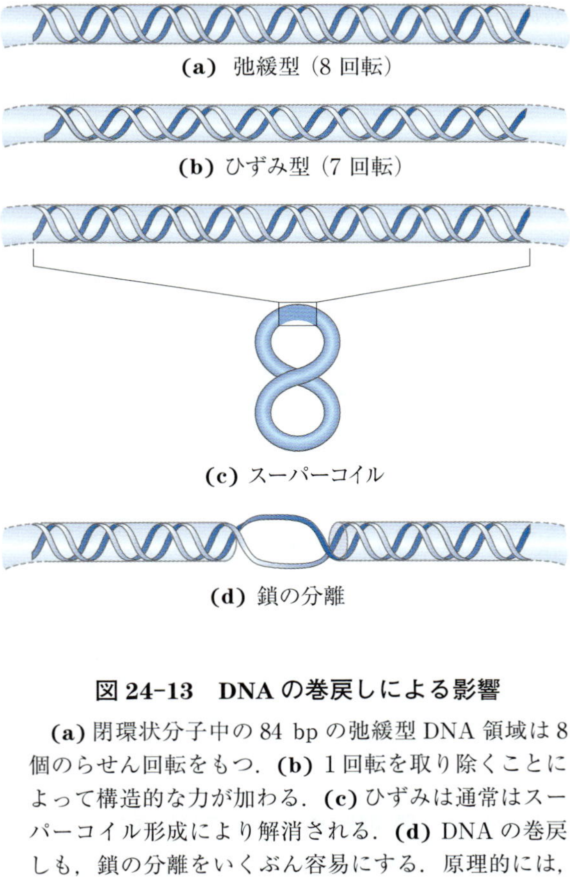

図 24-13　DNAの巻戻しによる影響

(a) 閉環状分子中の84 bpの弛緩型DNA領域は8個のらせん回転をもつ．**(b)** 1回転を取り除くことによって構造的な力が加わる．**(c)** ひずみは通常はスーパーコイル形成により解消される．**(d)** DNAの巻戻しも，鎖の分離をいくぶん容易にする．原理的には，ここに示すように，1回の巻戻しは約10 bp以上の鎖の分離を促進する．しかし，水素結合している塩基対は，一般にそのような短い距離での鎖分離を妨げる．したがって，この効果はより長いDNAおよび高度な巻戻しの場合にのみ重要になる．

DNAの巻戻しはトポロジー的なリンキング数によって定義される

トポロジーの分野は，DNAのスーパーコイル形成について考察するうえで有用ないくつかの概念を提示してくれる．特に有用なのは**リンキング数** linking number（*Lk*）の概念である．リンキング数は二本鎖DNAのトポロジー的な性質であり，2本のDNAが損なわれない限り，DNAが曲がっても変形しても一定である．リンキング数の概念を図24-14に示す．

まず二本鎖環状DNAの2本の鎖の分離をみてみよう．2本の鎖が図24-14(a)のように連結していると，これらはトポロジー結合とも呼ぶことのできる結合によってうまく連結されている．たとえすべての水素結合や塩基のスタッキング相互作用がなくなり，鎖の間に物理的な接触がなくなったとしても，このトポロジー結合は2本の鎖をなおもつなぎ止めるだろう．ここで，環状DNA鎖の一方をある表面の境界（例えば，息を吹いてシャボン玉をつくる前の，丸い針金の枠で囲まれた空間を覆う石けんの薄膜）を思い描いてみよう．リンキング数は，第二の鎖がその面を通過する回数と定義できる．図24-14(a)の分子に関しては $Lk = 1$，図24-14(b)の分子に関しては $Lk = 6$ である．閉環状DNAのリンキング数は常に整数である．慣例的に，2本のDNA鎖が右巻きのらせん状に絡み合っている場合にはそのリンキング数を正（+），左巻きのらせん状の場合にはそのリンキング数を負（−）と定義する．実際には，負のリンキング数はDNAには存在しない．

これらの考えを2,100 bpの閉環状DNAにあてはめてみよう（図24-15(a)）．そのDNA分子が弛緩状態の場合には，リンキング数は単に塩基対数を1回転あたりの塩基対数（すなわち10.5に近い値）で割った値となる．したがって，この場合はLk = 200となる．リンキング数のようなトポロジー的な性質をもつ環状DNAでは，どちらのDNA鎖も切断を受けずに無傷のままでなければならない．もしもいずれかの鎖に1か所切断があれば，原理的に二つの鎖はほどけて，完全に分離してしまう．このような場合には，トポロジー結合は存在せず，Lkも決まらない（図24-15(b)）．

ここでリンキング数を変化させてDNAの巻戻しについて考えてみよう．弛緩型DNAのリンキング数Lk_0を基準にすると，図24-15(a)に示す分子ではLk_0 = 200である．この分子から2回転が除かれると，Lk = 198となる．その変化は次式によって表すことができる．

$$\Delta Lk = Lk - Lk_0 = 198 - 200 = -2 \qquad (24\text{-}1)$$

リンキング数の変化をDNA分子の長さとは無関係なリンキング数の変化として表すと，しばしば便利である．この値は，**特異的リンキング差** specific linking difference，あるいは**超らせん密度** superhelical density（σ）と呼ばれ，弛緩型DNAのリンキング数に対する巻き戻された回転数の値である．

$$\sigma = \frac{\Delta Lk}{Lk_0} \qquad (24\text{-}2)$$

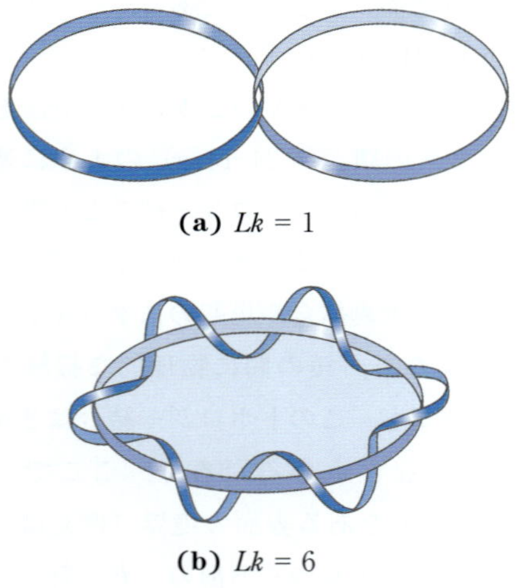

図24-14 リンキング数（*Lk*）

ここでは，これまでと同様に各青色のリボンが二本鎖DNA分子の1本の鎖を表す．**(a)** の分子ではLk = 1，**(b)** の分子ではLk = 6である．(b) では架空の表面（青色の網かけ）の境界を明確に示すために，DNA鎖の一方がねじれない状態で示してある．ねじれた鎖がこの表面を通過する回数がリンキング数と定義される．

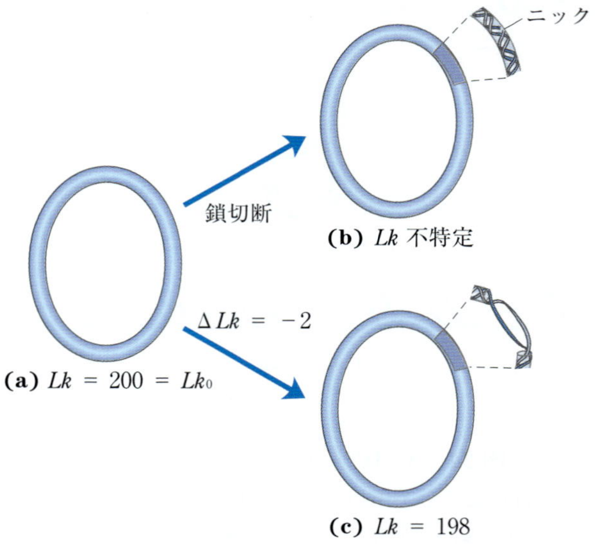

図24-15 閉環状DNA分子のリンキング数

2,100 bpの環状DNAは次の三つのかたちをとる．**(a)** 弛緩型，Lk = 200．**(b)** 一方のDNA鎖にニック（切断）が入った弛緩型で，リンキング数は決まらない．**(c)** 2回転だけ巻き戻されると，Lk = 198となる．巻き戻された分子は一般にスーパーコイル分子として存在するが，巻戻しはDNA鎖の分離も促進する．

図 24-15(c) の例では，$\sigma = -0.01$ であり，これはDNA(B型)中に含まれるらせん回転の1%(200のうちの2) が取り除かれたことを意味する．細胞内DNAの巻戻しの程度は一般に5～7%，すなわち $\sigma = -0.05 \sim -0.07$ である．σ が負の値になるとき，リンキング数の変化はDNAの巻戻しによるものである．したがって，巻戻しによって生じるスーパーコイル形成は負のスーパーコイル形成と定義される．逆に，DNAがさらにねじれれば正のスーパーコイル形成が起こる．DNAが巻き戻されて生じるDNAらせん軸のねじれ（負のスーパーコイル形成）は，DNAがさらにねじれた場合のDNA軸のねじれ（正のスーパーコイル形成）と鏡像関係にあることに注目しよう（図 24-16）．スーパーコイル形成はランダムな過程ではない．その過程は，B型DNAに対するリンキング数の増大または減少によって生じるDNA鎖のねじれによるひずみの度合によってほぼ決まる．

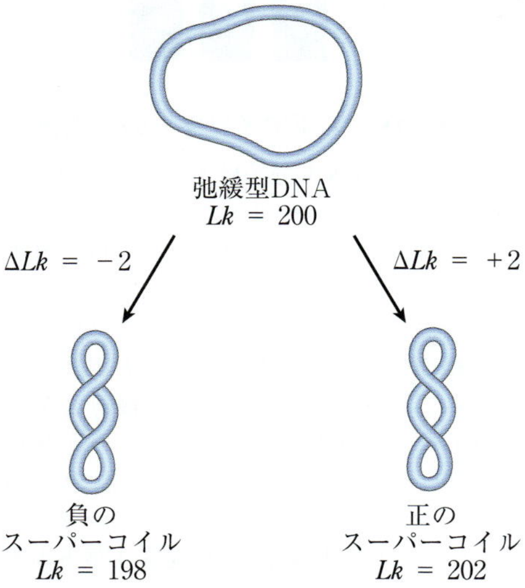

図 24-16　負および正のスーパーコイル

図 24-15(a) の弛緩型DNA分子において，らせん回転の2回の巻戻し，または巻過ぎ（$Lk = 198$，または202）によって，図に示すように，それぞれ負または正のスーパーコイルができる．DNA軸のねじれは，この二つの場合で正反対であることに注意しよう．

リンキング数は，一方のDNA鎖が切断され，その端が切断されていない鎖のまわりを360°回転した後，再結合することによって±1変化する．この際に，塩基対数あるいは環状DNA分子の原子数は変化しない．リンキング数のようなトポロジー的な性質だけが異なる二つの環状DNAを**トポアイソマー** topoisomer という．

例題 24-1　超らせん密度の計算

4,200 bp の長さで，リンキング数が374の閉環状DNAの超らせん密度（σ）はいくらか．同じDNAにおいて，$Lk = 412$ の場合の超らせん密度はいくらか．これらの分子は正と負のどちらのスーパーコイル構造をとっているか．

解答：まず，閉環状DNAの長さ（塩基対単位での）を10.5 bp/回転で割ることによって Lk_0 を計算する：(4,200 bp)/(10.5 bp/回転) = 400．これによって，ΔLk を式 24-1 から計算することができる：$\Delta Lk = Lk - Lk_0 = 374 - 400 = -26$.

ΔLk と Lk_0 の値を式 24-2 に代入すると：$\sigma = \Delta Lk/Lk_0 = -26/400 = -0.065$．超らせん密度が負であるので，このDNA分子は負のスーパーコイル構造をとっている．

同じDNA分子が $Lk = 412$ のとき，$\Delta Lk = 412 - 400 = 12$ であり，$\sigma = 12/400 = 0.03$ である．超らせん密度は正であるので，この分子は正のスーパーコイル構造をとっている．

DNAの巻戻しはスーパーコイルの形成をもたらし，鎖の分離を起こりやすくするのに加えて，分子の構造変化を促進する．これらの構造変化は生理学的にはあまり重要ではないが，巻戻しの影響を説明するために役立つ．十字形構造（図 8-19 参照）には，一般にいくつかの対を形成し

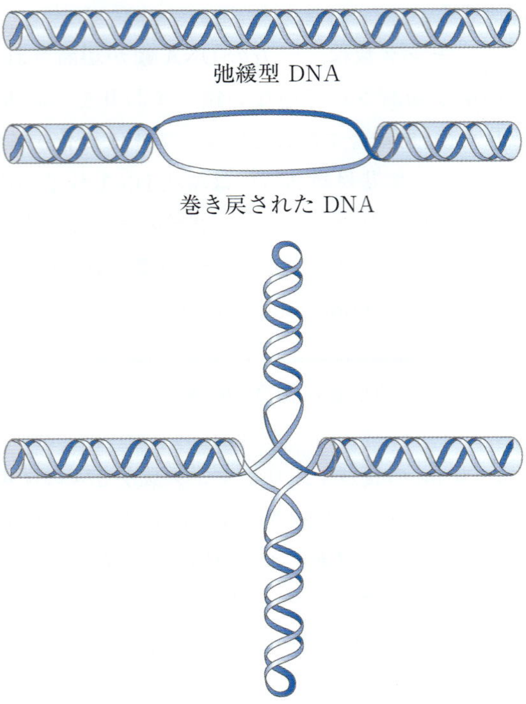

図 24-17 DNA の巻戻しは十字形構造の形成を促進する

原理的に，十字形構造はパリンドローム様配列において形成される（図 8-19 参照）．しかし，弛緩型 DNA では十字形構造はほとんどできない．なぜならば，直鎖状 DNA は十字形構造よりも多くの塩基対を形成するからである．DNA の巻戻しによって，特定の塩基配列のところで十字形構造を形成するために必要な DNA 鎖の部分的な分離が起こる．

ない塩基が含まれていることを思い出そう．DNA の巻戻しは必要な DNA 鎖の分離を保つために役立つ（図 24-17）．右巻きの DNA らせんの巻戻しは，DNA 塩基配列が Z 型となっている領域に短い左巻き Z 型 DNA の形成を促進する（Chap. 8 参照）．

トポイソメラーゼは DNA のリンキング数の変化を触媒する

DNA のスーパーコイル形成は正確に調節されており，DNA 代謝の多くの面に影響を及ぼす．あらゆる細胞は DNA を巻き戻したり，弛緩させたりするのを唯一の機能とする酵素を含んでいる．DNA の巻戻しの程度の増減を行う酵素は**トポイソメラーゼ** topoisomerase であり，その働きは DNA のリンキング数を変化させることである．これらの酵素は複製や DNA のパッケージングのような過程で特に重要な役割を果たす．トポイソメラーゼには二つのクラスがある．**Ⅰ型トポイソメラーゼ** type Ⅰ topoisomerase は DNA の 2 本の鎖のうちの一方を一時的に切断し，その末

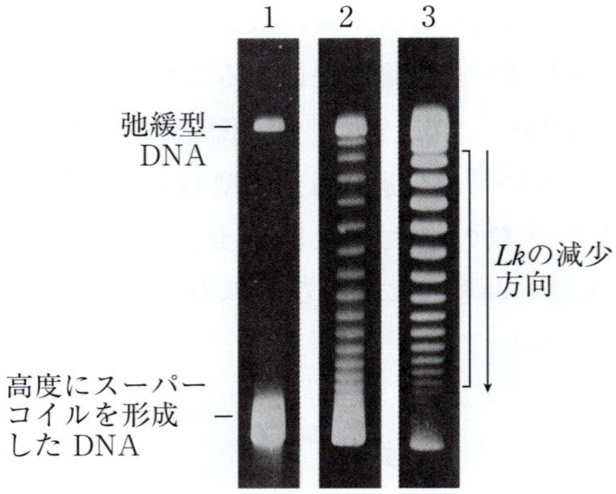

図 24-18 トポアイソマーの可視化

この実験では，DNA 分子はすべて同一の塩基対数をもつが，そのスーパーコイル形成の程度には差がある．スーパーコイルを形成している DNA 分子は弛緩型 DNA 分子よりも密にまとまっているので，ゲル電気泳動の際により速く移動する．ここに示すゲルは，ある範囲の超らせん密度をもつトポアイソマーを分離することができる（上から下へ移動する）．レーン 1 ではおそらく異なるトポアイソマーが存在しているが，高度にスーパーコイルを形成している DNA は単一のバンドとして移動する．レーン 2 および 3 はスーパーコイルを形成した DNA を 1 型トポイソメラーゼで処理した結果を示す．レーン 3 の DNA はレーン 2 よりも酵素との反応時間を長くした．DNA の超らせん密度が低下し，ゲルが個々のトポアイソマーを区別できる点まできたとき，明瞭なバンドが現れる．レーン 3 の括弧で示す領域の各バンドは同じリンキング数の DNA 環を含んでおり，あるバンドと次のバンドは *Lk* が 1 だけ異なる．［出典：Michael Cox 研究室の厚意による．］

端をもう一方の切断されていない鎖のまわりに回転させた後で再結合させる．これによって *Lk* は 1 だけ増加する．また，**Ⅱ型トポイソメラーゼ** type Ⅱ topoisomerase は，両方の DNA 鎖を切断して，*Lk* を 2 だけ増加させる．

これらの酵素の効果はアガロースゲル電気泳動によって調べることができる（図 24-18）．電気泳動の際に，同じリンキング数をもつ同一のプラスミド DNA の集団が，一つの分離したバンドとして移動する．この方法を用いると，*Lk* 値が 1 だけ異なるトポアイソマーを分離することができるので，トポイソメラーゼによるリンキング数の変化を容易に検出できる．

大腸菌には少なくとも 4 種類のトポイソメラーゼが存在する（Ⅰ～Ⅳ）．Ⅰ型（トポイソメラーゼⅠおよびⅢ）は，負のスーパーコイルを取り除く（*Lk* を増加させる）ことによって DNA を弛緩させる．細菌のⅠ型トポイソメラーゼがリンキング数を変化させる方法を図 24-19 に示す．細菌のⅡ型酵素はトポイソメラーゼⅡまたは DNA ジャイレース DNA gyrase と呼ばれるが，負のスーパーコイルをつくることができる（*Lk* を減少させる）．この酵素は ATP のエネルギーを用いて反応を行う．DNA のリンキング数を変えるために，Ⅱ型トポイソメラーゼは DNA 分子の両鎖を切断し，この切断部位を通して別の二本鎖を通り抜けさせる．細菌 DNA のスーパーコイル形成の程度は，トポイソメラーゼⅠおよびⅡの正味

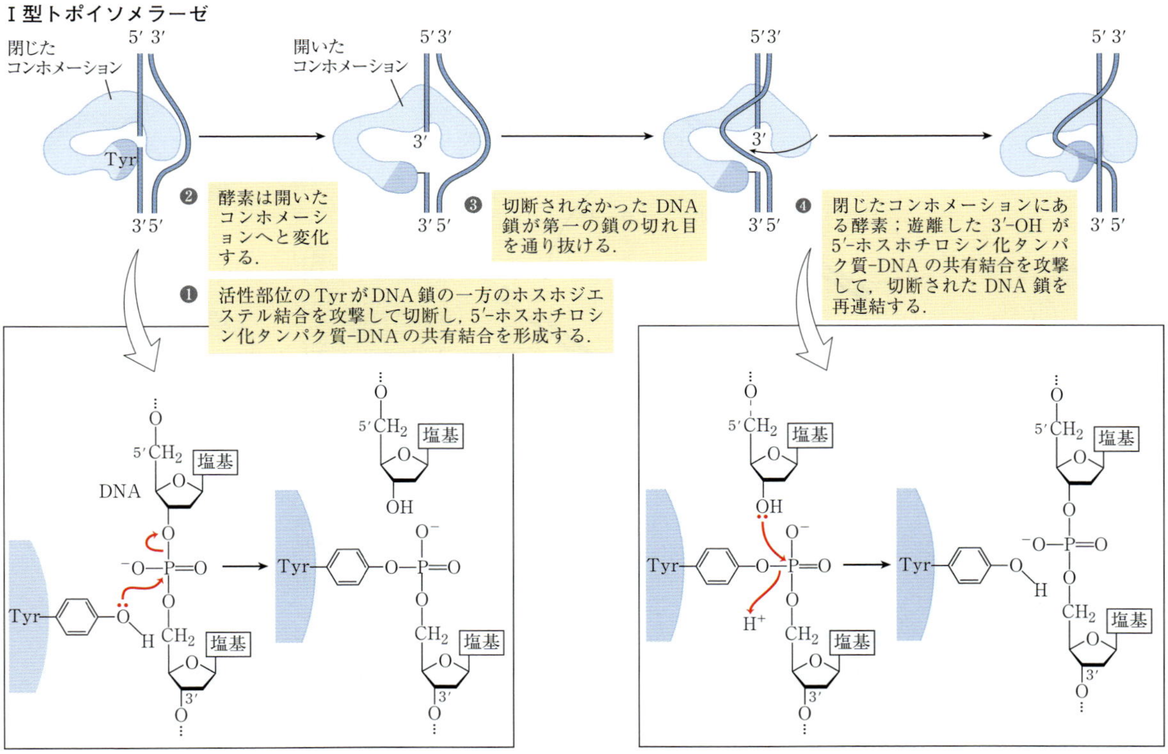

機構図 24-19　**Ⅰ型トポイソメラーゼの反応**

細菌のⅠ型トポイソメラーゼは，DNA 鎖の一方を切断し，切断されなかった方の鎖をこの切れ目の間から通過させた後に，切れ目を再連結することによって *Lk* を増加させる．活性部位の Tyr 残基による求核攻撃によって，DNA 鎖の一方が切断される．その末端は，第二の求核攻撃によって連結される．各ステップにおいて，一つの高エネルギー結合が別の高エネルギー結合に置き換わる．［出典：J. J. Champoux, *Annu. Rev. Biochem.* **70**: 369, 2001, Fig. 3 の情報．］

の活性を調節することによって維持される．

真核細胞にもⅠ型とⅡ型のトポイソメラーゼがある．Ⅰ型酵素はトポイソメラーゼⅠおよびⅢであり，Ⅱ型酵素に関しては，脊椎動物ではトポイソメラーゼⅡαおよびⅡβという二つのアイソフォームがある．古細菌のDNAジャイレースを含むⅡ型酵素のほとんどは類似しており，ⅡA型と呼ばれるファミリーを形成する．真核生物のⅡ型トポイソメラーゼはDNAの巻戻し（負のスーパーコイルの導入）ができないが，正または負のスーパーコイルのどちらも弛緩させることができる（図24-20(a)）．ある二本鎖DNA領域を別の二本鎖の二本鎖切断部位を通り抜けさせるⅡ型トポイソメラーゼの能力によって，これらの酵素はトポロジー的に連結された環状DNA，すなわち**カテナン** catenaneをほどくことができる（図24-20(b)）．トポイソメラーゼのなかには，カテナンをほどく機能に特化したものがある．例えば，細菌にはトポイソメラーゼⅣという別個のⅡ型酵素があり，細胞分裂の際の染色体の分離に関与する（Chap. 25）．

古細菌には唯一のⅡB型であるトポイソメラーゼⅥという珍しい酵素が存在する．多様なDNAトポイソメラーゼのすべてについて表24-4に示す．

次の数章で示すように，トポイソメラーゼはDNA代謝のあらゆる局面で極めて重要な役割を果たす．結果的に，これらは細菌感染やがんの治療薬の重要な標的となる（Box 24-1）．

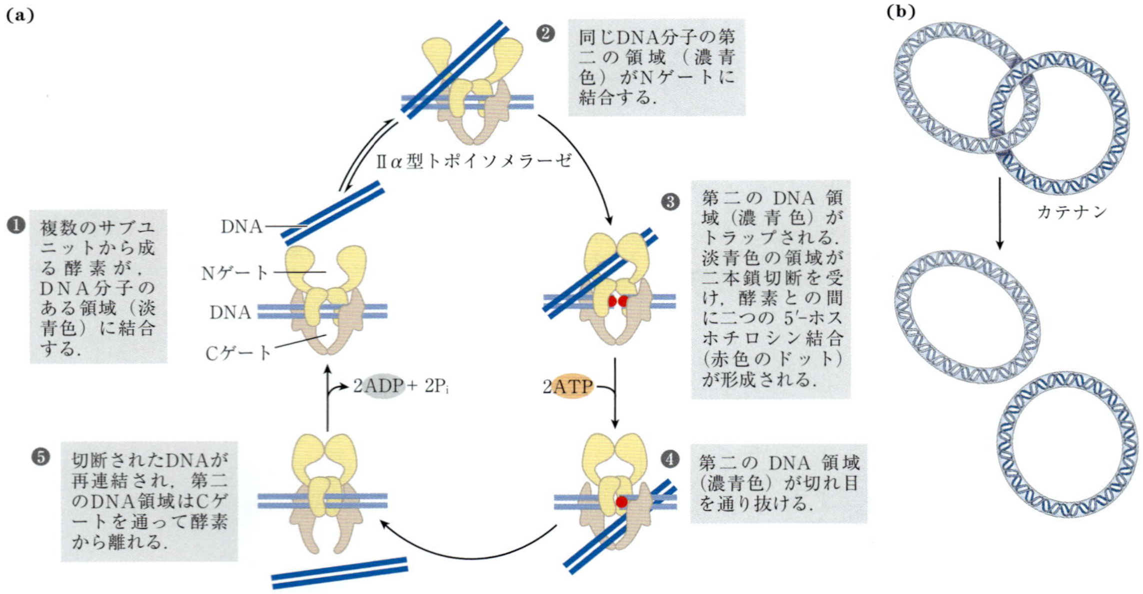

図24-20 真核生物のⅡα型トポイソメラーゼによるリンキング数の変化

(a) 一般的な機構では，無損傷の二本鎖DNA領域が同じDNAの別の領域中に生じた一時的な二本鎖切断部位を通り抜けることが特徴である．このDNA領域は，トポイソメラーゼに結合しているDNAの上方と下方の開閉する空洞（NゲートとCゲートという）を通ってトポイソメラーゼに入り，そして離れる．このサイクルの間に2個のATPが結合して加水分解される．この酵素の構造とATPの利用はこの反応に特異的である．**(b)** 二つの環状DNAが図に示すようにトポロジー的に連結されると，これら二つのDNA環はカテナンと呼ばれる．一方の環の両方の鎖を切断し，切断部位を通して第二の環のDNA鎖を通すことによって，Ⅱ型トポイソメラーゼは環の連結状態を解消することができる．［出典：(a) J. J. Champoux, *Annu. Rev. Biochem.* **70**: 369, 2001, Fig. 11の情報.］

表 24-4　DNA トポイソメラーゼの多様性

型	機　構	構造クラスによって定義されるファミリー	ドメイン	注　意
IA	DNA 鎖の通過[a]	トポイソメラーゼⅠ	細菌，真核生物	弛緩（−）
		トポイソメラーゼⅢ	細菌，真核生物	弛緩（−）
		逆ジャイレース	古細菌，細菌	正のスーパーコイルを導入するために ATP を利用；好熱性の細菌と古細菌のみ
IB	スウィベラーゼ[b]	トポイソメラーゼⅠB	細菌，真核生物	少数の細菌；すべての真核生物
IC	スウィベラーゼ	トポイソメラーゼⅤ	古細菌	*Methanopyrus* のみ
ⅡA	DNA 鎖の通過[c]	トポイソメラーゼⅡ（DNA ジャイレース）	古細菌，細菌	負のスーパーコイルの導入（ATP アーゼ）
		トポイソメラーゼⅡα	真核生物	弛緩（＋または−）
		トポイソメラーゼⅡβ	真核生物	弛緩（＋または−）
		トポイソメラーゼⅣ	細菌	デカテナーゼ[d]
ⅡB	DNA 鎖の通過	トポイソメラーゼⅥ	古細菌，細菌，真核生物	真核生物のうちで植物，藻類，原生生物のみ

[a] 図 24-19 参照.

[b] 一方の鎖にニックを入れ，他方の鎖が回転によりトポロジー的な歪みを解消する.

[c] 図 24-20(a) 参照.

[d] 図 24-20(b) 参照.

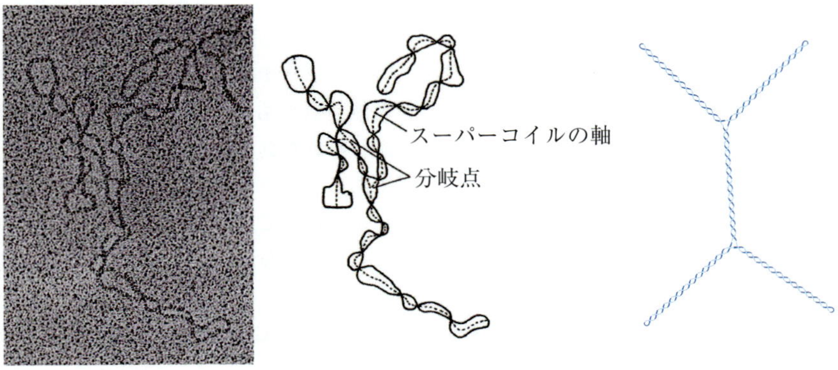

(a)　**(b)**　**(c)**

図 24-21　撚糸型スーパーコイル形成

(a) 撚糸型スーパーコイルのプラスミド DNA 分子の電子顕微鏡写真. **(b)** 観察された構造の解釈したものを，点線はスーパーコイルの軸を示す. スーパーコイルの分枝に注意しよう. **(c)** この構造を模式化したもの. ［出典：Elsevier の許可を得て転載. T. C. Boles et al., *J. Mol. Biol.* **213**: 931, 1990, Fig. 2; Copyright Clearance Center, Inc. を介して許可済み.］

BOX 24-1 医 学 トポイソメラーゼを阻害して病気を治す

細胞のDNAのトポロジー的な状態はその機能と密接な関連がある．トポイソメラーゼがなければ，細胞はそのDNAを複製したり詰め込んだりすることができないし，遺伝子を発現することもできず，最後には死んでしまう．したがって，トポイソメラーゼの阻害薬は，感染病原体や悪性細胞を標的とする重要な医薬品である．

二つのクラスの細菌のトポイソメラーゼ阻害薬が抗菌薬として開発されている．ノボビオシン novobiocin とクメルマイシン A1 coumermycin A1 などのクマリン類は，*Streptomyces* 属の菌種から得られる天然物である．これらの薬物は細菌のⅡ型トポイソメラーゼ，DNA ジャイレースやトポイソメラーゼⅣの ATP 結合を阻害する．これらの抗菌薬はヒトにおける感染症の治療に頻繁に用いられるわけではないが，臨床的に有効な誘導体を同定するための研究は続いている．

キノロン系抗菌薬も細菌の DNA ジャイレースとトポイソメラーゼⅣの阻害薬であり，ナリジクス酸 nalidixic acid の導入に伴って1962年に初めて現れた．この化合物は限定的な効果しか示さないので，もはやアメリカ合衆国では臨床的には使われていないが，このクラスの薬物を継続して開発することによって，シプロフロキサシン ciprofloxacin（Cipro）のようなフルオロキノロン fluoroquinolone 類が現れた．キノロン類はトポイソメラーゼ反応の最後のステップ，すなわち DNA 鎖の切断の修復を阻害することによって作用する．シプロフロキサシンは広いスペクトルを有する抗菌薬である．炭疽菌の感染の治療にも確実に有効な数少ない抗菌薬の一つであり，バイオテロリズムに対する防御に有用な薬物と考えられている．キノロン類は細菌のトポイソメラーゼに対して選択的であり，真核生物の酵素に対しては治療に使用される用量に比べて数桁も大きな濃度でのみ効果を示す．

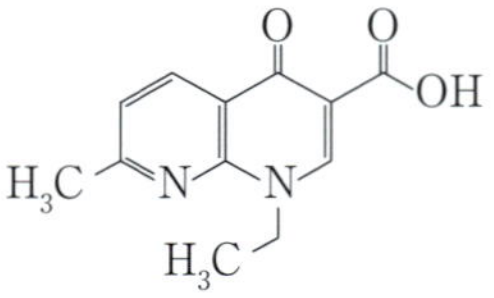
ナリジクス酸

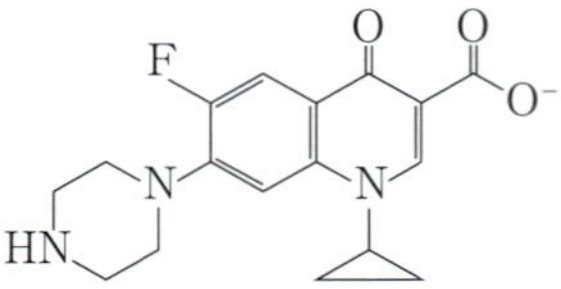
シプロフロキサシン

がんの治療に使われる最も重要な化学療法薬にはヒトのトポイソメラーゼの阻害薬がある．腫瘍細胞においては，トポイソメラーゼは一般に高レベルで発現しているので，これらの酵素を標的とする薬物はほとんどの他の組織と比べて腫瘍細胞に対してずっと強い毒性を示す．Ⅰ型とⅡ型の両方のトポイソメラーゼの阻害薬が抗腫瘍薬として開発されている．

カンプトテシン camptothecin は中国の観葉樹から単離されたものであり，1970年代に初めて臨床試験が行われた真核生物のⅠ型トポイソメラーゼの阻害薬である．マウスを用いた前臨床試験の初期の段階で有望視されたにもかかわらず，臨床治験では限定的な効果しか示さなかった．しかし，結腸直腸がんと卵巣がんの治療にそれぞれ用いられるイリノテカン irinotecan（Campto）とトポテカン topotecan（Hycamtin）という二つの有効な誘導体が1990年代

DNA の凝縮には特別なスーパーコイル形成が必要である

スーパーコイル状の DNA 分子はいくつかの点で同一である．負のスーパーコイルをもつ DNA 分子は右巻きである（図 24-16）．そして，その DNA はコンパクトになっているのではなく，細く伸びきっており，しばしば複数の分枝を有する（図 24-21）．細胞内で通常の超らせん密度では，スーパーコイルの軸の長さは，枝も含めて，

に開発された．さらにいくつかの誘導体が将来臨床適用の認可を受けるかもしれない．これらの薬物のすべては，DNA が切断された状態でのトポイソメラーゼと DNA の複合体を捕捉し，再連結を阻害することによって作用する．

ヒトのⅡ型トポイソメラーゼは，ドキソルビシン doxorubicin（Adriamycin），エトポシド etoposide

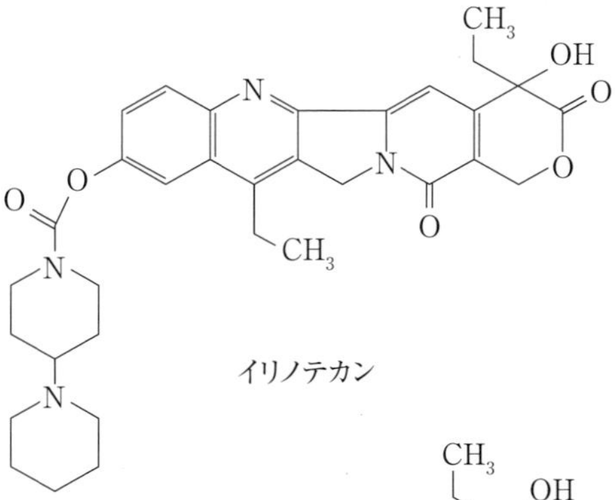
イリノテカン

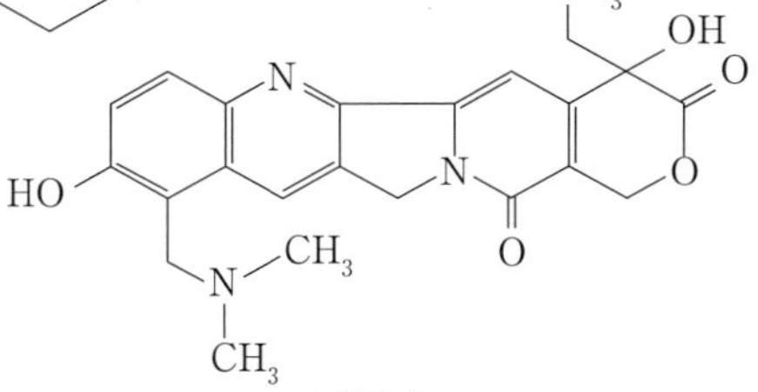
トポテカン

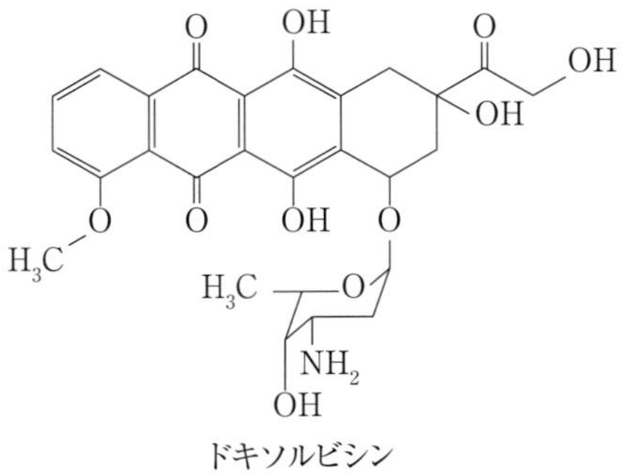
ドキソルビシン

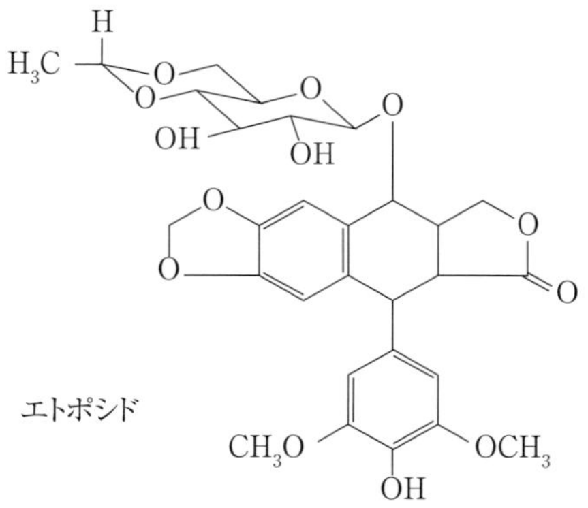
エトポシド

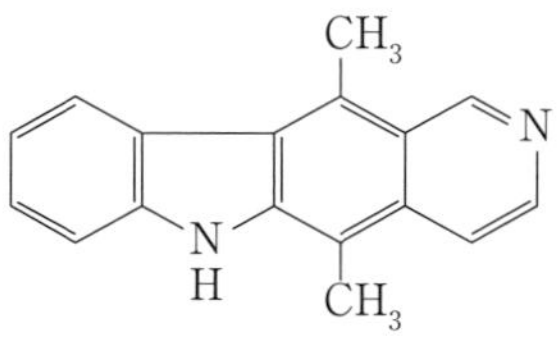
エリプチシン

（Etopophos），エリプチシン ellipticine などのさまざまな抗腫瘍薬の標的である．ドキソルビシンは臨床で用いられているアントラサイクリンであり，数種類のヒトの腫瘍に対して有効である．これらの薬物のほとんどは，トポイソメラーゼと（切断されている）DNA との共有結合性複合体を安定化する．

これらのすべての抗がん剤は，一般に急速に増殖しつつある腫瘍細胞における DNA 損傷の程度を高める．しかし，非がん性の組織も影響を受け，より広範囲にわたる毒性と不快な副作用を生じるので，治療の期間中にそれらに対する対処が必要である．がん治療がより効果的になり，がん患者の統計的な生存率が向上するにつれて，新たな腫瘍が別個に現れてくることがより大きな問題となりつつある．新しいがん療法のための継続的な探索においても，トポイソメラーゼは研究のための重要な標的でありつづけるだろう．

DNA 自体の長さの約 40％にあたる．このタイプのスーパーコイルは**撚糸型**（ねんし）plectonemic（ギリシャ語で ***plektos*** は「ねじれ」を，***nema*** は「糸」を表す）と呼ばれる．この用語は，何らかの単純で規則的な方法で絡み合った糸状構造をもつどのような構造にも用いることができるが，溶液中のスーパーコイル DNA の一般的な構造をよく表している．

研究室で単離された DNA に見られる撚糸型スーパーコイルは，DNA を細胞内に詰め込むた

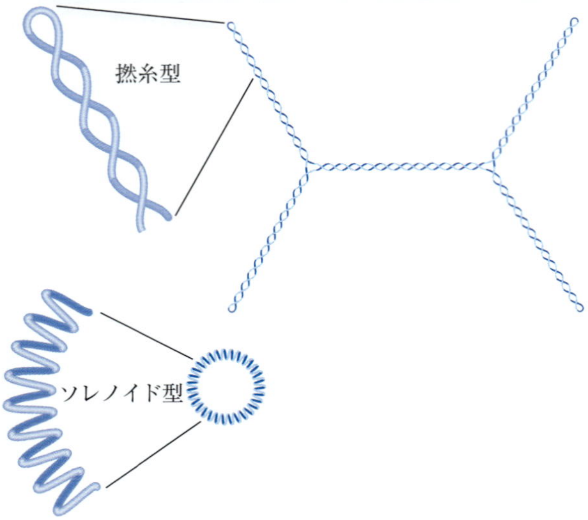

図 24-22 同一の DNA 分子の撚糸型およびソレノイド型のスーパーコイル形成（同一縮尺での描画）

撚糸型スーパーコイルは伸びた右巻きコイルの形をとる．ソレノイド型の負のスーパーコイルは左巻き構造をとり，架空のチューブ状構造のまわりにしっかりと巻き付いているように見える．二つのコイル型は容易に相互変換するが，ソレノイド型はある種のタンパク質が DNA に結合しなければ通常は観察されない．ソレノイド型のスーパーコイルの方が撚糸型よりも凝縮の程度が大きい．

めには十分にコンパクトな形ではない．スーパーコイル形成のもう一つの形である**ソレノイド型** solenoidal は，巻き戻された DNA がとる状態である（図 24-22）．撚糸型の特徴である伸びきった右巻きのスーパーコイルではなく，ソレノイド型のスーパーコイルは密な左巻きであり，ちょうど庭のホースがきちんとリールに巻かれた状態に似ている．この二つの構造は全く異なるが，いずれも巻き戻された DNA の同じ領域に生じる負のスーパーコイルである．そして，これらは容易に相互変換できる．撚糸型のほうが溶液中では安定であるが，真核生物の染色体に見られるようにソレノイド型はタンパク質の結合によって安定化され，DNA はより高度に凝縮される（図 24-22）．ソレノイド型スーパーコイル形成こそが，巻戻しによる細胞内での DNA 凝縮を可能にする機構である．

まとめ

24.2 DNA のスーパーコイル形成

- ほとんどの細胞内 DNA はスーパーコイルを形成している．巻戻しは，弛緩状態の B 型 DNA に比べて，全体のらせん回転数を減少させる．この巻き戻された状態を維持するためには，DNA は閉環状 DNA であるか，もしくはタンパク質に結合する必要がある．巻戻しはリンキング数 Lk というトポロジー的なパラメーターによって定量的に表される．
- 巻戻しは特異的リンキング差，あるいは超らせん密度，σ，すなわち $(Lk - Lk_0)/Lk_0$ によって評価される．細胞内 DNA では，σ の値は一般に $-0.05 \sim -0.07$ であり，このことは DNA 中のらせん回転数の 5 ～ 7%が取り除かれていることを表す．DNA の巻戻しによって，DNA 代謝に関与する酵素反応に必要な DNA 鎖の分離が容易になる．
- リンキング数だけが異なる DNA をトポアイソマーという．トポイソメラーゼは DNA を巻き戻したり弛緩させたりする酵素であり，リンキング数の変化を触媒する．トポイソメラーゼには I 型と II 型の二つのクラスがあり，一つの触媒サイクルあたりリンキング数をそれぞれ 1 および 2 だけ増加させる．

24.3 染色体の構造

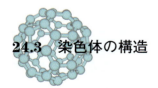

現在，「染色体 chromosome」という用語は，ウイルス，細菌，古細菌，真核細胞，あるいは細胞小器官に含まれる遺伝情報の保管庫である核酸

分子を指す．染色体は，有系分裂中の細胞を色素で染色して光学顕微鏡で観察すると，核内に濃く染まって見える物体である．

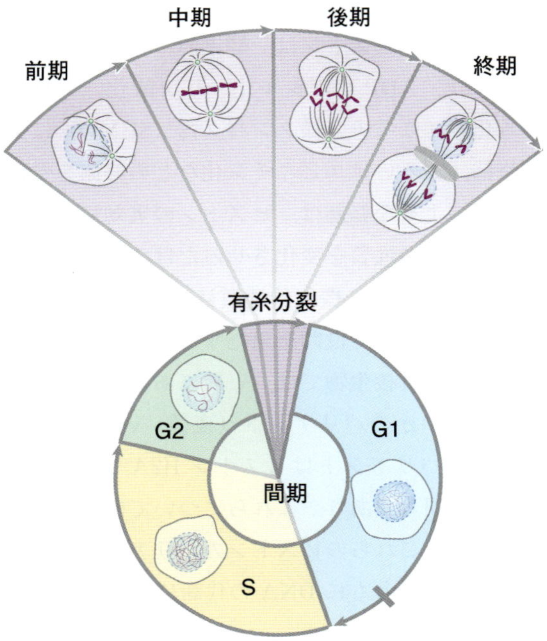

図 24-23 真核細胞の細胞周期における染色体構造の変化

ここに示す各段階の相対的な長さは単に便宜的なものである．各段階の持続時間は細胞の種類や生育環境（単細胞生物の場合），代謝の状態（多細胞生物の場合）によって変わり，典型的な場合には分裂期が最も短い期である．核の模式図に示すように，細胞の DNA は，間期全体にわたって凝縮していない．間期は G1（ギャップ gap）期，DNA が複製される S（合成 synthesis）期, G2 期に分けることができ（図 12-32 参照），この期間全体にわたって，複製された染色体（染色分体）は互いに密着している．有糸分裂は四つの段階に分割できる．DNA は前期に凝縮する．中期では，この凝縮した染色体は二つの紡錘体極の中間にある面に沿って対になって並ぶ．各対における二つの染色体は，紡錘体とセントロメアとの間に伸びている微小管を介して異なる紡錘体極とつながっている．姉妹染色分体は後期に分離し，結合している紡錘体極に向けて引き寄せられる．この過程は終期に完了する．細胞分裂の完了後に染色体の凝縮が解消され，新たな細胞周期が始まる．

クロマチンは DNA とタンパク質から成る

真核生物の細胞周期（図 12-32 参照）は，染色体の構造に著しい変化を生み出す（図 24-23）．非分裂性の真核細胞（G0 期）や分裂間期（G1 期，S 期，G2 期）の真核細胞では，**クロマチン** chromatin という染色体構成物質は不定形である．間期のうちの S 期において，この不定形状態の DNA は複製し, 各染色体は二つの染色体（姉妹染色分体という）になり，複製完了後にも互いに会合したままである．染色体は有糸分裂の前期にさらに凝縮され，生物種に特有の数の姉妹染色分体の対を形成する（図 24-5）．

クロマチンは，タンパク質と DNA を重さにおいてほぼ同じ割合で含み，少量の RNA 分子を含

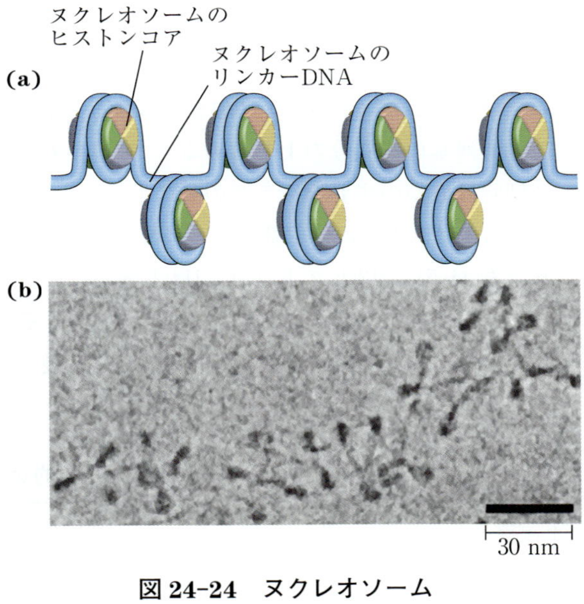

図 24-24 ヌクレオソーム

(a) 規則正しく配置されたヌクレオソームは DNA に結合しているコアヒストンタンパク質から成る．**(b)** この電子顕微鏡写真では，DNA が巻きついたヒストン八量体構造が明確に見える．［出典：(b) J. Bednar et al., *Proc. Natl. Acad. Sci. USA* **95**: 14173, 1998, Fig. 1. Ⓒ 1998 National Academy of Sciences, U.S.A.］

む繊維から成る．クロマチン中のDNAは，**ヒストン** histoneというタンパク質と強固に結合している．ヒストンはDNAを束ねて**ヌクレオソーム** nucleosomeという構造単位にまとめている（図24-24）．クロマチンにはいくつかの非ヒストン性タンパク質も見られ，その中には特定の遺伝子発現を調節する染色体構造や他の構造の維持を助けるものもある（Chap. 28）．真核生物の染色体DNAは，ヌクレオソームからはじまって徐々に高次の構造に折りたたまれ，最終的には光学顕微鏡で見られる凝縮された染色体となる．ここでは，真核生物のこの染色体構造について述べ，細菌細胞のDNAのパッケージングと比較する．

ヒストンは小さな塩基性タンパク質である

ヒストンは，すべての真核細胞のクロマチンに見られ，その分子量は11,000～21,000の間であり，塩基性アミノ酸のアルギニンとリジンに極めて富んでいる（この二つのアミノ酸を合わせると全アミノ酸残基の約4分の1を占める）．すべての真核細胞は五つの主要なクラスのヒストンをもつ．これらのヒストンは分子量とアミノ酸組成が異なる（表24-5）．H3ヒストンは，H4と同様にすべての真核生物でほぼ同じアミノ酸配列であり，それらの機能が厳密に保存されていることを示唆する．例えば，H4ヒストン分子の102個のアミノ酸を比較すると，エンドウマメとウシで異なるアミノ酸はわずか2個だけであり，ヒトと酵母の間でも8個しか違わない．これに比べるとヒストンH1，H2A，H2Bは，異種の真核生物間でのアミノ酸配列の相同性は低い．

各タイプのヒストンは，酵素的にメチル化，アセチル化，ADPリボシル化，リン酸化，グリコシル化，ユビキチン様タンパク質（SUMO）による修飾，あるいはユビキチン化などの修飾を受ける．このような修飾は，ヒストンの実効電荷や形状および他の性質を変化させるだけでなく，クロマチンの構造的，機能的性質にも影響を及ぼし，転写調節において役割を果たす．

さらに，真核生物では，一般にある種のヒストンにいくつかのバリアント（変種）variantが存在する．バリアントはヒストンH2AとH3の場合に特に顕著であり，これらについては後で詳細に述べる．これらのヒストンのバリアントは，修飾を受けるとともにDNAの代謝において特殊な役割を果たす．

ヌクレオソームはクロマチンの基本的な構成単位である

図24-5で示した真核生物の染色体は，長さ約10^5 μmもあるDNA分子が直径が一般に5～10

表24-5 一般的なヒストンの種類と性質

ヒストン	分子量	アミノ酸残基数	塩基性アミノ酸含有量（全体に対する％）	
			リジン	アルギニン
H1[a]	21,130	223	29.5	11.3
H2A[a]	13,960	129	10.9	19.3
H2B[a]	13,774	125	16.0	16.4
H3	15,273	135	19.6	13.3
H4	11,236	102	10.8	13.7

[a] ヒストンの大きさは種によっていくらか異なるが，ここに示したのはウシのヒストンの値である．

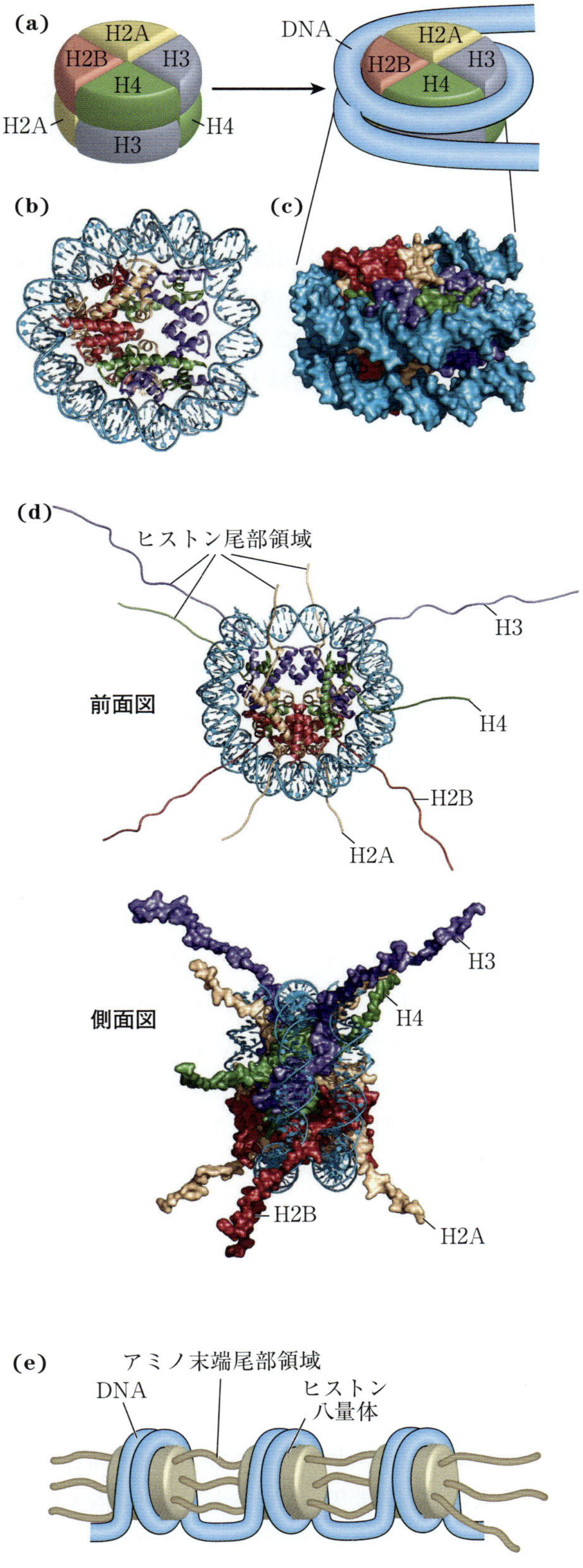

μm の細胞核に凝縮される過程を表している．この凝縮は，いくつかのレベルから成る高度に組織化されたフォールディングによって達成される．染色体を部分的にほどくと，DNA がタンパク質から成るビーズと強固に結合している構造がわかる．このタンパク質ビーズは多くの場合に規則正しく配置されている．この「ビーズのネックレス」上のビーズはヒストンと DNA の複合体である．このビーズの粒子と，粒子どうしを連結する DNA がヌクレオソームを形成する．これはクロマチンが高度に詰め込まれるときの基本的な構成単位である（図 24-25）．各ヌクレオソームのビーズには 8 分子のヒストン，すなわち H2A，H2B，H3，H4 各 2 分子ずつが含まれる．ヌクレオソームビーズどうしの間隔は，典型的な場合には約 200 bp の繰返し単位から成る．そのうちの 146 bp は 8 分子のヒストンのコア（芯）のまわりに

図 24-25　ヒストンのコアに巻きつく DNA

簡略化した **(a)** ヌクレオソームのヒストン八量体（左）とヒストンコアに巻きつく DNA との複合体（右）の構造．**(b)** アフリカツメガエル *Xenopus laevis* 由来のヌクレオソームのリボン表示．異なる色は (a) の色に対応する異なるヒストンを表す．**(c)** ヌクレオソームの表面輪郭表示．(c) の表示は (b) の表示のものを回転して (a) で示す向きに合わせてある．左巻きのソレノイド型スーパーコイルの形をとる 146 bp の DNA 領域が，ヒストン複合体の周囲に 1.67 回巻きついている．**(d)** ヌクレオソームコアのまわりにスーパーコイルを形成して巻きついている二つの DNA 二本鎖の間から突出するヒストンアミノ末端尾部領域の二つの表示．これらの尾部領域のなかには，隣接している二重らせんの副溝が並んで形成される空洞を通ってスーパーコイルの間を通過して突き出ているものもある．H3 と H2B の尾部領域はヒストンに巻きついている DNA の二つのコイルの間から外に出ているのに対して，H4 と H2A の尾部領域は隣接するヒストンサブユニットの間から出ている．**(e)** あるヌクレオソームのアミノ末端尾部領域は粒子から突き出て隣接するヌクレオソームと相互作用し，より高次の DNA パッケージングの形成に役立っている．［出典：(b-d) PDB ID 1AOI, K. Luger et al., *Nature* **389**: 251, 1997.］

強固に結合し，残りはヌクレオソームビーズ間のリンカーDNAとしての役割を果たす．ヒストンH1はリンカーDNAに結合している．クロマチンをDNA分解酵素で弱く処理すると，リンカーDNAが選択的に分解され，分解をまぬがれた146 bpのDNAが結合しているヒストン粒子が放出される．研究者たちは，このようにして得られたヌクレオソームのコアを結晶化し，X線解析によって，8個のヒストン分子と左巻きのソレノイド型スーパーコイルの形でコアに巻きついたDNAとから成る粒子の姿を明らかにした（図24-25）．ヌクレオソームのコアから外側に向かって伸びているのはヒストンのアミノ末端領域であり，これらの領域は特定の構造をとっていない（図24-25(d)）．ほとんどのヒストン修飾はこれらの尾部領域で起こる．尾部領域はクロマチン中のヌクレオソームどうしが接触する際に重要な役割を果たす（図24-25(e)）．ヌクレオソームの直径はほぼ10～11 nmなので，この単純な，糸に通したビーズのような構造は10 nm繊維と呼ばれることもある．

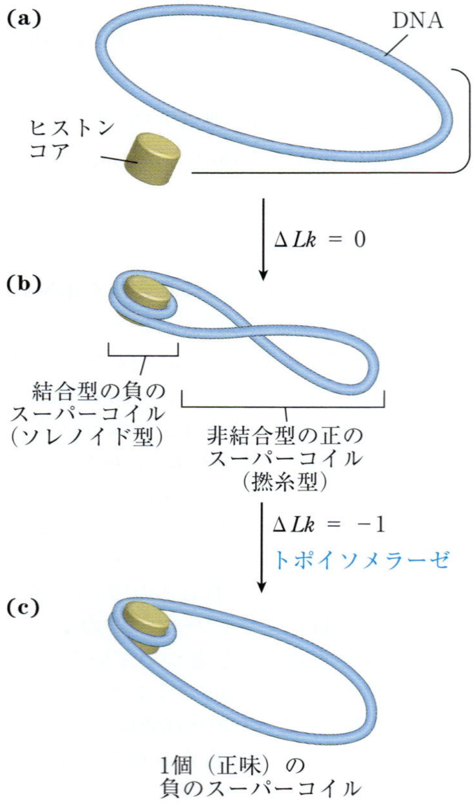

図24-26 クロマチンの形成

(a) 弛緩型閉環状DNA．**(b)** ヒストンコアが結合してヌクレオソームが形成されると，一つの負のスーパーコイルが誘導される．DNA鎖の切断がないので，DNAのどこかに正のスーパーコイルが形成される（$\Delta Lk = 0$）．**(c)** トポイソメラーゼによって，この正のスーパーコイルは弛緩し，正味で一つの負のスーパーコイルができる（$\Delta Lk = -1$）．

ヌクレオソームの構造をさらに詳しく見ると，真核細胞にはDNAを巻き戻す酵素がないにもかかわらずDNAが巻き戻される理由がわかる．ヌクレオソーム中のソレノイド型に巻かれたDNAの構造は，巻戻し（負のスーパーコイル）の結果生じる形の一つにすぎないことを思い出そう．ヒストンコアのまわりにDNAがしっかりと巻きつくためには，DNA中のらせん回転が約1回取り除かれる必要がある．ヌクレオソームのタンパク質コアが *in vitro* で弛緩型閉環状DNAに結合すると，負のスーパーコイルが導入される．この結合過程ではDNAの切断やリンキング数の変化は起こらないので，負のソレノイド型スーパーコイルの形成に伴って，非結合領域のDNAのどこかに正のスーパーコイルが生じなければならない（図24-26）．前述のように，真核生物のトポイソメラーゼは正のスーパーコイルを弛緩させることができる．非結合性の正のスーパーコイルが弛緩すると，負のスーパーコイルは（ヌクレオソームのヒストンコアに結合することによって）固定され，その結果リンキング数が全体的に減少する．実際に，トポイソメラーゼは，精製ヒストンと閉環状DNAから *in vitro* でクロマチンを形成するために必要であることがわかっている．

ヌクレオソームヒストンへのDNAの結合に影響を及ぼす別の要因は，結合しているDNAの配列である．ヒストンコアはDNA上のランダムな位置に結合するのではなく，他と比べて結合しやすい位置がある．この位置決定に関しては十分にはわかっていないが，ある場合には，ヒストンと接する DNA らせんの A＝T 塩基対が局所的に豊富であることに依存しているようである（図 24-27）．2～3 個の A＝T 塩基対のクラスターは，DNA がヌクレオソームのヒストンコアにしっかりと巻きつくために必要な副溝の圧縮を促進する．ヌクレオソームは，AA，AT あるいは TT というジヌクレオチドが 10 bp ごとの間隔で配置された配列に特によく結合し，このような配置は

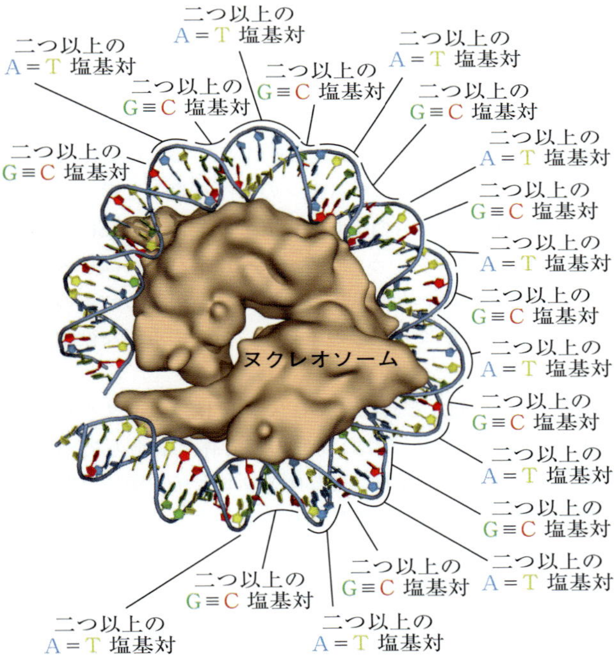

図 24-27　DNA 配列のヌクレオソームへの結合に対する影響

二つ以上の A=T 塩基対を並べて使うことによって DNA の屈曲が促進されるのに対して，二つ以上の G≡C 塩基対は逆の効果を示す．約 10 bp の間隔で配置されると，連続する A=T 塩基対は湾曲した DNA が環を形成するのを助ける．連続する G≡C 塩基対が 10 bp 離れて配置され，A=T 塩基対の並びからの 5 bp によって相殺されると，DNA のヌクレオソームコアへの結合が促進される．［出典：PDB ID 1AOI, K. Luger et al., *Nature* **389**: 251, 1997.］

in vivo でのヒストンの結合位置の 50％以上にもなる．

ヌクレオソームコアは，複製あるいはこれに続くヌクレオソームの一時的な移動が必要な他の過程の際にも，DNA に組み込まれている．ヌクレオソームコアの配置には，他の非ヒストン性のタンパク質が必要なことがある．いくつかの生物では，特定のタンパク質が特異的な DNA 配列に結合し，隣接するヌクレオソームコアの形成を促進する．ヌクレオソームコアの組込みは段階的に起こるようである．2 個の H3 と 2 個の H4 ヒストンから成る四量体が最初に結合し，次に H2A-H2B の二量体が結合する．染色体の複製後におけるヌクレオソームの染色体への取込みは，CAF1（クロマチン会合因子 1　chromatin assembly factor 1），RTT106（regulation of Ty1 transposition），および ASF1（抗サイレンシング因子 1　anti-silencing factor 1）などのタンパク質を含む**ヒストンシャペロン** histone chaperon 複合体によって媒介される．これらのタンパク質はアセチル化されたヒストン H3 と H4 のバリアントに結合する．この複合体の一部が複製装置の一部と直接相互作用することがわかっているが，ヌクレオソームの組込み機構の詳細はわかってはいない．同じヒストンシャペロン，あるいは他のヒストンシャペロンのなかには，DNA 修復，転写，あるいは他の過程の後で起こるヌクレオソームの集合を助けるものもあるかもしれない．場合によっては，**ヒストン交換因子** histone exchange factor によって，ヒストンバリアントがコアヒストンに置き換わることが可能である．これらのヒストンバリアントの適切な置換が重要である．研究によって，これらのヒストンバリアントの一つを欠失するマウスは胚発生の初期に死亡することが示されている（Box 24-2）．ヌクレオソームコアの正確な配置がいくつかの真核生物遺伝子の発現に寄与する場合もある（Chap. 28）．

BOX 24-2 研究法
エピジェネティクス，ヌクレオソーム構造，そしてヒストンバリアント

世代から世代へ，すなわち細胞分裂時の娘細胞へ，あるいは親から子孫へと伝えられるにもかかわらず，DNA配列にはコードされていない情報を**エピジェネティック** epigenetic な情報という．その多くはヒストンの共有結合性修飾，あるいは染色体におけるヒストンバリアントの配置の形式をとっている．数百万塩基対にわたる染色体と関連付けてその配置を理解することは，いくつかの有力な科学技術の焦点である．

活発な遺伝子発現（転写）が起こっているクロマチン領域は，部分的に脱凝縮されている傾向があり，**真正クロマチン（ユークロマチン）** euchromatin と呼ばれる．このような領域では，ヒストンH3とH2AはしばしばヒストンバリアントのH3.3とH2AZにそれぞれ置き換わっている（図1）．ヒストンバリアントを含むヌクレオソームコアとDNAとの複合体は，より一般的なヒストンから成るヌクレオソームコアの複合体と類似している．ヒストンH3.3を含むヌクレオソームコアでは，CAF1（クロマチン会合因子1 chromatin assembly factor 1）の代わりに，HIRAというタンパク質（その名称はHIR，ヒストンリプレッサー *hi*stone *r*epressor という一群のタンパク質に由来する）が複合体に組み込まれている．CAF1とHIRAは，両方ともにヒストンのシャペロンと考えられ，ヌクレオソームの正しい組立てと配置を確実にするために役立っている．ヒストンH3.3の配列はヒストンH3と4アミノ酸残基しか違わないが，これらの残基のすべてがヒストンの組込みにおいて重要な役割を果たす．

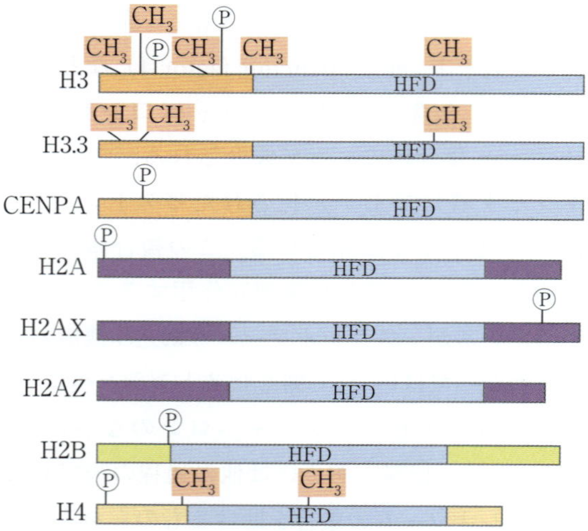

図1

ヒストンH3，H2A，H2Bのいくつかのバリアントが知られている．ここに示すのはコアヒストンと既知のいくつかのバリアントである．Lys残基またはArg残基がメチル化を受ける部位とSerがリン酸化を受ける部位を示す．HFDとはヒストンフォールドドメイン histone-fold domain のことであり，すべての標準的なヒストンに共通の構造ドメインである．他の色で表される領域は，配列と構造が相同な領域である．［出典：K. Sarma and D. Reinberg, *Nature Rev. Mol. Cell Biol.*, **6**: 139, 2005の情報.］

ヒストンH3.3と同様に，ヒストンH2AZはヌクレオソームが組み込まれた別個の複合体と会合しており，通常は活発な転写に関与するクロマチン領域と関連がある．H2AZが組み込まれることによってヌクレオソームの八量体は安定化するが，染色体の凝縮に必要なヌクレオソーム間のいくつかの協同的相互作用が妨げられる．これによって，染色体はより開いた構造になり，H2AZが位置する領域の遺伝子発現を促進する．H2AZをコードする遺伝子は哺乳類にとって必須である．ショウジョウバエでは，H2AZの欠失は幼虫期以降の成長を妨げる．

もう一つのH2AバリアントとしてH2AXがあり，DNA修復と遺伝的組換えに関与する．マウスにおいてH2AXが欠失すると，ゲノムの不安定化や雄性不妊が起こる．適量のH2AXがゲノム全体にわたって散在するようである．二本鎖切断が起こると，近傍に存在するH2AX分子のカルボキシ末端領域の Ser^{139}

がリン酸化される．このリン酸化を実験的に遮断すると，DNA 修復に必要なタンパク質複合体の形成が抑

制される．

CENPA として知られる H3 ヒストンのバリアント

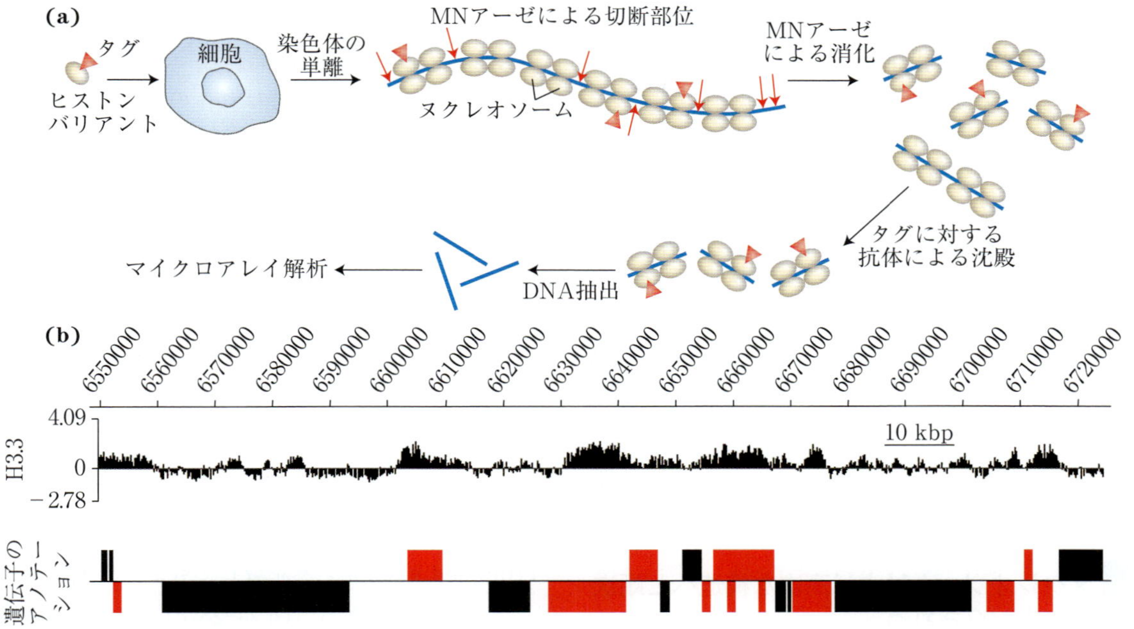

図 2

ChIP-chip 実験は，特定のヒストンバリアントが結合するゲノムの DNA 配列を明らかにするために考案されている．**(a)** エピトープタグ（抗体によって認識されるタンパク質構造または化学構造；Chap. 5 および Chap. 9 参照）を有するヒストンバリアントを特定の細胞種に導入すると，ヒストンバリアントはヌクレオソームに組み込まれる（時には，対象となるヒストン修飾に直接結合する抗体を使うことができるので，エピトープタグが不要な場合もある）．クロマチンを細胞から単離し，ミクロコッカスヌクレアーゼ（MN アーゼ）によって短時間消化する．ヌクレオソームに結合している DNA は酵素消化から保護されるが，リンカー DNA は切断され，一つまたは二つのヌクレオソームと結合している DNA 断片が遊離する．エピトープタグに結合する抗体を加えると，エピトープタグを有するヒストンバリアントを含むヌクレオソームが選択的に沈殿する．このようなヌクレオソーム中の DNA は，沈殿物から抽出して標識され，特定の細胞腫のゲノム配列のすべて，あるいは一部を提示するマイクロアレイのプローブとして用いられる．**(b)** この例では，ヒストン H3.3 の結合はショウジョウバエの染色体 2 L 中の短い領域に見られるのが特徴である．一番上の番号は，この染色体腕における番号を付されたヌクレオチドの位置に対応している．マイクロアレイの各スポットは 100 bp のゲノム配列を表しているので，ここでのデータはマイクロアレイにおける 1,700 以上の別個のスポットを表している．各スポットでは，ヒストン H3.3 に対する抗体によって沈殿した標識 DNA のシグナルは，全ゲノム DNA が免疫沈降なしに単離され，断片化され，異なる色で標識され，同じマイクロアレイのプローブとして用いられた場合に得られる対照シグナルとの相対比として示される．水平の線よりも上のシグナルは，ヒストン H3.3 の結合が対照と比べ多いゲノムの位置を示している．線よりも下のシグナルは，ヒストン H3.3 が相対的に存在しない領域である．このゲノム領域中でアノテーションされた遺伝子（つまり既知遺伝子）を下段に示す（太棒線）．水平の線よりも上にあるグラフ棒は 5′から 3′方向（左から右）に転写される遺伝子であり，線よりも下にあるものは右から左に転写される．赤色の棒線は，RNA ポリメラーゼⅡにも富む領域であり，活発な転写が行われていることを示す．ヒストン H3.3 の結合は，活発に転写が行われているこれらの遺伝子中，あるいはその近傍に集中して見られる．［出典：Steve Henikoff の厚意によるデータ．Y. Mito et al., *Nature Genet.*, **37**: 1090, 2005 の許可を得て転載.］

は，セントロメアの反復DNA配列に会合している．セントロメア領域のクロマチンは，ヒストンシャペロンのCAF1とHIRAを含んでおり，両タンパク質がCENPAを含むヌクレオソームの組込みに関与している可能性がある．CENPAの遺伝子を除去するとことはマウスにとって致命的である．

ヒストンバリアントの機能と配置の決定は，ゲノミクスに用いられる技術を応用することによって研究することが可能である．有用な技術として，クロマチン免疫沈降法 chromatin IP（ChIP）がある．特定のヒストンバリアントを含むヌクレオソームは，このバリアントに特異的に結合する抗体によって沈殿される．これらのヌクレオソームはそのDNAから単離して研究することができる．しかしより一般的には，興味の対象となっているヌクレオソームが結合する位置を決定するための研究においては，ヌクレオソームと結合しているDNAも用いられる．そのDNAを標識してマイクロアレイ（図9-23参照）のプローブとして用いることによって，特定のヌクレオソームが結合しているゲノム配列の地図が得られる．マイクロアレイはしばしばチップ chip と呼ばれるので，この技術はChIP-chip実験と呼ばれる（図2）．

ヒストンバリアントは，ヒストンが受ける多くの共有結合性修飾とともに，クロマチンの機能を定義して明らかにするために役立つ．ヒストンバリアントはクロマチンを特徴づけ，染色体の分離や転写，DNA修復などの特定の機能を促進したり抑制したりする．ヒストン修飾は，細胞分裂や減数分裂の際に消滅することはなく，すべての真核生物において世代から世代へと伝達される情報の一部となっている．

ヌクレオソームはより高次な構造へと順次パッキングされる

ヌクレオソームコアのまわりにDNAが巻きつくことによって，DNAの長さは約7分の1に凝縮される．しかし，染色体内での全体の凝縮は10,000倍以上にもなる．このことからも，染色体がさらに高度に組織化された構造をもつことがわかる．*in vitro* では，ヌクレオソームとヒストンH1に結合している長いDNA分子は**30 nm 繊維** 30 nm fiber と呼ばれる構造を形成する（図24-28(a)）．このパッキングには，1ヌクレオソームあたり1分子のヒストンH1が含まれる．図24-28(b)には，30 nm 繊維中のヒストンとDNAの組織化に関するモデルが示してある．

30 nm 繊維はクロマチン形成の第二のレベルの候補として広く研究されており，DNAを約100倍凝縮させる．しかし，生体内でのクロマチンの詳細な検討によって，細胞内で30 nm 繊維が形成される証拠はほとんどないことがわかった．その代わりに，染色体は「クロマチンの小球状の塊 crumpled globule」と記載してもよい状態に凝縮しているようである（図24-28(c)）．10 nm 繊維はみずからが折り重なるように凝縮する．10 nm 繊維の凝縮は30 nm 繊維ほどまとまっているわけではないが，ランダムなわけでもない．1.35億塩基対からなる平均的なヒトの染色体は，10 μm の核を5,000回以上も貫くことができるほどの長さがある．したがって，染色体では，原理的に数百万塩基対も離れて位置するDNA配列が互いに隣接するように折りたたまれることもある．しかし，フォールディング（折りたたみ）は，一般にDNA領域の間の直線距離が折りたたまれた構造内での空間的な距離に反映されるように，そして結び目ができないように起こる．転写活性は凝縮の程度を低下させることができ，相対的に解放された領域を生み出す．転写的に不活性な領域や遺伝子が存在しない領域は高度に凝縮した**ヘテロクロマチン** heterochromatin という形態をとっている．

より高次のフォールディングに関しては十分にわかってはいないが，特定のDNA領域が染

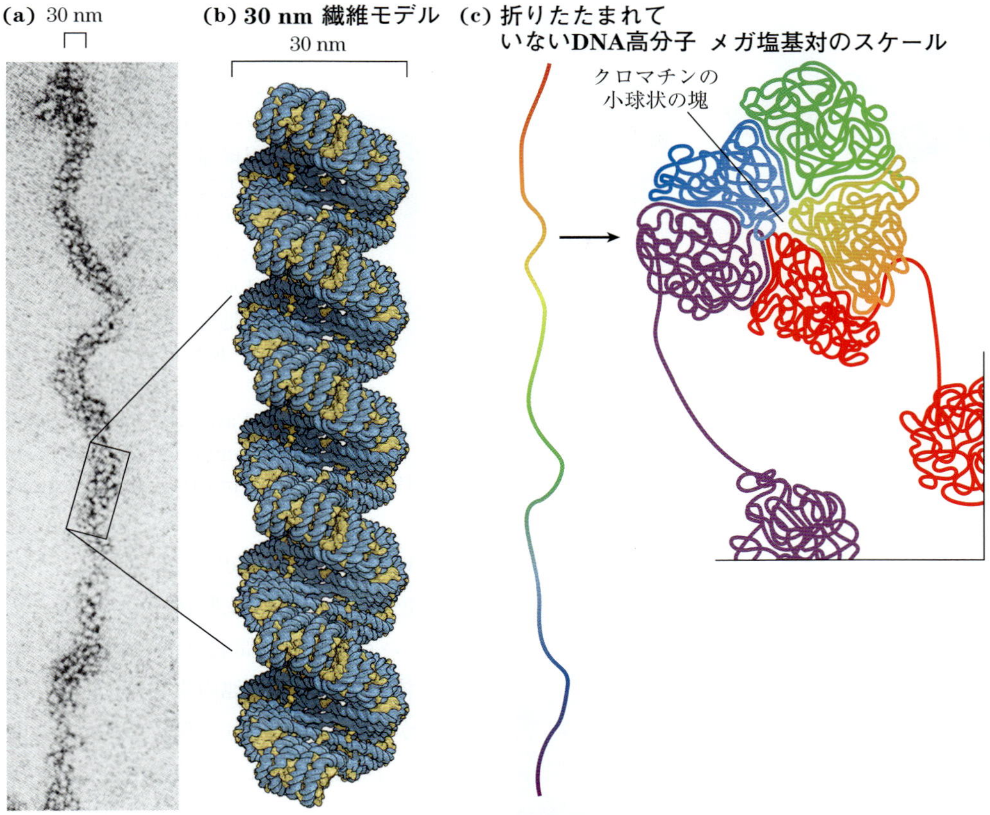

図 24-28　ヌクレオソームの高度な組織化

この緻密な繊維は，ヌクレオソームの強固なパッキングによって形成される．**(a)** 電子顕微鏡で見られる 30 nm 繊維．**(b)** 30 nm 繊維内でのヌクレオソームの組織化のモデル．2 本の 10 nm 繊維では，ヌクレオソームが各繊維内で積み重なった状態でお互いのまわりに巻きついている．DNA を青色で，ヌクレオソームを黄色で示す．**(c)** 凝縮した染色体中の 10 nm 繊維のクロマチンの小球状の塊のような折りたたみ様式．フォールディングはランダムなように見えるが，隣接する染色体の領域は会合したままであり，結び目の形成が最小限になるように起こる．［出典：(a) Barbara Hamkalo, University of California, Irvine, Department of Molecular Biology and Biochemistry. (b) F. Song et al., *Science* **344**: 376, 2014, Fig. 1C の情報をもとに作製したモデル.］

色体足場構造 chromosomal scaffold に会合しているようである(図 24-29)．この足場会合領域は，20 ～ 100 kbp 程度の DNA ループによって隔てられている．このループの DNA は一連の関連する遺伝子を含んでいるかもしれない．足場そのものもいくつかのタンパク質（特に，後述するようにトポイソメラーゼⅡと SMC タンパク質）を含んでいるかもしれない．トポイソメラーゼⅡの存在は，DNA の巻戻しとクロマチン構造の関係を強調する．トポイソメラーゼⅡはクロマチン構造の維持にとって重要なので，この酵素の阻害薬は急速に分裂している細胞を殺してしまう．がんの化学療法に使われているいくつかの薬物はトポイソメラーゼⅡの阻害薬であり，トポイソメラーゼⅡは鎖の切断を促進するが，その切断部位の再連結を促進することはできない（Box 24-1 参照）．

真核生物の核では，さらにいくつかのレベルでの組織化が起こる．有糸分裂の際の細胞分裂の直前に，染色体は高度に凝縮し，組織化された構造として見える（図 24-30(a)）．間期では染色体は分散していて見えないが（図 24-30(b)，上），核内でランダムに曲がりくねっているわけではない

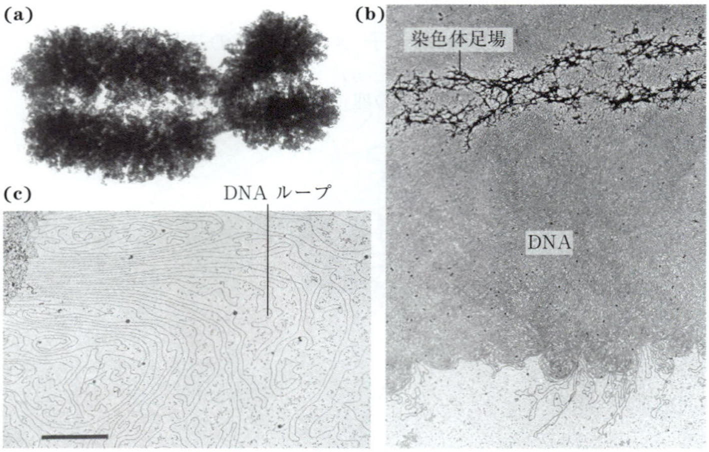

図 24-29 染色体足場に結合しているDNAのループ

(a) 低イオン強度緩衝液中で生じる膨張した有糸分裂時の染色体の電子顕微鏡写真．周縁部に染色体ループが見えることに注目しよう．**(b)** ヒストンを抽出すると，むき出しのDNAに取り囲まれたタンパク質性の染色体足場が残る．**(c)** DNAはループ構造をとり，その基部で左上端の足場に付着しているようにみえる．スケールバー＝1 μm．3枚の写真は異なる倍率のものである．［出典：(a, b) Don W. Fawcett/Science Source. (c) U. K. Laemmli et al., *Cold Spring Harb. Symp. Quant. Biol.* **42**: 351, 1978. © Cold Spring Harbor Laboratory Press.］

（図24-30(b)，下）．各染色体は，**染色体テリトリー** chromosome territoryという核内領域に束縛されている（図24-30(c)）．染色体テリトリーの正確な位置は，一つの生物体内でも細胞ごとに異なるが，いくつかの空間的なパターンは明確である．染色体のなかには，他の染色体に比べて遺伝子の密度が高いものがあり（例えば，ヒトの染色体1, 16, 17, 19, 22），これらは核の中央部にテリトリーを有する傾向がある．ヘテロクロマチンをより多く含む染色体は，核の辺縁部に位置する傾向がある．染色体の間の空間は，転写装置や隣接する染色体上で転写が活性化されている遺伝子が集中している部位である場合が多い．

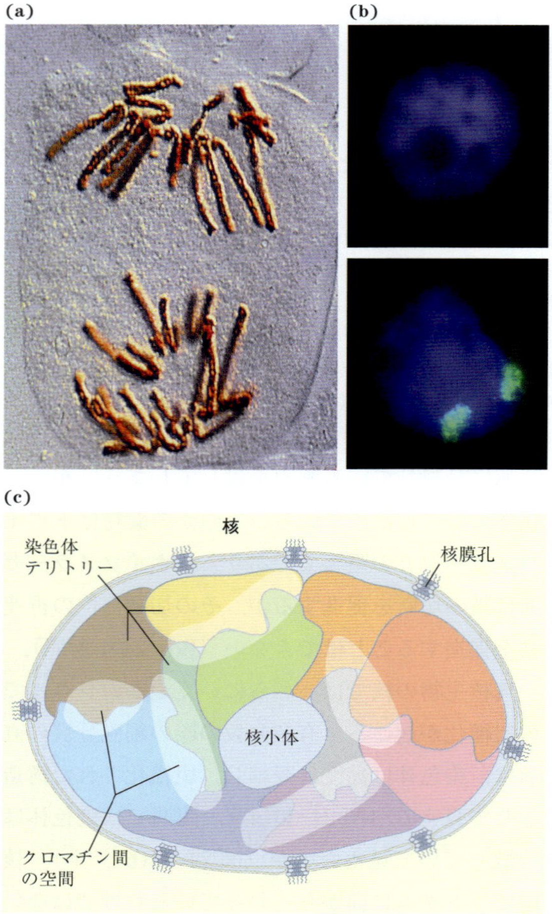

図 24-30 真核生物の核における染色体の組織化

(a) ブルーベル（*Endymion sp.*）の細胞における有糸分裂後期の凝縮した染色体．**(b)** ヒト乳房上皮細胞の間期の核．下の図の核は，11番染色体の二つのコピーが緑の蛍光を発するように処理してある．**(c)** 真核生物の核の染色体テリトリーを示す模式図．クロマチン間の空間は転写装置に富み，活発に転写されている遺伝子が豊富である．核小体は，核内の副次的な細胞小器官であり，リボソームが合成され，組み立てられる場所である（Chap 27）．［出典：(a) Pr. G. Giménez-Martín/Science Source. (b) Karen Meaburn and Tom Misteli/National Cancer Institute.］

凝縮している染色体の構造は SMC タンパク質によって維持される

ヒストンとトポイソメラーゼに加えて，クロマチンタンパク質の第三の主要なクラスは，**SMC タンパク質** SMC protein（染色体の構造維持 *s*tructural *m*aintenance of *c*hromosomes）である．SMC タンパク質の一次構造は五つの明確なドメインから成る（図 24-31(a)）．アミノ末端とカルボキシ末端の球状ドメインである N と C は，それぞれが ATP 加水分解部位の一部を含んでおり，ヒンジドメインによって連結された二つの α ヘリックスコイルドコイルモチーフ領域（図 4-11 参照）によって連結されている．これらのタンパク質は一般に二量体であり，ヒンジドメインを介してＶ字型複合体を形成している（図 24-31(b)）．一つの N ドメインと一つの C ドメインが集まって，V の各末端で完全な ATP 加水分解部位を形成する．

SMC ファミリーのタンパク質は，細菌からヒトにいたるまですべてのタイプの生物において見られる．真核生物にはコヒーシンとコンデンシンという二つの主要なタイプがあり，どちらにも調節性タンパク質やアクセサリータンパク質が結合している（図 24-31(c)）．**コヒーシン** cohesin は複製直後の姉妹染色分体どうしを連結し，染色体が凝縮して中期にいたるまで，それらを一緒に保つ際に重要な役割を果たしている．この連結は細胞分裂時に染色体が正しく分離するために必須である．コヒーシンは，第三のタンパク質であるクレイシン kleisin とともに複製された染色体のまわりにリングを形成し，複製された染色体の分離が必要になるまで結びつけると考えられる．この

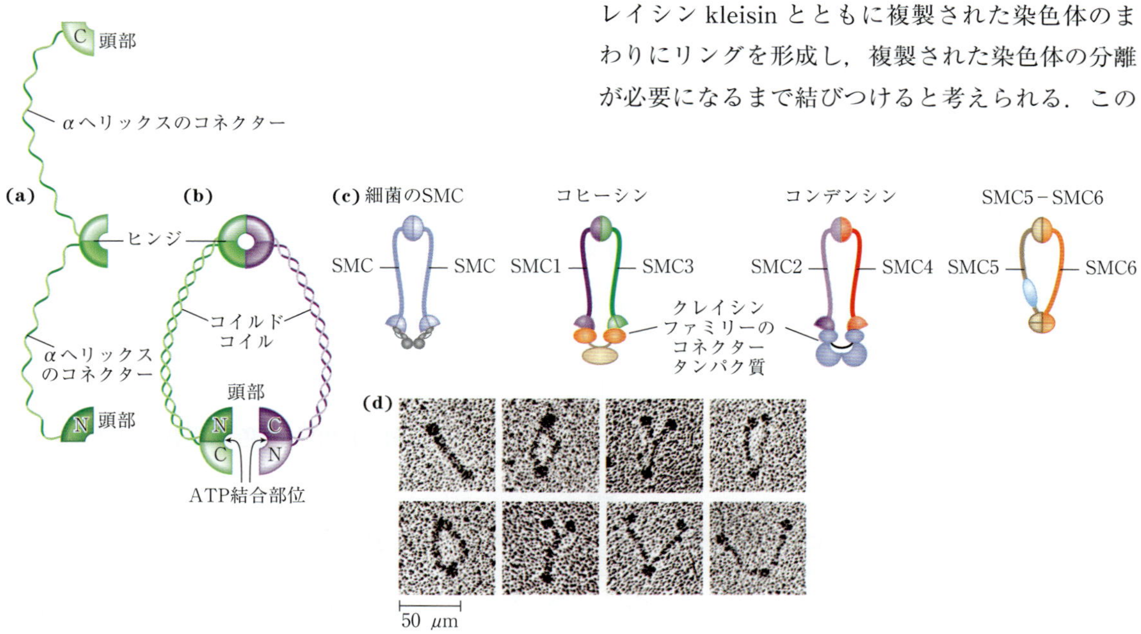

図 24-31　SMC タンパク質の構造

(a) SMC タンパク質は五つのドメインを有する．**(b)** 各 SMC ポリペプチドは，二つのコイルドコイルドメインが互いのまわりに巻きつくように折りたたまれ，N ドメインと C ドメインが集まって完全な ATP 結合部位を形成する．二つのポリペプチドはヒンジ部分で連結され，V 字型の二量体 SMC 分子を形成する．**(c)** 細菌の SMC タンパク質はホモ二量体を形成する．真核生物の 6 種類の SMC タンパク質はヘテロ二量体を形成する．コヒーシンは SMC1 と SMC3 の対から成り，コンデンシンは SMC2 と SMC4 の対から成る．SMC5 と SMC6 の対は DNA 修復に関与する．**(d)** 枯草菌由来の SMC 二量体の電子顕微鏡写真．［出典：(a-c) T. Hirano, *Nature Rev. Mol. Cell. Biol.*, **7**: 311, 2006, Fig. 1 の情報．(d) Harold P. Erickson, Duke University Medical Center, Department of Cell Biology.］

リングは，ATP の加水分解に伴って広がったり収縮したりする．**コンデンシン** condensin は，細胞が有糸分裂に入るときの染色体の凝縮に必須である．実験室では，コンデンシンは正のスーパーコイルを形成するように DNA に結合する．すなわち，ヌクレオソームの結合により巻戻しが誘導されるのとは対照的に，コンデンシンが結合すると，DNA は過度に巻かれる．図 24-32 にクロマチンの凝縮の際のコンデンシンの役割に関するモデルの一つを示す．コヒーシンやコンデンシンは，真核生物の細胞周期における染色体構造のさまざまな変化の協調にとって不可欠である（図 24-33）．

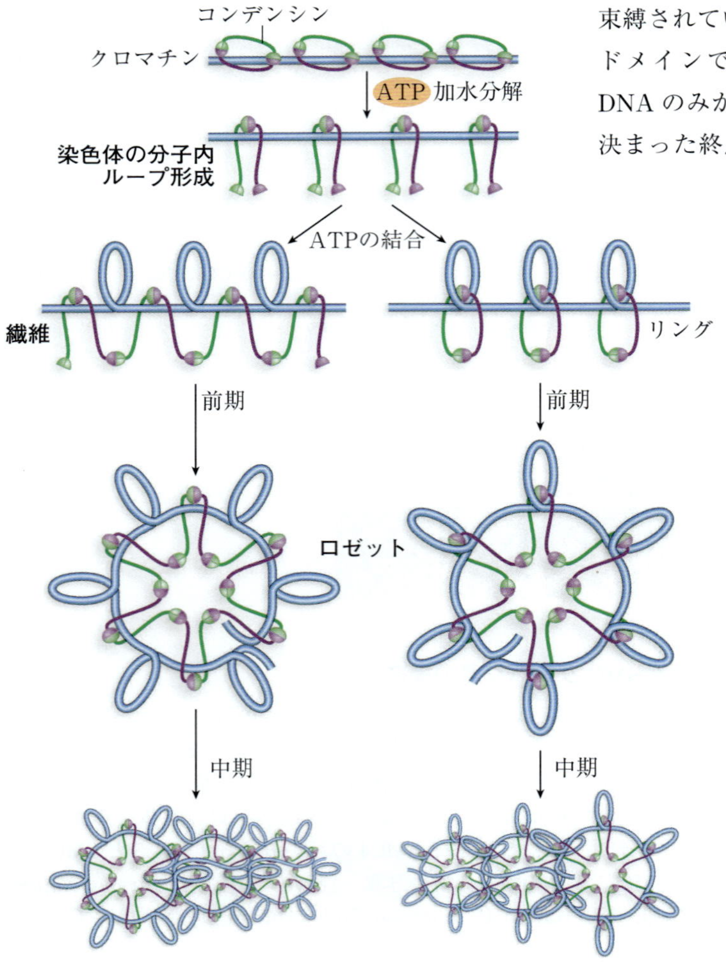

図 24-32 染色体凝縮におけるコンデンシンの予想される役割

最初に DNA が SMC タンパク質のヒンジ領域に結合すると，その内側で SMC 分子内リングが形成される．ATP が結合すると，SMC の頭部どうしの会合が起こり，結合している DNA にスーパーコイルループが形成される．次に，頭部間の相互作用の再編によってロゼットが形成され，DNA の凝縮が起こる．コンデンシンは何通りかの方法によって染色体をループ化する．現時点での二つのモデルを示す．［出典：T. Hirano, *Nature Rev. Mol. Cell. Biol.*, **7**: 311, 2006, Fig. 6 の情報.］

細菌 DNA も高度に組織化されている

ここで細菌の染色体の構造について簡単に触れておく．細菌 DNA は，細胞容積のかなりの部分を占める**核様体** nucleoid という構造内に詰め込まれている（図 24-34）．細菌の DNA は，細胞膜の内側表面の 1 か所または数か所に付着しているように見える．真核生物のクロマチンに比べて，核様体の構造についてはあまりわかっていないが，複雑な機構が徐々に明らかになりつつある．大腸菌では，足場様構造によって，その環状染色体がそれぞれ平均で 10,000 bp となるような一連の約 500 のループ状ドメインを形成するようになる（図 24-35）．このドメインはトポロジー的に束縛されている．例えば，もしも DNA が一つのドメインで切断されれば，そのドメイン内の DNA のみが弛緩する．このようなドメインには決まった終点はない．むしろ，その境界は DNA

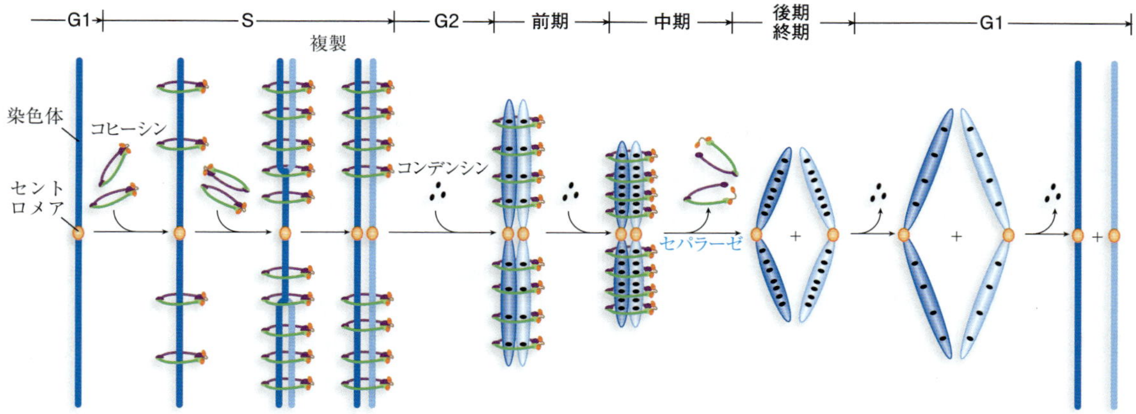

図 24-33　真核細胞の細胞周期におけるコヒーシンとコンデンシンの役割のモデル

コヒーシンは G1 期の染色体に結合し（図 24-23 参照），複製の際に姉妹染色体どうしをつなぎとめる．有糸分裂が開始すると，コンデンシンが凝縮状態の染色分体に結合してその構造を維持する．後期には，セパラーゼという酵素によってコヒーシンによる連結が解かれる．染色分体がいったん分離すると，コンデンシンが離れはじめ，娘染色体は非凝縮状態へと戻る．［出典：D. P. Bazett-Jones, et al., *Mol. Cell* **9**: 1183, 2002, Fig. 5 の情報.］

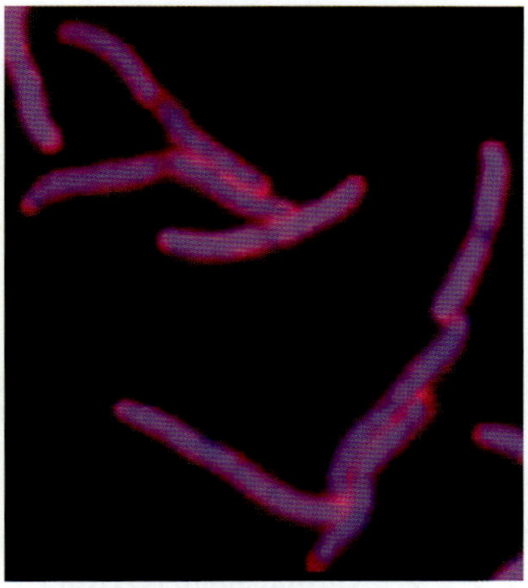

図 24-34　大腸菌の核様体

これらの細胞内の DNA は，紫外線を当てると青色の蛍光を発する色素によって染色してある．青色の部分は核様体である．いくつかの細胞では DNA の複製は行われたが，細胞分裂はまだなので，このように複数の核様体を含んでいる．［出典：Lars Renner.］

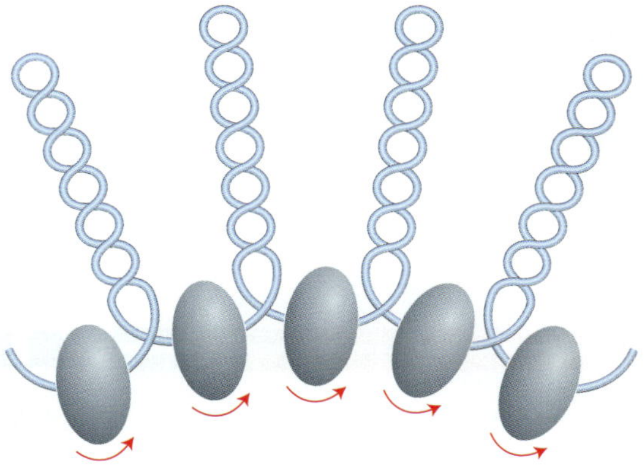

図 24-35　大腸菌の染色体のループ領域

各ドメインは長さにして約 10,000bp である．この領域は静的ではなく，複製の進行に伴って DNA に沿って移動する．構成に関しては不明であるが，これらのドメインの境界が防御壁となり，その境界の先でたとえ DNA 鎖が切断されたとしても，DNA が弛緩するのを防ぐ．このように推定されている境界複合体を灰色の影を付けた卵形で示す．矢印は DNA が境界複合体を通り抜けて行く動きを表す．

複製に同調するように DNA に沿って一定の速度で動いているようである．細菌 DNA には，真核生物のヌクレオソームで見られるような局所的に組織化された構造は見られない．ヒストン様タンパク質は大腸菌には豊富に存在しており，そのうちで最もよく研究されているのは二つのサブユニットから成る HU というタンパク質（分子量 19,000）である．しかし，これらのタンパク質は一瞬の間に結合して解離するので，規則的で安定な DNA–ヒストン構造は見られていない．細菌染色体の動的な構造変化は，そこに含まれる遺伝情報により容易にアクセスできることの必要性を反映しているのかも知れない．細菌の細胞分裂周期は15分と短いが，典型的な真核細胞は何時間もあるいは何か月もの間分裂しない．さらに，細菌でははるかに多くの割合のDNAがRNAやタンパク質産物をコードしている．細菌における細胞の代謝が高速であることは，ほとんどの真核細胞に比べてはるかに高い割合のDNAが一定の時間に転写または複製されていることを意味する．

ここでDNA構造の複雑さについての概説を終え，次章ではDNA代謝について考察することにしよう．

まとめ

24.3 染色体の構造

- 真核細胞のクロマチンの基本的な構成単位はヌクレオソームである．ヌクレオソームはヒストンと200 bpのDNA領域から成る．8個のヒストン分子（H2A，H2B，H3，H4ヒストンが各2個ずつ）によって構成されるコアタンパク質粒子のまわりに，左巻きのソレノイド型スーパーコイル構造をもつDNA領域（約146 bp）が巻きついている．
- ヌクレオソームは *in vitro* では30 nm繊維へと組織化されるが，この構造は細胞内では見出されてはいない．染色体のより高次のフォールディングは染色体足場への付着を伴う．個々の染色体は，染色体テリトリーという核の小領域内に束縛されている．ヒストンH1，トポイソメラーゼⅡ，およびSMCタンパク質は，染色体の組織化に寄与する．SMCタンパク質は主にコヒーシンとコンデンシンであり，これらは細胞周期の各ステージにおいてクロマチンの組織化を保つうえで重要な役割を果たす．
- 細菌の染色体は凝縮されて核様体を形成する．しかし，この染色体は真核生物のクロマチンに比べて，構造的にはるかに動的で不規則である．このことは細菌細胞の短い細胞周期と極めて活発な代謝を反映する．

重要用語

太字で示す用語については，巻末用語解説で定義する．

ヒストン **histone**　1396
表現型 **phenotype**　1374
プラスミド **plasmid**　1376
ヘテロクロマチン **heterochromatin**　1402
巻戻し underwinding　1384
リンキング数 **linking number**　1385

問　題

1 ウイルス内での DNA のパッケージング

バクテリオファージ T2 は，長さ約 210 nm の頭部に分子量 1.2 億の DNA を含む．1 ヌクレオチド対の分子量を 650 と仮定して DNA の長さを計算し，これを T2 頭部の長さと比較せよ．

2 ファージ M13 の DNA

バクテリオファージ M13 の DNA は次のような塩基組成をもつ．A，23%；T，36%；G，21%；C，20%．この数値は，このファージ M13 の DNA について何を示しているか．

3 マイコプラズマのゲノム

既知の最も単純な細菌である *Mycoplasma genitalium* の完全なゲノムは 580,070 bp から成る環状 DNA である．この分子の分子量と全長（弛緩した状態）を求めよ．マイコプラズマ染色体の Lk_0 はいくらか．$\sigma = -0.06$ とすると Lk はいくらか．

4 真核生物遺伝子のサイズ

ラット肝臓から単離されたある酵素は 192 アミノ酸残基であり，1,440 bp の遺伝子によってコードされている．この酵素のアミノ酸残基の数と，遺伝子のヌクレオチド対の数との関係を説明せよ．

5 リンキング数

弛緩状態の閉環状 DNA 分子の Lk は 500 である．この DNA はおよそ何塩基対であるか．また，次の (a)～(d) のとき，Lk はどのように変化するか（増加する，減少する，変化しない，どちらともいえない）．

(a) タンパク質複合体が結合してヌクレオソームを形成したとき．
(b) 一方の DNA 鎖が切断されたとき．
(c) DNA ジャイレースと ATP を DNA 溶液に添加したとき．
(d) 二重らせんが熱変性を受けたとき．

6 DNA のトポロジー

真核生物のコンデンシンとⅡ型トポイソメラーゼの存在下では，弛緩型閉環状 DNA 分子の Lk は変わらない．しかし，DNA は高度な結び目構造を取るようになる．

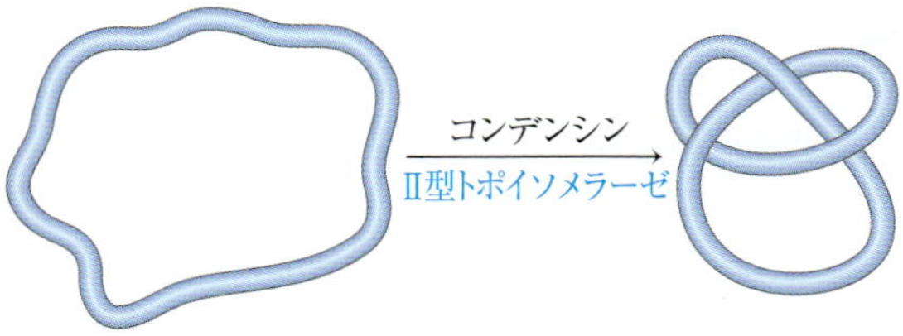

結び目が形成されるためには，DNA が切断され，切れ目を DNA 領域が通り抜け，トポイソメラーゼによって再連結されなければならない．トポイソメラーゼのあらゆる反応によってリンキング数が変化するとすれば，Lk はどのようにして同じままでいることができるのか．

7 超らせん密度

バクテリオファージ λ が大腸菌に感染する際には，その DNA は大腸菌の染色体に組み込まれる．この組換えがうまくいくかどうかは，大腸菌 DNA のトポロジーに依存する．大腸菌 DNA の超らせん密度（σ）が -0.045 よりも大きい場合には，組込みの確率は $<20\%$ である．σ が -0.06 より小さい場合には，確率は $>70\%$ である．培養した大腸菌から単離したプラスミド DNA の長さは 13,800 bp であり，Lk は 1,222 であることがわかっている．この DNA の σ を計算し，バクテリオファージ λ がこの大腸菌に感染する可能性について推定せよ．

8 リンキング数の変化

(a) 一方の鎖にニックをもつ 5,000 bp の環状二本鎖 DNA 分子の Lk はいくらか．
(b) ニックが連結された（弛緩した）とき，(a) の分子の Lk はいくらか．

(c) (b) の分子の Lk は，大腸菌トポイソメラーゼIの単一分子が作用することによってどのような影響を受けるか.

(d) ATP 存在下で1分子の DNA ジャイレースによる8回の酵素的代謝回転の後に，(b) の分子の Lk はいくらになるか.

(e) 細菌のI型トポイソメラーゼ1分子による4回の酵素的代謝回転後に，(d) の分子の Lk はいくらになるか.

(f) 一つのヌクレオソームの結合後，(d) の分子の Lk はいくらになるか.

9 クロマチン

ヌクレオソーム構造を明確にするために役立った初期の証拠は，次に示すアガロースゲル電気泳動の結果である．太いバンドは DNA を表す．この結果は，クロマチンを DNA 分解酵素で短時間処理して，すべてのタンパク質を取り除き，精製された DNA を電気泳動にかけて得られたものである．ゲルの横の数字は，そこに示すサイズの線状 DNA が移動した位置を示している．このゲルからクロマチン構造について何が言えるか．また，なぜ DNA バンドは細い線とならずに太いのか.

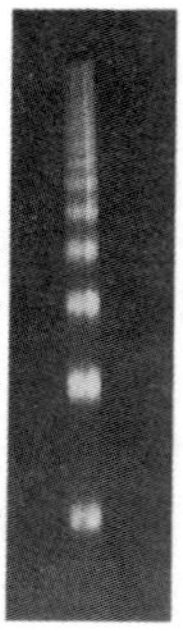

[出 典：Roger D. Kornberg, Stanford University School of Medicine の厚意による.]

10 DNA の構造

B型 DNA らせんが巻き戻されると，どのようにしてZ型 DNA の形成が促進され，それが安定化されるのかを説明せよ（図 8-17 参照).

11 DNA 構造の維持

(a) DNA 分子が負のスーパーコイル状態を維持するために必要な二つの構造上の特徴を述べよ.

(b) DNA 分子が負のスーパーコイルを形成するとき，有利になる三つの構造上の変化をあげよ.

(c) どのような酵素が ATP の助けを借りて DNA の負のスーパーコイルを生じさせるのか.

(d) この酵素が作用する物理的な機構について述べよ.

12 酵母の人工染色体（YAC）

YAC は酵母細胞で大きな DNA 断片をクローン化するために用いられる．酵母細胞で YAC が正しく複製して増殖するために必要な3種類の DNA 配列は何か.

13 細菌の核様体構造

細菌における一群の遺伝子の転写は，DNA のトポロジーによる影響を受け，DNA が弛緩すると発現が上昇したり，(より多くの場合には) 低下したりする．細菌の染色体が制限酵素（長く，結果的にまれな配列を切断する酵素）によって特定の部位で切断されると，その近傍の遺伝子（10,000 bp 以内）のみの発現が上昇したり低下したりする．染色体の別の場所での遺伝子の転写は影響を受けない理由について説明せよ.（ヒント：図 24-35 参照）

14 DNA のトポロジー

DNA をアガロースゲル電気泳動にかけると，短い分子は長い分子よりも速く移動する．同じサイズであっても，リンキング数が異なる閉環状 DNA は，アガロースゲルで分離できる．スーパーコイルの程度が大きく，より密にまとまっているトポアイソマーは，ゲルの中をより速く移動する．次に示すゲルで，精製したプラスミド DNA を上方から下方へと泳動させた．二つのバンドがあり，速く移動したバンドの方が遅く移動したバンドよりもずっと顕著であった.

(a) 二つのバンドはそれぞれどのような種類の DNA であるか.

(b) この DNA 溶液にトポイソメラーゼIを加えると，電気泳動後の上下のバンドにどのような変化が起こるか.

(c) DNA リガーゼを DNA に加えると，二つのバンドの見えかたは変化するか．また，その理由も説明せよ.

(d) DNA に DNA リガーゼを添加した後に DNA ジャイレースと ATP を加えると，バンドのパターンはどのように変化するか．

［出典：Michael Cox 研究室の厚意による.］

15 DNA のトポアイソマー

DNA をアガロースゲル電気泳動にかけると，短い分子は長い分子よりも速く移動する．同じサイズであっても，リンキング数が異なる閉環状 DNA は，アガロースゲルで分離できる．スーパーコイルの程度が大きく，より凝縮されているトポアイソマーは，ゲルの中を（二つのゲルの上方から下方へと）より速く移動する．クロロキンという色素をこれらのゲルに添加してある．クロロキンは塩基対間にインターカレートし，巻戻しの程度の大きい DNA 構造を安定化する．この色素が弛緩型閉環状 DNA と結合すると，色素が結合する部位で DNA が巻き戻され，結合していない領域は代償的に正のスーパーコイル構造をとる．ここに示す実験では，トポイソメラーゼは異なる超らせん密度（σ）をもつ同一の DNA の環を調製するために用いられた．完全に弛緩している DNA は N（ニック *n*ick が入っていることを意味する）で印をつけた位置まで移動し，（個々のトポアイソマーを識別できる限度以上に）高度にスーパーコイル化された DNA は X で示す位置まで移動した．

(a) ゲル A において，$\sigma = 0$ のレーン（平均して $\sigma = 0$ となるように調製した DNA）にはなぜ複数のバンドが見られるのか．

(b) ゲル B において，$\sigma = 0$ となるように調製した DNA は，インターカレートする色素存在下で正のスーパーコイルを形成しているか，それとも負のスーパーコイルを形成しているか．

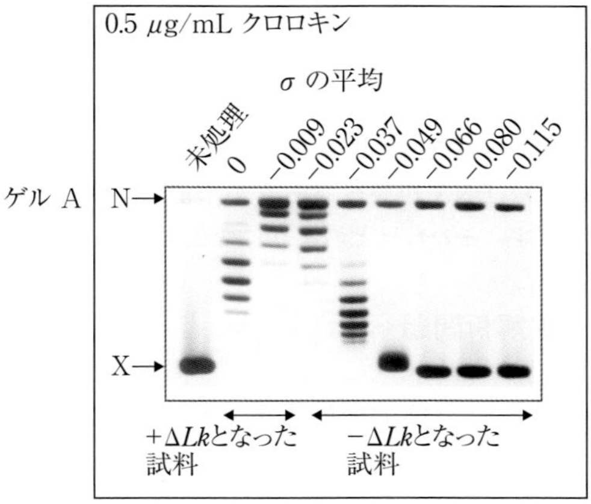

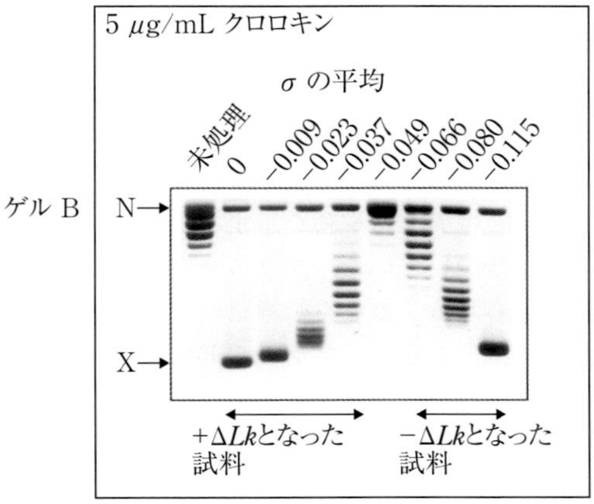

［出典：R. P. Bowater (2005) "Supercoiled DNA: structure," in *Encyclopedia of Life Sciences,* doi: 10.1038/npg.els.0006002, John Wiley & Sons, Inc./ Wiley InterScience.www.els.net.］

(c) 両方のゲルにおいて，$\sigma = -0.115$ のレーンには二つのバンドがあり，その一方は高度にスーパーコイル化している DNA であり，もう一方は弛緩型 DNA である．これらのレーン（および他のレーン）に弛緩型 DNA が存在する理由について考察せよ．

(d) もとの DNA（各ゲルの一番左のレーン）は，細菌細胞から単離された同一の DNA 環であり，未処理のものである．この未処理の DNA のおよその超らせん密度はいくらか．

16 ヌクレオソーム

ヒトのゲノムには 31 億を少し超える塩基対が含まれている．このゲノムが本章で述べたように配置されているヌクレオソームを含むと仮定すると，1 個のヒト体細胞に何分子のヒストン H2A が存在することになるか（いくつかの領域での H2A バリアントへの置換による H2A の減少は考慮しなくてよい）．DNA 複製後であるが，まだ細胞分裂する前には，この数はどのように変化するか．

データ解析問題

17　酵母染色体の機能要素を明らかにする

図 24-8 は出芽酵母（*Saccharomyces cerevisiae*）の染色体の主要な構造要素を表している．Heiter, Mann, Snyder と Davis（1985 年）は，これらの要素のいくつかの性質を決定した．このような性質は，酵母細胞中では，プラスミド（遺伝子と複製起点を含む）は有糸分裂の際に染色体（遺伝子と複製起点に加えて，セントロメアとテロメアを含む）とは異なる挙動を示すという発見に関する研究に基づいていた．プラスミドは，有糸分裂装置に操られることなく娘細胞にランダムに分配される．宿主細胞中にプラスミドを保持させるような選択マーカー（図 9-4 参照）がプラスミドにない場合には，これらのプラスミドはすぐに失われる．一方，染色体は，選択マーカーがなくても有糸分裂装置の制御を受けるので，非常に低率（約 10^5 回の細胞分裂あたり 1 回）でしか失われない．

Heiter らは，酵母染色体のさまざまな部分が組み込まれたプラスミドを構築し，これらの「合成染色体」が有糸分裂の際に正しく分離するのかどうかを観察することによって，酵母染色体の重要な構成要素を決定しようとした．異なるタイプの染色体の分離の失敗の頻度を測定するために，異なる細胞に存在する合成染色体のコピー数を決定する迅速なアッセイ法が必要であった．このアッセイは，栄養培地上で野生型酵母のコロニーは白く，ある種のアデニン要求性（ade^-）の酵母は赤いコロニーを形成することを利用したものである．*ade2*$^-$ 細胞は AIR カルボキシラーゼ（図 22-35 のステップ 6a の酵素）の機能を特異的に欠失しており，AIR（5-アミノイミダゾールリボヌクレオチド）を細胞質に蓄積する．この過剰の AIR はよく目立つ赤色の色素へと変換される．このアッセイの他の部分では *SUP11* 遺伝子も利用されている．この遺伝子は，いくつかの *ade2*$^-$ 変異体の表現型を抑制するオーカーサプレッサー（ナンセンスサプレッサーの一種；Box 27-3 参照）をコードしている．

Heiter らは，*ade2*$^-$ に関してホモ接合体である酵母の二倍体株を用いて研究を開始した．これらの細胞は赤色である．変異細胞が *SUP11* 遺伝子のコピーを一つ含むとき，代謝欠陥が部分的に抑制されて，細胞は桃色になる．細胞が二つ以上の *SUP11* のコピーを含むとき，欠陥は完全に抑制され，細胞は白くなる．

彼らは，染色体の機能にとって重要と考えられるさまざまな配列を含む合成染色体に 1 コピーの *SUP11* を挿入し，これらの染色体がどれだけうまく世代から世代へと伝えられるのかを観察した．Heiter らは，このような桃色の細胞を非選択培地に播種し，合成染色体の挙動を観察したときに，細胞の播種後の最初の分裂時に合成染色体が正しく分離せず，その半分が一つの遺伝子型をもち，残りの半分が他方の遺伝子型をもつようなコロニーを形成するものを探した．酵母細胞は動かないので，これは他とは隔離されたコロニーであり，ある半分は一つの色をしており，残りの半分は別の色をしている．

(a) 有糸分裂がうまくいかない理由の一つは染色体の不分離である．すなわち，その染色体は複製するが，姉妹染色分体が分離できないので，染色体の両方のコピーが同じ娘細胞中に存在することになる．合成染色体の不分離によって，どのようにして半分が赤色で半分が白色のコロニーが生じるのかを説明せよ．

(b) 有糸分裂がうまくいかない別の理由として染色体の喪失がある．すなわち，染色体は娘細胞の核内に入らないか，複製されないかである．合成染色体の喪失によって，どのようにして半分が赤色で半分が桃色のコロニーが生じるのかを説明せよ．

異なるコロニーのタイプの頻度を数えることによって，Heiter らは異なるタイプの合成染色体を用いて異常な有糸分裂の頻度を推定することができた．彼らは，まず既知のセントロメアを含む異なるサイズの DNA 断片をもつ合成染色体の構築によって，セントロメアの配列の必要性について検討した．

彼らが得た結果は次のとおりである．

合成染色体	セントロメアを含む断片のサイズ（kbp）	染色体の欠失（%）	不分離（%）
1	なし	−	＞50
2	0.63	1.6	1.1
3	1.6	1.9	0.4
4	3.0	1.7	0.35
5	6.0	1.6	0.35

(c) これらのデータに基づき，正常な有糸分裂に必要なセントロメアのサイズに関してどのように結論することができるか．その理由を説明せよ．

(d) これらの実験において作製されたすべての合成染色体は環状であり，テロメアを欠いていた．これらの合成染色体がどのようにしておおむね正しく複製されたのかについて説明せよ．

Heiter らは，次に機能しうるセントロメア配列とテロメアを含む一連の直鎖状合成染色体を構築し，サイズの関数として，全体としての有糸分裂における誤りの頻度（喪失%＋不分離%）を測定した．

合成染色体	サイズ（kbp）	全体の誤りの頻度（%）
6	15	11.0
7	55	1.5
8	95	0.44
9	137	0.14

(e) これらのデータに基づき，正常な有糸分裂に必要な染色体のサイズに関してどのように結論することができるか．その理由を説明せよ．

(f) 正常な酵母染色体は直鎖状であり，250 ～ 2,000 kbp の長さがあり，上述のように約 10^5 回の細胞分裂あたり 1 回の頻度で有糸分裂の誤りを起こす．(e) の結果から推定すると，これらの実験に用いられたセントロメアとテロメアの配列があれば正常な酵母の染色体の有糸分裂が安定に行われると考えられるか，あるいは他の配列が含まれなければならないか．その理由を説明せよ．（ヒント：「log（誤りの頻度）」対「長さ」のグラフが役に立つだろう．）

参考文献

Heiter, P., C. Mann, M. Snyder, and R. W. Davis, R. W. 1985. Mitotic stability of yeast chromosomes: a colony color assay that measures nondisjunction and chromosome loss. *Cell* **40**: 381–392.

発展学習のための情報は次のサイトで利用可能である（www.macmillanlearning.com/LehningerBiochemistry7e）．

25

DNA 代謝

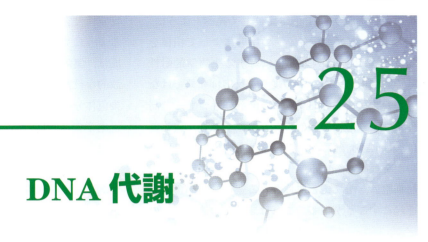

これまでに学習してきた内容について確認したり，本章の概念について理解を深めたりするための自習用ツールはオンラインで利用可能である（www.macmillanlearning.com/LehningerBiochemistry7e）．

遺伝情報の貯蔵物質として，DNA は生体高分子のなかでも独特でかつ中心的な存在である．DNA のヌクレオチド配列は，細胞のすべての RNA とタンパク質の一次構造をコードし，酵素を介して間接的に細胞のすべての構成成分の合成に影響を及ぼす．DNA の情報が RNA，そしてタンパク質へと伝達されることによって，あらゆる生物体のサイズ，形，そして機能が規定される．

DNA は，遺伝情報を安定に保管するためのすばらしい装置である．しかし，ここでいう「安定的保管」というフレーズは，細胞における DNA の役割が静的で，誤った印象を与える．この言葉からは，遺伝情報が誤りなく保持され，ある世代の細胞から次世代へと伝えられる過程の複雑さを理解することはできない．DNA 代謝とは，DNA 分子の正確なコピーがつくられる過程（複製 replication），および DNA が本来もっている情報の構造に影響を与えるような過程（修復 repair と組換え recombination）から成る．このような活動が本章の焦点である．

DNA の代謝では，何よりもまず極めて正確に反応が行われる必要がある．DNA 複製において，ヌクレオチドを次々に連結する化学は，一見すると精密かつ単純である．しかし，情報を含むすべてのポリマーにあてはまることだが，二つの単量体の間の共有結合の形成は，生化学的過程全体のほんの一部にすぎない．これから説明するように，その結合が確実に正しいヌクレオチドに形成され，遺伝情報を無傷のまま伝達するために，複雑な酵素装置が存在する．DNA 合成の際に起こる誤りが修正されなければ，ある遺伝子の機能に影響を与えたり機能を欠損させたりするだけでなく，その変化が受け継がれる可能性があるので，恐ろしい結果を招くこともある．

DNA を合成する酵素は，数百万もの塩基を含む DNA 分子をコピーする．DNA 基質が高度に凝集して他のタンパク質に結合していたとしても，複製酵素は極めて正確に，かつ極めて高速で DNA 合成を行う．すなわち，伸長しつつある DNA の主鎖のヌクレオチドをつなぐホスホジエステル結合の形成そのものは，驚くほど多数のタンパク質や酵素を必要とする精巧な過程のほんの一部にすぎない．

遺伝情報の完全性を維持することは，DNA 修復の根幹をなす．Chap. 8 で詳しく述べたように，DNA はさまざまなタイプの反応によって損傷を受ける．DNA 配列の変化に対する生物学的耐性は極めて低いので，このような反応は頻繁ではないが重要である．DNA は修復系をもつ唯一の高分子であり，修復機構の存在数，多様性，複雑さは，DNA 分子がいかに多様な攻撃を受けているのかを反映している．

細胞は，組換えと総称される遺伝情報の再編成を起こすことがある．これは，前述の遺伝情報の安定性と完全性を至高のものとする原則に相反するように見える．しかし，ほとんどの DNA 再編成は，実際にはゲノムの完全性の維持において建設的な役割を担っており，DNA 複製，DNA 修復，染色体分離において特別な方法で貢献している．

本章では，DNA 代謝を触媒する酵素群に特に焦点をあてる．これらの酵素は，本来の生物学的な重要性と興味に加えて，医学的に重要になりつつあり，現在利用されているさまざまな生化学的技術のなかで試薬として日常用いられているとい

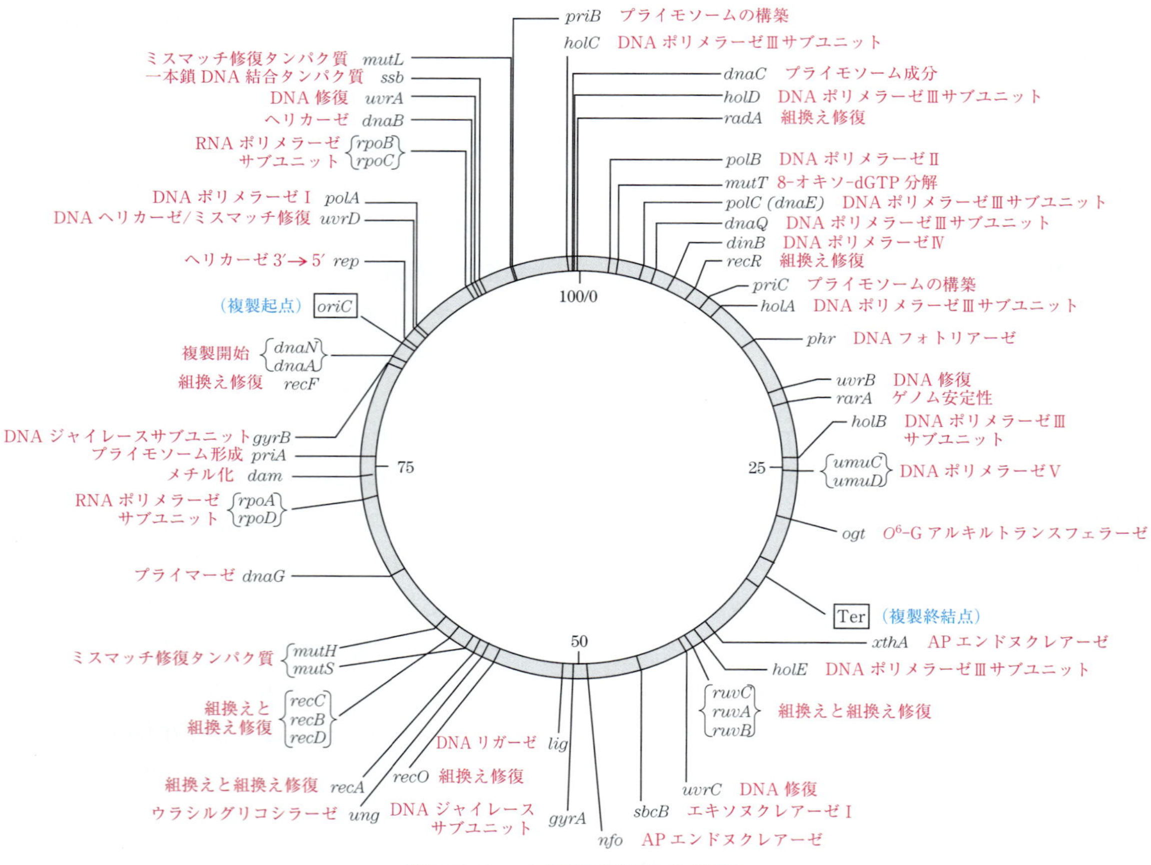

図 25-1　大腸菌の染色体地図

DNA 代謝において重要なタンパク質をコードする遺伝子の相対的位置関係を示す．関与する遺伝子の数からも，これらの過程の複雑さがわかる．環状染色体の内側の 0 ～ 100 までの数字は遺伝学的な方法で求められた値で，分の単位で表す．1 分は大腸菌 DNA 分子中の約 40,000 bp に相当する．3 文字の小文字で表された遺伝子や他のエレメントの名称は，通常はそれらの機能を反映している．例えば，***mut***，mutagenesis；***dna***，DNA replication；***pol***，DNA polymerase；***rpo***，RNA polymerase；***uvr***，UV resistance；***rec***，recombination；***dam***，DNA adenine methylation；***lig***，DNA ligase；***ter***，termination of replication；***ori***，origin of replication（大腸菌では図に示すように *oriC* である）．

う理由からも，注意深く研究する価値がある．DNA 代謝における先駆的な発見の多くは大腸菌を用いて行われたので，よく理解されている大腸菌の酵素を例にとって基本原理について説明する．DNA 代謝に関連する遺伝子を大腸菌の染色体地図上に示す（図 25-1）ことによって，DNA 代謝に関与する酵素系の複雑さの一端がわかる．

複製について詳しく見る前に，本章や後の章に出てくる遺伝子とタンパク質の命名の略号表記について少し解説する必要がある．

重要な約束事：一般に，細菌の遺伝子はしばしばその機能を反映するようなイタリック体の小文字 3 文字で命名される．例えば，*dna*，*uvr* および *rec* は，それぞれ DNA 複製（*DNA* replication），紫外線照射の傷害作用に対する抵抗性（*UV r*esistance），および組換え（*rec*ombination）を意味する．同じ過程で作用するいくつかの遺伝子に対しては，*A*，*B*，*C* 等を付記する（例：*dnaA*，*dnaB*，*dnaQ*）．これらの文字は，通常は遺伝子が発見された順番を示すものであり，反応におけるこれらの遺伝子産物の作用の順番を反映するのではない．同様の慣例が真核生物の遺伝子の命名にも存在する．しかし，略号表記の正確な形式は生物種ごとに異なり，すべての真核生物の系に適用できる統一された慣用的命名法はない．例えば，出芽酵母 *Saccharomyces cerevisiae* では，遺伝子の名称は一般に三つの大文字と数字から成り，すべてイタリック体である（例えば，遺伝子 *COX1* はシトクロムオキシダーゼ *c*ytochrome *ox*idase（Chap. 19）の一つのサブユニットをコードする）．ただし，現在の慣例よりも前に命名された遺伝子の名称はこれには当てはまらないこともある．■

タンパク質の命名の際の略記は単純ではない．遺伝学的研究の際には，各遺伝子のタンパク質産物は，通常は単離されてから性質が明らかにされる．多くの細菌遺伝子は，そのタンパク質産物の役割が詳細に理解される前に，同定されて命名されてきた．ときには，遺伝子産物が以前に単離されていたタンパク質と同一であることもあり，再命名されることもある．また，遺伝子産物のタンパク質が未知のもので，しかも活性を単純な酵素名で呼ぶのが容易ではない場合も多い．

重要な約束事：細菌のタンパク質は，しばしばその遺伝子名を用いて表される．大腸菌遺伝子のタンパク質産物については，ローマン体（イタリック体ではなく）を用い，最初の文字を大文字とする．例えば，*dnaA* や *recA* 遺伝子の産物は，それぞれ DnaA，RecA タンパク質である．真核生物のタンパク質の命名の慣例も複雑である．酵母では，いくつかのタンパク質は普通の長い名称のままである（cytochrome oxidase など）．その他のタンパク質は遺伝子と同じ名称を使い，この場合には一つの大文字と二つの小文字，そして数字と「p」の文字から成り，すべての文字がローマン体である（Rad51p など）．この「p」は，これがタンパク質であることを強調し，他の生物における命名の慣例と混同しないようにするためである．■

25.1　DNA 複製

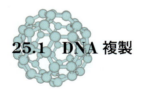

DNA の構造がわかるよりもずっと以前に，科学者たちは，自分自身の忠実なコピーをつくり出す生物の能力を不思議に思い，のちに細胞が複雑な生体高分子の多くの同一コピーをつくる能力に興味を抱いた．これらの問題について熟考する過程で，**鋳型** template の概念が浮かび上がった．鋳型は，分子が特定の順番で並べて連結され，独特な配列と機能をもつ高分子をつくり出すのを可能にする構造である．1940 年代には DNA が遺

伝性分子であることが明らかになったが，James Watson と Francis Crick がその構造を解明してはじめて，遺伝情報の複製と伝達に DNA 分子が鋳型として機能する方法が明確になった．すなわち，一方の鎖が他方の鎖に対して相補的である．厳密な塩基対形成の規則によって，一方の鎖が予測の可能な相補的配列を有する新たな鎖の鋳型になる（図 8-14，図 8-15 参照）．

DNA 複製過程の基本的性質とその過程を触媒する酵素が用いる機構は，すべての生物種で本質的に同一であることがわかってきた．この機構の統一性が本章の主題である．まず，複製過程の一般的性質について説明した後に，大腸菌の複製酵素系，そして最後には真核生物における複製へと話を進める．

DNA 複製は一群の基本法則に従う

細菌の DNA 複製とそれに関与する酵素に関する初期の研究によって，あらゆる生物の DNA 合成に適用できるいくつかの基本的な性質が確立された．

DNA 複製は半保存的である　二本鎖 DNA の各鎖が新たな鎖の合成の鋳型として働き，一方が古い鎖で他方が新しい鎖の 2 組の新しい二本鎖 DNA 分子ができる．これを**半保存的複製** semiconservative replication という．

Watson と Crick は，1953 年に DNA の構造に関する論文を発表した直後に，半保存的複製の仮説を提唱した．この仮説は，Matthew Meselson と Franklin Stahl が行った巧妙な実験（メセルソン・スタールの実験）によって，1957 年に証明された．Meselson と Stahl は，豊富に存在する通常の「軽い」同位元素 ^{14}N の代わりに，「重い」同位元素 ^{15}N を唯一の窒素源（NH_4Cl）として含む培地を用いて，大腸菌を何世代にもわたって培養した．このような細胞から単離した DNA は，通常の［^{14}N］DNA よりも密度が約 1% 大きかった（図 25-2(a)）．この差はほんのわずかであるが，重い［^{15}N］DNA と軽い［^{14}N］DNA の混合物は，塩化セシウム CsCl の密度勾配中で平衡に達するまで遠心することによって分離可能である．

^{15}N の培地で生育した大腸菌細胞を ^{14}N 同位元素のみを含む新しい培地に移し，細胞数がちょうど 2 倍になるまで生育させた．このような第一世代の細胞から単離された DNA は，CsCl 密度勾

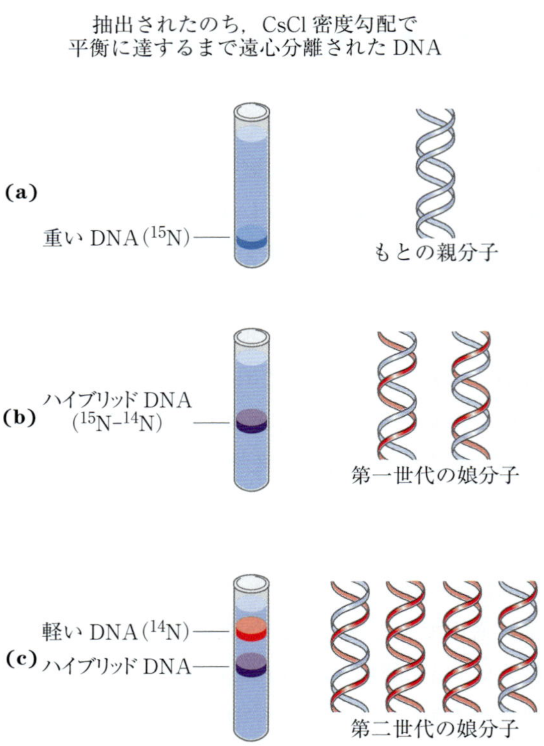

図 25-2　メセルソン・スタールの実験

(a) 大腸菌を「重い窒素」^{15}N のみを含む培地中で数世代にわたって培養し，DNA 中の窒素をすべて ^{15}N にする．DNA を CsCl 密度勾配中で遠心分離すると 1 本のバンド（青色）を形成する．**(b)** 次に，大腸菌細胞を「軽い窒素」^{14}N を含む培地に移して一世代培養したのちに分離した細胞の DNA は，密度勾配の少し上の位置でバンドを形成する（紫色のバンド）．**(c)** さらに二世代目まで培養して複製を続けると，ハイブリッド DNA のバンド（紫色）と［^{14}N］DNA のみを含むバンド（赤色）が生成する．これらのことから，DNA の半保存的複製が確認された．

配で単一のバンドを形成し，その位置から，娘細胞の二重らせん DNA 分子は，一方が新たに合成された ^{14}N を含む鎖で，もう一方は ^{15}N を含む親鎖からなるハイブリッドであることが示唆された（図 25-2(b)）．

この結果は，もう一つの仮説である保存的複製とは合致しない．保存的複製では，子孫 DNA 分子の一方は二つの新たに合成される DNA 鎖から，他方は二つの親鎖から構成されることになり，メセルソン・スタールの実験で見られたハイブリッド DNA 分子は生成されない．半保存的複製仮説は，実験の次のステップでさらに裏づけられた（図 25-2(c)）．細胞の数がさらに 2 倍になるまで ^{14}N 培地で生育させた．このように 2 回複製が起こった DNA は密度勾配で 2 本のバンドを形成し，一方のバンドは軽い DNA に相当する密度を，他方は最初に細胞数が倍化した際に観察されたハイブリッド DNA と同じ密度を示した．

複製は複製起点から開始して，通常は両方向に進行する　半保存的複製機構が確認されると，多くの疑問が生じた．親 DNA 二本鎖は，各鎖が複製される前に完全にほどかれる（巻き戻される）のか．複製は不特定の場所から始まるのか，それとも特定の点からなのか．DNA 中のどこかから開始されたのち，複製は一方向にのみ進むのか，それとも両方向に進むのか．

研究の初期に，John Cairns によるオートラジオグラフィーを用いた実験で，複製は極めて協調的な過程であり，両方の親鎖は同時に巻き戻されて複製されることが示された．彼は，トリチウム（^{3}H）標識チミジンを含む培地中で大腸菌を増殖させることによって，その DNA を放射性標識した．注意深く単離した DNA を広げて塗布し，写真乳剤を重層して数週間置くと，放射性チミジン残基が乳剤中で銀粒子の「軌跡」を生じさせ，DNA 分子の全体像がわかった．このような軌跡の観察から，大腸菌の完全な染色体は，長さ 1.7 mm の一つの巨大な環であることが明らかになった．複製中の細胞から単離された放射標識 DNA は余分なループ構造を示した（図 25-3）．Cairns は，そのループが各親鎖に相補的な放射性標識された 2 本の娘鎖の形成に起因すると結論した．ループの一端あるいは両端は，**複製フォーク** replication fork という動的な点である．そこでは，親 DNA 鎖がほどかれつつあり，分離した鎖

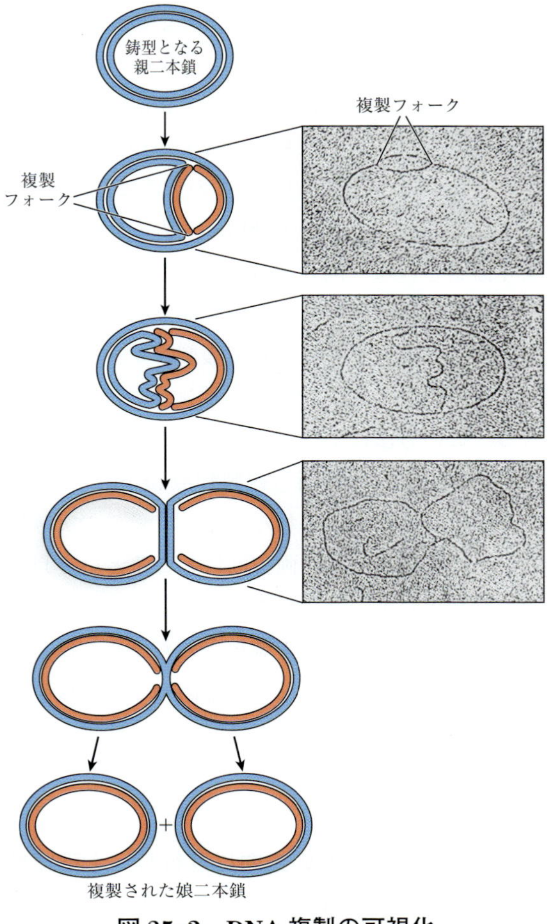

図 25-3　DNA 複製の可視化

環状 DNA 分子の複製のさまざまなステージが電子顕微鏡を用いて可視化されている．環状染色体の両鎖の複製が同時に進行するにつれて，ギリシャ文字のシータ（θ）に似た構造ができる（新たに合成された鎖を淡赤色で示す）．電子顕微鏡写真は，単一の複製起点から複製されているプラスミド DNA の像を示す．［出典：電子顕微鏡写真：J. Cairns, *Cold Spring Harb. Symp. Quant. Biol.* **28**: 44, 1963.］

が迅速に複製されている．Cairns の結果は，両方の DNA 鎖が同時に複製されることを証明した．さらに別の実験によって，細菌の染色体の複製は二方向性であること，すなわち，ループの両端が活発な複製フォークであることが示された．

この複製ループが，DNA の特定の場所から始まるのかどうかを決定するためには，DNA 分子に沿って目印をつける必要があった．このような目印は，Ross Inman らによって開発された **DNA 変性地図法** denaturation mapping という技術によって得られた．48,502 bp からなるバクテリオファージ λ の染色体を使って，Inman は A＝T 塩基対が極端に多い配列で DNA が選択的に変性されやすいことを見出した．この方法で調べると，一本鎖のバブル（泡）bubble パターンが再現性よく観察される（図 8-28 参照）．複製ループを含む DNA を単離してこの方法で部分的に変性させると，変性部分を指標にして複製フォークの位置と進行について測定してマッピングすることができる．この方法によって，この系では複製ループは常にある特定の場所（**複製起点** origin という）から始まることが示された．さらに，この実験によって，複製が通常は両方向に起こるという以前の観察結果が裏づけられた．環状 DNA 分子では，二つの複製フォークは複製起点のちょうど反対側で出会う．それ以来，種々の細菌や下等真核生物で，特有の複製起点が同定され，その性質が調べられてきた．

DNA 合成は 5′ → 3′ の方向に進行し，半不連続的である　新たな DNA 鎖は，遊離の 3′-OH を DNA の伸長点として，常に 5′ → 3′ の方向で合成される（DNA 鎖の 5′ および 3′ 末端の定義については p. 408 参照）．二つの DNA 鎖は逆平行なので，鋳型として働く鎖は 3′ 末端から 5′ 末端に向かって読まれる．

合成が常に 5′ → 3′ 方向に進行するのならば，両方の鎖はどのようにして同時に合成されるのか．もしも両方の鎖が複製フォークの進行に伴って連続的に合成されるとすれば，一方の鎖は 3′ → 5′ 方向の合成でなければならない．この問題は，1960 年代に岡崎令治 Reiji Okazaki らによって解決された．岡崎は，新たな DNA 鎖の一方が**岡崎フラグメント** Okazaki fragment という小断片として合成されることを発見した．岡崎の研究から，最終的に一方の鎖は連続的に，他方の鎖は不連続的に合成されるという結論が導かれた（図 25-4）．連続的に合成される鎖は**リーディング鎖** leading strand と呼ばれ，その合成は複製フォークの移動と同じ 5′ → 3′ の向きで進む．不連続に合成される鎖は**ラギング鎖** lagging strand と呼ばれ，5′ → 3′ 方向への合成は複製フォークの移動とは逆向きに進む．岡崎フラグメントの長さは，通常は真核生物で 100 ～ 200 ヌクレオチド，細菌では 1,000 ～ 2,000 ヌクレオチドである．後述するように，リーディング鎖とラギング鎖の合成は厳

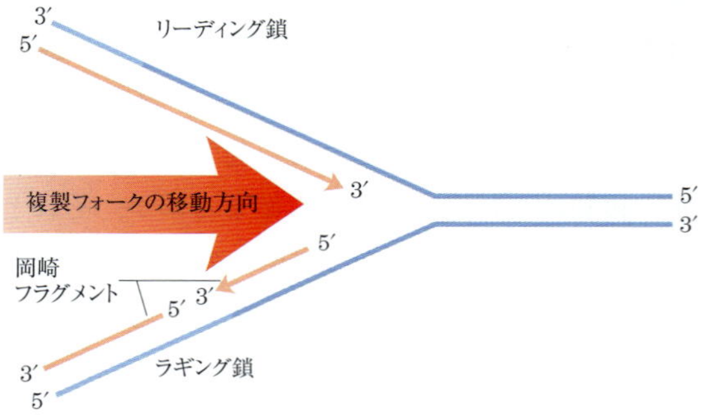

図 25-4　複製フォークにおける 2 本の新生 DNA 鎖の合成方法の違い

新たな DNA 鎖（淡赤色）は常に 5′ → 3′ 方向に合成される．鋳型 DNA はその反対の方向である 3′→5′ 方向に読まれる．リーディング鎖は，複製フォークの動きと同じ向きに連続的に合成される．もう一方の鎖（ラギング鎖）は，不連続の短い断片（岡崎フラグメント）として，複製フォークの移動とは逆向きに合成される．岡崎フラグメントは，後に DNA リガーゼによって連結される．細菌では，岡崎フラグメントは約 1,000 ～ 2,000 ヌクレオチドの長さである．真核細胞の岡崎フラグメントの長さは 100 ～ 200 ヌクレオチドである．

密に協調している．

DNA はヌクレアーゼによって分解される

DNA 複製の酵素機構について説明するために，まず DNA の合成よりも分解を行う酵素について紹介する．このような酵素は一般に**ヌクレアーゼ** nuclease と呼ばれ，それが RNA ではなく DNA に対して特異的ならば**デオキシリボヌクレアーゼ（DN アーゼ）** deoxyribonuclease (DNase) である．あらゆる細胞に何種類もの異なるヌクレアーゼが存在し，それらは大きく二つのクラスに分類される．すなわち，エキソヌクレアーゼとエンドヌクレアーゼである．**エキソヌクレアーゼ** exonuclease は核酸を分子の一方の端から分解する．多くの場合に，二本鎖 DNA の一方の鎖あるいは一本鎖 DNA を，5′ → 3′ 方向（5′ 末端から順番にヌクレオチドを除去する）または 3′ → 5′ 方向（3′ 末端から順番にヌクレオチドを除去する）のいずれかの方向にのみ作用する．**エンドヌクレアーゼ** endonuclease は，核酸分子を内部の特定の位置で分解しはじめ，鎖を小さく断片化していく．いくつかのエキソヌクレアーゼとエンドヌクレアーゼは一本鎖 DNA のみを分解する．あるクラスのエンドヌクレアーゼは特異的なヌクレオチド配列でのみ切断する（例：バイオテクノロジーにおいて極めて重要な制限エンドヌクレアーゼ restriction endonuclease；Chap. 9，図 9-2 参照）．本章および次章では多くのタイプのヌクレアーゼが登場する．

DNA は DNA ポリメラーゼによって合成される

DNA 合成能を有する酵素の探索は，1955 年に始まった．Arthur Kornberg らの研究によって，大腸菌細胞から **DNA ポリメラーゼ** DNA polymerase が精製され，その性質が調べられた．1 本のポリペプチド鎖からなるこの酵素は，今では **DNA ポリメラーゼ I** DNA polymerase I（分子量 103,000；*polA* 遺伝子によりコードされる）と呼ばれる．後述するように，大腸菌にはこのほかに少なくとも 4 種類の DNA ポリメラーゼが存在することがずっと後になってわかった．

DNA ポリメラーゼ I の詳細な研究から，DNA 合成過程の特徴が明らかになった．現在では，その特徴はすべての DNA ポリメラーゼに共通に見られることがわかっている．基本反応はホスホリル基転移である．求核基は，伸長しつつある鎖の 3′ 末端ヌクレオチドの 3′-ヒドロキシ基である．求核攻撃は，次に入ってくるデオキシリボヌクレオシド 5′-三リン酸の α 位のリンに対して起こる（図 25-5(a)）．この反応では無機ピロリン酸が遊離する．反応の一般式は次のように表される．

$$\underset{\text{DNA}}{(\text{dNMP})_n} + \text{dNTP} \longrightarrow \underset{\text{伸長した DNA}}{(\text{dNMP})_{n+1}} + \text{PP}_i \qquad (25\text{–}1)$$

ここで，dNMP と dNTP はそれぞれデオキシリボヌクレオシド 5′- 一リン酸と同 5′- 三リン酸を表す．ほぼすべての DNA ポリメラーゼによる触媒作用には，その特徴として活性部位で 2 個の Mg^{2+} イオンが関与する（図 25-5(a)）．そのうちの一つは，3′-ヒドロキシ基の脱プロトン化を促し，その求核基としての性質を高める．もう一つの Mg^{2+} は，次に入ってくる dNTP に結合し，ピ

Arthur Kornberg
(1918–2007)
［出典：World History Archive/Alamy.］

(a) DNA 合成

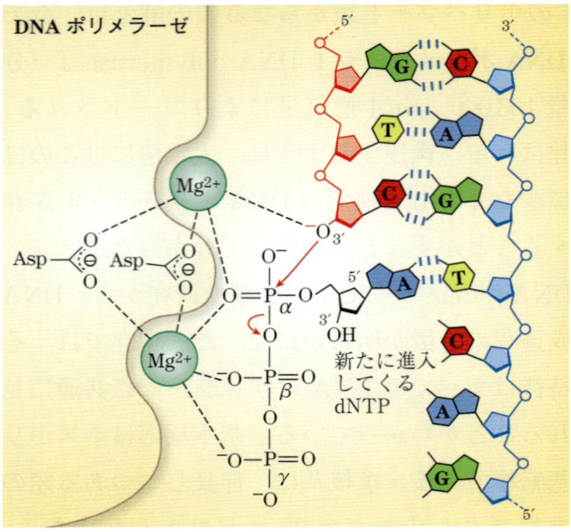

(b)

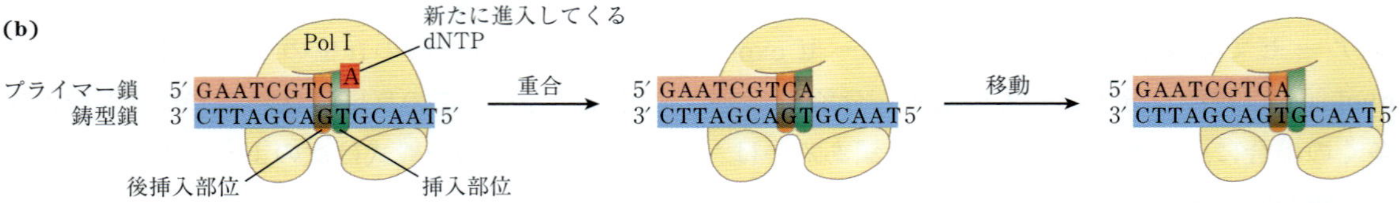

(c)

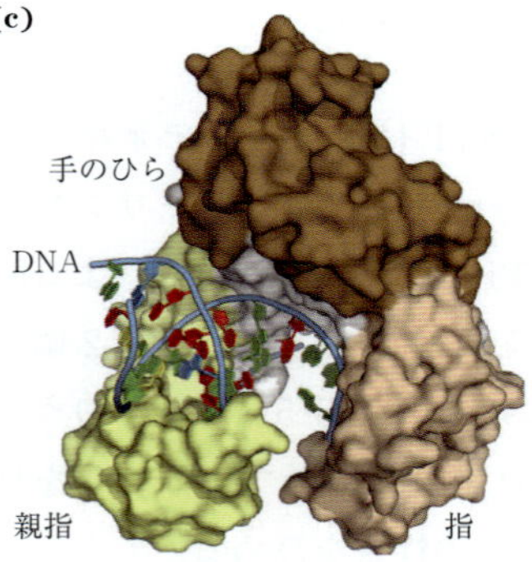

(d)

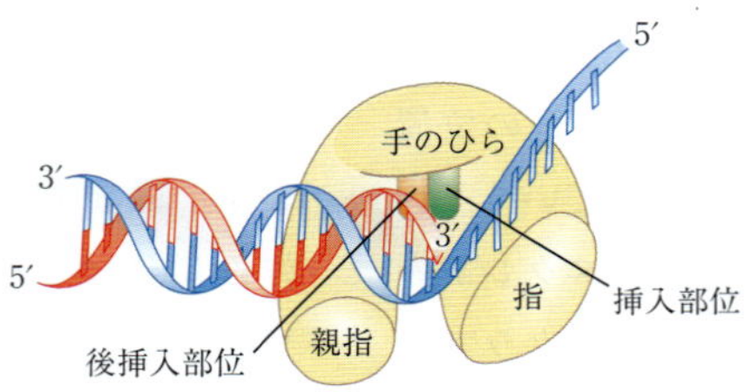

機構図 25-5 DNA 鎖の伸長

(a) DNA ポリメラーゼによる新たなヌクレオチド付加の触媒機構には，新たに進入してくるヌクレオシド三リン酸のリン酸基と配位結合している 2 個の Mg^{2+}，求核基として機能するプライマー鎖の 3′-ヒドロキシ基，3 個のアスパラギン酸残基（これらのうちの二つはすべての DNA ポリメラーゼで保存されている）が関与する．上方の Mg^{2+} は，プライマー鎖の 3′-ヒドロキシ基によるヌクレオシド三リン酸の α リン酸への求核攻撃を促し，もう一方の Mg^{2+} はピロリン酸の脱離を促進する．両方の Mg^{2+} ともに，プライマー鎖の 3′-ヒドロキシ基が α リン酸を攻撃する際にリン原子で一時的に形成される五つの共有結合から成る遷移状態 pentacovalent transition state の安定化に寄与する（訳者注：ただし，図ではこの遷移状態は示されていない）．RNA ポリメラーゼは同様の機構を用いる（図 26-1(a)参照）．**(b)** DNA ポリメラーゼⅠ活性には，鋳型鎖として機能する対を形成していない DNA 鎖と，3′ 末端で遊離のヒドロキシ基を提供するプライマー鎖が必要であり，3′-ヒドロキシ基に新たなヌクレオチド単位が付加される．新たに進入してくる各ヌクレオチドの選択は，部分的には鋳型鎖の適切なヌクレオチドとの塩基対形成に依存している．反応生成物には新たな遊離の 3′-ヒドロキシ基が存在し，次のヌクレオチドの付加を可能にする．新たに形成された塩基対は移動して，ポリメラーゼの活性部位を次の塩基対形成反応に利用可能な状態にする．**(c)** ほとんどの DNA ポリメラーゼのコア構造は，ヒトの手が活性部位を包み込むような形に似ている．この図に示す構造は，好熱菌の一種である *Thermus aquaticus* の DNA ポリメラーゼⅠ（Taq DNA ポリメラーゼ）が DNA と結合しているものである．**(d)** この模式図で示す DNA ポリメラーゼの構造は，活性部位におけるヌクレオチド挿入部位と後挿入部位を表している．挿入部位は新たなヌクレオチドの付加が起こる部位であり，後挿入部位は新たに形成された塩基対が移動してくる部位である．［出典：(c) PDB ID 4KTQ, Y. Li et al., *EMBO J.* **17**: 7514, 1998.］

ロリン酸の遊離を促進する．

DNA ポリメラーゼによる反応は，一つのホスホジエステル結合がいくぶん不安定な一つのリン酸無水結合の消費を伴って形成されることを考えれば，ほんのわずかの自由エネルギー変化を伴って進行するように見える．しかし，塩基のスタッキングと塩基対形成という非共有結合性の相互作用が，遊離のヌクレオチドに比べて伸長されたDNA 産物をさらに安定化する．また，反応産物のピロリン酸がピロホスファターゼ（p 739）によってさらに加水分解される際に生じる 19 kJ/mol のエネルギーによって，細胞内での DNA 合成が促進される．

DNA ポリメラーゼ I に関する初期の研究を通じて，DNA 重合には二つのことが基本的に必要であることが明らかになった（図 25-5）．まず，すべての DNA ポリメラーゼは鋳型を必要とする．重合反応は，Watson と Crick によって予言された塩基対形成の規則に従って，鋳型 DNA 鎖によって指示される．例えば，鋳型にグアニンが存在するところには，デオキシヌクレオチドのシトシンが新たな鎖に付加される．このことは，正確な半保存的 DNA 複製の化学的基盤を提示しただけでなく，生合成反応の指令に鋳型が用いられることを示した最初の例であったので，特に重要な発見であった．

第二に，ポリメラーゼは**プライマー** primer を必要とする．プライマーとは，鋳型鎖に対して相補的な鎖の断片であり，次のヌクレオチドが付加される遊離の 3′-ヒドロキシ基を有する．プライマーの遊離の 3′ 末端は**プライマー末端** primer terminus と呼ばれる．言い換えれば，新たな鎖の一部分はあらかじめ適切な場所に存在していなければならない．すべての DNA ポリメラーゼは，既存の鎖にのみヌクレオチドを付加できる．多くのプライマーは DNA ではなく RNA のオリゴヌクレオチドであり，必要な時と部位で特別な酵素がプライマーを合成する．

DNA ポリメラーゼの活性部位は二つの部分から成る（図 25-5(b)）．次に入ってくるヌクレオチドは，まず**挿入部位** insertion site に配置される．ホスホジエステル結合がいったん形成されると，ポリメラーゼは DNA 上を前方へとスライドし，新たに形成された塩基対は**後挿入部位** postinsertion site に配置される．これらの部位は，手のひらの部分に似たポケットに位置している（図 25-5(c)）．

伸長しつつある DNA 鎖にヌクレオチドが一つ付加されると，DNA ポリメラーゼは解離するか，あるいは鋳型に沿って移動して別のヌクレオチドを付加する．ポリメラーゼの解離と再会合は全体の重合速度を制限する．したがって，ポリメラーゼが鋳型から解離せずに次々とヌクレオチドを付加するのならば，この過程は一般に速くなる．ポリメラーゼが解離するまでに付加される平均ヌクレオチド数を，酵素の**連続伸長性**（**プロセッシビティー**）processivity という．DNA ポリメラーゼは，種類によって連続伸長性が大きく異なり，解離が起こるまでにはほんの数ヌクレオチド付加するだけのものもあれば，数千ヌクレオチドも付加するものもある．

複製は極めて正確に行われる

複製は，極めて正確に進行する．大腸菌では，誤りは付加される 10^9 ～ 10^{10} 個のヌクレオチドごとに，たった一度しか起こらない．大腸菌染色体は約 4.6 × 10^6 bp なので，このことは誤りが 1,000 ～ 10,000 回の複製あたりでたった 1 回しか起こらないことを意味する．重合の際には，正しいヌクレオチドと正しくないヌクレオチドとの区別は，互いに相補的な塩基間の正しい対形成を規定する水素結合だけでなく，標準的な A＝T 塩基対と G≡C 塩基対が示す共通の空間配置にも依存する（図 25-6）．DNA ポリメラーゼ I の活性部

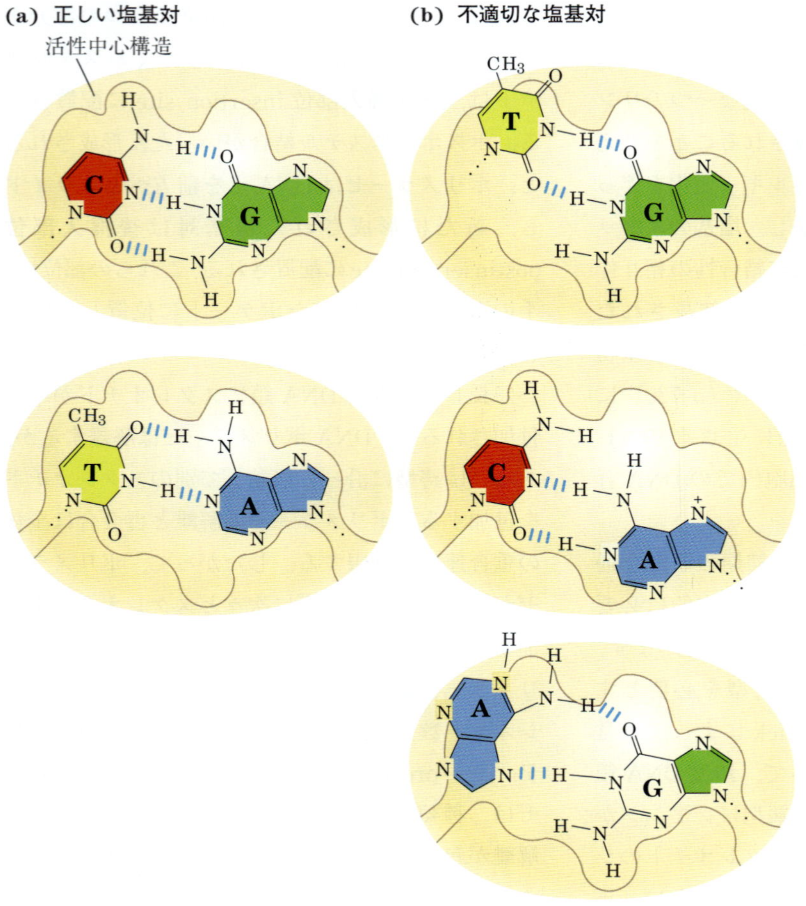

図 25-6 塩基対の形状（塩基の相対位置）は DNA 複製の正確さに寄与する

(a) 標準的な A＝T 塩基対と G≡C 塩基対は酷似した形状をとり，DNA ポリメラーゼの活性部位に一方が適合すれば，通常は他方にも適合する．**(b)** 不適切な塩基対の形状は，DNA ポリメラーゼ上で生じる際には，それらを活性部位から排除させる．

位は，この共通の位置関係をとる塩基対のみに適合する．正しくないヌクレオチドも鋳型鎖の塩基と水素結合することはできるが，一般に酵素の活性部位には適合しない．正しくない塩基は，ホスホジエステル結合が形成される前に排除される．

しかし，重合反応そのものの正確さは，複製における高い正確性を説明するためには不十分である．*in vitro* の反応を注意深く調べると，DNA ポリメラーゼは $10^4 \sim 10^5$ のヌクレオチドごとに一つの正しくないヌクレオチドを取り込むことがわかる．このような誤りは，塩基が一時的に異常な互変異性体構造 tautomeric form（図 8-9 参照）をとるために，正しくない相手と水素結合を形成するために起こる．しかし *in vivo* では，誤りの頻度は別の酵素的機構によって低下する．

事実上すべての DNA ポリメラーゼに備わっている機構は，ポリメラーゼ活性とは別個の 3′→5′ エキソヌクレアーゼ活性であり，ヌクレオチドが付加された後に二重にチェックする役割がある．このヌクレアーゼ活性によって，DNA ポリメラーゼが新たに付加されたミスマッチ（不適正な）塩基対に対してだけ作用してそれを除去する（図 25-7）．ポリメラーゼが間違ったヌクレオチドを付加すると，次のヌクレオチドを付加するための位置への酵素の転位が阻害される．この動力学的な停止によって修正の機会が与えられる．3′→5′ エキソヌクレアーゼ活性によって間違って対合したヌクレオチドが除去されると，ポリメラーゼは再び動き始める．**プルーフリーディング（校正）** proofreading と呼ばれるこの活性は，重合反応（式

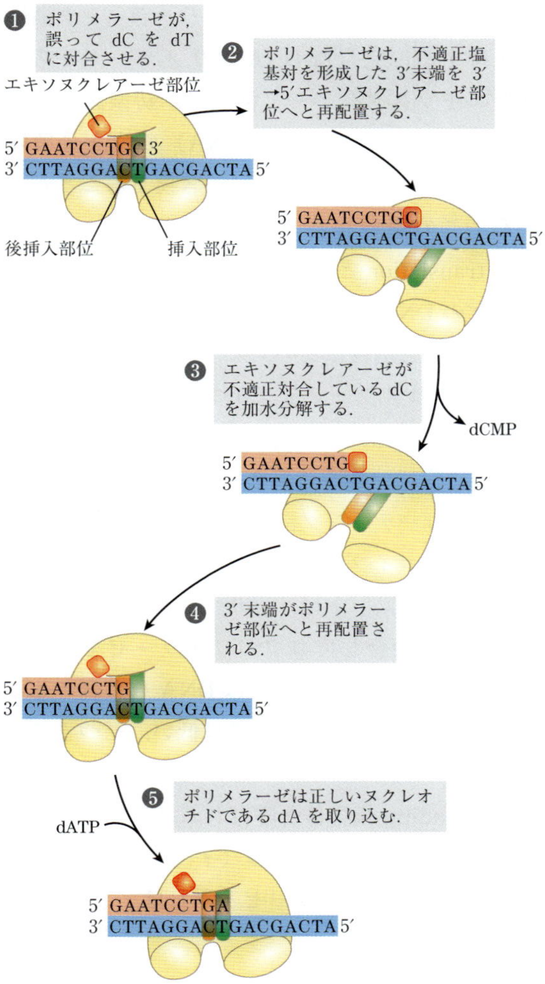

図 25-7　DNA ポリメラーゼⅠの 3′→5′ エキソヌクレアーゼ活性による誤りの校正の例

酵素が DNA に沿って移動するように配向しているときには，エキソヌクレアーゼ活性をもつ部位は，ポリメラーゼ活性をもつ部位よりも後方に位置することが構造解析により示されている．ミスマッチ塩基（ここでは C-T ミスマッチ）があると，DNA ポリメラーゼⅠ（PolⅠ）の次の部位への転位が妨げられる．酵素に結合している DNA はエキソヌクレアーゼ部位へと逆戻りし，酵素はその 3′→5′ エキソヌクレアーゼ活性によって誤りを取り除き，5′→3′ 方向へのポリメラーゼ活性を回復する．

25-1）の単なる逆反応ではない．なぜならば，ピロリン酸はこの反応には関与しないからである．DNA ポリメラーゼの重合活性とプルーフリーディング活性は，別々に測定できる．このプルーフリーディングによって，重合反応本来の正確さが 10^2 ～ 10^3 倍ほど改善される．単量体の DNA ポリメラーゼⅠの場合には，重合活性とプルーフリーディング活性は同一ポリペプチド内の別個の活性部位にある．

塩基の選択とプルーフリーディングの組合せによって，DNA ポリメラーゼは 10^6 ～ 10^8 の塩基の付加ごとにたった一つの正味の誤りしか残さない．しかし，大腸菌における複製の正確さを測ると，さらにこれよりも高い．この付加的な正確さは，複製後にも残っているミスマッチ塩基対を修復する別個の酵素系によってもたらされる．このミスマッチ修復（不適正塩基対修復）については，他の DNA 修復過程とともに Sec. 25.2 で述べる．

大腸菌は少なくとも 5 種類の DNA ポリメラーゼをもつ

大腸菌抽出液中の DNA ポリメラーゼ活性の 90％以上は，DNA ポリメラーゼⅠによるものである．しかし，1955 年に単離された直後から，この酵素が大腸菌の大きな染色体の複製には適さないことを示す証拠が蓄積しはじめた．まず，この酵素によるヌクレオチド付加の速度（600 ヌクレオチド/分）はあまりにも遅いので，細菌細胞内での複製フォークの移動速度（その 100 倍以上）を説明することができない．第二に，DNA ポリメラーゼⅠの連続伸長性は比較的低い．第三に，遺伝学的研究によって，多くの遺伝子，すなわち多くのタンパク質が複製に関与することが証明された．明らかに，DNA ポリメラーゼⅠは単独で作用するのではない．最後に，そして最も重要なことであるが，1969 年に John Cairns が，DNA ポリメラーゼⅠ遺伝子が変異して，不活性な酵素を産生する細菌株を単離した．この菌株は DNA に損傷を与える試薬に対して感受性が異常に高いが，それでもなお生育可能であった．

他のDNAポリメラーゼの探索によって，大腸菌の**DNAポリメラーゼⅡ** DNA polymerase Ⅱと**DNAポリメラーゼⅢ** DNA polymerase Ⅲが1970年代前半に発見された．DNAポリメラーゼⅡは，ある種のDNA修復に関与する酵素である（Sec. 25.3）．DNAポリメラーゼⅢは，大腸菌における主要な複製酵素である．1999年に同定されたDNAポリメラーゼⅣとⅤは，特殊なDNA修復に関与する（Sec. 25.2）．これら5種類のDNAポリメラーゼの性質を表25-1で比較する．

DNAポリメラーゼⅠは，複製の主要な酵素ではない．その代わりに，複製，組換え，修復の際に多くの浄化機能を果たす．DNAポリメラーゼⅠの特別な機能は，その5′→3′エキソヌクレアーゼ活性によって強化される．3′→5′プルーフリーディングエキソヌクレアーゼ（図25-7）とは異なるこの活性は，穏和なプロテアーゼ処理によって酵素の残りの部分から分離可能な構造ドメインに存在する．5′→3′エキソヌクレアーゼドメインを除去した残りの酵素断片（分子量68,000）は，**ラージ（大きい）フラグメント** large fragment あるいは**クレノウフラグメント** Klenow fragment と呼ばれ，重合活性とプルーフリーディング活性を保持する．完全なDNAポリメラーゼⅠの5′→3′エキソヌクレアーゼ活性は，鋳型鎖と対合しているDNA（あるいはRNA）断片を分解除去し，それを新しいDNAに置き換えることができる．この過程はニックトランスレーション nick translation と呼ばれる（図25-8）．他のほとんどのDNAポリメラーゼには5′→3′エキソヌクレアーゼ活性はない．

DNAポリメラーゼⅢは9つの異なる種類のサブユニットをもち，DNAポリメラーゼⅠよりもはるかに複雑である（表25-2）．その重合活性とプルーフリーディング活性は，それぞれαサブユニットとε（イプシロン）サブユニットに存在する．θサブユニットは，αサブユニットとεサブユニットに会合してコアポリメラーゼを形成する．このコアポリメラーゼはDNAを重合させることができるが，連続伸長性は低い．三つまでのコアポリメラーゼが，クランプローディング clamp-loading 複合体と呼ばれる3種類5個のサブユニットからなる複合体（$\tau_3\delta\delta'$）と会合している．コアポリメラーゼどうしは，τ（タウ）

表25-1 大腸菌の五つのDNAポリメラーゼの比較

	DNAポリメラーゼ				
	Ⅰ	Ⅱ[a]	Ⅲ	Ⅳ[a]	Ⅴ[a]
構造遺伝子[b]	*polA*	*polB*	*polC*（*dnaE*）	*dinB*	*umuC*
サブユニット（異なる種類の数）	1	7	9	1	3
分子量	103,000	88,000[c]	1,065,400	39,100	110,000
3′→5′エキソヌクレアーゼ（プルーフリーディング）	有	有	有	無	無
5′→3′エキソヌクレアーゼ	有	無	無	無	無
重合速度（ヌクレオチド/秒）	10～20	40	250～1,000	2～3	1
連続伸長性（ポリメラーゼが解離する前に付加するヌクレオチド数）	3～200	1,500	≥500,000	1	6～8

[a] 損傷乗越え（変異性）DNAポリメラーゼ．DNAポリメラーゼⅣの連続伸長性は，βクランプが結合するとかなり増大する．鋳型DNA鎖上にDNA損傷があると，これらのポリメラーゼの伸長速度は遅くなる．

[b] 2個以上のサブユニットをもつ酵素では，重合活性をもつサブユニットをコードする遺伝子のみを示す．*polC*は以前に*dnaE*と呼ばれていた．

[c] 重合活性をもつサブユニットのみを示す．DNAポリメラーゼⅡはDNAポリメラーゼⅢといくつかのサブユニットを共有する．これらにはβ，δ，δ'，χおよびψサブユニットが含まれる（表25-2参照）．

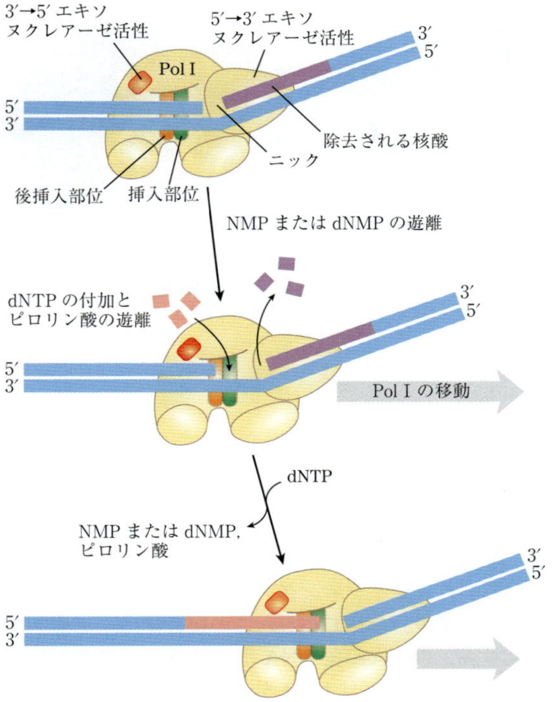

図 25-8　ニックトランスレーション

細菌の DNA ポリメラーゼ I は三つのドメインをもち，それぞれが DNA ポリメラーゼ，5′→3′ エキソヌクレアーゼ，および 3′→5′ エキソヌクレアーゼの反応を触媒する．5′→3′ エキソヌクレアーゼドメインは，酵素が DNA に沿って移動する際には酵素の前方にある（図 25-5 には示されていない）．酵素の前方の DNA 鎖を分解し，後方で新たな DNA 鎖を合成することによって，DNA ポリメラーゼ I はニックトランスレーションという反応を促進することができる．ニックトランスレーションでは，DNA の切断部位やニックが酵素とともに効率よく移動する．この過程は，DNA 修復や DNA 複製時の RNA プライマーの除去において役割を果たす（後述）．除去される核酸の鎖（DNA または RNA）を紫色で，置換しつつある鎖を赤色で示す．DNA 合成は，ニック（切断部位，ホスホジエステル結合が切れて遊離の 3′-ヒドロキシ基と 5′-リン酸基が存在するところ）から開始する．ニックは後に DNA ポリメラーゼ I が解離した場所に残るが，これは後で別の酵素によって連結される．

表 25-2　大腸菌 DNA ポリメラーゼⅢのサブユニット

サブユニット	ホロ酵素あたりのサブユニット数	サブユニットの分子量	遺伝子	サブユニットの機能	
α	3	129,900	*polC*（*dnaE*）	重合活性	コアポリメラーゼ
ε	3	27,500	*dnaQ*（*mutD*）	3′→5′ プルーフリーディングエキソヌクレアーゼ	
θ	3	8,600	*holE*	ε サブユニットの安定化	
τ	3	71,100	*dnaX*	安定な鋳型との結合；コア酵素の二量体化	各岡崎フラグメントのラギング鎖に β サブユニットをロードするクランプローディング（γ）複合体[a]
δ	1	38,700	*holA*	クランプオープナー	
δ'	1	36,900	*holB*	クランプローダー	
χ	1	16,600	*holC*	SSB と相互作用	
ψ	1	15,200	*holD*	τ および χ と相互作用	
β	6	40,600	*dnaN*	最適な連続伸長性に必要な DNA クランプ	

[a] クランプローディング複合体は，γ というサブユニットの三つが τ サブユニットと置き換わっている別の複合体も存在するので γ 複合体ともいう．γ サブユニットは，τ サブユニット遺伝子（*dnaX*）の一部によってコードされ，τ サブユニットのアミノ末端側 66％と同じアミノ酸配列をもつ．γ サブユニットは，未成熟な翻訳終結を引き起こす翻訳フレームシフト機構（p. 1556 参照）によって生じる．γ サブユニットは，τ サブユニットのクランプローダー機能を有するが，コアポリメラーゼや DnaB ヘリカーゼと相互作用する領域は欠いている．したがって，γ サブユニットを含むクランプローディング複合体は，DNA ポリメラーゼⅢホロ酵素とは独立して機能し，複製フォーク進行に伴って不要になる β クランプの取り外しなどに働くのかもしれない．また，複製フォークとは無関係に，DNA 合成を必要とするいくつかの DNA 修復過程で β クランプのローディングを担っている可能性もある．

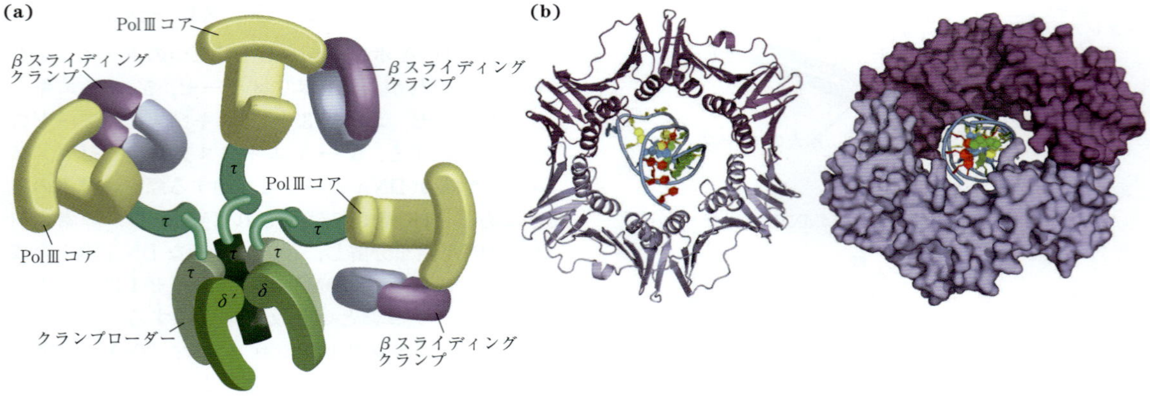

図 25-9 DNA ポリメラーゼⅢ

(a) 細菌の DNA ポリメラーゼⅢ（Pol Ⅲ）の構成．α，ε，および θ サブユニットから成るコアドメインの三つが，$\tau_3\delta\delta'$ の五つのサブユニットから成るクランプローディング複合体（γ 複合体ともいう：この名称については表 25-2 の脚注に説明あり）によって連結されている．コアサブユニットとクランプローディング複合体が DNA ポリメラーゼⅢ*を構成する．DNA ポリメラーゼⅢ*の残りの二つのサブユニット（χ と ψ；図には示していない）もまたクランプローディング複合体と結合している．β スライディングクランプは，β サブユニットの二量体であり，その三分子が三つのコアポリメラーゼに 1 分子ずつ会合している．この複合体は，τ サブユニットを介して DnaB ヘリカーゼ（本文中で後述）と相互作用する．**(b)** 大腸菌 DNA ポリメラーゼⅢの 2 個の β サブユニットは，DNA を取り囲む環状のクランプを形成する．クランプは DNA 分子に沿ってスライドし，DNA ポリメラーゼⅢホロ酵素の DNA からの解離を妨げることによって，その連続伸長性（プロセッシビティー）を 500,000 ヌクレオチド以上にまで上げる．DNA を取り囲む 2 個の β サブユニットを濃淡二つの紫色のリボン構造（左図）と分子表面輪郭イメージ（右図）で表してある．［出典：(a) N. Yao and M. O' Donnell, *Mol. Biosyst.* **4**: 1075, 2008 の情報．(b) PDB ID 2POL, X.-P. Kong et al., *Cell* **69**: 425, 1992.］

サブユニットを介して連結されている．さらに χ（キー）と ψ（プサイ）という二つのサブユニットがクランプローディング複合体に結合している．このようにして形成される 16 個のタンパク質サブユニット（8 種類から成る）をもつポリメラーゼ全体を DNA ポリメラーゼⅢ*と呼ぶ（図 25-9(a)）．

DNA ポリメラーゼⅢ*は DNA を重合させることはできるが，その連続伸長性は大腸菌染色体全体の複製に対して求められるものよりもずっと低い．この後，β サブユニットの付加によって，初めて十分な連続伸長性がもたらされる．2 個の β サブユニットが会合して対になり，DNA を取り囲んでクランプ（締め金）のように作用するドーナツ状構造を形成する（図 25-9(b)）．各 β サブユニット二量体は，DNA ポリメラーゼⅢ*のコアと会合し（コアあたり一つの β サブユニット二量体），複製の進行に伴って DNA に沿ってスライドする．この β サブユニットから成るスライディングクランプ sliding clamp は，DNA ポリメラーゼⅢが鋳型 DNA から解離するのを防ぎ，結果として連続伸長性を 500,000 以上へと劇的に上昇させる（表 25-1）．DNA ポリメラーゼⅢ*に β サブユニットが加わると DNA ポリメラーゼⅢホロ酵素になる．

DNA 複製には多くの酵素とタンパク質因子が必要である

大腸菌における複製には，単一の DNA ポリメラーゼだけでなく，それぞれ特別な役割をもつ 20 以上の酵素とタンパク質が必要である．この複合体全体は**DNA レプリカーゼ系** DNA replicase system あるいは**レプリソーム** replisome と呼ばれる．複製の酵素的な複雑さは，DNA の構造，および正確である必要性によって課せられる制約を反映する．複製に関与する酵素の主要なクラスについて，それらが克服する問題の見地から考察する．

鋳型として働くべき DNA 鎖にアクセスするためには，2 本の親鎖を解離させる必要がある．これは，通常は**ヘリカーゼ** helicase によって行われる．この酵素は，DNA に沿って動きながら ATP の化学エネルギーを使って鎖を解離させる．鎖の解離によって，DNA のらせん構造にトポロジー的に無理な歪みが生じるが（図 24-11 参照），この歪みは**トポイソメラーゼ** topoisomerase の作用によって解除される．分離した鎖は，**DNA 結合タンパク質** DNA-binding protein によって安定化される．前述のように，DNA ポリメラーゼが DNA 合成を開始する前に，鋳型上にプライマーがあらかじめ存在しなければならない．プライマーは，通常は短い RNA 断片であり，**プライマーゼ** primase という酵素によって合成される．最終的には，RNA プライマーは除去されて DNA に置換される．RNA-DNA ハイブリッドの RNA を分解する RNase H1 という特別なヌクレアーゼもプライマーの一部を除去する．大腸菌では，この置換は DNA ポリメラーゼ I がもつ多くの機能のうちの一つである．RNA プライマーが除去され，そのギャップが DNA で埋められた後でも，DNA の主鎖にはホスホジエステル結合が切れたままのニックが残る．このようなニックは **DNA リガーゼ** DNA ligase によってつなぎ合わされる．これらすべての過程は，うまく連動して調節される必要がある．これらを含む酵素群の相互協調で起こる仕組みは，大腸菌の系において最もよく調べられている．

大腸菌染色体の複製はいくつかのステージに分けられる

DNA 分子の合成は，三つのステージ，すなわち，開始，伸長，そして終結に分けられる．これらの区別は，行われる反応の違いと必要な酵素の違いによる．本章と次の 2 章にわたって，情報を含む主要な生体高分子である DNA，RNA，タンパク質の合成について説明するが，これらの場合には，それぞれに特徴のある同じ三つのステージに分けられる．以下に述べる事柄は，主として精製した大腸菌タンパク質を用いた *in vitro* の実験に由来する情報を反映するが，複製機構の原理はすべての複製系において高度に保存されている．

開始 initiation　大腸菌の複製起点 *oriC* は 245 bp から成り，細菌の複製起点の間でよく保存されている DNA 配列エレメントを有する．複製起点の保存された配列の一般的な配置を，図 25-10 に模式的に示す．二つのタイプの配列が特に重要である．一つは，9 bp 配列が 5 回繰り返される R 部位であり，複製開始の鍵となる DnaA タンパク質が結合する．第二は，A＝T 塩基対に富む **DNA 巻戻し配列** DNA unwinding element（**DUE**）と呼ばれる領域である．さらに 3 か所の DnaA 結合部位（I 部位）と，IHF（integration host factor）タンパク質と FIS（factor for inversion stimulation）タンパク質の結合部位が存在する．これら二つのタンパク質は，本章の後半で述べるある種の組換え反応に必要な因子として発見され，名称はその機能を反映する．別の DNA 結合タンパク質の HU（もともとは dubbed factor U と呼ばれたヒストン様細菌タンパク質）も反応に関与するが，特定の結合部位はもたない．

少なくとも 10 種類の酵素やタンパク質（表 25-3 にまとめてある）が複製の開始期に関与する．これらのタンパク質が複製起点で DNA のらせんをほどき，次の反応のためのプレプライミン

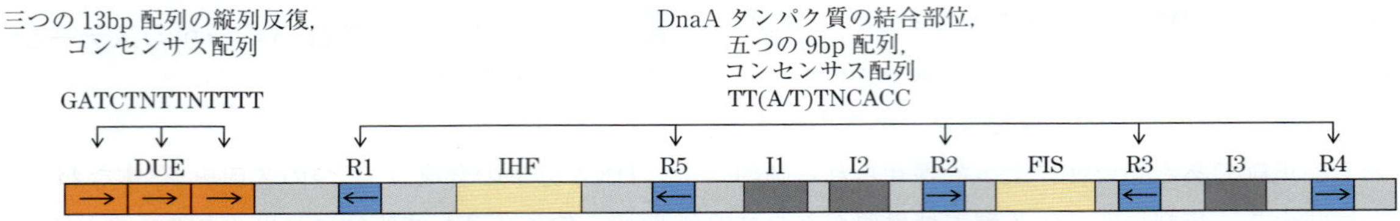

図 25-10 大腸菌複製起点 *oriC* の配列の位置

重要な反復するコンセンサス配列（p. 144 参照）を示す．N は 4 種類のヌクレオチドのいずれかである．横向きの矢印はヌクレオチド配列の向き（左から右の矢印は上方の DNA 鎖に存在する配列，逆向きの矢印は下方の DNA 鎖にある配列）を示す．FIS と IHF は本文中で述べるタンパク質の結合部位を示す．R は DnaA の結合部位である．I は R とは配列が異なる DnaA 結合部位であり，ATP を結合している DnaA のみが結合する．

グ複合体を形成する．開始過程で特に重要な成分は DnaA タンパク質である．このタンパク質は **AAA＋ ATP アーゼ**（*A*TPases *a*ssociated with diverse cellular *a*ctivities）タンパク質ファミリーの一つである．DnaA を含む多くの AAA＋ ATP アーゼはオリゴマーを形成し，比較的ゆっくりと ATP を加水分解する．この ATP 加水分解は，タンパク質の二つの状態の相互変換スイッチとして機能する．DnaA の場合には，ATP 結合型が活性型であり，ADP 結合型は不活性である．

ATP と結合している 8 分子の DnaA タンパク質分子のすべてが集まり，*oriC* の R 部位と I 部位にまたがるらせん状の複合体を形成する（図 25-11）．DnaA は I 部位よりも R 部位に対して高い親和性を示すが，R 部位との親和性は ATP 結合型でも ADP 結合型でも変わらない．I 部位は ATP 結合型 DnaA とのみ結合し，DnaA の活性型と不活性型を識別する．この複合体の周囲で，DNA が堅く右巻きに巻き込まれることから，正のスーパーコイル（Chap. 24 参照）が導入される．その結果，隣接する DNA に張力が生じ，さらに DnaA タンパク質が DUE 領域に結合すると，A＝T 対に富む DUE の変性が起こる．HU，IHF，FIS タンパク質などのいくつかの DNA 結合タンパク質を含む複合体が複製起点で形成され，DNA の湾曲を促す．

表 25-3 大腸菌複製起点での複製開始に必要なタンパク質

タンパク質	分子量	サブユニット数	機　能
DnaA タンパク質	52,000	1	*oriC* 配列の認識；複製起点の特定の部位で二本鎖をほどく
DnaB タンパク質（ヘリカーゼ）	300,000	6[a]	DNA の巻戻し
DnaC タンパク質	174,000	6[a]	複製起点への DnaB の結合に必要
HU	19,000	2	ヒストン様タンパク質；DNA 結合タンパク質開始過程を促進
FIS	22,500	2[a]	DNA 結合タンパク質；開始過程の促進
IHF	22,000	2	DNA 結合タンパク質；開始過程の促進
プライマーゼ（DnaG タンパク質）	60,000	1	RNA プライマーの合成
一本鎖 DNA 結合タンパク質（SSB）	75,600	4[a]	一本鎖 DNA に結合
DNA ジャイレース（DNA トポイソメラーゼⅡ）	400,000	4	DNA 巻戻しにより生じるトポロジー的な歪みを解除
Dam メチラーゼ	32,000	1	*oriC* 領域にある（5′）GATC 配列をメチル化

[a] それぞれ同一のサブユニットから成る．

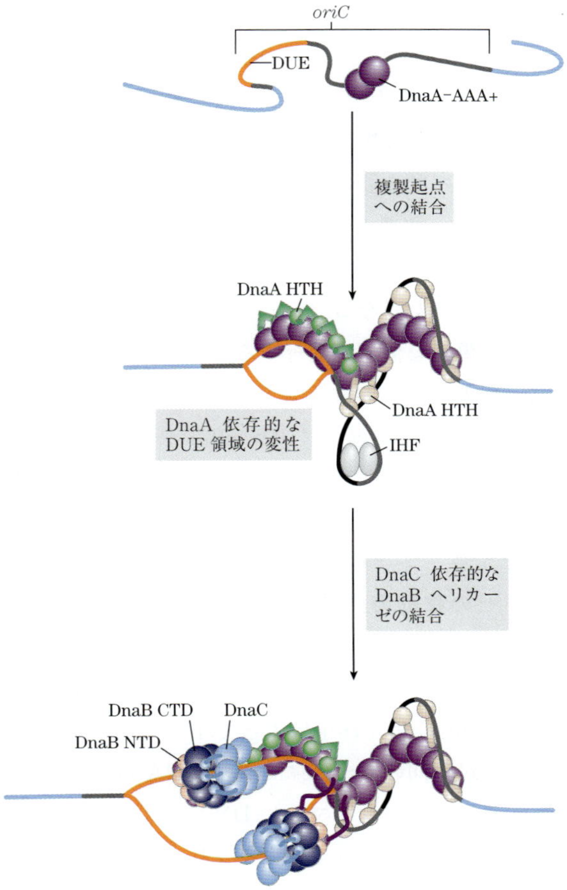

図 25-11　大腸菌複製起点 *oriC* における複製開始のモデル

ATP を結合している 8 分子の DnaA タンパク質が複製起点の R 部位および I 部位（図 25-10 参照）に結合する．DNA はこの複合体に巻きつき，DUE 領域まで続く右巻きらせん構造を形成する．DnaA の結合によって生じる張力の結果として，A＝T に富む DUE 領域がほどかれる．らせん状の DnaA 複合体の形成は HU, IHF, FIS タンパク質によって促進される．これらのタンパク質の詳細な構造的役割は不明であるが，図に示すように，IHF は一時的な DNA ループを安定化するのかもしれない．DnaB タンパク質の六量体が DnaC タンパク質の助けによって各 DNA 鎖に結合する．DnaB ヘリカーゼ活性がさらに DNA を巻き戻し，プライミングと DNA 複製の準備をする．［出典：J. P. Erzberger et al., *Nature Struct. Mol. Biol.* **13**: 676, 2006 の情報．］

別の AAA＋ATP アーゼタンパク質の DnaC は，変性領域で解離している DNA 鎖に DnaB を結合させる．各サブユニットが ATP と結合している DnaC の六量体は，リング状の DnaB ヘリカーゼ六量体と強固な複合体を形成する．この DnaC-DnaB 相互作用は DnaB のリング構造を開かせ，DnaB と DnaA の間の相互作用もこの過程をさらに促進する．DUE 領域の 2 本の DNA 鎖のそれぞれに，リング状の DnaB 六量体が付加される．DnaC に結合している ATP が加水分解され，DnaC は解離し，DNA に結合したままの DnaB が残る．

DnaB ヘリカーゼの結合は複製開始の鍵となるステップである．複製反応のヘリカーゼとして，DnaB は一本鎖 DNA に沿って 5′→3′ 方向へ DNA をほどきながら移動する．2 本の DNA 鎖のそれぞれに結合した DnaB は，反対方向に移動して複製フォークをつくり出す．複製フォークに存在する他のすべてのタンパク質は，直接，あるいは間接的に DnaB に連結される．DNA ポリメラーゼⅢホロ酵素は，その τ サブユニットを介して DnaB に連結される．他のタンパク質の DnaB との相互作用については後述する．複製が開始し，フォークで DNA 鎖が解離すると，解離した鎖に多くの一本鎖 DNA 結合タンパク質 single-stranded DNA-binding protein（SSB）分子が結合して安定化する．また，DNA ジャイレース DNA gyrase（DNA トポイソメラーゼⅡ）は，DNA の巻戻し反応によってフォーク前方に生じるトポロジー的な歪みを解消する．

複製の開始は，DNA 複製において調節を受けることが知られている唯一の過程であり，複製が各細胞周期につき一度だけ起こるように調節される．その調節機構はまだ完全にはわかっていないが，遺伝学的および生化学的な研究から複数の調節過程に関する知見が得られている．

DNA ポリメラーゼⅢが β サブユニットとともにいったん DNA に結合すると（β サブユニット

の結合は開始期完了のシグナルとなる），Hda タンパク質が β サブユニットに結合し，さらに DnaA と相互作用して，結合している ATP の加水分解を促進する．Hda も DnaA によく似た AAA+ ATP アーゼである（その名称は *h*omologous to *D*na*A* に由来する）．この ATP の加水分解は，複製起点からの DnaA 複合体の解離を引き起こす．ゆっくりとした ADP の解離と ATP の再結合によって，DnaA は ADP と結合している不活性型と ATP と結合している活性型の間を 20 ～ 40 分の間隔でサイクルする．

複製開始のタイミングは，DNA メチル化，および DNA の細菌細胞膜との相互作用による影響を受ける．*oriC* DNA は Dam メチラーゼによってメチル化される（表 25-3）．この酵素は（5′）GATC のパリンドローム配列内のアデニンの N^6 位をメチル化する（Dam の名称には生化学的な意味があり，*D*NA *a*denine *m*ethylation に由来する）．大腸菌の *oriC* 領域は，他の DNA 領域に比べて GATC 配列に極めて富んでおり，245 bp 中にこの配列が 11 か所も存在する．これに対して，大腸菌染色体全体で，GATC 配列の出現頻度は 256 bp に 1 か所にすぎない（訳者注：G/C 含量が 50% と仮定した場合である）．

複製の終了直後は，DNA は半メチル化された状態である．すなわち，親鎖の *oriC* 配列はメチル化されているが，新たに合成された鎖はメチル化されていない．この半メチル化された *oriC* 配列は，細胞膜と相互作用することによって（その機構は不明），そして SeqA タンパク質と結合することによってしばらくの間隔離される．その後 *oriC* は細胞膜から離れ，SeqA が解離する．DnaA が再結合して新たな複製が開始するためには，*oriC* 配列は Dam メチラーゼによって完全にメチル化される必要がある．

伸長 elongation 複製の伸長期には，異なるが関連する二つの過程がある．すなわち，リーディング鎖の合成とラギング鎖の合成である．複製フォークにおいて，いくつかの酵素は両方の鎖の合成にとって重要である．はじめに DNA ヘリカーゼが親 DNA 鎖を巻き戻し，その結果生じるトポロジー的な歪みを DNA トポイソメラーゼが解消する．解離した各鎖は SSB によって安定化される．これ以降，リーディング鎖とラギング鎖の合成は全く異なる．

より単純な機構で進行するリーディング鎖合成は，複製起点におけるプライマーゼ（DnaG タンパク質）による短い（10 ～ 60 ヌクレオチドの）RNA プライマーの合成で始まる．DnaG が DnaB ヘリカーゼと相互作用することによってこの反応を行うが，プライマー合成の方向は DnaB ヘリカーゼの移動方向とは反対である．実際には，DnaB ヘリカーゼは DNA 合成の際にラギング鎖となる鎖に沿って移動する．しかし，最初の DnaB-DnaG 相互作用によって生じるプライマーは，反対方向のリーディング鎖 DNA 合成を開始させる．このプライマーに DNA ポリメラーゼⅢ複合体の作用によってデオキシリボヌクレオチドが付加される．DNA ポリメラーゼⅢ複合体は，反対側の鎖に結合している DnaB ヘリカーゼ（訳者注：リーディング鎖のプライマーを合成した DnaB-DnaG 複合体とは反対側の複製フォークにあるもの）に連結している．リーディング鎖の合成は，複製フォークにおける DNA の巻戻しと同調して連続的に進行する．

前述のように，ラギング鎖の合成は短い岡崎フラグメントとして行われる（図 25-12(a)）．まず，プライマーゼによって RNA プライマーが合成され，リーディング鎖の場合と同様に，DNA ポリメラーゼⅢがこの RNA プライマーに結合してデオキシリボヌクレオチドを付加する（図 25-12(b)）．このように書くと，各岡崎フラグメントの合成は単純なように見えるが，実際には極めて複雑である．この複雑さは，リーディング鎖とラギング鎖の合成の協調性にある．両鎖ともに，非対称な単一の DNA ポリメラーゼⅢ二量体によって合成される．この協調的な DNA 合成は，図 25-13 に示すように，ラギング鎖 DNA をループ状にし，二つの重合点を近づけることによって達

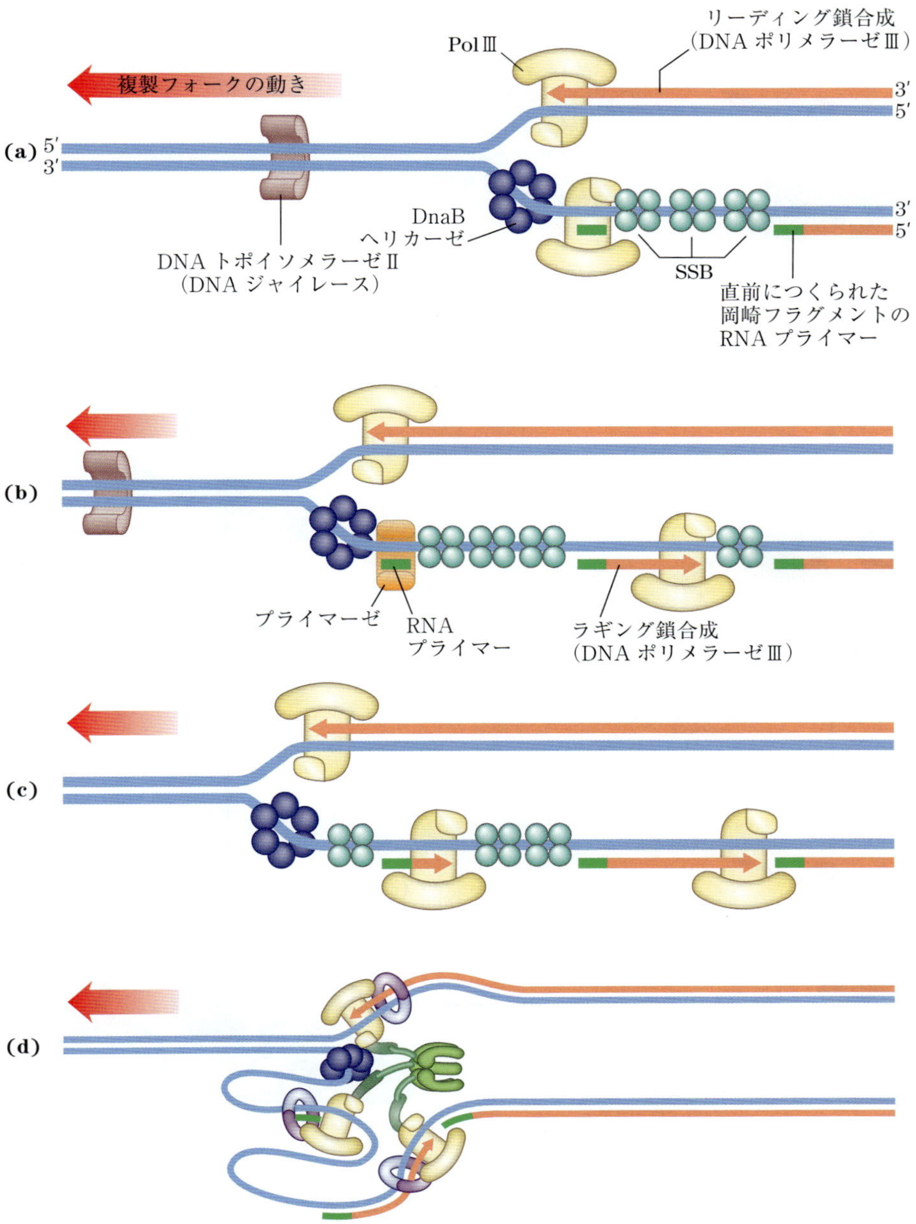

図 25-12　岡崎フラグメントの合成

(a) ところどころで，プライマーゼが新たな岡崎フラグメントのために必要な RNA プライマーを合成する．もしも 2 本の鋳型鎖が図のように平行に並んでいると考えた場合に，ラギング鎖合成は形式的にはフォークの動きとは反対方向に進むことに注意しよう．**(b)** 各プライマーは，DNA ポリメラーゼⅢによって伸長される．**(c)** DNA 合成は，その直前につくられた岡崎フラグメントのプライマー RNA に出会うまで続く．複製フォーク近くでは，新たなプライマーが合成されて，過程が再開される．**(d)** 各 DNA ポリメラーゼⅢホロ酵素は 3 組のコアサブユニットを有し，一つまたは二つの岡崎フラグメントをリーディング鎖と同時に合成することができる．

成される．

ラギング鎖上での岡崎フラグメントの合成は，エレガントなダンスの振付けともいえる酵素機構によって行われる．DnaB ヘリカーゼと DnaG プライマーゼは，**プライモソーム** primosome と呼ばれる複製複合体中の機能単位を形成する．

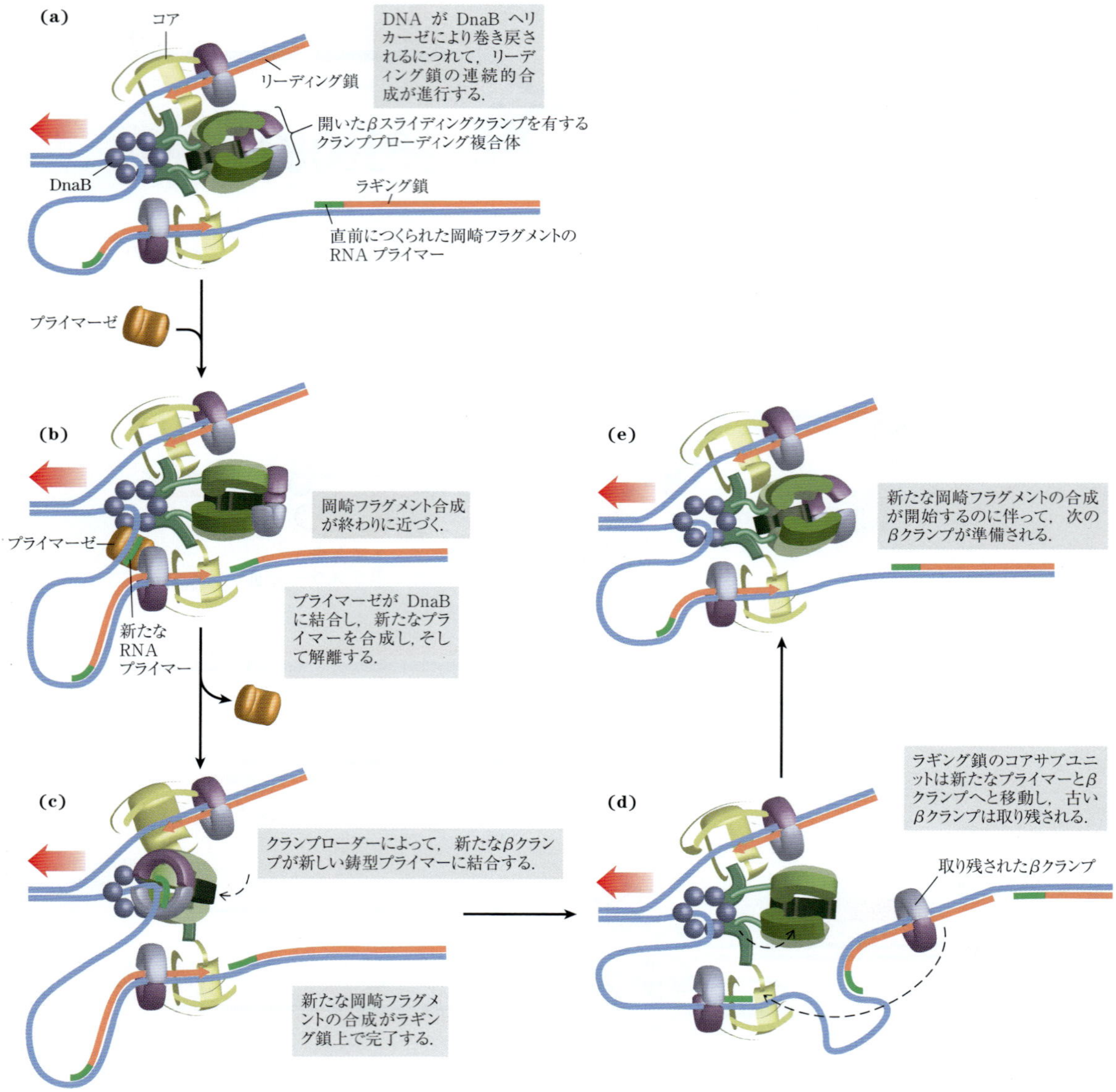

図 25-13　リーディング鎖とラギング鎖上の DNA 合成

複製フォークでは，単一の DNA ポリメラーゼⅢの二量体が DnaB ヘリカーゼを含む大きな複合体内で働いて，2 本の鎖の合成を協調的に行う．この図は，すでに進行している複製過程を表している；**(a)**～**(e)** までの各ステップについては本文中に記述．ラギング鎖上で起こる反応サイクルをよりわかりやすく表すために，ポリメラーゼのコアサブユニットを 2 組のみ示している．ラギング鎖がループを形成することによって，リーディング鎖とラギング鎖の鋳型上での DNA 合成が着実に同時進行する．細い赤色の矢印は，新しく合成された 2 本の鎖の 3′ 末端，すなわち DNA 合成の方向を示す．ラギング鎖上で岡崎フラグメントが合成されつつある様子を強調してある．クランプローディング複合体のサブユニットの色分けと機能については図 25-14 で説明する．

DNA ポリメラーゼⅢの1組のコアサブユニット（コアポリメラーゼ）がリーディング鎖を連続的に合成する一方で，もう1組のコアサブユニットがループを形成しているラギング鎖上で岡崎フラグメントを断続的に合成する．*in vitro* では，2組のコアサブユニットから成る DNA ポリメラーゼⅢホロ酵素が，リーディング鎖とラギング鎖の両方を合成できる．しかし，3組目のコアサブユニットがあると，レプリソーム全体の連続伸長性だけでなく，ラギング鎖合成の効率も上昇する．

DNA ポリメラーゼⅢの前部に結合している DnaB ヘリカーゼは，ラギング鎖の鋳型に沿って 5′→3′ 方向に移動するにつれて，複製フォークで DNA を巻き戻す（図 25-13(a)）．DnaG プライマーゼが時折 DnaB ヘリカーゼと会合し，短い RNA プライマーを合成する（図 25-13(b)）．次に，新たなβスライディングクランプが，DNA ポリメラーゼⅢ中のクランプローディング複合体によってプライマーのところに導かれる（図 25-13(c)）．岡崎フラグメントの合成が完了すると，複製は中断し，DNA ポリメラーゼⅢのコアサブユニットはβスライディングクランプ（および完成した岡崎フラグメント）から解離し，新たなβスライディングクランプと会合する（図 25-13(d)，(e)）．これによって新たな岡崎フラグメント合成が開始する．2組のコアサブユニットは，二つの異なる岡崎フラグメントの合成に同時に関与するのかもしれない．複製フォークで働いているタンパク質を表 25-4 にまとめてある．

DNA ポリメラーゼⅢのクランプローディング

表 25-4　大腸菌レプリソームのタンパク質

タンパク質	分子量	サブユニット数	機　能
SSB	75,600	4	一本鎖 DNA への結合
DnaB タンパク質（ヘリカーゼ）	300,000	6	DNA の巻戻し；プライモソームの成分
プライマーゼ（DnaG タンパク質）	60,000	1	RNA プライマー合成；プライモソームの成分
DNA ポリメラーゼⅢ	1,065,400	17	新しい鎖の伸長
DNA ポリメラーゼⅠ	103,000	1	ギャップをつなぎ合わす；プライマーの切除
DNA リガーゼ	74,000	1	DNA 鎖の連結
DNA ジャイレース（DNA トポイソメラーゼⅡ）	400,000	4	スーパーコイル形成

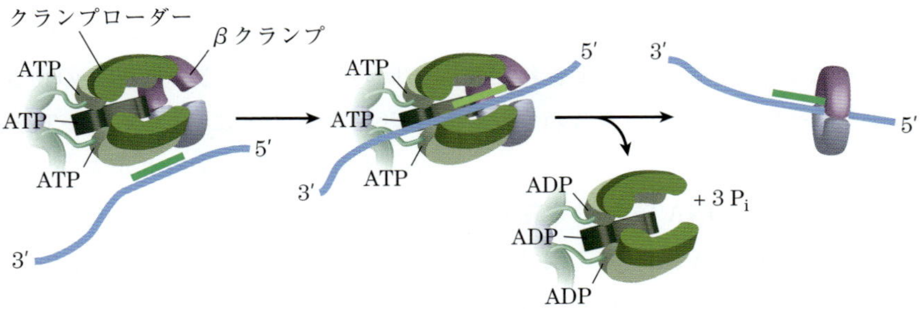

図 25-14　DNA ポリメラーゼⅢのクランプローダー

クランプローディング複合体（γ）の五つのサブユニットは，δ および δ' と，三つの τ サブユニットのそれぞれのアミノ末端ドメインである（図 25-9 参照）．この複合体は3分子の ATP およびβクランプ二量体と結合する．βクランプは，この結合によって二つのβサブユニット境界の一方が開き，DNA を取り囲んだ後に，結合している ATP の加水分解によって再び閉じる．

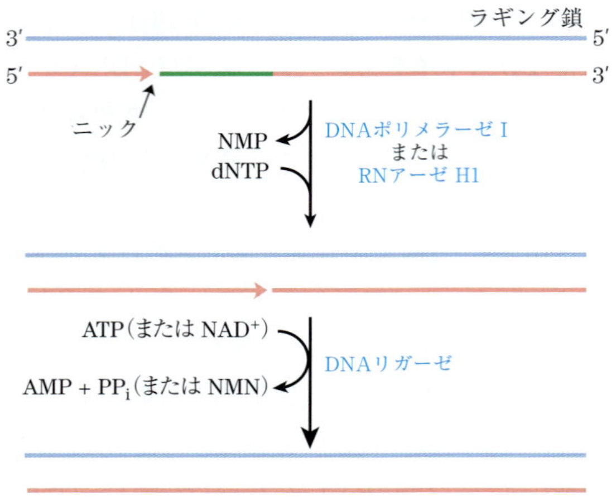

図 25-15　ラギング鎖領域合成の最終ステップ　ラギング鎖の RNA プライマーは，DNA ポリメラーゼ I または RN アーゼ H1 の 5′→3′ エキソヌクレアーゼ活性によって除去され，次に DNA ポリメラーゼ I によって DNA に置換される．残っているニックは DNA リガーゼによって連結される．ATP または NAD^+ の役割については図 25-16 に示す．

複合体も AAA+ ATP アーゼであり，三つの τ サブユニットと δ，δ′ サブユニットから成る．この複合体は ATP および新たな β スライディングクランプと結合する．この結合によって，クランプ二量体に歪みが加わり，一つのサブユニットの界面でリングが開く（図 25-14）．新たにプライミングされたラギング鎖はこの隙間からリング内に滑り込む．クランプローダーは ATP を加水分解して β スライディングクランプを解離させて，DNA を取り巻くように閉じさせる．

このようにして，レプリソームは，いずれの鎖（リーディング，ラギング）ともに毎秒約 1,000 ～ 2,000 ヌクレオチドで，迅速な DNA 合成を促す．岡崎フラグメントがいったん完成すると，RNA プライマーは DNA ポリメラーゼ I または RN アーゼ H1 によって除去され，DNA ポリメラーゼによって DNA に置換される．残されたニックは DNA リガーゼによってつなぎ合わされる（図 25-15）．

DNA リガーゼは，一方の DNA 鎖の 3′ 末端ヒドロキシ基と，もう一方の DNA 鎖の 5′ 末端リン酸基との間のホスホジエステル結合の形成を触媒する．このリン酸基はアデニリル化によって活性化される必要がある．ウイルスや真核生物から単離された DNA リガーゼは，この目的のために ATP を用いる．細菌の DNA リガーゼは少し変わっていて，NAD^+（通常は水素化物イオンの転移反応で機能する補因子（図 13-24 参照））を活性化基（図 25-16）である AMP の供給源として利用する．DNA リガーゼは，組換え DNA 実験における試薬としても重要な DNA 代謝酵素の一つである（図 9-1 参照）．

終結 Termination　最終的に，環状の大腸菌染色体の二つの複製フォークは，20 bp から成る Ter（*ter*minus の略）という配列が複数コピー存在する終結領域で出会う（図 25-17）．Ter 配列は，染色体上にトラップを形成するように配置されており，複製フォークはそこに入ることはできても出ることはできない．Ter 配列は Tus（terminus utilization substance）というタンパク質の結合部位として機能する．この Tus-Ter 複合体は一方向のみからの複製フォークの動きを止める．複製サイクルごとに一つの Tus-Ter 複合体だけがいずれかの複製フォークが先に出会ったところで機能する．反対方向からくる複製フォークは，衝突した時点で停止すると考えれば，一見 Ter 配列は必須ではないように思える．しかし，この複合体は，一方の複製フォークの進行が DNA 損傷や他の何らかの理由によって遅れたり停止したりした場合に，もう一方の複製フォークが進みすぎるのを防ぐかもしれない．

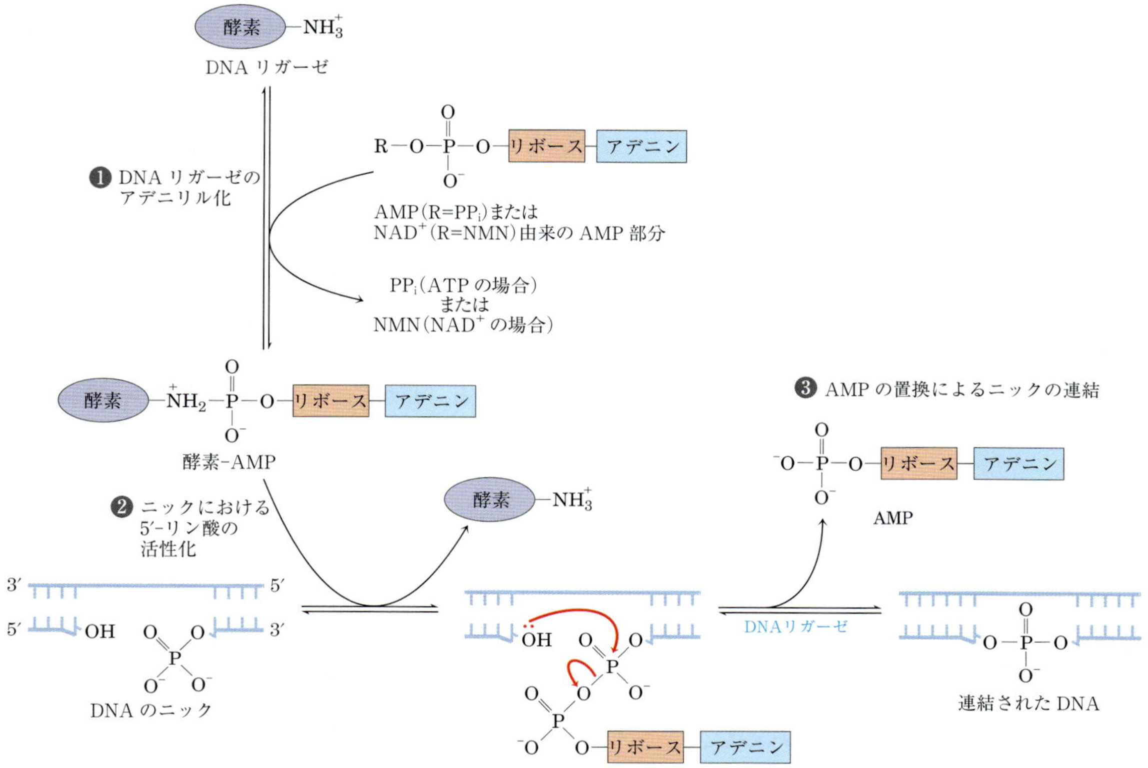

図 25-16　DNA リガーゼの反応機構

三つのステップのそれぞれにおいて，一つのホスホジエステル結合の形成が，別のホスホジエステル結合の消失を伴って起こる．ステップ❶と❷によって，ニックにおける 5′-リン酸基の活性化が起こる．AMP 基が最初に酵素のリジン残基に転移され，次にニックにある 5′- リン酸基に転移される．ステップ❸で 3′-ヒドロキシ基がこのリン酸を攻撃し，AMP と置き換わるとともに，ホスホジエステル結合を形成してニックを連結する．大腸菌の DNA リガーゼ反応の場合には，AMP は NAD^+ に由来する．多くのウイルスや真核細胞から単離された DNA リガーゼは，ステップ❶で NAD^+ の代わりに ATP を用い，ステップ❷でニコチンアミドモノヌクレオチド（NMN）ではなくピロリン酸を遊離する．

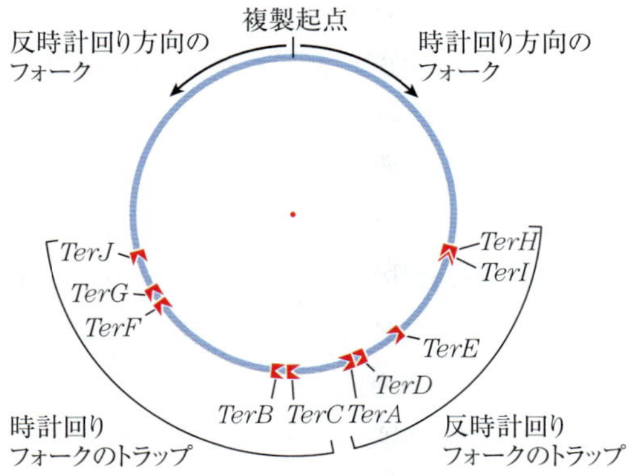

図 25-17　大腸菌における染色体複製の終結

複数の Ter 配列（*TerA* から *TerJ*）が，染色体上で向きが反対の二つのクラスターを形成して存在する．

したがって，いずれかの複製フォークが機能的な Tus-Ter 複合体に出会うと，そのフォークは停止する．他方のフォークは先に停止しているフォークにぶつかった時点で停止する．二つの大きな複製複合体に挟まれた数百塩基対から成る DNA 部分は，最終的に（まだよくわかっていない機構で）複製され，トポロジー的にからみ合って連鎖した（catenated）二つの環状染色体が生じる（図 25-18）．このように連鎖（連環）状になっている環状 DNA を**カテナン** catenane という．大腸菌の場合には，このカテナン状の環状 DNA の分離にはトポイソメラーゼⅣ（Ⅱ型トポイソメ

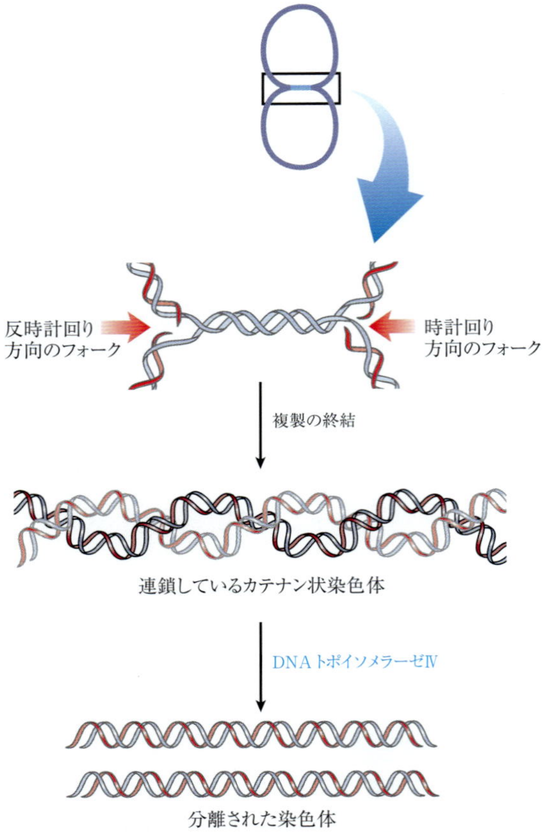

図 25-18 染色体複製の終結におけるトポイソメラーゼの機能

反対向きに進んでくる二つの複製フォークによって合成が終了した染色体 DNA は，カテナン，すなわちトポロジー的にからみ合った二つの環として存在する．二つの環状 DNA は共有結合で連結されているわけではないが，互いに相手とからみ合い，それぞれが共有結合によって閉環しているので，トポイソメラーゼの作用がなければ分離することはできない．大腸菌では，Ⅱ型トポイソメラーゼの一つである DNA トポイソメラーゼⅣがカテナン状染色体の分離において主要な役割を果たす．この酵素は，一方の染色体 DNA の 2 本の鎖を一時的に切断し，もう一方の染色体 DNA がその切れ目を通ることができるようにする．

ラーゼ）が必要である．分離した各染色体 DNA は細胞分裂の際に各娘細胞に分配される．真核細胞に感染する DNA ウイルスの多くも含めて，他の環状染色体の複製の終結期は類似している．

真核細胞における複製は類似しているがさらに複雑である

真核細胞の DNA 分子は，細菌のものよりもずっと大きく，しかも複雑な核タンパク質 nucleoprotein 構造（クロマチン，p. 1395）の中に組み込まれている．DNA 複製の基本的な特徴は，真核細胞でも細菌でも同じであり，タンパク質複合体の多くは，機能的にも構造的にも保存されている．しかし，真核細胞の複製は，細胞周期と連動して調節されるので，さらに複雑である．

下等真核細胞では，複製起点の構造の特徴はよくわかっているが，高等真核生物でわかっていることはずっと少ない．脊椎動物では A=T に富む多様な配列が複製開始に利用されるが，ある細胞分裂と次の分裂では部位が異なることがある．出芽酵母（*S. cerevisiae*）には，自律複製配列 autonomously replicating sequences（ARS）あるいは**レプリケーター** replicator と呼ばれる複製起点が存在する．酵母のレプリケーターは約 150 bp から成り，いくつかの不可欠な保存配列を含む．酵母の一倍体ゲノムを構成する 16 本の染色体には，約 400 のレプリケーターが分布している．

すべての細胞 DNA が，細胞周期あたり 1 回複製されるように調節される．この調節の大部分には，サイクリンというタンパク質，およびサイクリンと複合体を形成するサイクリン依存性プロテインキナーゼ（CDK）が関与する（p. 684）．サイクリンは M 期（mitosis）終了時に，ユビキチン依存性のタンパク質分解によって速やかに分解される．サイクリンがないときには，複製起点における**複製前複合体** pre-replication complex（**pre-RC**）の形成が可能になる．増殖の速い細胞では，M 期終了時には複製前複合体が形成されるが，増殖の遅い細胞では，G1 期終了まで形成されない．複製前複合体の形成は細胞を複製可能にするので，この現象を**ライセンシング** licensing と呼ぶことがある．

細菌と同様に，すべての真核生物において複製開始の鍵となる過程は，複製ヘリカーゼの結合である．複製ヘリカーゼは，異なる**ミニ染色体維持タンパク質** minichromosome maintenance（**MCM**）protein（MCM2 ～ MCM7）のヘテロ六量体である．リング状の MCM2-7 ヘリカーゼは，細菌の DnaB ヘリカーゼと類似した機構で機能するが，リーディング鎖の鋳型上を 3′ → 5′ 方向に移動する点が異なる．この MCM 複合体は，別の六量体タンパク質である**複製起点認識複合体** origin recognition complex（**ORC**）の助けによって DNA に結合する（図 25-19）．ORC は，そのサブユニットの中に五つの AAA＋ ATP アーゼドメインをもち，細菌の DnaA と機能的に類似する．その他に二つのタンパク質，CDC6（*c*ell *d*ivision *c*ycle）と CDT1（*C*DC10-*d*ependent *t*ranscript *1*）が，MCM2-7 複合体の DNA への結合に必要であり，酵母の CDC6 も AAA＋ ATP アーゼである．

複製開始の決定には，S 期サイクリン-CDK 複合体（サイクリン E-CDK2 複合体など；図 12-33 参照），および CDC7-DBF4 複合体の合成と活性が必要である．両複合体は，複製前複合体中のいくつかの因子に結合してリン酸化することによって複製開始を促す．いったん複製が開始すると，他のサイクリンや CDK はそれ以上の複製前複合体が形成されないように働く．例えば，CDK2 は，S 期にサイクリン E のレベルが低下するにつれてサイクリン A に結合し，サイクリン A が CDK2 を阻害して，それ以上の複製前複合体のライセンシングを妨げる．

真核生物の複製フォークの移動速度（約 50 ヌクレオチド/秒）は，大腸菌の場合のたったの 20 分の 1 である．この速度で進むとすると，1 本の平均的なヒト染色体の複製が単一の複製起点から進行すれば，500 時間以上かかることになる．実際には，ヒト染色体の複製は，30 ～ 300 kbp ごとの間隔で存在する多くの複製起点から二方向性に進む．真核生物の染色体は，ほぼ常に細菌の染色体よりもずっと大きいので，複数の複製起点が存在することは，真核細胞におけるおそらく普遍

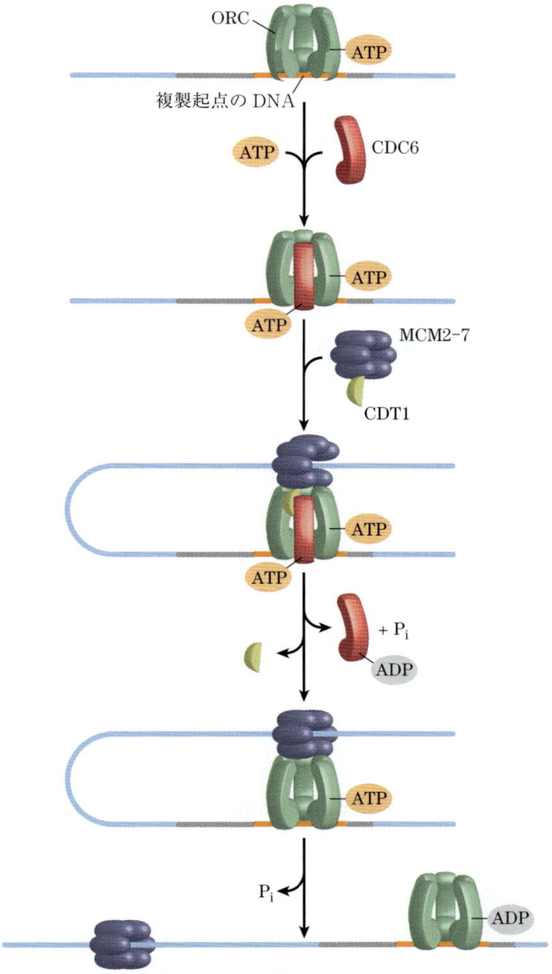

図 25-19　真核細胞の複製起点における複製前複合体の形成

複製起点に ORC，CDC6，CDT1 が結合する．これらのタンパク質の多くは AAA＋ ATP アーゼのファミリータンパク質であり，複製ヘリカーゼである MCM2-7 の複製起点への結合を促進する．この反応は，細菌において DnaC タンパク質による DnaB ヘリカーゼの結合促進と同様の機構である．MCM ヘリカーゼ複合体の DNA への結合による複製前複合体の形成は，複製開始の鍵となるステップである．［出典：U. Sivaprasad et al., in *DNA Replication and Human Disease*（M. L. DePamphilis, ed.），p. 141, Cold Spring Harbor Laboratory Press, 2006 の情報.］

的な特徴であろう．

細菌と同様に，真核生物にもいくつかのタイプのDNAポリメラーゼがある．そのうちのいくつかは，ミトコンドリアDNAの複製などの特別な機能と関連がある．核の染色体の複製には，主に多サブユニットから成る3種類のDNAポリメラーゼが関与する．高い連続伸長性を有する**DNAポリメラーゼ ε** DNA polymerase ε はリーディング鎖を合成し，**DNAポリメラーゼ δ** DNA polymerase δ はラギング鎖を合成する．どちらの酵素にも校正用の3′→5′エキソヌクレアーゼ活性がある．DNAポリメラーゼ/プライマーゼである**DNAポリメラーゼ α** DNA polymerase α は，RNAプライマーを合成し，その後に約10ヌクレオチドのDNAの伸長も行う．DNAポリメラーゼ α のサブユニットの一つはプライマーゼ活性を有し，最大のサブユニット（分子量約180,000）は重合活性を有する．しかし，このポリメラーゼにはプルーフリーディングに必要な3′→5′エキソヌクレアーゼ活性がないので，高度な正確さが要求されるDNA複製には適さない．

DNAポリメラーゼ ε とDNAポリメラーゼ δ は，増殖細胞核抗原proliferating cell nuclear antigen（PCNA；分子量29,000）という増殖中の細胞の核に多量に存在するタンパク質と会合して促進される．PCNAの三次元構造は，大腸菌のDNAポリメラーゼⅢの β サブユニット（図25-9(b)）の構造と酷似している．しかし，一次配列の相同性は顕著ではない．PCNAは大腸菌DNAポリメラーゼⅢの β サブユニットに相当する機能を有し，環状のクランプを形成して二つのポリメラーゼの連続伸長性を増大させる．

二つの他のタンパク質複合体も真核生物の複製で機能する．RPA（replication protein A）は一本鎖DNA結合タンパク質であり，大腸菌のSSBの機能に対応する．RFC（replication factor C）はPCNAのクランプローダーとして働き，活性型の複製複合体の形成を促進する．RFC複合体に含まれるサブユニットは，細菌のクランプローディング（γ）複合体のサブユニットと有意なアミノ酸配列の相同性を示す．

真核生物の直鎖状染色体の複製の終結には，各染色体の両末端に存在する**テロメア** telomereという特殊な構造の形成が関与する（次章参照）．

ウイルスのDNAポリメラーゼは抗ウイルス療法の標的となる

多くのDNAウイルスは，そのゲノムに独自のDNAポリメラーゼをコードしており，しばしばこのポリメラーゼが抗ウイルス薬の標的になる．例えば，単純ヘルペスウイルスのDNAポリメラーゼは，Gertrude ElionとGeorge Hitchings（p. 1290）によって開発されたアシクロビルacyclovirという化合物によって阻害される．アシクロビルは，グアニンが不完全なリボース環に結合した形をしている．

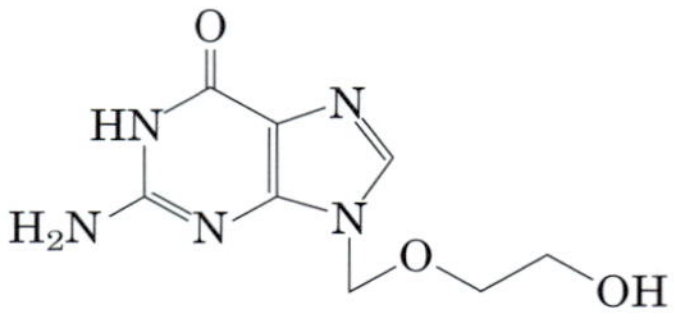

アシクロビル

アシクロビルは，ウイルスゲノムにコードされるチミジンキナーゼthymidine kinaseによってリン酸化されるが，宿主チミジンキナーゼに比べて200倍も高い親和性でウイルスのチミジンキナーゼに結合する．このことは，アシクロビルのリン酸化が主としてウイルス感染細胞内で起こることを意味する．細胞のヌクレオシドリン酸キナーゼによって，アシクロ-GMPはアシクロ-GTPに変換され，DNAポリメラーゼの阻害物質かつ基質として働くが，細胞のDNAポリメラーゼよりもヘルペスウイルスのDNAポリメラーゼに対してより強力な競合阻害作用を示す．また，アシクロ-GTPは3′-ヒドロキシ基をもたないので，ウイルス DNA に取り込まれるとチェインターミネーター chain terminator としても働く．このようにして，ウイルスの複製がいくつかのステップで阻害される．■

まとめ

25.1　DNA 複製

- DNA の複製は，非常に高い正確さで，しかも細胞周期のある特定の時期にのみ起こる．複製は半保存的であり，各鎖は新しい娘鎖の鋳型として働く．複製は，開始，伸長，そして終結という三つの段階から成る．細菌では，1 か所の複製起点から開始し，通常は二方向性に進行する．
- DNA は，DNA ポリメラーゼによって 5′→3′ の方向に合成される．複製フォークでは，リーディング鎖は複製フォークの移動と同じ方向に連続的に合成される．ラギング鎖は岡崎フラグメントとして不連続に合成されたのちに連結される．
- DNA 複製の正確さは，(1) ポリメラーゼによる塩基の選択，(2) ほとんどの DNA ポリメラーゼに存在する 3′→5′ プルーフリーディングエキソヌクレアーゼ活性，そして (3) 複製後にも残っているミスマッチに対する特異的な修復系によって維持される．
- ほとんどの細胞は何種類かの DNA ポリメラーゼを有する．大腸菌では，DNA ポリメラーゼⅢが主要な複製酵素である．DNA ポリメラーゼⅠは，複製，組換え，修復の際に特別な役割を担っている．
- DNA 複製の開始，伸長，終結の過程には多くの酵素とタンパク質因子が関与し，その多くは AAA+ ATP アーゼファミリーに属する．
- 真核生物の主要な複製 DNA ポリメラーゼは，DNA ポリメラーゼ ε と δ である．DNA ポリメラーゼ α はプライマー合成で機能する．

25.2　DNA 修復

ほとんどの細胞は，一般に 1 組あるいは 2 組のゲノム DNA しかもっていない．損傷を受けたタンパク質や RNA 分子は，DNA がコードする情報によって新しいものと速やかに置き換えられるが，DNA 分子そのものを置き換えることはできない．したがって，DNA 中の情報の完全性を維持することは，細胞にとって必須のことであり，それは精巧につくり上げられた DNA 修復系によって支えられている．DNA はさまざまな過程，例えば自然に起こる反応や環境物質によって触媒される反応によって損傷を受ける（Chap. 8）．複製自体も，（G が T と対合するような）不適正な塩基対を導入してしまうと，場合によっては DNA 中の情報の損傷を引き起こすことがある．

DNA 損傷の化学的性質は，多様で複雑である．この損傷に対する細胞の応答には，さまざまな酵素系が含まれる．そのなかには DNA 代謝における極めて興味深いいくつかの化学的変換を触媒する系がある．まず DNA 塩基配列の変化がもたらす影響について検討し，次に特定の修復機構について考察する．

変異はがんと結びつく

DNA 修復の重要性を表す最良の方法は，修復されずに残った損傷（傷害 lesion）の影響について考えることである．最も深刻な結果は，DNA の塩基配列の変化であり，もしもその変化が複製されて後の細胞世代に伝達されるのならば，その変化は永久に残る．このような DNA のヌクレオチド配列における永久的な変化を**突然変異** mutation と呼ぶ（単に変異と呼ぶことも多い）．変異には，ある塩基対が別の塩基対に置き換わるもの（置換変異 substitution mutation）や，一つ以上の塩基対の付加や欠失（挿入 insertion 変異あるいは欠失 deletion 変異）がある．必須ではない DNA 部分に変異が起こる場合や，ある遺伝子の機能への影響が無視できるような場合には，その変異は**サイレント変異** silent mutation と呼ばれる．まれにではあるが，生物学的に有利な結果をもたらすような変異もある．しかし，ほとんどのサイレントではない変異は中立であるか，あるいは有害である．

哺乳類において，変異の蓄積と発がんとの間には強い相関関係がある．Bruce Ames によって開発された簡便な試験法を用いれば，特殊な細菌株に対して変異誘発能をもつ化学物質を容易に検出することができる（図 25-20）．私たちが日常生活で出会うような化学物質は，この試験ではめったに変異原 mutagen としては検出されない．しかし，多くの動物実験で発がん性を示すことがわかっている物質の 90％以上が，このエイムス試験 Ames test で変異原性を示す．このように変異原性と発がん性との間には強い相関関係があるので，細菌に対する変異原性のエイムス試験は，ヒトに対する発がん物質の可能性のある化合物の迅速かつ安価なスクリーニング法として広く用いられる．

典型的な哺乳類細胞のゲノム DNA では，24 時間のうちに数千の傷害が蓄積する．しかし，DNA 修復のおかげで，1,000 の損傷のうちの一つ以下しか変異には結びつかない．DNA は比較的安定な分子であるが，修復系がなければ，それほど頻繁ではないにしても傷害を引き起こす反応の蓄積によって，生命の存続は不可能になるであろう．■

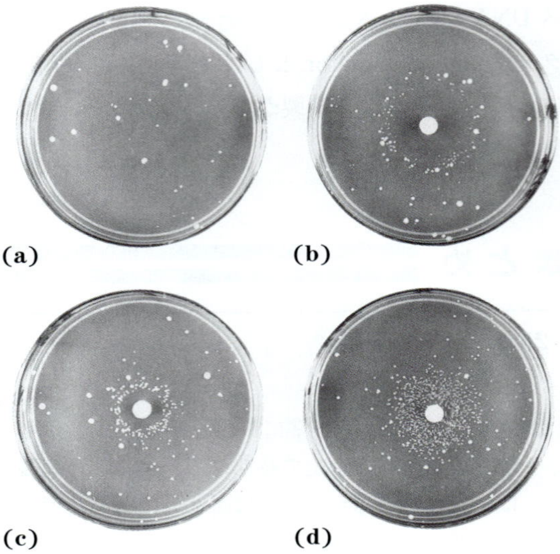

図 25-20 変異原性に基づく発がん物質のエイムス試験

ヒスチジン生合成経路の酵素を不活性化するような突然変異を有する *Salmonella typhimurium*（ネズミチフス菌）を，ヒスチジンを含まない寒天培地上に播種すると，ほとんどの細胞は生育しない．**(a)** ヒスチジンを含まない培地でまれに生育するネズミチフス菌の小さなコロニーは，ヒスチジン生合成ができるような自発的復帰突然変異を有する．**(b)**，**(c)**，**(d)** 同一成分の培地上に，同じ細胞数の菌が播種されている．ただし，徐々に高い濃度から低い濃度の変異原をしみこませたろ紙のディスクが各培地上に置かれている．変異原は復帰突然変異の頻度を高めるのでコロニーの数が増える．ろ紙周辺の透明な領域は，変異原の濃度が高すぎるために菌に対して致死的であることに起因する．変異原は，ろ紙から拡散して離れていくにつれて，次第に希釈されて致死的ではないが復帰突然変異を促進するような濃度になる．変異原はこの変異率に対する影響に基づいて比較することができる．多くの化合物は細胞内に入ってから種々の化学的変換を受けるので，化合物をまず肝臓の抽出液とともにインキュベートしたのちに，変異原性試験が行われる場合もある．このような処理後にだけ変異原性を示す化合物もある．［出典：Bruce N. Ames, University of California, Berkeley, Department of Biochemistry and Molecular Biology.］

すべての細胞は複数の DNA 修復系をもつ

多種多様な修復系の存在は，細胞の生存にとってのDNA修復の重要性とDNA損傷の多様性を反映している（表25-5）．いくつかの一般的な傷害，例えばピリミジン二量体（図8-30参照）に対しても，いくつかの異なる修復系がある．多くのDNA修復過程は，エネルギー的には極端に効率が悪い．大多数の代謝経路において，通常はATPが最も効率よく利用されることを考えると，このことは例外的である．遺伝情報の完全性が問題となるかぎりは，修復過程に投資される化学エネルギーの量はあまり重要ではないようである．

正確なDNA修復は，主としてDNA分子が2本の相補鎖からなるがゆえに可能である．一方の鎖が損傷を受けたDNAは，その鎖が除去され，未損傷の相補鎖を鋳型として用いることによって，変異を導入することなく置換される．まず，DNA複製時にまれに残るヌクレオチドミスマッチの修復からはじめて，主な修復系のタイプについて見ていくことにする．

ミスマッチ修復 mismatch repair　大腸菌において，複製後に残ったまれな不適正対合（ミスマッチ）の修正によって，複製過程全体での正確さはさらに 10^2 ～ 10^3 倍改善される．ミスマッチは，ほぼ常に古い（鋳型）鎖の情報を反映して修正される．鋳型鎖は，鋳型DNA上のメチル基という目印の存在によって，修復系は新たに合成された鎖と区別可能である．大腸菌のミスマッチ修復系には，鎖の識別と修復過程自体で機能する少なくとも12のタンパク質成分が関与する（表25-5）．これらのタンパク質の多くの機能は，1980年代にPaul Modrichらによって初めて解明された．

鎖の識別機構は，ほとんどの細菌や真核生物ではわかっていないが，大腸菌とそのごく近縁の細菌種ではよくわかっている．これらの細菌では，

表 25-5　大腸菌における DNA 修復系のタイプ

酵素/タンパク質	損傷のタイプ
ミスマッチ修復	
Dam メチラーゼ MutH, MutL, MutS タンパク質 DNA ヘリカーゼ II SSB DNA ポリメラーゼ III エキソヌクレアーゼ I エキソヌクレアーゼ VII RecJ ヌクレアーゼ エキソヌクレアーゼ X DNA リガーゼ	ミスマッチ
塩基除去修復	
DNA グリコシラーゼ AP エンドヌクレアーゼ DNA ポリメラーゼ I DNA リガーゼ	異常塩基（ウラシル，ヒポキサンチン，キサンチン） アルキル化塩基 いくつかの生物種ではピリミジン二量体
ヌクレオチド除去修復	
ABC エクシヌクレアーゼ DNA ポリメラーゼ I DNA リガーゼ	大きな構造変化を伴うDNA 損傷（例，ピリミジン二量体）
直接修復	
DNA フォトリアーゼ	ピリミジン二量体
O^6-メチルグアニン-DNA メチルトランスフェラーゼ	O^6-メチルグアニン
AlkB タンパク質	1-メチルグアニン，3-メチルシトシン

鎖の識別はDamメチラーゼの作用に基づく．前述のように，この酵素はDNAの(5′)GATC配列中のすべてのアデニンを N^6 位でメチル化する．複製フォークが通過した直後には，鋳型鎖はメチル化されているが新たに合成された鎖はまだメチル化されていない短い期間（数秒～数分）が存在する（図25-21）．すなわち，新たに合成された鎖に存在するGATC配列が一時的にメチル化されていない状態にあることが，鋳型鎖との識別を

可能にする．この半メチル化(片側だけメチル化)されたGATC配列の近傍にある複製時のミスマッチは，メチル化された親（鋳型）鎖に含まれる情報に従って修復される．両方の鎖がGATC配列でメチル化されていると，ほとんどのミスマッチは修復されない．また，もしも両鎖ともにメチル化されてない場合には，修復は起こるが鎖の特異性がなくなる．大腸菌におけるメチル標識によるミスマッチ修復系は，半メチル化されたGATC配列から最大で1,000 bpも離れているミスマッチをも効率よく修復する．

GATC配列からかなり離れた場所でミスマッチの修正過程は，どのようにして起こるのか．その機構を図25-22に示す．MutLタンパク質がMutSタンパク質と複合体を形成し，この複合体がすべてのミスマッチ塩基対（C−Cミスマッチを除く）に結合する．一方，MutHタンパク質は，MutLタンパク質およびMutL-MutS複合体と出会ったGATC配列に結合する．ミスマッチ部位の両側のDNAがMutL-MutS複合体を通ってたぐり寄せられ，DNAのループを形成する． この複合体を通ってループの両方の付け根部分が同時に移動することは，複合体がDNAに沿って両方向に移動するのと同等である．MutHは部位特異的なエンドヌクレアーゼ活性を有するが，複合体が半メチル化GATC配列に出会うまでは不活性である．半メチル化部位では，MutHはメチル化されていない鎖のGATCのGの5′側を切断して，その鎖に修復の目印をつける．修復経路のこれ以降のステップは，この切断部位に対してミスマッ

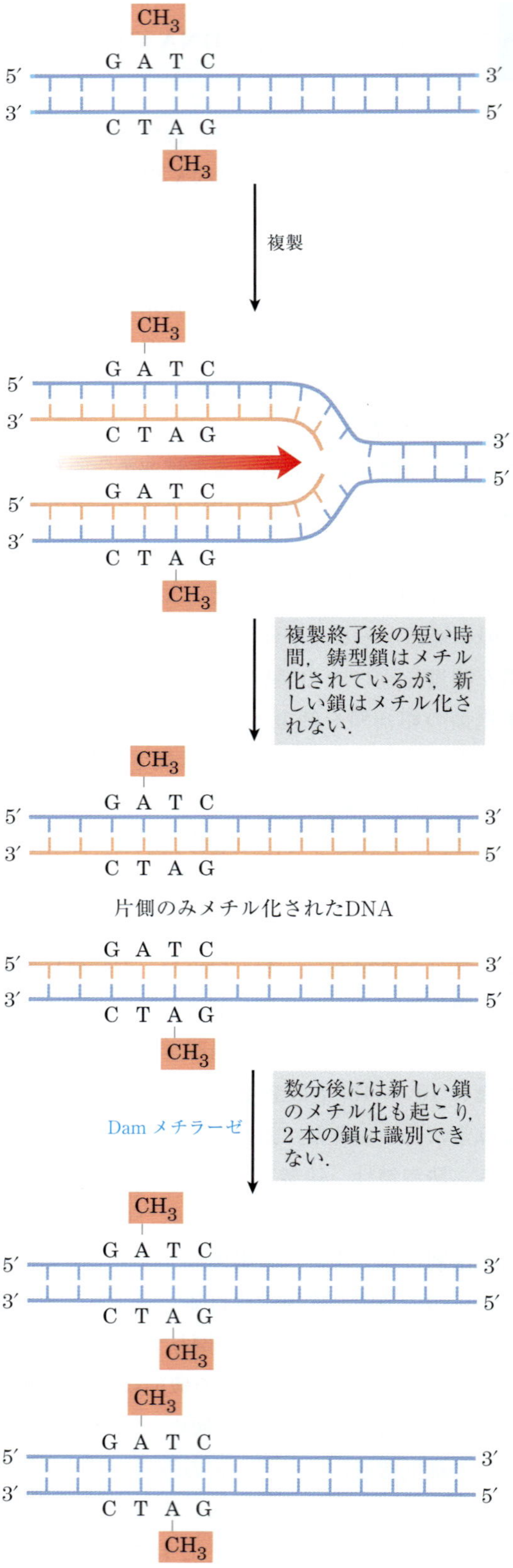

図25-21 メチル化とミスマッチ修復

DNA鎖のメチル化は，大腸菌DNAにおいて親（鋳型）鎖を新たに合成された鎖と識別するために役立つ．この機能は，ミスマッチ修復（図25-22参照）にとって極めて重要である．メチル化は(5′)GATC配列にあるアデニンのN^6位で起こる．この配列はパリンドローム（図8-18参照）になっているので，二つの鎖に逆向きで存在する．

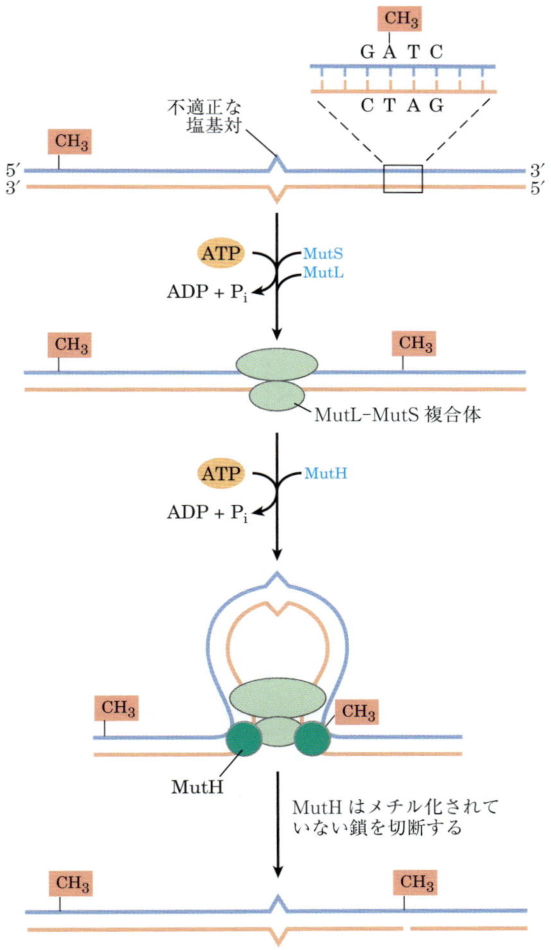

図 25-22　メチル標識によるミスマッチ修復の初期ステップのモデル

大腸菌でこの過程に関与するタンパク質は精製されている（表 25-5 参照）．(5′) GATC 配列とミスマッチの認識は，それぞれ MutH タンパク質と MutS タンパク質の特異的な機能である．MutL タンパク質は MutS タンパク質とミスマッチ部位で複合体を形成する．DNA は，この複合体の中を 2 本の糸が通るように，ミスマッチ部位を中心にして MutH が結合している半メチル化 GATC 配列に出会うまで両方向に同時に移動する．MutH は，GATC 配列中の G の 5′ 側でメチル化されていない鎖を切断する．次に DNA ヘリカーゼ II とエキソヌクレアーゼの一つを含む複合体がメチル化されていない鎖を切断部位からミスマッチ部位に向けて分解する（図 25-23 参照）．［出典：Paul Modrich によって提供された図の情報.］

チがどこに位置するのかに依存する（図 25-23）．

ミスマッチが切断部位の 5′ 側（メチル化されていない鎖）にあるときは（図 25-23 右側），メチル化されていない鎖は巻き戻され，3′ → 5′ に向かって切断部位からミスマッチ部位を通って分解された後に，この領域は新たな DNA で置き換えられる．この過程には，DNA ヘリカーゼ II（UvrD ヘリカーゼともいう），SSB，エキソヌクレアーゼ I またはエキソヌクレアーゼ X（両者ともに DNA を 3′ → 5′ 方向に分解する），あるいはエキソヌクレアーゼ VII（一本鎖 DNA をどちらの方向へも分解する），DNA ポリメラーゼ III，そして DNA リガーゼの協同作用が必要である．切断部位の 3′ 側にあるミスマッチの修復経路も類似しているが，エキソヌクレアーゼとしてエキソヌクレアーゼ VII，または RecJ ヌクレアーゼ（一本鎖 DNA を 5′ → 3′ 方向に分解する）が用いられる点が異なる（図 25-23 左側）．

消費されるエネルギーの点で，ミスマッチ修復は大腸菌にとってとりわけ高価な過程である．ミスマッチの場所は，GATC 配列から 1,000 bp 以上も離れていることがあり，この長さの領域を分解して新たな鎖に置き換えることは，たった一つのミスマッチ塩基を修復するために，膨大な量の活性化デオキシヌクレオチド前駆体を必要とすることを意味する．このことは，細胞にとってゲノムの完全性を保つことの重要性を物語っている．

真核細胞も，細菌の MutS と MutL（ただし MutH とではなく）に構造的，機能的に類似したいくつかのタンパク質が働くミスマッチ修復系を有する．このようなタンパク質をコードするヒトの遺伝子が変異すると，最も一般的に見られる遺伝的にがんになりやすい症候群になる（Box 25-1，p. 1455 参照）．このことからも，DNA 修復系の生物にとっての価値が証明される．酵母からヒトに至るまでのほとんどの真核生物における主要な MutS 相同タンパク質は，MSH2（*M*ut*S* *h*omolog *2*），MSH3 および MSH6 である．MSH2

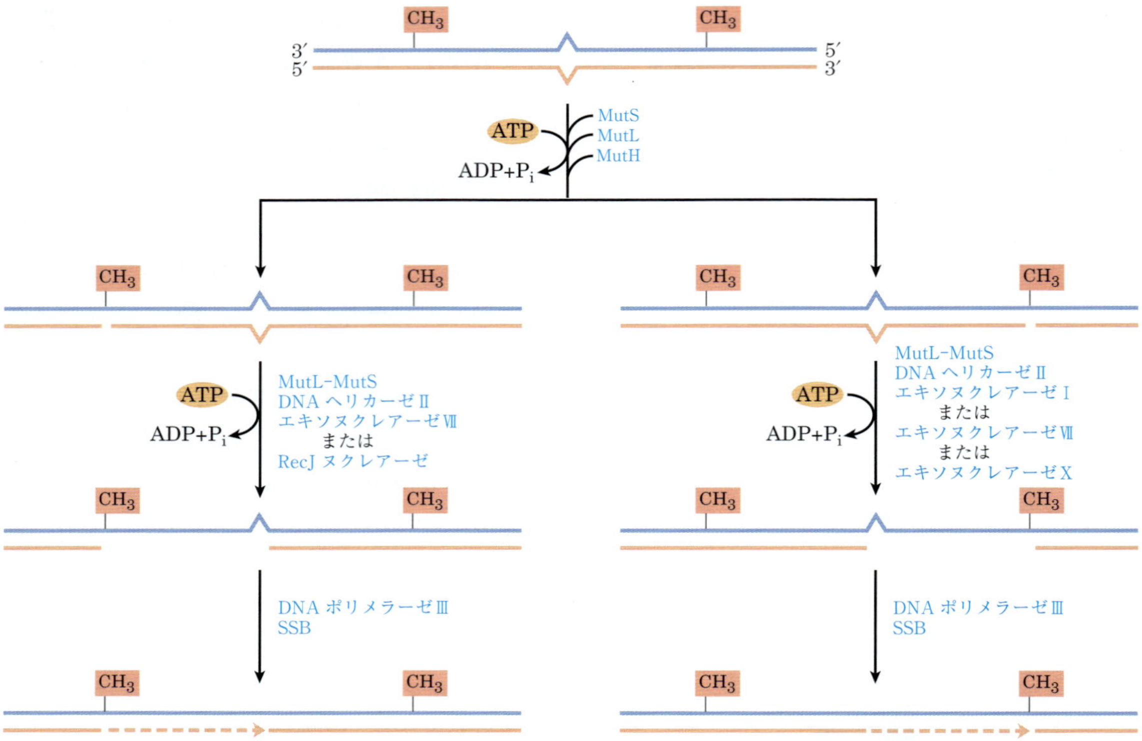

図 25-23 メチル標識によるミスマッチ修復の完了

DNA ヘリカーゼⅡ，SSB および 4 種類のエキソヌクレアーゼのうちの一つによる協同作業によって，新たに合成された鎖の MutH による切断部位とミスマッチをちょうど越えた点との間の領域が除去される．切断部位とミスマッチ部位との相対位置関係により異なるエキソヌクレアーゼが用いられる（二つの修復経路をここに示す）．除去されて生じたギャップは DNA ポリメラーゼⅢによって埋められ（破線），最後に残るニックは DNA リガーゼ（図に示していない）によって連結される．

と MSH6 のヘテロ二量体は，通常は単一塩基対のミスマッチに結合し，それよりもわずかに長いミスマッチのループには結合しにくい．多くの生物において，長いミスマッチ（2～6 bp）には，MSH2 と MSH3 のヘテロ二量体が結合するか，あるいは MSH2-MSH3，MSH2-MSH6 の 2 種類のヘテロ二量体が並んで結合する．MutL のホモログとしては，主として MLH1（*M*ut*L* *h*omolog *1*）と PMS1（*p*ost-*m*eiotic *s*egregation *1*）がヘテロ二量体を形成し，MSH 複合体に結合して安定化する．真核生物のミスマッチ修復でその後に起こる過程の詳細は未解明である．特に，新たに合成された DNA 鎖がどのようにして特定されるのかは不明である．ただし，この過程に GATC 配列が関与しないことは明らかである．

塩基除去修復 base-excision repair あらゆる細胞は，**DNA グリコシラーゼ** DNA glycosylase というクラスの酵素をもっている．これらの酵素は，一般的な DNA 損傷（シトシンやアデニンの脱アミノ化産物など；図 8-29(a) 参照）を特に認識し，*N*-グリコシド結合を切断することによって変化した塩基を除去する．この切除によって，DNA に脱プリン塩基部位 apurinic site あるいは脱ピリミジン塩基部位 apyrimidinic site（まとめて **AP サイト** AP site，あるいは**塩基欠落部位** abasic site という）が生じる．各 DNA グリコシラーゼは，通常はある特定のタイプの損傷に対して特異的である．

例えば，ほとんどの細胞に存在するウラシルDNAグリコシラーゼは，シトシンが自然に脱アミノ化してできたウラシルをDNAから特異的に除去する．この酵素が欠損している変異細胞では，G≡CからA＝Tへと変異する確率が高くなる．このグリコシラーゼは極めて特異性が高く，RNAのウラシル残基もDNAのチミン残基も除去しない．シトシンの脱アミノ化産物であるウラシルをチミンと区別するこの能力は，ウラシルの選択的修復に必要であるが，このことがDNAがウラシルの代わりにチミンを含むように進化した理由の一つかもしれない（p. 426）．

ほとんどの細菌はウラシルDNAグリコシラーゼを1種類しかもたないが，ヒトには特異性の異なる少なくとも4種類の酵素が存在する．このことはDNAからのウラシル除去の重要性の指標である．ヒトで最も豊富なウラシルグリコシラーゼのUNGは，レプリソームに会合して，複製の際にTの代わりにたまに取り込まれるU残基を取り除く．C残基の脱アミノ化反応は，一本鎖DNAでは二本鎖DNAに比べて100倍速い．ヒトにはhSMUG1というウラシルグリコシラーゼが存在し，複製や転写の際に一本鎖DNAにできるU残基を除去する．ヒトには他に二つのDNAグリコシラーゼ（TDGとMBD4）があり，G残基と対を形成しているUまたはT（シトシンあるいは5-メチルシトシンの脱アミノ化により生じる）をそれぞれ除去する．

他のDNAグリコシラーゼは，さまざまな損傷

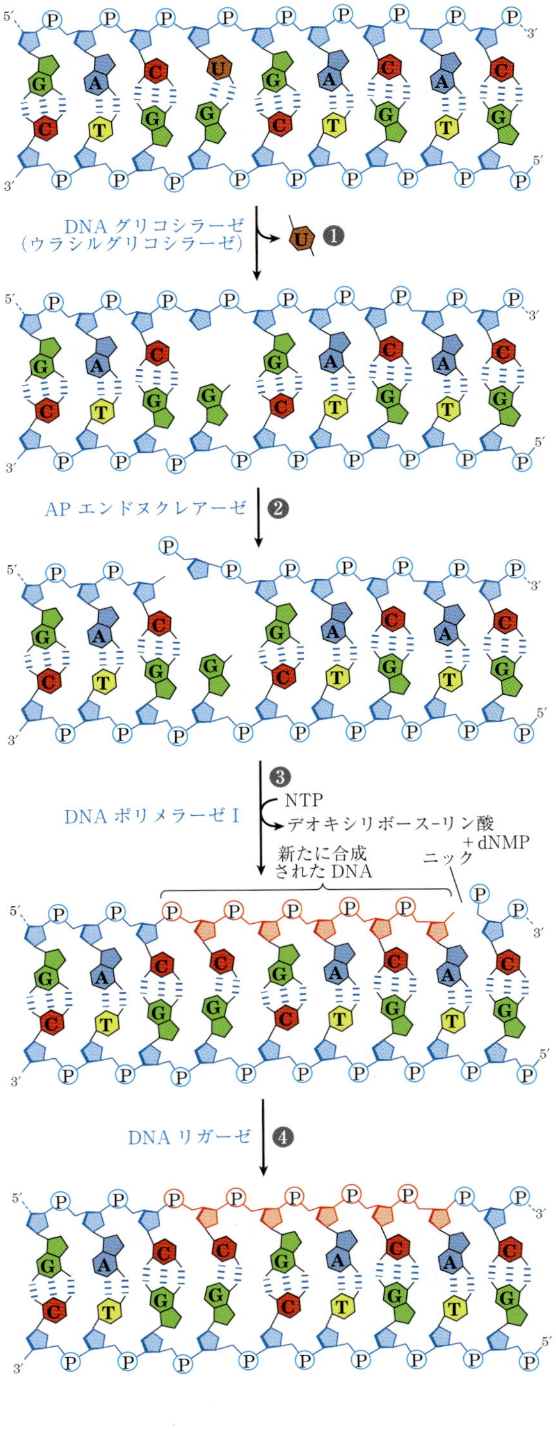

図 25-24 塩基除去修復経路による DNA 修復

❶ DNAグリコシラーゼは損傷を受けた塩基（この図の例ではウラシル）を認識し，塩基と主鎖のデオキシリボースとの間を切断する．❷ APエンドヌクレアーゼがAPサイト近くのホスホジエステル結合を切断し，DNA鎖にニックを入れる．❸ DNAポリメラーゼIが，ニックの遊離の3′-ヒドロキシ基側から修復合成を開始する．すなわち，損傷をもつ鎖の一部を除去し（5′→3′ エキソヌクレアーゼ活性），損傷を受けていない鎖をもとにしてヌクレオチドを置き換える．❹ DNAポリメラーゼIが解離した後に残っているニックは，DNAリガーゼによって連結される．

を受けた塩基（プリンの酸化により生じるホルムアミドピリミジンや8-ヒドロキシグアニン，アデニンの脱アミノ化で生じるヒポキサンチン，および3-メチルアデニンや7-メチルグアニンのようなアルキル化塩基など）を認識して除去する．このほかに，ピリミジン二量体などの損傷を認識するグリコシラーゼもいくつかのクラスの生物で同定されている．なお，APサイトは，DNA中の*N*-グリコシド結合が自発的にゆっくりと加水分解されることによっても生じることを思い出そう（図8-29(b)参照）．

DNAグリコシラーゼによっていったんAPサイトが形成されると，別のタイプの酵素がそれを修復しなければならない．その修復は，単に新たな塩基の挿入と*N*-グリコシド結合の再形成によって行われるのではない．その代わりに，残っているデオキシリボース5′-リン酸が除去されて，新たなヌクレオチドで置換される．この過程では，まず**APエンドヌクレアーゼ** AP endonuclease という酵素が作用して，APサイトを含むDNA鎖を切断する．APサイトに対して切れ目を入れる位置（5′側または3′側）は，APエンドヌクレアーゼのタイプに依存する．次に，APサイトを含むDNA領域が除去され，DNAポリメラーゼIがDNAを置換し，最後にDNAリガーゼが残っているニックをつなぎ合わせる（図25-24）．真核生物では，後述するように，ヌクレオチドの置換は特殊なDNAポリメラーゼによって行われる．

ヌクレオチド除去修復 nucleotide-excision repair DNAのらせん構造に大きな歪みをもたらすようなDNA損傷は，通常はヌクレオチド除去修復系によって修復される．この修復経路はすべての生物の生存にとって極めて重要である．ヌクレオチド除去修復（図25-25）では，複数サブユニットからなる酵素（エクシヌクレアーゼ excinuclease）が，損傷により生じる歪みの両側でそれぞれ1か所ずつ，二つのホスホジエステル結合を加水分解する．大腸菌や他の細菌では，酵素系によって損傷部位から3′側に5番目，および5′側に8番目のホスホジエステル結合が加水分解され，12〜13ヌクレオチドの断片が生じる（損傷が1塩基か2塩基かによって長さが異なる）．ヒトや他の真核生物では，同様の酵素系によって損傷部位から3′側に6番目，および5′側に22番目のホスホジエステル結合が加水分解され，27〜29ヌクレオチドの断片が生じる．このように2か所で切断されてできたオリゴヌクレオチドは二本鎖から解離し，生じたギャップは大腸菌ではDNAポリメラーゼIによって，ヒトではDNAポリメラーゼεによって埋められる．最後に，DNAリガーゼがニックをつなぎ合わせる．

大腸菌での鍵となる酵素複合体は，三つのサブユニット，UvrA（分子量104,000），UvrB（分子量78,000）およびUvrC（分子量68,000）から成るABCエクシヌクレアーゼ ABC excinuclease である．「エクシヌクレアーゼ」という用語は，この酵素複合体がエンドヌクレアーゼ活性によって2か所で切断を行うという点が特徴的なので，他の標準的なエンドヌクレアーゼの作用と区別するために用いられる．まず，UvrAとUvrBタンパク質の複合体（A_2B）が，DNAをスキャンして損傷部位に結合する．次に，UvrA二量体が解離し，強固なUvrB-DNA複合体が残る．次にUvrCタンパク質がUvrBに結合することによって，UvrBは損傷部位から3′側に5番目のホスホジエステル結合を切断する．その後，UvrCが損傷部位から5′側に8番目のホスホジエステル結合を切断する．その結果生じる12〜13ヌクレオチドの断片は，UvrDヘリカーゼによって除去される．このようにして生じた短いギャップは，DNAポリメラーゼIとDNAリガーゼの作用によって埋められる（図25-25左側）．この修復経路は，シクロブタンピリミジン二量体，6-4フォトプロダクト 6-4 photoproduct（図8-30参照），

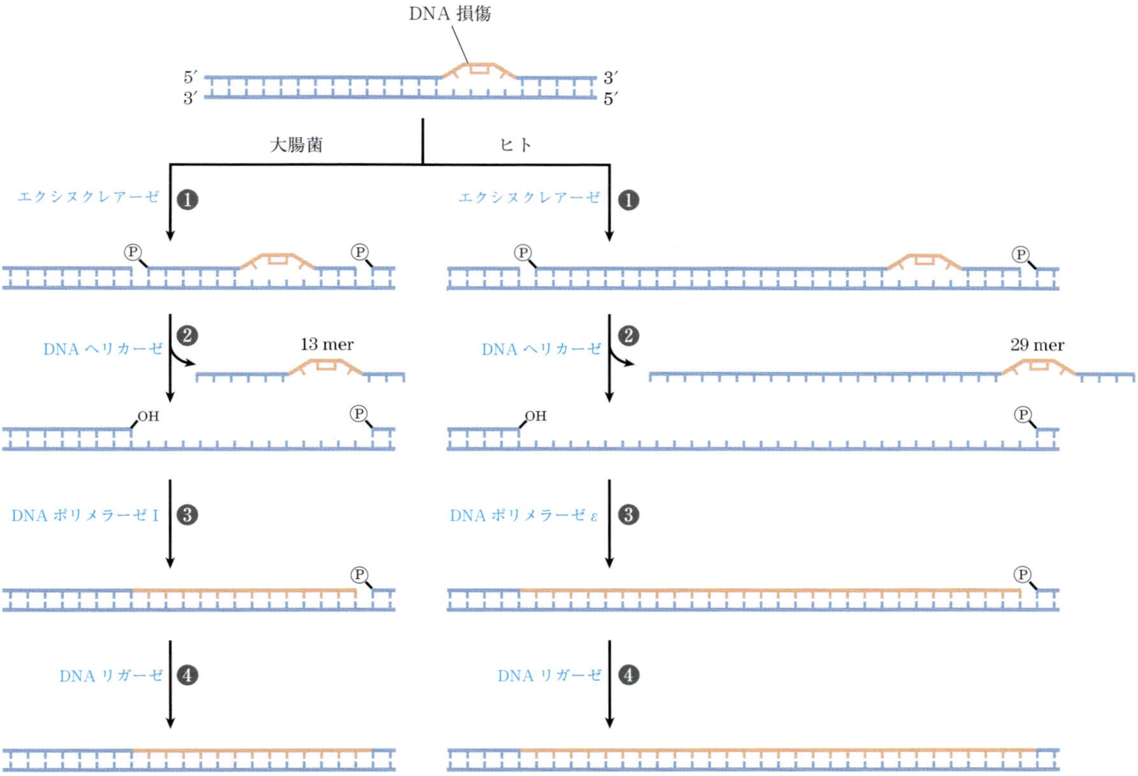

図 25-25　大腸菌とヒトにおけるヌクレオチド除去修復

ヌクレオチド除去修復の基本的な経路はすべての生物で同様である．❶エクシヌクレアーゼが比較的大きな損傷部位に結合し，損傷を受けたDNA鎖を損傷部位のどちらかの側で切断する．❷ DNA 断片（13 ヌクレオチド（13 mer）あるいは 29 ヌクレオチド（29 mer））はヘリカーゼの助けを借りて除去される．❸生じたギャップはDNA ポリメラーゼによって埋められ，❹ 残ったニックは DNA リガーゼによって連結される．［出典：Aziz Sancar によって提供された図の情報.］

およびタバコの煙にさらされることによってDNA に形成されるベンゾ[*a*]ピレン-グアニン benzo[*a*]pyrene-guanine などの他のいくつかのタイプの塩基付加物のような種々の損傷に対して主要な役割を果たす．このように，ABC エクシヌクレアーゼの核酸加水分解活性は，DNA を 2 か所で切断するという点で新奇である．

真核生物のエクシヌクレアーゼの作用機構は，細菌の酵素の機構とよく似ている．しかし，大腸菌のエクシヌクレアーゼとは全く相同性がない少なくとも 16 のポリペプチド鎖が 2 か所での切断に必要である．真核生物のヌクレオチド除去修復や塩基除去修復のいくつかは，転写と密接に連動している（Chap. 26 参照）．ヒトにおけるヌクレオチド除去修復の遺伝的欠損は，種々の重篤な疾患を引き起こす（Box 25-1 参照）．

直接修復 direct repair　ある種の損傷は，塩基あるいはヌクレオチドを除去せずに修復される．最もよくわかっている例は，**DNA フォトリアーゼ（光回復酵素）**DNA photolyase により促進されるピリミジン二量体のシクロブタン構造の直接的な光回復である．ピリミジン二量体は紫外線により誘導される反応によって生じる．Aziz Sancar らによって解明された機構によると，フォトリアーゼは吸収した光のエネルギーをこの損傷の修復に利用する（図 25-26）．フォトリアーゼは，一般に光を吸収するための二つの補因子（発色団 chromophore）を含む．すべての生物種（訳者注：フォトリアーゼを有する生物種のみ）において，発色団の一つは $FADH_2$ であるが，もう一つは生物種によって異なり，大腸菌と酵母においては葉酸である．反応機構にはフリーラジカルの生成が必要である．DNA フォトリアーゼは，ヒトやその他の有胎盤哺乳類では見つかっていない．

別の例は，アルキル化損傷を受けたヌクレオチドの修復の際に見られる．修飾ヌクレオチドの O^6-メチルグアニンはアルキル化剤の存在下で形

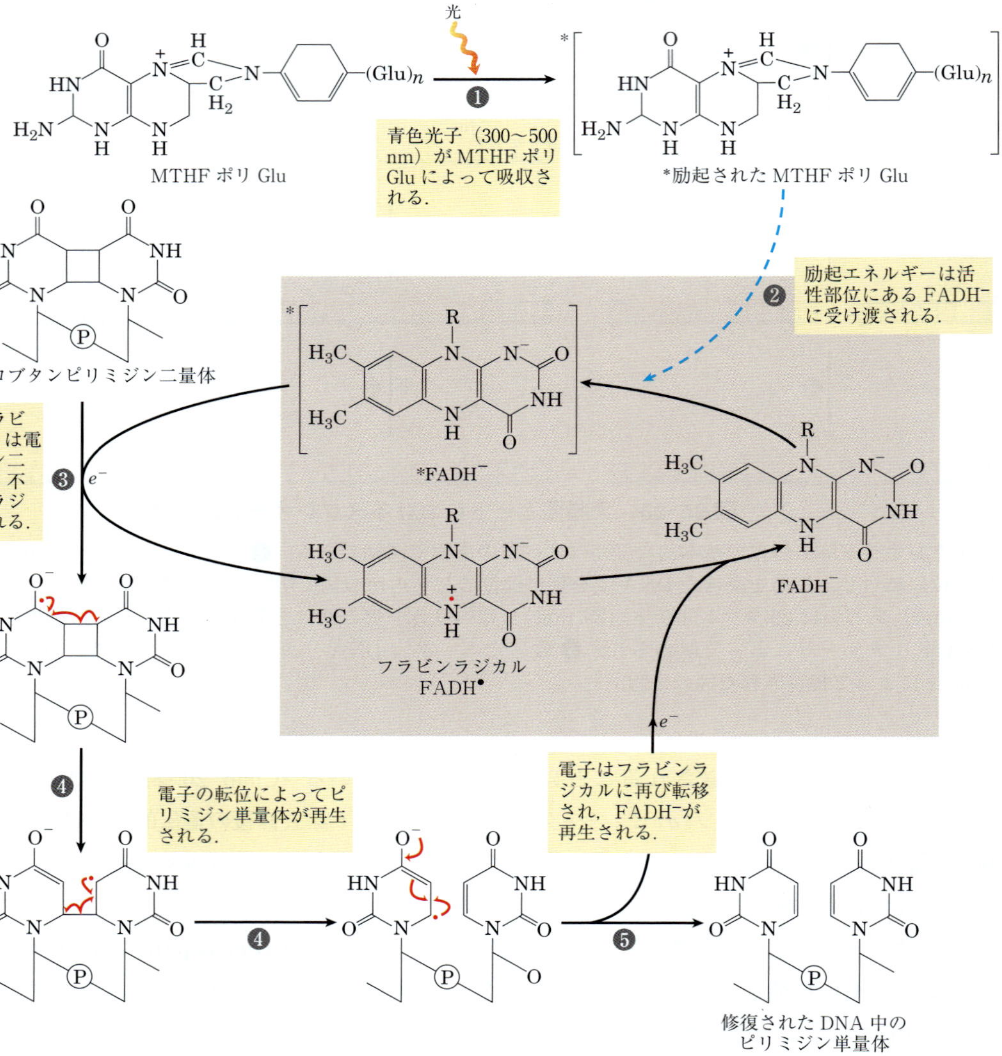

機構図 25-26　フォトリアーゼによるピリミジン二量体の修復

光化学反応によって生じた損傷は，吸収された光のエネルギーを用いて反応を逆行させて修復される．大腸菌のフォトリアーゼ（分子量 54,000）には二つの発色団（N^5,N^{10}-メテニルテトラヒドロフォリルポリグルタミン酸（MTHF ポリ Glu）と $FADH^-$））があり，これらは相補的な機能を果たす．青色光の光子は光アンテナとして機能する MTHF ポリ Glu によって吸収される．励起エネルギーは，酵素の活性部位にある $FADH^-$ に転移され，励起されたフラビン（$^*FADH^-$）は電子をピリミジン二量体に供与し，図に示す経路でピリミジン単量体が再生される．

成され，一般的で変異誘発性の高い損傷である（p. 429）．O^6-メチルグアニンは，複製の際にシトシンよりもチミンと塩基対を形成する傾向があるので，G≡C から A＝T への変異を誘発する（図 25-27）．O^6-メチルグアニンの直接修復は，O^6-メチルグアニン-DNA メチルトランスフェラーゼによって行われる．このメチルトランスフェラーゼは，この酵素の Cys 残基の一つへの O^6-メチルグアニンのメチル基の転移を触媒する．しかし，このメチルトランスフェラーゼは，厳密な意味では酵素ではない．なぜならば，1 回のメチル基の転移が起こるとタンパク質は永久にメチル化され，この経路は不活性化されてしまうからである．たった 1 個の損傷塩基を修復するために，タンパク質の 1 分子全体が消費されることは，細胞の DNA の完全性を維持することがいかに重要であるかを示す好例である．

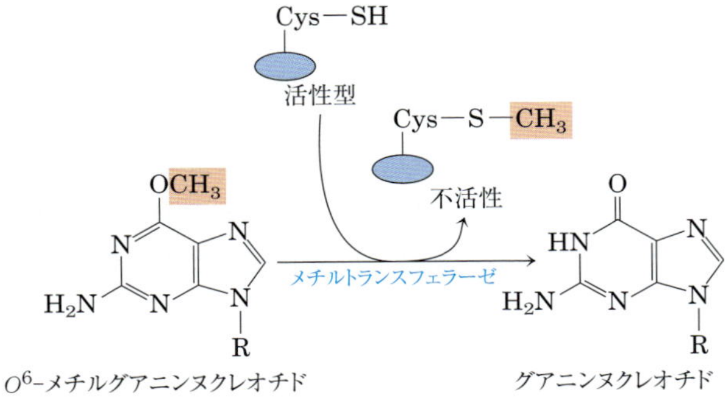

反応は異なるが，同様な直接的機構が 1-メチルアデニンや 3-メチルシトシンの修復に用いられる．A 残基と C 残基のアミノ基は，一本鎖 DNA ではメチル化されることがあり，正しい塩基対形成に影響を及ぼす．大腸菌では，α-ケトグルタル酸 -Fe^{2+} 依存性ジオキシゲナーゼスー

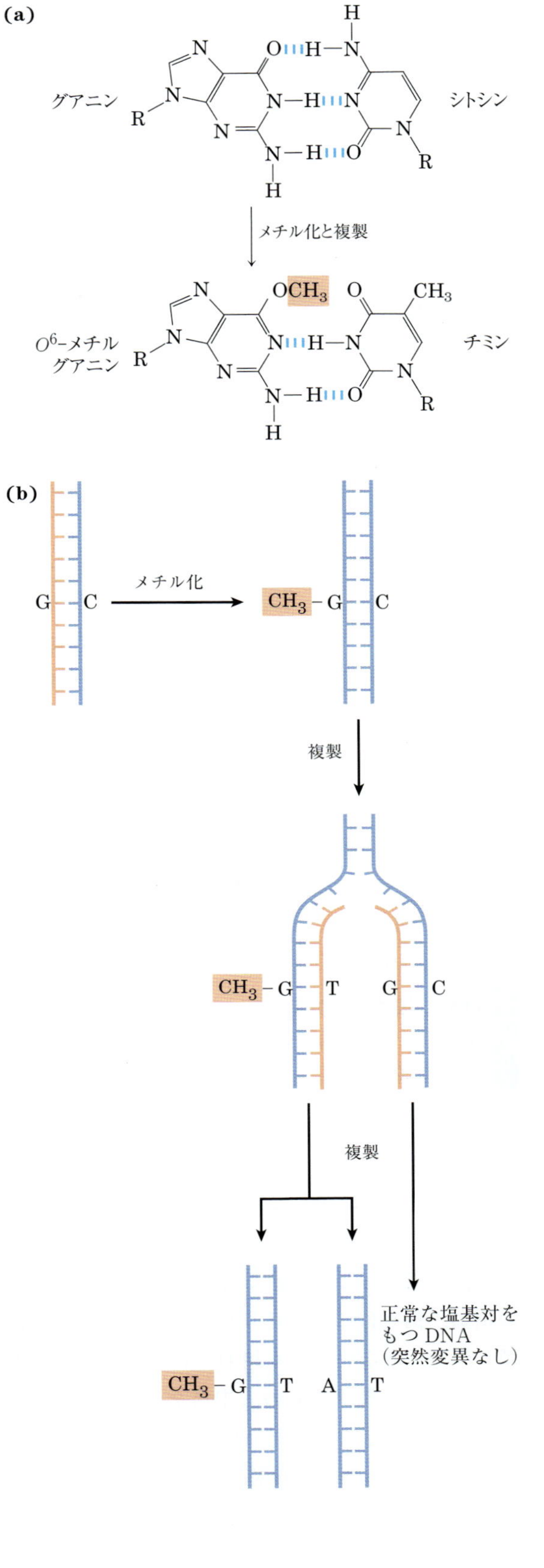

図 25-27 DNA 損傷がいかにして突然変異に結びつくかの例

(a) メチル化誘導体の O^6-メチルグアニンは，シトシンではなくチミンと塩基対を形成する．**(b)** もしも修復されなければ，これによって複製後に G≡C から A＝T への変異が起こる．

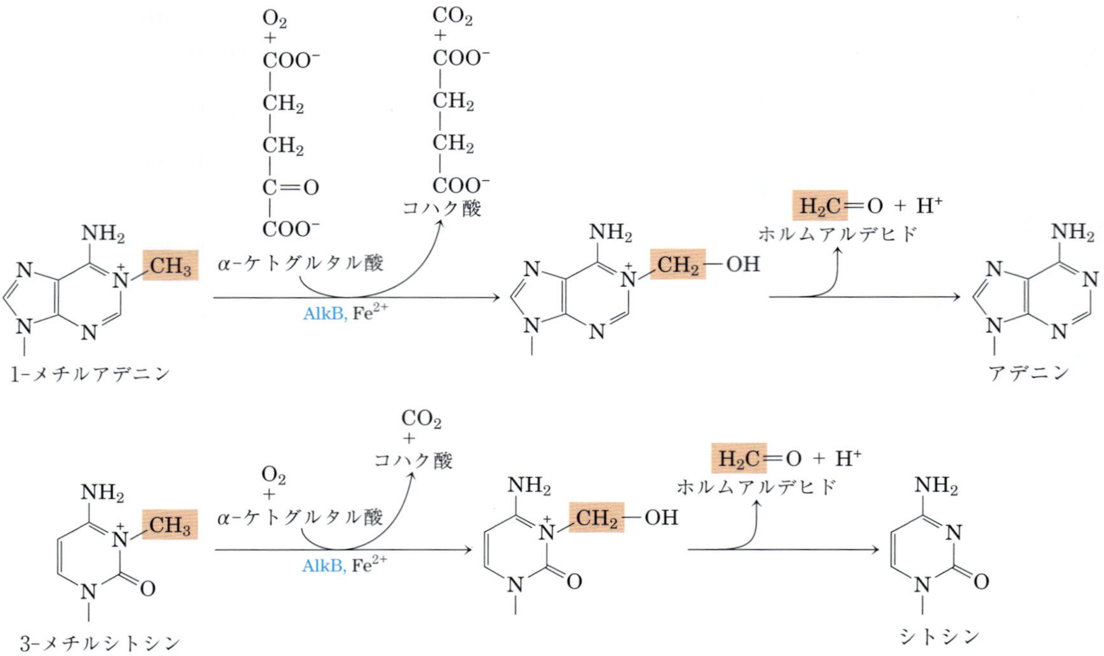

図 25-28 AlkB によるアルキル化塩基の直接修復

AlkB タンパク質はα-ケトグルタル酸-Fe^{2+}依存性ヒドロキシラーゼ（Box 4-3 参照）であり，1-メチルアデニン残基と 3-メチルシトシン残基の酸化的脱メチル化を触媒する．

パーファミリーに属する AlkB タンパク質が，これらのアルキル化ヌクレオチドの酸化的脱メチル化を行う（図 25-28，この酵素ファミリーに属する別の酵素については，Box 4-3 参照）．

DNA 損傷との複製フォークの相互作用によって，誤りがちな損傷乗越え DNA 合成が起こる

これまでに述べてきた修復経路は，通常は二本鎖 DNA の損傷に対してのみ働き，その際に損傷を受けていない相補鎖が正しい遺伝情報を提供して，損傷鎖をもとの状態に戻す．しかし，ある種の損傷，例えば二本鎖の切断（ブレイク），二本鎖の架橋，あるいは一本鎖 DNA の損傷などの場合には，相補鎖そのものも損傷を受けているか，あるいは存在しない状況になる．二本鎖切断や一本鎖 DNA の損傷は，複製フォークが修復されずに残っている損傷部位にきたときに最も頻繁に生じる（図 25-29）．このような損傷や DNA の架橋は，電離放射線や種々の酸化反応によっても生じる．

細菌の複製フォークが立ち往生した場合の修復には二つの手段がある．もう一方の DNA 鎖が存在しない場合には，正確な修復を行うために必要な情報はもう一つの相同染色体から得る必要がある．このような修復系には遺伝的相同組換えが関与する．この組換え DNA 修復の詳細については Sec. 25.3 で述べる．ある条件下では，もう一つの修復経路である**誤りがちな損傷乗越え DNA 合成** error-prone translesion DNA synthesis（しばしば TLS と略記される）が利用されるようになる．この経路が活性化すると，DNA 修復はかなり不正確であり，高頻度に変異が起こることがある．細菌では，誤りがちな損傷乗越え DNA 合成は，広範な DNA 損傷に対する細胞のストレス応答の

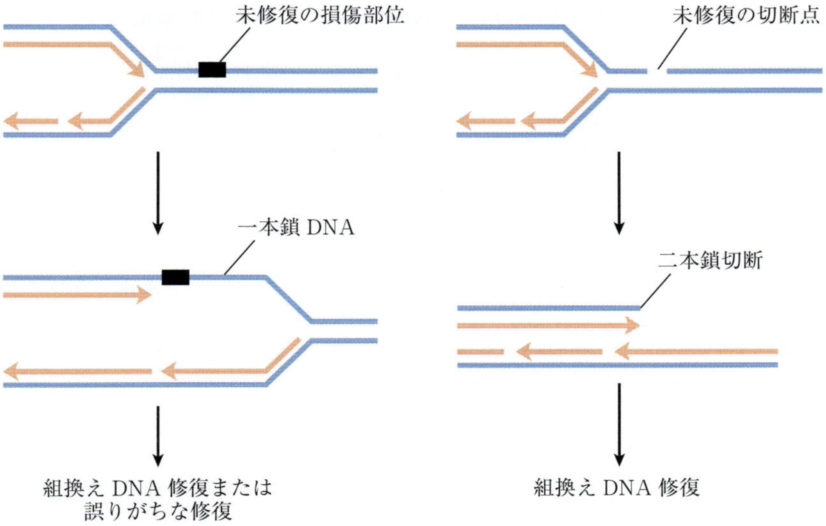

図 25-29 DNA 損傷とその DNA 複製への影響

複製フォークが未修復の損傷部位や鎖の切断点にくると，複製は一般に停止し，フォークは崩壊する．損傷部分は複製されていない一本鎖 DNA 領域として残る（左）．また，鎖の切断点があると，二本鎖切断部位となる（右）．いずれの場合にも，一方の鎖に起こった損傷は，本章でこれまでに述べてきたような機構では修復できない．なぜならば，正確な修復に必要な相補鎖にも損傷があるか，あるいは相補鎖自体が存在しないからである．このような場合に，二つの修復手段が可能である．すなわち，組換え DNA 修復（一つの経路については図 25-30 で述べる），あるいは損傷があまりにも多いときには誤りがちな修復である．後者の機構が働く場合には，特別な DNA ポリメラーゼ（*umuC* 遺伝子と *umuD* 遺伝子によってコードされ，RecA タンパク質によって活性化される DNA ポリメラーゼ V）が関与する．このポリメラーゼは，不正確ではあるが，多くのタイプの損傷を乗り越えて複製することができる．この修復機構は，変異がたびたび起こるので「誤りがちな修復」と呼ばれる．

一種であり，文字通り **SOS 応答** SOS response として知られる．すでに述べた UvrA や UvrB のようないくつかの SOS タンパク質は，通常でも細胞内に存在するが，SOS 応答の際には誘導されて高いレベルになる（表 25-6）．誤りがちな修復の経路には，このほかにも UmuC や UmuD（*un*mu*t*able；*umu* 遺伝子が欠損すると誤りがちな修復が起こらない）のような別の SOS タンパク質が関与する．UmuD タンパク質は，SOS 応答に関わる一連の過程で切断を受けて，より短い UmuD′ に変換され，それが UmuC タンパク質および RecA というタンパク質（Sec. 25.3 で述べる）と複合体を形成して特殊な DNA ポリメラーゼ（DNA ポリメラーゼ V：$\mathrm{UmuD'_2}$ UmuC RecA）を形成する．この DNA ポリメラーゼは，通常は複製を遮断するような DNA 損傷部位の多くを乗り越えて複製することができる．しかし，このような損傷部位では正しい塩基対形成はしばしば不可能なので，この損傷乗越え複製は誤りがちである．

本章全体にわたって強調しているゲノムの完全性が重要であることを考えると，変異率を増大させるような系の存在は矛盾するように思える．しかし，この系は，絶望的な状況においても死に物狂いで生きようとする手段といえる．*umuC* と *umuD* 遺伝子は，SOS 応答の後期にのみ十分に誘導され，DNA 損傷の程度が特にひどく，すべての複製フォークの進行が遮断されなければ，UmuD の切断に始まる損傷乗越え複製のために活性化されることはない．DNA ポリメラーゼ V による複製に起因する変異によって，いくつかの細胞は死に，他の細胞には有害な変異が生じるが，

表 25-6 大腸菌の SOS 応答の一部として誘導される遺伝子

遺伝子名	コードされるタンパク質，DNA 修復における役割
機能既知の遺伝子	
polB（*dinA*）	DNA ポリメラーゼⅡの重合サブユニットをコードする．組換え DNA 修復における複製再開に必要
uvrA *uvrB*	ABC エクシヌクレアーゼのサブユニット（UvrA と UvrB）をコードする
umuC *umuD*	DNA ポリメラーゼⅤのコアサブユニットと重合サブユニットをコードする
sulA	細胞分裂を抑制するタンパク質をコードする．おそらく，DNA 修復に必要な時間的余裕をつくる
recA	RecA タンパク質をコードする．誤りがちな修復や組換え修復に必要
dinB	DNA ポリメラーゼⅣをコードする
dinD	RecA リコンビナーゼを阻害するタンパク質をコードする
ssb	一本鎖 DNA 結合タンパク質（SSB）をコードする
himA	インテグレーション宿主因子（IHF）のサブユニットをコードする．部位特異的組換え，複製，転移，遺伝子発現調節に関与
DNA 代謝に関与するが，DNA 修復における役割は未知の遺伝子	
uvrD	DNA ヘリカーゼⅡ（DNA 巻戻しタンパク質）をコードする
recN	組換え修復に必要
機能未知の遺伝子	
dinF	

注：これらの遺伝子のいくつかとそれらの機能については，Chap. 28 でさらに考察する．

少なくともわずかな変異娘細胞は生き残ることができる．さもなければすべての細胞は複製できずに死んでしまうことになるので，これは生物種が生き残るための生物学的代償といえる．

さらに別の DNA ポリメラーゼ，DNA ポリメラーゼⅣも SOS 応答時に誘導される．*dinB* 遺伝子の産物である DNA ポリメラーゼⅣによる複製は，誤りを高頻度に起こしやすい．細菌の DNA ポリメラーゼⅣとⅤ（表 25-1）は，すべての生物に存在する TLS ポリメラーゼファミリーに属する．これらの酵素はプルーフリーディングエキソヌクレアーゼ活性をもたず，損傷を受けた鋳型ヌクレオチドを収容するように，他の DNA ポリメラーゼよりも開かれた活性部位をもつ．これらの酵素では，複製時の塩基選択の正確さがおそらく数百分の 1 にまで低下し，その結果複製全体の正確さは，約 1,000 ヌクレオチドに 1 個の誤りを起こす程度にまで低下する．

哺乳類には，TLS ポリメラーゼファミリーに属する正確度の低い DNA ポリメラーゼが多く存在する．しかし，このような酵素の存在は，受け入れ難いほどの変異の負荷をもたらすことには必ずしもならない．なぜならば，これらの酵素のほとんどは，DNA 修復において特殊な機能を果たすからである．例えば，すべての真核生物に存在する DNA ポリメラーゼ η（イータ）は，主としてシクロブタン T-T 二量体の損傷乗越え複製を促進する．この酵素は T-T 二量体の向かいに二つの A 残基を優先的に挿入することができるので，変異はほとんど起こらない．他のいくつかの正確度の低い DNA ポリメラーゼ（DNA ポリメラーゼ β，ι（イオタ），λ など）は，真核生物

BOX 25-1　医学
DNA 修復とがん

ヒトのがんは，正常な細胞分裂を調節する特定の遺伝子（がん遺伝子やがん抑制遺伝子；Chap. 12）が機能しなかったり，不適切なときに活性化されたり，機能が変化したりするときに発症する．その結果，細胞は増殖の制御を失い，腫瘍を形成する．細胞分裂を制御する遺伝子は，自然の変異や腫瘍ウイルス（Chap. 26）の侵略によって傷害を受ける．もちろん，DNA 修復遺伝子が変化すれば変異率が上昇し，その人はがんになりやすくなる．ヌクレオチド除去修復，ミスマッチ修復，組換え修復，誤りがちな損傷乗越え DNA 合成に関与するタンパク質をコードする遺伝子に起こる欠陥のすべては，ヒトのがんと関連がある．明らかに，DNA 修復は生死に関わる重要な問題である．

ヌクレオチド除去修復は，細菌とヒトで全体の反応経路はよく似ているが，ヒトではより多くのタンパク質を必要とする．ヌクレオチド除去修復を不活性化するような遺伝的欠陥は，いくつかの遺伝病と関連がある．そのうちで最もよく研究されているのは色素性乾皮症 xeroderma pigmentosum（XP）である．ヌクレオチド除去修復はヒトではピリミジン二量体を除去する唯一の修復経路なので，XP 患者は光に対して極端に感受性が高く，太陽光を浴びると皮膚がんを発症しやすい．また，ほとんどの XP 患者は神経異常を示す．これはおそらく，ニューロンにおける高い酸化的代謝速度が原因で起こるある種の障害を修復できないためである．ヌクレオチド除去修復系に関与する少なくとも七つの異なるタンパク質成分をコードする遺伝子のどれかが異常であると XP になり，これらは XPA ～ XPG と命名されている七つの異なる遺伝子群に分類される．これらのタンパク質のうちのいくつか（特に XPB，XPD と XPG）は，Chap. 26 で述べる酸化障害部位の転写と共役する塩基除去修復においても機能する．XPC と XPE は損傷 DNA を認識する複合体の一部であるのに対して，XPA，XPB，XPD，XPF，XPG のすべては，図 25-25 に描かれているヒトのエクシヌクレアーゼを表す巨大な多サブユニット複合体の成分である．これらのタンパク質は，DNA の切断と 29 mer の DNA 断片の除去に関与する．

ほとんどの微生物には，シクロブタンピリミジン二量体に対する重複する修復経路がある．それらは DNA フォトリアーゼを利用するものと，ときにはヌクレオチド除去修復の代わりに塩基除去修復を用いるものである．しかし，ヒトや他の有胎盤哺乳類には，ピリミジン二量体の除去のためのヌクレオチド除去修復のバックアップがない．このことから，初期の哺乳類の進化では，紫外線による障害の修復がほとんど必要ないような，小さくて，毛皮で覆われた，夜行性の動物が関わっていたと考えられる．しかし，哺乳類には，シクロブタンピリミジン二量体の損傷部位を乗り越えて進むことのできる DNA ポリメラーゼ η が関与する迂回経路が存在する．この酵素は T-T ピリミジン二量体の反対側に二つの A 残基を優先的に挿入し，変異を最小限に抑える．DNA ポリメラーゼ η の機能が遺伝的に欠損している患者は，XP バリアントまたは XP-V として知られる色素性乾皮症様の疾患を発症する．XP-V の臨床症状は古典的な色素性乾皮症の症状と似ているが，細胞が紫外線にさらされたときに起こる変異の頻度はより高い．正常ヒト細胞においては，明らかにヌクレオチド除去修復系が DNA ポリメラーゼ η と協同して機能しており，細胞増殖と DNA 複製の進行を保つ必要に応じて，ピリミジン二量体を修復あるいは乗り越えることができる．紫外線に対する曝露によってピリミジン二量体は大量にできるが，これらの損傷部位のいくつかは複製が進行し続けるために損傷乗越え複製によって迂回されなければならない．どちらかの系が欠損すると，他方によって部分的に補われる．DNA ポリメラーゼ η 活性が欠損すると，複製フォークは立ち往生し，紫外線による損傷部位は，変異を起こしやすい損傷乗越え複製（TLS）ポリメラーゼによって迂回して複製される．さらに他の DNA 修復系が欠損しているときには，その結果として起こる変異の増大によってしばしばがんになる．

遺伝的にがんになりやすい素質の症候群として最も一般的なものの一つが，遺伝性非ポリポーシス性大腸がん hereditary nonpolyposis colon cancer（HNPCC）である．この症候群では，ミスマッチ修復に欠陥があることがつきとめられた．ヒトや他の真核生物の細胞は，細菌の MutL や MutS（図 25-22 参照）に相同ないくつかのタンパク質を有する．少なくとも五つの異なるミスマッチ修復遺伝子の欠陥が HNPCC に関与する．この中で最もよく見られるのが，*hMLH1*（*h*uman *MutL* *h*omolog *1*）遺伝子と *hMSH2*（*h*uman *MutS* *h*omolog *2*）遺伝子の欠損である．HNPCC の患者は，一般に若年期にがんを発症し，それも大腸がんであることが最も多い．

ほとんどのヒトの乳がんの場合には，かかりやすい女性の素質はわかっていない．しかし，約 10％の症例には，二つの遺伝子 *BRCA1* と *BRCA2* の遺伝的欠陥が関連している．ヒトの BRCA1 と BRCA2 は大きなタンパク質であり（それぞれ 1,834 個と 3,418 個のアミノ酸残基から成る），転写，染色体の維持，DNA 修復，細胞周期の制御に関与する多くのタンパク質と相互作用する．また，BRCA2 は二本鎖切断の組換え DNA 修復に関与する．BRCA2 の重要な役割の一つは，ヒトの RecA ホモログである Rad51 を二本鎖切断部位で DNA 上に結合させることである．BRCA1 は，二本鎖切断の修復，転写，および DNA 代謝の他のいくつかの過程において，まだ完全にはわかっていない役割を果たす．*BRCA1* または *BRCA2* 遺伝子のいずれかに欠陥をもつ女性の 80％以上が乳がんを発症する．

の塩基除去修復において特殊な役割を果たす．これらの酵素のそれぞれは，ポリメラーゼ活性に加えて 5′-デオキシリボースリン酸リアーゼ活性を有する．グリコシラーゼによる塩基除去と AP エンドヌクレアーゼによる主鎖の切断後に，これらの酵素は塩基欠落部位（5′-デオキシリボースリン酸）を取り除き，ポリメラーゼ活性によって非常に短いギャップを埋める．DNA ポリメラーゼ η 活性により起こる変異の頻度は，合成される DNA の長さを短くすることによって（しばしば 1 ヌクレオチド）最小限にとどめられる．

細胞の DNA 修復系の研究からわかることは，ゲノムの完全性を保つために，複数の，かつしばしば重複する DNA 代謝系が機能していることである．ヒトゲノムにおいて，130 以上の遺伝子が DNA 修復に関与するタンパク質をコードしている．多くの場合に，それらのタンパク質のうちの一つの機能が失われるとゲノムが不安定になり，がんが起こりやすくなる（Box 25-1）．このような修復系は，しばしば DNA 複製系に組み込まれて機能しており，次に説明する組換え系によって補完される．

まとめ

25.2 DNA 修復

- 細胞は多くの DNA 修復系を有する．大腸菌のミスマッチ修復は，新たに合成された DNA 鎖の(5′)GATC 配列の一時的非メチル化状態によって指令される．
- 塩基除去修復系は，環境因子（放射線やアルキル化剤など）やヌクレオチドの自発的な反応による損傷を認識して修復する．いくつかの修復系は，損傷を受けた塩基や不適切な塩基のみを認識して切除し，AP（塩基欠落）サイトを DNA に残す．AP サイトを含む DNA 領域は切除され，正しいものとの置換によって修復される．
- ヌクレオチド除去修復系は，さまざまなかさ高い損傷やピリミジン二量体を認識して除去する．この系では，損傷部位を含む DNA 鎖の領域が切除され，残ったギャップは DNA ポリメラーゼによって埋められ，リガーゼによって連結される．

- ある種の DNA 損傷は，損傷を引き起こした反応の逆反応によって修復される．ピリミジン二量体は，フォトリアーゼによって二つのピリミジン単量体に直接変換される．O^6-メチルグアニンのメチル基は，メチルトランスフェラーゼによって取り除かれる．
- 細菌では，TLS DNA ポリメラーゼが関与する誤りがちな損傷乗越え DNA 合成が，極めて深刻な DNA 損傷に応答して起こる．真核生物においても，同様のポリメラーゼが DNA 修復において特別な役割を果たし，変異の導入を最小限に抑える．

25.3　DNA 組換え

DNA 分子内あるいは分子間における遺伝情報の再編成にはさまざまな過程が含まれ，これらは遺伝的組換えと総称される．多くの生物（その数は増えつつある）のゲノムの改変において，DNA 再編成の実際の応用はすでに始まっている（Chap. 9）．

遺伝的組換えの現象は，少なくとも三つの一般的なクラスに分けられる．**相同遺伝子組換え** homologous genetic recombination（普遍的組換え general recombination ともいう）は，ある程度の長さのほぼ同一の配列を有する領域をもつ二つの DNA 分子間（あるいは同一分子内の二つの領域間）で起こる遺伝的交換である．この場合には，実際の塩基配列は問題ではなく，二つの DNA が似ているだけで良い．**部位特異的組換え** site-specific recombination は，特定の DNA 配列でのみ起こる組換えである．**DNA 転移** DNA transposition は，通常は染色体中のある場所から別の場所へ移動する能力を有する短い DNA 領域が関与するという点で，他の二つのクラスとは異なる．このような「ジャンプする遺伝子 jumping gene」は，1940 年代に Barbara McClintock によってトウモロコシで初めて観察された．これらの組換えのほかにも，その機構や目的がわかっていないさまざまな珍しい遺伝的再編成が存在する．ここでは，上述の三つのクラスの組換えについてのみ解説する．

相同遺伝子組換えは，主として DNA の二本鎖切断を修復する経路である．DNA 二本鎖切断を修復する別の経路も存在し，**非相同末端結合** nonhomologous end joining（**NHEJ**）と呼ばれる（この経路についてもここで解説する）．遺伝的組換え系の機能は，その機構と同じくらい変化に富んでいる．例えば，特殊な DNA 修復系，DNA 複製における特殊な活性，ある種の遺伝子の発現調節，真核細胞の分裂時の正しい染色体分離の促進，遺伝的多様性の維持，そして胚発生におけるプログラムされた遺伝子再編成などにおける役割が含まれる．ほとんどの場合に，遺伝的組換えは，DNA 代謝の他の過程と深いつながりがある．まず，組換え反応がもつ役割について説明しよう．

Barbara McClintock
(1902-1992)
［出典：AP Photo.］

細菌の相同遺伝子組換えは DNA 修復機能である

細菌では，相同遺伝子組換えは主に DNA 修復過程として機能し，その意味から（Sec. 25.2 を参照）**組換え DNA 修復** recombinational DNA repair と呼ばれる．通常は，DNA 損傷部位で停止または崩壊した複製フォークの再構築に用いられる．相同遺伝子組換えは，細菌の接合 conjugation（mating）過程で供与細胞（ドナー）から受容細胞（レシピエント）へと染色体 DNA が移動する際にも起こる．接合の際の組換えは野生の細菌集団で起こることはまれであるが，遺伝的多様性の獲得に寄与する．

複製フォークが DNA 損傷に遭遇する際に起こる反応の例を図 25-30 に示す．図 25-22 ～図 25-25 で示した DNA 修復系に共通する特徴は，それらが DNA 鎖の一方に一過性の切れ目を入れることである．複製フォークが鋳型鎖の一方の切断点近傍にある修復中の損傷部位に到達すると，複製フォークの一方の腕は二本鎖切断によって切り離された状態となり，複製フォークは崩壊する．次に，その切断部位の末端が，5′ 末端で終わっている DNA 鎖を分解することによってプロセシング（加工）される．その結果生じる 3′ 末端が一本鎖で突出した DNA 領域には，リコンビナーゼ（組換え酵素）recombinase が結合して，その一本鎖領域を DNA 鎖の侵入のために利用する．その 3′ 末端は，複製フォークのもう一方の腕が結合している無損傷の二重鎖 DNA へと侵入し，相補配列と対合する．その結果，3 本の DNA 鎖が会合している分枝 DNA 構造が生じる．DNA の分枝は，**分枝点移動** branch migration という過程において移動し，**ホリデイ中間体** Holliday intermediate として知られる X 字形の交差構造を形成することができる．ホリデイ中間体は，この構造の存在を初めて想定した研究者の Robin Holliday にちなんで命名された．ホリデイ中間体は特殊なクラスのヌクレアーゼによって分解される（解消される）．このような過程全体によって，複製フォークが再構築される．

大腸菌では，DNA の突出した 3′ 末端を形成する過程は RecBCD ヌクレアーゼ/ヘリカーゼによって行われる．RecBCD 酵素は遊離している（切断されている）末端で直鎖状 DNA に結合し，二重らせんに沿って内側に移動して，ATP の加水分解と共役する反応によって DNA の二本鎖の巻戻しと分解を行う（図 25-31）．RecB と RecD のサブユニットは動力を備えたヘリカーゼであり，RecB は一方の DNA 鎖に沿って 3′ → 5′ 方向へ，RecD はもう一方の DNA 鎖に沿って 5′ → 3′ へと移動する．RecC サブユニット上の部位と強固に結合する **chi** という配列（5′-GCTGGTGG）に遭遇すると，RecBCD 酵素の活性は変化する．この配列以降は，3′ 末端を有する DNA 鎖の分解は著しく低下するのに対して，5′ 末端を有する DNA 鎖の分解は促進される．この過程によって 3′ 末端が突出した一本鎖 DNA が生み出され，その後の相同組換えのステップで利用される．大腸菌ゲノム全体には 1,009 個の chi 配列が散在しており，chi 配列から 1,000 bp 以内の領域での組換え頻度を約 5 ～ 10 倍高める．この組換え頻度の亢進は，chi 配列から遠ざかるにつれて低下する．組換え頻度を高める配列は，他のいくつかの生物においても同定されている．

細菌のリコンビナーゼは，RecA タンパク質である．RecA の活性型は，数千にも及ぶ RecA 分子が DNA 上で協同して集合し，規則正しく配置されたらせん状フィラメントを形成する点において，DNA 代謝にかかわるタンパク質のうちで異例のものである（図 25-32）．このフィラメントは，通常は RecBCD 酵素によってつくり出されたもののような一本鎖 DNA 上に形成される．このフィラメントの形成は，図 25-32 に示すものほど単純ではない．なぜならば，一本鎖 DNA 結合タンパク質 single-stranded DNA-binding protein

(SSB) が通常は存在しており，RecA の最初の数分子（フィラメント形成の重合核となる）の DNA への結合を特異的に妨げるからである．RecBCD 酵素は RecA の動員に直接関与しており，SSB が覆っている一本鎖 DNA 上での RecA フィラメントの重合核形成を促す．RecA フィラメントの重合も脱重合も DNA 上で主に 5′ → 3′ 方向へと進行する．細菌の他の多くのタンパク質も，RecA フィラメントの形成と脱重合を調節する．RecA タンパク質は，図 25-30 に示す DNA 鎖の侵入ステップや *in vitro* で起こる他の多くの DNA 鎖交換反応などの相同組換えの中心的なステップを促進する．

DNA 鎖の侵入後に，RuvAB という複合体によって分枝点移動が促進される（図 25-33(a)）．いったんホリデイ中間体が形成されると，その切

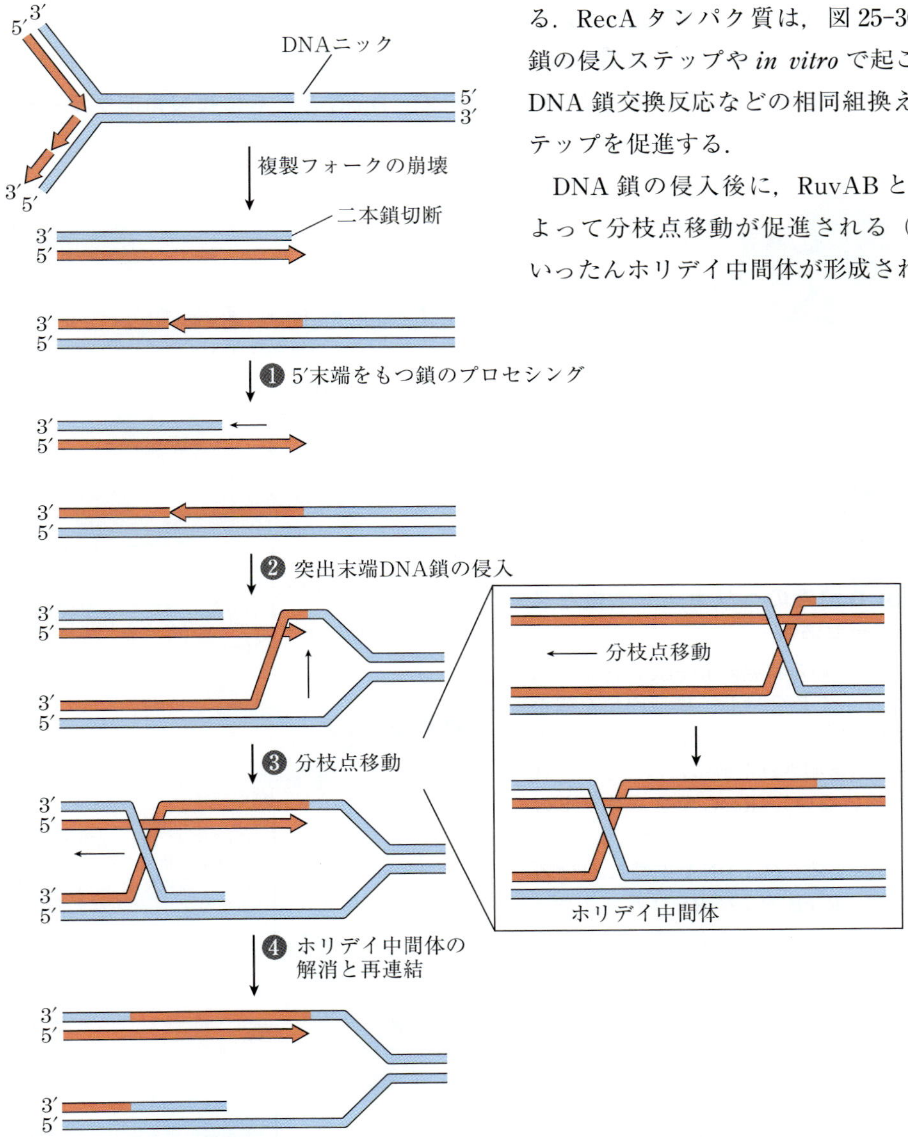

図 25-30　崩壊した複製フォークにおける組換え DNA 修復

複製フォークがどちらか一方の鋳型鎖の切断点に到達すると，フォークの一方の腕が失われて，複製フォークは崩壊する．切断点において 5′ 末端で終わっている鎖は分解されて，3′ 末端が突出している一本鎖が生じる．次に，この突出した一本鎖は DNA 鎖侵入過程に利用され，侵入した一本鎖 DNA は隣接する二本鎖 DNA の相補鎖と対合する．分枝点の移動（ボックス内に示す）によってホリデイ中間体の形成が可能となる．特殊なヌクレアーゼによるホリデイ中間体の切断とその後の再連結によって，機能的な複製フォークが再生される．この構造にレプリソームが再結合し（図には示していない），複製が継続される．矢印は 3′ 末端を表す．

断に特化したRuvCヌクレアーゼによって切断可能になり（図25-33(b)），ニックはDNAリガーゼによって連結される．図25-30に概要を示したように，機能的な複製フォーク構造はこのようにして再構築される．

組換えステップが完了すると，**複製起点非依存性複製再開** origin-independent restart of replicationという過程において，複製フォークが再構築される．四つのタンパク質（PriA，PriB，PriCおよびDnaT）がDnaCとともに作用して，再構築される複製フォークにDnaBヘリカーゼを動員する．次に，DnaGプライマーゼがRNAプライマーを合成し，DNAポリメラーゼIIIがDnaB上に再集合して，DNA合成を再開する．PriA，PriB，PriCおよびDnaTから成る複合体は，DnaB，DnaC，DnaGとともに**複製再開プライモソーム**

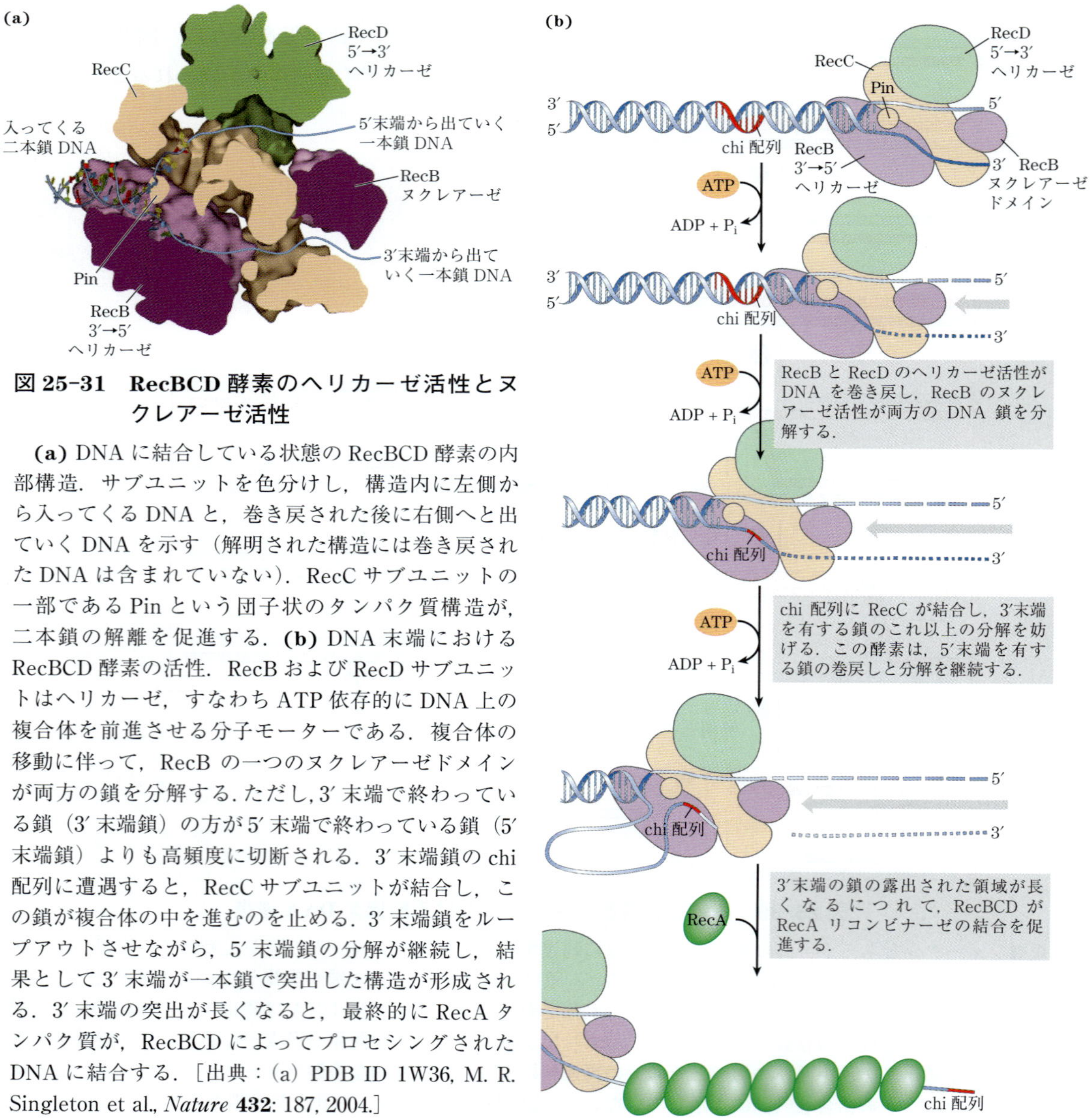

図25-31 RecBCD酵素のヘリカーゼ活性とヌクレアーゼ活性

(a) DNAに結合している状態のRecBCD酵素の内部構造．サブユニットを色分けし，構造内に左側から入ってくるDNAと，巻き戻された後に右側へと出ていくDNAを示す（解明された構造には巻き戻されたDNAは含まれていない）．RecCサブユニットの一部であるPinという団子状のタンパク質構造が，二本鎖の解離を促進する．**(b)** DNA末端におけるRecBCD酵素の活性．RecBおよびRecDサブユニットはヘリカーゼ，すなわちATP依存的にDNA上の複合体を前進させる分子モーターである．複合体の移動に伴って，RecBの一つのヌクレアーゼドメインが両方の鎖を分解する．ただし，3′末端で終わっている鎖（3′末端鎖）の方が5′末端で終わっている鎖（5′末端鎖）よりも高頻度に切断される．3′末端鎖のchi配列に遭遇すると，RecCサブユニットが結合し，この鎖が複合体の中を進むのを止める．3′末端鎖をループアウトさせながら，5′末端鎖の分解が継続し，結果として3′末端が一本鎖で突出した構造が形成される．3′末端の突出が長くなると，最終的にRecAタンパク質が，RecBCDによってプロセシングされたDNAに結合する．［出典：(a) PDB ID 1W36, M. R. Singleton et al., *Nature* **432**: 187, 2004.］

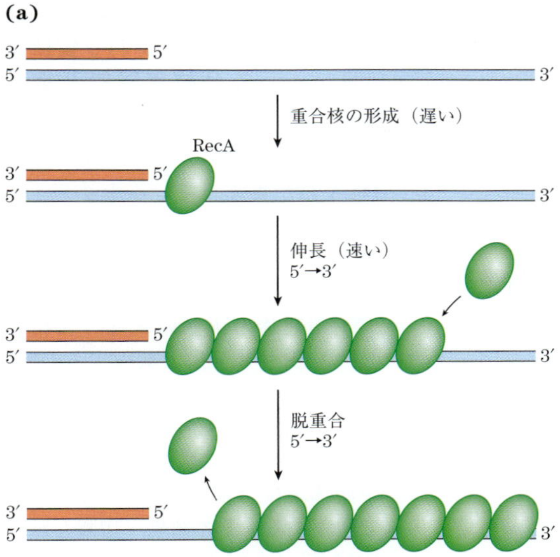

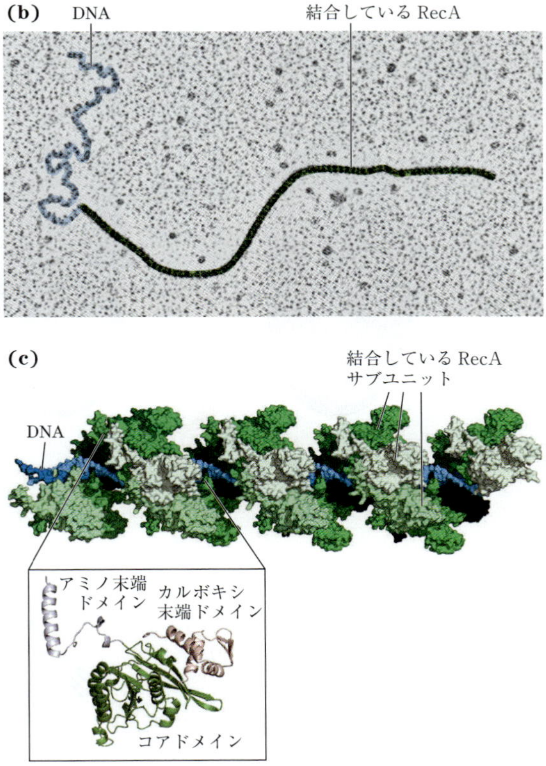

図 25-32　RecA タンパク質のフィラメント

RecA およびこのクラスに属する他のリコンビナーゼは，フィラメント状に重合して機能する．**(a)** フィラメント形成は重合核形成と伸長という明確に異なる二つのステップによって進行する．重合核形成は，最初の数個の RecA サブユニットの集合過程である．RecA サブユニットの重合によって，フィラメントが DNA の 5′ → 3′ 方向に伸長する．脱重合が起こる際には，サブユニットは重合とは反対の末端から引き抜かれる．**(b)** DNA に結合している RecA フィラメントの着色してある電子顕微鏡写真．**(c)** 4 回らせん回転分の RecA フィラメント（24 個の RecA サブユニットから成る）．結合している二本鎖 DNA が中心部に存在することに注目しよう．RecA のコアドメインは種々のヘリカーゼのモータードメインと構造的に関連がある．［出典：(b) the Estate of Ross Inman の許可済．Kim Voss に深謝．(c) PDB ID 3CMX, Z. Chen et al., *Nature* **453**: 489, 2008.］

replication restart primosome と呼ばれる．このように，組換え過程は複製と厳密にからみ合っている．すなわち，DNA 代謝のある過程が他の過程を支援している．

真核生物の相同組換えは減数分裂の際の染色体の適切な分離に必要である

真核生物における相同遺伝子組換えは，DNA 複製や細胞分裂において，停止した複製フォークの修復などのいくつかの役割を担う．組換えは，**減数分裂** meiosis の際に最も高頻度に起こる．減数分裂では，2 組の染色体 chromosome を有する二倍体の生殖系列細胞 germ-line cell が分裂して，動物では一倍体の配偶子 gamete（精子あるいは卵子）を生成し，植物では一倍体の胞子を生成する．各配偶子は，1 組のみの染色体をもつ（図 25-34）．減数分裂は生殖系列細胞の DNA 複製に始まり，その結果として各染色体が 4 本ずつ存在するようになる．この 4 本の相同染色体（四分染色体 tetrad）は，2 対の姉妹染色分体 sister chromatid として存在し，姉妹染色分体どうしはセントロメア centromere で会合している（訳者注：細胞分裂の際に複製された染色体 chromosome の 1 本 1 本のことを染色分体 chromatid という．また，複製直後の全く同じ遺伝情報をもつ 2 本の染色分体は姉妹染色分体と呼ばれ，セントロメア

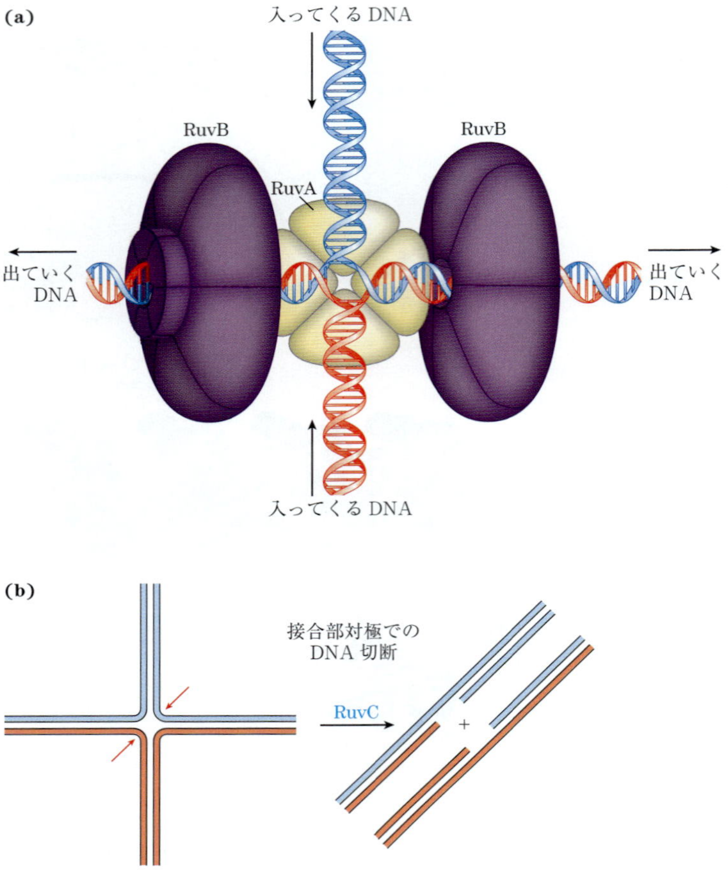

図 25-33 RuvA, RuvB および RuvC タンパク質による分枝点移動とホリデイ中間体の解消

(a) RuvA タンパク質は4本の DNA 鎖が集まっているホリデイ中間体に直接結合する．RuvB タンパク質の六量体は DNA トランスロカーゼであり，二つの六量体がホリデイ中間体の両側の腕部分に結合し，ATP 加水分解と共役する DNA の外側への排出を促進する．**(b)** RuvC は特殊なヌクレアーゼであり，RuvAB 複合体に結合し，ホリデイ中間体を接合部の対極（赤色矢印）で切断する．その結果，切断された DNA 鎖は各二本鎖生成物内で隣接したままとどまる．

部分で連結されている．言い換えれば，複製直後の各染色体は1対の姉妹染色分体から成る）．

次に，細胞は途中で DNA 複製をはさむことなく2回の細胞分裂を行う．最初の細胞分裂（減数第一分裂）では，2対の姉妹染色分体が1対ずつ各娘細胞に分離される．次の細胞分裂（減数第二分裂）では，各姉妹染色分体対の2本の染色分体が新たな娘細胞に1本ずつ分離される．各分裂において，娘細胞に分離されるべき染色体（または姉妹染色分体）は，分裂しつつある細胞の向かい合う極に結合している紡錘糸によって両極へ引き寄せられる．連続する2回の分裂によって，各配偶子の DNA 含量は一倍体のレベルにまで低下する．

娘細胞への適切な染色体の分離には，分離されるべき相同染色体間に物理的な連結の存在が必要である．紡錘糸が染色体のセントロメアに接着して引き始めると，相同染色体間の連結部に張力が生じる．まだわかっていない機構によってこの張力が感知されると，この相同染色体（あるいは姉妹染色分体）の対が，分離のために正しく整列していることの合図になる．いったんこの張力が感知されると，相同染色体間の連結は徐々に解消され，分離が進行する．不適切な紡錘糸の接着が起こると（例えば，1対の相同染色体の二つのセントロメアが同じ極からの紡錘糸に接着した場合など），細胞のキナーゼが張力の欠如を感知して，紡錘糸の接着を解除する系を活性化することによって，細胞にもう一度やり直す機会を与える．

減数第二分裂の際には，姉妹染色分体間のセントロメアにおける接着は，複製中に蓄積したコヒーシン cohesin によって増強され（図 24-33 参照)，染色体分離を先導するために必要な物理的連結をもたらす．しかし，減数第一分裂では，分離されるべき 2 対の姉妹染色分体は直近の DNA 複製とは関連がなく，コヒーシンや他の物理的会合によって連結されてはいない．その代わりに，相同な 2 対の姉妹染色分体が整列し，新たな連結が組換え（DNA の切断と再結合を伴う過程）によって生み出される（図 25-35）．この組換えは乗換え（交差）crossing over とも呼ばれ，光学顕微鏡で観察することができる．染色体乗換えによって，2 対の相同染色体はキアズマ chiasma（複数形は chiasmata）と呼ばれる点で連結され，相同染色体間で遺伝情報の交換が起こり，結果として生じる配偶子の遺伝的多様性を高める．減数分裂における適切な染色体分離にとっての組換えの重要性は，染色体の分離不全がもたらす生理学的な結果や社会的な結果によって明確に説明される（Box 25-2）．

乗換え（交差）は全くランダムに起こるわけではなく，「ホットスポット」が多くの真核生物の染色体で同定されている．しかし多くの場合に，

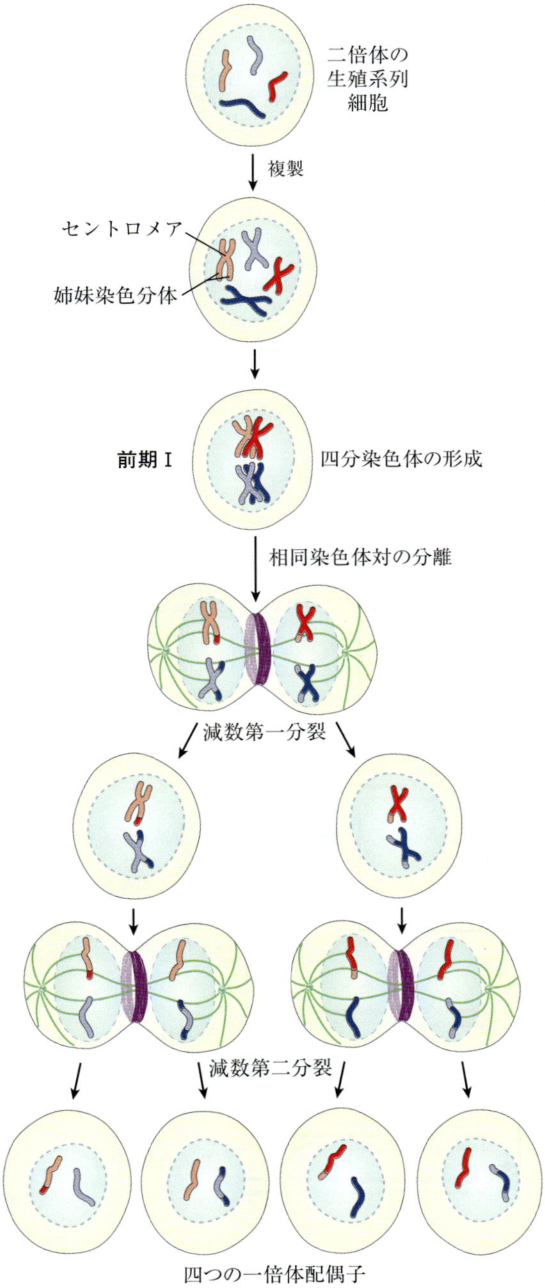

図 25-34　動物の生殖系列細胞における減数分裂

仮想的な二倍体の生殖系列細胞の染色体（4 本の染色体，すなわち 2 組の相同染色体が複製し，セントロメアでつなぎ止められている．複製によって生じた各二本鎖 DNA 分子は染色分体（姉妹染色分体）と呼ばれる．前期 I（減数第一分裂の直前）に，2 対の姉妹染色分体が整列して四分染色体を形成する．四分染色体は相互に相同な領域の接合部（キアズマ）において共有結合で連結されている．キアズマでは染色体の乗換え（交差）が起こる（図 25-35 参照）．このような相同染色体どうしの一過性の会合は，つなぎ止められている 2 対の姉妹染色分体が次のステップで正しく分離されるために重要である．減数第一分裂のこのステップでは，セントロメアに付着している紡錘糸が，対になっている姉妹染色分体を分裂しつつある細胞の反対極に向かって引っ張る．減数第一分裂によって，それぞれ異なる 1 対の姉妹染色分体をもつ二つの娘細胞ができる．次に，この染色体どうしを分離するために，対になっている姉妹染色分体（この時点で染色体という）は細胞の赤道面に並ぶ．減数第二分裂によって，配偶子として機能する 4 個の一倍体の娘細胞が生じる．各細胞は，この時点で 2 本の染色体，すなわち二倍体の生殖系列細胞の半数の染色体をもつことになる．このような一連の過程によって，減数分裂による染色体の分配と組換えが完了する．

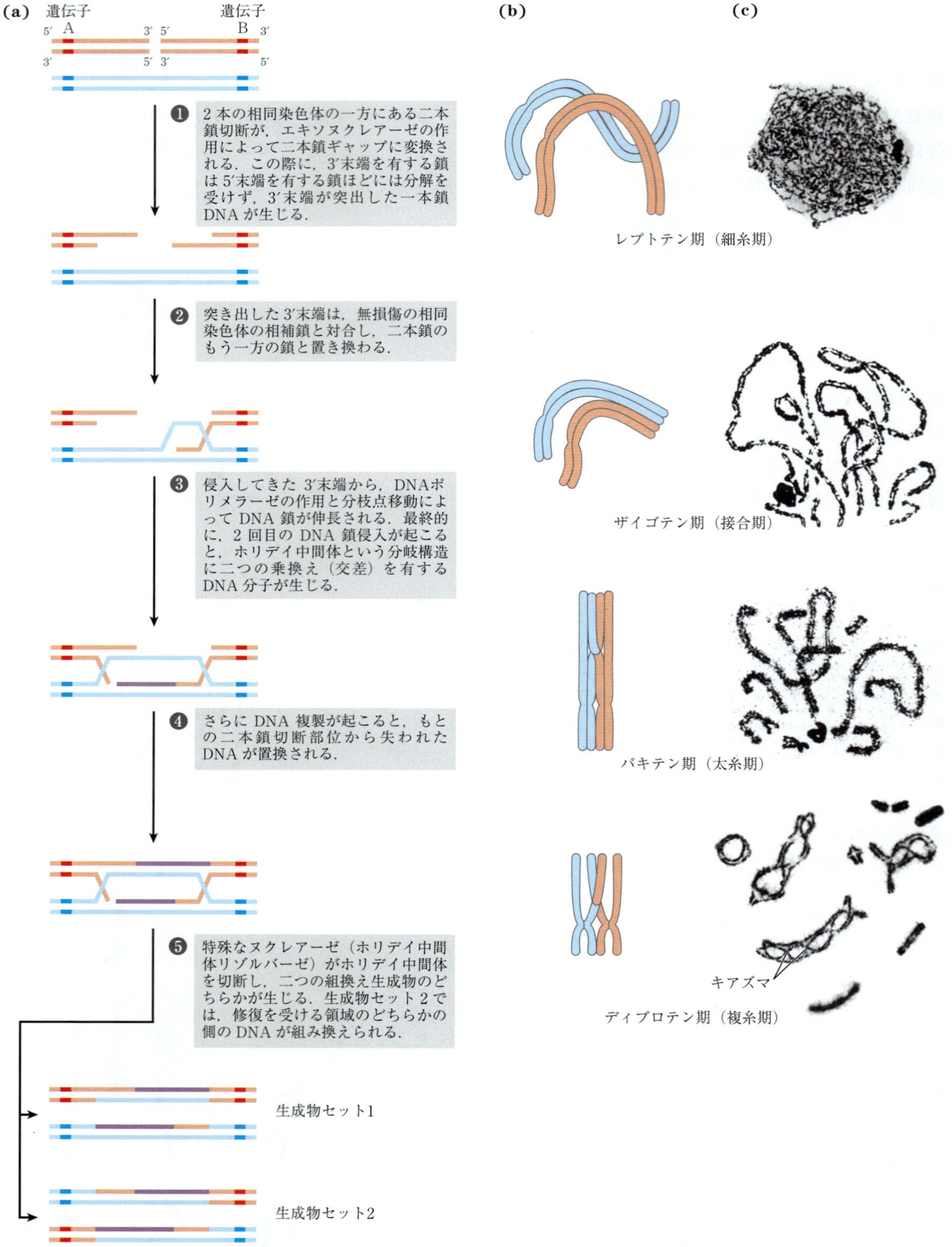

(a)
遺伝子 A
遺伝子 B
5′ 3′ 5′ 3′
3′ 5′ 3′ 5′
❶ 2本の相同染色体の一方にある二本鎖切断が，エキソヌクレアーゼの作用によって二本鎖ギャップに変換される．この際に，3′末端を有する鎖は5′末端を有する鎖ほどには分解を受けず，3′末端が突出した一本鎖DNAが生じる．
❷ 突き出した3′末端は，無損傷の相同染色体の相補鎖と対合し，二本鎖のもう一方の鎖と置き換わる．
❸ 侵入してきた3′末端から，DNAポリメラーゼの作用と分枝点移動によってDNA鎖が伸長される．最終的に，2回目のDNA鎖侵入が起こると，ホリデイ中間体という分岐構造に二つの乗換え（交差）を有するDNA分子が生じる．
❹ さらにDNA複製が起こると，もとの二本鎖切断部位から失われたDNAが置換される．
❺ 特殊なヌクレアーゼ（ホリデイ中間体リゾルバーゼ）がホリデイ中間体を切断し，二つの組換え生成物のどちらかが生じる．生成物セット2では，修復を受ける領域のどちらかの側のDNAが組み換えられる．
生成物セット1
生成物セット2
(b)
(c)
レプトテン期（細糸期）
ザイゴテン期（接合期）
パキテン期（太糸期）
キアズマ
ディプロテン期（複糸期）

乗換えが2本の相同染色体の全長にわたってどの点においても等しい確率で起こると仮定してよいので，これに基づいて特定の染色体上における遺伝子マッピングが可能である．すなわち，染色体上のある2点間で相同組換えが起こる頻度は，2点間の距離にほぼ比例することから，異なる遺伝子間の相対的な位置と距離を決定することができる．異なる染色体に存在する連鎖していない遺伝子が独立に分配されることは，配偶子の多様性を高める別の主要な要因である（図 25-36）．このような遺伝情報の実体は，ハプロタイプ haplotype の決定（図 9-28 参照）やヒトゲノム上の疾患遺伝子の探索（図 9-32 参照）などのゲノミクスの現代的な応用の多くの基礎となるものである．

このように，真核生物における相同組換えには少なくとも三つの明確な機能がある．すなわち，(1) いくつかのタイプの DNA 損傷の修復に関与すること，(2) 減数第一分裂の際に染色体が正しく分離するために必要な染色分体間の一過性の物理的連結状態をつくること，そして (3) ある集団における遺伝的多様性を高めることである．

減数分裂の際の組換えは二本鎖切断から始まる

減数分裂の際の相同組換えは，図 25-35(a) に概要を示す経路で進行すると考えられる．このモデルには四つの重要な特徴がある．まず，相同染色体が整列する．第二に，DNA 分子に二本鎖切断が導入され，露出した末端はエキソヌクレアーゼによるプロセシングを受け，切断された末端の遊離の 3′-ヒドロキシ基をもつ側の鎖が一本鎖として突き出るようになる（ステップ❶）．第三に，この 3′ 突出末端が相同染色体の無傷の二本鎖 DNA に入り込み，分枝点移動または複製によって，またはその両方によって，1 対のホリデイ中間体を形成する（ステップ❷〜❹）．第四に，二つのホリデイ中間体が切断され，図の 2 対の完成した組換え生成物のセットのどちらかが生じる（ステップ❺）．これらのステップが，図 25-30 に概要を示した細菌の組換え修復過程に類似していることに注目しよう．

この組換えのための**二本鎖切断修復モデル** double-strand break repair model では，遺伝的交換を開始するために 3′ 末端が利用される．3′ 末端の一本鎖領域が無傷な相同染色体の相補鎖といったん対合すると，二つの異なる親 DNA に由来する相補鎖をもつハイブリッド DNA の領域が生じる（図 25-35(a)，ステップ❷の生成物）．各 3′ 末端は DNA 複製のプライマーとして働くことができる．減数分裂における相同組換えは，生物種によってその詳細が異なるが，前述のステップのほとんどが一般に何らかのかたちで現れる．RuvC 様ヌクレアーゼによってホリデイ中間体が

図 25-35　減数第一分裂前期における組換え

(a) 相同遺伝子組換えのための二本鎖切断修復のモデル．ここに示す組換えに関わる 2 本（1 対）の相同染色体（1 本を赤色で，もう 1 本を青色で示す）は，その配列が同一かほぼ同一である．二つの遺伝子（A および B）のそれぞれには，2 本の染色体上に異なる対立遺伝子が存在する．ここに示す組換え過程については本文で述べる．**(b)** 減数第一分裂前期（前期 I）で，染色体の乗換え（交差）が起こる．(a) に示す組換え過程に沿って，前期 I のいくつかのステージが並べてある．レプトテン期（細糸期）leptotene stage に二本鎖切断が導入されてプロセシングされる．DNA 鎖の侵入と乗換えの完了はその後に起こる．ザイゴテン期（接合期）zygotene stage には，2 対の姉妹染色分体の相同な配列が並置されるのに伴って，シナプトネマ構造 synaptonemal complex が形成され，一本鎖の侵入が起こる．**(c)** 減数第一分裂前期の各ステージで見られるバッタの相同染色体像．キアズマは，ディプロテン期（複糸期）diplotene stage に見えるようになる．［出典：(c) B. John, *Meiosis*, Figs 2.1a, 2.2a, 2.2b, 2.3a, Cambridge University Press, 1990. Cambridge University Press の許可を得て転載.］

BOX 25-2 医学
適切な染色体分離がなぜ重要なのか

減数第一分裂において染色体の整列が正確ではなく不完全であると，染色体の分離がうまくいかないことがある．その結果染色体の異数性 aneuploidy が生じ，細胞の染色体数が正しくない状態になる．すると，次の減数分裂の結果生じる半数体（配偶子または胞子）が，ある染色体を全くもたなかったり，2本もつようになったりする．ある染色体を2コピーもつ配偶子が受精の際にその染色体を1コピーもつ配偶子と合体すると，その結果生じる胚の細胞はその染色体を3コピーもつことになる（トリソミー trisomy の状態）．

出芽酵母では，減数分裂の誤りに起因する染色体の異数性は，減数分裂約10,000回あたり1回の割合で生じ，ショウジョウバエでは数千回に1回である．哺乳類での異数性の割合はかなり高く，マウスでは，その割合は100回に1回，他の哺乳類ではそれ以上である．ヒトの受精卵における異数性の割合は10～30%と見積もられている．これらの異数性細胞のほとんどは，モノソミー（染色体を1コピーだけもつ）またはトリソミーである．ただし，この数字は，実際よりも低い見積もりである．ほとんどのトリソミーは致死的であり，それらの多くは妊娠がわかるずっと以前に流産となる．ほぼすべてのモノソミーも胎児発生の初期段階で致死となる．染色体異数性は流産の第一原因である．生き残って出生する少数のトリソミーの胎児は，そのほとんどが13番，18番，または21番染色体のトリソミーである（21番染色体のトリソミーはダウン症候群と呼ばれる）．性染色体数が異常な人も存在する．ヒトにおける異数性の社会的な結果は注目に値する．異数性は，発達障害や精神障害の遺伝的な第一原因であり，このように高頻度の異数性は，本質的には哺乳類のメスの減数分裂の特徴であり，ヒトにとっては特に重要な意義がある．

ヒトの男性では，生殖系列細胞は思春期から減数分裂を開始し，それぞれの減数分裂は比較的短期間で起こる．これに対して，ヒトの女性の生殖系列細胞の減数分裂は，極めて長期にわたる過程である．卵の産生は女性の出生前に始まり，胎児における減数分裂の開始は妊娠12～13週である．減数分裂は，発生しつつ

解消 resolve される方法には2通りあるが，2種類の生成物ともに，組換えを起こしていないもとの染色体と遺伝子が同じ並び順になるように切断される（ステップ❺）．一方の切断方法では，ハイブリッド DNA を含む領域を挟む DNA は組み換えられない．もう一つの切断方法の場合には，この DNA 領域は組み換えられる．両方のタイプの生成物が *in vivo* で観察される．

図25-35に示した相同組換えは，染色体の正確な分離にとって必須の精巧な過程である．遺伝的多様性の発生に関する相同組換えの分子的結果は微妙なものである．この過程が，どのようにして遺伝的多様性に寄与するのかを理解するために，組換えが起こる二つの相同染色体の塩基配列は，必ずしも同一である必要はないことを覚えておこう．遺伝子の並び方は同じであるが，遺伝子の塩基配列が（異なる対立遺伝子で）微妙に異なることがある．例えば，ヒトにおいて，1本の染色体はヘモグロビンA（正常ヘモグロビン）の対立遺伝子をもつのに対して，もう1本はヘモグロビンS（鎌状赤血球変異）の対立遺伝子をもつことがある．その違いは，数百万の塩基対のうちのたった一つの変化にすぎないかもしれない．相同組換えは遺伝子の並び方は変えないが，どの対立遺伝子が単一の染色体上で連鎖するのか，そして次世代へと継承されるのかを決定する．異なる染色体

ある胎児のすべての生殖系列細胞で 2 ～ 3 週の間に開始する．細胞は，減数第一分裂の大部分を通過する．染色体は整列して乗換え（交差）を生じさせ，パキテン期をちょうど越えるまで続き（図 25-35 参照），そしてその過程を停止する．染色体は，網糸期 dictyate stage（卵細胞増殖休止期）と呼ばれる静止期に入り，交差は保たれたままであり，まるで停止したアニメーションの如くとどまっている．すなわち，通常は性的成熟期（およそ 13 ～ 50 歳までのどこか）で減数分裂を再開するまで静止期にとどまっている．性的成熟期において，個々の生殖系列細胞が 2 回の減数分裂を続けて卵になる．

網糸期の開始から減数分裂完了までの間に，生殖系列細胞の相同染色体を連結している交差が何かによって崩壊したり損傷を受けたりすることがある．女性の加齢にともなって，卵細胞の染色体異数性の割合は高まり，その結果としてこのような卵細胞に由来するトリソミーの頻度も高まる．さらに，この頻度は女性が閉経に近づくにつれて劇的に高まる（図 1）．このようなことがなぜ起こるのかに関して多くの仮説があり，いくつかの異なる要因が何らかの役割を果たしているのであろう．しかし，ほとんどの仮説は減数第一分裂における染色体乗換え（交差）や，極めて長期にわたる網糸期での交差の安定性に関するものである．

妊娠可能年齢の女性における染色体異数性の発生率を低下させるためにどのような医学的手段が有効であるのかは，いまだにはっきりしない．明らかになっていることは，ヒトの減数分裂における組換えと乗換えの生成の本質的な重要性である．

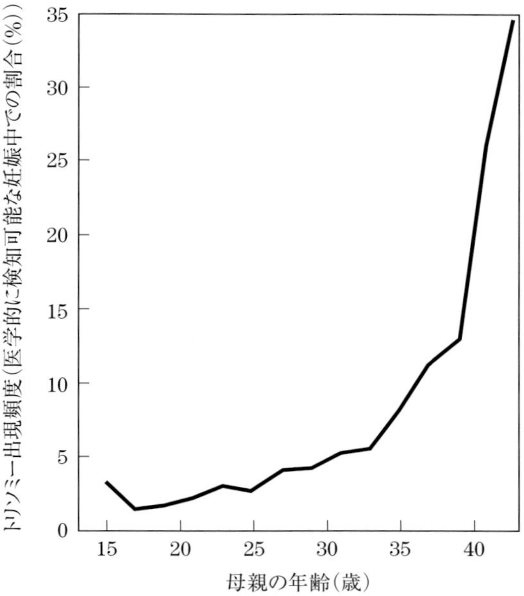

図 1

母親の高年齢化に伴うトリソミー出現頻度の増加．［出典：T. Hassold and P. Hunt, *Nature Rev. Genet.* **2**: 280, 2001, Fig. 6 のデータ．］

の分離が独立に生じることは（図 25-36），異なる染色体に由来するどの対立遺伝子が一緒に次世代に受け継がれるのかを規定する．

DNA 二本鎖切断の一部は非相同末端結合によって修復される

DNA の二本鎖切断は，まだ複製が起こっておらず，姉妹染色分体が存在しない細胞周期の時期など，組換え DNA 修復がうまくいきそうにないときにも起こることがある．このような場合には，染色体切断に起因する細胞死を防ぐために別の修復経路が必要になる．この代替経路が**非相同末端結合** nonhomologous end joining (**NHEJ**) である．切断された染色体の末端はごく簡単に整えられ，もとのように連結される．

NHEJ は，すべての真核生物において重要な二本鎖切断修復経路であり，一部の細菌でも見つかっている．NHEJ の重要性はゲノムの複雑性が増すとともに増大し，哺乳類では減数分裂期以外でのほとんどの二本鎖切断修復を担う過程である．酵母においては，ほとんどの二本鎖切断は組換えによって修復され，NHEJ による修復はごくわずかである．NHEJ は突然変異を引き起こす過程であり，酵母のように小さなゲノムは情報の喪失に対してほとんど耐性がない．一方，哺乳類の

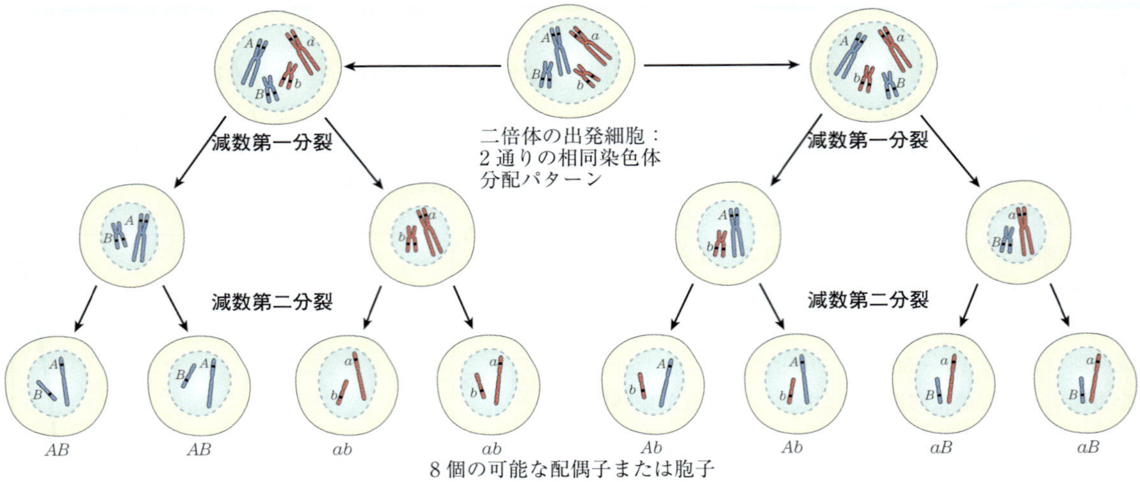

図 25-36 染色体が独立に分配されることで遺伝的多様性に貢献する

この例では，染色体の複製はすでに完了し，2対の姉妹染色分体が存在する．青色と赤色で姉妹染色分体の対を互いに区別する．一つの遺伝子が各染色体上で強調してあり，相同染色体で異なる対立遺伝子が存在している（*A* または *a*，*B* または *b*）．各染色体が独立して分配されることによって，2種類の染色体上に対立遺伝子のあらゆる組合せを有する配偶子が生じる可能性がある．減数第一分裂の際の染色体乗換え（図には示していない；図 25-34 参照）によって，減数分裂による遺伝的多様性はさらに増す．

体細胞では，各二倍体細胞の相同な対立遺伝子の損傷を受けていない情報によって補われ，非生殖系の細胞では変異は遺伝しないので，ゲノムの小さな変化には耐性があるのかもしれない．脊椎動物においては，NHEJ で機能するタンパク質をコードする遺伝子に欠損があると，がんになりやすい．

相同組換え修復とは異なり，NHEJ ではもとの DNA 配列は保存されない．真核生物における NHEJ 経路を図 25-37 に示す．この反応は，二本鎖切断の DNA 末端にタンパク質 Ku70 と Ku80 から成るヘテロ二量体が結合することによって開始される（「KU」はある強皮症患者のイニシャルであり，この患者の血清中の自己抗体によってこのタンパク質複合体が同定された；数字はこれらのサブユニットのおよその分子量を表す）．Ku タンパク質は，ほぼすべての真核生物で保存されており，他のタンパク質成分が集合するための分子足場の一種として働く．Ku70-Ku80 は，DNA-PKcs というプロテインキナーゼや Artemis として知られるヌクレアーゼを含む別のタンパク質複合体と相互作用する．複合体がいったん形成されると，切断された DNA の二つの末端はつなぎとめられる（離れ離れにならない）．DNA-PKcs はいくつかの部位で自己リン酸化し，Artemis のリン酸化も行う．リン酸化された Artemis はエンドヌクレアーゼ機能を獲得し，5′ または 3′ 末端の一本鎖領域や，末端に生じることがあるヘアピン構造を除去する．DNA 末端部はヘリカーゼの作用によって分離され，異なる末端の鎖どうしが相補的な短い領域に出会ったところでアニーリングする．その際に，Artemis は形成された対合していない DNA 領域を切断する．小さな DNA のギャップは，Pol μ または Pol λ という DNA ポリメラーゼによって埋められる．最終的に，ニックは XRCC4（*x*-ray *c*ross *c*omplementation group），XLF（*X*RCC4-*l*ike *f*actor）および DNA リガーゼⅣから成るタンパク質複合体によって連結される．

DNA 末端は，NHEJ によってランダムに連結

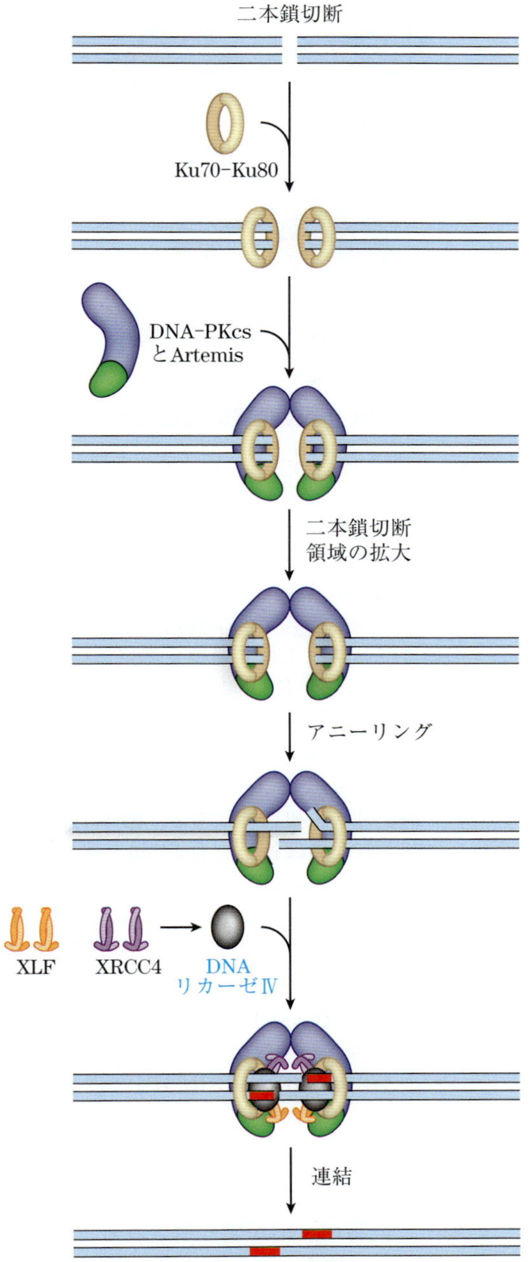

図 25-37　非相同末端結合

Ku70-Ku80 複合体が最初に DNA 末端に結合し，次に DNA-PKcs とヌクレアーゼ Artemis を含む複合体が結合する．その後，これらのタンパク質が XRCC4，XLF，DNA リガーゼⅣから成る複合体を導入する．必要があれば，末端を連結する前に，Pol μ か Pol λ のいずれかの DNA ポリメラーゼ（図に示していない）がアニールした DNA 鎖を伸長する．［出典：J. M. Sekiguchi and D. O. Ferguson, *Cell* **124**: 260, 2006, Fig. 1 の情報．］

されるわけではない．むしろ，二本鎖切断が生じると，一般に両末端はクロマチン構造によって束縛されて近接した状態にある．極めて稀にではあるが，染色体上の非常に離れた場所や，異なる染色体に存在する末端どうしが結合し，偶発的ではあるが劇的で，通常は有害なゲノム再編成を引き起こすことがある．

部位特異的組換えによって正確な DNA 再編成が起こる

相同遺伝子組換えには二つの相同な配列が関与する．二つ目の一般的な組換え様式である部位特異的組換え site-specific recombination は，全く異なる過程であり，組換えは特定の塩基配列に限定される．このような組換え反応は事実上あらゆる細胞で起こるが，その役割は特殊であり，生物種によって大きく異なる．例えば，特定の遺伝子の発現調節，胚発生時やある種のウイルスやプラスミド DNA の複製サイクルでみられる計画的 DNA 再編成の促進などがある．各部位特異的組換え系には，リコンビナーゼ（組換え酵素）と，リコンビナーゼが作用する短い（20 ～ 200 bp）特徴的な DNA 配列（組換え部位）が関与する．反応のタイミングや進行を調節するような一つ以上の補助タンパク質が関与することもある．

部位特異的組換え系には，活性部位の残基が Tyr であるか Ser であるかによって，二つの一般的なクラスがある．Tyr 残基を活性部位にもつクラスの多くの部位特異的組換え系に関する *in vitro* の研究から，基本的な反応経路を含むいくつかの一般原理が明らかになった（図 25-38(a)）．これらの酵素のいくつかは結晶化され，反応における構造の詳細が明らかになっている．まず，二つの異なる DNA 分子上あるいは同一 DNA 分子内にある 2 か所の組換え部位を，別個のリコンビナーゼがそれぞれ認識して結合する．各組換え部位の一方の DNA 鎖が，部位内の特定の位置で切

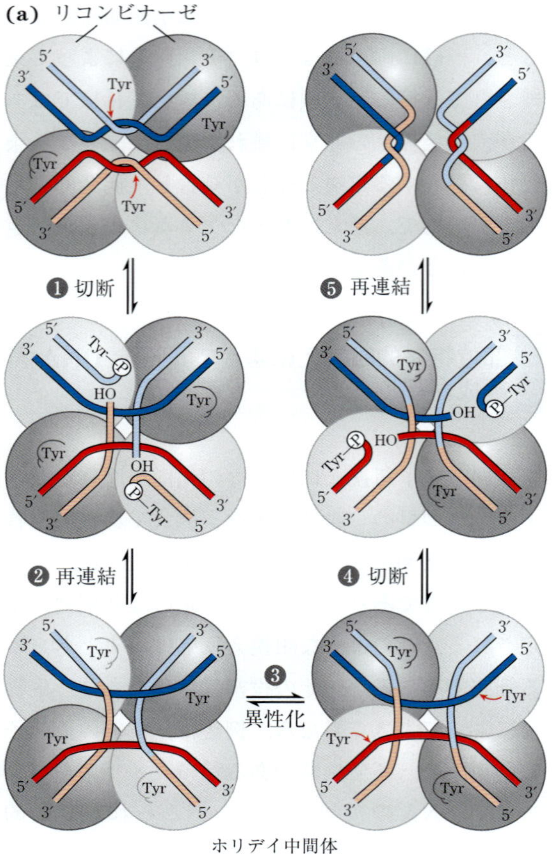

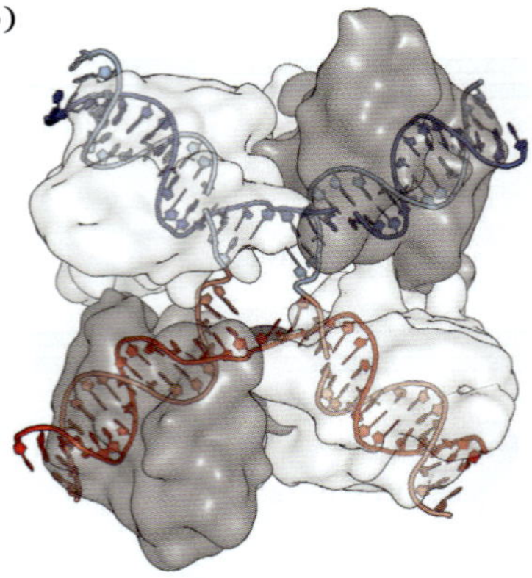

図 25-38 部位特異的組換え反応

(a) ここに示す反応は，インテグラーゼ型リコンビナーゼ（最初にその性質が明らかにされたリコンビナーゼであるλバクテリオファージのインテグラーゼの名に由来する）という一般的な部位特異的リコンビナーゼに関するものである．反応は同一サブユニットから成る四量体によって触媒される．リコンビナーゼのサブユニットは，組換え部位という特定の配列に結合する．❶ 各 DNA の一方の鎖が配列内の特定の部位で切断される．このとき求核攻撃を行うのは，酵素の活性部位にある Tyr 残基の OH 基である．❷ 再連結の生成物はホスホチロシンで共有結合している酵素-DNA 複合体である．❸ 異性化反応の後に，切断された鎖は新たな DNA 鎖と連結され，ホリデイ中間体が生成する．ステップ❹と❺では，最初の二つのステップと同様の過程が起こって反応が完了する．組換え部位のもとの配列は，その部位を挟む DNA の組換え後に再生される．これらのステップは，場合によっては他のタンパク質（図には示していない）を含む複数のサブユニットから成るリコンビナーゼ複合体内で起こる．**(b)** FLP リコンビナーゼという四つのサブユニットから成るインテグラーゼ型リコンビナーゼがホリデイ中間体（淡青色と濃青色のらせん鎖で示す）と結合している状態の分子表面表示．結合している DNA が見えるように，タンパク質部分を透明に描いてある．リゾルバーゼ/インベルターゼファミリーというリコンビナーゼの別のグループは，活性部位の求核基として Ser 残基を用いる．［出典：(b) PDB ID 1P4E, P. A. Rice and Y. Chen, *J. Biol. Chem.* **278**: 24, 800, 2003.］

断される．そして，リコンビナーゼはホスホチロシン結合を介して，その切断部位で DNA に共有結合する（ステップ❶）．DNA の切断によって失われたホスホジエステル結合は，この一過性のタンパク質-DNA 間の結合によって保存されるので，ATP のような高エネルギーの補因子はその後のステップには必要ない．切断された DNA 鎖は，タンパク質 -DNA 間の結合を消費して新たな相手とホスホジエステル結合で再連結され，ホリデイ中間体を形成する（ステップ❷）．次に異性化が起こり（ステップ❸），各組換え部位の第二の場所で同様の反応が繰り返される（ステップ❹と❺）．Ser 残基を活性部位にもつ組換え系においては，各組換え部位の両鎖が同時に切断されるとともに，ホリデイ中間体を形成せずに新たな相手と再連結される．いずれの系においても，交換は常に相互に正しい場所で起こり，反応終了後には組換え部位が再生される．つまり，リコンビナーゼは部位特異的エンドヌクレアーゼとリガーゼを併せもっている．

部位特異的リコンビナーゼによって認識される組換え部位の配列は，部分的に非対称であり（パリンドロームではない），リコンビナーゼ反応の際には，二つの組換え部位が同じ配向で並ぶ必要がある．その結果は，組換え部位の位置および配向に依存する（図 25-39）．二つの組換え部位が同一の DNA 分子上にあれば，それらの組換え部位が逆向きであるか同じ方向であるかによって，それらに挟まれた DNA はそれぞれ逆位 inversion または欠失 deletion を起こす．組換え部位が異なる DNA 分子上にあれば，組換えは分子間で起こる．一方または両方の DNA が環状であれば挿入 insertion が起こる．あるリコンビナーゼ系は，これらの反応のいずれかに特異的であり，特定の配向をもつ組換え部位に対してのみ作用する．

染色体の完全な複製には，部位特異的組換えが必要な場合がある．細菌の環状染色体の組換え DNA 修復は必須ではあるが，ときとして有害な副産物を生成する．複製フォークで形成されたホリデイ中間体が RuvC のようなヌクレアーゼによって解消され，さらに複製が完了に向かって進行するとき，次の 2 種類の産物のいずれかが生成する．すなわち，2 本の通常の単量体染色体か，1 本につながった二量体染色体である（図 25-40）．後者の場合には，共有結合で連結された染色体は細胞分裂に際して娘細胞へと分離されず，分裂しつつある細胞は「立ち往生」してしまう．このようなときは，大腸菌では XerCD 系という特殊な部位特異的組換え系が二量体染色体を単量体に変換し，細胞分裂の進行を可能にする．この反応は，部位特異的欠失反応（図 25-39(b)）に相当する．この過程も，DNA 組換え過程と DNA 代謝の他の面とが密接に関係している例である．

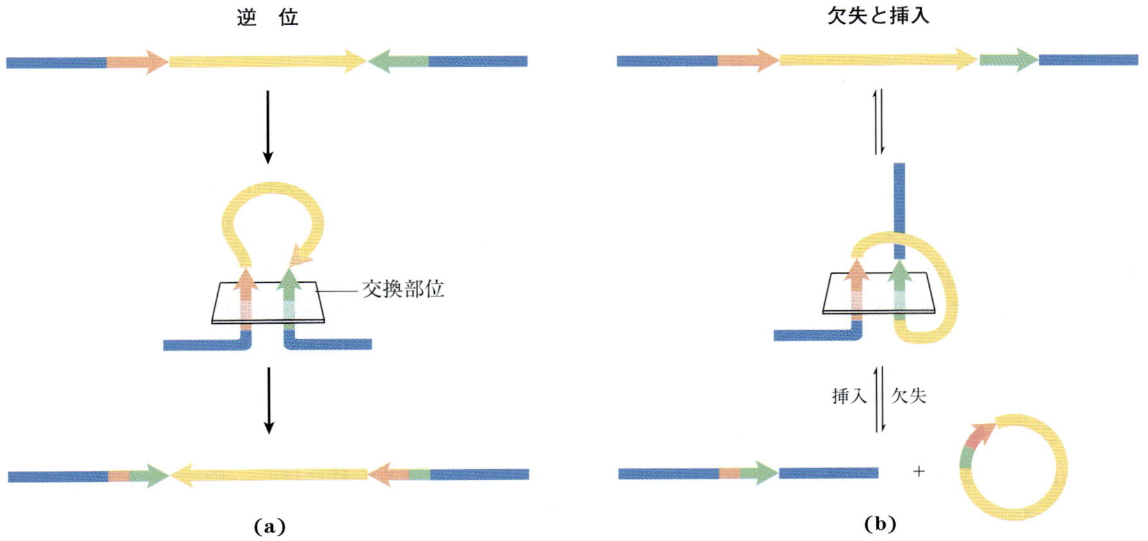

図 25-39　部位特異的組換え

部位特異的組換えの結果は，二本鎖 DNA 分子中の組換え部位（赤色と緑色で示す）の位置および配向に依存する．ここでいう配向（矢印によって表す）とは，鎖の 5′ → 3′ 方向の意味ではなく，組換え部位におけるヌクレオチドの並びを意味する．**(a)** 組換え部位の向きが，同一 DNA 分子上で反対である場合．組換えの結果は逆位になる．**(b)** 組換え部位の向きが同じである場合には．同一 DNA 分子の上での組換えでは欠失が起こり，二つの DNA 分子間での組換えでは挿入が起こる．

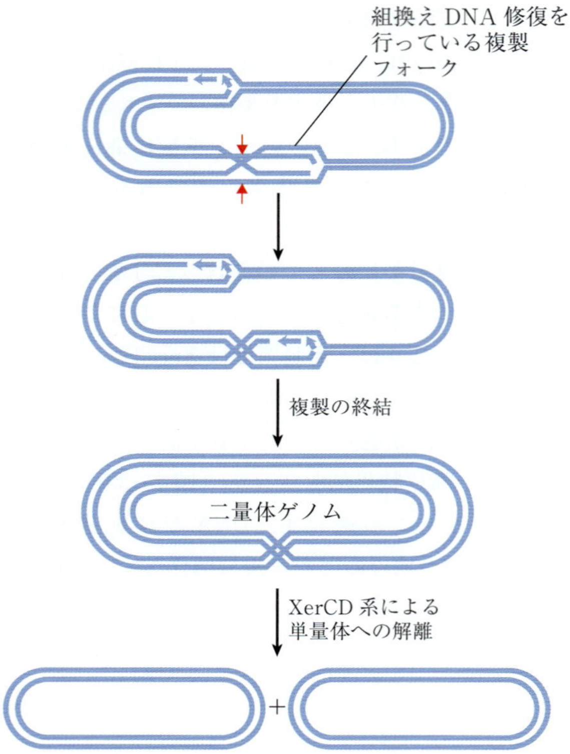

図 25-40 組換え DNA 修復により生じる有害な結果を正常化する DNA 欠失反応

組換え DNA 修復においてホリデイ中間体が解消する際に，一続きになった二量体染色体が生じることがある（赤色の矢印で示す点が切断されるとき）．大腸菌では XerCD という特殊な部位特異的リコンビナーゼが作用して，二量体染色体を単量体に変換し，染色体の分離と細胞分裂の進行を可能にする．

転移性遺伝因子は染色体上のある部位から別の部位へと移動する

最後に，三つ目の普遍的な組換え系について述べる．この組換え系は，転移因子 transposable element（**トランスポゾン** transposon）の移動を可能にする．このような DNA 領域は，事実上すべての細胞に存在し，染色体上のある場所（供与部位 donor site）から，同一あるいは異なる染色体上の別の場所（標的部位 target site）へと移動する（「跳び移る」）．**転移** transposition と呼ばれるこの移動には，DNA 配列の相同性は通常は必要ない．新しい部位はほぼランダムに決定される．必須遺伝子にトランスポゾンが挿入されると細胞は死ぬので，転移は厳密に調節されており，通常はめったに起こらない．トランスポゾンは，宿主細胞の染色体の中で受動的に複製できるように適合したという意味で，おそらく最も単純な分子寄生体であろう．トランスポゾンのあるものは，宿主細胞にとって有益な遺伝子を運び，宿主との一種の共生関係にある．

細菌のトランスポゾンには二つのクラスがある．**挿入配列** insertion sequence（単純トランスポゾン simple transposon）は，転移に必要な配列とその過程を促進するタンパク質（トランスポザーゼ transposase）の遺伝子のみを含む．**複合トランスポゾン** complex transposon には，転移に必要な遺伝子のほかに，一つ以上の遺伝子が含まれる．このような余分の遺伝子は，例えば抗生物質耐性を与えるものであり，宿主細胞が生存する可能性を高める．抗生物質耐性因子が転移して病原性細菌の集団の間で伝播されることによって，ある種の抗生物質は無効となる（p. 1376）．■

細菌のトランスポゾンの構造はさまざまであるが，そのほとんどの各末端にはトランスポザーゼの結合領域となる短い反復配列がある．転移が起こる際には，標的部位の短い配列（5 ～ 10 bp）の重複が起こり，挿入されるトランスポゾンの各末端に新たな短い反復配列が形成される（図 25-41）．このような重複領域は，トランスポゾンを新たな部位の DNA に挿入するために DNA を切断する機構によって生じる．

細菌における転移には，一般に二つの経路がある．直接転移（単純転移）（図 25-42，左）においては，トランスポゾンは両側で切断を受けて切り出され，それ自体は新たな部位へと移動する．これによって，もとの供与 DNA には，修復されなければならない二本鎖切断が残る．標的部位では，付着末端が切断によってつくられ（図 25-41

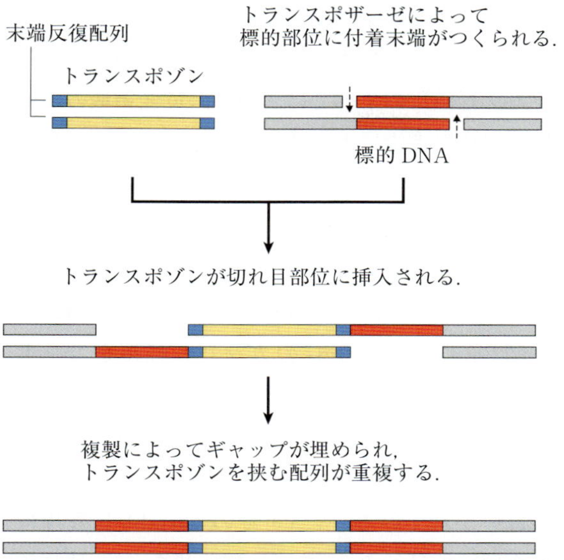

図 25-41　トランスポゾンが挿入される際の標的部位における DNA 配列の重複

トランスポゾンの挿入によって重複する配列を赤色で示す．これらの配列は，一般的にほんの数塩基対の長さしかなく，図ではそのサイズを（典型的なトランスポゾンのサイズに比較して）誇張して示してある．

のように），トランスポゾンがその切れ目に挿入されるとともに，DNA 複製が起こってギャップが埋められる．これによって，標的部位の配列が重複する．複製転移 replicative transposition（図 25-42, 右）では，トランスポゾン全体が複製され，そのコピーが供与部位に残される．この過程の中間体は，**二重組込み体** cointegrate であり，その際にはトランスポゾンの供与部位が標的部位の DNA と共有結合によってつながる．この二重組込み体には，トランスポゾンの二つの完全なコピーが含まれ，それらは DNA 内で相対的に同じ方向をとって組み込まれている．よく研究されているいくつかのトランスポゾンにおいて，この二重組込み体の中間体は，特殊なリコンビナーゼによる欠失反応を伴った部位特異的組換えによって最終生成物へと変換される．

真核生物にも，細菌のトランスポゾンとよく似た構造のトランスポゾンがある．そのうちのいくつかは，同様の転移機構を利用している．しかし，他の場合には，転移の機構は全く異なり，RNA 中間体が関与すると推定される．これらのトランスポゾンの進化は，ある種の RNA ウイルスの進化と関連がある．これらについては次章で述べる．図 9-27 に示すように，ヒトゲノムの約半分はさまざまなタイプのトランスポゾンから成る．

免疫グロブリンの遺伝子は組換えによって組み立てられる

真核生物の発生過程では，ある種のプログラムされた DNA 再編成が起こる．その重要な例が，脊椎動物のゲノム上に分かれて存在する遺伝子領域から，完全な免疫グロブリン immunoglobulin 遺伝子が生じることである．ヒトのゲノムには約 20,000 個の遺伝子しか存在しないにもかかわらず，ヒト（他の哺乳類も）は，異なる結合特異性を有する数百万もの異なる免疫グロブリン（抗体）をつくることができる．組換えによって，生物は DNA の限られた情報収容力から驚くほど多様な抗体を産生することができる．このような組換えの機構に関する研究から，DNA の転移との密接な関連が明らかになり，抗体の多様性を生み出すこの系はトランスポゾンが大昔に細胞に侵入したものから進化してできた可能性が示唆される．

抗体の多様性がいかにして生み出されるのかを示すため，免疫グロブリン G（IgG）クラスのタンパク質をコードするヒトの遺伝子を取り上げよう．免疫グロブリンは，2 本の長いポリペプチド鎖（重鎖）と 2 本の短いポリペプチド鎖（軽鎖）から成る（図 5-21 参照）．各鎖には，免疫グロブリン間で著しく異なる配列を有する可変領域 variable region と，免疫グロブリンの一つのクラス内で実質的に共通の定常領域 constant region とが存在する．また，軽鎖にはカッパーとラムダという二つの異なるファミリーがあり，

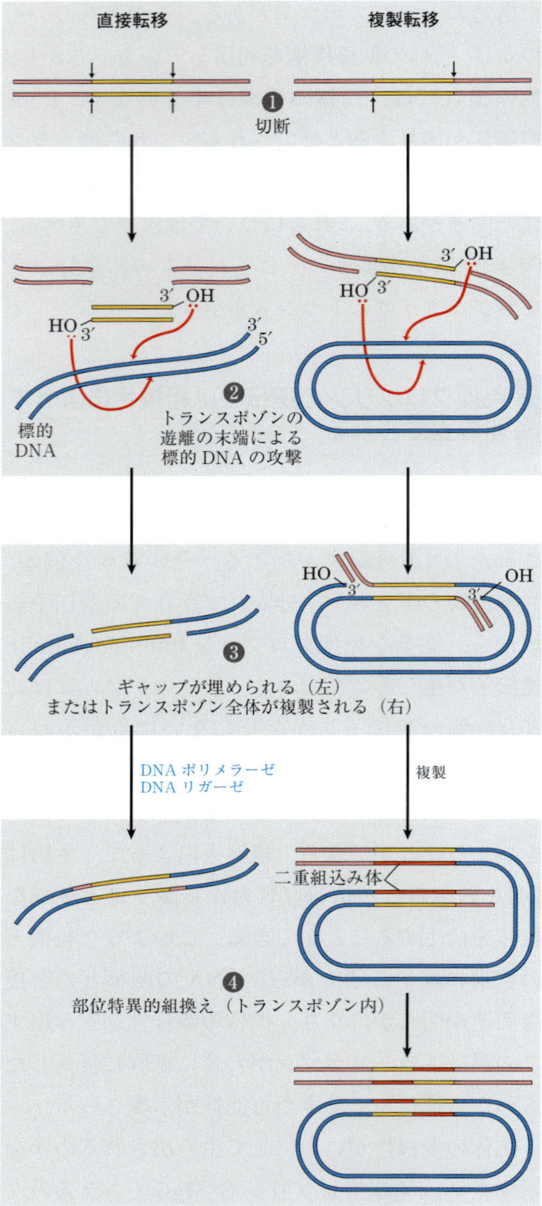

図 25-42　転移の二つの一般的な経路：直接（単純）転移と複製転移

❶ DNAがトランスポゾンの両側（矢印で示す部位）でまず切断される．❷ トランスポゾンの両末端の遊離の3′-ヒドロキシ基が標的DNAのホスホジエステル結合を直接求核攻撃する．攻撃の標的となるホスホジエステル結合は2本のDNA鎖で互い違いの位置にある．❸ トランスポゾンが標的DNAに連結される．直接転移(左)では，各末端のギャップのDNA部分が複製によって埋められて，転移過程が完了する．複製転移（右）では，トランスポゾン全体が複製され，二重組込み体の中間体ができる．❹ その後，二重組込み体は別個の部位特異的リコンビナーゼ系によって解離する．直接転移のあとに残っている切断された宿主DNAは，DNAの末端の連結によって修復されるか，あるいは分解されるかする（図には示していない）．後者の結果は，その生物にとって致命的なこともある．

定常領域の配列がいくぶん異なる．これら三つのタイプのポリペプチド鎖（重鎖，カッパーおよびラムダ軽鎖）のすべてにおいて，可変領域の多様性は同様の機構によって生じる．これらのポリペプチド鎖の遺伝子は，いくつかの領域に分かれており，ゲノムには各領域が複数種集まったクラスターが含まれる．各領域について一つの種類が選ばれて連結され，完全な遺伝子がつくり出される．

図25-43にヒトIgGのカッパー軽鎖をコードするDNAの構成と，成熟カッパー軽鎖がどのようにして生じるのかを示す．未分化細胞では，このポリペプチド鎖をコードする情報は，三つの領域に分かれている．V（可変の variable）断片は可変領域の最初の95アミノ酸残基を，J（連結の joining）断片は可変領域の残りの12アミノ酸残基を，そしてC（不変の constant）断片は定常領域をそれぞれコードしている．ゲノム内には40の異なるV断片，五つの異なるJ断片，および一つのC断片が存在する．

骨髄の幹細胞が分化して成熟Bリンパ球になる過程で，V断片の一つとJ断片の一つとが特殊な組換え系によって連結される（図25-43）．このプログラムされたDNA欠失に際して，介在するDNA配列は除かれる．このV-J組換えの組合せには，40 × 5 = 200通りの可能性がある．この組換えの過程は，前述の部位特異的組換えほど正確ではないので，V-J接合部の配列はさらに変動する．これによって，全体の多様性は少なくとも2.5倍以上に増大する．すなわち約2.5 × 200

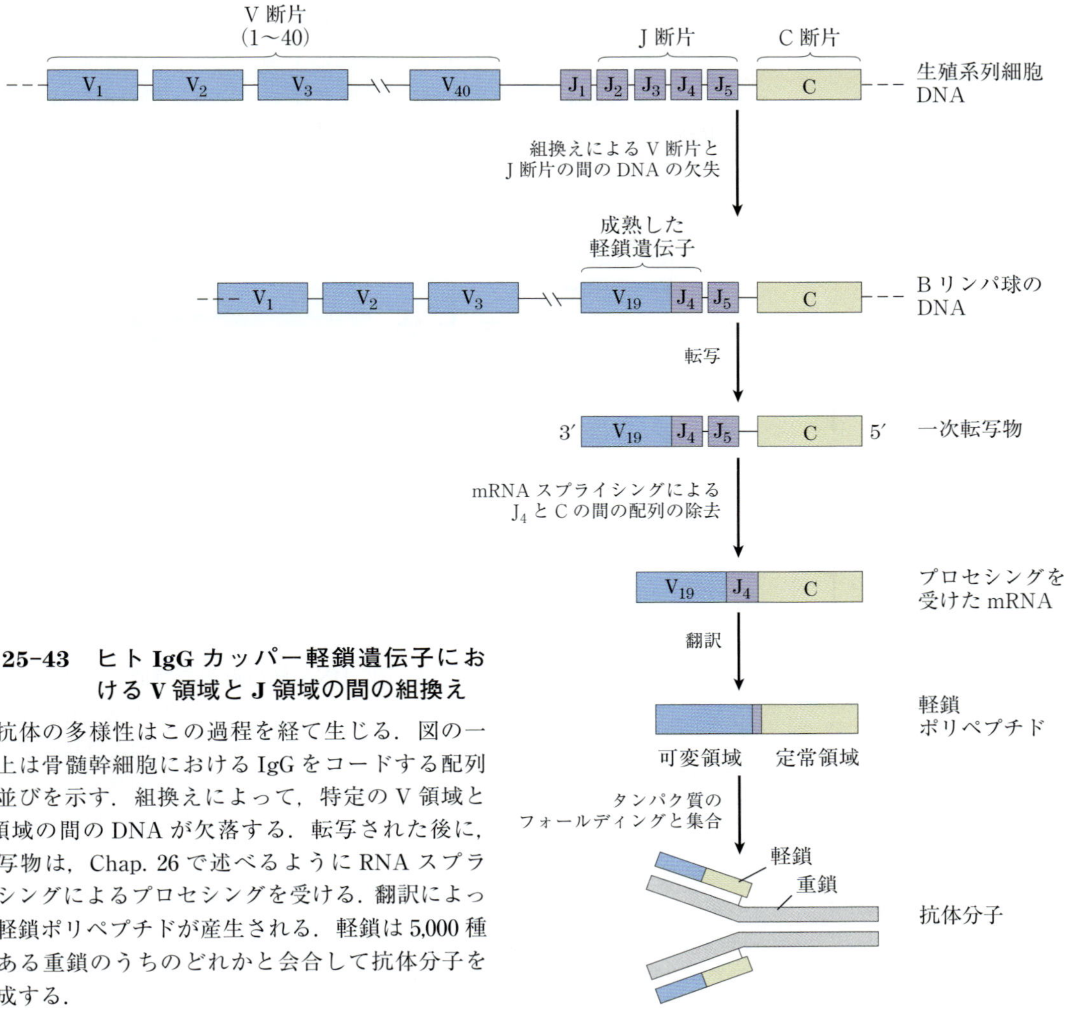

図 25-43　ヒト IgG カッパー軽鎖遺伝子における V 領域と J 領域の間の組換え

抗体の多様性はこの過程を経て生じる．図の一番上は骨髄幹細胞における IgG をコードする配列の並びを示す．組換えによって，特定の V 領域と J 領域の間の DNA が欠落する．転写された後に，転写物は，Chap. 26 で述べるように RNA スプライシングによるプロセシングを受ける．翻訳によって軽鎖ポリペプチドが産生される．軽鎖は 5,000 種類ある重鎖のうちのどれかと会合して抗体分子を形成する．

= 500 通りの異なる V-J の組合せを生み出すことができる．この V-J 結合体と C 断片との最終的な連結は，転写後の RNA スプライシング反応（Chap. 26 参照）によって行われる．

V 断片と J 断片を連結するための組換え機構を図 25-44 に示す．各 V 断片の直後と各 J 断片の直前には，組換えシグナル配列 recombination signal sequence（RSS）がある．これらの配列には，RAG1 と RAG2（*r*ecombination *a*ctivating *g*ene）というタンパク質が結合する．RAG タンパク質は，シグナル配列と連結されるべき V（または J）断片との間での二本鎖切断の形成を触媒する．次に，V 断片と J 断片は別のタンパク質複合体の作用によって連結される．

重鎖およびラムダ軽鎖の遺伝子も，同様の過程を経て形成される．重鎖については，遺伝子断片の数は軽鎖よりもさらに多く，5,000 通り以上の組合せが可能である．どの重鎖も，いずれの軽鎖とも会合して免疫グロブリンを形成することができるので，ヒトでは少なくとも $500 \times 5{,}000 = 2.5 \times 10^6$ 種類の IgG が可能である．さらに，B リンパ球の分化の際に，V 断片の配列は高頻度で変異を起こす（機構はまだ不明）ので，多様性はさらに増大する．各成熟 B リンパ球は 1 種類の抗体しか産生しないが，生物個体中で B リンパ球全体によって産生される抗体の種類は，明らかに膨

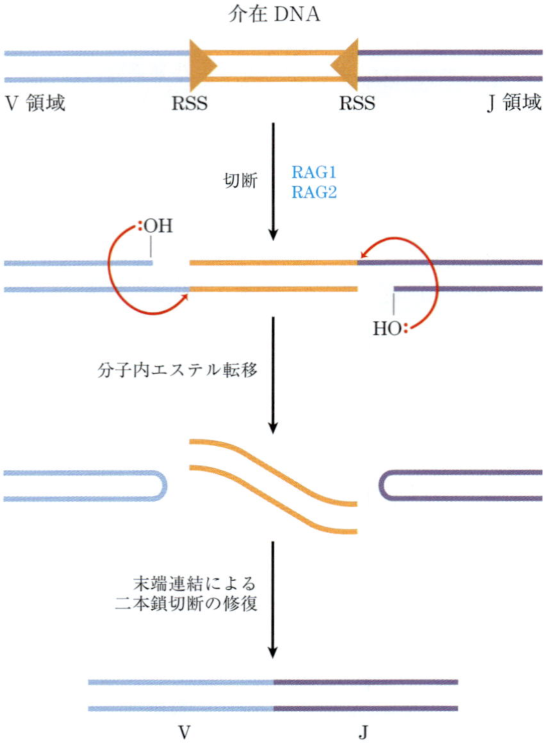

図 25-44 免疫グロブリン遺伝子の再編成機構

RAG1 と RAG2 タンパク質が組換えシグナル配列（RSS）に結合し，連結されるべき V（あるいは J）領域と RSS の間で DNA の一方の鎖を切断する．遊離した 3′-ヒドロキシ基がもう一方の鎖のホスホジエステル結合を求核攻撃し，二本鎖切断を形成する．V 領域および J 領域の末端にできるヘアピン構造の折れ曲がりは切断され，二本鎖切断の末端連結修復に特化したタンパク質の複合体によって共有結合でつながれる．RAG1 と RAG2 によって触媒される二本鎖切断の生成ステップは，トランスポゾンの転移反応のステップと化学的に関連がある．

大なものである．

免疫系は，古代のトランスポゾンから進化したのだろうか．RAG1 と RAG2 による二本鎖切断形成機構は，転移のいくつかの反応ステップと共通点がある（図 25-44）．さらに，RSS を末端にもって除去される DNA は，ほとんどのトランスポゾンに見られる配列を有する．試験管内の実験で，RAG1 と RAG2 は除去された DNA と結合し，トランスポゾンと同様に，この DNA を他の DNA 分子に挿入することができる（B リンパ球ではおそらくまれな反応であるが）．確かなことはわからないが，免疫グロブリン遺伝子の再編成系の性質はその興味深い起源を示唆し，その後の進化の過程で宿主と寄生体の間の区別がぼやけてしまったと考えられる．

まとめ

25.3 DNA 組換え

- DNA 配列は組換え反応によって再編成される．通常，この過程は DNA 複製あるいは修復と密接な関連がある．
- 相同遺伝子組換えは，互いに相同な配列を有する二つの DNA 分子間で起こる．細菌では，組換えは主に DNA 修復過程で機能し，特に停止または崩壊した複製フォークの再活性化，あるいは DNA の二本鎖切断の一般的な修復において重要である．真核生物では，組換えは減数第一分裂の際の染色体の正確な分離を確実に行うために必須である．また組換えは，減数分裂の結果として生じる配偶子の遺伝的多様性を生み出すためにも貢献する．
- 非相同末端結合は，特に真核生物において，DNA 二本鎖切断を修復するための代替機構である．
- 部位特異的組換えは，特定の標的配列でのみ起こり，この過程にもホリデイ中間体が関与する．リコンビナーゼが DNA を特定の部位で切断するのと同時に，新たな相手との DNA 鎖の連結を引き起こす．このタイプの組換えは，事実上すべての細胞で見られ，DNA の組込みや遺伝子の発現調節など，多くの機能に関与する．
- ほぼすべての細胞において，トランスポゾンは組換えを利用して同一染色体上あるいは異なる染色体間を移動する．脊椎動物では，B リンパ球分化の過程で，転移に関連するプログラムされた組換えが関与することによって，免疫グロブリン遺伝子の断片が連結され，免疫グロブリン遺伝子が形成される．

重要用語

太字で示す用語については，巻末用語解説で定義する．

誤りがちな損傷乗越え DNA 合成 error-prone translesion DNA synthesis　1452
鋳型 template　1417
エキソヌクレアーゼ exonuclease　1421
AAA＋ATP アーゼ AAA＋ATPase　1430
AP エンドヌクレアーゼ AP endonuclease　1448
AP サイト AP site　1446
SOS 応答 SOS response　1453
塩基除去修復 base-excision repair　1446
エンドヌクレアーゼ endonuclease　1421
岡崎フラグメント Okazaki fragment　1420
カテナン catenane　1437
組換え DNA 修復 recombinational DNA repair　1458
減数分裂 meiosis　1461
相同遺伝子組換え homologous genetic recombination　1457
挿入配列 insertion sequence　1472
DNA グリコシラーゼ DNA glycosylase　1446
DNA 転移 DNA transposition　1457
DNA フォトリアーゼ（光回復酵素）DNA photolyase　1449
DNA ポリメラーゼ DNA polymerase　1421
DNA ポリメラーゼ α DNA polymerase α　1440
DNA ポリメラーゼⅠ DNA polymerase Ⅰ　1421
DNA ポリメラーゼ ε DNA polymerase ε　1440
DNA ポリメラーゼ δ DNA polymerase δ　1440
DNA ポリメラーゼⅢ DNA polymerase Ⅲ　1426
DNA 巻戻し配列 DNA unwinding element（DUE）1429
DNA リガーゼ DNA ligase　1429
転移 transposition　1472
突然変異 mutation　1441
トポイソメラーゼ topoisomerase　1429
トランスポゾン transposon　1472
二重組込み体 cointegrate　1473
二本鎖切断修復モデル double-strand break repair model　1465
ヌクレアーゼ nuclease　1421
半保存的複製 semiconservative replication　1418
非相同末端結合 nonhomologous end joining（NHEJ）　1467
部位特異的組換え site-specific recombination　1457
複製起点 origin　1420
複製起点認識複合体 origin recognition complex（ORC）　1439
複製前複合体 pre-replicative complex（pre-RC）1438
複製フォーク replication fork　1419
プライマー primer　1423
プライマーゼ primase　1429
プライマー末端 primer terminus　1423
プライモソーム primosome　1434
プルーフリーディング（校正）proofreading　1424
分枝点移動 branch migration　1458
ヘリカーゼ helicase　1429
ホリデイ中間体 Holliday intermediate　1458
ミニ染色体維持タンパク質 minichromosome maintenance（MCM）protein　1439
ライセンシング licensing　1438
ラギング鎖 lagging strand　1420
リーディング鎖 leading strand　1420
レプリソーム replisome　1429
連続伸長性（プロセッシビティー）processivity　1423

問　題

1 メセルソン・スタールの実験からの結論

メセルソン・スタールの実験（図25-2参照）は，大腸菌内でDNAが半保存的に複製されることを証明した．DNA複製に関する「分散性 dispersive」モデルでは，親DNA鎖はランダムなサイズに切断され，新たに複製されたDNAの断片と結合して，娘二本鎖をつくる．この娘鎖の両方の鎖は，さまざまな長さの重いDNA断片と軽いDNAの断片をもつことになる．メセルソン・スタールの実験結果がこのようなモデルを否定する理由について説明せよ．

2 重い同位体を用いたDNA複製の解析

$^{15}NH_4Cl$を含む培地で生育している大腸菌を，$^{14}NH_4Cl$を含む培地に移して三世代（細胞数にして8倍になるまで）培養する．この時点で生じるハイブリッドDNA（^{15}N–^{14}N）と軽いDNA（^{14}N–^{14}N）の分子のモル比はいくらか．

3 大腸菌染色体の複製

大腸菌染色体は4,641,652 bpから成る．

(a) 大腸菌染色体の複製の際に，その二重らせんは何回巻き戻されなければならないか．

(b) 本章のデータをもとにすれば，複製起点から二つの複製フォークが始まるとすると，大腸菌染色体が37℃で複製されるためにはどのくらいの時間が必要か．なお，複製は毎秒1,000 bpの速度で起こるものとする．ある条件下では，大腸菌の細胞は20分ごとに分裂することができる．これはどのようにすれば可能なのかについて説明せよ．

(c) 大腸菌染色体の複製において，およそいくつの岡崎フラグメントが形成されるか．また，新たに合成される鎖で，このように多数の岡崎フラグメントが正しい順序で連結されるのは，どのような機構によって保証されるのか．

4 一本鎖の鋳型から合成されるDNAの塩基組成

バクテリオファージϕX174環状DNAの二つの相補鎖の等モル混合物を鋳型として，DNAポリメラーゼによって合成される全DNAの塩基組成を求めよ．ただし，このDNAの一方の鎖の塩基組成は，A：24.7%，G：24.1%，C：18.5%，T：32.7%とする．この問題に答えるためには，どのような仮定が必要か．

5 DNA複製

Kornbergらは，大腸菌の可溶性抽出液をすべてα位リン酸基が^{32}Pで標識されたdATP，dTTP，dGTPおよびdCTPとともにインキュベートした．しばらくして，反応液をトリクロロ酢酸（DNAを沈殿させるが，ヌクレオチド前駆体は沈殿させない）で処理した．沈殿を集めて，その中の放射能を測ることによって，DNA中に取り込まれたヌクレオチドを定量した．

(a) 四つのヌクレオチド前駆体のうちのどれか一つを反応液から除いた場合には，沈殿に放射能は検出されるか．その理由を説明せよ．

(b) dTTPのみが^{32}Pで標識されているとすれば，^{32}PはDNAに取り込まれるか．その理由を説明せよ．

(c) デオキシヌクレオチドのαリン酸基の代わりにβまたはγ位のリン酸基が^{32}Pで標識されていれば，放射能は沈殿に検出されるか．その理由を説明せよ．

6 DNA複製の化学

すべてのDNAポリメラーゼは，新たなDNA鎖を5′→3′方向に合成する．もしも第二のタイプのポリメラーゼが存在し，3′→5′方向へDNAを合成するのならば，逆平行の関係にあるDNA二本鎖の複製はもっと単純であるかもしれない．二つのタイプのポリメラーゼは，ラギング鎖の合成に要求されるような複雑な機構がなくても，原理的にはDNA合成を協調することができるはずである．しかし，3′→5′方向へ合成を行うポリメラーゼは見つかっていない．3′→5′方向へのDNA合成を可能にする二つの反応機構をあげよ．ピロリン酸は両方の反応機構の産物となるはずである．どちらかあるいは両方の反応機構は一つの細胞内で可能だろうか．可能な理由，あるいは可能でない理由は何か.（ヒント：現存する細胞には実在しないDNA 前駆体を用いてもよい.）

7 DNA ポリメラーゼの活性

あなたは新規の DNA ポリメラーゼを研究している．この酵素を dNTP の非存在下 ^{32}P 標識した DNA とインキュベートすると，[^{32}P]dNMP の遊離が観察された．この遊離は，非標識の dNTP を添加することによって抑制された．このような結果をもたらす可能性の最も高い反応をあげて説明せよ．もしも dNTP の代わりにピロリン酸を添加すると，どのようなことが起こると予想されるか．

8 リーディング鎖とラギング鎖

大腸菌の DNA 複製時に，リーディング鎖とラギング鎖をつくるために必要な前駆体，酵素，および他のタンパク質の名前とその機能をリストアップして比較した表を作成せよ．

9 DNA リガーゼの機能

大腸菌のいくつかの変異株には，欠陥のある DNA リガーゼが存在する．このような変異株を ^{3}H で標識したチミンを含む培地で培養し，その DNA をアルカリ性スクロース密度勾配遠心で沈降させたところ，^{3}H で標識された 2 本のバンドが得られた．1 本は高分子量の画分に沈降し，他方は低分子量の画分に沈降した．これら 2 本のバンドについて説明せよ．

10 DNA 複製の正確さ

DNA のリーディング鎖の合成に際して，その複製の正確さを高めるために寄与する因子は何か．ラギング鎖の合成もリーディング鎖と同じ正確さで行われるか．その答えの理由を説明せよ．

11 DNA 複製における DNA トポイソメラーゼの重要性

複製時に起こる DNA の巻戻しは，DNA の超らせん密度に影響を及ぼす．トポイソメラーゼが存在しなければ，DNA は複製フォークの後方では巻き戻され，前方では巻き過ぎの状態になる．細菌の複製フォークはその前方での DNA の超らせん密度（σ）が $+0.14$ になると停止する（Chap. 24 参照）．

トポイソメラーゼ非存在下で，6,000 bp から成るプラスミドの複製起点から二方向性の複製が *in vitro* で始まったとしよう．プラスミドがもつ最初の σ 値は -0.06 である．各複製フォークが停止するまでに何塩基対が巻き戻されて複製されるだろうか．ただし，各フォークは同じ速度で移動し，トポイソメラーゼ以外の鎖の伸長に必要な成分は，すべて反応液中に含まれるものとする．

12 エイムス試験

ヒスチジンを欠く寒天培地に約 10^9 個の *Salmonella typhimurium*（ネズミチフス菌）のヒスチジン栄養要求株（生育のためにヒスチジンを必要とする変異細胞）を播種すると，37℃，2 日間の培養で約 13 個のコロニーが生じる（図 25-20 参照）．ヒスチジン非存在下で，どのようにしてこのようなコロニーが生じるのだろうか．同じ実験を 0.4 μg の 2-アミノアントラセン存在下に行ったところ，2 日間で 10,000 個を超えるコロニーが生じた．この結果は，2-アミノアントラセンの作用について，どのようなことを示唆するか．また，2-アミノアントラセンの発がん性についてどのように考えるか．

13 DNA の修復機構

脊椎動物と植物の細胞では，DNA のシトシン残基がしばしばメチル化されて，5-メチルシトシン（図 8-5(a) 参照）が生じる．このような細胞には，G-T のミスマッチを認識して，G≡C 塩基対へと修復する特殊な修復系が存在する．この系の意義について説明せよ（DNA 中に 5-メチルシトシンが存在するとどうなるかという観点から説明せよ）．

14 ミスマッチ修復のエネルギーコスト

大腸菌の DNA ポリメラーゼⅢが，近傍の GATC 配列から 650 bp 離れた位置でアデニン残基（A）の向かいにグアニン残基（G）を挿入するという稀なエラーを起こした．この不適正対合（ミスマッチ）は，ミスマッチ修復系によって正確に修復されるが，この修復の間に，デオキシヌクレオチド（dNTP）のホスホジエステル結合がいくつ切断されるか．また，この過程に ATP 分子も用いられるが，どの酵素が ATP を消費するのか．

15 色素性乾皮症患者におけるDNA修復

色素性乾皮症 xeroderma pigmentosum（XP）として知られる疾患は，少なくとも七つの異なるヒト遺伝子の変異に起因する（Box 25-1 参照）．一般に，欠損はヒトのヌクレオチド除去修復の過程に関与する酵素をコードする遺伝子にある．さまざまなXPのタイプには，A～Gまでの種類（XPA, XPBなど），およびこれら以外のXP-Vとしてまとめられるバリアントがある．

健常人の繊維芽細胞とXPG患者の繊維芽細胞に紫外線を照射し，各細胞からDNAを単離して変性させたのち，生じた一本鎖DNAを分析用超遠心により分析した．

(a) 健常人の繊維芽細胞を紫外線照射して得られた一本鎖（変性した）DNAは，その平均分子量がかなり小さくなっていたのに対して，XPGの繊維芽細胞のDNAには変化がなかった．これはなぜか説明せよ．

(b) 繊維芽細胞中のヌクレオチド除去修復系が作動していると仮定して，どのステップがXPG患者の細胞で欠損しているのか．その理由を説明せよ．

16 直接修復

O^6-meG損傷は，通常はO^6-メチルグアニン-DNAメチルトランスフェラーゼというタンパク質にメチル基を直接転移することによって修復される．損傷を受けた（メチル化された）G残基を含むAAC（O^6-meG）TGCACというヌクレオチド配列に関して，次のような三つの状況で複製が起きたとき，生じる二本鎖DNAの両鎖の配列はどのようになるか．

(a) 複製が修復前に起こるとき

(b) 複製が修復後に起こるとき

(c) 2回の複製後に修復が起こるとき

17 ホリデイ中間体

相同遺伝子組換えにおけるホリデイ中間体の形成と，部位特異的組換えにおけるホリデイ中間体の形成はどのように異なるか．

18 ホリデイ中間体の切断

次の図に示すように，相同染色体間で遺伝子*A*と遺伝子*B*の間にホリデイ中間体が形成されている．それらの染色体上には，二つの遺伝子の異なる対立遺伝子（*A*および*a*, *B*および*b*）が存在する．(a) *Ab*遺伝子型あるいは (b) *ab*遺伝子型をもつ染色体が生じるためには，ホリデイ中間体がどの点（XまたはY点，あるいは両方の点）で切断されなければならないか．

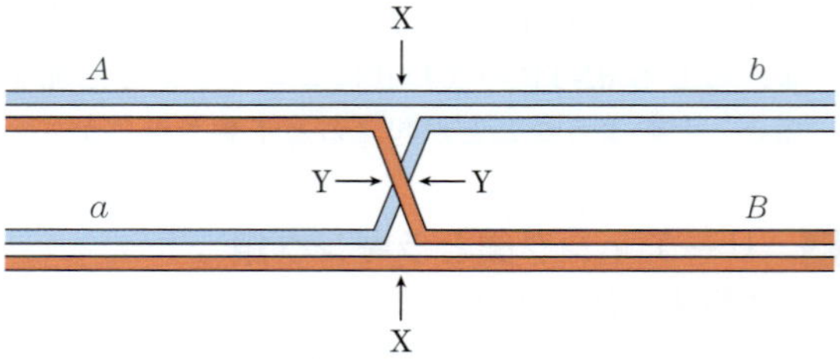

19 複製と部位特異的組換えの関係

出芽酵母*S. cerevisiae*の野生株のほとんどは，約6,300 bpの環状DNAプラスミド2 μ（その全体の円周が約2 μmであることにちなんで命名）を複数コピーもつ．その複製には宿主細胞の系が利用されることから，複製は宿主細胞染色体と同じ厳密な制御を受け，細胞周期あたり1回だけ複製する．このプラスミドの複製は二方向性であり，二つの複製フォークはよく研究された単一の複製起点から開始する．しかし，2 μプラスミドが複製を1回行うと，細胞あたりのプラスミドのコピー数が2コピー以上になり，コピー数が増える．娘細胞へのプラスミドの分配は常に母細胞よりも少ない．増幅にはプラスミドによってコードされる部位特異的な組換え系が必要である．この系によって，特定の領域が他の領域に対して逆向きになる．この部位特異的な逆向きの組換えは，どのようにしてプラスミドのコピー数の増幅をもたらすのか（ヒント：複製フォークが1か所の組換え部位を複製したが，もう1か所の組換え部位はまだ複製されていない状況を考えよ）．

データ解析問題

20 大腸菌における変異

変異原性を有する多くの化合物は，DNA中の塩基をアルキル化することによって作用する．アルキル化剤 R7000（7-メトキシ-2-ニトロナフト[2,1-*b*]フラン）は極めて強力な変異原である．

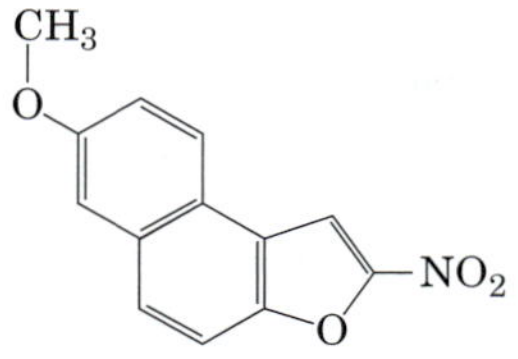

R7000

in vivo では，R7000 はニトロレダクターゼによって活性化されて，より反応性の高い化合物になり，DNA 中の主として（これだけには限らないが）G ≡ C 塩基対と共有結合を形成する．

1996 年に，Quillardet, Touati および Hofnung は，R7000 が大腸菌に変異を誘発する機構について研究した．彼らは，R7000 の遺伝的毒性を，野性株（Uvr$^+$）と *uvrA* を欠く変異株（Uvr$^-$；表 25-6 参照）との間で比較した．最初に変異率を測定した．リファンピシンは RNA ポリメラーゼの阻害薬であり（Chap. 26 参照），リファンピシン存在下で RNA ポリメラーゼをコードする遺伝子に特定の変異が起こらなければ，大腸菌細胞は生育することはできない．したがって，リファンピシン耐性のコロニーの出現は，変異率を測る有用な手段となる．

異なる R7000 濃度における効果が測定され，その結果を次のグラフに示す．

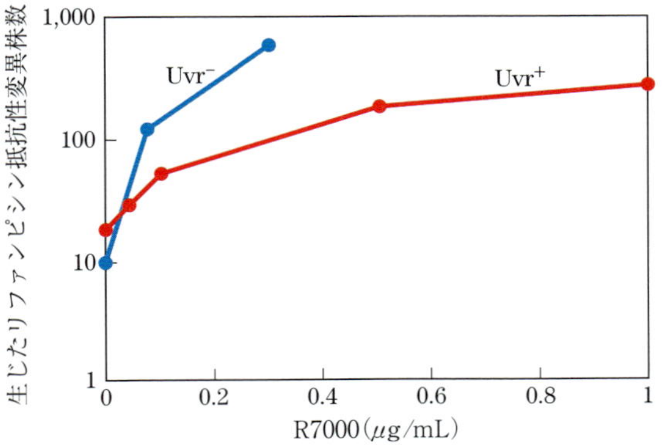

(a) R7000 の非存在下でさえも，なぜ一定数の変異体が出現するのか．

Quillardet らは，異なる R7000 濃度で処理した大腸菌の生存率も測定し，次の結果を得た．

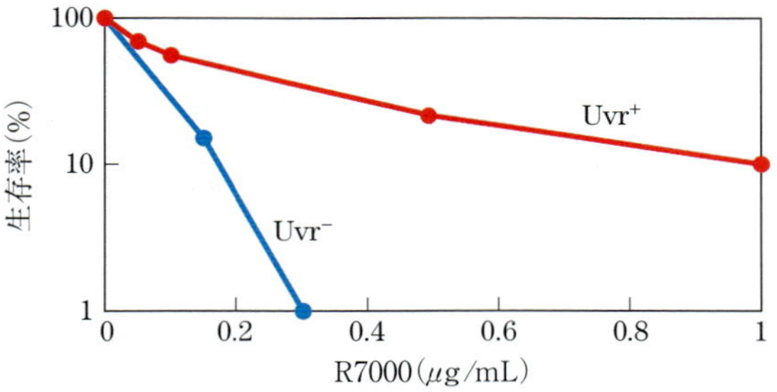

(b) R7000 処理が細胞にとってなぜ致死的なのか説明せよ．

(c) Uvr$^+$株と Uvr$^-$株に関して，グラフに示すような変異原性曲線と生存曲線の違いについて説明せよ．

彼らは Uvr$^+$と Uvr$^-$の大腸菌において DNA と共有結合を形成した R7000 量を測定した．大腸菌を［^{3}H］R7000 と 10 分間あるいは 70 分間インキュベートし，DNA を抽出し，1 μg DNA あたりの［^{3}H］含量を 1 分あたりの放射能カウント（cpm）で測定した．

時間（分）	DNA 中の ^{3}H（cpm/μg）	
	Uvr$^+$	Uvr$^-$
10	76	159
70	69	228

(d) ^{3}H 量が Uvr$^+$株では時間とともに減少しているのに対して，Uvr$^-$株では時間とともに増大している理由を説明せよ．

次に Quillardet らは，Uvr$^+$株と Uvr$^-$株において R7000 によって誘発された特定の DNA 配列の変化について調べた．この目的のために，β-ガラクトシダーゼ（この酵素はラクターゼと同じ反応を触媒する．図 14-11 参照）をコードする *lacZ* 遺伝子に，異なる点突然変異を有する 6 種類の異なる大腸菌株が使用された．このような変異をもつ細胞は機能的な β-ガラクトシダーゼを欠いており，ラクトースを代謝することはできない（すなわち Lac$^-$の表現型）．*lacZ* 遺伝子の機能と Lac$^+$の表現型を回復させるためには，各点突然変異ごとに特定の復帰突然変異が必要であった．大腸菌細胞をラクトースを唯一の炭素源として含むプレートに播種することによって，このような復帰変異を生じた Lac$^+$細胞の選択が可能であった．特定の変異株を変異原処理した後，生じてくる Lac^+ コロニー数を測定することによって，各復帰変異の頻度を測定することが可能であった．

はじめに Uvr^- 株の変異の結果を示す．次の表は CC101 から CC106 の 6 種類の株についての結果であり，カッコ内に Lac^+ 細胞を生じさせるために必要な点変異を示す．

R7000 (μg/mL)	Lac^+ 細胞数（平均 ± SD）					
	CC101 (A＝T から C≡G)	CC102 (G≡C から A＝T)	CC103 (G≡C から C≡G)	CC104 (G≡C から T＝A)	CC105 (A＝T から T＝A)	CC106 (A＝T から G≡C)
0	6 ± 3	11 ± 9	2 ± 1	5 ± 3	2 ± 1	1 ± 1
0.075	24 ± 19	34 ± 3	8 ± 4	82 ± 23	40 ± 14	4 ± 2
0.15	24 ± 4	26 ± 2	9 ± 5	180 ± 71	130 ± 50	3 ± 2

(e) どのタイプの変異が，R7000 処理によってバックグラウンドレベルに比べて有意な増加を示しているか．あるタイプの変異が，他のタイプのものに比べて高頻度である理由を述べよ．

(f) (e) の解答としてあげたすべての変異が，R7000 が G≡C 対に共有結合したことに起因することで説明できるか．その理由を説明せよ．

(g) 図 25-27(b) は，グアニンのメチル化が G≡C から A＝T への変異を誘発することを示す．同様な経路で，G に結合した R7000 がどのようにして G≡C から A＝T あるいは T＝A への変異を引き起こすのかを示せ．どの塩基が G の R7000 修飾物と対合するのか．

Uvr^+ 株で得られた結果を表に示す．

R7000 (μg/mL)	Lac^+ 細胞数（平均 ± SD）					
	CC101 (A＝T から C≡G)	CC102 (G≡C から A＝T)	CC103 (G≡C から C≡G)	CC104 (G≡C から T＝A)	CC105 (A＝T から T＝A)	CC106 (A＝T から G≡C)
0	2 ± 2	10 ± 9	3 ± 3	4 ± 2	6 ± 1	0.5 ± 1
1	7 ± 6	21 ± 9	8 ± 3	23 ± 15	13 ± 1	1 ± 1
5	4 ± 3	15 ± 7	22 ± 2	68 ± 25	67 ± 14	1 ± 1

(h) これらの結果は，すべてのタイプの変異が同じ正確さで修復されることを示しているか．またその答えの理由を説明せよ．

参考文献

Quillardet, P., E. Touati, and M. Hofnung, 1996. Influence of the *uvr*-dependent nucleotide excision repair on DNA adducts formation and mutagenic spectrum of a potent genotoxic agent: 7-methoxy-2-nitronaphtho[2,1-*b*]furan (R7000). *Mutat. Res.* **358**:113–122.

発展学習のための情報は次のサイトで利用可能である（www.macmillanlearning.com/LehningerBiochemistry7e）．

26

RNA 代謝

これまでに学習してきた内容について確認したり，本章の概念について理解を深めたりするための自習用ツールはオンラインで利用可能である（www.macmillanlearning.com/LehningerBiochemistry7e）．

ある遺伝子内の情報の発現には，一般に DNA の鋳型から転写される RNA 分子の生成が関与する．RNA 鎖は一見すると DNA 鎖とよく似ており，RNA はアルドペントースの 2′位にヒドロキシ基をもつこと，およびチミンの代わりに通常はウラシルをもつことだけが異なる．しかし，DNA とは異なり，ほとんどの RNA は一本鎖の状態で機能を発揮する．このような一本鎖は分子内で折りたたまれ，DNA よりも構造上の多様性がはるかに大きい（Chap. 8）．したがって，RNA はさまざまな細胞機能を発揮するために適している．

RNA は遺伝情報の保管と伝達において機能するだけでなく，触媒としても働くことが知られている唯一の高分子なので，RNA が地球上での生命の誕生に関して，必須の化学中間体だったのではないかと推測されている．触媒能をもつ RNA，すなわちリボザイムの発見は，タンパク質のドメインから成る「酵素」の定義そのものを変えてしまった．それでもなお，タンパク質が RNA，およびその機能にとって不可欠であることに変わりはない．現在の生物圏においては，RNA をはじめとするすべての核酸がタンパク質と複合体を形成している．これらの複合体のいくつかは極めて精巧であり，RNA はその複雑な生化学的装置の中で構造的役割と触媒としての役割の両方を果たすと考えられる．

ある種のウイルスの RNA ゲノムを除くすべての RNA 分子は，DNA 中に永続的に保管されている情報に由来する．**転写** transcription の際には，ある種の酵素系が二本鎖 DNA 上の一領域の遺伝情報を，DNA 二本鎖の一方に相補的な塩基配列をもつ RNA 鎖に変換する．この過程で 3 種類の主要な RNA が生成する．**メッセンジャー RNA（伝令 RNA）** messenger RNA（**mRNA**）は，一つの遺伝子または遺伝子群によって特定される一つ以上のポリペプチドのアミノ酸配列をコードしている．**転移 RNA（トランスファー RNA）** transfer RNA（**tRNA**）は，mRNA にコードされた情報を読み取り，タンパク質合成の際に，伸長しつつあるポリペプチド鎖に適切なアミノ酸を受け渡す役割を果たす．**リボソーム RNA** ribosomal RNA（**rRNA**）はリボソームの構成成分である．リボソームとは，タンパク質を合成する複雑な細胞装置の一つである．これら以外にも，調節機能や触媒機能をもつ多数の特殊な RNA，および上記 3 種類の主要 RNA の前駆体が存在する．細胞内の RNA の種類の中で，これらの特殊な機能をもつ RNA は，もはや少数の分子種であるとは考えられていない．脊椎動物では，古典的なカテゴリーの RNA（mRNA，tRNA，rRNA）にあてはまらない RNA は，古典的なカテゴリーの RNA に比べてはるかに多いようである．

複製の際には染色体全体が通常はコピーされるが，転写はより選択的である．すなわちどのようなときでも，ある特定の遺伝子または遺伝子群だけが転写され，DNA ゲノムの中には決して転写されない領域もある．細胞は，ある特定の時期に必要な遺伝子産物が生成されるように遺伝情報の発現を制限している．特定の調節配列が，転写されるべき DNA 領域の始めと終わりを決めるとともに，二本鎖 DNA のどちらの鎖を鋳型に利用するのかも指定している．一連の調節プログラムの一部として，転写物自体が他の RNA 分子と相互作用することもある．この転写調節に関しては，Chap. 28 で詳しく解説する．

ある条件下の細胞でつくられるすべての RNA 分子の総和を，細胞の**トランスクリプトーム** transcriptome という．ヒトゲノムのうちの比較的小さな部分がタンパク質をコードする遺伝子にあてられているので，ヒトゲノムはほんの一部しか転写されないと予想されていた．しかしそうではない．最新の方法で転写パターンを解析することによって，ヒトや他の哺乳類のゲノムの大部分が RNA に転写されることが明らかになってきた．転写物のほとんどは mRNA でも tRNA でも rRNA でもなく，特殊な機能をもつ RNA であり，それらは次々に発見されつつある．これらの RNA の多くは遺伝子発現の調節に関係しているようである．しかし，速いペースで発見が続いているので，これらの RNA の多くがどのような働きをしているのかがわからないのが現実である．

本章では，DNA 鋳型上での RNA 合成，および RNA 分子の合成後のプロセシング（加工）と代謝回転について解説する．その途中で，触媒機能を含む多くの RNA の特別な機能についても触れる．興味深いことに，RNA 酵素の基質は他の RNA 分子であることが多い．本章ではさらに，RNA が鋳型であり，DNA が生成物となる通常とは逆の系についても紹介する．このように，情報経路は完全な回路を形成しており，鋳型依存的な核酸合成は，鋳型や生成物（DNA や RNA）の性質とは関係のない標準法則である．情報運搬体としての DNA と RNA の生物学的な相互変換についてこのように検証することは，必然的に生物情報の進化的起源に関する考察につながる．

26.1　RNA の DNA 依存的合成

Chap. 25 で解説した DNA の複製と転写の比較から，RNA 合成の解説を始める．転写は，基本的な化学反応機構，極性（合成の方向），および鋳型の利用という点に関して複製と似ている．そして，複製と同様に，転写には開始期 initiation，伸長期 elongation，終結期 termination がある．転写に関する文献では，開始期はさらに DNA 結合期と RNA 合成開始期に分けられる．プライマーを必要としない点，および一般に DNA 分子の限られた領域だけが関与するという点で，転写は複製とは異なる．さらに，転写領域では，二本鎖 DNA のうちの一方だけが特定の RNA 分子のための鋳型として働く．

RNA は RNA ポリメラーゼによって合成される

DNA ポリメラーゼの発見とその DNA 鋳型依存性の発見は，DNA 鎖に相補的な RNA を合成する酵素の探索に拍車をかけた．1960 年までに，リボヌクレオシド 5′-三リン酸から RNA ポリマーを生成する細胞抽出物中の酵素が，四つの研究グループによって独立して発見された．それに続いて，精製された大腸菌 RNA ポリメラーゼに関する研究は，転写の基本的性質を明らかにするのに役立った（図 26-1）．**DNA 依存性 RNA ポリメラーゼ** DNA-dependent RNA polymerase は，DNA 鋳型に加えて，Mg^{2+} および RNA のヌクレオチド単位の前駆体として 4 種類すべてのリボヌクレオシド 5′-三リン酸（ATP，GTP，UTP および CTP）を必要とする．このタンパク質には 1 個の Zn^{2+} も結合している．RNA 合成の基本的な化学と機構は，DNA ポリメラーゼが用いるものとよく似ている（図 25-5(a) 参照）．RNA ポリメラーゼは，RNA 鎖の 3′-ヒドロキシ末端にリボヌクレオチド単位を付加することによって RNA 鎖を伸長させ，RNA 鎖を 5′→3′方向に組み立てていく．3′-ヒドロキシ基は求核基として働き，次に導入されるリボヌクレオシド三リン酸の α 位のリン酸を攻撃し（図 26-1(a)），ピロリン酸を遊離させる．反応全体は次式で表される．

$$\underset{\text{RNA}}{(\text{NMP})_n} + \text{NTP} \longrightarrow \underset{\text{伸長した RNA}}{(\text{NMP})_{n+1}} + \text{PP}_i$$

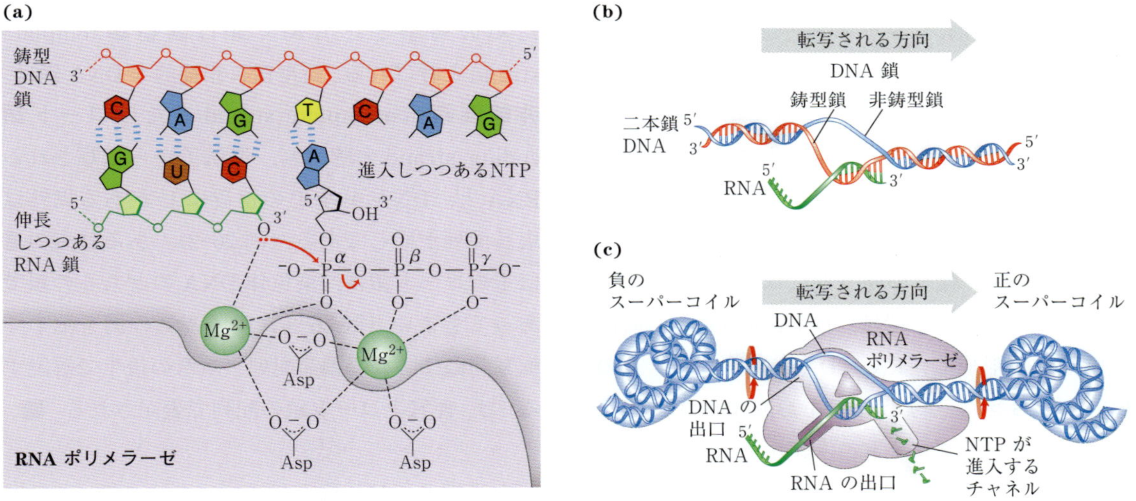

機構図 26-1　大腸菌における RNA ポリメラーゼによる転写

二重らせん中の DNA 二本鎖のうちの一方に相補的な RNA 鎖を合成するために，DNA 鎖は一時的に巻き戻される．**(a)** RNA ポリメラーゼによる RNA 合成の触媒機構．DNA ポリメラーゼが用いる機構（図 25-5(a) 参照）と本質的に同じであることに注目しよう．この反応には 2 個の Mg^{2+} が必要であり，進入してくるリボヌクレオシド三リン酸（NTP）のリン酸基と三つの Asp 残基に配位している．これらの Asp 残基は，すべての生物種の RNA ポリメラーゼ中でよく保存されている．1 個の Mg^{2+} は，3′-ヒドロキシ基による NTP の α 位のリン酸の攻撃を促進し，もう一方の Mg^{2+} はピロリン酸の解離を促進する．両金属イオンともに，五つの共有結合から成る遷移状態を安定化する．**(b)** 約 17 bp の DNA が常に巻き戻されている．RNA ポリメラーゼと転写のバブル構造は，図に示すように DNA に沿って左から右に移動し，RNA 合成を促進する．RNA が転写されるにつれて，DNA は前方で巻き戻され，後方では巻き直される．DNA 鎖が巻き直されるにつれて，この RNA-DNA ハイブリッドは解消され，RNA 鎖は離れていく．**(c)** DNA に沿って RNA ポリメラーゼが移動すると，転写バブルの前方には正のスーパーコイル（巻過ぎの DNA）が，後方には負のスーパーコイル（巻きたりない DNA）ができる傾向がある．RNA ポリメラーゼは，転写バブルの前方で DNA と接触するとともに，バブル構造の内部や直後にある一本鎖 DNA 領域および RNA 鎖とも接触している．タンパク質中のチャネルを通って，新たな NTP がポリメラーゼの活性部位に送り込まれる．伸長の際には，ポリメラーゼは約 35 bp の DNA 領域と接している．

RNA ポリメラーゼの活性には DNA が必要であり，二本鎖 DNA に結合したときに最も活性が高い．前述のように，2 本の DNA 鎖の一方だけが鋳型として利用される．鋳型 DNA 鎖は，DNA 複製の場合と同じく 3′→5′方向（新たにできる RNA 鎖とは逆方向）にコピーされる．新生 RNA に取り込まれる各ヌクレオチドは，ワトソン・クリック型塩基対形成の相互作用によって選択される．例えば，U 残基は DNA 鋳型上の A 残基と塩基対を形成するように RNA に挿入され，G 残基は C 残基と塩基対形成をするように挿入される．DNA 複製の場合と同様に，塩基対の構造（図 25-6 参照）が塩基選択において重要である．

DNA ポリメラーゼとは異なり，RNA ポリメラーゼは合成開始にプライマーを必要としない．合成開始は，RNA ポリメラーゼがプロモーター（後述）という特定の DNA 配列に結合したときに起こる．新生（新たに合成された）RNA 分子の最初の残基の 5′-三リン酸基は切断されて PP_i を遊離することはなく，転写過程中ずっとそのまま残っている．転写の伸長期には，新生 RNA 鎖の伸長しつつある末端は，DNA 鋳型鎖と一時的に塩基対を形成し，RNA-DNA ハイブリッドの短い二重らせん（約 8 bp）を形成する（図 26-1 (b)）．このハイブリッド二本鎖中の RNA は，形成後すぐに「はがされて」，DNA 二本鎖が再形成される．

二本鎖 DNA の一方に相補的な RNA 鎖だけを RNA ポリメラーゼが合成できるようにするためには，DNA 二本鎖は短い区間でらせん構造が巻き戻され，転写の「バブル（泡）bubble」構造を形成しなければならない．転写の際に，大腸菌 RNA ポリメラーゼは通常約 17 bp を巻き戻した状態に保つ．この巻き戻された領域内に，8 bp の RNA-DNA ハイブリッドが存在する．大腸菌の RNA ポリメラーゼの転写物の伸長速度は，50～90 ヌクレオチド/秒である．DNA 鎖はらせんなので，転写のバブル構造の移動には核酸分子の鎖がかなり回転する必要がある．ほとんどの DNA では DNA 結合タンパク質やその他の構造上の制約があるので，DNA 鎖の回転は制限されている．結果的に，移動中の RNA ポリメラーゼは転写のバブル構造の前方に正のスーパーコイルの波を，後方に負のスーパーコイルの波を発生させる（図 26-1 (c)）．この DNA の転写に伴うスーパーコイル形成は，*in vitro* でも，細菌では *in vivo* でも観察されている．細胞内では，転写に伴うトポロジーの問題は，トポイソメラーゼの作用で解消される（Chap. 24）．

重要な約束事： 相補的な DNA の二本鎖の各鎖は，転写では異なる役割を果たす．RNA 合成のための鋳型として働く鎖は**鋳型鎖** template strand と呼ばれる．鋳型鎖に相補的な DNA 鎖は，**非鋳型鎖** nontemplate strand または**コード鎖** coding strand と呼ばれ，遺伝子から転写される RNA と，DNA 中の T の位置に U がある以外は塩基配列が同じである（図 26-2）．ある特定の遺伝子のコード鎖は，染色体 DNA のどちらの鎖であってもよい（図 26-3 にウイルスの例を示す）．転写制御に必要な調節配列（本章の後半で解説する）は，便宜上コード鎖の配列で表記される．■

大腸菌の DNA 依存性 RNA ポリメラーゼは，大きくて複雑な酵素であり，5 個のコアサブユニット（$\alpha_2\beta\beta'\omega$；分子量 390,000），および σ と呼ばれるグループのうちの一つが 6 番目のサブ

(5′) CGCTATAGCGTTT (3′)	DNA 非鋳型（コード）鎖
(3′) GCGATATCGCAAA (5′)	DNA 鋳型鎖
(5′) CGCUAUAGCGUUU (3′)	RNA 転写物

図 26-2　DNA の鋳型鎖と非鋳型鎖（コード鎖）

DNA の二つの相補鎖は，転写における機能によって区別される．RNA 転写物は鋳型鎖をもとに合成され，非鋳型鎖（コード鎖）の配列と同一である（ただし T の代わりに U が入る）．

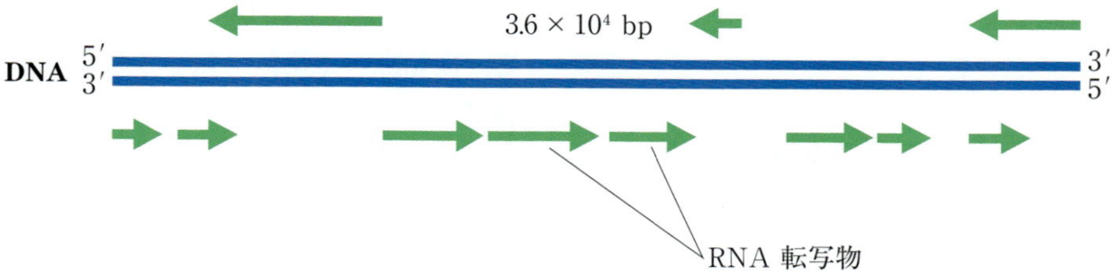

図 26-3 アデノウイルスゲノムにコードされる情報の構成

アデノウイルスゲノムの遺伝情報（たまたま単純な例であるが）は，二本鎖 DNA 分子（36,000 bp）によってコードされており，その二本鎖の両方ともタンパク質をコードしている．ほとんどのタンパク質の情報は上の鎖（便宜的に左の 5′ 末端から右の 3′ 末端方向に転写される鎖）によってコードされているが，いくつかは下の鎖にコードされており，逆方向に転写される．アデノウイルスの mRNA 合成は，本図に示すよりも実際にはずっと複雑である．上の鎖を鋳型鎖として転写される mRNA の多くは，まず 1 本の長い転写物（25,000 ヌクレオチド）として合成される．その後，転写物は大規模なプロセシングを受けて別々の mRNA になる．アデノウイルスは，一部の脊椎動物に感染して上気道炎の原因となる．

ユニットとして含まれる．σサブユニットには，サイズ（分子量）の異なるいくつかのバリアント（変種）variant が存在する．このσサブユニットは一時的にコアサブユニットに結合し，酵素を DNA 上の特定の結合部位へと導く（後述）．これら 6 個のサブユニットが，RNA ポリメラーゼのホロ酵素 holoenzyme を構成する（図 26-4）．すなわち，大腸菌の RNA ポリメラーゼのホロ酵素には，σサブユニットのタイプに依存していくつかの型がある．最も一般的なサブユニットは σ^{70}（分子量 70,000）であり，今後の考察ではこのサブユニットをもつホロ酵素に焦点を絞る．

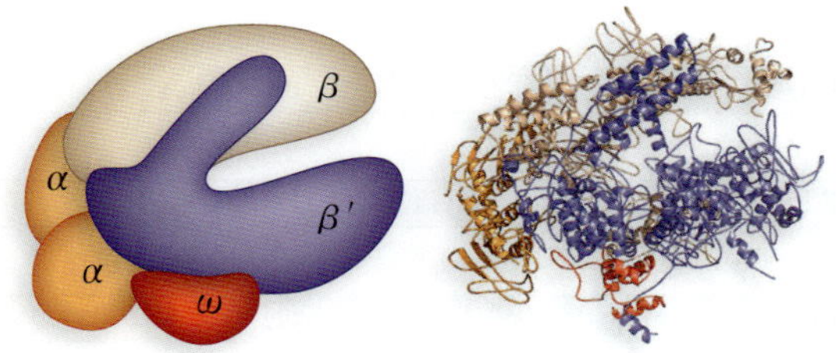

図 26-4 細菌 *Thermus aquaticus* の RNA ポリメラーゼのホロ酵素の構造

この酵素の全体構造は大腸菌 RNA ポリメラーゼの構造に極めて似ている．図には DNA や RNA は示していない．細菌の RNA ポリメラーゼのいくつかのサブユニットが組み合わさって，カニの爪様の形状をとっている．大きなβとβ′サブユニットが，はさみの部分を構成している．各サブユニットは，模式図とリボン構造で同じ色で示してある．［出典：リボン構造，G. Zhang et al., *Cell* **98**, 811, 1999 の情報．PDB ID 1HQM に基づく，L. Minakhin et al., *Proc. Natl. Acad. Sci. USA* **98**, 892, 2001.］

RNA ポリメラーゼは，多くの DNA ポリメラーゼにあるような別個のプルーフリーディング（校正）用の 3′→5′エキソヌクレアーゼ活性部位をもたない．したがって，転写中の誤りの確率は，染色体 DNA の複製における誤りの確率よりも高い．RNA に取り込まれる 10^4 ～ 10^5 リボヌクレオチドあたり約 1 回の誤りが起こる．単一の遺伝子から通常は多数の RNA コピーが合成され，すべての RNA が最終的に分解されて新しい RNA と置き換わるので，RNA 分子中にこの程度の誤りがあっても，DNA に永続的に保管されている情報に関する誤りと比較すれば，細胞にとってはあまり影響はない．細菌の RNA ポリメラーゼや真核生物の RNA ポリメラーゼⅡ（後述）を含めて，多くの RNA ポリメラーゼは，転写の際に塩基対を形成できない塩基が付加されると，転写を停止させる．そしてポリメラーゼ反応の逆過程によって，転写物の 3′末端からミスマッチのヌクレオチドを除去する．しかし，この活性が真のプルーフリーディング機能であるのかや，転写の信頼性にどの程度貢献しているのかはまだわからない.

RNA 合成はプロモーターから始まる

もしも RNA 合成が DNA 分子上のランダムな場所から始まるとすれば，それは極めて無駄な過程である．その代わりに，RNA ポリメラーゼは**プロモーター** promoter という DNA の特定の配列に結合して，隣接する DNA 領域（遺伝子）の転写を指令する．RNA ポリメラーゼが結合する配列は変化に富んでいるので，多くの研究ではプロモーターの機能にとって重要な配列を同定することに焦点が当てられてきた.

大腸菌では，RNA ポリメラーゼの結合は，転写開始点の約 70 bp 上流から約 30 bp 下流までの領域内で起こる．慣例によって，RNA 分子の開始点側に対応する DNA の塩基対には正の番号を，開始点の上流側（転写されない側）には負の番号をつける．すなわち，プロモーター領域は −70 位〜 +30 位にわたっている．最も普遍的なクラスの細菌プロモーター（σ^{70} を含む RNA ポリメラーゼのホロ酵素によって認識される）について解析して比較することによって，−10 位および −35 位のあたりを中心にして，二つの短い配列の類似性が明らかになった（図 26-5）．これらの配列は，σ^{70} サブユニットと相互作用する重要な部位である．これらの配列は，このクラスの細菌プロモーターのすべてにおいて全く同一ではないが，各位置で共通に見られるヌクレオチドが**コンセンサス配列（共通配列）** consensus sequence となっている（大腸菌における *oriC* のコンセンサス配列を思い出そう；図 25-10 参照）．−10 領域のコンセンサス配列は（5′)TATAAT

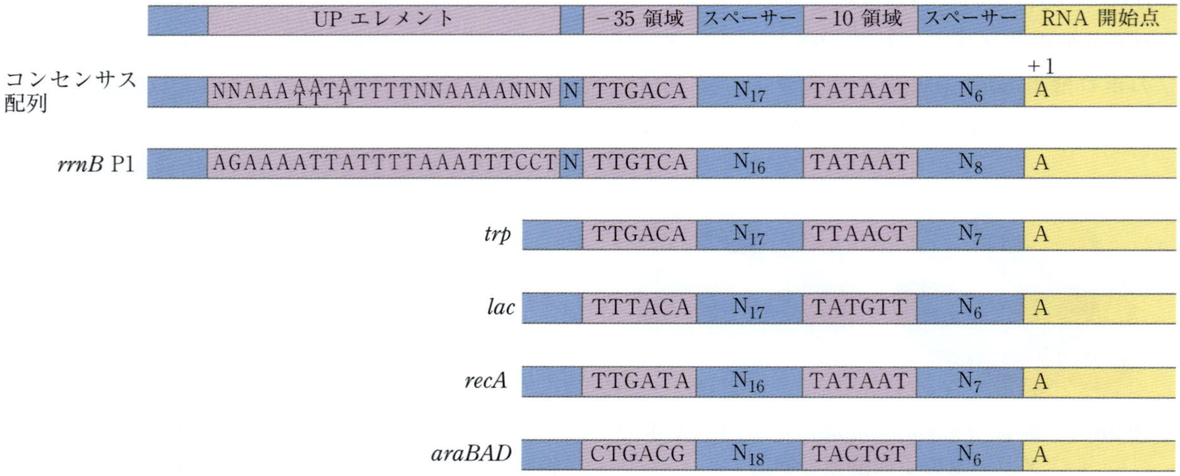

図 26-5 σ^{70} を含む RNA ポリメラーゼのホロ酵素によって認識される大腸菌の典型的なプロモーター

表記法の慣例に従って，非鋳型鎖の配列が 5′→ 3′方向に読まれるように示してある．これらの配列はプロモーターごとに異なるが，多数のプロモーターを比較すると類似性がわかり，特に −10 領域と −35 領域の類似性が顕著である．UP エレメントは，大腸菌のすべてのプロモーターにあるわけではないが，高発現性の rRNA 遺伝子である *rrnB* の P1 プロモーターを例にあげてある．UP エレメントは，通常は −40 位と −60 位の間の領域に見られ，それをもつプロモーターの転写を著しく促進する．*rrn*B 遺伝子の P1 プロモーターにある UP エレメントは −38 位と −59 位の間の領域にある．σ^{70} によって認識される大腸菌プロモーターのコンセンサス配列を上から 2 列目に示す．コンセンサス配列間のスペーサー領域に関しては，ヌクレオチド（N）の個数はわずかに異なる．RNA 転写物をコードする領域に関しては，最初のヌクレオチド（+1 位の A）のみを示してある.

BOX 26-1　研究法
RNA ポリメラーゼはプロモーター上に足跡を残す

フットプリント法 footprinting は，DNA 配列決定に使用される原理に基づく技術であり，特定のタンパク質が結合する DNA 配列を同定するために用いられる．DNA 結合タンパク質が認識すると思われる DNA 断片を単離して，その一方の鎖の片方の末端を放射性標識する（図 1）．次に化学試薬または酵素試薬によって，1 分子あたりの平均で約 1 か所がランダムに切断されるように DNA 断片を処理する．放射性標識された切断生成物（さまざまな長さの断片になる）を高分離能の電気泳動によって分離すると，放射性の

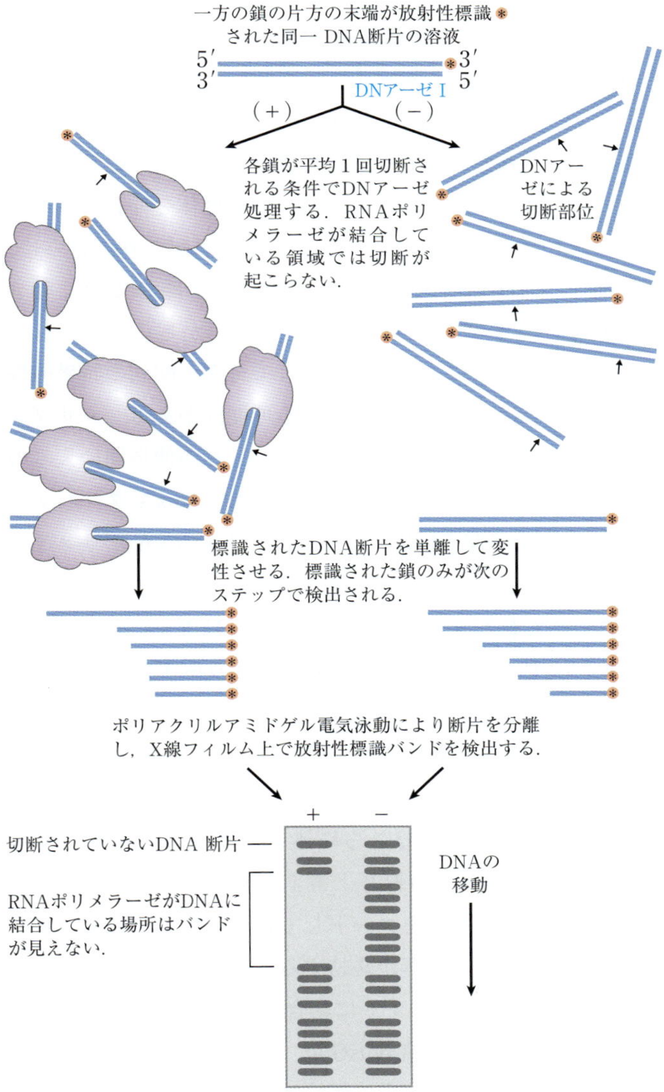

図 1

DNA 断片上での RNA ポリメラーゼ結合部位のフットプリント解析．RNA ポリメラーゼを添加した試料（+）と添加していない試料（−）で，別々の実験が行われた．

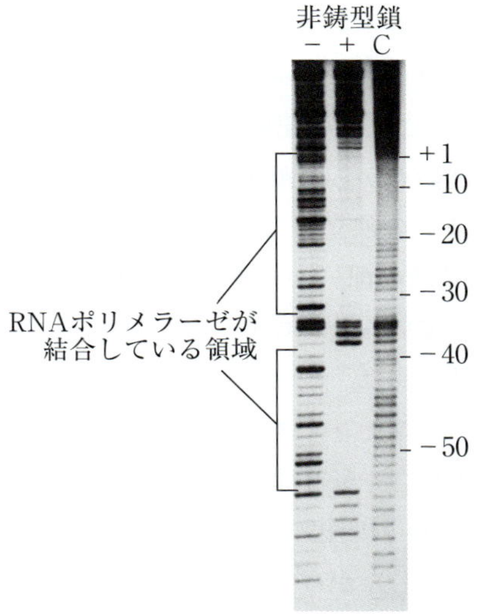

図 2

lac プロモーター（図 26-5 参照）への RNA ポリメラーゼ結合のフットプリント法による解析結果．この実験においては，非鋳型鎖の 5′末端が放射性標識されている．レーン C は対照であり，放射性標識された DNA 断片に対して，より均一な切断パターンが得られる化学的切断法が利用された．［出典：Ⓒ Carol Gross Laboratory の厚意による．］

バンドがはしご状に見える．別の試験管内で，DNA結合タンパク質の存在下で同じDNA断片に対して切断実験を行う．タンパク質がある場合とない場合で得られた試料を二つ並べて電気泳動する．タンパク質を含むDNA試料のほうでは，タンパク質結合による保護効果があったDNA部位が，放射性バンドの空白(「フットプリント（足跡）」)の領域として検出される．このようにしてタンパク質が結合する配列を同定する．

タンパク質結合部位の正確な位置は，同じDNA断片を直接配列決定すること（図8-35参照）によって得られる．この際に，この配列決定のための電気泳動は，フットプリント試料のレーンに隣接するレーンで行う（図には示されていない）．図2にプロモーターを含むDNA断片へのRNAポリメラーゼの結合に関するフットプリント法の結果を示す．ポリメラーゼは60～80 bpの領域を覆い，保護される領域には－10領域と－35領域が含まれる．

(3′)であり，－35領域のコンセンサス配列は(5′)TTGACA(3′)である．UP(upstream promoter；上流プロモーター）エレメントという第三のAT含量の高い認識配列は，高発現性遺伝子のプロモーター上の－40位～－60位の間に見られる．UPエレメントには,RNAポリメラーゼのαサブユニットが結合する．σ^{70}を含むRNAポリメラーゼがプロモーターに結合して転写を開始させる効率は，これらの配列自体，配列間の距離，および転写開始点からの距離によってほぼ決定される．

多くの独立した証拠から，－35領域および－10領域の配列が機能的に重要であることが証明されている．プロモーターの機能に影響を及ぼす突然変異は，これらの領域の塩基対で頻繁に起こる．コンセンサス配列の変化も,RNAポリメラーゼの結合や転写開始の効率に影響を及ぼす．わずか1 bpの変化によって，結合効率が数桁も低下する．したがって，プロモーター配列は，大腸菌の遺伝子ごとに大きく異なる発現の基底レベルを設定する．RNAポリメラーゼとプロモーターの間の相互作用に関する情報を解析する方法については，Box 26-1で解説する．

転写開始の過程とσサブユニットの運命を図26-6に示す．この過程は結合と開始という二つの主要な段階から成り，それぞれはさらに複数のステップに分けられる．まず，σサブユニットが結合したポリメラーゼがプロモーターに結合し，閉じた複合体closed complex（結合しているDNA二本鎖構造はそのままの状態）と開いた複合体open complex（結合しているDNAは無損傷ではあるが，－10領域付近が部分的に巻き戻された状態）を順に形成する．次に，転写が複合体の内部で始まり，続いて複合体を伸長型へと変換するコンホメーション変化が起こり，さらに，プロモーターから転写複合体が離れていく動き（プロモータークリアランス）が起こる．これらのどのステップも，プロモーター配列の特異的性質によって影響を受ける可能性がある．σサブユニットは，ポリメラーゼが転写の伸長期に入るのに伴ってランダムに解離する．NusAタンパク質(分子量54,430)は伸長反応中のRNAポリメラーゼと結合し，σサブユニットと競合する．いったん転写が完了すると，NusAはRNAポリメラーゼから解離し，RNAポリメラーゼはDNAから離れ，σサブユニット（σ^{70}または別のσ）は再びRNAポリメラーゼと結合して転写開始することができるようになる．

Chap. 27でさらに述べるように，細菌におけるmRNAの転写と翻訳は厳密に連動している．タンパク質をコードしている遺伝子が転写される際には，転写が終結するよりも前に，リボソームがmRNAにすぐに結合して翻訳を開始する．別のタンパク質NusGは，リボソームとRNAポリメラーゼの両方に直接結合して，二つの複合体を

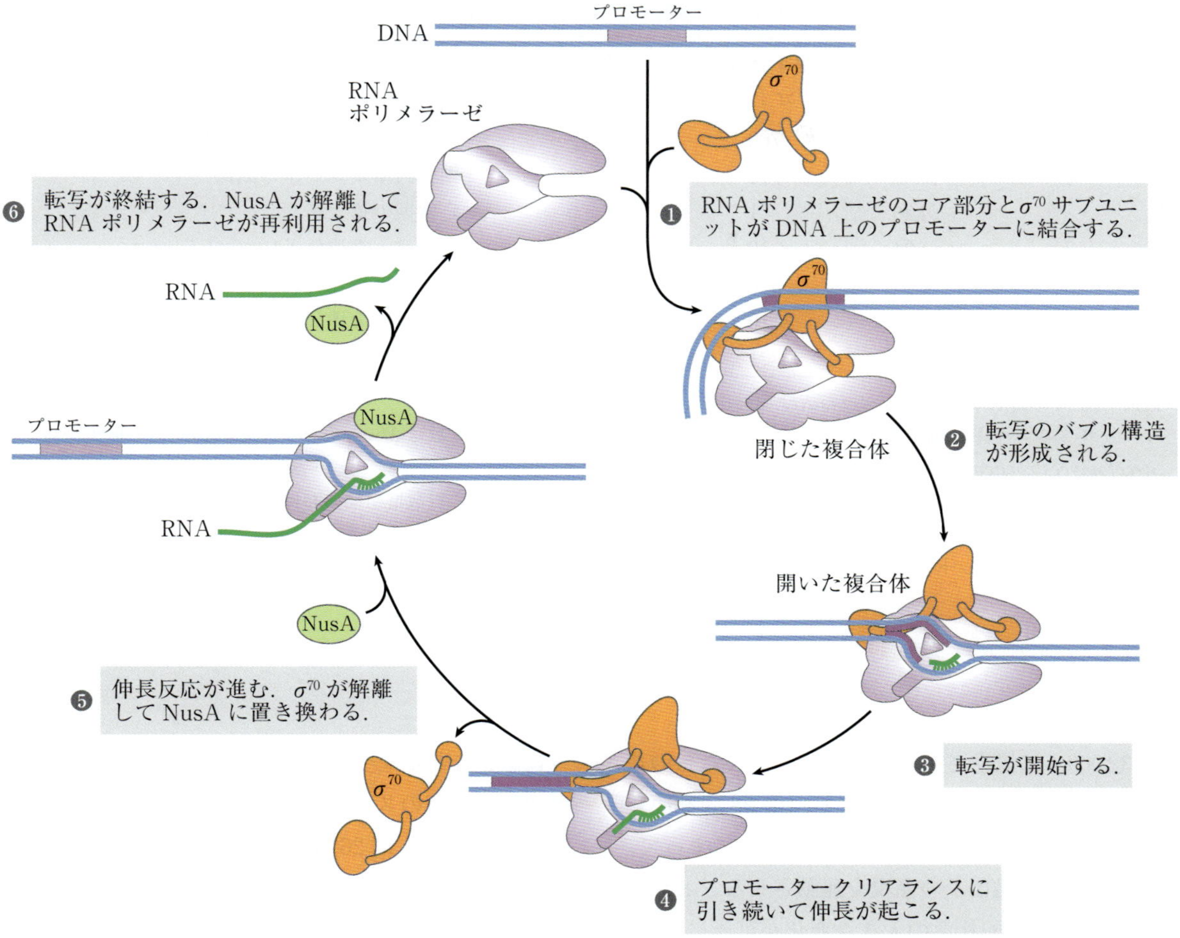

図 26-6　大腸菌 RNA ポリメラーゼによる転写の開始と伸長

転写開始にはいくつかのステップが必要であり，一般に結合期と開始期という二つの時期に大別される．結合期には，RNA ポリメラーゼが最初にプロモーターと相互作用して，閉じた複合体が形成される．この状態では，ポリメラーゼはプロモーター DNA と安定に結合しているが，らせん構造はまだ巻き戻されてはいない．次に，−10 領域内から +2 または +3 位までに対応する 12 〜 15 bp の領域の DNA らせん構造が巻き戻されて，開いた複合体が形成される．閉じた複合体から開いた複合体へと変化する過程だけでも，タンパク質のコンホメーションが異なるいくつかの中間体が検出される（図には示していない）．開始期は，転写開始とプロモータークリアランスを含む（ステップ❶から❹）．いったん伸長が始まると，σ サブユニットは解離し，NusA タンパク質に置き換わる．ポリメラーゼはプロモーターから離れて，RNA 鎖の伸長反応が進行するようになる（ステップ❺）．転写が完了すると RNA は放出され，NusA タンパク質は解離し，RNA ポリメラーゼは DNA から解離する（ステップ❻）．別の σ サブユニットが RNA ポリメラーゼに結合して，これらの過程を再開する．

連結する．したがって，翻訳速度は転写速度に直接影響を及ぼす．

大腸菌には他のクラスのプロモーターがあり，種類の異なる σ サブユニットをもつ RNA ポリメラーゼのホロ酵素が結合する（表 26-1）．その例として，熱ショック heat shock 遺伝子群のプロモーターがある．この遺伝子群の産物は，細胞が突然の温度上昇のようなストレスを受けると，高レベルで合成される．RNA ポリメラーゼは，σ^{70} が熱ショックプロモーターに特異的な σ^{32}（分子

表 26-1 大腸菌の 7 種類の σ サブユニット

σ サブユニット	K_d (nM)	細胞 1 個あたりの分子数[a]	ホロ酵素に占める比率（%）[a]	機 能
σ^{70}	0.26	700	78	ハウスキーピング（細胞機能維持）
σ^{54}	0.30	110	8	細胞内窒素レベルの調節
σ^{38}	4.26	＜1	0	定常期の遺伝子
σ^{32}	1.24	＜10	0	熱ショック遺伝子
σ^{28}	0.74	370	14	べん毛と走化性に関する遺伝子
σ^{24}	2.43	＜10	0	細胞質外の機能；一部の熱ショック機能
σ^{18}	1.73	＜1	0	クエン酸鉄の輸送を含む細胞質外の機能

出典：H. Maeda et al., *Nucleic Acids Res.* **28**: 3497, 2000 のデータ.

注：σ サブユニットは細菌類では広く分布している．σ サブユニットの総数は *Mycoplasma genitalium* の 1 種類から，*Streptomyces coelicolor* の 63 種類までさまざまである．

[a] 細胞 1 個あたりの分子数と RNA ポリメラーゼのホロ酵素に占める比率は，対数増殖期における各 σ サブユニットあたりの数で表してある．数字は増殖における条件の違いで変化する．σ サブユニットと結合している RNA ポリメラーゼの比率は，各 σ サブユニットの量と RNA ポリメラーゼとの親和性を反映する．

量 32,000）に置換されたときにのみ，これらの遺伝子のプロモーターに結合する（図 28-3 参照）．異なる σ サブユニットを利用することによって，細胞は一群の遺伝子の発現を連動させることができ，細胞の生理的状態の大きな変化が可能になる．どのような種類の遺伝子が発現するのかは，多様な σ サブユニットのうちどれが使われるのかによって決定され，それはいくつかの要因によって決められる．すなわち，合成と分解の速度調節，個々の σ サブユニットの活性型と不活性型を決める合成後修飾，そして特定の σ サブユニットに結合して隔離する（転写開始に利用されないようにする）特殊な抗 σ タンパク質である．

転写は複数のレベルで調節される

いかなる遺伝子産物であっても，その必要性は細胞の状態や発生段階によって変化し，各遺伝子の転写は，必要な分だけ遺伝子産物を合成するように厳密な調節を受ける．調節は，伸長や終結などの転写のどのステップでも起こりうる．しかし，調節の多くは，図 26-6 に概要を示すポリメラーゼの結合および転写開始のステップで行われる．プロモーター配列の違いは，多くの制御レベルの一つにすぎない．

タンパク質がプロモーターの近くや離れた位置にある配列に結合して，遺伝子発現のレベルに影響を及ぼすこともある．タンパク質の結合は，RNA ポリメラーゼの結合または開始過程のさらに先のステップを促進して転写を活性化する場合や，ポリメラーゼ活性を阻害して転写を抑制する場合がある．大腸菌において転写を活性化するタンパク質の例として **cAMP 受容体タンパク質** cAMP receptor protein（**CRP**）がある．このタンパク質は，細胞がグルコース欠乏状態で生育する際に，グルコース以外の糖を代謝する酵素をコードする遺伝子群の転写を促進する．**リプレッサー** repressor は，特定の遺伝子の RNA 合成を遮断するタンパク質である．Lac リプレッサーの場合では，ラクトースを利用できないときに，ラクトース代謝に関係する酵素群の遺伝子の転写が遮断される（Chap. 28）．

転写は，タンパク質合成に至るまでの複雑で多量のエネルギーを消費する過程における最初のステップなので，細菌でも真核細胞でも，タンパク質量の調節は転写レベル，とりわけ転写の初期段階で行われることが多い．Chap. 28 では，この調節が行われるさまざまな機構について解説する．

特異的配列が RNA 合成終結のシグナルとなる

RNA 合成は連続伸長性 processive である．すなわち，RNA ポリメラーゼは，解離するまでの間に多数のヌクレオチドを伸長しつつある RNA 分子に導入する（p.1423 参照）．連続伸長性は必須である．なぜならば，もしも RNA ポリメラーゼから RNA 転写物が未成熟な段階で解離すれば，RNA ポリメラーゼは同じ未成熟 RNA から転写を再開することはできず，最初からやり直す必要があるからである．しかし，特定の DNA 配列に遭遇すると RNA 合成が一時中断し，このうちいくつかの配列で転写が終結する．ここでは，よく研究されている細菌の系に再び話を戻す．大腸菌には，少なくとも二つのクラスの終結シグナルがある．その一つには ρ（ロー）というタンパク質因子が関与し，もう一つは ρ 非依存性である．

ほとんどの ρ 非依存性の終結配列（ターミネーター terminator）には，二つの明確な特徴がある．第一の特徴は，自己相補的配列を有する RNA 転写物を産生する領域であり，ここで RNA 鎖の末端から内側に 15 〜 20 ヌクレオチド入った位置を中心にしてヘアピン構造が形成される（図 8-19(a) 参照）．第二の特徴は，鋳型鎖上に高度に保存された連続する 3 個の A 残基であり，これらはヘアピンの 3′末端付近で U 残基に転写される．ポリメラーゼは，この構造を有する終結部位に到達すると停止する（図 26-7(a)）．RNA 鎖のヘアピン構造が形成されると，RNA-DNA ハイブリッド部分で数個の A = U 塩基対が壊れてしまい，転写物 RNA と RNA ポリメラーゼの重要な相互作用も壊れ，転写物の解離が促進される．

ρ 依存性ターミネーターは，鋳型鎖上に A 残基の連続配列をもたないが，通常は *rut*（*r*ho *ut*ilization；ロー利用）エレメントと称される CA の豊富な配列を有する．ρ タンパク質は特定の結合部位で RNA と会合し，5′→ 3′方向へ移動して，転写終結部位に留まっている転写複合体のところに最終的に到達する（図 26-7(b)）．そして，終結部位で RNA 転写物を遊離させる．ρ タンパク質は，ATP 依存性 RNA-DNA ヘリカーゼ活性をもち，RNA 鎖に沿ったタンパク質の移動を促進する．ATP は，終結反応の際に ρ タンパク質によって加水分解される．ρ タンパク質が RNA 転写物の遊離を促進する詳細な機構はわかっていない．

真核細胞は 3 種類の核内 RNA ポリメラーゼを有する

真核細胞の核内の転写装置は，細菌のものよりもはるかに複雑である．真核生物は，Ⅰ，Ⅱ，Ⅲと呼ばれる 3 種類の RNA ポリメラーゼを有する．これらはそれぞれ異なる複合体であるが，共通のサブユニットもある．各ポリメラーゼは特有の機能を有し，特有のプロモーター配列に結合する．

RNA ポリメラーゼⅠ（PolⅠ）は，一つのタイプの RNA の合成のみを行う．すなわち，18S，5.8S および 28S rRNA の前駆体を含むプレリボソーム RNA（プレ rRNA）である（図 26-24 参照）．PolⅠのプロモーターは，生物種ごとに配列が大きく異なる．

RNA ポリメラーゼⅡ（PolⅡ）の主要な機能は，mRNA およびいくつかの特殊な RNA 群の合成である．この酵素は，配列が大きく異なる数千も

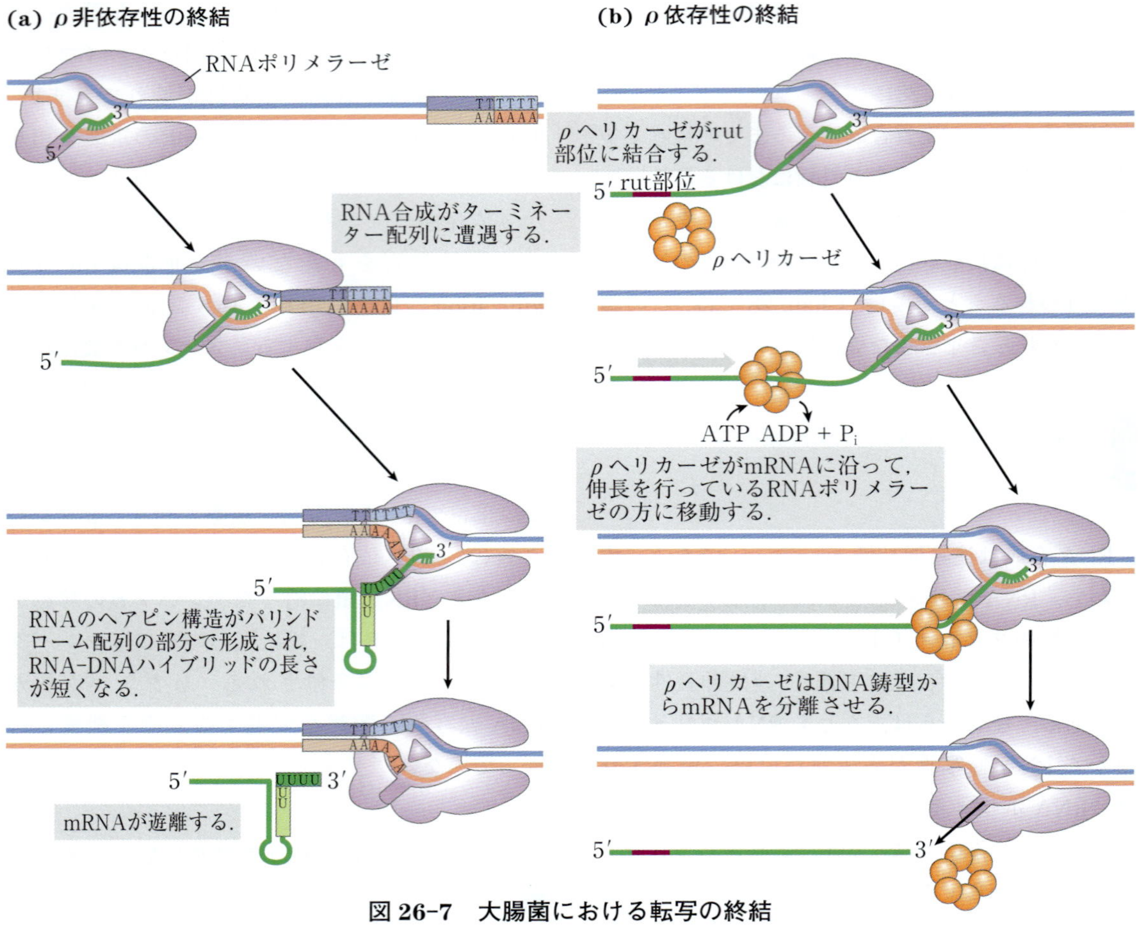

図 26-7 大腸菌における転写の終結

(a) ρ非依存性の終結．RNA ポリメラーゼは，さまざまな DNA 配列で停止する．そのうちのいくつかがターミネーターである．停止後に，二つの異なる結果が起こりうる．すなわち，ポリメラーゼがその部位を迂回して伸長反応を続行するか，あるいは複合体がコンホメーション変化を起こす（異性化）．後者の場合には，新生 RNA 転写物の分子内における相補的配列の塩基対が形成されることによって，ヘアピン構造が形成される．この構造が，RNA-DNA ハイブリッド形成または RNA とポリメラーゼの間の相互作用のいずれか，あるいはその両方を阻害し，結果的に異性化が起こる．新生転写物の 3′末端にある A=U ハイブリッド領域は相対的に不安定であり，RNA は完全に解離して転写が終結する．これがターミネーター配列で起こる通常の結果である．他の停止部位では，複合体は異性化ステップを免れて，RNA 合成の継続が可能である．**(b)** ρ依存性の終結．RNA 分子中に rut 部位（紫色）を含むものは，ρヘリカーゼを引き寄せる．ρヘリカーゼは mRNA に沿って 5′→ 3′方向に移動し，mRNA をポリメラーゼから分離させる．

のプロモーターを認識できる．Pol Ⅱ プロモーターには，−30 位近くにある TATA ボックス（真核生物のコンセンサス配列は TATA(A/T)A(A/T)(A/G)；訳注：(A/T) は A または T，(A/G) は A または G であることを意味する）や RNA 開始部位 +1 位の近くにある Inr 配列（イニシエーター initiator）など，配列上の共通の特徴がある（図 26-8）．しかし，このような典型的プロモーターは少数であり，これらの特徴を欠く多くのプロモーター上では，調節タンパク質との複雑な相互作用によって Pol Ⅱ を誘導されて機能する．

RNA ポリメラーゼⅢ（Pol Ⅲ）は，tRNA，5S

図 26-8 真核生物の RNA ポリメラーゼⅡが認識するプロモーターに存在するいくつかの普遍的な配列

TATA ボックスは，PolⅡの転写開始前複合体を構成するタンパク質が集合する主要な部位である．DNA は，開始配列 Inr 部位で巻き戻されており，転写開始部位は通常はこの配列の内部あるいはごく近傍にある．ここに示す Inr コンセンサス配列の中で，N はどのヌクレオチドでもよいことを表し，Y はピリミジンヌクレオチドを表す．その他多数の配列が，PolⅡ活性に影響を与えるさまざまなタンパク質の結合部位として機能する．これらの配列は，PolⅡプロモーターの調節にとって重要であり，その種類と数は極めて多様である．一般には，真核生物のプロモーターはここに示すものよりもずっと複雑である（図 15-25 参照）．多くの配列は，TATA ボックスの 5′上流側の数百 bp 以内に存在するが，数千 bp も離れて存在するものもある．本図に示す配列エレメントは，大腸菌プロモーター（図 26-5 参照）よりも，真核生物の PolⅡプロモーターにおいてさらに多様である．大部分の PolⅡプロモーターは，TATA ボックスかコンセンサス Inr エレメントのいずれかを欠いており，両方を欠く場合もある．TATA ボックス周辺や Inr の下流（図では Inr 右側）にある別の配列も，いくつかの転写因子によって認識されるのかもしれない．

rRNA，およびいくつかの他の特殊な低分子 RNA を合成する．Pol Ⅲが認識するプロモーターはよく調べられている．Pol Ⅲによって調節される転写開始に必要な配列のいくつかは，遺伝子自体の内部に位置する．しかし，他のプロモーターは，RNA 開始部位の上流にあるのが一般的である（Chap. 28）．

RNA ポリメラーゼⅡが活性を示すには他に多くのタンパク質因子が必要である

RNA ポリメラーゼⅡは，真核細胞の遺伝子発現の主役であり，詳細な研究がなされている．このポリメラーゼは，細菌のポリメラーゼに比べて驚くほど複雑ではあるが，その複雑さのために構造，機能および機構がよく保存されているという事実を見逃しがちである．酵母またはヒトの細胞から単離された Pol Ⅱは 12 サブユニットから成り，総分子量が 510,000 以上にもなる酵素である．最大のサブユニット（RBP1）は，細菌 RNA ポリメラーゼの β'サブユニットに極めて似ている．別のサブユニット（RBP2）は構造的には細菌 β サブユニットに類似しており，他の二つ（RBP3 および RBP11）は細菌の二つの α サブユニットに対してある程度の構造的類似性を示す．Pol Ⅱは細菌のものよりも複雑であり，より精巧にパッケージングされた（詰め込まれた）DNA 分子を有するゲノムに対して機能しなければならない．この迷宮をうまく通り抜けるために必要な数多くのタンパク質因子群とのタンパク質間相互作用が，真核生物のポリメラーゼをさらに複雑にしている主な要因である．

Pol Ⅱの最大サブユニット（RBP1）は，通常とは全く異なる特徴，すなわち 7 アミノ酸から成る共通配列（YSPTSPS）が何度も繰り返す長いカルボキシ末端尾部を有する．酵母の酵素では 27 回の繰返しがあり（18 回はこのコンセンサス配列に完全に一致している），マウスやヒトの酵素では 52 回の繰返しがある（21 回が完全一致）．このカルボキシ末端ドメイン（CTD）は，特定の構造をもたないリンカー配列によって酵素本体から隔てられている．CTD は，以下に概要を示すように，Pol Ⅱの機能において多くの重要な役割を果たす．

表 26-2 真核生物の RNA ポリメラーゼII（Pol II）プロモーターでの転写開始に必要なタンパク質群

転写因子	サブユニット数	サブユニットの分子量[a]	機能
開始期			
Pol II	12	7,000 ～ 220,000	RNA 合成の触媒
TBP（TATA 結合タンパク質）	1	38,000	TATA ボックスの特異的認識
TF II A	2	13,000, 42,000	プロモーターへの TF II B と TBP の結合の安定化
TF II B	1	35,000	TBP に結合．Pol II -TF II F 複合体を引き寄せる
TF II D[b]	13 ～ 14	14,000 ～ 213,000	TATA ボックスを欠くプロモーターでの転写開始に必要
TF II E	2	33,000, 50,000	TF II H を引き寄せる．ATP アーゼやヘリカーゼの活性を有する
TF II F	2 ～ 3	29,000 ～ 58,000	Pol II と強固に結合．TF II B に結合して，Pol II が非特異的 DNA 配列に結合するのを阻害する
TF II H	10	35,000 ～ 89,000	プロモーター部位で DNA らせんを巻き戻す（ヘリカーゼ活性）．Pol II（CTD 内部）をリン酸化する．ヌクレオチド除去修復タンパク質を引き寄せる
伸長期[c]			
ELL[d]	1	80,000	
pTEFb	2	43,000, 124,000	Pol II（CTD 内部）のリン酸化
S II（TF II S）	1	38,000	
エロンギン（S III）	3	15,000, 18,000, 110,000	

[a] 分子量はヒトの複合体に含まれるサブユニットから算出したもの．酵母においては一部のサブユニットのサイズは異なる．
[b] TF II D のいくつかのサブユニットは複数コピー含まれるので，サブユニットの総数は 21 ～ 22 となる．
[c] すべての伸長因子の機能は，RNA ポリメラーゼ -TF II 複合体による転写の休止，または停止を抑制することである．
[d] 名称は，*e*leven-nineteen *l*ysine-rich *l*eukemia に由来する．ELL 因子の遺伝子は，急性骨髄性白血病に関連してしばしば見られる染色体組換え現象の起こる部位である．

RNA ポリメラーゼIIが活性のある転写複合体を形成するためには，**転写因子** transcription factor と呼ばれる一群のタンパク質が必要である．あらゆる Pol IIプロモーターに必要な**基本転写因子** general transcription factor（一般に TF IIの後に付加記号をつけて命名される因子群）は，全真核生物を通じて高度に保存されている（表 26-2）．Pol IIによる転写過程はいくつかの段階に分割できる．すなわち，集合，開始，伸長，終結であり，それぞれに特有のタンパク質が関与する（図 26-9）．これから解説する段階的な経路によって，*in vitro* でも活発な転写が起こる．細胞内では，多数のタンパク質がもっと大きな前段階状態の集合体を形成し，プロモーター上での集合過程を簡素化しているかもしれない．図 26-9 と表 26-2 では，転写の過程に関与する因子群がどのように働くのかを目で追うことができるようにしてある．

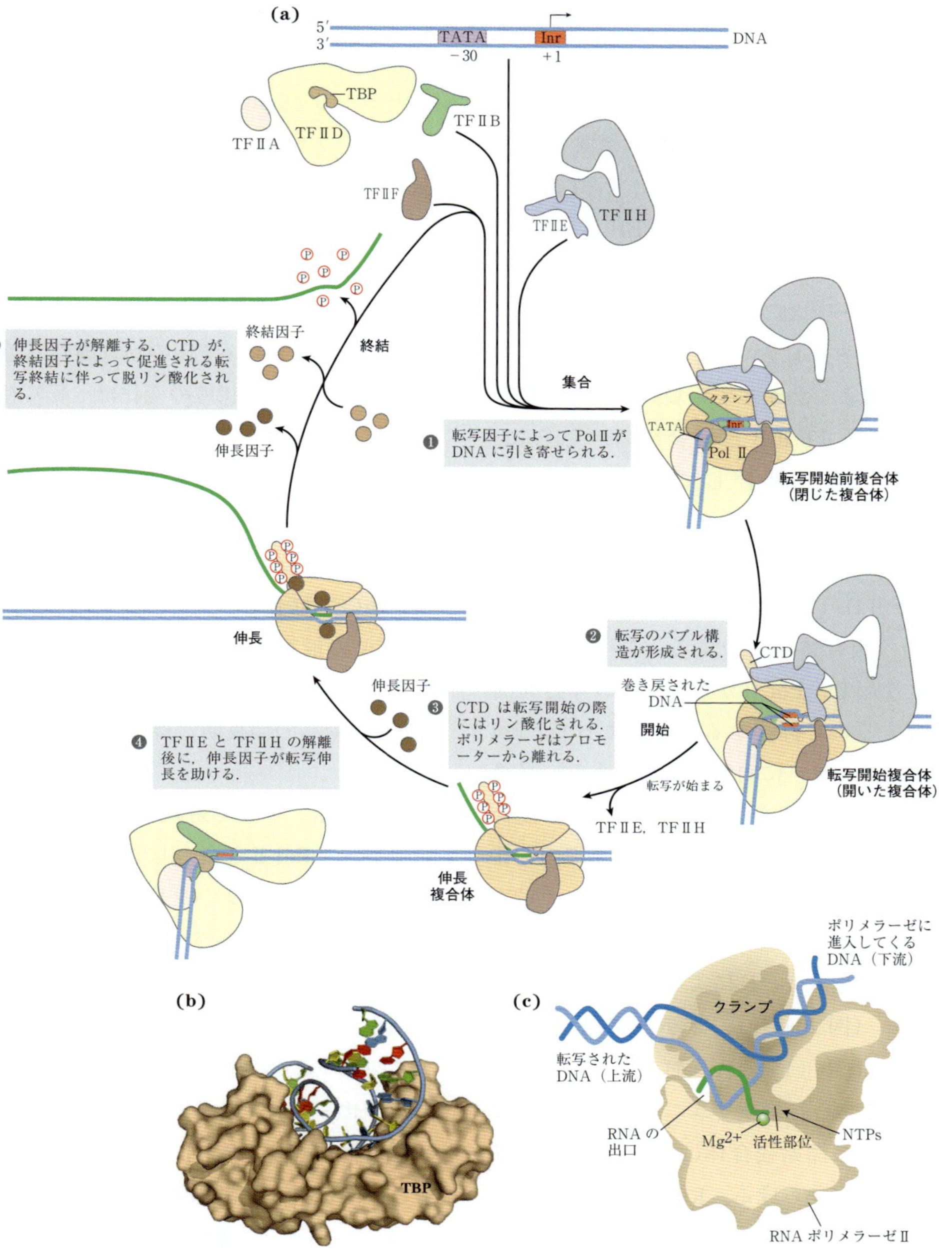

図 26-9 RNA ポリメラーゼⅡプロモーター部位における転写

(a) TBP（しばしば TF Ⅱ A と，ときには TF Ⅱ D とともに）と TF Ⅱ B は順番にプロモーターに結合する．次に，TF Ⅱ F と Pol Ⅱがこの複合体に結合する．さらに，TF Ⅱ E と TF Ⅱ H が集合して，閉じた複合体が形成される．この複合体内で，TFⅡH（おそらく TFⅡE も）のヘリカーゼ活性によって DNA の Inr 領域が巻き戻され，開いた複合体が完成する．Pol Ⅱの最大サブユニットのカルボキシ末端ドメインは，TFⅡH によってリン酸化され，ポリメラーゼはプロモーターを離れて転写を開始する．伸長過程は多数の転写因子の解離を伴い，新たに結合する伸長因子によって促進される（表 26-2 参照）．転写終結後に，Pol Ⅱは解離し，脱リン酸化されて再利用される．**(b)** DNA に結合しているヒト TBP. DNA はこの複合体内で折れ曲がっており，副溝が開いてタンパク質と DNA の間で特異的な水素結合の形成が可能になる．**(c)** Pol Ⅱのコア酵素によって促進される転写伸長の断面図．［出典：(b) PDB ID 1TGH, Z. S. Juo et al., *J. Mol. Biol.* **261**: 239, 1996.］

プロモーター部位での RNA ポリメラーゼと転写因子群の集合　TATA 結合タンパク質 TATA-binding protein（TBP）が TATA ボックスに結合すると，閉じた複合体の形成が始まる（図 26-9(a)のステップ❶，図 26-9(b)）．TATA ボックスを欠くプロモーターでは，TBP は TFⅡD という複数サブユニットから成る複合体の一部としてプロモーターに到達する．TATA ボックスを欠くプロモーターにおいて，TFⅡD の結合を指定する配列はよくわかっていない．一方，TBP は次に転写因子 TFⅡB と結合する．さらに，TFⅡA が TFⅡB と結合して，ともに TBP-DNA 複合体を安定化する．TFⅡB は，RNA ポリメラーゼⅡをつなぎとめる重要な役割を果たし，次に TFⅡB-TBP 複合体が TFⅡF と Pol Ⅱ から成る別の複合体と結合する．TFⅡF は TFⅡB と相互作用し，Pol Ⅱが DNA 上の非特異的部位に結合するのを抑制することによって，Pol Ⅱがそのプロモーターに向かうようにする．最後に，TFⅡE と TFⅡH が結合して，閉じた複合体が生成する．複数サブユニットから成る TFⅡH は，RNA 開始点近くの DNA 鎖の巻戻し（ATP 加水分解を必要とする過程）を促進する DNA ヘリカーゼ活性を有し，それによって開いた複合体を生じさせる（図 26-9(a)のステップ❷）．さまざまな必須因子群（TFⅡA，および TFⅡD のサブユニットを含む）のサブユニットをすべて数えると，活性型の開始複合体は少なくとも 50 以上のポリペプチドから成る．Roger Kornberg らによる構造解析によって，伸長期の RNA ポリメラーゼのコア構造がより詳細に明らかになった（図 26-9(c)）．

RNA 鎖の開始とプロモータークリアランス　TFⅡH は，開始期に別の機能を発揮する．TFⅡH のサブユニットの一つはキナーゼ活性をもっており，Pol Ⅱの CTD にある多くの部位をリン酸化する（図 26-9(a)）．複合体 pTEFb（positive transcription elongation factor b；正の転写伸長因子 b）の一部である CDK9（サイクリン依存性キナーゼ 9 cyclin-dependent kinase 9）を含む数種類のプロテインキナーゼも，CTD（主として CTD の反復配列の Ser 残基）をリン酸化する．リン酸化によって複合体全体のコンホメーション変化が起こり，転写が開始する．この CTD のリン酸化は，次の伸長期においても重要であり，転写が進むにつれて CTD のリン酸化状態が変化する．このリン酸化状態の変化は，転写複合体と他のタンパク質や酵素との間の相互作用に影響を及ぼす．したがって，転写開始時に結合するタンパク質は，その後の時期に結合するタンパク質とは異なる．これらのタンパク質のうちのいくつかは，転写物のプロセシングに関与する（後述）．

RNA の最初の 60 ～ 70 ヌクレオチドを合成する間に，まず TFⅡE が，次に TFⅡH が解離し，Pol Ⅱは転写の伸長期に移行する．

伸長，終結，そして遊離　TFⅡF は，伸長期の間中ずっと Pol Ⅱと会合している．この時期には，伸長因子というタンパク質群によってポリメラーゼ活性が大きく増強される（表 26-2）．伸長因子の一部はリン酸化 CTD と結合して転写の停止を抑制するとともに，mRNA の転写後プロセシングに関与するタンパク質複合体の間の相互作用を協調させる．いったん RNA 転写物が完成すると，転写は終結する．Pol Ⅱは脱リン酸化されて再利用され，次の転写を開始できるようになる（図 26-9(a)，ステップ❸～❺）．

RNA ポリメラーゼⅡ活性の調節　Pol Ⅱプロモーターでは，極めて精巧に転写が調節される．転写開始前複合体と他の多種多様なタンパク質群との相互作用がこの調節に関与する．これらの調節タンパク質のなかには，転写因子と相互作用したり，Pol Ⅱそのものと相互作用したりするものがある．転写調節については，Chap. 28 においてさらに詳しく解説する．

TFⅡH の多様な機能　真核生物において，損傷を受けた DNA の修復は，活発に転写されている遺伝子のほうが他の部位の損傷 DNA の修復よりも効率的である（表 25-5 参照）．実際に，鋳型 DNA 鎖のほうが，非鋳型鎖よりもいくぶん修復効率が良い．この注目すべき観察結果は，TFⅡH サブユニットのもう一つの機能によって説明できる．TFⅡH は，前述のように転写複合体の集合に際して閉じた複合体の形成に関与するだけでなく，そのサブユニットのいくつかはヌクレオチド除去修復の複合体において必須の構成成分だからである（図 25-25 参照）．

Pol Ⅱによる転写が DNA 損傷部位で停止すると，TFⅡH は損傷部位と相互作用し，ヌクレオチド除去修復の複合体全体を引き寄せる．特定の TFⅡH サブユニットの遺伝的欠損は，ヒトの疾患を引き起こす．その例として，色素性乾皮症（Box 25-1 参照）およびコケイン症候群 Cockayne syndrome があり，これらは成長障害，光過敏および神経障害の症状を呈する．■

DNA 依存性 RNA ポリメラーゼは選択的な阻害を受ける

RNA ポリメラーゼによる RNA 鎖の伸長は，細菌でも真核生物でも抗生物質の**アクチノマイシン D** actinomycin D によって阻害される（図 26-10）．この分子の平面構造部分が，二重らせん DNA 内の連続する G≡C 塩基対間に挿入（インターカレート intercalate）され，DNA を変形させる．この局所的な変化が，鋳型鎖に沿った RNA ポリメラーゼの移動を阻害する．アクチノマイシン D は，細胞抽出物だけでなく生細胞でも RNA 伸長を阻害するので，RNA 合成に依存する細胞過程を解析するために利用される．**アク**

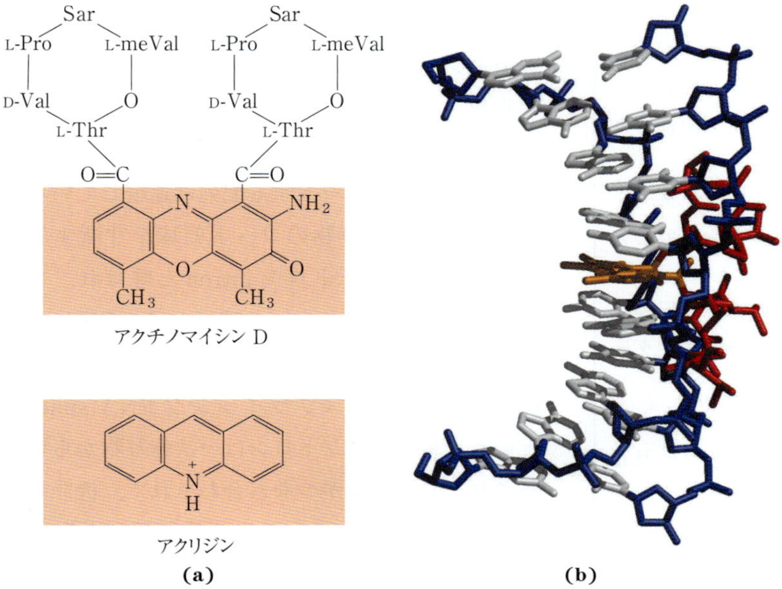

図 26-10　DNA 転写阻害薬のアクチノマイシン D とアクリジン

(a) アクチノマイシン D の網かけの部分は同一平面上にあるので，二本鎖 DNA 内の連続する二つの G≡C 塩基対の間に挿入（インターカレート）される．アクチノマイシン D 分子内の二つの環状ペプチド構造は，二重らせんの副溝と結合する．サルコシン（Sar）は *N*-メチルグリシン，meVal はメチルバリンである．アクリジンも DNA にインターカレートして作用する．**(b)** アクチノマイシン D と DNA との複合体．DNA の主鎖を青色，塩基を白色，アクチノマイシン D のインターカレートする部分（(a) で橙色の網かけ部分）を橙色，アクチノマイシン D の残りの部分を赤色で示してある．アクチノマイシン D が結合すると，DNA が折れ曲がる．［出典：(b) PDB ID 1DSC, C. Lian et al., *J. Am. Chem. Soc.* **118**: 8791, 1996.］

リジン acridine も同様にして RNA 合成を阻害する．

リファンピシン rifampicin は，細菌 RNA ポリメラーゼの β サブユニットに結合して，RNA 合成を阻害して，転写におけるプロモータークリアランスのステップを妨げる（図 26-6）．この物質は，抗菌薬としても時々利用されている．

タマゴテングタケ *Amanita phalloides* は，それを食べようとする捕食者から身を守る効果的な手段をもっている．このキノコは **α-アマニチン** α-amanitin を産生するが，これは動物細胞において Pol II を阻害して mRNA 合成を止め，高濃度では Pol III も阻害する．しかし，Pol I や細菌の RNA ポリメラーゼは α-アマニチンに対して非感受性であり，タマゴテングタケ自体の RNA ポリメラーゼ II も非感受性である．

まとめ

26.1　RNA の DNA 依存的合成

- 転写は，DNA 依存性 RNA ポリメラーゼによって触媒され，RNA ポリメラーゼはリボヌクレオシド 5′-三リン酸を用いて，二本鎖 DNA の鋳型鎖に相補的な RNA を合成する．転写はいくつかの段階（時期）に分けられる．すなわち，プロモーターという DNA 部位への RNA ポリメラーゼの結合，転写物合成の開始，伸長および終結である．
- 細菌の RNA ポリメラーゼは，プロモーターを認識するために特別なサブユニットを必要とする．転写を方向づける第一段階として，RNA ポリメラーゼのプロモーターへの結合と転写開始は厳密に調節される．転写は，ターミネーターという配列で終結する．
- 真核細胞は，3 種類の RNA ポリメラーゼをもっている．プロモーターに RNA ポリメラーゼ II が結合するためには，転写因子というタンパク質群が必要である．伸長因子は，転写伸長期に働く．Pol II の最大サブユニットは，開始期と伸長期にリン酸化される長いカルボキシ末端ドメインをもつ．

26.2　RNA プロセシング

細菌における多くの RNA 分子，および真核生物の事実上すべての RNA 分子は，合成された後に多かれ少なかれプロセシング processing を受ける．RNA 代謝における最も興味深い分子機構のいくつかは，この合成後プロセシング過程において起こる．興味深いことに，これらの反応を触媒する酵素のうちのいくつかは，タンパク質ではなく RNA から成る．このような触媒 RNA，すなわち**リボザイム** ribozyme の発見は，RNA の機能と生命の起源に関する議論に革命的な変化をもたらした．

新たに合成された RNA 分子は**一次転写物** primary transcript と呼ばれる．一次転写物のプロセシングのうちでおそらく最も顕著なものは，真核生物の mRNA，および細菌と真核生物の tRNA で起こる．特別な機能を有する RNA もプロセシングを受ける．

真核生物 mRNA の一次転写物は，通常は一つの遺伝子全体にわたる配列を含んでいる．しかし，ポリペプチドをコードする配列は連続しているわけではない．転写物のコード領域を寸断する非コード領域は**イントロン** intron と呼ばれ，コード領域は**エキソン** exon と呼ばれる（DNA のエキソンとイントロンについての解説を参照，Chap. 24）．**RNA スプライシング** RNA splicing という過程で，イントロンは一次転写物から切り離され，エキソンがつなぎ合わされて，機能しうるポリペプチドをコードする連続配列を形成する．真核生物の mRNA は各末端でも修飾を受け

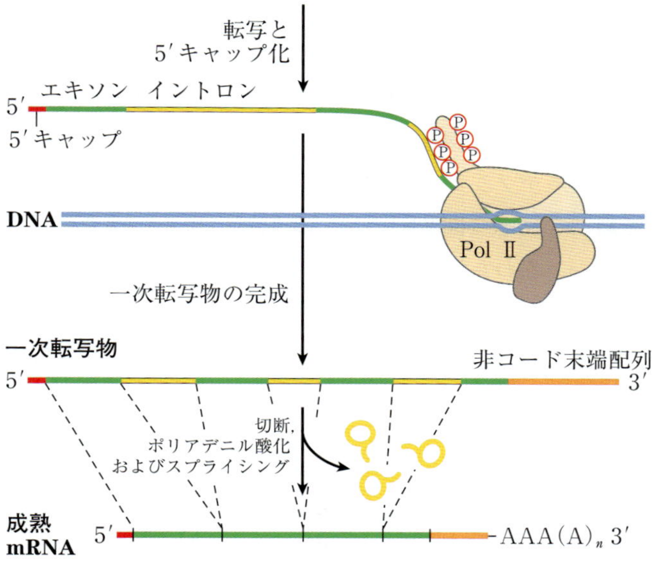

図 26-11　真核細胞における一次転写物の生成と mRNA 成熟の際のプロセシング

5′キャップ（赤色）は，一次転写物の合成が完了する前に付加される．最終エキソンに続く非コード配列を橙色で示す．スプライシングは，この非コード配列の切断およびポリアデニル酸付加のステップが起こる前でも後でも起こりうる．ここに示す過程のすべては核内で行われる．

る．5′キャップと呼ばれる修飾残基が5′末端に付加される．3′末端は，切断された後に，80～250の A 残基が付加されてポリ(A)「尾部領域」が形成される．これらの三つの mRNA プロセシング反応を行う精巧なタンパク質複合体は，それぞれ独立して作用するわけではない．それらは互いに会合し，Pol Ⅱのリン酸化された CTD とも会合して組織化されており，各複合体は他の複合体の機能に影響を及ぼすようである．細胞質への mRNA の輸送に関与するタンパク質も，核内で mRNA と会合しており，転写物のプロセシングがその輸送に共役している．実際に，真核生物の mRNA は，合成されるにつれて多数のタンパク質を含む精巧な複合体となって安定化する．この複合体の組成は，一次転写物がプロセシングを受け，細胞質へと輸送され，リボソームへと送達されて翻訳されるにつれて変化する．mRNA と会合しているタンパク質は，mRNA の機能と運命の全体を調節している．図 26-11 にこれらの過程の概略を示し，後でさらに詳細に解説する．

細菌と真核生物の tRNA の一次転写物も，各末端から一部の配列を切り離すというプロセシング（切断）を受けるし，ときにはイントロンの除去（スプライシング）を受けることもある．tRNA 中の多数の塩基や糖も修飾を受け，成熟 tRNA は他の核酸には見られない珍しい塩基を含む（図 26-22 参照）．特別な機能を有する RNA の多くも精巧なプロセシングを受ける．このプロセシングには，しばしば RNA の一方の末端または両端からの断片の除去がかかわっている．

究極的には，どのような RNA でも完全に分解される運命にあり，分解過程は調節を受ける．RNA の代謝回転速度は，定常状態の RNA レベルを決めるのに重要である．そして遺伝子産物がもはや不要になったときには，細胞は代謝回転速度を調節してその遺伝子の発現を止めることができる．例えば，多細胞生物の発生においては，特定の時期だけ，特定のタンパク質が発現する必要がある．そしてそのようなタンパク質をコードする mRNA は，適切な時期に合成され，かつ分解されなければならない．

真核生物の mRNA は 5′末端にキャップ構造をもつ

真核生物のほとんどの mRNA は，特殊な

5′, 5′-三リン酸結合を介して5′末端に7-メチルグアノシン残基が連結している**5′キャップ** 5′cap を有する（図 26-12）．5′キャップは，mRNA をリボヌクレアーゼから保護するのに役立つ．このキャップは，特定のキャップ結合タンパク質複合体に結合し，mRNA がリボソームに結合して翻訳を開始させるのにも関与する（Chap. 27）．

5′キャップは，転写物の5′末端において GTP 分子と三リン酸の縮合反応によって形成される．次に，このグアニンが N-7 位でメチル化され，キャップに隣接する第一および第二のヌクレオチドの 2′-ヒドロキシ基にさらにメチル基が付加される（図 26-12(a)）．これらのメチル基は *S*-アデノシルメチオニンに由来する．これらすべての反応（図 26-12(b)）は転写の極めて初期に，すなわち転写物の最初の 20 ～ 30 ヌクレオチドが付加された後に起こる．キャップが合成されるまで，キャップ合成複合体の全 4 種類のキャップ化酵素

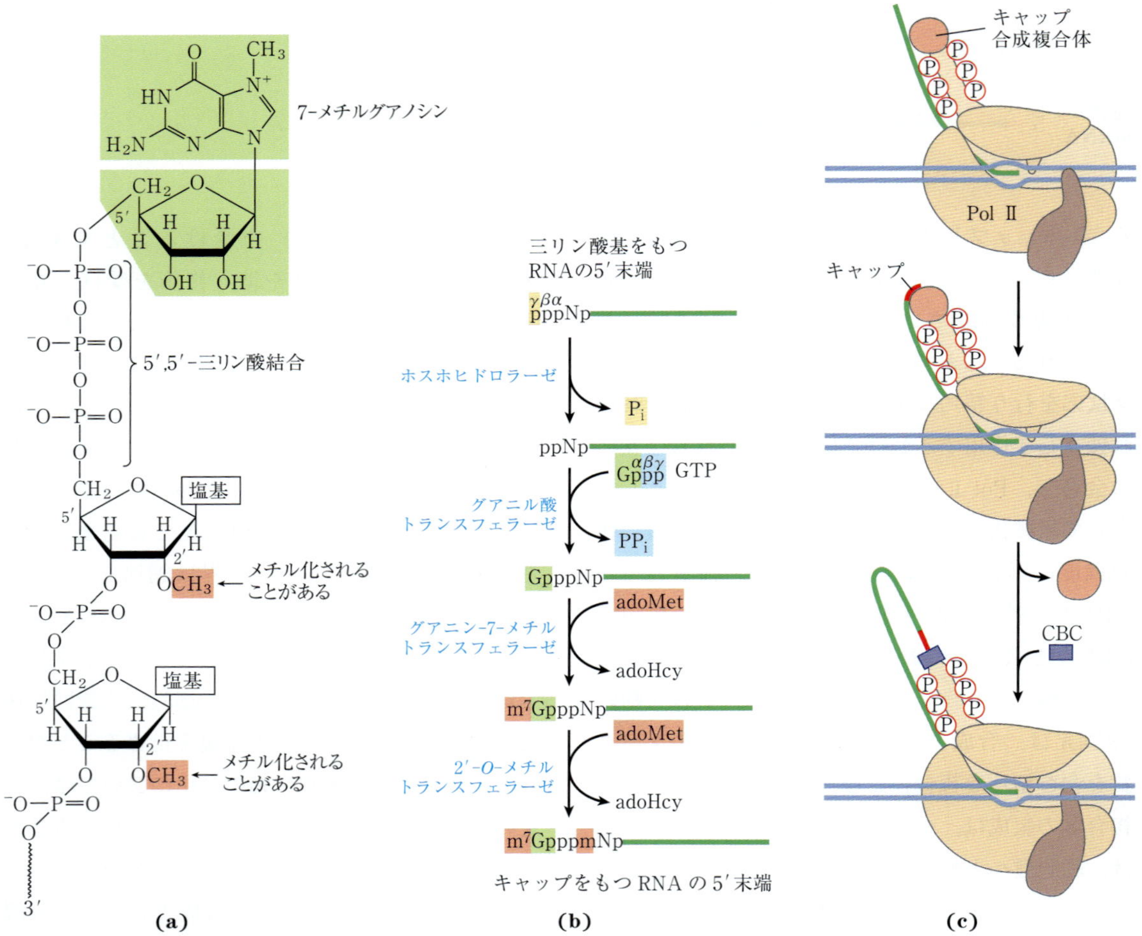

図 26-12 mRNA の 5′キャップ

(a) 7-メチルグアノシン（m⁷G）は，5′, 5′-三リン酸結合という特別な結合様式を介して，ほぼすべての真核生物 mRNA の 5′末端に結合している．メチル基（淡赤色の網かけ）が 1 番目と 2 番目のヌクレオチドの 2′位にしばしば見られる．酵母の RNA には 2′-メチル基はない．2 番目のヌクレオチドの 2′-メチル基は，通常は脊椎動物細胞の RNA にのみ見られる．**(b)** 5′キャップの形成には，4 ～ 5 ステップの反応が関与する（adoHcy は *S*-アデノシルホモシステインの略）．**(c)** キャップ合成は，Pol Ⅱ の CTD につながれている酵素によって行われる．キャップ結合複合体（CBC）との会合によって，キャップは CTD につながれたままである．

は，転写物の5′末端を介してRNAポリメラーゼⅡのCTDと会合している．キャップ化された5′末端はキャップ合成複合体から解離し，そこにキャップ結合複合体が結合する（図26-12(c)）．

5′キャップは転写物を完全に保護するわけではない．インフルエンザウイルスは，八つのセグメントから成る一本鎖RNAゲノムを有する．その遺伝子は，ウイルスがコードしているRNA依存性RNAポリメラーゼ（PA，PB1，PB2のサブユニットから成るヘテロ三量体）によって転写される．ウイルスそのものは5′キャップ合成のために特別な酵素を必要とはせず，「キャップ・スナッチング（キャップ強奪）cap-snatching」という過程で5′キャップ構造を宿主の転写物から借用する．キャップ化された宿主の転写物は，ウイルスPB2サブユニットと結合し，PAサブユニットのエンドヌクレアーゼによって切断される．PB1サブユニットは，結果的に生成したキャップ化オリゴヌクレオチドを，ウイルスRNA合成のプライマーとして利用する．

イントロンとエキソンの両方がDNAからRNAに転写される

細菌では，ポリペプチド鎖は一般にアミノ酸配列と直接対応するDNA配列によってコードされており，ポリペプチドを特定するために必要な情報が完結するまで中断されることなく，DNA鋳型に沿って続く．しかし，1977年にPhillip SharpとRichard Robertsがそれぞれ独自に，真核生物中のポリペプチドに対する多くの遺伝子が，非コード配列（イントロン）によって中断されていることを発見するに至って，すべての遺伝子が連続的であるという概念は否定された．

脊椎動物の遺伝子の大半はイントロンを含んでいる．わずかな例外として，ヒストンをコードする遺伝子がある．他の真核生物にイントロンがどれだけ出現するのかは，種によって異なる．出芽酵母 *Saccharomyces cerevisiae* の多くの遺伝子にはイントロンがないが，他の酵母種ではイントロンはふつうに見られる．イントロンはまた，いくつかの細菌や古細菌の遺伝子でも見られる．DNA中のイントロンは，遺伝子の残りの部分と一緒にRNAポリメラーゼによって転写される．一次転写物中のイントロンが次にスプライシングを受け，エキソンどうしが連結されて成熟した機能性RNAが生成する．真核生物のmRNAにおいて，ほとんどのエキソンは長さが1,000ヌクレオチド未満であり，その多くはサイズが100～200ヌクレオチドの範囲であり，30～60アミノ酸の長さのポリペプチドをコードする．イントロンのサイズは，50～700,000ヌクレオチド以上といろいろであり，平均の長さは約1,800ヌクレオチドである．ヒトを含む高等真核生物の遺伝子では，通常はエキソンよりもイントロンに対応するDNAの領域のほうがはるかに長い．ヒトゲノムに存在する約20,000の遺伝子は，200,000を超えるイントロンを含む．

RNAはイントロンのスプライシングを触媒する

イントロンには四つのクラスがある．最初の二つはグループⅠイントロンおよびグループⅡイントロンと呼ばれ，スプライシング機構の詳細は異なるが，ある驚くべき特徴を共有する．その機構は自己スプライシング self-splicing であり，タンパク質酵素を必要としない．グループⅠイントロンは，rRNA，mRNAおよびtRNAをコードするある種の核，ミトコンドリアおよび葉緑体の遺伝子に見られる．グループⅡイントロンは，菌類，藻類および植物におけるミトコンドリアと葉緑体のmRNAの一次転写物に一般に見られる．細菌にまれに見られるイントロンは，これらの両グループのイントロンに属している．両者ともに，スプライシングに高エネルギー補因子（ATPなどの）を必要としない．両グループのスプライシング機構はともに，二つのエステル転移反応ステップが関与する（図 26-13）．これらのステップでは，リボースの 2′-または 3′-ヒドロキシ基がリン原子に対して求核攻撃を行い，新たなホスホジエステル結合が古いジエステル結合の結合エネルギーを使って生成する．したがって，エネルギーのバランスは維持される．これらの反応の様式は，トポイソメラーゼ（図 24-19 参照）および部位特異的リコンビナーゼ（図 25-38 参照）によって促進される DNA の切断と再結合反応によく似ている．

グループⅠスプライシング反応には，グアニンヌクレオシドまたはヌクレオチドの補因子が必要である．ただし，補因子はエネルギー源として使われるのではなく，グアノシンの 3′-ヒドロキシ基が，スプライシング経路の第一ステップにおける求核基として利用される．グアノシンの 3′-ヒドロキシ基は，イントロンの 5′ 末端と通常の 3′,5′-ホスホジエステル結合を形成する（図 26-14）．このステップで遊離するエキソンの 3′-ヒドロキシ基は，イントロンの 3′ 末端で起こる同様の反応において求核基として作用する．その結果，イントロンの正確な切り出しとエキソンの連結が起こる．

グループⅡイントロンでは，その反応様式は第一ステップの求核基を除けば似ている．この場合には，求核基はイントロン内部にある A 残基の 2′- ヒドロキシ基である（図 26-15）．中間体として，分岐したラリアット構造（投げ縄状構造）lariat structure が形成される．

イントロンの自己スプライシングは，1982 年に Thomas Cech らによって，繊毛性原生動物のテトラヒメナ *Tetrahymena thermophila* のグループⅠ rRNA イントロンのスプライシング機構の研究中に発見された．Cech らは，精製した細菌の RNA ポリメラーゼを用いて，*in vitro* でイントロンを含む精製テトラヒメナ DNA を転写させた．得られた RNA は，テトラヒメナ由来のいかなるタンパク質酵素がなくても，正確に自己スプライシングを起こした．RNA が触媒機能をもつことができるという発見は，生物系の本質を理解するうえで記念碑となっただけでなく，生命がどのように進化してきたかを理解するうえで大きな

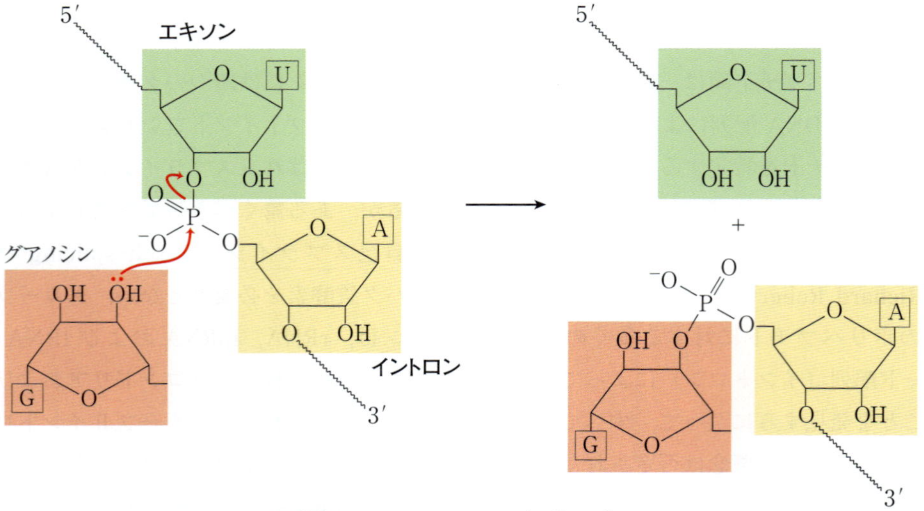

図 26-13　エステル転移反応

この反応はグループⅠイントロンの 2 ステップから成るスプライシングの第一ステップである．この例では，グアノシン分子の 3′-OH が求核基として働く．そして mRNA 分子のエキソンとイントロンの境界にある U 残基と A 残基の間のホスホジエステル結合を攻撃する（図 26-14 参照）．

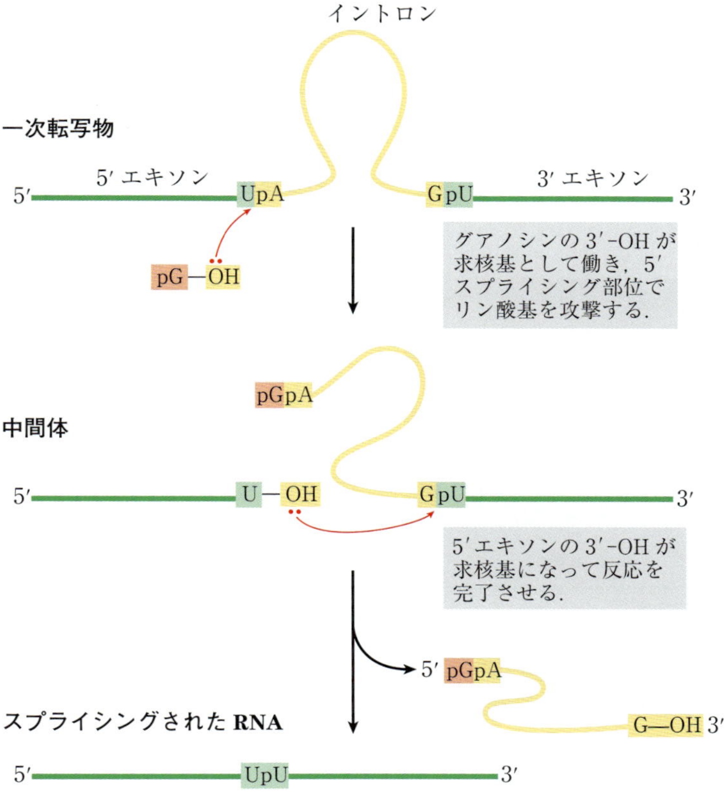

図 26-14 グループⅠイントロンのスプライシング機構

第一ステップの求核基は，グアノシン，GMP，GDP または GTP のどれでもよい．スプライシングされたイントロンは最終的に分解される．

Thomas Cech
［出典：Photo by Glenn Asakawa/University of Colorado.］

一歩となった．

真核生物では，ほとんどのイントロンが，グループⅡイントロンと同じラリアット形成機構によってスプライシングを受ける．しかし，イントロンのスプライシングは**スプライソソーム** spliceosome という巨大なタンパク質複合体内で起こるので，このようなイントロンは**スプライソソームイントロン** spliceosomal intron と呼ばれる．このタイプのイントロンにはグループ番号はない．スプライソソームは，核内低分子リボ核タンパク質 small *n*uclear *r*ibo*n*ucleo*p*rotein (snRNP，しばしば「スナープ *snurp*」と発音される）という特殊な RNA-タンパク質複合体から成る．各 snRNP は，**核内低分子 RNA** small nuclear RNA（**snRNA**）という 100 ～ 200 ヌクレオチドの長さの真核生物 RNA 群を含んでいる．スプライシング反応に関与する 5 種類の snRNA（U1，U2，U4，U5，U6）は，一般に真核生物の核内に豊富に存在する．酵母では，さまざまな種類の snRNP が約 100 種類のタンパク質を含んでおり，それらのほとんどは他の真核生物の相同タンパク質である．ヒトでは，これらの保存されたタンパク質成分は，さらに 200 種類以上も多く存在する．したがって，スプライソソームは真核生物の細胞内で最も複雑な巨大分子装置といえる．スプライソソームの RNA 成分は，さまざまなスプライシングのステップの触媒である．複合体全体は，サイズと配列が多様な核内 mRNA に対応可能な，高度に柔軟性に富む核タンパク質シャペロンとみなすことができる．

スプライソソームイントロンは，一般にジヌクレオチド配列（5′末端に GU，および 3′末端に AG）を有しており，これらの配列がスプライシングを起こす部位の目印になる．U1 snRNA は，核内 mRNA イントロンの 5′スプライシング部位近くの配列と相補的な配列をもっており（図

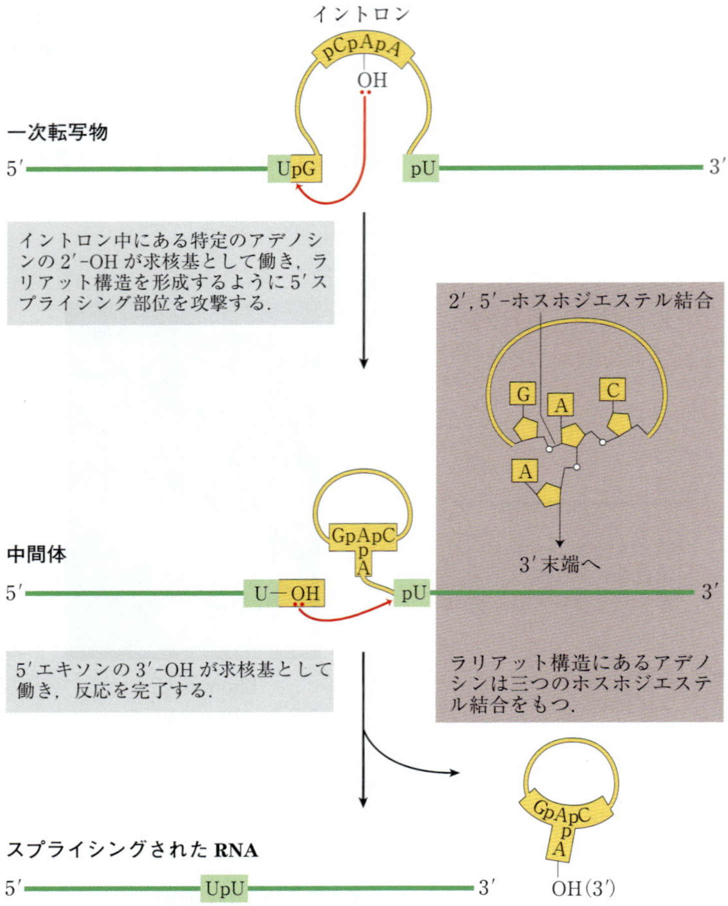

図 26-15 グループⅡイントロンのスプライシング機構

化学反応機構はグループⅠ型イントロンのスプライシングの場合と似ているが，第一ステップの求核基の種類および2′, 5′-ホスホジエステル結合の分岐したラリアット状中間体を形成するという点が異なる．

26-16(a))，一次転写物のこの領域に結合する．次にU2 snRNPが3′末端に結合する．U4，U5，U6 snRNPが付加することでスプライソソームが形成される（図26-16(b))．U6 snRNAに存在するスプライシング活性部位の重要部分は，まずU4 snRNAと塩基対を形成することによって隔離され，標的とはならないホスホジエステル結合が異常な切断を受けないようにする．スプライシングの最初のステップには，U6とU4 snRNAがほどかれて分離し，スプライシング活性部位が露出する必要がある．この過程のすべてのステップは可逆的である．さまざまなsnRNPに会合している個々のタンパク質は，スプライシング，細胞質へのmRNAの輸送，翻訳，そして最終的なmRNAの分解などの複数の機能を果たすことがある．スプライソソームの集合にはATPが必要であるが，RNAの切断連結反応にはATPは必要ない．ある種のmRNAイントロンは，U1とU2 snRNPの代わりにU11とU12 snRNPを含む特殊なスプライソソームによるスプライシングを受ける．U1とU2を含むスプライソソームは，図26-16に示すように（5′)GUとAG(3′）の末端配列を有するイントロンを除去するのに対して，U11とU12を含むスプライソソームは，イントロンのスプライシング部位が（5′)AUとAC(3′）の末端配列を有するまれなイントロンを除去する．

スプライシング装置のいくつかの構成成分は，RNAポリメラーゼⅡのCTDにつながれている．このことは，スプライシングが他のRNAプロセ

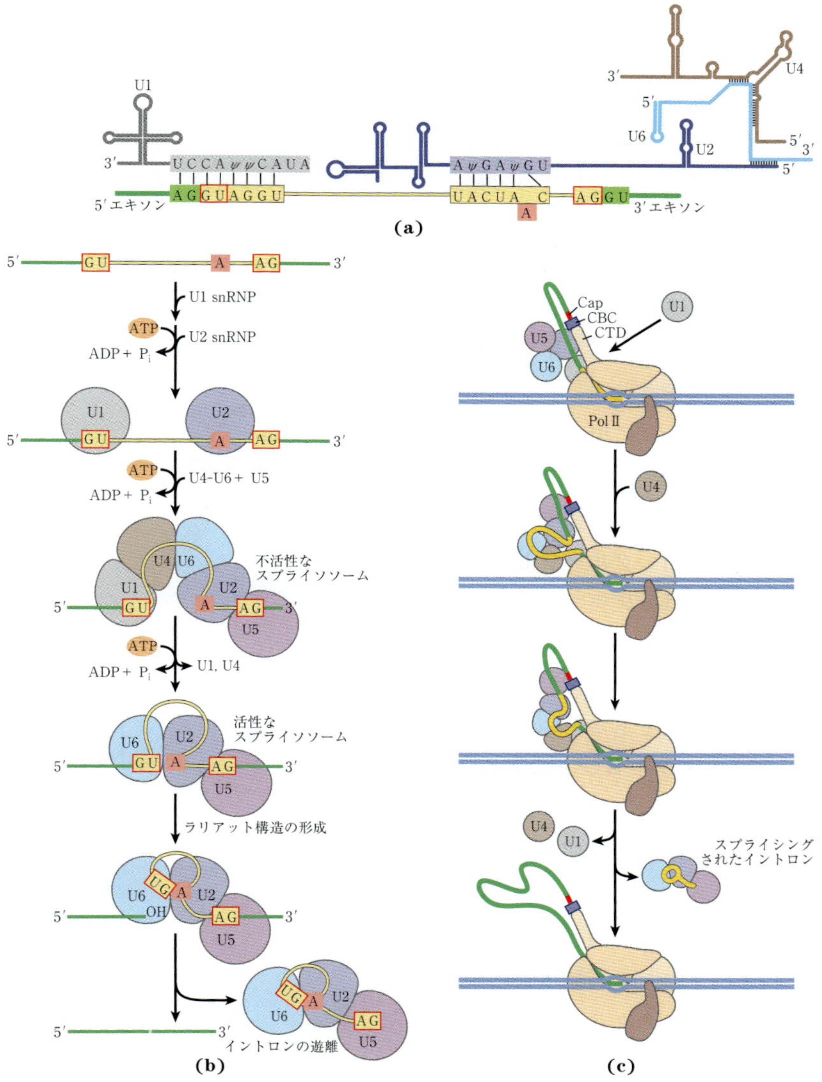

図 26-16　mRNA 一次転写物のスプライシング機構

(a) スプライソソーム複合体の形成における RNA 間の相互作用．U1 snRNA は，その 5′末端近くにイントロンの 5′末端スプライシング部位に相補的な配列を有する．一次転写物のこの領域への U1 の対合が，スプライソソームの構築の際の 5′スプライシング部位の決定に役立つ．ψ はプソイドウリジンを意味する（図 26-22 参照）．U2 は，イントロン内の特定の A 残基（淡赤色の網かけ）を含む部位と対合し，この A 残基がスプライシング反応における求核基になる．U2 snRNA が塩基対を形成することによって，RNA にふくらみ bulge 構造をつくり出し，A 残基の活性化を促進する．この A 残基の 2′-OH 基は，2′, 5′-ホスホジエステル結合を介してラリアット構造を形成する．**(b)** スプライソソームの構築．すべてのステップは可逆的であるが，単純化のためスプライシングが進む方向のみを示してある．まず U1 snRNA と U2 snRNP がイントロンに結合すると，次に残りの snRNP（U4-U6 複合体および U5）が結合して，不活性型スプライソソームを形成する．次に活性型に変換するために，U1 と U4 が排除され，U6 が 5′スプライシング部位と U2 に対合するという内部構造の変化が起こる．最後に起こる触媒ステップは，グループⅡイントロンのスプライシング機構と同様である（図 26-15 参照）．活性型のスプライソソーム複合体のイラストを，本書の表紙に載せてある．**(c)** スプライシングが転写と連動すると，二つのスプライシング部位が 1 か所に引き寄せられる．詳細については本文を参照．すべてのステップは可逆的である．スプライソソームは，RNA ポリメラーゼⅡの 2 倍以上のサイズである．

シング反応と同じく，転写過程と密接に協調していることを示唆する（図 26-16(c)）．第一のスプライシング部分が合成されると，ポリメラーゼにつながれているスプライソソームがそこに結合する．次に，この複合体が通過するのに伴って第二のスプライシング部分がこの複合体によって捕捉され，イントロンの末端どうしを近接させて並置されるようにし，その後のスプライシング過程を促進する．スプライシング後に，イントロンは核内にとどまり，最終的に分解される．

核内 RNA のスプライシングに用いられるスプライソソームは，snRNP が触媒の自由度を増して，自己スプライシングをする祖先型のイントロンを調節しながら，もっと古いグループIIイントロンから進化してきたのはほぼ確実である．

最後の第四のクラスのイントロンは，特定の tRNA に見られ，そのスプライシングには ATP とエンドヌクレアーゼが必要であるという点でグループIやグループIIのイントロンとは異なる．スプライシングエンドヌクレアーゼがイントロンの両末端のホスホジエステル結合を切断して，二つのエキソンが DNA リガーゼ反応と同様の機構によって連結される（図 25-16 参照）．

スプライソソームイントロンは真核生物に限られているようだが，他の三つのクラスのイントロンはそうではない．細菌や細菌ウイルスにおいても，グループIやグループIIのイントロンをもつ遺伝子が見つかっている．例えば，バクテリオファージ T4 にはグループIイントロンをもつタンパク質をコードする複数の遺伝子がある．イントロンは，細菌よりも古細菌のほうで一般的に見られる．

真核生物の mRNA は特徴的な 3′ 末端構造を有する

細胞質で翻訳されるほとんどの真核生物の mRNA は，3′ 末端に**ポリ(A) 尾部領域** poly(A) tail という連続する A 残基（酵母では約 30 残基，動物では 50 ～ 100 残基）を有する．このポリ(A) 尾部領域は，1 種類以上の特定のタンパク質に対する結合部位として機能する．このポリ(A) 尾部領域とそれに結合するタンパク質は転写と翻訳を協調させるために多様な役割を果たし，mRNA を酵素的分解から保護するために役立っているかもしれない．多くの細菌 mRNA の場合にもポリ

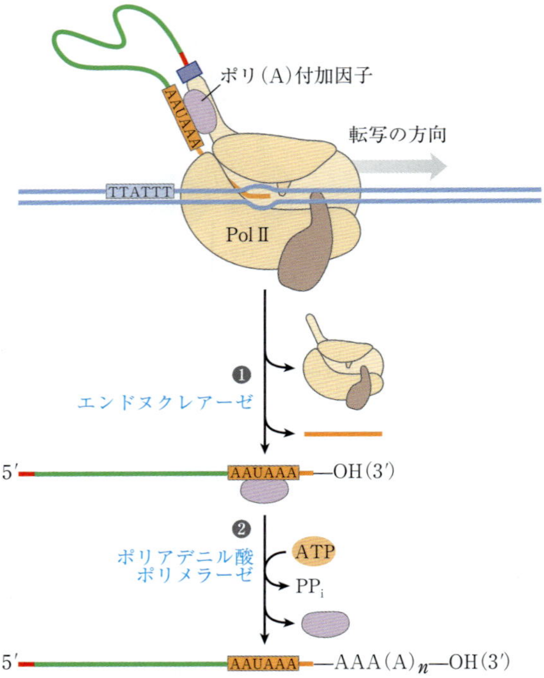

図 26-17 真核生物の RNA 一次転写物へのポリ(A) 尾部領域の付加

Pol II は，高度に保存された上流配列 (5′) AAUAAA のような切断シグナル配列を含む転写領域を越えて RNA を合成する．この切断シグナル配列に，エンドヌクレアーゼ，ポリアデニル酸ポリメラーゼ，および配列の認識，切断の促進とポリ(A) 尾部領域の長さの調節に関与するいくつかの多サブユニットタンパク質を含む酵素複合体が結合する．これらのタンパク質のすべては CTD につながれている．❶ RNA は AAUAAA 配列から 3′ 側（下流方向）へ 10 ～ 30 ヌクレオチド離れた部位で切断される．❷ポリアデニル酸ポリメラーゼが，その切断部位で 80 ～ 250 ヌクレオチドの長さをもつポリ(A) 尾部領域を合成する．

(A)尾部領域の付加が起こるが，ポリ(A)尾部領域は mRNA の分解を防ぐのではなく，むしろ mRNA の分解を促進する．

ポリ(A)尾部領域は，複数のステップを経て付加される．転写物は，ポリ(A)尾部領域が付加されるべき部位を越えて転写されてから，次に RNA ポリメラーゼⅡの CTD に会合している大きな酵素複合体中のエンドヌクレアーゼ成分によってポリ(A)付加部位で切断される（図 26–17）．切断が起こる mRNA の位置は，二つの配列エレメントが目印になっている．一つは切断部位の 10 ～ 30 ヌクレオチド 5′側（上流）にある高度に保存された配列 (5′) AAUAAA (3′) であり，もう一つは切断部位の 20 ～ 40 ヌクレオチド下流にあり，まだあまり解明されていない G と U 残基に富む配列である．切断によって，mRNA の末端になる遊離の 3′-ヒドロキシ基が生じ，そこに**ポリアデニル酸ポリメラーゼ** polyadenylate polymerase によって A 残基が直接付加される．この酵素は次の反応を触媒する．

$$\text{RNA} + n\text{ATP} \longrightarrow \text{RNA} - (\text{AMP})_n + n\text{PP}_\text{i}$$

ここで $n = 80 \sim 250$ である．この酵素は鋳型を必要としないが，切断を受けた mRNA をプライマーとして必要とする．このように長いポリ (A) 尾部領域は核内で付加されるが，mRNA が細胞質に輸送されると顕著に短縮される．

典型的な真核生物 mRNA のプロセシング経路全体を図 26–18 にまとめる．特別な例では，ポリペプチドをコードする mRNA の領域も，RNA「編集 editing」によって修飾されることがある（詳しくは Sec. 27.1 参照）．この RNA 編集には，一次転写物のコード領域で塩基を付加または欠失させたり，配列を変化させたりする（例えば，C 残基の酵素的脱アミノ化によって U 残基を生じさせる）過程が含まれる．とりわけ劇的な例がトリ

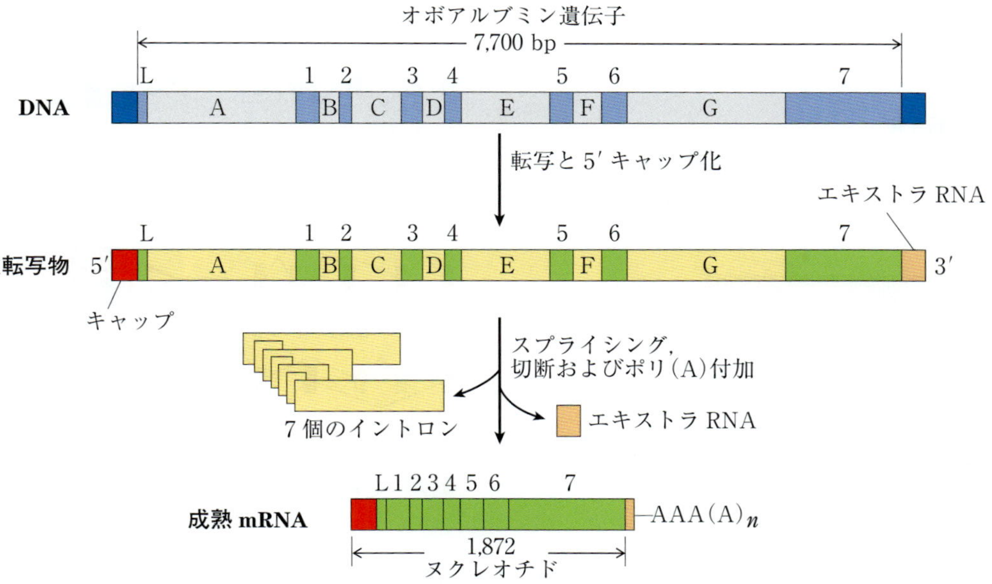

図 26–18　真核生物 mRNA のプロセシングの概要

ここに示すオボアルブミン（卵白アルブミン）遺伝子は，イントロン A ～ G とエキソン 1 ～ 7 および L を有する（L は，タンパク質が細胞から分泌されるためのシグナルペプチドをコードする：図 27–40 参照）．RNA の約 4 分の 3 がプロセシングの際に除かれる．Pol Ⅱは，転写終結の前に，切断およびポリ(A)付加部位をかなり越えて一次転写物を合成する（余分な部分を「エキストラ RNA」という）．Pol Ⅱの転写終結シグナルはまだよくわかっていない．

パノソーマ trypanosome という寄生性原生動物で見られる．まず mRNA の大きな領域がウリジル酸を含まずに合成された後に，U 残基が RNA 編集によって挿入される．

異なる RNA プロセシングによって，一つの遺伝子から多数の産物が生成する

最新のゲノミクスにおけるパラドックスの一つは，生物の見かけ上の複雑さがタンパク質をコードする遺伝子の数，あるいはゲノム DNA のサイズに比例しないことである．一部の真核生物の mRNA 転写物には，二つ以上の経路でプロセシングされて，複数の異なる mRNA および複数のポリペプチドを生成するものがある．プロセシングの多様性の大部分は，**選択的スプライシング** alternative splicing の結果である．選択的スプライシングでは，特定のエキソンが成熟 mRNA 転写物に取り込まれたり取り込まれなかったりする．選択的スプライシングは，酵母では比較的少数の遺伝子でしか起こらないが，ヒトの遺伝子の 95% 以上で起こる．

図 26-19(a) は，選択的スプライシングが共通する一次転写物からどのようにして複数のタンパク質を生み出すことができるのかを示している．この一次転写物はすべての選択的プロセシング経路のための分子シグナルを含んでおり，特定の細胞や代謝条件で起こりやすい経路はプロセシング

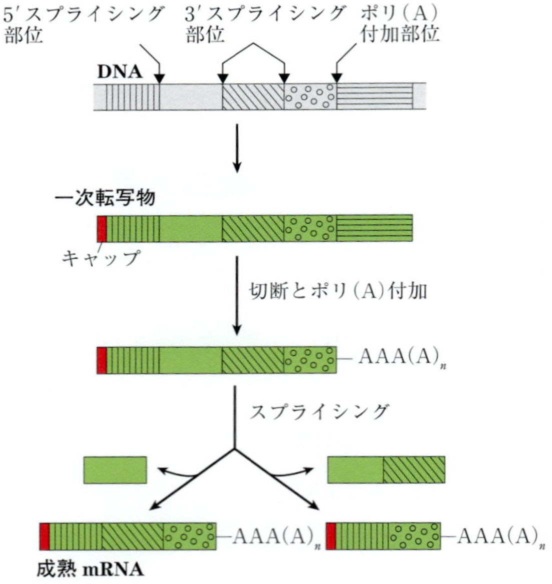

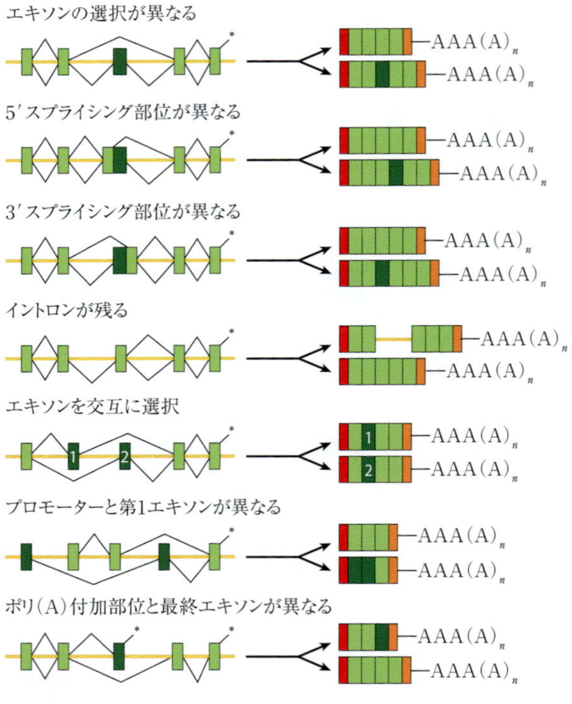

図 26-19 真核生物における選択的スプライシング

(a) 選択的スプライシング様式．二つの異なる 3′ スプライシング部位を示してある．同一の一次転写物から複数の異なる成熟 mRNA が産生される．**(b)** スプライシング様式のまとめ．エキソンを緑色で，イントロンと非翻訳領域を黄色の線で示す．ポリ(A)尾部が付加される部位を＊印で示す．特定のスプライシングを受けて結合するエキソンは黒色の線でつないである．転写物の上下に示す選択的連結様式によって，上下に示すスプライシングを受けた mRNA 産物が生成する．mRNA 産物の中の 5′ キャップ部分を赤色で，3′ 非翻訳領域を橙色で示してある．［出典：B. J. Blencowe, *Cell* **126**: 37, 2006, Fig. 2 の情報．］

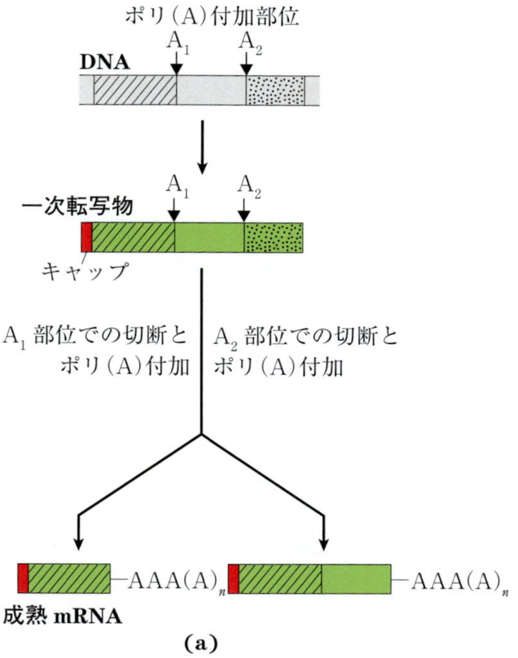

図 26-20　ポリ(A)付加部位選択

選択的な二つの切断とポリ(A)付加部位（A_1 と A_2）を示してある．

因子（特定のプロセシング経路を促進する RNA 結合タンパク質）によって決定される．例えば，スプライシングに関与する snRNP のタンパク質の構成は，異なる遺伝子のプロセシングにかかわるスプライソソームにおいていくぶん異なることがある．また，この構成は，動物の発生の異なる段階において，特定の遺伝子でのプロセシングが変わるように，さらに変化することもある．一例をあげると，ショウジョウバエの異なる発生段階で，選択的スプライシングによって共通の一次転写物から 3 種類のミオシン重鎖が生じる．その他にも多くの選択的スプライシングのパターンがある（図 26-19(b)参照）．

複雑な転写物では，ポリ(A)尾部が付加可能な部位を 2 か所以上有する場合もある．もしも切断とポリ(A)付加のための部位が 2 か所以上ある場合には，5′ 末端に近い方が利用されて，一次転写物の配列の 3′ 側はより長く除去される（図 26-20）．**ポリ(A)付加部位選択** poly(A)site choice と呼ばれるこの機構によって，IgM クラスの免疫グロブリン重鎖の多様性が生まれる．

多くの遺伝子のプロセシングにおいて，選択的スプライシングとポリ(A)付加部位選択の両方が働く．例えば，単一の RNA 一次転写物が異なるプロセシングを受けて 2 種類の別のホルモンを産生することがある．すなわち，甲状腺においてはカルシウム調節ホルモンのカルシトニン calcitonin が，脳においてはカルシトニン遺伝子関連ペプチド（CGRP）が生成する（図 26-21）．つまり，選択的スプライシングとポリ(A)付加部位選択が合わさると，高等真核生物のゲノムから生じる異なるタンパク質の数が大きく増える．

リボソーム RNA と転移 RNA もプロセシングを受ける

転写後プロセシングは mRNA だけには限らない．細菌，古細菌や真核生物の細胞のリボソーム RNA は，**プレリボソーム RNA** preribosomal RNA（プレ rRNA）という長い前駆体からつくられる．転移 RNA も同様に，長い前駆体から合成される．これらの RNA はさまざまな修飾ヌクレオシドを含むことがある．いくつかの例を図 26-22 に示す．

リボソーム RNA（rRNA）　細菌では，16S，23S および 5S rRNA（および一部の tRNA も，ほとんどの tRNA は別の場所にコードされているが）は，約 6,500 ヌクレオチドから成る単一の 30S RNA 前駆体から生じる．30S 前駆体の両末端および rRNA 間の領域の RNA は，プロセシングによって取り除かれる（図 26-23）．16S rRNA と 23S rRNA は修飾ヌクレオシドを含む．大腸菌では 16S rRNA に 11 種類の修飾があり，プソイドウリジン pseudouridine，および塩基または 2′-ヒドロキシ基，あるいはそれら両方がメチル化さ

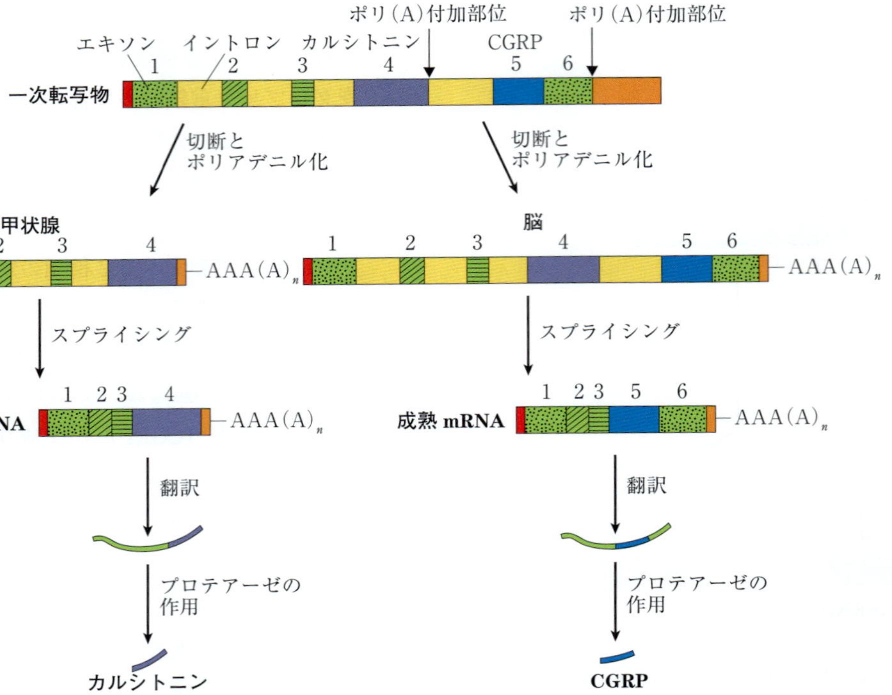

図 26-21　ラットにおけるカルシトニン遺伝子転写物の選択的プロセシング

一次転写物には二つのポリ(A)付加部位がある．一つの部位は主に脳で利用され，他方は主に甲状腺で利用される．脳におけるスプライシングによって，カルシトニンのエキソン（エキソン 4）は除去されるが，甲状腺ではこのエキソンは保持される．その結果生じるポリペプチドは，さらにプロセシングを受けて最終ホルモン生成物（脳ではカルシトニン遺伝子関連ペプチド CGRP, 甲状腺ではカルシトニン）になる．

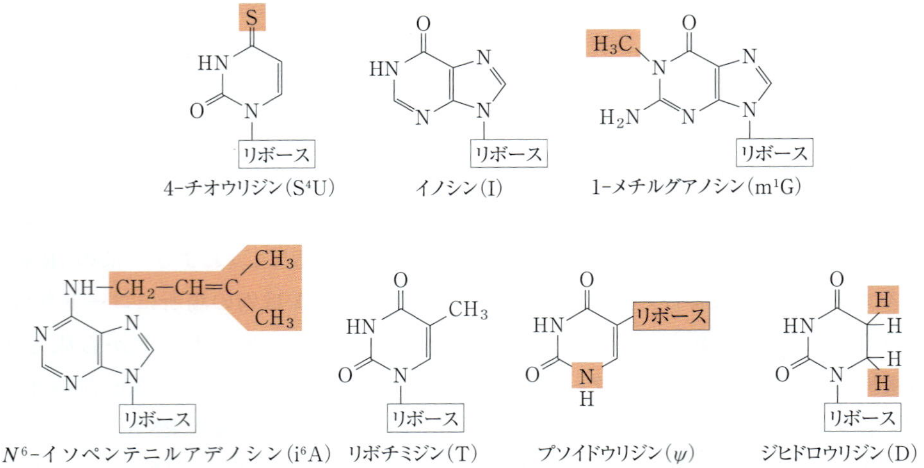

図 26-22　転写後修飾反応によって生成する rRNA と tRNA の修飾塩基

プソイドウリジン中のリボースの結合様式は通常の場合とは異なるので注意しよう．カッコ内に標準的な略号を示す．ここに示すのは，96 種類の修飾ヌクレオシド（tRNA で既知の 81 種類および rRNA で既知の 30 種類の修飾ヌクレオシドに含まれるもの）の一部である．これらの修飾塩基の完全なリストは，RNA 修飾経路に関する Modomics データベース（http://modomics.genesilico.pl）を参照．

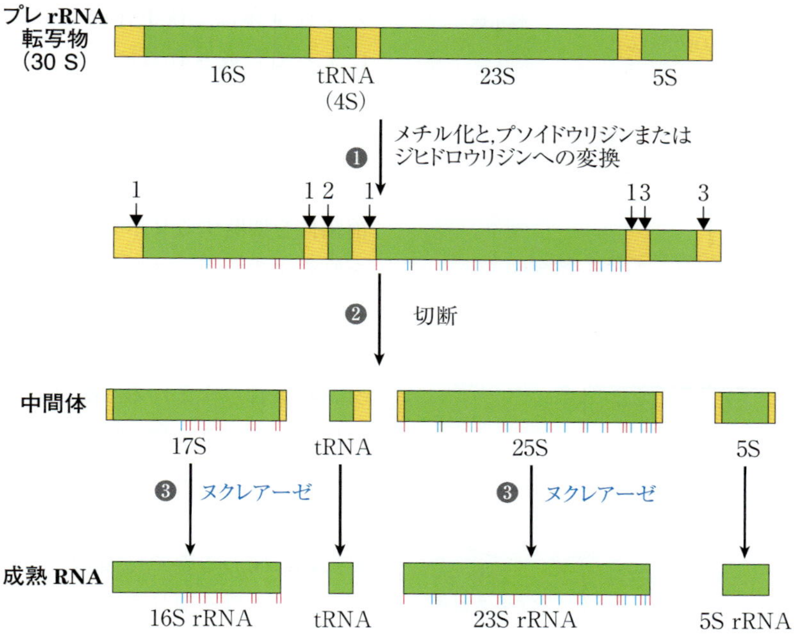

図 26-23 細菌におけるプレ rRNA 転写物のプロセシング

❶ 30S RNA 前駆体(プレ rRNA 転写物)の切断に先立って,特定の塩基がメチル化(赤色の細い線)される.そして一部のウリジン残基がプソイドウリジン残基(青色の細い線)やジヒドロウリジン残基(黒色の細い線)に変換される.メチル化反応には多くのタイプがあり,塩基上で起こる場合や 2′-ヒドロキシ基で起こる場合がある.❷切断によって rRNA と tRNA の前駆体が生成する.RNA は 1, 2, 3 と印をつけた部位において対応する酵素であるリボヌクレアーゼⅢ,リボヌクレアーゼ P,およびリボヌクレアーゼ E によってそれぞれ切断される.後で考察するように,リボヌクレアーゼ P はリボザイムである.❸最終の 16S,23S rRNA および 5S rRNA 産物は,さまざまな特異的ヌクレアーゼ作用によって生成する.大腸菌の染色体 DNA にはプレ rRNA 遺伝子が 7 コピーあるが,一次転写物中に含まれる tRNA の数,位置,種類が異なる.その遺伝子のいくつかは,16S と 23S rRNA 領域の間,および一次転写物の 3′末端の近くに,さらに余分の tRNA 遺伝子領域を有する.

れた 10 種類のヌクレオシドを含む. 23S rRNA は,10 個のプソイドウリジン,1 個のジヒドロウリジン,12 個のメチル化ヌクレオシドを含む.細菌では,各修飾は,通常は別個の酵素によって触媒される.メチル化反応には,*S*-アデノシルメチオニンが補因子として使われる.プソイドウリジンの生成には補因子は不要である.

大腸菌のゲノムは,七つのプレ rRNA 分子をコードする.これらの遺伝子はすべて,基本的に同一の rRNA コード領域をもつが,これらの領域の間にある部分が異なっている. 16S と 23S の rRNA の遺伝子の間にある領域は,通常 1 個または 2 個の tRNA をコードする.しかし,異なる tRNA が異なるプレ rRNA から生じる. tRNA のコード領域は,前駆体転写物上の 5S rRNA の 3′側にも見られる.

真核生物における状況はさらに複雑である. 45S プレ rRNA 転写物が RNA ポリメラーゼⅠによって合成され,核小体内でプロセシングされて,真核生物のリボソームに特徴的な 18S,28S および 5.8S rRNA が生じる(図 26-24).細菌と同様に,プロセシング過程には,エンドリボヌクレアーゼとエキソリボヌクレアーゼによって触媒される切断反応,およびヌクレオシドの修飾反応が含まれる.一部のプレ rRNA にもイントロンが含まれ,後でスプライシングを受けなければならない.こ

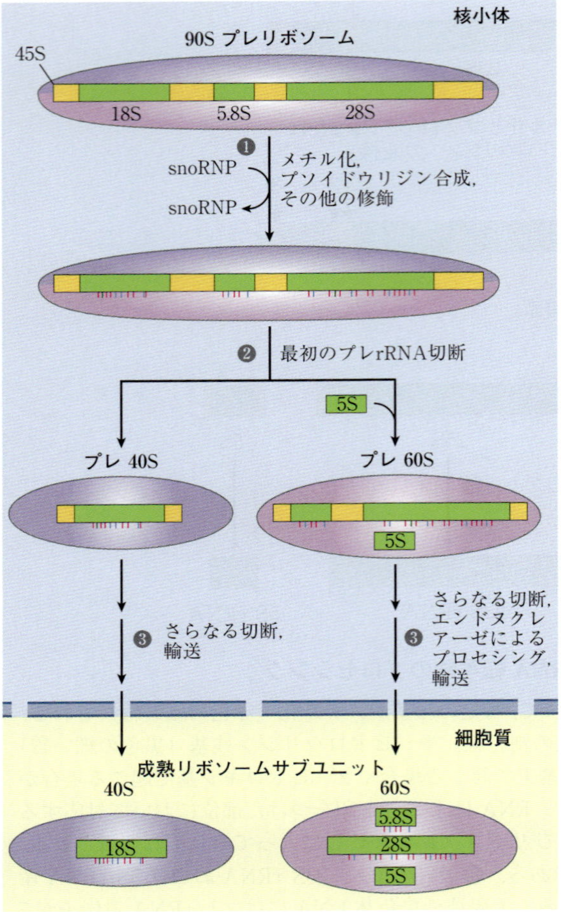

図 26-24 脊椎動物におけるプレ rRNA 転写物のプロセシング

転写の際に，45S 一次転写物は核小体の 90S プレリボソーム複合体に取り込まれる．この複合体内では，rRNA プロセシングやリボソームの集合が厳密に連動して起こる．❶ 45S 前駆体の 14,000 ヌクレオチドのうちの 100 ヌクレオチド以上で，塩基または 2′-OH 基がメチル化される（赤色の細線）．一部のウリジンはプソイドウリジンに変換され（青色の細線），他では異なる修飾が起こる（緑色の細線はジヒドロウリジン）．❷，❸ 45S 前駆体の一連の酵素的切断によって，18S，5.8S および 28S rRNA が生成する．そして，リボソームのサブユニットが，リボソームタンパク質の集合に伴って徐々に形成される．この切断反応や修飾反応のすべてには，核小体内のタンパク質複合体である snoRNP に見られる核小体低分子 RNA（snoRNA）が必要である．snoRNP はスプライソソームを連想させる．5S rRNA は別に合成される．

の過程全体は，核小体内でプレ rRNA が Pol Ⅰ によって合成されるにつれて，プレ rRNA 上に集合する大きな複合体内で開始される．rRNA の転写と成熟，および核小体内でのリボソームの構築は厳密に共役している．各複合体には，rRNA 前駆体を切断するリボヌクレアーゼ，特定の塩基を修飾する酵素，ヌクレオシドの修飾と切断反応を指示する多数の**核小体低分子 RNA** small nucleolar RNA（**snoRNA**），およびリボソームタンパク質が含まれる．酵母では，これらの全過程にプレ rRNA，170 種類以上の非リボソームタンパク質，ヌクレオシド修飾のための約 70 種類の snoRNA（いくつかの snoRNA は 2 種類の修飾反応に関わるので），および 78 種類のリボソームタンパク質が関与する．ヒトにおいては，修飾ヌクレオシドは約 200 種類と多く，会合している snoRNA の数も多い．リボソームが組み立てられるにつれて複合体の組成も変わり，さらに中間の複合体の多くはリボソーム自体や snoRNA と複雑に競合する．ほとんどの真核生物の 5S rRNA は，異なるポリメラーゼ（Pol Ⅲ）によって，全く別個の転写物として合成される．

真核生物の rRNA における最も一般的なヌクレオシド修飾は，前述のウリジンからプソイドウリジンへの変換，および *S*-アデノシルメチオニン依存性のヌクレオシドのメチル化（2′-ヒドロキシ基にしばしば起こる）である．これらの反応は **snoRNA-タンパク質複合体** snoRNA-protein complex（**snoRNP**）に依存する．各複合体は 1 個の snoRNA と，塩基修飾を行う酵素を含む 4〜5 種類のタンパク質から成る．snoRNP には二つのクラスがあり，よく保存されたボックス配列エレメントによって分類される．H/ACA ボックスをもつ snoRNP はプソイドウリジン化に関与し，C/D ボックスをもつ snoRNP は 2′-*O*-メチル化に関与する．細菌の場合とは異なり，同一の酵素が snoRNA に指示されて多数の部位の修飾を行うことができる．

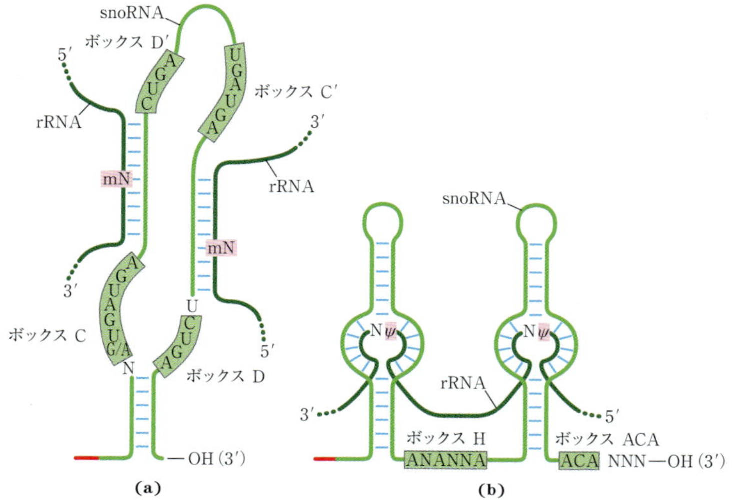

図 26-25　rRNA の塩基修飾を導く snoRNA の機能

(a) ボックス C/D をもつ snoRNA は，rRNA と対合してメチル化反応に導く．標的となる rRNA（濃緑色）のメチル化部位は，ボックス C/D をもつ snoRNA と対合している領域にある．高度に保存されたボックス C と D（および C′と D′）の配列は，さらに大きな snoRNP を形成するタンパク質との結合部位である．mN はメチル化されたヌクレオチドを表す．**(b)** ボックス H/ACA をもつ snoRNA は，rRNA と対合してプソイドウリジン化に導く．標的となる rRNA（濃緑色）のプソイドウリジンに変換する部位は，snoRNA と対合している領域にあり，保存された H/ACA ボックス配列がタンパク質との結合部位である．［出典：T. Kiss, *Cell* **109**: 145, 2002.］

snoRNA の長さは 60 ～ 300 ヌクレオチドである．その多くは他の遺伝子のイントロン中にコードされていたり，他の遺伝子と一緒に転写されたりする．各 snoRNA は rRNA の一部と完全に相補的な配列（10 ～ 21 ヌクレオチド）を含む．snoRNA の残りの部分にある保存された配列は，折りたたまれて snoRNP のタンパク質と結合する構造になる（図 26-25）．

転移 RNA（tRNA）　ほとんどの細胞は 40 ～ 50 種類の tRNA をもっており，真核細胞では多くの tRNA 遺伝子について複数のコピーが存在する．tRNA は，長い RNA 前駆体から 5′末端と 3′末端にある余分なヌクレオチドが酵素的に除去されることによって合成される（図 26-26）．真核生物では，イントロンが数種類の tRNA 転写物中に存在しており，切除されなければならない．2 種類以上の tRNA が単一の一次転写物上にある場合には，それらは酵素的切断によって切り出される．すべての生物に存在するエンドヌクレアーゼであるリボヌクレアーゼ P（RN アーゼ P）が，tRNA の 5′末端にある RNA を取り除く．この酵素はタンパク質と RNA の両方を含んでいる．その RNA 成分が活性には必須であり，細菌細胞では，たとえタンパク質成分がなくても，RNA 成分だけで正確にプロセシングを行うことができる．したがって，RN アーゼ P は，後でさらに詳しく説明するように，触媒 RNA の別の例である．tRNA の 3′末端は，エキソヌクレアーゼの RN アーゼ D を含む 1 種類以上のヌクレアーゼによってプロセシングされる．

tRNA 前駆体は，さらに転写後プロセシングを受ける場合もある．tRNA に特徴的な 3′末端のトリヌクレオチド配列 CCA(3′)（ここにはタンパク質合成の際にアミノ酸が付加される；Chap. 27）は，ある種の細菌 tRNA 前駆体とすべての真核生物の tRNA 前駆体には欠けており，プロセシングの際に付加される（図 26-26）．この付加反応は，tRNA ヌクレオチジルトランスフェラーゼ tRNA nucleotidyltransferase によって触媒され

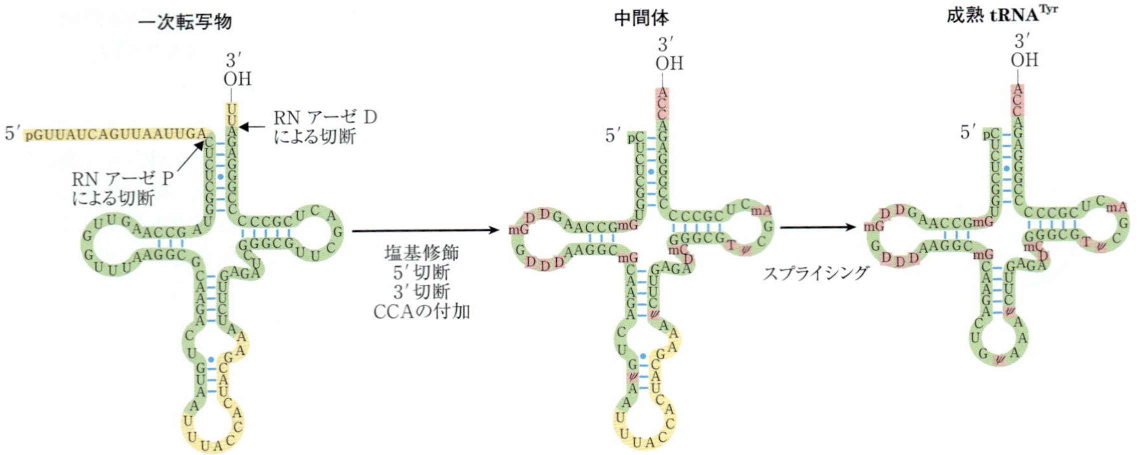

図 26-26 細菌と真核生物における tRNA のプロセシング

重要なステップについて説明するために，酵母 tRNA^{Tyr}（チロシン結合に特異的な tRNA，Chap. 27 参照）を例示してある．短い青線は通常の塩基対を，青色のドットは G-U 塩基対を表す．黄色で表示されたヌクレオチド配列は，一次転写物から取り除かれる．両末端のうち，まず 5′末端側が切断され，次に 3′末端側が切断される．さらに CCA が 3′末端に付加される．このプロセシングはすべての真核生物 tRNA，および一次転写物に CCA を欠いている細菌 tRNA にとって必須である．転写物の末端がプロセシングを受けている間に，残りの部分に存在する特定の塩基が修飾される（図 26-22 参照）．ここに示す真核生物の tRNA に関しては，最終ステップは 14 ヌクレオチドのイントロンのスプライシングである．イントロンは，真核生物 tRNA には存在するが，細菌 tRNA にはない．

る．この珍しい酵素は，3 分子のリボヌクレオシド三リン酸前駆体を別々の活性部位に結合させ，ホスホジエステル結合の形成を触媒して，CCA（3′）配列をつくり出す．したがって，この特有のヌクレオチド配列 CCA は，DNA または RNA の鋳型には依存しない．鋳型となるのは酵素の結合部位である．

tRNA プロセシングの最後のタイプは，メチル化，脱アミノ化あるいは還元反応によるいくつかの塩基の修飾である（図 26-22）．プソイドウリジンの場合には，塩基（ウラシル）はいったん除去され，C-5 位を介して糖にもう一度付加される．これらの修飾塩基のいくつかは，すべての tRNA において特徴的な位置に存在する（図 26-26）．

特別な機能をもつ RNA はいくつかのタイプのプロセシングを受ける

特別な機能をもつ RNA の種類は，付随する多彩な機能がわかるにつれて急速に増えつつある．これらの RNA の多くはプロセシングを受ける．

snRNA と snoRNA は，単に RNA のプロセシング反応を促進するだけでなく，自らも大きな前駆体として合成されてプロセシングを受ける．多くの snoRNA は，他の遺伝子のイントロン内にコードされている．mRNA 前駆体（プレ mRNA）からイントロンがスプライシングされると，snoRNP タンパク質が snoRNA の配列に結合し，5′側と 3′側の余分な配列がリボヌクレアーゼによって切除される．スプライソソームで使われる snRNA は，RNA ポリメラーゼⅡによってプレ snRNA として合成され，リボヌクレアーゼが両端の余分な配列を除去する．snRNA 中の特定のヌクレオシドも 11 種類の修飾を受ける．代表的な修飾は，2′-*O*-メチル化とウリジンからプソイドウリジンへの変換である．

マイクロ RNA micro RNA（**miRNA**）は遺伝子の調節に関与する特別なクラスの RNA であ

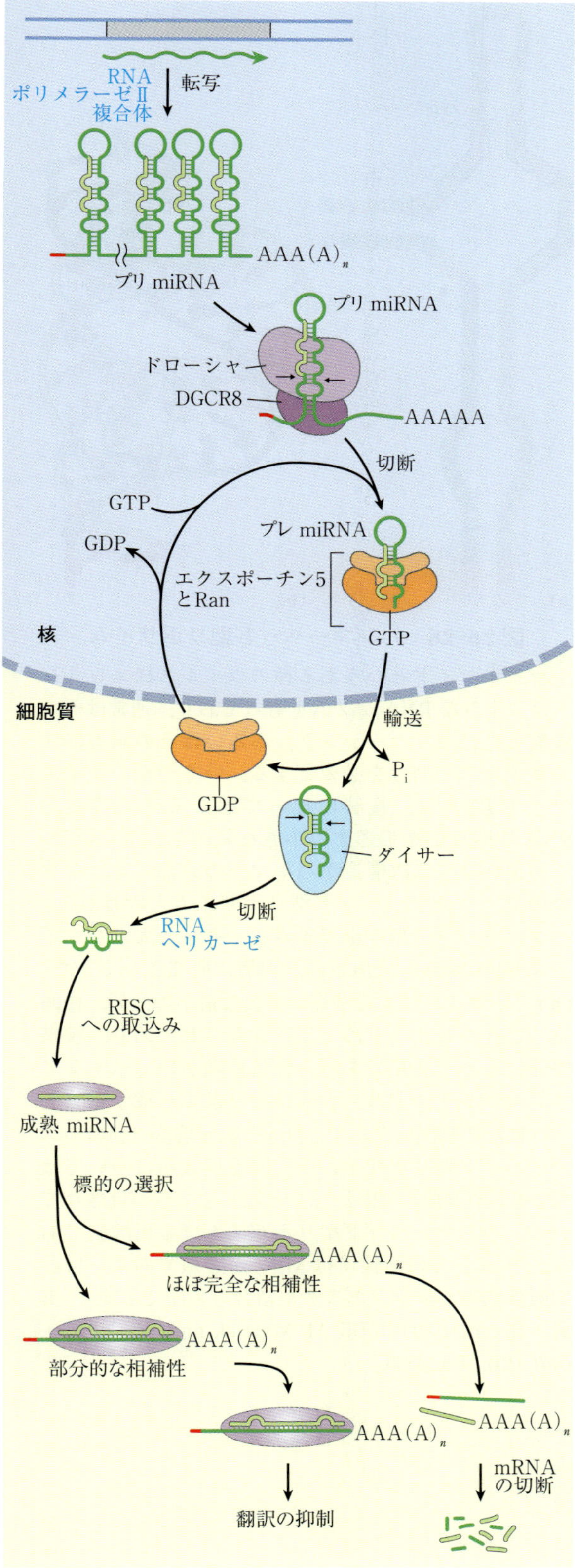

図 26-27　miRNA の合成とプロセシング

miRNA の一次転写物（プリ miRNA）は長さがまちまちではあるが，長い RNA である．一次転写物のプロセシングのほとんどは，リボヌクレアーゼⅢファミリーに属する二つのエンドリボヌクレアーゼ（ドローシャ Drosha とダイサー Dicer）によって行われる．最初に，核内でプリ miRNA は，ドローシャと DGCR8 タンパク質を含むタンパク質複合体により，70 ～ 80 ヌクレオチドの前駆体（プレ miRNA）にまで小さくなる．次にプレ miRNA は，二つのタンパク質エクスポーチン 5 exportin-5 および Ran GTP アーゼ（図 27-44 参照）と複合体を形成して細胞質へと輸送される．細胞質で Ran は GTP を加水分解して，エクスポーチン 5 とプレ miRNA が遊離される．その後，Ran-GDP とエクスポーチン 5 は再び核内へと輸送される．ダイサーの作用によって，プレ miRNA は短い RNA 相補鎖と塩基対形成した状態の，ほぼ成熟した miRNA となる．この相補鎖は RNA ヘリカーゼにより除かれる．成熟 miRNA は RNA-induced silencing complex（RISC）などのタンパク質複合体に取り込まれた後，標的 mRNA と結合する．miRNA と標的 mRNA がほぼ完全に相補的である場合には，標的 mRNA は切断される．miRNA と標的 mRNA が部分的にしか相補的でない場合には，標的 mRNA の翻訳が抑制される．［出典：E. Wienholds and R. H. A. Plasterk, *FEBS Lett.* **579**: 5911, 2005; V. N. Kim et al., *Nature Rev. Mol. Cell. Biol.* **10**: 126, 2005, Fig. 2-4.］

る．miRNA は，長さが約 22 ヌクレオチドのノンコーディング（非コード）noncoding RNA であり，mRNA の特定の領域の配列と相補的である．miRNA は植物，および線虫から哺乳類までの動物で発見されており，mRNA 分解と翻訳抑制を行う．ヒトでは約 1,500 の遺伝子が miRNA をコードしており，これらの miRNA はタンパク質をコードする遺伝子の発現に影響を及ぼす．

miRNA は，はるかに大きな前駆体から複数ステップを経て合成される（図 26-27）．miRNA の一次転写物（プリ miRNA）のサイズは多様である．他の遺伝子のイントロン内にコードされていることもあれば，遺伝子の発現に伴って一緒に発現することもある．遺伝子の発現調節における

miRNA の役割については Chap. 28 で詳しく述べる.

RNA 代謝のいくつかの過程は RNA 酵素によって触媒される

RNA 分子の転写後プロセシングに関する研究から，現代の生化学における最もエキサイティングな発見の一つが得られた．すなわち RNA 酵素の存在である．最もよく解析されているリボザイムは自己スプライシングを行うグループⅠイントロン，すなわちリボヌクレアーゼ P（RN アーゼ P）とハンマーヘッド型リボザイムである（後述）．これらのリボザイムの活性のほとんどは，二つの基本的な反応，すなわちエステル転移（図 26-13）とホスホジエステル結合の加水分解（切断）に基づく．リボザイムの基質は RNA 分子であることが多く，ときには基質がリボザイムそのものの一部分であることもある．RNA が基質の場合には，RNA 触媒は塩基対形成の相互作用を利用して，反応基質を所定の位置に配置することができる．

リボザイムはサイズが極めて多様である．自己スプライシング型のグループⅠイントロンは，400 ヌクレオチド以上の場合もある．ハンマーヘッド型リボザイムは，全体でもわずか 41 ヌクレオチドの 2 本の RNA 鎖から成る（図 26-28）．タンパク質酵素の場合と同様に，リボザイムの三次元構造は機能にとって重要である．融解温度を超えて加熱されたり，変性剤が添加されたり，正しい塩基対形成を壊すような相補的オリゴヌクレオチドが添加されたりすると，リボザイムは失活する．必須のヌクレオチドが変化しても失活する．テトラヒメナの 26S rRNA 前駆体由来の自己スプライシングを行うグループⅠイントロンの二次構造の詳細を図 26-29 に示す．

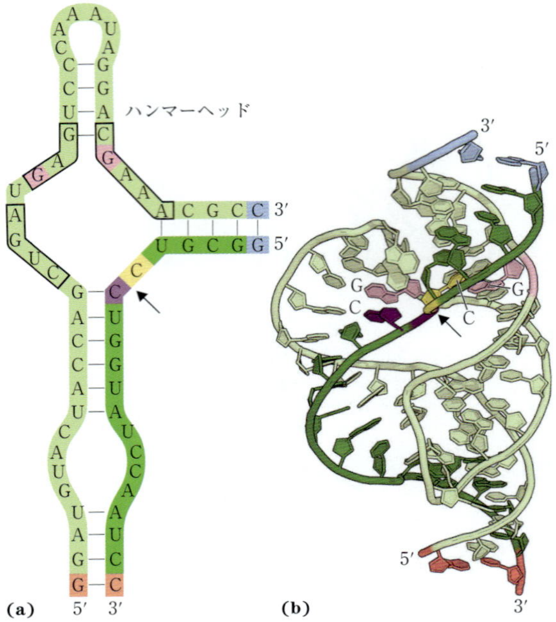

図 26-28　ハンマーヘッド型リボザイム

ウイルソイドというある種のウイルス様エレメントは，小さな RNA ゲノムをもっており，通常はその複製またはパッケージング，あるいはその両方に他のウイルスの助けを必要とする．いくつかのウイルソイド RNA は，複製に伴って起こる部位特異的 RNA 切断反応を促進する小さな領域を含んでいる．この領域は，二次構造がハンマーの頭部のような形なので，ハンマーヘッド型リボザイムと呼ばれる．ハンマーヘッド型リボザイムは，もっと大きなウイルス RNA からも見出され，別個に研究されてきた．**(a)** リボザイムによる触媒に必要な最小の配列．枠囲みしたヌクレオチドは高度に保存されており，触媒機能にとって必須である．桃色の網かけで示すグアニンヌクレオチドは活性部位の一部を形成する．矢印は自己切断部位を示す．**(b)** 三次元構造（別のハンマーヘッド型リボザイムの空間充填表示については図 8-25(b)参照）．鎖は (a) と同じ色で色づけされている．ハンマーヘッド型リボザイムは金属酵素であり，*in vivo* での活性には Mg^{2+} が必須である．自己切断部位のホスホジエステル結合を矢印で示す．［出典：(b) PDB ID 3ZD5, M. Martick and W. G. Scott, *Cell* **126**: 309, 2006.］

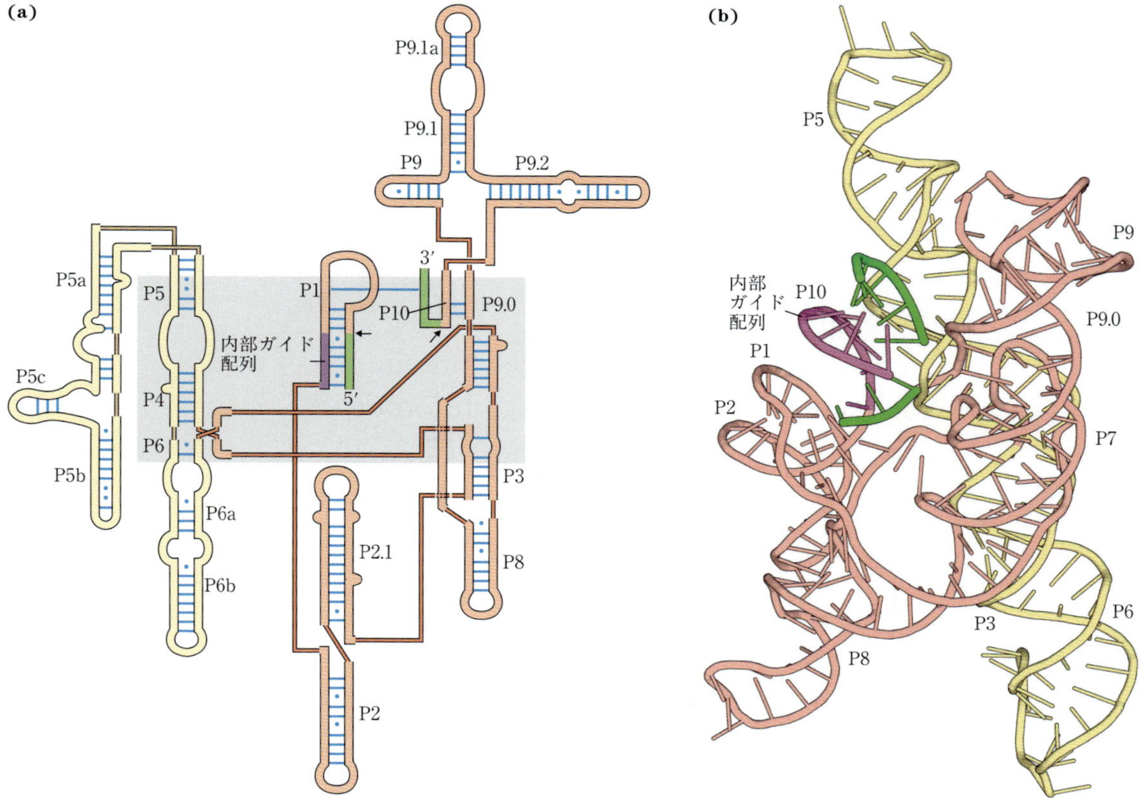

図 26-29　テトラヒメナの自己スプライシング rRNA イントロンの二次構造

(a) 反応開始直前の二次構造を二次元的に示したもの．イントロンの配列を黄色と淡赤色で，隣り合うエキソンの配列を緑色で，活性部位で反応する部分を引き寄せる内部ガイド配列を紫色で示してある．細い淡赤色の線は，連続する配列において隣接するヌクレオチド間の結合を表している（二次元でこのように複雑な分子を示すために必要な工夫である）．短い青色の線は通常の塩基対形成を表し，青色の点は G-U 塩基対を表している．すべてのヌクレオチドを示してある．自己スプライシング活性の触媒中心を灰色の網かけで表してある．この RNA 分子に関して確立されている慣例に従って，いくつかの塩基対形成領域には番号を付けてある（P1, P3, P2.1, P5a など）．P1 領域は内部ガイド配列（紫色）を含み，5′スプライシング部位（黒色矢印）に位置している．内部ガイド配列の一部が，3′エキソンの末端と塩基対を形成して，5′と 3′スプライシング部位（黒色矢印）を互いに近接させる．**(b)** 同じイントロンの反応中間体の三次元構造．グアノシンによる切断後（図 26-14）で，エキソンが連結する直前の状態を示してある．各領域を（a）と同様に色付けしてある．［出典：(a) PDB ID 1GID, J. H. Cate et al., *Science* **273**: 1678, 1996.（b）PDB ID 1U6B, P. L. Adams et al., *Nature* **430**: 45, 2004.］

グループⅠイントロンの酵素学的性質　自己スプライシングを行うグループⅠイントロンは，反応速度を促進するという酵素の特徴のほかにも，いくつかの酵素の特徴を示す．例えば，速度論的な特性や特異性などである．グアノシン補因子（図 26-13）のテトラヒメナのグループⅠ rRNA イントロンへの結合は飽和性（$K_m < 30\ \mu M$）であり，3′-デオキシグアノシンによって競合阻害される．このイントロンは極めて正確な切断反応を行うが，この理由は主に 5′スプライシング部位近くのエキソン配列と塩基対を形成できる**内部ガイド配列** internal guide sequence という領域があるためである（図 26-29）．この塩基対形成は，切断されて再連結される特定の結合の正しい配置を促進する．

イントロン自体はスプライシング反応の際に化

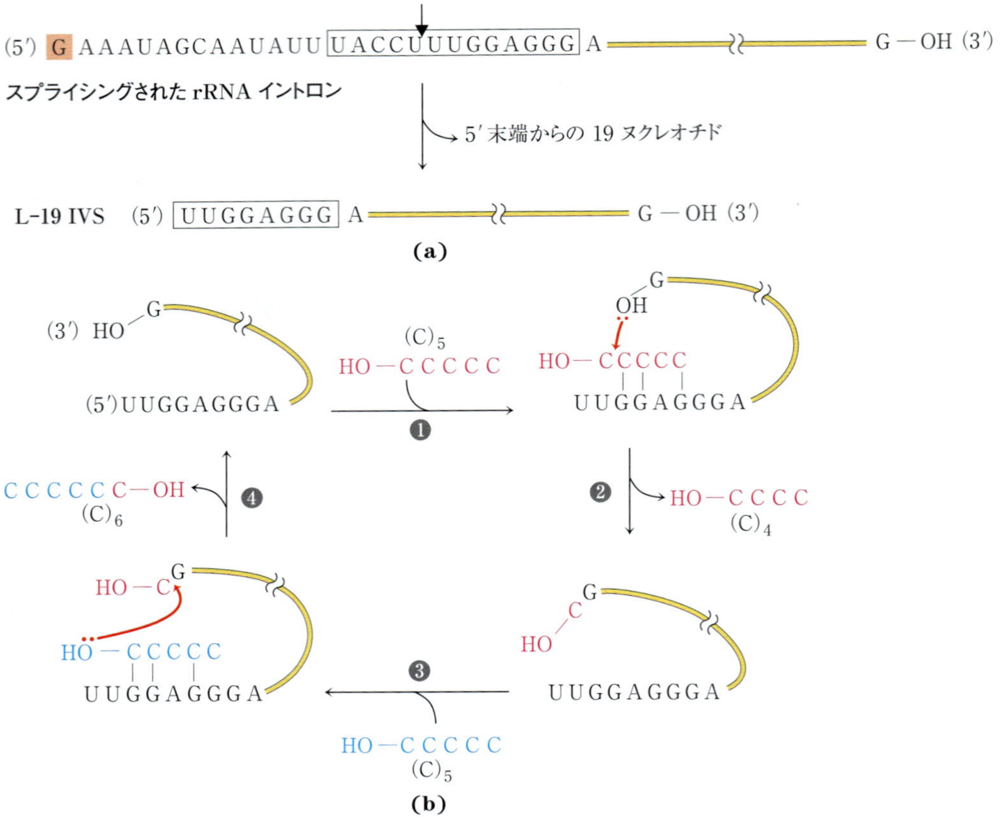

図 26-30 L-19 IVS の *in vitro* における触媒活性

(a) L-19 IVS は，スプライシングされたテトラヒメナのイントロンの 5′末端から 19 ヌクレオチドが自己触媒的に除去されて生じる．切断部位は，内部ガイド配列（枠囲みされている）上に矢印で表示してある．スプライシング反応の最初のステップで付加された G 残基（淡赤色の網かけ）は，ここで除去される配列に含まれる（図 26-14 参照）．内部ガイド配列の一部は，L-19 IVS の 5′末端に残る．**(b)** L-19 IVS は，エステル転移反応のサイクルによって，一方のオリゴヌクレオチドを短くする代わりに，他方のオリゴヌクレオチドを伸長させる（ステップ❶〜❹）．L-19 IVS の 3′末端にある G 残基の 3′-OH 基が，このサイクル反応において重要な役割を演じる（スプライシングによって付加される G 残基はこの G ではないことに注意）．$(C)_5$ はイントロン内に残っているガイド配列と塩基対を形成できるので，リボザイムのよい基質の一つである．この触媒活性はおそらく細胞にとって意味はないが，進化に関する最近の仮説にとっては重要な意味がある（本章の最後で考察する）．

学的な変化（末端の切断）を受けてしまうので，イントロンは酵素のもつ基本的な性質の一つ，すなわち反応を何回も触媒できるという性質を欠くように思われる．詳しく調べると，テトラヒメナ rRNA の 414 ヌクレオチドのイントロンは，切り出された後に *in vitro* では本来の意味での酵素として働くことが明らかになった（しかし，*in vivo* では速やかに分解される）．切り出されたイントロン上では一連の分子内環状化と切断反応が進行して，5′末端の 19 ヌクレオチドが失われる．残りの 395 ヌクレオチドから成る直鎖状 RNA は L-19 IVS（intervening sequence）と呼ばれ，あるオリゴヌクレオチド鎖を伸ばす代わりに他のオリゴヌクレオチド鎖を短くするというヌクレオチド転移反応を促進する（図 26-30）．最適の基質は，合成 $(C)_5$ オリゴマーのようなオリゴヌクレオチドである．このオリゴヌクレオチドは，自己スプライシングを行う 5′-エキソンを保持しているグアニンに富む内部ガイド配列と塩基対を形成できる．

L-19 IVS リボザイムの酵素活性は，自己スプライシングに機構的に似たエステル転移反応のサイクルを行うことである．各リボザイム分子は1時間あたり約100個の基質分子を処理でき，反応中に変化することはない．すなわち，このイントロンは真の触媒である．このイントロンはミカエリス・メンテンの速度論に従い，RNA オリゴヌクレオチド基質に特異的であり，さらには競合的に阻害される．k_{cat}/K_m（特異性定数）は，10^3 M^{-1} s^{-1}であり，多くの酵素と比べると小さな値だが，非触媒反応と比べるとリボザイムは加水分解を10^{10}倍も促進する．リボザイムは，タンパク質酵素において用いられる方策である基質配向性，共有結合触媒および金属イオン触媒を利用する．

他のリボザイムの特徴　大腸菌の RN アーゼ P は，M1 RNA（377 ヌクレオチド）という RNA 成分とタンパク質成分（分子量 17,500）から成る．1983年に，Sidney Altman と Norman Pace らは，ある実験条件下では M1 RNA だけでも触媒として十分であり，tRNA 前駆体を正確な位置で切断することを発見した．タンパク質成分は RNA を安定化するため，あるいは細胞内での RNA の機能を促進するために必要と考えられる．RN アーゼ P のリボザイムは，CCA 配列をもつ tRNA 前駆体基質の三次元構造を認識して，多様な tRNA から 5′リーダー配列を除去できる（図 26-26）．

解明されたリボザイム触媒様式のレパートリーは増え続けている．植物 RNA ウイルスに会合している小さな RNA であるウイルソイド virusoid のある種のものは，自己切断反応を促進する構造を含む．図 26-28 に図示するハンマーヘッド型リボザイムはその一例であり，内部のホスホジエステル結合の加水分解を触媒する．自己切断を行うリボザイムには，構造的に少なくとも九つのクラスがある．これらはすべて一般酸塩基触媒（図 6-8 参照）を利用して，2′-ヒドロキシ基の隣接するホスホジエステル結合への攻撃を促進する．スプライソソームで起こるスプライシング反応は，U2，U5，U6 snRNA によって形成される触媒中心に依存する（図 26-16）．そして Chap. 27 で述べるように，RNA 成分はタンパク質合成を触媒することがある．

触媒 RNA の研究結果は，触媒機能全般に関する新たな概念をもたらすとともに，地球上の生命の起源と進化に関しても重要な考察をもたらした．この話題については Sec. 26.3 で考察する．

細胞内の mRNA はそれぞれ異なる速度で分解される

遺伝子発現は多くのレベルで調節される．遺伝子発現を支配する重要な因子は，その遺伝子に対応する mRNA の細胞内濃度である．どのような mRNA 分子の細胞内濃度も二つの要因によって決まる．すなわち合成速度と分解速度である．mRNA の合成と分解の均衡が保たれているとき，その mRNA の濃度は定常状態にとどまる．どちらかの速度が変化すると，mRNA の実質的な蓄積または欠乏につながる．分解経路は，mRNA が細胞内で増えすぎないようにし，不必要なタンパク質を合成しないようにしている．

真核生物の遺伝子に由来する mRNA の分解速度は，mRNA ごとに大きく異なる．ごく短時間だけ必要な遺伝子産物については，その mRNA の半減期はわずか数分か数秒の単位のことさえもある．細胞が常に必要とする遺伝子産物の mRNA は，何世代にもわたって細胞内で安定なこともある．脊椎動物細胞の mRNA の半減期の平均は約3時間であり，各 mRNA の細胞内プールは，細胞の世代ごとに約10回代謝回転する．細菌 mRNA の半減期ははるかに短く，約1.5分にすぎないが，おそらくは調節に必要なためである．

メッセンジャーRNAは，すべての細胞内に存在するリボヌクレアーゼによって分解される．大腸菌では，エンドリボヌクレアーゼによる数か所の切断の後に，3′→5′エキソリボヌクレアーゼによる分解が起こる．下等真核生物における主要な分解経路では，最初にポリ(A)尾部領域が短縮され，次に5′末端キャップの除去およびmRNAの5′→3′方向への分解が起こる．3′→5′分解経路も存在しており，高等真核生物では主要な経路であろう．すべての真核生物では，最大10種類までの保存された3′→5′エキソリボヌクレアーゼが複合体を形成しており，**エキソソーム複合体** exosome complexと呼ばれる（訳者注：細胞外小胞のエキソソーム（エキソソーム小胞）と混同してはならない）．この複合体は，rRNAとtRNAと特別な機能をもついくつかのRNA（snRNAとsnoRNAを含む）の3′末端のプロセシング，およびmRNAの分解に関与する．

ρ非依存性ターミネーターをもつ細菌mRNAに存在するヘアピン構造（図26-7）は，mRNAに安定性を付与して，分解に対して抵抗性にする．似たようなヘアピン構造が一次転写物の特定の領域を安定化して，転写物が一様に分解されないようにしている．真核細胞では，3′ポリ(A)尾部領域および5′キャップ構造が，多くのmRNAの安定性にとって重要である．

ポリヌクレオチドホスホリラーゼはランダムな配列をもつRNAポリマーをつくる

1955年に，Marianne Grunberg-ManagoとSevero Ochoaは，**ポリヌクレオチドホスホリラーゼ** polynucleotide phosphorylaseという細菌の酵素を発見した．この酵素は，*in vitro*で次の反応を触媒する．

Marianne Grunberg-Manago（1921－2013）
［出典：Philippe Eranian/Sygma/Corbis.］

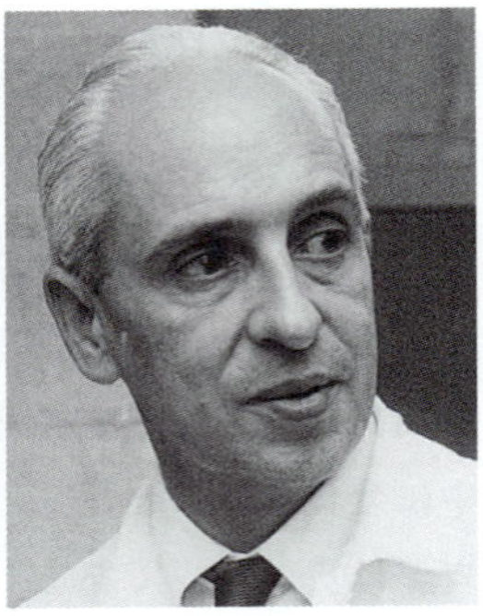

Severo Ochoa
（1905－1993）
［出典：AP Images.］

$$(\mathrm{NMP})_n + \mathrm{NDP} \rightleftharpoons \underset{\text{伸長した ポリヌクレオチド鎖}}{(\mathrm{NMP})_{n+1}} + \mathrm{P_i}$$

ポリヌクレオチドホスホリラーゼは，初めて発見された核酸合成酵素である（Arthur KornbergによるDNAポリメラーゼの発見は，その後まもなくしてであった）．ポリヌクレオチドホスホリラーゼにより触媒される反応は，鋳型に依存しないという点で，これまで述べてきたポリメラーゼ活性とは本質的に異なる．この酵素はリボヌクレオシド5′-二リン酸を基質として用い，リボヌクレオンド5′-三リン酸やデオキシリボヌクレオシド5′-二リン酸は基質としない．ポリヌクレオチドホスホリラーゼによって合成されるRNAポリマーは，通常の3′, 5′-ホスホジエステル結合をもち，この結合はリボヌクレアーゼによって加水分解される．反応は容易に可逆的であり，リン酸濃度を高めることによって，ポリヌクレオチドを分解する方向に反応を転換できる．この酵素の細胞内での機能は，おそらくはmRNAを分解してヌクレオシド二リン酸にすることである．

ポリヌクレオチドホスホリラーゼによる反応は鋳型を用いないので，特定の塩基配列をもつポリマーを合成することはできない．反応は4種類のリボヌクレオシド二リン酸のうち，1種類でもすべてでも，同じように進行する．この酵素によって合成されるポリマーの塩基組成は，反応液中の 5′-二リン酸基質の相対濃度に比例する．

ポリヌクレオチドホスホリラーゼは，異なる塩基の配列や組成をもつ多種類の RNA ポリマーを実験室において調製するために利用される．合成 RNA ポリマーはアミノ酸に対応する遺伝暗号を解読する過程で利用され，重要な役割を演じた (Chap. 27)．

まとめ

26.2　RNA プロセシング

- 真核生物の mRNA は，5′末端に 7-メチルグアノシン残基の付加による修飾を受ける．そして 3′末端では切断とポリ(A)付加による修飾を受け，長いポリ(A)尾部領域が形成される．
- 多くの一次 mRNA 転写物はスプライシングによって除去されるイントロン（非コード領域）を含む．ある種の rRNA で見られるグループ I イントロンの切り出しには，グアノシン補因子が必要である．グループ I とグループ II のイントロンのいくつかには自己スプライシング能があり，タンパク質酵素を必要としない．核内 mRNA 前駆体は，第三のクラスのイントロン（最大のグループ）をもっており，集合してスプライソソームを形成する snRNP と称される RNA-タンパク質複合体によってスプライシングを受ける．第四のクラスのイントロンは一部の tRNA に見られ，タンパク質酵素によるスプライシングを受けることが知られている唯一のクラスである．
- 真核生物の多くの mRNA の機能は，相補的なマイクロ RNA（miRNA）によって調節される．miRNA 自体は，大きな前駆体から一連のプロセシング反応を受けてつくられる．
- リボソーム RNA と転移 RNA は，長い前駆体 RNA からヌクレアーゼによるトリミングを受けて生成する．この成熟過程で，一部の塩基が酵素による修飾を受ける．いくつかのヌクレオシド修飾は，snoRNP というタンパク質複合体内に存在する snoRNA によって指令される．
- 自己スプライシングイントロンと RN アーゼ P（tRNA 前駆体の 5′末端を切断する）の RNA 成分は，リボザイムの二つの例である．これらの生物学的触媒は，真の意味での酵素の特性を備えている．これらは RNA を基質として用いて，加水分解とエステル転移を行う．これらを組み合わせた反応がテトラヒメナ rRNA から切り出されたグループ I イントロンによって促進され，結果的にある種の RNA 重合反応が起こる．
- ポリヌクレオチドホスホリラーゼは，ポリマーの 3′-ヒドロキシ末端にリボヌクレオチドを付加したり除去したりすることによって，RNA ポリマーをリボヌクレオシド 5′-二リン酸から可逆的に合成する．この酵素は，*in vivo* では RNA を分解する．

26.3　RNA 依存的な RNA と DNA の合成

ここまでの DNA と RNA の合成に関する考察では，鋳型鎖の役割を DNA のみに限定していた．しかし，核酸合成において RNA 鋳型を用いる酵素もある．RNA ゲノムをもつウイルスが極めて重要な例外であり，これらの酵素は情報伝達経路において目立った働きをすることはない．これまでに最もよく解析されている RNA 依存性ポリメラーゼは RNA ウイルス由来のものである．

RNA 複製の存在によって，セントラルドグマの入念な手直しが必要になった（図 26-31；p. 1370 の図と比較）．RNA 複製の過程に関与する酵素は，前生命期に存在した可能性がある自己複製分子の本質について論じる際にも深い関係がある．

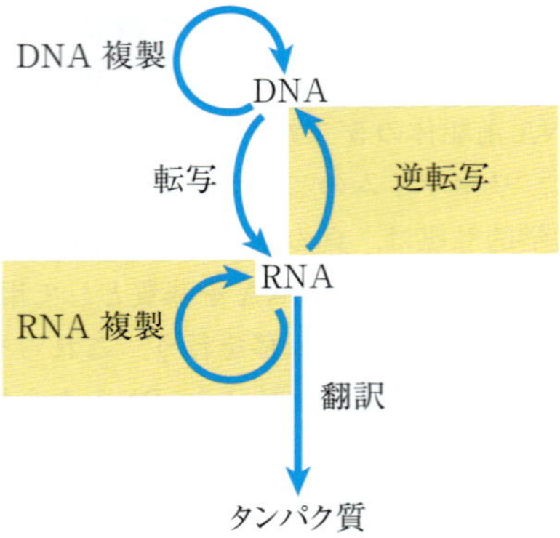

図 26-31

RNA と DNA の RNA 依存的な合成も含めたセントラルドグマの拡張.

Howard Temin
(1934－1994)
[出典：Corbis/UPI/Bettmann.]

David Baltimore
[出典：AP Photo.]

逆転写酵素はウイルス RNA から DNA を合成する

動物細胞に感染するある種の RNA ウイルスは，ウイルス粒子内に**逆転写酵素** reverse transcriptase という RNA 依存性 DNA ポリメラーゼをもっている．感染に際して，一本鎖 RNA ウイルスゲノム（約 10,000 ヌクレオチド）とこの酵素が宿主細胞内に入る．逆転写酵素は，まずウイルス RNA に相補的な DNA 鎖の合成を触媒し（図 26-32），次に同じ酵素が生成した RNA-DNA ハイブリッドの RNA 鎖を分解して DNA に置き換える．このようにして生じた二本鎖 DNA は，しばしば宿主真核細胞のゲノムに取り込まれる．これらの組み込まれた（そして休眠状態の）ウイルス遺伝子が活性化されて転写され，遺伝子産物であるウイルスタンパク質とウイルス RNA ゲノム自体がパッケージングされて，新たなウイルスになる．逆転写酵素をもつ RNA ウイルスは，**レトロウイルス** retrovirus（レトロ *retro* は「逆向き」を意味するラテン語）として知られている．

RNA ウイルスに逆転写酵素が存在することは，1962 年に Howard Temin によって予見され，1970 年に Temin と David Baltimore が独自にその酵素の存在を証明した．彼らの発見は，遺伝情報が RNA から DNA へと「逆方向に」流れることができるという，セントラルドグマを揺るがすような証明としてとりわけ注目を浴びた．

レトロウイルスは，一般的に三つの遺伝子，すなわち *gag*（グループ関連抗原 group associated antigen という歴史的な命名に由来する名称），*pol* および *env*（図 26-33）から成る．*gag* と *pol* を含む転写物は，長い「ポリタンパク質 poly protein」として翻訳される．この大きな単一ポリペプチドは，切断されて別個の機能を有する 6 種類のタンパク質になる．*gag* 遺伝子由来のタンパク質は，ウイルス粒子の内部殻（コア）を形成する．*pol* 遺伝子は，長いポリペプチド鎖を切断するプロテアーゼ，宿主染色体にウイルス DNA を組み込むインテグラーゼ，および逆転写酵素をコードする．多くの逆転写酵素は，二つのサブユニット，α と β から成る．*pol* 遺伝子は β サブユニット（分子量 90,000）をコードし，α サブユニット（分子量 65,000）は β サブユニットの単なるタンパク質分解産物にすぎない．*env* 遺伝子はウイルス外被（エンベロープ envelope）のタンパク質をコードする．直鎖状 RNA ゲノムの各末端には，数百ヌクレオチドの長さの長鎖末端反復配列 long terminal repeat（LTR）がある．二本鎖

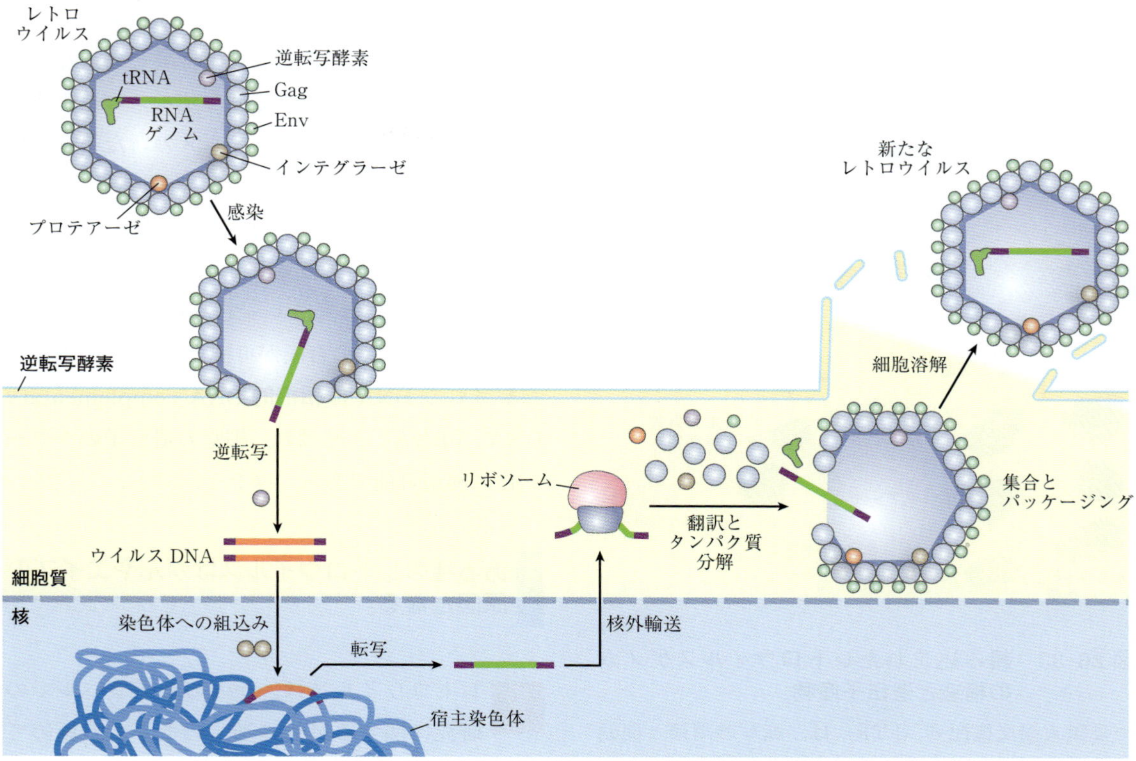

図 26-32 レトロウイルスの哺乳類細胞への感染と宿主染色体への組込み

宿主細胞に侵入するウイルス粒子は，ウイルスの逆転写酵素，およびウイルス RNA と前もって塩基対を形成した細胞の tRNA（直前に感染した宿主細胞から取り込んだもの）を保持している．紫色の領域は，ウイルス RNA 上の長鎖末端反復配列を表す．本文で述べるように，この tRNA は，逆転写酵素の作用によるウイルス RNA の二本鎖 DNA への迅速な変換を促進する．二本鎖 DNA は核内に入り，宿主ゲノムに組み込まれる．この組込みは，ウイルスにコードされるインテグラーゼによって触媒される．ウイルス DNA の宿主への組込みは，細菌染色体へのトランスポゾンの挿入と機構的に似ている（図 25-42）．例えば，宿主 DNA の数塩基対が組込み部位で重複するようになり，挿入されたレトロウイルス DNA の各末端で短い（4 ～ 6 bp）反復配列を形成する（図には示していない）．宿主染色体に組み込まれたウイルス DNA の転写と翻訳に伴って新しいウイルス粒子が形成され，細胞の溶解（右側）によって放出される．ウイルス RNA は，Gag というキャプシドタンパク質，および Env という外被タンパク質によって包まれている．他のウイルスタンパク質（逆転写酵素，インテグラーゼ，およびウイルスタンパク質の翻訳後プロセッシングに必要なウイルスプロテアーゼ）は，RNA とともにウイルス粒子内にパッケージングされる（詰め込まれる）．

DNA へと転写されたこれらの配列は，宿主 DNA へのウイルスゲノムの組込みを促進し，ウイルス遺伝子発現のためのプロモーターを含む．

逆転写酵素は次の三つの異なる反応を触媒する．(1) RNA 依存的な DNA 合成，(2) RNA 分解，そして (3) DNA 依存的な DNA 合成である．多くの DNA ポリメラーゼや RNA ポリメラーゼと同様に，逆転写酵素は Zn^{2+} を含む．各逆転写酵素は由来するウイルスの RNA に対して最も高い活性を示すが，実験的にはさまざまな RNA に対して相補的な DNA 鎖をつくるために利用可能である．DNA 合成，RNA 合成，および RNA 分解の活性には，タンパク質上の別々の活性部位が利用される．逆転写酵素は，DNA 合成開始のためにプライマーを必要とする．このプライマーは直前の感染時に獲得された細胞の tRNA であり，

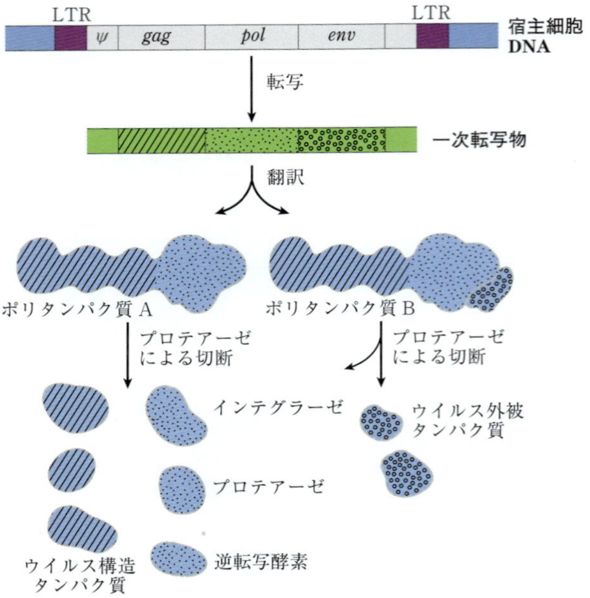

図 26-33 組み込まれたレトロウイルスゲノムの構造と遺伝子産物

長鎖末端反復配列（LTR）は，転写の調節と開始に必要な配列を有する．ψで表される配列は，レトロウイルス RNA を成熟ウイルス粒子内にパッケージングするために必要である．レトロウイルス DNA の転写によって，*gag*, *pol* および *env* 遺伝子群にまたがる一次転写物ができる．その翻訳（Chap. 27）によって *gag* と *pol* 遺伝子由来の 1 本のポリペプチド鎖（ポリタンパク質）が産生され，これが切断されて 6 個の異なるタンパク質になる．一次転写物のスプライシングによって，主に *env* 遺伝子に由来する mRNA が生成する．これもポリタンパク質へと翻訳され，切断されてウイルス外被タンパク質になる．

ウイルス粒子内に含まれている．この tRNA の 3′末端とウイルス RNA の相補的配列とが塩基対を形成する．新生 DNA 鎖は，すべての RNA ポリメラーゼや DNA ポリメラーゼの反応と同じく 5′→3′方向に合成される．RNA ポリメラーゼと同様に，逆転写酵素はプルーフリーディング（3′→5′方向のエキソヌクレアーゼ）活性をもたない．そのために，通常は約 20,000 ヌクレオチドの付加あたり 1 回の割合で塩基取込みの誤りを起こす．DNA 複製に関して，このように高い誤り率は極めて異常であるが，RNA ウイルスのゲノムを複製するほとんどの酵素の特徴といえるようである．突然変異率が高くてウイルスの進化速度が増すので，病原レトロウイルスの新たな株の出現頻度が高い一因になっている．

逆転写酵素は，DNA-RNA の関係の研究や DNA クローニング技術において重要な試薬となっている．この酵素によって，mRNA 鋳型に対して相補的な DNA の合成が可能である．この方法で調製された DNA は**相補的 DNA** complementary DNA（**cDNA**）と呼ばれ，細胞の遺伝子のクローン化に利用可能である（図 9-14 参照）．

ある種のレトロウイルスはがんやエイズの原因となる

レトロウイルスは，がんの分子レベルでの研究に関する最近の進歩のなかで，極めて重要な役割を演じてきた．ほとんどのレトロウイルスは宿主細胞を殺さずに，細胞 DNA 中に組み込まれたままであり，細胞分裂の際に一緒に複製される．レトロウイルスのうちで RNA 腫瘍ウイルスに分類されるものは，細胞を異常増殖させることのできるがん遺伝子 oncogene を含む．この種のレトロウイルスで最初に研究されたのは，ラウス肉腫ウイルス（トリ肉腫ウイルスともいう；図 26-34）である．このウイルスは，現在ではこのウイルスが原因で発生することが知られているトリ腫瘍を研究していた F. Peyton Rous にちなんで命名された．Harold Varmus と Michael Bishop が初めてがん遺伝子を発見して以来，多数のがん遺伝子がレトロウイルスで見つかっている．

ヒト免疫不全ウイルス human immunodeficiency virus（HIV）は，後天性免疫不全症候群 acquired immune deficiency syndrome（エイズ AIDS）の原因となるレトロウイルスである．1983 年に同定された HIV は，レトロウイルスの

図 26-34 ラウス肉腫ウイルスのゲノム

src 遺伝子はチロシンキナーゼをコードする．この酵素は，細胞分裂，細胞間相互作用および細胞間情報伝達を制御する系で機能する酵素群の一つである（Chap. 12）．*src* 遺伝子と同じ遺伝子がニワトリ DNA（このウイルスの通常の宿主）やヒトを含む多くの真核生物ゲノム中に見られる．ラウス肉腫ウイルスが感染すると，このがん遺伝子は異常に高いレベルで発現するようになり，無制限な細胞分裂とがんを引き起こす．

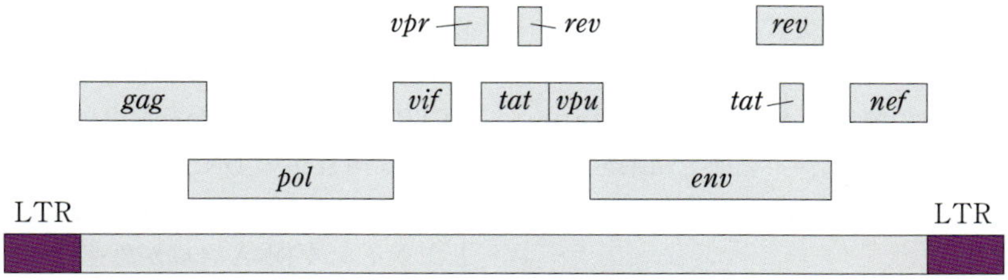

図 26-35 エイズの原因ウイルスである HIV のゲノム

レトロウイルスの典型的な遺伝子のほかに，HIV にはさまざまな機能をもついくつかの小さな遺伝子が存在する（この図には示していない．また全部が解明されてはいない）．これらの遺伝子のいくつかは互いに重なりあっている．この小さなゲノム（9.7×10^3 ヌクレオチド）から多くの異なるタンパク質が選択的スプライシング機構によって生成する．

標準的な遺伝子のほかに，RNA ゲノム上にいくつかの特有の遺伝子も含む（図 26-35）．他の多くのレトロウイルスとは異なり，HIV はがんの原因になるよりも，むしろ感染細胞（主に T リンパ球）の多くを殺してしまう．これによって，宿主生物の免疫系を徐々に抑制していく．HIV の逆転写酵素は，他の既知の逆転写酵素よりも誤りを起こしやすい（10 倍以上）ので，このウイルスの変異率は高い．このウイルスのゲノムが複製されるごとに，通常は一つ以上の誤りが起こるので，任意の二つのウイルス RNA 分子を比較すると，ほとんどの場合で異なっている．

ウイルス感染に対する最近のワクチンの多くは，Chap. 9 で解説した方法によって産生したウイルスの外被タンパク質を一つまたは複数含む．これらのタンパク質は，それ自体には感染性はないが，ウイルス感染を感知して次回のウイルスの侵入に抵抗する免疫系を刺激する（Chap. 5）．HIV の逆転写酵素の誤り率は高いので，このウイルスの *env* 遺伝子は（残りのゲノムとともに）非常に速く変異する．そのために，有効なワクチンの開発が難しい．しかし一方で，HIV 感染が成立するためには，細胞感染と複製が繰り返される必要があるので，ウイルス酵素の阻害は現在利用されている最も有効な治療法である．HIV プロテアーゼは，プロテアーゼ阻害薬という薬物のクラスの標的になる（図 6-25 参照）．また逆転写酵素も，現在 HIV 感染者の治療に広く利用されている複数の医薬品の標的である（Box 26-2）．■

多くのトランスポゾン，レトロウイルスおよびイントロンは進化的に共通の起源をもつようである

酵母からショウジョウバエに至るまでの多様な真核生物に由来するいくつかのよく解析された DNA トランスポゾンは，レトロウイルスとよく

BOX 26-2 医 学
HIV 逆転写酵素の阻害薬を用いてのエイズとの戦い

鋳型依存的な核酸生合成の化学に関する研究は，分子生物学の最近の技術と相まって，ヒト免疫不全ウイルス（HIV），すなわちエイズを引き起こすレトロウイルスの生活環と構造の解明をもたらした．HIV が単離されてからわずか数年後に，この研究結果をもとにして HIV に感染した患者の延命が可能な薬物が開発された．

最初に臨床治療用に承認された医薬品は，AZT というデオキシチミジンの構造アナログであった．AZT は Jerome P. Horwitz によって 1964 年に初めて合成された．これは当初の目的であった抗がん薬としては使えなかったが，1985 年にエイズの治療に関して有効であることが発見された．AZT は T リンパ球（HIV 感染を特に受けやすい免疫系細胞）に取り込まれ，AZT 三リン酸に変換される（この AZT 三リン酸は，細胞膜を透過できないので，直接投与しても効かない）．HIV の逆転写酵素は dTTP よりも AZT 三リン酸に対して高い親和性を有し，AZT 三リン酸は dTTP の酵素への結合を競合的に阻害する．さらに，AZT は伸長中の DNA 鎖の 3′末端に付加されると，3′-ヒドロキシ基がないために DNA 合成は途中で終結し，ウイルス DNA 合成が急速に停止する．

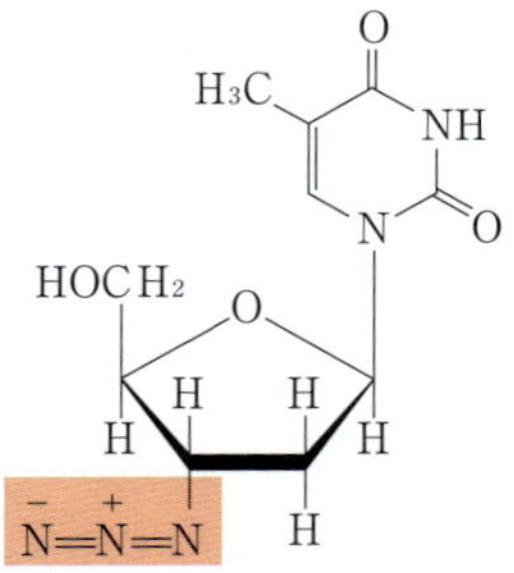

3′-アジド-2′, 3′-ジデオキシチミジン（AZT）

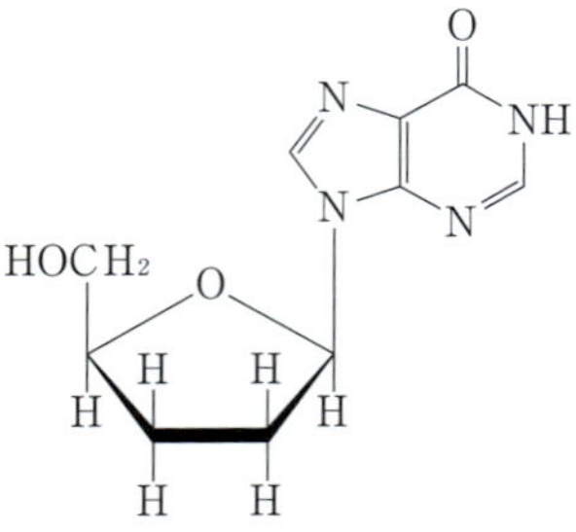

2′, 3′-ジデオキシイノシン（DDI）

AZT 三リン酸は T リンパ球自体にはあまり毒性を示さない．なぜならば，細胞の DNA ポリメラーゼは dTTP に対するよりも AZT 三リン酸に対する親和性が低いからである．AZT は 1 ～ 5 μM 濃度で HIV の逆転写酵素に対して有効であるが，この濃度ではほとんどの細胞 DNA の複製には影響を及ぼさない．残念なことに，この薬物は赤血球の前駆細胞となる骨髄細胞に対して毒性を示すので，AZT を投与された多くの患者が貧血になる．AZT は進行したエイズ患者の生存期間を 1 年ほど延長できる．また HIV 感染の初期段階にあるヒトのエイズ発症を遅らせる．ジデオキシイノシン（DDI）などのいくつかのエイズ治療薬も同様の作用機構を有する．さらに新しい薬物は，HIV プロテアーゼを標的として不活性化する．HIV の逆転写酵素が高率で誤った塩基を取り込み，それが原因で HIV の進化は速いので，HIV 感染の最も有効な治療法はプロテアーゼに対する薬物と逆転写酵素に対する薬物の併用である．

似た構造を有する．これらは，時にはレトロトランスポゾン retrotransposon と呼ばれる（図 26-36）．レトロトランスポゾンは，レトロウイルスの逆転写酵素と相同な酵素をコードし，そのコード領域は LTR 配列によって挟まれている．これらのトランスポゾンは，RNA 中間体を介して細胞ゲノム上をある位置から別の位置へと転移するが，おそらく逆転写酵素を用いて RNA 中間体の DNA コピーをつくり，これが新たな部位に組み込まれて転移するのであろう．真核生物のほとんどのトランスポゾンはこの機構を用いて転移するが，この機構は細菌のトランスポゾンが染色体上のある位置から別の位置へと DNA として直接移動していく機構とは異なる（図 25-42 参照）．

レトロトランスポゾンは *env* 遺伝子を欠いているので，ウイルス粒子を形成できない．そこで，

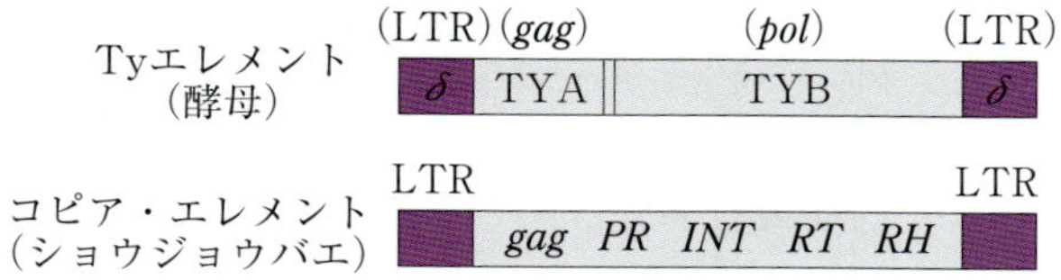

図 26-36　真核生物のトランスポゾン

出芽酵母 *Saccharomyces* の Ty エレメントとショウジョウバエ *Drosophila* のコピアエレメントを真核生物のレトロトランスポゾンの例として示す．これらはしばしばレトロウイルスと似た構造をもつが，*env* 遺伝子を欠いている．Ty エレメントの δ 配列は，レトロウイルスの LTR と機能的に同等である．コピアエレメント中の *INT* と *RT* は，*pol* 遺伝子のインテグラーゼと逆転写酵素にそれぞれ相同である．

レトロトランスポゾンは，細胞内に捕らえられた欠損ウイルスと考えることもできる．レトロウイルスと真核生物トランスポゾンを比較してみると，逆転写酵素は多細胞生物の進化に先んじた古い酵素であることが示唆される．

多くのグループⅠイントロンとグループⅡイントロンも可動性の遺伝性因子である．自己スプライシング能に加えて，これらのイントロンは移動を促進する DNA エンドヌクレアーゼをコードしている．同一生物種の細胞間の遺伝子交換や，寄生生物などによって細胞内に DNA が送り込まれる際に，これらのエンドヌクレアーゼは，イントロンを含まない相同遺伝子のもう一方の DNA コピー中にある同一部位へのイントロンの挿入を促進する．この過程は**ホーミング** homing と呼ばれる（図 26-37）．グループⅠイントロンのホーミングは DNA 段階で起こるが，グループⅡイントロンのホーミングは RNA 中間体を介して起こる．グループⅡイントロンのエンドヌクレアーゼは，逆転写酵素活性を併せもっている．このタンパク質は，イントロンが一次転写物からスプライシングを受けて遊離すると，そのイントロン RNA 自体と複合体を形成する．このホーミング過程には，DNA への RNA イントロンの挿入とそのイントロンの逆転写反応が関与するので，これらのイントロンの転移はレトロホーミング retrohoming と呼ばれる．時間が経つにつれて，同一生物集団内の特定遺伝子のあらゆるコピーは，イントロンを獲得することになるであろう．はるかに低い確率ではあっても，イントロンが無関係な遺伝子の新たな部位に挿入されるかもしれない．この挿入によって宿主細胞が死ぬことがなければ，新たな部位へのイントロンの追加分布とそれによる進化が起こる．動くイントロンの構造とその反応機構から，少なくともいくつかのイントロンは，祖先がレトロウイルスとトランスポゾンにたどり着く分子寄生体に由来するという概念が支持される．

テロメラーゼは特殊な逆転写酵素である

テロメア telomere は，直鎖状の真核生物染色体の両末端にあり（図 24-8 参照），通常は短いオリゴヌクレオチド配列が多コピー連なった構造である．一般に，一方の鎖の配列は T_xG_y，その相補鎖は C_yA_x（ここで x と y は，一般に 1 ～ 4 の範囲内にある）である（p. 1381）．テロメアの長さは，ある種の繊毛性原生動物における数十塩基対から，哺乳類の数万塩基対までさまざまである．TG 鎖はその相補鎖よりも長く，TG 鎖の 3′ 末端には数百ヌクレオチドもの一本鎖 DNA 領域が存在する．

直鎖状染色体の両末端は，そのままでは細胞の DNA ポリメラーゼによって容易には複製されない．すなわち DNA 複製には鋳型とプライマーが必要だが，直鎖 DNA 分子（二本鎖）から末端側にかけては，RNA プライマーと塩基対を形成できる鋳型はない．この末端部分を複製できる特別な機構がなければ，染色体は細胞の世代ごとに少しずつ短くなるであろう．Carol Greider と Elizabeth Blackburn が発見した酵素**テロメラーゼ** telomerase は，染色体末端にテロメアを付加

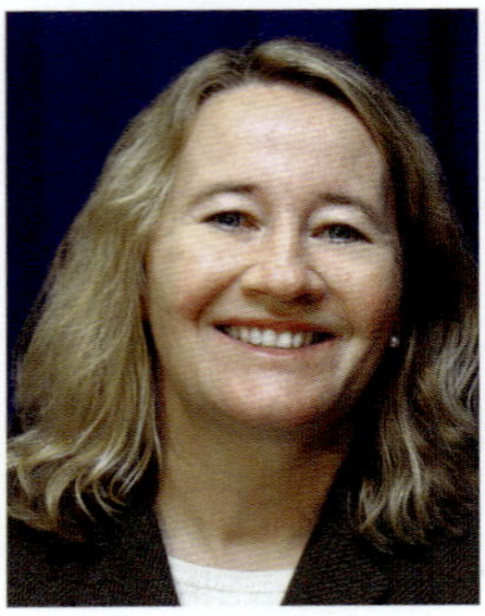

Carol Greider
［出典：Carol Greider の厚意による．］

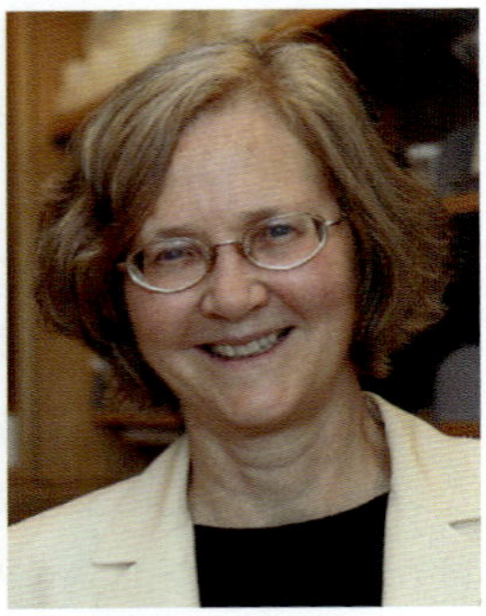

Elizabeth Blackburn
［出典：Elisabeth Fall/Fallfoto.com.］

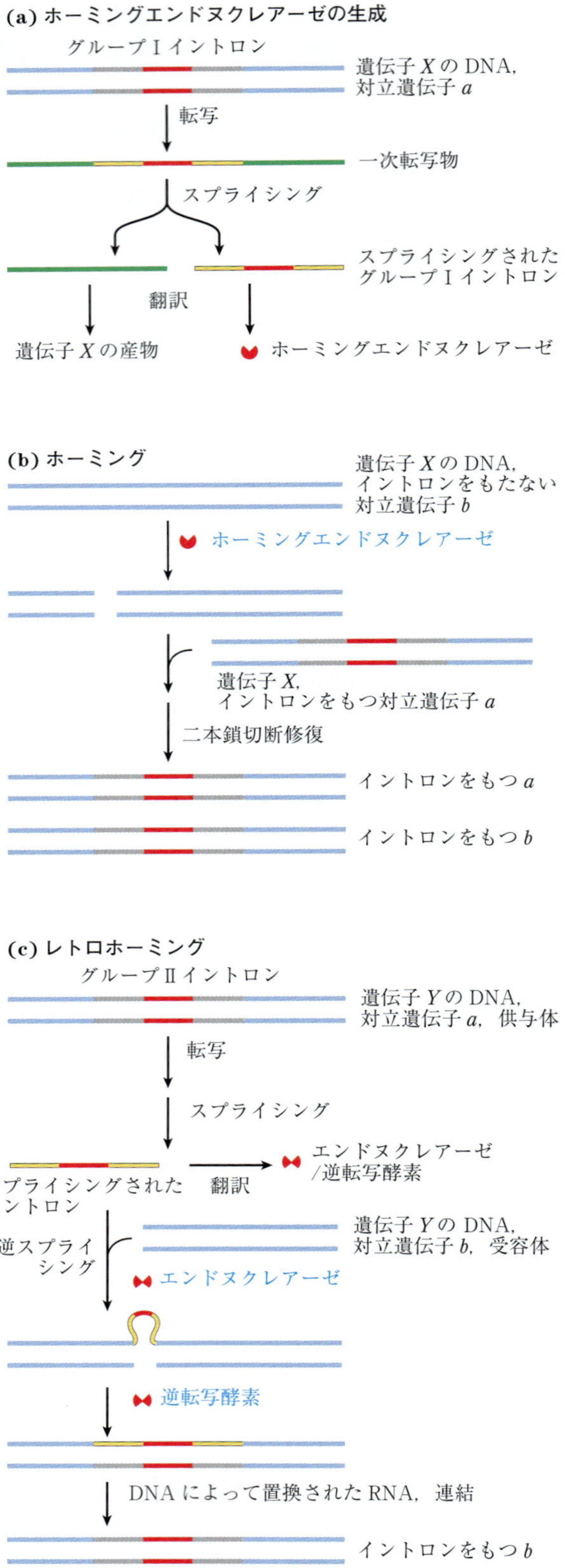

図 26-37　動くイントロン：ホーミングとレトロホーミング

ある種のイントロンは，ホーミング（グループⅠイントロン）とレトロホーミング（グループⅡイントロン）を促進する酵素の遺伝子（赤色で表示）を含む．**(a)** スプライシングされたイントロンに含まれる遺伝子がリボソームに結合して翻訳される．グループⅠホーミングイントロンは，ホーミングエンドヌクレアーゼという部位特異的エンドヌクレアーゼをコードする．グループⅡレトロホーミングイントロンは，エンドヌクレアーゼと逆転写酵素（図には示していない）の両方の活性を有するタンパク質をコードする．**(b)** ホーミング．グループⅠホーミングイントロンを含む遺伝子 *X* の対立遺伝子 *a* が，それを含まない同じ遺伝子の対立遺伝子 *b* を含む細胞中に存在する．*a* により産生されたホーミングエンドヌクレアーゼは，*a* 中のイントロンに対応する部位で *b* を切断する．そして，二本鎖切断修復（対立遺伝子 *a* との組換え，図 25-35 参照）が起こり，*b* 内にそのイントロンの新たなコピーがつくり出される．**(c)** レトロホーミング．遺伝子 *Y* の対立遺伝子 *a* は，レトロホーミンググループⅡイントロンを含む（対立遺伝子 *b* はイントロンを含まない）．スプライシングを受けたイントロンは，一次転写物からそのイントロンを切り離したスプライシングとは逆の反応を用いて，*b* のコード鎖に自分自身を挿入する（図 26-15 参照）．この反応では，挿入が RNA ではなく DNA 鎖に対して起こることが特徴である．*b* の非コード DNA 鎖は，イントロンにコードされるエンドヌクレアーゼ / 逆転写酵素によって切断される．同じ酵素が，鋳型として挿入された RNA を用いて，相補的な DNA 鎖を合成する．その RNA は，細胞内のリボヌクレアーゼによって分解されてから，DNA で置き換えられる．

することによってこの問題を克服する．

この酵素の発見と精製によって，特徴的で前例のない反応機構が明らかになった．本章で述べた他のいくつかの酵素と同様に，テロメラーゼはRNA とタンパク質の両方の成分を含む．RNA 成分は約 150 ヌクレオチドの長さで，適切な C_yA_x テロメア反復配列を約 1.5 コピー分もっている．RNA のこの領域が，テロメアの T_xG_y 鎖の合成における鋳型として働く．したがって，テロメラーゼは RNA 依存的な DNA 合成に対する活性部位を有する細胞の逆転写酵素として機能する．ただしレトロウイルスの逆転写酵素とは異なり，テロメラーゼはそれ自体に保持されている RNA の短い領域のみをコピーする．テロメア合成は，プライマーとして染色体の 3′末端を必要とし，通常の 5′→ 3′方向に進行する．反復配列を 1 コピー合成しおわると，この酵素は位置を変えてテロメアの伸長を再開する（図 26-38(a)）．

T_xG_y 鎖がテロメラーゼによって伸長された後に，相補的な C_yA_x 鎖が細胞の DNA ポリメラーゼによって RNA プライマーから合成される（図 25-12 参照）．一本鎖領域は，多くの下等真核生物（特に数百塩基対以下のテロメアしかもたない生物種）では特別な結合タンパク質によって保護されている．数千塩基対にも及ぶ長さのテロメアを有する高等真核生物（哺乳類を含む）においては，一本鎖末端は **T ループ** T loop という特殊な構造で閉じられている（図 26-38(b)）．この一本鎖末端は折り返され，テロメアの二本鎖部分と相補的な塩基対を形成する．この T ループ形成には，テロメアの一本鎖 DNA の 3′末端が二本鎖 DNA へと侵入する必要がある．おそらく，相同遺伝子組換え（図 25-35 参照）の開始に似た機構が関与するのであろう．哺乳類では，ループ状の DNA には TRF1 と TRF2 という 2 種類のタンパク質が結合しており，TRF2 が T ループ形成に関与する．T ループは染色体の 3′末端を保護し，ヌクレアーゼや二本鎖切断を修復する酵素が作用できないようにする．

テトラヒメナなどの原生動物においてテロメラーゼの活性が欠損すると，細胞分裂ごとにテロメアが徐々に短縮し，最終的に細胞は死ぬ．ヒトでもテロメアの長さと細胞老化（細胞分裂の停止）の間に似たような相関が観察される．生殖系列細胞ではテロメラーゼ活性が維持されて，テロメアの長さは一定であるが，体細胞にはテロメラーゼが欠損しており，長さは一定ではない．培養繊維芽細胞のテロメアの長さと，その細胞が採取された個体の年齢とは反比例している．すなわち，ヒトの体細胞のテロメアは，個体の加齢とともに徐々に短くなる．ヒトの体細胞に *in vitro* でテロメラーゼ逆転写酵素を導入すると，テロメラーゼ活性が回復して細胞の寿命は著しく延びる．

このテロメアが徐々に短くなることは加齢過程にとって重要なのだろうか．私たちの本来の寿命は生まれたときのテロメアの長さによって決まるのだろうか．この領域の研究の展開が何か興味深い発見を生むはずである．

ある種の RNA は RNA 依存性 RNA ポリメラーゼによって複製される

レトロウイルスとは別に，いくつかの大腸菌のバクテリオファージ（f2，MS2，R17，Qβ）と真核生物のウイルス（インフルエンザウイルス，およびある種の脳炎に関連があるシンドビスウイルスなど）は RNA ウイルスである．これらのウイルスの一本鎖 RNA ゲノムは，ウイルスタンパク質合成のための mRNA としても機能する．そして，これらのウイルスゲノムは **RNA 依存性 RNA ポリメラーゼ** RNA-dependent RNA polymerase（**RNA レプリカーゼ** RNA replicase）によって宿主細胞内で複製される．宿主細胞は RNA 依存性 RNA ポリメラーゼを欠いているか，ウイルスの RNA ゲノムの構造が特殊な酵素活性を必要とするという理由で，レトロウイルスを除

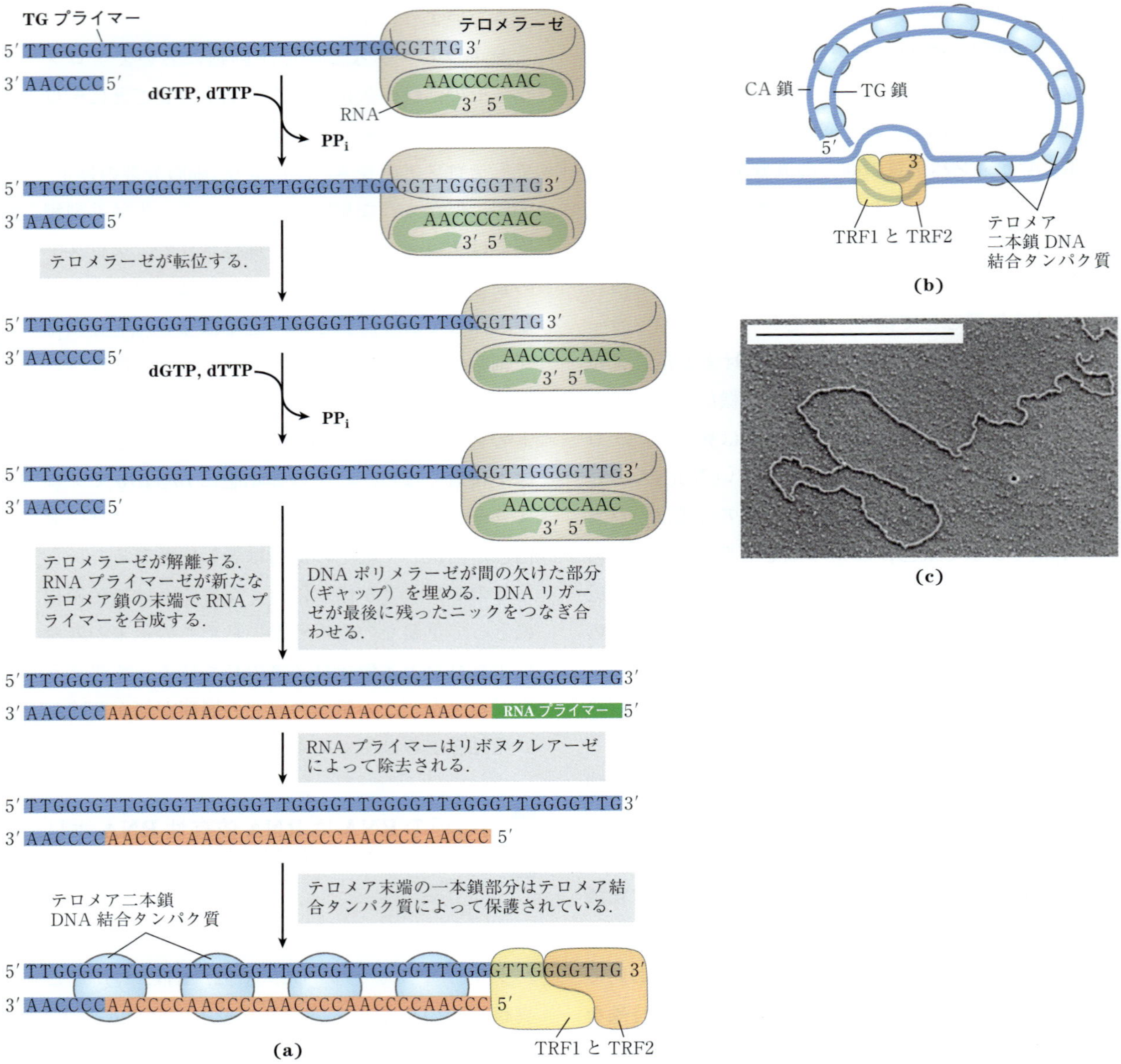

図 26-38 テロメアの合成と構造

(a) テロメラーゼの内部鋳型 RNA が, DNA の TG プライマー (T_xG_y) に結合して塩基対を形成する. テロメラーゼが TG プライマーに T 残基と G 残基をさらに付加する. 次に, テロメラーゼが内部鋳型 RNA の位置をずらして(転位して)T 残基と G 残基をさらに付加し, テロメアの TG 鎖の形成を可能にする. RNA プライマーゼによって合成が開始したのちに, 細胞の DNA ポリメラーゼによって相補鎖が完成される. **(b)** テロメアの推定 T ループ構造. テロメラーゼによって合成された一本鎖尾部は折り返されて, テロメアの二本鎖部分で相補的な塩基対を形成する. テロメアには, TRF1 と TRF2 (*t*eromere *r*epeat binding *f*actor) を含むいくつかのテロメア結合タンパク質が結合する. **(c)** マウス肝細胞から単離された染色体の末端における T ループの電子顕微鏡写真. 写真の棒は, 5,000 bp の長さに相当する. [出典: (c) J. D. Griffith et al., *Cell* **97**: 503, 1999. Copyright Clearance Center, Inc. を介して Elsevier の許可を得て転載.]

くすべてのRNAウイルスは，このRNA依存性RNAポリメラーゼ活性を有するタンパク質をコードしなければならない．

ほとんどのRNAバクテリオファージのRNAレプリカーゼは分子量約210,000であり，四つのサブユニットから成る．そのうちの一つのサブユニット（分子量65,000）が，ウイルスRNAがコードするレプリカーゼ遺伝子の産物であり，RNA複製のための活性部位を含む．他の三つのサブユニットは，通常は宿主細胞のタンパク質合成に関与する宿主タンパク質である．すなわち，リボソームにアミノアシルtRNAを運ぶ大腸菌の伸長因子EF-Tu（分子量45,000）とEF-Ts（分子量34,000），および30Sリボソームサブユニットに組み込まれた成分のS1タンパク質である．これら3種類の宿主タンパク質は，レプリカーゼがウイルスRNAの3′末端を見つけ出して結合するのを助けるようである．

Qβウイルスが感染した大腸菌細胞から単離されたRNAレプリカーゼは，DNA依存性RNAポリメラーゼに似た反応機構でウイルスRNAに相補的なRNAの合成を触媒する．新生RNA鎖の合成は5′→3′方向に進行し，その化学反応機構はすべての鋳型要求性の核酸合成反応と同じである．RNAレプリカーゼはRNAを鋳型とするが，DNAを鋳型にはできない．この酵素はプルーフリーディング機能をもつエンドヌクレアーゼ活性を欠いており，誤り率はRNAポリメラーゼと同程度である．DNAポリメラーゼやRNAポリメラーゼとは異なり，RNAレプリカーゼは由来するウイルス自体のRNAに対して特異的である．すなわち，宿主細胞のRNAは通常は複製されない．この性質によって，多数のRNA分子種を含んでいる宿主細胞内でも，RNAウイルスだけが選択的に複製される．

RNA依存性RNAポリメラーゼはウイルスだけにあるわけではない．このタイプの酵素は植物，原生生物，菌類，およびある種の下等な動物に見られるが，昆虫や哺乳類には存在しない．真核生物のゲノムで見られるRNA依存性RNAポリメラーゼは，遺伝子発現調節に関与する低分子干渉RNA small interfering RNA（siRNA）という別のクラスの低分子RNAの代謝において一般に役割を果たしている（Chap. 28）．真核生物のRNA依存性RNAポリメラーゼのほとんどは，実験的にはほとんど顧みられていない．

RNA合成はRNAワールドにおける生命の起源に関する重要な手がかりを与える

無生物系とは異なる生物系の際立った複雑さと秩序正しさは，基本的な生命現象の重要な表現といえる．生きている状態を維持するためには，選択的な化学変換が極めて迅速に進行しなければならない．特に，外界からのエネルギー源を効率よく利用し，細胞内の精巧かつ専門化した高分子を合成することが要求される．したがって，強力で選択的な触媒，すなわち酵素の存在，およびこれら酵素の青写真を確実に保管でき，世代から世代へとこの青写真を正確に再生できる情報系の存在が，生命にとって不可欠である．染色体は，細胞のためではなく，むしろ細胞を構築して維持するために必要な酵素の青写真を記録している．生命誕生には情報と触媒の両方ともが必須であることは，本質的な難問である．すなわち，構造を規定するために必要な情報か，それとも情報を維持して伝達するために必要な酵素か．どちらが最初に現れたのだろうか．

どのようにして自己複製するポリマーが出現したのだろうか．ポリマー合成のための前駆体が少量しかなかった環境下で，どのようにしてポリマー自体を維持できたのだろうか．どのようにしてそのようなポリマーから現在のDNA-タンパク質の世界へと進化が進行したのだろうか．これらの難問は，注意深く実験することによって扱うことができ，いかにして地球上の生命が生まれ，

Carl Woese
(1928－2012)
［出典：AP Photo.］

Francis Crick
(1916－2004)
［出典：AP Images.］

Leslie Orgel
(1927－2007)
［出典：The Salk Institute for Biological Studiesの厚意による.］

進化したのかについての手がかりを与える.

1960年代にRNAの構造的，機能的複雑さが解明されたことから，Carl Woese，Francis CrickおよびLeslie Orgelは，RNAという巨大分子が情報運搬体としてだけでなく，触媒としても機能するかもしれないと提唱した．その後，彼らが提唱する**RNAワールド仮説** RNA world hypothesisについて，少なくとも六つの実験的根拠が示されている.

1. 前生命期化学についての実験 プリン塩基とピリミジン塩基の起源は，前生命期化学についての仮説を検証するための実験から推測可能である(p. 46)．原始の大気中に存在したと考えられる単純な分子（CH_4, NH_3, H_2O, H_2）を原料として，稲妻を模した放電によって，まずはHCNやアルデヒドのようなより反応性の高い分子が生成し，次に一連のアミノ酸や有機酸が生成する（図1-35参照)．HCNのような分子が豊富になると，プリン塩基やピリミジン塩基が検出できる量まで合成される．驚くべきことに，シアン化アンモニウムの高濃度溶液を数日間還流すると，アデニンが0.5％収量に達するまで生成する（図26-39)．アデニンは，地球上に現れた最初でかつ最も大量のヌクレオチド構成成分かもしれない．興味深いことに，ほとんどの酵素の補因子は，その補因子の機能には直接的に関与していないが，その構造の一部としてアデノシンを含む（図8-41参照)．このことは進化との関係を示唆している．シアン化物からアデニンが簡単に合成されるという知見に基づけば，アデニンは単に豊富で直ちに利用可能だっただけかもしれない.

2. 触媒作用をもつRNAの存在 「RNAワールド」においては，タンパク質ではなく，RNAが触媒として働く．おそらく他の何ものにも増して，1980年代初期の触媒RNA（リボザイム）の発見はRNAワールド仮説に現実味を与え，RNAワールドが前生命期化学から生命への移行にとって重要かもしれないという推測が一般に広がった（図

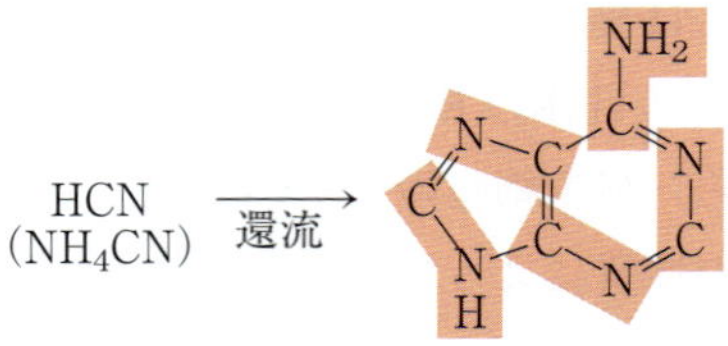

図26-39 前生命期に起こった可能性のあるシアン化アンモニウムからのアデニンの合成

アデニンは，5分子のシアン化物に由来する．各分子を網かけ表示する.

1-37 参照）．地球上のすべての生命の祖先は，生命の起源から現在まで世代を超えて自己再生できたという意味において，自己複製能をもったRNA，あるいはそれと同等の化学的性質を備えたポリマーであったのかもしれない．

3．さまざまな触媒作用をもつリボザイムの広がり　自己複製ポリマーは，前生命期化学の比較的遅い反応過程によって供給される前駆体をすぐに使い果たしてしまうであろう．したがって，進化の初期段階から，代謝経路には，おそらくリボザイムによって触媒される効率的な前駆体合成が必要であったのであろう．自然界に現存するリボザイムは，触媒機能に関しては限られたレパートリーしかないが，かつて存在していたかもしれないリボザイムについては，その痕跡すら残っていない．RNA ワールド仮説をさらに深く探究するために，RNA が代謝経路の原始的な系に必要な

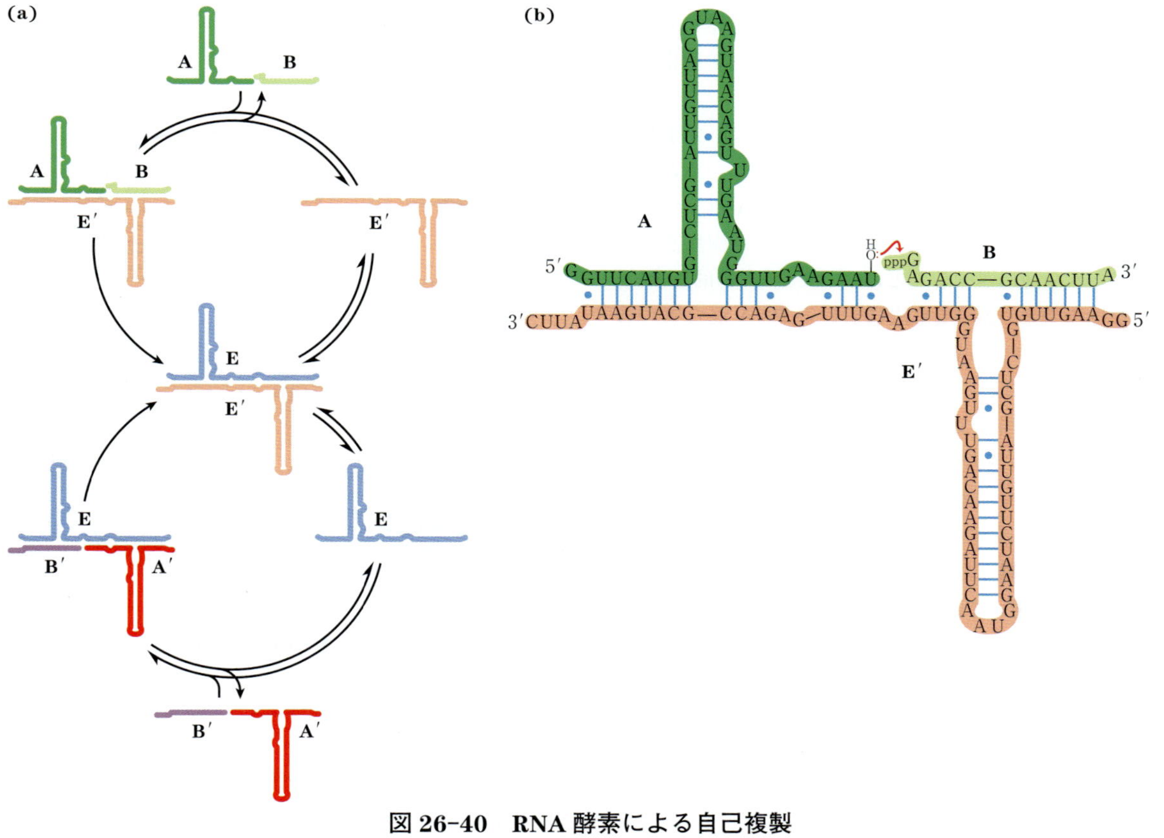

図 26-40　RNA 酵素による自己複製

この系は，生物系の特徴の多くを備えている．RNA 分子は情報と触媒能を有しており，反応によって生成物の RNA が指数関数的に増大する．基質となる RNA 分子の変異体が入り込んだ場合には，この系は自然選択を受けて，複製能が最も高い分子が最終的に集団内で優勢になる．**(a)** 想定される反応の模式図．オリゴヌクレオチド A と B がリボザイム E′とアニーリングし，触媒作用によって連結されてリボザイム E が形成される．同様に，オリゴヌクレオチド A′と B′の連結はリボザイム E によって触媒される．前駆体である A，B，A′および B′の供給があるかぎりは，E と E′の量は指数関数的に増大する（42 ℃での倍加時間は約 1 時間）．**(b)** 連結反応は，オリゴヌクレオチドの 3′-OH 基が，もう一つのオリゴヌクレオチドの 5′- 三リン酸の α 位リン酸を攻撃することによって起こる．そしてピロリン酸が放出される．基質とリボザイムの間の塩基対形成が，反応のために基質を正しく配置するために重要な役割を果たす．［出典：T. A. Lincoln and G. F. Joyce, *Science* **323**: 1229, 2009.］

BOX 26-3 研究法
新たな機能をもつRNAポリマーを作り出すための SELEX法

SELEX（*s*ystematic *e*volution of *l*igands by *ex*ponential enrichment）**法**は，特定の分子標的に強固に結合するように選択されたオリゴヌクレオチドである**アプタマー** aptamer を生成するために用いられる．この過程は通常は自動化されており，望ましい結合特異性を有する1種類以上のアプタマーの同定が可能である．

図1には，ATPと強固に結合するRNA分子種を選択するためにSELEX法がどのように用いられるのかを示してある．ステップ❶では，RNAポリマーのランダムな混合物が，ATPを結合させた樹脂をつめたカラムを通過させることによって，「人為的な選択」にかけられる．SELEX法におけるRNA混合物の複雑さの実際的な限界は，約10^{15}通りの異なる配列である．これは25ヌクレオチドの完全なランダム化($4^{25} = 10^{15}$）に相当する．さらに長いRNAの場合には，実験を始めるためのRNA混合物のプールが，すべての組合せ可能な配列を含むわけではない．ステップ❷ではカラムを素通りしたRNAポリマーは除去される．ステップ❸では，ATPに結合したRNAポリマーは，塩溶液を用いてカラムから溶出されて回収される．ステップ❹では，回収されたRNAポリマーは逆転写酵素によって，選択されたRNAに相補的な多数のDNAとして合成される．次にRNAポリメラーゼによって得られたDNA分子に相補的な多数のRNAを

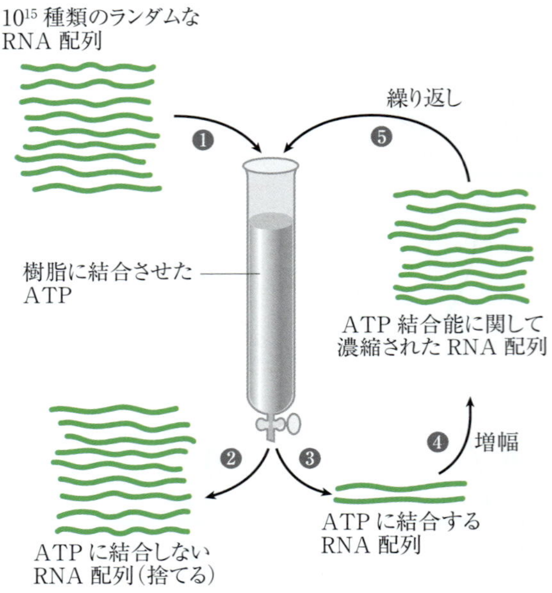

図1 SELEX操作

多くの異なる反応を触媒する能力を有するかどうかについて知る必要がある．

新たな触媒機能をもつRNAの探索には，ランダムな配列を有するRNAポリマーのプールを迅速に探索し，特定の活性を示すRNAポリマーを抽出する方法の開発が必須である．**SELEX法**は，試験管内での加速された進化系にほかならない（Box 26-3）．この方法は，アミノ酸，有機色素，ヌクレオチド，シアノコバラミンなどの分子に結合するRNAをつくり出すために利用されている．エステルやアミド結合の生成，S_N2反応，ポルフィリンへの金属導入（金属イオンの付加），および炭素-炭素結合の形成を触媒するリボザイムもこの方法で単離されている．リボザイムへの結合を促進するヌクレオチド性の「ハンドル」をもつ酵素補因子の進化は，原始的な代謝系で進行しうる化学反応の範囲をさらに広げたのかもしれない．

4. リボザイムの構造 Chap. 27で解説するよう

調製する．ステップ❺では，この新しい RNA プールを同じ選択操作にかける．そして，このサイクルを 10 回以上繰り返す．最後には，数種類のアプタマー，すなわちこの場合には ATP に対して顕著な親和性を有する RNA 配列だけが残る．

ATP に結合する RNA アプタマーの重要な配列の特徴を図 2 に示す．この一般構造をもつ分子は，ATP（および他のアデニンヌクレオチド）に対して $K_d < 50\ \mu M$ の親和性で結合する．図 3 には，SELEX によって作製された 36 ヌクレオチドの RNA アプタマー（AMP との複合体として示す）の三次元構造を示す．この RNA は，図 2 に示す骨格構造を有する．

SELEX 法は，RNA の潜在的機能の探索に使用するほかに，医薬としての用途を有する短い RNA の同定において重要な実用的役割を果たす．あらゆる潜在的な治療用の標的に対して特異的に結合するアプタマーを見出すことは不可能かもしれないが，極めて複雑な配列のプールから特定のオリゴヌクレオチド配列を迅速に選択して増幅できる SELEX 法の能力は，新たな治療法を生み出すための有望な手段を提供する．例えば，特定のがん細胞の細胞膜に存在する受容体タンパク質に強固に結合する RNA を選択できるであろう．この受容体の活性を阻害するか，またはアプタマーに結合させた毒素をがん細胞に対してターゲッティングすることによって，がん細胞を死滅させることができるであろう．SELEX 法を用いて，炭疽菌の芽胞を検出する DNA アプタマーが選択されている．他にも多くの有望な用途が開発中である．■

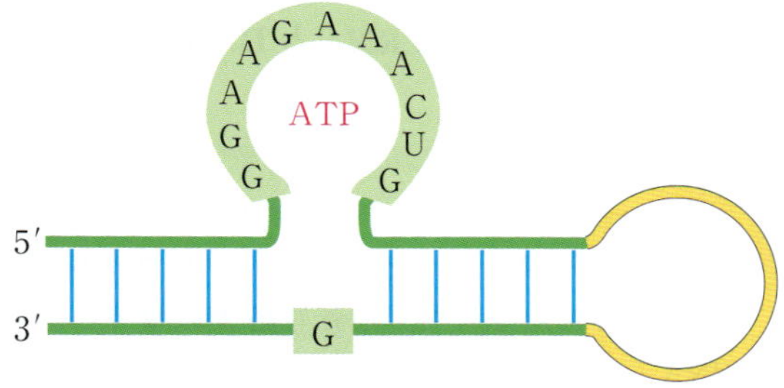

図 2　ATP に結合する RNA アプタマー

網かけしたヌクレオチドは，結合活性に必要なものである．

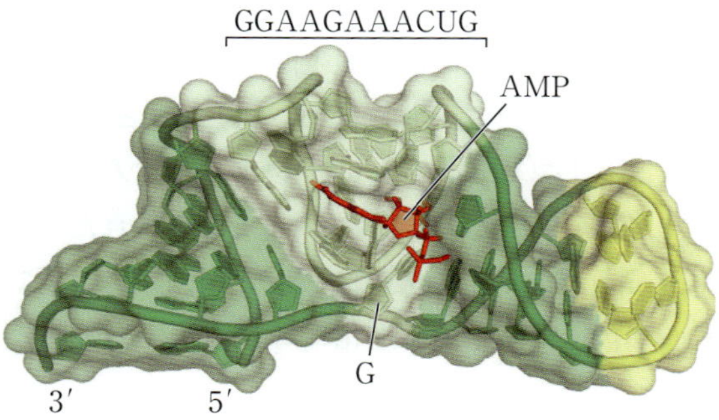

図 3　AMP 結合性の RNA アプタマー

保存されたヌクレオチドの塩基（結合ポケットを形成）を薄緑色で，結合している AMP を赤色で示す．［出典：PDB ID 1RAW，T. Direckmann et al., *RNA* **2**: 628, 1996 の情報．］

に，いくつかの天然の RNA 分子（リボザイムの一部分）は，ペプチド結合の形成を触媒する．このことから，RNA ワールドからより高い触媒能を有するタンパク質の世界への変化がどのようにして起こってきたのかを推測できる．タンパク質の合成能の進化は RNA ワールドにおける大きな出来事であり，複雑な RNA 構造を十分に安定化しうるポリマーを生成した．しかし，ペプチドが合成されはじめたことは RNA ワールドの消滅を早めたのかもしれない．タンパク質はとにかく優れた触媒だからである．情報を運ぶ RNA の役割が DNA に受け渡されたのは，DNA のほうが化学的に安定だからである．RNA レプリカーゼと逆転写酵素は，現在の DNA を基盤とする系への移行において，かつて重要な役割を果たした酵素の現代版なのかもしれない．

5．RNA ワールドの名残　RNA の機能は近年，急速に明らかになりつつある．レトロウイルス，その他の RNA ウイルス，およびレトロトランスポゾンは半独立的で，寄生体として存在している．進化生物学者に対して，これらのほぼ生物のような振る舞いをするものが，生命進化における鍵となるステップを理解する手がかりをもたらす．トランスポゾンはRNAワールドにおける初期の変化を示しているかもしれない．初期の非効率的な自己複製体の出現に伴って，分子寄生体がうまく再生して生き残るための方策として，転移が複製の代わりに重要になったのではないか．初期の寄生型RNAは，触媒性エステル転移反応を介して自己複製分子に単に入り込み，その結果，受動的に複製されたのであろう．自然選択によって部位特異的な転移が促進されたのであるが，転移の標的となった配列は宿主RNAの触媒活性には影響を及ぼさなかったのであろう．複製体とRNAトランスポゾンは原始的な共生関係にあり，互いの進化に寄与したのかもしれない．現存するイントロン，レトロウイルスおよびトランスポゾンはすべて，初期の寄生型RNAによって利用された「便乗（piggyback）」戦略の名残かもしれない．これらの因子は，宿主の進化に対して大きな貢献をしつづけている．

6. RNA複製体の探索における進歩　RNAワールド仮説には，自己再生できるヌクレオチドのポリマーが必要である．リボザイムは，鋳型に依存してそれ自体を合成することができるのだろうか．研究者たちはそのようなリボザイムあるいはリボザイム系の発見に近づいている．例えば，Gerald Joyceらは2009年に，互いに反応触媒となる1対のリボザイムを初めて報告した（図26-40）．一方のリボザイムEは，二つのオリゴヌクレオチド（A′とB′）の連結反応を触媒して，二つ目の相補的なリボザイムE′をつくり出す．E′は二つのオリゴヌクレオチド（AとB）の連結反応を触媒して，Eをもう一分子つくり出す．この系では，EとE′はお互いの形成のための鋳型になっているので，基質RNAが利用可能であり，タンパク質が存在しなければ，それらの量は指数関数的に増えていく．そして，この系が進化することによって，より効率的な酵素が集団内に出現した．2011年にはPhilipp Holligerらによって，より一般的なRNAポリメラーゼ様リボザイムが報告された．

RNAワールドは，いまだに説明できない多くのギャップをもつ仮説のままであるが，実験的証拠がその鍵となる要素のいくつかを支持している．さらに実験的に検証することによって，理解が深まるであろう．この謎に関する重要な手がかりは，生細胞内や，たぶん他の惑星に関する基礎化学の研究から見つかるであろう．

まとめ

26.3　RNA依存的なRNAとDNAの合成

- 逆転写酵素とも呼ばれるRNA依存性DNAポリメラーゼは，生活環の一部としてRNAゲノムを二本鎖DNAへと変換するレトロウイルスで最初に発見された．逆転写酵素はウイルスRNAをDNAへと転写する．この過程は相補的DNA（cDNA）を実験的に合成するために利用される．
- 多くの真核生物由来のトランスポゾンはレトロウイルスと関連があり，その転移機構にはRNA中間体が関与する．
- 直鎖状染色体のテロメア末端を合成するテロメラーゼという酵素は，内部にRNA鋳型を有する特殊な逆転写酵素である．
- RNAバクテリオファージのレプリカーゼのようなRNA依存性RNAポリメラーゼは，ウイルスRNAだけを特異的な鋳型とする．
- 触媒能をもつRNAの存在，およびRNAとDNAを相互変換する経路の存在は，他のいくつかの研究とともにRNAワールド仮説を支持する．RNAの生化学的潜在能力は，特定の結合活性や触媒活性を有するRNAを迅速に選択するためのSELEX法によって調べることができる．

重要用語

太字で示す用語については，巻末用語解説で定義する．

アプタマー aptamer　1536
RNA 依存性 RNA ポリメラーゼ（RNA レプリカーゼ）RNA-dependent RNA polymerase（RNA replicase）　1531
RNA スプライシング RNA splicing　1500
鋳型鎖（非コード鎖）template strand　1486
一次転写物 primary transcript　1500
エキソソーム複合体 exosome complex　1522
snoRNA-タンパク質複合体 snoRNA-protein complex（snoRNP）　1514
核小体低分子 RNA small nucleolar RNA（snoRNA）　1514
核内低分子 RNA small nuclear RNA（snRNA）　1505
逆転写酵素 reverse transcriptase　1524
コード鎖（非鋳型鎖）coding strand　1486
5′キャップ 5′cap　1502
コンセンサス配列（共通配列）consensus sequence　1488
cAMP 受容体タンパク質 cAMP receptor protein（CRP）　1492
スプライソソーム spliceosome　1505
SELEX 法 SELEX　1536
選択的スプライシング alternative splicing　1510
相補的 DNA complementary DNA（cDNA）　1526
DNA 依存性 RNA ポリメラーゼ DNA-dependent RNA polymerase　1485
T ループ T loop　1531
テロメラーゼ telomerase　1529
転移 RNA（トランスファー RNA）transfer RNA（tRNA）　1483
転写 transcription　1483
転写因子 transcription factor　1496
トランスクリプトーム transcriptome　1484
内部ガイド配列 internal guide sequence　1519
非鋳型鎖（コード鎖）nontemplate strand　1486
フットプリント法 footprinting　1489
プロモーター promoter　1488
ホーミング homing　1529
ポリアデニル酸ポリメラーゼ polyadenylate polymerase　1509
ポリ（A）付加部位選択 poly（A）site choice　1511
ポリ（A）尾部領域 poly（A）tail　1508
ポリヌクレオチドホスホリラーゼ polynucleotide phosphorylase　1522
マイクロ RNA micro RNA（miRNA）　1516
メッセンジャー RNA（伝令 RNA）messenger RNA（mRNA）　1483
リプレッサー repressor　1492
リボザイム ribozyme　1500
リボソーム RNA ribosomal RNA（rRNA）　1483
レトロウイルス retrovirus　1524

問　題

1　RNA ポリメラーゼ

（a）大腸菌の RNA ポリメラーゼが，ラクトース代謝の酵素をコードする大腸菌遺伝子群，すなわち 5,300 bp の *lac* オペロン（Chap. 28 で述べる）の一次転写物を合成するためにどのくらいの時間を要するか．

（b）RNA ポリメラーゼによって形成される転写の「バブル（泡）構造」は，DNA 鎖上を 10 秒間にどのくらい進むのか．

2　RNA ポリメラーゼによる誤りの校正

DNA ポリメラーゼは読取りの誤りを編集して校正できるが，RNA ポリメラーゼの校正能は限定的であるらしい．複製あるいは転写における 1 塩基の誤りがタンパク質合成における 1 個の誤りになると仮定して，両酵素間のこの違いに関してどのような生物学的な説明ができるか．

3　RNA の転写後プロセシング

真核生物 mRNA 転写物中の（5′）AAUAAA 配列における変異の影響について予測せよ．

4　鋳型鎖とコード鎖

ファージ Qβ の RNA ゲノムは非鋳型鎖（コード

鎖）であり，細胞に導入されるとmRNAとして機能する．ファージQβのRNAレプリカーゼはまず鋳型鎖RNAを合成するが，たまたまこの鋳型鎖が非鋳型鎖の代わりにウイルス粒子内に取り込まれたとする．このウイルスが別の細胞に感染したときに，この鋳型鎖はどのような運命をたどるか．また，そのような鋳型鎖ウイルスが宿主細胞内にうまく侵入するためにウイルス粒子内に含まれなければならない酵素にはどのようなものがあるか．

5 転写

大腸菌の酵素β-ガラクトシダーゼをコードする遺伝子は，ATGACCATGATTACGという配列から始まる．この遺伝子の部分によって指定されるRNA転写物の配列はどのようなものか．

6 核酸生合成の化学

DNAポリメラーゼ，RNAポリメラーゼ，逆転写酵素およびRNAレプリカーゼによって触媒される反応に共通な性質を三つ述べよ．またこれらの4酵素とポリヌクレオチドホスホリラーゼとの類似点と相違点について述べよ．

7 RNAスプライシング

mRNA転写物から1個のイントロンを除去するのに最低何回のエステル転移反応が必要かについて説明せよ．

8 RNAプロセシング

もしも脊椎動物細胞におけるmRNAのスプライシングを遮断すると，rRNAの修飾反応も遮断される．この理由について説明せよ．

9 RNAゲノム

RNAウイルスは比較的に小さなゲノムをもっている．例えば，レトロウイルスの一本鎖RNAは約10,000ヌクレオチドから成り，Qβ RNAはわずか4,220ヌクレオチドの長さでしかない．本章で解説した逆転写酵素とRNAレプリカーゼの性質から考えて，これらのウイルスのゲノムが小さい理由について説明せよ．

10 SELEX法によるRNAのスクリーニング

SELEX法によってスクリーニングできるRNA配列の数の実際的な上限は10^{15}種類である．(a) 32ヌクレオチド長のオリゴヌクレオチドを用いるとする．あらゆる配列を含むランダムなオリゴヌクレオチドのプールには，何種類の配列が存在しうるか．(b)SELEX法によってこれらのうちの何％をスクーリングできるか．(c) ある特定のエステルの加水分解を触媒するRNA分子を選択したいと思った場合に，触媒に関する知識を用いて，適切な触媒を選択するためのSELEX法を提案せよ．

11 ゆっくりとした死

毒キノコのタマゴテングタケ *Amanita phalloides* は，致死性のα-アマニチンのようないくつかの危険な物質を含んでいる．この毒素は，真核生物のRNAポリメラーゼⅡに高親和性で結合することによって，キノコ摂食者のRNA伸長を阻害する．この毒素は10^{-8} Mのような低濃度でも致死的である．毒キノコ摂食後の初期反応は，他の毒素に起因する消化器系の障害である．しかしこのような症状は48時間後には消失し，その代わりこの毒キノコを食べた人は，通常は肝臓機能障害によって死ぬ．α-アマニチンによる死は，なぜそれだけ長い時間がかかるのかを推測せよ．

12 リファンピシン耐性結核菌の検出

リファンピシンは，他のマイコバクテリア属に起因する疾患とともに，結核の治療にとって重要な抗生物質である．結核の原因菌である結核菌 *Mycobacterium tuberculosis* の株には，リファンピシンに耐性を示すものがある．これら耐性株は，RNAポリメラーゼのβサブユニットをコードする *rpoB* 遺伝子の変異によって耐性になる．リファンピシンはこの変異RNAポリメラーゼには結合できず，転写開始を遮断できない．多くのリファンピシン耐性結核菌株のDNA配列を解析したところ，*rpoB* の特定の69 bp領域に変異があることがわかった．その耐性株の一つでは，*rpoB* に1塩基置換が起こり，その結果βサブユニットに1アミノ酸置換が起こっていた．その変異では，His残基がAsp残基に置換されていた．

(a) タンパク質化学に関する知識に基づいて，この特定の変異タンパク質を含むリファンピシン耐性の検出を可能にする方法について述べよ．
(b) 核酸化学に関する知識に基づいて，*rpoB* の変異を検出する方法について述べよ．

生化学オンライン

13 リボヌクレアーゼ遺伝子

ヒト膵臓リボヌクレアーゼは 128 アミノ酸残基から成る．
(a) このタンパク質をコードするために必要な最小のヌクレオチド対（塩基対）はいくつか．
(b) ヒト膵臓細胞で発現している mRNA を逆転写酵素を用いてコピーして，ヒト DNA の「ライブラリー」を作製した．このライブラリーからヒト膵臓リボヌクレアーゼのオープンリーディングフレームを含む相補的 DNA（cDNA）を単離して，その配列を解析することによって膵臓リボヌクレアーゼの mRNA 配列を決定した．NCBI のヌクレオチド配列データベース（http://www.ncbi.nlm.nih.gov/nucleotide）を利用して，公表されたこの mRNA 配列（アクセッション番号 D26129）を見つけよ．この mRNA の長さはどのくらいか．
(c) (a)で計算した長さと実際の長さはなぜ違うのか．その理由を説明せよ．

データ解析問題

14 RNA 編集の例

AMPA（α-amino-3-hydroxy-5-methyl-4-isoxazole propionic acid）受容体は，ヒトの神経系における重要な構成因子である．この受容体は，異なるニューロンにおいていくつかの型で存在するが，この多様性には転写後修飾に起因するものがある．この問題は，この受容体における RNA 編集の機構について探求するものである．

Sommer らの最初の報告（1991）では，AMPA 受容体において重要な Arg 残基をコードする配列に注目していた．AMPA 受容体の cDNA の配列（図 9-14 参照）では，このアミノ酸に対して CGG コドン（Arg；図 27-7 参照）となっていた．驚くべきことに，ゲノム DNA のこの位置は CAG（Gln）コドンであった．

(a) この結果は AMPA 受容体 mRNA の転写後修飾と矛盾しないのはなぜかを説明せよ．

Rueter らは，この機構について詳細に調べた（1995）．彼らはまず，DNA 配列決定のためのサンガー法（図 8-34 参照）をもとにして，編集された転写物と未編集の転写物を区別するアッセイ法を編み出した．彼らは，問題となる塩基が CAG の A かどうかがわかるように，この技術を改変した．彼らは，AMPA 受容体遺伝子のこの領域のゲノム DNA 配列をもとに，二つのプライマーを設計した．これらのプライマーと，AMPA 受容体遺伝子の対応する領域の非鋳型鎖のゲノム DNA 配列を下に示す．編集される A 残基を赤字で示す．

この A が存在しているのか，それとも編集されて別の塩基に変わったのかを検出するために，Rueter らは以下の方法をとった．

1. プライマー 1，逆転写酵素，dATP，dGTP，dCTP および dTTP を用いて，mRNA に相補的な cDNA を調製した．
2. mRNA を除去した．
3. ^{32}P で標識したプライマー 2 を合成した cDNA にアニーリングさせた．そして，これを DNA ポリメラーゼ，dGTP，dCTP，dTTP および ddATP（ジデオキシ ATP；図 8-34 参照）と反応させた．
4. 形成された二本鎖を変性し，ポリアクリルアミドゲル電気泳動（図 3-18 参照）で分離した．
5. オートラジオグラフィーで ^{32}P 標識された DNA を検出した．

彼らは，編集された mRNA から長さ 22 ヌクレオチドの [^{32}P]DNA が，未編集の mRNA から 19 ヌクレオチドの [^{32}P]DNA が生成することを見出した．

(b) 下に示す配列を用いて，編集された mRNA と未編集の mRNA から，どのようにして異なる産

```
(5′)…GTCTCTGGTTTTCCTTGGGTGCCTTTATGCAGCAAGGATGCGATATTTCGCCAAG…
プライマー 1:                                  CGTTCCTACGCTATAAAGCGGTTC (5′)
プライマー 2:          (5′) CCTTGGGTGCCTTTA
```

物ができるのか説明せよ．

同じ方法を用いて，今度は異なる条件下で編集された転写物の比率を測定しようとして，Rueter らは，培養上皮細胞（一般的な HeLa 細胞株）の抽出物が高い効率でその mRNA を編集することを発見した．編集装置の性質を決定するために，彼らは活性を有する HeLa 細胞抽出物を，次の表に示してあるように前処理し，AMPA 受容体 mRNA を編集する能力を測定した．プロテイナーゼ K はタンパク質のみを分解し，ミクロコッカスヌクレアーゼは DNA のみを分解する．

試料	前処理	編集された mRNA（%）
1	なし	18
2	プロテイナーゼ K	5
3	65℃まで加熱	3
4	85℃まで加熱	3
5	ミクロコッカスヌクレアーゼ	17

(c) 表のデータを用いて，編集装置はタンパク質によって構成されているかどうかについて，議論せよ．この議論の一番の弱点は何か．

編集された塩基の本来の性質を見極めるために，Rueter らは次の方法をとった．

1. 反応混合液に［α-^{32}P］ATP を加えて mRNA を合成した．
2. HeLa 細胞抽出物とインキュベートして，標識した mRNA の編集を行った．
3. ヌクレアーゼ P1 を用いて，編集された mRNA をヌクレオシド一リン酸にまで加水分解した．
4. このヌクレオシド一リン酸を，薄層クロマトグラフィー（TLC；図 10-25(b)参照）で展開して分離した．
5. 分離された ^{32}P 標識ヌクレオシド一リン酸を，オートラジオグラフィーによって同定した．

未編集の mRNA では［^{32}P］AMP のみが，編集された mRNA では大部分が［^{32}P］AMP で，少量の［^{32}P］IMP（イノシン一リン酸：図 22-36 参照）が検出された．

(d) この実験では，［β-^{32}P］ATP や［γ-^{32}P］ATP ではなく，なぜ［α-^{32}P］ATP を使う必要があったのか．

(e) ［α-^{32}P］GTP，［α-^{32}P］CTP や［α-^{32}P］UTP ではなく，なぜ［α-^{32}P］ATP を使う必要があったのか．

(f) この実験結果は，編集過程において，A ヌクレオチド全体（糖，塩基とリン酸）が取り除かれて，I ヌクレオチドに置換された可能性をどのようにして排除することができるのか．

Rueter らは次に，[2, 8-^{3}H]ATP で標識した mRNA を編集して，上述の過程を繰り返した．生成した ^{3}H 標識モノヌクレオチドは AMP と IMP のみであった．

(g) この実験結果は，A 塩基が除去され（糖－リン酸骨格はそのまま），その後 I 塩基に置換されるという編集機構をどのようにして排除できるのか．そして，この場合に最も可能性のある編集機構はどのようなものか．

(h) mRNA 上の A 残基から I 残基への変化が，二つの型の AMPA 受容体タンパク質の配列における Gln から Arg への変化をどのように説明できるのか（ヒント：図 27-8 参照）．

参考文献

Rueter, S. M., C.M. Burns, S.A. Coode, P. Mookherjee, and Emeson, R. B. 1995. Glutamate receptor RNA editing in vitro by enzymatic conversion of adenosine to inosine. *Science* **267**: 1491–1494.

Sommer, B., M. Köhler, R. Sprengel, and P. H. Seeburg, 1991. RNA editing in brain controls a determinant of ion flow in glutamate-gated channels. *Cell* **67**: 11–19.

発展学習のための情報は次のサイトで利用可能である（www.macmillanlearning.com/LehningerBiochemistry7e）．

27

タンパク質代謝

これまでに学習してきた内容について確認したり，本章の概念について理解を深めたりするための自習用ツールはオンラインで利用可能である（www.macmillanlearning.com/LehningerBiochemistry7e）．

タンパク質はほとんどの情報経路の最終生成物である．典型的な細胞は，どの瞬間においても数千種類ものタンパク質を必要とする．これらのタンパク質は，細胞のその時点での必要性に応じて合成され，適切な細胞内の部位に輸送（ターゲティング）されて，必要がなくなれば分解されなければならない．タンパク質の生合成装置が使う基本的な構成要素と機構は，原核生物から高等真核生物に至るすべての生物体で極めて良く保存されている．このことは，タンパク質の生合成装置が，現存する全生物の共通祖先（LUCA；last universal common ancestor）にも存在していたことを示唆する．

最も複雑な生合成過程であるタンパク質合成を解明することは，生化学の歴史において最大の課題の一つであった．真核生物のタンパク質合成には，70 種類以上の異なるリボソームタンパク質が必要であり，前駆体であるアミノ酸を活性化するために 20 種類以上の酵素が必要である．また，ポリペプチドの合成開始，伸長，終結には 10 種類以上の補助的な酵素や他のタンパク質因子が必要である．おそらく，さらに 100 種類以上の酵素が異なるタンパク質の最終的なプロセシングに必要であるし，40 種類以上の転移 RNA とリボソーム RNA が必要である．結局，ほぼ 300 種類の異なる高分子がポリペプチドの合成の際に協調して働くことになる．これらの高分子の多くは，どのような細胞においても最も豊富に見出され，リボソームの複雑な三次元構造をつくり上げる．

タンパク質合成の重要性を正しく認識するためには，この過程に深く関与する細胞内の物質について考慮する必要がある．細胞がすべての生合成反応に使う化学エネルギーの 90% までもがタンパク質合成に費やされる．あらゆる細菌や古細菌，真核細胞は，多くの異なるタンパク質や RNA を一つの細胞内に数コピーから数千コピーも含んでいる．典型的な細菌の細胞内に存在する 15,000 のリボソーム，タンパク質合成に関連する 100,000 分子のタンパク質因子と酵素，そして 200,000 分子の tRNA を合計すると，細胞の乾燥重量の 35% 以上も占める．

しかし，このようなタンパク質合成の著しい複雑さにもかかわらず，タンパク質は極めて高速で合成される．100 残基から成るポリペプチドは，大腸菌細胞内では 37 ℃において約 5 秒以内に合成される．各細胞内の数千種類ものタンパク質の合成は厳密に調節されており，その時点の代謝環境に見合うだけのコピー数しか合成されない．細胞内のタンパク質の適切な組成と濃度を維持するためには，ターゲティングと分解の過程も合成と足並みをそろえる必要がある．各タンパク質を適切な細胞内部位へと導き，不必要になったタンパク質を選択的に分解する巧妙で協調的な調節様式が徐々に解明されつつある．

タンパク質合成の研究は，別の重要な発見をもたらした．それは，「私たちが知っているような」生命が誕生する前から存在していたかもしれない RNA 触媒の世界を見出したことである．2000 年に始まったリボソームの三次元構造の解明は，私たちにタンパク質合成の力学に関するいっそう詳細な知見をもたらした．また，この解明によって，Harry Noller が 20 年前に初めて提唱した「タンパク質は巨大な RNA 酵素によって合成される」という仮説も確認された．

27.1 遺伝暗号

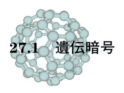

タンパク質生合成に関する現在の私たちの知識を獲得する段階には，三つの大きな進歩があった．まず 1950 年代の初期に，Paul Zamecnik らは，細胞内のどこでタンパク質が合成されるのかを調べるための一連の実験を考案した．彼らは放射性標識アミノ酸をラットに注射し，注射後経時的に肝臓を取り出し，ホモジェナイズした後に遠心によってホモジェネートを分画し，放射性標識タンパク質が存在する細胞内画分を調べた．標識アミノ酸を注射後何時間か，あるいは何日も経過した後には，すべての細胞内画分が標識されたタンパク質を含んでいた．しかし，数分しか経っていな

Harry Noller
［出典：Harry Noller の厚意による．］

いときには，小さなリボ核タンパク質粒子を含む画分にのみ標識タンパク質が見られた．動物組織中で電子顕微鏡によって確認できるこれらの粒子は，このようにしてアミノ酸からタンパク質が合成される部位であることがわかり，後にリボソームと命名された（図 27-1）．

第二の重要な進展は，Mahlon Hoagland と Zamecnik によってもたらされた．彼らは，アミノ酸を ATP と肝細胞のサイトゾル画分とともにインキュベートすると，アミノ酸がタンパク質合成のために「活性化される」ことを見出した．そのアミノ酸は，Robert Holley によって発見されて詳しく調べられ，後に転移 RNA（トランスファー RNA transfer RNA あるいは tRNA）と呼ばれるようになる熱に対して安定な可溶性 RNA と結合して，**アミノアシル-tRNA** aminoacyl-tRNA を形成した．この過程を触媒する酵素が**アミノアシル-tRNA シンテターゼ** aminoacyl-tRNA synthetase である．

第三の大きな進歩は，Francis Crick が「核酸の 4 文字言語によってコードされた遺伝情報が，

Paul Zamecnik
（1912－2009）
［出典：Archives and Special Collections, Massachusetts General Hospital.］

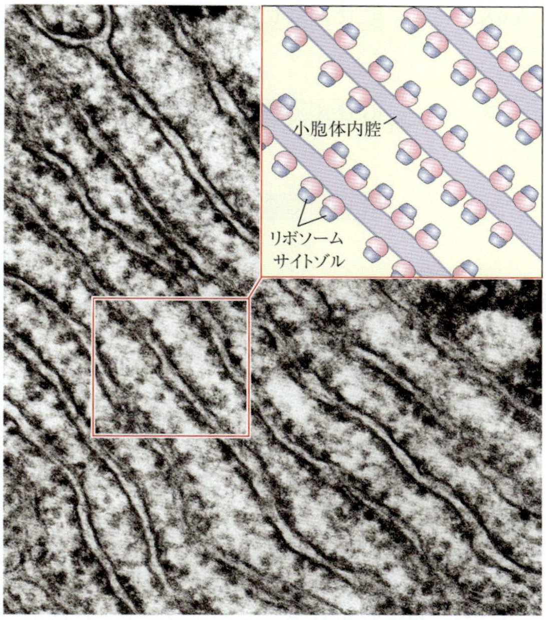

図 27-1　リボソームと小胞体

膵臓細胞の一部分の電子顕微鏡写真と模式図．小胞体の外表面（サイトゾル側）に付着しているリボソームを示す．リボソームは，平行な膜の層を縁どっている無数の小さな点である．［出典：Joseph F. Gennaro Jr./Science Source.］

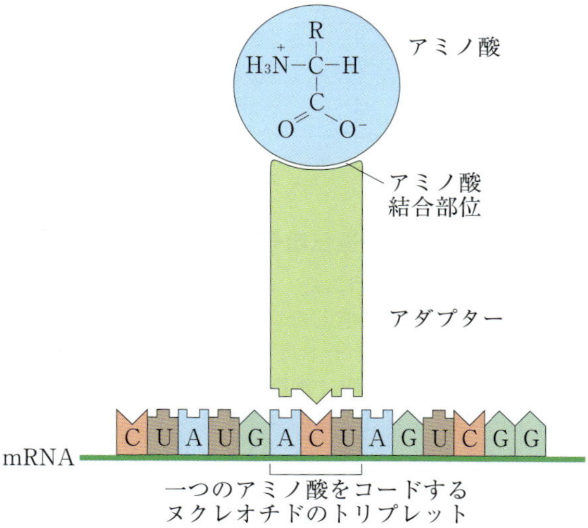

図 27-2　Crick のアダプター仮説

今日では，tRNA 分子の 3′ 末端にアミノ酸が共有結合していることがわかっている．また，tRNA 分子中の別の部位にある特定のヌクレオチドのトリプレットが，相補的な塩基間の水素結合を介して，mRNA 上の特定のトリプレットコドンと相互作用していることもわかっている．

どのようにしてタンパク質の 20 文字の言語に翻訳されるのか」を推察したことによってもたらされた．そして，小さな核酸（おそらくある種の RNA）がアダプターの役割を果たし，アダプター分子中の一部分が特定のアミノ酸に結合し，別の部分がそのアミノ酸をコードする mRNA 中のヌクレオチド配列を認識すると推察した（図 27-2）．このアイディアの正当性はすぐに確認された．アダプターである tRNA は，ペプチド結合形成のためにアミノ酸を活性化するのと同じ分子であり，mRNA のヌクレオチド配列をポリペプチドのアミノ酸配列へと「翻訳」する．mRNA によって導かれるタンパク質合成の全工程は，しばしば単に**翻訳** translation と呼ばれる．

これら三つの進展が，まもなくタンパク質合成の主要な段階の理解，そしてついには各アミノ酸を特定する遺伝暗号の解明へと導いた．

遺伝暗号は人工の鋳型 mRNA を用いて解読された

1960 年代までに，DNA の少なくとも 3 ヌクレオチド残基が 1 アミノ酸をコードするために必要であることが明白になっていた．DNA の 4 種類の暗号文字（A，T，G，C）のうち 2 文字の組合せは $4^2 = 16$ 種類のみであり，20 種類のアミノ酸をコードするには不十分である．しかし，4 種類の塩基から 3 塩基の文字をとる組合せは $4^3 = 64$ 通りある．

遺伝暗号の鍵となるいくつかの性質は，初期の遺伝学的研究によって確立された（図 27-3，図 27-4）．**コドン** codon とは特定のアミノ酸をコードするヌクレオチドのトリプレット triplet（三つ組）である．翻訳は，これらのヌクレオチドのトリプレットが，連続して重複せずに読まれるよ

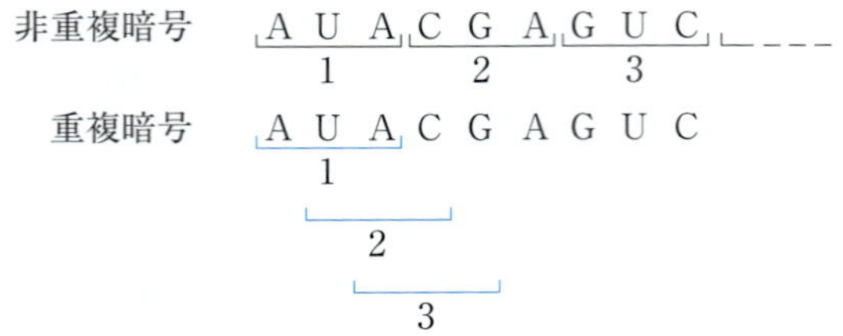

図 27-3 重複する遺伝暗号と重複しない遺伝暗号

非重複暗号の場合には，コドン（通し番号で示す）はヌクレオチドを共有しない．重複暗号の場合では，mRNA 中のヌクレオチドは異なるコドンと共有されることがある．最大限に重複したトリプレット暗号では，図中の左から 3 番目のヌクレオチド（A）のように，多くのヌクレオチドが三つのコドンによって共有される．重複暗号の場合には，最初のコドンのトリプレット配列が，2 番目のコドンで起こりうる配列を制限していることに注意する必要がある．非重複暗号は，隣接するコドンの配列，したがってその暗号により規定されるアミノ酸配列にも，一層の柔軟性を与える．すべての生物系で用いられている遺伝暗号は，重複していないことが今ではわかっている．

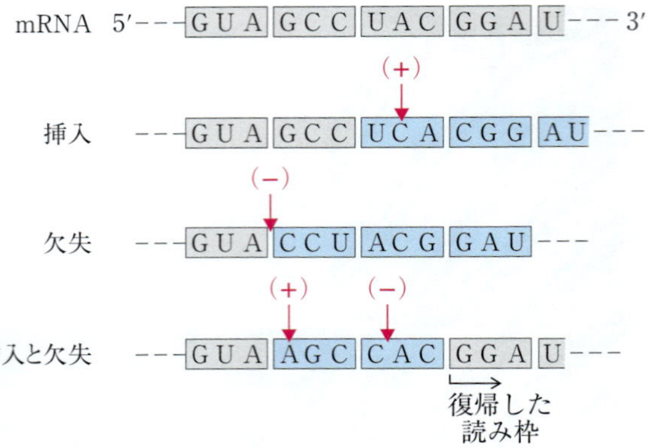

図 27-4 トリプレット（非重複暗号）

遺伝暗号の一般的性質に関する証拠は，欠失変異や挿入変異の影響に関する遺伝学的実験などの多くの実験に基づいている．1 塩基対の挿入あるいは欠失（ここでは mRNA 転写物中に示してある）によって，非重複トリプレット暗号の配列が変化する．変化したところから後の mRNA によってコードされるすべてのアミノ酸が影響を受ける．挿入と欠失の両方の突然変異を組み合わせると，いくつかのアミノ酸は影響を受けているが，最終的には正しいアミノ酸配列に回復することがある．三つのヌクレオチドを加えて取り除いても（図には示されていない），残ったトリプレットコドンはもとのままであり，これはコドンが四つでも五つでもなく，三つのヌクレオチドであることを証明している．灰色の網をかけたトリプレットコドンは，もとの遺伝子から転写されたもので，青色の網をかけたコドンは，挿入や欠失の突然変異の結果できた新しいコドンを表す．

うに起こる．配列中の特定の最初のコドンが**読み枠** reading frame を定め，新たなコドンが 3 ヌクレオチドごとに始まる．連続するアミノ酸残基に対するコドンの間には句読点はない．タンパク質のアミノ酸配列は，連続するトリプレットの直線的な配列によって規定される．原理的に，ある一本鎖の DNA あるいは mRNA の配列には，可能な読み枠が三つある．各読み枠は異なるコドンの配列（図 27-5）を与えるが，それらのうちの一つだけがあるタンパク質をコードしているらしい．しかし，重要な未解決の問題が残っていた．それは，各アミノ酸に対する 3 文字暗号の単語がどのようなものであるのかであった．

1961 年に，Marshall Nirenberg と Heinrich Matthaei は，この問題解決の最初の突破口について報告した．彼らは，20 本の異なる試験管内で，合成ポリヌクレオチドであるポリウリジル酸 polyuridylate（ポリ(U)と略記する）を大腸菌抽出物，GTP，ATP および 20 種類のアミノ酸混合

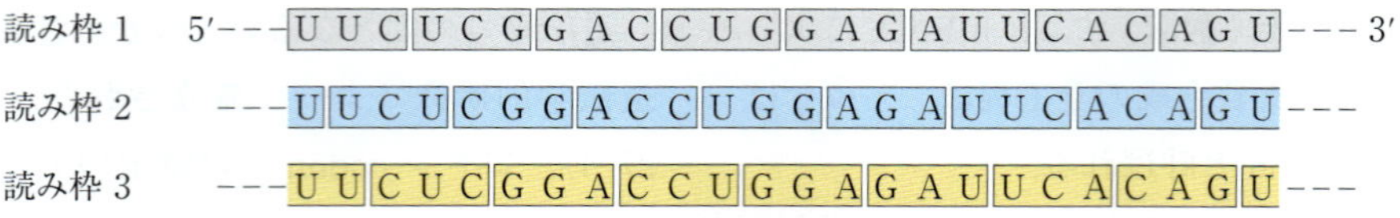

図 27-5 遺伝暗号の読み枠

非重複暗号であるトリプレットの場合には，すべての mRNA に三つの可能な読み枠が存在する．ここでは異なる色で網をかけてある．トリプレットとそれにより指定されるアミノ酸は，各読み枠で異なる．

Marshall Nirenberg
(1927－2010)
［出典：AP Photo.］

物とともにインキュベートした．各試験管には，それぞれ放射性標識した異なるアミノ酸を加えた．ポリ(U)mRNAは多くの連続するUUUトリプレットから成るので，UUUによってコードされるアミノ酸だけを含むポリペプチドの合成が促進されるはずである．放射性標識されたポリペプチドは，20本の試験管中のただ1本だけで実際に合成され，その試験管は放射性フェニルアラニンを含んでいた．NirenbergとMatthaeiは，それによってUUUトリプレットはフェニルアラニンをコードすると結論した．同じ方法によって，ポリシチジル酸（ポリ(C)）はプロリン残基のみを含むポリペプチド（ポリプロリン）をコードし，ポリアデニル酸（ポリ(A)）はポリリジンをコードすることがすぐに見出された．ポリグアニル酸の場合にはリボソームに結合することができない四本鎖tetraplex（図8-20(d)参照）を自発的に形成してしまうので，この実験ではどんなポリペプチドも生成しなかった．

このような実験に用いられた合成ポリヌクレオチドは，ポリヌクレオチドホスホリラーゼ（p. 1522）を利用して調製された．この酵素は，ADP，UDP，CDPおよびGDPから出発して，RNAポリマーの合成を触媒する．また，Severo Ochoaによって発見されたこの酵素は鋳型を必要とせず，溶液中に存在するヌクレオシド5′-二リン酸前駆体の相対濃度を直接反映した塩基組成のポリマーを合成する．もしポリヌクレオチドホスホリラーゼをUDPのみとともに用いれば，ポリ(U)のみができる．そして，この酵素をADPを5に対してCDPを1の割合の混合物とともに用いれば，約6分の5がA残基で，6分の1がC残基であるようなポリマーがつくられる．このようなランダムなポリマーは，多くのAAA配列を有するトリプレットと，それより少ないAAC，ACA，CAAトリプレット，かなり少ない数のACC，CCA，CACトリプレット，そしてごく少数のCCCトリプレットを含むはずである（表27-1）．異なるADP，GDP，UDPおよびCDP濃度の混合物から出発して，ポリヌクレオチドホスホリラーゼによって合成された種々の人工mRNAを用いて，NirenbergとOchoaのグループはまもなくほぼすべてのアミノ酸をコードするトリプレットの塩基組成を同定した．これらの実験では，コードしているトリプレット中の塩基組成を明らかにすることはできたが，塩基配列を明らかにすることはできなかった．

重要な約束事：これ以降の多くの議論ではtRNAを扱う．あるtRNAによって特定されるアミノ酸を$tRNA^{Ala}$のように上付き文字で示し，アミノアシル-tRNAをハイフンをつけた名前で表す．例えば，アラニル-$tRNA^{Ala}$またはAla-$tRNA^{Ala}$．■

1964年にNirenbergとPhilip Lederは，実験上のもう一つの突破口を開いた．対応する合成ポリヌクレオチドメッセンジャーが存在していれば，単離された大腸菌リボソームは特定のアミノアシル-tRNAと結合するはずである．例えば，ポリ(U)およびフェニルアラニル-$tRNA^{Phe}$（Phe-$tRNA^{Phe}$）とともにインキュベートしたリボソームは，両者と結合するが，リボソームをポリ(U)および他のアミノアシル-tRNAとインキュベートしても，ポリ(U)中のUUUトリプレットを認識することができないので，tRNAはリボソームと結合しない(表27-2)．トリヌクレオチドであっ

表 27-1 RNA のランダムポリマーに対応するポリペプチドへのアミノ酸の取込み

アミノ酸	観察された取込み頻度（Lys = 100 として）	相当するコドンのヌクレオチド組成[a]	結果に基づいて予想された取込み頻度（Lys = 100 として）
アスパラギン	24	A_2C	20
グルタミン	24	A_2C	20
ヒスチジン	6	AC_2	4
リジン	100	AAA	100
プロリン	7	AC_2，CCC	4.8
トレオニン	26	A_2C，AC_2	24

注：ここで表すのは，遺伝暗号の解明のため考案された初期の実験の一つのデータをまとめたものである．A 残基と C 残基のみを 5：1 の割合で含む合成 RNA が，ポリペプチド合成を指令するために用いられ，取り込まれたアミノ酸の同定と定量の両方が行われた．合成 RNA 中の A 残基と C 残基の相対的な量比に基づき，そして最も出現しやすい AAA コドンが 100 という頻度であると仮定すると，A_2C という組成の 3 種類の異なるコドンはそれぞれ 20 の相対頻度で存在するはずであり，AC_2 という組成の 3 種類のコドンはそれぞれ 4.0 という相対頻度で，また CCC というコドンは 0.8 の相対頻度で存在するはずである．ここでは CCC コドンに相当するアミノ酸の同定は，ポリ(C)を用いた以前の研究から得られた情報に基づいている．アミノ酸に相当するコドンが二つ示されているところでは，両方のコドンが同じアミノ酸をコードしていると推定される．

[a] ヌクレオチド組成の表示には，ヌクレオチドの配列に関する情報は含まれていないことに注意しよう（もちろん AAA と CCC を除く）．

ても適切な tRNA の特異的な結合を促進することができたので，これらの実験は，化学合成された短いオリゴヌクレオチドを用いて行うことができた．この技術を用いて，64 通りのトリプレットコドンのうち 54 種類が，どのアミノアシル-tRNA と結合するのかが決定された．コドンのなかには，どのアミノアシル-tRNA とも結合しないものもあるし，複数のコドンが結合する場合もあった．しかし，すべての遺伝暗号を完全に決定して確認するためには，別の方法が必要であった．

ほぼ同じ頃，H. Gobind Khorana によって，上記の方法と互いに補い合うような方法がもたらされた．彼は並びのはっきりとした 2 ～ 4 塩基の繰返し配列をもつポリリボヌクレオチドの化学合成法を開発した．このような mRNA を用いてつくられたポリペプチドには，1 種類あるいは数種類のアミノ酸の繰返しパターンが存在していた．この繰返しのパターンを，Nirenberg とその共同研究者らがランダムなポリマーを用いて得た情報と考え合わせると，コドンを明確に特定することができた．例えば，コポリマーの $(AC)_n$ は，ACA コドンと CAC コドンが交互に繰り返した構造 ACACACACACACACA をもつ．このメッセンジャーの上で合成されたポリペプチドは，等量のトレオニンとヒスチジンを含んでいた．ヒスチジンコドンは A を一つと C を二つもつので（表 27-1），CAC はヒスチジンを，ACA はトレオニンをそれぞれコードするにちがいない．

H. Gobind Khorana
(1922－2011)
［出典：Archives, University of Wisconsin-Madison の厚意による.］

表 27-2　アミノアシル-tRNA のリボソームへの特異的な結合を引き起こすトリヌクレオチド

トリヌクレオチド	^{14}C 標識したアミノアシル-tRNA のリボソーム結合性の相対的な増大[a]		
	Phe-tRNA^{Phe}	Lys-tRNA^{Lys}	Pro-tRNA^{Pro}
UUU	4.6	0	0
AAA	0	7.7	0
CCC	0	0	3.1

出典：M. Nirenberg and P. Leder, *Science* **145**: 1399, 1964 の情報.

[a] 各数字は，トリヌクレオチドを加えない対照実験に対して，表に示したトリヌクレオチドを加えた実験で結合した ^{14}C の量の増加倍数を表す.

多くの実験によって得られた結果を総合することによって，64 通りの可能なコドンのうちの 61 通りの割当てが決定された．残りの三つは，それらが合成 RNA ポリマーの配列中に存在すると，アミノ酸の暗号パターンを中断したこと（図 27-6）などから，終止コドンであることが判明した．すべてのトリプレットコドンの意味（図 27-7 に表にしてある）が 1966 年までに確立され，多くの異なる方法で確認された．遺伝暗号の解読は，20 世紀における最も重要な科学的発見の一つとみなされる．

コドンは，遺伝情報の翻訳の鍵であり，特定のタンパク質の合成を指令する．一つの mRNA 分子の翻訳が開始されると読み枠が設定され，合成装置が一つのトリプレットから次のトリプレットへと連続的に読み進むように維持される．もしも mRNA の最初の読み枠が 1 塩基または 2 塩基ずれたり，翻訳を誤って mRNA 中の一つのヌクレオチドを飛ばしてしまったりすると，その後のすべてのコドンは混乱し，間違ったアミノ酸配列をもった「異なる意味をもつ missense」タンパク質が合成されることになる．

特別な機能を果たすコドンがいくつかある（図 27-7）．**開始コドン** initiation codon の AUG は，ポリペプチドの内部では Met 残基をコードするのに加えて，すべての細胞におけるポリペプチド鎖開始の最も普遍的なシグナルである．**終止コドン** termination codon（UAA，UAG，UGA）は ストップコドンまたはナンセンスコドンとも呼ばれ，通常はポリペプチド鎖合成終結のシグナルであり，どんな既知のアミノ酸もコードしてはいない．この規則のいくつかの例外については Box 27-1 で考察する．

Sec. 27.2 で述べるように，細胞におけるタンパク質合成の開始は，mRNA 中の開始コドンと他のシグナルに依存する精巧な過程である．振り返ってみると，コドンの機能を同定するための Nirenberg，Khorana や他の研究者の実験は，開

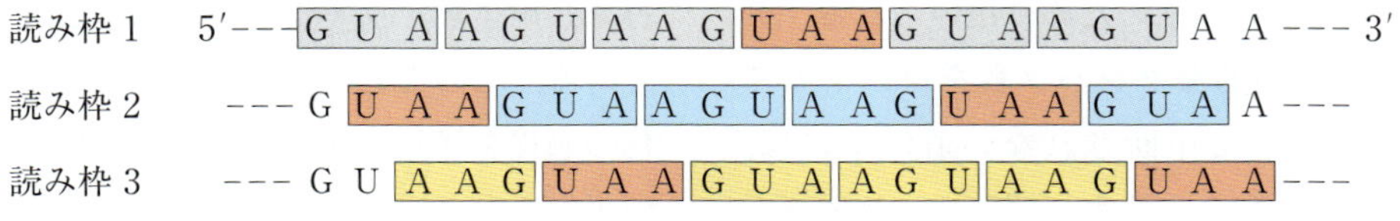

図 27-6　4 ヌクレオチドの繰返し中に組み込まれた終止コドンの影響

終止コドン（淡赤色の網かけ）は，三つの異なる読み枠（異なる色の網かけで示す）で 4 コドンごとに出会う．リボソームが最初に結合する位置に依存して，ジペプチドまたはトリペプチドが合成される．

コドンの第一文字（5′側）

コドンの第二文字 →

	U	C	A	G
U	UU**U** Phe	UC**U** Ser	UA**U** Tyr	UG**U** Cys
	UU**C** Phe	UC**C** Ser	UA**C** Tyr	UG**C** Cys
	UU**A** Leu	UC**A** Ser	UA**A** Stop	UG**A** Stop
	UU**G** Leu	UC**G** Ser	UA**G** Stop	UG**G** Trp
C	CU**U** Leu	CC**U** Pro	CA**U** His	CG**U** Arg
	CU**C** Leu	CC**C** Pro	CA**C** His	CG**C** Arg
	CU**A** Leu	CC**A** Pro	CA**A** Gln	CG**A** Arg
	CU**G** Leu	CC**G** Pro	CA**G** Gln	CG**G** Arg
A	AU**U** Ile	AC**U** Thr	AA**U** Asn	AG**U** Ser
	AU**C** Ile	AC**C** Thr	AA**C** Asn	AG**C** Ser
	AU**A** Ile	AC**A** Thr	AA**A** Lys	AG**A** Arg
	AU**G** Met	AC**G** Thr	AA**G** Lys	AG**G** Arg
G	GU**U** Val	GC**U** Ala	GA**U** Asp	GG**U** Gly
	GU**C** Val	GC**C** Ala	GA**C** Asp	GG**C** Gly
	GU**A** Val	GC**A** Ala	GA**A** Glu	GG**A** Gly
	GU**G** Val	GC**G** Ala	GA**G** Glu	GG**G** Gly

図 27-7 mRNA 中のアミノ酸暗号の「辞書」

コドンは 5′ → 3′ 方向に書かれている．各コドンの 3 番目の塩基（太字で示す）は，1 番目，2 番目に比べてアミノ酸を規定するためにそれほど重要な役割を果たしてはいない．3 種類の終止コドンは淡赤色で網をかけてあり，開始コドンの AUG は緑色の網をかけてある．メチオニンとトリプトファンを除くすべてのアミノ酸には，二つ以上のコドンがある．ほとんどの場合に，同じアミノ酸を規定するコドンは 3 番目の塩基だけが異なる．

始コドンのない状態ではうまくいかないはずであった．しかし思いがけず，実験条件によって，タンパク質合成の開始に通常は必要な要件が緩和されたのである．生化学の歴史のなかではよく起こることであるが，努力が偶然と重なって突破口を開いたのである．

ランダムなヌクレオチドの配列内には，各読み枠に平均して 20 コドンごとに一つの頻度で終止コドンがある．一般に，50 以上の連続するコドンに終止コドンがない読み枠は，**オープンリーディングフレーム** open reading frame（**ORF**）と呼ばれる．長いオープンリーディングフレームは，通常はタンパク質をコードする遺伝子に対応する．DNA 配列のデータベース解析では，遺伝情報をもたない膨大な DNA の中から遺伝子を見つけるために，精巧なプログラムがオープンリーディングフレームの検索のために用いられる．分子量 60,000 の典型的なタンパク質をコードする終止コドンによって中断されない遺伝子には，500 以上のコドンから成るオープンリーディングフレームが必要である．

遺伝暗号の顕著な特徴は，一つのアミノ酸が一つ以上のコドンによって規定されることである．このような場合に，暗号が**縮重**（**縮退**）degenerate しているといわれる．縮重は暗号が不完全であることを意味するのではない．一つのアミノ酸は二つ以上のコドンに対応するが，各コドンはただ一つのアミノ酸を特定している．暗号の縮重は一様ではない．例えば，メチオニンとトリプトファンは単一のコドンしかもたないのに対して，3 種類のアミノ酸（Arg，Leu，Ser）は六つのコドンを，5 種類のアミノ酸は四つのコドンを，イソロイシンは三つのコドンを，9 種類のアミノ酸は二つのコドンをもつ（表 27-3）．

遺伝暗号はほぼ普遍的である．ミトコンドリア，ある種の細菌，ある種の単細胞真核生物（Box 27-1）における数少ない変種の興味深い例外はあるが，アミノ酸のコドンはこれまでに調べられたすべての生物種で同一である．ヒト，大腸菌，タバコ，両生類，ウイルスは同じ遺伝暗号を共有している．このことは，すべての生物体は，生物進化の過程を通して保存された遺伝暗号をもつ共通の祖先をもとに進化してきたことを示唆する．変種でさえも，この原則を補強していると考えられる．

表 27-3 遺伝暗号の縮重

アミノ酸	コドンの数	アミノ酸	コドンの数
Met	1	Tyr	2
Trp	1	Ile	3
Asn	2	Ala	4
Asp	2	Gly	4
Cys	2	Pro	4
Gln	2	Thr	4
Glu	2	Val	4
His	2	Arg	6
Lys	2	Leu	6
Phe	2	Ser	6

二つ以上のコドンを認識する tRNA があるのはゆらぎ現象による

いくつかの異なるコドンが一つのアミノ酸を特定する際には，それらのコドンの違いは通常は3番目の塩基（3′末端）にある．例えば，アラニンは，GCU，GCC，GCA そして GCG というトリプレットによりコードされる．ほとんどのアミノ酸に対するコドンは，XY^{A}_{G} または XY^{U}_{C} として示される．各コドンの最初の2文字が主たる特異性を決定するという興味深い結果をもたらす．

転移 RNA は，**アンチコドン** anticodon という tRNA 上の3塩基配列で mRNA のコドンとの間に塩基対を形成する．mRNA 中のコドンの1番目の塩基（5′→3′方向に読む）はアンチコドンの3番目の塩基と対合する（図 27-8（a））．ある tRNA のアンチコドントリプレットが，三つすべての位置においてワトソン・クリック塩基対を形成して単一のコドントリプレットを認識するのならば，細胞はアミノ酸の各コドンに対して異なる tRNA をもつ必要がある．しかし，そうではない．例えば，ある種の tRNA のアンチコドンにはイノシン酸（I と表記される）というヌクレオチドが含まれる．イノシン酸は，ヒポキサンチンというまれな塩基を含んでおり（図 8-5（b）参照），ワトソン・クリック塩基対の水素結合（G≡C および A＝U）よりもずっと弱い対合ではあるが，三つの異なるヌクレオチド（U，C および A；図 27-8(b)）と水素結合を形成できる．酵母では，tRNA^{Arg} の一つは（5′）ICG というアンチコドンを有するが，これは三つの異なるアルギニンコドン（5′）CGA，（5′）CGU，（5′）CGC を認識する．これらのコドンの最初の2塩基は同一であり（CG），これと対応するアンチコドンの塩基と強いワトソン・クリック塩基対を形成する．しかし，3番目の塩基（A，U，あるいは C）は，アンチコドンの1番目に位置する I 残基とかなり弱い水素結合を形成する．

Crick は，これらのコドン-アンチコドン対と

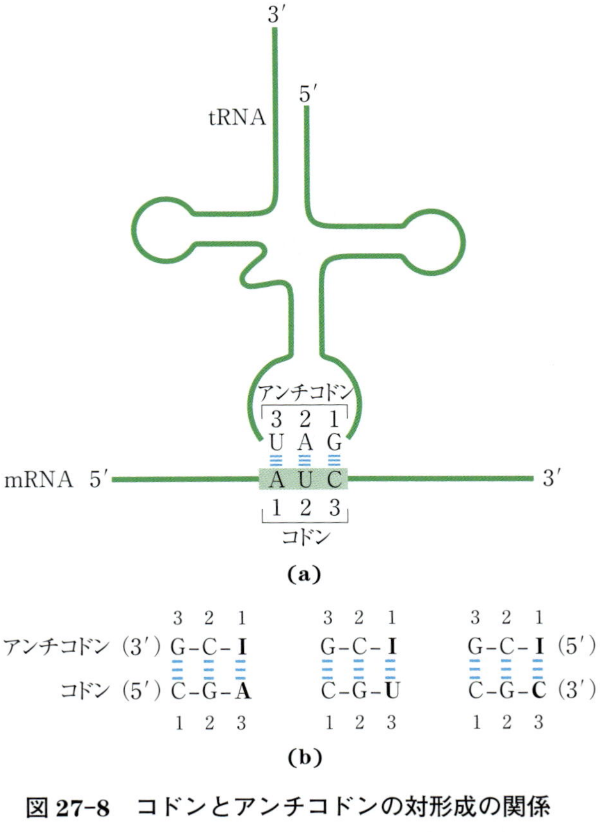

図 27-8 コドンとアンチコドンの対形成の関係

(a) 二つの RNA の配置は逆平行である．tRNA は慣例的なクローバーの葉の立体配置で表してある．**(b)** tRNA のアンチコドンがイノシン酸を含む際に可能な三つの異なるコドンとの対形成の関係．

BOX 27-1 例外が規則を証明する
遺伝暗号の自然変異

他の分野と同様に生化学においても，一般則に対する例外は教育者にとってはやっかいであり，学生にとってはいらいらを募らせるものである．しかし同時に，例外は私たちに生命の複雑さを教え，そしてより驚くべき発見の探求へと引き込むのである．例外を理解することによって，もとの規則を驚くべき方法で強化することさえできるのである．

遺伝暗号には変化の余地はほとんどないように思える．たった一つのアミノ酸の置換でさえも，タンパク質の構造に深刻な影響を及ぼすことがある．それにもかかわらず，暗号の変化がある種の生物で実際に起こる．このような変化は興味深く示唆に富んでいる．変化のタイプとそれらがまれであることは，すべての生物が共通の進化的起源を有することの強力な証拠である．

暗号を変化させるためには，一つ以上の tRNA をコードする遺伝子に変化が起こらなければならず，その変化の明白な標的はアンチコドンである．そのような変化によって，標準的な暗号に応じて特定されるものとは異なるアミノ酸が，そのアミノ酸をコードしていないコドンのところに規則正しく挿入される（図 27-7 参照）．遺伝暗号は，事実上二つの要素で定義される．すなわち，(1) tRNA 上のアンチコドン（伸長しつつあるポリペプチド上でのアミノ酸の位置を決定する）と，(2) tRNA にアミノ酸を結合させる酵素であるアミノアシル-tRNA シンテターゼの特異性（特定の tRNA に付加するアミノ酸の種類を決定）である．

暗号が突然変化すると，細胞のタンパク質に壊滅的な影響を及ぼすので，比較的少数のタンパク質が影響を受けるようなところで暗号の変化が起こりやすいようである．このような変化は，ほんの少数のタンパク質しかコードしていない小さなゲノム中で起こる．暗号変化の生物学的な帰結は，変化が三つの終止コドンに限定されることによっても制限される．なぜならば，終止コドンは通常は遺伝子内には存在しないからである（この規則の例外については Box 27-3 参照）．この様式は実際に観察されている．

既知の遺伝暗号の極めてまれな変化のほとんどは，ミトコンドリア DNA（mtDNA）で起こる．mtDNA は 10 ～ 20 のタンパク質しかコードしていない．ミトコンドリアはそれ自体の tRNA をもっており，それらの暗号の変異は，はるかに大きな細胞ゲノムには影響を与えない．ミトコンドリアで最もよくある変化は終止コドンに関するものである．これらの変化は，ある一群の遺伝子の産物に対してのみ，その終結に影響を及ぼす．遺伝子は複数の（重複した）終止コドンをもっているので，ときにはその影響は小さい．

脊椎動物の mtDNA には，13 種類のタンパク質と 2 種類の rRNA，22 種類の tRNA をコードする遺伝子がある（図 19-40 参照）．少数のコドンを割り当て直すと仮定すると，ゆらぎの法則（p. 1554）の異常なセットに加えて，22 個の tRNA があればタンパク質をコードする遺伝子の解読は十分に可能である．標準的な暗号には 32 個の tRNA が必要であるのとは対照的である．小さなゲノムのほうがミトコンドリアの複製には有利なので，ミトコンドリアにおけるこのような変化は一種のゲノムの簡素化とみなすことができる．アミノ酸がはじめの二つのヌクレオチドで完全に決定されるような 4 種類のコドンは，アンチコドンの最初の位置（ゆらぎの位置）に U 残基を有する単一の tRNA によって解読される．この場合，その U 残基はコドンの 3 番目の位置で四つの可能な塩基のどれとでも対を形成するか，あるいは「3 分の 2 機構 two out of three mechanism」が適用される，すなわち，コドンの 3 番目の位置では，塩基対を形成する必要がない．他の tRNA は，3 番目の位置が A か G であるコドンを認識する．さらに他のものは U か C を認識する．その結果，事実上すべての tRNA は，2 種類または 4 種類のコドンを認識する．

標準的な暗号の場合には，二つのアミノ酸（メチオニンとトリプトファン）だけが単一のコドンによってコードされている（表 27-3 参照）．すべてのミトコンドリア tRNA が 2 種類のコドンを認識するとすると，ミトコンドリアには Met コドンと Trp コドンがもう一つずつあると予想できる．そして，最もよくあるコドンの変化は，通常は終止コドンである UGA がトリプトファンを指定することである．$tRNA^{Trp}$ は，終止コドン UGA または正常な Trp のコドンである UGG の位置を認識し，Trp を挿入する．ミトコンドリアの暗号変異のうちで 2 番目に多いのは，Ile のコドンである AUA の Met のコドンへの変化である．通常の Met のコドンは AUG だが，単一の tRNA が AUA と AUG の両方を認識する．ミトコンドリアでの既知の暗号変異を表 1 にまとめる．

ミトコンドリアのゲノムに比べて暗号変化のずっと少ない細胞ゲノムに目を向けると，細菌において既知の唯一の変化は，最も単純な単細胞生物である *Mycoplasma capricolum* における Trp 残基をコードする UGA の使用であることがわかる．真核生物では，ミトコンドリア外でのまれな暗号変化は，数種類の繊毛性原生生物で起こるものだけである．この場合には，終止コドンの UAA と UAG の両方がグルタミンを指定することがある．珍しいが興味深い例は，Box 27-2 に詳述するように，終止コドンが 20 の標準アミノ酸以外のアミノ酸をコードする場合である．

暗号変化は絶対的なものである必要はない．すなわち，あるコドンが常に同じアミノ酸をコードする必要はない．例えば，大腸菌を含む多くの細菌では，Val を表す GUG が Met を規定する開始コドンとして用いられる場合がある．このことが起こるのは，GUG が，翻訳の開始に影響を及ぼすような特定の mRNA の配列（Sec. 27.2 で述べる）の正しい相対的な位置に存在する遺伝子においてだけである．

遺伝暗号における最も驚くべき変化は，もともと *Candida albicans* で発見されたように，カンジダ属のある種の菌類で起こっている．*C. albicans* は極めて複雑なゲノムをもつ生物であるが，その遺伝暗号は劇的な変化を受けている．すなわち，通常は Leu 残基をコードする CUG コドンが Ser をコードする．この変化のための自然選択の圧力は全くわかっていない．

表 1　ミトコンドリアにおける既知のバリアントコドンの割当て

	コドン[a]				
	UGA	AUA	AGA AGG	CUN	CGG
通常の（細胞の）暗号の割当て	Stop	Ile	Arg	Leu	Arg
動物					
脊椎動物	Trp	Met	Stop	+	+
ショウジョウバエ	Trp	Met	Ser	+	+
酵母					
Saccharomyces cerevisiae	Trp	Met	+	Thr	+
Torulopsis glabrata	Trp	Met	+	Thr	?
Schizosaccharomyces pombe	Trp	+	+	+	+
糸状菌類	Trp	+	+	+	+
トリパノソーマ	Trp	+	+	+	+
高等植物	+	+	+	+	Trp
Chlamydomonas reinhardtii	?	+	+	+	?

[a] N はどのヌクレオチドでもよい；+ は通常の暗号と同じ意味を表す；? はこの生物種のミトコンドリアのゲノムでは見られないコドンを表す．

さらに，Ser と Leu の化学構造はかなり異なっている．しかし，この変化でさえも，普遍的な暗号の性質に基づいて理解可能である．いくつかのコドンが同一のアミノ酸をコードし，複数の tRNA を使用する際には，すべてのコドンが等しい頻度で使われるわけではない．**コドンバイアス** codon bias という現象では，特定のアミノ酸に対するいくつかのコドンが他のコドンよりもより頻繁に（ときにはずっと頻繁に）用いられる．頻繁に用いられるコドンに対する tRNA は，まれにしか使われないコドンの tRNA よりも，しばしばずっと高濃度で存在する．暗号の縮重のために，Leu に対する六つのコドンが存在する．細菌では，CUG がしばしば Leu をコードしている．しかし，*Candida* に非常に近縁ではあるがコードするアミノ酸の変化をもたない属の中の菌類では，CUG コドンだけが Leu をコードするために極めてまれにしか使用されず，高レベルで発現するタンパク質中にはしばしば全く存在しない． したがって，CUG のもつ暗号の意味の変化は，すべてのコドンが等しく使われたときに予想されるよりも，菌類の細胞での代謝に対してはずっと小さな効果しかない．暗号の変化が起きたのは，遺伝子内で CUG コドンの消失と Leu のコドンとしての CUG を認識する tRNA の消失が徐々に起き，それに続いて CUG の認識を可能にする $tRNA^{Ser}$ のアンチコドンの変異（$tRNA^{Ser}$ による CUG コドンの捕獲）が起こったのかもしれない．あるいは，CUG が Leu と Ser の両方をコードすると認識されたような中間段階が存在していたのかもしれない．そのような段階では，おそらく一つの tRNA，あるいは別の tRNA が特異的な CUG コドンを認識するのを助けるようなシグナルが mRNA 中の前後に存在していたのかもしれない（Box 27-2 参照）．系統学的解析は，CUG の Ser コドンとしての再割当ては，およそ 1 億 5,000 年～1 億 7,000 万年前に *Candida* の祖先において起こったことを示唆している．

これらの変化は，暗号がかつて思われていたほど完全に普遍的というわけではないが，その柔軟性は著しく制限されていることを示唆する．変化が通常の暗号から派生していることは明らかであり，通常とは全く異なる暗号の例は発見されていない．暗号の変化は限定されているので，この惑星上の全生命が単一の（ほんの少し柔軟性のある）遺伝暗号をもとにして進化したという原理が確認できる．

他の対を調べることによって，ほとんどのコドンの 3 番目の塩基はアンチコドンの対応する塩基とかなり弱い塩基対を形成すると結論した．Crick は，そのようなコドンの 3 番目の塩基（および対応するアンチコドンの 1 番目の塩基）のことを「ゆらぎ塩基 wobble base」といういきいきとした言葉で表し，**ゆらぎ仮説** wobble hypothesis という次のような四つの相関関係を提唱した．

1. mRNA 中のコドンの最初の 2 塩基は，tRNA のアンチコドンの対応する塩基と常に強いワトソン・クリック塩基対を形成し，暗号の特異性のほとんどを決定する．
2. アンチコドンの第一塩基（5′ → 3′ 方向に読むので，これはコドンの 3 番目の塩基と対合する）は，その tRNA によって認識されるコドンの数を決定する．アンチコドンの第一塩基が C または A であるとき，塩基対形成は特異的で，ただ一つのコドンがその tRNA によって認識される．しかし，アンチコドンの第一塩基が U か G のときには，結合はそれほど特異的ではなく，二つの異なるコドンが読まれる可能性がある．イノシン（I）がアンチコドンの最初（すなわち，ゆらぎ）のヌクレオチドの場合には，三つの異なるコドンが tRNA によって認識可能である．これは一つの tRNA によって認識されるコドンの最大数である．これらの関係を表 27-4 にまとめる．
3. 一つのアミノ酸がいくつかの異なるコドンによって指定されるとき，最初の二つの塩基のどちらかが異なるコドンは，異なる tRNA を必要とする．

表 27-4　tRNR が認識可能なコドン数をアンチコドンのゆらぎ塩基が決定する方法

1. 一つのコドンが認識される場合

アンチコドン	(3′) X-Y-**C** (5′)	(3′) X-Y-**A** (5′)
コドン	(5′) X′-Y′-**G** (3′)	(5′) X′-Y′-**U** (3′)

2. 二つのコドンが認識される場合

アンチコドン	(3′) X-Y-**U** (5′)	(3′) X-Y-**G** (5′)
コドン	(5′) X′-Y′-**A/G** (3′)	(5′) X′-Y′-**C/U** (3′)

3. 三つのコドンが認識される場合

アンチコドン	(3′) X-Y-**I** (5′)
コドン	(5′) X′-Y′-**A/U/G** (3′)

注：X と Y は，X′と Y′とそれぞれ強いワトソン・クリック塩基対を形成しうる相補的な塩基を表す．ゆらぎ塩基（コドンの 3′ 位およびアンチコドンの 5′ 位）は灰色の網をかけて示す．

4. 全 61 種類のコドンを翻訳するために，最低でも 32 種類の tRNA が必要である（アミノ酸をコードする tRNA が 31 種類，開始コドンに対応する tRNA が 1 種類）．

コドンのゆらぎ（すなわち第三）塩基は特異性に寄与するが，アンチコドンの対応する塩基とほんの弱く結合するだけなので，タンパク質合成の際に tRNA がそのコドンから速やかに解離しやすくする．もしもコドンの 3 塩基すべてがアンチコドンの 3 塩基と強いワトソン・クリック対を形成するのならば，tRNA は非常にゆっくりとしか解離せず，タンパク質の合成速度を制限するであろう．コドン-アンチコドン相互作用は，正確さと迅速さの要求のバランスを保っている．

遺伝暗号は突然変異に対して抵抗性を示す

遺伝暗号は，あらゆる生物のゲノムの完全性を保護するという興味深い役割を果たす．進化はコドンの割当てがランダムに出現するような暗号をつくることはなかった．その代わりに，遺伝暗号は，最も一般的に見られるタイプの突然変異であるミ**スセンス変異** missense mutation（単一の新たな塩基対が別の塩基対に置き換わる変異）の有害な作用に対して著しい抵抗性を示す．コドンの 3 番目，すなわちゆらぎの位置における単一の塩基置換によっては，コードされるアミノ酸の変化は約 25% でしか起こらない．したがって，ほとんどのそのような変化は**サイレント変異** silent mutation であり，ヌクレオチドは異なるが，コードされているアミノ酸残基は同じままである．

ゲノムに影響を及ぼすような自然発生する DNA 損傷（Chap. 8 参照）のタイプによって，最も頻繁に起こるミスセンス変異は**トランジション変異（塩基転位型変異）** transition mutation であり，プリンがもう一つのプリンによって，あるいはピリミジンがもう一つのピリミジンによって置き換えられる（例：G≡C から A=T への変化）．コドンの三つすべての位置は，塩基転位型変異に対してある程度抵抗性があるように進化してきた．コドンの最初の位置の変異は，通常はコードするアミノ酸の変化を引き起こすが，このような変化はしばしば化学的性質の似たアミノ酸を生じさせる．このことは，特に図 27-7 で示す 1 列目の暗号で優位を占める疎水性のアミノ酸に関してあてはまる．Val のコドン GUU について考えてみよう．AUU への変化は Val を Ile に置き換える．CUU への変化は Val を Leu に置き換える．その遺伝子によってコードされるタンパク質の構造や機能に生じる変化は，常にというわけではないが小さいことが多い．

コンピューターによる研究は，ランダムに描かれた二者択一の遺伝暗号は，ほぼ常に実在する暗号よりも変異に対して抵抗性が低いことを示している．この結果は，祖先細胞である LUCA の出現の前に，暗号に顕著な合理化が起こったことを示唆する．

遺伝暗号は，タンパク質の配列情報がどのようにして核酸の中に保管されているかを示し，その情報がどのようにしてタンパク質に翻訳されるかについての解決の糸口を与えてくれる．

翻訳フレームシフトと RNA 編集は暗号の読まれ方に影響を及ぼす

タンパク質合成の際にいったん読み枠が設定されれば，リボソームの複合体が終止コドンに出会うまでは，重複や中断なしにコドンは翻訳される．他の二つの可能な読み枠は，通常は有用な遺伝情報を含まない．しかし，少数の遺伝子は，リボソームが mRNA の翻訳の際にある点を「飛び越し hiccup」，その点以降をずっと読み枠を変えるような構造をとる．このことは，単一の転写物から関連するが異なる二つ以上のタンパク質の産生を可能にするための機構，あるいはタンパク質合成を調節するための機構であろう．

翻訳フレームシフト translational frameshifting の最もよく解析されている例の一つは，ラウス肉腫ウイルスの重複する *gag* 遺伝子と *pol* 遺伝子の mRNA の翻訳の際に見られる（図 26-34 参照）．*pol* の読み枠は，*gag* の読み枠に対して 1 塩基対だけ左に（－1 読み枠分）ずれている（図 27-9）．

pol 遺伝子の産物（逆転写酵素 reverse transcriptase）は，Gag タンパク質だけの翻訳に使われるのと同じ mRNA 上で，より大きなポリタンパク質 polyprotein として翻訳される（図 26-33 参照）．このポリタンパク質（Gag-Pol ポリタンパク質）は，さらにプロテアーゼにより消化されて余分な部分が切除され，成熟した逆転写酵素になる．このポリタンパク質を産生するためには，リボソームが *gag* 遺伝子の末端にある UAG 終止コドン（図 27-9 に淡赤色の網かけで示す）を回避して，重複領域で翻訳フレームシフトが起こる必要がある．

フレームシフトは，この mRNA の翻訳の際に約 5% の確率で起こる．したがって，Gag-Pol ポリタンパク質と最終的に生じる逆転写酵素は，ウイルスの効率的な再生産に十分なレベル，すなわち Gag タンパク質の約 20 分の 1 の頻度で合成される．ある種のレトロウイルスでは，別の翻訳フレームシフトによって，*env* 遺伝子の産物が *gag* 遺伝子と *pol* 遺伝子の産物と融合したさらに大きなポリタンパク質としての翻訳が可能になる（図 26-33 参照）．同様の機構によって，大腸菌の DNA ポリメラーゼⅢの τ と γ の両サブユニットが，単一の *dnaX* 遺伝子の転写物から産生される（表 25-2 の脚注参照）．

翻訳の前に編集される mRNA もある．**RNA 編集** RNA editing には，その RNA が翻訳される際に転写物の意味に影響を及ぼすように，その RNA 中のヌクレオチドの付加，削除あるいは変更が関与することがある．ヌクレオチドの付加または削除は，ミトコンドリアと葉緑体のゲノムに

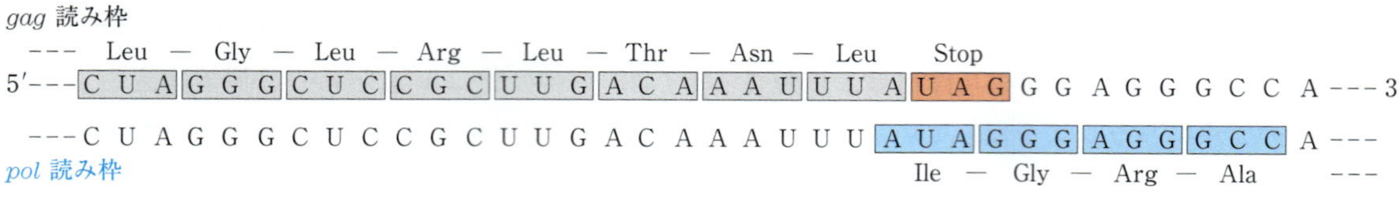

図 27-9 レトロウイルスの転写物における翻訳のフレームシフト
ラウス肉腫ウイルス RNA 中の *gag-pol* 重複領域を示す．

由来するRNAで最も一般的に見られる．その反応は，これらと同じ細胞小器官によってコードされ，編集を受けるmRNAと相補的な配列をもつ特殊なクラスのRNA分子を必要とする．このようなガイドRNA guide RNA（gRNA；図27-10）は編集過程の鋳型として働く．

ある種の原生生物のミトコンドリアに存在するシトクロムオキシダーゼのサブユニットIIをコードする遺伝子からつくられる最初の転写物は，挿入による編集の例である．これらの転写物は，タンパク質産物のカルボキシ末端に必要な配列とは正確には対応していない．転写後の編集過程によって，四つのU残基が挿入され，転写物の翻訳のための読み枠をシフトさせる．図27-10は，編集によって影響を受ける転写物の短い領域に加えられたU残基を示す．最初につくられた転写物とガイドRNAの間の塩基対形成が，RNA分子ではよくあるいくつかのG=U塩基対（図中の青色の点）を含むことに注意しよう．

ヌクレオチドの変更によるRNA編集で最も一般的なのは，アデノシンあるいはシチジンの酵素的脱アミノ化によって，それぞれイノシンあるいはウリジンが生じる反応である（図27-11）（ただし，他の塩基の変化も報告されている）．翻訳の際に，イノシンはG残基とみなされる．アデノシンの脱アミノ化反応は，RNAに作用するアデノシンデアミナーゼ *a*denosine *d*eaminase that *a*ct on *R*NA（**ADAR**）によって行われる．シチジンの脱アミノ化は，アポB mRNA 編集触媒ペプチド *apoB* mRNA *e*diting *c*atalytic peptide（**APOBEC**）ファミリーの酵素群によって行われ，関連する活性化誘導デアミナーゼ *a*ctivation-*i*nduced *d*eaminase（**AID**）酵素を含む．ADARとAPOBECの両グループのデアミナーゼ酵素はともに，相同な亜鉛配位型触媒ドメインをもつ．

ADARによって促進されるAからIへの編集は，霊長類の遺伝子に由来する転写物に特に共通に見られる．ほとんどの編集はAlu配列内で起こる．Alu配列とは，SINE（short interspersed element；短い散在反復配列）という真核生物のトランスポゾンのサブセットであり，特に哺乳類に共通である．ヒトのDNAには，300 bpのAlu配列が100万以上もあり，ゲノムの約10%を占める．これらはタンパク質をコードする遺伝子の近傍に集中して存在し，しばしばイントロン内や転写物の3′末端や5′末端にある非翻訳領域に見ら

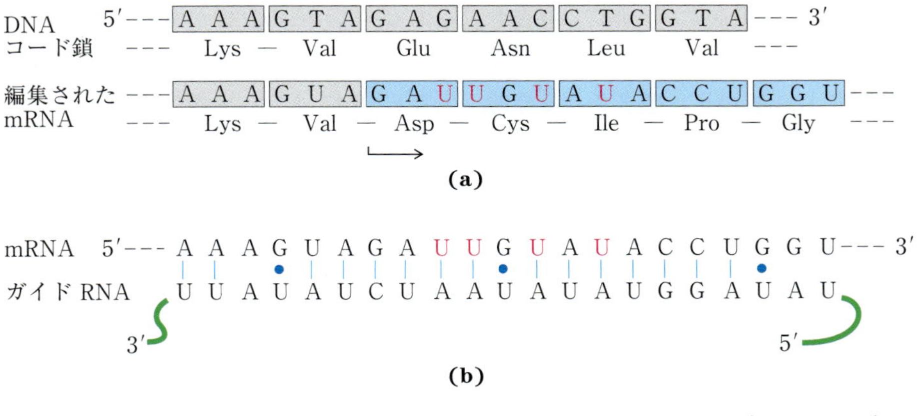

図27-10　*Trypanosoma brucei* のミトコンドリア由来のシトクロムオキシダーゼのサブユニットII遺伝子の転写物のRNA編集

(a) 四つのU残基（赤色）の挿入によって，読み枠が修正される．**(b)** 編集産物に相補的な特別のクラスのガイドRNAが編集過程の鋳型として働く．ワトソン・クリック塩基対ではないことを示す青色の点で表された三つのG=U塩基対の存在に注意しよう．

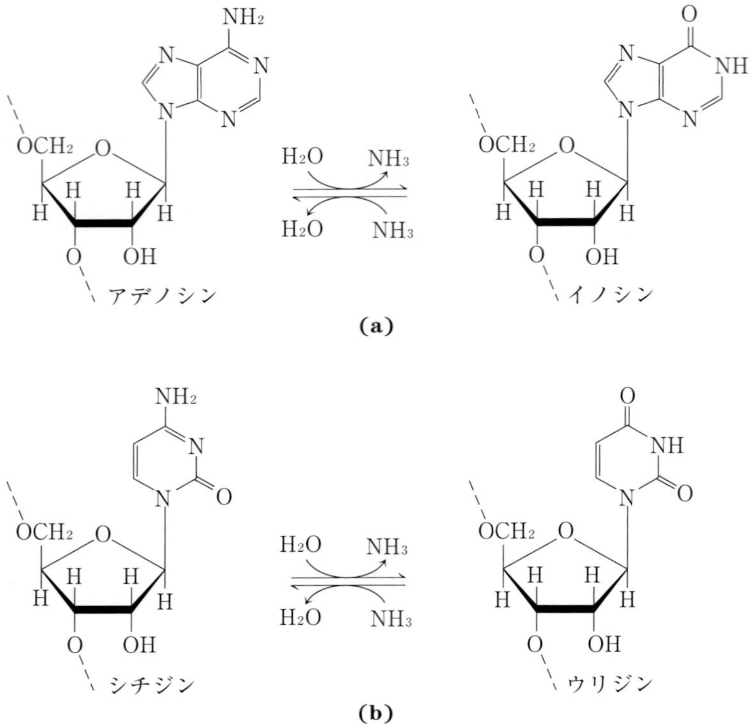

図 27-11 RNA 編集をもたらす脱アミノ化反応

(a) アデニンヌクレオチドからイノシンヌクレオチドへの変換は，ADAR 酵素によって触媒される．**(b)** シチジンのウリジンへの変換は，APOBEC ファミリーの酵素によって触媒される．

れる．平均的なヒトの mRNA が最初に合成される際（プロセシングの前）には，10 ～ 20 の Alu 配列が含まれる．ある種のマイクロ RNA も ADAR の標的になる．その種の miRNA の変化は一般にその発現や機能を低下させる．

ADAR 酵素は RNA の二本鎖領域にのみ結合し，A から I への編集を促進する．豊富に存在する Alu 配列は，転写物中での分子内塩基対形成の機会を多く提供し，ADAR に要求される標的二本鎖構造を生成する．編集には遺伝子のコード配列に影響を及ぼすものもある．ADAR 機能の欠損は，筋萎縮性側索硬化症 amyotrophic lateral sclerosis（ALS），てんかんや主要なうつ病など，ヒトのさまざまな神経学的病変に関連がある．

すべての脊椎動物のゲノムは SINE を十分に備えており，多くの異なるタイプの SINE がこれらの生物のほとんどに存在する．Alu 配列は霊長類でのみ支配的である．遺伝子と転写物の注意深いスクリーニングによって，A から I への編集は，主として多くの Alu 配列の存在のために，ヒトではマウスよりも 30 ～ 40 倍も頻繁に起こることが示唆されている．大規模な A から I への編集と選択的スプライシング（図 26-19(b) 参照）が起こりやすいことが，霊長類のゲノムと他の哺乳類のゲノムとの間の相違を生み出す二つの特徴である．これらの反応が偶然であるかどうか，あるいは霊長類，究極的にはヒトの進化において鍵となる役割を果たしてきたのかどうかはまだはっきりしない．

APOBEC シチジンデアミナーゼには六つの一般的なクラス（APOBEC1-APOBEC5，および AID）がある．これらの酵素のほとんどは DNA に対して作用する．AID タンパク質は免疫グロブリン遺伝子の成熟の際に，抗体の多様性を増大させるように機能する（図 25-43 と図 25-44 参照）．APOBEC タンパク質は，病原性のレトロウイルスやレトロトランスポゾンの遺伝子の発現の抑制，および自然免疫における役割などの広範な機能を有する．APOBEC1 や APOBEC3 タンパク

残基数		2,146		2,148		2,150		2,152		2,154		2,156		
ヒト肝臓（アポB-100）	5′---	CAA	CUG	CAG	ACA	UAU	AUG	AUA	CAA	UUU	GAU	CAG	UAU	---3′
		— Gln —	Leu —	Gln —	Thr —	Tyr —	Met —	Ile —	Gln —	Phe —	Asp —	Gln —	Tyr —	
ヒト小腸（アポB-48）	---	CAA	CUG	CAG	ACA	UAU	AUG	AUA	UAA	UUU	GAU	CAG	UAU	---
		— Gln —	Leu —	Gln —	Thr —	Tyr —	Met —	Ile	Stop					

図 27-12　LDL のアポ B-100 成分に対する遺伝子の転写物の RNA 編集

小腸でのみ起こる脱アミノ化によって特定のシチジンがウリジンに変換され，グルタミンのコドンが終止コドンに変化し，短くなったタンパク質が生成する．

質のうちのいくつか（ヒトのゲノムには七つの APOBEC パラログがコードされている）は mRNA を編集する．APOBEC1 が媒介する脱アミノ化による RNA 編集のよく研究された例は，脊椎動物の低密度リポタンパク質のアポリポタンパク質 B 成分の遺伝子で起こる．アポリポタンパク質 B の一つの型であるアポ B-100（分子量 513,000）は肝臓で合成される．もう一つの型であるアポ B-48（分子量 250,000）は小腸で合成される．両方ともにアポ B-100 の遺伝子からつくられる mRNA によってコードされている．小腸でのみ見られる APOBEC シチジンデアミナーゼは，mRNA にアミノ酸残基 2,153 に対するコドン（CAA = Gln）で結合し，C を U に変換して終止コドン UAA を生じさせる．この修飾された mRNA から小腸でつくられたアポ B-48 は，アポ B-100（図 27-12）の単なる短縮型（アミノ末端半分に相当する）に過ぎない．この反応は一つの遺伝子から二つの異なるタンパク質の組織特異的合成を可能にしている．

APOBEC2，APOBEC4，および APOBEC5 の機能はあまりわかっていない．しかし，これらの酵素が遺伝的な変異を引き起こす能力は，細胞にとって不利になることがある．一つ以上の APOBEC 酵素が腫瘍細胞でしばしば過剰発現しており，その変異原性は腫瘍形成に寄与することがある．これらの酵素は，染色体の標的断片に複数の変異を導入する機構をもたらすこともあり，その DNA 領域の選択的，かつより迅速な進化を引き起こす．

まとめ

27.1　遺伝暗号

- タンパク質の特定のアミノ酸配列は，mRNA にコードされている情報の翻訳によって構築される．この過程はリボソームによって行われる．
- アミノ酸は，ヌクレオチドのトリプレットから成る mRNA のコドンによって特定される．翻訳には，アダプター分子の tRNA が必要である．tRNA は，コドンを認識してアミノ酸をポリペプチド中の適切な位置に順次挿入する．
- コドンの塩基配列は，既知の組成や配列をもつ合成 mRNA を用いた実験から予測された．
- AUG コドンは翻訳を開始させるシグナルである．UAA，UAG，UGA のトリプレットは翻訳終結のシグナルである．
- 遺伝暗号は縮重している．すなわち，ほぼあらゆるアミノ酸に対して複数のコドンが存在する．
- 標準的な遺伝暗号は，ミトコンドリアや少数の単細胞生物のまれな例外を除いて，すべての生物種において普遍的である．標準的な暗号からの逸脱は，普遍的な暗号の概念を補強する一つのパターンに属すような様式で起こる．
- 各コドンの 3 番目の塩基は，1 番目や 2 番目の塩基よりも特異性がかなり低く，ゆらぎ塩基と呼ばれる．
- 遺伝暗号はミスセンス変異の効果に対して抵抗性を示す．
- 翻訳フレームシフトと RNA 編集は，翻訳の際に遺伝暗号がどのように解読されるのかに影響を及ぼす．

- ADAR（アデノシンデアミナーゼ）と APOBEC（シチジンデアミナーゼ）による RNA 編集は，いくつかの mRNA のコード配列も変化させる．多くの APOBEC 酵素が DNA を標的とし，抗体の多様性の推進や，レトロウイルスやレトロトランスポゾンの抑制において機能している．

27.2 タンパク質合成

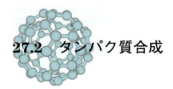

DNA や RNA の場合で見てきたように（Chap. 25 および Chap. 26），生体高分子の生合成は，開始，伸長，終結のステージに分けて考えることができる．タンパク質合成の場合には，これらの基本過程に，二つのステージが付け加えられる．すなわち，ポリペプチド合成前の前駆体の活性化と完成したポリマーの合成後プロセシング（加工）である．タンパク質合成は同じ様式に従う．ポリペプチドに取り込まれる前のアミノ酸の活性化と完成したポリペプチドの翻訳後プロセシングは，合成の精度とタンパク質産物の正しい機能の両方を確保するために特に重要な役割を果たす．その工程の概要を図 27-13 に示す．表 27-5 には，大腸菌や他の細菌においてタンパク質合成の五つのステージに関与する細胞成分を示す．真核細胞において必要なものは，成分数が通常はより多いことを除けば，極めてよく似ている．はじめにタンパク質合成の各ステージの概略を見ておくことが，その後の考察に役立つ．

タンパク質生合成は五つのステージから成る

ステージ 1：アミノ酸の活性化　決まった配列のポリペプチドが合成されるためには，次の二つの基本的な化学的要求が満たされなければならない．(1) ペプチド結合の形成を促進するために，各アミノ酸のカルボキシ基は活性化されなければならない．(2) 新たに取り込まれる各アミノ酸とそれをコードする mRNA の情報との間の関係が確立されなければならない．タンパク質合成の最初のステージでは，そのアミノ酸を tRNA に結合させることによって，これら二つの要求が満たされる．正しいアミノ酸を正しい tRNA に結合させることが決定的な重要性をもつ．この反応は，リボソーム上ではなくサイトゾルで行われる．20 種類の各アミノ酸は，ATP のエネルギーを消費して，アミノアシル-tRNA シンテターゼという Mg^{2+} 依存性の活性化酵素の作用によって，特異的な tRNA に共有結合される．アミノ酸が結合した（アミノアシル化された）ときに，tRNA は「チャージ charge」された tRNA と呼ばれる．

ステージ 2：ポリペプチド鎖の合成開始　合成されるポリペプチドをコードする mRNA が，リボソームの小サブユニットおよび開始のアミノアシル-tRNA に結合する．次にリボソームの大サブユニットが結合して，開始複合体 initiation complex が形成される．開始アミノアシル-tRNA は，ポリペプチド鎖合成開始のシグナルである mRNA 上の AUG コドンと塩基対を形成する．この過程は GTP を必要とし，（ポリペプチド鎖）開始因子 initiation factor というサイトゾルのタンパク質群によって促進される．

ステージ 3：ポリペプチド鎖の伸長　新生ポリペプチド鎖は，アミノ酸単位が順次共有結合することによって伸長される．各アミノ酸はリボソーム上に運ばれ，mRNA 中の対応するコドンと塩基対を形成する tRNA によって正しく配置される．伸長反応には，（ポリペプチド鎖）伸長因子 elongation factor として知られているサイトゾルのタンパク質群が必要である．伸長しつつあるポリペプチド鎖に個々のアミノ酸が付加される際には，新たに入ってくる各アミノアシル-tRNA の結合や mRNA 上でのリボソームの移動に GTP の加水分解が必要である．

ステージ 4：ポリペプチド鎖の終結とリボソームの再生　ポリペプチド鎖の完結は，mRNA 中の終止コドンがシグナルとなる．（ポリペプチド鎖）終結因子 release factor というタンパク質群の助けによって，新たに合成されたポリペプチド鎖がリボソームから遊離し，そのリボソームは次回のポリペプチド鎖の合成のために再利用される．

ステージ 5：ポリペプチド鎖のフォールディングと翻訳後プロセシング　生物学的に活性な形になるために，新たに合成されたポリペプチドは折りたたまれて正しい三次元のコンホメーションをとらなければならない．折りたたまれる前または後で，新生ポリペプチドは酵素の作用によってプロセシングを受け，1 個以上のアミノ酸が除去され

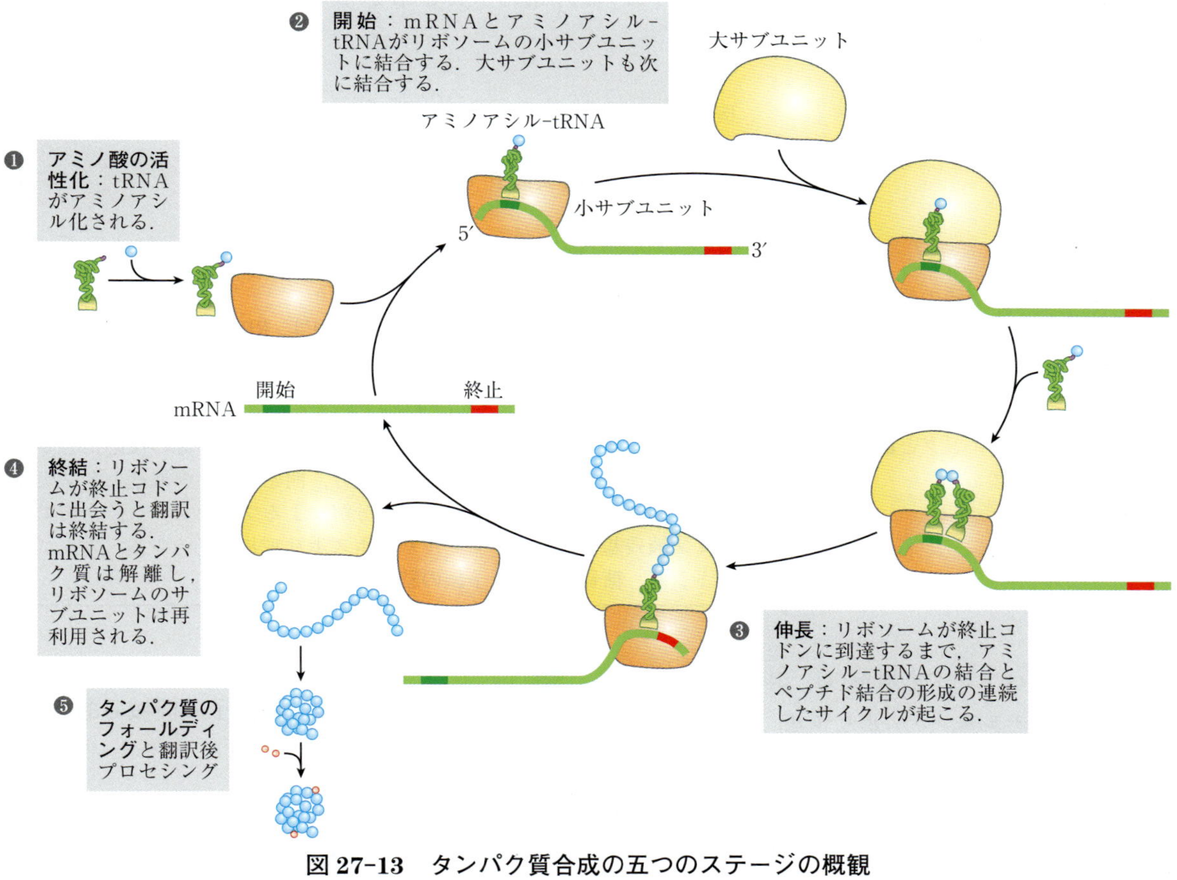

図 27-13　タンパク質合成の五つのステージの概観

❶ tRNA がアミノアシル化される．❷ mRNA とアミノアシル-tRNA がリボソームに結合すると翻訳が開始される．❸ 伸長においては，リボソームは mRNA に沿って移動し，tRNA を各コドンにあてはめてペプチド結合の形成を触媒する．❹ 翻訳は終止コドンで終結し，リボソームサブユニットは解離して，次のタンパク合成のために再利用される．❺ 合成後に，タンパク質は活性をもつコンホメーションに折りたたまれなければならない．そして，リボソームの成分は再利用される．ほとんどのタンパク質は翻訳後にプロセシングを受ける．いくつかのアミノ酸は除去されることがあり，他のアミノ酸は数百種類も知られている化学修飾のうちのどれかを受けることがある．

表 27-5 大腸菌におけるタンパク質合成の五つの主要ステージに必要な成分

ステージ	必須成分
1. アミノ酸の活性化	20 種類のアミノ酸 20 種類のアミノアシル-tRNA シンテターゼ 32 種類以上の tRNA ATP Mg^{2+}
2. ポリペプチド鎖の合成開始	mRNA *N*-ホルミルメチオニル-$tRNA^{fMet}$ mRNA 中の開始コドン（AuG） 30S リボソームサブユニット 50S リボソームサブユニット ポリペプチド鎖開始因子（IF1，IF2，IF3） GTP Mg^{2+}
3. ポリペプチド鎖の伸長	機能のある 70S リボソーム（開始複合体） 各コドンに特異的なアミノアシル-tRNA ポリペプチド鎖伸長因子（EF-Tu，EF-Ts，EF-G） GTP Mg^{2+}
4. ポリペプチド鎖の終結とリボソームの再生	mRNA 中の終止コドン ポリペプチド鎖終結因子（RF1，RF2，RF3，RRF） EF-G IF3
5. フォールディングと翻訳後プロセシング	シャペロンとフォールディング酵素（PPI，PDI）；下記の反応に必要な特異的酵素，補因子および他の成分，開始アミノ酸残基とシグナル配列の除去，副次的なタンパク分解によるプロセシング，末端アミノ酸残基の修飾，アセチル基，ホスホリル基，メチル基，カルボキシ基，糖質，補欠分子族の結合

たり（通常はアミノ末端から），特定のアミノ酸残基にアセチル基，ホスホリル基，メチル基，カルボキシ基あるいは他の官能基が付加されたり，タンパク質分解を受けて切断されたり，オリゴ糖や補欠分子族の付加を受けたりする．

これら五つのステージについて詳しく述べる前に，タンパク質生合成における二つの鍵となる成分，すなわちリボソームと tRNA について見ておかなければならない．

リボソームは複雑な超分子の機械である

大腸菌の各細胞には，15,000 個以上のリボソームが含まれ，それらは細胞の乾燥重量のほぼ 4 分の 1 を占める．細菌のリボソームは約 65％が rRNA，約 35％がタンパク質である．直径は約 18 nm であり，サイズの異なる二つのサブユニットから成る．これらのサブユニットの沈降係数は 30S と 50S であり，合わせた沈降係数は 70S になる．両方のサブユニットはともに，数十個ものリボソームタンパク質（r-タンパク質）と少なくとも一つの大きな rRNA を含んでいる（表 27-6）.

リボソームがタンパク質合成のための複合体であるという Zamecnik の発見とその後の遺伝暗号の解明によって，リボソーム研究は加速した．1960 年代の後半に，野村真康 Masayasu Nomura らは，両方のリボソームサブユニットはともに RNA とタンパク質成分に分離され，*in vitro* で再構成できることを示した．適切な実験条件下で，その RNA とタンパク質は自発的に集合して，本来のサブユニットと構造も活性もほぼ同じ 30S または 50S のサブユニットを形成する．この突破口が開かれたことによって，リボソームの RNA とタンパク質の機能と構造に関する研究は，その後の数十年でめざましい進歩をとげた．それと同時に，さらに洗練された構造解析法によって，リボソームの構造がより詳細に明らかになった．

野村真康
Masayasu Nomura
（1921－2011）
［出典：Archives, University of Wisconsin-Madison の厚意による.］

新たなミレニアムの始まりとともに，Venki Ramakrishnan，Thomas Steitz，Ada Yonath，Harry Noller，および他の研究者によって，細菌のリボソームのサブユニットに関する初めての高分解能の構造が解明された．この研究は多くの驚きをもたらした（図 27-14(a)）．まず，リボソームのタンパク質成分に関する従来からの視点が変わった．リボソームサブユニットは巨大な RNA 分子である．5S と 23S rRNA が 50S サブユニットの構造のコアを形成する．タンパク質はその複合体表面を飾っている二次的な要素である．第二に，そして最も重要なことに，ペプチド結合形成の活性部位から 18 Å 以内にはタンパク質は存在しない．このように，高分解能の構造によって，Noller がずっと前から予測していたこと，すなわち，リボソームはリボザイム ribozyme であることが確認された．リボソームとそのサブユニットの詳細な構造は，タンパク質合成の機構に洞察を加えるとともに（後に詳述），このような発見は生命の進化を新たな観点から研究する効果ももたらした（Sec. 26.3）．真核細胞のリボソームもまた構造解析されている（図 27-14(b)）.

細菌のリボソームは複雑であり，分子量は合わせて約 2.7×10^6 である．二つの不規則な形のリボソームサブユニットが，割れ目ができるようにぴったりと結合しており，翻訳の際に mRNA に沿ってリボソームが移動するにつれて，その割れ目を mRNA が通過する（図 27-14(a)）．細菌リボソーム中に存在する 57 のタンパク質は，そのサイズと構造が大きく異なる．分子量には約 6,000

表 27-6　大腸菌リボソームの RNA とタンパク質の成分

サブユニット	異なる タンパク質の数	タンパク質の 総数	タンパク質の 略号	rRNA の数と 種類
30S	21	21	S1 ～ S21	1（16S rRNA）
50S	33	36	L1 ～ L36[a]	2（5S および 23S rRNA）

[a] L1 ～ L36 という略号は，36 の異なるタンパク質に対応しているわけではない．もともと L7 と命名されたタンパク質は実際には L12 の修飾型であり，L8 は三つの他のタンパク質との複合体である．また，L26 は S20（50S サブユニットの一部ではない）と同一のタンパク質である．したがって，大サブユニットには 33 の異なるタンパク質がある．L7/L12 は 4 コピー存在しており，三つの余分なコピーがあるのでタンパク質の総数は 36 となる．

Venkatraman Ramakrishnan
［出典：© Alastair Grant/AP Photo.］

Thomas A. Steitz
［出典：© Lucas Jackson/ Reuters/Corbis.］

Ada E. Yonath
［出典：© Yin Bogu/ Xinhua Press/Corbis.］

～75,000 までの幅がある．それらのタンパク質のほとんどは，リボソーム表面に配置される球状ドメインを有する．いくつかのタンパク質は，リボソームの rRNA コアにヘビのようなタンパク質の突起を挿入し，リボソームの構造を安定化している．多くのタンパク質の構造的役割は明白になったが，まだ機能の詳細が解明されていないタンパク質もある．

多くの生物の rRNA の配列が今ではわかっている．大腸菌の三つの一本鎖 rRNA は，それぞれ広範囲にわたる鎖内の塩基対形成をもつ特有の三次元のコンホメーションをとっている．rRNA のフォールディングパターンは，すべての生物において特に重要な機能に関わる領域は高度に保存されている（図 27-15）．rRNA の予想される二次構造は構造解析によって大部分は確認された

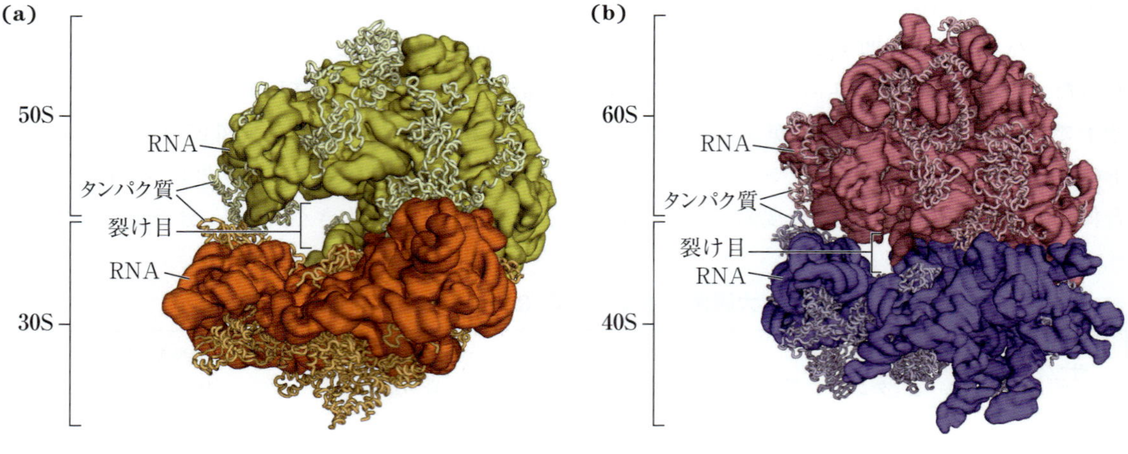

図 27-14 リボソームの構造

私たちのリボソームの構造に関する理解は，細菌と酵母のリボソームについての複数の高分解能の像によって大いに深まった．**(a)** 細菌のリボソーム．50S サブユニットと 30S のサブユニットが一緒になって 70S リボソームを形成する．両者の間の裂け目でタンパク合成が起こる．**(b)** 酵母のリボソームはいくぶん複雑ではあるが，細菌のリボソームと類似の構造を有する．［出典：(a) PDB ID 4V4I, A. Korostelev et al., *Cell* **126**: 1065, 2006. (b) PDB ID 4V7R, A. Ben-Shem et al., *Science* **330**: 1203, 2010.］

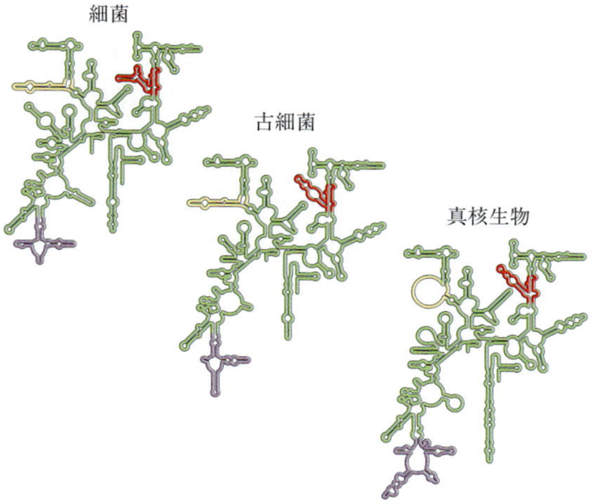

図 27-15　生命の三つの生物超界由来の小サブユニット rRNA の二次構造の保存

赤色，黄色，紫色は，細菌，古細菌，真核生物の tRNA の構造が異なっている領域を示す．保存された領域を緑色で示す．［出典：www.rna.icmb.utexas.edu の情報．］

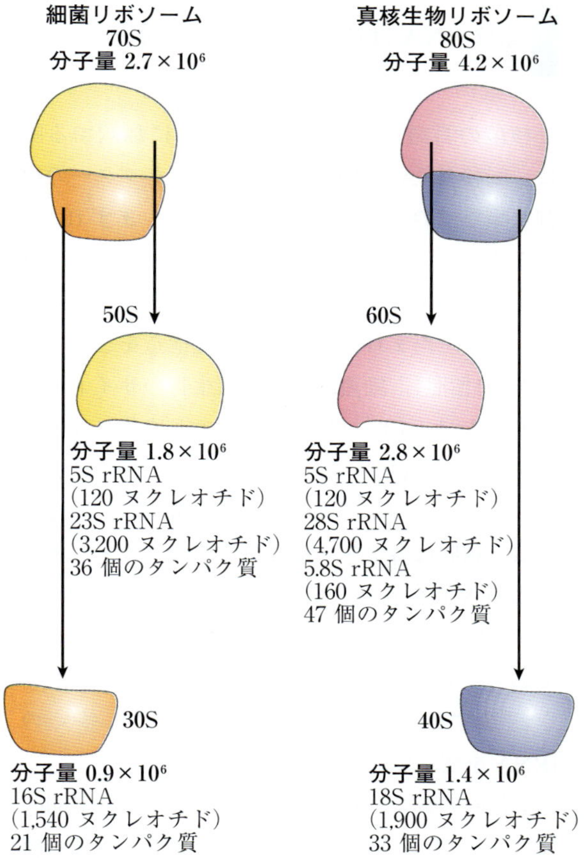

図 27-16　細菌と真核生物のリボソームの組成と質量のまとめ

リボソームのサブユニットは，遠心のときの沈降速度を表す沈降係数 S（スベドベリ Svedberg 単位）の値によって同定される．S 値は分子量の 3 分の 2 にほぼ比例し，分子の形によってもわずかに影響を受けるので，サブユニットの値を合算した値にはならない．

が，その二次構造だけでは完全な構造において見られる三次元相互作用の広範なネットワークを築くことはできない．

真核細胞のリボソーム（ミトコンドリアや葉緑体のリボソームを除く）は，細菌のリボソームよりも大きくて複雑であり（図 27-16；図 27-14(b) と比較せよ），直径約 23 nm で沈降係数は約 80S である．二つのサブユニットが存在し，それぞれのサイズは生物種によって異なるが，平均 60S と 40S である．真核細胞のリボソームは，80 種類以上のタンパク質を含んでいる．ミトコンドリアや葉緑体のリボソームは，細菌のリボソームよりもいくぶん小さくて単純である．それにもかかわらず，リボソームの構造と機能は，すべての生物と細胞小器官において極めて類似している．

細菌でも真核細胞でも，リボソームは，rRNA が合成されるにつれて，リボソームタンパク質の階層的な取り込みを通して組み立てられる．プレ rRNA（図 26-24 参照）のプロセシングの大部分は，大きなリボヌクレオタンパク質複合体内で起こる．これらの複合体の組成は，新たなリボソームタンパク質が加えられるにつれて変化する．rRNA はそれらの最終的な形を獲得し，rRNA のプロセシングに必要ないくつかのタンパク質は遊離する．

転移 RNA は特徴的な構造を有する

核酸の言語をタンパク質の言語に翻訳する際に，転移 RNA がどのようにしてアダプターの役割を果たすのかを理解するためには，まず tRNA の構造についてより詳しく検討しなければならない．転移 RNA は比較的小さな一本鎖 RNA であり，折りたたまれて精密な三次元構造をとる（図 8-25(a)参照）．細菌および真核生物のサイトゾルの tRNA は，73 ～ 93 ヌクレオチド残基，分子量は 24,000 ～ 31,000 である．ミトコンドリアと葉緑体は，いくぶん小さな特有の tRNA を含んでいる．細胞は各アミノ酸に対して少なくとも 1 種類の tRNA をもつ．少なくとも 32 種類の tRNA がすべてのアミノ酸コドンを認識するために必要である（いくつかの tRNA は二つ以上のコドンを認識する）．しかし，32 種類よりも多くの tRNA を使っている細胞もある．

酵母のアラニン tRNA（$tRNA^{Ala}$）は，Robert Holley によって 1965 年に初めて全配列が決定された核酸であり，76 ヌクレオチド残基を含み，そのうちの 10 個が修飾塩基である．さまざまな生物種由来の tRNA の比較によって，構造上の多くの共通な特徴が明らかになった（図 27-17）．ヌクレオチド残基のうち 8 個以上が特別な修飾塩基と修飾糖をもち，その多くは主要塩基のメチル化誘導体である．ほとんどの tRNA は 5′ 末端にグアニル酸残基（pG）をもち，すべての tRNA が 3′ 末端にトリヌクレオチド配列 CCA（3′）をもつ．二次元で描くと，すべての tRNA は，4 本のアーム（腕）をもつ「クローバー葉」の構造を形成するような水素結合パターンをもっている．長い tRNA は，5 番目の余分な短いアームをもっている．三次元では，tRNA はねじれた L 字形をしている（図 27-18）．

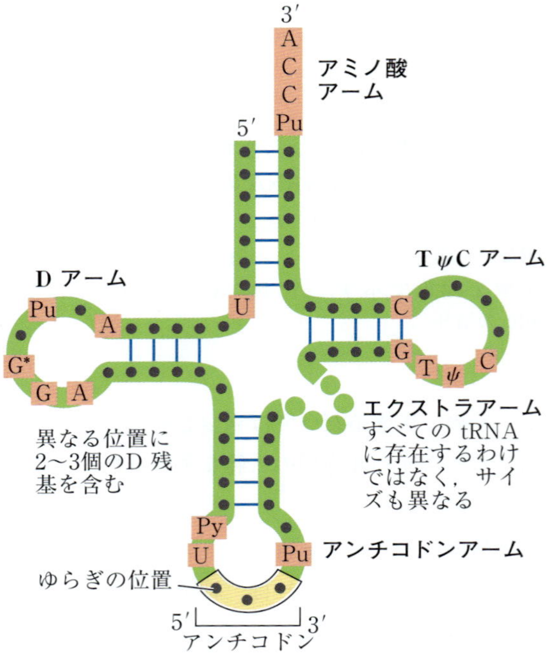

図 27-17 tRNA に見られる一般的なクローバー葉の二次構造

骨格上の大きな点はヌクレオチド残基であり，青線は塩基対を表す．すべての tRNA に共通する特徴的で不変の残基は淡赤色の網をかけてある．転移 RNA は長さが多様であり，73 ～ 93 ヌクレオチドである．余分のヌクレオチドは，エキストラアームあるいは D アーム内に存在する．アンチコドンアームの先端にはアンチコドンループがあり，対を形成していない 7 個のヌクレオチドを常に含む．D アームは 2 個または 3 個の D（5, 6-ジヒドロウリジン）残基を含み，その数は tRNA によって異なる．水素結合した塩基対が 3 か所しかない D アームをもつ tRNA もある．Pu はプリンヌクレオチドを表し，Py はピリミジンヌクレオチドを，ψ はプソイドウリジル酸を，G* はグアニル酸または 2′-*O*-メチルグアニル酸を表す．

Robert W. Holley
(1922 – 1993)
[出典：Bettmann/
Corbis.]

tRNA のアームのうちの 2 本は，アダプターとしての機能にとって不可欠である．**アミノ酸アーム** amino acid arm は各 tRNA に特異的なアミノ酸を運ぶことができる．そのアミノ酸のカルボキシ基は，tRNA の 3′ 末端にある A 残基の 2′ 位または 3′ 位のヒドロキシ基とエステル結合している．**アンチコドンアーム** anticodon arm はアンチコドンを含む．他の主要なアームとしては，特別なヌクレオチドのジヒドロウリジン dihydrouridine (D) を含む **D アーム** D arm がある．**TψC アーム** TψC arm には，通常の RNA には存在しないリボチミジン (T) やプソイドウリジン pseudouridine (ψ) が含まれる．プソイドウリジンの塩基とリボースの間は，通常は見られない炭素－炭素結合である（図 26-22 参照）．D アームや TψC アームは tRNA 分子全体のフォールディングのために重要な相互作用に寄与し，TψC アームは大サブユニットの rRNA と相互作用する．

リボソームと tRNA の構造について見たので，次にタンパク質合成の五つのステージの詳細について考察する．

ステージ 1：アミノアシル-tRNA シンテターゼは正しいアミノ酸を対応する tRNA に結合させる

サイトゾルで起こるタンパク質合成の最初のステージでは，複数のアミノアシル-tRNA シンテターゼ aminoacyl-tRNA synthetase が，20 種類のアミノ酸をそれぞれに対応する tRNA にエステル結合させる．各酵素は 1 種類のアミノ酸と 1 種類以上の対応する tRNA に対して特異的に作用する．ほとんどの生物では，各アミノ酸に対して 1 種類のアミノアシル-tRNA シンテターゼがある．二つ以上の対応する tRNA を有するアミノ酸に対しては，通常は同じアミノアシル-tRNA シンテターゼがそれらすべての tRNA をアミノアシル化する．

大腸菌のすべてのアミノアシル-tRNA シンテ

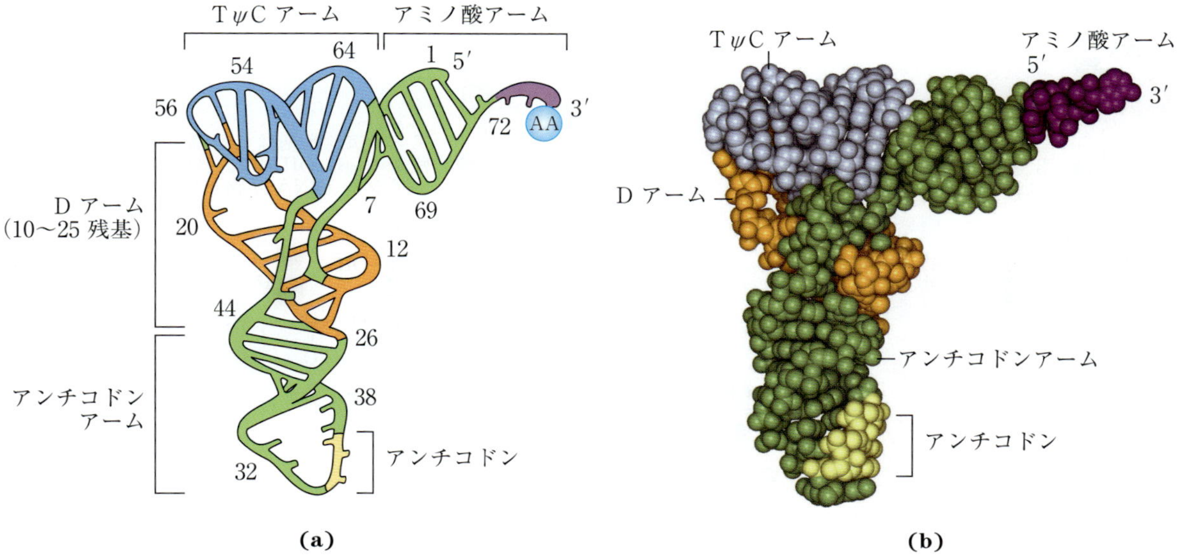

図 27-18　X 線解析に基づく酵母 tRNA^Phe の三次元構造

形はねじれた L 字に似ている．**(a)** さまざまなアームを含む tRNA の模式図．図 27-17 で同定された各アームには異なる色をつけてある．**(b)** 同じ色をつけた空間充填モデル．3′ 末端の CCA 配列（紫色）はアミノ酸の結合部位である．［出典：(b) PDB ID 4TRA, E. Westhof et al., *Acta Crystallogr. A* **44**: 112, 1988.］

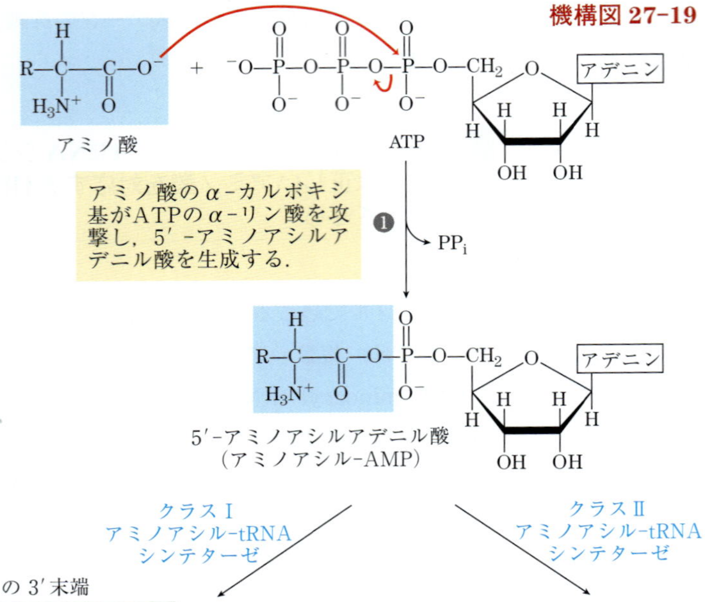

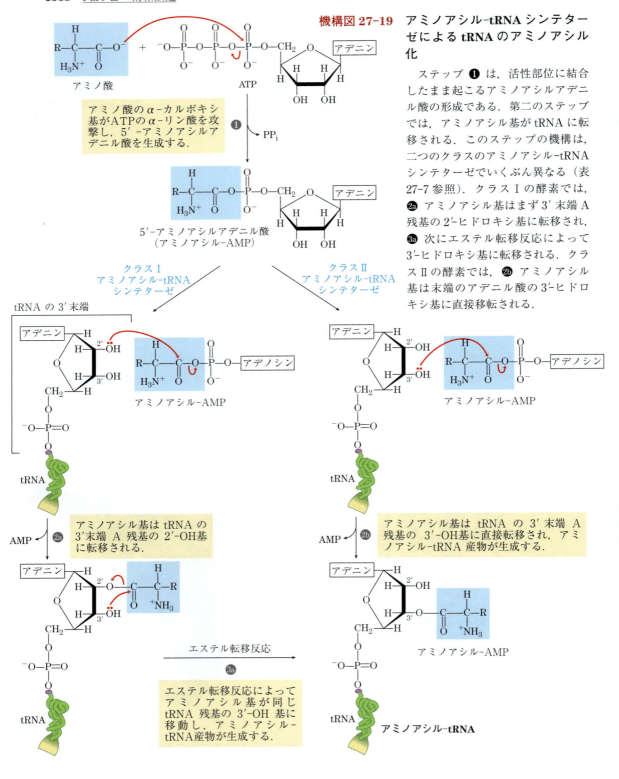

機構図 27-19 アミノアシル-tRNA シンテターゼによる tRNA のアミノアシル化

ステップ ❶ は，活性部位に結合したまま起こるアミノアシルアデニル酸の形成である．第二のステップでは，アミノアシル基が tRNA に転移される．このステップの機構は，二つのクラスのアミノアシル-tRNA シンテターゼでいくぶん異なる（表 27-7 参照）．クラスⅠの酵素では，❷a アミノアシル基はまず 3′ 末端 A 残基の 2′-ヒドロキシ基に転移され，❸a 次にエステル転移反応によって 3′-ヒドロキシ基に転移される．クラスⅡの酵素では，❷b アミノアシル基は末端のアデニル酸の 3′-ヒドロキシ基に直接移転される．

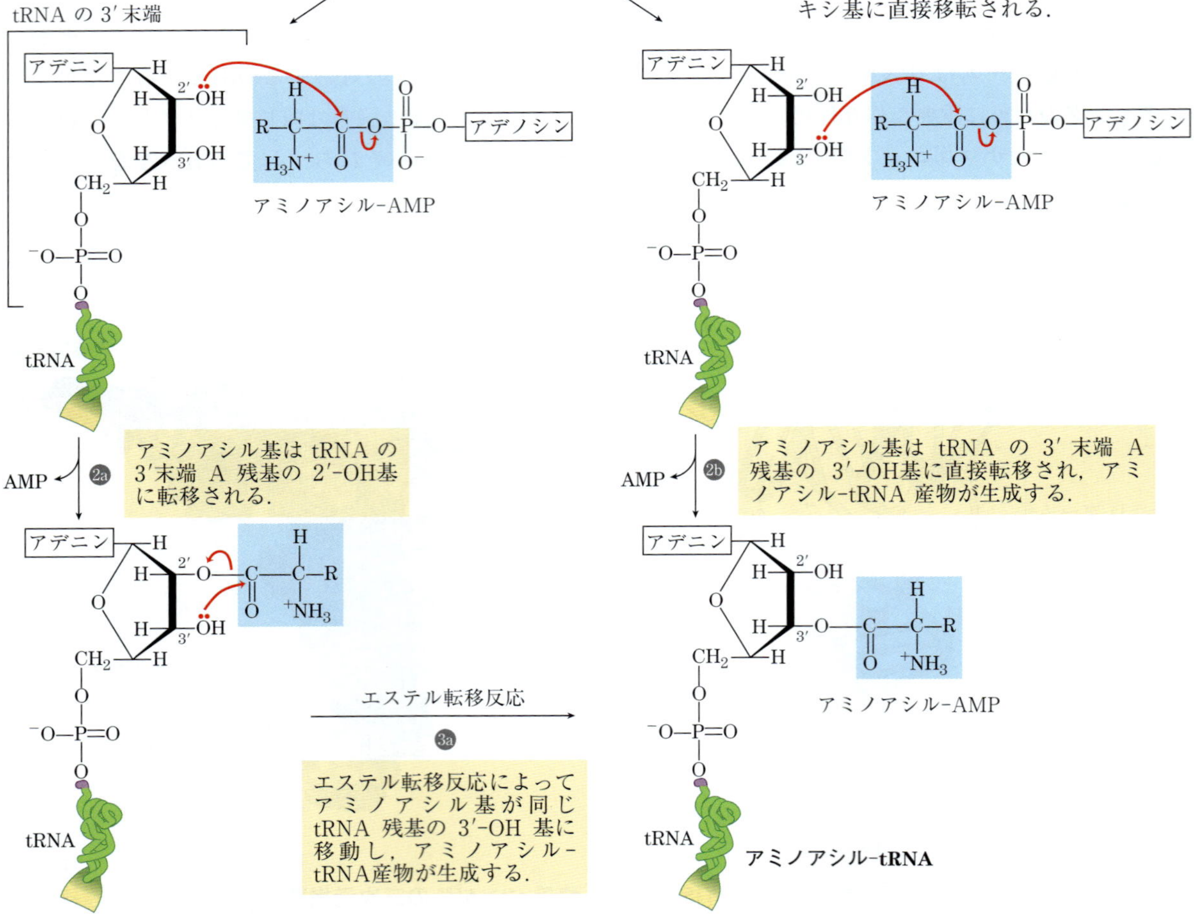

ターゼの構造が決定されている．一次構造や三次構造，および反応機構の大きな違いに基づいて(図27-19)，それらは二つのクラスに分類される（表27-7)．これら二つのクラスはすべての生物で同じである．これら二つのクラスに共通の祖先があるという証拠はなく，本質的に同一の反応に二つのクラスの酵素が関与することに関する生物学的,化学的あるいは進化上の理由は明確ではない．

アミノアシル-tRNA シンテターゼによって触媒される反応は次のようである．

$$\text{アミノ酸} + \text{tRNA} + \text{ATP} \xrightarrow{Mg^{2+}} \text{アミノアシル-tRNA} + \text{AMP} + PP_i$$

この反応は，酵素の活性部位において2ステップで起こる．ステップ❶（図27-19）では，酵素結合中間体であるアミノアシルアデニル酸（アミノアシル-AMP aminoacyl-AMP）が生じる．第二のステップでは，アミノアシル基が酵素に結合しているアミノアシル-AMP から対応する特異的な tRNA へと転移される．図27-19 の経路❷aと❷bに示すように，この第二のステップでどちらの反応経路をたどるのかは，その酵素の属するクラスに依存する．アミノ酸と tRNA の間に生じるエステル結合（図27-20）は，加水分解の大きな負の標準自由エネルギー変化をもつ（$\Delta G'^{\circ}$ = −29 kJ/mol)．この活性化反応の際に生成するピロリン酸は，無機ピロホスファターゼによってリン酸に加水分解される．このようにして，二つの高エネルギーリン酸結合が最終的に各アミノ酸分子の活性化のために消費され，アミノ酸活性化の反応全体としては本質的に不可逆的になる．

$$\text{アミノ酸} + \text{tRNA} + \text{ATP} \xrightarrow{Mg^{2+}} \text{アミノアシル-tRNA} + \text{AMP} + 2P_i \quad \Delta G'^{\circ} \approx -29\ \text{kJ/mol}$$

表 27-7　二つのクラスのアミノアシル-tRNA シンテターゼ

クラスⅠ		クラスⅡ	
Arg	Leu	Ala	Lys
Cys	Met	Asn	Phe
Gln	Trp	Asp	Pro
Glu	Tyr	Gly	Ser
Ile	Val	His	Thr

注：ここでは，Arg とはアルギニン-tRNA を表し，他も同様である．この分類は，その tRNA シンテターゼがすでによく解析されているすべての生物に適用でき，タンパク質の構造上の特徴や，図27-19 で概要を示す作用機構の特徴に基づいている．

アミノアシル-tRNA シンテターゼによるプルーフリーディング（校正） tRNA のアミノアシル化によって,二つの目的が達成される．すなわち，(1) ペプチド結合形成のためにアミノ酸を活性化すること，および (2) 伸長しつつあるポリペプチド鎖内でのアミノ酸の適切な配置を保証することである．tRNA に結合しているアミノ酸が正しいかどうかはリボソーム上ではチェックされな

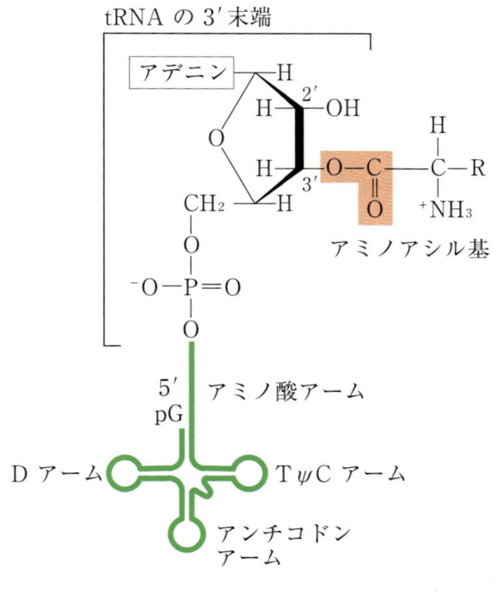

図 27-20　アミノアシル -tRNA の一般構造

末端 A 残基の 3′ 位にアミノアシル基がエステル結合する．アミノ酸を活性化し，かつ tRNA にアミノ酸をつなげているエステル結合に淡赤色の網をかけてある．

い．したがって，tRNA に正しいアミノ酸が結合することは，タンパク質合成が全体として正確に行われるために不可欠である．

Chap. 6 からわかるように，酵素の特異性は，酵素–基質間の相互作用に由来する結合エネルギーによって限定される．二つのよく似たアミノ酸基質の間の識別については，Ile-tRNA シンテターゼの場合について詳しく研究されている．この酵素は，一つのメチレン基（$-CH_2-$）だけが異なるバリンとイソロイシンを識別する．

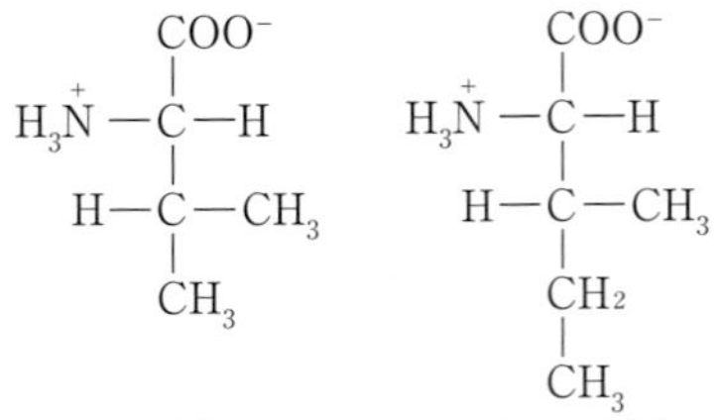

バリン　　　　イソロイシン

Ile 中のメチレン基が基質結合を高める程度から期待されるように，Ile-tRNA シンテターゼはイソロイシンをバリンより 200 倍も好んで活性化して，Ile-AMP を形成する．しかし，本来はイソロイシンであるタンパク質中の位置にバリンが誤って取り込まれるのは，およそ 3,000 回にたった 1 回の頻度である．どのようにして精度が 10 倍以上も上昇するのか．他のいくつかのアミノアシル-tRNA シンテターゼと同様に，Ile-tRNA シンテターゼは校正機能を有する．

DNA ポリメラーゼによる校正の際に考察した一般原理（図 25-7 参照）を思い出そう．もしも，利用可能な結合相互作用が二つの基質を十分に識別するために役立たないのならば，必要な特異性は連続する 2 ステップの基質特異的な結合によって達成することができる．連続する二つの「フィルター」を通す系を強いることによって正確さが増す．Ile-tRNA シンテターゼの場合には，第一のフィルターは酵素へのアミノ酸の最初の結合とそのアミノ酸のアミノアシル-AMP への活性化である．第二のフィルターは正しくないアミノアシル-AMP 産物を酵素上の別の活性部位へ結合させることである．この第二の活性部位に結合した基質は加水分解される．バリンの R 基はイソロイシンのものよりも少し小さいので，Val-AMP は Ile-tRNA シンテターゼの加水分解部位（校正部位）に適合するのに対して，Ile-AMP は適合しない．このようにして，Val-AMP は校正活性部位でバリンと AMP に加水分解され，シンテターゼに結合した tRNA は間違ったアミノ酸によってアミノアシル化されることはない．

アミノアシル-AMP 中間体形成の後の校正に加えて，ほとんどのアミノアシル-tRNA シンテターゼは，アミノアシル-tRNA におけるアミノ酸と tRNA の間のエステル結合を加水分解することもできる．この加水分解は不適切なアミノ酸が結合した tRNA に対して大きく加速され，過程全体の正確性を上げるための第三のフィルターとなる．構造的に類似するものがないアミノ酸を活性化するいくつかのアミノアシル-tRNA シンテターゼ（例：Cys-tRNA シンターゼ）には，ほとんどあるいは全く校正活性がない．このような場合には，アミノアシル化のための活性部位が，正しい基質であるアミノ酸と不適切なアミノ酸とを十分に区別できる．

タンパク質生合成全体での誤り率（約 10^4 のアミノ酸の取込みにつき約 1 回の間違い）は，DNA 複製の場合の誤り率ほど低くはない．タンパク質での間違いは，そのタンパク質の分解によって除去され，次の世代には伝えられないので，タンパク質レベルでの誤りは生物学的にはあまり重要ではない．タンパク質合成における正確さの程度は，ほとんどのタンパク質が誤りを含まず，そしてタンパク質を合成するために要する大量のエネルギーがほとんど無駄にならないことを保証するのに十分である．同じタンパク質の多くの正しいコピーが存在すれば，1 分子の欠陥タンパク質が生成したとしてもそれほど重大ではない．

アミノアシル-tRNA シンテターゼと tRNA の間の相互作用：「第二の遺伝暗号」 個々のアミノアシル-tRNA シンテターゼは，単一のアミノ酸に対してだけではなく，特定の tRNA に対しても特異的でなければならない．数十種の tRNA の識別は，アミノ酸間の識別と同様に，タンパク質生合成全体の正確さにとって重要である．アミノアシル-tRNA シンテターゼと tRNA の間の相互作用は「第二の遺伝暗号 second genetic code」と呼ばれ，このことはタンパク質合成の正確さを維持するためにこの相互作用が重要な役割を果たしていることを反映している．この場合の「コードする」規則は，「第一の」暗号における規則よりも複雑なようである．

図 27-21 に，いくつかのアミノアシル-tRNA シンテターゼによる認識に関わるヌクレオチドについてわかっていることをまとめる．いくつかのヌクレオチドはすべての tRNA で保存されているので，識別には用いることができない．基質特異性を変化させるヌクレオチドの変化を観察することによって，アミノアシル-tRNA シンテターゼによる識別に必要なヌクレオチドの位置が決定された．これらのヌクレオチドの位置は，アミノ酸アームやアンチコドン自体のヌクレオチドを含むアンチコドンアームに集中しているようであるが，tRNA 分子中の他の部分にもある．対応する tRNA および ATP と複合体を形成するアミノアシル-tRNA シンテターゼの結晶構造の決定によって，これらの相互作用について多くのことがわかった（図 27-22）．

特異的なアミノアシル-tRNA シンテターゼによるある tRNA の認識には，10 以上の特定のヌ

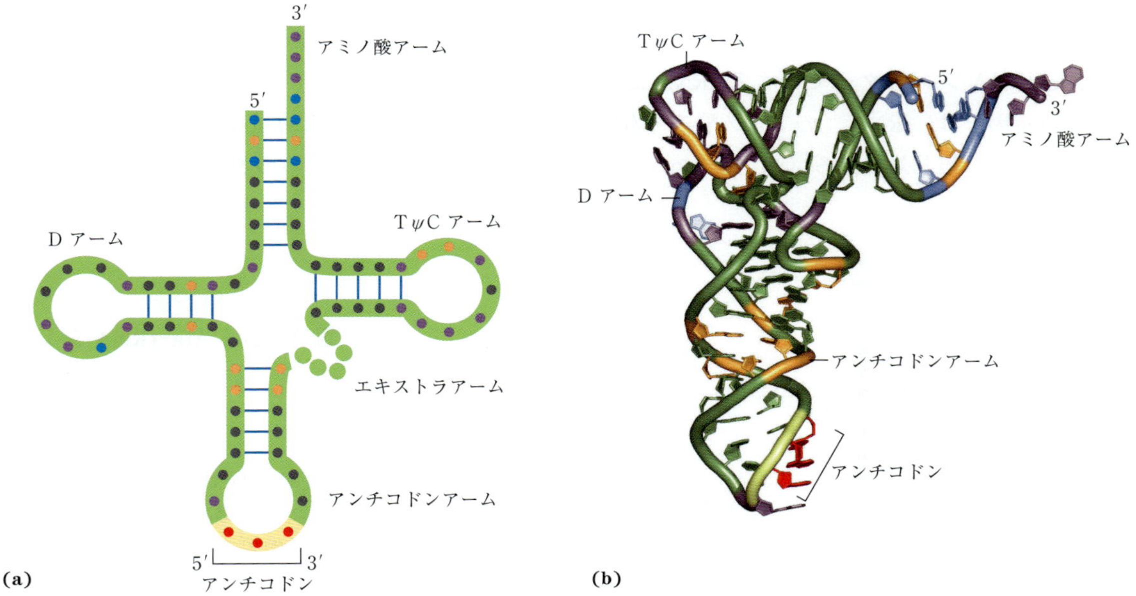

図 27-21 アミノアシル-tRNA シンテターゼよって認識される tRNA 中のヌクレオチドの位置

(a) いくつかの位置（紫色の点）はすべての tRNA において同じなので，個々の tRNA を識別するために使うことはできない．他の位置は，一つ（橙色）またはそれ以上（青色）のアミノアシル-tRNA シンテターゼによる既知の認識部位である．いくつかのアミノアシル-tRNA シンテターゼによる認識に関しては，配列以外の構造上の特徴も重要である．**(b)** 左の図と同じ構造上の特徴を三次元で示してある．ここでも，橙色と青色はそれぞれ 1 つ以上のアミノアシル-tRNA シンテターゼによって認識される位置を表す．［出典：PDB ID 1EHZ, H. Shi and P. B. Moore, *RNA* **6**: 1091, 2000.］

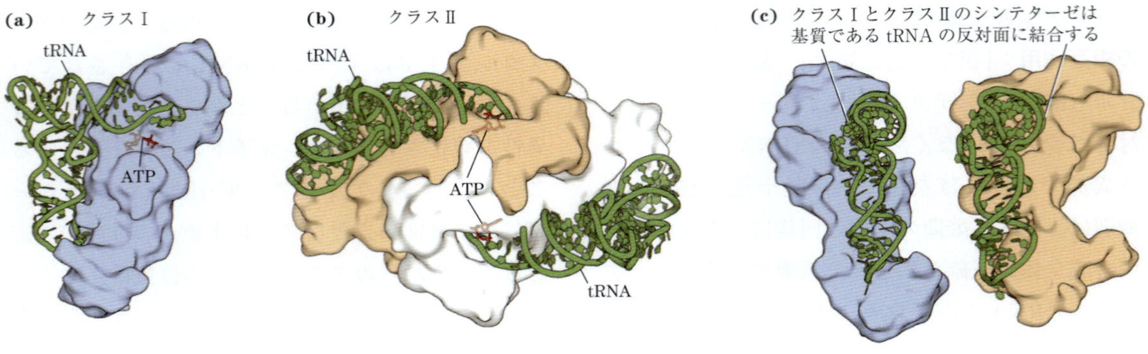

図 27-22 アミノアシル-tRNA シンテターゼ

両方のシンテターゼともに，それぞれに対応する tRNA（緑色）と複合体を形成している．結合している ATP（赤色）は，アミノ酸アームの末端近くにある活性部位を正確に示している．**(a)** 大腸菌の Gln-tRNA シンテターゼは，典型的な単量体のクラスIシンテターゼである．**(b)** 酵母の Asp-tRNA シンテターゼは，典型的な二量体のクラスIIシンテターゼである．**(c)** 二つのクラスのアミノアシル tRNA シンテターゼはそれらの tRNA 基質の異なる面を認識する．［出典：(a)，(c) の（左）PDB ID 1QRT, J. G. Arnez and T. A. Steitz, *Biochemistry* **35**: 14, 725, 1996. (b)，(c) の（右）PDB ID 1ASZ, J. Cavarelli et al., *EMBO J.* **13**: 327, 1994.］

クレオチドが関与しているかもしれない．しかし，少数の例においては，認識機構は極めて単純である．細菌からヒトに至るまでの幅広い生物において，Ala-tRNA シンテターゼによる tRNA 認識の主な決定因子は，$tRNA^{Ala}$ のアミノ酸アーム中の単一の G=U 塩基対である（図 27-23(a)）．単純なヘアピン状の小さならせん構造に配置されたわずか 7 bp の短い合成 RNA でも，この決定的な G=U を含んでいる限り，Ala-tRNA シンテターゼによって効率よくアミノアシル化される（図 27-23(b)）．この比較的単純なアラニンの系は，タンパク質合成のための原始的な系において，

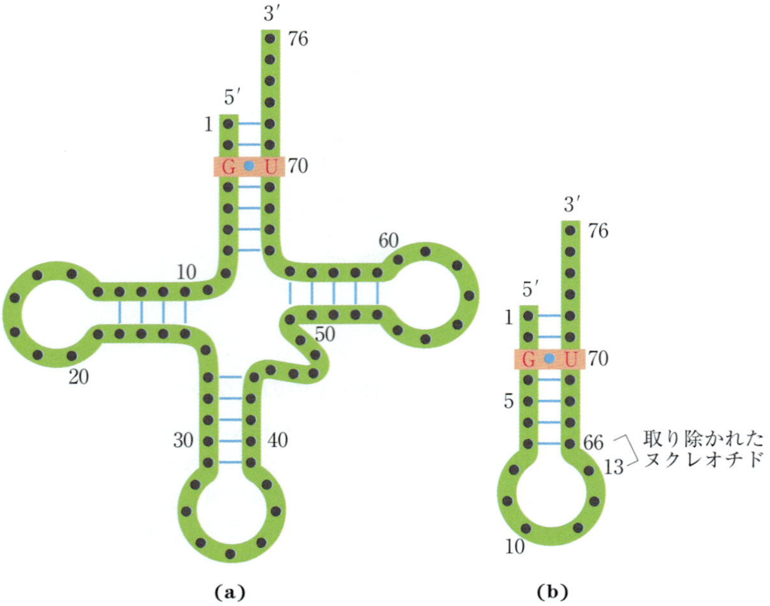

図 27-23 Ala-tRNA シンテターゼによる認識に必要な $tRNA^{Ala}$ の構造要素

(a) Ala-tRNA シンテターゼによって認識される $tRNA^{Ala}$ の構造の要素は，極めて単純である．単一の G=U 塩基対（淡赤色）が，特異的な結合とアミノアシル化に必要な唯一の要素である．**(b)** 重要な G=U 塩基対はもつが，残りの tRNA 構造の大部分を欠いている短い合成 RNA の小らせん構造は，完全な $tRNA^{Ala}$ とほぼ同じ効率で特異的にアミノアシル化される．

tRNA の原型である RNA オリゴヌクレオチドがアミノアシル化されていた時代からの進化の遺物かもしれない．

アミノアシル-tRNA シンテターゼとそれに対応する tRNA の相互作用は遺伝暗号の正確な解読にとって極めて重要である．新たなアミノ酸を含むように暗号を拡張するためには，アミノアシル-tRNA シンテターゼと tRNA の新しい対が必要である．自然界では，遺伝暗号の拡張には限界があった．より大きな遺伝暗号の拡張は実験室において達成されている（Box 27-2）．

ステージ 2：特定のアミノ酸がタンパク質合成を開始させる

タンパク質合成はアミノ末端で開始され，伸長しつつあるポリペプチド鎖のカルボキシ末端にアミノ酸を一つずつ加えることによって進行する．このことは，Howard Dintzis によって 1961 年に決定された（図 27-24）．AUG 開始コドンが，このようにアミノ末端のメチオニン残基を特定している．メチオニンはコドンを一つだけ，すなわち (5′)AUG しかもたないが，すべての生物はメチオニンに対する tRNA を二つもっている．一つは (5′)AUG がタンパク質合成の開始コドンである場合にのみ使われる．もう一つは，ポリペプチド鎖内部の Met をコードするために使われる．

開始の (5′)AUG と内部の AUG の間の識別は単純である．細菌では，メチオニンに特異的な 2 種類の tRNA が存在し，$tRNA^{Met}$，$tRNA^{fMet}$ と表記される．(5′)AUG 開始コドンに対応して取り込まれるアミノ酸残基は，*N*-ホルミルメチオニン（fMet）である．このアミノ酸は，二つの連続する反応によって生成する *N*-ホルミルメチオニル-$tRNA^{fMet}$（fMet-$tRNA^{fMet}$）としてリボソームに到達する．まず，メチオニンが Met-tRNA シンテターゼによって $tRNA^{fMet}$ に結合する．大腸菌においては，この酵素は $tRNA^{fMet}$ と

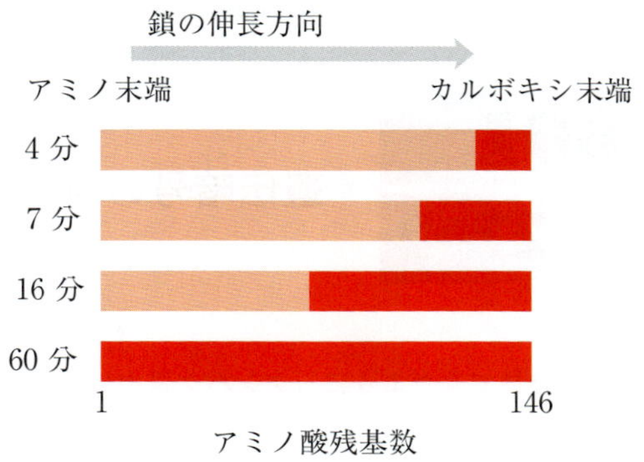

図 27-24　アミノ酸残基のカルボキシ末端への付加によってポリペプチド鎖が伸長することの証明：Dintzis の実験

ヘモグロビンを活発に合成する網状赤血球（未成熟な赤血球）は，放射性ロイシンとともにインキュベートされた．ロイシンはヘモグロビンの α- および β-グロビン鎖の両方に高い頻度で見られるのでこの実験に選ばれた．放射性ロイシンの添加後，経時的に網状赤血球から試料を採取し，完全に合成された α 鎖を単離して放射活性の分布が決定された．濃赤色の部分は，完成した α-グロビン中の放射性ロイシン残基を含む部分を示す．4 分後には，α-グロビンのカルボキシ末端の数残基が標識されるのみであった．これは，4 分後に標識を取り込んで完成されたグロビン鎖は，放射性ロイシンが添加されたときに合成がほぼ完了していたものだけだからである．さらに長時間インキュベートすると，標識ロイシン残基を含む領域が連続的に伸びたより長いポリペプチド鎖が生成し，標識は常に鎖のカルボキシ末端の部分に含まれていた．このようにして，ポリペプチドの標識されていない末端，すなわちアミノ末端が開始末端であることが決定された．このことは，ポリペプチド鎖は，アミノ酸がカルボキシ末端に順次付加されて伸長することを意味する．

$tRNA^{Met}$ の両方をアミノアシル化する．

$$\text{メチオニン} + tRNA^{fMet} + ATP \longrightarrow Met\text{-}tRNA^{fMet} + AMP + PP_i$$

次に，トランスホルミラーゼ transformylase が，N^{10}-ホルミルテトラヒドロ葉酸から Met 残基のアミノ基にホルミル基を転移する．

BOX 27-2 遺伝暗号の自然界と非自然界における拡張

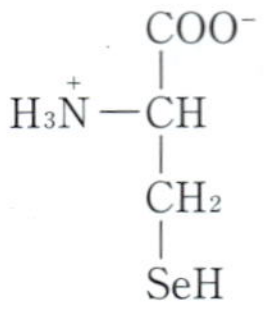

セレノシステイン

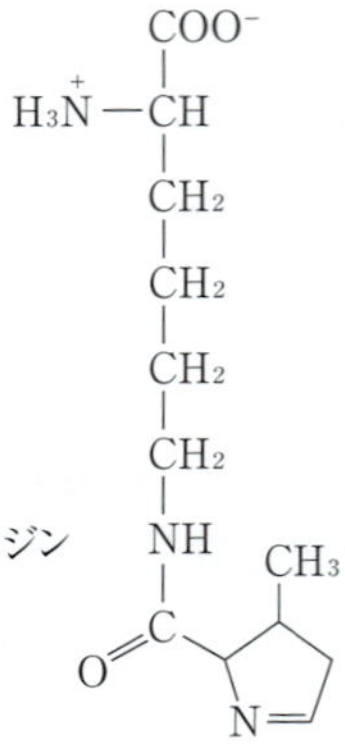

ピロリジン

これまで見てきたように，タンパク質中に共通に見られる20種類のアミノ酸はごく限られた化学的機能性しか提供しない．生物系は一般に，酵素の補因子を用いることによって，あるいはタンパク質に取り込まれた後の特定のアミノ酸を修飾することによって，これらの限界を克服する．原理的には，新しいアミノ酸をタンパク質に導入するための遺伝暗号の拡張は新たな機能性へ導く別のルートを提供するが，開発するのは極めて困難である．そのような変化は数千もの細胞タンパク質の不活性化を容易に引き起こすかもしれない．

新しいアミノ酸を含む遺伝暗号の拡張には，細胞のいくつかの変化が要求される．通常は，新しいアミノアシル-tRNAシンテターゼが，それに対応するtRNAとともに存在しなければならない．これらの成分は両方ともに非常に特異的であり，お互いどうしや新しいアミノ酸と相互作用しなければならない．その新しいアミノ酸は細胞中で有意な濃度で存在しなければならず，そのことは新しい代謝経路の進化を必然的に伴うかもしれない．Box 27-1で概説したように，tRNA上のアンチコドンは，通常はポリペプチドの終結を規定するコドンと最も対を形成しやすい．これらのすべてのことは生細胞内では起こりそうにないが，自然界と実験室では起こったのである．

実際には，既知の遺伝暗号によって20ではなく22のアミノ酸が規定されている．その二つの余分なアミノ酸はセレノシステイン selenocysteine とピロリジン pyrrolysine であり，それぞれはほんの少数のタンパク質中にしか見られないが，ともに暗号進化の複雑さを垣間見る機会を提供している．

すべての細胞中の数種のタンパク質（細菌のギ酸デヒドロゲナーゼや哺乳類のグルタチオンペルオキシダーゼなど）は，その活性にセレノシステインを必要とする．大腸菌では，読み枠中のUGAコドンに対応して，セレノシステインが翻訳の際にギ酸デヒドロゲナーゼに導入される．他のSer-tRNAよりも低レベルで存在する特別のSer-tRNAがUGAを認識するが，他のどんなコドンも認識しない．このtRNAは通常のセリンアミノアシル-tRNAシンテターゼによってセリンをチャージされ，そのセリンはリボソーム上で利用される前に，別の酵素によってセレノシステインに変換される．セレノシステインをチャージされたtRNAは，単にどのUGAコドンでも認識するわけではない．すなわち，mRNA配列中のまだ同定されていない前後のシグナルによって，ある種の遺伝子中のセレノシステインを規定するほんのいくつかのUGAコドンしかこのtRNAが認識しないように保証されている．実際に，UGAは終止コドンと（ほんの時おり）セレノシステインのコドンの両方として二重の働きをする．この特別の暗号拡張には，前述のように専用のtRNAが存在するが，対応する専用のアミノアシル-tRNAシンテターゼはない．この過程はセレノシステインのために機能しているが，それは全く新しいコドンの定義の進化における中間段階と考えられるかもしれない．

ピロリジンはメタン生成菌 methanogen という一群の嫌気性古細菌（Box 22-1参照）に見られる．これらの生物はその代謝の一部にメタンの産生を必要とし，メタノサルシナ科 Methanosarcinaceae はメタン産生のための基質としてメチルアミンを使うことができる．モノメチルアミンからメタンを産生するためには，モノメチルアミンメチルトランスフェラーゼという酵素を必要とする．この酵素をコードする遺伝子は読み枠中にUAG終止コドンをもつ．このメチルトランスフェラーゼの構造が2002年に解明され，UAGコドンで規定される位置に新規のアミノ酸であるピロリジンの存在が明らかになった．その後の実験によって，セレノシステインの場合とは異なり，ピロリジンは対応するピロリジル-tRNA シンテターゼによって直接その専用のtRNAに結合されることが示された．これらのメタン生成菌は，まだ解明されていない代謝経路を経てピロリジンを産生する．この系全体は，この特定の遺伝子のUAGコドンに対してのみ機能するが，確立されたコドン割当ての顕著な特徴をすべて備えている．セレノシステインの場合のように，おそらくはこのtRNAを正しいUAGコドンに向かわせるような前後のシグナルが存在すると考えられる．

科学者はこの進化の偉業に太刀打ちできるのか．さまざまな官能基によるタンパク質の修飾は，タンパク質の活性や構造に関して重要な洞察をもたらすことがある．しかし，タンパク質の修飾はしばしば非常に面倒である．例えば，特定のCys残基に新たな官能基を結合させようとすれば，同じタンパク質上に存在するかもしれない他のCys残基を何らかの方法で保護しなければならない．もしもその代わりに，遺伝暗号を改造して，細胞がタンパク質の特定の位置に修飾アミノ酸を挿入することができれば，その過程はずっと簡便にできるであろう．Peter Schultzらはまさにそのことを行った．

新たなコドンの割当てを開発するためには，新たなアミノアシル-tRNA シンテターゼと対応する新たなtRNAが必要である．これらは両方ともに，特定の新規のアミノ酸とだけ一緒に作用するように適応しなければならない．そのような「非天然型」暗号の拡張をつくり出すための努力は，最初は大腸菌に絞って行われた．ある新しいアミノ酸をコードするための最善の標的としてUAGコドンが選ばれた．UAGは三つの終止コドンのうちで最も使用頻度が低く，UAGを認識するように選択されたtRNAをもつ細胞株（Box 27-3参照）は増殖異常を示さない．新たな$tRNA^{Tyr}$とtRNA シンテターゼを作製するために，古細菌 *Methanococcus jannaschii* からチロシンtRNAの遺伝子（*Mj*$tRNA^{Tyr}$），およびそれに対応するチロシル-tRNA シンテターゼの遺伝子（*Mj*TyrRS）がとられた．*Mj*TyrRSは*Mj*$tRNA^{Tyr}$のアンチコドンループには結合しないので，相互作用には影響を与えずに，アンチコドンループはCUA（UAGと相補的）へと修飾可能である．古細菌と細菌の系はオルソログ orthologの関係にあるので，細胞の本来の翻訳系を壊さずに，修飾された古細菌の成分を大腸菌に導入できる．

まず，*Mj*$tRNA^{Tyr}$をコードする遺伝子は，理想的な産物であるtRNAを生成するように修飾されなければならなかった．そのようなtRNAとは，大腸菌に内在するどのアミノアシル-tRNA シンテターゼにも認識されないが，*Mj*TyrRSではアミノアシル化されるものである．そのようなバリアント variant（変異体）の発見は，tRNA遺伝子のバリアント群から効率よく識別するよう考案された一連の負の選択 negative selection と正の選択 positive selection を繰り返すことによって行われた（図1）．*Mj*$tRNA^{Tyr}$の部分配列をランダムに改変することによって，各細胞がそのtRNAの異なるバリアントを発現するような細胞のライブラリーの作製を可能になった．バルナーゼ barnase（大腸菌に対して毒性を示すリボヌクレアーゼ）をコードする遺伝子を操作して，そのmRNA転写物がいくつかのUAGコドンを含むようにしてプラスミドに入れ，そのプラスミドが細胞に導入された．もしも，そのライブラリー中の特定の細胞内で発現される*Mj*$tRNA^{Tyr}$のバリアントが，内因性のtRNA シンテターゼによってアミノアシル化されれば，その細胞はバルナーゼ遺伝子を発現して死滅する（負の選択）．生き残った細胞は，内因性のtRNA シンテターゼによってはアミノアシル化されないが，*Mj*TyrRSによってアミノアシル化される可能性のあるtRNAバリアントを含むはずである．次に，β-ラクタマーゼ遺伝子（抗生物質アンピシリンに対する抵抗性を付与する）を操作して，転写物がいくつかのUAGコドンを含むようにし，この遺伝子と*Mj*TyrRSをコードする遺伝子とを一緒に細胞に導入することによって正の選択（図１）が行われた．*Mj*TyrRSによってアミノアシル化されることが可能になった*Mj*$tRNA^{Tyr}$バリアントは，*Mj*TyrRSも一緒に細胞内で発現され

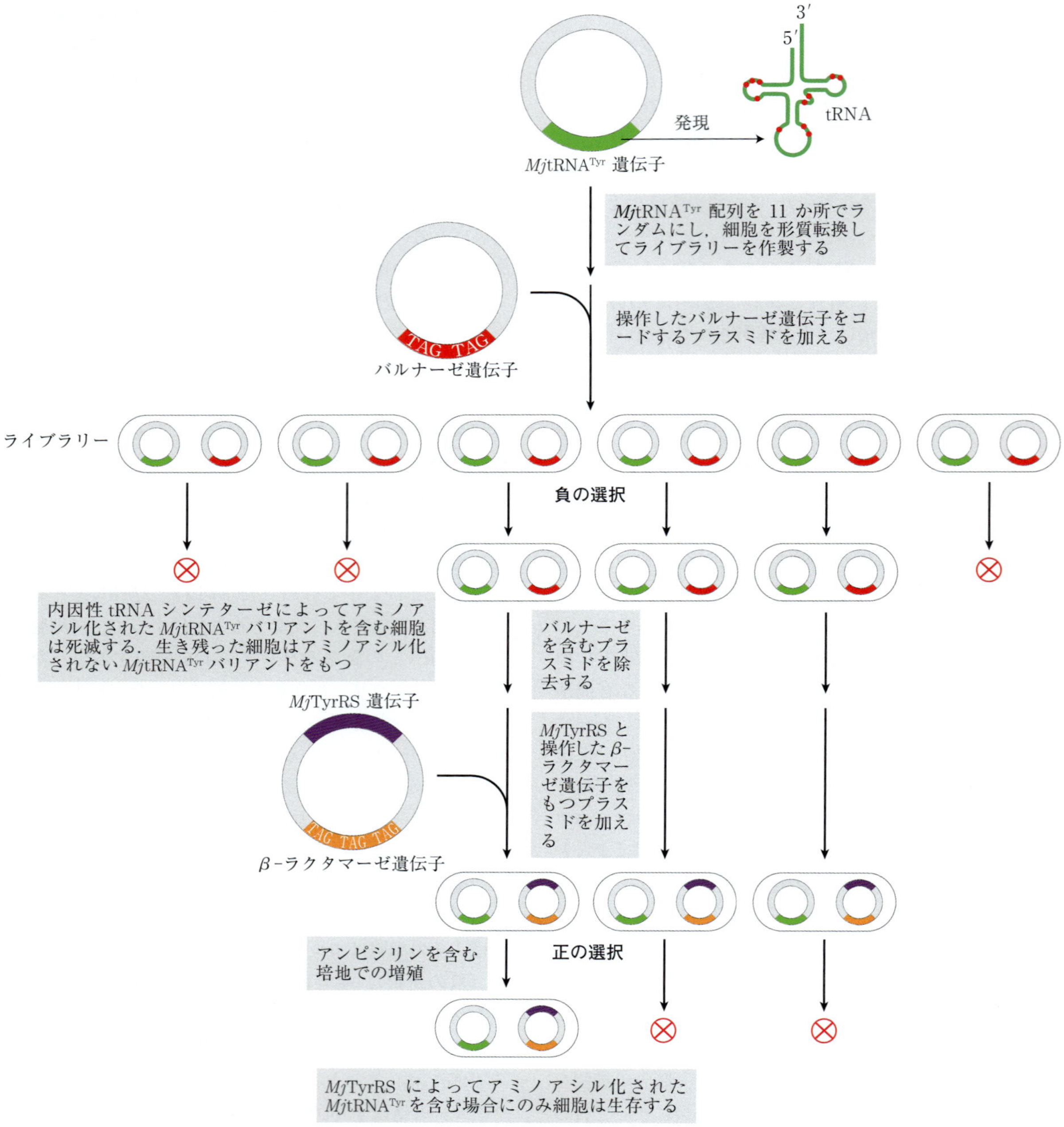

たときにのみ，アンピシリンを含む培地上で生育した．この負の選択と正の選択を何回か繰り返すことによって，内因性の酵素による影響を受けないが，*Mj*TyrRS によってアミノアシル化され，翻訳の際に十分に機能する新たな *Mj*tRNA^{Tyr} のバリアントが同定された．

第二に，この *Mj*TyrRS は新しいアミノ酸を認識するように修飾されなければならなかった．そこで，*Mj*TyrRS をコードする遺伝子が，バリアントの大きなライブラリーをつくるために変異原で処理された．

図 1　チロシル-tRNA シンテターゼ *Mj*TyrRS とのみ機能する *Mj*tRNA^{Tyr} バリアントの選択

プラスミド上の *Mj*tRNA^{Tyr} をコードする遺伝子の配列を，*Mj*TyrRS とは相互作用しない 11 か所（赤色の点）でランダムに変異させる．変異原処理したプラスミドを大腸菌細胞に導入して，数百万の *Mj*tRNA^{Tyr} バリアントから成るライブラリーを作製する（ここでは 6 個の細胞で示す）．転写物に UAG コドンが入るように操作して TAG 配列を含む毒性バルナーゼの遺伝子を別のプラスミドに入れ，負の選択ができるようにしておく．もしもこの遺伝子が発現されれば，その細胞は死ぬ．特定の細胞によって発現される *Mj*tRNA^{Tyr} バリアントが，内因性（大腸菌）のアミノアシル-tRNA シンテターゼによってアミノアシル化されるときにのみうまく発現され，翻訳を停止する代わりにアミノ酸を挿入する．β-ラクタマーゼをコードし，UAG 終止コドンをつくる TAG 配列をもつようにされた別の遺伝子を，*Mj*TyrRS をコードする遺伝子も発現するもう一つのプラスミド上に与える．これは，残った *Mj*tRNA^{Tyr} バリアントの正の選択の手段として機能する．*Mj*TyrRS によってアミノアシル化されるこれらのバリアントは，アンピシリン上でもこれらの細胞が生育できるようにする β-ラクタマーゼ遺伝子の発現を可能にする．負の選択と正の選択を複数回繰り返すことによって，*Mj*TyrRS によってのみアミノアシル化され，翻訳に効率よく使われる最良の *Mj*tRNA^{Tyr} バリアントが得られる．

新しい *Mj*tRNA^{Tyr} のバリアントを内因性アミノ酸でアミノアシル化するようなバリアントが，バルナーゼ遺伝子選択法を用いて排除された．次に，*Mj*tRNA^{Tyr} のバリアントが非天然型のアミノ酸の存在下でのみアミノアシル化される場合にのみ細胞が生き残るように，2 回目の正の選択（上記のアンピシリン選択法に類似する）が行われた．負の選択と正の選択を何回か繰り返すことによって，非天然型アミノ酸だけを認識するような tRNA シンテターゼと tRNA の対応する対が得られた．

この手法を用いて，UAG コドンに対応して特定の非天然型のアミノ酸をタンパク質中に取り込むことができる多くの大腸菌株が構築された．酵母や哺乳類細胞の遺伝暗号でさえも，人工的に拡張するために同じ手法が使われた．このようにして，30 以上もの異なるアミノ酸（図 2）が，部位特異的かつ効率的にクローン化されたタンパク質に導入された．その結果，タンパク質の構造と機能の研究を推進するために，日増しに有用かつ柔軟性を増しつつあるツールキットになってきた．

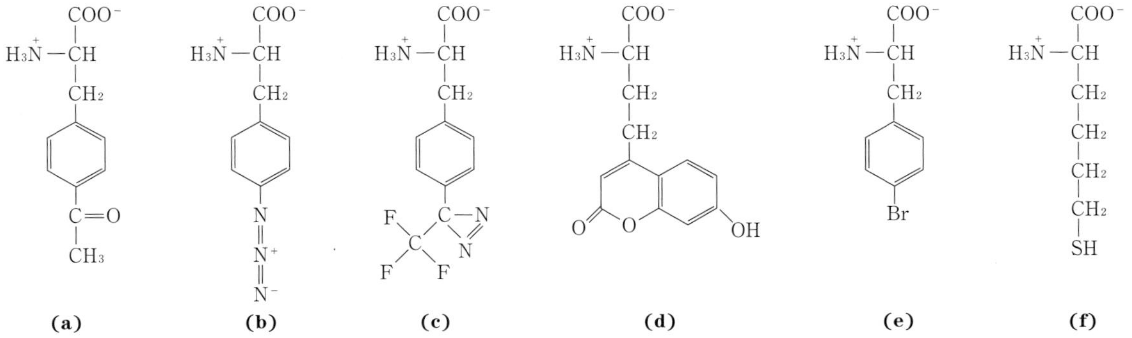

図 2　遺伝暗号に追加された非天然型アミノ酸の例

これらの非天然型アミノ酸は，独特の反応性を有する次のような化学官能基を加える．**(a)** ケトン，**(b)** アジド，**(c)** 光化学クロスリンカー（光で活性化されると，近傍の官能基と共有結合を形成するように設計された官能基），**(d)** 非常に強い蛍光を発するアミノ酸，**(e)** 結晶学で使う重原子（Br）をもつアミノ酸，および **(f)** 長いジスルフィド結合を形成する長鎖のシステイン類似体．［出典：J. Xie and P. G. Schultz, *Nature Rev. Mol. Cell Biol.* **7**: 775, 2006 の情報.］

$$N^{10}\text{-ホルミルテトラヒドロ葉酸} + \text{Met-tRNA}^{\text{fMet}} \longrightarrow \text{テトラヒドロ葉酸} + \text{fMet-tRNA}^{\text{fMet}}$$

トランスホルミラーゼは，Met-tRNA シンテターゼよりも選択性があり，$\text{tRNA}^{\text{fMet}}$ に結合している Met 残基に特異的であり，おそらくその tRNA に特有の構造上のある特徴を認識している．これに対して，$\text{Met-tRNA}^{\text{Met}}$ は，ポリペプチド鎖の内部の位置にメチオニンを挿入する．

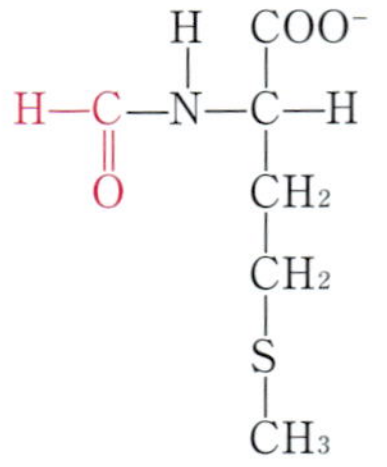

N-ホルミルメチオニン

メチオニンのアミノ基へのトランスホルミラーゼによる *N*-ホルミル基の付加は，ポリペプチド鎖内部に fMet が入るのを防ぐ一方で，リボソーム上の特定の開始部位に $\text{fMet-tRNAf}^{\text{Met}}$ が結合できるようにもする．この開始部位には $\text{Met-tRNA}^{\text{Met}}$ や他のアミノアシル-tRNA は結合できない．

真核細胞では，サイトゾルのリボソームによって合成されるすべてのポリペプチドは Met 残基（fMet ではない）で始まるが，ここでも細胞は，mRNA 内部の（5′）AUG で使われる tRNA^{Met} とは異なる特殊な開始 tRNA を使う．しかし，ミトコンドリアや葉緑体内のリボソームによって合成されるポリペプチドは，*N*-ホルミルメチオニンで開始される．このことは，ミトコンドリアと葉緑体が，進化の初期に真核細胞の祖先に取り込まれて共生した細菌の祖先に由来しているという見解を強く支持する（図 1-40 参照）．

単一の（5′）AUG コドンが，開始 *N*-ホルミルメチオニン（真核生物の場合にはメチオニン）とポリペプチド鎖内部にある Met 残基のどちらを

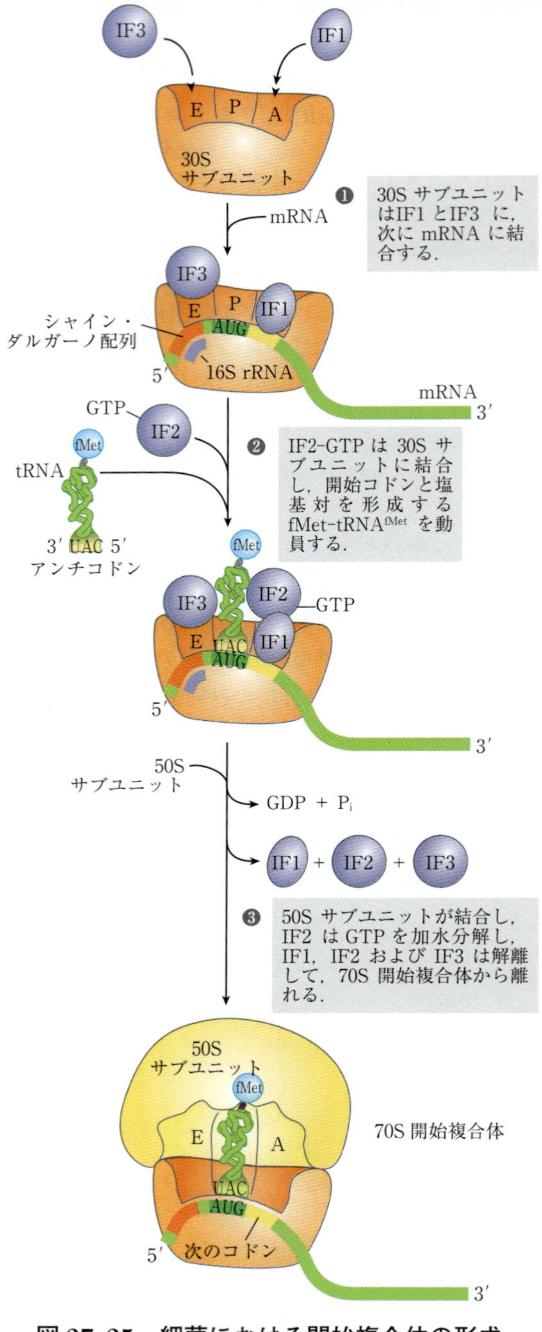

図 27-25 細菌における開始複合体の形成

開始複合体は，GTP の GDP と P_i への加水分解を伴って，3 ステップ（本文中に記載）を経て形成される．IF1, IF2, IF3 は開始因子である．E は出口部位，P はペプチジル部位，A はアミノアシル部位を表す．ここでは，tRNA のアンチコドンは，図 27-8 のように左から右に向けて 3′から 5′になっており，図 27-21 や図 27-23 の向きとは逆である．

最終的に挿入するのかをどのようにして決定することができるのか．これに対する答えは，次の開始反応過程の詳細を知ると理解できる．

開始の 3 ステップ　細菌におけるポリペプチドの合成**開始** initiation には，次のものが必要である．(1) 30S リボソームサブユニット，(2) 合成されるポリペプチドをコードする mRNA，(3) 合成開始のための fMet-tRNA^{fMet}，(4) ポリペプチド鎖開始因子という 3 種類のタンパク質（IF1, IF2 および IF3），(5) GTP，(6) 50S リボソームサブユニット，(7) Mg^{2+}．開始複合体の形成は，3 ステップで起こる（図 27-25）．

ステップ ❶ では，30S リボソームサブユニットが二つの開始因子（IF1 と IF3）に結合する．開始因子 IF3 は，30S サブユニットと 50S サブユニットが時期尚早に結合するのを防ぐ．次に，mRNA が 30S サブユニットに結合する．開始(5′) AUG コドンは，mRNA 中の**シャイン・ダルガーノ配列** Shine-Dalgarno sequence（この配列を同定したオーストラリア人研究者の John Shine と Lynn Dalgarno にちなんで命名された）によって，30S サブユニット上の正しい位置に導かれる．このコンセンサス配列は，開始コドンから 5′ 側に 8 ～ 13 bp のところにある 4 ～ 9 個のプリン残基から成る開始シグナルである（図 27-26(a)）．この配列は，30S サブユニットの 16S rRNA の 3′ 末端付近にあるピリミジンに富む相補的な配列と塩基対を形成する（図 27-26(b)）．この mRNA-rRNA 相互作用が，翻訳開始のために必要な 30S サブユニット上の正しい位置に mRNA の (5′) AUG 配列を配置する．このように，fMet-tRNA^{fMet} が結合すべき特定の (5′) AUG は，mRNA 内のシャイン・ダルガーノ配列と近接していることによって，他のメチオニンコドンとは区別される．

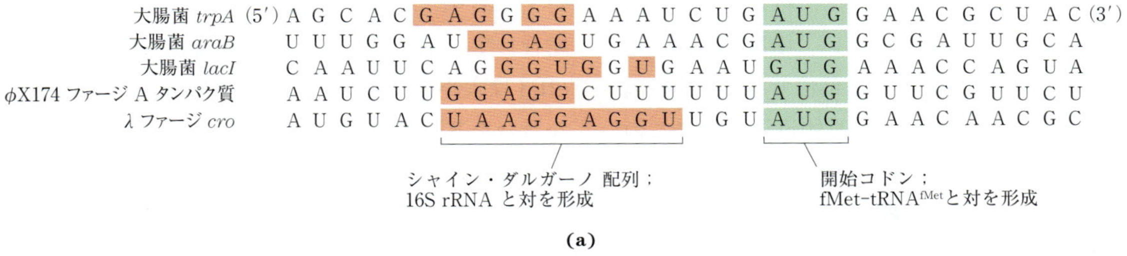

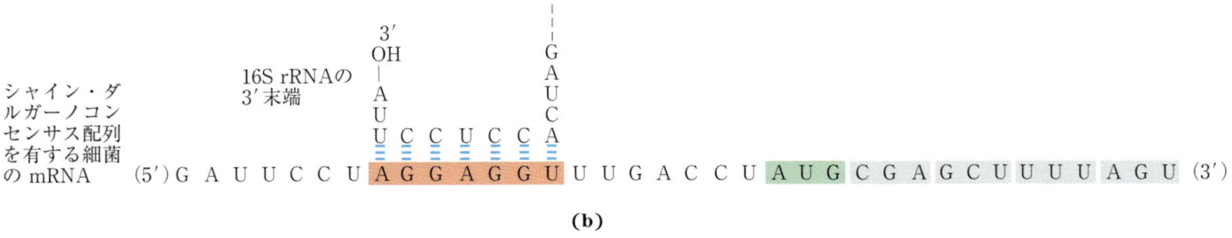

図 27-26　細菌においてタンパク質の合成開始シグナルとして働くメッセンジャー RNA の配列

(a) 開始 AUG コドン（緑色の網かけ）の 30S リボソームサブユニット上での正しい配置は，上流のシャイン・ダルガーノ配列（淡赤色の網かけ）に部分的に依存する．細菌の五つの遺伝子の mRNA 転写物の配列の一部を示す．大腸菌の Lac I タンパク質は，GUG（Val）コドンから開始する（Box 27-1 参照）例外であることに注意しよう．大腸菌においては，AUG が約 91% の遺伝子の開始コドンであり，開始コドンの役割を果たすと推定される GUG（7%）と UUG（2%）はもっとまれである．**(b)** mRNA のシャイン・ダルガーノ配列は，16S rRNA の 3′ 末端付近の配列と対を形成する．

細菌のリボソームには，tRNA が結合する三つの部位がある．すなわち，**アミノアシル部位** aminoacyl site（**A 部位** A site），**ペプチジル部位** peptidyl site（**P 部位** P site），そして**出口部位** exit site（**E 部位** E site）である．A 部位と P 部位がアミノアシル-tRNA に結合するのに対して，E 部位はリボソーム上での任務を終えたチャージされていない uncharged（アミノアシル化されていない）tRNA とだけ結合する．30S と 50S の両サブユニットが，A 部位と P 部位の特性に寄与するのに対して，E 部位は主に 50S サブユニットによって限定される．開始（5′）AUG コドンは，fMet-tRNA^{fMet} が結合できる唯一の部位である P 部位に配置される（図 27-25）．fMet-tRNA^{fMet} は，最初に P 部位に結合する唯一のアミノアシル-tRNA である．その後の伸長ステージでは，新たに入ってくる他のすべてのアミノアシル-tRNA（内部の AUG コドンに結合する Met-tRNA^{Met} を含む）は，まず A 部位に結合し，その後でのみ P 部位と E 部位に結合する．E 部位は，「チャージされていない」tRNA が伸長過程の間にリボソームを離れる部位である．開始因子 IF1 は A 部位に結合し，開始過程の間にこの部位に tRNA が結合するのを防ぐ．

開始過程のステップ ❷（図 27-25）では，30S リボソームサブユニット，IF3，mRNA から成る複合体が，GTP と結合している IF2 および開始のための fMet-tRNA^{fMet} と結合する．この tRNA のアンチコドンは，その際に mRNA の開始コドンと正しく対を形成する．

ステップ ❸ では，この大きな複合体が 50S リボソームサブユニットと合体する．それと同時に，IF2 に結合している GTP が GDP と P_i に加水分解され，複合体から解離する．三つの開始因子のすべてが，この時点でリボソームから離れる．

図 27-25 に示すステップが完了すると，mRNA と開始 fMet-tRNA^{fMet} を含む**開始複合体** initiation complex と呼ばれる機能的 70S リボソームが生じる．完全な 70S 開始複合体上の P 部位への fMet-tRNA^{fMet} の正確な結合は，少なくとも次の 3 点における認識と結合によって確実になる．すなわち，P 部位上に固定された開始 AUG が関わるコドン-アンチコドン相互作用，mRNA 中のシャイン・ダルガーノ配列と 16S rRNA の間の相互作用，およびリボソームの P 部位と fMet-tRNA^{fMet} との間の結合相互作用である．開始複合体は，この時点で伸長の準備ができている．

真核細胞における開始　翻訳は，一般に真核細胞と細菌の間で似ている．主要な相違の大部分は成分の数とその開始機構の細部にある．真核生物における開始機構を図 27-27 に示す．真核生物の mRNA は，多くの特異的結合タンパク質と複合体を形成してリボソームに結合する．真核細胞には，少なくとも 12 の開始因子がある．開始因子 eIF1A と eIF3 は細菌の IF1 と IF3 の機能的ホモログであり，ステップ ❶ で 40S サブユニットに結合して，eIF1A は tRNA の A 部位への結合を，eIF3 は大小のリボソームサブユニットの未成熟な会合を遮断する．開始因子 eIF1 は E 部位に結合する．メチオニンでチャージされた開始 tRNA には，GTP と結合している開始因子 eIF2 が結合する．ステップ ❷ において，この三者複合体は，後のステップに関わる他の二つのタンパク質，eIF5（図 27-27 には示されていない）と eIF5B とともに，40S リボソームサブユニットに結合する．これによって，43S 開始前複合体が形成される．mRNA は eIF4F 複合体に結合する．ステップ ❸ において，この複合体は mRNA の 43S 開始前複合体への会合を媒介する．eIF4F 複合体は，eIF4E，eIF4A（ATP アーゼであり，かつ RNA ヘリカーゼである）および eIF4G（リンカータンパク質）から成る．eIF4G タンパク質は eIF3 と eIF4E に結合し，43S 開始前複合体と対応する mRNA との最初の結合をもたらす．eIF4G は，

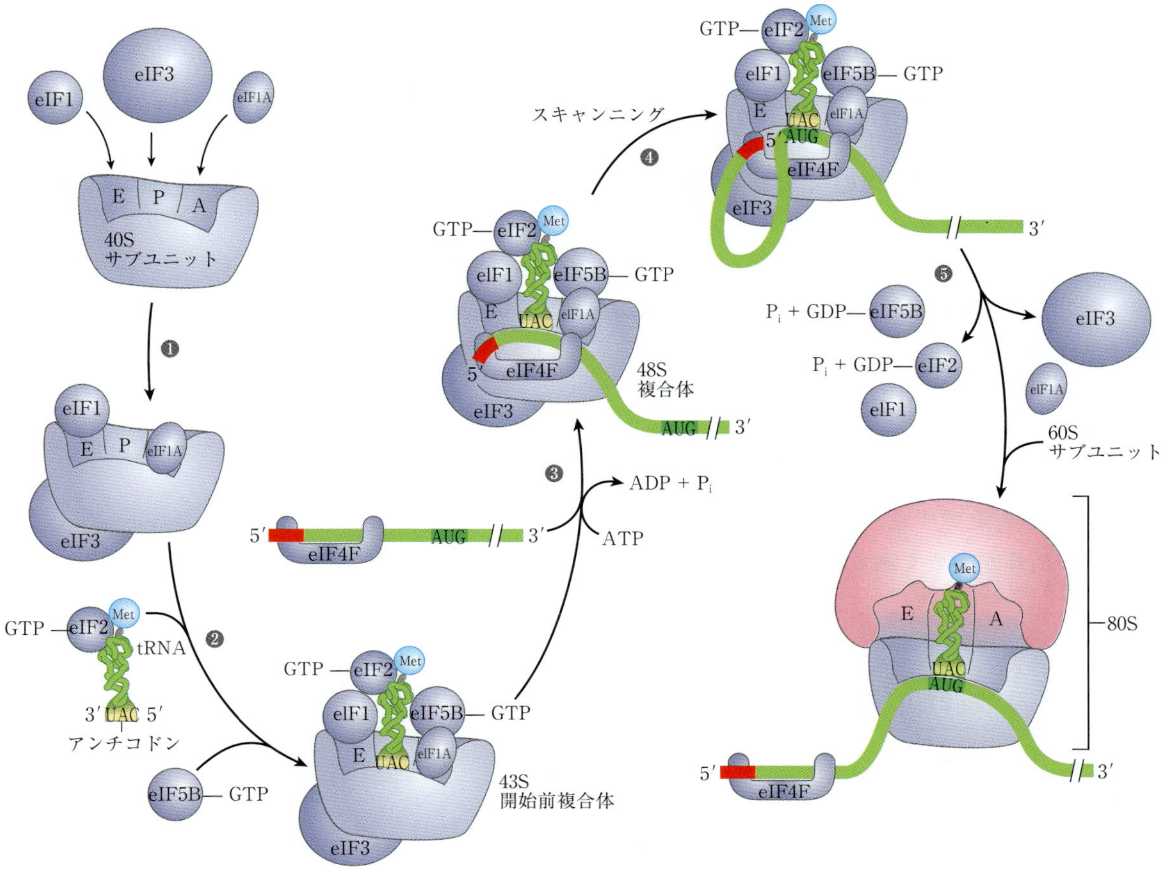

図 27-27　真核生物におけるタンパク質合成の開始

五つのステップが本文に述べられている．まず，真核生物の開始因子群が，Met がチャージされている開始 tRNA の会合を媒介して 43S 開始前複合体を形成し，次に mRNA（赤色で示す 5′ キャップをもつ）の会合を媒介して 48S 複合体を形成する．最終的な 80S 開始複合体は，開始因子のほとんどの遊離と共役して，60S サブユニットが会合するにつれて形成される．

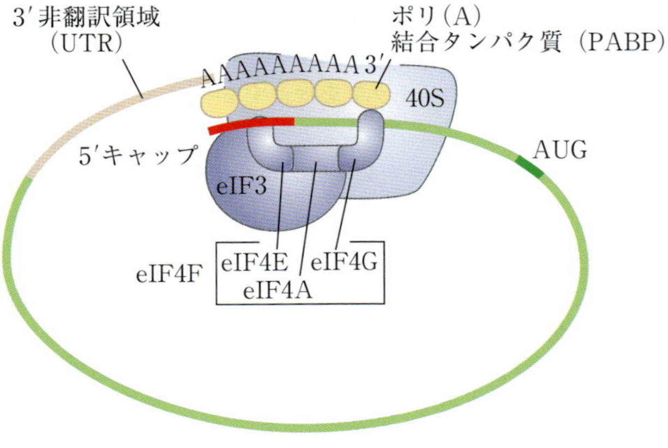

図 27-28　真核生物の開始複合体における mRNA の環状化

真核生物の mRNA の 3′ 末端と 5′ 末端が，eIF4F タンパク質複合体によって連結される．eIF4E サブユニットが 5′ キャップに結合し，eIF4G タンパク質が mRNA の 3′ 末端でポリ(A)結合タンパク質（PABP）に結合する．eIF4G タンパク質は eIF3 とも結合し，環状化した mRNA をリボソームの 40S サブユニットにつなぎ合わせる．

mRNA の 3′ 末端でポリ(A)結合タンパク質（PABP）にも結合して，mRNA を環状にし（図 27-28），遺伝子発現の翻訳調節を促進する．その機構については Chap. 28 で考察する．

mRNA とそれに結合している因子の付加によって，48S 複合体が形成される．この複合体は，結合している mRNA を 5′ キャップから始めて AUG コドンに出会うまでスキャンする．このスキャンの過程（図 27-27 のステップ ❹）は，eIF4A の RNA ヘリカーゼともう一つの結合因子（eIF4B，図 27-27 には示されていない）によって促進されるようである．しかし，eIF4B の正確な分子活性は不明である．

48S 複合体が開始 AUG 部位にいったん出会うと，60S リボソームサブユニットがステップ ❺ で複合体に会合し，それに伴って開始因子の多くは複合体から遊離する．この遊離には eIF5 と eIF5B の活性が必要である．eIF5 タンパク質は eIF2 の GTP アーゼ活性を促進して，開始 tRNA への親和性が低下した eIF2-GDP 複合体が生成する．eIF5B タンパク質は細菌の IF2 と相同であり，結合している GTP を加水分解して，eIF2-GDP と他の開始因子の遊離を引き起こす．その後すぐに，60S サブユニットが会合する．これによって開始複合体の形成が完了する．

合成開始の一連の過程における細菌や真核生物のさまざまな開始因子の役割を表 27-8 にまとめる．これらのタンパク質が働く機構は，今後の研究対象となる重要な分野である．

表 27-8 細菌および真核細胞における翻訳開始に必要なタンパク質因子

因子	機能
細菌	
IF1	tRNA が A 部位に未成熟な状態で結合するのを防ぐ
IF2	fMet-tRNA^{fMet} の 30S リボソームサブユニットへの結合を促進する
IF3	30S サブユニットに結合する．50S サブユニットが 30S サブユニットに未成熟な状態で結合するのを防ぐ．fMet-tRNA^{fMet} に対する P 部位の特異性を高める
真核生物	
eIF1	40S サブユニットの E 部位に結合し，eIF2-tRNA-GTP 三者複合体と 40S サブユニットの相互作用を促進する
eIF1A	細菌の IF1 のホモログ．tRNA の A 部位への未成熟な結合を防ぐ
eIF2	GTP アーゼ．開始 Met-tRNA^{Met} の 40S リボソームサブユニットへの結合を促進する
eIF2B[a]，eIF3	40S サブユニットに結合する最初の因子．その後のステップを促進する
eIF4F	eIF4E，eIF4A および eIF4G から成る複合体
eIF4A	RNA ヘリカーゼ活性が mRNA の二次構造を取り除き，40S サブユニットへの結合を可能にする．eIF4F 複合体の一部
eIF4B	mRNA に結合する．最初の AUG を見つけるための mRNA のスキャンを促進する
eIF4E	mRNA の 5′ キャップに結合する．eIF4F 複合体の一部
eIF4G	eIF4E およびポリ(A)結合タンパク質（PABP）に結合する．eIF4F 複合体の一部
eIF5[a]	80S 開始複合体を形成するために 60S サブユニットが結合する前段階として，40S サブユニットから他のいくつかの開始因子が解離するのを促進する
eIF5b	細菌の IF2 に相同性のある GTP アーゼ．最終的なリボソームの会合に先立って開始因子の解離を促進する

[a] 図 27-27 には示されていない．

ステージ3：ペプチド結合は伸長ステージで形成される

タンパク質合成の第三ステージは**伸長** elongation である．再び細菌細胞に焦点を合わせる．伸長には次の四つが必要である．(1)前述の開始複合体，(2)アミノアシル-tRNA，(3)ポリペプチド鎖**伸長因子** elongation factor（細菌では EF-Tu，EF-Ts および EF-G）というサイトゾルの3種類の可溶性タンパク質，(4) GTP．各アミノ酸残基の付加には三つのステップが必要であり，これらのステップは付加される残基の数だけ繰り返される．

伸長のステップ1：進入してくるアミノアシル-tRNA の結合　伸長サイクルの最初のステップ（図 27-29）では，次に進入してくる適切なアミノアシル-tRNA が，GTP 結合型の EF-Tu 複合体に結合する．このようにして生じたアミノアシル-tRNA-EF-Tu-GTP 複合体は，70S 開始複合体の A 部位に結合する．GTP が加水分解され，EF-Tu-GDP 複合体は 70S リボソームから遊離する．EF-Tu-GTP 複合体は，EF-Ts と GTP が関与する過程によって再生される．

伸長のステップ2：ペプチド結合の形成　tRNA を介してリボソーム上の A 部位と P 部位に結合している二つのアミノ酸の間で，ペプチド結合が新たに形成される．この反応は，A 部位に入っている2番目のアミノ酸のアミノ基に，開始 *N*-ホルミルメチオニル基がその tRNA から転移することによって行われる（図 27-30）．A 部位上のアミノ酸の α-アミノ基が求核基として作用し，P 部位の tRNA と置き換わってペプチド結合が形成される．この反応によって，A 部位ではジペプチジル-tRNA が形成され，「チャージされていない（脱アシル化された deacylated)」$tRNA^{fMet}$

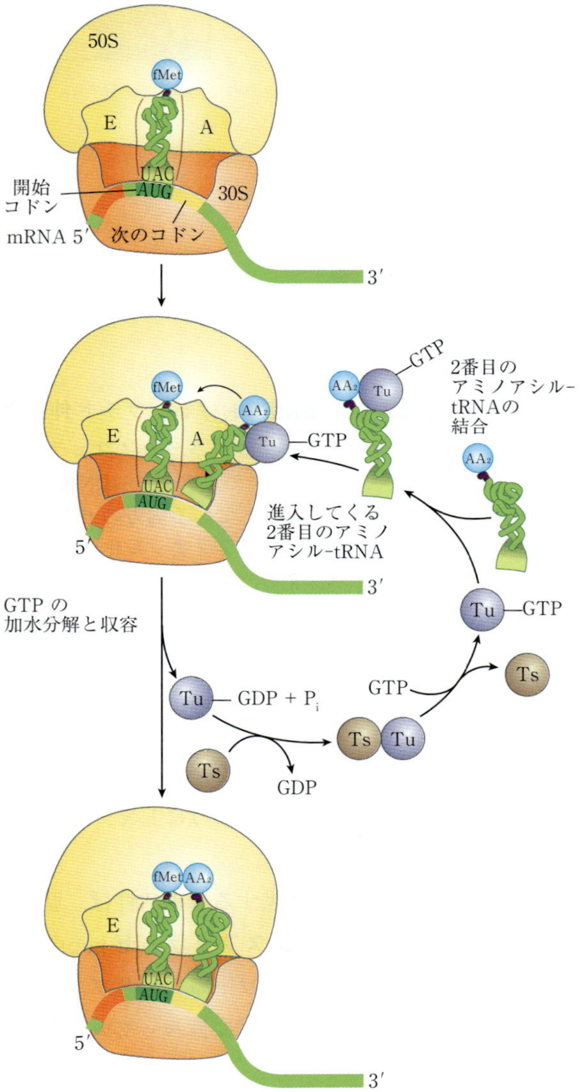

図 27-29　細菌における伸長の第一ステップ：2番目のアミノアシル-tRNA の結合
2番目のアミノアシル-tRNA（AA_2）が，GTP 結合型の EF-Tu（図では Tu で示す）に結合しているリボソームの A 部位に進入する．この2番目のアミノアシル-tRNA の A 部位への結合は，GTP の GDP と P_i への加水分解，および EF-Tu-GDP 複合体のリボソームからの遊離に伴う．EF-Tu-GDP 複合体が EF-Ts に結合すると，結合していた GDP が遊離し，別の GTP 分子が EF-Tu に結合すると，それに続いて EF-Ts が遊離する．図中のアミノアシル-tRNA の「収容 accommodation」という事象には，2番目の tRNA のアミノアシル末端をペプチジルトランスフェラーゼ部位に引き込むような tRNA のコンホメーションの変化がかかわる．

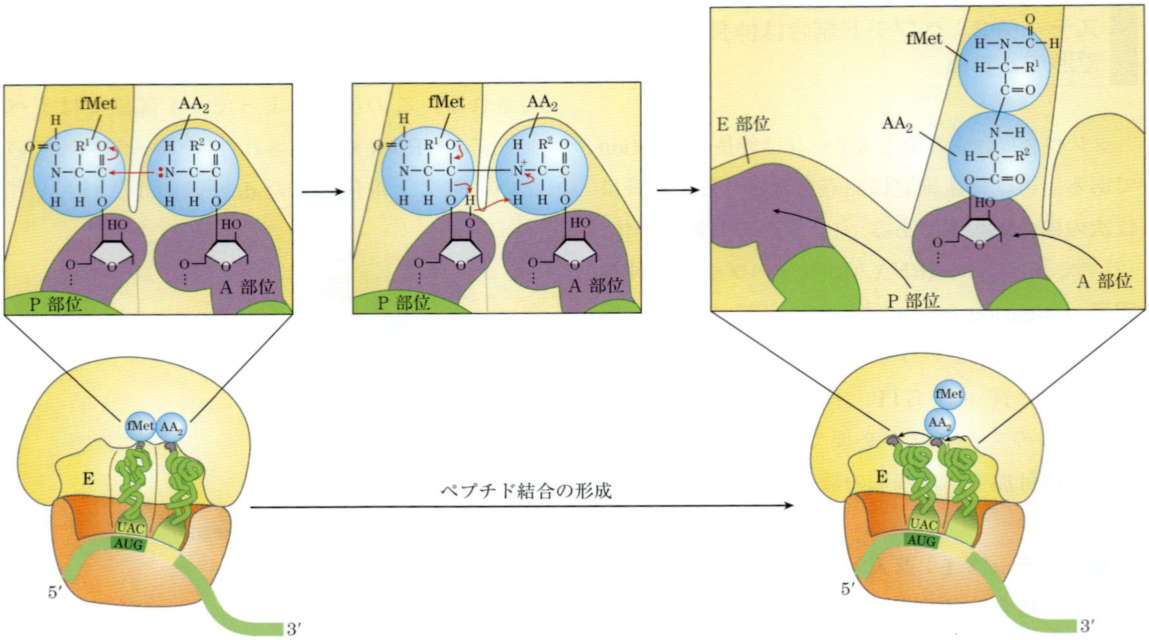

図 27-30 細菌におけるペプチド伸長の第二ステップ：最初のペプチド結合の形成

この反応を触媒するペプチジルトランスフェラーゼは，23S rRNA のリボザイムである．*N*-ホルミルメチオニル基が A 部位の 2 番目のアミノアシル-tRNA のアミノ基に転移され，ジペプチジル-tRNA が生成する．この段階で，リボソームに結合している両方の tRNA が，50S サブユニット中で場所を移動して，ハイブリッド型結合状態をとる．すなわち，アミノアシル化されていない tRNA は移動し，その 3′ 末端と 5′ 末端は E 部位にくる．同様に，ペプチジル-tRNA の 3′ 末端と 5′ 末端は P 部位に移動する．アンチコドンは P 部位と A 部位に留まったままである．3′ 末端のアデノシンの 2′-ヒドロキシ基が，一般酸塩基触媒としてこの反応に関わることに注意しよう．

が P 部位に結合したまま残る．両 tRNA は，図 27-30 に示すように，各構成成分がリボソーム上の二つの異なる部位をまたぐようにして，ハイブリッド結合状態に移行する．

ペプチド結合形成を触媒する酵素活性は，歴史的には**ペプチジルトランスフェラーゼ** peptidyl transferase と呼ばれ，リボソームの大サブユニット中の一つ以上のタンパク質に備わっていると一般には思われていた．しかし，この反応が 23S rRNA によって触媒されることがわかり，リボザイムの既知の触媒レパートリーに加えられた．この発見は，生命の進化に関して興味深い暗示をしている（Chap. 26）．

伸長のステップ 3：トランスロケーション（転位）

伸長サイクルの最終ステップである**トランスロケーション（転位）** translocation では，リボソームが mRNA に沿って 3′ 末端の方向に 1 コドン分だけ移動する（図 27-31(a)）．ジペプチジル-tRNA はまだ mRNA 中の 2 番目のコドンに結合したままなので，リボソームの移動によってジペプチジル -tRNA のアンチコドンは A 部位から P 部位に転位する．一方，脱アシル化された tRNA は P 部位から E 部位に移動し，そこからサイトゾルに放出される．この時点では，mRNA の 3 番目のコドンが A 部位に，2 番目のコドンが P 部位に位置している．この mRNA に沿ったリボソームの移動には EF-G（トランスロカーゼ translocase としても知られる），および別の GTP 分子の加水分解によって供給されるエネル

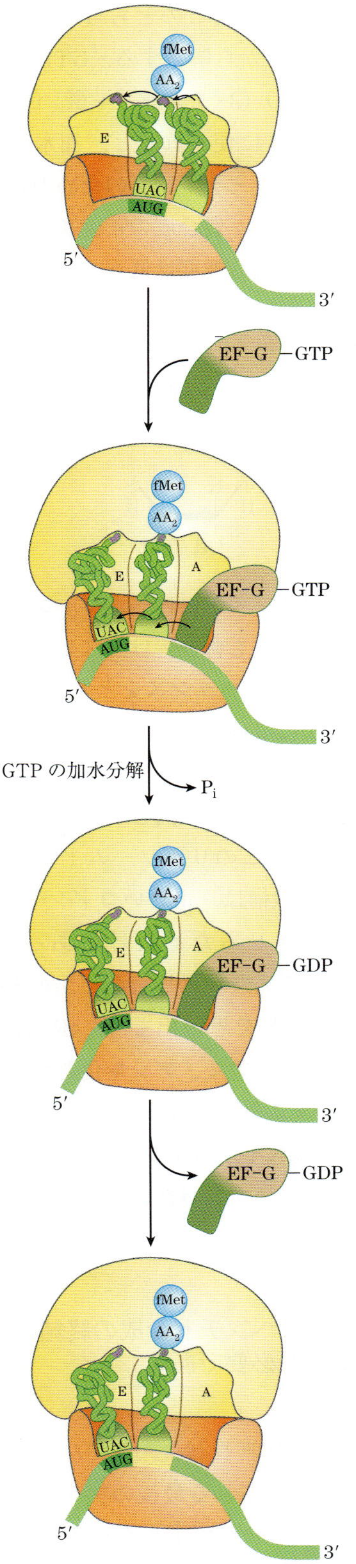

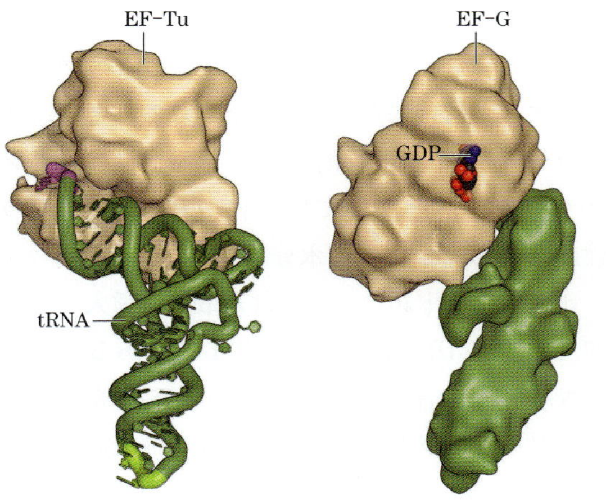

図 27-31　細菌におけるペプチド伸長の第三ステップ：トランスロケーション（転位）

(a) リボソームは，EF-G（トランスロカーゼ）に結合している GTP の加水分解によって得られるエネルギーを用いて，mRNA の 3′ 末端の方向に 1 コドン分を移動する．ジペプチジル-tRNA は完全に P 部位に移り，A 部位は新たに入ってくる（3 番目の）アミノアシル-tRNA のために空所となる．アミノ酸を遊離した tRNA は，E 部位から解離して，伸長サイクルが再開される．**(b)** EF-G の構造は，EF-Tu-tRNA 複合体の構造に類似している．左に EF-Tu と tRNA の複合体，右に EF-G と GDP の複合体を示す．EF-G のカルボキシ末端部分は，形状においても電荷の分布においても，tRNA のアンチコドンループの構造に似ている．［出典：(b)（左）PDB ID 1B23, P. Nissen et al., *Structure* **7**: 143, 1999;（右）PDB ID 1DAR, S. al-Karadaghi et al., *Structure* **4**: 555, 1996.］

ギーが必要である．リボソーム全体の三次元のコンホメーション変化によって，リボソームが mRNA に沿って移動する．EF-G の構造は EF-Tu-tRNA 複合体（図 27-31(b)）の構造に似ているので，EF-G は A 部位に結合して，おそらくはペプチジル-tRNA と置き換わることができる．

転位が終了すると，リボソームは，そこに結合しているジペプチジル-tRNA と mRNA とともに，次の伸長サイクルおよび 3 番目のアミノ酸残基を付加する準備が整ったことになる．この過程は，2 番目のアミノ酸が付加したときと全く同じように進行する（図 27-29，図 27-30 および図 27-31 に示すように）．伸長しつつあるペプチドに各アミノ酸残基が正しく付加されるごとに，リボソームが mRNA に沿って 3′ 末端方向にコドンからコドンへと動いていくにつれて，2 分子の GTP が GDP と P_i に加水分解される．

ポリペプチド鎖は，いちばん最後に挿入されたアミノ酸の tRNA に結合したままである．この tRNA への結合が，mRNA 中の情報と解読されるポリペプチドとしての出力の間の機能的な連結を維持する．それと同時に，この tRNA と伸長しつつあるポリペプチドのカルボキシ末端との間のエステル結合は，新たなペプチド結合を形成するために進入してくるアミノ酸による求核攻撃のために末端のカルボキシ基を活性化する（図 27-30）．ペプチド結合が形成される間に，ポリペプチドと tRNA との間に存在するエステル結合が切断される際にも，ポリペプチドと mRNA 中の情報の間のつながりは維持される．なぜならば，新たに加えられる各アミノ酸はそれ自体がその tRNA に結合しているからである．

真核生物の伸長サイクルは，細菌の場合とよく似ている．真核生物の三つの伸長因子（eEF1α，eEF1βγ，および eEF2）は，細菌の伸長因子（EF-Tu，EF-Ts および EF-G）とそれぞれ類似の機能をもつ．新たなアミノアシル-tRNA が A 部位に結合すると，アロステリック相互作用によって，チャージされていない tRNA は E 部位から放出される．

リボソーム上でのプルーフリーディング　細菌細胞での伸長反応の第一ステップの際の EF-Tu の GTP アーゼ活性（図 27-29）は，この生合成過程全体の速度や正確さに重要な寄与をする．EF-Tu-GTP 複合体も EF-Tu-GDP 複合体も，遊離するまでに数ミリ秒間しか存在しない．この二つの短い時間帯に，コドン-アンチコドン相互作用が校正される機会が与えられる．通常は，正しくないアミノアシル-tRNA はこのどちらかの相互作用の時間内に A 部位から解離する．GTP アナログのグアノシン 5′-*O*-(3- チオ三リン酸)（GTPγS）が GTP の代わりに使われると，加水分解は遅くなり，プルーフリーディングのための時間が長くなるので，タンパク質合成の正確さは向上するが，タンパク質合成の速度は低下する．

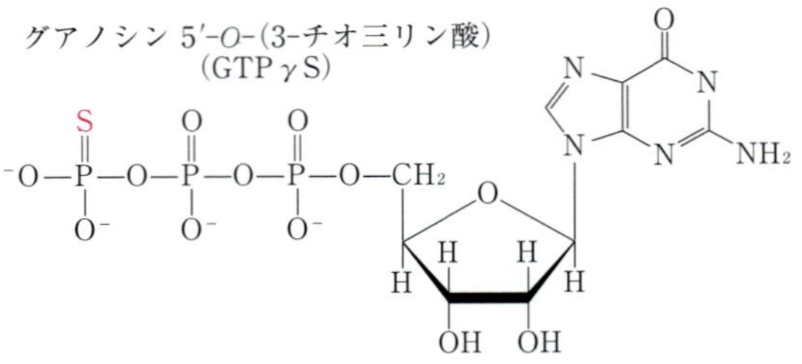

タンパク質合成過程（すでに述べたコドン - アンチコドン対形成の特質も含む）は，スピードと正確さの両方の必要性のバランスをとるように，進化の過程で明らかに最適化されてきた．正確さが改善されるとスピードは落ちるかもしれないが，スピードが増せば正確さに関してはおそらく妥協せざるを得ない．このリボソーム上でのプルーフリーディング機構は，正しいコドン-アンチコドン対を生じさせるためだけであって，tRNA に結合するアミノ酸が正しいかどうかを確立するのではないことを思い出そう．tRNA が誤ったアミノ酸によってアミノアシル化されると（実験的につくり出すことができる），この誤ったアミノ酸は，その tRNA がコドンを通常どおり認識することによって，タンパク質に効率良く取り込まれる．

ステージ 4：ポリペプチド合成の終結には特別なシグナルが必要である

ポリペプチド鎖の伸長は，リボソームが mRNA によってコードされる最後のアミノ酸を付加するまで続く．ポリペプチド合成の第四ステージである**終結** termination は，mRNA 中で

BOX 27-3 遺伝暗号中で誘発される変化
ナンセンス抑制

突然変異によって遺伝子内部に終止コドンが導入されると，翻訳は途中で止まり，未完成のポリペプチド鎖は一般に不活性である．このような変異をナンセンス変異 nonsense mutation という．もしも，さらに別の変異が起きて，(1) 誤った位置に生じた終止コドンをあるアミノ酸を指定するコドンに変換するか，あるいは (2) 終止コドンの効果を抑制すれば，遺伝子の通常の機能を回復させることができる．そのような復帰変異は**ナンセンス抑制** nonsense suppressor と呼ばれ，一般には終止コドンを認識してその位置にアミノ酸を挿入できるように変化した（サプレッサー suppressor）tRNA をつくる tRNA 遺伝子の変異が関与する．ほとんどの既知のサプレッサー tRNA は，アンチコドンに一塩基の置換を有する．

サプレッサー tRNA は，通常は終止コドンであるものを何らかのアミノ酸として読んでしまうような遺伝暗号上に実験的に誘導される変化であり，Box 27-1 で記述したような自然に起こる暗号変化とよく似ている．ナンセンス抑制は，細胞における正常な情報伝達を完全に崩壊させるわけではない．なぜならば，通常はどんな細胞にも tRNA 遺伝子のコピーがいくつかあるからである．これらの重複している遺伝子には，弱くしか発現されておらず，特定の tRNA の細胞内プールのごく一部を占めるにすぎないものもある．サプレッサー変異は，通常はこれらの「微量 minor」な tRNA に影響を与えて，主要な tRNA がそのまま正常にそのコドンを読むようにする．

例えば，大腸菌は $tRNA^{Tyr}$ に対して三つの同一の遺伝子をもち，各遺伝子からはアンチコドン(5′)GUA をもつ tRNA が生じる．これらの遺伝子のうちの一つは比較的高レベルで発現され，主要な $tRNA^{Tyr}$ 種となる．他の二つの遺伝子は，少量しか転写されない．これらの重複している $tRNA^{Tyr}$ 遺伝子のうちの一つの tRNA 産物のアンチコドンが(5′)GUA から (5′) CUA へと変化すると，UAG 終止コドンの部位にチロシンを挿入する $tRNA^{Tyr}$ が少量生じることになる．UAG へのこのチロシンの挿入の効率は悪いが，ナンセンス変異した遺伝子から完全長のタンパク質を十分量つくることができ，細胞が生存できるようになる．主要な $tRNA^{Tyr}$ は，遺伝暗号を正常に翻訳し，ほとんどのタンパク質をつくり続ける．

サプレッサー tRNA の創出を誘導する変異は，必ずしもアンチコドンで起こるわけではない．UGA ナンセンスコドンの抑制には，通常は UGG を認識する $tRNA^{Trp}$ が関与する．UGA を読めるような（そしてこれらの位置へ Trp を挿入できるような）変異は，(アンチコドンからいくらか離れた tRNA のアーム内の) 24 番目の G から A への変異である．その結果，この tRNA は UGG と UGA の両方を認識できるようになる．同様の変化が，遺伝暗号の中で最もよく見られる自然に生じる変化（UGA = Trp；Box 27-1 参照）による影響を受ける tRNA 中に見られる．

最後の翻訳アミノ酸コドンの直後に，三つの終止コドン（UAA，UAG，UGA）のうちの一つが存在することによって指示される．終止コドンの位置にアミノ酸が挿入されるような tRNA のアンチコドンの変異は，一般に細胞にとって有害である（Box 27-3)．細菌では，終止コドンがいったんリボソームの A 部位を占めると，3 種類のポリペプチド鎖**終結因子** termination factor（**解放因子** release factor ともいう）である RF1，RF2，RF3 というタンパク質が，(1) 末端のペプチジル-tRNA の結合を加水分解し，(2) 遊離のポリペプチドと，チャージされていない最後の tRNA を P 部位から解離させ，(3) 70S リボソームを 30S と 50S のサブユニットに解離させる．

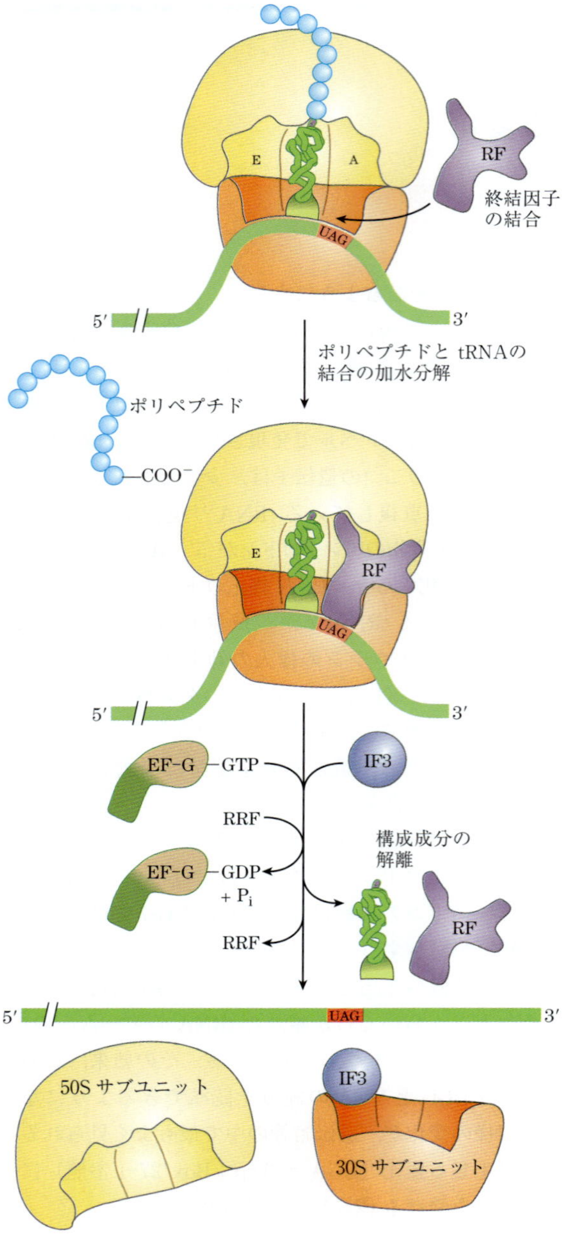

そして，新たなポリペプチド合成サイクルを開始するための準備ができる（図 27-32）．RF1 は終止コドンの UAG と UAA を，また RF2 は UGA と UAA を認識する．RF1 と RF2 のどちらかが（存在するコドンに依存して）終止コドンのところで結合し，ペプチジルトランスフェラーゼが伸長しつつあるペプチド鎖を別のアミノ酸よりも水分子に転移するように誘導する．これらの終結因子は，図 27-31（b）に伸長因子 EF-G について示したのと同様に，tRNA の構造を模倣するようなドメインを有する．RF3 はリボソームサブユニットを解離させると考えられるが，その特別な機能は十分にはわかっていない．真核生物では，eRF という単一の終結因子が三つの終止コドンのすべてを認識する．

リボソームの再生は翻訳に必要な因子の解離を引き起こす．終結因子はポリペプチド合成終結後の複合体（P 部位にチャージされていない tRNA がある）から解離し，EF-G とリボソーム再生因子（RRF；分子量 20,300）というタンパク質によって置き換えられる．EF-G による GTP の加水分解によって，30S サブユニット-tRNA-mRNA 複合体から 50S サブユニットの解離が起こる．EF-G と RRF は，tRNA の解離を促進する IF3 に置き換わる．mRNA が次に遊離される．このようにして，IF3 と 30S サブユニットから成る新たなタンパク合成のための複合体の準備ができる（図 27-25）．

リボソーム解放機構 リボソームは，タンパク質の生合成の際（特に，損傷を受けていたり不完全

図 27-32 細菌におけるタンパク質合成の終結

合成は，A 部位の終止コドンに応答して終結する．まず，終結因子（存在する終止コドンの種類によって，RF1 または RF2）が A 部位に結合する．これによって，P 部位上の新生ポリペプチドと tRNA との間のエステル結合の加水分解と完成したポリペプチドの遊離が起こる．最後に，mRNA，脱アシル化された tRNA，そして終結因子がリボソームから離れ，リボソーム再生因子（RRF）と IF3 の助けと EF-G による GTP の加水分解により供給されるエネルギーによって，リボソームは 30S と 50S のサブユニットに解離する．30S サブユニットと IF3 の複合体は次の翻訳サイクルを開始する準備ができる（図 27-25 参照）．

であったりする mRNA を翻訳する際）に停滞することがある．リボソームが終止コドンに出会う前に mRNA の末端に遭遇すると，転位ステップは安定な「ノンストップ複合体 non-stop complex」の形成をもたらす．ノンストップ複合体の A 部位には，アミノ酸でチャージされた新たな tRNA と相互作用できる mRNA がない．ノンストップ複合体は，正常な終結因子によって再利用されることはない．その代わりに，停滞したリボソームは，トランストランスレーション trans-translation（図 27-33）という過程によって解放される．事実上すべての細菌において，その解放系は，転移-メッセンジャー RNA transfer-messenger RNA（tmRNA）という RNA，および非常に小さなタンパク質であるスモールプロテイン B small protein B（SmpB）から成る．これらは停滞した複合体に結合し，tmRNA が空になった A 部位に入り，リボソームが tmRNA に埋め込まれた終止コドンに出会うまでリボソームが翻訳を続けられるようにする．リボソームはその後に再利用され，欠陥のある mRNA や，その mRMA から翻訳されるポリペプチドの両方が分解される．よく似た系が真核生物にも存在する．

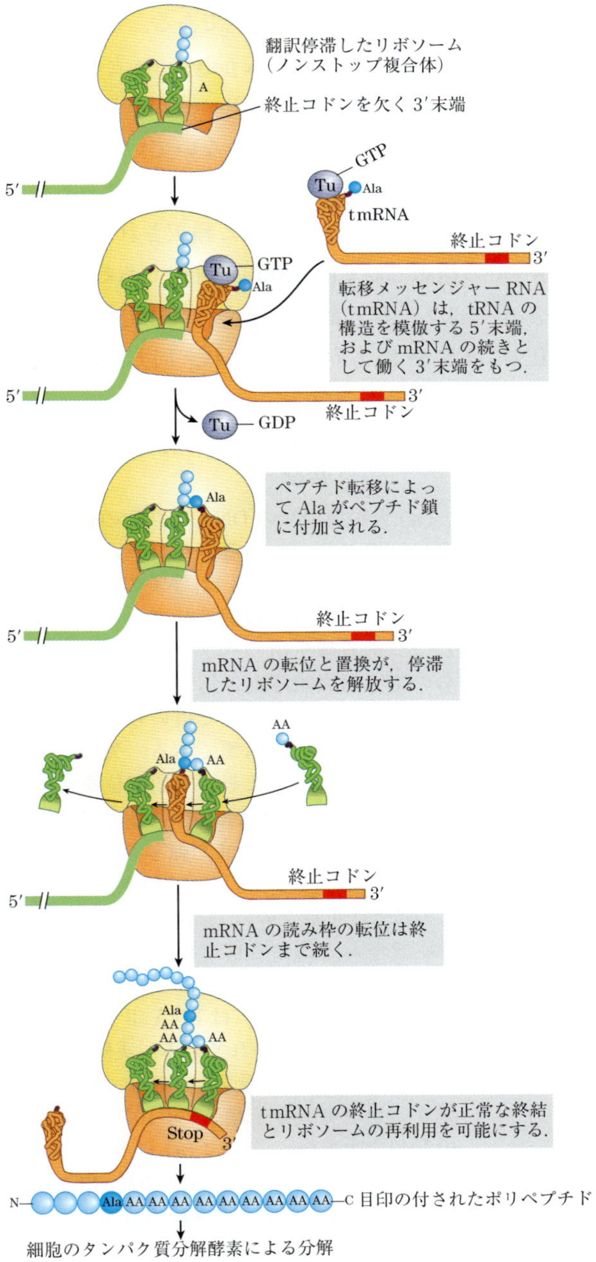

タンパク質合成の正確さのエネルギーコスト

mRNA 中で特定される情報に対して忠実にタンパク質を合成するためにはエネルギーが必要である．各アミノアシル-tRNA の生成には，二つの高エネルギーリン酸基が使用される．誤って活性化されたアミノ酸がアミノアシル-tRNA シンテターゼの校正活性の一部である脱アシル活性によって加水分解されるごとに，さらに 1 分子の ATP が消費される．最初の伸長ステップと転位ステップのそれぞれで，GTP が GDP と P_i に加水分解される．このように，ポリペプチド鎖の各ペプチド結合の形成には，平均して 4 個以上の NTP が NDP へと加水分解される際に生じるエ

図 27-33　翻訳停滞した細菌のリボソームの tmRNA による解放機構

細菌では，tmRNA が，tRNA と mRNA を模倣することによって翻訳停滞したリボソームを解放する．複数ステップから成る経路が，損傷を受けた mRNA の遊離と分解を可能にし，短くなったポリペプチドに分解のための目印をつける．

ネルギーが必要である．

このことは，極めて大きな熱力学的「推進力 push」がペプチド合成の方向に働くことを表している．すなわち，ペプチド結合の加水分解の標準自由エネルギー変化はほんの約 −21 kJ/mol であるのに対して，そのペプチド結合を形成するためには少なくとも 4 × 30.5 kJ/mol = 122 kJ/mol のホスホジエステル結合のエネルギーが投入される．したがって，ペプチド結合の形成における正味の自由エネルギー変化は −101 kJ/mol となる．タンパク質は情報を含むポリマーである．生化学的な目標は単なるペプチド結合の形成ではなく，二つの特定のアミノ酸間でのペプチド結合の形成である．mRNA 中の新たな各コドンと伸長中のポリペプチドの末端に結合しているアミノ酸との正しい配置を維持するために，この過程で消費される高エネルギーリン酸化合物のそれぞれが極めて重要な役割を果たす．このエネルギーによって，mRNA の遺伝情報がタンパク質のアミノ酸配列へと生物学的に翻訳される際の極めて高い正確さが可能になる．

ポリソームによる単一 mRNA の速やかな翻訳

タンパク質合成が非常に活発な 10 ～ 100 個のリボソームから成る大きなクラスターが，真核細胞と細菌細胞の両方から単離可能である．電子顕微鏡で観察すると，**ポリソーム** polysome と呼ばれるクラスター中の隣接するリボソームをつなぐ繊維が見える（図 27-34(a)）．つないでいる糸は 1 本の mRNA 分子であり，互いに近距離にある多くのリボソームによって同時に翻訳されており，mRNA の極めて効率的な利用が可能である．

細菌では，転写と翻訳は厳密に共役している．mRNA は 5′ → 3′ 方向に合成され，同方向に翻訳

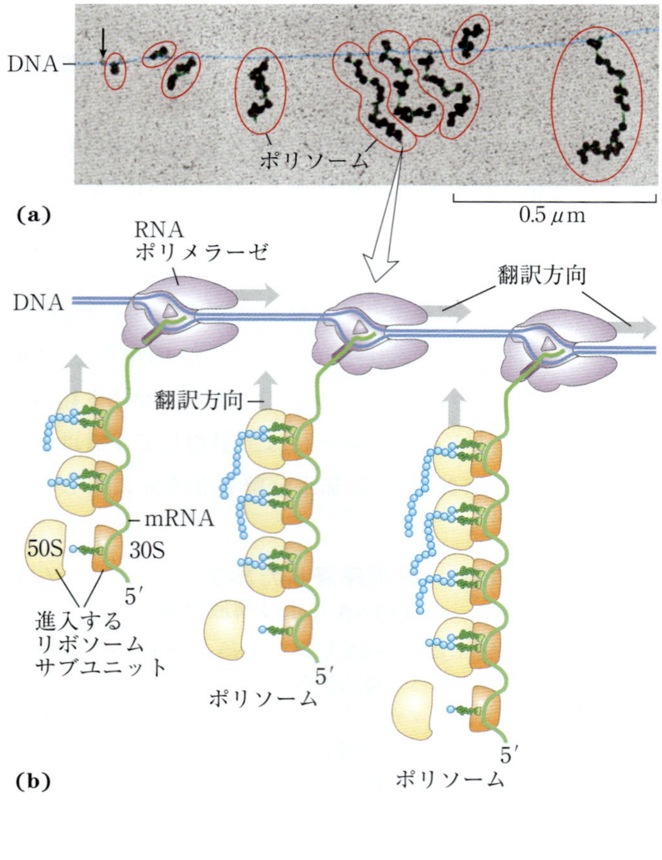

図 27-34 細菌における転写と翻訳の共役

(a) 大腸菌由来の DNA の断片の転写の際に形成されつつあるポリソームの電子顕微鏡写真．各 mRNA は，多くのリボソームによって同時に翻訳されている．形成しつつある新生ポリペプチド鎖を，これらの電子顕微鏡写真に示されている試料を調製するためにここで用いられた条件下で観察するのは困難である．矢印は転写中の遺伝子のおよその開始部位を示している．**(b)** 各 mRNA は，RNA ポリメラーゼによって DNA からまだ転写されている間に，リボソームによって翻訳される．このことが可能なのは，細菌の mRNA は，リボソームと出会う前に核から細胞質へと輸送される必要がないからである．この図では，リボソームは RNA ポリメラーゼよりも小さく描かれている．実際には，リボソーム（分子量 2.7×10^6）は RNA ポリメラーゼ（分子量 3.9×10^5）よりも 10 倍以上大きい．［出典：(a) O. L. Miller, Jr., et al., *Science* **169**: 392, 1970. Fig. 3. ©1970 American Association for the Advancement of Science.］

される．リボソームは，mRNA の転写が完了する前に 5′ 末端から翻訳を始める（図 27-34(b)）．真核細胞ではこの状況は全く異なり，新たに転写された mRNA は，翻訳される前に核外に出なければならない．

細菌の mRNA は，一般にヌクレアーゼによって分解される前にたった 2 ～ 3 分という短い寿命しかもたない（p. 1521）．タンパク質合成を高速で維持するためには，ある 1 つのタンパク質あるいは一群のタンパク質の mRNA が連続的につくられ，そして最大効率で翻訳されなければならない．細菌の mRNA は寿命が短いので, 細胞にとって必要のなくなったタンパク質の合成を速やかに停止させることができる．

ステージ 5：新たに合成されたポリペプチド鎖は折りたたまれてプロセシングを受ける

タンパク質合成の最終ステージでは，新生ポリペプチド鎖が折りたたまれ，プロセシングを受けて生物活性をもつかたちに変換される．タンパク質合成中または合成後に，適切な水素結合，ファンデルワールス相互作用，イオン性相互作用によって，そして疎水効果を介して，ポリペプチド鎖は次第に天然型コンホメーションをとるようになる．タンパク質シャペロン（Chap. 4）は，すべての細胞における正しいフォールディングにおいて重要な役割を果たす．細菌，古細菌や真核生物において新たにつくられたタンパク質のなかには，**翻訳後修飾** posttransational modification という一つ以上のプロセシング反応によって変化するまでは，最終的な生物活性を有するコンホメーションをとらないものがある．

アミノ末端およびカルボキシ末端の修飾　すべてのポリペプチドで最初に導入されるアミノ酸は，細菌では *N*-ホルミルメチオニン，真核生物ではメチオニンである．しかし，ホルミル基，アミノ末端メチオニン残基，そしてしばしばそれに続くアミノ末端のアミノ酸残基（および時にはカルボキシ末端残基）は酵素的に除去されて，最終的に機能を有するタンパク質になることもある．真核生物の 50％ものタンパク質のアミノ末端残基のアミノ基が翻訳後に *N*-アセチル化される．カルボキシ末端残基も修飾されることがある．

シグナル配列の除去　Sec. 27.3 で述べるように，いくつかのタンパク質のアミノ末端に存在する 15 ～ 30 残基は，タンパク質を細胞内の最終目的地に導く働きをする．そのような**シグナル配列** signal sequence は, 特異的なペプチダーゼによって最終的には除去される．

個々のアミノ酸の修飾　タンパク質中の特定の Ser，Thr，Tyr のヒドロキシ基は，ATP によって酵素的にリン酸化されることがある（図 27-35(a)）．リン酸基はこれらのポリペプチドに負電荷を付与する．この修飾の機能的な意義はタンパク質ごとに異なる．例えば，ミルクタンパク質のカゼインには，Ca^{2+} と結合する多数のホスホセリン残基がある．乳児にとっては，カルシウム，リン酸，アミノ酸はすべて価値あるものなので，カゼインは三つの必須栄養素を効率良く供給する．おびただしい数の例について見てきたように，リン酸化と脱リン酸化のサイクルによって，多くの酵素や調節タンパク質の活性が調節される．

タンパク質のなかには，Glu 残基にさらにカルボキシ基が付加されるものがある．例えば，血液凝固タンパク質のプロトロンビン prothrombin は，アミノ末端領域に多くの γ-カルボキシグルタミン酸残基（図 27-35(b)）を含む．これらの γ-カルボキシ基は，ビタミン K 要求性の酵素によって導入され，凝固機構の開始に必要な Ca^{2+} と結合する．

モノメチルリジン残基やジメチルリジン残基

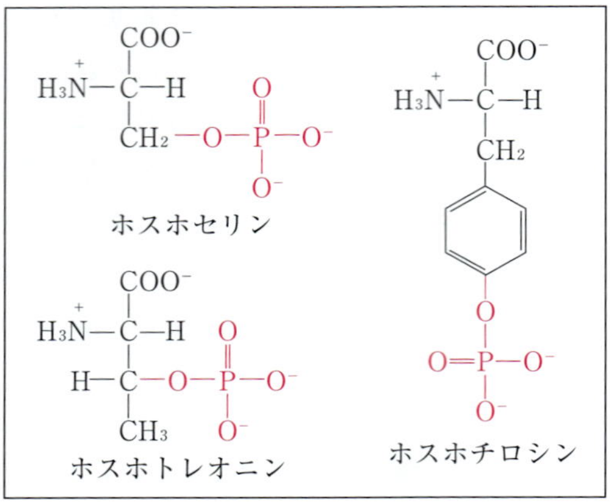

(a)

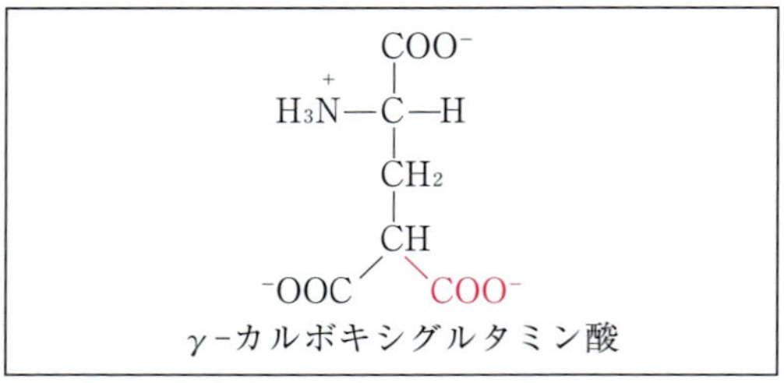

(b)

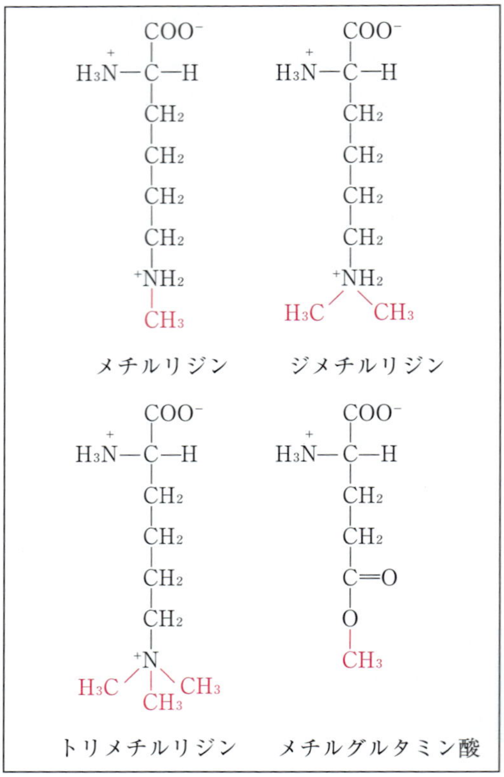

(c)

図 27-35 修飾アミノ酸残基

(a) リン酸化アミノ酸. **(b)** カルボキシ化アミノ酸. **(c)** いくつかのメチル化アミノ酸.

(図 27-35(c)) が, いくつかの筋肉タンパク質やシトクロム *c* 中に存在する. ほとんどの生物種のカルモジュリン calmodulin は, 特定の位置にトリメチルリジン残基を有する. 他のタンパク質では, Glu 残基のカルボキシ基がメチル化されることもあり, これによって負荷電がなくなる.

糖側鎖の結合 糖タンパク質の糖側鎖は, ポリペプチド鎖の合成中または合成後に共有結合で付加される. 糖タンパク質のなかには, 糖側鎖が酵素的に Asn 残基に結合されるもの (*N*-結合型オリゴ糖) や, Ser 残基や Thr 残基に結合されるもの (*O*-結合型オリゴ糖) (図 7-30 参照) がある. 細胞外で機能する多くのタンパク質や粘膜を覆っている「潤滑剤 lubricating」的な役割をするプロテオグリカンは, オリゴ糖側鎖を含んでいる (図 7-28 参照).

イソプレニル基の付加 真核生物のタンパク質には, イソプレン由来の官能基 (イソプレニル基) の付加によって修飾されるものがある. イソプレニル基とタンパク質の Cys 残基との間にチオエーテル結合が形成される (図 11-13 参照). イソプレニル基は, ファルネシルピロリン酸 farnesyl pyrophosphate (図 27-36) のようなコレステロール生合成経路 (図 21-35 参照) のピロリン酸化中間体に由来する. このような修飾を受けるタンパク質には, *ras* がん遺伝子 oncogene やがん原遺伝子 proto-oncogene の産物である Ras タンパク質 (低分子量 G タンパク質) や三量体 G タンパ

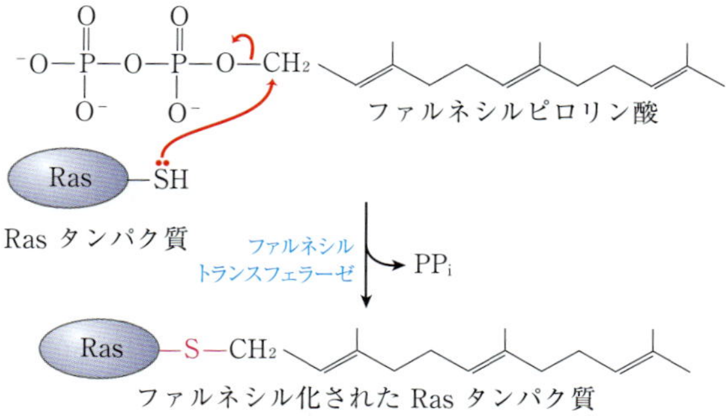

図 27-36　Cys 残基のファルネシル化

チオエーテル結合は赤色で示してある．Ras タンパク質は *ras* がん遺伝子の産物である．

ク質（両 G タンパク質ともに Chap. 12 で考察した），核マトリックスに見出されるタンパク質であるラミン lamin などがある．イソプレニル基はタンパク質の膜へのアンカー（錨）として働く．*ras* がん遺伝子の形質転換（発がん）活性は，Ras タンパク質のイソプレニル化を遮断すると失われるので，がんの化学療法に用いるために，この翻訳後修飾経路の阻害薬を同定することは非常に興味深い．

補欠分子族の付加　多くのタンパク質は，共有結合性の補欠分子族をその活性のために必要とする．アセチル CoA カルボキシラーゼのビオチン分子や，ヘモグロビンやシトクロム *c* のヘム基がその例である．

タンパク質分解によるプロセシング　多くのタンパク質は，まず大きくて不活性な前駆体ポリペプチドとして合成され，タンパク質分解を受けて小さな活性型となる．例として，プロインスリン，いくつかのウイルスタンパク質，キモトリプシノーゲンやトリプシノーゲンのようなプロテアーゼ（図 6-39 参照）がある．

ジスルフィド架橋の形成　折りたたまれて天然型コンホメーションをとった後に，いくつかのタンパク質では，ペプチド鎖内または鎖間の Cys 残基間でのジスルフィド架橋が形成される．真核生物では，ジスルフィド結合は細胞から分泌されるタンパク質に共通に見られる．このようにして形成される架橋は，細胞内とは大きく異なることがある一般に酸化的な細胞外の環境において，タンパク質分子の天然型コンホメーションを変性から保護するのに役立つ．

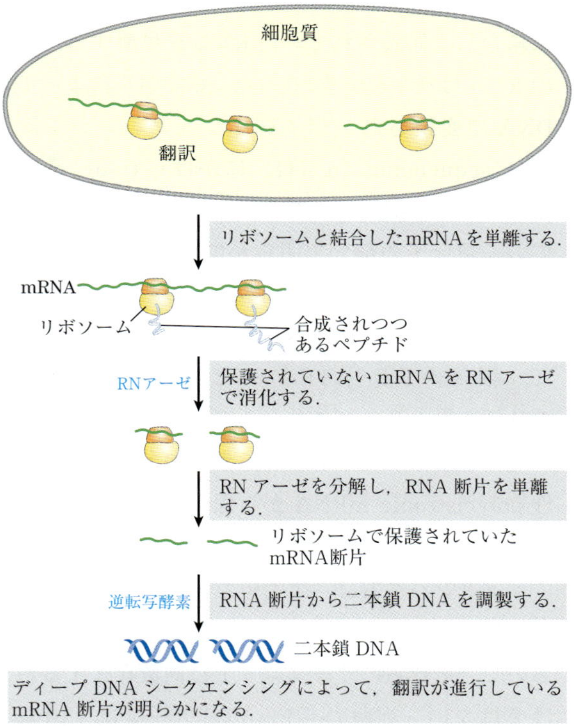

図 27-37　リボソームプロファイリング

この技術では，ある特定の時点で翻訳されている細胞内の mRNA を決定するために，近代的な DNA 配列決定法を利用する．リボソームと結合している RNA を単離した後に，リボソームに結合せずに，保護されていないすべての RNA を，リボヌクレアーゼを用いて除去する．保護された RNA 断片は，次にリボソームから分離され，逆転写酵素によって DNA に変換された後にディープシークエンシング（Chap. 8 参照）にかけられる．

リボソームプロファイリングは細胞における翻訳のスナップショットを提供する

最新の DNA 配列決定法は，研究者が情報経路について研究するのを可能にするさまざまな創造的方法に応用することができる．**リボソームプロファイリング** ribosome profiling という一つの応用法では，ある細胞における特定の時点で翻訳されている mRNA 配列が決定される（図 27-37）．研究者は，細胞または組織を回収し，リボソームとそこに結合している mRNA を迅速に単離する．そして，リボソームの結合していない RNA をリボヌクレアーゼを用いて除去し，次にリボソームに結合し，保護されていた RNA を単離する．この RNA は逆転移酵素（Chap. 26 参照）によって DNA に変換され，ディープシークエンシング deep sequencing（p. 444）にかけられる．その結果得られる配列は，ある特定の時点で翻訳されている遺伝子の部分を明らかにするだけでなく，各領域の相対的な読取り回数がその断片が翻訳されている相対的な比を示している．その一例として，細菌の F_oF_1-ATP アーゼ（図 19-25 参照）の 8 個の異なるサブユニットのすべてが単一のオペロンによってコードされ，単一の多シストロン性 polycistronic mRNA から翻訳されることがある．この mRNA から翻訳されるすべてのサブユニットタンパク質は，よく似たレベルで合成されると推測してもよい．しかし，最終的な複合体において，それらのサブユニットは同数存在するわけではない．細菌の F_oF_1-ATP アーゼは，10 個の c サブユニット，各 3 個の α サブユニットと β サブユニット，そして 1 または 2 個の他のサブユニットを有する．リボソームプロファイリングは，その mRNA 内の八つの遺伝子が 1 : 1 : 1 : 1 : 2 : 3 : 3 : 10 の比で翻訳されることを示している．このように，個々の遺伝子の翻訳は，各サブユニットの量が最終的な複合体におけるサブユニット比に正確に対応するように調節されている．同様の結果が，さまざまな生物における多くの異なる巨大タンパク質複合体についても得られている．

タンパク質合成は多くの抗生物質や毒素によって阻害される

タンパク質合成は，細胞生理における中心的な機能であり，天然に存在する多くの抗生物質や毒素の主要な標的である．別途注意する場合を除いて，これらの抗生物質は細菌のタンパク質合成を阻害する．細菌と真核生物のタンパク質合成は，違いが微妙な場合もあるが，後述する化合物のほとんどが真核細胞に対しては比較的無害である．このように微妙な違いを利用して，細菌の系を選択的に阻害するような化合物が，自然選択によって進化してきた．その結果，このような生化学的武器はある種の微生物によって合成され，他の微生物に対して極めて有毒な場合もある．タンパク質合成のほぼあらゆるステップは何らかの抗生物質によって特異的に阻害されるので，抗生物質はタンパク質生合成を研究するうえで価値あるツールとなっている．

ピューロマイシン puromycin は，*Streptomyces alboniger* というカビによってつくられ，最もよく理解されている阻害性抗生物質の一つである．その構造はアミノアシル-tRNA の 3′ 末端に極めて類似しているので，リボソームの A 部位に結合してペプチド結合の形成に関与し，ペプチジルピューロマイシンを生じさせる（図 27-38）．しかし，ピューロマイシンは tRNA の 3′ 末端にしか似ていないので，トランスロケーションには関与せず，ペプチドのカルボキシ末端と結合した後すぐにリボソームから解離する．これによって，ポリペプチド合成が未成熟なままで終結する．

テトラサイクリン tetracycline は，リボソームの A 部位を遮断してアミノアシル-tRNA の結合を妨げ，細菌のタンパク質合成を阻害する．**クロラムフェニコール** chloramphenicol は，ペプチド

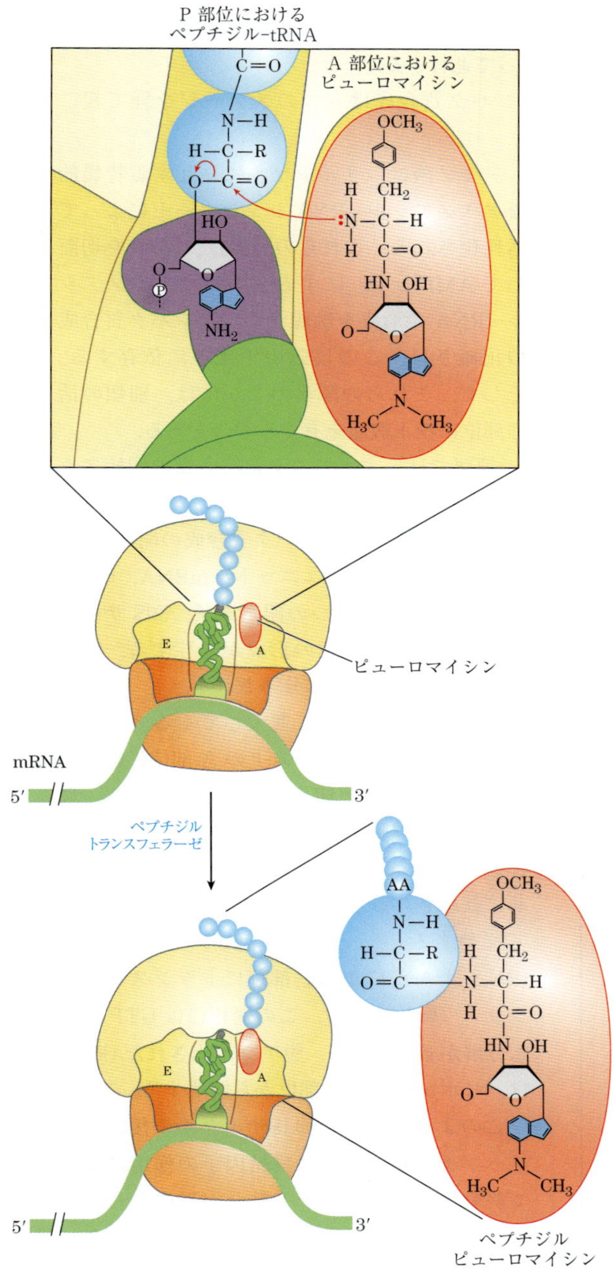

図 27-38　ピューロマイシンによるペプチド結合形成の阻害

抗生物質のピューロマイシンは，アミノアシル化された tRNA のアミノアシル末端と似ており，リボソームの A 部位に結合してペプチド結合の形成に関与する．この反応生成物（ペプチジルピューロマイシン）は P 部位に転位される代わりに，リボソームから解離して，ポリペプチド鎖の未成熟な終結を引き起こす．

の転位を遮断することによって，細菌（ミトコンドリアと葉緑体も）のリボソームによるタンパク質合成を阻害するが，真核生物のサイトゾルでのタンパク質合成には影響を与えない．逆に，**シクロヘキシミド** cycloheximide は，真核生物の 80S リボソームのペプチジルトランスフェラーゼを阻害するが，細菌とミトコンドリア，葉緑体の 70S リボソームのペプチジルトランスフェラーゼと阻害しない．**ストレプトマイシン** streptomycin は塩基性の三糖であり，比較的低濃度では細菌の遺伝暗号の読み間違いを生じさせ，高濃度ではタンパク質合成の開始を阻害する．

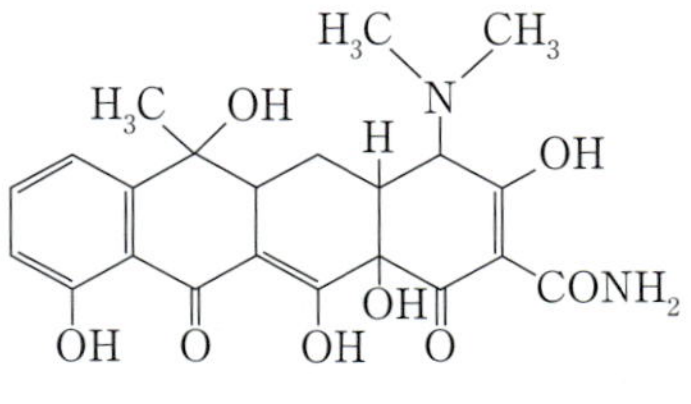

テトラサイクリン

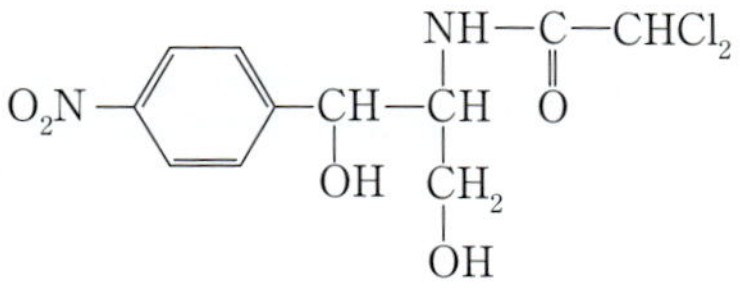

クロラムフェニコール

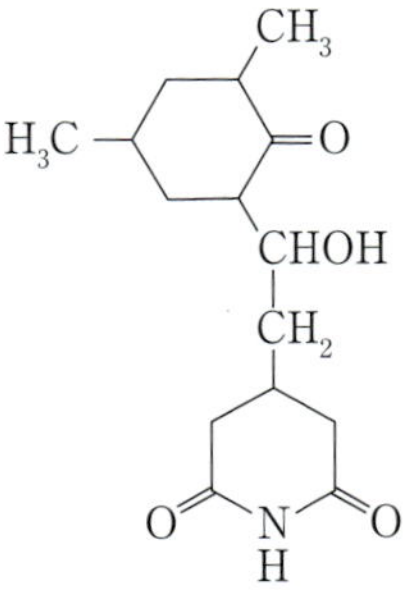

シクロヘキシミド

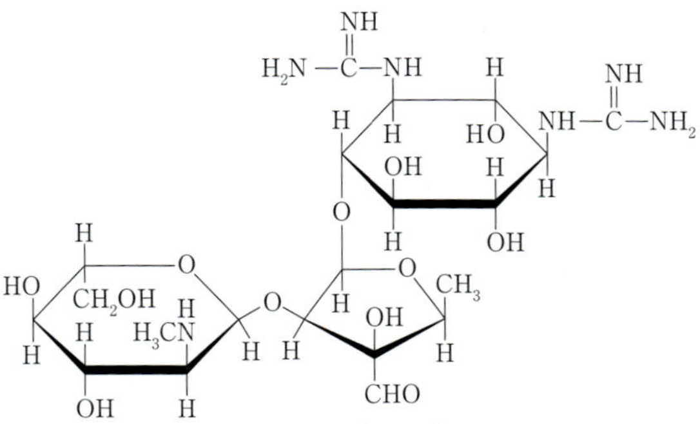

ストレプトマイシン

タンパク質合成に対する他のいくつかの阻害物質は，ヒトや他の哺乳類への毒性が顕著である．**ジフテリア毒素** diphtheria toxin（分子量 58,330）は，真核生物の伸長因子 eEF2 上で，ジフタミド diphthamide（修飾されたヒスチジン）残基の ADP-リボシル化 ADP-ribosylation を触媒し，eEF2 を不活性化する．**リシン** ricin（分子量 29,895）はヒマの種子 castor bean の極めて毒性の強いタンパク質であり，28S rRNA 中の特定のアデノシン残基を脱プリン化することによって，真核生物のリボソームの 60S サブユニットを不活性化する．1978 年に起きた，BBC ジャーナリストとブルガリアの反体制派 Georgi Markov に対する忌まわしい殺人に，リシンはブルガリア秘密警察によって使用されたと推定されている．秘密警察のメンバーは傘の先端に隠された注射器を使って，Markov の足にリシンを封入したペレットを注射した．彼は 4 日後に死亡した．

まとめ

27.2　タンパク質合成

- タンパク質合成は，タンパク質と rRNA から成るリボソーム上で起こる．細菌は大きな 50S サブユニットと，小さな 30S サブユニットから成る 70S リボソームを有する．真核生物のリボソームは，細菌のリボソームよりも大きく（80S），より多くのタンパク質を含んでいる．
- 転移 RNA は 73 ～ 93 ヌクレオチド残基から成り，そのうちのいくつかは修飾塩基を有する．各 tRNA には CCA(3′) の末端配列をもったアミノ酸アームがあり，これにアミノ酸がエステル結合する．また，アンチコドンアーム，TψC アーム，D アームをもち，第五のアームをもつ tRNA もある．アンチコドンは，アミノアシル-tRNA と mRNA 上の相補的なコドンとの間の相互作用の特異性を決定する．
- リボソーム上でのポリペプチド鎖の伸長はアミノ末端のアミノ酸から始まり，新たなアミノ酸残基がカルボキシ末端に順次付加されることによって進行する．
- タンパク質合成は五つのステージを経て起こる．
  1. アミノ酸は，サイトゾルに存在する特異的なアミノアシル-tRNA シンテターゼによって活性化される．これらの酵素は，ATP を切断して AMP と PP_i にすると同時にアミノアシル-tRNA の形成を触媒する．タンパク質合成の正確さは，この反応の正確さに依存する．そして，これらの酵素のなかには，別個の活性部位に校正機能を有するものもある．
  2. 細菌では，すべてのタンパク質の開始アミノアシル tRNA は *N*-ホルミルメチオニル-$tRNA^{fMet}$ である．タンパク質合成の開始には，30S リボソームサブユニット，mRNA，GTP，fMet-$tRNA^{fMet}$，三つの開始因子，50S サブユニットによる複合体の形成が関与する．GTP は GDP と P_i へと加水分解される．
  3. 伸長ステップでは，進入してくるアミノアシル-tRNA がリボソーム上の A 部位に結合するために，GTP と伸長因子が必要である．最初のペプチド転位反応では，fMet 残基は新たに進入してきたアミノアシル-tRNA のアミノ基に転移される．リボソームが mRNA に沿って移動すると，一つ伸長したジペプチジル-tRNA は A 部位から P 部位にトランスロケーション（転位）する．この過程には GTP の加水分解が必要である．脱アシル化された tRNA は，リボソームの E 部位から解離する．
  4. このような多くの伸長サイクルの後に，ポリペプチド鎖の合成は終結因子の作用によって終結する．各ペプチド結合が形成されるためには，少なくとも四つの高エネルギーリン酸当量（ATP や GTP 由来）が必要であり，翻訳の正確さを保証するためのエネルギー投資である．
  5. ポリペプチド鎖は，活性をもつ三次元構造に折りたたまれる．多くのタンパク質は翻訳後修飾反応によってさらにプロセシングされる．
- リボソームプロファイリングは，どの遺伝子配列がある特定の時点で翻訳されているのかを決定するのを可能にする．
■よく研究されている多くの抗生物質や毒素は，タンパク質合成のある過程を阻害する．

27.3　タンパク質のターゲティングと分解

真核細胞は多くの構造物やコンパートメント（区画），細胞小器官（オルガネラ）から成っており，それぞれは別個の組合せのタンパク質と酵素を必要とする特別な機能を有する．ミトコンドリアやプラスチドで合成されるタンパク質を除いて，これらのタンパク質の合成はサイトゾルのリボソームで行われる．それでは，どのようにしてこれらのタンパク質が細胞内の最終目的地へ運ばれるのか．

私たちは，この複雑かつ魅力的な過程について理解し始めようとしている．分泌されたり細胞膜に組み込まれたり，リソソームへと送り込まれたりするタンパク質は，小胞体で始まる輸送経路の最初の数ステップを通常は共有している．ミトコンドリアや葉緑体や核に行くタンパク質は，それぞれ別個の機構を使う．また，サイトゾルに行くタンパク質は，合成されたところに単に留まるだけである．

これらのターゲティング（標的化）targeting 経路の多くのうちで最も重要な要素は，**シグナル配列** signal sequence という短いアミノ酸の配列である．その機能は，1970 年に Günter Blobel らによって初めて提唱された．このシグナル配列は，タンパク質を細胞内の適切な場所へと向かわせる．そして，多くのタンパク質では，輸送の過程で，あるいはそのタンパク質が最終目的地へ到達した後に除去される．ミトコンドリア，葉緑体あるいは小胞体へ輸送されるタンパク質の場合には，シグナル配列は新たに合成されるポリペプチド鎖のアミノ末端に存在する．多くの場合に，あるタンパク質のシグナル配列を別のタンパク質に融合させ，このシグナルがその第二のタンパク質を第一のタンパク質が本来存在する場所へ向かわせるのを示すことによって，特定のシグナル配列のターゲティング能力が確認されてきた．細胞にとって必要のないタンパク質の選択的分解も，各タンパク質の構造に埋め込まれた一群の分子シグナルに大きく依存している．

Günter Blobel
［出典：Günter Blobel, The Rockefeller University の厚意による．］

本章の締めくくりとなる本節では，細胞の代謝にとって極めて重要なシグナルや分子調節について強調しながら，タンパク質のターゲティングと分解について検討する．特に断わらないかぎり，真核細胞に焦点を当てる．

真核生物の多くのタンパク質の翻訳後修飾は小胞体で始まる

おそらく最もよく特徴が調べられているターゲティング系は，小胞体から始まる．ほとんどのリソソームタンパク質や膜タンパク質，分泌タンパク質は，小胞体の内腔への移行を指定するアミノ末端シグナル配列（図 27-39）を有する．数百ものそのようなシグナル配列が決定されている．シグナル配列のカルボキシ末端は切断部位によって決められており，そのタンパク質が小胞体内へと転送 translocation された後に，その切断部位でプロテアーゼがシグナル配列を取り除く．シグナ

切断部位

ヒトインフルエンザウイルス A	Met Lys Ala Lys Leu Leu Val Leu Leu Tyr Ala Phe Val Ala Gly ↓ Asp Gln --
ヒトプレプロインスリン	Met Ala Leu Trp Met Arg Leu Leu Pro Leu Leu Ala Leu Leu Ala Leu Trp Gly Pro Asp Pro Ala Ala Ala ↓ Phe Val --
ウシ成長ホルモン	Met Met Ala Ala Gly Pro Arg Thr Ser Leu Leu Leu Ala Phe Ala Leu Leu Cys Leu Pro Trp Thr Gln Val Val Gly ↓ Ala Phe --
ハチプロメリチン	Met Lys Phe Leu Val Asn Val Ala Leu Val Phe Met Val Val Tyr Ile Ser Tyr Ile Tyr Ala ↓ Ala Pro --
ショウジョウバエ glue タンパク質	Met Lys Leu Leu Val Val Ala Val Ile Ala Cys Met Leu Ile Gly Phe Ala Asp Pro Ala Ser Gly ↓ Cys Lys --

図 27-39 小胞体内への移行を指令するいくつかの真核生物のタンパク質のアミノ末端シグナル配列
疎水性のコア（黄色の網かけ）に先だって一つ以上の塩基性アミノ酸残基（青色の網かけ）がある．切断部位（赤色の矢印で示す）のすぐ前（ここでは左側）に極性の高い短い側鎖のアミノ酸残基が存在することに注意しよう．

ル配列は長さに違いがある（13 ～ 36 アミノ酸残基）が，それらはすべて次の特徴を有する．すなわち，(1) 約 10 ～ 15 残基の疎水性アミノ酸残基，(2) 疎水性配列に先立ってアミノ末端の近くに通常存在する正電荷を有する 1 個以上のアミノ酸残基，(3) カルボキシ末端（切断部位の近く）にある比較的極性の高い短い配列で，典型的な場合には，この配列中の切断部位に最も近い位置に，短い側鎖のアミノ酸残基（特にアラニン）が存在する．

George Palade によって最初に示されたように，このようなシグナル配列を有するタンパク質は，小胞体に付着しているリボソーム上で合成される．このシグナル配列自体が，図 27-40 で示すように，リボソームを小胞体へ向かわせる際の助けとなる．ターゲティング経路は，ステップ❶において遊離リボソーム上でのタンパク質合成の開始によって始まる．シグナル配列はアミノ末端にあるので，これまでに述べたように最初に合成され，合成過程の初期に現れる（ステップ❷）．シグナル配列がリボソームから現れるにつれて（ステップ❸），このシグナル配列とリボソーム自体は大きな**シグナル認識粒子** signal recognition particle（**SRP**）と結合する．ペプチド鎖の長さが約 70 アミノ酸残基となり，シグナル配列がリボソームから完全に露出すると，SRP は GTP と結合し，ポリペプチド鎖の伸長を停止させる．ステップ❹では，GTP 結合型の SRP は，まだ mRNA に結合したままのリボソームと不完全なポリペプチドを，小胞体のサイトゾル側表面に存在する GTP 結合型の SRP 受容体へと導く．そして，新生ポリペプチド鎖は小胞体の**ペプチド転送複合体** peptide translocation complex へと運ばれる．この複合体はリボソームと直接相互作用する．ステップ❺では，SRP と SRP 受容体の両方での GTP の加水分解に伴って，SRP がリボソームから解離する．この時点でポリペプチドの伸長が再開し（ステップ❻），転送複合体が完全なタンパク質が合成されるまで，伸長しつつあるポリペプチドを小胞体の内腔へと送り込む．ステップ❼では，シグナル配列は，小胞体内腔のシグナ

George Palade
(1912–2008)
[出典：AP Photo.]

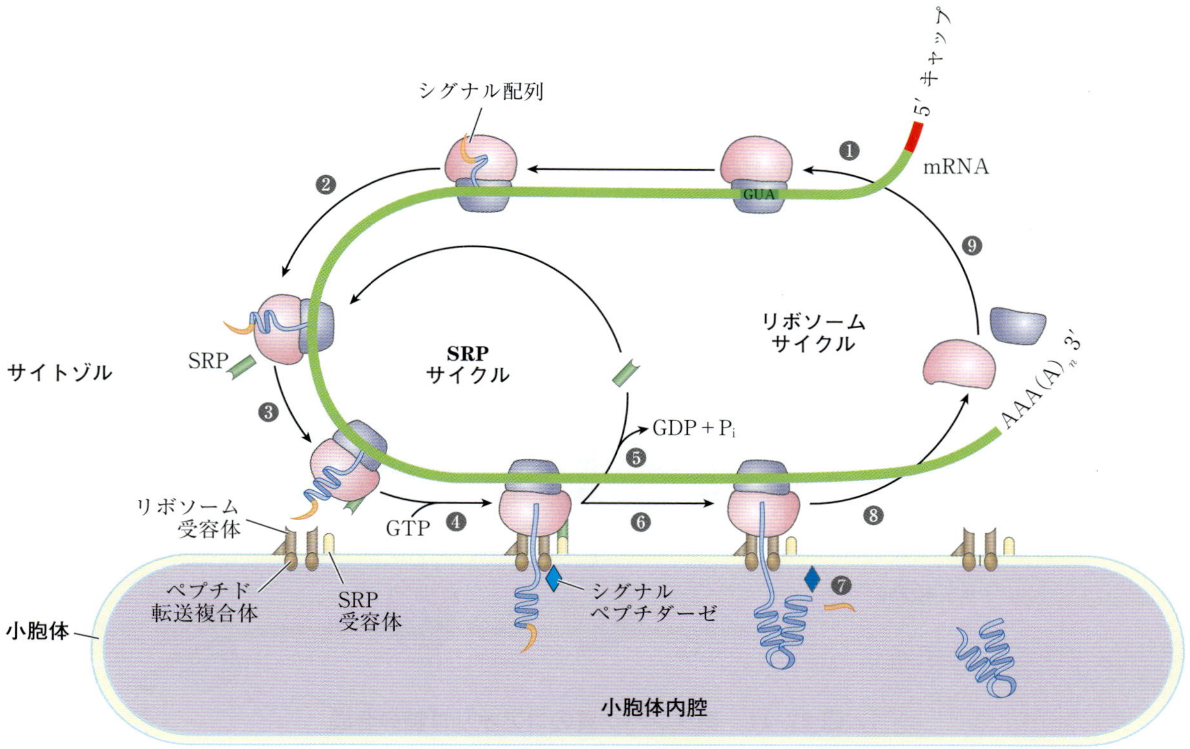

図 27-40　適切なシグナルを有する真核生物タンパク質の小胞体への方向づけ

この過程には，SRP サイクルおよび新生ポリペプチドの転送と切断が関与する．各ステップの内容は本文中に記載．SRP は，300 ヌクレオチドの RNA（7SL-RNA）と六つの異なるタンパク質を含む桿状の複合体（合わせた分子量 325,000）である．SRP の一つのタンパク質サブユニットがシグナル配列に直接結合し，それによってアミノアシル-tRNA がリボソームに入るのを空間的に妨げ，ペプチジルトランスフェラーゼを阻害することによってペプチド鎖伸長を阻害する．別のタンパク質サブユニットは GTP に結合して加水分解する．SRP 受容体は α サブユニット（分子量 69,000）と β サブユニット（分子量 30,000）のヘテロ二量体であり，両方ともこの過程で複数の GTP 分子と結合して加水分解する．

ルペプチダーゼによって除去される．リボソームは解離し（ステップ❽），そして再利用される（ステップ❾）．

グリコシル化はタンパク質のターゲティングの鍵となる

新たに合成されたタンパク質は，小胞体の内腔でいくつかの方法でさらに修飾される．シグナル配列の除去に続いて，ポリペプチド鎖が折りたたまれてジスルフィド結合が形成される．また多くのタンパク質は，グリコシル化 glycosylation（糖鎖付加）を受けて糖タンパク質 glycoprotein になる．多くの糖タンパク質は，Asn 残基を介してオリゴ糖と結合する．このような *N*-結合型オリゴ糖は多様であるが（Chap. 7），オリゴ糖が形成される経路には共通の第一ステップがある．14 残基から成るコアオリゴ糖 core oligosaccharide が段階的に組み立てられて，ドリコールリン酸 dolichol phosphate という供与分子から，タンパク質上の特定の Asn 残基に転移される（図 27-41）．このトランスフェラーゼは小胞体の内腔面にあるので，サイトゾルのタンパク質のグリコシル化を触媒することはできない．転移後に，この

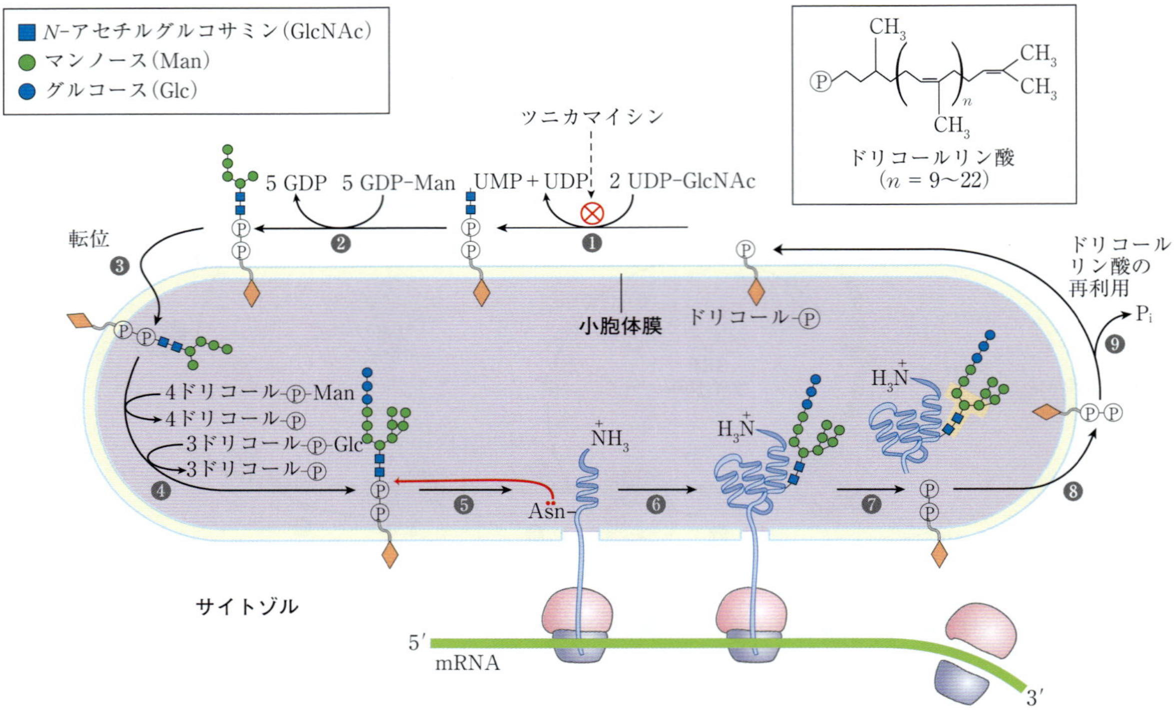

図 27-41 糖タンパク質のコアオリゴ糖の合成

コアオリゴ糖は，単糖単位が順次付加することによって構築される．❶，❷ 最初の数ステップは小胞体のサイトゾル側表面上で起こる．❸ 未完成のオリゴ糖が転移 translocatin（膜を横切って移動；この転移の機構は図示されていない）され，❹ 小胞体内腔でコアオリゴ糖が完成する．内腔で伸長しつつあるオリゴ糖にさらにマンノースやグルコース残基が付加される前駆体も，ドリコールリン酸誘導体である．糖タンパク質の *N*-結合型オリゴ糖部分の構築における最初のステップで，❺，❻ コアオリゴ糖はドリコールリン酸から小胞体内腔にあるタンパク質の Asn 残基へと転移される．コアオリゴ糖は，タンパク質ごとに異なる経路で小胞体とゴルジ体でさらに修飾される．ベージュ色の網をかけた5個の糖残基は，ステップ ❼ の後ですべての *N*-結合型オリゴ糖の最終構造に保持される．❽ 遊離したドリコールピロリン酸は再び転移されて，ピロリン酸が小胞体のサイトゾル表面に向く．次に ❾ リン酸が加水分解によって除去され，ドリコールリン酸が再生する．

コアオリゴ糖はタンパク質ごとに異なる方法でトリミング trimming（刈込み）され，精巧に修飾される．しかし，すべての *N*-結合型オリゴ糖が，最初の 14 残基オリゴ糖由来の五糖コアを保持する．いくつかの抗生物質がこの過程の一つ以上のステップを阻害することによって作用し，タンパク質のグリコシル化のステップを解明するために役に立った．最もよく調べられているのは，UDP-*N*-アセチルグルコサミンの構造とよく似た**ツニカマイシン** tunicamycin であり，この過程の最初のステップを阻害する（図 27-41，ステップ ❶）．一部のタンパク質は小胞体で *O*-グリコシル化されるが，ほとんどの *O*-グリコシル化はゴルジ体で行われ，小胞体内に移行しないタンパク質の場合にはサイトゾルで行われる．

適切な修飾を受けたタンパク質は，次に細胞内のさまざまな目的地へと運ばれる．タンパク質は，輸送小胞に乗って小胞体からゴルジ体へと移行する（図 27-42）．ゴルジ体では，*O*-結合型オリゴ糖がいくつかのタンパク質に付加され，*N*-結合型オリゴ糖はさらに修飾される．機構はまだよくわかっていないが，タンパク質はゴルジ体で選別 sorting されて最終目的地へと送られる．分泌されるタンパク質を細胞膜やリソソームへ送られる

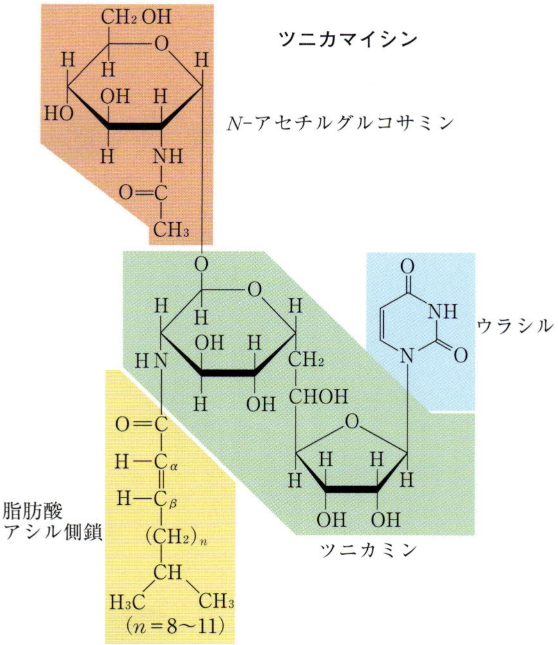

タンパク質と選別する過程では，小胞体の内腔で除去されるシグナル配列以外の構造的特徴に基づいて，これらのタンパク質が区別されなければならない．

この選別過程は，リソソームへ輸送される加水分解酵素（ヒドロラーゼ）hydrolase の場合に最もよくわかっている．加水分解酵素（糖タンパク質の一種）がゴルジ体に到達すると，これらの加水分解酵素の三次元構造のまだよくわかっていない特徴（シグナルパッチ signal patch と呼ばれることがある）が，ある種のホスホトランスフェラーゼ phosphotransferase によって認識される．この酵素は，オリゴ糖鎖の末端のマンノース残基をリン酸化する（図 27-43）．その *N*-結合型オリゴ糖中にマンノース 6-リン酸残基が一つ以上存在することが，これらのタンパク質をリソソームにターゲティングする構造シグナルである．ゴルジ体膜に存在する受容体タンパク質は，このマンノース 6-リン酸のシグナルを認識し，このように標識された加水分解酵素に結合する．これらの受容体 - 加水分解酵素複合体を含む小胞が，ゴル

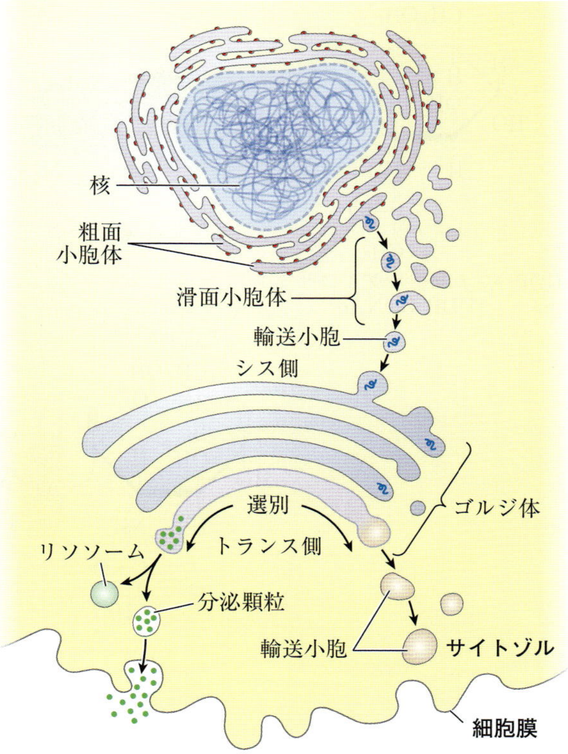

図 27-42　リソソームや細胞膜へと輸送されるタンパク質や分泌タンパク質がたどる経路

タンパク質は，小胞体から輸送小胞に入ってゴルジ体のシス側へと移行する．選別は，主としてゴルジ体のトランス側で起こる．

ジ体のトランス側から出芽し，選別輸送小胞になっていく．ここで，小胞内の pH が低下したり，ホスファターゼによってマンノース 6-リン酸からリン酸基が除去されたりして，受容体-加水分解酵素複合体の解離が起こる．この受容体はその後ゴルジ体へとリサイクルされ，加水分解酵素を含む小胞が選別輸送小胞から出芽し，リソソームへと移行する．ツニカマイシンで処理した細胞内（図 27-41，ステップ ❶）では，リソソームへターゲティングされるはずの加水分解酵素が分泌される．このことから，これらの酵素をリソソームへとターゲティングするために *N*-結合型オリゴ糖が重要な役割を果たすことが確認できる．

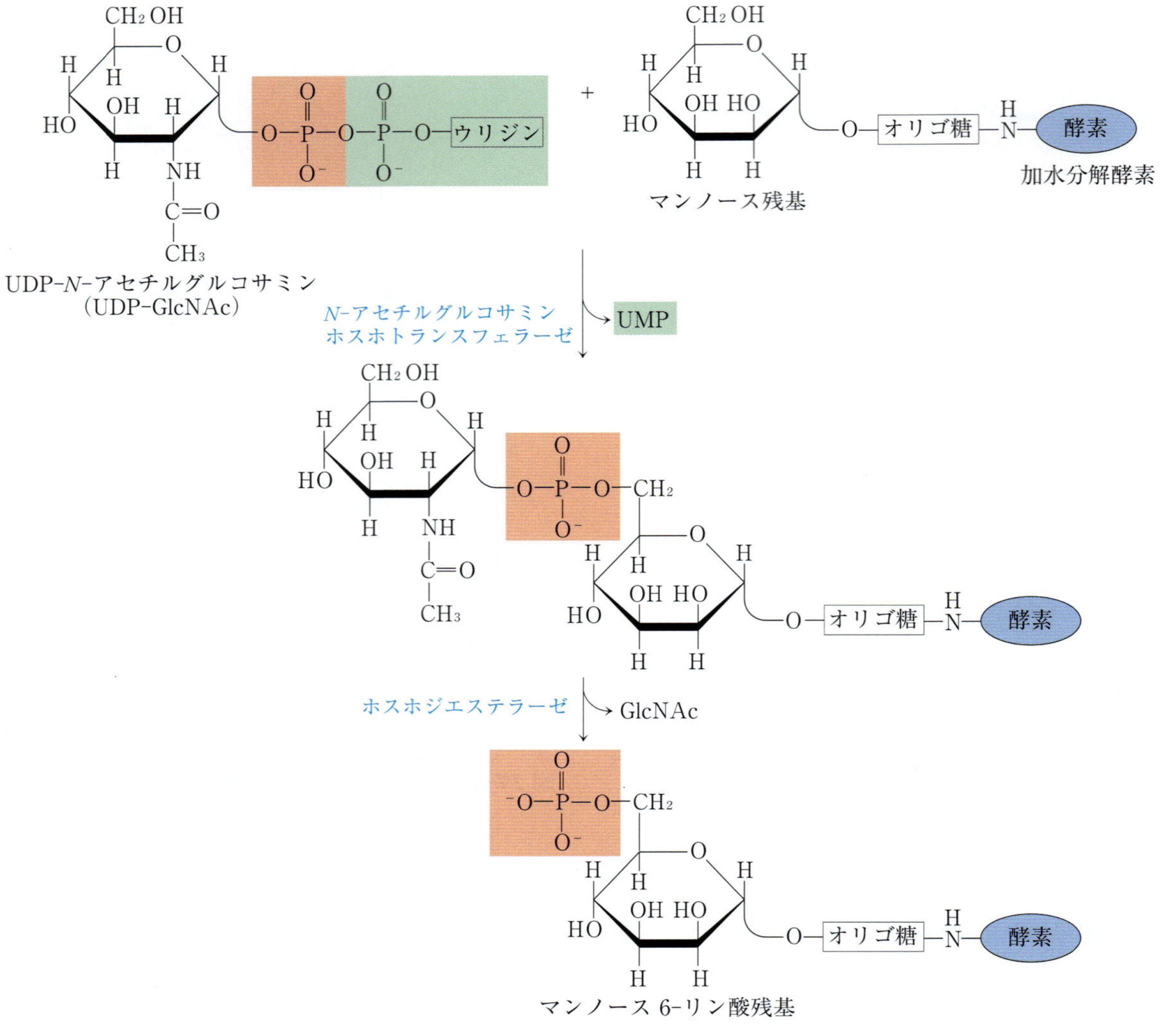

図 27-43　リソソームへとターゲティングされる酵素上のマンノース残基のリン酸化

N-アセチルグルコサミンホスホトランスフェラーゼは，リソソームに輸送される加水分解酵素上にある未同定の構造的な特徴を認識する．

ミトコンドリアや葉緑体へタンパク質をターゲティングする経路においても，タンパク質のアミノ末端シグナル配列が必要である．ミトコンドリアと葉緑体は DNA を含んでいるが，両者のほとんどのタンパク質は核の DNA によってコードされており，適切な細胞小器官にターゲティングされなければならない．しかし，ミトコンドリアと葉緑体へのターゲティング経路は，他の経路とは異なり，前駆体タンパク質が完全に合成され，リボソームから遊離された後に始まる．ミトコンドリアまたは葉緑体へ運ばれる前駆体タンパク質は，サイトゾルのシャペロン chaperone タンパク質に結合し，標的細胞小器官の外表面にある受容体にまで運ばれる．次に，特殊な転送機構によって，前駆体タンパク質は細胞小器官内の最終目的地へと輸送され，その後に前駆体のシグナル配列が除去される．

核輸送のシグナル配列は切断されない

核とサイトゾルの間の分子コミュニケーションには，核膜孔 nuclear pore を経由する高分子の移動が必要である．核内で合成される RNA 分子はサイトゾルへと運び出される．サイトゾルのリボソーム上で合成されるリボソームタンパク質は，核内へと運び込まれ，核小体 nucleolus で 60S および 40S リボソームサブユニットへと組み立てられる．完成したサブユニットは，次にサイトゾルへと運び戻される．さまざまな核タンパク質（RNA ポリメラーゼ，DNA ポリメラーゼ，ヒストン，トポイソメラーゼ，遺伝子発現調節タンパク質など）がサイトゾルで合成されて，核内へ運び込まれる．この輸送は，徐々に解明されつつある分子シグナルと輸送タンパク質の複雑な系によって調節される．

ほとんどの多細胞真核生物において，核膜は細胞分裂ごとに崩壊し，細胞分裂が完了して核膜が再構築されると，分散していた核タンパク質は再び核内に運び込まれなければならない．核への移行を繰り返し可能にするために，核内へタンパク質を輸送するためのシグナル配列（**核局在化配列** nuclear localization sequence，**NLS**）は，タンパク質が目的地に到達した後でも除去されない．他のシグナル配列とは異なり，NLS は N 末端に存在するのではなく，核タンパク質の一次配列のほぼどこに存在していてもよい．NLS は構造上かなり多様であるが，その多くは 4 ～ 8 アミノ酸残基から成り，連続するいくつかの塩基性アミノ酸残基（Arg または Lys）を含む．

核内移行は，サイトゾルと核の間を往来するいくつかのタンパク質によって媒介される（図 27-44）．それらには，インポーチン importin α および β，そして Ran（*Ra*s-related *n*uclear protein）という低分子量 GTP アーゼなどがある．インポーチン α と β から成るヘテロ二量体は，核へ輸送されるタンパク質のための可溶性の受容体として機能し，α サブユニットがサイトゾルで NLS 含有タンパク質と結合する．NLS 含有タンパク質とインポーチンから成る複合体は核膜孔とドッキングし，エネルギー依存性の機構によって核膜孔を通過する．インポーチン β は，核内で Ran GTP アーゼと結合し，核へ輸送されたタンパク質から解離する．インポーチン α は Ran および CAS（*c*ellular *a*poptosis *s*usceptibility protein）と結合し，NLS 含有タンパク質から解離する．Ran および CAS と複合体を形成したインポーチン α と β は，次に核外へ運び出される．Ran はサイトゾルで GTP を加水分解し，両インポーチンを遊離させる．遊離したインポーチンは自由になり，新たな核内輸送サイクルを開始する．Ran 自体も，Ran-GDP と核輸送因子 2 nuclear transport factor 2（NTF2）との結合によって，再利用のために核内に戻される．核内では，Ran に結合している GDP は，Ran グアニンヌクレオチド交換因子 Ran guanine nucleotide exchange factor（RanGEF；Box 12-1 参照）の作用によって，GTP と置換される．

核膜が一時的に消失する有糸分裂の際に，Ran GTP アーゼとインポーチンは別の役割も果たす．Ran GTP アーゼ－インポーチン β 複合体は，細胞が分裂するにつれて紡錘体微細管が細胞の周辺部に位置するのを助けて，染色体の分離を促進する．また，この複合体は，微小管と他の細胞構造体との相互作用も調節する．

細菌もタンパク質のターゲティングのためにシグナル配列を使う

細菌も，内膜や外膜，あるいはそれらの膜間のペリプラズム空間 periplasmic space や細胞外へとタンパク質をターゲティングすることができる．細菌は，タンパク質のアミノ末端にあるシグナル配列（図 27-45）を用いる．このシグナル配

(a)

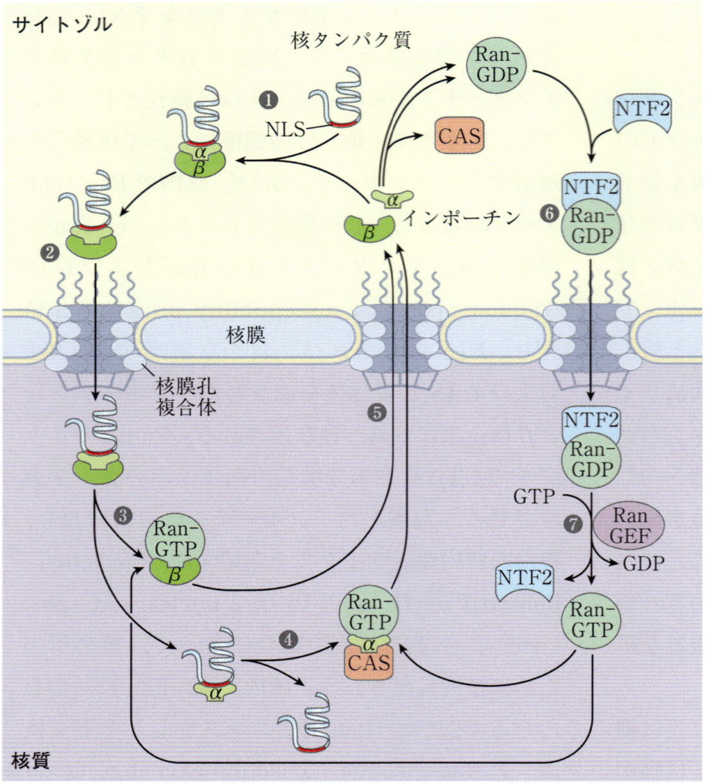

(b)

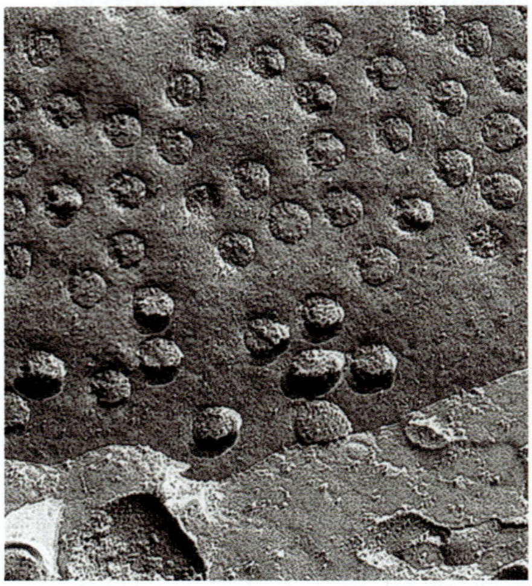

図 27-44 核タンパク質のターゲティング

(a) ❶ 適切な核局在化シグナル（NLS）をもつタンパク質は，インポーチン α と β から成る複合体と結合する．❷ 生じた複合体は核膜孔に結合し，核内に転送される．❸ 核内では，Ran-GTP の結合によって，インポーチン β の解離が促進される．❹ インポーチン α は Ran-GTP および CAS（cellular apoptosis susceptibility protein）と結合し，核タンパク質は遊離する．❺ インポーチン α と β および CAS は核外に運び出され，再利用される．これらの成分は，Ran が結合している GTP を加水分解するときに，サイトゾルで遊離される．❻ Ran-GDP は NTF2 と結合し，核内に運び戻される．❼ RanGEF は，核内での GDP の GTP への交換を促進し，Ran-GTP は次の NLS 含有タンパク質-インポーチン複合体を処理する用意ができる．**(b)** 核膜表面の走査型電子顕微鏡写真．おびただしい数の核膜孔が見える．核膜孔複合体は細胞内で最も巨大な凝集体（分子量約 5×10^7）の一つであり，30 種類以上のタンパク質の複数のコピーによって構成されている．［出典：(a) C. Strambio-De-Castillia et al., *Nature Rev. Mol. Cell Biol.* **11**: 490, 2010, Fig. 1. (b) Don W. Fawcett/Science Source.］

列は，小胞体，ミトコンドリアおよび葉緑体へターゲティングされる真核生物のタンパク質で見られるものとよく似ている．

大腸菌から細胞外に分泌されるほとんどのタンパク質は，図 27-46 に示す経路を利用する．翻訳の後では，アミノ末端のシグナル配列がフォールディングを妨害しているので，分泌されるべきタンパク質はゆっくりとしか折りたたまれないかもしれない．可溶性のシャペロンタンパク質 SecB が，タンパク質のシグナル配列，あるいは不完全に折りたたまれた構造の他の部分に結合する．SecB が結合したタンパク質は，次に細胞膜の内表面に会合している SecA タンパク質のもとへと運ばれる．SecA は受容体としても転送 ATP アー

		切断部位
内膜タンパク質		
fd ファージの主要コートタンパク質	Met Lys Lys Ser Leu Val Leu Lys Ala Ser Val Ala Val Ala Thr Leu Val Pro Met Leu Ser Phe Ala	Ala Glu --
fd ファージの微量コードタンパク質	Met Lys Lys Leu Leu Phe Ala Ile Pro Leu Val Val Pro Phe Tyr Ser His Ser	Ala Glu --
ペリプラズムタンパク質		
アルカリホスファターゼ	Met Lys Gln Ser Thr Ile Ala Leu Ala Leu Leu Pro Leu Leu Phe Thr Pro Val Thr Lys Ala	Arg Thr --
ロイシン特異的結合タンパク質	Met Lys Ala Asn Ala Lys Thr Ile Ile Ala Gly Met Ile Ala Leu Ala Ile Ser His Thr Ala Met Ala	Asp Asp --
pBR322 の β ラクタマーゼ	Met Ser Ile Gln His Phe Arg Val Ala Leu Ile Pro Phe Phe Ala Ala Phe Cys Leu Pro Val Phe Ala	His Pro --
外膜タンパク質		
リポタンパク質	Met Lys Ala Thr Lys Leu Val Leu Gly Ala Val Ile Leu Gly Ser Thr Leu Leu Ala Gly	Cys Ser --
LamB	Leu Arg Lys Leu Pro Leu Ala Val Ala Val Ala Ala Gly Val Met Ser Ala Gln Ala Met Ala	Val Asp --
OmpA	Met Met Ile Thr Met Lys Lys Thr Ala Ile Ala Ile Ala Val Ala Leu Ala Gly Phe Ala Thr Val Ala Gln Ala	Ala Pro --

図 27-45 細菌において異なる場所へのタンパク質のターゲティングに関与するシグナル配列

アミノ末端近くの塩基性アミノ酸を青色で，疎水性のコアアミノ酸を黄色で強調してある．シグナル配列末端の切断部位を赤色の矢印で示してある．細菌の内膜（図 1-7 参照）は，fd ファージのコートタンパク質と DNA が，ファージ粒子へと組み立てられる場所であることに注意しよう．OmpA は外膜タンパク質 A であり，LamB はバクテリオファージ λ に対する細胞表面受容体タンパク質である．

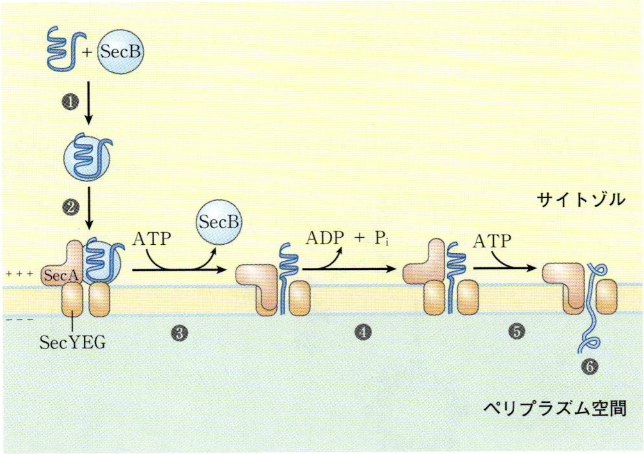

図 27-46 細菌におけるタンパク質分泌のモデル

❶ 新たに翻訳されたポリペプチドは，サイトゾルのシャペロンタンパク質 SecB に結合し，❷ SecB は，細菌細胞膜中の転送複合体（SecYEG）に結合している SecA タンパク質にポリペプチドを受け渡す．❸ SecB は解離し，SecA は自らを膜内へ挿入し，分泌すべきタンパク質の約 20 アミノ酸残基を転送複合体を通して押し出す．❹ SecA による ATP の加水分解が，SecA を膜から引き出すためのコンホメーション変化に必要なエネルギーを供給し，ポリペプチドを遊離させる．❺ SecA は別の ATP と結合し，次の 20 アミノ酸残基から成るペプチド部分を押し込んで，転送複合体を通して膜を通過させる．❻ タンパク質全体が通過してペリプラズムに放出されるまで，ステップ ❹ と ❺ が繰り返される．膜を隔てる電気化学ポテンシャル（＋と－で表す）も，タンパク質の転送のために必要な駆動力をいくらか供給する．

ゼ translocating ATPase としても機能する．SecB から解離して SecA に結合すると，タンパク質は膜中の SecY，SecE および SecG から成る転送複合体に受け渡され，SecYEG 複合体を通って膜を通過して，約 20 アミノ酸残基の長さ分が段階的に転送（膜の反対側に輸送）される．各ステップは，SecA により触媒される ATP の加水分解を必要とする．

細胞外に輸送されるタンパク質は，このようにして細胞質側の面に存在する SecA タンパク質によって膜を通して押し出されるのであって，ペリプラズム側の面に存在するタンパク質によって引き出されるのではない．この相違は，転送 ATP アーゼが ATP の存在する場所にある必要性を反映しているだけかもしれない．膜電位も，未解明の機構によってタンパク質が転送されるためのエネルギーを供給することができる．

細菌のほとんどの分泌タンパク質はこの経路を使うが，真核生物の SRP や SRP 受容体（図 27–40）の成分と類似するシグナル認識タンパク質および受容体タンパク質を使う別経路に従うタンパク質もある．

細胞は受容体依存性エンドサイトーシスによってタンパク質を取り込む

タンパク質のなかには，周囲の培地から真核細胞内に取り込まれるものがある．このようなタンパク質の例として，低密度リポタンパク質（LDL），鉄輸送タンパク質のトランスフェリン，ペプチドホルモン，取り込まれた後に分解される循環タンパク質などがある．いくつかの取込み経路が存在する（図 27–47）．ある経路では，受容体にリガンドが結合すると，その膜の部分が陥入して**被覆ピット** coated pit と呼ばれる構造が形成される．被覆ピットは，閉じた多面体構造をとる**クラスリン** clathrin というタンパク質の格子によってそのサイトゾル側を覆われており（図 27–48），エンドサイトーシスされる受容体を他の細胞表面タンパク質よりも選択的に濃縮する．より多くの受容体がリガンドによって占められるにつれて，クラスリンの格子が成長する．最終的に，完全に膜で囲まれたエンドサイトーシス小胞が，大きな GTP アーゼの**ダイナミン** dynamin の助けによって細胞膜から切り取られて細胞質に入る．

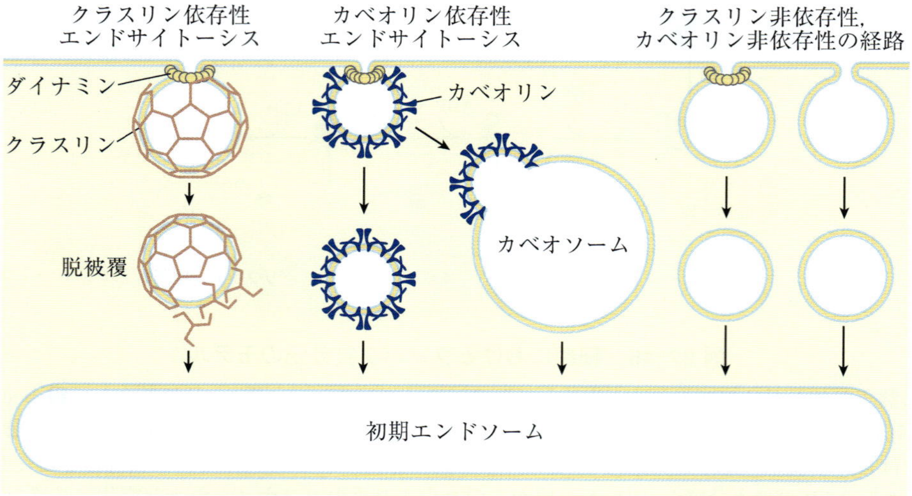

図 27–47　真核細胞でのエンドサイトーシス経路のまとめ

クラスリンまたはカベオリン依存性の経路は，細胞膜から小胞をちぎりとるために，GTP アーゼのダイナミンを利用する．クラスリンもカベオリンも使わない経路もあり，それらにはダイナミンを使うものと使わないものがある．［出典：S. Mayor and R. E. Pagano, *Nature Rev. Mol. Cell Biol.* **8**: 603, 2007 の情報.］

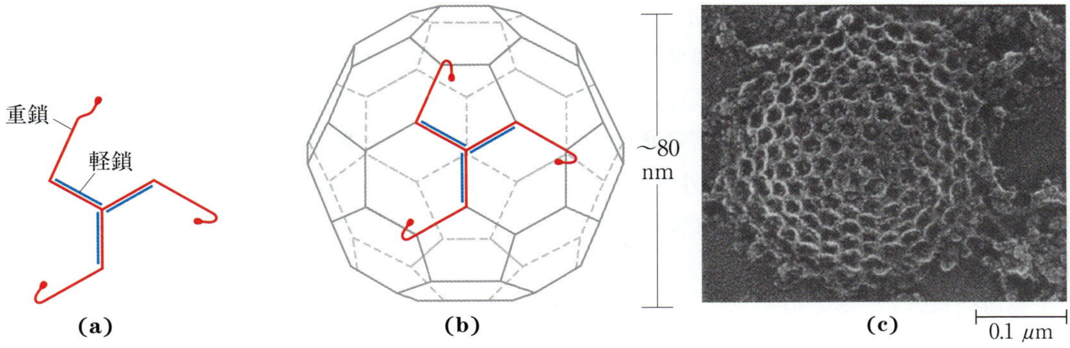

図 27-48　クラスリン

(a) 3 本の軽鎖（L 鎖；分子量 35,000）と 3 本の重鎖（H 鎖；分子量 180,000）から成る $(HL)_3$ クラスリン単位は，トリスケリオン triskelion と呼ばれる三本足構造をとる．**(b)** トリスケリオンは多面体の格子を形成する性質がある．**(c)** 繊維芽細胞の細胞膜のサイトゾル側表面上にある被覆ピットの電子顕微鏡写真．［出典：(c) ©1980 Heuser. Rockfeller University Press. J. Heuser, *J. Cell Biol.* **84**: 560, 1980. doi: 10.1083/jcb.84.3.560.］

クラスリンは脱被覆酵素によって速やかに取り除かれ，小胞はエンドソーム endosome と融合する．エンドソーム膜にある ATP アーゼ活性によって内部の pH は低下し，標的タンパク質からの受容体の解離を促進する．別の関連経路では，カベオリン caveolin が，ある種の受容体と会合している脂質ラフト lipid raft を含む膜の陥入を引き起こす（図 11-20 参照）．このようなエンドサイトーシス小胞は，次にカベオリンを含むカベオソーム caveosome という細胞内構造体と融合し，取り込まれた分子はそこで選別され，細胞の別の場所に向けて輸送されるとともに，カベオリンは膜表面へとリサイクリングされるようになる．また，クラスリンやカベオリンに依存しない経路も存在し，それらにはダイナミンを利用する経路としない経路がある．

取り込まれたタンパク質と受容体は別々の経路をたどり，細胞やタンパク質のタイプによって，それらのたどる運命は異なる．トランスフェリンとその受容体は最終的には再利用される．いくつかのホルモン，成長因子，免疫複合体は，適切な細胞応答を誘発した後に，受容体とともに分解される．LDL は，結合しているコレステロールが目的地まで運ばれた後に分解されるが，LDL 受容体は再利用される（図 21-41 参照）．

受容体依存性エンドサイトーシスは，ある種の毒素やウイルスが細胞内に侵入する際にも利用される．インフルエンザウイルス，ジフテリア毒素，コレラ毒素は，すべてこの方法で侵入する．

すべての細胞において，タンパク質分解は専門の系によって行われる

タンパク質の分解は，細胞全体のタンパク質恒常性にとって重大であり，異常なタンパク質や不必要なタンパク質の蓄積を防ぎ，アミノ酸の再利用を可能にする．真核生物のタンパク質の半減期はさまざまで，30 秒のものから数日間のものまである．ほとんどのタンパク質は，細胞の寿命に比べれば速やかに代謝回転される．しかし，細胞の寿命の間は分解されない安定なタンパク質（ヘモグロビンなど）もいくつかある（赤血球に関しては約 110 日間）．速やかに分解されるタンパク質には，合成の際に誤ったアミノ酸が挿入されることによる欠陥や，正常な機能の際に蓄積した損傷による欠陥を有するタンパク質が含まれる．代謝経路の重要な調節点で作用する酵素には，速やかな代謝回転を受けるものが多い．

欠陥タンパク質や特に短い半減期のタンパク質は，細菌でも真核細胞でも，通常はサイトゾルに存在する選択的なATP依存性の系によって分解される．脊椎動物における別の分解系はリソソームで機能し，膜タンパク質や細胞外タンパク質，半減期が極めて長いタンパク質のアミノ酸を再利用する．

大腸菌において，多くのタンパク質はAAA+ ATPアーゼ（Chap. 25参照）を含むいくつかのタンパク質分解系の一つによって分解される．このような分解系には，Lon（Lonの名称は，このプロテアーゼが存在しないときにのみ観察されるタンパク質の「long form」に由来する），ClpXP，ClpAP，ClpCP，ClpYQ，FtsHなどがある．各分解系は，構造または細胞内局在，あるいはそれらの両方によって区別される特定のタンパク質を標的とする．典型的な場合には，ATPの加水分解は，標的タンパク質を細孔を通して分解のための小空間へと追い込み，その過程でタンパク質の折りたたみをほどくために利用される．タンパク質はその小空間内で分解される．タンパク質がいったん小さな不活性ペプチドになると，他のATP非依存性プロテアーゼがそれらの分解を完了させる．

真核細胞のATP依存性の分解経路は全く異なり，**ユビキチン** ubiquitinというタンパク質が関与する．ユビキチンは，その名の通り真核生物界を通じて普遍的ubiquitousに存在している．既知のタンパク質のなかでも最もよく保存されたものの一つであるユビキチン（76アミノ酸残基）は，酵母やヒトほど異なる生物においても事実上同一であり，タンパク質恒常性proteostasis（図4-25

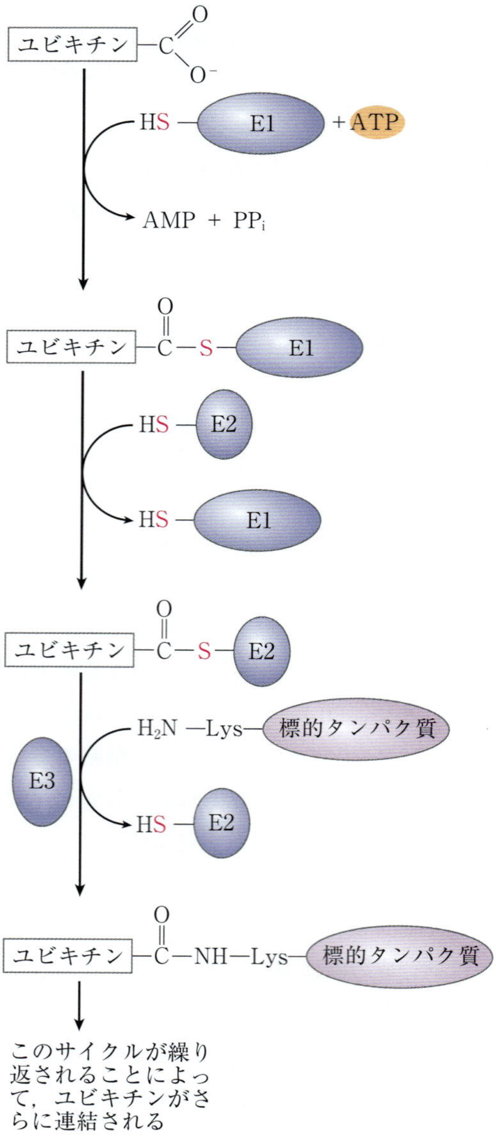

図27-49 ユビキチンがタンパク質に結合する3ステップの経路

この経路には，二つの異なる酵素結合型ユビキチン中間体が含まれる．まず，ユビキチンのカルボキシ末端に存在するGly残基の遊離のカルボキシ基は，E1（ユビキチン活性化酵素）にチオエステルを介して結合する．そのユビキチンは，次にE2（ユビキチン結合酵素）に転移される．最終的には，E3（ユビキチンリガーゼ）が，そのユビキチンのE2から標的タンパク質への転移を触媒し，標的タンパク質の中のLys残基のε-アミノ基へのアミド（イソペプチドisopeptide）結合を介してユビキチンを連結する．この反応がさらに繰り返され，ユビキチン単位が共有結合でポリマーになったポリユビキチンが産生され，標的タンパク質を分解へと導く．ほとんどの真核細胞には，異なるタンパク質を標的としてこのような経路が複数存在する．

と図 15–2 参照），および細胞周期調節（図 12–35 参照）の鍵である．3 種類の異なる酵素（E1 ユビキチン活性化酵素，E2 ユビキチン結合酵素，および E3 ユビキチンリガーゼ；図 27–49）が関与する ATP 依存性経路を経て，ユビキチンは分解されるべきタンパク質に共有結合する．

ユビキチン化されたタンパク質は，**26S プロテアソーム** 26S proteasome（分子量 2.5×10^6）（図 27–50）という巨大な複合体によって分解される．真核生物のプロテアソームは，少なくとも 32 の異なるサブユニット各 2 コピーから成り，それらのほとんどが酵母からヒトまで高度に保存されている．プロテアソームは二つの主要なサブ複合体を含み，その一つは樽状構造のコア粒子であり，もう一つはその樽状構造の両端にある調節粒子である．20S のコア粒子は四つのリングから成る．外側のリングは 7 個の異なる α サブユニットによって，内側のリングは 7 個の異なる β サブユニットによって形成されている．各 β リングの 7 個のサブユニットのうちの三つにはプロテアーゼ活性があり，それぞれ異なる基質特異性を有する．コア粒子のリングが何層にも重なることによって樽状構造が形成され，その中で標的タンパク質が分解される．コア粒子の両端に位置する 19S の調節粒子は 18 のサブユニットを含み，そのうちのいくつかはユビキチン化されたタンパク質を認識して結合する．そのうちの六つは，おそらくユビキチン化されたタンパク質の立体構造を解きほぐし，ほどかれたポリペプチドを分解するためにコア粒子へと転送する AAA+ ATP アーゼである．19S 粒子はまた，タンパク質がプロテアソームで分解されるにつれて，タンパク質を脱ユビキチン化する．ほとんどの細胞は，19S 粒子の代わりができる他の調節複合体をもっている．これらの代わりの調節因子は ATP を加水分解せず，ユビキチンには結合しないが，特定の細胞タンパク質の分解にとって重要である．26S プロテアソームは，細胞の状態の変化に伴って変化する調節複合体によって，効率よく「アクセサリーがつけられる」．

ユビキチン化を引き起こすシグナルのすべてがわかっているわけではないが，一つの単純なシグナルが見出されている．アミノ末端の Met 残基が除去された後に残った第一残基や，他のタンパ

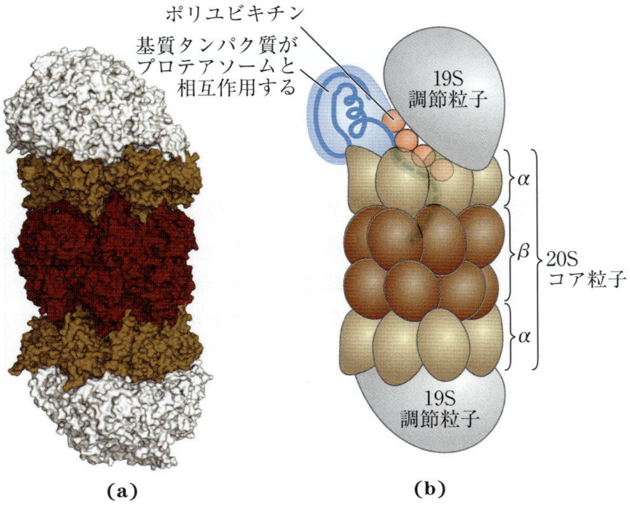

図 27–50　真核生物のプロテアソームの三次元構造

26S プロテアソームは，すべての真核生物において高度に保存されており，20S コア粒子と 19S 調節粒子（キャップ）の二つのサブ複合体が会合して形成される．**(a)** コア粒子は，樽状構造を形成するように配置された四つのリング構造から成る．内側のリングは，それぞれ 7 個の異なる β サブユニット（濃褐色）を含み，それらのうちの三つはプロテアーゼ活性を有する．外側のリングは，それぞれ 7 個の異なる α サブユニット（淡褐色）を含む．調節粒子（灰色）はコア粒子の各端においてキャップを形成する．**(b)** 調節粒子はユビキチン化されたタンパク質に結合し，折りたたみをほどき，コア粒子内に移動させる．そこで，ユビキチン化タンパク質は 3 ～ 25 アミノ酸残基のペプチドへと分解される．［出典：(a) PDB ID 3L5Q, K. Sadre-Bazzar et al., *Mol. Cell* **37**: 728, 2010.］

表 27-9 タンパク質の半減期とN末端アミノ酸残基との関係

アミノ末端残基	半減期[a]
安定化するもの	
Ala，Gly，Met，Ser，Thr，Val	＞20 時間
不安定化するもの	
Gln，Ile	約 30 分
Glu，Tyr	約 10 分
Pro	約 7 分
Asp，Leu，Lys，Phe	約 3 分
Arg	約 2 分

出典：A. Bachmair et al., *Science* **234**: 179, 1986 の情報.
[a] 半減期は，異なるアミノ末端残基をもつように実験的に修飾されたβ-ガラクトシダーゼについて酵母中で測定された．タンパク質や生物種が異なると半減期は変わるが，この一般的な傾向はすべての生物にあてはまる．

ク質分解プロセシングを受けた後に残った第一残基が，半減期に大きな影響を及ぼす（表 27-9）．これらのアミノ末端シグナルは，数十億年の進化を越えて保存され，細菌のタンパク質分解系においても，ヒトのユビキチン化経路においても同じである．Chap. 12（図 12-35 参照）で考察した分解ボックス destruction box のような，もっと複雑なシグナルも同定されつつある．

ユビキチン依存性のタンパク質分解は，細胞の種々の過程の調節においても，欠陥タンパク質の除去の場合と同様に重要である．真核生物の細胞周期の一つの段階でのみ必要な多くのタンパク質は，その機能を遂行した後に，ユビキチン依存性経路によって速やかに分解される．サイクリン cyclin のユビキチン依存性の分解は細胞周期の調節に必須である．ユビキチン化経路（図 27-49）の E2 および E3 成分は，大きなタンパク質ファミリーを形成している．異なる E2 および E3 酵素は標的タンパク質に対して異なる特異性を示し，それによって細胞の異なる過程を調節する．これらの酵素には細胞内の特定のコンパートメントに高度に局在するものもあり，それらの特殊な機能を反映している．

驚くにはあたらないが，ユビキチン化経路の欠陥は，多様な病的状態に関係がある．細胞分裂を活性化するある種のタンパク質（がん遺伝子産物）が分解できなければ，腫瘍が形成されることがあり，がん抑制因子として働くタンパク質の分解が速すぎても同じ影響が見られる．細胞内のタンパク質の分解が不十分な場合や速すぎる場合にも，さまざまな影響が出るようである．腎疾患，喘息，アルツハイマー病やパーキンソン病のような神経変性疾患（ニューロンにおける特徴的なタンパク質の構造の形成と関係がある），嚢胞性繊維症（塩化物イオンチャネルの急速な分解による機能不全に起因する場合がある；Box 11-2 参照），リドル症候群 Liddle syndrome（腎臓でナトリウムチャネルが十分に分解されないことによって過剰な Na^+ 再吸収が起こり，早発型高血圧になる），そして他の多くの疾患になる．プロテアソームの機能を阻害するように設計された薬物が，これらの病気のいくつかに対する治療薬として現在開発中である．変化しつつある代謝環境における細胞の生存にとって，タンパク質分解はタンパク質合成と同じくらいに重要であり，これらの興味深い経路についてわからないことがまだ多く残っている．■

まとめ

27.3 タンパク質のターゲティングと分解

- 多くのタンパク質は，合成後に細胞内の特定の部位に輸送される．ターゲティング機構の一つには，新たに合成されたタンパク質のアミノ末端に一般的に見られるシグナルペプチド配列が関与する．
- 真核細胞では，これらのシグナル配列のある種のものは，シグナル認識粒子（SRP）によって認識される．SRP はリボソーム上でシグナル配列が現れるとすぐに結合し，リボソームと未完成のポリペプチド全体を小胞体へと運ぶ．このようなシグナル配列をもつポリペプチドは，合成されるにつれて小胞体内腔へと移行する．いったん内腔に達すると，ポリペプチドは修飾され，ゴルジ体へと移行し，それからリソソーム，細胞膜や分泌顆粒へと選別輸送される．

- 真核細胞においてミトコンドリアや葉緑体へターゲティングされるタンパク質や，細菌の細胞外へ輸送されるタンパク質も，アミノ末端のシグナル配列を利用する．
- 核にターゲティングされるタンパク質は，いったんそのタンパク質がうまくターゲティングされた後でも，切断されることのない内部シグナル配列を有する．
- ある種の真核細胞は，受容体依存性エンドサイトーシスによってタンパク質を細胞内に取り込む．
- すべての細胞は，特別なタンパク質分解系によってタンパク質を最終的に分解する．欠陥タンパク質や速やかに代謝回転される必要のあるタンパク質は，一般にATP依存性の系で分解される．真核細胞においては，この系によって分解されるタンパク質は，高度に保存されたタンパク質であるユビキチンの結合によってまず標識される．ユビキチン依存性のタンパク質分解は，高度に保存されたプロテアソームによって行われ，多くの細胞過程の調節にとって極めて重要である．

重要用語

太字で示す用語については，巻末用語解説で定義する．

アミノアシル–tRNA aminoacyl–tRNA　1544
アミノアシル–tRNA シンテターゼ aminoacyl–tRNA synthetase　1544
アミノアシル部位 aminoacyl（A）site　1580
RNA 編集 RNA editing　1556
アンチコドン anticodon　1551
オープンリーディングフレーム open reading frame（ORF）　1550
開始 initiation　1579
開始コドン initiation codon　1549
開始複合体 initiation complex　1580
解放因子 release factor　1587
核局在化配列 nuclear localization sequence（NLS）　1603
クラスリン clathrin　1606
クロラムフェニコール chloramphenicol　1594
コドン codon　1545
シグナル配列 signal sequence　1591
シグナル認識粒子 signal recognition particle（SRP）　1598
シクロヘキシミド cycloheximide　1595
ジフテリア毒素 diphtheria toxin　1596
シャイン・ダルガーノ配列 Shine–Dalgarno sequence　1579
終結 termination　1587
終止コドン termination codon　1549
伸長 elongation　1583
伸長因子 elongation factor　1583
ストレプトマイシン streptomycin　1595
ダイナミン dynamin　1607
ツニカマイシン tunicamycin　1600
出口部位 exit（E）site　1580
テトラサイクリン tetracycline　1594
トランスロケーション（転位）translocation　1584
ナンセンス抑制 nonsense suppressor　1587
被覆ピット coated pit　1606
ピューロマイシン puromycin　1594
プロテアソーム proteasome　1609
ペプチジルトランスフェラーゼ peptidyl transferase　1584
ペプチジル部位 peptidyl（P）site　1580
ペプチド転送複合体 peptide translocation complex　1598
ポリソーム polysome　1590
翻訳 translation　1545
翻訳後修飾 posttranslational modification　1591
翻訳フレームシフト translational frameshifting　1556
ユビキチン ubiquitin　1608

問　題

1　mRNA の翻訳

次の mRNA 配列に対応して，リボソームによって合成されるペプチドのアミノ酸配列を予想せよ．ただし，読み枠は各配列の最初の三塩基から始まるものとする．

(a) GGUCAGUCGCUCCUGAUU
(b) UUGGAUGCGCCAUAAUUUGCU
(c) CAUGAUGCCUGUUGCUAC
(d) AUGGACGAA

2　一つのアミノ酸配列を特定するために何種類の異なる mRNA 配列が考えられるか

まず，単純な Leu-Met-Tyr というトリペプチド断片をコードすることができるすべての mRNA 配列を書け．そうすれば，その解答から，1 本のポリペプチドをコードすることができる mRNA の可能な数に関する考えを思いつくであろう．

3　ポリペプチドのアミノ酸配列から，その mRNA の塩基配列を予測することができるか

与えられた mRNA の塩基配列は，読み枠が定まっていればただ 1 本のポリペプチドのアミノ酸配列をコードする．シトクロム *c* のようなタンパク質のアミノ酸配列が与えられた場合に，それをコードする唯一の mRNA の塩基配列を予測することができるか．その解答の理由を述べよ．

4　二本鎖 DNA によるポリペプチドの暗号化

ある二重らせん DNA 領域の鋳型鎖は次のような配列である．

(5′)CTTAACACCCCTGACTTCGCGCCGTCG(3′)

(a) この鎖から転写される mRNA の塩基配列はどのような配列か．
(b) (a) の mRNA の塩基配列によってコードされるアミノ酸配列はどのような配列か．ただし，5′末端から開始するものとする．
(c) この DNA の相補鎖（非鋳型鎖）が転写され，翻訳されるとすると，合成されるペプチドのアミノ酸配列は，(b)で得られたものと同じか．また，その解答の生物学的な意味を説明せよ．

5　メチオニンはただ一つのコドンをもつ

メチオニンは，コドンを一つしかもたない二つのアミノ酸のうちの一つである．メチオニンに対する唯一のコドンが，どのようにして大腸菌によって合成されるポリペプチドの合成開始残基と，内部の Met 残基の両方を指定するのか．

6　作動中の遺伝暗号

翻訳が大腸菌の細胞内で起こると仮定して，最初の 5′ ヌクレオチドから始まる次の mRNA を翻訳せよ．もしもすべての tRNAs がゆらぎの法則を最大限に利用するが，イノシンは含まないとすれば，この RNA を翻訳するためにいくつの異なる tRNA が必要になるか．

(5′)AUGGGUCGUGAGUCAUCGUUAAUUG
UAGCUGGAGGGGAGGAAUGA(3′)

7　合成 mRNA

遺伝暗号は，研究室で酵素的あるいは化学的に合成されたポリリボヌクレオチドを利用して解明された．遺伝暗号について既知のことをもとにすると，主として多数の Phe 残基と少数の Leu 残基と Ser 残基をコードする mRNA として働くのは，どのようなポリリボヌクレオチドか．このポリリボヌクレオチドによってさらに少量ではあるが，コードされる可能性のある他のアミノ酸は何か．

8　タンパク質生合成のエネルギーコスト

ヘモグロビンの β グロビン鎖（146 残基）の生合成のために必要な最小のエネルギーコストを，消費される ATP の当量として何分子かを決定せよ．

ただし，すべての必要なアミノ酸，ATP，GTPを含むプールから出発するものとする．（α 1→4）結合をしている146グルコース残基の直線状グリコーゲン鎖が，グルコース，UTP，ATP（Chap. 15）を含むプールから生合成されるときに，消費される直接的なエネルギーコストと，今求めた解答とを比較せよ．この結果から，すべての残基が特異的な配列で並んでいるタンパク質をつくるための余分なエネルギーコストが，タンパク質の情報の内容を欠き，同じ残基数を含む多糖をつくるのに必要なコストと比べて，どれくらいになるのか考えよ．

タンパク質合成の際の直接的なエネルギーコストに加えて，間接的なエネルギーコストがあり，これはタンパク質合成に必要な酵素を，細胞が合成するために必要なものである．真核細胞にとって，直鎖状（α 1→4）グリコーゲン鎖の生合成とポリペプチドの生合成のための間接的コストの大きさを，そこに関与する酵素群の点から比較せよ．

9　コドンからのアンチコドンの予測

ほとんどのアミノ酸は一つ以上のコドンをもち，それぞれ異なるアンチコドンをもつ一つ以上のtRNAに結合する．グリシンの四つのコドン，(5′) GGU，GGC，GGA，GGGに対する可能なすべてのアンチコドンを書け．

(a) その解答から考えると，グリシンの場合にそのコドン特異性の主要な決定因子は，アンチコドン中のどの部位か．

(b) これらのアンチコドン-コドン塩基対のうち，どれがゆらぎ塩基対か．

(c) アンチコドン-コドン対のうちで，三つすべての部位でワトソン・クリック型の強い水素結合を示すものはどれか．

10　アミノ酸配列に対する1塩基の変化の影響

遺伝暗号に関する多くの重要な確定的証拠は，タンパク質をコードする遺伝子中で一つの塩基が変化したときの，変異タンパク質のアミノ酸配列の変化を解析することによって得られた．もしも単一の塩基の変化によって次の置換が生じたとすると，次のどのアミノ酸置換が遺伝暗号と矛盾しないといえるか．また，どれが単一の塩基の変異の結果とはなり得ないか．それはなぜか．

(a) Phe → Leu　(e) Ile → Leu
(b) Lys → Ala　(f) His → Glu
(c) Ala → Thr　(g) Pro → Ser
(d) Phe → Lys

11　遺伝暗号の突然変異に対する抵抗性

次のRNA配列はあるオープンリーディングフレームの始めの部分である．コードされているアミノ酸残基の種類の変化を起こさない塩基の変化がもしもあるとすれば，各位置に関してどのような変化か．

(5′) AUGAUAUUGCUAUCUUGGACU

12　鎌状赤血球変異の基盤

鎌状赤血球のヘモグロビンは，正常のヘモグロビンAで見られるβ-グロビン鎖の6番目の位置のGlu残基の代わりに，Val残基をもっている．グルタミン酸に対するDNAコドンにどのような変化が起こったために，Glu残基がValに置換されたのかを予想せよ．

13　アミノアシルtRNAシンテターゼによるプルーフリーディング

イソロイシン-tRNAシンテターゼはアミノアシル化反応の精度を保証するプルーフリーディング機能をもつが，ヒスチジン-tRNAシンテターゼはそのような機能をもたない．その理由を説明せよ．

14　「第二の遺伝暗号」の重要性

いくつかのアミノアシル-tRNAシンテターゼは，それらに対応するtRNAのアンチコドンを認識して結合する代わりに，tRNAの他の構造上の特徴を利用して結合特異性を与える．アラニンに対するtRNAは明らかにこのカテゴリーに入る．

(a) $tRNA^{Ala}$のどのような特徴がAla-tRNAシンテターゼによって認識されるのか．

(b) $tRNA^{Ala}$のアンチコドンの3番目がC → G変異した場合に，どのようなことが起こるのかを述べよ．

(c) 他のどのような変異が同様の影響を及ぼすか．

(d) この種の変異は自然界のいかなる生物種においても発見されていない．それはなぜか．（ヒント：個々のタンパク質および生物体全体に何が起こるのかを考えよ）

15 **タンパク質合成の速度**

細菌のリボソームは，1 分間におよそ 20 のペプチド結合を形成することができる．もしも細菌の平均的なタンパク質がおよそ 260 個のアミノ酸残基の長さであり，すべてのリボソームが最高速度で機能しているとすれば，1 個の大腸菌細胞内のリボソームは 20 分間にいくつのタンパク質を合成することができるか．

16 **翻訳因子の役割**

研究者が細菌の翻訳因子 IF2, EF-Tu および EF-G の変異体を単離したとする．それぞれの場合において，そのような突然変異があってもそのタンパク質の正しいフォールディングと GTP への結合は可能であるが，GTP の加水分解は起こらない．各変異タンパク質によって翻訳が遮断されるのはどのステージにおいてか．

17 **タンパク質合成の正確性の維持**

タンパク質合成の際の誤りを避ける化学的な機構は，DNA 複製の際に用いられる機構とは異なる．DNA ポリメラーゼは，伸長しつつある DNA 鎖に誤って挿入された対を形成しないヌクレオチドを取り除くために，3′→5′ エキソヌクレアーゼのプルーフリーディング活性を利用する．リボソームには類似するプルーフリーディング機能はない．実際に，進入してくる tRNA に結合して，伸長しつつあるポリペプチドに付加されるアミノ酸が本物であることは確認されない．（DNA ポリメラーゼのプルーフリーディングステップと同様の）間違ったアミノ酸が伸長しつつあるポリペプチドに挿入された後で，その前に形成されたペプチド結合を加水分解するようなプルーフリーディングは，実際には実行不可能である．それはなぜか．（ヒント：伸長しつつあるポリペプチドと mRNA の結合がどのように維持されているのかを考えよ：図 27-29，図 27-30 参照）

18 **リボソームプロファイリング**

リボソームプロファイリング法（図 27-37）においては，リボソームに結合して保護されている mRNA 断片が単離され，配列決定のために DNA に変換される．しかし，そのような mRNA 断片は，一般にリボソームによって保護され，リボヌクレアーゼ処理の後に単離されるすべての RNA のうちのごく一部にすぎない．このプロトコールによって他のどのような RNA 種が単離されるか．

19 **タンパク質の細胞内局在の予想**

300 アミノ酸残基の真核生物のポリペプチドの遺伝子が，SRP によって認識されるシグナル配列がそのポリペプチドのアミノ末端に存在し，核局在化シグナル（NLS）が 150 残基目から存在するように変化したとする．そのタンパク質は細胞内のどこに見出されるだろうか．

20 **タンパク質の膜透過にとって必要なこと**

細菌の分泌タンパク質 OmpA には，分泌に必要なアミノ末端のシグナル配列をもつプロ OmpA という前駆体が存在する．もしも精製したプロ OmpA を 8 M 尿素を用いて変性させ，次に尿素を取り除くとすると（例えば，そのタンパク質の溶液をゲルろ過のカラムをすばやく通過させることによって），そのタンパク質は *in vitro* で細菌の単離した内膜を横切って移動することができる．しかし，プロ OmpA を先に尿素の非存在下で数時間インキュベートすると，移動は不可能になる．さらに，もしもプロ OmpA をトリガー（引き金）因子と呼ばれる細菌の別のタンパク質の存在下で先にインキュベートすると，膜を横切って移動させる能力はより長時間保持される．この因子の予想される機能について述べよ．

21 **ウイルス DNA のタンパク質をコードする能力**

バクテリオファージ ϕX174 の 5,386 bp のゲノムは，次の表中に示されているサイズの A ～ K（「I」を省く）と略される 10 個のタンパク質の遺伝子を含む．これら 10 個のタンパク質をコードするために，どれだけの長さの DNA が必要か．どのようにすれば，ϕ X174 のゲノムのサイズにそれだけのタンパク質をコードする容量をもたせることが可能か.

タンパク質	アミノ酸残基数	タンパク質	アミノ酸残基数
A	455	F	427
B	120	G	175
C	86	H	328
D	152	J	38
E	91	K	56

データ解析問題

22 ランダムに作製した遺伝子によるタンパク質の設計

野生型あるいは変異型のタンパク質のアミノ酸配列とそれに対応する三次元構造の研究は，タンパク質のフォールディングを支配する原理に関する有意義な洞察へと導いた．この理解をテストするための重要な方法は，これらの原理に基づいてタンパク質を設計し，予想通り折りたたまれるかどうかを見ることである．

Kamtekar ら（1993）は，遺伝暗号の性質を利用して，親水性と疎水性の残基の決まったパターンをもつタンパク質配列をつくり出した．彼らは賢明な方法でタンパク質の構造，アミノ酸の性質および遺伝暗号に関する知識を組み合わせて，タンパク質の構造に影響を及ぼす因子について探求した．

その研究者たちは，次の図に示すようなランダムコイルの断片（淡赤色）によって連結されたαヘリックス（円筒で表されている）をもち，次に示すように単純な4本のヘリックスの束の構造をもつ一組のタンパク質を作製する研究を開始した．各αヘリックスは両親媒性 amphipathic であり，ヘリックスの一方の側のR基はすべてが疎水性（黄色）であり，他方の側のR基はすべてが親水性（青色）である．ランダムコイルの短い断片によって分断されたこのような4本のヘリックスから成るタンパク質は，ヘリックスの親水性の側が溶媒の方に向くように折りたたまれると期待される．

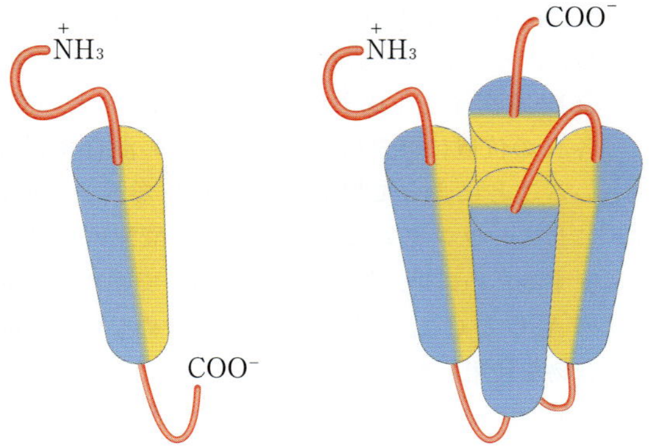

両親媒性αヘリックス　　4本のヘリックスの束

(a) どのような力や相互作用が4本のヘリックスをこのような束構造にまとめるのか.

図4-4（a）は10個のアミノ酸残基からなるαヘリックスの領域を表している．中心の灰色の棒を分割軸として，四つのR基（紫色の球）がヘリックスの左側から，六つが右側から突き出している．

(b) 図4-4（a）のR基の番号を上（アミノ末端1）から下（カルボキシ末端10）まで答えよ．どのR基が左側に突き出し，どのR基が右側に突き出しているか.

(c) この10アミノ酸の領域を，左側が親水性，右側が疎水性であるような両親媒性のヘリックスになるように設計したいとしよう．そのような構造に潜在的に折りたたまれる可能性のある10アミノ酸の配列を一つ答えよ．多くの可能な正しい答えがある．

(d)（c）で選んだアミノ酸配列をコードすることが可能な二本鎖DNA配列を一つ答えよ．（それはタンパク質の内部なので，開始コドンや終止コドンを含める必要はない.）

Kamtekar らは，特定の配列をもつタンパク質を設計するのではなく，制御されたパターンで親水性と疎水性のアミノ酸残基が配置された部分的にランダムな配列をもつタンパク質を設計した．彼らはこのことを，遺伝暗号のある面白い特徴を利用して行い，部分的にランダムな配列を特徴的なパターンでもつ合成DNA分子のライブラリーを構築した．

ランダムな疎水性アミノ酸配列をコードするDNA配列を設計するために，彼らは縮重コドン

NTN（N は A, G, C または T）から始めた．彼らは，その位置に異なるヌクレオチドをもつ混合DNA分子を生成するDNA合成反応において，各Nの位置に等量のA, G, CとTの混合物を用いることによって埋めた（図8-32参照）．同様にして，ランダムな極性のアミノ酸配列をコードするためには，縮重コドンNANで始め，等量のA, GとC（この場合にはTは含めない）の混合物を使用した．

(e) NTNトリプレットはどのアミノ酸をコードすることが可能か．このセットのアミノ酸はすべて疎水性か．このセットにはすべての疎水性アミノ酸が含まれるか．

(f) NANトリプレットはどのアミノ酸をコードすることが可能か．これらのアミノ酸はすべて極性か．このセットにはすべての極性アミノ酸が含まれるか．

(g) NANコドンを作製する際に，なぜ反応溶液からTを除いておく必要があったのか．

Kamtekarらは，ランダムDNA配列のこのライブラリーをプラスミドにクローン化し，親水性と疎水性のアミノ酸の正しいパターンを生み出す48個のクローンを選択して大腸菌で発現させた．次の難題は，それらのタンパク質が期待したように折りたたまれるかどうかを決定することであった．各タンパク質を発現させて結晶化し，完全な三次元構造を決定することは非常に時間がかかる．その代わりに，大腸菌のタンパク質プロセシング装置を利用して，高度に欠陥のあるタンパク質をつくるような配列を排除した．この最初のスクリーニングにおいて，SDSポリアクリルアミドゲル電気泳動（図3-18参照）で期待される分子量のタンパク質のバンドを与えるクローンだけを保存した．

(h) 著しくミスフォールディングしているタンパク質は，なぜ電気泳動で期待される分子量のバンドを与えないのか．

この最初のテストで合格するタンパク質がいくつかあり，さらに調べることによって，それらが期待される4本ヘリックス構造をもつことがわかった．

(i) 最初のテストで合格するランダム配列のすべてのタンパク質が，なぜ必ずしも4本ヘリックス構造をもたなかったのか．

参考文献

Kamtekar, S., J.M. Schiffer, H. Xiong, J. M. Babik and M. H. Hecht. 1993. Protein design by binary patterning of polar and non-polar amino acids. *Science* **262**: 1680–1685.

発展学習のための情報は次のサイトで利用可能である（www.macmillanlearning.com/LehningerBiochemistry7e）.

28 遺伝子発現調節

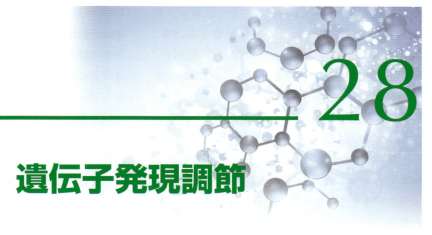

これまでに学習してきた内容について確認したり，本章の概念について理解を深めたりするための自習用ツールはオンラインで利用可能である（www.macmillanlearning.com/LehningerBiochemistry7e）．

典型的な細菌のゲノムに存在する約4,000の遺伝子，あるいはヒトゲノムに存在する約20,000の遺伝子のうち，ある時点のある細胞内で発現している遺伝子はほんの一部にすぎない．極めて多量に存在する遺伝子産物もある．例えば，タンパク質合成に必要な伸長因子は細菌では最も豊富なタンパク質の一つである．植物や光合成細菌に存在するリブロース1,5-ビスリン酸カルボキシラーゼ/オキシゲナーゼ（ルビスコ rubisco）は，生物圏における最も豊富な酵素の一つである．一方，他の遺伝子の産物ははるかに少量しか存在しない．例えば，まれにしか起こらないDNA損傷を修復する酵素は，細胞内にほんの数分子しか含まれない．ある種の遺伝子産物の需要は時間とともに変化する．特定の代謝経路の酵素の必要性は，食物が変わったり欠乏したりすることによって増減する．多細胞生物の発生時には，細胞分化に影響を及ぼすある種のタンパク質は，ほんの数個の細胞にほんの短い時間存在するだけである．細胞機能の特化によって，さまざまな遺伝子産物の必要性が大きく変わる．例えば，赤血球には単一のタンパク質（ヘモグロビン）が比類ないほど高濃度で存在する．タンパク質合成はエネルギー的に負担が大きいので，遺伝子発現調節は利用可能なエネルギーを最大限に活用する点からも重要である．

タンパク質の細胞内濃度は，少なくとも七つの過程の巧妙なバランスによって決定されており，各過程にはいくつかの調節点がある．

1. 一次RNA転写物の合成（転写）
2. mRNAの転写後修飾
3. mRNAの分解
4. タンパク質合成（翻訳）
5. タンパク質の翻訳後修飾
6. タンパク質のターゲティングと輸送
7. タンパク質分解

これらの過程を図28-1にまとめて示す．これらの機構のいくつかについては，これまでの章ですでに紹介してきた．選択的スプライシング alternative splicing（図26-19(b)参照）やRNA編集 RNA editing（図27-10，および図27-12参照）などの過程によるmRNAの転写後修飾は，単一の mRNA 転写物からどのタンパク質が，どのくらいの量産生されるのかに影響を及ぼす．mRNA 中のさまざまなヌクレオチド配列が，mRNA の分解速度に影響を及ぼす（p. 1521）．多くの要因が mRNA のタンパク質への翻訳速度，翻訳後修飾，ターゲティング，最終的な分解に影響を及ぼす（Chap. 27）．

図 28-1 に示す調節過程のうちで，転写開始レベルで作動する調節が特によく解明されている．本章では主としてこれらの過程に注目するが，他の機構についても言及する．これまでの章で述べたように，生物の複雑さは，そのタンパク質をコードする遺伝子の数に反映されるわけではない．むしろ，細菌から哺乳類へと複雑さが増すにつれて，遺伝子発現調節の機構がより精巧になり，転写後調節や翻訳調節がより大きな役割を担う．多くの遺伝子に関して，その調節過程はかなりの化学エネルギーの投入を必要とする．

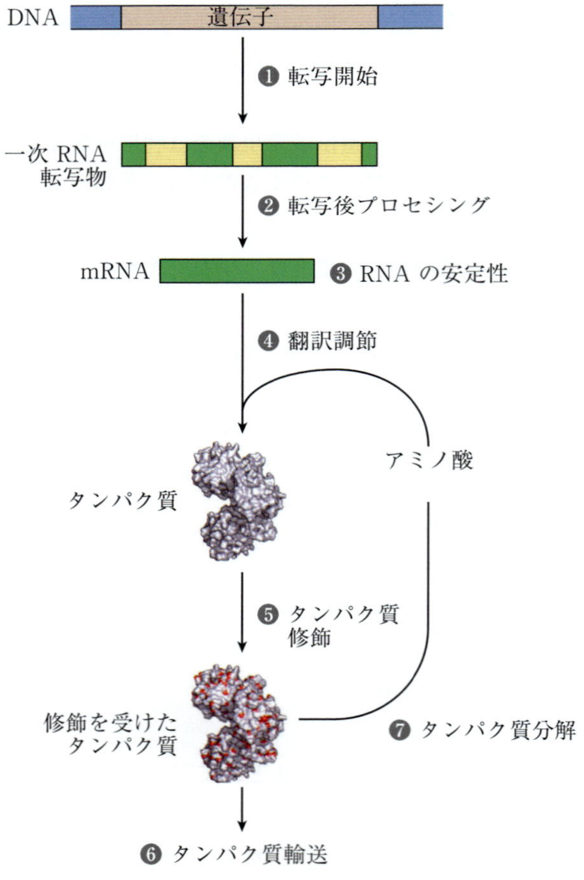

図 28-1　定常状態のタンパク質濃度に影響を及ぼす 7 過程

各過程にはいくつかの調節点がある．

転写開始レベルでの制御によって，相互に依存する活性を有する産物をコードする複数の遺伝子の同調した調節が可能になる．例えば，DNA が著しく損傷を受けた場合には，細菌の DNA 修復にかかわる多くの酵素のレベルが協調的に上昇する．おそらく最も巧妙な協調は，多くのタイプの調節機構を必要とする多細胞真核生物の発生を導く複雑な調節回路で起こっている．

本章では，まず転写調節の鍵を握るタンパク質と DNA の間の相互作用について述べる．次に，細菌，真核細胞の順で，特定の遺伝子の発現に影響を及ぼす特定のタンパク質について考察する．さらに，調節機構の複雑さをより完全に理解するために，転写後調節および翻訳調節に関する情報についても関連するところで考察する．

28.1　遺伝子発現調節の原理

中心的代謝経路の酵素の遺伝子のように常に必要な産物の遺伝子は，種や生物を超えてあらゆる細胞内にほぼ一定レベルで発現している．このような遺伝子はしばしば**ハウスキーピング遺伝子** housekeeping gene と呼ばれる．不変の遺伝子発現は**構成的遺伝子発現** constitutive gene expression と呼ばれる．

他の遺伝子産物の細胞内レベルは，シグナル分子に応答して増減する．これは**調節性遺伝子発現** regulated gene expression と呼ばれる．特定の分子状況下で合成促進を受ける遺伝子産物は**誘導性** inducible であるといわれ，遺伝子発現を増大させる過程は**誘導** induction と呼ばれる．例えば，

DNA 修復酵素をコードする多くの遺伝子の発現は，高レベルの DNA 損傷に応答する調節タンパク質系によって誘導される．逆に，シグナル分子に応答して濃度が低下する遺伝子産物は**抑制性** repressible であるといわれ，この過程は**抑制** repression と呼ばれる．例えば，細菌では，トリプトファンが十分に供給されると，トリプトファン生合成を触媒する酵素の遺伝子発現の抑制が起こる．

転写は，タンパク質 -DNA 相互作用（特に RNA ポリメラーゼのタンパク質成分がかかわる相互作用；Chap. 26）によって媒介されて調節を受ける．まず，RNA ポリメラーゼの活性がどのように調節されるのかについて考察し，次にこの調節に関与するタンパク質の一般的な特徴について述べる．その後で，DNA 結合タンパク質による特定の DNA 配列の認識の分子基盤について解説する．

RNA ポリメラーゼはプロモーター部位で DNA に結合する

RNA ポリメラーゼは DNA に結合し，プロモーター部位から転写を開始する（図 26-5 参照）．プロモーター promoter は，一般に DNA 鋳型上で RNA 合成の開始点の近くに見られる部位である．転写開始の調節は，RNA ポリメラーゼのプロモーターとの相互作用の変化を必然的に伴う．

プロモーターのヌクレオチド配列はかなり変化に富んでいるので，この違いが RNA ポリメラーゼの結合親和性と，続いて起こる転写開始の頻度に影響を及ぼす．大腸菌では，1 秒に 1 回転写される遺伝子もあれば，一世代時間内に 1 回以下しか転写されない遺伝子もある．この差の大部分はプロモーター配列の違いによる．調節タンパク質が存在しない場合には，プロモーター配列の違いによって，転写開始の頻度は 1,000 倍以上も異なる．大腸菌のほとんどのプロモーターは，コンセンサス配列 consensus sequence（図 28-2）に近い配列を有する．一般に，コンセンサス配列との違いが大きくなるような変異は細菌のプロモーター機能を低下させ，コンセンサス配列に近くなるような変異はプロモーター機能を高める．

重要な約束事：慣例として，DNA 配列は，配列が非鋳型鎖に存在するように 5′ 末端を左側にして示す．ヌクレオチドは，転写開始部位から番号を割り振り，右方向（転写の方向）に正の数字を，左方向に負の数字を割り振る．N はどのヌクレオチドでも良い．■

ハウスキーピング遺伝子は構成的に発現するが，それらがコードするタンパク質の細胞内濃度は大きく異なる．これらの遺伝子では，RNA ポリメラーゼとプロモーターの相互作用が，転写開始の効率に大きな影響を及ぼす．したがって，プロモーター配列の違いによって，細胞は各ハウスキーピング遺伝子の産物を適切なレベルで合成することが可能になる．

ハウスキーピングのカテゴリーに入らない遺伝子群のプロモーターでの転写開始の基本速度もまた，プロモーター配列によって決定される．しかし，これらの遺伝子の発現は，調節タンパク質によってさらに調節を受ける．これらの調節タンパ

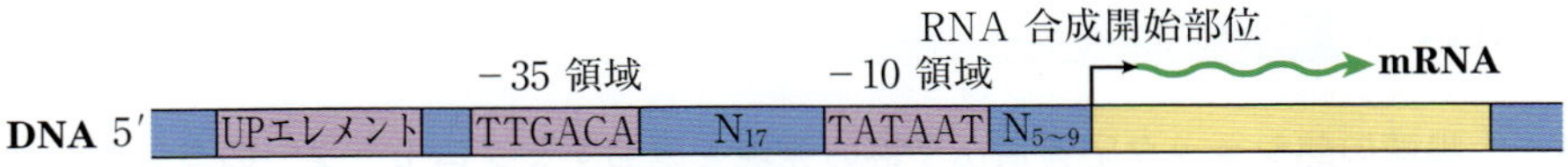

図 28-2　多くの大腸菌プロモーターのコンセンサス配列

－10 領域と－35 領域におけるほとんどの塩基置換は，プロモーターの機能に対して負の効果をもたらす．ある種のプロモーターは UP（upstream promoter）配列も含むことがある（図 26-5 参照）．

ク質の多くは，RNA ポリメラーゼとプロモーターの相互作用を強めたり阻害したりすることによって機能する．

真核生物のプロモーターの配列は，細菌のプロモーターに比べてはるかに変化に富んでいる．真核生物の 3 種類の RNA ポリメラーゼがプロモーターに結合するためには，通常は一群の基本転写因子が必要であり，これらは基本転写速度に大きく影響を及ぼす．しかし，細菌の遺伝子発現と同じように，基本転写レベルは，プロモーター配列が RNA ポリメラーゼとそれに結合する転写因子の機能に及ぼす効果によってもある程度は決定される．

転写開始はタンパク質と RNA によって調節される

少なくとも三つのタイプのタンパク質が，RNA ポリメラーゼによる転写開始を調節する．**特異性決定因子** specificity factor は，特定のプロモーター（群）に対する RNA ポリメラーゼの特異性を変える．**リプレッサー** repressor は，RNA ポリメラーゼのプロモーターへの結合を妨げる．**アクチベーター** activator は RNA ポリメラーゼとプロモーターの相互作用を強める．

タンパク質性調節因子の役割についての理解が徐々に深まるにつれて，RNA による遺伝子調節に関して多くの新たな役割もわかり始めている．このような RNA には**長鎖非コード RNA** long noncoding RNA（**lncRNA**）があり，これは一般的にはタンパク質をコードするオープンリーディングフレームを含まない 200 ヌクレオチド以上の長さの RNA と定義される．したがって，Chap. 26 で述べた短い機能性 RNA（miRNA, snoRNA, snRNA など）とは区別される．lncRNA はすべてのタイプの生物で見つかっており，哺乳類の細胞では数万もの lncRNA が発現している．lncRNA の既知の機能として，ヌクレオソームの配置やクロマチン構造の調節，DNA メチル化やヒストン転写後修飾の制御，転写レベルでの遺伝子サイレンシング，転写の活性化や抑制における複数の役割などがあり，さらに多くの機能がある．

Chap. 26 ではその名称をあげなかったが，細菌のタンパク質性特異性決定因子について紹介した（図 26-5 参照）．大腸菌 RNA ポリメラーゼのホロ酵素の σ サブユニットは，プロモーターの認識と結合を媒介する特異性決定因子である．大腸菌のほとんどのプロモーターは，σ^{70} という単一の σ サブユニット（分子量 70,000）によって認識される．ある条件下では，σ^{70} サブユニットのいくつかは，他の 6 種類の特異性決定因子の一つに置換される．その顕著な例として，細菌が熱ストレスを受けた場合に，σ^{70} が σ^{32}（分子量 32,000）と置き換えられることがある．σ^{32} と結合した RNA ポリメラーゼは，異なるコンセンサス配列（図 28-3）を有する特殊なプロモーター群に結合する．これらのプロモーターは，熱ショック応答というストレス誘導系の一部をなすタンパク質をコードする一群の遺伝子の発現を制御する．これらのなかにはシャペロンタンパク質（p. 204）も含まれる．このように，RNA ポリメラーゼを異なるプロモーターに結合させるように結合親和性

図 28-3 大腸菌の熱ショック応答遺伝子群の発現を調節するプロモーターのコンセンサス配列

この系は温度の上昇や他の環境ストレスに応答し，一群のタンパク質を誘導する．熱ショックプロモーターへの RNA ポリメラーゼの結合は，RNA ポリメラーゼ開始複合体内で，通常の σ^{70} の代わりに σ^{32} という特別な σ サブユニットによって媒介される．

を変化させることは，一群の関連遺伝子を協調的に調節するための一つの方法である．真核細胞においても，TATA 結合タンパク質（TBP；図 26-9 参照）をはじめとする基本転写因子のいくつかは，特異性決定因子とみなしてよい．

リプレッサーは，DNA 上の特定部位に結合する．細菌の細胞では，リプレッサーの結合部位は**オペレーター** operator と呼ばれ，通常はプロモーターの近くに位置する．リプレッサーが存在すると，RNA ポリメラーゼの DNA への結合や結合後の DNA 上の移動が妨げられる．転写を遮断するリプレッサータンパク質による調節を**負の調節** negative regulation という．DNA へのリプレッサーの結合は，シグナル分子（**エフェクター** effector ともいう）によって調節される．これらは，通常は小分子やタンパク質であり，リプレッサーに結合してコンホメーション変化を引き起こす．リプレッサーとシグナル分子との相互作用は，転写を促進したり抑制したりする．ある場合には，コンホメーション変化によって DNA に結合しているリプレッサーはオペレーターから解離し（図 28-4(a)），転写開始は邪魔されずに進行できる．別の場合には，不活性なリプレッサーとシグナル分子の相互作用によって，リプレッサーがオペレーターに結合できるようになる（図 28-4(b)）．真核細胞では，リプレッサーによる遺伝子調節はあまり一般的ではない．リプレッサーによる調節が実際に起こる場合（酵母のような下等真核生物でより起こりやすい）には，その結合部位はプロモーターからある程度離れていることもある．これらのリプレッサーの結合部位への結合の効果は細菌細胞の場合と同じで，プロモーター上での転写複合体の会合や活性を抑制する．

アクチベーターは，リプレッサーと逆の作用をする分子である．アクチベーターは DNA に結合し，プロモーター上での RNA ポリメラーゼの活性を高める enhance．この調節を**正の調節** positive regulation という．細菌では，アクチベーターの結合部位は，RNA ポリメラーゼだけでは非常に弱くしか結合できないか，あるいは全く結合できないプロモーターに隣接して存在することが多い．したがって，このような遺伝子の転写はアクチベーターの非存在下ではほとんど起こらない．あるアクチベーターは，通常は DNA に結合しており，シグナル分子との結合によって DNA から解離するまでは転写を亢進させる（図 28-4(c)）．他の例として，シグナル分子と相互作用した後でのみ DNA に結合するアクチベーターも存在する（図 28-4(d)）．したがって，シグナル分子はアクチベーターに対してどのように影響を及ぼすのかによって，転写を促進したり抑制したりする．

真核生物では，アクチベーターによる正の調節が特に一般的である．真核生物の多くのアクチベーターは，プロモーターからかなり離れたエンハンサー enhancer という DNA 部位に結合し，数千塩基対も離れて位置することがあるプロモーターでの転写速度に影響を及ぼす．

アクチベーターやリプレッサーの結合部位とプロモーターの間の距離は，その間の DNA をループ状にすることによって縮められる（図 28-5）．このループ形成は，介在する DNA 部位に結合する**構造レギュレーター** architectural regulator というタンパク質によって促進される場合がある．アクチベーターとプロモーター上の RNA ポリメラーゼとの相互作用は，しばしばコアクチベーター coactivator という仲介タンパク質によって媒介される．ある場合には，タンパク質性のリプレッサーがコアクチベーターの位置を占め，アクチベーターと結合して活性化相互作用を妨げる．

細菌の多くの遺伝子はオペロンとしてクラスターを形成し，発現調節を受ける

細菌は，複数の遺伝子の調節を協調させる単純な一般的機構を有する．これら遺伝子群は染色体

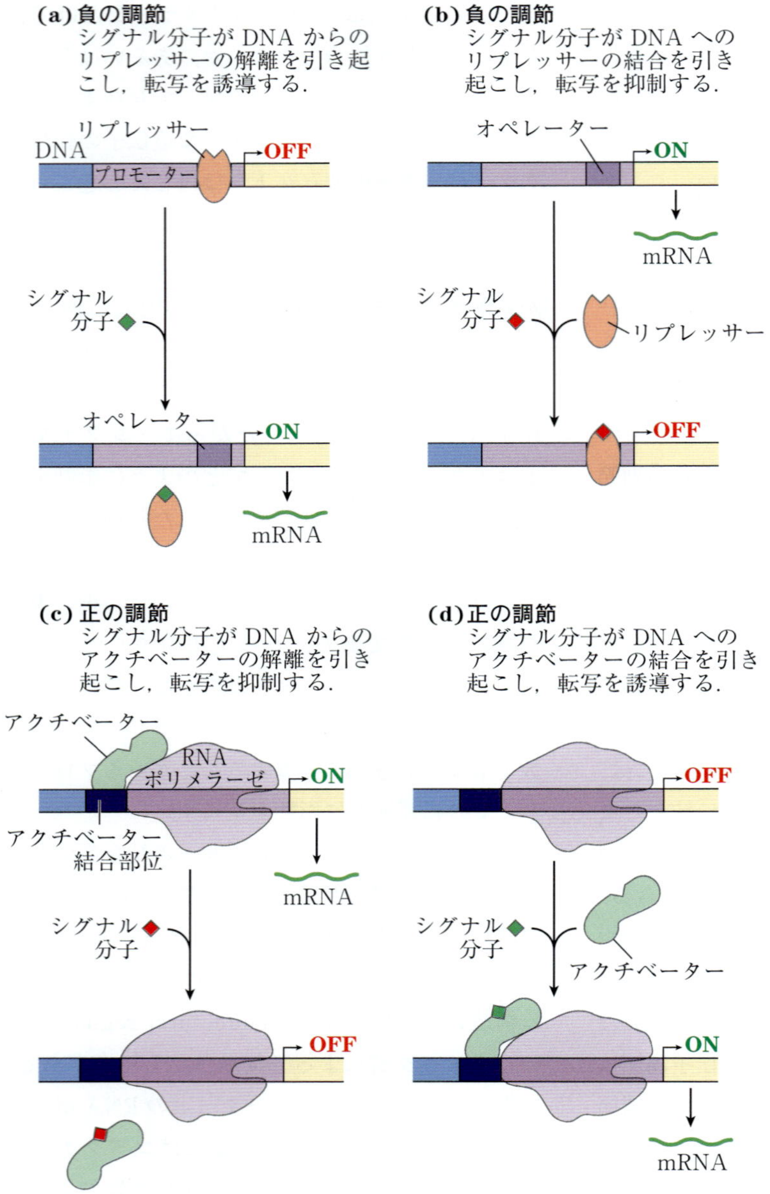

図 28-4 転写開始調節の共通パターン

二つのタイプの負の調節を示す．**(a)** リプレッサーがシグナル分子の非存在下でオペレーターに結合する．シグナル分子はリプレッサーを解離させ，転写を可能にする．**(b)** リプレッサーはシグナル分子の存在下でオペレーターに結合する．シグナル分子が遊離すると，リプレッサーが解離して転写が起こる．正の調節は遺伝子のアクチベーターによって媒介される．正の調節についても二つのタイプが示されている．**(c)** アクチベーターはシグナル分子の非存在下で DNA に結合し，転写が起こる．シグナル分子を加えるとアクチベーターが解離して転写が抑制される．**(d)** アクチベーターがシグナル分子の存在下で DNA に結合する．シグナル分子が遊離するとアクチベーターは解離する．「正」および「負」の調節は関与する調節タンパク質の種類によって分類される．結合するタンパク質は，転写を促進したり抑制したりする．いずれの場合にも，添加されたシグナル分子は，その調節タンパク質への作用に依存して，転写を促進したり抑制したりする．

上でクラスターを形成し，一緒に転写される．細菌の多くの mRNA はポリシストロン性 polycistronic（複数の遺伝子が単一の転写物中に含まれる）であり，このクラスターの転写を開始させる単一のプロモーターが，クラスター内のすべての遺伝子の発現の調節部位である．このような遺伝子のクラスター，プロモーターおよび一緒になって調節に関与する他の配列を合わせて**オペロン** operon と呼ぶ（図 28-6）．オペロンは通常，一つの単位として転写される 2 ～ 6 個の遺伝子を含むが，20 以上の遺伝子を含む場合もある．あるオペロン内での遺伝子の固有の性質や並び順はランダムではない．多くの場合に，同じオペロン内の遺伝子群は，より大きなタンパク質複合体のサブユニットをコードしており，同時に翻訳されることによって複合体の組立てをすぐに行うこと

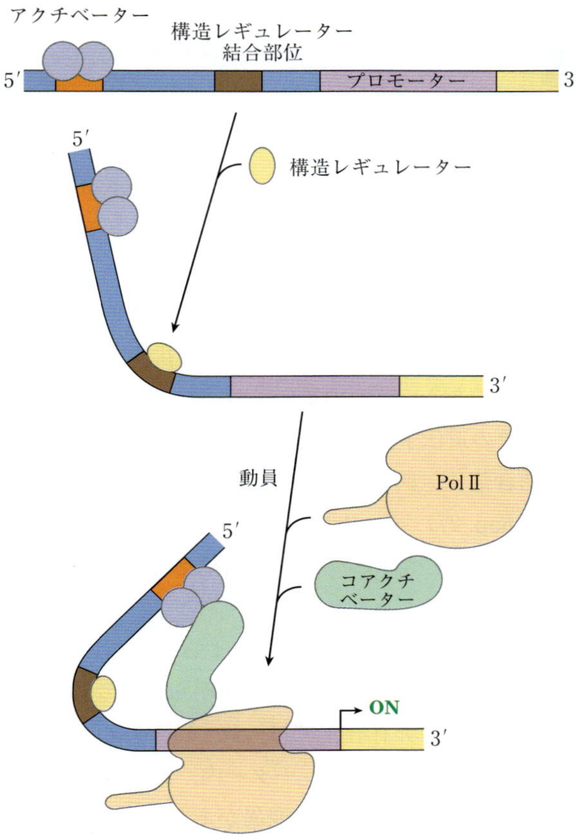

図 28-5 真核生物におけるアクチベーター/リプレッサーと RNA ポリメラーゼの相互作用

真核生物のアクチベーターとリプレッサーは，しばしばそれらが調節するプロモーターから数千塩基対も離れた部位に結合する．構造レギュレーターによってしばしば促進される DNA ループ形成は，それらの部位を近づける．アクチベーターと RNA ポリメラーゼの相互作用は，ここに示すようにコアクチベーターによって媒介されることがある．抑制はときにはアクチベーターに結合するリプレッサー（後述）によって媒介され，活性化につながる RNA ポリメラーゼとの相互作用を妨害する．

François Jacob
(1920－2013)
［出典：Corbis/Bettmann.］

Jacques Monod
(1910－1976)
［出典：Corbis/Bettmann.］

ができる．協調的な調節を必要とする過程に関与する遺伝子から成るオペロンもある．遺伝子には関連がないように見えるが，同様の条件下にある細胞が必要とする産物をコードしている場合もある．

細菌の遺伝子発現調節に関する原理の多くは，ラクトースを唯一の炭素源として利用できる大腸菌のラクトース代謝に関する研究によって初めて明らかになった．1960 年に，François Jacob と Jacques Monod は，フランス科学アカデミー紀要 *Proceedings of the French Academy of Sciences* に短い論文を発表した．そこには，ラクトース代謝に関与する二つの隣接する遺伝子が，その遺伝子クラスターの一端に位置する遺伝的要素によって，どのようにして協調的に調節されるのかについて記載されていた．その二つの遺伝子は，ラクトースをガラクトースとグルコースに分

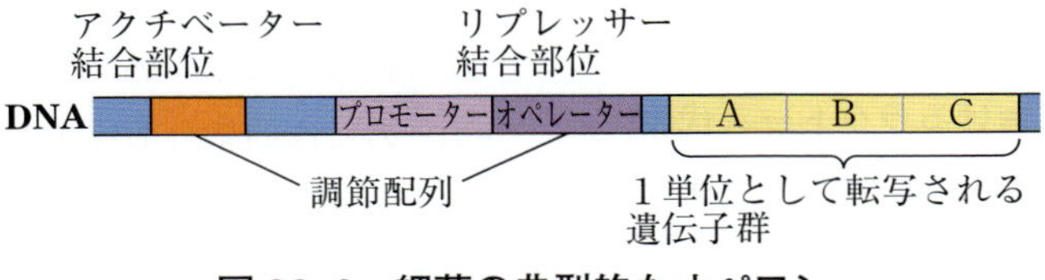

図 28-6 細菌の典型的なオペロン

遺伝子 A, B および C は，一つのポリシストロン性 mRNA 上に転写される．典型的な調節配列には，プロモーターからの転写を活性化したり抑制したりするタンパク質に対する結合部位などがある．

解するβ-ガラクトシダーゼβ-galactosidaseと，細胞内にラクトースを輸送するガラクトシドパーミアーゼ galactoside permease（ラクトースパーミアーゼ lactose permiase, p. 604）であった（図28-7）．「オペロン」と「オペレーター」という用語は，この論文で初めて使用された．オペロンモデルによって，遺伝子発現調節は初めて分子レベルで考察することが可能になった．

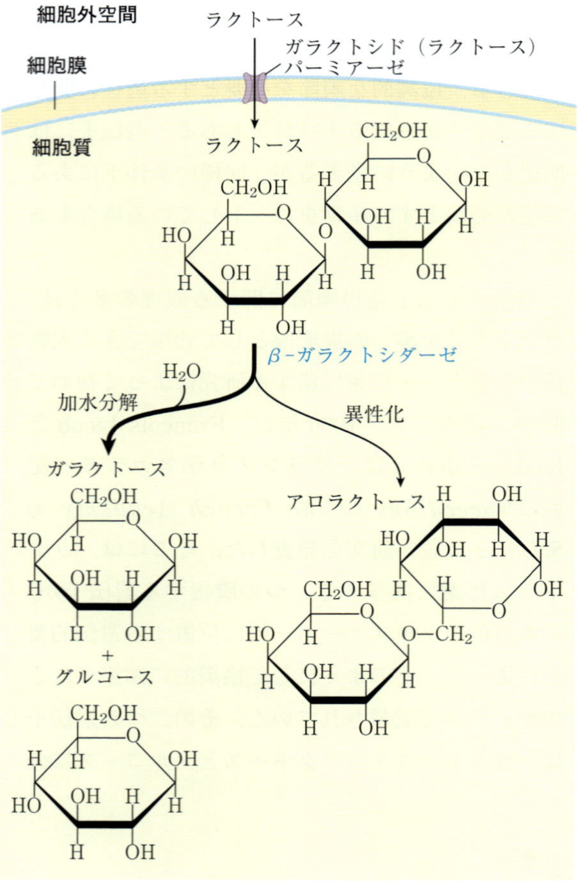

図 28-7　大腸菌におけるラクトース代謝

ラクトースの取込みと代謝には，ガラクトシド（ラクトース）パーミアーゼとβ-ガラクトシダーゼの活性が必要である．トランスグリコシル化によるラクトースからアロラクトースへの変換も，β-ガラクトシダーゼによって触媒される副反応である．

lac オペロンは負の調節を受ける

ラクトース（*lac*）オペロン（図28-8(a)）は，β-ガラクトシダーゼ（*Z*），ガラクトシドパーミアーゼ（*Y*），およびチオガラクトシドトランスアセチラーゼ（*A*）の遺伝子から成る．チオガラクトシドトランスアセチラーゼは，毒性の強いガラクトシドを修飾して，細胞からの排除を促進するようである．三つの遺伝子のそれぞれの上流には，その遺伝子の翻訳を個別に指定するリボソーム結合部位（図28-8には示されていない）がある（Chap. 27）．*lac* リプレッサータンパク質（Lac）による *lac* オペロンの調節は，図28-4(a) にその概略を示すパターンに従う．

lac オペロン変異体の研究によって，このオペロンの作動の詳細な調節機構が明らかになった．ラクトースの非存在下では，*lac* オペロンの遺伝子は抑制される．オペレーター内，あるいは *I* 遺伝子という別の遺伝子に変異があると，*lac* オペロンの遺伝子産物の合成は構成的になる．*I* 遺伝子に欠陥がある細胞に，別のDNA上にコードされた活性のある *I* 遺伝子を導入すると，抑制が回復する．これによって，*I* 遺伝子は遺伝子抑制を引き起こす拡散性分子をコードしていることがわかる．この分子はタンパク質であることがわかっており，今ではLacリプレッサーと呼ばれる．Lacリプレッサーは，同一の単量体から成る四量体である．Lacリプレッサーが最も強固に結合するオペレーター（O_1）は転写開始部位に隣接している（図28-8(a)）．*I* 遺伝子は，*lac* オペロン遺伝子とは独立してそれ自体のプロモーター（P_I）から転写される．*lac* オペロンには，Lacリプレッサーの二次的結合部位がさらに2か所存在し，それぞれO_2，O_3と呼ばれる．O_2は，β-ガラクトシダーゼをコードする遺伝子（*Z*）内の＋410位付近に位置し，O_3は，－90位付近の *I* 遺伝子内に位置する．オペロンを抑制するために，Lacリ

プレッサーは主要オペレーターおよび二つの二次的オペレーター部位のうちのどちらか一方と結合し，介在するDNAをループ状にするようである（図28-8(b)，(c)）．どちらの結合の組合せでも，転写開始は遮断される．

このように精巧な結合複合体であるにもかかわらず，抑制は完全ではない．Lacリプレッサーが結合すると，転写開始の効率は約1/1,000になる．もしもO_2とO_3部位が欠失や変異によって取り除かれると，リプレッサーはO_1にのみ結合し，転写開始の効率は約1/100になる．抑制状態においてさえも，各細胞は数分子のβ-ガラクトシダーゼとガラクトシドパーミアーゼを含んでいる．おそらく，リプレッサーが一時的にオペレーターから解離するようなまれな状況で合成されると思われる．この転写の基本レベルが，オペロンの調節にとって不可欠である．

細胞にラクトースが供給されると，*lac*オペロンが誘導される．誘導（シグナル）分子がLacリプレッサーの特定の部位に結合すると，リプレッサーがオペレーターから解離するようなコンホメーション変化が起こる．*lac*オペロン系の誘導物質はラクトース自体ではなく，アロラクトース allolactose というラクトースの異性体である（図28-7）．ラクトースは（ほんの数分子だけ存在するパーミアーゼを介して）大腸菌細胞内に入ると，ほんの数分子だけ存在するβ-ガラクトシダーゼによってアロラクトースに変換される．Lacリプレッサーがアロラクトースに結合することが引き金となって，オペレーターがリプレッサーから解放されると，*lac*オペロンの遺伝子が発現して，β-ガラクトシダーゼの濃度は1,000倍も上昇する．

アロラクトースに構造的に似ているいくつかのβ-ガラクトシドは，β-ガラクトシダーゼの基質にはならないが誘導物質となることができる．逆に，基質となるが誘導物質にはならないものもある．極めて強力で代謝されない*lac*オペロンの誘導物質として，イソプロピルチオガラクトシド isopropylthiogalactoside（IPTG）が実験的に汎

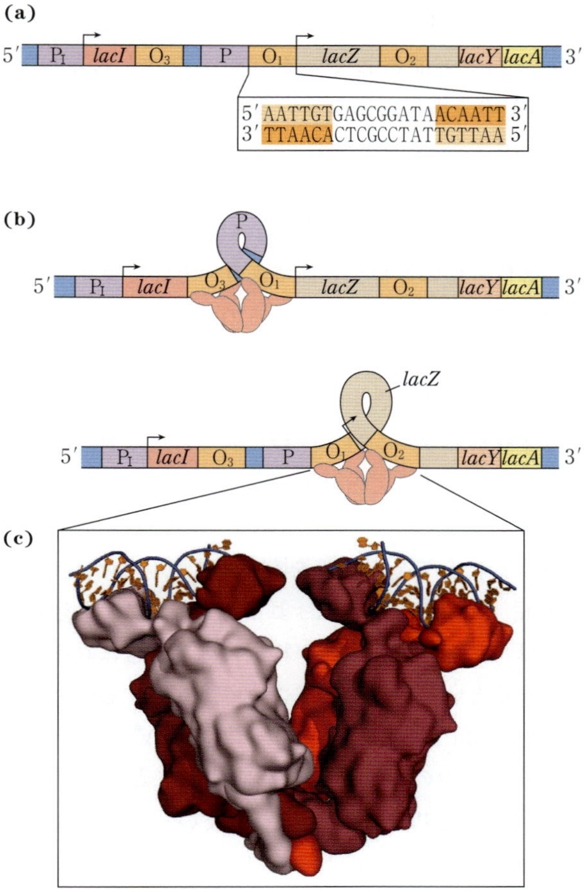

図28-8　*lac*オペロン

(a) *lac*オペロンにおいて．*lacI*遺伝子はLacリプレッサーをコードする．*lacZ*，*lacY*および*lacA*遺伝子は，それぞれβ-ガラクトシダーゼ，ガラクトシドパーミアーゼ，チオガラクトシドトランスアセチラーゼをコードする．Pは*lac*遺伝子群のプロモーターであり，P_Iは*lacI*遺伝子のプロモーターである．O_1は*lac*オペロンの主要オペレーターであり，O_2とO_3はLacリプレッサーに対する親和性が低い二次的なオペレーター部位である．Lacリプレッサーが結合するO_1内の逆位反復配列を挿入図で示す．**(b)** Lacリプレッサーは主要オペレーター，およびO_2またはO_3に結合し，DNA内にループ状構造を形成するようである．**(c)** Lacリプレッサー（赤色）が短くて不連続なDNA（青色と橙色）領域に結合している様子を示す．［出典：(c) PDB ID 2PE5, R. Daber et al., *J. Mol. Biol.* **370**: 609, 2007.］

用される．

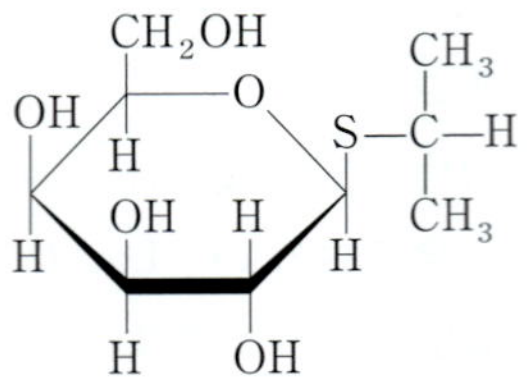

イソプロピル-β-$_D$-チオガラクトシド
(IPTG)

代謝されない誘導物質を使用することによって，増殖のための炭素源としてのラクトースの生理的役割を，遺伝子発現の調節における役割と分離して研究することが可能である．

細菌では今では多くのオペロンがわかっているのに加えて，下等真核生物の細胞でほんの数例のポリシストロン性オペロンが発見されている．しかし，高等真核生物の細胞では，タンパク質をコードするほぼすべての遺伝子は別個に転写される．

オペロンが調節を受ける機構は，図 28-8 に示す単純なモデルとはかなり異なることもある．*lac* オペロンでさえもここに示すよりも複雑であり，全体としてはアクチベータータンパク質も関与している（Sec. 28.2 参照）．しかし，遺伝子発現調節の階層についてさらに詳細に述べる前に，リプレッサーやアクチベーターのような DNA 結合タンパク質とそれらが結合する DNA 配列との重要な分子間相互作用について検討する．

調節タンパク質は明確な **DNA** 結合ドメインをもつ

調節タンパク質は，一般に特定の DNA 配列に結合する．調節タンパク質の標的配列に対する親和性は，他のどのような DNA 配列に対する親和性よりも $10^4 \sim 10^6$ 倍も高い．ほとんどの調節タンパク質は，DNA と強固にかつ特異的に結合する明確な DNA 結合ドメインを有する．これらの DNA 結合ドメインは，比較的少数のグループに属する識別可能で特徴的な構造モチーフのどれかを一つ以上含んでいる．

DNA 配列に特異的に結合するためには，調節タンパク質は DNA 表面の特徴を認識しなければならない．4 種類の塩基の間で異なり，塩基対間の識別を可能にしている官能基のほとんどは，DNA の主溝に露出している水素結合の供与基と受容基である（図 28-9）．したがって，特異性に関与するタンパク質と DNA の接触のほとんどは水素結合である．顕著な例外は，ピリミジンの C-5 位近傍の非極性表面であり，そこではチミンはメチル基を突き出しているので，シトシンと容易に区別される．タンパク質と DNA の接触は，DNA 上の副溝でも可能であるが，この部分での水素結合パターンは，一般に異なる塩基対間の識別を容易にすることはない．

調節タンパク質内で，DNA 中の塩基と最もよく水素結合できる側鎖を有するアミノ酸残基は，Asn，Gln，Glu，Lys および Arg である．それでは，特定のアミノ酸が特定の塩基と常に対を形成するという単純な認識コードは存在するのだろうか．Gln または Asn はアデニンの N^6 と N-7 位の間に二つの水素結合を形成することができるが，他の塩基との間ではできない．Arg 残基は同様に，グアニンの N-7 位と O^6 との間に二つの水素結合を形成することができる（図 28-10）．しかし，多くの DNA 結合タンパク質の構造を調べてみると，タンパク質が各塩基対を認識する方法は複数あり，単純にアミノ酸と塩基を対応させるコードは存在しないという結論に至る．あるタンパク質の場合には，Gln-アデニン相互作用が A＝T 塩基対の認識にかかわるが，別の場合には，チミンのメチル基に対するファンデルワールスポケットが A＝T 塩基対の認識に関与する．DNA 結合タンパク質の構造を調べ，それが結合する DNA 配列を推定することは今のところ不可能である．

DNA の主溝の塩基と相互作用するためには，タンパク質の表面から安定して突き出ている比較

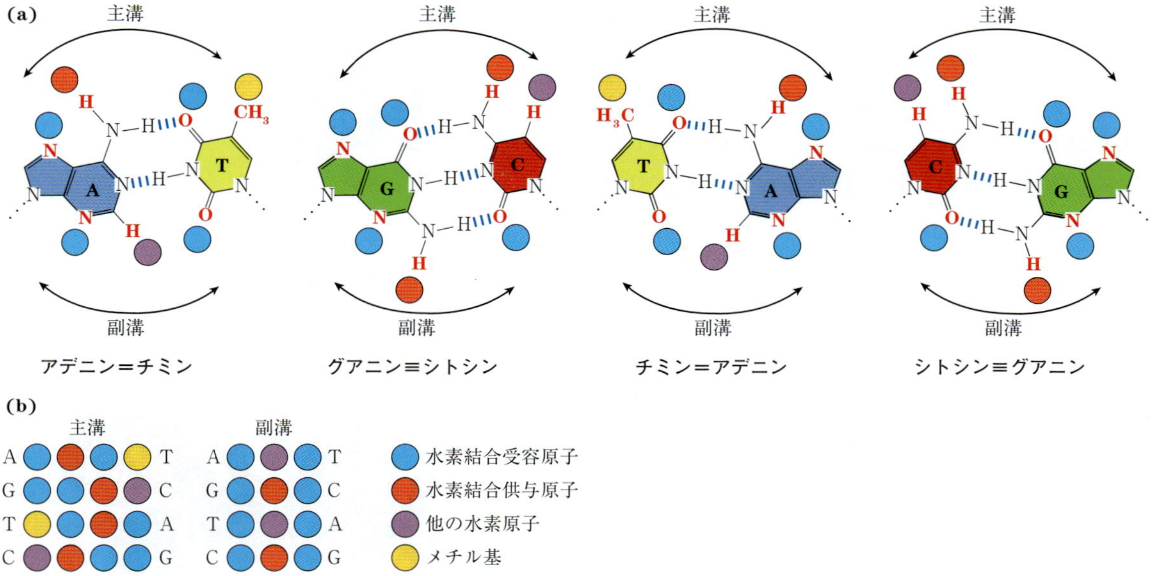

図 28-9　タンパク質との結合に利用可能な DNA 上の官能基

(a) DNA 中の主溝と副溝の表面に提示される四つすべての塩基対中の官能基を示す（図 8-13 参照）．水素結合の受容原子と供与原子を，それぞれ青色と赤色の丸で示す．その他の水素原子を紫色の丸で，メチル基を黄色の丸で示す．**(b)** 各塩基対（左から右の順）の認識パターン．主溝におけるパターンの大きな違いが，副溝と比べてはるかに大きな選別能を主溝に対してもたらす．［出典：J. L. Huret, *Atlas Genet. Cytogenet. Oncol. Haematol.,* 2006, http://atlasgeneticsoncology.org/Educ/DNAEnglD30001ES.html. の情報.］

的小さな構造が必要である．調節タンパク質の DNA 結合ドメインは小さい傾向があり（60 〜 90 のアミノ酸残基），このようなドメイン内で実際に DNA と接触している構造モチーフはさらに小さい．多くの小さなタンパク質は，疎水性残基を内部に取り囲む層を形成する能力が限定されるので不安定である．DNA 結合モチーフは，小さくまとまった安定構造をとるか，タンパク質表面から突き出たタンパク質領域を形成することによってもたらされる．

調節タンパク質に対する DNA の結合部位は，しばしば短い逆方向反復 DNA 配列（パリンドローム）であり，調節タンパク質の複数（通常は二つ）のサブユニットが協調的に結合する．Lac リプレッサーの場合には，通常とは異なって四量体として機能し，二つの二量体が DNA 結合部位から離れた側の末端でつなぎ合わされている（図 28-8(b)）．大腸菌の細胞内には，通常約 20 個の Lac リプレッサー四量体が含まれている．つなぎ合わされた二量体のそれぞれが別々にオペレーターのパリンドローム配列に結合するが，その際

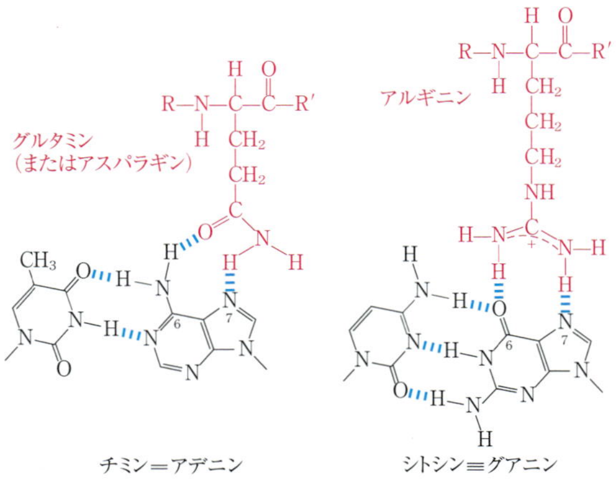

図 28-10　アミノ酸残基と塩基対の間の特異的な相互作用

DNA-タンパク質結合で見られる 2 例について示す．

には *lac* オペロンの 22 bp の領域内の 17 bp と接触している．つなぎ合わされた二量体の一つは一般に O_1 オペレーターの配列に結合し，他方は O_2 または O_3 に結合する（図 28-8(b)）．O_1 オペレーターの配列の対称性は，対を形成する Lac リプレッサーの二つのサブユニットの対称性の軸に対応する．四量体 Lac リプレッサーは，細胞内で約 10^{-10} M の解離定数でオペレーター配列に結合する．リプレッサーは，他の DNA 部分に比べて約 10^6 倍の強さでオペレーターを区別して認識できるため，約 460 万塩基対の大腸菌染色体中で，このような数塩基対の配列への結合は極めて特異的である．

いくつかの DNA 結合モチーフが存在するが，ここではすべての生物の調節タンパク質の中でも，その DNA への結合において重要な役割を果たす二つのモチーフ，ヘリックス・ターン・ヘリックスと亜鉛フィンガーに集中して考察する．さらに，二つの別のタイプのモチーフ，ホメオドメインと RNA 認識モチーフ（その名前からわかるように RNA にも結合する）について考察する．両モチーフともに，ある種の真核生物の調節タンパク質内で重要な役割を担う．

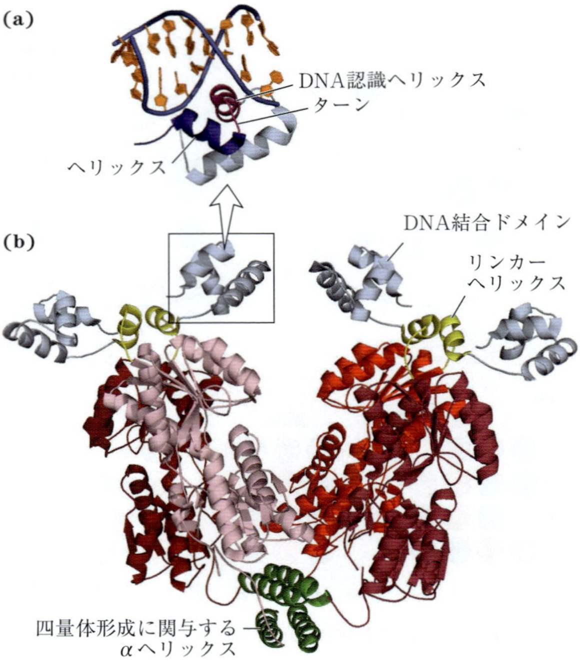

図 28-11　ヘリックス・ターン・ヘリックス
(a) DNA（青色と橙色）に結合している Lac リプレッサーの DNA 結合ドメイン．ヘリックス・ターン・ヘリックスモチーフを濃青色と紫色で示す．DNA 認識ヘリックスは紫色である．**(b)** Lac リプレッサーの全体像．DNA 結合ドメインを淡青色で，四量体形成に関与する α ヘリックスを緑色で示す．タンパク質の残りの部分（赤色）はアロラクトースに対する結合部位を有する．アロラクトース結合ドメインは，リンカーヘリックス（黄色）を介して DNA 結合ドメインに連結されている．［出典：PDB ID 2PE5, R. Daber et al., *J. Mol. Biol.* **370**: 609, 2007.］

ヘリックス・ターン・ヘリックス　**ヘリックス・ターン・ヘリックス** helix-turn-helix モチーフは，細菌の多くの調節タンパク質と DNA の相互作用にとって重要であり，よく似たモチーフはある種の真核生物の調節タンパク質にも存在する．ヘリックス・ターン・ヘリックスは約 20 個のアミノ酸残基から成り，7 ～ 9 アミノ酸残基から成る 2 本の短い α ヘリックス領域が β ターンによって隔てられている（図 28-11）．この構造は一般に単独では安定ではなく，大きな DNA 結合ドメイン中の反応部位にすぎない．二つの α ヘリックス領域のうちの一方は，配列特異的に DNA と相互作用するアミノ酸の多くを含んでいるので，認識ヘリックスと呼ばれる．この α ヘリックスは，タンパク質構造中の他の領域と重なり合って，タンパク質表面から突き出ている．DNA と結合すると，認識ヘリックスは主溝内あるいはその近傍に位置する．Lac リプレッサーはこの DNA 結合モチーフを有する（図 28-11）．

亜鉛フィンガー　**亜鉛フィンガー** zinc finger は，約 30 個のアミノ酸残基から成る長いループであり，そのうちの 4 個のアミノ酸（4 個の Cys，あるいは 2 個の Cys と 2 個の His）が 1 個の Zn^{2+} と配位結合することによって，その基部でつなぎとめられている．亜鉛は，それ自体がDNAと相互作用するのではなく，アミノ酸残基と配位結合することによって，この小さな構造モチーフを安定化する．その構造のコアに存在するいくつかの疎水性側鎖も安定化に寄与する．図28-12では，マウスの調節タンパク質Zif268の単一のポリペプチド中に含まれる三つの亜鉛フィンガーとDNAの相互作用を示す．

亜鉛フィンガーは，多くの真核生物のDNA結合タンパク質中に見られる．単一の亜鉛フィンガーとDNAの相互作用は通常は弱いので，Zif268のように多くのDNA結合タンパク質が複数の亜鉛フィンガーをもっており，DNAと同時に相互作用することによって結合を十分に強める．アフリカツメガエルのあるDNA結合タンパク質は37個もの亜鉛フィンガーを有する．細菌のタンパク質のうちで亜鉛フィンガーモチーフをもつものの例はほとんどない．

亜鉛フィンガーを含むタンパク質がDNAに結合する正確な様式は，タンパク質ごとに異なる．ある亜鉛フィンガーは塩基配列識別のためのアミノ酸残基を含んでいるが，他の亜鉛フィンガーはDNAに非特異的に結合する（特異性を決めるアミノ酸残基はタンパク質中の別の場所に位置する）．亜鉛フィンガーはRNA結合モチーフとしても働くことがあり，あるタンパク質の亜鉛フィンガーは真核生物のmRNAと結合し，翻訳リプレッサーとして働く．この役割については後で考察する（Sec. 28.3）．

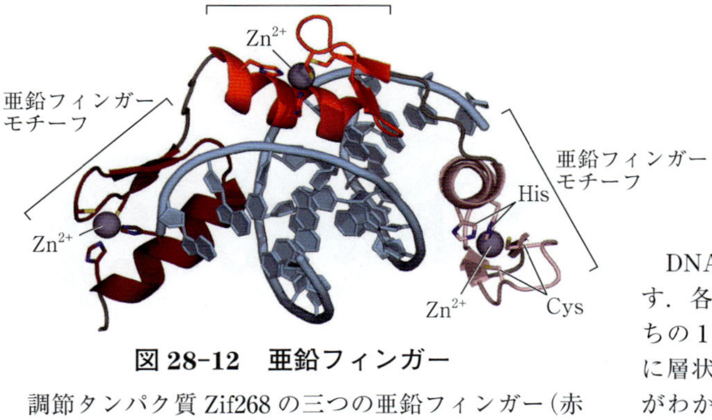

図28-12　亜鉛フィンガー

調節タンパク質Zif268の三つの亜鉛フィンガー（赤色）がDNA（青色）と複合体を形成している．各Zn^{2+}は二つのHis残基および二つのCys残基に配位結合している．［出典：PBD ID 1ZAA, N. P. Pavletich and C. O. Pabo, *Science* **252**: 809, 1991.］

ホメオドメイン　別のタイプのDNA結合ドメインが，特に真核生物の発生過程で転写調節因子として機能する多くのタンパク質で同定されている．60個のアミノ酸残基から成るこのドメインは，胴体パターンの発生を調節する遺伝子であるホメオティック遺伝子 homeotic gene で発見されたことから**ホメオドメイン** homeodomain と呼ばれる．ホメオドメインは高度に保存されており，ヒトを含むさまざまな生物のタンパク質中に見られる（図28-13）．このドメインのDNA結合領域は，ヘリックス・ターン・ヘリックスモチーフに類似している．このドメインをコードする

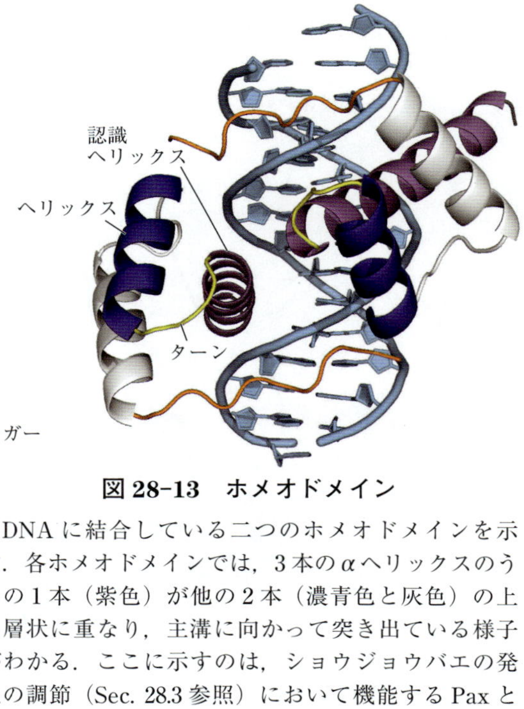

図28-13　ホメオドメイン

DNAに結合している二つのホメオドメインを示す．各ホメオドメインでは，3本のαヘリックスのうちの1本（紫色）が他の2本（濃青色と灰色）の上に層状に重なり，主溝に向かって突き出ている様子がわかる．ここに示すのは，ショウジョウバエの発生の調節（Sec. 28.3参照）において機能するPaxというクラスに属する大きな調節タンパク質の小さな一部分にすぎない．［出典：PDB ID 1FJL, D. S. Wilson et al., *Cell* **82**: 709, 1995.］

DNA 配列は**ホメオボックス** homeobox と呼ばれる．

RNA 認識モチーフ RNA 結合ドメインもここでの議論の対象となる．**RNA 認識モチーフ** RNA recognition motifs（**RRM**）は，いくつかの真核生物遺伝子のアクチベーターで見つかっており，そこでは DNA と RNA に結合するという二重の役割を担っているかもしれない．これらのアクチベーターが DNA 上の特定部位に結合すると転写を誘導する．同じアクチベーターが特定の lncRNA による調節を受けることがある．このような lncRNA は，DNA の結合と競合して遺伝子の転写を低下させる．RRM モチーフをもつ他のタンパク質の中には，mRNA，rRNA や，他のより小さなさまざまな非コード RNA に結合するものがある．RRM は 90 ～ 100 個のアミノ酸残基から成り，4 本鎖の逆平行 β シートが二つの α ヘリックスにより挟み込まれた β_1-α_1-β_2-β_3-α_2-β_4 のトポロジーの構造をもつ（図 28-14）．このモチーフは，別の DNA 結合モチーフをもつ DNA 結合性調節タンパク質の一部として，あるいは RNA のみに結合するタンパク質にも存在するかもしれない．

調節タンパク質はタンパク質間相互作用ドメインも有する

調節タンパク質は，DNA 結合ドメインだけでなく，RNA ポリメラーゼ，他の調節タンパク質，または同一調節タンパク質内の他のサブユニットとのタンパク質間相互作用に関与するドメインも含む．例えば，遺伝子のアクチベーターとして機能する真核生物の多くの転写因子は，亜鉛フィンガーを含む DNA 結合ドメインを介して二量体として DNA に結合する．いくつかの構造ドメインは，DNA に結合するための二量体形成に一般に必要な相互作用に関与する．DNA 結合モチーフと同様に，タンパク質間相互作用を媒介する構造モチーフは，いくつかの共通のカテゴリーのうち

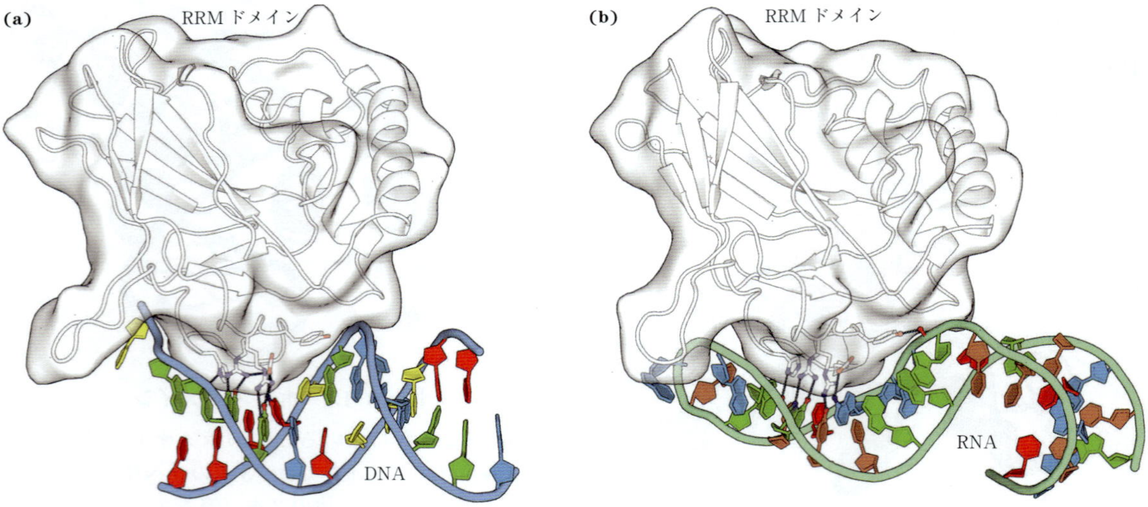

図 28-14 RNA 認識モチーフ

(a) DNA と **(b)** RNA に結合している調節タンパク質 NF-κB の p50 サブユニットの RNA 認識モチーフを示す．特定のアミノ酸残基と DNA または RNA の塩基との間の水素結合性相互作用を黒線で示す．NF-κB は，構造的に関連した真核生物の転写因子ファミリーの名称であり，免疫や炎症反応から細胞増殖やアポトーシスまでを含む過程を調節する．［出典：(a) PDB ID 100A, D. B. Huang et al., *Proc. Natl. Acad. Sci. USA* **100**: 9268, 2003. (b) PDB 1D 1VKX, F. E. Chen et al., *Nature* **391**: 410, 1998.］

どれかにあてはまる．それらのうちで重要な例は，ロイシンジッパーと塩基性ヘリックス・ループ・ヘリックスの二つである．このような構造モチーフが，調節タンパク質を構造上のファミリーに分類するための基本である．

ロイシンジッパー　**ロイシンジッパー** leucine zipper は，一連の疎水性アミノ酸残基が一つの側に集まっている両親媒性 α ヘリックスである（図 28-15）．その疎水性表面は，二つのポリペプチド鎖が二量体を形成する際の接触面になる．このような α ヘリックスの顕著な特徴は，Leu 残基が 7 残基ごとに繰り返して存在し，疎水性表面に沿って一直線に並ぶことである．発見された当初は Leu 残基が互いにかみ合うことが想定されて「ジッパー」と命名されたが，現在では相互作用する α ヘリックスが互いのまわりにコイルを形成する（コイルドコイル coiled coil）ように，2 本のヘリックスが並ぶことがわかっている（図 28-15(b)）．ロイシンジッパーを有する調節タンパク質は，DNA の主鎖の負に荷電しているリン酸と相互作用する塩基性アミノ酸残基（Lys または Arg）を多く含む別個の DNA 結合ドメインをもつこともしばしばある．ロイシンジッパーは，多くの真核生物のタンパク質と，いくつかの細菌のタンパク質中に見出されている．

塩基性ヘリックス・ループ・ヘリックス　別のよく知られた構造モチーフが**塩基性ヘリックス・ループ・ヘリックス** basic helix-loop-helix であ

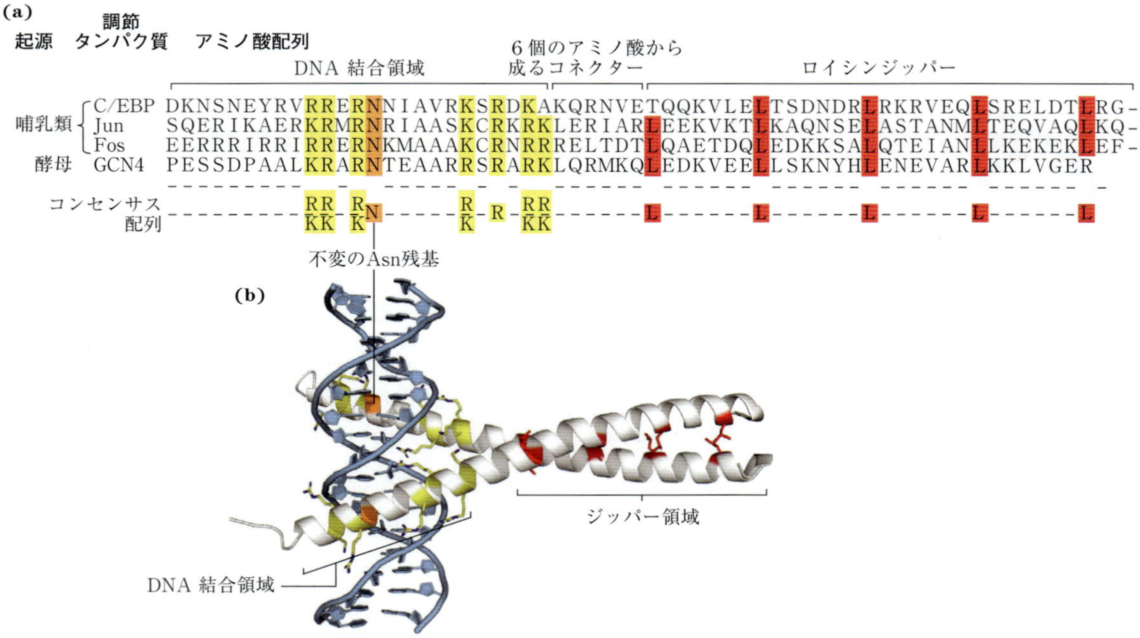

図 28-15　ロイシンジッパー

(a) いくつかのロイシンジッパータンパク質のアミノ酸配列の比較．ジッパー領域に 7 残基ごとに存在する Leu 残基（L, 赤色），および DNA 結合領域に存在する Lys 残基（K）と Arg 残基（R）（黄色）の数に注目．**(b)** 酵母のアクチベータータンパク質 GCN4 のロイシンジッパー．二量体タンパク質の異なるサブユニットに由来し，ジッパーを形成している α ヘリックス（灰色）のみを示す．2 本のヘリックスが，緩やかなコイルドコイルになって互いの周りを覆っている．相互作用している Leu 残基の側鎖と DNA 結合領域中の保存されたアミノ酸を (a) の配列に対応して色づけしてある．［出典：(a) S. L. McKnight, *Sci. Am.* **264** (April): 54, 1991 の情報．(b) PDB ID 1YSA, T. E. Ellenberger et al., *Cell* **71**: 1223, 1992.］

り，多細胞生物の発生過程において遺伝子発現の制御に関連するいくつかの真核生物の調節タンパク質に存在する．これらのタンパク質は，DNA 結合と二量体形成にとって重要な約 50 アミノ酸残基から成る保存された領域を共通にもつ．この領域は，さまざまな長さから成るループによって連結された二つの短い両親媒性 α ヘリックス，すなわちヘリックス・ループ・ヘリックス（DNA 結合に関与するヘリックス・ターン・ヘリックスとは異なる）を形成する．二つのポリペプチド鎖由来のヘリックス・ループ・ヘリックスが相互作用して二量体を形成する（図 28-16）．これらのタンパク質では，DNA 結合はヘリックス・ループ・ヘリックスに隣接する塩基性アミノ酸残基に富む短い配列によって媒介される．この配列は，ロイシンジッパーを含むタンパク質の別個の DNA 結合領域と似ている．

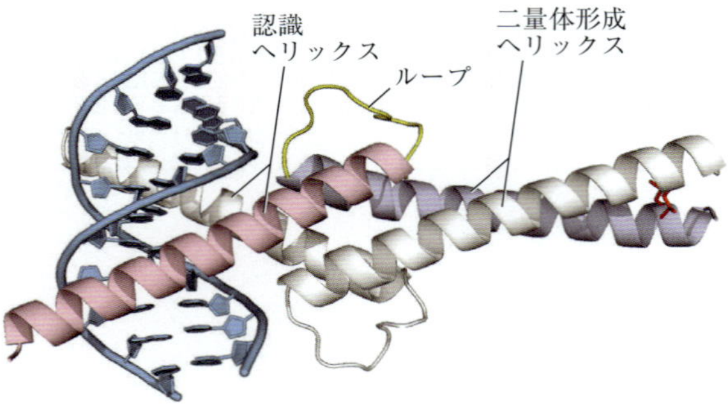

図 28-16 ヘリックス・ループ・ヘリックス

DNA 標的部位に結合しているヒトの転写因子 Max．このタンパク質は二量体であり，一方のサブユニットが色づけしてある．DNA 認識ヘリックス（桃色）は，ループを介して二量体形成ヘリックス（薄紫色）に連結されている．二量体形成ヘリックスはサブユニットのカルボキシ末端と同化している．二つのサブユニットのカルボキシ末端ヘリックスの相互作用は，ロイシンジッパー（図 28-15(b) 参照）と極めて類似するコイルドコイルの特徴を有するが，この例では相互作用する Leu 残基（右側の赤色の側鎖）は一対のみである．全体構造は，ヘリックス・ループ・ヘリックス/ロイシンジッパーモチーフと呼ばれることもある．［出典：PDB ID 1HLO, P. Brownlie et al., *Structure* **5**: 509, 1997.］

真核生物の調節タンパク質におけるタンパク質間相互作用 真核生物において，ほとんどの遺伝子はアクチベーターによる調節を受け，ほとんどがモノシストロニックである．もしも異なるアクチベーターが各遺伝子に必要であるとすれば，アクチベーターの数（そしてそれらをコードする遺伝子の数）は，調節を受ける遺伝子の数だけ必要になるだろう．しかし，酵母では約 300 の転写因子（それらの多くがアクチベーター）が数千もの遺伝子の調節に関与する．転写因子の多くは複数の遺伝子の誘導を調節するが，ほとんどの遺伝子は複数の転写因子による調節を受ける（例えば，図 15-25 参照）．異なる遺伝子の適切な調節は，各遺伝子で，限られたレパートリーの転写因子を異なる組合せで利用することによって遂行される．このような機構を**コンビナトリアル制御** combinatorial control という．

コンビナトリアル制御は，部分的には調節タンパク質ファミリー内のさまざまなメンバーを組み合せ，いくつもの異なる活性型タンパク質二量体を形成することによって遂行される．真核生物の転写因子のいくつかのファミリーは，構造上の類似性に基づいて分類される．各ファミリー内では，二量体が同一のタンパク質どうしで形成される場合（ホモ二量体）と，ファミリー内の二つの異なるタンパク質の間で形成される場合（ヘテロ二量体）がある．四つの異なるロイシンジッパータンパク質から成る仮想上のファミリーでは，このようにすれば 10 種類もの二量体を形成することが可能である．多くの場合に，異なる組合せの二量体は，異なる調節特性と機能特性を有し，異なる遺伝子の調節において機能する．後述するように，この種の複数の調節タンパク質が，真核生物のほとんどの遺伝子において機能し，コンビナトリアル制御にさらに寄与する．

DNA 結合と二量体形成に寄与する構造ドメインをもつことによって，特定のタンパク質二量体を特定の遺伝子に向けるのに加えて，多くの調節タンパク質は，RNA ポリメラーゼ，調節性 RNA，他のファミリーの調節タンパク質，あるいはこれら 3 者のうちのいくつかの組合せと相互作用するドメインを有する．タンパク質間相互作用に関与する別のドメインが少なくとも三つ（主として真核生物で）明らかになっている．(1) グルタミンリッチドメイン，(2) プロリンリッチドメイン，(3) 酸性アミノ酸リッチドメインであり，その名称は特に豊富に含まれるアミノ酸残基を反映している．

タンパク質と DNA や，タンパク質と RNA の結合相互作用が，遺伝子機能に関する複雑な調節機構の基本である．これらの遺伝子発現調節の体系に関して，まずは細菌の系について，次に真核生物の系について詳しく解説する．

まとめ

28.1　遺伝子発現調節の原理

- 遺伝子発現は，その遺伝子産物の合成速度や分解速度に影響を及ぼす多くの過程によって調節される．この調節の多くは転写開始レベルで起こり，特定のプロモーターからの転写を抑制（負の調節）あるいは活性化（正の調節）する調節タンパク質によって媒介される．
- 細菌では，相互依存的に機能する産物をコードする遺伝子は，しばしばオペロンという単一の転写単位のクラスターを形成している．これらの遺伝子の転写は，一般にオペレーターと呼ばれる DNA 部位に特定のリプレッサータンパク質が結合することによって遮断される．オペレーターからのリプレッサーの解離は，誘導物質という特定の小分子によって媒介される．これらの原理はラクトース（*lac*）オペロンの研究で初めて解明された．Lac リプレッサーは，誘導物質のアロラクトースに結合すると *lac* オペレーターから解離する．
- 調節タンパク質は，特定の DNA 配列を認識する DNA 結合タンパク質である．これらのタンパク質のほとんどは，明確な DNA 結合ドメインを有する．これらのドメイン内には，DNA（または RNA，あるいは DNA と RNA の両方）との結合に関与する共通の構造モチーフとして，ヘリックス・ターン・ヘリックス，亜鉛フィンガー，ホメオドメイン，RNA 認識モチーフがある．
- 調節タンパク質は，タンパク質間相互作用のためのドメインも含んでいる．それらには，二量体形成に関与するロイシンジッパーやヘリックス・ループ・ヘリックスモチーフ，および転写活性化に必要な他のモチーフがある．二量体の転写因子におけるタンパク質ファミリーのメンバーの組合せは，コンビナトリアル制御を介してより効率的で応答性の高い調節をもたらす．

28.2　細菌における遺伝子発現調節

生化学研究の他の多くの分野と同様に，遺伝子発現調節の研究は，他の実験生物よりも細菌においてより早い時期から急速に進展した．よく研究されている多くの系のなかから，ここでは細菌の遺伝子調節を例として取り上げる．その理由の一つは歴史的な意味からであるが，主な理由は細菌において調節機構の全貌を理解しやすいからである．細菌の遺伝子調節の原理の多くは，真核細胞の遺伝子発現を理解することとも関連する．

まず，ラクトースおよびトリプトファンのオペロンについて検討する，各オペロン系には調節タンパク質が関与するが，系全体の調節機構は大きく異なる．その後で，大腸菌の SOS 応答について手短に考察する．これによって，ゲノム全体に散在している遺伝子がどのようにして協調的に調節されるのかを示す．次に，細菌における二つの全く異なるタイプの調節系について述べ，遺伝子調節機構の多様性について示す．一つはリボソームタンパク質合成の翻訳レベルでの調節であり，調節タンパク質の多くがDNAではなくRNAに結合する．二つ目はサルモネラの「相変異 phase variation」という過程の調節であり，遺伝的組換えを伴うものである．最後に，RNAがそれ自体の機能を調節するような転写後調節のいくつかの例についても検討する．

lac オペロンは正の調節を受ける

lac オペロンに関して前述したオペレーター－リプレッサー－誘導物質の相互作用（図 28-8）は，直観的に満足できる遺伝子発現調節のスイッチオン・オフのモデルを提供する．しかし，オペロンの調節は実際にはそれほど単純ではない．細菌の環境は遺伝子にとっては複雑すぎるので，単一のシグナルでは制御できない．グルコースの利用可能性のようなラクトース以外の環境因子も，*lac* 遺伝子群の発現に影響を及ぼす．グルコースは解糖によって直接代謝されるので，大腸菌では優先的なエネルギー源である．他の糖は，主要な，あるいは唯一の栄養源として利用できるが，解糖に入るまでに余分な酵素ステップを必要とするので，さらに別の酵素の合成が必要である．ラクトースやアラビノースのような糖の代謝に必要なタンパク質の遺伝子を発現することは，グルコースが豊富に存在するときには無駄なことは明白である．

それでは，グルコースとラクトースの両方が存在するときには，*lac* オペロンの発現はどのようになるのだろうか．**カタボライト抑制** catabolite repression として知られる調節機構は，グルコースの存在下では，ラクトースやアラビノースなどの糖が存在していても，これらの副次的な糖の異化に必要な遺伝子の発現を制限する．このグルコースによる抑制効果は，コアクチベーターの cAMP，および **cAMP 受容タンパク質** cAMP receptor protein（**CRP**）というアクチベータータンパク質によって媒介される．CRP は，カタボライト遺伝子活性化タンパク質 *c*atabolite gene *a*ctivator *p*rotein（CAP）とも呼ばれ，分子量 22,000 のサブユニットから成るホモ二量体であり，DNA と cAMP に対する結合部位を有する．DNA との結合は，このタンパク質の DNA 結合ドメイン内のヘリックス・ターン・ヘリックスモチーフによって媒介される（図 28-17）．グルコース非存在下では，CRP-cAMP 複合体は *lac* プロモーター近くの部位に結合し（図 28-18），RNA の転写を 50 倍促進する．したがって，CRP-cAMP はグルコースレベルに応答する正の調節因子であるのに対して，Lac リプレッサーはラクトースに応答する負の調節因子である．これら二つの因子は協調して働く．Lac リプレッサーが転写を遮断しているときには，CRP-cAMP は *lac* オペロンに対してほとんど作用しない．また，リプレッサーがオペレーターから解離しても，CRP-cAMP が存在して転写を促進しなければ，*lac* オペロンの転写はほとんど進まない．CRP が

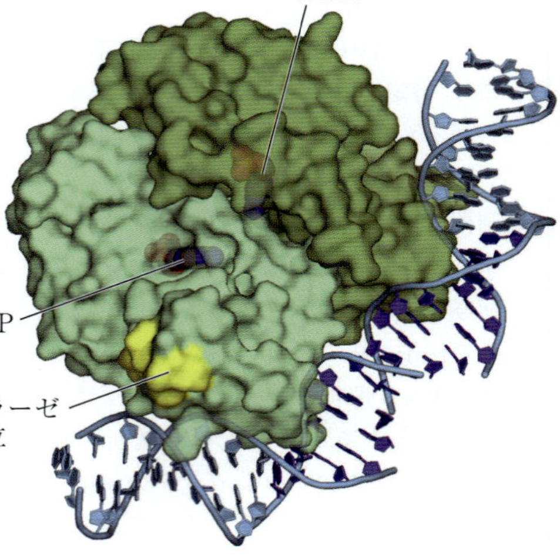

図 28-17 cAMP と結合している CRP のホモ二量体

タンパク質のまわりの DNA が折れ曲がっていることに注目．RNA ポリメラーゼと相互作用する領域（黄色）を示してある．［出典：PDB ID 1RUN, G. Parkinson et al., *Nature Struct. Biol.* **3**: 837, 1996.］

結合していないときには，野生型の *lac* プロモーターは比較的弱いプロモーターである（図 28-18 (a)，(c)）．RNA ポリメラーゼとプロモーターの開いた複合体（図 26-6 参照）は，CRP-cAMP 複合体が存在しないと容易には形成されない．CRP は，RNA ポリメラーゼの α サブユニットを介してポリメラーゼと直接相互作用する（図 28-17）．

CRP に対するグルコースの効果は，cAMP の相互作用によって媒介される（図 28-18）．cAMP 濃度が高いときに，CRP は DNA に最も強固に結合する．グルコースが存在すると，cAMP の合成は抑制され，細胞からの cAMP の排出が促進される．cAMP 濃度が低下するにつれて，CRP の DNA への結合も弱まり，その結果 *lac* オペロンの発現が低下する．したがって，*lac* オペロンの強い誘導には，（Lac リプレッサーを不活化するために）ラクトースが存在すること，および（cAMP 濃度の上昇と CRP への cAMP の結合を促進するための）グルコース濃度の低下の両方

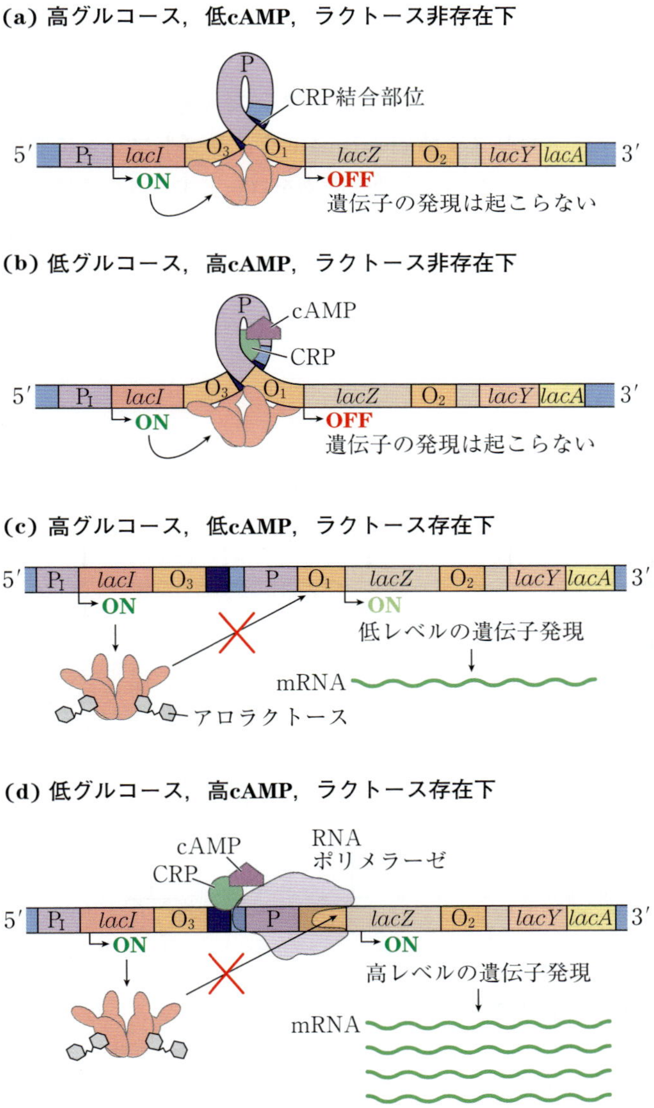

図 28-18　CRP による *lac* オペロンの正の調節

CRP-cAMP の結合部位はプロモーターの近傍にある．*lac* オペロンの発現に対するグルコースとラクトースの利用性の複合効果を示してある．ラクトースの非存在下では，リプレッサーがオペレーターに結合し，*lac* 遺伝子の転写を妨げる．グルコースが存在するか **(a)**，それとも存在していないか **(b)** は問題ではない．**(c)** もしもラクトースが存在すれば，リプレッサーはオペレーターから解離する．しかしグルコースも利用可能であれば，低レベルの cAMP の場合でも CRP-cAMP 複合体の形成と DNA への結合が妨げられる．RNA ポリメラーゼがときおり結合して転写を開始することがあり，*lac* 遺伝子の転写が極めて低レベルで起こる．**(d)** ラクトースが存在し，グルコースのレベルが低い場合には，cAMP レベルが上昇する．CRP-cAMP 複合体が形成され，RNA ポリメラーゼの *lac* プロモーターへの強固な結合と高レベルの転写を促進する．

が必要である．

CRP と cAMP は，主としてガラクトースやアラビノースのような副次的な糖の代謝のための酵素をコードする多くのオペロンの協調的な調節に関与する．共通の調節因子によって支配されるオペロンのネットワークは，**レギュロン** regulon と呼ばれる．レギュロンは，数百もの遺伝子の働きが必要な細胞機能の協調的な転換を可能にするので，真核生物において散在する遺伝子のネットワークの発現調節の主要なテーマである．細菌の他のレギュロンの例には，温度の変化に応答する熱ショック遺伝子系（p. 1041）や，後述する DNA 損傷に対する SOS 応答の一部として大腸菌で誘導される遺伝子群などがある．

アミノ酸生合成に関与する多くの酵素の遺伝子は転写アテニュエーションによる調節を受ける

20 種類の標準アミノ酸はタンパク質合成のために大量に必要であり，大腸菌はこれらすべてを合成することができる．特定アミノ酸を合成するために必要な酵素の遺伝子群は，一般に一つのオペロン内でクラスターを形成しており，そのアミノ酸の供給が細胞の需要に比べて十分でないときに発現する．そのアミノ酸が豊富なときには，それらの生合成酵素は不要であり，オペロンは抑制される．

大腸菌のトリプトファン（*trp*）オペロンは，コリスミ酸 chorismate をトリプトファンに変換するために必要な酵素をコードする五つの遺伝子から成る（図 28-19）．そのうちの二つの酵素は，

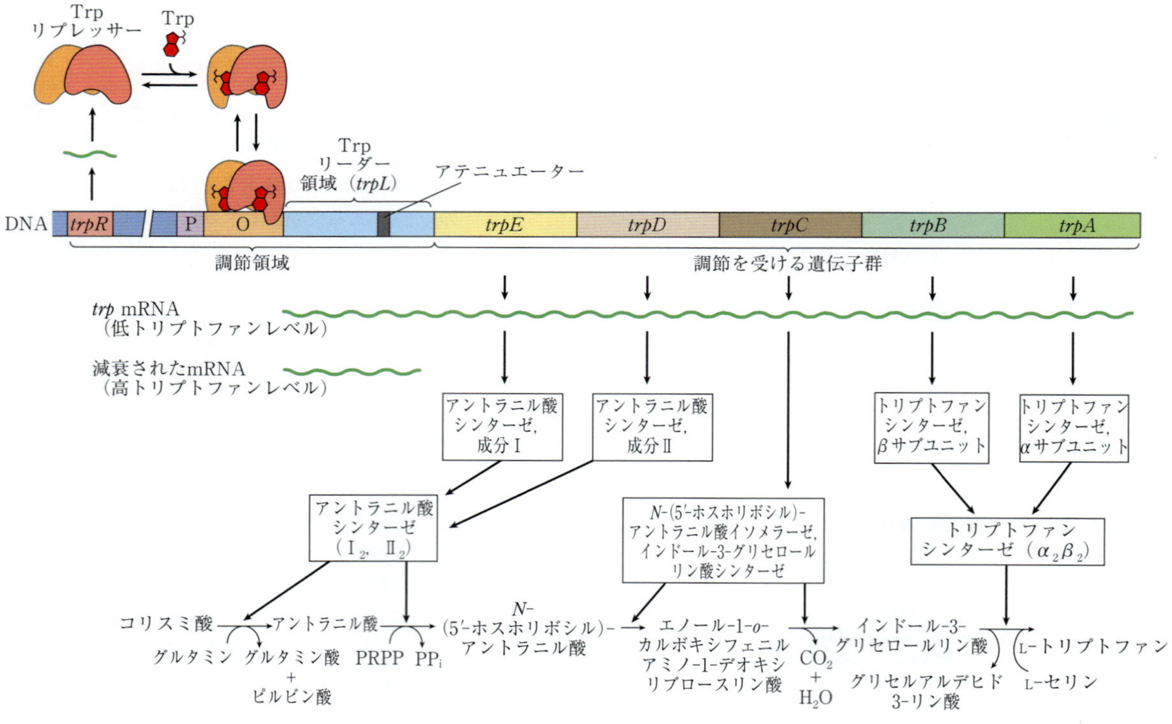

図 28-19 *trp* オペロン

このオペロンは二つの機構による調節を受ける．トリプトファンが高レベルのとき，(1) リプレッサー（左上）がオペレーターに結合し，かつ (2) *trp* mRNA の転写は減衰する（図 28-20 参照）．*trp* オペロン内にコードされる酵素によるトリプトファンの生合成を下部に図示する（図 22-19 も参照）．

生合成経路の複数のステップを触媒する．*trp* オペロンの mRNA の半減期はたった約 3 分であり，細胞はこのアミノ酸の需要の変化に対して迅速に応答することができる．Trp リプレッサーはホモ二量体である．トリプトファンは，豊富に存在するときには Trp リプレッサーに結合してそのコンホメーションを変化させ，リプレッサーの *trp* オペレーターへの結合を可能にして，*trp* オペロンの発現を抑制する．*trp* オペレーター部位はプロモーターと重複しているので，リプレッサーが結合すると RNA ポリメラーゼのプロモーターへの結合が遮断される．

繰返しになるが，リプレッサーにより仲介されるこの単純な「オン・オフ」回路が *trp* オペロンの調節機構のすべてというわけではない．トリプトファンの細胞内濃度が異なれば，生合成酵素の合成速度は 700 倍以上も変動することがある．いったん抑制が解除されて転写が開始すると，転写速度は**転写アテニュエーション** transcription attenuation という第二の調節機構によって細胞のトリプトファン需要に応じて微調整される．転写アテニュエーションでは，転写は通常通りに開始されるが，オペロンの遺伝子が転写される前に突然停止する．転写アテニュエーションが作動する頻度は利用可能なトリプトファンによって調節され，細菌における転写と翻訳の極めて密接な共役に依存する．

trp オペロンのアテニュエーション機構は，最初の遺伝子の開始コドンよりも上流の mRNA の 5′末端にある 162 ヌクレオチドの**リーダー** leader 領域内の四つの配列（配列 1 ～ 4）内にコードされているシグナルを利用している（図 28-20(a)）．リーダー内には，配列 3 と配列 4 から成る**アテニュエーター** attenuator という領域が存在する．配列 3 と配列 4 は塩基対を形成し，G≡C リッチなステム・ループ構造を形成し，その直後に一連の U 残基が続く．このアテニュエーター構造は転写ターミネーターとして機能する（図 28-20(b)）．配列 2 も配列 3 と相補的である（図 28-20(c)）．配列 2 と配列 3 が塩基対を形成すると，配列 3 と配列 4 によるアテニュエーター構造は形成されず，*trp* 生合成遺伝子のほうへと転写は続く．配列 2 と配列 3 の塩基対により形成されるループは転写を妨害しない．

調節配列 1 がこのトリプトファン感受性調節機構にとって重要である．この機構によって，配列 3 が配列 2 と塩基対を形成する（転写を継続させる）のか，それとも配列 4 と塩基対を形成する（転写のアテニュエーション）のかが決定される．アテニュエーターのステム・ループ構造の形成は，調節配列 1 の翻訳の際に起こる出来事に依存する．調節配列 1 は，2 個の Trp 残基を含む 14 個のアミノ酸から成るリーダーペプチド（mRNA 中のリーダー領域によってコードされているのでこのように呼ばれる）をコードしている．このリーダーペプチドには，細胞内での機能は他にはなく，その合成は単にオペロン調節の仕掛けの一部にすぎない．このペプチドは転写後すぐに翻訳される．すなわち，転写が進行するにつれて，RNA ポリメラーゼのすぐ後ろにリボソームが続く．

トリプトファン濃度が高いときには，トリプトファンが結合している（チャージされている）トリプトファン tRNA（Trp-$tRNA^{Trp}$）の濃度も高い．これによって，配列 3 が RNA ポリメラーゼによって合成されるよりも前に，翻訳は配列 1 中の 2 個の Trp コドンを通り過ぎて配列 2 へと迅速に進んでいく．この状態では，配列 2 はリボソームによって覆われており，配列 3 が転写された時点で，配列 2 が配列 3 と塩基対を形成することはできない．したがって，配列 3 と配列 4 によるアテニュエーター構造が形成され，転写は停止する（図 28-20(b)，上図）．一方，トリプトファン濃度が低いときには，チャージされている $tRNA^{Trp}$ はあまり存在しないので，リボソームは配列 1 中の二つの Trp コドンのところで停止する．配列 3 が合成されている際には，配列 2 は解放されてい

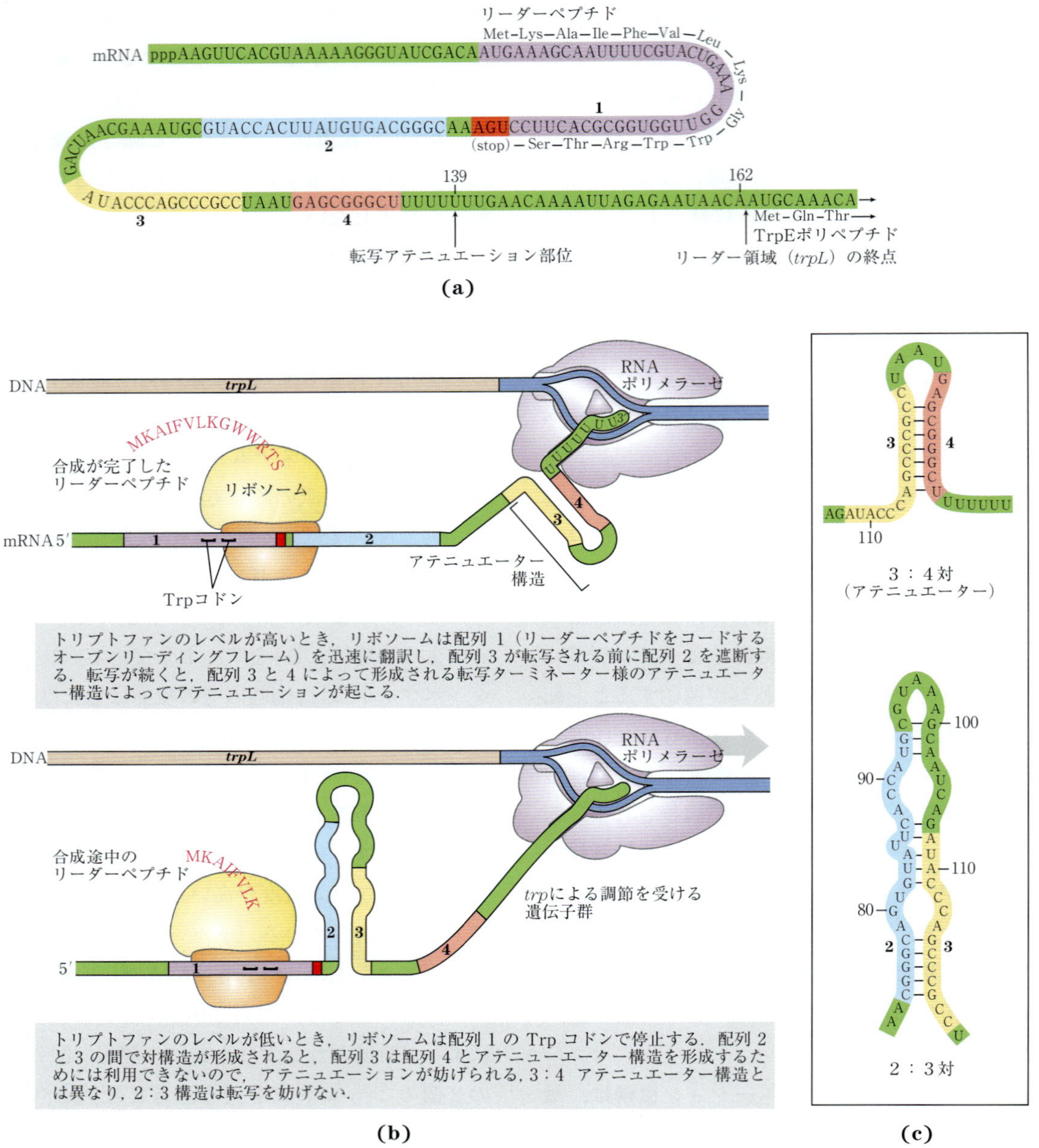

図 28-20 *trp* オペロンの転写アテニュエーション

転写は，*trpL* という DNA 領域（図 28-19 参照）によってコードされる 162 ヌクレオチドの mRNA リーダーの先頭から始まる．この調節機構によって，リーダーの末端で転写が減衰するのか，それとも構造遺伝子の転写へと継続するのかが決まる．**(a)** *trp* mRNA リーダー（*trpL*）．*trp* オペロンにおけるアテニュエーション機構には，配列 1 ～ 4（色づけして強調）が関与する．**(b)** 配列 1 は，リーダーペプチドという 2 個の Trp 残基（W）を含む短いペプチドをコードする．リーダーペプチドは転写開始後すぐに翻訳される．配列 2 と 3，および配列 3 と 4 は相補的である．アテニュエーター構造は，配列 3 と 4 の対によって形成され（上図），その構造と機能は転写ターミネーター（図 26-7(a) 参照）の構造と機能に類似する．配列 2 と 3 の対（下図）は，アテニュエーター構造の形成を妨げる．リーダーペプチドに，その他の機能はないことに注目しよう．そのオープンリーディングフレームの翻訳は，どの相補配列（配列 2 と 3，あるいは配列 3 と 4）が対合するのかを決定するという純粋に調節的な役割を果たす．**(c)** *trp* mRNA リーダーの相補的領域の塩基対形成の模式図．

るので，配列２と３は塩基対を形成して，転写の進行が可能になる．（図 28-20(b)，下図）．このように，トリプトファン濃度が低下するにつれて，転写アテニュエーションが起こる確率も低下する．

他の多くのアミノ酸の生合成オペロンも，同様のアテニュエーション機構を用いて，その時点の細胞内需要に見合うように生合成酵素量を微調整している．*phe* オペロンにより産生される 15 個のアミノ酸から成るリーダーペプチドは，7 個の Phe 残基を含んでいる．*leu* オペロンのリーダーペプチドは，4 個の連続する Leu 残基を含んでいる．*his* オペロンのリーダーペプチドは，7 個の連続する His 残基を含んでいる．実際に，*his* オペロンや他のいくつかのアミノ酸の生合成オペロンでは，アテニュエーションは十分に鋭敏であり，唯一の調節機構である．

SOS 応答の誘導にはリプレッサータンパク質の分解が必要である

細菌の染色体で大規模な DNA 損傷が起こると，散在している多くの遺伝子の誘導が起こる．SOS 応答（p. 1453）と呼ばれるこの応答は，協調的な遺伝子調節の別の良い例である．誘導される遺伝子の多くは DNA 修復に関与する（表 25-6 参照）．その中心となる調節タンパク質は，RecA タンパク質と LexA リプレッサーである．

LexA リプレッサー（分子量 22,700）は，すべての SOS 遺伝子の転写を抑制する（図 28-21）．SOS 応答の誘導には LexA リプレッサーの除去が必要である．しかしこの場合には，前述の *lac* オペロンの調節のように，小分子が結合することによって DNA から解離するという単純な機構ではない．その代わりに，LexA リプレッサーは特定の Ala-Gly ペプチド結合の自己切断を触媒し，

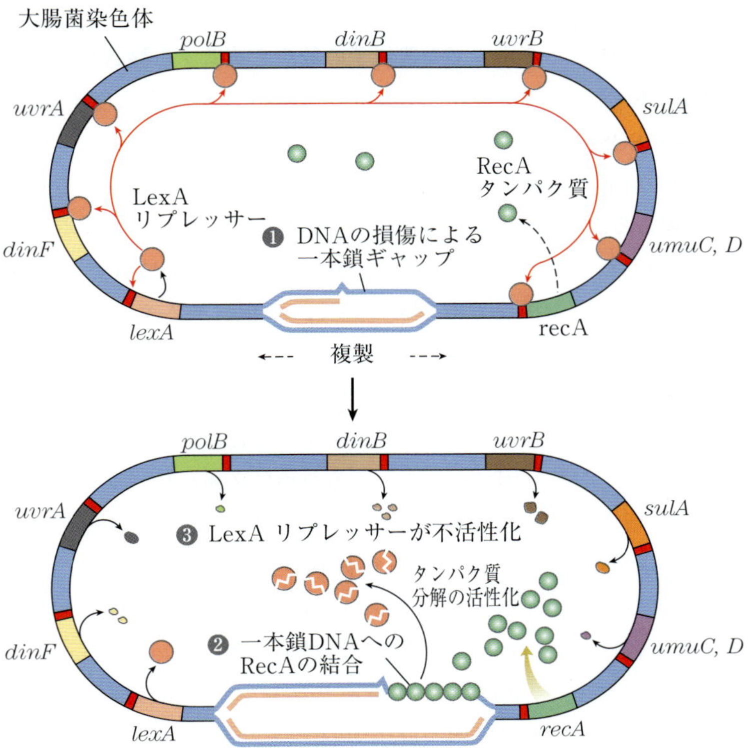

図 28-21　大腸菌における SOS 応答

これらのタンパク質の多くの機能については表 25-6 を参照．LexA タンパク質はこの系のリプレッサーであり，各遺伝子に隣接するオペレーター部位（赤色）に結合する．*recA* 遺伝子は LexA リプレッサーによって完全に抑制されるわけではないので，通常の細胞は RecA タンパク質の単量体を約 1,000 分子含む．❶ DNA が紫外線などによって大規模な損傷を受けると，DNA 複製は停止し，DNA 中の一本鎖ギャップの数が増える．❷ RecA タンパク質がこの損傷を受けた一本鎖 DNA に結合し，このタンパク質のプロテアーゼ補助活性を促進する．❸ DNA に結合している RecA タンパク質は，LexA タンパク質の切断による不活性化を促進する．このリプレッサーが不活性化されると，*recA* などの SOS 遺伝子群が誘導される．RecA のレベルは 50 〜 100 倍になる．

ほぼ同じサイズの二つの断片になって不活性化される．生理的pHでは，この自己切断反応にはRecAタンパク質が必要である．RecAは典型的な意味でのプロテアーゼではないが，LexAと相互作用するとLexAの自己切断反応を促進する．このRecAの機能は，プロテアーゼ補助活性と呼ばれることもある．

RecAタンパク質は，生物学的シグナル（DNA損傷）とSOS遺伝子の誘導を機能的に結びつける．深刻なDNA損傷が起こると，DNA中に多くの一本鎖ギャップが生じ，一本鎖ギャップに結合したRecAのみがLexAリプレッサーの自己切断を促進する（図28-21，下図）．RecAがギャップに結合すると，最終的にプロテアーゼ補助活性が活性化され，LecAリプレッサーの切断とSOS誘導を引き起こす．

深刻な損傷を受けた細胞内でのSOS応答の誘導の際に，RecAタンパク質は別のリプレッサーも切断して不活性化することによって，細菌宿主内で休眠（溶原化）しているある種のウイルスの増殖を可能にする．これは進化適応の典型例である．ウイルスの増殖を抑制しているこのようなリプレッサーは，LexAと同様に特定のAla-Glyペプチド結合で自己切断を受ける．その結果，SOS応答の誘導によってウイルスの複製と細胞の溶解が起こり，新たなウイルス粒子の放出が起こる．このようにして，バクテリオファージは傷ついた宿主細菌細胞から迅速に脱出できるようになる．

リボソームタンパク質の合成は rRNA 合成と連動している

細菌では，細胞タンパク質の合成の需要が増すと，細胞は個々のリボソームの活性を変化させるのではなく，リボソーム数を増やすことによって対応する．一般に，細胞増殖速度が上昇するにつれて，リボソーム数も増大する．増殖が速いときには，リボソームは細胞の乾燥重量の約45％をも占める．リボソームをつくるためにつぎ込まれる細胞内の物質の割合は大きく，かつリボソームの機能は極めて重要なので，細胞はリボソームの成分，すなわちリボソームタンパク質とRNA（rRNA）の合成を連動させなければならない．この調節は，主に翻訳レベルで起こるので，これまでに述べた機構とは異なる．

リボソームタンパク質をコードする52個の遺伝子は，少なくとも20のオペロンに分散しており，各オペロンには1～11個の遺伝子が含まれる．これらのオペロンには，DNAプライマーゼ，RNAポリメラーゼ，およびポリペプチド鎖伸長因子のサブユニットの遺伝子を含むものもある．このことからも，細菌の増殖中は複製，転写，およびタンパク質合成が密接に共役していることがわかる．

リボソームタンパク質のオペロンは，主として翻訳フィードバック機構を介して調節される．各オペロンにコードされている一つのリボソームタンパク質は，そのオペロンから転写されるmRNAに結合して，そのmRNAがコードしているすべての遺伝子の翻訳を遮断する**翻訳リプレッサー** translational repressorとしても機能する（図28-21）．一般に，このようなリプレッサーの役割を果たすリボソームタンパク質は，rRNAとも直接結合する．翻訳リプレッサーである各リボソームタンパク質は，mRNAよりもrRNAに高い親和性で結合するので，リボソームタンパク質がrRNAよりも過剰になったときにのみmRNAに結合して翻訳を抑制する．この機構によって，これらのリボソームタンパク質の合成が活性のあるリボソームをつくるために必要なレベルを超えたときにのみ，リボソームタンパク質をコードするmRNAの翻訳が抑制される．このようにして，リボソームタンパク質の合成速度と利用できるrRNAとのバランスが保たれる．

mRNA上の翻訳リプレッサー結合部位は，オペロン内の遺伝子の一つ（通常は最初の遺伝子）

の翻訳開始部位の近くにある（図 28-22）．細菌のポリシストロン性 mRNA 中のほとんどの遺伝子は独自の翻訳開始シグナルを有するので，翻訳リプレッサーの結合はその一つの遺伝子にのみ影響を及ぼす．しかし，リボソームタンパク質オペロンの場合には，オペロン内のある遺伝子の翻訳は他のすべての遺伝子の翻訳に依存する．この翻訳共役機構の詳細はまだわかっていない．しかし，一部の例では，mRNA 内部での塩基対形成と翻訳リプレッサータンパク質の結合の両方によって安定化される．mRNA の複雑な三次元構造へのフォールディングによって，複数の遺伝子の翻訳が遮断されるようである．翻訳リプレッサーが存在しないときには，リボソームの結合といくつかの遺伝子の翻訳により mRNA の折りたたみ構造が崩壊し，すべての遺伝子の翻訳が可能になる．

リボソームタンパク質の合成は利用可能な rRNA の量と連動しているので，リボソーム生産の調節は rRNA 合成の調節を反映している．大腸菌では，七つの rRNA オペロンからの rRNA 合成は，細胞増殖速度や重要な栄養物質（特にアミノ酸）の利用可能量の変化に応答する．アミノ酸濃度と連動する調節は**緊縮応答** stringent response と呼ばれる（図 28-23）．アミノ酸濃度が低いときには rRNA 合成が停止する．アミノ酸が欠乏すると，アミノ酸を結合していない tRNA がリボソームの A 部位に結合する．これによって，**緊縮調節因子** stringent factor（RelA タンパク質）という酵素の結合によって開始される一連の応答が起こる．リボソームに結合すると，緊縮調節因子はまれなヌクレオチドであるグアノシン四リン酸（ppGpp）の生成を触媒する．この反応で，緊縮調節因子は GTP の 3′の位置にピロリン酸を付加する．

$$\text{GTP} + \text{ATP} \longrightarrow \text{pppGpp} + \text{AMP}$$

その後，ホスホヒドロラーゼによってリン酸が一つ切除されて pppGpp の一部が ppGpp へと変換される．アミノ酸欠乏に応答して pppGpp と ppGpp のレベルが急激に上昇すると，rRNA 合成が著しく低下する．この低下の少なくとも一部は，ppGpp の RNA ポリメラーゼへの結合によって媒介される．

pppGpp と ppGpp は，cAMP とともに細胞内セカンドメッセンジャーとして機能する修飾ヌク

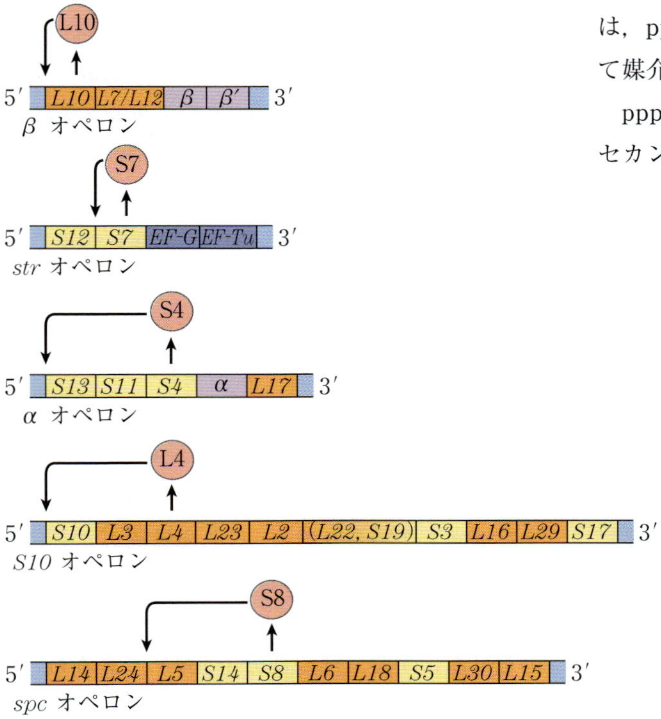

図 28-22 いくつかのリボソームタンパク質オペロンにおける翻訳フィードバック

翻訳リプレッサーとして働くリボソームタンパク質を淡赤色で示す．各翻訳リプレッサーは，mRNA の図示された部位に結合することによって，そのオペロン内のすべての遺伝子の翻訳を遮断する．RNA ポリメラーゼのサブユニットをコードする遺伝子を紫色で，翻訳伸長因子をコードする遺伝子を青色で示す．リボソーム大サブユニット（50S）のリボソームタンパク質を L1 ～ L34 で，小サブユニット（30S）のタンパク質を S1 ～ S21 で表す．

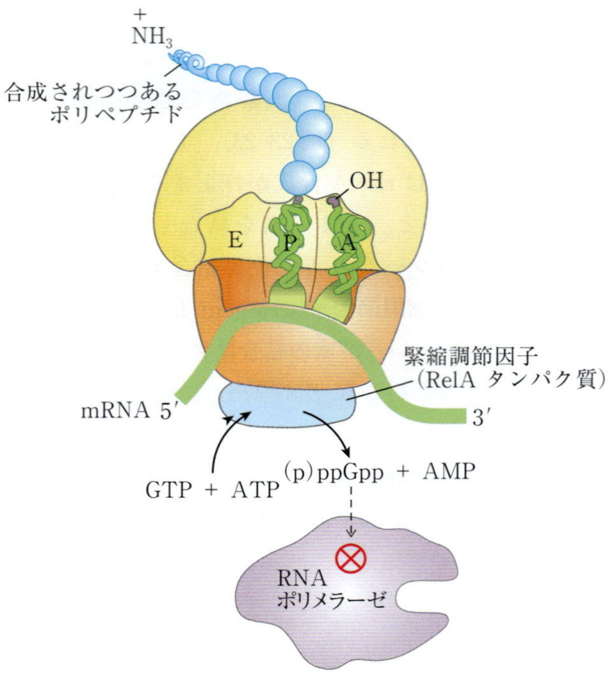

図 28-23 大腸菌の緊縮応答

アミノ酸欠乏に対する緊縮応答は，アミノ酸に結合していない tRNA のリボソーム A 部位への結合によって誘起される．緊縮調節因子というタンパク質がリボソームに結合し，pppGpp の合成を触媒する．pppGpp はホスホヒドロラーゼによって ppGpp に変換される．ppGpp がシグナルとなって，ある種の遺伝子の転写を低下させ，他の遺伝子の転写を亢進させる．この調節の一部は，ppGpp が RNA ポリメラーゼの β サブユニットに結合し，そのプロモーター特異性を変化させることによる．ppGpp レベルが上昇すると rRNA の合成は低下する．

レオチド群に属する．大腸菌では，これら 2 種類のヌクレオチドは飢餓のシグナルとして働き，数百もの遺伝子の転写を亢進させたり低下させたりすることによって，細胞の代謝を大きく変化させる．真核細胞でも，同様のヌクレオチドがセカンドメッセンジャーとして複数の調節機能を果たす．細胞増殖と細胞の代謝の連動は極めて複雑であり，まだ発見されていない調節機構がさらにあるはずである．

ある種の mRNA の機能は，低分子 RNA によってシスまたはトランスに調節される

本章を通して述べているように，タンパク質は遺伝子発現の調節において重要な役割を果たし，その役割はよく解析されている．しかし，RNA もまた遺伝子発現調節において重要であり，調節性 RNA が多数発見されるにつれて，その重要性が認識されつつある．mRNA がいったん合成されると，その機能は前述のリボソームタンパク質のオペロンに対するような RNA 結合タンパク質，あるいは RNA によって制御される．別の RNA 分子は，mRNA に「トランスに」結合して活性に影響を及ぼす．一方，mRNA 内のある部分がその mRNA 自体の機能を調節することもある．同じ分子内で，ある部分が別の部分の機能に影響を及ぼすとき，「シスに」働くという．

RNA のトランス調節に関してよく解析されている例として，*rpoS*（*R*NA *po*lymerase *s*igma factor）遺伝子の mRNA がある．この遺伝子は，大腸菌の七つのシグマ因子（表 26-1 参照）のうちの一つの σ^{38} をコードしている．細胞は，定常期（栄養源の枯渇によって増殖停止を余儀なくされた状態）に入ったときのようなストレス条件下では，この特異性因子を利用する．σ^{38} は多種類のストレス応答遺伝子の転写に必要である．σ^{38} の mRNA はほとんどの条件下では低レベルで存在しているが，翻訳領域の上流に位置する大きなヘアピン構造がリボソームの結合を阻害するので翻訳されることはない（図 28-24）．ある種のストレス条件下では，DsrA（*d*own*s*tream *r*egion *A*）と RprA（*Rp*os *r*egulator *R*NA *A*）という，特殊な機能を有する 2 種類の低分子 RNA の一つまたは両方が誘導される．これらは両方ともに，σ^SmRNA のヘアピン構造の片方の鎖と対を形成し，ヘアピン構造を壊すことによって *rpoS* の翻訳を可能にする．別の低分子 RNA である OxyS（*ox*idative stress gene *S*）は酸化ストレス条件下

で誘導され，おそらくはmRNAに結合してmRNA上のリボソーム結合部位を塞ぐことによって*rpoS*の翻訳を抑制する．*OxyS*は，*rpoS* RNAとは異なり，酸化傷害のようなタイプのストレスに対して応答する系の一員として発現し，

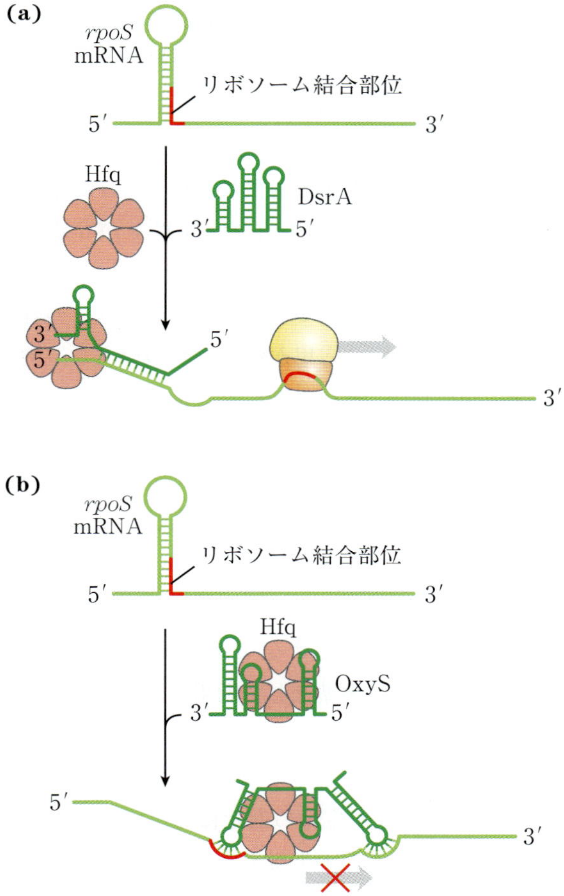

図 28-24　トランスに働く低分子 RNA による細菌 mRNA の機能調節

DsrA, RprA, OxyS などの低分子 RNA（sRNA）は，*rpoS* 遺伝子の発現調節に関与する．これらすべては，RNA どうしの対形成を促進する RNA シャペロンである Hfq タンパク質を必要とする．Hfq は中央に孔がある環状構造を有する．**(a)** DsrA は，リボソーム結合部位を塞いでいるステム・ループ構造の鎖と対を形成することによって，翻訳を促進する．RprA（図には示していない）も同様に働く．**(b)** OxyS は，リボソーム結合部位と対を形成することによって翻訳を遮断する．［出典：M. Szymański and J. Barciszewski, *Genome Biol.* **3**: reviews0005. 1, 2002 の情報.］

不必要な修復経路を発現させないようにする．DsrA, RprA と OxyS は，すべて 300 ヌクレオチド未満の比較的小さな細菌 RNA 分子であり，sRNA（*s* は small の s であるが，もちろん真核生物においては，異なる意味の“small” RNA がある）と呼ばれる．これらすべての sRNA の機能にとって，Hfq というタンパク質が必要である．Hfq は RNA-RNA の対形成を促進する RNA シャペロンである．このような調節を受ける既知の細菌遺伝子の数は少なく，典型的な細菌種において数十にすぎない．しかし，これらの例は，真核生物においてより複雑で多数存在する RNA による調節様式を理解するための良いモデル系である．

シスに働く調節には，**リボスイッチ** riboswitch という RNA 構造がかかわる．Box 26-3 で述べたように，アプタマーは *in vitro* で創製され，特定のリガンドに対する特異的な結合能を有する RNA 分子である．このようなリガンド結合性 RNA ドメインが，リボスイッチとして細菌 mRNA（ある種の真核生物 mRNA のなかにも）に多数存在することは容易に想像できるだろう．このような天然に存在するアプタマーは，ある種の細菌 mRNA の 5′末端の非翻訳領域に見られる構造ドメインである．特定の非コード RNA の転写を調節するリボスイッチもある．mRNA のリボスイッチが適切なリガンドに結合すると，mRNA のコンホメーションが変化し，未成熟な転写終結構造を安定化することによって転写が抑制されたり，シスにリボソーム結合部位を塞ぐことによって翻訳が阻害されたりする（図 28-25）．ほとんどの場合に，リボスイッチはある種のフィードバックループ内で機能する．このような調節を受けるほとんどの遺伝子は，リボスイッチが結合するリガンドの合成または輸送にかかわっている．このように，リガンド濃度が高いときには，リボスイッチはこのリガンドを補充するために必要な遺伝子の発現を抑制する．

各リボスイッチにはただ一つのリガンドが結合

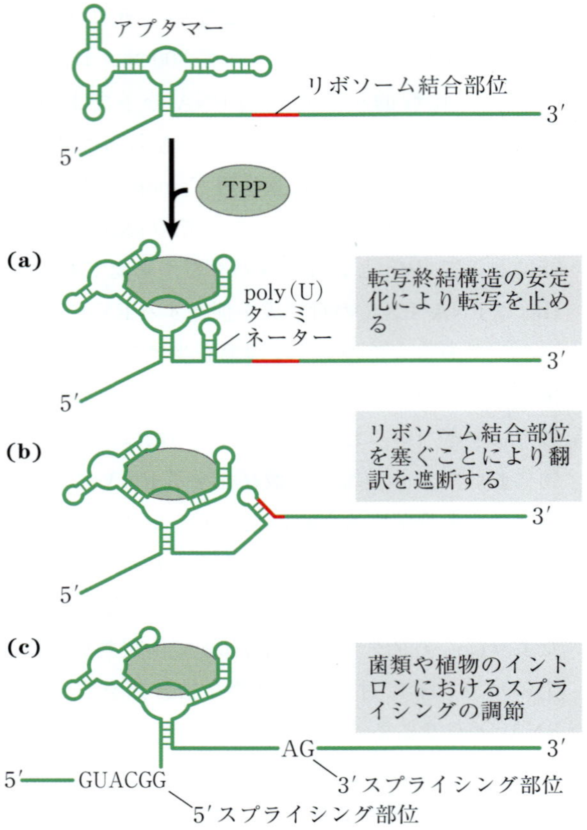

図 28-25 シスに働くリボスイッチによる細菌 mRNA の機能調節

いくつかの異なるリボスイッチによる既知の作用様式を図示する．これらは自然界に広く存在し，チアミンピロリン酸（TPP）に結合するアプタマーに基づいている．TPP がアプタマーに結合することによって，**(a)**，**(b)** および **(c)** で示すように，アプタマーが利用されるいくつかの異なる系において，さまざまな結果につながるコンホメーション変化が起こる．［出典：W. C. Winkler and R. R. Breaker, *Annu. Rev. Microbiol.* **59**: 487, 2005 の情報．］

する．10 種類以上のリガンドに対して応答する異なるリボスイッチが見出されている．このようなリガンドには，チアミンピロリン酸（TPP, ビタミン B_1），コバラミン（ビタミン B_{12}），フラビンモノヌクレオチド，リジン，*S*-アデノシルメチオニン（adoMet），プリン，*N*-アセチルグルコサミン 6-リン酸，グリシン，および Mn^{2+} のような金属カチオンなどがある．今後，さらに多くのリボスイッチが発見されるであろう．TPP に応答するリボスイッチは最も広範に存在するようであり，多くの細菌，菌類やいくつかの植物で見つかっている．細菌の TPP リボスイッチは，ある生物種においては翻訳を抑制し，他の種では未成熟な転写終結を誘導する（図 28-25）．真核生物の TPP リボスイッチは，特定の遺伝子のイントロン内に見られ，これらの遺伝子の選択的スプライシングを調節する（図 26-19(b) 参照）．リボスイッチがどの程度普遍的な機構なのかは不明であるが，枯草菌の遺伝子の 4% 以上がリボスイッチによる調節を受けると概算される．

リボスイッチについて理解が深まるにつれて，医学への応用が注目されつつある．例えば，adoMet に応答するものを含めて，今まで述べてきたリボスイッチのほとんどは，細菌でのみ見つかっていた．adoMet リボスイッチに結合して活性化するような薬物は，adoMet を合成して輸送する酵素をコードする遺伝子を遮断すると思われる．その結果，細菌にとって必須なこの補因子を効果的に枯渇させる．このタイプの薬物は，新しいクラスの抗菌薬として利用するために研究されている．■

機能的な RNA の発見のペースが遅くなるきざしはなく，RNA が生命の進化において特別な役割を果たしていたとの仮説を次々と実証しつつある（Chap. 26）．リボザイムやリボソームと同様に，sRNA やリボスイッチは，これまでは曖昧な RNA ワールドの痕跡かもしれなかったが，現在の生物圏で今でも機能している一連の生物装置として生き残っている．新たなリガンド結合能や酵素機能を有するアプタマーやリボザイムの研究室での発見は，RNA ワールドを現実のものとする RNA を基盤とする活性を物語っている．生物において RNA の同じ機能を多く発見することは，RNA を基盤とする代謝の主要成分が存在することを示唆する．例えば，リボスイッチの天然のア

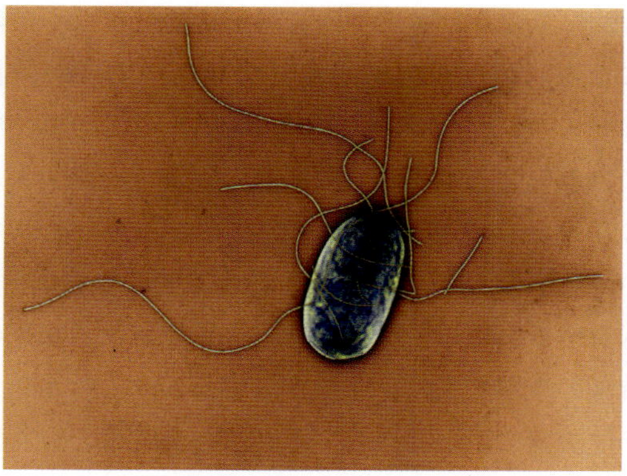

図 28-26　ネズミチフス菌

上部から伸びている付属器は鞭毛である．［出典：Eye of Science/Science Source.］

プタマーは，数十億年も前に RNA ワールドにおける代謝にとって必要な酵素過程を促進するために必要な補因子に結合する RNA に由来するのかもしれない．

ある種の遺伝子は遺伝的組換えによる調節を受ける

次に，細菌の遺伝子発現調節の別の様式である DNA 再編成，すなわち組換えレベルでの調節について述べる．ネズミチフス菌 *Salmonella typhimurium* は哺乳類の腸に生息しており，細胞表面から出ている鞭毛を回転させながら移動する（図 28-26）．鞭毛は分子量 53,000 のフラジェリン flagellin というタンパク質の多数のコピーの集合体であり，哺乳類の免疫系の主要な標的である．しかし，ネズミチフス菌の細胞はこの免疫応答を避けるための機構を備えている．すなわち，この菌は約 1,000 世代ごとに 2 種類の異なるフラジェリンタンパク質（FljB および FliC）の合成を切り換えることができる．この過程は**相変異** phase variation と呼ばれる．

この切換えは，フラジェリン遺伝子のプロモー

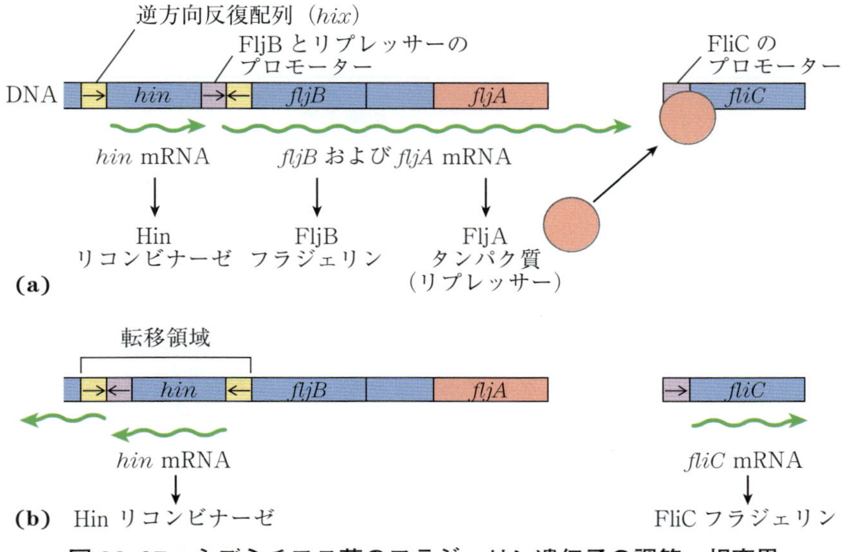

図 28-27　ネズミチフス菌のフラジェリン遺伝子の調節：相変異

fliC と *fljB* 遺伝子の産物は異なるフラジェリンである．*hin* 遺伝子は，*fljB* プロモーターと *hin* 遺伝子を含む領域の反転を触媒するリコンビナーゼをコードしている．組換え部位（逆方向反復配列）は *hix* と呼ばれる（黄色）．**(a)** ある方向では，*fljB* が *fliC* 遺伝子の転写を抑制するリプレッサー（*fljA* 遺伝子産物）とともに発現する．**(b)** 反対の方向では，*fliC* 遺伝子だけが発現する．すなわち，*fljA* と *fljB* 遺伝子は転写されない．二つの状態間の相互変換は相変異として知られ，2 種類の非特異的 DNA 結合タンパク質 HU と FIS が必要である（図には示していない）．

ターを含むDNA領域の周期的な反転によって行われる．この反転は部位特異的組換え反応（図25-38参照）であり，DNA領域の各末端に存在する14 bpの特異的配列（*hix*配列）を認識するHinリコンビナーゼrecombinaseによって触媒される．DNA領域がある方向に向いていると，FljBフラジェリンの遺伝子とリプレッサーFljAをコードする遺伝子が発現し（図28-27(a)），リプレッサーがFliCフラジェリンの遺伝子発現を遮断する．DNA領域が反転すると(図28-27(b))，*fljA*と*fljB*の遺伝子はもはや転写されなくなり，リプレッサーが枯渇するにつれて*fliC*遺伝子の発現が誘導される．反転するDNA領域内にある*hin*遺伝子によってコードされるHinリコンビナーゼは，DNA領域がどちらの方向を向いていても発現するので，細胞は常にある状態からもう一つの状態へと相変異することができる．

この種の調節機構には絶対的であるという長所がある．すなわち，遺伝子がプロモーターから物理的に分離されると，その遺伝子の発現は不可能になる（図28-27(b)の*fljB*プロモーターの位置参照）．たとえ二つのフラジェリン遺伝子の一方にのみ影響を及ぼすにしても，完全なオン・オフの切換えがこの系にとって重要なのかもしれない．なぜならば，誤ったフラジェリンを1分子でも有する鞭毛は，そのタンパク質に対する宿主の抗体の攻撃を受けやすいからである．このネズミチフス菌の系は，決して独特なものではない．類似の調節系は他の多くの細菌やある種のバクテリオファージに存在しており，同様の機能を有する組換え系は真核生物にも見られる（表28-1）．遺伝子やプロモーターの移動を伴うDNA再編成による遺伝子発現調節は，宿主範囲を変えたり，宿主の免疫系に対する防御のために表層タンパク質を変えたりする病原体では特に一般的である．

表28-1 組換えによる遺伝子調節の例

系	リコンビナーゼ／組換え部位	組換え型	機能
相変異（サルモネラ）	Hin/*hix*	部位特異的	二つのフラジェリン遺伝子のうちの一つの選択的発現による宿主免疫応答からの回避.
感染宿主範囲（バクテリオファージμ）	Gin/*gix*	部位特異的	二つの尾部のファイバー遺伝子のうちの一つの選択的発現による感染宿主範囲の変化.
接合型切換え（酵母）	HOエンドヌクレアーゼ，RAD52タンパク質，他のタンパク質／*MAT*	非相互遺伝子変換[a]	酵母の二つの接合型（aとα）のうちの一つの選択的発現により，異なる接合型の細胞をつくり出し，接合と減数分裂を可能にする.
抗原性の変化（トリパノソーマ）[b]	多様である	非相互遺伝子変換[a]	可変性表層糖タンパク質（VSG）の連続的発現は，宿主免疫応答からの回避を可能にする.

[a] 非相互遺伝子変換（Chap. 25では議論されなかった別のクラスの組換え）においては，遺伝子情報はゲノムのある部分（発現しない）から別の部分（発現する）に移動する．この反応は複製転移と類似している（図25-42参照）.

[b] トリパノソーマはアフリカ睡眠病などの疾患を引き起こす（Box 6-3参照）．トリパノソーマの外表面は，主要表面抗原である単一のVSGの多数のコピーから成る．トリパノソーマの細胞は，表面抗原を100種類以上にも変化させることができ，宿主免疫系による効果的な防御から逃れる.

まとめ

28.2　細菌における遺伝子発現調節

- 大腸菌の *lac* オペロンは，Lac リプレッサーによる抑制に加えて，cAMP 受容タンパク質（CRP）による正の調節を受ける．グルコース濃度が低くなると cAMP の濃度が上昇し，CRP-cAMP 複合体が DNA 上の特定の部位に結合し，*lac* オペロンの転写とラクトース代謝酵素の産生を促進する．グルコースが存在すると cAMP 濃度が低下して，副次的な糖の代謝に関与する *lac* や他の遺伝子の発現が低下する．協調的に調節される一群のオペロンは，レギュロンと呼ばれる．
- アミノ酸の生合成酵素のオペロンは，mRNA の転写終結部位（アテニュエーター）を利用するアテニュエーションという調節回路を有する．mRNA のアテニュエーター構造の形成は，転写と翻訳を共役させる機構によって調節されており，アミノ酸濃度の小さな変化にも応答することができる．
- SOS 系では，DNA 損傷が，RecA タンパク質によって促進されるリプレッサータンパク質の自己分解を引き起こすことで，単一のリプレッサーによって抑制されている複数の連鎖していない遺伝子が一斉に誘導される．
- リボソームタンパク質の合成では，各リボソームタンパク質オペロン中の一つのタンパク質が翻訳リプレッサーとして機能する．mRNA はその翻訳リプレッサーと結合し，利用可能な rRNA に比べてリボソームタンパク質が過剰に存在するときにのみ翻訳が遮断される．
- ある種の mRNA の転写後調節は，トランスに働く sRNA や，mRNA 自体の一部でありシスに働くリボスイッチによって媒介される．
- ある種の遺伝子は，調節を受ける遺伝子に対してプロモーターを移動させる遺伝的組換え過程によって調節される．他に翻訳レベルの調節も存在する．

28.3　真核生物における遺伝子発現調節

転写開始は，すべての生物において遺伝子発現の極めて重要な調節点である．真核生物と細菌の系はいくつかの同一の調節機構を利用しているが，これら二つの系の転写調節には根本的な違いがある．

転写の基本状態は，調節配列が存在しないときの *in vivo* におけるプロモーターと転写装置の本来の活性と定義される．細菌では，RNA ポリメラーゼは，一般にアクチベーターやリプレッサーが存在しない状態でもある程度の効率であらゆるプロモーターにアクセスして結合し，転写を開始できる．しかし，真核生物では，調節タンパク質が存在しなければ，強力なプロモーターでも *in vivo* では一般に不活性である．この根本的な違いによって，真核生物のプロモーターでの遺伝子発現調節は，少なくとも五つの特徴によって細菌での調節とは区別できる．

まず，真核生物のプロモーターへのアクセスは，クロマチン構造によって制限されており，転写の活性化は転写される領域のクロマチン構造の多様な変化と関連している．第二に，真核細胞には正の調節機構も負の調節機構も存在するが，正の調節機構が主流である．すなわち，真核生物の事実上あらゆる遺伝子の転写には活性化が必要である．第三に，lncRNA がかかわる転写調節機構は，真核生物の調節機構ではより一般的である．第四に，真核細胞は細菌に比べて大きくて複雑な多量体の調節タンパク質を有する．最後に，真核生物の核内で起こる転写は，細胞質で起こる翻訳と空間的にも時間的にも分離されている．

以下の議論から明らかなように，真核細胞内の調節回路は驚くほど複雑である．本節の終わりに，最も精巧な回路の一つについて図を交えて解説する．それはショウジョウバエの発生を制御する調節カスケードである．

転写活性が高いクロマチンは不活性なクロマチンとは構造的に異なる

真核生物の遺伝子発現調節に対する染色体構造の影響は，細菌には相当するものがない．真核生物の細胞周期において，分裂間期の染色体は，一見すると分散していて明確な構造をとらないように見える（図 24-23 参照）．しかし，これらの染色体に沿って，クロマチンがいくつかの形態で存在している．典型的な真核細胞のクロマチンの約10%は，残りのクロマチンよりも凝縮した形態で存在し，**ヘテロクロマチン** heterochromatin と呼ばれる．ヘテロクロマチンは転写に関しては不活性であり，一般にセントロメア centromere のような特別な染色体構造と関連がある．残りのあまり凝縮していないクロマチンは**真正クロマチン（ユークロマチン）** euchromatin と呼ばれる．

真核生物の遺伝子の転写は，その DNA 領域がヘテロクロマチン内で凝縮しているときには強力に抑制されている．すべてではないが，一部の真正クロマチンでの転写活性は高い．転写が活性化された染色体領域は，少なくとも三つの点でヘテロクロマチンとは区別される．すなわち，ヌクレオソームの位置取り，ヒストンのバリアント（変種）の存在，およびヌクレオソームの共有結合性修飾である．このような転写に関連するクロマチンの構造変化は，**クロマチンリモデリング** chromatin remodeling と総称される．このリモデリングには，このような変化を促進する一群の酵素が関与する（表 28-2）．

クロマチンリモデリング複合体は，構造的な特徴によって四つの既知のファミリーに分類され，転写領域のヌクレオソームに直接作用して，その組成を変化させる．これらは，その過程で ATP を加水分解しながら，DNA 上でヌクレオソームをほどいたり，その位置を変えたり，除去したり，交換したりすることがある（表 28-2；ここで述べる酵素複合体の略称や説明は表の脚注を参照）．ある場合には，これらの酵素はヌクレオソームの内部でのヒストン二量体の交換を触媒し，その組成を変化させる．多くの異なる複合体は，特定の遺伝子や染色体領域で機能するように特化している．すべての真核細胞の **SWI/SNF** ファミリーには，二つの関連する複合体が含まれる．これら複合体は，どちらもヌクレオソームがより不規則な間隔で配置するようにクロマチンのリモデリングを行う．またこれらは，転写因子の結合も促進する．各複合体にはブロモドメイン bromodomain という部分が含まれる．ブロモドメインは，活性型の ATP アーゼサブユニットのカルボキシ末端付近に位置し，アセチル化されたヒストンの末端と相互作用する．これら二つの異なる複合体は，一般にそれぞれが異なる遺伝子群に対して機能する．**ISWI** ファミリーに含まれる複合体の多くは，クロマチンの形成や転写抑制を可能にするように，ヌクレオソームの間隔を最適化する．真核細胞には，**CHD** ファミリーに属する 9 種類か 10 種類の複合体が存在し，それらは三つのサブファミリーに分類される．異なるサブファミリーに属する複合体は，それぞれに特化した役割を担い，転写を促進するためのヌクレオソームの排除，あるいは転写を抑制するためのクロマチンの再構成に関与する．**INO80** ファミリーの複合体は，転写の活性化や DNA 修復のためのクロマチンリモデリングにおいてさまざまな役割を果たす．そのファミリーメンバーの一つである SWR1 は，ヌクレオソームのサブユニット交換を促進して，転写活性化領域に見られる H2AZ（Box 24-2 参照）のようなヒストンバリアントをヌクレオソームに導入する．これら複合体の作用は完全にわかっているわけではないが，転写活性化にとって必須であることは確かである．

ヒストンの共有結合性修飾は，転写活性化され

表 28-2　転写に伴うクロマチンの構造変化を触媒する酵素複合体

酵素複合体[a]	オリゴマー構造（ポリペプチド数）	起　源	活　性
ATP を必要とするヒストンの移動，置換，または編集			
SWI/SNF ファミリー	8 ～ 17 分子量 > 10^6	真核生物	ヌクレオソームのリモデリング；転写活性化
ISWI ファミリー	2 ～ 4	真核生物	ヌクレオソームのリモデリング；転写抑制；場合によっては転写活性化
CHD ファミリー	1 ～ 10	真核生物	ヌクレオソームリモデリング；転写活性化のためのヌクレオソームの排除；抑制機能をもつ場合もある
INO80 ファミリー	> 10	真核生物	ヌクレオソームリモデリングと転写活性化；ファミリーの一員である SWR1 は H2A-H2B から H2AZ-H2B への置換に関与する
ヒストン修飾			
GCN5-ADA2-ADA3	3	酵母	GCN5 は A 型 HAT 活性を有する
SAGA/PCAF	> 20	真核生物	GCN5-ADA2-ADA3 を含む；H3，H2B と H2AZ 内の残基をアセチル化する
NuA4	≧ 12	真核生物	EsaI 成分が HAT 活性を有する；H4，H2A と H2AZ をアセチル化する
ATP 非依存性ヒストンシャペロン			
HIRA	1	真核生物	転写の際の H3.3 の配置

[a] 真核生物の遺伝子やタンパク質の略語は，細菌に比べて紛らわしく曖昧である．SWI（*swi*tching）は，酵母の接合型スイッチングにかかわる遺伝子の発現に必要なタンパク質として発見され，SNF（*s*ucrose *n*on*f*ermenting）は，酵母のスクラーゼ遺伝子の発現に必要な因子として同定された．その後の研究で，多くの SWI/SNF タンパク質が複合体として働くことが明らかになった．SWI/SNF 複合体は，多様な遺伝子の発現にかかわり，ヒトを含めた多くの真核生物で見られる．ISWI は，*i*mitation *SWI*．CHD は *c*hromodomain，*h*elicase，*D*NA binding．INO80 は *ino*sitol-requiring *80*．SWR1 は，*SW*i2/Snf2-*r*elated ATPase *1*．GCN5（*g*eneral *c*ontrol *n*ondepressible）と ADA（*a*lteration/*d*eficiency *a*ctivation）タンパク質の複合体は，酵母の窒素代謝遺伝子の発現調節の研究中に発見された．これらのタンパク質は，酵母におけるより大きな SAGA（*S*PF，*A*DA2，3，*G*CN5，*a*cetyltransferase）複合体の一部でもある．SAGA は酵母の複合体であり，ヒトの PCAF（*p*300/*C*BP-*a*ssociated *f*actor）と同等である．NuA4 は *nu*cleosome *a*cetyltransferase of H*4*，ESA1 は *e*ssential *S*AS2-related *a*cetyltransferase．HIRA は *hi*stone *r*egulator *A* である．

たクロマチンでは劇的に変化する．ヌクレオソーム粒子のコアヒストン（H2A，H2B，H3，H4；図 24-25 参照）は，Lys または Arg 残基のメチル化，Ser または Thr 残基のリン酸化，アセチル化（下記参照），ユビキチン化（図 27-49 参照），あるいは SUMO 化による修飾を受ける．コアヒストンのそれぞれは二つの明確なドメインを有する．中央のドメインは，ヒストン間相互作用，およびヌクレオソームのまわりへの DNA の巻付きに関与する．Lys に富むアミノ末端ドメインは，一般に会合しているヌクレオソーム粒子の外部近くに位置する．共有結合性修飾は，このアミノ末端ドメインに集中する特定の残基で起こる．この修飾パターンから，研究者たちはヒストンコードhistone codeの存在を提唱した．ヒストンコードでは，クロマチン構造を変化させる酵素によって修飾パターンが認識される．実際に，このような修飾のいくつかは，転写において重要な役割を果たすタンパク質との相互作用にとって必須である．

ヒストンのアセチル化およびメチル化は，転写のためにクロマチンを活性化する過程で顕著に見られる．転写の際に，ヒストンH3は，タンパク質をコードするDNA領域の5′末端近くに位置するヌクレオソームではLys^4で，タンパク質をコードする領域内のヌクレオソームではLys^{36}で，特異的なヒストンメチラーゼhistone mathylaseによってメチル化される．このようなメチル化によって，特定のLys残基をアセチル化する**ヒストンアセチルトランスフェラーゼ** histone acetyltransferase（**HAT**）の結合が促進される．サイトゾル型のHAT（B型）は，新たに合成されたヒストンを核内に移行する前にアセチル化する．複製後に引き続いて起こるヒストンのクロマチンへの会合は，H3とH4の場合にはCAF1（Box 24-2参照），H2AとH2Bの場合にはNAP1というヒストンシャペロンによって促進される．

クロマチンが転写に関して活性化されている部位では，ヌクレオソームのヒストンは核内型のHAT（A型）によってさらにアセチル化される．ヒストンH3とH4のアミノ末端ドメインに存在する複数のLys残基のアセチル化によって，ヌクレオソーム全体のDNAに対する親和性は低下する．特定のLys残基のアセチル化は，ヌクレオソームと他のタンパク質との相互作用にとって重要である．ある遺伝子の転写がもはや必要ないときには，その近傍のヌクレオソームのアセチル化の程度は，**ヒストンデアセチラーゼ** histone deacetylase（**HDAC**）の活性によって低下する．これは，クロマチンを転写的に不活性な状態に戻すための一般的な遺伝子サイレンシングgene-silencing過程の一部である．デアセチラーゼには，サーチュインsirtuinファミリー（哺乳類ではSIRT1-SIRT7）に属するSIRT1，SIRT2，SIRT6，SIRT7などのNAD^+依存性の酵素群がある．これらの酵素は，ヒストンや細胞質に存在する他のタンパク質内の特定のLys残基を脱アセチル化する．特定のアセチル基の除去に加えて，ヒストンの新たな共有結合性修飾によってクロマチンの転写的に不活性な状態はさらに強められる．例えば，ヒストンH3のLys^9は，ヘテロクロマチンにおいてしばしばメチル化されている．

転写に関連するクロマチンリモデリングの実質的な効果は，染色体の一部の領域をよりアクセスしやすくしたり，「標識」（化学的に修飾）したりすることである．これによって，その領域における遺伝子の発現を調節する転写因子の結合や活性を促進する．

真核生物のほとんどのプロモーターは正の調節を受ける

前述のように，真核生物のRNAポリメラーゼはプロモーターに対する固有の親和性をほとんど，あるいは全くもたない．転写開始はほぼ常に複数のアクチベータータンパク質の作用に依存する．正の調節機構が広く用いられる重要な理由の一つは明白である．すなわち，DNAがクロマチン内にあることで，ほとんどのプロモーターへ事実上アクセスできなくなっているので，遺伝子は他の調節がなければ不活性である．あるプロモーターへのアクセスが，他のプロモーターと比べてクロマチン構造の影響を受けやすい場合がある．一方，DNAに結合して，RNAポリメラーゼのアクセスを妨げるリプレッサー（負の調節）は，あまり重要ではないようである．正の調節が用いられる他の理由には，おそらく次の二つがある．すなわち，真核生物のゲノムサイズが大きいこと，そして正の調節のほうが効率がよいことである．

まず，高等真核生物のようにゲノムサイズが大きくなればなるほど，調節タンパク質のDNAへの非特異的結合が重要な問題になる．すなわち，ゲノムサイズの増大とともに特異的結合配列が不適切な場所にランダムに現れる確率が増大する．したがって，コンビナトリアル制御は大きなゲノムほど重要になる（図28-28）．転写活性化の特異性を改善する一つの方法は，いくつかの正の調節タンパク質のそれぞれが特異的なDNA配列に結合することである．多細胞生物の1遺伝子の調節部位の平均的な数は6か所であり，数十ものそのような部位による調節を受ける遺伝子もしばしば見られる．特異的なDNA配列にいくつかの正の調節タンパク質が結合する必要があることにより，調節因子の結合に必要なすべての部位の機能的な併置がランダムに起こる確率は著しく低下する．さらに，すべての遺伝子を調節するために，ゲノムがコードしなければならない調節タンパク質の数を減らすことができる（図28-28）．したがって，高等真核生物では，タンパク質をコードするすべての遺伝子のうちで調節タンパク質遺伝子が5～10%を占めるほど調節は複雑であるが，あらゆる遺伝子に対して新たな調節因子が必要なわけではない．

原理的には，同様のコンビナトリアル制御戦略を，複数の負の調節配列を利用して行うこともできる．しかし，ここでわれわれは，正の調節を利用する第二の理由，すなわち単に正の調節の方がより効率的であるということに思い至る．もしも

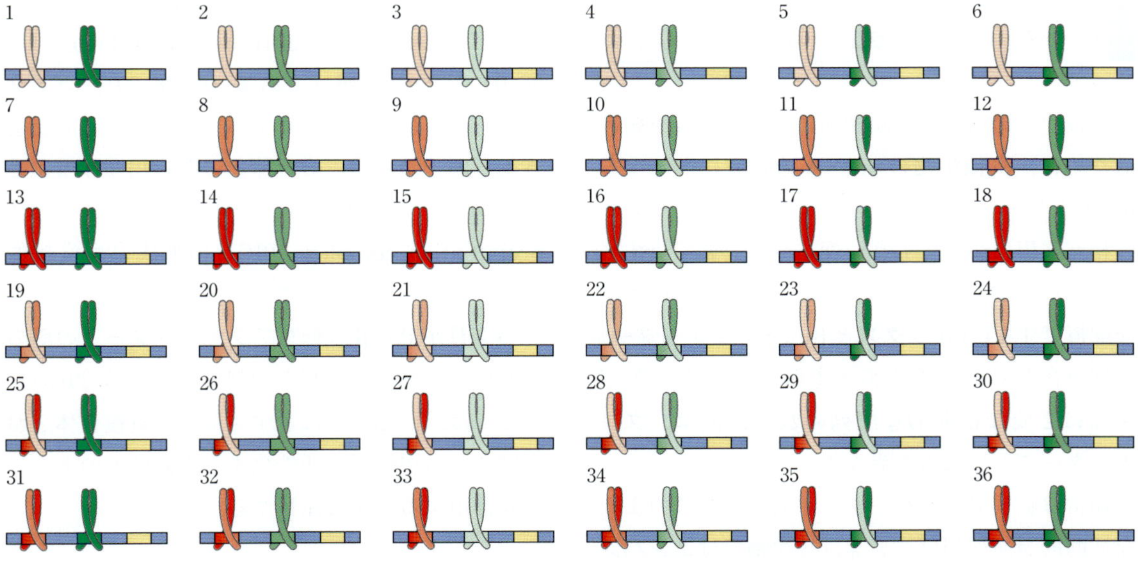

図28-28　コンビナトリアル制御の利点

コンビナトリアル制御によって，限られたレパートリーの調節タンパク質を利用して多くの遺伝子の特異的調節が可能である．ロイシンジッパータンパク質の二つの異なるファミリー(赤色と緑色)による調節に本来備わっている可能性について考えてみよう．もしも各調節遺伝子ファミリーが，自由にホモ二量体あるいはヘテロ二量体を形成可能な三つのメンバー（濃色，中間色，および淡色の網かけで表す．それぞれは異なるDNA配列に結合する）から成るとすると，各ファミリーでは6種類の二量体が可能である．各二量体は，二つの部分から成る調節DNA配列を認識するであろう．ある遺伝子が各タンパク質ファミリーに対する調節部位を有するとすれば，これら二つのファミリーに由来する6種類のタンパク質のみを利用して，36もの異なる調節の組合せが可能である．真核生物の典型的な遺伝子の調節に利用される六つ以上の部位があるとすれば，可能なバリエーションの数はこの例の場合よりもずっと多くなる．

ヒトゲノム中の約20,000の遺伝子が負の調節を受けるとすれば，各細胞は「不必要な」各遺伝子に対して特異的に結合できるだけの十分な濃度で，異なるリプレッサーのすべてを常に合成しなければならない．正の調節では，遺伝子のほとんどは通常は不活性であり（すなわち，RNAポリメラーゼがプロモーターに結合できない），細胞はある時点でその細胞にとって必要な限られた一群の遺伝子の転写を促進するために必要なアクチベータータンパク質を合成するだけでよい．

このような議論にもかかわらず，後述するように，酵母からヒトに至る真核生物には負の調節の例も存在する．そのような負の調節のいくつかにはlncRNAが関与し，その合成はリプレッサータンパク質の合成と比べて負担が少ない．

DNA結合性アクチベーターとコアクチベーターは基本転写因子の集合を促進する

真核生物の遺伝子発現調節に関する解説を続けるために，真核生物のmRNAの合成に関与するRNAポリメラーゼⅡ（Pol Ⅱ）とプロモーターの相互作用についてもう一度述べる．多く（すべてではないが）のPol Ⅱプロモーターは，標準的な配置でTATAボックスとInr（イニシエーター）配列を含んでいる（図26-8参照）．しかし，転写調節に必要な補助的な配列の数や位置は，プロモーターごとに大きく異なる．

通常は転写アクチベーターが結合するこのような補助的調節配列は，高等真核生物では**エンハンサー** enhancerと呼ばれ，酵母では**上流アクチベーター配列** upstream activator sequence（**UAS**）と呼ばれる．典型的なエンハンサーは，転写開始点から上流へ数百～数千塩基対も離れていたり，遺伝子の下流に存在していたり，遺伝子そのものの内部に存在することさえもある．適切な調節タンパク質が結合すると，エンハンサーはそのDNA中の向きとは無関係に，近くのプロモーターからの転写を促進する．酵母のUASは同様に機能するが，その位置は一般に転写開始点の上流で，かつ転写開始点から数百塩基対以内でなければならない．

活性型のPol Ⅱホロ酵素がプロモーターの一つにうまく結合するためには，通常はここで述べる五つのタイプのタンパク質が共同して作用する必要がある．すなわち，(1) エンハンサーやUASに結合して転写を促進する**転写アクチベーター** transcription activator，(2) DNAのループ形成を促進する**構造レギュレーター** architectural regulator，(3) 前述の**クロマチン修飾タンパク質** chromatin modification proteinおよび**クロマチンリモデリングタンパク質** chromatin remodeling protein，(4) **コアクチベーター** coactivator，(5) ほとんどのPol Ⅱプロモーターにとって必要な**基本転写因子** basal transcription factor（あるいはgeneral transcription factor）（図26-9，表26-2参照）である（図28-29）．コアクチベーターは，転写アクチベーターとPol Ⅱと基本転写因子から成る複合体との間の相互作用に必要である．コアクチベーターは，開始前複合体preinitiation complex（PIC）の形成にも直接的にかかわる．さらに，さまざまなリプレッサータンパク質がPol Ⅱと転写アクチベーターとの間の相互作用を妨げて転写を抑制する（図28-29(b)）．ここでは，図28-29に示すタンパク質複合体，およびこれらが転写を活性化するためにどのように相互作用するのかに注目する．

転写アクチベーター　アクチベーターの必要性は，プロモーターごとに大きく異なる．数種類のアクチベーターが数百ものプロモーターで転写を活性化することが知られている．一方，他のアクチベーターは数種類のプロモーターに対して特異的である．多くのアクチベーターはシグナル分子の結合に対して感受性であり，細胞環境の変化に応答して転写を活性化したり不活性化したりすることができる．アクチベーターが結合するある種のエンハンサーは，プロモーターのTATAボックスからかなり離れている．典型的な遺伝子に関して，複数のエンハンサー（しばしば6か所以上）にほぼ同じ数のアクチベーターが結合し，コンビナトリアル制御と複数のシグナル分子に対する応答が起こる．

転写アクチベーターのなかには，DNAとRNAの両方に結合することができるものがあり，その機能が一つ以上のlncRNAによって影響を受け

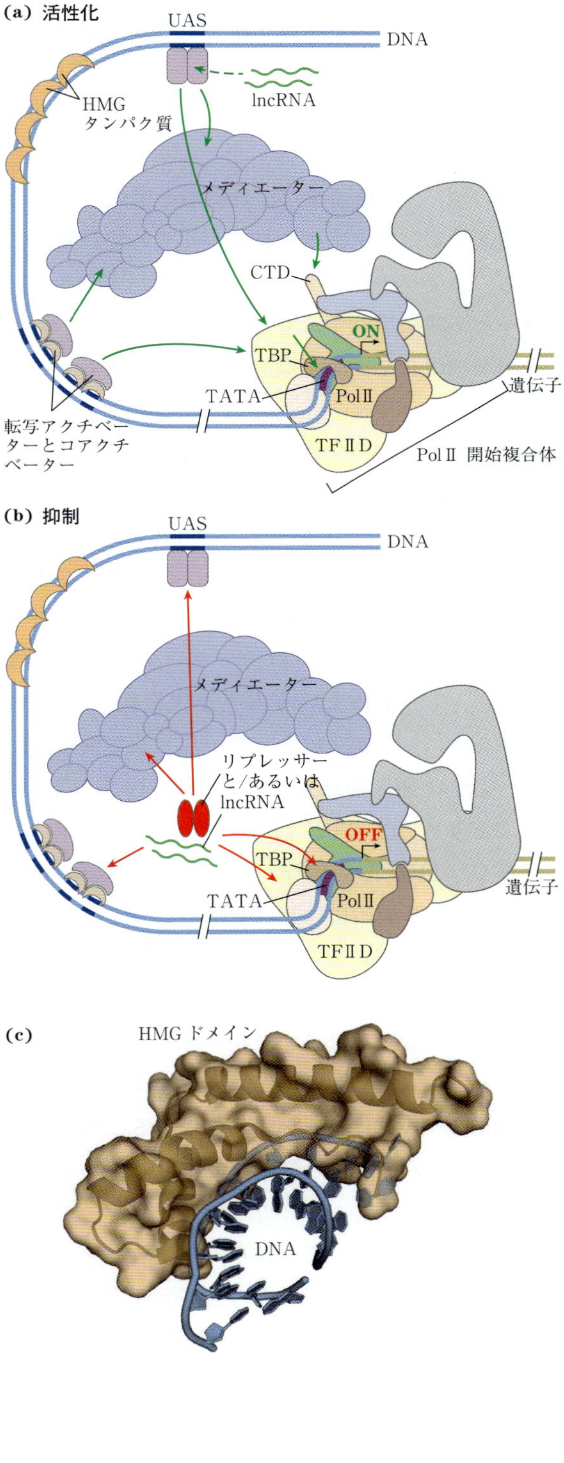

図 28-29 真核生物のプロモーターと調節タンパク質

RNAポリメラーゼⅡ（PolⅡ）とそれに結合する基本転写因子群は，対応するプロモーター上のTATAボックスとInr部位で開始前複合体を形成する．この過程は，コアクチベーター（メディエーターあるいはTFⅡD，またはこれら両方）を介して作用する転写アクチベーターによって促進される．**(a)** 酵母と高等真核生物の両方に見られる典型的な配列エレメントとタンパク質複合体を有する複合プロモーター．PolⅡのカルボキシ末端ドメイン（CTD）（図26-9参照）は，メディエーターや他のタンパク質複合体との相互作用にとって重要である．ヒストン修飾酵素（図には示していない）はメチル化やアセチル化を触媒し，リモデリングにかかわる酵素はヌクレオソームの組成や配置を変化させる．転写アクチベーターは別個のDNA結合ドメインと転写活性化ドメインを有する．これらの機能は，lncRNAとの相互作用によって影響を受ける場合がある．緑色の矢印は，本文中で考察するように，転写の活性化にしばしば必要な相互作用の一般的な様式を示している．HMGタンパク質は，一般的なタイプの構造レギュレーター（図28-5参照）であり，離れている結合部位に結合している系の成分をまとめるために必要なDNAのループ形成を可能にする．**(b)** 真核生物の転写リプレッサーは，多様な機構によって機能する．DNAに直接結合して，活性化に必要なタンパク質複合体と置き換わるリプレッサーもあれば（図には示していない），転写複合体や活性化タンパク質複合体のさまざまな部分と相互作用することで活性化を妨げるリプレッサーも多くある．可能な相互作用点を赤色の矢印で示す．**(c)** DNAと複合体を形成するHMGタンパク質の構造から，HMGタンパク質がどのようにしてDNAのループ形成を促進するのかがわかる．多くのHMGタンパク質に関してDNA配列の選択性がわかっているが，その結合は相対的に非特異的である．ここでは，ショウジョウバエのHMG-Dタンパク質のHMGドメインがDNAと結合しているところを示す．［出典：(c) PDB ID 1QRV, F. V. Murphy Ⅳ et al., *EMBO J.* **18**: 6610, 1999.］

る．例えば，NF-κBタンパク質は，免疫応答やサイトカインの産生に関与する多くの遺伝子の転写を活性化する．NF-κBはDNAのエンハンサー部位，あるいは*lethe*（ギリシャ神話に登場する忘却の川にちなむ命名）というlncRNAに結合できる(図28-14)．このlncRNAはNF-κBによって制御される遺伝子の転写を低下させる．

構造レギュレーター　アクチベーターはどのようにして遠くから作用するのだろうか．ほとんどの場合の答えは，前述のように，介在するDNAがループ状になって，さまざまなタンパク質複合体が直接相互作用できるようになることである．ループ形成は，クロマチン中に豊富に存在し，DNAに対して限定的な特異性で結合する構造レギュレーターによって促進される．最も顕著な例として**高移動度グループ** high mobility group (**HMG**) タンパク質（図28-29(c)；「高移動度」とは，ポリアクリルアミド電気泳動中の移動度に由来する）があり，クロマチンリモデリングや転写活性化において構造的に重要な役割を果たす．

コアクチベータータンパク質複合体　ほとんどの転写には，さらに別のタンパク質複合体が必要である．Pol Ⅱと相互作用する主要な調節タンパク質複合体のなかには，遺伝学的にも生化学的にもよく調べられてきたものがある．これらのコアクチベーター複合体は，転写アクチベーターとPol Ⅱ複合体との間の媒介として機能する．

真核生物の主要なコアクチベーターは**メディエーター** Mediator（図28-29）と呼ばれ，20～30種類以上のポリペプチドから成る複合体である．20種類のコアポリペプチドの多くは，菌類からヒトに至るまで高度に保存されている．さらに四つのサブユニットから成る別の複合体がメディエーターと相互作用し，転写開始を抑制することがある．メディエーターはPol Ⅱの最大のサブユニットのカルボキシ末端ドメイン（CTD）に強固に結合する．メディエーター複合体はPol Ⅱが利用する多くのプロモーターで基本転写および調節性転写の両方に必要である．また，その活性はTFⅡH（基本転写因子）によるCTDのリン酸化を促進する．転写アクチベーターは，メディエーター複合体の一つ以上の成分と相互作用する．相互作用する位置は正確であり，アクチベーターごとに異なる．コアクチベーター複合体は，プロモーターのTATAボックス上，あるいはその近傍で機能する．

その他に，1種類または数種類の遺伝子とともに機能するコアクチベーターが知られている．これらのコアクチベーターのなかには，メディエーターと一緒に機能するものもあれば，メディエーターを利用しない系で機能するものもある．

TATA結合タンパク質と基本転写因子　**TATA結合タンパク質** TATA-binding protein (**TBP**) は，典型的なPol ⅡプロモーターのTATAボックス上で，**開始前複合体** preinitiation complex (**PIC**) の形成過程で最初に結合する成分である．TATAボックスをもたないプロモーターでは，TBPは一般に，TFⅡDという大きな複合体（13～14のサブユニットから成る）の一部として供給される．完全なPIC複合体は，基本転写因子のTFⅡB，TFⅡE，TFⅡF，TFⅡH；PolⅡ；および（おそらく）TFⅡAも含む．しかし，この最小限のPICは，転写開始にはしばしば不十分であり，クロマチン内にプロモーターが埋没している場合には，PICは一般に全く形成されない．転写を引き起こす正の調節には必ずアクチベーターとコアクチベーターが必要である．メディエーターは，TFⅡHやTFⅡEと直接相互作用することによって，PICへのこれらの動員を可能にする．

転写活性化の過程　これから，典型的なPol Ⅱプロモーター上で起こる一連の転写活性化の過程をつなぎ合わせていくことにする（図28-30）．あ

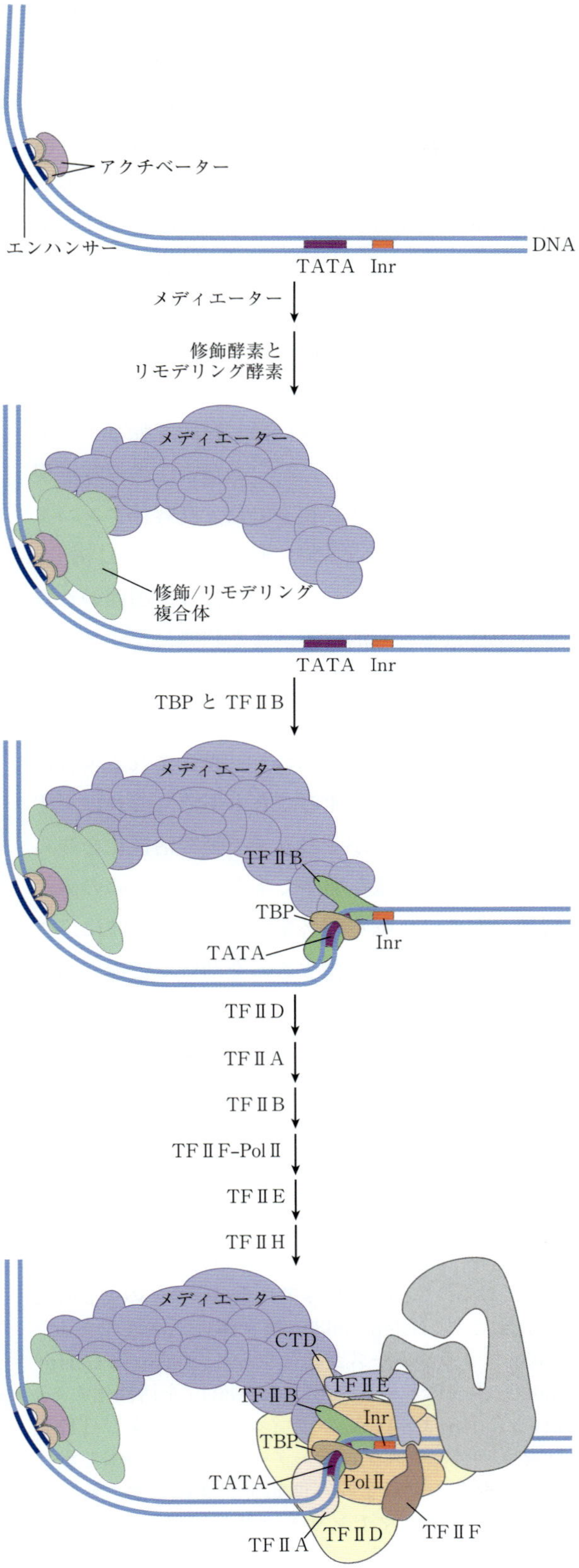

図 28-30　転写活性化の構成要素

まずアクチベーターがDNAに結合する．アクチベーターは，ヒストン修飾/ヌクレオソームリモデリング複合体とメディエーターなどのコアクチベーターを動員する．メディエーターはTBP（あるいはTFⅡD）とTFⅡBの結合を促進する．さらに他の基本転写因子やPol Ⅱが結合する．Pol Ⅱのカルボキシ末端ドメイン（CTD）のリン酸化によって転写が開始される（図には示していない）．［出典：J. A. D'Alessio et al., *Mol. Cell* **36**: 924, 2009 の情報．］

る成分が結合する正確な順番は変わることはあるが，図 28-30 のモデルでは，共通の経路を表すとともに活性化の原理を示してある．多くの転写アクチベーターは，その結合部位が凝縮クロマチン内にあっても有意な親和性を示す．アクチベーターの結合は，しばしば次に起こるプロモーターの活性化の引き金となる．あるアクチベーターが結合すると，他のアクチベーターの結合も可能になり，徐々にヌクレオソーム構造がゆるんでいく．

次に，極めて重要なクロマチンのリモデリングが段階的に起こる．このようなリモデリングは，アクチベーターとHATあるいはSWI/SNFのような酵素複合体（両方の場合もある）との相互作用によって促進される．このように，結合したアクチベーターは，特定の遺伝子の転写を可能にするクロマチンリモデリングに必要な他の成分をさらに引き寄せることができる．結合したアクチベーターは，大きなメディエーター複合体と相互作用する．次に，メディエーターは，最初にTBP（またはTF Ⅱ D），そしてTF Ⅱ B，さらにはPol Ⅱを含むPICの他の成分が結合するための結合表面を提供する．メディエーターは，Pol Ⅱの結合とPol Ⅱに会合している転写因子の結合を安定化し，PICの形成を著しく促進する．このような調節回路の複雑さは，複数のDNA結合性アクチベーターが転写を促進する際の例外というよりも常例である．

転写の筋書はプロモーターごとに異なる．例えば，多くのプロモーターは異なる一群の認識配列を有し，TATA ボックスをもたないことがある．また，多細胞真核生物では，TFⅡD のような因子のサブユニット組成は組織ごとに異なることがある．しかし，ほとんどのプロモーターでは，転写開始のために各成分が正確な順序で集合する必要がある．この集合過程は必ずしも迅速ではない．ある遺伝子では数分かかり，高等真核生物の遺伝子では数日かかることもある．

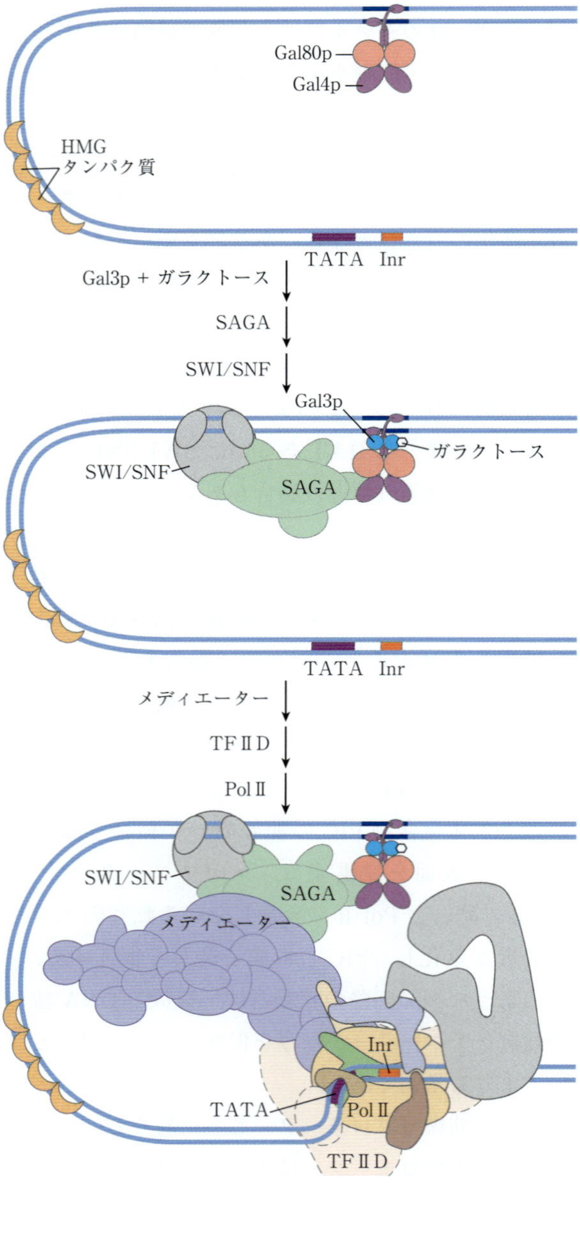

可逆的転写活性化 まれではあるが，真核生物の PolⅡ プロモーターに結合する調節タンパク質，あるいは転写アクチベーターと相互作用する調節タンパク質には，リプレッサーとして機能し，活性型の PIC の形成（図 28-30）を抑制するものがある．ある種のアクチベーターは異なるコンホメーションをとることができ，転写アクチベーターとして機能したり，リプレッサーとして機能したりする．例えば，ある種のステロイドホルモン受容体（後述）は，特定のステロイドホルモンシグナルが存在するときには，核内で転写アクチベーターとして機能し，特定の遺伝子の転写を促進する．ホルモン非存在下では，受容体タンパク質はリプレッサーのコンホメーションに戻り，PIC の形成を妨げる．この抑制には，周囲のクロマチン構造を転写的に不活性な状態に戻すヒストンデアセチラーゼなどのタンパク質との相互作用が関与する場合がある．メディエーターは，その複合体内に抑制性サブユニットが含まれる場合には，転写開始を遮断することもある．これは，すべての必要な因子がそろうまで転写活性化を遅らせて，PIC を正確な順序で集合させるための調節機構，あるいは転写が必要でなくなった時に，プロモーターを不活性化するのを助ける機構である

図 28-31 酵母における *GAL* 遺伝子群の転写調節

酵母細胞内に取り込まれたガラクトースは，五つの酵素が関与する経路によってグルコース 6-リン酸に変換される．これらの酵素の遺伝子は三つの染色体上に散在する（表 28-3 参照）．これらの遺伝子の転写は，Gal4p，Gal80p および Gal3p の共同作用による調節を受ける．Gal4p が転写アクチベーターの中心的役割を果たす．Gal4p-Gal80p 複合体は不活性である．Gal3p にガラクトースが結合すると，Gal3p は Gal4p-Gal80p 複合体と相互作用して，Gal4p を活性化する．次に，Gal4p は SAGA，メディエーターおよび TFⅡD をガラクトースプロモーターに動員し，RNA ポリメラーゼⅡの動員と転写開始を引き起こす．転写を可能にするクロマチンリモデリングにも SWI/SNF 複合体が必要である．

と思われる．

酵母のガラクトース代謝に関与する遺伝子は正と負の両方の調節を受ける

前述の基本原理のいくつかは，よく研究されている真核生物の調節回路によって説明できる（図28-31）．酵母におけるガラクトースの取込みと代謝に関与する酵素群は，いくつかの染色体にわたって散在する遺伝子によってコードされている（表28-3）．酵母は細菌とは異なってオペロンをもたず，*GAL* 遺伝子群は別々に転写される．しかし，すべての *GAL* 遺伝子は類似するプロモーターを有し，共通のタンパク質群による協調的な調節を受ける．*GAL* 遺伝子群のプロモーターは，TATA ボックス，Inr 配列，そして Gal4 タンパク質（Gal4p）という転写アクチベーターによって認識される上流アクチベーター配列（UAS_G）から成る．ガラクトースによる遺伝子発現調節には，Gal4p と他の二つのタンパク質（Gal80p と Gal3p）の相互作用が必要である（図28-31）．Gal80p は Gal4p と複合体を形成し，Gal4p が *GAL* プロモーターのアクチベーターとして機能するのを妨げる．ガラクトースが存在すると，ガラクトースは Gal3p と結合し，その Gal3p は Gal80p-Gal4p 複合体と相互作用する．その結果，Gal4p は *GAL* プロモーターのアクチベーターとして機能できるようになる．さまざまなガラクトース遺伝子が誘導され，生成物が増えるにつれて，調節回路の持続的な活性化のために，Gal3p は Gal1p（ガラクトース代謝に必要なガラクトキーゼであり，調節因子としても機能する）に置き換わる．

他のタンパク質複合体も *GAL* 遺伝子群の転写活性化に関与する．これらには，ヒストンのアセチル化とクロマチンリモデリングに関与する SAGA 複合体，クロマチンリモデリングに関与する SWI/SNF 複合体，およびメディエーターが含まれる．Gal4 タンパク質は，転写活性化に必要なこれらの補助因子群を集めてくる機能を有す

表 28-3　酵母のガラクトース代謝にかかわる遺伝子群

遺伝子	タンパク質の機能	遺伝子が位置する染色体	タンパク質のサイズ（アミノ酸残基数）	異なる炭素源におけるタンパク質の相対的発現		
				グルコース	グリセロール	ガラクトース
調節を受ける遺伝子						
GAL1	ガラクトキナーゼ	II	528	−	−	+++
GAL2	ガラクトースパーミアーゼ	XII	574	−	−	+++
PGM2	ホスホグルコムターゼ	XIII	569	+	+	++
GAL7	ガラクトース 1-リン酸ウリジルトランスフェラーゼ	II	365	−	−	+++
GAL10	UDP-グルコース 4-エピメラーゼ	II	699	−	−	+++
MEL1	α-ガラクトシダーゼ	II	453	−	+	++
調節遺伝子						
GAL3	インデューサー	IV	520	−	+	++
GAL4	転写アクチベーター	XVI	881	+/−	+	+
GAL80	転写インヒビター	XIII	435	+	+	++

出典：R. Reece and A. Platt, *Bioessays* **19**: 1001, 1997 の情報.

る．SAGA は Gal4p によって動員される最初で，かつ主要な標的かもしれない．

グルコースは，細菌の場合と同様に，酵母にとっても好ましい炭素源である．グルコースが存在すると，*GAL* 遺伝子群のほとんどの発現はガラクトースの有無にかかわらず抑制される．前述の *GAL* 調節系は，いくつかのタンパク質（図 28-31 には示されていない）が関与する複雑なカタボライト抑制系によってその機能が事実上抑制される．

転写アクチベーターはモジュール構造を有する

典型的な転写アクチベーターは，一般に特異的な DNA 結合のための明確な構造ドメイン，および転写活性化または他の調節タンパク質と相互作用するためのドメインを一つ以上有する．二つの調節タンパク質間の相互作用は，しばしばロイシンジッパー（図 28-15）やヘリックス・ループ・ヘリックスモチーフ（図 28-16）を含むドメインによって媒介される．ここでは，転写アクチベーター（Gal4p，Sp1 および CTF1）による活性化に利用される三つの異なるタイプの構造ドメインの特徴について取り上げる（図 28-32(a)）．

Gal4p は，アミノ末端近くの DNA 結合ドメイン内に亜鉛フィンガー様構造を含む．このドメインは 6 個の Cys 残基を有し，2 個の Zn^{2+} と配位結合する．このタンパク質は（二つのコイルドコイル間の相互作用により形成される）ホモ二量体として機能し，UAS_G（長さ約 17 bp のパリンドローム DNA 配列）に結合する．Gal4p は，多くの酸性アミノ酸残基を含む別個の活性化ドメインを有する．Gal4p の**酸性活性化ドメイン** acidic activation domain をさまざまなペプチド配列に置換する実験によって，アミノ酸配列はかなり変化してもよいが，このドメインが酸性であるという性質がその機能にとって重要であることが示唆されている．

Sp1（分子量 80,000）は，高等真核生物の多数の遺伝子に作用する転写アクチベーターである．その DNA 結合部位は GC ボックス（コンセンサ

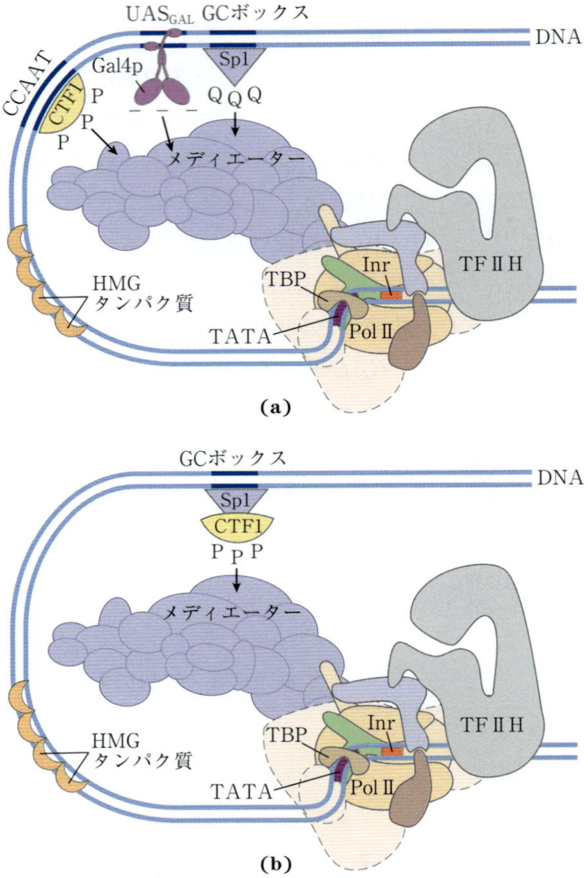

図 28-32 転写アクチベーター

(a) CTF1，Gal4p および Sp1 のような典型的な転写アクチベーターは，DNA 結合ドメインと転写活性化ドメインをもつ．活性化ドメインの特徴を次の記号で表す：－－－，酸性活性化ドメイン；QQQ，グルタミンリッチ活性化ドメイン；PPP，プロリンリッチ活性化ドメイン．これらのタンパク質は，通常はメディエーターのようなコアクチベーター複合体と相互作用することによって転写を活性化する．ここに示す結合部位は，単一の遺伝子の近傍で常に一緒に存在しているわけではないことに注意しよう．**(b)** Sp1 の DNA 結合ドメインと CTF1 の転写活性化ドメインを含むキメラタンパク質は，GC ボックスが存在すると転写を活性化する．

ス配列 GGGCGG）であり，通常は TATA ボックスのごく近傍に存在する．Sp1 タンパク質の DNA 結合ドメインはカルボキシ末端近くに存在し，三つの亜鉛フィンガーを含む．Sp1 に存在する他の二つのドメインは活性化に関与し，全アミノ酸残基の 25％が Gln であることが顕著である．他の多くのアクチベータータンパク質も**グルタミンリッチドメイン** glutamine-rich domain を有する．

CTF1（CCAAT 結合転写因子 1 *C*CAAT-binding *t*ranscription *f*actor *1*）も転写アクチベーターファミリーに属し，CCAAT 部位（コンセンサス配列 $TGGN_6GCCAA$，N はどのヌクレオチドでも可）という配列に結合する．CTF1 の DNA 結合ドメインは多くの塩基性アミノ酸残基を含み，結合領域はおそらく α ヘリックス構造をとっている．このタンパク質はヘリックス・ターン・ヘリックスモチーフも亜鉛フィンガーモチーフももたず，DNA への結合機構ははっきりしない．CTF1 は**プロリンリッチ活性化ドメイン** proline-rich activation domain を有し，この領域では Pro が全アミノ酸残基中の 20％以上を占める．

これらの調節タンパク質の別個の活性化ドメインと DNA 結合ドメインは，しばしば完全に独立して作用することが，「ドメイン交換」実験によって証明された．遺伝子操作技術（Chap. 9）によって，CTF1 のプロリンリッチ活性化ドメインを Sp1 の DNA 結合ドメインに連結すると，Sp1 と同様に DNA 上の GC ボックスに結合して近傍のプロモーターからの転写を活性化するタンパク質をつくることができる（図 28-32(b)）．同様に，Gal4p の DNA 結合ドメインが，大腸菌の LexA リプレッサー（SOS 応答に関与；図 28-21）の DNA 結合ドメインに置換された．このキメラタンパク質は UAS_G とは結合せず，野生型の Gal4p とは異なり，酵母の *GAL* 遺伝子群を活性化しなかった．しかし，DNA 中の UAS_G 配列を LexA 認識配列に置換すると，キメラタンパク質は *GAL* 遺伝子群の転写を正常に活性化した．

真核生物の遺伝子発現は細胞間のシグナルと細胞内のシグナルによって調節される

ステロイドホルモン（および同様の作用様式である甲状腺ホルモンとレチノイドホルモン）の効果は，シグナル分子との直接相互作用によって，真核生物の調節タンパク質の機能が変わることを示すよく研究された例である（図 12-30 参照）．他のタイプのホルモンとは異なり，ステロイドホルモンは細胞膜上の受容体と結合する必要はない．その代わりに，転写アクチベーターでもある細胞内受容体と相互作用する．疎水性が高すぎるために血中で容易には溶けないステロイドホルモン（エストロゲン，プロゲステロン，コルチゾールなど）は，特定の運搬タンパク質に結合して，放出部位から標的組織まで運ばれる．標的組織では，ホルモンは単純拡散によって細胞膜を透過する．いったん細胞内にはいると，ステロイドホルモンは二つのタイプのステロイド結合性核内受容体の一つと相互作用する（図 28-33）．どちらの場合にも，このホルモン-受容体複合体は，**ホルモン応答配列** hormone response element（**HRE**）という極めて特異的な DNA 配列に結合し，それによって遺伝子発現を変化させる．ステロイド受容体はこのような部位で転写アクチベーターとして作用し，コアクチベーターや RNA ポリメラーゼⅡ（およびそれに関連する転写因子）を動員して，遺伝子の転写を誘発する．

ホルモン-受容体複合体が結合する DNA 配列（HRE）は，さまざまなステロイドホルモンに関して長さや配置が似ている．しかし，配列はホルモンごとに異なる．各受容体は，ホルモン-受容体複合体がうまく結合できるコンセンサス HRE 配列をもつ（表 28-4）．各コンセンサス配列は二つの 6 ヌクレオチドから成り，それらは連続して

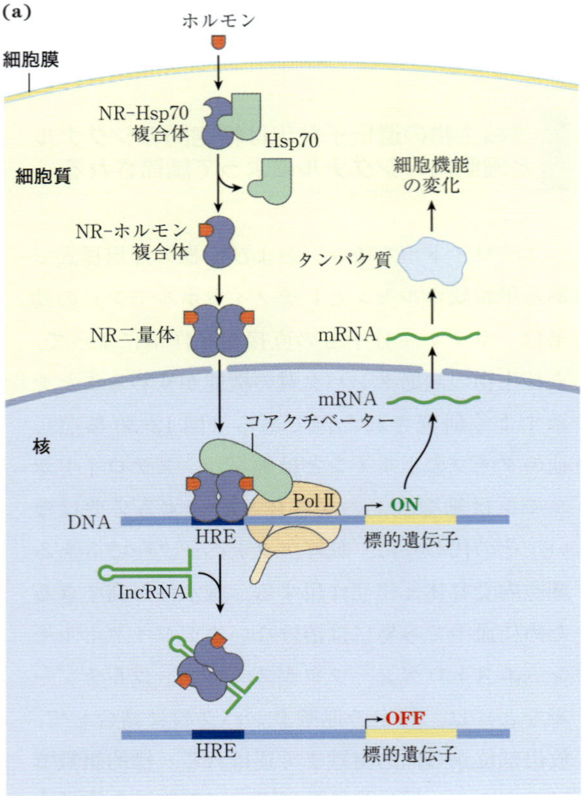

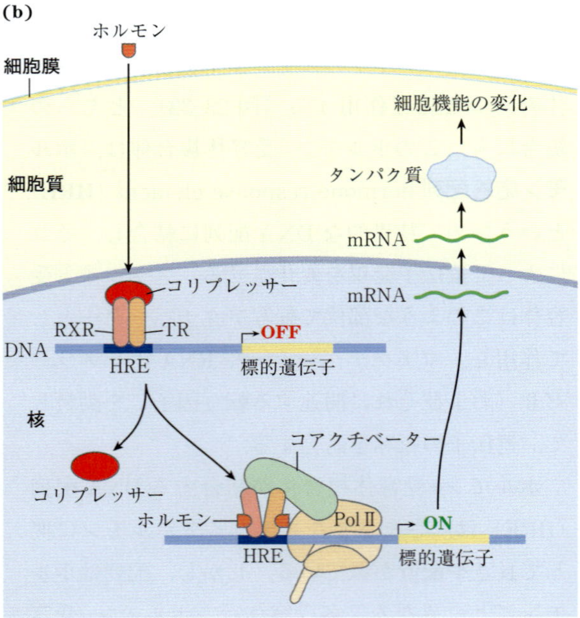

図 28-33 ステロイドホルモン受容体が機能する機構

二つのタイプのステロイド結合性核内受容体が存在する．**(a)** 単量体のⅠ型受容体（NR）は，熱ショックタンパク質（Hsp70）との複合体として細胞質に存在する．エストロゲン，プロゲステロン，アンドロゲン，およびグルココルチコイドの受容体はこのタイプである．ステロイドホルモンが結合すると，Hsp70は解離し，受容体が二量体化し，核局在化シグナルが露出する．ホルモンと結合している二量体の受容体は核内に移行し，そこでホルモン応答配列（HRE）に結合して転写アクチベーターとして作用する．受容体の活性はlncRNA（GAS5など）と結合することによって抑制されることがある．lncRNAは，受容体のHREへの結合と直接競合する．**(b)** これに対して，Ⅱ型の受容体は，常に核内に存在し，DNAのHREと受容体を不活性化するコリプレッサーに結合している．甲状腺ホルモン受容体（TR）がこのタイプである．ホルモンは細胞質を通って移動し，核膜を通り抜けて拡散する．核内で，ホルモンは甲状腺ホルモン受容体とレチノイドX受容体（RXR）から成るヘテロ二量体に結合する．これによってコンホメーション変化が起こってコリプレッサーが解離し，受容体は転写アクチベーターとして機能する．

いるか3ヌクレオチド隔てられているかのどちらかであり，直列またはパリンドローム様の配置をとっている．ホルモン受容体は二つの亜鉛フィンガーから成るよく保存されたDNA結合ドメインをもつ（図28-34）．ホルモン-受容体複合体は二量体としてDNAに結合する．その際に，各単量体の亜鉛フィンガードメインが各6ヌクレオチド配列を認識する．あるホルモンが受容体に結合し

表 28-4 ステロイド型のホルモン受容体が結合するホルモン応答配列（HRE）

受容体	受容体が結合するコンセンサス配列[a]
アンドロゲン	GG(A/T)ACAN$_2$TGTTCT
グルココルチコイド	GGTACAN$_3$TGTTCT
レチノイン酸（数種類）	AGGTCAN$_5$AGGTCA
ビタミンD	AGGTCAN$_3$AGGTCA
甲状腺ホルモン	AGGTCAN$_3$AGGTCA
RX[b]	AGGTCANAGGTCANAGGTCANAGGTCA

[a] Nはどのヌクレオチドでも可．
[b] レチノイン酸受容体やビタミンD受容体と二量体を形成する．

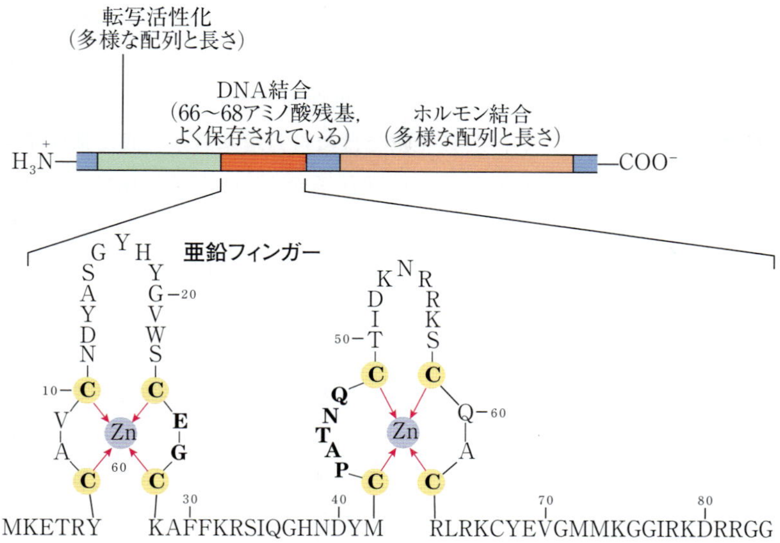

図 28-34　典型的なステロイドホルモン受容体

これらの受容体タンパク質は，ホルモン結合部位，DNA 結合ドメイン，調節を受ける遺伝子の転写活性化に関与する領域から成る．よく保存された DNA 結合ドメインは二つの亜鉛フィンガーを有する．ここに示すアミノ酸配列はエストロゲン受容体のものであり，太字で示す残基はすべてのステロイドホルモン受容体に共通である．

て特定の遺伝子の発現を変化させる能力は，HRE の正確な配列，遺伝子に対する HRE の相対位置，および遺伝子に存在する HRE の数に依存する．

受容体タンパク質のリガンド結合領域（常にカルボキシ末端に存在する）は特定の受容体に特異的である．例えば，リガンド結合領域において，グルココルチコイド受容体はエストロゲン受容体とはたった 30％の，甲状腺ホルモン受容体とはたった 17％の類似性しか示さない．リガンド結合領域のサイズは著しく異なる．ビタミン D 受容体では 25 アミノ酸残基しかないが，ミネラルコルチコイド受容体では 603 アミノ酸残基もある．この領域の 1 アミノ酸残基を変化させるような変異によっても，特定ホルモンに対する応答性が失われることがある．この種の変異によって，コルチゾール，テストステロン，ビタミン D あるいはチロキシンに対して応答できない人がいる．

lncRNA は，ホルモン受容体による調節に別の要素を導入する．GAS5（*g*rowth *a*rrest *s*pecific *5*）という lncRNA は，グルココルチコイド受容体との結合に関して DNA と直接競合することによって，この受容体による転写活性化を阻害する．GAS5 は，近縁関係にあるアンドロゲン受容体，プロゲステロン受容体，およびミネラルコルチコイド受容体の活性も阻害する．さらに GAS5 は，miR-21 という miRNA と相互作用して隔離する．miR-21 は，腫瘍抑制因子として働くいくつかの調節タンパク質と相互作用して，その活性を阻害する．GAS5 の発現は広範な腫瘍において抑制されており，結果的に，ステロイドホルモンの発現増大，活性型 miR-21 の高いレベル，腫瘍増殖速度の上昇をもたらす．がん患者に関しては，このように GAS5 レベルの低さと予後の悪化が相関することから，この lncRNA は積極的な研究の対象となっている．

ヒトのプロゲステロン受容体を含むある種のホルモン受容体は，コアクチベーターとして機能する約 700 ヌクレオチドの異なる lncRNA の助けを借りて転写を活性化する．これらは，**ステロイド受容体 RNA アクチベーター** steroid receptor RNA activator（**SRA**）と呼ばれる．SRA は，リボヌクレオタンパク質複合体の一部として働くが，これは転写のコアクチベーションに必要な RNA 成分である．これらの遺伝子の調節系における SRA と他の構成成分との相互作用の詳細を明らかにするためには，さらに研究が必要である．

核内転写因子のリン酸化による遺伝子発現調節

Chap. 12では，遺伝子発現に対するインスリンの効果が，特定のDNA結合タンパク質をリン酸化し，それによってそのタンパク質の転写因子としての能力を変化させる核内プロテインキナーゼの活性化を最終的に引き起こす一連のステップによって媒介されることを示した（図12-19参照）．この一般的な機構によって，多くの非ステロイドホルモンの効果も媒介される．例えば，真核生物と細菌の両方でセカンドメッセンジャーとして働くcAMPのサイトゾルでのレベルの上昇を引き起こすβアドレナリン受容体経路は，**cAMP応答配列** cAMP response element（**CRE**）という特定のDNA配列の近傍に位置する一群の遺伝子の転写にも影響を及ぼす（図28-18）．プロテインキナーゼAの触媒サブユニットがcAMPレベルの上昇に伴って遊離し（図12-6参照），核内に入って核内タンパク質の**CRE結合タンパク質** CRE-binding protein（**CREB**）をリン酸化する．CREBは，リン酸化されると特定の遺伝子の近傍のCREに結合し，転写因子として働いてそれらの遺伝子の発現をオンにする．

真核生物の多くのmRNAは翻訳抑制を受ける

翻訳レベルの調節は，細菌に比べて真核生物でははるかに重要な役割を果たし，さまざまな細胞の状況下で観察される．細菌では転写と翻訳が厳密に共役しているのに対して，真核生物では核内でつくられた転写物が，翻訳の前にプロセシングを受けて，細胞質へと輸送されなければならない．したがって，タンパク質が出現する前にかなりの時間を必要とする．タンパク質生産の迅速な増大が必要な場合には，細胞質にすでに存在するが，翻訳抑制を受けているmRNAが，遅滞なく翻訳されるように活性化されることがある．翻訳調節は真核生物の特定の極めて大きな遺伝子の発現調節において特に重要な役割を果たすかもしれない．真核生物では数百万塩基対から成る遺伝子も存在し，この遺伝子からの転写とmRNAのプロセシングには数時間かかることもある．転写と翻訳の両段階で調節を受ける遺伝子もあり，翻訳段階の調節は細胞のタンパク質レベルの微調整において役割を果たす．網状赤血球（未成熟赤血球）のような無核の細胞では，転写制御は全く利用できないので，蓄えられたmRNAからの翻訳制御が不可欠である．後述するように，翻訳制御は発生の際の場所の決定においても重要であり，すでに配置されているmRNAの調節性の翻訳がタンパク質産物の局所的な勾配をつくり出す．

真核生物には，少なくとも四つの主要な翻訳調節機構が存在する．

1. 翻訳開始因子は，プロテインキナーゼによるリン酸化を受ける．リン酸化された開始因子は多くの場合に活性が低く，細胞内での翻訳は一般に抑制される．
2. ある種のタンパク質はmRNAに直接結合し，翻訳リプレッサーとして機能する．それらの多くは3′非翻訳領域（3′ UTR）の特定の部位に結合する．その位置では，これらのタンパク質はmRNAに結合している他の翻訳開始因子や40Sリボソームサブユニットと相互作用することによって翻訳開始を妨げる（図28-35）．
3. 酵母から哺乳類に至る真核生物に存在する結合タンパク質は，eIF4EとeIF4Gの間の相互作用（図27-28参照）を不可能にする．哺乳類でのこのタンパク質は4E-BP（eIF4E結合タンパク質）と呼ばれる．細胞増殖が遅いときには，通常はeIF4Gと相互作用するeIF4E上の部位に4E-BPが結合することによって翻訳を制限する．増殖因子や他の刺激に応答し

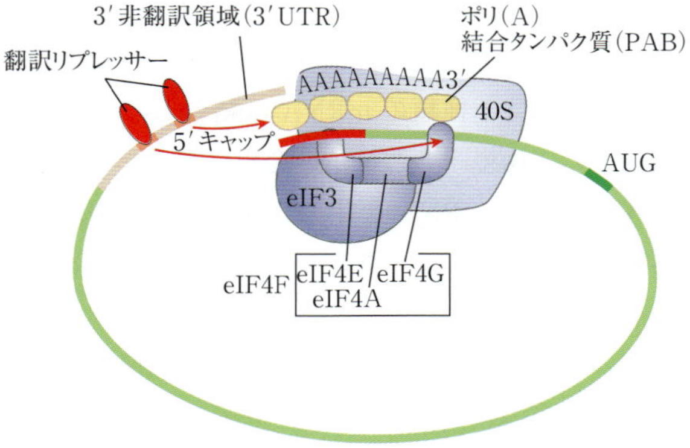

図 28-35　真核生物 mRNA の翻訳調節

mRNA の 3′非翻訳領域（3′UTR）の特定部位への翻訳リプレッサー（RNA 結合タンパク質）の結合は，真核生物の翻訳調節の最も重要な機構の一つである．これらのタンパク質は，真核生物の開始因子やリボソームと相互作用して，翻訳を妨げたり減速したりする．

て，細胞増殖が再開されたり盛んになったりするときには，4E-BP はプロテインキナーゼ依存的なリン酸化によって不活性化される．

4. RNA 依存的な遺伝子発現の調節は，しばしば翻訳抑制のレベルで起こる．

翻訳調節機構の多様性によって柔軟性が生じ，少数の mRNA の翻訳を集中的に抑制したり，細胞全体の翻訳を調節したりするのが可能になる．

翻訳調節は網状赤血球で特によく研究されている．網状赤血球における調節機構の一つには，開始 tRNA に結合してリボソームへと運ぶ役目を担う開始因子 eIF2 が関与する．Met-tRNA がリボソームの P 部位に結合すると，eIF2 に eIF2B 因子が結合し，GTP の結合と加水分解によって eIF2 を再生する．網状赤血球の成熟の際には細胞核の崩壊が起こり，ヘモグロビンを包みこむ細胞膜があとに残る．核の喪失の前に細胞質に蓄積した mRNA は，ヘモグロビンの補充を可能にする．網状赤血球で鉄またはヘムが欠乏すると，グロビン mRNA の翻訳は抑制される．次に，**HCR**（hemin-controlled repressor；**ヘミン調節性リプレッサー**）というプロテインキナーゼが活性化されて eIF2 のリン酸化を触媒する．eIF2 はリン酸化されると eIF2B と安定な複合体を形成し，eIF2 の遊離が妨げられるので，eIF2 は翻訳に関与できなくなる．この機構によって，網状赤血球はヘムの利用性とグロビンの合成を連動させる．

以下に詳しく述べるように，さらに多くの翻訳調節の例が，多細胞生物の発生の研究中に見出されている．

転写後の遺伝子サイレンシングは RNA 干渉によって媒介される

線虫，ショウジョウバエ，植物，哺乳類を含む高等真核生物では，マイクロ RNA micro RNA（miRNA）という低分子 RNA が，多くの遺伝子のサイレンシング（発現抑制）silencing を媒介する．Craig Mello と Andrew Fire によって初めて記述され，そして説明された現象において，これらの RNA は mRNA（多くの場合に 3′UTR）と相互作用することによって機能し，mRNA の分解または翻訳抑制のどちらかを引き起こす．どちらの場合でも，mRNA，したがってその mRNA を産生する遺伝子の発現抑制が起こる．このような様式の遺伝子調節によって，少

Craig Mello
［出典：Craig Mello の厚意による．］

Andrew Fire
［出典：Linda A. Cicero/Stanford News Service.］

なくともいくつかの生物の発生のタイミングが制御される．またこの調節は，RNA ウイルスの侵入に対する防御機構（免疫系の存在しない植物では特に重要である）やトランスポゾンの活性制御機構にも利用される．さらに，機構は不明であるが，低分子 RNA はヘテロクロマチンの形成においても重要な役割を果たすかもしれない．

多くの miRNA は，発生の一時期にのみ存在するので，これらは**低分子一過性 RNA** small temporal RNA（**stRNA**）とも呼ばれることがある．これまでに数千もの異なる miRNA が高等真核生物で同定され，哺乳類遺伝子の 3 分の 1 の調節に影響を及ぼすかもしれない．miRNA は，約 70 ヌクレオチドの前駆体 RNA として転写されるが，ヘアピン様構造をとる分子内の相補的塩基配列を有する．miRNA のプロセシング経路の詳細に関しては Chap. 26 で解説した（図 26-27 参照）．この前駆体は，ドローシャ Drosha やダイサー Dicer などのエンドヌクレアーゼによって切断され，約 20 ～ 25 ヌクレオチド長の短い二本鎖 RNA になる．プロセシングを受けた miRNA の一方の鎖は，標的 mRNA（またはウイルスやトランスポゾン RNA）と相互作用し，RNA の翻訳抑制や分解を引き起こす（図 28-36）．いくつかの miRNA は 1 種類の mRNA に結合して影響を及ぼすので，単一の遺伝子の発現にのみ影響を及ぼす．複数の mRNA と相互作用する miRNA もあり，複数の遺伝子の発現を連動させるレギュロンの機構の中心になる．

この遺伝子調節機構は興味深いのと同時に，極めて実用的な一面を有する．事実上どのような mRNA であっても，その配列に対応する二本鎖 RNA 分子をある生物に導入すると，ダイサーがその二本鎖を切断して，**低分子干渉 RNA** small interfering RNA（**siRNA**）という短い RNA 断片にする．このような siRNA は mRNA に結合して，その mRNA の発現抑制を引き起こす（図 28-36(b)）．この過程は **RNA 干渉** RNA interference（**RNAi**）として知られる．植物では，ほぼどんな遺伝子の発現でもこの方法によって効率よく遮断することができる．線虫は機能できる RNA を容易に口から体内に摂取することができるので，二本鎖 RNA を単に線虫の餌に混ぜることによって，極めて効率よく標的遺伝子の発現を

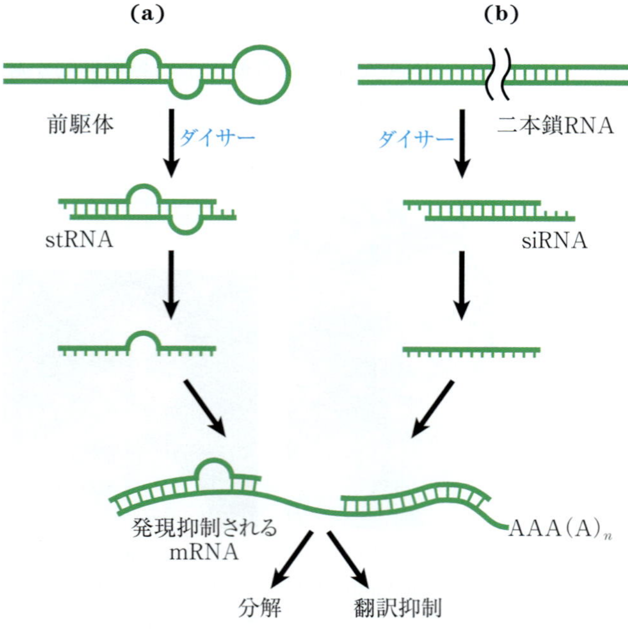

図 28-36 RNA 干渉による遺伝子サイレンシング

(a) 低分子一過性 RNA（stRNA，miRNA のクラス）は，二本鎖領域を形成するように折りたたまれた長い前駆体 RNA がダイサーにより切断されて生成する．stRNA は次に mRNA に結合して，mRNA の分解，あるいは翻訳抑制を引き起こす．**(b)** 二本鎖 RNA をつくり，細胞内に導入する．ダイサーは二本鎖 RNA から低分子干渉 RNA（siRNA）をつくり，この siRNA が標的 mRNA と相互作用する．その結果，mRNA は分解されるか，翻訳抑制を受ける．

抑制することができる．変異体生物を作製しなくても遺伝子の機能を止めることができるので，この技術は遺伝子機能の研究において重要な手段となっている．この方法はヒトにも応用可能であり，実験室でつくられたsiRNAを用いると，ヒト培養細胞へのHIVやポリオウイルスの感染が，1週間程度連続して遮断された．ヒトの組織にはRNAを分解する多くのヌクレアーゼがあるので，RNAi分子を必要な標的組織にまで届けることの難しさが，当初はRNAiを基盤とする医薬品の広範な適用の障害であった．しかし，送達方法の最近の進歩によって，十数種類のRNAi医薬品に関して，家族性アミロイド性多発神経炎からウイルス感染やがんに至るまでのさまざまな病状の治療のための高度な臨床治験が現在進んでいる．

真核生物において RNA が媒介する遺伝子発現調節にはさまざまな様式がある

真核生物において特別な機能を有するRNAには，上記のようなmiRNAに加えて，RNAスプライシングに関与するsnRNA（図26-16参照），rRNAの修飾に関与するsnoRNA（図26-25参照），および本章ですでに述べたlncRNAがある．rRNAやtRNAを含めて，タンパク質をコードしないすべてのRNA（その長さに無関係）と同様に，これらのRNAは**ncRNA**（ノンコーディングRNA noncoding RNA）と総称される．哺乳類のゲノムには，翻訳されるmRNAよりも多くのncRNAがコードされているようである．さらに別の機能を有するncRNAが今でも発見されつつあることは驚くにはあたらない．ここでは，遺伝子調節にかかわるncRNAのさらにいくつかの例について紹介する．これらは，その長さが200ヌクレオチドを超える場合にはlncRNAと呼ばれる．

熱ショック因子1 heat shock factor 1（HSF1）はアクチベータータンパク質であり，非ストレス下の細胞ではシャペロンであるHsp90と結合している単量体として存在する．ストレス条件下では，HSF1はHsp90から解離して三量体化する．HSF1の三量体はDNAに結合し，ストレス時に必要な産物をコードする遺伝子の転写を活性化する．HSR1（heat shock RNA 1；熱ショックRNA 1）という約600ヌクレオチドのlncRNAは，HSF1の三量体化とDNAへの結合を促進する．HSR1は単独では機能せず，翻訳伸長因子eEF1Aとの複合体として機能する．

別のRNAは多様な方法で転写に影響を及ぼす．7SKという331ヌクレオチドのncRNAは哺乳類では豊富に存在し，Pol II転写伸長因子pTEFb（表26-2参照）に結合し，転写の伸長を抑制する．B2というncRNA（約178ヌクレオチド）は，熱ショックの際にPol IIに直接結合して転写を抑制する．B2に結合しているPol IIは安定なPICに組み込まれるが，転写は遮断される．このように，B2 RNAは熱ショック時に多くの遺伝子の転写を停止させるが，HSF1応答遺伝子がB2存在下でも発現する機構は未解明である．

遺伝子発現や他の多くの細胞内での過程におけるncRNAの役割は急速に明らかになりつつある．それと同時に，遺伝子調節の生化学的研究は，タンパク質中心ではなくなりつつある．

発生は調節タンパク質のカスケードによって制御される

一つの細胞である接合体を多細胞の動物や植物へと発生させる遺伝子調節のパターンは，その協調性の複雑さと巧妙さにおいて他に類を見ない．発生の際には，厳密に協調するゲノム発現の変化に依存する形態やタンパク質組成の変化が必要である．発生初期には，その個体の生涯の他のどの時期よりも多くの遺伝子が発現する．例えばウニの場合には，典型的な分化した組織の細胞には約6,000の異なるmRNAが存在するのに対して，卵母細胞には約18,500もの異なるmRNAが存在する．卵母細胞に存在するこれらのmRNAは，多くの遺伝子が発生過程の生物体内のどの位置でいつ発現するのかを調節するカスケードのもとになる．

研究室で維持しやすく，世代時間が比較的短いという理由で，いくつかの生物が発生研究の重要なモデル系となっている．これらには，線虫，ショウジョウバエ *Drosophila melanogaster*，ゼブラフィッシュ，マウス，そして植物ではシロイヌナズナ *Arabidopsis* がある．ここではショウジョウバエの発生を中心にして考察する．ショウジョウバエでは発生の分子レベルでの理解が特に進んでおり，一般的に重要な調節のパターンと原理を説明するための例として適している．

ショウジョウバエのライフサイクルにおいては，胚が成虫になる間に完全変態が起こる（図28-37）．胚の最も重要な特徴は，**極性** polarity（胚体の前後（頭尾）は，背腹と同様に容易に区別できる）と**体節性** metamerism（胚体は連続する体節の繰返しから成り，各体節が特徴的な構造をもつ）である．発生過程で，これらの体節が頭部，胸部，腹部になる．成虫の胸部を構成する各体節に，異なる一対の付属肢がある．この複雑なパターン形成は遺伝子によって制御されており，体の組織化に対して劇的な影響を及ぼすさまざまなパターン調節遺伝子がすでに見つかっている．

ショウジョウバエの卵は，15個のナース細胞 nurse cell とともに，単層の沪胞細胞 follicle cell によって取り囲まれている（図28-38）．受精前に卵細胞が形成される際に，ナース細胞や沪胞細胞で生成されるmRNAやタンパク質が卵細胞内に蓄えられる．これらのmRNAやタンパク質のなかには，発生過程で重要な役割を担うものがある．いったん産卵されると，受精卵の核は分裂を行い，さらにそれらの核は6～10分ごとに同調して分裂を続ける．これらの核の周囲に細胞膜は形成されないので，核は卵の細胞質中に分散してシンシチウム syncytium を形成する．8～11回目の核分裂の間に，核は卵細胞の外層に移動し，

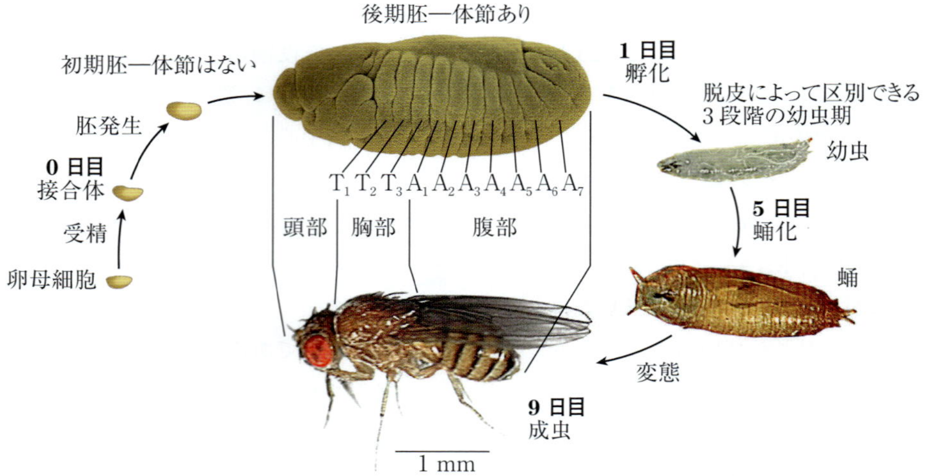

図28-37 ショウジョウバエ *Drosophila melanogaster* のライフサイクル

ショウジョウバエは完全変態する．すなわち，成虫は未成熟な段階にある個体とは形態が根本的に異なり，発生過程で大規模な変化を遂げる必要がある．胚発生後期までには体節が形成される．各体節は，そこから成虫のさまざまな附属肢や他の部位が発達する構造を含む．［出典：後期胚：F. R. Turner, Department of Biology, University of Indiana, Bloomington の厚意による．他の写真：Prof. Dr. Christian Klambt, Westfälische Wilhelms-Universität Münster, Institut für Neuro- und Verhaltensbiologie の厚意による．］

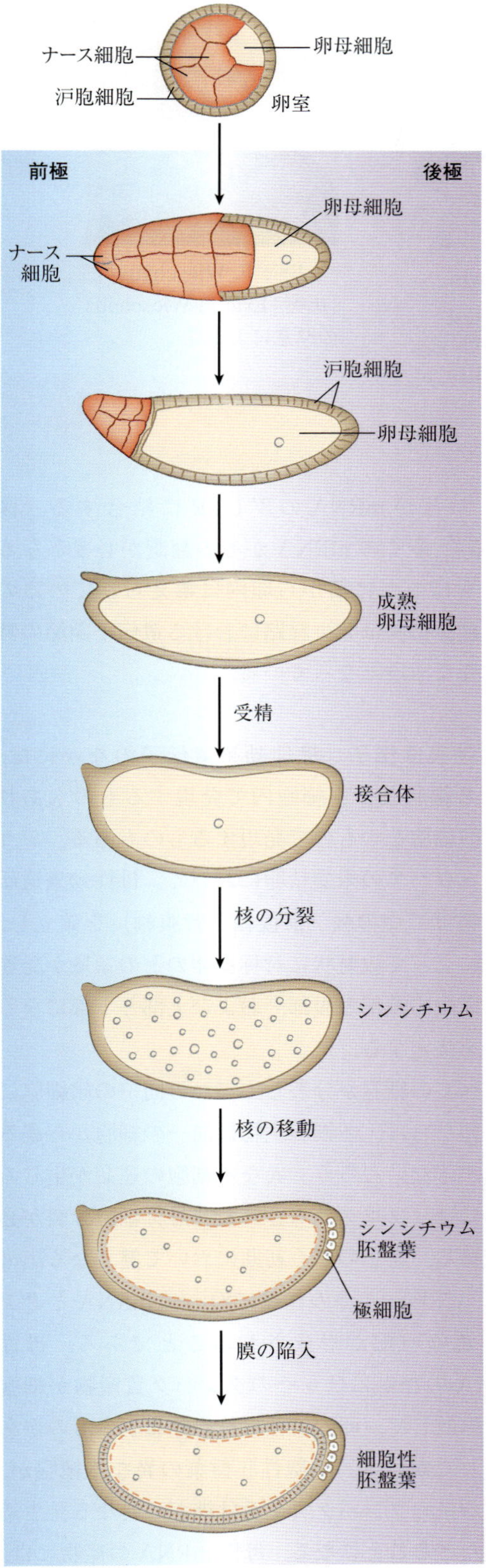

図 28-38 ショウジョウバエの初期発生

卵の発生の際には，母性 mRNA（本文中で考察する *bicoid* 遺伝子や *nanos* 遺伝子の転写物など）と翻訳されたタンパク質は，ナース細胞と沪胞細胞によって発達中の卵母細胞（未受精卵）内に配置される．受精後には，卵の二つの核は共通の細胞質（シンシチウム）中で同期して分裂し，周辺部へと移行する．細胞膜が陥入して核を包み，周辺部で単層の細胞層が形成される．このようにして細胞性胚盤葉が形成される．初期の核分裂の際には，最も後極に位置するいくつかの核が極細胞になり，後に生殖系列細胞となる．

卵黄に富む共通の細胞質を取り囲む単層の核になる．これがシンシチウム胚盤葉 blastoderm である．さらに数回分裂した後に，陥入してくる細胞膜によってこれらの核は包まれ，単層の細胞層を形成する．これが細胞性胚盤葉である．この段階で，さまざまな細胞の分裂周期の同調性はなくなる．これらの細胞の発生運命は，ナース細胞と沪胞細胞によってつくられて，あらかじめ卵内に蓄えられていた mRNA とタンパク質によって決定される．

局所の濃度や活性の変化によって，周囲の組織を特定の形状や構造にするようなタンパク質は**モルフォゲン** morphogen と呼ばれることがあり，パターン調節遺伝子の産物である．Christiane Nüsslein-Volhard，Edward B. Lewis と Eric F. Wieschaus によると，三つの主要なクラスのパターン調節遺伝子群（母性効果遺伝子，分節遺伝子，ホメオティック遺伝子）が発生段階で順次機能して，ショウジョウバエの胚体の基本的な特徴を決定する．**母性効果遺伝子** maternal gene は未受精卵で発現し，その結果生じる**母性 mRNA** maternal mRNA は受精までは翻訳されずに休止している．これらの母性 mRNA は，細胞性胚盤葉が形成されるまでの発生のごく初期の段階において必要なタンパク質を供給する．母性 mRNA によってコードされるタンパク質のなかには，初期発生において胚体内に前後軸と背腹軸を形成す

Christiane Nüsslein-Volhard
［出典：L'Oreal/Micheline Pelletier.］

Edward B. Lewis
（1918－2004）
［出典：CalTech Archives, California Institute of Technology.］

Eric F. Wieschaus
［出典：Eric F. Wieschaus の厚意による.］

るように指令し，空間的極性を確立するものがある．受精後に転写される**分節遺伝子** segmentation gene は，適切な数の体節を形成するように指令する．少なくとも三つのサブクラスの分節遺伝子が連続して各発生段階で作用する．**ギャップ遺伝子** gap gene は発生過程の胚をいくつかの幅広い領域に分割し，**ペアルール遺伝子** pair-rule gene は，**セグメントポラリティー遺伝子** segment polarity gene とともに，正常な胚において14の体節となるような14の縞を形成する．**ホメオティック遺伝子** homeotic gene はさらに後で発現し，ある特定の体節がどのような器官と付属肢を発達させるのかを決定する．

これら三つの遺伝子群に属する多くの調節遺伝子によって，頭部，胸部，腹部を有し，正しい数の体節をもち，そして体節ごとに正しく付属肢を有する成虫の発生が指令される．胚発生が完了するためには約1日かかるにもかかわらず，これらの遺伝子すべてが受精後の最初の4時間で活性化される．これらのなかには，この期間の特定の時期にほんの数分間しか存在しない mRNA やタンパク質もある．これらの遺伝子のうちのいくつかは転写因子をコードし，ある種の発生カスケードで他の遺伝子の発現に影響を及ぼす．翻訳レベルでの調節も起こり，調節遺伝子の多くは翻訳リプレッサーをコードしており，そのリプレッサーのほとんどが mRNA の 3′ UTR に結合する（図 28-35）．多くの mRNA がその翻訳が必要となるよりもはるかに前から卵内に蓄えられているので，翻訳抑制は発生経路における遺伝子調節の特に重要な手段となっている．

母性効果遺伝子　母性効果遺伝子のなかには，ナース細胞と沪胞細胞内で発現するものもあれば，卵細胞そのもので発現するものもある．ショウジョウバエの未受精卵において，母性効果遺伝子産物は二つの軸（前後軸と背腹軸）を確立し，これによって放射状に対称な卵のどの領域が発達して成虫の頭部と腹部，および上部と下部になるのかを決定する．

すべての細胞が分裂して二つの同一の娘細胞になるのならば，多細胞生物は同一の細胞から成る球にすぎないだろう．異なる細胞の運命が生じるためには，プログラムされた非対称細胞分裂が必要である．発生のごく初期において鍵となる出来事は，これら二つの体軸に沿って mRNA とタンパク質の勾配が形成されることである．母性 mRNA のなかには，そのタンパク質産物が細胞質を拡散して，卵内に非対称に分布するものがある．したがって，細胞性胚盤葉の異なる細胞が，異なる量のタンパク質を受け継ぎ，異なる発生過程をたどることになる．母性 mRNA の産物には，翻訳リプレッサーだけではなく，転写のアクチベーターやリプレッサーが含まれ，それらのすべてが他のパターン調節遺伝子の発現を調節する．その結果生じる遺伝子発現の特定のパターンと順序は細胞系列の間で異なっており，最終的に成虫の各構造を全体的な調和のもとに発達させる．

ショウジョウバエの前後軸は，少なくともその一部が *bicoid* 遺伝子と *nanos* 遺伝子の産物によって決定される．*bicoid* 遺伝子産物は主要な前部形成モルフォゲンであり，*nanos* 遺伝子産物は主要な後部形成モルフォゲンである．*bicoid* 遺伝子の mRNA はナース細胞によって合成され，未受精卵の前極近くに蓄えられる．Nüsslein-Volhard は，この mRNA は受精直後に翻訳され，その産物である Bicoid タンパク質は細胞全体に拡散して，7 回目の核分裂までに前極から放射状に広がる濃度勾配を形成することを発見した（図 28-39 (a)）．Bicoid タンパク質はいくつかの分節遺伝子の発現を活性化する転写因子であり，ホメオドメインを有する（p. 1629）．Bicoid タンパク質は，特定の mRNA を不活性化する翻訳リプレッサーでもある．Bicoid タンパク質の胚体内のさまざまな部位での量は，閾値依存的にその後に起こる他の遺伝子の発現に影響を及ぼす．すなわち，Bicoid タンパク質の濃度が閾値を超える領域でのみ，遺伝子は転写活性化されるか翻訳抑制されるかする．Bicoid タンパク質の濃度勾配の形が変化すると，胚の体節パターンが劇的に変化する．

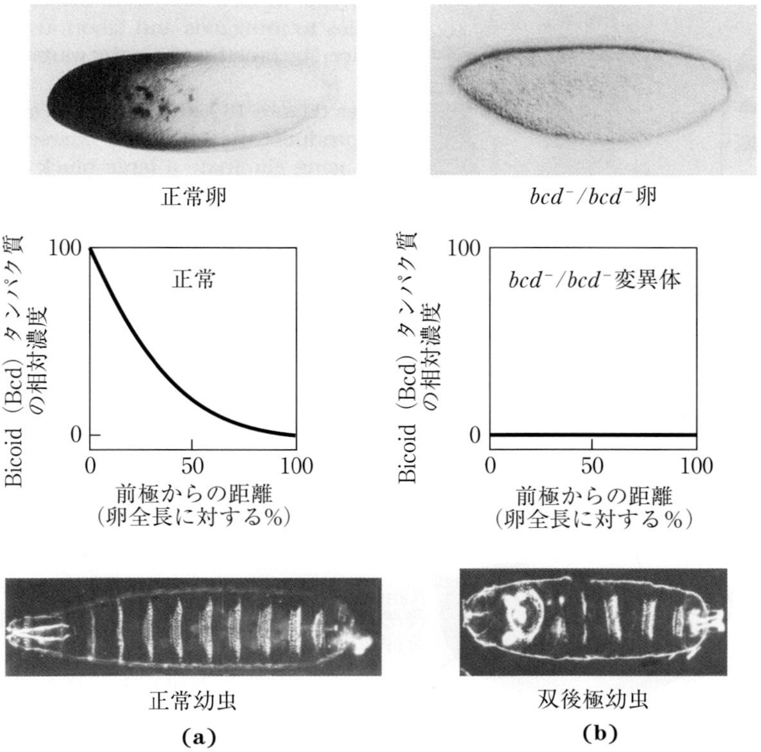

図 28-39　ショウジョウバエ卵における母性効果遺伝子産物の分布

(a) 免疫染色した卵の顕微鏡写真（上段）．*bicoid*（*bcd*）遺伝子産物の分布を示す．グラフ（中段）は卵の長軸に沿った染色強度を示す．この分布が幼虫（下段）の前部構造の正常発生にとって不可欠である．**(b)** *bcd* 遺伝子が母親（*bcd*⁻/*bcd*⁻変異体）で発現せず，卵中に *bicoid* mRNA が蓄積されないと，その結果生じる幼虫は二つの後部をもつことになる（そしてすぐに死ぬ）．［出典：Elsevier の許可を得て転載．W. Driever and C. Nüsslein-Volhard, *Cell* **54**: 83, 1988；著作権料精算センターを通して許可.］

Bicoidタンパク質が欠失すると，二つの腹部をもち，頭部も胸部ももたない胚の発生が起こる(図28-39(b))．しかし，適量の*bicoid* mRNAを卵の適切な極に注射すると，Bicoidタンパク質のない胚は正常に発生する．*nanos*遺伝子にはこれと類似する役割があるが，そのmRNAは卵の後極に蓄えられ，前後軸に沿ったタンパク質の濃度勾配は後極で最高濃度になる．Nanosタンパク質は翻訳リプレッサーである．

母性効果遺伝子の作用についてさらに視野を広げて見ると，初期発生回路の概要が明らかになる．卵内に非対称に蓄えられる*bicoid*や*nanos*のmRNAに加えて，他のいくつかの母性mRNAが卵の細胞質全体に一様に蓄えられている．これらにはPumilio，Hunchback，およびCaudalタンパク質をコードする三つのmRNAが含まれ，いずれも*nanos*と*bicoid*の両遺伝子の影響を受ける（図28-40）．CaudalタンパクタンパクとPumilioタンパク質は，いずれもショウジョウバエの後極の発生に関与する．Caudalはホメオドメインを有する転写アクチベーターであり，Pumilioは翻訳リプレッサーである．Hunchbackタンパク質は前極の発生において重要な役割を果たし，さまざまな遺伝子の転写調節因子である．Hunchbackは正の調節を行う場合もあれば，負の調節を行う場合もある．Bicoidタンパク質は前極において*caudal*の翻訳を抑制するとともに，細胞性胚盤葉における*hunchback*の転写アクチベーターとしても働く．*hunchback*は母性mRNAからも発生しつつある卵の遺伝子からも発現するので，母性効果遺伝子であり、かつ分節遺伝子であるとみなされる．Bicoidタンパク質の活性によって，卵前極におけるHunchbackタンパク質の濃度が上昇する．Nanosタンパク質とPumilioタンパク質は，*hunchback*遺伝子の翻訳リプレッサーなので，卵後極近傍におけるHunchbackタンパク質

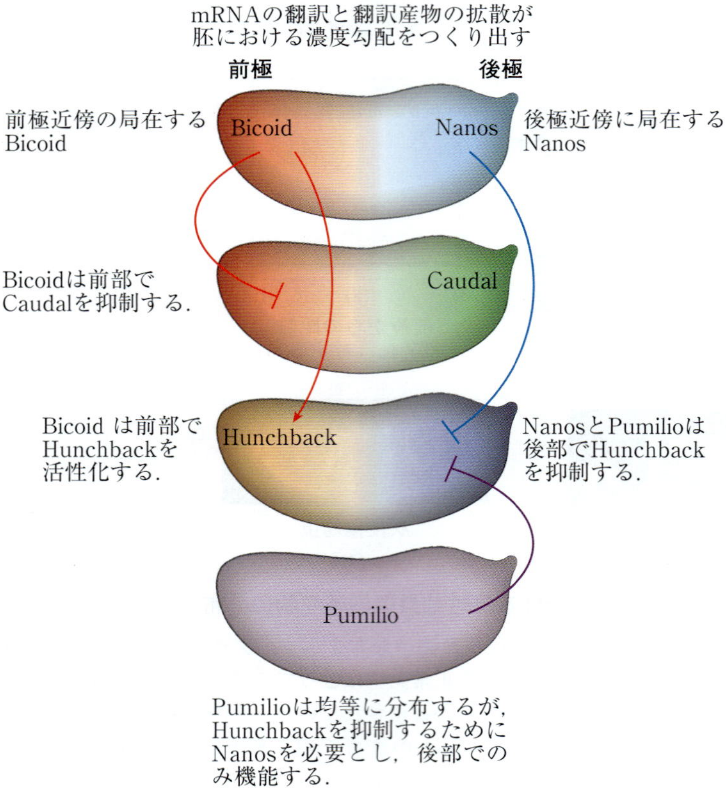

図28-40　ショウジョウバエ卵における前後軸の調節回路

bicoid mRNAと*nanos* mRNAは，それぞれ前極と後極の近傍に局在する．*caudal*，*hunchback*，*pumilio*の各mRNAは，卵細胞質全体に均等に分布する．Bicoid（Bcd）タンパク質とNanosタンパク質の濃度勾配によって，ここに示すように*caudal* mRNAと*hunchback* mRNAの発現が影響を受け，Hunchbackタンパク質が卵の前極に，Caudalタンパク質が後極に蓄積する．Pumilioタンパク質は，*hunchback*の翻訳リプレッサーとしての活性にNanosタンパク質を必要とするので，後極でのみ機能する．

の合成を抑制する．Pumilio タンパク質は Nanos タンパク質なしでは機能しないので，Nanos 発現の勾配が両タンパク質の機能を卵後極に限定する．*hunchback* 遺伝子の翻訳抑制によって，卵後極付近では *hunchback* mRNA の分解が起こる．しかし，卵後極には Bicoid タンパク質がないので，*caudal* 遺伝子の発現が起こる．このようにして，Hunchback タンパク質と Caudal タンパク質は卵内で非対称に分布するようになる．

分節遺伝子　ショウジョウバエ分節遺伝子群の三つのサブクラスであるギャップ遺伝子群，ペアルール遺伝子群，セグメントポラリティー遺伝子群は，胚発生の段階で順次活性化される．ギャップ遺伝子群の発現は，一般に一つ以上の母性効果遺伝子の産物による調節を受ける．ギャップ遺伝子群のうちの少なくともいくつかは，分節遺伝子群の発現と（その後に起こる）ホメオティック遺伝子群の発現に影響を及ぼす転写因子をコードする．

fushi tarazu（*ftz*）はよく性質がわかっている分節遺伝子の一つで，ペアルール遺伝子のサブクラスに属する．*ftz* 遺伝子が欠損した胚では，正常では 14 ある体節が七つしかできず，各体節の幅は正常の 2 倍になる．Fushi-tarazu（Ftz）タンパク質はホメオドメインを有する転写アクチベーターである．正常な *ftz* 遺伝子由来の mRNA とタンパク質は胚の後方 3 分の 2 に現れる七つの際立った縞模様中に蓄積する（図 28-41）．この縞模様は後に形成される体節の境界を定め，これらの体節は *ftz* 遺伝子の機能が欠失すると消失する．Ftz タンパク質と数種類の類似する調節タンパク質は，引き続き起こる発生カスケードにおいて膨大な数の遺伝子の発現を直接的あるいは間接的に調節する．

ホメオティック遺伝子　体形成の過程で，8 ～ 11 個のホメオティック遺伝子から成るセットが，特定の位置における特有の構造の形成を指令する．

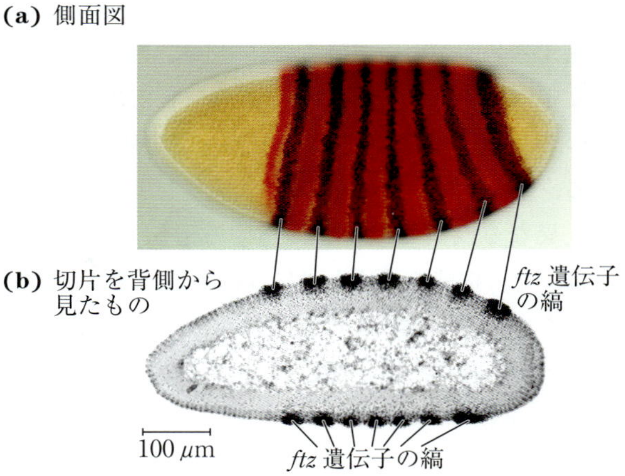

図 28-41　ショウジョウバエ初期胚における *fushi tarazu* (*ftz*) 遺伝子産物の分布

(a) 遺伝子特異的な染色法によって，*ftz* 遺伝子産物は胚の周辺に沿って七つの縞として検出される．**(b)** これらの縞は，胚の切片のオートラジオグラフィーでは放射性標識によって黒いスポットとして見え，後期胚では体節の前側の境界を定める．［出典：(a) Stephen J. Small, Department of Biology, New York University の厚意による．(b) Phillip Ingham, Imperial College London の厚意による．］

これらは現在では一般に ***Hox* 遺伝子** *Hox* gene と呼ばれる．この用語は，ホメオドメインをコードし，これらすべての遺伝子に存在している保存配列である「ホメオボックス homeobox」に由来する．このような名称にもかかわらず，*Hox* 遺伝子産物だけがホメオドメインを含み，発生に関係するタンパク質であるわけではない（例えば，前述の *bicoid* 遺伝子産物はホメオドメインをもつ）．すなわち，「Hox」は構造的な分類よりも，機能的な分類である．*Hox* 遺伝子は，ゲノム内でクラスターを形成しており，ショウジョウバエにはそのようなクラスターが一つ，哺乳類には四つ存在する（図 28-42）．これらのクラスター内の遺伝子は線虫からヒトまで驚くほど類似している．ショウジョウバエでは，各 *Hox* 遺伝子は，胚の特定の体節で発現し，成虫のハエの対応する体節の発生を制御する．*Hox* 遺伝子について記述する際の命名は混乱している．ショウジョウバエでは，

例えば *ultrabithorax* のように歴史的な背景に由来する名前がついているのに対して，哺乳類では，文字（A, B, C, D）あるいは数字（1, 2, 3, 4）の二つの相反する命名でクラスターが記述されている．

異なる段階の発生を促進する遺伝子のすべては，その機能を終えた後には抑制されなければならない．*Hox* 遺伝子の発現は，PRC1 と PRC2 の二つの複合体（PRC は polycomb repressive complex）によって抑制される．PRC1 はヒストン H2A をユビキチン化し，PRC2 はヒストン H3 の Lys^{27} をメチル化する．これらの修飾によって，転写のレベルを低下させるようにクロマチンの構造が変化する．特定の lncRNA が，遺伝子サイレンシングが必要な染色体領域へと PRC1 と PRC2 をターゲティングする役割を果たす．PRC1 または PRC2 の欠陥によって細胞増殖が制御不能になる．腫瘍細胞においては，これら複合体の一方，あるいは両方の機能がしばしば不安定になる．

ショウジョウバエにおいて *Hox* 遺伝子が変異や欠損によって失われると，正常な付属肢や体の構造が不適切な部位に現れる．重要な例として *ultrabithorax*（*ubx*）遺伝子がある．Ubx タンパク質の機能が失われると，腹部第一体節が誤った発生をし，胸部第三体節の構造をもつようになる．他の既知のホメオティック遺伝子の変異は，一対の羽を余分に形成させたり，通常は触角が見られる頭部の位置に一対の脚を形成させたりする（図 28-43）．*Hox* 遺伝子群が DNA 上の長い領域を占めることがよくある．例えば，*ubx* 遺伝子は全長が 77,000 bp であり，この遺伝子の 73,000 bp 以上がイントロンで，そのうちの一つのイントロンは 50,000 bp もの長さである．この遺伝子の転写には，ほぼ 1 時間かかる．このために生じる *ubx* 遺伝子の発現の遅れは，それに続く発生ステップが始まるタイミングを決める機構であると考えら

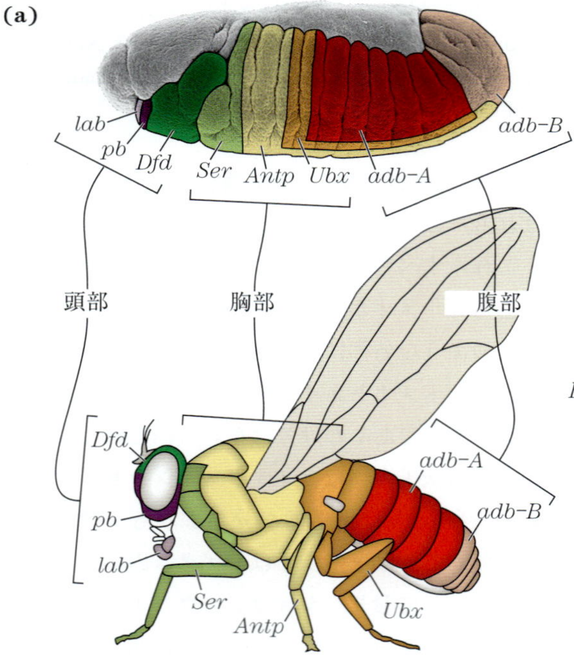

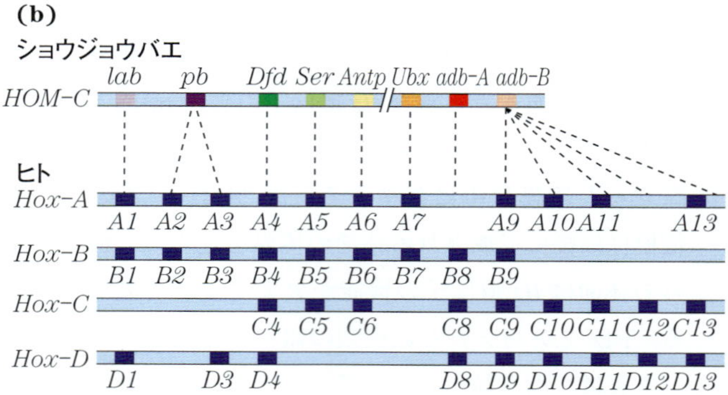

図 28-42 *Hox* 遺伝子のクラスターとこれらの遺伝子群の発生に対する影響

(a) ショウジョウバエの各 *Hox* 遺伝子は，この図で着色して示すように，成虫の決まった部位の構造発生に関与し，胚の決まった領域に発現する．**(b)** ショウジョウバエは，一つの *Hox* 遺伝子クラスターをもち，ヒトは四つもっている．これらの遺伝子の多くは多種の動物間で高度に保存されている．塩基配列の比較によって，ショウジョウバエの *Hox* 遺伝子クラスターと哺乳類の *Hox* 遺伝子クラスター間で進化上関連があると思われる遺伝子を破線で示す．哺乳類の四つの *Hox* クラスター間に存在する同様の関連性を，垂直に並べて示す．［出典：(a) F. R. Turner, University of Indiana, Department of Biology.］

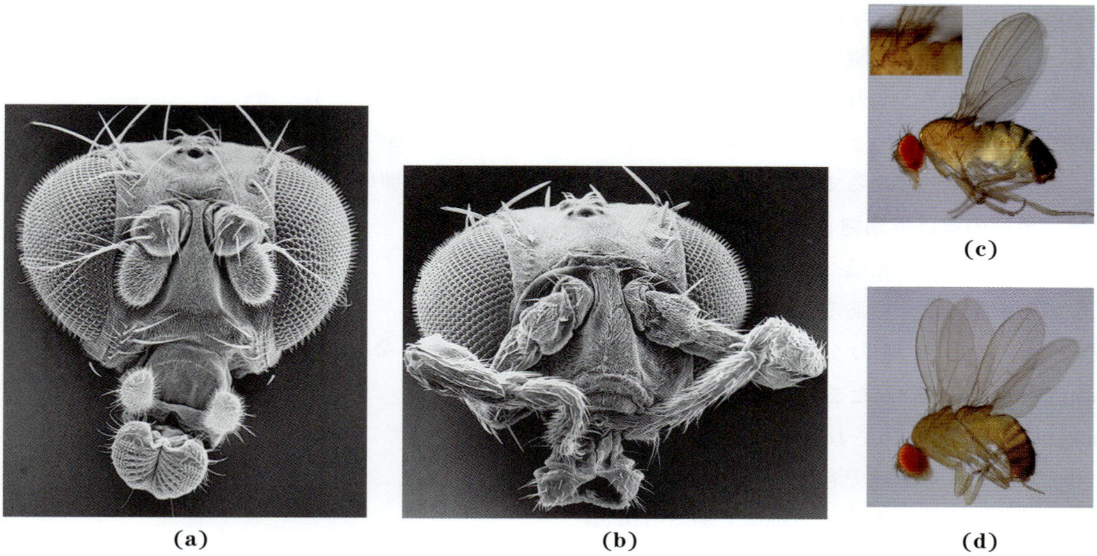

図 28-43　ショウジョウバエの *Hox* 遺伝子の変異の影響

(a) 正常なハエの頭部．**(b)** ホメオティック変異体（*antennapedia*）では，触角が脚に置き換わっている．**(c)** 正常なハエの体構造．**(d)** ホメオティック変異体（*bithorax*）では，ある体節が不正確に発生し，余分の一対の羽が形成される．［出典：(a, b) F. R. Turner, University of Indiana, Department of Biology.（c, d）Nipam Patel, Patel Lab, Berkeley, California の厚意による．］

れる．多くの *Hox* 遺伝子は，*Hox* 遺伝子クラスターの遺伝子間領域にコードされる miRNA によってさらに調節を受ける．*Hox* 遺伝子産物のすべては転写因子であり，一連の下流遺伝子群の発現を調節する．

これまでに概要を述べた発生の原理の多くは，線虫からヒトに至るまでの他の真核生物に適用できる．調節タンパク質のいくつかは保存されている．例えば，マウスのホメオボックス含有遺伝子 *HOXA7* の産物とショウジョウバエの *antennapedia* 遺伝子の産物は，1 アミノ酸残基が異なるだけである．もちろん，分子レベルの調節機構は似ているかもしれないが，最終的な発生過程の出来事の多くは保存されてはいない（ヒトは羽や触角をもたない）．このように最終結果が異なるのは，*Hox* 遺伝子群により制御される下流標的遺伝子群の相違による．特定可能な分子機能を有する構造決定因子の発見は，発生の分子基盤を理解するうえでの第一歩である．より多くの遺伝子とそれらのタンパク質産物が発見されるにつれて，この発生という壮大なパズルの生化学的な側面もますます詳細に解明されていくであろう．

幹細胞は制御可能な発生能を有する

もしも私たちが発生，およびその背後にある遺伝子調節機構を理解できるのならば，発生自体を制御可能である．成人には，多くの異なるタイプの組織がある．その細胞の多くは最終分化しており，もはや分裂することはない．もしも臓器が病気のために機能不全になったり，事故で手足が失われたりしても，組織は容易には取り替えられない．ほとんどの細胞は，行われている調節過程のため，あるいはゲノム DNA の一部またはすべてが失われているために，容易に再プログラム化されることはない．医科学の進歩によって臓器移植は可能になったが，臓器のドナーは限られており，臓器の拒絶は主要な医学的問題のままである．もしもヒトが自分自身の臓器，手足，あるいは神経組織を再生できるとすれば，拒絶はもはや問題ではなくなるであろう．また，腎不全や神経変性疾患の治癒も現実的になるであろう．

組織再生の鍵は**幹細胞** stem cell にある．幹細胞とは，さまざまな組織へと分化する能力を保持している細胞のことである．ヒトでは，卵の受精後に，最初の数回の分裂によって**全能性** totipotent の細胞のかたまり（すなわち，桑実胚 morula）がつくり出される．全能性細胞とは，それぞれがどんな組織でも，あるいは完全な生物体へと分化する能力を有する細胞である（図 28-44）．持続的な細胞分裂によって，中空のかたまり（胚盤胞 blastocyst）が生み出される．胚盤胞の外層細胞は最終的に胎盤 placenta を形成する．内層は発生過程の胎児の胚葉（外胚葉，中胚葉，および内胚葉）を形成する．内層の細胞は**多能性** pluripotent であり，三つすべての胚葉の細胞を生じさせることができ，多くのタイプの組織に分化可能である．しかし，それぞれの胚葉の細胞は，完全な生物体へと分化することはできない．これらの細胞には**単能性** unipotent のものもあり，たった一つのタイプの細胞または組織へと分化することができる．胚盤胞の多能性細胞は**胚性幹細胞**（ES 細胞）embryonic stem cell であり，今日の胚性幹細胞研究で利用されている．

幹細胞には二つの機能がある．すなわち，幹細胞自体を補充するのと同時に，分化可能な細胞を供給することである．このような任務は複数の方法で遂行される（図 28-45(a)）．幹細胞集団のすべて，あるいはその一部は，原理的には補充，分化，あるいはその両方に関与することができる．

他のタイプの幹細胞は医学的に利用できる可能性がある．成熟した生物体には，さらに分化の進んだ**成体幹細胞** adult stem cell が存在するが，発生をさらに先に進める能力は胚性幹細胞よりも限定される．例えば，骨髄の造血幹細胞は多くの

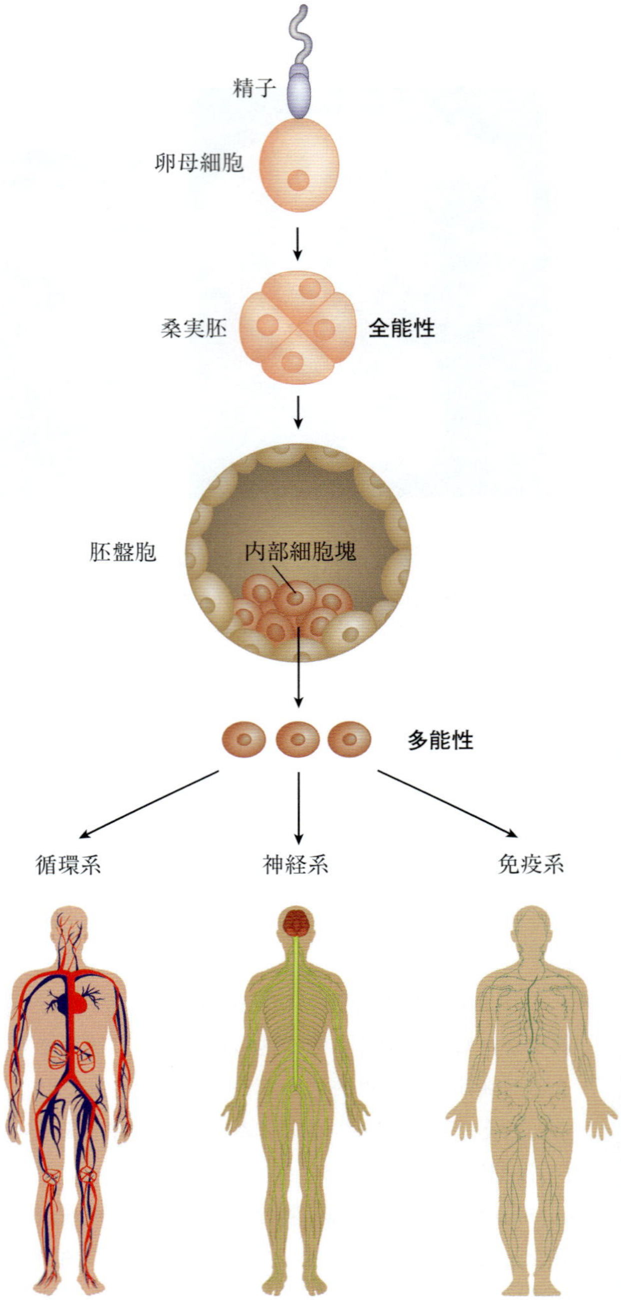

図 28-44　全能性幹細胞と多能性幹細胞

桑実胚期の細胞は全能性であり，完全な成体へと分化する能力を有する．多能性の胚性幹細胞は胚盤胞の内部細胞塊に由来する．多能性細胞は多くのタイプの組織になるが，完全な生物体を形成することはできない．

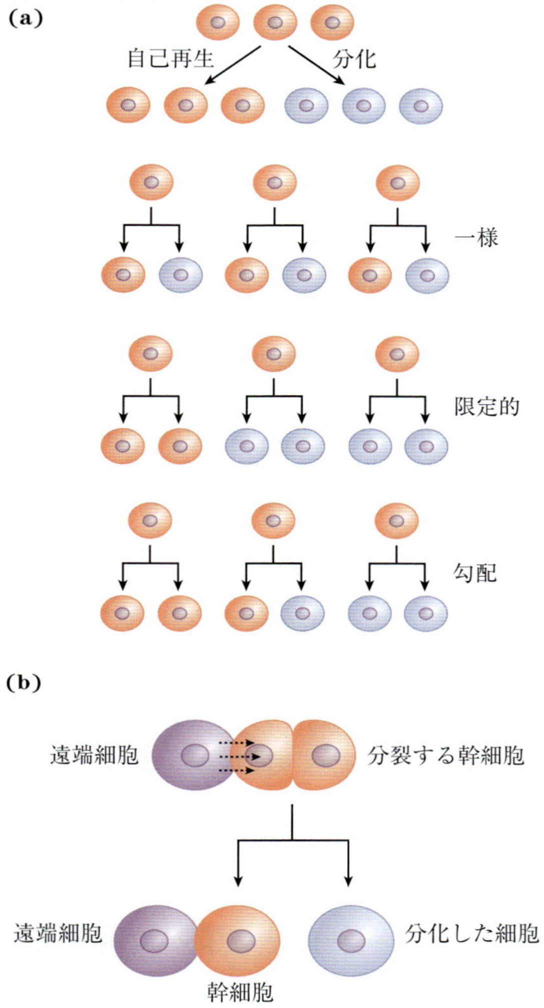

図 28-45　幹細胞の増殖に対する分化と発生

幹細胞は，自己再生と分化の間のバランスをとらなければならない．**(a)** 幹細胞の補充と分化細胞の産生を可能にする細胞分裂のいくつかの可能なパターン．各細胞は，組織の特定の部位や培養中に 1 個の幹細胞と 1 個の分化細胞，2 個の分化細胞，あるいは 2 個の幹細胞を産生することが可能である．成育条件の勾配が確立されれば，細胞の運命は勾配の一方の末端ともう一方では異なることもある．**(b)** 幹細胞がある細胞や細胞集団に接触することによって確立される発生過程のニッチ．ニッチの細胞（この場合には，植物における遠端細胞）によって供給されるシグナル分子は，幹細胞の分裂に関して紡錘体の配向を助け，1 個の娘細胞が幹細胞の性質を保持するのを保証する．

タイプの血球細胞，および骨を再生する能力を有する細胞のもとになることができる．これらの細胞は**多能性** multipotent であるといわれる［訳者注：pluripotent と multipotent は，どちらも「多能性」と訳してあるが，pluri- は「多数」を，multi- は「複数」を表す接頭語なので，pluripotent の方がより多様な分化能を有すると考えればよい］．しかし，これらの細胞は肝臓や腎臓，ニューロンへと分化することはできない．成体幹細胞は，しばしば**ニッチ** niche（幹細胞を維持しながら，組織における細胞の置換のために娘細胞の分化を可能にする微小環境）を有するといわれる（図 28-45(b)）．骨髄の造血幹細胞は，隣接する細胞からのシグナルや他の合図が幹細胞の系列を維持するようなニッチを占めている．それと同時に，一部の娘細胞は，分化することで必要な血球細胞を供給する．幹細胞が機能するニッチ，およびニッチがもたらすシグナルを理解することは，幹細胞の可能性を組織再生のために利用しようとする際に必須である．

すべての幹細胞には，ヒトに対する医学的応用に関して問題がある．成体幹細胞は，組織を再生する能力が限定されており，一般に少数しか存在せず，成人から単離するのは難しい．胚性幹細胞の分化能ははるかに大きく，培養によって大量の細胞を生み出すのが可能である．しかし，その利用には，ヒトの胚を必ず壊さなければならないと言う倫理的な懸念を伴う．豊富で医学的に有用でありながら，このような問題を生じない幹細胞源を同定することは，医学研究の主要な目標である．

幹細胞を培養し（すなわち，未分化の状態で維持し），増殖させ，特定の組織へと分化させる私たちの能力は，発生生物学の理解と大いに相関する．ヒトの胚盤胞から多能性幹細胞を同定して培養することは，1998 年に James Thomson らによって報告された．この進歩によって，研究のために樹立された細胞株を長期的に利用できるようになった．

BOX 28-1 ひれ，羽，くちばしなどについて

南アメリカには，数種類の種子食のフィンチ finch が生息しており，一般にクビワスズメ grassquit と呼ばれている．およそ 300 万年前に，1 種類のフィンチのうちの小さなグループが，大陸の太平洋岸から飛び立った．おそらくは嵐に遭遇し，陸を見失いながらほぼ 1,000 km もの旅をした．このように旅した小さな鳥たちは途中で簡単に死に絶える．しかし，わずかな可能性ではあるが，群れの中には新たに形成された火山群島の島にたどり着いたものがいた．この群島は後にガラパゴスとして知られるようになった．この島は，利用されていない植物や昆虫などの餌が豊富な未開の地だったので，たどり着いたフィンチは生き延びた．何年もの時を経て新しい島々ができ上がり，そこには新しい植物や昆虫，そしてフィンチが群居した．鳥たちは島の新しい資源を食べながら徐々に特殊化し，新しい種へと分かれていった．1835 年に Charles Darwin がこの島に上陸するまでには，多くの種類のフィンチが群島内の島々に見られるようになった．これらの中には，種子を食べるものに加えて，果実，昆虫，花粉，さらには血を食べるものまでいた．

生物の多様性は，科学者がその起源を理解しようとするよりもずっと前には，人類にとって不思議の源であった．多大な識見が Darwin によって私たちにもたらされた．その一部は，Darwin がガラパゴスに生息するフィンチと遭遇したことに起因する．これによって，多様な外見や特徴を有する生物の存在の説明がなされた．それと同時に，進化の機構について多くの疑問が持ち上がった．これらの疑問に対する答えは，まず 20 世紀後半のゲノムや核酸代謝の研究を通じて現れはじめ，さらに最近では evo-devo と呼ばれる進化生物学と発生生物学の融合ともいうべき新たな領域研究を通して進められつつある．

その最新の統合分野では，進化理論には次の二つの主要な要素がある．すなわち，まず集団内の突然変異が遺伝的多様性を生じさせる．そして，続いて起こる自然選択がこの多様性に対して働き，より有益な遺伝的変化を有する個体を好んで選び，他の個体を排除する．変異は，あらゆる細胞の個々のゲノムにおいて有意な頻度で生じる（Sec. 8.3 参照）．単細胞生物，あるいは多細胞生物の生殖系列細胞において有利な変異は受け継がれる．もしもそのような変異が有利であれば，それらは子孫にまで受け継がれる可能性が高い．すなわち，多数の子孫にその有利な変異が伝わる．これはわかりやすい仕組みである．しかし，それだけではガラパゴスフィンチの多様なくちばしの形状や哺乳類のサイズや形の多様性を十分に説明できるかどうかは疑問である．進化の過程については，最近まで広く受け入れられてきた仮定がいくつかあった．すなわち，からだに新たな構造をつくり出すためには，多くの変異と新たな遺伝子が必要であり，より複雑な生物はより大きなゲノムを有し，大きく異なる種間では共通の遺伝子はほとんどないと考えられてきた．これらの仮定のすべてが間違いであった．

現代のゲノミクスによって，ヒトゲノムは予想していたよりも少ない遺伝子しか含まないことが明らかになってきた．ヒトゲノムの遺伝子の数はショウジョウバエのゲノムとそれほど変わらず，ある種の両生類のゲノムよりも少ない．マウスからヒトに至るまでのあらゆる哺乳類のゲノムは，遺伝子の数や型，および染色体上の配置まで驚くほど似ている．一方，これらの現存するゲノムだけで，いかに複雑でかつ多様性をもつ生物が進化できたのかを，evo-devo は私たちに教えてくれる．

図 28-43 に示すような変異生物体は，19 世紀後半にイギリスの生物学者 William Bateson によって研究されたものである．Bateson は，自分自身の観察に基づいて，進化的な変化はゆっくりでなければならないとする Darwin の概念に疑問を抱いた．そして生物の発生を制御する遺伝子についての最近の研究によって，Bateson の考えは高い評価を受けている．発生過程におけるたった一つまたは数個の変異によって起こ

る調節パターンの微妙な変化が，からだの驚くべき変化，そして驚異的な速さの進化をもたらしたからである．

ガラパゴスフィンチは，進化と発生を結びつける好例である．ガラパゴスフィンチには少なくとも14種（専門家によっては15種）あり，これらはくちばしの構造によって大別される．例えば，地上性フィンチは，大きくて硬い種子を壊せるように適応している広くて重いくちばしをもっている．サボテンフィンチは，サボテンの果実や花を採りやすいように長くて細いくちばしをもっている（図1）．Clifford Tabinらは，鳥の頭蓋および顔面の発生時に発現する遺伝子群を注意深く調べ，*Bmp4*という単一の遺伝子を同定した．この遺伝子の発現レベルは，地上性フィンチの頑丈なくちばしの形成と相関していた．*Bmp4*を人為的に適切な組織で高発現させると，ニワトリの胚でも頑丈なくちばしが形成されることから，*Bmp4*遺伝子の重要性が確認された．同様の研究において，長くて細いくちばしの形成は，適切な発生段階における特定の組織内のカルモジュリン（図12-12参照）の発現と関連があった．このように，くちばしの形状と機能の主要な変化は，発生調節に関与するたった二つの遺伝子の発現の微妙な変化によってもたらされる．つまり，突然変異はほとんど必要ではなく，必要なのは調節に影響を及ぼす変異である．新たな遺伝子は必要ないのである．

発生を規定する調節遺伝子群の系は，すべての脊椎動物の間で顕著に保存されている．正しい組織で正しい時期に*Bmp4*の発現が上昇すると，ゼブラフィッシュにおいてより頑丈な顎が形成される．この遺伝子は，哺乳類では歯の発生において重要な役割を果たす．眼の発生は，ショウジョウバエや哺乳類において，*Pax6*という単一の遺伝子によって引き起こされる．マウスの*Pax6*遺伝子は，ショウジョウバエにおいてショウジョウバエの眼の発生を引き起こし，ショウジョウバエの*Pax6*遺伝子は，マウスにおいてマウスの眼の発生を引き起こす．各生物において，これらの遺伝子は，正しい場所に正しい構造を最終的につくり出す極めて大きな調節カスケードの一部を占める．カスケードは古来から存在しているものである．例えば，*Hox*遺伝子群（本文中に記述）は，5億年以上もの間，多細胞真核生物の発生プログラムの一部でありつづけてきた．カスケードの微妙な変化は，発生過程，そして最終的な生物の外観に大きな影響を及ぼす．これらと同じ微妙な変化が，著しく速やかな進化の原動力となる．例えば，アフリカ大陸のマラウィ湖とビクトリア湖に生息する400～500種類のシクリッド（別名カワスズメ；トゲ状のヒレをもつ魚）は，すべて10万年～20万年前にそれぞれの湖に住みついた一つまたは数個の集団に由来する．ガラパゴスフィンチは，生物が何十億年もの間進み続けている進化と変化の過程を単にたどっているにすぎない．

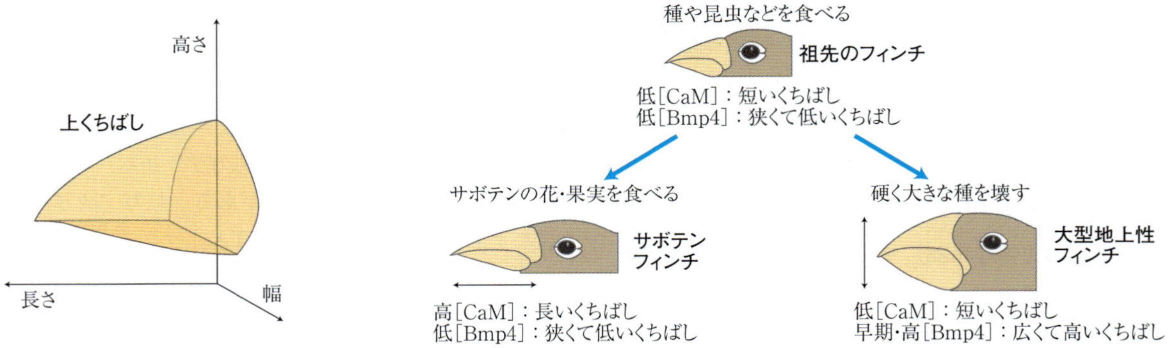

図1　新しい食物を摂取することによって生じた新たなくちばし構造の進化

ガラパゴスのフィンチでは，異なる特殊な食物を摂取するサボテンフィンチと大型地上性フィンチの異なるくちばし構造は，数個の突然変異によって大規模に生じた．このような変異は，カルモジュリン（CaM）とBmp4というたった二つの遺伝子の発現の時期とレベルを変化させた．［出典：A. Abzhanov et al., *Nature* **442**: 563, 2006, Fig. 4の情報．］

James Thomson
[出典：James Thomson の厚意による.]

これまでは，マウスおよびヒトの胚性幹細胞が研究に利用されてきた．両タイプの幹細胞ともに多能性であるが，分化することなく無制限の細胞分裂が可能なように最適化するためには，大きく異なる培養条件が必要である．マウス胚性幹細胞はゼラチン層上で増殖し，白血病抑制因子（leukemia inhibitory factor, LIF）の存在を必要とする．ヒト胚性幹細胞は，マウス胎仔由来繊維芽細胞の支持細胞 feeder cell の層上で増殖し，塩基性繊維芽細胞増殖因子（bFGF；FGF2 ともいう）を必要とする．支持細胞層を利用することは，ヒト幹細胞が必要とする未知の拡散性の産物，あるいは何らかの細胞表面シグナルをマウスの細胞が提供しており，細胞分裂を促進するか，あるいは分化を妨げていることを意味する．

2007 年に報告された大きな進歩は，分化の解消に関するものである．実際には，皮膚細胞（最初はマウス由来，その後にヒト由来の細胞）がリプログラミングされ，多能性幹細胞の特徴をもつようになった．このリプログラミングには，細胞が少なくとも四つの転写因子（Oct4，Sox2，Nanog，および Lin28）を発現するようにする操作が必要であり，それらのすべては幹細胞様の状態を維持するのに役立つことが知られている．この技術が徐々に進歩することによって，患者に対して遺伝的に適合した幹細胞源を供給できるようになるであろう［訳者注：人工多能性幹細胞（iPS 細胞）（induced pluripotent stem cell）の樹立に関する記述であるが，京都大学の山中伸弥教授らが 2006 年にマウス iPS 細胞を，および 2007 年にヒト iPS 細胞を樹立した際に導入した四つの転写因子は Oct3/4，Sox2，Klf4，および c-Myc であった．本文中にある四つの因子は，James Thomson らが 2007 年にヒト iPS 細胞を樹立した際に用いたものである．また，この部分の記述に関して，原著には不明確な点があったので，訳者のレベルで修正を加えた］．

発生調節と幹細胞に関する考察は，巡り巡って私たちを生化学の原点に導いている．進化は，本書において最初に，そして最後に登場するにふさわしい言葉である．もしも進化が，生物においてある種の変化を生じさせることによって，これを異なる種にすることであれば，影響を受けるのは発生プログラムであるに違いない．発生の過程と進化の過程は密接に結びついており，互いに影響を及ぼしあっている（Box 28-1 参照）．継続して生化学研究を行うことが，人類の将来に繋がるとともに祖先の理解に繋がる．

まとめ

28.3 真核生物における遺伝子発現調節

- 真核生物の転写では，正の調節が負の調節よりも一般的であり，クロマチン構造の大きな変化を伴う．
- 典型的な Pol II のプロモーターには，TATA ボックス，Inr 配列，および転写アクチベーターに対する複数の結合部位がある．転写アクチベーターの結合部位は，TATA ボックスから数百～数千塩基対も離れて位置することもあり，酵母の場合には上流アクチベーター配列，高等真核生物の場合にはエンハンサーと呼ばれる．
- 転写活性の調節には，一般にはタンパク質の大きな複合体が必要である．Pol II に対する転写アクチベーターの効果は，メディエーターのようなコアクチベータータンパク質複合体によって媒介される．アクチベーターはモジュール構造をもち，明確に区別できる活性化ドメインとDNA結合ドメインがある．ヒストンアセチルトランスフェラーゼや，SWI/SNFおよびISWIのようなATP依存性複合体は，クロマチン構造の可逆的なリモデリングや修飾を行う．

- ホルモンは，以下に述べる二つの方法のうちのどちらかで遺伝子発現を調節する．ステロイドホルモンは，DNA結合性調節タンパク質である細胞内受容体と直接相互作用する．ホルモンが結合した受容体は，標的遺伝子の転写に対して正または負の効果を及ぼす．非ステロイド性ホルモンは細胞表面の受容体に結合し，シグナル伝達経路を介して調節タンパク質をリン酸化し，その活性に影響を及ぼす．
- ncRNAによって媒介される調節は，真核生物の遺伝子発現において重要な役割を果たす．このような機構の範囲は，タンパク質，mRNA，および他のncRNAとの相互作用などにまで広がりつつある．
- 多細胞生物の発生には，最も複雑な調節機構が使われる．初期胚の細胞の運命は，転写アクチベーターや翻訳リプレッサーとして機能するタンパク質の前後軸および背腹軸に対する濃度勾配の確立によって決定される．これによって，生物体の特定の部位に適切な構造を形成するために必要な遺伝子の発現が調節される．一連の調節遺伝子が時間的にも空間的にも連続して働き，卵細胞の特定の領域を変換して，成体の予定された構造にする．
- 幹細胞を機能的な組織へと分化させることは，細胞外のシグナル分子や条件によって制御可能である．

重要用語

太字で示す用語については，巻末用語解説で定義する．

ISWI　1648
INO80　1648
亜鉛フィンガー zinc finger　1628
アクチベーター activator　1620
RNA干渉 RNA interference（RNAi）　1664
RNA認識モチーフ RNA recognition motif（RRM）　1630
SWI/SNF　1648
ncRNA　1665
塩基性ヘリックス・ループ・ヘリックス basic helix-loop-helix　1631
エンハンサー enhancer　1652
オペレーター operator　1621
オペロン operon　1622
開始前複合体 preinitiation complex（PIC）　1654
カタボライト抑制 catabolite repression　1634
基本転写因子 basal transcription factor　1652
ギャップ遺伝子 gap gene　1668
極性 polarity　1666
緊縮応答 stringent response　1641
クロマチンリモデリング chromatin remodeling　1648
コアクチベーター coactivator　1652
高移動度グループ high mobility group（HMG）　1654
構造レギュレーター architectural regulator　1621
コンビナトリアル制御 combinatorial control　1632
cAMP受容タンパク質 cAMP receptor protein（CRP）　1634
CHD　1648
上流アクチベーター配列 upstream activator sequence（UAS）　1652
正の調節 positive regulation　1621
セグメントポラリティー遺伝子 segment polarity gene　1668
全能性 totipotent　1674
相変異 phase variation　1645
体節性 metamerism　1666
TATA結合タンパク質 TATA-binding protein（TBP）　1654
多能性 pluripotent/multipotent　1674/1675
単能性 unipotent　1674
長鎖非コードRNA long noncoding RNA（lncRNA）　1620
転写アクチベーター transcription activator　1652
転写アテニュエーション transcription attenuation

1637
特異性決定因子 specificity factor 1620
胚性幹細胞 embryonic stem cell 1674
ハウスキーピング遺伝子 housekeeping gene 1618
ヒストンアセチルトランスフェラーゼ histone acetyltransferase (HAT) 1650
負の調節 negative regulation 1621
分節遺伝子 segmentation gene 1668
ペアルール遺伝子 pair-rule gene 1668
ヘリックス・ターン・ヘリックス helix-turn-helix 1628
母性 mRNA maternal mRNA 1667
母性効果遺伝子 maternal gene 1667
Hox 遺伝子 *Hox* gene 1671
ホメオティック遺伝子 homeotic gene 1668
ホメオドメイン homeodomain 1629
ホメオボックス homeobox 1630
ホルモン応答配列 hormone response element (HRE) 1659
翻訳リプレッサー translational repressor 1640
メディエーター Mediator 1654
誘導 induction 1618
抑制 repression 1619
リプレッサー repressor 1620
リボスイッチ riboswitch 1643
レギュロン regulon 1636
ロイシンジッパー leucine zipper 1631

問 題

1 mRNA とタンパク質の安定性が調節に及ぼす効果

大腸菌細胞がグルコースを唯一の炭素源とする培地中で増殖している．ここにトリプトファンを突然加えても，細胞は 30 分ごとに分裂して増殖を続ける．次に述べるような条件のときに，トリプトファンシンターゼ活性がどのように変化するのかについて定性的に述べよ．

(a) *trp* mRNA が安定な場合（数時間以上かかってゆっくりと分解される）

(b) *trp* mRNA は速やかに分解されるが，トリプトファンシンターゼは安定な場合

(c) *trp* mRNA もトリプトファンシンターゼも速やかに分解される場合

2 ラクトースオペロン

研究者がプラスミド上で *lac* オペロンを操作して，*lac* オペレーター (*lacO*) と *lac* プロモーターのすべての部分を不活性化し，LexA レプレッサーの結合部位（SOS 応答において機能する）と LexA による調節を受けるプロモーターに置換したとする．このプラスミドを，不活性な *lacZ* 遺伝子を有する *lac* オペロンをもつ大腸菌に導入する．どのような条件下で，この形質転換大腸菌細胞は β-ガラクトシダーゼを産生するか．

3 負の調節

lac オペロンで次のような変異が起こると，遺伝子発現に対してどのような影響があるのかについて説明せよ．

(a) O_1 の大部分を欠失するような *lac* オペレーターの変異

(b) リプレッサーを不活性化する *lacI* 遺伝子の変異

(c) −10 位近傍の領域を変化させるプロモーターの変異

4 調節タンパク質の特異的な DNA 結合

細菌の典型的なリプレッサータンパク質は，非特異的 DNA に比べて，特異的な DNA 結合部位（オペレーター）に 10^4 ～ 10^6 倍強く結合することができる．したがって，細胞あたり約 10 分子のリプレッサーが存在すると，十分な抑制効果を発揮することができる．よく似たリプレッサーがヒトの細胞に存在し，結合部位に対して同様の特異性を示すのならば，何コピーのリプレッサーが細菌細胞と同じ抑制効果を発揮するために必要か（ヒント：大腸菌のゲノムは約 4.6×10^6 bp であるが，ヒトの一倍体ゲノムは約 3.2×10^9 bp である）．

5 大腸菌中のリプレッサー濃度

特定のリプレッサー・オペレーター複合体の解

離定数は極めて小さく，約 10^{-13} M である．大腸菌の細胞（体積 2×10^{-12} mL）は 10 コピーのリプレッサーを含んでいる．リプレッサータンパク質の細胞内濃度を計算せよ．その値をリプレッサー・オペレーター複合体の解離定数とどのように比較すればよいか．また，その結果の生理的意義は何か．

6　カタボライト抑制

大腸菌の細胞が，ラクトースを含むがグルコースは含まない培地中で増殖している．次のような変化や条件によって，*lac* オペロンの発現が上昇するか，低下するか，あるいは変わらないのかを述べよ．各状況でどのようなことが起こっているのかを表すモデルを考えてみるとよい．

(a) 高濃度のグルコースの添加
(b) オペレーターからの Lac リプレッサーの解離を妨げるような変異
(c) β-ガラクトシダーゼを完全に不活性化する変異
(d) ガラクトシドパーミアーゼを完全に不活性化する変異
(e) *lac* プロモーター近傍の結合部位に CRP が結合するのを妨げる変異

7　転写アテニュエーション

大腸菌 *trp* オペロンの転写が，*trp* mRNA のリーダー領域の次のような変異によってどのような影響を受けるのかを説明せよ．

(a) リーダーペプチド遺伝子と配列 2 の間の距離（塩基の数）を伸ばす
(b) 配列 2 と配列 3 の間の距離を伸ばす
(c) 配列 4 を除く
(d) リーダーペプチド遺伝子中の二つの Trp コドンを His コドンに変える
(e) リーダーペプチドをコードする遺伝子に対するリボソーム結合部位を除く
(f) 配列 3 のいくつかのヌクレオチドを変化させ，配列 4 と塩基対を形成するが配列 2 とは形成しないようにする

8　リプレッサーと抑制

大腸菌の SOS 応答は，LexA タンパク質の自己触媒による切断を妨げるような *lexA* 遺伝子の変異によって，どのような影響を受けるのかについて説明せよ．

9　組換えによる調節

ネズミチフス菌の相変異系で，Hin リコンビナーゼの活性が上昇し，細胞世代ごとの組換え（DNA の逆位）が数倍促進されると，細胞にどのようなことが起こるのかについて説明せよ．

10　真核生物における転写開始

新奇な菌類由来の細胞の粗抽出液中に新たな RNA ポリメラーゼ活性が発見された．この RNA ポリメラーゼは単一の極めて特殊なプロモーターのみからの転写を開始する．しかし，精製が進むにつれてその活性は低下し，精製酵素は反応液に粗抽出液を添加しなければ全く活性を示さない．このような観察結果について説明せよ．

11　調節タンパク質の機能ドメイン

ある生化学者が，酵母の Gal4 タンパク質の DNA 結合ドメインを Lac リプレッサーの DNA 結合ドメインに置換したところ，このように操作されたタンパク質は酵母の *GAL* 遺伝子群の転写をもはや調節しないことを発見した．Gal4 タンパク質と操作されたタンパク質に見られると予想される異なる機能ドメインを図に描いて示せ．操作されたタンパク質がなぜ *GAL* 遺伝子の転写を調節できなくなったのかについて説明せよ．また，このキメラタンパク質が *GAL* 遺伝子群の転写を活性化できるようにするためには，このキメラタンパク質によって認識される DNA 結合部位をどのようにすべきかについて説明せよ．

12　転写活性化中のヌクレオソームの修飾

ゲノムのある領域が転写の準備をするために，その領域にあるヌクレオソーム内の特定のヒストンが，特定の位置でアセチル化，またはメチル化される．いったん転写が不要になると，これらの修飾は解消されなければならない．哺乳類においては，ヒストン内の Arg 残基のメチル化は，ペプチジルアルギニンデイミナーゼ（PADI）によって解消される．これらの酵素によって促進される反応は，脱メチル化されたアルギニンを生じさせる

のではなく，その代わりにヒストン内にシトルリン残基を生じさせる．この反応における他の生成物は何かを述べよ．また，この反応の機構について考察せよ．

13 真核生物における遺伝子抑制

真核生物遺伝子のRNAによる抑制が，タンパク質リプレッサーによる抑制よりも効率的かもしれない理由について説明せよ．

14 発生における遺伝形質発現機構

ショウジョウバエの bcd^-/bcd^- の卵は正常に発生するが，成虫は生育可能な子孫をつくることはできない．その理由について説明せよ．

データ解析問題

15 大腸菌における遺伝的切換えスイッチの操作

遺伝子調節は，その遺伝子が完全に発現する「オン」，あるいは全く発現しない「オフ」という現象としてしばしば記述される．実際には，遺伝子の抑制や活性化には，リガンドの結合反応が関与する．したがって，調節分子が中程度に存在するときには，遺伝子の発現も中程度のレベルになることがある．例えば，大腸菌の *lac* オペロンに関して，Lacリプレッサー，オペレーターDNA，誘導物質（図28-8参照）の結合平衡について考えてみよう．これは複雑で協調的な過程であるにもかかわらず，次のような反応によって概要を表すことができる．Rはリプレッサー，IPTGは誘導物質であるイソプロピルβ-D-チオガラクトシドを指す．

$$\mathrm{R + IPTG} \xrightleftharpoons{K_\mathrm{d} = 10^{-4}\,\mathrm{M}} \mathrm{R \cdot IPTG}$$

遊離のリプレッサーRはオペレーターに結合し，*lac* オペロンの転写を妨げる．R・IPTG複合体はオペレーターに結合できず，*lac* オペロンの転写が進行する．

(a) 式5-8を用いると，*lac* オペロンタンパク質の相対的発現レベルをIPTG濃度の関数として計算することができる．この計算法を用いて，発現レベルが10％から90％まで変動するようなIPTG濃度の範囲を求めよ．

(b) IPTGによる誘導前，誘導中，誘導後の大腸菌細胞に存在する *lac* オペロンタンパク質のレベルについて定性的に述べよ．正確な量を示す必要はなく，一般的な傾向を示すだけでよい．

Gardner，CantorとCollins（2000）は，「遺伝的切換えスイッチ（トグルスイッチ）」を作製しようとした．これは照明スイッチの二つの重要な性質，つまり以下のAとBを有する遺伝子調節系である．(A) そのスイッチは二つの状態だけからなる．すなわち，それは完全にオンか完全にオフの状態であり，調光器のスイッチとは異なる．生化学的には，標的遺伝子または遺伝子の系（オペロン）は，完全に発現しているか，全く発現していないかのどちらかであり，中間レベルで発現することはない．(B) 両方の状態はともに安定である．すなわち，ある状態からもう一つの状態にするためには，指で照明スイッチを切り換える必要があるが，いったんスイッチを切換えて指を離しても，スイッチはその状態に保たれる．生化学的には，誘導物質または他のシグナル分子への曝露は，遺伝子またはオペロンの発現状態を変化させ，いったんシグナル分子が除かれてもその状態で保たれる．

(c) *lac* オペロンがどうしてAとBの性質の両方を欠いているといえるのかについて説明せよ．

この「トグルスイッチ」を作製するために，Gardnerらは次の要素からなるプラスミドを構築した．

ori：複製開始点

amp^R：抗生物質アンピシリンに対する耐性を付与する遺伝子

OP_{lac}：大腸菌 *lac* オペロンのオペレーター・プロモーター領域

OP_λ：λファージのオペレーター・プロモーター領域

lacI：*lac* リプレッサータンパク質LacIをコードする遺伝子．IPTGの非存在下では，このタンパク質は OP_{lac} を強く抑制する．逆にIPTGの存在下では，OP_{lac} からの完全な発現を可能にする．

rep^{ts}：温度感受性変異株のλリプレッサータンパク質 $\mathrm{rep^{ts}}$ をコードする遺伝子．37 ℃では，このタンパク質は OP_λ を強く抑制する．42℃

では，OP_{λ} からの完全な発現を可能にする．

GFP：緑色蛍光タンパク質（GFP）の遺伝子．強い蛍光を発するレポータータンパク質（図 9-16 参照）．

T：転写ターミネーター

次の図に示すように，これらの要素の配置を二つのプロモーターが相反して抑制されるようにした．OP_{lac} は rep^{ts} の発現を制御し，OP_{λ} は *lacI* の発現を制御する．この系の状態は，*GFP* の発現レベルによってモニターされる．*GFP* も OP_{lac} の制御下にある．

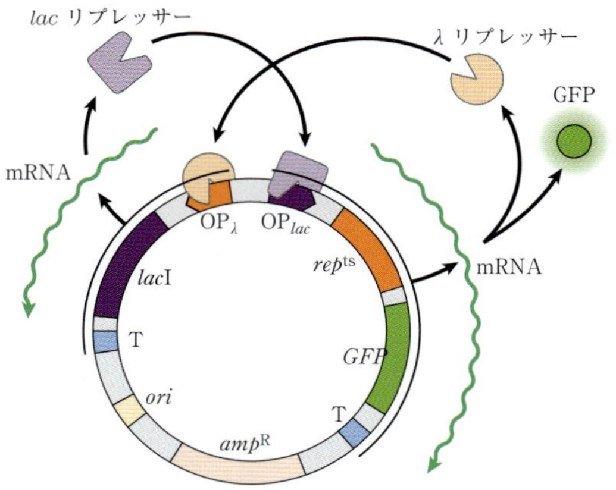

(d) このようにして構築された系には二つの状態がある．すなわち，GFP-on（高発現レベル）と GFP-off（低発現レベル）の状態である．各状態に関して，どのタンパク質が存在し，どのプロモーターが発現しているのかを記せ．

(e) IPTG 処理は，一つの状態からもう一つの状態へ系のスイッチを切り換えると思われる．どちらの状態からどちらの状態へと切り換わるか．その理由を説明せよ．

(f) 42℃の熱処理は，一つの状態からもう一つの状態へ系のスイッチを切り換えると思われる．どちらの状態からどちらの状態へと切り換わるか．その理由を説明せよ．

(g) このプラスミドが，上記のような A と B の二つの性質を示すと考えられる理由を述べよ．

このプラスミドが実際にこのような性質を示すことを確かめるために，Gardner らは，初めにいったんスイッチを入れると GFP 発現レベル（高いまたは低い）が長時間安定である（B の性質）ことを示した．次に，種々の濃度の誘導物質（IPTG）の存在下における GFP レベルを測定して次の結果を得た．

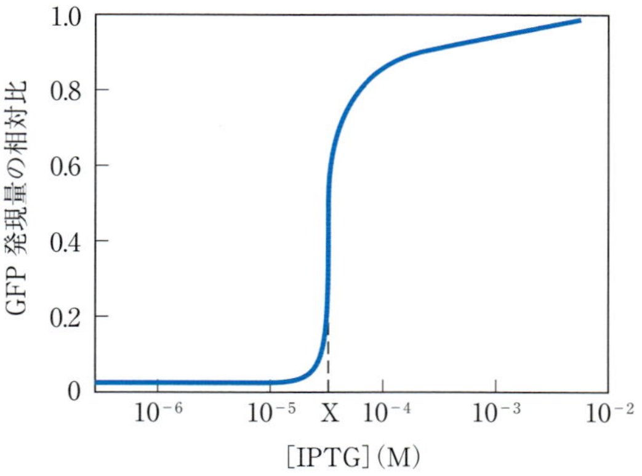

彼らは，GFP 発現レベルの平均値が［IPTG］＝ X において中間値になることを示した．しかし，［IPTG］＝ X での個々の細胞における GFP 発現レベルを測定すると，高レベルまたは低レベルのどちらかを示すのみであり，中間値を示す細胞は存在しなかった．

(h) この知見は，この系が A の性質をもつことを示しているが，その理由を説明せよ．［IPTG］＝ X における GFP 発現レベルの二峰性分布がなぜ起こるのかを説明せよ．

参考文献

Gardner, T. S., C. R. Cantor, and J. J. Collins. 2000. Construction of a genetic toggle switch in *Escherichia coli*. *Nature* **403**: 339–342.

発展学習のための情報は次のサイトで利用可能である（www.macmillanlearning.com/LehningerBiochemistry7e）．

用 語 解 説

ア 行

アイソザイム isozyme　同じ反応を触媒するが，アミノ酸配列，基質親和性，V_{max}，調節作用などが互いに異なる酵素の複数の型．イソ酵素 ともいう．

亜鉛フィンガー zinc finger　いくつかの DNA 結合タンパク質において DNA 認識に関与する特別なタンパク質モチーフ．単一の亜鉛原子が 4 個の Cys 残基，あるいは 2 個の His 残基と 2 個の Cys 残基に配位結合するのが特徴である．

アクアポリン aquaporin（AQP）　膜を横切る水分子の流れを媒介する内在性膜タンパク質のファミリー．

アクチベーター activator　(1) 一つ以上の遺伝子の発現を正に調節する DNA 結合タンパク質．すなわち，アクチベーターが DNA に結合すると転写速度が上昇する．(2) アロステリック酵素の正のモジュレーター．

アクチン actin　筋肉の細いフィラメントを構成するタンパク質．多くの真核細胞の細胞骨格の重要な構成成分でもある．

アゴニスト agonist　特異的な受容体に結合すると，生理的な応答を誘発する化合物．ホルモンや神経伝達物質が典型例である．

アシドーシス acidosis　からだの H^+ 緩衝能が低下するような代謝状態．通常は血中 pH の低下を伴う．

足場タンパク質 scaffold protein　非触媒タンパク質であり，タンパク質に対する二つ以上の結合部位を提供することによって，多酵素複合体の形成の核となる．

アシルリン酸 acyl phosphate　$R-\underset{\underset{O}{\|}}{C}-O-OPO_3^{2-}$ の一般化学式をもつ分子．

アダプタータンパク質 adaptor protein　一般にそれ自体の酵素活性をもたないシグナル伝達タンパク質であり，二つ以上の細胞成分に対する結合部位を有し，これらの成分をまとめるのに役立つ．

アテニュエーター attenuator　特定の遺伝子の発現調節に関与する RNA 配列．転写ターミネーターとして機能する．

アナプレロティック反応（補充反応） anaplerotic reaction　クエン酸回路の中間体を補充することのできる酵素触媒反応．

アナモックス anammox　アンモニアの N_2 への嫌気的酸化．電子受容体として亜硝酸塩を利用する．特殊な化学無機栄養生物によって行われる．

アナライト analyte　質量分析法で解析される分子．

アノマー anomer　カルボニル炭素原子（アノマー炭素原子）に関する立体配置のみが異なる糖の二つの立体異性体．

アノマー炭素 anomeric carbon　糖が環化してヘミアセタールが形成される際に，糖内に新たに形成されるキラル中心の炭素原子．これは，アルデヒドやケトンのカルボニル炭素である．

アプタマー aptamer　一つの分子標的に特異的に結合するオリゴヌクレオチド．通常は，親和性に基づく濃縮を繰り返す方法（SELEX 法）によって選択される．

アボガドロ数 Avogadro's number（N）　1 グラム分子量（1 mol）の化合物に含まれる分子数（6.02×10^{23}）．

アポ酵素 apoenzyme　酵素のタンパク部分であり，触媒活性に必要な有機性や無機性の補因子や補欠分子族を除いたもの．

アポタンパク質 apoprotein　複合タンパク質のタンパク質部分で，活性に必要な有機性や無機性の補因子や補欠分子族を除いたもの．

アポトーシス apoptosis　プログラム細胞死．細胞が外部からのシグナルに応答したり，もともと遺伝子にプログラムされたりすることによって，自己の高分子を計画的に分解し，自己の死や溶解をもたらすこと．

アポリポタンパク質 apolipoprotein　リポタンパク質のタンパク質成分．

アミノアシル-tRNA aminoacyl-tRNA　tRNA のアミノアシルエステル．

アミノアシル-tRNA シンテターゼ aminoacyl-tRNA synthetase　ATP のエネルギーを使ってアミノアシル-tRNA の合成を触媒する酵素．

アミノ基転移 transamination　α-アミノ酸から α-ケト酸へのアミノ基の酵素による転移．

アミノ酸 amino acid　α 位がアミノ基により置換されたカルボン酸．タンパク質の構築単位．

アミノ酸の活性化 amino acid activation　アミノ酸のカルボキシ基とそのアミノ酸に対応する tRNA の 3′-ヒドロキシ基との酵素による ATP 依存性エステル化．

アミノトランスフェラーゼ aminotransferase　α-アミノ酸から α-ケト酸へのアミノ基転移を触媒する酵素．トランスアミナーゼ　ともいう．

アミノ末端残基 amino-terminal residue　遊離 α-アミノ基をもつポリペプチド鎖中の唯一のアミノ酸残基．ポリペプチドのアミノ末端を規定する．

アミロイドーシス amyloidosis　一つ以上の器官や組織におけるミスフォールディングしたタンパク質の異常蓄積を特徴とする多様な進行性の疾患．

アルカローシス alkalosis　からだの OH^- 緩衝能が低下するような代謝状態．通常は血中 pH の上昇を伴う．

アルコール発酵 alcohol fermentation　エタノール発酵　を参照．

アルドース aldose　カルボニル炭素原子がアルデヒドである単純な糖．すなわち，カルボニル炭素は炭素鎖の一方の末端にある．

アロステリック酵素 allosteric enzyme　活性部位以外の部位に特定の代謝物が非共有結合することによって触媒活性が変化する調節酵素．

アロステリックタンパク質 allosteric protein　複数リガンド結合部位をもつタンパク質（一般に，複数のサブユニットから成る）．特定の部位へのリガンドの結合が，別の部位へのリガンドの結合に影響を及ぼす．

アロステリック部位 allosteric site　アロステリックタンパク質分子の表面にある特定の部位．モジュレーターやエフェクター分子が結合する．

アンタゴニスト antagonist　通常はホルモンや神経伝達物質の受容体上で，別の物質（アゴニスト）の生理作用を妨害するような化合物．

アンチコドン anticodon　tRNA にある 3 個のヌクレオチドから成る特定の配列．アミノ酸を指定する mRNA 中のコドンに相補的である．

アンチポート antiport　対向輸送　を参照．

暗反応 dark reaction　炭素同化反応　を参照．

アンモニア排出 ammonotelic　過剰の窒素をアンモニアとして排泄すること．

R 基 R group　(1) 正式にはアルキル基を表す略語．(2) 場合によっては，有機置換基（例：アミノ酸の R 基）を実際に表すために，より一般的な意味で用いられる．

Ras スーパーファミリー G タンパク質 Ras superfamily of G proteins　低分子量（分子量約 20,000）の単量体グアニンヌクレオチド結合タンパク質であり，シグナル伝達やメンブレントラフィック経路を調節する．不活性な GDP 結合型は，GDP の GTP による置換によって活性化され，その後本来備わっている GTP アーゼ活性によって不活性化される．低分子量 G タンパク質　ともいう．

RGS　G タンパク質シグナル伝達調節タンパク質　を参照．

RIA　ラジオイムノアッセイ　を参照．

RNA（リボ核酸） RNA (ribonucleic acid)　連続する 3′,5′-ホスホジエステル結合で連結された特定の配列のポリリボヌクレオチド．

RNA スプライシング RNA splicing　一次転写物中のイントロンの除去とエキソンの結合．

RNA 認識モチーフ RNA recognition motif (RRM)　DNA または RNA に結合するモチーフ．モチーフの一方の面に，4 本鎖から成る逆平行 β シートと 2 本の α ヘリックスがある．

RNA 編集 RNA editing　翻訳の際に一つ以上のコドンの意味を変化させる mRNA の転写後修飾．

RNA ポリメラーゼ RNA polymerase　鋳型として DNA 鎖または RNA 鎖を用いて，リボヌクレオシド 5′-三リン酸から RNA の生成を触媒する酵素．

rRNA　リボソーム RNA　を参照．

ROS　活性酸素種　を参照．

RTK　受容体 Tyr キナーゼ　を参照．

α 酸化 α oxidation　ペルオキシソームにおける β-メチル脂肪酸酸化のための代替経路．

αヘリックス α helix　通常は右巻きで，鎖内の水素結合が最大となるポリペプチド鎖のらせん状コンホメーション．タンパク質に最も一般的に見られる二次構造の一つ．

イオノホア ionophore　1 種類以上の金属イオンと結合し，膜を横切って拡散することのできる化合物であり，結合したイオンを運搬する．

イオン交換クロマトグラフィー ion-exchange chromatography　流動相（移動相）と固定化した荷電基をもつポリマー樹脂から成る固定相の間の多段階の分配によって，イオン性化合物の複雑な混合物を分離する過程．

イオンチャネル ion channel　特定のイオンの膜を横切る調節性輸送を行う内在性膜タンパク質．

イオンチャネル型受容体 ionotropic receptor　リガンド依存性イオンチャネルとして働く膜受容体．代謝型受容体　と比較せよ．

イオン半導体シークエンシング ion semiconductor sequencing　ヌクレオチドの付加を放出される電子を測定することによって検出する DNA 配列決定技術．

異化 catabolism　栄養分子のエネルギー産生性の分解に関与する中間代謝段階．

鋳型 template　情報性高分子を合成するための高分子性の鋳型または原型．

鋳型鎖 template strand　相補的ヌクレオチド鎖を合成するための鋳型としてポリメラーゼにより利用される核酸鎖．コード鎖とは異なる．

異性体 isomer　同じ分子式をもつが，官能基の配置が異なる二つの分子．

イソ酵素 isoenzyme　アイソザイム　を参照．

イソプレノイド isoprenoid　二つ以上のイソプレン単位の酵素的重合によって合成される多数の天然物．テルペノイド　ともいう．

イソプレン isoprene　炭化水素の 2-メチル-1,3-ブタジエンのこと．テルペノイドの繰返し構造の単位．

イソメラーゼ isomerase　ある化合物をその位置異性体へと変換する反応を触媒する酵素．

一塩基多型 single nucleotide polymorphism（SNP）　特定の生物種を別の種と区別したり，ある集団における個体を区別したりするために役立つゲノム内の塩基対の変化．

一次構造 primary structure　ポリマー（高分子）中の共有結合性主鎖のこと．単量体単位の配列や鎖内および鎖間の共有結合を含む．

一次転写物 primary transcript　転写後プロセッシング反応を受ける前の転写直後の RNA．

一倍体 haploid　一組の遺伝情報をもつもの．各型の染色体を一つもつ細胞をいう．二倍体　と比較せよ．

一分子リアルタイムシークエンシング single-molecule real-time（SMRT）sequencing　ヌクレオチドの付加を色のついた蛍光のフラッシュとして検出する DNA 配列決定技術．長い DNA 分子（15,000 ヌクレオチドまで）の配列決定が可能なように感度が高めてあり，その結果をリアルタイムで表示することができる．

一般酸塩基触媒作用 general acid-base catalysis　水以外の分子へのプロトン転移あるいはこの分子からのプロトン転移がかかわる触媒作用．

遺伝暗号 genetic code　タンパク質のアミノ酸をコードする DNA（または mRNA）中の 3 ヌクレオチドが一組となった暗号語．

遺伝子 gene　単一の機能性ポリペプチド鎖または RNA 分子をコードする染色体の領域．

遺伝子型 genotype　ある生物の遺伝的構成．形質として現れる特性，すなわち表現型とは異なる．

遺伝子工学 genetic engineering　分子生物学者が遺伝性物質（特に DNA）を変化させる過程．

遺伝子地図 genetic map　染色体に沿った特定の遺伝子の相対的配置と位置を示す一覧図．

遺伝子発現 gene expression　遺伝子産物を生成するための転写，タンパク質の場合には翻訳．遺伝子はその生物学的産物が存在し，活性であるときに発現される．

遺伝子融合 gene fusion　ある遺伝子，あるいは遺伝子の一部を別の遺伝子へ酵素的に結合させること．

イムノブロット法 immunoblotting　生物学的試料中のタンパク質を電気泳動によって分離し，膜に転写して固定化した後に，あるタンパク質の存在を抗体を利用して検出する技法．ウエスタンブロット法　ともいう．

陰イオン交換樹脂 anion-exchange resin　陽イオン基を固定化したポリマー樹脂．陰イオンのクロマトグラフィーによる分離に用いられる．

インターカレーション intercalation　積み重なった芳香環または平面環の間への挿入．例えば，核酸中の二つの連続する塩基の間への平面分子の挿入.

インテグリン integrin　細胞と他の細胞または細胞外マトリックスとの接着を媒介するヘテロ二量体膜貫通タンパク質の大きなファミリーの一つ.

イントロン intron　転写されるが，遺伝子が翻訳される前に切除される遺伝子中のヌクレオチド配列．介在配列 ともいう．エキソン も参照.

E′°　標準還元電位 を参照.

ECM　細胞外マトリックス を参照.

ELISA　酵素結合免疫吸着アッセイ を参照.

in situ　"in position"，すなわち「本来の位置」あるいは「本来の局在」の意味.

in vitro　"in glass"，すなわち「試験管内」の意味.

in vivo　"in life"，すなわち「生細胞内」または「生物体内」の意味.

ウイルス virus　自己複製する感染性の核酸–タンパク質複合体．その複製には生きた宿主細胞が必要である．そのゲノムはDNA または RNA である.

ウイルスベクター viral vector　組換え DNA のベクターとして利用できる改変ウイルス DNA.

ウエスタンブロット法 Western blotting　イムノブロット法 を参照.

エイムス試験 Ames test　発がん性の簡便な細菌試験法．発がん物質は変異原性物質であるという仮定に基づく.

栄養要求性変異体（栄養要求株） auxotrophic mutant (auxotroph)　その生物の生育に必要な特定の生体分子の合成が欠損している変異生物.

エキソサイトーシス exocytosis　細胞内小胞が細胞膜と融合し，小胞の内容物を細胞外空間に放出すること.

エキソヌクレアーゼ exonuclease　核酸の末端部分にあるホスホジエステル結合のみを加水分解する酵素.

エキソン exon　遺伝子の最終産物の一部分をコードする真核生物遺伝子の領域．転写後プロセッシングの後にも残り，タンパク質に翻訳されたり，RNA の構造に取り込まれたりするRNA の領域．イントロン も参照.

エタノール発酵 ethanol fermentation　解糖を通るグルコースのエタノールへの嫌気的変換．アルコール発酵 ともいう．発酵 も参照.

エピジェネティック epigenetic　親の染色体のヌクレオチド配列とは無関係に獲得される生物体の遺伝する特徴．例えば，ヒストンの共有結合性修飾.

エピトープ epitope　抗原決定基．特定の抗体と結合するための高分子（抗原）内にある特定の化学基.

エピトープタグ epitope tag　特性のよくわかっている抗体が結合するタンパク質の配列またはドメイン.

エピマー epimer　2 個以上の不斉中心をもつ化合物において，一つの不斉中心の立体配置だけが異なる二つの立体異性体.

エピメラーゼ epimerase　二つのエピマーの可逆的な相互変換を触媒する酵素.

塩基対 base pair　塩基間の水素結合によって対を形成する核酸鎖の二つのヌクレオチド．例えば，A と T または U，G と C.

炎症収束性メディエーター specialized pro-resolving mediator (SPM)　必須脂肪酸に由来するいくつかの脂質メディエーターのうちの一つであり，炎症応答の収束過程を促進する.

円二色性分光法 circular dichroism (CD) spectroscopy　タンパク質のフォールディングの程度を調べるために利用される方法．右円偏光と左円偏光の吸収の差に基づく.

エンタルピー enthalpy (H)　系の熱容量.

エンタルピー変化 enthalpy change (ΔH)　反応では，エンタルピー変化は，結合を開裂させるために必要なエネルギーと新たな結合の形成によって得られるエネルギーとの差にほぼ等しい.

エンドサイトーシス endocytosis　細胞膜の陥入によって形成される小胞（エンドソーム）内に封入されることによる細胞外物質の取込み.

エンドヌクレアーゼ endonuclease　核酸の内部にあるホスホジエステル結合を加水分解する酵素．すなわち，この酵素は末端結合以外のところに作用する.

エントロピー entropy (S)　系の無秩序さあるいは乱雑さの程度.

エンハンサー enhancer　特定の遺伝子の発現を促進する DNA 配列．その遺伝子から数百～数千 bp も離れたところにある場合もある.

ABC 輸送体 ABC transporter　ATP 結合カセット *A*TP-*b*inding *c*assette を構成する配列を有する細胞膜タンパク質であり，エネルギー源として ATP を利用して，無機イオン，脂質，非極性の薬物など多様な物質を細胞外へと運び出す．

ADP（アデノシン二リン酸） ADP（adenosine diphosphate） 細胞のエネルギー回路でリン酸基受容体として働くリボヌクレオシド 5′-二リン酸．

AMP 活性化プロテインキナーゼ AMP-activated protein kinase（AMPK） アデノシン 5′-一リン酸（AMP）によって活性化されるプロテインキナーゼ．AMPK の作用によって，代謝は一般に生合成からエネルギー産生へとシフトする．

AMPK AMP 活性化プロテインキナーゼ を参照．

ATP（アデノシン三リン酸） ATP（adenosine triphosphate） 細胞のエネルギー回路において，リン酸基供与体として機能するリボヌクレオシド 5′-三リン酸．吸エルゴン反応と発エルゴン反応を共役させる共通中間体として働くことによって，代謝経路間で化学エネルギーを運搬する．

ATP アーゼ ATPase ATP を加水分解して ADP とリン酸を生成する酵素．通常は，エネルギーを必要とする反応過程と共役している．

ATP シンターゼ ATP synthase ミトコンドリア内膜または細菌の細胞膜での酸化的リン酸化，および葉緑体での光リン酸化の際に，ADP とリン酸から ATP を生成する酵素複合体．

F_1 ATP アーゼ F_1 ATPase ATP シンターゼの複数のタンパク質から成るサブユニットであり，ATP 合成の触媒部位を有する．ATP シンターゼの F_o サブユニットと相互作用し，プロトンの移動を ATP 合成に共役させる．

FAD（フラビンアデニンジヌクレオチド） FAD（flavin adenine dinucleotide） いくつかの酸化還元酵素の補酵素．リボフラビンを含む．

FMN（フラビンモノヌクレオチド） FMN（flavin mononucleotide） リボフラビンリン酸であり，ある種の酸化還元酵素の補酵素．

FRAP（光退色後蛍光回復法） FRAP（fluorescence recovery after photobleaching） 二重層の平面にある膜成分（脂質またはタンパク質）の拡散の定量に用いられる技法．

FRET（蛍光共鳴エネルギー移動） FRET（fluorescence resonance energy transfer） レポーター発色団の間の非放射性の移動を測定することによって，二つのタンパク質，あるいは一つのタンパク質の二つのドメインの間の距離を算出する技法．あるタンパク質（またはタンパク質のドメイン）が励起され，他のタンパク質（またはドメイン）から放射される蛍光を定量する．

HPLC 高速液体クロマトグラフィー を参照．

HRE ホルモン応答配列 を参照．

miRNA マイクロ RNA を参照．

mRNA メッセンジャー RNA を参照．

mTORC1（機構的ラパマイシン標的タンパク質複合体 1） mTORC1（mechanistic target of rapamycin complex 1） mTOR およびいくつかの調節サブユニットから成る多タンパク質複合体であり，Ser/Thr キナーゼとしての活性を有する．栄養物質やエネルギー的に十分な条件によって刺激され，細胞の成長や増殖を引き起こす．

NAD，NADP（ニコチンアミドアデニンジヌクレオチド，ニコチンアミドアデニンジヌクレオチドリン酸） NAD, NADP（nicotinamide adenine dinucleotide，nicotinamide adenine dinucleotide phosphate） ニコチンアミドを含む補酵素で，いくつかの酸化還元反応において水素原子や電子の運搬体として機能する．

Na^+K^+ ATP アーゼ Na^+K^+ ATPase ほとんどの動物細胞の細胞膜に存在し，ATP によって駆動される起電性の能動輸送体であり，二つの K^+ を細胞内に取り込むごとに三つの Na^+ を排出する．

ncRNA（ノンコーディング RNA） ncRNA（noncoding RNA） タンパク質産物をコードしていない RNA．

NHEJ 非相同末端結合 を参照．

NMR 核磁気共鳴分光法 を参照．

***S*-アデノシルメチオニン** *S*-adenosylmethionine（adoMet） メチル基転移に関与する酵素の補因子．

sgRNA 短鎖ガイド RNA を参照．

SH2 ドメイン SH2 domain 受容体 Tyr キナーゼなどのある種のタンパク質のホスホチロシン残基と強固に結合するタンパク質ドメイン．シグナル伝達経路で作用する多タンパク質複合体の形成を引き起こす．

SMRT シークエンシング SMRT sequencing 一分子リアルタイムシークエンシング を参照．

SNP 一塩基多型 を参照．

SOS 応答 SOS response 高度に生じた DNA 損傷に応答して細菌内で起こるさまざまな遺伝子の協調的誘導．

SPM 炎症収束性メディエーター を参照．

STR 縦列型反復配列 を参照．

X 線結晶学 X-ray crystallography 結晶化合物の X

線回折パターンの解析．分子の三次元構造の決定に用いられる．

応答配列 response element　遺伝子の近傍（上流）の DNA 領域．遺伝子の転写速度に影響を及ぼす特異的なタンパク質が結合する．

オキシゲナーゼ oxygenase　酸素原子が生成物に直接取り込まれ，ヒドロキシ基やカルボキシ基を生成する反応を触媒する酵素．モノオキシゲナーゼ反応では，1 個の酸素原子だけが取り込まれ，もう一方は還元されて H_2O になる．ジオキシゲナーゼ反応では，両方の酸素原子が生成物に取り込まれる．オキシダーゼ　と比較せよ．

オキシダーゼ oxidase　分子状酸素が電子受容体となる酸化反応を触媒する酵素．ただし，どちらの酸素原子も生成物中には取り込まれない．オキシゲナーゼ　と比較せよ．

オーキシン auxin　植物の成長ホルモン．

オートファジー autophagy　細胞のタンパク質や他の成分のリソソームにおける異化的分解．

オプシン opsin　視覚色素のタンパク質部分．発色団のレチナールが加わるとロドプシンになる．

オープンリーディングフレーム open reading frame（ORF）　DNA または RNA 分子中の，つながっているが重複してはいないヌクレオチドコドンの一群．終止コドンを含まない．

オペレーター operator　リプレッサータンパク質と相互作用し，ある遺伝子や遺伝子群の発現を制御する DNA 領域．

オペロン operon　一つ以上の関連遺伝子とその転写を調節するオペレーターおよびプロモーター配列から成る遺伝子発現の単位．

オリゴ糖 oligosaccharide　数個の単糖がグリコシド結合で連結したもの．

オリゴヌクレオチド oligonucleotide　ヌクレオチドの短いポリマー（通常，50 ヌクレオチド未満）．

オリゴペプチド oligopeptide　アミノ酸がペプチド結合によって連結した短いポリマー．

オリゴマー oligomer　アミノ酸，糖，ヌクレオチドの短いポリマー．「短い」の定義はいくぶんあいまいであるが，通常は 50 残基未満である．

オリゴマータンパク質 oligomeric protein　二つ以上のポリペプチド鎖をもつ多サブユニットタンパク質．

オルソログ ortholog　互いに明確な配列上と機能上の関係を有し，異なる生物種由来の遺伝子やタンパク質．

オングストローム angstrom（Å）　分子のサイズを示すのに用いる長さの単位（10^{-8} cm）．

***O*-グリコシド結合** *O*-glycosidic bond　糖と別の分子（代表的なものはアルコール，プリン，ピリミジン，糖）の間の酸素を介する結合．

ORF　オープンリーディングフレーム　を参照．

ω酸化 ω oxidation　脂肪酸酸化の代替様式．最初の酸化はカルボキシ炭素から最も離れた炭素で起こる．β 酸化とは異なる．

カ　行

開始コドン initiation codon　AUG（細菌や古細菌ではときには GUG．さらにまれではあるが UUG）．ポリペプチド配列の最初のアミノ酸をコードする．細菌では *N*-ホルミルメチオニン，古細菌や真核生物ではメチオニン．

ガイド RNA guide RNA（gRNA）　ファージ DNA などの標的 DNA 中の配列と相補的な配列を有する CRISPR 系の RNA．

解糖 glycolysis　1 分子のグルコースが分解されて 2 分子のピルビン酸になる異化経路．好気的解糖　と比較せよ．

開放系 open system　物質とエネルギーを外界との間で交換する系．系　も参照．

解離定数（K_d） dissociation constant　二つ以上の生体分子の複合体がその成分に解離する際の平衡定数．例えば，酵素からの基質の解離．

化学合成生物 chemotroph　他の生物に由来する有機化合物を代謝することによってエネルギーを獲得する生物．

化学浸透圧性共役 chemiosmotic coupling　膜を隔てる電荷と pH の差を介して電子伝達と ATP 合成を共役させること．

化学浸透圧説 chemiosmotic theory　電子伝達反応で生じたエネルギーが膜を隔てる電荷と pH の差として一時的に保存され，その後の酸化的リン酸化や光リン酸化により ATP 合成を駆動するという説．

化学走性 chemotaxis　細胞が特定の化学物質を感知し，その化学物質に向かったり離れたりするように運動すること.

可逆的阻害　reversible inhibition　酵素に可逆的に結合する分子による阻害. この阻害物質が存在しなくなれば, 酵素活性は回復する.

可逆的ターミネーターシークエンシング　reversible terminator sequencing　除去可能な配列ターミネーターを有する標識ヌクレオチドが付加されるときに発せられる蛍光の色によって, ヌクレオチドの付加を検出して記録する DNA 配列決定法.

核　nucleus　真核生物において, 染色体を含有する膜で囲まれた細胞小器官.

拡散　diffusion　低濃度の方向への分子の正味の移動.

核酸　nucleic acid　生物学的に生じるポリヌクレオチドで, そのヌクレオチド残基はホスホジエステル結合によって特定の配列をもって連結されている. DNA と RNA.

核磁気共鳴分光法　nuclear magnetic resonance (NMR) spectroscopy　原子核がその一部である分子の構造と動力学を研究するために, 原子核のある種の量子力学的性質を利用する技術.

核質　nucleoplasm　核膜によって包まれた真核細胞の内容物の一部.

核小体　nucleolus　真核細胞の核内で濃く染色される構造. rRNA 合成やリボソームの形成部位.

核小体内低分子 RNA　small nucleolar RNA (snoRNA)　一般に 60 ～ 300 ヌクレオチドの長さの小さな一群の RNA. 核小体内での rRNA の修飾を指令する.

核内低分子 RNA　small nuclear RNA (snRNA)　一般に 100 ～ 200 ヌクレオチドの長さの小さな一群の RNA. 核内に存在し, 真核生物 mRNA のスプライシングに関与する.

画分　fraction　生物学的試料の一部分であり, 高分子を溶解度, 実効電荷, 分子量, 機能などの性質に基づいて分離するような操作を受けたもの.

核様体　nucleoid　細菌の核域であり, 染色体を含むがそれを囲む膜はない.

加水分解　hydrolysis　水の構成要素の付加による無水物やペプチド結合などの結合の開裂であり, 2 分子以上の生成物を生じる.

カスケード　cascade　酵素カスケード, 調節カスケード　を参照.

カタボライト遺伝子アクチベータータンパク質　catabolite gene activator protein (CAP)　cAMP 受容タンパク質　を参照.

褐色脂肪組織　brown adipose tissue (BAT)　脱共役タンパク質 UCP1 (サーモゲニン) を含むミトコンドリアが豊富な熱産生性の脂肪組織. UCP1 は, 呼吸鎖を通る電子の伝達を ATP 合成から脱共役させる. ベージュ脂肪組織, 白色脂肪組織　と比較せよ.

活性化エネルギー　activation energy ($\Delta G^{\ddagger}$)　1 mol の反応物質のすべての分子を基底状態から遷移状態に移すために必要なエネルギー量 (単位はジュール).

活性化の自由エネルギー　free energy of activation ($\Delta G^{\ddagger}$)　活性化エネルギー　を参照.

活性酸素種　reactive oxygen species (ROS)　O_2 の部分的還元によって生じる極めて反応性の高い産物. 過酸化水素 (H_2O_2), スーパーオキシド ($\cdot O_2^-$), ヒドロキシフリーラジカル ($\cdot OH$) など. 酸化的リン酸化の際の微量の副生成物として生じる.

活性部位　active site　基質分子と結合し, 触媒的にその構造を変換する酵素表面の領域. 触媒部位　ともいう.

活量　activity　物質の真の熱力学的活性度またはポテンシャル. そのモル濃度とは異なる.

カテコールアミン　catecholamine　エピネフリンのようなホルモン. カテコールのアミノ誘導体.

カテナン　catenane　一つ以上の非共有結合性のトポロジー結合によって鎖状に相互連結している二つ以上の環状ポリマー分子.

鎌状赤血球貧血症　sickle-cell anemia　欠陥のあるヘモグロビン分子が特徴のヒトの疾患. ヘモグロビン β 鎖をコードする変異対立遺伝子のホモ接合型のヒトで起こる.

加リン酸分解　phosphorolysis　攻撃基としてリン酸を用いる化合物の分解. 加水分解と類似.

カルジオリピン　cardiolipin　膜リン脂質であり, 二つのホスファチジン酸部分が単一のグリセロール頭部基を共有している.

カルニチンシャトル　carnitine shuttle　脂肪酸をカルニチンの脂肪酸エステルとしてサイトゾルからミトコンドリアのマトリックスに移動させる機構.

カルビン回路　Calvin cycle　二酸化炭素を固定し, トリオースリン酸を産生するために植物で利用される代謝回路.

カルボアニオン　carbanion　負に荷電している炭素原子.

カルボカチオン carbocation 正に荷電している炭素原子. カルボニウムイオン ともいう.

カルボキシ末端残基 carboxyl-terminal residue 遊離のα-カルボキシ基をもつポリペプチド鎖中の唯一のアミノ酸残基. ポリペプチドのカルボキシ末端を規定する.

カルボニウムイオン carbonium ion カルボカチオン を参照.

カロテノイド carotenoid イソプレン単位から成る脂溶性の光合成色素.

カロリー calorie 水 1.0 g の温度を 14.5 ℃から 15.5 ℃に上昇させるために必要な熱量. 1 カロリー（cal）は 4.18 ジュール（J）に等しい.

がん遺伝子 oncogene がんを引き起こす遺伝子. 急激な非調節性の増殖を細胞に引き起こすいくつかの変異遺伝子. がん原遺伝子 も参照.

肝外 extrahepatic 肝臓以外のすべての組織のことをいう. 代謝における肝臓の中心的役割を意味する.

ガングリオシド ganglioside 頭部に複合オリゴ糖を含むスフィンゴ脂質. 特に神経組織に普遍的に見られる.

還元 reduction 化合物またはイオンによる電子の獲得.

がん原遺伝子 proto-oncogene 通常は調節タンパク質をコードする細胞の遺伝子であり, 変異によってがん遺伝子に変換されることがある.

還元性試薬（還元剤） reducing agent (reductant) 酸化還元反応における電子供与体.

還元糖 reducing sugar カルボニル炭素（アノマー炭素）がグリコシド結合に関与せず, そのために酸化を受ける糖.

還元当量 reducing equivalent 電子または電子当量を水素原子あるいは水素化物イオンの型で表す一般的な用語.

還元末端 reducing end 多糖の末端であり, 遊離のアノマー炭素をもつ末端糖のこと. この末端残基は還元糖として作用する.

肝細胞 hepatocyte 肝臓組織の主要細胞種.

幹細胞 stem cell 骨髄などに存在する普遍的な自己再生性細胞であり, 赤血球やリンパ球などの分化した血液細胞になる.

緩衝液 buffer pH 変化に抵抗する性質をもつ系. プロトン受容体とプロトン供与体の比がほぼ不変の共役酸塩基対から成る.

官能基 functional group 生体分子に特有の化学的性質を与える特定の原子または原子団.

官能基転移ポテンシャル group transfer potential 化合物が活性基（リン酸基やアシル基など）を供与する能力の尺度. 一般には加水分解の標準自由エネルギーで表される.

がん抑制遺伝子 tumor suppressor gene 通常は, 細胞分裂を抑制することによって細胞周期を調節するタンパク質をコードする一群の遺伝子. その対立遺伝子の一方に変異があっても影響はないが, 対立遺伝子の両方に欠陥があると, 細胞は際限なく分裂を続けるようになり, 腫瘍細胞となる.

幾何異性体 geometric isomer 二重結合のまわりの回転に関連する異性体. シス・トランス異性体 ともいう.

機構的ラパマイシン標的タンパク質複合体1 mechanistic target of rapamycin complex 1 mTORC1 を参照.

基質 substrate 酵素の作用を受ける特定の化合物.

基質回路 substrate cycle ATP の加水分解によって熱エネルギーの放出を起こす酵素触媒反応の回路. 無益回路と呼ばれることもある.

基質チャネリング substrate channeling 一連の酵素触媒反応においては, 化学中間体がその経路の一つの酵素の活性部位から次の酵素の活性部位へと, 両酵素を含むタンパク複合体の表面から離れることなく移動すること.

基質レベルのリン酸化 substrate-level phosphorylation 有機基質の脱水素と共役する ADP または他のヌクレオシド 5′-二リン酸のリン酸化. 呼吸鎖とは無関係に起こる.

基礎代謝率 basal metabolic rate 食事後に長時間経ち, 安静状態にある動物における酸素消費率.

基底状態 ground state 原子や分子の通常の安定な型. 励起状態と区別される.

起電性 electrogenic 膜電位を形成させること.

キナーゼ kinase ある分子の ATP によるリン酸化を触媒する酵素.

逆転写酵素 reverse transcriptase レトロウイルスの RNA 依存性 DNA ポリメラーゼ. RNA に相補的な DNA をつくることができる.

逆平行 antiparallel　極性または方向性が逆になっている二つの直鎖状ポリマーをいう.

キャプシド capsid　ビリオン（ウイルス粒子）のタンパク質のコート.

吸エルゴン反応 endergonic reaction　エネルギーを消費する化学反応（すなわち ΔG が正である）.

求核基 nucleophile　高電子密度の官能基であり，電子密度の低い核（求電子基）に電子を供与する傾向が強い．二分子置換反応の開始反応物である.

吸収 absorption　消化産物の腸管から血液中への輸送.

弓状核 arcuate nucleus　視床下部に存在し，空腹感や摂食行動を調節する一群のニューロン.

球状タンパク質 globular protein　球形の可溶性タンパク質.

求電子基 electrophile　電子密度の低い官能基であり，電子密度の高い官能基（求核基）から電子を受け取る傾向が強い.

吸熱反応 endothermic reaction　熱の吸収を伴う反応（すなわち ΔH は正である）.

共組換え体 cointegrate　ある DNA トランスポゾンが移入する際の中間体であり，供与 DNA と標的 DNA は共有結合している.

競合阻害 competitive inhibition　基質濃度の上昇によって回復するような酵素阻害様式．競合阻害物質は，一般にタンパク質の結合部位で通常の基質やリガンドと競合する.

共生生物 symbiont　相互に依存しあう 2 種類以上の生物．通常は，物理的に結びついて生きている.

鏡像異性体（エナンチオマー） enantiomer　互いに重ね合わすことのできない鏡像関係にある立体異性体.

協同性 cooperativity　酵素や他のタンパク質の特徴であり，最初のリガンド分子の結合が第二の分子に対する親和性を変化させること．正の協同性では第二のリガンド分子の親和性が増大し，負の協同性では親和性が低下する.

共役酸–塩基対 conjugate acid-base pair　プロトン供与体とそれに対応する脱プロトン体．例えば，酢酸（供与体）と酢酸塩（受容体）.

共役酸化還元対 conjugate redox pair　電子供与体とそれに対応する電子受容体．例えば，Cu^{+}（供与体）と Cu^{2+}（受容体），あるいは NADH（供与体）と NAD^{+}（受容体）.

共役反応 coupled reaction　共通中間体をもつ二つの化学反応．一方の反応から他方にエネルギーを転移する手段となる.

共役輸送 cotransport　単一の輸送体によって，二つの溶質が膜を横切って同時に輸送されること．対向輸送　および　共輸送　も参照.

共有結合 covalent bond　電子対の共有を伴う化学結合.

共輸送（シンポート） symport　溶質を同じ方向に膜を横切って共役輸送すること.

極性 polarity　(1) 化学では，分子内の電子の不均一な分布をいう．極性分子は通常は水溶性である．(2) 分子生物学では，核酸の 5′ 末端と 3′ 末端の間の区別をいう．(3) 細胞や個体において，一つの軸に沿って物質や形質の局在性や配向性が見られること.

極性の polar　親水性の，または「水を好む」の意味．水溶性の分子あるいは官能基をいう.

キラル化合物 chiral compound　不斉中心（キラル原子あるいはキラル中心）を含む化合物であり，重ね合わすことのできない二つの鏡像異性体（エナンチオマー）として存在する.

キラル中心 chiral center　分子がその鏡像と重なり合わないように配置された置換基をもつ原子.

キロミクロン chylomicron　タンパク質とリン脂質の被膜で安定化された巨大なトリアシルグリセロール滴から成る血漿リポタンパク質．腸から組織に脂質を運搬する.

筋原繊維 myofibril　筋繊維の太いフィラメントと細いフィラメントの単位.

筋細胞 myocyte　筋肉の細胞.

金属タンパク質 metalloprotein　補欠分子族として金属イオンをもつタンパク質.

Q　質量作用比　を参照.

グアニンヌクレオチド結合タンパク質 guanine-nucleotide binding protein　G タンパク質　を参照.

グアニンヌクレオチド交換因子 guanine-nucleotide exchange factor (GEF)　G タンパク質に結合して，結合している GDP の GTP への交換を促進することによって活性化する調節タンパク質.

クエン酸回路 citric acid cycle　アセチル基を二酸化炭素へと酸化するための回路型経路．この回路の最初のステップでクエン酸が生成する．クレブス回路　やトリカルボン酸回路 ともいう.

組換え recombination 染色体中の核酸配列の直線上の配置が開裂や再結合によって変化する酵素的過程.

組換え DNA recombinant DNA 遺伝子の連結によって新たな組合せになることにより形成される DNA.

組換え DNA 修復 recombinational DNA repair DNA 鎖の切断や架橋, 特に不活性化された複製フォークでの修復を行う組換え過程.

クライオ電子顕微鏡法 (クライオ EM) cryo-electron microscopy (cryo-EM) タンパク質やタンパク質複合体の構造を決定する手法. 個々の分子をグリッド上にランダムな向きで分散させ, 試料が無傷なままになるように急速凍結したのちに, 電子顕微鏡によって可視化する. 個々の分子の像をコンピューター上で回転させて, 向きが一致するように最適化し, 三次元構造を得る.

グライコミクス glycomics グライコームに関して体系的に特徴づけること.

グライコーム glycome ある一定の条件下で細胞や組織の糖質および糖質含有分子の総体.

グラナ grana 葉緑体に存在するチラコイドの層状構造. チラコイドは, 扁平または円盤状の膜構造.

グラム分子量 gram molecular weight 化合物のグラムで表した重量. 数字的にはその分子量に等しい. 1 mol の重量.

グリオキシソーム glyoxysome グリオキシル酸回路の酵素を含む特殊なペルオキシソーム. 発芽中の種子の細胞に見られる.

グリオキシル酸回路 glyoxylate cycle クエン酸回路の変形であり, 酢酸をコハク酸へ, 最終的に新たな糖質へと正味の変換を行う. 細菌やある種の植物細胞に存在する.

グリカン glycan グリコシド結合によって連結された単糖単位のポリマー. 多糖の別名.

グリコゲニン glycogenin グリコーゲンシンターゼがグリコーゲン鎖を伸長させる前に, 新たなグリコーゲン鎖の合成を開始させるとともに, 各鎖の最初の数残基の重合を触媒するタンパク質.

グリコーゲン合成 glycogenesis グルコースをグリコーゲンへと変換する過程.

グリコーゲン分解 glycogenolysis 貯蔵グリコーゲン (食餌由来ではない) の酵素による分解.

グリコサミノグリカン glycosaminoglycan 2 種類の異なる単糖単位が交互につながったヘテロ多糖. 一つは *N*-アセチルグルコサミンまたは *N*-アセチルガラクトサミンであり, もう一つはウロン酸 (通常はグルクロン酸). 以前はムコ多糖と呼ばれていた.

グリコシド結合 glycosidic bond *O*-グリコシド結合 を参照.

グリコール酸経路 glycolate pathway 光合成生物において, 光呼吸の際に生成されたグリコール酸を 3-ホスホグリセリン酸に変換する代謝経路.

クリステ cristae ミトコンドリア内膜の折りたたみ構造.

グリセロリン脂質 glycerophospholipid グリセロール骨格を有する両親媒性脂質. 脂肪酸はグリセロールの C-1 位と C-2 位にエステル結合している. 極性のアルコールは C-3 位にホスホジエステル結合している.

グリセロール新生 glyceroneogenesis トリアシルグリセロールの合成に利用するために, 脂肪細胞でピルビン酸からグリセロール 3-リン酸を合成すること.

グリピカン glypican グリコシルホスファチジルイノシトール (GPI) アンカーを介して膜に結合しているヘパラン硫酸プロテオグリカン.

クリーランド表示法 Cleland nomenclature 複数の基質と生成物がかかわる酵素反応について記述するために W.W. Cleland によって考案された簡略表記法.

クレブス回路 Krebs cycle クエン酸回路 を参照.

クローニング cloning 単一の DNA 分子, 細胞または生物体に由来する多数の同一 DNA 分子, 細胞または生物体を生成すること.

クロマチン chromatin DNA, ヒストンおよび他のタンパク質から成る繊維状の複合体. 真核生物の染色体を構成する.

クロマトグラフィー chromatography 流動相 (移動相) と固定相の間の分配を何度も繰り返すことによって, 分子の複雑な混合物を分離する過程.

クロマトフォア chromatophore 可視光や紫外線を吸収する天然, あるいは人工の化合物, あるいはその一部分.

クロロフィル chlorophyll 光合成において光エネルギーの受容体として機能する緑色色素のファミリー. マグネシウム-ポルフィリン複合体.

クローン clone 単一細胞の子孫.

CRISPR/Cas バクテリオファージの感染に対する防

御のために進化した細菌の系．CRISPR は，*c*lustered, *r*egularly *i*nterspaced *s*hort *p*alindromic *r*epeats を表す．Cas は，*C*RISPR-*a*ssociated を表す．操作されたCRISPR/Cas システムは，広範な生物において効率的な標的ゲノムの編集に利用される．

系　system　隔離された物質の集合体．この系外の宇宙のすべての物質は外界と呼ばれる．

蛍光　fluorescence　励起された分子が基底状態に戻るときに生じる光の放射．

蛍光共鳴エネルギー移動　fluorescence resonance energy transfer　FRET　を参照．

形質転換　transformation　外来 DNA を細胞内に導入すること．これによって細胞は新たな表現型を獲得する．

形質導入　transduction　ウイルスベクターによって遺伝情報をある細胞から別の細胞に転移すること．

結合エネルギー　(1) binding energy　酵素と基質，あるいは受容体とリガンドの間の非共有結合性相互作用により生じるエネルギー．(2) bond energy　結合の開裂に必要なエネルギー．

結合部位　binding site　リガンドが結合するタンパク質上の溝あるいはポケット．

欠失変異　deletion mutation　遺伝子または染色体からの 1 個以上のヌクレオチドの欠失により生じる変異．

血漿タンパク質　plasma protein　血漿中に存在するタンパク質．

血小板　platelet, thrombocyte　血液凝固を引き起こす小さな核のない細胞．巨核球という骨髄細胞から生じる．

ケトアシドーシス　ketoacidosis　未治療の糖尿病患者が経験することのある病理的状態．ケトン体のアセト酢酸と D-β-ヒドロキシ酪酸が，組織，尿，血液で異常に高レベルになり（ケトーシス），血液の pH を低下させる（アシドーシス）．

ケトーシス　ketosis　血液，組織，尿中のケトン体濃度が異常に高くなった状態．

ケトース　ketose　カルボニル基がケトンである単純な単糖．

ケト原性　ketogenic　分解産物としてケトン体生成の前駆体であるアセチル CoA を産生すること．

ケトン体　ketone body　アセト酢酸，D-β-ヒドロキシ酪酸，アセトンのこと．通常は肝臓から放出されて輸送される水溶性の代謝燃料である．飢餓や未治療の糖尿病で過剰生産される．

ゲノミクス　genomics　細胞や生物のゲノムを広く理解するための科学．

ゲノム　genome　1 個の細胞やウイルスにおいて暗号化されているすべての遺伝情報．

ゲノムアノテーション　genome annotation　ゲノム DNA の配列決定プロジェクトによって発見された遺伝子の実際の機能，あるいは予想される機能を割り当てる過程．

ゲノムライブラリー　genomic library　ある生物のゲノムにある配列のすべて（あるいはほとんど）に相当する DNA 領域を含む DNA ライブラリー．

ゲル沪過　gel filtration　サイズ排除クロマトグラフィー　を参照．

原核生物　prokaryote　歴史的には，バクテリア界とアーキア界の生物種のことをいう用語．細菌（以前は「真正細菌」と呼ばれた）と古細菌の間の違いは十分に大きいので，この用語はあまり役に立たない．単に細菌のことをいいたいときに「原核生物」という用語を用いる傾向は，一般的であるが誤解をまねく．「原核生物」は真核生物の先祖関係も意味するが，これも正しくない．本書では，「原核生物」という用語を使用しない．

嫌気性　anaerobic　空気または酸素のない状態で起こること．

嫌気性生物　anaerobe　酸素なしで生息する生物．絶対嫌気性生物は酸素にさらされると死滅する．

減数分裂　meiosis　細胞分裂の一様式であり，二倍体細胞が配偶子や胞子になる運命にある一倍体細胞になる．

$\boldsymbol{K_a}$　酸解離定数　を参照．

$\boldsymbol{K_d}$　解離定数　を参照．

$\boldsymbol{K_{eq}}$　平衡定数　を参照．

$\boldsymbol{K_m}$　ミカエリス定数　を参照．

$\boldsymbol{K_t}$ ($\boldsymbol{K_{\text{輸送}}}$)　$K_{transport}$　膜輸送体に関する速度論的パラメーターであり，酵素反応に関するミカエリス定数 (K_m) に類似する．基質濃度が K_t に等しいとき，基質の取込み速度は最大速度の半分になる．

$\boldsymbol{K_w}$　水のイオン積　を参照．

光化学系　photosystem　光合成細胞における集光性色素とその反応中心の機能的な組合せであり，吸収された光子のエネルギーが電荷の分解に変換される．

光化学反応中心 photochemical reaction center 光合成複合体の一部分であり，吸収された光子のエネルギーが電荷の分離を引き起こし，電子伝達を開始させる．

光学活性 optical activity 平面偏光面を回転させる物質の能力．

好気性 aerobic 酸素の存在を必要としたり，酸素の存在下で起こったりすること．

好気性生物 aerobe 空気中で生息し，呼吸の最終的な電子受容体として酸素を利用する生物．

好気的解糖 aerobic glycolysis 酸素を利用可能であっても，解糖だけによって（ピルビン酸をさらに酸化することなく）細胞がエネルギーを生成する過程．解糖 を参照．

抗原 antigen 脊椎動物において，特異的な抗体の合成を誘発できる分子．

光合成 photosynthesis 光エネルギーを利用して，二酸化炭素および水のような還元剤から糖質を生成すること．酸素発生型光合成 と比較せよ．

光合成的リン酸化 photosynthetic phosphorylation 光リン酸化 を参照．

光子 photon 光エネルギーの最小単位（量子）．

構成的酵素 constitutive enzyme 細胞にとって常に必要な酵素であり，ある一定のレベルで存在する．例えば，中心的代謝経路の多くの酵素．ハウスキーピング酵素 ともいう．

抗生物質 antibiotic 種々の微生物や植物により生成されて分泌される多種類の有機化合物の一つ．他の生物種に対して有毒であり，おそらく防御機能がある．

酵素 enzyme 特定の化学反応を触媒するタンパク質あるいは RNA のような生体分子．触媒される反応の平衡には影響しない．活性化エネルギーの小さな反応経路をもたらすことによって反応速度を高める．

構造遺伝子 structural gene タンパク質あるいは RNA 分子をコードする遺伝子．調節遺伝子とは区別される．

酵素カスケード enzyme cascade ある酵素が別の酵素を活性化し（リン酸化によることが多い），この活性化酵素が第三の酵素を活性化し，さらにこれが次の酵素を活性化するような一連の反応であり，しばしば調節過程に関与している．触媒を活性化する触媒の効果は，カスケードを開始させたシグナルを大きく増幅することである．調節カスケード も参照．

高速液体クロマトグラフィー high-performance liquid chromatography（HPLC） 精巧で再現性の高いクロマトグラムを与える自動化装置を用い，比較的高圧で操作されるクロマトグラフ法．

酵素結合免疫吸着アッセイ enzyme-linked immunosorbent asssay（ELISA） 抗体または抗原に結合した酵素を用いて特定のタンパク質を検出する高感度の免疫アッセイ．

抗体 antibody 脊椎動物の免疫系によって合成される防御タンパク質．免疫グロブリン も参照．

高分子 macromolecule 数千～数百万の分子量をもつ分子．

光リン酸化 photophosphorylation 光合成細胞における光依存性電子伝達と共役する ADP からの ATP の酵素的合成．

呼吸 respiration 酸素の取込みと CO_2 の放出を引き起こす代謝過程．

呼吸共役リン酸化 respiration-linked phosphorylation 一連の膜結合性伝達体を通る電子の流れにより引き起こされる ADP と P_i からの ATP 生成．ATP シンターゼによる回転型触媒を駆動する直接のエネルギー源としてプロトン勾配を用いる．

呼吸鎖 respiratory chain 電子伝達鎖．電子伝達タンパク質の連鎖であり，好気性細胞において基質から分子状酸素に電子を伝達する．

古細菌 archaea 三つの生物超界の一つであるアーキア界のメンバー．高イオン強度，高温，低 pH などの極限環境で生育する多くの種を含む．

コード鎖 coding strand DNA の転写において，転写される RNA と塩基配列が同一の DNA 鎖のことで，非鋳型鎖ともいう．ただし，DNA で T のところは RNA では U である鋳型鎖とは異なる．

コドン codon 特定のアミノ酸をコードする核酸中の隣接する 3 個のヌクレオチドの並び．

コバラミン cobalamin 補酵素 B_{12} を参照．

ゴルジ体 Golgi complex, Golgi apparatus 真核細胞に存在する複雑な膜で囲まれた細胞小器官．タンパク質の翻訳後修飾や，タンパク質の細胞からの分泌または細胞膜や細胞小器官の膜への組込みのために機能する．

混合型阻害 mixed inhibition 阻害分子が遊離の酵素にも酵素-基質複合体にも結合することができるとき（親和性が同じである必要はない）に生じる可逆的阻害

様式.

混合機能オキシゲナーゼ mixed-function oxygenase　二つの還元剤（通常は一方が NADPH で，他方が基質）が分子状酸素によって酸化される反応を触媒する酵素（例：モノオキシゲナーゼ）．酸素原子 1 個が生成物に取り込まれ，もう一つの酸素原子は還元されて H_2O になる．これらの酵素は NADPH から O_2 への電子の運搬にしばしばシトクロム P-450 を用いる．オキシダーゼとは異なり，オキシゲナーゼは少なくとも 1 個の酸素原子が最終生成物に取り込まれる反応を促進する．

混合機能オキシダーゼ mixed-function oxidase　分子状酸素によって二つの異なる基質が同時に酸化されるが，酸素原子は酸化生成物中には現れない反応を触媒する酵素．

コンセンサス配列（共通配列） consensus sequence　類似する一群の配列内の各位置で最も共通して存在する残基から成る DNA 配列またはアミノ酸配列．

コンティグ contig　染色体のとぎれない区分を規定するような，部分的に重複する一連のクローン，あるいは連続する配列．

コンドロイチン硫酸 chondroitin sulfate　硫酸化グリコサミノグリカンのファミリーの一つ．細胞外マトリックスの主成分．

コンビナトリアル制御 combinatrial control　調節タンパク質の限られたレパートリーの組合せを利用して，多くの遺伝子に関して遺伝子特異的調節を行うこと．

コンホメーション（立体配座） conformation　結合回転が自由であるために，結合の開裂なしに空間内で異なる位置を自由にとることのできる置換基の空間配置．

5′ 末端 5′ end　末端残基の 5′ 位に結合するヌクレオチドのない核酸の末端．

サ　行

細菌 bacteria　三つの生物超界の一つであるバクテリア界のメンバー．細菌には細胞膜はあるが，内部の細胞小器官や核はない．

サイクリックアデノシン 3′,5′-一リン酸 adenosine 3′,5′-cyclic monophosphate　サイクリック AMP　を参照.

サイクリック AMP cyclic AMP（cAMP, adenosine 3′,5′-cyclic monophosphate）　セカンドメッセンジャー．アデニル酸シクラーゼによる細胞内での生成は，ある種のホルモンや他のシグナル分子によって促進される．

サイクリン cyclin　サイクリン依存性プロテインキナーゼを活性化し，それによって細胞周期を調節するタンパク質ファミリーの一つ．

最終生成物阻害 end-product inhibition　フィードバック阻害　を参照.

サイズ排除クロマトグラフィー size-exclusion chromatography　サイズによって分子を分離する手法．あるサイズ以上の溶質を多孔性ポリマーが排除する能力に基づく．ゲル沪過　ともいう．

再生 renaturation　ほどけた（変性した）球状タンパク質が再び折りたたまれて，本来の構造と機能を回復すること．

最適 pH（至適 pH） optimum pH　酵素が最大触媒活性を示す pH.

サイトカイン cytokine　標的細胞の細胞膜受容体に結合することによって細胞の分裂や分化を活性化する，比較的小さな分泌タンパク質のファミリー（インターロイキンやインターフェロンなど）．

サイトゾル cytosol　細胞質の連続する水相であり，溶質が溶けている．ミトコンドリアのような細胞小器官を除く．

細胞外マトリックス extracelluar matrix（ECM）　グリコサミノグリカン，プロテオグリカン，およびタンパク質が複雑に絡みあったもの．細胞膜のすぐ外側に存在する．細胞の固定，位置認識，細胞移動の際の牽引力をもたらす．

細胞骨格 cytoskeleton　細胞質に構造と組織化をもたらすフィラメント状のネットワーク．アクチンフィラメント，微小管，中間径フィラメントなど．

細胞質 cytoplasm　核の外側にあって細胞膜の内側にある細胞内容物の部分．ミトコンドリアのような細胞小器官を含む．

細胞質分裂 cytokinesis　有糸分裂に続く娘細胞の最終的な分離．

細胞小器官（オルガネラ） organelle　真核細胞に見られる膜によって囲まれた構造．専門化した細胞機能に必要な酵素や他の成分を含む．

細胞分化 cellular differentiation　前駆細胞が，新たな一群のタンパク質や RNA を獲得することによって，専門化して特定の機能を遂行するようになる過程.

細胞膜 plasma membrane 細胞の細胞質の外側を取り囲む膜.

サイレント変異 silent mutation 遺伝子産物の生物学的性質に検出可能な変化を起こすことのない遺伝子変異.

サザンブロット Southern blot DNA ハイブリッド形成法. 相補的な標識核酸プローブとハイブリッド形成させることによって, 多くの断片から成る集団中から一つ以上の特定の DNA 断片を検出する方法.

サテライト DNA satellite DNA 真核生物の染色体にある高度反復性で非翻訳性の DNA 領域. しばしば, セントロメア領域の近傍に存在する. 機能は不明である. 単純反復配列 DNA ともいう.

サプレッサー変異 suppressor mutation 一次変異によって失われた機能を完全に, あるいは部分的に回復させる変異. 一次変異部位とは異なる部位で起こる.

サーモゲニン thermogenin 脱共役タンパク質 1 を参照.

作用スペクトル action spectrum 光合成のような光依存的な過程を促進する光の効率を波長の関数としてプロットしたもの.

サルコメア（筋節） sarcomere 筋収縮系の機能的, 構造的単位.

サルベージ経路（再利用経路） salvage pathway 生体分子の分解経路の中間体からヌクレオチドのような生体分子を合成する経路. 新規合成経路とは区別される.

酸化 oxidation 化合物からの電子の喪失.

酸解離定数 acid dissociation constant 酸が, 共役塩基とプロトンに解離する際の解離定数（K_a）.

酸化還元対 redox pair 電子供与体とそれに対応する酸化型の対. 例えば, NADH と NAD^+.

酸化還元反応 oxidation-reduction reaction 電子が供与体から受容体分子に転移される反応. レドックス反応 ともいう.

酸化性試薬（酸化剤） oxidizing agent（oxidant） 酸化還元反応における電子の受容体.

酸化的リン酸化 oxidative phosphorylation 基質から分子状酸素への電子伝達と共役する ADP の ATP への酵素的リン酸化.

サンガー配列決定法 Sanger sequencing ジデオキシヌクレオシド三リン酸の利用に基づく DNA 配列決定法であり, Frederick Sanger によって開発された. ジデオキシ配列決定法 ともいう.

残基 residue ポリマー中の単一単位. 例えば, ポリペプチド鎖中のアミノ酸. この用語は, 糖, ヌクレオチド, アミノ酸がそれぞれのポリマーに取り込まれる際に, 2, 3 個の原子（一般には水の構成要素）を失うという事実を反映している.

三次構造 tertiary structure 本来の折りたたまれた状態にあるポリマーの三次元コンホメーション.

酸素発生型光合成 oxygenic photosynthesis 水を電子源として利用して O_2 を産生する生物における光駆動性の ATP と NADPH の合成.

三量体 G タンパク質 trimeric G protein 三つのサブユニットから成る G タンパク質のファミリー. 多様なシグナル伝達経路で機能する. GDP が結合しているときは不活性であり, 会合している受容体によって結合している GDP が GTP によって置換されるにつれて活性化される. そして, 本来備わっている GTP アーゼ活性によって不活性化される.

3′ 末端 3′ end 末端残基の 3′位にヌクレオチドが結合していない核酸の末端.

紫外線照射 ultraviolet（UV）radiation 200 ～ 400 nm の範囲の電磁波照射.

弛緩型 DNA relaxed DNA 最も安定で緊張のない構造で存在する DNA. 典型的なものは, ほとんどの細胞内条件下で B 型である.

色素体（プラスチド） plastid 植物において自己複製する細胞小器官. 分化して葉緑体やアミロプラストになることがある.

シグナル伝達 signal transduction 細胞外の（化学的, 機械的または電気的な）シグナルが増幅されたり, 細胞内の応答に変換されたりする過程.

シグナル配列 signal sequence 新たに合成されたタンパク質の細胞内運命や目的地を指令するアミノ酸配列であり, アミノ末端にあることが多い.

刺激ホルモン（トロピン） tropic hormone（tropin） 特定の標的内分泌腺を刺激してホルモンを分泌させるペプチドホルモン. 例えば, 下垂体で産生される甲状腺刺激ホルモンは, 甲状腺からのチロキシンの分泌を刺激する.

自己リン酸化 autophosphorylation 厳密にいうと, タンパク質中のアミノ酸残基のリン酸化で, 同じタンパク質分子により触媒される．ホモ二量体の一方のサブユニットが他方のサブユニットをリン酸化する場合に拡大解釈されることもある．

自殺不活性化剤　suicide inactivator　酵素の活性部位で，酵素を不可逆的に不活性化する反応性物質に変換される比較的不活性な分子．

脂質　lipid　水に不溶性の小さな生体分子．一般に脂肪酸，ステロール，あるいはイソプレノイド化合物などのことをいう．

システム生物学　systems biology　複雑な生物系の研究であり，ゲノミクス，プロテオミクス，メタボロミクスの情報を統合する．

シス・トランス異性体　cis and trans isomer　幾何異性体　を参照．

シストロン　cistron　一つの遺伝子に対応するDNA単位またはRNA単位．

ジスルフィド結合　disulfide bond　同一，あるいは異なるポリペプチド鎖由来の二つのCys残基の酸化的連結による共有結合．シスチン残基が形成される．

質量作用の法則　law of mass action　化学反応の速度は反応物の活量（濃度）の積に比例するという法則．

質量作用比　mass-action ratio（Q）　$aA + bB \rightleftharpoons cC + dD$ の反応に関しては，$[C]^c[D]^d/[A]^a[B]^b$ の比をいう．

ジデオキシ配列決定法　dideoxy sequencing　サンガー配列決定法　を参照．

シトクロム　cytochrome　呼吸，光合成，および他の酸化還元反応で電子伝達体として機能するヘムタンパク質．

シトクロムP450　cytochrome P-450　450 nmに特徴的な吸収帯を有するヘム含有酵素のファミリー．O_2を用いて生物学的なヒドロキシ化を行う．

脂肪細胞　adipocyte　脂肪（トリアシルグリセロール）の貯蔵のために特化した動物細胞．

脂肪酸　fatty acid　天然の脂肪や油に存在する長鎖脂肪族カルボン酸．膜リン脂質や糖脂質の成分でもある．

脂肪組織　adipose tissue　多量のトリアシルグリセロールを貯蔵するために特化した結合組織．ベージュ脂肪細胞，褐色脂肪組織　および　白色脂肪組織　も参照．

シャイン・ダルガーノ配列　Shine-Dalgarno sequence　細菌のリボソームに結合するために必要なmRNA中の配列．

シャトルベクター　shuttle vector　二つ以上の異なる宿主内で複製可能な組換えDNAベクター．ベクター　も参照．

シャペロニン　chaperonin　事実上すべての生物に見られる二つの主要なクラスのシャペロンの一つ．タンパク質のフォールディングにおいて機能するタンパク質の複合体であり，大腸菌ではGroES/GroEL，真核生物ではHsp60である．

シャペロン　chaperone　すべての細胞においてタンパク質の正確なフォールディングを触媒するタンパク質，あるいはタンパク質複合体のいくつかのクラス．

自由エネルギー　free energy（G）　一定の温度と圧において，系の全エネルギーのうちで仕事に利用できる部分．

自由エネルギー変化　free-energy change（ΔG）　一定の温度と圧のもとでの反応において，放出される自由エネルギー（負のΔG）または吸収される自由エネルギー（正のΔG）の量．

終結因子　termination factor　ポリペプチド鎖終結因子　を参照．

終結配列　termination sequence　転写単位の末端に見られるDNA配列で，転写の終結を合図する．

十字形構造　cruciform　二本鎖RNAまたはDNAの二次構造．二重らせんは各鎖のパリンドローム様の繰返し配列で変性し，解離した各鎖は鎖内で対合し，対立ヘアピン構造を形成する．ヘアピン構造　も参照．

終止コドン　termination codon　UAA，UAGおよびUGA．これらのコドンはタンパク質合成の際にポリペプチド鎖の終結シグナルとなる．ストップコドン　ともいう．

従属栄養生物　heterotroph　グルコースのように複雑な栄養分子をエネルギー源や炭素源として要求する生物．

縦列型反復配列　short tandem repeat（STR）　染色体の特定の位置で何回もの縦列で繰り返す短いDNA配列（典型的なものは3～6 bp）．

縮合　condensation　二つの化合物が水の脱離をともなって連結する反応．

縮重コード　degenerate code　ある言語の単一の要素のコードが第二の言語の二つ以上の要素によって規定されていること．

受動輸送体　passive transporter　膜を横切る溶質の移動速度を増大させる膜タンパク質．溶質の電気化学的勾配に従い，エネルギーの投入を必要としない．

受容体制御 acceptor control リン酸基受容体としての ADP の利用率による呼吸速度の調節．

受容体 Tyr キナーゼ receptor Tyr kinase (RTK) 細胞膜タンパク質の大きなファミリー．細胞外ドメインにリガンド結合部位，単一の膜貫通ヘリックス，および細胞外リガンドにより制御されるプロテイン Tyr キナーゼ活性を有する細胞質ドメインをもつ．

循環的光リン酸化 cyclic photophosphorylation 光化学系 I を通る循環的電子流によって駆動される ATP 合成．

循環的電子流 cyclic electron flow 葉緑体において，光で誘起される電子の流れであり，光化学系 I から出て，再び戻る．

消化 digestion 主要な栄養素が消化管系で酵素的に加水分解され，より単純な構成成分になること．

蒸散 transpiration 植物の根から維管束系と葉の気孔を介して大気中に水が放出されること．

上皮細胞 epithelial cell 生物体や器官の外皮部分を形成する細胞．

小胞 vesicle 膜で囲まれた小さな球状の粒子であり，内部にホルモンや神経伝達物質などのような成分を含む水性の区画を有する．細胞内や細胞外に向かって移動する．

情報高分子 informational macromolecule 異なる単量体から成る特定の配列の形式で情報を含んでいる生体分子．例えば，多くのタンパク質，脂質，多糖および核酸．

小胞体 endoplasmic reticulum 真核細胞の細胞質に広く存在する膜系．分泌のためのチャネルを含み，しばしばリボソームが点在する（粗面小胞体）．

触媒部位 catalytic site 活性部位 を参照．

食欲促進性 orexigenic 食欲や摂食量を増大させる傾向．食欲抑制性 と比較せよ．

食欲抑制性 anorexigenic 食欲や摂食量を減少させる傾向．食欲促進性 と比較せよ．

真核生物 eukaryote 三つの生物超界の一つであるユーカリア界のメンバー．膜で囲まれた核，複数の染色体，内部の細胞小器官をもつ細胞から成る単細胞生物または多細胞生物．

神経伝達物質 neurotransmitter ニューロンの軸索末端から分泌され，次のニューロンや筋細胞上の特異的な受容体に結合する低分子量の化合物（通常は窒素を含有する）．神経インパルスを伝達する．

親水性 hydrophilic 極性または荷電性．水と会合する（水に溶けやすい）分子や官能基をいう．

真正クロマチン（ユークロマチン） euchromatin 凝縮していない分裂間期の染色体領域であり，遺伝子が活発に発現している．ヘテロクロマチン と比較せよ．

シンターゼ synthase エネルギー源としてヌクレオシド三リン酸を必要としない縮合反応を触媒する酵素．

伸長因子 elongation factor 真核生物での転写の伸長期に機能するタンパク質．

シンデカン syndecan ヘパラン硫酸プロテオグリカンであり，単一の膜貫通ドメインと細胞外ドメインをもつ．細胞外ドメインには，3～5本のヘパラン硫酸鎖，時にはコンドロイチン硫酸鎖が結合している．

シンテターゼ synthetase エネルギー源として ATP または他のヌクレオシド三リン酸を利用する縮合反応を触媒する酵素．

シンテニー synteny 異なる生物種で，染色体に沿った遺伝子の順序が保存されていること．

浸透 osmosis 半透膜を通って，高濃度の溶質を含む別の水性区画に水が流入すること．

浸透圧 osmotic pressure 半透膜を通って，高濃度の溶質を含む水性区画への水の浸透流によって生じる圧．

C_4 経路 C_4 pathway CO_2 が，まず PEP カルボキシラーゼという酵素によってホスホエノールピルビン酸に付加されて，葉肉細胞内で四炭素化合物を生成する代謝経路．この四炭素化合物はのちに維管束鞘細胞へと運ばれ，そこでその CO_2 はカルビン回路で利用するために放出される．

C_4 植物 C_4 plant ルビスコによる反応を介してカルビン回路に入る前に，CO_2 をまず四炭素化合物（オキサロ酢酸またはリンゴ酸）へと固定する植物（一般に熱帯植物）．

CAM 植物 CAM plant 暑くて乾燥した気候に生息する多肉植物であり，CO_2 は暗条件で固定されてオキサロ酢酸になり，その後明条件で気孔が閉じて O_2 を排除するとルビスコによって固定される．

cAMP サイクリック AMP を参照．

cAMP 受容タンパク質 cAMP receptor protein (CRP) 細菌において，グルコースが不足しているときに，細胞が他の栄養物を利用するために必要な酵素を産生する遺伝子の転写開始を制御する特定の調節タンパク質．

カタボライト遺伝子活性化タンパク質（CAP） ともいう.

CAP cAMP 受容タンパク質 を参照.

CD 分光法 CD spectroscopy 円二色性分光法 を参照.

cDNA 相補的 DNA を参照.

cDNA ライブラリー cDNA library ある決まった条件下で特定の生物や細胞種に発現している mRNA 全体に由来するクローン化 DNA 断片の集団.

CRP cAMP 受容タンパク質 を参照.

G タンパク質 G protein 細胞内シグナル伝達経路やメンブレントラフィック（膜交通）で機能する GTP 結合タンパク質の大きなファミリー. GTP が結合しているときに活性型であり，通常は，GTP の GDP への変換によって自己不活性化される. グアニンヌクレオチド結合タンパク質 ともいう.

G タンパク質共役受容体 G protein-coupled receptor（GPCR） 7 回膜貫通へリックス領域をもつ膜受容体タンパク質の大きなファミリー. これらの受容体はしばしば G タンパク質と会合して細胞外シグナルを細胞代謝の変化に変換する. 7 回膜貫通型受容体 ともいう.

G タンパク質共役受容体キナーゼ G protein-coupled receptor kinase（GRK） G タンパク質共役受容体のカルボキシ末端近傍の Ser および Thr 残基をリン酸化し，細胞内移行を開始させるプロテインキナーゼのファミリー.

G タンパク質シグナル伝達調節タンパク質 regulator of G protein-signaling（RGS） ヘテロ三量体 G タンパク質の GTP アーゼ活性を促進するタンパク質.

GAP GTP アーゼ活性化タンパク質 を参照.

GEF グアニンヌクレオチド交換因子 を参照.

GFP 緑色蛍光タンパク質 を参照.

G_i 抑制性 G タンパク質 を参照.

GLUT グルコースを輸送する膜タンパク質ファミリーの名称.

GPCR G タンパク質共役受容体 を参照.

GPI アンカー型タンパク質 GPI-anchored protein 細胞膜の外葉に結合しているタンパク質. 膜のホスファチジルイノシトールに短いオリゴ糖鎖を介して共有結合している.

gRNA ガイド RNA を参照.

GRK G タンパク質共役受容体キナーゼ を参照.

G_s 促進性 G タンパク質 を参照.

GTP アーゼ活性化タンパク質 GTPase-activating protein（GAP） 活性型の G タンパク質に結合し，本来備わっている GTP アーゼ活性を刺激することによって，自己不活性化を促進する調節タンパク質.

σ (1) 特定のプロモーターに対する特異性を付与する細菌の RNA ポリメラーゼのサブユニット. 通常は、そのサイズを示す上付き文字をつけて表す（例：σ^{70} の分子量は 70,000 である）. (2) 超らせん密度 を参照.

水素結合 hydrogen bond 電気的に陰性の原子（酸素や窒素など）と，別の電気的に陰性の原子に共有結合している水素原子との間の弱い静電的引力.

スクランブラーゼ scramblase 膜二重層を横切るリン脂質の移動を触媒する膜タンパク質. 膜の二つの葉（単分子層）の間での脂質の均一な分布をもたらす.

スタチン statin ヒトにおいて血中コレステロールを低下させるために使用される一群の薬物. ステロール合成の初期ステップである HMG-CoA レダクターゼを阻害することによって作用する.

ステロール sterol ステロイド骨格を含む一群の脂質.

ストップコドン stop codon 終止コドン を参照.

ストロマ stroma 葉緑体の内膜で囲まれた空間および水溶液. チラコイド膜の内容物を含まない.

スーパーコイル supercoil らせん状（コイル状）分子のそれ自体のねじれ. コイルドコイルのこと.

スーパーコイル DNA supercoiled DNA B 型 DNA に比べて巻き方が少なすぎたり多すぎたりしているために，ひずみがかかってそれ自体がさらにねじれた DNA.

スフィンゴ脂質 sphingolipid スフィンゴシン骨格をもつ両親媒性脂質. 長鎖脂肪酸と極性アルコールが結合している.

スフィンゴ糖脂質 glycosphingolipid スフィンゴシン骨格に長鎖脂肪酸と極性アルコールが結合している両親媒性脂質.

スプライシング splicing RNA スプライシング を参照.

スプライソソーム spliceosome 真核細胞での mRNA のスプライシングに関与する RNA とタンパク質の複合体.

スベドベリ Svedberg（S） 遠心力場において粒子が沈降する速度を表す単位.

スルホニル尿素薬 sulfonylurea drug　2型糖尿病の治療に用いられる一群の経口薬．膵臓β細胞のK^+チャネルを閉じ，インスリン分泌を刺激することによって作用する．

制限エンドヌクレアーゼ restriction endonuclease　この酵素によって認識される特定の部位またはその近傍で，DNAの二本鎖を切断する部位特異的エンドデオキシリボヌクレアーゼ．遺伝子工学で重要なツール．

制限断片 restriction fragment　大きなDNAに制限エンドヌクレアーゼを作用させることによって生成する二本鎖DNAの断片．

生殖系列細胞 germ-line cell　胚発生の初期に形成される動物細胞の一型．有糸分裂によって増殖したり，減数分裂によって配偶子（卵細胞や精子細胞）になる細胞を生成したりする細胞．

正電荷内側ルール positive-inside rule　ほとんどの細胞膜タンパク質は，正電荷を有するアミノ酸残基（LysおよびArg）のほとんどを膜貫通領域のサイトゾル側に存在するように配向しているという一般的な観察結果．

正の協同性 positive cooperativity　複数のサブユニットから成る酵素やタンパク質で見られる性質であり，あるサブユニットへのリガンドや基質の結合によって別のサブユニットへの結合が促進される．

生物圏 biosphere　地球上，海中および大気中のすべての生き物．

セカンドメッセンジャー second messenger　ホルモンのような外部シグナル（ファーストメッセンジャー）に応答して細胞内で合成されるエフェクター分子．

赤血球 erythrocyte, red blood cell　大量のヘモグロビンを含み，酸素運搬に特化した細胞．

絶対配置 absolute configuration　不斉炭素原子のまわりの四つの異なる置換基の立体配置．D-およびL-グリセルアルデヒドに対応する．

セリンプロテアーゼ serine protease　四つの主要なクラスのプロテアーゼのうちの一つ．活性部位のSer残基が共有結合性の触媒として機能する反応機構が特徴である．

セレクチン selectin　膜タンパク質の大きなファミリーであり，他の細胞上のオリゴ糖に強固にかつ特異的に結合するレクチン類．細胞膜を介するシグナル伝達を担う．

セレブロシド cerebroside　頭部に一つの糖残基をもつスフィンゴ脂質．

繊維芽細胞 fibroblast　コラーゲンのような結合組織のタンパク質を分泌する結合組織の細胞．

遷移状態 transition state　分子の活性化型であり，部分的な化学反応を受けている．反応座標の最高点．

遷移状態アナログ transition-state analog　特定の反応の遷移状態に類似する安定な分子．したがって，その反応を触媒する酵素に対して，酵素-基質複合体における基質よりも強固に結合する．

繊維状タンパク質 fibrous protein　保護作用または構造的な役割を有する不溶性タンパク質．一般に共通の二次構造をもつポリペプチド鎖から成る．

染色体 chromosome　単一の巨大DNA分子とそれに結合しているタンパク質から成り，多くの遺伝子を含む．遺伝情報の保管と伝達を行う．

染色体テリトリー chromosome territory　特定の染色体が優先的に占めている核の領域．

選択的スプライシング alternative splicing　不連続なエキソンが，選択的にスプライシング（連結）されて，異なる成熟mRNAを生じさせる過程．

前定常状態 pre-steady state　酵素触媒反応において，定常状態が確立される前の時期であり，初回の代謝回転のみを含むことが多い．

セントラルドグマ central dogma　遺伝情報がDNAからRNAを経てタンパク質に流れるという，分子生物学を支配する原理．

セントロメア centromere　染色体の特殊な部位であり，有糸分裂や減数分裂の際に紡錘体が結合する部分．

SELEX　独特の触媒能やリガンド結合能を有する核酸配列（通常はRNA）を迅速に同定する実験法．

Z機構 Z scheme　酸素発生型光合成において，水から光化学系IIとシトクロムb_6fを経て光化学系Iへ，そして最終的にNADPHへといたる電子の経路．電子伝達体の配列をそれらの還元電位に対してプロットすると，電子の経路は横向きのZように見える．

増殖因子 growth factor　細胞の外側から作用して，細胞の増殖や分裂を促進するタンパク質などの分子．

相同遺伝子組換え homologous genetic recombination　類似する配列を有する二つのDNA分子間の組換え．すべての細胞で起こる．真核細胞の減数分裂と有糸分裂の際に起こる.

相同タンパク質 homologous protein　異なる生物種において類似する配列や機能を有するタンパク質. 例えばヘモグロビン.

挿入配列 insertion sequence　転移性 DNA 領域のどちらかの末端にある特定の塩基配列.

挿入変異 insertion mutation　DNA 中の連続する塩基間に 1 個以上の余分な塩基の挿入によって引き起こされる変異.

相補性 complementary　別の分子の化学基と特異的に相互作用するように配置された化学基を分子表面にもつこと.

相補的 DNA complementary DNA (cDNA)　特定の mRNA に相補的な DNA. DNA クローニングに用いられる DNA で, 通常は逆転写酵素を利用してつくられる.

束一的性質, 束一性 colligative property　単位体積あたりの溶質粒子の数に依存する溶液の性質. 例えば凝固点降下.

促進性 G タンパク質 stimulatory G protein (G_s)　三量体の調節性 GTP 結合タンパク質. 会合する細胞膜受容体によって活性化されると, アデニル酸シクラーゼのような隣接する膜酵素を活性化する. その作用は G_i の作用とは反対である.

速度定数 rate constant　化学反応速度を反応物濃度に関係づける比例定数.

速度論, 動力学 kinetics　反応速度に関する研究.

組織培養 tissue culture　多細胞生物に由来する細胞を液体培地中で生育させる方法.

疎水効果 hydrophobic effect　水性溶液中での非極性分子の凝集であり, 水分子を排除する. 主に, 周囲の水分子の水素結合性の構造に関連するエントロピー効果によって引き起こされる.

疎水性 hydrophobic　非極性. 水に不溶性の分子や官能基をいう.

タ　行

体格指数 body mass index (BMI)　体重 (kg) を身長 (m) の二乗で割って得られる肥満の尺度. BMI が 27.5 を超えると体重超過, 30 を超えると肥満と定義される.

対向輸送 (アンチポート) antiport　二つの溶質が膜を横切って反対方向に共役輸送されること.

体細胞 somatic cell　生殖細胞系列を除くからだのすべての細胞.

代謝 metabolism　生細胞における有機分子の酵素触媒的変換の全体. 異化と同化の総和.

代謝回転数 (分子活性) turnover number　飽和基質濃度で最大活性を与える条件下, 酵素分子が基質分子を単位時間あたりに変換する回数.

代謝型受容体 metabotropic receptor　セカンドメッセンジャーを介して作用する膜受容体. イオンチャネル型受容体　と比較せよ.

代謝制御 metabolic control　代謝経路を通る流束が細胞の環境変動を反映して変化する制御機構.

代謝調節 metabolic regulation　代謝制御機構が代謝経路を通る流束を変化させるときに起こる個々の代謝物濃度の変化に細胞が抵抗する調節機構.

代謝物 metabolite　代謝の酵素触媒反応における化学的中間体.

体節性 metamerism　例えば, 昆虫におけるからだの体節への分割.

多価不飽和脂肪酸 polyunsaturated fatty acid (PUFA)　二つ以上の二重結合を有する脂肪酸. 二重結合どうしは, 通常は共役していない.

タグ tag　注目するタンパク質の遺伝子の修飾を介して, そのタンパク質に融合された余分なタンパク質領域. 通常は精製の目的で利用される.

多型 polymorphic　生物集団に存在するアミノ酸配列の変化があるタンパク質のことをいう. しかし, この変化はタンパク質機能を損なうことはない.

多酵素系 multienzyme system　ある代謝経路に関与する関連酵素群.

多剤輸送体 multidrug transporter　ABC 輸送体ファミリーに属する細胞膜の輸送体であり, いくつかの一般に用いられる抗がん剤を排出することによってがんの化学療法を妨げる.

脱アミノ化 deamination　アミノ酸やヌクレオチドのような生体分子からのアミノ基の酵素的除去.

脱感作 desensitization　特定の刺激への長期間の曝露の後に, 感知機構が応答しなくなる普遍的な過程.

脱共役タンパク質 1 uncoupling protein 1 (UCP1)　褐色脂肪組織とベージュ脂肪組織のミトコンドリア内膜に存在するタンパク質. 膜を横切るプロトンの移動, ATP 合成を行うためのプロトンの正常な利用の短絡,基質酸化のエネルギーの熱としての発散を可能にする．サーモゲニン　ともいう．

脱溶媒和　desolvation　水溶液中において，溶質を取り囲む結合水が解離すること．

脱離基　leaving group　1 分子脱離反応や 2 分子置換反応で離脱する分子基または置換される分子基．

多糖　polysaccharide　グリコシド結合で連結された単糖単位の直鎖状または分枝したポリマー．

ターミナルトランスフェラーゼ　terminal transferase　DNA 鎖の 3′末端に 1 種類のヌクレオチド残基の付加を触媒する酵素．

ダルトン　dalton　原子量あるいは分子量の単位．1 ダルトン（Da）は水素 1 原子の質量（1.66×10^{-24} g）．

短鎖ガイド RNA　single guide RNA（sgRNA）　ある RNA が Cas ヌクレアーゼ（特に Cas9）の活性化，および特定の DNA 配列への系の標的化の両方を行うことを可能にする gRNA と tracrRNA の組合せ．RNA の一部は，望みのどのような DNA 配列にでも標的化できるように操作可能である．

胆汁酸　bile acid　コレステロールの極性誘導体であり，肝臓によって腸管へと分泌される．食餌性の脂肪の乳化に役立ち，それらに対するリパーゼの作用を促進する．

胆汁酸塩　bile salt　界面活性作用を有する両親媒性のステロイド誘導体．脂質の消化と吸収に関与する．

単純拡散　simple diffusion　溶質分子がタンパク質性の輸送体の助けを受けないで膜を横切って低濃度領域に移動すること．

単純タンパク質　simple protein　加水分解によってアミノ酸のみを生じるタンパク質．

単純反復配列 DNA　simple sequence DNA　サテライト DNA　を参照．

炭素固定反応　carbon-fixation reaction　光合成中にルビスコまたは他のカルボキシラーゼによって触媒される反応．大気中の CO_2 が最初に有機化合物に取り込まれる（固定される）．

炭素同化反応　carbon-assimilation reaction　大気の CO_2 を有機化合物に変換する反応系列．

単糖　monosaccharide　単一の糖単位から成る糖質．

タンパク質　protein　一つまたは複数のポリペプチド鎖から成る高分子．各ポリペプチド鎖はペプチド結合で連結されたアミノ酸の特徴的な配列を有する．

タンパク質恒常性　proteostasis　ある特定の条件下での細胞機能にとって必要な定常状態での細胞タンパク質全体を維持すること．

タンパク質ターゲティング　protein targeting　新たに合成されたタンパク質が選別されて細胞内の適切な場所へと輸送される過程．

単輸送（ユニポート）　uniport　一つの溶質のみを運搬する輸送系．共役輸送と区別される．

チアゾリジンジオン　thiazolidinedione　2 型糖尿病の治療に用いられる医薬品のクラス．血中を循環する脂肪酸の量を低下させ，インスリン感受性を亢進させる．グリタゾン glitazone としても知られる．

チアミンピロリン酸　thiamine pyrophosphate（TPP）　ビタミン B_1 の活性型補酵素．アルデヒド転移反応に関与する．

チオエステル　thioester　チオールまたはメルカプタンとカルボン酸のエステル．

置換突然変異　substitution mutation　ある塩基が他の塩基で置換されることによって生じる突然変異．

致死突然変異　lethal mutation　細胞や生物体の生存にとって必須の生物学的機能を不活性化する突然変異．

窒素固定　nitrogen fixation　窒素固定生物によって，大気中の窒素（N_2）を生物学的に利用できる還元型に変換すること．

窒素循環　nitrogen cycle　植物界，動物界，微生物界を通じた，また大気や地中を通じた，生物学的に利用可能な窒素の種々の型の循環．

チミン二量体　thymine dimer　ピリミジン二量体　を参照．

チモーゲン　zymogen　酵素の不活性型前駆体．例えば，ペプシノーゲンはペプシンの前駆体．

チャネリング　channeling　逐次反応経路において，ある酵素の活性部位からその経路の次のステップを触媒する酵素の活性部位へと反応生成物（共通の中間体）が直接転移されること．

中間代謝　intermediary metabolism　細胞において，栄養分子から化学エネルギーを抽出し，それを細胞成分の合成や組立てに利用する酵素触媒反応．

長鎖非コード RNA　long noncoding RNA（lncRNA）　タンパク質をコードするオープンリーディングフレームを欠き，通常は 200 ヌクレオチド以上の RNA．lncRNA は，遺伝子調節やクロマチンの構造維持において多様な機能を果たす．

調節遺伝子　regulatory gene　別の遺伝子の発現調節に関与する産物を生成する遺伝子．例えば，リプレッサータンパク質をコードする遺伝子．

調節カスケード　regulatory cascade　あるシグナルが一連のタンパク質を順次活性化する多段階の調節経路．あるタンパク質が次のタンパク質を順次触媒的に活性化することによって，もとのシグナルが指数関数的に増幅される．酵素カスケード　も参照．

調節酵素　regulatory enzyme　アロステリック機構や共有結合性修飾によって触媒活性が変化する能力を介する調節機能をもつ酵素．

調節配列　regulatory sequence　遺伝子発現の調節に関与する DNA 配列．例えば，プロモーターやオペレーター．

超二次構造　supersecondary structure　モチーフを参照．

超らせん密度　superhelical density（σ）　DNA のようならせん状分子における弛緩型分子のコイル（回転）数に対するスーパーコイル超らせん回転の数．

チラコイド　thylakoid　閉じた平板状の円盤が連続する系であり，葉緑体の色素を含む内膜によって形成される．

沈降係数　sedimentation coefficient　特定条件下での遠心力場における粒子の沈降速度を規定する物理定数．

低酸素　hypoxia　酸素供給が著しく制限された代謝状態．

定常状態　steady state　系の非平衡状態であり，物質の出入りはあるが，すべての成分が一定の濃度に保たれている．

低分子量 G タンパク質　small G protein　Ras スーパーファミリー G タンパク質　を参照．

定量的 PCR　quantitative PCR　もとの試料中に増幅された鋳型がどのくらい存在していたのかの決定が可能な PCR 法．リアルタイム PCR　ともいう．

デオキシリボ核酸　deoxyribonucleic acid　DNA を参照．

デオキシリボヌクレオチド　deoxyribonucleotide　ペントース成分として 2-デオキシ-D-リボースを含むヌクレオチド．

滴定曲線　titration curve　酸の滴定中に加えた塩基の当量に対する pH のプロット．

デサチュラーゼ　desaturase　脂肪酸の炭化水素鎖への二重結合の導入を触媒する酵素．

鉄-硫黄タンパク質　iron-sulfur protein　電子伝達タンパク質の大きなファミリー．電子伝達体は，Cys 残基あるいは無機硫化物由来の 2 個以上の硫黄原子と会合している 1 個以上の鉄イオンである．

テトラヒドロビオプテリン　tetrahydrobiopterin　ビオプテリンの還元型補酵素．

テトラヒドロ葉酸　tetrahydrofolate　ビタミンである葉酸が還元されて活性型になった補酵素．

デヒドロゲナーゼ（脱水素酵素）　dehydrogenase　基質からの水素原子対の除去を触媒する酵素．

テロメア　telomere　真核生物の直鎖状の染色体の末端に見られる特殊な核酸構造．

転移　transposition　ゲノム内のある部位から別の部位へ遺伝子（あるいは遺伝子群）が移動すること．

転移 RNA（トランスファー RNA）　transfer RNA（tRNA）　一群の RNA 分子（分子量：25,000～30,000）で，それぞれはタンパク質合成の最初のステップとして特異的なアミノ酸と共有結合する．

電気泳動　electrophoresis　荷電性の溶質が電場に応じて移動すること．しばしば，イオン，タンパク質，核酸などの混合物の分離に用いられる．

電気化学的勾配　electrochemical gradient　膜を隔てるイオンの濃度勾配と電荷勾配の総和．酸化的リン酸化と光リン酸化の推進力である．

電気化学ポテンシャル　electrochemical potential　膜を隔てる電荷と濃度の分離を維持するために必要なエネルギー．

電子供与体　electron donor　酸化還元反応において電子を供与する物質．

電子受容体　electron acceptor　酸化還元反応において電子を受け取る物質．

電子伝達　electron transfer　電子供与体から電子受容体への電子の移動．特に，呼吸（電子伝達）鎖の伝達体を介する基質から酸素への電子の移動．

電子伝達体　electron carrier　電子を可逆的に授受できるフラビンタンパク質やシトクロムのようなタンパク質．有機栄養物から酸素や他の末端受容体に電子を転移する際に機能する．

転写　transcription　DNA の一方の鎖に含まれる遺伝情報が mRNA 鎖の相補的な塩基配列を規定するために用いられる酵素的過程．

転写因子　transcription factor　真核生物において，

遺伝子の近傍，または遺伝子内にある調節配列に結合し，RNA ポリメラーゼや他の転写因子と相互作用することによって，その遺伝子の調節や転写開始に影響を及ぼすタンパク質．

転写後プロセシング posttranscriptional processing RNA の一次転写物の酵素的プロセシング．mRNA，tRNA，rRNA および他の多くの RNA のクラスなどの機能を有する RNA が生成する．

転写制御 transcriptional control mRNA 合成の調節によるタンパク質合成の調節．

天然型のコンホメーション native conformation 高分子の生物学的に活性なコンホメーション．

天然変性タンパク質 intrinsically disordered protein 溶液中で決まった三次元構造をとらないタンパク質，あるいはタンパク質の領域．

電離放射線 ionizing radiation ある有機分子からの電子の喪失を引き起こして，その分子の反応性を高める X 線のような放射線．

de novo 経路（新規合成経路） de novo pathway 単純な前駆体からヌクレオチドのような生体分子を合成する経路．サルベージ経路とは異なる．

DNA（デオキシリボ核酸） DNA (deoxyribonucleic acid) 3′, 5′-ホスホジエステル結合を介して共有結合しているデオキシリボヌクレオチド単位から成る，特定の配列を有するポリヌクレオチド．遺伝情報の担体として働く．

DNA キメラ DNA chimera 二つの異なる生物種に由来する遺伝情報を含む DNA．

DNA クローニング DNA cloning クローニング を参照．

DNA スーパーコイル形成 DNA supercoiling DNA それ自体がさらにコイルを形成すること．一般に DNA らせんの折れ曲がったりや巻き方が少なすぎたり多すぎたりすると生じる．

DNA チップ DNA chip DNA マイクロアレイの慣用語．典型的なマイクロアレイの小型のもの．

DNA 転移 DNA transposition 転移 を参照．

DNA 配列決定技術 DNA sequencing technology 単一遺伝子の一部からゲノム全体までの DNA の迅速で安価な配列決定を可能にする現代の自動化技術であり，急速に普及しつつある．イオン半導体シークエンシング，パイロシークエンシング，可逆的ターミネーターシークエンシング，サンガー配列決定法，一分子リアルタイムシークエンシング を参照．

DNA ポリメラーゼ DNA polymerase デオキシリボヌクレオシド 5′-三リン酸前駆体からの鋳型依存的 DNA 合成を触媒する酵素．大腸菌は，I～V の五つの DNA ポリメラーゼを有する．真核生物の DNA ポリメラーゼの数はさらに多い．

DNA マイクロアレイ DNA microarray 固相表面に固定した DNA 配列の集合であり，個々の配列はハイブリッド形成で探査できるようにパターン化された並びにレイアウトされている．

DNA ライブラリー DNA library クローン化した DNA 断片の集合．

DNA リガーゼ DNA ligase ある DNA 断片の 3′ 末端と別の DNA 断片の 5′ 末端の間にホスホジエステル結合を形成する酵素．

DNA ループ形成 DNA looping DNA 分子上の離れた部位に結合したタンパク質が相互作用することによって，介在する DNA がループを形成すること．

T 細胞 T cell T リンパ球 を参照．

T リンパ球（T 細胞） T lymphocyte (T cell) 胸腺由来の血球（リンパ球）の一種．細胞性免疫応答に関与する．

TPP チアミンピロリン酸 を参照．

tracrRNA トランス活性化型 CRISPR RNA を参照．

tRNA 転移 RNA を参照．

t-SNARE 標的膜（典型的な場合には細胞膜）に存在し，分泌小胞に存在する v-SNARE に結合し，小胞膜と標的膜の融合を媒介するタンパク質．

ΔG 自由エネルギー変化 を参照．

$\Delta G^{\ddagger}$ 活性化エネルギー を参照．

$\Delta G'^{\circ}$ 標準自由エネルギー変化 を参照．

投影式 projection formula フィッシャー投影式 を参照．

同化 anabolism 小さな前駆体からの細胞成分のエネルギー要求性生合成に関係する中間代謝の段階．

透過酵素（パーミアーゼ） permease 輸送体 を参照．

同系物 cognate 一般的に相互作用する二つの生体分子をいう．例えば，酵素とその通常の基質，受容体とその通常のリガンド．

糖原性 glucogenic 糖新生の過程によってグルコースやグリコーゲンに代謝的に変換されること．

糖脂質 glycolipid　糖質を含有する脂質.

糖質 carbohydrate　ポリヒドロキシアルデヒドあるいはポリヒドロキシケトン，または加水分解によってこれらを生成するような物質．多くの糖質は実験式 $(CH_2O)_n$ を有する．窒素，リン，イオウを含むこともある．

糖新生 gluconeogenesis　オキサロ酢酸やピルビン酸などの単純な非糖質性前駆体から糖質を生合成すること.

透析 dialysis　適切な緩衝液に半透膜を介して小分子物質を拡散させることによって，高分子溶液から小分子物質を取り除くこと.

糖タンパク質 glycoprotein　糖質を含有するタンパク質.

等電点電気泳動 isoelectric focusing　等電 pH に基づいて高分子を分離するための電気泳動法.

等電 pH（等電点，pI） isoelectric pH（isoelectric point, pI）　溶質が実効電荷をもたないために，電場中で移動しない pH.

（真性）糖尿病 diabetes mellitus　インスリンの産生や利用の欠陥に起因する症状を示す一群の代謝疾患．正常なグルコース濃度で，血液から細胞へのグルコース輸送ができないことが特徴である.

特異性 specificity　酵素や受容体が競合する基質あるいはリガンドを識別する能力.

特殊酸塩基触媒 specific acid-base catalysis　水の構成要素（水酸化物イオンまたはヒドロニウムイオン）が関与する酸または塩基触媒.

独立栄養生物 autotroph　二酸化炭素やアンモニアなどの極めて単純な炭素源や窒素源から複雑な自己分子を合成することのできる生物.

トコフェロール tocopherol　ビタミン E の一形態.

突然変異（変異） mutation　染色体のヌクレオチド配列の遺伝性の変化.

トポアイソマー topoisomer　リンキング数のみが異なる共有結合的に閉環した DNA 分子の異なる型.

トポイソメラーゼ topoisomerase　閉環状二本鎖 DNA に正または負のスーパーコイルを導入する酵素.

トポロジー topology　ねじれや折れ曲がりのような連続的な変形においても変化しない物質の性質に関する研究.

トポロジー図 topology diagram　二次構造の要素の間のつながりを二次元で表した構造表示法.

ドメイン domain　ポリペプチドの明確な構造単位．ドメインは別々の機能をもち，独立してコンパクトな単位に折りたたまれる.

トランスアミナーゼ transaminase　アミノトランスフェラーゼ　を参照.

トランス活性化型 CRISPR RNA trans-activating CRISPR RNA（tracrRNA）　細菌によってコードされる RNA であり，ヒトの病原体である化膿レンサ球菌 *Streptococcus pyrogenes* の比較的単純な CRISPR/Cas 系の活性化と機能にとって必要である.

トランスクリプトーム transcriptome　特定の条件下で特定の細胞あるいは組織に存在する RNA 転写物のすべて.

トランスジェニック transgenic　組換え DNA 操作によって別の生物の遺伝子がゲノム内に導入された生物のことをいう.

トランスポゾン（転移因子） transposon（transposable element）　ゲノムのある位置から別の位置に移動することのできる DNA 断片.

トランスロカーゼ translocase　mRNA に沿ったリボソームの移動などを引き起こす酵素.

トリアシルグリセロール triacylglycerol　脂肪酸 3 分子とグリセロールのエステル．トリグリセリドや中性脂肪　ともいう.

トリオース triose　3 個の炭素原子を含む骨格をもつ単純な糖.

トリカルボン酸回路 tricarboxylic acid（TCA）cycle　クエン酸回路　を参照.

トロンボキサン thromboxane　エーテル含有環のある六員環を有するエイコサノイド脂質のクラスであり，血液凝固の際の血小板凝集に関与する.

ナ　行

内因性カンナビノイド endocannabinoid　カンナビノイド受容体に結合して，機能的に活性化するのできる内因性の物質.

内在性膜タンパク質 integral membrane protein　疎水効果に起因する相互作用によって膜に強固に結合しているタンパク質．表在性膜タンパク質とは区別される.

内分泌 endocrine　血中に入り，離れた組織に対して作用する細胞分泌物に関係すること.

ナンセンスコドン　nonsense codon　アミノ酸を規定しないコドン．しかし，ポリペプチド鎖の終結シグナルとなる．

ナンセンス変異　nonsense mutation　ポリペプチド鎖の未成熟な終結を引き起こす変異．

ナンセンス抑制　nonsense suppressor　終止コドンに対応してポリペプチド鎖内にアミノ酸を挿入させるようになる変異であり，通常は tRNA の遺伝子に起こる．

2 型糖尿病　type 2 diabetes mellitus　インスリン抵抗性と血糖値の調節不全を特徴とする代謝性疾患．成人型糖尿病や非インスリン依存性糖尿病（NIDD）としても知られる．

二次構造　secondary structure　ポリマー（ポリペプチドやポリヌクレオチド）鎖の断片における主鎖の原子の局所的空間配置．ポリヌクレオチドの構造にも適用される．

二次代謝　secondary metabolism　特定の生成物を産する経路．あらゆる生細胞に見られるわけではない．

二重機能酵素　moonlighting enzyme　二つの異なる役割をもつ酵素．そのうちの少なくとも一つは触媒としての役割であり，もう一つは触媒的，調節的，または構造的な役割のどれかである．

二重逆数プロット　double-reciprocal plot　1/[S] に対する $1/V_0$ のプロット．これは［S］に対する V_0 のプロットよりも V_{max} と K_m をより正確に決定することができる．ラインウィーバー・バークプロット　ともいう．

二重層　bilayer　両親媒性脂質分子が向かい合ってできる二重の層であり，生体膜の基本構造を形成する．炭化水素の尾部が内側で向かい合い，連続する非極性相を形成する．

二重らせん　double helix　2 本の相補的な逆平行 DNA 鎖が自然にコイル状になったコンホメーション．

二成分シグナル伝達系　two-component signaling system　細菌や植物で見られる情報伝達系．受容体がリガンドで占められたときに，その内部の His 残基をリン酸化する受容体 His キナーゼから成る．次に，応答調節因子へのホスホリル基の転移を触媒し，リン酸化された応答調節因子はシグナル伝達系のアウトプットを変化させる．

二糖　disaccharide　共有結合している二つの単糖単位から成る糖質．

ニトロゲナーゼ複合体　nitrogenase complex　ATP の存在下で大気の窒素をアンモニアへと還元することのできる酵素系．

二倍体　diploid　2 組の遺伝情報をもつこと．各染色体を 2 本ずつもつ細胞をいう．一倍体　と比較せよ．

ニューロン　neuron　神経インパルスを伝達するために特化した神経組織の細胞．

尿酸排出　uricotelic　過剰の窒素を尿酸塩（尿酸）のかたちで排泄すること．

尿素回路　urea cycle　脊椎動物肝臓の循環型代謝経路であり，アミノ基と二酸化炭素から尿素を合成する．

尿素排出　ureotelic　過剰の窒素を尿素のかたちで排泄すること．

ヌクレアーゼ　nuclease　核酸のヌクレオチド間の結合（ホスホジエステル結合）を加水分解する酵素．

ヌクレオシド　nucleoside　ペントースに共有結合しているプリン塩基またはピリミジン塩基を含む化合物．

ヌクレオシド一リン酸キナーゼ　nucleoside monophosphate kinase　ATP の末端リン酸基のヌクレオシド 5′-一リン酸への転移を触媒する酵素．

ヌクレオシド二リン酸キナーゼ　nucleoside diphosphate kinase　ヌクレオシド 5′-三リン酸の末端リン酸基のヌクレオシド 5′-二リン酸への転移を触媒する酵素．

ヌクレオシド二リン酸糖化合物　nucleoside diphosphate sugar　糖分子の補酵素様運搬体．多糖や糖誘導体の酵素的合成の際に機能する．

ヌクレオソーム　nucleosome　真核生物のクロマチンを包み込む構造単位．ヒストンコアに巻きついた DNA 鎖から成る．

ヌクレオチド　nucleotide　ペントースのヒドロキシ基の一つがリン酸化されたヌクレオシド．

熱産生　thermogenesis　筋肉活動（身ぶるい），酸化的リン酸化の脱共役，基質回路（無益回路）の作動などによる熱の生物学的産生．

熱力学の第一法則　first law of thermodynamics　すべての過程において，宇宙の全エネルギーは不変であることを述べた法則．

熱力学の第二法則　second law of thermodynamics　どのような化学的，あるいは物理的過程においても，宇宙のエントロピーは増大する傾向にあることを述べた法則.

撚糸型 plectonemic　ポリマー分子の構造で，互いの鎖のまわりに単純で規則正しい正味のねじれがある.

粘着末端 sticky end　同じ DNA 分子または異なる DNA 分子にある二つの DNA 末端で，互いに相補的な短く突き出た一本鎖 DNA 領域をもつもの．これによって，末端の連結が促進される．付着末端　ともいう.

濃色効果 hyperchromic effect　二重らせん DNA がほどける（巻き戻す）につれて起こる 260 nm での光吸収の大きな増大.

能動輸送体 active transporter　エネルギー要求性の反応によって，電気化学的勾配に逆らって溶質を膜を横切って移動させる膜タンパク質.

ノンコーディング RNA noncoding RNA　ncRNA を参照.

ハ　行

バイオアッセイ（生物検定法） bioassay　試料中の生理活性物質（ホルモンなど）の量を，その試料の一部に対する生物学的応答を定量することによって測定する方法.

バイオインフォマティクス bioinformatics　生物学的データのコンピュータ解析であり，統計学，言語学，数学，化学，生化学，物理学などの手法を用いる．データは，しばしば核酸あるいはタンパク質の配列，あるいは構造データであるが，多くの実験データ，疾患の統計学，科学論文の材料を含むこともある．バイオインフォマティクス研究は，データの蓄積，抽出，解析の方法に集中する.

配偶子 gamete　一倍体遺伝子をもつ生殖細胞．精子や卵細胞.

ハイドロパシー・インデックス hydropathy index　化学基の疎水性と親水性の相対的な傾向を表す尺度.

配列多型 sequence polymorphism　ゲノム配列のあらゆる変化（塩基対の変化，挿入，欠失，再編成）．集団内での個人の識別や，生物種間の識別に役立つ.

パイロシークエンシング pyrosequencing　DNA 配列決定法であり，DNA ポリメラーゼによる各ヌクレオチドの付加がルシフェラーゼにより生じる発光で終わる一連の反応を誘発する.

ハウスキーピング遺伝子 housekeeping gene　常に必要な産物（中心的なエネルギー産生経路の酵素など）をコードする遺伝子．すべての条件下で発現しているので構成的遺伝子ともいう.

バキュロウイルス baculovirus　二本鎖 DNA ウイルスであり，無脊椎動物（特に昆虫）に感染する．バイオテクノロジーにおいて，タンパク質の発現の目的で広く利用される.

白色脂肪組織 white adipose tissue（WAT）　非熱産生性の脂肪組織であり，ホルモンシグナルに応答して貯蔵されたり動員されたりするトリアシルグリセロールを豊富に含む．白色脂肪組織のミトコンドリア呼吸鎖における電子伝達は，ATP 合成と厳密に共役している．ベージュ脂肪組織，褐色脂肪組織　と比較せよ.

バクテリオファージ bacteriophage　細菌細胞内で複製できるウイルス．ファージ　ともいう.

ハース投影式 Haworth perspective formula　環状の化学構造を表す方法で，各置換基の立体配置を明示できる．通常は糖の表記に用いられる.

発エルゴン反応 exergonic reaction　自由エネルギーの放出を伴って進行する化学反応（すなわち，ΔG は負である）.

白血球 leukocyte, white blood cell　哺乳類において免疫応答に関与する血球.

発現ベクター expression vector　クローン化された遺伝子の転写や翻訳を可能にする配列を含むベクター．ベクター　を参照.

発酵 fermentation　グルコースなどの栄養分子のエネルギー産生性の嫌気的分解であり，正味の酸化はない．乳酸，エタノール，他のいくつかの単純な生成物を生じる.

発熱反応 exothermic reaction　熱を放出する化学反応（すなわち，ΔH は負である）.

ハプテン hapten　大きな分子に結合すると免疫応答を引き起こす小さな分子.

ハプロタイプ haplotype　染色体上の十分に近接して位置する異なる遺伝子の対立遺伝子の組合せであり，一緒に遺伝する傾向がある.

パーミアーゼ（透過酵素） permease　輸送体　を参照.

パラダイム paradigm　生化学では，実験のモデルまたは例.

パラログ paralog　同一生物種に存在し，互いに明確な配列上と機能上の関連を有する遺伝子またはタンパク質.

パリンドローム（回文配列） palindrome　二本鎖の塩基配列が軸のまわりで2回対称を示す二本鎖DNAの領域.

半減期 half-life　系のある成分の2分の1が消失あるいは崩壊するために必要な時間.

反応中間体 reaction intermediate　反応経路における化学種で，化学的寿命が有限である.

ヒアルロナン hyaluronan　一般に二糖単位GlcUA（β1→3）GlcNAcの繰返しで構成される高分子量の酸性多糖．細胞外マトリックスの主成分であり，タンパク質や他の酸性多糖と大きな複合体（プロテオグリカン）を形成する．ヒアルロン酸　ともいう.

非鋳型鎖 nontemplate strand　コード鎖　を参照.

ビオチン biotin　ビタミンの一種．カルボキシ化反応に関与する酵素の補因子.

比活性 specific activity　25℃で酵素標品のタンパク質1mgあたり，1分間に変換される基質のμモル数．酵素の純度の尺度.

光依存反応 light-dependent reaction　光を必要とする光合成の反応で，暗所では起こらない．明反応　ともいう.

光栄養生物 phototroph　二酸化炭素，酸素，水などの単純な分子から自らの代謝燃料を合成するために光エネルギーを利用することのできる生物．化学合成生物と区別される.

光還元 photoreduction　光合成細胞における電子受容体の光誘導性還元.

光呼吸 photorespiration　光照射を受ける温帯の植物で起こる酸素消費で，大部分がホスホグリコール酸の酸化による.

光退色後蛍光回復法 fluorescence recovery after photobleaching　FRAP　を参照.

非極性 nonpolar　疎水性．水に溶けにくい分子や官能基をいう.

非循環的電子流 noncyclic electron flow　酸素の発生を伴う光合成において，光により誘起される水から$NADP^+$への電子の流れ．これは光化学系Ⅰおよび光化学系Ⅱの両方が関与する.

ヒストン histone　すべての真核細胞の染色体のDNAに強固に結合している塩基性タンパク質から成るファミリー.

比旋光度 specific rotation　一定の濃度と光路長，25℃で，光学活性化合物によって引き起こされる平面偏光（ナトリウムのD線）の平面の回転であり，度（°）で表す.

非相同末端結合 nonhomologous end joining (NHEJ)　染色体の二本鎖切断が末端の加工と連結によって修復される過程であり，連結部位にしばしば変異を生じさせる.

ビタミン vitamin　ある生物種の食餌に少量だけ必要な有機化合物．一般に，補酵素の成分として機能する.

必須アミノ酸 essential amino acid　ヒト（および他の脊椎動物）では合成できないアミノ酸．食餌から摂取しなければならない.

必須脂肪酸 essential fatty acid　植物により産生されるがヒトでは産生されない一群の多価不飽和脂肪酸．ヒトは食餌から摂取する必要がある.

ヒドロニウムイオン hydronium ion　水和している水素イオン（H_3O^+）.

ヒドロラーゼ hydrolase　加水分解反応を触媒する酵素（例：プロテアーゼ，リパーゼ，ホスファターゼ，ヌクレアーゼ）.

非必須アミノ酸 nonessential amino acid　ヒトや他の脊椎動物が単純な前駆体からつくることのできるアミノ酸．したがって，食餌から摂取する必要はない.

非ヘム鉄タンパク質 nonheme iron protein　鉄を含むがポルフィリン基は含まないタンパク質．通常は酸化還元反応で作用する.

ピューロマイシン puromycin　伸長しつつあるポリペプチド鎖に取り込まれることによって，ポリペプチド合成を阻害する抗生物質．ペプチド合成の未成熟な終結を引き起こす.

表現型 phenotype　生物の観察可能な特徴.

病原性 pathogenic　病気の原因になること.

表在性膜タンパク質 peripheral membrane protein　水素結合や静電的引力で緩やかにあるいは可逆的に膜に結合しているタンパク質．一般に，いったん膜から解離すると水溶性である．　内在性膜タンパク質　と比較せよ.

標準還元電位 standard reduction potential (E'°)　25℃，pH 7.0において，1Mの還元性物質とその酸化型によって電極で示される起電力．還元性物質が電子を失う相対的傾向を表す尺度.

標準自由エネルギー変化 standard free-energy change

(ΔG°)　温度が 298 K，圧が 1 気圧（101.3 kPa），すべての溶質の濃度が 1 M の標準状態で起こる反応の自由エネルギー変化．$\Delta G'^\circ$ は 55.5 M 水，pH 7.0 での標準自由エネルギー変化を表す．

ピラノース　pyranose　六員環のピランを含む単純糖．

ビリオン　virion　ウイルス粒子．

ピリジンヌクレオチド　pyridine nucleotide　ピリジン誘導体のニコチンアミドをもつヌクレオチド補酵素．NAD または NADP．

ピリドキサールリン酸　pyridoxal phosphate（PLP）　ビタミンのピリドキシン（ビタミン B_6）を含む補酵素．アミノ基転移に関係する反応で機能する．

ピリミジン　pyrimidine　ヌクレオチドや核酸の成分である含窒素複素環塩基．

ピリミジン二量体　pyrimidine dimer　DNA 中の二つの隣接するピリミジン残基が共有結合した二量体であり，紫外線の吸収によって誘導される．二つの隣接するチミンから生じるものが最も一般的である（チミン二量体）．

微量元素　trace element　生物にとって極微量だけ必要な元素．

ヒル係数　Hill coefficient　タンパク質サブユニット間の協同性相互作用の尺度．

ヒル反応　Hill reaction　二酸化炭素がない状態での葉緑体標品による酸素の発生と人工電子受容体の光還元．

ピロホスファターゼ　pyrophosphatase　無機ピロホスファターゼ　を参照．

B 細胞　B cell　B リンパ球　を参照．

B リンパ球（B 細胞）　B lymphocyte（B cell）　血球（リンパ球）の一種．循環する抗体の産生に関与する．

BAT　褐色脂肪組織　を参照．

PCR　ポリメラーゼ連鎖反応　を参照．

PDB（プロテインデータバンク）　PDB（Protein Data Bank）　構造が公表されているほぼすべての高分子の三次元構造に関するデータを収めた国際データベース（www.pdb.org）．

pH　水溶液の水素イオン濃度の負の対数．

pI　等電 pH　を参照．

pK_a　平衡定数の負の対数．

PLP　ピリドキサールリン酸　を参照．

P/O 比　P/O ratio　酸化的リン酸化において，還元される 1/2O_2 あたり（すなわち，酸素に渡された電子対あたり）の生成する ATP のモル数．本書で用いられる実験値は，電子が NADH から O_2 に受け渡される場合には 2.5，FADH から O_2 に受け渡される場合には 1.5 である．

PPAR（ペルオキシソーム増殖剤応答性受容体）　PPAR（peroxisome proliferator-activated receptor）　核内転写因子のファミリーであり，脂質リガンドによって活性化され，脂質の合成や分解に関与する酵素をコードする遺伝子などの，特定の遺伝子の発現を変化させる．

PUFA　多価不飽和脂肪酸　を参照．

ファージ　phage　バクテリオファージ　を参照．

ファンデルワールス相互作用　van der Waals interaction　ある分子がもう一方の分子の極性化を引き起こすことによって生じる分子間の弱い力．

フィッシャー投影式　Fischer projection formula　キラル中心のまわりの置換基の立体配置を示す分子の表示法．投影式　ともいう．

部位特異的組換え　site-specific recombination　特定の配列でのみ起こる遺伝的組換えの一種．

部位特異的突然変異誘発　site-directed mutagenesis　遺伝子の配列に特異的な変異を導入するために用いられる手法．

フィードバック阻害　feedback inhibition　代謝経路の最終生成物による代謝経路の最初のアロステリック酵素の阻害．最終生成物阻害　ともいう．

フィブリノーゲン　fibrinogen　フィブリンの不活性型前駆体タンパク質．

フィブリン　fibrin　血栓で架橋繊維を形成するタンパク質因子．

フォールド（折りたたみ）　fold　モチーフ　を参照．

不競合阻害　uncompetitive inhibition　阻害分子が遊離の酵素に結合するのではなく，酵素と基質の複合体に結合することによって起こる可逆的阻害様式．

複合タンパク質　conjugated protein　一つ以上の補欠分子族を含むタンパク質．

複合糖質　glycoconjugate　タンパク質や脂質に共有結合している糖質成分を含む化合物．糖タンパク質や糖脂質を形成する．

複製　replication　親核酸と同一の娘核酸分子の合成．

複製型分子　replicative form　ウイルス染色体の全長

構造体で，複製中間体として働く．

複製起点 origin 複製が開始されるDNA上のヌクレオチド配列または部位．

複製フォーク replication fork DNAが合成されている部位で一般的に見られるY型構造．

不斉炭素原子 asymmetric carbon atom 四つの異なる官能基が共有結合している炭素原子．したがって，二つの異なる正四面体型の立体配置をとる．

付着末端 cohesive end 粘着末端 を参照．

フットプリント法 footprinting DNA結合タンパク質やRNA結合タンパク質に結合する核酸配列を同定する手法．

不適正塩基対（ミスマッチ） mismatch 正常なワトソン・クリック塩基対を形成できない核酸中の塩基対．

負の協同性 negative cooperativity 多サブユニットの酵素やタンパク質の性質であり，一つのサブユニットへのリガンドや基質の結合が別のサブユニットへの結合を妨げる．

負のフィードバック negative feedback 生化学経路の調節機構．反応生成物がその経路の初期のステップを阻害する．

不飽和脂肪酸 unsaturated fatty acid 一つ以上の二重結合をもつ脂肪酸．

プライマー primer 酵素が単量体単位を付加するために必要な短いオリゴマー（例：糖やヌクレオチドのオリゴマー）．

プライマーゼ primase DNAポリメラーゼがプライマーとして用いるRNAオリゴヌクレオチドの生成を触媒する酵素．

プライマー末端 primer terminus 単量体単位が付加されるプライマーの末端．

プライミング priming (1) タンパク質のリン酸化において，同じタンパク質内で，他のアミノ酸残基のリン酸化のための結合部位と参照点になるアミノ酸残基のリン酸化のことをいう．(2) DNA複製では，DNAポリメラーゼがヌクレオチドをさらに付加することのできる短いオリゴヌクレオチドの合成のことをいう．

プライモソーム primosome ラギング鎖DNA合成に必要なプライマーを合成する酵素複合体．

プラスマローゲン plasmalogen グリセロールのC-1位にアルケニルエーテル置換基をもつリン脂質．

プラスミド plasmid 染色体外で独立して複製する小さな環状DNA分子．遺伝子工学で一般的に用いられる．

フラノース furanose 五員環のフランを含む単純糖．

フラビン共役型デヒドロゲナーゼ flavin-linked dehydrogenase リボフラビン補酵素（FMNまたはFAD）の一つを必要とするデヒドロゲナーゼ．

フラビンタンパク質 flavoprotein 強固に結合しているフラビンヌクレオチドを補欠分子族として含む酵素．

フラビンヌクレオチド flavin nucleotide リボフラビンを含むヌクレオチド補酵素（FMNとFAD）．

プリーツシート pleated sheet 伸びきったβ構造におけるポリペプチド鎖の側鎖間水素結合による並列配置．

フリッパーゼ flippase 膜二重層の細胞外側の葉（単分子層）からサイトゾル側の葉へのリン脂質の移動を触媒する膜タンパク質．P型ATPアーゼのファミリーに属する．

フリーラジカル free radical ラジカル を参照．

プリン purine ヌクレオチドや核酸の成分である含窒素複素環塩基．ピリミジン環とイミダゾール環の融合した構造をもつ．

プルーフリーディング（校正） proofreading 伸長中のポリマーに共有結合的に付加された不適切な単量体単位を除去することによって，情報を含む生体高分子の合成の際の誤りを修正すること．

プレバイオティクス prebiotics 選択的に発酵される非消化性の食材であり，健康を増進する細菌の増殖を助ける．

フレームシフト frame shift 1対以上のヌクレオチドの挿入または欠失によって起こる変異であり，タンパク質合成の際にコドンの読み枠が変化する．生成物のポリペプチドは，変異コドン以降で誤ったアミノ酸配列をもつ．

プロキラル分子 prochiral molecule 非対称な活性部位をもつ酵素と非対称的に反応することのできる対称性分子．キラルな生成物を生じさせる．

プロスタグランジン prostaglandin 環状で多価不飽和のエイコサノイド脂質のクラスであり，傍分泌ホルモンとして作用する．

フロッパーゼ floppase 膜二重層のサイトゾル側の葉（単分子層）から細胞外側の葉へのリン脂質の移動を触媒する膜タンパク質．ABC輸送体ファミリーに属する．

プロテアーゼ　proteasse　タンパク質中のペプチド結合を加水分解する酵素．

プロテアソーム　proteasome　損傷したり不要になったりした細胞タンパク質の分解において機能する酵素複合体の超分子集合体．

プロテインキナーゼ　protein kinase　ATP や別のヌクレオシド三リン酸の末端ホスホリル基を標的タンパク質の Ser，Thr，Tyr，Asp，または His 残基の側鎖に転移する酵素．これによって，そのタンパク質の活性や他の性質を調節する．

プロテインデータバンク　Protein Data Bank　PDB を参照．

プロテインホスファターゼ　protein phosphatase　タンパク質上のリン酸エステル結合やリン酸無水物結合を加水分解する酵素であり，無機リン酸 P_i を遊離する．ホスホプロテインホスファターゼ　ともいう．

プロテオグリカン　proteoglycan　ポリペプチドに結合しているヘテロ多糖から成る混成高分子．多糖が主成分である．

プロテオミクス　proteomics　概して，細胞や生物体のタンパク質のすべてについて研究すること．

プロテオーム　proteome　特定の細胞で発現するすべてのタンパク質，またはある特定のゲノムによって発現されるタンパク質のすべて．

プロトマー　protomer　大きなタンパク質構造中で，安定に会合している一つ以上のタンパク質サブユニットの繰返し単位を表す一般的用語．プロトマーが複数のサブユニットをもつ場合には，そのサブユニットは同一の場合もあれば，異なる場合もある．

プロトン供与体　proton donor　酸塩基反応におけるプロトンの供与体．すなわち酸のこと．

プロトン駆動力　proton-motive force　膜を隔てる H^+ 濃度勾配に固有の電気化学的ポテンシャル．ATP 合成を駆動するために，酸化的リン酸化や光リン酸化で用いられる．

プロトン受容体　proton acceptor　プロトン供与体からプロトンを受け取ることのできる陰イオン性化合物．すなわち塩基のこと．

プロバイオティクス　probiotics　適量を接種することによって，宿主の健康にとって有益な微生物．

プロモーター　promoter　RNA ポリメラーゼが結合する DNA 配列で，転写を開始させる．

分化　differentiation　成長や発生の際に細胞の構造と機能が特殊化すること．

分画遠心分離　differential centrifugation　遠心力場における沈降速度の差によって，種々のサイズの細胞小器官や他の粒子を分離すること．

分画法　fractionation　複雑な分子混合物中のタンパク質や他の成分を，それらの溶解度，実効電荷，分子量，機能などの性質の違いに基づいて分離する過程．

分枝点移動　branch migration　同一の配列をもつ二つの DNA 分子から形成される分枝 DNA の分枝点の移動．ホリデイ中間体　も参照．

分配係数　partition coefficient　ある溶質が二つの混ざり合わない液体の間で平衡に分配または分布しているときの分配比率を表す定数．

$\boldsymbol{V_{\mathrm{m}}}$　膜電位　を参照．

$\boldsymbol{V_{\max}}$　結合部位が基質で飽和しているときの酵素反応の最大速度．

v-SNARE　分泌小胞の膜に存在し，標的膜（典型的な場合には細胞膜）に存在する t-SNARE に結合して，小胞膜と標的膜の融合を媒介するタンパク質．

ヘアピン構造　hairpin　一本鎖の RNA や DNA の二次構造．パリンドローム様の反復配列の相補的な部分が折り返されて対合し，一端が閉じた逆平行二重らせんを形成する．

平衡　equilibrium　それ以上の正味の変化が起こっていないような系の状態．自由エネルギーは最小である．

平衡定数　equilibrium constant（K_{eq}）　各化学反応に特有の定数．ある一定の温度と圧で平衡にあるすべての反応物と生成物の濃度によって決まる．

閉鎖系　closed system　外界とは物質やエネルギーの交換がない系．系　も参照．

ヘキソース　hexose　6 個の炭素原子を含む骨格を有する単純糖．

ヘキソース一リン酸経路　hexose monophosphate pathway　ペントースリン酸経路　を参照．

ベクター　vector　宿主細胞内で自立的に複製する DNA 分子．その DNA 断片は宿主細胞に入り，複製する．例えば，プラスミドや人工染色体．

ベクトル性　vectorial　タンパク質が生体膜内で特定の配向性を有するような酵素反応や膜透過の過程のことをいう．したがって，基質が生成物へと変換されるにつれて，膜の一方の側から他方へと移動する．

ベクトル性代謝 vectorial metabolism 基質の局在（化学的な組成ではない）が，細胞膜や細胞小器官の膜に対して変化する代謝変換．例えば，輸送体の作用や，酸化的リン酸化や光リン酸化におけるプロトンポンプなど．

ベージュ脂肪組織 beige adipose tissue 個体の冷却によって活性化される熱産生性の脂肪組織．脱共役タンパク質 UCP1（サーモゲニン）を高レベルで発現する．褐色脂肪組織，白色脂肪組織 と比較せよ．

ヘテロクロマチン heterochromatin 凝縮している染色体の領域であり，遺伝子発現は一般に抑制されている．真正クロマチン と比較せよ．

ヘテロ多糖 heteropolysaccharide 2 種類以上の糖から成る多糖．

ヘテロトロピック heterotropic 本来のリガンドとは異なるアロステリックなモジュレーターのことをいう．

ヘテロトロピック酵素 heterotropic enzyme 基質以外のモジュレーターを必要とするアロステリック酵素．

ヘパラン硫酸 heparan sulfate *N*-アセチルグルコサミンとウロン酸（グルクロン酸またはイズロン酸）が交互に連結された硫酸化ポリマー．一般に，細胞外マトリックスに存在する．

ペプチジルトランスフェラーゼ peptidyl transferase タンパク質のペプチド結合を合成する酵素活性．ペプチジルトランスフェラーゼ活性は，リボソームの大サブユニットの rRNA の一部からなるリボザイムである．

ペプチダーゼ peptidase ペプチド結合を加水分解する酵素．

ペプチド peptide 二つ以上のアミノ酸がペプチド結合で共有結合したもの．

ペプチドグリカン peptidoglycan 細菌細胞壁の主要成分．一般に，短鎖ペプチドにより架橋されている平行なヘテロ多糖から成る．

ペプチド結合 peptide bond あるアミノ酸の α-アミノ基と別のアミノ酸の α-カルボキシ基との間で水の成分が除去されてできたアミド結合．

ヘム heme ヘムタンパク質の鉄-ポルフィリン補欠分子族．

ヘムタンパク質 heme protein 補欠分子族としてヘムを含むタンパク質．

ヘモグロビン hemoglobin 赤血球のヘムタンパク質．酸素運搬機能をもつ．

ヘリカーゼ helicase 複製前に DNA 分子の 2 本の鎖の分離を触媒する酵素．

ペルオキシソーム peroxisome 真核細胞内の膜で囲まれた細胞小器官．過酸化物を生成したり分解したりする酵素を含む．

ペルオキシソーム増殖剤応答性受容体 peroxisome proliferator-activated receptor PPAR を参照．

変換 transduction 一般に，エネルギーや情報をある型から別の型に変化させること．

変性 denaturation ポリペプチド鎖，タンパク質や核酸の本来のコンホメーションが部分的または完全に解きほぐされること．その結果，その分子の機能は失われる．

変性タンパク質 denatured protein 熱や界面活性剤のような不安定化因子に曝されることによって，本来のコンホメーションを完全に失ったタンパク質．

変旋光 mutarotation ピラノース糖，フラノース糖，またはグリコシドが α アノマー型と β アノマー型の平衡に伴う比旋光度の変化．

ヘンダーソン・ハッセルバルヒの式 Henderson-Hasselbalch equation 溶液の pH，pK_a，およびプロトン受容体（A^-）とプロトン供与体（HA）の濃度比に関する式．

$$\mathrm{pH} = \mathrm{p}K_a + \log \frac{[\mathrm{A}^-]}{[\mathrm{HA}]}$$

ペントース pentose 5 個の炭素原子を含む骨格を有する単純糖．

ペントースリン酸経路 pentose phosphate pathway ヘキソースとペントースの相互変換を行うほとんどの生物に存在する経路であり，生合成過程で必要な還元当量（NADPH）とペントースの供給源である．この経路はグルコース 6-リン酸から開始し，中間体として 6-ホスホグルコン酸を含む．ホスホグルコン酸経路，ヘキソース一リン酸経路 ともいう．

鞭毛 flagellum 推進力に用いられる細胞の付属器官．細菌の鞭毛は，繊毛に類似している真核生物の鞭毛よりもはるかに単純な構造をしている．

β 構造 β conformation ポリペプチド鎖の伸びきったジグザグ構造．一般的なタンパク質の二次構造．

β 酸化 β oxidation 脂肪酸の β 位の炭素原子における連続的酸化によるアセチル CoA への酸化的分解．

β ターン β turn タンパク質の二次構造の一つ．4

個のアミノ酸残基で折り返し点を構成し，ポリペプチド自体が折り返す．

補因子 cofactor　酵素活性に必要な無機イオンや補酵素．

放射性同位体 radioactive isotope　電離放射線を発することによって自ら安定化する不安定な原子核を有する元素の同位体．

飽和脂肪酸 saturated fatty acid　完全に飽和したアルキル鎖を有する脂肪酸．

補欠分子族 prosthetic group　タンパク質に共有結合し，その活性に必須な金属イオンや有機化合物（アミノ酸を除く）．

補酵素 coenzyme　ある種の酵素の作用に必要な有機性の補因子．しばしばビタミン成分を含む．

補酵素 A coenzyme A　パントテン酸を含む補酵素．ある種の酵素反応でアシル基運搬体として機能する．

補酵素 B_{12} coenzyme B_{12}　ビタミンのコバラミンに由来する補因子．ある種の炭素骨格配置転換反応に関与する．

補助色素 accessory pigment　植物や光合成細菌に存在する可視光を吸収する色素（カロテノイド，キサントフィル，フィコビリン）．太陽光エネルギーの捕捉の際にクロロフィルを補う．

ホスファターゼ phosphatase　水の成分を付加することによってリン酸エステルを加水分解する酵素．

ホスホグルコン酸経路 phosphogluconate pathway　ペントースリン酸経路　を参照．

ホスホジエステル結合 phosphodiester linkage　1分子のリン酸にエステル化した二つのアルコールを含む化学基．リン酸は二つのアルコール間を架橋する役割を果たす．

ホスホプロテインホスファターゼ phosphoprotein phosphatase　プロテインホスファターゼ　を参照．

ホスホリラーゼ phosphorylase　加リン酸分解を触媒する酵素．

保存性置換 conservative substitution　ポリペプチド中のアミノ酸残基を性質の類似する別のアミノ酸残基で置換すること．例えば，Asp による Glu 残基の置換．

ホメオスタシス（恒常性） homeostasis　外部環境の変化を補償する調節機構によって動的定常状態を維持すること．

ホメオティック遺伝子 homeotic gene　ショウジョウバエの身体設計の際に，体節パターンの発生を調節する遺伝子．同様の遺伝子はほとんどの脊椎動物に見られる．

ホメオドメイン homeodomain　ホメオボックスによりコードされるタンパク質ドメイン．身体設計の際の体節形成を決定する調節単位．

ホメオボックス homeobox　発生の調節に関与する多くのタンパク質で見られるタンパク質ドメインをコードする 180 bp の保存された DNA 配列．

ホモ多糖 homopolysaccharide　1種類の単糖単位から成る多糖．

ホモトロピック homotropic　通常のリガンドと同一のアロステリックモジュレーターのことをいう．

ホモトロピック酵素 homotropic enzyme　モジュレーターとして基質を利用するアロステリック酵素．

ホモログ homolog　お互いに明確な配列上や機能的な関連のある遺伝子やタンパク質．

ポリ(A)尾部領域 poly(A)tail　真核生物の多くの mRNA（ときには細菌の mRNA）の 3′ 末端に付加される一連のアデノシン残基．

ポリ(A)部位選択 poly(A)site choice　mRNA 転写物内の選択的な位置で RNA 鎖の切断と 3′-ポリ(A)の付加が起こり，異なる成熟 mRNA を生じさせる．

ポリクローナル抗体 polyclonal antibody　動物において，抗原に応答した異なる B リンパ球によって産生される不均質な抗体のプール．このプール中の異なる抗体は，抗原の異なる部分を認識する．

ポリシストロン性 mRNA polycistronic mRNA　タンパク質へと翻訳される二つ以上の遺伝子を含む連続している mRNA.

ポリソーム polysome　mRNA 分子と二つ以上のリボソームとの複合体．ポリリボソーム　ともいう．

ホリデイ中間体 Holliday intermediate　遺伝的組換えの中間体で，二つの二本鎖 DNA 分子が，各分子の1本の鎖が関与する逆交差によってつながっている．

ポリヌクレオチド polynucleotide　共有結合しているヌクレオチドの配列で，あるヌクレオチド残基のペントースの 3′-ヒドロキシ基が，次の残基のペントースの 5′-ヒドロキシ基にホスホジエステル結合することによってつながっている．

ポリペプチド polypeptide　ペプチド結合によって連結しているアミノ酸の長鎖．分子量は一般に 10,000 未満である．

ポリペプチド鎖開始複合体 initiation complex mRNA と開始 Met-tRNA^{Met} または開始 fMet-tRNA^{fMet} を含むリボソームの複合体であり，伸長ステップの準備をする．

ポリペプチド鎖終結因子 release factor, termination factor 完成したポリペプチド鎖をリボソームから遊離させるために必要なサイトゾルのタンパク質因子．

ポリペプチド鎖伸長因子 elongation factor リボソームによるポリペプチド鎖の伸長に必要な特定のタンパク質．

ポリメラーゼ連鎖反応 polymerase chain reaction (PCR) 特定の DNA 配列を幾何学的に増幅させる繰返し反応．

ポリリボソーム polyribosome ポリソーム を参照．

ポリリンカー polylinker 数種の制限エンドヌクレアーゼに対する認識配列を含む短い合成 DNA 断片．

ポルフィリン porphyrin 環状に共有結合している 4 個の置換されたピロールをもつ複雑な含窒素化合物．しばしば，中心の金属原子と複合体を形成している．

ポルフィリン症 porphyria ポルフィリン合成に必要な一つ以上の酵素の欠損によって起こる遺伝性疾患．

ホルモン hormone 内分泌組織で少量合成される化学物質であり，血液を介して他の組織へと運ばれたり，拡散して隣接する細胞に達したりする．そこでは，標的組織や標的器官の機能を調節するためのメッセンジャーとして作用する．

ホルモン応答配列 hormone response element (HRE) ステロイド，レチノイド，甲状腺ホルモン，ビタミン D ホルモンなどに対する受容体が結合する短い（12 ～ 20 bp）DNA 配列であり，隣接する遺伝子の発現を変化させる．各ホルモンに対して，対応する受容体が結合しやすいコンセンサス配列がある．

ホルモン受容体 hormone receptor 標的細胞の中や表面上に存在するタンパク質であり，特異的なホルモンと結合して細胞応答を引き起こす．

ホロ酵素 holoenzyme 必要なサブユニット，補欠分子族，補因子のすべてを含む触媒活性を有する酵素．

翻訳 translation mRNA 分子にある遺伝情報がタンパク質合成の際にアミノ酸配列を指定する過程．

翻訳後修飾 posttranslational modification mRNA から翻訳された後のポリペプチド鎖が酵素的なプロセシングを受けること．

翻訳制御 translational control リボソームでの翻訳速度の調節によってタンパク質の合成を調節すること．

翻訳フレームシフト translational frameshifting リボソーム上で mRNA が翻訳される際に読み枠が計画的に変化すること．いくつかの機構で起こる．

翻訳リプレッサー translational repressor mRNA に結合して，翻訳を遮断するリプレッサー．

マ 行

マイクロ RNA micro RNA (miRNA) 翻訳の抑制，あるいは特定の mRNA の分解の促進によって遺伝子のサイレンシングに関与する低分子 RNA（プロセシングの終わった後で 20 ～ 25 ヌクレオチド）．

膜電位 membrane potential (V_m) 生体膜を隔てる電位差．通常は微小電極を挿入して測定する．典型的な膜電位は，−25 mV（慣例によって，マイナスの符号は内側が外側に比べて負であることを示す）から植物の液胞膜での −100 mV 以上まで多様である．

膜透過 membrane transport 極性の溶質が特異的な膜タンパク質（輸送体）を介して膜を横切って移動すること．

マトリックス matrix ミトコンドリアの内膜によって囲まれた空間．

ミオシン myosin 収縮性タンパク質．筋肉や他のアクチン-ミオシン系の太いフィラメントの主成分．

ミカエリス定数 Michaelis constant (K_m) 酵素触媒反応が最大速度の 1/2 で進行する基質濃度．

ミカエリス・メンテンの式 Michaelis-Menten equation 多くの酵素触媒反応における基質濃度 [S] に対する反応初速度 V_0 の双曲線的依存性を表す式．

$$V_0 = \frac{V_{max}\,[S]}{K_m + [S]}$$

ミカエリス・メンテンの速度論 Michaelis-Menten kinetics 酵素触媒反応の初速度が基質濃度に依存した双曲線を示す速度論的パターン．

ミクロソーム microsome 真核細胞の小胞体の断片化によって形成される膜状の小胞．分画遠心分離によって回収される．

水のイオン積 ion product of water (K_w) 純水中の H^+ 濃度と OH^- 濃度の積．$K_w = [H^+][OH^-] = 1 \times 10^{-14}$ (25 ℃)．

ミスマッチ修復 mismatch repair　DNA 中の不適正塩基対を修復するための酵素系.

ミセル micelle　水中での両親媒性分子の凝集体. 水にさらすと内部に非極性部分をもち, 外表面に極性部分をもつ.

ミトコンドリア mitochondria　真核細胞の膜で囲まれた細胞小器官. クエン酸回路, 脂肪酸酸化, 呼吸の電子伝達, 酸化的リン酸化に必要な酵素系を含む.

無益回路 futile cycle　基質回路 を参照.

無機ピロホスファターゼ inorganic pyrophosphatase　無機ピロリン酸分子を加水分解して 2 分子の（正）リン酸を生成する酵素. ピロホスファターゼ ともいう.

ムコ多糖 mucopolysaccharide　グリコサミノグリカン を参照.

無水物 anhydride　二つのカルボキシ基またはリン酸基の縮合物. 水の成分が除かれて, 次の一般構造をもつ化合物が形成される.

```
R—X—O—X—R
  ‖     ‖
  O     O
```

この式で, X は炭素またはリンである.

ムターゼ mutase　官能基の転位を触媒する酵素.

メタボリックシンドローム metabolic symdrome　心血管疾患や 2 型糖尿病の素因となる医学的状態の組合せ. 高血圧, 血中の高濃度の LDL やトリアシルグリセロール, わずかに高い空腹時血糖, 肥満などが含まれる.

メタボロミクス metabolomics　細胞や組織におけるメタボロームに関する体系的研究.

メタボローム metabolome　特定条件下で, 特定の細胞あるいは組織に存在する小分子代謝物（代謝中間体, シグナル分子, 二次代謝産物）の総体.

メタボロン metabolon　連続する代謝に関与する酵素の超分子集合体.

メッセンジャー RNA messenger RNA（mRNA）　RNA 分子の一種で, 各 mRNA は DNA の一方の鎖に相補的である. 遺伝情報を染色体からリボソームに運ぶ.

免疫応答 immune response　生物にとって外来の高分子である抗原に対して抗体を産生する脊椎動物の能力.

免疫グロブリン immunoglobulin　抗原に対して産生され, 特異的に結合できる抗体タンパク質.

モジュレーター modulator　酵素のアロステリック部位に結合すると, その速度論的性質を変化させる代謝物.

モチーフ motif　一つ以上のタンパク質で見られる二次構造要素の明確なフォールディングパターン. モチーフは単純なこともあれば, 複雑なこともある. また, ポリペプチド鎖全体を占めることもあれば, ほんの一部分だけのこともある. フォールドまたは超二次構造ともいう.

モノクローナル抗体 monoclonal antibody　クローン化されたハイブリドーマ細胞により産生される抗体. したがって, この抗体は同一であり, 抗原の同じエピトープに対して作用する（ハイブリドーマ細胞は, 組織培養でよく増殖する安定な抗体産生細胞株である. 抗体を産生する B 細胞を骨髄腫細胞と融合させることによってつくり出す）.

モノシストロン性 mRNA monocistronic mRNA　ただ一つのタンパク質へと翻訳される mRNA.

モル mole　化合物の 1 グラム分子量. アボガドロ数 も参照.

モル溶液 molar solution　溶質 1 mol を水に溶かし, 全量 1,000 mL としたもの.

ヤ　行

野生型 wild type　正常な（変異していない）遺伝子型または表現型.

融合タンパク質 fusion protein　(1) 膜融合を促進するタンパク質のファミリー. (2) 二つの異なる遺伝子または遺伝子部分が融合してできた遺伝子のタンパク質産物.

有糸分裂 mitosis　真核細胞において, 染色体の複製と細胞分裂を引き起こす多段階過程.

誘導 induction　調節タンパク質の活性の変化に応答して起こる遺伝子発現の上昇.

誘導適合 induced fit　酵素の触媒活性を上げる基質の結合に応答して起こる酵素のコンホメーション変化. また, 高分子の結合部位がリガンドの形によく適合するように, リガンドの結合に応じて高分子のコンホメーションが変化することを表すのにも用いられる.

誘導物質（インデューサー） inducer　調節タンパク質に結合すると特定の遺伝子の発現を上昇させるシグナル分子.

輸送体（トランスポーター） transporter　膜を横切って特定の栄養素，代謝物，イオンまたはタンパク質を輸送する膜貫通タンパク質．パーミアーゼ（透過酵素）と呼ばれることもある.

ユビキチン ubiquitin　プロテアソームによって分解される細胞内タンパク質を標的とする小さくてよく保存されたタンパク質．数個のユビキチン分子が，特異的なユビキチン化酵素によって標的タンパク質の Lys 残基に一列につながって共有結合する.

ゆらぎ wobble　コドンの 3′ 末端の塩基とアンチコドンの 5′ 末端の相補的な塩基との間の比較的ゆるやかな塩基対合.

陽イオン交換樹脂 cation-exchange resin　負電荷が固定された不溶性ポリマー．陽イオン物質のクロマトグラフィーによる分離に用いられる.

溶解 lysis　細胞膜または細菌細胞壁の破壊であり，細胞内容物を放出させて細胞を殺す.

溶出液 eluate　クロマトグラフ用カラムからの流出物.

葉緑体 chloroplast　真核細胞に存在するクロロフィルを含有する光合成小器官.

抑制 repression　調節タンパク質の活性の変化に応答して起こる遺伝子発現の低下.

抑制性酵素 repressible enzyme　細菌において，その反応の生成物が細胞にとって容易に利用可能なときに，その合成が阻害される酵素.

抑制性 G タンパク質 inhibitory G protein（G_i）　三量体 GTP 結合タンパク質であり，会合している細胞膜受容体によって活性化されると，アデニル酸シクラーゼのような隣接する膜酵素を抑制するように作用する．促進性 G タンパク質　と比較せよ.

四次構造 quaternary structure　多サブユニットタンパク質の三次元構造．特に，サブユニットが集まる様式.

読み深度 sequencing depth　ゲノム中のあるヌクレオチドが，配列決定された DNA 領域に含まれる平均の回数.

読み枠 reading frame　DNA や RNA において，隣接した重複していない 3 個のヌクレオチドから成るコドン.

ラ　行

ラインウィーバー・バークの式 Lineweaver-Burk equation　ミカエリス・メンテンの式を代数方程式に変形したもの．[S] を無限外挿することによって $V_{\max}$ と K_m を決定することができる.

$$\frac{1}{V_0} = \frac{K_m}{V_{\max}[S]} + \frac{1}{V_{\max}}$$

ラギング鎖 lagging strand　複製の際に，複製フォークの移動とは逆方向に合成されなければならない DNA 鎖.

ラジオイムノアッセイ radioimmunoassay（RIA）　極微量の生体分子を検出するための感度のよい定量的方法．放射活性を有する分子と特異抗体との複合体から分子を置換する能力に基づく.

ラジカル radical　不対電子をもつ原子または原子団．フリーラジカル　ともいう.

ラセミ混合物（ラセミ体） racemic mixture（racemate）　光学活性化合物の D-および L-立体異性体の等量混合物.

リアーゼ lyase　分子から官能基を取り除いて二重結合を形成する反応，あるいは官能基を二重結合に付加する反応を触媒する酵素.

リガーゼ ligase　ATP または別の高エネルギー化合物のエネルギーを利用して二つの原子を連結する縮合反応を触媒する酵素.

リガンド ligand　大きな分子に特異的に結合する小分子．例えば，ホルモンは特異的タンパク質受容体のリガンドである.

リスケ鉄-硫黄タンパク質 Rieske iron-sulfur protein　中心の鉄イオンに対するリガンドのうちの二つが His 残基の側鎖である鉄-硫黄タンパク質の一種．これらのタンパク質は，酸化的リン酸化や光リン酸化などの多くの電子伝達経路で機能している.

リソソーム lysosome　真核細胞の細胞小器官．多くの加水分解酵素を含み，不要になった細胞成分の分解や再利用の中心として機能する.

リーダー leader　タンパク質のアミノ末端付近，または RNA の 5′ 末端付近にある短い配列で，特殊なターゲティング機能や調節機能をもつ.

律速段階 rate-limiting step　(1) 一般には，酵素反応において活性化エネルギーが最も大きなステップ，あるいは自由エネルギーが最も高い遷移状態にあるステップ．(2) 代謝経路において最も遅いステップ．

立体異性体 stereoisomer　分子を構成する原子の組成と結合関係は同じであるが，原子の配置が異なる化合物．

立体配置 configuration　(1) 自由回転のできない二重結合，あるいは (2) 置換基が特定の配置をとっているキラル中心の存在によってもたらされる有機分子の空間的配置．立体配置による異性体は一つ以上の共有結合を壊さないと相互変換できない．

リーディング鎖 leading strand　複製の際に，複製フォークの移動と同じ方向に合成される DNA 鎖．

リパーゼ lipase　トリアシルグリセロールの加水分解を触媒する酵素．

リピドミクス lipidomics　リピドームに関する体系的研究．

リピドーム lipidome　特定の条件下での細胞や器官，組織に存在する脂質含有分子の総体．

リプレッサー repressor　遺伝子の調節配列やオペレーターに結合するタンパク質であり，その遺伝子の転写を遮断する．

リブロース 1,5-ビスリン酸カルボキシラーゼ/オキシゲナーゼ（ルビスコ） ribulose 1,5-bisphosphate carboxylase/oxygenase (rubisco)　生物体内（植物やある種の微生物）で，CO_2 固定，すなわち無機の CO_2 を固定して有機化合物（3-ホスホグリセリン酸）にすることのできる酵素．

リボ核酸 ribonucleic acid　RNA を参照．

リポキシン lipoxin　アラキドン酸がヒドロキシ化された直鎖状の誘導体の一つであり，強力な抗炎症物質として作用する．

リボザイム ribozyme　触媒活性を有するリボ核酸分子．RNA 酵素．

リポ酸 lipoate (lipoic acid)　ある種の微生物のビタミン．α-ケト酸デヒドロゲナーゼにおける水素原子とアシル基の中間運搬体．ある種の微生物にとってはビタミンである．

リボスイッチ riboswitch　特定のリガンドに結合して，mRNA の翻訳やプロセシングに影響を及ぼす構造を形成する mRNA 中の領域．

リボソーム ribosome　rRNA とタンパク質から成る超分子複合体．直径は約 18 ～ 22 nm．タンパク質合成の場である．

リポソーム liposome　リン脂質二重層から成る球状の小胞．リン脂質を水性緩衝液に懸濁すると自然に形成される．

リボソームプロファイリング ribosome profiling　次世代 DNA シークエンシングを用いて，細胞内でリボソームに結合している mRNA に由来する cDNA 断片を調べて，特定の時点でどの mRNA が実際に翻訳されているのかを決定する技術．

リボソーム RNA ribosomal RNA (rRNA)　リボソームの構成成分になっている RNA．

リポタンパク質 lipoprotein　脂質とタンパク質の凝集体であり，水に不溶性の脂質を血中で運搬する．タンパク質成分のみをアポリポタンパク質という．

リボヌクレアーゼ ribonuclease　RNA のヌクレオチド間の結合の加水分解を触媒するヌクレアーゼ．

リボヌクレオチド ribonucleotide　ペントース成分として D-リボースを含むヌクレオチド．

流動モザイクモデル fluid mosaic model　生体膜を，タンパク質が埋め込まれている流動性の脂質二重層として表現するモデル．この二重層は構造的にも機能的にも非対称である．

量子 quantum　エネルギーの最小単位．

両親媒性 amphipathic　極性ドメインと非極性ドメインの両方を含むこと．

両親和性タンパク質 amphitropic protein　膜に可逆的に会合するタンパク質．したがって，サイトゾル，膜，あるいはその両方に見られる．

両性 amphoteric　プロトンの供与も受容もできること．したがって，酸としても塩基としても作用できる．

両性イオン zwitterion　空間的に正電荷と負電荷に分離された双極性イオン．

両性代謝経路 amphibolic pathway　異化と同化の両方に利用される代謝経路．

両性電解質 ampholyte　塩基としても酸としても作用できる物質．

緑色蛍光タンパク質 green fluorescent protein (GFP)　可視光の緑色域で強い蛍光を発する海洋生物由来の小さなタンパク質．GFP との融合タンパク質は，蛍光顕微鏡法によって融合タンパク質の細胞内局在を特定するために一般的に用いられる．

輪郭長 contour length　分子のらせん軸に沿って測定された核酸分子の長さ．

リンキング数 linking number　閉環状 DNA の鎖の

一方が別の鎖のまわりに巻きついている回数．輪をまとめているトポロジー的な環の数．

リン酸化 phosphorylation　生体分子のリン酸誘導体の生成．通常は ATP からのホスホリル基の酵素的転移による．

リン酸化ポテンシャル phosphorylation potential (ΔG_p)　細胞内で一般的な非標準状態での ATP 加水分解の実際の自由エネルギー変化．

リン脂質 phospholipid　一つ以上のリン酸基を含む脂質．

リンパ球 lymphocyte　免疫応答に関与する白血球のサブクラス．B リンパ球，T リンパ球　も参照．

ルビスコ rubisco　リブロース 1,5-ビスリン酸カルボキシラーゼ/オキシゲナーゼ　を参照．

励起状態 excited state　原子または分子の高エネルギー状態．光エネルギーの吸収によって生じる．基底状態とは異なる．

レギュロン regulon　染色体あるいはゲノム中で空間的に離れていても，協同的に調節される一群の遺伝子またはオペロン．

レクチン lectin　糖質，通常はオリゴ糖と結合するタンパク質であり，極めて高い親和性と特異性を有する．細胞間相互作用を仲介する．

レチナール retinal　カロテンに由来する炭素数 20 のイソプレンアルデヒドであり，視覚色素ロドプシンの光感受性成分として機能する．光照射によって 11-シスレチナールから全トランスレチナールへと変換される．

レドックス反応 redox reaction　酸化還元反応　を参照．

レトロウイルス retrovirus　逆転写酵素を含む RNA ウイルス．

レプリソーム replisome　複製フォークでの DNA 合成を促進する多タンパク質複合体．

連続伸長性（プロセッシビティー） processivity　生物学的ポリマーの合成を触媒する酵素において，基質から解離することなくポリマーに複数の単量体単位を付加する性質．

ロイコトリエン leukotriene　三つの共役二重結合を有する非環状エイコサノイドのシグナル伝達脂質のクラス．平滑筋の活動などの炎症応答を媒介する．

ロイシンジッパー leucine zipper　真核生物の多くの調節タンパク質においてタンパク質間相互作用に関係するタンパク質構造モチーフ．7 残基ごとに存在するロイシン残基が相互作用表面の特徴をなす 2 本の相互作用する α ヘリックスから成る．

漏出変異体 leaky mutant　検出できる程度の生物活性をもつ産物を生成する変異遺伝子．

ロドプシン rhodopsin　タンパク質のオプシンと発色団のレチナールからなる視覚色素．

問題の解答

Chap. 16

1 (a)

❶クエン酸シンターゼ：
アセチル CoA ＋オキサロ酢酸＋ H_2O ⟶ クエン酸＋ CoA

❷アコニターゼ：クエン酸 ⟶ イソクエン酸

❸イソクエン酸デヒドロゲナーゼ：
イソクエン酸＋ NAD^+ ⟶ α-ケトグルタル酸＋ CO_2 ＋ NADH

❹α-ケトグルタル酸デヒドロゲナーゼ：
α-ケトグルタル酸＋ NAD^+＋ CoA ⟶ スクシニル CoA ＋ CO_2 ＋ NADH

❺スクシニル CoA シンテターゼ：
スクシニル CoA ＋ P_i ＋ GDP ⟶ コハク酸＋ CoA ＋ GTP

❻コハク酸デヒドロゲナーゼ：
コハク酸＋ FAD ⟶ フマル酸＋ $FADH_2$

❼フマラーゼ：フマル酸＋ H_2O ⟶ リンゴ酸

❽リンゴ酸デヒドロゲナーゼ：
リンゴ酸＋ NAD^+ ⟶ オキサロ酢酸＋ NADH ＋ H^+

(b), (c) ❶ CoA, 縮合；❷なし, 異性化；❸ NAD^+, 酸化的脱炭酸；❹ NAD^+, CoA, チアミンピロリン酸, 酸化的脱炭酸；❺ CoA, 基質レベルのリン酸化；❻ FAD, 酸化；❼なし, 加水；❽ NAD^+, 酸化

(d) アセチル CoA ＋ $3NAD^+$ ＋ FAD ＋ GDP ＋ P_i ＋ $2H_2O$ ⟶ $2CO_2$ ＋ CoA ＋ 3NADH ＋ $FADH_2$ ＋ GTP ＋ $2H^+$

2 グルコース＋ 4ADP ＋ $4P_i$ ＋ $10NAD^+$ ＋ 2FAD ⟶ 4ATP ＋ 10NADH ＋ $2FADH_2$ ＋ $6CO_2$

3 (a) 酸化；メタノール ⟶ ホルムアルデヒド＋［H-H］

(b) 酸化；ホルムアルデヒド ⟶ ギ酸＋［H-H］

(c) 還元；CO_2 ＋［H-H］⟶ ギ酸＋ H^+

(d) 還元；グリセリン酸＋ H^+ ＋［H-H］⟶ グリセルアルデヒド＋ H_2O

(e) 酸化；グリセロール ⟶ ジヒドロキシアセトン＋［H-H］

(f) 酸化；$2H_2O$ ＋トルエン ⟶ 安息香酸＋ H^+ ＋ 3［H-H］

(g) 酸化；コハク酸 ⟶ フマル酸＋［H-H］

(h) 酸化；ピルビン酸＋ H_2O ⟶ 酢酸＋ CO_2 ＋［H-H］

4 構造式から, ヘキサン酸の炭素結合 H/C 比 (11/6) はグルコースの比 (7/6) より大きいことがわかる. ヘキサン酸はグルコースよりも還元されており, CO_2 と H_2O への完全燃焼でより多くのエネルギーを産生する.

5 (a) 酸化された；エタノール＋ NAD^+ ⟶ アセトアルデヒド＋ NADH ＋ H^+

(b) 還元された；
1,3-ビスホスホグリセリン酸＋ NADH ＋ H^+ ⟶ グリセルアルデヒド 3-リン酸＋ NAD^+ ＋ HPO_4^{2-}

(c) 変化なし；ピルビン酸＋ H^+ ⟶ アセトアルデヒド＋ CO_2

(d) 酸化された；ピルビン酸＋ NAD^+ ⟶ 酢酸＋ CO_2 ＋ NADH ＋ H^+

(e) 還元された；オキサロ酢酸＋ NADH ＋ H^+ ⟶ リンゴ酸＋ NAD^+

(f) 変化なし；
アセト酢酸＋ H^+ ⟶ アセトン＋ CO_2

6 TPP：チアゾリウム環がピルビン酸の α 炭素に付加し, 電子シンクとして作用することによって生成

したカルボアニオンを安定化する．

リポ酸：ピルビン酸を酢酸（アセチル CoA）のレベルに酸化し，酢酸をチオエステルとして活性化する．

CoA-SH：酢酸をチオエステルとして活性化する．

FAD：リポ酸を酸化する．

NAD^+：FAD を酸化する．

7 チアミンの欠乏に起因する TPP の欠乏によって，ピルビン酸デヒドロゲナーゼが阻害される．ピルビン酸が蓄積する．

8 酸化的脱炭酸；NAD^+ または $NADP^+$；α-ケトグルタル酸デヒドロゲナーゼ

9 酸素消費は細胞呼吸の最初の二つのステージ，すなわち解糖とクエン酸回路の活性の尺度である．オキサロ酢酸またはリンゴ酸の添加は触媒的役割を果たし，クエン酸回路の後半部で再生される．

10 (a) 5.6×10^{-6} (b) 1.1×10^{-8} M (c) 28 分子

11 ADP（または GDP），P_i，CoA-SH，TPP，NAD^+；リポ酸を添加する必要はない．リポ酸はそれを利用する単離酵素に共有結合している．

12 フラビンヌクレオチド（FMN および FAD）は合成されない．FAD はクエン酸回路で必要なので，フラビンの欠乏はクエン酸回路を強力に阻害する．

13 オキサロ酢酸はアスパラギン酸合成や糖新生で引き抜かれていく．オキサロ酢酸は PEP カルボキシキナーゼ，PEP カルボキシラーゼ，リンゴ酸酵素，またはピルビン酸カルボキシラーゼによって触媒されるアナプレロティック反応で補充される（図 16-16 参照）．

14 GTP の末端ホスホリル基は，ヌクレオシド二リン酸キナーゼによって触媒される平衡定数 1.0 の反応で ADP に転移される．

GTP + ADP ⟶ GDP + ATP

15 (a) $^-OOC-CH_2-CH_2-COO^-$（コハク酸）

(b) マロン酸はコハク酸デヒドロゲナーゼの競合阻害物質である．

(c) クエン酸回路の阻害によって，NADH の生成は停止し，さらには電子伝達が停止し，呼吸が停止する．

(d) 大過剰のコハク酸（基質）は競合阻害に打ち勝つ．

16 (a) 均一に標識された $[^{14}C]$ グルコースを添加し，$^{14}CO_2$ の放出を調べる．

(b) オキサロ酢酸の C-2 位と C-3 位に均等に分布する．無限．

17 オキサロ酢酸はコハク酸と釣り合っており，その C-1 位と C-4 位は等価である．コハク酸から生じたオキサロ酢酸は C-1 位と C-4 位が標識されており，それはグルコースの C-3 位と C-4 位になる．

18 (a) C-1 位 (b) C-3 位 (c) C-3 位
(d) C-2 位（メチル基） (e) C-4 位
(f) C-4 位 (g) C-2 位と C-3 位に均等に分布

19 チアミンはチアミンピロリン酸（TPP）の合成に必要である．TPP はピルビン酸デヒドロゲナーゼ複合体と α-ケトグルタル酸デヒドロゲナーゼ複合体の補欠分子族である．チアミン欠乏症はこれらの酵素複合体の活性を低下させ，前駆体の顕著な蓄積を引き起こす．

20 いいえ．酢酸として取り込まれた二つの炭素は CO_2 として回路を出ていき，オキサロ酢酸の正味の合成はない．オキサロ酢酸の正味の合成は，アナプレロティック反応であるピルビン酸のカルボキシ化によって起こる．

21 影響を受ける．クエン酸回路は阻害される．オキサロ酢酸はミトコンドリアに比較的低濃度で存在し，糖新生でそれが除かれると，クエン酸シンターゼ反応の平衡はオキサロ酢酸のほうに移動する傾向がある．

22 (a) アコニターゼの阻害

(b) フルオロクエン酸；クエン酸と競合する；大過剰のクエン酸による．

(c) クエン酸とフルオロクエン酸は PFK-1 の阻害物質である．

(d) ATP 産生に必要なすべての同化過程は遮断される．

23 解糖：

グルコース + $2P_i$ + 2ADP + $2NAD^+$ ⟶
2 ピルビン酸 + 2ATP + 2NADH + $2H^+$ + $2H_2O$

ピルビン酸カルボキシラーゼ反応：

2 ピルビン酸 + $2CO_2$ + 2ATP + $2H_2O$ ⟶
2 オキサロ酢酸 + 2ADP + $2P_i$ + $4H^+$

リンゴ酸デヒドロゲナーゼ反応：

2 オキサロ酢酸 + 2NADH + $2H^+$ ⟶
2 L-リンゴ酸 + $2NAD^+$

この反応は嫌気的条件下でニコチンアミド補酵素を再生する．全体の反応は，次のようになる．

グルコース + $2CO_2$ ⟶ 2 L-リンゴ酸 + $4H^+$

グルコース 1 分子あたり 4 個の H^+ が生成し，ワインの酸性度を上昇させて酸味を増す．

24 ピルビン酸＋ ATP ＋ CO_2 ＋ H_2O ⟶

オキサロ酢酸＋ ADP ＋ P_i ＋ H^+

ピルビン酸＋ CoA ＋ NAD^+ ⟶

アセチル CoA ＋ CO_2 ＋ NADH ＋ H^+

オキサロ酢酸＋アセチル CoA ⟶

クエン酸＋ CoA

クエン酸 ⟶ イソクエン酸

イソクエン酸＋ NAD^+ ⟶

α-ケトグルタル酸＋ CO_2 ＋ NADH ＋ H^+

正味の反応：

2 ピルビン酸＋ ATP ＋ $2NAD^+$ ＋ H_2O ⟶

α-ケトグルタル酸＋CO_2＋ADP＋P_i＋2NADH＋$3H^+$

25 この回路は異化と同化の過程に関与する．例えば，基質の酸化で ATP を生成する一方で，アミノ酸合成の前駆体を供給する（図 16-16 参照）．

26 (a) 低下　(b) 上昇　(c) 低下

27 (a) クエン酸は，オキサロ酢酸とアセチル CoA にクエン酸シンターゼが作用して産生される．クエン酸シンターゼは，(1) 新たなオキサロ酢酸とアセチル CoA が連続的に流入してくるとき，および (2) 培地の Fe^{3+} が低いのでイソクエン酸合成が制限されているとき，クエン酸の正味の合成に利用される．アコニターゼは Fe^{3+} を要求するので，Fe^{3+} 欠乏培地はイソクエン酸の合成を制限する．

(b) スクロース＋ H_2O ⟶

グルコース＋フルクトース

グルコース＋ $2P_i$ ＋ 2ADP ＋ $2NAD^+$ ⟶

2 ピルビン酸＋ 2ATP ＋ 2NADH ＋ $2H^+$ ＋ $2H_2O$

フルクトース＋ $2P_i$ ＋ 2ADP ＋ $2NAD^+$ ⟶

2 ピルビン酸＋ 2ATP ＋ 2NADH ＋ $2H^+$ ＋ $2H_2O$

2 ピルビン酸＋ $2NAD^+$ ＋ 2CoA ⟶

2 アセチル CoA ＋ 2NADH ＋ $2H^+$ ＋ $2CO_2$

2 ピルビン酸＋ $2CO_2$ ＋ 2ATP ＋ $2H_2O$ ⟶

2 オキサロ酢酸＋ 2ADP ＋ $2P_i$ ＋ $4H^+$

2 アセチル CoA ＋ 2 オキサロ酢酸＋ $2H_2O$ ⟶

2 クエン酸＋ 2CoA

全体の反応は，次のようになる．

スクロース＋ H_2O ＋ $2P_i$ ＋ 2ADP ＋ $6NAD^+$ ⟶

2 クエン酸＋ 2ATP ＋ 6NADH ＋ $10H^+$

(c) 全体の反応によって NAD^+が消費される．この酸化型補酵素の細胞内プールは限られているので，O_2 消費を伴う電子伝達鎖によって NADH から再生されなければならない．したがって，スクロースのクエン酸への変換全体は好気的な過程であり，分子状酸素を必要とする．

28 スクシニル CoA はクエン酸回路の中間体である．この蓄積のシグナルは，クエン酸回路の流束を低下させ，この回路へのアセチル CoA の流入を抑える．クエン酸シンターゼは，細胞の主要な酸化的経路を調節することによって，NADH の供給およびそれによる NADH から O_2 への電子の流れを調節する．

29 脂肪酸の異化はアセチル CoA 濃度を上昇させ，アセチル CoA はピルビン酸カルボキシラーゼを促進する．その結果起こるオキサロ酢酸濃度の上昇は，クエン酸回路におけるアセチル CoA の消費を促進し，クエン酸濃度を上昇させ，PFK-1 の段階で解糖を阻害する．さらに，上昇したアセチル CoA 濃度はピルビン酸デヒドロゲナーゼ複合体を阻害し，解糖に由来するピルビン酸の利用を低下させる．

30 酸素はクエン酸回路の酸化的反応で生成した NADH から NAD^+を再生するために必要である．NADH の再酸化はミトコンドリアの酸化的リン酸化の際に起こる．

31 [NADH]/[NAD^+]の上昇は，三つの NAD^+ 還元ステップでの質量作用によってクエン酸回路を阻害する．[NADH]が高いと，平衡はNAD^+の方向に傾く．

32 クエン酸の方向；この条件下でのクエン酸シンターゼ反応のΔG は約 −8 kJ/mol である．

33 ステップ❹と❺は酵素の補因子であるリポ酸の還元型を再酸化するために不可欠である．

34 クエン酸回路は代謝の中心なので，この回路のどの酵素の重大な欠陥も，おそらくは胎児にとって致死的である．

35 (a) 筋肉組織において酸素を大量消費する唯一の反応は細胞呼吸である．したがって，O_2 消費は呼吸の優れた指標になる．

(b) 筋肉組織の新鮮標品には，いくらかのグルコースが残存している．O_2 消費はこのグルコースの酸化による．

(c) 結論できる．O_2 消費量はクエン酸か 1-ホスホグリセロールを添加すると増大するので，両化合物はこの系における細胞呼吸の基質となりうる．

(d) 実験 I：クエン酸は，その完全酸化から予想される以上の O_2 消費を引き起こす．クエン酸 1 分子はまるで 1 分子よりも多いかのように作用する．このことに関する唯一の可能な説明は，クエン酸の各分子がこの反応で機能するのは一度だけではないことである．すなわち，それは触媒が作用するやり方である．

実験Ⅱ：対照（試料1）と比較して各試料で過剰に消費されたO_2量を計算することが重要である．

試料	添加された基質	吸収されたO_2量（μL）	消費されたO_2量（μL）
1	なし	342	0
2	0.3 mL 0.2 M 1-ホスホグリセロール	757	415
3	0.15 mL 0.02 M クエン酸	431	89
4	0.3 mL 0.2 M 1-ホスホグリセロールと 0.15 mL 0.02 M クエン酸	1,385	1,043

もしもクエン酸と1-ホスホグリセロールがこの反応の単なる基質であるのならば，試料4による過剰のO_2消費は試料2と3によるそれぞれの過剰消費量の和（415 μL + 89 μL = 504 μL）になると予想される．しかし，両基質が存在するときの過剰消費量はこの和の約2倍（1,043 μL）である．このように，クエン酸は1-ホスホグリセロールを代謝する組織の能力を増強する．この性質は触媒に特有のものである．両方の実験（ⅠとⅡ）ともに，このことを確証するために必要である．実験Ⅰだけに基づけば，クエン酸はともかく反応を促進しているが，それが基質代謝を助けていることによるものか，それとも他の機構によるものなのかははっきりとしない．実験Ⅱだけに基づけば，クエン酸と1-ホスホグリセロールのどちらが触媒であるのかははっきりしない．両方の実験をあわせて，クエン酸が1-ホスホグリセロールの酸化の「触媒」のように作用していることがわかる．

（e）この経路はクエン酸を消費できる（試料3を参照）ので，もしもクエン酸が触媒として作用するのならば，クエン酸は再生されなければならない．もしもこの一組の反応がクエン酸をまず消費し，その後にクエン酸を再生するのならば，この反応は直線的な経路よりはむしろ循環する経路でなければならない．

（f）この経路がα-ケトグルタル酸デヒドロゲナーゼのところで阻害されると，クエン酸はα-ケトグルタル酸に変換されるが，経路はそれ以上進まない．酸素はイソクエン酸デヒドロゲナーゼにより生成するNADHの再酸化によって消費される．

（g）

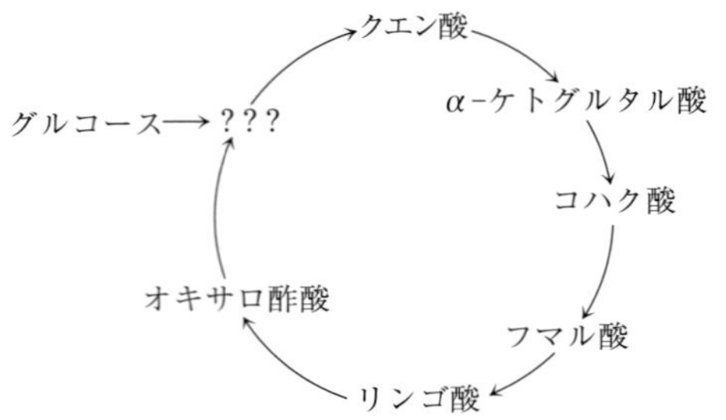

これは，シス-アコニット酸とイソクエン酸（クエン酸とα-ケトグルタル酸の間），あるいはスクシニルCoA，またはアセチルCoAを含んでいないという点で図16-7とは異なる．

（h）定量的変換を立証することは，分枝経路，他の経路，より複雑な経路の可能性を排除するために必須である．

Chap. 17

1 脂肪酸部分．脂肪酸の炭素のほうがグリセロールの炭素に比べてより還元されている．

2 （a）4.0 × 10^5 kJ（9.6 × 10^4 kcal）
（b）48日　（c）0.48 lb/日

3 脂肪酸酸化の第一ステップはコハク酸のフマル酸への変換に似ている．第二ステップはフマル酸のリンゴ酸への変換に類似し，第三ステップはリンゴ酸のオキサロ酢酸への変換に類似している．

4 8サイクル．最後のサイクルで2分子のアセチルCoAが遊離する．

5 （a）$R\text{-}COO^-$ + ATP ⟶ アシルAMP + PP_i
アシルAMP + CoA ⟶ アシルCoA + AMP
（b）細胞の無機ピロホスファターゼによるPP_iの$2P_i$への不可逆的な加水分解．

6 シス-Δ^3-ドデカノイルCoA；シス-Δ^2-ドデカノイルCoAに変換され，次にβ-ヒドロキシドデカノイルCoAに変換される．

7 4分子のアセチルCoAと1分子のプロピオニルCoA．

8 合致する．トリチウムの一部はβ酸化の脱水素反応の際にパルミチン酸から取り除かれる．除かれたトリチウムはトリチウム水として現れる．

9 サイトゾルでCoAと縮合した脂肪酸アシル基は，まずカルニチンに転移されてCoAを放出し，それからミトコンドリア内に輸送される．ミトコンドリアでそれらは再びCoAと縮合する．このようにCoAのサイトゾルプールとミトコンドリアプールは別々に維持されており，放射活性をもつサイトゾルのCoAはミトコンドリアには入らない．

10 (a) ハトでは，β酸化が主である．キジでは，グリコーゲンの嫌気的解糖が主である．

(b) ハトの筋肉はより多くの酸素を消費する．

(c) 脂肪はグリコーゲンよりも1 gあたりのエネルギーが多い．さらに，グリコーゲンの嫌気的な分解は乳酸の蓄積に対する組織寛容によって制限されている．したがって，脂肪の酸化的異化を利用して運動するハトは長距離を飛行できる．

(d) これらの酵素は各経路の調節酵素であり，ATP産生速度を制限する．

11 マロニルCoAは，ミトコンドリアへの脂肪酸の取込みやβ酸化をもはや阻害しない．したがって，同時に起こるサイトゾルでの脂肪酸合成とミトコンドリアでの脂肪酸分解は無益回路であるかもしれない．

12 (a) カルニチンによって媒介されるミトコンドリア内への脂肪酸の取込みは，脂肪酸酸化の律速段階である．カルニチンの欠乏は脂肪酸の酸化速度を低下させ，カルニチンを添加するとその速度は上昇する．

(b) これらのすべては，脂肪酸酸化に関する代謝の必要性を増大させる．

(c) カルニチン欠乏症は，その前駆体であるリジンの欠乏，あるいはカルニチンの生合成に関与する酵素の一つが欠損していることに起因する．

13 脂肪の酸化によって代謝水が放出される．トリパルミトイルグリセロール1 kgあたり1.4 Lの水が放出される（この量へのグリセロールの寄与は小さいので無視する）．

14 このような細菌は，炭化水素をCO_2とH_2Oに完全酸化するために利用可能である．しかし，炭化水素と細菌酵素とを接触させるのは困難かもしれない．窒素やリンのような細菌の栄養素は制限され，細菌の増殖を阻止するかもしれない．

15 (a) 分子量：136；フェニル酢酸　(b) 偶数；奇数炭素鎖から一度に2炭素を取り除くと，フェニルプロピオン酸が残るであろう．

16 ミトコンドリアのCoAプールは小さいので，CoAはケトン体の形成を経てアセチルCoAから再生されなければならない．これによって，エネルギー産生に必要なβ酸化経路が作動できる．

17 (a) グルコースは解糖を経てピルビン酸になる．ピルビン酸はオキサロ酢酸の主要な供給源である．食餌中にグルコースがないと，オキサロ酢酸の濃度は低下し，クエン酸回路は遅くなる．

(b) 奇数個．プロピオン酸のスクシニルCoAへの変換はクエン酸回路に中間体を供給し，糖新生のための4炭素前駆体を供給する．

18 奇数炭素鎖のヘプタン酸のβ酸化によってプロピオニルCoAが生成し，数ステップで糖新生の出発物質であるオキサロ酢酸に変換される．偶数炭素鎖の脂肪酸は，分子全体がアセチルCoAに酸化されるので，糖新生を維持することはできない．

19 ω-フルオロオレイン酸のβ酸化によって，フルオロアセチルCoAが生成する．これはクエン酸回路に入り，アコニターゼの強力な阻害物質であるフルオロクエン酸になる．アコニターゼの阻害によってクエン酸回路が遮断される．クエン酸回路からの還元当量の供給がなければ，酸化的リン酸化（ATP合成）は致命的に低下する．

20 SerのAlaへの変異：ミトコンドリアでのβ酸化を遮断する．SerのAspへの変異：β酸化を促進して脂肪酸合成を遮断する．

21 グルカゴンやエピネフリンに対する応答は遅延し，脂肪細胞での脂肪酸の動員が促進される．

22 より正の標準還元電位をもつ酵素結合型のFADはNAD^+よりも優れた電子受容体であり，反応は脂肪酸アシルCoAの酸化の方向に進む．より有利なこの平衡はATPを1分子消費することによって得られる．呼吸鎖で酸化される1分子の$FADH_2$あたり1.5分子のATP（1分子のNADHあたり2.5分子に対して）が生成されるだけである．

23 9回転．炭素20個の飽和脂肪酸であるアラキジン酸は10分子のアセチルCoAを生成する．最後の2分子は9回目の回転で作られる．

24 図17-12を参照．[3-^{14}C] スクシニルCoAが形成され，C-2位とC-3位が標識されたオキサロ酢酸のもとになる．

25 フィタン酸→プリスタン酸→プロピオニルCoA→→→スクシニルCoA→コハク酸→フマル酸→リンゴ酸．リンゴ酸のすべての炭素が標識される．しかし，C-1位とC-4位の標識は，C-2位とC-3位の標識の半分だけである．

26 細胞のエネルギー要求性反応におけるATPの加

水分解は，次の反応で水を取り上げてしまう．

$$\mathrm{ATP} + \mathrm{H_2O} \longrightarrow \mathrm{ADP} + \mathrm{P_i}$$

したがって，定常状態ではH_2Oの正味の生成はない．

27 メチルマロニル CoA ムターゼは，ビタミンB_{12}からつくられるコバルト含有補因子を必要とする．

28 1日あたりに失われる量は約0.66 kgであり，7か月で約140 kgである．ケトーシスは，糖新生のためのアミノ酸骨格を供給するためにからだの非必須タンパク質を分解することによって避けることができる．

29 (a) 脂肪酸は細胞質の酵素によってCoA誘導体に変換される．そのアシルCoAはミトコンドリアに取り込まれて酸化される．単離されたミトコンドリアを用いる場合には，CoA誘導体を用いなければならなかった．

(b) ステアロイルCoAはβ酸化経路で9分子のアセチルCoAに速やかに変換された．すべての中間体は速やかに反応し，有意なレベルで検出されることはなかった．

(c) 2回転．各回転で2個の炭素原子が除かれる．このようにして，2回転で炭素数18の脂肪酸は炭素数14の脂肪酸と2分子のアセチルCoAに変換される．

(d) K_mはシス型異性体よりもトランス型異性体のほうが大きい．したがって，同じ分解速度を達成するためには高濃度のトランス型異性体が必要である．おおまかに言えば，たとえ酵素の標的部位ではなくても，おそらく形の違いが基質の酵素への結合に影響するので，トランス型異性体はシス型異性体よりも結合しにくい．

(e) LCAD/VLCADの基質は，個々の基質に依存して別々に蓄積する．これは経路の律速段階であると思われる．

(f) 速度論的パラメーターは，LCADに関してトランス型異性体のほうがシス型異性体よりも基質になりにくいことを示している．しかし，VLCADに関してはその差はほとんどない．トランス型異性体は基質になりにくいので，シス型異性体よりも高濃度で蓄積される．

(g) 経路の一つの可能性を次に示す（ミトコンドリアの「内側」と「外側」も示してある）．

エライドイルCoA（外側） —カルニチンアシルトランスフェラーゼ1→ エライドイルカルニチン（外側） —輸送→

エライドイルカルニチン（内側） —カルニチンアシルトランスフェラーゼ2→ エライドイルCoA（内側）

—β酸化（2回転）→ 5-トランス-テトラデセノイルCoA（内側） —チオエステラーゼ→

5-トランス-テトラデカン酸（内側） —拡散→ 5-トランス-テトラデカン酸（外側）

(h) トランス脂質はシス脂質に比べてあまり効率的には分解されないという限りにおいては正しい．したがって，トランス脂質はミトコンドリアから「漏出」する．トランス脂質は細胞では分解されないというのは正しくない．トランス脂質は分解されるが，その速度はシス脂質に比べて遅い．

Chap. 18

1

(a) $^{-}\mathrm{OOC{-}CH_2{-}C({=}O){-}COO^{-}}$　オキサロ酢酸

(b) $^{-}\mathrm{OOC{-}CH_2{-}CH_2{-}C({=}O){-}COO^{-}}$　α-ケトグルタル酸

(c) $\mathrm{CH_3{-}C({=}O){-}COO^{-}}$　ピルビン酸

(d) 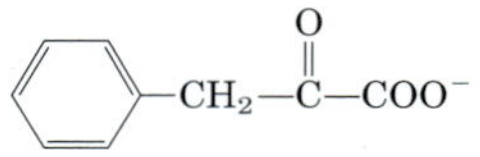　フェニルピルビン酸

2 これは共役反応の測定法である．アミノ基転移反応の速度が遅ければ，その生成物（ピルビン酸）は乳酸デヒドロゲナーゼによって触媒される「指示反応」で速やかに消費される．その際にNADHも消費される．したがって，NADHの消失速度がアミノトランスフェラーゼの反応速度の尺度となる．この指示反応は分光光度計でNADHの340 nmにおける吸光度の減少を見ることによってモニターすることができる．

3 アラニンは筋肉から，そしてグルタミンは他の肝外組織から肝臓へのアミノ基の運搬において特別な役割を演じているからである．

4 現れない．アラニンの窒素はアミノ基転移によってオキサロ酢酸に転移されてアスパラギン酸が生成するからである．

5 窒素の除去による消費も含めると，乳酸は1 molあたり15 molのATP，アラニンは1 molあたり13 molのATPとなる．

6 (a) 絶食により低血糖になる．したがって，続い

て実験用の飼料を与えれば，糖原性アミノ酸が速やかに異化を受ける．

(b) 酸化的脱アミノ化反応によって NH_3 レベルの上昇が起こる；アルギニン（尿素回路の中間体）の欠乏によって，NH_3 の尿素への変換が妨げられた；ネコは，この摂食ストレス実験で生じる不足量を満たすのに十分なアルギニンを合成できない．これはアルギニンがネコにとって必須アミノ酸であることを示唆する．

(c) オルニチンは尿素回路でアルギニンに変換される．

7 H_2O ＋グルタミン酸 ＋ $NAD^+ \longrightarrow$
α-ケトグルタル酸 ＋ NH_4^+ ＋ NADH ＋ H^+

NH_4^+ ＋ 2ATP ＋ H_2O ＋ $CO_2 \longrightarrow$
カルバモイルリン酸 ＋ 2ADP ＋ P_i ＋ $3H^+$

カルバモイルリン酸 ＋ オルニチン $\longrightarrow$
シトルリン＋ P_i ＋ H^+

シトルリン ＋ アスパラギン酸 ＋ ATP $\longrightarrow$
アルギニノコハク酸 ＋ AMP ＋ PP_i ＋ H^+

アルギニノコハク酸 $\longrightarrow$ アルギニン ＋ フマル酸

フマル酸 ＋ $H_2O \longrightarrow$ リンゴ酸

リンゴ酸 ＋ $NAD^+ \longrightarrow$
オキサロ酢酸 ＋ NADH ＋ H^+

オキサロ酢酸 ＋ グルタミン酸 $\longrightarrow$
アスパラギン酸＋ α-ケトグルタル酸

アルギニン ＋ $H_2O \longrightarrow$ 尿素 ＋ オルニチン

---

2 グルタミン酸 ＋ CO_2 ＋ $4H_2O$ ＋ $2NAD^+$ ＋ 3ATP $\longrightarrow$
2α-ケトグルタル酸 ＋ 2NADH ＋ $7H^+$ ＋ 尿素 ＋ 2ADP ＋ AMP ＋ PP_i ＋ $2P_i$　(1)

これ以外に考慮する必要のある反応は

AMP ＋ ATP $\longrightarrow$ 2ADP　(2)

O_2 ＋ $8H^+$ ＋ 2NADH ＋ 6ADP ＋ $6P_i \longrightarrow$
$2NAD^+$ ＋ 6ATP ＋ $8H_2O$　(3)

H_2O ＋ $PP_i \longrightarrow 2P_i$ ＋ H^+　(4)

(1)～(4) をまとめると

2 グルタミン酸＋ CO_2 ＋ O_2 ＋ 2ADP ＋ $2P_i \longrightarrow$
2α-ケトグルタル酸 ＋ 尿素 ＋ $3H_2O$ ＋ 2ATP

8 尿素に取り込まれる 2 番目のアミノ基はアスパラギン酸から転移される．このアスパラギン酸は，アスパラギン酸アミノトランスフェラーゼによって，グルタミン酸からオキサロ酢酸へアミノ基が転移されて生じる．そして，尿素として排泄される全アミノ基の約 2 分の 1 はこのアスパラギン酸アミノトランスフェラーゼ反応を経なければならないので，この酵素はアミノトランスフェラーゼの中で最も活性が高い．

9 (a) タンパク質のみから成る食餌を摂っている人は，代謝エネルギー源を主としてアミノ酸に依存しなければならない．しかし，アミノ酸を異化すれば窒素を尿素として除去する必要があるので，尿中に尿素を希釈して排泄するために異常に多くの水が消費される．さらに，この「流動タンパク質」中の電解質も水で希釈されて排泄されなければならない．したがって，もしも 1 日に腎臓から失われる水の量に見合う十分な水の摂取がなければ，結果的に体内の水分の正味の減少を招く．

(b) タンパク質の栄養学的な利点を考える際には，タンパク質合成に必要なアミノ酸の全量と，食餌タンパク質中の各アミノ酸の分布割合に注意しなければならない．ゼラチンの場合，含まれるアミノ酸の分布は栄養学的にはバランスがとれていない．したがって，大量のゼラチンを摂取して過剰のアミノ酸が異化されると，尿素回路の容量を超えてしまい，アンモニア中毒を引き起こす可能性が生じる．しかも，大量の尿素の排泄で生じる脱水症状を併発する可能性もあるので，これらの二つの要因が組み合わされば昏睡と死を招くことがある．

10 リジンとロイシン

11 (a) フェニルアラニンヒドロキシラーゼ；低フェニルアラニン食による治療

(b) 正常時には，フェニルアラニンはチロシンへのヒドロキシ化を経て代謝されるが，この経路が遮断されるためにフェニルアラニンが蓄積する．

(c) フェニルアラニンはアミノ基転移によりフェニルピルビン酸に変換され，さらに還元されてフェニル乳酸になる．このアミノ基転移反応の平衡定数は 1.0 なので，フェニルアラニンが蓄積するとフェニルピルビン酸が多量に生成する．

(d) 正常な毛髪に存在する色素のメラニンの前駆体であるチロシンを産生することができないためである．

12 すべてのアミノ酸が影響を受ける訳ではない．補酵素 B_{12} を必要とする酵素であるメチルマロニル CoA ムターゼが機能しないために，バリン，メチオニン，イソロイシンの炭素骨格の異化が妨げられる．この酵素の遺伝的欠損がもたらす生理的影響は表 18-2 と Box 18-2 に記載されている．

13 純粋菜食主義者の食餌はビタミン B_{12} を欠いているので，この食餌を数年間続けると体内のホモシステイン量およびメチルマロン酸量が増大する（すなわち，前者がメチオニンシンターゼ，後者がメチルマロン酸ムターゼの欠損を反映する）．乳菜食主義者の食餌の場合は，酪農製品がある程度のビタミン B_{12} を供給するためである．

14 遺伝的な悪性貧血は，通常は食餌中のビタミン B_{12} を吸収する経路の欠陥の結果として起こる（Box 17-2 参照）．食餌で補給しても腸からは吸収されないので，この症状は B_{12} を血液中に直接注射して補充することによって治療される．

15 この反応機構は，トレオニンに存在する余分なメチル基が保持され，ピルビン酸の代わりに α-ケト酪酸が生成する点を除いて，セリンデヒドラターゼの機構（図 18-20(a)参照）と同じである．

16 (a) $^{15}NH_2—CO—^{15}NH_2$

(b) $^-OO^{14}C—CH_2—CH_2—^{14}COO^-$

(c) R—NH—C(=^{15}NH)—$^{15}NH_2$

(d) R—NH—C(=O)—$^{15}NH_2$

(e) 標識されない．

(f) $^-OO^{14}C—CH(^{15}NH_2)—CH_2—^{14}COO^-$

17 (a) イソロイシン $\xrightarrow{❶}$ Ⅱ $\xrightarrow{❷}$ Ⅳ $\xrightarrow{❸}$ Ⅰ $\xrightarrow{❹}$ Ⅴ $\xrightarrow{❺}$ Ⅲ $\xrightarrow{❻}$ アセチル CoA ＋プロピオニル CoA

(b) ステップ❶：アミノ基転移，類似反応なし，PLP．ステップ❷：酸化的脱炭酸，ピルビン酸デヒドロゲナーゼ反応に類似，NAD^+，TPP，リポ酸，FAD．ステップ❸：酸化，コハク酸デヒドロゲナーゼ反応に類似，FAD．ステップ❹：加水，フマラーゼ反応に類似，補因子なし．ステップ❺：酸化，リンゴ酸デヒドロゲナーゼ反応に類似，NAD^+．ステップ❻：チオール開裂（逆アルドール縮合），チオラーゼ反応に類似，CoA．

18 反応機構は次の図のように考えられる．

第二ステップで生成するホルムアルデヒド（HCHO）は，酵素の活性部位でテトラヒドロ葉酸と速やかに反応し，N^5, N^{10}-メチレンテトラヒドロ葉酸を生成する（図 18-17 参照）．

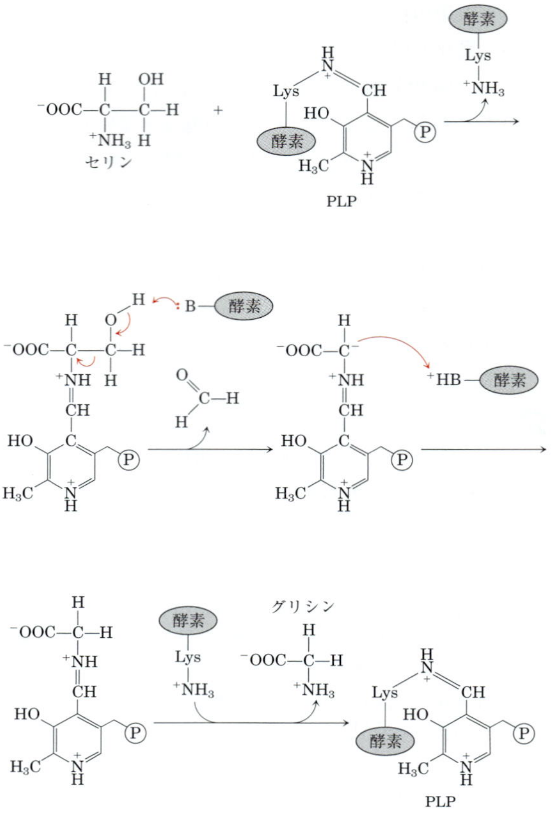

19 (a) アミノ基転移；類似反応なし；PLP

(b) 酸化的脱炭酸；クエン酸回路に入る前のピルビン酸からアセチル CoA への酸化的脱炭酸，およびクエン酸回路における α-ケトグルタル酸からスクシニル CoA への酸化的脱炭酸に類似；NAD^+，FAD，リポ酸，TPP

(c) 脱水素（酸化）；クエン酸回路におけるコハク酸からフマル酸への脱水素，および β 酸化における脂肪酸アシル CoA からエノイル CoA への脱水素に類似；FAD

(d) カルボキシ化；クエン酸回路および β 酸化には類似反応なし；ATP，ビオチン

(e) 加水；クエン酸回路におけるフマル酸からリンゴ酸への加水，および β 酸化におけるエノイル CoA から 3-ヒドロキシアシル CoA への加水に類似；補因子なし

(f) 逆アルドール反応；クエン酸回路におけるクエン酸シンターゼの逆反応に類似；補因子なし

20 メープルシロップ尿症で遮断された重要なステップを含めて，ほとんどのアミノ酸の異化は肝臓で起こる．正常に機能する分枝鎖 α-ケト酸デヒドロゲ

ナーゼ複合体をもつ適切なドナーから移植された肝臓は病態の症状が緩和することができる．

21 (a) ロイシン，バリン，イソロイシン

(b) システイン（シスチン由来）．システインが図 18-6 に示したように脱炭酸されると，H_3N^+–CH_2–CH_2–SH が生成し，これが酸化されればタウリンになる．

(c) 1957 年 1 月の血液では，イソロイシン，ロイシン，メチオニンおよびバリンのレベルが有意に上昇している．1957 年 1 月の尿では，イソロイシン，ロイシン，タウリンおよびバリンのレベルが有意に上昇している．

(d) すべての患者の血中および尿中で，イソロイシン，ロイシンおよびバリンのレベルが高かったので，これらのアミノ酸の分解系に欠陥があることが示唆される．これら 3 種類のアミノ酸のケト型も尿に高レベルで含まれていれば，経路の遮断は脱アミノ化の後，かつ脱水素の前で起こらなければならない（図 18-28 で示す）．

(e) このモデルでは，血中メチオニンと尿中タウリンが高レベルである理由を説明できない．タウリンが高レベルなのは，この病気の末期に脳細胞が死ぬためかもしれない．一方，血中メチオニンが高レベルである理由ははっきりしない．メチオニンの分解経路は，分枝鎖アミノ酸の分解経路と連動しているわけではないからである．メチオニンの増大は，他のアミノ酸の合成が亢進したために起こる二次的な効果である可能性も考えられる．また，1957 年 1 月の試料は死ぬ直前の患者から採取したものであり，血液と尿での結果を健常者のものと比べるのは妥当ではない可能性に留意することが重要である．

(f) 次のような情報が必要である（なお，これは後になって他の研究者により得られている）．(1) メープルシロップ尿症の患者では，デヒドロゲナーゼ活性が有意に低下している，もしくは全く検出されないこと．(2) この病気が単一遺伝子欠損として遺伝すること．(3) デヒドロゲナーゼ全体，もしくはその一部をコードする遺伝子に欠陥があること．(4) 遺伝子欠損によって不活性な酵素の産生が見られること．

Chap. 19

1 反応 (1)：(a)，(d) NADH；(b)，(e) E-FMN；(c) NAD^+/NADH と E-FMN/$FMNH_2$

反応 (2)：(a)，(d) E-$FMNH_2$；(b)，(e) Fe^{3+}；(c) E-FMN/$FMNH_2$ と Fe^{3+}/Fe^{2+}

反応 (3)：(a)，(d) Fe^{2+}；(b)，(e) Q；(c) Fe^{3+}/Fe^{2+} と Q/QH_2

2 側鎖はユビキノンを脂溶性にし，半流動体膜中での拡散を可能にする．

3 半反応の各対の標準還元電位（$\Delta E'^\circ$）の差から，$\Delta G'^\circ$ を計算できる．FAD によるコハク酸の酸化は，標準自由エネルギー変化が負（$\Delta G'^\circ = -3.7$ kJ/mol）であることから進行しやすい．NAD^+ による酸化は大きな正の標準自由エネルギー変化（$\Delta G'^\circ = 68$ kJ/mol）を必要とする．

4 (a) すべての伝達体は還元されている．CN^- はシトクロムオキシダーゼによって触媒される O_2 の還元を遮断する．

(b) すべての伝達体は還元されている．O_2 の非存在下では，還元された伝達体は再酸化されない．

(c) すべての伝達体は酸化されている．

(d) 初期の伝達体はより還元されており，後期の伝達体はより酸化されている．

5 (a) ロテノンによる NADH デヒドロゲナーゼの阻害によって，呼吸鎖を通る電子の流速は低下し，次に ATP の生成速度が低下する．もしもこの速度低下によって生物の ATP 需要を満たすことができなければ，生物は死ぬ．

(b) アンチマイシン A は呼吸鎖における Q の酸化を強力に阻害し，電子伝達速度を低下させ，(a) で述べた結果を引き起こす．

(c) アンチマイシン A は酸素へ向かうすべての電子の流れを遮断するので，ロテノンよりも強力な毒物である．ロテノンは NADH からの電子伝達を遮断するが，$FADH_2$ からの電子伝達は遮断しない．

6 (a) ATP 需要を満たすために必要な電子伝達の速度は上昇し，P/O 比は低下する．

(b) 高濃度の脱共役剤によって，P/O 比はゼロに近づく．P/O 比は低下し，同じ量の ATP を産生するためにより多くの代謝燃料が酸化されなければならない．この酸化によって放出される余分の熱は，体温を上昇させる．

(c) 脱共役剤の存在下で上昇した呼吸鎖の活性によって，さらなる代謝燃料の分解が必要になる．同量の ATP を生成するためにより多くの燃料（貯蔵脂肪を含む）を酸化することによって，体重は減少

する．P/O 比がゼロに近づくと，ATP の欠乏によって死に至る．

7 バリノマイシンは脱共役剤として作用する．バリノマイシンは K^+ と結合してミトコンドリア内膜を通過する複合体を形成し，膜電位を消失させる．ATP 合成は低下し，電子伝達速度を上昇させる．この結果は H^+ 勾配，酸素消費，放出熱量の上昇をもたらす．

8 細胞内の P_i の定常状態の濃度は，ADP の濃度よりはるかに高い．ATP の加水分解により遊離する P_i は，全 P_i 濃度をほとんど変化させない．

9 複合体間のより効率的な電子伝達．

10 (a) 外液中：4.0×10^{-8} M；マトリックス内：2.0×10^{-8} M

(b) プロトンの濃度勾配は ATP 合成に対して 1.7 kJ/mol ほど寄与する．

(c) 21

(d) 十分ではない．

(e) 膜電位により生じる．

11 (a) 0.91 μmol/s·g　(b) 5.5 秒；一定レベルの ATP を供給するために，ATP 生成の調節は厳密でかつ迅速でなければならない．

12 53 μmol/s·g．7 μmol/g の定常状態の ATP 濃度で，これは 1 秒あたり ATP プール 10 回転に相当する．蓄積は約 0.13 秒間続く．

13 NADH からの電子を受け取る受容体が欠如するとクエン酸回路は失速する．解糖により産生されたピルビン酸はアセチル CoA としてこの回路に入れなくなり，蓄積したピルビン酸はアミノ基転移によりアラニンとなって肝臓に送られる．

14 サイトゾルのリンゴ酸デヒドロゲナーゼは，リンゴ酸–アスパラギン酸シャトルを介してミトコンドリア内膜を横切る還元当量の輸送において重要な役割を果たす．

15 ミトコンドリアの内膜は NADH に対して非透過性であるが，NADH の還元当量は間接的に膜を横切って輸送（シャトル）される．還元当量はサイトゾルでオキサロ酢酸に転移され，生成したリンゴ酸はマトリックス内に輸送される．そして，ミトコンドリアの NAD^+ は NADH へと還元される．

16 ピルビン酸デヒドロゲナーゼはミトコンドリア内に局在し，グリセルアルデヒド 3-リン酸デヒドロゲナーゼはサイトゾルに局在する．NAD プールはミトコンドリア内膜によって分離されている．

17 (a) 解糖は嫌気的に行われる．

(b) 酸素消費は停止する．

(c) 乳酸生成は増大する．

(d) ATP 合成は，グルコース 1 分子あたり 2 分子の ATP にまで減少する．

18 「酸素分圧の低下」(b) に対する応答にはタンパク質合成が必要なので，「ADP 濃度の上昇」(a) に対する応答のほうがより速く起こる．

19 (a) NADH は乳酸発酵の代わりに電子伝達を経て再酸化される．

(b) 酸化的リン酸化はより効率的である．

(c) ATP 系の大きな質量作用比によって，ホスホフルクトキナーゼ 1 は阻害される．

20 エタノールへの発酵は酸素の存在下で行われる．厳密な嫌気的条件を維持するのは困難なので，これは有利である．クエン酸回路と電子伝達鎖は不活性なので，パスツール効果は観察されない．

21 活性酸素種は DNA などの高分子と反応する．もしもミトコンドリアの欠陥が ROS 産生を導くのならば，がん原遺伝子をコードする核遺伝子が傷害を受け，無秩序な細胞増殖やがんを引き起こすがん遺伝子が生じる (Sec. 12.11 参照)．

22 欠陥遺伝子のヘテロプラスミーの程度が異なることによって，ミトコンドリアの機能不全の程度が異なる．

23 グルコキナーゼが完全に欠損する（二つの対立遺伝子に欠陥がある）と，インスリン分泌に必要な閾値を超える ATP 濃度に上げるのに十分な速度で解糖を動かすことが不可能になる．

24 複合体 II の欠損は ROS 産生，DNA 損傷と突然変異を増大させ，無秩序な細胞分裂を誘発する（がんについては Sec. 12.11 を参照）．なぜ，がんが中腸で起こりやすいのかは不明である．

25 (a) DNP は，脱共役剤であり，膜を横切ってプロトンを移動させ，大きなプロトン勾配ができるのを妨げる．さもなければ，電子の流れを妨げるだろう．それでも O_2 は還元される．(b) 呼吸鎖ではなく，ATP シンターゼが影響を受ける．なぜならば，脱共役剤（DNP）や阻害剤（DCCD）の存在下でも電子伝達が起こっているからである．(c) 破壊された膜の画分では，ATP 合成を駆動するためのプロトン勾配がない．酵素は逆方向に働き，ATP を分解してプロトンを汲み出す．(d) 変化しただけである．もしも DCCD 感受性タンパク質が全くなければ，好気的条件下であっても変異体はほとんど増殖できないだろうし，ATP アーゼ活性をほとんどあるいは全く示さないであろう．(e) 膜と可溶性画分の由来の異なるハイブリッド再構成系において，RF-7 変異体によって供給された成分がどちらであろうとも，そのタンパク質の供給源である場合に，DCCD 非感受性の ATP アーゼ活性を予期しよう．反対に，由来の異なる再構築系において，野生型によって供給された成分がどちらであろうとも，そのタンパク質の供給源である場合に，DCCD 感受性の ATP アーゼ活性を予期しよう．(f) 彼は，変異体の試料では標識されず，野生型の試料で DCCD と反応することによって標識される画分（ゲルスライス）を探した．(g)「分離膜」を用いたときに同じ結果が得られたことから，彼は DCCD 感受性タンパク質が ATP アーゼ活性を有する可溶性画分にはないことを確認することができた．DCCD 感受性タンパク質は膜に強固に結合していたので，ハイブリッド再構成系の実験結果が確認された．(h) 9 kDa のタンパク質は，約 80 残基から成ると推定される．そのタンパク質のクロロホルム/メタノールへの溶解性は，疎水性の残基の含有量が極めて高いことを示しているので，そのタンパク質の大部分が膜に埋め込まれていることが示唆される．一つの膜貫通 α ヘリックスには約 20 残基が必要なので，80 残基のタンパク質の膜貫通 α ヘリックスはおそらく 4 本未満であろう．(i) 40 残基離れている Ala^{21} と Asp^{61} は，別個の膜貫通ヘリックス上で，互いに近接した位置にあるだろう．21 番目の残基を極性のある Ser の側鎖に置換することによって，Asp^{61} に対する DCCD の反応を妨げるであろう．(j) DCCD 感受性タンパク質は，F_o 複合体の回転モーターを構成する c サブユニットであった．

Chap. 20

1 最大の光合成速度を得るためには，PS I（700 nm の光を吸収する）と PS II（680 nm の光を吸収する）が同時に作動しなければならない．

2 余分な重量は全体の反応で消費される水に由来する．

3 紅色硫黄細菌は光合成の水素供与体として H_2S を利用する．一つだけ存在する光化学系が水分解複合体を欠いているので，O_2 は発生しない．

4 0.44

5 (a) 止める．(b) 減速する；電子流の一部は循環的経路によって継続する．

6 光照射中にプロトン勾配が形成される．ADP と P_i が加えられると，ATP 合成はこの勾配によって促進される．この勾配は光がないところで使い果たされる．

7 DCMU は PS II と ATP 生成の最初の部位の間の電子伝達を遮断する．

8 ベンツリシジンは，CF_oCF_1 複合体を介するプロトンの移動を遮断する．電子流（酸素発生）は，より大きくなるプロトン勾配に逆らってプロトンをくみ出す自由エネルギーのコストが，光子により得られる自由エネルギーと同じになるまでしか続かない．DNP は，プロトン勾配を消失させて電子流と酸素発生を回復させる．

9 (a) 56 kJ/mol　(b) 0.29 V

10 還元電位の差から，この酸化還元反応の $\Delta G'^{\circ} = 15$ kJ/mol と計算される．図 20-7 から，可視スペクトルのどの領域でも，光子のエネルギーはこの吸エルゴン反応を起こすために十分であることがわかる．

11 1.35×10^{-77}；この反応は極めて不利である．葉緑体では，光エネルギーの取込みによって，この障壁は乗り越えられる．

12 -920 kJ/mol

13 いいえ．H_2O からの電子は人工的な電子受容体 Fe^{3+} に流れ，$NADP^+$ には流れない．

14 0.1 秒ごとに約 1 回．10^8 個中 1 個が励起される．

15 700 nm の光は PS I を励起するが，PS II を励起しない．電子は P700 から $NADP^+$ に流れるが，P680 からは流れない．680 nm の光が PS II を励起すると，電子は PS I に流れる傾向がある．しかし，二つの光化学系の間にある電子伝達体は，速やかに完全還元型になる．

16 いいえ．P700 から励起した電子は，照射で生じた電子「空孔」を補充するために戻ってくる．PS II は電子の供給を必要としない．そして，O_2 は H_2O からは発生しない．励起した電子は P700 に戻るので，NADPH は生成されない．

17 細胞小器官では，特定の酵素と代謝物の濃度が上昇し，補因子と代謝中間体のプールは別々に維持され，調節機構はただ 1 組の酵素とプールのみに影響を及ぼす．

18 明所で ATP と NADPH が生じ，それらは CO_2 固定に必須である．ATP と NADPH の供給が尽きると，グルコースへの変換は停止する．暗所ではいくつかの酵素が機能を停止する．

19 化合物 X は 3-ホスホグリセリン酸で，化合物 Y はリブロース 1,5-ビスリン酸である．

20 リブロース 5-リン酸キナーゼ，フルクトース 1,6-ビスホスファターゼ，セドヘプツロース 1,7-ビスホスファターゼ，およびグリセルアルデヒド 3-リン酸デヒドロゲナーゼ．これらの酵素はすべて，活性に重要なジスルフィド結合が還元されて一対のスルフヒドリル基になることによって活性化される．ヨード酢酸は遊離のスルフヒドリル基と不可逆的に反応する．

21 還元的ペントースリン酸経路は，光合成の際に生じたトリオースリン酸からリブロース 1,5-ビスリン酸を再生する．酸化的ペントースリン酸経路は，還元的な生合成反応のための NADPH と，ヌクレオチド合成のためのペントースリン酸を供給する．

22 両方のタイプの「呼吸」ともに植物で起こり，O_2 を消費して CO_2 を産生する（ミトコンドリア呼吸は動物でも起こる）．ミトコンドリア呼吸は主として夜間や曇った日中に起こるが，絶えず起こっている．さまざまな代謝燃料に由来する電子はミトコンドリア内膜の電子伝達鎖を通って O_2 に渡される．光呼吸は葉緑体，ペルオキシソーム，およびミトコンドリアで，光合成による炭素固定が行われている日中に起こる．光呼吸における電子の流路は図 20-48 に，ミトコンドリア呼吸のそれは図 19-19 に示してある．

23 (a) ペントースリン酸経路による NADPH の生成がなければ，細胞は脂質や他の還元的生成物を合成することができない．

(b) リブロース 1,5-ビスリン酸が生成されなければ，カルビン回路は実質的に止まってしまう．

24 トウモロコシでは，CO_2 は C_4（Hatch-Slack）経路によって固定される．この経路では，PEP は速やかにカルボキシ化されてオキサロ酢酸になり（一部はアミノ基転移を受けてアスパラギン酸になる），さらにリンゴ酸へと還元される．引き続いて起こる脱炭酸の後でのみ，CO_2 はカルビン回路に入る．

25 明所（日中）と暗所での $^{14}CO_2$ の固定効率を測定する．暗所での固定がより大きければ CAM 植物である．酸滴定でも決められ，夜間に液胞に貯蔵された酸をこの方法で定量することができる．

26 イソクエン酸デヒドロゲナーゼ反応

27 種 1 は C_4 植物，種 2 は C_3 植物

28 (a) 周縁部の葉緑体 (b)，(c) 中心部分（赤色）

29 貯蔵には，グルコース 6-リン酸 1 mol あたり ATP を 1 mol 消費する．すなわち，グルコース 6-リン酸代謝で得られる全 ATP 量の 3.3％にあたる（すなわち，貯蔵の効率は 96.7％である）．

30 サイトゾルには無機ピロホスファターゼがないので，サイトゾルの PP_i 濃度は高い．

31 (a) サイトゾルの P_i 濃度が低く，葉緑体内のトリオースリン酸濃度が高いこと．

(b) サイトゾルのトリオースリン酸濃度が高いこと．

32 3-ホスホグリセリン酸は光合成の主要生成物である．光駆動による ADP と P_i からの ATP 合成の速度が低下すると，P_i 濃度が上昇する．

33 (a) スクロース＋(グルコース)$_n$ ⟶ (グルコース)$_{n+1}$ ＋フルクトース

(b) デキストラン合成の際に生じるフルクトースは，細菌によって容易に取り込まれて代謝される．

34 各経路の最初の酵素は相反的なアロステリック調節を受ける．一方の経路を阻害すると，イソクエン酸は他方の経路に切り替わって流れる．

35 (a)(1) Mg^{2+} の存在は，クロロフィルがリン酸化反応（ADP ＋ P_i ⟶ ATP）の触媒に直接関与するという仮説を支持する．(2) Mg^{2+} を含む多くの酵素（あるいは他のタンパク質）はリン酸化酵素ではないので，クロロフィル中の Mg^{2+} の存在はリン酸化反応における働きの証拠とはならない．(3) Mg^{2+} の存在は，吸光や電子伝達などのクロロフィルの光化学的性質に必須である．

(b)(1) 酵素は可逆反応を触媒するので，単離された酵素は，ある特定の実験条件下ではホスホリル基の除去を触媒できるが，おそらく細胞中などの別の条件下ではホスホリル基の付加に働くであろう．したがって，クロロフィルが ADP のリン酸化に関与するというのは妥当な考えである．(2) 二つの説明が可能である．クロロフィルのタンパク質はホスファターゼのみであり，細胞中で ADP のリン酸化を触媒しない．あるいは，粗製試料は，光合成に関係しないホスファターゼ活性を不純物として含んでいる．(3) おそらく粗製試料に，光合成に関係しないホスファターゼが不純物として含まれている．

(c)(1) クロロフィルタンパク質が ADP + P_i + 光 ⟶ ATP という反応を触媒するのならば，この光による阻害は予想できる．光がなければ，逆反応である脱リン酸化が起こりやすい．光存在下では，エネルギーが供給され，この平衡は右に傾き，脱リン酸化活性は低下する．(2) この阻害は，試料の単離，あるいは分析法における人為的な結果にちがいない．(3) 当時用いられた粗製法では葉緑体膜が無損傷のまま保たれていたとは考えにくいので，この阻害は人為的な結果にちがいない．

(d)(1) 光の存在下では ATP が合成され，他のリン酸化中間体は消費される．(2) 光の存在下ではグルコースが産生され，細胞呼吸によって代謝されて ATP を産生する．この過程でリン酸化中間体の濃度変化が起こる．(3) 光の存在下では ATP が合成され，他のリン酸化中間体は消費される．

(e) 光エネルギーは（エマーソンモデルのように）ATP 産生に使われ，かつ（Rabinowitch のモデルのように）還元力をつくり出すために使われる．

(f) 光リン酸化に関する化学量論の近似から，8 個の光子は 2 個の NADPH と約 3 個の ATP を生み出す．1 分子の CO_2 を還元するためには，2 個の NADPH と 3 個の ATP が必要である．このように，最少で 8 個の光子が 1 分子の CO_2 の還元に必要である．この値は Rabinowitch の値とよく一致する．

(g) 光エネルギーは ATP と NADPH の両方の産生に使われるので，光合成で吸収された各光子は 1 個の ATP 以上に寄与する．光からのエネルギーの抽出過程は，Rabinowitch の考えよりも効率的で，赤色光であっても，この過程で多くのエネルギーを入手できる．

Chap. 21

1 (a) パルミチン酸の 16 個の炭素は 8 分子のアセチル CoA の 8 個アセチル基に由来する．^{14}C 標識アセチル CoA から C-1 位と C-2 位が標識されたマロニル CoA が生じる．

(b) パルミチン酸の最初の 2 個の炭素（C-16 位と C-15 位）を除くすべての炭素の起源であるマロニル CoA の代謝プールは，少量の ^{14}C 標識アセチル CoA では標識されない．したがって，[15,16-^{14}C] パルミチン酸のみが生成する．

2 グルコースとフルクトースはともに解糖でピルビン酸にまで分解される．ピルビン酸はピルビン酸デヒドロゲナーゼ複合体によってアセチル CoA に変換される．このアセチル CoA の一部はクエン酸回路に入り，還元当量（NADH と NADPH）を生成する．ミトコンドリアでの O_2 への電子伝達により ATP が生じる．

3 8 アセチル CoA + 15ATP + 14NADH + $9H_2O$ ⟶ パルミチン酸 + 8CoA + 15ADP + $15P_i$ + $14NADP^+$ + $2H^+$

4 (a) パルミチン酸 1 分子あたり 3 個の重水素；すべての重水素が C-16 位に存在する；他のすべての 2 炭素単位は非標識のマロニル CoA から生じる．

(b) パルミチン酸 1 分子あたり 7 個の重水素；C-16 位を除くすべて偶数番の炭素．

5 アセチル CoA の活性化型である 3 炭素単位のマロニル CoA を利用することによって（マロニル CoA 合成は ATP を必要とすることを思い出そう），代謝は CO_2 の発エルゴン的放出による脂肪酸合成の方向に推進される．

6 脂肪酸生合成の律速段階はアセチル CoA カルボキシラーゼにより触媒されるアセチル CoA のカルボキシ化である．高クエン酸濃度および高イソクエン酸濃度は脂肪酸合成に都合の良い条件である．活発にクエン酸回路が働くことによって，ATP，還元型ピリジンヌクレオチド，アセチル CoA が十分に供給される．クエン酸はアセチル CoA カルボキシラーゼの活性を高める（V_{max} を上昇させる）(a)．クエン酸はフィラメント状の酵素（活性型）と強固に結合するので，高クエン酸濃度は，プロトマー ⇌ フィラメント状酵素の平衡を活性型の方向に進める (b)．反対に，パルミトイル CoA（脂肪酸合成の最終生成物）は平衡を不活性型（プロトマー）の方向に進める．したがって，脂肪酸合成の最終生成物が蓄積すると，この生合成経路は遅くなる．

7 (a) アセチル CoA（ミトコンドリア）+ ATP + CoA（サイトゾル）⟶ アセチル CoA（サイトゾル）+ ADP + P_i + CoA（ミトコンドリア）

(b) アセチル基あたり 1ATP

(c) 同じである．

8 パルミトレイン酸の二重結合は脂肪酸アシル CoA デサチュラーゼにより触媒される酸化によって導入される．脂肪酸アシル CoA デサチュラーゼは補助基質として O_2 を必要とする混合機能オキシダーゼである．

9 3パルミチン酸＋グリセロール＋7ATP＋$4H_2O$ ⟶ トリパルミチン＋7ADP＋$7P_i$＋$7H^+$

10 成熟ラットでは，貯蔵トリアシルグリセロールは分解速度と生合成速度のバランスがとれており，一定のレベルに保たれる．脂肪組織のトリアシルグリセロールは絶えず代謝回転しているので，食餌グルコースから ^{14}C がトリアシルグリセロールに取り込まれることになる．

11 正味の反応は次の通りである．

ジヒドロキシアセトンリン酸＋NADH＋パルミチン酸＋オレイン酸＋3ATP＋CTP＋コリン＋$4H_2O$ ⟶ ホスファチジルコリン＋NAD^+＋2AMP＋ADP＋H^+＋CMP＋$5P_i$

ホスファチジルコリン1分子あたり7 ATP

12 メチオニンの欠乏は adoMet のレベルを低下させる．adoMet はホスファチジルコリンの de novo 合成に必要である．サルベージ経路は adoMet を用いないが，利用可能なコリンを用いる．したがって，コリンを利用できるかぎり，ホスファチジルコリンは食餌にメチオニンがなくても合成できる．

13 ^{14}C 標識は活性化イソプレンの3か所に現れる．

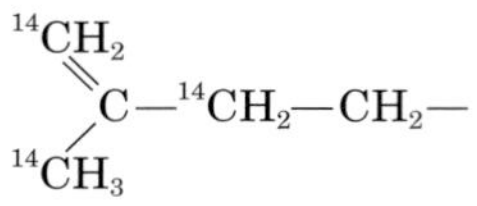

14 (a) ATP　(b) UDP-グルコース
(c) CDP-エタノールアミン
(d) UDP-ガラクトース
(e) 脂肪酸アシル CoA
(f) *S*-アデノシルメチオニン
(g) マロニル CoA
(h) Δ^3-イソペンテニルピロリン酸

15 リノール酸はプロスタグランジン合成に必要である．動物はオレイン酸をリノール酸に変換できない．そのため，リノール酸は動物にとって必須脂肪酸である．しかし，植物はオレイン酸をリノール酸に変換でき，動物に必要なリノール酸を供給する（図21-12参照）．

16 コレステロール生合成の律速段階は HMG-CoA レダクターゼによって触媒されるメバロン酸の合成である．この酵素はメバロン酸やコレステロールの誘導体によるアロステリック調節を受ける．また，細胞内コレステロール濃度が高いと HMG-CoA レダクターゼをコードする遺伝子の転写は低下する．

17 スタチンによる治療によってコレステロールのレベルが低下すると，細胞は HMG-CoA レダクターゼをコードする遺伝子の発現を上昇させることによって補おうとする．しかし，スタチンは，HMG-CoA レダクターゼ活性の優れた競合阻害薬であり，コレステロールの全体的な産生を低下させる．

18 注釈：学生がこの酵素に関する詳しい知識なしに提案する機構にはいくつかの可能性がある．

チオラーゼ反応：まず活性部位の Cys 残基が最初のアセチル CoA を求核攻撃し，—S-CoA と置き換わって Cys とアセチル基の間にチオエステル共有結合が形成される．次に，酵素上の塩基が第二のアセチル CoA のメチル基からプロトンを引き抜き，最初のステップで形成されたチオエステルのカルボニル炭素を攻撃するカルボアニオンが残る．Cys 残基のスルフヒドリル基は置換され，産物であるアセトアセチル CoA が生成する．

HMG-CoA シンターゼ反応：チオラーゼと同じ経路で反応が始まる．酵素の Cys 残基とアセチル CoA のアセチル基の間にチオエステル共有結合が形成され，—S-CoA が置換される．—S-CoA は CoA-SH として解離し，アセトアセチル CoA が酵素に結合する．プロトンが酵素に結合しているアセチル基のメチル基から引き抜かれ，アセトアセチル CoA のケトンのカルボニル炭素を攻撃するカルボアニオンが形成される．このカルボニルはこの反応によってヒドロキシイオンに変換され，次にプロトン化されて—OH になる．酵素との間のチオエステル結合は，HMG-CoA が生成する．

HMG-CoA レダクターゼ反応：NADPH に由来する二つの水素化物イオンは，まず—S-CoA を置換し，次にアルデヒドを還元してヒドロキシ基にする．

19 スタチンは，活性化イソプレンの合成経路にある HMG-CoA レダクターゼを阻害する．活性化イソプレンはコレステロール，および補酵素 Q（ユビキノン）を含む多様なイソプレノイドの前駆体なので，スタチンはミトコンドリア呼吸に必要な補酵素 Q のレベルを低下させるかもしれない．ユビキノンは直接合成されるだけでなく食餌からも得られるが，どのぐらいの量が必要なのかや，食餌のユビキノンが合成の低下をどの程度補うことができるのかははっきりしない．特定のイソプレノイドのレベルの低下は，スタチンのいくつかの副作用を説明できる．

20 (a)

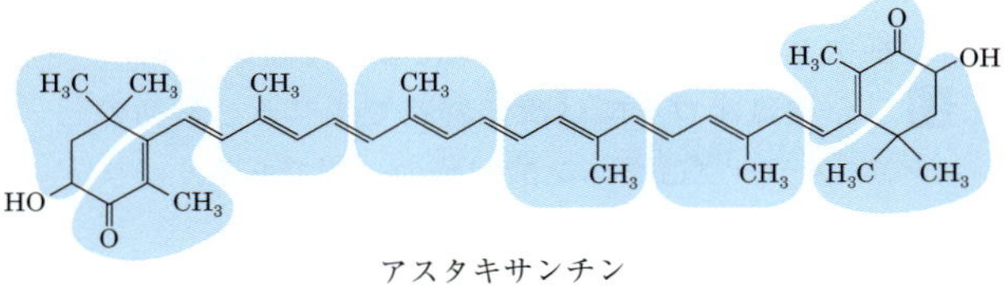

アスタキサンチン

(b) 頭部と頭部の結合．これには二つの見方がある．まず，ゲラニルゲラニルピロリン酸の「尾部」は，フィトエンの両末端と同様にジメチルの分枝構造である．次に，PP_i の脱離によって遊離の—OH は生成しないので，二つの—O—Ⓟ—Ⓟ「頭部」が連結してフィトエンが形成されることが示唆される．

(c) 脱水素が 4 回起こって，四つの単結合が二重結合に変換される．

(d) 酸化は必要ない．次に示す反応における単結合と二重結合を数えると，一つの二重結合が二つの単結合によって置換されることがわかる．したがって，正味の酸化も還元も起こらない．

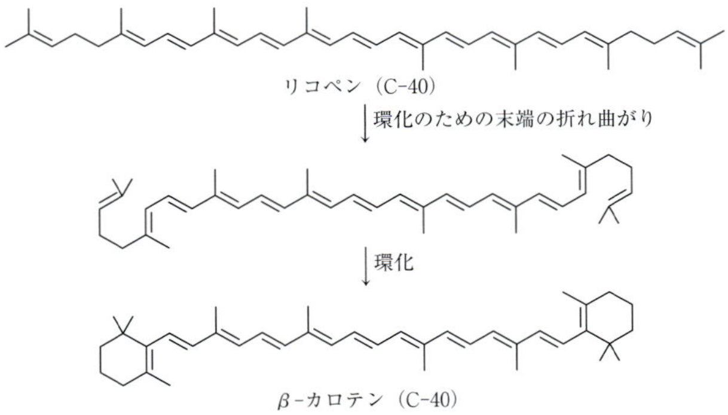

(e) ステップ❶〜❸．この酵素は IPP と DMAPP をゲラニルゲラニルピロリン酸に変換することができるが，もう一つの基質を用いた結果からわかるように，さらに反応を触媒することはない．

(f) 菌株 1〜菌株 4 には *crtE* がなく，*crtE* を過剰発現する菌株 5〜菌株 8 よりもアスタキサンチン産生ははるかに少ない．野生型大腸菌はある程度のステップ❸活性を有するが，ファルネシルピロリン酸のゲラニルゲラニルピロリン酸への変換は重要な律速段階である．

(g) IPP イソメラーゼ．菌株 5 と 6 を比較すると，ステップ❶と❷を触媒する *ispA* を加えてもアスタキサンチンの産生にはほとんど影響はなく，これらのステップが律速ではないことがわかる．しかし，菌株 5 と 7 を比較すると，*idi* を加えるとアスタキサンチン産生がかなり増大し，*crtE* が過剰発現している場合には IPP イソメラーゼが律速段階にちがいないことがわかる．

(h) 菌株 5，6 および 9 のように（+）のレベルである．*idi* が過剰発現していなければ，IPP イソメラーゼの活性が低く，IPP の供給が制限されることによって，アスタキサンチンの産生は制限される．

Chap. 22

1 植物との共生関係において，細菌は大気中の窒素を還元してアンモニウムイオンを供給する．この過程には大量の ATP が必要である．

2 NH_3 から炭素骨格への窒素の転移は，(1) グルタミンシンテターゼおよび (2) グルタミン酸デヒドロゲナーゼによって触媒される．グルタミン酸デヒドロゲナーゼ反応によって生成するグルタミン酸は，タンパク質合成に必要なすべてのアミノ酸を生成するためのアミノ基供与体となる．

3 まず酵素に結合している PLP と基質ホスホホモセリンとの間に化学結合が形成され，転位を伴って基質の α 炭素上にケチミン ketimine が生成する．これによって β 炭素が活性化されてプロトンの引き抜きが起こり，リン酸の放出および β 炭素と γ 炭素の間の二重結合の形成が起こる．再編成（基質のアミノ窒素に隣接するピリドキサール炭素におけるプロトンの引き抜きで始まる）によって α-β 間に二重結合が移動し，ケチミンをアルジミン型 PLP に変換する．その後に，β 炭素への水の攻撃が結合しているピリドキサールによって促進され，PLP と生成物の間のイミン結合の加水分解が起こり，トレオニンが生成する．

4 哺乳類の経路では，有毒なアンモニウムイオンはグルタミンに変換され，脳に対する有毒作用を低減する．

5 グルコース + $2CO_2$ + $2NH_3$ ⟶

$$2\,\text{アスパラギン酸} + 2H^+ + 2H_2O$$

6 アミノ末端のグルタミナーゼドメインはすべてのグルタミンアミドトランスフェラーゼの間で似ている．この活性部位を標的とする薬物はおそらく多くの酵素を阻害し，独特なカルボキシ末端のシンテターゼ活性部位を標的とする特異的な阻害薬よりも多くの副作用を生じさせる．

7　フェニルアラニンヒドロキシラーゼが欠損すると，チロシンの生合成経路は遮断され，チロシンを食餌から摂取しなければならない．

8　*S*-アデノシルメチオニンの合成において，三リン酸がATPから遊離する．三リン酸の加水分解によって，反応は熱力学的により有利になる．

9　もしもグルタミンシンテターゼの阻害が協奏的でなければ，飽和濃度のヒスチジンはこの酵素を妨害し，グルタミンの生成を止める．グルタミンは細菌が他の生成物を合成するために必要である．

10　葉酸はグリシン生合成（図22-14参照）に必要なテトラヒドロ葉酸（図18-16参照）の前駆体であり，グリシンはポルフィリンの前駆体である．したがって，葉酸欠乏症はヘモグロビン合成を損なう．

11　グリシンの栄養要求株：アデニン，グアニン．グルタミンの栄養要求株：アデニン，グアニン，シトシン．アスパラギン酸の栄養要求株：アデニン，グアニン，シトシン，ウリジン．

12　(a) アミノ酸のラセミ化の反応機構に関しては図18-6ステップ❷を参照．フルオロアラニンのF原子は優れた脱離基である．フルオロアラニンはアラニンラセマーゼを不可逆的に（共有結合によって）阻害する．可能性のある一つの機構は次のようなものである（ここでNucは酵素活性部位の求核性アミノ酸側鎖を表す）．

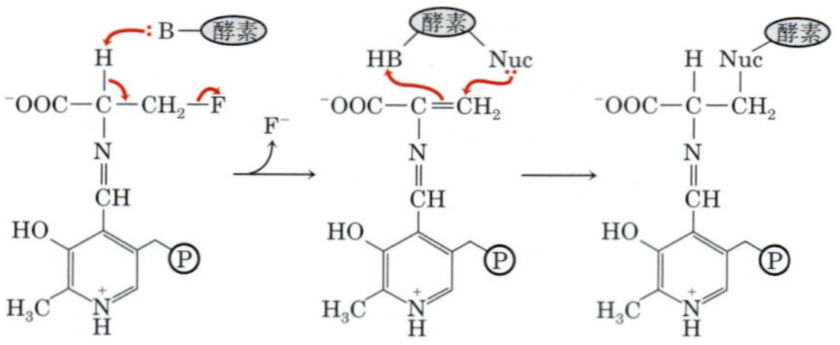

(b) アザセリン（図22-51参照）はグルタミンのアナログである．ジアゾアセチル基は極めて反応性が高く，グルタミンアミドトランスフェラーゼの活性部位で求核基と共有結合を形成する．

13　(a) 図18-16で示したように，*p*-アミノ安息香酸は，1炭素単位の転移に関与する補因子のN^5, N^{10}-メチレンテトラヒドロ葉酸の構成要素である．

(b) *p*-アミノ安息香酸の構造アナログであるスルファニルアミドの存在下では，細菌はAICARのFAICARへの変換に必要な補因子であるテトラヒドロ葉酸を合成することができず，AICARが蓄積する．

(c) テトラヒドロ葉酸の生合成に関与する酵素のスルファニルアミドによる競合阻害は，過剰の基質（*p*-アミノ安息香酸）の添加によって回復する．

14　^{14}C標識オロト酸は次の経路で生じる．最初の三つのステップはクエン酸回路の一部である．

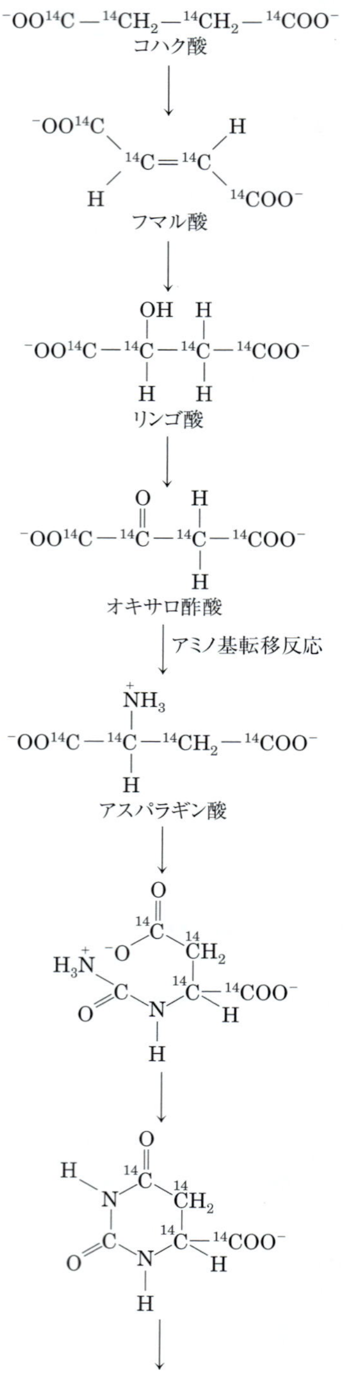

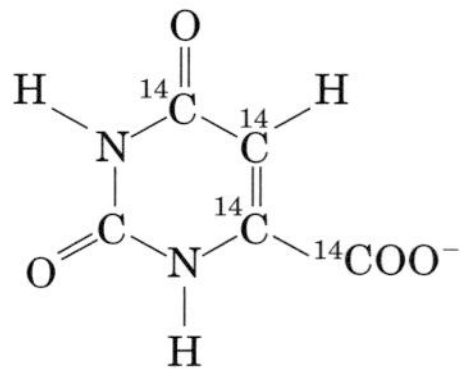

オロト酸

15 生物は燃料として利用するためにヌクレオチドを貯蔵することはなく，ヌクレオチドを完全に分解することもない．むしろ，ヌクレオチドの加水分解によって遊離する塩基がサルベージ経路で回収される．ヌクレオチドはC：N 比が小さいので，エネルギー源としては劣っている．

16 アロプリノールによる治療には二つの生化学的重要性がある．(1) ヒポキサンチンの尿酸への変換を阻害し，ヒポキサンチンの蓄積を引き起こす．ヒポキサンチンは水溶性が高く，より速やかに排泄されるので，AMP 分解に伴う臨床的問題を軽減する．(2) グアニンの尿酸への変換も阻害され，キサンチンの蓄積を引き起こす．キサンチンは尿酸よりも溶解度が小さいので，キサンチン結石の原因となる．GMP の分解量が AMP の分解量に比べて小さいので，キサンチン結石で生じる腎臓障害は未治療の痛風による障害よりも程度が小さい．

17 5-ホスホリボシル-1-ピロリン酸．これはプリン生合成経路の最初の NH_3 受容体である．

18 (a) α-カルボキシ基が除去され，-OH が γ 炭素に付加される．

(b) BtrI はアシルキャリヤータンパク質と配列相同性を有する．BtrI の分子量は，CoA がタンパク質に付加されるような条件下でインキュベートすると増大する．Ser 残基に CoA を付加すると，-OH (式量 (FW) 17) が 4′-ホスホパンテテイン基で置換される (図 21-5 参照)．この基の化学式は $C_{11}H_{21}N_2O_7PS$ (FW 356) である．したがって，$11{,}182 - 17 + 356 = 12{,}151$，これは観測された分子量の値 12,153 に極めて近い．

(c) チオエステルは α-カルボキシ基との間での形成が可能である．

(d) アミノ酸の α-カルボキシ基を除去するための最も一般的な反応では (図 18-6 反応 ❻ 参照)，カルボキシ基は遊離していなければならない．さらに，カルボキシ基がチオエステル型の状態のままで開始するような脱炭酸反応は考えにくい．

(e) $12{,}240 - 12{,}281 = 41$，この値は CO_2 の分子量 (44) に近い．BtrK がおそらくデカルボキシラーゼであるとすれば，最もありそうな構造は脱炭酸型である．

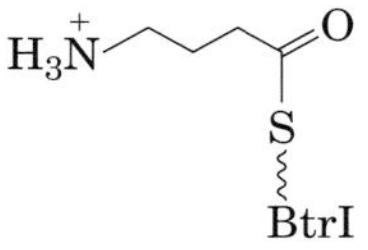

(f) $12{,}370 - 12{,}240 = 130$，グルタミン酸 ($C_5H_9NO_4$; 分子量 147) からグルタミル化反応で除去される -OH (FW 17) を引くと，FW 130 のグルタミル基が残る．このように，上記の分子を γ-グルタミル化するとその分子量は 130 増える．BtrJ は他の基質を γ-グルタミル化する能力をもつので，この分子を γ-グルタミル化できるであろう．この反応の最も可能性の高そうな部位は，遊離のアミノ基であり，次の構造を与える．

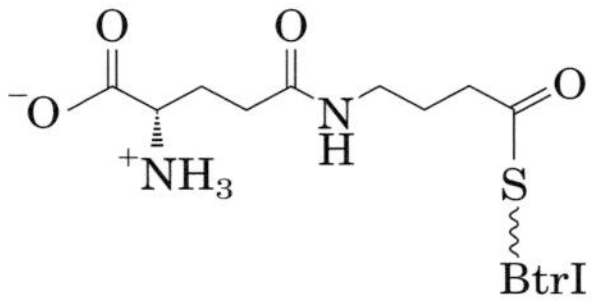

(g)

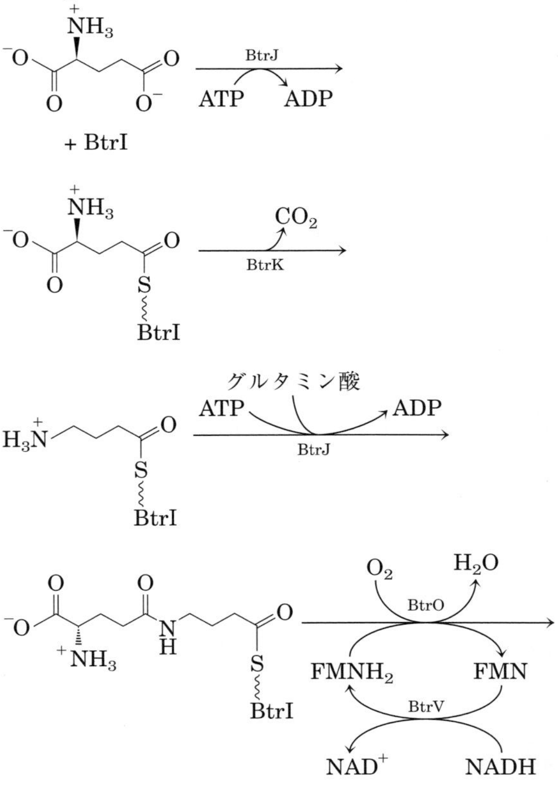

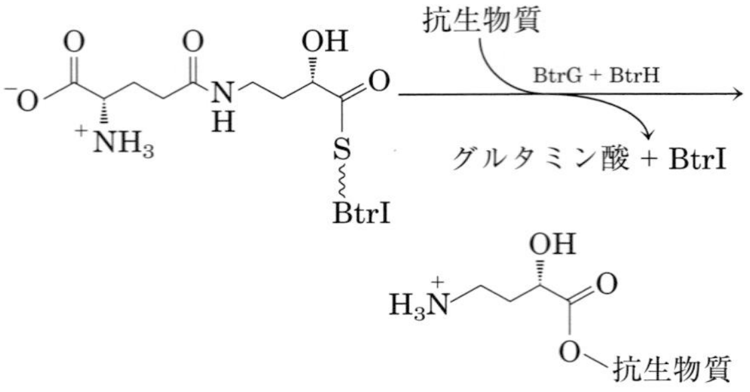

Chap. 23

1 それらは，一般に異なる細胞種で発現している二つの異なる受容体によって認識され，異なる下流エフェクターと共役している．

2 定常状態の ATP レベルは，ホスホクレアチンから ADP へのホスホリル基転移によって維持される．1-フルオロ-2,4-ジニトロベンゼンはクレアチンキナーゼを阻害する．

3 アンモニアは神経組織，特に脳に対して極めて有毒である．健康な人では，過剰の NH_3 はグルタミン酸のグルタミンへの変換によって除去される．このグルタミンは肝臓に運ばれ，尿素に変換される．余分のグルタミンは，グルコースの α-ケトグルタル酸への変換，α-ケトグルタル酸へのアミノ基転移によるグルタミン酸の生成，およびグルタミン酸のグルタミンへの変換によって生じる．

4 脳のグルコースをつくるために糖原性アミノ酸が用いられる．他のアミノ酸は脱アミノ化され，クエン酸回路を通ってミトコンドリア内で酸化される．

5 次の経路によってグルコースから得る．グルコース ⟶ ジヒドロキシアセトンリン酸（解糖）；ジヒドロキシアセトンリン酸 + NADH + H^+ ⟶ グリセロール 3-リン酸 + NAD^+（グリセロール 3-リン酸デヒドロゲナーゼ反応）

6 (a) 筋肉活動の亢進は ATP 需要を増大させる．これは O_2 消費の増大によって達成される．

(b) 短距離走後に，嫌気的な解糖によって産生された乳酸は，グルコースとグリコーゲンに変換される．この変換は ATP を必要とし，したがって O_2 を必要とする．

7 グルコースは脳の主要な代謝燃料である．ピルビン酸のアセチル CoA への TPP 依存性の酸化的脱炭酸は，グルコース代謝を完了するために必須である．

8 190 m

9 (a) 不活性化は，活性なホルモン濃度を変化させるための迅速な方法である．

(b) インスリンのレベルは，合成速度と分解速度が等しいことによって維持される．

(c) 貯蔵部位からの放出速度，運搬速度，プロホルモンから活性型ホルモンへの変換速度などの変化がある．

10 水溶性ホルモンは細胞外表面にある受容体に結合し，細胞内のセカンドメッセンジャー（例；cAMP）の生成を誘発する．脂溶性ホルモンは細胞膜を通過して，標的分子や受容体に直接作用できる．

11 (a) 心筋と骨格筋はグルコース 6-ホスファターゼを欠いている．産生されたグルコース 6-リン酸は解糖系に入り，O_2 欠乏条件下ではピルビン酸を経由して乳酸に変換される．

(b)「闘争-逃走」の状況では，解糖前駆体の濃度は筋肉活動の準備のために高くなる必要がある．膜は荷電性の分子を透過させないので，リン酸化中間体は細胞から出ていくことができず，グルコース 6-リン酸はグルコース輸送体によって排出されない．一方，肝臓は血糖値を維持するために必要なグルコースを放出しなければならない．グルコースはグルコース 6-リン酸からつくられて血流に入る．

12 (a) 肝臓による血糖の過剰な取込みと利用による低血糖．アミノ酸と脂肪酸の異化作用の停止．

(b) ATP 需要に利用できる循環燃料はほとんどない．グルコースは脳の主要な燃料源なので，脳障害が起こる．

13 チロキシンは酸化的リン酸化の脱共役促進物質として作用する．脱共役促進物質は P/O 比を下げ，組織は正常な ATP 需要に応じるために呼吸を亢進させなければならない．亢進した酸化的リン酸化や増大した呼吸が ATP 需要の増大に応じるので，熱産生も甲状腺ホルモンによって刺激された組織での ATP 利用速度の上昇によるものである．

14 プロホルモンは不活性なので，分泌顆粒中に大量に貯蔵される．迅速な活性化は適切なシグナルに応じて，プロホルモンが酵素的に切断されることによって行われる（訳者注：原著でのこの模範解答は誤っている．インスリンを含む多くのペプチドホルモンは，プロホルモンとしてではなく，活性型の成熟ホルモンとして分泌顆粒中に蓄えられている）．

15 動物では，グルコースは多くの前駆体から合成される（図 14-16 参照）．ヒトでは，主要な前駆体は

TAGからのグリセロールとタンパク質からの糖原性アミノ酸である．

16 最初は肥満であった *ob/ob* マウスの体重は減少する．*OB/OB* マウスは正常な体重を維持する．

17 BMI = 39.3．BMIを25にするためには，体重は75 kgでなければならない．すなわち，43 kg = 95ポンドの減量が必要である．

18 インスリン分泌の低下が予想される．バリノマイシンにはK^+チャネルを開口させるのと同じ作用があり，K^+を放出させ，結果的に過分極を引き起こす．

19 肝臓がインスリンの情報を受け取らないので，絶食時にもグルコースを含む食餌の後にも，血糖が上昇していながらグルコース6-ホスファターゼの高レベルと糖新生を維持する．血糖の上昇は膵臓β細胞からのインスリンの放出の引き金となるので，血中のインスリンレベルは上昇する．

20 いくつかのことを考えなければならない．薬物を服用している人のうちで，その薬物が原因で起こる心臓発作の頻度に関してどのようなデータがあるのか．この頻度は，2型糖尿病の長期的な影響の重要性を考慮した患者のデータとどのように比べるのか．同等の治療効果を有するが，副作用の少ない代替法はないのか．

21 小腸のグルコシダーゼ活性がなければ，食餌中のグリコーゲンやデンプンに由来するグルコースの吸収が低下し，通常の食後の血糖値上昇を鈍くする．消化されなかったオリゴ糖は大腸で細菌によって発酵され，放出されるガスが腹部不快感の原因となる．

22 (a) 増大する；ATP依存性K^+チャネルを閉じることによって膜が脱分極され，インスリンの放出が増大する．

(b) 2型糖尿病の原因はインスリン感受性の低下であり，インスリン産生の障害ではない．循環するインスリンのレベルを上昇させることは，この疾患に関わる症状を軽減する．

(c) 1型糖尿病の患者は膵臓β細胞に欠陥があるので，グリブリドは有益な作用をもたらさない．

(d) ヨウ素は塩素（グリブリドの標識で置換した原子）と同様にハロゲンの一つであるが，原子が大きく，化学的特性も若干異なる．ヨウ素標識したグリブリドはSURと結合しない可能性がある．その代わりに別の分子と結合するとしたら，他の正しくないタンパク質の遺伝子をクローン化することになる．

(e) タンパク質は「精製」されているが，「精製」された標品は，その実験条件下でSURとともに精製されるいくつかのタンパク質の混合物かもしれない．この場合に，そのアミノ酸配列はSURとともに精製されたタンパク質のアミノ酸配列かもしれない．結合する抗体を用いて，そのペプチド配列がSURの中に存在することを示すことによって，この可能性を排除する．

(f) クローン化された遺伝子はSUR中に見られる25アミノ酸残基からなる配列を実際にコードしているが，この遺伝子が偶然に別のタンパク質中の同じ配列をコードする可能性がある．この場合に，この別の遺伝子は*SUR*遺伝子とは異なる細胞で発現している可能性が高い．mRNAハイブリッド形成の結果は，その*SUR*の候補cDNAが実際にSURをコードしていることと矛盾しない．

(g) 過剰量の非標識グリブリドは標識されたグリブリドとSURの結合部位において競合する．結果として，標識グリブリドの結合が大きく低下し，140 kDaのタンパク質の放射活性がほとんど，あるいは全く検出されない．

(h) 過剰量の非標識グリブリドがない場合には，*SUR*の候補cDNAが存在する場合においてのみ，140 kDaの標識されたタンパク質が検出される．過剰量の非標識グリブリドは標識グリブリドと競合し，^{125}I標識された140 kDaタンパク質は検出されない．このことは，cDNAがSURと同じ分子量をもつグリブリド結合タンパク質を産生していることを示しており，クローン化された遺伝子がSURタンパク質をコードしていることの強力な証拠となる．

(i) いくつか追加する方法が可能である．例えば，(1) *SUR*の候補cDNAをCHO（チャイニーズハムスター卵巣）細胞に発現させ，形質転換された細胞がATP依存性K^+チャネル活性をもつことを示す．(2) *SUR*の候補遺伝子に変異を有するHIT細胞がATP依存性K^+チャネル活性を欠いていることを示す．(3) *SUR*の候補遺伝子に変異を有する実験動物やヒトの患者がインスリンの分泌をできないことを示す．

Chap. 24

1 6.1×10^4 nm；T2ファージの頭部よりも290倍

長い.

2 A の残基数と T の残基数は等しくなく，G と C の残基数も等しくないので，この DNA は塩基対を形成する二重らせんではない．M13 DNA は一本鎖である.

3 分子量 = 3.8×10^8；長さ = 200 μm；Lk_0 = 55,200；Lk = 51,900

4 エキソンは 3 × 192 = 576 bp を含む．残りの 864 bp は非コード領域であり，おそらくリーダー配列，シグナル配列，あるいは他の非翻訳 DNA である.

5 5,000 bp.（a）変化しない．*Lk* は DNA の共有結合している骨格を切断したり再形成したりせずに変化することはできない．（b）はっきりとしない．一つの鎖が切断されている環状 DNA は，定義により *Lk* をもたない．（c）減少する．ATP の存在下で，ジャイレースは DNA を巻き戻す．（d）変化しない．これは，どちらの DNA 鎖も熱処理の過程で開裂されないことを示唆する.

6 *Lk* が変化しないようにするためには，トポイソメラーゼは同数の正と負のスーパーコイルを導入しなければならない.

7 $\sigma = -0.067$；＞70％見込み

8（a）決まっていない；ニック DNA の鎖は分離でき，*Lk* をもたない.

（b）476

（c）この DNA はすでに弛緩しているので，トポイソメラーゼは *Lk* に正味の変化を引き起こさない．*Lk* = 476.

（d）460；ジャイレースに ATP を加えると，*Lk* を 2 ずつ減少させる.

（e）464；真核生物の I 型トポイソメラーゼは巻き戻された *Lk*，あるいは負のスーパーコイル形成した DNA の *Lk* を 1 ずつ増加させる.

（f）460；ヌクレオソームの結合は DNA 鎖の切断を引き起こさないので，*Lk* を変化させない.

9 クロマチン中の基本構造単位は約 200 bp ごとの繰返しである．この DNA には，200 bp 間隔でヌクレアーゼに感受性の高いところがある．短時間の処理は，ヌクレアーゼの作用を受けやすい部位のすべてで DNA を切断するのには不十分なので，はしご状の DNA バンドは DNA 断片が 200 bp の倍数になるように生じる．DNA バンドの太さは，切断部位間の距離がいくぶん変動することを示唆する．例えば，最も短いバンドのすべての断片は正確に 200 bp の長さではない.

10 右巻きらせんは正の *Lk* をもつ．左巻きらせん（Z 型 DNA など）は負の *Lk* をもつ．巻戻しによる閉環状 B 型 DNA の *Lk* の減少は，ある配列内での Z 型 DNA 領域の形成を促進する（Z 型 DNA の形成を可能にする配列の説明については Chap. 8，p. 415 を参照）.

11（a）両鎖は閉環状であり，その分子は両末端が環状であるかまたは窮屈な状態である.

（b）十字形構造の形成，左巻きの Z 型 DNA，撚糸型あるいはソレノイド型スーパーコイル，DNA の巻戻しに有利である.

（c）大腸菌トポイソメラーゼ II または DNA ジャイレース.

（d）交差点で DNA を結合し，交差断片の一つの両鎖を切断し，切断を介して他の領域に入り込み，切断を再連結する．この結果は −2 の *Lk* の変化である.

12 セントロメア，テロメア，および自己複製配列または複製起点.

13 細菌の核様体は約 10,000 bp の長さのドメインへと組み立てられる．制限酵素による切断によって，ドメイン内で DNA は弛緩するが，領域外のものは弛緩させない．切断されたドメインのどの遺伝子の発現も DNA のトポロジーによって影響を受けるので，切断による影響を当然受けるが，そのドメイン外の遺伝子は影響を受けない.

14（a）下方のより速く泳動したバンドは負のスーパーコイルが導入されたプラスミド DNA である．上方のバンドはニック（切れ目）が入った弛緩型 DNA である.

（b）DNA トポイソメラーゼ I はスーパーコイルを形成している DNA を弛緩させる．下方のバンドは消失し，すべての DNA は上方のバンドへと収束する.

（c）DNA リガーゼはパターンをほとんど変化させない．ライゲーション反応によって，完全には弛緩していないトポアイソマーが捕捉されることによって，上方のバンド付近に新たにいくつかの目立たないバンドが出現するかもしれない.

（d）上方のバンドは消失し，すべての DNA は下方のバンドへと収束する．下方のバンドのスーパーコイル化した DNA は，そのスーパーコイルの程度が高まって，いくぶん速く移動するかもしれない．

15 (a) DNA の両端が連結され，弛緩型の閉環状DNA が形成されると，DNA のなかには完全に弛緩するものもあるが，わずかに巻きが足らなかったり巻き過ぎたりする状態を保つものもある．このために，トポアイソマーは最も弛緩したものを中心に分布することになる．

(b) 正にスーパーコイル化する．

(c) 色素を添加したにもかかわらず弛緩しているDNA は，一方あるいは両方の鎖が切断されているDNA である．DNA の単離操作によって，閉環状分子の中に鎖が数か所で切断されたものが必然的に生じる．

(d) − 0.05．これは未処理の DNA と既知の σ をもつ試料の単純な比較によって求められる．両方のゲルにおいて，未処理の DNA は $\sigma = -0.049$ の試料と最も接近して泳動される．

16 6,200 万（ゲノムとは細胞の一倍体の遺伝的内容のことである．細胞は実際には二倍体であり，ヌクレオソームの数は 2 倍になる）．この数は，31 億塩基対をヌクレオソームあたりの 200 塩基対で割り（1,550 万のヌクレオソームを与える），ヌクレオソームあたり 2 コピー分の H2A をかけ，細胞の二倍体の状態に対応するためにさらに 2 倍する．この 6,200 万は複製の際には 2 倍になる．

17 (a) 分離していない一つの娘細胞とその細胞のすべての子孫細胞は，合成染色体を 2 コピー得ており，白色である．他方の娘細胞とその細胞のすべての子孫細胞は合成染色体のコピーを得ておらず，赤色である．これによって，半分は白色で半分は赤色のコロニーが得られる．

(b) 染色体の喪失において．一つの娘細胞とその細胞のすべての子孫細胞は合成染色体を 1 コピー得ており，桃色である．他方の娘細胞とその細胞のすべての子孫細胞は合成遺伝子のコピーを得ておらず，赤色である．これによって，半分は桃色で半分は赤色のコロニーが得られる．

(c) 機能することのできる最小のセントロメアは 0.63 kbp よりも小さいはずである．なぜならば，この大きさ以上の断片はすべて相対的に有糸分裂を安定化するからである．

(d) テロメアは直鎖状 DNA を完全に複製するためにのみ必要である．環状分子はテロメアがなくても複製できる．

(e) 染色体が大きくなればなるほど，より正確に分離される．このデータは，それ以下では合成染色体が完全に不安定となる最小サイズも，それ以上では安定性がもはや変わらない最大サイズも示してはいない．

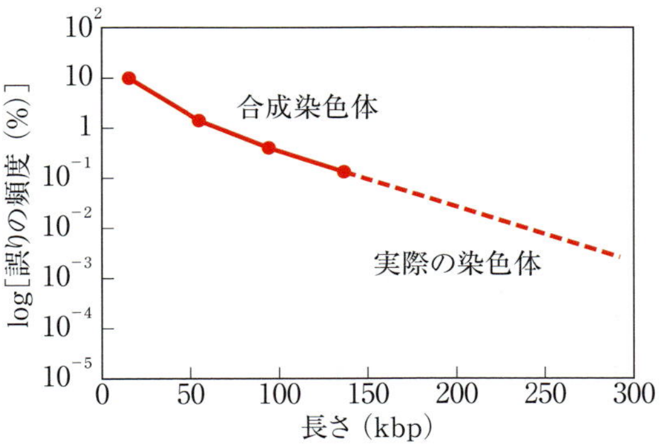

(f) グラフに示すように，合成染色体が通常の酵母の染色体と同じくらい長いとしても，それらは通常の酵母の染色体ほど安定ではない．このことは，他の未同定の要因が安定性にとって必要であることを示唆する．

Chap. 25

1 ランダムな分散複製が第二世代で起こるのならば，すべての DNA は同じ密度をもち，単一バンドとして見られ，メセルソン・スタールの実験で観察された 2 本のバンドは見られない．

2 メセルソン・スタールの実験をさらに進行させると，三世代後の ^{15}N-^{14}N DNA と ^{14}N-^{14}N DNA のモル比は 2/6 = 0.33 である．

3 (a) 4.42×10^5 回転．

(b) 40 分．細胞が 20 分ごとに分裂すると，複製サイクルは 20 分ごとに開始され，各サイクルは前のサイクルが完了する前に始まる．

(c) 2,000 ～ 5,000 の岡崎フラグメント．これらのフラグメントは 1,000 ～ 2,000 ヌクレオチドの長さであり，塩基の対合で鋳型鎖と強固に結合する．各フラグメントはラギング鎖に速やかに結合し，これによってフラグメントの正しい順番が保存される．

4 合成された全 DNA の塩基組成は，A : 28.7%，G : 21.3%，C : 21.3%，T : 28.7% である．鋳型鎖から合成された DNA 鎖の組成は，A : 32.7 %，G :

18.5%，C：24.1%，T：24.7%である．鋳型の相補鎖から合成されたDNA鎖の組成は，A:24.7%，G:24.1%，C：18.5%，T：32.7%である．2本の鋳型鎖は完全に複製されると仮定される．

5　(a) いいえ．DNAへの^{32}Pの取込みは新たなDNAの合成に起因する．DNA合成には4種類すべてのヌクレオチド前駆体の存在が必要である．

(b) はい．DNA合成には4種類すべてのヌクレオチド前駆体が存在しなければならないが，新たなDNA中で放射活性を検出するためには，それらの前駆体のどれか一つが放射性であればよい．

(c) いいえ．^{32}Pの標識がα位のリン酸でなければ，放射活性は取り込まれない．なぜならば，DNAポリメラーゼはピロリン酸，すなわちβ位とγ位のリン酸基を切除するからである．

6　反応機構1：新たに入ってくるdNTPの3′-OHが，伸長しつつあるDNA鎖の5′末端三リン酸のα位のリン酸を攻撃し，ピロリン酸を遊離させる．この機構は通常のdNTPを利用し，伸長しつつあるDNAの5′末端は常に三リン酸をもつ．

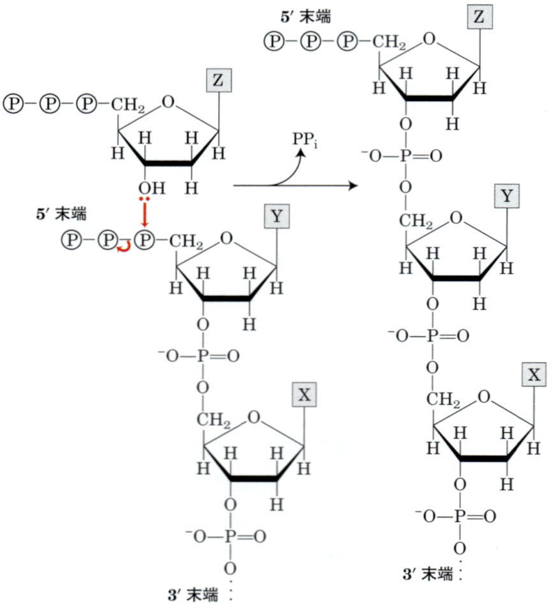

反応機構2：この反応は新しいタイプの前駆体，ヌクレオシド3′-三リン酸を用いる．DNAの伸長しつつある末端には5′-OH基が存在し，入ってくるデオキシヌクレオシド3′-三リン酸のα位のリン酸を攻撃することによって，ピロリン酸を遊離させる．この機構には，デオキシヌクレオシド3′-三リン酸を供給する新たな代謝系が必要である．

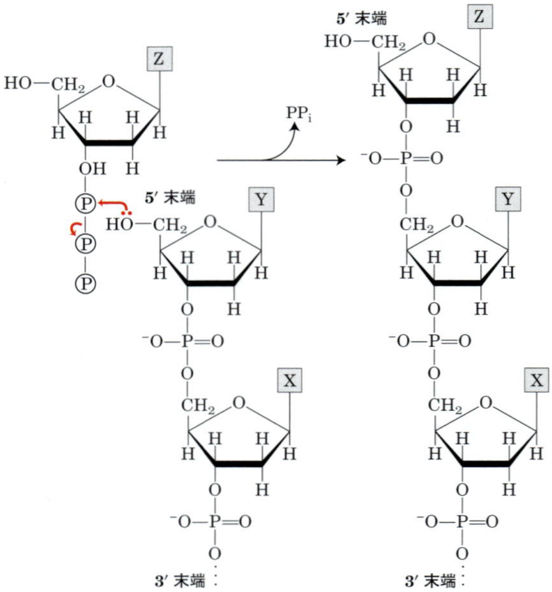

7　DNAポリメラーゼは3′→5′エキソヌクレアーゼ活性を有し，DNAを分解して[^{32}P]dNMPを生じさせる．非標識のdNTPを加えると[^{32}P]dNMPの産生が抑制されたことから，この活性は5′→3′エキソヌクレアーゼ活性ではない（重合活性によってプルーフリーディングエキソヌクレアーゼは抑制されるが，DNA合成後に機能するヌクレアーゼは阻害しないと考えられる）．ピロリン酸の添加は，ポリメラーゼ反応の逆反応によって[^{32}P]dNTPを生じさせると考えられる．

8　リーディング鎖：前駆体-dATP，dGTP，dCTP，dTTP（鋳型DNA鎖やDNAプライマーの合成にも必要）；酵素および他のタンパク質-DNAジャイレース，ヘリカーゼ，一本鎖DNA結合タンパク質，DNAポリメラーゼⅢ，トポイソメラーゼ，ピロホスファターゼ．

ラギング鎖：前駆体-ATP，GTP，CTP，UTP，dATP，dGTP，dCTP，dTTP（RNAプライマーも必要）；酵素および他のタンパク質-DNAジャイレース，ヘリカーゼ，一本鎖DNA結合タンパク質，プライマーゼ，DNAポリメラーゼⅢ，DNAポリメラーゼⅠ，DNAリガーゼ，トポイソメラーゼ，ピロホスファターゼ．DNAリガーゼの補因子としてNAD^+も必要である．

9　DNAリガーゼを欠損している変異株は，二本鎖の一方が断片（岡崎フラグメントとして）のままの二本鎖DNAを産生する．この二本鎖を変性させると，沈降によって無傷の一本鎖を含む画分（高分子量のバンド）と，つなぎ合わされていない断片を含む画分（低分子量のバンド）が得られる．

10 鋳型鎖とリーディング鎖の間のワトソン・クリック塩基対合．誤って挿入されたヌクレオチドのDNAポリメラーゼⅢの3′-エキソヌクレアーゼ活性によるプルーフリーディングと除去．はい(たぶん)．複製の正確さを保証する因子がリーディング鎖とラギング鎖の両方に働くので，ラギング鎖はおそらく同じ正確さでつくられるであろう．しかし，ラギング鎖の合成には別個の多くの化学反応が必要なので，ラギング鎖での複製の誤りが生じる機会は増す．

11 約1,200 bp（各方向に約600 bp）．

12 ヒスチジン要求性変異株の一部（10^9個の細胞のうちの13個）は自然に復帰変異して，ヒスチジン合成能を再獲得する．2-アミノアントラセンは，復帰突然変異率を約1,800倍にするので変異原性である．ほとんどの発がん物質は変異原性なので，2-アミノアントラセンもおそらく発がん性である．

13 5-メチルシトシンの自発的脱アミノ化（図8-29（a）参照）によってチミンが生成し，不適正なG-T塩基対が生じる．このような不適正G-Tは，真核生物のDNAで最もよく見られるミスマッチである．特殊な修復系がG≡C対を回復させる．

14 約1,950（ミスマッチとGATC配列の間のDNAを分解するために650，そのギャップを埋めるためのDNA合成に650，さらに生じたピロリン酸を無機リン酸へと加水分解するために650）．ATPはMutL-MutS複合体とUvrDヘリカーゼによって加水分解される．

15 （a）紫外線照射によってピリミジン二量体が生じる．正常繊維芽細胞では，このピリミジン二量体は，特殊なエクシヌクレアーゼによって損傷DNA鎖から切除される．したがって，変性した一本鎖DNAは，切断により生じた多くのDNA断片を含み，平均分子量は小さくなる．平均分子量が変化しなかったように，XPG由来のDNAに一本鎖DNAの断片は存在しない．

（b）照射後のXPG細胞に一本鎖DNA断片がないことは，これらの細胞で特殊なエクシヌクレアーゼに欠陥があるか欠失していることを示唆する．

16 O^6-meGをG^*と表記する：

（a）（5′）AACG*TGCAC
　　　　TTGT ACGTG

　　（5′）AACGTGCAC
　　　　TTGCACGTG

（b）（5′）AACGTGCAC
　　　　TTGCACGTG

　　（5′）AACGTGCAC
　　　　TTGCACGTG

（c）（5′）AACG*TGCAC
　　　　TTGT ACGTG

　　（5′）AACATGCAC
　　　　TTGTACGTG

2×（5′）AACGTGCAC
　　　　TTGCACGTG

17 相同遺伝子組換えの際に，ホリデイ中間体は2対の相同染色体のほぼどこででも形成される．中間体の分枝点は，分枝点移動によって広範囲に移動する．部位特異的組換えでは，ホリデイ中間体は二つの特定の部位間で形成され，分枝点移動は一般に組換え部位のどちらかの側の非相同配列によって制限される．

18 （a）Y点．（b）X点．

19 複製が複製起点から進行し，1か所の組換え部位を複製したがもう一方の組換え部位は複製されていない状況下では，部位特異的組換えは組換え部位の間のDNAの逆位を引き起こすだけでなく，一方の複製フォークの他方のフォークに対する方向も変化させる．すると，一方の複製フォークが環状DNA上で他方を追いかけるように，複数のプラスミドが直列に連なったものができる．さらに部位特異的組換えが起こると，このように多量体の環状プラスミドは単量体に変換される．

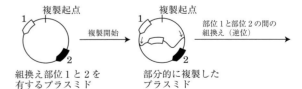

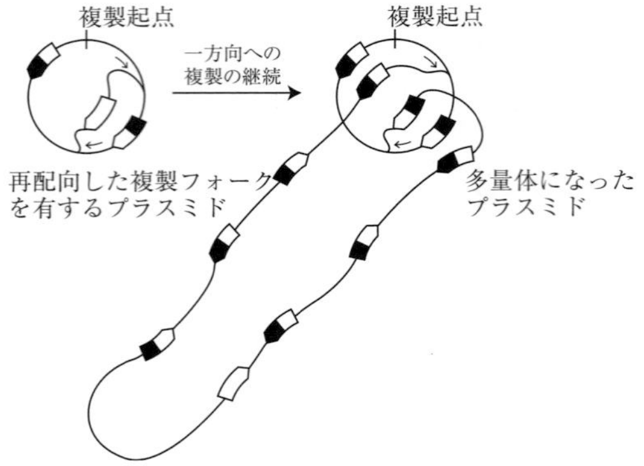

20 (a) 変異原を添加しなくても，放射線や細胞内の化学反応などによるバックグラウンドレベルの変異が生じる.

(b) DNA がひどく損傷を受けると，遺伝子産物のかなりの部分は機能しないので，細胞は生存できない.

(c) DNA 修復能が減弱した細胞は，変異原に対してより高い感受性を示す．R7000 による損傷を容易には修復できないので，Uvr^-変異株の変異率が高まり，致死的となる可能性が高まる.

(d) Uvr^+株では，除去修復系が［^{3}H］R7000 が結合している DNA 塩基を除去するので，時間とともに DNA に結合している ^{3}H 量は減少する．Uvr^-株では，DNA が修復されないので，［^{3}H］R7000 が DNA と反応し続けるのに伴って ^{3}H レベルは増大する.

(e) 表にあげた変異のうちで A＝T から G≡C への変異以外のものは，バックグラウンドレベルに比べて有意に増加している．各変異は，R7000 と DNA の異なるタイプの相互作用を反映した結果である. 異なる相互作用は均等には起こらないので(反応性や立体障害などの違いによる)，変異も異なる頻度で生じる.

(f) いいえ．G≡C 塩基対から始まったもののみがこのモデルによって説明される．したがって，A＝T から C≡G，A＝T から T＝A の変異は，A または T に結合した R7000 によるにちがいない.

(g) R7000 が結合している G は A と対合する．最初に，R7000 が G≡C に付加されて R7000-G≡C になる（図 25-27(b) に示されている CH_3-G で起こるものと比較せよ)．もしもこれが修復されないと，一方の DNA 鎖は R7000-G＝A となり，これがさらに修復されると T＝A になる．他方の鎖は野生型である. 複製によって R7000-G＝T が生じると，同様な経路によって A＝T 塩基対が生じる.

(h) いいえ．すべての変異が同じ正確さで修復されるわけではない．二つの表のデータを比較し，異なる変異は異なる頻度で生じていることに留意しよう.

A＝T から G≡C への変異：両株で中程度であり，修復は Uvr^+株のほうが優る.

G≡C から A＝T への変異：両株で中程度，ほとんど差がない.

G≡C から C≡G への変異:Uvr^+株のほうが高く，修復されていない.

G≡C から T＝A への変異：両株で高く，ほとんど差がない.

A＝T から T＝A への変異：両株で高く，ほとんど差がない.

A＝T から G≡C への変異：両株で低く，ほとんど差がない.

ある種の R7000 付加物は，修復系でより容易に検知されて，速やかに修復されるので，結果として変異の頻度は低くなる.

Chap. 26

1 (a) 60 ～ 100 秒
(b) 500 ～ 900 ヌクレオチド

2 DNA 複製において 1 塩基の誤りがあり，もしもそれが校正されなければ，二つの娘細胞の一方，およびその子孫のすべてが変異した染色体をもつことになる．RNA 転写における 1 塩基の誤りは，染色体には影響を及ぼさない．この誤りはタンパク質の欠陥コピーをつくることになるが，mRNA は速やかに代謝されるので，大部分のタンパク質には欠陥がない．この細胞の子孫は正常である.

3 3′末端での正常な転写後プロセシング（切断とポリ(A)付加）が抑制されるか，止められる.

4 鋳型鎖 RNA はウイルス感染を開始するために必要な酵素をコードしていないので，おそらく不活性であるか，細胞内のリボヌクレアーゼによって分解される．鋳型鎖 RNA の複製とウイルスの伝播は，無傷の RNA レプリカーゼ（RNA 依存性 RNA ポリメラーゼ）が鋳型鎖と一緒に細胞内に導入されたときにのみ起こることができる.

5 AUGACCAUGAUUACG

6 (1) 核酸の鋳型鎖の利用．

(2) 5′→3′方向への合成．

(3) ヌクレオシド三リン酸を基質として利用し，ホスホジエステル結合の形成と PP_i の遊離を伴う．ポリヌクレオチドホスホリラーゼはホスホジエステル結合を形成するが，ここにあげた他のすべての性質は異なる．

7 通常は2回である．一つはイントロン-エキソン境界でのホスホジエステル結合の切断である．もう一つは，その結果生じる遊離のエキソンの末端と，イントロンのもう一方の末端側のエキソンの末端との連結である．もしも最初のステップの求核基が水であれば，このステップは加水分解であり，スプライシング過程を完了するためには一つのエステル転移反応ステップのみが必要である．

8 rRNA の修飾反応に必要な多くの snoRNA は，イントロン内にコードされている．もしもスプライシングが起こらなければ，snoRNA は生成しない．

9 これらの酵素は3′→5′プルーフリーディングエキソヌクレアーゼを欠いており，誤り率が高い．ウイルスを不活性化する複製の誤りの可能性は，大きなゲノムよりも小さなゲノムのほうがはるかに低い．

10 (a) $4^{32} = 1.8 \times 10^{19}$　(b) 0.006％

(c)「人為的な選択」ステップのために，エステル加水分解反応の遷移状態アナログである分子を結合させたクロマトグラフィー樹脂を使用する．

11 RNA 合成は α-アマニチン毒素によってすぐに停止するが，肝臓において重要な mRNA やタンパク質が分解して肝機能障害や死を招くためには数日間を要する．

12 (a) 細胞を溶解して，その内容物を部分精製した後，タンパク質抽出物を等電点電気泳動にかける．β サブユニットは抗体を利用した分析法により検出することができる．正常な β サブユニットとその変異型のアミノ酸残基の違い（すなわち，アミノ酸の電荷が異なる）は，非耐性株のタンパク質と比べて，変異タンパク質の等電点電気泳動ゲル上の電気泳動移動度を変化させる．

(b) DNA 配列を直接決定する（サンガー法による）．

13 (a) 384 ヌクレオチド対（bp）

(b) 1,620 ヌクレオチド対（bp）

(c) ヌクレオチドの大部分は，mRNA の3′末端と5′末端にある非翻訳領域である．また，ほとんどの mRNA は生成物であるタンパク質中のシグナル配列（Chap. 27）をコードしている．シグナル配列は，機能をもつ成熟タンパク質を生成するためにやがて切除される．

14 (a) cDNA は mRNA の逆転写によって合成される．したがって，mRNA の配列はおそらく CGG である．転写されて mRNA になるゲノム DNA の配列は CAG なので，一次転写物はおそらく CAG の配列をもち，転写後に修飾されて CGG になる．

(b) 未編集の mRNA 配列は DNA 配列と同じである（ただし，T の代わりに U であることを除く）．未編集の RNA 配列は次頁の通りである（*は編集される位置を示す）．編集されている場合には，ヌクレオチドの DNA が生じる．

(c) プロテアーゼや熱による処理はタンパク質の機能を破壊し，編集活性を阻害する．一方，ヌクレアーゼ処理はタンパク質には影響を与えず，編集にもほとんど影響を与えない．この議論の一番の弱点は，タンパク質機能を破壊する処理が編集を完全には抑制しないことである．酵素がなくてもわずかに mRNA の編集あるいは分解が起こったり，これらの処理をしても酵素に活性が残ったりすることもある．

(d) NTP の α 位のリン酸のみがポリヌクレオチドに取り込まれる．他のタイプの [^{32}P]NTP（訳注：[β-^{32}P]NTP や [γ-^{32}P]NTP）を使っても，生成物は標識されない．

(e) 一つの A のみが編集されているので，配列上の A がどうなるのかが問題である．

(f) ATP のみが標識されたので，もしもヌクレオチド全体が除去されれば，mRNA のすべての放射能が失われてしまう．したがって，薄層クロマトグラフィーのプレート上には，未修飾の [^{32}P]AMP のみが存在するはずである．

(g) もしも塩基が除去された後に置換されれば，[^{3}H]AMP のみが検出されるはずである．[^{3}H]IMP の存在は，2位と8位の H が除去されずに A から I への変化が起こることを意味する．最も可能性の高い機構は，加水分解的脱アミノ化による A から I への化学修飾である（図 22-36 参照）．

(h) CAG は CIG に変化する．このコドンは CGG として読まれる．

```
                                            *
(5′) --- GUCUCUGGUUUUCCUUGGGUGCCUUUAUGCAGCAAGGAUGCGAUAUUUCGCCAAG --- (3′)
```

ステップ1では，プライマー1がmRNAとアニーリングする．

```
                                            *
(5′) --- GUCUCUGGUUUUCCUUGGGUGCCUUUAUGCAGCAAGGAUGCGAUAUUUCGCCAAG --- (3′)
                                            | | | | | | | | | | | | | | | | | | | | | | | | |
                        プライマー 1:  (3′) CGTTCCTACGCTATAAAGCGGTTC (5′)
```

cDNA（下線部）が右から左に向かって合成される

```
                                            *
(5′) --- GUCUCUGGUUUUCCUUGGGUGCCUUUAUGCAGCAAGGAUGCGAUAUUUCGCCAAG --- (3′)
          | | | | | | | | | | | | | | | | | | | | | | | | | | | | | | | | | | | | | | | | | | | | | | | | |
(3′) --- CAGAGACCAAAAGGAACCCACGGAAATACGTCGTTCCTACGCTATAAAGCGGTTC (5′)
```

ステップ2では，mRNAが除去されてcDNAだけになる．

```
                                            *
(3′) --- CAGAGACCAAAAGGAACCCACGGAAATACGTCGTTCCTACGCTATAAAGCGGTTC (5′)
```

ステップ3では，プライマー2がcDNAにアニーリングする．

```
  プライマー 2:   (5′) CCTTGGGTGCCTTTA (3′)
                       | | | | | | | | | | | | | | |
(3′) --- CAGAGACCAAAAGGAACCCACGGAAATACGTCGTTCCTACGCTATAAAGCGGTTC (5′)
                                            *
```

DNAポリメラーゼは，プライマー2の3′末端にヌクレオチドを付加する．すなわち，左から右に移動しながらT，G，CおよびAを付加していく．しかし，ddATP由来のAは次のヌクレオチド付加に必要な3′-OH基を欠いているので，ここでDNA鎖の伸長は停止する．このAを斜体で示し，新生DNAには下線を引いてある．

```
  プライマー 2:   (5′) CCTTGGGTGCCTTTATGCA
                       | | | | | | | | | | | | | | | | | | |
(3′) --- CAGAGACCAAAAGGAACCCACGGAAATACGTCGTTCCTACGCTATAAAGCGGTTC (5′)
                                            *
```

未編集の転写物では19ヌクレオチドの断片が生じる．編集された転写物では，＊AがGに変化し，cDNAではCに対応する．ステップ3の開始時には，以下のようになっている．

```
  プライマー 2:   (5′)  CCTTGGGTGCCTTTA (3′)
                        | | | | | | | | | | | | | | |
(3′) --- CAGAGACCAAAAGGAACCCACGGAAATACGCCGTTCCTACGCTATAAAGCGGTTC (5′)
                                            *
```

編集されている場合，DNAポリメラーゼは編集された塩基を越えて伸長し，cDNA鎖の次のTで停止する．ジデオキシAを斜体で示し，新生DNAには下線を引いてある．

```
  プライマー 2:   (5′) CCTTGGGTGCCTTTATGCGGCA
                       | | | | | | | | | | | | | | | | | | | | | |
(3′) --- CAGAGACCAAAAGGAACCCACGGAAATACGCCGTTCCTACGCTATAAAGCGGTTC (5′)
```

Chap. 27

1 (a) Gly-Gln-Ser-Leu-Leu-Ile
(b) Leu-Asp-Ala-Pro
(c) His-Asp-Ala-Cys-Cys-Tyr
(d) Met-Asp-Glu（真核生物）；fMet-Asp-Glu（細菌）

2 UUAAUGUAU，UUGAUGUAU，CUUAUGUAU，CUCAUGUAU，CUAAUGUAU，CUGAUGUAU，UUAAUGUAC，UUGAUGUAC，CUUAUGUAC，CUCAUGUAC，CUAAUGUAC，CUGAUGUAC

3 いいえ．ほぼすべてのアミノ酸は一つ以上のコドンを有するので（例えば，ロイシンは六つ），どのようなポリペプチドも多数の異なる塩基配列によってコードされる．しかし，単一のコドンによってコードされるアミノ酸もあり，複数のコドンをもつアミノ酸はしばしば3個の塩基のうちの二つが同じヌクレオチドであるので，既知アミノ酸配列のタンパク質をコードするmRNA配列のある一定の部分は高い確率で予想できる．

4 (a) (5′)CGACGGCGCGAAGUCAGGGGUGUUAAG(3′)
(b) Arg-Arg-Arg-Glu-Val-Arg-Gly-Val-Lys
(c) いいえ．二重らせんDNAの相補的な逆平行鎖は，5′ → 3′ 方向では同じ塩基配列ではない．RNA は二本鎖 DNA の一方の特定の鎖からのみ転写される．したがって，RNA ポリメラーゼは正しい方の鎖を認識して結合しなければならない．

5　メチオニンには二つの tRNA がある．$tRNA^{fMet}$ は開始 tRNA であり，$tRNA^{Met}$ はポリペプチドの内部の位置にメチオニンを挿入することができる．fMet-$tRNA^{fMet}$ のみが開始因子 IF2 によって認識され，開始複合体のリボソーム P 部位にある開始 AUG と結合する．mRNA の内部にある AUG コドンは，Met-$tRNA^{Met}$ のみに結合して取り込むことができる．

6　(5′)AUG-GGU-CGU-GAG-UCA-UCG-UUA-AUU-GUA-GCU-GGA-GGG-GAG-GAA-UGA(3′) は，Met-Gly-Arg-Glu-Ser-Ser-Leu-Ile-Val-Ala-Gly-Gly-Glu-Glu-Trp に翻訳される．そのペプチドは，14 アミノ酸ではなく，15 アミノ酸の長さである．各アミノ酸に対して一つ，計 10 個の tRNA が必要である．

7　UDP が CDP 濃度の 5 倍あるような UDP と CDP の混合物にポリヌクレオチドホスホリラーゼを作用させる．その結果は，多量の UUU（Phe のコドン）と，少量の UUC（これも Phe のコドン），UCU（Ser のコドン），CUU（Leu のコドン）と，微量の UCC（Ser のコドン），CUC（Leu のコドン），CCU（Pro のコドン）と極微量の CCC（Pro のコドン）を含む合成 RNA ポリマーとなる．

8　583 ATP 当量の最小値（145 のトランスロケーションステップがあることを除けば，付加されるアミノ酸残基あたり 4 当量に基づく）．誤りの修正にはそれぞれ 2 ATP 当量を要する．グリコーゲン合成には，292 ATP 当量が用いられる．βグロビン合成のために必要な余分のエネルギーコストは，タンパク質の情報内容のコストを反映している．少なくとも 20 種類の活性化酵素，70 種類のリボソームタンパク質，4 種類の rRNA，32 種類以上の tRNA，1 種類の mRNA，10 種類以上の補助的な酵素は，アミノ酸からタンパク質を合成するために真核細胞によってつくられなければならない．グルコースからグリコーゲンの（α1 → 4）鎖を合成するためには，4 種類ないしは 5 種類の酵素しか必要としない（Chap. 15）．

9

グリシンコドン	アンチコドン
(5′)GGU	(5′)ACC, GCC, ICC
(5′)GGC	(5′)GUU, ICC
(5′)GGA	(5′)UCC, ICC
(5′)GGG	(5′)CCC, UCC

(a) 3′ 末端と中央の位置

(b) アンチコドン（5′)GCC，ICC，UCC との対

(c) アンチコドン（5′)ACC，CCC との対

10　(a)，(c)，(e)，(g) のみ；変異 (b)，(d)，(f) は単一塩基の変異の結果ではない．なぜならば，(b) と (f) は二つの塩基の置換を必要とし，(d) は三つの塩基すべての置換を必要とするからである．

11　(5′)AUGAUAUUGCUAUCUUGGCU

変化：　CC　AU　U　C　C
　　　　U　　　　C　A　A
　　　　　　　　　G　G　G

63 の可能な一塩基置換のうちの上記の 14 はコードの変化を生じさせない．

12　Glu に対する二つの DNA コドンは GAA と GAG であり，Val に対する四つの DNA コドンは GTT，GTC，GTA，GTG である．GAA の GTA への単一塩基置換あるいは GAG の GTG への単一塩基置換は，鎌状赤血球のヘモグロビンにおける Glu → Val 置換を説明することができる．GAA から GTG，GTT，GTC へ，あるいは GAG から GTA，GTT，GTC への二塩基変化はほとんど起こらないようである．

13　イソロイシンは構造的にいくつかの他のアミノ酸，特にバリンと類似している．したがって，アミノアシル化過程におけるバリンとイソロイシンの識別には，プルーフリーディング機能のもう一つのフィルターが必要である．ヒスチジンは他のどのアミノ酸とも似ていない構造をしており，この構造が対応する tRNA の正確なアミノアシル化を保証するために適切な結合特異性を与えている．

14　(a) Ala-tRNA シンテターゼは，$tRNA^{Ala}$ のアミノ酸アームの G^3-U^{70} 塩基対を認識する．

(b) 変異 $tRNA^{Ala}$ は Pro をコードするコドンに Ala 残基を挿入する．

(c) 同じような効果をもつ変異は $tRNA^{Pro}$ 内の変化であり，これは Ala-tRNA シンテターゼによって認識されてアミノアシル化される．

（d）細胞内タンパク質のほとんどが不活性化され，それらは致死変異を起こすので決して観察されない．これは遺伝暗号を維持するための強力な選択圧となっている．

15 1個の大腸菌内にある15,000個のリボソームが，20分間で23,000個以上のタンパク質を合成できる．

16 IF2：70Sリボソームは生成するが，開始因子は遊離されず，ペプチドの伸長は開始しない．EF-Tu：2番目のアミノアシルtRNAはリボソームのA部位に結合するが，ペプチド結合は形成されない．EF-G：最初のペプチド結合は生成するが，リボソームはmRNAに沿って移動せず，新しいEF-Tu-tRNAの結合に必要なA部位を明け渡さない．

17 伸長しつつあるポリペプチド鎖に直近で付加されたアミノ酸は，tRNAに唯一共有結合しており，ポリペプチドとそれをコードするmRNAとをつなぐ唯一のものである．プルーフリーディング活性はこの連結を切断し，ポリペプチド合成を停止させてmRNAからポリペプチドを切り離す．

18 リボソームRNA（rRNA）はリボソームの構造の一部であり，リボソームプロファイリングの初期のステップで単離されるRNAの主要成分となる．RNAをDNAに変換し，次に配列決定するために必要なステップへと続ける前に，試料中のrRNA断片を選択的に除去したり，量を減らしたりするステップを含むプロトコールもある．

19 そのタンパク質は小胞体内に直接送られ，そこからのターゲティングは別のシグナルに依存する．SRPはタンパク合成の初期にアミノ末端シグナル配列に結合し，新生ポリペプチドとリボソームを小胞体上の受容体に向かわせる．タンパク質が合成されるにつれて小胞体内腔に移動するので，NLSは核へのターゲティングに関係するタンパク質にアクセスできない．

20 トリガー因子は，ほどかれた状態でトランスロケーション能のあるプロOmpAのコンホメーションを安定化する分子シャペロンである．

21 最小5,784 bpをもつDNA．翻訳配列の中には，完全に，あるいはその一部が重複するものがなければならない．

22 （a）ヘリックスは疎水効果とファンデルワールス相互作用で会合する．

（b）R基3, 6, 7と10は左に突き出し，1, 2, 4, 5, 8と9は右に突き出している．

（c）一つの可能な配列は，

1	2	3	4	5	6	7	8	9	10

N-Phe-Ile-Glu-Val-Met-Asn-Ser-Ala-Phe-Gln-*C*

（d）（c）におけるアミノ酸配列のための一つの可能なDNA配列は，

非鋳型鎖
(5′)TTTATTGAAGTAATGAATAGTGCATTCCAG(3′)
||||||||||||||||||||||||||||||
(3′)AAATAACTTCATTACTTATCACGTAAGGTC(5′)
鋳型鎖

（e）Phe，Leu, Ile, MetおよびVal. すべて疎水性であるが，そのセットはすべての疎水性アミノ酸を含むわけではない．Trp, ProおよびAlaが含まれていない．

（f）Tyr, His, Gln, Asn, Lys, AspおよびGlu. これらはすべて親水性であるが，Tyrの親水性はその他のものより弱い．このセットはすべての親水性アミノ酸を含むわけではない．Ser, ThrおよびArgが含まれていない．

（g）混合物からTを除くと，Tで開始または停止するコドンが除かれる．このようにして，あまり親水性ではないTyrを排除する，またより重要なこととしては，二つの可能な終止コドン（TAAとTAG）を排除する．Tを除くことによって，NANのセットで他のどのアミノ酸も排除されない．

（h）ミスフォールディングしたタンパク質は，細胞内で分解されることが多い．したがって，もしも合成した遺伝子がSDSゲル上でバンドを与えるようなタンパク質を産生するならば，このタンパク質は正しく折りたたまれていると考えられる．

（i）タンパク質のフォールディングは，疎水性相互作用やファンデルワールス相互作用だけに依存するわけではない．合成されたランダムな配列のタンパク質が4本のヘリックス構造に折りたたまれないような理由はたくさんある．例えば，親水性の側鎖間の水素結合は構造を壊すことがある．すべての配列がαヘリックスを形成する等しい傾向をもつわけでもない．

Chap. 28

1 （a）トリプトファンシンターゼのレベルは，トリプトファンが存在するにもかかわらず高いままである．

(b) 酵素のレベルは高いままである．

(c) 酵素のレベルは急激に低下し，トリプトファンの無駄な合成を防ぐ．

2 大腸菌の細胞は，紫外線などのように高レベルのDNA損傷を引き起こす処理によってβ-ガラクトシダーゼを産生するであろう．そのような条件下では，RecAは染色体DNAの一本鎖領域に結合し，LexAリプレッサーの自己触媒的切断を促進する．それによってLexAは結合部位から解離し，下流遺伝子の転写が可能になる．

3 (a)オペロンの構成的で低レベルの発現；オペレーターでのほとんどの変異は，リプレッサーの結合を起きにくくする．

(b)(a) のような構成的発現，あるいは恒常的な抑制（変異によってラクトースやその類縁化合物との結合能を失い，誘導物質に対して応答しなくなる）のどちらかである．

(c)（それが誘導された条件下で）オペロンの発現の増減は，変異が大腸菌プロモーターのコンセンサス配列に似たものになるか，それとも異なるものになるかにそれぞれ依存する．

4 7,000コピー

5 8×10^{-9} M，解離定数より約10^5倍大きい．細胞内に活性型のリプレッサーが10コピーあると，オペレーター部位には常にリプレッサー分子が結合していると結論できる．

6 (a) ～ (e) の各条件は*lac*オペロン遺伝子の発現を低下させる．

7 (a) アテニュエーションは起こりにくい．配列1の翻訳を完了したリボソームは，もはや配列2と重なり合って遮断することはない．配列2は常に配列3と対になることができるので，アテニュエーター構造の形成を妨げる．

(b) アテニュエーションは起こりやすい．配列2が配列3と対を形成する効率が悪くなる．配列2がリボソームで遮断されないときでさえも，アテニュエーター構造はより形成される．

(c) アテニュエーションは起こらない．Trpリプレッサーによる調節のみが起こる．

(d) アテニュエーションはTrp-tRNAへの感受性を失い，His-tRNAに対して感受性になる．

(e) アテニュエーションはほとんど起こらない．配列2と配列3は常にアテニュエーターの形成を遮断する．

(f) アテニュエーションが常に起こる．トリプトファンの利用能には関係なく，アテニュエーターは常に形成される．

8 SOS応答の誘導は起こり得ない．高レベルのDNA損傷に対する細胞の感受性を高める．

9 ネズミチフス菌の各細胞は，両方のタイプの鞭毛タンパク質から成る鞭毛を有し，その細胞はどちらのタンパク質に対して生じた抗体によっても攻撃を受けやすい．

10 活性にとって必要な解離性因子（例えば，大腸菌の酵素のσサブユニットと類似する特異性決定因子）がポリメラーゼの精製の際に失われたのかもしれない．

11

Gal4タンパク質

Gal4 DNA結合ドメイン	Gal4 アクチベータードメイン

操作されたタンパク質

Lacリプレッサー DNA結合ドメイン	Gal4 アクチベータードメイン

操作されたタンパク質はGal4のDNA結合ドメインを欠いているので，*GAL*遺伝子（UAS_G）のGal4結合部位に結合できない．Lacリプレッサーが正常に結合するヌクレオチド配列となるようにGal4pのDNA結合部位を修飾する（Chap. 9で述べた方法を用いる）．

12 メチルアミン．反応は，修飾アルギニンのグアニジノ炭素へ水が攻撃して進行する．

13 タンパク質の合成には，まずタンパク質をコードし，必要とするすべての調節配列を含むのに十分な長さのmRNAの合成が必要であり，そのmRNAに含まれるヌクレオチド残基ごとに，1分子のリボヌクレオシド3-リン酸が消費される．次に，そのmRNAは翻訳されなければならない．これは細胞においてエネルギーを最も必要とする過程である（Chap. 27）．抑制を維持するためには，リプレッサータンパク質は繰り返し合成される必要がある．RNAをリプレッサーとして用いれば，そのRNAはタンパク質性リプレッサーをコードするmRNAよりも短くてよく，翻訳のステップの必要もない．

14 発生に必要な*bcd* mRNAは母親から卵にもたらされる．たとえ受精卵の遺伝子型がbcd^-/bcd^-であっても，母親が一つの正常な*bcd*遺伝子をもち，

bcd$^-$対立遺伝子が劣性である限り，受精卵は正常に発生する．しかし，*bcd*$^-$/*bcd*$^-$の雌成虫は自分の卵に与えるための正常な *bcd* mRNA をもっていないので，不妊である．

15 (a) 10%発現（90%抑制）のためには，リプレッサーの 10%が誘導物質に結合しており，90%が遊離してオペレーターに結合可能な状態にある．$Y = 0.1$, $K_d = 10^{-4}$ M として，式 5-8（p. 224）を用いて計算する．

$$Y = \frac{[\mathrm{IPTG}]}{[\mathrm{IPTG}] + K_d} = \frac{[\mathrm{IPTG}]}{[\mathrm{IPTG}] + 10^{-4}\mathrm{M}}$$

$$0.1 = \frac{[\mathrm{IPTG}]}{[\mathrm{IPTG}] + 10^{-4}\mathrm{M}}$$

したがって

$0.9\,[\mathrm{IPTG}] = 10^{-5}$

または $[\mathrm{IPTG}] = 1.1 \times 10^{-5}\mathrm{M}$

90%発現のためには，リプレッサーの 90%が誘導物質に結合している．すなわち $Y = 0.9$ である．式 5-8 に Y と K_d 値を代入すると，$[\mathrm{IPTG}] = 9 \times 10^{-4}$ M となる．このように，遺伝子発現はおよそ 10 倍以上の IPTG 濃度変化で 10 倍変動する．

(b) タンパク質レベルは誘導前には低く，誘導とともに上昇し，合成が終了してタンパク質が分解されるにつれて低下する．

(c) (a) に示したように，*lac* オペロンの発現には，単に完全にオンまたは完全にオフ以外のレベルもあり，A の性質を示さない．(b) に示したように，誘導物質がいったん除かれると *lac* オペロンの発現は低下する．つまり，B の性質を欠いている．

(d) *GFP-on* のとき：rep^{ts}（*rep*^{ts} 遺伝子のタンパク質産物を表す）と GFP の発現レベルは高い．rep^{ts} が OP$_\lambda$ を抑制するので，LacI タンパク質は産生されない．*GFP-off* のとき：LacI が高発現して OP$_{lac}$ を抑制するので，rep^{ts} と GFP は産生されない．

(e) IPTG 処理は，この系を GFP-off から GFP-on へと切り換える．IPTG は，LacI タンパク質が存在するときにのみ有効なので，GFP-off の状態にのみ影響を及ぼす．IPTG を加えると OP$_{lac}$ の抑制が解除され，LacI の発現を低下させるように高レベルの rep^{ts} 発現をもたらすとともに GFP の高発現をもたらす．

(f) 熱処理は，この系を GFP-on から GFP-off へと切り換える．熱は rep^{ts} が存在するときにのみ有効なので，GFP-on の状態にのみ影響を及ぼす．熱処理は，rep^{ts} を不活性化して OP$_\lambda$ の抑制を解除するので，LacI の高発現が可能になる．LacI は OP$_{lac}$ 部位に作用することによって，rep^{ts} と GFP の生成を抑制する．

(g) 性質 A：この系は中間状態では安定ではない．ある状態で，一方のリプレッサーが偶然の発現変動によってもう一方のリプレッサーよりも強く作用すると，もう一方のリプレッサーの発現を遮断し，系を一つの状態に固定する．性質 B：いったん一方のリプレッサーが発現すると，それがもう一方の合成を妨げる．このように，切換えの刺激が取り除かれた後でも，この系は一つの状態のままである．

(h) いかなる細胞も中間レベルの GFP を発現することはない．これは性質 A の立証である．誘導物質の中間的な濃度 X において，ある細胞は GFP-on にスイッチが入り，残りの細胞はスイッチが切り換わらないで GFP-off 状態のままであり，その中間は存在しない．[IPTG] = X における GFP 発現レベルの二峰性分布は，GFP-on と GFP-off の細胞の混合集団の結果である．

訳者あとがき

『レーニンジャーの新生化学』は版を重ねて第 7 版になる．前版（第 6 版）からは，いくつかの理由があって，原著にはない副題として『―生化学と分子生物学の基本原理―』を入れさせていただいた．

私は今，正月に帰省した田舎町の実家でこのあとがきを書いている．私の背中にある本棚には，『Biochemistry：Albert L. Lehninger』の分厚いハードカバーが存在感を示している．学生時代の狭いアパートには納まりきらなくなった本たちを，段ボール箱に詰めて実家に送ったものの中にあった一冊である．そのテキストのなかには，30 数年前の私が引いた赤鉛筆の線が色あせることなく残っている．

生命科学分野の研究を振り返ってみれば，私がこのテキストの英語と格闘しながら勉強していた頃から現在に至るまでの間には，想像だにしなかった大変革がもたらされた．低温室にこもって大きなクロマトカラムで酵素精製を行ったり，研究室のみんなで「大シークエンサー養成ギプス」と呼んでいた鉛のエプロンを着用して RI 実験室にこもって DNA シークエンシング用の長い電気泳動プレートと悪戦苦闘したり，パソコンという用語が世の中に出はじめた時期に「目ンピューター」と自称して A，T，G，C の並びの中から制限酵素認識配列を目で追って探したり，温度の異なる 3 台のインキュベーターを前にして 1 サイクルごとに DNA ポリメラーゼを加えながら人間 PCR マシーンと化したりした日々は，遠い昔のことになってしまった．

2003 年に私たちは，私たち自身の設計図ともいえるヒトゲノムの全情報を手に入れた．それが今や，次世代 DNA シークエンサーを駆使して，個人の全ゲノム DNA 配列の解読までもが比較的容易にできるようになった．さらには，ゲノム編集技術の出現によって，誰でも簡単にゲノム情報を書き換えることができる時代が来るかもしれない．私の研究室でも，学生たちはゲノム情報をもとにして研究計画を立て，ゲノム編集技術を駆使して対象とするタンパク質の機能を解析している．一方，iPS 細胞の登場によって，再生医療への応用だけでなく，さまざまな生命現象を iPS 細胞から分化させた細胞を用いて解析できるようになった．私が研究者として過ごしてきた平成の 30 年の間に，研究手法はこのように大きく変貌した．

しかし，これらの新たな研究手法のすべてはゼロから生まれたわけではない．100 年以上も前から，生化学者や分子生物学者たちが苦労して明らかにしてきた真理の積み重ねがあったからこそ，今の私たちの知識や技術がある．生化学の歴史とは，究極的には私たち自身が「生きていること」を理解するために，私たちのからだを構成する部品（タンパク質，糖質，脂質，核酸など）の役割を一つ一つ丹念に調べあげて，部品どうしの有機的なつながりを解明していくことであった．『レーニンジャーの新生化学 Principles of Biochemistry』には，生化学が歩んできた歴史が凝縮されている．最新の研究成果の解説はもちろんであるが，100 年以上も前からの生化学や分子生物学の研究の歴史が本書全体にちりばめられている．

本書では，初版の頃から一貫して，進化，熱力学，構造と機能の相関，分子レベルや細胞・個体レベルでの調節などを基本テーマとして強調している．第 5 版では，2009 年のノーベル化学賞の受賞テーマである「リボソーム」や，生理学医学賞の受賞テーマである「テロメアとテロメラーゼ」などに関して，最新の立体構造データと機能を対比しながらの解説が新たに加えられた．また，昨今のアメリカ合衆国などで社会問題化している肥満と糖尿病を主要な題材として，代謝調節の原理とその破綻に起因するメタボリックシンドロームについて，いくつかの章で大きくページを割いて論じられている．第 6 版では，Chap. 9「DNA を基盤とする情報技術」で，ポストゲノム時代を反映する網羅的オミックス解析（ゲノミクス，プロテオミクス，グライコミクス，リピドミクス，メタボロミクス）や次世代シークエンシングに基づく病態生化学，遺伝子診断，システムバイオロジー，分子進化などに関連する項目が特に充実した．また，ヒストン修飾などを介するエピジェネティックな遺伝情報の伝達，情報を持たないと考えられていた染色体領域にコードされるさまざまな RNA の役割などについて詳しく解説された．そして第 7 版では，CRISPR/Cas9 システムを利用したゲノム編集や，クライオ電子顕微鏡法によるタンパク質複合体の三次元構造解析などの最新の技術の解説も取り込まれた．

もともと，Part Ⅲ（Chap. 24 ～ Chap. 28）の分子生物学に関連する内容は充実していたのだが，第 6 版での Chap. 9「DNA を基盤とする情報技術」の全面改訂，第 7 版での Chap. 8「ヌクレオチドと核酸」の充実によって，本書は生化学だけでなく，分子生物学の教科書として見ても最新の内容になっている．第 6 版の翻訳の際に，一部の訳者の先生から「レーニンジャーを単なる生化学の教科書としておくのはもったいない．分子生物学の教科書としても遜色ないことを何とか知ってもらう方法はないだろうか．」とのご意見をいただいた．そこで何人かの訳者の先生とご相談して，副題として『―生化学と分子生物学の基本原理―』を入れさせていただいた．

その一方で，本書で学ぶ学生の皆さんが内容や生化学的原理について少しでも理解しやすくなるように，いくつかの工夫が施されている．本文中のいたるところに「重要な約束事」として生化学における用語や慣用的な決まりごとについて解説されている．また，理解を助けるための計算問題が，本文中の随所に「例題」として挿入されている．この流れは章末問題にある「データ解析問題」にもあてはまり，過去の論文に現れる実際のデータをもとにして，研究データの解釈や計算を練習することによって，問題解決のスキルを向上できるようになっている．さらには，「生化学オンライン」の問題では，インターネットを介して公的データベースや解析ソフトウエアにアクセスして，一次構造や三次構造についての理解を深めることができる．

このように『レーニンジャーの新生化学』は版を重ねるごとに生化学分野の完成度を増すだけでなく，分子生物学分野の最新情報を取り込んでおり，日本の生化学および分子生物学の教育に大きく貢献するものと確信する．本書で学んだ学生のみなさんの中から，将来の日本の生命科学を担う人材が輩出されること期待する．

この第7版の校正刷りの確認が終盤に近づいた2018年11月に，『*Principles of Biochemistry*』の原著者の一人 Michael Cox 氏が私の研究室を訪ねてこられた．Chap. 18 の翻訳をご担当いただいている植野洋志先生が，ブランダイス大学に留学中のルームメイトとのことで，金沢で催される学会に行く途中で植野先生と私がいる京都に寄っていただいた．Chap. 11 担当の申 惠媛先生も交えてランチをとりながら，植野先生と一緒に過ごした大学院生時代や，本書の著者紹介にある Cox 氏のご自宅の18エーカー（約73,000 m^2）の土地のお話などを楽しく聞かせていただいた．また，『*Principles of Biochemistry*』の 8th Edition 刊行に向けての改訂作業を2019年4月に開始するとお聞きして，Cox 氏の生化学教育に対する情熱に改めて感心した．

最後に，『*Principles of Biochemistry*』の翻訳を快く認められた W. H. Freeman and Company 社，日本語版の出版のためにご尽力いただいた廣川書店の廣川治男社長，野呂嘉昭取締役に心から感謝の意を表します．また，出版の進行管理を担当していただいた荻原弘子編集課長をはじめとする廣川書店編集部の方々の献身的な支えがなければ，本書を出版にこぎ着けることはできなかった．ここに深謝いたします．

2019年1月

訳者を代表して　中山 和久

日本語索引

ア

イ

ウ

エ

オ

カ

キ

ク

ケ

コ

サ

シ

ス

セ

ソ

タ

チ

ツ

テ

ト

ナ

ニ

ヌ

ネ

ノ

ハ

ヒ

フ

へ

ホ

マ

ミ

ム

メ

モ

ヤ

ユ

ヨ

ラ

リ

ル

レ

ロ

ワ

外国語索引

A

E

G

H

I

J

K

L

M

N

Q

R

S

T

U

V

W

X

Y

Z

アミノ酸の略語

A	Ala	alanine　アラニン	N	Asn	asparagine　アスパラギン
B	Asx	asparagine or　アスパラギンまたは or aspartate　アスパラギン酸	P	Pro	proline　プロリン
			Q	Gln	glutamine　グルタミン
C	Cys	Cysteine　システイン	R	Arg	arginine　アルギニン
D	Asp	aspartate　アスパラギン酸	S	Ser	serine　セリン
E	Glu	glutamate　グルタミン酸	T	Thr	threonine　トレオニン
F	Phe	phenylalanine　フェニルアラニン	V	Val	valine　バリン
G	Gly	glycine　グリシン	W	Trp	tryptophan　トリプトファン
H	His	histidine　ヒスチジン	X	—	未知または標準アミノ酸でないもの
I	Ile	isoleucine　イソロイシン	Y	Tyr	tyrosine　チロシン
K	Lys	lysine　リジン	Z	Glx	glutamine or　グルタミンまたは glutamate　グルタミン酸
L	Leu	leucine　ロイシン			
M	Met	methinine　メチオニン			

Asx と Glx は，アミド部分が識別されておらず，アスパラギン酸（Asp）かアスパラギン（Asn）なのか，グルタミン酸（Glu）かグルタミン（Glu）なのかが明確にできないアミノ酸分析の結果を表す場合に用いる．

標準遺伝暗号

UUU	Phe	UCU	Ser	UAU	Tyr	UGU	Cys
UUC	Phe	UCC	Ser	UAC	Tyr	UGC	Cys
UUA	Leu	UCA	Ser	UAA	Stop	UGA	Stop
UUG	Leu	UCG	Ser	UAG	Stop	UGG	Trp
CUU	Leu	CCU	Pro	CAU	His	CGU	Arg
CUC	Leu	CCC	Pro	CAC	His	CGC	Arg
CUA	Leu	CCA	Pro	CAA	Gln	CGA	Arg
CUG	Leu	CCG	Pro	CAG	Gln	CGG	Arg
AUU	Ile	ACU	Thr	AAU	Asn	AGU	Ser
AUC	Ile	ACC	Thr	AAC	Asn	AGC	Ser
AUA	Ile	ACA	Thr	AAA	Lys	AGA	Arg
AUG	Met*	ACG	Thr	AAG	Lys	AGG	Arg
GUU	Val	GCU	Ala	GAU	Asp	GGU	Gly
GUC	Val	GCC	Ala	GAC	Asp	GGC	Gly
GUA	Val	GCA	Ala	GAA	Glu	GGA	Gly
GUG	Val	GCG	Ala	GAG	Glu	GGG	Gly

* AUG はタンパク質合成の開始コドンでもある

1 **H** 1.008																		2 **He** 4.003
3 **Li** 6.94	4 **Be** 9.01												5 **B** 10.81	6 **C** 12.011	7 **N** 14.01	8 **O** 16.00	9 **F** 19.00	10 **Ne** 20.18
11 **Na** 22.99	12 **Mg** 24.31												13 **Al** 26.98	14 **Si** 28.09	15 **P** 30.97	16 **S** 32.06	17 **Cl** 35.45	18 **Ar** 39.95
19 **K** 39.10	20 **Ca** 40.08		21 **Sc** 44.96	22 **Ti** 47.90	23 **V** 50.94	24 **Cr** 52.00	25 **Mn** 54.94	26 **Fe** 55.85	27 **Co** 58.93	28 **Ni** 58.71	29 **Cu** 63.55	30 **Zn** 65.37	31 **Ga** 69.72	32 **Ge** 72.59	33 **As** 74.92	34 **Se** 78.96	35 **Br** 79.90	36 **Kr** 83.30
37 **Rb** 85.47	38 **Sr** 87.62		39 **Y** 88.91	40 **Zr** 91.22	41 **Nb** 92.91	42 **Mo** 95.94	43 **Te** 98.91	44 **Ru** 101.07	45 **Rh** 102.91	46 **Pd** 106.4	47 **Ag** 107.87	48 **Cd** 112.40	49 **In** 114.82	50 **Sn** 118.69	51 **Sb** 121.75	52 **Te** 126.70	53 **I** 126.90	54 **Xe** 131.30
55 **Cs** 132.91	56 **Ba** 137.34	57–70 *	71 **Lu** 174.97	72 **Hf** 178.49	73 **Ta** 180.95	74 **W** 183.85	75 **Re** 186.2	76 **Os** 190.2	77 **Ir** 192.2	78 **Pt** 195.09	79 **Au** 196.97	80 **Hg** 200.59	81 **Tl** 204.37	82 **Pb** 207.19	83 **Bi** 208.98	84 **Po** (209)	85 **At** (210)	86 **Rn** (222)
87 **Fr** (223)	88 **Ra** 226.03	89–102 **	103 **Lr** 262.11	104 **Rf** 261.11	105 **Db** 262.11	106 **Sg** 263.12	107 **Bh** 264.12	108 **Hs** 265.13	109 **Mt** 268	110 **Ds** 281	111 **Rg** 281	112 **Cn** 285	113 **Nh** 286	114 **Fl** 289	115 **Mc** 289	116 **Lv** 293	117 **Ts** 293	118 **Og** 294

*ランタノイド	57 **La** 138.91	58 **Ce** 140.12	59 **Pr** 140.91	60 **Nd** 144.24	61 **Pm** 144.91	62 **Sm** 150.36	63 **Eu** 151.96	64 **Gd** 157.25	65 **Tb** 158.93	66 **Dy** 162.50	67 **Ho** 164.93	68 **Er** 167.26	69 **Tm** 168.93	70 **Yb** 173.04
**アクチノイド	89 **Ac** 227.03	90 **Th** 232.04	91 **Pa** 231.04	92 **U** 238.03	93 **Np** 237.05	94 **Pu** 244.06	95 **Am** 243.06	96 **Cm** 247.07	97 **Bk** 247.07	98 **Cf** 251.08	99 **Es** 252.08	100 **Fm** 257.10	101 **Md** 258.10	102 **No** 259.10

生化学の実践者にとって重要なデータベース，ツール，および文献へのアクセスを提供する国内外のバイオインフォマティクスのリソース

National Center for Biotechnology Information (NCBI)	www.ncbi.nlm.nih.gov
UniProt	www.uniprot.org
ExPASy Bioinformatics Resource Portal	www.expasy.org
GenomeNet	www.genome.jp

いくつかの有用な構造データベース

Protein Data Bank (PDB)	www.pdb.org
EMDataBank Unified Resource for 3DEM	www.emdatabank.org
National Center for Biomedical Glycomics	http://glycomics.ccrc.uga.edu
LIPIDMAPS Lipidomics Gateway	www.lipidmaps.org
Nucleic Acid Database (NDB)	http://ndbserver.rutgers.edu
Modomics database of RNA modification pathways	http://modomics.genesilico.pl

本書に記載されている他のリソースやツール

Structural Classification of Proteins database (SCOP2)	http://scop2.mrc-lmb.cam.ac.uk
PROSITE Sequence logo	http://prosite.expasy.org/sequence_logo.html
ProtScale hydrophobicity and other profiles of amino acids	http://web.expasy.org/protscale
Predictor of Natural Disordered Regions (PONDR)	www.pondr.com
Enzyme nomenclature	www.chem.qmul.ac.uk/iubmb/enzyme
Ensembl genome databases	www.ensembl.org
PANTHER (Protein ANalysis THrough Evolutionary Relationships) Classification System	www.pantherdb.org
Basic Local Alignment Search Tool (BLAST)	https://blast.ncbi.nlm.nih.gov/Blast.cgi
Kyoto Encyclopedia of Genes and Genomes (KEGG)	www.genome.jp/kegg
KEGG pathway maps	www.genome.ad.jp/kegg/pathway/map/map01100.html
Biochemical nomenclature	www.chem.qmul.ac.uk/iubmb/nomenclature
Online Mendelian Inheritance in Man	www.omim.org